数学分析中的典型问题与方法

第 3 版

裴礼文

高等教育出版社·北京

内容提要

　　本书是为正在学习数学分析(微积分)的学生、准备报考研究生的读者以及从事这方面教学工作的教师编写的参考书籍. 本书自 1993 年首次出版以来,历经 25 年,一直得到读者的热情赞赏和推崇.

　　本书的中心内容是全面、系统地回答:数学分析到底有哪些基本问题? 每类问题有哪些基本方法? 每种方法有哪些最具代表性的题目? 书中收录了传统典型习题和大量特色研究生入学统一考试试题,它们有相当难度,能检验读者的真实水平.

　　本书的宗旨是讨论解题的思想方法. 为此,对每种方法先以"要点"的形式作概述,再选取典型而有相当难度的例题,逐层剖析,分类讲解;然后通过反复训练,让读者从变化中领会不变的东西,达到"授人以渔"的目的.

　　此外,对现行教材中比较薄弱、读者十分关心的部分内容,如上(下)极限、函数方程、凸函数、不等式、等度连续、第二积分中值定理、多项式逼近等,本书将它们列为专题,配以部分高校研究生入学统一考试数学分析试题进行讲解和练习. 为开拓读者的视野,此次修订还在第三章和第四章添加了广义导数和定积分定义的简化等内容.

　　本书内容较多,题目按难易程度分为五个档次,标记"☆"部分为作者特别推荐内容(约占总题量 1/3),标记"new"部分为本次修订新加的题,也是热点题. 读者可根据自己实际情况,酌情选读.

图书在版编目(CIP)数据

　　数学分析中的典型问题与方法／裴礼文编. --3 版

. --北京:高等教育出版社,2021.1(2022.11重印)

　　ISBN 978 - 7 - 04 - 051151 - 2

　　Ⅰ.①数… Ⅱ.①裴… Ⅲ.①数学分析 - 研究生 - 入学考试 - 自学参考资料 Ⅳ. ①O17

　　中国版本图书馆 CIP 数据核字(2019)第 010151 号

策划编辑	胡　颖	责任编辑	胡　颖	封面设计	张申申	版式设计	杜微言
插图绘制	邓　超	责任校对	张　薇	责任印制	田　甜		

出版发行	高等教育出版社	网　　址	http://www.hep.edu.cn
社　　址	北京市西城区德外大街 4 号		http://www.hep.com.cn
邮政编码	100120	网上订购	http://www.hepmall.com.cn
印　　刷	北京市白帆印务有限公司		http://www.hepmall.com
开　　本	787mm×960mm　1/16		http://www.hepmall.cn
印　　张	55.25	版　次	1993 年 5 月第 1 版
字　　数	1070 千字		2021 年 1 月第 3 版
购书热线	010-58581118	印　次	2022 年 11 月第 4 次印刷
咨询电话	400-810-0598	定　价	98.80 元

代　序

　　数学分析是高等院校数学类各专业的主干课之一,它对于许多后续课程的学习乃至作为科研工作基本功的训练都起着非凡的作用.如何掌握好该课的基本内容并能熟练地运用其中的基本技巧对每个学生来说都是至关重要的.就解题而言,许多习题的解答学生是能够看懂的,但他们的主要问题在于:这些方法是怎样想出来的?也就是说,学生所需要的:除想知道这些题怎样去求解或证明外,更希望了解解题的思想过程,学会思想方法.

　　裴礼文同志所编写的《数学分析中的典型问题与方法》,系统地汇集了数学分析各个部分的一些典型例题和习题,并着重于分析解题的思路和方法,因此是较好地针对学生的需要而编写的.目前我国已出版有类似的书籍(其中不乏很好的著作),但或者标准过高、题目过深,远远超出大学基础课的要求,或者解答十分详细,而对解题思想叙述得不够.本书编写中力图兼顾学生对这两方面的实际要求.这里大量选用了按数学分析教学大纲要求的题目(例如,许多高校研究生入学统一考试试题、国外高校竞赛试题等),并进行分析讲解.因此,本书的出版,对广大青年学生是非常有益的;对从事数学分析教学工作的教师来说,也是极有参考价值的.

路见可

于武汉大学

第 3 版前言

由于互联网的普及,近年来部分名校的特色考题,引起学友们的广泛关注,这些考题确实精彩,极富挑战性和启发性,耐人寻味,引人入胜,让你欲罢而不能.

感谢和敬佩题目的作者,因为此类创新题、拉分题、压轴题正是本书的躯干和脊梁.学习和研究此类问题,并从中针对数学分析知识点进行总结,如何发现问题、分析问题和解决问题,探讨方法,乃是本书的任务和目的.

此次改版主要目标之一,就是希望补充此类题目;其次是对书中的难题,适当补充一些提示、再提示或解答.

增添了:"用邻域的语言描述极限""Abel 变换""大 O 小 o""第一第二积分中值定理""函数逼近""定积分定义的简化"等诸多新栏目;对上、下极限补充了有用的新内容;过去 7 大基本定理互证改为 8 大基本定理互证(补充了 Dedekind 分割,过去因未涉及,一直感觉遗憾和愧疚).

既然参加考研,一般性题目都会做,关键是拉分题和压轴题,最能体现考生的水平和思维能力.用难题和次难题来训练自己,是正确的选择.学数学,不能只顾抱书看,必须"多动手做,丢开书本想",才有好的效果!

餐馆品种不怕多,因为大家都会按自己喜好和需要挑选可口食物.从第二版开始,书中将内容按难度分为四级:一般、较难、很难和超难,并分别作了标示:无标记、"*""**"和"※".符号"☆"是作者的特别推荐(即作者认为最具有代表性的中、上难度的题目),"new"代表此次(第 3 版)添加的新题.

建议:(i)大学一、二年级正在学数学分析的同学,跟着教学进度,选学对应内容;(ii)对于考生,建议分两个阶段来安排:第一阶段看教材,做大量基础性题目;第二阶段,侧重学习本书归纳的"方法",做代表性题目,攻克部分难题;(iii)对时间不够用的考生,作者建议只看书中标"☆"的题目和内容.

一批又一批的学子采用了本书,是作者的莫大安慰,感觉像是得到学友(你们)的陪伴.你们对数学的激情和热爱,赋予我新的动力,每次为了新版面世,总要花上好几年的时间,广泛收集有特色、有深度的创新性真题,给本书画龙点睛和增添光彩.解题与编写已成为我每天的乐趣和享受,从不惑迈向耄耋之年,有数学巧题的陪伴,有你们的陪同,我感觉无比幸福.

裴礼文

2019 年 9 月

第 2 版前言

作为一名长期从事数学分析教学工作的教师,能为广大读者做点事,得到读者关爱,是本人的极大欣慰.应当特别感谢高等教育出版社,十二年来为本书连续印刷出版了十一次,还推荐到台湾凡异出版社出版了中文繁体版(上、下册).

此次修订,除对文字进行了部分修改之外,主要增加了大量新近研究生入学统一考试试题.对部分热点内容的练习,进行了重新编排和改写,大幅度地增加了提示、再提示,部分还给了解答,以适应不同读者的需要.根据考研情况适当增加了基础性、中档次的题目和内容,以更好跟当前的考情接轨.同原版比较,内容更完整、更充实、更便于阅读,也更贴近于考研的实际.

此次修订还对内容作了标示,以便选用:

无标记的为基础性内容,适合各类读者.

在例题习题之前加"*",表示该题难度较大或理论性较强;在章节段落标题前加"*",表示该部分内容主要适合于数学院系的学生,非数学院系学生可从略."**"表示难度更大或理论性更强.

在例题、习题之前加"☆"表示重点推荐.在带"*"的章节中出现的"☆",表示主要针对数学院系学生的重点推荐.标"☆"的题目控制在总数的 1/3 左右,供读者选读.

在例题、习题之前加"※"的为扩展性内容,供有兴趣的读者选阅.

应该说,本书的最大特点是全面、系统地总结"方法",不是单纯追逐考题.事实证明,本书不少不是考题的题目,陆续成了部分院校的考题.可见探讨和总结"方法"并带动基本概念和原理的学习、掌握和深化,才是最好的备考方法.

事实上,数学分析中的基本概念、原理和方法是不可分割的,在系统总结方法的过程中自然会带动基本概念和原理的复习.本书每一部分,正是围绕一个中心概念展开讨论的.例如一致连续,它原本是一个十分抽象的数学概念,初学者非常难以理解和掌握,本书通过大量的例题和练习,从不同的角度、不同层面进行深入透彻的分析,使之变得十分清晰、生动、具体,易于理解和掌握,这一点对于初学者来说的确是十分有益的,这也是读者喜爱本书的又一重要原因.

许多同行老师、朋友,还有不少正在担任数学分析教学工作的老师为本书修订提出了宝贵意见和建议,或以不同方式对本书修订给予关怀、支持和帮助,在此特致以衷心的感谢!对高等教育出版社的各位领导、各位编辑为本书修订所做的大量工作表示感谢!

由于时间和水平的限制,书中一定还有不少缺点和问题,敬请读者批评指正.

裴礼文

2006 年 2 月

笔者的话

数学分析课是数学系各专业的一门重要基础课.它对许多后续课程有直接影响,关系到整个数学系教学的成败,关系到学生素质培养.数学院系的师生历来十分重视数学分析课的教学,投入了巨大的劳动.在教学实践中,我们深深体会到,学生学习和掌握教材的基本知识困难并不大,但要灵活运用所学的知识去分析问题和解决问题就感到困难,甚至不知如何着手.为培养学生分析问题和解决问题的能力,以前也出版了大量的好书,但仍不能满足学生的要求.分析其原因,有些书主要讲一般难度的问题,有些又跟平时教学内容距离较远.在同学们掌握了教材的基本知识后,若能有一本帮助学生巩固、加深、提高、扩大所学知识的书,用难度更高的问题(最好用研究生入学统一考试试题)对学生进行训练,对数学分析中的问题与方法进行全面系统的总结和分类指导,告诉学生应该如何去分析和解决问题,这对培养学生的思维能力与独立工作的能力,从根本上强化已学知识,提高学生的素质十分必要.

基于这种需要,我们集中了好几年的时间,将全国众多高校历届研究生入学统一考试数学分析试题进行了一次全面整理,逐题分析研究,比较分类.这些题目多数具有相当的难度,但仍在教学大纲要求范围之内,其中不少题目出自名家之手.经过我们反复推敲后修改和筛选出的题目有着很强的典型性、灵活性、启发性、趣味性和综合性.它们理当看成是数学分析教学发展提高的一个组成部分.用这些题目来训练学生,对培养学生的能力极为有益.但这些题目毕竟十分零散,还不足以全面概括数学分析中的基本类型和方法.因此,我们又参阅了国内外 70 余种教材、文献和参考书,分析比较了上万道题目,包括我们教学过程中积累的题目.加上此次修订共精选了约 1382 题作为讲解和剖析各类型的例题和练习.其中多半是研究生入学统一考试试题及国外高校竞赛题.另外,本书还对现行教材中比较薄弱的部分进行适当扩充讲解,如函数上、下极限,上、下半连续,凸函数,不等式,等度连续等.本书希望对学有余力,特别是优秀学生,以及对任课老师的教学工作有所帮助和裨益.

全书共分 7 章 36 节,约 246 个小条目,**中心问题是向读者回答:数学分析的每个单元到底有哪些基本问题? 每类问题各有哪些基本方法? 每种方法又有哪些富有代表性、典型性,又有相当难度,值得向大家推荐的好例题和练习?** 这些题目在一般教科书中难以找到,有相当难度,但又能被大学生所接受和掌握.其难度相当于研究生入学统一考试中的难题与次难题.

为了方便阅读,特别为了一、二年级学生在学完一个单元之后可以立即转入到本书的学习,本书内容的编排基本上与现行教材平行,甚至一一对应,可以作为课堂教学的补充和延续.

　　基于编写本书的上述宗旨,我们在对例题进行分类讲解时,特别注意了系统地讲述解题思想与解题方法,而不是题目的堆砌或单纯的题解.全书以解题方法为中心,每段先对所解问题的方法以"要点"的形式进行概括性的阐述,然后由浅入深地安排一套一套的例题,对具体方法和精神实质,进行一层一层地剖析和讲解;并不断深化发展,逐步形成概念,让学生从变化中领会其不变的东西;顺藤开花,让每题都有它自己的位置、作用和品尝价值.

　　优秀学生非常关心"题目是怎么想出来的?"据此,在讲解问题时,我们特别着重于问题的分析,阐明解题的思路,使读者读起来感到亲切自然,学了能用.

　　总之,为了紧密地配合教材和教学,结合同学们的实际,联系研究生入学统一考试,我们在总结数学分析中的基本问题与方法、选材、编排以及问题的解法、写法上下了很大工夫.

　　本书是笔者在武汉大学数学系为高年级学生讲授"数学分析(Ⅲ)"和"数学分析方法"所写讲义的基础上编写的.原讲义讲授过三届.全国各地来的十几名进修教师听过这门课,他们和一些借阅了本书手稿的同学一致认为,这些材料非常精彩,解法很有启发性,读后印象极深,可以收到事半功倍的效果.我系教师黄象鼎同志,在教学中广泛采用了本书的内容,他认为,书中的材料对学习数学分析的学生,对学过数学分析的高年级学生,乃至对研究生以及担任数学分析习题课的老师都很有参考价值.内容耐读,余味甚强,有些问题点到为止,恰到好处.

　　本书吸收了我系几代人的教学经验,尤其在编写过程中得到我的老师、全国数学教材编审委员会委员路见可教授亲切指导,他不仅逐字逐句地批阅了全书,还为本书撰写了代序.

　　自 1985 年以来,本书多次得到高等教育出版社文小西同志的指教,他的许多宝贵意见,成为本书的指导思想和修改依据.另外在编审加工过程中,又幸得他极为精细、"浩瀚"的工作,使本书大为增色.

　　本书还得到辽宁师范大学数学系王长庆先生,我系前辈吴厚心教授的指教和帮助.在编写过程中得到系领导的亲切关怀和支持.

　　在此谨向以上各位老师、同志和朋友表示衷心的感谢,对所参考的书籍(见参考书目录)的作者,对所选题目的作者,表示深切的谢意.

　　最后对审阅本书的徐森林教授表示衷心感谢,他对本书给予充分肯定并提出了宝贵意见.对高等教育出版社的同志们为本书出版付出的辛勤劳动表示感谢,没有他们的支持,本书是不可能与读者见面的.

　　阅读本书时,建议把例题当成有解答的习题来做,坚持**先做再看**的学习方法.笔者认为这是成功使用本书的关键.

　　由于水平和时间限制,书中一定还有不少缺点和不妥,恳请广大读者批评指正.

裴礼文

1992 年 4 月

符　　号

集合符号

N　全体自然数组成的集合, $\mathbf{N} = \{1, 2, \cdots, n, \cdots\}$.

Z　全体整数的集合.

Q　全体有理数的集合.

R　全体实数的集合.

∂E　集合 E 的边界点组成的集合.

$U(x_0, \delta)$　点 x_0 的 δ 邻域, $U(x_0, \delta) = (x_0 - \delta, x_0 + \delta)$.

$U_0(x_0, \delta)$　点 x_0 的空心 δ 邻域, $U_0(x_0, \delta) = (x_0 - \delta, x_0) \cup (x_0, x_0 + \delta)$.

$\overline{M_1 M_2}$　线段 $M_1 M_2$.

$N(M_0)$　点 M_0 全体邻域组成的集合.

逻辑符号

$\forall$　对于任意给定的(当用在符号"$\exists$"之前时);对于所有的(当用在命题最后时).

$\exists$　至少存在一个.

$A \Rightarrow B$　A 的必要条件为 B.

$A \Leftarrow B$　A 的充分条件为 B.

$A \Leftrightarrow B$　A 的充分必要条件为 B.

分析符号

$\nearrow$　单调增加(不一定严格).

$\searrow$　单调减小(不一定严格).

$^{严}\nearrow$　严格增加.

$^{严}\searrow$　严格减小.

$\rightarrow$　趋向于.

$\nrightarrow$　不趋向于.

$\rightrightarrows$　一致收敛于.

$\ne\kern-0.6em\rightrightarrows$　不一致收敛于.

代数符号

$(a_{ij})_{n \times m}$ 矩阵　$(a_{ij})_{n \times m} = \begin{pmatrix} a_{11} & a_{12} & \cdots & a_{1m} \\ a_{21} & a_{22} & \cdots & a_{2m} \\ \vdots & \vdots & & \vdots \\ a_{n1} & a_{n2} & \cdots & a_{nm} \end{pmatrix}$.

$\det(a_{ij})$　　矩阵 (a_{ij}) 的行列式.

$\dfrac{\partial(y_1,y_2,\cdots,y_m)}{\partial(x_1,x_2,\cdots,x_n)}$　　有时表示雅可比矩阵 $\left(\dfrac{\partial y_i}{\partial x_j}\right)_{\substack{i=1,\cdots,m\\j=1,\cdots,n}}$，有时表示雅可比行列式 $\det\left(\dfrac{\partial y_i}{\partial x_j}\right)$，以上下文定.

$\boldsymbol{A}=(A_x,A_y,A_z)$　　以 A_x,A_y,A_z 为分量的三维向量.

特殊标记

无特殊标记　　表示基础内容,适合各类读者.

"＊"　　标在例题、习题之前,表示该题难度较大或理论性较强;标在章节段落标题之前,表示该部分内容主要适合数学院系的学生,非数学院系学生可以从略.

"＊＊"　　表示难度更大或理论性更强.

"☆"　　表示"重点推荐".在带"＊"的章节中出现的"☆",表示主要针对数学院系的学生.标"☆"的题目约占总数的 $\dfrac{1}{3}$,可作阅读重点.

"※"　　表示扩展性内容,供有兴趣的读者选阅.

目　　录

第一章　数列极限　实数基本定理

§1.1　预　备

一、几点注释

a. 关于反函数

1° 设 X,Y 为给定集合,所谓 f^{-1} 是函数 $f:X \to Y$ 的**反函数**,意指 f^{-1} 的定义域为 $f(X)$,且 $\forall x \in X$,有 $f^{-1}(f(x)) = x$. 即复合函数 $f^{-1} \circ f:X \to f(X) \to X$ 是 X 上的恒等变换. 此时 f 也是 f^{-1} 的反函数. 故

$$(f^{-1})^{-1} = f. \tag{A}$$

这表明 $\forall y \in Y$,有 $f(f^{-1}(y)) = y$, $f \circ f^{-1}$ 是 Y 上的恒等变换.

2° 所谓函数 $f:X \to Y$ 是单射,意指 $\forall x_1, x_2 \in X$,当 $x_1 \neq x_2$ 时,必有 $f(x_1) \neq f(x_2)$(亦即只许一对一,不许多对一);

函数 $f:X \to Y$ 是满射,意指 $\forall y \in Y$, $\exists x \in X$,使得 $f(x) = y$(亦即空间 Y 被 f 的像点充满);

函数 $f:X \to Y$ 是双射,意指函数 f 既是单射又是满射(亦即反函数存在的充分必要条件).

设 $f:X \to Y$ 和 $g:Y \to Z$ 都是双射,则它们的复合函数 $g \circ f$ 也是双射,且 $g \circ f$ 的反函数有(公式):

$$(g \circ f)^{-1} = f^{-1} \circ g^{-1}. \tag{B}$$

事实上, $\forall x \in X$,由 $z = g(f(x))$ 可得 $g^{-1}(z) = g^{-1}(g(f(x))) = f(x)$,进而有 $f^{-1}(g^{-1}(z)) = f^{-1}(f(x)) = x$. 故 $f^{-1} \circ g^{-1}$ 是 $g \circ f$ 的反函数.

严格单调的满射,必有反函数;且 f 严增(严格增加)时, f^{-1} 也严增. 严减(严格减小)亦然.

例 1.1.1　设 $f:\mathbf{R} \to \mathbf{R}$ 严增, f^{-1} 是其反函数, x_1 是 $f(x) + x = a$ 的根, x_2 是 $f^{-1}(x) + x = a$ 的根,试求 $x_1 + x_2$ 的值.

解　因 $f(x_1) + x_1 = a$, $f^{-1} \circ f$ 是恒等变换,知 $f(x_1) + f^{-1}[f(x_1)] = a$. 此即表明 $f(x_1)$ 是方程 $f^{-1}(x) + x = a$ 的根. 但由于 f 严增,可知 $f^{-1}(x) + x$ 也严增,方程 $f^{-1}(x) + x = a$ 有根必唯一. 故 $f(x_1) = x_2$,因而 $x_1 + x_2 = x_1 + f(x_1) = a$.

注　讨论反函数,与所讨论的范围有密切关系. 例如 $f(x) = \sqrt{x}, g = x^2$,当用它们

定义函数 $f:\mathbf{R}\to\mathbf{R}$, $g:\mathbf{R}\to\mathbf{R}$ 时,则 f 不是满射,g 不是单射. 但作为函数 $f:[0,+\infty)\to[0,+\infty)$, $g:[0,+\infty)\to[0,+\infty)$,两者都是双射,且互为反函数.

b. 关于奇函数和偶函数

(设 ℓ 为有限数或 $+\infty$)在 $(-\ell,\ell)$ 上定义的函数 f 为偶函数,意指

$$\forall x\in(-l,l),\quad 有\quad f(-x)=f(x);$$

g 为奇函数,指: $\quad\forall x\in(-l,l),\quad 有\quad g(-x)=-g(x).$

例 1.1.2 若 f 是 $(-l,l)$ 上的奇函数,并且有反函数 f^{-1},则 f^{-1} 也是奇函数.

证 因 $\forall x\in f$ 的值域,有 $f(f^{-1}(-x))=-x$,于是

$$x=-f(f^{-1}(-x))=f(-f^{-1}(-x)),$$
$$f^{-1}(x)=f^{-1}(f(-f^{-1}(-x)))=-f^{-1}(-x).$$

即表明 f^{-1} 是奇函数.

例 1.1.3 若 f^{-1} 为 f 的反函数,$y=f^{-1}(-x)$ 是 $y=f(-x)$ 的反函数,试证 f 是奇函数.

证 I $y=f^{-1}(-x)$ 实为 f^{-1} 与 $g(x)\equiv-x$ 的复合函数. 即

$$f^{-1}(-x)=f^{-1}(g(x))=(f^{-1}\circ g)(x). \tag{1}$$

同理 $$f(-x)=f(g(x))=(f\circ g)(x). \tag{2}$$

按题设条件,$f^{-1}\circ g$ 与 $f\circ g$ 互为反函数,因此

$$f\circ g=(f^{-1}\circ g)^{-1}\stackrel{}{=\!=\!=}g^{-1}\circ f, \tag{3}$$

即 $\forall x\in(-l,l)$,有

$$f(-x)\stackrel{(2)}{=\!=\!=}(f\circ g)(x)\stackrel{(3)}{=\!=\!=}(g^{-1}\circ f)(x)=-f(x).$$

所以 f 是奇函数.

证 II 由 $y=f^{-1}(-x)$ 可得 $f(y)=-x$,即 $x=-f(y)$. 这表明,像点 $y=f^{-1}(-x)$ 的原像是 $x=-f(y)$. 即 $y=-f(x)$ 是 $y=f^{-1}(-x)$ 的反函数. 但题中告诉我们 $y=f^{-1}(-x)$ 是 $y=f(-x)$ 的反函数,故应有 $f(-x)=-f(x)$,$\forall x\in(-l,l)$,因此 f 是奇函数.

证 III 已知 $y=f^{-1}(-x)$ 是 $y=f(-x)$ 的反函数,表明 $y=f(-x)\Leftrightarrow x=f^{-1}(-y)$. 因此 $\forall x\in\mathbf{R}$,有 $f(x)=f(f^{-1}(-y))=-y=-f(-x)$. 所以 f 为奇函数.

注 用类似方法也可先证明 f^{-1} 是奇函数,然后利用例 1.1.2 的结果,推知 f 是奇函数.

☆ **例 1.1.4** 试证:任一对称区间 $(-l,l)$ 上的任一函数 $f(x)$,总可以表示成一偶函数 $H(x)$ 与一奇函数 $G(x)$ 的和,而且此种表示法是唯一的.(合肥工业大学)

分析 假设已找到如此的奇、偶函数 $G(x)$,$H(x)$,使得 $f(x)=H(x)+G(x)$,用 $-x$ 替代其中的 x,有

$$f(-x)=H(x)-G(x).$$

如此我们看到,不仅 $f(x)$ 是它们的和,而且 $f(-x)$ 是它们的差. 由算术中的和差问

题:(和 + 差) ÷ 2 = 大数,(和 - 差) ÷ 2 = 小数,可知

$$H(x) = \frac{f(x) + f(-x)}{2},\tag{1}$$

$$G(x) = \frac{f(x) - f(-x)}{2}.\tag{2}$$

这就证明了,$H(x)$,$G(x)$ 若存在必唯一. 反之用以上(1)、(2)两式定义出来的 $H(x)$,$G(x)$,显然符合全部条件,所以存在性成立,$f(x) = H(x) + G(x)$.

c. 关于周期函数

所谓 $f(x)$ 是 **R** 上定义的**周期函数**,指存在实数 $T \neq 0$,使得 $\forall x \in \mathbf{R}$,有 $f(x + T) = f(x)$. 这时 T 称为 f 的周期. 显然此时 T 的任意整数倍 mT 亦为 f 的周期. 若已知 T_1,T_2 为 f 的周期,则 $T_1 \pm T_2$ 也必为 f 的周期.

是否任何周期函数一定存在最小正周期,当然不是,如常值函数. 除常数之外呢? 也不是. 如在无理点上取值 0,有理点上取值 1 的 Dirichlet 函数 $D(x)$,显然对每个自然数 n,"$\frac{1}{n}$"都是 $D(x)$ 的正周期,无最小正周期.

在下章例 2.1.10 中我们将证明:连续的周期函数必有最小正周期. 下面看有界函数周期的特征.

例 1.1.5 试证:设 $f(x)$ 是 **R** 上的有界实函数,且有

$$f(x + h) = \frac{f(x + 2h) + f(x)}{2} \quad (\forall x \in \mathbf{R}),\tag{1}$$

其中 h 为某一正数,则 h 必是函数 f 的周期.

证 根据式(1),有

$$f(x + 2h) - f(x + h) = f(x + h) - f(x) \quad (\forall x \in \mathbf{R}).$$

令 $F(x) = f(x + h) - f(x)$,上式即为 $F(x + h) = F(x)$($\forall x \in \mathbf{R}$),于是

$$\begin{aligned}f(x + nh) &= [f(x + nh) - f(x + (n-1)h)] + \\ &\quad [f(x + (n-1)h) - f(x + (n-2)h)] + \cdots + \\ &\quad [f(x + h) - f(x)] + f(x) \\ &= \sum_{k=0}^{n-1} F(x + kh) + f(x) = nF(x) + f(x).\end{aligned}$$

若 $F(x) \neq 0$,当 $n \to +\infty$ 时,有 $nF(x) \to +\infty$($F(x) > 0$ 时),$nF(x) \to -\infty$($F(x) < 0$ 时),与函数 f 有界矛盾,所以 $F(x) = 0$. 即 $f(x + h) = f(x)$($\forall x \in \mathbf{R}$),故 h 是函数 f 的周期.

注 1° 显然,正实数 h 是函数 f 的周期,则条件(1)必成立. 本例说明:**若函数 f 在数轴上是有界函数,则条件(1)是 f 以 h 为周期的充分必要条件.**

2° "有界"条件不可忽略,例如 $f(x) = x$,不是周期函数,但是式(1)总成立.

例 1.1.6 设 T 是 f 的正周期,$y = f^{-1}(x)$ 是 f 在 $(0, T)$ 部分的反函数. 试求 f 在 $(-T, 0)$ 部分的反函数.

解 $\forall x \in (-T, 0)$(目标:要用 x 的像点 y 表示 x),则 $x + T \in (0, T)$, $f(x) = f(x + T) = y$(像点已找到),因 $f^{-1}(x)$ 是 f 在 $(0, T)$ 上的反函数,所以 $f^{-1}(y) = x + T$. 即 $x = f^{-1}(y) - T$(目标已达到). 可见 $y = f^{-1}(x) - T$ 是 $f(x)$ 在 $(-T, 0)$ 部分的反函数.

注 类似可证:设函数 $y = f(x)$ 有正周期 T,值域为 G,在 $[0, T]$ 上有反函数 $f^{-1}(y)$($\forall y \in G$). 若 $m \in [kT, (k+1)T]$(其中 k 为某整数),则 f 在 $[m, m+T]$ 上也有反函数,并可用 $f^{-1}(y)$ 表示:

$$x = \begin{cases} f^{-1}(y) + kT, & y \in \{y = f(x) \mid x \in [m, (k+1)T]\} \subset G, \\ f^{-1}(y) + (k+1)T, & y \in \{y = f(x) \mid x \in [(k+1)T, m+T]\} \subset G. \end{cases}$$

证 因 $x \in [m, m+T)$,有 $x \geq m \geq nT$, x 对 $(k+1)T$ 而言,分两种情况:

i)(已有 $nT < x$)当 $x < (k+1)T$ 时,$x - kT \in [0, T)$(不论 k 为正整数或负整数),

$$f(x) = f(x - kT) = y \Rightarrow f^{-1}(y) = x - kT \Rightarrow x = f^{-1}(y) + kT.$$

ii)同理可得 $x = f^{-1}(y) + (k+1)T$,当 $(k+1)T \leq x < m + T < (k+2)T$ 时(不论 k 为正整数或负整数).

☆ 二、几个常用的不等式

不等式是数学分析中的重要问题之一,今后还要进行专题讨论. 这里先讲几个最常用的不等式(以下几章经常要用到).

☆ **例 1.1.7**(平均值不等式) 任意 n 个非负实数的几何平均值小于或等于它们的算术平均值. 即 $\forall a_i \geq 0$($i = 1, 2, \cdots, n$),恒有

$$\sqrt[n]{a_1 \cdot a_2 \cdot \cdots \cdot a_n} \leq \frac{a_1 + a_2 + \cdots + a_n}{n}, \tag{1}$$

且其中的等号当且仅当 $a_1 = a_2 = \cdots = a_n$ 时成立.

该定理有许多巧妙的证明方法. 这里采用反向归纳法.

证 1°(证明命题对一切 $n = 2^k$($k = 1, 2, \cdots$)成立.)首先,有

$$\sqrt{a_1 a_2} = \sqrt{\left(\frac{a_1 + a_2}{2}\right)^2 - \left(\frac{a_1 - a_2}{2}\right)^2} \leq \frac{a_1 + a_2}{2} \tag{2}$$

(等号当且仅当 $a_1 = a_2$ 时成立).

其次,

$$\sqrt[4]{a_1 a_2 a_3 a_4} = \sqrt{\sqrt{a_1 a_2} \sqrt{a_3 a_4}} \leq \frac{\left(\dfrac{a_1 + a_2}{2}\right) + \left(\dfrac{a_3 + a_4}{2}\right)}{2} = \frac{a_1 + a_2 + a_3 + a_4}{4}$$

(利用(2),等号当且仅当 $a_1 = a_2 = a_3 = a_4$ 时成立).

类似,$\forall k \in \mathbf{N}$,重复上述方法 k 次,

$$\sqrt[2^k]{a_1 a_2 \cdots a_{2^k}} \leq \sqrt[2^{k-1}]{\frac{a_1 + a_2}{2} \frac{a_3 + a_4}{2} \cdots \frac{a_{2^k - 1} + a_{2^k}}{2}} \leq \cdots \leq \frac{a_1 + a_2 + \cdots + a_{2^k}}{2^k}$$

(等号当且仅当 $a_1 = a_2 = \cdots = a_{2^k}$ 时成立).

2° 记 $A = \dfrac{a_1 + a_2 + \cdots + a_n}{n}$,则 $nA = a_1 + a_2 + \cdots + a_n$. 假设不等式对 $n+1$ 成立,则

$$A = \frac{nA + A}{n+1} = \frac{a_1 + a_2 + \cdots + a_n + A}{n+1} \geqslant \sqrt[n+1]{a_1 a_2 \cdots a_n A},$$

故 $A^{n+1} \geqslant a_1 a_2 \cdots a_n A, A^n \geqslant a_1 a_2 \cdots a_n, A \geqslant (a_1 a_2 \cdots a_n)^{\frac{1}{n}}$. 这表明不等式对 n 成立. 跟 n + 1 时一样,等号当且仅当 $a_1 = a_2 = \cdots = a_n$ 时成立.

注 学过条件极值的读者,还可用 Lagrange 乘数法证明这里的"平均值不等式"(见例 6.3.11 的练习 1).

☆ **例 1.1.8**(对数不等式)

$$\frac{x}{1+x} \leqslant \ln(1+x) \leqslant x \ (\text{当 } x > -1 \text{ 时}), \tag{1}$$

等号当且仅当 $x = 0$ 时成立.

证 (证明用到导数知识,尚未学过导数的读者可暂缓阅读.)

式(1)右端的不等式等价于要证明:$f(x) \xup018\overset{\text{记}}{=\!=\!=} x - \ln(1+x) > 0$. 根据 Lagrange 公式:

$$f(x) = f(0) + f'(\xi) \cdot x = \frac{\xi x}{1+\xi} > 0,$$

其中 $\xi:0 < \xi < x$(当 $x > 0$ 时),$x < \xi < 0$(当 $-1 < x < 0$ 时). 式(1)右端获证.

类似可证 $g(x) = \ln(1+x) - \dfrac{x}{1+x} > 0. \ x = 0$ 的情况明显.

☆ **注** 在(1)式中令 $x = \dfrac{1}{n}$,可得重要不等式

$$\frac{1}{1+n} < \ln\left(1 + \frac{1}{n}\right) < \frac{1}{n} \ (i = 1, 2, \cdots). \tag{2}$$

利用此不等式易证经典极限 $\lim\limits_{n \to \infty}\left(1 + \dfrac{1}{2} + \cdots + \dfrac{1}{n} - \ln n\right)$ 存在(见例 1.2.11).

练习 试证 $\dfrac{2}{\pi}x \leqslant \sin x \leqslant x$（当 $0 < x < \dfrac{\pi}{2}$ 时）.

提示 考虑 $f(x) = \dfrac{\sin x}{x}, f' < 0, f \searrow, f\left(\dfrac{\pi}{2}\right) < f(x) < f(+0) \left(0 < x < \dfrac{\pi}{2}\right)$.

更多不等式请看 §3.4 和 §4.4.

三、Wallis 公式

^{new}☆ **例 1.1.9**(Wallis 公式) 整数 $n(n \geqslant 1)$ 的双阶乘 $n!!$ 定义为

$$n!! = \begin{cases} 2 \cdot 4 \cdots (n-2) \cdot n, & \text{当 } n \text{ 为偶数时}, \\ 1 \cdot 3 \cdot 5 \cdots (n-2) \cdot n, & \text{当 } n \text{ 为奇数时}. \end{cases}$$

$$I_n = \int_0^{\frac{\pi}{2}} \sin^n x\, dx = \int_0^{\frac{\pi}{2}} \cos^n x\, dx = \begin{cases} \dfrac{(n-1)!!}{n!!} \cdot \dfrac{\pi}{2}, & \text{当 } n \text{ 为偶数时}, \\ \dfrac{(n-1)!!}{n!!}, & \text{当 } n \text{ 为奇数时}. \end{cases} \tag{a}$$

$$I_{m,n} = \int_0^{\frac{\pi}{2}} \sin^m x \cos^n x \, dx = \begin{cases} \dfrac{(m-1)!!(n-1)!!}{(m+n)!!} \cdot \dfrac{\pi}{2}, & \text{当 } m,n \text{ 都为偶数时,} \\[2mm] \dfrac{(m-1)!!(n-1)!!}{(m+n)!!}, & \text{否则.} \end{cases} \quad (\text{b})$$

(之所以列出此公式, 因为以后用得实在太多. 记住公式(b), 公式(a)就好记了.)

证 1° $I_n = \int_0^{\frac{\pi}{2}} \sin^n x \, dx = -\int_0^{\frac{\pi}{2}} \sin^{n-1} x \, d\cos x$ (利用分部积分)

$$= -\sin^{n-1} x \cos x \Big|_{x=0}^{\frac{\pi}{2}} + (n-1)\int_0^{\frac{\pi}{2}} \sin^{n-2} x \, \cos^2 x \, dx$$

$$= (n-1)\int_0^{\frac{\pi}{2}} \sin^{n-2} x \, dx - (n-1)\int_0^{\frac{\pi}{2}} \sin^n x \, dx$$

$$= (n-1)I_{n-2} - (n-1)I_n.$$

合并后得递推公式: $I_n = \dfrac{n-1}{n} I_{n-2}.$

用递推公式进行迭代: $I_n = \dfrac{n-1}{n} \cdot \dfrac{n-3}{n-2} I_{n-4} = \cdots.$

当 n 为偶数时,

$$I_n = \frac{n-1}{n} \cdot \frac{n-3}{n-2} \cdots \frac{3}{4} \cdot \int_0^{\frac{\pi}{2}} \sin^2 x \, dx = \frac{(n-1)!!}{n!!} \cdot \frac{\pi}{2}.$$

$\left(\text{这是因为} \int_0^{\frac{\pi}{2}} \sin^2 x \, dx = \int_0^{\frac{\pi}{2}} \frac{1-\cos 2x}{2} dx \xrightarrow{\text{令} 2x=t} \frac{\pi}{4} - \frac{1}{4}\int_0^{\pi} \cos t \, dt = \frac{\pi}{4}. \right)$

当 n 为奇数时, $I_n = \dfrac{n-1}{n} \cdot \dfrac{n-3}{n-2} \cdots \dfrac{2}{3} \cdot \int_0^{\frac{\pi}{2}} \sin x \, dx = \dfrac{(n-1)!!}{n!!}.$

2° $\int_0^{\frac{\pi}{2}} \cos^n x \, dx \xrightarrow{\text{令} t=\frac{\pi}{2}-x} -\int_{\frac{\pi}{2}}^{0} \sin^n t \, dt = \int_0^{\frac{\pi}{2}} \sin^n t \, dt \xrightarrow{t \text{ 改为 } x} \int_0^{\frac{\pi}{2}} \sin^n x \, dx.$

3° $I_{m,n} = \int_0^{\frac{\pi}{2}} \sin^m x \, \cos^n x \, dx = \int_0^{\frac{\pi}{2}} \sin^m x \, \cos^{n-1} x \, d\sin x$

$$= \sin^m x \cos^{n-1} x \sin x \Big|_0^{\frac{\pi}{2}} - \int_0^{\frac{\pi}{2}} \sin x \, d(\sin^m x \cos^{n-1} x)$$

$$= -m\int_0^{\frac{\pi}{2}} \sin^m x \, \cos^n x \, dx + (n-1)\int_0^{\frac{\pi}{2}} \sin^{m+2} x \, \cos^{n-2} x \, dx$$

$$= -mI_{m,n} + (n-1)I_{m+2,n-2}.$$

将第一项移到左端合并, 再同除以 $(m+1)$, 得

$$I_{m,n} = \frac{n-1}{m+1} I_{m+2,n-2} (\text{以此进行迭代}).$$

(1) 当 n 为偶数: $n = 2k$ 时,

$$I_{m,n} = \frac{n-1}{m+1} I_{m+2,n-2} = \frac{n-1}{m+1} \cdot \frac{n-3}{m+3} I_{m+4,n-4} = \cdots$$

$$= \frac{(n-1)(n-3)\cdots 1}{(m+1)(m+3)\cdots(m+n-1)} I_{m+n}$$

$$= \begin{cases} \dfrac{(n-1)(n-3)\cdots 1}{(m+1)(m+3)\cdots(m+n-1)} \dfrac{(m+n-1)!!}{(m+n)!!} \cdot \dfrac{\pi}{2}, & \text{当 } m \text{ 也为偶数时}, \\[3mm] \dfrac{(n-1)(n-3)\cdots 1}{(m+1)(m+3)\cdots(m+n-1)} \dfrac{(m+n-1)!!}{(m+n)!!}, & \text{否则} \end{cases}$$

$$= \begin{cases} \dfrac{(m-1)!!\,(n-1)!!}{(m+n)!!} \cdot \dfrac{\pi}{2}, & \text{当 } m \text{ 也为偶数时}, \\[3mm] \dfrac{(m-1)!!\,(n-1)!!}{(m+n)!!}, & \text{否则} \end{cases}$$

$$\left(\text{因} \frac{(n-1)(n-3)\cdots 1}{(m+1)(m+3)\cdots(m+n-1)} = \frac{(m-1)!!\,(n-1)!!}{(m+n-1)!!} \right).$$

（2）当 n 为奇数：$n = 2k+1$（不论 m 是偶数还是奇数）时，

$$I_{m,n} = \frac{n-1}{m+1} I_{m+2,n-2} = \frac{n-1}{m+1} \cdot \frac{n-3}{m+3} I_{m+4,n-4} = \cdots$$

$$= \frac{(n-1)(n-3)\cdots 2}{(m+1)(m+3)\cdots(m+n-2)} I_{m+n-1,1}.$$

注意其中 $I_{m+n-1,1} = \displaystyle\int_0^{\frac{\pi}{2}} \sin^{m+n-1} x \cos x \, dx = \int_0^{\frac{\pi}{2}} \sin^{m+n-1} x \, d\sin x = \int_0^1 t^{m+n-1} \, dt = \dfrac{1}{m+n}.$

代入上式得

$$I_{m,n} = \frac{(n-1)(n-3)\cdots 2}{(m+1)(m+3)\cdots(m+n-2)} \cdot \frac{1}{m+n} = \frac{(n-1)!!\,(m-1)!!}{(m+n)!!}.$$

联合（1）和（2）即得欲证等式（b）.

✒ 单元练习 1.1

1.1.1 求复合函数表达式：

1）已知 $f(x) = \dfrac{x}{\sqrt{1+x^2}}$，设 $f_n(x) = f\{f[\cdots(f(x))\cdots]\}$（$n$ 个 f），求 $f_n(x)$；（南京邮电大学等）

2）设 $f(x) = \dfrac{x}{x-1}$，试证明 $f[f(f(x))] = f(x)$，并求 $f\left(\dfrac{1}{f(x)}\right)$（$x \neq 0, x \neq 1$）.（华中科技大学）

提示 1）可用数学归纳法证明 $f_n(x) = \dfrac{x}{\sqrt{1+nx^2}}$； 2）$f\left(\dfrac{1}{f(x)}\right) = 1 - x$.

1.1.2 是否存在这样的函数，它在区间 $[0,1]$ 上每点取有限值，在此区间的任何点的任意邻域内无界.（上海师范大学）

提示 $f(x) = \begin{cases} n & \left(x = \dfrac{m}{n}, m, n \text{ 为互质整数}, n > 0\right), \\ 0 & (x \text{ 为无理数}). \end{cases}$

1.1.3 试说明能有无穷多个函数，其中每个函数 f，皆使 $f \circ f$ 为 $\mathbf{R}$ 上的恒等函数.

提示 $\forall g:(0,+\infty)\to(-\infty,0)$ 只要给成是一对一的,则

$$f(x)=\begin{cases} g(x), & x\in(0,+\infty), \\ 0, & x=0, \\ g^{-1}(x), & x\in(-\infty,0) \end{cases}$$

皆是.

1.1.4 设 f 为 $\mathbf{R}$ 上的奇函数,$f(1)=a$,$f(x+2)-f(x)=f(2)$,$\forall x\in\mathbf{R}$.

1) 试用 a 表达 $f(2)$ 和 $f(5)$; 《$f(2)=2a$, $f(5)=5a$》

2) a 为何值时,$f(x)$ 是以 2 为周期的周期函数.(清华大学) 《$a=0$》

提示 在所给等式中,以 -1 代入 x,并注意 f 为奇函数.

1.1.5 设 $f(x)=1-x+[x]$(即 x 的小数部分),$g(x)=\sec x$,说明这时 $f(x)-g(x)$ 为何不是周期函数.类似地,$f(x)+g(x)$ 也如此.从而周期函数的和与差未必是周期函数.

提示 设 $F(x)\equiv f(x)-g(x)$ 以 T 为周期,则 $\forall x\in\mathbf{R}$,$F(x+T)=F(x)$.令 $x=0$,得 $F(T)=F(0)=0$,即 $\sec x=1-T+[T]$,此式只有唯一解 $T=0$.

1.1.6(双镜效应) 设 f 是 $\mathbf{R}$ 上的实函数,f 的图像以直线 $x=b$ 和直线 $x=c(b\neq c)$ 分别作为其对称轴,试证 f 必是周期函数,且周期为 $2|b-c|$.

提示 对称点上函数值相等,不妨设 $b>c$:

$$f(b+x)=f(b-x)\xrightarrow{\text{以}\,b-x\,\text{代入}\,x}f(2b-x)=f(x),\text{类似有}\,f(2c-x)=f(x),\text{得}$$
$$f(2b-x)=f(2c-x)\Rightarrow f(2(b-c)+x)=f(x)\;(\forall x\in\mathbf{R}).$$

☆**1.1.7** 设 f 是 $\mathbf{R}$ 上的奇函数,并且以直线 $x=a(a\neq0)$ 作为对称轴,试证 f 必为周期函数,并求其周期. 《$4|a|$》

提示 $f(x)=f(2a-x)\xupc{\text{奇性}}-f(x-2a)$,再以 $x-2a$ 代入 x,并与之联立可得 $f(x)=f(x-4a)$($\forall x\in\mathbf{R}$).

***1.1.8** 设 $f(x)$ 是 $\mathbf{R}$ 上以 T 为周期的周期函数($T>0$),且 f 在 $[0,T]$ 上严格单调,试证 $f(x^2)$ 不可能是周期函数.

提示 可用反证法.

再提示 假设 $g(x)\equiv f(x^2)$ 是以 $T_1>0$ 为周期的周期函数,则 $f((x+T_1)^2)=f(x^2)$.令 $x=0$,可知 $T_1^2=nT$.进而以 $x=\sqrt{(n+1)T}$ 及 $T_1=\sqrt{nT}$ 代入,便发现 $(n+1)n$ 应是平方数,但相邻两正整数之积不可能是平方数.

☆**1.1.9** 证明确界的关系式:

1) 叙述数集 A 的上确界定义,并证明:对于任意有界数列 $\{x_n\}$,$\{y_n\}$,总有

$$\sup\{x_n+y_n\}\leqslant\sup\{x_n\}+\sup\{y_n\};$$

(北京科技大学)

2) 设 A,B 是两个由非负数组成的任意数集,试证 $\sup\limits_{x\in A}x\cdot\sup\limits_{y\in B}y=\sup\limits_{\substack{x\in A\\y\in B}}xy$.

提示 1) $\forall n$,$x_n+y_n\leqslant\sup\{x_n\}+\sup\{y_n\}$,利用确界原理,$\sup\{x_n+y_n\}\leqslant\sup\{x_n\}+\sup\{y_n\}$.

再提示 2) $0\leqslant x\leqslant\sup\limits_{x\in A}x\,(\forall x\in A)$,$0\leqslant y\leqslant\sup\limits_{y\in B}y\,(\forall y\in B)$,故

$$0\leqslant xy\leqslant\sup\limits_{x\in A}x\cdot\sup\limits_{y\in B}y\,(\forall x\in A,\forall y\in B).$$

进而有

$$\sup_{\substack{x \in A \\ y \in B}} xy \leqslant \sup_{x \in A} x \cdot \sup_{y \in B} y; \tag{1}$$

另一方面，$\forall x \in A$，由 $xy \leqslant \sup\limits_{\substack{x \in A \\ y \in B}} xy$（$\forall y \in B$），知 $x \cdot \sup\limits_{y \in B} y \leqslant \sup\limits_{\substack{x \in A \\ y \in B}} xy$（$\forall x \in A$），从而

$$\sup_{x \in A} x \cdot \sup_{y \in B} y \leqslant \sup_{\substack{x \in A \\ y \in B}} xy. \tag{2}$$

由 1)，2)可得欲证的等式成立.

1.1.10 试证：若 $x_n \to +\infty$（当 $n \to +\infty$ 时），则 $\{x_n\}$ 必达到下确界（即 $\exists m \in \mathbf{N}$，使得 $x_m = \inf\{x_n\}$）.（武汉大学）

提示 对 x_1，$\exists N > 0$，$n > N$，$x_n > x_1$，则 $x_m = \min\{x_1, x_2, \cdots, x_N\}$，即证.

☆**1.1.11** 设 f, g 是 $\mathbf{R}$ 上的实函数，且

$$f(x + y) + f(x - y) = 2f(x)g(y), \quad \forall x, y \in \mathbf{R}.$$

在 $\mathbf{R}$ 上 $f(x)$ 不恒等于零，但有界，试证：$|g(y)| \leqslant 1$（$\forall y \in \mathbf{R}$）.

提示 $|f(x)|$ 有界，记 $M = \sup |f(x)|$. $\forall \varepsilon > 0$，$\exists x \in \mathbf{R}$，使得 $M \geqslant |f(x)| > M - \varepsilon$.

$$2M \geqslant |f(x + y)| + |f(x - y)| \geqslant |f(x + y) + f(x - y)|$$
$$= 2|f(x)||g(y)| \geqslant 2(M - \varepsilon)|g(y)|.$$

令 $\varepsilon \to 0$，知 $|g(y)| \leqslant 1$（$\forall y \in \mathbf{R}$）.

*1.1.12 设 f 是闭区间 $[a, b]$ 上的增函数（指 $\forall x_1, x_2 : a \leqslant x_1 < x_2 \leqslant b$，有 $f(x_1) \leqslant f(x_2)$）（但不一定连续），如果 $f(a) \geqslant a$，$f(b) \leqslant b$，试证：$\exists x_0 \in [a, b]$，使得 $f(x_0) = x_0$.（山东大学）

提示 $x_0 = \sup\{x : f(x) \geqslant x\}$.

再提示 因 $f(a) \geqslant a$，故 $A \equiv \{x : f(x) \geqslant x\}$ 非空. f 只在 $[a, b]$ 上有定义，故集合 A 有界. 因此 $x_0 = \sup A$ 有意义，$x_0 \in [a, b]$.

若 $y_0 = f(x_0) > x_0 \xRightarrow{\text{因}f\nearrow} f(y_0) = f(f(x_0)) \geqslant f(x_0) = y_0 \xRightarrow{A\text{的定义}} y_0 \in A \Rightarrow y_0 \leqslant \sup A = x_0$，矛盾.

若 $y_0 = f(x_0) < x_0 \xRightarrow{\text{确界定义}} \exists x_1 \in A$ 使 $y_0 < x_1 \leqslant x_0 \xRightarrow[\text{因}x_1 \leqslant x_0]{f\nearrow} f(x_0) \geqslant f(x_1)$，但 $f(x_0) = y_0 < x_1 \leqslant f(x_1)$，矛盾. 故结论成立.

*1.1.13 设 $f(x)$ 在 $[0, 1]$ 上 $\nearrow$，$f(0) > 0$，$f(1) < 1$. 试证：$\exists x_0 \in (0, 1)$，使得 $f(x_0) = x_0^2$.（福建师范大学）

提示 参考上题. 另外，还可用闭区间套定理来证明（见 §1.8 的单元练习 1.8.5）.

*§1.2 用定义证明极限的存在性

导读 $\varepsilon - N$，$\varepsilon - \delta$ 方法熟练掌握是数学院系学生的基本功，非数学院系学生不作过高要求.

一、用定义证明极限

a. $\varepsilon - N$ 方法

要点 要证 $\lim\limits_{n \to \infty} x_n = A$，按定义：$\forall \varepsilon > 0$，$\exists N > 0$，当 $n > N$ 时，有 $|x_n - A| < \varepsilon$，就

是要根据 ε 找 N. 一般有三种方法：

1）（**等价代换法**求最小的 N）$\forall \varepsilon > 0$，将绝对值不等式 $|x_n - A| < \varepsilon$ 作等价代换（解不等式），解出 $n > N(\varepsilon)$（$N(\varepsilon)$ 是含 ε 的一个表达式），然后令 $N = N(\varepsilon)$，则 $n > N$ 时，有 $|x_n - A| < \varepsilon$.

2）（**放大法**）有时 $|x_n - A| < \varepsilon$ 很难解出 n，只好将表达式 $|x_n - A|$ 简化、放大，使之成为 n 的一个新函数（记作 $H(n)$）：$|x_n - A| \le H(n)$. 于是，要 $|x_n - A| < \varepsilon$，只要 $H(n) < \varepsilon$ 即可. 解不等式 $H(n) < \varepsilon$，求得 $n > N(\varepsilon)$，于是令 $N = N(\varepsilon)$，则当 $n > N$ 时，有 $|x_n - A| < \varepsilon$.

3）（**分步法**）有时 $|x_n - A|$ 特别复杂，无法进行放大简化. 只有假定 n 已足够大，例如已大过某个数 N_1，我们发现当 $n > N_1$ 时，$|x_n - A|$ 可简化、放大成 $H(n)$，即 $|x_n - A| \le H(n)$，于是解不等式 $H(n) < \varepsilon$，求得 $n > N(\varepsilon)$，则令 $N = \max\{N_1, N(\varepsilon)\}$，当 $n > N$ 时，有 $|x_n - A| < \varepsilon$.

对函数极限 $\lim\limits_{x \to a} f(x) = A$ 有类似的 $\varepsilon - \delta$ 方法.

☆**例 1.2.1** 1）用 $\varepsilon - N$ 方法证明 $\lim\limits_{n \to \infty} \sqrt[n]{n+1} = 1$；（山东大学）

2）设 $\lim\limits_{n \to \infty} x_n = A$（有限数），试证：$\lim\limits_{n \to \infty} \dfrac{x_1 + x_2 + \cdots + x_n}{n} = A$；（湖北大学，中国地质大学）

^{new}3）设 $\{a_n\}$ 是一数列（$a_n \ne 0$），满足 $a_n \to 0$（当 $n \to \infty$ 时）. 定义数集
$$P = \{ka_i \mid k \in \mathbf{Z}, i \in \mathbf{N}\} \quad (\mathbf{Z} = \{0, \pm 1, \pm 2, \cdots\}, \mathbf{N} = \{1, 2, 3, \cdots\}).$$
试证：对任何实数 b，存在数列 $\{b_n\} \subset P$，使得 $\lim\limits_{n \to \infty} b_n = b$. （南开大学）

证 1）（放大法）$\forall \varepsilon > 0$，要 $|\sqrt[n]{n+1} - 1| < \varepsilon$（此式解出 n 有困难），记 $\alpha = \sqrt[n]{n+1} - 1$（设法寻找不等式将 α 放大），此式可改写成
$$1 + n = (1 + \alpha)^n \xlongequal{\text{展开}} 1 + n\alpha + \frac{n(n-1)}{2}\alpha^2 + \cdots + \alpha^n \ge \frac{n(n-1)}{2}\alpha^2,$$
得
$$0 < \alpha < \sqrt{\frac{2(n+1)}{n(n-1)}} \overset{\text{因}2n-2>0}{\le} \sqrt{\frac{2(n+1) + 2n - 2}{n(n-1)}} = \frac{2}{\sqrt{n-1}} \quad (\text{当 } n > 1 \text{ 时}).$$

至此要 $|\alpha| < \varepsilon$，只要 $\dfrac{2}{\sqrt{n-1}} < \varepsilon$，即 $n > \dfrac{4}{\varepsilon^2} + 1$. 故令 $N = \dfrac{4}{\varepsilon^2} + 1$，则 $n > N$ 时有 $|\sqrt[n]{n+1} - 1| = |\alpha| < \varepsilon$.

2）（分步法）当 A 为有限数时，
$$\left| \frac{x_1 + x_2 + \cdots + x_n}{n} - A \right| \le \frac{|x_1 - A| + |x_2 - A| + \cdots + |x_n - A|}{n}.$$

因 $\lim\limits_{n \to \infty} x_n = A$，故 $\forall \varepsilon > 0$，$\exists N_1 > 0$，$n > N_1$ 时，$|x_n - A| < \dfrac{\varepsilon}{2}$. 从而

$$\text{上式} \leqslant \frac{|x_1 - A| + \cdots + |x_{N_1} - A|}{n} + \frac{n - N_1}{n} \cdot \frac{\varepsilon}{2}.$$

注意这里 $|x_1 - A| + \cdots + |x_{N_1} - A|$ 已为定数, 因而 $\exists N_2 > 0$, 当 $n > N_2$ 时,

$$\frac{|x_1 - A| + \cdots + |x_{N_1} - A|}{n} < \frac{\varepsilon}{2}.$$

于是令 $N = \max\{N_1, N_2\}$, 则 $n > N$ 时,

$$\left| \frac{x_1 + \cdots + x_n}{n} - A \right| < \frac{\varepsilon}{2} + \frac{n - N_1}{n} \cdot \frac{\varepsilon}{2} < \frac{\varepsilon}{2} + \frac{\varepsilon}{2} = \varepsilon.$$

3) 1° 因对每个 a_n, 集合 $\{ka_n : k \in \mathbf{Z}\}$ 组成一格点集: 格点间距为 $|a_n|$. 对任何实数 b, 总存在某个 $k \in \mathbf{Z}$, 使得 $|b - ka_n| \leqslant |a_n|$.

2° 因 $\lim\limits_{n \to \infty} |a_n| = 0$, 故 $\forall \varepsilon_m = \dfrac{1}{m} > 0$, $\exists n_m \in \mathbf{N}$, 使得 $0 < |a_{n_m}| < \varepsilon_m$.

如 1° 所述, $\exists k_m \in \mathbf{Z}$, $k_m a_{n_m} \in P$, 使得 $|b - k_m a_{n_m}| \leqslant |a_{n_m}| < \varepsilon_m$.

对每个 $\varepsilon_m > 0$, 把对应找出的 $k_m a_{n_m}$ 记为 b_m, 令 $\varepsilon_m \to 0 (m \to \infty)$, 则 $b_m \to b$, 其中 $\{b_m\} \subset P$ 便是欲求数列.

注 1° 本例第 2) 小题对于 $A = +\infty$ 或 $A = -\infty$ 结论仍成立, 留作练习. 当 $A = \infty$ 时命题结论不再成立. 例如, 数列 $0, 1, -1, 2, -2, \cdots$.

2° 第 2) 小题表明 $\{x_n\}$ 收敛, 则前 n 项的算术平均值必也收敛, 且极限值不变. 此结论以后常用. 另外, 此题用 Stolz (施托尔茨) 公式证明会变得十分简洁 (见 §1.4).

例 1.2.2 证明: 若 $p_k > 0 (k = 1, 2, \cdots)$ 且 $\lim\limits_{n \to \infty} \dfrac{p_n}{p_1 + p_2 + \cdots + p_n} = 0$, $\lim\limits_{n \to \infty} a_n = a$, 则

$$\lim_{n \to \infty} \frac{p_1 a_n + p_2 a_{n-1} + \cdots + p_n a_1}{p_1 + p_2 + \cdots + p_n} = a. \ (\text{东北师范大学})$$

提示 因 $\{a_n\}$ 有界, $\exists M > 0$, 使得

$$\left| \frac{p_1 a_n + p_2 a_{n-1} + \cdots + p_n a_1}{p_1 + p_2 + \cdots + p_n} - a \right|$$

$$\leqslant \frac{1}{p_1 + p_2 + \cdots + p_n} (p_1 |a_n - a| + p_2 |a_{n-1} - a| + \cdots +$$

$$p_{n-N} |a_{N+1} - a| + p_{n-N+1} M + \cdots + p_n M).$$

例 1.2.3 设实数列 $\{x_n\}$ 满足 $x_n - x_{n-2} \to 0 (n \to \infty)$, 证明: $\lim\limits_{n \to \infty} \dfrac{x_n - x_{n-1}}{n} = 0$. (四川大学)

提示 记 $y_n = |x_n - x_{n-1}|$, 则 $|x_n - x_{n-2}| \geqslant |y_n - y_{n-1}|$.

$$\left| \frac{x_n - x_{n-1}}{n} \right| = \frac{y_n}{n} \leqslant \frac{|y_n - y_{n-1}| + |y_{n-1} - y_{n-2}| + \cdots + |y_{N+1} - y_N|}{n} + \frac{y_N}{n}.$$

以上各例, 都是数列的极限. 对于函数极限, 有类似的 $\varepsilon - \delta$ 方法.

☆**例 1.2.4** 按极限定义($\varepsilon - \delta$ 法)证明:$\lim\limits_{x \to 1} \sqrt{\dfrac{7}{16x^2 - 9}} = 1$.(南开大学)

证 因

$$\left| \sqrt{\frac{7}{16x^2 - 9}} - 1 \right| = \left| \frac{\dfrac{7}{16x^2 - 9} - 1}{\sqrt{\dfrac{7}{16x^2 - 9}} + 1} \right| \leqslant \left| \frac{7}{16x^2 - 9} - 1 \right| = \frac{16 \, |1 + x| \, |1 - x|}{|(4x + 3)(4x - 3)|}.$$

用分步法寻找 δ,并不要求一步到位,可以逐步缩小搜寻范围. 例如本题,因 $x \to 1$,若要简化分子,可先设 $|x - 1| < 1$,即 $0 < x < 2$,则

$$上式右端 \leqslant \frac{16 \cdot 3 \, |1 - x|}{3 \cdot 4 \, \left| x - \dfrac{3}{4} \right|} \quad \left(在 \, U(1, 1) \cap \left(\frac{3}{4}, +\infty \right) 成立 \right).$$

进一步设 $|x - 1| < \dfrac{1}{8}$,即 $1 - \dfrac{1}{8} < x < 1 + \dfrac{1}{8}$,于是

$$上式右端 \leqslant 32 \, |1 - x| \quad \left(在 \, U\left(1, \frac{1}{8}\right) 内成立 \right).$$

故 $\forall \varepsilon > 0$,取 $\delta = \min\left\{ \dfrac{\varepsilon}{32}, \dfrac{1}{8} \right\}$,则当 $|x - 1| < \delta$ 时就有 $\left| \sqrt{\dfrac{7}{16x^2 - 9}} - 1 \right| < \varepsilon$.

注 分步法的优越性在于操作上有较大的灵活性、自主性和多样性. 由 ε 找相应的 $\delta(\varepsilon)$,并不要求一步到位. 各人可根据自己的意愿,分步求得. 由任给的 $\varepsilon > 0$ 最后求得的 $\delta(\varepsilon)$ 是否能证明 $\lim\limits_{x \to a} f(x) = A$ 呢? 唯一的标准就看:当 $|x - a| < \delta(\varepsilon)$ 时,是否恒有 $|f(x) - A| < \varepsilon$ 成立."是"就对,"否"则错. 阅卷老师应允许考生有不同的解法,和由此得到的不同的 $\delta(\varepsilon)$.

b. 拟合法

为了证明 $\lim\limits_{n \to \infty} x_n = A$,关键问题在于证明 $|x_n - A|$ 能任意小. 为此,一般来说应尽可能将 x_n 的表达式化简. 值得注意的是,有时 x_n 虽然不能简化,反倒是可以把 A 变复杂,写成与 x_n 相类似的形式(我们把这种方法称为"**拟合法**"). 如:

☆**例 1.2.5** 设 $x \to 0$ 时,$f(x) \sim x$,$x_n = \sum\limits_{i=1}^{n} f\left(\dfrac{2i-1}{n^2} a \right)$. 试证 $\lim\limits_{n \to \infty} x_n = a$($a > 0$).

证 我们注意到 $a = \sum\limits_{i=1}^{n} \dfrac{2i-1}{n^2} a$,从而

$$|x_n - a| = \left| \sum_{i=1}^{n} f\left(\frac{2i-1}{n^2} a \right) - \sum_{i=1}^{n} \frac{2i-1}{n^2} a \right| \leqslant \sum_{i=1}^{n} \left| f\left(\frac{2i-1}{n^2} a \right) - \frac{2i-1}{n^2} a \right|. \quad (1)$$

若我们能证明:$\forall \varepsilon > 0$,n 充分大时,

$$\left| f\left(\frac{2i-1}{n^2} a \right) - \frac{2i-1}{n^2} a \right| < \frac{2i-1}{n^2} \varepsilon \quad (i = 1, 2, \cdots, n), \quad (2)$$

则　　　　　　　　　　式（1）右端 $\leqslant \sum\limits_{i=1}^{n} \dfrac{2i-1}{n^2}\varepsilon = \varepsilon.$

问题获证．要证明式（2），亦即要证明

$$\left| \frac{f\left(\dfrac{2i-1}{n^2}a \right)}{\dfrac{2i-1}{n^2}a} - 1 \right| < \frac{\varepsilon}{a}. \tag{3}$$

事实上，因为 $f(x) \sim x\,(x \to 0)$，因此 $\forall\, \varepsilon > 0, \exists\, \delta > 0$，当 $0 < |x| < \delta$ 时，有

$$\left| \frac{f(x)}{x} - 1 \right| < \frac{\varepsilon}{a}. \tag{4}$$

于是，令 $N = \dfrac{2a}{\delta}$，则 $n > N$ 时，$0 < \dfrac{2i-1}{n^2}a < \delta\ (i = 1, 2, \cdots, n).$ 从而按式（4）式（3）成立．

注 1° 当 $x \to 0$ 时，函数 $\sin x, \tan x, \arcsin x, \arctan x, \mathrm{e}^x - 1, \ln(1+x)$ 都与 x 等价．因此用这些函数的任一个作为本例中的 $f(x)$，结论都成立．特别，$f(x) = \sin x$ 时，该命题可如下证明：

$$\sum_{i=1}^{n} \sin \frac{2i-1}{n^2}a = \frac{1}{2\sin \dfrac{a}{n^2}} \sum_{i=1}^{n} 2\sin \frac{2i-1}{n^2}a \sin \frac{a}{n^2}$$

$$= \frac{1}{2\sin \dfrac{a}{n^2}} \sum_{i=1}^{n} \left(\cos \frac{2i-2}{n^2}a - \cos \frac{2i}{n^2}a \right)$$

$$= \frac{1}{2\sin \dfrac{a}{n^2}} \left(1 - \cos \frac{2}{n}a \right) = \frac{1}{\sin \dfrac{a}{n^2}} \sin^2 \frac{a}{n}$$

$$= \frac{\dfrac{a}{n^2}}{\sin \dfrac{a}{n^2}} \cdot \frac{\left(\sin \dfrac{a}{n} \right)^2}{\left(\dfrac{a}{n} \right)^2} \cdot a \to a\ (n \to \infty).$$

这也可作为该例的一个验证．

2° 拟合法的思想实质，是将单位 1 作适当的分解．本例实质上是利用 $1 = \sum\limits_{i=1}^{n} \dfrac{2i-1}{n^2}$，从而有 $a = \sum\limits_{i=1}^{n} \dfrac{2i-1}{n^2}a.$ 分析数学利用这种拟合法，解决了不少重大问题．本书也时常用到此法，如例 4.1.5，例 4.5.28，例 5.3.41 等．

练习 1 证明：

1）$\lim\limits_{n \to \infty} \prod\limits_{i=1}^{n} \left(1 + \dfrac{2i-1}{n^2}a^2 \right) = \mathrm{e}^{a^2};$　　　　2）$\lim\limits_{n \to \infty} \prod\limits_{i=1}^{n+1} \cos \dfrac{\sqrt{2i-1}}{n}a^2 = \mathrm{e}^{-\frac{a^4}{2}}.$

提示 取对数将连乘化为连加，然后利用上例结果（或方法）．

练习 2　设 $\lim\limits_{n\to\infty} a_n = a$，试证

$$\lim_{n\to\infty} \frac{1}{2^n}(a_0 + C_n^1 a_1 + C_n^2 a_2 + \cdots + C_n^k a_k + \cdots + a_n) = a.$$

证　（拟合法）因 $1 = \dfrac{(1+1)^n}{2^n} = \dfrac{1}{2^n}\sum\limits_{k=0}^{n} C_n^k$，故 $a = \dfrac{1}{2^n}\sum\limits_{k=0}^{n} C_n^k a$，

$$\left| \frac{1}{2^n}\sum_{k=0}^{n} C_n^k a_k - a \right| \le \sum_{k=0}^{n} \frac{C_n^k}{2^n}|\alpha_k|,$$

其中 $\alpha_k = a_k - a \to 0$（当 $k \to +\infty$ 时）. $\exists M > 0$，$|\alpha_k| \le M\,(k = 0,1,2,\cdots)$，$\forall \varepsilon > 0$，$\exists k_0 > 0$，当 $k > k_0$ 时，$|\alpha_k| < \dfrac{\varepsilon}{2}$，

$$上式 \le \sum_{k=0}^{k_0-1} \frac{n^k}{2^n} \cdot M + \frac{1}{2^n}\sum_{k=k_0}^{n} C_n^k \cdot \frac{\varepsilon}{2} \le \frac{Mk_0 n^{k_0}}{2^n} + \frac{\varepsilon}{2}.$$

因 $\dfrac{Mk_0 n^{k_0}}{2^n} \to 0$（当 $n \to \infty$ 时），$\exists N > k_0 > 0$，使 $n > N$ 时，$\dfrac{Mk_0 n^{k_0}}{2^n} < \dfrac{\varepsilon}{2}$. 从而

$$上式 < \frac{\varepsilon}{2} + \frac{\varepsilon}{2} = \varepsilon.$$

***练习 3**　若将 $\dfrac{C_n^k}{2^n}$ 改为一般的实数 $\alpha_{n,k}$，$\forall n \in \mathbf{N}\colon k = 0,1,2,\cdots,n$，问 $\alpha_{n,k}$ 应满足什么条件，该命题仍然成立？即当 $\lim\limits_{n\to\infty} a_n = a$ 时，有 $\lim\limits_{n\to\infty}\sum\limits_{k=0}^{n} \alpha_{n,k} a_k = a$.

c. 用邻域描述极限

要点　用 $U(a,\varepsilon)$ 表示 $(a-\varepsilon, a+\varepsilon)$，并称之为点 a 的 $\underline{\varepsilon-\text{邻域}}$. 那么

$$\lim_{n\to\infty} a_n = a \Leftrightarrow \forall \varepsilon > 0, \exists N > 0, \forall n > N\colon a_n \in U(a,\varepsilon). \tag{A}$$

$$\lim_{n\to\infty} a_n = a \Leftrightarrow \forall \varepsilon > 0, 只有有限个 n \in \mathbf{N}, 使得 a_n \notin U(a,\varepsilon), \tag{B}$$

亦即：$\forall \varepsilon > 0$，在 $(a-\varepsilon, a+\varepsilon)$ 外，仅有有限项.

[new]☆**例 1.2.6**　设 $f\colon \mathbf{N}\to\mathbf{N}_1$，$n = f(m)$（$\mathbf{N}$ 和 $\mathbf{N}_1$ 都是全体自然数组成的空间），且 $\forall n \in \mathbf{N}\colon f^{-1}(n)$ 为有限集. 试证：若 $\lim\limits_{n\to\infty} a_n \overset{存在}{=\!=\!=} a$，则 $\lim\limits_{m\to\infty} a_{f(m)} \overset{存在}{=\!=\!=} a$.（中国科学技术大学）

释题　作为映射，$n = f(m)$，"每个 m 必有且仅有一个 n 与之对应"，此外，① 可以有多个不同的 m 与同一个 n 相对应，② 甚至有无穷多个不同的 m 与同一个 n 相对应.

题设：$f^{-1}(n)$ 为有限集. 意指：第②种情况不发生. 因此题意是：若 $\lim\limits_{n\to\infty} a_n \overset{存在}{=\!=\!=} a$，且情况②不发生，试证：$\lim\limits_{m\to\infty} a_{f(m)} \overset{存在}{=\!=\!=} a$.

证 I　（利用极限的等价描述（B）.）已知 $\lim\limits_{n\to\infty} a_n \overset{存在}{=\!=\!=} a$，（利用（B）的必要性）即 $\forall \varepsilon > 0$，在 a 的 ε 邻域外最多有 a_n 的有限项，记作 $\{a_{n_j}\}_{j=1}^{k} = \{a_{n_1}, a_{n_2}, \cdots, a_{n_k}\}$.

又每个 n_j 对应的 $\{m \mid n_j = f(m)\}$ 皆为有限集，它们的并：$E = \bigcup\limits_{j=1}^{k} \{m \mid n_j = f(m)\}$

仍是有限集. 此即: a 的 ε 邻域外最多只有 $\{a_{f(m)}\}$ 的有限项 $\{a_{f(m)}\}_{m \in E}$. 故根据(B) 的充分性, $\lim\limits_{m \to \infty} a_{f(m)} \xrightarrow{\text{存在}} a$.

注 若缺少 $f^{-1}(n)$ 为有限集的条件, 结论可能不成立. 例如: 若 $a_8 \neq a$, 但 $f(m) = 8$, 则 $\lim\limits_{m \to \infty} a_{f(m)} = a_8 \neq a$.

证 II (利用极限的等价描述(A).) 已知 $\lim\limits_{n \to \infty} a_n \xrightarrow{\text{存在}} a$, (利用(A)的必要性) 即 $\forall \varepsilon > 0, \exists N > 0,$ 当 $n > N$ 时, $a_n \in U(a, \varepsilon)$.

因对每个 n: $f^{-1}(n)$ 都为有限集, 故 $\bigcup\limits_{n \leqslant N} f^{-1}(n)$ 仍是有限集, 因此, $\exists M = \max\{m \mid m \in \bigcup\limits_{n \leqslant N} f^{-1}(n)\}$, 则 $m > M$ 时, 有 $a_{f(m)} \in U(a, \varepsilon)$. 根据(A)的充分性, $\lim\limits_{m \to \infty} a_{f(m)} \xrightarrow{\text{存在}} a$.

证 III (利用子列.) 只需证明: $\{n = f(m)\}_{m=1}^{\infty}$ 是 $\{n\}_{n=1}^{\infty}$ 的子列(要求趋向 $+\infty$, 可不递增), 则由 $\lim\limits_{n \to \infty} a_n \xrightarrow{\text{存在}} a$ 即知 $\lim\limits_{m \to \infty} a_{f(m)} \xrightarrow{\text{存在}} a$.

事实上, 若 $\{f(m)\}_{m=1}^{\infty}$ 不是 $\{n\}_{n=1}^{\infty}$ 的子列, 则说明 $\{f(m)\}_{m=1}^{\infty}$ 只是 $\{n\}_{n=1}^{\infty}$ 中的有限项, 也就是说: $\{n\}_{n=1}^{\infty}$ 中的有限项对应着 $\{f(m)\}_{m=1}^{\infty}$ 中的无穷多项. 因此, 至少有一个 n 通过 $n = f(m)$ 对应无穷多个 m. 与题设矛盾. 可见, $\{f(m)\}_{m=1}^{\infty}$ 只可能是 $\{n\}_{n=1}^{\infty}$ 的子列. 证毕.

二、用 Cauchy 准则证明极限

要点 数列 $\{x_n\}$ 收敛(指其极限存在且为有限值) $\xleftrightarrow{\text{Cauchy准则}} \forall \varepsilon > 0, \exists N > 0,$ 当 m, $n > N$ 时, 有 $|x_m - x_n| < \varepsilon \xRightarrow{\text{亦即}} \forall \varepsilon > 0, \exists N > 0,$ 当 $n > N$ 时, $|x_{n+p} - x_n| < \varepsilon \, (\forall p > 0)$.

Cauchy 准则的优点在于不要事先知道极限的猜测值 A, 如

例 1.2.7 设 $x_n = \dfrac{\sin 1}{2} + \dfrac{\sin 2}{2^2} + \cdots + \dfrac{\sin n}{2^n}$, 试证 $\{x_n\}$ 收敛. (北京航空航天大学, 华中师范大学)

证 因

$$|x_{n+p} - x_n| \leqslant \frac{1}{2^{n+1}} + \frac{1}{2^{n+2}} + \cdots + \frac{1}{2^{n+p}} = \frac{1}{2^{n+1}}\left(1 + \frac{1}{2} + \cdots + \frac{1}{2^{p-1}}\right)$$

$$\leqslant \frac{1}{2^{n+1}}\left(\frac{1}{1 - \dfrac{1}{2}}\right) = \frac{1}{2^n} < \frac{1}{n},$$

$\forall \varepsilon > 0 \left(\text{只要 } \dfrac{1}{n} < \varepsilon \left(\text{即 } n > \dfrac{1}{\varepsilon}\right)\right)$, 令 $N = \dfrac{1}{\varepsilon}$, 则 $n > N$ 时, 有 $|x_{n+p} - x_n| < \varepsilon \, (\forall p > 0)$, $\{x_n\}$ 收敛获证.

例 1.2.8 判断如下命题的真伪:

数列 $\{a_n\}$ 存在极限 $\lim\limits_{n\to\infty} a_n = a$ 的充分必要条件是:对任一自然数 p,都有 $\lim\limits_{n\to\infty} |a_{n+p} - a_n| = 0$.(北京大学)

答 该命题不对,例如 $a_n = \sqrt{n}$($n = 1, 2, \cdots$),虽然 $\forall p > 0$,$|a_{n+p} - a_n| = \dfrac{p}{\sqrt{n+p} + \sqrt{n}} \to 0$(当 $n \to \infty$ 时),但 $a_n = \sqrt{n} \to +\infty$(当 $n \to \infty$ 时),无有限极限(又如 $b_n = \ln n$ 亦可说明).

注 正确的说法是:数列 $\{a_n\}$ 有有限极限的充分必要条件是 $|a_{n+p} - a_n| \rightrightarrows 0$,当 $n \to \infty$ 时,关于 $p \in \mathbf{N}$ 一致.

意指:$\forall \varepsilon > 0$,$\exists N = N(\varepsilon) > 0$,此 N 只与 ε 有关与 p 的大小无关,当 $n > N$ 时,恒有

$$|a_{n+p} - a_n| < \varepsilon \text{(对所有 } p \in \mathbf{N} \text{ 同时成立)}.$$

三、否定形式及"$\forall$"和"$\exists$"的使用法则

要点 $x_n \nrightarrow A$(当 $n \to \infty$ 时),按定义指:

$$\exists \varepsilon_0 > 0, \forall N > 0, \exists n_1 > N, \text{使得} |x_{n_1} - A| \geq \varepsilon_0$$

$\xLeftrightarrow{\text{按Cauchy准则}} \exists \varepsilon_0 > 0, \forall N > 0, \exists m_1, n_1 > N, \text{使得} |x_{m_1} - x_{n_1}| \geq \varepsilon_0$

($\xLeftrightarrow{\text{亦即}} \exists \varepsilon_0 > 0, \forall N > 0, \exists n_1 > N, \text{及} p_1 > 0, \text{使得} |x_{n_1 + p_1} - x_{n_1}| \geq \varepsilon_0$).

☆**例 1.2.9** 证明 $\lim\limits_{n\to\infty} \sin n$ 不存在.(武汉大学)

证 I (用极限定义)因为 $-1 \leq \sin n \leq 1$,所以我们只要证明:任意 $A \in [-1, 1]$,$\lim\limits_{n\to\infty} \sin n \neq A$ 即可. 不妨设 $A \in [0, 1]$(对于 $[-1, 0]$ 的情况,类似可证). 根据极限定义,我们只要证明:$\exists \varepsilon_0 > 0$,$\forall N > 0$,$\exists n > N$,使得 $|\sin n - A| \geq \varepsilon_0$.

事实上,可取 $\varepsilon_0 = \dfrac{\sqrt{2}}{2}$,$\forall N > 0$,令 $n = \left[\left(2N\pi - \dfrac{\pi}{2}\right) + \dfrac{\pi}{4}\right]$(这里 $[\cdot]$ 表示取整数部分),则 $n > N$,且由

$$\left(2N\pi - \frac{\pi}{2}\right) - \frac{\pi}{4} < n < \left(2N\pi - \frac{\pi}{2}\right) + \frac{\pi}{4}, \quad \sin n < -\frac{\sqrt{2}}{2},$$

知

$$|\sin n - A| \geq \frac{\sqrt{2}}{2}.$$

证 II 根据 Cauchy 准则,要证 $\lim\limits_{n\to\infty} \sin n$ 不存在,即要证明:$\exists \varepsilon_0 > 0$,$\forall N > 0$,$\exists n, m > N$,使得 $|\sin n - \sin m| \geq \varepsilon_0$.

取 $\varepsilon_0 = \dfrac{\sqrt{2}}{2}$,$\forall N > 0$,令 $n = \left[2N\pi + \dfrac{3}{4}\pi\right]$,$m = [2N\pi + 2\pi]$($[\cdot]$ 表示取整数部分),则 $m > n > N$,且 $2N\pi + \dfrac{\pi}{4} < n < 2N\pi + \dfrac{3}{4}\pi$,$2N\pi + \pi < m < 2N\pi + 2\pi$,

$$| \sin n - \sin m | \geqslant \varepsilon_0 = \frac{\sqrt{2}}{2}.$$

这表明 $\{\sin n\}$ 发散.

证 III (反证法) 若 $\lim\limits_{n\to\infty} \sin n = A$, 因 $\sin (n+2) - \sin n = 2\sin 1 \cos (n+1)$, 知 $\lim\limits_{n\to\infty} 2\sin 1\cos (n+1) = \lim\limits_{n\to\infty} [\sin (n+2) - \sin n] = A - A = 0$, 从而

$$\lim_{n\to\infty} \cos n = 0, A = \lim_{n\to\infty} \sin n = \lim_{n\to\infty} \sqrt{1 - \cos^2 n} = 1.$$

但 $\sin 2n = 2\sin n \cdot \cos n$, 取极限得 $A = 0$, 矛盾.

逻辑量词"$\forall$"和"$\exists$"的使用法则

注 1° $\varepsilon - N(\varepsilon - \delta)$ 方法的引进, 是数学分析划时代的进步, 是质的飞跃, 从此跨入了一个新时代. 数学院系各专业的学生务必熟练掌握, 非数学院系学生不作高要求.

2° 方法的精髓是: 用任意小量 (常量) $\varepsilon > 0$ 来刻画和鉴别无穷小量 (变量). 其中 $N(\delta)$ 是进程"时刻"的标志 (进入某一时刻之后, $| x_n - A |$ 就能比事先任意给定的 $\varepsilon > 0$ 还要小).

3° $\varepsilon > 0$, 可用 $\frac{1}{k}$ ($k \in \mathbf{N}_+$ 是正整数) 来替代. 如 $x_n \to A$ (当 $n \to \infty$ 时) 可等价地定义为: $\forall k \in \mathbf{N}_+$, $\exists N > 0$, 当 $n > N$ 时 $| x_n - A | < \frac{1}{k}$.

$x_n \nrightarrow A$ (当 $n \to \infty$ 时) 可描述为: $\exists k_0 \in \mathbf{N}_+$, $\forall N > 0$, $\exists n > N$, 使得 $| x_n - A | \geqslant \frac{1}{k_0}$.

函数极限的 Cauchy 准则, 也有类似的结论.

4° 如上所见, 从肯定变到否定, 有如下规律. 即 "$\forall$" 与 "$\exists$" 对换. 肯定形式为 "$\forall \cdots \exists \cdots$使得$\cdots$", 否定形式则为 "$\exists \cdots$使得$\forall \cdots$".

5° 当存在符号 "$\exists$" 出现在任意符号 "$\forall$" 之后时, 例如 "$x_n \to A$ (当 $n \to \infty$ 时), $\forall \varepsilon > 0$, $\exists N > 0 \cdots$", 这里的 $N > 0$ 是依赖于 ε 的. 严格来说应写成 $\exists N(\varepsilon) > 0$. 虽然 $N(\varepsilon)$ 常写成 N, 但心里随时要记住它与 ε 息息相关.

6° 当 "$\forall$" 出现在论断的最后时, 如 Cauchy 准则 "$\forall \varepsilon > 0$, $\exists N > 0$, 当 $n > N$ 时, $| x_{n+p} - x_n | < \varepsilon$ ($\forall p > 0$)." 这里 "$\forall p$" 最好读作 "对所有的 p 都成立". 当 "$\forall$" 出现在论断之首时, 一般读作 "对每一个给定的$\cdots$".

7° 特别地, 若能证明: $\forall n \in \mathbf{N}$, 有 $| x_{n+p} - x_n | \geqslant \varphi(n,p) \to a \neq 0$ (当 $p \to \infty$ 时), 按 Cauchy 准则, 可断定 $\{x_n\}$ 发散. 如

例 1.2.10 数列 $S_n = \sum\limits_{k=1}^{n} \dfrac{1}{k}$ ($n = 1, 2, \cdots$) 发散.

证 $\forall n \in \mathbf{N}$,

$$| S_{n+p} - S_n | = \frac{1}{n+1} + \frac{1}{n+2} + \cdots + \frac{1}{n+p} \geqslant \frac{p}{n+p} \to 1 (当 p \to \infty 时),$$

因此,只要取 $\varepsilon_0 = \dfrac{1}{2}$,则 $\forall N > 0, n > N, \exists p > 0$,使得 $|S_{n+p} - S_n| \geqslant \dfrac{1}{2} = \varepsilon_0$. 故 $\{S_n\}$ 发散.

^{new} 练习1 设数列 $\{x_n\}$ 满足:当 $n < m$ 时,有 $|x_n - x_m| > \dfrac{1}{n}$. 证明:$\{x_n\}$ 无界. (北京大学)

提示 根据已知条件,对 x_1,有邻域 $(x_1 - 1, x_1 + 1)$ 使得 $\{x_n\}_{n=2}^{\infty}$ 均在其外. 同理对 x_2,有邻域 $\left(x_2 - \dfrac{1}{2}, x_2 + \dfrac{1}{2}\right)$ 使得 $\{x_n\}_{n=3}^{\infty}$ 均在其外. 如此下去,可得一串邻域 $\left\{\left(x_n - \dfrac{1}{n}, x_n + \dfrac{1}{n}\right)\right\}$,并且后面的中心点不在前面的邻域里. 例 1.2.10 已证明 $\displaystyle\sum_{k=1}^{n} \dfrac{1}{k}$ 发散,所以 $\{x_n\}$ 不可能有界.

^{new} *练习2 下述结论是否成立:数列 $\{a_n\}$ 收敛的充分必要条件是 $\forall p$(自然数),

$$\lim_{n \to \infty} |a_{n+p} - a_n| = 0. \tag{1}$$

(北京大学)

解答 1°(条件(1)不是充分条件.)例如序列:

$$\{a_n\} = \left\{1 + \dfrac{1}{2} + \dfrac{1}{3} + \cdots + \dfrac{1}{n}\right\},$$

$\forall p \in \mathbf{N}$,有

$$|a_{n+p} - a_n| = \dfrac{1}{n+1} + \cdots + \dfrac{1}{n+p} \leqslant \dfrac{p}{n+1} \to 0 (n \to \infty).$$

说明条件(1)成立. 但例 1.2.10 已证明此数列发散.

2°(条件(1)是必要条件.)若 $\{a_n\}$ 收敛,根据 Cauchy 准则,$\forall \varepsilon > 0, \exists N > 0$,当 $n > N$ 时,有

$$|a_{n+p} - a_n| < \varepsilon, \forall p \in \mathbf{N}. \tag{2}$$

可见条件(1)成立. 总之,式(1)是 $\{a_n\}$ 收敛的必要条件,而非充分条件.

注 条件(1)是根据给定的 p 找出对应的 N,故由此找出的 N 与 p 有关系,一般应记为 N_p. 当且仅当对所有 p 找出的诸多 N_p,存在最大值 $N = \max\limits_{p} N_p$ 时,条件(1)才等价于 Cauchy 准则,即满足条件(2).

四、利用单调有界原理证明极限存在

我们知道:

$$\{x_n\} 收敛 \Rightarrow \{x_n\} 有界,$$

但逆命题不成立.

但是有单调性条件,情况大不一样.

要点 单调有界原理:

$$\{x_n\} \nearrow, 有上界 \Rightarrow \lim_{n \to \infty} x_n \overset{存在}{=\!=\!=\!=} \sup_{n} \{x_n\}$$

或

$$\{x_n\} \searrow, 有下界 \Rightarrow \lim_{n \to \infty} x_n \overset{存在}{=\!=\!=\!=} \inf_{n} \{x_n\}$$

(单调不必是严格的).

对函数极限有类似结论.

☆**例 1.2.11** 证明:数列 $x_n = 1 + \dfrac{1}{2} + \cdots + \dfrac{1}{n} - \ln n$ $(n = 1, 2, \cdots)$ 单调下降有界,从而有极限(此极限称为 Euler 常数,下面记作 C). 于是

$$1 + \frac{1}{2} + \cdots + \frac{1}{n} \xlongequal{\text{表示成}} C + \ln n + \varepsilon_n \text{(其中 } \varepsilon_n \to 0, \text{当 } n \to \infty \text{ 时)}.$$

证 利用已知的不等式 $\dfrac{1}{1+n} < \ln\left(1 + \dfrac{1}{n}\right) < \dfrac{1}{n}$(见例 1.1.8 式(2))有

$$x_{n+1} - x_n = \frac{1}{1+n} - \ln(1+n) + \ln n = \frac{1}{1+n} - \ln\left(1 + \frac{1}{n}\right) < 0.$$

故 $\{x_n\}$ 严 ↘.

又因
$$x_n = \sum_{k=1}^{n} \frac{1}{k} - \ln\left(\frac{n}{n-1} \cdot \frac{n-1}{n-2} \cdot \frac{n-2}{n-3} \cdot \cdots \cdot \frac{3}{2} \cdot \frac{2}{1}\right)$$

$$= \sum_{k=1}^{n} \frac{1}{k} - \sum_{k=1}^{n-1} \ln\left(1 + \frac{1}{k}\right) = \sum_{k=1}^{n-1} \left[\frac{1}{k} - \ln\left(1 + \frac{1}{k}\right)\right] + \frac{1}{n}$$

$$> \frac{1}{n} > 0.$$

即 $\{x_n\}$ 有下界. $\{x_n\}$ ↘ 有下界,故 $\lim\limits_{n\to\infty} x_n$ 存在.

注 如果题目只要求证明 $\{x_n\}$ 收敛,不限定方法,则还可用更简便的方法来证(见例 1.3.17).

例 1.2.12 设 $x_n = \sum\limits_{k=1}^{n} \dfrac{1}{\sqrt{k}} - 2\sqrt{n}$,证明 $\lim\limits_{n\to\infty} x_n$ 存在.

证 1° 利用不等式

$$\frac{1}{\sqrt{k}} > \frac{2}{\sqrt{k} + \sqrt{k+1}} = 2(\sqrt{k+1} - \sqrt{k}),$$

得
$$x_n = \sum_{k=1}^{n} \frac{1}{\sqrt{k}} - 2\sqrt{n} > 2\sqrt{n+1} - 2 - 2\sqrt{n} > -2 \text{ (有下界)}.$$

2° $\quad x_{n+1} - x_n = \dfrac{1}{\sqrt{n+1}} - 2\sqrt{n+1} + 2\sqrt{n} = \dfrac{1}{\sqrt{n+1}} - \dfrac{2}{\sqrt{n+1} + \sqrt{n}} < 0,$

即 $x_{n+1} < x_n$. $\{x_n\}$ 单调下降,有下界. 故 $\{x_n\}$ 收敛.

注 另解见例 5.1.37.

五、数列与子列、函数与数列的极限关系

我们知道数列与子列有如下的极限关系:

$$x_n \to A \ (n \to \infty) \Leftrightarrow \forall \text{ 子列 } \{x_{n_k}\}, \text{有 } x_{n_k} \to A \ (k \to \infty).$$

类似地,函数与数列有如下的极限关系:

$$\lim_{x \to a} f(x) = A \Leftrightarrow \forall \{x_n\}_{n=1}^{\infty} (x_n \neq a, n = 1, 2, \cdots): \text{若 } x_n \to a, \text{则 } f(x_n) \to A \ (n \to \infty).$$

作为充分条件,都可以减弱,请看如下例题及相关练习.

☆**例 1.2.13** 试证：$\lim\limits_{n\to\infty} x_n = a \Leftrightarrow \lim\limits_{n\to\infty} x_{2n} = a, \lim\limits_{n\to\infty} x_{2n+1} = a.$

证 只需证明充分性. 按已知条件，$\forall \varepsilon > 0, \exists N_1 > 0$，当 $n > N_1$ 时 $|x_{2n} - a| < \varepsilon$.
又 $\exists N_2 > 0$，当 $n > N_2$ 时 $|x_{2n+1} - a| < \varepsilon$. 于是，令 $N = \max\{2N_1, 2N_2 + 1\}$，则 $n > N$ 时恒有 $|x_n - a| < \varepsilon$. 故 $\lim\limits_{n\to\infty} x_n = a.$

请读者将此结果推广到 k 个子列的情况.

例 1.2.14 设函数 $f(x)$ 在点 x_0 的邻域 I（点 x_0 可能例外）内有定义. 试证：如果对于任意的点列 $\{x_n\}$，这里 $x_n \in I, x_n \to x_0 (n \to \infty), 0 < |x_{n+1} - x_0| < |x_n - x_0|$，都有 $\lim\limits_{n\to\infty} f(x_n) = A$，那么 $\lim\limits_{x\to x_0} f(x) = A.$（武汉大学）

证 （反证法）若 $f(x) \nrightarrow A$（当 $x \to x_0$ 时），即 $\exists \varepsilon_0 > 0, \forall \delta > 0, \exists x_\delta \in I$，虽然 $0 < |x_\delta - x_0| < \delta$，但

$$|f(x_\delta) - A| \geqslant \varepsilon_0.$$

如此，若令 $\delta_1 = 1$，则 $\exists x_1 \in I, 0 < |x_1 - x_0| < \delta_1, |f(x_1) - A| \geqslant \varepsilon_0$；令 $\delta_2 = \min\left\{\dfrac{1}{2}, |x_1 - x_0|\right\}, \exists x_2 \in I, 0 < |x_2 - x_0| < \delta_2, |f(x_2) - A| \geqslant \varepsilon_0$；令 $\delta_3 = \min\left\{\dfrac{1}{3}, |x_2 - x_0|\right\}, \cdots$；如此无限进行下去，可得一点列 $\{x_n\}, x_n \in I, x_n \to x_0 (n \to \infty), 0 < |x_{n+1} - x_0| < |x_n - x_0|$，但

$$|f(x_n) - A| \geqslant \varepsilon_0.$$

与已知条件矛盾.

例 1.2.15 证明从任一数列 $\{x_n\}$ 中必可选出一个（不一定严格）单调的子列.（武汉大学，上海师范大学）

证 （我们来证明：如果 $\{x_n\}$ 不存在递增子列，则必存在严格递减的子列.）假若 $\{x_n\}$ 中存在（不一定严格的）递增子列 $\{x_{n_k}\}$，则问题已被解决. 若 $\{x_n\}$ 中无递增子列，那么 $\exists n_1 > 0$，使得 $\forall n > n_1$，恒有 $x_n < x_{n_1}$. 同样在 $\{x_n\}_{n > n_1}$ 中也无递增子列. 于是又 $\exists n_2 > n_1$，使得 $\forall n > n_2$，恒有 $x_n < x_{n_2} < x_{n_1}$. 如此无限进行下去，我们便可找到一严格递减的子列 $\{x_{n_k}\}$.

数列与其子列的关系，是读者关注的问题之一，请看下面的练习 1.2.8—1.2.10.

六、极限的运算性质

要点 若 $\{x_n\}, \{y_n\}$ 都有极限，则 $\{x_n \circledast y_n\}$ 亦有极限，且

$$\lim_{n\to\infty}(x_n \circledast y_n) = \lim_{n\to\infty} x_n \circledast \lim_{n\to\infty} y_n,$$

其中 $\circledast \in \{+, -, \times, \div\}$（除法要求分母不为零）.

注 1° 对指数运算亦成立. 若 $x_n > 0, n = 1, 2, \cdots$，且 $\lim\limits_{n\to\infty} x_n = a, \lim\limits_{n\to\infty} y_n = b$，则

$$\lim_{n\to\infty} x_n^{y_n} = a^b;$$

2° 用数学归纳法,易知以上公式可以推广到任意有限多个数列的情况(除法要求分母不为零,指数要求底数大于零);

3° 函数极限有类似的结论;

4° 对于无穷多个数列,结论可以不成立. 如

☆ **例 1.2.16** 举例说明无穷多个无穷小量之积,可以不是无穷小量.

答 如下数列均为无穷小量:

$$1,\frac{1}{2},\frac{1}{3},\frac{1}{4},\frac{1}{5},\frac{1}{6},\cdots,\frac{1}{n},\cdots;$$

$$1,2,\frac{1}{3},\frac{1}{4},\frac{1}{5},\frac{1}{6},\cdots,\frac{1}{n},\cdots;$$

$$1,1,3^2,\frac{1}{4},\frac{1}{5},\frac{1}{6},\cdots,\frac{1}{n},\cdots;$$

$$1,1,1,4^3,\frac{1}{5},\frac{1}{6},\cdots,\frac{1}{n},\cdots;$$

$$1,1,1,1,5^4,\frac{1}{6},\cdots,\frac{1}{n},\cdots;$$

$$\cdots\cdots\cdots$$

但将它们对应项连乘起来,取极限,得到一个新数列,此数列为

$$1,1,1,1,1,1,\cdots,1,\cdots.$$

该极限为 1,不是无穷小量.

✍ **单元练习 1.2**

1.2.1 1)已知 $\lim_{n\to\infty} x_n = a$,求证:$\lim_{x\to\infty} \sqrt[3]{x_n} = \sqrt[3]{a}$;(武汉大学,哈尔滨工业大学)

2)用 $\varepsilon-\delta$ 语言证明 $\lim_{x\to 1}\frac{1}{x}=1$.(清华大学)

提示 1)$a\neq 0$ 时,

$$\left|\sqrt[3]{x_n}-\sqrt[3]{a}\right| = \frac{|x_n-a|}{(\sqrt[3]{x_n})^2+\sqrt[3]{x_n}\sqrt[3]{a}+(\sqrt[3]{a})^2} = \frac{|x_n-a|}{\left(\sqrt[3]{x_n}+\frac{1}{2}\sqrt[3]{a}\right)^2+\frac{3}{4}(\sqrt[3]{a})^2} \leqslant \frac{|x_n-a|}{\frac{3}{4}(\sqrt[3]{a})^2}.$$

1.2.2 用 $\varepsilon-N$ 方法证明:

1)$\lim_{n\to\infty}\sqrt[n]{n}=1$; 2)$\lim_{n\to\infty}n^3 q^n=0$($|q|<1$); 3)$\lim_{n\to\infty}\frac{\ln n}{n^2}=0.$

提示 1)、2)可参照例 1.2.1 的 1)中的证法;3)可利用 $\left|\frac{\ln n}{n^2}-0\right|=\frac{\ln n}{n^2}<\frac{1}{n}.$

1.2.3 设 $\lim_{n\to\infty}a_n=a$,试用 $\varepsilon-N$ 方法证明:若 $x_n=\frac{a_1+2a_2+\cdots+na_n}{1+2+\cdots+n}$,则 $\lim_{n\to\infty}x_n=a.$

提示 当 $a=0$ 时,(用分步法)$\forall \varepsilon>0$,$\exists N_1>0$,当 $n>N_1$ 时,$|a_n|<\frac{\varepsilon}{2}$,记 $M=\max_{i\leqslant N_1}|a_i|$,

则当 $n > N_1$ 时有

$$\left| \frac{a_1 + 2a_2 + \cdots + na_n}{1 + 2 + \cdots + n} \right| \leqslant \frac{MN_1(N_1+1)}{n(n+1)} + \frac{\varepsilon}{2}.$$

因 $\dfrac{MN_1(N_1+1)}{n(n+1)} \to 0\ (n \to \infty)$，$\exists N > N_1$，$n > N$ 时，$\dfrac{MN_1(N_1+1)}{n(n+1)} < \dfrac{\varepsilon}{2}$. 即 $n > N$ 时，$|x_n| < \varepsilon$.

当 $a \neq 0$ 时，可令 $b_n = a_n - a$，则 $\lim\limits_{n \to \infty} b_n = 0$，可应用上面结果.

1.2.4　设 $x_n = \sum\limits_{k=2}^{n} \dfrac{\cos k}{k(k-1)}$，试证 $\{x_n\}$ 收敛.

提示　可利用 Cauchy 准则.

1.2.5　$\{a_n\}$，$n = 1, 2, \cdots$ 是一个数列. 试证：若

$$\lim_{n \to \infty} \frac{a_1 + a_2 + \cdots + a_n}{n} = a(\text{为有限数}),$$

则 $\lim\limits_{n \to \infty} \dfrac{a_n}{n} = 0$.（首都师范大学）

提示　注意 $\dfrac{a_n}{n} = \dfrac{a_1 + a_2 + \cdots + a_n}{n} - \dfrac{a_1 + a_2 + \cdots + a_{n-1}}{n-1} \cdot \dfrac{n-1}{n}$，利用极限的四则运算性质可得.

1.2.6　设 $a_n > 0 (n = 1, 2, \cdots)$ 且 $\exists C > 0$，$m < n$ 时有 $a_n \leqslant Ca_m$. 已知 $\{a_n\}$ 中存在子列 $\{a_{n_k}\}$ 使得 $\lim\limits_{k \to \infty} a_{n_k} = 0$，试证 $\lim\limits_{n \to \infty} a_n = 0$.（武汉大学）

提示　$\forall \varepsilon > 0$，由 $\lim\limits_{k \to \infty} a_{n_k} = 0$，$\exists N_1$，当 $k \geqslant N_1$ 时，有 $0 < a_{n_k} < \dfrac{\varepsilon}{C}$. 再取 $N = n_{N_1}$，则当 $n > N$ 时，有 $0 < a_n < \varepsilon$.

☆**1.2.7**　设 $x_n = 1 + \dfrac{1}{\sqrt{2}} + \dfrac{1}{\sqrt{3}} + \cdots + \dfrac{1}{\sqrt{n}}$，求证 $\{x_n\}$ 发散.

提示　（用 Cauchy 准则否定形式）注意

$$|x_{2n} - x_n| = \frac{1}{\sqrt{n+1}} + \frac{1}{\sqrt{n+2}} + \cdots + \frac{1}{\sqrt{2n}} > \sqrt{\frac{n}{2}},$$

可取 $\varepsilon_0 = 1$，则 $\forall N > 0$，令 $n > \max\{N, 2\}$，$m = 2n$，则 $|x_m - x_n| \geqslant \varepsilon_0$.

1.2.8　判断题：设 $\{a_n\}$ 是一个数列，若在任一子列 $\{a_{n_k}\}$ 中均存在收敛子列 $\{a_{n_{k_r}}\}$，则 $\{a_n\}$ 必为收敛数列.（北京大学）

提示　不对，例如数列 $0, 1, 0, 1, \cdots$.

☆**1.2.9**　设 $\{a_n\}$ 为单调递增数列，$\{a_{n_k}\} \subset \{a_n\}$ 为其一个子列，若 $\lim\limits_{k \to \infty} a_{n_k} = a$，试证 $\lim\limits_{n \to \infty} a_n = a$.（华中师范大学）

证　由单增性，可知 $\lim\limits_{k \to \infty} a_{n_k} = a = \sup\limits_{k}\{a_{n_k}\}$，故 $\forall \varepsilon > 0$，$\exists k_0$，使得 $a - \varepsilon < a_{n_{k_0}} \leqslant a$. 取 $N = n_{k_0}$，则 $\forall n > N$，可找到一个 $n_k > n$，于是 $a - \varepsilon < a_{n_{k_0}} \leqslant a_n \leqslant a_{n_k} \leqslant a < a + \varepsilon$，从而 $|a_n - a| < \varepsilon$.

☆**1.2.10**　设 $\{x_n\}$ 是一个无界数列，但非无穷大量，证明：存在两个子列，一个是无穷大量，另一个是收敛子列.（哈尔滨工业大学）

证　1° 由无界性，$\exists x_{n_1}: |x_{n_1}| > 1$，进而 $\exists x_{n_2}: |x_{n_2}| > \max\{2, |x_{n_1}|\}$，反复使用无界性，如此得 $\{x_{n_k}\}: |x_{n_k}| > \max\{k, |x_{n_{k-1}}|\}$，$k = 2, 3, \cdots$，$\{|x_{n_k}|\}$ 为无穷大量.

2° 因 $|x_n| \nrightarrow +\infty$，故 $\exists M > 0$，$\forall N_k > 0$，$\exists n_k > N_k$，使得 $|x_{n_k}| \leqslant M$. 于是对 $k = 1$，$\exists n_1 > 1$，使

得 $|x_{n_1}| \leqslant M$，对 $N_2 = \max\{2, n_1\}$，$\exists n_2 > N_2$，使得 $|x_{n_2}| \leqslant M$，如此下去可得一有界子列 $\{x_{n_k}\}$. 从而由致密性原理知 $\{x_{n_k}\}$ 中存在收敛子列 $\{x_{n_{k_r}}\}$.

☆ *1.2.11 设函数 $f(x), g(x)$ 在 0 的某个邻域里有定义 $g(x) > 0$，$\lim\limits_{x \to 0} \dfrac{f(x)}{g(x)} = 1$；且 $n \to \infty$ 时 $\alpha_{mn} \rightrightarrows 0 (m = 1, 2, \cdots, n)$，亦即 $\forall \varepsilon > 0$，$\exists N(\varepsilon) > 0$，当 $n > N(\varepsilon)$ 时，对一切 $m = 1, 2, \cdots, n$，有 $|\alpha_{mn}| < \varepsilon$；另设 $\alpha_{mn} \neq 0$，试证

$$\lim_{n \to \infty} \sum_{m=1}^{n} f(\alpha_{mn}) = \lim_{n \to \infty} \sum_{m=1}^{n} g(\alpha_{mn}), \tag{1}$$

当右端极限存在时成立.

证 记 (1) 式右端 $\lim\limits_{n \to \infty} \sum\limits_{m=1}^{n} g(\alpha_{mn}) = A$. 由收敛必有界知，$\exists M > 0$，使得 $0 < \sum\limits_{m=1}^{n} g(\alpha_{mn}) \leqslant M$. $\forall \varepsilon > 0$，$\exists N_1 > 0$，当 $n > N_1$ 时，有 $\left| \sum\limits_{m=1}^{n} g(\alpha_{mn}) - A \right| < \dfrac{\varepsilon}{2}$.

已知 $\lim\limits_{x \to 0} \dfrac{f(x)}{g(x)} = 1$，对上述 $\varepsilon > 0$，$\exists \delta > 0$，当 $|x| < \delta$ 时有 $\left| \dfrac{f(x)}{g(x)} - 1 \right| < \dfrac{\varepsilon}{2M}$. 但 $\alpha_{mn} \rightrightarrows 0$（当 $n \to \infty$ 时，关于 $m = 1, 2, \cdots, n$ 一致）. 所以对此 $\delta > 0$，$\exists N_2 > 0$，当 $n > N_2$ 时，有 $|\alpha_{mn}| < \delta (m = 1, 2, \cdots, n)$，从而 $\left| \dfrac{f(\alpha_{mn})}{g(\alpha_{mn})} - 1 \right| < \dfrac{\varepsilon}{2M} (m = 1, 2, \cdots, n)$. 取 $N = \max\{N_1, N_2\}$，则当 $n > N$ 时，

$$
\begin{aligned}
\left| \sum_{m=1}^{n} f(\alpha_{mn}) - A \right| &= \left| \sum_{m=1}^{n} \left[\left(\dfrac{f(\alpha_{mn})}{g(\alpha_{mn})} - 1 \right) + 1 \right] g(\alpha_{mn}) - A \right| \\
&\leqslant \sum_{m=1}^{n} \left| \dfrac{f(\alpha_{mn})}{g(\alpha_{mn})} - 1 \right| g(\alpha_{mn}) + \left| \sum_{m=1}^{n} g(\alpha_{mn}) - A \right| \\
&\leqslant \dfrac{\varepsilon}{2M} \sum_{m=1}^{n} g(\alpha_{mn}) + \dfrac{\varepsilon}{2} \leqslant \dfrac{\varepsilon}{2M} \cdot M + \dfrac{\varepsilon}{2} = \varepsilon.
\end{aligned}
$$

故 (1) 式左端极限也为 A.

☆ *1.2.12 证明 $\lim\limits_{n \to \infty} \sum\limits_{i=1}^{n} \left(\sqrt[3]{1 + \dfrac{i}{n^2}} - 1 \right) = \lim\limits_{n \to \infty} \sum\limits_{i=1}^{n} \dfrac{i}{3n^2} = \dfrac{1}{6}$，并求 $\lim\limits_{n \to \infty} \prod\limits_{i=1}^{n} a^{\sqrt[3]{1 + \frac{i}{n^2}} - 1} \ (a > 0)$.

解 记 $\alpha_{in} = \sqrt[3]{1 + \dfrac{i}{n^2}} - 1$，则

$$0 < \alpha_{in} = \dfrac{\left(n + \dfrac{i}{n} \right)^{\frac{1}{3}} - n^{\frac{1}{3}}}{n^{\frac{1}{3}}} = \dfrac{\left(n + \dfrac{i}{n} \right) - n}{n^{\frac{1}{3}} \left[\left(n + \dfrac{i}{n} \right)^{\frac{2}{3}} + n^{\frac{1}{3}} \left(n + \dfrac{i}{n} \right)^{\frac{1}{3}} + n^{\frac{2}{3}} \right]} \leqslant \dfrac{1}{3n} \to 0,$$

故 $\alpha_{in} \rightrightarrows 0$ 关于 $i = 1, 2, \cdots, n$（当 $n \to \infty$ 时）.

因 $1 + \dfrac{i}{n^2} = (1 + \alpha_{in})^3 = 1 + 3\alpha_{in} + 3\alpha_{in}^2 + \alpha_{in}^3$，故

$$\dfrac{i}{3n^2} = \alpha_{in} + \alpha_{in}^2 + \dfrac{\alpha_{in}^3}{3}.$$

记 $g(x) = x + x^2 + \dfrac{x^3}{3}$，$f(x) = x$，则 $\lim\limits_{x \to 0} \dfrac{f(x)}{g(x)} = 1$. 利用上题的结果，

$$\lim_{n\to\infty}\sum_{i=1}^{n}\left(\sqrt[3]{1+\frac{i}{n^2}}-1\right)=\lim_{n\to\infty}\sum_{i=1}^{n}f(\alpha_{in})=\lim_{n\to\infty}\sum_{i=1}^{n}g(\alpha_{in})=\lim_{n\to\infty}\sum_{i=1}^{n}\frac{i}{3n^2}=\frac{1}{6}.$$

最后，$\displaystyle\prod_{i=1}^{n}a^{\sqrt[3]{1+\frac{i}{n^2}}-1}=e^{\sum_{i=1}^{n}\left(\sqrt[3]{1+\frac{i}{n^2}}-1\right)\ln a}\to e^{\frac{1}{6}\ln a}=a^{\frac{1}{6}}$（当 $n\to\infty$ 时）.

☆ §1.3 求极限值的若干方法

导读 重点内容之一，适合各类读者.

用定义证明极限存在，有一先决条件，即事先得知道极限的猜测值 A. 但通常只给定了数列 $\{x_n\}$，对它的极限 A 不得而知. 那么，如何根据 x_n 的表达式，求出极限 A 呢？此问题一般来说比较困难，没有统一的方法. 只能根据具体情况进行具体的分析和处理. 这里只概括常用的若干方法，更多的方法，有赖于人们去创造和发现.

一、利用等价代换和初等变形求极限

a. 等价代换

要点 对乘除式求极限，其中的因子可用等价因子代换，极限值不变.

最常用的等价关系（宜牢记）：（当 $x\to0$ 时）
$$x\sim\sin x\sim\tan x\sim\arcsin x\sim\arctan x$$
$$\sim\ln(1+x)\sim e^x-1\sim\frac{a^x-1}{\ln a}\sim\frac{(1+x)^b-1}{b}\ (\text{其中}\ a>0,b\neq0),$$
另外还有
$$1-\cos x\sim\frac{1}{2}x^2.$$

例 1.3.1 1）求 $\displaystyle\lim_{n\to\infty}\frac{n^3\sqrt[n]{2}\left(1-\cos\frac{1}{n^2}\right)}{\sqrt{n^2+1}-n}$；（华中科技大学）

2）求 $\displaystyle\lim_{x\to0}\frac{x(1-\cos x)}{(1-e^x)\sin x^2}$；（北京邮电大学）

3）求 $\displaystyle\lim_{x\to0}\frac{\arctan x}{\ln(1+\sin x)}$；（中国海洋大学）

4）设有限数 a,b,A 均不为零，证明：$\displaystyle\lim_{x\to a}\frac{f(x)-b}{x-a}=A$ 的充分必要条件是 $\displaystyle\lim_{x\to a}\frac{e^{f(x)}-e^b}{x-a}=Ae^b$.（华中师范大学）

解 1）因 $\displaystyle\lim_{n\to\infty}\sqrt[n]{2}=1$，故原式 $=\displaystyle\lim_{n\to\infty}\frac{n^2\left(1-\cos\frac{1}{n^2}\right)}{\sqrt{1+\frac{1}{n^2}}-1}=\lim_{n\to\infty}\frac{n^2\cdot\frac{1}{2}\frac{1}{n^4}}{\frac{1}{2}\cdot\frac{1}{n^2}}=1.$

2）原式 $= \lim\limits_{x \to 0} \dfrac{x \cdot \dfrac{1}{2}x^2}{-x \cdot x^2} = -\dfrac{1}{2}$.

3）原式 $= \lim\limits_{x \to 0} \dfrac{x}{\sin x} = 1$.

4）（$\Rightarrow$）$\lim\limits_{x \to a} \dfrac{f(x) - b}{x - a}$ 存在表明：$x \to a$ 时, $f(x) - b \to 0$, 故 $e^{f(x)-b} - 1 \sim f(x) - b$. 故

$$\lim_{x \to a} \frac{e^{f(x)} - e^b}{x - a} = e^b \cdot \lim_{x \to a} \frac{e^{f(x)-b} - 1}{x - a} \xlongequal{\text{等价代换}} e^b \cdot \lim_{x \to a} \frac{f(x) - b}{x - a} = A \cdot e^b.$$

（$\Leftarrow$）$\lim\limits_{x \to a} \dfrac{e^{f(x)} - e^b}{x - a}$ 存在表明 $x \to a$ 时 $e^{f(x)} \to e^b$. 由对数函数的连续性, 知 $f(x) =$ ln $e^{f(x)} \to \ln e^b = b$, 即 $f(x) - b \to 0$, 故有 $e^{f(x)-b} - 1 \sim f(x) - b$. 从而

$$\lim_{x \to a} \frac{f(x) - b}{x - a} = \lim_{x \to a} \frac{e^{f(x)-b} - 1}{x - a} = \lim_{x \to a} e^{-b} \frac{e^{f(x)} - e^b}{x - a} = e^{-b} \cdot A e^b = A.$$

☆ **注** 等价代换原理, 来源于分数的约分. 只能对乘除式里的因子进行代换. 在分子（分母）多项式里的单项不可作等价代换, 否则会招致错误. 例如 $\lim\limits_{x \to 0} \dfrac{1 - \cos x - \dfrac{1}{2}x^2}{x^4} =$
$\lim\limits_{x \to 0} \dfrac{-\dfrac{x^4}{4!} + o(x^4)}{x^4} = -\dfrac{1}{24}$. 若将 $1 - \cos x$ 换成 $\dfrac{1}{2}x^2$, 则得 $\lim\limits_{x \to 0} \dfrac{\dfrac{1}{2}x^2 - \dfrac{1}{2}x^2}{x^4} = 0$, 这是原则性错误!

b. 利用初等变形求极限

要点 用初等数学的方法将 x_n 变形, 然后求极限. 下例主要将 x_n 写成紧缩形式.

☆ **例 1.3.2** 求 $\lim\limits_{n \to \infty} x_n$, 设

1）$x_n = \cos \dfrac{x}{2} \cos \dfrac{x}{2^2} \cos \dfrac{x}{2^3} \cdots \cos \dfrac{x}{2^n}$；（中国科学院）

2）$x_n = \dfrac{3}{2} \dfrac{5}{4} \dfrac{17}{16} \cdots \dfrac{2^{2^n} + 1}{2^{2^n}}$；

3）$x_n = \sum\limits_{i=1}^{n} \dfrac{1}{\sqrt{1^3 + 2^3 + \cdots + i^3}}$；

4）$x_n = \sum\limits_{i=1}^{n} \dfrac{1}{i(i+1)(i+2)}$.

解 1）乘 $\dfrac{2^n \sin \dfrac{x}{2^n}}{2^n \sin \dfrac{x}{2^n}}$.

$$x_n = \cos\frac{x}{2}\cos\frac{x}{2^2}\cos\frac{x}{2^3}\cdots\cos\frac{x}{2^n} = \frac{\sin x}{2^n \sin\frac{x}{2^n}}$$

$$= \frac{\sin x}{x} \cdot \frac{\frac{x}{2^n}}{\sin\frac{x}{2^n}} \rightarrow \frac{\sin x}{x}\ (n\rightarrow\infty)(x\neq 0).$$

2）乘 $\dfrac{1-\dfrac{1}{2}}{1-\dfrac{1}{2}}$，再对分子反复应用公式 $(a+b)(a-b)=a^2-b^2$.

$$x_n = \left(1+\frac{1}{2}\right)\left(1+\frac{1}{2^2}\right)\cdots\left(1+\frac{1}{2^{2^n}}\right) = \frac{1-\left(\dfrac{1}{2^{2^n}}\right)^2}{1-\dfrac{1}{2}} \rightarrow 2\ (n\rightarrow\infty).$$

3）$x_n = \displaystyle\sum_{i=1}^{n}\frac{1}{\sqrt{1^3+2^3+\cdots+i^3}} = \sum_{i=1}^{n}\frac{1}{\sqrt{(1+2+\cdots+i)^2}} = \sum_{i=1}^{n}\frac{1}{\dfrac{1}{2}i(i+1)}$

$$= 2\sum_{i=1}^{n}\left(\frac{1}{i}-\frac{1}{i+1}\right) = 2\left(1-\frac{1}{n+1}\right) \rightarrow 2\ (n\rightarrow\infty).$$

4）$x_n = \dfrac{1}{2}\displaystyle\sum_{i=1}^{n}\left(\frac{1}{i}-\frac{2}{i+1}+\frac{1}{i+2}\right) = \frac{1}{2}\left(1-\frac{1}{2}-\frac{1}{n+1}+\frac{1}{n+2}\right) \rightarrow \frac{1}{4}\ (n\rightarrow\infty).$

另解　$x_n = \dfrac{1}{2}\displaystyle\sum_{i=1}^{n}\left[\frac{1}{i(i+1)}-\frac{1}{(i+1)(i+2)}\right] = \frac{1}{2}\left[\frac{1}{2}-\frac{1}{(n+1)(n+2)}\right] \rightarrow \frac{1}{4}\ (n\rightarrow\infty).$

二、利用已知极限

要点　（以极限 $\lim\limits_{x\to 0}(1+x)^{\frac{1}{x}} = e$ 为例进行说明.）

1）若 $f(x)>0,\lim\limits_{x\to a}f(x)=b>0,\lim\limits_{x\to a}g(x)=c$，则

$$\lim_{x\to a}f(x)^{g(x)} = b^c.$$

（因为 $\lim\limits_{x\to a}f(x)^{g(x)} = \lim\limits_{x\to a}e^{g(x)\ln f(x)} = e^{\lim\limits_{x\to a}g(x)\ln f(x)} = e^{c\ln b} = b^c$.）

2）若 $\lim\limits_{x\to a}f(x)=0,\ \lim\limits_{x\to a}g(x)=+\infty,\lim\limits_{x\to a}f(x)g(x)=\alpha$，则

$$\lim_{x\to a}(1+f(x))^{g(x)} = e^{\alpha}.$$

（因为 $\lim\limits_{x\to a}(1+f(x))^{g(x)} = \lim\limits_{x\to a}[(1+f(x))^{\frac{1}{f(x)}}]^{f(x)g(x)} \xlongequal{\text{根据1)}} e^{\alpha}$.）

☆**例 1.3.3**　1）求 $\lim\limits_{n\to\infty}\left(\dfrac{\sqrt[n]{a}+\sqrt[n]{b}}{2}\right)^n\ (a\geqslant 0,b\geqslant 0)$；（西安电子科技大学）

2）已知 $a_1,a_2,\cdots,a_n>0\ (n\geqslant 2)$，且 $f(x)=\left(\dfrac{a_1^x+a_2^x+\cdots+a_n^x}{n}\right)^{\frac{1}{x}}$，求 $\lim\limits_{x\to 0}f(x)$；（华

东师范大学)

^{new} 3) 是否存在数列 $\{a_n\}$ 满足: $\lim\limits_{n\to\infty}\dfrac{a_n}{n}=0$,但 $\lim\limits_{n\to\infty}\dfrac{\max\{a_1,\cdots,a_n\}}{n}\neq 0$. (中国科学技术大学).

解 1) 因 $n\to\infty$ 时,

$$n\left(\frac{\sqrt[n]{a}+\sqrt[n]{b}}{2}-1\right)=\frac{1}{2}\left(\frac{a^{\frac{1}{n}}-1}{\frac{1}{n}}+\frac{b^{\frac{1}{n}}-1}{\frac{1}{n}}\right)\to\frac{1}{2}(\ln a+\ln b),$$

故

$$\lim_{n\to\infty}\left(\frac{\sqrt[n]{a}+\sqrt[n]{b}}{2}\right)^n=\lim_{n\to\infty}\left\{\left[1+\left(\frac{\sqrt[n]{a}+\sqrt[n]{b}}{2}-1\right)\right]^{\frac{1}{\frac{\sqrt[n]{a}+\sqrt[n]{b}}{2}-1}}\right\}^{n\left(\frac{\sqrt[n]{a}+\sqrt[n]{b}}{2}-1\right)}$$

$$=e^{\frac{1}{2}(\ln a+\ln b)}=e^{\ln\sqrt{ab}}=\sqrt{ab}.$$

2) $\lim\limits_{x\to 0}f(x)=\sqrt[n]{a_1 a_2\cdots a_n}$.

提示 只要注意到 $x\to 0$ 时 $\dfrac{a_i^x-1}{x}\to\ln a_i(i=1,2,\cdots,n)$,其余与 1) 完全类似.

3) 不存在.

提示 因为收敛数列的子列必收敛,且其极限与原数列的极限相同,由此,假若存在如此数列 $\{a_n\}$,那么 $\forall n\in\mathbf{N}$, $\exists i_n\leqslant n$,使得 $a_{i_n}=\max\{a_1,\cdots,a_n\}$. 而 $\left\{\dfrac{a_{i_n}}{i_n}\right\}$ 是 $\left\{\dfrac{a_n}{n}\right\}$ 的子列,则

$$\lim_{n\to\infty}\frac{a_{i_n}}{i_n}=\lim_{n\to\infty}\frac{a_n}{n}=0\quad\left(\text{而}\ 0<\frac{i_n}{n}\leqslant 1\right).$$

故 $\quad\lim\limits_{n\to\infty}\dfrac{\max\{a_1,\cdots,a_n\}}{n}=\lim\limits_{n\to\infty}\dfrac{a_{i_n}}{i_n}\cdot\dfrac{i_n}{n}=0$ (无穷小量乘以有界量仍是无穷小量).

结果与已知条件 $\lim\limits_{n\to\infty}\dfrac{\max\{a_1,\cdots,a_n\}}{n}\neq 0$ 矛盾.

例 1.3.4 证明:

1) 若数列 $\{x_n\}$ 收敛,且 $x_n>0(n=1,2,\cdots)$,则 $\lim\limits_{n\to\infty}\sqrt[n]{x_1 x_2\cdots x_n}=\lim\limits_{n\to\infty}x_n$;

2) 若 $x_n>0\ (n=1,2,\cdots)$ 且 $\lim\limits_{n\to\infty}\dfrac{x_{n+1}}{x_n}$ 存在,则 $\lim\limits_{n\to\infty}\sqrt[n]{x_n}=\lim\limits_{n\to\infty}\dfrac{x_{n+1}}{x_n}$. (江西师范大学)

证 1) 利用例 1.2.1 的已知极限及连续性,

$\lim\limits_{n\to\infty}\sqrt[n]{x_1 x_2\cdots x_n}=\lim\limits_{n\to\infty}e^{\frac{1}{n}(\ln x_1+\cdots+\ln x_n)}=e^{\lim\limits_{n\to\infty}\frac{1}{n}(\ln x_1+\cdots+\ln x_n)}=e^{\lim\limits_{n\to\infty}\ln x_n}=e^{\ln(\lim\limits_{n\to\infty}x_n)}=\lim\limits_{n\to\infty}x_n.$

2) 利用 1) 的结果,

$$\lim_{n\to\infty}\sqrt[n]{x_n}=\lim_{n\to\infty}\sqrt[n]{x_1}\sqrt[n]{\left(\frac{x_2}{x_1}\right)\left(\frac{x_3}{x_2}\right)\cdots\left(\frac{x_n}{x_{n-1}}\right)}$$

$$=\lim_{n\to\infty}\sqrt[n]{x_1}\left[\left(\frac{x_2}{x_1}\right)\left(\frac{x_3}{x_2}\right)\cdots\left(\frac{x_n}{x_{n-1}}\right)\right]^{\frac{1}{n-1}\cdot\frac{n-1}{n}}=1\cdot\lim_{n\to\infty}\frac{x_n}{x_{n-1}}=\lim_{n\to\infty}\frac{x_n}{x_{n-1}}.$$

在例 1.2.11 中我们看到以 Euler 常数命名的经典极限 $\lim\limits_{n\to\infty}\left(1+\dfrac{1}{2}+\cdots+\dfrac{1}{n}-\ln n\right)=C$ 存在. 下面两例介绍如何用 Euler 常数求极限.

☆**例 1.3.5** 求 $\lim\limits_{n\to\infty}\left(\dfrac{1}{n+1}+\dfrac{1}{n+2}+\cdots+\dfrac{1}{2n}\right)$.

解 原式 $=\lim\limits_{n\to\infty}\left[\left(1+\dfrac{1}{2}+\cdots+\dfrac{1}{2n}\right)-\left(1+\dfrac{1}{2}+\cdots+\dfrac{1}{n}\right)\right]$

$\qquad =\lim\limits_{n\to\infty}\left[(\ln 2n+C+\alpha_{2n})-(\ln n+C+\alpha_n)\right]$

$\qquad =\lim\limits_{n\to\infty}(\ln 2+\alpha_{2n}-\alpha_n)=\ln 2$ (C 为 Euler 常数, $\alpha_{2n},\alpha_n\to 0$ ($n\to\infty$)).

例 1.3.6 试借助 Stirling 公式

$$n! = \sqrt{2\pi n}\,n^n\mathrm{e}^{-n+\frac{\theta_n}{12n}},\ 0\leqslant\theta_n\leqslant 1$$

求极限

$$\lim_{n\to\infty}\sqrt{n}\prod_{i=1}^{n}\frac{\mathrm{e}^{1-\frac{1}{i}}}{\left(1+\dfrac{1}{i}\right)^i}.$$

解 $\sqrt{n}\displaystyle\prod_{i=1}^{n}\dfrac{\mathrm{e}^{1-\frac{1}{i}}}{\left(1+\dfrac{1}{i}\right)^i}=\sqrt{n}\,\dfrac{\mathrm{e}^{n-\left(1+\frac{1}{2}+\cdots+\frac{1}{n}\right)}}{\left(\dfrac{2}{1}\right)\left(\dfrac{3}{2}\right)^2\left(\dfrac{4}{3}\right)^3\cdots\left(\dfrac{n+1}{n}\right)^n}$

$\qquad =\dfrac{\sqrt{n}\,n!\,\mathrm{e}^{n-\left(1+\frac{1}{2}+\cdots+\frac{1}{n}\right)}}{(n+1)^n}=\dfrac{\sqrt{2\pi}\,n\,\mathrm{e}^{\frac{\theta_n}{12n}}}{\left(1+\dfrac{1}{n}\right)^n\mathrm{e}^{1+\frac{1}{2}+\cdots+\frac{1}{n}}}$

$\qquad =\dfrac{\sqrt{2\pi}}{\left(1+\dfrac{1}{n}\right)^n}\mathrm{e}^{\frac{\theta_n}{12n}-C+\alpha_n}\to\sqrt{2\pi}\,\mathrm{e}^{-(1+C)}$ (当 $n\to\infty$ 时)

(其中 C 为 Euler 常数).

三、利用变量替换求极限

要点 为了将未知的极限化简, 或转化为已知的极限, 可根据极限式的特点, 适当引入新变量, 以替换原有的变量, 使原来的极限过程, 转化为新的极限过程.

☆**例 1.3.7** 若 $\lim\limits_{n\to\infty}x_n=a$, $\lim\limits_{n\to\infty}y_n=b$, 试证

$$\lim_{n\to\infty}\frac{x_1y_n+x_2y_{n-1}+\cdots+x_ny_1}{n}=ab.$$

(中国科学院)

解 令 $x_n=a+\alpha_n$, $y_n=b+\beta_n$, 则 $n\to\infty$ 时, $\alpha_n,\beta_n\to 0$. 于是

$$\frac{x_1y_n+x_2y_{n-1}+\cdots+x_ny_1}{n}$$

$$= \frac{(a+\alpha_1)(b+\beta_n)+(a+\alpha_2)(b+\beta_{n-1})+\cdots+(a+\alpha_n)(b+\beta_1)}{n}$$

$$= ab + a\,\frac{\beta_1+\beta_2+\cdots+\beta_n}{n} + b\,\frac{\alpha_1+\alpha_2+\cdots+\alpha_n}{n} + \frac{\alpha_1\beta_n+\alpha_2\beta_{n-1}+\cdots+\alpha_n\beta_1}{n}. \tag{1}$$

根据例 1.2.1，$n \to \infty$ 时第二、三项趋向零. 现证第四项极限亦为零. 事实上，因 $\alpha_n \to 0$（当 $n \to \infty$ 时），故 $\{\alpha_n\}$ 有界，即 $\exists M > 0$，使得 $|\alpha_n| \leqslant M\,(\forall n \in \mathbf{N})$. 故

$$0 \leqslant \left|\frac{\alpha_1\beta_n+\alpha_2\beta_{n-1}+\cdots+\alpha_n\beta_1}{n}\right| \leqslant M\,\frac{|\beta_n|+|\beta_{n-1}|+\cdots+|\beta_1|}{n} \to 0.$$

从而（1）式以 ab 为极限.

注 1）本例亦可使用例 1.2.1 的 2）中的方法证明.

2）本例的变换具有一般性，常常用这种变换可将一般情况归结为特殊情况. 如本例原来是已知 $\lim\limits_{n \to \infty} x_n = a$，$\lim\limits_{n \to \infty} y_n = b$，求证 $\lim\limits_{n \to \infty} \dfrac{x_1 y_n + \cdots + x_n y_1}{n} = ab$. 变换后，归结为已知 $\lim\limits_{n \to \infty} \alpha_n = 0$，$\lim\limits_{n \to \infty} \beta_n = 0$，求证 $\lim\limits_{n \to \infty} \dfrac{\alpha_1 \beta_n + \cdots + \alpha_n \beta_1}{n} = 0$.

四、两边夹法则

要点 当极限不易直接求出时，可考虑将求极限的变量，作适当的放大和缩小，使放大、缩小所得的新变量易于求极限，且两者的极限值相同，则原极限存在，且等于此公共值.

☆ **例 1.3.8** 求 $\lim\limits_{x \to 0} x\left[\dfrac{1}{x}\right]$ $\left(\left[\dfrac{1}{x}\right]\right.$ 表示不大于 $\dfrac{1}{x}$ 的最大整数$\left.\right)$.

解 $\dfrac{1}{x} - 1 < \left[\dfrac{1}{x}\right] \leqslant \dfrac{1}{x}$ $(x \neq 0)$，由此

当 $x > 0$ 时，$\qquad\qquad 1 - x < x\left[\dfrac{1}{x}\right] \leqslant 1$；

当 $x < 0$ 时，$\qquad\qquad 1 - x > x\left[\dfrac{1}{x}\right] \geqslant 1$.

故 $\qquad\qquad\qquad\qquad\qquad \lim\limits_{x \to 0} x\left[\dfrac{1}{x}\right] = 1.$

例 1.3.9 已知 $a_i > 0\,(i = 1, 2, \cdots, n)$，试计算

$$\lim_{p \to +\infty}\left[\left(\sum_{i=1}^{n} a_i^{p}\right)^{\frac{1}{p}} + \left(\sum_{i=1}^{n} a_i^{-p}\right)^{\frac{1}{p}}\right].$$

（湘潭大学）

解 记 $a = \min\{a_1, a_2, \cdots, a_n\}$，$A = \max\{a_1, a_2, \cdots, a_n\}$，则

$$(A^p)^{\frac{1}{p}} + (a^{-p})^{\frac{1}{p}} \leqslant \left(\sum_{i=1}^{n} a_i^{p}\right)^{\frac{1}{p}} + \left(\sum_{i=1}^{n} a_i^{-p}\right)^{\frac{1}{p}} \leqslant (nA^p)^{\frac{1}{p}} + (na^{-p})^{\frac{1}{p}},$$

当 $p \to +\infty$ 时，左、右两端有相同极限 $A + a^{-1}$，故原极限存在，且等于 $A + a^{-1}$.

在连加或连乘的极限里，可通过各项（或各因子）的放大、缩小，来获得所需的不等式.

☆ **例 1.3.10** 求极限 $\lim\limits_{n\to\infty} x_n$ (要求用两边夹法则求解),设

1) $x_n = \dfrac{1 \cdot 3 \cdot \cdots \cdot (2n-1)}{2 \cdot 4 \cdot \cdots \cdot (2n)}$;(东北师范大学)

2) $x_n = \sum\limits_{k=n^2}^{(n+1)^2} \dfrac{1}{\sqrt{k}}$;(国外赛题)

3) $x_n = \sum\limits_{k=1}^{n} \left[(n^k + 1)^{-\frac{1}{k}} + (n^k - 1)^{-\frac{1}{k}} \right]$;

4) $x_n = (n!)^{\frac{1}{n^2}}$;(北京大学)

5) $x_n = \dfrac{1}{n+1} + \dfrac{1}{n+2} + \cdots + \dfrac{1}{n+n}$.

解 1)因几何平均小于算术平均,故分母中的因子

$$2 = \frac{1+3}{2} > \sqrt{1 \cdot 3},$$

$$4 = \frac{3+5}{2} > \sqrt{3 \cdot 5},$$

$$\cdots\cdots\cdots\cdots$$

$$2n = \frac{(2n-1)+(2n+1)}{2} > \sqrt{(2n-1)(2n+1)},$$

由此可知

$$0 < x_n = \frac{1 \cdot 3 \cdot \cdots \cdot (2n-1)}{2 \cdot 4 \cdot \cdots \cdot (2n)} < \frac{1}{\sqrt{2n+1}} \to 0.$$

故 $\lim\limits_{n\to\infty} x_n = 0$.

2) **解法 I** $\quad 2\sqrt{k+1} - 2\sqrt{k} < \dfrac{1}{\sqrt{k}} < 2\sqrt{k} - 2\sqrt{k-1}$ [①,②],

---

① 此不等式利用 Lagrange 微分中值公式易证. 例如左边的不等式,令 $f(x) = 2\sqrt{x}$,则 $2\sqrt{k+1} - 2\sqrt{k} = \dfrac{1}{\sqrt{\xi}} < \dfrac{1}{\sqrt{k}}, \xi \in (k, k+1)$.

② 学过积分的读者,还可以使用如下解法:

$$\int_{n^2}^{n^2+1} \frac{1}{\sqrt{x}} dx \leqslant \frac{1}{\sqrt{n^2}} \leqslant \int_{n^2-1}^{n^2} \frac{1}{\sqrt{x}} dx,$$

$$\int_{n^2+1}^{n^2+2} \frac{1}{\sqrt{x}} dx \leqslant \frac{1}{\sqrt{n^2+1}} \leqslant \int_{n^2}^{n^2+1} \frac{1}{\sqrt{x}} dx,$$

$$\cdots\cdots\cdots\cdots$$

$$\int_{(n+1)^2}^{(n+1)^2+1} \frac{1}{\sqrt{x}} dx \leqslant \frac{1}{\sqrt{(n+1)^2}} \leqslant \int_{(n+1)^2-1}^{(n+1)^2} \frac{1}{\sqrt{x}} dx,$$

相加,再算积分可得

$$2\left[\sqrt{(n+1)^2+1} - \sqrt{n^2} \right] \leqslant \sum_{n^2}^{(n+1)^2} \frac{1}{\sqrt{k}} \leqslant 2\left[\sqrt{(n+1)^2} - \sqrt{n^2-1} \right],$$

左、右两端极限皆为 2. 故 $\lim\limits_{n\to\infty} x_n = 2$.(刘合国)

将 $k = n^2, n^2 + 1, \cdots, (n+1)^2$ 诸不等式相加,可得

$$2\sqrt{(n+1)^2 + 1} - 2\sqrt{n^2} < \sum_{n^2}^{(n+1)^2} \frac{1}{\sqrt{k}} < 2\sqrt{(n+1)^2} - 2\sqrt{n^2 - 1},$$

而左、右两端极限皆为 2. 故 $\lim\limits_{n\to\infty} x_n = \lim\limits_{n\to\infty} \sum_{n^2}^{(n+1)^2} \frac{1}{\sqrt{k}} = 2.$

解法 II $\sum_{n^2}^{(n+1)^2} \frac{1}{\sqrt{k}}$ 共有 $2n + 2$ 项,最小项为 $\dfrac{1}{\sqrt{(n+1)^2}} = \dfrac{1}{n+1}$,最大项为 $\dfrac{1}{n}$,因此

$$\frac{2n+2}{n+1} \leqslant \sum_{n^2}^{(n+1)^2} \frac{1}{\sqrt{k}} \leqslant \frac{2n+2}{n},$$

左、右两端极限皆为 2. 故 $\lim\limits_{n\to\infty} \sum_{n^2}^{(n+1)^2} \frac{1}{\sqrt{k}} = 2.$

3) 因 $n^k < n^k + 1 < (n+1)^k$,所以

$$n^{-1} > (n^k + 1)^{-\frac{1}{k}} > (n+1)^{-1} \quad (k = 1, 2, \cdots, n).$$

相加得 $\dfrac{n}{n} > \sum\limits_{k=1}^{n} (n^k + 1)^{-\frac{1}{k}} > \dfrac{n}{n+1}$. 令 $n\to\infty$,取极限得 $\lim\limits_{n\to\infty} \sum\limits_{k=1}^{n} (n^k + 1)^{-\frac{1}{k}} = 1$. 同理

可得 $\lim\limits_{n\to\infty} \sum\limits_{k=1}^{n} (n^k - 1)^{-\frac{1}{k}} = 1$. 从而 $\lim\limits_{n\to\infty} x_n = 2.$

4) $1 \leqslant (n!)^{\frac{1}{n^2}} \leqslant (n^n)^{\frac{1}{n^2}} = n^{\frac{1}{n}}$. 因为 $\lim\limits_{n\to\infty} n^{\frac{1}{n}} = 1$,故 $\lim\limits_{n\to\infty} (n!)^{\frac{1}{n^2}} = 1.$

$\lim\limits_{n\to\infty} n^{\frac{1}{n}} = 1$ 可用例 1.2.1 中 1) 的方法证明,也可由两边夹法则得到. 利用几何平均值小于算术平均值(见例 1.1.7),

$$1 \leqslant \sqrt[n]{n} = (\sqrt{n} \cdot \sqrt{n} \cdot 1 \cdot \cdots \cdot 1)^{\frac{1}{n}} \quad (\text{添入 } n - 2 \text{ 个 } 1)$$

$$\leqslant \frac{\sqrt{n} + \sqrt{n} + 1 + \cdots + 1}{n} = \frac{2\sqrt{n} + n - 2}{n} < 1 + \frac{2}{\sqrt{n}} \to 1 \quad (n\to\infty).$$

(证明 $\lim\limits_{n\to\infty} \sqrt[n]{n} = 1$,用 §1.4 介绍的 Stolz 公式更简便.)

5) **提示** 利用例 1.1.8 的对数不等式,得 $\dfrac{1}{n+1} \leqslant \ln\left(1 + \dfrac{1}{n}\right) \leqslant \dfrac{1}{n}$,再用两边夹法则.

再提示

$$\ln\left(1 + \frac{1}{n+1}\right) + \cdots + \ln\left(1 + \frac{1}{n+n}\right) \leqslant x_n \leqslant \ln\left(1 + \frac{1}{n}\right) + \cdots + \ln\left(1 + \frac{1}{n+n-1}\right),$$

左端 $= \ln\left(\dfrac{n+2}{n+1} \cdot \dfrac{n+3}{n+2} \cdot \cdots \cdot \dfrac{n+n}{n+n-1} \cdot \dfrac{n+n+1}{n+n}\right) = \ln\dfrac{2n+1}{n+1} \longrightarrow \ln 2 \quad (n\to\infty).$

同理,右端 $= \ln\dfrac{2n}{n} \longrightarrow \ln 2 \quad (n\to\infty).$

所以 $\lim\limits_{n\to\infty} x_n = \ln 2.$

注 两边夹法则在求极限中十分重要,应用很广. 优越性在于,经过放大、缩小,可以把复杂的东西去掉,使问题化简. 但注意:放大不能放得过大,缩小也不能缩得过小,必须具有相同的极限.

五、两边夹法则的推广形式

要点 当使用两边夹法则时,若放大与缩小所得之量的极限值不相等,但两者只相差一个任意小量,则两边夹法则仍然有效.

☆ **例 1.3.11** 设 $f(x) > 0$,在区间 $[0,1]$ 上连续,试证

$$\lim_{n\to\infty} \sqrt[n]{\sum_{i=1}^{n}\left[f\left(\frac{i}{n}\right)\right]^n \frac{1}{n}} = \max_{0\leqslant x\leqslant 1} f(x).$$

证 记 $M = \max\limits_{0\leqslant x\leqslant 1} f(x)$,则

$$x_n \equiv \sqrt[n]{\sum_{i=1}^{n}\left[f\left(\frac{i}{n}\right)\right]^n \frac{1}{n}} \leqslant M. \tag{1}$$

剩下的问题是将 x_n 缩小,使缩小后所得到的量以 M 为极限,或者虽然不等于 M,但跟 M 只相差一个任意小量. 因 $f(x)$ 连续,根据闭区间连续函数的性质,$\exists x_0 \in [0,1]$,使得 $f(x_0) = M$. 于是 $\forall \varepsilon > 0$,$\exists \delta > 0$,当 $|x - x_0| < \delta, x \in [0,1]$ 时,有

$$M - \varepsilon < f(x) < M + \varepsilon.$$

当 n 充分大时有 $\frac{1}{n} < \delta$(即分点 $\frac{i}{n}$ 的间距 $< \delta$),$\exists i_0$,使得 $\left|\frac{i_0}{n} - x_0\right| < \delta, f\left(\frac{i_0}{n}\right) > M - \varepsilon$. 故

$$x_n \equiv \sqrt[n]{\sum_{i=1}^{n}\left[f\left(\frac{i}{n}\right)\right]^n \frac{1}{n}} \geqslant \sqrt[n]{\left(f\left(\frac{i_0}{n}\right)\right)^n \frac{1}{n}} > (M - \varepsilon)\frac{1}{\sqrt[n]{n}}. \tag{2}$$

总结(1)和(2),有 $(M - \varepsilon)\frac{1}{\sqrt[n]{n}} \leqslant x_n \leqslant M$. 左端极限为 $M - \varepsilon$,右端极限为 M,由 $\varepsilon > 0$ 的任意性,知 $\lim\limits_{n\to\infty} x_n = M$(可用上、下极限严格证明这一点).

^{new} * **练习** 设 $\{a_n\}$ 是正实数列,$a = \sup\{a_1, a_2, \cdots\}$. 求证:$\lim\limits_{n\to\infty}\left(\sum\limits_{k=1}^{n} a_k^n\right)^{\frac{1}{n}} = a.$(华东师范大学)

提示 $1°$ 若 $\sup\limits_n\{a_n\} = a = +\infty$,那么 $\forall M > 0$,$\exists N \in \mathbf{N}$,使得 $a_N > M$,因而当 $n > N$ 时,有

$$\left(\sum_{k=1}^{n} a_k^n\right)^{\frac{1}{n}} > (a_N^n)^{\frac{1}{n}} = a_N > M.$$

这表明

$$\lim_{n\to\infty}\left(\sum_{k=1}^{n} a_k^n\right)^{\frac{1}{n}} = a = +\infty.$$

$2°$ 若 $\sup\limits_n\{a_n\} = a < +\infty$,由上确界定义,$\forall \varepsilon: 0 < \varepsilon < a$,$\exists a_{n_0} \in \{a_1, a_2, \cdots\}$,使得 $0 < a - \varepsilon <$

$a_{n_0} \leqslant a$（因 $\forall n, a_n > 0$）. 故

$$0 < a - \varepsilon < a_{n_0} = (a_{n_0}^n)^{\frac{1}{n}} < \left(\sum_{k=1}^n a_k^n \right)^{\frac{1}{n}} \leqslant (na^n)^{\frac{1}{n}} = a\sqrt[n]{n}. \tag{1}$$

另由 $1 = \sqrt[n]{1} < \sqrt[n]{n} < \sqrt[n]{n+1} \xrightarrow[]{\text{例 }1.2.1} 1$，或由例 1.3.10 中 4）的方法，知 $\lim\limits_{n\to\infty} \sqrt[n]{n} = 1$. 因此在式（1）中令 $n\to\infty$，得

$$a - \varepsilon \leqslant \lim_{n\to\infty} \left(\sum_{k=1}^n a_k^n \right)^{\frac{1}{n}} \leqslant a.$$

由 $\varepsilon > 0$ 的任意性，欲证的等式成立（见例 1.3.11 及前后文）. 证毕.

☆六、求极限其他常用方法

求极限是各类考试的热点问题之一. 虽然这部分考题一般不难，但多数具有综合性，用到后面所学知识. 为了方便考生阅读，这里拟用部分考研真题，展示其中几种常用方法. 目的是方便学完一元微积分的读者归总复习. 刚开始学习微积分的读者，下面这段内容，宜暂缓阅读.

a. L'Hospital 法则

要点 1）每次在使用 L'Hospital 法则之前，务必考察它是否属于七种不定型，否则不能用；

2）一旦用 L'Hospital 法则算不出结果，不等于极限不存在. 例如 $\lim\limits_{x\to\pm\infty} \dfrac{x + \sin x}{x + \cos x} = 1$，就是如此. 这是因为 L'Hospital 法则只是充分条件，不是必要条件；

3）L'Hospital 法则是求不定型极限最常用的方法. 而且几种常用的等价关系，也变得十分明显易记. 如 $x\to 0$ 时，$x \sim \sin x \sim \tan x \sim \arcsin x \sim \arctan x \sim \ln(1+x) \sim \dfrac{a^x - 1}{\ln a} \sim \dfrac{(1+x)^\mu - 1}{\mu}$（$a > 0, \mu \neq 0$），以及 $\dfrac{1}{2}x^2 \sim (1 - \cos x)$ 等皆如此.

4）使用 $\dfrac{\infty}{\infty}$ 型的 L'Hospital 法则时，只需检验分母趋向无穷大即可，分子不趋向 ∞ 没有关系. 证明可见例 3.2.30.

例 1.3.12 求下列极限：

1）$\lim\limits_{x\to 0} \left[\dfrac{1}{\ln(1+x)} - \dfrac{1}{x} \right]$；（华东师范大学）

2）$\lim\limits_{x\to 0} \left(\dfrac{\sin x}{x} \right)^{\frac{1}{1 - \cos x}}$；（北京大学）

3）$\lim\limits_{x\to \frac{\pi}{4}} \dfrac{\sec^2 x - 2\tan x}{1 + \cos 4x}$；（太原理工大学）

4）$\lim\limits_{x\to +\infty} \dfrac{\left(\int_0^x e^{t^2} dt \right)^2}{\int_0^x e^{2t^2} dt}$；（华中师范大学）

5) $\lim\limits_{x\to+\infty}\sqrt[x]{x}$.

解 1) 原式 $= \lim\limits_{x\to0}\dfrac{[x-\ln(1+x)]'}{[x\ln(1+x)]'} = \lim\limits_{x\to0}\dfrac{x'}{[(1+x)\ln(1+x)+x]'}$

$\qquad = \lim\limits_{x\to0}\dfrac{1}{\ln(1+x)+2} = \dfrac{1}{2}.$

2) $\lim\limits_{x\to0}\ln\left(\dfrac{\sin x}{x}\right)^{\frac{1}{1-\cos x}} = \lim\limits_{x\to0}\dfrac{1}{1-\cos x}\ln\dfrac{\sin x}{x} = \lim\limits_{x\to0}\dfrac{\left(\ln\dfrac{\sin x}{x}\right)'}{\left(\dfrac{x^2}{2}\right)'}$

$\qquad = \lim\limits_{x\to0}\dfrac{x\cos x-\sin x}{x^2\sin x} = \lim\limits_{x\to0}\dfrac{(x\cos x-\sin x)'}{(x^3)'}$

$\qquad = \lim\limits_{x\to0}\dfrac{-x\sin x}{3x^2} = -\dfrac{1}{3}.$

故 $\qquad\qquad\qquad$ 原式 $= \mathrm{e}^{-\frac{1}{3}}$.

3) 原式 $= \lim\limits_{x\to\frac{\pi}{4}}\dfrac{(\sec^2 x-2\tan x)'}{(1+\cos 4x)'} = \lim\limits_{x\to\frac{\pi}{4}}\dfrac{\sin x-\cos x}{-2\sin 4x\cos^3 x}$

$\qquad = \lim\limits_{x\to\frac{\pi}{4}}\dfrac{\cos x+\sin x}{-8\cos^3 x\cos 4x+6\cos^2 x\sin x\sin 4x} = \dfrac{1}{2}.$

4) 原式 $= \lim\limits_{x\to+\infty}\dfrac{2\displaystyle\int_0^x \mathrm{e}^{t^2}\mathrm{d}t\cdot\mathrm{e}^{x^2}}{\mathrm{e}^{2x^2}} = 2\lim\limits_{x\to+\infty}\dfrac{\displaystyle\int_0^x \mathrm{e}^{t^2}\mathrm{d}t}{\mathrm{e}^{x^2}} = 2\lim\limits_{x\to+\infty}\dfrac{\mathrm{e}^{x^2}}{2x\mathrm{e}^{x^2}} = 0.$

5) $\lim\limits_{x\to+\infty}\ln\sqrt[x]{x} = \lim\limits_{x\to+\infty}\dfrac{(\ln x)'}{x'} = 0$，故 原式 $= 1$.

^{new}☆**练习 1** 设 $f(x)$ 有二阶导数，在原点附近不为零，但 $\lim\limits_{x\to0}\dfrac{f(x)}{x}=0$，$f''(0)=4$. 求

$\lim\limits_{x\to0}\left(1+\dfrac{f(x)}{x}\right)^{\frac{1}{x}}$.（中南大学） 《$\mathrm{e}^2$》

提示 取对数，再用 L'Hospital 法则：

$$\lim\limits_{x\to0}\ln\left(1+\dfrac{f(x)}{x}\right)^{\frac{1}{x}} = \lim\limits_{x\to0}\dfrac{\ln\left(1+\dfrac{f(x)}{x}\right)}{x}\xlongequal{\text{L'Hospital 法则}}\lim\limits_{x\to0}\dfrac{\dfrac{f'(x)}{x}-\dfrac{f(x)}{x^2}}{1+\dfrac{f(x)}{x}}. \qquad (1)$$

再提示 $\lim\limits_{x\to0}\dfrac{f(x)}{x}=0\Rightarrow f(0)=\lim\limits_{x\to0}f(x)=\lim\limits_{x\to0}\dfrac{f(x)}{x}\cdot x=0$

$\Rightarrow f'(0)\xlongequal{\text{定义}}\lim\limits_{x\to0}\dfrac{f(x)-f(0)}{x}\xlongequal{f(0)=0}\lim\limits_{x\to0}\dfrac{f(x)}{x}\xlongequal{\text{已知}}0,\qquad (2)$

$\lim\limits_{x\to0}\dfrac{f(x)}{x^2}\xlongequal{\text{L'Hospital 法则}}\lim\limits_{x\to0}\dfrac{f'(x)}{2x}\xlongequal{\text{式(2)}}\dfrac{1}{2}\lim\limits_{x\to0}\dfrac{f'(x)-f'(0)}{x}=\dfrac{1}{2}f''(0)\xlongequal{f''(0)=4}2.$

得 $\lim\limits_{x\to0}\dfrac{f(x)}{x^2}=2$ 和 $\lim\limits_{x\to0}\dfrac{f'(x)}{x}=4$. 再代回式(1)：$\lim\limits_{x\to0}\left(1+\dfrac{f(x)}{x}\right)^{\frac{1}{x}}=\mathrm{e}^{\frac{4-2}{1}}=\mathrm{e}^2$.

^{new}**练习 2** 若 $f'(0)=0$, $f''(0)=1$, $f''(x)$ 在 $x=0$ 处连续,求 $\lim\limits_{x\to0}\dfrac{f(x)-f(\ln(1+x))}{x^3}$. (浙江大学)

解 $\lim\limits_{x\to0}\dfrac{f(x)-f(\ln(1+x))}{x^3}\xlongequal{\text{L' Hospital 法则}}\lim\limits_{x\to0}\dfrac{f'(x)-f'(\ln(1+x))/(1+x)}{3x^2}$

$$=\lim_{x\to0}\frac{xf'(x)}{3x^2(1+x)}+\lim_{x\to0}\frac{f'(x)-f'(\ln(1+x))}{3x^2(1+x)}$$

$$\xlongequal{\text{记}}I_1+I_2.$$

注意到

$$\lim_{x\to0}\frac{f'(x)}{x}\xlongequal{f'(0)=0}\lim_{x\to0}\frac{f'(x)-f'(0)}{x}=f''(0)\xlongequal{\text{已知}}1,$$

知

$$I_1=\lim_{x\to0}\frac{xf'(x)}{3x^2(1+x)}=\frac{1}{3}.$$

对 I_2 的分子,利用 Lagrange 定理. 存在 ξ: $\ln(1+x)<\xi<x<1$,使得

$$I_2=\lim_{x\to0}\frac{f'(x)-f'(\ln(1+x))}{3x^2(1+x)}\xlongequal{\text{Lagrange 定理}}\lim_{x\to0}\frac{f''(\xi)[x-\ln(1+x)]}{3x^2(1+x)}$$

$$=\lim_{x\to0}\frac{f''(\xi)\left[x-\left(x-\frac{1}{2}x^2+o(x^2)\right)\right]}{3x^2(1+x)}=\frac{1}{6}.$$

(最后是因 $x\to0$ 时,$\xi\to0$,故 $f''(\xi)\to f''(0)=1$.) 于是原极限

$$\lim_{x\to0}\frac{f(x)-f(\ln(1+x))}{x^3}=I_1+I_2=\frac{1}{3}+\frac{1}{6}=\frac{1}{2}.$$

☆ b. 利用 Taylor 公式求极限

这是另一个十分有效的求极限的方法.

例 1.3.13 求下列极限:

1) $\lim\limits_{x\to0}\dfrac{\dfrac{x^2}{2}+1-\sqrt{1+x^2}}{(\cos x-\mathrm{e}^{x^2})\sin x^2}$; (华中科技大学)

2) $\lim\limits_{x\to0}\dfrac{\mathrm{e}^x-1-x}{\sqrt{1-x}-\cos\sqrt{x}}$; (华中师范大学)

3) $\lim\limits_{n\to\infty}n\left[\mathrm{e}-\left(1+\dfrac{1}{n}\right)^n\right]$ (要求不用 L' Hospital 法则); (北京大学)

4) $\lim\limits_{n\to\infty}\left[\dfrac{f\left(a+\dfrac{1}{n}\right)}{f(a)}\right]^n$ (其中函数 $f(x)$ 在点 a 可导,且 $f(a)\neq0$); (清华大学,南开大学,北京大学)

*5) $\lim\limits_{n\to\infty}n\sin(2\pi n!\mathrm{e})$. 《2π》

解 1) 原式 $=\dfrac{\dfrac{1}{8}x^4+o(x^4)}{\left(-\dfrac{3}{2}x^2-\dfrac{11}{24}x^4+o(x^4)\right)(x^2+o(x^4))}=-\dfrac{1}{12}$.

2）原式 $= \dfrac{\dfrac{1}{2}x^2 + o(x^2)}{-\left(\dfrac{1}{8} + \dfrac{1}{24}\right)x^2 + o(x^2)} = -3.$

3）注意到 $(1+x)^{\frac{1}{x}} = e^{\frac{\ln(1+x)}{x}} = e^{\frac{x - \frac{x^2}{2} + o(x^2)}{x}} = e^{1 - \frac{x}{2} + o(x)}$，故

$$\text{原式} = \lim_{x\to 0} \frac{e - (1+x)^{\frac{1}{x}}}{x} = e \lim_{x\to 0} \frac{1 - e^{-\frac{x}{2} + o(x)}}{x} = \frac{e}{2}.$$

4）原式 $= \lim\limits_{n\to\infty} \left[\dfrac{f(a) + f'(a) \cdot \dfrac{1}{n} + o\left(\dfrac{1}{n}\right)}{f(a)} \right]^n = e^{\frac{f'(a)}{f(a)}}.$

*5）用 Taylor 公式，$\exists \theta_n : 0 < \theta_n < 1$，使得

$$e = e^x \big|_{x=1} = \sum_{k=0}^{n} \frac{1}{k!} + \frac{1}{(n+1)!} + \frac{e^{\theta_n}}{(n+2)!}.$$

$$\text{原式} = \lim_{n\to\infty} n\sin\left\{ 2\pi n! \left[\sum_{k=0}^{n} \frac{1}{k!} + \frac{1}{(n+1)!} + \frac{e^{\theta_n}}{(n+2)!} \right] \right\}$$

$$= \lim_{n\to\infty} n\sin\left[\frac{2\pi}{n+1} + \frac{2\pi e^{\theta_n}}{(n+1)(n+2)} \right] \left(\text{注意：} n! \sum_{k=0}^{n} \frac{1}{k!} \text{是正整数}\right).$$

其中 $\alpha_n \overset{\text{记}}{=} \dfrac{2\pi}{n+1} + \dfrac{2\pi e^{\theta_n}}{(n+1)(n+2)} \to 0$（当 $n\to\infty$ 时）（因 $1 < e^{\theta_n} < e$）. 于是

$$\text{原式} = \lim_{n\to\infty} \left(n \cdot \frac{\sin\alpha_n}{\alpha_n} \cdot \alpha_n \right) = \lim_{n\to\infty} n \cdot \alpha_n$$

$$= \lim_{n\to\infty} \left[\frac{2\pi n}{n+1} + \frac{n}{(n+1)(n+2)} \cdot 2\pi e^{\theta_n} \right] = 2\pi.$$

☆c. 利用积分定义求极限

例 1.3.14　求下列极限：

1）$\lim\limits_{n\to\infty} \left(\dfrac{1}{n+1} + \dfrac{1}{n+2} + \cdots + \dfrac{1}{n+n} \right)$；（中国科学院，中国科学技术大学等）

2）$\lim\limits_{n\to\infty} \dfrac{\sqrt[n]{(n+1)\cdots(n+n)}}{n}$；（华中师范大学）

3）$\lim\limits_{n\to\infty} \dfrac{\sqrt[n]{n(n+1)\cdots(2n-1)}}{n}$；（北京大学）

4）$\lim\limits_{n\to\infty} \dfrac{\sqrt[n]{n!}}{n}$；（中国地质大学）

5）$\lim\limits_{n\to\infty} \dfrac{\sin\dfrac{\pi}{n}}{n + \dfrac{1}{n}} + \dfrac{\sin\dfrac{2}{n}\pi}{n + \dfrac{2}{n}} + \cdots + \dfrac{\sin\pi}{n+1}.$（北京大学）

解 1）原式 $= \lim\limits_{n\to\infty} \sum\limits_{i=1}^{n} \dfrac{1}{1+\dfrac{i}{n}} \cdot \dfrac{1}{n} = \int_0^1 \dfrac{\mathrm{d}x}{1+x} = \ln 2.$

此题另解，见例 1.3.5 和例 1.3.10 中 5）. 一题三解，各有特色.

2）取对数后变为（积分和里 ξ_i 选右端点）

$$\frac{1}{n} \sum_{i=1}^{n} \ln\left(1+\frac{i}{n}\right) \xrightarrow[n\to\infty]{} \int_0^1 \ln(1+x)\,\mathrm{d}x = 2\ln 2 - 1,$$

故 $\qquad\qquad\qquad\qquad$ 原式 $= \mathrm{e}^{2\ln 2 - 1} = \dfrac{4}{\mathrm{e}}.$

3）取对数后变成（积分和里 ξ_i 选左端点）

$$\frac{1}{n} \sum_{i=0}^{n-1} \ln\left(1+\frac{i}{n}\right) \xrightarrow[n\to\infty]{} \int_0^1 \ln(1+x)\,\mathrm{d}x = 2\ln 2 - 1,$$

故 $\qquad\qquad\qquad\qquad$ 原式 $= \mathrm{e}^{2\ln 2 - 1} = \dfrac{4}{\mathrm{e}}.$

4）**解法 I** 取对数后变成

$$\frac{1}{n} \sum_{i=1}^{n} \ln\left(\frac{i}{n}\right) \xrightarrow[n\to\infty]{} \int_0^1 \ln x\,\mathrm{d}x = -1,$$

故 $\qquad\qquad\qquad\qquad$ 原式 $= \mathrm{e}^{-1}.$

解法 II $\quad \lim\limits_{n\to\infty} \dfrac{\sqrt[n]{n!}}{n} = \mathrm{e}^{\lim\limits_{n\to\infty} \ln \frac{\sqrt[n]{n!}}{n}}.$ 而

$$\lim_{n\to\infty} \ln \frac{\sqrt[n]{n!}}{n} = \lim_{n\to\infty} \frac{\sum\limits_{k=1}^{n} \ln k - n\ln n}{n} \xlongequal{\text{Stolz 公式}} \lim_{n\to\infty} \left[\ln n - n\ln n + (n-1)\ln(n-1)\right]$$

$$= \lim_{n\to\infty} \left[(n-1)\ln\left(1-\frac{1}{n}\right)\right] \xlongequal{\text{等价代换}} \lim_{n\to\infty} (n-1) \cdot \left(-\frac{1}{n}\right) = -1.$$

故 $\qquad\qquad\qquad\qquad \lim\limits_{n\to\infty} \dfrac{\sqrt[n]{n!}}{n} = \mathrm{e}^{-1}.$

5）因 $\qquad \dfrac{1}{n+1} \sum\limits_{i=1}^{n} \sin\dfrac{i}{n}\pi \leqslant \sum\limits_{i=1}^{n} \dfrac{\sin\dfrac{i}{n}\pi}{n+\dfrac{i}{n}} \leqslant \dfrac{1}{n+\dfrac{1}{n}} \sum\limits_{i=1}^{n} \sin\dfrac{i}{n}\pi,$

左端极限 $= \lim\limits_{n\to\infty} \dfrac{n}{(n+1)\pi} \cdot \dfrac{\pi}{n} \sum\limits_{i=1}^{n} \sin\dfrac{i}{n}\pi = \dfrac{1}{\pi} \int_0^{\pi} \sin x\,\mathrm{d}x = \dfrac{2}{\pi} \, (n\to\infty),$

右端极限 $= \lim\limits_{n\to\infty} \dfrac{1}{\left(1+\dfrac{1}{n^2}\right)\pi} \cdot \dfrac{\pi}{n} \sum\limits_{i=1}^{n} \sin\dfrac{i}{n}\pi = \dfrac{1}{\pi} \int_0^{\pi} \sin x\,\mathrm{d}x = \dfrac{2}{\pi} \, (n\to\infty).$

故 $\qquad\qquad\qquad\qquad$ 原式 $= \dfrac{2}{\pi}$ （两边夹法则）.

☆ **d. 利用级数求解极限问题**

利用收敛级数通项趋向零.

例 1.3.15 求下列极限 $\lim\limits_{n\to\infty} x_n$, 其中 x_n:

1) $x_n = \dfrac{5^n \cdot n!}{(2n)^n}$;(天津大学)

2) $x_n = \dfrac{11 \cdot 12 \cdot 13 \cdots (n+10)}{2 \cdot 5 \cdot 8 \cdots (3n-1)}$.(上海交通大学)

解 1)因为

$$\frac{x_{n+1}}{x_n} = \frac{5^{n+1} \cdot (n+1)! \cdot (2n)^n}{(2n+2)^{n+1} \cdot 5^n n!} = \frac{5}{2}\left(\frac{n}{n+1}\right)^n = \frac{5}{2} \frac{1}{\left(1+\dfrac{1}{n}\right)^n} \to \frac{5}{2e} < 1 \, (n\to\infty).$$

故正项级数 $\sum\limits_{n=1}^{\infty} x_n$ 收敛,从而通项 $x_n \to 0 \, (n\to\infty)$.

2) $\dfrac{x_{n+1}}{x_n} = \dfrac{n+11}{3n+2} \to \dfrac{1}{3} < 1 \, (n\to\infty)$,故正项级数 $\sum\limits_{n=1}^{\infty} x_n$ 收敛,$x_n \to 0 \, (n\to\infty)$.

☆**利用收敛级数余项趋向零**

例 1.3.16 求 $\lim\limits_{n\to\infty}\left[\dfrac{1}{n^2} + \dfrac{1}{(n+1)^2} + \cdots + \dfrac{1}{(2n)^2}\right]$.(太原理工大学)

解 因级数 $\sum\limits_{k=1}^{\infty} \dfrac{1}{k^2}$ 收敛,故其余项

$$R_n = \sum_{k=n+1}^{\infty} \frac{1}{k^2} \to 0 \, (n\to\infty).$$

$$0 \leqslant \frac{1}{n^2} + \frac{1}{(n+1)^2} + \cdots + \frac{1}{(2n)^2} \leqslant R_{n-1} \to 0 \, (n\to\infty),$$

故原极限为零(用 Cauchy 准则也行).

☆ **利用级数 $\sum\limits_{n=2}^{\infty} |x_n - x_{n-1}|$ 的收敛性**

因为:若 $\sum\limits_{n=2}^{\infty} |x_n - x_{n-1}|$ 收敛,则 $\sum\limits_{n=2}^{\infty} (x_n - x_{n-1})$ 也收敛,故 $x_n = \sum\limits_{k=2}^{n} (x_k - x_{k-1}) + x_1$ 极限存在(当 $n\to\infty$ 时).

* **例 1.3.17** 设 $x_n = 1 + \dfrac{1}{2} + \cdots + \dfrac{1}{n} - \ln n$,证明 $\{x_n\}$ 收敛.(合肥工业大学)

证 $\left| x_n - x_{n-1} \right| = \left| \dfrac{1}{n} - \left[\ln n - \ln(n-1) \right] \right|$, $n \geqslant 2$.

对 $\ln n - \ln(n-1)$ 利用 Lagrange 中值公式,

$$\ln n - \ln(n-1) = \frac{1}{\xi_n}, \quad 其中 \ n-1 < \xi_n < n.$$

因此有 $|x_n - x_{n-1}| = \dfrac{n - \xi_n}{n \cdot \xi_n} < \dfrac{1}{(n-1)^2}$，而 $\displaystyle\sum_{n=2}^{\infty} \dfrac{1}{(n-1)^2}$ 收敛，故 $\displaystyle\sum_{n=2}^{\infty} |x_n - x_{n-1}|$ 收敛，

从而 $x_n = \displaystyle\sum_{k=2}^{n} (x_k - x_{k-1}) + x_1$ 也收敛.

*例 1.3.18 设 $x_n = \dfrac{1}{2\ln 2} + \cdots + \dfrac{1}{n\ln n} - \ln\ln n$ $(n = 2, 3, \cdots)$，试证 $\{x_n\}$ 收敛.

提示 仿上例，$|x_{n+1} - x_n| = \left| \dfrac{1}{(n+1)\ln(n+1)} - \dfrac{1}{\xi_n \ln \xi_n} \right| \leqslant \dfrac{1}{n\ln n} - $

$\dfrac{1}{(n+1)\ln(n+1)}$，$\displaystyle\sum_{k=2}^{n} |x_{k+1} - x_k| \leqslant \dfrac{1}{2\ln 2}$，故 $\displaystyle\sum_{n=2}^{\infty} |x_{n+1} - x_n|$ 收敛，从而 $\{x_n\}$ 收敛.

e. 利用连续性求极限

*例 1.3.19 求 $\displaystyle\lim_{n\to\infty} \sin^2(\pi\sqrt{n^2+n})$. （浙江大学）

解 $\sin^2(\pi\sqrt{n^2+n}) = \sin^2(\pi\sqrt{n^2+n} - n\pi) = \sin^2 \dfrac{n\pi}{\sqrt{n^2+n}+n}$

$$= \sin^2 \dfrac{\pi}{\sqrt{1+\dfrac{1}{n}}+1}.$$

由于初等函数在有定义的地方皆连续，故

$$原极限 = \sin^2 \left(\lim_{n\to\infty} \dfrac{\pi}{\sqrt{1+\dfrac{1}{n}}+1} \right) = \sin^2 \dfrac{\pi}{2} = 1.$$

☆f. 综合性例题

*例 1.3.20 设函数 $f(x)$ 是周期为 $T(T>0)$ 的连续周期函数，试证

$$\lim_{x\to+\infty} \dfrac{1}{x} \int_0^x f(t)\,\mathrm{d}t = \dfrac{1}{T} \int_0^T f(t)\,\mathrm{d}t.$$

（天津大学）

证 I $\forall x \in [0, +\infty)$，$\exists n \in \mathbf{N}: nT \leqslant x < (n+1)T$，记 $\int_0^T f(t)\,\mathrm{d}t = c$，$\int_{nT}^x f(t)\,\mathrm{d}t = \alpha$，

$x - nT = \beta$，则

$$\lim_{x\to+\infty} \dfrac{1}{x}\int_0^x f(t)\,\mathrm{d}t = \lim_{x\to+\infty} \dfrac{nc+\alpha}{nT+\beta} = \lim_{x\to+\infty} \dfrac{c+\dfrac{\alpha}{n}}{T+\dfrac{\beta}{n}} = \dfrac{c}{T} = \dfrac{1}{T}\int_0^T f(t)\,\mathrm{d}t$$

（因为 $\left| \dfrac{\alpha}{n} \right| \leqslant \dfrac{1}{n}\int_{nT}^x |f(t)|\,\mathrm{d}t \leqslant \dfrac{M(x-nT)}{n} \leqslant \dfrac{MT}{n} \to 0$（当 $x\to+\infty$ 时）（其中 M 为

$|f(x)|$ 的界），$\left| \dfrac{\beta}{n} \right| = \dfrac{|x-nT|}{n} \leqslant \dfrac{T}{n} \to 0$（当 $x\to+\infty$ 时））.

证 II $1°$ 当 $f(x) \geqslant 0$ 时（用两边夹法则），$\forall x \geqslant 0$，$\exists n \in \mathbf{N}$，使得 $nT \leqslant x <$

$(n+1)T$,从而有

$$\frac{1}{(n+1)T}\int_0^{nT}f(t)\,\mathrm{d}t \leqslant \frac{1}{x}\int_0^x f(t)\,\mathrm{d}t \leqslant \frac{1}{nT}\int_0^{(n+1)T}f(t)\,\mathrm{d}t.$$

上式左端 $= \dfrac{n}{n+1}\cdot\dfrac{1}{T}\displaystyle\int_0^T f(t)\,\mathrm{d}t \to \dfrac{1}{T}\int_0^T f(t)\,\mathrm{d}t \equiv I$（当 $n\to+\infty$ 时）.

类似,上式右端 $= \dfrac{n+1}{n}\cdot\dfrac{1}{T}\displaystyle\int_0^T f(t)\,\mathrm{d}t \to I$,故 $\dfrac{1}{x}\displaystyle\int_0^x f(t)\,\mathrm{d}t \to I$.

2°（一般情况）令 $g(x)=f(x)-m$（周期连续函数必有界,m 表示其下界）,这时 $g(x)\geqslant 0$,应用 1°之结果:

$$\frac{1}{x}\int_0^x f(t)\,\mathrm{d}t = \frac{1}{x}\int_0^x (g(t)+m)\,\mathrm{d}t = \frac{1}{x}\int_0^x g(t)\,\mathrm{d}t + m$$

$$\xrightarrow{\text{由}\,1°} \frac{1}{T}\int_0^T g(t)\,\mathrm{d}t + m = \frac{1}{T}\int_0^T f(t)\,\mathrm{d}t\ (\text{当}\ x\to+\infty\ \text{时}).$$

e^x 的妙用

*例 1.3.21 设 $f'(x)$ 在 $[0,+\infty)$ 上连续且 $\lim\limits_{x\to+\infty}[f(x)+f'(x)]=0$,证明 $\lim\limits_{x\to+\infty}f(x)=0$.（昆明理工大学）

证 I $(\mathrm{e}^t f(t))' = \mathrm{e}^t(f(t)+f'(t))$. 在此式两端取积分 $\displaystyle\int_a^x\cdots\mathrm{d}t$,移项,再同乘 $\dfrac{1}{\mathrm{e}^x}$,得

$$f(x) = \frac{\mathrm{e}^a f(a)}{\mathrm{e}^x} + \frac{1}{\mathrm{e}^x}\int_a^x \mathrm{e}^t(f(t)+f'(t))\,\mathrm{d}t.$$

于是

$$|f(x)| \leqslant \frac{\mathrm{e}^a |f(a)|}{\mathrm{e}^x} + \frac{1}{\mathrm{e}^x}\int_a^x \mathrm{e}^t |f(t)+f'(t)|\,\mathrm{d}t. \tag{1}$$

根据已知条件:$\forall\,\varepsilon>0$,取充分大的 $a>0$,当 $x>a$ 时,有 $|f(x)+f'(x)|<\dfrac{\varepsilon}{2}$. 再将 a 固定,令 x 进一步变大,可使 $\dfrac{\mathrm{e}^a |f(a)|}{\mathrm{e}^x}<\dfrac{\varepsilon}{2}$,由式(1)可知 $|f(x)|<\dfrac{\varepsilon}{2}+\dfrac{\varepsilon}{2}=\varepsilon$. 即 $\lim\limits_{x\to+\infty}f(x)=0$.

证 II （利用强化的 L' Hospital 法则——见例 3.2.30 及其注 2°.）

$$\lim_{x\to+\infty}f(x) = \lim_{x\to+\infty}\frac{\mathrm{e}^x f(x)}{\mathrm{e}^x} \xlongequal{\text{强化的 L' Hospital}} \lim_{x\to+\infty}\frac{(\mathrm{e}^x f(x))'}{(\mathrm{e}^x)'} = \lim_{x\to+\infty}(f(x)+f'(x)) = 0.$$

e^{-x} 的妙用

*例 1.3.22 设 $f(x)$ 在实轴上有界,且连续可微,并满足

$$|f(x)-f'(x)| \leqslant 1\ (-\infty<x<+\infty),$$

试证:$|f(x)| \leqslant 1$（$-\infty < x < +\infty$）.（北京师范大学）

证 $(e^{-x}f(x))' = e^{-x}f'(x) - e^{-x}f(x)$,

$$\left| \int_x^{+\infty} (e^{-t}f(t))'\mathrm{d}t \right| \leqslant \int_x^{+\infty} e^{-t}|f'(t) - f(t)|\mathrm{d}t \leqslant \int_x^{+\infty} e^{-t}\mathrm{d}t = e^{-x}. \tag{1}$$

因 $f(x)$ 有界,$\exists M > 0$,$|e^{-x}f(x)| \leqslant e^{-x}M \to 0$（当 $x \to +\infty$ 时）,故（1）式即为 $e^{-x}|f(x)| \leqslant e^{-x}$,所以 $|f(x)| \leqslant 1$（$-\infty < x < +\infty$）.

递推与归纳

^{new}☆**例 1.3.23** 1）设函数 $f:(0, +\infty) \to (0, +\infty)$ 单调递增,且 $\lim\limits_{t \to +\infty} \dfrac{f(2t)}{f(t)} = 1$. 试证:对任意 $m > 0$,有 $\lim\limits_{t \to +\infty} \dfrac{f(mt)}{f(t)} = 1$;（中国科学技术大学）

2）设 $\lim\limits_{x \to 0} f(x) = 0$,且 $\lim\limits_{x \to 0} \dfrac{f(x) - f\left(\dfrac{x}{2}\right)}{x} = 0$,试证 $\lim\limits_{x \to 0} \dfrac{f(x)}{x} = 0$.（南开大学）

证 1）因 $\lim\limits_{t \to +\infty} \dfrac{f(4t)}{f(2t)} \xlongequal{s = 2t} \lim\limits_{s \to +\infty} \dfrac{f(2s)}{f(s)} = 1$,故

$$\lim_{t \to +\infty} \frac{f(4t)}{f(t)} = \lim_{t \to +\infty} \frac{f(2t)}{f(t)} \cdot \frac{f(4t)}{f(2t)} = 1.$$

类似地,由 $\lim\limits_{t \to +\infty} \dfrac{f(2^k t)}{f(t)} = 1$ 可得 $\lim\limits_{t \to +\infty} \dfrac{f(2^{k+1} t)}{f(t)} = \lim\limits_{t \to +\infty} \dfrac{f(2^{k+1} t)}{f(2^k t)} \cdot \dfrac{f(2^k t)}{f(t)} = 1.$

（按数学归纳法）这就证明了 $\lim\limits_{t \to +\infty} \dfrac{f(2^k t)}{f(t)} = 1$（$k = 1, 2, \cdots$）.

同理,$\forall k \in \mathbf{N}$,$\lim\limits_{t \to +\infty} \dfrac{f(2^{-k} t)}{f(t)} = \dfrac{1}{\lim\limits_{t \to +\infty} \dfrac{f(t)}{f(2^{-k} t)}} \xlongequal{t = 2^k s} \dfrac{1}{\lim\limits_{s \to +\infty} \dfrac{f(2^k s)}{f(s)}} = 1.$

如此,$\forall m > 0$,$\exists k > 0$,使得 $2^{-k} \leqslant m \leqslant 2^k$. 由 f 单调递增,有

$$\frac{f(2^{-k} t)}{f(t)} \leqslant \frac{f(mt)}{f(t)} \leqslant \frac{f(2^k t)}{f(t)}.$$

令 $t \to +\infty$,（利用两边夹法则）知 $\forall m > 0$,有 $\lim\limits_{t \to +\infty} \dfrac{f(mt)}{f(t)} = 1$. 证毕.

2）已知:$\forall \varepsilon > 0$,$\exists \delta > 0$,当 $|x| < \delta$ 时,有 $\left| \dfrac{f(x) - f\left(\dfrac{x}{2}\right)}{x} \right| < \dfrac{\varepsilon}{3}$. 亦即

$$-\frac{\varepsilon}{3}|x| < f(x) - f\left(\frac{x}{2}\right) < \frac{\varepsilon}{3}|x|.$$

将 x 替换为 $\dfrac{x}{2^k}$,得

$$-\frac{\varepsilon}{3} \frac{1}{2^k}|x| < f\left(\frac{x}{2^k}\right) - f\left(\frac{x}{2^{k+1}}\right) < \frac{\varepsilon}{3} \frac{1}{2^k}|x| \quad (k = 0, 1, 2, \cdots, n).$$

将诸式相加,$\left(\text{注意到}\sum_{k=0}^{n}\left[f\left(\dfrac{x}{2^k}\right)-f\left(\dfrac{x}{2^{k+1}}\right)\right]=f(x)-f\left(\dfrac{x}{2^{n+1}}\right)\right)$ 得

$$-\frac{\varepsilon}{3}\sum_{k=0}^{n}\frac{1}{2^k}|x|<f(x)-f\left(\frac{x}{2^{n+1}}\right)<\frac{\varepsilon}{3}\sum_{k=0}^{n}\frac{1}{2^k}|x|.$$

令 $n\to\infty$,取极限得 $-\dfrac{2\varepsilon}{3}|x|\leqslant f(x)\leqslant\dfrac{2\varepsilon}{3}|x|\left(\text{因}\sum_{k=0}^{\infty}\dfrac{1}{2^k}=2\right)$,故 $\left|\dfrac{f(x)}{x}\right|\leqslant\dfrac{2\varepsilon}{3}<\varepsilon.$

表明:$\lim\limits_{x\to 0}\dfrac{f(x)}{x}=0.$

注 此法应用较广,如:例 2.1.11,例 2.4.1,例 2.4.2,例 3.1.7.
例 1.7.4 对本题有更简洁的证法.

无穷大阶次比较链(宜熟记):

$$\boxed{\ln\ln n\ll\ln n\overset{0<\alpha<1}{\underset{}{}}\overset{k\in\mathbf{N}}{\underset{}{}}\overset{a>1}{\underset{}{}}n^{\alpha}\leqslant n^k\ll a^n\ll n!\ll n^n\,(n\to\infty).}$$

☆**例 1.3.24** 设当 $n\to\infty$ 时 A_n,B_n 为无穷大量,若用 $A_n\ll B_n$ 表示无穷大量 B_n 的阶高于 A_n 的阶,即 $\lim\limits_{n\to\infty}\dfrac{A_n}{B_n}=0$. 试证:当 $n\to\infty$ 时,无穷大量有如上面框中所示的关系.

证 1° $\lim\limits_{n\to\infty}\dfrac{n!}{n^n}=0$ 明显,因 $0<\dfrac{n!}{n^n}\leqslant\dfrac{1}{n}\to 0$(当 $n\to\infty$ 时).

2° 证明 $\lim\limits_{n\to\infty}\dfrac{a^n}{n!}=0$. 记 $n_0=[a]$(不超过 a 的最大整数),则当 $n>n_0$ 时,$0<$

$\dfrac{a}{n_0+1},\cdots,\dfrac{a}{n-1}<1$,

$$0<\frac{a^n}{n!}=\frac{a}{1}\cdot\frac{a}{2}\cdot\frac{a}{3}\cdot\cdots\cdot\frac{a}{n_0}\cdot\frac{a}{n_0+1}\cdot\cdots\cdot\frac{a}{n-1}\cdot\frac{a}{n}<a^{n_0}\cdot\frac{a}{n}\to 0(n\to\infty).$$

3° $\lim\limits_{n\to\infty}\dfrac{n^k}{a^n}=\lim\limits_{x\to+\infty}\dfrac{x^k}{a^x}\xlongequal{\text{L'Hospital法则}}\lim\limits_{x\to+\infty}\dfrac{kx^{k-1}}{a^x\ln a}=\cdots.$

应用 k 次 L'Hospital 法则,上式 $=\lim\limits_{x\to+\infty}\dfrac{k!}{a^x(\ln a)^k}=0.$

4° $\lim\limits_{n\to\infty}\dfrac{n^{\alpha}}{n^k}=\lim\limits_{n\to\infty}\dfrac{1}{n^{k-\alpha}}=0.$

5° $\lim\limits_{n\to\infty}\dfrac{\ln n}{n^{\alpha}}=\lim\limits_{x\to+\infty}\dfrac{\ln x}{x^{\alpha}}$. 令 $\ln x=y$,$x=\mathrm{e}^y$,于是

$$\text{上式}=\lim\limits_{y\to+\infty}\frac{y}{\mathrm{e}^{\alpha y}}\xlongequal{\text{L'Hospital法则}}\lim\limits_{y\to+\infty}\frac{1}{\alpha\mathrm{e}^{\alpha y}}=0.$$

6° $\lim\limits_{n\to\infty}\dfrac{\ln\ln n}{\ln n}=\lim\limits_{x\to+\infty}\dfrac{\ln\ln x}{\ln x}$. 令 $\ln x=y$,则 上式 $=\lim\limits_{y\to+\infty}\dfrac{\ln y}{y}=0.$

极限问题是数学分析的基本问题之一. 它贯穿着整个数学分析. 为了不打乱本书的体系,本章只对极限的基本问题进行讨论,以后各章再分别讨论在微分学、积分

学、级数和多元函数里所出现的极限问题. 除了上面介绍的几种求极限的方法之外, 下两节将介绍用 Stolz 公式求极限和递推形式的极限.

✎ **单元练习 1.3**

该类问题,常出现在卷首或卷中,难度不大. 如有困难可参看前面相应例题.

1.3.1 求极限 $\lim\limits_{n\to\infty}\left(1-\dfrac{1}{2^2}\right)\left(1-\dfrac{1}{3^2}\right)\cdots\left(1-\dfrac{1}{n^2}\right)$.(北京航空航天大学,中国科学技术大学)

提示 $1-\dfrac{1}{k^2}=\dfrac{(k-1)(k+1)}{k^2}$,进行变形.

☆**1.3.2** 证明 Vieta 公式:

$$\frac{2}{\pi}=\sqrt{\frac{1}{2}}\cdot\sqrt{\frac{1}{2}+\frac{1}{2}\sqrt{\frac{1}{2}}}\cdot\sqrt{\frac{1}{2}+\frac{1}{2}\sqrt{\frac{1}{2}+\frac{1}{2}\sqrt{\frac{1}{2}}}}\cdot\cdots.$$

提示 利用 $\cos\dfrac{\pi}{4}=\sqrt{\dfrac{1}{2}}$,$\cos\dfrac{\theta}{2}=\sqrt{\dfrac{1}{2}+\dfrac{1}{2}\cos\theta}$ 及例 1.3.2 中 1)之结果.

1.3.3 求 $\lim\limits_{n\to\infty}\left(\dfrac{\sqrt[n]{a}+\sqrt[n]{b}+\sqrt[n]{c}}{3}\right)^n$ $(a,b,c>0)$.(东北师范大学) 《$\sqrt[3]{abc}$》

1.3.4 求 $\lim\limits_{n\to\infty}\left(\cos\dfrac{x}{n}+\lambda\sin\dfrac{x}{n}\right)^n$ $(x\neq0)$. 《$e^{\lambda x}$》

1.3.5 求 $\lim\limits_{x\to0^+}\sqrt[x]{\cos\sqrt{x}}$. 《$e^{-\frac{1}{2}}$》

1.3.6 求 $\lim\limits_{n\to\infty}\left(\dfrac{1}{n^2+n+1}+\dfrac{2}{n^2+n+2}+\dfrac{3}{n^2+n+3}+\cdots+\dfrac{n}{n^2+n+n}\right)$.(华中师范大学) 《$\dfrac{1}{2}$》

1.3.7 求 $\lim\limits_{n\to\infty}\left(\dfrac{1}{\sqrt{n^2-1}}-\dfrac{1}{\sqrt{n^2-2}}-\cdots-\dfrac{1}{\sqrt{n^2-n}}\right)$.(湖北大学) 《$-1$》

☆**1.3.8** 1)设 $f(x)$ 在 $[-1,1]$ 上连续,求 $\lim\limits_{x\to0}\dfrac{\sqrt[3]{1+f(x)\sin x}-1}{3^x-1}$;(华中师范大学) 《$\dfrac{f(0)}{3\ln3}$》

^{new}2)求极限 $\lim\limits_{x\to0}\dfrac{1-\cos\sqrt{\tan x-\sin x}}{\sqrt[3]{1+x^3}-\sqrt[3]{1-x^3}}$.(武汉大学) 《$\dfrac{3}{8}$》

提示 可用等价代换求.

再提示 1) $\lim\limits_{x\to0}\dfrac{\sqrt[3]{1+f(x)\sin x}-1}{3^x-1}\xlongequal{\text{等价代换}}\lim\limits_{x\to0}\dfrac{\frac{1}{3}f(x)\sin x}{x\ln3}=\dfrac{f(0)}{3\ln3}$.

2)由 $\sqrt{\tan x-\sin x}=\sqrt{\dfrac{\sin x(1-\cos x)}{\cos x}}\sim\sqrt{\dfrac{x^3}{2}}$,知 $1-\cos\sqrt{\tan x-\sin x}\sim\dfrac{x^3}{4}$.

又 $\sqrt[3]{1+x^3}-\sqrt[3]{1-x^3}=\dfrac{2x^3}{(\sqrt[3]{1+x^3})^2+\sqrt[3]{1+x^3}\cdot\sqrt[3]{1-x^3}+(\sqrt[3]{1-x^3})^2}\sim\dfrac{2}{3}x^3$,故

$$原式=\lim_{x\to0}\frac{x^3/4}{(2x^3)/3}=\frac{3}{8}.$$

☆**1.3.9** 设极限 $\lim\limits_{n\to\infty}(a_1+a_2+\cdots+a_n)$ 存在,试求:

1) $\lim\limits_{n\to\infty}\dfrac{1}{n}(a_1+2a_2+\cdots+na_n)$; 〈0〉

2) $\lim\limits_{n\to\infty}(n!\,a_1\cdot a_2\cdot\cdots\cdot a_n)^{\frac{1}{n}}\ (a_i>0,\ i=1,2,\cdots,n)$; 〈0〉

new 3) $\lim\limits_{n\to\infty}\dfrac{n^2}{\dfrac{1}{a_1}+\dfrac{1}{a_2}+\cdots+\dfrac{1}{a_n}}$(其中 $a_n>0,\forall n\in\mathbf{N}$). (北京大学) 〈0〉

提示 1) 记 $S_n=\sum\limits_{k=1}^{n}a_k$, 则 $\dfrac{1}{n}\sum\limits_{k=1}^{n}ka_k=\dfrac{1}{n}\sum\limits_{k=1}^{n}[(k+(n-k))a_k-(n-k)a_k]=S_n-\dfrac{n-1}{n}\cdot$

$\dfrac{1}{n-1}\sum\limits_{k=1}^{n-1}S_k$.

2) $0\leqslant(1a_1\cdot 2a_2\cdot\cdots\cdot na_n)^{\frac{1}{n}}\leqslant\dfrac{a_1+2a_2+\cdots+na_n}{n}$.

3) $0<\dfrac{n^2}{\dfrac{1}{a_1}+\dfrac{1}{a_2}+\cdots+\dfrac{1}{a_n}}=\dfrac{n}{\dfrac{1}{n}\left(\dfrac{1}{a_1}+\dfrac{1}{a_2}+\cdots+\dfrac{1}{a_n}\right)}\leqslant\dfrac{n}{\sqrt[n]{\dfrac{1}{a_1}\cdot\dfrac{1}{a_2}\cdot\cdots\cdot\dfrac{1}{a_n}}}$

$=n\sqrt[n]{a_1a_2\cdots a_n}=\dfrac{n}{\sqrt[n]{n!}}\sqrt[n]{a_1\cdot 2a_2\cdot\cdots\cdot na_n}\leqslant\dfrac{n}{\sqrt[n]{n!}}\dfrac{a_1+2a_2+\cdots+na_n}{n}$

(其中 $\lim\limits_{n\to\infty}\dfrac{n}{\sqrt[n]{n!}}=$ e (见例 1.3.14 中 4)), $\lim\limits_{n\to\infty}\dfrac{a_1+2a_2+\cdots+na_n}{n}=0$(见本题之 1))).

1.3.10 设 $A=\max\{a_1,a_2,\cdots,a_m\}$, $a_k>0\ (k=1,2,\cdots,m)$, 求 $\lim\limits_{n\to\infty}\sqrt[n]{a_1^n+a_2^n+\cdots+a_m^n}$. (陕西师范大学) 〈A〉

1.3.11 求 $\lim\limits_{n\to\infty}\sqrt[n]{1+2^n\sin^n x}$. (内蒙古大学)

〈$2\sin x$, 当 $|\sin x|>\dfrac{1}{2}$ 时;1, 当 $-\dfrac{1}{2}<\sin x\leqslant\dfrac{1}{2}$ 时;不存在, 当 $\sin x=-\dfrac{1}{2}$ 时〉

1.3.12 求 $\lim\limits_{x\to 0}\dfrac{x-\int_0^x e^{t^2}dt}{x^2\sin 2x}$. (中国科学院) 〈$-\dfrac{1}{6}$〉

☆**1.3.13** 计算 $\lim\limits_{x\to+\infty}\left(\dfrac{1}{x}\cdot\dfrac{a^x-1}{a-1}\right)^{\frac{1}{x}}$ $(a>0,a\neq 1)$. (中国科学院)

〈a, 当 $a>1$ 时;1, 当 $0<a<1$ 时〉

1.3.14 若 $f(x)=\begin{cases}\dfrac{1-\cos x}{x^2}, & x<0,\\[2mm] 5, & x=0,\\[2mm] \dfrac{\int_0^x\cos t^2 dt}{x}, & x>0,\end{cases}$ 求 $\lim\limits_{x\to 0}f(x)$. (上海工业大学) 〈不存在〉

1.3.15 求 $\lim\limits_{x\to+\infty}\left(\sqrt[6]{x^6+x^5}-\sqrt[6]{x^6-x^5}\right)$. (华中师范大学) 〈$\dfrac{1}{3}$〉

☆**1.3.16** 证明:当 $0<k<1$ 时, $\lim\limits_{n\to\infty}[(n+1)^k-n^k]=0$.

提示 可用 x 替代 $\dfrac{1}{n}$, 运用 L'Hospital 法则;或用微分中值公式;或用 $0\leqslant(n+1)^k-n^k\leqslant\dfrac{1}{n^{1-k}}$;

还可用等价代换:$(1+n^{-1})^k-1\sim kn^{-1}$ 等不同方法.

1.3.17 求 $\lim\limits_{x\to 1}(2-x)^{\tan\frac{\pi x}{2}}$. (浙江大学) 《$e^{\frac{2}{\pi}}$》

1.3.18 已知 $\lim\limits_{x\to 2}\dfrac{x^2+ax+b}{x^2-x-2}=2$, 求 a 和 b. (国防科技大学) 《$2,-8$》

1.3.19 求 $\lim\limits_{x\to+\infty}x^{\frac{7}{4}}\left(\sqrt[4]{x+1}+\sqrt[4]{x-1}-2\sqrt[4]{x}\right)$. (华中师范大学) $\left\langle\!\left\langle-\dfrac{3}{16}\right\rangle\!\right\rangle$

提示 提公因子 $x^{\frac{1}{4}}$ 之后再令 $y=\dfrac{1}{x}$, 可用多种方法求.

1.3.20 求 $\lim\limits_{x\to+\infty}\left(\sin\sqrt{x+1}-\sin\sqrt{x}\right)$. (武汉大学) 《$0$》

提示 可用微分中值公式或和差化积.

☆**1.3.21** 设 f 是 $\mathbf{R}$ 上的可微函数, $\lim\limits_{x\to+\infty}f'(x)=A>0$, 试证 $\lim\limits_{x\to+\infty}f(x)=+\infty$.

提示 $f(x)=f(x_0)+f'(\xi)(x-x_0)\geqslant f(x_0)+\dfrac{A}{2}(x-x_0)\to+\infty$.

☆**1.3.22** 设 f 是 $\mathbf{R}$ 上的可微函数, $\lim\limits_{x\to+\infty}f'(x)=0$, 试证 $\lim\limits_{x\to+\infty}\dfrac{f(x)}{x}=0$.

提示 $\left|\dfrac{f(x)}{x}\right|\leqslant\left|\dfrac{f(x_0)}{x}\right|+\left|\dfrac{x-x_0}{x}\right|\,|f'(\xi)|$, 先让 x_0 充分大, 再将它固定下来.

☆**1.3.23** 假设 $x_n>0$, $\lim\limits_{n\to\infty}x_n=0$, 试证:

1) $\lim\limits_{n\to\infty}\left(\prod\limits_{k=1}^{n}x_k\right)^{\frac{1}{n}}=0$;   2) $\lim\limits_{n\to\infty}\sup\limits_{k\geqslant 1}\left(\prod\limits_{i\geqslant 1}^{n}x_{i+k}\right)^{\frac{1}{n}}=0$. (南开大学)

提示 $\sup\limits_{k\geqslant 1}\left(\prod\limits_{i=1}^{n}x_{i+k}\right)^{\frac{1}{n}}\leqslant\left(\prod\limits_{i=1}^{n}\sup\limits_{k\geqslant 1}x_{i+k}\right)^{\frac{1}{n}}$ 且 $b_i\equiv\sup\limits_{k\geqslant 1}x_{i+k}\to 0$ (当 $i\to+\infty$ 时).

☆**1.3.24** 对 $a_1\geqslant a_2\geqslant\cdots\geqslant a_n>0$, $p_1>p_2>\cdots>p_n$, $p_1+p_2+\cdots+p_n=1$, 令

$$F(x)=(p_1a_1^x+p_2a_2^x+\cdots+p_na_n^x)^{\frac{1}{x}},$$

试先证明:

1) $a_n\leqslant F(x)\leqslant a_1$;   2) $\lim\limits_{x\to 0^+}F(x)=a_1^{p_1}a_2^{p_2}\cdots a_n^{p_n}$,

然后求 $\lim\limits_{x\to\pm\infty}F(x)$.

提示 1) 如将 $a_i(i=1,2,\cdots,n-1)$ 替换为 a_n, 可得左边不等式; 2) 先取对数, 再用 L' Hospital 法则求极限.

再提示 $\ln F(x)=\dfrac{1}{x}\ln\left(\sum\limits_{i=1}^{n}p_ia_i^x\right)$,

$$\lim\limits_{x\to 0^+}\ln F(x)\xlongequal{\text{L' Hospital 法则}}\lim\limits_{x\to 0^+}\dfrac{\sum\limits_{i=1}^{n}p_ia_i^x\ln a_i}{\sum\limits_{i=1}^{n}p_ia_i^x}=\sum\limits_{i=1}^{n}p_i\ln a_i=\ln\prod\limits_{i=1}^{n}a_i^{p_i},$$

$$F(x)=e^{\ln F(x)}\to e^{\ln\prod_{i=1}^{n}a_i^{p_i}}=\prod\limits_{i=1}^{n}a_i^{p_i}\ (\text{当 }x\to 0^+\text{ 时}).$$

又 $\ln F(x)=\dfrac{1}{x}\ln a_1^x+\dfrac{1}{x}\ln\left[p_1+p_2\left(\dfrac{a_2}{a_1}\right)^x+\cdots+p_n\left(\dfrac{a_n}{a_1}\right)^x\right]\to\ln a_1$ (当 $x\to+\infty$ 时), 所以 $\lim\limits_{x\to+\infty}F(x)=a_1$. 类似有 $\lim\limits_{x\to-\infty}F(x)=a_n$.

^{new}**1.3.25** 求极限 $\lim\limits_{x\to 0}\dfrac{(a+x)^x-a^x}{x^2}$ $(a>0)$. (北京大学) $\left\langle\!\left\langle\dfrac{1}{a}\right\rangle\!\right\rangle$

提示　因 $\lim\limits_{x\to 0}(a+x)^{x}=\mathrm{e}^{\lim\limits_{x\to 0}x\ln(a+x)}=\mathrm{e}^{0}=1$ ，本题可用 $\dfrac{0}{0}$ 型 L'Hospital 法则.

再提示　$[\ln(a+x)^{x}]'=[x\ln(a+x)]'=\ln(a+x)+\dfrac{x}{a+x}.$

故　　　　　　$[(a+x)^{x}]'=(a+x)^{x}[\ln(a+x)^{x}]'=(a+x)^{x}\left[\ln(a+x)+\dfrac{x}{a+x}\right].$

于是

$$\lim_{x\to 0}\frac{(a+x)^{x}-a^{x}}{x^{2}}$$

$$\xlongequal{\text{L'Hospital法则}}\lim_{x\to 0}\frac{(a+x)^{x}\left[\ln(a+x)+\dfrac{x}{a+x}\right]-a^{x}\ln a}{2x}$$

$$\xlongequal{\text{L'Hospital法则}}\frac{1}{2}\lim_{x\to 0}\left\{(a+x)^{x}\left[\left(\ln(a+x)+\frac{x}{a+x}\right)^{2}+\frac{1}{a+x}+\frac{a}{(a+x)^{2}}\right]-a^{x}\ln^{2}a\right\}=\frac{1}{a}.$$

[new] **1.3.26**　$\lim\limits_{x\to 1}(1-x)^{1-n}(1-\sqrt{x})(1-\sqrt[3]{x})\cdots(1-\sqrt[n]{x})$. （武汉大学）　　$\left\langle\dfrac{1}{n!}\right\rangle$

提示　原式 $=\lim\limits_{x\to 1}\prod\limits_{k=2}^{n}\dfrac{1-\sqrt[k]{x}}{1-x}=\lim\limits_{x\to 1}\prod\limits_{k=2}^{n}\dfrac{1}{1+x^{\frac{1}{k}}+\cdots+x^{\frac{k-1}{k}}}=\dfrac{1}{n!}.$

§1.4　Stolz 公式

Stolz 公式　可以说是数列的 L'Hospital 法则. 它对求数列的极限很有用. 本节专门讨论 Stolz 公式及其应用.

一、数列的情况

定理 1$\left(\dfrac{\infty}{\infty}\text{型 Stolz 公式}\right)$　设 $\{x_{n}\}$ 严格递增（即 $\forall n\in\mathbf{N}$ 有 $x_{n}<x_{n+1}$），且 $\lim\limits_{n\to\infty}x_{n}=+\infty$.

1）若 $\lim\limits_{n\to\infty}\dfrac{y_{n}-y_{n-1}}{x_{n}-x_{n-1}}=a$（有限数），则 $\lim\limits_{n\to\infty}\dfrac{y_{n}}{x_{n}}=a$；

2）若 $\lim\limits_{n\to\infty}\dfrac{y_{n}-y_{n-1}}{x_{n}-x_{n-1}}=+\infty$，则 $\lim\limits_{n\to\infty}\dfrac{y_{n}}{x_{n}}=+\infty$；

3）若 $\lim\limits_{n\to\infty}\dfrac{y_{n}-y_{n-1}}{x_{n}-x_{n-1}}=-\infty$，则 $\lim\limits_{n\to\infty}\dfrac{y_{n}}{x_{n}}=-\infty$.

注　（几何意义）把 (x_{n},y_{n}) 看成是平面上的点 M_{n}（如图1.4.1），定理意义是，假设 M_{n} 的横坐标 $x_{n}\nearrow+\infty$，那么当 $\overrightarrow{M_{n}M_{n+1}}$ 的斜率以有限数 a 为极限时，则 $\overrightarrow{OM_{n}}$ 的斜率也以 a 为极限.

证　1° 已知 $\lim\limits_{n\to\infty}\dfrac{y_{n}-y_{n-1}}{x_{n}-x_{n-1}}=a$，即 $\forall\varepsilon>0,\exists N>0$，当 $n>N$ 时，有 $\left|\dfrac{y_{n}-y_{n-1}}{x_{n}-x_{n-1}}-a\right|<$

$\dfrac{\varepsilon}{2}$. 即

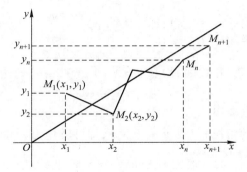

图 1.4.1

$$a - \frac{\varepsilon}{2} < \frac{y_k - y_{k-1}}{x_k - x_{k-1}} < a + \frac{\varepsilon}{2} \quad (k = N+1, N+2, \cdots, n-1, n, \cdots). \tag{1}$$

借助分数的和比性质:"当 $m < \dfrac{b_k}{a_k} < M$（$k = 1, 2, \cdots, n$）时,有 $m < \dfrac{b_1 + b_2 + \cdots + b_n}{a_1 + a_2 + \cdots + a_n} < M$".

于是,由式(1)可得 $a - \dfrac{\varepsilon}{2} < \dfrac{y_n - y_N}{x_n - x_N} < a + \dfrac{\varepsilon}{2}$,亦即

$$\left| \frac{y_n - y_N}{x_n - x_N} - a \right| < \frac{\varepsilon}{2}. \tag{2}$$

另一方面,

$$\frac{y_n}{x_n} - a = \frac{y_n - a x_n}{x_n} = \frac{y_n - y_N - a x_n + a x_N}{x_n - x_N} \cdot \frac{x_n - x_N}{x_n} + \frac{y_N - a x_N}{x_n}$$

$$= \left(\frac{y_n - y_N}{x_n - x_N} - a \right) \cdot \left(1 - \frac{x_N}{x_n} \right) + \frac{y_N - a x_N}{x_n}. \tag{3}$$

因 x_n 严格增加趋向 $+\infty$,可默认 $x_n > 0$;当 $n > N$ 时,有 $\left| 1 - \dfrac{x_N}{x_n} \right| \leqslant 1$. 固定 N,让 n 进

一步增大,还能保持 $\left| \dfrac{y_N - a x_N}{x_n} \right| < \dfrac{\varepsilon}{2}$. 故由式(3)得

$$\left| \frac{y_n}{x_n} - a \right| \leqslant \left| \frac{y_n - y_N}{x_n - x_N} - a \right| + \left| \frac{y_N - a x_N}{x_n} \right| \overset{\text{式}(2)}{<} \frac{\varepsilon}{2} + \frac{\varepsilon}{2} = \varepsilon,$$

亦即 $\lim\limits_{n \to \infty} \dfrac{y_n}{x_n} = a$. 证毕.

2°（极限为 $+\infty$ 的情况）因已知 $\lim\limits_{n \to \infty} \dfrac{y_n - y_{n-1}}{x_n - x_{n-1}} = +\infty$,所以 $\lim\limits_{n \to \infty} \dfrac{x_n - x_{n-1}}{y_n - y_{n-1}} = 0$. 利用 1°

中的结论,只要证明 y_n 严格增加趋向 $+\infty$,则 $\lim\limits_{n \to \infty} \dfrac{x_n}{y_n} = 0$,$\lim\limits_{n \to \infty} \dfrac{y_n}{x_n} = +\infty$（问题得证）. 因

x_n 严 $\nearrow$,要证 y_n 严 $\nearrow$,只要证 $\dfrac{y_n - y_{n-1}}{x_n - x_{n-1}} > 1$. 事实上,$\lim\limits_{n \to \infty} \dfrac{y_n - y_{n-1}}{x_n - x_{n-1}} = +\infty$,所以对 $M = 1$,

$\exists N > 0$, 当 $n > N$ 时, 有 $\dfrac{y_n - y_{n-1}}{x_n - x_{n-1}} > 1$, 即 $n > N$ 时,

$$y_n - y_{n-1} > x_n - x_{n-1} > 0. \tag{4}$$

所以当 $n > N$ 时, y_n 严 ↗. 在式 (4) 中令 $n = N+1, N+2, \cdots, k$, 然后相加, 可知

$$y_k - y_N > x_k - x_N.$$

令 $k \to \infty$, 知 $y_k \to +\infty$. 证毕.

3° (极限为 $-\infty$ 的情况) 只要令 $y_n = -z_n$, 即可转化为 2° 中的情况.

注 $\lim\limits_{n\to\infty} \dfrac{y_n - y_{n-1}}{x_n - x_{n-1}} = \infty$, 一般推不出 $\lim\limits_{n\to\infty} \dfrac{y_n}{x_n} = \infty$. 如令 $x_n = n$, $\{y_n\} = \{0, 2^2, 0, 4^2,$

$0, 6^2, \cdots\}$. 这时虽然 $\lim\limits_{n\to\infty} \dfrac{y_n - y_{n-1}}{x_n - x_{n-1}} = \infty$, 但

$$\left\{\frac{y_n}{x_n}\right\} = \{0, 2, 0, 4, 0, 6, \cdots\} \not\to \infty.$$

定理 2 $\left(\dfrac{0}{0}\right.$ 型 Stolz 公式$\left.\right)$ 设 $n \to \infty$ 时 $y_n \to 0$, x_n 严 ↘ 0 (严格单调下降趋向零).

若 $\lim\limits_{n\to\infty} \dfrac{y_n - y_{n-1}}{x_n - x_{n-1}} = a$, 则 $\lim\limits_{n\to\infty} \dfrac{y_n}{x_n} = a$ (其中 a 为有限数, $+\infty$ 或 $-\infty$).

注 由证明看出, 定理 1 其名为 $\dfrac{\infty}{\infty}$ 型, 其实只要求分母 $x_n \nearrow +\infty$ (严格单调上升趋向无穷大), 至于分子 y_n 是否趋向无穷大, 无关紧要. 定理 2 则是名副其实的 $\dfrac{0}{0}$ 型, 因为定理条件要求分子、分母都以 0 为极限.

Stolz 公式对于求序列的极限十分有用. 例 1.2.1 中 2), 如果应用 Stolz 公式, 变得非常明显. 因 $\lim\limits_{n\to\infty} x_n = A$, 所以 $\lim\limits_{n\to\infty} \dfrac{x_1 + x_2 + \cdots + x_n}{n} = \lim\limits_{n\to\infty} \dfrac{x_n}{1} = A$. 又如

例 1.4.1 证明: $\lim\limits_{n\to\infty} \dfrac{1^p + 2^p + \cdots + n^p}{n^{p+1}} = \dfrac{1}{p+1}$ (p 为自然数).

证 $\lim\limits_{n\to\infty} \dfrac{1^p + 2^p + \cdots + n^p}{n^{p+1}} = \lim\limits_{n\to\infty} \dfrac{(n+1)^p}{(n+1)^{p+1} - n^{p+1}}$

$$= \lim\limits_{n\to\infty} \frac{(1+n)^p}{(p+1)n^p + \dfrac{(p+1)p}{2}n^{p-1} + \cdots + 1}$$

$$= \frac{1}{p+1}.$$

Stolz 公式必要时可以重复使用.

例 1.4.2 设 $S_n = \dfrac{\sum\limits_{k=0}^{n} \ln \mathrm{C}_n^k}{n^2}$ $\left($ 其中 $\mathrm{C}_n^k = \dfrac{n(n-1)\cdots(n-k+1)}{1 \cdot 2 \cdot \cdots \cdot k}\right)$, 求 $\lim\limits_{n\to\infty} S_n$.

解　因 $n^2 \nearrow +\infty$，应用 Stolz 公式，

$$\lim_{n \to \infty} S_n = \lim_{n \to \infty} \frac{\displaystyle\sum_{k=0}^{n+1} \ln C_{n+1}^k - \sum_{k=0}^{n} \ln C_n^k}{(n+1)^2 - n^2} = \lim_{n \to \infty} \frac{\displaystyle\sum_{k=0}^{n} \ln \frac{C_{n+1}^k}{C_n^k} + \ln C_{n+1}^{n+1}}{2n+1}$$

$$= \lim_{n \to \infty} \frac{\displaystyle\sum_{k=0}^{n} \ln \frac{n+1}{n-k+1}}{2n+1}$$

$$= \lim_{n \to \infty} \frac{(n+1)\ln(n+1) - \displaystyle\sum_{k=1}^{n+1} \ln k}{2n+1} \quad (\text{再次使用 Stolz 公式})$$

$$= \lim_{n \to \infty} \frac{(n+1)\ln(n+1) - n\ln n - \ln(n+1)}{(2n+1) - (2n-1)}$$

$$= \lim_{n \to \infty} \frac{\ln \left(\dfrac{n+1}{n}\right)^n}{2} = \frac{1}{2}.$$

有时问题经过处理之后，方能应用 Stolz 公式.

例 1. 4. 3　设 $\lim\limits_{n \to \infty} n(A_n - A_{n-1}) = 0$. 试证：极限 $\lim\limits_{n \to \infty} \dfrac{A_1 + A_2 + \cdots + A_n}{n}$ 存在时，

$$\lim_{n \to \infty} A_n = \lim_{n \to \infty} \frac{A_1 + A_2 + \cdots + A_n}{n}.$$

证　因 $A_n = \left(A_n - \dfrac{A_1 + \cdots + A_n}{n}\right) + \dfrac{A_1 + \cdots + A_n}{n}$，只需证明第一项趋于零. 为了利用 $\lim\limits_{n \to \infty} n(A_n - A_{n-1}) = 0$，特令 $a_1 = A_1, a_2 = A_2 - A_1, \cdots, a_n = A_n - A_{n-1}, \cdots$，则知 $\lim\limits_{n \to \infty} n a_n = 0$，且

$$A_n = (A_n - A_{n-1}) + (A_{n-1} - A_{n-2}) + \cdots + (A_2 - A_1) + A_1 = a_n + a_{n-1} + \cdots + a_1.$$

于是

$$\lim_{n \to \infty} \left(A_n - \frac{A_1 + \cdots + A_n}{n}\right)$$

$$= \lim_{n \to \infty} \left[(a_1 + \cdots + a_n) - \frac{a_1 + (a_1 + a_2) + \cdots + (a_1 + \cdots + a_n)}{n}\right]$$

$$= \lim_{n \to \infty} \frac{a_2 + 2a_3 + \cdots + (n-1)a_n}{n} \quad (\text{应用 Stolz 公式})$$

$$= \lim_{n \to \infty} \frac{(n-1)a_n}{n - (n-1)} = \lim_{n \to \infty} \frac{n-1}{n} \cdot n \cdot a_n = 0.$$

例 1. 4. 4　求 $\lim\limits_{n \to \infty} \left(\dfrac{2}{2^2 - 1}\right)^{\frac{1}{2^{n-1}}} \left(\dfrac{2^2}{2^3 - 1}\right)^{\frac{1}{2^{n-2}}} \cdots \left(\dfrac{2^{n-1}}{2^n - 1}\right)^{\frac{1}{2}}$.

解　先取对数，再求极限.

$$\ln x_n = \frac{1}{2^{n-1}} \ln \frac{2}{2^2-1} + \frac{1}{2^{n-2}} \ln \frac{2^2}{2^3-1} + \cdots + \frac{1}{2} \ln \frac{2^{n-1}}{2^n-1}$$

$$= \frac{1}{2^{n-1}} \left(\ln \frac{2}{2^2-1} + 2\ln \frac{2^2}{2^3-1} + \cdots + 2^{n-2} \ln \frac{2^{n-1}}{2^n-1} \right).$$

应用 Stolz 公式,

$$\lim_{n \to \infty} \ln x_n = \lim_{n \to \infty} \frac{2^{n-2} \ln \dfrac{2^{n-1}}{2^n-1}}{2^{n-1}-2^{n-2}} = \lim_{n \to \infty} \ln \frac{1}{2-\dfrac{1}{2^{n-1}}} = \ln \frac{1}{2}.$$

故

$$原式 = \lim_{n \to \infty} x_n = \frac{1}{2}.$$

※二、函数极限的情况

Stolz 公式可以推广到函数极限的情况.

定理 1′ $\left(\dfrac{\infty}{\infty} 型 \right)$　若 $T > 0$ 为常数,

1) $g(x+T) > g(x)$, $\forall x \geqslant a$;

2) $g(x) \to +\infty$（当 $x \to +\infty$ 时）,且 f, g 在 $[a, +\infty)$ 内闭有界（即指 $\forall b > a$, f, g 在 $[a, b]$ 上有界）;

3) $\lim\limits_{x \to +\infty} \dfrac{f(x+T) - f(x)}{g(x+T) - g(x)} = l$,则 $\lim\limits_{x \to +\infty} \dfrac{f(x)}{g(x)} = l$（其中 l 为有限数,或 $+\infty$,或 $-\infty$）.

证　1° （l 为有限数）要证明 $\lim\limits_{x \to +\infty} \dfrac{f(x)}{g(x)} = l$,即要证明 $\forall \varepsilon > 0$, $\exists \Delta > 0$,当 $x > \Delta$ 时,有

$$\left| \frac{f(x)}{g(x)} - l \right| < \varepsilon. \tag{1}$$

由已知条件 $g(x) \to +\infty$ 及 $\lim\limits_{x \to +\infty} \dfrac{f(x+T) - f(x)}{g(x+T) - g(x)} = l$ 知, $\forall \varepsilon > 0$, $\exists A > 0$,当 $x > A$ 时,有 $g(x) > 0$,

$$\left| \frac{f(x+T) - f(x)}{g(x+T) - g(x)} - l \right| < \frac{\varepsilon}{2}. \tag{2}$$

至此,我们若能证明 $\forall \varepsilon > 0$, $\exists N > 0$,当 $n > N$ 时,对任意 $x \in [A, A+T]$,恒有

$$\left| \frac{f(x+nT)}{g(x+nT)} - l \right| < \varepsilon, \tag{3}$$

则式（1）获证. 事实上, $\forall y > A + NT$,总 $\exists n > N$ 及 $x \in [A, A+T]$,使得

$$y = x + nT.$$

从而由式（3）知 $\forall y > A + NT$,有 $\left| \dfrac{f(y)}{g(y)} - l \right| < \varepsilon$. 这表明式（1）成立.

剩下的问题在于从式（2）推证式（3）. 我们采用本节定理 1 类似的方法.

记

$$\alpha_n \equiv \frac{f(x+nT)-f(x+(n-1)T)}{g(x+nT)-g(x+(n-1)T)} - l, \tag{4}$$

则

$f(x+nT)$

$=f(x+(n-1)T)+[g(x+nT)-g(x+(n-1)T)](\alpha_n+l)$　（反复使用此式）

$=f(x+(n-2)T)+[g(x+(n-1)T)-g(x+(n-2)T)](\alpha_{n-1}+l)+$

　　$[g(x+nT)-g(x+(n-1)T)](\alpha_n+l)$

$=\cdots$

$=f(x+T)+[g(x+2T)-g(x+T)](\alpha_2-l)+[g(x+3T)-g(x+2T)](\alpha_3+$

　　$l)+\cdots+[g(x+nT)-g(x+(n-1)T)](\alpha_n+l)$

$=f(x+T)+\alpha_2[g(x+2T)-g(x+T)]+\cdots+\alpha_n[g(x+nT)-$

　　$g(x+(n-1)T)]+l[g(x+nT)-g(x+T)]$,

再除以 $g(x+nT)$，减去 l，得

$$\left|\frac{f(x+nT)}{g(x+nT)}-l\right|$$

$$\leqslant \left|\frac{f(x+T)-lg(x+T)}{g(x+nT)}\right|+\frac{1}{|g(x+nT)|}\big[\,|\alpha_2|\,|g(x+2T)-g(x+T)|+\cdots+$$

$$|\alpha_n|\,|g(x+nT)-g(x+(n-1)T)|\,\big].$$

由式（2）知 $|\alpha_k|<\dfrac{\varepsilon}{2}(k=1,2,\cdots,n)$，注意定理条件 1），

上式右端 $\leqslant \left|\dfrac{f(x+T)-lg(x+T)}{g(x+nT)}\right|+\dfrac{\varepsilon}{2}\left|\dfrac{g(x+nT)-g(x+T)}{g(x+nT)}\right|$

　　　　　$\leqslant \left|\dfrac{f(x+T)-lg(x+T)}{g(x+nT)}\right|+\dfrac{\varepsilon}{2}$.

按条件，$f(x+T)-lg(x+T)$ 在 $[A,A+T]$ 上有界，即 $\exists M>0$，使得 $|f(x+T)-lg(x+T)|\leqslant M$.
于是

$$上式右端 \leqslant \frac{M}{|g(x+nT)|}+\frac{\varepsilon}{2}.$$

但 $g(x)\to+\infty\;(x\to+\infty)$，故 $\exists N>0$，当 $n>N$ 时有 $\dfrac{M}{|g(x+nT)|}<\dfrac{\varepsilon}{2}$. 所以

$$\left|\frac{f(x+nT)}{g(x+nT)}-l\right|<\frac{\varepsilon}{2}+\frac{\varepsilon}{2}=\varepsilon.$$

2° 因 $\lim\limits_{x\to+\infty}g(x)=+\infty$，$\lim\limits_{x\to+\infty}\dfrac{f(x+T)-f(x)}{g(x+T)-g(x)}=+\infty$，故 $\forall M>0$，$\exists A>a$，当 $x>A$ 时，$g(x)>0$，

$\dfrac{f(x+T)-f(x)}{g(x+T)-g(x)}>2M$. 从而 $\forall n\in\mathbf{N}$，有

$$\frac{f(x+nT)-f(x+(n-1)T)}{g(x+nT)-g(x+(n-1)T)}>2M.$$

由此

$$f(x+nT)>f(x+(n-1)T)+2M[g(x+nT)-g(x+(n-1)T)] \quad (\text{反复使用此式})$$
$$>f(x+(n-2)T)+2M[g(x+(n-1)T)-g(x+(n-2)T)]+$$
$$2M[g(x+nT)-g(x+(n-1)T)]$$
$$>\cdots$$
$$>f(x)+2M[g(x+T)-g(x)]+\cdots+2M[g(x+nT)-g(x+(n-1)T)]$$
$$=f(x)+2M[g(x+nT)-g(x)].$$

两边同时除以 $g(x+nT)$,

$$\frac{f(x+nT)}{g(x+nT)}>2M+\frac{f(x)-2Mg(x)}{g(x+nT)}.$$

注意到 $f(x)-2Mg(x)$ 在 $[A,A+T]$ 上有界,而 $g(x+nT)\to+\infty$,所以 $\exists N>0,n\geq N$ 时,
$\frac{f(x)-2Mg(x)}{g(x+nT)}>-M$,于是

$$\frac{f(x+nT)}{g(x+nT)}>2M-M=M.$$

因 $\forall y>A+NT,\exists n\geq N$ 及 $x\in[A,A+T]$,使得 $y=x+nT$. 故

$$\frac{f(y)}{g(y)}=\frac{f(x+nT)}{g(x+nT)}>M.$$

此即表明
$$\lim_{x\to+\infty}\frac{f(x)}{g(x)}=+\infty.$$

3° $l=-\infty$ 的情况,可考虑 $-f(x)$ 化为 2° 的情况.

对 $\frac{0}{0}$ 型的 Stolz 公式,有类似的推广.

定理 2′ $\left(\frac{0}{0}型\right)$ 设 $T>0$,且

1) $0<g(x+T)<g(x)$ ($\forall x\geq a$);

2) $\lim_{x\to+\infty}f(x)=\lim_{x\to+\infty}g(x)=0$;

3) $\lim_{x\to+\infty}\frac{f(x+T)-f(x)}{g(x+T)-g(x)}=l$,

则 $\lim_{x\to+\infty}\frac{f(x)}{g(x)}=l$(其中 l =有限数,或 $+\infty$,或 $-\infty$).

有些问题,用上述定理可变得十分容易. 如

* **例 1.4.5**(Cauchy 定理) 若 f 在 $(a,+\infty)$ 内有定义,且内闭有界(即 $\forall[\alpha,\beta]\subset(a,+\infty)$,$f$ 在 $[\alpha,\beta]$ 上有界),则

1) $\lim_{x\to+\infty}\frac{f(x)}{x}=\lim_{x\to+\infty}[f(x+1)-f(x)]$;

2) $\lim\limits_{x\to+\infty}[f(x)]^{\frac{1}{x}}=\lim\limits_{x\to+\infty}\dfrac{f(x+1)}{f(x)}$ $(f(x)\geqslant c>0)$，当右边极限存在时成立.

* **例 1.4.6**　设 f 在 $[a,+\infty)$ 上定义，且内闭有界，$\lim\limits_{x\to+\infty}\dfrac{f(x+1)-f(x)}{x^n}=l$ $(l=$ 有限数，

$+\infty$，$-\infty)$，证明：$\lim\limits_{x\to+\infty}\dfrac{f(x)}{x^{n+1}}=\dfrac{l}{n+1}$.

证　$\lim\limits_{x\to+\infty}\dfrac{f(x)}{x^{n+1}}=\lim\limits_{x\to+\infty}\dfrac{f(x+1)-f(x)}{(x+1)^{n+1}-x^{n+1}}=\lim\limits_{x\to+\infty}\dfrac{f(x+1)-f(x)}{(n+1)x^n+\dfrac{(n+1)n}{1\cdot2}x^{n-1}+\cdots+1}$

$$=\lim\limits_{x\to+\infty}\dfrac{\dfrac{f(x+1)-f(x)}{x^n}}{(n+1)+\dfrac{(n+1)n}{1\cdot2}\dfrac{1}{x}+\cdots+\dfrac{1}{x^n}}$$

$$=\dfrac{l}{n+1}.(l\text{ 为 }+\infty，-\infty\text{ 也成立}.)$$

✒ 单元练习 1.4

☆**1.4.1**　求 $\lim\limits_{n\to\infty}x_n$，其中

1) $x_n=\sqrt[n]{n}$；　　　　　　　　　　　　　　　　　　　　　　　　　　　　　　　《1》

2) $x_n=\dfrac{1}{\sqrt[n]{n!}}$.　　　　　　　　　　　　　　　　　　　　　　　　　　　　《0》

提示　取对数后再用 Stolz 公式.

☆**1.4.2**　求 $\lim\limits_{n\to\infty}\dfrac{1+\sqrt{2}+\sqrt[3]{3}+\cdots+\sqrt[n]{n}}{n}$.（华中师范大学）　　　　　　《1》

1.4.3　已知数列 $\{x_n\}$ 满足条件 $\lim\limits_{n\to\infty}(x_n-x_{n-2})=0$，证明：$\lim\limits_{n\to\infty}\dfrac{x_n-x_{n-1}}{n}=0$.（四川大学）

证 I　$|x_n-x_{n-1}|\xlongequal{\text{记 }y_n}\Big|\sum\limits_{k=3}^{n}(y_k-y_{k-1})+y_1\Big|\leqslant\sum\limits_{k=3}^{n}|y_k-y_{k-1}|+y_2\leqslant\sum\limits_{k=3}^{n}|x_k-$

$x_{k-2}|+|x_2-x_1|$. 于是，$0\leqslant\lim\limits_{n\to\infty}\dfrac{|x_n-x_{n-1}|}{n}\leqslant\lim\limits_{n\to\infty}\dfrac{\Big(\sum\limits_{k=3}^{n}|x_k-x_{k-2}|+|x_2-x_1|\Big)}{n}$

$\xlongequal{\text{Stolz 公式}}\lim\limits_{n\to\infty}\dfrac{|x_n-x_{n-2}|}{n-(n-1)}=0.\ \lim\limits_{n\to\infty}\dfrac{x_n-x_{n-1}}{n}=0$ 获证.

证 II　见例 1.2.3.

证 III　$\lim\limits_{n\to\infty}\dfrac{x_{2n}}{2n}\xlongequal{\text{Stolz 公式}}\lim\limits_{n\to\infty}\dfrac{x_{2n}-x_{2n-2}}{2n-2(n-1)}=\dfrac{1}{2}\lim\limits_{n\to\infty}(x_{2n}-x_{2n-2})=0.$

同理　　　　　　$\lim\limits_{n\to\infty}\dfrac{x_{2n+1}}{2n+1}\xlongequal{\text{Stolz 公式}}\dfrac{1}{2}\lim\limits_{n\to\infty}(x_{2n+1}-x_{2n-1})=0.$

如此利用例 1.2.13 的结论，知 $\lim\limits_{n\to\infty}\dfrac{x_n}{n}=0$. 证毕.（此证法由李建华先生提供.）

注　例 1.2.13 可以推广到一般的情况，同样该练习题也可以推广如下：

对给定的正整数 m，若已知 $\lim_{n \to \infty}(x_n - x_{n-m}) = 0$，则 $\lim_{n \to \infty}\dfrac{x_n}{n} = 0$.

（注意，例 1.2.13 的推广形式：$\lim_{n \to \infty} x_n = a \Leftrightarrow \lim_{n \to \infty} x_{nm+k} = a, k = 0, 1, 2, \cdots, m-1$，其中 $\{x_{nm+k}\}_{n=1}^{+\infty}$ 是 $\{x_n\}$ 的子列，例如当 $k = 1$ 时，它代表子列 $\{x_{nm+1}\}_{n=0}^{+\infty} = \{x_1, x_{m+1}, x_{2m+1}, \cdots\}$，即下标 $\{n\}_{n=1}^{+\infty}$ 中只保留 n 等于 m 的（正）整数倍加 1 的那些项组成的子列.）

☆**1.4.4** 设 $\lim_{n \to \infty} x_n = a$.

1）若 a 为有限数，证明：$\lim_{n \to \infty}\dfrac{x_1 + 2x_2 + \cdots + nx_n}{n(n+1)} = \dfrac{a}{2}$；

2）若 a 为 $+\infty$，证明：$\lim_{n \to \infty}\dfrac{x_1 + 2x_2 + \cdots + nx_n}{n(n+1)} = +\infty$.（南京大学）

☆**1.4.5** 证明：若数列 $\{a_n\}$ 收敛于 a，且 $\lim_{n \to \infty}\sum_{k=1}^{n} p_k = +\infty$，$p_k \geqslant 0$（$k = 1, 2, \cdots$），则

$\lim_{n \to \infty}\dfrac{\sum_{k=1}^{n} p_k a_k}{\sum_{k=1}^{n} p_k} = a$.（东北师范大学）

***1.4.6** 已知 $\lim_{n \to \infty}\sum_{k=1}^{n} a_k$ 存在，$\{p_n\}$ 为单调增加的正数列，且 $\lim_{n \to \infty} p_n = +\infty$，$p_{n+1} \neq p_n$（$n = 1, 2, \cdots$），求证：$\lim_{n \to \infty}\dfrac{p_1 a_1 + p_2 a_2 + \cdots + p_n a_n}{p_n} = 0$.（北京师范大学）

提示 记 $S_n = \sum_{k=1}^{n} a_k$，则 $\sum_{k=1}^{n} p_k a_k = \sum_{k=2}^{n} p_k(S_k - S_{k-1}) + p_1 S_1 = \sum_{k=1}^{n-1} S_k(p_k - p_{k+1}) + S_n p_n$.

再提示 $\lim_{n \to \infty}\dfrac{\sum_{k=1}^{n-1} S_k(p_k - p_{k+1})}{p_n} = \lim_{n \to \infty}(-S_{n-1})$.

***1.4.7** 若 $0 < \lambda < 1$，$a_n > 0$，且 $\lim a_n = a$，试证

$$\lim_{n \to \infty}(a_n + \lambda a_{n-1} + \lambda^2 a_{n-2} + \cdots + \lambda^n a_0) = \dfrac{a}{1 - \lambda}.$$

提示 令 $a_k = a + \alpha_k$，再用 $\dfrac{\infty}{\infty}$ 型 Stolz 公式.

再提示 $\lim_{n \to \infty}\sum_{k=0}^{n} \lambda^k \alpha_{n-k} = \lim_{n \to \infty}\sum_{i=0}^{n} \lambda^{n-i} \alpha_i = \lim_{n \to \infty}\dfrac{\sum_{i=0}^{n} \lambda^{-i} \alpha_i}{\lambda^{-n}}$.

***1.4.8** 求极限

1）$\lim_{n \to \infty}\dfrac{1^k + 2^k + \cdots + n^k}{n^{k+1}}$；　　　　　　　　　　　　　$\left\langle\!\!\left\langle \dfrac{1}{k+1} \right\rangle\!\!\right\rangle$

2）$\lim_{n \to \infty}\left(\dfrac{1^k + 2^k + \cdots + n^k}{n^k} - \dfrac{n}{k+1}\right)$.　　　　　　　　　　　$\left\langle\!\!\left\langle \dfrac{1}{2} \right\rangle\!\!\right\rangle$

提示 2）通分之后再用 Stolz 公式.

^{new} **1.4.9** 设 $\lim\limits_{n\to\infty}\sum\limits_{k=1}^{n}\dfrac{1}{k^2}=m$，求极限 $\lim\limits_{n\to\infty}n^2\left(m-\sum\limits_{k=1}^{n}\dfrac{1}{k^2}-\dfrac{1}{n}\right)$. $\left\langle\!\left\langle -\dfrac{1}{2}\right\rangle\!\right\rangle$

提示 用 $\dfrac{0}{0}$ 型 Stolz 公式：原极限 $=\lim\limits_{n\to\infty}\dfrac{-\dfrac{1}{n^2}+\dfrac{1}{n(n-1)}}{\dfrac{-2n+1}{n^2(n-1)^2}}=-\dfrac{1}{2}$.

注 这里 $m=\lim\limits_{n\to\infty}\sum\limits_{k=1}^{n}\dfrac{1}{k^2}=\dfrac{\pi^2}{6}$（见例 5.4.11）.

请思考一下：条件"$\lim\limits_{n\to\infty}\sum\limits_{k=1}^{n}\dfrac{1}{k^2}=m$"用在何处？

☆ §1.5 递推形式的极限

有些数列，常常是利用递推的形式给出. 如何计算这类数列的极限，是本节的中心问题.

此类问题在各类考试中比较常见，应多加注意.

☆ 一、利用存在性求极限

要点 假若用某种方法证明了递推数列的极限存在，则在递推公式里取极限，便可得极限值 A 应满足的方程. 解此方程，可求极限值 A.

证明数列的极限存在，常采用两种方法：

1）利用单调有界原理.

若 $x_n\nearrow$ 有上界，或 $x_n\searrow$ 有下界，则 $\{x_n\}$ 收敛.

判断单调性，通常方法是

① $\forall n\in\mathbf{N}:x_{n+1}-x_n\begin{cases}\geqslant 0,\text{则 }x_n\nearrow,\\ \leqslant 0,\text{则 }x_n\searrow.\end{cases}$

② $\forall n\in\mathbf{N}:\dfrac{x_{n+1}}{x_n}\begin{cases}\geqslant 1,\text{则 }x_n\nearrow,\\ \leqslant 1,\text{则 }x_n\searrow.\end{cases}$

③ 若 $x_{n+1}=f(x_n)$，$f'(x)\geqslant 0$，则

$$\text{当 }x_1\leqslant x_2\text{ 时，}x_n\nearrow；\text{当 }x_1\geqslant x_2\text{ 时，}x_n\searrow$$

（这是根据 $x_{n+1}-x_n=f(x_n)-f(x_{n-1})=f'(\xi_n)(x_n-x_{n-1})$，利用数学归纳法得到的）.

此外，数学归纳法以及常用的不等式都是证明单调、有界的重要工具.

2）利用"压缩映像"原理.

定理 1° 对于任一数列 $\{x_n\}$ 而言，若存在常数 r，使得 $\forall n\in\mathbf{N}$，恒有

$$|x_{n+1}-x_n|\leqslant r|x_n-x_{n-1}|,\quad 0<r<1, \tag{A}$$

则数列 $\{x_n\}$ 收敛.

2° 特别,若数列 $\{x_n\}$ 利用递推公式给出:$x_{n+1} = f(x_n)$ ($n = 1, 2, \cdots$),其中 f 为某一可微函数,且 $\exists r \in \mathbf{R}$,使得

$$|f'(x)| \leqslant r < 1, \tag{B}$$

则 $\{x_n\}$ 收敛.(华中科技大学,东北师范大学等)

证 1° 此时,

$$|x_{n+p} - x_n| \leqslant \sum_{k=n+1}^{n+p} |x_k - x_{k-1}| \leqslant \sum_{k=n+1}^{n+p} r^{k-1} |x_1 - x_0|$$

$$= |x_1 - x_0| \cdot \frac{r^n - r^{n+p}}{1-r} \leqslant |x_1 - x_0| \frac{r^n}{1-r}.$$

应用 Cauchy 准则,知 $\{x_n\}$ 收敛;或利用 D'Alembert 判别法,可知级数 $\sum (x_n - x_{n-1})$ 绝对收敛,从而序列 $x_n = \sum_{k=1}^{n} (x_k - x_{k-1}) + x_0$ ($n = 1, 2, \cdots$) 收敛.

2° 若式(B)成立,利用微分中值定理:

$$|x_{n+1} - x_n| = |f(x_n) - f(x_{n-1})| = |f'(\xi)(x_n - x_{n-1})| \leqslant r |x_n - x_{n-1}|, \quad n = 2, 3, \cdots.$$

即此时式(A)亦成立,故由 1° 知 $\{x_n\}$ 收敛.

注 若式(B)只在某区间 I 上成立,则必须验证 $\{x_n\}$ 是否保持在区间 I 中(如例1.5.6).

☆ **例 1.5.1** 证明数列 $x_0 = 1, x_{n+1} = \sqrt{2x_n}, n = 0, 1, 2, \cdots$ 有极限,并求其值.(中国科学技术大学,华中师范大学)

证 I 1° 显然 $1 \leqslant x_0 < 2$. 若 $1 \leqslant x_n < 2$,则 $1 \leqslant x_{n+1} = \sqrt{2x_n} < \sqrt{2 \cdot 2} = 2$. 故对一切 $n \in \mathbf{N}$,有 $1 \leqslant x_n < 2$.

2° 因 $\dfrac{x_{n+1}}{x_n} = \dfrac{\sqrt{2x_n}}{x_n} = \sqrt{\dfrac{2}{x_n}} > \sqrt{\dfrac{2}{2}} = 1$,故 $x_n \nearrow$.

3° 利用单调有界原理,知 $\{x_n\}$ 收敛. 记 $A = \lim\limits_{n \to \infty} x_n$,在 $x_{n+1} = \sqrt{2x_n}$ 中取极限得 $A = \sqrt{2A}, A = 0$ 或 2.

4° 因 $0 < x_n \nearrow$,所以 $A = 0$ 不合题意. 极限 $\lim\limits_{n \to \infty} x_n = 2$.

证 II 记 $f(x) = \sqrt{2x}$ ($x > 0$),有 $f'(x) = \dfrac{\sqrt{2}}{2\sqrt{x}} > 0$,故 $f(x) \nearrow$,从而由 $x_n > x_{n-1}$ 可推出 $x_{n+1} = f(x_n) > f(x_{n-1}) = x_n$. 今有 $x_1 = \sqrt{2} > x_0 = 1$,故 $x_1 < x_2 < x_3 < \cdots, x_n \nearrow$. 其余同证 I.

证 III (利用压缩映像原理.)如证 I,已有 $1 \leqslant x_n < 2$,对 $f(x) = \sqrt{2x}$,有

$$|f'(x)| = \frac{\sqrt{2}}{2\sqrt{x}} \leqslant \frac{\sqrt{2}}{2} < 1,$$

即式(B)成立,满足压缩映像条件,故 $\{x_n\}$ 收敛,其余同证 I.

证 IV $x_n = \sqrt{2x_{n-1}} = \sqrt{2\sqrt{2x_{n-2}}} = \sqrt{2\sqrt{2\sqrt{\cdots\sqrt{2}}}}$

$\qquad\qquad = 2^{\frac{1}{2}+\frac{1}{2^2}+\cdots+\frac{1}{2^n}} = 2^{1-\frac{1}{2^n}} \to 2 \ (n \to \infty) \ (写出通项求极限).$

^{new}练习1 设 $\{x_n\}$ 为非负数列,$0 \le x_{n+1} \le x_n + \dfrac{1}{n^2}(n=1,2,\cdots)$. 试证 $\{x_n\}$ 收敛.(中国科学技术大学)

提示 (当 $n \ge 2$ 时)因为

$$0 \le x_{n+1} \le x_n + \frac{1}{n^2} \le x_n + \frac{1}{n(n-1)} = x_n + \frac{1}{n-1} - \frac{1}{n}$$

$$\Rightarrow 0 \le x_{n+1} + \frac{1}{n} \le x_n + \frac{1}{n-1} \Rightarrow \left\{x_n + \frac{1}{n-1}\right\} 递减且有下界 0 \Rightarrow \left\{x_n + \frac{1}{n-1}\right\} 收敛$$

$$\Rightarrow x_n = \left(x_n + \frac{1}{n-1}\right) - \frac{1}{n-1} \ (两收敛数列之差),$$

故 $\{x_n\}$ 收敛.

问 本题利用了 $\left\{\dfrac{1}{n^2}\right\}$ 的特点和放大拆分技巧,使得证明特别简单,若将 $\left\{\dfrac{1}{n^2}\right\}$ 换成任意收敛数列,命题是否能成立?如何证明?

^{new}☆练习2 设 $0 \le x_{n+1} \le x_n + y_n \ (\forall n \in \mathbb{N})$,且 $\lim\limits_{n\to\infty}\sum\limits_{k=1}^{n} y_k < +\infty$. 试证 $\{x_n\}$ 收敛.(中国科学技术大学)

证 因 $\lim\limits_{n\to\infty}\sum\limits_{k=1}^{n} y_k < +\infty$ 收敛,根据 Cauchy 准则,$\forall \varepsilon > 0, \exists N > 0$,当 $n \ge N$ 时,有

$$\left|\sum_{k=n}^{n+p} y_k\right| = \left|\sum_{k=1}^{n+p} y_k - \sum_{k=1}^{n} y_k\right| < \varepsilon \ (\forall p \ge 0). \tag{1}$$

因恒有 $x_n \ge 0$,故 $\inf\limits_{k \ge n} x_k = \alpha_n \ge 0$. 由下确界的定义,$\forall \varepsilon > 0, \exists n_1 > n$,使得

$$\alpha_n \le x_{n_1} < \alpha_n + \varepsilon. \tag{2}$$

根据已知条件:$x_{n+1} \le x_n + y_n$,有

$$x_{n_1+k+1} - x_{n_1+k} \le y_{n_1+k} \ (\forall k = 0,1,2,\cdots,p-1).$$

诸式累加,得

$$x_{n_1+p+1} - x_{n_1} \le \sum_{k=0}^{p} y_{n_1+k} = \sum_{k=n_1}^{n_1+p} y_k < \varepsilon \ (\forall p \ge 0). \tag{3}$$

1)若 $x_{n_1+p+1} \le x_{n_1}$,则 $0 \le \alpha_n \le x_{n_1+p+1} \le x_{n_1} \overset{\text{式}(2)}{\le} \alpha_n + \varepsilon$,知 $|x_{n_1+p+1} - x_{n_1}| < \varepsilon$.

2)若 $x_{n_1} < x_{n_1+p+1}$,则由式(3):$0 < x_{n_1+p+1} - x_{n_1} \le \sum\limits_{k=n_1}^{n_1+p} y_k < \varepsilon$.

总之数列 $\{x_n\}$ 符合 Cauchy 准则条件,故 $\{x_n\}$ 收敛.

注 上题(练习1)显然是本题的特例.

^{new}☆练习3 设数列 $\{a_n\}$ 满足条件:$a_n > 0 (n=1,2,\cdots)$,且

$$\lim_{n\to\infty} \frac{a_n}{a_{n+2}+a_{n+4}} = 0. \tag{1}$$

试证 $\{a_n\}$ 无界.(华东师范大学)

证 由式(1),$\lim\limits_{n\to\infty}\dfrac{a_{n+2}+a_{n+4}}{a_n}=+\infty$,即 $\exists N>0$,当 $n>N$ 时,

$$\frac{a_{n+2}+a_{n+4}}{a_n}>4. \tag{2}$$

用反证法. 假设 $\{a_n\}$ 有界,有界必有上确界,故当 $n>N$ 时有 $0<a_n\leqslant\sup\limits_{n<N}a_n\leqslant\sup\limits_{n\in\mathbb{N}}a_n$(存在). 由式(2),$4a_n<a_{n+2}+a_{n+4}\leqslant 2\alpha$,亦即

$$2a_n\leqslant\alpha.$$

再对此式左端取上确界,得 $2\alpha\leqslant\alpha$,(而 $\alpha>0$)导致 $2\leqslant 1$,谬误! $\{a_n\}$ 只能无界.

☆ **例 1.5.2** 设 $\alpha>0$,取 $x_1>\alpha^{\frac{1}{p}}$,用递推公式

$$x_{n+1}=\frac{p-1}{p}x_n+\frac{\alpha}{p}x_n^{-p+1}$$

来确定 $x_2,x_3,\cdots$,试证:$\lim\limits_{n\to\infty}x_n=\alpha^{\frac{1}{p}}$(其中 $p\geqslant 2$ 为正整数). (北京师范大学,武汉大学)

提示 利用"算术平均值 $\geqslant$ 几何平均值":

$$x_{n+1}=\frac{(p-1)x_n+\alpha x_n^{-p+1}}{p}\geqslant\sqrt[p]{\alpha}.$$

考察 $x_{n+1}-x_n$,易证 x_n 单调下降趋于 $\sqrt[p]{\alpha}$.

以上的做法是:先证明 $x_{n+1}=f(x_n)$ 所给数列单调有界,然后取极限,指明极限是方程 $x=f(x)$ 的根. 下例将看到:有时先求出方程式 $x=f(x)$ 的根反而有利于单调有界的证明.

☆ **例 1.5.3**(不动点方法) 已知数列 $\{x_n\}$ 在区间 I 上由 $x_{n+1}=f(x_n)$($n=1,2,\cdots$)给出,f 是 I 上连续增函数,若 f 在 I 上有不动点 x^*(即 $x^*=f(x^*)$)满足

$$(x_1-f(x_1))(x_1-x^*)\geqslant 0, \tag{$*$}$$

则此时数列 $\{x_n\}$ 必收敛,且极限 A 满足 $A=f(A)$.

若($*$)式"$\geqslant$"改为"$>$"对任意 $x_1\in I$ 成立,则意味着 x^* 是唯一不动点,并且 $A=x^*$.

特别,若 f 可导,且 $0<f'(x)<1$($x\in I$),则 f 严增,且不等式($*$)("$\geqslant$"可改为"$>$")会自动满足($\forall x_1\in I$). 这时 f 的不动点存在且唯一,从而 $A=x^*$.

证 分三种情况进行讨论:

1° 若 $x_1>x^*$,则 $x_2=f(x_1)\geqslant f(x^*)=x^*$,一般地,若已证到 $x_n\geqslant x^*$,则 $x_{n+1}=f(x_n)\geqslant f(x^*)=x^*$,根据数学归纳法,这就证明了对一切 $n:x_n\geqslant x^*$(即 x^* 是 x_n 之下界).

另一方面,由式($*$)条件,已有 $x_2=f(x_1)\leqslant x_1$,由 $f\nearrow$ 知 $x_3=f(x_2)\leqslant f(x_1)=x_2,\cdots$. 一般地,若已证到 $x_n\leqslant x_{n-1}$,由 $f\nearrow$ 知 $x_{n+1}=f(x_n)\leqslant f(x_{n-1})=x_n$,这就证明了 $x_n\searrow$. 再由单调有界原理,知 $\{x_n\}$ 收敛.

在 $x_{n+1}=f(x_n)$ 中取极限,因 $f(x)$ 连续,可知 $\{x_n\}$ 的极限 A 适合方程 $A=f(A)$.

2° $x_1<x^*$ 的情况,类似可证.

3° 若 $x_1 = x^*$，则对一切 n，$x_n = x^*$，结论自明.

最后，假若 $0 < f'(x) < 1$（$\forall x \in I$），由压缩映像原理可知 $\{x_n\}$ 收敛. 事实上，这时也不难验证式（＊）条件成立. 如：对函数 $F(x) \equiv x - f(x)$ 应用微分中值定理（注意到 $F(x^*) = 0$，$F'(x) > 0$），知 $\exists \xi$ 在 x^* 与 x 之间，使得

$$x - f(x) \equiv F(x) = F(x^*) + F'(\xi)(x - x^*) = F'(\xi)(x - x^*),$$

可见 $(x - f(x))(x - x^*) > 0$. 即式（＊）条件严格成立，故 $\lim_{n \to \infty} x_n = x^*$.

练习 设 $x_1 > 0$，$x_{n+1} = \dfrac{c(1 + x_n)}{c + x_n}$（$c > 1$ 为常数），求 $\lim_{n \to \infty} x_n$. （云南大学，南京航空航天大学，武汉大学，华中师范大学等）

解 I （用单调有界原理.）1° 若 $x_1 = \sqrt{c}$，则 $x_n = \sqrt{c}$（$\forall n \in \mathbf{N}$），$\lim_{n \to \infty} x_n = \sqrt{c}$.

2° 若 $x_1 > \sqrt{c}$，因 $f(x) \equiv \dfrac{c(1 + x)}{c + x} = c - \dfrac{c(c - 1)}{c + x}$ 严 $\nearrow$，故 $\forall n \in \mathbf{N}$：$x_n > \sqrt{c} \Rightarrow x_{n+1} = \dfrac{c(1 + x_n)}{c + x_n} = f(x_n)$ $> f(\sqrt{c}) = \sqrt{c}$. 因而由 $x_1 > \sqrt{c}$ 可推知一切 $x_n > \sqrt{c}$. 又因 $x_{n+1} - x_n = \dfrac{c - x_n^2}{c + x_n} < 0$，知 x_n 严 $\searrow$. 故 $\{x_n\}$ 收敛.

同理可证，当 $0 < x_1 < \sqrt{c}$ 时，一切 $x_n < \sqrt{c}$，x_n 严 $\nearrow$. 总之 $\{x_n\}$ 单调有界，极限存在，在 $x_{n+1} = \dfrac{c(1 + x_n)}{c + x_n}$ 中取极限，可得 $\lim_{n \to \infty} x_n = \sqrt{c}$.

解 II （用压缩映像原理.）因 $x_n > 0$，且 $x > 0$ 时，$f'(x) = \left[\dfrac{c(1 + x)}{c + x} \right]'_x = \dfrac{c(c - 1)}{(c + x)^2} > 0$，又由 $c > 1$ 知

$$0 < f'(x) = \dfrac{c(c - 1)}{(c + x)^2} \leqslant \dfrac{c(c - 1)}{c^2} = 1 - \dfrac{1}{c} < 1 \quad (\forall x > 0),$$

故 $x_{n+1} = f(x_n)$ 为压缩映像，$\{x_n\}$ 收敛，同上，$\lim_{n \to \infty} x_n = \sqrt{c}$.

解 III （利用不动点方法.）显然对一切 $x_n > 0$，令 $f(x) \equiv \dfrac{c(1 + x)}{c + x} = x$，知不动点 $x^* = \sqrt{c}$. 而 $f \nearrow$ 且

$$\left[x - \dfrac{c(1 + x)}{c + x} \right](x - \sqrt{c}) = \dfrac{cx + x^2 - c - cx}{c + x}(x - \sqrt{c}) = \dfrac{x + \sqrt{c}}{c + x}(x - \sqrt{c})^2 > 0,$$

表明式（＊）条件严格成立，根据不动点方法原理知，$\lim_{n \to \infty} x_n = \sqrt{c}$.

注 1° 递推函数 $f \nearrow$，保证了 x_n 位于不动点 x^* 的同一侧（如：$x^* < x_n \Rightarrow x^* = f(x^*) < f(x_n) = x_{n+1}$）.

再加上条件（＊）：$(x - f(x))(x - x^*) > 0$（$\forall x \in I$），意味着 x_n 向 x^* 步步靠近（如：若 $x^* < x_n$，则 $x_n > f(x_n) = x_{n+1}$，又如上所述，$f \nearrow$，$x^* < x_n \Rightarrow x^* < x_{n+1}$，故有 $x^* < x_{n+1} < x_n$，$\forall n \in \mathbf{N}$）.

2° 例 1.5.3 的不动点方法对部分难题相当有效，请参看本节末的习题.

单调性的应用

要点 1）设 f 严格单调上升，那么 f 作为映射，有保序性，即

$$f \text{ 严} \nearrow \Rightarrow \text{若 } x_1 < x_2，\text{则 } f(x_1) < f(x_2)；\text{若 } x_1 > x_2，\text{则 } f(x_1) > f(x_2).$$

设 $x_{n+1} = f(x_n)$，那么若 $\{x_n\}$ 第一步上升，则步步上升；若 $\{x_n\}$ 第一步下降，则步步下降，即

若 $x_1 < f(x_1) = x_2$，则 $\{x_n\}$ 严 $\nearrow$: $x_1 < x_2 < \cdots < x_n < x_{n+1} < \cdots$;

若 $x_1 > f(x_1) = x_2$，则 $\{x_n\}$ 严 $\searrow$: $x_1 > x_2 > \cdots > x_n > x_{n+1} > \cdots$.

2) 设 f 严格单调下降，那么 f 作为映射，有反序性，即

$$f \text{ 严} \searrow \Rightarrow \text{ 若 } x_1 < x_2, \text{则 } f(x_1) > f(x_2); \text{若 } x_1 > x_2, \text{则 } f(x_1) < f(x_2).$$

设 $x_{n+1} = f(x_n)$，则 $\{x_n\}$ 在实轴上左右来回跳动，即

若 $x_n < x_{n-1}$，则 $f(x_n) > f(x_{n-1})$（亦即 $x_n < x_{n-1} \Rightarrow x_{n+1} > x_n$）;

若 $x_n > x_{n-1}$，则 $f(x_n) < f(x_{n-1})$（亦即 $x_n > x_{n-1} \Rightarrow x_{n+1} < x_n$）.

值得注意的是: i) 此时因 f 严格单调，若 f 有不动点 $\xi : \xi = f(\xi)$，则 ξ 最多只有一个，且 $\{x_{2n}\}$，$\{x_{2n+1}\}$ 分别居于 ξ 的两侧（亦即 $\{x_n\}$ 在 ξ 的两侧来回跳动）.

ii) 若 f 严 $\searrow$，则 $F(x) = f(f(x))$ 严 $\nearrow$. 以 x_1, x_2 作为首项，由 $x_{n+2} = f(f(x_n))$ 得 $\{x_n\}$ 的子列: $\{x_{2n+1}\}$，$\{x_{2n}\}$ 严格单调（至于升还是降，取决于 $x_3 - x_1$ 和 $x_4 - x_2$ 是大于 0 还是小于 0）.

（注意: 上述论断若把"严格单调"改成"单调"仍成立，只需将 < 改为 ≤，将 > 改为 ≥ 即可.）

*例 1.5.4 1) 设 f 是 **R** 上严格单调下降的连续函数. 已知 $x_{n+1} = f(x_n)$, $x_1 = a$, $x_2 = b$, $x_3 = c$, $x_4 = d (a < c < d < b)$, $\lim\limits_{n \to \infty} (x_{n+1} - x_n) = 0$，证明 $\{x_n\}$ 收敛，且极限 A 是方程 $x = f(x)$ 的唯一解;

2) 设 $x_1 = 1$, $x_{n+1} = \dfrac{1}{1 + x_n}$ ($n \in \mathbf{N}_+$)，求 $\lim\limits_{n \to \infty} x_n$.

解 1) 由于 $f(x)$ 严 $\searrow$，所以若 $x = f(x)$ 有解，则解必唯一. 因 $F(x) = f(f(x))$ 严 $\nearrow$（有保序性），$x_1 = a < x_3 = c < b$，所以 $\{x_{2n+1}\}$ 保持上升，且有上界 b. 因此 $\{x_{2n+1}\}$ 收敛. 记其极限值为 $\alpha \in [a, b]$. 由 $x_2 = b > x_4 = d > a$ 知 $\{x_{2n}\}$ 保持下降，且有上界 a. 故 $\{x_{2n}\}$ 收敛，记其极限为 $\beta \in [b, a]$. 又由 $\lim\limits_{n \to \infty} (x_{n+1} - x_n) = 0$ 可知 $\alpha = \beta$（这是因为 $\alpha = \lim\limits_{n \to \infty} x_{2n+1} = \lim\limits_{n \to \infty} [(x_{2n+1} - x_{2n}) + x_{2n}] = \lim\limits_{n \to \infty} (x_{2n+1} - x_{2n}) + \lim\limits_{n \to \infty} x_{2n} = \beta$），所以 $\{x_{2n+1}\}$ 和 $\{x_{2n}\}$ 有同一极限. 根据例 1.2.13，$\lim\limits_{n \to \infty} x_n = \alpha = \beta \xlongequal{\text{记公共值}} A$. 利用 f 的连续性，由 $x_n = f(x_{n-1})$ 可得 $A = f(A)$.

2) 因 $f(x) = \dfrac{1}{1+x}$ 严 $\searrow$，由数学归纳法易证 $x_n \in \left[\dfrac{1}{2}, \dfrac{2}{3} \right]$ ($n > 2$). 利用 Lagrange 定理，$\exists \xi_n \in (x_{n-1}, x_n)$，使得（然后重复这样做）

$$|x_{n+1} - x_n| = |f(x_n) - f(x_{n-1})| = |f'(\xi_n)| \, |x_n - x_{n-1}| \leqslant \frac{2}{3} |x_n - x_{n-1}|.$$

递推得

$$|x_{n+1} - x_n| \leqslant \frac{2}{3} |x_n - x_{n-1}| \leqslant \left(\frac{2}{3} \right)^2 |x_{n-1} - x_{n-2}| \leqslant \cdots \leqslant \left(\frac{2}{3} \right)^{n-1} |x_2 - x_1|.$$

故 $\lim\limits_{n \to \infty} (x_{n+1} - x_n) = 0$. 由 1)（或重复 1) 中最后的一段话）可知 $\{x_n\}$ 收敛（或利用 $|f'(x)| = \dfrac{1}{(1+x)^2} \leqslant \dfrac{4}{9} < 1$, $x \in \left[\dfrac{1}{2}, 1 \right]$ 以及本节开头的定理 2°，也可推得 $\{x_n\}$ 收

敛). 记 $\lim_{n\to\infty}x_n=A$, 在 $x_{n+1}=\dfrac{1}{1+x_n}$ 里取极限, 得 $A=\dfrac{1}{1+A}$, 故 $A=\dfrac{-1\pm\sqrt5}{2}=0.618\cdots$ (负数被删去).

以上我们讨论了已知递推公式, 证明它收敛. 现在来看一个反问题.

例 1.5.5 已知数列 $\{u_n\}$ 由关系 $u_1=b$,
$$u_{n+1}=u_n^2+(1-2a)u_n+a^2\,(n\geqslant1) \tag{1}$$
给出, 问当且仅当 a,b 是什么数时, 数列 $\{u_n\}$ 收敛? 其极限等于什么?

分析 我们首先考察: 若 $\{u_n\}$ 收敛, a,b 应满足什么条件. 从式 (1) 知, 若 $\lim_{n\to\infty}u_n=A$, 则 $A=A^2+(1-2a)A+a^2$, 从而 $A=a$. 又按式 (1),
$$u_{n+1}=u_n+(u_n-a)^2\geqslant u_n\,(n\geqslant1),$$
因此 $\{u_n\}\nearrow A$. 故一切 $u_n\leqslant A=a$. 从而
$$u_n^2+(1-2a)u_n+a^2-a\leqslant0, \tag{2}$$
但 $x^2+(1-2a)x+a^2-a=0$ 的两根为 $(a-1)$ 与 a,x^2 的系数 >0, 故式 (2) 当且仅当
$$u_n\in[a-1,a] \tag{3}$$
时成立. $u_1=b$, 这样我们知要极限存在必须
$$a-1\leqslant b\leqslant a. \tag{4}$$
反之, 假如式 (4) 成立, 按二次三项式的性质应有
$$u_2=u_1^2+(1-2a)u_1+a^2\in[a-1,a].$$
如此递推, 用数学归纳法可得
$$a-1\leqslant u_1\leqslant u_2\leqslant\cdots\leqslant u_n\leqslant u_{n+1}\leqslant\cdots\leqslant a,$$
$\{u_n\}\nearrow$ 有上界. 故由式 (1) 取极限, 可得 $\lim_{n\to\infty}u_n=a$.

下面着重讨论**压缩映像**的应用.

☆ **例 1.5.6** 证明: 若 $f(x)$ 在区间 $I\equiv[a-r,a+r]$ 上可微,
$$|f'(x)|\leqslant\alpha<1\text{ 且 }|f(a)-a|\leqslant(1-\alpha)r. \tag{1}$$
任取 $x_0\in I$, 令 $x_1=f(x_0),x_2=f(x_1),\cdots,x_n=f(x_{n-1}),\cdots$, 则 $\lim_{n\to\infty}x_n=x^*,x^*$ 为方程 $x=f(x)$ 的根 (即 x^* 为 f 的不动点).

证 已知 $x_0\in I$, 今设 $x_n\in I$, 则
$$|x_{n+1}-a|=|f(x_n)-f(a)+f(a)-a|$$
$$\leqslant|f'(\xi)||x_n-a|+|f(a)-a|\,(\xi\text{ 在 }x_n\text{ 与 }a\text{ 之间})$$
$$\overset{\text{式}(1)}{\leqslant}\alpha r+(1-\alpha)r=r,$$
即 $x_{n+1}\in I$. 这就证明了: 一切 $x_n\in I$.

应用微分中值定理, $\exists\xi$ 在 x_n,x_{n+1} 之间 (从而 $\xi\in I$):
$$|x_{n+1}-x_n|=|f(x_n)-f(x_{n-1})|=|f'(\xi)(x_n-x_{n-1})|$$
$$\leqslant\alpha|x_n-x_{n-1}|\,(0<\alpha<1).$$
这表明 $x_n=f(x_{n-1})$ 是压缩映像, 所以 $\{x_n\}$ 收敛. 因 f 连续, 在 $x_n=f(x_{n-1})$ 里取极限,

知 $\{x_n\}$ 的极限为 $x = f(x)$ 的根.

例 1.5.7 设数列 $\{p_n\}$,$\{q_n\}$ 满足

$$p_{n+1} = p_n + 2q_n,\ q_{n+1} = p_n + q_n,\ p_1 = q_1 = 1.$$

求 $\lim\limits_{n\to\infty} \dfrac{p_n}{q_n}$.   《$\sqrt{2}$》

提示 记 $a_n = \dfrac{p_n}{q_n}$,则 $|a_{n+1} - a_n| < \dfrac{1}{4}|a_n - a_{n-1}|$.

压缩映像条件 $|x_{n+1} - x_n| \leqslant r|x_n - x_{n-1}|$,其中常数 r 要求满足 $0 < r < 1$,不满足就不能用. 如下例就很容易发生错误.

例 1.5.8 设 $f(x)$ 映 $[a,b]$ 为自身,且

$$|f(x) - f(y)| \leqslant |x - y|. \tag{1}$$

任取 $x_1 \in [a,b]$,令

$$x_{n+1} = \frac{1}{2}[x_n + f(x_n)], \tag{2}$$

求证数列有极限 x^*,x^* 满足方程 $f(x^*) = x^*$.(北京航空航天大学,西北师范大学)

证 式(1)表明 $f(x)$ 连续. 只要证明了 $\{x_n\}$ 单调,$x_n \in [a,b]$ $(n=1,2,\cdots)$,自然 $\{x_n\}$ 就有极限,在式(2)中取极限,便知 $\{x_n\}$ 的极限 x^* 满足 $f(x^*) = x^*$.

因为 $f(x)$ 映 $[a,b]$ 为自身,所以当 $x_n \in [a,b]$ 时,由式(2)知 $x_{n+1} \in [a,b]$ 亦然. 既然 $x_1 \in [a,b]$,故对一切 n,恒有 $x_n \in [a,b]$. 剩下只需证明单调性. 事实上,若 $x_1 \leqslant f(x_1)$,则 $x_2 = \dfrac{1}{2}(x_1 + f(x_1)) \geqslant x_1$,而任一 n,若 $x_{n-1} \leqslant x_n$,便有

$$f(x_{n-1}) - f(x_n) \leqslant |f(x_{n-1}) - f(x_n)| \leqslant |x_{n-1} - x_n| = x_n - x_{n-1}.$$

将带负号的项移到不等式的另一端,然后同除以 2,即得

$$x_n = \frac{1}{2}[x_{n-1} + f(x_{n-1})] \leqslant \frac{1}{2}[x_n + f(x_n)] = x_{n+1},$$

故 $x_n \nearrow$. 同理若 $x_1 \geqslant f(x_1)$,可证 $x_n \searrow$.

注 由式(1)和式(2)可得

$$|x_{n+1} - x_n| \leqslant |x_n - x_{n-1}|. \tag{3}$$

此式很像压缩映像的条件 $|x_{n+1} - x_n| \leqslant r|x_n - x_{n-1}|$,但实际不是,因为式(3)相当于 $r = 1$,不是 $0 < r < 1$.

如果用压缩映像做,是极大的错误,本题就主要考查这一点. 此外本例还说明压缩映像条件是充分的而不是必要的. 虽然压缩映像原理不能用,但极限依然存在.

附注 该题的几何意义,可用图 1.5.1 表示.

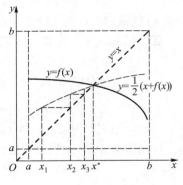

图 1.5.1

二、写出通项求极限

要点 对递推序列,有时可以通过递推关系写出数列的通项表达式,从而可以应用前几节的方法求极限.

☆**例 1.5.9** 设 $x_0 = 0, x_1 = 1, x_{n+1} = \dfrac{x_n + x_{n-1}}{2}$,求 $\lim\limits_{n \to \infty} x_n$.(浙江大学)

注 虽然可以证明此数列是压缩的,$\{x_n\}$ 收敛,但在递推公式里取极限,无法求出极限值. 但每项是前两项的算术平均值,因此从图 1.5.2 可以看出:$x_1 = 1, x_2 = 1 - \dfrac{1}{2}, x_3 = 1 - \dfrac{1}{2} + \dfrac{1}{4}, x_4 = 1 - \dfrac{1}{2} + \dfrac{1}{4} - \dfrac{1}{8}, \cdots$. 很容易写出 x_n 的表达式.

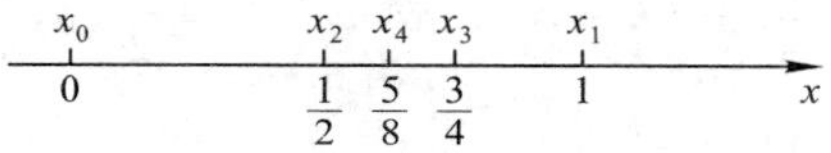

图 1.5.2

解 $x_{n+1} - x_n = \dfrac{x_n + x_{n-1}}{2} - x_n = -\dfrac{x_n - x_{n-1}}{2}$.

反复应用此结果,

$$x_{n+1} - x_n = \left(-\frac{1}{2}\right)^n (x_1 - x_0) = \frac{(-1)^n}{2^n} \quad (n = 1, 2, \cdots).$$

于是

$$\begin{aligned}
x_{n+1} &= (x_{n+1} - x_n) + (x_n - x_{n-1}) + \cdots + (x_1 - x_0) + x_0 \\
&= \left(-\frac{1}{2}\right)^n + \left(-\frac{1}{2}\right)^{n-1} + \cdots + 1 \\
&= \frac{1 - \left(-\dfrac{1}{2}\right)^{n+1}}{1 - \left(-\dfrac{1}{2}\right)} \to \frac{2}{3} \quad (n \to \infty).
\end{aligned}$$

例 1.5.10 设 $a_1^{(0)}, a_2^{(0)}, a_3^{(0)}$ 为三角形各边的长,令

$$\left.\begin{aligned}
a_1^{(k)} &= \frac{1}{2}\left(a_2^{(k-1)} + a_3^{(k-1)}\right), \\
a_2^{(k)} &= \frac{1}{2}\left(a_1^{(k-1)} + a_3^{(k-1)}\right), \\
a_3^{(k)} &= \frac{1}{2}\left(a_1^{(k-1)} + a_2^{(k-1)}\right),
\end{aligned}\right\} \quad (1)$$

证明:$\lim\limits_{k \to \infty} a_i^{(k)} = \dfrac{a_1^{(0)} + a_2^{(0)} + a_3^{(0)}}{3}$ $(i = 1, 2, 3)$.(南京大学)

证 (分别求 $a_i^{(k)}$ $(i = 1, 2, 3)$ 的表达式.)由式(1)知

$$a_1^{(k)} + a_2^{(k)} + a_3^{(k)} = a_1^{(k-1)} + a_2^{(k-1)} + a_3^{(k-1)} = \cdots = a_1^{(0)} + a_2^{(0)} + a_3^{(0)} \xlongequal{\text{记}} l.$$

$$a_1^{(k)} = \frac{1}{2}(a_2^{(k-1)} + a_3^{(k-1)})$$

$$= \frac{1}{2}\left[\frac{1}{2}(a_1^{(k-2)} + a_3^{(k-2)}) + \frac{1}{2}(a_1^{(k-2)} + a_2^{(k-2)})\right]$$

$$= \frac{l}{4} + \frac{1}{4}a_1^{(k-2)}.$$

由此 $a_1^{(2k)} = \dfrac{l}{4} + \dfrac{l}{4^2} + \cdots + \dfrac{l}{4^k} + \dfrac{a_1^{(0)}}{4^k} = \dfrac{\dfrac{l}{4} - \dfrac{l}{4^{k+1}}}{1 - \dfrac{1}{4}} + \dfrac{a_1^{(0)}}{4^k} \to \dfrac{l}{3}$ ($k \to \infty$).

同理，$a_2^{(2k)} \to \dfrac{l}{3}, a_3^{(2k)} \to \dfrac{l}{3}$ ($k \to \infty$). 故 $a_1^{(2k+1)} = \dfrac{1}{2}(a_2^{(2k)} + a_3^{(2k)}) \to \dfrac{l}{3}$ ($k \to \infty$).

同理，$a_2^{(2k+1)} \to \dfrac{l}{3}, a_3^{(2k+1)} \to \dfrac{l}{3}$ ($k \to \infty$). 故

$$\lim_{k \to \infty} a_i^{(k)} = \frac{l}{3} = \frac{a_1^{(0)} + a_2^{(0)} + a_3^{(0)}}{3}.$$

通项并不总是轻而易举地能写出来，有时需要引入适当的参量.

※**例 1.5.11** 设 $k > 0, l > 0, a_1, a_2$ 为已知常数，$a_1^2 + a_2^2 \neq 0$，数列 $\{a_n\}$ 由关系

$$a_{n+1} = ka_n + la_{n-1} \tag{1}$$

给出，试求 $\lim\limits_{n \to \infty} \dfrac{a_n}{a_{n-1}}$.

解 （我们先看看，假若 $\lim\limits_{n \to \infty} \dfrac{a_n}{a_{n-1}}$ 存在，其值应为什么？）在递推公式 (1) 中除以 a_{n-1}，得

$$\frac{a_{n+1}}{a_n} \cdot \frac{a_n}{a_{n-1}} = k\frac{a_n}{a_{n-1}} + l. \tag{2}$$

设 $\left\{\dfrac{a_n}{a_{n-1}}\right\}$ 收敛，记 $X = \lim\limits_{n \to \infty} \dfrac{a_n}{a_{n-1}}$，则由 (2) 得

$$X^2 = kX + l, \tag{3}$$

解得

$$X_{1,2} = \begin{cases} \dfrac{k + \sqrt{k^2 + 4l}}{2} \overset{\text{记}}{=\!=} \alpha, \\[2mm] \dfrac{k - \sqrt{k^2 + 4l}}{2} \overset{\text{记}}{=\!=} \beta. \end{cases}$$

显然 $\left|\dfrac{\beta}{\alpha}\right| < 1$.（至此证明了：若所求的极限存在，则极限值必为 α 或 β. 为了证实该极限存在，自然希望把 $\dfrac{a_n}{a_{n-1}}$ 表示成 α, β 的函数，为此我们把递推公式里的 k, l 变换成 α, β.）利用韦达定理，由式 (3)，

$$k = \alpha + \beta, \quad l = -\alpha\beta.$$

代入递推公式 (1) 得

$$a_{n+1} - \alpha a_n = \beta(a_n - \alpha a_{n-1}), \quad a_{n+1} - \beta a_n = \alpha(a_n - \beta a_{n-1}) \quad (n = 2, 3, \cdots),$$

反复使用此式,得

$$a_{n+1} - \alpha a_n = \beta^{n-1}(a_2 - \alpha a_1), \quad a_{n+1} - \beta a_n = \alpha^{n-1}(a_2 - \beta a_1) \quad (n = 2,3,\cdots). \tag{4}$$

可见:1° 若 $a_2 = \beta a_1$,则 $\dfrac{a_{n+1}}{a_n} \equiv \beta$,故 $\left\{\dfrac{a_{n+1}}{a_n}\right\}$ 收敛,$\lim\limits_{n\to\infty} \dfrac{a_n}{a_{n-1}} = \beta = \dfrac{k - \sqrt{k^2+4l}}{2}$.

2° 若 $a_2 \neq \beta a_1$,则由式(4)可得

$$a_{n+1} = \frac{\alpha^n(a_2 - \beta a_1) - \beta^n(a_2 - \alpha a_1)}{\alpha - \beta}.$$

从而可写出 $\dfrac{a_{n+1}}{a_n}$ 的表达式:

$$\frac{a_{n+1}}{a_n} = \frac{\alpha^n(a_2-\beta a_1) - \beta^n(a_2-\alpha a_1)}{\alpha^{n-1}(a_2-\beta a_1) - \beta^{n-1}(a_2-\alpha a_1)} = \frac{\alpha\left(\dfrac{\alpha}{\beta}\right)^{n-1} - \beta\dfrac{a_2-\alpha a_1}{a_2-\beta a_1}}{\left(\dfrac{\alpha}{\beta}\right)^{n-1} - \dfrac{a_2-\alpha a_1}{a_2-\beta a_1}}.$$

注意 $\left|\dfrac{\alpha}{\beta}\right| > 1$,$n$ 充分大时,$\left|\dfrac{\alpha}{\beta}\right|^{n-1} > \left|\dfrac{a_2-\alpha a_1}{a_2-\beta a_1}\right|$,故 $\lim\limits_{n\to\infty} \dfrac{a_{n+1}}{a_n} = \alpha = \dfrac{k+\sqrt{k^2+4l}}{2}$(当 $n\to\infty$ 时). 解毕.

为了写出通项,有时可联系对偶的问题来考虑(这也是数学中常用的思想方法),如

※ **例 1.5.12** 设 $[x]$ 表示不超过 x 的最大整数,记号 $\{x\} \equiv x - [x]$ 表示 x 的小数部分,试求 $\lim\limits_{n\to\infty}\{(2+\sqrt{3})^n\}$.(国外赛题)

解 $\{(2+\sqrt{3})^n\}$ 是 $(2+\sqrt{3})^n$ 的小数部分,自然,将 $(2+\sqrt{3})^n$ 中的整数项去掉,不会影响它的值. 将 $(2+\sqrt{3})^n$ 展开,合并同类项:

$$(2+\sqrt{3})^n = \sum_{k=0}^n C_n^k (\sqrt{3})^k 2^{n-k} = A_n + B_n\sqrt{3}, \tag{1}$$

其中 A_n 表示 k 为偶数的各项之和,$B_n\sqrt{3}$ 是 k 为奇数的各项之和,可见 A_n, B_n 都是整数. 去掉第一项 A_n,不影响小数部分,

$$\{(2+\sqrt{3})^n\} = \{B_n\sqrt{3}\}. \tag{2}$$

为了进一步求 $\{B_n\sqrt{3}\}$ 的表达式,打开思路,考虑对偶问题. 与式(1)比较,有

$$0 < (2-\sqrt{3})^n = A_n - B_n\sqrt{3}. \tag{3}$$

由此,我们发现,$B_n\sqrt{3} < A_n$,即 A_n 是比无理数 $B_n\sqrt{3}$ 大的整数,而且式(3)中 $0 < 2-\sqrt{3} < 1$,故由式(3),

$$A_n - B_n\sqrt{3} = (2-\sqrt{3})^n \to 0 \quad (n\to\infty). \tag{4}$$

这说明 A_n 不仅是比 $B_n\sqrt{3}$ 大的整数,而且是与 $B_n\sqrt{3}$ 无限接近的整数. 故 $B_n\sqrt{3}$ 的小数部分 $\{B_n\sqrt{3}\} = B_n\sqrt{3} - (A_n-1)$. 联系式(2)和(4),

$$\{(2+\sqrt{3})^n\} = \{B_n\sqrt{3}\} = B_n\sqrt{3} - (A_n-1) = 1 - (A_n - B_n\sqrt{3}) \to 1 \quad (n\to\infty).$$

三、替换与变形

要点 对递推形式的数列,同样可以进行变量替换与变形,使之变成已知极限,或易于计算的极限.

例 1.5.13　设 $\{a_n\}$ 为 Fibonacci 数列, 即 $a_1 = 1$, $a_2 = 1$, $a_{n+2} = a_{n+1} + a_n$ ($n = 1$, $2, \cdots$). 记 $x_n = \dfrac{a_{n+1}}{a_n}$, 求 $\lim\limits_{n\to\infty} x_n$. (华中师范大学)

解　由已知条件知 $\dfrac{a_{n+2}}{a_{n+1}} = 1 + \dfrac{a_n}{a_{n+1}}$, 即 $x_{n+1} = 1 + \dfrac{1}{x_n}$. 令 $y_n = \dfrac{1}{x_n}$, 此即

$$y_{n+1} = \frac{1}{1 + y_n},$$

且 $y_1 = \dfrac{1}{x_1} = \dfrac{a_1}{a_2} = 1$. 这就是本节例 1.5.4. 故 $\lim\limits_{n\to\infty} y_n = 0.618\cdots$,

$$\lim_{n\to\infty} x_n = \lim_{n\to\infty} \frac{1}{y_n} = \lim_{n\to\infty}(1 + y_n) = 1.618\cdots.$$

例 1.5.14　证明数列

$$2, 2 + \frac{1}{2}, 2 + \frac{1}{2 + \dfrac{1}{2}}, \cdots$$

收敛, 并求其极限. (华中科技大学)

解　从数列特征可以看出, 相邻两项的关系是

$$x_{n+1} = 2 + \frac{1}{x_n}. \tag{1}$$

因此, 设 $\{x_n\}$ 收敛, 则极限 A 满足方程 $A = 2 + \dfrac{1}{A}$, 考虑到 $x_n > 0$, 所以 $A = 1 + \sqrt{2}$. 要证明 $\{x_n\}$ 以 A 为极限, 亦即

$$x_n = A + \alpha_n = 1 + \sqrt{2} + \alpha_n. \tag{2}$$

将式(2)代入式(1)得

$$\alpha_{n+1} = \frac{(1 - \sqrt{2})\alpha_n}{1 + \sqrt{2} + \alpha_n}. \tag{3}$$

至此, 我们已将满足式(1)的数列 $\{x_n\} \to A$ 的问题, 化为满足式(3)的数列 $\{\alpha_n\} \to 0$ 的问题. 事实上,

$$\alpha_1 = x_1 - A = 1 - \sqrt{2}, \quad |\alpha_1| < \frac{1}{2},$$

应用数学归纳法, 由式(3)易证 $|\alpha_n| < \dfrac{1}{2^n}$. 故

$$\lim_{n\to\infty} x_n = \lim_{n\to\infty}(1 + \sqrt{2} + \alpha_n) = 1 + \sqrt{2}.$$

另解　因 $x_n \geq 2$ ($\forall n \in \mathbf{N}$),

$$|x_{n+1} - x_n| = \left|\frac{1}{x_n} - \frac{1}{x_{n-1}}\right| = \frac{|x_{n-1} - x_n|}{|x_n x_{n-1}|} \leq \frac{1}{4}|x_n - x_{n-1}|,$$

故 $\{x_n\}$ 收敛, 极限 A: $A = 2 + \dfrac{1}{A}$, 得 $A = 1 + \sqrt{2}$.

※四、图解法

上面几种解法都是分析解法,论证严谨,思想性强,但不够直观.下面提出一种图解法,可给人以整体观念,做到一目了然.有些问题,此法可帮助我们看出 $\{a_n\}$ 的变化情况.

要点 设 $y=f(x)$ 为严格单调的连续函数,a_1 已给定且 $a_n=f(a_{n-1})$.为求 $\lim\limits_{n\to\infty} a_n$,在 xOy 平面上作出函数 $y=f(x)$ 及其反函数 $y=g(x)$ 的图像,如图 1.5.3 在 x 轴上取点 A_1,使横坐标为 $x=a_1$,过 A_1 作竖直线,与 $y=f(x)$ 的图像交于点 A_2,则 A_2 的纵坐标 $y=f(a_1)=a_2$;过 A_2 作水平直线与 $y=g(x)$ 的图像交于点 A_3,则 A_3 的横坐标

$$x=g^{-1}(y)\Big|_{y=a_2}=f(a_2)=a_3.$$

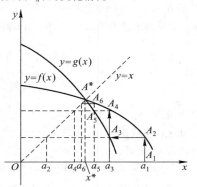

图 1.5.3

过 A_3 作竖直线与 $y=f(x)$ 的图像交于点 A_4,…;如此无限进行下去.例如图 1.5.3 所示的情况,点 A_n 的极限位置 A^* 是 $y=f(x)$,$y=g(x)$(及 $y=x$)的交点,A^* 的坐标

$$x^*=f(x^*)$$

便是 $\{a_n\}$ 的极限.

※例 1.5.15 设 $y=f(x)=\dfrac{1}{1+x}$,$a_1=1$,$a_{n+1}=f(a_n)$,求 $\lim\limits_{n\to\infty} a_n$.

按此法在 x 轴上得

$$a_1>a_3>a_5>\cdots>a_{2n+1}>\cdots>x^*,$$

在 y 轴上得

$$a_2<a_4<\cdots<a_{2n}<\cdots<x^*,$$

极限满足方程 $x^*=\dfrac{1}{1+x^*}$,

$$x^*=\dfrac{-1+\sqrt{5}}{2}=0.618\cdots.$$

图 1.5.4 就是按本题作出的.从图上不难看出,当 a_1 取 $x>x^*$ 的任意一值时,所得结果与 $a_1=1$ 的情况相同,$\{a_{2n}\}$ $\nearrow x^*$,$\{a_{2n+1}\}$ $\searrow x^*$.当 $a_1<x^*$ 时,情况是 $\{a_{2n}\}\searrow x^*$,$\{a_{2n+1}\}\nearrow x^*$.当 $a_1=x^*$ 时,一切 $a_n=x^*$.

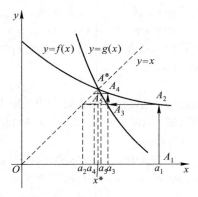

图 1.5.4

*例 1.5.16(切线法逼近求根) 设 $f(x)$ 在 $[a,b]$ 上二次可微,且 $f(a)\cdot f(b)<0$,$f'(x)>0$,$f''(x)>0$,$\forall x\in[a,b]$.证明:

$$x_{n+1}=x_n-\dfrac{f(x_n)}{f'(x_n)},\ x_1\in[a,b],\ n=1,2,\cdots \tag{1}$$

有极限,且此极限为方程 $f(x)=0$ 之根.(中国科学技术大学)

证 因 f 在 $[a,b]$ 两端点异号,$[a,b]$ 上 $f'(x)>0$,故 $f(x)=0$ 在 (a,b) 内存在唯一的根 c:$f(c)=0$.(下面的目标证明 $\lim\limits_{n\to\infty} x_n=c$.)由 $f'(x)>0$,改写式(1):

$$0 < f'(x_n) = \frac{f(x_n)}{x_n - x_{n+1}} = \frac{f(x_n) - f(c)}{x_n - x_{n+1}} = \frac{f'(\xi_n)(x_n - c)}{x_n - x_{n+1}} \qquad (2)$$

(ξ_n 在 x_n 与 c 之间). 此式表明:若能证明

$$x_n > c \quad (n = 2, 3, \cdots), \qquad (3)$$

则必有 $x_n > x_{n+1}$ $(n = 2, 3, \cdots)$,从而 $x_n \searrow$ 有下界,故有极限,记为 A. 由式(1)取极限,可知 $f(A) = 0$, $A = c$. 下面来证不等式(3). 事实上,利用微分中值定理,有

$$x_{n+1} - c \xlongequal{\text{式}(1)} x_n - c - \frac{f(x_n) - f(c)}{f'(x_n)} = (x_n - c)\left[1 - \frac{f'(\eta_n)}{f'(x_n)}\right]$$

$$= (x_n - c)\frac{f'(x_n) - f'(\eta_n)}{f'(x_n)} = (x_n - c) \cdot \frac{f''(\zeta_n)(x_n - \eta_n)}{f'(x_n)}, \qquad (4)$$

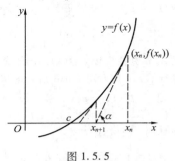

其中 η_n 在 x_n 与 c 之间,ζ_n 在 x_n 与 η_n 之间. 因 $f', f'' > 0$,故可推知 $x_{n+1} > c$(不论 $x_n > c$ 或 $x_n < c$). 因此,若 $x_1 > c$,则一切 $x_n > c$;若 $x_1 < c$,则 $x_2, x_3, \cdots > c$.

最后若 $x_1 = c$,显然一切 $x_n = c$,亦有 $\lim\limits_{n} x_n = c$.

注　本例的几何意义是用切线法逼近求根. 因为 $f'(x_n) = \tan \alpha$,其中 α 是曲线 $y = f(x)$ 在 $(x_n, f(x_n))$ 处的切线与 x 轴的夹角. 如图 1.5.5,可知

$$f(x_n) = (x_n - x_{n+1}) \cdot \tan \alpha = (x_n - x_{n+1})f'(x_n),$$

这就是式(1).

图 1.5.5

利用此式进行迭代可求 $f(x) = 0$ 的根的近似值.

※五、不动点方法的推广

设 $z = f(x, y)$ 为二元函数,我们约定,将 $z = f(x, x)$ 的不动点称为 f 的不动点(或二元不动点).

※例 1.5.17　已知 $z = f(x, y)$ 为 $x > 0, y > 0$ 上定义的正连续函数,z 分别对 x 和 y 单调递增,假若:(1) 存在点 b 是 $f(x, x)$ 的不动点;(2) 当且仅当 $x > b$ 时有 $x > f(x, x)$. 令 $a_1 = f(a, a)$,$a_2 = f(a_1, a)$ $(a > 0)$,

$$a_n = f(a_{n-1}, a_{n-2}) \quad (n = 3, 4, \cdots), \qquad (1)$$

试证 $\{a_n\}$ 单调有界、有极限,且其极限 A 是 f 的不动点.

证　只需证明 $\{x_n\}$ 收敛. 因为这样就可在式(1)中取极限,知 A 是 f 的不动点. 下面分两种情况进行讨论:

1° 若 $a \leqslant a_1$. 由 f 对 x 和 y 的单增性知 $a_2 = f(a_1, a) \geqslant f(a, a) = a_1$,进而 $a_3 = f(a_2, a_1) \geqslant f(a_1, a_1) \geqslant f(a_1, a) = a_2$. 类似:若已推得 $a_{n-1} \geqslant a_{n-2}$,$a_n \geqslant a_{n-1}$,则

$$a_{n+1} = f(a_n, a_{n-1}) \geqslant f(a_{n-1}, a_{n-2}) = a_n \quad (n = 3, 4, \cdots),$$

如此得 $\{a_n\} \nearrow$(单调递增).

又因 $a_1 = f(a, a) \geqslant a$,按已知条件,这时只能 $a \leqslant b$(否则 $a > b$,按已知条件(2),应有 $a > f(a, a) = a_1$,产生矛盾),进而 $a_1 = f(a, a) \leqslant f(b, b) = b$,$a_2 = f(a_1, a) \leqslant f(b, a) \leqslant f(b, b) = b$,$\cdots$,用数学归纳法可得一切 $a_n \leqslant b$. 总之 $\{a_n\}$ 单调递增有上界. 故 $\{a_n\}$ 收敛.

2° 若 $a_1 \leqslant a$,类似可证 $\{a_n\} \searrow$ 有下界 b,$\{a_n\}$ 收敛.

注　按 b 的条件可知 b 是 f 的最大不动点,$x > b$ 时不可能再有不动点. 情况 2° 时极限 $A \geqslant b$ 是不动点,表明此时 $A = b$.

※**例 1.5.18**　若 $a>0$，$a_1=(a+a^{\frac{1}{3}})^{\frac{1}{3}}$，$a_2=(a_1+a^{\frac{1}{3}})^{\frac{1}{3}}$，$\cdots$，$a_n=(a_{n-1}+a_{n-2}^{\frac{1}{3}})^{\frac{1}{3}}$，$\cdots$，试证：

1）数列 $\{a_n\}$ 为单调有界数列；

2）数列 $\{a_n\}$ 收敛于方程 $x^3=x+x^{\frac{1}{3}}$ 的一个正根．（广西师范大学）

证　（利用上例．）设 $z=f(x,y)=(x+y^{\frac{1}{3}})^{\frac{1}{3}}$．显然 f 当 $x>0$，$y>0$ 时是正值连续函数，对 x，y 单调递增，只需证明：(1) $\exists b$ 使得 $b=f(b,b)$；(2) $x>f(x,x)$ 当且仅当 $x>b$．

1° 注意到：f 的不动点亦是方程 $x^3-x-x^{\frac{1}{3}}=0$ 的根．分析函数 $g(x)=x^3-x-x^{\frac{1}{3}}$，因 $g'(x)=3x^2-1-\dfrac{1}{3x^{2/3}}$，$g''(x)=6x+\dfrac{2}{9x^{5/3}}>0(x>0)$，$g'(0+0)=-\infty$，$g'(1)>0$，可知 g 在 $(0,1)$ 内有唯一极小点 c．$x>c$ 时 $g'(x)>0$，g 严 ↗，$g(1)<0$，$g(2)>0$，故 g 在 $(0,1)$ 内有唯一零点 b（即 f 的不动点）．

2° $x>b$ 时 $g(x)>g(b)=0$，即 $x>f(x,x)$．事实上，在 $x>0$ 的范围内也只有在 $x>b$ 时才有 $x>f(x,x)$．因为 $g(0)=0$，$g(b)=0$，在 $(0,c)$ 上 $g(x)$ 严 ↘，(c,b) 上 $g(x)$ 严 ↗，所以 $(0,b)$ 内 $g(x)<0$，即 $x<f(x,x)$．

六、Stolz 公式的应用

☆**例 1.5.19**　对于数列 $x_0=a$，$0<a<\dfrac{\pi}{2}$，$x_n=\sin x_{n-1}$（$n=1,2,\cdots$），证明：

1）$\lim\limits_{n\to\infty}x_n=0$；　　　2）$\lim\limits_{n\to\infty}\sqrt{\dfrac{n}{3}}x_n=1$．（复旦大学，中国人民大学）

证　1）因 $0<a<\dfrac{\pi}{2}$，$x_0=a$，递推可知

$$0<x_n=\sin x_{n-1}<x_{n-1}<\frac{\pi}{2}\ (n=1,2,\cdots),$$

表明 x_n ↘ 有下界 0，$\lim\limits_{n\to\infty}x_n$ 存在．记 $\lim\limits_{n\to\infty}x_n=A$，知 $A=\sin A$，$A=0$，$\lim\limits_{n\to\infty}x_n=0$．

2）（用 Stolz 公式．）要证 $\lim\limits_{n\to\infty}\sqrt{\dfrac{n}{3}}x_n=1$，即要证

$$\lim_{n\to\infty}nx_n^2=3\quad\text{或}\quad\lim_{n\to\infty}\frac{n}{\dfrac{1}{x_n^2}}=3.$$

用 $\dfrac{\infty}{\infty}$ 型 Stolz 公式，

$$\lim_{n\to\infty}\frac{n}{\dfrac{1}{x_n^2}}=\lim_{n\to\infty}\frac{n-(n-1)}{\dfrac{1}{x_n^2}-\dfrac{1}{x_{n-1}^2}}=\lim_{n\to\infty}\frac{1}{\dfrac{1}{\sin^2 x_{n-1}}-\dfrac{1}{x_{n-1}^2}}=\lim_{n\to\infty}\frac{x_{n-1}^2\sin^2 x_{n-1}}{x_{n-1}^2-\sin^2 x_{n-1}}$$

$$=\lim_{x\to0}\frac{x^2\sin^2 x}{x^2-\sin^2 x}=\lim_{x\to0}\frac{x^4}{(x+\sin x)(x-\sin x)}=\lim_{x\to0}\frac{x^4}{(2x+o(x))\left(\dfrac{x^3}{6}+o(x^3)\right)}$$

$$= \lim_{x \to 0} \frac{1}{(2 + o(1))\left(\frac{1}{6} + o(1)\right)} = 3.$$

☆**例 1.5.20** 设 $0 < x_1 < 1, x_{n+1} = x_n(1 - x_n), n = 1, 2, \cdots$，证明：

1）$\lim\limits_{n \to \infty} x_n = 0$; 　　　　2）$\lim\limits_{n \to \infty} n x_n = 1.$（北京师范大学）

提示 1）$0 < x_n < 1 \ (n = 1, 2, \cdots), x_{n+1} - x_n = -x_n^2 < 0, x_n \searrow.$

2）$\lim\limits_{n \to \infty} n x_n = \lim\limits_{n \to \infty} \dfrac{n - (n-1)}{\dfrac{1}{x_n} - \dfrac{1}{x_{n-1}}} = \lim\limits_{n \to \infty} \dfrac{1}{\dfrac{1}{x_{n-1}(1 - x_{n-1})} - \dfrac{1}{x_{n-1}}}.$

^{new}**练习 1** 求 $\lim\limits_{n \to \infty}\left(1 + \dfrac{1}{2} + \dfrac{1}{3} + \cdots + \dfrac{1}{n}\right)^{\frac{1}{n}}.$（华中科技大学） 　　　　《1》

提示 取对数，应用 Stolz 公式.

再提示 $\lim\limits_{n \to \infty} \ln\left(1 + \dfrac{1}{2} + \dfrac{1}{3} + \cdots + \dfrac{1}{n}\right)^{\frac{1}{n}}$

$$= \lim_{n \to \infty} \frac{1}{n} \ln\left(1 + \frac{1}{2} + \frac{1}{3} + \cdots + \frac{1}{n}\right) \xlongequal{\text{Stolz 公式}} \lim_{n \to \infty} \ln \frac{1 + \dfrac{1}{2} + \dfrac{1}{3} + \cdots + \dfrac{1}{n}}{1 + \dfrac{1}{2} + \dfrac{1}{3} + \cdots + \dfrac{1}{n-1}}$$

$$= \ln\left(\lim_{n \to \infty} \frac{1 + \dfrac{1}{2} + \dfrac{1}{3} + \cdots + \dfrac{1}{n-1} + \dfrac{1}{n}}{1 + \dfrac{1}{2} + \dfrac{1}{3} + \cdots + \dfrac{1}{n-1}}\right) \xlongequal{\text{Stolz 公式}} \ln 1 = 0.$$

^{new}**练习 2** 已知数列 $\{a_n\}$ 满足：$\lim\limits_{n \to \infty} \dfrac{a_{2n}}{2n} = a, \lim\limits_{n \to \infty} \dfrac{a_{2n+1}}{2n+1} = b$，试证：

$$\lim_{n \to \infty} \frac{a_1 + a_2 + \cdots + a_n}{1 + 2 + \cdots + n} = \frac{a + b}{2}.$$

（中国科学技术大学）

　　提示 应用 Stolz 公式，根据例 1.2.13，对奇项和偶项分别证明成立即可.

　　再提示 记 $x_n = \dfrac{a_1 + a_2 + \cdots + a_n}{1 + 2 + \cdots + n}$，则

$$x_{2n} = \frac{a_1 + a_3 + \cdots + a_{2n-1}}{1 + 2 + \cdots + 2n} + \frac{a_2 + a_4 + \cdots + a_{2n}}{1 + 2 + \cdots + 2n} \xlongequal{\text{记}} x'_{2n} + x''_{2n},$$

$$\lim_{n \to \infty} x'_{2n} = \lim_{n \to \infty} \frac{a_1 + a_3 + \cdots + a_{2n-1}}{1 + 2 + \cdots + 2n} = \lim_{n \to \infty} \frac{a_1 + a_3 + \cdots + a_{2n-1}}{(1 + 2) + (3 + 4) + \cdots + (2n-1 + 2n)}$$

$$\xlongequal{\text{Stolz 公式}} \lim_{n \to \infty} \frac{2n - 1}{(2n - 1 + 2n)} \cdot \frac{a_{2n-1}}{2n - 1} = \frac{b}{2}.$$

同理可证：$\lim\limits_{n \to \infty} x''_{2n} = \dfrac{a}{2}.$ 于是 $\lim\limits_{n \to \infty} x_{2n} = \lim\limits_{n \to \infty} (x'_{2n} + x''_{2n}) = \dfrac{a + b}{2}.$

　　类似可证：$\lim\limits_{n \to \infty} x_{2n+1} = \dfrac{a + b}{2}$（只需定义 $a_0 = 0$（不影响敛散性和极限值），并将 x_{2n+1} 写成

$$x_{2n+1} = \frac{a_1 + a_3 + \cdots + a_{2n+1}}{(0 + 1) + (2 + 3) + \cdots + (2n + 2n + 1)} +$$

$$\frac{0 + a_2 + a_4 + \cdots + a_{2n}}{(0+1) + (2+3) + \cdots + (2n + 2n + 1)}.$$

七、递推极限的直接法

要点 递推数列如果有极限,在递推公式里两端同时求极限,可得到关于极限值的方程式.因此,只需直接检验:该数列是否趋向此方程的实根? ——是,则数列收敛,并且此实根就是所求的极限(值);否则数列发散.

^{new}**例 1.5.21** 设 $x_0 \in \left(1, \frac{3}{2}\right)$,$x_1 = x_0^2$,$x_{n+1} = \sqrt{x_n} + \dfrac{x_{n-1}}{2}$,$n = 1, 2, \cdots$,求证数列 $\{x_n\}$ 收敛,并求极限.(中国科学技术大学)

思想 假设 $\lim\limits_{n \to \infty} x_n \xrightarrow{\text{存在}} a$,在原式里取极限得 $a = \sqrt{a} + \dfrac{a}{2}$.解方程得 $a = 4$ 和 $a = 0$.但 $\forall n : x_n \geq 1$,故 $a \neq 0$.只需验证是否有: $\lim\limits_{n \to \infty} |x_n - 4| = 0$.

解 I $\quad |x_n - 4| = \left| \sqrt{x_{n-1}} + \dfrac{x_{n-2}}{2} - 4 \right| \leq \left| \sqrt{x_{n-1}} - 2 \right| + \dfrac{|x_{n-2} - 4|}{2}$

$$= \left| \frac{x_{n-1} - 4}{\sqrt{x_{n-1}} + 2} \right| + \frac{|x_{n-2} - 4|}{2}$$

$$\leq \frac{1}{2}(|x_{n-1} - 4| + |x_{n-2} - 4|) \ (\text{再对} \ |x_{n-1} - 4| \ \text{应用此结果})$$

$$\leq \frac{1}{2^2}(3|x_{n-2} - 4| + |x_{n-3} - 4|)$$

$$\leq \frac{1}{2^3}(5|x_{n-3} - 4| + 3|x_{n-4} - 4|) \ (\text{继续迭代})$$

$$\leq \cdots \leq \frac{1}{2^{n-1}}[(2n-1)|x_1 - 4| + (2n-3)|x_0 - 4|]$$

$$\leq \frac{1}{2^{n-1}}[(2n) \cdot 3 + (2n) \cdot 3] \leq \frac{n}{2^{n-5}} \to 0 \ (n \to \infty).$$

解 II 1° 用数学归纳法可证:$1 < x_n < 4$,且 $\{x_n\}$ ↗.
(事实上:已有:$1 < x_0, x_1 < 4$;若 $1 < x_{n-1}, x_n < 4$,则

$$x_{n+1} = \sqrt{x_n} + \frac{x_{n-1}}{2} > \sqrt{1} + \frac{1}{2} > 1, \quad x_{n+1} = \sqrt{x_n} + \frac{x_{n-1}}{2} < \sqrt{4} + \frac{4}{2} = 4.$$

因此,$1 < x_n < 4$,$\{x_n\}$ 有界.

另一方面,由 $1 < x_0 < x_0^2 = x_1$ 知:$\dfrac{x_2}{x_1} = \dfrac{\sqrt{x_1} + \dfrac{x_0}{2}}{x_1} = \dfrac{3}{2x_0} \overset{x_0 < \frac{3}{2}}{>} 1$,故 $x_1 < x_2$.

设已证 $x_{n-2} < x_{n-1} < x_n$,则有

$$x_{n+1} - x_n = \left(\sqrt{x_n} + \frac{x_{n-1}}{2} \right) - \left(\sqrt{x_{n-1}} + \frac{x_{n-2}}{2} \right) = (\sqrt{x_n} - \sqrt{x_{n-1}}) + \left(\frac{x_{n-1}}{2} - \frac{x_{n-2}}{2} \right) > 0,$$

亦即 $x_{n-1} < x_n < x_{n+1}$，因此 $x_n \nearrow$.)

2° 根据单调有界原理，令 $\lim\limits_{n\to\infty} x_n \xlongequal{存在} a$. 在 $x_{n+1} = \sqrt{x_n} + \dfrac{x_{n-1}}{2}$ 里取极限，得 $a = \sqrt{a} + \dfrac{a}{2}$, $a = 4$.

^{new} *例 1.5.22　设 $0 < a_1, b_1 < 1$，当 $n \geq 2$ 时，

$$a_n = \frac{1 + b_{n-1}^2}{2}, \quad b_n = a_{n-1} - \frac{a_{n-1}^2}{2}. \tag{1}$$

试证 $\{a_n\}, \{b_n\}$ 收敛，并求它们的极限.

解 I　1° $n \geq 2$ 时，

$$a_n = \frac{1 + b_{n-1}^2}{2} \geq \frac{1}{2}, \ 0 < b_n = a_{n-1} - \frac{a_{n-1}^2}{2} = \frac{1}{2} - \frac{(a_{n-1} - 1)^2}{2} \leq \frac{1}{2},$$

$$\Rightarrow \frac{1}{2} \leq a_{n+1} = \frac{1 + b_n^2}{2} \leq \frac{5}{8}, \ \frac{1}{2} \geq b_{n+1} = \frac{1}{2} - \frac{(a_n - 1)^2}{2} \geq \frac{3}{8}.$$

可见，当 $n \geq 3$ 时，

$$\frac{1}{2} \leq a_n \leq \frac{5}{8}, \frac{1}{2} \geq b_n \geq \frac{3}{8}. \tag{2}$$

2° 若 $\{a_n\}, \{b_n\}$ 收敛，极限分别记为 a 和 b. 在式(1)里取极限，得

$$a = \frac{1 + b^2}{2} \tag{3}$$

$$b = a - \frac{a^2}{2} \tag{4}$$

式(4)改写为 $\dfrac{a^2}{2} = a - b \xlongequal{式(3)} \dfrac{1 + b^2 - 2b}{2} = \dfrac{(1-b)^2}{2}$，故 $a = 1 - b$ ($a = -(1-b)$ 舍去). 代入式(3)，解得 $b = -1 \pm \sqrt{2}$. 由式(2)可知 $a \geq \dfrac{1}{2}, b \geq \dfrac{3}{8}$，故

$$b = \sqrt{2} - 1, \ a = 2 - \sqrt{2}. \tag{5}$$

这说明 $\{a_n\}, \{b_n\}$ 如果收敛，那么极限必是此二数.

至此，只需验证 $(n \to \infty)$：$|a_n - a| \to 0$ 和 $|b_n - b| \to 0$.

3° 利用式(1)至式(5)：

$$|a_n - a| = \frac{1}{2} |b_{n-1}^2 - b^2| = \frac{1}{2} |b_{n-1} + b| \, |b_{n-1} - b| \leq \frac{1}{2} |b_{n-1} - b|,$$

$$|b_n - b| = \left| a_{n-1} - a - \frac{a_{n-1}^2 - a^2}{2} \right| = |a_{n-1} - a| \left| \frac{2 - (a_{n-1} + a)}{2} \right|$$

$$\leq \frac{1}{2} |a_{n-1} - a| \ (因 \, |2 - (a_{n-1} + a)| \leq 1),$$

两式迭代得

$$|a_n - a| \leqslant \frac{1}{4}|a_{n-2} - a|, \tag{6}$$

$$|b_n - b| \leqslant \frac{1}{4}|b_{n-2} - b|. \tag{7}$$

用式(6)进行迭代,可得

$$|a_{2n} - a| \leqslant \frac{1}{4^{n-1}}|a_2 - a|, \quad |a_{2n+1} - a| \leqslant \frac{1}{4^{n-1}}|a_3 - a|,$$

可见 $\{a_n\}$ 收敛, $\lim\limits_{n \to \infty} a_n = a = 2 - \sqrt{2}$.

类似地,有 $\lim\limits_{n \to \infty} b_n = b = \sqrt{2} - 1$.

解 II　同上. $\forall n$:

$$1 > a_n = \frac{1 + b_{n-1}^2}{2} \geqslant \frac{1}{2}, \tag{8}$$

$$0 < b_n = a_{n-1} - \frac{a_{n-1}^2}{2} = \frac{1}{2} - \frac{(a_{n-1} - 1)^2}{2} \leqslant \frac{1}{2}. \tag{9}$$

故

$$|a_n - a_{n-1}| = \frac{1}{2}|b_{n-1}^2 - b_{n-2}^2| = \frac{1}{2}|b_{n-1} + b_{n-2}||b_{n-1} - b_{n-2}| \overset{\text{式}(9)}{\leqslant} \frac{1}{2}|b_{n-1} - b_{n-2}|.$$

类似地,

$$|b_n - b_{n-1}| = \left| a_{n-1} - a_{n-2} - \left(\frac{a_{n-1}^2}{2} - \frac{a_{n-2}^2}{2} \right) \right|$$

$$= |a_{n-1} - a_{n-2}| \left| \frac{2 - (a_{n-1} + a_{n-2})}{2} \right| \overset{\text{式}(8)}{\leqslant} \frac{1}{2}|a_{n-1} - a_{n-2}|.$$

迭代即得

$$|a_n - a_{n-1}| \leqslant \frac{1}{4}|a_{n-2} - a_{n-3}|, \quad |b_n - b_{n-1}| \leqslant \frac{1}{4}|b_{n-2} - b_{n-3}|.$$

于是

$$|a_{2n} - a_{2n-1}| \leqslant \frac{1}{4^{n-1}}|a_2 - a_1| \leqslant \frac{1}{2} \cdot \frac{1}{4^{n-1}} = \frac{1}{2^{2n-1}},$$

$$|a_{2n+1} - a_{2n}| \leqslant \frac{1}{4^{n-1}}|a_3 - a_2| \leqslant \frac{1}{4^{n-1}} \cdot \frac{1}{2}|b_2 - b_1| = \frac{1}{2^{2n}}.$$

由此得 $\{a_n\}$ 和 $\{b_n\}$ 收敛,解方程(3)和(4),可得式(5).

ᵔᵉʷ ＊例 1.5.23　设 a_1, b_1 为任意选定的两实数, a_n, b_n 定义如下:

$$a_n = \int_0^1 \max\{b_{n-1}, x\} \mathrm{d}x, \quad b_n = \int_0^1 \min\{a_{n-1}, x\} \mathrm{d}x \ (n = 2, 3, \cdots). \tag{1}$$

试证: $\lim\limits_{n \to \infty} a_n = 2 - \sqrt{2}$, $\lim\limits_{n \to \infty} b_n = \sqrt{2} - 1$. (浙江大学)

证　令 $a_1, b_1 \notin (0, 1)$,迭代几次后, a_n, b_n 会全部进入 $(0, 1)$ 中(详见下面附注). 又因去掉有限项不影响数列的敛散性和极限值. 故可假设 $a_1, b_1 \in (0, 1)$. 由

式(1)有

$$a_n = \frac{1 + b_{n-1}^2}{2}, \quad b_n = a_{n-1} - \frac{a_{n-1}^2}{2}. \tag{2}$$

于是,问题完全转化为例 1.5.22. 因此

$$\lim_{n \to \infty} a_n = 2 - \sqrt{2}, \quad \lim_{n \to \infty} b_n = \sqrt{2} - 1.$$

附注 我们来证明:不论 b_{n-1} 或 a_{n-1} 落在何处,都可推出: $a_n, b_n \in (0, 1)$.

i) 若 $a_{n-1} \in (0, 1)$,则

$$b_n = \int_0^1 \min\{a_{n-1}, x\} \, dx = \int_0^{a_{n-1}} x \, dx + a_{n-1} \int_{a_{n-1}}^1 dx$$

$$= \frac{1}{2} a_{n-1}^2 + a_{n-1}(1 - a_{n-1}) = a_{n-1} - \frac{a_{n-1}^2}{2} \in (0, 1).$$

若 $b_{n-1} \in (0, 1)$,则

$$a_n = \int_0^1 \max\{b_{n-1}, x\} \, dx = \int_0^{b_{n-1}} \max\{b_{n-1}, x\} \, dx + \int_{b_{n-1}}^1 \max\{b_{n-1}, x\} \, dx$$

$$= \int_0^{b_{n-1}} b_{n-1} \, dx + \int_{b_{n-1}}^1 x \, dx = b_{n-1}^2 + \frac{1}{2}(1 - b_{n-1}^2) = \frac{1 + b_{n-1}^2}{2} \in (0, 1).$$

ii) 若 $a_{n-1} \geqslant 1$,则 $b_n = \frac{1}{2}$,故 $a_{n+1} = \frac{5}{8} \in (0, 1)$. 从而 $b_{n+2} \in (0, 1)$.

若 $b_{n-1} \geqslant 1$,则 $a_n = b_{n-1} \geqslant 1$,故 $b_{n+1} = \frac{1}{2} \in (0, 1)$.

iii) 若 $a_{n-1} \leqslant 0$,则 $b_n = 0$,故 $a_{n+1} = \frac{1}{2} \in (0, 1)$.

若 $b_{n-1} \leqslant 0$,则 $a_n = \frac{1}{2}$,故

$$b_{n+1} = \int_0^{a_n} x \, dx + a_n \int_{a_n}^1 dx = \frac{1}{2} x^2 \Big|_0^{\frac{1}{2}} + \frac{1}{2} \cdot \frac{1}{2} = \frac{3}{8} \in (0, 1).$$

从而 $a_{n+2} \in (0, 1)$.

总之,不论开始怎样,总有 $a_n, b_n \in (0, 1)$.

✎ 单元练习 1.5

☆**1.5.1** 已知 $a_1 = \sqrt{6}, a_n = \sqrt{6 + a_{n-1}} \ (n = 2, 3, \cdots)$,试证 $\lim_{n \to \infty} a_n$ 存在,并求其值. (中国科学技术大学,北京大学,哈尔滨工业大学,北京邮电大学等) 《3》

提示 利用例 1.5.1 中证法 Ⅰ、Ⅱ、Ⅲ 以及例 1.5.3 的方法均可.

1.5.2 设 $x_1 = 1, x_{n+1} = \frac{1 + 2x_n}{1 + x_n} \ (n = 1, 2, \cdots)$,证明 $\{x_n\}$ 收敛,并求 $\lim_{n \to \infty} x_n$. (哈尔滨工业大学,华中科技大学等) $\left\langle \dfrac{1 + \sqrt{5}}{2} \right\rangle$

提示 $0 < f'(x) = \dfrac{1}{(1+x)^2} < \dfrac{1}{2}, 1 \le x_n < 2$，因而可用多种方法求解.

1.5.3 设 $0 < c < 1, a_1 = \dfrac{c}{2}, a_{n+1} = \dfrac{c}{2} + \dfrac{a_n^2}{2}$，证明 $\{a_n\}$ 收敛，并求其极限.（武汉大学，华中师范大学）

$$\langle\!\langle 1 - \sqrt{1-c}\rangle\!\rangle$$

提示 用数学归纳法证明：$0 < a_n < 1\ (n = 1, 2, \cdots)$. 又 $a_{n+2} - a_{n+1} = \dfrac{a_{n+1} + a_n}{2}(a_{n+1} - a_n)$, $a_2 > a_1$，推知 $a_n \nearrow$. 或利用例 1.5.3 的方法，这里 $f(x) = \dfrac{c}{2} + \dfrac{x^2}{2}$，有 $0 < f'(x) < 1$（当 $0 < x < 1$ 时）.

☆1.5.4 设 $a > 0, 0 < x_1 < a, x_{n+1} = x_n\left(2 - \dfrac{x_n}{a}\right)\ (n = 1, 2, \cdots)$，证明 $\{x_n\}$ 收敛，并求其极限.（华东师范大学）

$$\langle\!\langle a\rangle\!\rangle$$

提示 $\forall n$，有 $0 < x_n < a, \dfrac{x_{n+1}}{x_n} > 1$.

再提示 已有 $0 < x_1 < a$，若 $0 < x_n < a$，则

$$0 < x_{n+1} = x_n\left(2 - \frac{x_n}{a}\right) = -\frac{1}{a}(x_n^2 - 2ax_n + a^2) + a < a.$$

1.5.5 设 $x_1 = a > 1, x_{n+1} = \dfrac{1}{2}\left(x_n + \dfrac{a}{x_n}\right)$，试证 $\{x_n\}$ 收敛，并求其极限.（华中科技大学，厦门大学，中国人民解放军工程兵学院）

$$\langle\!\langle \sqrt{a}\rangle\!\rangle$$

提示 $x_{n+1} = \dfrac{1}{2}\left(x_n + \dfrac{a}{x_n}\right) \ge \sqrt{x_n \cdot \dfrac{a}{x_n}} = \sqrt{a}, x_{n+1} - x_n = \dfrac{a - x_n^2}{2x_n} \le 0$；或在 $[\sqrt{a}, +\infty)$ 上应用例 1.5.3 的方法.

1.5.6 设 $y_{n+1} = y_n(2 - y_n), 0 < y_0 < 1$，求证：$\lim\limits_{n \to \infty} y_n = 1$.（武汉大学）

提示 $0 < y_n < 1, \dfrac{y_{n+1}}{y_n} > 1\ (\forall n \in \mathbf{N})$.

*1.5.7 证明：1）存在唯一的 $c \in (0, 1)$，使得 $c = e^{-c}$;

2）任给 $x_1 \in (0, 1)$，定义 $x_{n+1} = e^{-x_n}$，则有 $\lim\limits_{n \to \infty} x_n = c$.（中国人民大学）

提示 可用压缩映像原理.

再提示 1）$f(x) = e^{-x} - x$ 在 $[0, 1]$ 之端点异号，且 $f'(x) < 0$;

2）用数学归纳法可证 $x_n \in (e^{-1}, e^{-e^{-1}})\ (n = 3, 4, \cdots)$，再用 Lagrange 微分中值公式，有

$$|x_{n+1} - x_n| \le e^{-e^{-1}}|x_n - x_{n-1}|,$$

从而由压缩映像原理可得 $\{x_n\}$ 收敛.

1.5.8 设 $x_{n+1} = 1 + \dfrac{x_n^2}{1 + x_n^2}, x_1 = 2$，证明数列 $\{x_n\}$ 收敛.（北京师范大学）

提示 当 $n > 1$ 时，$1 < x_n < 2, f(x) = 1 + \dfrac{x^2}{1 + x^2}, f'(x) > 0, x_1 > x_2, x_n \searrow$.

[new]**1.5.9** 设 $x_0 > 0$,

$$x_n = 3 + \frac{2}{\sqrt{x_{n-1}}}\ (n = 1, 2, \cdots), \tag{1}$$

证明$\{x_n\}$收敛,并求其极限.(仿武汉大学)

提示 $$\left| x_{n+1} - x_n \right| \leqslant \frac{1}{3\sqrt{3}} \left| x_n - x_{n-1} \right|. \tag{2}$$

再提示 $$\left| x_{n+1} - x_n \right| = \left| \frac{2}{\sqrt{x_n}} - \frac{2}{\sqrt{x_{n-1}}} \right| = 2\frac{\left| \sqrt{x_{n-1}} - \sqrt{x_n} \right|}{\sqrt{x_n}\sqrt{x_{n-1}}} = \frac{2\left| x_n - x_{n-1} \right|}{\sqrt{x_n}\sqrt{x_{n-1}}(\sqrt{x_{n-1}} + \sqrt{x_n})}.$$

显然$x_n > 3(n = 1,2,\cdots)$,因此式(2)成立.再利用压缩映像原理,$\lim x_n \overset{存在}{=\!=\!=\!=} y^2 (y > 0)$.在式(1)里取极限得$y^3 - 3y - 2 = 0$,亦即$(y+1)^2(y-2) = 0$,$(\lim\limits_{n \to \infty} x_n \geqslant 3)$故$\lim\limits_{n \to \infty} x_n = 4$.

1.5.10 设$f(x) = \dfrac{x+2}{x+1}$,数列$\{x_n\}$由如下递推公式定义:$x_0 = 1, x_{n+1} = f(x_n)$ $(n = 0,1,2,\cdots)$.求极限$\lim\limits_{n \to \infty} x_n$.(浙江大学) 《$\sqrt{2}$》

提示 参考例1.5.14的解法.

☆**1.5.11** 设$u_1 = 3, u_2 = 3 + \dfrac{4}{3}, u_3 = 3 + \dfrac{4}{3 + \dfrac{4}{3}}, \cdots$,如果数列$\{u_n\}$收敛,计算其极限,并证明

数列$\{u_n\}$收敛于上述极限.(武汉大学)

提示 $\left| u_{n+1} - u_n \right| \leqslant \dfrac{4}{9} \left| u_{n-1} - u_n \right|$.

1.5.12 设$x_0 = m, x_1 = m + \varepsilon \sin x_0, x_n = m + \varepsilon \sin x_{n-1}$ $(n = 2,3,\cdots)$,其中$0 < \varepsilon < 1$,试证:$\lim\limits_{n \to \infty} x_n = \xi$存在且为Kepler方程$x - \varepsilon \sin x = m$的唯一根.

提示 用压缩映像原理.

1.5.13 设$\left| x_{n+2} - x_{n+1} \right| \leqslant k \left| x_n - x_{n-1} \right|$ $(0 < k < 1)$,试证:$\{x_n\}$收敛.

提示 可参看本节要点中的证法.

☆**1.5.14** 设a_1, b_1是两正数,令

$$a_{n+1} = \sqrt{a_n b_n}, \quad b_{n+1} = \frac{a_n + b_n}{2}, \tag{1}$$

试证:$\{a_n\}$和$\{b_n\}$均收敛,且$\lim\limits_{n \to \infty} a_n = \lim\limits_{n \to \infty} b_n$.(大连理工大学)

提示 由式(1)可知$b_{n+1} \geqslant a_{n+1}$ ($\forall n$),从而$b_{n+1} \leqslant b_n (n = 1,2,\cdots)$.故$b_n \searrow$,有下界$a_1$;$a_{n+1} = \sqrt{a_n b_n} \geqslant \sqrt{a_n a_n} = a_n, a_n \nearrow$,有上界$b_1$.

1.5.15 设a_1和b_1是任意两个正数,并且$a_1 \leqslant b_1$,还设$a_n = \dfrac{2a_{n-1}b_{n-1}}{a_{n-1} + b_{n-1}}, b_n = \sqrt{a_{n-1}b_{n-1}}$ $(n = 2,3,\cdots)$.求证:$\{a_n\}, \{b_n\}$均收敛,且极限相等.(中国科学院,安徽大学)

提示 可用变量替换$u_n = \dfrac{1}{a_n}, v_n = \dfrac{1}{b_n}$转化为上题.

1.5.16 讨论由$x_1 = a, x_n = px_{n-1} + q(p > 0)$所定义的数列的敛散性.(南京大学)

$$\left\langle\!\!\left\langle \frac{q}{1-p}(0 < p < 1); a (p = 1, q = 0);不存在 (p > 1 \text{ 或 } p = 1, q \neq 0) \right\rangle\!\!\right\rangle$$

提示 可写出通项$x_n = p^{n-1}a + \dfrac{q - qp^{n-1}}{1-p}$,再分不同情况讨论.

1.5.17 设$\mathbf{R}$中数列$\{a_n\}, \{b_n\}$满足

$$a_{n+1} = b_n - qa_n, \quad n = 1,2,\cdots,$$

其中 $0 < q < 1$,证明:当 $\{b_n\}$ 有界时,$\{a_n\}$ 有界. (清华大学)

提示 可递推写出通项.

再提示 $\left| b_n \right| \leqslant M, a_{n+1} = \sum_{k=0}^{n-1} (-1)^k q^k b_{n-k} + (-1)^n q^n a_1, \left| a_{n+1} \right| \leqslant M(1 + q + q^2 + \cdots + q^{n-1}) + q \left| a_1 \right| \leqslant \dfrac{M}{1-q} + q \left| a_1 \right|$,有界.

1.5.18 设 $x_0 = 1, x_1 = \mathrm{e}, x_{n+1} = \sqrt{x_n x_{n-1}}$ $(n \geqslant 1)$,求极限 $\lim\limits_{n \to \infty} x_n$.

提示 取对数作变量替换.

☆**1.5.19** 设 $a_{n+1} = a_n + a_n^{-1}$ $(n > 1)$,$a_1 = 1$,证明:

1) $\lim\limits_{n \to \infty} a_n = +\infty$; 2) $\sum\limits_{n=1}^{\infty} a_n^{-1} = +\infty$. (中国科学院)

提示 1) $a_n \geqslant 1$,↗,且不可能有上界;

2) $\sum\limits_{k=1}^{n} a_k^{-1} = \sum\limits_{k=1}^{n} (a_{k+1} - a_k) = a_{n+1} - a_1 \to +\infty$ (当 $n \to \infty$ 时).

☆**1.5.20** 设连续函数 $f(x)$ 在 $[1, +\infty)$ 上是正的,单调递减的,且 $d_n = \sum\limits_{k=1}^{n} f(k) - \int_1^n f(x)\mathrm{d}x$. 证明:数列 $d_1, d_2, \cdots$ 收敛. (清华大学)

提示 $d_{n+1} - d_n \leqslant 0, d_n \geqslant 0$ (可用积分的性质或用积分中值定理).

1.5.21 已知 $a_1 = \alpha, b_1 = \beta$ $(\alpha > \beta)$,

$$a_{n+1} = \frac{a_n + b_n}{2}, \quad b_{n+1} = \frac{a_{n+1} + b_n}{2} \quad (n = 1, 2, \cdots),$$

证明 $\lim\limits_{n \to \infty} a_n$ 及 $\lim\limits_{n \to \infty} b_n$ 存在且相等,并求出极限值. (内蒙古大学)

提示 消去 b_n 可得 $a_{n+1} - a_n = \dfrac{1}{4}(a_n - a_{n-1})$.

再提示 $\lim\limits_{n \to \infty} a_n = \lim\limits_{n \to \infty} \left[a_1 + \sum\limits_{k=1}^{n-1} \dfrac{1}{4^{k-1}}(a_2 - a_1) \right] = \dfrac{\alpha + 2\beta}{3}$, $\lim\limits_{n \to \infty} b_n = \lim\limits_{n \to \infty} (2a_{n+1} - a_n) = \lim\limits_{n \to \infty} a_n$.

***1.5.22** 证明:数列

$$x_0 > 0, \quad x_{n+1} = \frac{x_n(x_n^2 + 3a)}{3x_n^2 + a} \quad (a \geqslant 0)$$

的极限存在,并求其极限. (国外赛题)

提示 可用例 1.5.3 的方法(不动点方法).

再提示 $f(x) = \dfrac{x(x^2 + 3a)}{3x^2 + a}$, $f'(x) > 0$, f↗, $x = \sqrt{a}$ 是不动点.

1° 若 $x_0 \leqslant \sqrt{a}$,则 $x_1 = f(x_0) \leqslant f(\sqrt{a}) = \sqrt{a}$,进而可知一切 $x_n \leqslant \sqrt{a}$. 又 $2a \geqslant 2x_0^2 \Rightarrow 3a - a \geqslant 3x_0^2 - x_0^2 \Rightarrow 3a + x_0^2 \geqslant 3x_0^2 + a \Rightarrow x_0 \leqslant \dfrac{x_0(3a + x_0^2)}{3x_0^2 + a} = x_1$,进而利用 f↗ 递推出 x_n↗. 于是 x_n↗ 有上界 $\sqrt{a}$,故有极限,记为 A.

2° 若 $0 < x_0 < \sqrt{a}$,类似处理.

[new]**1.5.23** 设 $0 < a_1 < 1$, $a_{n+1} = a_n(1 - a_n)$ $(\forall n \in \mathbf{N})$. 证明:$\lim\limits_{n \to \infty} na_n = 1$. (浙江大学)

提示 借助数学归纳法.

已知条件$\Rightarrow\{a_n\}$单减有界$(a_n\searrow,0<a_n<1)\Rightarrow\lim\limits_{n\to\infty}a_n=a$存在$\Rightarrow a=a(1-a)\Rightarrow a=0\Rightarrow\lim\limits_{n\to\infty}na_n=\lim\limits_{n\to\infty}\dfrac{n}{\dfrac{1}{a_n}}$是$\dfrac{\infty}{\infty}$型(用 Stolz 公式)$\Rightarrow\lim\limits_{n\to\infty}na_n=1.$

再提示 $\lim\limits_{n\to\infty}na_n=\lim\limits_{n\to\infty}\dfrac{n}{\dfrac{1}{a_n}}\xlongequal{\text{Stolz 公式}}\lim\limits_{n\to\infty}\dfrac{n-(n-1)}{\dfrac{1}{a_n}-\dfrac{1}{a_{n-1}}}=\lim\limits_{n\to\infty}\dfrac{a_na_{n-1}}{a_{n-1}-a_n}$

$$\xlongequal{a_{n-1}-a_n=a_{n-1}^2}\lim\limits_{n\to\infty}\dfrac{a_n}{a_{n-1}}=\lim\limits_{n\to\infty}(1-a_{n-1})=1.$$

*1.5.24 设 $S_1=\ln a,a>1,S_n=\sum\limits_{k=1}^{n-1}\ln(a-S_k)\ (n=2,3,\cdots)$,求$\lim\limits_{n\to\infty}S_n.$

提示 可用例 1.5.3 方法,$S_{n+1}-S_n=\ln(a-S_n)$,不动点为 $a-1$.

*1.5.25 设 $x_1>0,x_{n+1}=\ln(1+x_n)$,证明:$x_n\to0$ 且 $x_n\sim\dfrac{2}{n}$(当 $n\to\infty$ 时).

提示 第二问可用 Stolz 公式证明.

*1.5.26 设 $a_1=1,a_k=k(a_{k-1}+1)$,试计算:$\lim\limits_{n\to\infty}\prod\limits_{k=1}^{n}\left(1+\dfrac{1}{a_k}\right)$.(国外赛题)

提示 $\prod\limits_{k=1}^{n}\left(1+\dfrac{1}{a_k}\right)=\dfrac{1}{n!}+\dfrac{1}{(n-1)!}+\cdots+\dfrac{1}{1}\to e$(当 $n\to\infty$ 时).

*1.5.27 设正项级数 $\sum\limits_{n=1}^{\infty}a_n$ 收敛,数列 $\{y_n\}$($n=1,2,\cdots$)由下式确定:

$$y_1=1,\ 2y_{n+1}=y_n+\sqrt{y_n^2+a_n}\ (n=1,2,\cdots),$$

证明:$\{y_n\}$($n=1,2,\cdots$)是递增的收敛数列.(福建师范大学)

提示 $2y_{n+1}-2y_n=\dfrac{a_n}{\sqrt{y_n^2+a_n}+y_n}>0\Rightarrow y_n\nearrow$.

已知条件$\xrightarrow{\text{数学归纳法}}y_n>1\Rightarrow y_{n+1}-y_n<\dfrac{a_n}{4}\Rightarrow y_n<\dfrac{1}{4}\sum\limits_{n=1}^{\infty}a_n+y_1.$

** §1.6 序列的上、下极限

导读 本节主要适合数学院系学生,非数学院系学生从略.就考研而言,不能算热点.

本节讨论序列上、下极限的有关问题.序列上、下极限.通常可用 $\varepsilon-N$ 语言、子列和确界极限等方式描述.现在我们来讨论这些描述方式,以及它们的应用.

一、利用 $\varepsilon-N$ 语言描述上、下极限

要点 序列 $\{x_n\}$ 的上、下极限可用 $\varepsilon-N$ 语言来描述如下:数 $\mu=\varlimsup\limits_{n\to\infty}x_n$ 意指如下两条件成立:

a) $\forall\varepsilon>0,x_n$ 终 $<\mu+\varepsilon$(即 $\forall\varepsilon>0,\exists N>0$ 当 $n>N$ 时,恒有 $x_n<\mu+\varepsilon$)(此条等

价于：$\forall c > \mu, x_n$ 终 $< c$）；

b）$\forall \varepsilon > 0, x_n$ 常 $> \mu - \varepsilon$（即 $\forall \varepsilon > 0, \forall N > 0, \exists n > N$，使得 $x_n > \mu - \varepsilon$）（此条等价于：$\forall c < \mu, x_n$ 常 $> c$）．

同样，$\lambda = \varliminf\limits_{n \to \infty} x_n$ 意指：

a）′ $\forall \varepsilon > 0, x_n$ 终 $> \lambda - \varepsilon$；

b）′ $\forall \varepsilon > 0, x_n$ 常 $< \lambda + \varepsilon$．

另外，当且仅当 $\{x_n\}$ 无上界时，规定 $\varlimsup\limits_{n \to \infty} x_n = +\infty$；当且仅当 $\varliminf\limits_{n \to \infty} x_n = +\infty$ 时，规定 $\varliminf\limits_{n \to \infty} x_n = \varlimsup\limits_{n \to \infty} x_n = +\infty$；当且仅当 $\{x_n\}$ 无下界时，规定 $\varliminf\limits_{n \to \infty} x_n = -\infty$；当且仅当 $\varlimsup\limits_{n \to \infty} x_n = -\infty$ 时，规定 $\varliminf\limits_{n \to \infty} x_n = \varlimsup\limits_{n \to \infty} x_n = -\infty$．

利用这些容易证明上、下极限的不等式和估计式．

例 1.6.1 证明：当不发生 $(\pm\infty) + (\mp\infty)$ 情况时如下不等式成立：
$$\varliminf_{n \to \infty} x_n + \varliminf_{n \to \infty} y_n \leqslant \varliminf_{n \to \infty} (x_n + y_n) \leqslant \varlimsup_{n \to \infty} x_n + \varlimsup_{n \to \infty} y_n.$$

证 1°（证明第一个不等式．）若 $\varliminf\limits_{n \to \infty} x_n = -\infty$（或 $\varliminf\limits_{n \to \infty} y_n = -\infty$），在不发生 $(\pm\infty) + (\mp\infty)$ 的情况下，左端 $\varliminf\limits_{n \to \infty} x_n + \varliminf\limits_{n \to \infty} y_n = -\infty$，不等式自明．若 $\varliminf\limits_{n \to \infty} x_n = +\infty$，自然 $\lim x_n = +\infty$．在要求不发生 $(\pm\infty) + (\mp\infty)$ 的情况下，此时应有 $\varliminf\limits_{n \to \infty} y_n > -\infty$，因此 y_n 有下界，从而 $\lim\limits_{n \to \infty}(x_n + y_n) = +\infty$，$\varliminf\limits_{n \to \infty}(x_n + y_n) = +\infty$，左边不等式自明．同理，$\varliminf\limits_{n \to \infty} y_n = +\infty$ 也如此．剩下只要证明 $\{x_n\}$ 与 $\{y_n\}$ 有界的情况．设
$$\alpha = \varliminf_{n \to \infty} x_n, \quad \beta = \varliminf_{n \to \infty} y_n. \tag{1}$$

现证 $\varliminf\limits_{n \to \infty}(x_n + y_n) \geqslant \alpha + \beta$．为此只要证明：$\forall \varepsilon > 0$ 有 $\varliminf\limits_{n \to \infty}(x_n + y_n) \geqslant \alpha + \beta - \varepsilon$ 即可．事实上由式（1），$\forall \varepsilon > 0$，

$\exists N_1 > 0$，当 $n > N_1$ 时，$x_n \geqslant \alpha - \dfrac{\varepsilon}{2}$，

$\exists N_2 > 0$，当 $n > N_2$ 时，$y_n \geqslant \beta - \dfrac{\varepsilon}{2}$．

因此，取 $N = \max\{N_1, N_2\}$，则当 $n > N$ 时，$x_n + y_n \geqslant \alpha + \beta - \varepsilon$．故
$$\varliminf_{n \to \infty}(x_n + y_n) \geqslant \alpha + \beta - \varepsilon.$$

由 $\varepsilon > 0$ 的任意性，即知 $\varliminf\limits_{n \to \infty}(x_n + y_n) \geqslant \alpha + \beta$．

2°（证明后一不等式．）无界的情况，证法与 1° 类似．下证有界的情况．

设 $\varliminf\limits_{n \to \infty}(x_n + y_n) = \lambda$，$\varlimsup\limits_{n \to \infty} x_n = a$，$\varlimsup\limits_{n \to \infty} y_n = b$，现证 $\lambda \leqslant a + b$．（用反证法．）设 $\lambda > a + b$，在 λ 与 $a + b$ 之间任取一点，例如中点 $c = \dfrac{a + b + \lambda}{2}$（我们来证明，一方面 $x_n + y_n$

终 $> c$;另一方面 $x_n + y_n$ 常 $< c$,矛盾). 取 $\varepsilon = \dfrac{\lambda - (a + b)}{2}$,由 $\lim\limits_{n \to \infty}(x_n + y_n) = \lambda$ 知,

$\exists N_1 > 0$,当 $n > N_1$ 时,

$$x_n + y_n > \lambda - \varepsilon = c. \tag{2}$$

又由 $\lim\limits_{n \to \infty} x_n = a$ 知:$\forall N_1 > 0$,$\exists n > N_1$ 使得 $x_n < a + \dfrac{\varepsilon}{2}$;由 $\overline{\lim\limits_{n \to \infty}} y_n = b$ 知:$\exists N_2 > 0$,当

$n > N_2$ 时 $y_n < b + \dfrac{\varepsilon}{2}$. 因此 $\forall N_1 > N_2$,$\exists n > N_1$ 使得

$$x_n + y_n < a + b + \varepsilon = c. \tag{3}$$

(2)、(3)两式矛盾. 证毕.

☆ **例 1.6.2** 证明:若 $a_n > 0$ $(n = 1,2,\cdots)$,则

$$\overline{\lim_{n \to \infty}} \sqrt[n]{a_n} \leqslant \overline{\lim_{n \to \infty}} \frac{a_{n+1}}{a_n}.$$

(同济大学)

证 设

$$\alpha = \overline{\lim_{n \to \infty}} \frac{a_{n+1}}{a_n}. \tag{1}$$

若 $\alpha = +\infty$,不等式自明. 只要证明 $0 \leqslant \alpha < +\infty$ 的情况. 要证 $\overline{\lim\limits_{n \to \infty}} \sqrt[n]{a_n} \leqslant \alpha$,只要证明

$\forall \varepsilon > 0$,有 $\overline{\lim\limits_{n \to \infty}} \sqrt[n]{a_n} < \alpha + \varepsilon$. 由式(1),$\forall \varepsilon > 0$,$\exists N > 0$,当 $i > N$ 时,

$$\frac{a_{i+1}}{a_i} < \alpha + \varepsilon. \tag{2}$$

任取 $n > N$,上式中令 $i = N, N+1, \cdots, n-2, n-1$,将所得的 $n - N$ 个不等式相乘,得

$$\frac{a_{N+1}}{a_N} \frac{a_{N+2}}{a_{N+1}} \cdots \frac{a_{n-1}}{a_{n-2}} \frac{a_n}{a_{n-1}} < (\alpha + \varepsilon)^{n-N}.$$

此即

$$a_n < a_N (\alpha + \varepsilon)^{-N} \cdot (\alpha + \varepsilon)^n = M(\alpha + \varepsilon)^n,$$

其中 $M \equiv a_N (\alpha + \varepsilon)^{-N}$. 从而 $\sqrt[n]{a_n} < \sqrt[n]{M}(\alpha + \varepsilon)$. 令 $n \to \infty$,取上极限得

$$\overline{\lim_{n \to \infty}} \sqrt[n]{a_n} \leqslant \overline{\lim_{n \to \infty}} \sqrt[n]{M}(\alpha + \varepsilon) = \alpha + \varepsilon.$$

由 $\varepsilon > 0$ 的任意性,即得欲证的不等式.

例 1.6.3 证明:对任意正数序列 $\{x_n\}$,有

$$\overline{\lim_{n \to \infty}} n\left(\frac{1 + x_{n+1}}{x_n} - 1\right) \geqslant 1,$$

并举例说明右端数 1 是最佳估计(即把右端 1 改换成任意比 1 大的数,不等式不再成立).

证 1°(用反证法证明不等式.)设 $\overline{\lim\limits_{n \to \infty}} n\left(\dfrac{1 + x_{n+1}}{x_n} - 1\right) < 1$,则 $\exists N > 0$,当 $n \geqslant$

N 时,

$$n\left(\frac{1+x_{n+1}}{x_n}-1\right)<1,$$

此即 $\frac{1}{n+1}<\frac{x_n}{n}-\frac{x_{n+1}}{n+1}$ ($n=N,N+1,\cdots,N+k-1,\cdots$). 这是无穷多个不等式,将前 k 个不等式相加得

$$\frac{1}{N+1}+\cdots+\frac{1}{N+k}<\frac{x_N}{N}-\frac{x_{N+k}}{N+k}<\frac{x_N}{N}.$$

此式应对一切 $k>1$ 成立,但实际上,左端当 $k\to\infty$ 时,极限为 $+\infty$,矛盾.

2° (证明 1 为最佳估计.) $\forall\,\alpha>0$,令 $x_n=\alpha n$,则

$$\overline{\lim_{n\to\infty}}\,n\left(\frac{1+x_{n+1}}{x_n}-1\right)=\overline{\lim_{n\to\infty}}\,n\cdot\frac{1+\alpha(n+1)-\alpha n}{\alpha n}=\frac{1+\alpha}{\alpha}>1.$$

因 $\lim\limits_{\alpha\to+\infty}\frac{1+\alpha}{\alpha}=1$,可见 $\forall\,c>1$,可取 $\alpha>0$ 充分大使得

$$\overline{\lim_{n\to\infty}}\,n\left(\frac{1+x_{n+1}}{x_n}-1\right)=\frac{1+\alpha}{\alpha}<c.$$

二、利用子列的极限描述上、下极限

要点 1)(Bolzano-Weierstrass 定理)任一有界序列,存在收敛的子列(以下称之为致密性原理). 任何序列都有广义收敛子列(广义收敛,意指极限允许为无穷大).

2)序列 $\{x_n\}$ 的上极限 $\overline{\lim\limits_{n\to\infty}}\,x_n$ 的特征是

a) $\exists$ 子列 $\{x_{n_k}\}$ 使得 $\lim\limits_{k\to\infty}x_{n_k}=\overline{\lim\limits_{n\to\infty}}\,x_n$;

b) 对于 $\{x_n\}$ 的任一收敛子列 $\{x_{n_k}\}$,恒有 $\lim\limits_{k\to\infty}x_{n_k}\leqslant\overline{\lim\limits_{n\to\infty}}\,x_n$.

同样,下极限 $\underline{\lim\limits_{n\to\infty}}\,x_n$ 的特征是

a)′ $\exists$ 子列 $\{x_{n_k}\}$,使得 $\lim\limits_{k\to\infty}x_{n_k}=\underline{\lim\limits_{n\to\infty}}\,x_n$;

b)′ 对于 $\{x_n\}$ 的任一收敛子列 $\{x_{n_k}\}$,有 $\lim\limits_{k\to\infty}x_{n_k}\geqslant\underline{\lim\limits_{n\to\infty}}\,x_n$.

3)若 $\{x_{n_k}\}$ 是 $\{x_n\}$ 的子列,则

$$\overline{\lim_{k\to\infty}}\,x_{n_k}\leqslant\overline{\lim_{n\to\infty}}\,x_n,\quad \underline{\lim_{k\to\infty}}\,x_{n_k}\geqslant\underline{\lim_{n\to\infty}}\,x_n.$$

利用这些,我们可将上、下极限的问题,通过选子列的方法解决.

例 1.6.4 证明在不发生 $(\pm\infty)+(\mp\infty)$ 的情况下,有如下不等式成立:

$$\underline{\lim_{n\to\infty}}\,x_n+\overline{\lim_{n\to\infty}}\,y_n\leqslant\overline{\lim_{n\to\infty}}\,(x_n+y_n)\leqslant\overline{\lim_{n\to\infty}}\,x_n+\overline{\lim_{n\to\infty}}\,y_n. \tag{1}$$

证 无界情况可用例 1.6.1 证法中的方法证明. 这里只考虑有界的情况.

1° (证明第一个不等式.) 在 $\{y_n\}$ 中存在子列 $\{y_{n_k}\}$,使得

$$\lim_{k \to \infty} y_{n_k} = \overline{\lim_{n \to \infty}} \, y_n.$$

注意到 $\underline{\lim_{n \to \infty}} \, x_n \leqslant \lim_{k \to \infty} x_{n_k}$，得

$$\underline{\lim_{n \to \infty}} \, x_n + \overline{\lim_{n \to \infty}} \, y_n \leqslant \lim_{k \to \infty} x_{n_k} + \lim_{k \to \infty} y_{n_k}. \tag{2}$$

在 $\{x_{n_k}\}$ 中存在子列 $\{x_{n_{k_j}}\}$，使得 $\lim_{j \to \infty} x_{n_{k_j}} = \underline{\lim_{k \to \infty}} \, x_{n_k}$. 由式(2)，

$$\underline{\lim_{n \to \infty}} \, x_n + \overline{\lim_{n \to \infty}} \, y_n \leqslant \lim_{j \to \infty} x_{n_{k_j}} + \lim_{j \to \infty} y_{n_{k_j}} = \lim_{j \to \infty} (x_{n_{k_j}} + y_{n_{k_j}}) \leqslant \overline{\lim_{n \to \infty}} \, (x_n + y_n).$$

2° （证明式(1)中第二个不等式.）$\exists \{x_{n_k} + y_{n_k}\} \subset \{x_n + y_n\}$ 使

$$\lim_{k \to \infty} (x_{n_k} + y_{n_k}) = \overline{\lim_{n \to \infty}} \, (x_n + y_n). \tag{3}$$

这时

$$\overline{\lim_{n \to \infty}} \, x_n + \overline{\lim_{n \to \infty}} \, y_n \geqslant \overline{\lim_{k \to \infty}} \, x_{n_k} + \overline{\lim_{k \to \infty}} \, y_{n_k}. \tag{4}$$

在 $\{x_{n_k}\}$ 中存在子列 $\{x_{n_{k_j}}\}$ 使得 $\lim_{j \to \infty} x_{n_{k_j}} = \overline{\lim_{k \to \infty}} \, x_{n_k}$，从而式(4)右端

$$\overline{\lim_{k \to \infty}} \, x_{n_k} + \overline{\lim_{k \to \infty}} \, y_{n_k} \geqslant \lim_{j \to \infty} x_{n_{kj}} + \overline{\lim_{j \to \infty}} \, y_{n_{k_j}}. \tag{5}$$

在 $\{y_{n_{k_j}}\}$ 中存在子列 $\{y_{n_{k_{j_i}}}\}$ 使得 $\lim_{i \to \infty} y_{n_{k_{j_i}}} = \overline{\lim_{j \to \infty}} \, y_{n_{k_j}}$，于是式(5)右端

$$\lim_{j \to \infty} x_{n_{k_j}} + \overline{\lim_{j \to \infty}} \, y_{n_{k_j}} = \lim_{i \to \infty} x_{n_{k_{j_i}}} + \lim_{i \to \infty} y_{n_{k_{j_i}}} = \lim_{i \to \infty} (x_{n_{k_{j_i}}} + y_{n_{k_{j_i}}})$$

$$= \lim_{k \to \infty} (x_{n_k} + y_{n_k}) = \overline{\lim_{n \to \infty}} \, (x_n + y_n) \, (\text{用式}(3)). \tag{6}$$

联系不等式(4)、(5)、(6)，即得

$$\overline{\lim_{n \to \infty}} \, x_n + \overline{\lim_{n \to \infty}} \, y_n \geqslant \overline{\lim_{n \to \infty}} \, (x_n + y_n). \tag{7}$$

注 不等式(7)可以是严格的，即

$$\overline{\lim_{n \to \infty}} \, x_n + \overline{\lim_{n \to \infty}} y_n > \overline{\lim_{n \to \infty}} \, (x_n + y_n) \, (\text{能发生}).$$

例如：$x_n = (-1)^n a$，$y_n = (-1)^{n+1} a \, (a > 0)$. 这时式(7)：

$$\text{左端} = \overline{\lim_{n \to \infty}} \, x_n + \overline{\lim_{n \to \infty}} \, y_n = 2a > 0 = \overline{\lim_{n \to \infty}} \, (x_n + y_n) = \text{右端}.$$

三、利用确界的极限描述上、下极限

要点 序列的上、下极限，可利用确界的极限来描述：

$$\overline{\lim_{n \to \infty}} \, x_n = \lim_{n \to \infty} \sup_{k \geqslant n} x_k = \inf_n \sup_{k \geqslant n} x_k,$$

$$\underline{\lim_{n \to \infty}} \, x_n = \lim_{n \to \infty} \inf_{k \geqslant n} x_k = \sup_n \inf_{k \geqslant n} x_k$$

（式中 $k \geqslant n$ 改换成 $k > n$，不影响等式成立）. 利用这种描述，关于上、下极限的不等式，可以通过建立确界的不等式，取极限得到.

例 1.6.5 设 $x_n \geqslant 0$，$y_n \geqslant 0 \, (n = 1, 2, \cdots)$，试证：

1) $\underline{\lim_{n \to \infty}} \, x_n \cdot \underline{\lim_{n \to \infty}} \, y_n \leqslant \underline{\lim_{n \to \infty}} \, x_n y_n \leqslant \underline{\lim_{n \to \infty}} \, x_n \cdot \overline{\lim_{n \to \infty}} \, y_n$；

2) $\overline{\lim_{n \to \infty}} \, x_n \cdot \underline{\lim_{n \to \infty}} \, y_n \leqslant \overline{\lim_{n \to \infty}} \, x_n y_n \leqslant \overline{\lim_{n \to \infty}} \, x_n \cdot \overline{\lim_{n \to \infty}} \, y_n.$

证 以 1) 中第一个不等式为例, 进行详细证明.

任意固定 n, 则 $\forall k \geqslant n$, 有

$$\inf_{j \geqslant n} x_j \leqslant x_k, \quad \inf_{j \geqslant n} y_j \leqslant y_k.$$

因 $x_n \geqslant 0, y_n \geqslant 0 \ (n = 1, 2, \cdots)$, 故 $\inf\limits_{j \geqslant n} x_j \geqslant 0, \inf\limits_{j \geqslant n} y_j \geqslant 0$. 于是由上式可知

$$\left(\inf_{j \geqslant n} x_j \right) \cdot \left(\inf_{j \geqslant n} y_j \right) \leqslant x_k y_k.$$

此式左端为常数, 右端 $k \geqslant n$ 是任意的, 因此有

$$\left(\inf_{j \geqslant n} x_j \right) \cdot \left(\inf_{j \geqslant n} y_j \right) \leqslant \inf_{k \geqslant n} x_k y_k.$$

由于该式对一切 n 成立, 令 $n \to \infty$, 取极限得

$$\varliminf_{n \to \infty} \inf_{k \geqslant n} x_k \cdot \varliminf_{n \to \infty} \inf_{k \geqslant n} y_k \leqslant \varliminf_{n \to \infty} \inf_{k \geqslant n} x_k y_k,$$

此即

$$\varliminf_{n \to \infty} x_n \cdot \varliminf_{n \to \infty} y_n \leqslant \varliminf_{n \to \infty} x_n y_n.$$

类似地, 利用 $\inf\limits_{k \geqslant n} x_k y_k \leqslant x_k y_k \leqslant x_k \sup\limits_{k \geqslant n} y_k \ (\forall k \geqslant n)$, 得 $\inf\limits_{k \geqslant n} x_k y_k \leqslant \inf\limits_{k \geqslant n} x_k \sup\limits_{k \geqslant n} y_k$, 即得后一不等式.

四、利用上、下极限研究序列的极限

要点 任一序列 $\{x_n\}$ 收敛的充要条件是

$$\varlimsup_{n \to \infty} x_n = \varliminf_{n \to \infty} x_n,$$

且此时

$$\lim_{n \to \infty} x_n = \varlimsup_{n \to \infty} x_n = \varliminf_{n \to \infty} x_n.$$

因此我们可利用序列的上、下极限来研究序列的收敛性, 并求极限的值.

例 1.6.6 设 $x_n > 0 \ (n = 1, 2, \cdots)$, 试证: 若 $\lim\limits_{n \to \infty} \dfrac{x_{n+1}}{x_n} = l$(有限数), 则 $\lim\limits_{n \to \infty} \sqrt[n]{x_n} = l$.

证 $\forall \varepsilon > 0$(取 $\varepsilon < l$), 由 $\lim\limits_{n \to \infty} \dfrac{x_{n+1}}{x_n} = l$, $\exists N > 0$, 当 $k \geqslant N$ 时有

$$l - \varepsilon < \frac{x_{k+1}}{x_k} < l + \varepsilon \quad (k = N, N+1, \cdots).$$

设 $n > N$. 将 $k = N, N+1, \cdots, n-1$ 各式相乘, 并开 n 次方, 得

$$\sqrt[n]{x_N}(l - \varepsilon)^{\frac{n-N}{n}} < \sqrt[n]{x_n} < \sqrt[n]{x_N}(l + \varepsilon)^{\frac{n-N}{n}}.$$

在此式中令 $n \to \infty$, 取上、下极限, 注意 $\sqrt[n]{x_N} \to 1$, 得

$$l - \varepsilon \leqslant \varliminf_{n \to \infty} \sqrt[n]{x_n} \leqslant \varlimsup_{n \to \infty} \sqrt[n]{x_n} \leqslant l + \varepsilon.$$

因 $\varepsilon > 0$ 的任意性, 可知 $\varliminf\limits_{n \to \infty} \sqrt[n]{x_n} = \varlimsup\limits_{n \to \infty} \sqrt[n]{x_n} = l$, 故 $\{\sqrt[n]{x_n}\}$ 收敛, 且 $\lim\limits_{n \to \infty} \sqrt[n]{x_n} = l$.

例 1.6.7 证明: 若 $x_n \geqslant 0$, 且 $\forall \{y_n\}$ 有

$$\varlimsup_{n \to \infty} (x_n y_n) = \varlimsup_{n \to \infty} x_n \cdot \varlimsup_{n \to \infty} y_n, \tag{1}$$

则 $\{x_n\}$ 收敛.

证 为了证明 $\{x_n\}$ 收敛,只要证明

$$\varliminf_{n\to\infty} x_n = \varlimsup_{n\to\infty} x_n. \tag{2}$$

为此,我们设法构造序列 $\{y_n\}$,使得从式(1)可推出式(2). 首先,在 $\{x_n\}$ 中有子列 $\{x_{n_k}\}$,使得

$$\lim_{k\to\infty} x_{n_k} = \varlimsup_{n\to\infty} x_n. \tag{3}$$

如此,作序列 $\{y_n\}$ 如下:

$$y_n = \begin{cases} 1, & \text{当 } n = n_k \text{ 时}, \\ 0, & \text{当 } n \neq n_k \text{ 时}. \end{cases}$$

这时,$\varlimsup\limits_{n\to\infty} y_n = 1$,且

$$x_n \cdot y_n = \begin{cases} x_{n_k}, & \text{当 } n = n_k \text{ 时}, \\ 0, & \text{当 } n \neq n_k \text{ 时}, \end{cases}$$

因此,$\varlimsup\limits_{n\to\infty} x_n y_n = \varlimsup\limits_{k\to\infty} x_{n_k}$. 故式(1)成为

$$\varlimsup_{k\to\infty} x_{n_k} = \varlimsup_{n\to\infty} x_n. \tag{4}$$

注意到

$$\varlimsup_{k\to\infty} x_{n_k} = \lim_{k\to\infty} x_{n_k} = \varlimsup_{n\to\infty} x_n, \tag{5}$$

式(5)和式(4)联立便得欲证之式(2). 从而 $\{x_n\}$ 收敛获证.

例 1.6.8 设 $\{x_n\}$ 满足条件

$$x_{m+n} \leqslant x_m + x_n \, (m, n = 1, 2, \cdots), \tag{1}$$

试证

$$\lim_{n\to\infty} \frac{x_n}{n} = \inf_n \frac{x_n}{n}.$$

分析 为了搞清式(1)的意义,便于想象,暂时不妨设 $m = 10$,这时任一 x_n,例如,$x_{11} = x_{10+1} \leqslant x_{10} + x_1$,$x_{22} = x_{20+2} \leqslant 2x_{10} + x_2$,$\cdots$. 一般地,任何自然数 n 总可以写成

$$n = k \cdot 10 + r \, (r = 0, 1, 2, \cdots, 9), \tag{2}$$

从而有

$$x_n \leqslant kx_{10} + x_r, \tag{3}$$

这里 $k = \dfrac{n-r}{10} \to +\infty$ (当 $n \to \infty$ 时). 由式(3)知

$$\inf_n \frac{x_n}{n} \leqslant \frac{x_n}{n} \leqslant \frac{kx_{10}}{n} + \frac{x_r}{n}.$$

此式对一切 n 成立 $\left(\inf\limits_n \dfrac{x_n}{n} \text{为常数}\right)$,令 $n \to \infty$,取上、下极限,注意 $\dfrac{k}{n} \to \dfrac{1}{10}$(当 $n \to \infty$ 时),有

$$\inf_n \frac{x_n}{n} \leqslant \varliminf_{n\to\infty} \frac{x_n}{n} \leqslant \varlimsup_{n\to\infty} \frac{x_n}{n} \leqslant \frac{x_{10}}{10}.$$

m 取别的自然数,类似推理照样有效,相应得

$$\inf_n \frac{x_n}{n} \leqslant \varliminf_{n \to \infty} \frac{x_n}{n} \leqslant \varlimsup_{n \to \infty} \frac{x_n}{n} \leqslant \frac{x_m}{m} \quad (m = 1, 2, 3, \cdots).$$

由此,

$$\inf_n \frac{x_n}{n} \leqslant \varliminf_{n \to \infty} \frac{x_n}{n} \leqslant \varlimsup_{n \to \infty} \frac{x_n}{n} \leqslant \inf_m \frac{x_m}{m}.$$

故知

$$\varliminf_{n \to \infty} \frac{x_n}{n} = \varlimsup_{n \to \infty} \frac{x_n}{n} = \inf_n \frac{x_n}{n}.$$

所以

$$\lim_{n \to \infty} \frac{x_n}{n} \xlongequal{\text{存在}} \inf_n \frac{x_n}{n}.$$

五、上、下极限的运算性质

在结束本节之前,我们讨论一下上、下极限的运算性质. 我们知道,普通的极限,具有四则运算性质,即:两序列的和、差、积、商的极限,分别等于它们极限的和、差、积、商(除法要求除数不为零). 这一重要性质,对于上、下极限不再成立. 例如和运算,例1.6.1与例1.6.4指出

$$\varliminf_{n \to \infty} x_n + \varliminf_{n \to \infty} y_n \leqslant \varliminf_{n \to \infty} (x_n + y_n), \quad \varlimsup_{n \to \infty} (x_n + y_n) \leqslant \varlimsup_{n \to \infty} x_n + \varlimsup_{n \to \infty} y_n.$$

事实上这里的等号可以不发生. 如对

$$\{x_n\} = \{1, 0, 1, 0, 1, 0, \cdots\}, \quad \{y_n\} = \{0, 2, 0, 2, 0, 2, \cdots\},$$

这时

$$\{x_n + y_n\} = \{1, 2, 1, 2, 1, 2, \cdots\},$$

$$\varliminf_{n \to \infty} x_n + \varliminf_{n \to \infty} y_n = 0 < \varliminf_{n \to \infty} (x_n + y_n) = 1, \quad \varlimsup_{n \to \infty} (x_n + y_n) = 2 < \varlimsup_{n \to \infty} x_n + \varlimsup_{n \to \infty} y_n = 3.$$

同样对于乘法运算,例 1.6.5 中的等号也可以不成立. 但是这两个序列,若其中只要有一个收敛,则等号一定成立.

例 1.6.9 证明:若 $\{x_n\}$ 收敛,则对任意 $y_n (n = 1, 2, \cdots)$,有

1) $\varlimsup_{n \to \infty} (x_n + y_n) = \lim_{n \to \infty} x_n + \varlimsup_{n \to \infty} y_n$;

2) $\varlimsup_{n \to \infty} x_n y_n = \lim_{n \to \infty} x_n \cdot \varlimsup_{n \to \infty} y_n \quad (x_n \geqslant 0)$(这里限制在不发生 $0 \cdot (\pm \infty)$ 的情况).

注 下极限有类似的结果(即 1) 和 2) 中的 $\varlimsup_{n \to \infty}$ 换成 $\varliminf_{n \to \infty}$,公式仍成立).

证 1) 在例 1.6.4 中,我们已有

$$\varliminf_{n \to \infty} x_n + \varlimsup_{n \to \infty} y_n \leqslant \varlimsup_{n \to \infty} (x_n + y_n) \leqslant \varlimsup_{n \to \infty} x_n + \varlimsup_{n \to \infty} y_n.$$

注意 $\{x_n\}$ 收敛,因此 $\varliminf_{n \to \infty} x_n = \varlimsup_{n \to \infty} x_n = \lim_{n \to \infty} x_n$. 所以上式即为

$$\lim_{n \to \infty} x_n + \varlimsup_{n \to \infty} y_n \leqslant \varlimsup_{n \to \infty} (x_n + y_n) \leqslant \lim_{n \to \infty} x_n + \varlimsup_{n \to \infty} y_n.$$

故欲证的等式成立.

2) 仿 1) 的证法,应利用例 1.6.5 中的不等式,但例 1.6.5 中要求两序列都为非负的. 而现在的条件 $\{y_n\}$ 为任意序列. 为此我们分三种情况讨论:

1° 若 $\overline{\lim\limits_{n\to\infty}} y_n > 0$，则 $\{y_n\}$ 中有无穷多项大于零. 作新序列

$$y_n^+ = \max\{y_n, 0\} = \begin{cases} y_n, & \text{当 } y_n > 0 \text{ 时,} \\ 0, & \text{当 } y_n \le 0 \text{ 时,} \end{cases}$$

则 $y_n^+ \ge 0$，且 $\overline{\lim\limits_{n\to\infty}} y_n = \overline{\lim\limits_{n\to\infty}} y_n^+$. 对 $\{x_n\}, \{y_n^+\}$ 应用例 1.6.5 中 2) 的不等式有

$$\underline{\lim\limits_{n\to\infty}} x_n \cdot \overline{\lim\limits_{n\to\infty}} y_n^+ \le \overline{\lim\limits_{n\to\infty}} x_n y_n^+ \le \overline{\lim\limits_{n\to\infty}} x_n \cdot \overline{\lim\limits_{n\to\infty}} y_n^+.$$

因 $\{x_n\}$ 收敛，$\underline{\lim\limits_{n\to\infty}} x_n = \overline{\lim\limits_{n\to\infty}} x_n = \lim\limits_{n\to\infty} x_n$，故上式表明

$$\overline{\lim\limits_{n\to\infty}} x_n y_n^+ = \lim\limits_{n\to\infty} x_n \cdot \overline{\lim\limits_{n\to\infty}} y_n^+ = \lim\limits_{n\to\infty} x_n \overline{\lim\limits_{n\to\infty}} y_n,$$

但 (因 $x_n \ge 0$)

$$\overline{\lim\limits_{n\to\infty}} x_n y_n^+ = \overline{\lim\limits_{n\to\infty}} (x_n y_n)^+ = \overline{\lim\limits_{n\to\infty}} x_n y_n,$$

所以

$$\overline{\lim\limits_{n\to\infty}} x_n y_n = \lim\limits_{n\to\infty} x_n \cdot \overline{\lim\limits_{n\to\infty}} y_n.$$

2° 若 $\overline{\lim\limits_{n\to\infty}} y_n = -\infty$，在限制条件下，$\lim\limits_{n\to\infty} x_n > 0$，因此 n 充分大时有 $x_n > 0$，这时等式明显成立.

3° 若 $-\infty < \overline{\lim\limits_{n\to\infty}} y_n \le 0$，可取充分大的正常数 $c > 0$，使得 $\overline{\lim\limits_{n\to\infty}} (y_n + c) > 0$，如此应用 1° 中的结果，$\overline{\lim\limits_{n\to\infty}} x_n(y_n + c) = \lim\limits_{n\to\infty} x_n \cdot \overline{\lim\limits_{n\to\infty}} (y_n + c)$. 再根据 1) 中的结果，此即

$$\overline{\lim\limits_{n\to\infty}} x_n y_n + \lim\limits_{n\to\infty} x_n \cdot c = \lim\limits_{n\to\infty} x_n \overline{\lim\limits_{n\to\infty}} y_n + \lim\limits_{n\to\infty} x_n \cdot c,$$

从而 $\overline{\lim\limits_{n\to\infty}} x_n y_n = \lim\limits_{n\to\infty} x_n \overline{\lim\limits_{n\to\infty}} y_n$. 证毕.

注 该命题中的条件：$\lim\limits_{n\to\infty} x_n$ 收敛很重要，否则结论可以不成立，例如：设 $x_n = (-1)^n, y_n = (-1)^{n+1}$，则 $\overline{\lim\limits_{n\to\infty}} x_n + \overline{\lim\limits_{n\to\infty}} y_n = 1 + 1 = 2$，但 $\overline{\lim\limits_{n\to\infty}} (x_n + y_n) = 0$，两者不相等.

同样，$\underline{\lim\limits_{n\to\infty}} x_n + \underline{\lim\limits_{n\to\infty}} y_n = -1 - 1 = -2 \ne \underline{\lim\limits_{n\to\infty}} (x_n + y_n) = 0$.

乘法类似：$\overline{\lim\limits_{n\to\infty}} x_n \cdot \overline{\lim\limits_{n\to\infty}} y_n = 1 \times 1 = 1 \ne \overline{\lim\limits_{n\to\infty}} x_n \cdot y_n = -1$,

$$\underline{\lim\limits_{n\to\infty}} x_n \cdot \underline{\lim\limits_{n\to\infty}} y_n = (-1) \times (-1) = 1 \ne \underline{\lim\limits_{n\to\infty}} (x_n \cdot y_n) = -1.$$

^{new}**练习 1** 设 $\{a_n\}$ 和 $\{b_n\}$ 都是有界数列，存在 $\lim\limits b_n = b$，且有

$$a_{n+1} + 2a_n = b_n, \tag{1}$$

求证：$\lim\limits_{n\to\infty} a_n$ 也存在.（北京大学）

证 由式 (1)，有

$$a_{n+2} = b_{n+1} + 2(-a_{n+1}), \tag{2}$$

$$-a_{n+1} = -b_n + 2a_n. \tag{3}$$

利用例 1.6.9，得

$$\overline{\lim\limits_{n\to\infty}} a_n = \overline{\lim\limits_{n\to\infty}} a_{n+2} \xlongequal{\text{式}(2)} b + 2\overline{\lim\limits_{n\to\infty}} (-a_{n+1})$$

$$\xrightarrow{\text{式}(3)} b + 2(-b + 2\varlimsup_{n\to\infty}a_n) = -b + 4\varlimsup_{n\to\infty}a_n. \tag{4}$$

因为 $\{a_n\}$ 有界,故 $\varlimsup\limits_{n\to\infty}a_n$ 有限,因此由式(4)得

$$\varlimsup_{n\to\infty}a_n = \frac{1}{3}b. \tag{5}$$

对下极限用例 1.6.9 类似的公式,可得

$$\varliminf_{n\to\infty}a_n = \frac{1}{3}b. \tag{6}$$

式(5),(6)表明 $\lim\limits_{n\to\infty}a_n$ 存在且 $\lim\limits_{n\to\infty}a_n = \frac{1}{3}\lim\limits_{n\to\infty}b_n$. 证毕. (例 5.1.35 练习 2 有另证).

^new **练习 2**　设 $\{a_n\}$ 和 $\{b_n\}$ 都是有界数列,满足

$$\alpha a_{n+1} + \beta a_n = b_n \neq 0, \tag{1}$$

其中 $\alpha + \beta \neq 0$. 试证:$\lim\limits_{n\to\infty}b_n$ 存在的充分必要条件是 $\lim\limits_{n\to\infty}a_n$ 存在. 去掉 $\alpha + \beta \neq 0$ 的条件,命题是否还成立?说明理由. (仿华中师范大学)

提示　充分性明显,必要性是上题的推广,可用类似方法证明.

证　(必要性)(已知 $\lim\limits_{n\to\infty}b_n = b$,证明 $\{a_n\}$ 收敛.)

1° 因 $b_n \neq 0$,故 α, β 不能同时为 0. 若 α, β 有一个为 0,另一个不为 0,则 $\{b_n\}$ 与 $\{a_n\}$ 是倍数关系,显然当 $\{b_n\}$ 收敛时,$\{a_n\}$ 必收敛.

2° 若 α, β 都不为 0,由式(1)得

$$a_{n+2} = \frac{1}{\alpha}b_{n+1} + \frac{\beta}{\alpha}(-a_{n+1}),$$

$$-a_{n+1} = -\frac{1}{\alpha}b_n + \frac{\beta}{\alpha}a_n.$$

于是利用例 1.6.9 的公式,设 $\frac{\beta}{\alpha} > 0$,得 $\left(\text{当} \frac{\beta}{\alpha} < 0 \text{时,应将} \frac{\beta}{\alpha}, -a_{n+1} \text{分别换成} -\frac{\beta}{\alpha}, a_{n+1}, \text{结果不变}\right)$

$$\varlimsup_{n\to\infty}a_n = \varlimsup_{n\to\infty}a_{n+2} = \frac{1}{\alpha}b + \frac{\beta}{\alpha}\varlimsup_{n\to\infty}(-a_{n+1})$$

$$= \frac{1}{\alpha}b + \frac{\beta}{\alpha}\left(-\frac{1}{\alpha}b + \frac{\beta}{\alpha}\varlimsup_{n\to\infty}a_n\right) = \frac{\alpha - \beta}{\alpha^2}b + \frac{\beta^2}{\alpha^2}\varlimsup_{n\to\infty}a_n.$$

由 $\{a_n\}$ 有界,知 $\varlimsup\limits_{n\to\infty}a_n$ 有限,故由上式得

$$\varlimsup_{n\to\infty}a_n = \frac{1}{\alpha+\beta}b. \tag{2}$$

对下极限用例 1.6.9 类似的公式,可得

$$\varliminf_{n\to\infty}a_n = \frac{1}{\alpha+\beta}b. \tag{3}$$

式(2),(3)表明 $\lim\limits_{n\to\infty}a_n$ 存在且 $\lim\limits_{n\to\infty}a_n = \frac{1}{\alpha+\beta}\lim\limits_{n\to\infty}b_n$. 证毕.

注　式(1)中,若 $\alpha + \beta = 0$,则命题可以不成立. 例如:$\alpha = -\beta = 1$,$b_n = \frac{1}{n}$,则式(1)成为:$a_{n+1} - a_n = \frac{1}{n}$. 于是 $a_n = a_1 + \sum\limits_{k=1}^{n-1}(a_{k+1} - a_k) = a_1 + \sum\limits_{k=1}^{n-1}\frac{1}{k} \to +\infty$. 可见这时虽然 $\{b_n\} = \left\{\frac{1}{n}\right\}$ 收敛,但 $\{a_n\}$ 发散.

当 a_{n+1} 和 a_n 为相反数时,首先 $\alpha + \beta \neq 0$,因为若 $\alpha = -\beta = 0$,则 $\alpha a_{n+1} + \beta a_n = b_n = 0$,与 $b_n \neq 0$ 矛

盾. 若 $\alpha = -\beta \neq 0$,则 $b_n = \alpha a_{n+1} + \beta a_n = \beta(-a_{n+1} + a_n) = 0$(当 $a_n \equiv a_{n+1}(\forall n \in \mathbf{N})$ 时),与 $b_n \neq 0$ 矛盾. 于是

$$\alpha \varliminf_{n \to \infty} a_n = \alpha \varliminf_{n \to \infty} a_{n+1} \xlongequal[\text{例}1.6.9]{\lim_{n \to \infty} b_n \text{存在}} \lim_{n \to \infty} b_n - \beta \varliminf_{n \to \infty} a_n,$$

故

$$\varliminf_{n \to \infty} a_n = \frac{1}{\alpha + \beta} \lim_{n \to \infty} b_n.$$

同理,$\alpha \varlimsup_{n \to \infty} a_n = \alpha \varlimsup_{n \to \infty} a_{n+1} = \lim_{n \to \infty} b_n - \beta \varlimsup_{n \to \infty} a_n$,故 $\varlimsup_{n \to \infty} a_n = \frac{1}{\alpha + \beta} \lim_{n \to \infty} b_n$. 因此 $\lim_{n \to \infty} a_n$ 存在,且 $\lim_{n \to \infty} a_n = \frac{1}{\alpha + \beta} \lim_{n \to \infty} b_n$. 证毕.

✍ 单元练习 1.6

(习题机动)

1.6.1 用不同的方法证明以下不等式:

1) $\varliminf_{n \to \infty} x_n + \varliminf_{n \to \infty} y_n \leqslant \varliminf_{n \to \infty}(x_n + y_n) \leqslant \varliminf_{n \to \infty} x_n + \varlimsup_{n \to \infty} y_n \leqslant \varlimsup_{n \to \infty}(x_n + y_n) \leqslant \varlimsup_{n \to \infty} x_n + \varlimsup_{n \to \infty} y_n$,

在不出现 $(\pm \infty) + (\mp \infty)$ 的情况下成立;

2) 设 $x_n > 0, y_n > 0 (n = 1, 2, \cdots)$,则

$$\varliminf_{n \to \infty} x_n \varliminf_{n \to \infty} y_n \leqslant \varliminf_{n \to \infty}(x_n y_n) \leqslant \varliminf_{n \to \infty} x_n \cdot \varlimsup_{n \to \infty} y_n \leqslant \varlimsup_{n \to \infty}(x_n y_n) \leqslant \varlimsup_{n \to \infty} x_n \cdot \varlimsup_{n \to \infty} y_n,$$

在不出现 $0 \cdot (+\infty)$ 的情况下成立.

1.6.2 证明:

1) $\varliminf_{n \to \infty} x_n - \varlimsup_{n \to \infty} y_n \leqslant \varliminf_{n \to \infty}(x_n - y_n) \leqslant \varlimsup_{n \to \infty} x_n - \varliminf_{n \to \infty} y_n$;

2) 若 $x_n, y_n > 0$,且 $\varliminf_{n \to \infty} y_n > 0$,则 $\dfrac{\varliminf_{n \to \infty} x_n}{\varlimsup_{n \to \infty} y_n} \leqslant \varliminf_{n \to \infty} \dfrac{x_n}{y_n} \leqslant \dfrac{\varlimsup_{n \to \infty} x_n}{\varliminf_{n \to \infty} y_n}$.

1.6.3 证明:若 $x_n > 0 (n = 1, 2, \cdots)$ 及 $\varlimsup_{n \to \infty} x_n \varlimsup_{n \to \infty} \dfrac{1}{x_n} = 1$,则序列 $\{x_n\}$ 收敛.

1.6.4 设 $x_n > 0 (n = 1, 2, \cdots)$,试证:

$$\varliminf_{n \to \infty} \frac{x_{n+1}}{x_n} \leqslant \varliminf_{n \to \infty} \sqrt[n]{x_n} \leqslant \varlimsup_{n \to \infty} \sqrt[n]{x_n} \leqslant \varlimsup_{n \to \infty} \frac{x_{n+1}}{x_n}.$$

并由此推出,当 $\lim_{n \to \infty} \dfrac{x_{n+1}}{x_n} = l$ 时,$\lim_{n \to \infty} \sqrt[n]{x_n} = l$.

1.6.5 试证:若 $\varlimsup_{n \to \infty} \sqrt[n]{|a_n|} = A$,则对任意固定的整数 n_0,有 $\varlimsup_{n \to \infty} \sqrt[n]{|a_{n_0+n}|} = A$. (北京理工大学)

1.6.6 证明:若 $\varlimsup_{n \to \infty} c_n \leqslant c$,则 $\varlimsup_{n \to \infty} \dfrac{c_n}{1 + |c_n|} \leqslant \dfrac{c}{1 + |c|}$.

1.6.7 给定正数序列 $\{a_n\}$,证明 $\varlimsup_{n \to \infty}\left(\dfrac{a_1 + a_{n+1}}{a_n}\right)^n \geqslant \mathrm{e}$. (国外赛题)

1.6.8 证明:集合 $M = \left\{\dfrac{1}{2} \pm \dfrac{n}{2n+1}, n = 1, 2, \cdots\right\}$ 只有聚点 $0, 1$. (国外赛题)

1.6.9 序列 $\{x_n\}$ 定义如下:$x_1 = x$ 是闭区间 $[0, 1]$ 中的某一点,如果 $n \geqslant 2$,那么序列

$$x_n = \begin{cases} \dfrac{1}{2}x_{n-1} & (\text{当 } n \text{ 为偶数时}), \\ \dfrac{1+x_{n-1}}{2} & (\text{当 } n \text{ 为奇数时}) \end{cases}$$

可能有多少个聚点?(国外赛题)

1.6.10 证明:若序列 $\{x_n\}$ $(n=1,2,\cdots)$ 有界且 $\lim\limits_{n\to\infty}(x_{n+1}-x_n)=0$,则此序列的聚点之集合是区间 $[l,L]$,其中 $l=\varliminf\limits_{n\to\infty}x_n$,$L=\varlimsup\limits_{n\to\infty}x_n$.

** §1.7 函数的上、下极限

本节可供数学院系学生选择阅读.

作为极限的一种推广,上节我们讨论了序列的上、下极限.平行地,我们还可建立起函数的上、下极限.本节我们对函数的上、下极限的定义作等价描述,并对其主要性质进行介绍.

一、函数上、下极限的定义及等价描述

为了引进函数的上、下极限,我们先来定义函数的子极限.

定义 1 设 x_0 为集合 E 的一个聚点①,函数 f 在集合 E 上有定义.数 α 称为 $f(x)$ 在 x_0 处的**子极限**(或部分极限),当且仅当 $\exists x_n \in E$ $(x_n \neq x_0)$ $(n=1,2,\cdots)$ 使得 $x_n \to x_0$,且 $f(x_n) \to \alpha$(当 $n \to \infty$ 时).

例如 1)函数 $f(x)=\sin\dfrac{1}{x}$ 在 $E=\{x \mid x \neq 0\}$ 上有定义,此时 $\forall y \in [-1,1]$ 都是此函数在 $x=0$ 处的子极限;

2)当 $x \to 0$ 时,$f(x)=\dfrac{1}{x^2}\left|\sin\dfrac{1}{x}\right|$ 的图像在 $y=\dfrac{1}{x^2}$ 与 $y=0$ 之间无限次振动,故 $x \to 0$ 时,任何 $\alpha \geqslant 0$ 都是 $f(x)$ 在 $x=0$ 处的子极限;

3)Dirichlet 函数

$$D(x) = \begin{cases} 1, & \text{当 } x \text{ 为有理数时}, \\ 0, & \text{当 } x \text{ 为无理数时}, \end{cases}$$

在任意点 x 处,$\alpha=0,1$ 都是 $D(x)$ 的子极限.

现在介绍上、下极限的定义.

定义 2 设 $f(x)$ 在集合 E 上有定义,x_0 是 E 的一个聚点,当且仅当数 A 为 $f(x)$ 在 x_0 处所有子极限的最大者时,A 称为 $f(x)$ 在 x_0 处的**上极限**,记作 $A=\varlimsup\limits_{x\to x_0}f(x)$.

当且仅当 $f(x)$ 在 x_0 附近无上界(即:$\forall \delta>0$,$\forall M>0$,$\exists x \in E,0<|x-x_0|<\delta$,使

---

① 即:至少存在一个序列 $\{x_n\} \in E$,$x_n \neq x_0$,使得当 $n \to \infty$ 时,$x_n \to x_0$. 注意,E 的聚点不一定属于 E.

得 $f(x) > M$）时，规定 $\overline{\lim\limits_{x \to x_0}} f(x) = +\infty$.

类似，子极限的最小者 B 定义为 $f(x)$ 在 x_0 处的**下极限**，记作 $\underline{\lim\limits_{x \to x_0}} f(x) = B$. 当且仅当 $f(x)$ 在 x_0 附近无下界时，规定 $\underline{\lim\limits_{x \to x_0}} f(x) = -\infty$.

当且仅当 $\lim\limits_{x \to x_0} f(x) = +\infty$ 时，规定 $\underline{\lim\limits_{x \to x_0}} f(x) = \overline{\lim\limits_{x \to x_0}} f(x) = +\infty$. 对 $\lim\limits_{x \to x_0} f(x) = -\infty$ 有类似规定.

下面介绍函数上、下极限的等价描述.

定理 1 若 $f(x)$ 在集合 E 上有定义，x_0 为 E 的一个聚点，$f(x)$ 在 x_0 附近有界，则如下三条等价：

i) $\overline{\lim\limits_{x \to x_0}} f(x) = A$；

ii) $f(x)$ 在 x_0 附近满足条件：

$\begin{cases} \text{a)} \ \forall \varepsilon > 0, \exists \delta > 0, \text{使得当} \ x \in E, 0 < |x - x_0| < \delta \ \text{时，有} \ f(x) < A + \varepsilon; \\ \text{b)} \ \forall \varepsilon > 0, \forall \delta > 0, \exists x \in E, \text{使得当} \ 0 < |x - x_0| < \delta \ \text{时，有} \ f(x) > A - \varepsilon; \end{cases}$

iii) $A = \lim\limits_{\delta \to 0^+} \sup\limits_{\substack{0 < |x-x_0| < \delta \\ x \in E}} f(x) = \inf\limits_{\delta > 0} \sup\limits_{\substack{0 < |x-x_0| < \delta \\ x \in E}} f(x)$.

证 1° (i)⇒ii)) 因 $\overline{\lim\limits_{x \to x_0}} f(x) = A$，所以 $\exists x_n \in E, x_n \neq x_0 (n = 1, 2, \cdots)$，使得 $x_n \to x_0, f(x_n) \to A$（当 $n \to \infty$ 时）. 故 $\forall \varepsilon > 0, \forall \delta > 0, \exists N > 0$，当 $n > N$ 时，有 $0 < |x_n - x_0| < \delta, |f(x_n) - A| < \varepsilon$. 从而 $\forall \varepsilon > 0, \forall \delta > 0, \exists x \in E$，既满足 $0 < |x - x_0| < \delta$，又有 $f(x) > A - \varepsilon$. 此即 ii) 中条件 b).

现证条件 a)，用反证法. 设 $\exists \varepsilon_0 > 0, \forall \delta_n = \dfrac{1}{n}, \exists x_n \in E$，虽然 $0 < |x_n - x_0| < \delta$，但 $f(x_n) \geqslant A + \varepsilon_0 (n = 1, 2, \cdots)$. 因有界性，用致密性原理，有收敛子列 $\{f(x_{n_k})\} \to c \geqslant A + \varepsilon_0$（其中 c 为某一常数）. 与 A 为最大子极限矛盾. 条件 ii) 之 a) 获证.

2° (ii)⇒iii)) 要证明 $\lim\limits_{\delta \to 0^+} \sup\limits_{\substack{0 < |x-x_0| < \delta \\ x \in E}} f(x) = A$，亦即 $\forall \varepsilon > 0$，要找 $\delta_1 > 0$，使得 $0 < \delta < \delta_1$ 时，有

$$A - \varepsilon < \sup\limits_{\substack{0 < |x-x_0| < \delta \\ x \in E}} f(x) < A + \varepsilon. \tag{1}$$

1) 由已知条件 a)，$\forall \varepsilon > 0, \exists \delta_1 > 0$，当 $x \in E, 0 < |x - x_0| < \delta_1$ 时，有 $f(x) < A + \dfrac{\varepsilon}{2}$. 故

$$\sup\limits_{\substack{0 < |x-x_0| < \delta_1 \\ x \in E}} f(x) \leqslant A + \frac{\varepsilon}{2} < A + \varepsilon,$$

于是当 $0 < \delta < \delta_1$ 时，有

$$\sup\limits_{\substack{0 < |x-x_0| < \delta \\ x \in E}} f(x) \leqslant \sup\limits_{\substack{0 < |x-x_0| < \delta_1 \\ x \in E}} f(x) < A + \varepsilon. \tag{2}$$

2）由已知条件 b)，$\forall \varepsilon > 0, \forall \delta > 0, \exists x \in E$，有 $0 < |x - x_0| < \delta, f(x) > A - \varepsilon$. 从而更有

$$\sup_{\substack{0 < |x - x_0| < \delta \\ x \in E}} f(x) > A - \varepsilon. \tag{3}$$

联立式（2）和（3），就证明了式（1）. 故 $\lim\limits_{\delta \to 0+0} \sup\limits_{\substack{0 < |x - x_0| < \delta \\ x \in E}} f(x) = A$. 因为 $M(\delta) \equiv \sup\limits_{\substack{0 < |x - x_0| < \delta \\ x \in E}} f(x)$ 是 δ 的增函数，所以

$$\lim_{\delta \to 0+0} \sup_{\substack{0 < |x - x_0| < \delta \\ x \in E}} f(x) = \inf_{\delta > 0} \sup_{\substack{0 < |x - x_0| < \delta \\ x \in E}} f(x).$$

3° （iii)$\Rightarrow$i)）已知 $\lim\limits_{\delta \to 0+0} \sup\limits_{\substack{0 < |x - x_0| < \delta \\ x \in E}} f(x) = A$，故 $\forall \dfrac{1}{n} > 0, \exists \delta_n > 0 \left(\text{不妨取 } \delta_n < \dfrac{1}{n}\right)$，使 得 $0 < \delta \leqslant \delta_n$ 时，有 $\left| \sup\limits_{\substack{0 < |x - x_0| < \delta \\ x \in E}} f(x) - A \right| < \dfrac{1}{n}$. 从而有

$$0 < \sup_{\substack{0 < |x - x_0| < \delta \\ x \in E}} f(x) - A < \frac{1}{n}.$$

故

$$A < \sup_{\substack{0 < |x - x_0| < \delta \\ x \in E}} f(x) < A + \frac{1}{n}. \tag{4}$$

由此 $\exists x_n \in E, 0 < |x_n - x_0| < \delta_n < \dfrac{1}{n}$，使得

$$A < f(x_n) < A + \frac{1}{n} \quad (n = 1, 2, \cdots),$$

即 $\exists x_n \in E, x_n \neq x_0, x_n \to x_0, f(x_n) \to A$（当 $n \to \infty$ 时），故 A 为 $f(x)$ 在 x_0 处的子极限.

最后来证 A 为子极限的最大者. 设 $B > A$ 为任一大于 A 的实数，则 n 充分大时，$A + \dfrac{1}{n} < B$. 由式（4），有

$$\sup_{\substack{0 < |x - x_0| < \delta \\ x \in E}} f(x) < A + \frac{1}{n} < B.$$

于是对一切 $x: 0 < |x - x_0| < \delta, x \in E$，恒有

$$f(x) < A + \frac{1}{n} < B.$$

所以不存在 $x_n \in E, x_n \neq x_0, x_n \to x_0$，使得 $f(x_n) \to B$. 故 A 是子极限的最大者.

对于函数的下极限有完全类似的结论.

定理 1′ 若 $f(x)$ 在集合 E 上有定义，x_0 为 E 的一个聚点，$f(x)$ 在 x_0 附近有界，则如下三条件等价：

i) $\lim\limits_{x \to x_0} f(x) = B$；

ii) $f(x)$ 在 x_0 附近满足条件：

$$\begin{cases} a)' & \forall \varepsilon > 0, \exists \delta > 0, \text{当 } x \in E, 0 < |x - x_0| < \delta \text{ 时, 有 } B - \varepsilon < f(x); \\ b)' & \forall \varepsilon > 0, \forall \delta > 0, \exists x \in E, \text{当 } 0 < |x - x_0| < \delta \text{ 时, 使得 } f(x) < B + \varepsilon; \end{cases}$$

iii) $B = \lim\limits_{\delta \to 0+0} \inf\limits_{\substack{0 < |x - x_0| < \delta \\ x \in E}} f(x) = \sup\limits_{\delta > 0} \inf\limits_{\substack{0 < |x - x_0| < \delta \\ x \in E}} f(x).$

推论 1) 若 $f(x)$ 在 x_0 附近有界, 则 $f(x)$ 在 x_0 处一定有有限的上、下极限.

2) 不论 $f(x)$ 在 x_0 附近是否有界, 下式总成立:

$$\overline{\lim\limits_{x \to x_0}} f(x) = \lim\limits_{\delta \to 0+0} \sup\limits_{\substack{0 < |x - x_0| < \delta \\ x \in E}} f(x) = \inf\limits_{\delta > 0} \sup\limits_{\substack{0 < |x - x_0| < \delta \\ x \in E}} f(x),$$

$$\underline{\lim\limits_{x \to x_0}} f(x) = \lim\limits_{\delta \to 0+0} \inf\limits_{\substack{0 < |x - x_0| < \delta \\ x \in E}} f(x) = \sup\limits_{\delta > 0} \inf\limits_{\substack{0 < |x - x_0| < \delta \\ x \in E}} f(x).$$

3) $B = \underline{\lim\limits_{x \to x_0}} f(x) \leqslant \overline{\lim\limits_{x \to x_0}} f(x) = A.$

4) 对于任一子极限 α, 恒有 $B \leqslant \alpha \leqslant A$.

5) $\forall \varepsilon > 0, \exists \delta > 0,$ 当 $x \in E, 0 < |x - x_0| < \delta$ 时, 有 $B - \varepsilon < f(x) < A + \varepsilon$.

6) $\lim\limits_{x \to x_0} f(x) = A$ 的充要条件是 $\overline{\lim\limits_{x \to x_0}} f(x) = \underline{\lim\limits_{x \to x_0}} f(x) = A.$

7) $\overline{\lim\limits_{x \to x_0}} f(x) = \max\{\overline{\lim\limits_{n \to \infty}} f(x_n) \mid x_n \in E, x_n \to x_0 (x_n \neq x_0)\},$

$\underline{\lim\limits_{x \to x_0}} f(x) = \min\{\underline{\lim\limits_{n \to \infty}} f(x_n) \mid x_n \in E, x_n \to x_0 (x_n \neq x_0)\}.$

二、单侧上、下极限

在函数上、下极限的定义中, 若 x_0 仍为 E 的聚点, 但增加限制 $x > x_0$ (或 $x < x_0$), 那么上面定义的上、下极限便是 $f(x)$ 在 x_0 处的右上、下极限(或左上、下极限). 容易证明:

$$\overline{\lim\limits_{x \to x_0}} f(x) = \max\{\overline{\lim\limits_{x \to x_0^+}} f(x), \overline{\lim\limits_{x \to x_0^-}} f(x)\},$$

$$\underline{\lim\limits_{x \to x_0}} f(x) = \min\{\underline{\lim\limits_{x \to x_0^+}} f(x), \underline{\lim\limits_{x \to x_0^-}} f(x)\}.$$

三、函数上、下极限的不等式

跟序列上、下极限一样, 关于极限的四则运算性质, 不再成立. 但是关于极限的不等式性质, 仍被保持:

设 $f(x), g(x)$ 在 E 上有定义, x_0 是 E 的一个聚点. 若 $\exists \delta > 0,$ 当 $0 < |x - x_0| < \delta$, $x \in E$ 时, $f(x) \leqslant g(x)$, 则

$$\overline{\lim\limits_{x \to x_0}} f(x) \leqslant \overline{\lim\limits_{x \to x_0}} g(x), \quad \underline{\lim\limits_{x \to x_0}} f(x) \leqslant \underline{\lim\limits_{x \to x_0}} g(x).$$

函数的上、下极限与序列的上、下极限有完全平行的理论, 两者有着密切的内在联系. 关于函数上、下极限的问题, 一般可以仿照序列上、下极限的方法来处理. 或

者利用推论 7)中的关系式,把函数上、下极限的问题转化为序列上、下极限的问题,通过序列上、下极限的相应结果求解.

例 1.7.1　设 $f(x),g(x)$ 在 E 上有定义, x_0 为 E 的聚点,则

$$\varliminf_{x\to x_0} f(x) + \varliminf_{x\to x_0} g(x) \leqslant \varliminf_{x\to x_0}(f(x)+g(x)) \leqslant \varliminf_{x\to x_0} f(x) + \varlimsup_{x\to x_0} g(x),$$

$$\varliminf_{x\to x_0} f(x) + \varliminf_{x\to x_0} g(x) \leqslant \varlimsup_{x\to x_0}(f(x)+g(x)) \leqslant \varlimsup_{x\to x_0} f(x) + \varlimsup_{x\to x_0} g(x),$$

$$\varliminf_{x\to x_0} f(x) \cdot \varliminf_{x\to x_0} g(x) \leqslant \varlimsup_{x\to x_0}(f(x)\cdot g(x)) \leqslant \varlimsup_{x\to x_0} f(t) \cdot \varlimsup_{x\to x_0} g(x).$$

(下面只对第一式进行证明,后两式的证明类似.)

证 I　$\forall \delta > 0, \forall x \in E$,当 $0 < |x - x_0| < \delta$ 时,有

$$\inf f(x) + \inf g(x) \leqslant f(x) + g(x) \leqslant \sup f(x) + g(x)$$

(其中确界是在 $x \in E, 0 < |x - x_0| < \delta$ 的范围里取的,下同). 所以

$$\inf f(x) + \inf g(x) \leqslant \inf (f(x)+g(x)) \leqslant \sup f(x) + g(x),$$

从而有

$$\inf f(x) + \inf g(x) \leqslant \inf (f(x)+g(x)) \leqslant \sup f(x) + \inf g(x).$$

最后令 $\delta \to 0^+$ 取极限,便得欲证的不等式.

证 II　先利用上节序列上、下极限的相应不等式(例1.6.1),对 E 中任一趋向 x_0 的序列 $\{x_n\}$,有

$$\varliminf f(x_n) + \varliminf g(x_n) \leqslant \varliminf(f(x_n)+g(x_n)) \leqslant \varlimsup f(x_n) + \varlimsup g(x_n).$$

然后利用上面的推论 7),在此式从左至右取最小、最大值,容易得到欲证的不等式.

注　例 1.7.1 中的等号亦可以不发生,例如:对

$$f(x) = \begin{cases} 2, & \text{当 }x\text{ 为有理数时}, \\ 0, & \text{当 }x\text{ 为无理数时}, \end{cases} \quad g(x) = \begin{cases} 0, & \text{当 }x\text{ 为有理数时}, \\ 1, & \text{当 }x\text{ 为无理数时}, \end{cases}$$

有　$\varliminf_{x\to 0} f(x) + \varliminf_{x\to 0} g(x) = 0 < \varliminf_{x\to 0}(f(x)+g(x)) = 1 < \varlimsup_{x\to 0} f(x) + \varliminf_{x\to 0} g(x) = 2.$

^{new}**例 1.7.2**　设 $f(x)$ 和 $g(x)$ 都在集合 E 上有定义, x_0 是集合 E 的聚点,若 $\lim_{x\to x_0} f(x)$ 存在,则

$$\varlimsup_{x\to x_0}(f(x)+g(x)) = \lim_{x\to x_0} f(x) + \varlimsup_{x\to x_0} g(x),$$

$$\varliminf_{x\to x_0}(f(x)+g(x)) = \lim_{x\to x_0} f(x) + \varliminf_{x\to x_0} g(x),$$

$$\varlimsup_{x\to x_0}(f(x)\cdot g(x)) = \lim_{x\to x_0} f(x) \cdot \varlimsup_{x\to x_0} g(x),$$

$$\varliminf_{x\to x_0}(f(x)\cdot g(x)) = \lim_{x\to x_0} f(x) \cdot \varliminf_{x\to x_0} g(x).$$

提示　因为 $\lim_{x\to x_0} f(x)$ 存在,则 $\lim_{x\to x_0} f(x) = \varliminf_{x\to x_0} f(x) = \varlimsup_{x\to x_0} f(x)$. 再利用例 1.7.1 的结论,自明. (显然:该等式是例 1.6.9 的自然推广和延伸.)

^{new}**例 1.7.3**　设 $f(x) = \dfrac{x^2 \sin x - 1}{x^2 - \sin x} \sin x$,试求 $\lim_{x\to +\infty} \sup_{t\geqslant x} f(t)$ 和 $\lim_{x\to +\infty} \inf_{t\geqslant x} f(t)$. (北京

大学)

解　1° 一方面,当 x 充分大时,

$$|f(x)| \leqslant \left| \frac{x^2 \sin^2 x + 1}{x^2 - 1} \right| \leqslant \frac{x^2 + 1}{x^2 - 1},$$

且 $\dfrac{x^2 + 1}{x^2 - 1} \to 1$(当 $x \to +\infty$ 时).

另一方面,若取 $x_n = 2n\pi + \dfrac{\pi}{2} \to +\infty$,则

$$f(x_n) = \frac{x_n^2 \sin x - 1}{x_n^2 - \sin x} \sin x_n \bigg|_{x_n = 2n\pi + \frac{\pi}{2}} = 1 \to 1 (n \to \infty).$$

因此
$$\varlimsup_{x \to +\infty} \sup_{t \geqslant x} f(t) = 1.$$

2° $f(x) = \dfrac{x^2 \sin x - 1}{x^2 - \sin x} \sin x = \dfrac{x^2 \sin^2 x}{x^2 - \sin x} + \left(-\dfrac{\sin x}{x^2 - \sin x} \right),$

其中 $\lim\limits_{x \to +\infty} \left(-\dfrac{\sin x}{x^2 - \sin x} \right) = 0$,利用例 1.7.2 的已知等式:

$$\varliminf_{x \to +\infty} f(x) = \lim_{x \to +\infty} \frac{x^2 \sin x - 1}{x^2 - \sin x} \sin x = \lim_{x \to +\infty} \frac{x^2 \sin^2 x}{x^2 - \sin x} + \lim_{x \to +\infty} \left(-\frac{\sin x}{x^2 - \sin x} \right)$$

$$= \lim_{x \to +\infty} \frac{x^2 \sin^2 x}{x^2 - \sin x} = 0.$$

(因为:1)当 x 充分大时,$\dfrac{x^2 \sin^2 x}{x^2 - \sin x} \geqslant 0$,因此 $\varliminf_{x \to +\infty} \dfrac{x^2 \sin^2 x}{x^2 - \sin x} = \varliminf_{x \to +\infty} \inf_{t \geqslant x} \dfrac{x^2 \sin^2 x}{x^2 - \sin x} \geqslant 0$;

2)取 $x_n' = 2n\pi + \pi$,有 $\dfrac{x_n'^2 \sin^2 x_n'}{x_n'^2 - \sin x_n'} \to 0 (n \to \infty).$)

　　[new]**例 1.7.4**　利用上、下极限再探讨例 1.3.23 中 2):设 $\dfrac{f(x)}{x}$ 有界,且

$\lim\limits_{x \to 0} \dfrac{f(x) - f\left(\dfrac{x}{2}\right)}{x} = A$,试证 $\lim\limits_{x \to 0} \dfrac{f(x)}{x} = 2A$.(仿南开大学)

证　$\varlimsup_{x \to 0} \dfrac{f(x)}{x} = \varlimsup_{x \to 0} \left[\dfrac{f(x) - f\left(\dfrac{x}{2}\right)}{x} + \dfrac{f\left(\dfrac{x}{2}\right)}{x} \right] = \lim_{x \to 0} \dfrac{f(x) - f\left(\dfrac{x}{2}\right)}{x} + \varlimsup_{x \to 0} \dfrac{f\left(\dfrac{x}{2}\right)}{x}$

$$= A + \frac{1}{2} \varlimsup_{x \to 0} \frac{f\left(\dfrac{x}{2}\right)}{\dfrac{x}{2}} = A + \frac{1}{2} \varlimsup_{x \to 0} \frac{f(x)}{x}.$$

因为 $\dfrac{f(x)}{x}$ 有界,$\varlimsup_{x \to 0} \dfrac{f(x)}{x}$ 为有限数,故上式可写为 $\varlimsup_{x \to 0} \dfrac{f(x)}{x} = 2A$.

类似有 $\varliminf_{x \to 0} \dfrac{f(x)}{x} = 2A$. 故得 $\lim\limits_{x \to 0} \dfrac{f(x)}{x} = 2A$.

说明 博士数学论坛(现为"博士数学家园")曾对例 1.3.23 中 2)进行讨论,在众说纷纭的情况下,张卫建议利用上、下极限来求证.本人十分赞赏他的建议,此次按此思路提供了如上解法.并将条件"$\lim\limits_{x\to 0} f(x) = 0$"改为"$\dfrac{f(x)}{x}$有界";已知极限必须是 0,放宽为任意实数.为此,还引入了例 1.7.2,给正文也增添了有益的内容.

✎ **单元练习 1.7**

1.7.1 试将§1.6 中关于序列上、下极限的例题与练习改变成函数上、下极限的命题,并加以讨论.

*§1.8 实数及其基本定理

导读 本节主要适合数学院系学生,非数学院系学生可从略.

本节将对实数的引进作概括性的介绍,重点讨论实数基本定理的相互推证方法.关于实数理论,可参看人民教育出版社 1981 年出版的王建午、曹之江、刘景麟合写的《实数的构造理论》一书,该书以不大的篇幅对实数理论作了比较全面系统的介绍.

一、实数的引入

人类最先只知道自然数,由于减法使人类认识了负整数,又由除法认识了有理数.最后由开方与不可公度问题发现了无理数.可惜无理数不能用有理数的开方来引进,事实上有理数开方所得到的无理数,只是无理数中的很小一部分.为了让实数与数轴上的点一一对应,充满全数轴,必须用别的方法.

方法之一是用无限小数.我们知道任何有理数都可表示成无限循环小数(例如 $1 = 0.9999\cdots = 0.\dot{9}$),我们可以把它的反面——无限不循环小数定义为无理数.

一个无限不循环小数 x,取其 n 位小数的不足近似值 α_n 与过剩近似值 β_n,则 α_n,β_n 皆为有理数,且 $\beta_n - \alpha_n = \dfrac{1}{10^n} \to 0$,$x \in [\alpha_n, \beta_n]$ $(n\to\infty)$.可见以无限不循环小数定义无理数,等价于承认每个以有理数作端点的区间套,必有且仅有唯一的公共点.例如 R. Courant 和 F. John 所著的《微积分和数学分析引论》就是利用有理数为端点的区间套来引入无理数的.

历史上引进无理数的传统方法主要有两种:一是 Dedekind,用分划法定义实数;二是 Cantor,用有理数的基本序列之等价类来定义实数.

Dedekind 分划法的直观性很强.其直观思想是,每个有理数在数轴上已有一个确定的位置.假如数轴上任意一点处将数轴截成两段,那么全体有理数便被划分为上、下两个子集.凡上集无最小值,下集无最大值时,就认为这一分划定义了一个无理数,此数夹在上、下集之间.如此定义的实数(有理数与无理数的全体),很自然地有"序"的概念. 定义四则运算等可参看北京大学数学系沈燮昌编写的《数学分析2》（高等教育出版社,1986）.

Cantor 用有理数基本序列的等价类来定义实数,虽然不如分划法直观,但其思想在近代数学里十分有用,影响深远.

有理数列 $\{x_n\}$ 称为是**基本**的,是指: $\forall \varepsilon > 0$, $\exists N > 0$, 当 $m, n > N$ 时,有

$$| x_m - x_n | < \varepsilon. \tag{A}$$

两个（有理数的）基本序列 $\{x_n\}$ 与 $\{x'_n\}$ 称为是**等价**的,是指它们满足

$$\lim_{n \to \infty} (x_n - x'_n) = 0. \tag{B}$$

将相互等价的基本序列作为一类,称为**一等价类**. 条件（B）表明,同一等价类的基本序列其极限只能相等. 任何一个有理数 a,常数序列 $a, a, \cdots, a, \cdots$ 自然是一个基本序列,a 是它的极限值. 也是与之等价的所有基本序列的极限. 再如 $\sqrt{2}$（中学里已证过它不是有理数）,它的近似值序列

$$1.4, \ 1.41, \ 1.414, \ 1.4142, \cdots$$

也是基本序列. 同样把有理数写成无限循环小数,其近似值序列也都是基本序列. （例如,$1 = 0.\overset{\cdot}{9}$ 的近似值序列为 0.9, 0.99, 0.999, $\cdots$;过剩近似值序列为 1.1, 1.01, 1.001, $\cdots$）

我们看到,同一个有理数可以写成许多有理数序列的极限,这些序列都是基本序列,它们都彼此等价. 因此每一个有理数都对应了一个等价类,可以说这一等价类刻画了这一有理数. 同样像 $\sqrt{2}$,也是如此. 因此我们可像 $\dfrac{1}{2}, \dfrac{2}{4}, \dfrac{4}{8}, \cdots$ 代表同一有理数那样,认为:"每一（有理数）基本序列的等价类代表一个实数." 当此序列对应的不是有理数时,就认为它定义了一个无理数. 这正是 Cantor 定义的无理数. 这种定义的实质是让每个（有理数的）基本序列都有极限,当它不以有理数为极限时,它就定义了一个无理数.

有了实数定义,再用基本序列的运算来定义实数的四则运算以及序关系.

以上关于实数的各种定义,虽然形式不同,但彼此等价. 它所定义的加、乘运算及序关系,都像有理数一样,满足

1. 域公理 即 $\forall x, y, z \in \mathbf{R}$（实数域）,有

1.1 交换律 $x + y = y + x$, $x \cdot y = y \cdot x$.

1.2 结合律 $(x + y) + z = x + (y + z)$, $(x \cdot y) \cdot z = x \cdot (y \cdot z)$.

1.3 分配律 $x \cdot (y + z) = x \cdot y + x \cdot z$.

1.4 有两个特殊的成员0与1, $\forall x \in \mathbf{R}$,有 $x + 0 = x$, $x \cdot 1 = x$.

1.5 每个 $x \in \mathbf{R}$ 有关于" $+$ "的逆元 $-x$,关于" $\cdot$ "的逆元 x^{-1},使得

$$x + (-x) = 0, \ x \cdot x^{-1} = 1.$$

2. 与加"＋"、乘"·"运算相容的全序公理.

2.1 $\forall x, y \in \mathbf{R}$,以下三种关系:

$$x < y, \quad x = y, \quad y < x$$

必有一个且仅有一个成立.

2.2 传递性 若 $x < y, y < z$,则 $x < z$.

2.3 与"加法"相容性 若 $x < y, z \in \mathbf{R}$,则 $x + z < y + z$.

2.4 与"乘法"相容性 若 $x < y, z > 0$,则 $x \cdot z < y \cdot z$.

3. Archimedes 公理 $\forall x > 0, y > 0, \exists n \in \mathbf{N}$,使得 $nx \geqslant y$.

与有理数不同,实数具有**完备性**.

4. 完备性公理 有上界的非空集合必有上确界.

人们发现,用什么方式定义实数并无太大关系,只要有了以上四组公理,数学分析全部理论也就可以建立起来.

于是人们干脆以公理系统定义实数. 所谓**实数空间**是这样的集合 $\mathbf{R}$:其上定义了加"＋"、乘"·"运算,以及序关系"<"(由序关系就可定义上、下界与上、下确界),满足上述四组公理. $\mathbf{R}$ 中的元素称为**实数**.

注意,完备性公理等价于说,如果把实数分成上、下两集,当下集里无最大值时,上集必有最小值. 这说明实数具有连续性,填满了整个数轴(没有空隙).

实数 8 个基本定理以不同形式刻画了实数的连续性,它们彼此等价. 下面讨论它们相互推证的方法.

二、实数基本定理

注 跟一般书籍写法不同之处在于:下面我们着重讨论"八大定理"彼此相互推证的方法.

定理 1(确界定理) 任何非空集 $E \subset \mathbf{R}$,若它有上界,则必有上确界 $\sup E \in \mathbf{R}$.(等价地,若有下界,则必有下确界.)

定理 2(单调有界原理) 任何单调递增、有上界的序列 $\{x_n\} \subset \mathbf{R}$,必有极限 $\lim\limits_{n \to \infty} x_n \in \mathbf{R}$.(等价地,单调递减有下界也必有极限.)(所谓有极限,指有有限极限,下同.)

定理 3(Cauchy 准则) 序列 $\{x_n\} \subset \mathbf{R}$ 收敛的充分必要条件是

$$\forall \varepsilon > 0, \exists N > 0, 当 m, n > N 时,有 |x_n - x_m| < \varepsilon.$$

注意,该定理的必要性,由绝对值的三角不等式可直接推出. 反映实数连续性,与其他基本定理等价的,只是此定理的充分性:实数组成的基本序列必有极限.

定理 4(致密性定理) 任何有界无穷序列必有收敛的子列.

定理 5(聚点原理) 任何有界无穷集至少有一个聚点.

定理 6(区间套定理) 任何闭区间套必存在唯一的公共点. 详细地说:若 $a_n \nearrow$, $b_n \searrow, a_n \leqslant b_n, b_n - a_n \to 0$(当 $n \to \infty$ 时),则 $\{[a_n, b_n]\}$ 称为闭区间套,这时必存在唯一的 $\xi \in \mathbf{R}$,使得 $a_n \leqslant \xi \leqslant b_n (\forall n \in \mathbf{N})$.

定理 7(有限覆盖定理) 闭区间上的任一开覆盖必存在有限子覆盖. 详细地说:设 $\{\Delta\}$ 是一组开区间, 若 $\forall x \in [a,b]$, $\exists \Delta_x \in \{\Delta\}$, 使得 $x \in \Delta_x$, 则称 $\{\Delta\}$ 为闭区间 $[a,b]$ 的一个**开覆盖**. 定理指出, $[a,b]$ 的任一开覆盖 $\{\Delta\}$ 中, 必存在有限子集 $\{\Delta_1, \Delta_2, \cdots, \Delta_r\} \subset \{\Delta\}$, $\{\Delta_1, \Delta_2, \cdots, \Delta_r\}$ 仍为 $[a,b]$ 的一个开覆盖(称之为有限子覆盖).

定理 8(Dedekind 分割定理) 若将实数分为上、下(非空的)两组:A' 和 A, 使得 ①每个实数必在, 且仅在两组之一;②上组 A' 中的每个数必大于下组 A 中的每个数, 则称 A 和 A' 组成一 Dedekind 分割, 记作 $A \mid A'$. 每个 $A \mid A'$ 确定唯一的实数 ξ. 下面称它为分割点.

Dedekind 定理指出, 此时

1)要么 $\xi \in A$, 则下组 A 中有最大值 ξ, 而上组 A' 中无最小值;

2)要么 $\xi \in A'$, 则下组 A 中无最大值, 而上组 A' 中有最小值 ξ.

(该定理非常直观, 意即:在数轴任何地方, 用法平面去截, 必截得唯一的实数 ξ(表明:实轴连续, 无空缺). 该实数 ξ 将数轴分成 $A \mid A'$ 两半, 要么 $\xi \in A$, 要么 $\xi \in A'$.)

以上八大定理彼此等价, 两两均可互证. 它们揭示了实数的一项根本特性, 称之为完备性(或连续性).

定理 1—6 属于同一类型, 它们都指出, 在某一条件下, 便有某种"点"存在. 这种点分别是:确界(点)(定理 1)、极限点(定理 2 与定理 3)、某子列的收敛点(定理 4)、某聚点(定理 5), 公共点(定理 6). 定理 7 属于另一种类型, 它是前六个定理的逆否形式. 不论用前六个定理来分别证明定理 7, 还是用定理 7 分别推出前六个定理, 都可用反证法完成. 而前六个定理, 可以直接互推.

☆ **例 1.8.1** 用区间套定理证明定理 1—5.

证 都可用二等分方法证明.

$1°$(证明确界定理.)设 M 为集合 $E \subset \mathbf{R}$ 的上界(即 $\forall x \in E$, 有 $x \leqslant M$), 来证 $\exists \xi = \sup E \in \mathbf{R}$. 若 E 有最大值, 则最大值即为上确界. 现设 E 无最大值. 任取一 $x_0 \in E$, 将 $[x_0, M]$ 二等分, 若右半区间含有 E 中的点, 则记右半区间为 $[a_1, b_1]$, 否则就记左半区间为 $[a_1, b_1]$;然后将 $[a_1, b_1]$ 再二等分, 用同样的方法选记 $[a_2, b_2]$;如此无限下去, 我们便得一区间套 $\{[a_n, b_n]\}$, $a_n \nearrow$, $b_n \searrow$, $b_n - a_n = \dfrac{1}{2^n}(M - x_0) \to 0$(当 $n \to \infty$ 时). 由区间套定理, 可知存在唯一公共点 $\xi \in [a_n, b_n]$ $(n = 1, 2, \cdots)$. 不难证明 ξ 正是 E 的上确界.

$2°$(证明单调有界原理.)设 $x_n \nearrow$, 且 $x_n \leqslant M$ $(n = 1, 2, \cdots)$, 用上面同样方法剖分区间 $[x_1, M]$, 可类似得区间套和公共点 ξ, 这时易证 $\lim\limits_{n \to \infty} x_n = \xi$.

$3°$(证明 Cauchy 准则的充分性.)只要注意到基本序列必有界:$m \leqslant x_n \leqslant M$ $(n = 1, 2, \cdots)$, 然后对 $[m, M]$ 进行二等分, 选含 $\{x_n\}$ 无穷多项的"半区间"作为 $[a_1, b_1]$. 如此无限剖分下去, 得区间套和公共点 ξ, 这时有 $\lim\limits_{n \to \infty} x_n = \xi$.

4° (证明致密性定理.)方法同 3°,这时 ξ 的任一邻域含 $\{x_n\}$ 的无穷多项,因而可知 $\{x_n\}$ 至少有一个子列以 ξ 为极限.

5° 聚点原理请读者自证.

☆ **例 1.8.2** 用定理 1—5 证明区间套定理.

证 1° (用确界定理证明区间套定理.)$\{[a_n,b_n]\}$ 为区间套(即 $a_n \nearrow$, $b_n \searrow$, $0 \leq b_n - a_n \to 0$),令 $E = \{a_n\}$,因它有上界 b,故由确界定理知存在 $\xi = \sup E$,易证 ξ 为 $[a_n, b_n]$ 的唯一公共点.

2° 类似地,用单调有界原理、Cauchy 准则的充分性、致密性定理和聚点原理分别可证 $\{a_n\}$ 有极限(或 $\{b_n\}$ 有极限),$\{a_n\}$(或 $\{b_n\}$)存在收敛的子列(从而有子列的极限点),$E = \{a_n\} \cup \{b_n\}$ 有聚点,它们正是区间套的唯一公共点.

例 1.8.3 定理 1—5 的相互推证.

证 除定理 1 可简单地推出定理 2 之外,其余的证明都可用二等分方法完成.

1° (用定理 1 证明定理 2.)设 $x_n \nearrow$ 有上界 M,取 $E = \{x_n\}$,(不论 $\{x_n\}$ 是否有无穷多项相同)由确界定理知,$\xi = \sup x_n \in \mathbf{R}$. 并且易证 $x_n \to \xi (n \to \infty)$.

2° 定理 1—5 都可以用二等分方法完成证明. 如证明定理 1,可采用例 1.8.1 中证 1° 的方法,设 E 为有上界 M 的非空集. 任取一点 $x_0 \in E$,采用例 1.8.1 中证 1° 的方法,将 $[x_0, M]$ 不断地二等分,作区间套 $\{[a_n, b_n]\}$,$a_n \nearrow$,$b_n \searrow$,$b_n - a_n = \dfrac{1}{2^n}(M - x_0) \to 0$ $(n \to \infty)$,用定理 2 和 3 都可证明 $\{a_n\}$ 收敛,$\lim\limits_{n \to \infty} a_n = \xi \in \mathbf{R}$(用定理 4 可知有收敛子列以某 ξ 点为极限,用定理 5 可知 $\{a_n\} \cup \{b_n\}$ 至少有某一聚点 ξ),且 ξ 正好是 E 的上确界.

类似可证明定理 2.

定理 3—5 也可类似证明,所不同的仅是剖分时采用例 1.8.1 中证 3° 的原则选取 $[a_n, b_n]$.

☆ **例 1.8.4** 有限覆盖定理与其他定理的相互推证.

证 1° 用有限覆盖定理证明定理 1—6.

(证明定理 1(确界定理).)这里只证明:若非空实数集 E 有上界(即 $\exists M > 0$,使得 $\forall x \in E$,有 $x \leq M$),则 E 必有"上确界"(即有"最小上界"). 至于有下界必有下确界,类似可证.

将 E 的所有上界组成的集合记为 $\mathbb{M}$. 任取 $M \in \mathbb{M}$,$a \in E$,作区间 $[a, M]$. 下面在 $[a, M]$ 上用有限覆盖定理证明 E 有上界必有"上确界".

(反证法)假设 E 有上界但无上确界,那么① $\mathbb{M}$ 无最小值;② E 无最大值(否则,它就是 E 的上确界). 于是,$\forall x \in [a, M]$:要么 x 是 E 的上界,要么不是 E 的上界(称为非上界). 非上界包括两种情况:一是 $[a, M]$ 中所有属于 E 的点都非上界,二是如果 E 中的点有离散的情况,那么夹在 E 的缝隙里(不属于 E)的点也非上界.

既然 $\mathbb{M}$ 无最小值,那么在 $[a, M]$ 上每个上界点(例如 M)都可作一开邻域 $U_x = (x - r_x, x + r'_x)$,使得其中全部为 E 的上界点(只要 $r_x > 0$ 取得充分小,$r'_x > 0$ 再大也没有关系).

E 无最大值,在 $[a,M]$ 上的每个非上界点(例如 a)都可作一开邻域 $U_x = (x - r_x, x + r'_x)$,使得其中只有 E 的非上界点($r_x > 0$ 再大也没有关系,只要 $r'_x > 0$ 取得充分小,那么 U_x 中无上界点).

对有限闭区间 $[a,M]$ 而言,以上的小开区间 $\{U_x\}_{x \in [a,M]} = \{(x - r_x, x + r'_x)\}_{x \in [a,M]}$ 构成 $[a,M]$ 的无穷开覆盖,根据有限覆盖定理,从中能找出有限子覆盖,在保证覆盖 $[a,M]$ 的前提下,将其中能删除的小开区间全部去掉,剩下的子覆盖记为

$$\{U_{x_i}\}_{i=1}^k = \{(x_{x_i} - r_{x_i}, x_{x_i} + r_{x_i})\}_{i=1}^k.$$

此时,相邻两个小开区间必有公共点(因为如果只有公共端点,无公共内点,而端点不属于开区间,那么端点未被覆盖,矛盾),有公共点的小区间必是同一类的区间.故左边从 a 开始,向右是一串非上界点组成的小区间;而右边从 M 开始,向左排列的是一串上界点组成的小区间.两串小区间的成员完全不同类,不可能有公共点,最多有一个公共端点.可见 $\{U_{x_i}\}_{i=1}^k$ 未能将 $[a,M]$ 完全覆盖,矛盾.证毕.

(证明定理 2.)设 $\{a_n\} \nearrow$ 有上界 M,我们来证 $\{a_n\}$ 必有极限.

首先将 $\{a_n\}$ 中(取值相等)的项合并成同一项,则得数轴上一点列 $\{b_k\}$,于是 $\{a_n\}$ 和 $\{b_k\}$ 同时敛散,且极限相等.倘若 $\{b_k\}$ 只有有限项,则问题已解决(因为这说明 $\{a_n\}$ 后来的项都取等值,此值是序列的极限).

此时 $\{b_k\}$ 必严格递增,每个 b_k 可作充分小的开邻域 $U_k : U_k = (b_k - r_k, b_k + r'_k)$(其中 $r_k, r'_k > 0$),使 U_k 除中心点 b_k 之外,再无 $\{b_k\}$ 中之点.适当选取 r_k, r'_k 使每两个 b_k 和 b_{k+1} 之间的区域能被 U_k 和 U_{k+1} 覆盖.

(下面来证明 $\{b_k\}$ 收敛.)(反证法)假设 $\{b_k\}$ 无极限,则意味着:① $\{b_k\}$ 无最大值;② $\{b_k\}$ 的上界无最小值.因此 $\forall x \in [a_1, M]$,若 x 为 $\{b_k\}$ 的上界,则 $(x, +\infty)$ 全是 $\{b_k\}$ 的上界,x 左侧充分小的邻域 $(x - r_x, x)$ 也应是 $\{b_k\}$ 的上界(不然 x 是最小上界,矛盾),因此存在一个开邻域 $U_x = (x - r_x, x + r'_x)$,其中皆为 $\{b_k\}$ 的上界.

以上我们制作了两类小开区间:第一类:每个以 b_k 为中心,覆盖了所有 b_k 及夹在它们之间的点.第二类的中心是 $\{b_k\}$ 的上界(位于 $[a_1, M]$ 上的每点),将它们合并能组成 $[a_1, M]$ 的开覆盖.应用有限覆盖定理,存在有限子覆盖,表明 $\{b_k\}$ 最多只有有限项.$\{b_k\}$ 收敛,矛盾.

定理 3,4,5 类似可证.

2° 用定理 1—6 证明有限覆盖定理.

(用反证法与二等分方法.)先以定理 6(区间套定理)为例进行证明.

假设某一闭区间 $[a,b]$ 的某个开覆盖 $\{\Delta\}$ 无有限子覆盖,将 $[a,b]$ 二等分,则至少有一"半区间",它不能用 $\{\Delta\}$ 的有限子集盖住,将此半区间记为 $[a_1, b_1]$(如果两个半区间都如此,可任选其中一个).然后将 $[a_1, b_1]$ 再二等分,重复上述步骤,无限进行下去,便得一区间套 $\{[a_n, b_n]\} : a_n \nearrow, b_n \searrow, b_n - a_n = \frac{1}{2^n}(b-a) \to 0$(当 $n \to \infty$

时),每个$[a_n, b_n]$皆不能用$\{\Delta\}$的有限个子集所覆盖.

利用区间套定理,可知存在一点ξ为$[a_n, b_n]$的唯一公共点,则ξ点处产生矛盾:因为$\xi \in [a, b]$,所以存在一开区间$\Delta_1 = (\alpha, \beta) \in \{\Delta\}$,使得$\alpha < \xi < \beta$,但由于$\lim\limits_{n \to \infty} a_n = \lim\limits_{n \to \infty} b_n = \xi$,所以$n$充分大时有

$$\alpha < a_n \leqslant \xi \leqslant b_n < \beta,$$

这表明$[a_n, b_n]$已被$\Delta_1 = (\alpha, \beta) \in \{\Delta\}$所覆盖. 与$[a_n, b_n]$的本性矛盾.

同理可用定理 1—5 证明,所不同之处分别只是ξ为a_n的上确界、极限、$\{a_n\}$的某子列的极限:$\{a_n\} \cup \{b_n\}$之聚点.

实数的 8 个基本定理,在理论上非常有用,这里只是开个头,以后各章节还将反复用到它们. 如例 4.2.5,例 4.2.11,例 5.2.14,例 5.2.27 等.

^{new}**例 1.8.5** Dedekind 分割定理与前面 7 大定理彼此互证.

证 (一)利用 Dedekind 分割定理证明前 6 大定理.

1°(证明确界定理.)设集合E有上界,将全体上界作为A',其他数作为A,则$A \mid A'$组成一 Dedekind 分割,分割点就是集合E的上确界.(下确界类似可证.)

2°(证明单调有界原理.)设$\{x_n\} \nearrow$有上界,将全体上界作为A',其他数作为A,则$A \mid A'$组成一 Dedekind 分割,分割点ξ就是$\{x_n\}$的极限.(单减情况类似可证.)

3°(证明 Cauchy 准则.)设$\{x_n\}$自收敛(意指:$\forall \varepsilon > 0$,$\exists N > 0$,当$m, n > N$时,有$|x_m - x_n| < \varepsilon$),$\forall x \in \mathbf{R}$,若$[x, +\infty)$内最多只含$\{x_n\}$的有限项,则将$[x, +\infty)$内的实数归入$A'$,其他实数归入$A$,则$A \mid A'$组成一 Dedekind 分割. 记其分割点为$\xi$,不论$\xi \in A$(或$A'$),容易证明:对任意正整数$k$,当$n$充分大时,有$|\xi - x_n| < \dfrac{1}{k}$,即$\lim\limits_{n \to \infty} x_n = \xi$.

4°(证明致密性原理.)方法同 3°. 此时容易证明:对任意正整数k,有$x_{n_k} \in \{x_n\}$使得$|\xi - x_{n_k}| < \dfrac{1}{k}$,亦即存在收敛子列$\{x_{n_k}\}$以分割点$\xi$为极限.

5°(证明聚点原理.)设E是有界无穷点集,$\forall x \in \mathbf{R}$,若$[x, +\infty)$内最多只含有E的有限子集,则将$[x, +\infty)$内的实数归入A',其余归入A,则$A \mid A'$组成一 Dedekind 分割,其分割点ξ必是E的聚点.

6°(证明闭区间套定理.)设$\{[a_n, b_n]\}$是$[a, b]$的闭区间套,$\forall x \in \mathbf{R}$,若$[x, +\infty)$内最多只含b_n,不含a_n,则将$[x, +\infty)$内的实数归入A',其余归入A,则$A \mid A'$组成一 Dedekind 分割,其分割点ξ必是所有$[a_n, b_n]$的唯一公共点.

(二)前面定理 1 至 6 分别推证 Dedekind 定理.

1°(用确界定理证明 Dedekind 定理.)(反证法)假若 Dedekind 定理不成立,那么存在一 Dedekind 分割$A \mid A'$满足定理 8 中的条件①和②,但A中无最大值,且A'无最小值. 令$E = A$,则A'是E的上界集,那么集合$E(=A)$有上界,但无上确界(即无最小上界). 跟确界定理矛盾.

2° 类似地可用反证法和定理 2 至 6 证明 Dedekind 定理.

＊＊（三）有限覆盖定理与 Dedekind 定理进行互证.

1° 用 Dedekind 定理证明有限覆盖定理.）设 $[a,b]$ 是有限闭区间. $\mathfrak{I}$ 是无穷多个小开区间组成之集合,这些小开区间的并能覆盖 $[a,b]$（简称 $\mathfrak{I}$ 是 $[a,b]$ 的一个无穷覆盖）. 我们的任务是要证明从 $\mathfrak{I}$ 中能找出有限子覆盖,即要证明:不论这些小区间多么小,从 $\mathfrak{I}$ 中总能找出有限个小区间,它们仍能覆盖 $[a,b]$.

（反证法）假设有限覆盖定理不成立. 即:在 $[a,b]$ 的覆盖中找不出有限子覆盖. 要推翻此假设必须找出矛盾. 为此我们来构造 Dedekind 分割 $A|A'$:首先将 $(-\infty, a]$ 归入 A,$[b,+\infty)$ 归入 A'. 然后（采用二分法）将 $[a,b]$ 二等分,既然 $[a,b]$ 无有限子覆盖,那么它的左、右两半至少有一半是无有限子覆盖的. 下面分两种情况进行讨论:①当左半区间无有限子覆盖时（不管右半区间有限子覆盖是否存在）,就将右半区间归入 A'. 并将左半区间称作操作区间,进行二等分（重复上面操作）;②当左半区间有有限子覆盖时,则右半区间必无有限子覆盖,就将右半区间称作操作区间,进行二等分（重复上面的操作）,而将左半区间归入 A. 按此规则,不停地操作下去. 每次操作,操作区间总是无有限子覆盖的区间. 每操作一次,其长度缩短一半,故其长度 h_n:

$$h_n = \frac{b-a}{2^n} \to 0 \,(\text{当 } n\to\infty \text{ 时}).$$

注意,在此过程中,在操作区间的左边总是 A,右边总是 A',所以 A 的成员小于 A' 的成员. 因为操作区间长度趋向 0,说明 A,A' 之间的距离最后降到 0. $A|A'$ 能构成一 Dedekind 分割. 分割点 ξ 跟操作区间一样左边是 A 右边是 A',因此在操作过程中,分割点 ξ 总属于操作区间（可以是端点）. 于是我们看到:一方面 ξ 总属于操作区间,而操作区间永远是无有限子覆盖区间. 但是:$\xi \in [a,b]$,而 $[a,b]$ 被 $\mathfrak{I}$ 覆盖,因此存在 $(c-r,c+r) \subset \mathfrak{I}$ 覆盖 ξ;ξ 到此区间 $(c-r,c+r)$ 端点的距离为 $r-|\xi-c| > 0$. 此距离与操作无关（总保持不变）,当操作区间长度 $h_n < \dfrac{r-|\xi-c|}{2}$ 时,（无有限子覆盖的）操作区间却整个地被此小开区间 $(c-r,c+r) \subset \mathfrak{I}$ 覆盖. 矛盾! 有限覆盖定理获证.

2° 用有限覆盖定理证明 Dedekind 定理. 设全体实数被分划为非空的 A,A' 两组,A,A' 组成一个 Dedekind 分割 $A|A'$. 即 $\mathbf{R} = A \cup A'$,$A \cap A' = \varnothing$,且 $\forall x \in A, x' \in A'$,恒有 $x < x'$. 要证明 Dedekind 定理,就是要证明:每个 Dedekind 分割 $A|A'$,确定存在某 $\xi \in \mathbf{R}$,使得

i）要么 $\xi \in A$,ξ 是 A 的最大值,此时 A' 无最小值;

ii）要么 $\xi \in A'$,ξ 是 A' 的最小值,此时 A 无最大值.

这等价于说下面两种（反面）情况皆不会发生:

iii）A 有最大值,且 A' 有最小值;　　iv）A 无最大值,且 A' 无最小值.

亦等价于说:实数是连续的,对每个分划 $A|A'$,都必确定唯一实数 ξ 作为分割点.

首先,证明情况 iii）不会发生.（反证法）假设 $\alpha = \max A, \beta = \min A'$,那么:若

$\alpha < \beta$, 则与 $A \cup A' = \mathbf{R}$ 矛盾; 若 $\alpha = \beta$, 则与 $A \cap A' = \varnothing$ 矛盾; 若 $\alpha \geqslant \beta$, 则 (A 中之数) < (A' 中之数), 矛盾.

其次, 用有限覆盖定理证明情况 iv) 也不会发生. (反证法) 假设 A 无最大值, 且 A' 无最小值 (看有什么矛盾).

取 $a \in A, b \in A'$, 则 $\forall x \in [a, b]$: 若 $x \in A$, (因 A 无最大值) 当 $r_x > 0$ 充分小时 $x + r_x$ 也应属于 A. 于是小开区间 $(x - r_x, x + r_x) \subset A$; 同理, 因 A' 无最小值, 若 $x \in A'$, 当 $r_x > 0$ 充分小时 $x - r_x$ 也应属于 A', 从而应有 $(x - r_x, x + r_x) \subset A'$. 可见 $[a, b]$ 上每点可找到如此的小区间, 全体 $\{(x - r_x, x + r_x)\}_{x \in [a, b]}$ 便组成 $[a, b]$ 上的一组开覆盖. 利用有限覆盖定理, 应存在有限子覆盖. 注意, 既然有限个小开区间覆盖 $[a, b]$, 相邻两个小开区间必有公共点, 故相邻的小区间要么只含 A 之成员, 要么只含 A' 之成员. 于是这个有限子覆盖, 要么全是 A 之成员, 要么全是 A' 之成员. 这与最初的选择 ($a \in A, b \in A'$) 矛盾. 这就证明了情况 iv) 不可能发生. Dedekind 定理获证.

数列的极限点和数集的聚点
要点 1

ξ 是数列 $\{x_n\}$ 的一个极限点

$\overset{\text{定义1}}{\Longleftrightarrow} \forall \varepsilon > 0$, 在 ξ 的邻域 $U(\xi, \varepsilon) \overset{\text{意即}}{=\!=\!=} (\xi - \varepsilon, \xi + \varepsilon)$ 里含有 $\{x_n\}$ 中无穷多项

$\overset{\text{定义2}}{\Longleftrightarrow} \xi$ 是 $\{x_n\}$ 中某子列 $\{x_{n_k}\}$ 的极限 (即 $\exists \{x_{n_k}\} \subset \{x_n\}$ 使得 $\lim\limits_{k \to \infty} x_{n_k} = \xi$)

$\Longleftrightarrow \forall \varepsilon > 0$, 在 ξ 的邻域 $U(\xi, \varepsilon)$ 里总含有 $\{x_n\}$ 中至少一项.

(只需证明充分性.) 先找出一项 $x_{n_1} \in \{x_n\}$, 再取 $\varepsilon_2 = \min\left\{|x_{n_1} - \xi|, \dfrac{\varepsilon}{2}\right\}$, 在 $U(\xi, \varepsilon_2)$ 中找离 ξ 更近的 (记作) $x_{n_1} \in \{x_n\}$, 如此一步一步, 不断地做下去, 就可找出子列 $\{x_{n_k}\}$ 收敛于 ξ. (证毕.)

ξ 不是数列 $\{x_n\}$ 的极限点

$\Longleftrightarrow \exists \varepsilon_0 > 0$, 在 ξ 的邻域 $\overset{\circ}{U}_0(\xi, \varepsilon) = (\xi - \varepsilon, \xi) \cup (\xi, \xi + \varepsilon)$ 里, 不含 $\{x_n\}$ 之项

$\Longleftrightarrow$ 当 $\varepsilon > 0$ 充分小时, 在 ξ 的邻域 $U(\xi, \varepsilon)$ 里, 最多只含 $\{x_n\}$ 中有限多项.

推论 数列 $\{x_n\}$ 收敛 $\Longleftrightarrow \{x_n\}$ 只有唯一的极限点. 它也是该数列的极限.

要点 2

ξ 是数集 (亦 "点集") E 的聚点

$\overset{\text{定义1}}{\Longleftrightarrow} \forall \varepsilon > 0$, 在 ξ 的邻域 $U(\xi, \varepsilon)$ 里含有 E 的无穷多个不同的点

$\overset{\text{定义2}}{\Longleftrightarrow}$ 从 E 中可挑选 (两两不同的) 无穷数列 $\{x_n\} \subset E$, 使得 $\lim\limits_{n \to \infty} x_n = \xi$

$\Longleftrightarrow \forall \varepsilon > 0$, 在 ξ 的空心邻域 $\overset{\circ}{U}(\xi, \varepsilon)$ 里, 至少含 E 的一个实数

$\Longleftrightarrow \forall \varepsilon > 0$, 在 ξ 的邻域 $U(\xi, \varepsilon)$ 里, 至少含有 (异于 ξ 的) 一个实数.

若数列 $\{x_n\}$ 中有无穷多项取同一数值 ξ, 则 ξ 当然是 $\{x_n\}$ 的极限点. 若将此种情况称为是**平凡的**, 那么

ξ 是 $\{x_n\}$ 的（非平凡）极限点

$\Leftrightarrow \forall\, \varepsilon > 0$，在 ξ 的**空心**邻域 $\mathring{U}(\xi, \varepsilon)$ 里含有 $\{x_n\}$ 中至少一项

$\Leftrightarrow \forall\, \varepsilon > 0$，在 ξ 的邻域 $U(\xi, \varepsilon)$ 里含有 $\{x_n\}$ 中（异于 ξ）至少一项.

注 数列是一串实数，按编码有前后次序之分，数集是一堆数，各数之间没有先后之分，也未必是可数集，因而未必能排成数列. 反之，收敛数列 $\{x_n\}$ 如果不管它的编码，它就是一数集. 数值相等的项（不管多少个）都看成集合里的一个数.

常数数列（各项相等，等于某一实数），如 $x_n = 8$（$n = 1, 2, \cdots$），作为集合，就只是一个孤立点 $\{8\}$.

孤立点的定义与聚点恰好相反. 建议读者（利用 ε 邻域）严格写出孤立点的定义.

例如，数列 $\{x_n\}: x_n = (-1)^n$（$n = 1, 2, \cdots$），将它看作集合，它是两点集：$\{-1, 1\}$，而且 -1 和 1 都是 $\{x_n\}$ 的（平凡）极限点.

请注意，一个数列的全体极限点未必是可数集. 例如：$[0, 1]$ 的每个点都是如下数列的极限点，而以后学了"实变函数"就知道：$[0, 1]$ 是不可数集：

$$\frac{1}{2}, \frac{1}{3}, \frac{2}{3}, \frac{1}{4}, \frac{2}{4}, \frac{3}{4}, \frac{1}{5}, \frac{2}{5}, \frac{3}{5}, \frac{4}{5}, \frac{1}{6}, \cdots$$

（此数列由 $(0, 1)$ 中全部有理数组成）.

^{new}**例 1.8.6** 证明：若 M 是由数列 $\{x_n\}$ 的极限点构成的集合，则 M 的极限点必是 $\{x_n\}$ 的极限点.

证 设 ξ 是 M 极限点，则 $\forall\, \varepsilon > 0$，存在 $m_\xi \in M$（$m_\xi \neq \xi$），使得

$$m_\xi \in \left(\xi - \frac{\varepsilon}{2}, \xi + \frac{\varepsilon}{2} \right). \tag{1}$$

既然 $m_\xi \in M$（$m_\xi \neq \xi$），说明 m_ξ 是 $\{x_n\}$ 的极限点，因此存在无穷多项 $x_{n_k} \in \{x_n\}$ 使得

$$x_{n_k} \in \left(m_\xi - \frac{\varepsilon}{2}, m_\xi + \frac{\varepsilon}{2} \right). \tag{2}$$

根据式（1）和式（2），得

$$|x_{n_k} - \xi| \leqslant |x_{n_k} - m_\xi| + |m_\xi - \xi| \leqslant \frac{\varepsilon}{2} + \frac{\varepsilon}{2} = \varepsilon.$$

表明 $\{x_{n_k}\} \subset (\xi - \varepsilon, \xi + \varepsilon) = U(\xi, \varepsilon)$（$k = 1, 2, \cdots$）. 故 ξ 是 $\{x_n\}$ 的极限点.

^{new}**练习** 是否存在数列 $\{x_n\}$，其极限点的集合为 $M = \left\{ 1, \dfrac{1}{2}, \dfrac{1}{3}, \cdots \right\}$，说明理由.（北京大学）

提示 不存在. 因为 $\lim\limits_{n \to \infty} \dfrac{1}{n} = 0$，说明 0 是 $M = \left\{ 1, \dfrac{1}{2}, \dfrac{1}{3}, \cdots \right\}$ 的一个极限点. 而 M 是 $\{x_n\}$ 的极限点组成的集合，根据已有知识："极限点构成的集合的极限点仍是 $\{x_n\}$ 的极限点". 因此"0"应是 $\{x_n\}$ 的极限点，应当属于 M. 但所给的 M 不含 0，矛盾. 故此种 $\{x_n\}$ 不存在！

注 同理，若要求数列极限点的集合是：$\left\{ \dfrac{1}{2}, \dfrac{1}{3}, \dfrac{2}{3}, \dfrac{1}{4}, \dfrac{2}{4}, \dfrac{3}{4}, \dfrac{1}{5}, \dfrac{2}{5}, \dfrac{3}{5}, \dfrac{4}{5}, \dfrac{1}{6}, \cdots \right\}$，则这种数列也不存在.

✍ **单元练习 1.8**

1.8.1 设函数 $f(x)$ 在有限区间 I 上有定义,满足:$\forall x \in I$,存在 x 的某个开邻域 $(x - \delta, x + \delta)$,使得 $f(x)$ 在 $(x - \delta, x + \delta) \cap I$ 上有界.

1) 证明:当 $I = [a, b]\,(0 < b - a < +\infty)$ 时,$f(x)$ 在 I 上有界;

2) 当 $I = (a, b)$ 时,$f(x)$ 在 I 上一定有界吗?(厦门大学)

提示 1) 可用有限覆盖定理;2) 不一定. 例如 $f(x) = x, g(x) = \dfrac{1}{x}$ 在 $I = (0, 1)$ 上满足条件,但 f 有界,g 无界.

☆**1.8.2** 设 $f(x)$ 在 $[a, b]$ 上有定义且在每一点处函数的极限存在,求证 $f(x)$ 在 $[a, b]$ 上有界.(哈尔滨工业大学)

提示 根据极限定义,按已知条件,$\forall x \in [a, b]$,$\exists \delta_x > 0$,使得 $(x - \delta_x, x + \delta_x) \cap [a, b]$ 内有 $|f(x) - f(x \pm 0)| < 1$,从而有 $|f(x)| \leqslant |f(x \pm 0)| + 1$ ($f(x \pm 0)$ 表示 $\lim\limits_{t \to x} f(t)$),然后再用有限覆盖定理.

☆**1.8.3** 设 $f(x)$ 在 (a, b) 内有定义,$\forall \xi \in (a, b)$,$\exists \delta > 0$,当 $x \in (\xi - \delta, \xi + \delta) \cap (a, b)$ 时,有
$$f(x) < f(\xi)\ (\text{当 } x < \xi \text{ 时}),\quad f(x) > f(\xi)\ (\text{当 } x > \xi \text{ 时}).$$
求证:$f(x)$ 在 (a, b) 内严格递增.

提示 只要证明 $\forall \xi', \xi'' \in (a, b)$:当 $\xi' < \xi''$ 时,必有 $f(\xi') < f(\xi'')$ 即可. 为此可在 $[\xi', \xi'']$ 上每点找出题设的开邻域,组成开覆盖,用有限覆盖定理.

再提示 应用有限覆盖之后,所得的有限子覆盖里,保留(没有就添加)以 ξ'、ξ'' 为中心的开邻域,删去多余的开邻域,每两个相邻接的开邻域里选出一个公共点,整理后的 n 个子覆盖中心点及 $n - 1$ 个公共点顺次记为 $x_1, x_2, \cdots, x_n$,则
$$\xi' = x_1 < x_2 < \cdots < x_{2n-1} = \xi''\ (x_{2i-1} \text{ 为中心点},x_{2i} \text{ 为公共点}\,(i = 1, 2, \cdots, n)).$$
于是
$$f(\xi') = f(x_1) < f(x_2) < \cdots < f(x_{2n-1}) = f(\xi'').$$

1.8.4 用有限覆盖定理证明:任何有界数列必有收敛子列.(西北大学)

提示 可用反证法.

再提示 设 $m \leqslant x_n \leqslant M$ $(n = 1, 2, \cdots)$ 无收敛子列,则 $\forall x \in [m, M]$,$\exists \delta > 0$ 使得 $(x - \delta, x + \delta)$ 中最多只含 $\{x_n\}$ 的有限项. 应用有限覆盖定理,知 $[m, M]$ 存在有限子覆盖 $(x_i - \delta_i, x_i + \delta_i)$ $(i = 1, 2, \cdots, k)$,故 $\{x_n\}$ 只有有限项. 矛盾.

☆**1.8.5** 试用区间套定理重新证明 §1.1 练习 1.1.13:"设 $f(x)$ 在 $[0, 1]$ 上 ↗,$f(0) > 0$,$f(1) < 1$,试证:$\exists x_0 \in (0, 1)$,使得 $f(x_0) = x_0^2$."

提示 记 $g(x) = x^2 - f(x)$,则 $g(0) < 0, g(1) > 0$,将 $[0, 1]$ 二等分,若分点处 $g(x) = 0$,则问题已解决;否则取端点异号的子区间再二等分,如此下去组成闭区间套,唯一的公共点即为所求.

再提示 所得的区间套记为 $[a_n, b_n]$ $(n = 1, 2, \cdots)$,每次 $g(a_n) < 0$(即 $a_n^2 < f(a_n)$),$g(b_n) > 0$(即 $f(b_n) < b_n^2$). 由区间套定理,$[a_n, b_n]$ 存在唯一公共点 $\xi \in [a_n, b_n]$ $(n = 1, 2, \cdots)$,$|a_n - \xi| \leqslant |b_n - a_n| \to 0$,即 $a_n \to \xi$(当 $n \to \infty$ 时). 同理,$b_n \to \xi$(当 $n \to \infty$ 时).

因 f↗,故 $a_n^2 \leqslant f(a_n) \leqslant f(\xi) \leqslant f(b_n) \leqslant b_n^2$ $(n = 1, 2, \cdots)$. 但 $n \to \infty$ 时,$a_n^2 \to \xi^2, b_n^2 \to \xi^2$,故 $f(\xi) = \xi^2$.

注 本题难在叙述清楚,相关的练习如下章练习 2.1.25 至 2.1.28,可参阅.

第二章 一元函数的连续性

本章我们主要讨论连续性的证明,连续性的应用,一致连续和函数方程等方面的内容.

* §2.1 连续性的证明与应用

注 $\varepsilon - \delta$ 方法是数学院系学生的重点,非数学院系学生不作太高要求.

* 一、连续性的证明

要点 要证明一个函数 f 在某区间 I 上连续,只要在区间里任意取定一点 $x_0 \in I$,证明 $\lim\limits_{x \to x_0} f(x) = f(x_0)$. 为此,我们可以

1)利用定义,证明:$\forall \varepsilon > 0, \exists \delta > 0$,当 $|x - x_0| < \delta$ 时,有 $|f(x) - f(x_0)| < \varepsilon$;

2)利用左、右极限,证明:$f(x_0 + 0) = f(x_0) = f(x_0 - 0)$;

3)利用序列语言,证明:$\forall \{x_n\} \to x_0$,有 $f(x_n) \to f(x_0)$;

4)利用邻域语言,证明:$\forall \varepsilon > 0, \exists \delta > 0$,使得 $f((x_0 - \delta, x_0 + \delta)) \subset (f(x_0) - \varepsilon, f(x_0) + \varepsilon)$;

5)利用连续函数的运算性质:连续函数与连续函数经过有限次 $+ , - , \cdot , \div$(除法要求除数不为零),复合(内层函数的值域在外层函数的定义域内),仍然是连续的.

☆ **例 2.1.1** 证明 Riemann 函数

$$R(x) = \begin{cases} \dfrac{1}{q}, & x = \dfrac{p}{q} \text{为既约分数}, q > 0, \\ 0, & x \text{ 为无理数} \end{cases}$$

在无理点上连续,在有理点上间断.(浙江大学)

证 1° 设 x_0 为有理点,$x_0 = \dfrac{p}{q}$(为既约分数),$q > 0$,则 $R(x_0) = \dfrac{1}{q} > 0$. 由无理点的稠密性,存在无理点列 $\{x_n\} \to x_0$(当 $n \to \infty$ 时),但

$$|R(x_n) - R(x_0)| = \left| 0 - \frac{1}{q} \right| = \frac{1}{q} > 0 \quad (\forall n \in \mathbf{N}),$$

即 $R(x_n) \nrightarrow R(x_0)$. 故 $R(x)$ 在有理点不连续.

2°(证明在无理点上连续.)设 $x_0 \in [0,1]$ 为无理点,则 $R(x_0) = 0$.

首先,我们从 $R(x)$ 的定义可以看出,$\forall \varepsilon > 0, R(x) \geqslant \varepsilon$ 的点 x,在 $[0,1]$ 上最多只

有有限个(事实上,要 $R(x) \geqslant \varepsilon > 0$, x 必须是有理点,若 $x = \dfrac{p}{q}$, $R\left(\dfrac{p}{q}\right) = \dfrac{1}{q} \geqslant \varepsilon$,则 $0 \leqslant p < q \leqslant \dfrac{1}{\varepsilon}$. 可见满足此不等式的有理数 $\dfrac{p}{q}$ 最多只有有限个). 如此,可取 $\delta > 0$ 充分小,使得 $(x_0 - \delta, x_0 + \delta)$ 不含有 $R(x) \geqslant \varepsilon$ 之点,此即 $\forall x \in (x_0 - \delta, x_0 + \delta)$,有

$$|R(x) - R(x_0)| = R(x) < \varepsilon.$$

这就证明了 $R(x)$ 在 $[0,1]$ 内的无理点上连续. 又因为 $R(x)$ 以 1 为周期,[①] 所以 $R(x)$ 在一切无理点上都连续.

注 $R(0) = 1$,因为要使 $0 = \dfrac{p}{q}$ 为既约分数,且 $q > 0$,故只可能 $q = 1$, $p = 0$.

☆ **例 2.1.2** 设 $f(x)$ 在 $[a,b]$ 上连续,证明函数

$$M(x) = \sup_{a \leqslant t \leqslant x} f(t), \quad m(x) = \inf_{a \leqslant t \leqslant x} f(t)$$

在 $[a,b]$ 上连续. (湖北大学)

(这里只就 $M(x)$ 进行证明, $m(x)$ 的连续性证明留作练习.)

证 根据连续函数在闭区间上必达上、下确界的性质, $M(x)$ 在 $[a,b]$ 上处处有定义. 又因上确界随取值区间扩大而增大,知 $M(x) \nearrow$. 故每点处的单侧极限存在. $\forall x_0 \in [a,b]$,我们只要证明下面左、右等式分别在 (a,b), $[a,b]$ 成立即可:

$$M(x_0 - 0) = M(x_0) = M(x_0 + 0). \tag{1}$$

由 $M(x)$ 单调性,有 $M(x_0 - 0) \leqslant M(x_0)$. 又因 $\forall x \in [a, x_0]$,有 $f(x) \leqslant \sup_{a \leqslant t \leqslant x} f(t) = M(x) \leqslant M(x_0 - 0)$,所以 $M(x_0) = \sup_{a \leqslant t \leqslant x_0} f(t) \leqslant M(x_0 - 0)$,故(1)式左边等式成立.

下面用反证法证(1)中右边等式. 因 $M(x)$ 单调, $M(x_0) \leqslant M(x_0 + 0)$. 假若 $M(x_0 + 0) > M(x_0)$,则可取充分小的 $\varepsilon_0 > 0$,使得 $M(x_0 + 0) > M(x_0) + \varepsilon_0$. 于是 $\forall x > x_0$,有

$$\sup_{a \leqslant t \leqslant x} f(t) = M(x) \geqslant M(x_0 + 0) > M(x_0) + \varepsilon_0.$$

由确界定义, $\exists t \in [a, x]$,使得

$$f(t) > M(x_0) + \varepsilon_0 \geqslant f(x_0) + \varepsilon_0, \tag{2}$$

但在 $[a, x_0]$ 上, $f(x) \leqslant M(x_0)$,所以式(2)中的 $t \in (x_0, x]$. 这便与 $f(x)$ 的连续性矛盾. 证毕.

例 2.1.3 设 $f(x)$ 在 $(0,1)$ 内有定义,且函数 $e^x f(x)$ 与 $e^{-f(x)}$ 在 $(0,1)$ 内都是单调不减的. 试证: $f(x)$ 在 $(0,1)$ 内连续. (北京师范大学)

[①] 若 x 为无理数,则 $R(x+1) = R(x) = 0$;又若 $x = \dfrac{p}{q}$ (p,q 为互质整数),因 $1 + x = \dfrac{q+p}{q}$,又 $(p+q)$ 与 q 为互质整数,故 x 为有理数时亦有 $R(x+1) = R(x)$. 总之, $R(x)$ 以 1 为周期.

证 1° 因 $e^{-f(x)} \nearrow$，所以 $x > x_0$ 时，有 $e^{-f(x)} \geqslant e^{-f(x_0)}$，$e^{f(x_0)} \geqslant e^{f(x)}$，

$$f(x_0) \geqslant f(x). \tag{1}$$

此即表明 $f(x) \searrow$. 所以 $\forall x_0$，$f(x_0^+)$，$f(x_0^-)$ 存在.

2° 由 $e^x f(x) \nearrow$ 知：$x > x_0$ 时 $e^x f(x) \geqslant e^{x_0} f(x_0)$. 令 $x \to x_0^+$，得 $e^{x_0} f(x_0^+) \geqslant e^{x_0} f(x_0)$，

$$f(x_0^+) \geqslant f(x_0). \tag{2}$$

3° 在式(1)中，令 $x \to x_0^+$，得

$$f(x_0) \geqslant f(x_0^+). \tag{3}$$

式(2)和(3)表明 $f(x_0) = f(x_0^+)$. 类似可证 $f(x_0^-) = f(x_0)$. 从而 $f(x)$ 在 x_0 处连续. 由 x_0 的任意性，知 $f(x)$ 在 $(0,1)$ 内处处连续.

＊例 2.1.4 设 $f(x)$ 在 $(-\infty, +\infty)$ 内有定义，且

i) 具有介值性(即：若 $f(x_1) < \mu < f(x_2)$，则 $\exists \xi \in (x_1, x_2)$，使得 $f(\xi) = \mu$)；

ii) 对任意有理数 r，集合 $\{x : f(x) = r\}$ 为闭集.

试证：$f(x)$ 在 $(-\infty, +\infty)$ 上连续.

证 (反证法)若 f 在某一点 x_0 处不连续，则 $\exists \varepsilon_0 > 0$，使得 $\forall \frac{1}{n} > 0$，$\exists x_n$，虽然 $|x_n - x_0| < \frac{1}{n}$，但 $|f(x_n) - f(x_0)| \geqslant \varepsilon_0$. 即 $\{x_n\} \to x_0$，但 $\{f(x_n)\}$ 在 $(f(x_0) - \varepsilon_0, f(x_0) + \varepsilon_0)$ 之外. 从而在 $(f(x_0) - \varepsilon_0, f(x_0) + \varepsilon_0)$ 之外至少一侧(例如右侧)含有 $\{f(x_n)\}$ 的无穷多项(如图 2.1.1 所示)：

图 2.1.1

$$f(x_{n_k}) > f(x_0) + \varepsilon_0 \quad (k = 1, 2, \cdots).$$

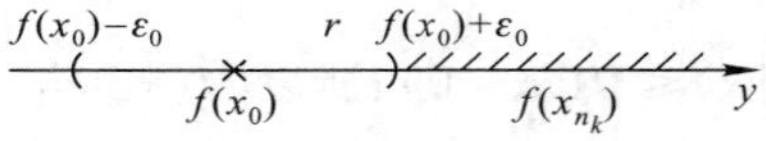

在 $(f(x_0), f(x_0) + \varepsilon_0)$ 内任取一有理数 r：

$$f(x_0) < r < f(x_0) + \varepsilon_0 < f(x_{n_k}).$$

由介值性条件，对每一个 x_{n_k}，存在 ξ_k 位于 x_0 与 x_{n_k} 之间，使得 $f(\xi_k) = r$ $(k = 1, 2, \cdots)$. 因为 $x_{n_k} \to x_0$，所以 $\xi_k \to x_0$ (当 $k \to \infty$ 时). 这表明 x_0 是 $\{x : f(x) = r\}$ 的一个聚点. 由已知条件(2)，知 $x_0 \in \{x \mid f(x) = r\}$，即 $f(x_0) = r$，与 $f(x_0) < r$ 矛盾，证毕.

例 2.1.5 设函数 $y = f(x)$ 在 (a, b) 内有定义，具有介值性，并且是一对一的(即若 $x_1 \neq x_2$，则必有 $f(x_1) \neq f(x_2)$). 试证：

1) $f(x)$ 是严格单调的，值域为某个开区间 J；

2) $f^{-1}(y)$ 在 J 内单调，而且也有介值性；

3) $f(x)$，$f^{-1}(y)$ 连续.

证 1) 由 f 是一对一的，假若 f 不严格单调，则必 $\exists x_1 < x_2 < x_3$ 使得

$$f(x_1) < f(x_2), \quad f(x_2) > f(x_3)$$

或

$$f(x_1) > f(x_2), \quad f(x_2) < f(x_3).$$

下面只就前一种情况进行讨论，后一种情况类似可证.

任取一数 μ,使得 $\max\{f(x_1),f(x_3)\} < \mu < f(x_2)$. 由介值性知:$\exists\,\xi_1\in(x_1,x_2)$, $\xi_2\in(x_2,x_3)$,使得

$$f(\xi_1) = \mu = f(\xi_2),$$

如图 2.1.2. 这就和 f 是一对一的条件矛盾,故 f 只能严格单调. 为了确定起见,下面不妨假设 f 严 $\nearrow$. 由介值性,显然 f 的值必填满某区间,(可以为无穷区间,但必为开区间!)记为 J.

2) 因 f 严 $\nearrow$,故 f^{-1} 亦严 $\nearrow$(不然 $\exists\,y_1 < y_2$,使得 $f^{-1}(y_1) \geqslant f^{-1}(y_2)$,则 $y_1 = f[f^{-1}(y_1)] \geqslant f[f^{-1}(y_2)] = y_2$,矛盾). f^{-1} 的介值性明显(因 $\forall f^{-1}(y_1) < \xi < f^{-1}(y_2)$, (根据 $f\nearrow$)有 $y_1 = f[f^{-1}(y_1)] < f(\xi) < f[f^{-1}(y_2)] = y_2$. 记 $\mu = f(\xi)$,则 $f^{-1}(\mu) = \xi$. 这即表明,对于任意两值 $f^{-1}(y_1)$ 与 $f^{-1}(y_2)$ 之间的每个值 ξ,必存在 $\mu = f(\xi)$ 位于 y_1 与 y_2 之间,使得 $f^{-1}(\mu) = \xi$).

3) (f 的连续性)如图 2.1.3,

$$\forall\, x_0\in(a,b),\quad \forall\,邻域(f(x_0)-\varepsilon,f(x_0)+\varepsilon)\overset{记}{=\!=}U$$

(因 f 的值域为开区间,故不妨假设 $(f(x_0)-\varepsilon,f(x_0)+\varepsilon)\subset J$). 因 f^{-1} 严 $\nearrow$,所以

$$f^{-1}[f(x_0)-\varepsilon] < x_0 < f^{-1}[f(x_0)+\varepsilon].$$

取 $\delta = \min\{x_0 - f^{-1}[f(x_0)-\varepsilon],\ f^{-1}[f(x_0)+\varepsilon]-x_0\}$,记 $V = (x_0-\delta,x_0+\delta)$,由 f 的单调性,知 $f(V)\subset U$. 所以 f 在 (a,b) 上连续.

类似可证 $f^{-1}(y)$ 在 J 内连续.

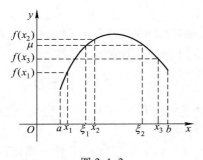

图 2.1.2

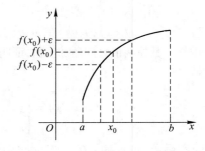

图 2.1.3

* 例 2.1.6 证明定理:$f(x)$ 在实轴 X 上连续 $\Leftrightarrow$ 任何开集的逆像仍为开集(即:设 O 为 Y 轴上的开集,则 $f^{-1}(O)\equiv\{x\,|\,f(x)\in O\}$ 为 X 轴上的开集)[①].

证 $1°\ (\Rightarrow)$ 要证 $f^{-1}(O)$ 为 X 轴的开集,即要证明:$\forall\,x_0\in f^{-1}(O)$,$\exists\,\delta > 0$ 使

$$(x_0-\delta,x_0+\delta)\subset f^{-1}(O). \tag{1}$$

---

① 集合 O 被称为开集,指它的每个点皆为内点,即 $\forall\,x_0\in O$,$\exists\,\delta > 0$,使得 $(x_0-\delta,x_0+\delta)\subset O$.

由 $x_0 \in f^{-1}(O)$,知 $y_0 = f(x_0) \in O$. 既然 O 为开集,所以 $\exists \varepsilon > 0$,使得

$$(f(x_0) - \varepsilon, f(x_0) + \varepsilon) = (y_0 - \varepsilon, y_0 + \varepsilon) \subset O. \tag{2}$$

由于 f 连续,对 y_0 的邻域 $(y_0 - \varepsilon, y_0 + \varepsilon)$,$\exists \delta > 0$,使得

$$f((x_0 - \delta, x_0 + \delta)) \subset (y_0 - \varepsilon, y_0 + \varepsilon) \subset O,$$

从而 $(x_0 - \delta, x_0 + \delta) \subset f^{-1}((y_0 - \varepsilon, y_0 + \varepsilon)) \subset f^{-1}(O)$,故 $f^{-1}(O)$ 为开集.

$2°$ ($\Leftarrow$) 已知任何开集的逆像仍为开集,故 $\forall x_0 \in X$,$\forall \varepsilon > 0$,(设 $y_0 = f(x_0)$)$(y_0 - \varepsilon, y_0 + \varepsilon)$ 的逆像 $f^{-1}((y_0 - \varepsilon, y_0 + \varepsilon))$ 为开集. 由此对于 $x_0 \in f^{-1}((y_0 - \varepsilon, y_0 + \varepsilon))$,$\exists \delta > 0$,使得 $(x_0 - \delta, x_0 + \delta) \subset f^{-1}((y_0 - \varepsilon, y_0 + \varepsilon))$. 故

$$f((x_0 - \delta, x_0 + \delta)) \subset (y_0 - \varepsilon, y_0 + \varepsilon) = (f(x_0) - \varepsilon, f(x_0) + \varepsilon),$$

所以 f 连续.

评述 该定理具有重大意义,因为它实际上给出了连续性的另一种新的定义方式,这种方式可以摆脱 $\varepsilon - \delta$,利用邻域、开集的工具,建立抽象空间里的连续映射理论. 这正是后来点集拓扑学的思想渊源.

*例 2.1.7 设 $f(x)$ 在 $(-\infty, +\infty)$ 上有定义,证明:$f(x)$ 连续 $\Leftrightarrow \forall c \in (-\infty, +\infty)$,集合 $\{x \mid f(x) > c\}$ 与 $\{x \mid f(x) < c\}$ 为开集.

提示 必要性可利用连续函数保号性证明.(充分性)$\forall x_0 \in (-\infty, +\infty)$,$\forall \varepsilon > 0$,$x_0 \in \{x \mid f(x) > f(x_0) - \varepsilon\}$ 为开集.

下面我们来讲几个利用运算性质的例题.

☆例 2.1.8 1)证明:若函数 $f(x), g(x)$ 连续,则函数 $\varphi(x) = \min\{f(x), g(x)\}$,$\psi(x) = \max\{f(x), g(x)\}$ 亦连续;

2)设 $f_1(x), f_2(x), f_3(x)$ 在 $[a, b]$ 上连续,令函数 f 的值 $f(x)$ 等于三值 $f_1(x), f_2(x), f_3(x)$ 中介于其他两值之间的那个值,证明 f 在 $[a, b]$ 上连续;(西安电子科技大学)

3)令

$$u_n(x) = \begin{cases} -n, & \text{当 } x \leq -n \text{ 时}, \\ x, & \text{当 } -n < x \leq n \text{ 时}, \\ n, & \text{当 } x > n \text{ 时}, \end{cases}$$

$f(x)$ 为实函数,试证明:$f(x)$ 连续的充要条件是 $g_n(x) = u_n[f(x)]$ 对任意固定的 n,都是 x 的连续函数.(四川大学)

证 1)$\varphi(x) = \dfrac{f(x) + g(x) - |f(x) - g(x)|}{2}$,

$$\psi(x) = \frac{f(x) + g(x) + |f(x) - g(x)|}{2}.$$

2)$f(x) = f_1(x) + f_2(x) + f_3(x) - \max\{f_1(x), f_2(x), f_3(x)\} - \min\{f_1(x), f_2(x), f_3(x)\}$.

3)$g_n(x) = u_n[f(x)]$　　　　　　　　　　　　　　　　　　　(利用2))

$$= -n + f(x) + n - \max\{-n, f(x), n\} - \min\{-n, f(x), n\}$$

$$= f(x) - \max\{f(x), n\} - \min\{f(x), -n\} \qquad \text{(利用 1))}$$

$$= f(x) - \frac{n + f(x) + |f(x) - n|}{2} - \frac{-n + f(x) - |n + f(x)|}{2}$$

$$= \frac{|n + f(x)| - |n - f(x)|}{2}.$$

以上由连续函数的运算性质,即知它们连续.3)的充分性留作练习.

例 2.1.9 设 $f(x)$ 在 (a, b) 上至多只有第一类间断点,且 $\forall x, y \in (a, b)$,

$$f\left(\frac{x + y}{2}\right) \le \frac{f(x) + f(y)}{2}, \qquad (1)$$

求证: $f(x)$ 在 (a, b) 上连续.

提示 在式(1)中,令 $y > x = x_0, y \to x_0$ 取极限;令 $y < x = x_0, y \to x_0$ 取极限;最后令 $x = x_0 + h, y = x_0 - h, h \to 0^+$ 取极限.

思考 本节开始介绍的证明连续的五种方法,在以上 9 道例题中是如何应用的?

二、连续性的应用

上段我们主要讨论如何由给定的条件,证明函数连续.现在我们要讨论相反的问题:假定所讨论的函数连续,证明在某些条件下,有什么结果;或者构造适当的函数,把别的问题转化为连续函数的问题.

*例 2.1.10 证明:(非常数的)连续周期函数必有最小正周期.(南开大学,南京大学)

分析 若有最小正周期 T_0,那么 T_0 便是所有正周期的下确界.反之,若能证明全体正周期的下确界仍为一个正周期,则这个正周期自然是最小正周期.因此我们的问题只要证明如下三点即可:1° $\inf\{f \text{ 的正周期}\} = T_0$ 存在;2° T_0 仍为 f 的周期;3° $T_0 > 0$.

证 1° 因为集合 $\{f \text{ 的正周期}\}$ 有下界 0,根据确界存在定理, $\inf\{f \text{ 的正周期}\} = T_0$ 存在.

2° 证明 $T_0 \in \{f \text{ 的周期}\}$.根据确界性质, $\exists T_n \in \{f \text{ 的正周期}\}$ $(n = 1, 2, \cdots)$,使 $T_n \to T_0 (n \to \infty)$.如此, $\forall x \in \mathbf{R}$,有

$$f(x + T_0) = f(x + \lim_{n \to \infty} T_n) = \lim_{n \to \infty} f(x + T_n) = f(x),$$

此式表明 T_0 是 f 的周期.

3° 因 $T_n > 0, T_n \to T_0 (n \to \infty)$,所以 $T_0 \ge 0$.假若 $T_0 = 0$,则 $T_n \to 0 (n \to \infty)$, f 的周期网点(指等于周期整数倍的点)在实轴 $\mathbf{R}$ 上稠密.从而, $\forall x \in \mathbf{R}, \exists \{x_n\} \to x$(其中 $\{x_n\}$ 是由一些周期网点所组成的序列).于是

$$f(x) = f(\lim_{n \to \infty} x_n) = \lim_{n \to \infty} f(x_n) = \lim_{n \to \infty} f(0 + x_n) = f(0),$$

即 $f(x) \equiv f(0)$(常数),矛盾.故 $T_0 > 0$.

注 关于周期的几点补充:

1° 若 T 和 T_1 是函数 f 的周期,则 $mT \pm nT_1$ 仍是 f 的周期.

2° 若 $f(\neq$ 常数$)$ 是连续函数,有最小正周期 T_0(例 2.1.10),那么,$\forall T \in \{f$ 的正周期$\}$,必 $\exists n \in \mathbf{N}$ 使得 $T = nT_0$.

(因为:若该论断不成立,则存在正周期 $T > T_0$. $\forall n \in \mathbf{N}, T \neq nT_0$,$\exists n \in \mathbf{N}$,使得 $nT_0 < T < (n+1)T_0$,因而,$T_0 > T - nT_0 > 0$. 至此,我们找到比 T_0 还小的正周期:$T - nT_0$,跟"T_0 为最小正周期"矛盾.)

3° 设 $f(\neq$ 常数$)$ 是连续函数,有周期 $T > 0$. 若 αT 也是 f 的周期,则 α 最多是有理数.(不可能是无理数!)

(因为:若 αT 是 f 的周期,则(如 2° 所述)有 $m \in \mathbf{N}$,使得 $\alpha T = mT_0$;有 $n \in \mathbf{N}$ 使得 $T = nT_0$. 可见 $\alpha nT_0 = mT_0$,$\alpha = \dfrac{m}{n}$ 为有理数.)

☆**例 2.1.11** 设 $f(x)$ 对 $(-\infty, +\infty)$ 内一切 x 有

$$f(x^2) = f(x), \tag{1}$$

且 $f(x)$ 在 $x = 0, x = 1$ 处连续,证明 $f(x)$ 在 $(-\infty, +\infty)$ 为常数.(华东师范大学)

证 1° 设 $x > 0$,由式(1),

$$f(x) = f(x^{\frac{1}{2}}) = f(x^{\frac{1}{4}}) = \cdots = f(x^{\frac{1}{2^n}}) = \cdots,$$

因此

$$f(x) = \lim_{n \to \infty} f(x^{\frac{1}{2^n}}) = f(\lim_{n \to \infty} x^{\frac{1}{2^n}}) = f(1).$$

2° 当 $x < 0$ 时,$f(x) = f(x^2) = f(1)$.

3° 当 $x = 0$ 时,$f(0) = \lim_{x \to 0} f(x) = f(1)$.

故 $f(x) \equiv f(1)$(常数).

上面两例都是利用连续函数的定义,$\lim_{x \to x_0} f(x) = f(x_0) = f(\lim_{x \to x_0} x)$. 下例是利用连续函数的性质.

例 2.1.12 设 $f: [0,1] \to [0,1]$ 为连续函数,$f(0) = 0$,$f(1) = 1$,$f(f(x)) = x$,试证 $f(x) = x$.

分析 1° 要证 $f(x) = x$,只需证 $f(x) \nearrow$. 实际上,若证明了 $f(x) \nearrow$,利用 $f(f(x)) = x$,立即可证 $f(x) = x$. 因 $\forall x \in [0,1]$,要么 $f(x) \geqslant x$,要么 $f(x) \leqslant x$. 由 $f(x) \nearrow$ 知

$f(x) \geqslant x$ 时,有 $x = f(f(x)) \geqslant f(x)$;$f(x) \leqslant x$ 时,有 $x = f(f(x)) \leqslant f(x)$.

故总有 $f(x) = x$. 问题归纳为证明 $f(x) \nearrow$.

2° 例 2.1.5 告诉我们,有介值性与一对一性就可得到单调性;再利用 $f(0) = 0$,$f(1) = 1$,便可得 $f(x) \nearrow$. 剩下问题在于证明 f 为一对一的. 事实上,$\forall x_1, x_2 \in [0,1]$,若 $f(x_1) = f(x_2)$,则利用条件 $f(f(x)) = x$ 可知

$$x_1 = f(f(x_1)) = f(f(x_2)) = x_2,$$

故 f 为一对一的.

[new] ☆**练习** 设 f 是从 $\mathbf{R}$ 到 $\mathbf{R}$ 的一对一连续映射,有不动点,满足 $f(2x - f(x)) \equiv x, \forall x \in \mathbf{R}$. 证明:$f(x) \equiv x \ (\forall x \in \mathbf{R})$.

提示 1° $f(x) \equiv x(\forall x \in \mathbf{R}) \Leftrightarrow f(x) + f^{-1}(x) \equiv 2x(\forall x \in \mathbf{R})$.

2° $f^2(x) \overset{记}{=\!=\!=} f(f(x)), f^{-2} \overset{记}{=\!=\!=} f^{-1}(f^{-1}(x)) \cdots\cdots$ 可证 $\forall c \in \mathbf{R}$, 有 $f^n(c) = nr_c + c(n \in \mathbf{Z})$, 其中 $r_c = f(c) - c = c - f^{-1}(c)$.

3° 可证在 $\mathbf{R}$ 上: $f(2x - f(x)) = x \Rightarrow f$ 严 ↗.

4° 因有不动点, $\exists a$ 使得 $f(a) = a$. 由 f 严 ↗ 知 $c < a \Rightarrow f(c) < f(a) = a \Rightarrow f^2(c) < f(a) = a \Rightarrow \cdots \Rightarrow f^n(c) < f(a) = a$. 因此, $f^n(c) \overset{见提示2°}{=\!=\!=\!=\!=} n \cdot r_c + c < a(n = 1,2,\cdots)$, 只能有 $r_c = 0$, 即 $f(c) = c(\forall c > a)$. 同理(利用 f^{-1}), 若 $a < c$, 则 $f(c) = c(\forall c < a)$. 总之, $f(x) \equiv x(\forall x \in \mathbf{R})$. (还有多种证法.)

例 2.1.13 设 $f:[a,b] \to [a,b]$ 为连续函数, 证明: $\exists \xi \in [a,b]$, 使得 $f(\xi) = \xi$. (上海师范大学, 复旦大学)

证 若 $f(a) = a$ 或 $f(b) = b$, 问题自明. 否则, 由 $g(x) \equiv f(x) - x$ 连续, $f(a) > a$, $f(b) < b$ 知, $\exists \xi \in (a,b)$ 使得 $g(\xi) = 0$, 即 $f(\xi) = \xi$. 证毕.

例 2.1.14 已知函数 f 在圆周上有定义, 并且连续, 证明: 可以找到一直径的两个端点 a 和 b, 使 $f(a) = f(b)$. (国外赛题)

证 以圆心为极点, 以某个半径作极轴, 于是圆周上的点可由辐角 θ 决定. f 便是 θ 的函数, 以 2π 为周期. 至此问题归为求一 θ 使得 $f(\theta) = f(\theta + \pi)$. 令 $g(\theta) = f(\theta) - f(\theta + \pi)$, 即要求 g 之零点. 若 $g(0) = 0$, 则问题已被解决; 否则 $g(0) \neq 0$. 由 $g(\pi) = f(\pi) - f(2\pi) = f(\pi) - f(0) = -[f(0) - f(\pi)] = -g(0)$ 知, $g(\pi)$ 与 $g(0)$ 异号. 所以由介值性, $\exists \theta \in (0, \pi)$, 使 $g(\theta) = 0$, 即 $f(\theta) = f(\theta + \pi)$. 证毕.

例 2.1.15 平面上, 沿任一方向作平行直线, 总存在一条直线, 将给定的三角形剖成面积相等的两部分.

分析 (如图 2.1.4)设 $\triangle ABC$ 为已知三角形, $\mathbf{Z}$ 为已知方向, 以图示的方式取坐标系, 以 $S(x)$ 表示阴影部分的面积, 则 $\forall x', x'' \in [a,b]$, 有

$$|S(x') - S(x'')| \leqslant \overline{OF}|x' - x''|$$

(即 $S(x)$ 满足 Lipschitz 条件). 所以 S 连续, 有介值性. 记 $S(a) = 0, S(b) = s$ ($\triangle ABC$ 的面积), 故 $\exists x \in (a,b)$, 使得 $S(x) = \dfrac{1}{2}s$.

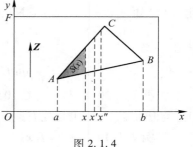

图 2.1.4

^{new}**例 2.1.16** 设 f 和 g 是 $[0,1]$ 上的连续函数, 且 $\max\limits_{x \in [0,1]} f(x) = \max\limits_{x \in [0,1]} g(x)$, 试证: 必存在一点 $x_0 \in [0,1]$ 使得 $e^{f(x_0)} + 3f(x_0) = e^{g(x_0)} + 3g(x_0)$. (北京大学)

提示 问题等价于证明: 函数 $F(x) = e^{f(x)} + 3f(x) - e^{g(x)} - 3g(x)$ 有零点.

再提示 因 f,g 连续, $\exists x_1, x_2 \in [0,1]$, 使得

$$f(x_1) = \max\limits_{x \in [0,1]} f(x) = \max\limits_{x \in [0,1]} g(x) = g(x_2).$$

若 $x_1 = x_2$ 是同一点, 则 $F(x_1) = F(x_2) = 0$, 问题得证.

若 $x_1 \neq x_2$, 则 $F(x_1), F(x_2)$ 一正一负, 因连续有介值性, 故 $\exists x_0 \in (x_1, x_2)$, 使得

$F(x_0)=0$,问题同样获证.

^{new}☆例 2.1.17 是否存在 **R** 上的连续函数 f,满足 $f(f(x))=\mathrm{e}^{-x}$,为什么?(北京大学,浙江大学)

提示 (不存在.)否则:f 一对一 $\Rightarrow f$ 严格单调 $\Rightarrow f(f(x))$ 严 $\nearrow$,矛盾.

再提示 1° 假设有 $f(f(x))=\mathrm{e}^{-x}\Rightarrow f(x)$ 应一对一(因 e^{-x} 是一对一的).

2° 既然 f 一对一,因 f 连续(有介值性),重复例 2.1.5 中的证明,知 f 应严格单调(不然:在 f 的图像上必存在上、下来回跳动的三点,利用介值性必有等值点,矛盾).

3° 既然 f 应严格单调,则 $f(f(x))$ 严 $\nearrow$,与 $f(f(x))=\mathrm{e}^{-x}$ 矛盾(因为:若 f 严 $\nearrow\Rightarrow$ $x_1<x_2$ 时,有 $f(x_1)<f(x_2)\Rightarrow$ 当 $x_1<x_2$ 时,$f(f(x_1))<f(f(x_2))\Rightarrow f(f(x))$ 严 $\nearrow$;类似地:若 f 严 $\searrow$,同样有 $f(f(x))$ 严 $\nearrow$).

^{new}*例 2.1.18 设 $f:[0,1]\to\mathbf{R}$ 严格单调递增,且 $f([0,1])$ 是闭集,证明:f 在 $[0,1]$ 上连续.(中国科学技术大学)

提示 证明 f 在 $(0,1]$ 上处处左连续(类似可证 $[0,1)$ 上处处右连续).

证 1° $\forall x_0\in(0,1]$,$\forall\{x_n\}\subset[0,1]$,$x_n\xrightarrow{\text{递增}}x_0$,下面要证:$\lim\limits_{n\to\infty}f(x_n)=f(x_0)$. 因为 $f\nearrow$,知 $\{f(x_n)\}\nearrow$,且有上界 $f(x_0)$,由单调有界原理,$\lim\limits_{n\to\infty}f(x_n)$ 存在,记作

$$\lim_{n\to\infty}f(x_n)=A,\tag{1}$$

且
$$f(x_n)\leq A\leq f(x_0).\tag{2}$$

2° 已知 $f([0,1])$ 是闭集(意指:含它的所有极限点). 式(1)表明:A 是 $\{f(x_n)\}\subset f([0,1])$ 的极限点,由 $f([0,1])$ 是闭集知 $A\in f([0,1])$,即 $\exists a\in[0,1]$ 使得
$$f(a)=A.\tag{3}$$
由式(2)知 $x_n\leq a\leq x_0$($\forall n\in\mathbf{N}$),即 $0\leq x_0-a\leq x_0-x_n\to 0$($n\to\infty$),可得
$$a=x_0.\tag{4}$$
因此
$$\lim_{n\to\infty}f(x_n)\overset{(1)}{=}A\overset{(3)}{=}f(a)\overset{(4)}{=}f(x_0).\tag{5}$$

根据 $x_0\in(0,1]$ 和 $\{x_n\}\subset[0,1]$ 的任意性,式(5)表明:$f(x)$ 在 $(0,1]$ 上处处左连续(类似可证 $[0,1)$ 上处处右连续).

^{new}例 2.1.19 设 $y=f(x)$ 是从区间 $[0,1]$ 映射到 $[0,1]$ 的函数,其图像
$$E=\{(x,y)\mid y=f(x),x\in[0,1]\}$$
是单位正方形 $[0,1]\times[0,1]$ 上的闭集,求证:f 是连续函数.(中国科学技术大学)

(尚无"二元函数"知识者,此题暂缓.)

提示 跟上题比较,无单调条件;但多了有界条件,因而可用致密性定理.

证 (反证法)假设 f 在某点 $x_0\in[0,1]$ 不连续,意味着 $\exists\varepsilon_0>0$,$\forall n\in\mathbf{N}$,$\delta_n=\dfrac{1}{n}>0$,$\exists x_n\in[0,1]$,虽然 $|x_n-x_0|<\delta_n=\dfrac{1}{n}$(即 $\exists\{x_n\}\to x_0$),但

$$|f(x_n)-f(x_0)|\geq\varepsilon_0\ (n=1,2,\cdots).\tag{1}$$

另一方面,根据致密性定理,有界无穷序列 $\{f(x_n)\}_{n=1}^{\infty} \subset [0,1]$ 必有收敛子列. 即存在 $\{f(x_{n_k})\} \subset \{f(x_n)\}$,使得 $\lim\limits_{k\to\infty} f(x_{n_k}) \overset{存在}{=\!=\!=} y_0$. 而 $\lim\limits_{k\to\infty} x_{n_k} \overset{已知}{=\!=\!=} x_0$,说明 (x_0, y_0) 是 $\{(x_{n_k}, f(x_{n_k}))\}$ 的极限点,且 $\{(x_{n_k}, f(x_{n_k}))\} \subset E$,亦即 (x_0, y_0) 是 E 的一个极限点,但 E 是闭集(包含它的所有极限点). 故

$$(x_0, y_0) \in E = \{(x, y) \mid y = f(x), x \in [0,1]\} \subset [0,1] \times [0,1].$$

这表明 $y_0 \overset{应}{=\!=} f(x_0)$. 于是

$$\lim_{k\to\infty} f(x_{n_k}) = y_0 = f(x_0). \tag{2}$$

注意 $\{(x_{n_k}, f(x_{n_k}))\}$ 是 $\{(x_n, f(x_n))\}$ 的子列,应满足式(1),故 $\lim\limits_{k\to\infty} f(x_{n_k}) \neq f(x_0)$,与式(2)矛盾. 连续性获证.

^{new}**例 2.1.20** 设 $f(x)$ 在 $[a,b]$ 上连续,且 $f(a) = f(b)$,证明:$\forall n \in \mathbf{N}\,(n > 1)$, $\exists \xi \in (a,b)$,使得 $f\left(\xi + \dfrac{b-a}{n}\right) = f(\xi)$. (四川大学)

提示 若存在某 $n \in \mathbf{N}$,使得对应的 ξ 不存在,那么函数 $F(x) \overset{记}{=\!=} f\left(x + \dfrac{b-a}{n}\right) - f(x)$ 在 $[a,b]$ 上没有零点,又因 F 连续,故不能变号. 因此

$$f(b) = f(a) + \sum_{k=1}^{n} \left[f(x_k) - f(x_{k-1})\right] > f(a)\,(\text{或} < f(a)),$$

其中 $x_k = a + k\dfrac{b-a}{n}$. 这与 $f(a) = f(b)$ 矛盾. 证毕.

^{new}☆**例 2.1.21** 是否存在 $[a,b]$ 上的连续函数:在有理点上取值为无理数,在无理点上为有理数?请作出判断并说明理由. (南开大学)

"势"的简介:一区间里的有理数和无理数都是无穷多个,无法再比较. 作为"数目、个数"的推广,数学家引入了"势"的概念:两个集合如果能建立一一对应关系,则称它们具有对等的"**势**". 能跟自然数一一对应的集合,称为可数集;否则称为不可数集. 结果发现:全体有理数是可数集,全体无理数是不可数集.

任意有限个可数集之并仍是可数集,可数个可数集的并还是可数集.

全体实数的"势"称为连续统的势,与任何(非退化的)区间 I(不论有限无限,闭或开)的"势"是对等的,也与 I 中无理数集的"势"对等. 跟连续统的势相比,有理数的势似乎小得可以忽略不计.

解答 (根据上面的理念)题中的连续函数不可能存在!原因是

1° 在有限闭区间 $[a,b]$ 上的连续函数,必达最大、最小值,并有介值性. 因此 f 的像点填满某个闭区间,即 $\exists [A,B]$ 使得 $f([a,b]) = [A,B]$.

2° 函数 f 可以是多对一或一对一. (非一对多!)因此,像点的势不会超过像源的势. 按题设:

$$f(有理数) = 无理数\,(因为像源是可数集,故像点最多是可数集),$$

$$f(无理数) = 有理数\,(有理数是可数集).$$

可数集加可数集还是可数集. 故 f 的全体像点 $f([a,b])$ 是可数集, 不可能填满任一个区间, 即 $\forall[A,B]$, $f([a,b]) \neq [A,B]$. 与 1°矛盾.

new 例 2.1.22 设函数 $f(x)$ 在 $(-\infty, +\infty)$ 上连续, n 为奇数. 若 $\lim\limits_{x \to +\infty} \dfrac{f(x)}{x^n} = \lim\limits_{x \to -\infty} \dfrac{f(x)}{x^n} = 1$, 试证: 方程 $f(x) + x^n = 0$ 有实根. (浙江大学)

提示 因 $f(x) + x^n$ 连续, 只需证明 $f(x) + x^n$ 变号, 方程就有实根. 已知

$$\lim_{|x| \to +\infty} \frac{f(x) + x^n}{x^n} \xlongequal{n \text{ 为奇数}} 1 + 1 > 1,$$

则
$$f(x) + x^n \begin{cases} \geq x^n > 0 \ (\text{充分大 } M > 0, \text{当 } x > M \text{ 时}), \\ < x^n < 0 \ (\text{充分大 } M > 0, \text{当 } x < -M \text{ 时}). \end{cases}$$

故 $\exists x_0 \in \mathbf{R}$ 使得 $f(x_0) + x_0^n = 0$. 问题获证.

new 例 2.1.23 设 $f: \mathbf{R} \to \mathbf{R}$ 是连续函数, $f(x)$ 无不动点, 记
$$f^n = f \circ f \circ \cdots \circ f \ (\text{为 } f(x) \text{ 的 } n \text{ 次复合}),$$
试证: $\forall x_0 \in \mathbf{R}$, 数列 $x_n = f^n(x_0) \ (n = 1, 2, \cdots)$ 无界. (华东师范大学)

证 $f(x)$ 连续, 无不动点, 则必然单调. (这是因为: 若 $f(x)$ 无不动点, 则 $F(x) \xlongequal{\text{记}} x - f(x)$ 无零点. 根据连续有介值性, $F(x)$ 不变号. 即
$$\begin{cases} \text{要么恒负 (即恒有 } x < f(x)\text{), 于是 } x_0 < x_1 < x_2 < \cdots, \ x_n \nearrow, \\ \text{要么恒正 (即恒有 } x > f(x)\text{), 于是 } x_0 > x_1 > x_2 > \cdots, \ x_n \searrow. \end{cases}$$
总之, $\{x_n\}$ 保持单调. 故 $\{x_n\}$ 不可能有界, 否则利用单调有界原理知
$$\lim_{n \to \infty} x_n \xlongequal{\text{存在}} \alpha < +\infty.$$
对式 $f(x_{n-1}) = x_n$ 两端同时取极限, 得不动点 $\alpha: \alpha = f(\alpha)$, 矛盾. 证毕.

new * 例 2.1.24 (定理) f 是 $[a,b] \to [a,b]$ 上的连续函数, 设 $x_1 \in [a,b]$, $x_{n+1} = f(x_n)$, $\forall n \in \mathbf{N}$, 证明: $\{x_n\}$ 收敛的充分必要条件是
$$\lim_{n \to \infty} (x_{n+1} - x_n) = 0. \tag{1}$$
(源自《美国数学月刊》)

证 根据 Cauchy 准则, 式 (1) 的必要性明显. 只需证明充分性. 充分性的证明其实也不难, 需明确三点:

1° 所谓某点是序列 $\{x_n\}$ 的极限点, 意指: 它是 $\{x_n\}$ 的某子列的极限.

2° 根据致密性原理: "有界无穷序列 $\{x_n\}$ 必有极限点".

3° 数列 $\{x_n\}$: $\lim\limits_{n \to \infty} x_n = \alpha \Leftrightarrow \alpha$ 是 $\{x_n\}$ 的唯一极限点.

(事实上, 若 $\{x_n\}$ 收敛于 α, 则 $\{x_n\}$ 的任何子列都以 α 为极限. 因此, 收敛数列只有唯一极限点. 反之, 若 $\{x_n\}$ 只有唯一极限点 α, 则 $\{x_n\}$ 必以 α 为极限. 这因为: 倘若 $\{x_n\}$ 不以 α 为极限, 则 α 有某邻域, 在其外必有 $\{x_n\}$ 的无穷多项 $\{x_{n_k}\}$, 根据致密性原理, $\{x_{n_k}\}$ 至少另有一个极限点 $\beta \neq \alpha$, 与极限点唯一矛盾.)

（下面（用反证法）证明式（1）的充分性.）

设 $\{x_n\}$ 不收敛，如 3° 所述：$\{x_n\}$ 至少有两个不同的极限点：记作 α_1 和 α_2.

对 α_1 和 α_2，各作一微小邻域 $U(\alpha_1,\varepsilon)$ 和 $U(\alpha_2,\varepsilon)$，使得两邻域无公共点. 既然 α_1 和 α_2 都是 $\{x_n\}$ 的极限点，因此对任意 $N>0$（不论多么大），总 $\exists\, n_k>N$，使得 $x_{n_k}\in U(\alpha_1,\varepsilon)$；同理，又能找到更大的 $n_{k+1}>n_k$，使得 $x_{n_{k+1}}\in U(\alpha_2,\varepsilon)$，继而找到 $n_{k+2}>n_{k+1}$，使得 $x_{n_{k+2}}\in U(\alpha_1,\varepsilon)$，… 总之，$\{x_n\}$ 会不停地在两邻域来回摆动.

（i）（下面证明：α_1 和 α_2 之间的每点 η 都必是 $\{x_n\}$ 的极限点.）设 $\eta\in(\alpha_1,\alpha_2)$ 是 α_1 和 α_2 之间的任意一点，$\forall\,\varepsilon>0$，作邻域 $U(\eta,\varepsilon)$. 如上所述：$\{x_n\}$ 在 α_1 和 α_2 之间来回摆动，每趟 $\{x_n\}$ 都要经过邻域 $U(\eta,\varepsilon)$. 但 $\lim\limits_{n\to\infty}(x_{n+1}-x_n)=0$，说明 $\{x_n\}$ 前进的步幅无限变小. 当步幅小于 ε 时，经过邻域 $U(\eta,\varepsilon)$ 时至少有一点落入 $U(\eta,\varepsilon)$ 中. 无穷次摆动，$U(\eta,\varepsilon)$ 里将含有 $\{x_n\}$ 的无穷多项，由 $\varepsilon>0$ 的任意性，说明 η 是 $\{x_n\}$ 的极限点. 再由 $\eta(\eta\in(\alpha_1,\alpha_2))$ 的任意性，说明：α_1 和 α_2 之间的每一点都是 $\{x_n\}$ 的极限点.

（ii）（证明：α_1 和 α_2 之间的每一点 η 都是 f 的不动点.）上面已证 η 是极限点，因此存在子列 $\{x_{n_k}\}\to\eta$（当 $k\to\infty$ 时）. 由于 $\lim\limits_{n\to\infty}(x_{n+1}-x_n)=0$，

$$|x_{n_{k+1}}-\eta|\leqslant|x_{n_{k+1}}-x_{n_k}|+|x_{n_k}-\eta|\to 0,$$

知

$$\{x_{n_{k+1}}\}\to\eta.$$

于是，在等式 $f(x_{n_k})=x_{n_{k+1}}$ 里令 $k\to\infty$，取极限得 $f(\eta)=\eta$.

这就证明了：α_1 和 α_2 之间的每一点 η 都是 f 的不动点.

既然区间 $[\alpha_1,\alpha_2]$ 上每点都是不动点，那么 $\{x_n\}$ 第一次落入区间 (α_1,α_2)，就不能再动，与无穷次来回摆动相矛盾. 故 $\{x_n\}$ 收敛. 证毕.

注 该命题虽然将收敛条件作了大幅度的弱化，但适应面较窄，只针对有限闭区间里的递推数列，且递推公式连续才成立. 因为该定理尚未列入教材，考生千万慎用.

✎ 单元练习 2.1

2.1.1 研究函数 $f(x)=\lim\limits_{n\to\infty}\dfrac{x^n-1}{x^n+1}$ 的连续性.（成都科技大学）

《1 和 -1 为第一类间断点，其余处处连续》

提示

$$f(x)=\begin{cases}1, & |x|>1,\\ 0, & x=1,\\ -1, & |x|<1,\\ \text{无意义}, & x=-1.\end{cases}$$

2.1.2 设 $f(x)=\begin{cases}\dfrac{\ln(1+x)}{x}, & x>0,\\[2mm] 0, & x=0,\\[2mm] \dfrac{\sqrt{1+x}-\sqrt{1-x}}{x}, & -1\leqslant x<0.\end{cases}$ 试研究 $f(x)$ 在 $x=0$ 点的连续性.（燕山大

学) 《$f(0+0) = f(0-0) = 1 \neq f(0) = 0$ 可去间断》

☆**2.1.3** 设 $f(x)$ 在 $[0,1]$ 上连续,且 $f(x) > 0$,置

$$R(x) = \sup_{0 \leqslant y \leqslant x} f(y) \ (0 \leqslant x \leqslant 1), \ G(x) = \lim_{n \to \infty} \left[\frac{f(x)}{R(x)} \right]^n.$$

试证:当且仅当 $f(x)$ 在 $[0,1]$ 上单增时,G 是连续的.(吉林工业大学)

提示 ($\Rightarrow$) $f \nearrow \Rightarrow R = f \Rightarrow G \equiv 1 \Rightarrow G$ 在 $[0,1]$ 上连续.

($\Leftarrow$) 注意 $G(x)$ 只可能取 0,1 两个值.

再提示 ($\Leftarrow$) f 在 $[0,1]$ 上连续 $\Rightarrow \exists x_0 \in [0,1]$,使 $f(x_0) = x \in \max_{[0,1]} f(x) = x \in \max_{[0,x_0]} f(x) = x \in \sup_{[0,x_0]} f(x) = R(x_0) \Rightarrow G(x_0) = 1$. 若 $f(x) < R(x)$,则 $G(x) = 0$,故 G 只可能取 0,1 两值. 既然 $G(x_0) = 1$,且 $G(x)$ 在 $[0,1]$ 上连续,故 $G(x) \equiv 1$. 从而 $f(x) \equiv R(x)$,知 $f \nearrow$.

***2.1.4** 设函数 $f(x)$ 在 $[a,b]$ 上连续且恒大于零,按 $\varepsilon - \delta$ 定义证明:$\dfrac{1}{f(x)}$ 在 $[a,b]$ 上连续.(中南大学)

注 该题虽是基本题,但不易叙述严整.

证 I 因 $f > 0$ 于 $[a,b]$ 上连续,知 $\exists x^* \in [a,b]$,使 $0 < f(x^*) = \min_{[a,b]} f \overset{\text{记}}{=} m$,故 $\forall x_0 \in [a,b]$,$\forall \varepsilon > 0$,取 $\delta > 0$,使得 $|x - x_0| < \delta, x \in [a,b]$ 时,有 $|f(x) - f(x_0)| < m^2 \varepsilon$,

$$\left| \frac{1}{f(x)} - \frac{1}{f(x_0)} \right| = \left| \frac{f(x) - f(x_0)}{f(x)f(x_0)} \right| \leqslant \frac{1}{m^2} |f(x) - f(x_0)| < \varepsilon.$$

所以 $\dfrac{1}{f}$ 在 $[a,b]$ 上连续.

证 II $\forall x_0 \in [a,b]$,$\exists \delta_1 > 0$,使得 $x \in U(x_0, \delta_1) \cap [a,b]$ 时,$|f(x) - f(x_0)| < \dfrac{|f(x_0)|}{2}$,从而

$$|f(x)| \geqslant ||f(x_0)| - |f(x) - f(x_0)|| \geqslant \left| \frac{f(x_0)}{2} \right|.$$

$\forall \varepsilon > 0$,$\exists \delta_2 > 0$,使得 $x \in U(x_0, \delta_2) \cap [a,b]$ 时,

$$|f(x) - f(x_0)| < \frac{(f(x_0))^2}{2} \cdot \varepsilon.$$

于是取 $\delta = \min \{\delta_1, \delta_2\}$,则当 $x \in U(x_0, \delta) \cap [a,b]$ 时有

$$\left| \frac{1}{f(x)} - \frac{1}{f(x_0)} \right| \leqslant \left| \frac{f(x) - f(x_0)}{f(x) \cdot f(x_0)} \right| \leqslant \frac{2}{(f(x_0))^2} |f(x) - f(x_0)| < \varepsilon.$$

故 f^{-1} 在 $[a,b]$ 上连续.

注 证 I 只适用于有界闭区间;证 II 适用于一切区间,且不必要求 $f > 0$. 只要 $f(x_0) \neq 0$,f 就在 x_0 处连续.

2.1.5 设 $f(x)$ 在 $[0,1]$ 上非负连续,且 $f(0) = f(1) = 0$,证明:对任意一个实数 $l(0 < l < 1)$,必有实数 $x_0(0 \leqslant x_0 \leqslant 1)$,使 $f(x_0) = f(x_0 + l)$. (上海交通大学)

提示 连续函数 $f(x) - f(x+l) \begin{cases} \leqslant 0, & \text{当 } x = 0 \text{ 时}, \\ \geqslant 0, & \text{当 } x = 1 - l \text{ 时}. \end{cases}$

2.1.6 函数 $f(x)$ 在 (a,b) 内连续,$a < x_1 < x_2 < \cdots < x_n < b$,证明:在 (a,b) 内存在点 ξ,使

$$f(\xi) = \frac{f(x_1) + f(x_2) + \cdots + f(x_n)}{n}.$$

（华中科技大学,长春理工大学）

提示 平均值总在最大者与最小者之间.

☆**2.1.7** 设 $f(x)$ 在 $[a, a+2\alpha]$ 上连续,证明:存在 $x \in [a, a+\alpha]$,使得

$$f(x+\alpha) - f(x) = \frac{1}{2}[f(a+2\alpha) - f(a)]. \tag{1}$$

（北京大学）

提示 如下函数在 $[a, a+\alpha]$ 上连续、端点处异号:

$$F(x) \equiv f(x+\alpha) - f(x) - \frac{1}{2}[f(a+2\alpha) - f(a)].$$

2.1.8 设 $f(x)$ 在 $(-\infty, +\infty)$ 上连续,若 $\lim\limits_{x \to \pm\infty} f(x) = +\infty$,且 $f(x)$ 在 $x=a$ 处达最小值,若 $f(a) < a$,证明: $F(x) = f(f(x))$ 至少在两点达到最小值. （哈尔滨工业大学）

证 内层的 f 在 $[a, +\infty)$ 两端点的值

$$f(a) < a, \ f(+\infty) = +\infty > a,$$

故（由介值性）$\exists x_1 \in (a, +\infty)$,使得 $f(x_1) = a$,从而 $f(f(x_1))$ 达最小值. 同理在 $(-\infty, a)$ 内亦然.

☆**2.1.9** 若函数 $f(x)$ 在 $[0,1]$ 上连续, $f(0) = f(1)$,证明:对任何自然数 $n \geqslant 2$,存在 $\xi_n \in [0,1]$,使得 $f\left(\xi_n + \frac{1}{n}\right) = f(\xi_n)$. （湖北大学）

证 将 $[0,1]$ n 等分,记分点为 $x_i: 0 = x_0 < x_1 < x_2 < \cdots < x_n = 1$, $n \geqslant 2$.

若 $\exists i \in \{0,1,2,\cdots,n-1\}$,使得 $F(x_i) \equiv f\left(x_i + \frac{1}{n}\right) - f(x_i) = 0$,问题已解决. 否则 $F(x_i) \neq 0$ $(i = 0,1,\cdots,n-1)$,若同为正,则得 $f(0) < f(1)$,矛盾;若同为负,亦导致矛盾. 故 $\exists x_i, x_j$,使 $F(x_i), F(x_j)$ 异号,从而 $\exists \xi_n \in (x_i, x_j)$ 使得 $F(\xi_n) = 0$.

☆**2.1.10** 设 $f_n(x) = x + x^2 + \cdots + x^n \ (n = 2,3,\cdots)$.

1）证明:方程 $f_n(x) = 1$ 在 $[0, +\infty)$ 上有唯一的实根 x_n;

2）证明数列 $\{x_n\}$ 有极限,并求出 $\lim\limits_{x \to +\infty} x_n$. （北京师范大学,吉林大学）

提示 1） $f_n'(x) > 0$, $f_n(0) = 0$, $f_n(+\infty) = +\infty$,故 $f_n(x) = 1$ 在 $(0, +\infty)$ 内有唯一实根.

2） $\forall n: x_n \leqslant x_{n-1}$ $\left($ 否则 $1 = \sum\limits_{k=1}^{n} x_n^k > \sum\limits_{k=1}^{n-1} x_{n-1}^k = 1$ 不可能 $\right)$; $x_n \searrow$ 有下界 0, $\exists A = \lim\limits_{n \to \infty} x_n$. 明显

$$0 \leqslant x_n^n \leqslant \frac{1}{n} \to 0(n \to \infty). \ \ \text{又} \ 1 = \sum_{k=1}^{n} x_n^k = \frac{x_n(1 - x_n^n)}{1 - x_n} \Rightarrow A = \frac{1}{2}.$$

注 此类考题,均可同样证明. 如:

1）设 $f_n(x) = \cos x + \cos^2 x + \cdots + \cos^n x$. 求证:

i）对任意自然数 n,方程 $f_n(x) = 1$ 在 $\left[0, \frac{\pi}{3}\right)$ 内有且仅有一根;

ii）若 $x_n \in \left[0, \frac{\pi}{3}\right)$ 是 $f_n(x) = 1$ 的根,则 $\lim\limits_{n \to \infty} x_n = \frac{\pi}{3}$. （浙江大学）

2）设 $f_n(x) = \sin x + \sin^2 x + \cdots + \sin^n x$. 证明:

i）$\forall n \in \mathbf{N}$, $f_n(x) = 1$ 在 $\left(\frac{\pi}{6}, \frac{\pi}{2}\right)$ 内有唯一根;

ii) 若 $x_n \in \left(\dfrac{\pi}{6}, \dfrac{\pi}{2}\right)$ 是 $f_n(x)=1$ 的根,则 $\lim\limits_{n\to\infty} x_n = \dfrac{\pi}{6}$.（北京大学）

*2.1.11 讨论函数

$$f(x) = \begin{cases} x(1-x), & x\text{ 为有理数}, \\ x(1+x), & x\text{ 为无理数} \end{cases}$$

的连续性与可微性.（内蒙古大学）

提示 两抛物线

$$y_1(x) = x(1-x), \tag{1}$$
$$y_2(x) = x(1+x) \tag{2}$$

只有一个交点 $x=0$. 其他点 f 分别在(1)、(2)上取值.

再提示 $\forall x_0 \neq 0$ 由于有理点稠性,存在有理数列 $x_n \to x_0$, $f(x_n) \to y_1(x_0)$;同理,存在无理数列 $\hat{x}_n \to x_0$, $f(\hat{x}_n) \to y_2(x_0)$. 故 $x_0 \neq 0$ 时, f 不连续,更不可微. 下面看 $x_0 = 0$ 的情况:因

$$\frac{f(x)-f(0)}{x} = \begin{cases} \dfrac{x(1-x)-0}{x} = 1-x\ (\text{当 } x=\text{有理数时}), \\ \dfrac{x(1+x)-0}{x} = 1+x\ (\text{当 } x=\text{无理数时}) \end{cases} \to 1\ (\text{当 } x\to 0 \text{ 时}),$$

故 $f'(0)=1$, f 在 $x=0$ 处可微,当然连续.

2.1.12 用 $\varepsilon-\delta$ 语言证明:如果 $y=f(\mu)$ 在点 μ_0 连续, $\mu=\varphi(x)$ 在点 x_0 连续,且 $\mu_0=\varphi(x_0)$,则 $f[\varphi(x)]$ 在点 x_0 连续.（北京科技大学）

2.1.13 设

$$f(x) = \begin{cases} 1, & x\geq 0, \\ -1, & x<0, \end{cases} \quad g(x)=\sin x,$$

讨论 $f[g(x)]$ 的连续性.（湖南大学）

提示 $f[g(x)] = \begin{cases} 1, & x\in [2k\pi,(2k+1)\pi], \\ -1, & x\in ((2k-1)\pi,2k\pi) \end{cases}$ $(k\in\mathbf{Z})$, $x=k\pi$ 处为第一类间断点（k 为整数）,其余处处连续.

2.1.14 证明:若函数 $f(x)$ 在区间 I 上处处连续且为一一映射,则 $f(x)$ 在 I 上必严格单调.（华东师范大学）

提示 参看例 2.1.5.

☆2.1.15 证明:如果 $y=f(x)$ 在 $x\in [a,+\infty)$ 上连续,且 $\lim\limits_{x\to+\infty} f(x)=A$（$A$ 为有限数）,则 $y=f(x)$ 在 $[a,+\infty)$ 上有界.（复旦大学）

提示 可令 $x=\dfrac{1}{t}-(1-a)$, $t\in(0,1]$,并令 $f(x(t))\big|_{t=0}=A$.

2.1.16 设函数 $f(x)$ 在 (a,b) 上连续,且

$$\lim\limits_{x\to a^+} f(x) = -\infty, \quad \lim\limits_{x\to b^-} f(x) = -\infty,$$

试证:$f(x)$ 在 (a,b) 上有最大值.（西北大学）

提示 任取定一点 $x_1\in(a,b)$,由端点的条件可知,$\exists \delta>0$ 使得当 $a<x<a+\delta$ 和 $b-\delta<x<b$ 时,有 $f(x)<f(x_1)$,则 $[a+\delta,b-\delta]$ 上最大就是 (a,b) 上之最大.

*2.1.17 若函数 $f(x)$ 在 D 上有界,令

$$M_f(x_0,\delta) = \sup\{f(x) \mid x \in D, \mid x - x_0 \mid < \delta\},$$
$$m_f(x_0,\delta) = \inf\{f(x) \mid x \in D, \mid x - x_0 \mid < \delta\}.$$

证明：

1）当 $\delta \to 0^+$ 时，$M_f(x_0,\delta) - m_f(x_0,\delta)$ 的极限存在；

2）函数 $f(x)$ 在 x_0 处连续的充要条件是 $\lim\limits_{\delta \to 0^+}[M_f(x_0,\delta) - m_f(x_0,\delta)] = 0$.（西北大学）

提示 1）（注意：随着取值范围减小，$\sup(\cdot)\searrow$，$\inf(\cdot)\nearrow$，$\delta\searrow 0$ 时，$M_f(x_0,\delta) - m_f(x_0,\delta)\searrow$ 且有下界 0.

2）（$\Leftarrow$）$\mid f(x) - f(x_0)\mid \leq M_f - m_f \to 0$.

（$\Rightarrow$）f 在 x_0 处连续 $\Rightarrow \forall \varepsilon > 0, \exists \delta > 0$，当 $\mid x - x_0 \mid < \delta, x \in D$ 时，

$$f(x_0) - \frac{\varepsilon}{4} < f(x) < f(x_0) + \frac{\varepsilon}{4}.$$

取 $\sup(\cdot)$ 得

$$f(x_0) - \frac{\varepsilon}{2} < f(x_0) - \frac{\varepsilon}{4} < f(x) \leq M_f(x_0,\delta) \leq f(x_0) + \frac{\varepsilon}{4} < f(x_0) + \frac{\varepsilon}{2}.$$

即

$$\left| M_f(x_0,\delta) - f(x_0) \right| < \frac{\varepsilon}{2}.$$

类似有

$$\left| f(x_0) - m_f(x_0,\delta) \right| < \frac{\varepsilon}{2}.$$

于是 $\left| M_f(x_0,\delta) - m_f(x_0,\delta) \right| \leq \left| M_f - f(x_0) \right| + \left| f(x_0) - m_f \right| < \frac{\varepsilon}{2} + \frac{\varepsilon}{2} = \varepsilon.$

*2.1.18 设函数 $y = f(x)$ 在区间 $[a,b]$ 上有界，试证函数
$$m(x) = \inf_{a \leq t < x} f(t), \quad M(x) = \sup_{a \leq t < x} f(t)$$
在 $[a,b]$ 上左连续，并举例说明它们可以不右连续.

提示 （以 $M(x)$ 为例证明左连续.）（明显：$M(x)$ 是 x 的增函数.）按确界定义，$\forall x_0 \in (a,b]$，$\forall \varepsilon > 0, \exists x_1: a \leq x_1 < x_0$ 使得
$$M(x_0) - \varepsilon < f(x_1) \leq M(x_1) \leq M(x_0) < M(x_0) + \varepsilon.$$
取 $\delta = x_0 - x_1 > 0$，则 $x_1 = x_0 - \delta < x < x_0$ 时，
$$M(x_0) - \varepsilon < M(x_1) \leq M(x) \leq M(x_0) < M(x_0) + \varepsilon,$$
即有 $\mid M(x_0) - M(x) \mid < \varepsilon$. 故左连续.

（可以不右连续）如 $[-1,1]$ 上：
$$\mathrm{sgn}(x) = \begin{cases} 1, & x > 0, \\ 0, & x = 0, \\ -1, & x < 0, \end{cases}$$

此时 $M(x) = \begin{cases} 1, & 0 < x \leq 1, \\ -1, & -1 \leq x \leq 0 \end{cases}$ 在 $x = 0$ 处不右连续.

☆2.1.19 已知
$$f(x) = \begin{cases} x, & 0 \leq x < 1, \\ k+1, & k \leq x < k+1, \end{cases} \quad \text{其中 } k = 1,2,3,\cdots,$$

求函数 $g(y) = \sup\limits_{f(x) \leq y} x$ 在 $y \geq 0$ 时的具体表达式，并指出 $g(y)$ 在各点处的左右连续性.（北京航空航

天大学)

$$\left\|g(y) = \begin{cases} y, & 0 \leqslant y < 1, \\ k, & k \leqslant y < k+1,\ k = 1, 2, \cdots, \end{cases}\right.$$

$$\left. y = 2, 3, \cdots 时右连续、左不连续, [0, +\infty) 上其余处处连续 \right\|$$

*2.1.20　设 $f(x)$ 在 $[0,1]$ 上定义,并且有界,$a, b > 1$ 为两常数,当 $0 \leqslant x \leqslant \dfrac{1}{a}$ 时,有 $f(ax) = bf(x)$,试证 f 在 $x = 0$ 处右连续.

提示　在 $f(ax) = bf(x)$ 中令 $x = 0$,得 $f(0) = 0$. 因此只要证明 $\lim\limits_{x \to 0^+} f(x) = 0$ 即可.

再提示　因 $0 \leqslant x \leqslant \dfrac{1}{a}$ 时,有 $f(ax) = bf(x)$,即 $f(x) = \dfrac{f(ax)}{b}$,因此 $\forall n \in \mathbf{N}$(自然数),$0 \leqslant x \leqslant \dfrac{1}{a^n}$ 时,有 $f(x) = \dfrac{f(ax)}{b} = \cdots = \dfrac{f(a^n x)}{b^n}$,

$$|f(x)| = \frac{|f(a^n x)|}{b^n} \leqslant \frac{M}{b^n}$$

(因 f 有界,即 $\exists M > 0$,使 $|f(x)| \leqslant M$). 故 $\forall \varepsilon > 0$,取定 N(充分大)可使 $\dfrac{M}{b^N} < \varepsilon$,然后令 $\delta = \dfrac{1}{a^N}$,则当 $0 \leqslant x \leqslant \delta = \dfrac{1}{a^N}$ 时,有 $|f(x)| \leqslant \dfrac{M}{b^N} < \varepsilon$. 即 $\lim\limits_{x \to 0^+} f(x) = 0 = f(0)$.

**2.1.21　设 $y = f(x)$ 为 $X \to Y$ 的连续函数,F 为 Y 轴上的闭集,试证 $f^{-1}(F)$ 为 X 轴上的闭集.

证　要证 $f^{-1}(F)$ 为 X 轴上的闭集,即要证 $f^{-1}(F)$ 包含它的一切聚点. 设 x_0 是 $f^{-1}(F)$ 的任一聚点(指:$\exists x_n \in f^{-1}(F)$,$x_n \to x_0 (n \to \infty)$),来证 $x_0 \in f^{-1}(F)$. 事实上:$x_n \in f^{-1}(F) \Rightarrow f(x_n) \in F$ $\xrightarrow{\text{因 } f \text{ 连续}} \lim\limits_{n \to \infty} f(x_n) = f(x_0) \Rightarrow f(x_0)$ 是 F 的聚点 $\xrightarrow{\text{因 } F \text{ 为闭集}} f(x_0) \in F \Rightarrow x_0 \in f^{-1}(F)$. 由 x_0 的任意性,知 $f^{-1}(F)$ 为 X 上的闭集.

*2.1.22　函数 f, g 在 $[a, b]$ 上连续,f 单调,$x_n \in [a, b]$ 使得 $g(x_n) = f(x_{n+1})$ $(n = 1, 2, \cdots)$,证明:$\exists x_0 \in [a, b]$,使得 $f(x_0) = g(x_0)$.

证　1° 若 $\exists n$ 使得 $g(x_n) - f(x_n)$ 与 $g(x_{n+1}) - f(x_{n+1})$ 异号,则由连续函数介值性,知 $\exists x_0 \in [a, b]$,使得 $g(x_0) = f(x_0)$.

2° 否则 $\{g(x_n) - f(x_n)\}$ 保持同号. 例如恒正,则 $f(x_{n+1}) - f(x_n) = g(x_n) - f(x_n) > 0$ $(n = 1, 2, \cdots)$,表明 $\{f(x_n)\} \nearrow$. 由 f 的单调性,知 $\{x_n\}$ 单调,且有界 a, b. 故 $\{x_n\}$ 收敛于某点 x_0. 在 $g(x_n) = f(x_{n+1})$ 中取极限,由 f, g 的连续性得 $g(x_0) = f(x_0)$.

注　有界无穷数列必有收敛子列,因此在 $\{x_n\}$ 中能找出收敛子列 $x_{n_k} \to x_0$(某极限点). 似乎可以删去 f 的单调性条件. 但这种方法得到的子列,其邻项不能保证具有关系:$g(x_n) = f(x_{n+1})$.

*2.1.23　设 $f(x)$ 在 $(a, +\infty)$ 内连续、有界,试证:$\forall T$,$\exists x_n \to +\infty$ 使得 $\lim\limits_{n \to \infty} [f(x_n + T) - f(x_n)] = 0$.

证　(记 $g(x) \equiv f(x + T) - f(x)$,来找 $x_n \to +\infty$ 使得 $g(x_n) \to 0$.) 事实上,若 $x \nearrow +\infty$ 时,$g(x)$ 无穷次变号,则问题明显. 只需证明 x 充分大后 $g(x)$ 保持不变号(例如恒有 $g(x) > 0$)的情况即可.

由 f 的有界性知：$\forall \varepsilon > 0$，x 充分大之后，不能永远有 $g(x) \geqslant \varepsilon$（不然，$f(x + (n+1)T) =$

$\sum\limits_{k=0}^{n} g(x+kT) + f(x) \geqslant (n+1) \cdot \varepsilon + f(x) \to +\infty$（当 $n \to \infty$ 时）与 f 有界矛盾）. 因此，对充分大的

每个自然数 n，$\exists x_n > n$，使得 $g(x_n) < \dfrac{1}{n}$. 证毕.

＊＊2.1.24 设 f 在 $[0,n]$ 上连续（n 为自然数），$f(0) = f(n)$. 试证：至少存在 n 组不同的解 (x,y) 使得 $f(x) = f(y)$，且 $y - x > 0$ 为整数.

证 （用数学归纳法.）$1°$ $n = 1$ 时明显.

$2°$（由 $n = k$ 时成立推出 $n = k+1$ 时成立.）考虑函数 $g(x) \equiv f(x+1) - f(x)$，当 $n = k+1$ 时，

有 $f(0) = f(k+1)$，故 $\sum\limits_{i=0}^{k} g(i) = 0$，可知总 $\exists \xi \in [0,k]$，使得 $g(\xi) = 0$，即 $f(\xi+1) = f(\xi)$，$(\xi, \xi+1)$

为一组解.

作函数

$$\varphi(x) = \begin{cases} f(x), & x \in [0,\xi], \\ f(x+1), & x \in (\xi, k) \end{cases} \text{（平移相接）.}$$

这时 $\varphi(0) = \varphi(k)$ 满足命题对 $n = k$ 的条件，应用到 φ 可得 k 组解. 但 φ 的解也必是 f 的解，且与 $(\xi, \xi+1)$ 不同，如此获得 f 的 $n+1$ 组解. 得证.

＊2.1.25 用确界原理（非空有上（下）界数集必有上（下）确界）证明：若 $f(x)$ 在 $[a,b]$ 上连续，$f(a) \cdot f(b) < 0$，则存在一点 $c \in (a,b)$，使 $f(c) = 0$.（西北大学）

提示 不妨设 $f(a) < 0$，$f(b) > 0$，于是 $A \equiv \{x \mid f(x) < 0\}$ 非空，有上界 b. 由确界原理，

$$\exists c \in [a,b] : c = \sup_{f(x)<0} \{x\} \Rightarrow \forall \frac{1}{n} > 0, \exists x_n \in A : c - \frac{1}{n} < x_n < c \ (n = 1,2,\cdots)$$

$$\xRightarrow{f \text{连续}} \lim_{n\to\infty} f(x_n) = f(c) \leqslant 0 \text{（因 } f(x_n) < 0\text{）.}$$

又 $c + \dfrac{1}{n} \notin A$，$f\left(c + \dfrac{1}{n}\right) \geqslant 0$，$f(c) = \lim\limits_{n\to\infty} f\left(c + \dfrac{1}{n}\right) \geqslant 0$，故 $f(c) = 0$，$c \in (a,b)$.

＊2.1.26 设 $f(x)$ 在 $[a,b]$ 上连续，$f(a) \cdot f(b) < 0$，应用闭区间套原理证明：至少存在一点 $\xi \in (a,b)$，使得 $f(\xi) = 0$.（北京科技大学）

提示 将 $[a,b]$ 二等分，若中点处 $f\left(\dfrac{a+b}{2}\right) \neq 0$，两子区间，必有一个 f 在端点异号；将其再二等分；如此下去组成闭区间套 $\{[a_n,b_n]\}$，其公共点 $\xi \in [a_n,b_n]$（$n = 1,2,\cdots$），必有 $f(\xi) = 0$.

＊2.1.27 用有限覆盖定理证明连续函数的零点定理：若 $f(x)$ 在 $[a,b]$ 上连续，$f(a) \cdot f(b) < 0$，则存在 $\xi \in (a,b)$，使得 $f(\xi) = 0$.（四川大学）

提示 （反证法）否则，$\forall x \in [a,b]$，$f(x) \neq 0 \Rightarrow f(x) > 0$（或 < 0）$\xRightarrow{\text{极限保号性}} \exists \delta_x > 0$，$(x - \delta_x,$ $x + \delta_x) \cap [a,b]$ 内 $f(x)$ 保持同号，$\{(x - \delta_x, x + \delta_x) \mid x \in [a,b]\}$ 组成 $[a,b]$ 的开覆盖 $\Rightarrow$ 其中存在有限子覆盖，相邻接的两开区间必有公共点 $\Rightarrow$ 相邻区间里 f 同号 $\Rightarrow f(a)$ 与 $f(b)$ 同号（矛盾）.

＊2.1.28 用闭区间套定理证明连续函数有界性定理，即若 $f(x)$ 在闭区间 $[a,b]$ 上连续，则存在 $M > 0$，对一切 $x \in [a,b]$，$|f(x)| \leqslant M$.（华中师范大学）

^{new}**2.1.29** 1）用闭区间套定理证明有限覆盖定理（**注** 基本定理互证，这种考研题多见）；

2）试用有限覆盖定理证明：$[a,b]$ 上的正值连续函数 $f(x)$ 必有正的下界 m：

$$f(x) \geqslant m > 0 \quad (x \in [a, b]).$$

（浙江大学）

提示 1）参看例 1.8.4.

2）（因 $f(x) > 0$），连续函数有保号性．）对每个 $x_t \in [a, b]$，$\exists \delta_t > 0$，使得当 $[a, b]$ 中的 $x \in (x_t - \delta_t, x_t + \delta_t)$ 时，就有 $f(x) \geqslant \dfrac{f(x_t)}{2} > 0$. 于是，开区间组成的集合 $\big\{(x_t - \delta_t, x_t + \delta_t)\big\}_{x_t \in [a, b]}$ 构成了 $[a, b]$ 的一个覆盖．根据有限覆盖定理，从中能挑出有限子覆盖（记为）$(x_i - \delta_i, x_i + \delta_i)$，$i = 1$，$2, \cdots, N$. 如此，$\forall x \in [a, b] \subset \bigcup\limits_{i=1}^{N} (x_i - \delta_i, x_i + \delta_i)$，有 $f(x) \geqslant \min\limits_{1 \leqslant i \leqslant N} \left\{ \dfrac{f(x_i)}{2} \right\} \overset{\text{记}}{=\!=} m > 0$.

* §2.2　一致连续性

导读　一致连续性是数学院系学生的重点内容，非数学院系学生不作要求．

本节主要讨论如何利用一致连续性的定义及其否定形式，来证明函数一致连续与非一致连续．其次，讨论一致连续与连续的关系．最后介绍连续模数及一致连续函数的延拓问题．

关于上、下半连续的内容，本书只对基本概念和结论作一综述，有需要的读者可参考本书第 2 版．

一、利用一致连续的定义及其否定形式证题

要点　设 $f(x)$ 在区间 I 上有定义（I 为开、闭、半开半闭，有限或无限区间）．所谓 $f(x)$ 在 I 上一致连续，意指：$\forall \varepsilon > 0$，$\exists \delta > 0$，当 $x', x'' \in I$，$|x' - x''| < \delta$ 时，有

$$|f(x') - f(x'')| < \varepsilon.$$

如此，

$f(x)$ 在 I 上非一致连续

$\Leftrightarrow \exists \varepsilon_0 > 0$，$\forall \delta > 0$，$\exists x'_\delta, x''_\delta \in I$：虽然 $|x'_\delta - x''_\delta| < \delta$，但是 $|f(x'_\delta) - f(x''_\delta)| \geqslant \varepsilon_0$

$\Leftrightarrow \exists \varepsilon_0 > 0$，$\forall \dfrac{1}{n} > 0$，$\exists x'_n, x''_n \in I$（$n = 1, 2, \cdots$）：

虽然 $|x'_n - x''_n| < \dfrac{1}{n}$，但是 $|f(x'_n) - f(x''_n)| \geqslant \varepsilon_0$.

特别，若 $\exists \varepsilon_0 > 0$，$\exists x'_n, x''_n \in I$（$n = 1, 2, \cdots$），虽然 $\lim\limits_{n \to \infty} x'_n = \lim\limits_{n \to \infty} x''_n = a$，但是 $|f(x'_n) - f(x''_n)| \geqslant \varepsilon_0$（$n = 1, 2, \cdots$），则可断定 f 在 I 上非一致连续．

用定义证明 f 在 I 上一致连续，通常的方法是设法证明 f 在 I 满足 Lipschitz 条件：

$$|f(x') - f(x'')| \leqslant L |x' - x''|, \quad \forall x', x'' \in I,$$

其中 $L > 0$ 为某一常数．此条件成立必一致连续．

特别,若 f 在 I 上存在有界导函数,则 f 在 I 满足 Lipschitz 条件.

例 2.2.1 设 $f(x)=\dfrac{x+2}{x+1}\sin\dfrac{1}{x}$,$a>0$ 为任一正常数,试证:$f(x)$ 在 $(0,a)$ 内非一致连续,在 $[a,+\infty)$ 上一致连续.(兰州大学)

证 1° 证明 f 在 $[a,+\infty)$ 上一致连续.

方法 I 证明 f 在 $[a,+\infty)$ 上满足 Lipschitz 条件. $\forall x',x''\in[a,+\infty)$,

$$|f(x')-f(x'')|\leqslant\left|\frac{x'+2}{x'+1}\sin\frac{1}{x'}-\frac{x''+2}{x''+1}\sin\frac{1}{x'}\right|+\left|\frac{x''+2}{x''+1}\sin\frac{1}{x'}-\frac{x''+2}{x''+1}\sin\frac{1}{x''}\right|$$

$$\leqslant\left|\frac{x'+2}{x'+1}-\frac{x''+2}{x''+1}\right|+\frac{x''+2}{x''+1}\cdot2\left|\cos\frac{\dfrac{1}{x'}+\dfrac{1}{x''}}{2}\right|\left|\sin\frac{\dfrac{1}{x'}-\dfrac{1}{x''}}{2}\right|$$

$$\leqslant\frac{|x''-x'|}{(x'+1)(x''+1)}+\left(1+\frac{1}{x''+1}\right)\cdot2\cdot\frac{\left|\dfrac{1}{x'}-\dfrac{1}{x''}\right|}{2}$$

$$\leqslant\left[\frac{1}{(a+1)^2}+\frac{a+2}{a^2(a+1)}\right]|x'-x''|\equiv L|x'-x''|,$$

从而 $\forall\varepsilon>0$,$\exists\delta=\dfrac{\varepsilon}{L}$,当 $|x'-x''|<\dfrac{\varepsilon}{L}$ 时,$|f(x')-f(x'')|<\varepsilon$.

方法 II 证明 $f'(x)$ 在 $[a,+\infty)$ 上有界. 略.

2° 证明 f 在 $(0,a)$ 内非一致连续.

取 $x_n'=\dfrac{1}{2n\pi+\dfrac{\pi}{2}}$,$x_n''=\dfrac{1}{2n\pi-\dfrac{\pi}{2}}$($n=1,2,\cdots$),则 n 充分大时,$x_n',x_n''\in(0,a)$,且

$$|x_n'-x_n''|=\frac{\pi}{4n^2\pi^2-\dfrac{\pi^2}{4}}\to0\ (\text{当 }n\to\infty\text{ 时}).$$

但 $$|f(x_n')-f(x_n'')|=\left|\frac{4n\pi+\pi+1}{2n\pi+\dfrac{\pi}{2}+1}+\frac{4n\pi-\pi+1}{2n\pi-\dfrac{\pi}{2}+1}\right|>2.$$

故 f 在 $(0,a)$ 内非一致连续.

例 2.2.2 证明:$f(x)=\dfrac{1}{x}$ 在 $(0,1)$,$g(x)=x^2$ 在 $(1,+\infty)$ 内非一致连续.

证 $\left|\dfrac{1}{n}-\dfrac{1}{n+1}\right|\to0\ (n\to\infty)$,但 $\left|\dfrac{1}{\dfrac{1}{n}}-\dfrac{1}{\dfrac{1}{n+1}}\right|\equiv1.$

$$|\sqrt{n+1}-\sqrt{n}|=\frac{1}{\sqrt{n+1}+\sqrt{n}}\to0,$$

但 $|(\sqrt{n+1})^2 - (\sqrt{n})^2| \equiv 1$. 故 f 在 $(0,1)$, g 在 $(1, +\infty)$ 内都非一致连续.

☆**例 2.2.3**   证明: $f(x)$ 在区间 I 上一致连续的充要条件是: 对 I 上任意两数列 $\{x_n\}$, $\{x_n'\}$, 只要 $x_n - x_n' \to 0$, 就有 $f(x_n) - f(x_n') \to 0 (n \to \infty)$. (华中科技大学)

证   1° (必要性) 因 f 一致连续, 所以 $\forall \varepsilon > 0$, $\exists \delta > 0$, 当 $x, x' \in I$, $|x - x'| < \delta$ 时, 有

$$|f(x) - f(x')| < \varepsilon. \tag{1}$$

但 $x_n - x_n' \to 0$ (当 $n \to \infty$ 时), 故对 $\delta > 0$, $\exists N > 0$, 当 $n > N$ 时, $|x_n - x_n'| < \delta$, 从而由式 (1), $|f(x_n) - f(x_n')| < \varepsilon$. 即

$$f(x_n) - f(x_n') \to 0 \quad (\text{当 } n \to \infty \text{ 时}).$$

2° (充分性) 若 f 在 I 上非一致连续, 则 $\exists \varepsilon_0 > 0$, $\forall \frac{1}{n} > 0$, $\exists x_n, x_n' \in I$, 虽然 $|x_n - x_n'| < \frac{1}{n}$, 但 $|f(x_n) - f(x_n')| \geqslant \varepsilon_0$. 可见 $x_n - x_n' \to 0$, 但 $f(x_n) - f(x_n') \nrightarrow 0$ (当 $n \to \infty$ 时), 矛盾.

☆**例 2.2.4**   设 I 为有限区间, $f(x)$ 在 I 上有定义, 试证: $f(x)$ 在 I 上一致连续的充要条件是 f 把 Cauchy 序列映射为 Cauchy 序列[①] (即当 $\{x_n\}$ 为 Cauchy 序列时, $\{f(x_n)\}$ 亦为 Cauchy 序列). (北京师范大学, 西北师范大学, 河南师范大学)

证   1° (必要性) 已知 $\forall \varepsilon > 0$, $\exists \delta > 0$, 当 $x', x'' \in I$, $|x' - x''| < \delta$ 时, 有

$$|f(x') - f(x'')| < \varepsilon. \tag{1}$$

设 $\{x_n\}$ 为 Cauchy 序列, 则对此 $\delta > 0$, $\exists N > 0$, 当 $n, m > N$ 时, 有 $|x_n - x_m| < \delta$, 从而由式 (1),

$$|f(x_n) - f(x_m)| < \varepsilon,$$

所以 $\{f(x_n)\}$ 亦为 Cauchy 序列.

2° (充分性) 若 $f(x)$ 在 I 上非一致连续, 则 $\exists \varepsilon_0 > 0$, $\forall \delta_n = \frac{1}{n} > 0$, $\exists x_n, x_n' \in I$: 虽然 $|x_n - x_n'| < \frac{1}{n}$, 但

$$|f(x_n) - f(x_n')| \geqslant \varepsilon_0 (n = 1, 2, \cdots). \tag{2}$$

注意到 I 为有限区间, $x_n \in I (n = 1, 2, \cdots)$, 因此 $\{x_n\}$ 中存在收敛子列 $\{x_{n_k}\}$. 因为 $|x_n - x_n'| \to 0$ (当 $n \to \infty$ 时), 故 $\{x_n'\}$ 中相应的子列 $\{x_{n_k}'\}$ 也收敛于相同的极限. 从而穿插之后, 序列

$$x_{n_1}, x_{n_1}', x_{n_2}, x_{n_2}', \cdots, x_{n_k}, x_{n_k}', \cdots$$

① Cauchy 序列又称基本序列, 或自收敛序列, 意指所讨论的序列 $\{a_n\}$ 满足 Cauchy 条件: $\forall \varepsilon > 0$, $\exists N > 0$, $m, n > N$ 时 $|a_m - a_n| < \varepsilon$.

亦收敛,为 Cauchy 序列. 但其像序列

$$f(x_{n_1}), f(x'_{n_1}), f(x_{n_2}), f(x'_{n_2}), \cdots, f(x_{n_k}), f(x'_{n_k}), \cdots$$

恒有

$$|f(x_{n_k}) - f(x'_{n_k})| \geq \varepsilon_0,$$

不是 Cauchy 序列,与已知条件矛盾.

注 I 的有限性只在充分性用到. 对无穷区间,必要性仍成立.

例 2.2.5 设 $z = g(y)$ 于 J,$y = f(x)$ 于 I 都是一致连续的,且 $f(I) \subset J$. 试证 $z = g(f(x))$ 在 I 上一致连续.

提示 可直接利用定义;当 I,J 有限时可利用上例.

二、一致连续与连续的关系

我们知道,$f(x)$ 在区间 I 上一致连续,自然 $f(x)$ 在 I 上连续,反之不一定. 若 I 为有限闭区间,根据 Cantor 定理,f 在 $[a,b]$ 上连续等价于 f 在 $[a,b]$ 上一致连续.

现在让我们来讨论开区间以及无穷区间的情况.

☆ **例 2.2.6** 设 $f(x)$ 在有限开区间 (a,b) 内连续,试证 $f(x)$ 在 (a,b) 内一致连续的充要条件是极限 $\lim\limits_{x \to a^+} f(x)$ 及 $\lim\limits_{x \to b^-} f(x)$ 存在(有限). (山东大学,南开大学)

证 1°(必要性) 已知 $\forall \varepsilon > 0$,$\exists \delta > 0$,当 $x',x'' \in (a,b)$,$|x'-x''| < \delta$ 时,有 $|f(x') - f(x'')| < \varepsilon$. 故 $\forall x',x'' \in (a,b)$,$a < x' < a+\delta$,$a < x'' < a+\delta$ 时,有

$$|f(x') - f(x'')| < \varepsilon.$$

根据 Cauchy 准则,知 $\lim\limits_{x \to a^+} f(x)$ 存在(有限). 同理 $\lim\limits_{x \to b^-} f(x)$ 存在.

2°(充分性)补充定义 $f(a) = \lim\limits_{x \to a^+} f(x)$,$f(b) = \lim\limits_{x \to b^-} f(x)$,则 $f(x)$ 在 $[a,b]$ 上连续. 由 Cantor 定理,$f(x)$ 在 $[a,b]$ 上一致连续. 从而 $f(x)$ 在 (a,b) 内一致连续.

注 (1) 此例表明:在有限开区间上连续函数是否一致连续,取决于函数在端点附近的状态. 应用本例,容易判明 $y = \dfrac{1}{x} \sin x$ 在 $(0,1)$ 内一致连续. 而 $y = \sin\dfrac{1}{x}$,$y = \ln x$,$y = \dfrac{1}{1-x}$ 在 $(0,1)$ 内非一致连续.

(2) 由此例还可看出,$f(x)$ 在 (a,b) 内一致连续,则 f 在 (a,b) 内有界. 然而,在开区间上连续、有界,不一定一致连续,如 $y = \sin\dfrac{1}{x}$.

(3) 当 (a,b) 改为无穷区间时,该例的必要性不再成立. 如 $f(x) = x$,$g(x) = \sin x$ 在 $(-\infty, +\infty)$ 上一致连续,但在端点 $\pm\infty$ 无极限. 对于无穷区间,充分性仍是对的. 请看

☆ **例 2.2.7** 证明:若 $f(x)$ 在 $[a, +\infty)$ 上连续,$\lim\limits_{x \to +\infty} f(x) = A$(有限),则 $f(x)$ 在 $[a, +\infty)$ 上一致连续. (新疆大学,中国人民大学)

证 1° 因 $\lim\limits_{x \to +\infty} f(x) = A$,所以 $\forall \varepsilon > 0$,$\exists \Delta > a$,当 $x',x'' > \Delta$ 时,有

$$|f(x') - f(x'')| < \varepsilon \qquad\qquad (1)$$

(Cauchy 准则之"必要性").

2° 由 Cantor 定理, f 在 $[a, \Delta + 1]$ 上一致连续, 故对此 $\varepsilon > 0$, $\exists \delta_1 > 0$, 当 x', $x'' \in [a, \Delta + 1]$, $|x' - x''| < \delta_1$ 时, 有

$$|f(x') - f(x'')| < \varepsilon. \qquad\qquad (2)$$

3° 令 $\delta = \min\{1, \delta_1\}$, 则 $x', x'' > a$, $|x' - x''| < \delta$ 时, x', x'' 要么同属于 $[a, \Delta + 1]$, 要么同属于 $(\Delta, +\infty)$. 从而由式(1)、(2)知 $|f(x') - f(x'')| < \varepsilon$, 即 f 在 $[a, +\infty)$ 上一致连续.

注 如下证明是错误的: 首先利用以上证明的 1°, 得结论"f 在 $[\Delta, +\infty)$ 上一致连续", 然后利用 Cantor 定理, f 在 $[a, \Delta]$ 上一致连续, 从而 f 在 $[a, +\infty)$ 上一致连续. 其错误在于 1° 中 Δ 与 ε 有关, 由 1° 得不出 f 在 $[\Delta, +\infty)$ 上一致连续.

☆ **例 2.2.8** 设 $f(x)$ 在 $[a, +\infty)$ 上一致连续, $\varphi(x)$ 在 $[a, +\infty)$ 上连续, $\lim\limits_{x \to +\infty} [f(x) - \varphi(x)] = 0$. 证明: $\varphi(x)$ 在 $[a, +\infty)$ 上一致连续. (上海交通大学, 华中科技大学)

证 1° 因 $\lim\limits_{x \to +\infty} [f(x) - \varphi(x)] = 0$, 所以 $\forall \varepsilon > 0$, $\exists \Delta > a$, 当 $x > \Delta$ 时, $|f(x) - \varphi(x)| < \dfrac{\varepsilon}{3}$. 又因 f 一致连续, 故对此 $\varepsilon > 0$, $\exists \delta_1 > 0$, 当 $|x' - x''| < \delta_1$ 时 $|f(x') - f(x'')| < \dfrac{\varepsilon}{3}$. 如此, $\forall x', x'' > \Delta$, $|x' - x''| < \delta_1$ 时有

$$|\varphi(x') - \varphi(x'')| \leqslant |\varphi(x') - f(x')| + |f(x') - f(x'')| + |f(x'') - \varphi(x'')|$$

$$< \frac{\varepsilon}{3} + \frac{\varepsilon}{3} + \frac{\varepsilon}{3} = \varepsilon.$$

2° 利用 Cantor 定理, 可知 $\varphi(x)$ 在 $[a, \Delta + 1]$ 上一致连续, 所以对此 $\varepsilon > 0$, $\exists \delta_2 > 0$, 当 $x', x'' \in [a, \Delta + 1]$, $|x' - x''| < \delta_2$ 时, 有 $|\varphi(x') - \varphi(x'')| < \varepsilon$.

3° 取 $\delta = \min\{1, \delta_1, \delta_2\}$, 则 $x', x'' \in [a, +\infty)$, $|x' - x''| < \delta$ 时, 有 $|\varphi(x') - \varphi(x'')| < \varepsilon$. 证毕.

我们知道, $y = x$ 在 $(-\infty, +\infty)$ 上一致连续, 但 $y = x^2$ 在 $(-\infty, +\infty)$ 上非一致连续[①]. 我们要问: 在无穷区间上一致连续的函数, 当 $x \to \pm\infty$ 时, 阶次有何估计?

* **例 2.2.9** 设 $f(x)$ 在 $(-\infty, +\infty)$ 上一致连续, 则存在非负实数 a 与 b, 使对一切 $x \in (-\infty, +\infty)$, 都有

---

① 如令 $x_n = \sqrt{n+1}, x_n' = \sqrt{n}$, 这时 $|x_n - x_n'| = \dfrac{1}{\sqrt{n+1} + \sqrt{n}} \to 0$, 但 $|x_n^2 - x_n'^2| = |n+1-n| = 1$, 可见 $y = x^2$ 在 $(-\infty, +\infty)$ 上不一致连续.

$$|f(x)| \le a|x| + b.$$

试证明之.(云南大学,南开大学)

证 因为 $f(x)$ 一致连续,所以 $\forall \varepsilon > 0, \exists \delta > 0$,当 $|x' - x''| \le \delta$ 时,有 $|f(x') - f(x'')| < \varepsilon$. 现将 $\varepsilon > 0, \delta > 0$ 固定. 由于 $\forall x \in (-\infty, +\infty), \exists n \in \mathbf{Z}$(整数集),使得 $x = n\delta + x_0$,其中 $x_0 \in (-\delta, \delta)$. 注意到 $f(x)$ 在 $[-\delta, \delta]$ 上有界,即 $\exists M > 0$,使得 $|f(x)| \le M (\forall x \in [-\delta, \delta])$. 因此

$$f(x) = \sum_{k=1}^{n} \{f(k\delta + x_0) - f[(k-1)\delta + x_0]\} + f(x_0),$$

$$|f(x)| \le \sum_{k=1}^{n} |f(k\delta + x_0) - f[(k-1)\delta + x_0]| + |f(x_0)| \le |n|\varepsilon + M.$$

由 $x = n\delta + x_0$ 知 $\left|\dfrac{x - x_0}{\delta}\right| = |n|$,代入上式得

$$|f(x)| \le \frac{\varepsilon}{\delta}|x - x_0| + M \le \frac{\varepsilon}{\delta}|x| + \left(M + \frac{\varepsilon}{\delta}|x_0|\right) \le \frac{\varepsilon}{\delta}|x| + (M + \varepsilon).$$

记 $\dfrac{\varepsilon}{\delta} = a, M + \varepsilon = b$,则 $a > 0, b > 0$,

$$|f(x)| \le a|x| + b \ (\forall x \in (-\infty, +\infty)).$$

此例说明,若 $f(x)$ 在 $(-\infty, +\infty)$ 上一致连续,则 $x \to \infty$ 时,$f(x) = O(x)$.

下面我们来看一个使用一致连续性的例子.

例 2.2.10 设函数 $f(x)$ 在 $[0, +\infty)$ 上一致连续,且 $\forall x > 0$ 有 $\lim\limits_{n \to \infty} f(x + n) = 0$($n$ 为正整数). 试证 $\lim\limits_{x \to +\infty} f(x) = 0$.(南昌大学,上海师范大学)

分析 要证明 $\lim\limits_{x \to +\infty} f(x) = 0$,即要证明:$\forall \varepsilon > 0 \ \exists \Delta > 0$,当 $x > \Delta$ 时,有 $|f(x)| < \varepsilon$.

已知 $\forall x > 0$,有 $\lim\limits_{n \to \infty} f(x + n) = 0$. 因此对区间 $[0, 1]$ 上的每个点 $x \in [0, 1]$,相应 $\exists N_x > 0$,当 $n > N_x$ 时 $|f(x + n)| < \varepsilon$. 可惜这样找得的 $N_x (x \in [0, 1])$ 共有无穷多个,无法从中找出最大的 N. 为此,将 $[0, 1]$ k 等分,对每个分点 $x_i = \dfrac{i}{k} (i \in \{1, 2, \cdots, k\})$,相应 $\exists N_i > 0$,使得当 $n > N_i$ 时,$|f(x_i + n)| < \varepsilon$. 令 $N = \max\{N_1, N_2, \cdots, N_k\}$,则当 $n > N$ 时,有 $|f(x_i + n)| < \varepsilon (i = 1, 2, \cdots, k)$. 如此我们虽未找到所需的 $\Delta > 0$,但至少在 $[N, +\infty)$ 内的每个格点 $x_i + n (i = 1, 2, \cdots, k, n = N + 1, N + 2, \cdots)$ 上,有 $|f(x_i + n)| < \varepsilon$. 注意到 $f(x)$ 在 $[0, +\infty)$ 上一致连续,因此把分划取得足够细,使得格点足够密,可使两格点之间的函数值与格点的函数值相差任意小.

证 1° 因 $f(x)$ 在 $[0, +\infty)$ 上一致连续,故 $\forall \varepsilon > 0, \exists \delta > 0$,当 $|x' - x''| < \delta$($x', x'' > 0$)时,有

$$|f(x') - f(x'')| < \frac{\varepsilon}{2}. \tag{1}$$

2° 取 $k > \dfrac{1}{\delta}$，将区间 $[0,1]$ k 等分．记分点 $x_i = \dfrac{i}{k}$ $(i = 1,2,\cdots,k)$，这时间距 $x_i - x_{i-1} = \dfrac{1}{k} < \delta$．

3° 由已知条件，对每个 $x_i = \dfrac{i}{k}$，有 $\lim\limits_{n \to \infty} f(x_i + n) = 0$．从而 $\exists N_i > 0$，使得 $n > N_i$ 时有 $|f(x_i + n)| < \dfrac{\varepsilon}{2}$．令 $N = \max\limits_{1 \leqslant i \leqslant k} \{N_i\}$，则当 $n > N$ 时，

$$|f(x_i + n)| < \frac{\varepsilon}{2} \quad (i = 1,2,\cdots,k). \tag{2}$$

4° 取 $\Delta = N > 0$，来证当 $x > \Delta$ 时 $|f(x)| < \varepsilon$．事实上，$\forall x > N$，记 $n \equiv [x]^{①} \geqslant N$，因 $x - n \in [0,1)$，故 $\exists i \in \{1,2,\cdots,k\}$，使得 $|(x - n) - x_i| < \delta$，即 $|x - (n + x_i)| < \delta$，由式（1），$|f(x) - f(n + x_i)| < \dfrac{\varepsilon}{2}$．再由式（2），

$$|f(x)| \leqslant |f(x) - f(n + x_i)| + |f(n + x_i)| < \frac{\varepsilon}{2} + \frac{\varepsilon}{2} = \varepsilon.$$

即 $\lim\limits_{x \to +\infty} f(x) = 0$．

由此例易如：若 g 在 $[a, +\infty)$ 上一致连续，且 $\forall x \geqslant 0$，有 $\lim\limits_{n \to \infty} g(x + n) = A$，则 $\lim\limits_{x \to +\infty} g(x) = A$．

三、用连续模数描述一致连续性

定义 1　设 $f(x)$ 在区间 I 上有定义，
$$\omega_f(\delta) = \sup_{\substack{x',x'' \in I \\ |x' - x''| < \delta}} |f(x') - f(x'')|$$

称为函数 f 的**连续模数**．

可见 $\omega_f(\delta)$ 是关于 δ 的非负、不减函数．下面我们借助它来描述一致连续性．

*例 2.2.11　若 $f(x)$ 在区间 I 上有定义，则 $f(x)$ 在 I 上一致连续的充要条件是 $\lim\limits_{\delta \to 0^+} \omega_f(\delta) = 0$．

证　1° 必要性．因 $f(x)$ 在 I 上一致连续，因此 $\forall \varepsilon > 0$，$\exists \delta_1 > 0$，当 $x', x'' \in I$，$|x' - x''| < \delta_1$ 时，有 $|f(x') - f(x'')| < \dfrac{\varepsilon}{2}$．从而

$$\omega_f(\delta_1) = \sup_{\substack{x',x'' \in I \\ |x' - x''| < \delta_1}} |f(x') - f(x'')| \leqslant \frac{\varepsilon}{2}.$$

故 $0 < \delta < \delta_1$ 时，$0 \leqslant \omega_f(\delta) \leqslant \omega_f(\delta_1) \leqslant \dfrac{\varepsilon}{2} < \varepsilon$．所以 $\lim\limits_{\delta \to 0^+} \omega_f(\delta) = 0$．

---

①　$[x]$ 表示不大于 x 的最大整数．

2° 充分性. 由 $\lim\limits_{\delta \to 0^+} \omega_f(\delta) = 0$ 知: $\forall \varepsilon > 0$, $\exists \delta_1 > 0$ 使得 $0 \leqslant \omega_f(\delta_1) < \varepsilon$, 故当 x', $x'' \in I$, $|x' - x''| < \delta_1$ 时, 有

$$|f(x') - f(x'')| \leqslant \sup_{\substack{x', x'' \in I \\ |x' - x''| < \delta_1}} |f(x') - f(x'')| = \omega_f(\delta_1) < \varepsilon.$$

所以 f 在 I 上一致连续.

注 由此可得一致连续的观察法. 因为 $\omega_f(\delta)$ 的值只与 f 的图形最陡的地方有关. 若 f 的图形在某处无限变陡, 使得 $\omega_f(\delta) \nrightarrow 0 \ (\delta \to 0)$, 则 f 非一致连续. 若 f 在某处最陡, 但当 $\delta \to 0^+$ 时, 此处的变差 $|f(x') - f(x'')| \to 0$, 则 f 一致连续.

例如 $f(x) = \dfrac{1}{x} \ (x > 0)$, 在 $x = 0$ 处图形无限变陡. $\forall \delta > 0$, $\omega_f(\delta) = +\infty$, $\delta \to 0^+$ 时 $\omega_f(\delta) \nrightarrow 0$. 因此 f 在任何区间 $(0, c) \ (c > 0)$ 内都是非一致连续的. 但在区间 $[c, +\infty)$ 上, $f(x) = \dfrac{1}{x}$ 在点 c 处最陡, 且 $\omega_f(\delta) = \dfrac{1}{c} - \dfrac{1}{c + \delta} \to 0$ (当 $\delta \to 0^+$ 时). 可见 $f(x) = \dfrac{1}{x}$ 在 $[c, +\infty)$ 上一致连续.

类似, 我们容易看出 $\ln x$, $\mathrm{e}^x \cos \dfrac{1}{x}$, $\arctan x$, $\sin \dfrac{1}{x}$ 的一致连续区间, 留给读者考虑.

※四、集上的连续函数及一致连续函数的延拓问题

前面例 2.2.6 告诉我们, 若 $f(x)$ 在 (a, b) 内一致连续, 则 f 在端点 a, b 处有有限极限, 因此若将极限值分别作为 f 在 a, b 点的值, 那么 f 被延拓到闭区间 $[a, b]$ 上, 且在 $[a, b]$ 上一致连续, 下面我们将此结论推广到一般的集合 $E \subset \mathbf{R}$ 上. 为此, 我们首先把连续与一致连续的概念推广到任意的集合 E 上.

定义 2 $f(x)$ 在集合 $E \subset \mathbf{R}$ 上有定义, $x_0 \in E$, 所谓 $f(x)$ **在 x_0 处连续**, 指: $\forall \varepsilon > 0$, $\exists \delta > 0$, 当 $|x - x_0| < \delta$, $x \in E$ 时, 有 $|f(x) - f(x_0)| < \varepsilon$. 若 f 在 E 的每点上都连续, 则称 **f 在 E 上连续**.

换句话说, 定义与区间上连续的定义一样, 只是把区间 I 改为了集合 E. 类似可定义 E 上的一致连续性.

值得注意的是, 按此定义, f 在 E 的孤立点(如果存在)x_0 必然连续. 因 $\delta > 0$ 取得充分小时, x_0 的 δ 邻域 $(x_0 - \delta, x_0 + \delta)$ 与 E 只有一个公共点 x_0. 可见今后只需讨论 f 在 E 的聚点处的连续性.

按此定义, 易知 Dirichlet 函数

$$D(x) = \begin{cases} 1, & \text{当 } x \text{ 为有理数时}, \\ 0, & \text{当 } x \text{ 为无理数时} \end{cases}$$

处处不连续. 但限制在集合 $\mathbf{Q} = \{$有理数$\}$ 上考虑, 则 $D(x)$ 在 $\mathbf{Q}$ 上连续.

下面讨论延拓问题.

＊＊例 2.2.12 设 E 为实轴 $\mathbf{R}$ 上的一个集合, $E_1 \subset E$ 为 E 的稠密子集(即 $\forall x \in E$, $\exists x_n \in E_1$ $(n = 1, 2, \cdots)$, 使得 $x_n \to x$(当 $n \to \infty$ 时)). 若 $f_1(x)$ 是 E_1 上的一致连续函数(即: $\forall \varepsilon > 0$, $\exists \delta > 0$, 当 $x', x'' \in E_1$, $|x' - x''| < \delta$ 时, 有 $|f_1(x') - f_1(x'')| < \varepsilon$), 则在 E 上有唯一函数 $f(x)$ 使得

1) $f(x) = f_1(x)$（当 $x \in E_1$ 时）；

2) $f(x)$ 在 E 上连续．特别 E 为有界集合时，$f(x)$ 在 E 上一致连续．

证 证明的思路如下：已知对任意 $x_0 \in E$，可取出序列 $\{x_n\} \subset E_1$，使得 $x_n \to x_0$．我们来证明 $\lim\limits_{n \to \infty} f_1(x_n)$ 存在，且极限值与 $\{x_n\}$ 的取法无关，函数 $f(x)$：

$$f(x_0) \equiv \lim_{n \to \infty} f_1(x_n)$$

在 E 上被任意确定．然后证明此函数在 E 上满足条件 1) 和 2)，并且符合此条件的函数是唯一的．具体地说：

1° 已知 $\forall x_0 \in E$，$\exists x_n \in E_1 (n = 1, 2, \cdots)$，使得 $x_n \to x_0 (n \to \infty)$．现证 $\{f_1(x_n)\}$ 收敛．事实上，由于 $f_1(x)$ 在 E_1 上一致连续：$\forall \varepsilon > 0$，$\exists \delta > 0$，当 $x', x'' \in E_1$，$|x' - x''| < \delta$ 时，有 $|f_1(x') - f_1(x'')| < \varepsilon$．由 $\{x_n\}$ 的收敛性，对此 $\delta > 0$，$\exists N > 0$，当 $m, n > N$ 时，有 $|x_m - x_n| < \delta$，从而 $|f_1(x_m) - f_1(x_n)| < \varepsilon$．故 $\{f_1(x_n)\}$ 收敛．

2° 另设 $x'_n \in E_1 (n = 1, 2, \cdots)$，$x'_n \to x_0 (n \to \infty)$，需证 $\lim\limits_{n \to \infty} f_1(x'_n) = \lim\limits_{n \to \infty} f_1(x_n)$．但这是明显的，否则令 $\tilde{x}_{2n} = x_n$ 及 $\tilde{x}_{2n-1} = x'_n (n = 1, 2, \cdots)$，有 $\tilde{x}_n \in E_1$，$\tilde{x}_n \to x_0$ 使得 $\{f_1(\tilde{x}_n)\}$ 发散，这与 1° 的结论矛盾．

至此，我们可以在 E 上任意地定义函数

$$f(x_0) \equiv \lim_{n \to \infty} f_1(x_n) \quad (\forall x_0 \in E), \tag{1}$$

其中 $\{x_n\}$ 是 E_1 中任意一个趋于 x_0 的序列．

3° 我们来证明 $f(x)$ 满足条件 1)、2)．事实上，$\forall x \in E_1$，只要令 $x_n \equiv x (n = 1, 2, \cdots)$，则

$$f(x) = \lim_{n \to \infty} f_1(x_n) = f_1(x).$$

这就证明了条件 1)．

为了证明 $f(x)$ 适合条件 2)，我们只要证明："$f(x)$ 在 E 的任何有界子集 $F \subset E$ 上一致连续．"这是因为，对于任意 $x_0 \in E$，我们总可找到包含 x_0 的有界子集 $F \subset E$，既然 f 在 F 上一致连续，自然 f 在 x_0 处连续．然后由 x_0 的任意性，知 f 在 E 上处处连续．其次，若 E 本身为有界集合，则可令 $F = E$，便知 f 在 E 上一致连续．剩下的问题在于证明 $f(x)$ 在 F 上一致连续．即要证明：$\forall \varepsilon > 0$，$\exists \delta > 0$，当 x'，$x'' \in F$，$|x' - x''| < \delta$ 时，有 $|f(x') - f(x'')| < \varepsilon$．实际上，已知 $f_1(x)$ 在 E_1 上一致连续，所以 $\forall \varepsilon > 0$，$\exists \delta_1 > 0$，当 $x', x'' \in E_1$，$|x' - x''| < \delta_1$ 时，有

$$|f_1(x') - f_1(x'')| < \frac{\varepsilon}{3}. \tag{2}$$

今取 $\delta = \dfrac{\delta_1}{3}$，可以证明这时若 $x', x'' \in F$，$|x' - x''| < \delta$，则有 $|f(x') - f(x'')| < \varepsilon$．因为对 $x', x'' \in F$，$\exists x'_n, x''_n \in E_1 (n = 1, 2, \cdots)$，使得 $x'_n \to x', x''_n \to x''$（当 $n \to \infty$ 时），$f(x') = \lim\limits_{n \to \infty} f_1(x'_n)$，$f(x'') = \lim\limits_{n \to \infty} f_1(x''_n)$．从而对于 $\varepsilon > 0$ 与 $\delta_1 > 0$，$\exists n_0$（充分大）使得 $|x'_{n_0} - x'| < \dfrac{\delta_1}{3}$，$|x''_{n_0} - x''| < \dfrac{\delta_1}{3}$，

$$\left| f(x') - f_1(x'_{n_0}) \right| < \frac{\varepsilon}{3}, \quad \left| f(x'') - f_1(x''_{n_0}) \right| < \frac{\varepsilon}{3}.$$

故

$$|x'_{n_0} - x''_{n_0}| \leqslant |x'_{n_0} - x'| + |x' - x''| + |x'' - x''_{n_0}| < \frac{\delta_1}{3} + \frac{\delta_1}{3} + \frac{\delta_1}{3} = \delta_1.$$

于是由式 (2)，有 $\left| f_1(x'_{n_0}) - f_1(x''_{n_0}) \right| < \dfrac{\varepsilon}{3}$．因此

$$|f(x') - f(x'')| \leqslant \left| f(x') - f_1(x'_{n_0}) \right| + \left| f_1(x'_{n_0}) - f_1(x''_{n_0}) \right| + \left| f_1(x''_{n_0}) - f(x'') \right|$$

$$< \frac{\varepsilon}{3} + \frac{\varepsilon}{3} + \frac{\varepsilon}{3} = \varepsilon.$$

问题证毕.

✎ 单元练习 2.2

☆**2.2.1** 设 f 是区间 I 上的实函数,试证如下三条件有逻辑关系:1)⇒2)⇒3).

1) f 在 I 上可导且导函数有界,即:$\exists M > 0$ 使得 $\left| f'(x) \right| \leqslant M$ ($\forall x \in I$);

2) f 在 I 上满足 Lipschitz 条件,即:$\exists L > 0$ 使得 $\left| f(x') - f(x'') \right| \leqslant L \left| x' - x'' \right|$ ($\forall x', x'' \in I$);

3) f 在 I 上一致连续.

提示 (1)⇒2))用 Lagrange 中值公式,取 $L = M$;(2)⇒3))取 $\delta = \dfrac{\varepsilon}{L}$.

☆**2.2.2** 设 $f(x)$ 在区间 I 上有定义. 为了检验 f 在 I 上是否一致连续,今设计如下的实验:取一根内空直径为 ε 的圆形直管($\varepsilon > 0$),截取长度为 δ 的一段($\delta > 0$),将直管中轴与 x 轴平行放好,然后让 $y = f(x)$ 的曲线平移从管内穿过. 若不论 $\varepsilon > 0$ 多么小,只要事先将直管长度 $\delta > 0$ 取定足够短,曲线就能平移穿过此管,整个穿越过程 δ 无须改变,那么 f 就在 I 上一致连续;否则就是非一致连续. 问这种理解正确吗?(**注** 一致性主要体现在"整个穿越过程 δ 无须改变"上!) 《正确》

☆**2.2.3** 函数 $f(x)$ 在 $[a, b]$ 上一致连续,又在 $[b, c]$ 上一致连续,$a < b < c$. 用定义证明:$f(x)$ 在 $[a, c]$ 上一致连续.(北京大学)

提示 $\forall \varepsilon > 0$,在 $[a, b]$,$[b, c]$ 上分别找到 $\delta_i > 0 (i = 1, 2)$,使得 $x'_1, x''_1 \in [a, b]$ 或 $x'_2, x''_2 \in [b, c]$ 时,只要 $\left| x'_i - x''_i \right| < \delta_i (i = 1, 2)$,则 $\left| f(x'_i) - f(x''_i) \right| < \dfrac{\varepsilon}{2}$. 从而 $\left| x' - x'' \right| < \delta = \min\{\delta_1, \delta_2\}$,即令 x', x'' 分居 $[a, b]$,$[b, c]$ 中时,也有

$$\left| f(x') - f(x'') \right| \leqslant \left| f(x') - f(b) \right| + \left| f(b) - f(x'') \right| < \frac{\varepsilon}{2} + \frac{\varepsilon}{2} = \varepsilon.$$

2.2.4 设 $f(x)$ 在 $[0, +\infty)$ 上满足 Lipschitz 条件,证明 $f(x^\alpha)$ ($0 < \alpha < 1$ 为常数) 在 $[0, +\infty)$ 上一致连续.(武汉大学)

提示 内层函数 $g(x) = x^\alpha$ 在 $[0, 1]$ 上连续,因而在 $[0, 1]$ 上一致连续;在 $[1, +\infty)$ 上其导数有界,从而 g 在 $[1, +\infty)$ 上也一致连续. 故 g 在 $[0, +\infty)$ 上一致连续(由上题).外层函数满足 Lipschitz 条件,所以也一致连续. 从而复合函数 $f(x^\alpha)$ 也一致连续(例 2.2.5).

2.2.5 证明:$y = \sin\sqrt{x}$ 在 $(0, +\infty)$ 上一致连续.(武汉大学)

提示 由 Cantor 定理可知,$\sin\sqrt{x}$ 在 $[0, 1]$ 上一致连续;又因 $\sin\sqrt{x}$ 在 $(1, +\infty)$ 上导数有界,从而满足 Lipschitz 条件,知 $\sin\sqrt{x}$ 在 $(1, +\infty)$ 上一致连续. 于是,$\forall \varepsilon$,在 $[0, 1]$ 和 $(1, +\infty)$ 上分别能找到 δ_1 和 δ_2,再令 $\delta = \min\{\delta_1, \delta_2, 1\}$,就知 $\sin\sqrt{x}$ 在 $(0, +\infty)$ 上一致连续.

另证 利用"和差化积公式",就可以用 ε-δ 方法证明 $\sin\sqrt{x}$ 在 $(0, +\infty)$ 上一致连续.

^{new}☆**2.2.6** 请回答:函数 $f(x) = \sin x^2$ 在 $(-\infty, +\infty)$ 上是否一致连续?说明理由.(南开大学) 《否》

提示 令 $x'_n = \sqrt{n\pi}$,$x''_n = \sqrt{n\pi + \dfrac{\pi}{2}}$. 当 $n \to \infty$ 时,$\left| x'_n - x''_n \right| \to 0$,但 $\left| \sin {x'_n}^2 - \sin {x''_n}^2 \right| = 1$,不趋于 0.

2.2.7 用不等式叙述 $f(x)$ 在 (a,b) 内不一致连续.(内蒙古大学)

《$\exists\,\varepsilon_0>0$,使得 $\forall\,\delta>0$,$\exists\,x',x''\in(a,b)$:虽然 $|x'-x''|<\delta$,但是 $|f(x')-f(x'')|\geqslant\varepsilon_0$》

☆**2.2.8** 证明:$g(x)=\sin\dfrac{1}{x}$ 在 $(0,1)$ 内不一致连续.(中国科学院)

提示 例如,可取 $x'_n=\dfrac{1}{n\pi}$,$x''_n=\dfrac{2}{(2n+1)\pi}$,$|x'_n-x''_n|\to0$,但 $|g(x'_n)-g(x''_n)|\nrightarrow0\,(n\to\infty)$
(利用例 2.2.3).

☆**2.2.9** 证明:函数 $f(x)=\dfrac{|\sin x|}{x}$ 在每个区间 $J_1=\{x\mid-1<x<0\}$,$J_2=\{x\mid0<x<1\}$ 内
一致连续,但在 $J_1\cup J_2=\{x\mid0<|x|<1\}$ 内非一致连续.(北京航空航天大学)

提示 $f(x)$ 在 $(-1,0)$ 内部连续,端点为可去间断点,补充定义可使其在 $[-1,0]$ 上连续,利用
Cantor 定理可知 $f(x)$ 在 $[-1,0]$ 上一致连续,即 $f(x)$ 在 $(-1,0)$ 内一致连续.$(0,1)$ 上亦然.但
$(-1,0)\cup(0,1)$ 上 $f(x)$ 非一致连续,因为:如取点对 $(x'_n,x''_n)=\left(-\dfrac{1}{n},\dfrac{1}{n}\right)\to0$,有 $|f(x'_n)-$

$f(x''_n)|=2\dfrac{\sin\dfrac{1}{n}}{\dfrac{1}{n}}\to2\neq0$(当 $n\to\infty$ 时).注意跟练习题 2.2.3 比较.

2.2.10 证明:周期函数只要连续必定一致连续.

提示 设 f 有周期 $T>0$,将 $\mathbf{R}$ 分成周期段:$I_i=[iT,(i+1)T]\,(i\in\mathbf{Z})$,利用 Cantor 定理,在
$[-T,2T]$ 上:$\forall\,\varepsilon>0$,$\exists\,\delta_1>0$,当 $|x'-x''|<\delta_1$ 时,有 $|f(x')-f(x'')|<\varepsilon$.取 $\delta=\min\{\delta_1,T\}$,可
证在 $\mathbf{R}$ 上当 $|x'-x''|<\delta$ 时恒有 $|f(x')-f(x'')|<\varepsilon$.

2.2.11 1)证明:在区间 I 上一致连续的两函数的和与差仍在 I 上一致连续;

[new] 2)设 $f(x)$,$g(x)$ 是区间 I 上有界且一致连续的函数,求证:$f(x)g(x)$ 在 I 上一致连续.
(北京大学)

2.2.12 证明:若 $(-\infty,+\infty)$ 上的连续函数 $y=f(x)$ 有极限

$$\lim_{x\to+\infty}f(x)=A,\quad\lim_{x\to-\infty}f(x)=B,$$
则 $y=f(x)$ 在 $(-\infty,+\infty)$ 上一致连续.

提示 可利用例 2.2.7 的结果或证法.

2.2.13 设单调有界函数 f 在区间 $I\,(I=(a,b)$ 或 $I=[a,+\infty))$ 上连续,求证 f 在 I 上一致连
续.(北京师范大学)

2.2.14 证明:在有限开区间上一致连续的两函数之积仍一致连续.问商的情况怎样?无穷
区间上关于积的结论是否还成立?证明之.

提示 利用例 2.2.6,可知两函数 f,g 有界,即 $\exists\,M>0$,使得 $|f(x)|\leqslant M$,$|g(x)|\leqslant M$,从而
$\forall\,x',x''\in I$,有

$$|f(x')g(x')-f(x'')g(x'')|\leqslant|f(x')g(x')-f(x'')g(x')|+|f(x'')g(x')-f(x'')g(x'')|$$
$$\leqslant M|f(x')-f(x'')|+M|g(x')-g(x'')|.$$

商可举反例:1 与 x 的商 $\dfrac{1}{x}$.

2.2.15 求证:$f(x)=\dfrac{x^{314}}{\mathrm{e}^x}$ 在 $[0,+\infty)$ 上一致连续.(哈尔滨工业大学)

提示　利用 L'Hospital 法则,可知 $f(+\infty)=0$.

☆**2.2.16**　设实函数 $f(x)$ 在 $[0,+\infty)$ 上连续,在 $(0,+\infty)$ 内处处可导,且 $\lim\limits_{x\to+\infty}|f'(x)|=A$(有限或 $+\infty$).证明:当且仅当 A 有限时,f 在 $[0,+\infty)$ 上一致连续.(清华大学)

提示　当 A 有限时,f' 有界,从而 f 满足 Lipschitz 条件,一致连续.

若 $A=+\infty$,对 $\varepsilon_0=1$,令 $x'=a>0,x''=a+\dfrac{1}{n}$,则 $\forall n\in\mathbf{N},a$ 充分大时,有

$$|f(x')-f(x'')|=|f'(\xi)|\cdot\frac{1}{n}\geqslant\varepsilon_0=1\ (\xi>a).$$

故 f 非一致连续.

注　此题结论给判断一致连续带来很大方便,请见下面习题 2.2.19.另外华东师范大学以及哈尔滨工业大学也曾用过类似考题.

2.2.17　函数 $f(x)$ 在开区间 (a,b) 内有连续的导函数,且 $\lim\limits_{x\to a^+}f'(x)$ 与 $\lim\limits_{x\to b^-}f'(x)$ 均存在有限,试证:

1) $f(x)$ 在 (a,b) 内一致连续;　　2) $\lim\limits_{x\to a^+}f(x),\lim\limits_{x\to b^-}f(x)$ 均存在.

2.2.18　若 $f(x),g(x)$ 在区间 I 上有有界导函数,它们的乘积是否一致连续?为什么?

提示　否.如 $f(x)=g(x)=x,f'(x)=g'(x)=1,f(x)\cdot g(x)=x^2$ 在 $\mathbf{R}$ 上非一致连续.当 I 有限时,应回答:是!见习题 2.2.1 及 2.2.14 的提示.

☆**2.2.19**　讨论下列函数在所给区间内的一致连续性:

1) $y=\sqrt{x}\ln x$,在 $[1,+\infty)$ 上;(北京大学)

2) $y=x\ln x$,在 $(0,+\infty)$ 内;(武汉大学)

3) $y=\sqrt[3]{\dfrac{x^2}{x+1}}$,$x\geqslant 0$;(中国人民大学)

4) $y=\sqrt[3]{x^2}-\sqrt[3]{x^2+1}$,在 $\mathbf{R}$ 上;

5) $y=\sqrt[3]{x^3-x^2-x+1}$,在 $\mathbf{R}$ 上;

6) $y=\sqrt{\dfrac{x^4+1}{x^2+1}}$,在 $\mathbf{R}$ 上;

7) $y=\left(8+\dfrac{1}{2}\cos^2 x\right)\sin 3x$,在 $\mathbf{R}$ 上;

8) $y=\ln(x+\sqrt{x^2+1})$,在 $\mathbf{R}$ 上;

9) $y=x+\arctan\left[x\left(1+\dfrac{1}{x}\right)^x\right]$,$x>0$;

*10) $x=\dfrac{3at}{1-t^2}$,$y=\dfrac{3at^2}{1+t^2}$ $(-\infty<t<-1)$ 所决定的函数 $y=y(x)$.

提示　1) $y'=\dfrac{\ln x+2}{2\sqrt{x}}\to 0\ (x\to+\infty)$,$y'\big|_{x=1}=1$,知 y' 有界;

2) $y'\to+\infty\ (x\to+\infty)$,利用习题 2.2.16 结果;

4) $y(\pm\infty)=0$,利用习题 2.2.12 结果;

7) 周期函数,利用习题 2.2.10;

*10) 计算 x'_t,y'_t,可知 $(-\infty,-1)$ 内 $x'_t>0,y'_t<0$,t 从 $-\infty\nearrow-1$ 时,$x(t)$ 由 $0\nearrow+\infty$,$y(t)$ 由

$3a \searrow \dfrac{3}{2}a$；$[0, +\infty)$上$y'_x < 0, y(x) \searrow$，连续，端点有有限极限．故一致连续．以上默认了$a > 0 . a <$ 0 可类似讨论．

2.2.20　设$f(x)$在$[c, +\infty)$上连续，且当$x \to +\infty$时，$f(x)$有渐近线$y = ax + b$，试证$f(x)$在$[c, +\infty)$上一致连续．

提示　利用例 2.2.8 的方法或直接利用结果．

2.2.21　设函数$f(x)$在$[a, +\infty)$上连续，且$\lim\limits_{x \to +\infty}[f(x) - cx - d] = 0 (c, d$ 为常数)，求证$f(x)$在$[a, +\infty)$上一致连续．（北京师范大学）

☆**2.2.22**　证明：$f(x) = \begin{cases} |x| \left(2 + \sin \dfrac{1}{x}\right), & \text{当 } x \neq 0 \text{ 时}, \\ 0, & \text{当 } x = 0 \text{ 时} \end{cases}$ 在 **R** 上一致连续．

提示　$f(x)$在 **R** 上连续，且$\lim\limits_{x \to +\infty}[f(x) - 2x - 1] = 0, \lim\limits_{x \to -\infty}[f(x) + 2x + 1] = 0$，即$x \to +\infty$时有渐近线$y = 2x + 1, x \to -\infty$时有渐近线$y = -2x - 1$．故$f(x)$在 **R** 上一致连续．

***2.2.23**　设函数$f(x)$在$[a, b]$上连续，求证：存在一函数ψ在$(0, +\infty)$上具有下述性质：

1) ψ 在$(0, +\infty)$内单调上升，且当$t \geqslant (b - a)$时，$\psi(t) = $常数；

2) 对任意$x', x'' \in [a, b]$，有$|f(x') - f(x'')| \leqslant \psi(|x' - x''|)$；

3) $\lim\limits_{t \to 0^+} \psi(t) = 0$．　（北京师范大学）

提示　令$\psi(t) = \sup\limits_{\substack{x', x'' \in [a, b] \\ |x' - x''| \leqslant t}} |f(x') - f(x'')|$，则 1)，2)，3) 明显（参见例 2.2.11）．

^{new}***2.2.24**　设$f(x): [0, +\infty) \to [0, +\infty)$是一致连续函数，$\alpha \in (0, 1]$，求证：$g(x) = f^{\alpha}(x)$也在$[0, +\infty)$上一致连续．（中国科学技术大学）

提示　设$0 < t \leqslant 1, 0 < \alpha \leqslant 1$，则$t^{\alpha}$随$\alpha$增大而减小，即$1 \geqslant t^{\alpha} \geqslant t > 0$，从而

$$1 - t^{\alpha} \leqslant 1 - t \leqslant (1 - t)^{\alpha}.$$

在$1 - t^{\alpha} \leqslant (1 - t)^{\alpha}$中，令$t = \dfrac{v}{u} (u \geqslant v > 0)$，可得

$$|u^{\alpha} - v^{\alpha}| \leqslant |u - v|^{\alpha}, \alpha \in (0, 1], \forall u, v > 0. \tag{1}$$

再提示　因$f(x)$一致连续，$\forall \varepsilon > 0, \exists \delta > 0, \forall x_1, x_2 > 0$，当$|x_1 - x_2| < \delta$时，有

$$|f(x_1) - f(x_2)| < \varepsilon^{\frac{1}{\alpha}}.$$

利用不等式(1)，有

$$|[f(x_1)]^{\alpha} - [f(x_2)]^{\alpha}| \leqslant |f(x_1) - f(x_2)|^{\alpha} < \varepsilon \ (0 < \varepsilon < 1).$$

故$g(x) = f^{\alpha}(x)$也在$[0, +\infty)$上一致连续．证毕．

^{new}**2.2.25**　证明：若函数f, g有不同（最小）正周期T_1, T_2，则T_1, T_2有公倍数$T > 0$ 的充分必要条件是$G(x) = f(x) + g(x)$与$F(x) = f(x) - g(x)$有相同正周期$T > 0$．

证　1°（必要性）由于$T > 0$是T_1, T_2的公倍数，故存在$m, n \in \mathbf{N}$使得$T = mT_1 = nT_2$，因此

$$G(T + x) = f(mT_1 + x) + g(nT_2 + x) = f(x) + g(x) = G(x) \qquad (\forall x \in \mathbf{R}).$$

表明$T > 0$是G的周期．同理F也如此．因此$G(x), F(x)$的公共周期$T > 0$．

2°（充分性）设$T > 0$是$G(x)、F(x)$的公共周期，重复 1°知$F(x) \pm G(x)$有相同周期T．而

$$f(x) = \frac{1}{2}\big[\,(f(x)+g(x)) + (f(x)-g(x))\,\big] = \frac{1}{2}\big[F(x)+G(x)\big],$$

$$g(x) = \frac{1}{2}\big[\,(f(x)+g(x)) - (f(x)-g(x))\,\big] = \frac{1}{2}\big[F(x)-G(x)\big],$$

故 f, g 有相同周期 $T > 0$. 从而 T 是 T_1 的倍数, 也是 T_2 的倍数, 因此 T 是 T_1, T_2 的公倍数.

注　1) 既然周期的公倍数相同, 那么其最小公倍数也必相同; 2) 对正值函数 (取 ln) 可推广到乘除法.

※ §2.3　上、下半连续

为了扩大眼界, 本节对半连续函数作简短介绍, 供有兴趣的读者阅读. 想了解详情可查看本书第 1 或 2 版. 运用前面已学过的知识和方法, 从半连续的定义出发, 建立跟连续函数平行的理论, 没有原则性的困难. 下面列举的结果, 读者可作为练习, 独立完成相关证明.

一、上、下半连续的定义及等价条件

定义　设函数 $f(x)$ 在集合 E 上有定义, $x_0 \in E$ 为 E 的一个聚点.

1) 若 $\forall\, \varepsilon > 0, \exists\, \delta > 0$, 当 $x \in E,\ |x - x_0| < \delta$ 时, 恒有 $f(x) < f(x_0) + \varepsilon$, 则称 $f(x)$ **在 x_0 处上半连续**.

2) 若 $\forall\, \varepsilon > 0, \exists\, \delta > 0$, 当 $x \in E,\ |x - x_0| < \delta$ 时, 恒有 $f(x) > f(x_0) - \varepsilon$, 则称 $f(x)$ **在 x_0 处下半连续**.

(明显) 若 $f(x)$ 在点 x_0 连续, 则 $f(x)$ 在点 x_0 既上半连续, 又下半连续.

例　Dirichlet 函数

$$D(x) = \begin{cases} 1, & \text{当 } x \text{ 为有理数时}, \\ 0, & \text{当 } x \text{ 为无理数时} \end{cases}$$

在有理点处上半连续, 但不下半连续; 在无理点的情况恰恰相反.

函数 $f(x) = xD(x)$, 当 $x > 0$ 时, 跟 $D(x)$ 的结论一样; 当 $x < 0$ 时, 跟 $D(x)$ 的结论相反; 在 $x = 0$ 处, $f(x)$ 连续 (既上半连续, 又下半连续).

Riemann 函数 $R(x)$ (见例 3.1.1) 在无理点处连续 (既上半连续又下半连续), 但在有理点处只上半连续不下半连续.

定理 1(等价描述之一)　设函数 $f(x)$ 在集合 E 上有定义, x_0 为 E 的一个聚点, 则如下断言等价:

i) $f(x)$ 在 x_0 处上半连续;

ii) $\varlimsup\limits_{x \to x_0} f(x) \leqslant f(x_0)$;

iii) $\forall\, \{x_n\} \subset E$, 若 $x_n \to x_0$, 则 $\varlimsup\limits_{n \to \infty} f(x) \leqslant f(x_0)$.

定理 2(等价描述之二)　设 E 为闭集, $f(x)$ 在 E 上有定义, 则

$f(x)$ 在 E 中上半连续

$$\Leftrightarrow \forall\, c \in (-\infty, +\infty),\ F(c) = \{x \in E \mid f(x) \geqslant c\} \text{ 为闭集}.$$

该定理无须 $\varepsilon\text{-}\delta$ 语言, 这为推广到点集拓扑作了准备.

二、上、下半连续的性质

上、下半连续具有对偶性,下面只写出上半连续的结果,下半连续的相应结果读者可以自己写出.

定理 3(运算性质)　(在区间上半连续,意指:函数在区间上每点都上半连续.)

1)若在 $[a,b]$ 上函数 $f(x),g(x)$ 上半连续,则 $f(x)+g(x)$ 亦在 $[a,b]$ 上上半连续;

2)若在 $[a,b]$ 上函数 $f(x)$ 上半连续,则 $-f(x)$ 下半连续;

3)若在 $[a,b]$ 上函数 $f(x),g(x)$ 同为正值函数且上半连续(或同为负值函数且下半连续),则它们的积 $f(x) \cdot g(x)$ 亦上半连续;

4)若在 $[a,b]$ 上 $f(x)>0$ 且 $f(x)$ 上半连续,则 $\dfrac{1}{f(x)}$ 下半连续.

以上结论可根据半连续的定义(或等价述)直接推出.

注　(1)连续性有保号性,但上半连续只保负(未必保正),即:若 $f(x)$ 在 x_0 处上半连续,且 $f(x_0)<0$,则在 x_0 的充分小的邻域内恒有 $f(x)<0$.

类似地,下半连续只保正(未必保负).

(2)半连续无介值性. 例如, $f(x)=\begin{cases}0, & x\in[0,1), \\ 2, & x\in[1,2]\end{cases}$ 在 $[0,2]$ 上上半连续,但显然没有介值性(事实上 $(0,2)$ 内的值都未被取到).

(3)(确界定理)若 $f(x)$ 上半连续,则 $f(x)$ 必有上界(未必有下界),且必定达到上确界.

定理 4　若在 (a,b) 内函数 $f(x)$ 上(或下)半连续,则存在内闭区间 $[\alpha,\beta]\subset(a,b)$,使得在 $[\alpha,\beta]$ 上 $f(x)$ 有界.

定理 5(保半连续性)　设在集合 E 上,$\{f_n(x)\}$ 是上半连续函数序列($n=1,2,\cdots$),$\{f_n(x)\}$ 关于 n 递减,即

$$f_1(x)\geqslant f_2(x)\geqslant\cdots\geqslant f_n(x)\geqslant f_{n+1}(x)\geqslant\cdots \quad(\forall x\in E),$$

那么,若 $\lim\limits_{n\to\infty}f_n(x)=f(x)$($\forall x\in E$),则在 E 上 $f(x)$ 也上半连续.

同样,收敛的下半连续函数之上升序列,其极限函数若存在,也必下半连续.

定理 6(定理 5 的反问题)　在 $[a,b]$ 上,若 $f(x)$ 是上半连续函数,则必存在一个递减的连续函数序列 $\{f_n(x)\}$,使得 $\lim\limits_{n\to\infty}f_n(x)=f(x)$.

对下半连续有类似结论(希望感兴趣的读者,写出更多更好的结果).

✍ 单元练习 2.3

2.3.1　完成定理 3 的证明.

2.3.2　试对下半连续函数叙述定理 6 的对偶结果,并给出证明.

※ §2.4　函 数 方 程

导读　本节虽然不是重点,但例题中的方法十分精彩,值得学习和借鉴,适合各类读者. 习题可作机动.

一、问题的提出

若 $f(x) = ax$,则
$$f(x+y) = a(x+y) = ax + ay = f(x) + f(y) \quad (\forall x, y \in \mathbf{R}).$$
这就是说,一次齐次函数 $f(x) = ax$ 满足函数方程
$$f(x+y) = f(x) + f(y) \quad (\forall x, y \in \mathbf{R}). \tag{A}$$
同样,容易验证函数 $f(x) = a^x \, (a > 0), g(x) = \log_a x \, (a > 0), h(x) = x^a, i(x) = \cos ax$ 与 $j(x) = \operatorname{ch} ax$ 分别满足方程:
$$f(x+y) = f(x) \cdot f(y) \quad (\forall x, y \in \mathbf{R}), \tag{B}$$
$$f(x \cdot y) = f(x) + f(y) \quad (\forall x, y > 0), \tag{C}$$
$$f(x \cdot y) = f(x) \cdot f(y) \quad (\forall x, y > 0), \tag{D}$$
$$f(x+y) + f(x-y) = 2f(x)f(y) \quad (\forall x, y \in \mathbf{R}). \tag{E}$$
而函数 $f(x) = \sin ax$ 与 $g(x) = \cos ax$ 满足联立方程组
$$\begin{cases} f(x+y) = f(x)f(y) - g(x)g(y), \\ g(x+y) = f(x)g(y) + f(y)g(x) \end{cases} \quad (\forall x, y \in \mathbf{R}). \tag{F}$$

现在我们要提出相反的问题:满足这些方程,是否仅是上述这些函数?下面将看到,若对求解的范围作连续等条件的限制,回答是肯定的;否则不一定.

值得注意的是,此问题的解法颇有启发性,耐人寻味.上述五个方程,首先为 Cauchy 所研究,并给出了连续解.

二、求解函数方程

a. 推归法

要点 为了求解函数方程,我们可以从函数方程出发,由最简单的情况入手,一步一步地推导,边推导边归纳,逐步达到所希望的结果.

例 2.4.1 函数方程(A):
$$f(x+y) = f(x) + f(y) \quad (\forall x, y \in \mathbf{R})$$
在 $x = 0$ 处连续的唯一解为 $f(x) = ax$(其中 a 为常数).

证 1°(首先证明:$\forall c \in (-\infty, +\infty), f(cx) = cx.$)
$$f(2x) = f(x+x) \xlongequal{\text{式(A)}} f(x) + f(x) = 2f(x), \cdots;$$
若 $f[(n-1)x] = (n-1)f(x)$,则
$$f(nx) = f[(n-1)x + x] \xlongequal{\text{式(A)}} f[(n-1)x] + f(x)$$
$$= (n-1)f(x) + f(x) = nf(x).$$
至此证明了:
$$f(nx) = nf(x) \quad (\forall n \in \mathbf{N}). \tag{1}$$
在此式中用 $\dfrac{x}{n}$ 代换 x,则得 $f(x) = nf\left(\dfrac{x}{n}\right)$,
$$f\left(\frac{1}{n}x\right) = \frac{1}{n}f(x) \quad (\forall n \in \mathbf{N}). \tag{2}$$
应用式(1)和(2)可得

$$f\left(\frac{m}{n}x\right) = \frac{m}{n}f(x) \quad (\forall n,m \in \mathbf{N}). \tag{3}$$

又因 $f(x) = f(0+x) = f(0) + f(x)$,故 $f(0) = 0$. 从而

$$f(x) + f(-x) = f(x-x) = f(0) = 0.$$

这就得到了

$$f(-x) = -f(x). \tag{4}$$

用 $\frac{m}{n}x$ 取代式(4)中的 x,得

$$f\left(-\frac{m}{n}x\right) = -\frac{m}{n}f(x) \quad (\forall n,m \in \mathbf{N}). \tag{5}$$

以上我们利用式(A)证明了 c 为有理数时, $f(cx) = cf(x)$. 但任何无理数总可以表示成有理数序列的极限,所以 $\forall c$(无理数), $\exists \{c_n\}$(有理数序列),使得 $c_n \to c$(当 $n \to \infty$ 时). 于是

$$f(cx) - c_n f(x) = f(cx) - f(c_n x) \stackrel{\text{式(A)}}{=\!=\!=\!=} f(cx - c_n x) = f[(c-c_n)x].$$

令 $n \to \infty$,取极限,因 f 在 $x = 0$ 处连续, $f[(c-c_n)x] \to f(0) = 0(n \to \infty)$,得

$$f(cx) = cf(x) \quad (\forall c \in \mathbf{R}). \tag{6}$$

2° 由式(6)知, $\forall x \in \mathbf{R}, f(x) = f(x \cdot 1) = xf(1)$. 记 $a = f(1)$,则 $f(x) = ax \ (\forall x \in \mathbf{R})$. 证毕.

例 2.4.2 函数方程(E): $f(x+y) + f(x-y) = 2f(x)f(y) \ (\forall x,y \in \mathbf{R})$ 在实轴 $\mathbf{R}$ 上不恒为零的连续解为 $f(x) = \cos ax$ 或 $f(x) = \operatorname{ch} ax$ (a 为常数)

证 1°(先证 $f(0) = 1$,且 $f(x)$ 为偶函数.) 在函数方程(E)中令 $y = 0$,得 $2f(x) = 2f(x)f(0)$. 因 $f(x) \not\equiv 0$,所以

$$f(0) = 1; \tag{1}$$

在(E)中令 $x = 0$,得 $f(y) + f(-y) = 2f(y)$. 所以, $\forall x \in \mathbf{R}$,有

$$f(-x) = f(x). \tag{2}$$

表明 $f(x)$ 为偶函数.

2°(用推归法证明解为 $\cos ax$ 或 $\operatorname{ch} ax$.) 因 $f(0) = 1$. 根据连续函数局部保号性, $\exists c > 0$,使得 $x \in [0,c]$ 时,有 $f(x) > 0$. 下面分两种情况讨论:

(a) 若 $f(c) \leqslant 1$. 由 $0 < f(c) \leqslant 1$,知 $\exists \theta \in \left[0, \frac{\pi}{2}\right)$,使得

$$f(c) = \cos \theta. \tag{3}$$

(下面我们用推归法证 $\forall x \in \mathbf{R}$,有 $f(cx) = \cos \theta x$.)

将方程(E)写成

$$f(x+y) = 2f(x)f(y) - f(x-y). \tag{4}$$

令 $x = y = c$,得

$$f(2c) = 2(f(c))^2 - f(0) = 2\cos^2\theta - 1 = \cos 2\theta.$$

如此我们已得

$$f(c) = \cos \theta, f(2c) = \cos 2\theta.$$

若已得

$$f[(n-2)c] = \cos(n-2)\theta, f[(n-1)c] = \cos(n-1)\theta.$$

在式(4)中令 $x = (n-1)c, y = c$,则得

$$f(nc) = 2\cos(n-1)\theta \cdot \cos \theta - \cos(n-2)\theta = \cos n\theta.$$

故 $\forall n \in \mathbf{N}$,有

$$f(nc) = \cos n\theta. \tag{5}$$

将(E)写成

$$f(x)f(y) = \frac{1}{2}[f(x+y) + f(x-y)]. \tag{6}$$

令 $x = y = \frac{c}{2}$，代入得 $\left[f\left(\frac{c}{2}\right)\right]^2 = \frac{1}{2}(\cos\theta + 1) = \left(\cos\frac{1}{2}\theta\right)^2$.

注意到 $\frac{c}{2} \in [0, c]$，所以 $f\left(\frac{c}{2}\right) > 0$，故 $f\left(\frac{c}{2}\right) = \cos\frac{1}{2}\theta$.

用数学归纳法. 若已有 $f\left(\frac{c}{2^{n-1}}\right) = \cos\frac{\theta}{2^{n-1}}$，则在式(6)中令 $x = y = \frac{c}{2^n}$，便得

$$\left[f\left(\frac{c}{2^n}\right)\right]^2 = \frac{1}{2}\left[f\left(\frac{c}{2^{n-1}}\right) + f(0)\right] = \frac{1}{2}\left(\cos\frac{\theta}{2^{n-1}} + 1\right) = \left(\cos\frac{\theta}{2^n}\right)^2.$$

因 $f\left(\frac{c}{2^n}\right)$ 为正，所以

$$f\left(\frac{c}{2^n}\right) = \cos\frac{\theta}{2^n}. \tag{7}$$

这就证明了式(7)对一切 $n \in \mathbf{N}$ 成立.

利用式(5)和(7)，有

$$f\left(\frac{m}{2^n}c\right) = \cos\frac{m}{2^n}\theta, \quad \forall\, m, n \in \mathbf{N}. \tag{8}$$

但任何 $x > 0$，总可写成 $\frac{m}{2^n}$ 形式的实数的极限[①]，即 $\forall x > 0$，$\exists x_i (i = 1, 2, \cdots)$ $\left(x_i \text{ 为形如} \frac{m}{2^n} \text{的数}\right)$，使得 $x_i \to x\ (i \to \infty)$. 则 $f(x_i c) = \cos x_i \theta$. 令 $i \to +\infty$，由连续性得

$$f(cx) = \cos\theta x.$$

再注意到式(1)与(2)，可知此式对于 $x \leqslant 0$ 亦成立. 最后，将此式中的 x 换为 $\frac{x}{c}$，并记 $\frac{\theta}{c} = a$，则得

$f(x) = \cos ax\ (\forall x \in \mathbf{R})$.

（b）若 $f(c) > 1$. 类似可证 $f(x) = \operatorname{ch} ax$（留作练习）.

以上我们看到，推归法是一种构造性的方法，对于某些函数方程，应用此法十分有效. 但这毕竟是麻烦的. 能有更简便的方法，尽量用.

b. 转化法

要点 引入适当的新自变量或新因变量，作变量替换，将所给的函数方程转化为熟知的函数方程；或从所给的限制条件，导出熟知的限制条件；从而利用熟知的问题求解.

例 2.4.3 证明：在实轴 $\mathbf{R}$ 上满足方程（B）

$$f(x+y) = f(x)f(y)$$

的唯一不恒等于零的连续函数是 $f(x) = a^x\ (a > 0 \text{ 为常数})$.

证 1°（证明 $f(x) > 0$.）因 $f(x) \not\equiv 0$，故 $\exists x_0 \in \mathbf{R}$，使得 $f(x_0) \neq 0$. 于是，$\forall x \in \mathbf{R}$，由于

$$f(x)f(x_0 - x) \xlongequal{\text{式(B)}} f[x + (x_0 - x)] = f(x_0) \neq 0, \text{ 知 } f(x) \neq 0. \text{ 从而}$$

———————————

① 因 $\left\{\frac{m}{n}\,\middle|\, m, n \in \mathbf{N}\right\}$ 在半轴 $x > 0$ 上处处稠密.

$$f(x) = f\left(\frac{x}{2} + \frac{x}{2}\right) \xlongequal{\text{式}(B)} \left[f\left(\frac{x}{2}\right)\right]^2 > 0.$$

2° (作变换) 令 $F(x) = \log_a f(x)$，由 1° 知 $f(1) > 0$. 不妨取 $a = f(1)$. 于是 $F(x)$ 连续，且满足方程 (A)：

$$F(x + y) = F(x) + F(y) \quad (\forall x, y \in \mathbf{R}).$$

故由例 2.4.1，$F(x) = a_1 x$（其中 a_1 为常数）. 但 $F(1) = \log_a f(1) = \log_a a = 1$，所以 $a_1 = F(1) = 1$，故 $F(x) = x$. 从而

$$f(x) = a^{F(x)} = a^x \ (a = f(1) > 0 \ \text{为常数}).$$

例 2.4.4 证明：满足方程 (C)：

$$f(x \cdot y) = f(x) + f(y) \quad (\forall x, y > 0)$$

唯一不恒等于零的函数为 $f(x) = b\log_a x$（$a > 0$，a 和 b 为常数）.

提示 令 $g(x) = f(a^x)$，利用例 2.4.1.

例 2.4.5 求在 $\mathbf{R}$ 上满足方程

$$f\left(\frac{x + y}{2}\right) = \frac{f(x) + f(y)}{2} \quad (\forall x, y \in \mathbf{R}) \tag{1}$$

的连续函数.

解 利用方程 (1)，

$$\frac{f(x) + f(y)}{2} = f\left(\frac{x + y}{2}\right) = f\left(\frac{(x + y) + 0}{2}\right) = \frac{f(x + y) + f(0)}{2} \xlongequal{\text{令} f(0) = b} \frac{f(x + y) + b}{2}.$$

因此，$f(x) + f(y) = f(x + y) + b$，即

$$f(x) - b + f(y) - b = f(x + y) - b.$$

由此令 $g(x) = f(x) - b$，$g(x)$ 满足例 2.4.1 中的方程 (A)：

$$g(x + y) = g(x) + g(y),$$

所以 $g(x) = ax$，从而

$$f(x) = g(x) + b = ax + b \ (\text{其中 } a, b \ \text{为常数}).$$

不难验算 $f(x)$ 是方程 (1) 的解.

例 2.4.6 设 $\Delta f(x) = f(x + \Delta x) - f(x)$，

$$\Delta^2 f(x) = \Delta(\Delta f(x)) = f(x + 2\Delta x) - 2f(x + \Delta x) + f(x).$$

试求满足方程 $\Delta^2 f(x) \equiv 0$（$\forall x \in \mathbf{R}$）的连续函数.

解 因 $f(x + 2\Delta x) - 2f(x + \Delta x) + f(x) = 0$，故

$$f(x + \Delta x) = \frac{f(x + 2\Delta x) + f(x)}{2}.$$

令 $x + 2\Delta x = y$，则得 $f\left(\frac{x + y}{2}\right) = \frac{f(x) + f(y)}{2}$. 由上例可知 $f(x) = ax + b$（其中 a, b 为常数）. 不难验算此函数满足所给的方程.

上面这些例题都是通过变换转化方程. 下面再看另一种转化.

例 2.4.7 函数方程 (A)：$f(x + y) = f(x) + f(y)$（$\forall x, y \in \mathbf{R}$）在区间 $(-\eta, \eta)$ 内有界的唯一解为 $f(x) = ax$（其中 $\eta > 0$ 为某常数，$a = f(1)$）.

分析 本例的方程与例 2.4.1 的方程一样，只条件不同：那里要求在 $x = 0$ 处连续，这里要求函数在 $(-\eta, \eta)$ 内有界. 事实上，由后者可以导出前者. 因为在例 2.4.1 中，我们看到由方程 (A) 可

以推出:$\forall n \in \mathbf{N}$,有 $f\left(\dfrac{1}{n}x\right) = \dfrac{1}{n}f(x)$ 及 $f(0) = 0$. 于是,由方程(A)可得

$$\left| f(x) - f(0) \right| = \left| f(x) \right| = \left| f\left(\dfrac{1}{n}nx\right) \right| = \dfrac{1}{n}\left| f(nx) \right|. \tag{1}$$

因 $f(x)$ 在 $(-\eta, \eta)$ 内有界,即:$\exists M > 0$,当 $-\eta < x < \eta$ 时有 $\left| f(x) \right| \leq M$. $\forall \varepsilon > 0$,令 $n > \dfrac{M}{\varepsilon}$,取 $\delta = \dfrac{\eta}{n}$,则 $\left| x \right| < \delta$ 时 $\left| nx \right| < \eta$. 由式(1)知

$$\left| f(x) - f(0) \right| \leq \dfrac{M}{n} < \varepsilon,$$

故 f 在 $x = 0$ 处连续. 利用例 2.4.1 结果,其解自得.

下面的内容用到微分学及微分方程的简单知识,未学的读者可暂缓.

c. 利用微分方程

例 2.4.8 设函数 $f(x)$ 连续,$f'(0)$ 存在,并且对于任何 $x, y \in \mathbf{R}$,

$$f(x + y) = \dfrac{f(x) + f(y)}{1 - 4f(x)f(y)}. \tag{1}$$

1)证明:$f(x)$ 在 $\mathbf{R}$ 上可微;

2)若 $f'(0) = \dfrac{1}{2}$,求 $f(x)$. (中国人民大学)

分析 式(1)中令 $x = y = 0$,立即看出 $f(0) = 0$. 要证 $f(x)$ 在 $\mathbf{R}$ 上可微,即 $\forall x \in \mathbf{R}$,要证如下极限存在:

$$f'(x) = \lim_{y \to 0} \dfrac{f(x + y) - f(x)}{y} \xlongequal{\text{式}(1)} \lim_{y \to 0} \dfrac{f(y) - 0}{y} \cdot \dfrac{1 + 4f^2(x)}{1 - 4f(x)f(y)}.$$

但已知 $f'(0)$ 存在,f 连续,且已得 $f(0) = 0$,故 $f'(x) = f'(0)[1 + 4f^2(x)]$. 因此

1)f 在 $\mathbf{R}$ 上处处可微.

2)$f'(0) = \dfrac{1}{2}$ 时,解微分方程 $\begin{cases} y' = \dfrac{1}{2}(1 + 4y^2), \\ y \Big|_{x=0} = 0, \end{cases}$ 可得 $y = \dfrac{1}{2}\tan x$.

✐ 单元练习 2.4

2.4.1 1)设函数 $f(x)$ 在 $(0, +\infty)$ 上满足

$$f(2x) = f(x) \quad \text{且} \quad \lim_{x \to +\infty} f(x) = A,$$

证明:$f(x) \equiv A, x \in (0, +\infty)$;(天津大学,湖北大学)

[new]2)设函数 $f(x)$ 在 $(-\infty, +\infty)$ 上满足

$$f(2x) = f(x)\cos x \ \text{及} \ \lim_{x \to 0} f(x) = f(0) = 1,$$

求 $f(x)$. (华中师范大学)　　　　　　　　$\left\| f(x) = \dfrac{\sin x}{x} \text{(当 } x \neq 0 \text{ 时)}, f(0) = 1 \right\|$

提示 1)$\forall x_0 > 0$,有 $f(x_0) = f(2x_0) = f(2^2 x_0) = \cdots$.

2)**方法 I** 反复迭代得 $f(x) = f\left(\dfrac{x}{2^n}\right)\cos\dfrac{x}{2^n}\cos\dfrac{x}{2^{n-1}}\cdots\cos\dfrac{x}{2}$,利用例 1.3.2 中 1)的极限:

$$\lim_{n \to \infty} \cos \frac{x}{2^n} \cos \frac{x}{2^{n-1}} \cdots \cos \frac{x}{2} = \frac{\sin x}{x}.$$

方法 Ⅱ $f(2x) = f(x)\cos x \Rightarrow f(x) = f\left(\frac{x}{2}\right)\cos \frac{x}{2} = f\left(\frac{x}{2}\right)\frac{\sin x}{2\sin \frac{x}{2}}$. 反复迭代,得 $f(x) =$

$f\left(\frac{x}{2^n}\right)\dfrac{\sin x}{2^n \sin \dfrac{x}{2^n}} \to \dfrac{\sin x}{x}$ (当 $n \to \infty$ 时).

2.4.2 试用推归法重新证明例 2.4.3 与例 2.4.4.

2.4.3 证明:在 **R** 上满足方程
$$f(x+y) = f(x) + f(y) \quad (\forall x \in \mathbf{R})$$
的唯一单调函数是 $f(x) = ax$ (其中 a 为常数).

提示 参考例 2.4.1,注意:"连续"条件,这里换为了"单调"条件.

再提示 照样可推出 $f(cx) = cf(x)$,当 c 为有理数时已证明成立. 要证明对无理数也成立,可按 f 递增(或递减)两种情况分别讨论:例如,当 f 递增时,设 $x > 0$ ($x < 0$ 时类似可证)($x = 0$ 时知 $f(0) = 0$,因此 $f(cx) = cf(x)$ 当 $x = 0$ 时明显成立),取递增的有理数列 $\{c_n\}: c_n < c, c_n \nearrow c$,则 $\{f(c_n x)\} \nearrow$,且有上界 $f(cx)$. 再在不等式 $f(c_n x) < f(cx)$ 里取极限,得
$$\lim_{n \to \infty} f(c_n x) = \lim_{n \to \infty} c_n f(x) = cf(x) \leqslant f(cx). \tag{1}$$
同样,可取有理数列 $\{c_n'\}: c_n' > c, c_n' \searrow c$,可得
$$cf(x) \geqslant f(cx). \tag{2}$$
故
$$cf(x) = f(cx) \quad (\forall c, x \in \mathbf{R}).$$

f 递减,类似可证. 于是 $f(x) = f(x \cdot 1) = xf(1) \xlongequal{\text{记} a = f(1)} ax$.

2.4.4 证明:若 $f(x)$ 在 **R** 上满足方程 $f(x+y) = f(x) + f(y)$,则如下三条件等价:

1) $f(x)$ 在 $x = 0$ 处连续; 2) $f(x)$ 在 **R** 上连续; 3) $\exists \delta > 0, f(x)$ 在 $(-\delta, \delta)$ 上有界.

提示 证明 1)⇒2)⇒3)⇒1) 即可 (可参考例 2.4.7).

再提示 $f(x+h) = f(x) + f(h) \xLongrightarrow{\text{令} x = h = 0} f(0) = 0.$ (1)

(1)⇒2)) f 在 $x = 0$ 处连续 $\Rightarrow \lim_{x \to 0} f(x) = f(0) \xlongequal{\text{式}(1)} 0$
$$\Rightarrow \forall x \in \mathbf{R}, \lim_{h \to 0} f(x+h) = \lim_{h \to 0} [f(x) + f(h)] = f(x) + \lim_{h \to 0} f(h) = f(x),$$
即 $f(x)$ 在 **R** 上连续,条件 2) 成立.

(2)⇒3)) **R** 上连续 $\Rightarrow [-\delta, \delta]$ 上连续 $\Rightarrow [-\delta, \delta]$ 上有界 $\Rightarrow (-\delta, \delta)$ 上有界.

(3)⇒1)) (反证法) 若 1) 不成立,则 $\exists \varepsilon_0 > 0$,使得
$$\forall n \in \mathbf{N}, \exists x_n: |x_n| < \frac{1}{n}, \text{但} |f(x_n)| \geqslant \varepsilon_0. \tag{2}$$
因此
$$|f(nx_n)| = |f[x_n + (n-1)x_n]| \xlongequal{\text{已知}} |f(x_n) + f[(n-1)x_n]|$$
$$= |2f(x_n) + f[(n-2)x_n]| = \cdots = n|f(x_n)| \xgtr{\text{式}(2)} n\varepsilon_0 \to +\infty \ (n \to \infty).$$
与已知条件"f 在 $(-\delta, \delta)$ 上有界"矛盾.

注 3)⇒1) 也可不用反证法,见例 2.4.7 里的"分析".

2.4.5 证明:若 $f(x)$ 在 **R** 上连续,对任意 $x, y \in \mathbf{R}$,有 $f(x+y) = f(x) \cdot f(y)$,则 $f(x)$ 在 **R** 上可

微.(东北师范大学)

提示 参看例 2.4.3.

2.4.6 证明:满足方程 $f(xy)=f(x)f(y)$（$\forall x,y>0$）的唯一不恒等于 0 的连续函数是 $f(x)=x^a$（a 为常数）.

提示 对所给的方程取对数,再用例 2.4.4 中的变换方法转化为例 2.4.1.

证 $\forall x>0$,有 $f(x)=f(\sqrt{x}\sqrt{x})\overset{\text{用所给方程}}{=\!=\!=\!=}f^2(\sqrt{x})>0$（恒正）.

因此,取 $b>0$,对所给方程取对数得

$$\log_b f(xy)=\log_b f(x)+\log_b f(y). \tag{1}$$

利用例 2.4.4 的变换方法,记 $g(x)=f(b^x)$. 由式(1)得

$$g(x+y)=f(b^{x+y})=f(b^x\cdot b^y).$$

于是

$$\begin{aligned}\log_b g(x+y)&=\log_b f(b^{x+y})=\log_b f(b^x\cdot b^y)\\&=\log_b f(b^x)+\log_b f(b^y)=\log_b g(x)+\log_b g(y).\end{aligned} \tag{2}$$

式(2)说明 $\log_b g(x)$ 满足例 2.4.1 的条件,因此在 $x=0$ 处连续唯一解是

$$\log_b g(x)=ax\ (a\text{ 为常数}),$$

亦即 $\log_b f(b^x)=ax$ 或 $f(b^x)=b^{ax}=(b^x)^a$,故 $f(x)=x^a$（a 为常数）.

2.4.7 求在 $\mathbf{R}$ 上满足方程 $f(xy)=f(x)f(y)$（$\forall x,y\in\mathbf{R}$）的一切连续函数,并证明不连续函数 $f(x)=\operatorname{sgn}x$ 在 $\mathbf{R}$ 上也处处满足方程.

提示 利用已知等式,

$$f(x)=f(x\cdot 1)=f(x)f(1)\Rightarrow f(1)=1$$
$$\Rightarrow 1=f(1)=f((-1)\cdot(-1))=f(-1)\cdot f(-1)\Rightarrow[f(-1)]^2=1$$
$$\Rightarrow f(-1)=\pm 1\Rightarrow f(-x)=f(-1)f(x)=\pm f(x)\ (\forall x\in\mathbf{R}),$$

即 $f(x)$ 为偶函数或奇函数. 根据上题,$x>0$,$f(x)=x^a$（a 为常数）.

因此在 $\mathbf{R}$ 上,

当 $f(x)$ 为偶函数时:$f(x)=|x|^a$（a 为常数）;

当 $f(x)$ 为奇函数时:$f(x)=(\operatorname{sgn}x)|x|^a$（$a$ 为常数）.

取 $a=0$,得

$$f(x)=\operatorname{sgn}x=\begin{cases}1,&x>0,\\0,&x=0,\\-1,&x<0.\end{cases}$$

$f(x)$ 在原点处不连续. 但代入验算,明显还满足方程 $f(xy)=f(x)f(y)$.

2.4.8 设函数 $f(x),g(x)$ 在 $\mathbf{R}$ 上连续有界,满足方程组（$\forall x,y\in\mathbf{R}$）

$$f(x+y)=f(x)f(y)-g(x)g(y), \tag{1}$$
$$g(x+y)=f(x)g(y)+f(y)g(x) \tag{2}$$

及 $f(0)=1,g(0)=0$. 证明:$f(x)=\cos ax,g(x)=\pm\sin ax$（其中 a 为常数）.

证法 I（转化法）**提示** 利用例 2.4.3 和例 2.4.2 的已有结果.

再提示 1° 令 $F(x)=f^2(x)+g^2(x)$,由式(1),(2)可得 $F(x+y)=F(x)F(y)$,由例 2.4.3 可得 $F(x)=a^x$（其中 $a=F(1)>0$）. 但要求 $f(x),g(x)$ 有界,只能 $a=1$. 故

$$F(x)=f^2(x)+g^2(x)\equiv 1\ (\forall x\in\mathbf{R}). \tag{3}$$

$2°\ f(-x)=f(-x)\cdot1+g(-x)\cdot0\xrightarrow{\text{已知条件}}f(-x)\cdot f(0)+g(-x)\cdot g(0)$

$$\xrightarrow{\text{式}(1),(2)}f(-x)\cdot(\text{式}(1))_{y=-x}+g(-x)\cdot(\text{式}(2))_{y=-x}\xrightarrow{\text{式}(3)}f(x)\ (\forall x\in\mathbf{R}),$$

即
$$f(-x)=f(x)\ (\forall x\in\mathbf{R}). \tag{4}$$

（表明 f 是偶函数．）

同理，有
$$g(-x)=-g(x)(\forall x\in\mathbf{R}). \tag{5}$$

（表明 g 是奇函数．）将式（4），（5）代入式（1），得函数 $f(x)$ 满足例 2.4.2 的条件：
$$f(x+y)+f(x-y)=2f(x)f(y)\ (\forall x\in\mathbf{R}).$$

故由例 2.4.2 得 $f(x)=\cos ax$；再由式（3）得 $g(x)=\pm\sin ax$（a 为常数，$\forall x\in\mathbf{R}$）．

证法 II（直接法） 沿用证法 I 中的式（3）：$\forall x\in\mathbf{R}, f^2(x)+g^2(x)=1$，知：$|f(x)|\leqslant1$，

$|g(x)|\leqslant1$. 因此，对 $x=x_0\in\mathbf{R}$，$\exists\theta\in\left[-\dfrac{\pi}{2},\dfrac{\pi}{2}\right]$，使得
$$f(x_0)=\cos\theta,\ g(x_0)=\pm\sqrt{1-\cos^2\theta}=\pm\sin\theta.$$

在式（1）和（2）里令 $x=y=x_0$，再利用上式，可得
$$f(2x_0)=f^2(x_0)-g^2(x_0)=\cos2\theta,g(2x_0)=2f(x_0)g(x_0)=\pm\sin2\theta. \tag{6}$$

（数学归纳法）设已证得
$$f(nx_0)=\cos n\theta,\ g(nx_0)=\pm\sin n\theta\ (\forall n\in\mathbf{N}),$$

那么利用式（1）可得
$$f[(n+1)x_0]=f(nx_0+x_0)=f(nx_0)f(x_0)-g(nx_0)g(x_0)$$
$$=\cos n\theta\cos\theta-\sin n\theta\sin\theta=\cos(n+1)\theta.$$

同理，利用式（2）可得 $g[(n+1)x_0]=\pm\sin(n+1)\theta$.

类似可证出：$f\left(\dfrac{1}{n}x_0\right)=\cos\left(\dfrac{1}{n}\theta\right)$，$g\left(\dfrac{1}{n}x_0\right)=\pm\sin\left(\dfrac{1}{n}\theta\right)$（$\forall n\in\mathbf{N}$）．

于是 $\forall c\in\mathbf{R}$，都有
$$f(cx_0)=\cos c\theta,\ g(cx_0)=\pm\sin c\theta.$$

将 cx_0 记为 x，则 $c\theta=cx_0\dfrac{\theta}{x_0}=ax$（其中 $a=\dfrac{\theta}{x_0}$ 为常数）．最后得
$$f(x)=\cos ax,\ g(x)=\pm\sin ax\ (a\ \text{为常数}).$$

（以下各题需要"导数"以及"一阶常微分方程"的知识，未学过的读者请暂缓．）

2.4.9 设 $f(x)$ 为恒不等于零，且在 $x=0$ 处可导的函数．若 $f(x)$ 在 $\mathbf{R}$ 上满足方程 $f(x+y)=f(x)f(y)$（$\forall x,y\in\mathbf{R}$），试证 $f(x)$ 在 $\mathbf{R}$ 上处处可导，并求 $f(x)$.

提示 参考例 2.4.3.

再提示 $f(x)$ 满足例 2.4.3 的式（B）$\Rightarrow f(x)>0\Rightarrow$ 式（B）可取对数，
$$\log_b f(x+y)=\log_b f(x)+\log_b f(y)\ (\forall x,y\in\mathbf{R}).$$

又已知 $f(x)$ 在 $x=0$ 处可导，故 $f(x)$ 在 $x=0$ 处连续，因此 $\log_b f(x)$ 在 $x=0$ 处连续．由习题

2.4.4，$\log_b f(x)$ 在 $\mathbf{R}$ 上连续，且 $\log_b f(x)$ 符合例 2.4.1 条件，得 $f(x)=b^{cx}\xrightarrow{\text{令}a=b^c}a^x$，故 $f(x)$ 在 $\mathbf{R}$ 上处处可导．

2.4.10 证明：满足方程 $f(x+y)=\dfrac{f(x)+f(y)}{1-f(x)f(y)}$（$\forall x,y\in\mathbf{R}$）的唯一可导函数是 $f(x)=\tan ax$

（其中 a 为常数）.

提示 方法Ⅰ 令 $f(x) = 2g(x)$ 代入，则 g 可利用例 2.4.8.

方法Ⅱ 使用例 2.4.8 的方法，转化为微分方程.

再提示 （使用方法Ⅱ时）在原式里令 $x = y = 0$，可得 $f(0) = 0$. 于是

$$\frac{f(x+h) - f(x)}{h} \xlongequal{\text{已知方程}} \frac{1}{h}\left(\frac{f(x) + f(h)}{1 - f(x)f(h)} - f(x) \right)$$

$$\xlongequal{f(0)=0} \frac{f(h) - f(0)}{h} \cdot \frac{1 + f^2(x)}{1 - f(x)f(h)}.$$

再令 $h \to 0$，取极限（记 $f'(0) = a$），则上式变为 $\dfrac{\mathrm{d}}{\mathrm{d}x}f(x) = a(1 + f^2(x))$，亦即

$$\frac{\mathrm{d}f(x)}{1 + f^2(x)} = a\mathrm{d}x.$$

求积分得 $\arctan f(x) = ax + c$. 又因 $f(0) = 0$，知 $c = 0$，故 $f(x) = \tan ax$（a 为常数）.

2.4.11 设 $f(x)$ 在任何有界区间上可积，且在 **R** 上处处满足方程

$$f(x+y) = f(x) + f(y) \quad (\forall x, y \in \mathbf{R}).$$

试证 $$f(x) = ax \quad （其中 a 为常数）.$$

提示 因 $\forall \delta > 0$，$f(x)$ 在 $[-\delta, \delta]$ 上可积，必在 $(-\delta, \delta)$ 有界，应用习题 2.4.4，知 $f(x)$ 在 **R** 上连续，因此 $f(x)$ 满足例 2.4.1 的条件.

^{new}**2.4.12** 设 f 是实数轴上的可微函数，对任意 $x, y \in \mathbf{R}$，满足

$$f(x+y) = \frac{f(x) + f(y)}{1 + f(x)f(y)}, \tag{1}$$

$f'(0) = a \neq 0$，求 $f(x)$ 的表达式.（中国科学院）   《th ax》

提示 在式 (1) 中令 $x = y = 0$，可得 $f(0) = 0$ 或 $f(0) = 1$；在原方程里令 $y = x$，并对 x 求导，然后令 $x = 0$，注意到已知条件 $f'(0) = a \neq 0$，可知 $f(0) \neq 1$，因此只能：$f(0) = 0$. 再利用例 2.4.8 的做法（转化为微分方程）.

再提示

$$\frac{f(x+h) - f(x)}{h} \xlongequal{\text{式}(1)} \frac{1}{h}\left(\frac{f(x) + f(h)}{1 + f(x)f(h)} - f(x) \right)$$

$$\xlongequal{f(0)=0} \frac{f(h) - f(0)}{h} \cdot \frac{1 - f^2(x)}{1 + f(x)f(h)}.$$

令 $h \to 0$，由 $f'(0) = a$ 得

$$f'(x) = a \cdot [1 - f^2(x)]. \tag{2}$$

记 $y = f(x)$，式 (2) 变为 $\dfrac{\mathrm{d}y}{\mathrm{d}x} = a(1-y)(1+y)$，亦即

$$\frac{1}{2}\left(\frac{1}{1-y} + \frac{1}{1+y} \right)\mathrm{d}y = a\mathrm{d}x.$$

积分得 $\dfrac{1}{2}\ln\dfrac{1+y}{1-y} = ax + C$. 因 $x = 0$ 时，$y = 0$，所以 $C = 0$.

$$\left(\textbf{注} \quad \ln\frac{1+y}{1-y} = 2ax \Rightarrow \frac{1+y}{1-y} = \mathrm{e}^{2ax} \Rightarrow y = \frac{\mathrm{e}^{2ax} - 1}{1 + \mathrm{e}^{2ax}}. \right)$$

第三章 一元微分学

导读 本章是基础性内容,难度不大,适合各类读者. 其中微分中值定理、Taylor 公式、导数应用是重点. 可微性问题主要针对数学院系学生.

本章主要讨论一元函数导数,微分中值定理,Taylor 公式,不等式与凸函数,以及导数的综合应用. 非数学院系的学生主要侧重于计算和应用.

§3.1 导 数

*一、关于导数的定义与可微性

要点 若 $f(x)$ 在 x_0 及其附近,由同一初等函数给出,则 $f(x)$ 在 x_0 处可微,且 $f'(x_0)$ 可由初等函数的导数公式来计算. 若 $f(x)$ 在 x_0 及其附近由不同的初等函数表示,则 $f(x)$ 在 x_0 处的可微性与导数值,必须用导数定义来检验和计算. 因导数是用极限

$$f'(x_0) = \lim_{x \to x_0} \frac{f(x) - f(x_0)}{x - x_0} = \lim_{h \to 0} \frac{f(x_0 + h) - f(x_0)}{h} \quad (\text{A})$$

定义的,因此,可微性的证明就是极限(A)存在性的证明. 原则上,可以用第一章所介绍的方法. 要证明不可微,我们可以证明某个可微的必要条件不满足,例如 $f(x)$ 在 x_0 处不连续,或 $f'_+(x_0) \neq f'_-(x_0)$,或 x 以不同的方式趋向 x_0 时,极限(A)取不同的值.

☆**例 3.1.1** ^{new} 1) 设 $f(0) = 0$,$f'(0) = A$,求极限 $\lim\limits_{n \to \infty} \sum\limits_{k=1}^{n} f\left(\dfrac{k}{n^2}\right)$;(武汉大学)

2) 证明 Riemann 函数

$$R(x) = \begin{cases} \dfrac{1}{q}, & \text{当 } x = \dfrac{p}{q} \text{ 时}\left(p, q \text{ 为正整数}, \dfrac{p}{q} \text{ 为既约真分数}\right), \\ 0, & \text{当 } x = 0, 1 \text{ 和无理数时} \end{cases}$$

在 $[0, 1]$ 上处处不可微.

解 1) $\lim\limits_{x \to 0} \left| \dfrac{f(x) - f(0)}{x} - f'(0) \right| = 0 \Rightarrow \dfrac{f(x) - f(0)}{x} - f'(0) = o(1) \, (x \to 0)$

$\Rightarrow f(x) = f(0) + f'(0)x + o(1) \cdot x.$

现在 $f(0) = 0$,$f'(0) = A$,故

$$f\left(\frac{k}{n^2}\right) = f(0) + f'(0)\frac{k}{n^2} + o(1) \cdot \frac{k}{n^2} = \frac{k}{n^2}(A + o(1)) \quad (n \to \infty).$$

因此

$$\sum_{k=1}^{n} f\left(\frac{k}{n^2}\right) = \sum_{k=1}^{n} \frac{k}{n^2}(A + o(1)) = \frac{n+1}{2n}(A + o(1)) \quad (n \to \infty).$$

取极限得

$$\lim_{n\to\infty} \sum_{k=1}^{n} f\left(\frac{k}{n^2}\right) = \frac{A}{2}.$$

注 补充条件,有另解,见例 3.3.20.

2) 因 $R(x)$ 在有理点不连续(例 2.1.1),故 $R(x)$ 在有理点上不可微,现只需证明无理点的情况.

设 $x_0 \in (0,1)$ 为任一无理点,则 x 沿无理点的点列 $\{x_n\}$ 趋向 x_0 时,

$$\lim_{n\to\infty} \frac{R(x_n) - R(x_0)}{x_n - x_0} = \lim_{n\to\infty} \frac{0}{x_n - x_0} = 0.$$

现只要证明沿某个有理点的点列 $\{x_n'\}$ 趋向 x_0 时,上述极限不为零即可.

因 x_0 为无理数,可用无限不循环小数表示,$x_0 = 0.\alpha_1\alpha_2\cdots\alpha_n\cdots$. 截取前 n 位小数,令 $x_n' = 0.\alpha_1\alpha_2\cdots\alpha_n$,则 $\{x_n'\}$ 是趋向 x_0 的有理数列. 注意 $\{\alpha_i\}_{i=1}^{\infty}$ 有无穷多项不为零! 记第一个不为零的下标为 N,按 $R(x)$ 的定义,当 $n > N$ 时,有 $R(x_n') = R(0.\alpha_1\alpha_2\cdots\alpha_n) > \frac{1}{10^n}$. 故

$$\left| \frac{R(x_n') - R(x_0)}{x_n' - x_0} \right| = \frac{R(0.\alpha_1\alpha_2\cdots\alpha_n)}{0.00\cdots0\alpha_{n+1}\alpha_{n+2}\cdots} \geqslant 1.$$

即 $\lim\limits_{n\to\infty} \dfrac{R(x_n') - R(x_0)}{x_n' - x_0} \neq 0$. 证毕.

[new]**练习** 假设函数 $h(x)$ 为处处不可导的连续函数(**注** 此种函数有经典范例,见例 5.2.49),以此为基础构造连续函数 $f(x)$,使 $f(x)$ 仅仅在两点可导,并说明理由.(浙江大学)

提示 例如,$f(x) = (x-a)(x-b)h(x)$.(可用导数定义和连续函数的运算性质说明.)

例 3.1.2 证明:$f(x) = |x|^3$ 在 $x = 0$ 处的三阶导数 $f'''(0)$ 不存在.

证 $f(x) = |x|^3 = \text{sgn}\, x \cdot x^3$,因此

$$f'(x) = 3\text{sgn}\, x \cdot x^2 = 3x|x| \quad (x \neq 0 \text{ 时}),$$

$$f'(0) = \lim_{x\to 0} \frac{f(x) - f(0)}{x - 0} = \lim_{x\to 0} \frac{\text{sgn}\, x \cdot x^3}{x} = 0.$$

$$f''(x) = (3\text{sgn}\, x \cdot x^2)' = 6 \cdot \text{sgn}\, x \cdot x = 6|x| \quad (x \neq 0 \text{ 时}),$$

$$f''(0) = \lim_{x\to 0} \frac{f'(x) - f'(0)}{x - 0} = \lim_{x\to 0} \frac{3x|x|}{x} = 0.$$

$$f'''_+(0) = \lim_{x\to 0^+} \frac{f''(x) - f''(0)}{x - 0} = \lim_{x\to 0^+} \frac{6\text{sgn}\, x \cdot x}{x} = 6,$$

而 $f'''_-(0) = -6$,所以 $f'''(0)$ 不存在.

例 3.1.3 设 $p(x) = x, q(x) = 1 - x$,$f(x)$ 为多项式,$f(x) \geqslant p(x)$,$f(x) \geqslant q(x)$ $(\forall x \in (-\infty, +\infty))$,试证:$f\left(\dfrac{1}{2}\right) > \dfrac{1}{2}$.

证 已知 $f\left(\dfrac{1}{2}\right) \geqslant p\left(\dfrac{1}{2}\right) = \dfrac{1}{2}$, 现证 $f\left(\dfrac{1}{2}\right) > \dfrac{1}{2}$. 事实上, 若 $f\left(\dfrac{1}{2}\right) = \dfrac{1}{2}$, 则

$x > \dfrac{1}{2}$ 时, $\dfrac{f(x) - \dfrac{1}{2}}{x - \dfrac{1}{2}} \geqslant \dfrac{p(x) - \dfrac{1}{2}}{x - \dfrac{1}{2}} = \dfrac{x - \dfrac{1}{2}}{x - \dfrac{1}{2}} = 1$, 所以

$$f'_+\left(\frac{1}{2}\right) = \lim_{x \to \left(\frac{1}{2}\right)^+} \frac{f(x) - \dfrac{1}{2}}{x - \dfrac{1}{2}} \geqslant 1.$$

$x < \dfrac{1}{2}$ 时, $\dfrac{f(x) - \dfrac{1}{2}}{x - \dfrac{1}{2}} \leqslant \dfrac{q(x) - \dfrac{1}{2}}{x - \dfrac{1}{2}} = \dfrac{1 - x - \dfrac{1}{2}}{x - \dfrac{1}{2}} = -1$, 所以

$$f'_-\left(\frac{1}{2}\right) = \lim_{x \to \left(\frac{1}{2}\right)^-} \frac{f(x) - \dfrac{1}{2}}{x - \dfrac{1}{2}} \leqslant -1.$$

故 f 在 $x = \dfrac{1}{2}$ 处不可微, 与 $f(x)$ 为多项式矛盾.

例 3.1.4 设函数 $f(x)$ 在点 x_0 的邻域 I 内有定义. 证明:导数 $f'(x_0)$ 存在的充分必要条件是:存在这样的函数 $g(x)$, 它在 I 内有定义,在点 x_0 连续,且使得在 I 内成立等式

$$f(x) = f(x_0) + (x - x_0)g(x), \tag{1}$$

又这时还有等式 $f'(x_0) = g(x_0)$. (武汉大学)

证 (必要性)已知 $f'(x_0) = \lim\limits_{x \to x_0} \dfrac{f(x) - f(x_0)}{x - x_0} = A$ (存在), 表明函数

$$g(x) = \begin{cases} \dfrac{f(x) - f(x_0)}{x - x_0}, & \text{当 } x \neq x_0 \text{ 时}, \\ A, & \text{当 } x = x_0 \text{ 时} \end{cases}$$

在 $x = x_0$ 处连续,式(1)成立, $f'(x_0) = g(x_0)$.

(充分性)$f'(x_0) = \lim\limits_{x \to x_0} \dfrac{f(x) - f(x_0)}{x - x_0} \overset{\text{式(1)}}{=\!=\!=} \lim\limits_{x \to x_0} g(x) \overset{g \text{ 在 } x_0 \text{ 处连续}}{=\!=\!=\!=\!=\!=\!=} g(x_0)$,

故 $f'(x_0)$ 存在.

例 3.1.5 设函数 $f(x)$ 在闭区间 $[a,b]$ 上连续, $f(a) = f(b)$, 且在开区间 (a,b) 内有连续的右导数:

$$f'_+(x) = \lim_{h \to 0^+} \frac{f(x+h) - f(x)}{h} \quad (a < x < b),$$

试证:存在一点 $\xi \in (a,b)$, 使得 $f'_+(\xi) = 0$. (吉林大学)

证 若 $f(x) \equiv$ 常数,则 $f'_+(x) \equiv 0$,问题自明. 现设 $f(x) \not\equiv$ 常数. 为了证明 $\exists \xi \in (a, b)$,使 $f'_+(\xi) = 0$,只要证明 $\exists \alpha, \beta \in (a, b)$,使 $f'_+(\alpha) \leqslant 0, f'_+(\beta) \geqslant 0$,那么由 $f'_+(x)$ 的连续性,便知存在 ξ 使 $f'_+(\xi) = 0$. 事实上,要找这样的 α, β,只要找最大(小)值点即可. 因 $f(x)$ 在 $[a, b]$ 上连续,故在 $[a, b]$ 上必达最大、最小值. 而 $f(a) = f(b)$,所以最大、最小值至少有一个在内部达到. 设 $\alpha \in (a, b)$ 是 f 的最大值点(内部达最小值类似讨论),于是

$$f'_+(\alpha) = \lim_{x \to \alpha^+} \frac{f(x) - f(\alpha)}{x - \alpha} \leqslant 0.$$

任取一点 $c : a < c < \alpha$,因 f 在 $[c, \alpha]$ 上连续,f 在 $[c, \alpha]$ 上也必有一点 $\beta < \alpha$ 达到最小值. 于是

$$f'_+(\beta) = \lim_{x \to \beta^+} \frac{f(x) - f(\beta)}{x - \beta} \geqslant 0.$$

如此我们即达到了目的.

☆ **例 3.1.6** 设 $f(x)$ 在 $x = x_0$ 处可微,$\alpha_n < x_0 < \beta_n (n = 1, 2, \cdots)$,$\lim\limits_{n \to \infty} \alpha_n = \lim\limits_{n \to \infty} \beta_n = x_0$,证明: $\lim\limits_{n \to \infty} \dfrac{f(\beta_n) - f(\alpha_n)}{\beta_n - \alpha_n} = f'(x_0)$. (湖北大学)

证 首先,容易看到

$$\frac{f(\beta_n) - f(\alpha_n)}{\beta_n - \alpha_n} = \frac{f(\beta_n) - f(x_0) + f(x_0) - f(\alpha_n)}{\beta_n - \alpha_n}$$

$$= \frac{\beta_n - x_0}{\beta_n - \alpha_n} \frac{f(\beta_n) - f(x_0)}{\beta_n - x_0} - \frac{\alpha_n - x_0}{\beta_n - \alpha_n} \frac{f(\alpha_n) - f(x_0)}{\alpha_n - x_0}. \quad (1)$$

若记 $\lambda_n = \dfrac{\beta_n - x_0}{\beta_n - \alpha_n}$,则 $\dfrac{x_0 - \alpha_n}{\beta_n - \alpha_n} = 1 - \lambda_n$,且 $0 < \lambda_n < 1, 0 < 1 - \lambda_n < 1$,式(1)可改写成

$$\frac{f(\beta_n) - f(\alpha_n)}{\beta_n - \alpha_n} = \lambda_n \frac{f(\beta_n) - f(x_0)}{\beta_n - x_0} + (1 - \lambda_n) \frac{f(\alpha_n) - f(x_0)}{\alpha_n - x_0}.$$

但 $f'(x_0) = \lambda_n f'(x_0) + (1 - \lambda_n) f'(x_0)$,故易知 $\forall \varepsilon > 0, \exists N > 0$,当 $n > N$ 时,

$$\left| \frac{f(\beta_n) - f(\alpha_n)}{\beta_n - \alpha_n} - f'(x_0) \right|$$

$$\leqslant \lambda_n \left| \frac{f(\beta_n) - f(x_0)}{\beta_n - x_0} - f'(x_0) \right| + (1 - \lambda_n) \left| \frac{f(\alpha_n) - f(x_0)}{\alpha_n - x_0} - f'(x_0) \right|$$

$$< \lambda_n \varepsilon + (1 - \lambda_n) \varepsilon = \varepsilon.$$

原极限获证.

☆ **例 3.1.7** 设函数 $f(x)$ 在 $x = 0$ 处连续,并且 $\lim\limits_{x \to 0} \dfrac{f(2x) - f(x)}{x} = A$,求证:$f'(0)$ 存在,并且 $f'(0) = A$. (中国科学院)

证 (目标在于证 $\lim\limits_{x \to 0} \dfrac{f(x) - f(0)}{x} = A$.) 因已知 $\lim\limits_{x \to 0} \dfrac{f(2x) - f(x)}{x} = A$,即 $\forall \varepsilon > 0$,

$\exists \delta > 0$，当 $|x| < \delta$ 时，有

$$A - \frac{\varepsilon}{2} < \frac{f(2x) - f(x)}{x} < A + \frac{\varepsilon}{2}.$$

特别，取 $x_n = \dfrac{x}{2^k}$（$k \in \mathbf{N}$），上式亦成立. 故有

$$\frac{1}{2^k}\left(A - \frac{\varepsilon}{2}\right) < \frac{f\left(\dfrac{x}{2^{k-1}}\right) - f\left(\dfrac{x}{2^k}\right)}{x} < \frac{1}{2^k}\left(A + \frac{\varepsilon}{2}\right),$$

$k = 1, 2, \cdots, n$. 将此 n 式相加，注意

$$\sum_{k=1}^{n}\left[f\left(\frac{x}{2^{k-1}}\right) - f\left(\frac{x}{2^k}\right)\right] = f(x) - f\left(\frac{x}{2^n}\right) = f(x) - f(x_n), \quad \sum_{k=1}^{n}\frac{1}{2^k} = 1 - \frac{1}{2^n},$$

有

$$\left(1 - \frac{1}{2^n}\right)\left(A - \frac{\varepsilon}{2}\right) < \frac{f(x) - f(x_n)}{x} < \left(1 - \frac{1}{2^n}\right)\left(A + \frac{\varepsilon}{2}\right).$$

再令 $n \to \infty$，取极限，这时 $x_n = \dfrac{x}{2^n} \to 0$，而 f 在 0 处连续，$\lim\limits_{n \to \infty} f(x_n) = f(0)$，故

$$A - \frac{\varepsilon}{2} \leqslant \frac{f(x) - f(0)}{x} \leqslant A + \frac{\varepsilon}{2}.$$

亦即 $\left|\dfrac{f(x) - f(0)}{x} - A\right| \leqslant \dfrac{\varepsilon}{2} < \varepsilon$，$f'(0)$ 存在且 $f'(0) = A$.

例 3.1.8 设 $f(x)$ 在 $[a, b]$ 上可微，试证：$f'(x)$ 在 $[a, b]$ 上连续的充要条件是 $f(x)$ 在 $[a, b]$ 上一致可微，即：$\forall \varepsilon > 0$，$\exists \delta > 0$，当 $0 < |h| < \delta$ 时，有

$$\left|\frac{f(x + h) - f(x)}{h} - f'(x)\right| < \varepsilon$$

对一切 $x \in [a, b]$ 成立.（北京师范大学）

证 1°（必要性）因 $f'(x)$ 在 $[a, b]$ 上连续，故一致连续，即 $\forall \varepsilon > 0$，$\exists \delta > 0$，当 $x', x'' \in [a, b]$，$|x' - x''| < \delta$ 时，便有 $|f'(x') - f'(x'')| < \varepsilon$. 由此当 $0 < |h| < \delta$ 时，$\forall x \in [a, b]$，有

$$\left|\frac{f(x + h) - f(x)}{h} - f'(x)\right| = |f'(\xi) - f'(x)| \quad (\xi \text{ 在 } x \text{ 与 } x + h \text{ 之间})$$

$$< \varepsilon.$$

2°（充分性）已知 $\forall \varepsilon > 0$，$\exists \delta > 0$，当 $0 < |h| < \delta$ 时，$\forall x \in [a, b]$，$\left|\dfrac{f(x + h) - f(x)}{h} - f'(x)\right| < \varepsilon$. 因此，$\forall x_0 \in [a, b]$，当 $0 < |h| < \delta$ 时，只要 $x_0 + h \in [a, b]$，便有

$$|f'(x_0 + h) - f'(x_0)|$$

$$= \left|f'(x_0 + h) - \frac{f(x_0 + h) - f(x_0)}{h} + \frac{f(x_0 + h) - f(x_0)}{h} - f'(x_0)\right|$$

$$\leqslant \left| f'(x_0 + h) - \frac{f(x_0 + h - h) - f(x_0 + h)}{-h} \right| + \left| \frac{f(x_0 + h) - f(x_0)}{h} - f'(x_0) \right| < 2\varepsilon.$$

所以 $f'(x)$ 在 x_0 处连续. 由 x_0 的任意性,知 $f'(x)$ 在 $[a,b]$ 上连续.

☆二、高阶导数与 Leibniz 公式

a. 先拆项再求导

要点 有些式子不易直接求高阶导数,当拆项以后,变成易于求高阶导数的一些基本形式之和,便立即可以直接求导. 基本形式主要有

$$(x^k)^{(n)} = k(k-1)\cdots(k-n+1)x^{k-n} \quad (n \leqslant k),$$
$$(e^x)^{(n)} = e^x, \quad (a^x)^{(n)} = a^x(\ln a)^n,$$
$$(\ln x)^{(n)} = (-1)^{n-1}(n-1)! x^{-n},$$
$$(\sin x)^{(n)} = \sin\left(x + \frac{n\pi}{2}\right), \quad (\cos x)^{(n)} = \cos\left(x + \frac{n\pi}{2}\right).$$

并特别注意 $[f(ax+b)]^{(n)} = a^n f^{(n)}(ax+b)$,因子 a^n 不要漏掉.

例 3.1.9 计算 $y^{(n)}$,设

(1) $y = \sin^6 x + \cos^6 x$;(中南大学)

(2) $y = \sin ax \sin bx$;

(3) $y = \dfrac{x^2 + x + 1}{x^2 - 5x + 6}$.

提示 (1) $y = \left(\dfrac{1 - \cos 2x}{2}\right)^3 + \left(\dfrac{1 + \cos 2x}{2}\right)^3 = \dfrac{5}{8} + \dfrac{3}{8}\cos 4x.$

(2) 先积化和差.

(3) 先分项,$y = 1 - \dfrac{7}{x-2} + \dfrac{13}{x-3}.$

b. 直接使用 Leibniz 公式

要点 把要求导的函数写成两项相乘,然后直接应用 Leibniz 公式

$$(u \cdot v)^{(n)} = \sum_{k=0}^{n} C_n^k u^{(k)} v^{(n-k)}.$$

*例 3.1.10 设 $f_1(x)$, $f_2(x)$ 在 x_0 及其附近有定义,在 x_0 处有直到 n 阶导数,记 $N(f) = \sum_{k=0}^{n} \dfrac{1}{k!} |f^{(k)}(x_0)|$. 试证明:$N(f_1 f_2) \leqslant N(f_1) N(f_2)$.(北京大学)

证 按 N 的定义,

$$N(f_1 f_2) = \sum_{k=0}^{n} \frac{1}{k!} |(f_1 f_2)^{(k)}(x_0)| \quad (\text{用 Leibniz 公式})$$

$$\leqslant \sum_{k=0}^{n} \frac{1}{k!} \sum_{j=0}^{k} C_k^j |f_1^{(j)}(x_0)| |f_2^{(k-j)}(x_0)| \quad \left(\text{注意 } C_k^j = \frac{k!}{j!(k-j)!}\right)$$

$$= \sum_{k=0}^{n} \sum_{j=0}^{k} \frac{1}{j!(k-j)!} |f_1^{(j)}(x_0)| |f_2^{(k-j)}(x_0)|$$

$$\leqslant \sum_{j=0}^{n} \frac{1}{j!} \left| f_1^{(j)}(x_0) \right| \cdot \sum_{k=0}^{n} \frac{1}{k!} \left| f_2^{(k)}(x_0) \right|$$

$$= N(f_1) \cdot N(f_2).$$

此式(第三行)≤(第四行)是因为:第四行乘开后共有$(n+1)^2$项,可排成一方阵,而第三行仅是此方阵左上方三角形内各项之和.

☆**例 3.1.11** 试证

$$(a^2 + b^2)^{\frac{n}{2}} \mathrm{e}^{ax} \sin(bx + n\varphi) = \sum_{i=0}^{n} \mathrm{C}_n^i a^{n-i} b^i \mathrm{e}^{ax} \sin\left(bx + \frac{\pi}{2}i\right),$$

其中 $\varphi = \arctan \dfrac{b}{a}$.

证 令 $f(x) = \mathrm{e}^{ax} \sin bx$,则

$$f'(x) = \mathrm{e}^{ax}(a \sin bx + b \cos bx) = \mathrm{e}^{ax}(a^2 + b^2)^{\frac{1}{2}} \sin(bx + \varphi) \left(\varphi = \arctan \frac{b}{a}\right).$$

反复这么做,得

$$f^{(n)}(x) = (a^2 + b^2)^{\frac{n}{2}} \mathrm{e}^{ax} \sin(bx + n\varphi). \tag{1}$$

另一方面,直接使用 Leibniz 公式,

$$f^{(n)}(x) = \sum_{i=0}^{n} \mathrm{C}_n^i a^{n-i} b^i \mathrm{e}^{ax} \sin\left(bx + \frac{\pi}{2}i\right). \tag{2}$$

比较式(1)和(2),即得所求的等式.

c. 用数学归纳法求高阶导数

要点 当高阶导数不能一次求出时,可先求出前几阶导数,总结归纳,找出规律,然后用数学归纳法加以证明.

☆**例 3.1.12** 证明:$\left(x^{n-1} \mathrm{e}^{\frac{1}{x}}\right)^{(n)} = \dfrac{(-1)^n}{x^{n+1}} \mathrm{e}^{\frac{1}{x}}$. (同济大学)

证 当 $n = 1, 2$ 时,可直接验证其成立.

设当 $n = k-1$ 和 $n = k$ 时欲证等式成立,下证 $n = k+1$ 时也成立. 事实上,

$$\left(x^k \mathrm{e}^{\frac{1}{x}}\right)^{(k+1)} = \left[\left(x^k \mathrm{e}^{\frac{1}{x}}\right)'\right]^{(k)} = \left(kx^{k-1} \mathrm{e}^{\frac{1}{x}} - x^{k-2} \mathrm{e}^{\frac{1}{x}}\right)^{(k)} = k\left(x^{k-1} \mathrm{e}^{\frac{1}{x}}\right)^{(k)} - \left[\left(x^{k-2} \mathrm{e}^{\frac{1}{x}}\right)^{(k-1)}\right]'.$$

再利用 $n = k$ 与 $n = k-1$ 时的已有结果,代入整理,即可证得.

☆**例 3.1.13** 证明:若函数

$$f(x) = \begin{cases} \mathrm{e}^{-\frac{1}{x^2}}, & x \neq 0, \\ 0, & x = 0, \end{cases}$$

则在 $x = 0$ 处 $f^{(n)}(0) = 0$ ($n = 1, 2, \cdots$). (浙江大学)

证 $f'(0) = \lim\limits_{x \to 0} \dfrac{\mathrm{e}^{-\frac{1}{x^2}} - 0}{x - 0} = \lim\limits_{x \to 0} \dfrac{\frac{1}{x}}{\mathrm{e}^{\frac{1}{x^2}}} \xrightarrow{\diamondsuit y = \frac{1}{x}} \lim\limits_{y \to \infty} \dfrac{y}{\mathrm{e}^{y^2}} = 0.$ 设 $f^{(n-1)}(0) = 0$,易证

$$f^{(n-1)}(x) = p\left(\frac{1}{x}\right)e^{-\frac{1}{x^2}} \ (x \neq 0),$$

其中 $p\left(\dfrac{1}{x}\right)$ 表示关于 $\dfrac{1}{x}$ 的某个多项式. 因此

$$f^{(n)}(0) = \lim_{x \to 0} \frac{p\left(\frac{1}{x}\right)e^{-\frac{1}{x^2}} - 0}{x - 0} \xlongequal{\diamondsuit y = \frac{1}{x}} \lim_{y \to \infty} \frac{yp(y)}{e^{y^2}} = 0.$$

例 3.1.14 已知 $f(x)$ 有 n 阶导数(n 为某奇数),且

$$g(x) = |x - a|^n f(x).$$

试证:$f(a) = 0$ 时,$g(x)$ 在 $x = a$ 处有 n 阶导数;$f(a) \neq 0$ 时,$g(x)$ 在 $x = a$ 处无 n 阶导数.

提示 因 n 为奇数,当 $x \neq a$ 时,

$$g(x) = (x - a)^n f(x) \operatorname{sgn}(x - a).$$

利用 Leibniz 公式可直接求出 $g(x)$ 的 1 至 n 阶导数. 进而按导数定义顺次可知:当 $f(a) = 0$ 时,$g(x)$ 在 $x = a$ 处 1 至 $n - 1$ 阶导数为零,n 阶导数存在;当 $f(a) \neq 0$ 时,$g^{(n)}(a)$ 不存在.

例 3.1.15 设

$$f(x) = \begin{cases} x^n \sin(\ln|x|), & x \neq 0, \\ 0, & x = 0, \end{cases} \quad (n \text{ 为自然数}),$$

求证:$f(x)$ 在 $x = 0$ 处有 $n - 1$ 阶导数,而无 n 阶导数.

提示 易证

$$\frac{\mathrm{d}^m}{\mathrm{d}x^m}[\sin(\ln|x|)] = \frac{1}{x^m} \sum_{k=1}^{m} a_k \sin\left(\ln|x| + k\frac{\pi}{2}\right),$$

其中 $a_k (k = 1, 2, \cdots, m)$ 为某些常数.

例 3.1.16 设 $u_1(x), u_2(x), \cdots, u_k(x)$ 都是 x 的 n 次可微函数. 试证:

$$(u_1 u_2 \cdots u_k)^{(n)} = \sum_{r_1 + r_2 + \cdots + r_k = n} \frac{n!}{r_1! \, r_2! \cdots r_k!} u_1^{(r_1)} \cdots u_k^{(r_k)}.$$

证 当 $k = 2$ 时,这是熟知的 Leibniz 公式. 设 $k \leq m$ 时公式已成立,来证 $k = m + 1$ 时成立.

记 $u = u_1 u_2 \cdots u_m$,则

$$(u_1 u_2 \cdots u_m u_{m+1})^{(n)} = (u \cdot u_{m+1})^{(n)} = \sum_{r + r_{m+1} = n} \frac{n!}{r! \, r_{m+1}!} u^{(r)} u_{m+1}^{(r_{m+1})}$$

$$= \sum_{r + r_{m+1} = n} \frac{n!}{r! \, r_{m+1}!} \left(\sum_{r_1 + \cdots + r_m = r} \frac{r!}{r_1! \cdots r_m!} u_1^{(r_1)} \cdots u_m^{(r_m)} \right) u_{m+1}^{(r_{m+1})}$$

$$= \sum_{r_1 + r_2 + \cdots + r_{m+1} = n} \frac{n!}{r_1! \, r_2! \cdots r_m!} u_1^{(r_1)} u_2^{(r_2)} \cdots u_{m+1}^{(r_{m+1})}.$$

d. 用递推公式求导

要点 当高阶导数无法直接求出时,可考虑先求出导数的递推公式. 方法是先求前几阶的导数关系,然后设法将等式作适当处理,使两端同时求导时能得到一般的

递推关系.

☆**例 3.1.17**　设 $f(x) = (\arcsin x)^2$，求 $f^{(n)}(0)$.

解　由 $f'(x) = 2\dfrac{\arcsin x}{\sqrt{1-x^2}}$，得

$$(1 - x^2)f'^2(x) = 4f(x). \tag{1}$$

再求一次导数，整理得

$$-xf'(x) + (1 - x^2)f''(x) = 2. \tag{2}$$

应用 Leibniz 公式，对式（2）两端同时求 n 阶导数得

$$-xf^{(n+1)}(x) - nf^{(n)}(x) + (1-x^2)f^{(n+2)}(x) - 2nxf^{(n+1)}(x) - n(n-1)f^{(n)}(x) = 0. \tag{3}$$

在式（1）、（2）、（3）中令 $x = 0$，得

$$f'(0) = 0,\ f''(0) = 2,\ f^{(n+2)}(0) = n^2 f^{(n)}(0),$$

从而

$$f^{(2k+1)}(0) = 0\ (k = 0,1,2,\cdots),$$

$$f^{(2k)}(0) = (2k-2)^2(2k-4)^2\cdots 2^2 \cdot 2 = \left[\prod_{i=1}^{k-1}(2k-2i)^2\right] \cdot 2$$

$$= 2^{2(k-1)} \cdot 2 \prod_{i=1}^{k-1}(k-i)^2 = 2^{2k-1}\left[\prod_{i=1}^{k-1}(k-i)\right]^2$$

$$= 2^{2k-1}[(k-1)!]^2\ (k = 1,2,\cdots).$$

例 3.1.18　证明 Legendre 多项式

$$P_n(x) = \frac{1}{2^n n!}[(x^2-1)^n]^{(n)}\ (n = 0,1,2,\cdots)$$

满足方程　　$$(1-x^2)P_n''(x) - 2xP_n'(x) + n(n+1)P_n(x) = 0.$$

提示　令 $u = (x^2-1)^n$，可得 $(x^2-1)u' = 2nxu$，再两端同时求 $n+1$ 阶导数.

e. 用 Taylor 展开式求导数

要点　$f(x)$ 按 $(x-a)$ 的幂展开的幂级数必是 $f(x)$ 的 Taylor 展开式：

$$f(x) = \sum_{n=0}^{\infty} \frac{f^{(n)}(a)}{n!}(x-a)^n.$$

因此，若一旦得到展开式 $f(x) = \sum\limits_{n=0}^{\infty} a_n(x-a)^n$，则

$$f^{(n)}(a) = a_n n!\ (n = 0,1,2,\cdots).$$

☆**例 3.1.19**　求 $f(x) = \arctan x$ 在 $x = 0$ 处的各阶导数.

解　$f'(x) = \dfrac{1}{1+x^2} = \sum\limits_{n=0}^{\infty}(-1)^n x^{2n}\ (|x| < 1)$. 两端从 0 到 x 积分，可得

$$f(x) = \sum_{n=0}^{\infty}(-1)^n \frac{x^{2n+1}}{2n+1}\ (|x| < 1).$$

由此　$f^{(k)}(0) = \begin{cases} (-1)^n \dfrac{(2n+1)!}{2n+1} = (-1)^n(2n)!, & \text{当 } k = 2n+1 \text{ 时}, \\ 0, & \text{当 } k = 2n \text{ 时}. \end{cases}$

（试用例 3.1.17 的方法重解此题，进行比较．）

^{new}**例 3.1.20** 设函数 $f(x)$ 在 $(-1,1)$ 上无穷次可微，$f(0)=1$，$|f'(0)|\leqslant 2$. 若函数 $g(x)=\dfrac{f'(x)}{f(x)}$，有

$$|g^{(n)}(0)|\leqslant 2\cdot(n!).\tag{1}$$

试证：对所有 $n\in\mathbf{N}$，皆有

$$|f^{(n)}(0)|\leqslant(n+1)!.\tag{2}$$

（北京大学）

提示 对 $f'(x)=f(x)g(x)$ 两端同时求 n 阶导数．（可用 Leibniz 公式和数学归纳法证明式（2）．因 $n=1,2$ 自明，只需证明：若 $n=1$ 至 $n=m$ 结论都成立，则 $n=m+1$ 也成立．）

再提示
$$\begin{aligned}
|f^{(m+1)}(0)|&=|(f'(x))^{(m)}|_{x=0}\\
&=|(f(x)g(x))^{(m)}|_{x=0}\qquad(\text{用 Leibniz 公式})\\
&=\Big|\sum_{k=0}^{m}C_m^k g^{(k)}(x)f^{(m-k)}(x)\Big|_{x=0}\\
&\overset{\text{式(1),(2)}}{\leqslant}\sum_{k=0}^{m}\frac{m!}{k!(m-k)!}2\cdot k!(m+1-k)!\\
&=2\cdot m!\sum_{k=0}^{m}(m+1-k)\\
&=2\cdot m!\frac{(m+1)(m+2)}{2}=(m+2)!.
\end{aligned}$$

^{new}☆**例 3.1.21** 设

$$u=\begin{vmatrix}
1 & 1 & 1 & \cdots & 1\\
x_1 & x_2 & x_3 & \cdots & x_n\\
x_1^2 & x_2^2 & x_3^2 & \cdots & x_n^2\\
\vdots & \vdots & \vdots & & \vdots\\
x_1^{n-1} & x_2^{n-1} & x_3^{n-1} & \cdots & x_n^{n-1}
\end{vmatrix},\tag{1}$$

求证：$\displaystyle\sum_{j=1}^{n}x_j\frac{\partial u}{\partial x_j}=\frac{n(n-1)}{2}u$．（南开大学）

证 （按第 j 列展开）$u=A_{1j}+x_jA_{2j}+\cdots+x_j^{n-1}A_{nj}$（其中代数余子式 A_{ij} 里不含 x_j），因此

$$x_j\frac{\partial u}{\partial x_j}=x_jA_{2j}+2x_j^2A_{3j}+\cdots+(n-1)x_j^{n-1}A_{nj},\ j=1,2,\cdots,n.$$

从而

$$\sum_{j=1}^{n}x_j\frac{\partial u}{\partial x_j}=\sum_{j=1}^{n}x_jA_{2j}+2\sum_{j=1}^{n}x_j^2A_{3j}+\cdots+(n-1)\sum_{j=1}^{n}x_j^{n-1}A_{nj}.\tag{2}$$

注意，将式（1）按第 i 行展开（$i=2,3,\cdots,n$），则有

$$\sum_{j=1}^{n}x_jA_{2j}=\sum_{j=1}^{n}x_j^2A_{3j}=\cdots=\sum_{j=1}^{n}x_j^{n-1}A_{nj}=u.$$

此式代入式(2),得

$$\sum_{j=1}^{n} x_j \frac{\partial u}{\partial x_j} = u + 2u + \cdots + (n-1)u = \frac{n(n-1)}{2}u.$$

等式获证.

✍ 单元练习 3.1

导数的计算

3.1.1 计算下列函数的指定导数:

1) $f(x) = \sqrt{\dfrac{(1+x)\sqrt{x}}{e^{x-1}}} + \arcsin \dfrac{1-x}{\sqrt{1+x^2}}$, 求 $f'(1)$; (中国人民大学)　　$\left\langle -\dfrac{\sqrt{2}}{2} \right\rangle$

2) $f(x) = x^{\sin(\sin x^x)}$ $(x>0)$, 求 $\dfrac{\mathrm{d}y}{\mathrm{d}x}$; (复旦大学)

$$\left\langle \left[\cos(\sin x^x) \cdot \cos x^x \cdot x^x (\ln x + \ln^2 x) + \frac{1}{x} \sin(\sin x^x) \right] \cdot x^{\sin(\sin x^x)} \right\rangle$$

3) $f(x) = \begin{cases} \cos x, & x < 0 \\ \ln(1+x^2), & x \geqslant 0, \end{cases}$ 求 $f'(x)$; (华东师范大学)

$$\left\langle f'(x) = \begin{cases} -\sin x, & x < 0, \\ \dfrac{2x}{1+x^2}, & x > 0, \end{cases} f'(0) \text{不存在} \right\rangle$$

4) $f(x) = \dfrac{x}{\sqrt{1+x^2}}$, $f_n(x) = f(f(\cdots f(x)))$ (n 个 f), 求 $\dfrac{\mathrm{d}f_n(x)}{\mathrm{d}x}$; (西北工业大学)

$$\left\langle \frac{1}{\sqrt{(1+nx^2)^3}} \right\rangle$$

☆5) $f''(u)$ 存在, $y = f(x+y)$, 求 $\dfrac{\mathrm{d}y}{\mathrm{d}x}, \dfrac{\mathrm{d}^2y}{\mathrm{d}x^2}$; (中国地质大学)

$$\left\langle \frac{\mathrm{d}y}{\mathrm{d}x} = \frac{f'(u)}{1-f'(u)}, \frac{\mathrm{d}^2y}{\mathrm{d}x^2} = \frac{f''(u)}{(1-f'(u))^3} \right\rangle$$

6) $y = y(x)$ 为 $y = -ye^x + 2e^y \sin x - 7x$ 所确定的可微函数, 求 $y'(0)$; (浙江大学)　$\left\langle -\dfrac{5}{2} \right\rangle$.

☆7) $f(x)$ 有任意阶导数, $f'(x) = (f(x))^2$, 求 $f^{(n)}(x)$ $(n>2)$; (数学一).

$$\langle\langle n! (f(x))^{n+1} \rangle\rangle$$

☆8) $x = a(t - \sin t)$, $y = a(1 - \cos t)$, 求 $\dfrac{\mathrm{d}y}{\mathrm{d}x}, \dfrac{\mathrm{d}^2y}{\mathrm{d}x^2}$; (中国海洋大学)

$$\left\langle \frac{\sin t}{1-\cos t}, -\frac{1}{a(1-\cos t)^2} \right\rangle$$

☆9) $f^{-1}(x)$ 为 $f(y)$ 的反函数, $f'[f^{-1}(x)]$, $f''(f^{-1}(x))$ 都存在, 且 $f'(f^{-1}(x)) \neq 0$, 证明:
$\dfrac{\mathrm{d}^2 f^{-1}(x)}{\mathrm{d}x^2} = -\dfrac{f''(f^{-1}(x))}{[f'(f^{-1}(x))]^3}$; (湖南大学)

☆10) 对于 **R** 上的实函数, 若所讨论的导数存在, 试证有如下结论:奇函数的导数为偶函数,偶函数的导数为奇函数. 如果将此结论简记作(奇)′ = 偶,(偶)′ = 奇,则显然有:(奇)$^{(2n)}$ = 奇,

(奇)$^{(2n-1)}$ = 偶,(偶)$^{(2n-1)}$ = 奇,(偶)$^{(2n)}$ = 偶,(奇)(0) = 0,(奇)$^{(2n)}(0)$ = 0,(偶)$^{(2n-1)}(0)$ = 0 $(n=1,2,\cdots)$;

11) 设 $f(x) = \dfrac{x^5}{\sqrt{1+x^2}} \cdot \dfrac{\sin^4 x}{1+\cos^2 x}$ 求 $f^{(6)}(0)$ 及 $\int_{-1}^{1} f^{(6)}(x)\mathrm{d}x$;(中国人民大学)   《0,0》

12) 求 $\mathrm{d}^n(x^2\ln x)$ $(x>0,x$ 为自变量);(南京大学)

$$《\mathrm{d}(x^2\ln x) = (2\ln x+1)x\mathrm{d}x, \mathrm{d}^2(x^2\ln x) = (2\ln x+3)\mathrm{d}x^2,$$
$$\mathrm{d}^n(x^2\ln x) = (-1)^{n-1}2(n-3)! x^{2-n}\mathrm{d}x^n (n>2)》$$

13) $g(x)$ 在 $[-1,1]$ 上无穷次可微,且存在 $M>0$ 使得 $|g^{(n)}(x)| \le n!M$, $g\left(\dfrac{1}{n}\right) = \ln(1+2n) - \ln n$ $(n=1,2,3,\cdots)$,求 $g^{(k)}(0)$ $(k=0,1,2,\cdots)$;(中国科学院)

$$《g(0) = \ln 2, g^{(k)}(0) = (-1)^{k-1}\dfrac{(k-1)!}{2^k} (k=1,2,\cdots)》$$

14) $f(x) = x\sin \omega x$,证明:$f^{(2n)}(x) = (-1)^n(\omega^{2n}x\sin \omega x - 2n\omega^{2n-1}\cos \omega x)$;(北京理工大学)

☆15) $f(x) = \begin{cases} \dfrac{\sin x}{x}, & x\ne0, \\ 1, & x=0, \end{cases}$ 求 $f^{(k)}(0)$.(华东师范大学)

$$《f^{(2n)}(0) = (-1)^n\dfrac{1}{2n+1}, f^{(2n-1)}(0) = 0 (n=1,2,\cdots)》$$

提示 2) $(x^{g(x)})' = (\mathrm{e}^{g(x)\ln x})'$.

3) 分段求导.

4) 先写出 f_1,f_2,f_3,再用数学归纳法求出 f_n: $f_n(x) = \dfrac{x}{\sqrt{1+nx^2}}$,然后求导.

5),6) 隐函数求导.

7) 复合函数求导.

8) 参数函数求导.

9) 在 $\dfrac{\mathrm{d}y}{\mathrm{d}x} = \dfrac{1}{f'(y)}$ 两边对 x 求导:$\dfrac{\mathrm{d}^2f^{-1}(x)}{\mathrm{d}x^2} = \dfrac{\mathrm{d}^2y}{\mathrm{d}x^2} = \dfrac{-f''(y)\dfrac{\mathrm{d}y}{\mathrm{d}x}}{(f'(y))^2} = -\dfrac{f''(f^{-1}(x))}{[f'(f^{-1}(x))]^3}$.

11) 利用10)的结果.

12) 求出 $\mathrm{d}^3(x^2\ln x) = \dfrac{2}{x}\mathrm{d}x^3$ 之后再用公式直接求.

13) $g\left(\dfrac{1}{n}\right) = \ln(1+2n) - \ln n = \ln\left(2+\dfrac{1}{n}\right)$ $(n=1,2,\cdots)$,由此 $g(x) = \ln(2+x)$,很容易求出上述结果. 但这里隐藏着一个重大理论问题,即:$g(x)$ 与 $\ln(2+x)$ 仅在点列 $\left\{\dfrac{1}{n}\right\}$ 上相等,为什么在 $[-1,1]$ 上处处相等?

这是因为此时 $f(x) \equiv g(x) - \ln(2+x)$ 在 $[-1,1]$ 上满足

$$\left|\dfrac{f^{(n)}(x)}{n!}\right| \le M, f\left(\dfrac{1}{n}\right) = 0 (n=1,2,\cdots),$$

从而可证 $f(x) \equiv 0$(于 $[-1,1]$ 上). 证明方法可参看第五章例5.3.35.

14) 用数学归纳法.

15) 可沿用例3.1.19的方法. 注意,由 $\sin x$ 的展开式,有 $f(x) = \sum\limits_{n=1}^{\infty}(-1)^{n-1}\dfrac{x^{2n-2}}{(2n-1)!}$.

导读　（1）以上各题主要是考查复合函数、显式、隐式、参数式、反函数、分段函数、抽象函数等各种类型的求导问题．至于积分、级数表示的函数如何求导，请参看第四、五章的相关内容．

（2）导数计算是微积分中最基本、最常用的运算，相对也最容易．这类考题一般考生都会做，有一定的"送分性质"．要想不丢分，必须做到熟练、准确、快捷．还不太会的读者，请先复习一下教材的相关内容，此处不重复．

导数定义及可微性质

3.1.2　讨论 $f(x) = \begin{cases} \dfrac{1}{x} - \dfrac{1}{e^x - 1}, & x \neq 0, \\ \dfrac{1}{2}, & x = 0 \end{cases}$ 在 $x = 0$ 处的连续性与可微性．（东北大学）

提示　$f'(0) = \lim\limits_{x \to 0} \dfrac{\dfrac{1}{x} - \dfrac{1}{e^x - 1} - \dfrac{1}{2}}{x} = \lim\limits_{x \to 0} \dfrac{\left[2(e^x - 1) - 2x - x(e^x - 1)\right]'}{\left[2x^2(e^x - 1)\right]'} = -\dfrac{1}{12}$（可反复使用 L'Hospital法则）．

☆**3.1.3**　设　　　　$f(x) = \begin{cases} x^2 \sin \dfrac{\pi}{x}, & x < 0, \\ A, & x = 0, \\ ax^2 + b, & x > 0, \end{cases}$

其中 A, a, b 为常数，试问 A, a, b 为何值时 $f(x)$ 在 $x = 0$ 处可导，为什么？并求 $f'(0)$．（郑州大学）

提示　$f'_-(0) = \lim\limits_{x \to 0^-} \left(x \sin \dfrac{\pi}{x} - \dfrac{A}{x}\right)$ 欲存在，必须 $A = 0$；

$f'_+(0) = \lim\limits_{x \to 0^+} \left(ax + \dfrac{b}{x}\right)$ 欲存在，必须 $b = 0$．此时 $f'(0) = 0$．

☆**3.1.4**　设 $f(x)$ 在 $x = 0$ 处可导，$f(0) \neq 0$，$f'(0) \neq 0$，

$$af(h) + bf(2h) - f(0) = o(h) \quad （当 h \to 0 时），$$

求 a, b．（数学一）

提示　$o(1) = \dfrac{af(h) + bf(2h) - f(0)}{h}$（变形）

$$= a \cdot \dfrac{f(h) - f(0)}{h} + 2b \cdot \dfrac{f(2h) - f(0)}{2h} + \dfrac{(a + b - 1)f(0)}{h}.$$

令 $h \to 0$，取极限得 $a = 2, b = -1$．

☆**3.1.5**　设函数 $f(x)$ 在闭区间 $[0, 1]$ 上四次连续可微，$f(0) = 0$，$f'(0) = 0$．证明：函数

$$F(x) = \begin{cases} \dfrac{f(x)}{x^2}, & 当 0 < x \leq 1 时, \\ \dfrac{f''(0)}{2}, & 当 x = 0 时 \end{cases}$$

在 $[0, 1]$ 上二次连续可微．（吉林大学）

提示　利用导数定义，反复使用 L'Hospital 法则．不难求得

$$F'(x) = \begin{cases} \dfrac{xf'(x) - 2f(x)}{x^3}, & 0 < x \leq 1, \\ \dfrac{f'''(0)}{6}, & x = 0, \end{cases}$$

$$F''(x) = \begin{cases} \dfrac{x^2 f''(x) - 4x f'(x) + 6f(x)}{x^4}, & 0 < x \le 1, \\[4mm] \dfrac{f^{(4)}(0)}{12}, & x = 0, \end{cases}$$

且能验证 $\lim\limits_{x \to 0^+} F''(x) = F''(0)$. 从而 $F(x)$ 在 $[0,1]$ 上二次连续可微.

注 要保证 $F(x)$ 在原点右连续,条件 $f(0) = 0$ 是必要的:

$$\lim_{x \to 0^+} F(x) = \lim_{x \to 0^+} \frac{f(x)}{x^2} \xlongequal{\text{Taylor公式}} \lim \frac{f(0) + f'(0)x + \frac{1}{2}f''(0)x^2 + o(x^3)}{x^2} = F(0).$$

3.1.6 设函数 $f(x)$ 在区间 $[a,b]$ 上满足

$$|f(x) - f(y)| \le M|x - y|^{\alpha}, \quad \forall x, y \in [a,b],$$

其中 $M > 0, \alpha > 1$ 为常数,证明:$f(x)$ 在 $[a,b]$ 上恒为常数.

提示 $0 \le \left| \dfrac{f(x) - f(y)}{x - y} \right| \le M|x - y|^{\alpha - 1} \to 0 \ (x \to y) \Rightarrow f'(x) \equiv 0 \Rightarrow f(x) \equiv$ 常数.

☆**3.1.7** 设 $f(0) = 0$,则 $f(x)$ 在点 $x = 0$ 可导的充要条件为 $\lim\limits_{h \to 0} \dfrac{1}{h} f(1 - e^h)$ 存在. (数学一)

提示 $\lim\limits_{h \to 0} \dfrac{f(1 - e^h) - f(0)}{h} \xlongequal[h = \ln(1-x)]{\diamond 1 - e^h = x} \lim\limits_{x \to 0} \dfrac{f(x) - f(0)}{x} \cdot \dfrac{x}{\ln(1 - x)}.$

注 不妨尝试对该题作一小小的推广.

设 $x = g(h)$ 为:具有反函数 g^{-1},且使得 $\lim\limits_{x \to 0} \dfrac{x}{g^{-1}(x)}$ 存在的某一函数(例如 $x = 1 - e^h$),那么对

任一函数 $f(x)$,若 $f(0) = 0$,则 f 在 $x = 0$ 处可导的充要条件是:$\lim\limits_{h \to 0} \dfrac{1}{h} f(g(h))$ 存在.

☆**3.1.8** 设 $f(x)$ 在 x_0 的某邻域内有定义.

1) 若 $f(x)$ 在 x_0 处可导,试证:$\lim\limits_{h \to 0} \dfrac{f(x_0 + h) - f(x_0 - h)}{2h} = f'(x_0)$;

2) 反之,若上式左端之极限存在,是否能推出 $f'(x_0)$ 存在? 若结论成立,请证明;不成立请给出反例. (哈尔滨工业大学)

提示 1) 左端极限 $= \dfrac{1}{2} \lim\limits_{h \to 0} \dfrac{f(x_0 + h) - f(x_0)}{h} + \dfrac{1}{2} \lim\limits_{h \to 0} \dfrac{f(x_0 - h) - f(x_0)}{-h}.$

2) 不能! 任何以 $x = x_0$ 为对称轴的函数左端极限均存在且极限为 0,但例如函数 $y = |x - x_0|$,在 x_0 处就不可导.

☆**3.1.9** 在什么条件下,函数

$$f(x) = \begin{cases} x^n \sin \dfrac{1}{x}, & x \ne 0, \\[3mm] 0, & x = 0 \end{cases} \quad (n \text{ 为自然数})$$

1) 在点 $x = 0$ 处连续; 《$n > 0$》

2) 在点 $x = 0$ 处可导; 《$n > 1$》

3) 在点 $x = 0$ 处导函数连续. (中国科学院) 《$n > 2$》

提示 1) 利用 $0 \le \left| x^n \sin \dfrac{1}{x} \right| \le |x|^n \to 0 \ (n > 0) \ (x \to 0).$

2) $\dfrac{f(x)-f(0)}{x}=x^{n-1}\sin\dfrac{1}{x}\xlongequal{n>1时}0=f'(0)\ (x\to0)$.

3) 当 $x\neq0$ 时, $f'(x)=nx^{n-1}\sin\dfrac{1}{x}-x^{n-2}\cos\dfrac{1}{x}\xrightarrow{n>2时}0=f'(0)\ (x\to0)$.

3.1.10　试作一函数 $f(x)$:在 $(-\infty,+\infty)$ 内二阶可微,且 $f''(x)$ 在 $x=0$ 处不连续,其余处处

连续.(山东大学)　　　　　　　　　　　　　　$\left\langle\!\!\left\langle f(x)=\begin{cases}x^4\sin\dfrac{1}{x}, & x\neq0,\\[2mm] 0, & x=0\end{cases}\right\rangle\!\!\right\rangle$

☆**3.1.11**　对于函数 $f(x)=\left|\sin x\right|^3,x\in(-1,1)$.

(1) 证明: $f''(0)$ 不存在;

(2) 说明点 $x=0$ 是不是 $f''(x)$ 的可去间断点.(武汉大学)

提示　$f(x)=(\operatorname{sgn}x)\sin^3x,x\in(-1,1)$,

　　　　$f'(x)=(\operatorname{sgn}x)3\sin^2x\cos x,x\in(-1,1)(x=0$ 处验证后成立$)$,

　　　　$f''(x)=(\operatorname{sgn}x)(6\sin x\cos^2x-3\sin^3x),x\in(-1,1),x\neq0$,

$f''_+(0)=6,f''_-(0)=-6\Rightarrow f''(0)$ 不存在,且 $x=0$ 不是可去间断点.

3.1.12　设函数 $f(x)$ 在点 a 处连续,且 $\left|f(x)\right|$ 在 a 处也可导,证明: $f(x)$ 在 a 处也可导.(中南大学)

证　若 $g(x)\equiv\left|f(x)\right|$ 在 a 处可导.

1° 当 $f(a)>0$ 时,因 $f(x)$ 连续,根据保号性,在 a 点的某邻域内 $f(x)$ 恒为正,因此 $f(x)\equiv\left|f(x)\right|\equiv g(x)$,故 $f(x)$ 在点 a 也可导,且 $f'(a)=g'(a)$.

2° 当 $f(a)<0$ 时,同理可证.

3° 当 $f(a)=0$ 时,

$$g'_+(a)=\lim_{x\to a^+}\frac{\left|f(x)\right|}{x-a}\xlongequal{记}A\geqslant0,\quad g'_-(a)=\lim_{x\to a^-}\frac{\left|f(x)\right|}{x-a}\xlongequal{记}B\leqslant0.$$

因 g 可导,故 $A=B=0$. 于是 $\lim\limits_{x\to a}\left|\dfrac{f(x)}{x-a}\right|=0$,即 $f'(a)=\lim\limits_{x\to a}\dfrac{f(x)}{x-a}=0$,因此 $f(x)$ 在 a 处也可导.

3.1.13　函数 $f(x)=(x^2-x-2)\left|x^3-x\right|$ 的不可导点的个数是多少?(数学一)　　　　《2》

提示　$f(x)=(x-2)(x+1)\left|x+1\right|\left|x\right|\left|x-1\right|$,注意函数 $u\left|u\right|$ 在 $u=0$ 处可导, $\left|u\right|$ 在 $u=0$ 处不可导,因此 $f(x)$ 的不可导点为 $0,1$.

3.1.14　设 $\varphi(x)$ 在 $x=a$ 处连续,分别讨论下面函数在 $x=a$ 处是否可导:

1) $f(x)=(x-a)\varphi(x)$;

2) $f(x)=\left|x-a\right|\varphi(x)$;

3) $f(x)=(x-a)\left|\varphi(x)\right|$.(武汉大学)

提示　直接由定义 $f'(a)=\lim\limits_{x\to a}\dfrac{f(x)-f(a)}{x-a}$ 可知.

1) $f'(a)\xlongequal{存在}\varphi(a)$.

2) 当且仅当 $\varphi(a)=0$ 时, f 在 a 点可导,此时 $f'(a)=0$.

3) $f'(a)\xlongequal{存在}\left|\varphi(a)\right|$.

☆**3.1.15**　设 $f(x)$ 可导, $F(x)=f(x)(1+\left|\sin x\right|)$,证明: $f(0)=0$ 是 $F(x)$ 在 $x=0$ 处可导的

充要条件.（数学一）

提示 $F'_+(0) = f'_+(0) + \lim\limits_{x \to 0^+} \dfrac{f(x) \mid \sin x \mid}{x} = f'(0) + f(0),$

$\qquad F'_-(0) = f'_-(0) + \lim\limits_{x \to 0^-} \dfrac{f(x) \mid \sin x \mid}{x} = f'(0) - f(0).$

3.1.16 求 $f(x) = [x] \sin \pi x$ 的单侧导数,并讨论可微性($[x]$ 表示不超过 x 的最大整数).

《非整数上可导, $f'(x) = \pi[x] \cos \pi x;$

$f'_+(k) = (-1)^k k\pi, f'_-(k) = (-1)^k (k-1)\pi,$ 故整数点处不可导》

提示 非整数点处, $[x]$ 在充分小的邻域内保持为常数, $f'(x) = [x](\sin \pi x)' = \pi[x] \cos \pi x.$
整数点处,右导数情况亦如此.

整数 k 处左导数(在 k 的左邻域内 $[x] = k - 1$)

$$f'_-(k) = \lim_{x \to k - 0} \frac{[x]\sin \pi x - k\sin k\pi}{x - k} = \lim_{x \to k - 0} \frac{(k-1)\sin \pi x}{x - k} = (k-1)(\sin \pi x)'_x \big|_{x = k}$$

$$= \pi(k-1)\cos k\pi = (-1)^k \pi(k-1).$$

☆**3.1.17** 证明:函数 $f(x) = \begin{cases} x^2 \left| \cos \dfrac{\pi}{x} \right|, & x \neq 0, \\ 0, & x = 0 \end{cases}$ 在 $x = 0$ 的任何邻域内都有不可微点,但在

$x = 0$ 处可微.

提示 $x_n = \left(2n + \dfrac{1}{2} \right)^{-1}$ 处, $f'_+(x_n) \neq f'_-(x_n),$ 不可微.

再提示 $f'_+(x_n) = \lim\limits_{h \to 0^+} \dfrac{(x_n + h)^2 \left| \cos \dfrac{\pi}{x_n + h} \right| - 0}{h} = \lim\limits_{h \to 0^+} \dfrac{-(x_n + h)^2 \cos \dfrac{\pi}{x_n + h}}{h}$

$$= -\lim_{h \to 0^+} \frac{(x_n + h)^2 \cos \dfrac{\pi}{x_n + h} - 0}{h} = -\left(x^2 \cos \dfrac{\pi}{x} \right)' \Big|_{x_n}$$

$$= -\left(2x_n \cos \frac{\pi}{x_n} + \pi \sin \frac{\pi}{x_n} \right) = -\pi.$$

同理 $f'_-(x_n) = \pi$. 可见 f 在 x_n 处不可微. 因 $x_n \to 0$(当 $n \to \infty$ 时),故在 $x = 0$ 的任何邻域内都有不可微点. 但用定义直接可证 f 在 $x = 0$ 处可导,且 $f'(0) = 0$.

* **3.1.18** 证明:Чебышев 多项式

$$T_m(x) = \frac{1}{2^{m-1}} \cos(m \arccos x), m = 0, 1, 2, \cdots$$

满足方程 $\qquad (1 - x^2) T''_m(x) - x T'_m(x) + m^2 T_m(x) = 0.$

提示 可以应用复合函数微分法直接验证.

※**3.1.19** 证明:Чебышев - Laguerre 多项式 $L_m(x) = e^x (x^m e^{-x})^{(m)}, m = 0, 1, 2, \cdots$ 满足方程

$$x L''_m(x) + (1 - x) L'_m(x) + m L_m(x) = 0. \qquad (1)$$

提示 可利用乘积求导的 Leibniz 公式,写出多项式 $L_m(x)$ 的具体表达式进行验证.

再提示 $L_m(x) = (-1)^m \sum\limits_{k=0}^{m} (-1)^k C_m^k (x^m)^{(k)},$ 代入方程(1),验证系数为零. 如 x^m 项之系数: $m - m = 0$(不计公因子 $(-1)^m$), x^{m-1} 项系数: $-m^3 + m + m^3 - m^2 + m^2 = 0, \cdots$.

※3.1.20 设

$$f(x) = \begin{vmatrix} u_{11}(x) & u_{12}(x) & \cdots & u_{1k}(x) \\ u_{21}(x) & u_{22}(x) & \cdots & u_{2k}(x) \\ \vdots & \vdots & & \vdots \\ u_{k1}(x) & u_{k2}(x) & \cdots & u_{kk}(x) \end{vmatrix}$$

$(u_{ij}(x)$ 为 n 次可微函数),试证

$$f^{(n)}(x) = \sum_{r_1+r_2+\cdots+r_k=n} \frac{n!}{r_1!\,r_2!\cdots r_k!} \begin{vmatrix} u_{11}^{(r_1)}(x) & u_{12}^{(r_1)}(x) & \cdots & u_{1k}^{(r_1)}(x) \\ u_{21}^{(r_2)}(x) & u_{22}^{(r_2)}(x) & \cdots & u_{2k}^{(r_2)}(x) \\ \vdots & \vdots & & \vdots \\ u_{k1}^{(r_k)}(x) & u_{k2}^{(r_k)}(x) & \cdots & u_{kk}^{(r_k)}(x) \end{vmatrix}.$$

提示　方法 I 可将行列式展开成

$$f(x) = \sum (-1)^\lambda u_{1,i_1} u_{2,i_2} \cdots u_{n,i_n},$$

其中 $\lambda = \lambda(i_1, i_2, \cdots, i_n)$ 是 $i_1, i_2, \cdots, i_n$ 置换成 $1, 2, \cdots, n$ 所需置换的次数(更确切地说,是排列 i_1, $i_2, \cdots, i_n$ 的逆序数),然后逐项求导,使用例 3.1.16 (Leibniz 公式的推广形式)直接可得.

方法 II 可利用数学归纳法. 若 $(k-1)\times(k-1)$ 的情况成立,对 $k\times k$ 阶行列式,可按一行(或一列)展开,推出对 $k\times k$ 成立.

*3.1.21 设 $x = a\cos t + b\sin t, y = a\sin t - b\cos t$,求证:

$$\frac{\mathrm{d}^m x}{\mathrm{d}t^m}\frac{\mathrm{d}^n y}{\mathrm{d}t^n} - \frac{\mathrm{d}^n x}{\mathrm{d}t^n}\frac{\mathrm{d}^m y}{\mathrm{d}t^m} = (a^2+b^2)\sin\frac{n-m}{2}\pi.$$

提示 令 $x = \sqrt{a^2+b^2}\left(\frac{a}{\sqrt{a^2+b^2}}\cos t + \frac{b}{\sqrt{a^2+b^2}}\sin t\right) = \sqrt{a^2+b^2}\cos(t-\alpha).$

同理,$y = \sqrt{a^2+b^2}\sin(t-\alpha)$,这时 $\tan\alpha = \frac{b}{a}$.

留念题

※3.1.22 对例 3.1.7 如下的证法给出评论,认为正确请说明理由,认为不正确请给出反例.

证 $\lim_{x\to 0}\frac{f(2x)-f(x)}{x} = A \Rightarrow f(2x) - f(x) = Ax + o(x)$

$$\Rightarrow f\left(\frac{x}{2^{k-1}}\right) - f\left(\frac{x}{2^k}\right) = A\frac{x}{2^k} + o\left(\frac{x}{2^k}\right)$$

$$\Rightarrow \sum_{k=1}^n \left(f\left(\frac{x}{2^{k-1}}\right) - f\left(\frac{x}{2^k}\right)\right) = A\sum_{k=1}^n \frac{x}{2^k} + o\left(\sum_{k=1}^n \frac{x}{2^k}\right)$$

$$\Rightarrow f(x) - f\left(\frac{x}{2^n}\right) = Ax(1 - 2^{-n}) + o((1 - 2^{-n})x)$$

$$\Rightarrow f(x) - f(0) = Ax + o(x)\ (n\to\infty)$$

$$\Rightarrow f'(0) = \lim_{x\to 0}\frac{f(x)-f(0)}{x} = A.$$

☆ §3.2　微分中值定理

本节主要讨论微分中值定理的应用. 要指出的是,本节各部分都广泛使用辅助

函数法. 应该说它是应用微分中值的基本方法. 实际上, 辅助函数法是转化问题的一种重要手段, 它在数学分析的其他地方也时常用到. 我们不准备在下面每一部分里列入辅助函数法的条目. 关于如何选用和构造辅助函数的问题, 将在例题里穿插讲解.

一、Rolle 定理

a. 函数零(值)点问题

要点 零点存在性问题.

(1) 借助介值性求解(连续函数有介值性、导函数也有介值性(见例 3.2.24)).

(2) 借助 Rolle 定理求解:即:若 $f(x)$ 在 $[a,b]$ 上连续, 在 (a,b) 内可导且 $f(a) = f(b)$, 则 $\exists \xi \in (a,b)$, 使得 $f'(\xi) = 0$.

此外, Fermat 定理告诉我们:"函数在其极值点处如有导数存在, 此点必是导数的零点."

零点的唯一性问题.

这里主要通过单调性来确定零点的唯一性, 若 $f' > 0$, 则 f 严$\nearrow$(或 $f' < 0$, 则 f 严$\searrow$), 这时 f 的零点若存在则必唯一.

☆**例 3.2.1** 设 (a,b) 为有限或无穷区间, $f(x)$ 在 (a,b) 内可微, 且 $\lim\limits_{x \to a^+} f(x) = \lim\limits_{x \to b^-} f(x) = A$(有限或 $\pm\infty$), 试证:$\exists \xi \in (a,b)$, 使得 $f'(\xi) = 0$.(北京师范大学)

证 若 $f(x) \equiv A$(有限数), 则 $f'(x) \equiv 0$, 问题自明.

若 $f(x) \not\equiv A$, 则 $\exists x_0 \in (a,b)$, 使得 $f(x_0) \neq A$, 下设 $f(x_0) > A$(对 $f(x_0) < A$ 类似可证). 因为

$$\lim_{x \to a^+} f(x) = \lim_{x \to b^-} f(x) = A,$$

函数 $f(x)$ 在 (a,b) 内连续, 所以对于任意取定的数 $\mu(A < \mu < f(x_0))$, $\exists x_1 \in (a,x_0)$, $x_2 \in (x_0,b)$, 使得 $f(x_1) = f(x_2) = \mu$. 从而由 Rolle 定理知, $\exists \xi \in (x_1,x_2) \subset (a,b)$, 使得 $f'(\xi) = 0$. 若 $A = +\infty$(或 $-\infty$), 则 (a,b) 内任取一点作 x_0, 上面推理保持有效.

^new^**练习 1** 设 $f(x)$ 在 $[0,1]$ 上可微, $f(0) = 0$, $\forall x \in (0,1)$, $f(x) \neq 0$. 试证:$\exists \xi \in (0,1)$ 使得 $2\dfrac{f'(\xi)}{f(\xi)} = \dfrac{f'(1-\xi)}{f(1-\xi)}$.(四川大学, 南开大学)

提示 $2\dfrac{f'(\xi)}{f(\xi)} = \dfrac{f'(1-\xi)}{f(1-\xi)} \Leftrightarrow 2f'(\xi)f(1-\xi) - f(\xi)f'(1-\xi) = 0$ (同乘 $f(\xi)$)

$$\Leftrightarrow (f^2(x)f(1-x))'\big|_{x=\xi} = 0.$$

作辅助函数 $F(x) = f^2(x)f(1-x)$, 应用 Rolle 定理, $F(x)$ 可在 $[0,1]$ 上找到满足条件的 ξ.

^new^**练习 2** 设函数 $f(x)$ 在闭区间 $[-1,1]$ 上具有三阶连续导数, 且 $f(-1) = 0$, $f(1) = 1$, $f'(0) = 0$. 求证:$\exists \xi \in (-1,1)$, 使得 $f'''(\xi) = 3$.(华中师范大学)

提示 (待定系数法)若令

$$F(x) = f(x) - \frac{1}{2}x^3 + ax^2 + bx + c, \tag{1}$$

则 $f'''(\xi) = 3$ 等价于 $F'''(\xi) = 0$.(转化为求 F''' 的零点问题)适当挑选待定系数 a, b, c,使 $F(x)$ 有足够多的零点,就可确保 F''' 至少存在一个零点.

再提示 1)在式(1)里令 $x = 0$,知当 $c = -f(0)$ 时,$F(0) = 0$.

2)因 $f(-1) = 0$,$f(1) = 1$,式(1)中令 $a = f(0) - \dfrac{1}{2}$,$b = 0$,可使 $F(-1) = F(1) = 0$. 至此 F 共有三个零点:$-1, 0, 1$. 利用 Rolle 定理,可找出 F' 的两个(互异)零点,分别在 $(-1, 0)$ 和 $(0, 1)$ 内.

3)对式(1)求导,题设有 $f'(0) = 0$,已令 $b = 0$,故 $F'(0) = 0$,于是 F' 有三个(互异)零点.

4)利用 Rolle 定理,可找出 F'' 的两个(互异)零点,在这两个零点之间,$\exists \xi \in (-1, 1)$,使得 $F'''(\xi) = 0$,亦即 $f'''(\xi) = 3$.

例 3.2.2 若 $P_n(x) = a_0 x^n + a_1 x^{n-1} + \cdots + a_{n-1} x + a_n (a_0 \neq 0)$ 为实系数多项式,且 $P_n(x) = 0$ 的一切根皆为实数,试证:$P_n'(x) = 0, P_n''(x) = 0, \cdots, P_n^{(n-1)}(x) = 0$ 也仅有实根.

证 设
$$P_n(x) = a_0 (x - \alpha_1)^{k_1} \cdots (x - \alpha_m)^{k_m}, \tag{1}$$
其中 $\alpha_1 < \alpha_2 < \cdots < \alpha_m$ 分别为 $P_n(x) = 0$ 的 $k_1, k_2, \cdots, k_m$ 重根,$k_1 + k_2 + \cdots + k_m = n$. 由 Rolle 定理,在相邻两异根之间,存在 $P_n'(x) = 0$ 的一个根. 因此,$P_n'(x) = 0$ 在 $P_n(x) = 0$ 的 m 个根的间隙里共有 $m - 1$ 个根. 又从式(1)可知,当 α_i 是 $k_i > 1$ 重根时,则 α_i 必是 $P_n'(x) = 0$ 的 $k_i - 1$ 重根. 因此,$P_n'(x) = 0$ 共有 $(m-1) + (k_1 - 1) + (k_2 - 1) + \cdots + (k_m - 1) = k_1 + k_2 + \cdots + k_m - 1 = n - 1$ 个根. 但 $P_n'(x)$ 是 $n-1$ 次多项式,故 $P_n'(x) = 0$ 也仅有 $n-1$ 个根. 所以 $P_n'(x) = 0$ 的根全为实的. 反复这样做 $n-1$ 次,知 $P_n'(x) = 0, \cdots, P_n^{(n-1)}(x) = 0$ 的根都是实的.

例 3.2.3 证明:Legendre 多项式 $P_n(x) = \dfrac{1}{2^n n!} \dfrac{d^n}{dx^n}[(x^2 - 1)^n]$ 的一切零点在 $(-1, 1)$ 内.

证 $f(x) = (x^2 - 1)^n = (x+1)^n (x-1)^n$ 为 $2n$ 次多项式,$x = \pm 1$ 分别为 $f(x) = 0$ 的 n 重根. 跟上例同样的道理知,$f'(x) = 0$ 以 $x = \pm 1$ 为 $n-1$ 重根,且 $\exists \xi_1^{(1)} \in (-1, 1)$ 为单根;进而 $f''(x) = 0$ 以 $x = \pm 1$ 为 $n-2$ 重根,且 $\exists \xi_1^{(2)}, \xi_2^{(2)} \in (-1, 1)$ 为单根;反复 n 次,可知 $f^{(n)}(x) = 0$ 不再以 $x = \pm 1$ 为根,在 $(-1, 1)$ 有 n 个互异实根,但
$$P_n(x) = \dfrac{1}{2^n n!} \dfrac{d^n}{dx^n}[(x^2 - 1)^n] = \dfrac{1}{2^n n!} f^{(n)}(x)$$
为 n 次多项式,只有 n 个零点,所以 $P_n(x)$ 的一切根在 $(-1, 1)$ 内.

例 3.2.4 设 $f(x)$ 在 $[a, b]$ 上连续,在 (a, b) 内可导,$f(a) = f(b) = 0$,试证:$\forall \alpha \in \mathbf{R}$,$\exists \xi \in (a, b)$ 使得 $\alpha f(\xi) = f'(\xi)$.(广西师范大学)

分析 要 $\alpha f(\xi) = f'(\xi)$,即要 $f'(\xi) - \alpha f(\xi) = 0$,亦即要 ξ 为函数 $f'(x) - \alpha f(x)$ 的零点. 注意到
$$[f(x) e^{-\alpha x}]' = [f'(x) - \alpha f(x)] e^{-\alpha x}.$$
因此,只要对函数 $F(x) = f(x) e^{-\alpha x}$ 检验 Rolle 定理条件. 但这是明显满足的.

此问题可以推广到一般情况.

* 例 3.2.5 设 $f(x)$ 在 $[a,b]$ 上有 n 阶连续导数,且 $f(x)=0$ 在 $[a,b]$ 上至少有 $n+1$ 个不同实根,

$$P_n(x)=x^n+c_{n-1}x^{n-1}+c_{n-2}x^{n-2}+\cdots+c_1x+c_0$$

是仅有实根的实系数多项式. 引入记号 $D^n=\dfrac{\mathrm{d}^n}{\mathrm{d}x^n}$. 试证:

$$P_n(D)f(x)\equiv(D^n+c_{n-1}D^{n-1}+c_{n-2}D^{n-2}+\cdots+c_1D+c_0)f(x)$$

在 $[a,b]$ 上至少有一个零点.

分析 设多项式 $P_n(x)=0$ 的 n 个不同实根为 $\alpha_1,\alpha_2,\cdots,\alpha_n$,则由代数知识, $P_n(x)$ 可分解为

$$P_n(x)=(x-\alpha_1)(x-\alpha_2)\cdots(x-\alpha_n).$$

将 $(D-\alpha_1)(D-\alpha_2)\cdots(D-\alpha_n)$ 展开即知

$$P_n(D)f(x)=(D-\alpha_1)(D-\alpha_2)\cdots(D-\alpha_n)f(x).$$

利用上例的结果可知:在 $f(x)=0$ 的两个不同实根之间必有

$$(D-\alpha_n)f(x)=f'(x)-\alpha_nf(x)=0$$

的一个实根. 但已知 $f(x)=0$ 有 $n+1$ 个不同实根,故 $(D-\alpha_n)f(x)=0$ 至少有 n 个不同实根. 进而依次可知 $(D-\alpha_{n-1})(D-\alpha_n)f(x)=0$ 至少有 $n-1$ 个不同实根,$\cdots$, $P_n(D)f(x)=(D-\alpha_1)(D-\alpha_2)\cdots(D-\alpha_n)f(x)=0$ 至少有 1 个实根.

试用数学归纳法写出简洁的证明.

b. 证明中值公式

要点 构造不同的辅助函数,应用 Rolle 定理,可以导出不同的中值公式.

例 3.2.6 设 $f(x),g(x),h(x)$ 在 $[a,b]$ 上连续,在 (a,b) 内可导,试证存在 $\xi\in(a,b)$,使得

$$\begin{vmatrix} f(a) & g(a) & h(a) \\ f(b) & g(b) & h(b) \\ f'(\xi) & g'(\xi) & h'(\xi) \end{vmatrix}=0. \tag{1}$$

证 记

$$F(x)=\begin{vmatrix} f(a) & g(a) & h(a) \\ f(b) & g(b) & h(b) \\ f(x) & g(x) & h(x) \end{vmatrix},$$

则 $F(x)$ 在 $[a,b]$ 上连续,在 (a,b) 内可导,$F(a)=F(b)=0$. 应用 Rolle 定理可知, $\exists\xi\in(a,b)$,使得 $F'(\xi)=0$. 根据行列式性质,$F'(\xi)=0$,即是式(1).

注 由本例可以推出 Cauchy 中值定理(只要令 $h(x)\equiv1$)和 Lagrange 定理(令 $h(x)\equiv1,g(x)\equiv x$).

例 3.2.7 设 $f(x),g(x)$ 在 $[a,b]$ 上连续,在 (a,b) 内可导,$\forall x\in(a,b)$, $g'(x)\neq0$,试证:$\exists\xi\in(a,b)$,使得 $\dfrac{f'(\xi)}{g'(\xi)}=\dfrac{f(\xi)-f(a)}{g(b)-g(\xi)}$.

提示 将目标等式变形,找出辅助函数 $F(x) = [f(x) - f(a)][g(b) - g(x)]$.

例 3.2.8 设 $f(x)$ 在 $[0, +\infty)$ 上可导,且 $0 \leqslant f(x) \leqslant \dfrac{x}{1+x^2}$. 证明:$\exists \xi > 0$,使得 $f'(\xi) = \dfrac{1-\xi^2}{(1+\xi^2)^2}$.

证 问题相当于要找出 $\xi > 0$,使得

$$\left(f(x) - \frac{x}{1+x^2} \right)' \Big|_\xi = 0. \tag{1}$$

因函数 $F(x) = f(x) - \dfrac{x}{1+x^2}$ 在 $[0, +\infty)$ 上连续,$(0, +\infty)$ 内可导,$F(0) = F(+\infty) = 0$,所以由推广了的 Rolle 定理(见例 3.2.1),知 $\exists \xi > 0$,使得 $F'(\xi) = 0$,此即式(1)成立.

***例 3.2.9** 设 $f(x)$ 在包含 x_0 的区间 I 上二次可微,$x_0 + h \in I$,$\lambda \in (0,1)$,试证:$\exists \theta \in (0,1)$,使得

$$f(x_0 + \lambda h) = \lambda f(x_0 + h) + (1-\lambda)f(x_0) + \frac{\lambda}{2}(\lambda - 1)h^2 f''(x_0 + \theta h). \tag{1}$$

分析 因 $0 < \lambda < 1$,可取数 M,使得

$$f(x_0 + \lambda h) - \lambda f(x_0 + h) - (1-\lambda)f(x_0) - \frac{\lambda}{2}(\lambda - 1)h^2 \cdot M = 0. \tag{2}$$

故只要证明:$\exists \theta \in (0,1)$,使得 $M = f''(x_0 + \theta h)$. 取 λ 作为变数,记为 t. 令

$$F(t) = f(x_0 + th) - tf(x_0 + h) - (1-t)f(x_0) - \frac{t}{2}(t-1)h^2 M, \tag{3}$$

则 $F(t)$ 在 $[0,1]$ 上二次可微,且有三个零点:

$$F(0) = F(1) = F(\lambda) = 0.$$

两次应用 Rolle 定理,可知 $\exists \theta \in (0,1)$ 使得 $F''(\theta) = 0$.

依据式(3),此即 $M = f''(x_0 + \theta h)$. 代回式(2),移项,即得欲证的式(1).

二、Lagrange 定理

a. 利用几何意义(弦线法)

要点 由 Lagrange 定理知,若 $f(x)$ 在 $[a,b]$ 上连续,在 (a,b) 内可导,则 $\forall x_1$,$x_2 \in [a,b]$,$\exists \xi \in (x_1, x_2)$,使得

$$\frac{f(x_2) - f(x_1)}{x_2 - x_1} = f'(\xi).$$

即是说:曲线上任意两点的弦,必与两点间某点的切线平行. 我们可以用这种几何解释进行思考和解题.

☆**例 3.2.10** 设 $f(x)$ 是可微函数,导函数 $f'(x)$ 严格单调递增. 若 $f(a) = f(b)$ $(a < b)$,试证:对一切 $x \in (a,b)$,有 $f(x) < f(a) = f(b)$(不得直接利用凸函数的

性质).(华东师范大学)

证 假设结论不成立,如图 3.2.1 所示,即 $\exists c(a < c < b)$ 使得 $f(c) > f(a) = f(b) = 0$. 利用 Lagrange定理,$\exists \xi, \eta (a < \xi < c < \eta < b)$,使得

$$f'(\xi) = \frac{f(c) - f(a)}{c - a} \geq 0, \quad f'(\eta) = \frac{f(b) - f(c)}{b - c} \leq 0.$$

如此 $f'(\xi) \geq f'(\eta)$,正好与题设"导函数 $f'(x)$ 严格单调递增"矛盾. 问题获证.

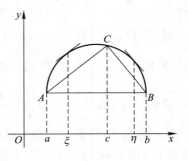

图 3.2.1

*例 3.2.11 若函数 $f(x)$ 在 (a,b) 内可微,且 $\lim\limits_{x \to a^+} f(x) = \infty$,试证 $\overline{\lim\limits_{x \to a^+}} f'(x) = \infty$.

分析 要证 $\overline{\lim\limits_{x \to a^+}} f'(x) = \infty$,只要证明存在序列 $\{\xi_n\} \to a^+$,使得 $\lim\limits_{n \to \infty} |f'(\xi_n)| = +\infty$. 利用 Lagrange 定理,只要找到一串弦,从右侧趋向 a,使弦的斜率趋向 ∞ 即可.

证 记 $l = b - a$,又 $c_n = a + \dfrac{l}{n} = a + \dfrac{b-a}{n}$,则当 $n \to \infty$ 时,$c_n \to a^+$.

由于 $\lim\limits_{x \to a^+} f(x) = \infty$,可取 $x_1 \in (a, c_1)$,使得 x_1 与 a 充分接近,以致 $|f(x_1) - f(c_1)| > l$. 从而应用 Lagrange 定理,$\exists \xi_1 \in (x_1, c_1)$,使得

$$|f'(\xi_1)| = \left| \frac{f(x_1) - f(c_1)}{x_1 - c_1} \right| > \frac{|f(x_1) - f(c_1)|}{l} > 1.$$

同理,对于任意给定的 $n \in \mathbf{N}$,$\exists x_n \in (a, c_n)$,使得 x_n 与 a 充分接近,以致 $|f(x_n) - f(c_n)| > nl$. 从而 $\exists \xi_n \in (x_n, c_n)$,使得

$$|f'(\xi_n)| = \left| \frac{f(x_n) - f(c_n)}{x_n - c_n} \right| > \frac{|f(x_n) - f(c_n)|}{l} > n.$$

如此,我们得到序列 $\{\xi_n\}$:$a < x_n < \xi_n < c_n \to a$,$|f'(\xi_n)| \geq n \to \infty$,故 $\overline{\lim\limits_{x \to a^+}} f'(x) = \infty$.

注 $f(x)$ 可微,$\lim\limits_{x \to a^+} f(x) = \infty$,一般不能推出 $\lim\limits_{x \to a^+} f'(x) = \infty$. 读者不妨考虑函数 $f(x) = \dfrac{1}{x} + \cos\dfrac{1}{x}$ 当 $x \to 0^+$ 时的情况.

下面让我们来看一个更有趣的例子.

*例 3.2.12 设 $f(x)$ 在区间 $[0,1]$ 上可微,$f(0) = 0$,$f(1) = 1$,$k_1, k_2, \cdots, k_n$ 为 n 个正数. 证明在区间 $[0,1]$ 上存在一组互不相等的数 $x_1, x_2, \cdots, x_n$,使得

$$\sum_{i=1}^{n} \frac{k_i}{f'(x_i)} = \sum_{i=1}^{n} k_i.$$

(中国科学技术大学)

分析 (将等式变形.)记右端 $\sum\limits_{i=1}^{n} k_i = m$. 用此常数同除等式两端,得

$$\frac{\lambda_1}{f'(x_1)} + \frac{\lambda_2}{f'(x_2)} + \cdots + \frac{\lambda_n}{f'(x_n)} = 1, \tag{1}$$

其中 $\lambda_i = \dfrac{k_i}{m}, 0 < \lambda_i < 1\ \lambda_1 + \lambda_2 + \cdots + \lambda_n = 1.$ 问题是:寻求 n 个不同的数 $x_1, x_2, \cdots,$
x_n,使得相应的导数 $f'(x_i)(i = 1, 2, \cdots, n)$ 满足方程(1). 根据 Lagrange 定理,这等于
说:要找 n 个不同的弦,使相应的斜率 $\tan \alpha_i (i = 1, 2, \cdots, n)$ 满足 $\sum\limits_{i=1}^{n} \dfrac{\lambda_i}{\tan \alpha_i} = 1.$ 若把

λ_i 看成弦在 y 轴上的投影,则 $\dfrac{\lambda_i}{\tan \alpha_i}$ 等于该弦在 x 轴上的投影. 因此,问题在于找 n
个不同的弦,使它们在 y 轴上的投影分别为 $\lambda_1, \lambda_2, \cdots, \lambda_n$,在 x 轴上的投影之和为 1.

注意到 $f(0) = 0, f(1) = 1.$ 为此,我们在 y 轴上
对区间 $[0,1]$ 作分划:$0 = A_0 < A_1 < \cdots < A_n = 1$,使
得 $A_i - A_{i-1} = \lambda_i (i = 1, 2, \cdots, n)$(如图 3.2.2). 首
先过 A_1 作水平直线与曲线交于点 B_1(由于 $f(x)$
连续,这种交点一定存在). 于是 OB_1 为第一个
所需要的弦. 同理,逐次过 $A_2, A_3, \cdots, A_n$ 作水平
线,相继可得到交点 $B_2, B_3, \cdots, B_n.$ 这时 OB_1, B_1
$B_2, B_2 B_3, \cdots, B_{n-1} B_n$ 正是要找的弦,它们在 y 轴
上的投影为 $\lambda_1, \lambda_2, \cdots, \lambda_n$,在 x 轴上的投影和
为 1.

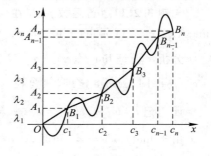

图 3.2.2

证 记 $m = \sum\limits_{i=1}^{n} k_i, \lambda_i = \dfrac{k_i}{m} (i = 1, 2, \cdots)$,则 $0 < \lambda_i < 1, \lambda_1 + \lambda_2 + \cdots + \lambda_n = 1.$ 因
$f(0) = 0, f(1) = 1, f(x)$ 在 $[0,1]$ 上连续,故由介值性,$\exists c_1 \in (0,1)$ 使得 $f(c_1) = \lambda_1.$
又由 $\lambda_1 < \lambda_1 + \lambda_2 < 1$,知 $\exists c_2 \in (c_1, 1)$ 使得 $f(c_2) = \lambda_1 + \lambda_2.$ 如此继续下去,顺次找到
$0 < c_1 < c_2 < \cdots < c_{n-1} < c_n = 1$,使得

$$f(c_i) = \sum_{k=1}^{i} \lambda_k (i = 1, 2, \cdots, n).$$

应用 Lagrange 定理,$\exists x_i \in (c_{i-1}, c_i)\ (c_0 = 0)$,使得

$$f'(x_i) = \frac{f(c_i) - f(c_{i-1})}{c_i - c_{i-1}} = \frac{\lambda_i}{c_i - c_{i-1}},$$

即 $\dfrac{\lambda_i}{f'(x_i)} = c_i - c_{i-1}.$ 从而

$$\sum_{i=1}^{n} \frac{\lambda_i}{f'(x_i)} = \sum_{i=1}^{n} (c_i - c_{i-1}) = c_n - c_0 = 1.$$

将 $\lambda_i = \dfrac{k_i}{m}$ 代入,即

$$\sum_{i=1}^{n} \frac{k_i}{f'(x_i)} = \sum_{i=1}^{n} k_i.$$

☆**例 3.2.13** 设函数 $f(x)$ 在闭区间 $[a,b]$ 上连续,在开区间 (a,b) 内可导. 又 $f(x)$ 不是线性函数,且 $f(b)>f(a)$,试证 $\exists \xi \in (a,b)$,使得

$$f'(\xi) > \frac{f(b)-f(a)}{b-a}.$$

(上海交通大学)

证 过点 $(a,f(a))$ 与 $(b,f(b))$ 的线性函数为

$$y = f(a) + \frac{f(b)-f(a)}{b-a}(x-a).$$

因 $f(x)$ 不是线性函数,所以

$$F(x) \equiv f(x) - f(a) - \frac{f(b)-f(a)}{b-a}(x-a) \neq 0. \qquad (1)$$

我们的问题是:要证明 $\exists \xi \in (a,b)$,使得

$$F'(\xi) = f'(\xi) - \frac{f(b)-f(a)}{b-a} > 0. \qquad (2)$$

(按弦线法,这就等于要找曲线 $y=F(x)$ 的一根弦,使其斜率大于 0.)由已知条件可知:函数 $F(x)$ 在 $[a,b]$ 上连续,在 (a,b) 内可导,$F(a)=F(b)$,满足 Lagrange 定理的条件. 由(1)知:$\exists x_0 \in (a,b)$,使得 $F(x_0) \neq 0$. 亦即:要么 $F(x_0)>0$,要么 $F(x_0)<0$. 这两种情况分别对应图 3.2.3(a)和(b). 要让 $F'(\xi)>0$,ξ 应选在上升段. 即:当 $F(x_0)>0$ 时,ξ 应在 x_0 的左侧(如图 3.2.3(a));当 $F(x_0)<0$ 时,ξ 应在 x_0 的右侧(如图 3.2.3(b)).

例如,$F(x_0)>0$,在 $[a,x_0]$ 上应用 Lagrange 定理,$\exists \xi \in (a,x_0) \subset (a,b)$,使得 $F'(\xi) = \frac{F(x_0)-F(a)}{x_0-a} = \frac{F(x_0)}{x_0-a} > 0.$ 证毕.

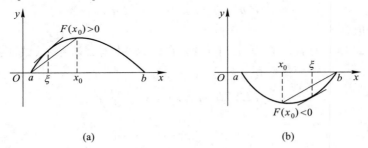

(a)   (b)

图 3.2.3

[new]**练习** 设 $f(x)$ 在 $[a,b]$ 上连续,在 (a,b) 内可导,$f(x)$ 既不是常数也不是一次函数. 试证:$\exists \xi \in (a,b)$,使得 $\left| f'(\xi) \right| > \left| \frac{f(b)-f(a)}{b-a} \right|.$ (华中师范大学)

提示 1° 若 $f(b)=f(a)$,这样的 ξ 当然存在(否则 $f'(x) \equiv 0$,$f(x)=$ 常数,矛盾).

2° 若 $f(b)>f(a)$,重复例 3.2.13 证法可得.

3° 若 $f(b)<f(a)$,只需在例 3.2.13 的式(2)里将">0"改为"<0",相应地,图 3.2.3 中 ξ 取

在 $F(x)$ 下降段即可.

* 例 3.2.14 证明:若函数 $f(x)$ 在 $(0, +\infty)$ 内可微,且当 $x \to +\infty$ 时有 $f(x) = o(x)$,则 $\lim\limits_{x \to +\infty} |f'(x)| = 0$.

证 要证明 $\lim\limits_{x \to +\infty} |f'(x)| = 0$,只要证明存在序列 $\{\xi_n\} \to +\infty$,使得 $\lim\limits_{n \to \infty} f'(\xi_n) = 0$. 为此我们要在任意大的 $\Delta_n > 0$ 之右侧,找一根弦,使其斜率

$$\left| \frac{f(\beta_n) - f(\alpha_n)}{\beta_n - \alpha_n} \right| < \varepsilon_n,$$

其中 ε_n 是任意小量. 事实上,已知 $x \to +\infty$ 时 $f(x) = o(x)$,即 $\lim\limits_{x \to +\infty} \dfrac{f(x)}{x} = 0$,从而

$\forall \, \alpha > 0$,

$$\lim_{x \to +\infty} \frac{f(x) - f(\alpha)}{x - \alpha} = \lim_{x \to +\infty} \left[\frac{f(x)}{x} \left(1 + \frac{\alpha}{x - \alpha} \right) - \frac{f(\alpha)}{x - \alpha} \right] = 0.$$

故对每个 $\varepsilon_n = \dfrac{1}{n}$,$\alpha_n = n$,总存在 $\beta_n > \alpha_n$,使得

$$\left| \frac{f(\beta_n) - f(\alpha_n)}{\beta_n - \alpha_n} \right| < \varepsilon_n = \frac{1}{n}.$$

进而由 Lagrange 定理,$\exists \xi_n \in (\alpha_n, \beta_n)$ 使得

$$|f'(\xi_n)| = \left| \frac{f(\beta_n) - f(\alpha_n)}{\beta_n - \alpha_n} \right| < \frac{1}{n}.$$

问题获证.

b. 利用有限增量公式导出新的中值公式

要点 借助不同的辅助函数,可由有限增量公式

$$f(b) - f(a) = f'(\xi)(b - a), \quad \xi \in (a, b)$$

导出新的中值公式.

☆ 例 3.2.15 设 $f(x)$ 在 $[a, b]$ 上连续,在 (a, b) 内有二阶导数,试证存在 $c \in (a, b)$ 使得

$$f(b) - 2f\left(\frac{a+b}{2} \right) + f(a) = \frac{(b-a)^2}{4} f''(c). \tag{1}$$

(南开大学)

证 (式(1)左端) $f(b) - 2f\left(\dfrac{a+b}{2} \right) + f(a)$

$$= \left[f(b) - f\left(\frac{a+b}{2} \right) \right] - \left[f\left(\frac{a+b}{2} \right) - f(a) \right]$$

$$= \left[f\left(\frac{a+b}{2} + \frac{b-a}{2} \right) - f\left(\frac{a+b}{2} \right) \right] - \left[f\left(a + \frac{b-a}{2} \right) - f(a) \right].$$

如图 3.2.4,作辅助函数 $\varphi(x) = f\left(x + \dfrac{b-a}{2} \right) - f(x)$,则

上式 $= \varphi\left(\dfrac{a+b}{2}\right) - \varphi(a) = \varphi'(\xi) \cdot \left(\dfrac{a+b}{2} - a\right) \left(\xi \in \left(a, \dfrac{a+b}{2}\right)\right)$

$\qquad = \varphi'(\xi)\dfrac{b-a}{2} = \left[f'\left(\xi + \dfrac{b-a}{2}\right) - f'(\xi)\right]\dfrac{b-a}{2}$

$\qquad = f''\left(\xi + \theta\dfrac{b-a}{2}\right) \cdot \dfrac{b-a}{2} \cdot \dfrac{b-a}{2}\,(\theta \in (0,1))$

$\qquad = f''(c) \cdot \dfrac{(b-a)^2}{4}\,\left(c = \xi + \theta\dfrac{b-a}{2} \in (a,b)\right).$

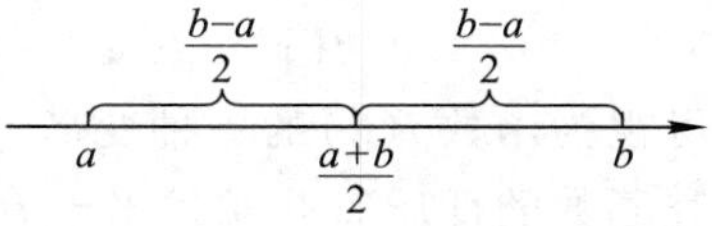

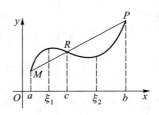

图 3.2.4

例 3.2.16 设函数 $f(x)$ 在 $[0, +\infty)$ 上连续,而且有连续的右导数 $f'_+(x)$,试证明导数 $f'(x)$ 存在,且 $f'(x) = f'_+(x)$.(河南师范大学)

分析 $\forall x_0 \in (0, +\infty)$,要证 $f'(x_0)$ 存在且等于 $f'_+(x_0)$,只要证明 $f'_-(x_0) = f'_+(x_0)$. 即要证明 $\forall \varepsilon > 0, \exists \delta > 0$,当 $0 < h < \delta$ 时,有

$$\left| \frac{f(x_0 - h) - f(x_0)}{-h} - f'_+(x_0) \right| < \varepsilon. \qquad (1)$$

可见,若能证明 $f'_+(x)$ 也有类似的增量公式

$$f(x-h) - f(x) = f'_+(x - \theta h) \cdot (-h)\,(0 < \theta < 1), \qquad (2)$$

那么式(1)可变成

$$|f'_+(x_0 - \theta h) - f'_+(x_0)| < \varepsilon. \qquad (3)$$

根据已知条件:$f'_+(x)$ 连续,当 h 充分小时,式(3)确能成立,从而式(1)获证. 因此问题归结为证明右导数也有增量公式(2)成立. 为此令

$$\varphi(t) = f(x_0 - th) - f(x_0) - [f(x_0 - h) - f(x_0)]t,$$

则 $\varphi(0) = \varphi(1) = 0$. 利用例 3.1.5,可知 $\exists \theta \in (0,1)$ 使得 $\varphi'_+(\theta) = 0$,此即式(2)成立.

将有限增量公式应用到具体的函数,也可得到具体中值公式.

例 3.2.17 设 $a, b > 0$,试证 $\exists \xi \in (a,b)$,使得

$$ae^b - be^a = (1-\xi)e^\xi(a-b). \qquad (1)$$

提示 将式(1)改写成

$$\frac{1}{b}e^b - \frac{1}{a}e^a = \left(1 - \frac{1}{\eta}\right)e^{\frac{1}{\eta}}\left(\frac{1}{b} - \frac{1}{a}\right) \left(\text{其中} \frac{1}{\eta} = \xi\right), \qquad (2)$$

令 $f(x) = xe^{\frac{1}{x}}$,在 $\left[\dfrac{1}{b}, \dfrac{1}{a}\right]$ 上应用有限增量公式.

^{new}**练习** 设 $f(x)$ 在 $[a,b]$ 上连续,在 (a,b) 有二阶导数,在平面上两点 $M(a, f(a))$ 和 $P(b, f(b))$ 的连线 $\overline{MP}$ 与曲线 $y = f(x)$ 相交于点 $R(c, f(c))\,(a < c < b)$.试证:$\exists \xi \in (a,b)$,使得 $f''(\xi) = 0$. (华中师范大学)

提示 如图 3.2.5,依据 Lagrange 定理,$\exists \xi_1 \in (a,c)$ 和 $\xi_2 \in (c,b)$,使得

$$f'(\xi_1) = \frac{f(c) - f(a)}{c - a} = \frac{f(b) - f(c)}{b - c} = f'(\xi_2);$$

图 3.2.5

再在 $[\xi_1,\xi_2]$ 上用 Rolle 定理.

c. 作为函数的变形

要点 若 $f(x)$ 在 $[a,b]$ 上连续,(a,b) 内可微,则在 $[a,b]$ 上
$$f(x) = f(x_0) + f'(\xi)(x - x_0)\ (\xi\ 在\ x\ 与\ x_0\ 之间).$$
这可视为函数 $f(x)$ 的一种变形,它给出了函数与导数的一种关系. 我们可以用它来研究函数的性质. 此式相当于 $f(x)$ 的 Taylor 展开式至 0 次项.

☆ **例 3.2.18** 设 $f(x)$ 在 $[0,+\infty)$ 上可微,$f(0)=0$,并设有实数 $A>0$,使得 $|f'(x)| \leqslant A|f(x)|$ 在 $[0,+\infty)$ 上成立,试证明在 $[0,+\infty)$ 上 $f(x)\equiv 0$.(广西大学)

证 I 因 $f(x)$ 在 $[0,+\infty)$ 上可微,$f(0)=0$,利用 Lagrange 定理,
$$|f(x)| = |f(0)+f'(\xi_1)(x-0)| = |f'(\xi_1)x| \leqslant A|f(\xi_1)|x.$$
当限制 $x\in\left(0,\dfrac{1}{2A}\right]$ 时,则得
$$|f(x)| \leqslant \frac{1}{2}|f(\xi_1)|,\ 0<\xi_1<x.$$
重复使用此式可得
$$|f(x)| \leqslant \frac{1}{2}|f(\xi_1)| \leqslant \frac{1}{4}|f(\xi_2)| \leqslant \cdots \leqslant \frac{1}{2^n}|f(\xi_n)|,$$
这里 $0<\xi_n<\xi_{n-1}<\cdots<\xi_1<x\leqslant\dfrac{1}{2A}$.

由 $f(x)$ 的连续性,$\exists M>0$,使得在 $\left[0,\dfrac{1}{2A}\right]$ 上 $|f(x)|\leqslant M$. 故
$$|f(x)| \leqslant \frac{M}{2^n}\ (n=1,2,\cdots).$$

从而在 $\left[0,\dfrac{1}{2A}\right]$ 上 $f(x)\equiv 0$. 用数学归纳法,可证在一切 $\left[\dfrac{i-1}{2A},\dfrac{i}{2A}\right]$ $(i=1,2,\cdots)$ 上恒有 $f(x)\equiv 0$. 所以 $[0,+\infty)$ 上 $f(x)\equiv 0$.

证 II 因 $|f(x)|$ 在 $\left[0,\dfrac{1}{2A}\right]$ 上连续,故 $\exists x_1\in\left[0,\dfrac{1}{2A}\right]$ 使得
$$|f(x_1)| = \max_{0\leqslant x\leqslant\frac{1}{2A}}|f(x)| = M.$$
于是
$$M = |f(x_1)| = |f(0)+f'(\xi)(x_1-0)| = |f'(\xi)x_1|$$
$$\leqslant A|f(\xi)|\cdot x_1 \leqslant \frac{1}{2}|f(\xi)| \leqslant \frac{1}{2}M.$$

所以 $M=0$, $f(x)\equiv 0\left(于\left[0,\dfrac{1}{2A}\right]上\right)$. 以下同证 I.

证 III (反证法)若 $f(x)\not\equiv 0$,则 $\exists x_0\in(0,+\infty)$,使得 $f(x_0)\neq 0$,不妨设 $f(x_0)>$

$0(f(x_0) < 0$ 类似可证). 记 $x_1 = \inf\{x \mid (x, x_0)$ 上 $f(x) > 0\}$, 由连续函数局部保号性,
只能 $f(x_1) = 0, (x_1, x_0)$ 内 $f(x) > 0$. 令

$$g(x) = \ln f(x) \quad (\text{当 } x \in (x_1, x_0) \text{ 时}), \tag{1}$$

则
$$|g'(x)| = \left| \frac{f'(x)}{f(x)} \right| \leqslant A.$$

故 $g(x)$ 在有限区间 (x_1, x_0) 上有界. 但 $\lim\limits_{x \to x_1^+} f(x) = f(x_1) = 0$. 由 (1) 知 $\lim\limits_{x \to x_1^+} g(x) = -\infty$. 矛盾.

练习 设 $f(x), g(x)$ 在 $[a, b]$ 上连续, $g(x)$ 在 (a, b) 内可微, 且 $g(a) = 0$. 若有实数 $\lambda \neq 0$, 使得

$$|g(x) \cdot f(x) + \lambda g'(x)| \leqslant |g(x)|, \quad x \in (a, b) \tag{1}$$

成立, 试证: $g(x) \equiv 0$. (浙江大学)

提示 可利用上例.

例 3.2.19 设 $[0, a]$ 上 $|f''(x)| \leqslant M, f(x)$ 在 $(0, a)$ 内取最大值, 试证

$$|f'(0)| + |f'(a)| \leqslant Ma.$$

提示 对 $f'(x)$ 应用 Lagrange 定理 (0 次 Taylor 展开式), 将 $f'(0), f'(a)$ 在 $f(x)$ 的最大值点处展开.

例 3.2.20 证明: 若函数 $f(x)$ 在 $(0, +\infty)$ 内可微, 且 $\lim\limits_{x \to +\infty} f'(x) = 0$, 则

$$\lim_{x \to +\infty} \frac{f(x)}{x} = 0.$$

证 要证 $\lim\limits_{x \to +\infty} \frac{f(x)}{x} = 0$, 即要证: $\forall \varepsilon > 0, \exists \Delta > 0$, 使得 $x > \Delta$ 时有

$$\left| \frac{f(x)}{x} \right| < \varepsilon. \tag{1}$$

已知 $\lim\limits_{x \to +\infty} f'(x) = 0$. 所以对此 $\varepsilon > 0, \exists A > 0$, 当 $x > A$ 时有

$$|f'(x)| < \frac{\varepsilon}{2}. \tag{2}$$

由 Lagrange 定理, 对 $x > A, \exists \xi: A < \xi < x$ 使得 $f(x) = f(A) + f'(\xi)(x - A)$. 故

$$\left| \frac{f(x)}{x} \right| \leqslant \left| \frac{f(A)}{x} \right| + |f'(\xi)| \cdot \frac{x - A}{x} < \frac{|f(A)|}{x} + \frac{\varepsilon}{2}. \tag{3}$$

但 $x \to +\infty$ 时 $\dfrac{|f(A)|}{x} \to 0$. 可见要式 (1) 成立, 只要取 $\Delta = \max\left\{ A, \dfrac{2|f(A)|}{\varepsilon} \right\}$, 则当 $x > \Delta$ 时, 从 (3) 可推得 (1) 成立.

注 本例如应用 L'Hospital 法则 (例 3.2.30), 结果十分明显.

^{new}**练习 1** 已知函数 $f(x)$ 在 $[a, +\infty)$ 上有界、可导, 试证: 在 $[a, +\infty)$ 上存在数列 $\{x_n\} \to +\infty$, 使得 $\lim\limits_{n \to \infty} f'(x_n) = 0$. (南开大学)

提示 利用 Lagrange 定理, $\exists x_n \in (n, 2n)$, 使得

$$|f'(x_n)| = \frac{|f(2n) - f(n)|}{n} \leqslant \frac{2M}{n} \quad (\forall n \in \mathbf{N}) \ (M \text{ 代表 } f(x) \text{ 的界}).$$

因此 $\lim\limits_{n\to\infty} f'(x_n) = 0$.

^{new}**练习 2** 设函数 $f(x)$ 在 $[0,1]$ 上连续,在 $(0,1)$ 内可导,且 $\exists M > 0$ 使得

$$\left| xf'(x) - f(x) \right| \le x^2 M. \tag{1}$$

试证:1)$\dfrac{f(x)}{x}$ 在 $(0,1]$ 上一致连续;2)极限 $\lim\limits_{x\to 0^+} \dfrac{f(x)}{x}$ 存在.(华中师范大学)

提示 记 $F(x) = \dfrac{f(x)}{x}$,则 $\left| F'(x) \right| \overset{\text{式}(1)}{\le} M$. 对 $F(x)$ 应用 Lagrange 公式,可知 $F(x) = \dfrac{f(x)}{x}$ 满足 Lipschitz 条件. 故 $\dfrac{f(x)}{x}$ 在 $(0,1]$ 上一致连续. 根据 Cauchy 准则,$\lim\limits_{x\to 0^+} \dfrac{f(x)}{x}$ 存在(见例 2.2.6).

^{new}**练习 3** 设 $f(x)$ 在 $[a, +\infty)$ 上可导,且 $f'(x) \ge c > 0$(c 为常数). 试证:

1)$\lim\limits_{x\to +\infty} f(x) = +\infty$; 2)$f(x)$ 在 $[a, +\infty)$ 上有最小值.(南开大学)

提示 1)任意取定 $x_0 > a$,那么当 $x_0 < x$ 时,有 $\xi_x \in (x_0, x)$ 使得

$$f(x) = f(x_0) + f'(\xi_x)(x - x_0) \ge f(x_0) + c(x - x_0) \to +\infty \quad (x\to +\infty). \tag{1}$$

2)记 $m = \min\{f(x) \mid x \in [a, a+1]\}$,由式(1),$\exists \Delta > 0$,使得 $x > \Delta$ 时,恒有 $f(x) > m$. 这时 $f(x)$ 在 $[a, \Delta]$ 上有最小值,也就是 $f(x)$ 在 $[a, +\infty)$ 上有最小值.

^{new}* **练习 4** 设 $f(x)$ 在区间 $(0,1]$ 上有连续导数,且 $\lim\limits_{x\to 0^+} \sqrt{x}\, f'(x) = 0$,试证:$f(x)$ 在 $(0,1]$ 上一致连续.(仿华中科技大学)

证 I 已知 $f(x)$ 在区间 $(0,1]$ 上可导,当然连续,因此要证明 $f(x)$ 在 $(0,1]$ 上一致连续,只需证明极限 $\lim\limits_{x\to 0^+} f(x)$ 存在(例 2.2.6). 根据 Cauchy 准则,只需证明:$\forall \varepsilon > 0$,$\exists \delta : 0 < \delta < 1$,当 $0 < x_1 < x_2 < \delta$ 时,有

$$\left| f(x_1) - f(x_2) \right| < \varepsilon. \tag{1}$$

根据题设,$\lim\limits_{x\to 0^+} \sqrt{x} f'(x) = 0$,即 $\forall \varepsilon > 0$,$\exists \delta_1 \in (0,1)$,当 $0 < x < \delta_1$ 时,有

$$2\sqrt{x} \left| f'(x) \right| < \varepsilon. \tag{2}$$

在 $(0, \delta_1)$ 内任取两点 $x_1, x_2 : 0 < x_1 < x_2 < \delta_1$,令 $x = t^2$. 记 $t_1 = \sqrt{x_1}, t_2 = \sqrt{x_2}$,则式(1)左端

$$\left| f(x_1) - f(x_2) \right| = \left| f(t_1^2) - f(t_2^2) \right|. \tag{3}$$

应用 Lagrange 定理,$\exists \xi \in (t_1, t_2) \subset (0,1)$,使得

$$\left| f(x_1) - f(x_2) \right| = \left| f'(\xi^2) 2\xi \right| \left| t_1 - t_2 \right| \overset{|t_1 - t_2| < 1}{<} 2\xi \left| f'(\xi^2) \right| \overset{\text{令}\sqrt{\eta}=\xi}{=\!=\!=} 2\sqrt{\eta} \left| f'(\eta) \right| \overset{\text{式}(2)}{<} \varepsilon. \tag{4}$$

可见,只要先用式(2)找出 δ_1,然后取 δ,使得 $\delta^2 \le \delta_1 < 1$,式(1)就成立. 表明 $\lim\limits_{x\to 0^+} f(x)$ 存在,故 $f(x)$ 在 $(0,1]$ 上一致连续.

证 II 记 $F(t) = f(t^2)$,则

$$F'(t) = (f(t^2))' = f'(t^2) \cdot 2t \overset{\text{令}t=\sqrt{x}}{=\!=\!=} f'(x) \cdot 2\sqrt{x} \to 0 \quad (\text{当}\ x\to 0^+\ \text{时}).$$

可见 $F'(t) = 2tf'(t^2)$ 不仅在 $(0,1]$ 上连续,而且在原点有右极限,故 $F'(t)$ 在 $(0,1]$ 上有界,说明 $F(t)$ 在 $(0,1]$ 上满足 Lipschitz 条件,从而 $F(t)$ 在 $(0,1]$ 上一致连续(见例 2.2.1 前的要点).

另一方面:$t = \sqrt{x}$ 在 $(0,1]$ 上连续,由 Cantor 定理知 $t = \sqrt{x}$ 在 $[0,1]$(当然在 $(0,1]$)上一致连续. 于是复合函数 $f(x) = F(\sqrt{x})$ 也在 $(0,1]$ 上一致连续.

☆**例 3.2.21** 设 $\varphi(x) = \int_0^x \frac{\ln(1-t)}{t}\mathrm{d}t$ 在 $-1 < x < 1$ 有意义,证明:$\varphi(x) + \varphi(-x) = \frac{1}{2}\varphi(x^2)$. (北京航空航天大学)

证 问题等价于要证明函数

$$f(x) \overset{记}{\equiv} \varphi(x) + \varphi(-x) - \frac{1}{2}\varphi(x^2) \equiv 0.$$

事实上,$f'(x) = \varphi'(x) - \varphi'(-x) - x\varphi'(x^2)$. 而 $\varphi'(x) = \frac{\ln(1-x)}{x}$,故

$$f'(x) = \frac{\ln(1-x)}{x} + \frac{\ln(1+x)}{x} - \frac{\ln(1-x^2)}{x^2}\cdot x = 0.$$

因此,$f(x) \equiv c$. 但由 $\varphi(0) = 0$ 知 $f(0) = 0$,所以 $c = 0$,$f(x) \equiv 0$.

三、导数的两大特性

导数有如下两个重要特性:1° 导数无第一类间断点;2° 导数的介值性. 下面具体介绍这两个特性的含义、证明和应用.

a. 导数无第一类间断点

☆**例 3.2.22**(导数无第一类间断点) 设函数 $f(x)$ 在 (a,b) 内处处有导数 $f'(x)$,证明 (a,b) 中的点或者为 $f'(x)$ 的连续点,或者为 $f'(x)$ 的第二类间断点. (南京大学)

证 因为 $f(x)$ 在 (a,b) 内处处可导,所以 $\forall x_0 \in (a,b)$,

$$f'(x_0) = f'_+(x_0) = \lim_{x \to x_0^+} \frac{f(x) - f(x_0)}{x - x_0} \quad (\text{应用 Lagrange 定理})$$

$$= \lim_{x \to x_0^+} \frac{f'(\xi)(x - x_0)}{x - x_0} = \lim_{x \to x_0^+} f'(\xi) \quad (x_0 < \xi < x). \tag{1}$$

故 $f'(x)$ 在 x_0 处有右极限时,必有

$$f'(x_0) = \lim_{\xi \to x_0^+} f'(\xi) = f'(x_0 + 0). \tag{2}$$

同理可证,若 $f'(x)$ 在 x_0 处有左极限,则有 $f'(x_0) = f'(x_0 - 0)$.

因此在 (a,b) 内任一点处,除非至少有一侧 $f'(x)$ 无极限(这时 $f'(x)$ 为第二类间断),不然 $f'(x)$ 在此处连续,即 $f'(x_0 - 0) = f'(x_0) = f'(x_0 + 0)$.

注 1° 所谓导数无第一类间断点,是在导数处处存在的前提下讲的. 例如 $f(x) = |x|$,当 $x > 0$ 时 $f'(x) = 1$;当 $x < 0$ 时 $f'(x) = -1$;$x = 0$ 处便是第一类间断点. 这与我们的结论不矛盾,因 $f(x)$ 在 $x = 0$ 处不可导.

2° 从式(1)到式(2),用到复合函数求极限的知识.

复合函数的极限

命题 设 $y = f(u)$,$u = g(x)$ 可以组成复合函数,已知 $\lim_{x \to x_0} g(x) = u_0$,$\lim_{u \to u_0} f(u) = A$,若

$x \to x_0$ 的过程中 $g(x)$ 始终保持 $g(x) \ne u_0$,则复合函数的极限 $\lim\limits_{x \to x_0} f(g(x)) \xlongequal{\text{存在}} A$;否则命题不成立.

例如,

$$y = f(u) = \begin{cases} 1, & u \ne 0, \\ 0, & u = 0 \end{cases} \quad \text{及} \quad u = g(x) = \begin{cases} x, & x \text{ 为无理点,} \\ 0, & x \text{ 为有理点.} \end{cases}$$

$x \to 0$ 时 $u \to 0$,$u \to 0$ 时 $y = f(u) \to 1$,但是复合后的极限 $\lim\limits_{x \to 0} f(g(x))$ 不存在. 因为

$$f(g(x)) = \begin{cases} 1, & x \text{ 为无理点,} \\ 0, & x \text{ 为有理点.} \end{cases}$$

条件 $g(x) \ne u$ 之所以如此重要,是因为:内层函数 $g(x)$ 在求极限的过程中,$g(x)$ 有可能无穷次等于 u_0,但外层极限 $\lim\limits_{u \to u_0} f(u) = A$ 在过程中 u 不允许等于 u_0.

本例式(1)中的极限 $\lim\limits_{x \to x_0^+} f'(\xi)$ 实为复合函数的极限,ξ 依赖于 x. 因 $x_0 < \xi < x$,故当 $x \to x_0^+$ 时,$x_0 \ne \xi \to x_0$,符合上面命题条件,故式(2)成立.

假如外层函数连续,则 $\lim\limits_{x \to x_0} f(g(x)) = f(\lim\limits_{x \to x_0} g(x))$,就不必假定极限过程中 $g(x) \ne u_0$,也是成立的.

例 3.2.23 若 $f(x)$ 在 (a,b) 内可导,导函数 $f'(x)$ 在 (a,b) 内单调,则 $f'(x)$ 在 (a,b) 内连续. (武汉大学)

提示 见例 3.2.22.

b. 导数的介值性

☆**例 3.2.24**(Darboux 定理) 若函数 $f(x)$ 在区间 $[a,b]$ 上处处可导(端点处指单侧导数),$f'(a) < f'(b)$,则 $\forall c: f'(a) < c < f'(b)$,$\exists \xi \in (a,b)$,使得 $f'(\xi) = c$. (武汉大学,北京师范大学)

证 1° 作辅助函数

$$g(x) = f(x) - cx,$$

则 $g(x)$ 在 $[a,b]$ 上处处可导,$g'(a) = f'(a) - c < 0$,$g'(b) = f'(b) - c > 0$,只要能证明 $\exists \xi \in (a,b)$,使得 $g'(\xi) = 0$,则 $f'(\xi) = c$.

2° 由于

$$\lim_{x \to a^+} \frac{g(x) - g(a)}{x - a} = g'(a) < 0,$$

所以 $x > a$,x 与 a 充分接近时,有 $g(x) < g(a)$.

同理,由 $g'(b) > 0$,知 $x < b$,且 x 与 b 充分接近时有 $g(x) < g(b)$.

故 $g(x)$ 在端点 a,b 处不取最小值. 但 $g(x)$ 连续,它在闭区间 $[a,b]$ 上有最小值. 所以 $\exists \xi \in (a,b)$,使得 $g(\xi) = \min\limits_{a \le x \le b} g(x)$. 由 Fermat 定理,$g'(\xi) = 0$. 证毕.

例 3.2.25 设函数 $f(x)$ 在区间 $(-\infty, +\infty)$ 上二次可微,且有界,试证存在点 $x_0 \in (-\infty, +\infty)$,使得 $f''(x_0) = 0$. (武汉大学)

证 I 若 $f''(x)$ 变号,则由导数的介值性,$\exists \xi \in (-\infty, +\infty)$,使得 $f''(\xi) = 0$(下

面证明 f'' 不会不变号).

若 $f''(x)$ 不变号,例如 $f''(x) > 0(f''(x) < 0$ 类似可证),则 $f'(x)$ 严 ↗. 取 x_0 使得 $f'(x_0) \neq 0$,假如 $f'(x_0) > 0$,则当 $x > x_0$,并令 $x \to +\infty$ 时,

$$f(x) = f(x_0) + f'(\xi)(x - x_0) > f(x_0) + f'(x_0)(x - x_0) \to +\infty.$$

若 $f'(x_0) < 0$,则当 $x < x_0$,并令 $x \to -\infty$ 时,

$$f(x) = f(x_0) + f'(\xi)(x - x_0) > f(x_0) + f'(x_0)(x - x_0) \to +\infty.$$

与 $f(x)$ 有界矛盾.

证 II 若 $\exists a, b(a \neq b)$,使得 $f'(a) = f'(b)$,则由 Rolle 定理,$\exists x_0$ 位于 a, b 之间,使得 $f''(x_0) = 0$. 现证明相反的情况不可能. 事实上,若 $\forall a, b(a \neq b)$,恒有 $f'(a) \neq f'(b)$,则由此易证 $f'(x)$ 严格单调.(因为不然的话,必存在 $x_1 < x_2 < x_3$ 使得

$$f'(x_1) < f'(x_2) > f'(x_3) \quad 或 \quad f'(x_1) > f'(x_2) < f'(x_3).$$

由 $f'(x)$ 的介值性,便知:$\exists a \in (x_1, x_2), b \in (x_2, x_3)$ 使得 $f'(a) = f'(b)$. 与前提矛盾.)重复证 I 中后半部分,推知 $f(x)$ 无界,与题设矛盾. 证毕.

注 证 I 是利用导数的介值性来证明 $f''(x)$ 有零点,虽然题中并未假定 $f''(x)$ 连续.

[new]练习 1 设函数 f 在 $(0,1)$ 上有界、可导,但 $\lim\limits_{x \to 0^+} f(x)$ 不存在,试证存在数列 $x_n \to 0^+ (n \to \infty)$,使得 $\lim\limits_{n \to \infty} f'(x_n) = 0$.(北京大学)

提示 1)在 $x \to 0^+$ 过程里,$f'(x)$ 无穷多次变号(否则:当 x 充分接近 0^+ 后,$f'(x)$ 恒正(或恒负),那么 f 严格单调,加之 f 有界,因此 $\lim\limits_{x \to 0^+} f(x)$ 存在,矛盾).

2)因为 f' 有介值性,$f'(x)$ 无穷多次变号,故 $f'(x)$ 有零点,其零点组成的数列 $\{x_n\}$ 满足题中的要求.

[new]练习 2 设 $f(x)$ 在 $[a, b]$ 上可导,试证:假若无 $(\alpha, \beta) \subset [a, b]$ 使得 $f'(x)$ 在 (α, β) 上有界,则每个 $x \in [a, b]$ 都必是 $f'(x)$ 的第二类间断点.

证 $\forall x \in (a, b)$,$\left\{ \left[x - \dfrac{1}{n}, x + \dfrac{1}{n} \right] \right\}(n = 1, 2, \cdots)$ 能构成一闭区间套,且 x 是它们的唯一公共点. 而当 n 充分大时,$\left(x - \dfrac{1}{n}, x + \dfrac{1}{n} \right) \subset [a, b]$. 按假设,$f'(x)$ 在 $\left(x - \dfrac{1}{n}, x + \dfrac{1}{n} \right) \subset [a, b]$ 上无界,因此 $\exists x_n \in \left(x - \dfrac{1}{n}, x + \dfrac{1}{n} \right)$ 使得 $|f'(x_n)| > n$. 即 $\lim\limits_{n \to \infty} x_n = x$,但 $\lim\limits_{n \to \infty} |f'(x_n)| = +\infty$. 可见每个 $x \in (a, b)$ 皆是 $f'(x)$ 的第二类间断点. 端点 a 和 b 同样如此.

练习 3 如下论断是否成立:若 $f(x)$ 在 $[a, b]$ 上可导,则必存在 $(\alpha, \beta) \subset [a, b]$,使得 $f'(x)$ 在 (α, β) 上有界(即上题的情况不会发生).(若回答是,给出证明;否,给出反例.)(作为互动题.)

四、Cauchy 中值定理及 L'Hospital 法则

a. 推导中值公式

要点 Cauchy 中值定理:若 $F(x), G(x)$ 在 $[a, b]$ 上连续,在 (a, b) 内可导,$G'(x) \neq 0$,则 $\exists \xi \in (a, b)$,使得

$$\frac{F(b) - F(a)}{G(b) - G(a)} = \frac{F'(\xi)}{G'(\xi)}.$$

我们适当选取函数 $F(x),G(x)$,就可以得到新的中值公式.

☆**例 3.2.26** 设函数 $f(x)$ 在 (a,b) 内可微,$a,b>0$,且 $f(a+0)$,$f(b-0)$ 均存在(为有限数),试证明:$\exists \xi \in (a,b)$ 使得

$$\frac{1}{a-b}\begin{vmatrix} a & b \\ f(a+0) & f(b-0) \end{vmatrix} = f(\xi) - \xi f'(\xi). \tag{1}$$

(四川师范大学)

分析 令 $f(a)=f(a+0)$,$f(b)=f(b-0)$,则 $f(x)$ 在 $[a,b]$ 上连续,在 (a,b) 内可导,欲证明的式(1)可改写成

$$\frac{af(b)-bf(a)}{a-b} = f(\xi) - \xi f'(\xi),$$

亦即

$$\frac{\frac{f(b)}{b} - \frac{f(a)}{a}}{\frac{1}{b} - \frac{1}{a}} = \left.\frac{\left(\frac{f(x)}{x}\right)'}{\left(\frac{1}{x}\right)'}\right|_{x=\xi} \tag{2}$$

因此,对函数 $F(x)=\frac{f(x)}{x}$,$G(x)=\frac{1}{x}$,在 $[a,b]$ 上应用 Cauchy 中值定理即得.

注 把目标式作适当改写,如式(1)改写成(2),是寻找辅助函数的关键步骤.

例 3.2.27 设 $f(x)$ 在 (a,b) 内二次可微,试用 Cauchy 中值定理证明:$\forall x,x_0 \in (a,b)$,$\exists \xi$ 在 x 与 x_0 之间,使得

$$f(x) = f(x_0) + f'(x_0)(x-x_0) + \frac{1}{2}f''(\xi)(x-x_0)^2 \tag{1}$$

成立(此即展开到一次幂的 Taylor 公式).

证 只证明 $x>x_0$ 的情况($x<x_0$ 的情况类似可证,$x=x_0$ 的情况显然). 式(1)可改写成

$$\frac{f(x)-f(x_0)-f'(x_0)(x-x_0)}{\frac{1}{2}(x-x_0)^2} = f''(\xi). \tag{2}$$

为了证明式(2),只要令

$$F(x) = f(x)-f(x_0)-f'(x_0)(x-x_0), \quad G(x) = \frac{1}{2}(x-x_0)^2,$$

则

$$F'(x) = f'(x)-f'(x_0), \quad G'(x) = x-x_0.$$

注意到 $F(x_0)=G(x_0)=0$,$F'(x_0)=G'(x_0)=0$,两次应用 Cauchy 中值定理,得

$$\frac{f(x)-f(x_0)-f'(x_0)(x-x_0)}{\frac{1}{2}(x-x_0)^2} = \frac{F(x)}{G(x)} = \frac{F(x)-F(x_0)}{G(x)-G(x_0)} = \frac{F'(\eta)}{G'(\eta)} \ (\eta \in (x_0,x))$$

$$= \frac{F'(\eta)-F'(x_0)}{G'(\eta)-G'(x_0)} = \frac{F''(\xi)}{G''(\xi)} = f''(\xi) (\xi \in (x_0,\eta)).$$

证毕.

将 Cauchy 中值公式改写成

$$F(b) - F(a) = \frac{F'(\xi)}{G'(\xi)}[G(b) - G(a)],$$

我们看到,若选取不同的函数 G,便可把 $F(b) - F(a)$ 表示成不同的形式. 如另取 $G_1(x)$,则 $\exists \xi, \eta \in (a,b)$,使得

$$\frac{F'(\xi)}{G'(\xi)}[G(b) - G(a)] = \frac{F'(\eta)}{G_1'(\eta)}[G_1(b) - G_1(a)].$$

一般来说,当 $G(x)$ 取 n 个不同的函数(只要满足 Cauchy 中值定理的条件)时,便可得到含 n 个中值的 $n-1$ 个等式.

☆ **例 3.2.28** 设 $f(x)$ 在 $[a,b]$ 上连续,在 (a,b) 内可导 $(0 \leqslant a < b)$,$f(a) \neq f(b)$,证明:$\exists \xi, \eta \in (a,b)$ 使得

$$f'(\xi) = \frac{a+b}{2\eta} f'(\eta). \tag{1}$$

(华中师范大学,吉林大学)

证 (用 $(b-a)$ 乘 (1) 式两端.) 式 (1) 等价于

$$\frac{f'(\xi)}{1}(b-a) = \frac{f'(\eta)}{2\eta}(b^2 - a^2). \tag{2}$$

为证此式,只要取 $F(x) = f(x)$,取 $G(x) = x$ 和 x^2,在 $[a,b]$ 上分别应用 Cauchy 中值定理,则

$$f(b) - f(a) = \frac{f'(\xi)}{1} \cdot (b-a) = \frac{f'(\eta)}{2\eta}(b^2 - a^2), \quad \xi, \eta \in (a,b).$$

^{new}**练习** 设 $f(x)$ 在 $[a,b]$ $(b > a > 0)$ 上连续,在 (a,b) 内可导,证明:在 (a,b) 内存在两点 ξ, η,使得 $f'(\xi) = \eta^2 \dfrac{f'(\eta)}{ab}$. (华中师范大学)

提示 $f'(\xi) \xrightarrow[\text{Lagrange定理}]{} \dfrac{f(b)-f(a)}{b-a} \xrightarrow[g(x) = -\frac{ab}{x}]{\text{Cauchy中值定理}} \dfrac{f'(\eta)}{\frac{1}{\eta^2}ab} = \eta^2 \dfrac{f'(\eta)}{ab}$.

☆ **例 3.2.29** 设 $f(x)$ 在 $[a,b]$ 上连续,在 (a,b) 内可导,$0 < a < b$. 证明:在 (a,b) 内存在 x_1, x_2, x_3,使得

$$\frac{f'(x_1)}{2x_1} = (b^2 + a^2)\frac{f'(x_2)}{4x_2^3} = \frac{\ln \dfrac{b}{a}}{b^2 - a^2} x_3 f'(x_3). \tag{1}$$

(四川大学)

提示 式 (1) 可改写成

$$\frac{f'(x_1)}{2x_1}(b^2 - a^2) = \frac{f'(x_2)}{4x_2^3}(b^4 - a^4) = \frac{f'(x_3)}{\dfrac{1}{x_3}}(\ln b - \ln a).$$

b. 作为函数与导数的关系

要点 由 Cauchy 中值定理可知,若 $F(x), G(x)$ 在某区间 I 内可导,则 $\forall x_1, x_2 \in$

I, $\exists\xi$ 使得

$$\frac{F(x_2)-F(x_1)}{G(x_2)-G(x_1)}=\frac{F'(\xi)}{G'(\xi)} \quad (\xi\ 在\ x_1\ 与\ x_2\ 之间).$$

即 Cauchy 中值公式给出了函数差分比与导数比的一种关系. 利用 ξ 在 x_1 与 x_2 之间, 我们能求解不少问题(虽然 ξ 在 x_1, x_2 之间什么位置不能肯定).

作为一个典型例子, 我们来看 $\dfrac{\infty}{\infty}$ 型 L' Hospital 法则的证明.

☆ **例 3.2.30** 设 $f(x)$, $g(x)$ 在 (a,b) 内可微, 且 $\forall\,x\in(a,b)$, $g'(x)\neq 0$, 当 $x\to a^+$ 时 $g(x)\to\infty$, 且 $\lim\limits_{x\to a^+}\dfrac{f'(x)}{g'(x)}=A$(有限数, 或 ∞), 证明: $\lim\limits_{x\to a^+}\dfrac{f(x)}{g(x)}=A$.

分析 已知 $\lim\limits_{x\to a^+}\dfrac{f'(x)}{g'(x)}=A$, 因此保持取 $a<x<x_1$, 应用 Cauchy 中值定理, 然后令 $x_1\to a^+$, 知函数差分比

$$\frac{f(x)-f(x_1)}{g(x)-g(x_1)}=\frac{f'(\xi)}{g'(\xi)}\to A \quad (当\ x_1\to a^+\ 时). \tag{1}$$

剩下的问题在于根据 $g(x)\to\infty$(当 $x\to a^+$ 时), 由差分比 $\dfrac{f(x)-f(x_1)}{g(x)-g(x_1)}\to A$, 推出 $\dfrac{f(x)}{g(x)}\to A$(当 $x\to a^+$ 时).

事实上, $f(x)$ 可以改写成

$$f(x)=\frac{f(x)-f(x_1)}{g(x)-g(x_1)}(g(x)-g(x_1))+f(x_1),$$

因此

$$\frac{f(x)}{g(x)}=\frac{f(x)-f(x_1)}{g(x)-g(x_1)}\left(1-\frac{g(x_1)}{g(x)}\right)+\frac{f(x_1)}{g(x)}. \tag{2}$$

1° 若 $A=$ 有限数. 由(2)可得

$$\frac{f(x)}{g(x)}-A=\left(\frac{f(x)-f(x_1)}{g(x)-g(x_1)}-A\right)\left(1-\frac{g(x_1)}{g(x)}\right)+\frac{f(x_1)-Ag(x_1)}{g(x)}. \tag{3}$$

保持 $a<x<x_1$, 令 $x_1\to a^+$, 则 $\forall\,\varepsilon>0$, $\exists\,\delta_1>0$, 使得当 $a<x<x_1<a+\delta_1$ 时, 有

$$\left|\frac{f(x)-f(x_1)}{g(x)-g(x_1)}-A\right|<\frac{\varepsilon}{4}.$$

再将 x_1 固定, 令 x 继续趋向 a^+. 根据 $g(x)\to\infty$(当 $x\to a^+$ 时), 知 $\exists\,\delta>0(\delta<x_1-a)$, 使得 $a<x<\delta$ 时, 有

$$\left|\frac{g(x_1)}{g(x)}\right|<1, \quad \left|\frac{f(x_1)-Ag(x_1)}{g(x)}\right|<\frac{\varepsilon}{2}.$$

于是由(3),

$$\left|\frac{f(x)}{g(x)}-A\right|\leqslant\left|\frac{f(x)-f(x_1)}{g(x)-g(x_1)}-A\right|\left(1+\left|\frac{g(x_1)}{g(x)}\right|\right)+\left|\frac{f(x_1)-Ag(x_1)}{g(x)}\right|$$

$$\leqslant \frac{\varepsilon}{4} \cdot 2 + \frac{\varepsilon}{2} = \varepsilon.$$

2° 若 $A = \infty$，则 x 充分接近 a^+ 时 $f'(x) \neq 0$. 并且对 $M = 1$，$\exists \delta > 0$，当 $a < x < x_1 < a + \delta$ 时，有

$$\left| \frac{f(x) - f(x_1)}{g(x) - g(x_1)} \right| = \left| \frac{f'(\xi)}{g'(\xi)} \right| > 1 \quad (x < \xi < x_1),$$

从而

$$|f(x) - f(x_1)| > |g(x) - g(x_1)| \geqslant |g(x)| - |g(x_1)|$$
$$\rightarrow +\infty \quad (x_1 \text{固定且令} x \rightarrow a^+).$$

可见
$$|f(x)| \rightarrow +\infty, \quad f(x) \rightarrow \infty \quad (\text{当} x \rightarrow a^+ \text{时}).$$

由此可利用 1°中结果，由 $\lim\limits_{x \rightarrow a^+} \dfrac{g'(x)}{f'(x)} = 0$ 得出 $\lim\limits_{x \rightarrow a^+} \dfrac{g(x)}{f(x)} = 0$，从而 $\lim\limits_{x \rightarrow a^+} \dfrac{f(x)}{g(x)} = \infty$.

注 1° 这里是 $x \rightarrow a^+$ 的情况，$x \rightarrow a^-$ 的情况以及 $x \rightarrow +\infty$，$x \rightarrow -\infty$ 的情况亦有类似的结论和证法. 由 $x \rightarrow a^+$ 及 $x \rightarrow a^-$ 的结论，可知 $x \rightarrow a$ 时结论也成立.

2° 本例虽称为 $\dfrac{\infty}{\infty}$ 型的 L'Hospital 法则，实际上对于 $\lim \dfrac{f(x)}{g(x)}$，条件只要求分母 $g(x) \rightarrow \infty$，并不一定要求分子 $f(x) \rightarrow \infty$. 这一点与 $\dfrac{0}{0}$ 型的 L'Hospital 法则不同.

关于 L'Hospital 法则的应用另见例 1.3.12.

*例 3.2.31 设 $f(x)$ 在 $(-\infty, +\infty)$ 上连续可导，且

$$\sup_{-\infty < x < +\infty} |e^{-x^2} f'(x)| < +\infty,$$

证明：$\sup\limits_{-\infty < x < +\infty} |xe^{-x^2} f(x)| < +\infty$.（北京大学）.

注 任意函数 $F(x)$，条件 $\sup\limits_{-\infty < x < +\infty} |F(x)| < +\infty$ 等价于 $F(x)$ 在 $(-\infty, +\infty)$ 上有界. 因此问题等价于已知函数 $e^{-x^2} f'(x)$ 有界，证明 $xe^{-x^2} f(x)$ 有界.

证 因为 $xe^{-x^2} f(x)$ 在 $[-1,1]$ 上连续，所以在 $[-1,1]$ 上有界，剩下只要证明在 $(1, +\infty)$ 与 $(-\infty, -1)$ 上有界. 以 $(1, +\infty)$ 为例进行证明，$(-\infty, -1)$ 的情况类似. 设 $x > 1$ 为任意数，则

$$\left| \frac{xf(x)}{e^{x^2}} \right| = \left| \frac{xf(x) - f(1)}{e^{x^2}} + \frac{f(1)}{e^{x^2}} \right| \leqslant \left| \frac{xf(x) - 1 \cdot f(1)}{e^{x^2} - e^{1^2}} \right| + \frac{|f(1)|}{e}$$
$$= \left| \frac{(xf(x))'}{(e^{x^2})'} \right|_{x=\xi} + \frac{|f(1)|}{e} \quad (1 < \xi < x), \tag{1}$$

其中右端第一项

$$\left| \frac{(xf(x))'}{(e^{x^2})'} \right|_{x=\xi} \leqslant \frac{1}{2} |e^{-\xi^2} f'(\xi)| + \frac{1}{2} \left| e^{-\xi^2} \frac{f(\xi) - f(0)}{\xi - 0} \right| + \frac{1}{2} \left| \frac{f(0)}{\xi e^{\xi^2}} \right|$$
$$\leqslant \frac{1}{2} |e^{-\xi^2} f'(\xi)| + \frac{1}{2} |e^{-\xi^2} f'(\eta)| + \frac{1}{2} \left| \frac{e^{-\xi^2}}{\xi} f(0) \right|$$

$$\leqslant \frac{1}{2} \mid e^{-\xi^2} f'(\xi) \mid + \frac{1}{2} \mid e^{-\eta^2} f'(\eta) \mid + \frac{1}{2} \mid f(0) \mid \quad (0 < \eta < \xi). \quad (2)$$

因 $e^{-x^2} f'(x)$ 有界,由(1)、(2)知 $xe^{-x^2} f(x)$ 亦有界.

^{new} **例 3.2.32** 设 $f(x)$ 在 **R** 上可导,试证:若 $\lim\limits_{x \to +\infty} [f(x) + f'(x)] = A$,则 $\lim\limits_{x \to +\infty} f(x) = A$, $\lim\limits_{x \to +\infty} f'(x) = 0$.(清华大学)

证 (e^x 的妙用)(可参看例 1.3.21)如上面的注 2°所述,能用 L' Hospital 法则:

$$\lim_{x \to +\infty} f(x) = \lim_{x \to +\infty} \frac{e^x f(x)}{e^x} \xrightarrow{\text{L' Hospital 法则}} \lim_{x \to +\infty} (f(x) + f'(x)) = A.$$

因此

$$\lim_{x \to +\infty} f'(x) = \lim_{x \to +\infty} (f(x) + f'(x) - f(x)) = A - A = 0.$$

注 本题说明:如果 $f(x)$ 可导,对 $\lim\limits_{x \to +\infty} \dfrac{e^x f(x)}{e^x}$ 用 L' Hospital 法则,可将 $\lim\limits_{x \to +\infty} f(x)$ 转化为 $\lim\limits_{x \to +\infty} [f(x) + f'(x)]$ 的极限,只要后者极限存在,则

$$\lim_{x \to +\infty} f(x) = \lim_{x \to +\infty} [f(x) + f'(x)] = A < +\infty,$$

且 $\lim\limits_{x \to +\infty} f'(x) \xeq{\text{存在}} 0$;倘若极限 A 不存在,原极限待定.

^{new} **练习 1** 设 $f(x)$ 在 **R** 上有 $n+1$ 阶导数,且 $\lim\limits_{x \to +\infty} f(x)$ 和 $\lim\limits_{x \to +\infty} f^{(n+1)}(x)$ 都存在(有限)($f^{(0)}(x) \xeq{\text{表示}} f(x)$),试证: $\lim\limits_{x \to +\infty} \sum\limits_{k=0}^{n} (-1)^k f^{(k)}(x) \xeq{\text{存在}} \lim\limits_{x \to +\infty} [f(x) + (-1)^n f^{(n+1)}(x)]$,且 $\lim\limits_{x \to +\infty} \sum\limits_{k=0}^{n} (-1)^k f^{(k+1)}(x) = 0$.

提示 记 $F(x) = \sum\limits_{k=0}^{n} (-1)^k f^{(k)}(x)$,对 $\lim\limits_{x \to +\infty} \dfrac{e^x F(x)}{e^x}$ 用 L' Hospital 法则:

$$\lim_{x \to +\infty} F(x) = \lim_{x \to +\infty} [F(x) + F'(x)] \quad (\text{当右边极限存在时,此等式成立})$$

$$= \lim_{x \to +\infty} \left\{ \sum_{k=0}^{n} (-1)^k f^{(k)}(x) + \left[\sum_{k=0}^{n} (-1)^k f^{(k)}(x) \right]' \right\}$$

$$= \lim_{x \to +\infty} \sum_{k=0}^{n} (-1)^k [f^{(k)}(x) + f^{(k+1)}(x)].$$

$$= \lim_{x \to +\infty} [f(x) + (-1)^n f^{(n+1)}(x)] (\text{存在}),$$

且 $\lim\limits_{x \to +\infty} F'(x) = \lim\limits_{x \to +\infty} \left(\sum\limits_{k=0}^{n} (-1)^k f^{(k)}(x) \right)' = \lim\limits_{x \to +\infty} \sum\limits_{k=0}^{n} (-1)^k f^{(k+1)}(x) = 0$.

^{new} **练习 2** 设 $q > 0$,若极限 $\lim\limits_{x \to +\infty} \left[f(x) + \dfrac{1}{q} f'(x) \right]$ 存在,证明 $\lim\limits_{x \to +\infty} f'(x) = 0$.

证 $\lim\limits_{x \to +\infty} f(x) = \lim\limits_{x \to +\infty} \dfrac{e^{qx} f(x)}{e^{qx}} \xrightarrow{\text{L' Hospital 法则}} \lim\limits_{x \to +\infty} \left[f(x) + \dfrac{1}{q} f'(x) \right]$ 存在,故知 $\lim\limits_{x \to +\infty} f'(x) = 0$.

^{new} * * **练习 3** 设 $f(x)$ 在 $[0, +\infty)$ 上二阶可导,$f(x) \leqslant f''(x)$,且 $f(0) \geqslant 0, f'(0) \geqslant 0$.求证:在 $[0, +\infty)$ 上,$f(x) \geqslant f(0) + f'(0)x$.(中国科学技术大学)

证 1° 欲证 $g(x) \stackrel{\text{记}}{=\!=\!=} f(x) - f(0) - f'(0)x \geqslant 0$,只需证明"当 $x \geqslant 0$ 时 $g'(x) \geqslant 0$",即 $0 \leqslant$ $f'(x) - f'(0) = \displaystyle\int_0^x f''(t)\,\mathrm{d}t$,故只需证明"$\forall x \geqslant 0$,有 $f''(x) \geqslant 0$".从而只需证明"$\forall x \geqslant 0$,有 $f(x) \geqslant 0$".

2° 已知 $f(x) \leqslant f''(x)$,故

$$\{\mathrm{e}^{-x}[f(x) + f'(x)]\}' = \mathrm{e}^{-x}[f''(x) - f(x)] \geqslant 0. \tag{1}$$

上面例题多次用到

$$[\mathrm{e}^x f(x)]' = \mathrm{e}^x[f(x) + f'(x)]. \tag{2}$$

式(1)表明 $\mathrm{e}^{-x}[f(x) + f'(x)]$ 单调增加.而当 $x = 0$ 时 $\{\mathrm{e}^{-x}[f(x) + f'(x)]\} = f(0) + f'(0) \stackrel{\text{已知}}{\geqslant} 0$,故当 $x \geqslant 0$ 时 $\mathrm{e}^{-x}[f(x) + f'(x)] \geqslant \mathrm{e}^{-x}[f(x) + f'(x)] \geqslant 0$.结合式(2)知当 $x \geqslant 0$ 时 $\mathrm{e}^{-x} f(x)$ 单调增加.又因当 $x = 0$ 时 $\mathrm{e}^x f(x) = f(0) \stackrel{\text{已知}}{\geqslant} 0$,故 $\mathrm{e}^x f(x) \geqslant 0$,从而 $f(x) \geqslant 0$.证毕.

注 第 307 页的例 4.3.40 与本题相同,那里是用积分求解微分问题.

练习4 设 $f(x)$ 在 **R** 上有三阶导数,如果 $\lim\limits_{x \to +\infty} f(x)$ 和 $\lim\limits_{x \to +\infty} f'''(x)$ 都存在(有限).试证: $\lim\limits_{x \to +\infty} f'(x) = \lim\limits_{x \to +\infty} f''(x) = \lim\limits_{x \to +\infty} f'''(x) = 0$.(中国科学技术大学)

证 利用 Taylor 公式(在点 x 处展开):$\exists \xi \in (x, x+1)$,$\eta \in (x-1, x)$,使得

$$f(x+1) = f(x) + f'(x) + \frac{1}{2}f''(x) + \frac{1}{6}f'''(\xi), \tag{1}$$

$$f(x-1) = f(x) - f'(x) + \frac{1}{2}f''(x) - \frac{1}{6}f'''(\eta). \tag{2}$$

两式相加得

$$f(x+1) + f(x-1) = 2f(x) + f''(x) + \frac{1}{6}[f'''(\xi) - f'''(\eta)]. \tag{3}$$

已知 $\lim\limits_{x \to +\infty} f(x) \stackrel{\text{存在}}{=\!=\!=} A$,$\lim\limits_{x \to +\infty} f'''(x) \stackrel{\text{存在}}{=\!=\!=} B$,因"对于任何函数 g,若 $\lim\limits_{x \to +\infty} g(x) \stackrel{\text{存在}}{=\!=\!=} G$,则对于任何子列 $\{x_{n_k}\} \to +\infty$($k \to \infty$),有 $\lim\limits_{k \to \infty} g(x_{n_k}) = G$",将式(3)取极限可得

$$\lim\limits_{x \to +\infty} f''(x) \stackrel{\text{存在且等于}}{=\!=\!=\!=\!=\!=} A + A - 2A - \frac{1}{6}(B - B) = 0.$$

类似地,$\exists \xi_1 \in (x, x+1)$,使得 $f(x+1) = f(x) + f'(x) + \frac{1}{2}f''(\xi_1)$.因已证 $\lim\limits_{x \to +\infty} f''(x) = 0$,故取极限得 $\lim\limits_{x \to +\infty} f'(x) = A - A - 0 = 0$.至此已证得 $\lim\limits_{x \to +\infty} f'(x) = \lim\limits_{x \to +\infty} f''(x) = 0$.最后将式(1)取极限得 $\lim\limits_{x \to +\infty} f'''(x) = 0$.证毕.

注 练习4采用了李建华先生提供的思想方法,未学 Taylor 公式的读者可暂缓阅读.

^{new} *** 例 3.2.33** $f(x)$ 在 $[a, +\infty)$ 上连续可微,$\lim\limits_{t \to +\infty} \sup\limits_{x > t} |f(x) + f'(x)| \leqslant M < +\infty$.求证:$\lim\limits_{t \to +\infty} \sup\limits_{x > t} |f(x)| \leqslant M < +\infty$.(中国科学技术大学)

注 看起来,本题似乎可用上例的方法同样处理,实际上这里是上极限,不是普通极限,不能像上面那样应用 L'Hospital 法则.但是,L'Hospital 法则是从 Cauchy 中值定理推得的,本题是否可借助于 Cauchy 中值定理?

证 $\overline{\lim\limits_{x \to +\infty}} |f(x) + f'(x)| = \lim\limits_{t \to +\infty} \sup\limits_{x > t} |f(x) + f'(x)| \leqslant M < +\infty$.

因此,对 $\varepsilon > 0$, $\exists A > 0$,当 $x > A$ 时,有

$$-\varepsilon - M \leqslant f(x) + f'(x) \leqslant M + \varepsilon.$$

对函数 $e^x f(x)$ 和 e^x 在 $[A, x]$ 上应用 Cauchy 中值定理:存在 $\xi_x \in (A, x)$ 使得

$$\frac{e^x f(x) - e^A f(A)}{e^x - e^A} = f(\xi_x) + f'(\xi_x) \in (-M - \varepsilon, M + \varepsilon) \quad (\xi_x \in (A, x)). \tag{1}$$

另一方面,利用上、下极限的已知公式(例 1.7.2),有

$$\overline{\lim\limits_{x \to +\infty}} \frac{e^x f(x) - e^A f(A)}{e^x - e^A} = \overline{\lim\limits_{x \to +\infty}} \frac{e^x f(x)}{e^x - e^A} + \underbrace{\lim\limits_{x \to +\infty} \left(-\frac{e^A f(A)}{e^x - e^A} \right)}_{\text{值为0}}$$

$$= \underbrace{\lim\limits_{x \to +\infty} \frac{e^x}{e^x - e^A}}_{\text{值为1}} \cdot \overline{\lim\limits_{x \to +\infty}} f(x) = \overline{\lim\limits_{x \to +\infty}} f(x). \tag{2}$$

以上过程将 $f(x)$ 改为 $-f(x)$ 也有效,即

$$\overline{\lim\limits_{x \to +\infty}} (-f(x)) = \overline{\lim\limits_{x \to +\infty}} \frac{e^x(-f(x)) - e^A(-f(A))}{e^x - e^A}.$$

于是, $\overline{\lim\limits_{x \to +\infty}} |f(x)| \in [-M - \varepsilon, M + \varepsilon]$. 令 $\varepsilon \to 0$,有

$$\lim\limits_{t \to +\infty} \sup\limits_{x > t} |f(x)| = \overline{\lim\limits_{x \to +\infty}} |f(x)| \leqslant M < +\infty.$$

^{new} * **例 3.2.34** 1) 设 $F(x)$ 在 $\mathbf{R} = (-\infty, +\infty)$ 上可导,若存在 $\{x_n\} \to +\infty$, $\{y_n\} \to -\infty$,使得 $\lim\limits_{n \to \infty} F(x_n) = \lim\limits_{n \to \infty} F(y_n) = c \in \mathbf{R}$. 证明:存在 $\xi \in \mathbf{R}$,使得 $F'(\xi) = 0$;

2) 设 $f(x), g(x)$ 在 $\mathbf{R}$ 上可导,且 $f'(x) \neq 0, g'(x) \neq 0 (\forall x \in \mathbf{R})$. 若 $\{x_n\} \to +\infty$, $\{y_n\} \to -\infty$, $\{x_n'\} \to +\infty$, $\{y_n'\} \to -\infty$,使得

$$\lim\limits_{n \to \infty} f(x_n) = B \in \mathbf{R}, \quad \lim\limits_{n \to \infty} f(y_n) = A \in \mathbf{R},$$

$$\lim\limits_{n \to \infty} g(x_n') = b \in \mathbf{R}, \quad \lim\limits_{n \to \infty} g(y_n') = a \in \mathbf{R}.$$

试证:存在 $\xi \in \mathbf{R}$,使得 $\dfrac{f'(\xi)}{g'(\xi)} = \dfrac{B - A}{b - a}$. (华东师范大学)

提示 1) 可用反证法(注意导函数有介值性);

2) 作辅助函数 $F(x) = f(x) - kg(x)$,其中 $k = \dfrac{B - A}{b - a}$.

再提示 1) 假设 $\forall x \in \mathbf{R}$, $F'(x) \neq 0$. 由导函数的介值性,则 $F'(x)$ 要么恒正要么恒负. 因此, F 严格单调(严 ↗ 或严 ↘),故 $\lim\limits_{n \to \infty} F(x_n) \neq \lim\limits_{n \to \infty} F(y_n)$,与已知条件矛盾.

2) **分析** 为证存在 $\xi \in \mathbf{R}$,使得 $\dfrac{f'(\xi)}{g'(\xi)} = \dfrac{B - A}{b - a} \xlongequal{\text{记}} k$,那么 $f'(x) = kg'(x)$,亦即 $f'(x) - kg'(x) = 0$. 记 $F(x) = f(x) - kg(x)$,则问题转化为存在 $\xi \in \mathbf{R}$,使得 $F'(\xi) = 0$.

已知 $g'(x) \neq 0 (\forall x \in \mathbf{R})$,因导数有介值性,故 $g'(x)$ 不能变号,即: $g'(x)$ 恒正或恒负,因而 $g(x)$ 严格单调. 当 $x \to +\infty$ 时,

$$b = \lim_{n \to \infty} g(x'_n) = \lim_{x \to +\infty} g(x) = \lim_{n \to \infty} g(x_n).$$

故
$$F(x_n) = f(x_n) - kg(x_n) \to B - kb = B - \frac{B-A}{b-a}b = \frac{Ab-Ba}{b-a} \xlongequal{记} c.$$

当 $y \to -\infty$ 时,同理有

$$F(y_n) = f(y_n) - kg(y_n) \to A - ka = A - \frac{B-A}{b-a}a = \frac{Ab-Ba}{b-a} = c.$$

可见,$F(x) = f(x) - kg(x)$ 满足第 1) 小题的条件. 因此,存在 $\xi \in \mathbf{R}$,使得 $F'(\xi) = 0$. 亦即 $\dfrac{f'(\xi)}{g'(\xi)} = \dfrac{B-A}{b-a}$. 结论 2) 成立.

另证 如上所述,因为导数有介值性,已知 $g'(x) \neq 0$,则 $g'(x)$ 不变号,$g(x)$ 严格单调,$\lim\limits_{x \to +\infty} g(x)$ 以有限数或无穷大作为极限. 但已知存在 $\{x'_n\} \to +\infty$:$\lim\limits_{n \to \infty} g(x'_n) = b$,因此,$\lim\limits_{x \to +\infty} g(x) = \lim\limits_{n \to \infty} g(x'_n) = b$. 同理,因为 $f'(x) \neq 0$,故对 $f(x)$ 也有类似的结论.

至此,在 $\left(-\dfrac{\pi}{2}, \dfrac{\pi}{2}\right)$ 内对 $f(\tan x)$ 和 $g(\tan x)$ 可应用 Cauchy 中值定理. 因为:若

$$f(\tan x)\Big|_{x=\frac{\pi}{2}} = \lim_{x \to \frac{\pi}{2}} f(\tan x) = B \quad \text{和} \quad f(\tan x)\Big|_{x=-\frac{\pi}{2}} = \lim_{x \to -\frac{\pi}{2}} f(\tan x) = A,$$

$$g(\tan x)\Big|_{x=\frac{\pi}{2}} = \lim_{x \to \frac{\pi}{2}} g(\tan x) = b \quad \text{和} \quad g(\tan x)\Big|_{x=-\frac{\pi}{2}} = \lim_{x \to -\frac{\pi}{2}} g(\tan x) = a,$$

则 $f(\tan x)$ 和 $g(\tan x)$ 在 $\left[-\dfrac{\pi}{2}, \dfrac{\pi}{2}\right]$ 上连续,在 $\left(-\dfrac{\pi}{2}, \dfrac{\pi}{2}\right)$ 内可导,并能应用 Cauchy 中值定理.

如此,可直接得到:存在 $\xi = \tan \eta \in \mathbf{R}$,使得

$$\frac{f'(\xi)}{g'(\xi)} = \frac{f'(\tan \eta)}{g'(\tan \eta)} = \frac{f(\tan x)\Big|_{x=-\frac{\pi}{2}}^{x=\frac{\pi}{2}}}{g(\tan x)\Big|_{x=-\frac{\pi}{2}}^{x=\frac{\pi}{2}}} = \frac{B-A}{b-a}.$$

※附:导数的推广——广义导数

要点 **定义 1** $\Delta_h f(x) = f(x+h) - f(x-h)$ 称为 $f(x)$ 在点 x 处的**对称差**. 如下极限(若存在)称为 $f(x)$ 在点 x 处的 <u>广义导数</u> 或 **对称导数**,记作

$$f^{[\,']}(x) = \lim_{h \to 0^+} \frac{\Delta_h f(x)}{2h} = \lim_{h \to 0^+} \frac{f(x+h) - f(x-h)}{2h}. \tag{1}$$

推论 1 若 $f(x)$ 在点 x 处可导,则 $f(x)$ 在点 x 处有广义导数,且它们的值相等:

$$f^{[\,']}(x) = \lim_{h \to 0^+} \frac{1}{2}\left[\frac{f(x+h) - f(x)}{h} + \frac{f(x-h) - f(x)}{-h}\right] = f'(x).$$

逆定理不成立,因为:$f^{[\,']}(x)$ 只与 f 在对称差有关,与中心点的值无关. 广义可导未必真可导,例如,

$$f(x) = \begin{cases} x\sin\dfrac{1}{x}, & x \neq 0, \\ 0, & x = 0 \end{cases} \quad \text{或} \ f(x) = |x|,$$

在 $x = 0$ 处广义可导，$f^{[']}(0) = 0$，但 f 在原点不可导.

注 若 f 只在 $[a,b]$ 上有定义，那么 f 在 $[a,b]$ 的端点处无"对称导数"可言. 另外，$f^{[']}(x_0)$ 存在不能推出 f 在 x_0 处连续（这些都跟导数不一样）.

定义2 如下的极限存在，称为 $f(x)$ 在点 x 处有**二阶广义导数**（或称**二阶对称导数**），记作

$$f^{['']}(x) \xlongequal{\text{或}} f^{[2]}(x) \xlongequal{\text{def}} \lim_{h \to 0^+} \frac{\Delta_h \Delta_h f(x)}{(2h)^2} = \lim_{h \to 0^+} \frac{\Delta_h [f(x+h) - f(x-h)]}{(2h)^2}$$

$$= \lim_{h \to 0^+} \frac{[f(x+2h) - 2f(x) + f(x-2h)]}{4h^2}. \tag{2}$$

如此递推下去，可以定义任意 n 阶广义导数 $f^{[n]}(x)$ $(n = 2,3,\cdots)$.

推论2 在某点 x，若 $f(x)$ 有二阶导数，则二阶广义导数也存在，且值相等（见练习 3.2.32 题）：$f''(x) = f^{[2]}$.

就线性函数而言，有

$$(\alpha x + \beta)^{[']} = (\alpha x + \beta)' = \alpha,$$
$$(\alpha x^2 + \beta x + \gamma)^{['']} = (\alpha x^2 + \beta x + \gamma)'' = 2\alpha.$$

同样，逆定理不成立. 例如，

$$f(x) = \begin{cases} x^2 \sin \dfrac{1}{x}, & x \neq 0 \\ 0, & x = 0 \end{cases} \quad \text{或 } f(x) = x|x|,$$

此时 $f(x)$ 在 $x = 0$ 处无二阶导数，但 $f^{['']}(0) \xlongequal{\text{存在}} 0$.

类似地，若 n 阶导数存在，则 n 阶广义导数必然存在，且 $f^{[n]}(x) = f^{(n)}(x)$.

推论3 从式（2）明显看出：设 f 在内点 x_0 连续，并在点 x_0 取极大值，则当 $f^{['']}(x_0)$ 存在时，有 $f^{['']}(x_0) \leqslant 0$.

若 f 在某内点 x_1 连续，且在点 x_1 取极小值，则当 $f^{['']}(x_1)$ 存在时，有 $f^{['']}(x_1) \geqslant 0$.

✍ 单元练习 3.2

关于函数零值点（方程根）的存在唯一性

☆**3.2.1** 若 $f(x)$ 在 $[a,b]$ 上连续，且 $f(a) = f(b) = 0$，$f'(a) \cdot f'(b) > 0$，证明：存在 $\xi \in (a, b)$，使 $f(\xi) = 0$.（哈尔滨工业大学，华中科技大学，华中师范大学）

提示 $f'(x)$ 在 a,b 同号 $\Rightarrow$ 在 a 右侧 $\exists x_1$，b 左侧 $\exists x_2$，使得 $f(x_1)$，$f(x_2)$ 异号.

再提示 例如 $f'(a) > 0$，即 $\lim\limits_{x \to a^+} \dfrac{f(x) - f(a)}{x - a} > 0$，则 $x_1 > a$ 且与 a 充分接近时有 $f(x_1) > f(a) = 0$，这时 $f'(b) > 0$. 类似地，$\exists x_2 < b$（与 b 充分接近）使得 $f(x_2) < f(b) = 0$，从而由连续介值性可得欲证之结论.

☆**3.2.2** 设 a,b,c 为三个实数，证明：方程 $e^x = ax^2 + bx + c$ 的根不超过三个.（浙江大学，武汉理工大学）

提示 可用反证法.

再提示 否则 $F(x) = e^x - ax^2 - bx - c$ 的零点个数 $\geqslant 4$，反复使用 Rolle 定理，可知 $F'''(x) = e^x$ 应有一个零点. 矛盾.

3.2.3 设 $f(x)$ 与 $g(x)$ 在 (a,b) 内可微，$f(x)g'(x) \neq f'(x)g(x)$. 证明：$f(x) = 0$ 的两个根之间至少夹 $g(x) = 0$ 的一根.（上海交通大学）

提示 考虑辅助函数 $\dfrac{f(x)}{g(x)}$.

再提示 若 $f(x)=0$ 的某两个根 x_1,x_2 之间无 g 之零点,对函数 $\dfrac{f(x)}{g(x)}$ 在 $[x_1,x_2]$ 上应用 Rolle 定理,可得出 $\exists\xi\in(x_1,x_2)$,使 $f'(\xi)g(\xi)=f(\xi)g'(\xi)$(矛盾).

3.2.4 设 $a^2-3b<0$,试证:$x^3+ax^2+bx+c=0$ 仅有唯一实根.

提示 一方面:虚根,必成对出现,故三次方程至少有 1 个实根.

再提示 另一方面:题设 $a^2-3b<0$,若

$$f'(x)\overset{\text{记}}{=}(x^3+ax^2+bx+c)'=3x^2+2ax+b=0,$$

其判别式 $\Delta=\dfrac{4}{9}(a^2-3b)\overset{\text{按题设}}{<}0$,说明 $f'(x)\neq0$(无零点),故 $f'(x)$ 不可能变号(否则由导数的介值性,$f'(x)$ 有零点). 因此 $f(x)$ 单调,从而原方程 $f(x)=0$ 最多有一(实)根. 而上面说:至少有 1 个实根,故有且仅有唯一一实根.

$*$ **3.2.5** 设 $f(x)=\dfrac{\mathrm{d}^n}{\mathrm{d}x^n}(e^{-x}x^n)$,$x\in(0,+\infty)$,证明:函数 $f(x)$ 在 $(0,+\infty)$ 中恰有 n 个零点.

(清华大学)

提示 反复使用 Rolle 定理及例 3.2.1 之结果.

证 $n=1,2$ 的情况明显,只需证明高阶的情况. $F_1(x)\equiv(e^{-x}x^n)'=e^{-x}(-x^n+nx^{n-1})$,$0,+\infty$ 为其零点;因而 $F_2(x)\equiv(e^{-x}x^n)''=e^{-x}[x^n-2nx^{n-1}+n(n-1)x^{n-2}]$ 包括 0 和 $+\infty$,共有三个零点,$0<c<+\infty$;如此递推下去,设 $F_{k-1}(x)\equiv(e^{-x}x^n)^{(k-1)}$ 有 k 个零点,$0<c_1<\cdots<c_{k-2}<+\infty$. 下面来证:当 $k\leqslant n-1$ 时,$F_k(x)$ 必有 $k+1$ 个不同的零点,$0<d_1<d_2<\cdots<d_{k-1}<+\infty$. 事实上,利用 Leibniz 求导公式,

$$F_k(x)\equiv(e^{-x}x^n)^{(k)}=\sum_{i=0}^{k}\mathrm{C}_k^i(e^{-x})^{(k-i)}(x^n)^{(i)}=\sum_{i=0}^{k}(-1)^{k-i}\mathrm{C}_k^i e^{-x}\frac{n!}{(n-i)!}x^{n-i}$$

$$=e^{-x}((-1)^kx^n+(-1)^{k-1}knx^{n-1}+\cdots+n(n-1)+\cdots+(n-k+1)x^{n-k})$$

(注意 $k\leqslant n-1$ 时,$n-k\geqslant1$). 可见 $F_k(+\infty)=0$,当 $n-k\geqslant1$(即 $k\leqslant n-1$)时 $F_k(0)=0$. 根据 Rolle 定理及其推广形式(例 3.2.1),每两个 $F_{k-1}(x)$ 的零点之间,有 $F_k(x)$ 的一个零点,记作 d_i,故 $F_k(x)$ 有 $0<d_1<\cdots<d_{k-1}<+\infty$ 共 $k+1$ 个零点. 因此当 $k=n-1$ 时,共有 n 个不同零点(包括 0 和 $+\infty$). 再用一次 Rolle 定理及例 3.2.1,可知

$$F_n(x)=e^{-x}[(-1)^nx^n+(-1)^{n-1}n\mathrm{C}_n^1x^{n-1}+\cdots+n!]$$

在 $(0,+\infty)$ 中恰有 n 个不同的零点.

$*$ **3.2.6** 证明 Чебышев-Laguerre 多项式

$$L_n(x)=e^x\frac{\mathrm{d}^n}{\mathrm{d}x^n}(e^{-x}x^n)$$

所有的根都为正.

提示 利用上题.

$*$ **3.2.7** 试证:Чебышев-Hermite 多项式

$$H_n(x)=(-1)^ne^{x^2}\frac{\mathrm{d}^n}{\mathrm{d}x^n}(e^{-x^2})$$

的所有根都是实数.

提示 类似上题.

3.2.8 证明:当 $\dfrac{a_0}{n+1}+\dfrac{a_1}{n}+\cdots+\dfrac{a_{n-1}}{2}+a_n=0$ 时,方程 $a_0x^n+a_1x^{n-1}+\cdots+a_n=0$ 在 $(0,1)$ 内至少有一实根. (南京邮电大学)

提示 对函数 $F(x)=\displaystyle\int_0^x(a_0t^n+a_0t^{n-1}+\cdots+a_n)\mathrm{d}t$ 在 $[0,1]$ 上应用 Rolle 定理.

☆**3.2.9** 设函数 $f(x)$ 在 $[a,+\infty)$ 上连续,且当 $x>a$ 时, $f'(x)>k>0(k$ 为常数),证明:当 $f(a)<0$ 时,方程 $f(x)=0$ 在区间 $\left(a,a-\dfrac{f(a)}{k}\right)$ 内有且只有一个根. (湘潭大学,西安交通大学,西安电子科技大学等)

提示 在 $\left[a,a-\dfrac{f(a)}{k}\right]$ 上应用 Lagrange 公式,知 $f\left(a-\dfrac{f(a)}{k}\right)$ 与 $f(a)$ 异号.

☆**3.2.10** 设 $f(x)$ 在 $(-\infty,+\infty)$ 内具有二阶导数,且 $f''(x)>0$, $\lim\limits_{x\to+\infty}f'(x)=\alpha>0$, $\lim\limits_{x\to-\infty}f'(x)=\beta<0$,又存在一点 x_0,使 $f(x_0)<0$. 试证明:方程 $f(x)=0$ 在 $(-\infty,+\infty)$ 内有且只有两个实根. (上海交通大学,浙江大学)

提示 可证 $f(-\infty)=f(+\infty)=+\infty$,从而由 $f(x_0)<0$ 知有两个根. 又由 $f''(x)>0$,可证只有两个实根.

再提示 由 $f'(+\infty)>0$ 可知 $\exists b>0$,使得 $f'(b)>0$. 又 $x>b$ 时 $\exists\xi:x>\xi>b$,使得
$$f(x)=f(b)+f'(\xi)(x-b),\text{但}\ f''(x)>0,f'(x)\nearrow,$$
$$f(x)\geqslant f(b)+f'(b)(x-b)\to+\infty\quad(\text{当}\ x\to+\infty\ \text{时}).$$
因此, $f(+\infty)=+\infty$. 同样由 $f'(-\infty)<0$ 亦可推出 $f(-\infty)=+\infty$.

此外,由 $f''>0$ 可得 f' 严 $\nearrow$,又因 $f'(-\infty)<0$, $f'(+\infty)>0$,故存在唯一点 c,使得
$$f'(x)\begin{cases}<0, & x<c,\\ =0, & x=c,\\ >0, & x>c.\end{cases}\ \text{因此}\ c\ \text{是}\ f\ \text{的最小值点}, f(c)\leqslant f(x_0)<0. f\ \text{在}\ (-\infty,c]\ \text{和}\ [c,+\infty)\ \text{分别由}$$
$+\infty\searrow$负,又由负$\nearrow+\infty$,故 $f(x)=0$ 有且仅有两个实根.

推导新的中值形式

☆**3.2.11** 设 $f(x)$ 在 $[0,+\infty)$ 内可微,且满足不等式
$$0\leqslant f(x)\leqslant\ln\frac{2x+1}{x+\sqrt{1+x^2}},\quad\forall x\in(0,+\infty),$$
试证明存在一点 $\xi\in(0,+\infty)$,使得 $f'(\xi)=\dfrac{2}{2\xi+1}-\dfrac{1}{\sqrt{1+\xi^2}}$. (北京大学)

提示 参考例 3.2.8.

☆**3.2.12** 设函数 $f(x)$ 在 $[a,b]$ 上连续,在 (a,b) 内可微,且 $f(a)<0$, $f(b)<0$,又有一点 $c\in(a,b)$, $f(c)>0$. 证明:存在一点 $\xi\in(a,b)$,使得 $f(\xi)+f'(\xi)=0$. (西北大学)

提示 (函数 e^x 的妙用)考虑辅助函数 $F(x)=\mathrm{e}^xf(x)$,分别在 $[a,c]$ 和 $[c,b]$ 上两端点异号;再用连续函数介值性及 Rolle 定理.

3.2.13 设 $f(x)$ 在 $[0,1]$ 上连续,在 $(0,1)$ 内可微,证明: $\exists\xi\in(0,1)$,使得 $f'(\xi)f(1-\xi)=f(\xi)f'(1-\xi)$. (华中科技大学)

提示 考虑辅助函数 $F(x)=f(x)f(1-x)$.

3.2.14 假设函数 $f(x)$ 和 $g(x)$ 在 $[a,b]$ 上存在二阶导数,并且 $g''(x) \neq 0$,$f(a) = f(b) = g(a) = g(b) = 0$,试证

1) 在开区间 (a,b) 内 $g(x) \neq 0$;

2) 在 (a,b) 内至少存在一点 ξ,使得 $\dfrac{f(\xi)}{g(\xi)} = \dfrac{f''(\xi)}{g''(\xi)}$. (数学一)

提示 1) 可用反证法,用 Rolle 定理推出 g'' 有零点,得出矛盾;2) 借助辅助函数 $F(x) = f(x)g'(x) - f'(x)g(x)$.

☆**3.2.15** 设 $f(x)$ 在 $[a,b]$ 上非负且三阶可导,方程 $f(x) = 0$ 在 (a,b) 内有两个不同实根,证明存在 $\xi \in (a,b)$,使得 $f^{(3)}(\xi) = 0$. (华中师范大学)

提示 $f(x) = 0$ 的两根之间有 f' 的零点. 因 $f \geqslant 0$,故 f 的零点也是 f 的极小点. 根据 Fermat 定理,其上导数也应为零. 因而 f' 有三个零点.

new**3.2.16** 设 $f(x)$ 在 $[0,1]$ 上可导,$f(1) = 2f(0)$,求证:$\exists \xi \in (0,1)$,使得 $(1+\xi)f'(\xi) = f(\xi)$. (武汉大学)

提示 $(1+\xi)f'(\xi) = f(\xi) \Leftrightarrow \left(\dfrac{f(x)}{1+x} \right)' \Big|_{x=\xi} = 0$.

3.2.17 设 $f(x)$ 在 $[a,b]$ 上二阶可导,过点 $A(a,f(a))$ 与 $B(b,f(b))$ 的直线与曲线 $y = f(x)$ 相交于 $C(c,f(c))$,其中 $a < c < b$. 证明:在 (a,b) 中至少存在一点 ξ,使得 $f''(\xi) = 0$. (华中师范大学)

提示 A,B,C 三点共线,在 $[a,c]$,$[c,b]$ 上分别应用 Lagrange 公式,可知 $\exists x_1, x_2 : a < x_1 < c < x_2 < b$ 使得 $f'(x_1) = f'(x_2)$ (弦 AC,CB 的斜率).

☆**3.2.18** 设函数 $f(x)$ 在闭区间 $[a,b]$ 上连续,在开区间 (a,b) 内二阶可微,并且 $f(a) = f(b)$,证明:若存在一点 $c \in (a,b)$,使得 $f(c) > f(a)$,则必存在三点 $\xi, \eta, \zeta \in (a,b)$,使得 $f'(\xi) > 0$,$f'(\eta) < 0$,$f''(\zeta) < 0$. (吉林大学,北京师范大学,国防科技大学)

提示 因 $f(c) > f(a) = f(b)$,曲线 $y = f(x)$ 在 $[a,c]$,$[c,b]$ 上弦的斜率异号,可在两段上分别应用 Lagrange 公式.

3.2.19 函数 $f(x)$ 在 $[0,x]$ 上的拉格朗日中值公式为

$$f(x) - f(0) = f'(\theta x)x, \text{ 其中 } 0 < \theta < 1,$$

且 θ 是与 $f(x)$ 及 x 有关的量. 对 $f(x) = \arctan x$,求 $x \to 0^+$ 时 θ 的极限值. (武汉大学) $\left\langle \dfrac{\sqrt{3}}{3} \right\rangle$

提示 $\theta^2 = \dfrac{x - \arctan x}{x^2 \arctan x}$.

☆**3.2.20** 设 $f(x)$ 在 $[1,2]$ 上连续,在 $(1,2)$ 内可微,证明:存在 $\xi \in (1,2)$ 使得 $f(2) - f(1) = \dfrac{1}{2}\xi^2 f'(\xi)$. (北京科技大学)

提示 $\dfrac{f(2) - f(1)}{\dfrac{1}{2} - \dfrac{1}{1}} = \dfrac{f'(\xi)}{-\dfrac{1}{\xi^2}}$ (参看例 3.2.26).

3.2.21 设 $f(x)$ 在 $[a,b]$ 上有三阶导数. 试证:必存在点 $\xi \in (a,b)$,使得

$$f(b) = f(a) + \frac{1}{2}(b-a)[f'(a) + f'(b)] - \frac{1}{12}(b-a)^3 f'''(\xi). \tag{1}$$

(郑州大学)

提示 参看例 3.2.27,改写式(1),用 Cauchy 中值定理.

再提示 第一次对

$$F(x) = f(x) - f(a) - \frac{1}{2}(x-a)[f'(x)+f'(a)] \text{ 和 } G(x) = -\frac{1}{12}(x-a)^3$$

在 $[a,x]$ 上应用 Cauchy 中值公式.

$$\frac{F(x)}{G(x)} = \frac{F(x)-F(a)}{G(x)-G(a)} = \frac{F'(\eta)}{G'(\eta)} = \frac{f'(\eta)-\frac{1}{2}[f'(\eta)+f'(a)]-\frac{1}{2}(\eta-a)f''(\eta)}{-\frac{1}{4}(\eta-a)^2}$$

$$= \frac{F'(\eta)-F'(a)}{G'(\eta)-G'(a)} = \frac{F''(\xi)}{G''(\xi)} = f'''(\xi). \ (\text{利用 } F(a)=F'(a)=G(a)=G'(a)=0.)$$

3.2.22 $f(x)$ 在 $[a,b]$ 上连续,$f''(x)$ 在 (a,b) 内存在,试证:$\forall c: a<c<b$,$\exists \xi \in (a,b)$,使得

$$\frac{1}{2}f''(\xi) = \frac{f(a)}{(a-b)(a-c)} + \frac{f(b)}{(b-c)(b-a)} + \frac{f(c)}{(c-a)(c-b)}. \tag{1}$$

提示 将式(1)改写成

$$\frac{1}{2}f''(\xi) = \frac{f(a)(c-b)+f(b)(a-c)+f(c)(b-a)}{(a-b)(b-c)(c-a)}.$$

然后类似上题,反复利用 Cauchy 中值定理.

☆**3.2.23** 设 $f(x)$ 在 $[a,b]$ 上连续,在 (a,b) 内可微,$b>a>0$,证明:在 (a,b) 内存在 x_1, x_2, x_3,使得

$$\frac{f'(x_1)}{2x_1} = (b^2+a^2)\frac{f'(x_2)}{4x_2^3} = \frac{\ln(b/a)}{b^2-a^2}x_3 \cdot f'(x_3). \tag{1}$$

(四川大学)

提示 参看例 3.2.28,3.2.29.

再提示 将式(1)改写成

$$f(b)-f(a) = \frac{f'(x_1)}{2x_1}(b^2-a^2) = \frac{f'(x_2)}{4x_2^3}(b^4-a^4) = \frac{f'(x_3)}{1/x_3}(\ln b-\ln a),$$

在 $[a,b]$ 上,分别对 $f(x)$ 与 x^2;$f(x)$ 与 x^4;$f(x)$ 与 $\ln x$ 应用 Cauchy 中值定理,以证明上式后三项分别等于第一项 $f(b)-f(a)$.

3.2.24 设 $f(x)$ 在区间 $[a,b]$ 上连续,在 (a,b) 内可导,且 $a \geq 0$(或 $b \leq 0$). 试证:

1) $\exists x_1, x_2, x_3 \in (a,b)$,使得

$$f'(x_1) = (b+a)\frac{f'(x_2)}{2x_2} = (b^2+ba+a^2)\frac{f'(x_3)}{3x_3^2};$$

(南京航空航天大学)

2) $\forall n \in \{1,2,\cdots\}$,$\exists x_1, x_2, \cdots, x_n \in (a,b)$,使得

$$f'(x_1) = (b+a)\frac{f'(x_2)}{2x_2} = \cdots = (b^{n-1}+b^{n-2}a+\cdots+ba^{n-2}+a^{n-1})\frac{f'(x_n)}{nx_n^{n-1}}. \tag{1}$$

提示 将式(1)诸量同时乘以 $(b-a)$,改写成

$$\frac{f'(x_1)}{1}(b-a) = \frac{f'(x_2)}{2x_2}(b^2-a^2) = \cdots = \frac{f'(x_n)}{nx_n^{n-1}}(b^n-a^n).$$

小结 以上 5 题主要练习利用 Cauchy 中值定理推导新的中值公式.

微分中值定理的灵活应用

3.2.25　设 $f(x)$ 在有限区间 (a,b) 内可微,试证:

1) 若 $f'(x)$ 在 (a,b) 内有界,则 $f(x)$ 在 (a,b) 内亦有界;(北京师范大学)

2) 若 $f(x)$ 在 (a,b) 内无界,则 $f'(x)$ 在 (a,b) 内亦无界.(华东师范大学)

提示　1) $\exists M>0$, $\left|f'(x)\right| \leqslant M \Rightarrow \left|f(x)\right| \leqslant \left|f(a+0)\right| + M(b-a)$.

*3.2.26　设 f 在 $[a,b]$ 中任意两点都具有介值性: $c_1,c_2 \in [a,b]$, $\forall r: f(c_1)<r<f(c_2)$, $\exists c$ (在 c_1,c_2 之间),使得 $f(c)=r$;而且 f 在 (a,b) 内可导, $\left|f'(x)\right| \leqslant k$(正常数), $\forall x \in (a,b)$. 试证: f 在 a 处右连续(同理在 b 处左连续).(华东师范大学)

注　"用 $\left|f(x)-f(a)\right| = \left|f'(\xi)\right| \left|x-a\right|$"是不对的!

证　$\forall \varepsilon>0$,取 $\delta=\dfrac{\varepsilon}{2k}$,则 $\forall x \in (a,a+\delta)$ 有 $\left|f(x)-f(a)\right| < \varepsilon$. 事实上,若 $\left|f(x)-f(a)\right| < \dfrac{\varepsilon}{2}$,问题自明;否则,由介值性条件,必 $\exists x' \in (a,x)$ 使得 $\left|f(x')-f(a)\right| < \dfrac{\varepsilon}{2}$.

$$\left|f(x)-f(a)\right| \leqslant \left|f(x)-f(x')\right| + \left|f(x')-f(a)\right|$$

$$\leqslant \left|f'(\xi)(x-x')\right| + \dfrac{\varepsilon}{2} < k \cdot \dfrac{\varepsilon}{2k} + \dfrac{\varepsilon}{2} = \varepsilon.$$

*3.2.27　设 $f(x)$ 是 $(-\infty,+\infty)$ 内的可微函数.

1) 若 $\lim\limits_{x \to +\infty} f(x)$ 存在且有限,问 $\lim\limits_{x \to +\infty} f'(x)$ 是否必定存在?(云南大学)

2) 如果 $\lim\limits_{x \to +\infty} f(x)$ 与 $\lim\limits_{x \to +\infty} f'(x)$ 都存在且有限,那么必有 $\lim\limits_{x \to +\infty} f'(x)=0$,试证明之.(云南大学,哈尔滨工业大学等)

提示　1) 否. 例如 $f(x) = \begin{cases} \dfrac{\sin x^2}{x}, & x \neq 0, \\ 0, & x=0. \end{cases}$　2) 利用 Cauchy 准则及中值定理.

证　$\forall \varepsilon>0$, $f(+\infty)$ 存在 $\Rightarrow \exists \Delta_1>0$,当 $x',x''>\Delta_1$ 时, $\left|f(x')-f(x'')\right| < \dfrac{\varepsilon}{2}$.

$f'(+\infty)$ 存在 $\Rightarrow \exists \Delta_2>0$,当 $x',x''>\Delta_2$ 时, $\left|f'(x')-f'(x'')\right| < \dfrac{\varepsilon}{2}$.

令 $\Delta = \max\{\Delta_1,\Delta_2\}$,则 $x>\Delta$ 时, $\exists \xi \in (x,x+1)$ 使得

$$\left|f'(\xi)\right| = \left|f(x+1)-f(x)\right| < \dfrac{\varepsilon}{2}, \quad \xi>x>\Delta \geqslant \Delta_2,$$

故　　　　$\left|f'(x)\right| \leqslant \left|f'(x)-f'(\xi)\right| + \left|f'(\xi)\right| < \dfrac{\varepsilon}{2} + \dfrac{\varepsilon}{2} = \varepsilon.$

3.2.28　设 $f(x)$ 于 $(0,1)$ 内可微,且满足 $\left|f'(x)\right| \leqslant 1$,求证: $\lim\limits_{n \to \infty} f\left(\dfrac{1}{n}\right)$ 存在.(哈尔滨工业大学)

提示　$\left|f\left(\dfrac{1}{n+p}\right) - f\left(\dfrac{1}{n}\right)\right| = \left|f'(\xi_n)\right| \dfrac{p}{n(n+p)} \leqslant \dfrac{1}{n} \rightrightarrows 0$(关于 p 一致).

☆3.2.29　设 $f(x)$ 在 $[0,+\infty)$ 上连续,在 $(0,+\infty)$ 内可微, $f(0)=0$,试证

1) 若 $f'(x)$ 单调增加,则 $g(x) = \dfrac{f(x)}{x}$ 在 $(0,+\infty)$ 内单调增加;(同济大学,武汉大学,四川大学等)

2) 若 $f'(x)$ 单调递减,则 $\dfrac{f(x)}{x}$ 在 $(0,+\infty)$ 内单调递减.(中国科学院)

提示 1) $g'(x) = \dfrac{1}{x}\left[f'(x) - \dfrac{f(x)-f(0)}{x}\right] = \dfrac{1}{x}[f'(x) - f'(\xi)] > 0.$

3.2.30 设 $f(x)$ 在 $[a,b]$ 上连续,且 (a,b) 内可微.证明:若存在极限 $\lim\limits_{x\to a^+} f'(x) = l$,则右导数 $f'_+(a)$ 存在且等于 l.(北京大学,湖北大学)

提示 $f'_+(a) = \lim\limits_{x\to a^+} \dfrac{f(x)-f(a)}{x-a} = \lim\limits_{x\to a^+} f'(\xi) = f'(a+0) = l.$

由此可见 f 在 $[a,b]$ 上连续,在 (a,b) 内可微,只要 $f'(a+0)$,$f'(b-0)$ 存在,则 f 在 $[a,b]$ 上可微.

☆**3.2.31** 设 $f(x) = \begin{cases} |x|, & x \neq 0, \\ 1, & x = 0, \end{cases}$ 证明:不存在一个函数以 f 为其导函数.(中国科学院)

提示 若 $\exists g$ 使 $g' = f$,则 $1 = f(0) = g'(0) = g'_\pm(0) = g'(0\pm0) = 0$,矛盾.

3.2.32 证明:若 $f''(0)$ 存在(有限),则 $\lim\limits_{h\to 0} \dfrac{f(2h)-2f(0)+f(-2h)}{4h^2} = f''(0)$.(北京师范大学)

提示 可对 $F(x) = f(2x) - 2f(0) + f(-2x)$,$G(x) = 4x^2$ 在 $[0,x]$ 上应用 Cauchy 微分中值定理(一次).注意,$f''(0)$ 存在意味着在 $x=0$ 的邻域里 $f'(x)$ 存在.但题目中未假定在 $x=0$ 的邻域里有二阶导数,因此用了一次 Cauchy 微分中值定理之后,不能用第二次.剩下的问题可用导数定义解决.

※**3.2.33** 将上题结果推广到一般情况,即若 $f^{(n)}(0)$ 存在(有限),则(n 是自然数)

$$\lim_{h\to 0^+} \sum_{k=0}^{n} C_n^k \frac{(-1)^k f[(n-2k)h]}{(2h)^n} = f^{(n)}(0).$$

(北京师范大学)

提示 (用数学归纳法.)注意:$C_n^0 = 1$,$C_n^k + C_n^{k+1} = C_{n+1}^{k+1}$($k = 0,1,\cdots,n-1$),$C_{n+1}^{n+1} = 1$.

证 $1°$ 当 $n = 1,2$ 时,原式成立.因为

当 $n = 1$ 时,

$$\lim_{h\to 0^+} \frac{1}{(2h)^n} \sum_{k=0}^{n} (-1)^k C_n^k [f((n-2k)h)] \Big|_{n=1}$$

$$= \lim_{h\to 0^+} \frac{f(h)-f(-h)}{2h} = \lim_{h\to 0^+} \frac{f(h)-f(0)+[f(0)-f(-h)]}{2h} = f'(0).$$

当 $n = 2$ 时,

$$\lim_{h\to 0^+} \frac{1}{(2h)^n} \sum_{k=0}^{n} (-1)^k C_n^k [f((n-2k)h)] \Big|_{n=2} = \lim_{h\to 0^+} \frac{1}{(2h)^2} [f(2h)-2f(0)+f(-2h)]$$

$$= \lim_{h\to 0^+} \frac{1}{2h} \frac{\Delta_h}{2h} [f(h)-f(-h)] = f^{[2]}(0) = f''(0).$$

$2°$ 设原式对 n 成立:

$$f^{[n]}(x) = \lim_{h\to 0^+} \frac{1}{(2h)^n} \sum_{k=0}^{n} (-1)^k C_n^k [f((n-2k)h)]. \tag{1}$$

下面来证对 $n+1$ 也必成立.事实上,这时

$$f^{[n+1]}(x) = \lim_{h\to 0^+} \frac{\Delta_h}{(2h)} \left\{ \frac{1}{(2h)^n} \sum_{k=0}^{n} (-1)^k C_n^k [f((n-2k)h)] \right\}$$

下面证明:此式 $= \lim\limits_{h\to 0^+} \dfrac{1}{(2h)^{n+1}} \sum\limits_{k=0}^{n+1} (-1)^k C_{n+1}^k [f((n+1-2k)h)]$. 在式(1)里,

$$\Delta_h \sum_{k=0}^{n} (-1)^k C_n^k [f((n-2k)h)]$$

$$= \sum_{k=0}^{n} (-1)^k C_n^k [f((n-2k)h+h)] - \sum_{k=0}^{n} (-1)^k C_n^k [f((n-2k)h-h)]$$

$$= [C_n^0 \cdot f((n+1)h) - C_n^1 f((n+1)h-2h) + \cdots + \underline{(-1)^n C_n^n f((n+1)h-2nh)}] -$$

$$[C_n^0 f((n-1)h) + \cdots + \underline{(-1)^{n-1} C_n^{n-1} f((n-1)h - 2(n-1)h)} + (-1)^n f(-(n+1)h)]$$

$$\overset{\scriptsize\begin{array}{c}C_n^k + C_n^{k-1} = C_{n+1}^k\\ C_n^0 = C_{n+1}^0 = 1 = C_n^n = C_{n+1}^{n+1}\end{array}}{=\!=\!=\!=\!=} C_{n+1}^0 f((n+1)h) - C_{n+1}^1 f((n+1)h-2h) + \cdots +$$

$$\underline{(-1)^n C_{n+1}^n f((n+1)h-2nh)} + (-1)^{n+1} C_{n+1}^{n+1} f(-(n+1)h)$$

$$= \sum_{k=0}^{n+1} (-1)^k C_{n+1}^k f((n+1-2k)h)$$

所以 $\qquad f^{[n+1]}(x) = \lim\limits_{h\to 0^+} \dfrac{1}{(2h)^{n+1}} \sum\limits_{k=0}^{n+1} (-1)^k C_{n+1}^k f((n+1-2k)h).$

※**3.2.34** (Schwarz 定理)若 $f(x)$ 在 $[a,b]$ 上连续, $f(x)$ 的广义二阶导数

$$f^{[2]}(x) = \lim_{h\to 0^+} \frac{f(x+2h) - 2f(x) + f(x-2h)}{4h^2}$$

存在,且恒为零(对 $x \in (a,b)$). 试证: $f(x)$ 是一次线性函数,可写为

$$f(x) = \alpha x + \beta,$$

其中 α, β 为常数. (浙江大学)

^{new}**证** (经典传统证法)作两辅助函数

$$F_\pm(x) = \pm [f(x) - g(x)] + \varepsilon (x-a)(x-b) \quad (\varepsilon > 0), \tag{1}$$

其中 $g(x) = \dfrac{f(b) - f(a)}{b-a}(x-a) + f(a)$ (过两端点的直线).

1° 已知在 $[a,b]$ 上 $(f(x))^{[2]} \equiv 0$,因此

$$(f(x) - g(x))^{[2]} \equiv f^{[2]}(x) - g^{[2]}(x) \equiv 0 - \left[\frac{f(b)-f(a)}{b-a}(x-a) + f(a)\right]'' \equiv 0.$$

故 $\qquad (F_\pm(x))^{[2]} \equiv \pm (f(x) - g(x))^{[2]} + [\varepsilon(x-a)(x-b)]'' \equiv 2\varepsilon > 0. \tag{2}$

2° $F_\pm(x) = \pm [f(x) - g(x)] + \varepsilon(x-a)(x-b)$ 在端点 $x=a$, $x=b$ 处为零,为连续函数.

(i) 若 $F_+(x)$ 在 (a,b) 有正值,必有正的最大值点 $x_0 \in (a,b)$, $F_+(x_0) \geqslant F_+(x_0 \pm 2h)$. 故

$$F_+^{[2]}(x_0) = \lim_{h\to 0^+} \frac{[F_+(x_0+2h) - 2F_+(x_0) + F_+(x_0-2h)]}{4h^2} \leqslant 0,$$

跟式(2)矛盾! 故 $F_+(x)$ 没有正值.

(ii) 若 $F_+(x)$ 在 (a,b) 内有负值,则 $F_+(x)$ 在 (a,b) 内必有负的最小值点 $x_0 \in (a,b)$,

$$F_+(x_0) \leqslant F_+(x_0 \pm 2h).$$

注意此时有 $F_-(x_0) \geqslant F_-(x_0 \pm 2h)$,于是

$$F_-^{[2]}(x_0) = \lim_{h\to 0^+} \frac{[F_-(x_0+2h) - 2F_-(x_0) + F_-(x_0-2h)]}{4h^2} \leqslant 0,$$

也跟式(2)矛盾! 故 $F_+(x)$ 没有负值.

总之,只可能是: $f(x) \equiv g(x)$ (为一次线性函数)(亦即:过端点的直线),因此

$$f(x) = \alpha x + \beta \text{（其中 } \alpha, \beta \text{ 是常数）},$$

且
$$\alpha = \frac{f(b) - f(a)}{b - a}, \quad \beta = f(a) - a\frac{f(b) - f(a)}{b - a}.$$

*3.2.35 设 $f(x)$ 在 $[a,b]$ 上连续，$f(a) < f(b)$；又设对一切 $x \in (a,b)$，$\lim\limits_{t \to 0}\dfrac{f(x+t) - f(x-t)}{t}$ 存在，用 $g(x)$ 表示这一极限值．试证：存在 $c \in (a,b)$，使得 $g(c) \geqslant 0$．（南开大学）

（注意题目未假定导数存在．）

提示 （利用确界定理．）取 μ：$f(a) < \mu < f(b)$，在 $[a,b]$ 上，让 x 从 a 点往右移动，保持 $f(x) \leqslant \mu$，直到不能再前进为止，x 到达它的上确界（记作 c），则 c 能满足要求．

证 I 在常值子区间 (α,β) 内，明显有 $g(x) = 0$，问题自明．下面的讨论将假设在 (a,b) 内无常值子区间．证明如下：

任取 μ：$f(a) < \mu < f(b)$，作集合 $E = \{x \mid x \in [a,b]: \forall t \in [a,x], f(t) \leqslant \mu\}$（意指 $[a,b]$ 内的点要成为 E 的成员，除要求在此点有 $f(x) \leqslant \mu$ 外，还要求在左侧区间 $[a,x]$ 有 $f(x) \leqslant \mu$）．因 $f(a) < \mu$，又 $f(x)$ 连续有保号性，故在 a 的右侧充分小的邻域内，有 x 使得 $f(x) < \mu$．说明 E 非空；又 $E \subset [a,b]$，知 E 有界．根据确界定理，存在 $c = \sup E$，在 $[a,c]$ 上必有 $f(x) \leqslant \mu$；在 c 的右邻域至少存在串趋向 c 的数列 $\{x_n = c + h_n\}$ $(h_n > 0)$ 使得 $f(x) > \mu$（不然 E 的上确界会更大些），如上，$f(c - h_n) \leqslant \mu$ 和 $f(c + h_n) > \mu$ $(h_n > 0, h_n \searrow 0)$．于是

$$g(c) = \lim_{n \to \infty}\frac{f(c + h_n) - f(c - h_n)}{2h_n} \geqslant 0.$$

证 II （对偶地）将 E 换成 $F = \{x \mid x \in [a,b]: \forall t \in [x,b], f(t) \geqslant \mu\}$．可类似找到欲求的点 c．

注 若将 E 改写为 $E' = \{x \mid x \in [a,b]: f(x) \leqslant \mu\}$ 或 $F' = \{x \mid x \in [a,b]; f(x) \geqslant \mu\}$，将会导致错误．如图 3.2.6，用 E 可得出正确答案：$c = \sup E, \mu = f(c), g(c) > 0$．若采用 E' 替代 E，得到的却是 $c' = \sup E'$．因 $f(x)$ 多次震荡，此时 c' 恰是 f（最后一个）严格极小值点，故 c' 处不能保证 f 的对称差 > 0；F' 情况类似．

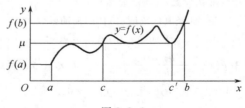

图 3.2.6

new *3.2.36 设 $f(x)$ 在 (a,b) 上连续，且 $\forall x \in (a,b)$，都有下极限：

$$\varliminf_{h \to 0^+}\frac{f(x+h) - f(x-h)}{2h} \geqslant 0. \tag{1}$$

求证：$f(x)$ 在 (a,b) 上单调不减．（北京大学）

预备 （对称导数是利用普通极限来定义的，但是本题是下极限，如果想用上题的思想方法，需用下极限定义（新的）对称导数，如下：

$$f_{\text{下}}^{[']}(x) = \varliminf_{h \to 0^+}\frac{f(x+h) - f(x-h)}{2h}.$$

易证：若 $f(x)$ 在某点 x_0 可导，则

$$f_{\text{下}}^{[']}(x_0) = f^{[']}(x_0) = f'(x_0).$$

并且具有"线性可加性"，即 $[af(x) \pm bg(x) + c]_{\text{下}}^{[']} = af_{\text{下}}^{[']}(x) \pm bf_{\text{下}}^{[']}(x)$．

证 1° （反证法）若命题不成立（即：$f(x)$ 在 (a,b) 上非"单调不减"），亦即至少存在两点 α, β 使得 $a < \alpha < \beta < b$，但有 $f(\alpha) > f(\beta)$．取实数 k：

$$\frac{f(\beta)-f(\alpha)}{\beta-\alpha}<k<0. \tag{2}$$

作辅助函数

$$F(x)=f(x)-f(\alpha)-k(x-\alpha). \tag{3}$$

则 $F(\alpha)=0,F(\beta)\overset{式(2)}{<}0.$ 取 $\mu:F(\alpha)>\mu>F(\beta)$,作集合

$$E=\{x\mid x\in[\alpha,\beta]:\forall t\in[\alpha,x],F(t)\geqslant\mu\},$$

明显 $\alpha\in E\subset[a,b]$,故 E 非空、有界,记 $c=\sup E$.(如上题所叙)可取充分小的数列 $\{h_n\}:h_n>0$, $h_n\searrow0$,使得

$$F(c+h_n)-F(c-h_n)<0. \tag{4}$$

2° 因题设, $f'_下(x)$ 存在,根据式(3) $F'_下(x)$ 也存在,且 $F'_下(c)=f'_下(c)-k$.既然 $\lim\limits_{t\to0^+}\dfrac{F(c+t)-F(c-t)}{2t}$ 存在,则 $\lim\limits_{n\to\infty}\dfrac{F(c+h_n)-F(c-h_n)}{2h_n}$ 也存在,且前者 $\leqslant$ 后者.由式(4)知

$$F'_下(c)=\lim_{t\to0^+}\frac{F(c+t)-F(c-t)}{2t}=\lim_{n\to\infty}\frac{F(c+h_n)-F(c-h_n)}{2h_n}\leqslant0,$$

其中分子 $F(c+h_n)-F(c-h_n)=f(c+h_n)-f(c-h_n)-2kh_n$.故

$$\lim_{h\to0^+}\frac{f(c+h)-f(c-h)}{2h}=\lim_{n\to\infty}\frac{F(c+h_n)-F(c-h_n)}{2h_n}\leqslant k<0.$$

与式(1)矛盾.证毕.

小结	若 $f'(x)\geqslant0$,则函数 $f(x)$ 单调不减;
可放松为	若 $f'_{[']}(x)\geqslant0$,则函数 $f(x)$ 单调不减;
进一步放松为	若 $f'_下(x)\geqslant0$,则函数 $f(x)$ 单调不减.

☆ §3.3　Taylor 公式

本节主要讨论带 Lagrange 余项与带 Peano 余项的 Taylor 公式在解题中的若干应用.

要点　1°（Taylor 公式）若 $f^{(n)}(x)$ 在 $[a,b]$ 上连续, $f^{(n+1)}(x)$ 在 (a,b) 内存在,则 $\forall x,x_0\in[a,b]$, $\exists\xi$ 位于 x 与 x_0 之间,使得下式成立:

$$f(x)=f(x_0)+f'(x_0)(x-x_0)+\cdots+\frac{1}{n!}f^{(n)}(x_0)(x-x_0)^n+R_n(x), \tag{1}$$

其中 $R_n(x)=\dfrac{1}{(n+1)!}f^{(n+1)}(\xi)(x-x_0)^{n+1}$ 为 Lagrange 余项.

若 $f(x)$ 在 x_0 处有 n 阶导数 $f^{(n)}(x_0)$,则在 x_0 邻域内 Taylor 公式(1)成立,其中

$$R_n(x)=o((x-x_0)^n)\quad(当 x\to x_0 时)$$

为 Peano 余项.

2° 若把 x_0 看成定点, x 看成动点,则式(1)通过定点 x_0 处的函数值 $f(x_0)$ 及导数值 $f'(x_0),\cdots,f^{(n)}(x_0)$ 表示动点 x 处的函数值 $f(x)$.当问题涉及二阶以上的导数时,通常可考虑用 Taylor 公式求解.这里关键在于选取函数 f、点 x_0、展开的阶次 n 以

及余项形式. 根据需要, x_0 一般应选在有特点的地方, 例如使某 $f^{(i)}(x_0) = 0$ 的地方等.

一、证明中值公式

例 3.3.1　设 $f(x)$ 在 $[a,b]$ 上三次可导, 试证: $\exists c \in (a,b)$, 使得

$$f(b) = f(a) + f'\left(\frac{a+b}{2}\right)(b-a) + \frac{1}{24} f'''(c)(b-a)^3. \tag{1}$$

证　(待定常数法)[①]设 k 为使下式成立的实数:

$$f(b) - f(a) - f'\left(\frac{a+b}{2}\right)(b-a) - \frac{1}{24} k(b-a)^3 = 0. \tag{2}$$

这时, 我们的问题归为证明: $\exists c \in (a,b)$, 使得

$$k = f'''(c). \tag{3}$$

令

$$g(x) = f(x) - f(a) - f'\left(\frac{a+x}{2}\right)(x-a) - \frac{k}{24}(x-a)^3. \tag{4}$$

则

$$g(a) = g(b) = 0.$$

根据 Rolle 定理, $\exists \xi \in (a,b)$, 使得 $g'(\xi) = 0$, 由式 (4), 即

$$f'(\xi) - f'\left(\frac{a+\xi}{2}\right) - f''\left(\frac{a+\xi}{2}\right)\frac{\xi-a}{2} - \frac{k}{8}(\xi-a)^2 = 0. \tag{5}$$

这是关于 k 的方程, 注意到 $f'(\xi)$ 在点 $\dfrac{a+\xi}{2}$ 处的 Taylor 公式:

$$f'(\xi) = f'\left(\frac{a+\xi}{2}\right) + f''\left(\frac{a+\xi}{2}\right)\frac{(\xi-a)}{2} + \frac{1}{2} f'''(c)\left(\frac{\xi-a}{2}\right)^2, \tag{6}$$

其中 $c \in (a,b)$. 比较 (5)、(6) 可得式 (3). 证毕.

☆ **例 3.3.2**　设 $f(x)$ 在 $[a,b]$ 上有二阶导数. 试证: $\exists c \in (a,b)$, 使得

$$\int_a^b f(x)\,dx = (b-a)f\left(\frac{a+b}{2}\right) + \frac{1}{24} f''(c)(b-a)^3. \tag{1}$$

(西安电子科技大学, 西安理工大学, 东北大学)

证 I　对函数 $F(x) = \displaystyle\int_a^x f(t)\,dt$ 利用上例结果, 或重复上例的证明即得.

证 II　将函数 $F(x) = \displaystyle\int_a^x f(t)\,dt$ 在点 $x_0 = \dfrac{a+b}{2}$ 处按 Taylor 公式展开, 记 $h = \dfrac{b-a}{2}$, 则

$$F(x_0 + h) = F(x_0) + f(x_0)h + \frac{1}{2}f'(x_0)h^2 + \frac{1}{6}f''(\xi)h^3,$$

$$F(x_0 - h) = F(x_0) - f(x_0)h + \frac{1}{2}f'(x_0)h^2 - \frac{1}{6}f''(\eta)h^3,$$

_____

① 参看例 3.2.9.

其中 $\xi, \eta \in (a, b)$. 于是

$$\int_a^b f(x)\,\mathrm{d}x = F(x_0 + h) - F(x_0 - h)$$

$$= (b - a)f(x_0) + \frac{(b - a)^3}{48}(f''(\xi) + f''(\eta)). \tag{2}$$

注意到导函数的介值性, $\exists c \in (a, b)$, 使得 $f''(c) = \dfrac{f''(\xi) + f''(\eta)}{2}$. 代入式(2)即得

欲证的式(1).

注 例 3.3.1 亦可用此法证明.

证 III 记 $x_0 = \dfrac{a + b}{2}$, 在 Taylor 展开式

$$f(x) = f(x_0) + f'(x_0)(x - x_0) + \frac{1}{2}f''(\xi)(x - x_0)^2$$

两端同时取 $[a, b]$ 上的积分. 注意右端第二项积分为 0. 第三项的积分, 由于导数有介值性, 第一积分中值定理成立: $\exists c \in (a, b)$, 使得

$$\int_a^b f''(\xi)(x - x_0)^2\,\mathrm{d}x = f''(c)\int_a^b (x - x_0)^2\,\mathrm{d}x = \frac{1}{12}f''(c)(b - a)^3.$$

因此式(1)成立.

二、用 Taylor 公式证明不等式

☆ **例 3.3.3** 设 $f(x)$ 在 $[a, b]$ 上二次可微, $f''(x) < 0$. 试证: $\forall a \leqslant x_1 < x_2 < \cdots < x_n \leqslant b, k_i \geqslant 0, \sum\limits_{i=1}^{n} k_i = 1$, 有 $f\left(\sum\limits_{i=1}^{n} k_i x_i\right) > \sum\limits_{i=1}^{n} k_i f(x_i)$. (哈尔滨工业大学, 北京科技大学)

证 取 $x_0 = \sum\limits_{i=1}^{n} k_i x_i$, 将 $f(x_i)$ 在 $x = x_0$ 处展开:

$$f(x_i) = f(x_0) + f'(x_0)(x_i - x_0) + \frac{1}{2}f''(\xi_i)(x_i - x_0)^2$$

$$< f(x_0) + f'(x_0)(x_i - x_0) \quad (i = 1, 2, \cdots, n).$$

以 k_i 乘此式两端, 然后 n 个不等式相加, 注意 $\sum\limits_{i=1}^{n} k_i = 1$,

$$\sum_{i=1}^{n} k_i(x_i - x_0) = \sum_{i=1}^{n} k_i x_i - x_0 = 0,$$

得

$$\sum_{i=1}^{n} k_i f(x_i) < f(x_0) = f\left(\sum_{i=1}^{n} k_i x_i\right).$$

例 3.3.4 设 $f(x)$ 有二阶导数,

$$f(x) \leqslant \frac{1}{2}[f(x - h) + f(x + h)]. \tag{1}$$

试证 $f''(x) \geq 0$. （北京师范大学）

证 $f(x \pm h) = f(x) \pm f'(x)h + \dfrac{1}{2}f''(x)h^2 + o(h^2)$.

两式相加,并除以 h^2,注意(1),有 $f''(x) + o(1) \geq 0$. 令 $h \to 0$,取极限得 $f''(x) \geq 0$.

三、用 Taylor 公式作导数的中值估计

例 3.3.5 设 $f(x)$ 二次可微,且 $f(0) = f(1) = 0$, $\max\limits_{0 \leq x \leq 1} f(x) = 2$,试证 $\min\limits_{0 \leq x \leq 1} f''(x) \leq$ -16.

证 因 $f(x)$ 在 $[0,1]$ 上连续,有最大、最小值. 又因 $\max\limits_{0 \leq x \leq 1} f(x) = 2$, $f(0) = f(1) = 0$,故最大值在 $(0,1)$ 内部达到. 所以,$\exists x_0 \in (0,1)$ 使得 $f(x_0) = \max\limits_{0 \leq x \leq 1} f(x)$,于是 $f(x_0)$ 为极大值. 由 Fermat 定理,有 $f'(x_0) = 0$.

在 $x = x_0$ 处按 Taylor 公式展开,$\exists \xi, \eta \in (0,1)$ 使得

$$0 = f(0) = f(x_0) + \frac{1}{2}f''(\xi)(0 - x_0)^2 = 2 + \frac{1}{2}f''(\xi)x_0^2,$$

$$0 = f(1) = f(x_0) + \frac{1}{2}f''(\eta)(1 - x_0)^2 = 2 + \frac{1}{2}f''(\eta)(1 - x_0)^2.$$

因此, $\min\limits_{0 \leq x \leq 1} f''(x) \leq \min\{f''(\xi), f''(\eta)\} = \min\left\{-\dfrac{4}{x_0^2}, -\dfrac{4}{(1-x_0)^2}\right\}$. 而

$x_0 \in \left[\dfrac{1}{2}, 1\right]$ 时, $\min\left\{-\dfrac{4}{x_0^2}, -\dfrac{4}{(1-x_0)^2}\right\} = -\dfrac{4}{(1-x_0)^2} \leq -16$;

$x \in \left[0, \dfrac{1}{2}\right]$ 时, $\min\left\{-\dfrac{4}{x_0^2}, -\dfrac{4}{(1-x_0)^2}\right\} = -\dfrac{4}{x_0^2} \leq -16$,

所以 $$\min\limits_{0 \leq x \leq 1} f''(x) \leq -16.$$

读者试证:若 $f(x)$ 在 $[0,1]$ 上有二阶导数, $f(0) = f(1) = 0$, $\min\limits_{0 \leq x \leq 1} f(x) = -1$,则 $\max\limits_{0 \leq x \leq 1} f''(x) \geq 8$.

[new]练习 已知 $f(x)$ 在 $[0,1]$ 二阶可导,且 $f(0) = 0$, $f(1) = 3$, $\min\limits_{x \in [0,1]} f(x) = -1$. 求证:存在一点 $c \in (0,1)$,满足 $f''(c) \geq 18$. （南开大学）

提示 用例 3.3.5 的方法.

再提示 必存在 $x_0 \in (0,1)$,使得 $f(x_0) = \min\limits_{x \in [0,1]} f(x) = -1$,且 x_0 是极值点,有 $f'(x_0) = 0$.

若 $x_0 \in \left(0, \dfrac{1}{3}\right)$,用 Taylor 公式:$\exists \xi \in (0, x_0)$,使得

$$0 = f(0) = f(x_0) + f'(x_0)(0 - x_0) + \frac{1}{2}f''(\xi)(0 - x_0)^2$$

$$= -1 + \frac{1}{2}f''(\xi)x_0^2 \leq -1 + \frac{1}{18}f''(\xi) \quad \left(\text{因 } x_0 < \frac{1}{3}\right),$$

即有 $c = \xi$,使得 $f''(c) \geq 18$.

类似地,若 $x_0 \in \left[\dfrac{1}{3},1\right)$,由 $f(1)=3$,可得 $f''(\eta) \xlongequal{\exists\,\eta\in(x_0,1)} \dfrac{8}{(1-x_0)^2} \geqslant 18$. 令 $c=\eta$,则 $f''(c)\geqslant 18$.

☆ **例 3.3.6**   若 $f(x)$ 在 $[a,b]$ 上有二阶导数,$f'(a)=f'(b)=0$,试证:$\exists \xi \in (a,b)$,使得

$$|f''(\xi)| \geqslant \frac{4}{(b-a)^2}|f(b)-f(a)|. \tag{1}$$

证 I   应用 Taylor 公式,将 $f\left(\dfrac{a+b}{2}\right)$ 分别在点 a,b 展开,注意 $f'(a)=f'(b)=0$,$\exists \zeta,\eta : a<\zeta<\dfrac{a+b}{2}<\eta<b$,使得

$$f\left(\frac{a+b}{2}\right)=f(a)+\frac{1}{2}f''(\zeta)\left(\frac{b-a}{2}\right)^2, \tag{2}$$

$$f\left(\frac{a+b}{2}\right)=f(b)+\frac{1}{2}f''(\eta)\left(\frac{b-a}{2}\right)^2. \tag{3}$$

$(3)-(2)$ 得 $f(b)-f(a)+\dfrac{1}{8}[f''(\eta)-f''(\zeta)](b-a)^2=0$. 故

$$\frac{4|f(b)-f(a)|}{(b-a)^2} \leqslant \frac{1}{2}(|f''(\zeta)|+|f''(\eta)|) \leqslant |f''(\xi)|,$$

其中
$$\xi=\begin{cases}\zeta, & |f''(\zeta)|\geqslant|f''(\eta)|,\\ \eta, & |f''(\zeta)|<|f''(\eta)|.\end{cases}$$

证 II   若 $f(a)=f(b)$,问题自明. 设 $f(a)<f(b)$($f(a)>f(b)$类似可证),记 $c=\dfrac{a+b}{2}$.

$1°$ 若 $f(c) \geqslant \dfrac{f(a)+f(b)}{2}$(此时 $2[f(c)-f(a)]\geqslant f(b)-f(a)$),由式(2)可知

$$|f(b)-f(a)|=f(b)-f(a)\leqslant 2[f(c)-f(a)]=f''(\zeta)\left(\frac{b-a}{2}\right)^2.$$

所以
$$|f''(\zeta)| \geqslant \frac{4}{(b-a)^2}|f(b)-f(a)|.$$

$2°$ 若 $f(c) < \dfrac{f(a)+f(b)}{2}$,类似可由式(3)推出

$$|f''(\eta)| \geqslant \frac{4}{(b-a)^2}|f(b)-f(a)|.$$

证 III   (采用辅助函数.)设 $f(a)<f(b)$,$c=\dfrac{a+b}{2}$.

$1°$ 若 $f(c) \geqslant \dfrac{f(a)+f(b)}{2}$,作辅助函数

$$F(x) = f(x) - \frac{k}{2}(x-a)^2 \left(k = 4\,\frac{f(b)-f(a)}{(b-a)^2} \right).$$

（只要证明 $\exists\,\xi\in(a,b)$ 使得 $F''(\xi)\geq 0$ 即可.）因 $F'(a)=0$,

$$F(c) = f(c) - \frac{k}{2}\,\frac{(b-a)^2}{4} \geq \frac{f(a)+f(b)}{2} - \frac{f(b)-f(a)}{2} = f(a) = F(a),$$

所以

$$0 \leq F(c) - F(a) = \frac{1}{2}F''(\xi)(c-a)^2 \quad (\xi\in(a,c)).$$

故 $F''(\xi)\geq 0.$ 即 $|f''(\xi)| \geq f''(\xi) \geq k = \frac{4}{(b-a)^2}|f(b)-f(a)|.$

$2°$ 若 $f(c) < \frac{f(a)+f(b)}{2}$,可作 $F(x)=f(x)+\frac{k}{2}(x-b)^2$,类似可证.

（本题还可写出一些别的证法,也可不用 Taylor 公式.）读者试用本例结果证明：若火车从起点到终点共走了 t s,行驶了 s m,则途中必有一个时刻,其加速度的绝对值不低于 $\frac{4s}{t^2}$ m/s^2.

四、关于界的估计

☆**例 3.3.7**　设 $f(x)$ 在 $[0,1]$ 上有二阶导数,$0\leq x\leq 1$ 时,$|f(x)|\leq 1$,$|f''(x)|<2$. 试证:当 $0\leq x\leq 1$ 时,$|f'(x)|\leq 3$.（南京航空航天大学）

证　$f(1) = f(x) + f'(x)(1-x) + \frac{1}{2}f''(\xi)(1-x)^2,$

$$f(0) = f(x) + f'(x)(-x) + \frac{1}{2}f''(\eta)(-x)^2,$$

所以　$f(1)-f(0) = f'(x) + \frac{1}{2}f''(\xi)(1-x)^2 - \frac{1}{2}f''(\eta)x^2,$

$$|f'(x)| \leq |f(1)| + |f(0)| + \frac{1}{2}|f''(\xi)|(1-x)^2 + \frac{1}{2}|f''(\eta)|x^2$$
$$\leq 2 + (1-x)^2 + x^2 \leq 2 + 1 = 3.$$

例 3.3.8　设 $f(x)$ 在 $[0,1]$ 上具有二阶连续导数,且满足 $f(1)=f(0)$ 及 $|f''(x)|\leq M$ $(x\in[0,1])$. 试证:对一切 $x\in[0,1]$,有 $|f'(x)|\leq\frac{M}{2}$.（上海师范大学）

提示　与上例类似展开.

***例 3.3.9**　设 $f(x)$ $(-\infty<x<+\infty)$ 为二次可微函数,
$$M_k = \sup_{-\infty<x<+\infty}|f^{(k)}(x)| < +\infty \quad (k=0,2),$$
试证:
$$M_1 = \sup_{-\infty<x<+\infty}|f'(x)| < +\infty \ \text{且}\ M_1^2 \leq 2M_0M_2,$$

$f^{(0)}(x)$ 表示 $f(x)$.（北京大学）

证 I $f(x+h) = f(x) + f'(x)h + \dfrac{1}{2}f''(\xi)h^2$ （ξ 在 x 与 $x+h$ 之间），

$$f(x-h) = f(x) - f'(x)h + \frac{1}{2}f''(\eta)h^2 \quad (\eta \text{ 在 } x-h \text{ 与 } x \text{ 之间}),$$

两式相减,

$$f(x+h) - f(x-h) = 2f'(x)h + \frac{h^2}{2}[f''(\xi) - f''(\eta)],$$

即 $2f'(x)h = f(x+h) - f(x-h) - \dfrac{h^2}{2}[f''(\xi) - f''(\eta)]$. 所以

$$2|f'(x)|h \leqslant |f(x+h)| + |f(x-h)| + \frac{1}{2}h^2(|f''(\xi)| + |f''(\eta)|)$$
$$\leqslant 2M_0 + h^2 M_2, \tag{1}$$

即 $M_2 h^2 - 2|f'(x)|h + 2M_0 \geqslant 0$,对一切 h 成立. 故判别式

$$|f'(x)|^2 - 2M_0 M_2 \leqslant 0,$$

即 $|f'(x)|^2 \leqslant 2M_0 M_2$ 对一切 x 成立. 所以,$M_1 = \sup\limits_{-\infty < x < +\infty} |f'(x)| < +\infty$,且 $M_1^2 \leqslant 2M_0 M_2$.

证 II 式(1)可改写成

$$|f'(x)| \leqslant \frac{M_0}{h} + \frac{hM_2}{2}, \quad \forall h > 0, \tag{2}$$

而 $\dfrac{M_0}{h} \cdot \dfrac{hM_2}{2} = \dfrac{1}{2}M_0 M_2$ 为常数. 所以式(2)右端作为 h 的函数,当 $\dfrac{M_0}{h} = \dfrac{hM_2}{2}$ 时取最小值. 令 $h = \sqrt{2M_0/M_2}$,代入得

$$|f'(x)| \leqslant \sqrt{2M_0 M_2}, \quad \forall x \in (-\infty, +\infty),$$

所以 $\qquad\qquad\qquad M_1^2 \leqslant 2M_0 M_2$.

例 3.3.10 设函数 $f(x)$ 在 $(-\infty, +\infty)$ 内有三阶导数,并且 $f(x)$ 和 $f'''(x)$ 在 $(-\infty, +\infty)$ 内有界. 证明:$f'(x)$ 和 $f''(x)$ 也在 $(-\infty, +\infty)$ 内有界.

证 $f(x+h) = f(x) + f'(x)h + \dfrac{1}{2}f''(x)h^2 + \dfrac{1}{3!}f'''(\xi)h^3$.

取 $h = \pm 1$ 得

$$f(x+1) = f(x) + f'(x) + \frac{1}{2}f''(x) + \frac{1}{6}f'''(\xi), \tag{1}$$

$$f(x-1) = f(x) - f'(x) + \frac{1}{2}f''(x) - \frac{1}{6}f'''(\eta). \tag{2}$$

(1) $-$ (2)得 $f(x+1) - f(x-1) = 2f'(x) + \dfrac{1}{6}[f'''(\xi) + f'''(\eta)]$. 所以

$$2|f'(x)| \leqslant 2M_0 + \frac{1}{3}M_3 (\forall x \in (-\infty, +\infty), M_k = \sup\limits_{-\infty < x < +\infty} |f^{(k)}(x)|, \ k = 0,3).$$

同理,(1)+(2)得

$$|f''(x)| \leqslant 4M_0 + \frac{1}{3}M_3 \ (\forall x \in (-\infty, +\infty)).$$

故 $f'(x), f''(x)$ 有界.

^{new} * **练习** 设 $f(x)$ 在 $(-1,1)$ 内有二阶导数,且 $f(0) = f'(0) = 0$,

$$|f''(x)|^2 \leqslant |f(x) \cdot f'(x)|.$$

试证:在 $(-1,1)$ 内 $f(x) \equiv 0.$(南开大学)

分析 因 $f(0) = f'(0) = 0$,利用 Taylor 公式,$\forall x \in (-1,1)$,存在 ξ 位于 0 和 x 之间,使得

$$f(x) = f(0) + f'(0)x + \frac{1}{2}f''(\xi)x^2 = \frac{1}{2}f''(\xi)x^2.$$

可见在 $(-1,1)$ 内,只要能证明:$f''(x) \equiv 0$,则有 $f(x) \equiv 0$.

证 取任一内闭区间:$[-a,a] \subset (-1,1)$. 记

$$M = \max_{-a \leqslant x \leqslant a} f(x), \ M_1 = \max_{-a \leqslant x \leqslant a} f'(x), \ M_2 = \sup_{-a \leqslant x \leqslant a} f''(x),$$

则

$$|f''(x)|^2 \leqslant |f(x) \cdot f'(x)| \leqslant MM_1 \ (\forall x \in [-a,a]).$$

再让左端取上确界,得

$$M_2 \leqslant \sqrt{MM_1}. \tag{1}$$

因

$$|f(x)| \xlongequal{f(0)=0} |f(x) - f(0)| \xlongequal{\text{Lagrange定理}} |f'(\xi)x| \leqslant aM_1, \ \forall x \in [-a,a], \xi \in (0,x),$$

在左端取最大,得

$$M \leqslant aM_1. \tag{2}$$

同理,由

$$|f'(x)| = |f'(x) - f'(0)| = |f''(\eta)x| \leqslant aM_2, \ \forall x \in [-a,a],$$

得

$$M_1 \leqslant aM_2. \tag{3}$$

联合 (1),(2),(3) 得

$$0 \leqslant M_2 \leqslant \sqrt{MM_1} \leqslant a^{\frac{3}{2}}M_2 \ (\text{其中 } 0 < a^{\frac{3}{2}} < 1).$$

可见 $M_2 = \sup\limits_{-a \leqslant x \leqslant a} f''(x) = 0$. 因此 $f''(x) \equiv 0$, $\forall x \in [-a,a]$.

因 $[-a,a] \subset (-1,1)$ 的任意性,在 $(-1,1)$ 上有 $f''(x) \equiv 0$.

重复前面分析里的推理,知:在 $(-1,1)$ 上 $f(x) \equiv 0$. 证毕.

五、求无穷远处的极限

Taylor 公式在求极限里有广泛应用,在第一章讲极限时已作了介绍,请见例 1.3.13. 这里只作适当补充.

☆ **例 3.3.11** 设函数 $\varphi(x)$ 在 $[0, +\infty)$ 上二次连续可微,如果 $\lim\limits_{x \to +\infty} \varphi(x)$ 存在,且 $\varphi''(x)$ 在 $[0, +\infty)$ 上有界. 试证:$\lim\limits_{x \to +\infty} \varphi'(x) = 0.$(吉林大学,北京理工大学)

证 I 要证明 $\lim\limits_{x \to +\infty} \varphi'(x) = 0$,即要证明:$\forall \varepsilon > 0$, $\exists \Delta > 0$,当 $x > \Delta$ 时 $|\varphi'(x)| < \varepsilon$. 利用 Taylor 公式,$\forall h > 0$,$\varphi(x+h) = \varphi(x) + \varphi'(x)h + \frac{1}{2}\varphi''(\xi)h^2$,即

$$\varphi'(x) = \frac{1}{h}[\varphi(x+h) - \varphi(x)] - \frac{1}{2}\varphi''(\xi)h. \tag{1}$$

记 $A = \lim\limits_{x \to +\infty} \varphi(x)$. 因 φ'' 有界,所以 $\exists M > 0$,使得 $|\varphi''(x)| \le M$ ($\forall x \ge a$). 故由(1)知

$$|\varphi'(x)| \le \frac{1}{h}(|\varphi(x+h) - A| + |A - \varphi(x)|) + \frac{1}{2}Mh. \tag{2}$$

$\forall \varepsilon > 0$,首先可取 $h > 0$ 充分小,使得 $\frac{1}{2}Mh < \frac{\varepsilon}{2}$. 然后将 h 固定,因 $\lim\limits_{x \to +\infty} \varphi(x) = A$,所以 $\exists \Delta > 0$,使得当 $x > \Delta$ 时,$|A - \varphi(x)| < \frac{1}{4}h\varepsilon$ 而 $h > 0$,故

$$\frac{1}{h}(|\varphi(x+h) - A| + |A - \varphi(x)|) < \frac{\varepsilon}{2}.$$

从而由式(2)即得 $\qquad |\varphi'(x)| < \frac{\varepsilon}{2} + \frac{\varepsilon}{2} = \varepsilon.$

[new]**证 II** 1° 因 φ'' 有界,$\exists M > 0$:$|\varphi''(x)| \le M$($\forall x \in \mathbf{R}$). 因此,$\forall \varepsilon > 0$,$\exists \delta = \frac{\varepsilon}{2(M+1)} > 0$,$\forall x_1 > x \ge 0$,当 $x_1 - x \le \delta$ 时,有

$$|\varphi'(x_1) - \varphi'(x)| \underset{\exists \xi \in (x, x_1)}{\overset{\text{Lagrange 定理}}{=\!=\!=\!=\!=}} |\varphi''(\xi)(x_1 - x)| \le \frac{M\varepsilon}{2(M+1)} < \frac{\varepsilon}{2}. \tag{3}$$

2° 已知 $\lim\limits_{x \to +\infty} \varphi(x)$ 存在,根据 Cauchy 准则,对上述 $\varepsilon > 0$,$\exists \Delta > 0$,使得 $\forall x_1 > x > \Delta$,有 $|\varphi(x_1) - \varphi(x)| < \frac{\varepsilon^2}{4(M+1)}$. 特别令 $x_1 = x + \frac{\varepsilon}{2(M+1)}$,有

$$\left| \varphi\left(x + \frac{\varepsilon}{2(M+1)}\right) - \varphi(x) \right| < \frac{\varepsilon^2}{4(M+1)}.$$

而 $\left| \varphi\left(x + \frac{\varepsilon}{2(M+1)}\right) - \varphi(x) \right| \overset{\text{Lagrange 定理}}{=\!=\!=\!=\!=} |\varphi'(\xi_n)| \frac{\varepsilon}{2(M+1)} \left(x < \xi_x < x + \frac{\varepsilon}{2(M+1)}\right)$,

因此 $\qquad |\varphi'(\xi_x)| < \frac{\varepsilon}{2} \left(x < \xi_x < x + \frac{\varepsilon}{2(M+1)}\right).$ $\tag{4}$

因 $|x - \xi_x| < \frac{\varepsilon}{2(M+1)} = \delta$,根据式(3)得

$$|\varphi'(x) - \varphi'(\xi_x)| < \frac{\varepsilon}{2}. \tag{5}$$

至此,利用式(4)和(5),则

$$|\varphi'(x)| \le |\varphi'(x) - \varphi'(\xi_x)| + |\varphi'(\xi_x)| = \frac{\varepsilon}{2} + \frac{\varepsilon}{2} = \varepsilon.$$

$\lim\limits_{x \to +\infty} \varphi'(x) = 0$ 获证.

注 1)此问题在博士数学论坛(现为"博士数学家园")上曾经进行过深入讨论,此证 II 采用了张祖锦提出的证法,并稍微做了点改进.

2)学过反常积分的读者,可直接证明如下命题(未学者请暂缓).

[new] *** 练习** 若 $g(x)$ 在 $[0, +\infty)$ 上一致连续,且反常积分 $\int_0^{+\infty} g(t)\mathrm{d}t$ 收敛,则 $\lim\limits_{x \to +\infty} g(x) = 0$.

（南开大学）

证 1° 令 $f(x) = \int_0^x g(t)\mathrm{d}t$，按题设，$f'(x) = g(x)$ 在 $[0, +\infty)$ 上一致连续：$\forall \varepsilon > 0, \exists \delta: 0 < \delta < \varepsilon, \forall x_1 > x \geqslant 0$，当 $x_1 - x \leqslant \delta$ 时，有

$$|f'(x) - f'(x_1)| = |g(x) - g(x_1)| < \frac{\varepsilon}{2}. \tag{1}$$

2° $\lim\limits_{x \to +\infty} f(x) = \lim\limits_{x \to +\infty} \int_0^x g(t)\mathrm{d}t$ 存在，根据 Cauchy 准则，对上述 $\varepsilon > 0$ 和 $\delta(0 < \delta < \varepsilon)$，$\exists \Delta > 0$，$\forall x_1 > x > \Delta$，有 $|f(x_1) - f(x)| < \frac{\delta^2}{4}$. 特别地，令 $x_1 = x + \frac{\delta}{2}$，有

$$\left| f'(\xi_x)\frac{\delta}{2} \right| \xrightarrow{\text{Lagrange定理}} \left| f(x) - f\left(x + \frac{\delta}{2}\right) \right| < \frac{\delta^2}{4} \left(x < \xi_x < x + \frac{\delta}{2}\right).$$

因此

$$|f'(\xi_x)| < \frac{\delta}{2} < \frac{\varepsilon}{2} \left(x < \xi_x < x + \frac{\delta}{2}\right). \tag{2}$$

由 $|x - \xi_x| < \frac{\delta}{2}$ 和式(1)，得

$$|f'(x) - f'(\xi_x)| < \frac{\varepsilon}{2}. \tag{3}$$

利用式(2)和(3)，得

$$|f'(x)| \leqslant |f'(x) - f'(\xi_x)| + |f'(\xi_x)| = \frac{\varepsilon}{2} + \frac{\varepsilon}{2} = \varepsilon.$$

$\lim\limits_{x \to +\infty} g(x) = \lim\limits_{x \to +\infty} f'(x) = 0$ 获证.

*例 3.3.12 设 $f(x)$ 至少有 k 阶导数，且对某个实数 α 有

$$\lim_{x \to +\infty} x^\alpha f(x) = 0, \quad \lim_{x \to +\infty} x^\alpha f^{(k)}(x) = 0, \tag{1}$$

试证：$\lim\limits_{x \to +\infty} x^\alpha f^{(i)}(x) = 0, i = 0,1,2,\cdots,k, f^{(0)}(x)$ 表示 $f(x)$.

证 根据已知条件(1)，要证明 $\lim\limits_{x \to +\infty} x^\alpha f^{(i)}(x) = 0$，只要把 $f^{(i)}(x)$ 写成 $f(x)$ 与 $f^{(k)}(x)$ 的线性组合即可. 应用 Taylor 公式，

$$f(x+m) = f(x) + mf'(x) + \frac{m^2}{2!}f''(x) + \cdots + \frac{m^{k-1}}{(k-1)!}f^{(k-1)}(x) + \frac{m^k}{k!}f^{(k)}(\xi_m), \tag{2}$$

其中 $x < \xi_m < x + m, m = 1,2,\cdots,k$. 这是关于 $f'(x), f''(x), \cdots, f^{(k-1)}(x)$ 的线性方程组，其系数行列式为

$$\begin{vmatrix} 1 & 1 & \frac{1}{2!} & \cdots & \frac{1}{(k-1)!} \\ 1 & 2 & \frac{2^2}{2!} & \cdots & \frac{2^{k-1}}{(k-1)!} \\ \vdots & \vdots & \vdots & & \vdots \\ 1 & k & \frac{k^2}{2!} & \cdots & \frac{k^{k-1}}{(k-1)!} \end{vmatrix}$$

$$= \frac{1}{1! \ 2! \ \cdots (k-1)!} \cdot \begin{vmatrix} 1 & 1 & 1 & \cdots & 1 \\ 1 & 2 & 2^2 & \cdots & 2^{k-1} \\ 1 & 3 & 3^2 & \cdots & 3^{k-1} \\ \vdots & \vdots & \vdots & & \vdots \\ 1 & k & k^2 & \cdots & k^{k-1} \end{vmatrix} = 1.$$

（其中后一行列式是著名的 Vandermonde 行列式，它的值为 $1! 2! \cdots (k-1)!$.）故从方程组(2)，可把 $f'(x)$，$f''(x)$，$\cdots$，$f^{(k-1)}(x)$ 写成 $f(x+m)$（$m=1,2,\cdots,k$）与 $f^{(k)}(\xi_m)$（$m=1,2,\cdots,k$）的线性组合. 至此，我们只要证明 $\lim\limits_{x\to+\infty} x^\alpha f(x+m) = \lim\limits_{x\to+\infty} x^\alpha f^{(k)}(\xi_m) = 0$（$m=1,2,\cdots,k$）即可. 事实上，设 $x \leqslant t \leqslant x+k$，则

$$\lim_{x\to+\infty} x^\alpha f^{(i)}(t) = \lim_{x\to+\infty} \left(\frac{x}{t}\right)^\alpha t^\alpha f^{(i)}(t) = \lim_{x\to+\infty} \left(\frac{x}{t}\right)^\alpha \cdot \lim_{t\to+\infty} t^\alpha f^{(i)}(t)$$
$$= 1 \cdot 0 = 0 \ (i=0,k).$$

在此式中令 $t=x+m$，$i=0$ 和 $t=\xi_m$，$i=k$，则得

$$\lim_{x\to+\infty} x^\alpha f(x+m) = \lim_{x\to+\infty} x^\alpha f^{(k)}(\xi_m) = 0 \ (m=1,2,\cdots,k).$$

证毕.

六、中值点的极限

＊例 3.3.13 设

1）$f(x)$ 在 $(x_0-\delta, x_0+\delta)$ 内是 n 阶连续可微函数，此处 $\delta > 0$；

2）当 $k=2,3,\cdots,(n-1)$ 时，有 $f^{(k)}(x_0) = 0$，但是 $f^{(n)}(x_0) \neq 0$；

3）当 $0 \neq |h| < \delta$ 时，有

$$\frac{f(x_0+h) - f(x_0)}{h} = f'(x_0 + h \cdot \theta(h)) \ (0 < \theta(h) < 1). \tag{1}$$

证明：$\lim\limits_{h\to0} \theta(h) = \sqrt[n-1]{\dfrac{1}{n}}$. （西安电子科技大学）

证 我们要设法从式(1)中解出 $\theta(h)$. 为此，我们将式(1)左端的 $f(x_0+h)$ 及右端的 $f'(x_0 + h \cdot \theta(h))$ 在 x_0 处展开. 注意条件2），知 $\exists \theta_1, \theta_2 \in (0,1)$ 使得

$$f(x_0+h) = f(x_0) + hf'(x_0) + \frac{h^n}{n!} f^{(n)}(x_0 + \theta_1 h),$$

$$f'(x_0 + h\theta(h)) = f'(x_0) + \frac{h^{n-1} \cdot (\theta(h))^{n-1}}{(n-1)!} f^{(n)}(x_0 + \theta_2 h\theta(h)).$$

于是，式(1)变成

$$f'(x_0) + \frac{h^{n-1}}{n!} f^{(n)}(x_0 + \theta_1 h) = f'(x_0) + \frac{h^{n-1} \cdot (\theta(h))^{n-1}}{(n-1)!} f^{(n)}(x_0 + \theta_2 h \cdot \theta(h)),$$

从而

$$\theta(h) = \sqrt[n-1]{\frac{f^{(n)}(x_0 + \theta_1 h)}{n \cdot f^{(n)}(x_0 + \theta_2 h\theta(h))}}.$$

因 $\theta_1, \theta_2, \theta(h) \in (0, 1)$, 利用 $f^{(n)}(x)$ 的连续性, 由此可得 $\lim\limits_{h \to 0} \theta(h) = \sqrt[n-1]{\dfrac{1}{n}}$.

例 3.3.14 设

$$f(x + h) = f(x) + hf'(x) + \cdots + \frac{h^n}{n!}f^{(n)}(x + \theta \cdot h) \ (0 < \theta < 1),$$

且 $f^{(n+1)}(x) \neq 0$, 证明 $\lim\limits_{h \to 0} \theta = \dfrac{1}{n+1}$.

提示 $f(x + h) = f(x) + hf'(x) + \cdots + \dfrac{h^n}{n!}f^{(n)}(x) + \dfrac{h^{n+1}}{(n+1)!}f^{(n+1)}(x) +$

$o(h^{n+1})$. 从而有 $\theta h \dfrac{f^{(n)}(x + \theta h) - f^{(n)}(x)}{\theta h} = \dfrac{h}{n+1}f^{(n+1)}(x) + o(h)$.

七、函数方程中的应用

例 3.3.15 设 $f(x)$ 在 $(-\infty, +\infty)$ 内有连续三阶导数, 且满足方程:
$$f(x + h) = f(x) + hf'(x + \theta h), 0 < \theta < 1 (\theta 与 h 无关). \tag{1}$$
试证: $f(x)$ 是一次或二次函数.

证 问题在于证明: $f''(x) \equiv 0$ 或 $f'''(x) \equiv 0$. 为此将式 (1) 对 h 求导, 注意 θ 与 h 无关, 有

$$f'(x + h) = f'(x + \theta h) + \theta h f''(x + \theta h). \tag{2}$$

从而 $\dfrac{f'(x + h) - f'(x) + f'(x) - f'(x + \theta h)}{h} = \theta f''(x + \theta h)$. 令 $h \to 0$ 取极限, 得

$$f''(x) - \theta f''(x) = \theta f''(x), \ f''(x) = 2\theta f''(x).$$

若 $\theta \neq \dfrac{1}{2}$, 由此知 $f''(x) \equiv 0$, $f(x)$ 为一次函数; 若 $\theta = \dfrac{1}{2}$, 式 (2) 给出

$$f'(x + h) = f'\left(x + \frac{1}{2}h\right) + \frac{1}{2}hf''\left(x + \frac{1}{2}h\right).$$

此式两端同时对 h 求导, 减去 $f''(x)$, 除以 h, 然后令 $h \to 0$, 取极限即得 $f'''(x) \equiv 0$, $f(x)$ 为二次函数.

在一定条件下证明某函数 $f(x) \equiv 0$ 的问题, 我们称之为归零问题. 因此上例实际上是 f'', f''' 的归零问题. 例 3.2.18 也是归零问题, 下面让我们再看一例.

例 3.3.16 已知函数 $f(x)$ 在区间 $(-1, 1)$ 内有二阶导数, 且 $f(0) = f'(0) = 0$,
$$|f''(x)| \leq |f(x)| + |f'(x)|. \tag{1}$$
试证: $\exists \delta > 0$, 使得 $(-\delta, \delta)$ 内 $f(x) \equiv 0$. (武汉大学赛题)

证 为了证明 $f(x)$ 在 $x = 0$ 的邻域内恒为零. 我们将式 (1) 右端的 $f(x)$, $f'(x)$ 在 $x = 0$ 处按 Taylor 公式展开. 注意到 $f(0) = f'(0) = 0$, 有

$$f(x) = f(0) + f'(0)x + \frac{f''(\xi)}{2}x^2 = \frac{1}{2}f''(\xi)x^2,$$

$$f'(x) = f'(0) + f''(\eta)x = f''(\eta)x.$$

从而
$$|f(x)| + |f'(x)| = \left| \frac{1}{2}f''(\xi)x^2 \right| + |f''(\eta)x|. \tag{2}$$

今限制 $x \in \left[-\frac{1}{4}, \frac{1}{4} \right]$，则 $|f(x)| + |f'(x)|$ 在 $\left[-\frac{1}{4}, \frac{1}{4} \right]$ 上连续有界，$\exists x_0 \in \left[-\frac{1}{4}, \frac{1}{4} \right]$，使得

$$|f(x_0)| + |f'(x_0)| = \max_{-\frac{1}{4} \leqslant x \leqslant \frac{1}{4}} \{ |f(x)| + |f'(x)| \} \equiv M.$$

我们只要证明 $M = 0$ 即可. 事实上，

$$M = |f(x_0)| + |f'(x_0)| \xlongequal{\text{式}(2)} \left| \frac{1}{2}f''(\xi_0)x_0^2 \right| + |f''(\eta_0)x_0|$$

$$\leqslant \frac{1}{4}(|f''(\xi_0)| + |f''(\eta_0)|)$$

$$\leqslant \frac{1}{4}(|f'(\xi_0)| + |f(\xi_0)| + |f'(\eta_0)| + |f(\eta_0)|)$$

$$\leqslant \frac{1}{4} \cdot 2M = \frac{1}{2}M,$$

即 $0 \leqslant M \leqslant \frac{1}{2}M$. 所以 $M = 0$，在 $\left[-\frac{1}{4}, \frac{1}{4} \right]$ 上 $f(x) \equiv 0$，证毕.

八、Taylor 展开的唯一性问题

☆ **例 3.3.17** 设 $f(x)$ 有连续的 n 阶导数，$f(x)$ 在 $x = x_0$ 处有展开式：
$$f(x) = a_0 + a_1(x - x_0) + a_2(x - x_0)^2 + \cdots + a_n(x - x_0)^n + R_n(x), \tag{1}$$
且余项 $R_n(x)$ 满足
$$\lim_{x \to x_0} \frac{R_n(x)}{(x - x_0)^n} = 0, \tag{2}$$
则必有
$$a_k = \frac{f^{(k)}(x_0)}{k!} \quad (k = 0, 1, 2, \cdots, n), \tag{3}$$
其中 $f^{(0)}(x) \equiv f(x)$.

证 根据 Taylor 公式，$f(x)$ 在 $x = x_0$ 处可展开成
$$f(x) = \sum_{i=0}^{n} \frac{f^{(i)}(x_0)}{i!}(x - x_0)^i + o((x - x_0)^n). \tag{4}$$
式(1)与式(4)联立可得
$$\sum_{i=0}^{n} a_i(x - x_0)^i + R_n(x) = \sum_{i=0}^{n} \frac{f^{(i)}(x_0)}{i!}(x - x_0)^i + o((x - x_0)^n).$$
此式令 $x \to x_0$，取极限得 $a_0 = f(x_0)$. 两边消去首项，再同时除以 $(x - x_0)$，然后令

$x \to x_0$, 取极限又得 $a_1 = f'(x_0)$. 继续这样下去, 顺次可得式(3).

注   1° 该例具有重要理论意义. 它表明: 不论用何种途径、何种方式得到的形如式(1)的展开式, 只要余项满足条件(2), 则此展开式的系数必是唯一确定的, 它们是式(3)给出的 Taylor 系数.

2° $x_0 = 0$ 时结论自然也成立. 由此可知, 对于任何多项式 $P(x) = a_0 + a_1 x + \cdots + a_n x^n$ 而言, 必有 $a_k = \dfrac{P^{(k)}(0)}{k!}$ $(k = 0, 1, 2, \cdots, n)$, $P^{(0)}(x) \equiv P(x)$.

☆ **例 3. 3. 18**   设 $P(x)$ 是 n 次多项式, 试证:

$$\sum_{k=0}^{n} \frac{P^{(k)}(0)}{(k+1)!} x^{k+1} = \sum_{k=0}^{n} (-1)^k \frac{P^{(k)}(x)}{(k+1)!} x^{k+1}, \tag{1}$$

$P^{(0)}(x) \equiv P(x)$. (中山大学)

证 I $P(x) = a_0 + a_1 x + \cdots + a_n x^n$, 则

$$a_k = \frac{P^{(k)}(0)}{k!} \quad (k = 0, 1, 2, \cdots, n).$$

令 $f(x) = a_0 x + a_1 \dfrac{x^2}{2} + \cdots + a_n \dfrac{x^{n+1}}{n+1}$, 则

$$f^{(k+1)}(x) = P^{(k)}(x) \quad (k = 0, 1, 2, \cdots, n),$$

$$f(x) = \sum_{k=0}^{n} a_k \frac{x^{k+1}}{k+1} = \sum_{k=0}^{n} \frac{P^{(k)}(0)}{(k+1)!} x^{k+1}. \tag{2}$$

$\forall x_0$, 将 f 在 x_0 处展开, 有

$$f(x) = f(x_0) + \sum_{i=1}^{n+1} \frac{f^{(i)}(x_0)}{i!} (x - x_0)^i.$$

令 $x = 0$, 得

$$0 = f(0) = f(x_0) + \sum_{i=0}^{n+1} \frac{(-1)^i f^{(i)}(x_0)}{i!} x_0^i.$$

注意 x_0 的任意性, 不妨把 x_0 改记为 x, 移项则得

$$f(x) = - \sum_{i=1}^{n+1} \frac{(-1)^i f^{(i)}(x)}{i!} x^i \xrightarrow{\text{令 } k = i - 1} \sum_{k=0}^{n} \frac{(-1)^k f^{(k+1)}(x)}{(k+1)!} x^{k+1}$$

$$\xrightarrow{\text{因 } f^{(k+1)} = P^{(k)}} \sum_{k=0}^{n} \frac{(-1)^k P^{(k)}(x)}{(k+1)!} x^{k+1}.$$

与(2)比较, 即得(1).

证 II   (1) 式两端均为 $n+1$ 次多项式, 只需证明 $(k+1)$ 次幂的系数相等即可 $(k = 0, 1, 2, \cdots, n)$.

左端 $k+1$ 次幂的系数为 $\dfrac{1}{k+1} a_k$. 右端 $k+1$ 次幂的系数为

$$a_k \left[1 - \frac{k}{2!} + \frac{k(k-1)}{3!} - \cdots + (-1)^k \frac{k!}{(k+1)!} \right]$$

$$= \frac{a_k}{k+1} \left[1 - (1 - C_{k+1}^1 + C_{k+1}^2 - \cdots + (-1)^{k+1} C_{k+1}^{k+1}) \right]$$

$$= \frac{a_k}{k+1} [1 - (1 - 1)^{k+1}] = \frac{a_k}{k+1},$$

故 左端 = 右端. 证毕.

九、符号"O"与"o"的含义和应用

要点 1) 符号"$f(x) = O(1)$"表示在所讨论过程中,"$f(x)$是有界量",即

$$\exists M > 0, 使得 |f(x)| \leq M (在此过程中保持成立);$$

符号"$o(1)$"代表在所讨论过程里,它是"无穷小量". 例如:$\alpha = o(1)$,意指:(在所讨论过程里)α 是无穷小量.

2) $f(x) = O(g(x))$ 代表 $\dfrac{f(x)}{g(x)} = O(1)$, $f(x) = o(g(x))$ 代表 $\dfrac{f(x)}{g(x)} = o(1)$.

^{new} ☆ **例 3.3.19** 设函数 f 在 $(0, +\infty)$ 上可微,且 $f'(x) = O(x)$(当 $x \to +\infty$ 时),试证:$f(x) = O(x^2)$(当 $x \to +\infty$ 时). (中国科学技术大学)

证 已知 $\dfrac{f'(x)}{x} = O(1)$ $(x \to +\infty)$,取 $x_0 > 0$,则 $\forall x > x_0$,有

$$f(x) = f(x_0) + f'(\xi)(x - x_0)(x_0 < \xi < x), \left| \frac{\xi}{x} \right| \leq 1, \left| \frac{x - x_0}{x} \right| \leq 1.$$

故

$$\frac{f(x)}{x^2} = \frac{f(x_0)}{x^2} + \left(\frac{f'(\xi)}{\xi} \right) \left(\frac{\xi}{x} \right) \left(\frac{x - x_0}{x} \right) = o(1) + O(1) = O(1),$$

即

$$f(x) = O(x^2) (当 x \to +\infty 时).$$

^{new} ☆ **例 3.3.20** 设 $x_n = f\left(\dfrac{1}{n^2} \right) + f\left(\dfrac{2}{n^2} \right) + \cdots + f\left(\dfrac{n}{n^2} \right)$,其中 $f(x)$ 在 $x = 0$ 处有连续导数,且 $f(0) = 0$, $f'(0) = 1$. 试证:$\lim\limits_{n \to \infty} x_n$ 存在,并求极限值. (武汉大学)

注 $f(x)$ 在 $x = 0$ 处有连续导数,意指:$f(x)$ 在 $x = 0$ 处及其附近有导数,并且导函数 $f'(x)$ 至少在 $x = 0$ 处连续.

证 I 因 $f(0) = 0$, $f'(0) = 1$,应用 Taylor 公式,得

$$x_n = \sum_{i=1}^{n} f\left(\frac{i}{n^2} \right) = \sum_{i=1}^{n} \left[f(0) + f'(0) \frac{i}{n^2} + o\left(\frac{i}{n^2} \right) \right] = \sum_{i=1}^{n} \left[\frac{i}{n^2} + o\left(\frac{i}{n^2} \right) \right]$$

$$= \sum_{i=1}^{n} \frac{i}{n^2} + \sum_{i=1}^{n} o\left(\frac{i}{n^2} \right)$$

$$\xrightarrow{\text{见注}} \frac{n(n+1)}{2n^2} + \frac{n(n+1)}{2n^2} o(1) \xrightarrow{n \to \infty} \frac{1}{2}.$$

注 当 $n \to \infty$ 时,$o(1)$ 代表一个无穷小量,且 $o\left(\dfrac{i}{n^2} \right) = \dfrac{i}{n^2} o(1)$. 因此

$$\sum_{i=1}^{n} o\left(\frac{i}{n^2} \right) = \sum_{i=1}^{n} \frac{i}{n^2} o(1) = \frac{1}{n^2} \sum_{i=1}^{n} i \cdot o(1)$$

$$= \frac{1}{n^2} [o(1) + 2o(1) + 3o(1) + \cdots + no(1)]$$

$$= \frac{1}{n^2} \frac{n(n+1)}{2} o(1) \rightarrow 0 (n \rightarrow \infty).$$

证 II $x_n \xrightarrow{f(0)=0} = \sum_{i=1}^{n} \left[f\left(\frac{i}{n^2}\right) - f(0) \right]$

$$\xrightarrow{\text{Lagrange 中值定理}} \sum_{i=1}^{n} \frac{i}{n^2} (f'(\xi_i)) \left(0 < \xi_i < \frac{i}{n^2} \right)$$

$$= \sum_{i=1}^{n} \frac{i}{n^2} (f'(\xi_i) - f'(0)) + \sum_{i=1}^{n} \frac{i}{n^2} f'(0) \xrightarrow[n \rightarrow \infty]{} 0 + \frac{1}{2} = \frac{1}{2}.$$

(因为 $f'(x)$ 在原点连续, $\forall \varepsilon > 0$, 当 n 充分大时, 对 $|x| < \frac{1}{n}$, 有 $|f'(x) - f'(0)| <$

ε. 而 $0 < \xi_i < \frac{i}{n^2} < \frac{1}{n}$, 故有 $|f'(\xi_i) - f'(0)| < \varepsilon$. 于是

$$0 \leqslant \left| \sum_{i=1}^{n} \frac{i}{n^2} (f'(\xi_i) - f'(0)) \right| \leqslant \sum_{i=1}^{n} \frac{i}{n^2} |f'(\xi_i) - f'(0)|$$

$$\xrightarrow{n 充分大时} \sum_{i=1}^{n} \frac{i}{n^2} \varepsilon = \frac{n(n+1)}{2n^2} \varepsilon < \varepsilon.$$

因此 $\lim\limits_{n \rightarrow \infty} \sum_{i=1}^{n} \frac{i}{n^2} (f'(\xi_i) - f'(0)) = 0.$)

✎ **单元练习 3.3**

Taylor 公式及其应用

3.3.1 求 e^{2x-x^2} 包含 x^5 项的 Taylor 展开式. (北京大学)

$$\left\langle\!\left\langle e^{2x-x^2} = 1 + 2x + x^2 - \frac{2}{3} x^3 - \frac{5}{6} x^4 - \frac{1}{15} x^5 + o(x^5) \right\rangle\!\right\rangle$$

提示 $e^x = \sum\limits_{k=0}^{5} \frac{1}{k!} x^k + o(x^5)$ 中以 $2x - x^2$ 代入 x, 展开 $(2x - x^2)^k (k=1,2,\cdots,5)$, 合并同类项.

☆**3.3.2** 设 $f(x)$ 在无穷区间 $(x_0, +\infty)$ 内可微分两次, $\lim\limits_{x \rightarrow +\infty} f(x) = \lim\limits_{x \rightarrow x_0^+} f(x)$ 存在且有限, 试证: 在区间 $(x_0, +\infty)$ 内至少有一点 ξ, 满足 $f''(\xi) = 0$. (山东大学)

提示 若 $f''(x)$ 在 $(x_0, +\infty)$ 内变号, 由导数的介值性 (Darboux 定理, 例 3.2.24), 知 $\exists \xi$ 使得 $f''(\xi) = 0$. 若 $f''(x)$ 不变号 (恒大于 0, 或恒小于 0), 必导致矛盾.

再提示 $f(+\infty) = f(x_0 + 0)$, 根据例 3.2.1, 可知 $\exists \eta \in (0, +\infty)$ 使得 $f'(\eta) = 0$. 若 $f''(x)$ 恒大于 0, 则 f' 严 ↗. 当 $x_1 > \eta$ 时, 有 $f'(x_1) > f'(\eta) = 0$. 从而

$$f(x) = f(x_1) + f'(x_1)(x - x_1) + \frac{f''(\zeta)}{2} (x - x_1)^2 > f(x_1) + f'(x_1)(x - x_1) \rightarrow +\infty \quad (x \rightarrow +\infty).$$

与 $\lim\limits_{x \rightarrow +\infty} f(x)$ 存在且有限相矛盾. 同理, $f''(x)$ 恒小于 0 也不可能.

3.3.3 设 $f(x)$ 在 $[0, +\infty)$ 上具有连续二阶导数, 又设 $f(0) > 0$, $f'(0) < 0$, $f''(x) < 0$ ($x \in [0, +\infty)$). 试证: 在区间 $\left(0, -\frac{f(0)}{f'(0)} \right)$ 内至少有一个点 ξ, 使 $f(\xi) = 0$. (厦门大学)

提示 利用 Taylor 公式, $\forall x > 0$, $\exists \xi \in (0, x)$, 使 $f(x) = f(0) + f'(0)x + \dfrac{f''(\xi)}{2!}x^2$. 由此可知 f 在区间 $\left[0, -\dfrac{f(0)}{f'(0)}\right]$ 两端点异号.

3.3.4 设 $f(x)$ 在 x_0 的邻域里存在四阶导数, 且 $\left| f^{(4)}(x) \right| \leqslant M$, 试证: 对于此邻域内异于 x_0 的任何 x, 均有

$$\left| f''(x_0) - \frac{f(x) - 2f(x_0) + f(x')}{(x - x_0)^2} \right| \leqslant \frac{M}{12}(x - x_0)^2,$$

其中 x' 与 x 关于 x_0 对称.

提示 利用 Taylor 公式, 将 $f(x)$ 与 $f(x')$ 在 x_0 处展开到三次项, 余项利用 Lagrange 形式, 然后代入待证不等式左端. 注意: 由于 x' 与 x 关于 x_0 对称, 含 $(x - x_0)$ 的项及 $(x' - x_0)$ 的项相互抵消, 同理三次项也被抵消.

3.3.5 设 (1) $f(x)$, $f'(x)$ 在 $[a, b]$ 上连续; (2) $f''(x)$ 在 (a, b) 内存在; (3) $f(a) = f(b) = 0$; (4) 在 (a, b) 内存在点 c, 使 $f(c) > 0$. 求证: 在 (a, b) 内存在 ξ, 使 $f''(\xi) < 0$. (四川大学)

提示 由条件(3)、(4)知最大值必在 (a, b) 内, 设为 x_0, 则 $f'(x_0) = 0$ (Fermat 定理), $f(x_0) > 0$.

再提示 由 $f(b) = f(x_0) + \dfrac{f''(\xi)}{2}(b - x_0)^2$, $\xi \in (x_0, b)$, 即得 $f''(\xi) < 0$.

☆3.3.6 设 $f(x)$ 在 $[0, 1]$ 上二阶可导, $f(0) = f(1) = 0$, $\min\limits_{0 \leqslant x \leqslant 1} f(x) = -1$, 求证: $\max\limits_{0 \leqslant x \leqslant 1} f''(x) \geqslant 8$. (华中师范大学, 湖南大学, 北京师范大学)

提示 参考例 3.3.5.

3.3.7 设函数 $f(x)$ 在区间 $[0, 1]$ 上有二阶导数, 且当 $0 \leqslant x \leqslant 1$ 时, 恒有 $\left| f(x) \right| \leqslant a$, $\left| f''(x) \right| \leqslant b$. 证明: 当 $0 < x < 1$ 时, $\left| f'(x) \right| \leqslant 2a + \dfrac{b}{2}$. (数学一)

提示 参考例 3.3.7.

☆3.3.8 设 $f(x)$ 在 $[0, 1]$ 上二次可微, $\left| f''(x) \right| \leqslant M$ $(0 \leqslant x \leqslant 1)$, $M > 0$, $f(0) = f(1) = f\left(\dfrac{1}{2}\right) = 0$. 证明: $\left| f'(x) \right| < \dfrac{M}{2}$ $(0 \leqslant x \leqslant 1)$. (华中科技大学)

注 与例 3.3.8 比较, 由于增加了 $f\left(\dfrac{1}{2}\right) = 0$ 的条件, 结论里的 $\left| f'(x) \right| \leqslant \dfrac{M}{2}$, 改进为 $\left| f'(x) \right| < \dfrac{M}{2}$.

提示 可分别在 $\left[0, \dfrac{1}{2}\right]$, $\left[\dfrac{1}{2}, 1\right]$ 上应用例 3.3.7 的证法.

再提示 设 $x \in \left[0, \dfrac{1}{2}\right]$, 则

$$0 = f(0) = f(x) + f'(x)(0 - x) + \frac{f''(\xi)}{2}(0 - x)^2, \tag{1}$$

$$0 = f\left(\frac{1}{2}\right) = f(x) + f'(x)\left(\frac{1}{2} - x\right) + \frac{f''(\eta)}{2}\left(\frac{1}{2} - x\right)^2. \tag{2}$$

(2) − (1) 得

$$\left| f'(x) \right| = \left| f''(\eta)\left(\frac{1}{2} - x\right)^2 - f''(\xi)x^2 \right| \leqslant M\left[\left(\frac{1}{2} - x\right)^2 + x^2\right]$$

$$\leqslant M\left[\left(\frac{1}{2}-x\right)+x\right]^2 = \frac{M}{4} < \frac{M}{2}.$$

类似可证 $x\in\left[\frac{1}{2},1\right]$ 的情况.

*3.3.9 设函数 $f(x),g(x),p(x)$ 有连续二阶导数,试求

$$\lim_{h\to 0}\frac{1}{h^3}\begin{vmatrix} f(x) & g(x) & p(x) \\ f(x+h) & g(x+h) & p(x+h) \\ f(x+2h) & g(x+2h) & p(x+2h) \end{vmatrix}.$$

(华中师范大学)

提示 $f(x+h) = f(x)+f'(x)h+\dfrac{f''(\xi_1)}{2}h^2 \overset{记}{=\!=\!=} f_0+f_1h+f_2h^2,$

$$f(x+2h) = f(x)+f'(x)2h+\frac{f''(\xi_2)}{2}4h^2 \overset{记}{=\!=\!=} f_0+f_12h+f_3h^2.$$

对 g,p 有类似展开,代入原行列式,化简,提取公因子,利用乘法分配律进行分解. 将极限符号引入行列式内.

再提示 将原式里的行列式记为 H,则

$$H = \begin{vmatrix} f_0 & g_0 & p_0 \\ f_0+f_1h+f_2h^2 & g_0+g_1h+g_2h^2 & p_0+p_1h+p_2h^2 \\ f_0+f_12h+f_3h^2 & g_0+g_12h+g_3h^2 & p_0+p_12h+p_3h^2 \end{vmatrix},$$

在第二行里分别减去第一行的对应元素,第三行也如此,然后提取公因数. 得

$$H = h^2\begin{vmatrix} f_0 & g_0 & p_0 \\ f_1+f_2h & g_1+g_2h & p_1+p_2h \\ 2f_1+f_3h & 2g_1+g_3h & 2p_1+p_3h \end{vmatrix} \quad (\text{分解})$$

$$= 2h^3\begin{vmatrix} f_0 & g_0 & p_0 \\ f_2 & g_2 & p_2 \\ f_1 & g_1 & p_1 \end{vmatrix} + h^3\begin{vmatrix} f_0 & g_0 & p_0 \\ f_1 & g_1 & p_1 \\ f_3 & g_3 & p_3 \end{vmatrix} + h^4\begin{vmatrix} f_0 & g_0 & p_0 \\ f_2 & g_2 & p_2 \\ f_3 & g_3 & p_3 \end{vmatrix}$$

(为零的一项未写出). 注意这里

$$f_2 = \frac{1}{2}f''(\xi_1) \to \frac{1}{2}f''(x) \;(\text{当}\,h\to 0\,\text{时})(\xi_1\,\text{介于}\,x\,\text{与}\,x+h\,\text{之间}),$$

$$f_3 = \frac{4}{2}f''(\xi_2) \to 2f''(x) \;(\text{当}\,h\to 0\,\text{时})(\xi_2\,\text{在}\,x\,\text{与}\,x+2h\,\text{之间}).$$

同理, $g_2\to\dfrac{1}{2}g''(x),g_3\to 2g''(x),p_2\to\dfrac{1}{2}p''(x),p_3\to 2p''(x)\,(h\to 0)\,(g_i,p_i\,\text{的中间点应记作}\,\zeta_i,$ $\eta_i(i=1,2),$ 以区别于 $\xi_i(i=1,2))$.

最后可知 原式 $= \lim\limits_{h\to 0}\dfrac{1}{h^3}H = \begin{vmatrix} f(x) & g(x) & p(x) \\ f'(x) & g'(x) & p'(x) \\ f''(x) & g''(x) & p''(x) \end{vmatrix}.$

☆3.3.10 若要使 $x\to 0$ 时 $e^x - \dfrac{1+ax}{1+bx}$ 为尽可能高阶的无穷小量,问数 a,b 应取什么值? 用 x

的幂函数写出此时的等价无穷小.

提示 用 Taylor 公式展开到 x^3 次项.

解 $\mathrm{e}^x = \sum_{k=0}^{3} \frac{1}{k!} x^k + o(x^3)$,

$$\frac{1+ax}{1+bx} = \frac{1+bx+(a-b)x}{1+bx} = 1+(a-b)x \left[\sum_{k=0}^{2} (-bx)^k + o(x^2) \right]$$

$$= 1+(a-b) \sum_{k=0}^{2} (-1)^k b^k x^{k+1} + o(x^3),$$

$$\mathrm{e}^x - \frac{1+ax}{1+bx} = [1-(a-b)]x + \left[\frac{1}{2} + (a-b)b \right] x^2 + \left(\frac{1}{3!} - ab^2 + b^3 \right) x^3 + o(x^3).$$

令 x 的一、二次项系数为零,解得 $a = \frac{1}{2}, b = -\frac{1}{2}$. 此时

$$\mathrm{e}^x - \frac{1+ax}{1+bx} = -\frac{1}{12} x^3 + o(x^3) \sim -\frac{1}{12} x^3 \ (\text{当 } x \to 0 \text{ 时}).$$

^{new} *3.3.11 设函数 $f(x)$ 在 $[a,b]$ 上有连续导数,在开区间 (a,b) 内二阶可导,且 $f'\left(\frac{a+b}{2} \right) = 0$,证明存在 $\xi \in (a,b)$,使得

$$|f''(\xi)| \geq \frac{4}{(b-a)^2} |f(b) - f(a)|. \tag{1}$$

(南开大学)

提示 可参考例 3.3.6 的证明方法.

注 下一章习题 4.3.33 对该题有进一步讨论. 例 3.3.6 和习题 4.3.7 是类似问题.

§3.4 不等式与凸函数

不等式是数学分析中经常遇到而又比较困难的问题之一. 本节我们将用微分方法讨论不等式,以及与不等式密切相关的凸函数问题. 在积分学里,我们将重新回到这些问题上来. 请参看 §4.3, §4.4.

☆一、不等式

a. 利用单调性证明不等式

要点 若 $f'(x) \geq 0$(或 $f'(x) > 0$),则当 $x_1 < x_2$ 时,有 $f(x_1) \leq f(x_2)$(或 $f(x_1) < f(x_2)$). 由此可获得不等式.

例 3.4.1 证明: $\frac{|a+b|}{1+|a+b|} \leq \frac{|a|}{1+|a|} + \frac{|b|}{1+|b|}$.

证 记 $f(x) = \frac{x}{1+x}$,则 $f'(x) = \frac{1}{(1+x)^2} > 0$, $f(x) = \frac{x}{1+x} \nearrow$. 于是,由 $|a+b| \leq |a| + |b|$ 知

$$\frac{|a+b|}{1+|a+b|} \leq \frac{|a|+|b|}{1+|a|+|b|} = \frac{|a|}{1+|a|+|b|} + \frac{|b|}{1+|a|+|b|}$$

$$\leqslant \frac{|a|}{1+|a|} + \frac{|b|}{1+|b|}.$$

b. 利用微分中值定理证明不等式

要点 1° 若 $f(x)$ 在 $[a,b]$ 上连续,在 (a,b) 内可导,则

$$f(x) = f(a) + f'(\xi)(x-a) \quad (\xi \in (a,b)).$$

故当 $f(a) = 0$,(a,b) 内 $f'(x) > 0$ 时,有 $f(x) > 0$ ($\forall x \in (a,b]$).

2° 在上述条件下,有

$$\frac{f(b) - f(a)}{b - a} = f'(\xi), \text{其中 } a < \xi < b.$$

若 $f'(x)$ 严 $\nearrow$,则 $f'(a) < \dfrac{f(b) - f(a)}{b - a} < f'(b).$

以上原理,在证明不等式时经常采用.

☆ **例 3.4.2** 1) 证明:当 $0 < x < 1$ 时,有 $x - \dfrac{1}{x} < 2\ln x$;

2) 设 $f(x)$ 在 $(0, +\infty)$ 内单调下降、可微,如果当 $x \in (0, +\infty)$ 时,$0 < f(x) < |f'(x)|$ 成立,则当 $0 < x < 1$ 时,必有 $xf(x) > \dfrac{1}{x} f\left(\dfrac{1}{x}\right)$;(北京大学)

3) 证明:当 $s > 0$ 时,$\dfrac{n^{s+1}}{s+1} < 1^s + 2^s + \cdots + n^s < \dfrac{(n+1)^{s+1}}{s+1}$;(武汉理工大学)

^{new}4) 若 $\lambda = \displaystyle\sum_{k=1}^{n} \frac{1}{k}$,证明 $e^\lambda > n + 1$.(中国科学院)

证 1) 只需证明 $f(x) \equiv x - \dfrac{1}{x} - 2\ln x < 0$. 事实上,$f(1) = 0$. 而当 $0 < x < 1$ 时,

$$f'(x) = 1 + \frac{1}{x^2} - \frac{2}{x} = \frac{(x-1)^2}{x^2} > 0. \text{ 因此,} f(x) < 0 (\text{当 } 0 < x < 1 \text{ 时}).$$

注 从证明看到,该不等式对于 $x > 1$,有 $f(x) > 0$ 成立. 若令 $x = \sqrt{t}$,以上两不等式还可统一写成 $\dfrac{\ln t}{t - 1} \leqslant \dfrac{1}{\sqrt{t}}$ ($t > 0, t \neq 1$). 这曾是一道国外赛题.

2) 目标在于证明 $(0,1)$ 内

$$\frac{f(1/x)}{f(x)} < x^2 \quad \text{或} \quad \ln \frac{f(1/x)}{f(x)} < \ln x^2 = 2\ln x.$$

事实上,因 $f \searrow$,$f'(x) < 0$,有 $f'(x) = -|f'(x)|$,

$$\ln \frac{f(1/x)}{f(x)} = \ln f(1/x) - \ln f(x) \xrightarrow{\text{Lagrange 定理}} \frac{f'(\xi)}{f(\xi)}\left(\frac{1}{x} - x\right).$$

注意到 $0 < f(x) < |f'(x)| = -f'(x)$,$\dfrac{f'(x)}{f(x)} < -1$,$\dfrac{1}{x} - x > 0$ ($0 < x < 1$),再利用题

1) 的结果,知 $\ln \dfrac{f(1/x)}{f(x)} < x - \dfrac{1}{x} < 2\ln x$. 证毕.

另证 由 $0 < f < |f'| = -f'$，$\dfrac{f'}{f} < -1$，$-(\ln f)' > 1$，知

$$-\int_x^{\frac{1}{x}} (\ln f(t))' \mathrm{d}t > \int_x^{\frac{1}{x}} \mathrm{d}t,$$

即

$$\ln \frac{f(x)}{f(1/x)} > \frac{1}{x} - x > -2\ln x = \ln x^{-2}.$$

从而 $\dfrac{f(x)}{f(1/x)} > x^{-2}$，即 $xf(x) > \dfrac{1}{x} f(1/x)$.

3）在 $[k, k+1]$ 上对函数 $f(x) \equiv x^{s+1}$ 应用 Lagrange 公式，

$$(k+1)^{s+1} - k^{s+1} = (s+1)\xi^s,$$

其中 $k < \xi < k+1$，从而 $k^s < \xi^s < (k+1)^s$ $(k = 0,1,2,\cdots)$. 因此

$$k^s < \frac{(k+1)^{s+1} - k^{s+1}}{s+1} < (k+1)^s \quad (k = 0,1,2,\cdots). \tag{1}$$

在左边的不等式里令 $k = 0,1,\cdots,n$，$n+1$ 个不等式相加即得

$$\sum_{k=1}^n k^s < \frac{(n+1)^{s+1}}{s+1}; \tag{2}$$

在右边不等式里令 $k = 0,1,\cdots,n-1$，n 个不等式相加即得

$$\frac{n^{s+1}}{s+1} < \sum_{k=0}^{n-1} (k+1)^s = \sum_{k=1}^n k^s. \tag{3}$$

联结（2）、（3）两式，即为所求.

4）注意：$e^\lambda > n+1 \Leftrightarrow \ln(n+1) < \lambda$. 而

$$\ln(n+1) = \sum_{k=1}^n [\ln(k+1) - \ln k] \xlongequal[\exists \xi_k \in (k, k+1)]{\text{Lagrange 定理}} \sum_{k=1}^n \frac{1}{\xi_k} < \sum_{k=1}^n \frac{1}{k} \xlongequal{\text{记}} \lambda.$$

即得 $e^\lambda > n+1$. 证毕.

c. 利用 Taylor 公式证明不等式

要点 若 $f(x)$ 在 $[a,b]$ 上有连续 n 阶导数，且 $f(a) = f'(a) = \cdots = f^{(n-1)}(a) = 0$，$f^{(n)}(x) > 0$（当 $x \in (a,b)$ 时），则

$$f(x) = \frac{f^{(n)}(\xi)}{n!}(x-a)^n > 0 \quad (\text{当 } x \in (a,b] \text{ 时}).$$

利用此原理，可以证明一些不等式.

☆ **例 3.4.3** 求证 $\dfrac{\tan x}{x} > \dfrac{x}{\sin x}$，$\forall x \in \left(0, \dfrac{\pi}{2}\right)$.（上海师范大学）

证 原式等价于 $f(x) \equiv \sin x \cdot \tan x - x^2 > 0$. 因 $f(0) = f'(0) = f''(0) = 0$，

$$f'''(x) = \sin x (5\sec^2 x - 1) + 6\sin^3 x \sec^4 x > 0,$$

故 $f(x) > 0$ $\left(x \in \left(0, \dfrac{\pi}{2}\right)\right)$. 原式获证.

练习 试用此证法证明下章例 4.3.19 中的两个不等式.

d. 用求极值的方法证明不等式

要点 要证明 $f(x) \geqslant g(x)$，只要求函数 $F(x) \equiv f(x) - g(x)$ 的极值，证明 $\min F(x) \geqslant 0$. 这是证明不等式的基本方法.

例 3.4.4 设 $a > \ln 2 - 1$ 为任一常数，试证：$x^2 - 2ax + 1 < e^x(x > 0)$.

证 问题是证明

$$f(x) \equiv e^x - x^2 + 2ax - 1 > 0 \text{ (当 } x > 0 \text{ 时)}.$$

因 $f(0) = 0$，所以只要证明

$$f'(x) = e^x - 2x + 2a > 0 \text{ (当 } x > 0 \text{ 时) 或 } \min_{x>0} f'(x) > 0.$$

令 $f''(x) = e^x - 2 = 0$，得唯一稳定点 $x = \ln 2$.

当 $x < \ln 2$ 时，$f''(x) < 0$；当 $x > \ln 2$ 时，$f''(x) > 0$. 所以

$$\min_{x>0} f'(x) = f'(\ln 2) = 2 - 2\ln 2 + 2a = 2(1 - \ln 2) + 2a > 0.$$

证毕.

☆例 3.4.5 设 n 为自然数，试证：

$$e^{-t} - \left(1 - \frac{t}{n}\right)^n \leqslant \frac{t^2}{n} e^{-t} \text{ (当 } t \leqslant n \text{ 时)}.$$

（吉林大学）

证 原式等价于 $1 - \left(1 - \dfrac{t}{n}\right)^n e^t \leqslant \dfrac{t^2}{n}$. 故只要证明

$$f(t) = \frac{t^2}{n} - \left[1 - \left(1 - \frac{t}{n}\right)^n e^t\right] \geqslant 0 \quad (t \leqslant n).$$

$$f'(t) = \frac{2t}{n} + e^t\left[\left(1 - \frac{t}{n}\right)^{n-1}(-1) + \left(1 - \frac{t}{n}\right)^n\right] = \frac{t}{n}\left[2 - e^t\left(1 - \frac{t}{n}\right)^{n-1}\right].$$

故用 ξ 表示方程

$$2 - e^t\left(1 - \frac{t}{n}\right)^{n-1} = 0 \tag{1}$$

的根，则极值的可疑点为 $t = 0, t = \xi$ 及 $t = n$. 但 $f(0) = 0$,

$$f(\xi) = \frac{\xi^2}{n} - \left[1 - \left(1 - \frac{\xi}{n}\right)^n e^\xi\right] = \frac{\xi^2}{n} - \left[1 - 2\left(1 - \frac{\xi}{n}\right)\right] \quad \text{（因式(1)）}$$

$$= \left(1 - \frac{\xi}{n}\right)^2 + \frac{\xi^2}{n^2}(n-1) \geqslant 0,$$

$$f(n) = n - 1 \geqslant 0, \quad f(-\infty) = +\infty.$$

由此 $f(t) \geqslant \min_{t \leqslant n} f(t) = f(0) = 0 \ (t \leqslant n)$. 问题证毕.

e. 利用单调极限证明不等式

要点 若当 $x < b$ 时，$f(x) \nearrow$（或严 $\nearrow$），且当 $x \to b - 0$ 时 $f(x) \to A$（以上条件今后简记作 $f(x) \nearrow A$（或 $f(x)$ 严 $\nearrow A$，当 $x \to b - 0$ 时），则

$$f(x) \leqslant A \text{ (当 } x < b \text{ 时) (或 } f(x) < A \text{ (当 } x < b \text{ 时))}.$$

对于递减或严格递减,也有类似结论.利用这一原理可以证明一些不等式.

例 3.4.6 证明:当 $x>0,t\leq x$ 时,$\mathrm{e}^{-t}-\left(1-\dfrac{t}{x}\right)^x\geq 0.$ (吉林大学)

证 当 $t=0$ 或 $t=x$ 时,不等式自明.只需证明 $x>0,t<x,t\neq 0$ 的情况.为此,只需证明当 $x\nearrow+\infty$ 时,$f(x)\equiv\left(1-\dfrac{t}{x}\right)^x\nearrow\mathrm{e}^{-t}$ 即可.事实上:

1° 当 $x>0,t\neq 0,t<x$ 时,

$$\left[\ln f(x)\right]'=\left[\ln\left(1-\dfrac{t}{x}\right)^x\right]'_x=\left[x\ln\left(1-\dfrac{t}{x}\right)\right]'_x$$

$$=\ln(x-t)-\ln x+\dfrac{t}{x-t}\ (\text{应用 Lagrange 公式})$$

$$=\dfrac{-t}{\xi}+\dfrac{t}{x-t}\ (0<t<x\ \text{时}\ 0<x-t<\xi<x,t<0\ \text{时}\ 0<x<\xi<x-t)$$

$$\geq\dfrac{-t}{x-t}+\dfrac{t}{x-t}=0.$$

2° $\lim\limits_{x\to+\infty}\left(1-\dfrac{t}{x}\right)^x=\lim\limits_{x\to+\infty}\left[\left(1-\dfrac{t}{x}\right)^{-\frac{x}{t}}\right]^{-t}=\mathrm{e}^{-t}.$ 故 $x\nearrow+\infty$ 时,$\left(1-\dfrac{t}{x}\right)^x\nearrow\mathrm{e}^{-t}.$ 证毕.

☆**例 3.4.7** 证明:集合 $A\equiv\left\{\alpha\mid\forall x>0,\left(1+\dfrac{1}{x}\right)^{x+\alpha}>\mathrm{e}\right\}$ 有最小值,并求最小值.(北京师范大学)

证 1° 不等式 $\left(1+\dfrac{1}{x}\right)^{x+\alpha}>\mathrm{e}$ 等价于 $(x+\alpha)\ln\left(1+\dfrac{1}{x}\right)>1,$ 亦即

$$\alpha>\dfrac{1}{\ln\left(1+\dfrac{1}{x}\right)}-x\ (\forall x>0).$$

所以 $\alpha\in A,$ 等价于 α 为 $f(x)\equiv\dfrac{1}{\ln\left(1+\dfrac{1}{x}\right)}-x\ (x>0)$ 的上界.按确界的定义,即

$$\min A=\sup_{x>0}f(x).$$

2° 由例 3.4.2 中 1) 可知

$$f'(x)=\dfrac{1}{\ln^2\left(1+\dfrac{1}{x}\right)}\dfrac{1}{x(1+x)}-1>0,$$

所以 $f(x)\nearrow,$ $\qquad\sup\limits_{x>0}f(x)=\lim\limits_{x\to+\infty}f(x).$

3° $f(x)=\dfrac{1}{\ln\left(1+\dfrac{1}{x}\right)}-x=x\left[\dfrac{1}{x\ln\left(1+\dfrac{1}{x}\right)}-1\right]$

$$= x\left[\frac{1}{x\left(\frac{1}{x} - \frac{1}{2x^2} + o\left(\frac{1}{x^2}\right)\right)} - 1\right] = x\left[\frac{1}{1 - \frac{1}{2x} + o\left(\frac{1}{x}\right)} - 1\right]$$

$$= x\left[1 + \frac{1}{2x} + o\left(\frac{1}{x}\right) - 1\right] = \frac{1}{2} + o(1) \to \frac{1}{2} \quad (\text{当 } x \to +\infty \text{ 时}).$$

总之, A 有最小值, $\min A = \frac{1}{2}$.

二、凸函数

凸函数是一重要的概念. 它在许多学科里有着重要的应用. 在研究生入学考试题中, 也时有涉及. 考虑目前多数教材的情况, 本段拟对凸函数最基本的内容作一概述, 主要包括: 凸函数几种不同的定义及它们的关系; 凸函数各种等价描述; 凸函数的性质及应用等.

a. 凸函数的几种定义以及它们的关系

凸函数有几种不同的定义.

☆**定义 1** 设 $f(x)$ 在区间 I 上有定义, $f(x)$ 在 I 上称为**凸函数**, 当且仅当 $\forall x_1,$ $x_2 \in I, \forall \lambda \in (0,1),$ 有

$$f(\lambda x_1 + (1 - \lambda)x_2) \leqslant \lambda f(x_1) + (1 - \lambda)f(x_2). \tag{A}$$

若式 (A) 中的 "$\leqslant$" 改成 "$<$", 则是**严格凸函数**的定义; 若 "$\leqslant$" 改成 "$\geqslant$" 或 "$>$", 则分别是**凹函数**与**严格凹函数**的定义. 由于凸与凹是对偶的概念. 对一个有什么结论, 对另一个亦有相应结论. 今后, 只对凸函数进行论述.

几何意义 设 $x_1 < x_2$, 因为 $\lambda \in (0,1)$, 所以

$$x \equiv \lambda x_1 + (1 - \lambda)x_2 < \lambda x_2 + (1 - \lambda)x_2 = x_2.$$

同理可证 $x > x_1$. 因此 $x \in (x_1, x_2)$, 且当 λ 从 0 连续变化到 1 时 x 也从 x_2 连续变化到 x_1. 我们联结曲线 $y = f(x)$ $(x \in I)$ 上两点 $A(x_1,$ $f(x_1)), B(x_2, f(x_2)),$ 作弦 AB (如图 3.4.1), 则 AB 的方程为

$$\frac{y - f(x_2)}{f(x_1) - f(x_2)} = \frac{x - x_2}{x_1 - x_2}.$$

将此式的比值记为 λ, 则可得 AB 的参数方程:

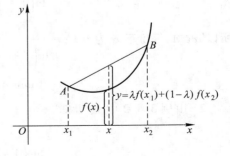

图 3.4.1

$$\begin{cases} y = \lambda f(x_1) + (1 - \lambda)f(x_2), \\ x = \lambda x_1 + (1 - \lambda)x_2. \end{cases}$$

这表明: 在点 $x = \lambda x_1 + (1 - \lambda)x_2$ 处, 弦 AB 的高度为 $y = \lambda f(x_1) + (1 - \lambda)f(x_2)$. 可见, 不等式 (A) 说明在 (x_1, x_2) 内每点 x 处, 曲线 $y = f(x)$ 的高度不超过弦 AB 的高度. 换

句话说,曲线在弦 AB 以下.对曲线上任意两点 A,B 都是如此.因此,凸函数意味着函数图形向下凸.

现代数学多数采用这种定义.本书也一律采用此定义.除此定义之外,还有其他形式的定义.

定义 2 设 $f(x)$ 在区间 I 上有定义,$f(x)$ 称为 I 上的**凸函数**,当且仅当 $\forall x_1,x_2 \in I$,有

$$f\left(\frac{x_1+x_2}{2}\right) \leqslant \frac{f(x_1)+f(x_2)}{2}. \tag{B}$$

式(B)中的"$\leqslant$"改为"$<$"便是严格凸的定义.

定义 3 设 $f(x)$ 在区间 I 上有定义,$f(x)$ 称为**凸函数**,当且仅当 $\forall x_1,x_2,\cdots,x_n \in I$,有

$$f\left(\frac{x_1+x_2+\cdots+x_n}{n}\right) \leqslant \frac{f(x_1)+f(x_2)+\cdots+f(x_n)}{n}. \tag{C}$$

式(C)中的"$\leqslant$"改为"$<$"便是严格凸的定义.

定义 4 设 $f(x)$ 在区间 I 上有定义,当且仅当曲线 $y=f(x)$ 的切线恒保持在曲线以下,称 $f(x)$ 为**凸函数**.若除切点之外,切线严格保持在曲线的下方,则称 $f(x)$ 为**严格凸**的.

下面我们将要证明定义 2,3 是等价的.当 $f(x)$ 连续时定义 1,2,3 等价,当 $f(x)$ 处处可导时,定义 1,2,3,4 都等价(见定理 4 的推论 1).

定理 1 定义 2 与定义 3 等价.

注 定义 3$\Rightarrow$定义 2 明显.只要证明:定义 2$\Rightarrow$定义 3.应用通常的数学归纳法,有一定的困难.这里采用反向归纳法,其要点是:(1)证明命题对于自然数的某个子列成立(本定理证明式(C)对于 $n=2^k(k=1,2,\cdots)$ 皆成立);(2)证明命题当 $n=k+1$ 成立时,必然对 $n=k$ 成立.

证 1° 由式(B)知式(C)当 $n=2$ 时成立.现证 $n=4$ 时式(C)成立.事实上,$\forall x_1,x_2,x_3,x_4 \in I$,由式(B),有

$$f\left(\frac{x_1+x_2+x_3+x_4}{4}\right)=f\left(\frac{\frac{x_1+x_2}{2}+\frac{x_3+x_4}{2}}{2}\right) \leqslant \frac{f\left(\frac{x_1+x_2}{2}\right)+f\left(\frac{x_3+x_4}{2}\right)}{2}$$

$$\leqslant \frac{f(x_1)+f(x_2)+f(x_3)+f(x_4)}{4}.$$

此即式(C)对 $n=4$ 成立.一般来说,对任一自然数 k,重复上面的方法,应用式(B) k 次,可知

$$f\left(\frac{x_1+x_2+\cdots+x_{2^k}}{2^k}\right) \leqslant \frac{f(x_1)+f(x_2)+\cdots+f(x_{2^k})}{2^k}.$$

这说明式(C)对一切 $n=2^k$ 皆成立.

2°（证明式（C）对 $n = k + 1$ 成立时，必对 $n = k$ 也成立.）记 $A = \dfrac{x_1 + x_2 + \cdots + x_k}{k}$，

则 $x_1 + x_2 + \cdots + x_k = kA$，所以

$$A = \frac{x_1 + x_2 + \cdots + x_k + A}{k + 1}.$$

因式（C）对 $n = k + 1$ 成立，故

$$f(A) = f\left(\frac{x_1 + x_2 + \cdots + x_k + A}{k + 1}\right) \leqslant \frac{f(x_1) + f(x_2) + \cdots + f(x_k) + f(A)}{k + 1}.$$

不等式两边同乘 $k + 1$，减去 $f(A)$，最后除以 k. 注意 $A = \dfrac{x_1 + x_2 + \cdots + x_k}{k}$，得

$$f\left(\frac{x_1 + x_2 + \cdots + x_k}{k}\right) \leqslant \frac{f(x_1) + f(x_2) + \cdots + f(x_k)}{k}.$$

此式表示式（C）对 $n = k$ 成立. 证毕.

定理 2　若 $f(x)$ 连续，则定义 1，2，3 等价.

证　1°（定义 1⇒定义 2，3）在定义 1 中令 $\lambda = \dfrac{1}{2}$，则由式（A）得

$$f\left(\frac{x_1 + x_2}{2}\right) = f\left[\lambda x_1 + (1 - \lambda)x_2\right] \leqslant \lambda f(x_1) + (1 - \lambda)f(x_2)$$

$$= \frac{f(x_1) + f(x_2)}{2} \quad (\forall x_1, x_2 \in I).$$

此式表明式（B）成立. 所以定义 1 蕴涵定义 2. 而定义 2，3 等价，故定义 1 也蕴涵定义 3.

2°（定义 2，3⇒定义 1）设 $x_1, x_2 \in I$ 为任意两点，为了证明式（A）对于任意实数 $\lambda \in (0,1)$ 成立. 我们先来证明：式（A）当 λ 为有理数即 $\lambda = \dfrac{m}{n} \in (0,1)$（$m < n$ 为自然数）时成立. 事实上，

$$f(\lambda x_1 + (1 - \lambda)x_2) = f\left(\frac{m}{n}x_1 + \left(1 - \frac{m}{n}\right)x_2\right) = f\left(\frac{mx_1 + (n - m)x_2}{n}\right)$$

$$= f\left(\frac{\overbrace{x_1 + \cdots + x_1}^{m\uparrow} + \overbrace{x_2 + \cdots + x_2}^{n-m\uparrow}}{n}\right)$$

$$\leqslant \frac{\overbrace{f(x_1) + \cdots + f(x_1)}^{m\uparrow} + \overbrace{f(x_2) + \cdots + f(x_2)}^{n-m\uparrow}}{n}$$

$$= \frac{mf(x_1) + (n - m)f(x_2)}{n}$$

$$= \lambda f(x_1) + (1 - \lambda)f(x_2),$$

λ 为有理数的情况获证.

若 $\lambda \in (0,1)$ 为无理数,则 $\exists$ 有理数 $\lambda_n \in (0,1)$ $(n = 1,2,\cdots)$ 使得 $\lambda_n \to \lambda$(当 $n \to \infty$ 时),从而由 $f(x)$ 的连续性,

$$f(\lambda x_1 + (1-\lambda)x_2) = f(\lim_{n \to \infty}(\lambda_n x_1 + (1-\lambda_n)x_2)) = \lim_{n \to \infty} f(\lambda_n x_1 + (1-\lambda_n)x_2).$$

对于有理数 $\lambda_n \in (0,1)$,上面已证明有

$$f(\lambda_n x_1 + (1-\lambda_n)x_2) \leqslant \lambda_n f(x_1) + (1-\lambda_n)f(x_2).$$

此式中令 $n \to \infty$,取极限,联系上式,有

$$f(\lambda x_1 + (1-\lambda)x_2) \leqslant \lambda f(x_1) + (1-\lambda)f(x_2),$$

即式(A)对任意无理数 $\lambda \in (0,1)$ 也成立. 这就证明了定义 2,3 蕴涵定义 1.

注 上述证明里看到从定义 1 $\Rightarrow$ 定义 2,3 无须连续性,定义 2,3 $\Rightarrow$ 定义 1 才需要连续性. 可见定义 1 强于定义 2,3.

b. 凸函数的等价描述

定理 3 如图 3.4.2,设 $f(x)$ 在区间 I 上有定义,则以下条件等价(其中各不等式要求 $\forall x_1, x_2, x_3 \in I, x_1 < x_2 < x_3$ 保持成立):

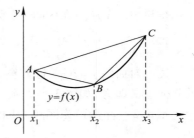

图 3.4.2

i) $f(x)$ 在 I 上为凸函数;

ii) $\dfrac{f(x_2) - f(x_1)}{x_2 - x_1} \leqslant \dfrac{f(x_3) - f(x_1)}{x_3 - x_1}$;

iii) $\dfrac{f(x_3) - f(x_1)}{x_3 - x_1} \leqslant \dfrac{f(x_3) - f(x_2)}{x_3 - x_2}$;

iv) $\dfrac{f(x_2) - f(x_1)}{x_2 - x_1} \leqslant \dfrac{f(x_3) - f(x_2)}{x_3 - x_2}$;

v) 曲线 $y = f(x)$ 上三点 $A(x_1, f(x_1)), B(x_2, f(x_2)), C(x_3, f(x_3))$ 所围的有向面

积 $\dfrac{1}{2} \begin{vmatrix} 1 & x_1 & f(x_1) \\ 1 & x_2 & f(x_2) \\ 1 & x_3 & f(x_3) \end{vmatrix} \geqslant 0.$

(对于严格凸函数,有类似结论,只要将"$\leqslant$"改为"$<$"即可.)

证 1° (证明 i) 与 ii) 等价.) 对 I 中任意 $x_1 < x_3$,根据凸函数定义,条件 i) 等价于

$$f(\lambda x_1 + (1-\lambda)x_3) \leqslant \lambda f(x_1) + (1-\lambda)f(x_3). \tag{1}$$

另一方面,将条件 ii) 中的不等式乘 $(x_2 - x_1)$,移项变形,可知它等价于

$$f(x_2) \leqslant \frac{x_2 - x_1}{x_3 - x_1} f(x_3) + \frac{x_3 - x_2}{x_3 - x_1} f(x_1). \tag{2}$$

可见,$\forall x_2 \in (x_1, x_3)$,令 $\lambda = \dfrac{x_2 - x_1}{x_3 - x_1}$,则 $1 - \lambda = \dfrac{x_3 - x_2}{x_3 - x_1}$,

$$\lambda x_3 + (1-\lambda)x_1 = \frac{x_2 - x_1}{x_3 - x_1} x_3 + \frac{x_3 - x_2}{x_3 - x_1} x_1 = x_2.$$

从而由(1)可推到(2). 反之, $\forall \lambda \in (0,1)$, 若令 $x_2 = \lambda x_3 + (1 - \lambda) x_1$, 则 $\lambda = \dfrac{x_2 - x_1}{x_3 - x_1}$, 从而可由(2)推得(1). 故 i)与 ii)等价.

2° 类似可证 iii)、iv)与 i)等价.

3° (证明 ii)与 v)等价.)将 ii)中的不等式乘 $(x_2 - x_1)(x_3 - x_1)$ 并移项, 可知 ii)中不等式等价于

$$(x_3 - x_2)f(x_1) + (x_1 - x_3)f(x_2) + (x_2 - x_1)f(x_3) \geqslant 0,$$

此即
$$\begin{vmatrix} 1 & x_1 & f(x_1) \\ 1 & x_2 & f(x_2) \\ 1 & x_3 & f(x_3) \end{vmatrix} \geqslant 0.$$

推论 1　若 $f(x)$ 在区间 I 上为凸函数, 则 I 上任意三点 $x_1 < x_2 < x_3$, 有

$$\frac{f(x_2) - f(x_1)}{x_2 - x_1} \leqslant \frac{f(x_3) - f(x_1)}{x_3 - x_1} \leqslant \frac{f(x_3) - f(x_2)}{x_3 - x_2}.$$

注　对曲线 $y = f(x)$ 上任意一条弦 AB, 若用 k_{AB} 表示弦 AB 的斜率, 那么此不等式的几何意义即为(如图 3.4.2) $k_{AB} \leqslant k_{AC} \leqslant k_{BC}$.

推论 2　若 $f(x)$ 为区间 I 上的凸函数, 则 $\forall x_0 \in I$, 过 x_0 的弦的斜率

$$k(x) = \frac{f(x) - f(x_0)}{x - x_0}.$$

是 x 的增函数(若 f 为严格凸函数, 则 $k(x)$ 严 ↗.)

推论 3　若 $f(x)$ 是区间 I 上的凸函数, 则 I 上任意四点 $s < t < u < v$, 有

$$\frac{f(t) - f(s)}{t - s} \leqslant \frac{f(v) - f(u)}{v - u}.$$

(若 f 为严格凸函数, 则 "$\leqslant$" 可改为 "$<$".)

推论 4　若 $f(x)$ 是区间 I 上的凸函数, 则对 I 的任一内点 x, 单侧导数 $f'_+(x)$, $f'_-(x)$ 皆存在, 皆为增函数, 且

$$f'_-(x) \leqslant f'_+(x) \qquad (\forall x \in I^\circ).$$

这里 I° 表示 I 的全体内点组成之集合(若 f 为严格凸的, 则 $f'_+(x)$ 与 $f'_-(x)$ 为严格递增的).

证　因 x 为内点, 故 $\exists x_1, x_2 \in I$, 使得 $x_1 < x < x_2$, 从而(利用推论 2)

$$\frac{f(x_1) - f(x)}{x_1 - x} \leqslant \frac{f(x_2) - f(x)}{x_2 - x}.$$

再由推论 2 所述, 当 $x_1 \nearrow$ 时, $\dfrac{f(x_1) - f(x)}{x_1 - x} \nearrow$. 故由单调有界原理知如下极限存在, 且

$$f'_-(x) = \lim_{x_1 \to x^-} \frac{f(x_1) - f(x)}{x_1 - x} \leqslant \frac{f(x_2) - f(x)}{x_2 - x}.$$

同理, 在此式中, 令 $x_2 \searrow x$, 可知 $f'_+(x)$ 存在, 且 $f'_-(x) \leqslant f'_+(x)$. 最后在推论 3 中的不

等式里取相应的极限,可知 $f'_+(x)$ 与 $f'_-(x)$ 皆为增函数.

推论 5 若 $f(x)$ 在区间 I 上为凸的,则 f 在任一内点 $x \in I^\circ$ 上连续.

事实上,由推论 4 知 $f'_+(x)$,$f'_-(x)$ 存在,所以 f 在 x 处左、右都连续.

注 将凸函数在区间端点的值改成较大的值时,仍能保持其凸性. 因此推论 4, 5 的结论对于区间的端点,一般不成立.

定理 4 设函数 $f(x)$ 在区间 I 上有定义,则 $f(x)$ 为凸函数的充要条件是:$\forall x_0 \in I^\circ$,$\exists$ 实数 α,使得 $\forall x \in I$ 有 $f(x) \geq \alpha(x - x_0) + f(x_0)$.

证 1° (必要性)因 $f(x)$ 为凸函数,由上面刚得的推论 4,知 $\forall x_0 \in I^\circ$,$f'_-(x_0)$ 存在,且 $\dfrac{f(x) - f(x_0)}{x - x_0} \nearrow f'_-(x_0)$. 由此,任取一 $\alpha \geq f'_-(x_0)$,则当 $x < x_0$ 时有

$$f(x) \geq \alpha(x - x_0) + f(x_0).$$

同理,取 $\alpha \leq f'_+(x_0)$,则当 $x > x_0$ 时有

$$f(x) \geq \alpha(x - x_0) + f(x_0).$$

因 $f'_-(x_0) \leq f'_+(x_0)$,所以对任一 α:$f'_-(x_0) \leq \alpha \leq f'_+(x_0)$,$\forall x \in I$,恒有

$$f(x) \geq \alpha(x - x_0) + f(x_0).$$

2° (充分性)设 $x_1 < x_2 < x_3$ 是区间 I 上任意三点,由已知条件,对 x_2,存在 α,使得

$$f(x) \geq \alpha(x - x_2) + f(x_2) \quad (\forall x \in I).$$

由此,令 $x = x_1$ 和 $x = x_3$,可得

$$\frac{f(x_3) - f(x_2)}{x_3 - x_2} \geq \alpha \geq \frac{f(x_1) - f(x_2)}{x_1 - x_2}.$$

根据定理 3,可知 $f(x)$ 为凸的.

推论 1 设 $f(x)$ 在区间 I 内部可导,则 $f(x)$ 在 I 上为凸的充要条件是:$\forall x_0 \in I^\circ$,有

$$f(x) \geq f'(x_0)(x - x_0) + f(x_0) \quad (\forall x \in I).$$

由此可见,若 $f(x)$ 可导,则凸函数的定义 1,2,3,4 等价.

推论 2 若 $f(x)$ 在区间 I 上为凸的,则 $\forall x_0 \in I^\circ$,在曲线 $y = f(x)$ 上一点 $(x_0, f(x_0))$ 可作一条直线

$$L : y = \alpha(x - x_0) + f(x_0),$$

使曲线 $y = f(x)$ 位于直线 L 上方.

若 f 为严格凸函数,则除点 $(x_0, f(x_0))$ 之外曲线严格地在直线 L 的上方. 这是著名分离性定理. 直线 L 称为 $y = f(x)$ 的支撑.

☆ **定理 5** 设 $f(x)$ 在区间 I 上有导数,则 $f(x)$ 在 I 上为凸函数的充要条件是 $f'(x) \nearrow (x \in I)$.

证 1° (充分性)$\forall x_1, x_2 \in I$(不妨设 $x_1 < x_2$)及 $\lambda \in (0, 1)$,记 $x \equiv \lambda x_1 + (1 - \lambda) x_2$,来证

$$f(x) \equiv f[\lambda x_1 + (1 - \lambda) x_2] \leq \lambda f(x_1) + (1 - \lambda) f(x_2)$$

即
$$f(x) - \lambda f(x_1) - (1 - \lambda)f(x_2) \le 0. \tag{1}$$

注意 $f(x) = \lambda f(x) + (1 - \lambda)f(x)$，式(1)等价于

$$\lambda[f(x) - f(x_1)] + (1 - \lambda)[f(x) - f(x_2)] \le 0. \tag{2}$$

应用 Lagrange 定理，$\exists \xi, \eta : x_1 < \xi < x < \eta < x_2$，使得

$$\lambda[f(x) - f(x_1)] + (1 - \lambda)[f(x) - f(x_2)] = \lambda f'(\xi)(x - x_1) + (1 - \lambda)f'(\eta)(x - x_2).$$

但
$$x - x_1 = [\lambda x_1 + (1 - \lambda)x_2] - x_1 = (1 - \lambda)(x_2 - x_1),$$
$$x - x_2 = [\lambda x_1 + (1 - \lambda)x_2] - x_2 = \lambda(x_1 - x_2),$$

故式(2)左端

$$\lambda[f(x) - f(x_1)] + (1 - \lambda)[f(x) - f(x_2)]$$
$$= \lambda f'(\xi)(1 - \lambda)(x_2 - x_1) + (1 - \lambda)f'(\eta)\lambda(x_1 - x_2)$$
$$= \lambda(1 - \lambda)(x_2 - x_1)[f'(\xi) - f'(\eta)]. \tag{3}$$

按已知条件 $f'(x) \nearrow$，得 $f'(\xi) \le f'(\eta)$. 从而上式 ≤ 0，式(2)获证.

2°（必要性）根据定理 3 的推论 4，$f'_+(x)$ 在 $I°$ 内为递增的. 因 $f'(x)$ 存在，故 $f'(x) = f'_+(x)$ 亦在 $I°$ 内为递增的. 若 I 有右端点 b，按已知条件，f 在 b 点有左导数，$\forall x \in I°$，易知

$$f'(x) = f'_+(x) \le \frac{f(x) - f(b)}{x - b} \le f'_-(b) = f'(b).$$

同理，若 I 有左端点 a，则 $f'(a) \le f'(x)$. 如此我们证明了：$f'(x)$ 在 I 为递增的（不论 I 为有限无限，开或闭，或半开半闭）.

☆**推论** 若 $f(x)$ 在区间 I 上有二阶导数，则 $f(x)$ 在 I 上为凸函数的充要条件是 $f''(x) \ge 0$.

从该定理上述证明过程中可以看出，若 $f(x)$ 在区间 I 上可导，则 $f(x)$ 在 I 上为严格凸函数的充要条件是 $f'(x)$ 在 I 上严格递增. 从而若 $f(x)$ 在 I 上有二阶导数，则 f 为严格凸的充分条件是 $f''(x) > 0$. 等价的充要条件是：$f''(x) \ge 0$，且在任何子区间上 $f''(x) \ne 0$（即曲线 $y = f(x)$ 的斜率 $\nearrow$，且不含直线段）.

定理 6 若 $f(x)$ 在 I 上有定义，则以下三条件等价：

i) $f(x)$ 在 I 上为凸函数；

ii) $\forall q_i \ge 0 : q_1 + q_2 + \cdots + q_n = 1, \forall x_1, x_2, \cdots, x_n \in I$，有
$$f(q_1 x_1 + q_2 x_2 + \cdots + q_n x_n) \le q_1 f(x_1) + q_2 f(x_2) + \cdots + q_n f(x_n);$$

iii) $\forall p_i \ge 0 (i = 1, 2, \cdots, n)$ 不全为零，$\forall x_1, x_2, \cdots, x_n \in I$，有
$$f\left(\frac{p_1 x_1 + p_2 x_2 + \cdots + p_n x_n}{p_1 + p_2 + \cdots + p_n}\right) \le \frac{p_1 f(x_1) + p_2 f(x_2) + \cdots + p_n f(x_n)}{p_1 + p_2 + \cdots + p_n}.$$

证 ii)⇒i)，只要令 $n = 2$ 即得.

i)⇒ii)，用数学归纳法.

ii)⇔iii) 明显.

以上全部结论,对于凹函数都有对偶结论,只要将函数值的不等式反向即得.

c. 凸函数的性质及应用

利用凸性,很容易获得一些不等式.

☆ **例 3.4.8** 设 $x_i > 0$ $(i = 1, 2, \cdots, n)$,证明:

$$\frac{n}{\dfrac{1}{x_1} + \dfrac{1}{x_2} + \cdots + \dfrac{1}{x_n}} \leqslant \sqrt[n]{x_1 x_2 \cdots x_n} \leqslant \frac{x_1 + x_2 + \cdots + x_n}{n},$$

其中等号当且仅当 x_i 全部相等时成立.

提示 原式第二个不等式是 $\{a_k\}_{k=1}^{n}$ 的均值不等式. 第一个不等号的两端同时取对数,可变为

$$-\ln \frac{\dfrac{1}{x_1} + \dfrac{1}{x_2} + \cdots + \dfrac{1}{x_n}}{n} \leqslant \frac{1}{n}\left(-\ln \frac{1}{x_1} - \ln \frac{1}{x_2} - \cdots - \ln \frac{1}{x_n}\right).$$

从而由函数 $f(x) = -\ln x$ 在 $(0, +\infty)$ 上的(严格)凸性可得;右边的不等式可直接由 $g(x) = \ln x$ 在 $(0, +\infty)$ 上的(严格)凹性得到.

例 3.4.9 设函数 $f(x)$ 在区间 I 为凸函数,试证:$f(x)$ 在 I 的任一闭子区间上有界.(华中师范大学)

证 设 $[a, b] \subset I$ 为任一闭子区间.

1° (证明 $f(x)$ 在 $[a, b]$ 上有上界.)$\forall x \in [a, b]$,取 $\lambda = \dfrac{x - a}{b - a} \in [0, 1]$,则 $x = \lambda b + (1 - \lambda)a$. 因 f 为凸函数,所以

$$f(x) = f[\lambda b + (1 - \lambda)a] \leqslant \lambda f(b) + (1 - \lambda)f(a) \leqslant \lambda M + (1 - \lambda)M = M,$$

其中 $M = \max\{f(a), f(b)\}$. 即在 $[a, b]$ 上有上界 M.

2° (证明 $f(x)$ 在 $[a, b]$ 上有下界.)记 $c = \dfrac{a + b}{2}$ 为 a, b 的中点,则 $\forall x \in [a, b]$,有关于 c 的对称点 x'. 因 f 为凸函数,所以

$$f(c) \leqslant \frac{f(x) + f(x')}{2} \leqslant \frac{1}{2}f(x) + \frac{1}{2}M,$$

从而 $f(x) \geqslant 2f(c) - M \overset{记}{=\!=\!=} m$. 即 m 为 $f(x)$ 在 $[a, b]$ 上的下界.

例 3.4.10 设 $f(x)$ 为区间 (a, b) 内的凸函数,试证:$f(x)$ 在 I 的任一内闭区间 $[\alpha, \beta] \subset (a, b)$ 上满足 Lipschitz 条件.

证 要证明 $f(x)$ 在 $[\alpha, \beta]$ 上满足 Lipschitz 条件,即要证明:$\exists L > 0$,使得 $\forall x_1, x_2 \in [\alpha, \beta]$,有

$$|f(x_1) - f(x_2)| \leqslant L|x_1 - x_2|. \tag{1}$$

因为 $[\alpha, \beta] \subset (a, b)$,故可取 $h > 0$ 充分小,使得 $[\alpha - h, \beta + h] \subset (a, b)$. 于是 $\forall x_1, x_2 \in [\alpha, \beta]$,若 $x_1 < x_2$,取 $x_3 = x_2 + h$,根据 f 的凸性,

$$\frac{f(x_2) - f(x_1)}{x_2 - x_1} \leqslant \frac{f(x_3) - f(x_2)}{x_3 - x_2} \leqslant \frac{M - m}{h}$$

（其中 M,m 分别表示 $f(x)$ 在 $[\alpha-h,\beta+h]$ 上的上、下界），从而

$$f(x_2)-f(x_1)\leqslant\frac{M-m}{h}\mid x_2-x_1\mid.\qquad(2)$$

若 $x_2<x_1$，可取 $x_3=x_2-h$，由 f 的凸性，有

$$\frac{f(x_2)-f(x_3)}{x_2-x_3}\leqslant\frac{f(x_1)-f(x_2)}{x_1-x_2}.$$

从而

$$\frac{f(x_2)-f(x_1)}{x_1-x_2}\leqslant\frac{f(x_3)-f(x_2)}{x_2-x_3}\leqslant\frac{M-m}{h}.$$

由此亦可推得式（2）成立.

若 $x_1=x_2$，则式（2）明显成立. 这就证明了式（2）对一切 $x_1,x_2\in[\alpha,\beta]$ 皆成立. 因此，式（2）当 x_1 与 x_2 交换位置时也应成立，故有

$$\mid f(x_2)-f(x_1)\mid\leqslant\frac{M-m}{h}\mid x_2-x_1\mid.$$

令 $L=\dfrac{M-m}{h}$，则式（1）获证.

注 由本例可知：若 $f(x)$ 在 (a,b) 内为凸的，则 $f(x)$ 在 (a,b) 内连续. 但注意端点的情况不一样：即令 f 在 $[a,b]$ 上为凸的，不能保证 a,b 处连续，因为端点处 $f(a)$，$f(b)$ 改为更大的数不会改变凸性.

例 3.4.11 设 $f(0)=0$，$f(x)$ 在 $[0,+\infty)$ 上为非负的严格凸函数，$F(x)=\dfrac{f(x)}{x}$（当 $x>0$ 时）. 试证：$f(x)$，$F(x)$ 为严格递增的.

证 因 $f(x)$ 严格凸，$f(0)=0$，所以，$F(x)=\dfrac{f(x)}{x}=\dfrac{f(x)-f(0)}{x-0}$ 为严格递增的.

因为 $f(x)$ 非负，所以 $\forall x>0$，有 $f(x)\geqslant0=f(0)$. 若存在某点 $x_1>0$ 使得 $f(x_1)=0$，则在 $[0,x_1]$ 上有 $f(x)\equiv0$，与 $f(x)$ 为严格凸函数矛盾. 所以，$\forall x>0$，有 $f(x)>0$. 最后设 $x_2>x_1>0$，则

$$\frac{f(x_2)-f(x_1)}{x_2-x_1}>\frac{f(x_1)-f(0)}{x_1-0}=\frac{f(x_1)}{x_1}>0,$$

知 $f(x)$ 为严格递增的（当 $x\in[0,+\infty)$ 时）.

例 3.4.12 设 $f(x)$ 在 $[a,b]$ 上二次可微，对 $[a,b]$ 中每个 x，$f(x)$ 与 $f''(x)$ 同号或同时为零，又 $f(x)$ 在 $[a,b]$ 的任何子区间内不恒为零. 试证：$f(x)=0$ 在 (a,b) 内如果有根，则必唯一.（广西师范大学）

证 （反证法）设 $f(x)=0$ 在 (a,b) 内有两相异实根 $x_1,x_2\in(a,b)$（不妨设 $x_1<x_2$）. 因为 $f(x)$ 在 $[x_1,x_2]$ 上连续，在 $[x_1,x_2]$ 上有最大、最小值，而 $f(x_1)=f(x_2)=0$，所以最大、最小值至少有一个在内部达到（否则 $f(x)\equiv0$，与已知条件矛盾）. 例如在 $\xi\in(x_1,x_2)$ 处有最大值 $f(\xi)>0$. 根据连续函数局部保号性，必存在 ξ 的某个邻域

$U \equiv (\xi - \varepsilon, \xi + \varepsilon)$，使得在 U 上恒有 $f(x) > 0$（从而按已知条件，在 U 上 $f''(x) > 0, f$ 为凸函数），又因 $f(x_1) = f(x_2) = 0$，邻域 U 可取得足够大，以致在 U 上 $f(x) \neq f(\xi)$，于是 $\exists \xi_1 \in U$ 使得 $0 < f(\xi_1) < f(\xi)$. 记 ξ_1 关于 ξ 的对称点为 ξ_2，则 $\xi_2 \in (\xi - \varepsilon, \xi + \varepsilon)$，有 $0 < f(\xi_2) \leqslant f(\xi)$. 从而

$$\frac{f(\xi_1) + f(\xi_2)}{2} < f(\xi) = f\left(\frac{\xi_1 + \xi_2}{2}\right).$$

与凸性矛盾.

对于 (x_1, x_2) 内部达到负的最小值，可以类似证明.

例 3.4.13 设 $f(x)$ 在区间 (a,b) 内为凸函数，并且有界，试证极限 $\lim\limits_{x \to a^+} f(x)$ 与 $\lim\limits_{x \to b^-} f(x)$ 存在.

证 设当 $x \in (a,b)$ 时 $f(x) \leqslant M, x > x_1 > x_0$ 为 (a,b) 内任意三点. 根据 $f(x)$ 的凸性，当 $x \nearrow$ 时，$\dfrac{f(x) - f(x_0)}{x - x_0} \nearrow$.

又因为

$$\frac{f(x) - f(x_0)}{x - x_0} \leqslant \frac{M - f(x_0)}{x_1 - x_0} \quad (\forall x > x_1 > x_0),$$

根据单调有界原理，有极限 $\lim\limits_{x \to b^-} \dfrac{f(x) - f(x_0)}{x - x_0} = A$. 从而

$$\lim_{x \to b^-} f(x) = \lim_{x \to b^-} \left[(x - x_0) \cdot \frac{f(x) - f(x_0)}{x - x_0} + f(x_0) \right] = A(b - x_0) + f(x_0)$$

亦存在. 类似可证 $\lim\limits_{x \to a^+} f(x)$ 存在.

关于凸函数的习题见本节习题 3.4.19 至 3.4.23. 关于凸函数的积分性质，见下章例 4.3.26 至例 4.3.30 以及习题 4.3.26 至习题 4.3.28.

☆ 例 3.4.14[new] 1）是否存在 $\mathbf{R} \to \mathbf{R}$ 的连续可导函数 f，满足：$f(x) > 0$ 且 $f'(x) = f(f(x))$？（北京大学，华中师范大学）

2）若 $f(x) > 0$ 改为 $f(x) \geqslant 0$，结论如何？（华中师范大学）

解 1）不存在！下面证之.

证法 I $f'(x) = f(f(x))$，亦即 $\dfrac{\mathrm{d}}{\mathrm{d}x} f(x) = f(f(x))$，也即 $\dfrac{\mathrm{d}}{\mathrm{d}x}(\cdot) = f(\cdot)$，故

$$f'(x) = f(f(x)) = \frac{\mathrm{d}}{\mathrm{d}x}\left(\frac{\mathrm{d}}{\mathrm{d}x}(x)\right) = 0. \tag{1}$$

但另一方面：$f(x) > 0$（f 在每点上都为正），知 $f'(x) = f(f(x)) = f(y) > 0$（$y = f(x)$）. 与式（1）矛盾. 说明 $f(x) > 0$ 和 $f'(x) = f(f(x))$ 不可能同时满足，故所求的 f 不存在.

证法 II （反证法）假设 $\forall x \in \mathbf{R}, f(x) > 0$ 且 $f'(x) = f(f(x)) > 0$，则 $f(x)$ 严格递增. 于是利用 Lagrange 定理，存在 $\xi \in (-1, 0)$ 使得

$$f(0) - f(-1) = f'(\xi) = f(f(\xi)) > f(0) \text{ (因为 } f(\xi) > 0).$$

于是, $f(-1) < 0$, 与条件: $f(x) > 0 (\forall x \in \mathbf{R})$ 矛盾.

证法 III 由已知条件可知: $f(x)$ 有二阶(乃至任意阶的)导数, 且 $f''(x) > 0$, 因此 $f(x)$ 为严格凸函数(曲线严格在切线之上方). 特别地, $f(0)$ 在如下切线的上方(该切线是 $f(x)$ 在点 $x = -1$ 处的切线):

$$y = f(-1) + f'(-1) \cdot [x - (-1)],$$

即

$$f(0) > f(-1) + f'(-1) \cdot [0 - (-1)] \xlongequal{f'(x) = f(f(x))} f(-1) + f(f(-1)),$$

$$f(0) - f(-1) > f(f(-1)) > f(0) \text{ (因为 } f(-1) > 0).$$

由此得 $f(-1) < 0$. 与"处处 $f(x) > 0$"矛盾!

证法 IV (未学积分的读者, 此段暂缓阅读.)由 $f'(x) = f(f(x)) > 0$ 可知 f 严 $\nearrow$, 故 $f'(x) = f(f(x)) \overset{f(x) > 0}{>} f(0)$, 即 $f'(x) > f(0)$. 两端同时积分, $\int_{-1}^{0} f'(x) \mathrm{d}x > \int_{-1}^{0} f(0) \mathrm{d}x$, 得 $f(0) - f(-1) > f(0)$. 故 $f(-1) < 0$. 这与"处处 $f(x) > 0$"矛盾.

2) 若 1)中的条件 $f(x) > 0$ 改为 $f(x) \geqslant 0$, 则问题只有唯一解, 即 $f(x) \equiv 0$.

事实上, 若 f 为零函数($f(x) \equiv 0$), 则 f 满足一切条件, 显然它是问题的解, 剩下只需证明: 若 $f(x) \not\equiv 0, f(x) \geqslant 0$, 则问题无解.

因此时至少存在一点使得 $f(x) > 0$, 由于连续保号性, 至少有个小区间, 其中 $f(x) > 0$. 再利用 1)中的证 I 即可找出矛盾.

^{new} ****例 3.4.15** 已知函数 $f(x)$ 在 $(-\infty, +\infty)$ 内有二阶连续导数, 满足:

1) $\lim_{x \to \infty} (f(x) - |x|) = 0$; 2) 存在 x_0, 使得 $f(x_0) \leqslant 0$.

证明: $f''(x)$ 在 $(-\infty, +\infty)$ 内变号. (北京大学)

证 1° $\lim_{x \to \infty} (f(x) - |x|) = 0$ 表明: $x \to +\infty$ 时, $f(x) \to +\infty$, 且以 $y = x$ 为渐近线; $x \to -\infty$ 时, $f(x) \to -\infty$, 且以 $y = -x$ 为渐近线.

2° (反证法)若 $f''(x)$ 不变号, 据 1°, 只能 $f''(x) \geqslant 0, f'(x) \nearrow$, 故 $f(x)$ 为凸函数 (凸向下). 已知: $\exists x_0$ 使得 $f(x_0) \leqslant 0$. 下面分三种情况分别讨论: ① $x_0 > 0$; ② $x_0 < 0$; ③ $x_0 = 0$.

① 若 $\exists x_0 > 0$, 使得 $f(x_0) \leqslant 0$, 那么 $f(x_0) \leqslant 0 < x_0$. 此式表明: 在点 $x = x_0$ 处, 曲线 $y = f(x)$ 位于渐近线 $y = x$ 的下方, 且竖直距离为

$$\varepsilon_0 \overset{\text{记}}{=\!=\!=} x_0 - f(x_0) > 0. \tag{1}$$

因为 $\lim_{x \to +\infty} (f(x) - x) = 0$, $\exists \Delta > 0$, 当 $x_1 > \Delta$ 时, 有

$$|f(x_1) - x_1| < \varepsilon_0 \xlongequal{\text{式(1)}} x_0 - f(x_0). \tag{2}$$

于是

$$x_1 - f(x_1) \leqslant |f(x_1) - x_1| \overset{\text{式(2)}}{<} \varepsilon_0 \xlongequal{\text{式(1)}} x_0 - f(x_0),$$

即 $x_1 - x_0 < f(x_1) - f(x_0)$. 故 $\exists \xi_1 \in (x_0, x)$ 使得

$$f'(\xi_1) \xlongequal{\text{Lagrange定理}} \frac{f(x_1) - f(x_0)}{x_1 - x_0} > 1.$$

记 $k = f'(\xi_1)$，则 $y(x) = k(x - \xi_1) + f(\xi_1)$ 是 $f(x)$ 在 $x = \xi_1$ 处的切线. 根据凸函数性质，曲线 $f(x)$ 总在切线上方，故

$$f(x) \geq k(x - \xi_1) + f(\xi_1). \tag{3}$$

由此得

$$f(x) - x \geq (k-1)x - k\xi_1 + f(\xi_1) \to +\infty \quad (x \to +\infty).$$

与已知条件 1) 矛盾.

（**注** 式 (3) 也可利用 Taylor 公式得到：因 $f''(\eta) \geq 0, f'(\xi_1) = k$，故

$$f(x) = f(\xi_1) + f'(\xi_1)(x - \xi_1) + \frac{f''(\eta)}{2}(x - \xi_1)^2 \geq k(x - \xi_1) + f(\xi_1).）$$

② 若 $\exists x_0 < 0$，使得 $f(x_0) \leq 0$，类似可证：当 $x \to -\infty$ 时，也与条件 1) 矛盾.

③ 若 $\exists x_0 = 0$，使得 $f(x_0) \leq 0$.

i) 当 $f(x_0) < 0$ 时，记 $\varepsilon_0 = x_0 - f(x_0) > 0$，用①的方法，推出与条件 1) 矛盾.

ii) 如果 $f(x_0) = f(0) = 0$：$f(x) = |x|$ 不会发生，否则在 $x = 0$ 处 $f(x)$ 不可导（与题设矛盾）. 若 $f(x) \neq |x|$，则 $\exists x_1 \neq 0$ 使得 $f(x_1) > x_1$ 或 $f(x_1) < x_1$.

若 $f(x_1) < x_1$，则回到已讨论的情况①和②.

若 $f(x_1) > x_1 > 0$，因为 $f(0) = 0$，可在 $[0, x_1]$ 上对 $f(x)$ 应用 Lagrange 定理，找出 $\xi_1 : f'(\xi_1) > 1$，如上用 Taylor 公式，导出矛盾.

总之，$f''(x)$ 不变号是错的. 证毕.

注 $f''(x)$ 变号意味着 f 有拐点. 因此本题实际上给出了函数 $f(x)$ 在 $(-\infty, +\infty)$ 上存在拐点的一个充分条件.

^{new} ＊＊**例 3.4.16** 设 $f(x)$ 和 $g(x)$ 在区间 (a,b) 内有定义，且 $\forall x, x_0 \in (a,b)$ 有

$$f(x) - f(x_0) \geq g(x_0)(x - x_0). \tag{1}$$

试证：任何 $x_0 \in (a,b)$，$f(x)$ 在 x_0 处连续，并有左、右单侧导数.（南开大学）

证 I 若记 $k = g(x_0)$ 则式 (1) 可变为

$$f(x) \geq k(x - x_0) + f(x_0) \quad (\forall x, x_0 \in (a,b)).$$

由本节定理 4 知，$f(x)$ 是 (a,b) 上的凸函数. 又由本节定理 3 的推论 4 知，凸函数 $f(x)$ 在每点左、右单侧导数都存在，且 $f'_-(x) \leq f'_+(x)$（虽然可以不相等，但能断言单侧导数存在）. 对 $\forall x \in (a,b)$，$f(x)$ 左、右都连续，因此 $f(x)$ 在 (a,b) 内处处连续.

证 II 由式 (1) 得

$$g(x_3) \geq \frac{f(x_3) - f(x_2)}{x_3 - x_2} \geq g(x_2) \geq \frac{f(x_2) - f(x_1)}{x_2 - x_1} \geq g(x_1) \quad (\forall x_1 < x_2 < x_3).$$

用分数的和比不等式：$\dfrac{a}{b} > \dfrac{c}{d} \Rightarrow \dfrac{a}{b} > \dfrac{a+c}{b+d} > \dfrac{c}{d}$，得

$$g(x_3) \geqslant \frac{f(x_3) - f(x_2)}{x_3 - x_2} \geqslant \frac{f(x_3) - f(x_1)}{x_3 - x_1} \geqslant \frac{f(x_2) - f(x_1)}{x_2 - x_1} \geqslant g(x_1).$$

其中右边两个不等式表明:当 $x_3 \to x_1^+$ 时,$\dfrac{f(x_3) - f(x_1)}{x_3 - x_1}$ 递减有下界. 故 $f'_+(x_1)$ 存在 ($\forall x_1 \in (a,b)$).

同理(用左边两不等式)可证 $f'_-(x_3)$ 存在. 注意:x_1 为任意点,知 (a,b) 里的每点两侧导数都存在,因而 f 在每点左、右都连续,故 f 在 (a,b) 内连续. 证毕.

✎ 单元练习 3.4

3.4.1 1) 设 $b > a > \mathrm{e}$,证明:$a^b > b^a$;(数学一)

2) 比较 π^e 与 e^π 的大小. (复旦大学)

提示 1) $\left(\dfrac{\ln x}{x}\right)' < 0 \Rightarrow \dfrac{\ln x}{x} \searrow \Rightarrow \dfrac{\ln a}{a} > \dfrac{\ln b}{b}$.

3.4.2 设 $0 < b \leqslant a$,证明:$\dfrac{a-b}{a} \leqslant \ln \dfrac{a}{b} \leqslant \dfrac{a-b}{b}$. (兰州大学,四川大学,华中科技大学等)

3.4.3 证明:$2^n \geqslant 1 + n\sqrt{2^{n-1}}$ ($n \geqslant 1$ 为自然数). (北京邮电大学)

提示 只要证 $f(x) = 2^x - 1 - x \cdot \dfrac{2^{\frac{x}{2}}}{\sqrt{2}} \geqslant 0$ (当 $x \geqslant 1$ 时). 而 $f(1) = 0$,$f'(x) > 0$.

3.4.4 设 $f(x)$ 定义在 $[0,c]$ 上,$f'(x)$ 存在且单调下降,$f(0) = 0$,请用 Lagrange 定理证明:对于 $0 \leqslant a \leqslant b \leqslant a+b \leqslant c$,恒有 $f(a+b) \leqslant f(a) + f(b)$. (复旦大学)

提示 原式等价于 $\dfrac{f(a+b) - f(b)}{(a+b) - b} \leqslant \dfrac{f(a) - f(0)}{a - 0}$.

3.4.5 试证:当 $x > 0$ 时,$(x^2 - 1)\ln x \geqslant (x-1)^2$. (数学一)

提示 $x \neq 1$ 时,

$$(x^2 - 1)\ln x - (x-1)^2 = (x-1)^2 \cdot \left[(x+1)\frac{\ln x - \ln 1}{x - 1} - 1\right] \geqslant 0 \quad \left(\frac{x+1}{\xi} > 1\right).$$

3.4.6 设在 $[0,1]$ 上 $f''(x) > 0$,则 $f'(0)$,$f'(1)$,$f(1) - f(0)$ 或 $f(0) - f(1)$ 的大小顺序是 ( ). (数学一) 《B》

(A) $f(1) > f'(0) > f(1) - f(0)$ (B) $f'(1) > f(1) - f(0) > f'(0)$

(C) $f(1) - f(0) > f'(1) > f'(0)$ (D) $f'(1) > f(0) - f(1) > f'(0)$

提示 $f' \nearrow \Rightarrow f(1) - f(0) = f'(\xi) \begin{cases} < f'(1), \\ > f'(0), \end{cases} \quad 0 < \xi < 1.$

3.4.7 已知在 $x > -1$ 里定义的可微函数 $f(x)$ 满足 $f'(x) + f(x) - \dfrac{1}{x+1}\displaystyle\int_0^x f(t)\,\mathrm{d}t = 0$ 和 $f(0) = 1$.

1) 求 $f'(x)$; $\left\langle\left. -\dfrac{\mathrm{e}^{-x}}{x+1} \right.\right\rangle$

2) 证明:$f(x)$ 在 $x \geqslant 0$ 满足 $\mathrm{e}^{-x} \leqslant f(x) \leqslant 1$. (大连理工大学)

提示 1) 将原式求导并与原式联立可得出关于 $y = f'(x)$ 的微分方程 $y' + \dfrac{x+2}{x+1}y = 0$.

2）左边不等式可考虑 $F(x) \equiv f(x) - \mathrm{e}^{-x} \begin{cases} = 0, & \text{当 } x = 0 \text{ 时}, \\ \nearrow, & \text{当 } x \geqslant 0 \text{ 时}. \end{cases}$

3.4.8 已知 $x < 0$，求证：$\dfrac{1}{x} + \dfrac{1}{\ln(1-x)} < 1$. （中国地质大学）

提示 宜令 $x = -t$，原式等价于 $f(t) \equiv t\ln(1+t) + \ln(1+t) - t > 0$，而 $f(0) = f'(0) = 0$，

$f''(t) = \dfrac{1}{1+t} > 0$.

3.4.9 证明：$\dfrac{\mathrm{e}^a - \mathrm{e}^b}{a-b} < \dfrac{\mathrm{e}^a + \mathrm{e}^b}{2}$ $(a \neq b)$. （国外赛题）

提示 设 $a < b$，只需证明 $f(x) = \mathrm{e}^x - \mathrm{e}^a - \dfrac{\mathrm{e}^a + \mathrm{e}^x}{2}(x-a) < 0$，而 $f(a) = f'(a) = 0$，$f''(x) < 0$（当

$x > a$ 时）.

☆**3.4.10** 证明：对自然数 n，有 $0 < \dfrac{\mathrm{e}}{\left(1 + \dfrac{1}{n}\right)^n} - 1 < \dfrac{1}{2n}$.

提示 左边不等式由 $\left(1 + \dfrac{1}{n}\right)^n \nearrow \mathrm{e}$ 自明.

右边不等式等价于 $\ln\left(1 + \dfrac{1}{n}\right) + \dfrac{1}{n}\ln\left(1 + \dfrac{1}{2n}\right) - \dfrac{1}{n} > 0$. 只要证 $f(x) \equiv \ln(1+x) +$

$x\ln\left(1 + \dfrac{1}{2}x\right) - x > 0$，而 $f(0) = f'(0) = 0$，$f''(x) > 0$（当 $x > 0$ 时）.

3.4.11 $x > 1, r > 1$，证明：$x^r > 1 + r(x-1) + \dfrac{1}{2}r(r-1)\left(\dfrac{x-1}{x}\right)^2$.

提示 对函数 $f(x) \equiv x^r = [1 + (x-1)]^r$ 用 Taylor 公式展开至 1 次项，并用 Lagrange 余项.

再提示 $x^r = 1 + r(x-1) + \dfrac{1}{2}r(r-1)\dfrac{\xi^r}{\xi^2}(x-1)^2$ $(1 < \xi < x)$.

☆**3.4.12** 设 $g(x)$ 在 $[a,b]$ 内连续，在 (a,b) 内二阶可导，且 $|g''(x)| \geqslant m > 0$（m 为常数），又

$g(a) = g(b) = 0$. 证明：$\max\limits_{a \leqslant x \leqslant b} |g(x)| \geqslant \dfrac{m}{8}(b-a)^2$. （北京师范大学）

提示 可以看出最大值必在内部某点达到，记此点为 x_0，对 $f(b)$（或 $f(a)$）在 $x = x_0$ 处应用

Taylor 公式. 注意 $|g(x_0)| = \max\limits_{a \leqslant x \leqslant b} |g(x)|$.

再提示 $g(x) = g(x_0) + g'(x_0)(x-x_0) + \dfrac{1}{2}g''(\xi)(x-x_0)^2$.

令 $x = a$ 或 b 得 $0 = g(x_0) + \dfrac{1}{2}g''(\xi)(x-x_0)^2$. 取离 x_0 较远的端点，知

$$|g(x_0)| \geqslant \dfrac{1}{2}|g''(\xi)|\left(\dfrac{b-a}{2}\right)^2 \geqslant \dfrac{m}{8}(b-a)^2.$$

此即欲证之式.

***3.4.13** 证明：$\left(\dfrac{\sin x}{x}\right)^3 \geqslant \cos x$ $\left(0 < |x| < \dfrac{\pi}{2}\right)$. （国外赛题）

提示 宜将 x^3 单独作一项，如变形为：$f(x) \equiv \sin^3 x \cdot (\cos x)^{-1} - x^3 \geqslant 0$（可设 $0 < x < \dfrac{\pi}{2}$，因只

需证明 $x > 0$ 的情况）. 然后证 $f(0) = f'(0) = f''(0) = f'''(0) = 0$，$f^{(4)}(x) > 0$.

注意   此题计算虽很烦琐,但很典型,更能体现 Taylor 公式的意义.

小结   以上各题主要练习用单调性、中值定理、Taylor 公式证明不等式.

☆**3.4.14**   设 $0 < x < y < 1$ 或 $1 < x < y$,证明:$\dfrac{y}{x} > \dfrac{y^x}{x^y}$.（中国科学院）

提示   原式 $\Leftrightarrow x^{y-1} > y^{x-1} \Leftrightarrow \dfrac{y-1}{\ln y} > \dfrac{x-1}{\ln x}$. 因此只要证 $f(x) \equiv \dfrac{x-1}{\ln x} \nearrow$ 或 $f'(x) \geqslant 0$.

再提示 $f'(x) = \dfrac{x\ln x - (x-1)}{x\ln^2 x}$,只需证明 $g(x) = x\ln x - (x-1) > 0$. 但是 $g'(x)$

$$\begin{cases} < 0, & x < 1, \\ = 0, & x = 1, \\ > 0, & x > 1, \end{cases}$$ 故 $g(x) \geqslant \min g(x) = g(1) = 0$.

☆**3.4.15**   若 $p > 1$,证明:对于 $[0,1]$ 内任一 x,有 $x^p + (1-x)^p \geqslant \dfrac{1}{2^{p-1}}$.（南京邮电大学）

提示   利用极值法. $f(x) \equiv x^p + (1-x)^p$,问 $f_{\min} = ?$

再提示 $f'(x)$ $$\begin{cases} < 0, & x < \dfrac{1}{2}, \\ = 0, & x = \dfrac{1}{2}, \\ > 0, & x > \dfrac{1}{2}, \end{cases}$$ $f_{\min} = f\left(\dfrac{1}{2}\right) = \dfrac{1}{2^{p-1}}$.

☆**3.4.16**   设 n 为自然数 $0 < x < 1$,证明:$x^n(1-x) < \dfrac{1}{\mathrm{e}n}$.（江西师范大学）

提示 $f(x) \equiv x^n(1-x) \leqslant \max f = f\left(\dfrac{n}{n+1}\right) = \dfrac{1}{\left(1+\dfrac{1}{n}\right)^{n+1}} \dfrac{1}{n} < \dfrac{1}{\mathrm{e}n}$.

再提示 $g(x) \equiv \left(1+\dfrac{1}{x}\right)^{x+1}$,$g'(x) < 0 \Rightarrow g(n) = \left(1+\dfrac{1}{n}\right)^{n+1} \searrow \mathrm{e} \Rightarrow \left(1+\dfrac{1}{n}\right)^{n+1} > \mathrm{e} \Rightarrow$

$\dfrac{1}{\left(1+\dfrac{1}{n}\right)^{n+1}} < \dfrac{1}{\mathrm{e}}$.

☆**3.4.17**   设 $0 < x < 1$,试证:$\displaystyle\sum_{i=1}^{n} x^i(1-x)^{2i} \leqslant \dfrac{4}{23}$.（中国科学院）

提示   可求通项的最大值.

再提示 $f_i(x) \equiv x^i(1-x)^{2i}$,令 $f'_i(x) = ix^{i-1}(1-x)^{2i-1}(1-3x) = 0$,得 $(0,1)$ 内唯一可疑点 $x = \dfrac{1}{3}$. $f_i\left(\dfrac{1}{3}\right) > f_i(0) = f_i(1) = 0$,故 $\displaystyle\max_{0<x<1} f_i(x) = f_i\left(\dfrac{1}{3}\right)$.

☆**3.4.18**   求出使得下列不等式对所有自然数 n 都成立的最大的数 α 及最小的数 β:

$$\left(1+\dfrac{1}{n}\right)^{n+\alpha} \leqslant \mathrm{e} \leqslant \left(1+\dfrac{1}{n}\right)^{n+\beta}.$$

（中国科学院,北京师范大学）

提示   见例 3.4.7.

小结   以上五题主要练习用极值方法证明不等式,以及用单调极限方法获得不等式.

凸函数

3.4.19 证明:1) 两凸函数之和仍为凸函数;

2) 两递增非负凸函数之积仍为凸函数.

提示 直接用定义 1 可得.

2) 欲证

$$(f \cdot g)(\lambda x_1 + (1-\lambda)x_2) \leqslant \lambda(f \cdot g)(x_1) + (1-\lambda)(f \cdot g)(x_2), \tag{1}$$

而

式(1) 左端 $= f(\lambda x_1 + (1-\lambda)x_2) \cdot g(\lambda x_1 + (1-\lambda)x_2)$

$$\leqslant [\lambda f(x_1) + (1-\lambda)f(x_2)] \cdot [\lambda g(x_1) + (1-\lambda)g(x_2)]$$

$$= \lambda^2 f(x_1)g(x_1) + (1-\lambda)^2 f(x_2)g(x_2) +$$

$$\lambda(1-\lambda)[f(x_1)g(x_2) + f(x_2)g(x_1)]. \tag{2}$$

再提示 式(1)右端 $-$ 式(2)右端 $= \lambda(1-\lambda)[f(x_1) - f(x_2)][g(x_1) - g(x_2)] \geqslant 0$.

☆**3.4.20** 设 $0 < \alpha < 1, x, y \geqslant 0$,证明:$x^\alpha y^{1-\alpha} \leqslant \alpha x + (1-\alpha)y$.(华中科技大学)

提示 $x = 0$ 或 $y = 0$ 时结论自明;$x, y > 0$ 时,

$$原式 \Leftrightarrow \alpha \ln x + (1-\alpha)\ln y \leqslant \ln[\alpha x + (1-\alpha)y] \Leftrightarrow \ln x 为凹函数.$$

因 $(\ln x)'' = -\dfrac{1}{x^2} < 0$,利用定理 5 的推论之对偶结论,结果自明.

3.4.21 设 $f(x)$ 在 $[a, b]$ 上连续,且 $\forall x_1, x_2 \in [a, b], 0 \leqslant \lambda \leqslant 1$,有 $f[\lambda x_1 + (1-\lambda)x_2] \geqslant \lambda f(x_1) + (1-\lambda)f(x_2)$,试证:对任何 $T \in (0, b-a)$,必存在 $x_0 \in (a, b)$,使 $x_0 + T \in [a, b]$,

$$\frac{f(x_0 + T) - f(x_0)}{T} = \frac{f(b) - f(a)}{b - a}. \tag{1}$$

即在 $[a, b]$ 上曲线 $y = f(x)$ 有任意长度(不超过端点弦)平行端点弦的弦.(广西大学)

提示 f 为凹函数,利用定理 3 的 ii)和 iii)之对偶结论(注意凸函数改为凹函数时,不等号反向),可知函数

$$g(x) = \frac{f(x+T) - f(x)}{(x+T) - x} - \frac{f(b) - f(a)}{b - a} \begin{cases} \geqslant 0, & 当 x = a 时, \\ \leqslant 0, & 当 x = b - T 时. \end{cases}$$

故由连续的介值性可得:$\exists x_0 \in (a, b)$ 满足式(1).

☆**3.4.22** 设 $f(x)$ 在 $[a, b]$ 上满足 $f''(x) > 0$,试证:对于 $[a, b]$ 上任意两个不同的点 x_1, x_2,有

$$\frac{1}{2}[f(x_1) + f(x_2)] > f\left(\frac{x_1 + x_2}{2}\right). \tag{1}$$

(陕西师范大学,天津大学等)

提示 $f''(x) > 0 \Rightarrow f(x)$ 严格凸 $\Rightarrow$ 式(1)成立.

或不妨设 $x_1 < x_2$,记 $x_0 = \dfrac{x_1 + x_2}{2}, h = x_2 - x_0 = x_0 - x_1$,则

$$f(x_i) = f(x_0) + f'(x_0)(-1)^i h + \frac{1}{2}f''(\xi_i)h^2 \quad (i = 1, 2),$$

两式相加可得(1).

3.4.23 设 $f(x)$ 是区间 I 上的严格凹函数,即

$$f(\lambda x_0 + (1-\lambda)x_1) > \lambda f(x_0) + (1-\lambda)f(x_1), \forall x_0, x_1 \in I, \forall \lambda \in (0, 1).$$

试证:若 f 有极大值 $f(x_0)$,则 $f(x_0)$ 必为 f 在 I 上的严格最大值,即 $\forall x \in I$,有 $f(x) < f(x_0)$. 因而 f

的极大值若有必唯一.

提示 可用反证法.

再提示 若 $\exists x_1 \in I$ 使 $f(x_1) \geqslant f(x_0)$,则 $\forall \lambda \in (0,1)$,有

$$f(\lambda x_0 + (1-\lambda) x_1) > \lambda f(x_0) + (1-\lambda) f(x_1) \geqslant f(x_0),$$

于是在 x_0 的任意 δ 邻域 $U(x_0, \delta)$ 里 $\left(0 < \delta < \left| x_1 - x_0 \right|\right)$,只要令 $\lambda : 1 - \lambda < \dfrac{\delta}{\left| x_1 - x_0 \right|}$,取 $x = \lambda x_0 + (1-\lambda) x_1$,则 $x \in U(x_0, \delta)$,但 $f(x) = f(\lambda x_0 + (1-\lambda) x_1) > f(x_0)$,与 $f(x_0)$ 为极大值矛盾.

☆ §3.5 导数的综合应用

一、极值问题

要点 函数 $f(x)$ 在某点 x_0 有极大(小)值,意指在 x_0 的某邻域里恒有 $f(x) \leqslant f(x_0)$($f(x) \geqslant f(x_0)$)(将 $\leqslant$($\geqslant$)改为 $<$($>$),则称为严格极值).

求极值的方法步骤:

1)求可疑点. 可疑点包括:i)稳定点(亦称为驻点或逗留点,皆指一阶导数等于零的点);ii)导数不存在的点;iii)区间端点.

2)对可疑点进行判断. 基本方法是

i)直接利用定义判断;

ii)利用实际背景来判断;

iii)查看一阶导数的符号,当 x 从左向右穿越可疑点 x_0 时,

若 $f'(x)$ 由"正"变为"负",则 $f(x_0)$ 为严格极大值;

若 $f'(x)$ 由"负"变为"正",则 $f(x_0)$ 为严格极小值;

若 $f'(x)$ 不变号,则 $f(x_0)$ 不是极值;

iv)若 $f'(x_0) = 0$, $f''(x_0) \begin{cases} >0,则 f(x_0) 为严格极小值, \\ <0,则 f(x_0) 为严格极大值; \end{cases}$

v) $f^{(k)}(x_0) = 0$ $(k = 1, 2, \cdots, n-1)$, $f^{(n)}(x_0) \neq 0$,

若 n 为偶数,则 $f(x_0)$ 为极值: $\begin{cases} f^{(n)}(x_0) > 0 \text{ 时为严格极小值}, \\ f^{(n)}(x_0) < 0 \text{ 时为严格极大值}; \end{cases}$

若 n 为奇数,则 $f(x_0)$ 不是极值.

所谓最值,指最大、最小值. 它要求极值定义里的不等式在整个定义域里统统成立. 也可以说最值是整体极值. 相对而言,前面讲的极值是局部极值. 显然内部最值必为极值,反之未必. 求最值时,有时为了省事,在求出可疑点之后,不判断极大、极小值,可将所有可疑点的值都拿来比较,其中最大、最小者就是整体最大、最小值.

例 3.5.1 讨论在指定点处函数 $f(x)$ 的极值:

1）若 $\lim\limits_{x \to a} \dfrac{f(x) - f(a)}{(x-a)^2} = -1$，在点 $x = a$ 处；（数学一）

2）若 $f(0) = 0$，$f(x)$ 在 $x = 0$ 的某邻域内连续，$\lim\limits_{x \to 0} \dfrac{f(x)}{1 - \cos x} = 2$，在 $x = 0$ 处；（数学一）

3）设 $f(x)$ 有二阶连续导数，且 $f'(0) = 0$，$\lim\limits_{x \to 0} \dfrac{f''(x)}{|x|} = 1$，在 $x = 0$ 处．（数学一）

提示 利用极限之保号性及极值的定义，知 1）中 $f(a)$ 为极大值，2）中 $f(0)$ 为极小值．

3）$\exists \delta > 0$，在 $U_0(0, \delta)$ 内 $\dfrac{f''(x)}{|x|} > 0$，从而 $f''(x) > 0$，$f'(x)$ 严 ↗．而 $f'(0) = 0$，故 x 从左向右穿过 0 点时，$f'(x)$ 由负变正，$f(0)$ 为 f 的极小值．

练习 求函数 $f(x) = |x(x^2 - 1)|$ 的极值以及 $[-2, 2]$ 上的最大、最小值．

解 $f(x) = [\operatorname{sgn}(x(x^2 - 1))] \cdot (x(x^2 - 1))$，

$\qquad f'(x) = [\operatorname{sgn}(x(x^2 - 1))] \cdot (3x^2 - 1) \quad (x \neq 0, \pm 1 \text{ 时})$．

令 $f'(x) = 0$，得 $x = \pm \dfrac{\sqrt{3}}{3}$．

$$f''\left(\frac{\sqrt{3}}{3}\right) = [\operatorname{sgn}(x(x^2 - 1))] \Big|_{x = \frac{\sqrt{3}}{3}} \cdot 6x \Big|_{x = \frac{\sqrt{3}}{3}} = -2\sqrt{3} < 0.$$

故 f 在 $\dfrac{\sqrt{3}}{3}$ 处取极大值．

因 f 为偶函数，在 $-\dfrac{\sqrt{3}}{3}$ 处亦为极大值．

当 $x = 0, \pm 1$ 时，$f(0) = f(1) = f(-1) = 0 \leqslant f(x) (\forall x)$，故为最小值，自然也是极小值．

$f(2) = f(-2) = 6 \geqslant f(x) (\forall x \in [-2, 2])$，故 $f(x)$ 在 $[-2, 2]$ 上最大值为 6，最小值为 0．

[new]例 3.5.2 1）设 $f(x)$ 是 **R** 上的连续函数，试证：若 **R** 的每点都为 $f(x)$ 的极值点，则 $f(x)$ 必为常值函数；（华东师范大学）

2）设 $f(x)$ 是 **R** 上的实值函数，试证：$f(x)$ 在 **R** 上的严格极值点构成的集合最多是可数集；（华东师范大学）

3）证明：连续函数（无常值区间）严格极大、严格极小值必然相间出现，删去连续性可以不成立；

4）下面的论断是否正确，说明理由：

（a）函数在有限区间 $[a, b]$ 上的严格极值点，最多只有有限个；

（b）严格极值点必是孤立的．

证 1）（反证法）非常值函数不可能处处有极值．事实上，若 $f(x) \neq$ 常数，$\exists a, b$ 使得 $f(a) \neq f(b)$，不妨设 $f(a) < f(b)$（对 $f(a) > f(b)$ 类似可证）．利用 $f(x)$ 连续的介值性，容易找出另外两点 a_1, b_1 使得 $a < a_1 < b_1 < b$，$b_1 - a_1 < \dfrac{1}{2}(b - a)$，且 $f(a) < f(a_1) < f(b_1) < f(b)$．（这不难做到：可先在 a, b 之间找出一点 $\eta : a < \eta < b$ 使得 $f(a) < f(\eta) < f(b)$，再在 $(a, \eta), (\eta, b)$ 中分别找出 a_1 和 b_1，使得 $f(a) < f(a_1) < f(\eta) < f(b_1) < f(b)$．）

对 a_1, b_1 重复此项工作,如此不断地做下去,我们就可得到一个区间套:

$$[a,b] \supset [a_1,b_1] \supset [a_2,b_2] \supset \cdots \supset [a_n,b_n] \supset \cdots, \quad 0 \leqslant b_n - a_n \leqslant \frac{1}{2^n}(b-a).$$

利用区间套定理,存在唯一公共点 $\xi \in (a_n, b_n)\,(n=1,2,\cdots)$,这时,$a_n \overset{\text{严}}{\nearrow} \xi$,且 $f(a_n) \overset{\text{严}}{\nearrow} f(\xi)$;$b_n \overset{\text{严}}{\searrow} \xi$,且 $f(b_n) \overset{\text{严}}{\searrow} f(\xi)$.(当 n 充分大时)在点 ξ 的任何邻域里,既有比 $f(\xi)$ 严格大的 $f(b_n)$,又有比 $f(\xi)$ 严格小的 $f(a_n)$. 至此,我们利用介值性,在 $f(x)$ 异值的两点间,总能找到非极值点 $\xi \in \mathbf{R}$."处处皆为极限点"的论断不成立,除非 $f(x)$ 是常值函数.

2)(来证: $\forall n \in \mathbf{Z}$,$\mathbf{R}$ 上的 $f(x)$ 在 $[n, n+1]$ 上的严格极值点最多构成可数集).

① 所谓 f 在点 x_0 取严格极大值,指存在邻域 $U(x_0, r_0) = (x_0 - r_0, x_0 + r_0)$,其中 x_0 是 $U(x_0, r_0)$ 内唯一能使 f 达到最大值的点. 可见 $\forall k \in \mathbf{N}$,(半径 $r_0 \geqslant \frac{1}{k}$ 的)严格极大值点之间至少相距 $\frac{1}{k}$(否则与唯一性矛盾). 将 $[n, n+1]$ 上(半径 $r_0 \geqslant \frac{1}{k}$ 的)严格极大值点构成的集合记作 M_k,那么 M_k 中的成员最多只能有 $2k$ 个(不然 $[n, n+1]$ 上就装不下(抽屉原理)). 可见 $[n, n+1]$ 上全体严格极大值点构成的集合 $\bigcup_{k=1}^{+\infty} M_k$ 是可数集. 同理,严格极小值点也如此. 故知 f 在 $[n, n+1]$ 上的严格极大值点构成可数集.

② 又因 $\mathbf{R} = \bigcup_{n=-\infty}^{+\infty} [n, n+1] \overset{\text{即}}{=\!=\!=} \left(\bigcup_{n=0}^{+\infty} [n, n+1] \right) \bigcup \left(\bigcup_{n=-\infty}^{-1} [n, n+1] \right)$,

而可数集的并仍是可数集. 已证 f 在 $[n, n+1]$ 上的严格极大值点构成可数集,故 $\mathbf{R}$ 上全体严格极值点也构成可数集.

3)(极大与极小相间问题)设 a 和 b 是严格极大值点,(不论间距多么小)在 a,b 之间必有严格极小值点. 这是因为

若 f 连续(且无常值区间),则 f 在 $[a,b]$ 上应有(严格)最小值点 ξ. 既然 a,b 是 f 的极大值点,那么最小值点 ξ 只能出现在 (a,b) 内部:$a < \xi < b$,内点是最小值点,当然是极小值点. 此即"任意两个严格极大值点 a,b 之间必有严格极小值点 ξ". 同理可证:两个严格极小值点之间必有严格极大值点.

若 $f(x)$ 不连续,结论可以不成立. 例如:下面的 $f(x)$,只有极小值点 $\left(x = n \cdot \frac{\pi}{2} \right)$,无极大值点:

$$f(x) = \begin{cases} |\sin x|, & x \neq n\pi + \dfrac{\pi}{2}, \\ 0, & x = n\pi + \dfrac{\pi}{2} \end{cases} \quad (n = 0, \pm 1, \pm 2, \cdots).$$

4)两个论断都不成立,例如在 $[-1, 1]$ 上,定义函数:

$$f(x) = \begin{cases} x\sin\dfrac{1}{x} + 2|x|, & x \neq 0, \\ 0, & x = 0. \end{cases} \tag{1}$$

此函数是偶函数,关于 y 轴对称. 在 $[-1,1]$ 内其图像无限振荡,有无穷多个极值点,原点是最小值点,当然也是极值点. 在它的任一个小邻域内,总有无穷多个极值点,可见极值点未必是孤立的.

例 3.5.3 设 $f(x)$ 是二阶连续可导的偶函数,且 $f''(0)\neq 0$,问 $x=0$ 是否是极值点? 为什么?(吉林大学)

解 因 $f(x)$ 为偶函数,$f'(x)$ 必为奇函数,由 $f'(0)=-f'(0)$ 知 $f'(0)=0$. 故

$$f(x)=f(0)+\frac{1}{2}f''(\xi)x^2 \quad (\xi\ 在\ 0\ 与\ x\ 之间). \tag{1}$$

又 $f''(0)\neq 0$,根据极限保号性,在 $x=0$ 的充分小的邻域里 $f''(x)$(从而 $f''(\xi)$)保持跟 $f''(0)$ 同号,故

$$f(x)\begin{cases} >f(0), & f(0)\ 为极小值\ (当\ f''(0)>0\ 时),\\ <f(0), & f(0)\ 为极大值\ (当\ f''(0)<0\ 时). \end{cases}$$

注 1° 类似可证:若 $f(x)$ 有连续的 n 阶导数,

$$f^{(k)}(x_0)=0\ (k=1,2,\cdots,n-1),\ f^{(n)}(x_0)\neq 0,$$

则

i)当 n 为偶数时,f 有极值:$f^{(n)}(x_0)>0$ 时 $f(x_0)$ 为极小值;$f^{(n)}(x_0)<0$ 时 $f(x_0)$ 为极大值;

ii)当 n 为奇数时,$x=x_0$ 处无极值.

2° 该例中,若将"$f(x)$ 有二阶连续导数"的条件放松为"$f(x)$ 在 $x=0$ 的某个邻域里可导,$x=0$ 处有二阶导数",其余条件不变,结论仍然成立. 因为上面式(1)是带 Lagrange 余项的 Taylor 公式,若改用带 Peano 余项的 Taylor 公式:

$$f(x)=f(0)+\frac{1}{2}f''(0)x^2+o(x^2)=f(0)+\frac{1}{2}[f''(0)+o(1)]x^2,$$

其中 $o(1)$ 为无穷小量(当 $x\to 0$ 时). 可见 $[f''(0)+o(1)]$ 的符号完全由 $f''(0)$ 决定(当 x 与 0 充分接近时),从而后面的推理保持有效.

同理,注 1° 中"有连续的 n 阶导数"的条件可以放松为"f 在 x_0 的某邻域里有 $n-1$ 阶导数,在 x_0 处有 n 阶导数",其余条件不变,结论仍然成立.

3° 注意 1° 和 2° 所述极值存在的条件都只是充分的,不是必要的! 例如

$$f(x)=\begin{cases} e^{-\frac{1}{x^2}}, & x\neq 0,\\ 0, & x=0 \end{cases}$$

在 $x=0$ 处各阶导数皆为 0(见例 3.1.13),在 $x=0$ 处并不满足上述条件,但 $f(x)$ 却明显在 $x=0$ 处有极小值而且是最小值.

new **练习1** 已知 $f(0)<0,f''(x)>0\ (-\infty<x<+\infty)$. 试证:函数 $\dfrac{f(x)}{x}$ 在 $(-\infty,0]$ 与 $[0,+\infty)$ 上分别都是严格单调递增的.(复旦大学)

提示 记 $F(x)=xf'(x)-f(x)$,则 $F(0)=-f(0)>0$,且

$$F'(x) = xf''(x) \begin{cases} >0, & x>0, \\ <0, & x<0. \end{cases}$$

$$F(0) = \min_{x \in \mathbf{R}} F(x) > 0 \Rightarrow F(x) \overset{\text{恒}}{>} 0 (x \neq 0) \Rightarrow \left(\frac{f(x)}{x}\right)' = \frac{F(x)}{x^2} > 0 \Rightarrow \frac{f(x)}{x} \text{严增}.$$

^{new}**练习 2** 已知 $f(x)$ 在 $[a,b]$ 上有四阶导数,且有点 $\beta \in (a,b)$ 使得 $:f^{(3)}(\beta) = 0, f^{(4)}(\beta) \neq 0$. 试证:存在 $(x_1, x_2) \subset (a,b)$,使得

$$f(x_1) - f(x_2) = f'(\beta)(x_1 - x_2). \tag{1}$$

(北京大学)

提示 当 $x_1 \neq x_2$ 时,式(1)等价于:f 在 β 点的切线斜率

$$f'(\beta) = \frac{f(x_1) - f(x_2)}{x_1 - x_2}.$$

f 在 β 点的切线: $\qquad\qquad f(x) = f'(\beta)(x - \beta) + f(\beta)$

作辅助函数 $F(x)$: $F(x) = f(x) - f'(\beta)(x - \beta) - f(\beta)$.

再提示 显然 $F(x)$ 也在 $[a,b]$ 上有四阶导数(如图 3.5.1):

$$F(\beta) = F'(\beta) = 0, \quad F''(\beta) = f''(\beta),$$
$$F'''(\beta) = f'''(\beta) = 0, \quad F^{(4)}(\beta) = f^{(4)}(\beta) \neq 0.$$

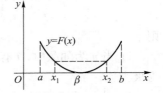

图 3.5.1

利用 Taylor 公式得

$$F(x) = \frac{1}{2} F''(\beta)(x - \beta)^2 + o((x - \beta)^2).$$

可见

i) 若 $F''(\beta) = f''(\beta) > 0$(而 $F(\beta) = F'(\beta) = 0$),则 $F(x)$ 在 $x = \beta$ 处取严格极小值.(利用介值性)在点 $x = \beta$ 的左(右)邻域,分别存在 x_1(和 x_2),使得 $F(x_1) = F(x_2)$,即

$$f(x_1) - f'(\beta)(x_1 - \beta) - f(\beta) = f(x_2) - f'(\beta)(x_2 - \beta) - f(\beta),$$

亦即 $f(x_1) - f(x_2) = f'(\beta)(x_1 - x_2)$,式(1)获证.

ii) 若 $F''(\beta) = f''(\beta) < 0$(而 $F(\beta) = F'(\beta) = 0$),则 $F(x)$ 在 $x = \beta$ 处取严格极大值,同理可得式(1).

iii) 若 $F''(\beta) = f''(\beta) = 0$(加之:上面已有 $F'(\beta) = F'''(\beta) = 0$),且 $f^{(4)}(\beta) \neq 0$,所以不论 $F^{(4)}(\beta) = f^{(4)}(\beta) > 0$(或 < 0),知 $F(x)$ 必在 $x = \beta$ 处取极小值(或极大值),同理可得到式(1). (证毕.)

☆**例 3.5.4** 证明:函数 $f(x) = \left(\dfrac{2}{\pi} - 1\right) \ln x - \ln 2 + \ln(1 + x)$ 在 $(0,1)$ 内只有一个零点. (北京大学)

证 令 $f'(x) = \dfrac{\dfrac{2}{\pi}\left[x - \left(\dfrac{\pi}{2} - 1\right)\right]}{x(1 + x)} = 0$,得 $x = \dfrac{\pi}{2} - 1$. 由

$$f'(x) \begin{cases} >0, & \dfrac{\pi}{2} - 1 < x < 1, \\[2mm] =0, & x = \dfrac{\pi}{2} - 1, \\[2mm] <0, & 0 < x < \dfrac{\pi}{2} - 1, \end{cases}$$

知 $x = \dfrac{\pi}{2} - 1$ 既是极小值点也是 $(0,1)$ 内最小值点,故 $f\left(\dfrac{\pi}{2} - 1\right) < f(1 - 0) = 0$. 在 $\left(\dfrac{\pi}{2} - 1, 1\right)$ 上 $f'(x) > 0$, f 严 ↗, $f(0^+) = +\infty > 0$;在 $\left(0, \dfrac{\pi}{2} - 1\right)$ 上 $f'(x) < 0$, f 严 ↘.

因此, $f(x)$ 在 $\left(0, \dfrac{\pi}{2} - 1\right)$ 内有唯一零点,在 $\left[\dfrac{\pi}{2} - 1, 1\right)$ 上无零点. 故 $f(x)$ 在 $(0,1)$ 只有一个零点.

☆ **例 3.5.5** 设 $f(x) = 1 - x + \dfrac{x^2}{2} - \dfrac{x^3}{3} + \cdots + (-1)^n \dfrac{x^n}{n}$,证明:方程 $f(x) = 0$ 当 n 为奇数时,恰有一实根;当 n 为偶数时,无实根.(昆明理工大学)

证 $f(x) = \displaystyle\sum_{i=1}^{n} (-1)^i \dfrac{x^i}{i} + 1,$

$$f'(x) = \sum_{i=1}^{n} (-1)^i x^{i-1} = \begin{cases} \dfrac{-1 + (-1)^n x^n}{1 + x}, & \text{当 } x \neq -1 \text{ 时,} \\ -n, & \text{当 } x = -1 \text{ 时.} \end{cases}$$

1° 当 $n = 2k + 1$ 时, $f'(x) < 0$, f 严 ↘,又 $f(-\infty) = +\infty$, $f(+\infty) = -\infty$,故 $f(x)$ 有唯一实根.

2° 当 $n = 2k$ 时, $f'(x) \begin{cases} > 0, & \text{当 } x > 1 \text{ 时,} \\ = 0, & \text{当 } x = 1 \text{ 时,} \\ < 0, & \text{当 } x < 1 \text{ 时.} \end{cases}$ 故 $f(1) = \min\limits_{\mathbf{R}} f(x).$

$$f(x) = 1 + \sum_{i=1}^{2k} (-1)^i \dfrac{x^i}{i} \bigg|_{x=1}$$

$$= (1 - 1) + \left(\dfrac{1}{2} - \dfrac{1}{3}\right) + \cdots + \left(\dfrac{1}{2k - 2} - \dfrac{1}{2k - 1}\right) + \dfrac{1}{2k} > 0,$$

故 $\forall x \in \mathbf{R}$, $f(x) \geq f(1) > 0$, f 无实根.

☆ **例 3.5.6** 已知小球半径为 r,求其外切圆锥的最小体积.(华中师范大学)

解 I 如图 3.5.2,记圆锥底圆半径为 R,圆锥高为 h,圆锥中轴线与母线夹角为 θ,则

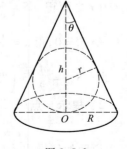

$$\dfrac{R}{h} = \tan\theta = \dfrac{r}{\sqrt{(h - r)^2 - r^2}} = \dfrac{r}{\sqrt{h^2 - 2rh}}, \quad R^2 = \dfrac{r^2 h}{h - 2r}.$$

故圆锥体积 $\quad V = \dfrac{1}{3}\pi R^2 \cdot h = \dfrac{\pi r^2}{3} \cdot \dfrac{h^2}{h - 2r}.$

令 $\left(\dfrac{h^2}{h - 2r}\right)'_h = \dfrac{h(h - 4r)}{(h - 2r)^2} = 0$,得 $h = 0$, $h = 4r$. 0 不合题意,故 $h = 4r$.

图 3.5.2

$$V' = \dfrac{\pi r^2}{3} \cdot \dfrac{h(h - 4r)}{(h - 2r)^2},$$

在 $h = 4r$ 邻域里从左到右由负变为正,故

$$V_{\min} = \frac{\pi r^2}{3} \cdot \frac{h^2}{h - 2r} \bigg|_{h = 4r} = \frac{8\pi r^3}{3}.$$

解 II $h = \dfrac{r}{\sin\theta} + r = \dfrac{1 + \sin\theta}{\sin\theta} \cdot r, R = h \cdot \tan\theta,$

$$V = \frac{1}{3}\pi(h\tan\theta)^2 \cdot h = \frac{1}{3}\pi r^3 \frac{(\sin\theta + 1)^3}{\sin\theta\cos^2\theta} \xrightarrow{\ \diamond\ \sin\theta = x\ } \frac{1}{3}\pi r^3 \frac{(1 + x)^2}{x(1 - x)}.$$

令 $\left[\dfrac{(1 + x)^2}{x(1 - x)}\right]' = 0$, 得 $x_1 = \dfrac{1}{3}, x_2 = -1$（舍去）, 实际背景有最小值, 只有一个可疑点.

故 $$V_{\min} = \frac{8}{3}\pi r^3 \left(这时 \sin\theta = \frac{1}{3}\right).$$

注 求实际问题之极值:(1) 要明确目标函数;(2) 必须选择恰当的自变量, 使之能最简捷地表达目标函数.

二、导数在几何中的应用(举例)

例 3.5.7 1) 求曲线 $\Gamma : y = x^2 - 1 (x > 0)$ 上一点 P, 作 Γ 的切线, 与坐标轴交于 M, N(如图 3.5.3), 试求点 P 坐标使 $\triangle OMN$ 的面积最小;(同济大学)

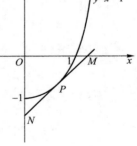

^{new}☆ 2) 已知星形线 L 的方程:$x^{\frac{2}{3}} + y^{\frac{2}{3}} = a^{\frac{2}{3}} (a > 0)$. 求其切线与两条坐标轴围成的三角形面积的最大值.(中国科学院)

解 1) $P(x, y)$ 处切线为(斜率为 $(x^2 - 1)' = 2x$)

$$Y = 2x(X - x) + y.$$

令 $X = 0$ 和 $Y = 0$, 可得

$$N = (0, y - 2x^2), M = \left(x - \frac{y}{2x}, 0\right).$$

图 3.5.3

$\triangle OMN$ 之面积 $S = \dfrac{1}{4}\left(x^3 + 2x + \dfrac{1}{x}\right).$

令 $S'_x = 0$, 得 $x = \dfrac{1}{3}\sqrt{3}$（负值被舍去）. 实际背景知存在最小值, 又只有一个可疑点, 故 $S_{\min} = \dfrac{4}{9}\sqrt{3}$ $\left(此时 P 的坐标为 \left(\dfrac{1}{3}\sqrt{3}, -\dfrac{2}{3}\right)\right).$

2) **提示** 点 $(x_0, y_0) \in L$ 处, 切线方程为

$$x_0^{-\frac{1}{3}}x + y_0^{-\frac{1}{3}}y = a^{\frac{2}{3}}. \tag{1}$$

下面说明如何导出式(1).

方法 I 记 $F(x, y) = x^{\frac{2}{3}} + y^{\frac{2}{3}} - a^{\frac{2}{3}}$, 因 $F'_x = \dfrac{2}{3}x^{-\frac{1}{3}}, F'_y = \dfrac{2}{3}y^{-\frac{1}{3}}$, 故 L 在 (x_0, y_0) 处法线的方向数为:$x_0^{-\frac{1}{3}}, y_0^{-\frac{1}{3}}$. (方向数里公共因子 $\dfrac{2}{3}$ 可以删除.) 于是 L 在 (x_0, y_0) 处

的切线方程为

$$0 = (F'_x, F'_y) \cdot (x - x_0, y - y_0) = F'_x \cdot (x - x_0) + F'_y \cdot (y - y_0),$$

亦即 $0 = x_0^{-\frac{1}{3}} x + y_0^{-\frac{1}{3}} y - (x_0^{-\frac{1}{3}} x_0 + y_0^{-\frac{1}{3}} y_0) = x_0^{-\frac{1}{3}} x + y_0^{-\frac{1}{3}} y - a^{\frac{2}{3}}.$ 移项即得式(1).

方法 Ⅱ 对 $F(x,y) = 0$ 用隐式微分法得

$$y'(x_0) = -\frac{F'_x}{F'_y}\bigg|_{(x_0, y_0)} = -\frac{x_0^{-\frac{1}{3}}}{y_0^{-\frac{1}{3}}}.$$

代入点斜式方程:$y = y'_x|_{x = x_0} (x - x_0) + y_0$,也可得切线方程(1).

解法 Ⅰ 式(1)中,令 $y = 0$,得切线在 x 轴上的截距为 $a^{\frac{2}{3}} x_0^{\frac{1}{3}}$;同理可得:在 y 轴上的截距为 $a^{\frac{2}{3}} y_0^{\frac{1}{3}}$.切线与坐标轴所围三角形面积:

$$S_\triangle = \frac{1}{2} a^{\frac{2}{3}} x_0^{\frac{1}{3}} \cdot a^{\frac{2}{3}} y_0^{\frac{1}{3}} = \frac{1}{2} a^{\frac{4}{3}} \cdot x_0^{\frac{1}{3}} y_0^{\frac{1}{3}}. \tag{2}$$

因此

$$\max S_\triangle = \frac{1}{2} a^{\frac{4}{3}} \max x_0^{\frac{1}{3}} \cdot y_0^{\frac{1}{3}} \xlongequal{x_0 = y_0 = \frac{a}{\sqrt{8}}} \frac{1}{4} a^2.$$

(均值不等式:$x_0^{\frac{1}{3}} y_0^{\frac{1}{3}} \leqslant \frac{1}{2} (x_0^{\frac{2}{3}} + y_0^{\frac{2}{3}}) = \frac{1}{2} a^{\frac{2}{3}}$,当且仅当 $x_0 = y_0$ 时,等号成立,此时乘积达到最大.)

解法 Ⅱ 利用星形线 L 的参数方程:$x = a\cos^3\theta, y = a\sin^3\theta$,代入(2),所求的三角形面积为

$$S_\triangle = \frac{1}{2} a^2 \cos\theta\sin\theta = \frac{1}{4} a^2 \sin 2\theta,$$

故

$$\max S_\triangle = S_\triangle|_{\theta = \frac{\pi}{4}} = \frac{1}{4} a^2.$$

解法 Ⅲ (视察法)(仅适用于验算或抢答)如图 3.5.4,用 M 表示曲线 L 与第一象限分角线 $y = x$ 的交点,让切点 P 沿曲线滑动,则切点 P 滑到 $M = \left(\frac{1}{\sqrt{8}} a, \frac{1}{\sqrt{8}} a\right)$ 时,面积 $S_\triangle$ 达最大,此时 $x_0 = y_0 = \frac{a}{\sqrt{8}}$. 故

$$\max S_\triangle = S_\triangle|_M = 2\left(\frac{a}{\sqrt{8}}\right)^2 = \frac{1}{4} a^2.$$

☆ **例 3.5.8** 求曲线 $x = \frac{3at}{1 + t^2}$, $y = \frac{3at^2}{1 + t^2}$ 在 $t = 2$ 处的切线方程与法线方程.(中北大学)

提示 切线方程为

$$y = \left(\frac{y'_t}{x'_t}\right)\bigg|_{t = 2} (x - x(2)) + y(2),$$

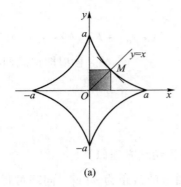

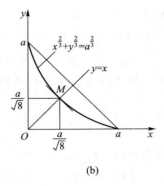

(a)　　　　　　　　　　　　　　(b)

图 3.5.4

得 $$4x + 3y - 12a = 0.$$

法线方程为

$$y = -\left(\frac{x'_t}{y'_t}\right)\Big|_{t=2}(x - x(2)) + y(2),$$

得 $$3x - 4y + 6a = 0.$$

例 3.5.9　求对数螺线 $\rho = e^{\theta}$ 在点 $(\rho, \theta) = \left(e^{\frac{\pi}{2}}, \frac{\pi}{2}\right)$ 处切线的直角坐标方程.（数学一）

提示　可先改写为参数方程：$\begin{cases} x = e^{\theta}\cos\theta, \\ y = e^{\theta}\sin\theta, \end{cases}$ 于是在 $\theta = \frac{\pi}{2}$ 处切线为

$$y = \left(\frac{y'_{\theta}}{x'_{\theta}}\right)\Big|_{\theta=\frac{\pi}{2}}\left(x - x\left(\frac{\pi}{2}\right)\right) + y\left(\frac{\pi}{2}\right),$$

最后得 $$x + y = e^{\frac{\pi}{2}}.$$

例 3.5.10　设 $f(x)$ 有连续二阶导数. 已知曲线 $c: y = f(x)$ 在点 $M(x, f(x))$ 处之曲率圆

$$(x-a)^2 + (y-b)^2 = R^2 \tag{1}$$

跟曲线 c 在点 M 相切（圆心落于凹向的一侧），在点 M 该圆与曲线 c 有相等的一、二阶导数，试求 a, b, R 的表达式.

解　将 y 看成式（1）所确定的 x 的函数. 在式（1）两端同时对 x 求导，得

$$y' = \frac{a-x}{y-b}, \tag{2}$$

将式（2）再对 x 求导，得 $1 + y'^2 + (y-b)y'' = 0$，即

$$y'' = -\frac{1+y'^2}{y-b} \xlongequal{\text{式}(2)} -\frac{(y-b)^2 + (x-a)^2}{(y-b)^3}. \tag{3}$$

简记 $Z = x - a, Y = y - b$，注意到上面的 y', y'' 是曲率圆的导数，它们应跟曲线 c 的导数 f', f'' 相等.

由式（2）得 $$Z = -Yf'(x).$$

由式(3)得

$$\frac{Z^2 + Y^2}{Y^3} = -f''(x),$$

联立解出 Z, Y,最后得

$$a = x - \frac{f'(1 + f'^2)}{f''}, \quad b = y + \frac{1 + f'^2}{f''}, \quad R^2 = Z^2 + Y^2 = \frac{(1 + f'^2)^3}{f''^2}.$$

例 3.5.11　求曲线 $y = \tan x$ 在点 $\left(\dfrac{\pi}{4}, 1\right)$ 处的曲率圆方程.(山东大学)

提示　应用上例的结果,算出 a, b, R,代入(1)可得

$$\left(x - \frac{\pi - 10}{4}\right)^2 + \left(y - \frac{9}{4}\right)^2 = \frac{125}{16}.$$

三、导数的实际应用(举例)

例 3.5.12　某船从点 B 出发以恒定速度 v 向东航行,观察者在点 B 正南距离为 s 的点 A 进行观察,问视线跟随偏转到分别为多少度时,感觉船速是 B 处船速的 $\dfrac{3}{4}, \dfrac{1}{2}, \dfrac{1}{4}$?

解　观察者的感觉船速是视线的偏转速度.如图 3.5.5,用 θ 表示视线偏转角度,t 表示时间,则 θ 是时间的函数,且

$$s \cdot \tan \theta = v \cdot t.$$

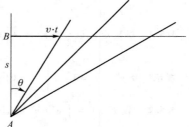

图 3.5.5

求导知

$$\theta_t = \frac{v}{s} \cos^2 \theta.$$

感觉船速是起始时速度的 $\dfrac{3}{4}$,即

$$\frac{v}{s} \cos^2 \theta = \frac{3}{4} \theta'(0) = \frac{3}{4} \frac{v}{s} \cos^2 0,$$

解得 $\cos^2 \theta = \dfrac{3}{4}$,故 $\theta = 30°$.

类似可得当 $\theta = 45°$ 和 $60°$ 时,感觉船速分别是起始时速度的 $\dfrac{1}{2}$ 和 $\dfrac{1}{4}$.

☆例 3.5.13　将长度为 l 的均匀细棒放入内空半径为 a 的半球面的杯中,已知 $2a < l < 4a$,如不计摩擦力,问什么状况才是平衡位置?

解　根据物理知识,均匀细棒的重心在中点,平衡位置重心最低.

如图 3.5.6,AB 表示细棒,M 为其中心(即重心),CD 为杯口直径,$\angle CBD = 90°$,$ME \perp CD$.设棒在杯内的部分 CB 之长度为 x,于是问题化为:当 x 为多少时,棒的重心最低,即 EM 长度最大?记 $h = EM$ 之长度,$\theta = \angle DCB$. 则

$$\frac{h}{x - \dfrac{l}{2}} = \sin \theta = \frac{\sqrt{4a^2 - x^2}}{2a},$$

解得 $h = \dfrac{1}{2a}\left(x - \dfrac{l}{2}\right)\sqrt{4a^2 - x^2}$,求导得

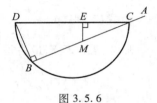

图 3.5.6

$$h'_x = \frac{4a^2 - 2x^2 + \dfrac{l}{2}x}{2a\ \sqrt{4a^2 - x^2}}.$$

令 $h'_x = 0$,在 $h > 0$ 范围只有唯一解

$$x = \frac{l}{8} + \sqrt{\frac{l^2}{64} + 2a^2}.$$

因平衡点客观存在,故可断言杯内长度为此数时重心最低,是平衡位置.

四、导数在求极限中的应用

见 §1.3 中例 1.3.12 和例 1.3.13.

✎ 单元练习 3.5

3.5.1 试确定 a,b,c,使 $y = x^3 + ax^2 + bx + c$ 在 $x = 1$ 处有拐点,在 $x = 0$ 处有极大值 1.(江南大学)

$《a = -3, b = 0, c = 1》$

提示 令 $y''\Big|_{x=1} = 0$,$y'\Big|_{x=0} = 0$,$y\Big|_{x=0} = 1$,联立求解.

3.5.2 设 $F(x) = \displaystyle\int_0^x e^{-t}\cos t\,dt$,试求 $F(x)$ 在 $[0, \pi]$ 上的极大值与极小值.(北方交通大学)

$《x = \dfrac{\pi}{2}$ 处取极大值 $F\left(\dfrac{\pi}{2}\right) = \dfrac{e^{-\frac{\pi}{2}} + 1}{2}$,$x = 0$ 和 $x = \pi$ 处取极小值 $F(0) = 0$,$F(\pi) = -\dfrac{e^{-\pi} + 1}{2}》$

☆3.5.3 作函数 $f(x) = \left| x + 2 \right| e^{-\frac{1}{x}}$ 图.(清华大学)

解 $f(-\infty) = +\infty$.

当 $x < -2$ 时,$f(x) = -(x+2)e^{-\frac{1}{x}}$,这时

$$f'(x) = -\frac{e^{-\frac{1}{x}}(x^2 + x + 2)}{x^2} < 0,$$

$f(x)$ 严 ↘,$f''(x) > 0$,凹向上. $\forall x \neq 0$,有 $f(x) \geq 0 = f(-2)$,故在 $x = -2$ 处取最小值 0.

$$f'_-(-2) = \lim_{x \to -2^-} \frac{-(x+2)e^{-\frac{1}{x}} - 0}{x - (-2)} = -e^{\frac{1}{2}},$$

$$f'_+(-2) = \lim_{x \to -2^+} \frac{(x+2)e^{-\frac{1}{x}} - 0}{x - (-2)} = e^{\frac{1}{2}}.$$

故 $x = -2$ 处导数不存在. 曲线在此点与 x 轴相交,但不相切.

当 $x > -2$ 时,$f(x) = (x+2)e^{-\frac{1}{x}}$ $(x \neq 0)$,这时

$$f'(x) = \frac{e^{-\frac{1}{x}}(x^2 + x + 2)}{x^2} > 0,$$

f 严 ↗. $f''(x) = \dfrac{e^{-\frac{1}{x}}}{x^4}(2 - 3x)$:$x < \dfrac{2}{3}$ 时 $f''(x) > 0$,凹向上;$x > \dfrac{2}{3}$ 时 $f''(x) < 0$,曲线凹向下,故 $x = \dfrac{2}{3}$

处有拐点. $x = 0$ 处,$f(0-0) = \lim\limits_{x \to 0^-} (x+2) e^{-\frac{1}{x}} = +\infty$. 以上表明曲线在 $[-2,0)$ 从零单调上升(凹向上)趋向 $+\infty$,以 y 轴为垂直渐近线.

$$f(0+0) = \lim\limits_{x \to 0^+} (x+2) e^{-\frac{1}{x}} = 0, f(+\infty) = +\infty,$$

$$\lim\limits_{x \to +\infty} \frac{f(x)}{x} = \lim\limits_{x \to +\infty} \frac{(x+2) e^{-\frac{1}{x}}}{x} = 1,$$

$$\lim\limits_{x \to +\infty} [f(x) - x] = \lim\limits_{x \to +\infty} [(x+2) e^{-\frac{1}{x}} - x] = \lim\limits_{x \to +\infty} \frac{\left(1 + \frac{2}{x}\right) e^{-\frac{1}{x}} - 1}{\frac{1}{x}}$$

$$\xlongequal{令 t = \frac{1}{x}} \lim\limits_{t \to 0^+} \frac{(1 + 2t) e^{-t} - 1}{t} \xlongequal{\text{L'Hospital法则}} \lim\limits_{t \to 0^+} [2e^{-t} - (1 + 2t) e^{-t}] = 1,$$

因此曲线在 $(0, +\infty)$ 内从 0^+ 单调上升(凹向上)至 $x = \frac{2}{3}$ 拐为凹向下,继续上升趋向 $+\infty$,并以 $y = x+1$ 作为斜渐近线. 总之该曲线的图像如图 3.5.7.

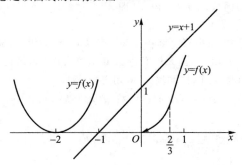

图 3.5.7

注 该题几乎概括了用导数作图的全部内容,还连带考查了极限. 综合性很强,值得关注. 如果函数还有奇、偶性或周期性,应充分利用,以减少工作量.

3.5.4 写出下列函数的渐近线:

1)曲线 $y = x\sin\frac{1}{x}(x>0)$; 2)曲线 $y = \dfrac{1 + e^{-x^2}}{1 - e^{-x^2}}$.(数学一)

提示 1)为偶函数,其图形关于 y 轴对称,只有水平渐近线 $y = 1$ $\left(\lim\limits_{x \to \pm\infty} \dfrac{\sin\frac{1}{x}}{\frac{1}{x}} = 1 \right)$;

2)为偶函数,其图形关于 y 轴对称,有一水平渐近线 $y = 1$ 和一竖直渐近线 $x = 0$ $\left(\text{因} \lim\limits_{x \to \pm\infty} \dfrac{1 + e^{-x^2}}{1 - e^{-x^2}} = 1, \lim\limits_{x \to 0} \dfrac{1 + e^{-x^2}}{1 - e^{-x^2}} = +\infty \right)$.

3.5.5 已知一直线切曲线 $y = 0.1x^3$ 于 $x = 2$,且交此曲线于另一点,求此点坐标.(上海科技大学) 《$(-4, -6.4)$》

提示 切线为 $y = 1.2(x-2) + 0.8$,结合 $y = 0.1x^3$ 求得交点为 $(-4, -6.4)$.

☆**3.5.6** 试在一半径为 R 的半圆内作一面积最大的矩形.(山东大学)

提示 设半圆 $x^2 + y^2 = R^2$ （$y \geqslant 0$）.

$S = 2x\sqrt{R^2 - x^2}$，令 $S'_x = 0$ 得 $x = \dfrac{1}{\sqrt{2}}R, y = \dfrac{1}{\sqrt{2}}R$.

或 $S = 2xy = R^2 \sin 2\theta$，令 $S'_\theta = 0$，得 $\theta = \dfrac{\pi}{4}, x = \dfrac{1}{\sqrt{2}}R, y = \dfrac{1}{\sqrt{2}}R$.

最大面积矩形 $ABCD$ 为 $A\left(\dfrac{\sqrt{2}}{2}R, \dfrac{\sqrt{2}}{2}R\right), B\left(-\dfrac{\sqrt{2}}{2}R, \dfrac{\sqrt{2}}{2}R\right), C\left(-\dfrac{\sqrt{2}}{2}R, 0\right), D\left(\dfrac{\sqrt{2}}{2}R, 0\right)$.

3.5.7 函数 $f(x)$ 在 $(-\infty, +\infty)$ 内连续，其导函数 $f'(x)$ 的图像如图 3.5.8 所示，问函数 $f(x)$ 有几个极大、极小值点.（数学一）

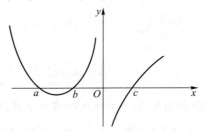

提示 图 3.5.8 是导函数的图像，从中可找出四个可疑点，并可根据导数符号的变化判断是极大值点还是极小值点.

图 3.5.8

3.5.8 设 $f(x)$ 是 $(-\infty, +\infty)$ 内定义的严格递增函数，$g(x)$ 是某区间 I 上的函数，$x_0 \in I$ 为内点（即 $\exists \delta > 0$，使得 $U(x_0, \delta) \subset I$），试证：

1）$x = x_0$ 为 $g(x)$ 的极大（极小）值点 $\Leftrightarrow f(g(x))$ 亦以 $x = x_0$ 为极大（极小）值点；

2）函数 $g(x)$ 无极值 $\Leftrightarrow f(g(x))$ 亦无极值. f 在 **R** 上严 $\searrow$ 有类似结论.

提示 因 f 严 $\nearrow$，$g(x)$ 与 $f(g(x))$ 同增、同减用定义易证.

3.5.9 设 $g(x), h(x)$ 是某区间 I 上的两函数，$g(x) \neq h(x)$，且 $h \neq 0$，试证：只有如下两种可能性：

1）$\dfrac{g(x)}{h(x)}$ 无极值 $\Leftrightarrow \dfrac{g(x) - h(x)}{g(x) + h(x)}$ 亦无极值；

2）$\dfrac{g(x)}{h(x)}$ 与 $\dfrac{g(x) - h(x)}{g(x) + h(x)}$ 有相同的极大、极小值点.

提示 设 $f(x) = \dfrac{x-1}{x+1}$，则 $f'(x) = \dfrac{2}{(x+1)^2} > 0$，$f(x)$ 严 $\nearrow$，且 $\dfrac{g(x) - h(x)}{g(x) + h(x)} = f\left(\dfrac{g(x)}{h(x)}\right)$. 然后利用上题.

3.5.10 证明：函数 $f(x) = \dfrac{(x-1)(x+2)}{(x+1)(x-2)}$ 在 $(1, 2)$ 内无极值.

提示 宜用对数导数方法求导：对 $1 < x < 2$，$(\ln|f(x)|)' = \dfrac{1}{x-1} + \dfrac{1}{x+2} - \dfrac{1}{x+1} + \dfrac{1}{2-x} > 0$，

$f(x) < 0$，故 $f'(x) = \dfrac{f'(x)}{f(x)} \cdot f(x) = (\ln|f(x)|)' \cdot f(x) < 0$，所以 f 在 $(1, 2)$ 内无极值.

3.5.11 设函数 $f(x)$ 在区间 I 上连续，且在 I 上无恒等于常数的子区间，若 $f(x)$ 在 I 上既有极大值又有极小值，试证：其极大、极小值只可能交错地出现，并且每个极大值必与之相邻的极小值大.

提示 可用反证法.

设 $x_1 < x_2$ 为相邻两极值点，由 f 的连续性，在 $[x_1, x_2]$ 上必有最大、最小值. 如最大或最小值在 (x_1, x_2) 内部达到，则得出矛盾.

☆3.5.12 一个圆锥面如果沿某一母线剪开，展平，就会得到一个扇形（如图 3.5.9）. 反之，

每个扇形可卷成圆锥面. 问半径为 R 的扇形中心角为多大时,卷成的圆锥面体积最大?

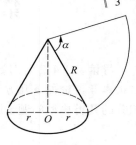

提示 $2\pi r = R\alpha$,体积

$$V = \frac{1}{3}\pi r^2 \sqrt{R^2 - r^2}.$$

令 $V'_r = 0$,得 $r = \frac{\sqrt{6}}{3}R$. 故 $\alpha = \frac{2\sqrt{6}}{3}\pi$.

☆**3.5.13** 求椭圆 $x^2 + \frac{y^2}{4} = 1$ 在第一象限部分的切线,使它被坐标轴截下的线段最短.

图 3.5.9

提示 椭圆上点 (x,y) 处切线方程为

$$\frac{Xx}{1^2} + \frac{Yy}{2^2} = 1 \quad ((X,Y)\text{为切线上的流动点}).$$

令 $X = 0$(和 $Y = 0$),可得切线在 y 轴(和 x 轴)上的截距.

再提示 截下的线段长为

$$l = \sqrt{\frac{1}{x^2} + \frac{16}{y^2}} \quad (\text{其中 } y^2 = 4(1 - x^2)),$$

取 $f(x) = l^2 = \frac{1}{x^2} + \frac{4}{1 - x^2}$ 作为目标函数,令 $f'(x) = 0$,得 $x = \frac{1}{3}\sqrt{3}$,$y = \sqrt{\frac{8}{3}}$. 所求切线方程为

$$X + \frac{\sqrt{2}}{2}Y = \sqrt{3}.$$

第四章 一元函数积分学

导读 §4.2针对数学院系学生,其余四节适合本书各类读者.

本章讨论如下几方面内容:积分与极限,可积性,积分值的估计、积分不等式与定积分的几类典型问题,几个著名的不等式,反常积分.

§4.1 积分与极限

一、利用积分求极限

要点 定积分是积分和的极限,因此求某个表达式的极限,若能将表达式写成某可积函数的积分和(或 Darboux 和),那么极限就等于此函数的积分.

*例 4.1.1 求 $\lim\limits_{n\to\infty}\dfrac{\left[1^{\alpha}+3^{\alpha}+\cdots+(2n+1)^{\alpha}\right]^{\beta+1}}{\left[2^{\beta}+4^{\beta}+\cdots+(2n)^{\beta}\right]^{\alpha+1}}$ $(\alpha,\beta\neq-1)$.

解 $\dfrac{\left[1^{\alpha}+3^{\alpha}+\cdots+(2n+1)^{\alpha}\right]^{\beta+1}}{\left[2^{\beta}+4^{\beta}+\cdots+(2n)^{\beta}\right]^{\alpha+1}}$

$$=2^{\alpha-\beta}\frac{\left\{\dfrac{2}{n}\left[\left(\dfrac{1}{n}\right)^{\alpha}+\left(\dfrac{3}{n}\right)^{\alpha}+\cdots+\left(\dfrac{2n+1}{n}\right)^{\alpha}\right]\right\}^{\beta+1}}{\left\{\dfrac{2}{n}\left[\left(\dfrac{2}{n}\right)^{\beta}+\left(\dfrac{4}{n}\right)^{\beta}+\cdots+\left(\dfrac{2n}{n}\right)^{\beta}\right]\right\}^{\alpha+1}}$$

$$=2^{\alpha-\beta}\frac{\left[\sum\limits_{i=1}^{n}\left(\dfrac{2i-1}{n}\right)^{\alpha}\dfrac{2}{n}+\left(\dfrac{2n+1}{n}\right)^{\alpha}\dfrac{2}{n}\right]^{\beta+1}}{\left[\sum\limits_{i=1}^{n}\left(\dfrac{2i}{n}\right)^{\beta}\dfrac{2}{n}\right]^{\alpha+1}}$$

$$\longrightarrow 2^{\alpha-\beta}\frac{\left(\int_{0}^{2}t^{\alpha}dt\right)^{\beta+1}}{\left(\int_{0}^{2}t^{\beta}dt\right)^{\alpha+1}}=2^{\alpha-\beta}\frac{(\beta+1)^{\alpha+1}}{(\alpha+1)^{\beta+1}}\quad(n\to\infty).$$

这里把 $\sum\limits_{i=1}^{n}\left(\dfrac{2i-1}{n}\right)^{\alpha}\dfrac{2}{n}$ 与 $\sum\limits_{i=1}^{n}\left(\dfrac{2i}{n}\right)^{\beta}\dfrac{2}{n}$ 分别看成 $f(t)=t^{\alpha}$ 与 $g(t)=t^{\beta}$ 在 $[0,2]$ 上的积分和,其分划是将 $[0,2]$ n 等分,ξ_i 分别取小区间的中点与右端点.

^{new}***练习** 设 $f(x)$ 在 $[0,1]$ 上连续,求证:

$$\lim_{n\to\infty}\frac{1}{n}\sum_{k=1}^{n-1}(-1)^{k+1}f\left(\frac{k}{n}\right)=0. \tag{1}$$

（南开大学）

提示
$$a_n \stackrel{\text{记}}{=} \frac{1}{n} \sum_{k=1}^{n} (-1)^{k+1} f\left(\frac{k}{n}\right) \tag{2}$$

$\left(\text{式}(2)\text{比}(1)\text{多一项}: \frac{1}{n} f\left(\frac{n}{n}\right)\right)$，但 $\lim\limits_{n\to\infty} \frac{1}{n} f\left(\frac{n}{n}\right) = 0$，故"原问题"等价于证明：

$$\lim_{n\to\infty} a_n = 0.$$

证 I　$a_n = \begin{cases} \dfrac{1}{n} \sum\limits_{k=1}^{n} f\left(\dfrac{k}{n}\right) - \dfrac{2}{n} \sum\limits_{k=1}^{m} f\left(\dfrac{2k}{n}\right), & \text{当 } n = 2m \text{ 时}, \\[3mm] \dfrac{1}{n} \sum\limits_{k=1}^{n} f\left(\dfrac{k}{n}\right) - \dfrac{2}{n} \sum\limits_{k=1}^{m} f\left(\dfrac{2k}{n}\right), & \text{当 } n = 2m+1 \text{ 时}. \end{cases}$

（注　意思是

$$b_1 - b_2 + b_3 - b_4 = (b_1 + b_2 + b_3 + b_4) - 2(b_2 + b_4),$$
$$b_1 - b_2 + b_3 - b_4 + b_5 = (b_1 + b_2 + b_3 + b_4 + b_5) - 2(b_2 + b_4).)$$

注意到
$$\frac{1}{n} \sum_{k=1}^{n} f\left(\frac{k}{n}\right) \to \int_0^1 f(x)\,\mathrm{d}x \stackrel{\text{记}}{=} I \text{（当 } n \to \infty \text{ 时）}.$$

$\dfrac{2}{n} \sum\limits_{k=1}^{m} f\left(\dfrac{2k}{n}\right)$ 是：先将 $[0,1]$ 进行 $2m = n$ 等分，然后从左至右，每两个小区间合并成为一个新的小区间，于是新的小区间组成 $[0,1]$ 的一个新分划，新小区间长度为 $\dfrac{1}{m} = \dfrac{2}{n}$，$\xi_k$ 取（第 k 个新小区间的）右端点 $\dfrac{2k}{n}$，则 $\dfrac{2}{n} \sum\limits_{k=1}^{m} f\left(\dfrac{2k}{n}\right)$ 是 $\int_0^1 f(x)\,\mathrm{d}x$ 的一个积分和，故 $\dfrac{2}{n} \sum\limits_{k=1}^{m} f\left(\dfrac{2k}{n}\right) \to \int_0^1 f(x)\,\mathrm{d}x = I \ (n \to \infty)$．至此有 $\lim\limits_{n\to\infty} a_n = I - I = 0$．

证 II　在 $[0,1]$ 上，$f(x)$ 连续，可积．根据可积的充要条件：有 $\lim\limits_{n\to\infty} \sum\limits_{i=1}^{n} \omega_i \Delta x_i = 0$（其中 ω_i 是 f 在第 i 个小区间上的振幅）．

在式（2）中将 a_n 相邻正、负两项合并，则
$$\left| \frac{1}{n} f\left(\frac{k}{n}\right) - \frac{1}{n} f\left(\frac{k+1}{n}\right) \right| \leqslant \omega_k \frac{1}{n}.$$

所以
$$\lim_{m\to\infty} a_{2m} \stackrel{n=2m}{\leqslant} \lim_{m\to\infty} \sum_{k=1}^{m} \frac{1}{n} \left| f\left(\frac{2k-1}{n}\right) - f\left(\frac{2k}{n}\right) \right| \leqslant \lim_{m\to\infty} \sum_{k=1}^{m} \frac{1}{m} \omega_k = 0,$$

$$\lim_{m\to\infty} a_{2m+1} \stackrel{n=2m+1}{\leqslant} \lim_{m\to\infty} \left(\sum_{k=1}^{m} \frac{1}{n} \left| f\left(\frac{2k-1}{n}\right) - f\left(\frac{2k}{n}\right) \right| + \left| \frac{1}{n} f(1) \right| \right)$$

$$\leqslant \lim_{m\to\infty} \left(\sum_{k=1}^{m-1} \frac{1}{m} \omega_k + \frac{1}{n} |f(1)| \right) = 0.$$

于是，$\lim\limits_{n\to\infty} a_n = 0$（见例 1.2.13）．式（1）获证．

作为练习：试利用一致连续，通过 $\varepsilon - \delta$，$\varepsilon - N$ 方法证明上述结论．

按定积分的定义,不一定要将区间 n 等分,只要最长的小区间长度趋于零即可. 下面看一个非 n 等分的例子.

* 例 4.1.2 求极限 $\lim\limits_{n\to\infty}\left(b^{\frac{1}{n}}-1\right)\sum\limits_{i=0}^{n-1}b^{\frac{i}{n}}\sin b^{\frac{2i+1}{2n}}$ $(b>1)$.

解 原式 $=\lim\limits_{n\to\infty}\sum\limits_{i=0}^{n-1}\left(\sin b^{\frac{2i+1}{2n}}\right)\left(b^{\frac{i+1}{n}}-b^{\frac{i}{n}}\right)$.

这里的和式,可看成函数 $\sin x$ 在 $[1,b]$ 上按分划

$$1=b^{\frac{0}{n}}<b^{\frac{1}{n}}<b^{\frac{2}{n}}<\cdots<b^{\frac{n}{n}}=b$$

所作的积分和. 其中 $\Delta x_i=b^{\frac{i+1}{n}}-b^{\frac{i}{n}}$ 为小区间 $\left[b^{\frac{i}{n}},b^{\frac{i+1}{n}}\right]$ 的长度. 最大区间长度 $\lambda:0\leqslant\lambda=\max\limits_{1\leqslant i\leqslant n}\Delta x_i\leqslant b\left(b^{\frac{1}{n}}-1\right)\to 0.$ $\xi_i=b^{\frac{2i+1}{2n}}\in\left[b^{\frac{i}{n}},b^{\frac{i+1}{n}}\right]$ 为小区间两端点的比例中项. 因此 原极限 $=\displaystyle\int_1^b\sin x\mathrm{d}x=\cos 1-\cos b$.

* 例 4.1.3 证明:$\lim\limits_{n\to\infty}\prod\limits_{i=0}^{n-1}\left(2+\cos i\dfrac{\pi}{n}\right)^{\frac{\pi}{n}}=\left(\dfrac{\sqrt 3+2}{2}\right)^{\pi}$.

提示 先取对数. 积分可用分部积分法及变量替换 $\pi-x=t$ 求解.("博士数学论坛"(现为"博士数学家园")对此题有详细讨论.)

二、积分的极限

要点 当极限的表达式里含有定积分时,我们把这种极限称为积分的极限. 对这种极限,以前讨论的各种方法原则上都是适用的,所不同的,这里需要充分运用积分的各种特性和运算法则,有时也可转化为某函数的积分和或 Darboux 和的极限,从而转化为新的定积分.

☆ 例 4.1.4 求极限:

1)$\lim\limits_{n\to\infty}\displaystyle\int_0^{\frac{\pi}{2}}\sin^n x\mathrm{d}x$;(兰州大学) 2)$\lim\limits_{n\to\infty}\displaystyle\int_0^1\dfrac{x^n}{1+\sqrt x}\mathrm{d}x$.

解 1)$\forall\varepsilon>0\left(\text{不妨设}\ 0<\varepsilon<\dfrac{\pi}{2}\right)$,

$$0\leqslant\int_0^{\frac{\pi}{2}}\sin^n x\mathrm{d}x=\int_0^{\frac{\pi}{2}-\frac{\varepsilon}{2}}\sin^n x\mathrm{d}x+\int_{\frac{\pi}{2}-\frac{\varepsilon}{2}}^{\frac{\pi}{2}}\sin^n x\mathrm{d}x$$

$$\leqslant\int_0^{\frac{\pi}{2}-\frac{\varepsilon}{2}}\sin^n\left(\frac{\pi}{2}-\frac{\varepsilon}{2}\right)\mathrm{d}x+\int_{\frac{\pi}{2}-\frac{\varepsilon}{2}}^{\frac{\pi}{2}}1\mathrm{d}x$$

$$\leqslant\left(\frac{\pi}{2}-\frac{\varepsilon}{2}\right)\sin^n\left(\frac{\pi}{2}-\frac{\varepsilon}{2}\right)+\frac{\varepsilon}{2}.$$

因 $0 < \sin\left(\dfrac{\pi}{2} - \dfrac{\varepsilon}{2}\right) < 1$，所以 $\left(\dfrac{\pi}{2} - \dfrac{\varepsilon}{2}\right)\sin^n\left(\dfrac{\pi}{2} - \dfrac{\varepsilon}{2}\right) \to 0 \ (n \to \infty)$. 故 $\exists N > 0$，当

$n > N$ 时，$\left(\dfrac{\pi}{2} - \dfrac{\varepsilon}{2}\right)\sin^n\left(\dfrac{\pi}{2} - \dfrac{\varepsilon}{2}\right) < \dfrac{\varepsilon}{2}$. 从而

$$上式 < \frac{\varepsilon}{2} + \frac{\varepsilon}{2} = \varepsilon.$$

原极限为 0.

2）因 $0 \leqslant \displaystyle\int_0^1 \frac{x^n}{1 + \sqrt{x}}\mathrm{d}x \leqslant \int_0^1 x^n \mathrm{d}x = \frac{1}{n+1} \to 0 \ (n \to \infty)$. 所以

$$\lim_{n \to \infty} \int_0^1 \frac{x^n}{1 + \sqrt{x}}\mathrm{d}x = 0.$$

注　该例十分典型，特别第 1）小题，将区间分为两段：一段上函数有界，可将区间长度取得任意小，然后固定分点；另一段区间长度有限，函数一致趋向零，因而两段上的积分都任意小，整个积分趋向零.

练习　求证：

1）$\displaystyle\lim_{n \to \infty} \int_a^{\frac{\pi}{2}} (1 - \sin x)^n \mathrm{d}x = 0$，其中 $a \in (0, 1)$；

2）$\displaystyle\lim_{n \to \infty} \int_0^{\frac{\pi}{2}} (1 - \sin x)^n \mathrm{d}x = 0$；（北京航空航天大学）

3）$\displaystyle\lim_{n \to \infty} \int_0^1 \mathrm{e}^{x^n} \mathrm{d}x = 1$.（武汉大学）

提示　3）也可看成求证：$\displaystyle\lim_{n \to \infty} \int_0^1 (\mathrm{e}^{x^n} - 1)\mathrm{d}x = 0$.

☆**例 4.1.5**　设 $f(x)$ 在 $[0,1]$ 上连续，试证：

$$\lim_{h \to 0^+} \int_0^1 \frac{h}{h^2 + x^2} f(x)\,\mathrm{d}x = \frac{\pi}{2} f(0).$$

证 I　$\displaystyle\int_0^1 \frac{h}{h^2 + x^2} f(x)\,\mathrm{d}x = \int_0^{h^{\frac{1}{4}}} \frac{hf(x)}{h^2 + x^2}\mathrm{d}x + \int_{h^{\frac{1}{4}}}^1 \frac{hf(x)}{h^2 + x^2}\mathrm{d}x = I_1 + I_2$,

其中

$$I_1 = \int_0^{h^{\frac{1}{4}}} \frac{hf(x)}{h^2 + x^2}\mathrm{d}x = f(\xi) \int_0^{h^{\frac{1}{4}}} \frac{h}{h^2 + x^2}\mathrm{d}x \quad (0 \leqslant \xi \leqslant h^{\frac{1}{4}})$$

$$= f(\xi) \arctan \frac{x}{h} \bigg|_0^{h^{\frac{1}{4}}} = f(\xi) \arctan \frac{1}{h^{\frac{3}{4}}} \to f(0)\frac{\pi}{2} \quad (h \to 0^+),$$

$$|I_2| = \left| \int_{h^{\frac{1}{4}}}^1 \frac{h}{h^2 + x^2} f(x)\,\mathrm{d}x \right| \leqslant M \int_{h^{\frac{1}{4}}}^1 \frac{h}{h^2 + x^2}\mathrm{d}x \quad (|f(x)| \leqslant M)$$

$$= M\left(\arctan \frac{1}{h} - \arctan \frac{1}{h^{3/4}} \right) \to 0 \quad (h \to 0^+).$$

证 II　（拟合法）因 $\lim\limits_{h\to 0^+}\int_0^1\dfrac{h}{h^2+x^2}\mathrm{d}x=\dfrac{\pi}{2}$，故极限值可改写为

$$\frac{\pi}{2}f(0)=\lim_{h\to 0^+}\int_0^1\frac{h}{h^2+x^2}f(0)\mathrm{d}x.$$

问题归结为证明：$\lim\limits_{h\to 0^+}\int_0^1\dfrac{h}{h^2+x^2}[f(x)-f(0)]\mathrm{d}x=0$. 但是

$$\int_0^1\frac{h}{h^2+x^2}[f(x)-f(0)]\mathrm{d}x=\left(\int_0^\delta+\int_\delta^1\right)\frac{h}{h^2+x^2}[f(x)-f(0)]\mathrm{d}x.$$

因为 $f(x)$ 在 $x=0$ 处连续，所以 $\forall\,\varepsilon>0$，当 $\delta>0$ 充分小时，在 $[0,\delta]$ 上，$|f(x)-f(0)|<\dfrac{\varepsilon}{\pi}$. 从而

$$\left|\int_0^\delta\frac{h}{h^2+x^2}[f(x)-f(0)]\mathrm{d}x\right|$$
$$\leqslant\int_0^\delta\frac{h\,|f(x)-f(0)|}{h^2+x^2}\mathrm{d}x\leqslant\frac{\varepsilon}{\pi}\cdot\int_0^\delta\frac{h}{h^2+x^2}\mathrm{d}x$$
$$=\frac{\varepsilon}{\pi}\arctan\frac{\delta}{h}\leqslant\frac{\varepsilon}{\pi}\cdot\frac{\pi}{2}=\frac{\varepsilon}{2}.$$

再将 δ 固定，这时第二个积分

$$\left|\int_\delta^1\frac{h}{h^2+x^2}[f(x)-f(0)]\mathrm{d}x\right|\leqslant h\int_\delta^1\frac{1}{x^2}[f(x)-f(0)]\mathrm{d}x\equiv h\cdot M_0.$$

故当 $0<h<\dfrac{\varepsilon}{2M_0}$ 时，$\left|\int_0^1\dfrac{h}{h^2+x^2}[f(x)-f(0)]\mathrm{d}x\right|<\dfrac{\varepsilon}{2}+\dfrac{\varepsilon}{2}=\varepsilon.$　证毕.

证 III　$\displaystyle\int_0^1\frac{hf(x)}{h^2+x^2}\mathrm{d}x=\int_0^1\frac{h(f(x)-f(0))}{h^2+x^2}\mathrm{d}x+f(0)\int_0^1\frac{h\,\mathrm{d}x}{h^2+x^2}=I_1+I_2.$

然后证明 $I_1\to 0,I_2\to\dfrac{\pi}{2}f(0).$

练习 1　设 f 为连续函数，证明：$\lim\limits_{n\to\infty}\dfrac{2}{\pi}\int_0^1\dfrac{n}{n^2x^2+1}f(x)\mathrm{d}x=f(0).$（武汉大学，复旦大学）

[new]**练习 2**　设 $f(x)$ 在 $[a,b]$ 上可积，在 $x=b$ 处连续，求证：

$$\lim_{n\to\infty}\frac{n+1}{(b-a)^{n+1}}\int_a^b(x-a)^nf(x)\mathrm{d}x=f(b).$$

（浙江大学）

提示　（拟合法）由 $\dfrac{n+1}{(b-a)^{n+1}}\displaystyle\int_a^b(x-a)^n\mathrm{d}x=1$，知

$$f(b)=\frac{n+1}{(b-a)^{n+1}}\int_a^b(x-a)^nf(b)\mathrm{d}x.$$

于是

$$\frac{n+1}{(b-a)^{n+1}}\int_a^b(x-a)^nf(x)\mathrm{d}x-f(b)=\frac{n+1}{(b-a)^{n+1}}\int_a^b(x-a)^n[f(x)-f(b)]\mathrm{d}x.$$

再提示　因 $f(x)$ 在 $x=b$ 处左连续，故 $\forall\,\varepsilon>0(\varepsilon<1)$，$\exists\,\delta>0$，当 $b-\delta<x<b$ 时，有

$$|f(x) - f(b)| < \frac{\varepsilon}{2}. \tag{1}$$

因 $f(x)$ 可积,必有界: $\exists M > \frac{1}{2}$ 使得

$$|f(x)| \leqslant M \quad (x \in [a, b]). \tag{2}$$

固定 $\delta(<b-a)$,则 $\lim\limits_{n \to \infty} \dfrac{(b-a-\delta)^{n+1}}{(b-a)^{n+1}} = 0$. 这说明:存在充分大的 n 使得

$$0 < 2M \frac{(b-a-\delta)^{n+1}}{(b-a)^{n+1}} \leqslant \frac{\varepsilon}{2} < 1. \tag{3}$$

因而

$$\left| \frac{n+1}{(b-a)^{n+1}} \int_a^b (x-a)^n (f(x) - f(b)) \, dx \right|$$

$$\leqslant \frac{n+1}{(b-a)^{n+1}} \left(\int_a^{b-\delta} + \int_{b-\delta}^b \right) (x-a)^n |f(x) - f(b)| \, dx$$

$$\overset{\text{式}(1),(2)}{\leqslant} \frac{2M}{(b-a)^{n+1}} \int_a^{b-\delta} d(x-a)^{n+1} + \frac{\varepsilon}{2} \cdot \frac{1}{(b-a)^{n+1}} \int_{b-\delta}^b d(x-a)^{n+1}$$

$$= 2M \left(\frac{b-a-\delta}{b-a} \right)^{n+1} + \frac{\varepsilon}{2} \left[1 - \left(\frac{b-a-\delta}{b-a} \right)^{n+1} \right] \overset{\text{式}(3)}{<} \frac{\varepsilon}{2} + \frac{\varepsilon}{2} = \varepsilon.$$

下两例使用两边夹法则及其推广形式.

例 4.1.6 设 $f(x)$ 严$\searrow$,在 $[0,1]$ 上连续,$f(0) = 1$,$f(1) = 0$. 试证明: $\forall \delta \in (0,1)$,有

1) $\lim\limits_{n \to \infty} \dfrac{\displaystyle\int_\delta^1 (f(x))^n \, dx}{\displaystyle\int_0^\delta (f(x))^n \, dx} = 0$;   2) $\lim\limits_{n \to \infty} \dfrac{\displaystyle\int_0^\delta (f(x))^{n+1} \, dx}{\displaystyle\int_0^1 (f(x))^n \, dx} = 1.$

证 1)（利用两边夹法则.）因 $f(x)\searrow$,$0 < f(\delta) < f(\delta/2)$,$\left(\dfrac{f(\delta)}{f(\delta/2)} \right)^n \to 0$（当 $n \to \infty$ 时）. 故对任意固定的 $\delta \in (0,1)$,有

$$0 \leqslant \frac{\displaystyle\int_\delta^1 (f(x))^n \, dx}{\displaystyle\int_0^\delta (f(x))^n \, dx} \leqslant \frac{\displaystyle\int_\delta^1 (f(x))^n \, dx}{\displaystyle\int_0^{\frac{\delta}{2}} (f(x))^n \, dx} \leqslant \frac{\displaystyle\int_\delta^1 (f(\delta))^n \, dx}{\displaystyle\int_0^{\frac{\delta}{2}} (f(\delta/2))^n \, dx}$$

$$\leqslant \overbrace{\left(\frac{f(\delta)}{f(\delta/2)} \right)^n \cdot \frac{(1-\delta)}{\delta/2}} \to 0 \quad (n \to \infty).$$

2)（利用两边夹法则的推广形式（参看例 1.3.11）.）因 $f(x)$ 严$\searrow$,$f(0) = 1$,$f(1) = 0$,知 $0 < f(x) < 1$（$x \in (0,1)$）. 根据连续性,$\forall \varepsilon > 0$,$\exists \delta_1 : 0 < \delta_1 < \delta$,使得 $f(x) > 1 - \varepsilon$（$\forall x \in [0, \delta_1]$）. 于是

$$1 = \frac{\displaystyle\int_0^1 (f(x))^n \, dx}{\displaystyle\int_0^1 (f(x))^n \, dx} \geqslant \frac{\displaystyle\int_0^1 (f(x))^{n+1} \, dx}{\displaystyle\int_0^1 (f(x))^n \, dx} \geqslant \frac{\displaystyle\int_0^\delta (f(x))^{n+1} \, dx}{\underline{\displaystyle\int_0^1 (f(x))^n \, dx}}$$

$$\geqslant \frac{\int_0^{\delta_1} (f(x))^{n+1} \mathrm{d}x}{\int_0^1 (f(x))^n \mathrm{d}x} \geqslant (1-\varepsilon) \frac{\int_0^{\delta_1} (f(x))^n \mathrm{d}x}{\int_0^{\delta_1} (f(x))^n \mathrm{d}x + \int_{\delta_1}^1 (f(x))^n \mathrm{d}x}$$

$$= (1-\varepsilon) \frac{1}{1 + \int_{\delta_1}^1 (f(x))^n \mathrm{d}x / \int_0^{\delta_1} (f(x))^n \mathrm{d}x} \xrightarrow{\text{式(1)}} (1-\varepsilon) \ (n \to \infty).$$

由 $\varepsilon > 0$ 的任意性知 $\qquad \lim\limits_{n \to \infty} \dfrac{\int_0^{\delta} (f(x))^{n+1} \mathrm{d}x}{\int_0^1 (f(x))^n \mathrm{d}x} = 1.$

☆ **例 4.1.7**　设 $f(x) \geqslant 0, g(x) > 0$，两函数在 $[a,b]$ 上连续，求证：

$$\lim\limits_{n \to \infty} \left[\int_a^b (f(x))^n g(x) \mathrm{d}x \right]^{\frac{1}{n}} = \max\limits_{a \leqslant x \leqslant b} f(x).$$

（南京大学）

　　解　因 $f(x)$ 在 $[a,b]$ 上连续，所以在 $[a,b]$ 上达到最大值. 即存在 $x_0 \in [a,b]$，使得 $f(x_0) = \max\limits_{a \leqslant x \leqslant b} f(x) \xlongequal{\text{记}} M$. 于是

$$\left[\int_a^b (f(x))^n g(x) \mathrm{d}x \right]^{\frac{1}{n}} \leqslant \left(\int_a^b M^n g(x) \mathrm{d}x \right)^{\frac{1}{n}}$$

$$= M \left(\int_a^b g(x) \mathrm{d}x \right)^{\frac{1}{n}} \to M \ (n \to \infty).$$

又由于 f 在 x_0 处连续，$\forall \varepsilon > 0, \exists [\alpha, \beta] \subset [a,b]$，使得 $f(x) > M - \varepsilon \ (x \in [\alpha, \beta])$，故

$$\left[\int_a^b (f(x))^n g(x) \mathrm{d}x \right]^{\frac{1}{n}} \geqslant \left(\int_\alpha^\beta (f(x))^n g(x) \mathrm{d}x \right)^{\frac{1}{n}} \geqslant (M - \varepsilon) \left(\int_\alpha^\beta g(x) \mathrm{d}x \right)^{\frac{1}{n}}$$

$$\to (M - \varepsilon) \ (n \to \infty).$$

由 $\varepsilon > 0$ 的任意性，知 $\quad \lim\limits_{n \to \infty} \left[\int_a^b (f(x))^n g(x) \mathrm{d}x \right]^{\frac{1}{n}} = M = \max\limits_{a \leqslant x \leqslant b} f(x).$

　　下两例将问题转化为积分和的极限.

　　* **例 4.1.8**　设 $f(x)$ 在 $[a,b]$ 上可导，$f'(x)$ 在 $[a,b]$ 上可积. $\forall n \in \mathbf{N}$，记 $A_n = \sum\limits_{i=1}^n f\left(a + i\dfrac{b-a}{n} \right) \dfrac{b-a}{n} - \int_a^b f(x) \mathrm{d}x$，试证：$\lim\limits_{n \to \infty} nA_n = \dfrac{b-a}{2} (f(b) - f(a)).$

　　解 I　转化为 $f'(x)$ 的积分和.

　　$1°$ 令 $x_i = a + i\dfrac{b-a}{n}$，则

$$nA_n = n \left(\sum_{i=1}^n f(x_i) \frac{b-a}{n} - \sum_{i=1}^n \int_{x_{i-1}}^{x_i} f(x) \mathrm{d}x \right) = n \sum_{i=1}^n \int_{x_{i-1}}^{x_i} (f(x_i) - f(x)) \mathrm{d}x$$

$$= n \sum_{i=1}^n \int_{x_{i-1}}^{x_i} f'(\eta_i)(x_i - x) \mathrm{d}x \ (\eta_i \in (x_{i-1}, x_i)). \tag{1}$$

2° 因 $(x_i - x)$ 不变号,导函数有介值性,因此应用积分第一中值定理[①],不难知道:$\exists \xi_i \in [x_{i-1}, x_i]$ 使得

$$\int_{x_{i-1}}^{x_i} f'(\eta_i)(x_i - x)\mathrm{d}x = f'(\xi_i)\int_{x_{i-1}}^{x_i}(x_i - x)\mathrm{d}x.$$

于是式(1)成为

$$
\begin{aligned}
nA_n &= n \sum_{i=1}^{n} f'(\xi_i)\int_{x_{i-1}}^{x_i}(x_i - x)\mathrm{d}x = \frac{n}{2}\sum_{i=1}^{n} f'(\xi_i)(x_i - x_{i-1})^2 \\
&= \frac{n}{2}\cdot\frac{b-a}{n}\sum_{i=1}^{n} f'(\xi_i)(x_i - x_{i-1}) \\
&\to \frac{b-a}{2}\int_a^b f'(x)\mathrm{d}x = \frac{b-a}{2}(f(b) - f(a)) \quad (n\to\infty).
\end{aligned}
$$

证 II　利用两边夹法则及 f' 的 Darboux 和 $\lim\limits_{\lambda\to 0}\sum\limits_{i=1}^{n} m_i\Delta x_i = \lim\limits_{\lambda\to 0}\sum\limits_{i=1}^{n} M_i\Delta x_i = \int_a^b f'(x)\mathrm{d}x.$ 令 $x_i = a + i\dfrac{b-a}{n}$,将 $[a,b]$ n 等分,作分划,如上有式(1). 记

$$m_i = \inf_{x_{i-1}\leqslant x\leqslant x_i} f'(x),\ M_i = \sup_{x_{i-1}\leqslant x\leqslant x_i} f'(x)\ (i=1,2,\cdots,n),$$

则

$$m_i(x_i - x) \leqslant f'(\eta_i)(x_i - x) \leqslant M_i(x_i - x),$$

$$m_i\int_{x_{i-1}}^{x_i}(x_i - x)\mathrm{d}x \leqslant \int_{x_{i-1}}^{x_i} f'(\eta_i)(x_i - x)\mathrm{d}x \leqslant M_i\int_{x_{i-1}}^{x_i}(x_i - x)\mathrm{d}x,$$

$$\frac{m_i}{2}(x_i - x_{i-1})^2 \leqslant \int_{x_{i-1}}^{x_i} f'(\eta_i)(x_i - x)\mathrm{d}x \leqslant \frac{M_i}{2}(x_i - x_{i-1})^2.$$

注意 $x_i - x_{i-1} = \dfrac{b-a}{n}$,上式代入式(1)得

$$\frac{1}{2}(b-a)\sum_{i=1}^{n} m_i\frac{b-a}{n} \leqslant nA_n \leqslant \frac{b-a}{2}\sum_{i=1}^{n} M_i\frac{b-a}{n},$$

其中 $\sum\limits_{i=1}^{n} m_i\dfrac{b-a}{n}$,$\sum\limits_{i=1}^{n} M_i\dfrac{b-a}{n}$ 为 $f'(x)$ 的 Darboux 和. 令 $n\to\infty$,取极限知

$$\lim_{n\to\infty} nA_n = \frac{b-a}{2}\int_a^b f'(x)\mathrm{d}x = \frac{b-a}{2}[f(b) - f(a)].$$

　*例 4.1.9　设 $f(x)$ 在 $[a,b]$ 上可积,$g(x)\geqslant 0$,g 是以 $T>0$ 为周期的函数,在 $[0,T]$ 上可积,试证 $\lim\limits_{n\to\infty}\int_a^b f(x)g(nx)\mathrm{d}x = \dfrac{1}{T}\int_0^T g(x)\mathrm{d}x\int_a^b f(x)\mathrm{d}x.$

　证　因 $g(x)$ 以 T 为周期,因此 $g(nx)$ 以 $\dfrac{T}{n}$ 为周期,当 n 充分大时,$[a,b]$ 含有 $g(nx)$ 的多个周期. 为了把区间变成 $\dfrac{T}{n}$ 的整倍数,取足够大的正整数 m,使得

---

　①　第一积分中值定理的证明,实际上只用到被积函数的可积性与介值性. 此处 f' 已具备这两个条件,故可使用该定理.

$[A,B] = [-mT, mT] \supset [a,b]$. 这时 $[A,B]$ 相当 $g(nx)$ 的 $2mn$ 个周期. 令

$$F(x) = \begin{cases} f(x), x \in [a,b], \\ 0, \qquad x \in [A,B] \setminus [a,b], \end{cases}$$

于是 $F(x)$ 在 $[A,B]$ 上可积,且

$$I_n \equiv \int_a^b f(x) g(nx) \, dx = \int_A^B F(x) g(nx) \, dx.$$

将 $[A,B]$ $2mn$ 等分,作分划 $A = x_0 < x_1 < \cdots < x_{2mn} = B$. 每个小区间恰是 $g(nx)$ 的一个周期,小区间长度等于 $\dfrac{T}{n}$. 于是

$$I_n = \int_A^B F(x) g(nx) \, dx = \sum_{i=1}^{2mn} \int_{x_{i-1}}^{x_i} F(x) g(nx) \, dx.$$

注意到 $g(x) \geq 0$,应用第一积分中值定理,得

$$I_n = \sum_{i=1}^{2mn} c_i \int_{x_{i-1}}^{x_i} g(nx) \, dx,$$

其中 $c_i : m_i \equiv \inf\limits_{x_{i-1} \leq x \leq x_i} F(x) \leq c_i \leq M_i \equiv \sup\limits_{x_{i-1} \leq x \leq x_i} F(x)$. 因 $[x_{i-1}, x_i]$ 是 $g(nx)$ 的一个周期,令 $nx = t$,则

$$\int_{x_{i-1}}^{x_i} g(nx) \, dx = \int_0^{\frac{T}{n}} g(nx) \, dx = \frac{1}{n} \int_0^T g(t) \, dt.$$

代入上式,得
$$I_n = \frac{1}{T} \int_0^T g(x) \, dx \cdot \sum_{i=1}^{2mn} c_i \frac{T}{n}.$$

注意:
$$\sum_{i=1}^{2mn} m_i \frac{T}{n} \leq \sum_{i=1}^{2mn} c_i \frac{T}{n} \leq \sum_{i=1}^{2mn} M_i \frac{T}{n}.$$

其左、右两端分别为 $F(x)$ 在 $[A,B]$ 上的 Darboux 和. 故

$$\lim_{n \to \infty} I_n = \frac{1}{T} \int_0^T g(x) \, dx \cdot \int_A^B F(x) \, dx = \frac{1}{T} \int_0^T g(x) \, dx \cdot \int_a^b f(x) \, dx.$$

*例 4.1.10 证明 Riemann 引理:若 $f(x)$ 在 $[a,b]$ 上可积,$g(x)$ 以 T 为周期,在 $[0,T]$ 上可积,则 $\lim\limits_{n \to \infty} \int_a^b f(x) g(nx) \, dx = \dfrac{1}{T} \int_0^T g(x) \, dx \int_a^b f(x) \, dx$.

注 与上例不同之处在于去掉了条件 $g(x) \geq 0$,不能用上例的方法直接证明本例. 但欲证的极限式关于 g 有可加性,利用这一点,我们可以通过取函数正部和负部的方法化为非负的情况.

证 定义

$$g^+(x) = \begin{cases} g(x), & g(x) \geq 0, \\ 0, & g(x) < 0, \end{cases} \quad g^-(x) = \begin{cases} -g(x), & g(x) \leq 0, \\ 0, & g(x) > 0. \end{cases}$$

$g^+(x)$, $g^-(x)$ 分别称为 $g(x)$ 的正部、负部. $g(x)$ 以 T 为周期,在 $[0,T]$ 上可积,故 $g^+(x)$, $g^-(x)$ 也如此,且 $g(x) = g^+(x) - g^-(x)$. 因而

$$\lim_{n\to\infty}\int_a^b f(x)g(nx)\,\mathrm{d}x$$

$$=\lim_{n\to\infty}\int_a^b f(x)\left[g^+(nx)-g^-(nx)\right]\mathrm{d}x$$

$$=\lim_{n\to\infty}\int_a^b f(x)g^+(nx)\,\mathrm{d}x-\lim_{n\to\infty}\int_a^b f(x)g^-(nx)\,\mathrm{d}x\,(因为\,g^+(x)\geq0,g^-(x)\geq0)$$

$$=\frac{1}{T}\int_0^T g^+(x)\,\mathrm{d}x\int_a^b f(x)\,\mathrm{d}x-\frac{1}{T}\int_0^T g^-(x)\int_a^b f(x)\,\mathrm{d}x$$

$$=\frac{1}{T}\int_0^T\left[g^+(x)-g^-(x)\right]\mathrm{d}x\cdot\int_a^b f(x)\,\mathrm{d}x$$

$$=\frac{1}{T}\int_0^T g(x)\,\mathrm{d}x\cdot\int_a^b f(x)\,\mathrm{d}x.$$

^{new}**练习** 设函数 $f(x)$ 在区间 $[0,1]$ 上有一阶连续导数,且 $f(0)=f(1)$,$g(x)$ 是周期为 1 的连续函数,且 $\int_0^1 g(x)\,\mathrm{d}x=0$. 记 $a_n=\int_0^1 f(x)g(nx)\,\mathrm{d}x$,求证:$\lim_{n\to\infty}na_n=0$.(北京大学)

注意:根据 Riemann 引理(例 4.1.10),知 $\lim_{n\to\infty}a_n=0$. 但该题不仅要证明 a_n 是无穷小量,还要证明比 $\frac{1}{n}$ 高阶.

提示 由题设可知:$G(x)=\int_0^x g(t)\,\mathrm{d}t$ 以 1 为周期,且 $G'(x)=g(x)$ 连续.

再提示 $na_n=\int_0^1 f(x)g(nx)\,\mathrm{d}(nx)=\int_0^1 f(x)\,\mathrm{d}G(nx)$

$$=f(x)G(nx)\Big|_0^1-\int_0^1 f'(x)G(nx)\,\mathrm{d}x=-\int_0^1 f'(x)G(nx)\,\mathrm{d}x.$$

再利用 Riemann 引理,当 $n\to\infty$ 时,

$$\int_0^1 f'(x)G(nx)\,\mathrm{d}x\to\int_0^1 G(x)\,\mathrm{d}x\cdot\int_0^1 f'(x)\,\mathrm{d}x=\int_0^1 G(x)\cdot\left[f(1)-f(0)\right]\mathrm{d}x=0.$$

本章 §4.5 的例 4.5.32 将 Riemann 引理推广到反常积分.

前面我们利用积分和来求极限. 不仅如此,有时我们还可借助可积的充要条件来求极限.

**例 4.1.11 设 $f(x)$ 在 $[a,b]$ 上可积,在 $[a,b]$ 外保持有界. 试证:函数 $f(x)$ 具有积分连续性,即 $\lim_{h\to0}\int_a^b|f(x+h)-f(x)|\,\mathrm{d}x=0$.

分析 问题在于证明:$\forall\varepsilon>0,\exists\delta>0$,当 $|h|<\delta$ 时,有

$$\int_a^b|f(x+h)-f(x)|\,\mathrm{d}x<\varepsilon.$$

为了利用可积性,将 $[a,b]$ 作一分划,例如令 $x_i=a+i\frac{b-a}{n}$,将其 n 等分,这时小区间长度为 $\frac{b-a}{n}$,

$$\int_a^b|f(x+h)-f(x)|\,\mathrm{d}x=\sum_{i=1}^n\int_{x_{i-1}}^{x_i}|f(x+h)-f(x)|\,\mathrm{d}x.$$

若令 $|h| < \dfrac{b-a}{n}$，则点 $(x+h)$ 要么位于 x 所在的(第 i 个)小区间上，从而 $|f(x+h) - f(x)| < \omega_i$ (ω_i 为第 i 个小区间上 f 的振幅)；要么 $(x+h)$ 在相邻的一个区间上，例如，当 $h > 0$ 时有

$$|f(x+h) - f(x)| \leq |f(x+h) - f(x_i)| + |f(x_i) - f(x)| \leq \omega_{i+1} + \omega_i;$$

当 $h < 0$ 时有

$$|f(x+h) - f(x)| \leq |f(x+h) - f(x_{i-1})| + |f(x_{i-1}) - f(x)| \leq \omega_{i-1} + \omega_i.$$

总之有 $|f(x+h) - f(x)| \leq \omega_{i-1} + \omega_i + \omega_{i+1}$. 对第 $1, n$ 两个小区间只要将 ω_0, ω_{n+1} 看成 $2M$ 即可 (M 表示 f 的界：$|f(x)| \leq M (\forall x)$). 于是

$$\sum_{i=1}^{n} \int_{x_{i-1}}^{x_i} |f(x+h) - f(x)| \, dx \leq 3 \sum_{i=1}^{n} \omega_i \Delta x_i + 2M \frac{b-a}{n} \quad \left(\Delta x_i = \frac{b-a}{n} \right).$$

由于 f 在 $[a,b]$ 上可积，$\forall \varepsilon > 0$，当初只要把 n 取得足够大，使得

$$\sum_{i=1}^{n} \omega_i \Delta x_i < \frac{\varepsilon}{6}, \quad 2M \frac{b-a}{n} < \frac{\varepsilon}{2}.$$

取 $\delta < \dfrac{b-a}{n}$，则当 $|h| < \delta$ 时，便恒有

$$0 \leq \int_a^b |f(x+h) - f(x)| \, dx \leq 3 \sum_{i=1}^{n} \omega_i \Delta x_i + 2M \frac{b-a}{n} < \varepsilon.$$

在求积分的极限时，也经常用到 L' Hospital 法则. 如

☆**例 4.1.12** 设 $f(x)$ 在 $[A,B]$ 上连续，$A < a < b < B$. 试证：

$$\lim_{h \to 0} \int_a^b \frac{f(x+h) - f(x)}{h} dx = f(b) - f(a).$$

证 $\displaystyle \lim_{h \to 0} \int_a^b \frac{f(x+h) - f(x)}{h} dx = \lim_{h \to 0} \frac{1}{h} \left[\int_a^b f(x+h) dx - \int_a^b f(x) dx \right]$

$$= \lim_{h \to 0} \frac{1}{h} \left[\int_{a+h}^{b+h} f(t) dt - \int_a^b f(x) dx \right].$$

用 $\dfrac{0}{0}$ 型 L' Hospital 法则，上式 $= \displaystyle\lim_{h \to 0} [f(b+h) - f(a+h)] = f(b) - f(a)$. 证毕.

^{new}**练习** 已知 $f(x)$ 在 $x = 0$ 处连续可导，且 $f(0) = 0, f'(0) = 5$，求极限：$\displaystyle\lim_{x \to 0} \frac{1}{x} \int_0^1 f(xt) dt$. (浙江大学)

解 I $\displaystyle \lim_{x \to 0} \frac{1}{x} \int_0^1 f(xt) dt \xlongequal{\text{令} u = xt} \lim_{x \to 0} \frac{\int_0^x f(u) du}{x^2} \xlongequal{\text{L' Hospital 法则}} \lim_{x \to 0} \frac{f(x)}{2x}$

$$= \frac{1}{2} \lim_{x \to 0} \frac{f(x) - f(0)}{x} = \frac{1}{2} f'(0) = \frac{5}{2}.$$

解 II 对 $f(x)$ 应用 Taylor 公式，在 $x = 0$ 处展开：

$$f(xt) = f(0) + f'(0)xt + o(xt) = 5xt + o(xt).$$

因此 $\displaystyle \lim_{x \to 0} \frac{1}{x} \int_0^1 f(xt) dt = \lim_{x \to 0} \frac{1}{x} \int_0^1 [5xt + o(xt)] dt = \frac{5}{2}.$

注 1) 为什么说 $\lim\limits_{x\to 0}\dfrac{1}{x}\displaystyle\int_0^1 o(xt)\mathrm{d}t = 0$？因为 f 连续，$f(u) = 5u + o(u)$，因此余项 $o(u) =$

$f(u) - 5u$ 也连续，故 $\left(\displaystyle\int_0^x o(u)\mathrm{d}u\right)' = o(x)$. 于是 $\lim\limits_{x\to 0}\dfrac{1}{x}\displaystyle\int_0^1 o(xt)\mathrm{d}t \xlongequal{\text{令}u=xt} \lim\limits_{x\to 0}\dfrac{1}{x^2}\displaystyle\int_0^x o(u)\mathrm{d}u \xlongequal{\text{L' Hospital法则}}$

$\lim\limits_{x\to 0}\dfrac{o(x)}{2x} = 0$.

2) 也可用 $\varepsilon - \delta$ 方法证明. 因 $\lim\limits_{u\to 0^+}\dfrac{o(u)}{u} = 0$，对于 $0 < u \leqslant x$，$\forall\,\varepsilon > 0$，$\exists\,\delta > 0$，当 $0 < x < \delta$ 时，有

$\left|\dfrac{o(u)}{u}\right| < \varepsilon$. 因此

$$\left|\dfrac{1}{x}\int_0^1 o(xt)\mathrm{d}t \xlongequal{\text{令}u=xt} \dfrac{1}{x^2}\int_0^x o(u)\mathrm{d}u\right| \leqslant \dfrac{1}{x^2}\int_0^x u\left|\dfrac{o(u)}{u}\right|\mathrm{d}u < \dfrac{\varepsilon}{x^2}\int_0^x u\mathrm{d}u = \dfrac{\varepsilon}{2}.$$

下例中的序列 $\{x_n\}$ 是通过积分等式定义的，我们来求它的极限.

*例 4.1.13 设 $f(x)$ 在 $[a,b]$ 上非负、连续、严格递增. 由积分中值定理，$\forall\,n\in$ **N**，$\exists\,x_n\in[a,b]$，使得

$$f^n(x_n) = \dfrac{1}{b-a}\int_a^b f^n(x)\mathrm{d}x.$$

求极限 $\lim\limits_{n\to\infty}x_n$（注意这里 f^n 是 f 的 n 次幂）.

分析 首先，通过变换可把 $[a,b]$ 上的问题化为 $[0,1]$ 上类似的问题. 令 $x = a + t(b-a)$，$x_n = a + t_n(b-a)$，$F(t) = f[a+t(b-a)]$，则 $F(t) \geqslant 0$ 严 $\nearrow$（$t\in[0,1]$），且

$F^n(t_n) = \displaystyle\int_0^1 F^n(t)\mathrm{d}t$. 只要求出了 $\lim\limits_{n\to\infty}t_n$，则 $\lim\limits_{n\to\infty}x_n = a + (b-a)\lim\limits_{n\to\infty}t_n$.

为了猜测极限 $\lim\limits_{n\to\infty}t_n$ 的值，考虑 $F(t)\equiv t$ 的情况. 此时

$$F^n(t_n) = t_n^n = \int_0^1 t^n\mathrm{d}t = \dfrac{1}{n+1},$$

$$t_n = \sqrt[n]{\dfrac{1}{n+1}} \to 1 \text{（当 } n\to\infty \text{ 时）}.$$

因此，我们希望能证明，在一般情况下仍有 $\lim\limits_{n\to\infty}t_n = 1$. 由于 $t_n\in[0,1]$，为此只要证明：
$\forall\,\varepsilon > 0$，当 n 充分大时，有 $1 - \varepsilon < t_n$. 注意 $F(t)\geqslant 0$ 严 $\nearrow$，这等价于

$$F^n(1-\varepsilon) < F^n(t_n) = \int_0^1 F^n(t)\mathrm{d}t. \tag{1}$$

此式解不出 n，我们设法将式（1）右端进行化简和缩小，只要使缩小后的量大于式（1）左端的 $F^n(1-\varepsilon)$，则式（1）自然成立. 任取 $\xi\in(0,1)$，有

$$\int_0^1 F^n(t)\mathrm{d}t \geqslant \int_\xi^1 F^n(t)\mathrm{d}t \geqslant F^n(\xi)\cdot(1-\xi).$$

故要式（1）成立，只要使

$$F^n(\xi)\cdot(1-\xi) > F^n(1-\varepsilon), \tag{2}$$

亦即

$$\left[\dfrac{F(1-\varepsilon)}{F(\xi)}\right]^n < 1 - \xi. \tag{3}$$

因 $0 \leqslant F(x)$ 严 $\nearrow$, 取 $\xi = 1 - \dfrac{\varepsilon}{2} > 1 - \varepsilon$, 则 $0 < \dfrac{F(1-\varepsilon)}{F(\xi)} < 1$,

$$\lim_{n\to\infty}\left[\frac{F(1-\varepsilon)}{F(\xi)}\right]^n = 0.$$

故 n 充分大时式(3)成立. 故有式(1)成立,等价地有 $1 - \varepsilon < t_n \leqslant 1$,这就证明了 $\lim\limits_{n\to\infty} t_n = 1$,从而 $\lim\limits_{n\to\infty} x_n = b$.

✍ 单元练习 4.1

☆**4.1.1** 设 $f(x)$ 在 $[0,1]$ 上连续,且 $f(x) > 0$,求极限

$$\lim_{n\to\infty}\sqrt[n]{f\left(\frac{1}{n}\right)f\left(\frac{2}{n}\right)\cdots f\left(\frac{n-1}{n}\right)f(1)}.$$

(上海科技大学)
$\left\langle e^{\int_0^1 \ln f(x)\,\mathrm{d}x}\right\rangle$

4.1.2 考虑积分 $\displaystyle\int_0^1 (1-x)^n \mathrm{d}x$,证明:

$$C_n^0 - \frac{1}{2}C_n^1 + \frac{1}{3}C_n^2 - \cdots + \frac{(-1)^n}{n+1}C_n^n = \frac{1}{n+1}.$$

提示 在 $(1-x)^n = \sum\limits_{k=0}^{n}(-1)^k C_n^k x^k$ 两端同时积分.

☆**4.1.3** 设 $f(x)$ 在 $[0,1]$ 上可微,且对任意 $x \in (0,1)$ 有 $|f'(x)| \leqslant M$. 求证:对任意正整数 n,有

$$\left|\int_0^1 f(x)\,\mathrm{d}x - \frac{1}{n}\sum_{i=1}^{n}f\left(\frac{i}{n}\right)\right| \leqslant \frac{M}{n},$$

其中 M 是一个与 x 无关的常数.(南开大学)

提示 将 $[0,1]$ n 等分,每段上应用微分中值定理.

$$左端 = \left|\frac{1}{n}\sum_{i=1}^{n}f(\xi_i) - \frac{1}{n}\sum_{i=1}^{n}f\left(\frac{i}{n}\right)\right| \xlongequal{微分中值定理} \frac{1}{n}\left|\sum_{i=1}^{n}f'(\eta_i)\left(\xi_i - \frac{i}{n}\right)\right| \leqslant 右端.$$

***4.1.4** 若 $f(x)$ 在 $[a,b]$ 上可积,$g(x)$ 是以 T 为周期的函数,且在 $[0,T]$ 上可积.试证:

$$\lim_{\lambda\to+\infty}\int_a^b f(x)g(\lambda x)\,\mathrm{d}x = \frac{1}{T}\int_0^T g(x)\,\mathrm{d}x\int_a^b f(x)\,\mathrm{d}x.$$

提示 参看例 4.1.9 和例 4.1.10.

***4.1.5** 设 $s(x) = 4[x] - 2[2x] + 1$,其中 $[x]$ 代表数 x 的整数部分(即不超过 x 的整数之最大值),n 代表自然数,$f(x)$ 在 $[0,1]$ 上可积.证明 $\lim\limits_{n\to\infty}\int_0^1 f(x)s(nx)\,\mathrm{d}x = 0$.(兰州大学)

提示 $s(x)$ 周期为 1,且 $\displaystyle\int_0^1 s(x)\,\mathrm{d}x = 0$,用 Riemann 引理.

^{new}※**4.1.6** 设 $f_0(x)$ 在 $[0,1]$ 上可积,$f_0(x) > 0$,$f_n(x) = \sqrt{\int_0^x f_{n-1}(t)\,\mathrm{d}t}$,$n = 1,2,\cdots$.

1) 若记 $f_1(x)$ 在 $[0,1]$ 上最大值为 M,试证:

$$f_n(x) \leqslant M^{\frac{1}{2^{n-1}}} a_n x^{1 - \frac{1}{2^{n-1}}}, \quad n = 1,2,\cdots,$$

其中 $a_n = \prod\limits_{k=1}^{n-2}\left(\dfrac{2^k}{2^{k-1}-1}\right)^{\frac{1}{2^{n-1-k}}}$；

2) 若记 $f_1(x)$ 在 $[\delta,1]$ 上的最小值为 $m>0(0<\delta<1$ 任意给定$)$，试证：

$$m^{\frac{1}{2^{n-1}}}a_n(x-\delta)^{1-\frac{1}{2^{n-1}}}\leqslant f_n(x)\leqslant M^{\frac{1}{2^{n-1}}}a_n x^{1-\frac{1}{2^{n-1}}}, n=1,2,\cdots,.$$

3) 已知 $\lim\limits_{n\to\infty}\sum\limits_{k=1}^{n-2}\dfrac{1}{2^{n-1-k}}\left[\ln\left(1+\dfrac{1}{2^{k+1}-1}\right)\right]=0$（见例 5.1.57 及其练习），试证：$\lim\limits_{n\to\infty}f_n(x)=\dfrac{x}{2}$.

证 1) 因 $f_0(x)$ 在 $[0,1]$ 上可积，故 $f_1(x)$ 在 $[0,1]$ 上连续，有界，即 $\exists M$ 使得 $0\leqslant f_1(x)\leqslant M$，$\forall x\in[0,1]$，得

$$f_3(x)=\sqrt{\int_0^x f_2(t)\,dt}\leqslant\sqrt{\int_0^x M^{\frac{1}{2}}t^{1-\frac{1}{2}}\,dt}=M^{\frac{1}{2^2}}\left(2-\frac{1}{2}\right)^{-\frac{1}{2}}x^{1-\frac{1}{2^2}}=M^{\frac{1}{2^2}}\left(\frac{2}{2^2-1}\right)^{\frac{1}{2}}x^{1-\frac{1}{2^2}},$$

$$f_4(x)=\sqrt{\int_0^x f_3(t)\,dt}\leqslant M^{\frac{1}{2^3}}\left(\frac{2}{2^2-1}\right)^{\frac{1}{2^2}}\left(\frac{2^2}{2^3-1}\right)^{\frac{1}{2}}x^{1-\frac{1}{2^3}},$$

$$\cdots\cdots\cdots$$

$$f_n(x)=\sqrt{\int_0^x f_{n-1}(t)\,dt}\leqslant M^{\frac{1}{2^{n-1}}}a_n x^{1-\frac{1}{2^{n-1}}}, \tag{1}$$

其中

$$a_n=\prod\limits_{k=1}^{n-2}\left(\frac{2^k}{2^{k+1}-1}\right)^{\frac{1}{2^{n-1-k}}}. \tag{2}$$

2) 记 $f_1(x)$ 在 $[\delta,1]$ 上的最小值为 $m>0(0<\delta<1$ 任意给定$)$，定义

$$g(x)=\begin{cases}m, & x\in[\delta,1],\\ 0, & x\in[0,\delta).\end{cases}$$

于是 $\forall x\in[0,1]$，恒有 $f_1(x)\geqslant g(x)$，可知

$$f_2(x)=\sqrt{\int_0^x f_1(t)\,dt}\geqslant\sqrt{\int_\delta^x g(t)\,dt}=m^{1-\frac{1}{2}}(x-\delta)^{1-\frac{1}{2}},$$

$$\cdots\cdots\cdots$$

$$f_n(x)\geqslant m^{\frac{1}{2^{n-1}}}a_n(x-\delta)^{1-\frac{1}{2^{n-1}}}. \tag{3}$$

将(1),(3)联立，可得

$$m^{\frac{1}{2^{n-1}}}a_n(x-\delta)^{1-\frac{1}{2^{n-1}}}\leqslant f_n(x)\leqslant M^{\frac{1}{2^{n-1}}}a_n x^{1-\frac{1}{2^{n-1}}}. \tag{4}$$

3) 注意到

$$\lim\limits_{n\to\infty}M^{\frac{1}{2^{n-1}}}=\lim\limits_{n\to\infty}m^{\frac{1}{2^{n-1}}}=1,\ \lim\limits_{n\to\infty}(x-\delta)^{1-\frac{1}{2^{n-1}}}=x-\delta,\ \lim\limits_{n\to\infty}x^{1-\frac{1}{2^{n-1}}}=x.$$

下面证明：

$$\lim\limits_{n\to\infty}a_n\overset{\text{记}}{=}\lim\limits_{n\to\infty}\prod\limits_{k=1}^{n-2}\left(\frac{2^k}{2^{k+1}-1}\right)^{\frac{1}{2^{n-1-k}}}=\frac{1}{2}. \tag{5}$$

事实上，

$$\lim\limits_{n\to\infty}\left[\prod\limits_{k=1}^{n-2}\left(\frac{2^k}{2^{k+1}-1}\right)^{\frac{1}{2^{n-1-k}}}\right]=\frac{1}{2}$$

$$\Leftrightarrow\lim\limits_{n\to\infty}\sum\limits_{k=1}^{n-2}\frac{1}{2^{n-1-k}}\ln\frac{2^k}{2^{k+1}-1}=\ln\frac{1}{2}$$

$$\Leftrightarrow \lim_{n \to \infty} \sum_{k=1}^{n-2} \frac{1}{2^{n-1-k}} \ln \frac{2^k}{2^{k+1}-1} - \ln \frac{1}{2} = 0$$

$$\Leftrightarrow \lim_{n \to \infty} \sum_{k=1}^{n-2} \frac{1}{2^{n-1-k}} \left(\ln \frac{2^k}{2^{k+1}-1} - \ln \frac{1}{2} \right) = 0 \left(\text{因为 } \ln \frac{1}{2} = \lim_{n \to \infty} \sum_{i=1}^{n-2} \frac{1}{2^i} \ln \frac{1}{2} = \lim_{n \to \infty} \sum_{k=1}^{n-2} \frac{1}{2^{n-1-k}} \ln \frac{1}{2} \right)$$

$$\Leftrightarrow \lim_{n \to \infty} \sum_{k=1}^{n-2} \frac{1}{2^{n-1-k}} \left[\ln \left(1 + \frac{1}{2^{k+1}-1} \right) \right] = 0,$$

所以式 (5) 成立, 故 $\lim\limits_{n \to \infty} f_n(x) = \dfrac{x}{2}$.

再在式 (4) 里令 $n \to \infty$, 取极限可得

$$\frac{1}{2}(x-\delta) \leqslant \underline{\lim} f_n(x) \leqslant \overline{\lim} f_n(x) \leqslant \frac{1}{2}x.$$

然后, 利用 $\delta > 0$ 的任意性, 得 $\lim\limits_{n \to \infty} f_n(x) \xlongequal{\text{存在}} \dfrac{x}{2}$. 证毕.

注 本题是道经典题目, 通常是应用 Toeplitz 定理来证明的. 现行教材并未提及 Toeplitz 定理, 因此这里希望回避 Toeplitz 定理直接证出. 此外 (为了化解难度) 将一问改成了三小题.

☆**4.1.7** 设 $f(x), g(x)$ 在 $[a,b]$ 上连续, $f(x) > 0, g(x) > 0$, 求 $\lim\limits_{p \to \infty} \left(\int_a^b g(x) f^p(x) \mathrm{d}x \right)^{\frac{1}{p^2}}$.

提示 参看例 4.1.7.

※**4.1.8** 设 $f(x)$ 在 $[a,b]$ 上二次可微, 且 $f''(x)$ 在 $[a,b]$ 上可积, 记

$$B_n = \int_a^b f(x) \mathrm{d}x - \frac{b-a}{n} \sum_{i=1}^n f \left[a + (2i-1) \frac{b-a}{2n} \right].$$

试证:

$$\lim_{n \to \infty} n^2 B_n = \frac{(b-a)^2}{24} [f'(b) - f'(a)].$$

提示 跟例 4.1.8 不同的是: 将区间 $[a,b]$ n 等分, 则小区间 $[x_{i-1}, x_i]$ 的端点为 $x_i = a + i\dfrac{b-a}{n}$, 中点为 $\eta_i = a + (2i-1)\dfrac{b-a}{2n}$. 题中的

$$B_n = \int_a^b f(x) \mathrm{d}x - \frac{b-a}{n} \sum_{i=1}^n f(\eta_i), \tag{1}$$

积分

$$\int_a^b f(x) \mathrm{d}x = \sum_{i=1}^n \int_{x_{i-1}}^{x_i} f(x) \mathrm{d}x. \tag{2}$$

将 $f(x)$ 在 η_i 点按 Taylor 公式展开:

$$f(x) = f(\eta_i) + f'(\eta_i)(x - \eta_i) + f''(\xi_i) \frac{(x-\eta_i)^2}{2}. \tag{3}$$

再提示 $n^2 B_n \xlongequal{\text{式}(1),(2)} n^2 \left(\sum_{i=1}^n \int_{x_{i-1}}^{x_i} f(x) \mathrm{d}x - \sum_{i=1}^n \int_{x_{i-1}}^{x_i} f(\eta_i) \mathrm{d}x \right)$

$$= n^2 \sum_{i=1}^n \int_{x_{i-1}}^{x_i} [f(x) - f(\eta_i)] \mathrm{d}x$$

$$\xlongequal{\text{式}(3)} n^2 \sum_{i=1}^n \int_{x_{i-1}}^{x_i} \left[f'(\eta_i)(x - \eta_i) + f''(\xi_i) \frac{(x-\eta_i)^2}{2} \right] \mathrm{d}x,$$

其中第一个积分

$$\int_{x_{i-1}}^{x_i} f'(\eta_i)(x - \eta_i)\,dx = f'(\eta_i)\int_{x_{i-1}}^{x_i}(x - \eta_i)\,dx = 0,$$

第二个积分

$$\int_{x_{i-1}}^{x_i} f''(\xi_i)\frac{(x - \eta_i)^2}{2}\,dx = f''(\xi_i)\int_{x_{i-1}}^{x_i}\frac{(x - \eta_i)^2}{2}\,dx = \frac{1}{2}f''(\xi_i)\frac{1}{3}(x - \eta_i)^3\Big|_{x_{i-1}}^{x_i}$$

$$= \frac{f''(\xi_i)}{24 n^3}(b - a)^3.$$

所以

$$n^2 B_n = \frac{(b - a)^2}{24}\sum_{i=1}^{n} f''(\xi_i)\frac{b - a}{n} \xrightarrow[n \to \infty]{} \frac{(b - a)^2}{24}\int_a^b f''(x)\,dx$$

$$= \frac{(b - a)^2}{24}[f'(b) - f'(a)].$$

※4.1.9 设

$$A_n = \frac{1}{n+1} + \frac{1}{n+2} + \cdots + \frac{1}{2n},\quad B_n = \frac{2}{2n+1} + \frac{2}{2n+3} + \cdots + \frac{2}{4n-1}.$$

试证：

$$\lim_{n \to \infty} n(\ln 2 - A_n) = \frac{1}{4},\quad \lim_{n \to \infty} n^2(\ln 2 - B_n) = \frac{1}{32}.$$

提示　两小题分别是例 4.1.8 和习题 4.1.8 的特例. 现在函数是 $f(x) = \dfrac{1}{1+x}$, 区间是 $[a,b] = [0,1]$, $\ln 2 = \displaystyle\int_0^1 \frac{1}{1+x}\,dx$.

再提示　$\displaystyle\lim_{n \to \infty} n(\ln 2 - A_n) = \lim_{n \to \infty} n\left(\int_0^1 \frac{dx}{1+x} - \sum_{i=1}^{n}\frac{1}{1+\dfrac{i}{n}}\frac{1}{n}\right)$

$$\overset{例4.1.8}{=\!=\!=\!=} -\frac{1}{2}\frac{1}{1+x}\Big|_0^1 = \frac{1}{4},$$

$$\lim_{n \to \infty} n^2(\ln 2 - B_n) = \lim_{n \to \infty} n^2\left(\int_0^1 \frac{dx}{1+x} - \sum_{i=1}^{n}\frac{1}{1+\dfrac{2i-1}{2n}}\cdot\frac{1}{n}\right)$$

$$\overset{习题4.1.8}{=\!=\!=\!=} \frac{1}{24}\cdot\frac{-1}{(1+x)^2}\Big|_0^1 = \frac{1}{32}.$$

＊4.1.10　设 $f(x)$ 在 $[a,b]$ 上可积, 记 $f_{in} = f\left(a + i\dfrac{b-a}{n}\right)$. 试利用不等式

$$\big|\ln(1+x) - x\big| \le 2x^2 \quad \left(\text{当 } |x| < \frac{1}{2}\text{时}\right)$$

证明：

$$\lim_{n \to \infty}\left(1 + f_{1n}\frac{b-a}{n}\right)\left(1 + f_{2n}\frac{b-a}{n}\right)\cdots\left(1 + f_{nn}\frac{b-a}{n}\right) = e^{\int_a^b f(x)\,dx}.$$

提示　记 $x_{in} = a + i\dfrac{b-a}{n}\,(i = 0,1,2,\cdots,n)$（原式取对数, 将连乘变为连加）.

证　原式两端同时取对数, 知原式等价于

$$\lim_{n \to \infty}\ln\prod_{i=1}^{n}\left(1 + f(x_{in})\frac{b-a}{n}\right) = \int_a^b f(x)\,dx = \lim_{n \to \infty}\sum_{i=1}^{n} f(x_{in})\frac{b-a}{n} \tag{1}$$

注意到

$$\ln\prod_{i=1}^{n}\left(1 + f(x_{in})\frac{b-a}{n}\right) = \sum_{i=1}^{n}\ln\left(1 + f(x_{in})\frac{b-a}{n}\right).$$

知原式等价于

$$\lim_{n\to\infty}\left[\sum_{i=1}^{n}\ln\left(1+f(x_{in})\frac{b-a}{n}\right)-f(x_{in})\frac{b-a}{n}\right]=0. \qquad (2)$$

因 $f(x)$ 在 $[a,b]$ 上可积,故 $f(x)$ 有界:$\exists M>0$,使得 $|f(x)|\leq M$. 因此当 $n>2M(b-a)$ 时,有 $\left|f(x_{in})\dfrac{b-a}{n}\right|<\dfrac{1}{2}$. 故在已知的不等式 $|\ln(1+x)-x|\leq 2x^2\left(|x|<\dfrac{1}{2}\right)$ 中,可令 $x=f(x_{in})\dfrac{b-a}{n}$,得

$$\left|\sum_{i=1}^{n}\left[\ln\left(1+f(x_{in})\frac{b-a}{n}\right)-f(x_{in})\frac{b-a}{n}\right]\right|$$

$$\leq 2\sum_{i=1}^{n}\left(|f(x_{in})|\frac{b-a}{n}\right)^2=\frac{2(b-a)}{n}\cdot\sum_{i=1}^{n}(f(x_{in}))^2\frac{b-a}{n}$$

$$\xrightarrow[n\to\infty]{}0\cdot\int_a^b f^2(x)\,\mathrm{d}x=0.$$

(因 f 可积 $\Rightarrow f^2$ 亦可积)式(2)获证,式(1)成立. 如此,

$$\lim_{n\to\infty}\prod_{i=1}^{n}\left(1+f(x_{in})\frac{b-a}{n}\right)=\lim_{n\to\infty}\mathrm{e}^{\ln\prod_{i=1}^{n}\left(1+f(x_{in})\frac{b-a}{n}\right)}=\mathrm{e}^{\lim\limits_{n\to\infty}\sum\limits_{i=1}^{n}f(x_{in})\frac{b-a}{n}}=\mathrm{e}^{\int_a^b f(x)\mathrm{d}x}.$$

☆**4.1.11**　设 $f(x)$ 是在 $[-1,1]$ 上可积,在 $x=0$ 处连续的函数. 记

$$\varphi_n(x)=\begin{cases}(1-x)^n, & 0\leq x\leq 1,\\ \mathrm{e}^{nx}, & -1\leq x\leq 0,\end{cases}$$

证明:$\lim\limits_{n\to\infty}\dfrac{n}{2}\displaystyle\int_{-1}^{1}f(x)\varphi_n(x)\,\mathrm{d}x=f(0)$. (浙江大学)

提示　参看例 4.1.5(用拟合法).

＊＊§4.2　定积分的可积性

导读　本节内容是数学院系该课程难点之一,难度较大,其他院系学生可从略. 数学院系学生以正文为主,习题部分可作机动.

本节主要讨论如何证明一个函数在给定区间上是否可积的问题. 因为关于这一部分的知识各书上写法不尽相同,为了与读者取得共同语言,首先我们对基本内容作一概述.

Riemann 积分的定义

函数 $f(x)$ 在 $[a,b]$ 上可积是指:当区间 $[a,b]$ 的分划无限加细时,积分和 $\sum\limits_{i=1}^{n}f(\xi_i)\Delta x_i$ 有确定的极限. 详细地说:若对 $[a,b]$ 的任一分划

$$T:a=x_0<x_1<\cdots<x_n=b$$

及任意 $\xi_i\in[x_{i-1},x_i](i=1,2,\cdots,n)$ 作积分和 $\sum\limits_{i=1}^{n}f(\xi_i)\Delta x_i$,当 $\lambda=\max\limits_{1\leq i\leq n}\Delta x_i=\max\limits_{1\leq i\leq n}(x_i-x_{i-1})\to 0$ 时,极限

$$I = \lim_{\lambda \to 0} \sum_{i=1}^{n} f(\xi_i) \Delta x_i \qquad (A)$$

存在,则称 $f(x)$ 在 $[a,b]$ 上**可积**. 其中式(A)用 $\varepsilon-\delta$ 表述,即 $\forall \varepsilon > 0, \exists \delta > 0$,当 $\lambda < \delta$ 时,有

$$\left| I - \sum_{i=1}^{n} f(\xi_i) \Delta x_i \right| < \varepsilon. \qquad (B)$$

直接应用定义判断可积性要克服两重困难:一是分划 T 的任意性,二是 $\xi_i \in [x_{i-1}, x_i]$ 选取的任意性. 为了使问题简化,引入 Darboux 和的概念. 记

$$m_i = \inf_{x_{i-1} \le x \le x_i} f(x), \quad M_i = \sup_{x_{i-1} \le x \le x_i} f(x),$$

则

$$\overline{S} \equiv \overline{S}(T) \equiv \sum_{i=1}^{n} M_i \Delta x_i \text{ 与 } \underline{S} \equiv \underline{S}(T) \equiv \sum_{i=1}^{n} m_i \Delta x_i$$

分别称为 f 的 Darboux **上和**与 Darboux **下和**[①].

关于 Darboux 和有如下五条重要性质:

(1) 对于任意分划 T 及 ξ_i 的任意选法,恒有

$$\underline{S}(T) \le \sum_{i=1}^{n} f(\xi_i) \Delta x_i \le \overline{S}(T).$$

(2) 当分划加细时,Darboux 下和不会减小,Darboux 上和不会增大,即 $\underline{S}(T) \nearrow$, $\overline{S}(T) \searrow$ (当细分时).

(3) 对任意两分划 T 与 T',恒有 $\underline{S}(T) \le \overline{S}(T')$.

(4) $I^0 \equiv \inf_T \overline{S}(T)$ 称为 $f(x)$ 在 $[a,b]$ 的**上积分**, $I_0 \equiv \sup_T \underline{S}(T)$ 称为 $f(x)$ 在 $[a,b]$ 的**下积分**. 上、下积分与 Darboux 和有关系:$\underline{S} \le I_0 \le I^0 \le \overline{S}$.

(5) $\lim_{\lambda \to 0} \underline{S}(T) = I_0$, $\lim_{\lambda \to 0} \overline{S}(T) = I^0$.

在此基础上,我们获得如下可积充要条件.

定理 1 $f(x)$ 在 $[a,b]$ 上可积的充要条件是

$$\lim_{\lambda \to 0} \sum_{i=1}^{n} \omega_i \Delta x_i = 0, \qquad (C)$$

其中 $\omega_i = M_i - m_i$ 为 $f(x)$ 在 $[x_{i-1}, x_i]$ 上的振幅. 式(C)用 $\varepsilon-\delta$ 表述,即 $\forall \varepsilon > 0$, $\exists \delta > 0$,当 $\lambda < \delta$ 时,$0 \le \sum \omega_i \Delta x_i < \varepsilon$.

由此,利用 Darboux 和的性质(4)、(5),直接可看出有

定理 2 $f(x)$ 在 $[a,b]$ 上可积的充要条件是 $I_0 = I^0$.

下面讨论如何证明可积性问题.

---

① 或称上 Darboux 和与下 Darboux 和.

一、直接用定义证明可积性

要点 （1）直接应用式（B）找 δ；（2）反证法：用式（B）的反面形式，找出矛盾.

例 4.2.1 设 $f(x)$，$F(x)$ 在 $[a,b]$ 上连续，且当 $a < x < b$ 时 $F'(x) = f(x)$. 试用定义直接证明 $f(x)$ 在 $[a,b]$ 上可积，且积分值可通过如下的 Newton – Leibniz 公式计算：

$$\int_a^b f(x)\,\mathrm{d}x = F(b) - F(a).$$

证 $\forall\, \varepsilon > 0$，要式（B）成立，即要

$$\left| \sum_{i=1}^n f(\xi_i)\Delta x_i - (F(b) - F(a)) \right| < \varepsilon. \tag{1}$$

对任意分划 $T: a = x_0 < x_1 < x_2 < \cdots < x_n = b$，将 $F(b) - F(a)$ 改写为

$$F(b) - F(a) = \sum_{i=1}^n (F(x_i) - F(x_{i-1})) \quad （应用微分中值定理）$$

$$= \sum_{i=1}^n F'(\eta_i)(x_i - x_{i-1}) = \sum_{i=1}^n f(\eta_i)\Delta x_i, \ \eta_i \in [x_{i-1}, x_i].$$

于是

$$式（1）左端 = \left| \sum_{i=1}^n (f(\xi_i) - f(\eta_i))\Delta x_i \right|$$

$$\leqslant \sum_{i=1}^n |f(\xi_i) - f(\eta_i)|\Delta x_i \ (\xi_i, \eta_i \in [x_{i-1}, x_i]).$$

因此，问题只要证明

$$\sum_{i=1}^n |f(\xi_i) - f(\eta_i)|\Delta x_i < \varepsilon. \tag{2}$$

但由于 f 在 $[a,b]$ 上连续，所以一致连续：$\forall\, \varepsilon > 0$，$\exists\, \delta > 0$，当 $x', x'' \in [a,b]$，$|x'' - x'| < \delta$ 时，有 $|f(x'') - f(x')| < \dfrac{\varepsilon}{b-a}$.

因此，当 $\lambda < \delta$ 时，有 $|\xi_i - \eta_i| \leqslant \Delta x_i \leqslant \lambda < \delta$，故

$$\sum_{i=1}^n |f(\xi_i) - f(\eta_i)|\Delta x_i \leqslant \sum_{i=1}^n \frac{\varepsilon}{b-a}\Delta x_i = \frac{\varepsilon}{b-a}\sum_{i=1}^n \Delta x_i = \varepsilon.$$

问题获证.

例 4.2.2 证明：$f(x)$ 在 $[a,b]$ 上可积的充要条件是：对于任何一个使得 $\lambda_k \to 0$ 的分划序列 $\{T_k\}$，所作的积分和 $\displaystyle\sum_{i=1}^{n_k} f(\xi_i)\Delta x_i$，其极限 $\displaystyle\lim_{k\to\infty} \sum_{i=1}^{n_k} f(\xi_i)\Delta x_i$ 恒存在并且相同（不妨记为 I）.

证 必要性明显，只证充分性.

若 $f(x)$ 在 $[a,b]$ 上不可积，利用式（B）的反面形式，即：$\exists\, \varepsilon_0 > 0$，$\forall\, \dfrac{1}{k} > 0$，$\exists$ 分划

T_k 及 $\xi_i^{(k)} \in [x_{i-1}, x_i]$，虽然对应的 $\lambda_k < \dfrac{1}{k}$，但

$$\left| I - \sum_{i=1}^{n_k} f(\xi_n^{(k)}) \Delta x_i \right| \geqslant \varepsilon_0.$$

如此，我们得到一个分划序列 $\{T_k\}$，虽然 $\lambda_k \to 0$，但是 $\lim\limits_{n\to\infty} \sum\limits_{i=1}^{n_k} f(\xi_i^{(k)}) \Delta x_i \neq I$，与已知条件矛盾.

二、利用定理证明可积性

a. 利用定理 2 证明可积性

要点 要证明 $f(x)$ 在 $[a,b]$ 上可积，按定理 2，只要证明 $f(x)$ 在 $[a,b]$ 的上、下积分相等，即 $I_0 = I^0$.

例 4.2.3（定理 1′） $f(x)$ 在 $[a,b]$ 上可积的充要条件是：$\forall \varepsilon > 0$，$\exists$ 分划 T 使得 $\sum\limits_{i=1}^{n} \omega_i \Delta x_i < \varepsilon$.

证 根据定理 1，必要性明显，只要证明充分性.

已知 $\forall \varepsilon > 0$，$\exists$ 分划 T 使得 $0 < \bar{S}(T) - \underline{S}(T) = \sum\limits_{i=1}^{n} \omega_i \Delta x_i < \varepsilon$. 由 Darboux 和性质（4）：$\underline{S}(T) \leqslant I_0 \leqslant I^0 \leqslant \bar{S}(T)$，故

$$0 \leqslant I^0 - I_0 \leqslant \bar{S}(T) - \underline{S}(T) < \varepsilon.$$

由 $\varepsilon > 0$ 的任意性，知 $I^0 = I_0$，所以 $f(x)$ 在 $[a,b]$ 上可积.

（请注意定理 1 和本题（定理 1′）的差别.）

b. 利用定理 1 与定理 1′ 证明可积性

要点 利用定理 1 与定理 1′（例 4.2.3）证明可积性，关键在于证明当 λ 充分小时 $\sum \omega_i \Delta x_i$ 能小于任意事先指定的正数 ε：$\sum \omega_i \Delta x_i < \varepsilon$.

方法 I 若 $\sum\limits_{i=1}^{n} \omega_i$ 有界，可以利用 $\sum \omega_i \Delta x_i \leqslant \lambda \sum \omega_i$.（如证明单调函数的可积性.）

方法 II 证明 $\omega_i < \varepsilon (i = 1, 2, \cdots, n)$，从而

$$\sum \omega_i \Delta x_i < \varepsilon \sum \Delta x_i < \varepsilon(b-a).$$

（如证明连续函数的可积性.）

方法 III 利用 $\sum \omega_i \Delta x_i = \sum' \omega_i \Delta x_i + \sum'' \omega_i \Delta x_i$，

$\sum'$ 中，$\omega_i < \dfrac{\varepsilon}{b-a}$；

$\sum''$ 中，$\sum'' \Delta x_i < \dfrac{\varepsilon}{\Omega}$，其中 $\Omega = \sup\limits_{x \in [a,b]} f(x) - \inf\limits_{x \in [a,b]} f(x)$ 是 f 的全振幅.

方法 IV 利用 $\omega_i^f \leqslant \omega_i^g$（其中 ω_i^f 与 ω_i^g 分别表示函数 f 与 g 在第 i 个小区间上的振幅），从 g 的可积性推出 f 的可积性（例如：$f(x)$ 在 $[a,b]$ 上可积，用此法可证

$|f(x)|$ 在 $[a,b]$ 上亦可积).

下面是应用这些方法的例题.

例 4.2.4 设 $f(x)$ 是 $[a,b]$ 上的有界变差函数(意指 $f(x)$ 在 $[a,b]$ 上的全变差,

$$M = \sup_T \left\{ \sum_{i=1}^n |f(x_i) - f(x_{i-1})| \right\} < +\infty),试证 f(x) 在 [a,b] 上可积.$$

提示 证明对任意分划 T 而言,有 $\sum_{i=1}^n \omega_i \leqslant M$,从而应用方法 Ⅰ.

例 4.2.5 设 $f(x)$ 在 $[a,b]$ 上每一点处的极限存在并皆为零,试证: $f(x)$ 在 $[a,b]$ 上可积,且 $\int_a^b f(x)\mathrm{d}x = 0$.

证 设 $x_0 \in [a,b]$ 为任意一点,因 $\lim\limits_{x \to x_0} f(x) = 0$,$\forall \varepsilon_1 > 0$,$\exists \delta_{x_0} > 0$,当 $x \in (x_0 - \delta_{x_0}, x_0 + \delta_{x_0})$ 时,有

$$|f(x)| < \varepsilon_1 (x \neq x_0). \tag{1}$$

如此,$\{(x_0 - \delta_{x_0}, x_0 + \delta_{x_0})\}$ 组成了区间 $[a,b]$ 的一个开覆盖. 由有限覆盖定理,其中存在有限子覆盖 $\{(x_i - \delta_{x_i}, x_i + \delta_{x_i})\}_{i=1}^k$. 至此,我们证明了:除有限个点 $x_1, x_2, \cdots, x_k$ 之外,恒有

$$|f(x)| < \varepsilon_1 (x \neq x_1, x_2, \cdots, x_k). \tag{2}$$

至此,容易用方法 Ⅲ 及定理 1' 证明 f 在 $[a,b]$ 上可积. 事实上,$\forall \varepsilon > 0$,令 $\varepsilon_1 = \dfrac{\varepsilon}{4(b-a)}$,如上有式(2)成立. 取 $M > \max\{f(x_1), f(x_2), \cdots, f(x_k), \varepsilon_1\}$,作一分划 T,使得含 $x_1, x_2, \cdots, x_k$ 的各小区间之总长 $\sum' \Delta x_i < \dfrac{\varepsilon}{4M}$,则

$$\sum \omega_i \Delta x_i = \sum' \omega_i \Delta x_i + \sum'' \omega_i \Delta x_i \leqslant 2M \frac{\varepsilon}{4M} + 2\varepsilon_1 \cdot (b-a) = \varepsilon.$$

(其中 $\sum'$ 表示含 $x_1, x_2, \cdots, x_k$ 的各小区间对应项之和;$\sum''$ 是其余各项之和.) f 可积性获证. 既然可积,点 ξ_i 不论怎样选,积分和的极限都相同. 如上,每次只要 ξ_i 选得与式(2)中的 $x_1, x_2, \cdots, x_k$ 不同,易证积分和的极限为零.

另外,利用"每个 $\varepsilon > 0$,最多只有有限个点使得 $|f(x)|$ 不小于 ε",我们也可直接证明 $\lim\limits_{\lambda \to 0} \sum\limits_{i=1}^n f(\xi_i) \Delta x_i = 0$.

下面是应用方法 Ⅳ 的例子.

例 4.2.6 设 $f(x)$ 在 $[a,b]$ 上可微,试证 $f'(x)$ 在 $[a,b]$ 上可积的充要条件是:存在可积函数 $g(x)$ 使得

$$f(x) = f(a) + \int_a^x g(t)\mathrm{d}t. \tag{1}$$

证 必要性只要令 $g(x) = f'(x)$ 即可得到,这里只证充分性(我们证明:对任一分划而言,在小区间上 $f'(x)$ 的振幅小于或等于 g 的振幅: $\omega_i^{f'} \leqslant \omega_i^g$).

设 $T: a = x_0 < x_1 < \cdots < x_n = b$ 是 $[a,b]$ 的任一分划,记

$$m_i^g = \inf_{x_{i-1} \leqslant x \leqslant x_i} g(x), \quad M_i^g = \sup_{x_{i-1} \leqslant x \leqslant x_i} g(x),$$

则

$$\omega_i^g = M_i^g - m_i^g.$$

设 $x \in [x_{i-1}, x_i]$ 为任意一点,$x + \Delta x \in [x_{i-1}, x_i]$,则由 (1),

$$\frac{\Delta f}{\Delta x} = \frac{f(x+\Delta x) - f(x)}{\Delta x} = \frac{1}{\Delta x} \int_x^{x+\Delta x} g(x) \, \mathrm{d}x.$$

注意到 $m_i^g \leqslant g(x) \leqslant M_i^g$,所以 $m_i^g \leqslant \dfrac{\Delta f}{\Delta x} \leqslant M_i^g$. 令 $\Delta x \to 0$ 取极限,得

$$m_i^g \leqslant f'(x) \leqslant M_i^g, \ \forall x \in [x_{i-1}, x_i].$$

因此,$f'(x)$ 在 $[x_{i-1}, x_i]$ 上的振幅

$$\omega_i^{f'} = \sup_{x_{i-1} \leqslant x \leqslant x_i} f'(x) - \inf_{x_{i-1} \leqslant x \leqslant x_i} f'(x) \leqslant M_i^g - m_i^g = \omega_i^g,$$

故

$$0 \leqslant \sum \omega_i^{f'} \Delta x_i \leqslant \sum \omega_i^g \Delta x_i.$$

因 g 在 $[a,b]$ 上可积,$\lim\limits_{\lambda \to 0} \sum \omega_i^g \Delta x_i = 0$,故 $\lim\limits_{\lambda \to 0} \sum \omega_i^{f'} \Delta x_i = 0$,因此 $f'(x)$ 在 $[a,b]$ 上可积.

注 关于充分性,下面的证法是错误的:将式 (1) 对 x 求导,得 $f'(x) = g(x)$,由 $g(x)$ 可积知 $f'(x)$ 可积. 错误是 $g(x)$ 未必连续,从而 $\left(\int_a^x g(t) \, \mathrm{d}t \right)' = g(x)$ 未必成立.

上述方法以方法Ⅲ应用最广. 下面我们用它来证 Riemann 函数的可积性及定理 3.

例 4.2.7 证明 Riemann 函数 $R(x)$ 在 $[0,1]$ 上可积:

$$R(x) = \begin{cases} \dfrac{1}{q}, & x = \dfrac{p}{q} (p, q \text{ 为正整数}, \dfrac{p}{q} \text{ 为既约真分数}), \\ 0, & x \text{ 为无理数}. \end{cases}$$

证 $\forall \varepsilon > 0$,$[0,1]$ 上使得 $R(x) \geqslant \dfrac{\varepsilon}{2}$ 的点最多只有有限个. 事实上,要 $\dfrac{1}{q} \geqslant \dfrac{\varepsilon}{2}$,即要 $q \leqslant \dfrac{2}{\varepsilon}$,因此使 $R(x) > \dfrac{\varepsilon}{2}$ 的点 $x = \dfrac{p}{q} \left(0 \leqslant p \leqslant q < \dfrac{2}{\varepsilon} \right)$ 最多只有有限个,记为 k 个. 作分划之后,令

$$\sum \omega_i \Delta x_i = \sum' \omega_i \Delta x_i + \sum'' \omega_i \Delta x_i,$$

其中 $\sum'$ 表示含有上述那种例外点的小区间对应项的和,$\sum'' \omega_i \Delta x_i$ 是其余各项的和,$\sum'' \omega_i \Delta x_i$ 中每项 $\omega_i < \dfrac{\varepsilon}{2}$. 因此

$$\sum'' \omega_i \Delta x_i < \frac{\varepsilon}{2} \sum'' \Delta x_i \leqslant \frac{\varepsilon}{2} \cdot 1 = \frac{\varepsilon}{2}.$$

在 $\sum'$ 中,因这种项最多只有 $2k$ 个,故 $\sum' \omega_i \Delta x_i \leqslant \sum' \Delta x_i \leqslant 2k\lambda$. 要 $2k\lambda < \dfrac{\varepsilon}{2}$,只要取 $\delta = \dfrac{\varepsilon}{4k}$,则 $\lambda < \delta$ 时,

$$\sum \omega_i \Delta x_i = \sum{}' \omega_i \Delta x_i + \sum{}'' \omega_i \Delta x_i < \frac{\varepsilon}{2} + \frac{\varepsilon}{2} = \varepsilon.$$

例 4.2.8(定理 3) $f(x)$ 在 $[a,b]$ 上可积的充要条件是 $\forall \varepsilon > 0$,$\forall \sigma > 0$,存在分划 T,使得振幅 $\omega_i \geqslant \varepsilon$ 的那些小区间 $[x_{i-1}, x_i]$ 的长度之和 $\sum\limits_{\omega_i \geqslant \varepsilon} \Delta x_i < \sigma$.

(通俗地说,即是振幅不能任意小的那些小区间之总长可以任意小.)

证 1° 必要性. 目的在于证明:$\forall \varepsilon > 0$,$\forall \sigma > 0$,有分划 T,使得 $\sum\limits_{\omega_i \geqslant \varepsilon} \Delta x_i < \sigma$. 因为

$$\varepsilon \sum_{\omega_i \geqslant \varepsilon} \Delta x_i \leqslant \sum_{\omega_i \geqslant \varepsilon} \omega_i \Delta x_i \leqslant \sum_{i=1}^{n} \omega_i \Delta x_i,$$

可见只要 $\sum\limits_{i=1}^{n} \omega_i \Delta x_i < \varepsilon \sigma$,与上式联立即得 $\varepsilon \sum\limits_{\omega_i \geqslant \varepsilon} \Delta x_i < \varepsilon \sigma$,从而 $\sum\limits_{\omega_i \geqslant \varepsilon} \Delta x_i < \sigma$.

因为已知 $f(x)$ 在 $[a,b]$ 上可积,所以,$\forall \varepsilon > 0$,$\forall \sigma > 0$,存在 T(分划)使得 $\sum\limits_{i=1}^{n} \omega_i \Delta x_i < \varepsilon \sigma$. 这样必要性获证.

2° 充分性. 要证 $f(x)$ 在 $[a,b]$ 上可积,即:$\forall \varepsilon > 0$,要找分划 T,使得

$$\sum_{i=1}^{n} \omega_i \Delta x_i < \varepsilon. \tag{1}$$

但已知:$\forall \varepsilon_1 > 0$,$\forall \sigma > 0$,$\exists T$ 使得 $\sum\limits_{\omega_i \geqslant \varepsilon_1} \Delta x_i < \sigma$,从而

$$\begin{aligned}\sum_{i=1}^{n} \omega_i \Delta x_i &= \sum_{\omega_i \geqslant \varepsilon_1} \omega_i \Delta x_i + \sum_{\omega_i < \varepsilon_1} \omega_i \Delta x_i \leqslant \Omega \sum_{\omega_i \geqslant \varepsilon_1} \Delta x_i + \varepsilon_1 \sum_{\omega_i < \varepsilon_1} \Delta x_i \\ &\leqslant \Omega \cdot \sigma + \varepsilon_1 (b - a), \end{aligned} \tag{2}$$

其中 $\Omega = M - m = \sup\limits_{a \leqslant x \leqslant b} f(x) - \inf\limits_{a \leqslant x \leqslant b} f(x)$ 为 $f(x)$ 在 $[a,b]$ 上的全振幅(因此 $\omega_i \leqslant \Omega$).

可见要式(1)成立,只要事先取 $\varepsilon_1 = \dfrac{\varepsilon}{2(b-a)}$,$\sigma = \dfrac{\varepsilon}{2\Omega}$,则式(2)表明

$$\sum_{i=1}^{n} \omega_i \Delta x_i \leqslant \Omega \cdot \sigma + \varepsilon_1 (b - a) < \varepsilon.$$

故这时的 T 即为所求.

c. 利用定理 3 证明可积性

要点 要证一函数 $f(x)$ 在 $[a,b]$ 上可积,此法的关键在于,对任意的 $\varepsilon > 0$ 和 $\sigma > 0$,找一分划 T,使得 $\sum\limits_{\omega_i \geqslant \varepsilon} \Delta x_i < \sigma$.

例 4.2.9 设 $y = f(u)$ 在 $[A, B]$ 上连续,$u = \varphi(x)$ 在 $[a, b]$ 上可积;当 $x \in [a, b]$ 时,$A \leqslant \varphi(x) \leqslant B$. 试证 $F(x) \equiv f(\varphi(x))$ 在 $[a, b]$ 上可积.

证 因为 $f(u)$ 在 $[A, B]$ 上连续,所以在 $[A, B]$ 上一致连续:$\forall \varepsilon > 0$,$\exists \delta > 0$,当 $u', u'' \in [A, B]$,$|u' - u''| < \delta$ 时,有

$$\left| f(u') - f(u'') \right| < \frac{\varepsilon}{2}. \tag{1}$$

因此作分划以后,在$[x_{i-1}, x_i]$上,若$\varphi(x)$的振幅$\omega_i^\varphi < \delta$,则$F(x) \equiv f(\varphi(x))$的振幅$\omega_i^F < \varepsilon$.(事实上,这时$\forall x', x'' \in [x_{i-1}, x_i]$,记$u' = \varphi(x'), u'' = \varphi(x'')$,则

$$\left| u' - u'' \right| = \left| \varphi(x') - \varphi(x'') \right| \leqslant \omega_i^\varphi < \delta,$$

从而
$$\left| F(x') - F(x'') \right| = \left| f(u') - f(u'') \right| < \frac{\varepsilon}{2},$$

故
$$\omega_i^F = \sup_{x_{i-1} \leqslant x', x'' \leqslant x_i} \left| F(x') - F(x'') \right| < \frac{\varepsilon}{2} < \varepsilon.)$$

由此可见,在$[x_{i-1}, x_i]$上若$\omega_i^F \geqslant \varepsilon$,必有$\omega_i^\varphi \geqslant \delta$. 故

$$\sum_{\omega_i^F \geqslant \varepsilon} \Delta x_i \leqslant \sum_{\omega_i^\varphi \geqslant \delta} \Delta x_i. \tag{2}$$

如此,$\forall \varepsilon > 0, \forall \sigma > 0$,首先按式(1)找出$\delta > 0$. 再由$\varphi(x)$在$[a, b]$上可积,利用定理 3 的必要性,对$\delta > 0$与$\sigma > 0$,存在分划$T$使得$\sum\limits_{\omega_i^\varphi \geqslant \delta} \Delta x_i < \sigma$. 于是由式(2)知

$$\sum_{\omega_i^F \geqslant \varepsilon} \Delta x_i \leqslant \sum_{\omega_i^\varphi \geqslant \delta} \Delta x_i < \sigma.$$

根据定理 3 的充分性,这便证明了$F(x)$在$[a, b]$上可积.

最后,我们讨论可积性与连续的关系.

例 4.2.10 证明:若$f(x)$在$[a, b]$上的不连续点可以用有限个总长任意小的区间所覆盖,则$f(x)$在$[a, b]$上可积.

提示 利用定理 3,或定理 1′容易证明.

例 4.2.11 若$f(x)$在$[a, b]$上可积,则$f(x)$的连续点在$[a, b]$上处处稠密.

证 问题归于证明$f(x)$在$[a, b]$上至少有一个连续点. 事实上,若能如此,则$\forall [\alpha, \beta] \subset [a, b]$,因为$f(x)$在$[\alpha, \beta]$上可积,故$f(x)$在$[\alpha, \beta]$上有连续点. 这就证明了连续点处处稠密.

为了证明$f(x)$在$[a, b]$上至少有一个连续点,我们采用区间套的办法.

因为$f(x)$在$[a, b]$上可积,所以$\lim\limits_{\lambda \to 0} \sum \omega_i \Delta x_i = 0$,对$\varepsilon_1 = \frac{1}{2}$,$\exists$分划$T_1$使得

$$\sum \omega_i \Delta x_i < \varepsilon_1 (b - a). \tag{1}$$

如此,至少存在一个小区间$[x_{i-1}, x_i]$,使得其上$f(x)$的振幅$\omega_i < \varepsilon_1$. 因为不然的话,$\sum \omega_i \Delta x_i \geqslant \varepsilon_1 \sum \Delta x_i \geqslant \varepsilon_1 (b - a)$,与式(1)矛盾. 将此小区间适当收缩,总可以使得它的长度$x_i - x_{i-1} < \frac{1}{2}(b - a)$,使它的两端点在$(a, b)$内. 记缩小后的区间为$[a_1, b_1]$,则$a < a_1 < b_1 < b, b_1 - a_1 < \frac{1}{2}(b - a), f(x)$在$[a_1, b_1]$上的振幅

$$\omega^f[a_1, b_1] < \varepsilon_1 = \frac{1}{2}.$$

用 $[a_1,b_1]$ 取代上面的 $[a,b]$,类似推理可知对 $\varepsilon_2 = \dfrac{1}{2^2}$,存在 $[a_2,b_2] \subset [a_1,b_1]$,$a_1 < a_2 < b_2 < b_1$,$b_2 - a_2 < \dfrac{1}{2}(b_1 - a_1) < \dfrac{1}{4}(b-a)$,$f(x)$ 在 $[a_2,b_2]$ 上的振幅

$$\omega^f[a_2,b_2] < \varepsilon_2 = \frac{1}{2^2}.$$

如此无限做下去,我们可得一区间套:$[a,b] \supset [a_1,b_1] \supset \cdots \supset [a_n,b_n] \supset \cdots$,

$$0 < b_n - a_n < \frac{1}{2^n}(b-a) \to 0 \ (n \to \infty),$$

且 $a_n < a_{n+1} < b_{n+1} < b_n$,$f(x)$ 在 $[a_n,b_n]$ 上的振幅

$$\omega^f[a_n,b_n] < \varepsilon_n = \frac{1}{2^n}.$$

根据区间套定理,$\exists \xi \in [a_n,b_n]\ (n=1,2,\cdots)$. 因为 $a_n \overset{\text{严}}{\nearrow} \xi$,$b_n \overset{\text{严}}{\searrow} \xi$,所以

$$a_n < \xi < b_n (n=1,2,\cdots).$$

现在容易看出,$f(x)$ 在点 ξ 连续. 事实上,$\forall \varepsilon > 0$,可取 n 使得 $\dfrac{1}{2^n} < \varepsilon$. 从而令 $\delta = \min\{b_n - \xi, \xi - a_n\}$,则当 $|x - \xi| < \delta$ 时,$x \in [a_n,b_n]$,从而

$$|f(x) - f(\xi)| < \omega^f[a_n,b_n] < \frac{1}{2^n} < \varepsilon.$$

即表明 $f(x)$ 在 ξ 处连续.

☆**例 4.2.12** 证明:若 $f(x) \geqslant 0$ 在 $[a,b]$ 上有定义并且可积,则等式

$$\int_a^b f(x)\,\mathrm{d}x = 0$$

成立的充要条件是 $f(x)$ 在连续点上恒为零.

提示 (必要性)若 $x_0 \in [a,b]$ 为 f 的连续点,$f(x_0) > 0$. 则 $\exists \delta > 0$ 使得

$$\int_a^b f(x)\,\mathrm{d}x \geqslant \int_{x_0-\delta}^{x_0+\delta} f(x)\,\mathrm{d}x > 0.$$

(充分性)可利用积分定义与上例结果得到.

注 由该例可得如下明显事实:

1)连续函数 $f(x) \geqslant 0$,若在 $[a,b]$ 上积分为 0,则 $f(x) \equiv 0\ (\forall x \in [a,b])$.

2)假设 $f(x)$ 和 $g(x)$ 在 $[a,b]$ 上连续,$f(x) \geqslant g(x)$.

若 $\exists x_0 \in [a,b]$ 使得 $f(x_0) > g(x_0)$,则 $\displaystyle\int_a^b f(x)\,\mathrm{d}x > \int_a^b g(x)\,\mathrm{d}x$.

反之,若 $\displaystyle\int_a^b f(x)\,\mathrm{d}x = \int_a^b g(x)\,\mathrm{d}x$,则 $f(x) \equiv g(x)$.

(以上两点常被应用,默认为基本常识.)

^{new} ***例 4.2.13** 设 $\{f_n(x)\}$ 是 $(-\infty, +\infty)$ 上的连续函数序列,一致有界. 若对任意区间 $[a,b] \subset (-\infty, +\infty)$,恒有 $\displaystyle\lim_{n\to\infty} \int_a^b |f_n(x)|\,\mathrm{d}x = 0$,则在 $(-\infty, +\infty)$ 上,对内

闭绝对可积的函数 $h(x)$，恒有 $\lim\limits_{n\to\infty}\int_a^b f_n(x)h(x)\mathrm{d}x = 0$.（北京大学）

（注　$\{f_n(x)\}$ 一致有界，意指：$\exists M > 0$，使得：$\forall f_n$ 和 $\forall x \in (-\infty, +\infty)$，恒有 $|f_n(x)| \leqslant M$.）

证　对 $[a,b]$ 任作分划：$a = a_0 < a_1 < \cdots < a_n = b$. M_i^h，m_i^h 分别表示 $h(x)$ 在 $[a_{i-1}$，$a_i]$ 上的上、下确界，$M^H \stackrel{记}{=\!=\!=} \max\limits_{1 \leqslant i \leqslant n}\{|M_i^h|, |m_i^h|\}$，则

$$\left|\int_a^b f_n(x)h(x)\mathrm{d}x\right| \leqslant \sum_{i=0}^{n-1}\int_{a_i}^{a_{i+1}}|f_n(x)||h(x)-m_i^h|\mathrm{d}x + \sum_{i=0}^{n-1}\int_{a_i}^{a_{i+1}}|f_n(x)m_i^h|\mathrm{d}x$$

$$\leqslant M\sum_{i=0}^{n-1}\omega_i^h(a_{i+1}-a_i) + M^H\int_a^b|f_n(x)|\mathrm{d}x, \tag{1}$$

其中 $\omega_i^h \stackrel{记}{=\!=\!=} M_i^h - m_i^h$. $\forall \varepsilon > 0$，$h(x)$ 可积，（利用可积的充要条件）$\exists N_1 > 0$，当 $n > N_1$ 时，

$$M\sum_{i=0}^{n-1}\omega_i^h(a_{i+1}-a_i) < \frac{\varepsilon}{2}.$$

因 $\lim\limits_{n\to\infty}\int_a^b|f_n(x)|\mathrm{d}x = 0$，$\exists N_2 > 0$，当 $n > N_2$ 时，$\int_a^b|f_n(x)|\mathrm{d}x < \dfrac{\varepsilon}{2M^H}$.

故当 $n > \max\{N_1, N_2\}$ 时，由式 (1) 得 $\left|\int_a^b f_n(x)h(x)\mathrm{d}x\right| \leqslant \dfrac{\varepsilon}{2} + \dfrac{\varepsilon}{2} = \varepsilon$.

^{new}＊**例 4.2.14**　若函数 $f(x)$ 在区间 $[a,b]$ 上有界，给出并证明 $f(x)$ 在 $[a,b]$ 上 (Riemann) 积分和的极限 $\lim\limits_{\lambda(\Delta)\to 0}\sum f(\xi_i)(x_i - x_{i-1})$ 收敛的 Cauchy 准则.（北京大学）

提示　$\lim\limits_{\lambda(\Delta)\to 0}\sum f(\xi_i)(x_i - x_{i-1})$ 收敛的充要条件是：$\forall \varepsilon > 0$，$\exists \delta > 0$，对于 $[a,b]$ 的任意两个分划 T_1，T_2，以及 ξ_i 的任意两组取法，只要它们最大、最小区间的长度 λ_1，$\lambda_2 < \delta$，则它们对应的积分和之差

$$|S(\xi_1, T_1) - S(\xi_2, T_2)| < \varepsilon. \tag{1}$$

证必要性：可利用三角不等式；证充分性：可利用本节"定理一""可积的充要条件".

再提示　（必要性）当 $\lambda \to 0$ 时，$S(\xi, T) \stackrel{记}{=\!=\!=} \sum f(\xi_i)\Delta x_i \to I$. 则 $\forall \varepsilon > 0$，$\exists \delta > 0$，当 $\lambda < \delta$ 时，有

$$|S(\xi, T) - I| < \frac{\varepsilon}{2}.$$

现设 $S(\xi_1, T_1)$ 和 $S(\xi_2, T_2)$ 是任意两不同的积分和：对应的 λ_1，$\lambda_2 < \delta$，那么由

$$|S(\xi_1, T_1) - I| < \frac{\varepsilon}{2} \text{ 和 } |S(\xi_2, T_2) - I| < \frac{\varepsilon}{2},$$

可得

$$|S(\xi_1, T_1) - S(\xi_2, T_2)| \leqslant |S(\xi_1, T_1) - I| + |I - S(\xi_2, T_2)| < \frac{\varepsilon}{2} + \frac{\varepsilon}{2} = \varepsilon.$$

（充分性）若条件 (1) 成立，亦即：$\forall \varepsilon > 0$，$\exists \delta > 0$，当 λ_1，$\lambda_2 < \delta$ 时恒有

$$|S(\xi_1, T_1) - S(\xi_2, T_2)| < \frac{\varepsilon}{2}, \tag{2}$$

那么对应任意分划 $T: a = x_0 < x_1 < \cdots < x_n = b$, 当 $\lambda = \max(x_i - x_{i-1}) < \delta$ 时,有

$$\left| \sum_{i=1}^{n} \left[f(\xi_{1i}) \Delta x_i - \sum_{i=1}^{n} f(\xi_{2i}) \Delta x_i \right| = \left| \sum_{i=1}^{n} \left[f(\xi_{1i}) - f(\xi_{2i}) \right] \Delta x_i \right| < \frac{\varepsilon}{2}.$$

取上确界

$$\omega_i = \sup \{ f(\xi_{1i}) - f(\xi_{2i}) \mid \xi_{1i}, \xi_{2i} \in [x_{i-1}, x_i] \},$$

则由上式知

$$\sum_{i=1}^{n} \omega_i \Delta x_i \leqslant \frac{\varepsilon}{2} < \varepsilon.$$

根据定理 1 的充要条件,知:$f(x)$ 在 $[a,b]$ 上可积,$\lim\limits_{\lambda(\Delta) \to 0} \sum f(\xi_i) \Delta x_i$ 收敛.

^{new}**练习** 设 $f(x)$ 在 $[0, a]$ 上二次可导,$f(0) = f'(0) = f'(a) = 0, f(a) = 1$,且 $\forall x \in [0, a]$ 有 $-1 \leqslant f''(x) \leqslant 1$;

$$g(x) = \begin{cases} x, & 0 \leqslant x \leqslant \dfrac{a}{2}, \\ a - x, & \dfrac{a}{2} < x \leqslant a. \end{cases}$$

试证:

1) $[0, a]$ 上,$f'(x) \leqslant g(x)$;

2) $\exists x_0 \in [0, a]$,使得 $f'(x_0) < g(x_0)$;

3) $a > 2$. (南开大学)

证 1) $x \in \left[0, \dfrac{a}{2} \right]$ (应用 Lagrange 定理):$f'(x) \xlongequal{f'(0)=0} f''(\xi) x \overset{f'(\xi) \leqslant 1}{\leqslant} x = g(x) \ (0 < \xi < x)$.

同理,$x \in \left[\dfrac{a}{2}, a \right]$:$f'(x) \xlongequal{f'(a)=0} f''(\eta)(x-a) \overset{f''(\eta) \geqslant -1}{\leqslant} a - x = g(x) \ (x < \eta < a)$.

2) 若结论不成立,则 $f'(x) \equiv g(x)$,推得 $f''\left(\dfrac{a}{2} \right)$ 不存在,矛盾.

3) 根据 1) 和 2),$f'(x)$ 和 $g(x)$ 符合例 4.2.12 注 2) 的条件,因此

$$1 = f(x) \bigg|_0^a = \int_0^a f'(x) \,dx < \int_0^a g(x) \,dx = \frac{x^2}{2} \bigg|_0^{\frac{a}{2}} - \frac{(a-x)^2}{2} \bigg|_{x=\frac{a}{2}}^a = \frac{a^2}{4}.$$

因 a 为正,由此即得:$a > 2$.(证毕.)

^{new}**※附:积分定义的简化**

引言 众所周知,两三角形,边、角分别相等,共有 6 个等式,但判断两三角形全等,一般只需 3 个即可(工作量减少一半). 定积分的定义有两个任意性:"分划 T 任意""ξ_i 的选法任意". 能否只用一个任意性? 回答是肯定的.

积分定义简化之一:

——取消分划的任意性(只用"等分法"),保留 ξ_i 选法的任意性.

^{new}**※例 4.2.15**(积分的等价定义(一)) 如下三条等价:

(i)(按原定义)$f(x)$ 在 $[a, b]$ 上可积,且 $\int_a^b f(x) \,dx = I$;(含两个任意性)

(ii)(按等分定义)将 $[a, b]$ n 等分,$d_i = a + i \dfrac{b-a}{n} (i = 1, 2, \cdots, n)$,任取 $\xi_i \in [d_{i-1}, d_i]$,作积分和:$\displaystyle\sum_{i=1}^{n} f(\xi_i) \dfrac{b-a}{n}$,则

$$\lim_{n\to\infty}\sum_{i=1}^{n}f(\xi_i)\frac{b-a}{n}\xlongequal{存在}I$$

(其中 I 的大小与 ξ_i 的选取无关)(只含一个任意性);

(iii)(可积的充要条件)将 $[a,b]n$ 等分,用 M_i 和 m_i 分别表示 $f(x)$ 在第 i 个小区间上的"上、下确界",则当 $n\to\infty$ 时,相应的上、下 Darboux 和:$\sum_{i=1}^{n}M_i\frac{b-a}{n},\sum_{i=1}^{n}m_i\frac{b-a}{n}$ 有有限的极限,且都等于 I. 即

$$\lim_{n\to\infty}\sum_{i=1}^{n}M_i\frac{b-a}{n}=\lim_{n\to\infty}\sum_{i=1}^{n}m_i\frac{b-a}{n}=I.$$

记 $\omega_i'=M_i-m_i$,则有 $\lim_{n\to\infty}\sum_{i=1}^{n}\omega_i'\frac{b-a}{n}=\lim_{n\to\infty}\sum_{i=1}^{n}(M_i-m_i)\frac{b-a}{n}=0.$

证 (证(i)⇒(ii)⇒(iii)⇒(i))

1° ((i)⇒(ii))无须证明,因对任意分划成立,等分当然也成立.

2° ((ii)⇒(iii))已知 $\lim_{n\to\infty}\sum_{i=1}^{n}f(\xi_i)\frac{b-a}{n}\xlongequal{存在}I$,因此,$\forall\varepsilon>0,\exists N>0$,当 $n>N$ 时,有

$$\left|\sum_{i=1}^{n}f(\xi_i)\frac{b-a}{n}-I\right|<\frac{\varepsilon}{2}.$$

此时 $f(x)$ 在 $[a,b]$ 上有界(不可能无界,否则 $|f(\xi_i)|$ 能任意取大,极限不可能存在). 因此小区间上的上、下确界 M_i 和 m_i 都应是有限数. 利用确界定义,在第 i 个小区间中存在 ξ_i 使得 $0\le M_i-f(\xi_i)<\frac{\varepsilon}{2(b-a)}$ $(i=1,2,\cdots,n).$ 于是

$$\left|\sum_{i=1}^{n}M_i\frac{b-a}{n}-I\right|\le\frac{b-a}{n}\left|\sum_{i=1}^{n}(M_i-f(\xi_i))\right|+\left|\sum_{i=1}^{n}f(\xi_i)\frac{b-a}{n}-I\right|<\frac{\varepsilon}{2}+\frac{\varepsilon}{2}=\varepsilon,$$

表明

$$\lim_{n\to\infty}\sum_{i=1}^{n}M_i\frac{b-a}{n}=I.$$

同理可证

$$\lim_{n\to\infty}\sum_{i=1}^{n}m_i\frac{b-a}{n}=I.$$

进而有

$$\lim_{n\to\infty}\sum_{i=1}^{n}\omega_i'\frac{b-a}{n}=\lim_{n\to\infty}\sum_{i=1}^{n}(M_i-m_i)\frac{b-a}{n}=0.$$

3° ((iii)⇒(i))要证明 $f(x)$ 在 $[a,b]$ 上可积. (利用本节定理 1)只需证明:任意分划

$$T:a=x_0<x_1<\cdots<x_k=b. \tag{1}$$

当 $\lambda=\max_{i=1,\cdots,k}\{x_i-x_{i-1}\}\to0$ 时,有

$$\lim_{\lambda\to0}\sum_{i=1}^{k}\omega_i(x_i-x_{i-1})=0,$$

其中 ω_i 是函数 $f(x)$ 在 $[x_{i-1},x_i]$ 上的振幅,$\omega_i=M_i-m_i$(这里的 M_i,m_i 分别表示 $f(x)$ 在 $[x_{i-1},x_i]$ 上的上、下确界).

现在条件(iii)成立,说明 $f(x)$ 有界,即 $\exists M>0$,使得 $|f(x)|\le M(\forall x\in[a,b])$. 因此

$$0\le\omega_i=M_i-m_i\le|M_i|+|m_i|\le2M. \tag{2}$$

在 $[a,b]$ 内部插入 $n-1$ 个"等分点",将 $[a,b]$ 进行 n 等分:

$$T_{n等分}:a = d_0 < d_1 < d_2 < \cdots < d_{n-1} < b,\ d_{i+1} - d_i = \frac{b-a}{n}.$$

根据条件(iii):$\forall \varepsilon > 0, \exists N > 0$,当 $n > N$ 时,

$$\sum_{i=1}^{n} \omega_i' \frac{b-a}{n} < \frac{\varepsilon}{2}\ (\omega_i' 表示 f 在 [d_{i-1}, d_i] 上的振幅).$$

现将 n 固定,对 $[a,b]$ 作任意分划 T(充分细分),使得 $\lambda_T < \min\left\{\dfrac{b-a}{n}, \dfrac{\varepsilon}{4(n-1)M}\right\}$. 于是 T 的每个

小区间内部最多只含 $T_{n等分}$ 的一个等分点(d_i)(否则 $\lambda_T \geqslant \dfrac{b-a}{n}$,矛盾). 如此,$T$ 的小区间分为两类:
第一类是内部含有 $T_{n等分}$ 的某一等分点的小区间;第二类是内部不含等分点的小区间,整个小区间
落入某个 $[d_{i-1}, d_i]$.

因为 $T_{n等分}$ 只有 $n-1$ 个分点,T 的第一类小区间最多只有 $n-1$ 个;其余(第二类)小区间分别
属于 $T_{n等分}$ 的某个 $[d_{i-1}, d_i]$,将同属 $[d_{i-1}, d_i]$ 的小区间归为第 i 组. 因此第 i 组小区间上的振幅
$\omega_i \leqslant \omega_i'$(因为振幅随范围增大而增大),因此

$$\sum_{第i组} \omega_i (x_i - x_{i-1}) \leqslant \sum_{第i组} \omega_i' (x_i - x_{i-1}) = \omega_i' \sum_{第i组}(x_i - x_{i-1}) \leqslant \omega_i'(d_i - d_{i-1}) = \omega_i' \frac{b-a}{n}.$$

故

$$\sum_{第二类} \omega_i (x_i - x_{i-1}) = \sum_{i=1}^{n}\left[\sum_{第i组}\omega_i(x_i - x_{i-1})\right] \leqslant \sum_{i=1}^{n} \omega_i' \frac{b-a}{n} < \frac{\varepsilon}{2}.$$

另外,(因 f 有界,$\omega_i \leqslant 2M$)第一类小区间 ω_i 对应和:

$$\sum_{第一类} \omega_i (x_i - x_{i-1}) \leqslant 2M(n-1)\lambda < 2M(n-1)\frac{\varepsilon}{4(n-1)M} = \frac{\varepsilon}{2}.$$

因此,对分划 T 有

$$\sum_{i=1}^{n} \omega_i (x_i - x_{i-1}) = \sum_{第一类} \omega_i (x_i - x_{i-1}) + \sum_{第二类} \omega_i (x_i - x_{i-1}) < \frac{\varepsilon}{2} + \frac{\varepsilon}{2} = \varepsilon.$$

根据本节定理 1,$f(x)$ 在 $[a,b]$ 上可积. 如此,

$$\int_a^b f(x)\,\mathrm{d}x = \lim_{\lambda \to 0}\sum_{i=1}^{n} f(\xi_i)\Delta x_i = \lim_{n\to\infty}\sum_{i=1}^{n} f(\xi_i)\frac{b-a}{n} = I.$$

积分定义简化之二:

——取消 ξ_i 选法的任意性(ξ_i 只取端点),保留分划的任意性.

^{new} ※例 **4.2.16**(积分的等价定义(二)) 函数 $f(x)$ 在 $[a,b]$ 上积分存在且等于 I 的充要条件
是:在 $[a,b]$ 上,任取分划

$$T: a = x_0 < x_1 < \cdots < x_n = b, \tag{1}$$

作积分和

$$\sum_{i=1}^{n} f(\xi_i)(x_i - x_{i-1}), \tag{2}$$

这里 ξ_i 只需选端点($\xi_i = x_i$ 或 x_{i-1}). 记 $\lambda = \max\limits_{i=1,\cdots,n}\{x_i - x_{i-1}\}$,则极限 $\lim\limits_{\lambda \to 0}\sum\limits_{i=1}^{n} f(\xi_i)(x_i - x_{i-1}) \xlongequal{存在} I.$
更精细地说,即 $\forall \varepsilon > 0, \exists \delta > 0$,当 $\lambda < \delta$ 时,有

$$\left|\sum_{i=1}^{n} f(\xi_i)(x_i - x_{i-1}) - I\right| < \varepsilon. \tag{3}$$

注 可见新定义简化许多,必要性明显成立,下面只证充分性.

分析 (充分性)要证明:$f(x)$在$[a,b]$上可积且积分等于I.

根据积分的等价定义(一),只需证明:$\forall \varepsilon>0,\exists N>0$,当$n>N$时,将$[a,b]$ n等分,作分划:

$$T_{n等分}:a=d_0<d_1<d_2<\cdots<d_{n-1}<d_n=b,\ d_{i+1}-d_i=\frac{b-a}{n}.$$

则有

$$\left|\sum_{i=1}^n f(\xi_i)\frac{b-a}{n}-I\right|<\varepsilon\quad(\forall \xi_i\in[d_i,d_{i+1}]).\tag{4}$$

(如果将等价定义(一)的条件简称为"等分+任选",定义(二)的条件简称为"任分+ξ_i取端点",那么现在的任务就是由后者导出前者.)

已知:$\forall \varepsilon>0$,能找到$\delta>0$,当$\lambda<\delta$时式(3)成立.因此只要取$N>\dfrac{b-a}{\delta}$,则当$n>N$时,就有

$$\lambda_{等分}=\max_{i=1,\cdots,n}\{d_{i+1}-d_i\}=\frac{b-a}{n}<\frac{b-a}{N}<\delta.$$

假若其中的ξ_i刚好都取在端点(即$\xi_i=d_i$或$=d_{i+1}$),那么此时式(3)直接导出式(4),问题自明.但$\xi_i\in[d_i,d_{i+1}]$是任取的,ξ_i很可能不在端点上.

如果ξ_i不是端点($d_i<\xi_i<d_{i+1}$),也有办法:可将ξ_i作为新分点,将$[d_i,d_{i+1}]$分为左、右两半:$[d_i,\xi_i]$和$[\xi_i,d_{i+1}]$(凡不是端点的ξ_i,统统都这样处理),如此得一新分划,记作$T_{新}$:

i) 对$T_{新}$而言,每个ξ_i都取端点;

ii) 增加分点意味着分划更细密,故$\lambda_{新}<\lambda_{等分}=\dfrac{b-a}{n}<\delta$;

iii) 注意,当一小区间一剖为二时,两个小区间之和就是原来的小区间,且

$$f(\xi_i)(\xi_i-d_i)+f(\xi_i)(d_{i+1}-\xi_i)=f(\xi_i)(d_{i+1}-d_i).$$

故$T_{n等分}$的积分和里,若用$\sum'$表示ξ_i原本选于端点的那些项之和,$\sum''$表示原本ξ_i不是端点(需要一剖为二的)的那些项之和,那么式(4)中的积分和:

$$\sum_{i=1}^n f(\xi_i)\frac{b-a}{n}=\sum{'}f(\xi_i)\frac{b-a}{n}+\sum{''}[f(\xi_i)(\xi_i-d_i)+f(\xi_i)(d_{i+1}-\xi_i)].\tag{5}$$

右端是新分划的积分和($\lambda_{新}<\delta$,且ξ_i都在端点),符合式(3)的要求.因此

$$\left|\left[\sum{'}f(\xi_i)\frac{b-a}{n}+\sum{''}f(\xi_i)(\xi_i-d_i)+f(\xi_i)(d_{i+1}-\xi_i)\right]-I\right|<\varepsilon.\tag{6}$$

式(5)左端的积分和$\sum_{i=1}^n f(\xi_i)\dfrac{b-a}{n}$是分划$T_{n等分}$(将$[a,b]$等分)的积分和,其中$\xi_i\in[d_i,d_{i+1}]$是任意的.由式(5)和(6)知

$$\left|\sum_{i=1}^n f(\xi_i)\frac{b-a}{n}-I\right|<\varepsilon.\tag{7}$$

(此式说明在"等分+任选"条件下有式(7)成立.)

根据等价定义(一)的充分性,知$f(x)$在$[a,b]$上可积,且积分等于I.证毕.

注 1) 这里是用等价定义(一)的充分性来证明的.实际上也可直接用积分定义来证明(留作练习).

2) 原积分定义有两个任意性,判断可积性比较困难,采用新定义,确实方便很多;但是,假若已知函数可积,那么两个任意性反而会给我们带来很多好处.巧妙地作分划和选ξ_i,常可得到极

好的结果(教材里有不少例子).

另外,本节定理 1(可积 $\Leftrightarrow \lim\limits_{\lambda \to 0} \sum\limits_{i=1}^{n} \omega_i (x_i - x_{i-1}) = 0$)可化解 ξ_i 带来的困难,也许这正是教材不提"简化"的原因. 值得注意的是:例 4.2.15 里的等价形式(iii),实际上两个任意性都已被简化.

3)这里介绍"简化"的主要目的是扩大眼界,拓展思路,讨论方法. 由于教材并未涉及"简化"的问题,建议读者(尤其是考生)谨慎引用,不然说你"擅自降低难度,不错也错!"

✍ 单元练习 4.2

4.2.1 设函数 $f(u)$ 在区间 $[A,B]$ 上连续,$g(x)$ 在 $[a,b]$ 上可积,当 $x \in [a,b]$ 时,$A \leqslant g(x) \leqslant B$. 试用各种不同的方法证明 $f(g(x))$ 在 $[a,b]$ 上可积.

证 1° 因 $f(u)$ 连续,故在 $[A,B]$ 上有界,即 $\exists M > 0$ 使得

$$|f(u)| < M \ (\forall u \in [A,B]).\tag{1}$$

2° Cantor 定理,它还在 $[A,B]$ 上一致连续:$\forall \varepsilon > 0, \exists \delta > 0$,使得 $\forall u_1, u_2 \in [A,B]$,当 $|u_1 - u_2| < \delta$ 时,有

$$|f(u_1) - f(u_2)| < \frac{\varepsilon}{2(b-a)}.\tag{2}$$

3° $u = g(x)$ 在 $[a,b]$ 上可积,利用例 4.2.8,知:当 $[a,b]$ 的分划充分细密时,使得 $\omega_i^g \geqslant \delta$ 的小区间的总长能任意小(小于事先任意指定的正数),例如小于 $\frac{\varepsilon}{4M}$,即

$$\sum_{\omega_i^g \geqslant \delta} \Delta x_i < \frac{\varepsilon}{4M}.\tag{3}$$

其余的 $\omega_i^g < \delta$,从而由式(2)知

$$\omega_i^{f \circ g} < \frac{\varepsilon}{2(b-a)},\tag{4}$$

其中 $\omega_i^{f \circ g}$ 表示 $f(g(x))$ 在第 i 个小区间上的振幅.

4° 故

$$\sum \omega_i^{f\circ g}\Delta x_i = \sum_{\omega_i^{g(x)} < \delta} \omega_i^{f\circ g}\Delta x_i + \sum_{\omega_i^{g(x)} \geqslant \delta} \omega_i^{f\circ g}\Delta x_i \overset{\text{式}(4),(1)}{\leqslant} \frac{\varepsilon}{2(b-a)}\sum_{\omega_i^g < \delta}\Delta x_i + 2M\sum_{\omega_i^{g(x)}\geqslant\delta}\Delta x_i$$

$$\overset{\text{式}(3)}{\leqslant} \frac{\varepsilon}{2(b-a)}(b-a) + 2M\frac{\varepsilon}{4M} = \frac{\varepsilon}{2} + \frac{\varepsilon}{2} = \varepsilon.$$

此式表明 $f(g(x))$ 在 $[a,b]$ 上可积.(证毕.)

4.2.2 试用多种方法证明 $f(x)$ 在 $[0,1]$ 上可积,设

1) $f(x) = \mathrm{sgn}\left(\sin\frac{\pi}{x}\right)$;　　2) $f(x) = \begin{cases} \frac{1}{x} - \left[\frac{1}{x}\right], & \text{当 } x \neq 0 \text{ 时,} \\ 0, & \text{当 } x = 0 \text{ 时.} \end{cases}$

提示 利用例 4.2.10.

再提示 两小题的函数都只有一串间断点 $\left\{\frac{1}{n}\right\}_{n=1}^{\infty}$,$x = 0$ 是该数列唯一聚点. $\forall \varepsilon > 0$,$\exists N > 0$,当 $n > N$ 时,有 $\left|\frac{1}{n} - 0\right| < \frac{\varepsilon}{4}$,即:区间 $\left(-\frac{\varepsilon}{4}, \frac{\varepsilon}{4}\right)$ 包含了聚点 0 以及该数列中的无穷多项

$\left\{\dfrac{1}{n}\right\}_{n>N}$,剩下的 N 项可分别用长度小于 $\dfrac{\varepsilon}{2N}$ 的小区间覆盖,因此全部间断点可用 $N+1$ 个总长小于

$\dfrac{\varepsilon}{2}+N\dfrac{\varepsilon}{2N}=\varepsilon$ 的小区间覆盖.利用例 4.2.10,函数在 $[0,1]$ 上可积.

4.2.3 若 $f(x),g(x)$ 在 $[a,b]$ 上可积,试证 $\max\{f(x),g(x)\}$ 及 $\min\{f(x),g(x)\}$ 在 $[a,b]$ 上亦可积.

提示 记 $\Phi(x)=\max\{f(x),g(x)\}$,不难证明:任一小区间上,$\omega_i^{\Phi}\leqslant\max\{\omega_i^f,\omega_i^g\}$. (1)

因 $f(x)$ 和 $g(x)$ 可积,(根据定理 3)$\forall\,\varepsilon>0$ 和 $\forall\,\sigma>0$,当分划充分细密时,有

$$\sum_{\omega_i^{f(x)}\geqslant\varepsilon}\Delta x_i<\frac{\sigma}{2}\quad\text{和}\quad\sum_{\omega_i^{g(x)}\geqslant\varepsilon}\Delta x_i<\frac{\sigma}{2}.$$

根据下面的注释,可得 $\displaystyle\sum_{\omega_i^{\Phi(x)}\geqslant\varepsilon}\Delta x_i<\dfrac{\sigma}{2}+\dfrac{\sigma}{2}=\sigma$. 利用定理 3 知:$\Phi(x)=\max\{f(x),g(x)\}$ 在 $[a,b]$ 上可积.

类似可证 $\min\{f(x),g(x)\}$ 在 $[a,b]$ 上可积.

注释 $\max\{\omega_i^f,\omega_i^g\}$ 表示 ω_i^f,ω_i^g 中的大者,以 $\omega_i^f\leqslant\omega_i^g$ 为例进行说明.此时 $\max\{\omega_i^f,\omega_i^g\}=\omega_i^g$. 如式(1):$\omega_i^{\Phi}\leqslant\max\{\omega_i^f,\omega_i^g\}=\omega_i^g$. 可见若 $\omega_i^{\Phi}\geqslant\varepsilon$,则 $\omega_i^g\geqslant\varepsilon$. 也就是说:满足 $\omega_i^{\Phi}\geqslant\varepsilon$ 的小区间之集合,是满足 $\omega_i^g\geqslant\varepsilon$ 的小区间集合里的子集.(若 $\omega_i^g\leqslant\omega_i^f$,情况类似.)可见

$$\sum_{\omega_i^{\Phi(x)}\geqslant\varepsilon}\Delta x_i\leqslant\sum_{\omega_i^{f(x)}\geqslant\varepsilon}\Delta x_i+\sum_{\omega_i^{g(x)}\geqslant\varepsilon}\Delta x_i.$$

4.2.4 试用定理 3 重新证明 Riemann 函数在 $[0,1]$ 上可积.

提示 重复例 4.2.7 中的相应论述,可知:$\forall\,\varepsilon>0$,使得(Riemann 函数)$R(x)\geqslant\varepsilon$ 的点只有有限个.因此作分划时,含此种点的小区间最多只有有限个.当分划足够细密时,此类($\omega_i^{R(x)}\geqslant\varepsilon$)小区间之总长能任意小,小于事先任意指定的 $\sigma>0$,即 $\displaystyle\sum_{\omega_i^{R(x)}\geqslant\varepsilon}\Delta x_i<\sigma$. 利用例 4.2.8,知 $R(x)$ 在该区间上可积.

4.2.5 设 $f(x)$ 在 $[a,b]$ 上可积,$[f(x)]$ 表示对 $f(x)$ 的值取整数部分,试问 $[f(x)]$ 在 $[a,b]$ 上是否一定可积.

提示 定义 $f(x)$ 在 $x=x_0$ 处阶梯连续为 $\exists\,\delta>0$,使得当 $|x-x_0|<\delta$ 时有 $\big|[f(x)]-[f(x_0)]\big|<1$,否则称 x_0 为 $f(x)$ 的阶梯间断点.那么"$f(x)$ 在 $[a,b]$ 上可积 $\Rightarrow$ $[f(x)]$ 也在 $[a,b]$ 上可积"成立的充分必要条件是"f 的全体阶梯间断点能用有限个总长任意小的区间覆盖"(参考例 4.2.10 与例 4.2.11).

4.2.6 设 $f(x)$ 在 $[a,b]$ 上可积,试证:对于 $[a,b]$ 上任一可积函数 $g(x)$,恒有 $\displaystyle\int_a^b f(x)g(x)\mathrm{d}x=0$,则函数 $f(x)$ 在连续点上恒为零.

4.2.7 设在 $[-1,1]$ 上的连续函数 $f(x)$ 满足如下条件:对 $[-1,1]$ 上的任意偶连续函数 $g(x)$,积分 $\displaystyle\int_{-1}^{1}f(x)g(x)\mathrm{d}x=0$. 试证 $f(x)$ 是 $[-1,1]$ 上的奇函数.(武汉大学)

提示 只需证明 $\displaystyle\int_{-1}^{1}[f(x)+f(-x)]^2\mathrm{d}x=0$,并注意到 $g(x)\overset{\text{取}}{=\!=\!=}f(x)+f(-x)$ 是偶函数.

§4.3 有关积分的几类典型问题

一、积分值估计

有些函数虽然可积,但原函数不能用初等函数的有限形式表达. 或说这种函数的积分"积不出",无法应用 Newton-Leibniz 公式计算,只能用其他方法对积分值进行估计或近似计算. 另一种情况是,被积函数没有明确给出,只知道它的结构或某些性质,希望对积分值给出某种估计.

*a. 利用 Darboux 和估计积分值

要点 若 $\underline{S} = \sum_{i=1}^{n} m_i \Delta x_i$, $\overline{S} = \sum_{i=1}^{n} M_i \Delta x_i$ 分别表示积分 $I = \int_a^b f(x) \, dx$ 的下、上 Darboux 和,那么积分存在时,有估计 $\underline{S} \leqslant \int_a^b f(x) \, dx \leqslant \overline{S}$.

*例 4.3.1 求 A, B,使得 $A \leqslant \int_0^1 \sqrt{1+x^4} \, dx \leqslant B$,要求 $B - A \leqslant 0.1$.(首都师范大学)

注 Чебышев 定理告诉我们,二项微分式的不定积分 $\int x^{\alpha}(1+x^{\beta})^{\gamma} \, dx$ 除以下三种情况可以积分出来之外,其余情况积不出:

(i) $\gamma =$ 整数;(ii) $\gamma \neq$ 整数,但 $\dfrac{\alpha+1}{\beta} =$ 整数;(iii) $\gamma \neq$ 整数,$\dfrac{\alpha+1}{\beta} \neq$ 整数,但 $\dfrac{\alpha+1}{\beta} + \gamma =$ 整数. 现在 $\alpha = 0, \beta = 4, \gamma = \dfrac{1}{2}$,不属于这三种情况,因此该积分积不出. 但 $\sqrt{1+x^4}$ 连续,积分有意义. 下面我们用 Darboux 和对积分进行估计.

解 将区间 $[0,1]$ n 等分,利用 $\sqrt{1+x^4}$ 的单调性,每个小区间上端点到达上、下确界,因此

$$\underline{S_n} = \frac{1}{n} \sum_{i=1}^{n} \sqrt{1+\left(\frac{i-1}{n}\right)^4} \leqslant \int_0^1 \sqrt{1+x^4} \, dx \leqslant \frac{1}{n} \sum_{i=1}^{n} \sqrt{1+\left(\frac{i}{n}\right)^4} = \overline{S_n},$$

这时 $\overline{S_n} - \underline{S_n} = \dfrac{1}{n}(\sqrt{2}-1)$. 要使 $\overline{S_n} - \underline{S_n} < 0.1$,只要取 $n = 5$,于是

$$A = \frac{1}{5} \sum_{i=1}^{5} \sqrt{1+\left(\frac{i-1}{5}\right)^4} = 1.053, \quad B = \frac{1}{5} \sum_{i=1}^{5} \sqrt{1+\left(\frac{i}{5}\right)^4} = 1.135.$$

*例 4.3.2 若 $f(x)$ 在 $[a,b]$ 上可积,$f(x) > 0$,试证:$\int_a^b f(x) \, dx > 0$.

(该结论很重要,经常用到.)

证 I $f(x) > 0$,$\sum_{i=1}^{n} f(\xi_i) \Delta x_i > 0$,因而由可积性知

$$\int_a^b f(x)\,\mathrm{d}x \;=\; \lim_{\lambda \to 0} \sum_{i=1}^n f(\xi_i)\Delta x_i \geqslant 0.$$

（现用反证法证明这里的等号不可能发生．）设 $\int_a^b f(x)\,\mathrm{d}x = 0$，则对于 $f(x)$ 的上

Darboux 和，有 $\lim\limits_{\lambda \to 0}\sum\limits_{i=1}^n M_i\Delta x_i = 0$. 从而 $\forall\,\varepsilon_1 > 0$，$\exists$ 分划 T 使得

$$\sum_{i=1}^n M_i\Delta x_i < \varepsilon_1(b-a).$$

由此至少存在一个 $M_i < \varepsilon_1$，否则每个 $M_i \geqslant \varepsilon_1$，应有 $\sum\limits_{i=1}^n M_i\Delta x_i \geqslant \varepsilon_1\sum\Delta x_i = \varepsilon_1(b-a)$，与上式矛盾．

将 $M_i < \varepsilon_1$ 的这个小区间记为 $[a_1,b_1]$，于是 $f(x)$ 在 $[a_1,b_1]$ 上可积．把 $[a_1,b_1]$ 取作上面的 $[a,b]$，重复上述推理，可得到 $[a_2,b_2]\subset[a_1,b_1]$，使得

$$\sup_{a_2\leqslant x\leqslant b_2} f(x) \leqslant \varepsilon_2.$$

如此无限进行下去，可以得到一串区间

$$[a,b]\supset[a_1,b_1]\supset[a_2,b_2]\supset\cdots\supset[a_n,b_n]\supset[a_{n+1},b_{n+1}]\supset\cdots,$$

使得每个 $[a_n,b_n]$ 上

$$\sup_{a_n\leqslant x\leqslant b_n} f(x) \leqslant \varepsilon_n\,(n=1,2,\cdots).$$

根据区间套定理，$\exists\,\xi\in[a_n,b_n]\,(n=1,2,\cdots)$，从而

$$0\leqslant f(\xi) < \varepsilon_n\,(n=1,2,\cdots).$$

令 $\varepsilon_n\to 0$，可知 $f(\xi) = 0$. 与已知条件 $f(x) > 0$ 矛盾．

证 Ⅱ 利用例 4.2.11 的结论即得．

b. 利用变形求估计及积分估计的应用

要点 若 $f(x)$ 在 $[a,b]$ 上可积，一般来说我们可以通过各种变形来对积分 $\int_a^b f(x)\,\mathrm{d}x$ 之值进行估计．例如用变量替换、分部积分、中值公式、Taylor 公式等，使积分变成易于估计的形式．另外，被积函数放大、缩小，区间放大和缩小也是获得估计的重要方法．

利用变量替换进行变形

例 4.3.3 证明 $\int_0^{\sqrt{2\pi}} \sin x^2\,\mathrm{d}x > 0$.（国外赛题）

证 令 $x^2 = y$，作变换

$$I \equiv \int_0^{\sqrt{2\pi}} \sin x^2\,\mathrm{d}x = \frac{1}{2}\int_0^{2\pi}\frac{\sin y}{\sqrt{y}}\mathrm{d}y = \frac{1}{2}\int_0^{\pi}\frac{\sin y}{\sqrt{y}}\mathrm{d}y + \frac{1}{2}\int_\pi^{2\pi}\frac{\sin y}{\sqrt{y}}\mathrm{d}y = I_1 + I_2.$$

在 I_2 中作变换 $z = y - \pi$，

$$I_2 = \frac{1}{2}\int_{\pi}^{2\pi} \frac{\sin y}{\sqrt{y}}\mathrm{d}y = -\frac{1}{2}\int_0^{\pi} \frac{\sin z}{\sqrt{z+\pi}}\mathrm{d}z = -\frac{1}{2}\int_0^{\pi} \frac{\sin y}{\sqrt{y+\pi}}\mathrm{d}y.$$

于是 $$I = \frac{1}{2}\int_0^{\pi}\left(\frac{\sin y}{\sqrt{y}} - \frac{\sin y}{\sqrt{y+\pi}}\right)\mathrm{d}y = \frac{1}{2}\int_0^{\pi}\sin y \cdot \left(\frac{1}{\sqrt{y}} - \frac{1}{\sqrt{y+\pi}}\right)\mathrm{d}y.$$

在 $(0,\pi)$ 内,被积函数 $\sin y \cdot \left(\dfrac{1}{\sqrt{y}} - \dfrac{1}{\sqrt{y+\pi}}\right) > 0$.

个别点不影响积分值. 由例 4.3.2 知 $I > 0$.

利用分部积分进行变形

若 $f(x),g(x)$ 在 $[a,b]$ 上有连续导数,$f(x)g(x)\Big|_a^b = 0$,则

$$\int_a^b f'(x)g(x)\mathrm{d}x = f(x)g(x)\Big|_a^b - \int_a^b f(x)g'(x)\mathrm{d}x = -\int_a^b f(x)g'(x)\mathrm{d}x.$$

若 $f(x),g(x)$ 在 $[a,b]$ 上有 $2n$ 阶连续导数,且 $f^{(i)}(a) = f^{(i)}(b) = g^{(i)}(a) = g^{(i)}(b) = 0$ $(i = 0,1,2,\cdots,n-1)$,则反复利用分部积分法可得

$$\int_a^b f^{(2n)}(x)g(x)\mathrm{d}x = \int_a^b f(x)g^{(2n)}(x)\mathrm{d}x. \tag{A}$$

此式给出了一个重要的变形.

例 4.3.4 设 $f(x)$ 在 $[a,b]$ 上有 $2n$ 阶连续导数,$|f^{(2n)}(x)| \leqslant M$,$f^{(i)}(a) = f^{(i)}(b) = 0(i = 0,1,2,\cdots,n-1)$. 试证:

$$\left|\int_a^b f(x)\mathrm{d}x\right| \leqslant \frac{(n!)^2 M}{(2n)!(2n+1)!}(b-a)^{2n+1}.$$

证 令 $g(x) = (x-a)^n(b-x)^n$,则 $g^{(i)}(a) = g^{(i)}(b) = 0(i = 0,1,2,\cdots,n-1)$,且 $g^{(2n)}(x) = (-1)^n(2n)!$. 因此,利用上面刚介绍的公式(A),有

$$\int_a^b f(x)\mathrm{d}x = \frac{(-1)^n}{(2n)!}\int_a^b f(x)(-1)^n \cdot (2n)!\mathrm{d}x = \frac{(-1)^n}{(2n)!}\int_a^b f(x)g^{(2n)}(x)\mathrm{d}x$$

$$= \frac{(-1)^n}{(2n)!}\int_a^b f^{(2n)}(x) \cdot g(x)\mathrm{d}x,$$

所以 $$\left|\int_a^b f(x)\mathrm{d}x\right| \leqslant \frac{1}{(2n)!}\int_a^b |f^{(2n)}(x)| (x-a)^n(b-x)^n\mathrm{d}x$$

$$\leqslant \frac{M}{(2n)!}\int_a^b (x-a)^n(b-x)^n\mathrm{d}x.$$

令 $x = a + t(b-a)$,

$$\int_a^b (x-a)^n(b-x)^n\mathrm{d}x = (b-a)^{2n+1}\int_0^1 t^n(1-t)^n\mathrm{d}t,$$

令 $t = \sin^2\theta$,

$$\int_0^1 t^n(1-t)^n \mathrm{d}t = 2\int_0^{\frac{\pi}{2}} \sin^{2n+1}\theta \cos^{2n+1}\theta \mathrm{d}\theta \ (\text{利用 Wallis 公式})$$

$$= 2 \cdot \frac{(2n)!! \ (2n)!!}{[2(2n+1)]!!} = 2\frac{2^n \cdot n! \ \cdot 2^n \cdot n!}{2^{2n+1} \cdot (2n+1)!} = \frac{(n!)^2}{(2n+1)!}.$$

$$\left(\text{或} \int_0^1 t^n(1-t)^n \mathrm{d}t = B(n+1,n+1) = \frac{\Gamma(n+1)\Gamma(n+1)}{\Gamma(2n+2)} = \frac{(n!)^2}{(2n+1)!}. \right)$$

总之, $$\left| \int_a^b f(x)\mathrm{d}x \right| \leqslant \frac{(n!)^2 M}{(2n)!(2n+1)!}(b-a)^{2n+1}.$$

利用缩放被积函数或积分区间进行变形

☆**例 4.3.5** $f(x)$ 在 $[0,1]$ 上有连续二阶导数,$f(0) = f(1) = 0$,$f(x) \neq 0$(当 $x \in (0,1)$ 时),试证:

$$\int_0^1 \left| \frac{f''(x)}{f(x)} \right| \mathrm{d}x \geqslant 4. \tag{1}$$

(四川大学)

证 因 $(0,1)$ 内 $f(x) \neq 0$,故 $f(x)$ 在 $(0,1)$ 内恒正或恒负(否则由介值性,必有零点在 $(0,1)$ 内,与 $f(x) \neq 0$ 矛盾). 不妨设 $f(x) > 0$(< 0 的情况类似可证). 因 $f(x)$ 在 $[0,1]$ 上连续,故存在 $c \in [0,1]$,使得 $f(c) = \max\limits_{0 \leqslant x \leqslant 1} f(x)$. 于是 $\forall a,b: 0 < a < b < 1$,有

$$\int_0^1 \left| \frac{f''(x)}{f(x)} \right| \mathrm{d}x \geqslant \int_0^1 \left| \frac{f''(x)}{f(c)} \right| \mathrm{d}x = \frac{1}{f(c)} \int_0^1 |f''(x)| \mathrm{d}x \geqslant \frac{1}{f(c)} \int_a^b |f''(x)| \mathrm{d}x$$

$$\geqslant \frac{1}{f(c)} \left| \int_a^b f''(x)\mathrm{d}x \right| = \frac{1}{f(c)} |f'(b) - f'(a)|. \tag{2}$$

(下面我们来恰当地选取 a,b,得到所需的估计.)注意到 $f(0) = f(1) = 0$,应用 Lagrange 公式,$\exists \xi \in (0,c)$,使得

$$f'(\xi) = \frac{f(c) - f(0)}{c - 0} = \frac{f(c)}{c}; \tag{3}$$

$\exists \eta \in (c,1)$,使得

$$f'(\eta) = \frac{f(1) - f(c)}{1 - c} = \frac{f(c)}{c - 1}. \tag{4}$$

在式 (2) 中令 $a = \xi, b = \eta$,将 (3) 和 (4) 代入,注意到

$$\sqrt{c(1-c)} \leqslant \frac{c + (1-c)}{2} = \frac{1}{2},$$

得 $$\int_0^1 \left| \frac{f''(x)}{f(x)} \right| \mathrm{d}x \geqslant \frac{1}{f(c)} |f'(\eta) - f'(\xi)| = \frac{1}{c(1-c)} \geqslant 4.$$

式 (1) 获证.

[new]**练习 1** 设函数 $f(x)$ 在 $[2,4]$ 上有连续的一阶导数,且 $f(2) = 0$. 若 $-1 \leqslant f'(x) < 1$(或

$f(3+\theta) = f(3-\theta)(0 < \theta < 1))$ 试证：$\displaystyle \max_{2 \le x \le 4} f'(x) \ge \int_2^4 f(x)\,\mathrm{d}x$.

提示 $\displaystyle \int_2^4 f(x)\,\mathrm{d}x = \int_2^3 f(x)\,\mathrm{d}x + \int_3^4 f(x)\,\mathrm{d}x = I + J$，下面研究 $I(J$ 类似（或 $I = J$））.

$$I = \int_2^3 [f(x) - f(2)]\,\mathrm{d}x \xlongequal{\text{Lagrange定理}} \int_2^3 f'(\xi_x)(x-2)\,\mathrm{d}x \le \frac{1}{2}\max_{2 \le x \le 4} f'(x).$$

^{new} ☆ **练习 2** 已知 $f(x)$ 在 $[0,1]$ 上有直到二阶的连续导数，试证：

$$\max_{x \in [0,1]} |f'(x)| \le |f(1) - f(0)| + \int_0^1 |f''(x)|\,\mathrm{d}x. \tag{1}$$

（华中科技大学）

证 1° 因 $f'(x)$ 连续，$\exists \eta \in [0,1]$，使得

$$f'(\eta) = \max_{x \in [0,1]} |f'(x)|. \tag{2}$$

2° 应用 Lagrange 定理，$\exists \xi \in (0,1)$，使得

$$f(1) - f(0) = f'(\xi)(1-0) = f'(\xi). \tag{3}$$

3° 注意 $\forall (\alpha, \beta) \subset [0,1]$，恒有

$$\int_0^1 |f''(x)|\,\mathrm{d}x \ge \int_\alpha^\beta |f''(x)|\,\mathrm{d}x \ge \left| \int_\alpha^\beta f''(x)\,\mathrm{d}x \right|$$

$$= |f'(\beta) - f'(\alpha)| \ge \big| |f'(\beta)| - |f'(\alpha)| \big| \quad (\text{再令 } \alpha = \eta, \beta = \xi)$$

$$= |f'(\eta)| - |f'(\xi)| \quad (\text{利用式}(2),(3))$$

$$\ge \max_{x \in [0,1]} |f'(x)| - |f(1) - f(0)|.$$

移项即得式 (1). 证毕.

^{new} ∗ **练习 3** 已知 $f(x)$ 在 $[0,1]$ 上有二阶连续导数，且 $f(1) = f(0) = 0$. 试证：

$$\int_0^1 |f'(x)|\,\mathrm{d}x \le \int_0^1 |f''(x)|\,\mathrm{d}x + 2\int_0^1 |f(x)|\,\mathrm{d}x. \tag{1}$$

证 1° $\displaystyle \int_0^1 |f'(x)|\,\mathrm{d}x \xlongequal[\xi \in [0,1]]{\text{积分中值定理}} |f'(\xi)| \le \max_{x \in [0,1]} |f'(x)|$

$$\xlongequal[\exists x_0 \in [0,1]]{f' \text{连续}} f'(x_0). \tag{2}$$

2° $\displaystyle 2\int_0^1 |f(x)|\,\mathrm{d}x \xlongequal[\exists \eta \in [0,1]]{\text{积分中值定理}} 2|f(\eta)| \quad (\text{记 } \zeta = 1 \text{ 或 } 0)$

$$= 2|f(\eta) - f(\zeta)| \quad (\text{若 } \eta \in [0,1/2], \text{取 } \zeta = 1; \text{若 } \eta \in (1/2, 1], \text{取 } \zeta = 0)$$

$$\xlongequal[\alpha \in (\eta, \zeta)]{\text{Lagrange定理}} 2|f'(\alpha)(\eta - \zeta)| \ge |f'(\alpha)|. \tag{3}$$

3° 因 $x_0, \alpha \in [0,1]$，故

$$\int_0^1 |f''(x)|\,\mathrm{d}x \ge \left| \int_\alpha^{x_0} f''(x)\,\mathrm{d}x \right| = |f'(x_0) - f'(\alpha)|. \tag{4}$$

于是

$$\text{式}(1) \text{ 左端} = \int_0^1 |f'(x)|\,\mathrm{d}x \xlongunderset{\text{式}(2)}{\le} |f'(x_0)| \le |f'(x_0) - f'(\alpha)| + |f'(\alpha)|$$

$$\xlongunderset{\text{式}(4),(3)}{\le} \int_0^1 |f''(x)|\,\mathrm{d}x + 2\int_0^1 |f(x)|\,\mathrm{d}x = \text{式}(1) \text{ 右端}.$$

式 (1) 获证.

小结 要证不等式:"$A \leqslant B$",常采用**缩放法**,即:将小者 A(简化)适当放大;将大者 B(简化)适当缩小,使得

$$A \leqslant (\text{简化放大后的小者 } A_放) \overset{较易证明}{\leqslant} (\text{简化缩小后的大者 } B_缩) \leqslant B.$$

^{new} * **练习 4** 已知 $f(x)$ 在 $[0,1]$ 上有直到二阶的连续导数. 求证:

$$\int_0^1 |f'(x)| \, dx \leqslant \int_0^1 |f''(x)| \, dx + 8\int_0^1 |f(x)| \, dx. \tag{1}$$

(华中科技大学)

证 $\forall \alpha \in \left(0, \dfrac{1}{4}\right), \forall \beta \in \left(\dfrac{3}{4}, 1\right)$. 根据 Lagrange 定理,$\exists \xi \in (\alpha, \beta)$ 使得

$$|f'(\xi)| = \left| \frac{f(\beta) - f(\alpha)}{\beta - \alpha} \right| \leqslant 2|f(\beta) - f(\alpha)| \leqslant 2|f(\alpha)| + 2|f(\beta)|. \tag{2}$$

利用积分的 Newton – Leibniz 公式,$\forall x \in [0,1]$,有

$$|f'(x)| = \left| \int_\xi^x f''(t) \, dt + f'(\xi) \right| \leqslant \int_\xi^x |f''(t)| \, dt + |f'(\xi)|.$$

再用(2)代入,得

$$|f'(x)| \overset{\text{式}(2)}{\leqslant} \int_0^1 |f''(t)| \, dt + 2|f(\alpha)| + 2|f(\beta)|. \tag{3}$$

注意到:此式里 x, α, β 已相互独立,在式(3)两端同时取积分 $\int_0^{\frac{1}{4}} (\cdot) \, d\alpha$;再取积分 $\int_{\frac{3}{4}}^1 (\cdot) \, d\beta$,可得

$$\frac{1}{16} |f'(x)| \overset{\text{式}(3)}{\leqslant} \frac{1}{16} \int_0^1 |f''(t)| \, dt + \frac{1}{2} \int_0^{\frac{1}{4}} |f(\alpha)| \, d\alpha + \frac{1}{2} \int_{\frac{3}{4}}^1 |f(\beta)| \, d\beta$$

$$\leqslant \frac{1}{16} \int_0^1 |f''(t)| \, dt + \frac{1}{2} \int_0^1 |f(t)| \, dt.$$

故
$$|f'(x)| \leqslant \int_0^1 |f''(t)| \, dt + 8\int_0^1 |f(t)| \, dt.$$

再在 $[0,1]$ 上对 x 求积分,即得式(1):

$$\int_0^1 |f'(x)| \, dx \leqslant \int_0^1 |f''(x)| \, dx + 8\int_0^1 |f(x)| \, dx.$$

说明 作为名校考研压轴题,张卫发现并推荐了他和网友的解法,此处采用,并略作改进.

跟上题相比,本题减少了条件:$f(1) = f(0) = 0$,但也付出了一定的代价. 因为若将式(1)看作对积分 $\int_0^1 |f'(x)| \, dx$ 的估计,则新结论相对较弱(系数原为 2,现为 8).

利用微分中值公式或 Taylor 公式对被积函数进行变形

☆**例 4.3.6** 设 $f(x)$ 在 $[a,b]$ 上二次连续可微,$f\left(\dfrac{a+b}{2}\right) = 0$,试证:

$$\left| \int_a^b f(x) \, dx \right| \leqslant \frac{M(b-a)^3}{24},$$

其中 $M = \sup\limits_{a \leqslant x \leqslant b} |f''(x)|$. (中山大学)

证 将 $f(x)$ 在 $x = \dfrac{a+b}{2}$ 处用 Taylor 公式展开,注意到 $f\left(\dfrac{a+b}{2}\right) = 0$,有

$$f(x) = f'\left(\frac{a+b}{2}\right)\left(x - \frac{a+b}{2}\right) + \frac{1}{2!} f''(\xi)\left(x - \frac{a+b}{2}\right)^2.$$

右端第一项在 $[a,b]$ 上的积分为零. 故

$$\left|\int_a^b f(x)\,\mathrm{d}x\right| \le \frac{1}{2!}\int_a^b |f''(\xi)|\left(x - \frac{a+b}{2}\right)^2 \mathrm{d}x \le \frac{1}{6}M\left(x - \frac{a+b}{2}\right)^3\bigg|_a^b = \frac{M}{24}(b-a)^3.$$

^new **练习 1** 已知 $f(x)$ 在 $[a,b]$ 上二阶可导，$f(a)=f(b)=0$. 试证：$\exists\,\xi\in(a,b)$，使得 $\int_a^b f(x)\,\mathrm{d}x = \frac{1}{12}f''(\xi)(a-b)^3$.（南京大学）

证 I 令 $F(x) = \int_a^x f(t)\,\mathrm{d}t - \frac{1}{2}(x-a)f(x)$，$G(x) = -\frac{1}{12}(x-a)^3$，

在 $[a,b]$ 上连续两次应用 Cauchy 中值定理，因 $f(a)=f(b)=0$，

$$\frac{\int_a^b f(x)\,\mathrm{d}x - 0}{-\frac{1}{12}(b-a)^3 - 0} \xlongequal[a\le\xi_1\le b]{\text{Cauchy中值定理}} \frac{F(b)-F(a)}{G(b)-G(a)} = \frac{F'(\xi_1)}{G'(\xi_1)}$$

$$= \frac{\frac{1}{2}f(\xi_1) - \frac{1}{2}(\xi_1-a)f'(\xi_1) - 0}{-\frac{1}{4}(\xi_1-a)^2 - 0}$$

$$\xlongequal[a\le\xi\le\xi_1]{\text{Cauchy中值定理}} \frac{-\frac{1}{2}f''(\xi)(\xi-a)}{-\frac{1}{2}(\xi-a)} = f''(\xi).$$

此式同乘 $-\frac{1}{12}(b-a)^3 = \frac{1}{12}(a-b)^3$，即得所求.

证 II 先把习题 3.2.21 作为引理，这时函数 $F(x) = \int_a^x f(t)\,\mathrm{d}t$ 满足条件，代入结果，立即可得 $\exists\,\xi\in(a,b)$，使得

$$\int_a^b f(t)\,\mathrm{d}t = F(b) = F(a) + \frac{1}{2}(b-a)[F'(a) + F'(b)] - \frac{F'''(\xi)}{12}(b-a)^3$$

$$= \frac{1}{2}(b-a)[f(a)+f(b)] - \frac{f''(\xi)}{12}(b-a)^3 = \frac{f''(\xi)}{12}(a-b)^3.$$

^new **练习 2** 已知 $f(x)$ 在 $[a,b]$ 内二阶连续可导，满足

$$\left|\int_a^b f(x)\,\mathrm{d}x\right| < \int_a^b |f(x)|\,\mathrm{d}x. \tag{1}$$

设

$$\max_{x\in[a,b]}|f'(x)| = M_1,\quad \max_{x\in[a,b]}|f''(x)| = M_2, \tag{2}$$

求证：

$$\left|\int_a^b f(x)\,\mathrm{d}x\right| \le \frac{M_1}{2}(b-a)^2 + \frac{M_2}{6}(b-a)^3. \tag{3}$$

（南开大学）

提示 由已知的不等式 (1)，可知 $f(x)$ 变号，故 $\exists\,x_0\in[a,b]$ 使得 $f(x_0)=0$. $f(x)$ 在 x_0 处按 Taylor 公式展开，求积分便可得欲求的不等式.

再提示 $f(x) = f(x_0) + f'(x_0)(x-x_0) + \frac{1}{2}f''(\xi)(x-x_0)^2 \quad (f(x_0)=0).$

$$\left| \int_a^b f(x)\,\mathrm{d}x \right| \leqslant |f'(x_0)| \int_a^b |x - x_0|\,\mathrm{d}x + \frac{1}{2}\int_a^b |f''(\xi)|(x-x_0)^2\,\mathrm{d}x$$

$$\overset{\text{式}(2)}{\leqslant} M_1\left[\int_a^{x_0}(x_0-x)\,\mathrm{d}x + \int_{x_0}^b (x-x_0)\,\mathrm{d}x\right] + \frac{M_2}{2}\int_a^b (x-x_0)^2\,\mathrm{d}x$$

$$= \frac{M_1}{2}\left[(b-x_0)^2 + (x_0-a)^2\right] + \frac{M_2}{6}\left[(b-x_0)^3 + (x_0-a)^3\right]$$

$$\leqslant \frac{M_1}{2}\left[(b-x_0)+(x_0-a)\right]^2 + \frac{M_2}{6}\left[(b-x_0)+(x_0-a)\right]^3$$

$$= \frac{M_1}{2}(b-a)^2 + \frac{M_2}{6}(b-a)^3.$$

不等式(3)获证.

例 4.3.7 设 $f(x)$ 在 $[a,b]$ 上连续可微,且 $f(a)=f(b)=0$,证明:

$$\max_{a\leqslant x\leqslant b}|f'(x)| \geqslant \frac{4}{(b-a)^2}\int_a^b |f(x)|\,\mathrm{d}x.$$

提示 $\displaystyle\int_a^b |f(x)|\,\mathrm{d}x = \int_a^{\frac{a+b}{2}}|f(x)|\,\mathrm{d}x + \int_{\frac{a+b}{2}}^b |f(x)|\,\mathrm{d}x.$

再提示 右端两项分别在 a,b 两点处应用微分中值公式.

$$\int_a^b |f(x)|\,\mathrm{d}x = \int_a^{\frac{a+b}{2}}|f(a)+f'(\xi)(x-a)|\,\mathrm{d}x + \int_{\frac{a+b}{2}}^b |f(b)+f'(\xi)(x-b)|\,\mathrm{d}x$$

$$\leqslant \max_{a\leqslant x\leqslant b} f'(x) \cdot \left[\int_a^{\frac{a+b}{2}}(x-a)\,\mathrm{d}x + \int_{\frac{a+b}{2}}^b (b-x)\,\mathrm{d}x\right]$$

$$= \max_{a\leqslant x\leqslant b} f'(x) \cdot \frac{1}{4}(b-a)^2.$$

或者 $$\int_a^b |f(x)|\,\mathrm{d}x = \int_a^{\frac{a+b}{2}}\left|\int_a^x f'(t)\,\mathrm{d}t\right|\,\mathrm{d}x + \int_{\frac{a+b}{2}}^b \left|-\int_x^b f'(t)\,\mathrm{d}t\right|\,\mathrm{d}x$$

$$\leqslant \max_{a\leqslant x\leqslant b} f'(x) \cdot \left(\int_a^{\frac{a+b}{2}}(x-a)\,\mathrm{d}x + \int_{\frac{a+b}{2}}^b (b-x)\,\mathrm{d}x\right)$$

$$\xlongequal{\text{同上}} \max_{a\leqslant x\leqslant b} f'(x) \cdot \frac{1}{4}(b-a)^2.$$

以上各例为已知函数的性质,要对积分进行估计. 下面看一个**反问题**:已知一个估计,看是否正确.

☆**例 4.3.8** 在 $[0,2]$ 上是否存在这样的函数,连续可微,并且 $f(0)=f(2)=1$, $|f'(x)|\leqslant 1$, $\left|\int_0^2 f(x)\,\mathrm{d}x\right|\leqslant 1$?(扬州大学)

证 (根据已知条件重新对积分 $\int_0^2 f(x)\,\mathrm{d}x$ 进行估计.)

$$\int_0^2 f(x)\,\mathrm{d}x = \int_0^1 f(x)\,\mathrm{d}x + \int_1^2 f(x)\,\mathrm{d}x.$$

右端第一项按 $x=0$ 展开,注意 $f(0)=1$ 及 $|f'(x)|\leqslant 1$,

$$f(x) = f(0) + f'(\xi)x \qquad (0<\xi<x)$$

$$= 1 + f'(\xi)x \geqslant 1 - x \quad (\forall x \in [0,1]). \tag{1}$$

从而

$$\int_0^1 f(x)\,\mathrm{d}x \geqslant \int_0^1 (1-x)\,\mathrm{d}x = \frac{1}{2}.$$

类似,第二项有

$$f(x) \geqslant x - 1 \quad (\text{当 } x \in [1,2] \text{ 时}). \tag{2}$$

所以

$$\int_0^2 f(x)\,\mathrm{d}x \geqslant \int_0^1 (1-x)\,\mathrm{d}x + \int_1^2 (x-1)\,\mathrm{d}x = \frac{1}{2} + \frac{1}{2} = 1.$$

(现证这种 f 不存在.)假设这种 f 存在,则由 $\left| \int_0^2 f(x)\,\mathrm{d}x \right| \leqslant 1$ 及 $\int_0^2 f(x)\,\mathrm{d}x \geqslant 1$ 知

$$\int_0^2 f(x)\,\mathrm{d}x = 1 = \int_0^1 (1-x)\,\mathrm{d}x + \int_1^2 (x-1)\,\mathrm{d}x, \tag{3}$$

记

$$g(x) \equiv \begin{cases} 1-x, & \text{当 } 0 \leqslant x \leqslant 1 \text{ 时}, \\ x-1, & \text{当 } 1 < x \leqslant 2 \text{ 时}. \end{cases}$$

式(1)、(2)、(3)表明两连续函数 $f(x) \geqslant g(x)$,且积分值相等. 因此有 $f(x) \equiv g(x)$ 在 $[0,2]$ 上,与 f 的可微性矛盾,所以 f 不存在.

以上,我们主要讨论积分估计的基本方法. 下面我们来看积分估计的某些应用.

关于函数值的估计

☆ **例 4.3.9** 设 $f(x)$ 在 $[0,1]$ 上连续,

$$\int_0^1 f(x)\,\mathrm{d}x = 0, \int_0^1 xf(x)\,\mathrm{d}x = 0, \cdots, \int_0^1 x^{n-1}f(x)\,\mathrm{d}x = 0, \int_0^1 x^n f(x)\,\mathrm{d}x = 1 \ (n > 1).$$

求证:在 $[0,1]$ 的某一部分上 $|f(x)| \geqslant 2^n(n+1)$.(吉林大学)

证 由已知条件,对任意 α,恒有

$$\int_0^1 (x-\alpha)^n f(x)\,\mathrm{d}x = 1. \tag{1}$$

(反证法)假设 $[0,1]$ 上处处都有 $|f(x)| < 2^n(n+1)$. 若能选取恰当的 α,由此得出估计 $\left| \int_0^1 (x-\alpha)^n f(x)\,\mathrm{d}x \right| < 1$,便找到了矛盾. 事实上,这时有

$$\left| \int_0^1 (x-\alpha)^n f(x)\,\mathrm{d}x \right| < 2^n(n+1) \int_0^1 |x-\alpha|^n \mathrm{d}x \quad \left(\text{取 } \alpha = \frac{1}{2} \right)$$

$$= 2^n(n+1) \int_0^1 \left| x - \frac{1}{2} \right|^n \mathrm{d}x$$

$$= 2^n(n+1) \left[\int_0^{\frac{1}{2}} \left(\frac{1}{2} - x \right)^n \mathrm{d}x + \int_{\frac{1}{2}}^1 \left(x - \frac{1}{2} \right)^n \mathrm{d}x \right] = 1.$$

证毕.

下面两例通过积分值的估计解决**零点存在性问题**.

例 4.3.10 设 $f(x)$ 在 $\left[0, \dfrac{\pi}{2} \right]$ 上连续,

$$\int_0^{\frac{\pi}{2}} f(x) \sin x \, \mathrm{d}x = \int_0^{\frac{\pi}{2}} f(x) \cos x \, \mathrm{d}x = 0.$$

试证: $f(x)$ 在 $\left(0, \dfrac{\pi}{2}\right)$ 内至少有两个零(值)点.

证 1° 若 $f(x)$ 在 $\left(0, \dfrac{\pi}{2}\right)$ 无零点, 因 $f(x)$ 连续, $f(x)$ 在 $\left(0, \dfrac{\pi}{2}\right)$ 恒保持同号, 例如 $f(x) > 0$ (或 $f(x) < 0$), 则得估计

$$\int_0^{\frac{\pi}{2}} f(x) \sin x \, \mathrm{d}x > 0 \ (\text{或} \ < 0),$$

与已知条件矛盾. 可见 $\left(0, \dfrac{\pi}{2}\right)$ 中至少有一个零点 x_0.

2° 若 $f(x)$ 除 x_0 外在 $\left(0, \dfrac{\pi}{2}\right)$ 内再无零点, 则 $f(x)$ 在 $(0, x_0)$ 与 $\left(x_0, \dfrac{\pi}{2}\right)$ 内分别保持不变号. 若 f 在此二区间符号相异, 则 $f(x) \sin(x - x_0)$ 恒正(或恒负),

$$\int_0^{\frac{\pi}{2}} f(x) \sin(x - x_0) \, \mathrm{d}x > 0 \ (\text{或} \ < 0).$$

但由已知条件

$$\int_0^{\frac{\pi}{2}} f(x) \sin(x - x_0) \, \mathrm{d}x = \cos x_0 \int_0^{\frac{\pi}{2}} f(x) \sin x \, \mathrm{d}x - \sin x_0 \int_0^{\frac{\pi}{2}} f(x) \cos x \, \mathrm{d}x = 0,$$

矛盾. 若 f 在两区间上符号相同, 则 $f(x) \cos(x - x_0)$ 恒正(或恒负), 同样可推出矛盾.

* ☆ 例 4.3.11 证明方程

$$\int_0^x \mathrm{e}^{-t}\left(1 + \frac{t}{1!} + \frac{t^2}{2!} + \cdots + \frac{t^{100}}{100!}\right) \mathrm{d}t = 50$$

在开区间 $(50, 100)$ 内有根 α. (国外赛题)

证 作为上限 x 的函数,

$$F(x) = \int_0^x \mathrm{e}^{-t}\left(1 + \frac{t}{1!} + \frac{t^2}{2!} + \cdots + \frac{t^{100}}{100!}\right) \mathrm{d}t$$

连续. 只要证明了 $F(50) < 50, F(100) > 50$, 则由连续函数介值定理, 知 $\exists \alpha \in (50, 100)$ 使得 $F(\alpha) = 50$. 因为

$$\mathrm{e}^{-t}\left(1 + \frac{t}{1!} + \frac{t^2}{2!} + \cdots + \frac{t^{100}}{100!}\right) < 1,$$

故 $F(50) < 50$ 明显. 剩下的只要证明估计式: $F(100) > 50$.

反复使用分部积分法:

$$F(100) = \int_0^{100} \mathrm{e}^{-t}\left(1 + \frac{t}{1!} + \cdots + \frac{t^{100}}{100!}\right) \mathrm{d}t = -\int_0^{100}\left(1 + \frac{t}{1!} + \cdots + \frac{t^{100}}{100!}\right) \mathrm{d}\mathrm{e}^{-t}$$

$$= 1 - \mathrm{e}^{-100}\left(1 + \frac{100}{1!} + \cdots + \frac{100^{100}}{100!}\right) + \int_0^{100} \mathrm{e}^{-t}\left(1 + \frac{t}{1!} + \cdots + \frac{t^{99}}{99!}\right) \mathrm{d}t$$

$$= \cdots$$

$$= 1 - e^{-100}\left(1 + \frac{100}{1!} + \cdots + \frac{100^{99}}{99!} + \frac{100^{100}}{100!}\right) +$$

$$1 - e^{-100}\left(1 + \frac{100}{1!} + \cdots + \frac{100^{99}}{99!}\right) + \cdots +$$

$$1 - e^{-100}\left(1 + \frac{100}{1!}\right) + 1 - e^{-100}$$

$$> 101 - e^{-100} \cdot \frac{102}{2}\left(1 + \frac{100}{1!} + \cdots + \frac{100^{101}}{101!}\right) > 101 - 51 = 50. \quad \textcircled{1}$$

证毕.

☆二、积分不等式

我们把联系两个以上的定积分的不等式,称为**积分不等式**. 关于积分不等式,有不少著名的结果,我们将在下节讨论. 这里只介绍证明积分不等式的若干基本方法.

a. 用微分学的方法证明积分不等式

☆**例 4.3.12** 设 $f(x)$ 在 $[0,1]$ 上可微,且当 $x \in (0,1)$ 时,$0 < f'(x) < 1$,$f(0) = 0$. 试证:$\left(\int_0^1 f(x)\,\mathrm{d}x\right)^2 > \int_0^1 f^3(x)\,\mathrm{d}x$. (上海交通大学)

证 I 问题在于证明 $\left(\int_0^1 f(x)\,\mathrm{d}x\right)^2 - \int_0^1 f^3(x)\,\mathrm{d}x > 0$. 令

$$F(x) = \left(\int_0^x f(t)\,\mathrm{d}t\right)^2 - \int_0^x f^3(t)\,\mathrm{d}t.$$

因 $F(0) = 0$,故只要证明在 $(0,1)$ 内有 $F'(x) > 0$. 事实上,

$$F'(x) = 2f(x)\int_0^x f(t)\,\mathrm{d}t - f^3(x) = f(x)\left(2\int_0^x f(t)\,\mathrm{d}t - f^2(x)\right). \tag{1}$$

已知 $f(0) = 0$,$0 < f'(x) < 1$ $(x \in (0,1))$,故当 $x \in (0,1)$ 时,$f(x) > 0$. (以下证 (1) 中另一因子大于零.)记 $g(x) = 2\int_0^x f(t)\,\mathrm{d}t - f^2(x)$,则 $g(0) = 0$,

---

① 这是因为 $1 < \frac{100}{1!} < \frac{100^2}{2!} < \cdots < \frac{100^{100}}{100!}$,为了下面写法简单,记 $a_i \equiv \frac{100^i}{i!}$,则在如下方阵里:

$$\begin{pmatrix} a_0 & a_1 & \cdots & a_{100} & a_{101} \\ a_0 & a_1 & \cdots & a_{100} & a_{101} \\ \vdots & \vdots & & \vdots & \vdots \\ a_0 & a_1 & \cdots & a_{100} & a_{101} \\ a_0 & a_1 & \cdots & a_{100} & a_{101} \end{pmatrix},$$

左上方三角形内的元素之和小于其下方三角形内元素之和,从而小于整个方阵全体元素和之半. 方阵全体元素之和为 $102\left(1 + \frac{100}{1!} + \cdots + \frac{100^{101}}{101!}\right)$. (杜乃林)

$$g'(x) = 2f(x) - 2f(x) \cdot f'(x) = 2f(x)(1 - f'(x)) > 0,$$

于是
$$g(x) = 2\int_0^x f(t)\,dt - f^2(x) > 0 \ (x \in (0,1)).$$

$F'(x) > 0$ 获证.

证 II 问题在于证明

$$\frac{\left(\int_0^1 f(x)\,dx\right)^2}{\int_0^1 f^3(x)\,dx} > 1. \tag{2}$$

令
$$F(x) = \left(\int_0^x f(t)\,dt\right)^2, \quad G(x) = \int_0^x f^3(t)\,dt,$$

则式(2)左端(利用 Cauchy 中值定理)

$$\frac{\left(\int_0^1 f(x)\,dx\right)^2}{\int_0^1 f^3(x)\,dx} = \frac{F(1) - F(0)}{G(1) - G(0)} \xmapsto{\exists 0 < \xi < 1} \frac{F'(\xi)}{G'(\xi)} = \frac{2f(\xi)\int_0^\xi f(t)\,dt}{f^3(\xi)}$$

$$= \frac{2\int_0^\xi f(t)\,dt}{f^2(\xi)} = \frac{2\int_0^\xi f(t)\,dt - 2\int_0^0 f(t)\,dt}{f^2(\xi) - f^2(0)}$$

$$= \frac{2f(\eta)}{2f(\eta)f'(\eta)} = \frac{1}{f'(\eta)} > 1 \ (0 < \eta < \xi < 1).$$

b. 利用被积函数的不等式证明积分不等式

☆**例 4.3.13** 试证

$$\int_0^1 \frac{\cos x}{\sqrt{1 - x^2}}\,dx > \int_0^1 \frac{\sin x}{\sqrt{1 - x^2}}\,dx. \tag{1}$$

(国外赛题)

分析 令 $t = \arcsin x$, $\displaystyle\int_0^1 \frac{\cos x}{\sqrt{1 - x^2}}\,dx = \int_0^{\frac{\pi}{2}} \cos(\sin t)\,dt$.

令 $t = \arccos x$, $\displaystyle\int_0^1 \frac{\sin x}{\sqrt{1 - x^2}}\,dx = \int_0^{\frac{\pi}{2}} \sin(\cos t)\,dt$.

欲证的不等式化为

$$\int_0^{\frac{\pi}{2}} \cos(\sin t)\,dt > \int_0^{\frac{\pi}{2}} \sin(\cos t)\,dt. \tag{2}$$

为此只要证明

$$\cos(\sin t) > \sin(\cos t) \ \left(\text{当 } t \in \left(0, \frac{\pi}{2}\right) \text{时}\right). \tag{3}$$

但已知 $\left(0, \frac{\pi}{2}\right]$ 上有 $\sin x < x$, $\cos x \searrow$,故 $\sin(\cos t) < \cos t < \cos(\sin t)$. 证毕.

例 4.3.14 函数 $f(x)$ 在闭区间 $[0,1]$ 上有连续的一阶导数,证明:

$$\int_0^1 |f(x)|\,dx \leqslant \max\left\{\int_0^1 |f'(x)|\,dx,\ \left|\int_0^1 f(x)\,dx\right|\right\}.$$

(国外赛题)

证 $1°$ 若 $\left|\int_0^1 f(x)\,dx\right| = \int_0^1 |f(x)|\,dx$,问题自明.

$2°$ 若 $\left|\int_0^1 f(x)\,dx\right| < \int_0^1 |f(x)|\,dx$,则 $f(x)$ 在 $[0,1]$ 上变号,由 f 的连续性,知 $\exists\, x_0 \in (0,1)$ 使得 $f(x_0)=0$,于是

$$|f(x)| = |f(x)-f(x_0)| = \left|\int_{x_0}^x f'(x)\,dx\right| \leqslant \int_{x_0}^x |f'(x)|\,dx \leqslant \int_0^1 |f'(x)|\,dx.$$

取积分知 $\displaystyle\int_0^1 |f(x)|\,dx \leqslant \int_0^1 |f'(x)|\,dx$. 原不等式获证.

☆ **例 4.3.15** 函数 $f(x)$ 在 $[0,1]$ 上单调不增,证明:对于任何 $\alpha \in (0,1)$,

$$\int_0^\alpha f(x)\,dx \geqslant \alpha\int_0^1 f(x)\,dx. \tag{1}$$

(国外赛题,华中科技大学)

证 式 (1) 即 $\displaystyle\int_0^\alpha f(x)\,dx \geqslant \alpha\int_0^\alpha f(x)\,dx + \alpha\int_\alpha^1 f(x)\,dx,$

亦即 $\displaystyle (1-\alpha)\int_0^\alpha f(x)\,dx \geqslant \alpha\int_\alpha^1 f(x)\,dx$ 或 $\dfrac{1}{\alpha}\int_0^\alpha f(x)\,dx \geqslant \dfrac{1}{1-\alpha}\int_\alpha^1 f(x)\,dx.$

但 $f(x)\searrow$,故 $\dfrac{1}{\alpha}\int_0^\alpha f(x)\,dx \geqslant f(\alpha) \geqslant \dfrac{1}{1-\alpha}\int_\alpha^1 f(x)\,dx.$

^{new}☆ **练习 1** 设函数 $f(x)\geqslant 0$,在 $[0,1]$ 上连续递减,试证若 $0<\alpha<\beta<1$,则

$$\int_0^\alpha f(x)\,dx \geqslant \frac{\alpha}{\beta-\alpha}\int_\alpha^\beta f(x)\,dx > \frac{\alpha}{\beta}\int_\alpha^\beta f(x)\,dx.$$

证 $[0,\alpha]$ 上 $f(x) \geqslant f(\alpha)$,故

$$\int_0^\alpha f(x)\,dx \geqslant \int_0^\alpha f(\alpha)\,dx = \alpha f(\alpha) \geqslant \frac{\alpha}{\beta-\alpha}\int_\alpha^\beta f(x)\,dx > \frac{\alpha}{\beta}\int_\alpha^\beta f(x)\,dx.$$

^{new} **练习 2** 在 $[a,b](0<a<b)$ 上,证明:$\displaystyle\int_a^b (x^2+1)e^{-x^2}\,dx \geqslant a^{-a^2} - e^{-b^2}$. (中国科学院大学)

证 $\displaystyle\int_a^b (x^2+1)e^{-x^2}\,dx \geqslant \int_a^b 2xe^{-x^2}\,dx = -\int_a^b (-x^2)'e^{-x^2}\,dx = -\int_a^b de^{-x^2} = -e^{-x^2}\bigg|_a^b = e^{-a^2} - e^{-b^2}.$

^{new} **练习 3** 设 $a=\dfrac{\sqrt{3}}{3}, b=1$,证明:$\displaystyle\int_a^b \ln(1+x^2)e^{x-\arctan x}\,dx \geqslant e^{1-\frac{\pi}{4}} - e^{\frac{\sqrt{3}}{3}-\frac{\pi}{6}}.$

提示 利用例 1.1.8,$\displaystyle\int_a^b \ln(1+x^2)e^{x-\arctan x}\,dx \geqslant \int_a^b \frac{x^2}{1+x^2}e^{x-\arctan x}\,dx = \int_a^b\left(1-\frac{1}{1+x^2}\right)e^{x-\arctan x}\,dx = \cdots.$

例 4.3.16 设 $0\leqslant a<b, f(x)\geqslant 0$,且 f 在 $[a,b]$ 上可积,$\displaystyle\int_a^b xf(x)\,dx = 0$,试证

1) $\displaystyle\int_a^b x^2 f(x)\,dx = ab\int_a^b f(x)\,dx$;

2) 当 $0\leqslant a<b\leqslant 1$ 时,$\displaystyle\int_a^b x^n f(x)\,dx = 0(n\geqslant 2)$,$f$ 无正值连续点;

3）当 $1 \leqslant a < b$ 时，$\int_a^b \sqrt[n]{x} f(x) \mathrm{d}x = 0 \, (n \geqslant 2)$；

4）当 $a, b \geqslant 0$ 时，$\int_a^b f(x) \mathrm{d}x = 0$，$f$ 无正值连续点.

提示 1）$\int_a^b (x \pm a)(b \mp x) f(x) \mathrm{d}x \geqslant 0 \Rightarrow \int_a^b x^2 f(x) \mathrm{d}x = ab \int_a^b f(x) \mathrm{d}x$.

2）当 $0 \leqslant a < b \leqslant 1, n \geqslant 2$ 时，$0 \leqslant \int_a^b x(1 - x^{n-1}) f(x) \mathrm{d}x = \int_a^b (-x^n) f(x) \mathrm{d}x \leqslant 0$，从而 $\int_a^b x^n f(x) \mathrm{d}x = 0$.

3）当 $1 \leqslant a < b, n \geqslant 2$ 时，$0 \leqslant \int_a^b (x - \sqrt[n]{x}) f(x) \mathrm{d}x = \int_a^b (-\sqrt[n]{x}) f(x) \mathrm{d}x \leqslant 0$，从而 $\int_a^b \sqrt[n]{x} f(x) \mathrm{d}x = 0$.

4）分三种情况：

当 $1 \leqslant a < b$ 时，由 $0 \leqslant \int_a^b (\sqrt{x} - 1) f(x) \mathrm{d}x = \int_a^b (-f(x)) \mathrm{d}x \leqslant 0$ 可知 $\int_a^b f(x) \mathrm{d}x = 0$，从而 f 无连续正值点. 当 $0 \leqslant a < b \leqslant 1$ 时，将 2）的 $\int_a^b x^2 f(x) \mathrm{d}x = 0$ 与 1）比较可得 $\int_a^b f(x) \mathrm{d}x = 0$，从而 f 无正值连续点. 当 $0 \leqslant a < 1 < b$ 时，$\int_a^b f(x) \mathrm{d}x = \int_a^1 f(x) \mathrm{d}x + \int_1^b f(x) \mathrm{d}x = 0 + 0 = 0$，从而 f 无正值连续点.

例 4.3.17 设 $f(x)$ 与 $g(x)$ 为拟序的，即 $\forall x_1, x_2$，有
$$(f(x_1) - f(x_2))(g(x_1) - g(x_2)) \geqslant 0. \tag{1}$$
试证：
$$\int_a^b f(x) \mathrm{d}x \int_a^b g(x) \mathrm{d}x \leqslant (b - a) \int_a^b f(x) g(x) \mathrm{d}x. \tag{2}$$

提示 在式（1）里先对 x_1 于 $[a, b]$ 上取积分，然后对 x_2 在 $[a, b]$ 上取积分.

注 若将式（1）里的不等号反向，则 f, g 称为反序的. 若 f, g 反序，则式（2）不等号反向.

该题是著名的 Чебышев 定理的积分形式. 其级数形式见下一节习题 4.4.10.

例 4.3.18 设 $f'(x)$ 在 $[a, b]$ 上连续. 试证
$$\max_{a \leqslant x \leqslant b} |f(x)| \leqslant \left| \frac{1}{b - a} \int_a^b f(x) \mathrm{d}x \right| + \int_a^b |f'(x)| \mathrm{d}x.$$

提示 $\exists \xi, x_0 \in [a, b]$ 使得 $|f(\xi)| = \left| \frac{1}{b - a} \int_a^b f(x) \mathrm{d}x \right|$，
$$\max_{a \leqslant x \leqslant b} |f(x)| = |f(x_0)| = \left| \int_\xi^{x_0} f'(t) \mathrm{d}t + f(\xi) \right|.$$

c. 在不等式两端取变限积分证明新的不等式

☆**例 4.3.19** 证明：$x > 0$ 时，$x - \dfrac{x^3}{6} < \sin x < x - \dfrac{x^3}{6} + \dfrac{x^5}{120}$. （吉林大学）

证 已知 $\cos x \leqslant 1 \, (x > 0$，只有 $x = 2n\pi$ 时等号才成立）. 在此式两端同时取 $[0, x]$ 上的积分，得 $\sin x < x \, (x > 0)$.

再次取 $[0,x]$ 上的积分, 得 $1 - \cos x < \dfrac{x^2}{2}$ $(x > 0)$.

第三次取 $[0,x]$ 上的积分, 得 $x - \sin x < \dfrac{x^3}{6}$, 即 $x - \dfrac{x^3}{6} < \sin x$ $(x > 0)$.

继续在 $[0,x]$ 上积分两次, 可得 $\sin x < x - \dfrac{x^3}{6} + \dfrac{x^5}{120}$. 证毕.

注　上面是用积分法证明, 对偶地还可用微分法证明, 如用例 3.4.3 中的方法.

三、另一些问题

以上我们讨论了关于定积分的几类较典型的问题. 但是问题是多种多样、错综复杂的, 不是几种类型所能概括的. 本段主要讨论一些灵活多变、带综合性的问题, 以作上述内容的补充.

例 4.3.20　设函数 $f(x)$ 二次可微, 证明在 (a,b) 内存在一点 ξ, 使得

$$f''(\xi) = \frac{24}{(b-a)^3} \int_a^b \left(f(x) - f\left(\frac{a+b}{2} \right) \right) \mathrm{d}x. \tag{1}$$

证　记 $x_0 = \dfrac{a+b}{2}$, 将被积函数在 $x = x_0$ 处按 Taylor 公式展开,

$$f(x) - f(x_0) = (x - x_0) f'(x_0) + \frac{(x - x_0)^2}{2} f''(\eta), \tag{2}$$

其中 η 在 x_0 与 x 之间. 在区间 $[a,b]$ 上取积分, 注意式 (2) 右端第一项的积分为零. 因此

$$\int_a^b (f(x) - f(x_0)) \mathrm{d}x = \frac{1}{2} \int_a^b (x - x_0)^2 f''(\eta) \mathrm{d}x. \tag{3}$$

此式右端中 $f''(\eta)$ 虽然不一定连续, 但导数具有介值性 (例 3.2.24), 因而积分第一中值定理仍然成立. 故 $\exists \xi \in (a,b)$, 使得

$$\int_a^b (x - x_0)^2 f''(\eta) \mathrm{d}x = f''(\xi) \int_a^b (x - x_0)^2 \mathrm{d}x = \frac{(b-a)^3}{12} f''(\xi).$$

代入式 (3) 即得欲证式 (1).

☆例 4.3.21　设 $f(x)$ 在 $(0, +\infty)$ 中单调不减, 且 $\forall A > 0, f(x)$ 在 $[0,A]$ 上可积. 试证 $\lim\limits_{x \to +\infty} \dfrac{1}{x} \int_0^x f(t) \mathrm{d}t = C$ 的充要条件是 $\lim\limits_{x \to +\infty} f(x) = C$ (其中 C 为有限数或 $+\infty$). (武汉大学)

证　1° (充分性) 方法 I (拟合法)　因 $\lim\limits_{x \to +\infty} \dfrac{1}{x} \int_0^x C \mathrm{d}t = C$, 因此只要证明

$$\lim_{x \to +\infty} \frac{1}{x} \int_0^x (f(t) - C) \mathrm{d}t = 0. \tag{1}$$

根据已知条件, $\lim\limits_{x \to +\infty} f(x) = C, f \nearrow$, 因此 $\forall \varepsilon > 0, \exists A > 0$, 当 $x > A$ 时, 有

$$0 \leqslant C - f(x) < \frac{\varepsilon}{2}.$$

于是
$$0 \leqslant \frac{1}{x}\int_0^x (C - f(t))\,dt = \frac{1}{x}\int_0^A (C - f(t))\,dt + \frac{\varepsilon}{2x}\int_A^x dt.$$

将 A 固定,令 $x \to +\infty$,当 x 充分大时,就有 $\dfrac{1}{x}\displaystyle\int_0^A (C - f(t))\,dt < \dfrac{\varepsilon}{2}$. 于是
$$0 \leqslant \frac{1}{x}\int_0^x (C - f(t))\,dt < \frac{\varepsilon}{2} + \frac{\varepsilon}{2} = \varepsilon.$$

式(1)获证.

方法 II 已知 $\displaystyle\lim_{x \to +\infty} f(x) = C, f \nearrow$,故当 $x > A$ 时,有 $f(A) \leqslant f(x) \leqslant C$.

$$\frac{1}{x}\int_0^A f(t)\,dt + \frac{1}{x}\int_A^x f(A)\,dt \leqslant \frac{1}{x}\int_0^x f(t)\,dt \leqslant \frac{1}{x}\int_0^x C\,dt = C. \tag{2}$$

固定 A,令 $x \to +\infty$ 得
$$f(A) \leqslant \varliminf_{x \to +\infty} \frac{1}{x}\int_0^x f(t)\,dt \leqslant \varlimsup_{x \to +\infty} \frac{1}{x}\int_0^x f(t)\,dt \leqslant C.$$

在此式中令 $A \to +\infty$(而 $\displaystyle\lim_{A \to +\infty} f(A) = C$),由两边夹法则得 $\displaystyle\lim_{x \to +\infty} \frac{1}{x}\int_0^x f(t)\,dt = C.$

2° (必要性)现在已知 $\displaystyle\lim_{x \to +\infty} \frac{1}{x}\int_0^x f(t)\,dt = C$,要证 $\displaystyle\lim_{x \to +\infty} f(x) = C$. 由于 $f(x) \nearrow$,有
$$\lim_{x \to +\infty} f(x) = \sup_{0 \leqslant x < +\infty} f(x) \xlongequal{\text{记}} M, \tag{3}$$

(故问题归结为证明 $M = C$.)由式(3)知 $\forall x > 0$,有 $\dfrac{1}{x}\displaystyle\int_0^x f(t)\,dt \leqslant \dfrac{1}{x}\displaystyle\int_0^x M\,dt = M.$

因为
$$C = \lim_{x \to +\infty} \frac{1}{x}\int_0^x f(t)\,dt \leqslant M, \tag{4}$$

可见当 $C = +\infty$ 时,$M = +\infty = C.$

(下面只需从 $0 \leqslant C < +\infty$ 导出 $C \geqslant M$,则有 $C = M$.)按确界定义,$\forall M_n : 0 < M_n < M$,$\exists x_n > 0$,使得 $M_n \leqslant f(x_n) \leqslant M$. 因此,当 $x > x_n$ 时,有 $M_n \leqslant f(x_n) \leqslant f(x) \leqslant M$. 于是
$$\frac{1}{x}\int_0^x f(t)\,dt = \frac{1}{x}\int_0^{x_n} f(t)\,dt + \frac{1}{x}\int_{x_n}^x f(t)\,dt \geqslant \frac{1}{x}\int_0^{x_n} f(t)\,dt + \frac{1}{x}M_n(x - x_n).$$

固定 n,令 $x \to +\infty$,得 $C \geqslant M_n$. 注意,不论 C 是有限或无穷,都可使 $M_n \leqslant M$,且 $M_n \to M$ $(n \to +\infty)$. 故在不等式 $C \geqslant M_n$ 里,令 $n \to +\infty$ 取极限,即得 $C \geqslant M$. 但由式(4):$C \leqslant M$. 故等式 $C = M$ 获证.

练习 设函数 $f(x)$ 在任何有限区间上可积,且 $\displaystyle\lim_{x \to +\infty} f(x) = C$. 求证:$\displaystyle\lim_{x \to +\infty} \frac{1}{x}\int_0^x f(t)\,dt = C.$ (武汉大学)

提示 类似地:$\forall \varepsilon > 0$,$\exists A > 0$,当 $x > A$ 时,有 $|C - f(t)| < \dfrac{\varepsilon}{2}$. 于是
$$0 \leqslant \left| \frac{1}{x}\int_0^x (C - f(t))\,dt \right| \leqslant \frac{1}{x}\int_0^A (|C| + |f(t)|)\,dt + \frac{\varepsilon}{2x}\int_A^x dt.$$

由 $f(x)$ 在 $[0, A]$ 上可积知,有界 $M_A > 0$,使得 $[0, A]$ 上 $|f(x)| \leqslant M_A$. 固定 A,令 $x \to +\infty$,当 x 充分大时,可使 $\dfrac{1}{x}\displaystyle\int_0^A (|C| + |f(t)|)\,dt < \dfrac{\varepsilon}{2}$. 从而

$$\frac{1}{x}\int_0^A (C - f(t)) \, \mathrm{d}t \leqslant \frac{1}{x}\int_0^A (\,|\,C\,| + |\,f(t)\,|\,) \, \mathrm{d}t < \frac{\varepsilon}{2}.$$

于是
$$0 \leqslant \left|\frac{1}{x}\int_0^x (C - f(t)) \, \mathrm{d}t\right| < \frac{\varepsilon}{2} + \frac{\varepsilon}{2} = \varepsilon.$$

☆注 若 $f(x)$ 连续，则 $F(x) \equiv \int_a^x f(t) \, \mathrm{d}t$ 可导，且 $F'(x) = f(x)$.

若 $f(x)$ 在任一有限区间上可积，只能断言 $F(x)$ 连续，不能断言 $F(x)$ 一定可导. 因此这里（包括上例）不能应用 L' Hospital 法则.

* **例 4.3.22** 设 $f(x)$ 为 n 次多项式，且

$$\int_0^1 x^k f(x) \, \mathrm{d}x = 0 \quad (k = 1, 2, \cdots, n). \tag{1}$$

试证：1) $f(0) = (n+1)^2 \int_0^1 f(x) \, \mathrm{d}x$;

2) $\int_0^1 f^2(x) \, \mathrm{d}x = \left[(n+1)\int_0^1 f(x) \, \mathrm{d}x\right]^2$. （东北师范大学）

证 既然 $f(x)$ 为 n 次多项式，不妨设

$$f(x) = a_0 + a_1 x + \cdots + a_n x^n. \tag{2}$$

于是
$$f(0) = a_0. \tag{3}$$

利用已知条件（1），得

$$\int_0^1 f^2(x) \, \mathrm{d}x = \int_0^1 (a_0 + a_1 x + \cdots + a_n x^n) f(x) \, \mathrm{d}x = a_0 \int_0^1 f(x) \, \mathrm{d}x. \tag{4}$$

可见，只要证明了

$$a_0 = (n+1)^2 \int_0^1 f(x) \, \mathrm{d}x, \tag{5}$$

代入式（3）、（4），即得结论 1) 与 2). 下面我们来证明式（5）.

由式（2），

$$\int_0^1 x^k f(x) \, \mathrm{d}x = \frac{a_0}{k+1} + \frac{a_1}{k+2} + \cdots + \frac{a_n}{n+k+1} \text{（通分后）}$$

$$= \frac{Q(k)}{(k+1)(k+2)\cdots(k+n+1)}, \tag{6}$$

其中 $Q(k)$ 是关于 k 的 n 次多项式. 根据式（1），（6）知 $Q(k) = 0$ $(k = 1, 2, \cdots, n)$. 因此

$$Q(k) = c(k-1)(k-2)\cdots(k-n) \quad \text{（其中 } c \text{ 为某一常数）}. \tag{7}$$

将（7）代入（6）的后一等式，同乘 $k+1$，并令 $k = -1$，则得

$$a_0 = (-1)^n (n+1) c; \tag{8}$$

将（7）代入（6），并令 $k = 0$，可得

$$\int_0^1 f(x) \, \mathrm{d}x = \frac{(-1)^n}{n+1} c. \tag{9}$$

在（8）、（9）中消去 c，即得 $a_0 = (n+1)^2 \int_0^1 f(x) \, \mathrm{d}x$. 证毕.

用积分解函数方程

例 4.3.23 设 $f(x)$ 在任意有限区间上可积且满足方程

$$f(x + y) = f(x) + f(y). \tag{1}$$

试证:$f(x) = ax$,其中 $a = f(1)$.

证 要证 $f(x) = ax$,当 $x \neq 0$ 时即要证 $\dfrac{f(x)}{x} \equiv$ 常数,或 $\forall x, y \neq 0, \dfrac{f(x)}{x} = \dfrac{f(y)}{y}$,

亦即

$$f(x)y = xf(y). \tag{2}$$

为此在已知方程 $f(t + y) = f(t) + f(y)$ 两边对 t 取积分:

$$\int_0^x f(t + y)\,dt = \int_0^x f(t)\,dt + f(y) \cdot x. \tag{3}$$

但

$$\int_0^x f(t + y)\,dt = \int_y^{x+y} f(u)\,du = \int_0^{x+y} f(t)\,dt - \int_0^y f(t)\,dt,$$

故

$$xf(y) = \int_0^{x+y} f(t)\,dt - \int_0^y f(t)\,dt - \int_0^x f(t)\,dt.$$

此式右端 x, y 以对称的形式出现,x, y 互换知 $xf(y) = yf(x)$,从而

$$f(x) = ax \quad (\text{当 } x \neq 0 \text{ 时}). \tag{4}$$

在(1)中令 $x = 0, y = 1$,得 $f(0) = 0$. 可见式(4)对于 $x = 0$ 也成立. 最后,在(4)中令 $x = 1$,可得 $a = f(1)$. 证毕.

^{new}**练习** 设 $f(x)$ 在 $[a, b]$ 上可积,且 $\forall \alpha, \beta : a \leq \alpha < \beta \leq b$,有

$$\frac{1}{\beta - \alpha} \int_\alpha^\beta f(t)\,dt = \frac{f(\beta) + f(\alpha)}{2}$$

(任一内闭区间:积分均值等于端点值的平均). 求证:$f(x) = kx + c$(其中 k, c 为常数).

提示 ($\forall x \in [a, b]$),根据已知条件可写出如下二式(两式相加即得):

$$\int_a^x f(t)\,dt = \frac{x - a}{2}[f(a) + f(x)], \quad \int_x^b f(t)\,dt = \frac{b - x}{2}[f(x) + f(b)].$$

$f(x) = kx + c$,其中 $k = \dfrac{f(b) - f(a)}{b - a}, c = \dfrac{af(a) - bf(b)}{b - a} + \dfrac{2}{b - a}\int_a^b f(t)\,dt$.

函数线性相关的充要条件.

定义 设 $f_1(x), f_2(x), \cdots, f_n(x)$ 在 $[a, b]$ 上有定义,那么,当且仅当存在不全为零的常数 $c_1, c_2, \cdots, c_n$,使得

$$\sum_{i=1}^n c_i f_i(x) \equiv 0 \quad (\forall x \in [a, b])$$

成立时,函数 $f_1(x), f_2(x), \cdots, f_n(x)$ 称为在 $[a, b]$ 上**线性相关**,否则称为**线性无关**.

****例 4.3.24** 设 $f_1(x), f_2(x), \cdots, f_n(x)$ 在 $[a, b]$ 上连续,记

$$a_{ij} = \int_a^b f_i(x)f_j(x)\,dx \quad (i, j = 1, 2, \cdots, n),$$

试证:函数 $f_1(x), f_2(x), \cdots, f_n(x)$ 在 $[a, b]$ 上线性相关的充要条件是行列式

$$\mathrm{Det}(a_{ij}) = \begin{vmatrix} a_{11} & a_{12} & \cdots & a_{1n} \\ a_{21} & a_{22} & \cdots & a_{2n} \\ \vdots & \vdots & & \vdots \\ a_{n1} & a_{n2} & \cdots & a_{nn} \end{vmatrix} = 0.$$

证 若 $f_1(x), f_2(x), \cdots, f_n(x)$ 线性相关,则按定义,$\exists\, c_1, c_2, \cdots, c_n$(不全为零),使得

$$g(x) \equiv \sum_{i=1}^{n} c_i f_i(x) \equiv 0 \quad (\forall x \in [a, b]). \tag{1}$$

由此

$$\int_a^b g(x) f_j(x)\,\mathrm{d}x = \sum_{i=1}^{n} c_i \int_a^b f_i(x) f_j(x)\,\mathrm{d}x = \sum_{i=1}^{n} a_{ij} c_i = 0 \ (j = 1, 2, \cdots, n), \tag{2}$$

即关于 $c_i (i = 1, 2, \cdots, n)$ 的方程组(2)有非零解,故系数行列式

$$\mathrm{Det}(a_{ij}) = 0. \tag{3}$$

反之,若(3)成立,则 $\exists\, c_1, c_2, \cdots, c_n$(不全为零)使得式(2)成立,从而

$$\int_a^b g^2(x)\,\mathrm{d}x = \int_a^b g(x) \sum_{j=1}^{n} c_j f_j(x)\,\mathrm{d}x = \sum_{j=1}^{n} c_j \int_a^b g(x) f_j(x)\,\mathrm{d}x = 0.$$

由练习 4.2.6 知 $g(x) \equiv \sum_{i=1}^{n} c_i f_i(x) \equiv 0\ (\forall x \in [a, b])$. 因此 $f_1(x), f_2(x), \cdots, f_n(x)$ 在 $[a, b]$ 上线性相关.

利用特征函数的积分表示区间的长度.

**例 4.3.25 设 $[\alpha_i, \beta_i](i = 1, 2, \cdots, n)$ 为 $[0, 1]$ 上 n 个区间,且 $[0, 1]$ 上每个点至少属于这些区间里的 q 个. 证明这些区间里至少有一个,其长度 $\geqslant \dfrac{q}{n}$.

证 用 $f_i(x)$ 表示第 i 个区间 $[\alpha_i, \beta_i]$ 的特征函数. 即

$$f_i(x) = \begin{cases} 1, & \text{当 } x \in [\alpha_i, \beta_i] \text{ 时}, \\ 0, & \text{当 } x \notin [\alpha_i, \beta_i] \text{ 时}, \end{cases}$$

则 $\int_0^1 f_i(x)\,\mathrm{d}x = \beta_i - \alpha_i$(第 i 个区间的长度),且函数 $f(x) \equiv \sum_{i=1}^{n} f_i(x) = k$(当 x 属于 $[\alpha_i, \beta_i](i = 1, 2, \cdots, n)$ 中的 k 个时). 于是已知条件可表达为

$$f(x) = k \geqslant q. \tag{1}$$

此外,

$$\int_0^1 f(x)\,\mathrm{d}x = \int_0^1 \sum_{i=1}^{n} f_i(x)\,\mathrm{d}x = \sum_{i=1}^{n} \int_0^1 f_i(x)\,\mathrm{d}x = \sum_{i=1}^{n} \int_{\alpha_i}^{\beta_i} \mathrm{d}x = \sum_{i=1}^{n} (\beta_i - \alpha_i) \tag{2}$$

为区间 $\{[\alpha_i, \beta_i]\}_{i=1}^{n}$ 的总长度. 由式(1)知总长度

$$\sum_{i=1}^{n} (\beta_i - \alpha_i) = \int_0^1 f(x)\,\mathrm{d}x \geqslant q. \tag{3}$$

假若每个区间的长度 $\beta_i - \alpha_i < \dfrac{q}{n}$,则这些区间的总长度

$$\sum_{i=1}^{n} (\beta_i - \alpha_i) < n \cdot \frac{q}{n} = q,$$

与式(3)矛盾. 因此, $\exists [\alpha_i, \beta_i]$ 使得 $\beta_i - \alpha_i \geqslant \dfrac{q}{n}$.

凸函数的积分性质

例 4.3.26 (Hadamard 定理)设 $f(x)$ 是 $[a,b]$ 上连续的凸函数. 试证:$\forall x_1$, $x_2 \in [a,b]$, $x_1 < x_2$,有

$$f\left(\frac{x_1 + x_2}{2}\right) \leqslant \frac{1}{x_2 - x_1} \int_{x_1}^{x_2} f(t)\,\mathrm{d}t \leqslant \frac{f(x_1) + f(x_2)}{2}.$$

(中南大学)

证 令 $t = x_1 + \lambda(x_2 - x_1)$, $\lambda \in (0,1)$,则

$$\frac{1}{x_2 - x_1} \int_{x_1}^{x_2} f(t)\,\mathrm{d}t = \int_0^1 f[x_1 + \lambda(x_2 - x_1)]\,\mathrm{d}\lambda. \tag{1}$$

同理,令 $t = x_2 - \lambda(x_2 - x_1)$,亦有

$$\frac{1}{x_2 - x_1} \int_{x_1}^{x_2} f(t)\,\mathrm{d}t = \int_0^1 f[x_2 - \lambda(x_2 - x_1)]\,\mathrm{d}\lambda.$$

从而

$$\frac{1}{x_2 - x_1} \int_{x_1}^{x_2} f(t)\,\mathrm{d}t$$
$$= \frac{1}{2} \int_0^1 \{f[x_1 + \lambda(x_2 - x_1)] + f[x_2 - \lambda(x_2 - x_1)]\}\,\mathrm{d}\lambda. \tag{2}$$

注意 $x_1 + \lambda(x_2 - x_1)$ 与 $x_2 - \lambda(x_2 - x_1)$ 关于中点 $\dfrac{x_1 + x_2}{2}$ 对称. 由于 $f(x)$ 是凸函数,

$$\frac{1}{2} \{f[x_1 + \lambda(x_2 - x_1)] + f[x_2 - \lambda(x_2 - x_1)]\} \geqslant f\left(\frac{x_1 + x_2}{2}\right).$$

故由(2)得

$$\frac{1}{x_2 - x_1} \int_{x_1}^{x_2} f(t)\,\mathrm{d}t \geqslant f\left(\frac{x_1 + x_2}{2}\right).$$

另外,由(1),应用 $f(x)$ 的凸性,

$$\frac{1}{x_2 - x_1} \int_{x_1}^{x_2} f(t)\,\mathrm{d}t = \int_0^1 f[\lambda x_2 + (1 - \lambda)x_1]\,\mathrm{d}\lambda \leqslant \int_0^1 [\lambda f(x_2) + (1 - \lambda)f(x_1)]\,\mathrm{d}\lambda$$

$$= f(x_2) \cdot \frac{\lambda^2}{2}\bigg|_0^1 + f(x_1) \cdot \left[-\frac{(1 - \lambda)^2}{2}\right]\bigg|_0^1 = \frac{f(x_1) + f(x_2)}{2}.$$

例 4.3.27 设 $f(x)$ 是 $[0, +\infty)$ 上的凸函数,求证

$$F(x) = \frac{1}{x} \int_0^x f(t)\,\mathrm{d}t \tag{1}$$

为 $(0, +\infty)$ 上的凸函数.

证 $f(x)$ 为 $[0,+\infty)$ 上的凸函数,因此它在 $(0,+\infty)$ 内连续(§3.4 定理 3 的推论 5),$f(x)$ 在 $[0,x]$ 上有界(当 $x\geqslant 0$ 时)(例 3.4.9).由此知积分(1)有意义.注意到:$\forall x>0$,令 $u=\dfrac{t}{x}$ 时,

$$F(x) = \frac{1}{x}\int_0^x f(t)\,\mathrm{d}t = \int_0^x f\left(x\cdot\frac{t}{x}\right)\mathrm{d}\,\frac{t}{x} = \int_0^1 f(xu)\,\mathrm{d}u. \tag{2}$$

则 $\forall \lambda\in(0,1)$,$\forall x_1,x_2>0$,恒有

$$
\begin{aligned}
F[\lambda x_1 + (1-\lambda)x_2] &= \int_0^1 f\{[\lambda x_1 + (1-\lambda)x_2]u\}\,\mathrm{d}u \quad (因为(2))\\
&= \int_0^1 f[\lambda x_1 u + (1-\lambda)x_2 u]\,\mathrm{d}u \\
&\leqslant \int_0^1 [\lambda f(x_1 u) + (1-\lambda)f(x_2 u)]\,\mathrm{d}u(f\,的凸性)\\
&= \lambda F(x_1) + (1-\lambda)F(x_2),
\end{aligned}
$$

所以 F 是 $(0,+\infty)$ 上的凸函数.

例 4.3.28 设函数 $g(x)$ 在 $[a,b]$ 上递增,试证:$\forall c\in(a,b)$,函数 $f(x)=\displaystyle\int_c^x g(x)\,\mathrm{d}x$ 为凸函数.

证 因 $g(x)$ 递增,积分有意义,且 $\forall x_1<x_2<x_3$,

$$
\begin{aligned}
\frac{f(x_2)-f(x_1)}{x_2-x_1} &= \frac{1}{x_2-x_1}\int_{x_1}^{x_2} g(x)\,\mathrm{d}x \leqslant g(x_2)\\
&\leqslant \frac{1}{x_3-x_2}\int_{x_2}^{x_3} g(x)\,\mathrm{d}x = \frac{f(x_3)-f(x_2)}{x_3-x_2}.
\end{aligned}
$$

由 §3.4 定理 3,知 $f(x)$ 为凸函数.

例 4.3.29 设 $f(x)$ 为 $[a,b]$ 上的凸函数,试证:$\forall c,x\in(a,b)$ 有

$$f(x) - f(c) = \int_c^x f'_-(t)\,\mathrm{d}t = \int_c^x f'_+(t)\,\mathrm{d}t. \tag{1}$$

证 因 $f(x)$ 为凸函数,由 §3.4 定理 3 的推论 4,$f'_-(t)$,$f'_+(t)$ 存在且 $\nearrow(t\in(a,b))$,故式(1)中的积分有意义.对 $[c,x]$ 任作一分划 $c=x_0<x_1<x_2<\cdots<x_n=x$,有

$$f(x) - f(c) = \sum_{i=1}^n [f(x_i) - f(x_{i-1})]. \tag{2}$$

但参看 §3.4 定理 4(用该定理的证法),有

$$f(x_i)-f(x_{i-1})\geqslant f'_-(x_{i-1})(x_i-x_{i-1}),\quad f(x_i)-f(x_{i-1})\leqslant f'_-(x_i)(x_i-x_{i-1}).$$

于是由式(2)知

$$\sum_{i=1}^n f'_-(x_{i-1})(x_i-x_{i-1}) \leqslant f(x)-f(c) \leqslant \sum_{i=1}^n f'_-(x_i)(x_i-x_{i-1}).$$

将分划无限分细,令 $\lambda=\max(x_i-x_{i-1})\to 0$,取极限可知

$$\int_c^x f'_-(x)\,\mathrm{d}x = f(x) - f(c).$$

同理,有 $\int_c^x f'_+(x)\,\mathrm{d}x = f(x) - f(c)$. 证毕.

例 4.3.30 设 $f(x),p(x)$ 在区间 $[a,b]$ 上连续, $p(x)\geqslant 0$, $\int_a^b p(x)\,\mathrm{d}x > 0$,且 $m\leqslant f(x)\leqslant M$; $\varphi(x)$ 在 $[m,M]$ 上有定义,并有二阶导数, $\varphi''(x)>0$. 试证:

$$\varphi\left(\frac{\int_a^b p(x)f(x)\,\mathrm{d}x}{\int_a^b p(x)\,\mathrm{d}x}\right) \leqslant \frac{\int_a^b p(x)\varphi(f(x))\,\mathrm{d}x}{\int_a^b p(x)\,\mathrm{d}x}.$$

(北京理工大学)

证 I (利用积分和.)将 $[a,b]$ n 等分,记 $x_i = a + \dfrac{i}{n}(b-a)$, $p_i = p(x_i)$,

$$f_i = f(x_i)\quad(i = 1,2,\cdots,n).$$

因为 $\varphi''(x)>0$, $\varphi(x)$ 为凸函数,由 §3.4 定理 6,知

$$\varphi\left(\frac{p_1 f_1 + p_2 f_2 + \cdots + p_n f_n}{p_1 + p_2 + \cdots + p_n}\right) \leqslant \frac{p_1\varphi(f_1) + p_2\varphi(f_2) + \cdots + p_n\varphi(f_n)}{p_1 + p_2 + \cdots + p_n},$$

即

$$\varphi\left(\frac{\sum p(x_i)f(x_i)\dfrac{b-a}{n}}{\sum p(x_i)\dfrac{b-a}{n}}\right) \leqslant \frac{\sum p(x_i)\varphi(f(x_i))\dfrac{b-a}{n}}{\sum p(x_i)\dfrac{b-a}{n}},$$

令 $n\to\infty$,取极限,便得欲证的不等式.

证 II (利用 Taylor 公式,参考例 3.3.3 之证法.)记

$$x_0 = \frac{\int_a^b p(x)f(x)\,\mathrm{d}x}{\int_a^b p(x)\,\mathrm{d}x}, \tag{1}$$

则

$$\varphi(y) - \varphi(x_0) = \varphi'(x_0)(y - x_0) + \frac{1}{2}\varphi''(\xi)(y - x_0)^2.$$

注意 $\varphi''(\xi)>0$,所以

$$\varphi(y) - \varphi(x_0) > \varphi'(x_0)(y - x_0).$$

在此式中令 $y = f(x)$,然后两边同乘 $\dfrac{p(x)}{\int_a^b p(x)\,\mathrm{d}x}$;再在 $[a,b]$ 上取积分,并注意式 (1),得

$$\frac{\int_a^b p(x)\varphi(f(x))\,\mathrm{d}x}{\int_a^b p(x)\,\mathrm{d}x} - \varphi(x_0)\frac{\int_a^b p(x)\,\mathrm{d}x}{\int_a^b p(x)\,\mathrm{d}x} > \frac{\int_a^b p(x)(f(x) - x_0)\,\mathrm{d}x}{\int_a^b p(x)\,\mathrm{d}x}\cdot\varphi'(x_0) = 0,$$

所以 $\varphi(x_0) < \dfrac{\displaystyle\int_a^b p(x)\varphi(f(x))\,\mathrm{d}x}{\displaystyle\int_a^b p(x)\,\mathrm{d}x}$. 证毕.

各种技巧的灵活应用

单调性的应用

☆**例 4.3.31** 设 $f(x)$ 是 $[a,b]$ 上的连续单调递增函数,则以下不等式成立:

$$\int_a^b xf(x)\,\mathrm{d}x \geqslant \frac{a+b}{2}\int_a^b f(x)\,\mathrm{d}x.$$

(上海交通大学)

注 本题好就好在有不同的典型解法,注意原不等式等价于

$$\int_a^b xf(x)\,\mathrm{d}x - \frac{a+b}{2}\int_a^b f(x)\,\mathrm{d}x \geqslant 0, \tag{1}$$

亦即

$$\int_a^b (x-c)f(x)\,\mathrm{d}x \geqslant 0\left(\text{其中 } c = \frac{a+b}{2}\right). \tag{2}$$

证 I 对式(2)分段应用第一积分中值定理:$\exists \xi \in [a,c]$,$\eta \in [c,b]$,有 $f(\xi) < f(\eta)$,并且

$$\text{式(2)左端} = \int_a^c (x-c)f(x)\,\mathrm{d}x + \int_c^b (x-c)f(x)\,\mathrm{d}x$$

$$= f(\xi)\int_a^c (x-c)\,\mathrm{d}x + f(\eta)\int_c^b (x-c)\,\mathrm{d}x = \frac{(b-a)^2}{8}[-f(\xi)+f(\eta)] \geqslant 0.$$

证 II(常数变异法) (例如,因被积函数连续积分作为上限的函数是可导的. 记 $F(b) = \displaystyle\int_a^b xf(x)\,\mathrm{d}x - \frac{a+b}{2}\int_a^b f(x)\,\mathrm{d}x$,则当 $b=a$ 时,$F(a)=0$. 故只需证明:当 $b>a$ 时,$F'(b) \geqslant 0$). 当 $b>a$ 时,

$$F'(b) = bf(b) - \frac{1}{2}\int_a^b f(x)\,\mathrm{d}x - \frac{a+b}{2}f(b) = \frac{b-a}{2}f(b) - \frac{1}{2}\int_a^b f(x)\,\mathrm{d}x$$

$$\xlongequal[\exists \xi:a\leqslant \xi\leqslant b]{\text{应用积分中值定理}} \frac{b-a}{2}f(b) - \frac{1}{2}f(\xi)\int_a^b \mathrm{d}x = \frac{b-a}{2}[f(b)-f(\xi)] \geqslant 0.$$

证 III $f(x)$ 递增 $\Leftrightarrow \Delta x \cdot \Delta y \geqslant 0$,故 $(x-c)(f(x)-f(c)) \geqslant 0$,对此式积分就得式(2). 那么

$$0 \leqslant \int_a^b (x-c)(f(x)-f(c))\,\mathrm{d}x = \int_a^b (x-c)f(x)\,\mathrm{d}x - f(c)\int_a^b (x-c)\,\mathrm{d}x = \int_a^b (x-c)f(x)\,\mathrm{d}x.$$

☆**例 4.3.32** 若将上例中连续性条件删除,命题还成立吗? 为什么?

答 成立. 在 $\displaystyle\int_a^c (x-c)f(x)\,\mathrm{d}x$ 中令 $x-c=-t$,在 $\displaystyle\int_c^b (x-c)f(x)\,\mathrm{d}x$ 中令 $x-c=t$,则

$$\text{上例式(2)左端} = \int_a^b (x-c)f(x)\,\mathrm{d}x = \int_a^c (x-c)f(x)\,\mathrm{d}x + \int_c^b (x-c)f(x)\,\mathrm{d}x$$

$$= \int_0^h [-tf(c-t)+tf(c+t)]\,\mathrm{d}t = \int_0^h t[f(c+t)-f(c-t)]\,\mathrm{d}t \geqslant 0.$$

求导变成微分方程

☆**例 4.3.33** 设 $f(x)$ 在 $[0, +\infty)$ 上可微,且满足 $\int_0^x f(t)\,\mathrm{d}t = \dfrac{x}{3}\int_0^x f(t)\,\mathrm{d}t$,$x > 0$,求 $f(x)$.(北京大学)

解 原式表明当 $x > 0$,$x \neq 3$ 时,$\int_0^x f(t)\,\mathrm{d}t \equiv 0$,因 $\int_0^x f(t)\,\mathrm{d}t$ 关于 x 连续,故在 $[0, +\infty)$ 上 $\int_0^x f(t)\,\mathrm{d}t \equiv 0$. 若 f 不变号,由此即知 $f(x) \equiv 0$.

将原式两边同时求导,可得

$$(3 - x)f'(x) = 2f(x).$$

(分离变量)积分得 $\qquad f(x) = \dfrac{c}{(3 - x)^2}$($c$ 为任意常数).

可见 $f(x)$ 不变号,故 $c \overset{必}{=\!=} 0$. 即 $f(x) \equiv 0$.

巧用极值原理

☆**例 4.3.34** 设 $f(x)$ 在 **R** 上连续,又 $\varphi(x) = f(x)\int_0^x f(t)\,\mathrm{d}t$ 单调递减,证明:$f(x) \equiv 0$,$x \in \mathbf{R}$.(上海交通大学)

证 已知 $\varphi(x) = f(x)\int_0^x f(t)\,\mathrm{d}t = \dfrac{1}{2}\left[\left(\int_0^x f(t)\,\mathrm{d}t\right)^2\right]' \searrow$,且 $\varphi(0) = 0$,故函数 $F(x) = \left(\int_0^x f(t)\,\mathrm{d}t\right)^2$ 的导数

$$F'(x) \begin{cases} \geqslant 0, & x < 0, \\ = 0, & x = 0, \\ \leqslant 0, & x > 0. \end{cases}$$

由此 $F(x)$ 在 $x = 0$ 处取极大也是最大,即 $0 \leqslant F(x) \leqslant F(0) = 0$. 因此,$\int_0^x f(t)\,\mathrm{d}t \equiv 0$. 因 $f(x)$ 连续,故 $f(x) = \left(\int_0^x f(t)\,\mathrm{d}t\right)' = 0$($\forall x \in \mathbf{R}$).

被积函数零点问题

☆**例 4.3.35** 设 $f(x)$ 在 $[a, b]$ 上连续,且 $\int_a^b f(x)\,\mathrm{d}x = 0$,$\int_a^b xf(x)\,\mathrm{d}x = 0$. 证明:至少存在两点 $x_1, x_2 \in (a, b)$,使得 $f(x_1) = f(x_2) = 0$.(湖北大学)

证 1°(利用 Rolle 定理)记 $F(x) = \int_a^x f(t)\,\mathrm{d}t$,则有 $F(a) = F(b) = 0$,因此 $\exists x_1 \in (a, b)$,使得 $f(x_1) = F'(x_1) = 0$.

2° 假若 $x \neq x_1$ 时 $f(x) > 0$,则 $F'(x) > 0$,F 严 $\nearrow$,$0 = F(a) < F(x_1) < F(b) = 0$,矛盾. 类似可证 $f(x) < 0$ 不可能(当 $x \neq x_1$ 时).

3° 有 2° 的结论,就可断言 $f(x)$ 必有第二个零点,因为不然的话,$f(x)$ 在 (a, x_1) 内(和 (x_1, b) 内)不能变号,且 x_1 的两侧只能异号,从而 $(x - x_1)f(x)$ 在 x_1 两侧保持同号,于是 $0 \neq \int_a^b (x - x_1)f(x)\,\mathrm{d}x = \int_a^b xf(x)\,\mathrm{d}x - x_1\int_a^b f(x)\,\mathrm{d}x = 0$,矛盾.

对数导数的妙用

用积分解决微分学的问题.

☆**例 4.3.36** 已知 $f(x)$ 在 $(2, +\infty)$ 内可导, $f(x) > 0$, 且 $\dfrac{\mathrm{d}}{\mathrm{d}x}(xf(x)) \leqslant -kf(x)$, k 为常数, 试证在此区间上 $f(x) \leqslant Ax^{-(k+1)}$, 其中 A 为与 x 无关的常数.(兰州大学)

提示 利用对数导数公式: 当 $f(x) > 0$ 时, 有 $(\ln|f(x)|)' = \dfrac{f'(x)}{f(x)}$.

再提示 $f(x) + xf'(x) \leqslant -kf(x) \Rightarrow \dfrac{f'(x)}{f(x)} \leqslant -\dfrac{k+1}{x}$

$$\Rightarrow \int_2^x \frac{f'(x)}{f(x)}\mathrm{d}x \leqslant -\int_2^x \frac{k+1}{x}\mathrm{d}x$$

$$\Rightarrow \ln f(x)\ \bigg|_2^x \leqslant -\left[(k+1)\ln x\right]\ \bigg|_2^x$$

$$\Rightarrow \ln\frac{f(x)}{f(2)} \leqslant (k+1)\ln\frac{2}{x} = \ln\left(\frac{2}{x}\right)^{k+1}$$

$$\Rightarrow f(x) \leqslant Ax^{-(k+1)}\ (A = f(2)\cdot 2^{k+1}).$$

☆**例 4.3.37** 设 $f(x)$ 在 $(0, +\infty)$ 内连续可微, $f(0) = 1$, 当 $x \geqslant 0$ 时, $f(x) > |f'(x)|$. 证明: 当 $x > 0$ 时, $\mathrm{e}^x > f(x)$.(中国科学院)

证 已知当 $x > 0$ 时, $(\ln f(x))' = \dfrac{f'(x)}{f(x)} < 1$. 又由于 $f(0) = 1$, 知 $\ln f(x) = \int_0^x (\ln f(x))'\mathrm{d}x < x$. 因此, $f(x) < \mathrm{e}^x$.

定积分的实际应用

^{new}☆**例 4.3.38** 设 $f:[0,1] \to [0,1]$ 有连续二阶导数, $f(0) = f(1) = 0$, $f''(x) < 0$. 曲线 $L = \{(x, f(x)) \mid x \in [0,1]\}$ 的弧长记为 ℓ, 试证: $\ell < 3$.(北京大学)

提示 弧长公式: $\ell = \int_0^1 \sqrt{1 + f'^2(x)}\,\mathrm{d}x$. 因为在 $[0,1]$ 上 $f''(x) < 0$, 故 $f'(x)$ 严、$f(x)$ 严格凸向上; 加之 $f:[0,1] \to [0,1]$, $f(0) = f(1) = 0$, 说明 $f(x)$ 是单峰函数: 有唯一最大值点 $c \in (0,1)$, 使 $0 < f(c) \leqslant 1$.

再提示 因 $\sqrt{1 + (f'(x))^2} \leqslant 1 + |f'(x)|$(直角三角形两直角边(长度)之和大于斜边), 又有 $f(c) > 0$, 故

$$l = \int_0^1 \sqrt{1 + f'^2(x)}\,\mathrm{d}x \leqslant \int_0^1 (1 + |f'(x)|)\,\mathrm{d}x$$

$$= \int_0^c (1 + f'(x))\,\mathrm{d}x + \int_c^1 (1 - f'(x))\,\mathrm{d}x = 1 + 2f(c) \leqslant 3.$$

^{new}☆ **四、积分作为上下限的函数**

要点 1) 若函数 f 在 $[a,b]$ 上可积, 则 $F(x) \equiv \int_a^x f(t)\mathrm{d}t$ 在 $[a,b]$ 上连续.

2）在区间 I 上,若函数 f 连续,$\psi(x)$ 和 $\varphi(x)$ 可导,则 $F(x) \equiv \int_{\varphi(x)}^{\psi(x)} f(t)\mathrm{d}t$ 在 I 上也可导,且 $\quad F'(x) = f(\psi(x)) \cdot \psi'(x) - f(\varphi(x)) \cdot \varphi'(x) \ (x \in I)$.

^{new}例 4.3.39　设 $f(x) = \int_x^{x^2} \frac{1}{t}\ln\frac{t-1}{32}\mathrm{d}x \ (x \in (1, +\infty))$. 问函数 $f(x)$ 在何处取最小值?（中国科学技术大学）

解　$f'(x) = 2x \cdot \frac{1}{x^2}\ln\frac{x^2-1}{32} - \frac{1}{x}\ln\frac{x-1}{32} = \frac{1}{x}\ln\frac{(x-1)(x+1)^2}{32}$

$$= \frac{1}{x}\ln\left[1 + \frac{(x-3)(x^2+4x+11)}{32}\right] \ (x > 1).$$

令 $f'(x) = 0$,得唯一稳定点 $x = 3$;并且当从左到右穿过 $x = 3$ 时,$f'(x)$ 由负变为正,故 $f(3)$ 是 f 的最小值:$f_{\min} = \int_3^9 \frac{1}{t}\ln\frac{t-1}{32}\mathrm{d}t$.

^{new}*例 4.3.40　设 $f(x)$ 在 $[0, +\infty)$ 上二阶可导,$f(x) \le f''(x)$,且 $f(0) \ge 0$,$f'(0) \ge 0$. 求证:在 $[0, +\infty)$ 上,

$$f(x) \ge f(0) + f'(0)x. \tag{1}$$

（中国科学技术大学）

证　已知 $f(x) \le f''(x)$,两端同时积分得

$$\int_0^x f(u_1)\mathrm{d}u_1 \le \int_0^x f''(u_1)\mathrm{d}u_1 = f'(x) - f'(0).$$

再积分一次,得

$$\int_0^x \left(\int_0^u f(u_1)\mathrm{d}u_1\right)\mathrm{d}u \le \int_0^x [f'(u) - f'(0)]\mathrm{d}u = f(x) - f(0) - f'(0)x,$$

亦即

$$f(x) \ge f(0) + f'(0)x + \int_0^x \mathrm{d}u\int_0^u f(u_1)\mathrm{d}u_1. \tag{2}$$

又因 $f(0) \ge 0$,$f'(0) \ge 0$,故

$$f(x) \ge \int_0^x \mathrm{d}u\int_0^u f(u_1)\mathrm{d}u_1 (\forall x \ge 0). \tag{3}$$

利用式(3),代入式(2)右端的积分中,反复迭代可得

$$f(x) \ge f(0) + f'(0)x + \int_0^x \mathrm{d}u\int_0^u f(u_1)\mathrm{d}u_1 \cdots \int_0^{u_{n-2}} f(u_{n-1})\mathrm{d}u_{n-1}\int_0^{u_{n-1}} f(u_n)\mathrm{d}u_n. \tag{4}$$

函数序列

$$G_n(x) = \int_0^x \mathrm{d}u\int_0^u f(u_1)\mathrm{d}u_1 \cdots \int_0^{u_{n-2}} f(u_{n-1})\mathrm{d}u_{n-1}\int_0^{u_{n-1}} f(u_n)\mathrm{d}u_n (n = 0,1,2,\cdots).$$

$$G_n'(0) = G_n''(0) = \cdots = G_n^{(n)}(0) = 0.$$

应用 Taylor 公式,$\exists \xi \in (0,x)$,$G_n(x) = \frac{f(\xi)}{(n+1)!}x^{n+1}$,记 $M(x) = \max f(\xi)(0 < \xi < x)$,

$\forall x > 0$,$|G_n(x)| \le \frac{M(x)}{(n+1)!}x^{n+1} \to 0 \ (n \to \infty)$. 因此在式(4)里令 $n \to \infty$,取极限,可

得欲证的不等式(1).

^{new} ∗ ∗ **例 4.3.41** 设 $f(x),g(x),\varphi(x)$ 均为 $[a,b]$ 上的连续函数,且 $g(x)$ 单调递增,$\varphi(x)\geqslant 0$,若对于任意 $x\in[a,b]$ $(a>0)$,有

$$f(x) \leqslant g(x) + \int_a^x \varphi(t)f(t)\,\mathrm{d}t. \tag{1}$$

试证:对于任意 $x\in[a,b]$,有

$$f(x) \leqslant g(x)\mathrm{e}^{\int_a^x \varphi(s)\,\mathrm{d}s}. \tag{2}$$

(浙江大学)

证 将式(1)两边同乘 $\varphi(x)$ $(\varphi(x)\geqslant 0)$,变形得

$$g(x)\varphi(x) \geqslant \varphi(x)f(x) - \varphi(x)\int_a^x \varphi(t)f(t)\,\mathrm{d}t.$$

令 $F(x) = \int_a^x \varphi(t)f(t)\,\mathrm{d}t$,则 $F'(x) = \varphi(x)f(x)$,上式可写为

$$g(x)\varphi(x) \geqslant F'(x) - \varphi(x)F(x).$$

两边同乘 $\mathrm{e}^{-\int_a^x \varphi(s)\,\mathrm{d}s}$ 得

$$g(x)\varphi(x)\mathrm{e}^{-\int_a^x \varphi(s)\,\mathrm{d}s} \geqslant F'(x)\mathrm{e}^{-\int_a^x \varphi(s)\,\mathrm{d}s} - \varphi(x)\mathrm{e}^{-\int_a^x \varphi(s)\,\mathrm{d}s}F(x) = \left(\mathrm{e}^{-\int_a^x \varphi(s)\,\mathrm{d}s}F(x)\right)'_x. \tag{3}$$

两端 x 改成 t,同时求积分得(注意到 $F(a)=0$)

$$\int_a^x g(t)\varphi(t)\mathrm{e}^{-\int_a^t \varphi(s)\,\mathrm{d}s}\,\mathrm{d}t \geqslant \mathrm{e}^{-\int_a^x \varphi(s)\,\mathrm{d}s}F(x). \tag{4}$$

因 $g\nearrow$,故 $t<x$ 时 $g(t)\leqslant g(x)$,而 $\varphi(t)\,\mathrm{e}^{-\int_a^t \varphi(s)\,\mathrm{d}s}\geqslant 0$,所以

$$g(x)\int_a^x \varphi(t)\mathrm{e}^{-\int_a^t \varphi(s)\,\mathrm{d}s}\,\mathrm{d}t \geqslant \int_a^x g(t)\varphi(t)\mathrm{e}^{-\int_a^t \varphi(s)\,\mathrm{d}s}\,\mathrm{d}t \overset{\text{式}(4)}{\geqslant} \mathrm{e}^{-\int_a^x \varphi(s)\,\mathrm{d}s}F(x),$$

即

$$g(x)\int_a^x \varphi(t)\mathrm{e}^{-\int_a^t \varphi(s)\,\mathrm{d}s} \geqslant \mathrm{e}^{-\int_a^x \varphi(s)\,\mathrm{d}s}F(x). \tag{5}$$

两边同乘 $\mathrm{e}^{\int_a^x \varphi(s)\,\mathrm{d}s}$,(并注意到:当 $a\leqslant t\leqslant x$ 时,$\mathrm{e}^{\int_a^x \varphi(s)\,\mathrm{d}s} \cdot \mathrm{e}^{-\int_a^t \varphi(s)\,\mathrm{d}s} = \mathrm{e}^{\int_t^x \varphi(s)\,\mathrm{d}s}$) 知

$$\mathrm{e}^{\int_a^x \varphi(s)\,\mathrm{d}s} \cdot g(x)\int_a^x \varphi(t)\mathrm{e}^{-\int_a^t \varphi(s)\,\mathrm{d}s}\,\mathrm{d}t = g(x)\int_a^x \varphi(t)\mathrm{e}^{\int_t^x \varphi(s)\,\mathrm{d}s}\,\mathrm{d}t = -g(x)\int_a^x \left(\mathrm{e}^{\int_t^x \varphi(s)\,\mathrm{d}s}\right)'_t\,\mathrm{d}t$$

$$= -g(x) + g(x)\mathrm{e}^{\int_a^x \varphi(s)\,\mathrm{d}s}.$$

因此,式(5)变为

$$-g(x) + g(x)\mathrm{e}^{\int_a^x \varphi(s)\,\mathrm{d}s} \geqslant F(x). \tag{6}$$

于是,$f(x) \overset{\text{式}(1)}{\leqslant} g(x) + F(x) \overset{\text{式}(6)}{\leqslant} g(x)\mathrm{e}^{\int_a^x \varphi(s)\,\mathrm{d}s}$,式(2)获证.

点评 该题技巧性高,极富挑战性. 张祖锦的解法十分精巧,编写时基本上采用了他的思路.

^{new} ☆**练习1** 求积分的极限:$\lim\limits_{x\to+\infty} x^m \int_0^{\frac{1}{x}} \sin t^2\,\mathrm{d}t$(其中 m 为任意整数).(南开大学)

$$\left\langle\!\!\left\langle 0 \ (m=1,2 \text{ 或 } m\leqslant 0),\frac{1}{3} \ (m=3),+\infty \ (m>3)\right\rangle\!\!\right\rangle$$

提示 $\displaystyle\lim_{x\to+\infty}x^m\int_0^{\frac{1}{x}}\sin t^2\mathrm{d}t\xrightarrow{\;\text{令}\;u=\frac{1}{x}\;}\lim_{u\to 0}\frac{\displaystyle\int_0^u\sin t^2\mathrm{d}t}{u^m}\xrightarrow{\;\text{L'Hospital法则}\;}\lim_{u\to 0^+}\frac{\sin u^2}{m\cdot u^{m-1}}$

$$\xrightarrow{\;\text{等价代换}\;}\lim_{u\to 0^+}\frac{1}{m}u^{3-m}\ (m=1,2,3).$$

练习 2 设 $f(x)=\displaystyle\int_x^{x^2}\left(1+\frac{1}{2t}\right)^t\sin\frac{1}{\sqrt{t}}\mathrm{d}t(x>0)$，求 $\displaystyle\lim_{n\to\infty}f(n)\sin\frac{1}{n}$．（福建师范大学）

提示 $\displaystyle\lim_{n\to\infty}f(n)\sin\frac{1}{n}$

$$=\lim_{x\to+\infty}f(x)\sin\frac{1}{x}\xrightarrow{\;\sin\frac{1}{x}\sim\frac{1}{x}\;}\lim_{x\to+\infty}\frac{1}{x}\int_x^{x^2}\left(1+\frac{1}{2t}\right)^t\sin\frac{1}{\sqrt{t}}\mathrm{d}t$$

$$\xrightarrow{\;\text{L'Hospital法则}\;}\lim_{x\to+\infty}\left[2x\left(1+\frac{1}{2x^2}\right)^{x^2}\sin\frac{1}{\sqrt{x^2}}-\left(1+\frac{1}{2x}\right)^x\sin\frac{1}{\sqrt{x}}\right]=2\mathrm{e}^{\frac{1}{2}}.$$

☆ 五、（第一）积分中值定理

注意：因为一般不讲第二积分中值定理，因此说积分中值定理，就是指第一积分中值定理．

（第一积分中值定理） 设 $f(x)$ 是 $[a,b]$ 上的连续函数，则 $\exists\xi\in[a,b]$ 使得

$$f(\xi)=\frac{1}{b-a}\int_a^b f(x)\mathrm{d}x,\tag{A}$$

亦即 $\displaystyle\int_a^b f(x)\mathrm{d}x=f(\xi)\int_a^b\mathrm{d}x=f(\xi)(b-a)\ (a\leqslant\xi\leqslant b).$

（强化形式）$\exists\xi\in(a,b)$ 使得

$$f(\xi)=\frac{1}{b-a}\int_a^b f(x)\mathrm{d}x,\tag{B}$$

亦即 $\displaystyle\int_a^b f(x)\mathrm{d}x=f(\xi)\int_a^b\mathrm{d}x=f(\xi)(b-a)\ (a<\xi<b).$

（推广形式）设 $f(x)$ 在 $[a,b]$ 上连续，$g(x)$ 在 $[a,b]$ 上可积，且不变号，则 $\exists\xi\in(a,b)$ 使得

$$\int_a^b f(x)g(x)\mathrm{d}x=f(\xi)\int_a^b g(x)\mathrm{d}x.\tag{C}$$

注意：当 $g(x)\equiv 1$ 时，回到式（B）的情况．

**例 4.3.42 证明（第一）积分中值定理：公式（A），（B），（C）．

证 1° 回顾公式（A）的证明：因 $f(x)$ 连续，故 $f(x)$ 有最大值和最小值（记为 M 和 m）：

$$m=\frac{1}{b-a}\int_a^b m\mathrm{d}x\leqslant\frac{1}{b-a}\int_a^b f(x)\mathrm{d}x\leqslant\frac{1}{b-a}\int_a^b M\mathrm{d}x=M,\tag{1}$$

亦即
$$\int_a^b f(x)\,dx = \mu\int_a^b dx = \mu(b-a) \quad (m \le \mu \le M).$$
再利用连续函数的介值性即得公式(A).

2° 证明公式(B):在$[a,b]$上作 $F(x) = \int_a^x f(x)\,dx$,并用 Lagrange 定理:$\exists \xi : a < \xi < b$,使得

$$\int_a^b f(x)\,dx = F(b) - F(a) \xeq{\text{Lagrange 定理}} F'(\xi)(b-a)$$
$$= f(\xi)(b-a) \quad (a < \xi < b).$$

(注意:Lagrange 找得到的 ξ 在区间内部!)再同除以$(b-a)$,即得公式(B).

3° 证明公式(C):因为$f(x)$在$[a,b]$上连续,故$f(x)$有最大值和最小值(记为 M 和 m),即 $\forall x \in [a,b]$,有 $m \le f(x) \le M$. 因此

$$m\int_a^b g(x)\,dx \le \int_a^b f(x)g(x)\,dx \le M\int_a^b g(x)\,dx. \tag{2}$$

① 若 $m = M$,则$f(x)$为常数:$m \equiv f(x) \equiv M$,式(2)变成等式,(a,b)的每个 x 都可作为 ξ 满足公式(C)(属于平凡情况无须讨论).

② 若 $\int_a^b g(x)\,dx = 0$,也是平凡的. 因为:此时式(2)左、右两端都为零,所以 $\int_a^b f(x)g(x)\,dx = 0.$ 公式(C) 变成 $0 = 0, \forall \xi \in [a,b]$,公式都成立.

③ 下设 $G = \int_a^b g(x)\,dx > 0\,(G < 0$ 类似可证),此时式(2) 等价于

$$m \le \mu \xeq{\text{记}} \frac{\displaystyle\int_a^b f(x)g(x)\,dx}{\displaystyle\int_a^b g(x)\,dx} \le M. \tag{3}$$

下面分 4 种情况进行讨论:

i) 当 $m = \mu = M$ 时,$f(x)$为常数,即 $\forall x \in (a,b)$ 都可作为 ξ.

ii) 当 $m < \mu < M$ 时,利用 f 连续的介值性,知 $\exists \xi \in (a,b)$ 使得

$$f(\xi) = \mu = \frac{\displaystyle\int_a^b f(x)g(x)\,dx}{\displaystyle\int_a^b g(x)\,dx},$$

满足式(3),故公式(C)成立.

iii) 当 $m < \mu = M$,即 $\mu = \dfrac{\displaystyle\int_a^b f(x)g(x)\,dx}{\displaystyle\int_a^b g(x)\,dx} = M$ 时,两边同乘$\int_a^b g(x)\,dx$,得

$$\int_a^b f(x)g(x)\,dx = \int_a^b Mg(x)\,dx,$$

亦即
$$\int_a^b (M - f(x))g(x)\,\mathrm{d}x = 0. \tag{4}$$

因 $(M - f(x))g(x) \geqslant 0$，$\forall [x', x''] \subset [a, b]$，恒有

$$\int_a^b (M - f(x))g(x)\,\mathrm{d}x \geqslant \int_{x'}^{x''} (M - f(x))g(x)\,\mathrm{d}x. \tag{5}$$

由于 $g(x)$ 可积，$g(x)$ 在 $[a,b]$ 上的 Darboux 下和有极限：

$$\lim_{\lambda \to 0} \sum_{i=1}^n m_i \Delta x_i = \int_a^b g(x)\,\mathrm{d}x \xlongequal{\text{记}} G > 0 \ (\lambda \text{ 是最大“小区间”的长度}).$$

因此，当分划足够细密时，有

$$\sum_{i=1}^n m_i \Delta x_i \geqslant \frac{G}{2}. \tag{6}$$

从而至少有一个小区间（设为第 k 个小区间：$[x_{k-1}, x_k]$）使得对应的

$$m_k \geqslant \frac{G}{2(b-a)}. \tag{7}$$

（一定存在. 否则，对每个 $m_i < \dfrac{G}{2(b-a)}$，有 $\sum_{k=1}^n m_i \Delta x_i < \dfrac{G}{2(b-a)} \sum_{k=1}^n \Delta x_i = \dfrac{G}{2}$，与式 (6) 矛盾.) 用小区间 $[x_{k-1}, x_k]$ 取代式 (5) 里的 $[x', x'']$，则

$$0 \xlongequal{\text{式}(4)} \int_a^b (M - f(x))g(x)\,\mathrm{d}x \overset{\text{式}(5)}{\geqslant} \int_{x_{k-1}}^{x_k} (M - f(x))g(x)\,\mathrm{d}x$$

$$\geqslant \int_{x_{k-1}}^{x_k} (M - f(x))m_k\,\mathrm{d}x \geqslant 0.$$

此式说明：$\int_{x_{k-1}}^{x_k} [M - f(x)]m_k\,\mathrm{d}x = 0$. 故 $\forall x \in [x_{k-1}, x_k]$，有 $f(x) \equiv M \xlongequal{\text{前设}} \mu$. 即：$\forall x \in [x_{k-1}, x_k]$ 都可选作 ξ，使得 $f(\xi) = \mu$，满足式 (3)，公式 (2) 获证.

iv）当 $m = \mu < M$ 时，类似 iii）可证.

注 1 $f(x)$ 在 $[a,b]$ 上可积，则 $f(x)$ 有界，从而有上、下确界 (M, m). 若 $f(x)$ 还有介值性，那么虽然不能断言 $f(x)$ 有最大、最小值，但能断言 $f(x)$ 取尽 m 和 M 之间的一切中间值. 因此，从公式 (A) 和 (C) 的证明看出，替代连续性，第一积分中值定理对具有介值性的可积函数仍然成立. 因为导函数具有介值性. 可见导函数若在 $[a, b]$ 上可积，就能在 $[a,b]$ 上应用第一积分中值定理（如例 4.3.20）. 如果 $f(x)$ 没有介值性，只能写作

$$\int_a^b f(t)\,\mathrm{d}t = \mu(b-a), \quad \inf_{a \leqslant x \leqslant b} f(x) < \mu < \sup_{a \leqslant x \leqslant b} f(x).$$

注 2 跟公式 (A) 不同，（强化后的）公式 (B) 强调 ξ 一定落在区间内部（是内点不是端点），这一改进，有时成为问题的关键，十分重要，如下例的练习 2.

^{new}☆**例 4.3.43** 设 $f(x)$ 在 $(0,1)$ 上可微，且满足

$$f(1) - 2\int_0^{\frac{1}{2}} xf(x)\,\mathrm{d}x = 0. \tag{1}$$

求证:在$(0,1)$内至少有一点ξ,使得

$$f'(\xi) = -\frac{f(\xi)}{\xi}. \tag{2}$$

(中国人民大学,重庆大学)

证 I $f(1) \xrightarrow{\text{式}(1)} 2\int_0^{\frac{1}{2}} xf(x)\,\mathrm{d}x \xrightarrow{\text{积分中值定理}} \eta f(\eta) \left(\eta \in \left[0, \frac{1}{2}\right]\right).$

函数$xf(x)$在$[\eta,1]$上可应用 Rolle 定理,$\exists \xi \in (\eta,1)$,使得$(xf(x))'_{x=\xi} = 0$. 知式(2)成立.

证 II $G(x) \xrightarrow{\text{记}} \int_0^x (f(1) - tf(t))\,\mathrm{d}t$,有$G(0) = G\left(\frac{1}{2}\right) = 0$. 对$G(x)$应用 Rolle

定理,$\exists \eta \in \left(0, \frac{1}{2}\right)$,使得$G'(\eta) = f(1) - \eta f(\eta) = 0$. 同上,再在$[\eta,1]$上对$xf(x)$应用 Rolle 定理,得$\exists \xi \in (\eta,1)$,使得$f'(\xi) + \xi f(\xi) = 0$. 即式(2)成立.

^{new}练习 1 设$f(x)$在区间$[0,1]$上连续,在$(0,1)$上可导,满足$f(1) = 2\int_0^{\frac{1}{2}} e^{1-x^2}f(x)\,\mathrm{d}x$. 求证:存在一点$\xi \in (0,1)$使得$f'(\xi) = 2\xi f(\xi)$. (北京大学)

提示 一方面,利用积分中值定理,有

$$\int_0^{\frac{1}{2}} e^{1-x^2}f(x)\,\mathrm{d}x = \frac{1}{2} e^{1-\eta^2}f(\eta), \quad \eta \in \left(0, \frac{1}{2}\right).$$

另一方面, $2\int_0^{\frac{1}{2}} e^{1-x^2}f(x)\,\mathrm{d}x \xrightarrow{\text{题设}} f(1) = (e^{1-x^2}f(x))_{x=1}.$

因此,在$[\eta,1]$上可对$e^{1-x^2}f(x)$应用 Rolle 定理,得$f'(\xi) = 2\xi f(\xi)(\xi \in (0,1))$.

^{new}练习 2 设$f(x)$在$[0,1]$上连续,在$(0,1)$内三次可微,并且满足条件:

1) $\int_0^{\frac{1}{4}} f(t)\,\mathrm{d}t = \frac{1}{4}f(0)$; 2) $\int_{\frac{1}{4}}^1 f(t)\,\mathrm{d}t = \frac{3}{4}f(1)$.

试证:若$f(0) = f(1)$,则存在$\xi \in (0,1)$,使得$f'''(\xi) = 0$.

提示 利用(强化后的)积分中值定理的公式(B):由条件 1),2)可知

$\exists \xi_1 \in \left(0, \frac{1}{4}\right)$,使得$\frac{1}{4}f(0) = \int_0^{\frac{1}{4}} f(t)\,\mathrm{d}t = \frac{1}{4}f(\xi_1)$,即$f(0) = f(\xi_1)$;

$\exists \xi_2 \in \left(\frac{1}{4}, 1\right)$,使得$\frac{3}{4}f(1) = \int_{\frac{1}{4}}^1 f(t)\,\mathrm{d}t = \frac{3}{4}f(\xi_2)$,即$f(\xi_2) = f(1)$.

于是,$f(x)$有四个等值点,使得$f(0) = f(\xi_1) = f(\xi_2) = f(1)$. 应用 Rolle 定理,在相邻两等值点之间,导函数有一零点. 因此,$f'(x)$有至少三个(不同的)零点,使得$f'(\eta_1) = f'(\eta_2) = f'(\eta_3) = 0$. 如此反复应用 Rolle 定理,可得到$f''(x)$至少有两个(不同的)零点$\zeta_1, \zeta_2 \in (0,1)$. 最后得到至少一个$\xi \in (0,1)$,使得$f'''(\xi) = 0$.

注 如果不用强化形式,改用公式(A),则上面第一步里的ξ_1和ξ_2可能相等:$\xi_1 = \frac{1}{4} = \xi_2$,如此只能得到$f''(x)$的一个零点,得不出$f'''(x)$的零点.

^{new}练习 3 设$f(x)$在$[0,1]$上连续,在$(0,1)$内二次可微,并且满足条件:

1) $f(1) = f\left(\frac{1}{4}\right) = 0$;　　2) $\int_{\frac{1}{4}}^{1} f(t)\,dt = \frac{3}{4}f(1)$.

试证:存在 $\xi \in (0,1)$,使得 $f''(\xi) = 0$. (中国科学院)

解 I　在 $\left[\frac{1}{4},1\right]$ 上,对 $g(x) \equiv \int_{\frac{1}{4}}^{x} f(t)\,dt - f(1)\left(x - \frac{1}{4}\right)$ 应用 Rolle 定理,$\exists \eta \in \left(\frac{1}{4},1\right)$,

$f(\eta) = f(1) = f\left(\frac{1}{4}\right) = 0$,$f(x)$ 有三个零点. 反复应用 Rolle 定理,可得 $f'(\xi_1) = f'(\xi_2) = 0$,从而得

$f''(\xi) = 0$.

解 II　如果在条件 2) 里直接应用第一积分中值定理(强化形式),能直接得到 $\exists \eta \in \left(\frac{1}{4},1\right)$,

使得 $f(\eta) = f(1)$,无须作辅助函数. 然后同上提示:$f(\eta) = f(1) = 0$,可得 $f'(\xi_1) = f'(\xi_2) = 0$,从而

可得 $f'''(\xi) = 0$.

^{new}六、第二积分中值定理

^{new} ＊＊**例 4.3.44**　证明:(第二积分中值定理)

1) 在 $[a,b]$ 上,若 $f(x)$ 非负单调递减,$g(x)$ 可积,则 $\exists \xi \in [a,b]$ 使得

$$I = \int_a^b f(x)g(x)\,dx = f(a)\int_a^\xi g(x)\,dx;　　　　(A)$$

2) 在 $[a,b]$ 上,若 $f(x)$ 非负单调递增,$g(x)$ 可积,则 $\exists \xi \in [a,b]$ 使得

$$I = \int_a^b f(x)g(x)\,dx = f(b)\int_\xi^b g(x)\,dx;　　　　(B)$$

3) 在 $[a,b]$ 上,若 $f(x)$ 单调,$g(x)$ 可积,则 $\exists \xi \in [a,b]$ 使得

$$I = \int_a^b f(x)g(x)\,dx = f(a)\int_a^\xi g(x)\,dx + f(b)\int_\xi^b g(x)\,dx.　　　　(C)$$

公式 (A),(B),(C) 被统称为 Bonnet 公式(其中的单调性不要求是严格的).

证　1)(证明公式 (A).)作分划 $a = x_0 < x_1 < x_2 < \cdots < x_n = b$,于是

$$I = \int_a^b f(x)g(x)\,dx = \sum_{i=0}^{n-1} \int_{x_i}^{x_{i+1}} f(x)g(x)\,dx.$$

将 $f(x)$ 写为 $(f(x) - f(x_i)) + f(x_i)$,则

$$I = \int_a^b f(x)g(x)\,dx = \sum_{i=0}^{n-1} \int_{x_i}^{x_{i+1}} (f(x) - f(x_i))g(x)\,dx + \sum_{i=0}^{n-1} \int_{x_i}^{x_{i+1}} f(x_i)g(x)\,dx$$

$$\overset{\text{记}}{=\!=\!=} I_1 + I_2.　　　　(1)$$

在 $[a,b]$ 上 $g(x)$ 可积,可知 $g(x)$ 有界:$\exists L > 0, |g(x)| \leq L (\forall x \in [a,b])$. 又因 $f \searrow$,

故

$$0 \leq \sum \omega_i^f \leq f(a) - f(b) \overset{\text{记}}{=\!=\!=} R$$

(这里 ω_i^f 表示 $f(x)$ 在第 i 个小区间上的振幅). $\lambda \overset{\text{记}}{=\!=\!=} \max_i \Delta x_i, \Delta x_i = x_{i+1} - x_i$,得

$$|I_1| \leq \sum_{i=0}^{n-1} \int_{x_i}^{x_{i+1}} |f(x) - f(x_i)||g(x)|\,dx \leq L \sum_{i=0}^{n-1} \omega_i^f \Delta x_i \leq LR\lambda \to 0 (\lambda \to 0).$$

令 $G(x) = \int_a^x g(x)\,\mathrm{d}x$，则 $\int_{x_i}^{x_{i+1}} g(x)\,\mathrm{d}x = G(x_{i+1}) - G(x_i)$，$G(x_0) = G(a) = 0$. 于是

$$I_2 = \sum_{i=0}^{n-1} f(x_i)(G(x_{i+1}) - G(x_i))$$

$$\xlongequal{\text{Abel 变换}} \sum_{i=0}^{n-1} G(x_i)(f(x_{i+1}) - f(x_i)) + G(x_n)f(x_{n-1}). \tag{2}$$

（**注** Abel 变换是一种和式的变形方法. 本书多次要用到它，这里是第一次，可能要多次才能熟练掌握. 下面我们来具体推导一次. 为了简洁，令 $f_i = f(x_i)$，$G_i = G(x_i)$，那么 $G_0 = G(x_0) = G(a) = 0$. 于是

$$I_2 = \sum_{i=0}^{n-1} f_i(G_{i+1} - G_i)$$

$$= f_0 G_1 - f_0 G_0 + f_1 G_2 - f_1 G_1 + f_2 G_3 - f_2 G_2 + \cdots +$$

$$f_{n-3} G_{n-2} - f_{n-3} G_{n-3} + f_{n-2} G_{n-1} - f_{n-2} G_{n-2} + f_{n-1} G_n - f_{n-1} G_{n-1}$$

$$= -f_0 G_0 + (f_0 G_1 - f_1 G_1) + (f_1 G_2 - f_2 G_2) + \cdots + (f_{n-2} G_{n-1} - f_{n-1} G_{n-1}) + f_{n-1} G_n$$

$$\xlongequal{G_0 = 0} \sum_{i=1}^{n-1} G_i(f_{i-1} - f_i) + G_n f_{n-1} = \sum_{i=1}^{n-1} G(x_i)(f(x_{i-1}) - f(x_i)) + G(x_n)f(x_{n-1}),$$

此即式(2).）

因为 f 单减非负，若"$f(a) = 0$"，则 $f(x) \equiv 0$，公式(A)自然成立. 因此，下面默认：$f(a) \neq 0$. 因 $g(x)$ 可积，可知 $G(x) = \int_a^x g(x)\,\mathrm{d}x$ 连续，故在 $[a,b]$ 上 $G(x)$ 有最大值 (M) 和最小值 (m)：

$$m \leqslant G_i \leqslant M \quad (i = 0,1,2,\cdots,n). \tag{3}$$

已知 $f(x) \geqslant 0$ 单减，故 $f_{i-1} - f_i \geqslant 0$，故由(3)得

$$m(f_{i-1} - f_i) \leqslant G_i(f_{i-1} - f_i) \leqslant M(f_{i-1} - f_i) \quad (i = 1,2,\cdots,n),$$

$$mf(a) = m\left[\sum_{i=1}^{n-1}(f_{i-1} - f_i) + f_{n-1}\right] \leqslant I_2 \leqslant M\left[\sum_{i=1}^{n-1}(f_{i-1} - f_i) + f_{n-1}\right] = Mf(a),$$

即 $mf(a) \leqslant I_2 \leqslant Mf(a)$，亦即

$$m \leqslant \frac{I_2}{f(a)} \leqslant M. \tag{4}$$

而 $G(x) = \int_a^x g(x)\,\mathrm{d}x$ 连续，有介值性：对(4)，$\exists\, \xi \in [a,b]$ 使得

$$G(\xi) = \int_a^\xi g(x)\,\mathrm{d}x = \frac{I_2}{f(a)}.$$

两边同乘 $f(a)$ 即得公式(A). 证毕.

2)（证明公式(B).）现知 $f(x) \geqslant 0$ 单调递增，令 $x = b - t$，则 $f(b-t) \geqslant 0$ 单减，符合公式(A)的条件. 故

$$\int_a^b f(x)g(x)\,\mathrm{d}x \xequal{\text{令}\,x=b-t} \int_0^{b-a} f(b-t)g(b-t)\,\mathrm{d}t$$

$$\xequal[\exists\,\xi_1\in[0,b-a]]{\text{式(A)}} f(b-0)\int_0^{\xi_1} g(b-t)\,\mathrm{d}t$$

$$= -f(b-0)\int_b^{b-\xi_1} g(x)\,\mathrm{d}x$$

$$\xequal{\xi=b-\xi_1\in[a,b]} f(b-0)\int_\xi^b g(x)\,\mathrm{d}x\,(\text{公式(B)获证}).$$

3)（证明公式(C).）当 $f(x)$ 单调时,现设为递减（递增的情况类似可证）. 令 $F(x)=f(x)-f(b)$,则 $F(x)\geqslant 0$,满足公式(A)的条件. 应用公式(A),得

$$\int_a^b f(x)g(x)\,\mathrm{d}x - f(b)\int_a^b g(x)\,\mathrm{d}x = \int_a^b F(x)g(x)\,\mathrm{d}x \xequal[\exists\,\xi\in[a,b]]{\text{式(A)}} F(a)\int_a^\xi g(x)\,\mathrm{d}x$$

$$= f(a)\int_a^\xi g(x)\,\mathrm{d}x - f(b)\int_a^\xi g(x)\,\mathrm{d}x.$$

移项即得公式(C)：

$$\int_a^b f(x)g(x)\,\mathrm{d}x = f(a)\int_a^\xi g(x)\,\mathrm{d}x + f(b)\left(\int_a^b g(x)\,\mathrm{d}x - \int_a^\xi g(x)\,\mathrm{d}x\right)$$

$$= f(a)\int_a^\xi g(x)\,\mathrm{d}x + f(b)\int_\xi^b g(x)\,\mathrm{d}x.$$

注 1 公式(A)中的 $f(a)$ 可改写为 $f(a+0)$ 或比 $f(a+0)$ 大的任意常数 A,即 $\exists\,\xi\in[a,b]$,使得

$$I = \int_a^b f(x)g(x)\,\mathrm{d}x = A\int_a^\xi g(x)\,\mathrm{d}x\ (\xi\ \text{的大小依赖于}\ A\ \text{的选取}). \tag{A$'$}$$

（因为: $f(x)$ 单减,在端点 a 处存在右极限: $f(a+0)$. 当 $f(a)=f(a+0)$ 或改为比 $f(a+0)$ 大的某数 A 时,显然不会改变 $f(x)$ 的单减性,因此定理仍成立.）

注 2 同理,公式(B)中的"$f(b)$"可以改换为"$f(b-0)$";或比 $f(b-0)$ 大的任一常数 B.

注 3 公式(C)不要求 $f(x)$ 非负,这给应用带来很大方便.

^{new}**例 4.3.45** 证明:若 $f(x)$ 在 $[0,1]$ 上严格单调下降,则

1）$\exists\,\theta\in(0,1)$,使得 $\int_0^1 f(x)\,\mathrm{d}x = \theta f(0) + (1-\theta)f(1)$;

2）$\forall\,c>f(0),\exists\,\theta\in(0,1)$,使得 $\int_0^1 f(x)\,\mathrm{d}x = \theta c + (1-\theta)f(1)$.

提示 $g(x)\equiv 1$. 应用 Bonnet 公式(C).

^{new}**例 4.3.46** 设 $f:[a,b]\to[0,1]$ 可导, $f'(x)$ 在 $[a,b]$ 上单调下降, $f'(b)>0$.

求证: $\displaystyle\int_a^b \cos f(x)\,\mathrm{d}x \leqslant \frac{2}{f'(b)}$.（浙江大学）

证 I $\left|\displaystyle\int_a^b \cos f(x)\,\mathrm{d}x\right|$

$$\xRightarrow[\mathrm{d}x\,=\,g'(y)\mathrm{d}y]{\text{令}\ y\,=\,f(x),\,g\,=\,f^{-1}}\ \left|\int_A^B \cos y \cdot g'(y)\,\mathrm{d}y\right|\quad (A\,=\,f(a),B\,=\,f(b)).\qquad(1)$$

因 $f'(x)\searrow$，$f'(x)\geqslant f'(b)>0$，知 $g'(y)>0$ 且 $g'(y)\searrow$．应用第二积分中值定理：

$$\left|\int_A^B \cos y \cdot g'(y)\,\mathrm{d}y\right|\,=\,\left|g'(A)\int_A^\xi \cos y\,\mathrm{d}y\right|\,=\,\left|\frac{1}{f'(a)}(\sin\xi\,-\,\sin A)\right|\,\leqslant\,\frac{2}{f'(b)}.$$

证 II　$\displaystyle\int_a^b \cos f(x)\,\mathrm{d}x\xRightarrow{\text{令}\ x\,=\,f^{-1}(y)}\int_{f(a)}^{f(b)}\cos y\cdot\frac{1}{f'(x)}\mathrm{d}y\ (x\,=\,f^{-1}(y)).$

而 $y=f(x)\in[0,1]$，$\cos y\geqslant 0$ 不变号，可用第一积分中值定理：$\exists\,y_1\in[f(a),f(b)]$，$a\leqslant f^{-1}(y_1)\leqslant b$，使得$(f'(x)\searrow)$

$$\int_{f(a)}^{f(b)}\cos y\,\frac{1}{f'(x)}\mathrm{d}y\,=\,\frac{1}{f'(f^{-1}(y_1))}\int_{f(a)}^{f(b)}\cos y\,\mathrm{d}y\,\leqslant\,\frac{2}{f'(b)}.$$

（这是因为：$0\leqslant\displaystyle\int_{f(a)}^{f(b)}\cos y\,\mathrm{d}y\leqslant|\sin f(b)|+|\sin f(a)|\leqslant 2$．）证毕．

[new]**练习 1**　设 $x>0,c>0$，试证：$\left|\displaystyle\int_x^{x+c}\sin t^2\,\mathrm{d}t\right|<\dfrac{1}{x}$．（华中师范大学）

证 I　令 $u=t^2$，在 $[x^2,(x+c)^2]$ $(x>0,c>0)$ 上，$\dfrac{1}{\sqrt{u}}>0$ 且 $\searrow$．于是

$$\left|\int_x^{x+c}\sin t^2\,\mathrm{d}t\right|\,=\,\left|\frac{1}{2}\int_{x^2}^{(x+c)^2}\frac{\sin u}{\sqrt{u}}\mathrm{d}u\right|\xRightarrow[\exists\,\xi\in[x^2,(x+c)^2]]{\text{第二积分中值定理}}\left|\frac{1}{2}\,\frac{1}{\sqrt{x^2}}\int_{x^2}^\xi\sin u\,\mathrm{d}u\right|$$

$$\leqslant\frac{1}{2x}\,|\cos x^2\,-\,\cos\xi|\,\leqslant\,\frac{1}{x}.$$

证 II　$\displaystyle\int_x^{x+c}\sin t^2\,\mathrm{d}t\xRightarrow{\text{令}\ t\,=\,\sqrt{u}}\frac{1}{2}\int_{x^2}^{(x+c)^2}\frac{\sin u}{\sqrt{u}}\mathrm{d}u\,=\,-\frac{1}{2}\int_{x^2}^{(x+c)^2}\frac{1}{\sqrt{u}}\mathrm{d}\cos u$

$$=\,\frac{\cos x^2}{2\,|x|}\,-\,\frac{\cos(x+c)^2}{2\,|x+c|}\,-\,\frac{1}{4}\int_{x^2}^{(x+c)^2}\frac{\cos u}{\sqrt{u^3}}\mathrm{d}u.$$

$$\left|\int_x^{x+c}\sin t^2\,\mathrm{d}t\right|\,<\,\frac{1}{2x}\,+\,\frac{1}{2(x+c)}\,+\,\frac{1}{4}\int_{x^2}^{(x+c)^2}\frac{1}{\sqrt{u^3}}\mathrm{d}u\,=\,\frac{1}{x}\quad(x>0,c>0).$$

$\left(\text{其中}\,\dfrac{1}{4}\displaystyle\int_{x^2}^{(x+c)^2}\frac{1}{\sqrt{u^3}}\mathrm{d}u\,=\,\frac{1}{2}\int_{x^2}^{(x+c)^2}\frac{1}{u}\mathrm{d}\sqrt{u}\,=\,\frac{1}{2x}\,-\,\frac{1}{2(x+c)}.\right)$

[new]**练习 2**　设 $\mathrm{e}^2<a<b$，求证：$\displaystyle\int_a^b\frac{\mathrm{d}x}{\ln x}<\frac{2b}{\ln b}$．（北京大学）

提示　方法 I：利用第二积分中值定理；方法 II：常数变量化（张卫建议）．

证 I　$\displaystyle\int_a^b\frac{\mathrm{d}x}{\ln x}\xRightarrow{\text{令}\ u\,=\,\sqrt{x}}\int_{\sqrt{a}}^{\sqrt{b}}\frac{u\,\mathrm{d}u}{\ln u}.$

$\left(\dfrac{u}{\ln u}\right)'=\dfrac{\ln u-1}{(\ln u)^2}>0$ $(u=\sqrt{x}>\sqrt{a}>\mathrm{e})$，$\dfrac{u}{\ln u}\nearrow$，应用第二积分中值定理得

$$\int_{\sqrt{a}}^{\sqrt{b}}\frac{u\,\mathrm{d}u}{\ln u}\xRightarrow[\exists\,\xi\in[\sqrt{a},\sqrt{b}]]{\text{Bonnet 公式(B)}}\frac{\sqrt{b}}{\ln\sqrt{b}}\int_\xi^{\sqrt{b}}\mathrm{d}u\,=\,\frac{2\sqrt{b}}{\ln b}(\sqrt{b}\,-\,\xi)\,<\,\frac{2b}{\ln b}.$$

证 II　（将常数 b 视为变量 $(b>a)$）求证关于 b 的不等式：

$$F(b) \stackrel{\text{记}}{=} \frac{2b}{\ln b} - \int_a^b \frac{1}{\ln x}dx > 0. \tag{1}$$

因 $e^2 < a < b$,故 $F(a) \stackrel{\text{记}}{=} \frac{2a}{\ln a} \geq 2 > 0$. 而

$$F'(b) = \left(\frac{2b}{\ln b}\right)'_b - \frac{1}{\ln b} = \frac{1}{\ln b} - \frac{2}{(\ln b)^2} = \frac{\ln b - 2}{(\ln b)^2} > 0.$$

故 $b > a$ 时,不等式(1)成立. 原式获证.

^{new}**练习 3** 设 $x \neq 0, f(x) = \int_0^x \sin \frac{1}{t}dt, f(0) = 0$,求证: $f'(0) = 0$. (北京大学习题)

提示 因为 $f'(0) = \lim_{x \to 0} \frac{f(x) - f(0)}{x} = \lim_{x \to 0} \frac{f(x)}{x}$,参看例1.3.23 中2).

再提示 根据例1.3.23 中2),只要证明: $\lim_{x \to 0} \frac{f(x) - f(x/2)}{x} = 0$,则有 $f'(0) = \lim_{x \to 0} \frac{f(x)}{x} = 0$.

事实上,

$$\frac{f(x) - f(x/2)}{x} = \frac{1}{x}\int_{\frac{x}{2}}^x \sin \frac{1}{t}dt \xrightarrow{\text{令}\, u = \frac{1}{t}} - \frac{1}{x}\int_{\frac{2}{x}}^{\frac{1}{x}} \sin u \frac{1}{u^2}du$$

$$= \frac{1}{x}\int_{\frac{1}{x}}^{\frac{2}{x}} \frac{1}{u^2} \cdot \sin u\, du \xrightarrow[\frac{1}{x} \leq \xi \leq \frac{2}{x}]{\text{第二积分中值定理}} \frac{1}{x}\int_{\frac{1}{x}}^{\xi} x \sin u\, du \to 0\,(x \to 0).$$

单元练习 4.3

4.3.1 证明:

1) $\sqrt{2}e^{-\frac{1}{2}} < \int_{-\frac{1}{\sqrt{2}}}^{\frac{1}{\sqrt{2}}} e^{-x^2}dx < \sqrt{2}$; 2) $0 < \frac{\pi}{2} - \int_0^{\frac{\pi}{2}} \frac{\sin x}{x}dx < \frac{\pi^3}{144}$;

3) $\frac{2}{9}\pi^2 \leq \int_{\frac{\pi}{6}}^{\frac{\pi}{2}} \frac{2x}{\sin x}dx \leq \frac{4}{9}\pi^2$; ☆4) 当 $0 \leq x \leq \frac{\pi}{2}$ 时,$\sin x \leq x - \frac{1}{3\pi}x^3$.

提示 (利用已知不等式求积分.)

1) $-\frac{1}{\sqrt{2}} \leq x \leq \frac{1}{\sqrt{2}} \Rightarrow 0 \leq x^2 \leq \frac{1}{2} \Rightarrow e^{x^2} \leq e^{\frac{1}{2}} \Rightarrow e^{-\frac{1}{2}} < e^{-x^2} < 1.$

对最后的不等式求积分得 $\sqrt{2}e^{-\frac{1}{2}} = \int_{-\frac{1}{\sqrt{2}}}^{\frac{1}{\sqrt{2}}} e^{-\frac{1}{2}}dx < \int_{-\frac{1}{\sqrt{2}}}^{\frac{1}{\sqrt{2}}} e^{-x^2}dx < \int_{-\frac{1}{\sqrt{2}}}^{\frac{1}{\sqrt{2}}} dx = \sqrt{2}.$

2) $x \in \left(0, \frac{\pi}{2}\right): \sin x > x - \frac{x^3}{3!} \Rightarrow \frac{\sin x}{x} > 1 - \frac{x^2}{6} \Rightarrow 1 - \frac{\sin x}{x} < \frac{x^2}{6}$

$$\Rightarrow \frac{\pi}{2} - \int_0^{\frac{\pi}{2}} \frac{\sin x}{x}dx < \frac{\pi^3}{144}.$$

类似地,$\sin x < x \Rightarrow \int_0^{\frac{\pi}{2}} \frac{\sin x}{x}dx < \frac{\pi}{2} \Rightarrow 0 < \frac{\pi}{2} - \int_0^{\frac{\pi}{2}} \frac{\sin x}{x}dx.$

3) 当 $\frac{\pi}{6} \leq x \leq \frac{\pi}{2}$ 时,有 $2x \leq \frac{2x}{\sin x} \leq 4x$,对该不等式求积分可得.

4) 已有 $\sin x \stackrel{\text{例4.3.19}}{<} x - \frac{x^3}{6} + \frac{x^5}{120}$,因此只需证明:当 $0 \leq x \leq \frac{\pi}{2}$ 时,

$$x - \frac{x^3}{6} + \frac{x^5}{120} \leqslant x - \frac{x^3}{3\pi}. \qquad (1)$$

但此式等价于

$$\pi\left(\frac{1}{2} - \frac{x^2}{40}\right) > 1. \qquad (2)$$

而由 $0 \leqslant x \leqslant \frac{\pi}{2} < 2$ 可得 $x^2 \leqslant 4$，即 $\frac{x^2}{40} < \frac{1}{10}$，故 $\pi\left(\frac{1}{2} - \frac{x^2}{40}\right) > \pi\frac{5-1}{10} > 1$. 式(2)获证. 原不等式成立.

^{new}☆**4.3.2** 设 $m, n \geqslant 0$ 为整数，求积分 $I(m,n) = \int_0^1 x^m(1-x)^n \mathrm{d}x.$（中国科学院）

$$\left\langle \frac{m!\, n!}{(m+n+1)!} \right\rangle$$

提示 建立递推公式.

$$I(m,n) = \int_0^1 (1-x)^n \mathrm{d}\frac{x^{m+1}}{m+1}$$

$$\xlongequal{\text{分部积分}} \frac{n}{m+1} I(m+1, n-1) = \cdots = \frac{n!}{(m+n)\cdots(m+1)} I(m+n, 0),$$

因 $I(m+n, 0) = \frac{1}{m+n+1}$，故 $I(m,n) = \frac{m!\, n!}{(m+n)!} \cdot \frac{1}{m+n+1} = \frac{m!\, n!}{(m+n+1)!}$.

☆**4.3.3** 求证：$f(x) = \int_0^x (t - t^2)\sin^{2n}t\,\mathrm{d}t$（$n$ 为正整数）在 $x \geqslant 0$ 上的最大值不超过 $\frac{1}{(2n+2)(2n+3)}$.（西北大学）

提示 $f'(x)\begin{cases} > 0, & 0 < x < 1, \\ = 0, & x = 1, \\ < 0, & x > 1 \end{cases} \Rightarrow f(x) \leqslant \max_{x>0} f(x) = f(1).$

☆**4.3.4** 把满足下述条件 1) 和 2) 的实函数 f 的全体记作 F：

1) $f(x)$ 在闭区间 $[0,1]$ 上连续，并且非负； 2) $f(0) = 0, f(1) = 1.$

试证：$\inf_{f \in F} \int_0^1 f(x)\mathrm{d}x = 0$，但不存在 $\varphi \in F$，使得 $\int_0^1 \varphi(x)\mathrm{d}x = 0.$（厦门大学）

提示 $\forall f \in F$，有 $\int_0^1 f(x)\mathrm{d}x \geqslant 0$，又 $\exists f_n \in F$（如 $f_n(x) = x^n$），使得 $\lim_{n\to\infty}\int_0^1 x^n\mathrm{d}x = 0$（用例4.1.4 中 1) 的方法明显成立），故 $\inf_{f \in F}\int_0^1 f(x)\mathrm{d}x = 0$. 但 $\forall \varphi \in F$，由连续非负，$f(1) = 1$，易证 $\int_0^1 \varphi(x)\mathrm{d}x > 0$.

☆**4.3.5** 若 $f'(x)$ 在 $[0, 2\pi]$ 上连续，且 $f'(x) \geqslant 0$，则对任意正整数 n，有

$$\left| \int_0^{2\pi} f(x)\sin nx\,\mathrm{d}x \right| \leqslant \frac{2[f(2\pi) - f(0)]}{n}.$$

（东北师范大学）

提示 $\left| \int_0^{2\pi} f(x)\sin nx\,\mathrm{d}x \right| = \left| \frac{1}{n}\int_0^{2\pi} f(x)\mathrm{d}\cos nx \right|$

$$\leqslant \frac{1}{n}[f(2\pi) - f(0)] + \frac{1}{n}\left| \int_0^{2\pi} f'(x)\cos nx\,\mathrm{d}x \right|$$

$$\leqslant \frac{2[f(2\pi) - f(0)]}{n}.$$

4.3.6 $f(x)$ 在 $[a,b]$ 上可导,$f'(x)\searrow$,$|f'(x)|\geqslant m>0$,试证:$\left|\int_a^b\cos f(x)\,\mathrm{d}x\right|\leqslant\dfrac{2}{m}$.

提示 因 $y=f(x)$ 严格单调,有反函数 $g(y)=f^{-1}(y)$,且 $g'(y)=\dfrac{1}{f'(x)}\Big|_{x=g(y)}$. 导数有介值性,既然 $|f'(x)|\geqslant m>0$,说明只有两种可能:$f'(x)\overset{恒}{\geqslant}m>0$ 或 $f'(x)\overset{恒}{\leqslant}-m<0$.

再提示 $\left|\int_a^b\cos f(x)\,\mathrm{d}x\right|$

$$\xlongequal[\mathrm{d}x=g'(y)\mathrm{d}y]{令\,y=f(x),g=f^{-1}}\left|\int_A^B\cos y\cdot g'(y)\,\mathrm{d}y\right|\quad(A=f(a),B=f(b)).\tag{1}$$

1° 当 $f'(x)\geqslant m>0$ 时,$g'(y)>0$. 因 $g'(y)=\dfrac{1}{f'(x)}\Big|_{x=g(y)}$,故由 $f'(x)\searrow$ 知 $g'(y)\nearrow$. 应用第二积分中值定理:

$$\left|\int_A^B\cos y\cdot g'(y)\,\mathrm{d}y\right|=\left|g'(B)\int_\xi^B\cos y\,\mathrm{d}y\right|=\left|\dfrac{1}{f'(b)}(\sin B-\sin\xi)\right|\leqslant\dfrac{2}{m}.$$

2° 当 $-f'(x)\geqslant m>0$ 时,因 $\cos x$ 是偶函数,$\left|\int_a^b\cos f(x)\,\mathrm{d}x\right|=\left|\int_a^b\cos(-f(x))\,\mathrm{d}x\right|$. 此时令 $F(x)=-f(x)$,则 $F'(x)=-f'(x)\geqslant m>0$. 反函数 $g'(y)=\dfrac{1}{-f'(x)}\Big|_{x=g(y)}\searrow$. 同样可应用第二积分中值定理:

$$\left|\int_A^B\cos y\cdot g'(y)\,\mathrm{d}y\right|=\left|g'(A)\int_A^\xi\cos y\,\mathrm{d}y\right|=\left|\dfrac{1}{-f'(a)}(\sin\xi-\sin A)\right|\leqslant\dfrac{2}{m}.$$

说明:下面的 4.3.7,4.3.9,4.3.10 三题,曾在"博士数学论坛"(现为"博士数学家园")上引起热烈讨论,出现不少精美的解法,令人赞赏,下面希望尽量弘扬他们的思想方法写出解答.

*4.3.7 $f(x)\not\equiv0$,在 $[a,b]$ 内可导,$f(a)=f(b)=0$. 证明:至少存在一点 $\xi\in[a,b]$,使得

$$|f'(\xi)|>\dfrac{4}{(b-a)^2}\int_a^b|f(x)|\,\mathrm{d}x.\tag{1}$$

证 假设结论不成立,即 $\forall\xi\in[a,b]$,有

$$|f'(\xi)|\leqslant\dfrac{4}{(b-a)^2}\int_a^b|f(x)|\,\mathrm{d}x\overset{记}{=\!=\!=}k\ (k\geqslant0\ 常数).\tag{2}$$

(由此推出矛盾)将区间 $[a,b]$ 的中点记为 c,即 $c=\dfrac{a+b}{2}$,则

$$\int_a^b|f(t)|\,\mathrm{d}t\leqslant\int_a^c|f(t)|\,\mathrm{d}t+\int_c^b|f(t)|\,\mathrm{d}t.\tag{3}$$

应用 Lagrange 定理,当 $x\in[a,c]$ 时,

$$|f(x)|=|f(x)-f(a)|\xlongequal{\exists\xi_1\in(a,x)}|f'(\xi_1)|(x-a)\overset{式(2)}{\leqslant}k(x-a).\tag{4}$$

同理,对 $x\in[c,b]$,有

$$|f(x)|\leqslant k(b-x).\tag{5}$$

将(4),(5)代入(3),得

$$\int_a^b|f(t)|\,\mathrm{d}t\leqslant\int_a^ck(t-a)\,\mathrm{d}t+\int_c^bk(b-t)\,\mathrm{d}t=\dfrac{k}{2}\big[(c-a)^2+(b-c)^2\big]$$

$$=\dfrac{k(b-a)^2}{4}\overset{式(2)}{=\!=\!=}\int_a^b|f(t)|\,\mathrm{d}t.\tag{6}$$

此式:"左端 ≤ 右端",且两端是同一数 $\int_a^b |f(t)|\,\mathrm{d}t$,故其中的" ≤ "应改为" = ". 由于 $f(x)$ 连续,利用积分性质(例 4.2.12)知:式(4)和(5)也应是等号. 故

$$k(x-a)\xmapsto{x\in[a,c]}|f(x)|\xmapsto{x\in[c,b]}k(b-x)\ (\text{其中}\ k\geqslant 0\ \text{为常数}). \tag{7}$$

由此可见,$k\neq 0$(因为若 $k=0$,则 $f(x)\equiv 0$,与题设 $f(x)\neq 0$ 矛盾),故只能 $k>0$. 说明 $f(x)$ 在 (a,b) 内无零点,因而不会变号.

假设 $f(x)>0$($f(x)<0$ 类似可证),则

当 $x\in(a,c)$ 时,$f(x)=k(x-a)$,$f'(x)=k$;

当 $x\in(c,b)$ 时,$f(x)=k(b-x)$,$f'(x)=-k$.

这表明:导函数 f' 在中点 c 处有第一类间断,与导数特性矛盾!

或者利用 Lagrange 定理,知

$$f'_-(c)=\lim_{0<h\to 0}\frac{f(c-h)-f(c)}{-h}=\lim_{0<\theta<h\to 0}\frac{f'(c-\theta)(-h)}{-h}=k,$$

$$f'_+(c)=\lim_{0<h\to 0}\frac{f(c+h)-f(c)}{h}=\lim_{0<\theta<h\to 0}\frac{f'(c+\theta)(h)}{h}=-k.$$

因此,$f'_-(c)\neq f'_+(c)$,即 $f'(c)$ 不存在,与题设矛盾. 证毕.

网上有很多类似的解法,很难说此种解法应归于谁.

类题 设 $f(x)$ 在 $[a,b]$ 连续,在 (a,b) 内可导,$f\left(\dfrac{a+b}{2}\right)=0$,且 $f(x)$ 不是常数. 试证:

$\exists \xi\in(a,b)$,使得 $|f'(\xi)|\geqslant\dfrac{4}{(b-a)^2}|f(b)-f(a)|$. (南开大学)

4.3.8 将条件 $f(x)\neq 0$ 换为 $f''(x)<0$,重新证明例 4.3.5.

*4.3.9 证明 $\displaystyle\int_0^{\frac{\pi}{2}}t\left(\frac{\sin nt}{\sin t}\right)^4\mathrm{d}t<\frac{\pi^2 n^2}{4}$.

证 I (Gingkuan 和 tian27456 等人的证法.)只需证明 $n\geqslant 2$ 的情况. 令

$$\int_0^{\frac{\pi}{2}}t\left(\frac{\sin nt}{\sin t}\right)^4\mathrm{d}t=\int_0^{\frac{\pi}{2n}}t\left(\frac{\sin nt}{\sin t}\right)^4\mathrm{d}t+\int_{\frac{\pi}{2n}}^{\frac{\pi}{2}}t\left(\frac{\sin nt}{\sin t}\right)^4\mathrm{d}t\xmapsto{\text{记}}I+J.$$

对 I,用数学归纳法易知 $\left|\dfrac{\sin nx}{\sin x}\right|\leqslant n$,从而 $I\leqslant\dfrac{n^2\pi^2}{8}$.

对 J,利用 $|\sin nx|\leqslant 1$ 及 $\dfrac{2}{\pi}t\leqslant\sin t\left(0\leqslant t\leqslant\dfrac{\pi}{2}\right)$,可得 $J\leqslant\dfrac{n^2\pi^2}{8}$.

于是,$\displaystyle\int_0^{\frac{\pi}{2}}t\left(\frac{\sin nt}{\sin t}\right)^4\mathrm{d}t=I+J\leqslant\frac{n^2\pi^2}{4}$.

证 II (此证由张卫提供,作者:Hansschwarzkpof 等.)取 $c\in\left(0,\dfrac{\pi}{2}\right)$,

$$\int_0^{\frac{\pi}{2}}t\left(\frac{\sin nt}{\sin t}\right)^4\mathrm{d}t=\int_0^{c}t\left(\frac{\sin nt}{\sin t}\right)^4\mathrm{d}t+\int_c^{\frac{\pi}{2}}t\left(\frac{\sin nt}{\sin t}\right)^4\mathrm{d}t\xmapsto{\text{记}}I_1+I_2,$$

其中 $\left(\text{利用}\ \left|\dfrac{\sin nx}{\sin x}\right|\leqslant n\right)$

$$I_1=\int_0^{c}t\left(\frac{\sin nt}{\sin t}\right)^4\mathrm{d}t\leqslant n^4\int_0^{c}t\,\mathrm{d}t=\frac{n^4 c^2}{2},$$

$$I_2 = \int_c^{\frac{\pi}{2}} t\left(\frac{\sin nt}{\sin t}\right)^4 dt \leq \left(\frac{\pi}{2}\right)^4 \int_c^{\frac{\pi}{2}} t \cdot \frac{1}{t^4} dt = \frac{\pi^4}{32c^2} - \frac{\pi^2}{8}.$$

因此
$$0 < \int_0^{\frac{\pi}{2}} t\left(\frac{\sin nt}{\sin t}\right)^4 dt = I_1 + I_2 < \frac{n^4 c^2}{2} + \frac{\pi^4}{32c^2} - \frac{\pi^2}{8}. \tag{1}$$

"不等式 $\frac{1}{2}(u^2 + v^2) \geq uv$ 当且仅当 $u = v$ 时才变为等号",应用到上式右端:

$$\frac{n^4 c^2}{2} + \frac{\pi^4}{32c^2} = \frac{1}{2}\left[(n^2 c)^2 + \left(\frac{\pi^2}{4c}\right)^2\right] \geq n^2 \frac{\pi^2}{4}, \tag{2}$$

当且仅当 $n^2 c = \frac{\pi^2}{4c}$ 亦即 $c = \frac{\pi}{2n}$ 时,式(2)的"$\geq$"才变成"$=$",式(1)右端达最小:

$$\min_{c \in \left(0, \frac{\pi}{2}\right)} \left(\frac{n^4 c^2}{2} + \frac{\pi^4}{32c^2} - \frac{\pi^2}{8}\right) = \left(\frac{n^4 c^2}{2} + \frac{\pi^4}{32c^2} - \frac{\pi^2}{8}\right)_{c = \frac{\pi}{2n}} = \frac{n^2 \pi^2}{4} - \frac{\pi^2}{8}.$$

因此
$$0 < \int_0^{\frac{\pi}{2}} t\left(\frac{\sin nt}{\sin t}\right)^4 dt = I_1 + I_2 \leq \frac{n^2 \pi^2}{4} - \frac{\pi^2}{8} < \frac{n^2 \pi^2}{4}.$$

评 证Ⅱ实际给出了"更精准一点"的估计.因此题目可改为求证下式成立:

$$\int_0^{\frac{\pi}{2}} t\left(\frac{\sin nt}{\sin t}\right)^4 dt \leq \frac{n^2 \pi^2}{4} - \frac{\pi^2}{8}.$$

但原题也有优点:结论简洁,易于证明.

*4.3.10 对自然数 $n \geq 2$,证明:$\dfrac{1}{\pi} \displaystyle\int_0^{\frac{\pi}{2}} \left|\dfrac{\sin(2n+1)t}{\sin t}\right| dt < \dfrac{2 + \ln n}{2}.$

证 (此证由张卫提供,作者:Hansschwar Ekpof 等)

1° 原式左端 $= \dfrac{1}{\pi} \displaystyle\int_0^{\frac{\pi}{2}} \dfrac{|\sin(2n+1)x|}{\sin x} dx$

$$\leq \frac{1}{\pi}\int_0^{\frac{\pi}{2}}\left(\frac{1}{\sin x} - \frac{1}{x}\right)|\sin(2n+1)x| dx + \frac{1}{\pi}\int_0^{\frac{\pi}{2}}\frac{|\sin(2n+1)x|}{x} dx$$

$$\overset{\text{记}}{=} I_1 + I_2. \tag{1}$$

(下面放大 $I_1 + I_2$ 并证明放大后还小于等于原式右端.)

2° (放大 I_1) 在 $\left[0, \dfrac{\pi}{2}\right]$ 上:$f(x) \overset{\text{记}}{=} \left(\dfrac{1}{\sin x} - \dfrac{1}{x}\right) \nearrow$(因 $f' \geq 0$).故

$$I_1 \leq f\left(\frac{\pi}{2}\right) \cdot \frac{1}{\pi}\int_0^{\frac{\pi}{2}}|\sin(2n+1)x| dx \leq f\left(\frac{\pi}{2}\right)\frac{1}{2} = \frac{1}{2} - \frac{1}{\pi}. \tag{2}$$

3° (将 I_2 放大.) $I_2 = \dfrac{1}{\pi}\displaystyle\int_0^{\frac{\pi}{2}}\dfrac{|\sin(2n+1)x|}{x} dx \xrightarrow{\text{令 } t = (2n+1)x} \dfrac{1}{\pi}\displaystyle\int_0^{(2n+1)\pi/2}\dfrac{|\sin t|}{t} dt$

$$= \frac{1}{\pi}\int_0^{\pi/2}\frac{\sin t}{t} dt + \frac{1}{\pi}\sum_{k=1}^{2n}\int_{k\pi/2}^{(k+1)\pi/2}\frac{|\sin t|}{t} dt \quad (\text{第二项分母 } t \text{ 取下限})$$

$$\leq \frac{1}{2} + \frac{1}{\pi}\sum_{k=1}^{2n}\int_{k\pi/2}^{(k+1)\pi/2}\frac{|\sin t|}{k\pi/2} dt \ \left(\text{利用}\int_{k\pi/2}^{(k+1)\pi/2}|\sin x| dt = 1\right)$$

$$\leq \frac{1}{2} + \frac{2}{\pi^2}\sum_{k=1}^{2n}\frac{1}{k} \quad \left(\text{利用}\frac{1}{k} \leq \int_{k-1}^{k}\frac{dt}{t}\right)$$

$$\leq \frac{1}{2} + \frac{2}{\pi^2} + \frac{2}{\pi^2}\sum_{k=2}^{2n}\int_{k-1}^{k}\frac{dt}{t}$$

$$= \frac{1}{2} + \frac{2}{\pi^2} + \frac{2}{\pi^2}\ln 2 + \frac{2}{\pi^2}\ln n. \tag{3}$$

4° 式(2)和(3)代入式(1),得($n \geqslant 2$ 时)

$$原式左端 \leqslant 1 - \frac{1}{\pi} + \frac{2}{\pi^2} + \frac{2}{\pi^2}\ln 2 + \frac{2}{\pi^2}\ln n \leqslant 1 + \frac{\ln n}{2} = 原式右端.$$

(其中最后的不等式只需验证当 $n=2$ 时成立即可,因为:当 n 增大时,$\frac{\ln n}{2}$ 比 $\frac{2}{\pi^2}\ln n$ 增加得更快. 事实上,当 $n=2$ 时,最后的不等式等价于:$(\pi^2 - 8)\ln 2 + (2\pi - 4) \geqslant 0$,显然成立.)

  ^{new}**类题** 设 f, g 在 $[a, b]$ 连续,证明:存在 $\xi \in (a, b)$,使得

$$g(\xi)\int_a^\xi f(x)\,dx = f(\xi)\int_\xi^b g(x)\,dx.$$

(中国科学技术大学)

  提示 在 $[a, b]$ 上,$F(x) \stackrel{记}{=} \int_a^x f(t)\,dt \cdot \int_x^b g(t)\,dt$,$F(a) = F(b) = 0$,应用 Rolle 定理.

  4.3.11 函数 $f(x)$ 在 $[a, b]$ 上连续,并且对于任何区间 $[\alpha, \beta]$ ($a \leqslant \alpha < \beta \leqslant b$),不等式

$$\left|\int_\alpha^\beta f(x)\,dx\right| \leqslant M|\beta - \alpha|^{1+\delta} \quad (M, \delta \text{ 是正常数})$$

成立. 证明:在 $[a, b]$ 上,$f(x) \equiv 0$. (国外赛题)

  提示 $\forall x_0 \in (a, b)$,当 n 充分大时,$(\alpha_n, \beta_n) \stackrel{记}{=} \left(x_0 - \frac{1}{2n}, x_0 + \frac{1}{2n}\right) \subset [a, b]$,因 $f(x)$ 连续,$\exists x_n : f(x_n) \stackrel{记}{=} \max\limits_{\alpha_n \leqslant x \leqslant \beta_n} f(x)$,$(\alpha_n, \beta_n)$ 可作为 (α, β),满足已知条件.

  再提示 $\frac{1}{n}|f(x_n)| = \left|\int_{\alpha_n}^{\beta_n} f(x_n)\,dx\right| \leqslant \left|\int_{\alpha_n}^{\beta_n} f(x)\,dx\right| \leqslant M(\beta_n - \alpha_n)^{1+\delta} = M\frac{1}{n^{1+\delta}}.$

  因此,任何内点上: $\qquad\qquad\qquad f(x_0) = \lim\limits_{n \to \infty} f(x_n) = 0.$

  类似可证 x_0 为端点的情况.

  ☆**4.3.12** 证明:若 $f(x)$ 为 $[0, 1]$ 上的连续函数,且对一切 $x \in [0, 1]$,有 $\int_0^x f(u)\,du \geqslant f(x) \geqslant 0$,则 $f(x) \equiv 0$. (上海师范大学)

  提示 **方法 I** 记 $F(x) = \int_0^x f(t)\,dt$,则 $0 \leqslant F'(x) = f(x) \leqslant F(x)$. 用例 3.2.18,知 $F(x) \equiv 0$. 又因 f 连续,非负,故 $f(x) \equiv 0$(于 $[0, 1]$ 上).

  方法 II $\exists M > 0$,使 $|f(x)| \leqslant M$(于 $[0, 1]$ 上). $\forall x \in [0, 1)$,有

$$0 \leqslant f(x) \leqslant \int_0^x f(u)\,du = f(\xi_1)x \quad (0 \leqslant \xi_1 \leqslant x) \text{(反复利用此结果)}$$
$$\leqslant f(\xi_2)\xi_1 x \leqslant \cdots \leqslant f(\xi_n)\xi_{n-1}\cdots\xi_1 x \quad (0 \leqslant \xi_n \leqslant \xi_{n-1} \leqslant \cdots \leqslant \xi_1 \leqslant x)$$
$$\leqslant Mx^n \to 0.$$

故在 $[0, 1)$ 上,$f(x) \equiv 0$. 由连续性知 $f(1) = 0$.

  4.3.13 证明:如果在 $(-\infty, +\infty)$ 上的连续函数 $f(x)$ 满足 $\int_x^{x+1} f(t)\,dt \equiv 0$,那么 $f(x)$ 是周期函数.

  ☆**4.3.14** 设 $f(x)$ 处处连续,$F(x) = \frac{1}{2\delta}\int_{-\delta}^\delta f(x+t)\,dt$,其中 δ 为任何正数. 证明:

1）$F(x)$对任何x有连续导数；

2）在任意闭区间$[a,b]$上，当δ足够小时，可使$F(x)$与$f(x)$一致逼近（即任给$\varepsilon > 0$，对一切$x \in [a,b]$，均有$|F(x) - f(x)| < \varepsilon$）.（华东师范大学）

提示 1）令$u = x + t$，知$F(x) = \dfrac{1}{2\delta}\displaystyle\int_{x-\delta}^{x+\delta} f(u)\,\mathrm{d}u$. 又因$f$连续，故$F'(x) = \dfrac{1}{2\delta}[f(x+\delta) - f(x-\delta)]$也连续.

2）由f连续知，$f(x)$在$[a,b]$上一致连续，故$\forall \varepsilon > 0, \exists \delta > 0$，当$|\xi| < \delta$时，$\forall x \in [a,b]$，有$|f(x+\xi) - f(x)| < \varepsilon$. 因此

$$|F(x) - f(x)| = \left| \frac{1}{2\delta}\int_{-\delta}^{\delta} f(x+t)\,\mathrm{d}t - f(x) \right| = |f(x+\xi) - f(x)| < \varepsilon.$$

☆**4.3.15** $[a,b]$上的连续函数序列$\varphi_1, \varphi_2, \cdots, \varphi_n, \cdots$满足$\displaystyle\int_a^b \varphi_n^2(x)\,\mathrm{d}x = 1$，证明：存在自然数$N$及定数$c_1, c_2, \cdots, c_N$，使$\displaystyle\sum_{k=1}^N c_k^2 = 1, \max_{x \in [a,b]} \left| \sum_{k=1}^N c_k \varphi_k(x) \right| > 100.$（扬州师范学院）

提示 可对$\displaystyle\int_a^b [\varphi_1^2(x) + \cdots + \varphi_N^2(x)]\,\mathrm{d}x = N$应用积分中值定理.

再提示 因$\exists \xi \in [a,b]$，使得$\displaystyle\sum_{i=1}^N \varphi_i^2(\xi) = \frac{N}{b-a}$. 取$N > 100^2(b-a)$，令$c_i = \sqrt{\dfrac{b-a}{N}} \varphi_i(\xi)$$(i = 1, 2, \cdots, N)$，则$\displaystyle\sum_{i=1}^N c_i^2 = 1$且$\displaystyle\sum_{i=1}^N c_i \varphi(\xi) > 100.$

4.3.16 按牛顿二项式展开及代换$x = \sin t$两种方法计算积分$\displaystyle\int_0^1 (1 - x^2)^n\,\mathrm{d}x$（$n$为正整数）.

并由此说明：$1 - \dfrac{C_n^1}{3} + \dfrac{C_n^2}{5} - \dfrac{C_n^3}{7} + \cdots + \dfrac{(-1)^{n-1}}{2n-1}C_n^{n-1} + \dfrac{(-1)^n}{2n+1} = \dfrac{(2n)!!}{(2n+1)!!}.$

4.3.17 设在$\left(0, \dfrac{\pi}{2}\right)$内连续函数$f(x) > 0$，且满足$f^2(x) = \displaystyle\int_0^x f(t) \dfrac{\tan t}{\sqrt{1 + 2\tan^2 t}}\,\mathrm{d}t$. 求$f(x)$的初等函数表达式.（复旦大学）

提示 两端同时对x求导.

☆**4.3.18** 设$\displaystyle\lim_{x \to 0} \frac{1}{bx - \sin x} \int_0^x \frac{t^2}{\sqrt{a + t^2}}\,\mathrm{d}t = 1$，试求正常数$a$与$b$.（华中师范大学）

《$a = 4, b = 1$》

提示 可用$\dfrac{0}{0}$型 L' Hospital 法则.

再提示 $1 = $原极限$\xrightarrow{\text{L' Hospital 法则}} \displaystyle\lim_{x \to 0} \dfrac{\dfrac{x^2}{\sqrt{a+x^2}}}{b - \cos x} \begin{cases} = 0, & b \neq 1（矛盾），\\ = \displaystyle\lim_{x \to 0} \dfrac{\dfrac{x^2}{\sqrt{a+x^2}}}{\dfrac{1}{2}x^2} = \dfrac{2}{\sqrt{a}}, & b = 1, \end{cases}$

故 $\sqrt{a} = 2, a = 4, b = 1.$

☆**4.3.19** 求$\displaystyle\lim_{x \to +\infty} \int_x^{x+2} t\left(\sin \frac{3}{t}\right) f(t)\,\mathrm{d}t$，其中$f(x)$可微，且已知$\displaystyle\lim_{t \to +\infty} f(t) = 1$.（中国科学技术

大学)

提示 可用积分中值定理.

$$原式 = \lim_{\xi \to +\infty} \xi \sin \frac{3}{\xi} \cdot f(\xi) \cdot 2 = 6 \ (x < \xi < x + 2, 当 x \to +\infty 时, \xi \to +\infty).$$

4.3.20 设 $a > 0$,函数 $f(x)$ 在 $[0,a]$ 上连续可微,证明:

$$|f(0)| \leqslant \frac{1}{a} \int_0^a |f(x)| \, \mathrm{d}x + \int_0^a |f'(x)| \, \mathrm{d}x.$$

(华中师范大学)

提示 $\dfrac{1}{a} \int_0^a f(x) \, \mathrm{d}x = f(\xi) - f(0) + f(0) = \int_0^\xi f'(x) \, \mathrm{d}x + f(0)$,

$$|f(0)| \leqslant \left| \frac{1}{a} \int_0^a f(x) \, \mathrm{d}x \right| + \left| \int_0^\xi f'(x) \, \mathrm{d}x \right| \leqslant \cdots.$$

☆**4.3.21** 设 $f(x)$ 的一阶导数在 $[0,1]$ 上连续,且 $f(0) = f(1) = 0$,求证:

$$\left| \int_0^1 f(x) \, \mathrm{d}x \right| \leqslant \frac{1}{4} \max_{0 \leqslant x \leqslant 1} |f'(x)|.$$

(清华大学)

提示 可先通过平移 $x - \dfrac{1}{2} = t$,再分部积分并放大.

再提示 令 $x - \dfrac{1}{2} = t$,

$$\left| \int_0^1 f(x) \, \mathrm{d}x \right| = \left| \int_{-\frac{1}{2}}^{\frac{1}{2}} f\left(t + \frac{1}{2}\right) \mathrm{d}t \right| = \left| tf\left(t + \frac{1}{2}\right) \Big|_{-\frac{1}{2}}^{\frac{1}{2}} - \int_{-\frac{1}{2}}^{\frac{1}{2}} tf'\left(t + \frac{1}{2}\right) \mathrm{d}t \right|$$

$$\leqslant M \int_{-\frac{1}{2}}^{\frac{1}{2}} |t| \, \mathrm{d}t = \frac{M}{4} \quad (M = \max_{0 \leqslant x \leqslant 1} |f'(x)|).$$

☆**4.3.22** 设 $f \in C([0,1])$(即 f 在 $[0,1]$ 上连续),且在 $(0,1)$ 上可微,若有 $8 \int_{\frac{7}{8}}^1 f(x) \, \mathrm{d}x = f(0)$,证明:存在 $\xi \in (0,1)$,使得 $f'(\xi) = 0$.(北京大学)

提示 可先用积分中值定理,再用 Rolle 定理:$8 \int_{\frac{7}{8}}^1 f(x) \, \mathrm{d}x = 8f(\eta)\left(1 - \dfrac{7}{8}\right) = f(0)$,即 $f(\eta) = f(0)$. 故 $\exists \xi: f'(\xi) = 0$,其中 $0 < \xi < \eta \leqslant 1$.

4.3.23 设函数 $f(x)$ 在 $[a,b]$ 上连续,$f(x) > 0$,又 $F(x) = \int_a^x f(t) \, \mathrm{d}t + \int_b^x \frac{1}{f(t)} \, \mathrm{d}t$. 试证:

1) $F'(x) \geqslant 2$;   2) $F(x) = 0$ 在 $[a,b]$ 中有且仅有一个实根.(华中师范大学)

提示 1)(平均不等式)$f(x) + \dfrac{1}{f(x)} \geqslant 2\sqrt{f(x)\dfrac{1}{f(x)}} = 2$.

2) F 在端点异号,且 $F' > 0$,F 严 ↗.

***4.3.24** 设 $f(x) = \int_x^{x+1} \sin t^2 \, \mathrm{d}t$,求证:$x > 0$ 时,$|f(x)| < \dfrac{1}{x}$.(北京工业大学)

提示 令 $t = \sqrt{\tau}$,$f(x) = \int_{x^2}^{(x+1)^2} \sin \tau \cdot \dfrac{1}{2\sqrt{\tau}} \, \mathrm{d}\tau = \dfrac{1}{2} \int_{x^2}^{(x+1)^2} \dfrac{1}{\sqrt{\tau}} \, \mathrm{d}(-\cos\tau)$.

分部积分,(注意 $|\cos\tau| \leqslant 1$)可得 $x > 0$ 时,

$$|f(x)| < \frac{1}{2x} + \frac{1}{2(x+1)} + \frac{1}{4}\int_{x^2}^{(x+1)^2}\tau^{-\frac{3}{2}}\mathrm{d}\tau = \frac{1}{x}.$$

此题还可利用第二积分中值定理进行证明.

※4.3.25　设 $f(x)$ 在 (a,b) 内连续,

$$\lim_{h\to 0}\frac{1}{h^3}\int_0^h [f(x+u) + f(x-u) - 2f(x)]\mathrm{d}u \equiv 0 \quad (x\in[a,b]),$$

试证 $f(x)$ 为线性函数.

提示　利用练习 3.2.34.

4.3.26　设 $f(x)$ 是 $[-\pi,\pi]$ 上的凸函数,$f'(x)$ 有界.求证:

$$a_{2n} = \frac{1}{\pi}\int_{-\pi}^{\pi}f(x)\cos 2nx\mathrm{d}x \geqslant 0, \quad a_{2n+1} = \frac{1}{\pi}\int_{-\pi}^{\pi}f(x)\cos(2n+1)x\mathrm{d}x \leqslant 0.$$

证 I　$a_{2n} = \frac{1}{\pi}\int_{-\pi}^{\pi}f(x)\cos 2nx\mathrm{d}x \xlongequal{\text{分部积分}} -\frac{1}{2n\pi}\int_{-\pi}^{\pi}f'(x)\sin 2nx\mathrm{d}x$

$$\xlongequal{\text{令}\, t = 2nx} -\frac{1}{4n^2\pi}\int_{-2n\pi}^{2n\pi}f'\left(\frac{t}{2n}\right)\sin t\mathrm{d}t = -\frac{1}{4n^2\pi}\sum_{k=-n}^{n-1}\left(\int_{2k\pi}^{2k\pi+\pi} + \int_{2k\pi+\pi}^{2k\pi+2\pi}\right)f'\left(\frac{t}{2n}\right)\sin t\mathrm{d}t$$

$$= -\frac{1}{4n^2\pi}\sum_{k=-n}^{n-1}\left[\int_{2k\pi}^{2k\pi+\pi}f'\left(\frac{t}{2n}\right)\sin t\mathrm{d}t + \int_{2k\pi}^{2k\pi+\pi}f'\left(\frac{t+\pi}{2n}\right)\sin(t+\pi)\mathrm{d}t\right].$$

因为 f 为凸函数,故 $f'(x)\nearrow$,$f'\left(\frac{t}{2n}\right) \leqslant f'\left(\frac{t+\pi}{2n}\right)$.因此

$$\text{上式} = \frac{1}{4n^2\pi}\sum_{k=-n}^{n-1}\int_{2k\pi}^{2k\pi+\pi}\underbrace{\left[\underbrace{f'\left(\frac{t+\pi}{2n}\right)}_{\text{较大}} - \underbrace{f'\left(\frac{t}{2n}\right)}_{\text{较小}}\right]\sin t}_{\text{非负}}\mathrm{d}t \geqslant 0.$$

同理可证: $a_{2n+1} = \frac{1}{\pi}\int_{-\pi}^{\pi}f(x)\cos(2n+1)x\mathrm{d}x \leqslant 0.$

证 II　(利用第二积分中值定理.)如上所述:f 为凸函数,故 $f'(x)\nearrow$,且

$$a_{2n} \xlongequal{\text{令}\, t = 2nx} -\frac{1}{4n^2\pi}\int_{-2n\pi}^{2n\pi}f'\left(\frac{t}{2n}\right)\sin t\mathrm{d}t \quad (\text{再利用第二积分中值定理的公式(C)})$$

$$= \frac{1}{4n^2\pi}\left(-f'(-\pi)\int_{-2n\pi}^{\xi}\sin t\mathrm{d}t - f'(\pi)\int_{\xi}^{2n\pi}\sin t\mathrm{d}t\right).$$

但因 $f'(x)\nearrow$,有 $-f'(-\pi) \geqslant -f'(\pi)$.又 $\int_{-2n\pi}^{\xi}\sin t\mathrm{d}t \geqslant 0$,故

$$-f'(-\pi)\int_{-2n\pi}^{\xi}\sin t\mathrm{d}t \geqslant -f'(\pi)\int_{-2n\pi}^{\xi}\sin t\mathrm{d}t.$$

所以(续上式)　$a_{2n} \geqslant \frac{1}{4n^2\pi}\cdot(-f'(\pi))\left(\int_{-2n\pi}^{\xi}\sin t\mathrm{d}t + \int_{\xi}^{2n\pi}\sin t\mathrm{d}t\right) = 0.$

类似可证: $a_{2n+1} = \frac{1}{\pi}\int_{-\pi}^{\pi}f(x)\cos(2n+1)x\mathrm{d}x \leqslant 0.$

4.3.27　设 $f(x)$ 是 $[0,2\pi]$ 上的凸函数,$f'(x)$ 有界.求证: $a_n = \frac{1}{\pi}\int_0^{2\pi}f(x)\cos nx\mathrm{d}x \geqslant 0.$

证 I　$a_n = -\frac{1}{n\pi}\int_0^{2\pi}f'(x)\sin nx\mathrm{d}x$

$$\xlongequal{\text{令}\, t = nx} -\frac{1}{n^2\pi}\sum_{k=0}^{n-1}\left(\int_{2k\pi}^{2k\pi+\pi}f'\left(\frac{t}{n}\right)\sin t\mathrm{d}t + \int_{2k\pi+\pi}^{2k\pi+2\pi}f'\left(\frac{t}{n}\right)\sin t\mathrm{d}t\right)$$

$$= \frac{1}{n^2\pi} \sum_{k=0}^{n-1} \int_{2k\pi}^{2k\pi+\pi} \Big[\underbrace{f'\Big(\frac{t+\pi}{n}\Big)}_{\text{较大}} - \underbrace{f'\Big(\frac{t}{n}\Big)}_{\text{较小}} \Big] \underbrace{\sin t \, dt}_{\text{非负}} \geqslant 0.$$

证 II　（使用第二积分中值定理．）因 f 为凸函数，f' 递增，故有

$$a_n = -\frac{1}{n\pi} \int_0^{2\pi} f'(x) \sin nx \, dx \quad (\exists \xi \in [0, 2\pi])$$

$$= \frac{1}{n\pi} \Big[-f'(0) \int_0^{\xi} \sin nx \, dx - f'(2\pi) \int_{\xi}^{2\pi} \sin nx \, dx \Big] \quad \Big(\int_0^{\xi} \sin nx \, dx \geqslant 0 \Big)$$

$$\geqslant \frac{1}{n\pi} (-f'(2\pi)) \Big(\int_0^{\xi} \sin nx \, dx + \int_{\xi}^{2\pi} \sin nx \, dx \Big) = 0.$$

注　以上两题的已知条件可放松为："$f'(x)$ 单增有界"（无须凸函数知识）．

^{new}**类题 1**　设 $f(x) \geqslant 0$ 在 $[-\pi, \pi]$ 上单调下降，求证：

$$a_{2n} = \frac{1}{\pi} \int_{-\pi}^{\pi} f(x) \sin 2nx \, dx \geqslant 0, \quad a_{2n+1} = \frac{1}{\pi} \int_{-\pi}^{\pi} f(x) \sin(2n+1)x \, dx \leqslant 0.$$

证　$a_{2n} = \dfrac{1}{\pi} \displaystyle\int_{-\pi}^{\pi} f(x) \sin 2nx \, dx$

$$\xlongequal{\text{令 } 2nx = t} \frac{1}{2n\pi} \int_{-2n\pi}^{2n\pi} f\Big(\frac{t}{2n}\Big) \sin t \, dt \quad \Big(0 \leqslant f\Big(\frac{t}{2n}\Big) \searrow, \text{用第二积分中值定理} \Big)$$

$$= \frac{1}{2n\pi} \Big[f(-\pi) \int_{-2n\pi}^{\xi} \sin t \, dt \Big] \quad (-2n\pi \leqslant \xi \leqslant 2n\pi).$$

因为当 $-2n\pi \leqslant \xi \leqslant 2n\pi$ 时，$\displaystyle\int_{-2n\pi}^{\xi} \sin t \, dt \geqslant 0$，而 $f(x) \geqslant 0$，因此 $a_{2n} \geqslant 0$．

类似地，$a_{2n+1} = \dfrac{1}{(2n+1)\pi} \Big[\underbrace{f(-\pi)}_{\text{非负}} \underbrace{\int_{-(2n+1)\pi}^{\xi} \sin t \, dt}_{\text{非正}} \Big] \leqslant 0.$

^{new}**类题 2**　设 $f(x)$ 在 $[-\pi, \pi]$ 上单调，求证：

$$a_{2n} = \frac{1}{\pi} \int_{-\pi}^{\pi} f(x) \sin 2nx \, dx \begin{cases} \geqslant 0, \text{当 } f \searrow \text{ 时,} \\ \leqslant 0, \text{当 } f \nearrow \text{ 时,} \end{cases}$$

$$a_{2n+1} = \frac{1}{\pi} \int_{-\pi}^{\pi} f(x) \sin(2n+1)x \, dx \begin{cases} \leqslant 0, \text{当 } f \searrow \text{ 时,} \\ \geqslant 0, \text{当 } f \nearrow \text{ 时.} \end{cases}$$

证　因 f 单调，可用第二积分中值定理的公式（C）：

$$a_{2n} = \frac{1}{\pi} \int_{-\pi}^{\pi} f(x) \sin 2nx \, dx \xlongequal{\text{令 } 2nx = t} \frac{1}{2n\pi} \int_{-2n\pi}^{2n\pi} f\Big(\frac{t}{2n}\Big) \sin t \, dt$$

$$= \frac{1}{2n\pi} \Big[f(-\pi) \int_{-2n\pi}^{\xi} \sin t \, dt + f(\pi) \int_{\xi}^{2n\pi} \sin t \, dt \Big].$$

因为 $\displaystyle\int_{-2n\pi}^{\xi} \sin t \, dt \geqslant 0$，当 $f(-\pi) \geqslant f(\pi)$ 时，$f(-\pi) \displaystyle\int_{-2n\pi}^{\xi} \sin t \, dt \geqslant f(\pi) \displaystyle\int_{-2n\pi}^{\xi} \sin t \, dt$，则

$$a_{2n} \geqslant \frac{1}{2n\pi} f(\pi) \Big(\int_{-2n\pi}^{\xi} \sin t \, dt + \int_{\xi}^{2n\pi} \sin t \, dt \Big) = \frac{1}{2n\pi} f(\pi) \int_{-2n\pi}^{2n\pi} \sin t \, dt = 0.$$

当 $f(-\pi) \leqslant f(\pi)$ 时，$f(-\pi) \displaystyle\int_{-2n\pi}^{\xi} \sin t \, dt \leqslant f(\pi) \displaystyle\int_{-2n\pi}^{\xi} \sin t \, dt$，则

$$a_{2n} \leqslant \frac{1}{2n\pi} f(\pi) \Big(\int_{-2n\pi}^{\xi} \sin t \, dt + \int_{\xi}^{2n\pi} \sin t \, dt \Big) = \frac{1}{2n\pi} f(\pi) \int_{-2n\pi}^{2n\pi} \sin t \, dt = 0.$$

类似可证关于 a_{2n+1} 的结果．

4.3.28 设 $f(x)$ 在 $[a,b]$ 上连续. 试证: $f(x)$ 为凸的充分必要条件是

$$f(x) \leqslant \frac{1}{2h}\int_{-h}^{h} f(x+t)\,\mathrm{d}t, \quad \forall [x-h, x+h] \subset [a,b].$$

证 （必要性）$\dfrac{1}{2h}\int_{-h}^{h} f(x+t)\,\mathrm{d}t = \dfrac{1}{2h}\left(\int_{0}^{h} f(x+t)\,\mathrm{d}t + \int_{-h}^{0} f(x+t)\,\mathrm{d}t\right)$

$$= \frac{1}{h}\int_{0}^{h} \frac{f(x+t)+f(x-t)}{2}\,\mathrm{d}t \overset{f\text{凸}}{\geqslant} \frac{f(x)}{h}\int_{0}^{h}\mathrm{d}t = f(x).$$

（充分性）已知: $h>0$, $\forall [x-h, x+h] \subset [a,b]$, 有 $f(x)h \leqslant \dfrac{1}{2}\int_{-h}^{h} f(x+t)\,\mathrm{d}t$. 两端同时对 h 求

导, 得: $f(x) \leqslant \dfrac{f(x+h)+f(x-h)}{2}$, 故 $f(x)$ 为 $[a,b]$ 上的凸函数.

^{new}**4.3.29** 设 $f(x)$ 在 $[0,2]$ 上可积, 且 $\int_{0}^{2} f(x)\,\mathrm{d}x = 0$. 求证: 存在 $a \in [0,1]$, 使得 $\int_{a}^{a+1} f(x)\,\mathrm{d}x = 0$. （南开大学）

提示 一方面, 在 $[0,1]$ 上 $f(x)$ 可积, 可得 $F(x) = \int_{x}^{x+1} f(t)\,\mathrm{d}t$ 连续, 有介值性.

另一方面, $F(0) + F(1) = \int_{0}^{2} f(x)\,\mathrm{d}x = 0$, 表明 $F(0)$ 与 $F(1)$ 异号, 或同时为零, 故 $F(x)$ 在

$[0,1]$ 里有零点, 即 $\exists\, \alpha \in [0,1]$, 使得 $F(\alpha) = \int_{\alpha}^{\alpha+1} f(x)\,\mathrm{d}x = 0$. 结论获证.

^{new} * **4.3.30** 设 $(0, +\infty)$ 内 $f(x)$ 可导, $\sqrt{x}f'(x)$ 有界.

1) 证明: $f(x)$ 在 $(0, +\infty)$ 内一致连续;

2) 证明: 极限 $f(0^+) = \lim\limits_{x\to 0^+} f(x)$ 存在, $\lim\limits_{x\to +\infty} f(x)$ 未必存在;

3) 将 $\sqrt{x}f'(x)$ 有界的条件改为: $\lim\limits_{x\to +\infty} \sqrt{x}f(x)$ 和 $\lim\limits_{x\to 0^+} \sqrt{x}f(x)$ 都存在, 那么 $f(x)$ 是否仍在 $(0, +\infty)$

内一致连续? 说明理由. （华中师范大学）

证 1) **证法 I** 已知 $\exists\, M>0$, 使得 $\left|\sqrt{x}f'(x)\right| \leqslant M$. $\forall x_1, x_2 \in (0, +\infty)$ $(x_1 < x_2)$, 则有

$$\left|f(x_2) - f(x_1)\right| = \left|\int_{x_1}^{x_2} f'(x)\,\mathrm{d}x\right| \leqslant \int_{x_1}^{x_2} \frac{\left|\sqrt{x}f'(x)\right|}{\sqrt{x}}\,\mathrm{d}x \leqslant M\int_{x_1}^{x_2} \frac{\mathrm{d}x}{\sqrt{x}}$$

$$= 2M(\sqrt{x_2} - \sqrt{x_1}) \leqslant 2M\sqrt{x_2 - x_1}. \tag{1}$$

（最后的一个不等式, 通过平方、移项, 立即可证.）$\forall\, \varepsilon > 0$, 根据式(1), 取 $\delta = \left(\dfrac{\varepsilon}{2M}\right)^2$, 则 $\forall x_2 > x_1 >$

0, 当 $|x_2 - x_1| < \delta$ 时, 有 $|f(x_2) - f(x_1)| \overset{\text{式}(1)}{\leqslant} 2M\sqrt{x_2 - x_1} < 2M\dfrac{\varepsilon}{2M} = \varepsilon$. 证毕.

证法 II 利用 Cauchy 微分中值定理: $\left|\dfrac{f(x_2) - f(x_1)}{\sqrt{x_2} - \sqrt{x_1}}\right| = \left|\dfrac{f'(\xi)}{\dfrac{1}{2\sqrt{\xi}}}\right| \leqslant 2M$ （M 定义同证法 I）.

同样可得式(1).

注 下面的方法只能证明 $f(x)$ 在 $(0, +\infty)$ 的任意内闭区间 $[a, +\infty)$ 上一致连续, 未能证明 $f(x)$ 在 $(0, +\infty)$ 上一致连续.

（利用 Lagrange 定理.）$\forall\, \alpha, x_1, x_2: 0 < \alpha < x_1 < x_2$, 有

$$|f(x_2) - f(x_1)| \xlongequal{x_1 < \xi < x_2} |f'(\xi)|(x_2 - x_1) \leqslant \left|\frac{1}{\sqrt{\alpha}}\sqrt{\xi}f'(\xi)\right| |x_2 - x_1| \leqslant \frac{M}{\sqrt{\alpha}}|x_2 - x_1|.$$

(M 定义同证法 I.)所以,$\forall \varepsilon > 0$,取 $\delta = \dfrac{\varepsilon \sqrt{\alpha}}{M}$,可使得 $\forall x_1, x_2 \in [\alpha, +\infty)$,当 $|x_2 - x_1| < \delta$ 时,有

$$|f(x_2) - f(x_1)| \leqslant \frac{M}{\sqrt{\alpha}} |x_2 - x_1| < \varepsilon.$$

2) 已证 $f(x)$ 在 $(0, +\infty)$ 上一致连续. 如例 2.2.6 所证:极限 $\lim\limits_{x \to 0^+} f(x)$ 存在.

当 $x \to +\infty$ 时,极限可以存在也可以不存在. 例如:

$$f_1(x) \equiv A(\text{常数}), \quad f_2(x) = \sin \sqrt{x}.$$

这里 f_1, f_2 都满足题中的条件,极限 $\lim\limits_{x \to +\infty} f_1(x) = A(\text{存在})$,而 $\lim\limits_{x \to +\infty} f_2(x)$ 不存在.

3) 不能说:"若 $\lim\limits_{x \to +\infty} \sqrt{x} f(x)$ 和 $\lim\limits_{x \to 0^+} \sqrt{x} f(x)$ 都存在,则 $f(x)$ 在 $(0, +\infty)$ 上一致连续". 例如,

$f_1(x) = \sin \dfrac{1}{x}$,这时极限 $\lim\limits_{x \to +\infty} \sqrt{x} f_1(x) = \lim\limits_{x \to 0^+} \sqrt{x} f_1(x) = 0$ 都存在,但 $f(x) = \sin \dfrac{1}{x}$ 在 $(0, +\infty)$ 内不一

致连续. 因为如令 $x_n = (2n\pi)^{-1}$,$x_n' = \left(2n\pi + \dfrac{\pi}{2}\right)^{-1}$,当 $n \to +\infty$ 时,虽然 $|x_n - x_n'| \to 0$,但

$|f(x_n) - f(x_n')| \equiv 1$(不趋向 0). 所以非一致连续(见例 2.2.3).

^{new} * *4.3.31 若函数 $f(x)$ 在区间 $[0, 1]$ 上 Riemann 可积,并且对 $[0, 1]$ 中任意有限个两两不

相交的闭区间序列 $[a_i, b_i]$,都有 $\left| \sum\limits_i \int_{a_i}^{b_i} f(x) \mathrm{d}x \right| \leqslant 1$. 求证:$\int_0^1 |f(x)| \mathrm{d}x \leqslant 2$.(北京大学)

证 作 $f_+(x) = \begin{cases} f(x), & f(x) > 0, \\ 0, & f(x) \leqslant 0, \end{cases}$ $f_-(x) = \begin{cases} 0, & f(x) > 0, \\ -f(x), & f(x) \leqslant 0, \end{cases}$

则 $$f(x) = f_+(x) - f_-(x), \quad |f(x)| = f_+(x) + f_-(x).$$

因 $f(x)$ 可积,知 $|f(x)|, f_+(x), f_-(x)$ 也都可积(因 $\omega^{|f|}, \omega^{f+}, \omega^{f-}$ 都 $\leqslant \omega^f$). 对 $[0, 1]$ 作分划:

$0 = x_0 < x_1 < x_2 < \cdots < x_n = 1$,记 $\lambda = \max\limits_{k=0,1,\cdots,n-1} \Delta x_k = \max\limits_{k=0,1,\cdots,n-1} (x_{k+1} - x_k)$. 由可积性:$\forall \varepsilon > 0, \exists \delta_1 >$

0,当 $\lambda < \delta_1$ 时,有

$$\left| \int_0^1 f_+(x) \mathrm{d}x - \sum_{k=0}^{n-1} f_+(\xi_k) \Delta x_k \right| < \frac{\varepsilon}{4}. \tag{1}$$

同理,$\forall \varepsilon > 0, \exists \delta_2 > 0$,当 $\lambda < \delta_2$ 时,有

$$\left| \int_0^1 f_-(x) \mathrm{d}x - \sum_{k=0}^{n-1} f_-(\eta_k) \Delta x_k \right| < \frac{\varepsilon}{4}. \tag{2}$$

另外,对 $f(x)$,$\exists \delta_3 > 0$,当 $\lambda < \delta_3$ 时,有

$$\sum_{k=0}^{n-1} \omega_k^f \Delta x_k < \frac{\varepsilon}{4}, \tag{3}$$

其中 ω_k 表示 $f(x)$ 在 $[x_k, x_{k+1}]$ 上的振幅. 现令 $\delta = \min\{\delta_1, \delta_2, \delta_3\}$,(对三者)作统一的分划,使得当

$\lambda < \delta$ 时式(1),(2)和(3)同时成立.

定义两个指标集:$I = \{k \mid f_+(\xi_k) \geqslant 0\}$ 和 $J = \{k \mid f_-(\eta_k) > 0\}$,那么

$$\sum_{k=0}^{n-1} f_+(\xi_k) \Delta x_k = \sum_{k \in I} f_+(\xi_k) \Delta x_k = \sum_{k \in I} f(\xi_k) \Delta x_k$$

$$= \sum_{k \in I} \left(f(\xi_k) \Delta x_k - \int_{x_k}^{x_{k+1}} f(x) \mathrm{d}x \right) + \sum_{k \in I} \int_{x_k}^{x_{k+1}} f(x) \mathrm{d}x \, (\text{用积分中值定理})$$

$$= \sum_{k \in I} (f(\xi_k) \Delta x_k - \mu_k \Delta x_k) + \sum_{k \in I} \int_{x_k}^{x_{k+1}} f(x) \mathrm{d}x$$

$$\leqslant \sum_{k=0}^{n-1} \omega_k^f \Delta x_k + 1 < \frac{\varepsilon}{4} + 1,$$

亦即
$$\sum_{k=0}^{n-1} f_+(\xi_k)\Delta x < \frac{\varepsilon}{4} + 1. \tag{4}$$

同理，
$$\sum_{k=0}^{n-1} f_-(\xi_k)\Delta x_k < \frac{\varepsilon}{4} + 1. \tag{5}$$

最后
$$\int_0^1 |f(x)|\,\mathrm{d}x = \int_0^1 (f_+(x) + f_-(x))\mathrm{d}x \overset{\text{记}}{=\!=\!=} I_1 + I_2,$$

其中 $I_1 = \left(\int_0^1 f_+(x)\mathrm{d}x - \sum_{k=0}^{n-1} f_+(\xi_k)\Delta x_k\right) + \sum_{k=0}^{n-1} f_+(\xi_k)\Delta x_k \overset{\text{式}(1),(4)}{<} \frac{\varepsilon}{4} + \frac{\varepsilon}{4} + 1 = \frac{\varepsilon}{2} + 1.$

同理，$I_2 < \frac{\varepsilon}{2} + 1.$ 因此

$$\int_0^1 |f(x)|\,\mathrm{d}x < \left(\frac{\varepsilon}{2} + 1\right) + \left(\frac{\varepsilon}{2} + 1\right) = \varepsilon + 2.$$

因为 $\varepsilon > 0$ 的任意性. 令 $\varepsilon \to 0$，得 $\int_0^1 |f(x)|\,\mathrm{d}x \leqslant 2.$（证毕.）

^{new}4.3.32 （积分等式）设 $a > 0$，$f(x)$ 是定义在 $[-a,a]$ 上的连续偶函数. 试证：
$$\int_{-a}^a \frac{f(x)}{1 + \mathrm{e}^x}\mathrm{d}x = \int_0^a f(x)\,\mathrm{d}x.$$

（中国科学院）

证 $\int_{-a}^a \frac{f(x)}{1 + \mathrm{e}^x}\mathrm{d}x \xrightarrow[f\text{为偶}]{\text{令}x=-y} -\int_a^{-a} \frac{f(y)}{1 + \mathrm{e}^{-y}}\mathrm{d}y = \int_{-a}^a \frac{f(y)}{1 + \mathrm{e}^{-y}}\mathrm{d}y$

$= \int_{-a}^a \frac{f(x)}{1 + \mathrm{e}^{-x}}\mathrm{d}x \xrightarrow{\text{分子、分母同乘}\mathrm{e}^x} \int_{-a}^a \frac{f(x)\mathrm{e}^x}{\mathrm{e}^x + 1}\mathrm{d}x,$

故 $\int_{-a}^a \frac{f(x)}{1 + \mathrm{e}^x}\mathrm{d}x = \frac{1}{2}\left(\int_{-a}^a \frac{f(x)}{1 + \mathrm{e}^x}\mathrm{d}x + \int_{-a}^a \frac{f(x)\mathrm{e}^x}{\mathrm{e}^x + 1}\mathrm{d}x\right)$

$= \frac{1}{2}\int_{-a}^a f(x)\,\mathrm{d}x = \int_0^a f(x)\,\mathrm{d}x$（因为 $f(x)$ 为偶函数）.

^{new}※4.3.33 （为了叙述方便引入一个名词）称 f 是区间 $[a,b]$ 上的 F 函数，意指它满足条件：
①f 在 $[a,b]$ 上有连续导数，②(a,b) 内二阶可导，③区间中点 $c = \frac{a+b}{2}$ 上，$f'(c) = 0.$

试问下面关于 F 函数的论断是否成立？说明理由：

1）若 f 是区间 $[a,b]$ 上的 F 函数，则必存在 $\xi \in (a,b)$，使得
$$|f''(\xi)| \geqslant \frac{4}{(b-a)^2}|f(b) - f(a)|; \tag{1}$$

2）试证：式（1）中的 4 是最好的，即：若将式（1）里的 4 换成任一较大的 M，则结论 1）不再成立.

3）$\forall f \in F$，若 $f(x) \neq$ 常数，则 $\exists \xi \in (a,b)$，使得
$$|f''(\xi)| > \frac{4}{(b-a)^2}|f(b) - f(a)|. \tag{2}$$

（南开大学）

注 肯定形式变成否定形式的法则是：将逻辑量词"∀"改成"∃"，将"∃"改成"∀"，然后不等式反向. 例如：本题

结论 1）意指：$\forall f \in F$，$\exists \xi \in (a,b)$ 使得不等式（1）成立；

结论 2)意指:若将式(1)中的 4 换成 $\forall M = 4 + \varepsilon(\varepsilon > 0)$,结论 1)不再成立,即 $\forall \xi \in (a,b)$, $\exists f \in F$ 使得(换后)不等式(1)不再成立. 亦即下式成立:

$$|f''(\xi)| < \frac{M}{(b-a)^2}|f(b) - f(a)| \quad (\forall \xi \in (a,b)). \tag{3}$$

提示　1)参考例 3.3.6 的证明方法;2)构造反例;3)利用 Lagrange 定理.

解　1)应用 Taylor 公式(已知区间中点处 $f'(c) = 0$),

$$f(a) = f(c) + \frac{f''(\eta_1)}{2!}\left(\frac{b-a}{2}\right)^2, \quad f(b) = f(c) + \frac{f''(\eta_2)}{2!}\left(\frac{b-a}{2}\right)^2. \tag{4}$$

由式(4)得

$$|f(b) - f(a)| = \frac{|f''(\eta_1) - f''(\eta_2)|}{2}\left(\frac{b-a}{2}\right)^2 \leqslant \frac{|f''(\eta_1)| + |f''(\eta_2)|}{2}\left(\frac{b-a}{2}\right)^2$$

$$\leqslant |f''(\xi)|\frac{(b-a)^2}{4}, \quad \text{其中 } |f''(\xi)| \overset{\text{记}}{=\!=\!=} \max_{k=1,2}\{|f''(\eta_k)|\}.$$

再同乘 $\dfrac{4}{(b-a)^2}$ 即得式(1),结论 1)获证.

2)为了证明结论 1)不再成立,只需构造一个函数 $f \in F$ 使得 $\forall \xi \in (a,b)$,式(3)成立

最简便是利用幂函数 $f(x) = x^\alpha$,则 $f'(x) = \alpha x^{\alpha-1}$,$f''(x) = \alpha(\alpha-1)x^{\alpha-2}$. 取区间 $[a,b] = [-1, 1]$,则中点 0 上:$f'(0) = \alpha x^{\alpha-1}|_{x=0} = 0$. F 的三个条件都成立,剩下只需选择 α 使式(3)成立. 此时,式(3)是

$$|\alpha(\alpha-1)x^{\alpha-2}| < \frac{4+\varepsilon}{[1-(-1)]^2}|1-(-1)^\alpha| \quad (\forall x \in (-1,1)). \tag{3'}$$

若取 $\alpha = 2 + \dfrac{1}{m}$($m = 2k+1$ 为奇数),则式(3')里:$|x^{\alpha-2}| < 1$,$(-1)^\alpha = (-1)^{2+\frac{1}{m}} = -1$. 于是

式(3')左端:　$|\alpha(\alpha-1)x^{\alpha-2}| < |\alpha(\alpha-1)| = 2 + \dfrac{3}{m} + \dfrac{1}{m^2} < 2 + \dfrac{4}{m}$;

式(3')右端:　$\dfrac{4+\varepsilon}{[1-(-1)]^2}|1-(-1)^\alpha| = 2 + \dfrac{\varepsilon}{2}$.

因式(3)与(3')等价,只要令 $f(x) = x^{2+\frac{1}{m}}$,并让 m 为充分大的奇数,就可使得

式(3')左端 $< 2 + \dfrac{4}{m} < 2 + \dfrac{\varepsilon}{2} = $ 式(3')右端,

亦即 $m > \dfrac{8}{\varepsilon}$,就能保证式(3')成立,结论 2)获证.

3)(反证法)假设结论 3)不成立,即 $\forall \xi \in [a,b]$,有

$$|f''(\xi)| \leqslant \frac{4}{(b-a)^2}|f(b) - f(a)| = \frac{4}{(b-a)^2}\left|\int_a^b f'(x)\,dx\right| \leqslant \frac{4}{(b-a)^2}\int_a^b |f'(x)|\,dx \overset{\text{记}}{=\!=\!=} k \geqslant 0, \tag{5}$$

区间 $[a,b]$ 的中点 $c = \dfrac{a+b}{2}$ 处 $f'(c) = 0$. 故 $\forall x \in [a,b]$,应用 Lagrange 定理得

$$|f'(x)| = |f'(x) - f'(c)| = |f''(\xi)(x-c)| \leqslant k|x-c|. \tag{6}$$

$$\int_a^b |f'(t)|\,dt \leqslant \int_a^c k(c-t)\,dt + \int_c^b k(t-c)\,dt = \frac{k}{2}[(c-a)^2 + (b-c)^2]$$

$$= \frac{k(b-a)^2}{4} \overset{式(5)}{=\!=\!=} \int_a^b |f'(t)| \, \mathrm{d}t.$$

此不等式两端是同一积分,故上式只能是等号. 根据积分性质(例 4.2.12),若非负函数积分相等,则被积函数也相等.

因此式(6)里的"≤"也只能是" = ". 于是式(6)变为

$$|f'(x)| = \begin{cases} k(c-x), & x \leqslant c, \\ k(x-c), & x > c, \end{cases} \quad k \geqslant 0. \tag{7}$$

亦即

$$f'(x) = \begin{cases} k(c-x), & x \leqslant c, \\ k(x-c), & x > c, \end{cases} \quad \text{或} \quad f'(x) = \begin{cases} -k(c-x), & x \leqslant c, \\ -k(x-c), & x > c. \end{cases}$$

可见

$$f''_+(c) = \lim_{x \to c^+} \frac{k(x-c)-0}{x-c} = k, \quad f''_-(c) = \lim_{x \to c^-} \frac{k(c-x)-0}{x-c} = -k.$$

或 $f''_+(c) = \lim\limits_{x \to c^+} \dfrac{-k(x-c)-0}{x-c} = -k, \quad f''_-(c) = \lim\limits_{x \to c^-} \dfrac{-k(c-x)-0}{x-c} = k.$

如果 $k \neq 0$,则 $f''_+(c) \neq f''_-(c)$,说明 $f''(c)$ 不存在,与题设矛盾.

如果 $k = 0$,式(7)表明:$\forall x \in [a,b], f'(x) \equiv 0, f(x)$ 为常值函数,也与题设矛盾.

§4.4 几个著名的不等式

本节讨论几个著名的不等式. 这些不等式不仅本身是重要的,而且证明这些不等式的方法也十分典型. 因此,本节较系统地介绍这些不等式,并着重讨论它们的证明、变形与应用.

一、Cauchy 不等式及 Schwarz 不等式

a. Cauchy 不等式

定理 1 设 a_i, b_i 为任意实数($i = 1, 2, \cdots, n$)则

$$\left(\sum_{i=1}^n a_i b_i \right)^2 \leqslant \sum_{i=1}^n a_i^2 \cdot \sum_{i=1}^n b_i^2, \tag{1}$$

其中等号当且仅当 a_i 与 b_i 成比例时成立.

式(1)称为 Cauchy 不等式.(注意此定理以后应用很广泛.)

证 I (判别式法)因为

$$0 \leqslant \sum_{i=1}^n (a_i x + b_i)^2 = \left(\sum_{i=1}^n a_i^2 \right) x^2 + 2 \left(\sum_{i=1}^n a_i b_i \right) x + \left(\sum_{i=1}^n b_i^2 \right),$$

关于 x 的二次三项式保持非负,故判别式 $\left(\sum\limits_{i=1}^n a_i b_i \right)^2 - \sum\limits_{i=1}^n a_i^2 \cdot \sum\limits_{i=1}^n b_i^2 \leqslant 0.$

证 II (配方法)因为

$$\sum_{i=1}^n a_i^2 \cdot \sum_{i=1}^n b_i^2 - \left(\sum_{i=1}^n a_i b_i \right)^2 = \sum_{i=1}^n a_i^2 \cdot \sum_{j=1}^n b_j^2 - \sum_{i=1}^n a_i b_i \cdot \sum_{j=1}^n a_j b_j$$

$$= \sum_{i=1}^n \sum_{j=1}^n a_i^2 b_j^2 - \sum_{i=1}^n \sum_{j=1}^n a_i b_i a_j b_j$$

$$= \frac{1}{2} \sum_{i,j=1}^{n} (a_i b_j - a_j b_i)^2 \geqslant 0,$$

故式(1)获证,等号当且仅当 $a_i b_j = a_j b_i (i,j = 1,2,\cdots,n)$ 时成立.

证Ⅲ （利用二次型）因为

$$0 \leqslant \sum_{i=1}^{n} (a_i x + b_i y)^2 = \left(\sum_{i=1}^{n} a_i^2 \right) x^2 + 2\left(\sum_{i=1}^{n} a_i b_i \right) xy + \left(\sum_{i=1}^{n} b_i^2 \right) y^2,$$

即关于 x,y 的二次型非负定,故 $\begin{vmatrix} \sum\limits_{i=1}^{n} a_i^2 & \sum\limits_{i=1}^{n} a_i b_i \\ \sum\limits_{i=1}^{n} a_i b_i & \sum\limits_{i=1}^{n} b_i^2 \end{vmatrix} \geqslant 0$, 此即式(1).

注 用证Ⅲ,易将结果进行推广. 因

$$0 \leqslant \sum_{i=1}^{n} (a_{i1} x_1 + a_{i2} x_2 + \cdots + a_{im} x_m)^2 = \sum_{i=1}^{n} \sum_{k,j=1}^{m} a_{ik} a_{ij} x_k x_j = \sum_{k,j=1}^{m} \left(\sum_{i=1}^{n} a_{ik} a_{ij} \right) x_k x_j,$$

此式右边为 $x_1, x_2, \cdots, x_m$ 的二次型,此式表明该二次型非负定,因此系数行列式

$$\mathrm{Det}\left(\sum_{i=1}^{n} a_{ik} a_{ij} \right) = \begin{vmatrix} \sum\limits_{i=1}^{n} a_{i1}^2, & \sum\limits_{i=1}^{n} a_{i1} a_{i2} & \cdots & \sum\limits_{i=1}^{n} a_{i1} a_{im} \\ \sum\limits_{i=1}^{n} a_{i2} a_{i1} & \sum\limits_{i=1}^{n} a_{i2}^2 & \cdots & \sum\limits_{i=1}^{n} a_{i2} a_{im} \\ \vdots & \vdots & & \vdots \\ \sum\limits_{i=1}^{n} a_{im} a_{i1} & \sum\limits_{i=1}^{n} a_{im} a_{i2} & \cdots & \sum\limits_{i=1}^{n} a_{im}^2 \end{vmatrix} \geqslant 0, \qquad (2)$$

等号当且仅当 $(a_{11}, a_{21}, \cdots, a_{n1}), (a_{12}, a_{22}, \cdots, a_{n2}), \cdots, (a_{1m}, a_{2m}, \cdots, a_{nm})$ 线性相关
（即∃不全为零的常数 $x_1, \cdots, x_m$ 使得

$$a_{i1} x_1 + a_{i2} x_2 + \cdots + a_{im} x_m = 0 \quad (i = 1, 2, \cdots, n)$$

成立）时取得.

式(2)是 Cauchy 不等式的推广形式.

b. Schwarz 不等式

Cauchy 不等式的积分形式称为 Schwarz 不等式,它可以通过积分定义,直接由 Cauchy 不等式推得;也可仿照 Cauchy 不等式的证法类似证明.

☆**定理 2** 若 $f(x), g(x)$ 在 $[a,b]$ 上可积,则

$$\left(\int_a^b f(x) g(x) \,\mathrm{d}x \right)^2 \leqslant \int_a^b f^2(x) \,\mathrm{d}x \int_a^b g^2(x) \,\mathrm{d}x. \qquad (1)$$

若 $f(x), g(x)$ 在 $[a,b]$ 上连续,其中等号当且仅当存在常数 α, β, 使得 $\alpha f(x) \equiv \beta g(x)$ 时成立 $(\alpha, \beta$ 不同时为零$)$. （南京理工大学等）

（注意此定理以后经常用到.）

证 I 将 $[a,b]$ n 等分,令 $x_i = a + \dfrac{i}{n}(b-a)$,应用 Cauchy 不等式,

$$\left(\frac{1}{n}\sum_{i=1}^{n} f(x_i)g(x_i)\right)^2 \leqslant \frac{1}{n}\sum_{i=1}^{n} f^2(x_i)\cdot\frac{1}{n}\sum_{i=1}^{n} g^2(x_i).$$

令 $n\to\infty$,取极限即得式(1).

☆**证 II** $\displaystyle\int_a^b f^2(x)\mathrm{d}x\int_a^b g^2(x)\mathrm{d}x - \left(\int_a^b f(x)g(x)\mathrm{d}x\right)^2$

$$= \frac{1}{2}\int_a^b f^2(x)\mathrm{d}x\int_a^b g^2(y)\mathrm{d}y + \frac{1}{2}\int_a^b f^2(y)\mathrm{d}y\int_a^b g^2(x)\mathrm{d}x -$$

$$\int_a^b f(x)g(x)\mathrm{d}x\int_a^b f(y)g(y)\mathrm{d}y$$

$$= \frac{1}{2}\int_a^b \mathrm{d}y\int_a^b [f^2(x)g^2(y) + f^2(y)g^2(x) - 2f(x)g(x)f(y)g(y)]\mathrm{d}x$$

$$= \frac{1}{2}\int_a^b \mathrm{d}y\int_a^b [f(x)g(y) - g(x)f(y)]^2\mathrm{d}x \geqslant 0,$$

这就证明了式(1). 由此看出,若 $f(x),g(x)$ 连续,等号当且仅当存在常数 α,β(不全为零)使得 $\alpha f(x)\equiv\beta g(x)$ 时成立.

还可用本节定理 1 中证 I 和证 III 类似的方法证明.

类似可以推广到一般的情况. 若函数 $f_i(x),g_i(x)$ $(i=1,2,\cdots,m)$ 在 $[a,b]$ 上可积,则

$$\mathrm{Det}\left(\int_a^b f_i(x)f_j(x)\mathrm{d}x\right)\geqslant 0.$$

若 $f_i(x)$ 在 $[a,b]$ 上连续,其中等号当且仅当 $f_i(x)(i=1,2,\cdots,m)$ 线性相关(即 ∃ 不全为零的常数 $\alpha_1,\alpha_2,\cdots,\alpha_m$ 使得 $\alpha_1 f_1(x) + \alpha_2 f_2(x) + \cdots + \alpha_m f_m(x)\equiv 0$)时成立.

☆**c. Schwarz 不等式的应用**

应用 Schwarz 不等式,可证明另外一些不等式. 使用时,要注意恰当地选取函数 $f(x)$ 与 $g(x)$.

☆**例 4.4.1** 已知 $f(x)\geqslant 0$,在 $[a,b]$ 上连续,$\displaystyle\int_a^b f(x)\mathrm{d}x = 1$,$k$ 为任意实数,求证:

$$\left(\int_a^b f(x)\cos kx\mathrm{d}x\right)^2 + \left(\int_a^b f(x)\sin kx\mathrm{d}x\right)^2 \leqslant 1. \tag{1}$$

(中国科学技术大学)

证 式(1)左端第一项应用 Schwarz 不等式,得

$$\left(\int_a^b f(x)\cos kx\mathrm{d}x\right)^2 = \left[\int_a^b \sqrt{f(x)}(\sqrt{f(x)}\cos kx)\mathrm{d}x\right]^2$$

$$\leqslant \int_a^b f(x)\mathrm{d}x\cdot\int_a^b f(x)\cos^2 kx\mathrm{d}x = \int_a^b f(x)\cos^2 kx\mathrm{d}x. \tag{2}$$

同理 $$\left(\int_a^b f(x)\sin kx\mathrm{d}x\right)^2 \leqslant \int_a^b f(x)\sin^2 kx\mathrm{d}x. \tag{3}$$

(2) + (3)即得式(1).

练习 1) 设 $f(x)$ 在 $[a,b]$ 上连续,证明不等式 $\left(\int_a^b f(x)\,\mathrm{d}x\right)^2 \leqslant (b-a)\int_a^b f^2(x)\,\mathrm{d}x$;(北京大学)

2) 设 $h(x)$ 是 $[a,b]$ 上的正值连续函数,求证 $\int_a^b h(t)\,\mathrm{d}t \cdot \int_a^b \dfrac{1}{h(t)}\,\mathrm{d}t \geqslant (b-a)^2$;(中国科学院,哈尔滨工业大学)

new 3) 设实数函数 $f(x)$ 及一阶导函数在 $[a,b]$ 上连续,$f(a)=0$,试证:

i) $\displaystyle\max_{x\in[a,b]} f(x) \leqslant \sqrt{b-a}\left(\int_a^b |f'(t)|^2\,\mathrm{d}t\right)^{\frac{1}{2}}$; ii) $\displaystyle\int_a^b f^2(t)\,\mathrm{d}t \leqslant \frac{1}{2}(b-a)^2\int_a^b |f'(t)|^2\,\mathrm{d}t$.

(中国科学院)

new 4) 设 $f(x)$ 在 $[0,1]$ 上连续,且 $\int_0^1 f(x)\,\mathrm{d}x = 1$. 试证 $\int_0^1 (1+x^2)f^2(x)\,\mathrm{d}x \geqslant \dfrac{4}{\pi}$.

提示 1) 对 $\left(\int_a^b 1\cdot f(x)\,\mathrm{d}x\right)^2$ 用 Schwarz 不等式.

2) $(b-a)^2 = \left(\int_a^b \sqrt{h(t)}\cdot\dfrac{1}{\sqrt{h(t)}}\,\mathrm{d}t\right)^2$. 有时需要对积分作适当变形,才能用 Schwarz 不等式.

3) i) 因 f 在 $[a,b]$ 上达最大,故 $\exists x_0 \in [a,b]$ 使得

$$\max_{x\in[a,b]} f(x) = f(x_0) \xlongequal{f(a)=0} \int_a^{x_0} f'(t)\,\mathrm{d}t = \int_a^{x_0} 1\cdot f'(t)\,\mathrm{d}t.$$

再用 Schwarz 不等式可得.

ii) $f^2(x) = \left(\int_a^x f'(t)\,\mathrm{d}t\right)^2$ (应用 Schwarz 不等式)

$$\leqslant \int_a^x (f'(t))^2\,\mathrm{d}t \cdot \int_a^x (1)^2\,\mathrm{d}t \leqslant (x-a)\int_a^b (f'(t))^2\,\mathrm{d}t.$$

两端同时积分可得.

4) $1 = \left(\int_0^1 f(x)\,\mathrm{d}x\right)^2 = \left[\int_0^1 \dfrac{1}{\sqrt{1+x^2}}(\sqrt{1+x^2}f(x))\,\mathrm{d}x\right]^2$ (应用 Schwarz 不等式)

$$\leqslant \int_0^1 \left(\dfrac{1}{\sqrt{1+x^2}}\right)^2\,\mathrm{d}x \cdot \int_0^1 (\sqrt{1+x^2}f(x))^2\,\mathrm{d}x = \dfrac{\pi}{4}\int_0^1 (1+x^2)(f(x))^2\,\mathrm{d}x.$$

☆ **例 4.4.2** 设函数 $g(x)$ 在 $[0,a]$ 上连续可微,$g(0)=0$,试证:

$$\int_0^a |g(x)g'(x)|\,\mathrm{d}x \leqslant \frac{a}{2}\int_0^a |g'(x)|^2\,\mathrm{d}x, \tag{1}$$

其中等号当且仅当 $g(x)=cx$(c 为常数)时成立.(北京师范大学)

证 1° 记 $f(x) = \int_0^x |g'(t)|\,\mathrm{d}t$ $(0\leqslant x\leqslant a)$,则 $f'(x)=|g'(x)|$,由 $g(0)=0$ 知

$$|g(x)| = |g(x)-g(0)| = \left|\int_0^x g'(t)\,\mathrm{d}t\right| \leqslant \int_0^x |g'(t)|\,\mathrm{d}t = f(x),$$

因此

$$\int_0^a |g(x)g'(x)|\,\mathrm{d}x \leqslant \int_0^a f(x)f'(x)\,\mathrm{d}x = \int_0^a f(x)\,\mathrm{d}f(x)$$

$$= \frac{1}{2} f^2(x) \Big|_0^a = \frac{1}{2} \left(\int_0^a |g'(t)| \, dt \right)^2$$

$$= \frac{1}{2} \left(\int_0^a 1 \cdot |g'(t)| \, dt \right)^2 \quad (\text{应用 Schwarz 不等式})$$

$$\leqslant \frac{1}{2} \int_0^a 1^2 dx \cdot \int_0^a |g'(t)|^2 dt = \frac{a}{2} \int_0^a g'^2(t) \, dt.$$

式(1)获证.

2° 当 $g = cx$ 时,式(1)明显成立. 只需证明必要性. 如上已证

$$\int_0^a |g(x)g'(x)| \, dx \leqslant \frac{1}{2} \left(\int_0^a |g'(t)| \, dt \right)^2 \leqslant \frac{a}{2} \int_0^a g'^2(t) \, dt.$$

若式(1)中等号成立,则

$$\left(\int_0^a |g'(t)| \, dt \right)^2 = a \int_0^a g'^2(t) \, dt. \tag{2}$$

记 $A = \int_0^a g'^2(t) \, dt, B = \int_0^a |g'(t)| \, dt$, 于是式(2)相当于方程式

$$\int_0^a (1 + \lambda |g'(x)|)^2 dx = A\lambda^2 + 2B\lambda + a = 0 \tag{3}$$

的判别式 $\Delta = 0$. 因而二次方程(3)有唯一根:

$$\lambda_0 = -\frac{B}{A} \quad (A \neq 0). \tag{4}$$

但 $g'(x)$ 在 $[0, a]$ 上连续,((4)代入(3))由 $\int_0^a \left(1 - \frac{B}{A} |g'(x)| \right)^2 dx = 0$ 可得 $B|g'(x)| = A$.

当 $A \neq 0$ 时,B 也不为零,故 $g'(x) = \pm \frac{A}{B}, g(x) = \pm \frac{A}{B} x + c_1$. 又由于 $g(0) = 0$, $c_1 = 0$,所以 $g(x) = cx$ ($c = \pm \frac{A}{B}$ 为常数).

最后,假若 $A = 0$,即 $\int_0^a g'^2(x) \, dx = 0$,由 $g'(x)$ 连续知 $g'(x) \equiv 0$(在 $[0, a]$ 上). 从而 $g(x) = c_2$,但 $g(0) = 0$,所以 $g(x) \equiv 0$,属于 $g(x) = cx$ 中 $c = 0$ 的特殊情况. 总之,不论 A 是否为 0,当式(1)等号成立时,$g(x) = cx$(c 为常数). 必要性获证.

注 对任意区间 $[a, b]$,若 g' 连续,$g(a) = 0$,则有

$$\int_a^b |g(x)g'(x)| \, dx \leqslant \frac{b-a}{2} \int_a^b (g'(x))^2 dx,$$

其中等号当且仅当 $g(x) = c(x-a)$ 时成立(c 为常数).

☆ **例 4.4.3** 假设函数 $f(x)$ 在闭区间 $[a, b]$ $(b > a)$ 上有连续 n 阶导数 $f^{(n)}(x)$,并且 $f^{(k)}(a) = 0, k = 0, 1, \cdots, n-1$. 求证:

$$\left[\int_a^b (f^{(k)}(x))^2 dx \right]^{\frac{1}{2}} \leqslant \left(\frac{1}{2} \right)^{\frac{m-k}{2}} (b-a)^{m-k} \left[\int_a^b (f^{(m)}(x))^2 dx \right]^{\frac{1}{2}}, \tag{1}$$

这里 $0 \leqslant k < m \leqslant n$.(中山大学)

分析 1° 先设法证明最简单而又必须证明的情况. 令 $n = 1$(此时 $k = 0, m = 1$),我们所要证明的结论是

假若 $\varphi(x)$ 在 $[a,b]$ 上有连续的导数,$\varphi(a) = 0$,则必有

$$\left[\int_a^b (\varphi(x))^2 dx\right]^{\frac{1}{2}} \leqslant \left(\frac{1}{2}\right)^{\frac{1}{2}} (b - a) \left[\int_a^b (\varphi'(x))^2 dx\right]^{\frac{1}{2}}. \tag{2}$$

为把 φ 与 φ' 联系起来,用公式 $\varphi(x) = \int_a^x \varphi'(x) dx$. 应用 Schwarz 公式,

$$(\varphi(x))^2 = \left(\int_a^x \varphi'(t) dt\right)^2 \leqslant \int_a^x 1^2 dt \cdot \int_a^x (\varphi'(t))^2 dt = (x - a)\int_a^x \varphi'^2(t) dt. \tag{3}$$

两边同时积分,

$$\int_a^b (\varphi(x))^2 dx \leqslant \int_a^b \left[(x - a)\int_a^x \varphi'^2(t) dt\right] dx$$

$$= \frac{1}{2}\int_a^b \left(\int_a^x \varphi'^2(t) dt\right) d(x - a)^2 \quad (\text{应用分部积分法})$$

$$= \frac{1}{2}(x - a)^2 \left(\int_a^x \varphi'^2(t) dt\right)\Big|_{x=a}^{x=b} - \frac{1}{2}\int_a^b (x - a)^2 \varphi'^2(x) dx$$

$$\leqslant \frac{(b - a)^2}{2}\int_a^b \varphi'^2(t) dt.$$

两边同时开方,便得欲证的式(2).

2° 回到一般情况,令 $\varphi(x) = f^{(k)}(x)$,反复应用我们刚刚证得的不等式(2)$m - k$ 次,便可得欲证的不等式(1).

下例用 Schwarz 不等式求极限.

☆ **例 4.4.4** 设 $f(x), g(x)$ 在 $[a,b]$ 上连续,$f(x) \not\equiv 0$,$g(x)$ 有正下界. 记 $d_n = \int_a^b |f(x)|^n g(x) dx$,$n = 1, 2, \cdots$,试证 $\lim\limits_{n \to \infty} \dfrac{d_{n+1}}{d_n} = \max\limits_{a \leqslant x \leqslant b} |f(x)|$.(南开大学,四川大学)

证 1°(为了分析 $\left\{\dfrac{d_{n+1}}{d_n}\right\}$ 的变化状态,我们先研究 d_n 相邻项之间的关系.)

$$d_n = \int_a^b |f(x)|^n g(x) dx$$

$$= \int_a^b \sqrt{g(x)}|f(x)|^{\frac{n-1}{2}} \cdot \sqrt{g(x)}|f(x)|^{\frac{n+1}{2}} dx \quad (\text{应用 Schwarz 不等式})$$

$$\leqslant \left(\int_a^b g(x)|f(x)|^{n-1} dx\right)^{\frac{1}{2}} \cdot \left(\int_a^b g(x)|f(x)|^{n+1} dx\right)^{\frac{1}{2}} = d_{n-1}^{\frac{1}{2}} \cdot d_{n+1}^{\frac{1}{2}}.$$

因 $d_n > 0$,平方得 $d_n^2 \leqslant d_{n-1} d_{n+1}$,即 $\dfrac{d_{n+1}}{d_n} \geqslant \dfrac{d_n}{d_{n-1}}$,故 $\dfrac{d_{n+1}}{d_n} \nearrow$.

2° 因 $f(x)$ 在 $[a,b]$ 上连续,$\exists M > 0$,使得 $|f(x)| \leqslant M$ 于 $[a,b]$ 上. 故

$$0 \leqslant \frac{d_{n+1}}{d_n} = \frac{\int_a^b g(x) |f(x)|^{n+1} dx}{\int_a^b g(x) |f(x)|^n dx} \leqslant \frac{M \int_a^b g(x) |f(x)|^n dx}{\int_a^b g(x) |f(x)|^n dx} = M.$$

3° 既然 $\left\{\dfrac{d_{n+1}}{d_n}\right\}$ 单调有界,所以有极限. 根据例 1.3.4 中 2)的结果,

$$\lim_{n \to \infty} \frac{d_{n+1}}{d_n} = \lim_{n \to \infty} \sqrt[n]{d_n} = \lim_{n \to \infty} \left(\int_a^b g(x) |f(x)|^n dx\right)^{\frac{1}{n}} = \max_{a \leqslant x \leqslant b} |f(x)|.$$

☆ 二、平均值不等式

a. 基本形式

定理 3 对任意 n 个实数 $a_i \geqslant 0 (i = 1, 2, \cdots, n)$,恒有

$$\sqrt[n]{a_1 a_2 \cdots a_n} \leqslant \frac{a_1 + a_2 + \cdots + a_n}{n} \tag{1}$$

(即几何平均值≤算术平均值),其中等号当且仅当 $a_1 = a_2 = \cdots = a_n$ 时成立(证明见第一章 §1.1).

☆ **例 4.4.5** 设正值函数 $f(x)$ 在 $[0,1]$ 上连续,试证: $\exp\left(\int_0^1 \ln f(x) dx\right) \leqslant \int_0^1 f(x) dx.$ (中国科学院)

证 I 由条件知 $f(x), \ln f(x)$ 在 $[0,1]$ 上可积. 将 $[0,1]$ n 等分,作积分和,

$$\int_0^1 f(x) dx = \lim_{n \to \infty} \frac{1}{n} \sum_{i=1}^n f\left(\frac{i}{n}\right),$$

$$\int_0^1 \ln f(x) dx = \lim_{n \to \infty} \frac{1}{n} \sum_{i=1}^n \ln f\left(\frac{i}{n}\right) = \lim_{n \to \infty} \ln \left[\prod_{i=1}^n f\left(\frac{i}{n}\right)\right]^{\frac{1}{n}}.$$

所以 $\exp\left(\int_0^1 \ln f(x) dx\right) = \exp\left[\lim_{n \to \infty} \ln \left(\prod_{i=1}^n f\left(\frac{i}{n}\right)\right)^{\frac{1}{n}}\right] = \lim_{n \to \infty} \left[\prod_{i=1}^n f\left(\frac{i}{n}\right)\right]^{\frac{1}{n}}.$

应用定理 3, $\left[\prod_{i=1}^n f\left(\frac{i}{n}\right)\right]^{\frac{1}{n}} \leqslant \frac{1}{n} \sum_{i=1}^n f\left(\frac{i}{n}\right)$, 故 $\exp\left(\int_0^1 \ln f(x) dx\right) \leqslant \int_0^1 f(x) dx$.

证 II 取对数,原式等价于 $\int_0^1 \ln f(x) dx \leqslant \ln \int_0^1 f(x) dx \xlongequal{\text{记}} \ln S$, 即要证

$$\int_0^1 (\ln f(x) - \ln S) dx \leqslant 0.$$

事实上,

$$\int_0^1 (\ln f(x) - \ln S) dx$$

$$= \int_0^1 \ln \frac{f(x)}{S} dx = \int_0^1 \ln \left[1 + \left(\frac{f(x)}{S} - 1\right)\right] dx \ (\text{利用} \ln(1+x) < x(x > -1))$$

$$\leqslant \int_0^1 \left(\frac{f(x)}{S} - 1 \right) \mathrm{d}x = \frac{1}{S} \int_0^1 f(x) \, \mathrm{d}x - 1 = 0.$$

证毕.

※b. 平均值不等式的推广形式

定义 1 设 $a_i \geqslant 0$ $(i = 1, 2, \cdots, n)$,记

$$M_r(a) \equiv \left(\frac{1}{n} \sum_{i=1}^{n} a_i^r \right)^{\frac{1}{r}} \quad (r > 0),$$

称 $M_r(a)$ 为 $a_1, \cdots, a_n$ 的 **r 次幂平均**. 它与算术平均值的关系是

$$M_1(a) = \frac{a_1 + a_2 + \cdots + a_n}{n} \equiv A(a), \quad M_r(a) = (A(a^r))^{\frac{1}{r}}.$$

定义 2(加权平均) $p_i > 0$ $(i = 1, 2, \cdots, n)$,记

$$M_r(a, p) \equiv \left(\frac{\displaystyle\sum_{i=1}^{n} p_i a_i^r}{\displaystyle\sum_{i=1}^{n} p_i} \right)^{\frac{1}{r}},$$

$$G(a, p) \equiv \left(\prod_{i=1}^{n} a_i^{p_i} \right)^{1 \big/ \sum\limits_{i=1}^{n} p_i} = (a_1^{p_1} a_2^{p_2} \cdots a_n^{p_n})^{\frac{1}{p_1 + p_2 + \cdots + p_n}}.$$

$M_r(a, p)$ 和 $G(a, p)$ 分别称为 $a_1, a_2, \cdots, a_n$ 的**加权(r 次幂)算术平均**和**加权几何平均**,$p_i (i = 1, 2, \cdots, n)$ 称为**权数**.

若令 $q_i = \dfrac{p_i}{p_1 + \cdots + p_n}$,则 $\displaystyle\sum_{i=1}^{n} q_i = 1$,这时

$$M_r(a, q) \equiv \left(\sum_{i=1}^{n} q_i a_i^r \right)^{\frac{1}{r}}, \quad G(a, q) \equiv \prod_{i=1}^{n} a_i^{q_i} = a_1^{q_1} a_2^{q_2} \cdots a_n^{q_n}.$$

将 p_i 改成 $q_i (i = 1, 2, \cdots, n)$ 称为权数的**标准化**.(为了简洁,以下我们将连加和连乘符号中的标号略去.)

引理 1 设 $r > 0, a_1, a_2, \cdots, a_n$ 不全相等,则 $M_r(a, q) > M_{\frac{r}{2}}(a, q)$.

证 $M_{\frac{r}{2}}(a, q) = (\sum q_i a_i^{\frac{r}{2}})^{\frac{2}{r}} = (\sum \sqrt{q_i} \sqrt{q_i} a_i^{\frac{r}{2}})^{\frac{2}{r}}$(应用 Cauchy 不等式)

$$\leqslant (\sum q_i \sum q_i a_i^r)^{\frac{1}{r}} \text{(根据 } \sum q_i = 1)$$

$$= (\sum q_i a_i^r)^{\frac{1}{r}} = M_r(a, q).$$

引理 2 $G(a, q) = \lim\limits_{r \to 0^+} M_r(a, q)$.

证 若 $a_i > 0 (i = 1, 2, \cdots, n)$,则 $a_i^r = \mathrm{e}^{\ln a_i^r} = \mathrm{e}^{r \ln a_i} = 1 + r \ln a_i + o(r^2)$. 所以

$$M_r(a, q) = (\sum q_i a_i^r)^{\frac{1}{r}} = \mathrm{e}^{\frac{1}{r} \ln \sum q_i a_i^r} = \exp\left[\frac{1}{r} \ln \sum q_i (1 + r \ln a_i + o(r^2)) \right]$$

$$= \exp\left[\frac{1}{r} \ln \left(\sum q_i + r \sum q_i \ln a_i + o(r^2) \sum q_i \right) \right] \text{ (因为 } \sum q_i = 1)$$

$$= \exp\left[\frac{1}{r} \ln \left(1 + r \sum q_i \ln a_i + o(r^2) \right) \right].$$

如此 $$\lim_{r \to 0^+} M_r(a, q) = \exp(\sum q_i \ln a_i) = \prod a_i^{q_i} = G(a, q).$$

利用这两个引理,立即可得平均值不等式的推广形式.

定理 4 设 $a_1, a_2, \cdots, a_n$ 不全相等,则有 $G(a,q) < M_1(a,q)$,即

$$a_1^{q_1} a_2^{q_2} \cdots a_n^{q_n} < q_1 a_1 + \cdots + q_n a_n \,(q_i > 0, \textstyle\sum q_i = 1),$$

亦即

$$(a_1^{p_1} a_2^{p_2} \cdots a_n^{p_n})^{\frac{1}{p_1 + p_2 + \cdots + p_n}} < \frac{p_1 a_1 + p_2 a_2 + \cdots + p_n a_n}{p_1 + p_2 + \cdots + p_n},$$

只有 $a_1, a_2, \cdots, a_n$ 全相等时 " $<$ " 才成为 " $=$ ".

证 由引理 1 知

$$M_1(a,q) > M_{\frac{1}{2}}(a,q) > M_{\frac{1}{2^2}}(a,q) > \cdots > M_{\frac{1}{2^k}}(a,q) > \lim_{r \to 0^+} M_r(a,q).$$

又由引理 2 知 $\lim\limits_{r \to 0^+} M_r(a,q) = G(a,q)$,故 $G(a,q) < M_1(a,q)$.

显然,若 $q_1 = q_2 = \cdots = q_n = \dfrac{1}{n}$,则回到定理 3. 可见定理 4 是定理 3 的推广.

※c. 平均值不等式的积分形式

定义 3 设函数 $f(x)$ 及 $p(x) > 0$ 在 $[a,b]$ 上有定义,且下面所出现的积分有意义. 记

$$A(f) = \frac{\int_a^b p(x) f(x) \,\mathrm{d}x}{\int_a^b p(x) \,\mathrm{d}x}, \quad M_r(f) = \left(\frac{\int_a^b p(x) f^r(x) \,\mathrm{d}x}{\int_a^b p(x) \,\mathrm{d}x} \right)^{\frac{1}{r}} \quad (r > 0).$$

若 $f(x) > 0$,记

$$G(f) = \exp \left(\frac{\int_a^b p(x) \ln f(x) \,\mathrm{d}x}{\int_a^b p(x) \,\mathrm{d}x} \right).$$

它们分别称为 $f(x)$ 的**加权算术平均**,**加权(r 次幂)算术平均**和**加权几何平均**,其中 $p(x) > 0$ 称为**权函数**.

若用 $q(x) = \dfrac{p(x)}{\int_a^b p(x) \,\mathrm{d}x}$ 取代 $p(x)$,则 $\int_a^b q(x) \,\mathrm{d}x = 1$,$q(x)$ 称为 $p(x)$ 的**标准化**.

注 由上述定义,明显可看出

1) $\ln G(f) = A(\ln f)$ (当 $f(x) > 0$ 时).

2) 若 α, β 为常数,则 $A(\alpha f \pm \beta g) = \alpha A(f) \pm \beta A(g)$.

3) $M_r(f) = [A(f^r)]^{\frac{1}{r}}$,$A(f) = M_1(f)$.

4) $G(f)$ 是加权几何平均 $G(a,p)$:

$$\left(\prod_{i=1}^n a_i^{p_i} \right)^{\frac{1}{p_1 + \cdots + p_n}} = \exp \left[\ln \left(\prod_{i=1}^n a_i^{p_i} \right)^{\frac{1}{\sum p_i}} \right] = \exp \left(\frac{\sum p_i \ln a_i}{\sum p_i} \right)$$

的积分形式.

5) 若 $p(x) \equiv 1$,则

$$A(f) = \frac{1}{b-a} \int_a^b f(x) \,\mathrm{d}x, \ M_r(f) = \left(\frac{1}{b-a} \int_a^b f^r(x) \,\mathrm{d}x \right)^{\frac{1}{r}}, G(f) = \exp \left(\frac{1}{b-a} \int_a^b \ln f(x) \,\mathrm{d}x \right).$$

定理 5(平均值不等式的积分形式) 设 $r > 0$,$f(x) > 0$,所证的积分有意义,则 $G(f) \leqslant A(f)$,$G(f) \leqslant M_r(f)$,即

$$\exp\left(\int_a^b q(x)\ln f(x)\,\mathrm{d}x\right) \leqslant \left(\int_a^b q(x)f^r(x)\,\mathrm{d}x\right)^{\frac{1}{r}}.$$

($r > 0$, 包括 $r = 1$ 的情况.)

证 $\forall\, r > 0$,

$$M_{\frac{r}{2}}(f) = \left(\int_a^b q(x)f^{\frac{r}{2}}(x)\,\mathrm{d}x\right)^{\frac{2}{r}}$$

$$= \left(\int_a^b \sqrt{q(x)}\cdot\sqrt{q(x)}f^{\frac{r}{2}}(x)\,\mathrm{d}x\right)^{\frac{2}{r}} \text{(应用 Schwarz 不等式)}$$

$$\leqslant \left(\int_a^b q(x)\,\mathrm{d}x\cdot\int_a^b q(x)f^r(x)\,\mathrm{d}x\right)^{\frac{1}{r}} \left(\text{因}\int_a^b q(x)\,\mathrm{d}x = 1\right)$$

$$= \left(\int_a^b q(x)f^r(x)\,\mathrm{d}x\right)^{\frac{1}{r}} = M_r(f).$$

但

$$\lim_{r\to 0^+}M_r(f) = \lim_{r\to 0^+}\left(\int_a^b q(x)f^r(x)\,\mathrm{d}x\right)^{\frac{1}{r}} = \max_{a\leqslant x\leqslant b}f(x) \stackrel{\text{记}}{=\!=\!=} \mu \text{ (见例4.1.7)},$$

且

$$G(f) = \exp\left(\int_a^b q(x)\ln f(x)\,\mathrm{d}x\right) \leqslant \exp\left(\ln\mu\int_a^b q(x)\,\mathrm{d}x\right) = \mu,$$

故

$$M_r(f) \geqslant M_{\frac{r}{2}}(f) \geqslant M_{\frac{r}{4}}(f) \geqslant \cdots \geqslant M_{\frac{r}{2^i}}(f) \geqslant \cdots \geqslant \lim_{r\to 0^+}M_r(f) = \mu \geqslant G(f).$$

$r = 1$ 时, $A(f) \geqslant G(f)$. 证明过程里 "$\geqslant$" 中的等号当且仅当 $f(x) \equiv$ 常数时成立.

*三、Hölder 不等式

a. 基本形式

定理 6（Hölder 不等式）设 $a_i, b_i \geqslant 0\ (i = 1, 2, \cdots, n)$, k, k' 为实数: $\dfrac{1}{k} + \dfrac{1}{k'} = 1$, 则

当 $k > 1$（从而 $k' > 1$）时,

$$\sum_{i=1}^n a_i b_i \leqslant \left(\sum_{i=1}^n a_i^k\right)^{\frac{1}{k}} \cdot \left(\sum_{i=1}^n b_i^{k'}\right)^{\frac{1}{k'}}; \tag{1}$$

当 $k < 1, k \neq 0$（从而 $k' < 1$）时,

$$\sum_{i=1}^n a_i b_i \geqslant \left(\sum_{i=1}^n a_i^k\right)^{\frac{1}{k}} \cdot \left(\sum_{i=1}^n b_i^{k'}\right)^{\frac{1}{k'}}, \tag{2}$$

其中等号当且仅当 a_i^k 与 $b_i^{k'}$ 成比例（即 $\exists\, \alpha, \beta$ 不全为零使 $\alpha a_i^k = \beta b_i^{k'}\ (i = 1, 2, \cdots, n)$）时成立.

证 1° 当 $k > 1$ 时 $\left(\text{这时 } k' = \dfrac{1}{1 - \dfrac{1}{k}} > 1\right)$（下文中的 $\sum$ 的上、下标跟式（1）相同, 省略）,

$$\frac{\sum a_i b_i}{\left(\sum a_i^k\right)^{\frac{1}{k}}\left(\sum b_i^{k'}\right)^{\frac{1}{k'}}} = \sum_i \left(\frac{a_i^k}{\sum a_i^k}\right)^{\frac{1}{k}}\left(\frac{b_i^{k'}}{\sum b_i^{k'}}\right)^{\frac{1}{k'}} \text{(应用定理4)}$$

$$\leqslant \sum_{i} \left[\frac{1}{k} \left(\frac{a_i^k}{\sum a_i^k} \right) + \frac{1}{k'} \left(\frac{b_i^{k'}}{\sum b_i^{k'}} \right) \right]$$

$$= \frac{1}{k} \sum \frac{a_i^k}{\sum a_i^k} + \frac{1}{k'} \sum \frac{b_i^{k'}}{\sum b_i^{k'}} = \frac{1}{k} + \frac{1}{k'} = 1,$$

"$\leqslant$"中的等号当且仅当 $\dfrac{a_i^k}{\sum a_i^k} = \dfrac{b_i^{k'}}{\sum b_i^{k'}}$ ($i = 1, 2, \cdots, n$) 时成立.

2° 当 $k < 1$ 时, 注意到 $\dfrac{1}{k} + \dfrac{1}{k'} = 1$, 可得 $k'(1-k) + k = 0$, 故

$$\sum a_i^k = \sum a_i^k b_i^{k+k'(1-k)} = \sum (a_i b_i)^k (b_i^{k'})^{1-k}.$$

利用刚证得的式(1), 把 $(a_i b_i)^k$, $(b_i^{k'})^{1-k}$, $\dfrac{1}{k}$, $\dfrac{1}{1-k}$ 分别看作式(1)中的 a_i, b_i, k, k', 则得 $\sum a_i^k \leqslant (\sum a_i b_i)^k (\sum b_i^{k'})^{1-k}$, 故

$$(\sum a_i^k)^{\frac{1}{k}} \leqslant \sum a_i b_i \cdot (\sum b_i^{k'})^{\frac{1-k}{k}} = \sum a_i b_i \cdot (\sum b_i^{k'})^{-\frac{1}{k'}}.$$

即 $\sum a_i b_i \geqslant (\sum a_i^k)^{\frac{1}{k}} (\sum b_i^{k'})^{\frac{1}{k'}}$, 等号当且仅当 a_i^k 与 $b_i^{k'}$ 成比例时成立.

^{new}**例 4.4.6**　设 $\{a_i\}$ ($i = 1, 2, \cdots, 2n$) 是 $2n$ 个不等于 1 的正数, 满足 $\prod\limits_{i=1}^{2n} a_i = 1$; 又设 $\alpha > 0, \beta = \alpha + 1$. 问 $\sum\limits_{i=1}^{2n} a_i^\alpha$ 与 $\sum\limits_{i=1}^{2n} a_i^\beta$ 哪个较大? 如何证明? (中国科学技术大学)

提示　以 $a_1 = 2, a_2 = \dfrac{1}{2}$ 及 $\alpha = 1, \beta = 2$ 为例, 猜想应为: $\sum\limits_{i=1}^{2n} a_i^\alpha \leqslant \sum\limits_{i=1}^{2n} a_i^\beta$. 可利用本节定理 6 (Hölder 不等式), 因 $\dfrac{\alpha}{\beta} + \dfrac{1}{\beta} = 1$, 设 $\dfrac{1}{k} = \dfrac{\alpha}{\beta}, \dfrac{1}{k'} = \dfrac{1}{\beta}$.

证　根据 Hölder 不等式,

$$\sum_{i=1}^{2n} a_i^\alpha = \sum_{i=1}^{2n} (a_i^\alpha \cdot 1) \leqslant \left(\sum_{i=1}^{2n} (a_i^\alpha)^{\frac{\beta}{\alpha}} \right)^{\frac{\alpha}{\beta}} \cdot \left(\sum_{i=1}^{2n} (1)^\beta \right)^{\frac{1}{\beta}}$$

$$= \left(\sum_{i=1}^{2n} a_i^\beta \right)^{\frac{\alpha}{\beta}} \cdot (2n \cdot 1)^{\frac{1}{\beta}}$$

$$= \left(\sum_{i=1}^{2n} a_i^\beta \right)^{\frac{\alpha}{\beta}} \cdot \left(2n \cdot \sqrt[2n]{\prod_{i=1}^{2n} a_i^\beta} \right)^{\frac{1}{\beta}} \quad (\text{因已知} \prod_{i=1}^{2n} a_i = 1).$$

利用平均值不等式(见例 1.1.7), 有 $\sqrt[2n]{\prod\limits_{i=1}^{2n} a_i^\beta} \leqslant \dfrac{\sum\limits_{i=1}^{2n} a_i^\beta}{2n}$, 故

$$\sum_{i=1}^{2n} a_i^\alpha \leqslant \left(\sum_{i=1}^{2n} a_i^\beta \right)^{\frac{\alpha}{\beta}} \cdot \left(2n \cdot \frac{\sum\limits_{i=1}^{2n} a_i^\beta}{2n} \right)^{\frac{1}{\beta}} = \left(\sum_{i=1}^{2n} a_i^\beta \right)^{\frac{\alpha}{\beta} + \frac{1}{\beta}} = \sum_{i=1}^{2n} a_i^\beta.$$

^{new}**练习**　设 a, b, c, d 是 4 个不等于 1 的正数, 满足 $abcd = 1$, 问如下两数哪个较大:

$$S = a^{2010} + b^{2010} + c^{2010} + d^{2010}, \quad R = a^{2011} + b^{2011} + c^{2011} + d^{2011},$$

说明理由.(中国科学技术大学) 《$S \le R$》

b. Hölder 不等式的积分形式

定理 7 设 $f(x), g(x) \ge 0$,并使得所讨论的积分有意义,$k, k' \ne 0, 1$,为共轭实数 $\left(\text{即 } \dfrac{1}{k} + \dfrac{1}{k'} = 1\right)$,则

$$k > 1 \text{ 时}, \qquad \int_a^b f(x) g(x) \, \mathrm{d}x \le \left(\int_a^b f^k(x) \, \mathrm{d}x\right)^{\frac{1}{k}} \left(\int_a^b g^{k'}(x) \, \mathrm{d}x\right)^{\frac{1}{k'}}; \tag{1}$$

$$k < 1 \text{ 时}, \qquad \int_a^b f(x) g(x) \, \mathrm{d}x \ge \left(\int_a^b f^k(x) \, \mathrm{d}x\right)^{\frac{1}{k}} \left(\int_a^b g^{k'}(x) \, \mathrm{d}x\right)^{\frac{1}{k'}}. \tag{2}$$

若 $f(x), g(x)$ 连续,则其中的等号当且仅当 $f^k(x)$ 与 $g^{k'}(x)$ 成比例(即 $\exists \alpha, \beta$ 不全为零,使得 $\alpha f^k(x) \equiv \beta \cdot g^{k'}(x)$,$\forall x \in [a, b]$)时成立.

证明与定理 6 完全类似,只要把"$\sum$"改为积分符号"$\displaystyle\int_a^b$"即可.那里应用定理 4,这里应用定理 5.

不等式(1)、(2)亦可应用积分和的极限,从定理 6 推得.

例 4.4.7 试证明:$\displaystyle\int_0^\pi x a^{\sin x} \, \mathrm{d}x \cdot \int_0^{\frac{\pi}{2}} a^{-\cos x} \, \mathrm{d}x \ge \dfrac{\pi^3}{4}$ $(a > 0)$.(广西大学)

证 令 $x = t + \dfrac{\pi}{2}$,$\displaystyle\int_0^\pi x a^{\sin x} \, \mathrm{d}x = \pi \int_0^{\frac{\pi}{2}} a^{\cos t} \, \mathrm{d}t$. 于是原式左端

$$\int_0^\pi x a^{\sin x} \, \mathrm{d}x \cdot \int_0^{\frac{\pi}{2}} a^{-\cos x} \, \mathrm{d}x = \pi \int_0^{\frac{\pi}{2}} a^{\cos x} \, \mathrm{d}x \cdot \int_0^{\frac{\pi}{2}} a^{-\cos x} \, \mathrm{d}x \quad \text{(应用定理 7)}$$

$$\ge \pi \left(\int_0^{\frac{\pi}{2}} a^{\frac{\cos x}{2} - \frac{\cos x}{2}} \, \mathrm{d}x\right)^2 = \pi \cdot \dfrac{\pi^2}{4} = \dfrac{\pi^3}{4}.$$

^{new}**练习** 设 $f(x)$ 在 $[a, b]$ 连续,且 $\min\limits_{x \in [a, b]} f(x) = 1$. 试证:$\lim\limits_{n \to \infty} \left[\displaystyle\int_a^b \dfrac{\mathrm{d}x}{(f(x))^n}\right]^{\frac{1}{n}} = 1$. (浙江大学)

证 因连续性,$\exists x_0 \in [a, b]$,使得 $f(x_0) = \min f(x) = 1$. 暂设 x_0 为内点,则 $\forall \varepsilon > 0$,$\exists \delta > 0$,当 $x \in U = U(x_0, \delta) = (x_0 - \delta, x_0 + \delta)$ 时,有 $1 \le f(x) \le 1 + \varepsilon$,从而

$$(b - a)^{\frac{1}{n}} \ge \left[\int_a^b \dfrac{\mathrm{d}x}{(f(x))^n}\right]^{\frac{1}{n}} \ge \left[\int_U \dfrac{\mathrm{d}x}{(f(x))^n}\right]^{\frac{1}{n}} \ge \dfrac{1}{1 + \varepsilon} \cdot (2\delta)^{\frac{1}{n}}.$$

令 $n \to \infty$,得

$$1 \ge \lim\limits_{n \to \infty} \left[\int_a^b \dfrac{\mathrm{d}x}{(f(x))^n}\right]^{\frac{1}{n}} \ge \dfrac{1}{1 + \varepsilon}.$$

由 $\varepsilon > 0$ 的任意性,欲证的等式成立.(若 $x_0 = a$ 或 $x_0 = b$,上述推理保持有效,只需将双侧邻域改为单侧邻域,$(2\delta)^{\frac{1}{n}}$ 改为 $\delta^{\frac{1}{n}}$ 即可.)

* 四、Minkowski 不等式

a. 基本形式

定理 8（Minkowski 不等式） 对于任意实数 $r \neq 0, 1$ 及 $a_i, b_i \geqslant 0$（$i = 1, 2, \cdots, n$），有

当 $r > 1$ 时， $\qquad \left(\sum_{i=1}^{n} (a_i + b_i)^r \right)^{\frac{1}{r}} \leqslant \left(\sum_{i=1}^{n} a_i^r \right)^{\frac{1}{r}} + \left(\sum_{i=1}^{n} b_i^r \right)^{\frac{1}{r}}, \qquad (1)$

当 $r < 1$ 时， $\qquad \left(\sum_{i=1}^{n} (a_i + b_i)^r \right)^{\frac{1}{r}} \geqslant \left(\sum_{i=1}^{n} a_i^r \right)^{\frac{1}{r}} + \left(\sum_{i=1}^{n} b_i^r \right)^{\frac{1}{r}}, \qquad (2)$

其中等号当且仅当 a_i 与 b_i 成比例（即 $\exists \alpha, \beta$ 不全为零，使得 $\alpha a_i = \beta b_i$）时成立.

式（1）又称为**距离不等式**. $r = 2, n = 3$ 时，式（1）表示 $\mathbf{R}^3$ 中三角形任一边小于另外两边之和. 因此式（1）又称**三角不等式**.

证 $r > 1$ 时，记 $s_i = a_i + b_i$，则

$$\sum_{i=1}^{n} s_i^r = \sum_{i=1}^{n} (a_i + b_i)^r = \sum_{i=1}^{n} (a_i + b_i)(a_i + b_i)^{r-1} = \sum a_i s_i^{r-1} + \sum b_i s_i^{r-1}.$$

令 $k = r, k' = \dfrac{r}{r-1}$，则 $\dfrac{1}{k} + \dfrac{1}{k'} = 1$. 对上式右端应用 Hölder 不等式，

$$\sum s_i^r \leqslant \left(\sum a_i^r \right)^{\frac{1}{r}} \left(\sum s_i^r \right)^{\frac{r-1}{r}} + \left(\sum b_i^r \right)^{\frac{1}{r}} \left(\sum s_i^r \right)^{\frac{r-1}{r}}$$

$$= \left[\left(\sum a_i^r \right)^{\frac{1}{r}} + \left(\sum b_i^r \right)^{\frac{1}{r}} \right] \cdot \left(\sum s_i^r \right)^{1 - \frac{1}{r}}.$$

两边同乘 $\left(\sum s_i^r \right)^{\frac{1}{r} - 1}$ 得

$$\left(\sum s_i^r \right)^{\frac{1}{r}} \leqslant \left(\sum a_i^r \right)^{\frac{1}{r}} + \left(\sum b_i^r \right)^{\frac{1}{r}},$$

其中 $s_i = a_i + b_i$. 式（1）得证. 由定理 6 知，等号当且仅当 a_i 与 b_i 成比例时成立.

$r < 1$ 的情况类似可证.

b. Minkowski 不等式的积分形式

定理 9 设 $f(x), g(x) \geqslant 0$，在 $[a, b]$ 上有定义，使下面积分有意义，则

当 $r > 1$ 时，

$$\left(\int_a^b (f(x) + g(x))^r \mathrm{d}x \right)^{\frac{1}{r}} \leqslant \left(\int_a^b f^r(x) \mathrm{d}x \right)^{\frac{1}{r}} + \left(\int_a^b g^r(x) \mathrm{d}x \right)^{\frac{1}{r}}, \qquad (1)$$

当 $0 < r < 1$ 时，

$$\left(\int_a^b (f(x) + g(x))^r \mathrm{d}x \right)^{\frac{1}{r}} \geqslant \left(\int_a^b f^r(x) \mathrm{d}x \right)^{\frac{1}{r}} + \left(\int_a^b g^r(x) \mathrm{d}x \right)^{\frac{1}{r}}. \qquad (2)$$

证 可仿照有限形式（定理 8）的证法，从 Hölder 不等式的积分形式推出. 不等式（1）、（2）亦可用积分和的极限，从定理 8 的不等式（1）、（2）推得.

c. n 元 Minkowski 不等式

上面的不等式立即可写出它们的一般形式.

定理 10 对于任意实数 $r \neq 0$ 及 $a_{ij} \geqslant 0 (i = 1, 2, \cdots, n; j = 1, 2, \cdots, m)$, 有

当 $r > 1$ 时,

$$\left[\sum_{i=1}^{n} (a_{i1} + a_{i2} + \cdots + a_{im})^r \right]^{\frac{1}{r}} \leqslant \left(\sum_{i=1}^{n} a_{i1}^r \right)^{\frac{1}{r}} + \left(\sum_{i=1}^{n} a_{i2}^r \right)^{\frac{1}{r}} + \cdots + \left(\sum_{i=1}^{n} a_{im}^r \right)^{\frac{1}{r}};$$

当 $0 < r < 1$ 时,

$$\left[\sum_{i=1}^{n} (a_{i1} + a_{i2} + \cdots + a_{im})^r \right]^{\frac{1}{r}} \geqslant \left(\sum_{i=1}^{n} a_{i1}^r \right)^{\frac{1}{r}} + \left(\sum_{i=1}^{n} a_{i2}^r \right)^{\frac{1}{r}} + \cdots + \left(\sum_{i=1}^{n} a_{im}^r \right)^{\frac{1}{r}},$$

等号当且仅当 $\forall j, k, (a_{ik})_{i=1}^{n}$ 与 $(a_{ij})_{i=1}^{n}$ 成比例时成立.

定理 11 设 $f_i(x) (i = 1, 2, \cdots, m)$ 在 $[a, b]$ 上有定义, 下界为正, 在 $[a, b]$ 上可积, 则当 $r > 1$ 时,

$$\left[\int_a^b (f_1(x) + \cdots + f_m(x))^r \, dx \right]^{\frac{1}{r}} \leqslant \left(\int_a^b f_1^r(x) \, dx \right)^{\frac{1}{r}} + \cdots + \left(\int_a^b f_m^r(x) \, dx \right)^{\frac{1}{r}}; \quad (1)$$

当 $0 < r < 1$ 时,

$$\left[\int_a^b (f_1(x) + \cdots + f_m(x))^r \, dx \right]^{\frac{1}{r}} \geqslant \left(\int_a^b f_1^r(x) \, dx \right)^{\frac{1}{r}} + \cdots + \left(\int_a^b f_m^r(x) \, dx \right)^{\frac{1}{r}}. \quad (2)$$

*五、Young 不等式

著名的不等式还有很多, 我们不准备一一介绍. 最后, 只介绍一个在证法上有特点的 Young 不等式.

定理 12 设 $f(x) \nearrow$, 于 $[0, +\infty)$ 上连续, $f(0) = 0, a, b > 0$, $f^{-1}(x)$ 表示 $f(x)$ 的反函数, 则

$$ab \leqslant \int_0^a f(x) \, dx + \int_0^b f^{-1}(y) \, dy, \quad (1)$$

其中等号当且仅当 $f(a) = b$ 时成立.

该式从几何上看, 是十分清楚的. 因积分等于曲边梯形的面积, 可能发生的三种情况, 如图 4.4.1 所示, 这时

$$\int_0^a f(x) \, dx = S_{OABO}, \quad \int_0^b f^{-1}(y) \, dy = S_{OCEO}, \quad ab = S_{OADEO}.$$

(其中 S_{OABO} 表示图形 $OABO$ 的面积, 如此, 等等.)

从图形看, 三种情况都有

$$S_{OABO} + S_{OCEO} \geqslant S_{OADEO},$$

并且等号只在第三种情况 $(b = f(a))$ 发生. 故从几何上看命题十分明显. 问题是分析上如何证明.

证 1° 我们先证明

$$\int_0^a f(x) \, dx + \int_0^{f(a)} f^{-1}(y) \, dy = af(a). \quad (2)$$

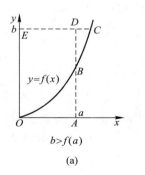
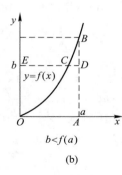
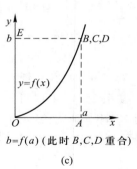

$b>f(a)$ $b<f(a)$ $b=f(a)$（此时 B,C,D 重合）

(a)   (b)   (c)

图 4.4.1

因 $f(x)\nearrow$，于 $[0,a]$ 上连续，故 $f^{-1}(y)\nearrow$，于 $[0,f(a)]$ 上连续. 因此式（2）中积分有意义. 将 $[0,a]$ n 等分，记分点为 $0=x_0<x_1<x_2<\cdots<x_n=a$，相应的点 $y_i=f(x_i)$ $(i=0,1,\cdots,n)$ 构成区间 $[0,f(a)]$ 的一个分划：

$$0=y_0<y_1<y_2<\cdots<y_n=f(a). \tag{3}$$

因为 $f(x)$ 在 $[0,a]$ 上连续，故在 $[0,a]$ 上一致连续. 因此当 $n\to\infty$ 时，对于分划（3），有

$$\max_{1\le i\le n}\Delta y_i=\max_{1\le i\le n}(y_i-y_{i-1})=\max_{1\le i\le n}[f(x_i)-f(x_{i-1})]\to0.$$

从而

$$\int_0^a f(x)\,\mathrm{d}x+\int_0^{f(a)}f^{-1}(y)\,\mathrm{d}y$$

$$=\lim_{n\to\infty}\Big(\sum_{i=1}^n f(x_i)\Delta x_i+\sum_{i=1}^n f^{-1}(y_{i-1})\Delta y_i\Big)$$

$$=\lim_{n\to\infty}\sum_{i=1}^n\big[f(x_i)(x_i-x_{i-1})+f^{-1}(f(x_{i-1}))(f(x_i)-f(x_{i-1}))\big]$$

$$=\lim_{n\to\infty}\sum_{i=1}^n\big[f(x_i)(x_i-x_{i-1})+x_{i-1}(f(x_i)-f(x_{i-1}))\big]$$

$$=\lim_{n\to\infty}\sum_{i=1}^n\big[x_i f(x_i)-x_{i-1}f(x_{i-1})\big]=\lim_{n\to\infty}\big[x_n f(x_n)-x_0 f(x_0)\big]$$

$$=\lim_{n\to\infty}\big[af(a)-0\cdot f(0)\big]=af(a).$$

式（2）获证.

2° 由式（2）可知，若 $f(a)=b$，则式（1）中等号成立.

3° 若 $0<b<f(a)$，则由 $f(x)$ 的连续性可知，$\exists x_0\in(0,a)$ 使得 $f(x_0)=b$. 故

$$\int_0^a f(x)\,\mathrm{d}x+\int_0^b f^{-1}(y)\,\mathrm{d}y$$

$$=\int_0^{x_0}f(x)\,\mathrm{d}x+\int_{x_0}^a f(x)\,\mathrm{d}x+\int_0^b f^{-1}(y)\,\mathrm{d}y$$

$$= \int_{x_0}^a f(x)\,\mathrm{d}x + \left(\int_0^{x_0} f(x)\,\mathrm{d}x + \int_0^{f(x_0)} f^{-1}(y)\,\mathrm{d}y \right) \quad (因\, b = f(x_0))$$

$$> f(x_0)(a - x_0) + x_0 f(x_0) \quad (应用式(2))$$

$$= af(x_0) = ab.$$

4° $b > f(a)$ 时,只要把 $f(x)$ 看作 $f^{-1}(y)$ 的反函数,就可由 3°的结论得到.

5° 联系 2°,3°,4°时可知式(1)成立,当且仅当 $f(a) = b$ 时式(1)中的等号成立.

例 4.4.8 证明:当 $a,b \geqslant 1$ 时,不等式 $ab \leqslant e^{a-1} + b\ln b$ 成立.(安徽大学)

提示 $f(x) = e^x - 1 \nearrow$,连续,$f^{-1}(y) = \ln(1 + y)$. 因为 $a,b > 1$,应用 Young 不等式,得

$$(a-1)(b-1) \leqslant \int_0^{a-1} f(x)\,\mathrm{d}x + \int_0^{b-1} f^{-1}(y)\,\mathrm{d}y,$$

即得欲证不等式.

例 4.4.9 设 $a,b > 0,p > 1, \dfrac{1}{p} + \dfrac{1}{q} = 1$,试证:$ab \leqslant \dfrac{a^p}{p} + \dfrac{b^q}{q}$.

证 I 因为 $p > 1$,故 $f(x) = x^{p-1} \nearrow$,连续. 当 $x \geqslant 0$ 时,$f^{-1}(y) = y^{\frac{1}{p-1}} = y^{q-1}$ $\left(\dfrac{1}{p-1} = q-1 \right)$. 应用 Young 不等式,有

$$ab \leqslant \int_0^a f(x)\,\mathrm{d}x + \int_0^b f^{-1}(y)\,\mathrm{d}y = \frac{a^p}{p} + \frac{b^q}{q}.$$

证 II 令 $f(x) = \dfrac{x^p}{p} + \dfrac{b^q}{q} - bx \ (x > 0)$,则

$$f'(x) = x^{p-1} - b \begin{cases} > 0, & 当\, x > b^{\frac{1}{p-1}}\,时, \\ < 0, & 当\, x < b^{\frac{1}{p-1}}\,时. \end{cases}$$

所以,$f(x)$ 在 $x = b^{\frac{1}{p-1}}$ 处最小,但 $f(b^{\frac{1}{p-1}}) = 0$,故 $f(a) \geqslant 0$.

注 例 4.4.9 的不等式有时也被称为 Young 不等式,常用于缩放,如例 5.1.22 的练习 2.

✍ 单元练习 4.4

4.4.1 证明:$0.83 < \displaystyle\int_0^1 \dfrac{\mathrm{d}x}{\sqrt{1 + x^4}} < 0.95$.

提示 将区间 $[0,1]$ 二等分,作为分划,则 0.83 和 0.95 分别是积分的(Darboux 下和与 Darboux 上和.

4.4.2 设 $f(x)$ 在 $[a,b]$ 上有连续导数,$f(a) = 0$. 试证:$M^2 \leqslant (b-a)\displaystyle\int_a^b f'^2(x)\,\mathrm{d}x$,其中 $M = \max\limits_{a \leqslant x \leqslant b} |f(x)|$.

提示 利用 Schwarz 不等式:$f^2(x) = \left(\displaystyle\int_a^x |f'(t)|\,\mathrm{d}t \right)^2 \leqslant (x-a)\displaystyle\int_a^x (f'(t))^2\,\mathrm{d}t$,然后两端同时取最大值.

4.4.3 设 $f(x)$ 在 $[0,1]$ 上有连续导数,且 $f(1)-f(0)=1$. 证明:$\int_0^1 f'^2(x)\mathrm{d}x \geq 1$. (国外赛题)

提示 令 $F(x)=f(x)-f(0)$,则 $F'(x)=f'(x)$,$F(x)$ 满足上题的条件,可利用上题的结果(或用类似方法进行推证).

再提示 $\int_0^1 (f'(x))^2\mathrm{d}x = (1-0)\int_0^1 (F'(x))^2\mathrm{d}x \overset{\text{题}4.4.2}{\geq} \max_{0\leq x\leq 1} F^2(x) \geq F^2(1) = 1.$

4.4.4 设 $f(x)$ 在 $[a,b]$ 上有连续导数$(0<a<b)$,$f(a)=f(b)=0$,$\int_a^b f^2(x)\mathrm{d}x=1$. 试证:$\int_a^b x^2 f'^2(x)\mathrm{d}x > \frac{1}{4}$.

提示 $1\overset{\text{已知}}{=}\left(\int_a^b f^2(x)\mathrm{d}x\right)^2 \overset{\text{分部积分}}{=} 4\left(\int_a^b f(x)\cdot f'(x)x\mathrm{d}x\right)^2$,再用 Schwarz 不等式.

4.4.5 证明:$\ln\frac{p}{q}\leq\frac{p-q}{\sqrt{pq}}$ $(0<q\leq p)$.

提示 方法 I:用积分(Schwarz 不等式);方法 II:用导数.

再提示 用方法 I 时:若 $p=q$ 是平凡的,原式变为 $0=0$.

当 $0<q<p$ 时,$\ln\frac{p}{q}=\ln p-\ln q=\int_q^p \frac{1}{x}\cdot 1\mathrm{d}x$ (应用 Schwarz 不等式)

$$\leq\left(\int_q^p\left(\frac{1}{x}\right)^2\mathrm{d}x\cdot\int_q^p 1^2\mathrm{d}x\right)^{\frac{1}{2}}=\left[\left(\frac{1}{q}-\frac{1}{p}\right)(p-q)\right]^{\frac{1}{2}}=\frac{p-q}{\sqrt{pq}}.$$

用方法 II 时:原式可写为:$\ln\frac{p}{q}\leq\sqrt{\frac{p}{q}}-\sqrt{\frac{q}{p}}$. 设 $x=\sqrt{\frac{p}{q}}\geq 1(0<q\leq p)$,则问题化为:当 $x\geq 1$ 时,求证:$2\ln x\leq x-\frac{1}{x}$.

令 $F(x)=2\ln x-x+\frac{1}{x}$. 因 $F(1)=0$,$F'(x)=-\frac{(x-1)^2}{x^2}<0$,故 $F(x)<0$ $(x>1)$,即 $2\ln x\leq x-\frac{1}{x}$. 证毕.

4.4.6 设函数 $f(x)$ 在 $[a,b]$ 上有连续导数,$f(a)=f(b)=0$. 试证:
$$\int_a^b |f(x)f'(x)|\mathrm{d}x \leq \frac{b-a}{4}\int_a^b f'^2(x)\mathrm{d}x,$$
并且 $\frac{b-a}{4}$ 不能再小.

提示 令 $F(x)=\int_a^x |f'(t)|\mathrm{d}t.$

再提示 1° 此时,$F'(x)=|f'(x)|$,$F(x)\geq\left|\int_a^x f'(t)\mathrm{d}t\right|=|f(x)|$. 将区间 $[a,b]$ 的中点记为 c,即 $c=\frac{a+b}{2}$,那么

$$\int_a^b |f(x)f'(x)|\mathrm{d}x=\int_a^c |f(x)f'(x)|\mathrm{d}x+\int_c^b |f(x)f'(x)|\mathrm{d}x\overset{\text{记}}{=}I_1+I_2.$$

$$I_1=\int_a^c |f(x)f'(x)|\mathrm{d}x\leq\int_a^c F(x)F'(x)\mathrm{d}x$$

$$\underline{\underline{\text{因 } F(a) = 0}} \frac{1}{2} F^2(c) = \frac{1}{2} \left(\int_a^c |f'(x)| \cdot 1 \mathrm{d}x \right)^2 \text{(应用 Schwarz 不等式)}$$

$$\leqslant \frac{b-a}{4} \int_a^c f'^2(x) \mathrm{d}x. \tag{1}$$

同理,因 $f(b) = 0$,有

$$I_2 = \int_c^b |f(x)f'(x)| \mathrm{d}x \leqslant \frac{b-a}{4} \int_c^b f'^2(x) \mathrm{d}x. \tag{2}$$

因此

$$\int_a^b |f(x)f'(x)| \mathrm{d}x = I_1 + I_2 \leqslant \frac{b-a}{4} \int_a^b f'^2(x) \mathrm{d}x.$$

2° (为什么 $\frac{b-a}{4}$ 不能再小?)作折线函数

$$f_1(x) = \begin{cases} x-a, & x \in (a,c), \\ b-x, & x \in (c,b), \end{cases}$$

在 $[a,b]$ 上连续,满足 $f_1(a) = f_1(b)$,且使原不等式左、右两端都等于 $\frac{(b-a)^2}{4}$(变成了等式). $f_1(x)$ 仅在 $x=c$ 处无导数,若在 c 点的任意小邻域里,换成光滑函数就可保证可微性,邻域充分小,就可使积分值改变任意小,与 $\frac{b-a}{4}$ 之差能任意小. 可见 $\frac{b-a}{4}$ 不能再小.

4.4.7 若 $u_1, u_2, \cdots, u_n \geqslant 0, u_1 \cdot u_2 \cdot \cdots \cdot u_n = 1$,则有 $u_1 + u_2 + \cdots + u_n \geqslant n$. 试证明这一结论,并由它导出定理 3(平均值不等式).

证 1° 本节定理 4 指出:若 $p_i \geqslant 1 (i = 1, 2, \cdots, n), a_i \geqslant 0 (i = 1, 2, \cdots, n)$,则有

$$(a_1^{p_1} \cdot a_2^{p_2} \cdot \cdots \cdot a_n^{p_n})^{\frac{1}{p_1 + p_2 + \cdots + p_n}} \leqslant \frac{p_1 a_1 + p_2 a_2 + \cdots + p_n a_n}{p_1 + p_2 + \cdots + p_n}.$$

令 $a_i = u_i > 0$,并取 $p_i = 1 (i = 1, 2, \cdots, n)$,应用上式得

$$1 \underline{\underline{\text{已知}}} (u_1 \cdot u_2 \cdot \cdots \cdot u_n)^{\frac{1}{n}} \leqslant \frac{1}{n} (u_1 + u_2 + \cdots + u_n).$$

故 $u_1 + u_2 + \cdots + u_n \geqslant n$. 本命题成立.

2° 反之,若本命题成立,即:"若正数之积 $u_1 \cdot u_2 \cdot \cdots \cdot u_n = 1$,则 $u_1 + u_2 + \cdots + u_n \geqslant n$."

因此,对任意 $a_i > 0 (i = 1, 2, \cdots, n)$,令 $u_i = \dfrac{a_i}{\sqrt[n]{a_1 a_2 \cdots a_n}} (i = 1, 2, \cdots, n)$,则 u_i 满足条件:

$u_1 \cdot u_2 \cdot \cdots \cdot u_n = 1$. 应用本命题,得 $u_1 + u_2 + \cdots + u_n \geqslant n$,亦即 $\displaystyle\sum_{i=1}^n \frac{a_i}{\sqrt[n]{a_1 a_2 \cdots a_n}} \geqslant n$. 故

$$\frac{1}{n} \sum_{i=1}^n a_i \geqslant \sqrt[n]{a_1 a_2 \cdots a_n}.$$

(即平均值不等式获证.)

☆**4.4.8** 设 $x_1, x_2, \cdots, x_n$ 是正数,且 $n \geqslant 1$. 证明: $\sqrt[n]{x_1 x_2 \cdots x_n} \geqslant \dfrac{1}{\dfrac{1}{n} \left(\dfrac{1}{x_1} + \dfrac{1}{x_2} + \cdots + \dfrac{1}{x_n} \right)}$. (中山

大学)

提示 参看例 3.4.8.

4.4.9 设 $f(x) \nearrow$,连续(当 $x \geqslant 0$ 时),$f(0) = 0, a, b \geqslant 0$,试证:$ab \leqslant af(a) + bf^{-1}(b)$.

证 因 $f(x)\nearrow$，记 $f(a)=\max\limits_{0\leqslant x\leqslant a}f(x)$，$f(b)=\max\limits_{0\leqslant x\leqslant b}f^{-1}(x)$．利用 Young 不等式，得

$$ab\leqslant\int_0^a f(x)\mathrm{d}x+\int_0^b f^{-1}(x)\mathrm{d}x\leqslant af(a)+bf^{-1}(b).$$

4.4.10 （Чебышев 定理）若 $\forall i,j$，有 $(a_i-a_j)(b_i-b_j)\geqslant0$，则 a_i,b_i 称为拟序的．若恒有相反的不等式，则称之为反序的．试证：a_i,b_i 拟序时，

$$\Big(\sum_{i=1}^n a_i\Big)\Big(\sum_{i=1}^n b_i\Big)\leqslant n\sum_{i=1}^n a_ib_i,$$

a_i,b_i 反序时此不等式反向，等号当且仅当 $a_1=a_2=\cdots=a_n$ 或 $b_1=b_2=\cdots=b_n$ 时成立．

注 拟序意即：当 $i\neq j$ 时 (a_i-a_j) 与 (b_i-b_j) 同号（反序则指异号）．

证 I 证（原式）右端 $-$ 左端 $=\dfrac{1}{2}\sum\limits_{i=1}^n\sum\limits_{j=1}^n(a_i-a_j)(b_i-b_j)\begin{cases}\geqslant0(\text{拟序时}),\\\leqslant0(\text{反序时}).\end{cases}$ 事实上，

（原式）右端 $=n\sum\limits_{i=1}^n a_ib_i=\sum na_ib_i=\sum\limits_{i=1}^n\sum\limits_{j=1}^n a_ib_i(\text{或}=\sum\limits_{i=1}^n\sum\limits_{j=1}^n a_jb_j)$，

（原式）左端 $=\sum\limits_{i=1}^n a_i\sum\limits_{i=1}^n b_i=\sum\limits_{i=1}^n a_i\sum\limits_{j=1}^n b_j=\sum\limits_{i=1}^n\sum\limits_{j=1}^n a_ib_j.$

因此

$$\text{右端}-\text{左端}=\sum_{i=1}^n\sum_{j=1}^n a_ib_i-\sum_{i=1}^n\sum_{j=1}^n a_ib_j=\sum_{i=1}^n\sum_{j=1}^n(a_ib_i-a_ib_j)$$

或 $$\text{右端}-\text{左端}=\sum_{i=1}^n\sum_{j=1}^n a_jb_j-\sum_{i=1}^n\sum_{j=1}^n a_ib_j=\sum_{i=1}^n\sum_{j=1}^n(a_jb_j-a_ib_j).$$

两式相加除以 2，得

$$\text{右端}-\text{左端}=\frac{1}{2}\sum_{i=1}^n\sum_{j=1}^n(a_ib_i-a_ib_j+a_jb_j-a_ib_j)$$

$$=\frac{1}{2}\sum_{i=1}^n\sum_{j=1}^n(a_i-a_j)(b_i-b_j)\begin{cases}\geqslant0(\text{拟序时}),\\\leqslant0(\text{反序时}).\end{cases}$$

证 II （用数学归纳法，只证"拟序"情况，"反序"类似．）

1° $n=1$ 时平凡；当 $n=2$ 时也明显，因为

$$\text{右端}-\text{左端}=2(a_1b_1+a_2b_2)-(a_1+a_2)(b_1+b_2)=(a_2-a_1)(b_2-b_1)\geqslant0.$$

2° 设 $n=k$ 时命题成立：

$$k\sum_{j=1}^k a_jb_j-\sum_{j=1}^k a_j\sum_{j=1}^k b_j\geqslant0. \tag{1}$$

要证 $n=k+1$ 也成立：

$$(k+1)\sum_{j=1}^{k+1} a_jb_j-\sum_{j=1}^{k+1} a_j\sum_{j=1}^{k+1} b_j\geqslant0. \tag{2}$$

实际上，

$$\text{式(2)左端}=(k+1)\Big(\sum_{j=1}^k a_jb_j+a_{k+1}b_{k+1}\Big)-\Big(\sum_{j=1}^k a_j+a_{k+1}\Big)\Big(\sum_{j=1}^k b_j+b_{k+1}\Big)$$

$$=\Big(k\sum_{j=1}^k a_jb_j+ka_{k+1}b_{k+1}+\sum_{j=1}^k a_jb_j+\underline{a_{k+1}b_{k+1}}\Big)-$$

$$\Big(\underline{\sum_{j=1}^k a_j\sum_{j=1}^k b_j}+b_{k+1}\sum_{j=1}^k a_j+a_{k+1}\sum_{j=1}^k b_j+\underline{a_{k+1}b_{k+1}}\Big)\text{利用式(1)}$$

$$\geqslant \left(\sum_{j=1}^{k} a_{k+1} b_{k+1} + \sum_{j=1}^{k} a_j b_j \right) - \left(\sum_{j=1}^{k} a_j b_{k+1} + \sum_{j=1}^{k} a_{k+1} b_j \right)$$

$$= \sum_{j=1}^{k} (a_{k+1} - a_j)(b_{k+1} - b_j) \geqslant 0. \text{(因为拟序,每项非负和也非负.)}$$

反序的情况只要将不等号反向,推理仍有效.

3° (证明等号成立的充要条件是: $a_1 = a_2 = \cdots = a_n$ 或 $b_1 = b_2 = \cdots = b_n$.)

已证:拟序时,原不等式可转化为 $\sum_{i=1}^{n} \sum_{j=1}^{n} (a_i - a_j)(b_i - b_j) \geqslant 0$. 可见上述条件直接使不等式成为等式. 充分性明显,只需证明必要性.

若不等式成为等式(即:每项非负,其和也为零),则每项必为零: $(a_i - a_j)(b_i - b_j) = 0 (\forall i,j)$.

如果 $a_i - a_j, b_i - b_j$ 统统为零,问题已明. 若有一个 $a_i - a_j, b_i - b_j$ 不为零,例如: $a_i - a_j \neq 0$,则可推出 $b_1 = b_2 = \cdots = b_n$. 事实上,由 $(a_i - a_j)(b_i - b_j) = 0, a_i - a_j \neq 0$,知 $b_i = b_j$. 对其他每个下标 $k \neq i, j$ 也应有 $b_k = b_i = b_j$,否则由 $b_k - b_j \neq 0$ 和 $(a_k - a_j)(b_k - b_j) = 0$ 可得 $a_k = a_j$;由 $b_k - b_i \neq 0$ 和 $(a_k - a_i)(b_k - b_i) = 0$ 可得 $a_k = a_i$. 如此 $a_i = a_j$ 与 $a_i - a_j \neq 0$ 矛盾.

同理,若有某个 $b_i - b_j \neq 0$,则得 $a_1 = a_2 = \cdots = a_n$. (必要性获证)(反序情况类似可证).

4.4.11 [new] (上题的积分形式)假设函数 $f(x)$ 和 $g(x)$ 都在 $[a, b]$ 上可积,且 f 和 g 为拟序的(即:同为递增(或同为递减)),那么有如下不等式成立:

$$\int_a^b f(x) \, dx \cdot \int_a^b g(x) \, dx \leqslant (b - a) \int_a^b f(x) g(x) \, dx.$$

若 f 和 g 为反序的(即其一递增,另一递减),则该不等式反向.

提示 例如:作积分和时,将 $[a, b]$ n 等分,每个小区间的 ξ_i 都统一取右端点(或左端点),不等式两端都如此操作. 写出积分和后,(根据上题)有不等式成立. 然后令 $n \to \infty$,取极限即得欲求的积分不等式. (也可先证明积分形式,再利用阶梯函数得出离散形式.)

注 不等式 $\sum_{i=1}^{n} a_i \sum_{i=1}^{n} b_i \leqslant n \sum_{i=1}^{n} a_i b_i$, $\int_a^b f(x) \, dx \cdot \int_a^b g(x) \, dx \leqslant (b - a) \int_a^b f(x) g(x) \, dx$ 可分别改写为均值形式:

$$\frac{1}{n} \sum_{i=1}^{n} a_i \cdot \frac{1}{n} \sum_{i=1}^{n} b_i \leqslant \frac{1}{n} \sum_{i=1}^{n} a_i b_i \text{ 和 } \frac{1}{b-a} \int_a^b f(x) \, dx \cdot \frac{1}{b-a} \int_a^b g(x) \, dx \leqslant \frac{1}{b-a} \int_a^b f(x) g(x) \, dx$$

(可称为:"均值的乘积"小于"乘积的均值").

4.4.12 [new] (Чебышев 定理(级数形式的推广))设 $q_i > 0 (i = 1, 2, \cdots, n)$ 满足 $\sum_{i=1}^{n} q_i = 1$ (q_i 称为权数),则(当 a_i, b_i 为拟序时)有不等式:

$$\sum_{i=1}^{n} q_i a_i \cdot \sum_{i=1}^{n} q_i b_i \leqslant \sum_{i=1}^{n} q_i a_i b_i. \tag{1}$$

或等价地:对 $p_i > 0 (i = 1, 2, \cdots, n)$,有

$$\sum_{i=1}^{n} p_i a_i \cdot \sum_{i=1}^{n} p_i b_i \leqslant \sum_{i=1}^{n} p_i \sum_{i=1}^{n} p_i a_i b_i. \tag{2}$$

注 在式(2)里,若 $\sum_{i=1}^{n} p_i = 1$,就回到式(1)(因此式(1)可看成式(2)的特例). 式(2)两端同除以 $\sum_{i=1}^{n} p_i$,并令 $q_i = \dfrac{p_i}{\sum_{i=1}^{n} p_i}$,则式(2)可从式(1)获证.

另外,当 a_i 与 b_i 反序时:以上各式中的"≤"应改为"≥".

^{new}**4.4.13** (Чебышев 定理(积分形式的推广))设 $p(x) > 0$ 和 f, g 满足条件:p, f, g 都在 $[a, b]$ 可积,f, g 同增(或同减),则有如下积分不等式成立:

$$\int_a^b p(x)f(x)\,\mathrm{d}x \cdot \int_a^b p(x)g(x)\,\mathrm{d}x \leqslant \int_a^b p(x)\,\mathrm{d}x \int_a^b p(x)f(x)g(x)\,\mathrm{d}x. \tag{1}$$

证 (参考 4.4.10 题的证 I,用类似方法证明式(1).)

$$(\text{式}(1)) \text{ 右端} = \int_a^b p(x)\,\mathrm{d}x \int_a^b p(y)f(y)g(y)\,\mathrm{d}y \tag{2}$$

或
$$(\text{式}(1)) \text{ 右端} = \int_a^b p(y)\,\mathrm{d}y \int_a^b p(x)f(x)g(x)\,\mathrm{d}x, \tag{2'}$$

$$(\text{式}(1)) \text{ 左端} = \int_a^b p(x)f(x)\,\mathrm{d}x \cdot \int_a^b p(y)g(y)\,\mathrm{d}y \tag{3}$$

或
$$(\text{式}(1)) \text{ 左端} = \int_a^b p(y)f(y)\,\mathrm{d}y \cdot \int_a^b p(x)g(x)\,\mathrm{d}x. \tag{3'}$$

(2) − (3) 得

$$\begin{aligned}
\text{右端} - \text{左端} &= \int_a^b p(x)\,\mathrm{d}x \int_a^b p(y)f(y)g(y)\,\mathrm{d}y - \int_a^b p(x)f(x)\,\mathrm{d}x \cdot \int_a^b p(y)g(y)\,\mathrm{d}y \\
&= \int_a^b \int_a^b [p(x)p(y)f(y)g(y) - p(x)f(x)p(y)g(y)]\,\mathrm{d}x\mathrm{d}y \\
&= \int_a^b \int_a^b [p(x)p(y)g(y)(f(y) - f(x))]\,\mathrm{d}x\mathrm{d}y. \tag{4}
\end{aligned}$$

(2′) − (3′) 得

$$\text{右端} - \text{左端} = \int_a^b \int_a^b [p(x)p(y)g(x)(f(x) - f(y))]\,\mathrm{d}x\mathrm{d}y. \tag{5}$$

$[(4) + (5)] \div 2$ 得

$$\text{右端} - \text{左端} = \frac{1}{2}\int_a^b \int_a^b [p(x)p(y)(f(x) - f(y)) \cdot (g(x) - g(y))]\,\mathrm{d}x\mathrm{d}y \geqslant 0.$$

式(1) 证毕.

§4.5 反 常 积 分

导读 (一元)反常积分是各类考试的热点之一. 非数学院系学生可只侧重于计算.

本节内容包括:反常积分的计算,收敛性的判定,反常积分的极限,无穷限反常积分敛散性与无穷远处的状态,反常积分作为"积分和"的极限.

☆ 一、反常积分的计算

a. 三大基本方法

Newton-Leibniz 公式,变量替换法,分部积分法,是计算反常积分的三大基本方法.

要点   设 $\int_a^b f(x)\,dx$ 是反常积分, b 为唯一的奇点(b 为有限数或 $+\infty$),计算 $\int_a^b f(x)\,dx$.

1)(用 Newton-Leibniz 公式)若 $f(x)$ 在 $[a,b)$ 内连续,且 $F(x)$ 为 $f(x)$ 的原函数,则

$$\int_a^b f(x)\,dx = F(x)\Big|_a^{b-0} = F(b-0) - F(a).$$

2)(变量替换法)若 $\varphi(t)$ 在 $[\alpha,\beta)$ 内单调,有连续的导数 $\varphi'(t), \varphi(\alpha)=a$, $\varphi(\beta-0)=b$(β 为有限数或无穷大),则 $\int_a^b f(x)\,dx = \int_\alpha^\beta f(\varphi(t))\varphi'(t)\,dt$.

3)(分部积分法)设 $u=u(x), v=v(x)$ 在 $[a,b)$ 内有连续的导数,则

$$\int_a^b u(x)v'(x)\,dx = \int_a^b u\,dv = u(x)v(x)\Big|_a^{b-0} - \int_a^b v(x)u'(x)\,dx.$$

一般来说,变量替换与分部积分只把一个积分换为另一个积分,最后还是靠 Newton-Leibniz 公式算出积分值. 但不善于用变量替换与分部积分,常常无法应用 Newton-Leibniz 公式.

例 4.5.1   计算反常积分 $I = \int_{-\infty}^{+\infty} |t-x|^{\frac{1}{2}} \dfrac{y}{(t-x)^2 + y^2}\,dt$.

解   (这里 x,y 为参变量,t 为积分变量)令 $t-x=u$,则

$$I = \int_{-\infty}^{+\infty} |u|^{\frac{1}{2}} \frac{y\,du}{u^2 + y^2} = 2\int_0^{+\infty} \frac{u^{\frac{1}{2}} y\,du}{u^2 + y^2}.$$

再令 $\dfrac{u^{\frac{1}{2}}}{\sqrt{y}} = v$,则

$$I = 4\sqrt{y}\int_0^{+\infty} \frac{v^2\,dv}{v^4 + 1}. \tag{1}$$

令 $v = \dfrac{1}{w}$,作变量替换,然后,仍把积分变量写成 v,则

$$\int_0^{+\infty} \frac{v^2\,dv}{v^4 + 1} = \int_0^{+\infty} \frac{1}{1 + w^4}\,dw = \int_0^{+\infty} \frac{dv}{1 + v^4}.$$

此式左端和右端相加,除以 2,知

$$\int_0^{+\infty} \frac{v^2\,dv}{v^4 + 1} = \frac{1}{2}\int_0^{+\infty} \frac{1 + v^2}{1 + v^4}\,dv \quad (\text{拆项}) \tag{2}$$

$$= \frac{1}{4}\int_0^{+\infty} \left(\frac{1}{1 + v^2 + \sqrt{2}v} + \frac{1}{1 + v^2 - \sqrt{2}v} \right)dv$$

$$= \frac{\sqrt{2}}{4}\left(\arctan \frac{v + \dfrac{1}{\sqrt{2}}}{\dfrac{1}{\sqrt{2}}} + \arctan \frac{v - \dfrac{1}{\sqrt{2}}}{\dfrac{1}{\sqrt{2}}} \right)\Bigg|_0^{+\infty}$$

$$= \frac{\sqrt{2}}{4} \pi.$$

代入式(1)得
$$I = \sqrt{2} \pi \sqrt{y}.$$

附注 式(2)右端的积分可另解如下：

$$\int_0^{+\infty} \frac{1+v^2}{1+v^4} dv = \int_0^{+\infty} \frac{1+\frac{1}{v^2}}{v^2+\frac{1}{v^2}} dv = \int_0^{+\infty} \frac{d\left(v-\frac{1}{v}\right)}{\left(v-\frac{1}{v}\right)^2+2}$$

$$= \frac{1}{\sqrt{2}} \arctan\left(v-\frac{1}{v}\right) \Big|_0^{+\infty} = \frac{\pi}{\sqrt{2}}.$$

^{new}**练习** 假设 $f: \mathbf{R} \to \mathbf{R}$ 是有界连续函数，求 $\lim\limits_{t \to 0+} \int_{\mathbf{R}} \frac{t}{t^2+x^2} f(x) dx$. (北京大学) 　　　《$\pi f(0)$》

提示 $\lim\limits_{t \to 0+} \left| \int_1^{+\infty} \frac{t}{t^2+x^2} f(x) dx \right| \leq M \lim\limits_{t \to 0+} \int_1^{+\infty} \frac{t}{t^2+x^2} dx = 0$ （M 是 $|f(x)|$ 的上界）. 而 $\lim\limits_{t \to 0+} \int_0^1 \frac{t}{t^2+x^2} f(x) dx = \frac{\pi}{2} f(0)$ (例 4.1.5). 负半轴类似.

例 4.5.2 证明等式

$$\int_0^{+\infty} f\left(ax + \frac{b}{x}\right) dx = \frac{1}{a} \int_0^{+\infty} f\left(\sqrt{t^2 + 4ab}\right) dt, \tag{1}$$

其中 $a, b > 0$ (假定两积分有意义).

分析 比较该等式的两边，必须使得

$$ax + \frac{b}{x} = \sqrt{t^2 + 4ab}. \tag{2}$$

因 $a, b, x > 0$，此即要求 $\left(ax + \frac{b}{x}\right)^2 = t^2 + 4ab$，亦即 $\left(ax - \frac{b}{x}\right)^2 = t^2$. 故我们选取变换：

$$ax - \frac{b}{x} = t.$$

证 令
$$ax - \frac{b}{x} = t, \tag{3}$$

此时式(2)成立. (2) + (3) 可得

$$x = \frac{1}{2a}\left(t + \sqrt{t^2 + 4ab}\right), \quad dx = \frac{t + \sqrt{t^2 + 4ab}}{2a \sqrt{t^2 + 4ab}} dt.$$

于是式(1)左端的积分（设为 I）

$$I = \int_0^{+\infty} f\left(ax + \frac{b}{x}\right) dx = \frac{1}{2a} \left(\int_{-\infty}^0 + \int_0^{+\infty}\right) f\left(\sqrt{t^2 + 4ab}\right) \frac{t + \sqrt{t^2 + 4ab}}{\sqrt{t^2 + 4ab}} dt,$$

在右边第一个积分里令 $t = -u$，

$$I = \frac{1}{2a} \left[\int_0^{+\infty} f\left(\sqrt{u^2 + 4ab}\right) \frac{\sqrt{u^2 + 4ab} - u}{\sqrt{u^2 + 4ab}} du + \right.$$

$$\int_0^{+\infty} f(\sqrt{t^2 + 4ab}) \frac{t + \sqrt{t^2 + 4ab}}{\sqrt{t^2 + 4ab}} dt \Bigg],$$

再将 u 改写成 t,两积分合并,$I = \dfrac{1}{a}\displaystyle\int_0^{+\infty} f(\sqrt{t^2 + 4ab}) dt$. 式(1)获证.

例 4.5.3   已知 $\displaystyle\int_0^{+\infty} e^{-x^2} dx = \dfrac{\sqrt{\pi}}{2}$,试证 $\displaystyle\int_0^{+\infty} e^{-a^2x^2 - \frac{b^2}{x^2}} dx = \dfrac{\sqrt{\pi}}{2a} e^{-2ab}$.

提示   可利用上例的结果或方法. 注意

$$\int_0^{+\infty} e^{-a^2x^2 - \frac{b^2}{x^2}} dx = e^{2ab} \int_0^{+\infty} e^{-\left(ax + \frac{b}{x}\right)^2} dx = \frac{\sqrt{\pi}}{2a} e^{-2ab}.$$

利用分部积分法,常常可获得递推公式,或把困难的积分变成较易的积分.

例 4.5.4   设 m, n 为自然数,求 $\displaystyle\int_0^1 t^n (\ln t)^m dt$. (北京师范大学)

解 $I_m = \displaystyle\int_0^1 t^n (\ln t)^m dt = \dfrac{1}{n+1} \int_0^1 (\ln t)^m dt^{n+1}$

$$= \frac{1}{n+1} t^{n+1} (\ln t)^m \bigg|_0^1 - \frac{m}{n+1} \int_0^1 t^n (\ln t)^{m-1} dt = -\frac{m}{n+1} I_{m-1}.$$

至此已得一递推公式. 反复使用此式,

$$I_m = -\frac{m}{n+1} \left(-\frac{m-1}{n+1}\right) \cdots \left(-\frac{1}{n+1}\right) I_0$$

$$= (-1)^m \frac{m!}{(n+1)^m} \int_0^1 t^n dt = (-1)^m \frac{m!}{(n+1)^{m+1}}.$$

☆**例 4.5.5**   计算积分 $\displaystyle\int_0^{\frac{\pi}{2}} \cos(2nx) \ln(\cos x) dx$.

解   (困难在于被积函数中有对数符号"ln",用分部积分法消去"ln".)

原式 $= \dfrac{1}{2n} \displaystyle\int_0^{\frac{\pi}{2}} \ln(\cos x) d\sin(2nx)$

$$= \frac{1}{2n} \sin(2nx) \ln(\cos x) \bigg|_0^{\frac{\pi}{2}} - \frac{1}{2n} \int_0^{\frac{\pi}{2}} \frac{\sin(2nx)(-\sin x)}{\cos x} dx$$

$$= \frac{1}{2n} \int_0^{\frac{\pi}{2}} \frac{\sin(2nx) \sin x}{\cos x} dx. \tag{1}$$

(我们看到,这里如果被积函数没有分母 $\cos x$,用积化和差公式立即可算出积分值. 因此,我们希望设法应用公式

$$\frac{\sin(2n+1)t}{\sin t} = 1 + 2 \sum_{k=1}^{n} \cos(2kt) \tag{2}$$

将被积函数拆开.)因为 $\sin(2nx) \cdot \sin x = \cos(2nx) \cos x - \cos(2n+1)x$,

$$\frac{1}{2n} \int_0^{\frac{\pi}{2}} \frac{\sin(2nx) \sin x}{\cos x} dx = \frac{1}{2n} \int_0^{\frac{\pi}{2}} \cos(2nx) dx - \frac{1}{2n} \int_0^{\frac{\pi}{2}} \frac{\cos(2n+1)x}{\cos x} dx,$$

第一个积分为 0,第二个积分中令 $x = t - \dfrac{\pi}{2}$,故

$$\frac{1}{2n}\int_0^{\frac{\pi}{2}} \frac{\sin(2nx)\sin x}{\cos x}\mathrm{d}x = \frac{(-1)^{n-1}}{2n}\int_{\frac{\pi}{2}}^{\pi} \frac{\sin(2n+1)t}{\sin t}\mathrm{d}t \text{（利用公式（2）}$$

$$= \frac{(-1)^{n-1}}{2n}\int_{\frac{\pi}{2}}^{\pi}\left[1 + 2\sum_{k=1}^{n}\cos(2kt)\right]\mathrm{d}t = (-1)^{n-1}\frac{\pi}{4n}.$$

b. 其他方法

要点   计算反常积分,除上述三大基本方法之外,根据具体情况,需要灵活运用各种其他方法,其中比较常用的有:待定系数法,把有理分式化为部分分式,方程法,分段积分自我消去法,级数法,等等.

※**例 4. 5. 6**   计算积分 $I_n = \displaystyle\int_1^{+\infty} \frac{\mathrm{d}x}{x(x+1)\cdots(x+n)}$.

解   (拆为部分分式.)设

$$\frac{1}{x(x+1)\cdots(x+n)} = \frac{A_0}{x} + \frac{A_1}{x+1} + \cdots + \frac{A_k}{x+k} + \cdots + \frac{A_n}{x+n}$$

$(A_0, A_1, \cdots, A_n$ 为待定系数). 将 $x(x+1)\cdots(x+n)$ 同乘等式两边,然后令 $x \to -k$,得

$$A_k = \frac{1}{(-k)(-k+1)\cdots(-1)\cdot 1\cdot 2\cdots(-k+n)}$$

$$= (-1)^k \frac{1}{k!\,(n-k)!} = (-1)^k \frac{C_n^k}{n!} \ (k = 0, 1, 2, \cdots, n),$$

其中 $C_n^k = \dfrac{n!}{k!\,(n-k)!}$. 于是

$$I_n = \int_1^{+\infty}\left(\sum_{k=0}^{n}(-1)^k \frac{C_n^k}{n!}\frac{1}{x+k}\right)\mathrm{d}x = \sum_{k=0}^{n}(-1)^k \frac{C_n^k}{n!}\int_1^{+\infty}\frac{1}{x+k}\mathrm{d}x$$

$$= \frac{1}{n!}\sum_{k=0}^{n}(-1)^k C_n^k \ln(x+k)\ \Big|_1^{+\infty}.$$

注意到

$$\sum_{k=0}^{n}(-1)^k C_n^k \ln(x+k) = \sum_{k=0}^{n}(-1)^k C_n^k \ln\left[x\left(1 + \frac{k}{x}\right)\right]$$

$$= \ln x \cdot \sum_{k=0}^{n}(-1)^k C_n^k + \sum_{k=0}^{n}(-1)^k C_n^k \ln\left(1 + \frac{k}{x}\right)$$

$$= \ln x \cdot (1-1)^n + \sum_{k=0}^{n}(-1)^k C_n^k \ln\left(1 + \frac{k}{x}\right)$$

$$\to 0 \text{（当 } x \to +\infty \text{ 时）},$$

因此

$$I_n = \frac{1}{n!}\sum_{k=1}^{n}(-1)^{k+1} C_n^k \ln(1+k).$$

☆**例 4. 5. 7**   计算积分 $I = \displaystyle\int_0^{\frac{\pi}{2}} \ln \sin x\,\mathrm{d}x$. （武汉大学）

提示 $x = 0$ 是奇点,当 $0 < \lambda < 1$ 时,$\displaystyle\int_0^{\frac{\pi}{2}} x^{-\lambda}\mathrm{d}x$ 收敛. 利用 L'Hospital 法则,易知

当 $x \to 0^{+}$ 时,$x^{-\lambda}$ 比 $\ln \sin x$ 高阶,所以 $\int_{0}^{\frac{\pi}{2}} \ln \sin x \, \mathrm{d}x$ 收敛.

再提示 $I = \int_{0}^{\frac{\pi}{2}} \ln \sin x \mathrm{d}x \xrightarrow{\text{令} x = 2t} \int_{0}^{\frac{\pi}{4}} 2\ln \sin 2t \mathrm{d}t$

$$= 2\ln 2 \cdot \frac{\pi}{4} + 2\int_{0}^{\frac{\pi}{4}} \ln \sin t \mathrm{d}t + 2\int_{0}^{\frac{\pi}{4}} \ln \cos t \mathrm{d}t$$

$$= \frac{\pi}{2}\ln 2 + 2\int_{0}^{\frac{\pi}{4}} \ln \sin t \mathrm{d}t + 2\int_{\frac{\pi}{4}}^{\frac{\pi}{2}} \ln \sin u \mathrm{d}u \left(\text{这里 } u = \frac{\pi}{2} - t \right)$$

$$= \frac{\pi}{2}\ln 2 + 2I,$$

解方程得 $I = -\dfrac{\pi}{2}\ln 2$.

☆**例 4.5.8** 计算积分 $\int_{0}^{+\infty} \dfrac{\ln x}{1 + x^{2}} \mathrm{d}x$.（北京航空航天大学）

解 I $\int_{0}^{+\infty} \dfrac{\ln x}{1 + x^{2}} \mathrm{d}x = \int_{0}^{1} \dfrac{\ln x}{1 + x^{2}} \mathrm{d}x + \int_{1}^{+\infty} \dfrac{\ln x}{1 + x^{2}} \mathrm{d}x \left(\text{第二个积分中令 } x = \dfrac{1}{t} \right)$

$$= \int_{0}^{1} \frac{\ln x}{1 + x^{2}} \mathrm{d}x + \int_{1}^{0} \frac{\ln t}{1 + t^{2}} \mathrm{d}t = 0.$$

解 II 令 $x = \dfrac{1}{t}$,

$$I = \int_{0}^{+\infty} \frac{\ln x}{1 + x^{2}} \mathrm{d}x = \int_{+\infty}^{0} \frac{\ln \dfrac{1}{t}}{1 + \dfrac{1}{t^{2}}} \cdot \left(-\frac{1}{t^{2}} \right) \mathrm{d}t = -\int_{0}^{+\infty} \frac{\ln t}{1 + t^{2}} \mathrm{d}t = -I,$$

故 $I = 0$.

例 4.5.9 证明: $\int_{0}^{+\infty} \dfrac{\mathrm{d}x}{(1 + x^{2})(1 + x^{\alpha})}$ 与 α 无关.（国外赛题）

提示 $\int_{0}^{+\infty} \dfrac{\mathrm{d}x}{(1 + x^{2})(1 + x^{\alpha})}$

$$= \int_{0}^{1} \frac{\mathrm{d}x}{(1 + x^{2})(1 + x^{\alpha})} + \int_{1}^{+\infty} \frac{\mathrm{d}x}{(1 + x^{2})(1 + x^{\alpha})} = \int_{1}^{+\infty} \frac{\mathrm{d}x}{1 + x^{2}}.$$

例 4.5.10 求 $\max\limits_{0 \leqslant s \leqslant 1} \int_{0}^{1} |\ln|s - t|| \mathrm{d}t$.

解 $I = \int_{0}^{1} |\ln|s - t|| \mathrm{d}t = -\int_{0}^{s} \ln(s - t) \mathrm{d}t - \int_{s}^{1} \ln(t - s) \mathrm{d}t$

$$= 1 - s\ln s - (1 - s)\ln(1 - s),$$

$$I_{s}' = \ln\left(\frac{1}{s} - 1 \right).$$

令 $I_{s}' = 0$, 得 $s = \dfrac{1}{2}$.

当 $s \nearrow$ 时，I'_s 由正变负，所以 $\max\limits_{0 \leqslant s \leqslant 1} \int_0^1 |\ln|s-t||\,\mathrm{d}t = I\left(\dfrac{1}{2}\right) = 1 + \ln 2.$

例 4.5.11 证明：$\displaystyle\int_1^{+\infty}\left(\dfrac{1}{[x]} - \dfrac{1}{x}\right)\mathrm{d}x = \lim\limits_{n \to \infty}\left(1 + \dfrac{1}{2} + \cdots + \dfrac{1}{n} - \ln n\right).$

提示 $1°$ 当 $x > 2$ 时，$\left|\dfrac{1}{[x]} - \dfrac{1}{x}\right| \leqslant \dfrac{1}{(x-1)x}$，积分收敛，

$2°$ $\displaystyle\int_1^{+\infty}\left(\dfrac{1}{[x]} - \dfrac{1}{x}\right)\mathrm{d}x = \lim\limits_{n \to \infty}\int_1^n\left(\dfrac{1}{[x]} - \dfrac{1}{x}\right)\mathrm{d}x.$

☆ 二、反常积分敛散性的判定（十二法）

要点 （这里只就无穷限的反常积分进行叙述，对于无界函数反常积分，有类似的结果．）判定反常积分 $\displaystyle\int_a^{+\infty} f(x)\,\mathrm{d}x$ 的敛散性的要点如下：

1）若 $f(x) \geqslant 0$，且 $\lim\limits_{x \to +\infty} f(x) = 0$，可考察 $x \to +\infty$ 时无穷小量 $f(x)$ 的阶：若阶数 $\lambda > 1$，则反常积分 $\displaystyle\int_a^{+\infty} f(x)\,\mathrm{d}x$ 收敛；当 $\lambda \leqslant 1$ 时，发散．

2）若 $f(x) \geqslant 0$，可用比较判别法或比较判别法的极限形式进行判断．

3）若 $f(x) \geqslant 0$，可考察 $\displaystyle\int_a^A f(x)\,\mathrm{d}x$ 是否有界．

4）以上 $f(x) \geqslant 0$ 的条件，只要对于充分大的 $x(x \geqslant a)$ 保持成立即可．

5）因为 $\displaystyle\int_a^{+\infty} f(x)\,\mathrm{d}x$ 与 $\displaystyle\int_a^{+\infty} -f(x)\,\mathrm{d}x$ 同时敛散，故对 $f(x) \leqslant 0$ 有类似的方法．

6）若 $x \to +\infty$ 时 $f(x)$ 无穷次变号，则以上判别法失效；可考虑用 Abel 判别法或 Dirichlet 判别法．

Abel 判别法

若 $\displaystyle\int_a^{+\infty} f(x)\,\mathrm{d}x$ 收敛，且 $x \nearrow +\infty$ 时，$g(x)$ 单调有界，则 $\displaystyle\int_a^{+\infty} f(x)g(x)\,\mathrm{d}x$ 收敛．

Dirichlet 判别法

若 $\exists M > 0$，使 $\left|\displaystyle\int_a^A f(x)\,\mathrm{d}x\right| \leqslant M \ (\forall A > a)$，且 $g(x) \nearrow 0$（或 $g(x) \searrow 0$），则 $\displaystyle\int_a^{+\infty} f(x)g(x)\,\mathrm{d}x$ 收敛．

7）用 Abel 判别法与 Dirichlet 判别法判定为收敛，只是 $\displaystyle\int_a^{+\infty} f(x)\,\mathrm{d}x$ 本身收敛．至于是绝对收敛还是条件收敛，还需进一步考虑 $\displaystyle\int_a^{+\infty} |f(x)|\,\mathrm{d}x$ 收敛还是发散．

8）若以上方法无效，可考虑用 Cauchy 准则来判断．

9）用定义看极限 $\lim\limits_{A \to +\infty} \displaystyle\int_a^A f(x)\,\mathrm{d}x$ 是否存在．

10）用分部积分法或变量替换法变成别的形式，看是否能判定它的敛散性.

11）用级数方法判定积分的敛散性（见第五章）.

12）用运算性质判断敛散性，例如

若 $\int_a^{+\infty} f(x)\mathrm{d}x$，$\int_a^{+\infty} g(x)\mathrm{d}x$ 收敛，则 $\int_a^{+\infty} (f(x) \pm g(x))\mathrm{d}x$ 也收敛.

若 $\int_a^{+\infty} f(x)\mathrm{d}x$ 收敛，$\int_a^{+\infty} g(x)\mathrm{d}x$ 发散，则 $\int_a^{+\infty} (f(x) \pm g(x))\mathrm{d}x$ 发散.

13）对于无界函数的反常积分，以上各条都有类似结论，只是 1）要特别注意. 对于无界函数的反常积分而言，此条应是 x 趋向奇点时，$f(x)$ 为无穷大量. 非负函数的情况：若无穷大量的阶数 $\lambda < 1$，则积分收敛；若阶数 $\lambda \geqslant 1$，则积分发散.

例 4.5.12　讨论 $\int_0^\pi \dfrac{\sin^{\alpha-1}x\mathrm{d}x}{|1+k\cos x|^\alpha}$ 的敛散性.

解　1° 若 $|k| < 1$，则积分以 0 与 π 为奇点，当 $x \to 0^+$ 时，$\dfrac{\sin^{\alpha-1}x}{|1+k\cos x|^\alpha}$ 与 $\dfrac{1}{x^{1-\alpha}}$ 同阶；当 $x \to \pi^-$ 时．$\dfrac{\sin^{\alpha-1}x}{|1+k\cos x|^\alpha}$ 与 $\dfrac{1}{(\pi-x)^{1-\alpha}}$ 同阶．故当且仅当 $\alpha > 0$ 时，积分收敛.

2° 若 $k = 1$，则积分仍以 $0,\pi$ 为奇点．当 $x \to 0^+$ 时，与 1° 中情况一样，收敛要求 $\alpha > 0$. 对于奇点 π，将 $\cos x$ 在点 π 展开，可知 $|1+\cos x| = |-1-\cos x|$ 与 $(\pi-x)^2$ 同阶；而 $\sin x = \sin(\pi-x)$ 与 $(\pi-x)$ 同阶，因此当 $x \to \pi^-$ 时，$\dfrac{\sin^{\alpha-1}x}{|1+\cos x|^\alpha}$ 与 $\dfrac{1}{(\pi-x)^{2\alpha+1-\alpha}} = \dfrac{1}{(\pi-x)^{1+\alpha}}$ 同阶．故对于奇点 π，要求 $\alpha < 0$. 可见 $k = 1$ 时，$0,\pi$ 两奇点不能同时收敛．故积分发散.

3° 若 $k > 1$，记 $\theta = \arccos\left(-\dfrac{1}{k}\right)$，则积分以 $0,\theta,\pi$ 为奇点．对 $0,\pi$，与 1° 中情况一样，收敛要求 $\alpha > 0$. 对于奇点 θ，将 $\cos x$ 在 $x = \theta$ 处展开，可知 $1+k\cos x = -k\left(-\dfrac{1}{k}-\cos x\right) = -k(\cos\theta - \cos x)$ 与 $|x-\theta|$ 同阶，因此 $\dfrac{\sin^{\alpha-1}x}{|1+k\cos x|^\alpha}$ 与 $\dfrac{1}{|x-\theta|^\alpha}$ 同阶，收敛要求 $\alpha < 1$. 故 $k > 1$ 时，积分当且仅当 $0 < \alpha < 1$ 时收敛.

4° 当积分作变换 $y = \pi - x$ 时，知

$$\int_0^\pi \frac{\sin^{\alpha-1}x}{|1+k\cos x|^\alpha}\mathrm{d}x = \int_0^\pi \frac{\sin^{\alpha-1}x}{|1-k\cos x|^\alpha}\mathrm{d}x,$$

即表明该积分关于 k 对称（是 k 的偶函数）.

总结上述结果知：积分当且仅当 $|k| < 1$ 且 $\alpha > 0$，以及 $|k| > 1$ 且 $0 < \alpha < 1$ 时收敛.

例 4.5.13　设 $f(x)$ 在 $[1, +\infty)$ 上连续，对任意 $x \in [1, +\infty)$，有 $f(x) > 0$. 另

外, $\lim\limits_{x\to+\infty}\dfrac{\ln f(x)}{\ln x}=-\lambda$. 试证: 若 $\lambda>1$, 则 $\int_1^{+\infty}f(x)\mathrm{d}x$ 收敛. (华东师范大学)

证 (用比较判别法.) 因 $\lim\limits_{x\to+\infty}\dfrac{\ln f(x)}{\ln x}=-\lambda$, 所以 $\forall\varepsilon>0$, $\exists A>1$, 当 $x>A$ 时有

$\dfrac{\ln f(x)}{\ln x}<-\lambda+\varepsilon$, 即 $\ln f(x)<(-\lambda+\varepsilon)\ln x=\ln x^{-\lambda+\varepsilon}$. 所以

$$0<f(x)<\frac{1}{x^{\lambda-\varepsilon}}\quad(\text{当 }x>A\text{ 时}).$$

因 $\lambda>1$, 故可取 $0<\varepsilon<\lambda-1$, 于是 $\lambda-\varepsilon>1$. 根据比较判别法, 积分 $\int_1^{+\infty}f(x)\mathrm{d}x$ 收敛.

例 4.5.14 设 $f(x)$ 在 $(-\infty,+\infty)$ 上有定义, $f(x)>0$, 且在任意有限区间 $[-A,B]$ $(A,B>0)$ 上可积; 又有定数 M, 使得 $\int_{-\infty}^{+\infty}f(x)\mathrm{e}^{-\frac{|x|}{k}}\mathrm{d}x<M$ 对任意 $k>0$ 成立. 试证明 $\int_{-\infty}^{+\infty}f(x)\mathrm{d}x$ 收敛. (新疆大学)

证 要证明 $\int_{-\infty}^{+\infty}f(x)\mathrm{d}x$ 收敛, 因 $f(x)>0$, 只要证明积分 $\int_{-A}^{B}f(x)\mathrm{d}x$ 对 A, $B(A,B>0)$ 保持有界. 已知 $\exists M>0$, 使得

$$\int_{-\infty}^{+\infty}f(x)\mathrm{e}^{-\frac{|x|}{k}}\mathrm{d}x\leqslant M\ (\forall k>0).$$

$\forall A,B>0$, 记 $C=\max\{A,B\}$, 取 $k>C$, 则

$$0\leqslant\int_{-A}^{B}f(x)\mathrm{d}x\leqslant\int_{-A}^{B}f(x)\mathrm{e}^{\frac{C-|x|}{k}}\mathrm{d}x=\mathrm{e}^{\frac{C}{k}}\int_{-A}^{B}f(x)\mathrm{e}^{-\frac{|x|}{k}}\mathrm{d}x\leqslant\mathrm{e}^{\frac{C}{k}}\cdot M\leqslant 3M.$$

故 $\int_{-\infty}^{+\infty}f(x)\mathrm{d}x$ 收敛.

例 4.5.15 设函数 $f(x)$ 在半开半闭区间 $(0,1]$ 里连续, 且 $\lim\limits_{x\to0}f(x)=+\infty$. 对任何正整数 N, 定义 $f_N(x)=\min\{f(x),N\}$, 证明: 反常积分 $\int_0^1f(x)\mathrm{d}x$ 收敛的充要条件是 $\lim\limits_{N\to+\infty}\int_0^1f_N(x)\mathrm{d}x$ 存在. (厦门大学)

证 1° 充分性. 因 $\lim\limits_{x\to0^+}f(x)=+\infty$, 故 $\exists\delta>0$, 当 $x\in(0,\delta)$ 时, $f(x)>0$. 故对 $\int_0^1f(x)\mathrm{d}x$ 的敛散性, 可用非负函数的判别法进行判定. 下面我们来证明: 当 $0<\alpha<\delta$ 时, $\int_\alpha^1f(x)\mathrm{d}x$ 保持有上界.

事实上, 因为 $f(x)$ 在 $[\alpha,1]$ 上连续, 所以 $\exists M>0$, 使得 $f(x)\leqslant M$ $(x\in[\alpha,1])$. 因而 $N>M$ 时, $[\alpha,1]$ 上恒有 $f_N(x)=\min\{f(x),N\}=f(x)$, 从而

$$\int_\alpha^1f(x)\mathrm{d}x=\int_\alpha^1f_N(x)\mathrm{d}x\leqslant\int_0^1f_N(x)\mathrm{d}x.$$

令 $N \to +\infty$，取极限得 $\int_{\alpha}^{1} f(x) \mathrm{d}x \leqslant \lim\limits_{N \to +\infty} \int_{0}^{1} f_N(x) \mathrm{d}x < +\infty$. 故 $\int_{0}^{1} f(x) \mathrm{d}x$ 收敛.

2° 必要性. 只要注意到 $f_N(x)$ 对 N 递增，且 $f_N(x) \leqslant f(x)$，立刻可用单调有界原理证得 $\lim\limits_{N \to +\infty} \int_{0}^{1} f_N(x) \mathrm{d}x$ 存在.

下面讨论在奇点附近无穷次变号的例子.

☆**例 4.5.16** 证明积分 $\int_{0}^{1} \left(x\sin\dfrac{1}{x^2} - \dfrac{1}{x}\cos\dfrac{1}{x^2} \right) \mathrm{d}x$ 有意义.

证 I 1° 对 $\int_{0}^{1} x\sin\dfrac{1}{x^2}\mathrm{d}x$，因当 $x \to 0$ 时 $x\sin\dfrac{1}{x^2} \to 0$，故该积分为正常积分，$x\sin\dfrac{1}{x^2}$ 只要补充在 $x=0$ 处为 0，则在 $[0,1]$ 上连续，所以该积分有意义.

2° 考虑第二项的积分. 首先

$$\int_{0}^{1} \frac{1}{x^2}\cos\frac{1}{x^2}\mathrm{d}x = -\int_{0}^{1}\cos\frac{1}{x^2}\mathrm{d}\frac{1}{x} \xlongequal{\diamondsuit u = \frac{1}{x}} \int_{1}^{+\infty}\cos u^2 \mathrm{d}u$$

$$\xlongequal{\diamondsuit u = \sqrt{t}} \int_{1}^{+\infty}\cos t\, \mathrm{d}\sqrt{t} = \frac{1}{2}\int_{1}^{+\infty}\frac{\cos t}{\sqrt{t}}\mathrm{d}t,$$

$$\left| \int_{0}^{A}\cos t\, \mathrm{d}t \right| \leqslant 2, \quad \frac{1}{\sqrt{t}} \searrow 0,$$

根据 Dirichlet 判别法，此积分收敛.

其次，原积分第二项 $\int_{0}^{1}\dfrac{1}{x}\cos\dfrac{1}{x^2}\mathrm{d}x = \int_{0}^{1} x \cdot \dfrac{1}{x^2}\cos\dfrac{1}{x^2}\mathrm{d}x$. $\int_{0}^{1}\dfrac{1}{x^2}\cos\dfrac{1}{x^2}\mathrm{d}x$ 收敛，因子 x 单调有界. 故由 Abel 判别法，此积分收敛. 总之原积分有意义.

证 II $\int_{0}^{1} \left(x\sin\dfrac{1}{x^2} - \dfrac{1}{x}\cos\dfrac{1}{x^2} \right) \mathrm{d}x = \dfrac{1}{2}x^2\sin\dfrac{1}{x^2} \Big|_{0^+}^{1} = \dfrac{1}{2}\sin 1,$

故该积分有意义.

☆**例 4.5.17** 积分 $\int_{0}^{+\infty} \left[\left(1 - \dfrac{\sin x}{x} \right)^{-\frac{1}{3}} - 1 \right] \mathrm{d}x$ 是否收敛？是否绝对收敛？证明所述结论.（北京大学）

解 $\int_{0}^{+\infty} \left[\left(1 - \dfrac{\sin x}{x} \right)^{-\frac{1}{3}} - 1 \right] \mathrm{d}x$

$$= \int_{0}^{1} \left(1 - \frac{\sin x}{x} \right)^{-\frac{1}{3}}\mathrm{d}x - \int_{0}^{1}\mathrm{d}x + \int_{1}^{+\infty} \left[\left(1 - \frac{\sin x}{x} \right)^{-\frac{1}{3}} - 1 \right]\mathrm{d}x,$$

其中 $\int_{0}^{1} \left(1 - \dfrac{\sin x}{x} \right)^{-\frac{1}{3}}\mathrm{d}x$ 以 $x=0$ 为奇点,

$$\left(1 - \frac{\sin x}{x} \right)^{-\frac{1}{3}} = \left[\frac{1}{3!}x^2 + o(x^2) \right]^{-\frac{1}{3}}$$

与 $\dfrac{1}{x^{\frac{2}{3}}}$ 同阶，故 $\displaystyle\int_0^1\left(1-\dfrac{\sin x}{x}\right)^{-\frac13}\mathrm{d}x$ 收敛. 因为 $\left(1-\dfrac{\sin x}{x}\right)>0$，收敛即为绝对收敛.

其次对积分 $\displaystyle\int_1^{+\infty}\left[\left(1-\dfrac{\sin x}{x}\right)^{-\frac13}-1\right]\mathrm{d}x$，因为当 $x>1$ 时，$\left|\dfrac{\sin x}{x}\right|<1$，可利用 $(1+x)^\alpha$ 的 Taylor 公式，有

$$\left(1-\dfrac{\sin x}{x}\right)^{-\frac13}-1=\dfrac13\dfrac{\sin x}{x}+o\left(\dfrac{1}{x^2}\right),$$

于是 $$\int_1^{+\infty}\left[\left(1-\dfrac{\sin x}{x}\right)^{-\frac13}-1\right]\mathrm{d}x=\dfrac13\int_1^{+\infty}\dfrac{\sin x}{x}\mathrm{d}x+\int_1^{+\infty}o\left(\dfrac{1}{x^2}\right)\mathrm{d}x.$$

而 $\displaystyle\int_1^{+\infty}\dfrac{\sin x}{x}\mathrm{d}x$ 条件收敛，$\displaystyle\int_1^{+\infty}o\left(\dfrac{1}{x^2}\right)\mathrm{d}x$ 绝对收敛. 故原积分条件(不绝对)收敛.

例 4.5.18 设 α,β 为实数，试讨论积分 $I=\displaystyle\int_0^{+\infty}x^\alpha\sin(x^\beta)\mathrm{d}x$ 的敛散性. (中国科学院)

解 若 $\beta=0$，则 $I=\sin 1\displaystyle\int_0^1 x^\alpha\mathrm{d}x+\sin 1\int_1^{+\infty}x^\alpha\mathrm{d}x.$ 不论 $\alpha<-1$ 还是 $\alpha\geqslant -1$，积分都发散.

若 $\beta\neq0$，则

$$I\xlongequal{\text{令}\ t=x^\beta}\begin{cases}\displaystyle\int_0^{+\infty}t^{\frac{\alpha}{\beta}}\sin t\cdot\dfrac1\beta t^{\frac1\beta-1}\mathrm{d}t & (\beta>0),\\[2mm]\displaystyle\int_{+\infty}^0 t^{\frac{\alpha}{\beta}}\sin t\cdot\dfrac1\beta t^{\frac1\beta-1}\mathrm{d}t & (\beta<0)\end{cases}$$

$$=\dfrac{1}{|\beta|}\int_0^{+\infty}t^{\frac{\alpha+1-\beta}{\beta}}\sin t\,\mathrm{d}t\quad\left(\text{记}\ \mu=\dfrac{\alpha+1-\beta}{\beta}\right)$$

$$=\dfrac{1}{|\beta|}\int_0^1 t^\mu\sin t\,\mathrm{d}t+\dfrac{1}{|\beta|}\int_1^{+\infty}t^\mu\sin t\,\mathrm{d}t\xlongequal{\text{记}}I_1+I_2.$$

对于 $I_1=\dfrac{1}{|\beta|}\displaystyle\int_0^1 t^\mu\sin t\,\mathrm{d}t$，因为 $\lim\limits_{t\to0^+}\dfrac{t^\mu\sin t}{t^{\mu+1}}=1$，故 I_1 与 $\displaystyle\int_0^1 t^{\mu+1}\mathrm{d}t$ 同时敛散. 因而当且仅当 $-\mu-1<1$(即 $\mu>-2$)，亦即 $\dfrac{\alpha+1}{\beta}>-1$ 时 I_1 收敛. 因为被积函数为正，收敛亦为绝对收敛.

对于 $I_2=\dfrac{1}{|\beta|}\displaystyle\int_1^{+\infty}t^\mu\sin t\,\mathrm{d}t$，我们只需讨论 $-\mu-1<1$(即 $\mu>-2$)时的情况.

i) 当 $-2<\mu<-1\left(\text{即}\ -1<\dfrac{\alpha+1}{\beta}<0\right)$ 时，因 $|t^\mu\sin t|\leqslant t^\mu$，且 $\displaystyle\int_1^{+\infty}t^\mu\mathrm{d}t$ 收敛，所以此时 I_2 绝对收敛.

ii) 当 $-1\leqslant\mu<0\left(\text{即}\ 0\leqslant\dfrac{\alpha+1}{\beta}<1\right)$ 时，随 $x\nearrow+\infty$，$x^\mu\searrow 0$，且

$$\left| \int_1^A \sin t \mathrm{d}t \right| = | -\cos A + \cos 1 | \leqslant 2(有界).$$

由 Dirichlet 判别法, I_2 收敛, 且由 $|t^\mu \sin t| \geqslant t^\mu \sin^2 t = \dfrac{t^\mu}{2} - \dfrac{t^\mu \cos 2t}{2}$, 知 I_2 非绝对收敛.

iii) 当 $\mu \geqslant 0 \left(即 \dfrac{\alpha+1}{\beta} \geqslant 1\right)$ 时, 因 $\forall k \in \mathbf{N}$, 有

$$\left| \int_{2k\pi}^{(2k+1)\pi} t^\mu \sin t \mathrm{d}t \right| \geqslant \int_0^\pi \sin t \mathrm{d}t = 2,$$

所以 I_2 发散.

总之, 原积分当 $-1 < \dfrac{\alpha+1}{\beta} < 0$ 时, 绝对收敛; 当 $0 \leqslant \dfrac{\alpha+1}{\beta} < 1$ 时, 条件收敛; 其他情况发散.

例 4.5.19 讨论 $I = \displaystyle\int_0^{+\infty} \dfrac{\sin\left(x + \dfrac{1}{x}\right)}{x^\alpha} \mathrm{d}x$ 的绝对收敛性与条件收敛性.

证 积分 I 的反常点为 0 和 $+\infty$. 将 I 拆成两项:

$$I = \int_0^{+\infty} \frac{\sin\left(x + \dfrac{1}{x}\right)}{x^\alpha} \mathrm{d}x = \int_0^1 \frac{\sin\left(x + \dfrac{1}{x}\right)}{x^\alpha} \mathrm{d}x + \int_1^{+\infty} \frac{\sin\left(x + \dfrac{1}{x}\right)}{x^\alpha} \mathrm{d}x = I_1 + I_2.$$

i) 显然当 $\alpha \leqslant 0$ 时 I_2 发散. 作变换 $x = \dfrac{1}{t}$, 易知 $\alpha \geqslant 2$ 时 I_1 发散.

ii) 考虑 $0 < \alpha < 2$ 的情况, 将积分 I 写成

$$I = \int_0^{+\infty} \frac{\left(1 - \dfrac{1}{x^2}\right)\sin\left(x + \dfrac{1}{x}\right)}{x^\alpha\left(1 - \dfrac{1}{x^2}\right)} \mathrm{d}x = \left(\int_0^1 + \int_1^{+\infty}\right) \frac{\left(1 - \dfrac{1}{x^2}\right)\sin\left(x + \dfrac{1}{x}\right)}{x^\alpha\left(1 - \dfrac{1}{x^2}\right)} \mathrm{d}x$$

$$= I_3 + I_4,$$

其中

$$\left| \int_1^A \left(1 - \frac{1}{x^2}\right)\sin\left(x + \frac{1}{x}\right)\mathrm{d}x \right| = \left| \int_1^A \sin\left(x + \frac{1}{x}\right)\mathrm{d}\left(x + \frac{1}{x}\right) \right|$$

$$= \left| \cos 2 - \cos\left(A + \frac{1}{A}\right) \right| \leqslant 2,$$

关于 $A > 1$ 有界, 且 $x \nearrow +\infty$ 时, $\dfrac{1}{x^\alpha\left(1 - \dfrac{1}{x^2}\right)} = \dfrac{1}{x^\alpha - \dfrac{1}{x^{2-\alpha}}} \searrow 0$. 由 Dirichlet 判别法知, I_4 当

$0 < \alpha < 2$ 时收敛. 作变换 $x = \dfrac{1}{t}$, 类似可知 I_3 也收敛. 故 I 在 $(0, 2)$ 内收敛.

iii) 证明 I 对 $\alpha \in (0, 2)$ 非绝对收敛.

$$\left| \frac{\sin\left(x + \dfrac{1}{x}\right)}{x^{\alpha}} \right| \geqslant \frac{\sin^{2}\left(x + \dfrac{1}{x}\right)}{x^{\alpha}} = \frac{1}{2x^{\alpha}} - \frac{1}{2x^{\alpha}}\cos 2\left(x + \frac{1}{x}\right).$$

当 $0 < \alpha \leqslant 1$ 时，此不等式右端第 1 项 $\dfrac{1}{2x^{\alpha}}$ 在 $[\,1\,, +\infty\,)$ 上的积分发散；第 2 项 $\dfrac{1}{2x^{\alpha}}\cos 2\left(x + \dfrac{1}{x}\right)$ 在 $[\,1\,, +\infty\,)$ 上的积分收敛（证法与 ii) 类似）. 因而正值函数 $\dfrac{\sin^{2}\left(x + \dfrac{1}{x}\right)}{x^{\alpha}}$ 在 $[\,1\,, +\infty\,)$ 上的积分发散. 从而 $\left| \dfrac{\sin\left(x + \dfrac{1}{x}\right)}{x^{\alpha}} \right|$ 在 $[\,0\,, +\infty\,)$ 上的积分发散，故 I 当 $0 < \alpha \leqslant 1$ 时非绝对收敛.

类似可证当 $1 < \alpha < 2$ 时也非绝对收敛.

总结 i)，ii)，iii)，积分 I 当且仅当 $\alpha \in (0, 2)$ 时才条件收敛.

☆**例 4.5.20** 设 $f(x)$ 在 $(a, +\infty)$ 内可微，$f'(x)$ 可积，且当 $x \to +\infty$ 时，$f(x) \searrow 0$；又积分 $\displaystyle\int_{a}^{+\infty} f(x)\,\mathrm{d}x$ 收敛. 试证：$\displaystyle\int_{a}^{+\infty} xf'(x)\,\mathrm{d}x$ 收敛.（辽宁师范大学，北京大学，哈尔滨工业大学）

证 $\displaystyle\int_{a}^{+\infty} xf'(x)\,\mathrm{d}x = \int_{a}^{+\infty} x\,\mathrm{d}f(x) = xf(x)\,\bigg|_{a}^{+\infty} - \int_{a}^{+\infty} f(x)\,\mathrm{d}x.$

已知 $\displaystyle\int_{a}^{+\infty} f(x)\,\mathrm{d}x$ 收敛，故 $\displaystyle\int_{a}^{+\infty} xf'(x)\,\mathrm{d}x$ 收敛与否取决于极限 $\displaystyle\lim_{x \to +\infty} xf(x)$ 是否存在.

因为 $\displaystyle\int_{a}^{+\infty} f(x)\,\mathrm{d}x$ 收敛，利用 Cauchy 准则，知：$\forall \varepsilon > 0$，$\exists A > 0$，当 $x > A$ 时，有 $\displaystyle\int_{x}^{2x} f(t)\,\mathrm{d}t < \frac{\varepsilon}{2}$. 因 $f(x) \searrow 0$，$\left[\dfrac{x}{2}, x\right]$ 上 f 的最小值为 $f(x)$，所以当 $x > 2A$ 时，

$$0 \leqslant xf(x) = 2f(x)\int_{\frac{x}{2}}^{x} \mathrm{d}t \leqslant 2\int_{\frac{x}{2}}^{x} f(t)\,\mathrm{d}t < \varepsilon.$$

表明存在极限 $\displaystyle\lim_{x \to +\infty} xf(x) = 0$. 证毕.

例 4.5.21 设 $f(x) > 0 \searrow$，试证：$\displaystyle\int_{a}^{+\infty} f(x)\,\mathrm{d}x$ 与 $\displaystyle\int_{a}^{+\infty} f(x)\sin^{2}x\,\mathrm{d}x$ 同时敛散.

证 因 $f(x) > 0 \searrow$，故 $f(x) \searrow 0$ 或 $f(x) \searrow A\,(>0)$.

1° 若 $f(x) \searrow 0$，则由 Dirichlet 判别法知，$\displaystyle\int_{a}^{+\infty} f(x)\cos 2x\,\mathrm{d}x$ 收敛，从而由

$$\int_{a}^{+\infty} f(x)\sin^{2}x\,\mathrm{d}x = \int_{a}^{+\infty} f(x)\frac{1 - \cos 2x}{2}\,\mathrm{d}x = \frac{1}{2}\int_{a}^{+\infty} f(x)\,\mathrm{d}x - \frac{1}{2}\int_{a}^{+\infty} f(x)\cos 2x\,\mathrm{d}x$$

知，$\displaystyle\int_{a}^{+\infty} f(x)\sin^{2}x\,\mathrm{d}x$ 与 $\displaystyle\int_{a}^{+\infty} f(x)\,\mathrm{d}x$ 同时敛散.

2° 若 $f(x) \searrow A\,(>0)$，则易证两积分发散. 总之两积分同时敛散.

例 4.5.22 讨论如下积分的敛散性：

1) $\displaystyle\int_2^{+\infty}\dfrac{\sin^2 x}{x^p(x^p+\sin x)}\mathrm{d}x$ $(p>0)$;

2) $\displaystyle\int_2^{+\infty}\dfrac{\sin x}{x^p+\sin x}\mathrm{d}x$ $(p>0)$;

3) $\displaystyle\int_0^{+\infty}\dfrac{\sin x}{x^p+\sin x}\mathrm{d}x$ $(p>0)$.

解 1) 为非负函数的积分,可用比较判别法,由不等式

$$\frac{\sin^2 x}{x^p(x^p+1)}<\frac{\sin^2 x}{x^p(x^p+\sin x)}<\frac{1}{x^p(x^p-1)}$$

知

若 $p>\dfrac{1}{2}$,则积分 $\displaystyle\int_2^{+\infty}\dfrac{1}{x^p(x^p-1)}\mathrm{d}x$ 收敛,从而 $\displaystyle\int_2^{+\infty}\dfrac{\sin^2 x}{x^p(x^p+\sin x)}\mathrm{d}x$ 收敛;

若 $p\leqslant\dfrac{1}{2}$,由积分 $\displaystyle\int_2^{+\infty}\dfrac{\mathrm{d}x}{x^p(x^p+1)}$ 发散,由上例可知 $\displaystyle\int_2^{+\infty}\dfrac{\sin^2 x}{x^p(x^p+1)}\mathrm{d}x$ 亦发散,从而 $\displaystyle\int_2^{+\infty}\dfrac{\sin^2 x}{x^p(x^p+\sin x)}\mathrm{d}x$ 发散.

2) 利用 1)之结果及等式 $\dfrac{\sin x}{x^p+\sin x}=\dfrac{\sin x}{x^p}-\dfrac{\sin^2 x}{x^p(x^p+\sin x)}$ 可知,积分 $\displaystyle\int_2^{+\infty}\dfrac{\sin x}{x^p+\sin x}\mathrm{d}x$ 当且仅当 $p>\dfrac{1}{2}$ 时收敛.

3) 因 $x\to 0^+$ 时,$\dfrac{\sin x}{x^p+\sin x}\to C(p)$(与 p 有关的常数),故 0 不是奇点,敛散性与 2)相同.

例 4.5.23 证明如下积分收敛:$\displaystyle\int_0^{+\infty} x\sin x^4\sin x\,\mathrm{d}x$.

证 设 $A''>A'>A$,利用分部积分法,

$$\int_{A'}^{A''} x\sin x^4\sin x\,\mathrm{d}x$$

$$=-\frac{\sin x\cos x^4}{4x^2}\bigg|_{A'}^{A''}+\frac{1}{4}\int_{A'}^{A''}\frac{\cos x^4\cos x}{x^2}\mathrm{d}x-\frac{1}{2}\int_{A'}^{A''}\frac{\cos x^4\sin x}{x^3}\mathrm{d}x$$

$$\to 0\quad(\text{当 }A\to+\infty\text{ 时}),$$

故积分收敛.

利用级数判断反常积分的敛散性问题,请见下章例 5.1.50 等.

三、无穷限反常积分的敛散性与无穷远处的极限

本段我们来讨论 $\displaystyle\int_a^{+\infty} f(x)\mathrm{d}x$ 收敛与 $\displaystyle\lim_{x\to+\infty}f(x)=0$ 的关系.

1) 我们知道,$\displaystyle\int_a^{+\infty}f(x)\mathrm{d}x$ 收敛一般不意味着 $f(x)\to 0(x\to+\infty)$. 例如

$$\int_0^{+\infty} \sin x^2 \, dx = \int_0^{+\infty} \frac{\sin t}{2\sqrt{t}} dt \quad (x = \sqrt{t})$$

收敛,但 $\sin x^2 \not\to 0$(当 $x \to +\infty$ 时).

2) $\int_a^{+\infty} f(x) \, dx$ 收敛,并且 $f(x) \geqslant 0$,仍不能断言 $f(x) \to 0 (x \to +\infty)$. 例如

$$f(x) = \begin{cases} \dfrac{1}{1+x^2}, & x \neq 整数, \\ 1, & x = 整数. \end{cases}$$

3) $\int_a^{+\infty} f(x) \, dx$ 收敛,$f(x) \geqslant 0$,$f(x)$ 连续,还可能 $f(x) \not\to 0 (x \to +\infty)$. 例如:$n = 1, 2, \cdots,$

$$f(x) = \begin{cases} 1, & x = n, \\ 0, & x = n \pm \dfrac{1}{2^n}, \\ 直线段, & x \in \left[n - \dfrac{1}{2^n}, n \right] 或 x \in \left[n, n + \dfrac{1}{2^n} \right], \\ 0, & 其余, \end{cases}$$

如图 4.5.1,此函数可以简单表示为

$$f(x) = \begin{cases} 1 - 2^n \mid x - n \mid, & x \in \left[n - \dfrac{1}{2^n}, n + \dfrac{1}{2^n} \right] (n = 1, 2, \cdots), \\ 0, & 其余. \end{cases}$$

此时

$$\int_0^{+\infty} f(x) \, dx = \sum_{n=1}^{\infty} \frac{1}{2} \cdot \frac{2}{2^n} \cdot 1 = \sum_{n=1}^{\infty} \frac{1}{2^n} = 1,$$

收敛,$f(x) \geqslant 0$,连续,但 $f(x) \not\to 0$(当 $x \to +\infty$ 时).

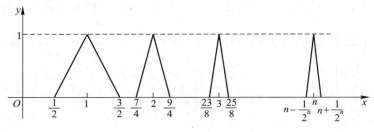

图 4.5.1

4)上述条件将 $f(x) \geqslant 0$ 改为 $f(x) > 0$,依然不能肯定 $f(x) \to 0 (x \to +\infty)$. 这时只要考虑函数 $f(x) = \max\left\{ \dfrac{1}{x^2}, \varphi(x) \right\}$,其中 $\varphi(x)$ 按 3) 中的 $f(x)$ 同样的方式定义.

5)若 $f(x)$ 单调,$\int_a^{+\infty} f(x) \, dx$ 收敛,则 $\lim_{x \to +\infty} f(x) = 0$.(自证)

6）若 $f(x)$ 在 $[a, +\infty)$ 上一致连续（或更强些，设 $f(x)$ 有有界导数），则可由 $\int_a^{+\infty} f(x)\,\mathrm{d}x$ 收敛推出 $\lim_{x\to+\infty} f(x) = 0$.

☆**例 4.5.24** 试证明：若 $f(x)$ 在 $[a, +\infty)$ 上一致连续，且反常积分 $\int_a^{+\infty} f(x)\,\mathrm{d}x$ 收敛，则 $\lim_{x\to+\infty} f(x) = 0$. （武汉大学）

证 （反证法）若当 $x\to+\infty$ 时，$f(x)\nrightarrow 0$，则 $\exists\,\varepsilon_0 > 0$，使得 $\forall A > 0$，$\exists\,x_1 > A$：$|f(x_1)| \geqslant \varepsilon_0$. 又因为 $f(x)$ 在 $[a, +\infty)$ 上一致连续，对 $\dfrac{\varepsilon_0}{2} > 0$，$\exists\,\delta > 0$，当 $|x' - x''| < \delta$ 时，有 $|f(x') - f(x'')| < \dfrac{\varepsilon_0}{2}$. 故当 $x\in[x_1, x_1+\delta]$ 时，有

$$|f(x)| \geqslant \big|\,|f(x_1)| - |f(x_1) - f(x)|\,\big| > \frac{\varepsilon_0}{2}, \tag{1}$$

并且 $f(x)$ 与 $f(x_1)$ 同号（因为不然的话，$|f(x) - f(x_1)| > \varepsilon_0$，产生矛盾）. 若 $f(x_1) > 0$，则 $f(x) > 0$. 从而由式（1）知 $f(x) > \dfrac{\varepsilon_0}{2}$，故

$$\left|\int_{x_1}^{x_1+\delta} f(x)\,\mathrm{d}x\right| \geqslant \frac{\varepsilon_0}{2}\int_{x_1}^{x_1+\delta}\mathrm{d}x = \frac{\varepsilon_0}{2}\delta.$$

同理，若 $f(x_1) < 0$，亦有 $\left|\int_{x_1}^{x_1+\delta} f(x)\,\mathrm{d}x\right| \geqslant \dfrac{\varepsilon_0}{2}\delta$. 这就证明了：对 $\dfrac{\varepsilon_0}{2}\delta > 0$，$\forall A$，$\exists\,x_1 + \delta > x_1 > A$，使得 $\left|\int_{x_1}^{x_1+\delta} f(x)\,\mathrm{d}x\right| \geqslant \dfrac{\varepsilon_0}{2}\delta$. 根据 Cauchy 准则，此即表明 $\int_a^{+\infty} f(x)\,\mathrm{d}x$ 发散，矛盾. 证毕.

以上关于 "$\int_a^{+\infty} f(x)\,\mathrm{d}x$ 收敛得出 $f(x)\to 0\,(x\to+\infty)$" 的讨论并没有完，如下例.

☆**例 4.5.25** 证明：若 $f(x)$ 连续可微，积分 $\int_a^{+\infty} f(x)\,\mathrm{d}x$ 和 $\int_a^{+\infty} f'(x)\,\mathrm{d}x$ 都收敛，则当 $x\to+\infty$ 时，有 $f(x)\to 0$. （新疆大学）

证 I 要证明 $x\to+\infty$ 时 $f(x)$ 有极限，根据 Heine 定理，我们只要证明 $\forall\{x_n\}\to +\infty$，恒有 $\{f(x_n)\}$ 收敛. 事实上，已知积分 $\int_a^{+\infty} f'(x)\,\mathrm{d}x$ 收敛，根据 Cauchy 准则，$\forall\,\varepsilon > 0$，$\exists\,A > a$，以致 $\forall\,x_1, x_2 > A$，恒有

$$\left|\int_{x_1}^{x_2} f'(x)\,\mathrm{d}x\right| = |f(x_2) - f(x_1)| < \varepsilon.$$

如此 $\forall\{x_n\}\to+\infty$，$\exists\,N > 0$，当 $n, m > N$ 时，有 $x_n, x_m > A$，从而

$$\left|\int_{x_n}^{x_m} f'(x)\,\mathrm{d}x\right| = |f(x_n) - f(x_m)| < \varepsilon.$$

这即表明 $\{f(x_n)\}$ 收敛. 故由 Heine 定理，极限 $\lim_{x\to+\infty} f(x) = \alpha$ 存在.

现在来证 $\alpha = 0$.

若 $\alpha > 0$,则由保号性,$\exists \Delta > 0$,当 $x > \Delta$ 时,有 $f(x) > \dfrac{\alpha}{2} > 0$,从而 $A > \Delta$ 时,

$$\int_{A}^{2A} f(x)\mathrm{d}x \geq \frac{\alpha}{2}A \longrightarrow +\infty \quad (\text{当 } A \to +\infty \text{ 时}).$$

这与 $\int_{a}^{+\infty} f(x)\mathrm{d}x$ 收敛矛盾.

同理可论 $\alpha < 0$ 也不可能. 故 $\lim\limits_{x \to +\infty} f(x) = \alpha = 0$.

证 II (反证法)1° 若 $\lim\limits_{x \to +\infty} f(x) \neq 0$,则 $\exists \varepsilon_0 > 0$ 及 $x_n \to +\infty$,使得 $|f(x_n)| > \varepsilon_0$,设 $\{f(x_n)\}$ 中有无穷多项为正(无穷多项为负,类似可证),则可将负项去掉. 若把 $\{x_n\}$ 看成是剩下的点列,于是 $f(x_n) > \varepsilon_0 (n = 1, 2, \cdots)$.

2° 因 $\int_{a}^{+\infty} f(x)\mathrm{d}x$ 收敛,可知 $\exists \{x'_m\} \to +\infty$ 使得 $f(x'_m) < \dfrac{\varepsilon_0}{2} (m = 1, 2, \cdots)$ (因为不然的话,$\exists \Delta > 0$,当 $x > \Delta$ 时,恒有 $f(x) \geq \dfrac{\varepsilon_0}{2}$,于是当 $A > \Delta$ 时,

$$\int_{A}^{2A} f(x)\mathrm{d}x \geq \frac{\varepsilon_0}{2}A \to +\infty \quad (\text{当 } A \to \infty \text{ 时}),$$

与 $\int_{a}^{+\infty} f(x)\mathrm{d}x$ 收敛矛盾).

3° 于此,$\forall n, m$,有

$$\left| \int_{x'_m}^{x_n} f'(x)\mathrm{d}x \right| = |f(x_n) - f(x'_m)| \geq \frac{\varepsilon_0}{2} > 0,$$

与 $\int_{a}^{+\infty} f'(x)\mathrm{d}x$ 收敛矛盾.

当函数单调时,问题常常变得很简单,结果一般更深入,如下例,不仅得出 $f(x) \to 0$ (当 $x \to +\infty$ 时),而且对"阶"作了估计.

☆**例 4.5.26** 设 $[a, +\infty)$ 上 $f(x) \searrow$,且 $\int_{a}^{+\infty} f(x)\mathrm{d}x$ 收敛,试证:$\lim\limits_{x \to +\infty} xf(x) = 0$.
(内蒙古大学)

证 首先,我们有 $f(x) \geq 0$. 因为,若存在某个 x_1 使得 $f(x_1) < 0$,则当 $x > x_1$ 时,恒有 $f(x) < f(x_1) < 0$,从而 $\int_{a}^{+\infty} f(x)\mathrm{d}x$ 发散,与已知条件矛盾.

其次,由 $\int_{a}^{+\infty} f(x)\mathrm{d}x$ 收敛,知 $\forall \varepsilon > 0$,$\exists A > a$,当 $A'' > A' > A$ 时,有 $\int_{A'}^{A''} f(x)\mathrm{d}x < \dfrac{\varepsilon}{2}$. 故 $\forall x > 2A$,有 $0 \leq xf(x) \leq 2\int_{\frac{x}{2}}^{x} f(t)\mathrm{d}t < \varepsilon$. 此即 $\lim\limits_{x \to +\infty} xf(x) = 0$.

例 4.5.27 设 $\int_{a}^{+\infty} f(x)\mathrm{d}x$ 收敛,$xf(x)$ 在 $[a, +\infty)$ 上单调下降,求证

$$\lim_{x \to +\infty} xf(x) \ln x = 0.$$

证 当 $x > 1$ 时，

$$\int_{\sqrt{x}}^{x} f(t) \, \mathrm{d}t = \int_{\sqrt{x}}^{x} tf(t) \, \frac{1}{t} \mathrm{d}t = \xi f(\xi) \int_{\sqrt{x}}^{x} \frac{1}{t} \mathrm{d}t \quad (\sqrt{x} \leqslant \xi \leqslant x)$$

$$= \xi f(\xi) \ln \sqrt{x} \geqslant \frac{1}{2} xf(x) \ln x \geqslant 0.$$

根据 Cauchy 准则，当 $x \to +\infty$ 时，$\int_{\sqrt{x}}^{x} f(t) \, \mathrm{d}t \to 0$. 所以，$\lim_{x \to +\infty} xf(x) \ln x = 0$.

[new]**练习** 若 $\int_{a}^{+\infty} f(x) \, \mathrm{d}x$ 收敛，$\dfrac{f(x)}{x}$ 在 $[a, +\infty)$ 上单调下降 $(a > 0)$. 求证：$\lim_{x \to +\infty} xf(x) = 0$. （南开大学）

提示 先证 $f(x) \geqslant 0$，再利用 $\int_{\frac{x}{2}}^{x} f(t) \, \mathrm{d}t \geqslant \dfrac{f(x)}{x} \int_{\frac{x}{2}}^{x} t \, \mathrm{d}t = \dfrac{3}{8} xf(x) \geqslant 0$.

再提示 1° （用反证法证 $f(x) \geqslant 0$.）若 $\exists x_0 > a > 0$ 使得 $f(x_0) < 0$，则

$$\int_{x_0}^{A} f(x) \, \mathrm{d}x \xlongequal{\diamondsuit \, x = tx_0} x_0 \int_{1}^{A/x_0} \frac{f(tx_0)}{tx_0} \cdot tx_0 \, \mathrm{d}t \quad (\text{因为在} [a, +\infty) \text{上} \frac{f(x)}{x} \searrow)$$

$$\leqslant x_0 \int_{1}^{A/x_0} \frac{f(x_0)}{x_0} \cdot tx_0 \, \mathrm{d}t = x_0 f(x_0) \int_{1}^{A/x_0} t \, \mathrm{d}t \to -\infty \quad (A \to +\infty),$$

与 $\int_{a}^{+\infty} f(x) \, \mathrm{d}x$ 收敛矛盾. 所以只能 $f(x) \geqslant 0$.

2° 由 $\dfrac{f(x)}{x} \searrow$ 知：$\forall \varepsilon > 0$，有

$$\int_{\frac{x}{2}}^{x} f(t) \, \mathrm{d}t = \int_{\frac{x}{2}}^{x} \frac{f(t)}{t} \cdot t \, \mathrm{d}t \geqslant \int_{\frac{x}{2}}^{x} \frac{f(x)}{x} \cdot t \, \mathrm{d}t = \frac{3}{8} xf(x) \geqslant 0.$$

而 $\int_{a}^{+\infty} f(x) \, \mathrm{d}x$ 收敛，由 Cauchy 准则，知 $\int_{\frac{x}{2}}^{x} f(t) \, \mathrm{d}t \to 0 \ (x \to +\infty)$. 故 $\lim_{x \to +\infty} xf(x) = 0$.

四、反常积分的极限

要点 反常积分作为某参数的函数，可以提出求极限的问题，这种问题，原则上还是应用第一章介绍的求极限的各种方法，不同的是现在要充分利用反常积分的定义以及各种性质. 至于在积分号下取极限，要用到含参变量反常积分的理论，这方面的内容，我们移到含参变量反常积分里叙述，见第七章例 7.1.25 等.

☆**例 4.5.28** 设 $f(x)$ 对一切 $b (0 < b < +\infty)$ 在 $[0, b]$ 上可积，且 $\lim_{x \to +\infty} f(x) = \alpha$，证明：

$$\lim_{t \to 0^+} t \int_{0}^{+\infty} e^{-tx} f(x) \, \mathrm{d}x = \alpha. \tag{1}$$

（中山大学）

证 I （拟合法）注意到 $t \neq 0$ 时，$\int_{0}^{+\infty} te^{-tx} \, \mathrm{d}x = 1$. 故我们可把 α 改写成 $\alpha =$

$\int_0^{+\infty} \alpha t e^{-tx} dx.$ 于是

$$\left| t \int_0^{+\infty} e^{-tx} f(x) dx - \alpha \right| = \left| \int_0^{+\infty} t e^{-tx} (f(x) - \alpha) dx \right| \leqslant \int_0^{+\infty} t e^{-tx} |f(x) - \alpha| dx.$$

(我们来证明右端积分,当 t 充分接近 0^+ 时,能任意小.)因 $\lim\limits_{x \to +\infty} f(x) = \alpha$,所以 $\forall \varepsilon > 0, \exists \Delta > 0$,当 $x > \Delta$ 时,有 $|f(x) - \alpha| < \dfrac{\varepsilon}{2}$. 取 $A = \Delta$,于是

$$\int_0^{+\infty} t e^{-tx} |f(x) - \alpha| dx = \int_0^A t e^{-tx} |f(x) - \alpha| dx + \int_A^{+\infty} t e^{-tx} |f(x) - \alpha| dx$$

$$\leqslant \int_0^A t e^{-tx} (|f(x)| + |\alpha|) dx + \frac{\varepsilon}{2} \int_A^{+\infty} t e^{-tx} dx$$

$$\leqslant M \int_0^A t e^{-tx} dx + \frac{\varepsilon}{2} = M(1 - e^{-tA}) + \frac{\varepsilon}{2}.$$

(因 $f(x)$ 在 $[0, A]$ 上有界,所以 $\exists M > 0$,使得 $|f(x)| + |\alpha| \leqslant M$.)因当 $t \to 0^+$ 时, $1 - e^{-tA} \to 0$,所以对 $\varepsilon > 0, \exists \delta > 0$,使得当 $0 < t < \delta$ 时,有 $M(1 - e^{-tA}) < \dfrac{\varepsilon}{2}$,故

$$\int_0^{+\infty} t e^{-tx} |f(x) - \alpha| dx < \frac{\varepsilon}{2} + \frac{\varepsilon}{2} = \varepsilon.$$

证 II (利用上、下极限.)要证明式(1),只要证明: $\forall \varepsilon > 0$,有

$$\varlimsup_{t \to 0^+} t \int_0^{+\infty} e^{-tx} f(x) dx \leqslant \alpha + \varepsilon \qquad (2)$$

及

$$\varliminf_{t \to 0^+} t \int_0^{+\infty} e^{-tx} f(x) dx \geqslant \alpha - \varepsilon. \qquad (3)$$

因为 $\lim\limits_{x \to +\infty} f(x) = \alpha$,所以 $\forall \varepsilon > 0, \exists A > 0$,使当 $x > A$ 时, $\alpha - \varepsilon < f(x) < \alpha + \varepsilon$. 故

$$t \int_0^{+\infty} e^{-tx} f(x) dx = t \int_0^A e^{-tx} f(x) dx + \int_A^{+\infty} t e^{-tx} f(x) dx$$

$$< t \int_0^A e^{-tx} f(x) dx + (\alpha + \varepsilon) \int_A^{+\infty} t e^{-tx} dx$$

$$\leqslant M(1 - e^{-tA}) + (\alpha + \varepsilon) e^{-tA}.$$

(因 $f(x)$ 在 $[0, A]$ 上有界,即 $\exists M > 0$,使得 $x \in [0, A]$ 时,有 $f(x) \leqslant M$.)令 $t \to 0^+$,在不等式两边同时取极限,得

$$\varlimsup_{t \to 0^+} t \int_0^{+\infty} e^{-tx} f(x) dx \leqslant \lim_{t \to 0^+} [M(1 - e^{-tA}) + (\alpha + \varepsilon) e^{-tA}] = \alpha + \varepsilon.$$

这便证明了式(2). 类似可证式(3).

例 4.5.29 求极限 $\lim\limits_{x \to 0^+} x^\alpha \int_x^1 \dfrac{f(t)}{t^{\alpha+1}} dt$,其中 $\alpha > 0, f(x)$ 为闭区间 $[0, 1]$ 上的连续

函数.

证 I （应用 L'Hospital 法则.）$\lim\limits_{x\to 0^+} x^\alpha \int_x^1 \dfrac{f(t)}{t^{\alpha+1}} \mathrm{d}t = \lim\limits_{x\to 0^+} \dfrac{\displaystyle\int_x^1 \dfrac{f(t)}{t^{\alpha+1}}\mathrm{d}t}{\dfrac{1}{x^\alpha}}$. 因 $x\to 0$ 时

$\dfrac{1}{x^\alpha} \nearrow +\infty$，使用 L'Hospital 法则，

$$上式 = \lim_{x\to 0^+} \frac{-\dfrac{f(x)}{x^{\alpha+1}}}{-\alpha \dfrac{1}{x^{\alpha+1}}} = \lim_{x\to 0^+} \frac{f(x)}{\alpha} = \frac{f(0)}{\alpha}.$$

证 II $\quad x^\alpha \int_x^1 \dfrac{f(t)}{t^{\alpha+1}}\mathrm{d}t = x^\alpha \int_x^1 \dfrac{f(t)-f(0)}{t^{\alpha+1}}\mathrm{d}t + x^\alpha \int_x^1 \dfrac{f(0)}{t^{\alpha+1}}\mathrm{d}t.$ \hfill (1)

我们来证明右端第一项的极限为 0，第二项的极限为 $\dfrac{f(0)}{\alpha}$.

因 $f(x)$ 在 $x=0$ 处连续，所以 $\forall \varepsilon > 0, \exists \delta > 0 (\delta < 1)$，当 $0 < x < \delta$ 时，有 $|f(x) - f(0)| < \dfrac{\varepsilon\alpha}{2}$. 故

（|式(1)右端第一项|）$\quad \left| x^\alpha \int_x^1 \dfrac{f(t)-f(0)}{t^{\alpha+1}}\mathrm{d}t \right|$

$$\leqslant \left| x^\alpha \int_x^\delta \frac{f(t)-f(0)}{t^{\alpha+1}}\mathrm{d}t \right| + \left| x^\alpha \int_\delta^1 \frac{f(t)-f(0)}{t^{\alpha+1}}\mathrm{d}t \right|$$

$$\leqslant x^\alpha \int_x^\delta \frac{|f(t)-f(0)|}{t^{\alpha+1}}\mathrm{d}t + x^\alpha M \left(M \xlongequal{\text{记}} \left| \int_\delta^1 \frac{f(x)-f(0)}{t^{\alpha+1}}\mathrm{d}t \right| \right)$$

$$\leqslant \frac{\varepsilon \cdot \alpha}{2} \cdot \frac{1}{\alpha} \left(1 - \frac{x^\alpha}{\delta^\alpha} \right) + x^\alpha M$$

$$\leqslant \frac{\varepsilon}{2} + x^\alpha M < \varepsilon \quad （当 x > 0 充分小时）.$$

（式(1)右端第二项）$x^\alpha \int_x^1 \dfrac{f(0)}{t^{\alpha+1}}\mathrm{d}t = x^\alpha f(0) \left(\dfrac{1}{\alpha x^\alpha} - \dfrac{1}{\alpha} \right) \longrightarrow \dfrac{f(0)}{\alpha} \ (x\to 0^+).$

☆**例 4.5.30** 设当 $x > a$ 时，$\varphi(x) > 0, f(x), \varphi(x)$ 在任何有限区间 $[a, b]$ 上可积，$\displaystyle\int_a^{+\infty} \varphi(t)\mathrm{d}t$ 发散，当 $x \to +\infty$ 时，$f(x) = o(\varphi(x))$，证明：

$$\int_a^{+\infty} f(t)\mathrm{d}t = o\left(\int_a^{+\infty} \varphi(t)\mathrm{d}t \right). \tag{1}$$

（清华大学）

证 要证明式(1)，即要证明：$\forall \varepsilon > 0, \exists \Delta > 0$，当 $x > \Delta$ 时，$\left| \dfrac{\displaystyle\int_a^x f(t)\mathrm{d}t}{\displaystyle\int_a^x \varphi(t)\mathrm{d}t} \right| < \varepsilon$. 因

$\varphi(x) > 0$, 此即 $\left| \int_a^x f(t)\,\mathrm{d}t \right| < \varepsilon \int_a^x \varphi(t)\,\mathrm{d}t$.

已知当 $x \to +\infty$ 时, $f(x) = o(\varphi(x))$. 所以 $\exists A > a$, 使得当 $x > A$ 时, 有 $|f(x)| < \dfrac{\varepsilon}{2}\varphi(x)$. 于是

$$\left| \int_a^x f(t)\,\mathrm{d}t \right| \leqslant \left| \int_a^A f(t)\,\mathrm{d}t \right| + \int_A^x |f(t)|\,\mathrm{d}t \leqslant \left| \int_a^A f(t)\,\mathrm{d}t \right| + \frac{\varepsilon}{2}\int_A^x \varphi(t)\,\mathrm{d}t$$

$$\leqslant \left| \int_a^A f(t)\,\mathrm{d}t \right| + \frac{\varepsilon}{2}\int_a^x \varphi(t)\,\mathrm{d}t. \tag{2}$$

又因 $\int_a^{+\infty} \varphi(t)\,\mathrm{d}t$ 发散, 故 x 充分大时, 能使 $\int_a^x \varphi(t)\,\mathrm{d}t > \dfrac{2}{\varepsilon}\left| \int_a^A f(t)\,\mathrm{d}t \right|$, 亦即 $\left| \int_a^A f(t)\,\mathrm{d}t \right| < \dfrac{\varepsilon}{2}\int_a^x \varphi(t)\,\mathrm{d}t$. 所以 $\left| \int_a^x f(t)\,\mathrm{d}t \right| \leqslant \varepsilon \int_a^x \varphi(t)\,\mathrm{d}t$. 证毕.

(利用已知的极限)

例 4.5.31 设 $k > 0$, $a < \xi < b$, 证明当 $n \to +\infty$ 时, $\int_a^b \mathrm{e}^{-kn(x-\xi)^2}\,\mathrm{d}x \sim \sqrt{\dfrac{\pi}{kn}}$. $\left(\text{已知} \int_{-\infty}^{+\infty} \mathrm{e}^{-t^2}\,\mathrm{d}t = \sqrt{\pi}.\right)$

证 问题等价于要证 $\displaystyle\lim_{n \to +\infty} \sqrt{\dfrac{kn}{\pi}}\int_a^b \mathrm{e}^{-kn(x-\xi)^2}\,\mathrm{d}x = 1$.

令 $\sqrt{kn}(x-\xi) = t$, 作变换, 则 $x = \xi + \dfrac{t}{\sqrt{kn}}$, $\mathrm{d}x = \dfrac{1}{\sqrt{kn}}\mathrm{d}t$, 于是上述极限成为

$$\lim_{n \to +\infty} \sqrt{\frac{kn}{\pi}}\int_a^b \mathrm{e}^{-kn(x-\xi)^2}\,\mathrm{d}x = \lim_{n \to +\infty} \frac{1}{\sqrt{\pi}}\int_{\sqrt{kn}(a-\xi)}^{\sqrt{kn}(b-\xi)} \mathrm{e}^{-t^2}\,\mathrm{d}t = \frac{1}{\sqrt{\pi}}\int_{-\infty}^{+\infty} \mathrm{e}^{-t^2}\,\mathrm{d}t = 1.$$

(因为 $a - \xi < 0$, $b - \xi > 0$, 当 $n \to +\infty$ 时, 上限 $\sqrt{kn}(b-\xi) \to +\infty$, 下限 $\sqrt{kn}(a-\xi) \to -\infty$.)

(利用正常积分现有结果)

例 4.5.32(Riemann 定理) 设 $f(x)$ 在 $[a, +\infty)$ 上绝对可积, $g(x)$ 是周期为 T 的函数, 在 $[0,T]$ 上正常可积, 则

$$\lim_{n \to \infty} \int_a^{+\infty} f(x)g(nx)\,\mathrm{d}x = \frac{1}{T}\int_0^T g(x)\,\mathrm{d}x \int_a^{+\infty} f(x)\,\mathrm{d}x. \tag{1}$$

分析 要证明式(1), 即要证明 n 充分大时,

$$\left| \int_a^{+\infty} f(x)g(nx)\,\mathrm{d}x - \frac{1}{T}\int_0^T g(x)\,\mathrm{d}x \int_a^{+\infty} f(x)\,\mathrm{d}x \right| \tag{2}$$

能任意小. 用关系 $\int_a^{+\infty} \cdots = \int_a^A \cdots + \int_A^{+\infty} \cdots$ 将积分拆开, 再放大:

$$\left| \int_a^{+\infty} f(x)g(nx)\,\mathrm{d}x - \frac{1}{T}\int_0^T g(x)\,\mathrm{d}x \int_a^{+\infty} f(x)\,\mathrm{d}x \right|$$

$$\leqslant \left| \int_a^A f(x)g(nx)\,\mathrm{d}x - \frac{1}{T}\int_0^T g(x)\,\mathrm{d}x \int_a^A f(x)\,\mathrm{d}x \right| +$$

$$\left| \int_A^{+\infty} f(x)g(nx)\,\mathrm{d}x \right| + \frac{1}{T}\left| \int_0^T g(x)\,\mathrm{d}x \right| \left| \int_A^{+\infty} f(x)\,\mathrm{d}x \right|$$

$$\leqslant \left| \int_a^A f(x)g(nx)\,\mathrm{d}x - \frac{1}{T}\int_0^T g(x)\,\mathrm{d}x \int_a^A f(x)\,\mathrm{d}x \right| +$$

$$M\int_A^{+\infty} |f(x)|\,\mathrm{d}x + \frac{1}{T}\left| \int_0^T g(x)\,\mathrm{d}x \right| \int_A^{+\infty} |f(x)|\,\mathrm{d}x.$$

（因 $g(x)$ 有界，$\exists M>0$ 使得 $|g(x)|\leqslant M$．）由于 $f(x)$ 绝对可积，故当 A 充分大时，可使上式第二、三项任意小．然后，将 A 固定，令 n 充分大，因该命题对于正常积分已成立（见例 4.1.10），故当 n 充分大时，第一项亦可任意小．命题获证．

请读者写出简明严格的证明．

例 4.5.33   设 $\varphi(x)$ 为有界周期函数，周期为 T，且 $\dfrac{1}{T}\displaystyle\int_0^T \varphi(x)\,\mathrm{d}x = C$，试证：

$$\lim_{n\to\infty} n\int_n^{+\infty} \frac{\varphi(t)}{t^2}\,\mathrm{d}t = C. \tag{1}$$

证 I   （利用上例结果．）

$$n\int_n^{+\infty} \frac{\varphi(t)}{t^2}\,\mathrm{d}t = \int_n^{+\infty} \frac{\varphi\left(n\cdot\dfrac{t}{n}\right)\mathrm{d}\left(\dfrac{t}{n}\right)}{\left(\dfrac{t}{n}\right)^2} \xrightarrow{\ \ 令\,u=\frac{t}{n}\ \ } \int_1^{+\infty} \frac{1}{u^2}\varphi(nu)\,\mathrm{d}u$$

$$\to \frac{1}{T}\int_0^T \varphi(x)\,\mathrm{d}x \int_1^{+\infty} \frac{\mathrm{d}u}{u^2} = C \quad （当\,n\to\infty\,时）.$$

证 II   （利用积分第二中值定理：若 $f(x)$ 在 $[a,b]$ 上可积，$g(x)$ 单调减小，且 $g(b)\geqslant 0$，则 $\exists \xi\in[a,b]$ 使得 $\displaystyle\int_a^b f(x)g(x)\,\mathrm{d}x = g(a+0)\int_a^\xi f(x)\,\mathrm{d}x$．）

注意到 $n\displaystyle\int_n^{+\infty} \dfrac{\mathrm{d}t}{t^2} = 1$，知 $C = n\displaystyle\int_n^{+\infty} \dfrac{C\,\mathrm{d}t}{t^2}$．故只要证明 $\displaystyle\lim_{n\to\infty} n\int_n^{+\infty} \dfrac{\varphi(t)-C}{t^2}\,\mathrm{d}t = 0$．

根据已知条件，$\displaystyle\int_n^A (\varphi(t)-C)\,\mathrm{d}t$ 有界，即 $\exists M>0$ 使得 $\left|\displaystyle\int_n^A (\varphi(t)-C)\,\mathrm{d}t\right|\leqslant M$．于是利用第二中值定理，

$$\left| n\int_n^A \frac{\varphi(t)-C}{t^2}\,\mathrm{d}t \right| = n\cdot\frac{1}{n^2}\left| \int_n^\xi (\varphi(t)-C)\,\mathrm{d}t \right| \leqslant \frac{M}{n} \quad （\forall A>n），$$

从而 $\left| n\displaystyle\int_n^{+\infty} \dfrac{\varphi(t)-C}{t^2}\,\mathrm{d}t \right|\leqslant \dfrac{M}{n}$．此式对每个固定的 n 都成立，令 $n\to+\infty$，取极限，知式（1）成立．

（利用两边夹法则）

例 4.5.34   设 $\varphi(x)$ 连续，$\displaystyle\lim_{x\to+\infty}\varphi(x) = 1$，记 $\psi(x) = \displaystyle\int_x^{+\infty} \frac{\varphi(t)\,\mathrm{d}t}{t^{1+\alpha}}$ $(\alpha>0)$．求

证：当 $x \to +\infty$ 时，$\psi(x) \sim \dfrac{c}{x^\alpha}$，并求 c 之值.

提示 x 充分大时，$x^\alpha \displaystyle\int_x^{+\infty} \dfrac{1-\varepsilon}{t^{1+\alpha}}\mathrm{d}t \leqslant x^\alpha \int_x^{+\infty} \dfrac{\varphi(t)\,\mathrm{d}t}{t^{1+\alpha}} \leqslant x^\alpha \int_x^{+\infty} \dfrac{1+\varepsilon}{t^{1+\alpha}}\mathrm{d}t.$

或直接对 $\displaystyle\lim_{x \to +\infty} \dfrac{\psi(x)}{x^{-\alpha}}$ 用 L' Hospital 法则.

（利用分部积分法）

例 4.5.35 设 $\varphi(x) = \displaystyle\int_0^x \cos\dfrac{1}{t}\mathrm{d}t$，求 $\varphi'(0)$.

解
$$\varphi'(0) = \lim_{x \to 0} \frac{\varphi(x) - \varphi(0)}{x - 0} = \lim_{x \to 0} \frac{\displaystyle\int_0^x \cos\dfrac{1}{t}\mathrm{d}t}{x}. \tag{1}$$

但
$$\int_0^x \cos\frac{1}{t}\mathrm{d}t \xlongequal{\diamond \frac{1}{t}=u} \int_{\frac{1}{x}}^{+\infty} \frac{\cos u}{u^2}\mathrm{d}u = \frac{1}{u^2}\sin u \Big|_{\frac{1}{x}}^{+\infty} + \int_{\frac{1}{x}}^{+\infty} \frac{2\sin u}{u^3}\mathrm{d}u$$
$$= -x^2 \sin\frac{1}{x} + \int_{\frac{1}{x}}^{+\infty} \frac{2\sin u}{u^3}\mathrm{d}u,$$

故
$$\left| \frac{\displaystyle\int_0^x \cos\dfrac{1}{t}\mathrm{d}t}{x} \right| \leqslant |x|\left|\sin\frac{1}{x}\right| + \frac{1}{|x|}\int_{\frac{1}{x}}^{+\infty} \frac{2}{u^3}\mathrm{d}u$$
$$= |x|\left|\sin\frac{1}{x}\right| + |x| \to 0 \quad (\text{当 } x \to 0 \text{ 时}).$$

所以 $\varphi'(0) = 0$.

注 本例式(1)中的极限可以用 L' Hospital 法则，然而此极限使用 L' Hospital 法则后，所得极限 $\displaystyle\lim_{x \to 0}\cos\dfrac{1}{x}$ 反而不存在. 注意这并不矛盾，因为 L' Hospital 法则是在分子、分母求导之后所得极限存在时得到的. 当求导后的极限不存在时，原式仍可能有极限，本例就是如此. 所以求导后极限不存在，只能说明此时 L' Hospital 法则失效，不能说明原式无极限.

例 4.5.36 设 $\rho(t)$ 为全数轴的连续函数：

1) $\rho(t) = 0$，$|t| \geqslant 1$；　　2) $\displaystyle\int_{-\infty}^{+\infty} \rho(t)\,\mathrm{d}t = 0$；　　3) $\displaystyle\int_{-\infty}^{+\infty} t\rho(t)\,\mathrm{d}t = 1$.

又设 $f(x)$ 是全数轴可微函数，证明：$\displaystyle\lim_{\lambda \to 0}\int_{-\infty}^{\infty} \frac{1}{\lambda^2}\rho\left(\frac{t-x}{\lambda}\right)f(t)\,\mathrm{d}t = f'(x)$.

提示 用拟合法归结为 $\displaystyle\lim_{\lambda \to 0}\int_{-\infty}^{+\infty} u\rho(u)\left[\frac{f(x+\lambda u) - f(x)}{\lambda u} - f'(x)\right]\mathrm{d}u = 0$.

五、反常积分作为"积分和"的极限

我们知道，反常积分不能像正常积分那样定义为积分和的极限. 本段我们将看到,对于单调无界反常积分,我们可以用类似于积分和的和式来逼近.

例 4.5.37 设 $f(x)$ 在 $(0,1)$ 上单调,$x=0,1$ 为奇点,$\int_0^1 f(x)\,dx$ 存在,证明:

$$\lim_{n\to\infty}\frac{f\left(\dfrac{1}{n}\right)+f\left(\dfrac{2}{n}\right)+\cdots+f\left(\dfrac{n-1}{n}\right)}{n}=\int_0^1 f(x)\,dx.$$

证 若 $f(x)\nearrow$,则有

$$\int_0^{1-\frac{1}{n}}f(x)\,dx\leqslant\frac{f\left(\dfrac{1}{n}\right)+f\left(\dfrac{2}{n}\right)+\cdots+f\left(\dfrac{n-1}{n}\right)}{n}\leqslant\int_{\frac{1}{n}}^1 f(x)\,dx.\qquad(1)$$

$\left(\text{图 4.5.2 中阴影部分的面积}=\dfrac{1}{n}\left[f\left(\dfrac{1}{n}\right)+f\left(\dfrac{2}{n}\right)+\cdots+f\left(\dfrac{n-1}{n}\right)\right].\right)$ 在式(1)中令

$n\to\infty$,取极限,即得所需的等式.

若 $f(x)\searrow$,替换 $f(x)$,可以考虑函数 $-f(x)$.

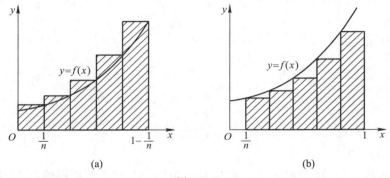

图 4.5.2

注 1° 单调性条件可减弱为只在奇点某邻域内单调.

2° 本例的结论,可推广到更一般的情况.

若 $f(x)$ 在 $(0,1)$ 内单调,$0,1$ 为奇点,反常积分 $\int_0^1 f(x)\,dx$ 收敛,$\varphi(x)$ 在 $[0,1]$ 上

正常可积,则 $\displaystyle\lim_{n\to\infty}\frac{1}{n}\sum_{i=1}^{n-1}\varphi\left(\frac{i}{n}\right)f\left(\frac{i}{n}\right)=\int_0^1\varphi(x)f(x)\,dx.$

例 4.5.38 设 $f(x)$ 单调,$x=0$ 为奇点,$\int_0^1 f(x)\,dx$ 收敛,证明:

$$\lim_{n\to\infty}\frac{1}{n}\sum_{i=0}^{n-1}f\left(\varepsilon_n+\frac{i}{n}\right)=\int_0^1 f(x)\,dx\quad\left(\frac{\theta}{n}<\varepsilon_n<\frac{1}{n}\right),$$

其中 $\theta\in(0,1)$ 为常数.

证 设 $f(x)\searrow$(否则考虑 $-f(x)$),利用两边夹法则,在不等式

$$\int_{\varepsilon_n}^{\varepsilon_n+\frac{n-1}{n}}f(x)\,dx\leqslant\frac{1}{n}\sum_{i=0}^{n-1}f\left(\varepsilon_n+\frac{i}{n}\right)\leqslant\frac{1}{\theta}\int_0^{\varepsilon_n}f(x)\,dx+\int_{\varepsilon_n}^1 f(x)\,dx$$

中令 $n \rightarrow +\infty$,取极限即得. 这里 $\frac{1}{n}\sum\limits_{i=0}^{n-1} f\left(\varepsilon_n + \frac{i}{n}\right)$ 是图 4.5.3 中阴影部分的面积.

其中右边的不等式可由

$$\varepsilon_n f(\varepsilon_n) \leqslant \int_0^{\varepsilon_n} f(x)\,\mathrm{d}x \; 及 \; \frac{1}{n}f(\varepsilon_n) \leqslant \frac{1}{n\varepsilon_n}\int_0^{\varepsilon_n} f(x)\,\mathrm{d}x \leqslant \frac{1}{\theta}\int_0^{\varepsilon_n} f(x)\,\mathrm{d}x$$

得到.

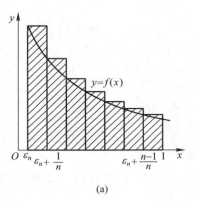

(a)

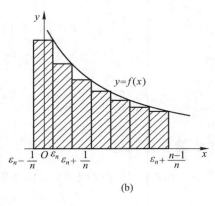

(b)

图 4.5.3

我们来看上述结果的一个应用.

例 4.5.39 设 $0 < a < d$,$A_n = \dfrac{a + (a+d) + \cdots + [a + (n-1)d]}{n}$,$G_n = \sqrt[n]{a(a+d)\cdots[a+(n-1)d]}$,试证:$\lim\limits_{n \to \infty} \dfrac{G_n}{A_n} = \dfrac{2}{\mathrm{e}}$.

证 首先将 $\dfrac{G_n}{A_n}$ 变形,

$$\frac{G_n}{A_n} = \frac{\sqrt[n]{a(a+d)\cdots[a+(n-1)d]}}{\dfrac{a+(a+d)+\cdots+[a+(n-1)d]}{n}}$$

$$= \frac{\sqrt[n]{a(a+d)\cdots[a+(n-1)d]}}{a + \dfrac{1}{2}(n-1)d}.$$

分子分母同除以 nd,并记 $c = \dfrac{a}{d}$,则

$$\frac{G_n}{A_n} = \frac{\sqrt[n]{\dfrac{c}{n} \cdot \dfrac{c+1}{n} \cdots \dfrac{c+(n-1)}{n}}}{\dfrac{c}{n} + \dfrac{n-1}{2n}}. \tag{1}$$

这里分母趋于 $\dfrac{1}{2}$,而分子的对数

$$\ln \sqrt[n]{\frac{c}{n} \cdot \frac{c+1}{n} \cdots \frac{c+(n-1)}{n}}$$

$$= \frac{1}{n}\left[\ln \frac{c}{n} + \ln\left(\frac{c}{n} + \frac{1}{n}\right) + \cdots + \ln\left(\frac{c}{n} + \frac{n-1}{n}\right)\right]$$

$$= \frac{1}{n}\sum_{i=0}^{n-1}\ln\left(\varepsilon_n + \frac{i}{n}\right) \quad \left(\text{其中 } \varepsilon_n = \frac{c}{n} = \frac{1}{n}\frac{a}{d}\right).$$

利用上例结论，$\dfrac{1}{n}\displaystyle\sum_{i=0}^{n-1}\ln\left(\varepsilon_n + \frac{i}{n}\right) \to \int_0^1 \ln x \mathrm{d}x = -1$ （$n\to\infty$）. 故式（1）分子

$$\sqrt[n]{\frac{c}{n} \cdot \frac{c+1}{n} \cdots \frac{c+(n-1)}{n}} \to \mathrm{e}^{-1} \quad (n\to\infty).$$

从而 $\displaystyle\lim_{n\to\infty}\frac{G_n}{A_n} = \frac{2}{\mathrm{e}}$. 证毕.

六、综合性问题

☆**例 4. 5. 40** 假定函数 $f(x)$ 当 $x > 0$ 时连续并且非负；对任何正数 M，定义
$$f_M(x) = \min\{f(x), M\}. \tag{1}$$
证明：如果 $\displaystyle\lim_{0 < \eta \to 0}\lim_{M \to +\infty}\int_0^\eta f_M(x)\mathrm{d}x$ 存在，那么
$$\lim_{0 < \eta \to 0}\lim_{M \to +\infty}\int_0^\eta f_M(x)\mathrm{d}x = 0. \tag{2}$$
（厦门大学）

证 1° 我们看到，要证明式（2），只要对某个 $\eta_1 > 0$，证明 $\displaystyle\int_0^{\eta_1} f(x)\mathrm{d}x$ 收敛. 这是因为，若 $\displaystyle\int_0^{\eta_1} f(x)\mathrm{d}x$ 收敛，则 $\forall \varepsilon > 0$，$\exists \delta > 0$，当 $0 < \eta < \delta$ 时，有 $0 < \displaystyle\int_0^\eta f(x)\mathrm{d}x < \frac{\varepsilon}{2}$，从而 $0 \leqslant \displaystyle\int_0^\eta f_M(x)\mathrm{d}x \leqslant \int_0^\eta f(x)\mathrm{d}x < \frac{\varepsilon}{2}$，所以 $\displaystyle\lim_{M \to +\infty}\int_0^\eta f_M(x)\mathrm{d}x \leqslant \frac{\varepsilon}{2} < \varepsilon$. 这就证明了式（2）.

2° 我们来证明：$\exists \eta_1 > 0$，使得 $\displaystyle\int_0^{\eta_1} f(x)\mathrm{d}x$ 收敛. 因 $f(x) \geqslant 0$，要证明 $\displaystyle\int_0^{\eta_1} f(x)\mathrm{d}x$ 收敛，只要证明 $0 < \eta \to 0$ 时，$\displaystyle\int_\eta^{\eta_1} f(x)\mathrm{d}x$ 保持有界.

已知 $\displaystyle\lim_{0 < \eta \to 0}\lim_{M \to +\infty}\int_0^\eta f_M(x)\mathrm{d}x$ 存在，故对 $\eta_1 > 0$（充分小），极限 $\displaystyle\lim_{M \to +\infty}\int_0^{\eta_1} f_M(x)\mathrm{d}x \equiv \varphi(\eta_1)$ 存在（有限）. 但当 $M \nearrow$ 时 $f_M(x) \nearrow$，$\displaystyle\int_0^{\eta_1} f_M(x)\mathrm{d}x \nearrow$. 故

$$\varphi(\eta_1) \equiv \lim_{M \to +\infty}\int_0^{\eta_1} f_M(x)\mathrm{d}x = \sup_{M > 0}\int_0^{\eta_1} f_M(x)\mathrm{d}x. \tag{3}$$

$\forall 0 < \eta < \eta_1$，因为 $f(x)$ 连续，$f(x)$ 在区间 $[\eta, \eta_1]$ 上有上确界 $M_1 \geqslant 0$，从而在 $[\eta, \eta_1]$ 上

$$f_{M_1}(x) = f(x),$$

$$0 \leqslant \int_\eta^{\eta_1} f(x)\,\mathrm{d}x = \int_\eta^{\eta_1} f_{M_1}(x)\,\mathrm{d}x \leqslant \int_0^{\eta_1} f_{M_1}(x)\,\mathrm{d}x \leqslant \varphi(\eta_1).$$

即 $\int_\eta^{\eta_1} f(x)\,\mathrm{d}x$ 关于 $\eta \in (0, \eta_1)$ 有界. 故 $\int_0^{\eta_1} f(x)\,\mathrm{d}x$ 收敛. 证毕.

☆**例 4.5.41** 设 $f(x)$ 在每个有限区间 $[a, b]$ 上可积, 并且 $\lim\limits_{x \to +\infty} f(x) = A$,

$\lim\limits_{x \to -\infty} f(x) = B$ 存在. 求证: 对任何一个实数 $a > 0$, $\int_{-\infty}^{+\infty} [f(x+a) - f(x)]\,\mathrm{d}x$ 存在, 并

求出它的值. (同济大学)

解 问题在于: 证明极限 $\lim\limits_{\substack{\alpha \to -\infty \\ \beta \to +\infty}} \int_\alpha^\beta [f(x+a) - f(x)]\,\mathrm{d}x$ 存在, 并求其值. 事实上,

$$\int_\alpha^\beta [f(x+a) - f(x)]\,\mathrm{d}x = \int_\alpha^\beta f(x+a)\,\mathrm{d}x - \int_\alpha^\beta f(x)\,\mathrm{d}x \quad (\text{令 } x + a = t)$$

$$= \int_{\alpha+a}^{\beta+a} f(t)\,\mathrm{d}t - \int_\alpha^\beta f(x)\,\mathrm{d}x = \int_{\alpha+a}^{\beta+a} f(x)\,\mathrm{d}x - \int_\alpha^\beta f(x)\,\mathrm{d}x$$

$$= \int_\beta^{\beta+a} f(x)\,\mathrm{d}x - \int_\alpha^{\alpha+a} f(x)\,\mathrm{d}x$$

$$= \int_\beta^{\beta+a} [A + (f(x) - A)]\,\mathrm{d}x - \int_\alpha^{\alpha+a} [B + (f(x) - B)]\,\mathrm{d}x$$

$$= Aa - Ba + \int_\beta^{\beta+a} (f(x) - A)\,\mathrm{d}x - \int_\alpha^{\alpha+a} (f(x) - B)\,\mathrm{d}x.$$

利用已知条件 $\lim\limits_{x \to +\infty} f(x) = A$, $\lim\limits_{x \to -\infty} f(x) = B$, 易知上式右端后两项当 $\alpha \to -\infty$, $\beta \to +\infty$

时极限为零. 故 $\lim\limits_{\substack{\alpha \to -\infty \\ \beta \to +\infty}} \int_\alpha^\beta [f(x+a) - f(x)]\,\mathrm{d}x = a(A - B)$.

例 4.5.42 设 $f(x)$ 在 $[0, 1]$ 上有连续导数, 且

$$|f'(x)| \leqslant \frac{M}{(1-x)^{1-\alpha}} \quad (0 < \alpha \leqslant 1).$$

求证: $f(x)$ 在 $[0, 1]$ 上满足条件 $|f(x_2) - f(x_1)| \leqslant \dfrac{M}{\alpha} |x_2 - x_1|^\alpha$.

证 $|f(x_2) - f(x_1)| = \left| \int_{x_1}^{x_2} f'(x)\,\mathrm{d}x \right| \leqslant \left| \int_{x_1}^{x_2} |f'(x)|\,\mathrm{d}x \right|$

$$\leqslant \left| \int_{x_1}^{x_2} \frac{M}{(1-x)^{1-\alpha}}\,\mathrm{d}x \right| = \frac{M}{\alpha} |(1-x_2)^\alpha - (1-x_1)^\alpha|.$$

因 $\forall x, y$, 有 $|x+y|^\alpha \leqslant |x|^\alpha + |y|^\alpha$, 可知 $\forall x, y$, 有

$$||x|^\alpha - |y|^\alpha| \leqslant |x-y|^\alpha,$$

故 $$|f(x_2) - f(x_1)| \leqslant \frac{M}{\alpha} |x_2 - x_1|^\alpha.$$

例 4.5.43   设 $F(x) = \int_0^x \left(\dfrac{1}{t} - \left[\dfrac{1}{t} \right] \right) \mathrm{d}t$，其中 $\left[\dfrac{1}{t} \right]$ 表示取不大于 $\dfrac{1}{t}$ 的最大整数．试证：$F'(0) = \dfrac{1}{2}$.

提示   参看例 4.5.33.

^{new}☆**例 4.5.44**   1）设 $f \in C[a, +\infty)$（意即：$f(x)$ 在 $[a, +\infty)$ 上连续），且 $\int_a^{+\infty} |f(x)| \mathrm{d}x$ 收敛．试证：必存在 $\{x_n\} \subset [a, +\infty)$ 满足：$\lim\limits_{n \to +\infty} x_n = +\infty$，且 $\lim\limits_{n \to +\infty} x_n f(x_n) = 0$；

2）若 $f(x)$ 放弃连续条件，但在 $[a, +\infty)$ 任意内闭区间上可积，$\int_a^{+\infty} f(x) \mathrm{d}x$ 条件收敛（不绝对收敛），则 1）的结论可以不成立，举例说明．（华东师范大学）

提示   1）由于 $\int_a^{+\infty} |f(x)| \mathrm{d}x$ 收敛，由 Cauchy 准则知，$\forall \varepsilon_n = \dfrac{1}{n} > 0, \exists A_n > n > 0 : \forall A_n' > A_n > n$，有 $\int_{A_n'}^{2A_n'} |f(x)| \mathrm{d}x < \dfrac{\varepsilon_n}{2}$，即

$$2 \int_{A_n'}^{2A_n'} |f(x)| \mathrm{d}x < \varepsilon_n = \dfrac{1}{n}. \tag{1}$$

又因 $f(x)$ 连续，可知 $|f(x)|$ 连续．根据积分中值定理，$\exists \xi_n : A_n' < \xi_n < 2A_n'$，使得

$$2 \int_{A_n'}^{2A_n'} |f(x)| \mathrm{d}x \xrightarrow{\text{积分中值定理}} 2 |f(\xi_n)| \int_{A_n'}^{2A_n'} \mathrm{d}x = 2A_n' |f(\xi_n)| > \xi_n |f(\xi_n)|.$$

故

$$\xi_n |f(\xi_n)| < 2 \int_{A_n'}^{2A_n'} |f(x)| \mathrm{d}x \xrightarrow{\text{式}(1)} \dfrac{1}{n}.$$

可见 $\lim\limits_{n \to \infty} \xi_n |f(\xi_n)| = 0$. 但 $\xi_n > n$，只要令 $x_n = \xi_n$，则 $\{x_n\} \to +\infty$ 满足一切要求．

2）令 $a_0 = a, a_n = a + \sum\limits_{k=1}^n \dfrac{1}{k} \; (n = 1, 2, \cdots)$. 则 $a_n \overset{\text{严}}{\nearrow} +\infty$. 定义

$$f(x) = (-1)^n \; (a_n \leqslant x < a_{n+1}) \; (n = 0, 1, 2, \cdots). \tag{2}$$

此 $f(x)$ 不连续，可作反例，说明如果 $f(x)$ 不连续，则 1）的结论可以不成立．事实上：

i）积分 $\int_a^{+\infty} f(x) \mathrm{d}x = \sum\limits_{k=1}^{+\infty} (-1)^{k-1} \dfrac{1}{k}$，收敛（显然非绝对收敛，因 $|f(x)| \equiv 1$）.

ii）$\forall \{x_n\}$，若 $\{x_n\} \to +\infty$，则根据 $f(x)$ 的定义式（2）：

$$\lim_{n \to +\infty} |x_n f(x_n)| = \lim_{n \to +\infty} x_n = +\infty,$$

说明原结论不再成立．

^{new}***例 4.5.45**   函数 f 和 g 在 $[0, +\infty)$ 上非负、连续、单调递减，反常积分

$\int_{0}^{+\infty} f(x)\mathrm{d}x$ 和 $\int_{0}^{+\infty} g(x)\mathrm{d}x$ 发散. 如果定义: $h(x) = \min\{g(x), f(x)\}$, $x \in [0, +\infty)$. 问 $\int_{0}^{+\infty} h(x)\mathrm{d}x$ 是否一定发散? 为什么? (北京大学)

提示 (否!) 因为 $\int_{0}^{+\infty} \dfrac{1}{(1+x)^2}\mathrm{d}x$ 收敛, 只要构造两个非负、连续、递减函数 g 和 f, 使得 $\int_{0}^{+\infty} f(x)\mathrm{d}x$ 和 $\int_{0}^{+\infty} g(x)\mathrm{d}x$ 发散, 且 $h(x) = \min\{g(x), f(x)\} = \dfrac{1}{(1+x)^2}$, 就可作为反例, 说明命题不成立.

再提示 如图 4.5.4 所示, 作阶梯函数, 让 $f(x), g(x)$ 同时从点 A 出发, 一个走折线另一个走曲线, 每下一步台阶, 两者交换一次 (即: 走折线改走曲线, 走曲线改走折线). 这样下去, 直到 $+\infty$. 让每步台阶的下方图形面积大于某一固定的正数 $\varepsilon_0 > 0$. 例如取 $\varepsilon_0 = \dfrac{1}{2}$, 只需台面足够宽 (即 BC 足够长), 总

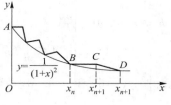

图 4.5.4

能使 (线段 BC) 下方图形面积大于 $\varepsilon_0 = \dfrac{1}{2}$. 以 BCD 作为一步台阶的代表, 如点

$$B\left(x_n, \frac{1}{(1+x_n)^2}\right), \quad C\left(x'_{n+1}, \frac{1}{(1+x_n)^2}\right), \quad D\left(x_{n+1}, \frac{1}{(1+x_{n+1})^2}\right) \quad (n = 1, 2, \cdots).$$

当 x_n 确定后, 令 $x'_{n+1} > \dfrac{1}{2}(1+x_n)^2 + x_n$, 则 BC 下方图形的面积:

$$\int_{x_n}^{x'_{n+1}} \frac{1}{(1+x_n)^2}\mathrm{d}x = (x'_{n+1} - x_n)\frac{1}{(1+x_n)^2} \geq \frac{1}{2}.$$

然后取 $x_{n+1} = x'_{n+1} + m \ (m > 0) \ (n = 1, 2, \cdots)$, 在 (x'_{n+1}, x_{n+1}) 段, 以直线连接 (保证折线连续). 于是, $\forall A > 0$, $\int_{A}^{+\infty} f(x)\mathrm{d}x > \dfrac{1}{2}$; 同样, $\int_{A}^{+\infty} g(x)\mathrm{d}x > \dfrac{1}{2}$. 故 $\int_{0}^{+\infty} f(x)\mathrm{d}x$ 和 $\int_{0}^{+\infty} g(x)\mathrm{d}x$ 发散. 但是, $\int_{0}^{+\infty} \min\{f(x), g(x)\}\mathrm{d}x = \int_{0}^{+\infty} \dfrac{\mathrm{d}x}{(1+x)^2}$ 收敛.

这就说明: 若 $\int_{0}^{+\infty} f(x)\mathrm{d}x$ 和 $\int_{0}^{+\infty} g(x)\mathrm{d}x$ 发散, 不能保证 $\int_{0}^{+\infty} \min\{g(x), f(x)\}\mathrm{d}x$ 一定发散.

点评 此题曾引起网友们的广泛关注, 大家的表达方式虽然不同, 但本质上惊人地一致. 如果您学过级数, 不妨考虑将本题离散化, 写出级数的相应结果.

ᵐᵉʷ *** 例 4.5.46** 假设 $f(x) > 0$, 积分 $\int_{1}^{+\infty} f(x)\mathrm{d}x$ 收敛. 试证: $\int_{1}^{+\infty} (f(x))^{1-\frac{1}{x}}\mathrm{d}x$ 收敛.

提示 利用例 4.4.9 的不等式进行放大, 使放大后的积分收敛.

再提示 $\forall b > 0$,

$$(f(x))^{1-\frac{1}{x}} = \frac{1}{b}\left[(f(x))^{1-\frac{1}{x}} \cdot b\right] \quad \left((f(x))^{1-\frac{1}{x}}, b > 0, \text{可利用例4.4.9之不等式}\right)$$

$$\leqslant \frac{1}{b}\left[\frac{1}{p}(f(x))^{\frac{x-1}{x} \cdot p} + \frac{1}{q}b^q\right] \quad \left(\forall p, q > 1 : \frac{1}{p} + \frac{1}{q} = 1\right)$$

$$\leqslant \frac{1}{b}\left[(f(x))^{\frac{x-1}{x} \cdot p} + b^q\right].$$

（对 $x > 1$，取 $p = \dfrac{x}{x-1}, q = x > 1$，则满足 $\dfrac{1}{p} + \dfrac{1}{q} = 1$．）由上式得

$$(f(x))^{1-\frac{1}{x}} \leqslant \frac{1}{b}f(x) + b^{x-1}.$$

取 $b = e^{-1} > 0$，则得

$$0 \leqslant \int_1^A (f(x))^{1-\frac{1}{x}}\mathrm{d}x \leqslant e\int_1^A \left[f(x) + e^{-x}\right]\mathrm{d}x.$$

故由 $\displaystyle\int_1^{+\infty} f(x)\mathrm{d}x$ 和 $\displaystyle\int_1^{+\infty} e^{-x}\mathrm{d}x$ 收敛，知 $\displaystyle\int_1^{+\infty}(f(x))^{1-\frac{1}{x}}\mathrm{d}x$ 收敛．（证毕．）

^{new} *** 例 4.5.47** 设 $f(x)$ 是 $[0, +\infty)$ 上的（正值）连续函数，且 $\displaystyle\int_0^{+\infty} \frac{1}{f(x)}\mathrm{d}x < +\infty$，

求证：$\displaystyle\lim_{A \to +\infty} \frac{1}{A^2}\int_0^A f(x)\mathrm{d}x = +\infty$．（北京大学，华中师范大学）

提示 $\quad \dfrac{1}{4} = \dfrac{1}{A^2}\left(\displaystyle\int_{\frac{A}{2}}^A \frac{1}{\sqrt{f(x)}} \cdot \sqrt{f(x)}\,\mathrm{d}x\right)^2 \overset{\text{Schwarz不等式}}{\leqslant} \dfrac{1}{A^2}\displaystyle\int_0^A f(x)\mathrm{d}x \cdot \displaystyle\int_{\frac{A}{2}}^A \frac{1}{f(x)}\mathrm{d}x.$

因此 $\quad \dfrac{1}{A^2}\displaystyle\int_0^A f(x)\mathrm{d}x \geqslant \dfrac{1}{4}\dfrac{1}{\displaystyle\int_{\frac{A}{2}}^A \frac{1}{f(x)}\mathrm{d}x} \to +\infty \; (A \to +\infty).$

问题得证.

注 i）若题目添加条件：$\dfrac{x}{f(x)} = o(1) \; (x \to +\infty)$，则证法可大为简化：（用强化的

L'Hospital，例 3.2.30）$\displaystyle\lim_{x \to +\infty} \frac{1}{x^2}\int_1^x f(t)\mathrm{d}t = \lim_{x \to +\infty} \frac{f(x)}{2x} = +\infty$．

ii）或有 $f(x) \searrow$，则可导出条件：$\dfrac{x}{f(x)} = o(1) \; (x \to +\infty)$．（利用 Cauchy 准则）

$\forall n > 0, \exists A > 1$，使得 $\forall x > A$，有

$$\frac{1}{n} > \int_x^{2x} \frac{1}{f(t)}\mathrm{d}t \geqslant \frac{1}{f(x)}\int_x^{2x}\mathrm{d}t = \frac{x}{f(x)},$$

即 $\dfrac{f(x)}{x} > n$．因此，$\displaystyle\lim_{x \to +\infty} \frac{f(x)}{x} = +\infty$．故 $\dfrac{x}{f(x)} = o(1) \; (x \to +\infty)$．

^{new} *** 例 4.5.48** 已知双曲函数：$\sinh x = \dfrac{e^x - e^{-x}}{2}, \cosh x = \dfrac{e^x + e^{-x}}{2}$．若 $\sinh x \cdot$

$\sinh y = 1$．试计算积分 $\displaystyle\int_0^{+\infty} y(x)\mathrm{d}x$．（浙江大学）

解　由 $\sinh x \cdot \sinh y = 1$ 可得

$$\sinh y \cdot \cosh x \mathrm{d}x + \sinh x \cdot \cosh y \mathrm{d}y = 0.$$

故

$$\mathrm{d}x = - \frac{\sinh x \cdot \cosh y \mathrm{d}y}{\sinh y \cdot \sqrt{1 + \sinh^2 x}} = - \frac{\sinh x \cdot \cosh y \mathrm{d}y}{\sqrt{\sinh^2 y + 1}} = - \frac{\mathrm{d}y}{\sinh y}.$$

因此

$$\int_0^{+\infty} y(x)\,\mathrm{d}x = - \int_{+\infty}^0 y \cdot \frac{\mathrm{d}y}{\sinh y} = \int_0^{+\infty} y \cdot \frac{\mathrm{d}y}{\sinh y} = \int_0^{+\infty} \frac{2y\mathrm{d}y}{e^y - e^{-y}}$$

$$= \int_0^{+\infty} \frac{2y e^{-y} \mathrm{d}y}{1 - e^{-2y}} \xrightarrow{\diamondsuit\; s = e^{-y}} \int_0^1 \frac{-2\ln s \mathrm{d}s}{1 - s^2} = -2\int_0^1 \ln s \cdot \sum_{k=0}^{\infty} s^{2k} \mathrm{d}s$$

$$= -2 \sum_{k=0}^{\infty} \int_0^1 s^{2k} \ln s \mathrm{d}s \xrightarrow{\text{例 4.5.4}} 2 \sum_{k=0}^{\infty} \frac{1}{(1 + 2k)^2} \xrightarrow{\text{例 5.4.8}} \frac{\pi^2}{4}.$$

✎ 单元练习 4.5

☆**4.5.1**　计算:

1) $\displaystyle\int_a^b \frac{\mathrm{d}x}{\sqrt{(x-a)(b-x)}} (b > a)$;
$$\langle\!\langle \pi \rangle\!\rangle$$

2) $\displaystyle\int_{-1}^1 \frac{1}{(a-x)\sqrt{1-x^2}}\mathrm{d}x (a > 1)$.
$$\left\langle\!\!\left\langle \frac{\pi}{\sqrt{a^2-1}} \right\rangle\!\!\right\rangle$$

提示　1) 原式 $= \displaystyle\int_a^b \frac{2\mathrm{d}\sqrt{x-a}}{\sqrt{b-x}} = 2\int_a^b \frac{\mathrm{d}\sqrt{x-a}}{\sqrt{(\sqrt{b-a})^2 - (\sqrt{x-a})^2}}$

$$= 2\int_a^b \frac{\mathrm{d}\sqrt{\dfrac{x-a}{b-a}}}{\sqrt{1 - \left(\sqrt{\dfrac{x-a}{b-a}}\right)^2}} = 2\arcsin \frac{\sqrt{x-a}}{\sqrt{b-a}} \bigg|_a^b = \pi.$$

2) 可令 $x = \sin t$.

☆**4.5.2**　计算 $\displaystyle\int_{-\infty}^{+\infty} \frac{\mathrm{d}x}{(x^2 + 2x + 2)^n}$. (中国科学院)
$$\left\langle\!\!\left\langle \frac{(2n-3)!!}{(2n-2)!!}\pi \right\rangle\!\!\right\rangle$$

提示　原式 $= 2\displaystyle\int_0^{+\infty} \frac{\mathrm{d}t}{(t^2+1)^n} = 2I_n$. 分部积分可建立 I_n 的递推公式: $I_{n+1} = \dfrac{2n-1}{2n}I_n$. 或利用变

换 $t = \tan\theta$, 其中 $I_n \equiv \displaystyle\int_0^{+\infty} \frac{\mathrm{d}t}{(t^2+1)^n} = \int_0^{\frac{\pi}{2}} (\cos\theta)^{2n-2}\mathrm{d}\theta$, 再直接引用 Wallis 公式, $I_n = \dfrac{(2n-3)!!}{(2n-2)!!}$

$\cdot \dfrac{\pi}{2}$.

4.5.3　求 $\displaystyle\int_0^{+\infty} f(x^p + x^{-p}) \frac{\ln x}{1+x^2}\mathrm{d}x$ 　(函数 $f(x)$ 连续).
$$\langle\!\langle 0 \rangle\!\rangle$$

提示　可参看例 4.5.8.

4.5.4　计算 $\displaystyle\int_0^1 \frac{\arcsin x}{x}\mathrm{d}x$.
$$\left\langle\!\!\left\langle \frac{\pi}{2}\ln 2 \right\rangle\!\!\right\rangle$$

提示 可令 $x = \sin t$,参看例 4.5.7.

4.5.5 计算 $\int_0^{\frac{\pi}{2}} \dfrac{\sin(2k-1)x}{\sin x}\,\mathrm{d}x.$ $\qquad\qquad\qquad\qquad\qquad \left\langle \dfrac{\pi}{2} \right\rangle$

提示 $\dfrac{\sin(2k-1)x}{\sin x} = 1 + 2\sum\limits_{i=1}^{k-1}\cos 2ix.$

4.5.6 证明: $\int_0^{+\infty} f\left[\left(Ax - \dfrac{B}{x}\right)^2\right]\mathrm{d}x = \dfrac{1}{A}\int_0^{+\infty} f(y^2)\,\mathrm{d}y$ (假设其中的积分存在,且 $A, B > 0$).

提示 在原式左端积分 $\int_0^{+\infty} f\left[\left(Ax - \dfrac{B}{x}\right)^2\right]\mathrm{d}x$ 中令 $x = \dfrac{y + \sqrt{y^2 + 4AB}}{2A}$,即 $y = Ax - \dfrac{B}{x}$(参看例 4.5.2),可得

$$左端 = \dfrac{1}{2A}\int_{-\infty}^{+\infty} f(y^2) \cdot \left(1 + \dfrac{y}{\sqrt{y^2 + 4AB}}\right)\mathrm{d}y$$

$$= \dfrac{1}{2A}\int_{-\infty}^{+\infty} f(y^2)\,\mathrm{d}y \ \left(因为 f(y^2)\dfrac{y}{\sqrt{y^2 + 4AB}}\ 为奇函数\right)$$

$$= 右端 \ (因为 f(y^2) 为偶函数).$$

另证 $左端 \equiv \int_0^{+\infty} f\left[\left(Ax - \dfrac{B}{x}\right)^2\right]\mathrm{d}x$

$$\xlongequal{令\,t=\frac{B}{Ax}} \int_{+\infty}^{0} f\left[\left(\dfrac{B}{t} - At\right)^2\right]\left(-\dfrac{B}{At^2}\right)\mathrm{d}t$$

$$= \int_0^{+\infty} f\left[\left(At - \dfrac{B}{t}\right)^2\right]\dfrac{B}{At^2}\mathrm{d}t \xlongequal{记} I$$

$$= \dfrac{左端 + I}{2} = \dfrac{1}{2}\int_0^{+\infty} f\left[\left(At - \dfrac{B}{t}\right)^2\right]\left(1 + \dfrac{B}{At^2}\right)\mathrm{d}t$$

$$= \dfrac{1}{2A}\int_0^{+\infty} f\left[\left(At - \dfrac{B}{t}\right)^2\right]\mathrm{d}\left(At - \dfrac{B}{t}\right)$$

$$\xlongequal{令\,y=At-\frac{B}{t}} \dfrac{1}{2A}\int_{-\infty}^{+\infty} f(y^2)\,\mathrm{d}y = 右端 \ (因为 f(y^2) 是偶函数).$$

注 能应用该等式的函数确定存在,例如 $f(x) = \dfrac{1}{x+1}$, $f(x) = \mathrm{e}^{-x}$,等等.

4.5.7 研究下列积分的敛散性:

1) $\int_{-\infty}^{+\infty} x^n \mathrm{e}^{-\left(x^2 + \frac{1}{x^2}\right)}\mathrm{d}x$ (n 为自然数); $\qquad$ 2) $\int_0^{+\infty} \sin^2\left[\pi\left(x + \dfrac{1}{x}\right)\right]\mathrm{d}x.$

提示 1)(该积分收敛)因被积函数 $f(x) = x^n \mathrm{e}^{-\left(x^2 + \frac{1}{x^2}\right)}$,只要补充定义 $f(0) = 0$,就在零点连续(故不是奇点);在上、下限 $\pm\infty$ 处,只要注意到:当 $|x|$ 充分大时,有 $\left| x^{n+2}\mathrm{e}^{-\left(x^2 + \frac{1}{x^2}\right)} \right| \cdot \dfrac{1}{x^2} \leqslant \dfrac{1}{x^2}$,用 M 判别法,即知收敛;

2)(根据 Cauchy 准则:若对任意 k,有 $\int_{k\pi + \frac{\pi}{4}}^{k\pi + \frac{3\pi}{4}} f(x)\,\mathrm{d}x \geqslant \varepsilon_0$,则 $\int_a^{+\infty} f(x)\,\mathrm{d}x$ 发散.)

$$\sin^2\left[\pi\left(x+\frac{1}{x}\right)\right]\xlongequal[\ \ \ \ ]{\Leftrightarrow x+\frac{1}{x}=t}\sin^2(\pi t)\geqslant\frac{1}{2}\quad\left(t\in\left[k+\frac{1}{4},k+\frac{3}{4}\right]\xlongequal{\text{记}}[t_k',t_k'']\right).$$

注意$:t\in[t_k',t_k'']\Leftrightarrow x\in[x_k',x_k'']=\left[\frac{t_k'+\sqrt{t_k'^2+4}}{2},\frac{t_k''+\sqrt{t''^2_k+4}}{2}\right].$

$$x_k''-x_k'=\left(\frac{t+\sqrt{t^2+4}}{2}\right)'\Big|_{t=\xi}\cdot(t_k''-t_k')\geqslant\frac{1}{2}(t_k''-t_k')=\frac{1}{2}\left(\frac{3}{4}-\frac{1}{4}\right)=\frac{1}{4}.$$

$\forall A>0,k$ 充分大时$,[x_k',x_k'']$ 在 A 的右边,而区间 $[x_k',x_k'']$ 上积分

$$\int_{x_k'}^{x_k''}\sin^2\left[\pi\left(x+\frac{1}{x}\right)\right]\mathrm{d}x\geqslant\frac{1}{2}\int_{x_k'}^{x_k''}\mathrm{d}x=\frac{1}{2}(x_k''-x_k')\geqslant\frac{1}{2}\cdot\frac{1}{2}(t_k''-t_k')\geqslant\frac{1}{8}$$

(不能任意小). 根据 Cauchy 准则,原积分发散.

4.5.8 设 $f(x)$ 在 $[a,+\infty)$ 上可微,且 $x\to+\infty$ 时 $f'(x)$ 单调递增趋于 $+\infty$,证明$:\int_a^{+\infty}\sin$

$(f(x))\mathrm{d}x$ 和 $\int_a^{+\infty}\cos(f(x))\mathrm{d}x$ 都收敛.

提示　$x\to+\infty$ 时$,f'(x)\nearrow+\infty$,因此 $\exists b>a$,使得 $x\in[b,+\infty)$ 时,有 $f'(x)>0,y=f(x)$ 严

$\nearrow$,且有反函数 $x=g(y)$. 于是

$$I\xlongequal{\text{记}}\int_a^{+\infty}\sin(f(x))\mathrm{d}x=\int_a^b\sin(f(x))\mathrm{d}x+\int_b^{+\infty}\sin(f(x))\mathrm{d}x=I_1+I_2,$$

其中$,I_1$ 为正常积分(连续可积)$;I_2:x\geqslant b,f$ 有反函数 $f^{-1}=g,$

$$I_2=\int_b^{+\infty}\sin(f(x))\mathrm{d}x\xlongequal[f(x)=y]{\Leftrightarrow x=g(y)}\int_{f(b)}^{+\infty}\sin y\cdot g'(y)\mathrm{d}y=\int_{f(b)}^{+\infty}\sin y\cdot\frac{1}{f'(x)\big|_{x=g(y)}}\mathrm{d}y.$$

利用 Dirichlet 判别法,可知 I_2 收敛,故 I 收敛. $\int_a^{+\infty}\cos(f(x))\mathrm{d}x$ 类似可证.

☆**4.5.9**　设 $f(x)$ 为连续实值函数,对所有 x,有 $f(x)\geqslant0$,且 $\int_0^{+\infty}f(x)\mathrm{d}x<+\infty$,求证:

$\frac{1}{n}\int_0^n xf(x)\mathrm{d}x\longrightarrow0$（当 $n\to\infty$ 时）.（中国科学院）

提示　$\forall\varepsilon>0,\exists A>0,0<\int_A^{+\infty}f(x)\mathrm{d}x<\frac{\varepsilon}{2}$,再将 A 固定,则 $0<\frac{1}{n}\int_0^A xf(x)\mathrm{d}x\to0(n\to+\infty)$,

因而 $\exists N>A,n>N$ 时$,0<\frac{1}{n}\int_0^A xf(x)\mathrm{d}x<\frac{\varepsilon}{2}.$ 于是

$$0<\frac{1}{n}\int_0^n xf(x)\mathrm{d}x=\frac{1}{n}\left(\int_0^A+\int_A^n\right)xf(x)\mathrm{d}x\leqslant\frac{1}{n}\int_0^A xf(x)\mathrm{d}x+\int_A^{+\infty}f(x)\mathrm{d}x<\varepsilon.$$

$\left(\text{因为}\frac{1}{n}\int_A^n xf(x)\mathrm{d}x=\int_A^n\frac{x}{n}f(x)\mathrm{d}x\leqslant\int_A^n f(x)\mathrm{d}x\leqslant\int_A^{+\infty}f(x)\mathrm{d}x<\frac{\varepsilon}{2}.\right)$

4.5.10　证明 $\lim\limits_{x\to\infty}\int_0^{+\infty}\frac{\mathrm{e}^{-tx}}{1+t^2}\mathrm{d}t=0.$

提示　(原积分)$I(x)=-\left[\frac{\mathrm{e}^{-tx}}{x(1+t^2)}\right]\Big|_0^{+\infty}+\frac{1}{x}\int_0^{+\infty}\mathrm{e}^{-tx}\mathrm{d}\frac{1}{1+t^2}$

$$=\frac{1}{x}+\frac{1}{x}\int_0^{+\infty}\mathrm{e}^{-tx}\mathrm{d}\frac{1}{1+t^2},$$

$$|I(x)|\leqslant\frac{1}{x}+\frac{1}{x}\int_0^{+\infty}\frac{2t}{(1+t^2)^2}\mathrm{d}t=\frac{2}{x}\to0\quad(x\to+\infty).$$

4.5.11 设 $f(x)$ 是 $0 \leqslant x < +\infty$ 上的非负连续函数,并且满足

1) 在 $0 \leqslant x < +\infty$ 上存在有界导数 $f'(x)$; 2) $\int_0^{+\infty} f(x) dx < +\infty$.

求证 $\lim\limits_{x \to +\infty} f(x) = 0$.(山东大学)

提示 可参看例 4.5.24.(注意导数有界必一致连续)

☆**4.5.12** $f(x)$ 在 $[a, +\infty)$ 上连续且 $\int_a^{+\infty} f(x) dx$ 收敛,问能否断定:$\exists x_n \to +\infty$,使 $\lim\limits_{n \to \infty} f(x_n) = 0$?为什么?(南开大学)

提示 能 . 1)若 $f(x)$ 无穷次变号或无穷次达到零,$\forall A > 0$,在 $[A, +\infty)$ 内仍如此,则明显 . 2)否则,不妨假设 $\exists A > 0$,使 $x > A$ 时恒有 $f(x) > 0$(恒有 $f(x) < 0$ 可类似证明). 于是,$\forall n \in \mathbf{N}$,$\exists x_n > \max\{n, A\}$,使得 $f(x_n) < \dfrac{1}{n}$.

4.5.13 设 $f(x)$ 在任一有限区间 $[0, a]$($a > 0$)上正常可积,在 $[0, +\infty)$ 上绝对可积,证明:

$$\lim_{n \to \infty} \int_0^{+\infty} f(x) |\sin nx| dx = \frac{2}{\pi} \int_0^{+\infty} f(x) dx. \text{(南京大学)}$$

提示 可参看例 4.5.32.

☆**4.5.14** 若函数 $p(t)$ 在 $[0, +\infty)$ 连续,且当 $t \to +\infty$ 时,$p(t) = o(t^N)$(N 为正整数). 又 $\lambda < 0$,证明:当 $t \to \infty$ 时 $\int_t^{+\infty} p(\tau) e^{\lambda \tau} d\tau = o(t^{N+1}) e^{\lambda t}$.(北京师范大学)

提示 可参看例 4.5.30.

4.5.15 $\{C_n^k\}_{k=0}^n$ 为二项式系数,A_n, G_n 分别表示它们的算术平均值与几何平均值. 试证:

$$\lim_{n \to \infty} \sqrt[n]{A_n} = 2, \quad \lim_{n \to \infty} \sqrt[n]{G_n} = \sqrt{e}.$$

提示 $A_n = \dfrac{1}{n+1}(C_n^0 + C_n^1 + \cdots + C_n^{n-1} + C_n^n) = \dfrac{1}{n+1}(1+1)^n = \dfrac{1}{n+1} 2^n,$

$$G_n = \left(\prod_{k=0}^n C_n^k \right)^{\frac{1}{n+1}} = e^{\frac{1}{n+1} \sum_{k=0}^n \ln C_n^k}, \tag{1}$$

再应用 Stolz 公式.

证 $\lim\limits_{n \to \infty} \sqrt[n]{A_n} = \lim\limits_{n \to \infty} \sqrt[n]{\dfrac{2^n}{n+1}} = 2.$ 下证 $\lim\limits_{n \to \infty} \sqrt[n]{G_n} = \sqrt{e}.$

$\lim\limits_{n \to \infty} \dfrac{1}{n(n+1)} \sum\limits_{k=0}^n \ln C_n^k \xlongequal{\text{Stolz 公式}} \lim\limits_{n \to \infty} \dfrac{1}{2n} \left(\sum\limits_{k=0}^n \ln C_n^k - \sum\limits_{k=0}^{n-1} \ln C_{n-1}^k \right)$

$$= \lim_{n \to \infty} \dfrac{1}{2n} \left(\sum_{k=1}^{n-1} \ln C_n^k - \sum_{k=1}^{n-2} \ln C_{n-1}^k \right) \text{(因为 } \ln C_n^0 = \ln C_n^n = \ln C_{n-1}^{n-1} = 0)$$

$$= \lim_{n \to \infty} \dfrac{1}{2n} \left[\left(\sum_{k=1}^{n-2} \ln \dfrac{C_n^k}{C_{n-1}^k} \right) + \ln C_n^{n-1} \right]$$

$$= \lim_{n \to \infty} \dfrac{1}{2n} \left[\sum_{k=1}^{n-2} \ln \left(\dfrac{n}{n-k} \right) + \ln n \right] \text{(因为 } C_n^k = \dfrac{n!}{k!(n-k)!}, C_n^{n-1} = C_n^1 = n)$$

$$= \lim_{n \to \infty} \dfrac{1}{2} \left(-\dfrac{1}{n} \sum_{k=1}^{n-1} \ln \dfrac{n-k}{n} \right) = -\dfrac{1}{2} \int_0^1 \ln(1-x) dx = \dfrac{1}{2}.$$

所以
$$\lim_{n\to\infty}\sqrt[n]{G_n}=\lim_{n\to\infty}\left(\prod_{k=0}^{n}\mathrm{C}_n^k\right)^{\frac{1}{n(n+1)}}=\lim_{n\to\infty}\mathrm{e}^{\frac{1}{n(n+1)}\sum_{k=0}^{n}\ln\mathrm{C}_n^k}=\mathrm{e}^{\frac{1}{2}}=\sqrt{\mathrm{e}}.$$

4.5.16 例 4.5.37 的逆命题不成立. 即 $f(x)$ 在 $(0,1)$ 内单调, $\lim\limits_{n\to\infty}\dfrac{1}{n}\sum\limits_{i=1}^{n-1}f\left(\dfrac{i}{n}\right)$ 存在, $\int_0^1 f(x)\,\mathrm{d}x$ 可以不收敛 $\left(\text{考虑}\,f(x)=\dfrac{1}{x}-\dfrac{1}{1-x}\right).$

4.5.17 已知积分 $\displaystyle\int_0^{+\infty}\dfrac{\sin\beta x}{x}\mathrm{d}x=\dfrac{\pi}{2}\operatorname{sgn}\beta$（见例 7.1.38），求积分 $\displaystyle\int_0^{+\infty}\dfrac{\sin x\cos xt}{x}\mathrm{d}x$.（华北电力大学）

$$\left\langle\!\!\left\langle\dfrac{\pi}{2}(\,|\,t\,|\,<1),\dfrac{\pi}{4}(t=\pm1),0(\,|\,t\,|\,>1)\right\rangle\!\!\right\rangle$$

提示 可用积化和差公式.

4.5.18 证明: $\displaystyle\int_0^{+\infty}\dfrac{\mathrm{d}x}{1+x^4}=\int_0^{+\infty}\dfrac{x^2}{1+x^4}\mathrm{d}x=\dfrac{\pi}{2\sqrt{2}}$.（北京航空航天大学）

提示 见例 4.5.1 之证明.

第五章 级 数

导读 级数是一个工具,有完善的理论,是数学分析课程三大主干内容之一.也是考研重点内容之一.本章内容适合各类读者,过于理论性的问题(如一致收敛等),非数学院系学生一般不作过高要求.

§5.1 数 项 级 数

一、求和问题

级数求和的问题,一般来说,是一个困难问题,没有什么好办法.因为部分和 $S_n = \sum_{k=1}^{n} a_k$ 随 n 增大时,项数越来越多,除非能化为已知级数,人们只能设法把 S_n 写成紧缩形式,才便于求极限.本段主要讨论把 S_n 转化为紧缩形式的几种常用方法,以及用子列求极限的方法.至于用 Abel 第二定理化为幂级数求和问题,我们将在 §5.3 专门讨论.

a. 利用已知级数

例 5.1.1 计算 $\dfrac{1}{2} + \dfrac{3}{2^2} + \dfrac{5}{2^3} + \cdots + \dfrac{2n-1}{2^n} + \cdots$.

解 $S_n = 2S_n - S_n$

$$= 1 + \frac{3}{2} + \frac{5}{2^2} + \cdots + \frac{2n-1}{2^{n-1}} - \frac{1}{2} - \frac{3}{2^2} - \cdots - \frac{2n-3}{2^{n-1}} - \frac{2n-1}{2^n}$$

$$= 1 + 1 + \frac{1}{2} + \cdots + \frac{1}{2^{n-2}} - \frac{2n-1}{2^n} = 1 + \frac{1 - \dfrac{1}{2^{n-1}}}{1 - \dfrac{1}{2}} - \frac{2n-1}{2^n},$$

故原级数的和 $S = \lim_{n \to \infty} S_n = 3$.

练习 计算 $\displaystyle\sum_{n=1}^{\infty} n e^{-nx} \, (x > 0)$.

提示 计算 $(1 - e^{-x}) S_n$.

再提示 $(1 - e^{-x}) \displaystyle\sum_{k=1}^{n} k e^{-kx}$

$$= (e^{-x} + 2e^{-2x} + 3e^{-3x} + \cdots + n e^{-nx}) - [e^{-2x} + 2e^{-3x} + \cdots + (n-1)e^{-nx} + n e^{-(n+1)x}]$$

$$= e^{-x} + e^{-2x} + \cdots + e^{-nx} - \frac{n}{e^{(n+1)x}} \to \frac{e^{-x}}{1 - e^{-x}} \quad (n \to \infty).$$

故 $\lim\limits_{n\to\infty}\sum\limits_{k=1}^{n}k\mathrm{e}^{-kx}=\dfrac{\mathrm{e}^{-x}}{(1-\mathrm{e}^{-x})^2}$.

^{new}**例 5.1.2** 设级数 $\sum\limits_{n=1}^{\infty}a_n$ 收敛于 A(有限数),试证:

$$\lim_{n\to\infty}\frac{1}{n}[a_n+2a_{n-1}+\cdots+(n-1)a_2+na_1]=A. \tag{1}$$

(华东师范大学)

证 记 $S_n=\sum\limits_{k=1}^{n}a_k$,则

$$\lim_{n\to\infty}S_n=\lim_{n\to\infty}\sum_{k=1}^{n}a_k\xrightarrow{\text{已知}}A. \tag{2}$$

且容易看出

$$a_n+2a_{n-1}+\cdots+(n-1)a_2+na_1=S_1+S_2+\cdots+S_n. \tag{3}$$

(因为:在 $S_1+S_2+\cdots+S_n$ 中,按 a_k 同类项合并,即得

$$a_n+2a_{n-1}+\cdots+(n-1)a_2+na_1.$$

或(写成三角矩阵)将 $S_k(k=1,2,\cdots,n)$ 展开,各摆一行,排成(如下)三角矩阵:

$$\begin{pmatrix} a_1 & 0 & 0 & \cdots & 0 \\ a_1 & a_2 & 0 & \cdots & 0 \\ a_1 & a_2 & a_3 & \cdots & 0 \\ \vdots & \vdots & \vdots & & \vdots \\ a_1 & a_2 & a_3 & \cdots & a_n \end{pmatrix},$$

那么式(3):左端 = "列和"相加,右端 = "行和"相加. 故式(3)成立.)

$$\lim_{n\to\infty}\frac{1}{n}[a_n+2a_{n-1}+\cdots+(n-1)a_2+na_1]\xrightarrow{\text{用 Stolz 公式}}\lim_{n\to\infty}\frac{S_1+S_2+\cdots+S_n}{n}$$

$$=\lim_{n\to\infty}S_n\xrightarrow{\text{式}(2)}A.$$

式(1)获证.

b. 连锁消去法

例 5.1.3 设 $0<x<1$,求如下级数之和: $\sum\limits_{n=0}^{\infty}\dfrac{x^{2^n}}{1-x^{2^{n+1}}}$. (国外赛题)

解

$$\sum_{k=0}^{n}\frac{x^{2^k}}{1-x^{2^{k+1}}}=\sum_{k=0}^{n}\left(\frac{1}{1-x^{2^k}}-\frac{1}{1-x^{2^{k+1}}}\right)$$

$$=\left(\frac{1}{1-x}-\frac{1}{1-x^2}\right)+\left(\frac{1}{1-x^2}-\frac{1}{1-x^{2^2}}\right)+\left(\frac{1}{1-x^{2^2}}-\frac{1}{1-x^{2^3}}\right)+\cdots+$$

$$\left(\frac{1}{1-x^{2^{n-1}}}-\frac{1}{1-x^{2^n}}\right)+\left(\frac{1}{1-x^{2^n}}-\frac{1}{1-x^{2^{n+1}}}\right)$$

$$=\frac{1}{1-x}-\frac{1}{1-x^{2^{n+1}}},$$

因此
$$\sum_{n=0}^{\infty} \frac{x^{2^n}}{1-x^{2^{n+1}}} = \lim_{n\to\infty}\left(\frac{1}{1-x} - \frac{1}{1-x^{2^{n+1}}}\right) = \frac{x}{1-x}.$$

例 5.1.4 求如下级数之和:

1）$\displaystyle\sum_{k=1}^{\infty} \arctan\frac{1}{2k^2}$;   2）$\displaystyle\sum_{k=2}^{\infty} \arctan\frac{2}{4k^2-4k+1}$.

提示 利用公式

$$\arctan x - \arctan y = \arctan\frac{x-y}{1+xy}, \quad \arctan\frac{1}{2k^2} = \arctan\frac{1}{2k-1} - \arctan\frac{1}{2k+1}.$$

这种连锁消去法，还可以是多项相消，如

例 5.1.5 计算 $\displaystyle\sum_{n=1}^{\infty} (\sqrt{n} - 2\sqrt{n+1} + \sqrt{n+2})$.

解 $S_n = (1 - 2\sqrt{2} + \sqrt{3}) + (\sqrt{2} - 2\sqrt{3} + \sqrt{4}) +$
$\qquad (\sqrt{3} - 2\sqrt{4} + \sqrt{5}) + (\sqrt{4} - 2\sqrt{5} + \sqrt{6}) + \cdots +$
$\qquad (\sqrt{n-2} - 2\sqrt{n-1} + \sqrt{n}) + (\sqrt{n-1} - 2\sqrt{n} + \sqrt{n+1}) +$
$\qquad (\sqrt{n} - 2\sqrt{n+1} + \sqrt{n+2})$
$\qquad = 1 - \sqrt{2} - \sqrt{n+1} + \sqrt{n+2} = 1 - \sqrt{2} + \dfrac{1}{\sqrt{n+1} + \sqrt{n+2}}$

$\qquad \to 1 - \sqrt{2}$ （当 $n\to\infty$ 时）.

练习 计算 $\displaystyle\sum_{n=1}^{\infty} \frac{1}{n(n+1)(n+2)}$. $\left\langle\!\left\langle \dfrac{1}{4} \right\rangle\!\right\rangle$

提示 （参看例 4.5.6 里的拆分法）$S_n = \dfrac{1}{2}\displaystyle\sum_{k=1}^{n}\left(\frac{1}{k} - \frac{2}{k+1} + \frac{1}{k+2}\right)$.

^{new}**例 5.1.6** 已知级数 $\displaystyle\sum_{n=1}^{\infty} a_n = A, \lim_{n\to\infty} na_n = 0$，求级数之和 $\displaystyle\sum_{n=1}^{\infty} n(a_n - a_{n+1})$.（华东师范大学）

解 $\displaystyle\sum_{k=1}^{n} k(a_k - a_{k+1}) = (a_1 - a_2) + 2(a_2 - a_3) + 3(a_3 - a_4) + \cdots +$
$\qquad\qquad\qquad (n-1)(a_{n-1} - a_n) + n(a_n - a_{n+1})$
$\qquad\qquad = \displaystyle\sum_{i=1}^{n} a_i - na_{n+1} \to A + 0 = A\ (n\to\infty)$.

c. 方程式法

要点 建立 S_n 的方程式，从而求出 S_n.

例 5.1.7 计算 $q\cos\alpha + q^2\cos 2\alpha + \cdots + q^n\cos n\alpha + \cdots$ $(|q| < 1)$.

解 记 $S_n = q\cos\alpha + q^2\cos 2\alpha + \cdots + q^n\cos n\alpha = \displaystyle\sum_{k=1}^{n} q^k\cos k\alpha$.

两边同乘 $2q\cos\alpha$，得

$$2q\cos \alpha \cdot S_n = \sum_{k=1}^{n} 2q^{k+1}\cos \alpha\cos k\alpha = \sum_{k=1}^{n} q^{k+1}\left[\cos(k+1)\alpha + \cos(k-1)\alpha\right],$$

即 $\quad 2q\cos \alpha \cdot S_n = (q^{n+1}\cos(n+1)\alpha + S_n - q\cos \alpha) + (q^2 + q^2 S_n - q^{n+2}\cos n\alpha),$

解此方程便得

$$S_n = \frac{q^{n+2}\cos n\alpha - q^{n+1}\cos(n+1)\alpha + q\cos \alpha - q^2}{1 + q^2 - 2q\cos \alpha} \to \frac{q\cos \alpha - q^2}{1 + q^2 - 2q\cos \alpha}\ (n\to\infty).$$

注 本例亦可由如下复数和式取实部得到:$\sum_{k=0}^{n} z^k = \dfrac{1 - z^{n+1}}{1-z}.$

d. 利用子列的极限

要点 我们知道,若 $\{S_{2n}\}$ 与 $\{S_{2n+1}\}$ 有相同极限 S,则 $\lim\limits_{n\to\infty} S_n = S.$ 因此对于级数

$\sum\limits_{n=1}^{\infty} a_n$,若通项 $a_n \to 0$(当 $n\to\infty$ 时),则部分和的子列 $\{S_{2n}\}$ 收敛于 S,意味着 $\{S_{2n+1}\}$

也收敛于 S,从而 $\sum\limits_{n=1}^{\infty} a_n = S.$ 我们把 $\{S_{2n}\}$ 与 $\{S_{2n+1}\}$ 称为**互补子列**. 这个原理可推广

到一般情形:若 $\sum\limits_{n=1}^{\infty} a_n$ 的通项 $a_n \to 0$(当 $n\to\infty$ 时),$\{S_n\}$ 的子列 $\{S_{pn}\}_{n=1}^{\infty} \to S$($p$ 是某个

正整数),则 $\sum\limits_{n=1}^{\infty} a_n = S.$ 我们把这种方法称为**子列方法**.

☆**例 5.1.8** 计算

$$1 + \frac{1}{2} + \left(\frac{1}{3} - 1\right) + \frac{1}{4} + \frac{1}{5} + \left(\frac{1}{6} - \frac{1}{2}\right) + \frac{1}{7} + \frac{1}{8} + \left(\frac{1}{9} - \frac{1}{3}\right) + \cdots.$$

解 此级数通项趋向零,因此只要求 S_{3n} 的极限,注意公式

$$1 + \frac{1}{2} + \frac{1}{3} + \cdots + \frac{1}{n} = C + \ln n + \varepsilon_n,$$

其中 C 为 Euler 常数(见例 1.2.11),$\varepsilon_n \to 0$(当 $n\to\infty$ 时). 因此,对原级数,

$$S_{3n} = 1 + \frac{1}{2} + \frac{1}{3} + \cdots + \frac{1}{3n} - 1 - \frac{1}{2} - \cdots - \frac{1}{n}$$

$$= \ln(3n) - \ln n + \varepsilon_{3n} - \varepsilon_n \to \ln 3\ (n\to\infty).$$

故原级数和 $\quad S = \ln 3.$

^{new}**练习** 求 $1 - \dfrac{1}{2} - \dfrac{1}{4} + \dfrac{1}{3} - \dfrac{1}{6} - \dfrac{1}{8} + \cdots + \dfrac{1}{2n-1} - \dfrac{1}{4n-2} - \dfrac{1}{4n} + \cdots$ 之和. (中国科学技术大学)

解 原式 $= \sum\limits_{n=1}^{\infty}\left(\dfrac{1}{2n-1} - \dfrac{1}{4n-2} - \dfrac{1}{4n}\right) = \sum\limits_{n=1}^{\infty}\left(\dfrac{1}{4n-2} - \dfrac{1}{4n}\right)$

$= \dfrac{1}{2}\lim\limits_{n\to\infty}\sum\limits_{k=1}^{n}\left(\dfrac{1}{2k-1} - \dfrac{1}{2k}\right) = \dfrac{1}{2}\lim\limits_{n\to\infty}\sum\limits_{k=1}^{n}\left[\left(\dfrac{1}{2k-1} + \dfrac{1}{2k}\right) - 2\cdot\dfrac{1}{2k}\right]$

$= \dfrac{1}{2}\lim\limits_{n\to\infty}\left(\sum\limits_{k=1}^{2n}\dfrac{1}{k} - \sum\limits_{k=1}^{n}\dfrac{1}{k}\right)$ (再利用 Euler 常数)

$$= \frac{1}{2}\lim_{n \to \infty}\left[(\ln(2n) + C + \varepsilon_{2n}) - (\ln n + C + \varepsilon_n)\right] = \frac{1}{2}\ln 2.$$

* 例 5.1.9 将级数 $1 - \frac{1}{2} + \frac{1}{3} - \frac{1}{4} + \frac{1}{5} - \cdots$ 的各项重新安排,使先依次出现 p 个正项,再出现 q 个负项,然后如此交替,试证新级数的和为 $\ln 2 + \frac{1}{2}\ln\frac{p}{q}$.

证 因为通项趋向零,根据上述子列求和法,对新级数我们只要求子列 $\{S_{(p+q)n}\}_{n=1}^{\infty}$ 的极限也就够了.新级数前 $(p+q)n$ 项的和

$$S_{(p+q)n} = 1 + \frac{1}{3} + \cdots + \frac{1}{2p-1} - \frac{1}{2} - \frac{1}{4} - \cdots - \frac{1}{2q} +$$

$$\frac{1}{2p+1} + \frac{1}{2p+3} + \cdots + \frac{1}{4p-1} - \frac{1}{2q+2} - \frac{1}{2q+4} - \cdots -$$

$$\frac{1}{4q} + \cdots + \frac{1}{2np-(2p-1)} + \frac{1}{2np-(2p-3)} + \cdots +$$

$$\frac{1}{2np-1} - \frac{1}{2nq-(2q-2)} - \frac{1}{2nq-(2q-4)} - \cdots - \frac{1}{2nq}$$

$$= 1 + \frac{1}{3} + \frac{1}{5} + \cdots + \frac{1}{2np-1} - \frac{1}{2} - \frac{1}{4} - \cdots - \frac{1}{2nq}$$

（正项与正项放在一起,负项与负项放在一起）

$$= 1 + \frac{1}{2} + \frac{1}{3} + \frac{1}{4} + \frac{1}{5} + \cdots + \frac{1}{2np} -$$

$$\left(\frac{1}{2} + \frac{1}{4} + \cdots + \frac{1}{2np}\right) - \frac{1}{2} - \frac{1}{4} - \cdots - \frac{1}{2nq} \qquad \text{（凑成调和级数形式）}$$

$$= 1 + \frac{1}{2} + \cdots + \frac{1}{2np} - \frac{1}{2}\left(1 + \frac{1}{2} + \cdots + \frac{1}{np}\right) - \frac{1}{2}\left(1 + \frac{1}{2} + \cdots + \frac{1}{nq}\right).$$

注意对于调和级数,有公式

$$1 + \frac{1}{2} + \cdots + \frac{1}{n} = C + \ln n + \varepsilon_n,$$

其中 C 为 Euler 常数,$\varepsilon_n \to 0$（当 $n \to \infty$ 时）,故

$$S_{(p+q)n} = C + \ln(2np) + \varepsilon_{2np} - \frac{1}{2}[C + \ln(np) + \varepsilon_{np}] - \frac{1}{2}[C + \ln(nq) + \varepsilon_{nq}]$$

$$\to \ln 2 + \frac{1}{2}\ln\frac{p}{q} \quad (n \to \infty).$$

e. 先求 $S_n'(x)$ 的紧缩形式

☆ 例 5.1.10 设 $x \in [0, \pi]$,试求级数 $\sum_{n=1}^{\infty} \frac{\sin nx}{n}$ 的和函数.

解 若 $x = 0$ 或 π,显然级数和为 0.

现设 $0 < x \leqslant \pi$.记 $S_n(x) = \sum_{k=1}^{n} \frac{\sin kx}{k}$,则

$$S_n'(x) = \left(\sum_{k=1}^{n} \frac{\sin kx}{k} \right)' = \sum_{k=1}^{n} \cos kx = \frac{1}{2\sin\frac{x}{2}} \sum_{k=1}^{n} 2\sin\frac{x}{2}\cos kx$$

$$= \frac{1}{2\sin\frac{x}{2}} \sum_{k=1}^{n} \left[\sin\left(k+\frac{1}{2}\right)x - \sin\left(k-\frac{1}{2}\right)x \right]$$

$$= \frac{1}{2\sin\frac{x}{2}} \left(\sin\frac{2n+1}{2}x - \sin\frac{x}{2} \right) = \frac{\sin\left(n+\frac{1}{2}\right)x}{2\sin\frac{x}{2}} - \frac{1}{2},$$

于是

$$S_n(x) = S_n(x) - S_n(\pi) = -\int_x^\pi S_n'(t)\,dt$$

$$= -\frac{1}{2} \int_x^\pi \frac{1}{\sin\frac{t}{2}} \sin\left(n+\frac{1}{2}\right)t\,dt + \frac{1}{2}(\pi - x).$$

利用 Riemann 引理, $n \to \infty$ 时上式第一项趋向零. 所以, 级数和

$$S(x) = \begin{cases} 0, & x = 0, x = \pi, \\ \dfrac{1}{2}(\pi - x), & 0 < x < \pi. \end{cases}$$

☆ 二、级数敛散性的判断

a. Cauchy 准则及其应用

要点 1) Cauchy 准则. 级数 $\sum\limits_{n=1}^{\infty} a_n$ 收敛的充要条件是: $\forall \varepsilon > 0$, $\exists N > 0$, 当 $n > N$ 时,

$$\left| \sum_{k=n+1}^{n+p} a_k \right| < \varepsilon \quad (\forall p \in \mathbf{N}).$$

值得注意的是, 此条件意味着

$$\sum_{k=n+1}^{n+p} a_k \rightrightarrows 0 \quad (\text{当 } n \to \infty \text{ 时关于 } p \in \mathbf{N} \text{ 一致})$$

($\mathbf{N}$ 是自然数的集合); 而不只是 $\forall p$, 有 $\sum\limits_{k=n+1}^{n+p} a_k \to 0 (n \to \infty)$ (见例 5.1.13).

2) Cauchy 准则的否定形式. 级数 $\sum\limits_{n=1}^{\infty} a_n$ 发散的充要条件是: $\exists \varepsilon_0 > 0$, $\forall N > 0$, $\exists n > N$ 及某自然数 p, 使得 $\left| \sum\limits_{k=n+1}^{n+p} a_k \right| \geqslant \varepsilon_0$.

例 5.1.11 证明级数 $\sum\limits_{n=1}^{\infty} \dfrac{1}{n}$ 发散.

证   取 $\varepsilon_0 = \dfrac{1}{2} > 0$,则 $\forall n \in \mathbf{N}$,取 $p = n$ 时,恒有

$$\left| \sum_{k=n+1}^{2n} \frac{1}{k} \right| \geq \frac{n}{2n} = \frac{1}{2} = \varepsilon_0 > 0,$$

故 $\displaystyle\sum_{n=1}^{\infty} \frac{1}{n}$ 发散.

☆**例 5.1.12**   设 $a_n > 0$,$S_n = a_1 + a_2 + \cdots + a_n$,级数 $\displaystyle\sum_{n=1}^{\infty} a_n = \infty$.试证 $\displaystyle\sum_{n=1}^{\infty} \frac{a_n}{S_n}$ 发散.(武汉大学)

证   因 $a_n > 0$,$S_n \nearrow$,所以

$$\sum_{k=n+1}^{n+p} \frac{a_k}{S_k} \geq \frac{\displaystyle\sum_{k=n+1}^{n+p} a_k}{S_{n+p}} = \frac{S_{n+p} - S_n}{S_{n+p}} = 1 - \frac{S_n}{S_{n+p}}.$$

因为 $S_n \to +\infty$,故 $\forall n$,当 $p \in \mathbf{N}$ 充分大时,有 $\dfrac{S_n}{S_{n+p}} < \dfrac{1}{2}$,从而 $\displaystyle\sum_{k=n+1}^{n+p} \frac{a_k}{S_k} \geq 1 - \frac{1}{2} = \frac{1}{2}$. 所以 $\displaystyle\sum_{n=1}^{\infty} \frac{a_n}{S_n}$ 发散.

☆**例 5.1.13**   如果 $\lim\limits_{n \to \infty} a_{n+1} = 0$,$\lim\limits_{n \to \infty} (a_{n+1} + a_{n+2}) = 0$,$\cdots$,$\lim\limits_{n \to \infty} (a_{n+1} + a_{n+2} + \cdots + a_{n+p}) = 0$,试问级数 $\displaystyle\sum_{n=1}^{\infty} a_n$ 是否一定收敛?("是"或"不一定",要说明理由.)(华中科技大学)

解   不一定. 例如上面例 5.1.11:$\displaystyle\sum_{n=1}^{\infty} \frac{1}{n}$,虽然 $\forall p \in \mathbf{N}$,$0 < \dfrac{1}{n+1} + \cdots + \dfrac{1}{n+p} < \dfrac{p}{n+1} \to 0 (n \to \infty)$,但 $\displaystyle\sum_{n=1}^{\infty} \frac{1}{n}$ 发散.

☆**例 5.1.14**   证明:级数 $\displaystyle\sum_{n=1}^{\infty} a_n$ 收敛的充分必要条件是:对于任意的正整数序列 $p_1, p_2, \cdots, p_k, \cdots$ 及自然数的任意子列 $\{n_k\}$,皆有

$$\lim_{k \to \infty} (a_{n_k+1} + a_{n_k+2} + \cdots + a_{n_k+p_k}) = 0.$$

(中山大学)

证   1° 必要性. 因为 $\displaystyle\sum_{n=1}^{\infty} a_n$ 收敛,所以 $\forall \varepsilon > 0$ $\exists N > 0$,当 $n > N$ 时,$\left| \displaystyle\sum_{k=n+1}^{n+p} a_k \right| < \varepsilon$ ($\forall p \in \mathbf{N}$) 成立. 由 $n_k \geq k$ 知,当 $k > N$ 时,有 $\left| a_{n_k+1} + \cdots + a_{n_k+p_k} \right| < \varepsilon$. 故 $\lim\limits_{k \to \infty} (a_{n_k+1} + \cdots + a_{n_k+p_k}) = 0$.

2° 充分性. (反证法)若 $\displaystyle\sum_{n=1}^{\infty} a_n$ 发散,则 $\exists \varepsilon_0 > 0$,$\forall N > 0$,$\exists n > N$ 及 $p \in \mathbf{N}$ 使得 $\left| a_{n+1} + \cdots + a_{n+p} \right| \geq \varepsilon_0$. 特别地

对 $N_1 = 1$, $\exists n_1 > 1$, $p_1 \in \mathbf{N}$ 使得 $|a_{n_1+1} + \cdots + a_{n_1+p_1}| \geqslant \varepsilon_0$;

对 $N_2 = \max\{n_1, 2\}$, $\exists n_2 > N_2$, $p_2 \in \mathbf{N}$, 使得 $|a_{n_2+1} + \cdots + a_{n_2+p_2}| \geqslant \varepsilon_0$.

如此, 我们得到自然数的子列 $\{n_k\}$ 以及 $\{p_k\}$, 使得恒有 $|a_{n_k+1} + \cdots + a_{n_k+p_k}| \geqslant \varepsilon_0$ ($k = 1, 2, \cdots$). 与已知条件矛盾. 证毕.

值得注意的是: Cauchy 准则不仅能用于级数敛散性的判别, 还可导出收敛级数的其他性质, 例如例 5.1.38 和例 5.1.39.

b. 正项级数敛散性的判定

要点　判断级数 $\sum a_n$ 的敛散性, 通常有如下方法:

1) 若通项 $a_n \nrightarrow 0$ (当 $n \to \infty$ 时), 则 $\sum a_n$ 发散.

2) 判阶法: 如果 $a_n \to 0$ (当 $n \to +\infty$ 时), 并且相对 $\frac{1}{n}$ 来讲, 它是 p 阶的无穷小量, 那么当 $p > 1$ 时, 级数 $\sum a_n$ 收敛; 当 $p \leqslant 1$ 时, $\sum a_n$ 发散.

3) D'Alembert 判别法 (亦称比式判别法): 对正项级数 $\sum\limits_{n=1}^{\infty} a_n$,

若 $\exists q > 0$ 和 $N > 0$, 使得 $\forall n > N$, 有 $\dfrac{a_{n+1}}{a_n} \leqslant q < 1$, 则级数 $\sum\limits_{n=1}^{\infty} a_n$ 收敛;

若 $\exists N > 0$, $n > N$ 时, 恒有 $\dfrac{a_{n+1}}{a_n} \geqslant 1$, 则级数 $\sum\limits_{n=1}^{\infty} a_n$ 发散.

特别地, 若 $\lim\limits_{n\to\infty} \dfrac{a_{n+1}}{a_n} = \ell$, 则当 $\ell < 1$ 时, 正项级数 $\sum\limits_{n=1}^{\infty} a_n$ 收敛; 当 $\ell > 1$ 时, $\sum\limits_{n=1}^{\infty} a_n$ 发散.

或: 若 $\varlimsup\limits_{n\to\infty} \dfrac{a_{n+1}}{a_n} = \ell$, 则当 $\ell < 1$ 时, 正项级数 $\sum\limits_{n=1}^{\infty} a_n$ 收敛; 若 $\varliminf\limits_{n\to\infty} \dfrac{a_{n+1}}{a_n} = \ell > 1$, 则 $\sum\limits_{n=1}^{\infty} a_n$ 发散.

4) 根式判别法 (也称 **Cauchy 判别法**): 若 $a_n \geqslant 0$, $\exists q, N > 0$, $\forall n > N$, 有 $\sqrt[n]{a_n} \leqslant q < 1$, 则级数 $\sum\limits_{n=1}^{\infty} a_n$ 收敛;

若 $\exists N > 0$, $\forall n > N$, 有 $\sqrt[n]{a_n} \geqslant 1$, 则级数 $\sum\limits_{n=1}^{\infty} a_n$ 发散.

特别地, 若 $\lim\limits_{n\to\infty} \sqrt[n]{a_n} = \ell$, 则当 $\ell < 1$ 时, $\sum\limits_{n=1}^{\infty} a_n$ 收敛; 当 $\ell > 1$ 时, $\sum\limits_{n=1}^{\infty} a_n$ 发散.

或: 若 $\varlimsup\limits_{n\to+\infty} \sqrt[n]{a_n} = \ell$, 则当 $\ell < 1$ 时, 正项级数 $\sum\limits_{n=1}^{\infty} a_n$ 收敛; 若 $\varliminf\limits_{n\to\infty} \sqrt[n]{a_n} = \ell > 1$, 则 $\sum\limits_{n=1}^{\infty} a_n$ 发散.

注　① 凡是用比式判别法能判别的, 用根式判别法也一定能判别.

② 比式判别法和根式判别法都是基于跟等比级数比较. 凡是递减速度不低于某等比($0 < q < 1$) 级数的级数, 必然收敛. 虽然使用方便, 但适用面较窄. 技巧性较大, 适用面较宽的是比较判别法.

5) 比较判别法: $\sum\limits_{n=1}^{\infty} a_n$ 和 $\sum\limits_{n=1}^{\infty} b_n$ 是两正项级数, 若从某项开始恒有 $a_n \leqslant b_n$. 若 $\sum\limits_{n=1}^{\infty} b_n$ 收敛, 则 $\sum\limits_{n=1}^{\infty} a_n$ 也收敛; 反之, 若 $\sum\limits_{n=1}^{\infty} a_n$ 发散, 则 $\sum\limits_{n=1}^{\infty} b_n$ 也发散.

使用此法主要用**缩放法**: 给定一个级数 $\sum\limits_{n=1}^{\infty} a_n$, 如果通项 a_n 十分复杂, 欲证级数收敛, 应将 a_n 化简放大为 b_n, 使得 $\sum\limits_{n=1}^{\infty} b_n$ 收敛; 欲证级数 $\sum\limits_{n=1}^{\infty} a_n$ 发散, 应将 a_n 化简缩小为 c_n, 使得 $\sum\limits_{n=1}^{\infty} c_n$ 发散.

注 特别, 若正项级数 $\sum\limits_{n=1}^{\infty} a_n$ 与 $\sum\limits_{n=1}^{\infty} b_n$ 满足 $\lim\limits_{n \to \infty} \dfrac{a_n}{b_n} = \ell$ ($0 < \ell < +\infty$), 则 $\sum\limits_{n=1}^{\infty} a_n$ 与 $\sum\limits_{n=1}^{\infty} b_n$ 同时敛散.

6) **Cauchy 积分判别法**: 若 $[1, +\infty)$ 上, $f(x) \searrow$, 且 $f(x) \geqslant 0$, 则级数 $\sum\limits_{n=1}^{\infty} f(n)$ 与 $\int_1^{+\infty} f(x) \, \mathrm{d}x$ 同时敛散.

7) 考虑部分和 $\sum\limits_{k=1}^{n} a_k$ 是否关于 n 有界. 有界则收敛, 无界则发散.

利用判阶法及比较判别法

☆ **例 5.1.15** 若 $\lim\limits_{n \to \infty} \left(n^{2n\sin\frac{1}{n}} a_n \right) = 1$, 判断级数 $\sum\limits_{n=1}^{\infty} a_n$ 是否收敛? 试证之. (上海交通大学)

解 已知
$$\frac{a_n}{n^{-2n\sin\frac{1}{n}}} = n^{2n\sin\frac{1}{n}} a_n \to 1 \quad (n \to \infty),$$

且
$$0 \leqslant n^{-2n\sin\frac{1}{n}} = \left(\frac{1}{n^2} \right)^{\frac{\sin\frac{1}{n}}{\frac{1}{n}}} \leqslant \left(\frac{1}{n^2} \right)^{\frac{3}{4}} \text{ (当 } n \text{ 充分大时)},$$

所以 $n^{-2n\sin\frac{1}{n}}$ 为无穷小量, a_n 与 $n^{-2n\sin\frac{1}{n}}$ 为等价无穷小量, 故 $\sum a_n$ 与 $\sum n^{-2n\sin\frac{1}{n}}$ 同时敛散. 另由 $\sum \dfrac{1}{n^{3/2}}$ 收敛, 知 $\sum n^{-2n\sin\frac{1}{n}}$ 收敛, 从而级数 $\sum a_n$ 收敛.

☆ **例 5.1.16** 设 $a_n = \left(1 - \dfrac{p\ln n}{n} \right)^n$, 讨论 $\sum a_n$ 的敛散性.

分析 $a_n = \mathrm{e}^{\ln\left(1 - \frac{p\ln n}{n}\right)^n} = \mathrm{e}^{n\ln\left(1 - \frac{p\ln n}{n}\right)}$，而当 $n\to\infty$ 时，$\frac{\ln n}{n} \to 0$，因此 $\ln\left(1 - \frac{p\ln n}{n}\right) \sim$

$-\frac{p\ln n}{n}$. 从而可以设想 $a_n \sim \mathrm{e}^{n\left(-\frac{p\ln n}{n}\right)} = n^{-p}$.

证 I $\lim\limits_{n\to\infty}\ln(n^p a_n) = \lim\limits_{n\to\infty}\ln\left[n^p\left(1 - \frac{p\ln n}{n}\right)^n\right] = \lim\limits_{n\to\infty}\left[p\ln n + n\ln\left(1 - \frac{p\ln n}{n}\right)\right]$

$$= \lim_{n\to\infty}\frac{1}{\frac{1}{n}}\left[-\frac{1}{n}p\ln\frac{1}{n} + \ln\left(1 + \frac{p}{n}\ln\frac{1}{n}\right)\right]$$

$$= \lim_{x\to 0}\frac{1}{x}\left[\ln(1 + px\ln x) - px\ln x\right] \ （应用 L'Hospital 法则）$$

$$= \lim_{x\to 0}\frac{-p^2(x\ln^2 x + x\ln x)}{1 + px\ln x} = 0.$$

故 $\lim\limits_{n\to\infty}n^p a_n = 1$，$a_n \sim n^{-p}$，所以级数当 $p > 1$ 时收敛，当 $p \leqslant 1$ 时发散.

证 II 利用带 Peano 余项的 Taylor 公式：$\ln(1 + x) = x - \frac{1}{2}x^2 + o(x^2)$ $(x\to 0)$.

$$a_n = \mathrm{e}^{n\ln\left(1 - \frac{p\ln n}{n}\right)} = \mathrm{e}^{n\left[-\frac{p\ln n}{n} + o\left(\left(\frac{p\ln n}{n}\right)^{\frac{3}{2}}\right)\right]} = n^{-p} \cdot \mathrm{e}^{o\left(\frac{(p\ln n)^{3/2}}{n^{1/2}}\right)} \sim n^{-p} \quad (n\to\infty),$$

因此 $\sum a_n$ 当且仅当 $p > 1$ 时收敛.

^{new}**例 5.1.17** 证明：

1）级数 $\sum\limits_{n=1}^{\infty}\frac{1}{(\ln n)^{\ln n}}$ 收敛；（武汉大学）

2）级数 $\sum\limits_{n=1}^{\infty}\frac{1}{n^{1 + \frac{1}{n}}}$ 发散.

证 1）n 充分大时，$\frac{1}{(\ln n)^{\ln n}} \leqslant \frac{1}{(\mathrm{e}^{1+\alpha})^{\ln n}} = \frac{1}{n^{1+\alpha}}(\alpha > 0)$. 由比较判别法，结论

自明.

2）（利用不等式：几何平均 $\leqslant$ 算术平均，和"对数不等式"：$\frac{x}{x+1} \leqslant \ln(1 + x) \leqslant$

$x(x > -1)$（见例 1.1.8）.）

$$n^{\frac{1}{n}} = \sqrt[n]{n} = \sqrt[n]{n\cdot 1 \cdots 1} \leqslant \frac{n + (n-1)}{n} = 2\cdot\frac{2n-1}{2n} \leqslant 2\frac{2n}{2n+1} \leqslant 2\ln(1+2n) \quad (n>1).$$

$$n^{1+\frac{1}{n}} \leqslant 2n\ln(1+2n),$$

$$\frac{1}{n^{1+\frac{1}{n}}} \geqslant \frac{1}{2n\ln(1+2n)}. \tag{1}$$

由 $\int_2^{+\infty}\frac{1}{(1+2x)\ln(1+2x)}\mathrm{d}x$ 发散，且

$$0 < \frac{1}{(1+2x)\ln(1+2x)} < \frac{1+2x}{2x} \cdot \frac{1}{(1+2x)\ln(1+2x)}$$

知 $\int_2^{+\infty} \frac{1}{2x\ln(1+2x)}\mathrm{d}x$ 发散. 再由 Cauchy 积分判别法, $\sum\limits_{n=2}^{\infty} \frac{1}{2n\ln(1+2n)}$ 发散.

于是, 利用比较判别法, 由不等式 (1) 知: $\sum\limits_{n=1}^{\infty} \frac{1}{n^{1+\frac{1}{n}}}$ 发散.

^{new}**练习 1**　设 $\{a_n\}$, $\{b_n\}$ 是各项均为正的数列, 满足:

$$\lim_{n\to\infty} \frac{b_n}{n} = 0 \tag{1}$$

及

$$\lim_{n\to\infty} b_n\left(\frac{a_n}{a_{n+1}} - 1\right) = \lambda > 0. \tag{2}$$

求证: 级数 $\sum\limits_{n=1}^{\infty} a_n$ 收敛. (中国科学技术大学)

提示　利用条件 (1) 和 (2), $\lim\limits_{n\to\infty} n\left(\frac{a_n}{a_{n+1}} - 1\right) = \lim\limits_{n\to\infty} \frac{b_n\left(\frac{a_n}{a_{n+1}} - 1\right)}{\frac{b_n}{n}} = +\infty$. 因此有

$$\frac{a_n}{a_{n-1}} \leqslant \left(\frac{n-1}{n}\right)^2, \quad \frac{a_{n+1}}{a_n} \leqslant \left(\frac{n}{n+1}\right)^2.$$

证　将 N 固定, 则 $\forall n > N$, 有

$$a_n = \frac{a_n}{a_{n-1}} \cdot \frac{a_{n-1}}{a_{n-2}} \cdot \cdots \cdot \frac{a_{N+2}}{a_{N+1}} \cdot \frac{a_{N+1}}{a_N} \cdot a_N$$

$$\leqslant \left(\frac{n-1}{n} \cdot \frac{n-2}{n-1} \cdot \cdots \cdot \frac{N+1}{N+2} \cdot \frac{N}{N+1}\right)^2 a_N = \frac{N^2 a_N}{n^2}.$$

(利用比较判别法) 由 $a_N N^2 \sum\limits_{n=N+1}^{\infty} \frac{1}{n^2}$ 收敛知 $\sum\limits_{n=N+1}^{\infty} a_n$ 收敛, 从而 $\sum\limits_{n=1}^{\infty} a_n$ 也收敛.

^{new}☆**练习 2**　证明: 级数 $\sum\limits_{n=1}^{\infty} \frac{\sqrt[n]{n}-1}{n^{\alpha}}$ 当 $\alpha > 0$ 时收敛, 当 $\alpha \leqslant 0$ 时发散. (南开大学)

提示　(当 $n\to\infty$ 时) 作为无穷小量: $\sqrt[n]{n} - 1$ 与 $\ln[1+(\sqrt[n]{n}-1)] = \frac{\ln n}{n}$ 等价, 从而 $\frac{\sqrt[n]{n}-1}{n^{\alpha}}$ 与 $\frac{\ln n}{n^{\alpha+1}}$ 等价.

证　1° 当 $\alpha > 0$ 时,

$$\lim_{n\to\infty} \frac{\ln n}{n^{\frac{\alpha}{2}}} = \lim_{x\to\infty} \frac{\ln x}{x^{\frac{\alpha}{2}}} \xlongequal{\text{L' Hospital 法则}} \lim_{x\to\infty} \frac{1}{x^{\frac{\alpha}{2}}} \cdot \frac{2}{\alpha} = 0. \tag{1}$$

因此

$$\lim_{n\to\infty} \frac{\frac{\sqrt[n]{n}-1}{n^{\alpha}}}{\frac{1}{n^{\frac{\alpha}{2}+1}}} \xlongequal{\text{作等价代换}} \lim_{n\to\infty} \frac{\frac{\ln n}{n^{\alpha+1}}}{\frac{1}{n^{\frac{\alpha}{2}+1}}} = \lim_{n\to\infty} \frac{\ln n}{n^{\frac{\alpha}{2}}} \xlongequal{\text{式(1)}} 0. \tag{2}$$

式 (2) 说明 $\frac{\sqrt[n]{n}-1}{n^{\alpha}}$ 是比 $\frac{1}{n^{\frac{\alpha}{2}+1}}$ 高阶的无穷小量. 而已知 $\sum\limits_{n=1}^{\infty} \frac{1}{n^{\frac{\alpha}{2}+1}}$ 收敛, 故 $\sum\limits_{n=1}^{\infty} \frac{\sqrt[n]{n}-1}{n^{\alpha}}$ 收敛.

2° 当 $\alpha \leqslant 0$ 时, $\dfrac{\ln n}{n^{\alpha+1}} = \dfrac{\ln n}{n^{\alpha}} \cdot \dfrac{1}{n} \geqslant \dfrac{1}{n}$. 因 $\sum \dfrac{1}{n}$ 发散, 故 $\displaystyle\sum_{n=1}^{\infty} \dfrac{\sqrt[n]{n}-1}{n^{\alpha}}$ 发散.

^{new} ☆ **练习 3** 若正项级数 $\displaystyle\sum_{n=1}^{\infty} a_n$ 收敛, 求证:

1) $\displaystyle\sum_{n=1}^{\infty} a_n^p$ 收敛 $(p>1)$;   2) $\displaystyle\sum_{n=1}^{\infty} \dfrac{\sqrt[k]{a_n}}{n}$ 收敛 $(2 < k \in \mathbf{N})$. (南开大学)

提示 1) $\displaystyle\sum_{n=1}^{\infty} a_n$ 收敛, 可知 a_n 为无穷小 $(n\to\infty)$, 故对 $0 < a_n < 1$ (n 充分大), 当 $p>1$ 时, 有 $0 < a_n^p < a_n$.

2) 用 k 个正数的均值不等式.

再提示 2) $\dfrac{\sqrt[k]{a_n}}{n} = \sqrt[k]{a_n \cdot \underbrace{\left[\dfrac{1}{n^{k/(k-1)}}\right] \cdot \cdots \cdot \left[\dfrac{1}{n^{k/(k-1)}}\right]}_{(k-1)\text{个因子}}}$ (用均值不等式)

$$\leqslant \dfrac{1}{k}\left\{ a_n + \underbrace{\left[\dfrac{1}{n^{k/(k-1)}}\right] + \cdots + \left[\dfrac{1}{n^{k/(k-1)}}\right]}_{(k-1)\text{项}} \right\} = \dfrac{1}{k}\left[a_n + \dfrac{k-1}{n^{k/(k-1)}} \right].$$

而级数 $\dfrac{1}{k}\displaystyle\sum_{n=1}^{\infty}\left[a_n + \dfrac{k-1}{n^{k/(k-1)}} \right]$ 收敛.

^{new} ☆ **练习 4** 判断级数 $\displaystyle\sum_{n=1}^{\infty}\left[\mathrm{e} - \left(1 + \dfrac{1}{1!} + \dfrac{1}{2!} + \cdots + \dfrac{1}{n!}\right) \right]$ 的敛散性. (南开大学)

提示 $0 < \mathrm{e} - \left(1 + \dfrac{1}{1!} + \dfrac{1}{2!} + \cdots + \dfrac{1}{n!}\right) = R_n(x)\,\big|_{x=1}$ (e^x 在 $x=1$ 处 Taylor 公式)

$$= \dfrac{\mathrm{e}^{\xi}}{(n+1)!}\overset{0<\xi<1}{\leqslant} \dfrac{\mathrm{e}}{(n+1)!},$$

而 $\displaystyle\sum_{n=1}^{\infty} \dfrac{\mathrm{e}}{(n+1)!}$ 收敛.

例 5.1.18 设 $0 < p_1 < p_2 < \cdots < p_n < \cdots$, 求证: $\displaystyle\sum_{n=1}^{\infty} \dfrac{1}{p_n}$ 收敛的充要条件为如下级数收敛: $\displaystyle\sum_{n=1}^{\infty} \dfrac{n}{p_1 + p_2 + \cdots + p_n}$.

提示 当 $n \geqslant 2$ 时,

$$p_1 + \cdots + p_n \geqslant p_{\left[\frac{n}{2}\right]} + p_{\left[\frac{n}{2}\right]+1} + \cdots + p_n \geqslant \left[\dfrac{n}{2}\right] p_{\left[\frac{n}{2}\right]} \geqslant \dfrac{n}{4} p_{\left[\frac{n}{2}\right]} > 0,$$

$$0 \leqslant \dfrac{1}{p_n} \leqslant \dfrac{n}{p_1 + p_2 + \cdots + p_n} \leqslant \dfrac{4}{p_{\left[\frac{n}{2}\right]}},$$

并注意 $$\sum_{n=2}^{\infty} \dfrac{1}{p_{\left[\frac{n}{2}\right]}} = \dfrac{1}{p_1} + \dfrac{1}{p_1} + \dfrac{1}{p_2} + \dfrac{1}{p_2} + \cdots.$$

例 5.1.19 设 $a_n > 0 \searrow$, 试证 $\displaystyle\sum_{n=1}^{\infty} a_n$ 与 $\displaystyle\sum_{n=1}^{\infty} 2^n a_{2^n}$ 同时敛散.

证 因为对正项级数, 任意加括号不改变敛散性, 因此由

$$\sum_{n=1}^{\infty} a_n = a_1 + (a_2 + a_3) + (a_4 + a_5 + a_6 + a_7) + (a_8 + \cdots + a_{15}) + \cdots$$

$$\leqslant a_1 + 2a_2 + 4a_4 + 8a_8 + \cdots = \sum_{n=0}^{\infty} 2^n a_{2^n}$$

知,当级数 $\sum_{n=1}^{\infty} a_n$ 发散时,$\sum_{n=0}^{\infty} 2^n a_{2^n}$ 亦发散. 另外由

$$\sum_{n=1}^{\infty} a_n = a_1 + a_2 + (a_3 + a_4) + (a_5 + \cdots + a_8) + (a_9 + \cdots + a_{16}) + \cdots$$

$$\geqslant a_1 + a_2 + 2a_4 + 2^2 a_{2^3} + 2^3 a_{2^4} + \cdots = a_1 + \frac{1}{2} \sum_{n=1}^{\infty} 2^n a_{2^n}$$

知,当级数 $\sum_{n=1}^{\infty} a_n$ 收敛时,级数 $\sum_{n=0}^{\infty} 2^n a_{2^n}$ 亦收敛. 总之两级数同时敛散.

例 5.1.20　证明 Kummer 判别法:假设 $a_n > 0, b_n > 0$ $(n=1,2,\cdots)$.

1)若 $\exists \alpha > 0$,使得

$$\frac{b_n}{b_{n+1}} a_n - a_{n+1} \geqslant \alpha \quad (n=1,2,\cdots), \tag{1}$$

则级数 $\sum_{n=1}^{\infty} b_n$ 收敛;

2)若 $\sum_{n=1}^{\infty} \dfrac{1}{a_n}$ 发散,且

$$\frac{b_n}{b_{n+1}} a_n - a_{n+1} \leqslant 0 \quad (n=1,2,\cdots), \tag{2}$$

则级数 $\sum_{n=1}^{\infty} b_n$ 发散.

证　1)由式(1)知

$$b_n a_n - b_{n+1} a_{n+1} \geqslant \alpha b_{n+1} > 0, \tag{3}$$

故 $b_n a_n \searrow$. 又因 $b_n a_n > 0$,所以 $\{b_n a_n\}$ 收敛,从而级数 $\sum_{n=1}^{\infty} (b_n a_n - b_{n+1} a_{n+1})$ 亦收敛. 再根据式(3),用比较判别法,知 $\sum_{n=1}^{\infty} b_n$ 亦收敛.

2)由式(2)知 $\dfrac{\dfrac{1}{a_{n+1}}}{\dfrac{1}{a_n}} \leqslant \dfrac{b_{n+1}}{b_n}$ $(n=1,2,\cdots)$. 故由 $\sum_{n=1}^{\infty} \dfrac{1}{a_n}$ 发散知 $\sum_{n=1}^{\infty} b_n$ 亦发散.

☆**例 5.1.21**　若正项级数 $\sum_{n=1}^{\infty} a_n$ 收敛,且 $\mathrm{e}^{a_n} = a_n + \mathrm{e}^{a_n + b_n}$ $(n=1,2,\cdots)$,证明 $\sum_{n=1}^{\infty} b_n$ 收敛. (华东师范大学)

提示 （用比较判别法的极限形式.）

$$b_n = \ln(e^{a_n} - a_n) - a_n, \quad \sum_{n=1}^{\infty} b_n = \sum_{n=1}^{\infty} \ln(e^{a_n} - a_n) - \sum_{n=1}^{\infty} a_n, \quad \ln(e^{a_n} - a_n) = o(a_n).$$

例 5.1.22 研究级数 $\sum_{n=1}^{\infty} \dfrac{1}{x_n^2}$ 的敛散性,这里 x_n 是方程 $x = \tan x$ 的正根,并且按递增的顺序编号.（国外赛题）

提示 $x_n \in \left(\dfrac{\pi}{2} + (n-1)\pi, \dfrac{\pi}{2} + n\pi \right)$, $\dfrac{1}{x_n^2} \leqslant \dfrac{1}{n^2}$.

^{new}**练习 1** 设 n 是一正整数,试证:

1）方程 $x^n + nx - 1 = 0$ 在 $(-1, +\infty)$ 内有唯一正实根 x_n;

2）当 $\alpha > 1$ 时,级数 $\sum_{n=1}^{\infty} x_n^{\alpha}$ 收敛.（中国科学院）

提示 1）函数 $F(x) = x^n + nx - 1$ 的导数 $F'(x) = n(x^{n-1} + 1) > 0$（当 $x > -1$ 时）. 而 $F(0) = -1$, $F\left(\dfrac{1}{n} \right) = \dfrac{1}{n^n} > 0$.

2）如此 $0 < x_n^{\alpha} \leqslant \dfrac{1}{n^{\alpha}}$（$\forall n \in \mathbf{N}$）,且 $\alpha > 1$ 时, $\sum_{n=1}^{\infty} \dfrac{1}{n^{\alpha}} < +\infty$.

^{new} * **练习 2** 设 $\sum_{n=1}^{\infty} a_n$ 为收敛的正项级数.求证:级数 $\sum_{n=1}^{\infty} a_n^{1 - \frac{1}{n}}$ 收敛.（中国科学技术大学）

提示 将 $a_n^{1 - \frac{1}{n}}$ 变形,应用例 4.4.9 的不等式.

证 $\forall b > 0, p, q > 0: \dfrac{1}{p} + \dfrac{1}{q} = 1$,

$$a_n^{1 - \frac{1}{n}} = \dfrac{1}{b} (a_n^{\frac{n-1}{n}} \cdot b) \leqslant \dfrac{1}{b} \left[\dfrac{1}{p} (a_n^{\frac{n-1}{n}})^p + \dfrac{1}{q} b^q \right] \quad (利用例 4.4.9 的不等式).$$

取 $p = \dfrac{n}{n-1}, b = \dfrac{1}{2}$, 则 $\dfrac{1}{q} = 1 - \dfrac{1}{p} = \dfrac{1}{n} < 1$. 故

$$上式 = \dfrac{n-1}{n} \cdot 2a_n + \dfrac{1}{n} \cdot \dfrac{1}{2^{n-1}} < 2a_n + \dfrac{1}{2^{n-1}}.$$

因 $\sum_{n=1}^{\infty} \left(2a_n + \dfrac{1}{2^{n-1}} \right)$ 收敛,故 $\sum_{n=1}^{\infty} a_n^{1 - \frac{1}{n}}$ 收敛.

^{new} * ☆ **练习 3** 已知 $\varphi(x)$ 是 $(-\infty, +\infty)$ 上周期为 1 的连续函数,

$$\int_0^1 \varphi(x) \, dx = 0. \tag{1}$$

设

$$a_n = \int_0^1 e^x \varphi(nx) \, dx \quad (n = 1, 2, \cdots), \tag{2}$$

求证:级数 $\sum_{n=1}^{\infty} a_n^2$ 收敛.（南开大学）

提示 只需证明: $|a_n| \leqslant \dfrac{M}{n}$（$M$ 为常数）. 为此,引入 $\varPhi(x) = \int_0^x \varphi(t) \, dt$.

证 $a_n = \int_0^1 e^x \varphi(nx) \, dx = \dfrac{1}{n} \int_0^1 e^x \, d\varPhi(nx) = \underbrace{\dfrac{1}{n} e^x \varPhi(nx) \Big|_{x=0}^{1}}_{\text{此项为0}} - \dfrac{1}{n} \int_0^1 e^x \varPhi(nx) \, dx.$

$\Phi(x)$ 连续、有界(记界为 $M_1 > 0$):$|\Phi(x)| \leqslant M_1(\forall x \in \mathbf{R})$,则

$$|a_n| \leqslant \frac{1}{n} \int_0^1 \mathrm{e}^x |\Phi(nx)| \mathrm{d}x \leqslant \frac{1}{n} M_1(\mathrm{e}-1), \quad a_n^2 \leqslant \frac{1}{n^2} M_1^2 (\mathrm{e}-1)^2.$$

而 $\displaystyle\sum_{n=1}^\infty \frac{1}{n^2} M_1^2 (\mathrm{e}-1)^2 = M_1^2 (\mathrm{e}-1)^2 \sum_{n=1}^\infty \frac{1}{n^2}$ 收敛,故 $\displaystyle\sum_{n=1}^\infty a_n^2$ 收敛.

^{new} ** **练习 4**   设 $\{\alpha_n\}$ 及 $\{\delta_n\}$ 是两个(非负)无穷实数列,满足条件:

(i) $\alpha_{n+1} \leqslant (1+\delta_n)\alpha_n + \delta_n (n \geqslant 1)$;   (ii) $\displaystyle\sum_{n=1}^\infty \delta_n < +\infty$.

试证:

1)数列 $\left\{\displaystyle\prod_{i=1}^n (1+\delta_i)\right\}$ 收敛;2)数列 $\{\alpha_n\}$ 有界;3)数列 $\{\alpha_n\}$ 收敛.(中国科学院)

分析 1)对 $\displaystyle\prod_{i=1}^n (1+\delta_i)$ 取对数,利用 $\ln(1+\delta_k) < \delta_k$,放大求上界. 由 $\left\{\displaystyle\sum_{k=1}^n \ln(1+\delta_k)\right\}$ 递增有界得收敛.

2)将条件(i)的不等式改写成 $\alpha_{n+1}+1 \leqslant (1+\delta_n)(\alpha_n+1)$,进行迭代,推出 $\{\alpha_n\}$ 有界.

3)当 n 增大时 $\displaystyle\sup_{k \geqslant n}\{\alpha_k\}$ 递减有下限,因此 $\displaystyle\lim_{n\to\infty}\sup_{k\geqslant n}\{\alpha_k\}$ 存在,记为 α,可证:$\displaystyle\lim_{n\to\infty}\alpha_n = \alpha$.

证 1)因 $\delta_k \geqslant 0$,$\displaystyle\sum_{k=1}^n \ln(1+\delta_k)$ 递增,且 $\displaystyle\sum_{k=1}^n \ln(1+\delta_k) \leqslant \sum_{k=1}^n \delta_k \leqslant \sum_{n=1}^\infty \delta_n < +\infty$,有上界. 故

$$\lim_{n\to\infty}\prod_{k=1}^n (1+\delta_k) = \lim_{n\to\infty}\mathrm{e}^{\sum\limits_{k=1}^n \ln(1+\delta_k)} = \mathrm{e}^{\lim\limits_{n\to\infty}\sum\limits_{k=1}^n \ln(1+\delta_k)} \overset{\text{极限存在}}{=\!=\!=\!=\!=} \prod_{n=1}^\infty (1+\delta_n) < +\infty. \tag{1}$$

2)由已知条件(i)可得

$$\alpha_{n+1}+1 \leqslant (1+\delta_n)(\alpha_n+1) \leqslant (1+\delta_n)(1+\delta_{n-1})(\alpha_{n-1}+1) \leqslant \cdots$$

$$\leqslant (\alpha_1+1)\prod_{k=1}^n (1+\delta_k) \leqslant (\alpha_1+1)\prod_{n=1}^\infty (1+\delta_n) \overset{\text{式(1)}}{<} +\infty \quad (\forall n \in \mathbf{N}).$$

因此 $\{\alpha_n\}$ 有上界:

$$\exists M > 0: \forall n \in \mathbf{N}, 0 \leqslant \alpha_n \leqslant M. \tag{2}$$

3)因 $\{\alpha_n\}$ 有上界,$\displaystyle\sup_{k\geqslant n}\{\alpha_k\} < +\infty$;又 $\displaystyle\sup_{k\geqslant n}\{\alpha_k\}$ 随 n 增加而递减,而 $\alpha_n \geqslant 0$,从而 $\displaystyle\sup_{k\geqslant n}\{\alpha_k\} \geqslant 0$,$\displaystyle\sup_{k\geqslant n}\{\alpha_k\}$ 递减且有下界,知 $\displaystyle\lim_{n\to\infty}\sup_{k\geqslant n}\{\alpha_k\}$ 存在,记为 $\alpha(\alpha \geqslant 0)$.

记 $\beta_n = \displaystyle\sup_{k\geqslant n}\{\alpha_k\}$,那么 $\beta_n \searrow \alpha_+ : \forall \varepsilon > 0, \exists N > 0$,当 $n > N$ 时,有

$$0 \leqslant \alpha \leqslant \beta_n < \alpha + \varepsilon. \tag{3}$$

另一方面,因 $\displaystyle\sum_{n=1}^\infty \delta_n < +\infty : \forall \varepsilon > 0, \exists N_1 > 0$,当 $n > N_1$ 时,有

$$\left(\sum_{k=n}^\infty \delta_k\right) \cdot (M+1) < \varepsilon. \tag{4}$$

由条件(i):$\alpha_{n+1} \leqslant (1+\delta_n)\alpha_n + \delta_n$ 可得 $(\alpha_{n+1} - \alpha_n) \leqslant \delta_n(\alpha_n+1) \overset{\text{式(2)}}{\leqslant} \delta_n(M+1)$,即

$$\alpha_{n+1} - \alpha_n \leqslant \delta_n(M+1) \quad (\forall n \in \{1, 2, \cdots\}). \tag{5}$$

当 $m > n > N_1$ 时,将不等式(5)从 n 至 $(m-1)$ 相加,得

$$\alpha_m - \alpha_n \leqslant \left(\sum_{k=n}^{m-1} \delta_k\right) \cdot (M+1) \leqslant \left(\sum_{k=n}^\infty \delta_k\right) \cdot (M+1) \overset{\text{式(4)}}{<} \varepsilon,$$

亦即 $\alpha_m - \varepsilon \leqslant \alpha_n$.

注意:当 m 换为更大的整数时,此式保持成立,因此得 $\beta_m - \varepsilon \leqslant \alpha_n (\beta_m \xrightarrow{\text{表示}} \sup\limits_{k \geqslant m} |\alpha_k|)$. 再将 $n(>N_1)$ 固定,令 $m \to \infty$, 取极限,得 $\alpha - \varepsilon \leqslant \alpha_n$. 联系式(1),当 $n > \max\{N, N_1\}$ 时,有

$$\alpha - \varepsilon \leqslant \alpha_n \leqslant \sup_{k \geqslant n} |\alpha_k| = \beta_n \xrightarrow{\text{式}(3)} < \alpha + \varepsilon,$$

即 $|\alpha - \alpha_n| \leqslant \varepsilon$, 亦即 $\lim\limits_{n \to \infty} \alpha_n = \alpha$. 证毕.

利用 D'Alembert 判别法

例 5.1.23 试证如下级数收敛:

$$\sqrt{2 - \sqrt{2}} + \sqrt{2 - \sqrt{2 + \sqrt{2}}} + \sqrt{2 - \sqrt{2 + \sqrt{2 + \sqrt{2}}}} + \cdots.$$

证 记 $A_1 = \sqrt{2}, A_2 = \sqrt{2 + \sqrt{2}}, A_3 = \sqrt{2 + \sqrt{2 + \sqrt{2}}}, \cdots$, 则易知 $A_n \to 2 (n \to \infty)$.

$$\lim_{n \to \infty} \frac{a_{n+1}}{a_n} = \lim_{n \to \infty} \frac{\sqrt{2 - \sqrt{2 + A_n}}}{\sqrt{2 - A_n}} = \lim_{x \to 2} \frac{\sqrt{2 - \sqrt{2 + x}}}{\sqrt{2 - x}} = \sqrt{\lim_{x \to 2} \frac{2 - \sqrt{2 + x}}{2 - x}} \xrightarrow{\text{L'Hospital 法则}} \frac{1}{2} < 1,$$

利用 D'Alembert 判别法,知级数收敛.

例 5.1.24 级数 $\sum\limits_{n=1}^{\infty} u_n^{-1}$ 收敛吗? 这里 $u_1 = 1, u_2 = 2, u_n = u_{n-2} + u_{n-1} (n \geqslant 3)$. (国外赛题)

提示 (D'Alembert 判别法)由数学归纳法易得 $\dfrac{u_{n+1}^{-1}}{u_n^{-1}} = \dfrac{u_n}{u_{n+1}} \leqslant \dfrac{2}{3} < 1$, 故收敛.

例 5.1.25 证明:若 $f(x)$ 为单调减少的正值函数,又设

$$\lim_{x \to +\infty} \frac{e^x f(e^x)}{f(x)} = \lambda, \tag{1}$$

则 $\lambda < 1$ 时级数 $\sum\limits_{n=1}^{\infty} f(n)$ 收敛,$\lambda > 1$ 时级数 $\sum\limits_{n=1}^{\infty} f(n)$ 发散.

分析 因 $f(x) > 0, \searrow$, 根据 Cauchy 积分判别法,$\sum\limits_{n=1}^{\infty} f(n)$ 与积分 $\int_1^{+\infty} f(x) \mathrm{d}x$ 同时敛散. 要考察正值函数的反常积分 $\int_1^{+\infty} f(x) \mathrm{d}x$ 的敛散性,只需要取一序列 $x_1 < x_2 < \cdots < x_n < \cdots$, 使 $x_n \to +\infty$, 看极限 $\lim\limits_{n \to \infty} \int_1^{x_n} f(x) \mathrm{d}x$ 是否存在.

证 已知 $\lim\limits_{x \to +\infty} \dfrac{e^x f(e^x)}{f(x)} = \lambda$.

$1°$ 若 $\lambda > 1$, 则 $\exists A > 1$, 使得 $x > A$ 时,$\dfrac{e^x f(e^x)}{f(x)} > 1$, 即 $e^x f(e^x) > f(x)$. 从而 $\forall x_{n-1} < x_n$, 有

$$\int_{x_{n-1}}^{x_n} e^x f(e^x) \mathrm{d}x > \int_{x_{n-1}}^{x_n} f(x) \mathrm{d}x. \tag{2}$$

(因 $f(x)$ 单调,积分有意义.)左端积分作变量替换,令 $e^x = t$, 于是(2)成为

$$\int_{e^{x_{n-1}}}^{e^{x_n}} f(t)\,dt > \int_{x_{n-1}}^{x_n} f(x)\,dx. \tag{3}$$

由此可见,若取序列 $\{x_n\}$ 如下:

$$x_1 = 1, x_2 = e, x_3 = e^{x_2}, \cdots, x_n = e^{x_{n-1}}, x_{n+1} = e^{x_n}, \cdots.$$

将积分变量 t 仍写成 x,则式(3)可改写成

$$\int_{x_n}^{x_{n+1}} f(x)\,dx > \int_{x_{n-1}}^{x_n} f(x)\,dx \quad (n = 2, 3, \cdots). \tag{4}$$

于是 $\quad \int_1^{x_n} f(x)\,dx = \sum_{k=2}^n \int_{x_{k-1}}^{x_k} f(x)\,dx > (n-1)\int_1^e f(x)\,dx \to +\infty \quad (n \to \infty).$

所以 $\lambda > 1$ 时, $\sum_{n=1}^{\infty} f(n)$ 发散.

2° 若 $\lambda < 1$,取实数 $q: \lambda < q < 1$. 由已知条件(1),对 q 而言, $\exists A > 1$,使得 $x > A$ 时,有 $\dfrac{e^x f(e^x)}{f(x)} < q$,即 $e^x f(e^x) < q f(x)$. 采用上面同样的方法进行推理可得

$$\int_1^{x_n} f(x)\,dx = \sum_{k=2}^n \int_{x_{k-1}}^{x_k} f(x)\,dx < \sum_{k=2}^n q^{k-1} \int_1^e f(x)\,dx < \frac{\int_1^e f(x)\,dx}{1-q} < +\infty,$$

故 $\int_1^{+\infty} f(x)\,dx$ 收敛,从而 $\sum_{n=1}^{\infty} f(n)$ 收敛.

利用部分和有界

例 5.1.26 设 $\sum_{n=1}^{\infty} a_n$ 为正项级数,满足:

1) $\sum_{k=1}^n (a_k - a_n)$ 对 n 有界; 　　　 2) $a_n \searrow 0$.

试证级数 $\sum_{n=1}^{\infty} a_n$ 收敛.

证 要证明正项级数 $\sum_{n=1}^{\infty} a_n$ 收敛,只要证明 $\exists M > 0$,使得 $\forall n \in \mathbf{N}$ 有 $\sum_{k=1}^n a_k \leqslant M$.

已知 $\sum_{k=1}^n (a_k - a_n)$ 有界,所以 $\exists M > 0$,使得

$$\sum_{k=1}^n (a_k - a_n) \leqslant M \quad (\forall n \in \mathbf{N}). \tag{1}$$

现任意固定一个 $n \in \mathbf{N}$,取 $m > n$,于是利用条件2)及式(1)得

$$\sum_{k=1}^n a_k - n a_m = \sum_{k=1}^n (a_k - a_m) \leqslant \sum_{k=1}^m (a_k - a_m) \leqslant M. \tag{2}$$

此式对任意 $m > n$ 皆成立. 令 $m \to \infty$,因 $n a_m \to 0$,故式(2)成为 $\sum_{k=1}^n a_k \leqslant M$. 由 n 的任意性,知 $\sum_{k=1}^{\infty} a_k$ 收敛.

☆**例 5.1.27** 若 $\sum\limits_{n=1}^{\infty} a_n$ 收敛,且 $a_n > 0$,则当 $p > \dfrac{1}{2}$ 时,$\sum\limits_{n=1}^{\infty} \dfrac{\sqrt{a_n}}{n^p}$ 收敛.(东北师范大学,郑州大学)

提示 应用 Cauchy 不等式:

$$\sum_{k=1}^{n} \frac{\sqrt{a_k}}{k^p} \leqslant \left(\sum_{k=1}^{n} a_k \right)^{\frac{1}{2}} \left(\sum_{k=1}^{n} \frac{1}{k^{2p}} \right)^{\frac{1}{2}}$$

或不等式 $$\frac{\sqrt{a_n}}{n^p} \leqslant \frac{1}{2} \left(a_n + \frac{1}{n^{2p}} \right).$$

☆**例 5.1.28** 设 $\{a_n\}(n \geqslant 1)$ 是正实数序列.证明:若级数 $\sum\limits_{n=1}^{\infty} \dfrac{1}{a_n}$ 收敛,则级数 $\sum\limits_{n=1}^{\infty} \dfrac{n^2}{(a_1 + a_2 + \cdots + a_n)^2} a_n$ 也收敛.(中南大学)

证 我们希望证明部分和 $S_n = \sum\limits_{k=1}^{n} \dfrac{k^2}{(a_1 + \cdots + a_k)^2} a_k$ 有界. 记 $A_n = a_1 + \cdots + a_n (n \geqslant 1)$,$A_0 = 0$,于是

$$S_n = \sum_{k=1}^{n} \frac{k^2}{A_k^2} (A_k - A_{k-1}) \leqslant \frac{1}{a_1} + \sum_{k=2}^{n} \frac{k^2}{A_k A_{k-1}} (A_k - A_{k-1})$$

$$= \frac{1}{a_1} + \sum_{k=2}^{n} \frac{k^2}{A_{k-1}} - \sum_{k=2}^{n} \frac{k^2}{A_k} = \frac{1}{a_1} + \sum_{k=1}^{n-1} \frac{(k+1)^2}{A_k} - \sum_{k=2}^{n} \frac{k^2}{A_k}$$

$$= \frac{1}{a_1} + 2 \sum_{k=2}^{n-1} \frac{k}{A_k} + \sum_{k=2}^{n-1} \frac{1}{A_k} + \frac{4}{A_1} - \frac{n^2}{A_n} \leqslant \frac{5}{a_1} + 2 \sum_{k=1}^{n} \frac{k}{A_k} + \sum_{k=1}^{n} \frac{1}{a_k}.$$

右端第二项用 Cauchy 不等式放大:

$$\sum_{k=1}^{n} \frac{k}{A_k} = \sum_{k=1}^{n} \frac{k}{A_k} \sqrt{a_k} \cdot \frac{1}{\sqrt{a_k}} \leqslant \left[\sum_{k=1}^{n} \left(\frac{k}{A_k} \sqrt{a_k} \right)^2 \right]^{\frac{1}{2}} \left[\sum_{k=1}^{n} \left(\frac{1}{\sqrt{a_k}} \right)^2 \right]^{\frac{1}{2}}$$

$$= \left(\sum_{k=1}^{n} \frac{k^2}{A_k^2} a_k \cdot \sum_{k=1}^{n} \frac{1}{a_k} \right)^{\frac{1}{2}} = \left(S_n \cdot \sum_{k=1}^{n} \frac{1}{a_k} \right)^{\frac{1}{2}},$$

得 $$S_n \leqslant \frac{5}{a_1} + 2 \left(S_n \cdot \sum_{k=1}^{n} \frac{1}{a_k} \right)^{\frac{1}{2}} + \sum_{k=1}^{n} \frac{1}{a_k}.$$

这是关于 S_n 的不等式,解此不等式得

$$\sqrt{S_n} \leqslant \sqrt{\sum_{k=1}^{n} \frac{1}{a_k}} + \sqrt{\frac{5}{a_1} + 2 \sum_{k=1}^{n} \frac{1}{a_k}}.$$

因为 $\sum\limits_{k=1}^{\infty} \dfrac{1}{a_k}$ 收敛,可知 S_n 有界,原级数收敛.

例 5.1.29 设 $a_n > 0$,试证如下级数收敛:$\sum\limits_{n=1}^{\infty} \dfrac{a_n}{(1+a_1)(1+a_2)\cdots(1+a_n)}$.

提示 用数学归纳法或连锁消去法可证:

$$0 \leqslant S_n = 1 - \frac{1}{(1+a_1)(1+a_2)\cdots(1+a_n)} < 1.$$

^{new}☆**例 5.1.30** 假设 $a_n > 0 (n = 1, 2, \cdots)$，$S_n = \sum_{k=1}^{n} a_k$，试问：级数 $\sum_{n=1}^{\infty} \frac{a_n}{S_n^\lambda}$ 与

$\sum_{k=1}^{\infty} a_k$ 的敛散性之间有何关系？给出证明.（南开大学）

解 1° 当 $\lambda = 1$ 时，两者同时敛散. 因为

① 若 $\sum_{k=1}^{\infty} a_k$ 发散，则由例 5.1.12 知 $\sum_{n=1}^{\infty} \frac{a_n}{S_n}$ 亦发散;

② 若 $\sum_{k=1}^{\infty} a_k$ 收敛，因为 $0 < \frac{a_n}{S_n} \leqslant \frac{1}{S_1} a_n$，可知 $\sum_{n=1}^{\infty} \frac{a_n}{S_n}$ 也收敛.

2° 当 $\lambda > 1$ 时，不论 $\sum_{k=1}^{\infty} a_k$ 是否收敛，$\sum_{n=1}^{\infty} \frac{a_n}{S_n^\lambda}$ 恒收敛. 下面证明.

证法 I $0 < \frac{a_n}{S_n^\lambda} = \frac{S_n - S_{n-1}}{S_n^\lambda} = \int_{S_{n-1}}^{S_n} \frac{1}{S_n^\lambda} \mathrm{d}x \overset{S_{n-1} \leqslant x \leqslant S_n}{\leqslant} \int_{S_{n-1}}^{S_n} \frac{1}{x^\lambda} \mathrm{d}x \ (n = 2, 3, \cdots).$ （1）

累加起来，$\forall N > 2, 0 < \sum_{n=2}^{N} \frac{a_n}{S_n^\lambda} \leqslant \int_{a_1}^{+\infty} \frac{1}{x^\lambda} \mathrm{d}x < +\infty \ (\lambda > 1).$ 说明部分和有界，故正项

级数 $\sum_{n=1}^{\infty} \frac{a_n}{S_n^\lambda}$ 收敛.

证法 II （利用 Lagrange 定理.）当 $\lambda > 1$ 时，

$$\frac{1}{1-\lambda}\left(\frac{1}{S_n^{\lambda-1}} - \frac{1}{S_{n-1}^{\lambda-1}}\right) \overset{\text{Lagrange 定理}}{\underset{\exists \xi_n \in (S_{n-1}, S_n)}{=\!=\!=\!=}} \frac{1}{\xi_n^\lambda}(S_n - S_{n-1}) \geqslant \frac{S_n - S_{n-1}}{S_n^\lambda} = \frac{a_n}{S_n^\lambda}.$$

因此

$$0 < \sum_{n=1}^{N} \frac{a_n}{S_n^\lambda} = \frac{1}{1-\lambda} \sum_{n=2}^{N}\left(\frac{1}{S_n^{\lambda-1}} - \frac{1}{S_{n-1}^{\lambda-1}}\right) = \frac{1}{1-\lambda}\left(\frac{1}{S_N^{\lambda-1}} - \frac{1}{S_1^{\lambda-1}}\right)$$

$$= \frac{1}{\lambda-1}\left(\frac{1}{S_1^{\lambda-1}} - \frac{1}{S_N^{\lambda-1}}\right) \leqslant \frac{1}{\lambda-1} \cdot \frac{1}{S_1^{\lambda-1}}, \ \forall N \in \mathbf{N}.$$

此式说明部分和有界，故正项级数 $\sum_{n=1}^{\infty} \frac{a_n}{S_n}$ 收敛.

3° 当 $0 < \lambda < 1$ 时，两者同时敛散. 这是因为

① 若 $\sum_{k=1}^{\infty} a_k$ 收敛于 S，则

$$0 < \sum_{n=2}^{N} \frac{a_n}{S_n^\lambda} = \sum_{n=2}^{N} \frac{S_n - S_{n-1}}{S_n^\lambda} = \sum_{n=2}^{N} \frac{1}{S_n^\lambda}\int_{S_{n-1}}^{S_n} \mathrm{d}x \leqslant \sum_{n=2}^{N}\int_{S_{n-1}}^{S_n} \frac{1}{x^\lambda}\mathrm{d}x$$

$$= \frac{1}{1-\lambda}\sum_{n=2}^{N}\int_{S_{n-1}}^{S_n} \mathrm{d}x^{1-\lambda} \overset{0 < \lambda < 1}{=\!=\!=\!=} \frac{1}{1-\lambda}(S_N^{1-\lambda} - a_1^{1-\lambda}) \leqslant \frac{S}{1-\lambda},$$

说明部分和有界,故 $\displaystyle\sum_{n=1}^{\infty}\frac{a_n}{S_n^{\lambda}}$ 收敛.

② 若 $\displaystyle\sum_{k=1}^{\infty}a_k$ 发散,因为

$$\sum_{n=1}^{N}\frac{a_n}{S_n^{\lambda}}\geqslant\frac{1}{S_N^{\lambda}}\sum_{n=1}^{N}a_n=\frac{1}{S_N^{\lambda}}S_N=S_N^{1-\lambda}\xrightarrow{\ 0<\lambda<1\ }+\infty\ (N\rightarrow\infty)\,,$$

故 $\displaystyle\sum_{n=1}^{\infty}\frac{a_n}{S_n^{\lambda}}$ 发散.

4° 若 $\lambda=0$,则 $\displaystyle\sum_{n=1}^{\infty}\frac{a_n}{S_n^{\lambda}}=\sum_{k=1}^{\infty}a_k$(二者归一,当然同时敛散).

5° 若 $\lambda<0$,则 $S_n=\displaystyle\sum_{k=1}^{n}a_k$ 与 $\displaystyle\sum_{n=1}^{\infty}\frac{a_n}{S_n^{\lambda}}=\sum_{n=1}^{\infty}a_nS_n^{-\lambda}$ 同时敛散. 因为

① 若 $\displaystyle\sum_{k=1}^{\infty}a_k$ 收敛,则 $S_n=\displaystyle\sum_{k=1}^{n}a_k$ 有界:$\exists M>0,\forall n>0:0<S_n<M$. 因此

$$0<\sum_{n=1}^{N}a_nS_n^{-\lambda}\leqslant\sum_{n=1}^{N}a_nM^{-\lambda}=M^{-\lambda}\sum_{n=1}^{N}a_n=M^{-\lambda}S_N\leqslant M^{-\lambda}S\,,$$

即 $\displaystyle\sum_{n=1}^{N}a_nS_n^{-\lambda}$ 有界,可知 $\displaystyle\sum_{n=1}^{\infty}\frac{a_n}{S_n^{\lambda}}$ 收敛.

② 若 $\displaystyle\sum_{k=1}^{\infty}a_k$ 发散,则当 n 充分大时,$S_n>1$,$S_n^{-\lambda}>1(-\lambda>0)$. 故

$$\sum_{n=1}^{N}\frac{a_n}{S_n^{\lambda}}=\sum_{n=1}^{N}a_nS_n^{-\lambda}\geqslant\sum_{n=1}^{N}a_n\rightarrow+\infty\ (N\rightarrow\infty)\,.$$

因此 $\displaystyle\sum_{n=1}^{\infty}\frac{a_n}{S_n^{\lambda}}$ 发散.

c. 变号级数敛散性的判断

要点 设 $\sum a_n$ 为变号级数,判断 $\sum a_n$ 的敛散性,通常方法是

1)对 $\sum|a_n|$ 应用 D'Alembert 判别法或根式判别法,若 $\sum|a_n|$ 收敛,则 $\sum a_n$ 绝对收敛.用这两种判别法时,若 $\sum|a_n|$ 发散,则意味着 $a_n\nrightarrow0(n\rightarrow\infty)$,从而 $\sum a_n$ 亦发散.

2)应用 Leibniz 定理:若 $a_n\geqslant0,a_n\searrow0$,则 $\displaystyle\sum_{n=1}^{\infty}(-1)^{n-1}a_n$ 收敛.

3)应用 Abel 判别法或 Dirichlet 判别法.

Abel 判别法:若 $\displaystyle\sum_{n=1}^{\infty}a_n$ 收敛,$\{b_n\}$ 单调有界,则 $\displaystyle\sum_{n=1}^{\infty}a_nb_n$ 收敛.

Dirichlet 判别法:若 $\left\{\displaystyle\sum_{k=1}^{n}a_k\right\}$ 有界,$b_n\nearrow0$(或 $b_n\searrow0$),则 $\displaystyle\sum_{n=1}^{\infty}a_nb_n$ 收敛.

4)应用 Cauchy 准则(或兼用 Abel 变换等).另外注意,证明条件收敛时,必须同时证明两点:一是 $\sum a_n$ 收敛,二是 $\sum|a_n|$ 发散.

☆例 5.1.31　证明级数

$$1 - \frac{1}{3}\left(1 + \frac{1}{2}\right) + \frac{1}{5}\left(1 + \frac{1}{2} + \frac{1}{3}\right) - \frac{1}{7}\left(1 + \frac{1}{2} + \frac{1}{3} + \frac{1}{4}\right) + \cdots$$

是收敛的.(上海师范大学)

证　因为

$$|a_n| = \frac{1}{2n-1}\left(1 + \frac{1}{2} + \cdots + \frac{1}{n}\right) = \frac{(2n-1)+2}{(2n-1)(2n+1)}\left(1 + \frac{1}{2} + \cdots + \frac{1}{n}\right)$$

$$= \frac{1}{2n+1}\left[\left(1 + \frac{2}{2n-1}\right)\left(1 + \frac{1}{2} + \cdots + \frac{1}{n}\right)\right] > \frac{1}{2n+1}\left(1 + \frac{1}{2} + \cdots + \frac{1}{n} + \frac{1}{n+1}\right)$$

$$= |a_{n+1}| \quad (n = 1, 2, \cdots).$$

即 $|a_n| \searrow$. 又

$$|a_n| = \frac{1}{2n-1}\left(1 + \frac{1}{2} + \cdots + \frac{1}{n}\right) = \frac{1}{2n-1}(C + \ln n + \varepsilon_n) \to 0 \quad (n \to \infty),$$

其中 C 为 Euler 常数,故原级数收敛(Leibniz 定理).

例 5.1.32　证明 $\displaystyle\sum_{n=1}^{\infty} \frac{(-1)^{[\sqrt{n}]}}{n}$ 收敛(方括号表示取整数部分).

提示　将级数中相邻并且符号相同的项合并为一项,组成一新的交错级数:

$$\sum_{n=1}^{\infty} (-1)^n \left[\frac{1}{n^2} + \frac{1}{n^2+1} + \cdots + \frac{1}{(n+1)^2 - 1}\right].$$

注意到方括号内共有 $2n+1$ 项,其中前 n 项之和与后 $n+1$ 项之和,分别夹在 $\dfrac{1}{n+1}$ 与 $\dfrac{1}{n}$ 之间,因此 $\dfrac{2}{n+1} < \dfrac{1}{n^2} + \dfrac{1}{n^2+1} + \cdots + \dfrac{1}{(n+1)^2-1} < \dfrac{2}{n}$. 知新级数为 Leibniz 级数,故收敛. 原级数的任一部分和总是夹在新级数某相邻的两部分和之间,所以原级数也收敛.

练习　有兴趣的读者不妨类似讨论级数 $\displaystyle\sum_{n=1}^{\infty} \frac{1}{n}(-1)^{[\sqrt[3]{n}]}$ 的敛散性.

☆例 5.1.33　讨论级数

$$\sum_{n=1}^{\infty} a_n = \frac{1}{1^p} - \frac{1}{2^q} + \frac{1}{3^p} - \frac{1}{4^q} + \cdots + \frac{1}{(2n-1)^p} - \frac{1}{(2n)^q} + \cdots \tag{1}$$

$(p > 0, q > 0)$ 的绝对收敛与条件收敛性.(复旦大学)

解　1° 若 $p, q > 1$,则 $\displaystyle\sum_{n=1}^{\infty} a_n$ 绝对收敛(因为例如 $p > q$,则 $\displaystyle\sum_{n=1}^{\infty} |a_n|$ 以 $\displaystyle\sum_{n=1}^{\infty} \frac{1}{n^q}$

$(q > 1)$ 为优级数).

2° 若 $0 < p = q \leqslant 1$,应用 Leibniz 定理知级数收敛,且条件收敛.

3° 当 $p, q > 0$ 时(此时通项 $\to 0$),原级数(1)跟级数

$$\sum_{n=1}^{\infty} \left[\frac{1}{(2n-1)^p} - \frac{1}{(2n)^q}\right] \tag{2}$$

同时敛散.

若 $p > 1, 0 < q \leqslant 1$ 或 $q > 1, 0 < p \leqslant 1$, 级数 $\sum\limits_{n=1}^{\infty} \dfrac{1}{(2n-1)^p}$, $\sum\limits_{n=1}^{\infty} \dfrac{1}{(2n)^q}$ 一收敛一发散, 故原级数发散.

若 $0 < p < q < 1$, 则 $\dfrac{1}{(2n-1)^p} - \dfrac{1}{(2n)^q} > 0$, 且与 $\dfrac{1}{(2n-1)^p}$ 同阶 $(n \to \infty)$, 故级数 (2) 发散, 从而 (1) 发散.

同理可证, 若 $0 < q < p < 1$, 则原级数发散.

例 5.1.34 研究级数 $\sum\limits_{n=1}^{\infty} \dfrac{(-1)^{n-1}}{n^{p+\frac{1}{n}}}$ 的绝对收敛与条件收敛性. (辽宁大学)

解 1° 当 $p \leqslant 0$ 时, 通项 $\nrightarrow 0 (n \to \infty)$, 原级数发散.

2° 当 $p > 1$ 时, 因 $\dfrac{1}{n^{p+\frac{1}{n}}} < \dfrac{1}{n^p}$, 故原级数绝对收敛.

3° 当 $0 < p \leqslant 1$ 时, $\sum\limits_{n=1}^{\infty} \dfrac{(-1)^{n-1}}{n^p}$ 收敛, $\dfrac{1}{n^{\frac{1}{n}}}$ 单调有界, 应用 Abel 判别法知原级数收敛. 因为 $\left| \dfrac{(-1)^{n-1}}{n^{p+\frac{1}{n}}} \right| \bigg/ \dfrac{1}{n^p} \to 1 \ (n \to \infty)$, 故原级数条件收敛.

^{new}**练习 1** 设 $f(x)$ 在区间 $[-1,1]$ 上有二阶连续导数, 且 $\lim\limits_{x \to 0} \dfrac{f(x)}{x} = 0$. 证明: 数项级数 $\sum\limits_{n=1}^{\infty} f\left(\dfrac{1}{n}\right)$ 绝对收敛. (华中科技大学)

证 (利用 Taylor 公式.)
$$\lim_{x \to 0} \frac{f(x)}{x} = 0 \Rightarrow \lim_{x \to 0} f(x) = 0 \Rightarrow f(0) = 0 \Rightarrow f'(0) = \lim_{x \to 0} \frac{f(x) - 0}{x - 0} = 0.$$
因 $f''(x)$ 在 $[-1,1]$ 上连续, 故 $\exists M > 0$, 使得 $|f''(x)| \leqslant M, \forall x \in [-1,1]$. 因此
$$\left| f\left(\frac{1}{n}\right) \right| \xlongequal[0 < \xi < \frac{1}{n}]{\text{Taylor 公式}} \left| f(0) + f'(0)\left(\frac{1}{n}\right) + \frac{f''(\xi)}{2!}\left(\frac{1}{n}\right)^2 \right| \leqslant \frac{M}{2} \frac{1}{n^2},$$
故 $\sum\limits_{n=1}^{\infty} f\left(\dfrac{1}{n}\right)$ 绝对收敛.

^{new}**练习 2** 设 $x_1 = \dfrac{1}{2}, x_{n+1} = \dfrac{1}{2} - \dfrac{x_n^2}{2} \ (n = 1, 2, \cdots)$.

1) 试证极限 $\lim\limits_{n \to \infty} x_n = A$ 存在, 有限;

2) 证明级数 $\sum\limits_{n=1}^{\infty} (x_n - A)$ 绝对收敛. (华中师范大学)

证 1) 由 $0 < x_n \leqslant \dfrac{1}{2} (\forall n \in \mathbf{N})$ 可知 $|x_n + x_{n-1}| \leqslant 1$, 故
$$|x_{n+1} - x_n| = \frac{1}{2} |(x_n^2 - x_{n-1}^2)| \leqslant \frac{1}{2} |x_n - x_{n-1}|.$$
(由压缩映象原理知 $\{x_n\}$ 收敛.) 从递推式取极限得 $A = \dfrac{1}{2} - \dfrac{A^2}{2}$, 解得 $A = \sqrt{2} - 1$.

2）对 $\displaystyle\sum_{n=1}^{\infty}|x_n-A|$ 应用 D'Alembert 判别法：

$$\frac{|x_{n+1}-A|}{|x_n-A|}=\frac{\left|\dfrac{1}{2}-\dfrac{x_n^2}{2}-\left(\dfrac{1}{2}-\dfrac{A^2}{2}\right)\right|}{|x_n-A|}=\frac{1}{2}\frac{|x_n^2-A^2|}{|x_n-A|}=\frac{1}{2}|x_n+A|\to|A|<1\ (n\to\infty).$$

故 $\displaystyle\sum_{n=1}^{\infty}(x_n-A)$ 绝对收敛获证.

d. Abel 变换

要点 所谓 Abel 变换，就是借助于 $A_n=\displaystyle\sum_{k=1}^{n}a_k$，将和式 $\displaystyle\sum_{k=n+1}^{m}a_kb_k$ 或 $\displaystyle\sum_{k=1}^{m}a_kb_k$ 进行改写. 下面将相关公式列为例 5.1.35，以便后面引用和查询.

^{new}**例 5.1.35** 试证 Abel 变换公式：

1）$\displaystyle\sum_{k=n+1}^{m}a_kb_k=-A_nb_{n+1}+\sum_{k=n+1}^{m-1}A_k(b_k-b_{k+1})+A_mb_m.$ $\hspace{2em}$ (A)

若 $|A_n|\leqslant M(\forall n\in\mathbf{N}),m>n\geqslant 1,b_n\leqslant 0,\nearrow$（或 $b_n\geqslant 0,\searrow$），则

$$\left|\sum_{k=n+1}^{m}a_kb_k\right|\leqslant 2M|b_{n+1}|.\hspace{2em}\text{(B)}$$

若只知道 b_n 单调，则

$$\left|\sum_{k=n+1}^{m}a_kb_k\right|\leqslant 2M(|b_{n+1}|+|b_m|).\hspace{2em}\text{(C)}$$

2）对 $\displaystyle\sum_{k=1}^{n}a_kb_k$，有

$$\sum_{k=1}^{n}a_kb_k=A_1b_1+\sum_{k=2}^{n}(A_k-A_{k-1})b_k.\hspace{2em}(\text{A}_1)$$

若 $\forall n\in\mathbf{N},|A_n|\leqslant M$，且 $b_n\geqslant 0,\searrow$（或 $b_n\leqslant 0,\nearrow$），则

$$\left|\sum_{k=1}^{n}a_kb_k\right|\leqslant M|b_1|.\hspace{2em}(\text{B}_1)$$

若只知道 b_n 单调，则

$$\left|\sum_{k=1}^{n}a_kb_k\right|\leqslant M(|b_1|+2|b_n|).\hspace{2em}(\text{C}_1)$$

3）由此直接得出 Abel 判别法和 Dirichlet 判别法.

证 1）$(m>n\geqslant 1)$ 用 $A_n=\displaystyle\sum_{k=1}^{n}a_k$ 代入得

$$\sum_{k=n+1}^{m}a_kb_k=\sum_{k=n+1}^{m}(A_k-A_{k-1})b_k$$

$$=\underline{A_{n+1}b_{n+1}}-A_nb_{n+1}+\underline{A_{n+2}b_{n+2}}-\underline{A_{n+1}b_{n+2}}+A_{n+3}b_{n+3}-\underline{A_{n+2}b_{n+3}}+\cdots+$$

$$A_{m-2}b_{m-2}-A_{m-3}b_{m-2}+A_{m-1}b_{m-1}-A_{m-2}b_{m-1}+A_mb_m-A_{m-1}b_m,$$

$$= -A_n b_{n+1} + \sum_{k=n+1}^{m-1} A_k(b_k - b_{k+1}) + A_m b_m,$$

此即式(A). 当 $|A_n| \le M (\forall n \in \mathbf{N})$ 时,

$$\sum_{k=n+1}^{m} a_k b_k \le M|b_{n+1}| + M\sum_{k=n+1}^{m-1}|b_k - b_{k+1}| + M|b_m|.$$

若 $\{b_n\}$ 单调下降, 且 $b_n \ge 0$(或 $\{b_n\}$ 单调上升, 且 $b_n \le 0$), 则 $\{b_n - b_{n+1}\}_1^\infty$ 保持同号

(因而 $\sum_{k=n+1}^{m-1}|b_k - b_{k+1}| = \left|\sum_{k=n+1}^{m-1}(b_k - b_{k+1})\right|$). 故有

$$\left|\sum_{k=n+1}^{m} a_k b_k\right| \le M(|b_{n+1}| + |b_{n+1} - b_m| + |b_m|) = 2M|b_{n+1}|. \tag{B}$$

若只知道 $\{b_n\}$ 单调, 则

$$\left|\sum_{k=n+1}^{m} a_k b_k\right| \le M(|b_{n+1}| + |b_{n+1}| + |b_m| + |b_m|) \le 2M(|b_{n+1}| + |b_m|). \tag{C}$$

2) $\sum_{k=1}^{n} a_k b_k$ 与 $\sum_{k=n+1}^{m} a_k b_k$ 不同之处在首项: 前者为 $a_1 = A_1$, 后者为 $a_{n+1} = A_{n+1} - A_n$. 若令 $a_0 = A_0 = 0$, 则 $a_1 = A_1 - A_0$ 成为 $a_{n+1} = A_{n+1} - A_n$ 当 $n = 0$ 的情形. 这时式(B)和(C)推导过程有效. 又 $n = 0$ 时 $A_0 = 0$, 因而公式(A)右端第一项 $-A_n b_{n+1}\big|_{n=0} = 0$. 故对应的公式 (A_1) 比公式(A)少(此)一项. 公式(B)和(C)都是由公式(A)导出. 同样, 因为 $A_0 = 0$ 使得对应的公式 (B_1) 和 (C_1) 分别比公式(B)和(C)各少了一个 b_1.

3) (Dirichlet 判别法)若 $A_n = \sum_{k=1}^{n} a_k$ 有界(即存在 M 使得 $|A_n| \le M(\forall n \in N)$), $\{b_n\}$ 单调趋于 0, 则 $\sum_{k=1}^{\infty} a_k b_k$ 收敛.

(下证 Dirichlet 判别法.)因为 $\{b_n\}$ 单调趋于 0, $\forall \varepsilon > 0, \exists N > 0$, 当 $\forall m > n > N$ 时, 有 $|b_n| < \dfrac{\varepsilon}{2M}$. 利用上面的公式(B)得

$$\left|\sum_{k=n+1}^{m} a_k b_k\right| \le 2M|b_{n+1}| < 2M\frac{\varepsilon}{2M} = \varepsilon.$$

根据 Cauchy 准则, 级数 $\sum_{k=1}^{\infty} a_k b_k$ 收敛.

(Abel 判别法)若 $\sum_{k=1}^{\infty} a_k$ 收敛, $\{b_n\}$ 单调有界, 则 $\sum_{k=1}^{\infty} a_k b_k$ 收敛.

(下证 Abel 判别法.)因为 $\{b_n\}$ 单调有界, 所以 $\lim_{n\to\infty} b_n \xrightarrow{\text{存在}} b$, 于是 $\{b_n - b\} \xrightarrow{\text{单调}}$ 0 $(n\to\infty)$. 因此

$$\sum_{k=1}^{n} a_k b_k = \sum_{k=1}^{n} a_k(b_k - b) + b\sum_{k=1}^{n} a_k.$$

因为 $\displaystyle\sum_{k=1}^{\infty} a_k$ 收敛, 其部分和有界, $\{b_k - b\}$ 单调趋于零, 根据 Dirichlet 判别法,

$\displaystyle\sum_{k=1}^{\infty} a_k(b_k - b)$ 收敛; 右端第二项已知 $\displaystyle\sum_{k=1}^{n} a_k$ 收敛, 故 $\displaystyle\sum_{k=1}^{\infty} a_k b_k$ 收敛.

^{new}**练习 1** 讨论下面级数的敛散性: $\displaystyle\sum_{n=1}^{\infty}\left(1 + \frac{1}{2} + \frac{1}{3} + \cdots + \frac{1}{n}\right)\frac{\sin nx}{n}$. (浙江大学)

解 (用 Dirichlet 判别法.) 当 $x = 2n\pi$ 时, 级数成为零级数, 当然收敛.

当 $x \neq 2n\pi$ 时, 记 $a_k = \sin kx$, 则

$$1° \quad \left|\sum_{k=1}^{n} a_k\right| \overset{\text{记}}{=} \left|\sum_{k=1}^{n} \sin kx\right| = \left|\left(\sum_{k=1}^{n} 2\sin kx \cdot \sin\frac{1}{2}x\right)\Big/\left(2\sin\frac{1}{2}x\right)\right|$$

$$= \left|\left(\sum_{k=1}^{n}\cos\frac{2k-1}{2}x - \cos\frac{2k+1}{2}x\right)\Big/\left(2\sin\frac{1}{2}x\right)\right|$$

$$\leqslant \frac{1}{\left|\sin\dfrac{1}{2}x\right|} \quad (\text{当 } x \text{ 固定时, 对 } n \text{ 保持有界}).$$

$2°$ (当 $n \to \infty$ 时) $b_n \overset{\text{记}}{=} \dfrac{1}{n}\left(1 + \dfrac{1}{2} + \dfrac{1}{3} + \cdots + \dfrac{1}{n}\right) \overset{\text{例 1.2.11}}{=\!=\!=\!=} \dfrac{C + \ln n + \varepsilon_n}{n} \to 0$ (C 为 Euler 常数). 而

$$\left(\frac{C + \ln x}{x}\right)' = \frac{1 - C - \ln x}{x^2} < 0 \quad (\text{当 } x > e \text{ 时}),$$

所以 $b_n \searrow 0$, 故利用 Dirichlet 判别法知原级数收敛. 证毕.

^{new}**练习 2** 设 $\{a_n\}$ 和 $\{b_n\}$ 是两个有界数列, 满足 $\alpha a_{n+1} + \beta a_n = b_n, n \geqslant 1$. 若 $\alpha > \beta > 0$, 且 b_n 单调, 试证 $\{a_n\}$ 收敛. (仿华中师范大学)

提示 因为 $a_{n+1} = -\dfrac{\beta}{\alpha}a_n + \dfrac{1}{\alpha}b_n$, 若记 $q = \dfrac{\beta}{\alpha}$, 则 $0 < q < 1$. 利用数学归纳或回推法, 易证 $\{a_n\}$ 的通项: $a_{n+1} = \dfrac{1}{\alpha}\displaystyle\sum_{k=0}^{n-1}(-q)^k b_{n-k} + (-q)^n a_1 \ (n \geqslant 1)$. 再用 Abel 判别法即得.

证 $a_{n+1} = -qa_n + \dfrac{1}{\alpha}b_n = -q\left(-qa_{n-1} + \dfrac{1}{\alpha}b_{n-1}\right) + \dfrac{1}{\alpha}b_n$

$= (-q)^2 a_{n-1} + \dfrac{-q}{\alpha}b_{n-1} + \dfrac{1}{\alpha}b_n = (-q)^2\left(-qa_{n-2} + \dfrac{1}{\alpha}b_{n-2}\right) + \dfrac{-q}{\alpha}b_{n-1} + \dfrac{1}{\alpha}b_n$

$= (-q)^3 a_{n-2} + \dfrac{(-q)^2}{\alpha}b_{n-2} + \dfrac{-q}{\alpha}b_{n-1} + \dfrac{1}{\alpha}b_n = \cdots$

$= \dfrac{1}{\alpha}\displaystyle\sum_{k=0}^{n-1}(-q)^k b_{n-k} + (-q)^n a_1.$

因 $\{b_n\}$ 单调有界, 而 $\displaystyle\sum_{k=0}^{\infty}(-1)^k q^k$ 收敛, 利用 Abel 判别法, 知 $\{a_n\}$ 收敛.

本题在例 1.6.9 练习 2 另有完全不同的证法.

练习 3 设级数 $\displaystyle\sum_{n=1}^{\infty} a_n$ 收敛, $\displaystyle\sum_{n=1}^{\infty}(b_{n+1} - b_n)$ 绝对收敛, 试证级数 $\displaystyle\sum_{n=1}^{\infty} a_n b_n$ 也收敛.

证 因为 $\sum(b_{n+1}-b_n)$ 绝对收敛,所以 $\sum(b_{n+1}-b_n)$ 收敛,从而 $b_n-b_1\to A$,$b_n\to A+b_1$.所以 b_n 有界,$|b_n|\le M$.因为 $\sum\limits_{n=1}^{\infty}a_n$ 收敛,$\sum|b_{n+1}-b_n|$ 收敛,根据 Cauchy 准则,$\forall\varepsilon>0$,$\exists N>0$,当 $n>N$ 时,

$$\Big|\sum_{k=n+1}^{n+p}a_k\Big|<\frac{\varepsilon}{1+M},\quad \sum_{k=n+1}^{n+p}|b_{k+1}-b_k|<1\quad(\forall p\in\mathbf{N}).$$

记 $S_{n+i}=\sum\limits_{k=n+1}^{n+i}a_k(i=1,2,\cdots,p)$,则

$$\Big|\sum_{k=n+1}^{n+p}a_kb_k\Big|=|a_{n+1}b_{n+1}+a_{n+2}b_{n+2}+\cdots+a_{n+p}b_{n+p}|$$
$$=|S_{n+1}b_{n+1}+(S_{n+2}-S_{n+1})b_{n+2}+\cdots+(S_{n+p}-S_{n+p-1})b_{n+p}|$$
$$=|S_{n+1}(b_{n+1}-b_{n+2})+\cdots+S_{n+p-1}(b_{n+p-1}-b_{n+p})+S_{n+p}b_{n+p}|$$
$$\le|S_{n+1}||b_{n+1}-b_{n+2}|+\cdots+|S_{n+p-1}||b_{n+p-1}-b_{n+p}|+|S_{n+p}||b_{n+p}|$$
$$\le\frac{\varepsilon}{1+M}\Big(\sum_{k=n+1}^{n+p}|b_{k+1}-b_k|+|b_{n+p}|\Big)\le\frac{\varepsilon}{1+M}(1+M)=\varepsilon\quad(\forall p\in\mathbf{N}),$$

所以 $\sum\limits_{n=1}^{\infty}a_nb_n$ 收敛.

三、级数敛散性的应用

a. 收敛性的应用

☆例 5.1.36 设 $x_n=\dfrac{n^n}{n!3^n}$,求 $\lim\limits_{n\to\infty}x_n$.(上海交通大学,华中师范大学)

解 将 x_n 看成级数 $\sum\limits_{n=1}^{\infty}x_n$ 的通项,因 $\dfrac{x_n}{x_{n-1}}=\dfrac{1}{3}\Big(1+\dfrac{1}{n-1}\Big)^{n-1}\to\dfrac{e}{3}<1\quad(n\to\infty)$.
因此,级数 $\sum x_n$ 收敛,$\lim\limits_{n\to\infty}x_n=0$.

类似可证 $\lim\limits_{n\to\infty}\dfrac{a^n}{n!}=0$,$\lim\limits_{n\to\infty}\dfrac{(2n)!}{a^{n!}}=0\quad(a>1)$.(此类考题很多.)

[new]练习 设 $a_n>0(n=1,2,\cdots)$,$\sum\limits_{n=1}^{\infty}a_n=1$,$A_n=\sum\limits_{k=1}^{n}a_k$.求极限:$\lim\limits_{n\to\infty}\dfrac{e^{A_n}-e^{A_{n-1}}}{A_n^e-A_{n-1}^e}$.(华中科技大学)

解 因级数 $\sum\limits_{n=1}^{\infty}a_n$ 收敛,故通项 $a_n\to0(n\to\infty)$.

$$\frac{e^{A_n}-e^{A_{n-1}}}{A_n^e-A_{n-1}^e}=\frac{e^{A_{n-1}}(e^{A_n-A_{n-1}}-1)}{A_{n-1}^e[(A_n/A_{n-1})^e-1]}=\frac{e^{A_{n-1}}}{A_{n-1}^e}\cdot\frac{e^{a_n}-1}{\Big(1+\dfrac{a_n}{A_{n-1}}\Big)^e-1},$$

其中

$$\frac{e^{a_n}-1}{\Big(1+\dfrac{a_n}{A_{n-1}}\Big)^e-1}=\frac{(e^{a_n}-1)/a_n}{\Big[\Big(1+\dfrac{a_n}{A_{n-1}}\Big)^e-1\Big]\Big/\Big[\Big(\dfrac{a_n}{A_{n-1}}\Big)\cdot A_{n-1}\Big]}$$

$$\xrightarrow[n \to \infty]{\text{根据导数定义}} \frac{(e^x)' \big|_{x=0}}{[(1+x)^e]' \big|_{x=0}} \cdot 1 = \frac{1}{e}.$$

而 $\dfrac{e^{A_{n-1}}}{A_{n-1}^e} \to e(n \to \infty)$,故 $\lim\limits_{n \to \infty} \dfrac{e^{A_n} - e^{A_{n-1}}}{A_n^e - A_{n-1}^e} = 1$.

☆**例 5.1.37** 设 $x_n = 1 + \dfrac{1}{\sqrt{2}} + \cdots + \dfrac{1}{\sqrt{n}} - 2\sqrt{n}$,试证 $\lim\limits_{n \to \infty} x_n$ 存在.

证 因为 $x_n = \sum\limits_{k=1}^n (x_k - x_{k-1})$(记 $x_0 = 0$)是 $\sum\limits_{k=1}^\infty (x_k - x_{k-1})$ 的部分和,而

$$x_k - x_{k-1} = \frac{1}{\sqrt{k}} - 2(\sqrt{k} - \sqrt{k-1}) = \frac{1}{\sqrt{k}} - \frac{2}{\sqrt{k} + \sqrt{k-1}} = -\frac{1}{\sqrt{k}(\sqrt{k} + \sqrt{k-1})^2} = O\left(\frac{1}{k^{3/2}}\right),$$

所以 $\sum (x_k - x_{k-1})$ 收敛,$\lim\limits_{n \to \infty} x_n$ 存在.

例 5.1.38 求极限 $\lim\limits_{n \to \infty} \left(\dfrac{1}{p^{n+1}} + \dfrac{1}{p^{n+2}} + \cdots + \dfrac{1}{p^{2n}} \right)(p > 1)$.

提示 考虑级数 $\sum\limits_{n=1}^\infty \dfrac{1}{p^n}$,利用 Cauchy 准则.

☆**例 5.1.39** 设级数 $\sum\limits_{n=1}^\infty a_n$ 收敛,$a_n > 0$,$a_n \searrow$,试证 $\lim\limits_{n \to \infty} n a_n = 0$.

证 (要证明 $\lim\limits_{n \to \infty} n a_n = 0$,即 $\forall \varepsilon > 0$,要证 $\exists N > 0$,使得 $n > N$ 时,有 $0 \leqslant n a_n < \varepsilon$.)

因 $\sum\limits_{n=1}^\infty a_n (a_n > 0)$ 收敛,根据 Cauchy 准则,$\forall \varepsilon > 0$,$\exists N > 0$,$n > N$ 时,

$$0 < a_{N+1} + a_{N+2} + \cdots + a_n < \frac{\varepsilon}{2}. \tag{1}$$

但 $a_n \searrow$,故 $\qquad\qquad (n-N)a_n \leqslant a_{N+1} + \cdots + a_n < \dfrac{\varepsilon}{2}$.

特别,令 $n = 2N$,得 $(2N - N)a_{2N} < \dfrac{\varepsilon}{2}$. 故当 $n > 2N$ 时,

$$n a_n = (n-N)a_n + (2N-N)a_n < (n-N)a_n + (2N-N)a_{2N} < \frac{\varepsilon}{2} + \frac{\varepsilon}{2} = \varepsilon.$$

故 $\lim\limits_{n \to \infty} n a_n = 0$.

注 本例说明递减正项级数要收敛,其通项必须是比 $\dfrac{1}{n}$ 高阶的无穷小量,但注意此条件并不充分.

^{new}**练习** 设数列 $\{a_n\}$ 满足条件:

1) $0 < a_k \leqslant 100 a_n (n = k+1, k+2, \cdots, 2k)$; 2) $\sum\limits_{n=1}^\infty a_n$ 收敛.

求证:$\lim\limits_{n \to \infty} n a_n = 0$.(华东师范大学)

提示 利用 Cauchy 准则,由条件 2)知,$\forall \varepsilon > 0$,$\exists N \in \mathbf{N}$,$\forall n > N$,有

$$0 < \sum_{k=n+1}^{2n} a_k < \frac{\varepsilon}{100}. \tag{1}$$

再利用条件 1),可证:$n > N$ 时,有 $|na_n| < \varepsilon$.

再提示 因 $a_n < 100a_{n+1}, a_n < 100a_{n+2}, \cdots, a_n < 100a_{2n}$,故 $|na_n| \leqslant \left| 100 \sum\limits_{k=n+1}^{2n} a_k \right|^{\text{式(1)}} < 100\dfrac{\varepsilon}{100} = \varepsilon.$

例 5.1.40 设正项级数 $\sum\limits_{n=1}^{\infty} a_n$ 收敛,试证:$\lim\limits_{n\to\infty} \dfrac{\sum\limits_{k=1}^{n} ka_k}{n} = 0.$

证 记 $S = \sum\limits_{n=1}^{\infty} a_n, S_n = \sum\limits_{k=1}^{n} a_k$,则 $S_n \to S$(当 $n\to\infty$ 时).利用 Abel 变换,$\sum\limits_{k=1}^{n} ka_k = nS_n - \sum\limits_{k=1}^{n-1} S_k$,从而

$$\lim_{n\to\infty} \frac{\sum\limits_{k=1}^{n} ka_k}{n} \xlongequal{\text{Abel 变换}} \lim_{n\to\infty}\left(S_n - \frac{S_1 + S_2 + \cdots + S_{n-1}}{n}\right) = S - S = 0.$$

^{new} 练习 设正项级数 $\sum\limits_{n=1}^{\infty} a_n$ 收敛,求证:$\lim\limits_{n\to\infty} \dfrac{n^2}{\dfrac{1}{a_1} + \dfrac{1}{a_2} + \cdots + \dfrac{1}{a_n}} = 0.$(北京大学)

证 利用已知不等式(见例 3.4.8),

$$0 \leqslant \frac{n}{\dfrac{1}{a_1} + \dfrac{1}{a_2} + \cdots + \dfrac{1}{a_n}} \leqslant \sqrt[n]{a_1 a_2 \cdots a_n} \leqslant \frac{a_1 + a_2 + \cdots + a_n}{n}.$$

以 n 同乘各项,得

$$0 < \frac{n^2}{\dfrac{1}{a_1} + \dfrac{1}{a_2} + \cdots + \dfrac{1}{a_n}} \leqslant n\sqrt[n]{a_1 a_2 \cdots a_n} \leqslant n\frac{a_1 + a_2 + \cdots + a_n}{n}. \tag{1}$$

式(1)右边的不等式,对每个 k,用 ka_k 替代 $a_k (k = 1, 2, \cdots, n)$,再同乘 $\dfrac{1}{\sqrt[n]{n!}}$ 得

$$0 < \frac{n^2}{\dfrac{1}{a_1} + \dfrac{1}{a_2} + \cdots + \dfrac{1}{a_n}} \leqslant \frac{n}{\sqrt[n]{n!}}\sqrt[n]{(a_1)(2a_2)\cdots(na_n)} \leqslant \frac{n}{\sqrt[n]{n!}}\frac{a_1 + 2a_2 + \cdots + na_n}{n}, \tag{2}$$

其中

$$\lim_{n\to\infty}\frac{a_1 + 2a_2 + \cdots + na_n}{n} = \lim_{n\to\infty}\frac{\sum\limits_{k=1}^{n} ka_k}{n} \xlongequal{\text{例 5.1.40}} 0.$$

而 $\lim\limits_{n\to\infty}\dfrac{n}{\sqrt[n]{n!}} = e$(见例 1.3.14 的 4)).根据式(2),利用求极限的两边夹法则,待证的极限为零.

例 5.1.41 试证:若 $\sum\limits_{n=1}^{\infty} a_n$ 收敛,$a_n > 0$,$\{a_n - a_{n+1}\} \searrow$,则 $a_n \searrow 0$,且

$$\lim_{n\to\infty}\left(\frac{1}{a_{n+1}} - \frac{1}{a_n}\right) = +\infty.$$

证 1° 因 $\{a_n - a_{n+1}\} \searrow$,且 $a_n - a_{n+1} \to 0$(因 $\sum a_n$ 收敛,知 $a_n \to 0$),故 $a_n - a_{n+1} \geqslant 0$,即 $a_n \geqslant a_{n+1}$,因此 $a_n \searrow 0$.

2° 要证 $n \rightarrow \infty$ 时，$\dfrac{1}{a_{n+1}} - \dfrac{1}{a_n} = \dfrac{a_n - a_{n+1}}{a_n a_{n+1}} \rightarrow +\infty$，即要证明 $\dfrac{a_n a_{n+1}}{a_n - a_{n+1}} \rightarrow 0$.

事实上，

$$0 \leqslant \frac{a_n a_{n+1}}{a_n - a_{n+1}} \leqslant \frac{a_n^2}{a_n - a_{n+1}} = \frac{1}{a_n - a_{n+1}} \sum_{k=n}^{\infty} (a_k^2 - a_{k+1}^2)$$

$$\leqslant \sum_{k=n}^{\infty} \frac{a_k^2 - a_{k+1}^2}{a_k - a_{k+1}} = \sum_{k=n}^{\infty} (a_k + a_{k+1}) = R_{n-1} + R_n \rightarrow 0 \quad (n \rightarrow \infty),$$

其中 $R_{n-1} = \displaystyle\sum_{k=n}^{\infty} a_k$ 为收敛级数 $\displaystyle\sum_{n=1}^{\infty} a_n$ 的余和.

条件收敛的应用

例 5.1.42 研究级数 $\displaystyle\sum_{n=1}^{\infty} \dfrac{\sin n}{n}$. 把这个级数的前 n 项和分成两项：

$$S_n = \sum_{k=1}^{n} \frac{\sin k}{k} = S_n^+ + S_n^-, \tag{1}$$

其中 S_n^+ 和 S_n^- 分别是正项之和与负项之和. 证明：$\displaystyle\lim_{n \to \infty} \dfrac{S_n^+}{S_n^-}$ 存在并求其值.（国外赛题）

提示 1° 利用 Dirichlet 判别法知，$\displaystyle\sum_{n=1}^{\infty} \dfrac{\sin n}{n}$ 收敛.

2° 由 $\displaystyle\sum_{k=1}^{n} \dfrac{|\sin k|}{k} \geqslant \sum_{k=1}^{n} \dfrac{\sin^2 k}{k} = \dfrac{1}{2} \sum_{k=1}^{n} \dfrac{1}{k} - \dfrac{1}{2} \sum_{k=1}^{n} \dfrac{\cos 2k}{k}$ 可知，$\displaystyle\sum_{n=1}^{\infty} \dfrac{\sin n}{n}$ 非绝对

收敛.

3° 由（1）式知

$$S_n^- = \frac{S_n^- + S_n^+ - (S_n^+ - S_n^-)}{2}$$

$$= \frac{S_n}{2} - \frac{\sigma_n}{2} \rightarrow -\infty \quad \left(\text{其中 } \sigma_n = \sum_{k=1}^{n} \frac{|\sin k|}{k} \rightarrow +\infty \right).$$

4° $\dfrac{S_n^+}{S_n^-} = \dfrac{S_n^+ + S_n^-}{S_n^-} - \dfrac{S_n^-}{S_n^-} = \dfrac{S_n}{S_n^-} - 1 \rightarrow -1 \quad (n \rightarrow \infty).$

注 本题结论对任一条件收敛级数都成立.

b. 发散性的应用

☆**例 5.1.43** 假设 $\displaystyle\sum_{n=1}^{\infty} a_n$ 发散，且 $\{a_n\}$ 是正的不增数列，试证：

$$\lim_{n \to \infty} \frac{a_2 + a_4 + \cdots + a_{2n}}{a_1 + a_3 + \cdots + a_{2n-1}} = 1. \tag{1}$$

（东北师范大学）

证 因 $a_1 \geqslant a_2 \geqslant a_3 \geqslant a_4 \geqslant \cdots \geqslant a_{2n-1} \geqslant a_{2n} \geqslant \cdots \geqslant 0$，故

$$a_1 + a_3 + \cdots + a_{2n-1} \geqslant a_2 + a_4 + \cdots + a_{2n} \geqslant a_3 + a_5 + \cdots + a_{2n-1}. \tag{2}$$

从而

$$1 \geqslant \frac{a_2 + a_4 + \cdots + a_{2n}}{a_1 + a_3 + \cdots + a_{2n-1}} \geqslant 1 - \frac{a_1}{a_1 + a_3 + \cdots + a_{2n-1}} \rightarrow 1 \quad (n \rightarrow \infty). \tag{3}$$

最后的极限是因 $\sum\limits_{n=1}^{\infty} a_n$ 发散,由式(2),

$$a_1 + a_3 + \cdots + a_{2n-1} \geqslant \frac{1}{2}(a_2 + a_3 + \cdots + a_{2n}) \equiv \frac{1}{2}(S_{2n} - a_1) \rightarrow + \infty \quad (n \rightarrow \infty).$$

式(3)表明式(1)成立.

^{new} ☆ **练习** 设 $\{a_n\}$ 单调递减收敛于 0,级数 $\sum\limits_{n=1}^{\infty} |a_n \sin n|$ 发散,试证:

1) $\sum\limits_{n=1}^{\infty} a_n \sin n$ 收敛;

2) $\lim\limits_{n \rightarrow \infty} \dfrac{u_n}{v_n} = 1$,其中 $u_n = \sum\limits_{k=1}^{n} (|a_k \sin k| + a_k \sin k)$,$v_n = \sum\limits_{k=1}^{n} (|a_k \sin k| - a_k \sin k)$.(南开大学)

提示 1)(应用 Dirichlet 判别法.)注意 $\left| \sum\limits_{k=1}^{n} \sin k \right| \leqslant \dfrac{1}{\sin \frac{1}{2}}$(参看例 5.1.35 练习 1 的解).

2) 记 $A_n = \sum\limits_{k=1}^{n} |a_k \sin k|$,$B_n = \sum\limits_{k=1}^{n} a_k \sin k$,则

$$\frac{u_n}{v_n} = \frac{A_n + B_n}{A_n - B_n} = \frac{1 + \dfrac{B_n}{A_n}}{1 - \dfrac{B_n}{A_n}} \rightarrow 1 \quad (n \rightarrow \infty).$$

(因已证 $\sum\limits_{n=1}^{\infty} a_n \sin n$ 收敛,而 $\sum\limits_{n=1}^{\infty} |a_n \sin n|$ 发散.)

* **例 5.1.44** 设

1) $a_k > 0 (k = 1, 2, \cdots)$; 2) $\lim\limits_{k \rightarrow \infty} a_k = 0$; 3) $\sum\limits_{k=1}^{\infty} a_k$ 发散.

证明:$\{S_n - [S_n]\}$ $(n = 1, 2, \cdots)$ 在 $[0,1]$ 中稠密,其中 $S_n = \sum\limits_{k=1}^{n} a_k$,$[S_n]$ 为 S_n 的整数部分.(兰州大学)

分析 问题等价于数列 $\{S_n\} \nearrow + \infty$,$S_n - S_{n-1} = a_n \rightarrow 0$(当 $n \rightarrow \infty$ 时),求证 S_n 的小数部分 $\alpha_n = S_n - [S_n]$ 在 $[0,1]$ 中稠密. 即 $\forall (\alpha, \beta) \subset [0,1]$,$\exists \alpha_n$,使得 $\alpha_n \in (\alpha, \beta)$. 因为 S_n 挨个地走过每个整数区间 $[k, k+1]$,且"步子"$S_n - S_{n-1} = a_n$ 无限变小. 这意味着它的小数部分 α_n 一遍又一遍地从左到右走过区间 $[0,1)$,向右的"步子"同样无限变小. 可见"步子"小到比指定区间 (α, β) 的长度还小时,就必有 α_n 落入 (α, β) 中.

证 设 $(\alpha, \beta) \subset [0,1]$ 为任一小区间. 因为 $a_k \rightarrow 0 (k \rightarrow \infty)$,所以 $\exists N > 0$,$k > N$ 时,

$$0 < a_k < \beta - \alpha. \tag{1}$$

取一 $n_0 > N$,对 S_{n_0},可取充分大的正整数 m,使得 $S_{n_0} < m + \alpha$. 因为 $S_n \to + \infty$,所以 $\exists n_1 > n_0 > N$,使得 $S_{n_1} > m + \beta\, (> m + \alpha > S_{n_0})$. 于是必 $\exists n : n_0 < n < n_1$ 使得 $S_n \in (m + \alpha, m + \beta)$,$S_n - [S_n] \in (\alpha, \beta)$(因为不然的话,必存在某个 $k > N$,使得 $S_{k-1} < m + \alpha$,$S_k > m + \beta$,从而 $a_k = S_k - S_{k-1} > \beta - \alpha$,与式(1)矛盾.). 证毕.

最后(不作重点)我们介绍一个有趣的应用.

※**例 5.1.45** 试在 $[0,1]$ 上构造一个函数,使之在 $[0,1]$ 上单调,在有理点上间断,在无理点上连续.

解 1° $(0,1)$ 内全体有理点,可排成一个序列:

$$\{x_n\}^\infty = \left\{ \frac{1}{2}, \frac{1}{3}, \frac{2}{3}, \frac{1}{4}, \frac{3}{4}, \frac{1}{5}, \frac{2}{5}, \frac{3}{5}, \frac{4}{5}, \cdots \right\} \tag{1}$$

设

$$\sum_{n=1}^\infty c_n = c_1 + c_2 + c_3 + c_4 + c_5 + c_6 + \cdots \tag{2}$$

是某一个正项收敛级数,$c_n > 0\,(n = 1, 2, \cdots)$. $\forall x \in (0,1)$,定义 $f(x) = \sum_{x_n < x} c_n$. $\left(\text{“} \sum_{x_n < x} \text{”} \text{ 表示只对 } x_n < x \text{ 的那些指标 } n \text{ 求和.} \right)$

2° $f(x)$ 是递增的. 因为 $x' < x''$ 时,$f(x') = \sum_{x_n < x'} c_n < \sum_{x_n < x''} c_n = f(x'')$.

3° 有理点上间断. 因为对任意有理点 $\frac{n}{m} \in (0,1)$,必对应(1)式中某项 x_{n_0},于是 $f\left(\frac{n}{m} + 0 \right) - f\left(\frac{n}{m} - 0 \right) \geqslant c_{n_0} > 0$. 因为 $\forall \varepsilon > 0$,$f\left(\frac{n}{m} + \varepsilon \right)$ 中必含项 c_{n_0},$f\left(\frac{n}{m} - \varepsilon \right)$ 必不含项 c_{n_0}.

4° 无理点上连续. 因为 $\sum_{n=1}^\infty c_n$ 收敛,所以 $\forall \varepsilon > 0$,$\exists N > 0$,$n > N$ 时,有 $0 < \sum_{k=n+1}^\infty c_k < \varepsilon$. 在式(1)中,$x_1, x_2, \cdots, x_N$ 只有有限项. 如此,对任一无理数 $x_0 \in (0,1)$,$\exists \delta > 0$(充分小),使得 $|x_i - x_0| \geqslant \delta$ $(i = 1, 2, \cdots, N)$. 从而当 $|x - x_0| < \delta$ 时,

$$|f(x) - f(x_0)| = \left| \sum_{x_n < x} c_n - \sum_{x_n < x_0} c_n \right| \leqslant \sum_{x_n \text{在} x \text{与} x_0 \text{之间}} c_n \leqslant \sum_{|x_n - x_0| < \delta} c_n \leqslant \sum_{N+1}^\infty c_n < \varepsilon.$$

所以 $f(x)$ 在 x_0 处连续. 由 x_0 的任意性,知 $f(x)$ 在 $(0,1)$ 中一切无理点上都连续.

四、级数问题的若干反例

例 5.1.46 试写出一正项级数 $\sum_{n=1}^\infty a_n$,使得

1) $\sum_{n=1}^\infty a_n$ 收敛;   2) $a_n \neq o\left(\frac{1}{n} \right)$. (国外赛题)

分析 我们知道级数 $\sum_{n=1}^\infty \frac{1}{n^2}$ 满足条件1),不满足条件2). 而 $\sum_{n=1}^\infty \frac{1}{n}$ 满足条件2),不满足条件1). 现把两者结合起来. 我们看到,若把 $\sum_{n=1}^\infty \frac{1}{n^2}$ 中一部分项里的 $\frac{1}{n^2}$ 换成

$\dfrac{1}{n}$,那么所得的级数满足条件 2). 为使新级数仍然收敛,我们只对 $n=4,9,16,25,$

$36,\cdots$这些项进行上述改换,即新级数为

$$\sum_{n=1}^{\infty} a_n = 1 + \frac{1}{2^2} + \frac{1}{3^2} + \frac{1}{4} + \frac{1}{5^2} + \frac{1}{6^2} + \frac{1}{7^2} + \frac{1}{8^2} + \frac{1}{9} + \frac{1}{10^2} + \cdots. \tag{1}$$

这时虽然掺杂了一部分 $\displaystyle\sum_{n=1}^{\infty} \frac{1}{n}$ 的项,但这些项的和为

$$1 + \frac{1}{4} + \frac{1}{9} + \frac{1}{16} + \cdots + \frac{1}{k^2} + \cdots,$$

可见级数(1)是收敛的.

解 设 $\displaystyle\sum_{n=1}^{\infty} a_n$ 如式(1):当 $n =$ 整数平方数时,$a_n = \dfrac{1}{n}$,否则 $a_n = \dfrac{1}{n^2}$. 显然,$a_n \neq o$

$\left(\dfrac{1}{n}\right)$. 又因为 $\forall n \in \mathbf{N}$,部分和

$$S_n = \sum_{k=1}^{n} \frac{1}{k^i} \left(i = \begin{cases} 1, & \text{当 } k = \text{整数的平方时}, \\ 2, & \text{否则} \end{cases}\right)$$

$$\leqslant \sum_{k=1}^{n} \frac{1}{k^2} + \sum_{k^2 \leqslant n} \frac{1}{k^2} \leqslant 2 \sum_{k=1}^{n} \frac{1}{k^2} < 2 \sum_{k=1}^{\infty} \frac{1}{k^2} < +\infty.$$

故此级数收敛.

注 本例说明例 5.1.39 中单调性条件去掉之后,结论可能不成立.

例 5.1.47 举出一个发散的交错级数,使其通项趋向零.(国外赛题)

分析 因为一个交错级数

$$a_1 - a_2 + a_3 - a_4 + \cdots + a_{2n-1} - a_{2n} + \cdots \quad (a_n > 0)$$

的部分和

$$S_{2n} = \sum_{k=1}^{2n} (-1)^{k-1} a_k = (a_1 - a_2) + \cdots + (a_{2n-1} - a_{2n}) = \sum_{k=1}^{n} a_{2k-1} - \sum_{k=1}^{n} a_{2k}.$$

可见只要造一个级数使得 $a_n \to 0$,同时使级数 $\displaystyle\sum_{k=1}^{\infty} a_{2k-1}$,$\displaystyle\sum_{k=1}^{\infty} a_{2k}$ 一个收敛,另一个发

散,问题就解决了. 例如,我们可作级数

$$1 - \frac{1}{2} + \frac{1}{3^2} - \frac{1}{4} + \frac{1}{5^2} - \cdots + \frac{1}{(2n-1)^2} - \frac{1}{2n} + \cdots.$$

注 本例说明 Leibniz 级数的三个条件中减少了单调性条件,定理就不再成立. 不难举例说明,三条件缺一不可.

例 5.1.48 举出一个收敛级数 $\displaystyle\sum_{n=1}^{\infty} a_n$,使得级数 $\displaystyle\sum_{n=1}^{\infty} a_n^3$ 发散.(国外赛题)

分析 因为级数 $\displaystyle\sum_{n=1}^{\infty} a_n$ 收敛,故 $a_n \to 0$(当 $n \to \infty$ 时). 因此 n 充分大时,有

$|a_n^3| \leqslant |a_n|$. 可见级数 $\sum\limits_{n=1}^{\infty} a_n$ 不能绝对收敛, 只能是条件收敛. 这表明级数 $\sum\limits_{n=1}^{\infty} a_n$ 之所以收敛, 不仅是因为 $a_n \to 0$ 的速度, 而且是因为项际间的相互抵消. 因此我们应构造这样一个变号收敛级数 $\sum\limits_{n=1}^{\infty} a_n$, 它本身项际间能相互抵消, 但变为级数 $\sum\limits_{n=1}^{\infty} a_n^3$ 时项际间抵消不了, 从而 $\sum\limits_{n=1}^{\infty} a_n^3$ 发散.

解　令

$$\sum_{n=1}^{\infty} a_n = 1 - 1 + \frac{1}{\sqrt[3]{2}} - \frac{1}{2\sqrt[3]{2}} - \frac{1}{2\sqrt[3]{2}} + \frac{1}{\sqrt[3]{3}} - \frac{1}{3\sqrt[3]{3}} - \frac{1}{3\sqrt[3]{3}} - \frac{1}{3\sqrt[3]{3}} + \cdots +$$

$$\frac{1}{\sqrt[3]{k}} - \underbrace{\frac{1}{k\sqrt[3]{k}} - \cdots - \frac{1}{k\sqrt[3]{k}}}_{k\text{项}} + \cdots.$$

因为 $\dfrac{1}{\sqrt[3]{k}} - \underbrace{\dfrac{1}{k\sqrt[3]{k}} - \cdots - \dfrac{1}{k\sqrt[3]{k}}}_{k\text{项}} = 0$ （$k = 1, 2, \cdots$）, 可见 $S = \lim\limits_{n\to\infty} S_n = 0$, 此级数收敛. 但是

$$\sum_{n=1}^{\infty} a_n^3 = 1 - 1 + \frac{1}{2} - \frac{1}{2^3 \cdot 2} - \frac{1}{2^3 \cdot 2} - \cdots + \frac{1}{k} - \underbrace{\frac{1}{k^3 \cdot k} - \cdots - \frac{1}{k^3 \cdot k}}_{k\text{项}} - \cdots$$

发散（因为部分和的子列

$$S_{n_k} = 1 + \frac{1}{2} + \cdots + \frac{1}{k} - 1 - \frac{1}{2^3} - \cdots - \frac{1}{k^3} \to +\infty \quad (n_k = 2 + 3 + \cdots + (k+1), k \geqslant 2)).$$

本例说明由级数 $\sum a_n$ 收敛一般来说不能推出级数 $\sum a_n^3$ 收敛.

有些正面结论, 改换问题的提法之后, 可用构造反例的方法证明.

例 5.1.49　证明: $\forall \{x_n\} \to 0 (n \to \infty)$, 有 $\sum\limits_{n=1}^{\infty} a_n x_n$ 收敛, 则 $\sum\limits_{n=1}^{\infty} a_n$ 绝对收敛.

分析　问题等价于: 若 $\sum\limits_{n=1}^{\infty} |a_n|$ 发散, 则至少存在一个序列 $\{x_n\} \to 0 (n \to \infty)$, 使得级数 $\sum\limits_{n=1}^{\infty} a_n x_n$ 发散. 如此, 问题归结为从条件 $\sum\limits_{n=1}^{\infty} |a_n| = +\infty$ 出发, 构造所需的序列 $\{x_n\}$ 的问题.

证　（反证法）若 $\sum\limits_{n=1}^{\infty} |a_n| = +\infty$, 则 $\forall n \geqslant 1$, $\forall k \in \mathbf{N}$, $\exists m \in \mathbf{N} (m \geqslant n)$, 使得 $\sum\limits_{i=n}^{m} |a_i| \geqslant k$. 如此

对 $n = 1, k = 1$, $\exists m_1 \in \mathbf{N}$, 使得 $\sum\limits_{i=1}^{m_1} |a_i| \geqslant 1$;

对 $n = m_1 + 1, k = 2, \exists m_2 \geqslant m_1 + 1$，使得 $\sum\limits_{i = m_1 + 1}^{m_2} |a_i| \geqslant 2$；

$$\cdots$$

由此我们得到 $0 = m_0 < m_1 < \cdots < m_n < \cdots$，使得 $\sum\limits_{i = m_{n-1}+1}^{m_n} |a_i| \geqslant n \quad (n = 1, 2, \cdots)$.

取

$$x_i = \frac{\text{sgn}(a_i)}{n} \quad (\text{当 } m_{n-1} < i \leqslant m_n \text{ 时}, m_0 = 0),$$

则不论 $N > 0$ 怎么大，只要 $n - 1 > N$，恒有 $m_n > m_{n-1} > n - 1 > N$，"片段"

$$\sum_{i = m_{n-1}+1}^{m_n} a_i x_i = \sum_{i = m_{n-1}+1}^{m_n} \frac{|a_i|}{n} \geqslant 1.$$

此即说明 $\exists x_n \to 0$（当 $n \to \infty$ 时），使得 $\sum\limits_{n=1}^{\infty} a_n x_n$ 发散，与已知条件矛盾.

☆ 五、数项级数与反常积分的关系

a. 关于收敛性

要点 设 $a = A_0 < A_1 < A_2 < \cdots < A_n < \cdots, A_n \to \infty$（当 $n \to \infty$ 时）为任意给定的序列，$f(x) > 0$，则 $\int_a^{+\infty} f(x) dx$ 与 $\sum\limits_{n=1}^{\infty} \int_{A_{n-1}}^{A_n} f(x) dx$ 同时敛散，并且收敛时，两者大小相等.

☆ **例 5.1.50** 讨论 $\int_0^{+\infty} \dfrac{dx}{1 + x^\alpha |\sin x|^\beta}$ 的收敛性，其中 $\alpha > \beta > 1$.（复旦大学）

证 （注意到 $|\sin x|$ 的周期为 π，我们取 $A_n = n\pi$.）

$$\int_0^{+\infty} \frac{dx}{1 + x^\alpha |\sin x|^\beta} = \sum_{n=0}^{\infty} \int_{n\pi}^{(n+1)\pi} \frac{dx}{1 + x^\alpha |\sin x|^\beta} \xrightarrow{\text{令 } x = n\pi + t} \sum_{n=0}^{\infty} \int_0^{\pi} \frac{dt}{1 + (n\pi + t)^\alpha \sin^\beta t}$$

$$= \sum_{n=0}^{\infty} \left[\int_0^{\frac{\pi}{2}} \frac{dt}{1 + (n\pi + t)^\alpha \sin^\beta t} + \int_{\frac{\pi}{2}}^{\pi} \frac{dt}{1 + (n\pi + t)^\alpha \sin^\beta t} \right]$$

$$= \sum_{n=0}^{\infty} I_n + \sum_{n=0}^{\infty} J_n.$$

我们来证右边两级数收敛. 其中

$$I_n = \int_0^{\frac{\pi}{2}} \frac{dt}{1 + (n\pi + t)^\alpha \sin^\beta t} \leqslant \int_0^{\frac{\pi}{2}} \frac{dt}{1 + n^\alpha \cdot b^\beta t^\beta}.$$

这是因为 $t \in \left[0, \dfrac{\pi}{2}\right]$ 时 $\sin t \geqslant \dfrac{2}{\pi} t$，所以

$$(n\pi + t)^\alpha \sin^\beta t \geqslant (n\pi)^\alpha \left(\frac{2}{\pi} t\right)^\beta = n^\alpha t^\beta \frac{\pi^\alpha}{\pi^\beta} 2^\beta = n^\alpha t^\beta b^\beta \quad \left(\text{此处记 } b^\beta = \frac{\pi^\alpha}{\pi^\beta} 2^\beta\right).$$

于是

$$I_n \leqslant \frac{1}{n^{\alpha/\beta} \cdot b} \int_0^{\frac{\pi}{2}} \frac{\mathrm{d}(n^{\alpha/\beta}bt)}{1 + (n^{\alpha/\beta}bt)^\beta} \xlongequal{\diamondsuit\, u = n^{\alpha/\beta}bt} \frac{1}{n^{\alpha/\beta}} \underbrace{\frac{1}{b} \int_0^\infty \frac{\mathrm{d}u}{1 + u^\beta}}_{\text{为一常数,记作} c} \leqslant \frac{c}{n^{\alpha/\beta}}.$$

因为 $1 < \beta < \alpha$, $\displaystyle\sum_{n=1}^\infty \frac{c}{n^{\alpha/\beta}}$ 收敛,所以 $\displaystyle\sum_{n=1}^\infty I_n$ 收敛.

对于 $J_n = \displaystyle\int_{\frac{\pi}{2}}^\pi \frac{\mathrm{d}t}{1 + (n\pi + t)^\alpha \sin^\beta t}$,作变换 $v = \pi - t$,类似推理可知 $\displaystyle\sum_{n=1}^\infty J_n$ 收敛.

^{new}**例 5.1.51** 设 $f(x)$ 在 $[a, +\infty)$ 的内闭区间上 Riemann 可积($a > 0$). 试证:反常积分 $\displaystyle\int_a^{+\infty} f(x)\mathrm{d}x$ 绝对可积的充分必要条件是:对于任意满足 $x_0 = a, x_n \to +\infty$ 的单调递增数列 $\{x_n\}$,级数 $\displaystyle\sum_{n=0}^{+\infty} \int_{x_n}^{x_{n+1}} f(x)\mathrm{d}x$ 绝对收敛. (北京大学)

证 (必要性)设 $\displaystyle\int_a^{+\infty} f(x)\mathrm{d}x$ 绝对可积,亦即 $\displaystyle\int_a^{+\infty} |f(x)|\mathrm{d}x$ 存在. 故 $\forall \{x_n\}$:若 $x_0 = a, \{x_n\} \nearrow +\infty$,则 $\displaystyle\lim_{n \to +\infty} \sum_{k=0}^n \int_{x_k}^{x_{k+1}} |f(x)|\mathrm{d}x$ 存在. 因此 $\displaystyle\lim_{n \to +\infty} \sum_{k=0}^n \left| \int_{x_k}^{x_{k+1}} f(x)\mathrm{d}x \right|$ 存在,亦即 $\displaystyle\sum_{n=0}^{+\infty} \int_{x_n}^{x_{n+1}} f(x)\mathrm{d}x$ 绝对收敛.

(充分性) 在区间 $[a, A]$ 上任作分划 $T: a \leqslant x_0 < x_1 < \cdots < x_{n_0} = A$,记 $M_i = \sup\{f(x) \mid x_{i-1} \leqslant x \leqslant x_i\}$, $m_i = \inf\{f(x) \mid x_{i-1} \leqslant x \leqslant x_i\}$, $\omega_i = M_i - m_i$ ($i = 1, 2, \cdots, n_0$). 于是

$$\begin{aligned}
|M_i| \Delta x_i = |M_i \Delta x_i| &= \left| \int_{x_{i-1}}^{x_i} M_i \mathrm{d}t \right| \leqslant \left| \int_{x_{i-1}}^{x_i} (M_i - f(t))\mathrm{d}t \right| + \left| \int_{x_{i-1}}^{x_i} f(t)\mathrm{d}t \right| \\
&\leqslant \omega_i \Delta x_i + \left| \int_{x_{i-1}}^{x_i} f(t)\mathrm{d}t \right|,
\end{aligned} \tag{1}$$

$$\begin{aligned}
|m_i| \Delta x_i = |-m_i \Delta x_i| &= \left| \int_{x_{i-1}}^{x_i} -m_i \mathrm{d}t \right| \leqslant \left| \int_{x_{i-1}}^{x_i} (f(t) - m_i)\mathrm{d}t \right| + \left| \int_{x_{i-1}}^{x_i} f(t)\mathrm{d}t \right| \\
&\leqslant \omega_i \Delta x_i + \left| \int_{x_{i-1}}^{x_i} f(t)\mathrm{d}t \right|,
\end{aligned} \tag{2}$$

$$\begin{aligned}
\sum_{i=1}^{n_0} |f(x_i)| \Delta x_i &\leqslant \sum_{i=1}^{n_0} (|M_i| + |m_i|) \Delta x_i = 2 \sum_{i=1}^{n_0} \omega_i \Delta x_i + 2 \sum_{i=1}^{n_0} \left| \int_{x_{i-1}}^{x_i} f(t)\mathrm{d}t \right| \\
&\leqslant 2 + 2L,
\end{aligned} \tag{3}$$

其中 L 表示 $\displaystyle\sum_{i=1}^{n_0} \left| \int_{x_{i-1}}^{x_i} f(t)\mathrm{d}t \right|$ 的上界. 根据例 4.2.3,当分划 T 足够细时,有 $\displaystyle\sum_{i=1}^{n_0} \omega_i \Delta x_i \leqslant 1$. 在式(3)中令 $\lambda = \max \Delta x_i \to 0$,得 $\displaystyle\int_a^A |f(t)|\mathrm{d}t \leqslant 2 + 2L$ ($\forall A > a$)保持有界,故 $\displaystyle\int_a^{+\infty} |f(t)|\mathrm{d}t$ 收敛. 证毕.

另证 若在某点 x_0 的两侧函数 $f(x)$ 保持异号,则称 x_0 是 $f(x)$ 的节点.那么相邻两节点之间 $f(x)$ 保持同号(个别点可以类外). $\forall(x_{i-1},x_i)$,若内部无节点,则 $\int_{x_{i-1}}^{x_i}|f(t)|\mathrm{d}t = \left|\int_{x_{i-1}}^{x_i}f(t)\mathrm{d}t\right|$.若 $[a,A]$ 上 $f(x)$ 的节点有无穷多个,根据聚点原理知它们必有一个聚点.挖掉聚点的一充分小的邻域,就可将无穷多个节点删掉(而不影响后面的讨论).此后,节点数目有限,在 $[a,A]$ 上作分划时,先取尽节点,然后细分,则总有 $\sum_{i=1}^{n_0}\int_{x_{i-1}}^{x_i}|f(t)|\mathrm{d}t = \sum_{i=1}^{n_0}\left|\int_{x_{i-1}}^{x_i}f(t)\mathrm{d}t\right|$.于是,$\int_a^{+\infty}f(t)\mathrm{d}t$ 绝对收敛 $\Leftrightarrow$ $\int_a^{+\infty}|f(t)|\mathrm{d}t$ 收敛 $\Leftrightarrow \forall A>a,\int_a^A|f(t)|\mathrm{d}t$ 有界 $\Leftrightarrow \forall A>a,\sum_{i=1}^{n_0}\left|\int_{x_{i-1}}^{x_i}f(t)\mathrm{d}t\right|$ 有界 $\Leftrightarrow \sum_{n=1}^{\infty}\left|\int_{x_n}^{x_{n+1}}f(t)\mathrm{d}t\right|$ 收敛 $\Leftrightarrow \sum_{n=1}^{\infty}\int_{x_n}^{x_{n+1}}f(t)\mathrm{d}t\ \sum_{n=1}^{\infty}\int_{x_n}^{x_{n+1}}f(t)\mathrm{d}t$ 绝对收敛.

练习 证明 $\int_0^1\left|x\sin\frac{1}{x^2}-\frac{1}{x}\cos\frac{1}{x^2}\right|\mathrm{d}x$ 发散.

证 $\left|x\sin\frac{1}{x^2}-\frac{1}{x}\cos\frac{1}{x^2}\right| \geqslant \frac{1}{x}\left|\cos\frac{1}{x^2}\right|-x\left|\sin\frac{1}{x^2}\right| \geqslant \frac{1}{x}\left|\cos\frac{1}{x^2}\right|-x.$

右端第二项的积分 $\int_0^1 x\mathrm{d}x=\frac{1}{2}$,右端第一项的积分

$$\int_0^1\frac{1}{x}\left|\cos\frac{1}{x^2}\right|\mathrm{d}x \geqslant \sum_{k=1}^{\infty}\int_{1/\sqrt{(2k+1/3)\pi}}^{1/\sqrt{(2k-1/3)\pi}}\frac{1}{x}\left|\cos\frac{1}{x^2}\right|\mathrm{d}x\left(\text{注意在右端积分区间上}\left|\cos\frac{1}{x^2}\right|>\frac{1}{2}\right)$$

$$\geqslant \frac{1}{4}\sum_{k=1}^{\infty}\ln\frac{2k+\frac{1}{3}}{2k-\frac{1}{3}}=\frac{1}{4}\sum_{k=1}^{\infty}\ln\left(1+\frac{2}{6k-1}\right)=+\infty,$$

这是因为 $k\to\infty$ 时 $\ln\left(1+\frac{2}{6k-1}\right)\sim\frac{2}{6k-1}$.故所证积分发散.

上述原理不仅可用于判断收敛,还能用于和值的计算与估计.

b. "和"值的计算与估计

*例 5.1.52** 求 $\int_E \mathrm{e}^{-\frac{x}{2}}\frac{|\sin x-\cos x|}{\sqrt{\sin x}}\mathrm{d}x$,其中 E 为区间 $(0,+\infty)$ 中使被积表达式有意义的一切 x 值所成之集合.

解 $E=\{x>0\mid\sin x>0\}=\{x>0\mid 2k\pi<x<(2k+1)\pi,n\in\mathbf{N}\}.$

$$\int_E \mathrm{e}^{-\frac{x}{2}}\frac{|\sin x-\cos x|}{\sqrt{\sin x}}\mathrm{d}x = \sum_{k=0}^{\infty}\int_{2k\pi}^{(2k+1)\pi}\mathrm{e}^{-\frac{x}{2}}\frac{|\sin x-\cos x|}{\sqrt{\sin x}}\mathrm{d}x$$

$$\xlongequal{\diamondsuit t=x-2k\pi}\sum_{k=0}^{\infty}\int_0^{\pi}\mathrm{e}^{-\frac{t}{2}-k\pi}\frac{|\sin t-\cos t|}{\sqrt{\sin t}}\mathrm{d}t.$$

(这里的积分以 $2k\pi$,$(2k+1)\pi$ 为奇点,但在奇点附近仅是 $\frac{1}{2}$ 阶的无穷大,故此等积

分皆收敛.)因

$$\sin t - \cos t = \sqrt{2}\sin\left(t - \frac{\pi}{4}\right)\begin{cases} > 0, t \in \left(\dfrac{\pi}{4}, \pi\right), \\ < 0, t \in \left[0, \dfrac{\pi}{4}\right), \end{cases}$$

所以只要把 $[0, \pi]$ 上的积分拆成两段, 绝对值符号便可换掉. 而

$$\int e^{-\frac{t}{2}} \frac{\sin t - \cos t}{\sqrt{\sin t}} dt = -2e^{-\frac{t}{2}}\sqrt{\sin t} + C,$$

故

$$\int_E e^{-\frac{x}{2}} \frac{|\sin x - \cos x|}{\sqrt{\sin x}} dx = \sum_{k=0}^{\infty} e^{-k\pi}\left(2\sqrt[4]{8}e^{-\frac{\pi}{8}}\right) = \frac{2\sqrt[4]{8}e^{-\frac{\pi}{8}}}{1 - e^{-\pi}}.$$

*例 5.1.53 若 $f(x) > 0, f(x)\searrow, \sum\limits_{n=1}^{\infty} f(n)$ 收敛, 试证对其余和 $R_n = \sum\limits_{k=n+1}^{\infty} f(k)$
有估计式:

$$\int_{n+1}^{+\infty} f(x)\,dx \leqslant R_n \leqslant f(n+1) + \int_{n+1}^{+\infty} f(x)\,dx. \tag{1}$$

证 因为 $f(x)\searrow$, 所以

$$\sum_{k=1}^{\infty} f(n+k) \geqslant \sum_{k=1}^{\infty} \int_{n+k}^{n+k+1} f(x)\,dx \geqslant \sum_{k=1}^{\infty} f(n+k+1),$$

即

$$R_n \geqslant \int_{n+1}^{+\infty} f(x)\,dx \geqslant R_n - f(n+1).$$

移项即得欲证的不等式 (1).

注 若 $f(x)$ 严格递减, 则式 (1) 中等号可以去掉 (成严格的不等式).

*例 5.1.54 试证:

$$\frac{1}{n\ln n} - \sum_{k=n}^{\infty} \frac{1}{k^2 \ln k} \sim \frac{1}{n(\ln n)^2} \quad (\text{当 } n \to \infty \text{ 时}). \tag{1}$$

(浙江大学)

证 (考虑对应的反常积分.) 因为 $f(x) = \dfrac{1}{x^2 \ln x} > 0 \quad (x > 1)$, 且 $f(x)\searrow$, 应用上
题结果,

$$\int_n^{+\infty} \frac{1}{x^2 \ln x} dx \leqslant \sum_{k=n}^{\infty} \frac{1}{k^2 \ln k} \leqslant \frac{1}{n^2 \ln n} + \int_n^{+\infty} \frac{dx}{x^2 \ln x}. \tag{2}$$

反复利用分部积分法,

$$\int_n^{+\infty} \frac{dx}{x^2 \ln x} = \frac{1}{n\ln n} - \int_n^{+\infty} \frac{dx}{x^2(\ln x)^2} = \frac{1}{n\ln n} - \frac{1}{n(\ln n)^2} + 2\int_n^{+\infty} \frac{dx}{x^2(\ln x)^3}. \tag{3}$$

对于右端积分有估计: $0 \leqslant \displaystyle\int_n^{+\infty} \frac{dx}{x^2(\ln x)^3} \leqslant \frac{1}{(\ln n)^3}\int_n^{+\infty} \frac{dx}{x^2} = \frac{1}{n(\ln n)^3}$. 故式 (3) 成为

$$\int_n^{+\infty} \frac{dx}{x^2 \ln x} = \frac{1}{n\ln n} - \frac{1}{n(\ln n)^2} + \frac{2\theta_n}{n(\ln n)^3} \quad (0 < \theta_n < 1).$$

代入式 (2), 便得式 (1).

c. 反常积分作为级数的极限

☆ **例 5.1.55** 设单调函数 $f(x)$ 在 $x \geqslant 0$ 有定义, 并且反常积分 $\int_0^{+\infty} f(x)\,\mathrm{d}x$ 存在,

试证明 $\lim\limits_{h \to 0^+} h[f(h) + f(2h) + \cdots] = \int_0^{+\infty} f(x)\,\mathrm{d}x$. (华中师范大学, 郑州大学)

证 例如 $f(x)\nearrow$, $\forall h > 0$, 有

$$\int_0^{+\infty} f(x)\,\mathrm{d}x = \sum_{k=1}^{\infty} \int_{(k-1)h}^{kh} f(x)\,\mathrm{d}x \leqslant \sum_{k=1}^{\infty} hf(kh) \leqslant \sum_{k=1}^{\infty} \int_{kh}^{(k+1)h} f(x)\,\mathrm{d}x = \int_h^{+\infty} f(x)\,\mathrm{d}x.$$

令 $h \to 0^+$ 取极限, 得 $\lim\limits_{h \to 0^+} h \sum\limits_{k=1}^{\infty} f(kh) = \lim\limits_{h \to 0^+} \sum\limits_{k=1}^{\infty} hf(kh) = \int_0^{+\infty} f(x)\,\mathrm{d}x$.

若 $f(x)\searrow$, 类似可证 (或考虑 $-f(x)$).

* **例 5.1.56** 计算 $\lim\limits_{t \to 1^-}(1-t)\left(\dfrac{t}{1+t} + \dfrac{t^2}{1+t^2} + \cdots + \dfrac{t^n}{1+t^n} + \cdots\right)$. (国外赛题)

解 (关键要把级数的通项写成 $f(nh)$ 的形式.)

$$原式 = \lim_{t \to 1^-}(1-t)\sum_{n=1}^{\infty}\frac{t^n}{1+t^n} = \lim_{t \to 1^-}(1-\mathrm{e}^{\ln t})\sum_{n=1}^{\infty}\frac{\mathrm{e}^{n\ln t}}{1+\mathrm{e}^{n\ln t}}$$

$$\xlongequal{\text{令 } h = -\ln t} \lim_{h \to 0^+}\frac{1-\mathrm{e}^{-h}}{h}\cdot h\sum_{n=1}^{\infty}\frac{\mathrm{e}^{-nh}}{1+\mathrm{e}^{-nh}}$$

$$= \lim_{h \to 0^+}\frac{1-\mathrm{e}^{-h}}{h}\cdot\lim_{h \to 0^+}h\sum_{n=1}^{\infty}\frac{\mathrm{e}^{-nh}}{1+\mathrm{e}^{-nh}} = 1\cdot\int_0^{+\infty}\frac{\mathrm{e}^{-x}}{1+\mathrm{e}^{-x}}\mathrm{d}x = \ln 2.$$

这里 $f(x) = \dfrac{\mathrm{e}^{-x}}{1+\mathrm{e}^{-x}}$ 单调, 符合上例的条件.

^{new} **例 5.1.57** 假设 $a_k > 0$, $b_n > 0$ $(n, k \in \mathbf{N})$, $\lim\limits_{n \to \infty} a_n = a$, $\sum\limits_{n=1}^{\infty} b_n = 1$. 证明:

$$\lim_{n \to \infty}\sum_{k=1}^{n} b_{n-k+1} a_k = a. \tag{1}$$

证 因 $1 = \sum\limits_{n=1}^{\infty} b_n$, 故 $a = \lim\limits_{n \to \infty}\sum\limits_{k=1}^{n} b_k a = \lim\limits_{n \to \infty}\sum\limits_{k=1}^{n} b_{n-k+1} a$. 于是, 要证式 (1) 即要

证明:

$$\lim_{n \to \infty}\sum_{k=1}^{n} b_{n-k+1}(a_k - a) = 0,$$

即 $\forall \varepsilon > 0$, $\exists N > 0$, 当 $n > N$ 时, 有

$$\left|\sum_{k=1}^{n} b_{n-k+1}(a_k - a)\right| < \varepsilon. \tag{2}$$

(证明式 (2).) 1° $\{|a_k - a|\}$ 收敛, 必有上界 M: $|a_k - a| \leqslant M$ $(\forall k \in \mathbf{N})$.

因为 $\lim\limits_{n \to \infty}\sum\limits_{k=1}^{n} b_{n-k+1} = \lim\limits_{n \to \infty}\sum\limits_{k=1}^{n} b_k = 1$, (根据 Cauchy 准则) $\forall \varepsilon > 0$, $\exists N_1 > 0$, 当 $n >$

$m \geqslant N_1$ 时, 有

$$0 < \sum_{k=m+1}^{n} b_k = \sum_{k=1}^{n-m} b_{n-k+1} < \frac{\varepsilon}{2M}. \tag{3}$$

2° 因 $\lim\limits_{k\to\infty} a_k = a$，故 $\varepsilon > 0$，$\exists N_2 > 0$，$k \geqslant N_2$ 时，有 $|a_k - a| < \dfrac{\varepsilon}{2}$. 令 $N = \max\{N_1,$
$N_2\}$，则当 $n > m > N$ 时，有

$$\left| \sum_{k=1}^{n} b_{n-k+1}(a_k - a) \right| \leqslant \sum_{k=1}^{n-m} b_{n-k+1} |a_k - a| + \sum_{k=n-m+1}^{n} b_{n-k+1} |a_k - a|$$

$$\leqslant M \sum_{k=1}^{n-m} b_{n-k+1} + \frac{\varepsilon}{2} \sum_{k=n-m+1}^{n} b_{n-k+1} \overset{式(3)}{<} M \frac{\varepsilon}{2M} + \frac{\varepsilon}{2} = \varepsilon.$$

表明式(2)成立，式(1)获证.

^{new}**练习**　证明极限 $\lim\limits_{n\to\infty} \sum\limits_{k=1}^{n-2} \dfrac{1}{2^{n-1-k}} \left[\ln\left(1 + \dfrac{1}{2^{k+1}-1}\right) \right] = 0$.

（此极限作为已知条件，被习题 4.1.6 引用.）

证 I　直接引用例 5.1.57.

证 II　因 $\sum\limits_{k=1}^{\infty} \dfrac{1}{2^k} = 1$ 收敛，（根据 Cauchy 准则）$\forall \varepsilon > 0$，$\exists N_1 > 0$ 使得当 $n-2 > m > N_1$ 时，有

$$\sum_{k=m}^{n-2} \frac{1}{2^k} < \frac{\varepsilon}{2\ln 2}. \tag{1}$$

另由 $\lim\limits_{k\to\infty} \ln\left(1 + \dfrac{1}{2^{k+1}-1}\right) = 0$ 知：对上述 $\varepsilon > 0$，$\exists N_2 > 0$，当 $k > N_2$ 时，有

$$\ln\left(1 + \frac{1}{2^{k+1}-1}\right) \leqslant \frac{\varepsilon}{2}. \tag{2}$$

令 $N = \max\{N_1, N_2\}$，当 $n-2 > m > N$ 时，

$$\sum_{k=1}^{n-2} \frac{1}{2^{n-1-k}} \ln\left(1 + \frac{1}{2^{k+1}-1}\right) = \sum_{k=1}^{n-m-1} \frac{1}{2^{n-1-k}} \ln\left(1 + \frac{1}{2^{k+1}-1}\right) + \sum_{k=n-m}^{n-2} \frac{1}{2^{n-1-k}} \ln\left(1 + \frac{1}{2^{k+1}-1}\right) \overset{记}{=} I_1 + I_2,$$

$$\tag{3}$$

其中

$$I_1 = \sum_{k=1}^{n-m-1} \frac{1}{2^{n-1-k}} \ln\left(1 + \frac{1}{2^{k+1}-1}\right) \leqslant \ln 2 \sum_{k=1}^{n-m-1} \frac{1}{2^{n-1-k}} = \ln 2 \sum_{k=m}^{n-2} \frac{1}{2^k} \overset{式(1)}{\leqslant} \ln 2 \cdot \frac{\varepsilon}{2\ln 2} = \frac{\varepsilon}{2},$$

$$I_2 = \sum_{k=n-m}^{n-2} \frac{1}{2^{n-1-k}} \ln\left(1 + \frac{1}{2^{k+1}-1}\right) \overset{式(2)}{\leqslant} \frac{\varepsilon}{2} \sum_{k=n-m}^{n-2} \frac{1}{2^{n-1-k}} < \frac{\varepsilon}{2} \sum_{k=1}^{\infty} \frac{1}{2^k} = \frac{\varepsilon}{2}.$$

代回式(3)，得 $\sum\limits_{k=1}^{n-2} \dfrac{1}{2^{n-1-k}} \ln\left(1 + \dfrac{1}{2^{k+1}-1}\right) = I_1 + I_2 < \dfrac{\varepsilon}{2} + \dfrac{\varepsilon}{2} = \varepsilon$. （证毕.）

✐ 单元练习 5.1

☆**5.1.1**　设 k, i, j 都是自然数，且 $k = i + j$，试求级数 $\sum\limits_{n=1}^{\infty} \dfrac{1}{(kn-i)(kn+j)}$ 的和.

提示　通项 $= \dfrac{1}{k}\left(\dfrac{1}{kn-i} - \dfrac{1}{kn+j}\right)$（连锁消去法）.

☆**5.1.2**　设 $\{a_n\}$ 为等差数列，$a_{n+1} - a_n = d > 0$（$n = 1, 2, \cdots$），m 为一正整数，计算

$$S = \sum_{n=1}^{\infty} \frac{1}{a_n \cdot a_{n+1} \cdot \cdots \cdot a_{n+m}}. \qquad\qquad \left\langle\!\!\left\langle \frac{1}{md} \cdot \frac{1}{a_1 \cdot a_2 \cdot \cdots \cdot a_m} \right\rangle\!\!\right\rangle$$

提示　类似上题,先对通项使用拆分法,然后,再用连锁消去法.通项 $= \dfrac{1}{md}\left(\dfrac{a_{n+m} - a_n}{a_n \cdot a_{n+1} \cdot \cdots \cdot a_{n+m}} \right).$

再提示　$\displaystyle\sum_{n=1}^{\infty} \frac{1}{a_n \cdot a_{n+1} \cdot \cdots \cdot a_{n+m}}$

$$= \frac{1}{md} \sum_{n=1}^{\infty} \frac{a_{n+m} - a_n}{a_n \cdot a_{n+1} \cdot \cdots \cdot a_{n+m}} = \lim_{N \to \infty} \frac{1}{md} \sum_{n=1}^{N} \left(\frac{1}{a_n \cdot a_{n+1} \cdot \cdots \cdot a_{n+m-1}} - \frac{1}{a_{n+1} \cdot \cdots \cdot a_{n+m}} \right)$$

$$= \lim_{N \to \infty} \frac{1}{md} \left(\frac{1}{a_1 \cdot a_2 \cdot \cdots \cdot a_m} - \frac{1}{a_{N+1} \cdot \cdots \cdot a_{N+m}} \right) = \frac{1}{md} \cdot \frac{1}{a_1 \cdot a_2 \cdot \cdots \cdot a_m}.$$

☆**5.1.3**　证明级数 $1 + \dfrac{1}{\sqrt{3}} - \dfrac{1}{\sqrt{2}} + \dfrac{1}{\sqrt{5}} + \dfrac{1}{\sqrt{7}} - \dfrac{1}{\sqrt{4}} + \dfrac{1}{\sqrt{9}} + \dfrac{1}{\sqrt{11}} - \dfrac{1}{\sqrt{6}} + \cdots$ 发散到 $+\infty$.(吉林大学)

提示　$S_{3n} = \displaystyle\sum_{k=1}^{n} \left(\frac{1}{\sqrt{4k-3}} + \frac{1}{\sqrt{4k-1}} - \frac{1}{\sqrt{2k}} \right) \to +\infty \quad$(当 $n \to \infty$ 时).

☆**5.1.4**　证明:当 $p > 1$ 时,$\displaystyle\sum_{n=1}^{\infty} \frac{1}{(n+1)\sqrt[p]{n}} < p.$ (国外赛题)

提示　通项 $= n^{1-\frac{1}{p}} \left[\left(\dfrac{1}{\sqrt[p]{n}} \right)^p - \left(\dfrac{1}{\sqrt[p]{n+1}} \right)^p \right] \xlongequal{\exists \theta \in (0,1)} n^{1-\frac{1}{p}} \cdot p \left(\dfrac{1}{\sqrt[p]{n+\theta}} \right)^{p-1} \left[n^{-\frac{1}{p}} - (n+1)^{-\frac{1}{p}} \right]$

$$< p \left[n^{-\frac{1}{p}} - (n+1)^{-\frac{1}{p}} \right].$$

再提示　(连锁消去法)部分和 $S_n < p \left[1 - \dfrac{1}{(n+1)^{\frac{1}{p}}} \right] \nearrow p.$

※**5.1.5**　证明:若删去调和级数中所有分母含有数字 9 的项,则新级数收敛,且和小于 80.
提示　估计分母 $n \in [10^{m-1} - 1, 10^m - 1]$ 各项的和$(m = 1, 2, \cdots)$.

☆**5.1.6**　证明下列级数收敛:

1) $\displaystyle\sum_{n=1}^{\infty} \left[\frac{1}{n} - \ln\left(1 + \frac{1}{n} \right) \right]$;　　　　2) $\displaystyle\sum_{n=1}^{\infty} \left[e - \left(1 + \frac{1}{1!} + \frac{1}{2!} + \cdots + \frac{1}{n!} \right) \right].$

(东北师范大学)

提示　1) 通项 $a_n = -\dfrac{1}{2n^2} + o\left(\dfrac{1}{n^2} \right) \sim -\dfrac{1}{2n^2}, a_n > 0.$

2) 通项 $a_n : 0 < a_n = \dfrac{e^\theta}{(n+1)!} < \dfrac{1}{n^2} \quad (0 < \theta < 1).$

＊**5.1.7**　设 $a_n = n^{n^\alpha} - 1$,讨论级数 $\displaystyle\sum_{n=1}^{\infty} a_n$ 的敛散性.

提示　当 $\alpha < -1$ 时,$a_n \sim n^\alpha \ln n.$

再提示　因 $x \to 0$ 时 $e^x - 1 \sim x$,故 $n^{n^\alpha} - 1 = e^{n^\alpha \ln n} - 1 \sim n^\alpha \ln n \quad (\alpha < -1)$.记 $\alpha = -(1 + \theta) (\theta > 0)$,则 n 充分大时,$0 \leqslant n^\alpha \ln n = \dfrac{1}{n^{1+\frac{1}{2}\theta}} \cdot \dfrac{\ln n}{n^{\frac{1}{2}\theta}} \leqslant \dfrac{1}{n^{1+\frac{1}{2}\theta}}.$ 而 $\displaystyle\sum_{n=1}^{\infty} \frac{1}{n^{1+\frac{1}{2}\theta}}$ 收敛,故 $\displaystyle\sum_{n=1}^{\infty} a_n$ 收敛.$\alpha \geqslant -1$ 时级数明显发散.

☆**5.1.8**　设正项级数 $\displaystyle\sum_{n=1}^{\infty} a_n$ 收敛,证明:级数 $\displaystyle\sum_{n=1}^{\infty} \frac{a_n}{\sqrt{r_{n-1}} + \sqrt{r_n}}$ 仍收敛,其中 $r_n = \displaystyle\sum_{k=n+1}^{\infty} a_k.$ (云

南大学)

提示 $\dfrac{a_k}{\sqrt{r_{k-1}}+\sqrt{r_k}}=\sqrt{r_{k-1}}-\sqrt{r_k}$, 连锁消去法.

5.1.9 证明:若有 $\alpha>0$, 使当 $n\geqslant n_0$ 时, $\dfrac{\ln(1/a_n)}{\ln n}\geqslant 1+\alpha$ $(a_n>0)$, 则级数 $\displaystyle\sum_{n=1}^{\infty}a_n(a_n>0)$ 收

敛;若 $n\geqslant n_0$ 时 $\dfrac{\ln(1/a_n)}{\ln n}\leqslant 1$, 则级数发散(对数判别法).

提示 1) $\dfrac{\ln(1/a_n)}{\ln n}\geqslant 1+\alpha$ $(a_n>0)\Leftrightarrow 0<a_n\leqslant\dfrac{1}{n^{1+\alpha}}$ (其中 $\alpha>0$).

2) $\dfrac{\ln(1/a_n)}{\ln n}\leqslant 1(a_n>0)\Leftrightarrow a_n\geqslant\dfrac{1}{n}$.

5.1.10 $\{x_n\}$ 是正项单调递增并且有界的序列, 证明级数 $\displaystyle\sum_{n=1}^{\infty}\left(1-\dfrac{x_n}{x_{n+1}}\right)$ 收敛. (国外赛题)

提示 部分和 $S_n\leqslant\dfrac{1}{x_1}\displaystyle\sum_{k=1}^{n}(x_{k+1}-x_k)$.

※5.1.11 (Lobachevskiǐ 判别法) 证明:若 $a_n>0$, $a_n\searrow 0$, 则 $\displaystyle\sum_{n=1}^{\infty}a_n$ 与 $\displaystyle\sum_{m=1}^{\infty}p_m 2^{-m}$ $(p_m=$

$\max\{n\mid a_n\geqslant 2^{-m}\})$ 同时敛散.

提示 注意:$p_m=\max\{n\mid a_n\geqslant 2^{-m}\}$, $\{a_n\}$ 单调下降, 表明 $\{a_1,a_2,\cdots,a_{p_m}\}$ 的每项都大于等于 2^{-m};同时 $\{a_{p_m+1},a_{p_m+2},\cdots\}$ 的每项都小于 2^{-m}. 由此, 只需证明两点:

① $\displaystyle\sum_{k=1}^{\infty}a_k$ 与 $\displaystyle\sum_{m=2}^{\infty}(p_m-p_{m-1})2^{-m+1}$ 同时敛散; ② $\displaystyle\sum_{m=2}^{\infty}(p_m-p_{m-1})2^{-m+1}$ 与 $\displaystyle\sum_{m=1}^{\infty}p_m 2^{-m}$ 同时

敛散.

证 注意级数的敛散性与前面有限项无关. 正项级数的敛散性取决于部分和是否有界, 因此正项级数"部分和序列"与其"子列"同时敛散.

1° (证①) i) (证明: $\displaystyle\sum_{k=1}^{\infty}a_k$ 收敛 $\Rightarrow\displaystyle\sum_{m=2}^{\infty}(p_m-p_{m-1})2^{-m+1}$ 收敛.) 根据 p_m 的定义, 知

$$\sum_{k=p_{m-1}+1}^{p_m}a_k\geqslant\sum_{k=p_{m-1}+1}^{p_m}2^{-m}=(p_m-p_{m-1})2^{-m}\quad(m=2,3,\cdots).$$

由此得

$$\sum_{k=p_1+1}^{p_N}a_k=\sum_{m=2}^{N}\sum_{k=p_{m-1}+1}^{p_m}a_k\geqslant\sum_{m=2}^{N}(p_m-p_{m-1})2^{-m}\geqslant 0.\tag{1}$$

又 $\displaystyle\sum_{k=1}^{\infty}a_k$ 收敛, 而 $\left\{\displaystyle\sum_{k=p_1+1}^{p_N}a_k\right\}_N$ 是 $\{S_n\}=\left\{\displaystyle\sum_{k=1}^{n}a_k\right\}$ 的子列, 故 $\left\{\displaystyle\sum_{k=p_1+1}^{p_N}a_k\right\}_N$ 收敛, 由式(1)可知

$\displaystyle\sum_{m=2}^{\infty}(p_m-p_{m-1})2^{-m+1}$ 收敛.

ii) (证明: $\displaystyle\sum_{m=2}^{\infty}(p_m-p_{m-1})2^{-m+1}$ 收敛 $\Rightarrow\displaystyle\sum_{k=1}^{\infty}a_k$ 收敛.) 由

$$\sum_{k=p_{m-1}+1}^{p_m}a_k<\sum_{k=p_{m-1}+1}^{p_m}2^{-m+1}=(p_m-p_{m-1})2^{-m+1},$$

得
$$\sum_{k=p_1+1}^{p_N} a_k = \sum_{m=2}^{N} \sum_{k=p_{m-1}+1}^{p_m} a_k < \sum_{m=2}^{N} (p_m - p_{m-1}) 2^{-m+1}.$$

因此,由 $\sum\limits_{m=2}^{\infty} (p_m - p_{m-1}) 2^{-m+1}$ 收敛可知 $\left\{ \sum\limits_{k=p_1+1}^{p_N} a_k \right\}_N$ 收敛,从而 $\sum\limits_{k=1}^{\infty} a_k$ 收敛.

2° (证明②: $\sum\limits_{m=1}^{\infty} p_m 2^{-m}$ 收敛 $\Leftrightarrow$ $\sum\limits_{m=2}^{\infty} (p_m - p_{m-1}) 2^{-m+1}$ 收敛.)

($\Rightarrow$) 由于 $\sum\limits_{m=2}^{N} (p_m - p_{m-1}) 2^{-m+1} = 2 \sum\limits_{m=2}^{N} p_m 2^{-m} - \sum\limits_{m=2}^{N} p_{m-1} 2^{-(m-1)}$,自明.

($\Leftarrow$) 若 $\sum\limits_{m=2}^{\infty} (p_m - p_{m-1}) 2^{-m+1}$ 收敛,则由下式可知 $\sum\limits_{m=2}^{\infty} p_m 2^{-m}$ 也收敛:

$$\begin{aligned}
\sum_{m=2}^{N} p_m 2^{-m} &= \sum_{m=2}^{N} p_m (2-1) 2^{-m} = \left(\sum_{m=2}^{N} p_m 2^{-m+1} \right) - \left(\sum_{m=2}^{N} p_m 2^{-m} \right) \\
&= (p_2 2^{-1} + p_3 2^{-2} + \cdots + p_N 2^{-N+1}) - \\
&\quad (p_2 2^{-2} + p_3 2^{-3} + \cdots + p_{N-1} 2^{-N+1} + p_N 2^{-N}) \text{ (按 } 2^{-m} \text{ 的幂次合并同类项)} \\
&= p_2 2^{-1} + \sum_{m=3}^{N-1} (p_m - p_{m-1}) 2^{-m+1} + p_N 2^{-N}.
\end{aligned} \tag{2}$$

注意
$$\begin{aligned}
p_N 2^{-N} &\le p_N 2^{-(N-1)} \le (p_N - p_{N-1}) 2^{-(N-1)} + p_{N-1} 2^{-(N-1)} \\
&\le (p_N - p_{N-1}) 2^{-(N-1)} + (p_{N-1} - p_{N-2}) 2^{-(N-2)} + p_{N-2} 2^{-(N-2)} \\
&\le \cdots \le \sum_{m=2}^{N} (p_m - p_{m-1}) 2^{-(m-1)} + p_1 2^{-1}.
\end{aligned}$$

故从式(2)可看出:若 $\sum\limits_{m=2}^{\infty} (p_m - p_{m-1}) 2^{-m+1}$ 收敛,则 $\sum\limits_{m=2}^{\infty} p_m 2^{-m}$ 收敛. 证毕.

5.1.12 设 $0 < x_1 < \pi, x_n = \sin x_{n-1} (n = 2, 3, \cdots)$,证明:级数 $\sum\limits_{n=1}^{\infty} x_n^p$ 当 $p > 2$ 时收敛,当 $p \le 2$ 时发散.(吉林大学).

提示 参看例 1.5.19,$x_n^2 \sim \dfrac{3}{n}$.

*5.1.13 证明级数 $1 + \dfrac{1}{2} - \dfrac{1}{3} + \dfrac{1}{4} + \dfrac{1}{5} - \dfrac{1}{6} + \cdots$ 发散.

提示 可用 Cauchy 准则:$|S_{6n} - S_{3n}| \ge \dfrac{1}{3} \left(\dfrac{1}{n+1} + \dfrac{1}{n+2} + \cdots + \dfrac{1}{2n} \right) \ge \dfrac{1}{6}$.

☆5.1.14 设 $a_n \ne 0 (n = 1, 2, \cdots)$ 且 $\lim\limits_{n \to \infty} a_n = a (a \ne 0)$,求证:级数 $\sum\limits_{n=1}^{\infty} |a_{n+1} - a_n|$ 与 $\sum\limits_{n=1}^{\infty} \left| \dfrac{1}{a_{n+1}} - \dfrac{1}{a_n} \right|$ 同时收敛或同时发散.(上海交通大学)

提示 $\exists m, M : 0 < m < M$,使得 $m \le |a_n| \le M$,

$$\dfrac{1}{M^2} |a_{n+1} - a_n| \le \left| \dfrac{1}{a_{n+1}} - \dfrac{1}{a_n} \right| \le \dfrac{1}{m^2} |a_{n+1} - a_n|.$$

5.1.15 设 $\varphi(x)$ 是 $(-\infty, +\infty)$ 上的连续周期函数,周期为 1,且 $\int_0^1 \varphi(x) dx = 0, f(x)$ 在 $[0, 1]$ 上可微,且有连续的一阶导数,$a_n = \int_0^1 f(x) \varphi(nx) dx, n = 1, 2, \cdots$.证明:级数 $\sum\limits_{n=1}^{\infty} a_n^2$ 收敛.(华东

师范大学)

提示 可令 $\Phi(x) = \int_0^x \varphi(t)\mathrm{d}t$，用分部积分，$a_n = -\dfrac{1}{n}\int_0^1 \Phi(nx)f'(x)\mathrm{d}x$，从而 $|a_n^2| \leqslant \dfrac{M}{n^2}$ (M 为常数).

5.1.16 设 $f(x)$ 于 $[1, +\infty)$ 上可导，$f'(x)$ 单调递增，且 $f(x) \to A(x \to +\infty)$，证明 $\displaystyle\sum_{n=2}^{\infty} f'(n)$ 收敛.

提示 由 $f(n) - f(n-1) \leqslant f'(n) \leqslant f(n+1) - f(n)$，可知 $f'(n) \nearrow 0$，$f'(n) \leqslant 0$，$\sum -f'(n)$ 以 $\sum[f(n-1)-f(n)]$ 为优级数.

5.1.17 设 $a_n > 0$ $(n=1,2,\cdots)$ 且 $\displaystyle\sum_{n=1}^{\infty} a_n$ 收敛，$r_n = \displaystyle\sum_{k=n}^{\infty} a_k$. 试证：

1) $\displaystyle\sum_{n=1}^{\infty} \dfrac{a_n}{r_n}$ 发散；   2) $\displaystyle\sum_{n=1}^{\infty} \dfrac{a_n}{\sqrt{r_n}}$ 收敛.

提示 1) 可用 Cauchy 准则，$\displaystyle\sum_{k=n+1}^{n+p} \dfrac{a_k}{r_k} \geqslant \dfrac{1}{r_{n+1}} \displaystyle\sum_{k=n+1}^{n+p} a_k \to 1 (p \to \infty)$，故 $\exists p \in \mathbf{N}$ 使得 $\displaystyle\sum_{k=n+1}^{n+p} \dfrac{a_k}{r_k} \geqslant \dfrac{1}{2}$.

2) 可证 $\sum \dfrac{a_n}{\sqrt{r_n}}$ 以 $2\sum(\sqrt{r_{n-1}} - \sqrt{r_n})$ 为优级数.

再提示 2) $\sqrt{r_{n-1}} - \sqrt{r_n} = \dfrac{1}{2\sqrt{\xi_{n-1}}}(r_{n-1} - r_n) = \dfrac{a_n}{2\sqrt{\xi_{n-1}}} \geqslant \dfrac{a_n}{2\sqrt{r_n}}$ $(r_n < \xi_{n-1} < r_{n-1})$. 又因 $r_n \searrow$

0，$\displaystyle\sum_{k=1}^{n}(\sqrt{r_{k-1}} - \sqrt{r_k}) = \sqrt{r_0} - \sqrt{r_n} \nearrow \sqrt{r_0}$，故 $\sum \dfrac{a_n}{\sqrt{r_n}}$ 收敛.

5.1.18 设 $f(x)$ 是在 $(-\infty, +\infty)$ 内的可微函数，且满足：

1) $f(x) > 0$；   2) $|f'(x)| \leqslant m|f(x)|$，其中 $0 < m < 1$.

任取 a_0，定义 $a_n = \ln f(a_{n-1})$，$n=1,2,\cdots$，证明：级数 $\displaystyle\sum_{n=1}^{\infty}(a_n - a_{n-1})$ 绝对收敛. (西安电子科技大学)

提示 $|a_n - a_{n-1}| = |\ln f(a_{n-1}) - \ln f(a_{n-2})| = \left|\dfrac{f'(\xi_n)}{f(\xi_n)}(a_{n-1} - a_{n-2})\right|$，

$$\dfrac{|a_n - a_{n-1}|}{|a_{n-1} - a_{n-2}|} \leqslant \left|\dfrac{f'(\xi_n)}{f(\xi_n)}\right| \leqslant m < 1,$$

故 $\sum|a_n - a_{n-1}|$ 收敛.

*5.1.19 设 $\displaystyle\sum_{n=1}^{\infty} a_n$ 收敛，$0 < p_n \nearrow +\infty$，试证：$\displaystyle\lim_{n\to\infty} \dfrac{p_1 a_1 + p_2 a_2 + \cdots + p_n a_n}{p_n} = 0$.

提示 记 $S_n = \displaystyle\sum_{k=1}^{n} a_k$，$a_n = S_n - S_{n-1}$，代入变形可知

$$\text{原式} = \lim_{n\to\infty} \dfrac{S_1(p_1 - p_2) + S_2(p_2 - p_3) + \cdots + S_{n-1}(p_{n-1} - p_n) + S_n p_n}{p_n}$$

$$\xrightarrow{\text{Stolz 公式}} \lim_{n\to\infty} \dfrac{S_{n-1}(p_{n-1} - p_n)}{p_n - p_{n-1}} + S = S - S = 0.$$

※5.1.20 设 $a_n > 0$，$\displaystyle\sum_{n=1}^{\infty} a_n$ 收敛，na_n 单调，证明：$\displaystyle\lim_{n\to\infty} na_n \ln n = 0$.

提示 因 $a_n > 0$，$\displaystyle\sum_{n=1}^{\infty} a_n$ 收敛，na_n 单调，必为单减(否则：$a_n \geqslant \dfrac{a_1}{n} > 0$，$\displaystyle\sum_{n=1}^{\infty} a_n$ 发散).

再提示 （本习题是例 4.5.27 的离散形式,证法类似.）设 n 是任一正整数,$[\sqrt{n}]$ 表示"$\sqrt{n}$ 的整数部分". 因 $\{na_n\}\searrow$,有

$$\sum_{k=[\sqrt{n}]}^{n} a_k = \sum_{k=[\sqrt{n}]}^{n} ka_k \cdot \frac{1}{k} \geq na_n \sum_{k=[\sqrt{n}]}^{n} \frac{1}{k}$$

$$\geq na_n \sum_{k=[\sqrt{n}]}^{n-1} \int_{k}^{k+1} \frac{1}{x}\,\mathrm{d}x \left(\text{因为} \int_{k}^{k+1} \frac{1}{x}\,\mathrm{d}x = \ln(k+1) - \ln k = \ln\left(1+\frac{1}{k}\right) \leq \frac{1}{k}\right)$$

$$\geq na_n \int_{[\sqrt{n}]}^{n} \frac{\mathrm{d}x}{x} = na_n \ln\frac{n}{[\sqrt{n}]} \geq na_n \ln\sqrt{n} = \frac{1}{2}na_n \ln n.$$

因 $\sum_{n=1}^{\infty} a_n$ 收敛,根据 Cauchy 准则,$\forall \varepsilon > 0$,$\exists N \in \mathbf{N}$,当 $n > N$ 时,$\sum_{k=n}^{n+p} a_k < \frac{\varepsilon}{2}$. 因此只要取 n 充分大,就有 $[\sqrt{n}] > N$,进而 $0 < na_n \ln n \leq 2\sum_{k=[\sqrt{n}]}^{n} a_k < \varepsilon$. 说明 $\lim_{n\to\infty} na_n \ln n = 0$.

注 下面的证法十分简捷,正确吗?

"利用 Cauchy 积分判别法,知级数 $\sum_{n=2}^{\infty} \frac{1}{n\ln n}$ 发散. 现知正项级数 $\sum_{n=1}^{\infty} a_n$ 收敛,因此 a_n 是 $\frac{1}{n\ln n}$ 的高阶无穷小量（当 $n\to\infty$ 时）. 故 $\lim_{n\to\infty} na_n \ln n = \lim_{n\to\infty} \frac{a_n}{1/(n\ln n)} = 0$. "

回答:此证法不对. 因为:"两正项级数:$\sum_{n=1}^{\infty} a_n$ 收敛,$\sum_{n=1}^{\infty} b_n$ 发散 $(\lim_{n\to\infty} b_n = 0)$,并不能断言:$\{a_n\}$ 是比 $\{b_n\}$ 高阶的无穷小量". 例如:

$$\sum_{n=1}^{\infty} a_n = \sum_{n=1}^{\infty} \frac{1}{n^2}(\text{收敛}), \quad \sum_{n=1}^{\infty} b_n = 1 + \frac{1}{2} + \frac{1}{3^2} + \frac{1}{4} + \frac{1}{5^2} + \frac{1}{6} + \frac{1}{7^2} + \cdots (\text{发散}).$$

（因 $\sum_{k=1}^{\infty} b_{2k} = \sum_{k=1}^{\infty} \frac{1}{2k} = \frac{1}{2}\sum_{k=1}^{\infty} \frac{1}{k} = +\infty$. 而 $\sum_{n=1}^{\infty} b_n$（正项级数）项数比 $\sum_{k=1}^{\infty} b_{2k}$ 多,故 $\sum_{n=1}^{\infty} b_n$ 发散）. 但

是,$\dfrac{a_n}{b_n} = \begin{cases} 1, & n \text{ 为奇数}, \\ \dfrac{1}{n}, & n \text{ 为偶数}, \end{cases}$ 极限 $\lim_{n\to\infty} \dfrac{a_n}{b_n}$ 不存在.

※5.1.21 设数 $a > 0$,$\{p_n\}$ 是一个数列,并且 $p_n > 0$,$p_{n+1} \geq p_n$,证明:级数 $\sum_{n=1}^{\infty} \dfrac{p_n - p_{n-1}}{p_n p_{n-1}^a}$ 收敛. （国外赛题）

提示 将通项 $\dfrac{p_n - p_{n-1}}{p_n p_{n-1}^a}$ 放大为 $\dfrac{1}{p_1^{a-1}} \dfrac{p_n - p_{n-1}}{p_n p_{n-1}}$（当 $a \geq 1$ 时）或 $\dfrac{1}{a} \dfrac{p_n^a - p_{n-1}^a}{p_n^a p_{n-1}^a}$（当 $a < 1$ 时）,然后用连锁消去法（见例 5.1.3 至例 5.1.5）证明级数收敛.

证 1° 当 $a \geq 1$ 时,因 $\dfrac{1}{p_{k-1}^{a-1}} \leq \dfrac{1}{p_1^{a-1}}$ $(k \geq 2)$,

$$0 < \sum_{k=2}^{n} \frac{p_k - p_{k-1}}{p_k p_{k-1}^a} = \sum_{k=2}^{n} \frac{1}{p_{k-1}^{a-1}} \cdot \frac{p_k - p_{k-1}}{p_k p_{k-1}} \leq \frac{1}{p_1^{a-1}} \cdot \sum_{k=2}^{n} \frac{p_k - p_{k-1}}{p_k p_{k-1}} = \frac{1}{p_1^{a-1}} \cdot \sum_{k=2}^{n} \left(\frac{1}{p_{k-1}} - \frac{1}{p_k}\right)$$

$$= \frac{1}{p_1^{a-1}} \cdot \left(\frac{1}{p_1} - \frac{1}{p_n}\right).$$

因为 $\dfrac{1}{p_n} \searrow$,有下界 0,故级数收敛.

2° 当 $a<1$ 时,

$$0<\sum_{k=2}^{n}\frac{p_k-p_{k-1}}{p_kp_{k-1}^a}=\sum_{k=2}^{n}\left(\frac{p_k-p_{k-1}}{p_kp_{k-1}^a}\cdot\frac{p_k^ap_{k-1}^a}{p_k^a-p_{k-1}^a}\right)\cdot\frac{p_k^a-p_{k-1}^a}{p_k^ap_{k-1}^a}=\sum_{k=2}^{n}\frac{1}{p_k^{1-a}}\cdot\frac{p_k-p_{k-1}}{p_k^a-p_{k-1}^a}\cdot\frac{p_k^a-p_{k-1}^a}{p_k^ap_{k-1}^a}. \quad(1)$$

应用 Lagrange 定理:$\exists\xi:p_{k-1}<\xi<p_k$ 使得:$p_k^a-p_{k-1}^a=a\xi^{a-1}(p_k-p_{k-1})$,得

$$\frac{1}{p_k^{1-a}}\cdot\frac{p_k-p_{k-1}}{p_k^a-p_{k-1}^a}=\frac{1}{p_k^{1-a}}\cdot\frac{p_k-p_{k-1}}{a\xi^{a-1}(p_k-p_{k-1})}\leqslant\frac{1}{p_1^{1-a}}\cdot\frac{1}{ap_1^{a-1}}=\frac{1}{a}(\text{有上界}). \quad(2)$$

由式(1)得

$$0<\sum_{k=2}^{n}\frac{p_k-p_{k-1}}{p_kp_{k-1}^a}\leqslant\frac{1}{a}\sum_{k=2}^{n}\frac{p_k^a-p_{k-1}^a}{p_k^ap_{k-1}^a}=\frac{1}{a}\left(\frac{1}{p_1^a}-\frac{1}{p_n^a}\right),$$

故级数收敛. 证毕.

5.1.22 举出一个收敛级数 $\sum_{n=1}^{\infty}a_n$ 的例子,使级数 $\sum_{n=1}^{\infty}a_n\ln n$ 发散.

提示 例如,$a_n=\dfrac{1}{n\ln n(\ln\ln n)^2}$.

再提示 用积分判别法易证该级数 $\sum_{n=1}^{\infty}a_n$ 收敛. 又因 n 充分大时,$\dfrac{1}{n(\ln\ln n)^2}>\dfrac{1}{n\ln n}$,而 $\sum_{n=1}^{\infty}\dfrac{1}{n\ln n}$ 发散,故 $\sum_{n=1}^{\infty}a_n\ln n=\sum_{n=1}^{\infty}\dfrac{1}{n(\ln\ln n)^2}$ 发散.

5.1.23 序列 $\{b_n\}(n=1,2,\cdots)$ 具有下列性质:$b_n>0$,$\lim\limits_{n\to\infty}b_n=+\infty$. 作出序列 $\{a_n\}$,使

$$a_n\geqslant0,\quad\sum_{n=1}^{\infty}a_n<\infty,\quad\sum_{n=1}^{\infty}a_nb_n=+\infty.$$

(国外赛题)

提示 $\forall k\in\mathbf{N}$,因为 $\lim\limits_{n\to\infty}b_n=+\infty$,$\exists n_k\in\mathbf{N}$ 使 $b_{n_k}>k$ $(k=1,2,\cdots)$,顺次可使 $b_k>b_{k-1}$. 令

$$a_n=\begin{cases}\dfrac{1}{k^2},&n=n_k,\\0,&n\neq n_k,\end{cases}\text{即可}.$$

5.1.24 设 $\{n_k\}$ 是自然数列 $\{n\}$ 的子列,试证:

1) 当 $n_k-n_{k-1}\geqslant k$ 时,$\sum\limits_{k=1}^{\infty}\dfrac{1}{n_k}$ 收敛;

2) 当 $n_k-n_{k-1}\leqslant g$(常数)时,$\sum\limits_{k=1}^{\infty}\dfrac{1}{n_k}$ 发散;

※3) 当 $n_k-n_{k-1}\geqslant k^r(r>0)$ 时,$\sum\limits_{k=1}^{\infty}\dfrac{1}{n_k}$ 收敛.

提示 1) $n_k\geqslant k+(k-1)+\cdots+1=\dfrac{k}{2}(1+k)$,$0<\dfrac{1}{n_k}<\dfrac{2}{k^2}$.

2) $\sum\limits_{k=1}^{\infty}\dfrac{1}{n_k}\geqslant\sum\limits_{k=1}^{\infty}\dfrac{1}{(k-1)g+n_1}=+\infty$.

☆**5.1.25** 对函数 $\zeta(s)=\sum\limits_{n=1}^{\infty}\dfrac{1}{n^s}$ $(s>1)$,证明:$\zeta(s)=s\int_1^{+\infty}\dfrac{[x]}{x^{s+1}}dx$,其中 $[x]$ 为 x 的整数部分.(西北师范大学)

提示 $s\int_1^{+\infty}\dfrac{[x]}{x^{s+1}}\mathrm{d}x=\sum\limits_{n=1}^{\infty}s\int_n^{n+1}\dfrac{n}{x^{s+1}}\mathrm{d}x=\sum\limits_{n=1}^{\infty}\left[\dfrac{n}{n^s}-\dfrac{n}{(n+1)^s}\right].$

再提示 上式 $=\sum\limits_{n=1}^{\infty}\dfrac{1}{n^{s-1}}-\sum\limits_{n=1}^{\infty}\dfrac{1}{(n+1)^{s-1}}+\sum\limits_{n=1}^{\infty}\dfrac{1}{(n+1)^s}=1+\sum\limits_{n=2}^{\infty}\dfrac{1}{n^s}=\sum\limits_{s=1}^{\infty}\dfrac{1}{n^s}.$

☆**5.1.26** 1）求证：当 $s>0$ 时，$\int_1^{+\infty}\dfrac{x-[x]}{x^{s+1}}\mathrm{d}x$ 收敛；

2）求证：当 $s>1$ 时，$\int_1^{+\infty}\dfrac{x-[x]}{x^{s+1}}\mathrm{d}x=\dfrac{1}{s-1}-\dfrac{1}{s}\sum\limits_{n=1}^{\infty}\dfrac{1}{n^s}$，$[x]$ 表示 x 的整数部分。（北京航空航天大学）

提示 利用上题结果.

5.1.27 求 $\lim\limits_{t\to+\infty}\left(\dfrac{1}{t}+\dfrac{2t}{t^2+1^2}+\dfrac{2t}{t^2+2^2}+\cdots+\dfrac{2t}{t^2+n^2}+\cdots\right).$ 《π》

提示 可参看例 5.1.55 和例 5.1.56.

☆**5.1.28** 设 $k>0,a>0$，证明：

1）$\int_a^{+\infty}\dfrac{\sin 2n\pi x\mathrm{d}x}{x^k}$ 收敛；   2）$\sum\limits_{n=1}^{\infty}\dfrac{1}{n}\int_a^{+\infty}\dfrac{\sin 2n\pi x\mathrm{d}x}{x^k}$ 收敛.（上海交通大学）

提示 1）可用反常积分的 Dirichlet 判别法. 2）可先用第二中值定理.

再提示 1）当 $x\nearrow+\infty$ 时 $\dfrac{1}{x^k}\searrow0$，而 $\left|\int_a^A\sin 2n\pi x\mathrm{d}x\right|\leqslant\dfrac{1}{n\pi}$ （$\forall A>a$），故原积分收敛.

2）$\left|\int_a^A\dfrac{\sin 2n\pi x}{x^k}\mathrm{d}x\right|=\left|\dfrac{1}{a^k}\int_a^{\xi}\sin 2n\pi x\mathrm{d}x+\dfrac{1}{A^k}\int_{\varepsilon}^A\sin 2n\pi x\mathrm{d}x\right|\leqslant\dfrac{1}{n\pi a^k}+\dfrac{1}{n\pi A^k}.$

不等式两边同时取极限（$A\to+\infty$），知 $\sum\limits_{n=1}^{\infty}\dfrac{1}{n}\left|\int_a^{+\infty}\dfrac{\sin 2n\pi x}{x^k}\mathrm{d}x\right|\leqslant\dfrac{1}{\pi a^k}\sum\limits_{n=1}^{\infty}\dfrac{1}{n^2}<+\infty.$

***5.1.29** 证明：$\lim\limits_{n\to\infty}\left\{\sum\limits_{k=2}^{n}\dfrac{1}{k\ln k}-\ln\ln n\right\}$ 存在（有限）.（北京师范大学）

提示 可参看例 5.1.54.

^new ☆**5.1.30** 已知 $a_n>0$，级数 $\sum\limits_{n=1}^{\infty}\dfrac{1}{a_n}$ 发散，试证：级数 $\sum\limits_{n=1}^{\infty}\dfrac{1}{a_n+1}$ 亦发散.（中国科学院大学）

提示 （反证法）若 $\sum\limits_{n=1}^{\infty}\dfrac{1}{a_n+1}$ 收敛，则 $n\to\infty$ 时，$\dfrac{1}{a_n+1}\to0$，即 $a_n+1\to+\infty$，得 $a_n\to+\infty$. 故

$$\dfrac{\dfrac{1}{a_n}}{\dfrac{1}{a_n+1}}=\dfrac{a_n+1}{a_n}=1+\dfrac{1}{a_n}\to1.$$

因此，$\forall\varepsilon>0,\exists N>0$，当 $n>N$ 时：$0<\dfrac{1}{a_n}<(1+\varepsilon)\dfrac{1}{a_n+1}$. 于是 $\sum\limits_{n=1}^{\infty}\dfrac{1}{a_n}$ 也收敛. 与题设矛盾.

^new ***5.1.31** 设 $u(x)$ 在 $[0,+\infty)$ 上有连续导数，且

$$\int_0^{+\infty}(\,|u(x)|^2+|u'(x)|^2)\mathrm{d}x=M<+\infty.$$

试证：1）$\exists\{x_n\}_{n=1}^{\infty}\subset[0,+\infty)$ 使得 $\{x_n\}_{n=1}^{\infty}\to+\infty$，$\lim\limits_{n\to\infty}u(x_n)=0$；

2) $\exists C > 0$, 使得 $\sup\limits_{x \in [0, +\infty)} |u(x)| \leqslant C\left[\int_0^{+\infty} (|u(x)|^2 + |u'(x)|^2)\mathrm{d}x\right]^{\frac{1}{2}}$. （华中师范大学）

提示 1) $\forall k$, $\exists x_k \in [k, k+1]$, 使得 $\int_k^{k+1} u^2(x)\mathrm{d}x \xlongequal{\text{积分中值定理}} u^2(x_k)$, 故

$$\sum_{k=0}^n |u(x_k)|^2 = \sum_{k=0}^n \int_k^{k+1} |u(x)|^2\mathrm{d}x \leqslant \int_0^{+\infty} |u(x)|^2\mathrm{d}x \leqslant M.$$

因此 $\sum\limits_{k=0}^\infty |u(x_k)|^2$ 收敛, $\lim\limits_{k \to +\infty} |u(x_k)| = 0$.

2) （利用均值不等式） $\qquad |u(x)u'(x)| \leqslant \dfrac{|u(x)|^2 + |u'(x)|^2}{2}.$ $\qquad$ (1)

$$|u^2(x_2) - u^2(x_1)| = \left|\int_{x_1}^{x_2} \mathrm{d}(u^2(x))\right| = \left|\int_{x_1}^{x_2} 2u(x)u'(x)\mathrm{d}x\right| \xlongequal[\leqslant]{\text{式(1)}} \int_{x_1}^{x_2}(|u(x)|^2 + |u'(x)|^2)\mathrm{d}x. \quad (2)$$

再提示 2) 因题设: $\int_0^{+\infty}(|u(x)|^2 + |u'(x)|^2)\mathrm{d}x$ 收敛, 根据 Cauchy 准则, $\forall \varepsilon > 0$, $\exists A > 0$,
当 $x_2 > x_1 > A$ 时有 $\int_{x_1}^{x_2}(|u(x)|^2 + |u'(x)|^2)\mathrm{d}x < \varepsilon$. 因此
$$|u^2(x_2) - u^2(x_1)| \xlongequal[\leqslant]{\text{式(2)}} \int_{x_1}^{x_2}(|u(x)|^2 + |u'(x)|^2)\mathrm{d}x < \varepsilon.$$

再由 Cauchy 准则的充分性, 即知 $\lim\limits_{x \to +\infty} u^2(x)$ 存在. 加之 $u(x)$ 连续, 故 $u^2(x)$ 在 $[0, +\infty)$ 上有界.
$u(x)$ 同样如此, 即: $\exists C > 0$, 可使得
$$\sup_{0 \leqslant x < +\infty} |u(x)| \leqslant CM^{\frac{1}{2}} = C\left[\int_0^{+\infty}(|u(x)|^2 + |u'(x)|^2)\mathrm{d}x\right]^{\frac{1}{2}}.$$

^{new} ****5.1.32** 设 $a_1 = a > 0$, $a_2 = b > 0$,
$$a_{n+2} = 2 + \frac{1}{a_{n+1}^2} + \frac{1}{a_n^2}. \qquad (1)$$

试证: $\{a_n\}$ 收敛. （华东师范大学）

提示 $1°$ 由式(1)知: $\forall k \geqslant 3$, 有 $a_k > 2$. 因此当 $n \geqslant 5$ 时, $2 < a_n \leqslant \dfrac{5}{2}$. 故 $\forall m, n \geqslant 5$, 由

$$|a_m - a_n| < \frac{5}{2} - 2 = \frac{1}{2} \qquad (2)$$

及

$$0 < \frac{a_{n-1} + a_{n-3}}{a_{n-1}^2 a_{n-3}^2} < \frac{5}{2^4} \qquad (3)$$

知（当 $n \geqslant 8$ 时）

$$|a_n - a_{n-1}| = \left|\frac{1}{a_{n-1}^2} + \frac{1}{a_{n-2}^2} - \left(\frac{1}{a_{n-2}^2} + \frac{1}{a_{n-3}^2}\right)\right| = \left|\frac{1}{a_{n-1}^2} - \frac{1}{a_{n-3}^2}\right| = \frac{a_{n-1} + a_{n-3}}{a_{n-1}^2 a_{n-3}^2}|a_{n-1} - a_{n-3}| \xlongequal[<]{\text{式(2),(3)}} \frac{5}{2^5}. \quad (4)$$

当 $n \geqslant 11$ 时, $|a_n - a_{n-1}| = \dfrac{a_{n-1} + a_{n-3}}{a_{n-1}^2 a_{n-3}^2}|a_{n-1} - a_{n-3}| \xlongequal[\leqslant]{\text{式(3)}} \dfrac{5}{2^4}(|a_{n-1} - a_{n-2}| + |a_{n-2} - a_{n-3}|).$

因此有迭代关系: $|a_n - a_{n-1}| \leqslant \dfrac{5}{2^3}\max\{|a_{n-1} - a_{n-2}|, |a_{n-2} - a_{n-3}|\}.$

反复迭代下去, 当 $n = 2k + 8$ 或 $n = 2k + 9$ 时, 至少迭代 k 次, 有

$$|a_n - a_{n-1}| \leqslant \left(\frac{5}{8}\right)^k \max\{|a_8 - a_7|, |a_7 - a_6|\} \xlongequal{\text{记}} aq^k \quad \left(q = \frac{5}{8}, a > 0\right).$$

于是 $\qquad\qquad 0 \leqslant \sum\limits_{k=8}^n (a_k - a_{k-1}) \leqslant \sum\limits_{k=8}^n |a_k - a_{k-1}| \leqslant a\sum\limits_{k=8}^n q^k \quad \left(q = \dfrac{5}{8} < 1\right).$

因 $\sum\limits_{k=8}^\infty q^k$ 收敛, 上式表明 $\sum\limits_{k=8}^\infty (a_k - a_{k-1})$ 绝对收敛, 可知 $\{a_n\} = \left\{a_7 + \sum\limits_{k=8}^n (a_k - a_{k-1})\right\}$ 收敛. 证毕.

* §5.2 函数项级数

所谓函数项级数 $\sum\limits_{n=1}^{\infty} u_n(x)$ 在某区间 I 上收敛,是指它逐点收敛.意即:对每一固定点 $x \in I$,作为数项级数, $\sum\limits_{n=1}^{\infty} u_n(x)$ 总是收敛的.因此对收敛性,可用上节数项级数的各种判别法进行判断.本节的任务,主要讨论一致收敛性的判断及其应用.

导读 函数项级数(及序列)一致收敛问题是数学院系学生的难点、重点,也是各类考试的热点,非数学院系的学生从略.

一、一致收敛性的判断

证明一致收敛性一般有如下几种方法:a) 利用定义;b) 利用 Cauchy 准则;c) 利用常用的几个判别法;d) 利用一致有界与等度连续.下面我们对这些分别进行介绍和讨论.

a. 利用定义证明一致收敛性

要点 1° $\varepsilon - N$ 方法.

i) 要用定义证明 $\sum\limits_{n=1}^{\infty} u_n(x)$ 在区间 I 上一致收敛,应首先设法求出和函数 $S(x) = \sum\limits_{n=1}^{\infty} u_n(x)$,写出部分和 $S_n(x) = \sum\limits_{k=1}^{n} u_k(x)$,然后对任意给定的 $\varepsilon > 0$,找出与 x 无关的 $N = N(\varepsilon)$,使得 $n > N$ 时有 $|S(x) - S_n(x)| < \varepsilon$.

ii) $S_n(x) \nrightarrow S(x)$($n \to \infty$ 时关于 $x \in I$),等价于:$\exists \varepsilon_0 > 0$, $\forall N > 0$, $\exists n > N$, $\exists x_N \in I$ 使得 $|S(x_N) - S_n(x_N)| \geqslant \varepsilon_0$.
亦等价于:$\exists \varepsilon_0 > 0$, $\exists \{x_n\} \subset I$,使得 $|S(x_n) - S_n(x_n)| \geqslant \varepsilon_0$.

特别来讲,若发现有 $x_0 \in I$,或为 I 的端点,使得 $x \to x_0$ 时有 $S(x) - S_n(x) \nrightarrow 0$(对充分大的 n 成立),则在区间 I 上 $S_n(x) \nrightarrow S(x)$(当 $n \to \infty$ 时).

2° "放大法":若 $\forall n$, $\exists \alpha_n > 0$,使得 $|S(x) - S_n(x)| \leqslant \alpha_n$($\forall x \in I$),且 $n \to \infty$ 时 $\alpha_n \to 0$,则当 $n \to \infty$ 时, $S_n(x) \rightrightarrows S(x)$(于 I 上).

3° 确界法.当 $n \to \infty$ 时, $S_n(x) \rightrightarrows S(x)$ 等价于 $\lim\limits_{n \to \infty} \sup\limits_{x \in I} |S(x) - S_n(x)| = 0$.

$\varepsilon - N$ 方法

☆**例 5.2.1** $f(x)$ 是 $(-\infty, +\infty)$ 上的连续函数, $f_n(x) = \sum\limits_{k=0}^{n-1} \dfrac{1}{n} f\left(x + \dfrac{k}{n}\right)$,证

明:函数序列 $\{f_n(x)\}\,(n=1,2,3,\cdots)$ 在任何有限区间上一致收敛.(首都师范大学,北京师范大学)

分析 我们看到 $f_n(x)=\sum\limits_{k=0}^{n-1}\dfrac{1}{n}f\left(x+\dfrac{k}{n}\right)$ 正好是积分 $\int_0^1 f(x+t)\,\mathrm{d}t$ 的一个积分和,因为 $f(x)$ 连续,该积分有意义,故当 $n\to\infty$ 时,$f_n(x)\to\int_0^1 f(x+t)\,\mathrm{d}t$.

设 $[a,b]$ 是任意一个有限区间,要证明当 $n\to\infty$ 时,$f_n(x)\rightrightarrows\int_0^1 f(x+t)\,\mathrm{d}t$ 于 $[a,b]$ 上,即对任一 $\varepsilon>0$,要找 $N>0$,使得当 $n>N$ 时,

$$\left|f_n(x)-\int_0^1 f(x+t)\,\mathrm{d}t\right|<\varepsilon\quad(\forall x\in[a,b]).\qquad(1)$$

因为

$$f_n(x)=\sum_{k=0}^{n-1}\frac{1}{n}f\left(x+\frac{k}{n}\right)=\sum_{k=0}^{n-1}\int_{\frac{k}{n}}^{\frac{k+1}{n}}f\left(x+\frac{k}{n}\right)\mathrm{d}t,\quad\int_0^1 f(x+t)\,\mathrm{d}t=\sum_{k=0}^{n-1}\int_{\frac{k}{n}}^{\frac{k+1}{n}}f(x+t)\,\mathrm{d}t,$$

所以

$$
\begin{aligned}
\left|f_n(x)-\int_0^1 f(x+t)\,\mathrm{d}t\right|&=\left|\sum_{k=0}^{n-1}\int_{\frac{k}{n}}^{\frac{k+1}{n}}f\left(x+\frac{k}{n}\right)\mathrm{d}t-\sum_{k=0}^{n-1}\int_{\frac{k}{n}}^{\frac{k+1}{n}}f(x+t)\,\mathrm{d}t\right|\\
&=\left|\sum_{k=0}^{n-1}\int_{\frac{k}{n}}^{\frac{k+1}{n}}\left(f\left(x+\frac{k}{n}\right)-f(x+t)\right)\mathrm{d}t\right|\\
&\leqslant\sum_{k=0}^{n-1}\int_{\frac{k}{n}}^{\frac{k+1}{n}}\left|f\left(x+\frac{k}{n}\right)-f(x+t)\right|\mathrm{d}t.
\end{aligned}\qquad(2)
$$

故要式(1)成立,只需式(2)右端的

$$\sum_{k=0}^{n-1}\int_{\frac{k}{n}}^{\frac{k+1}{n}}\left|f\left(x+\frac{k}{n}\right)-f(x+t)\right|\mathrm{d}t<\varepsilon\quad(\forall x\in[a,b]).\qquad(3)$$

为此只要能使

$$\left|f\left(x+\frac{k}{n}\right)-f(x+t)\right|<\varepsilon,\qquad(4)$$

则式(3)自然成立.注意到 $t\in\left[\dfrac{k}{n},\dfrac{k+1}{n}\right]$,因此点 $\left(x+\dfrac{k}{n}\right)$ 与点 $(x+t)$ 的距离

$$\left|\left(x+\frac{k}{n}\right)-(x+t)\right|=\left|\frac{k}{n}-t\right|<\frac{1}{n}.\qquad(5)$$

利用 Cantor 定理,f 在 $[a,b+1]$ 上一致连续.所以 $\forall\varepsilon>0$,$\exists\delta>0$,当 $x',x''\in[a,b+1]$,$|x'-x''|<\delta$ 时,便有 $|f(x')-f(x'')|<\varepsilon$.故取 $N=\dfrac{1}{\delta}$,当 $n>N$ 时有 $\dfrac{1}{n}<\dfrac{1}{N}=\delta$,于是由式(5)推得式(4),从而推得式(3)成立.问题获证.

^{new}**练习** 设 $f(x)$ 在 $[0,1]$ 上连续,试证:

$$\sum_{i=1}^{n} \frac{x}{n} f\left(i\,\frac{x}{n}\right) \rightrightarrows \int_{0}^{x} f(t)\,\mathrm{d}t. \tag{1}$$

(当 $n \to \infty$ 时,关于 $x \in [0,1]$ 一致).

提示 因 $\displaystyle\int_{0}^{x} f(t)\,\mathrm{d}t = \sum_{i=1}^{n} \int_{\frac{i-1}{n}x}^{\frac{i}{n}x} f(t)\,\mathrm{d}t = \sum_{i=1}^{n} f(\xi_i)\frac{x}{n},(i-1)\frac{x}{n} \leqslant \xi_i \leqslant i\,\frac{x}{n}$,故

$$\left|\sum_{i=1}^{n} \frac{x}{n} f\left(i\,\frac{x}{n}\right) - \int_{0}^{x} f(t)\,\mathrm{d}t\right| = \left|\frac{x}{n} \sum_{i=1}^{n} \left(f\left(i\,\frac{x}{n}\right) - f(\xi_i)\right)\right|$$

$$\leqslant \frac{x}{n} \sum_{i=1}^{n} \left|f\left(i\,\frac{x}{n}\right) - f(\xi_i)\right| \leqslant \frac{x}{n} \sum_{i=1}^{n} \omega_i^{[0,x]/n}, \tag{2}$$

其中 $\omega_i^{[0,x]/n}$ 表示当 $[0,x]$ n 等分时,f 在第 i 个小区间上的振幅.

证 根据 f 在 $[0,1]$ 上可积的充要条件(§4.2 的定理1):$\forall \varepsilon > 0, \exists \delta > 0$,使得 $\lambda = \max\limits_{1 \leqslant i \leqslant n} |\Delta x_i| < \delta$ 时,$0 < \sum\limits_{i=1}^{n} \omega_i \Delta x_i < \varepsilon$. 取 $N: \dfrac{1}{N} < \delta$,当 $n > N$ 时,$\forall x \in (0,1]$,在 $[0,x]$ 上用 $[0,x]$ 的 n 等分点,$(x,1]$ 上用 $[0,1]$ 的 n 等分点,两者组成 $[0,1]$ 的一个分划,且有 $\lambda = \max\limits_{1 \leqslant i \leqslant n} |\Delta x_i| \leqslant \dfrac{1}{n} < \dfrac{1}{N} < \delta$,于是

$$\left|\sum_{i=1}^{n} \frac{x}{n} f\left(i\,\frac{x}{n}\right) - \int_{0}^{x} f(t)\,\mathrm{d}t\right| \overset{\text{式}(2)}{\leqslant} \frac{x}{n} \sum_{i=1}^{n} \omega_i^{[0,x]/n} \leqslant \sum_{i=1}^{n} \frac{1}{n}\omega_i < \varepsilon. \tag{3}$$

总之:$\forall \varepsilon > 0, \exists N > 0$,当 $n > N$ 时,$\forall x \in (0,1]$,有式(3)成立,式(1)获证.

☆**例 5.2.2** 设函数 $f(x)$ 在 $(-\infty, +\infty)$ 上有连续的导函数 $f'(x)$,$f_n(x) = \mathrm{e}^n[f(x + \mathrm{e}^{-n}) - f(x)](n = 1,2,\cdots)$,证明:$\{f_n(x)\}(n = 1,2,\cdots)$ 在任一有限开区间 (a,b) 内一致收敛于 $f'(x)$.(福建师范大学)

证(利用微分中值定理.)

$$|f_n(x) - f'(x)| = \left|\frac{f(x + \mathrm{e}^{-n}) - f(x)}{\mathrm{e}^{-n}} - f'(x)\right| = |f'(\xi) - f'(x)| \quad (x < \xi < x + \mathrm{e}^{-n}).$$

因 $f'(x)$ 在 $[a, b+1]$ 上一致连续,$\forall \varepsilon > 0, \exists \delta > 0 (\delta < 1)$,当 $x_1, x_2 \in [a, b+1]$,$|x_1 - x_2| < \delta$ 时,有 $|f'(x_1) - f'(x_2)| < \varepsilon$. 取 $N = \ln\dfrac{1}{\delta}$,则 $n > N$ 时(此时 $0 < \mathrm{e}^{-n} < \delta$),有

$$|f_n(x) - f'(x)| = |f'(\xi) - f'(x)| < \varepsilon.$$

故当 $n \to \infty$ 时,$f_n(x) \rightrightarrows f'(x)$ 于 (a,b) 上.

例 5.2.3 设 $f(x)$ 在 $[0,1]$ 上连续,$g_n(x)$ 为阶梯函数

$$g_n(x) = \sum_{k=1}^{n} f\left(\frac{k}{n}\right)\left(x_{\frac{k}{n}}(x) - x_{\frac{k-1}{n}}(x)\right),$$

其中
$$x_{\frac{i}{n}}(x) = \begin{cases} 1, & 0 \leqslant x < \dfrac{i}{n}, \\ 0, & \dfrac{i}{n} \leqslant x \leqslant 1 \end{cases} \quad (i = 1, 2, \cdots, n).$$

试证：当 $n \to \infty$ 时, $g_n(x) \rightrightarrows f(x)$ 于 $[0,1]$ 上.

注 按定义, $[0,1]$ 上每项

$$f\left(\frac{k}{n}\right)\left(x_{\frac{k}{n}}(x) - x_{\frac{k-1}{n}}(x)\right) = \begin{cases} f\left(\dfrac{k}{n}\right), & x \in \left[\dfrac{k-1}{n}, \dfrac{k}{n}\right), \\ 0, & \text{其他.} \end{cases}$$

因此 $f(x)$ 与 $g_n(x)$ 的图形如图 5.2.1 所示. 曲线是 $f(x)$ 的图形, 水平线段是 $g_n(x)$ 的图形, $f(x)$ 在 $x = \dfrac{k}{n}$ 处的值作为 $g_n(x)$ 在整个小区间 $\left[\dfrac{k-1}{n}, \dfrac{k}{n}\right)$ 上的值.

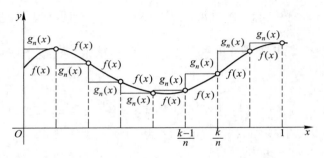

图 5.2.1

证 因 $\forall x \in [0,1)$, $\exists k \in \{1, 2, \cdots, n\}$, 使得 $x \in \left[\dfrac{k-1}{n}, \dfrac{k}{n}\right)$. 于是 $g_n(x) = f\left(\dfrac{k}{n}\right)$,

$$|f(x) - g_n(x)| = \left|f(x) - f\left(\frac{k}{n}\right)\right| \quad (k = 1, 2, \cdots, n). \tag{1}$$

又因 $f(x)$ 在 $[0,1]$ 上连续, 所以在 $[0,1]$ 上一致连续, $\forall \varepsilon > 0$, $\exists \delta > 0$(与 x 无关), 当 $|x_1 - x_2| < \delta (x_1, x_2 \in [0,1])$ 时, 有

$$|f(x_1) - f(x_2)| < \varepsilon, \tag{2}$$

令 $N = \dfrac{1}{\delta}$, 则 $n > N$ 时, $\left|x - \dfrac{k}{n}\right| \leqslant \dfrac{1}{n} < \delta$, 从而利用式(1)和式(2)有

$$|f(x) - g_n(x)| = \left|f(x) - f\left(\frac{k}{n}\right)\right| < \varepsilon \quad (\forall x \in [0,1)).$$

此即表明当 $n \to \infty$ 时, $g_n(x) \rightrightarrows f(x)$ 于 $[0,1)$ 上.

☆**例 5.2.4**(Heine 定理的推广) 试证 $x \to a$ 时 $f(x,y) \rightrightarrows \varphi(y)$(关于 $y \in I$)的充

要条件是 $\forall \{x_n\} \to a \ (x_n \neq a)$，有 $f(x_n,y) \underset{\longrightarrow}{\rightrightarrows} \varphi(y)$（关于 $y \in I$）$(n \to \infty)$. （郑州大学）

证 1° 必要性. （对 $\{x_n\} \to a(x_n \neq a)$，要证明 $n \to \infty$ 时 $f(x_n,y) \rightrightarrows \varphi(y)$（关于 $y \in I$）. 即要 $\forall \varepsilon > 0$，找 $N > 0$ 使得 $n > N$ 时，有 $|f(x_n,y) - \varphi(y)| < \varepsilon(\forall y \in I)$.）因已知 $x \to a$ 时 $f(x,y) \rightrightarrows \varphi(y)$（关于 $y \in I$），所以 $\forall \varepsilon > 0$，$\exists \delta > 0$，当 $0 < |x - a| < \delta$ 时，有 $|f(x,y) - \varphi(y)| < \varepsilon(\forall y \in I)$. 既然 $x_n \neq a$ 且 $x_n \to a$（当 $n \to \infty$ 时），所以对此 $\delta > 0$，$\exists N > 0$，当 $n > N$ 时，有 $0 < |x_n - a| < \delta$，从而 $|f(x_n,y) - \varphi(y)| < \varepsilon$（$\forall y \in I$）. 此即 $f(x_n,y) \rightrightarrows \varphi(y)(y \in I, n \to \infty)$.

2° 充分性. 假设 $x \to a$ 时 $f(x,y) \ \not\rightrightarrows \ \varphi(y)$（关于 $y \in I$），则 $\exists \varepsilon_0 > 0$，使得 $\forall \frac{1}{n} > 0$，$\exists x_n \left(0 < |x_n - a| < \frac{1}{n}\right)$ 及 $y_n \in I$ 满足 $|f(x_n, y_n) - \varphi(y_n)| \geq \varepsilon_0$. 如此我们得到 $\{x_n\} \to a, x_n \neq a$，但 $f(x_n,y) \not\rightrightarrows \varphi(y)$（于 I 上），与已知条件矛盾.

☆**例 5.2.5** 证明：若 $\sum_{n=1}^{\infty} u_n(x)$ 在区间 I 上收敛，则 $\sum_{n=1}^{\infty} u_n(x)$ 在 I 上一致收敛的充要条件是 $\forall \{x_n\} \subset I$，有 $\lim_{n \to \infty} r_n(x_n) = 0$（其中 $r_n(x) = \sum_{k=n+1}^{\infty} u_k(x)$ 为级数余和）.

证法与上题类似，留给读者，并请写出函数序列的相应结果.

注 本题的充分性的否定形式为：若 $\exists \{x_n\} \subset I$ 使得 $r_n(x_n) \not\to 0 (n \to \infty)$，则 $\sum_{n=1}^{\infty} u_n(x)$ 在 I 上非一致收敛.

作为该例的一个应用，可见例 5.2.27 之证 Ⅱ.

放大法

如前所述，放大法在于把级数的余和 $r_n(x) = S(x) - S_n(x)$ 的绝对值进行适当放大，使得在区间 I 上 $|r_n(x)| = |S(x) - S_n(x)| \leq \alpha_n$（$\alpha_n$ 与 x 无关），且 $\alpha_n \to 0 (n \to \infty)$，则该级数在所论区间上一致收敛.

实现放大有很多技巧，下面各例分别是通过已知的不等式，求极值，利用已知的余项估计，递推放大等典型方法来实现的. 如下例是利用 Cauchy 不等式进行放大.

例 5.2.6 若 $f_n(x)$ 在 $[a,b]$ 上可积，$n = 1, 2, \cdots$，且 $f(x)$ 与 $g(x)$ 在 $[a,b]$ 上都可积，$\lim_{n \to \infty} \int_a^b |f_n(x) - f(x)|^2 dx = 0$，设 $h(x) = \int_a^x f(t)g(t) dt, h_n(x) = \int_a^x f_n(t)g(t) dt$，则在 $[a,b]$ 上 $h_n(x)$ 一致收敛于 $h(x)$. （东北师范大学）

证　$|h(x) - h_n(x)|$

$= \left| \int_a^x f(t)g(t)\,\mathrm{d}t - \int_a^x f_n(t)g(t)\,\mathrm{d}t \right| = \left| \int_a^x (f(t) - f_n(t))g(t)\,\mathrm{d}t \right|$

$\leqslant \int_a^x |f(t) - f_n(t)|\,|g(t)|\,\mathrm{d}t \overset{\text{Cauchy不等式}}{\leqslant} \left(\int_a^x |f(t) - f_n(t)|^2\,\mathrm{d}t \right)^{\frac{1}{2}} \left(\int_a^x |g(t)|^2\,\mathrm{d}t \right)^{\frac{1}{2}}$

$\leqslant \left(\int_a^b |f(t) - f_n(t)|^2\,\mathrm{d}t \right)^{\frac{1}{2}} \left(\int_a^b |g(t)|^2\,\mathrm{d}t \right)^{\frac{1}{2}} \to 0 \quad (n \to \infty),$

所以当 $n \to \infty$ 时，$h_n(x) \rightrightarrows h(x)$ 于 $[a,b]$ 上.

下例是通过求极大值得到放大.

例 5.2.7　给定函数序列：$f_n(x) = \dfrac{x(\ln n)^\alpha}{n^x}$ $(n = 2,3,4,\cdots)$. 试问当 α 取何值时，$\{f_n(x)\}$ 在 $[0, +\infty)$ 上一致收敛. (广西大学)

解　$f_n'(x) = \dfrac{(\ln n)^{\alpha+1}}{n^x} \left(\dfrac{1}{\ln n} - x \right).$

可见，当 $x < \dfrac{1}{\ln n}$ 时，$f_n(x) \nearrow$；当 $x > \dfrac{1}{\ln n}$ 时，$f_n(x) \searrow$，函数 $f_n(x)$ 在 $x = \dfrac{1}{\ln n}$ 处取极大值. 注意极限函数 $f(x) \equiv \lim\limits_{n \to \infty} f_n(x) \equiv 0$. 故

$$\sup_{x \in (0, +\infty)} |f(x) - f_n(x)| = \max_{x \in (0, +\infty)} |f_n(x)| = f_n\left(\dfrac{1}{\ln n} \right) = \dfrac{(\ln n)^{\alpha-1}}{n^{\frac{1}{\ln n}}}$$

$$= \dfrac{1}{\mathrm{e}} (\ln n)^{\alpha-1} \begin{cases} \nrightarrow 0, & \alpha \geqslant 1, \\ \to 0, & \alpha < 1 \end{cases} \quad (n \to \infty).$$

(这里 $n^{\frac{1}{\ln n}} = (\mathrm{e}^{\ln n})^{\frac{1}{\ln n}} = \mathrm{e}$.) 所以当且仅当 $\alpha < 1$ 时，$\{f_n(x)\}$ 在 $[0, +\infty)$ 上一致收敛.

注意，放大法一般来说只是一致收敛的充分条件. 但如本例用求极大值的方法，得到 $\alpha_n = \max\{|S(x) - S_n(x)|\}$，则 $\alpha_n \to 0 (n \to \infty)$ 的条件不仅是充分的而且是必要的.

下两例是利用级数的余和估计.

对于 Leibniz 级数，级数余和 $r_n = S - S_n = \sum\limits_{k=n+1}^{\infty} (-1)^k a_k$，有估计式 $|r_n| \leqslant a_{n+1}$.

例 5.2.8　试证：$\sum\limits_{n=1}^{\infty} \dfrac{n(-1)^n}{n^2 + x^2}$ 在 $(-\infty, +\infty)$ 内一致收敛.

证　设函数 $f(y) = \dfrac{y}{y^2 + x^2}$，则 $f'(y) = \dfrac{x^2 - y^2}{(y^2 + x^2)^2}$. 可见 $\forall x \in (-\infty, +\infty)$，当 n 充分大时，级数通项的绝对值 $\dfrac{n}{n^2 + x^2} \searrow 0 (n \to \infty)$，故该级数为 Leibniz 级数. 因而

$$|r_n(x)| \leqslant \frac{n+1}{(n+1)^2 + x^2} \leqslant \frac{1}{n+1} \to 0 \quad (n \to \infty). \text{ 所以 } \sum_{n=1}^{\infty} \frac{n(-1)^n}{n^2 + x^2} \text{ 在} (-\infty, +\infty) \text{内}$$

一致收敛.

例 5.2.9 讨论 $\sum_{n=1}^{\infty} \dfrac{nx}{(1+x)(1+2x)\cdots(1+nx)}$ 在 $(0, a)$ 与 $(a, +\infty)$ 内的一致收敛性.

解 用 D'Alembert 判别法,容易知道该级数在 $(0, +\infty)$ 内处处收敛.

$$\begin{aligned}
r_n(x) &= \sum_{k=n+1}^{\infty} \frac{kx}{(1+x)(1+2x)\cdots(1+kx)} = \sum_{k=n+1}^{\infty} \frac{kx+1-1}{(1+x)(1+2x)\cdots(1+kx)} \\
&= \sum_{k=n+1}^{\infty} \left\{ \frac{1}{(1+x)(1+2x)\cdots[1+(k-1)x]} - \frac{1}{(1+x)(1+2x)\cdots(1+kx)} \right\} \\
&= \frac{1}{(1+x)(1+2x)\cdots(1+nx)}.
\end{aligned}$$

$$\sup_{x \in (0,a)} |r_n(x)| = 1 \nrightarrow 0, \quad \sup_{x \in (a,+\infty)} |r_n(x)| = \frac{1}{(1+a)(1+2a)\cdots(1+na)} \to 0 (n \to \infty).$$

所以此级数在 $(0, a)$ 内非一致收敛,在 $(a, +\infty)$ 内一致收敛.

有些函数序列是用递推形式给出的,这时可考虑用递推的方式进行放大. 如

☆**例 5.2.10** 设 $f_1(x)$ 在 $[a, b]$ 上正常可积,$f_{n+1}(x) = \int_a^x f_n(t)\,\mathrm{d}t, n = 1, 2, \cdots.$ 证明:函数序列 $\{f_n(x)\}$ 在 $[a, b]$ 上一致收敛于零. (吉林大学)

证 因为 $f_1(x)$ 在 $[a, b]$ 上正常可积,故在 $[a, b]$ 上有界,即 $\exists M > 0$,使得 $|f_1(x)| \leqslant M(\forall x \in [a, b])$. 从而

$$|f_2(x)| \leqslant \int_a^x |f_1(t)|\,\mathrm{d}t \leqslant M(x-a),$$

$$|f_3(x)| \leqslant \int_a^x |f_2(t)|\,\mathrm{d}t \leqslant M \int_a^x (t-a)\,\mathrm{d}t = \frac{M(x-a)^2}{2!}.$$

一般来说,若对 n 有 $|f_n(x)| \leqslant \dfrac{M(x-a)^{n-1}}{(n-1)!}$,则

$$|f_{n+1}(x)| \leqslant \int_a^x |f_n(t)|\,\mathrm{d}t = \frac{M}{(n-1)!} \int_a^x (t-a)^{n-1}\,\mathrm{d}t = \frac{M(x-a)^n}{n!}.$$

所以 $|f_n(x)| \leqslant \dfrac{M(b-a)^{n-1}}{(n-1)!} \to 0 \quad (n \to \infty).$ 故 $f_n(x) \rightrightarrows 0$ (当 $n \to \infty$ 时)(关于 $x \in [a, b]$).

例 5.2.11 证明:若 $K(x, t)$ 在 $D = [a \leqslant x \leqslant b, a \leqslant t \leqslant b]$ 上连续,$u_0(x)$ 在 $[a, b]$ 上连续,且对任意 $x \in [a, b]$,令 $u_n(x) = \int_a^x K(x, t) u_{n-1}(t)\,\mathrm{d}t, n = 1, 2, \cdots,$ 则函数序列

$\{u_n(x)\}$ 在 $[a,b]$ 上一致收敛.(东北师范大学)

提示 在有界闭区域上连续的二元函数必有界,即 $\exists M > 0$,当 $a \leqslant x \leqslant b, a \leqslant t \leqslant b$ 时,恒有 $|K(x,t)| \leqslant M$.

例 5.2.12 假设

1) $f(x)$ 在 $(-\infty, +\infty)$ 内连续;

2) $x \neq 0$ 时有 $|f(x)| < |x|$;

3) $f_1(x) = f(x), f_2(x) = f(f_1(x)), \cdots, f_n(x) = f(f_{n-1}(x)), \cdots$.

试证:$f_n(x)$ 在 $[-A,A]$ 上一致收敛(其中 A 为正常数).(南京大学,吉林大学)

证 因 $x \neq 0$ 时有 $0 \leqslant |f(x)| < |x|$,故令 $x \to 0$,取极限(已知 $f(x)$ 连续)得 $0 \leqslant f(0) \leqslant 0, f(0) = 0$,从而由条件 2),在 $[-A,A]$($A > 0$)上恒有 $|f(x)| \leqslant |x|$.

由此,$\forall \varepsilon > 0$(不妨设 $\varepsilon < A$),当 $x \in [-\varepsilon, \varepsilon]$ 时,有 $|f(x)| \leqslant |x| \leqslant \varepsilon$;在 $[-A, -\varepsilon] \cup [\varepsilon, A]$ 上,$\left| \dfrac{f(x)}{x} \right| < 1$ 连续,且有最大值 $q:0 < q < 1$. 于是,$|f(x)| \leqslant q|x| \leqslant qA$. 总之在 $[-A,A]$ 上恒有 $|f(x)| \leqslant \max\{\varepsilon, qA\}$.

$\forall x \in [-A,A]$,若 $|f(x)| \leqslant \varepsilon$,则 $|f_2(x)| = |f(f(x))| \leqslant |f(x)| \leqslant \varepsilon$.

若 $|f(x)| \in [\varepsilon, A]$,则 $|f_2(x)| = |f(f(x))| \leqslant q|f(x)| \leqslant q^2 A$.

所以,总有 $|f_2(x)| \leqslant \max\{\varepsilon, q^2 A\}$.

同理,由 $|f_{n-1}(x)| \leqslant \max\{\varepsilon, q^{n-1}A\}$ 可推出 $|f_n(x)| \leqslant \max\{\varepsilon, q^n A\}$. 故此式对一切 n 成立. 由于当 $n \to \infty$ 时,$q^n A \to 0$,对 $\varepsilon > 0$,$\exists N > 0$,$n > N$ 时,$q^n A < \varepsilon$,所以 $|f_n(x)| \leqslant \max\{\varepsilon, q^n A\} = \varepsilon$. 证毕.

放大法也要注意根据具体情况,作灵活的处理.

例 5.2.13 设 $\alpha_n > 0$,$\lim\limits_{n \to \infty} \alpha_n = 0$,$|u_n(x)| \leqslant \alpha_n (x \in I)$ 且 $u_i(x)u_j(x) = 0 (i \neq j)$($\forall x \in I$). 试证 $\sum\limits_{n=1}^{\infty} u_n(x)$ 在 I 上一致收敛(这里 I 为任意区间).

证 $\forall x \in I$,$\{u_n(x)\}$ 至多只有一项不为 0. 因此(若用 $S(x)$ 表示和函数,$S_n(x)$ 表示部分和)

$$|S(x) - S_n(x)| \leqslant \sup_{k > n} |u_k(x)| \leqslant \sup_{k > n} \alpha_k \to 0 (n \to \infty).$$

故 $\sum\limits_{n=1}^{\infty} u_n(x)$ 在 I 上一致收敛.

b. 利用 Cauchy 准则判断一致收敛性

要点 用 Cauchy 准则判断级数(或函数序列)是否一致收敛完全取决于充分后的"片段"是否能一致地任意小,而无须求出和函数(或极限函数). 这一点比用定义

法优越. 如 $\sum\limits_{n=1}^{\infty} u_n(x)$ 在区间 I 上一致收敛的充要条件是：$\forall \varepsilon > 0, \exists N > 0$，当 $n > N$ 时，$\left| \sum\limits_{k=n+1}^{n+p} u_k(x) \right| < \varepsilon$ （$\forall x \in I, \forall p \in \mathbf{N}$）.

$\sum\limits_{n=1}^{\infty} u_n(x)$ 在 I 上非一致收敛的充要条件是：$\exists \varepsilon_0 > 0, \forall N > 0, \exists n > N, \exists x \in I$，$\exists p \in \mathbf{N}$，使得 $\left| \sum\limits_{k=n+1}^{n+p} u_k(x) \right| \geqslant \varepsilon_0$.

特别，若通项 $u_n(x) \nrightarrow 0 (n \to \infty)$ 关于 $x \in I$，则 $\sum\limits_{n=1}^{\infty} u_n(x)$ 非一致收敛.

可见："当 $n \to \infty$ 时，$u_n(x) \rightrightarrows 0$（关于 $x \in I$）"是 $\sum\limits_{n=1}^{\infty} u_n(x)$ 在 I 中一致收敛的必要条件. 因此，若找到 $\{x_n\} \subset I$ 使得 $\{u_n(x_n)\} \nrightarrow 0(n \to \infty)$，则当 $n \to \infty$ 时 $u_n(x) \nrightarrow 0$（关于 $x \in I$）. 从而 $\sum\limits_{n=1}^{\infty} u_n(x)$ 在 I 中非一致收敛.

☆ **例 5.2.14** 设 $\{u_n(x)\}$ 为 $[a,b]$ 上的可导函数序列，且在 $[a,b]$ 上有

$$\left| \sum_{k=1}^{n} u'_k(x) \right| \leqslant C, \tag{1}$$

C 是不依赖于 x 和 n 的正数. 证明：若 $\sum\limits_{n=1}^{\infty} u_n(x)$ 在 $[a,b]$ 上收敛，则必为一致收敛. （华东师范大学）

证 I   1° $\sum\limits_{n=1}^{\infty} u_n(x)$ 在 $[a,b]$ 上收敛，所以，$\forall x_0 \in [a,b], \forall \varepsilon > 0, \exists N = N(\varepsilon, x_0) > 0$，当 $n > N$ 时，有

$$\left| \sum_{k=n+1}^{n+p} u_k(x_0) \right| < \frac{\varepsilon}{2} \quad (\forall p \in \mathbf{N}). \tag{2}$$

故 $\left| \sum\limits_{k=n+1}^{n+p} u_k(x) \right| \leqslant \left| \sum\limits_{k=n+1}^{n+p} u_k(x) - \sum\limits_{k=n+1}^{n+p} u_k(x_0) \right| + \left| \sum\limits_{k=n+1}^{n+p} u_k(x_0) \right|.$

此式右端第一项中，对函数 $\sum\limits_{k=n+1}^{n+p} u_k(x)$ 应用微分中值定理：

$$\left| \sum_{k=n+1}^{n+p} u_k(x) \right| \leqslant \left| \sum_{k=n+1}^{n+p} u'_k(\xi)(x - x_0) \right| + \left| \sum_{k=n+1}^{n+p} u_k(x_0) \right| \quad (\xi \text{ 在 } x \text{ 与 } x_0 \text{ 之间})$$

$$< 2C |x - x_0| + \frac{\varepsilon}{2}.$$

取 $\delta = \dfrac{\varepsilon}{4C}$，则 $|x - x_0| < \delta$ 时，有

$$\left| \sum_{k=n+1}^{n+p} u_k(x) \right| < \varepsilon \quad (\forall p \in \mathbf{N}, \forall x \in (x_0 - \delta, x_0 + \delta)). \tag{3}$$

至此,虽然式(3)不在整个区间$[a,b]$上同时成立,但在x_0的邻域$(x_0-\delta,x_0+\delta)$成立.

2° (注意到$x_0\in[a,b]$是任意的. 于是,对$[a,b]$上每一点,都采用上述步骤.) $\forall x_\lambda\in[a,b]$,$\exists N(\varepsilon,x_\lambda)>0$,当$n>N$,$x\in(x_\lambda-\delta,x_\lambda+\delta)$时有 $\left|\sum\limits_{k=n+1}^{n+p}u_k(x)\right|<\varepsilon$ ($\forall p\in\mathbf{N}$). 如此,$\left\{(x_\lambda-\delta,x_\lambda+\delta)\ \middle|\ x_\lambda\in[a,b]\right\}$组成了$[a,b]$上的一个开覆盖,由有限覆盖定理,其中存在有限子覆盖. 不妨设之为$\left\{(x_i-\delta,x_i+\delta)\right\}_{i=1}^r$. 令 $N=\max\limits_{1\le i\le r}\{N(\varepsilon,x_i)\}$,则当$n>N$时,$\forall x\in[a,b]$,有 $\left|\sum\limits_{k=n+1}^{n+p}u_k(x)\right|<\varepsilon$ ($\forall p\in\mathbf{N}$).

证 II $\forall\varepsilon>0$,取m充分大,将$[a,b]$ m等分,使分得的每个小区间长度$\delta<\dfrac{\varepsilon}{4C}$.

顺次以$x_1,x_2,\cdots,x_m$表示各小区间的中点. 因$\sum\limits_{n=1}^\infty u_n(x)$收敛,对$\varepsilon>0$,$\exists N_i=N(\varepsilon,x_i)$,当$n>N_i$时有

$$\left|\sum_{k=n+1}^{n+p}u_k(x_i)\right|<\frac{\varepsilon}{2}\quad(\forall p\in\mathbf{N}). \tag{4}$$

令$N=\max\{N_1,N_2,\cdots,N_m\}$,则$\forall x\in[a,b]$(不妨设$x$位于第$i$个小区间,$i\in\{1,2,\cdots,m\}$),有

$$\left|\sum_{k=n+1}^{n+p}u_k(x)\right|=\left|\sum_{k=n+1}^{n+p}u_k(x_i)+\int_{x_i}^x\left(\sum_{k=n+1}^{n+p}u_k(t)\right)'\mathrm{d}t\right|\le\left|\sum_{k=n+1}^{n+p}u_k(x_i)\right|+\int_{x_i}^x\left|\sum_{k=n+1}^{n+p}u_k'(t)\right|\mathrm{d}t$$

$$<\frac{\varepsilon}{2}+2C\,|x-x_i|\le\frac{\varepsilon}{2}+\frac{\varepsilon}{2}=\varepsilon.$$

上面我们看到使用 Cauchy 准则证明一致收敛,十分重要的问题是将"片段"$\sum\limits_{k=n+1}^{n+p}u_k(x)$进行变形. 作为这种变形的一个重要方法是 Abel 变换.

*例 5. 2. 15 设函数序列$f_0(x),f_1(x),\cdots$在区间I上有定义,且满足

i) $|f_0(x)|\le M$; ii) $\sum\limits_{n=1}^m|f_n(x)-f_{n+1}(x)|\le M$,$m=0,1,2,\cdots$,其中$M$是常数.

试证:如果级数$\sum\limits_{n=0}^\infty b_n$收敛,则级数$\sum\limits_{n=0}^\infty b_nf_n(x)$必在区间$I$上一致收敛. (吉林大学)

证 因$\sum\limits_{n=0}^\infty b_n$收敛,故$\forall\varepsilon>0$,$\exists N>0$,当$n>N$时,$\left|\sum\limits_{k=n+1}^{n+p}b_k\right|<\varepsilon$ ($\forall p\in\mathbf{N}$).

记$S_i=\sum\limits_{k=n+1}^{n+i}b_k$,于是$|S_i|<\varepsilon(i=1,2,\cdots)$. 故

$$\left|\sum_{k=n+1}^{n+p}b_kf_k(x)\right|\xlongequal{\text{仿用 Abel 变换}}\left|S_1f_{n+1}+(S_2-S_1)f_{n+2}+\cdots+(S_p-S_{p-1})f_{n+p}\right|$$

$$= \left| S_1(f_{n+1} - f_{n+2}) + \cdots + S_{p-1}(f_{n+p-1} - f_{n+p}) + S_p f_{n+p} \right|$$

$$\leq |S_1| \, |f_{n+1} - f_{n+2}| + \cdots + |S_{p-1}| \, |f_{n+p-1} - f_{n+p}| + |S_p| \, |f_{n+p}|$$

$$\leq \varepsilon \left(\sum_{k=n+1}^{n+p} |f_k - f_{k+1}| + |f_{n+p}| \right)$$

因为 $\displaystyle\sum_{k=n+1}^{n+p-1} |f_k - f_{k+1}| \leq \sum_{k=0}^{n+p-1} |f_k - f_{k+1}| \leq M$（条件 ii)），故

$$|f_{n+p}| = |f_0 - f_0 + f_1 - f_1 + \cdots + f_{n+p-1} - f_{n+p-1} + f_{n+p}|$$

$$\leq |f_0| + |f_0 - f_1| + \cdots + |f_{n+p-1} - f_{n+p}| \leq 2M.$$

所以，$\displaystyle\left| \sum_{k=n+1}^{n+p} b_k f_k(x) \right| < \varepsilon \cdot 3M$（$\forall p \in \mathbf{N}$）. 故 $\displaystyle\sum_{k=0}^{\infty} b_k f_k(x)$ 在 I 上一致收敛.

用 Cauchy 准则证明非一致收敛

☆ **例 5.2.16** 求证：级数 $\dfrac{\sin x}{1} + \dfrac{\sin 2x}{2} + \cdots + \dfrac{\sin nx}{n} + \cdots$ 在 $x = 0$ 的邻域内非一致收敛.

分析 我们的目标是证明每个标号 n 之后均有"片段" $\geq \varepsilon$（某个事先指定的正数）. 片段 $\displaystyle\sum_{k=n+1}^{n+p} \dfrac{\sin kx}{k}$ 的麻烦在于每项有因子 $\sin kx$，否则 $\displaystyle\sum_{k=n+1}^{n+p} \dfrac{1}{k}$ 是调和级数 $\displaystyle\sum_{n=1}^{\infty} \dfrac{1}{n}$ 的片段，例如取 $p = n$，则片段 $\displaystyle\sum_{k=n+1}^{2n} \dfrac{1}{k} \geq n \cdot \dfrac{1}{2n} = \dfrac{1}{2}$.

另一方面，我们看到函数 $\sin x$ 在 $\left[\dfrac{\pi}{4}, \dfrac{\pi}{2} \right]$ 上恒大于等于 $\sin \dfrac{\pi}{4}$，因此我们只要保持使 $kx \in \left[\dfrac{\pi}{4}, \dfrac{\pi}{2} \right]$，那么 $\displaystyle\sum_{k=n+1}^{2n} \dfrac{\sin kx}{k} \geq \sin \dfrac{\pi}{4} \cdot \sum_{k=n+1}^{2n} \dfrac{1}{k} \geq \dfrac{1}{2} \sin \dfrac{\pi}{4}$.

如此，我们想到取 $x = x_n = \dfrac{\pi}{4n}$，从而 $\forall n \in \mathbf{N}$ 有 $\displaystyle\left| \sum_{k=n+1}^{2n} \dfrac{1}{k} \sin kx_n \right| = \left| \sum_{k=n+1}^{2n} \dfrac{\sin\left(k \cdot \dfrac{\pi}{4n} \right)}{k} \right|$. 这是因为 $n+1 \leq k \leq 2n$，所以

$$\dfrac{\pi}{4} < (n+1)\dfrac{\pi}{4n} \leq k \cdot \dfrac{\pi}{4n} \leq 2n \dfrac{\pi}{4n} = \dfrac{\pi}{2},$$

即 $k \cdot \dfrac{\pi}{4n} \in \left[\dfrac{\pi}{4}, \dfrac{\pi}{2} \right]$. 故对 $\varepsilon_0 = \dfrac{1}{4}\sqrt{2}$，$\forall n$，有片段

$$\left| \sum_{k=n+1}^{2n} \dfrac{\sin kx_n}{k} \right| \geq \sum_{k=n+1}^{2n} \dfrac{1}{k} \sin \dfrac{\pi}{4} > \dfrac{1}{2} \sin \dfrac{\pi}{4} = \dfrac{1}{4}\sqrt{2} = \varepsilon_0,$$

级数非一致收敛. 简洁的证明请读者写出.

例 5.2.17 证明：$\displaystyle\sum_{n=1}^{\infty} \dfrac{1}{n}\left[e^x - \left(1 + \dfrac{x}{n}\right)^n \right]$ 在 $(0, +\infty)$ 上非一致收敛.（北京大学）

证 通项 $\dfrac{1}{n}\left[e^x-\left(1+\dfrac{x}{n}\right)^n\right] \to 0$（当 $n\to\infty$ 时），$x\in(0,+\infty)$. 事实上，$\forall n\in\mathbf{N}$，当 $x\to+\infty$ 时，易知 $\dfrac{1}{n}\left[e^x-\left(1+\dfrac{x}{n}\right)^n\right]\to+\infty$. 所以该级数在 $(0,+\infty)$ 上非一致收敛.

^{new}**练习 1** 试证：函数项级数 $\displaystyle\sum_{n=1}^{\infty}\dfrac{n^{n+2}}{(1+nx)^n}$ 在 $(1,+\infty)$ 内收敛，在 $(1,+\infty)$ 内非一致收敛，但和函数在 $(1,+\infty)$ 内连续.（武汉大学）

提示 1）$0<\dfrac{n^{n+2}}{(1+nx)^n}<\dfrac{n^{n+2}}{(nx)^n}=\dfrac{n^2}{x^n}\leqslant\dfrac{n^2}{\alpha^n}$ $(x\geqslant\alpha>1)$，而 $\sqrt[n]{\dfrac{n^2}{\alpha^n}}\xrightarrow{n\to\infty}\dfrac{1}{\alpha}<1$. 因此，级数在 $(1,+\infty)$ 内逐点收敛，内闭一致收敛，且和函数连续.

2）令 $x_n=\dfrac{1}{n}+1(n\to\infty)$，$\dfrac{n^{n+2}}{(1+nx_n)^n}=\dfrac{n^2}{\left[\left(1+\dfrac{2}{n}\right)^{\frac{n}{2}}\right]^2}\to+\infty$，说明级数在 $(1,+\infty)$ 内非一致收敛.（事实上：取 $\varepsilon_0=\dfrac{1}{2}$，当 n 充分大时，$\dfrac{n^{n+2}}{(1+nx_k)^n}>1$，于是（当 $p>1$ 时）$\displaystyle\sum_{k=n}^{n+p}\dfrac{k^{k+2}}{(1+kx_k)^k}>\dfrac{n^{n+2}}{(1+nx_n)^n}>\dfrac{1}{2}=\varepsilon_0$. ）

^{new}**练习 2** 讨论级数 $\displaystyle\sum_{n=1}^{\infty}\dfrac{\sqrt{n+1}-\sqrt{n}}{n^x}$ 的收敛性与一致收敛性.（浙江大学）

解 1° （在 $\left(\dfrac{1}{2},+\infty\right)$ 内收敛，且内闭一致收敛.）因 $\forall\alpha>\dfrac{1}{2}$，当 $x\geqslant\alpha$ 时，

$$\left|\dfrac{\sqrt{n+1}-\sqrt{n}}{n^x}\right|=\dfrac{1}{n^x(\sqrt{n+1}+\sqrt{n})}\leqslant\dfrac{1}{n^{x+\frac{1}{2}}}\leqslant\dfrac{1}{n^{\alpha+\frac{1}{2}}}\quad(n\geqslant1).$$

而 $\displaystyle\sum_{n=1}^{\infty}\dfrac{1}{n^{\alpha+\frac{1}{2}}}$ 收敛，故级数在 $[\alpha,+\infty)$ 上一致收敛，又因 $\alpha>\dfrac{1}{2}$ 任意，所以在 $\left(\dfrac{1}{2},+\infty\right)$ 内逐点收敛，且内闭一致收敛.

2° （在 $\left(\dfrac{1}{2},+\infty\right)$ 内非一致收敛.）我们已知 $\displaystyle\sum_{n=1}^{\infty}\dfrac{1}{n}$ 发散，故 $\forall n\in\mathbf{N}$，当 $m>n,m$ 充分大时，有 $\displaystyle\sum_{k=n+1}^{m}\dfrac{1}{k}>2$. 故当 $x\to\left(\dfrac{1}{2}\right)^+$ 时，

$$\left|\sum_{k=n+1}^{m}\dfrac{\sqrt{k+1}-\sqrt{k}}{k^x}\right|=\sum_{k=n+1}^{m}\dfrac{1}{k^x(\sqrt{k+1}+\sqrt{k})}\geqslant\sum_{k=n+1}^{m}\dfrac{1}{k^{x+\frac{1}{2}}}$$

$$\xrightarrow{x\to\left(\frac{1}{2}\right)^+}\sum_{k=n+1}^{m}\dfrac{1}{k}>2.$$

可见若取 $\varepsilon_0=1$，则 $\forall n\in\mathbf{N}$，总 $\exists m>n,x_n>\dfrac{1}{2}$（且与 $\dfrac{1}{2}$ 充分接近），使得 $\left|\displaystyle\sum_{k=n+1}^{m}\dfrac{\sqrt{k+1}-\sqrt{k}}{k^x}\right|\geqslant\varepsilon_0=1$. 这表明原级数在 $\left(\dfrac{1}{2},+\infty\right)$ 内非一致收敛.

c. 利用常用的判别法证明一致收敛性

这里所说的常用判别法指：M 判别法（即 Weierstrass 判别法）、Abel 判别法、Dirichlet 判别法及 Dini 判别法. 下面分别加以讨论.

1）M 判别法

要点 根据 M 判别法，要证明 $\sum\limits_{n=1}^{\infty} u_n(x)$ 在区间 I 上一致收敛，只要找到收敛的优级数. 即：将通项 $u_n(x)$ 放大，使

$$\left| u_n(x) \right| \leqslant M_n, \quad \forall x \in I.$$

若级数 $\sum\limits_{n=1}^{\infty} M_n$ 收敛，则 $\sum\limits_{n=1}^{\infty} u_n(x)$ 在 I 上一致收敛（$\sum\limits_{n=1}^{\infty} M_n$ 称为它的**优级数**）.

求优级数的方法，除有些可以用观察法之外，通常还可用如下方法：求 $u_n(x)$ 在区间 I 上的最大值；利用已知的不等式；用 Taylor 公式、微分中值定理等各种方法变形再放大.

利用 $u_n(x)$ 的最大值进行放大

☆**例 5.2.18** 证明 $\sum\limits_{n=1}^{\infty} x^n(1-x)^2$ 在 $[0,1]$ 上一致收敛.（安徽大学）

证 对通项 $u_n(x) = x^n(1-x)^2$ 求导，令

$$u_n'(x) = nx^{n-1}(1-x)^2 - 2x^n(1-x) = 0,$$

得出全部驻点 $x = 0, 1, \dfrac{n}{n+2}$. 因 $u_n\left(\dfrac{n}{n+2}\right) > u_n(0) = u_n(1) = 0$，所以 $u_n\left(\dfrac{n}{n+2}\right)$ 为 $u_n(x)$ 在 $[0,1]$ 上的最大值. 如此

$$x^n(1-x)^2 \leqslant \left(\frac{n}{n+2}\right)^n \left(1 - \frac{n}{n+2}\right)^2 \leqslant \left(1 - \frac{n}{n+2}\right)^2 = \left(\frac{2}{n+2}\right)^2 \leqslant \frac{4}{n^2}.$$

因 $\sum\limits_{n=1}^{\infty} \dfrac{4}{n^2}$ 收敛，所以 $\sum\limits_{n=1}^{\infty} x^n(1-x)^2$ 在 $[0,1]$ 上一致收敛.

^{new}**练习** 试证函数项级数 $\sum\limits_{n=1}^{\infty} x^3 \mathrm{e}^{-nx^2}$ 在 $[0, +\infty)$ 上一致收敛.（北京大学）

提示 求通项的最大值可得 $\sum\limits_{n=1}^{\infty} x^3 \mathrm{e}^{-nx^2}$ 的优级数：$\sum\limits_{n=1}^{\infty} \left(\dfrac{3}{2n}\right)^{\frac{3}{2}} \mathrm{e}^{-\frac{3}{2}}$.

利用已知的不等式进行放大

例 5.2.19 证明 $\sum\limits_{n=1}^{\infty} \arctan \dfrac{2x}{x^2 + n^3}$ 在 $(-\infty, +\infty)$ 内一致收敛.

提示 $\left| \arctan \dfrac{2x}{x^2 + n^3} \right| \leqslant \dfrac{2|x|}{x^2 + n^3} = \dfrac{\sqrt{x^2 n^3}}{(x^2 + n^3)/2} \cdot \dfrac{1}{n^{3/2}} \leqslant \dfrac{1}{n^{3/2}}.$

☆**例 5.2.20** 证明函数项级数 $\sum\limits_{n=1}^{\infty} \dfrac{1}{n}\left[\mathrm{e}^x - \left(1 + \dfrac{x}{n}\right)^n\right]$ 在任意有限区间 $[a,b]$ 上一致收敛.（北京大学）

提示 可利用例 3.4.5 中的不等式,如设 $|a|,|b| \leqslant M$,则当 n 充分大时,

$$\frac{1}{n}\left[e^x - \left(1 + \frac{x}{n}\right)^n\right] \leqslant \frac{x^2}{n^2}e^x \leqslant \frac{M^2}{n^2}e^M.$$

利用 Taylor 公式等进行变形后放大

☆ **例 5.2.21** 设一元函数 f 在 $x = 0$ 的邻域里有二阶连续导数,$f(0) = 0, 0 < f'(0) < 1$. 函数 f_n 是 f 的 n 次复合,证明级数 $\sum_{n=1}^{\infty} f_n(x)$ 在 $x = 0$ 的邻域里一致收敛.
(中国科学技术大学)

分析 因为 f 在 $x = 0$ 的邻域内有二阶连续导数,当 $\delta > 0$ 充分小时,在 $[-\delta, \delta]$ 上 $f''(x)$ 连续,且

$$f(x) = f(0) + f'(0)x + \frac{1}{2!}f''(\xi)x^2 = f'(0)x + \frac{1}{2!}f''(\xi)x^2 \quad (|\xi| < |x| \leqslant \delta).$$

既然 $f''(x)$ 在 $[-\delta, \delta]$ 上连续,所以 $\exists M > 0$,使得 $|f''(x)| \leqslant M$. 于是

$$|f(x)| \leqslant |x|\left(f'(0) + \frac{1}{2}M\delta\right) \equiv q \cdot |x|. \tag{1}$$

$\left(\text{这里记 } f'(0) + \frac{1}{2}M\delta = q.\right)$ 重复使用得

$$|f_2(x)| = |f(f(x))| \leqslant q|f(x)| \leqslant q \cdot q|x| = q^2|x| < q^2\delta,$$
$$|f_n(x)| \leqslant q|f_{n-1}(x)| \leqslant \cdots \leqslant q^n|x| \leqslant q^n\delta. \tag{2}$$

为使级数 $\sum_{n=1}^{\infty} q^n\delta$ 收敛,必须使得正数 $q = f'(0) + \frac{1}{2}M\delta < 1$. 但 $0 < f'(0) < 1$,故只要从式(1)开始把邻域进一步缩小,取 $\delta_1 < \delta$,用 δ_1 代替 δ 使得 $\frac{1}{2}M\delta_1 < 1 - f'(0)$

$\left(\text{即 } \delta_1 < \frac{2}{M}(1 - f'(0))\right)$,则 $q_1 = f'(0) + \frac{1}{2}M\delta_1 < 1$. 从而式(2)成为 $|f_n(x)| \leqslant q_1^n\delta_1$

(当 $|x| < \delta_1 < \delta$ 时),可知 $\sum_{n=1}^{\infty} f_n(x)$ 在 $x = 0$ 的邻域里一致收敛(简洁的证明请读者写出).

例 5.2.22 证明 $\sum_{n=1}^{\infty} x^2 e^{-nx}$ 在 $(0, +\infty)$ 内一致收敛.(西南大学)

提示 $x^2 e^{-nx} = \dfrac{x^2}{1 + nx + \frac{n^2x^2}{2} + \cdots} < \dfrac{x^2}{\frac{n^2x^2}{2}} = \dfrac{2}{n^2}.$

2)Abel 判别法与 Dirichlet 判别法

要点 根据 Abel 判别法与 Dirichlet 判别法,要证明级数 $\sum_{n=1}^{\infty} u_n(x)$ 一致收敛,关键是将通项写成两个因子相乘,使之符合判别法的条件. 即令 $u_n(x) = a_n(x) \cdot b_n(x)$,

若 i) $\displaystyle\sum_{n=1}^{\infty} a_n(x)$ 在 I 上一致收敛;

ii) $\{b_n(x)\}$ 一致有界,且对每个固定的 x,$\{b_n(x)\}$ 关于 n 单调,

则由 Abel 判别法,$\displaystyle\sum_{n=1}^{\infty} u_n(x)$ 在 I 上一致收敛.

若 i) $\displaystyle\sum_{k=1}^{n} a_k(x)$ 关于 x 与 n 一致有界;

ii) $b_n(x)$ 对每个固定的 x,关于 n 单调,且 $n\to\infty$ 时 $b_n(x) \rightrightarrows 0$(于 I 上),

则由 Dirichlet 判别法,$\displaystyle\sum_{n=1}^{\infty} u_n(x)$ 在 I 上一致收敛.

例 5.2.23 假设 $b>0$,a_1,a_2,$\cdots$ 均为常数,且级数 $\displaystyle\sum_{n=1}^{\infty} a_n$ 收敛,试证:

$\displaystyle\sum_{n=1}^{\infty} a_n \frac{1}{n!} \int_0^x t^n \mathrm{e}^{-t}\mathrm{d}t$ 在 $[0,b]$ 上一致收敛.

证 1° $\displaystyle\sum_{n=1}^{\infty} a_n$ 收敛,自然关于 x 一致收敛.

2° $0 \leqslant \dfrac{1}{n!} \displaystyle\int_0^x t^n \mathrm{e}^{-t}\mathrm{d}t \leqslant \dfrac{1}{n!} \int_0^{+\infty} t^n \mathrm{e}^{-t}\mathrm{d}t = 1^{①}$ ($\forall n \in \mathbf{N}$,$\forall x \in [0,b]$),即 $\dfrac{1}{n!} \displaystyle\int_0^x t^n \mathrm{e}^{-t}\mathrm{d}t$ 一致有界.

3° 当 $n>b$ 时,$\forall x \in [0,b]$,

$$\frac{1}{(n+1)!} \int_0^x t^{n+1} \mathrm{e}^{-t}\mathrm{d}t = \frac{1}{n!} \int_0^x \frac{t}{n+1} \cdot t^n \mathrm{e}^{-t}\mathrm{d}t \leqslant \frac{1}{n!} \int_0^x t^n \mathrm{e}^{-t}\mathrm{d}t,$$

即 $\dfrac{1}{n!} \displaystyle\int_0^x t^n \mathrm{e}^{-t}\mathrm{d}t$ 关于 n 单调.

根据 Abel 判别法,$\displaystyle\sum_{n=1}^{\infty} a_n \frac{1}{n!} \int_0^x t^n \mathrm{e}^{-t}\mathrm{d}t$ 在 $[0,b]$ 上一致收敛.

☆**例 5.2.24** 证明:级数 $\displaystyle\sum_{n=1}^{\infty} (-1)^n \frac{\mathrm{e}^{x^2}+\sqrt{n}}{n^{3/2}}$ 在任何有限区间 $[a,b]$ 上一致收敛,但在任何一点 x_0 处不绝对收敛.(四川大学)

第二结论根据 $\displaystyle\sum_{n=1}^{\infty} \frac{\mathrm{e}^{x^2}+\sqrt{n}}{n^{3/2}} = \sum_{n=1}^{\infty} \frac{\mathrm{e}^{x^2}}{n^{3/2}} + \sum_{n=1}^{\infty} \frac{1}{n}$,明显成立,这里只证第一结论.

证 I 1° $\left| \displaystyle\sum_{k=1}^{n} (-1)^k \right| \leqslant 2$ ($n=1,2,\cdots$).

2° $\dfrac{\mathrm{e}^{x^2}+\sqrt{n}}{n^{3/2}} = \dfrac{\mathrm{e}^{x^2}}{n^{3/2}} + \dfrac{1}{n} \geqslant \dfrac{\mathrm{e}^{x^2}}{(n+1)^{3/2}} + \dfrac{1}{n+1}$ ($n=1,2,\cdots$),即 $\dfrac{\mathrm{e}^{x^2}+\sqrt{n}}{n^{3/2}}$ 关于 n 单调

---

① 反复利用分部积分法,可得 $\displaystyle\int_0^{+\infty} t^n \mathrm{e}^{-t}\mathrm{d}t = n!$;或利用 Euler 积分 $\displaystyle\int_0^{+\infty} t^n \mathrm{e}^{-t}\mathrm{d}t = \Gamma(n+1) = n!$.

下降.

3° 当 $x \in [a,b]$ 时，$\left| \dfrac{e^{x^2}+\sqrt{n}}{n^{3/2}} \right| \leqslant \dfrac{e^{c^2}+\sqrt{n}}{n^{3/2}} \to 0\,(n \to \infty)$（其中 $c = \max\{\,|a|,$

$|b|\,\}$）. 因此 $\dfrac{e^{x^2}+\sqrt{n}}{n^{3/2}} \rightrightarrows 0$（当 $n \to \infty$ 时）.

根据 Dirichlet 判别法，$\displaystyle\sum_{n=1}^{\infty}(-1)^n \dfrac{e^{x^2}+\sqrt{n}}{n^{3/2}}$ 在 $[a,b]$ 上一致收敛.

证 II $\displaystyle\sum_{n=1}^{\infty}(-1)^n \dfrac{e^{x^2}+\sqrt{n}}{n^{3/2}} = \sum_{n=1}^{\infty}(-1)^n \dfrac{e^{x^2}}{n^{3/2}} + \sum_{n=1}^{\infty}\dfrac{(-1)^n}{n}.$

因为级数 $\displaystyle\sum_{n=1}^{\infty}(-1)^n \dfrac{1}{n^{3/2}}$ 与 $\displaystyle\sum_{n=1}^{\infty}\dfrac{(-1)^n}{n}$ 皆为 Leibniz 级数，故收敛，自然关于 x 一致收敛. 又因为 e^{x^2} 在 $[a,b]$ 上为有界函数，一致收敛级数各项同乘某有界函数后仍一致收敛. 所以，$\displaystyle\sum_{n=1}^{\infty}(-1)^n \dfrac{e^{x^2}}{n^{3/2}}$ 一致收敛. 进而两个一致收敛级数的和级数 $\displaystyle\sum_{n=1}^{\infty}(-1)^n \dfrac{e^{x^2}+\sqrt{n}}{n^{3/2}}$ 也一致收敛.

证 III $\forall x \in [a,b]$，$\displaystyle\sum_{n=1}^{\infty}(-1)^n \dfrac{e^{x^2}+\sqrt{n}}{n^{3/2}}$ 是 Leibniz 级数，故收敛，且余和的绝对值：

$$|r_n(x)| = \left| \dfrac{e^{x^2}+\sqrt{n+1}}{(n+1)^{3/2}} \right| \leqslant \dfrac{e^{c^2}}{(n+1)^{3/2}} + \dfrac{1}{n+1} \to 0 \quad (n \to \infty)$$

（其中 $c = \max\{\,|a|,|b|\,\}$）. 故 $r_n(x) \rightrightarrows 0(n \to \infty)$ 于 $[a,b]$. 因此级数在 $[a,b]$ 上一致收敛.

注 本例说明一致收敛不意味着绝对收敛.

例 5.2.25 判断级数 $\displaystyle\sum_{n=1}^{\infty}\dfrac{(-1)^{n-1}x^2}{(1+x^2)^n}$ 在 $(-\infty,+\infty)$ 内的一致收敛性.

提示 考虑 $\displaystyle\sum_{n=1}^{\infty}\dfrac{(-1)^{n-1}}{n} \cdot \dfrac{nx^2}{(1+x^2)^n}$.

Abel 判别法与 Dirichlet 判别法有时可连环使用. 如

☆**例 5.2.26** 证明：$\displaystyle\sum_{n=1}^{\infty}(1-x)\dfrac{x^n}{1-x^{2n}}\sin nx$ 在 $\left(\dfrac{1}{2},1\right)$ 内一致收敛.

证 因 $\displaystyle\sum_{n=1}^{\infty}(1-x)\dfrac{x^n}{1-x^{2n}}\sin nx = \sum_{n=1}^{\infty}\dfrac{1}{1+x^n} \cdot \dfrac{(1-x)x^n}{1-x^n}\sin nx,$

其中 $\dfrac{1}{1+x^n}$ 关于 n 单调，且一致有界：$\left| \dfrac{1}{1+x^n} \right| \leqslant 1$. 根据 Abel 判别法，要证明该级数一

致收敛,只要证明级数 $\displaystyle\sum_{n=1}^{\infty}\frac{(1-x)x^n}{1-x^n}\sin nx$ 在 $\left(\dfrac{1}{2},1\right)$ 内一致收敛. 但是

$$1° \ \left|\sum_{k=1}^{n}\sin kx\right| = \left|\frac{1}{2\sin\dfrac{x}{2}}\sum_{k=1}^{n}2\sin\frac{x}{2}\sin kx\right|$$

$$= \left|\frac{1}{2\sin\dfrac{x}{2}}\sum_{k=1}^{n}\left[\cos\left(k-\frac{1}{2}\right)x - \cos\left(k+\frac{1}{2}\right)x\right]\right|$$

$$= \frac{\left|\cos\dfrac{1}{2}x - \cos\left(nx+\dfrac{x}{2}\right)\right|}{2\sin\dfrac{x}{2}}$$

$$\leqslant \frac{1}{\sin\dfrac{x}{2}} \leqslant \frac{1}{\sin\dfrac{1}{4}} \quad \left(x\in\left(\frac{1}{2},1\right), n=1,2,\cdots\right). \tag{1}$$

$\left(\text{此即表明,}\displaystyle\sum_{k=1}^{n}\sin kx \text{ 在}\left(\dfrac{1}{2},1\right)\text{内一致有界.}\right)$

$2° \ \dfrac{(1-x)x^n}{1-x^n} = \dfrac{x^n}{1+x+x^2+\cdots+x^{n-1}}, x\in\left(\dfrac{1}{2},1\right)$, 可见它关于 $n\searrow$. 又

$$0 \leqslant \frac{x^n}{1+x+\cdots+x^{n-1}} \leqslant \frac{x^n}{nx^{n-1}} < \frac{1}{n} \to 0 \quad \left(x\in\left(\frac{1}{2},1\right)\right),$$

即在 $\left(\dfrac{1}{2},1\right)$ 上, $\dfrac{(1-x)x^n}{1-x^n}\searrow$ 且 $\dfrac{(1-x)x^n}{1-x^n}\rightrightarrows 0$ (当 $n\to\infty$ 时). 于是根据 Dirichlet 判别法, 级数 $\displaystyle\sum_{n=1}^{\infty}\frac{(1-x)x^n}{1-x^n}\sin nx$ 在 $\left(\dfrac{1}{2},1\right)$ 内一致收敛. 证毕.

注 若将区间改为 $[0,1)$, 上面证法中, 式(1)不再成立. 但假如我们将 $[0,1)$ 分为两段, 在 $\left[0,\dfrac{1}{2}\right]$ 上, $\left|(1-x)\dfrac{x^n}{1-x^{2n}}\sin nx\right| \leqslant \dfrac{\dfrac{1}{2^n}}{1-\dfrac{1}{2^{2n}}}$. 利用 M 判别法容易证明该级数在 $\left[0,\dfrac{1}{2}\right]$ 上一致收敛; 在 $\left(\dfrac{1}{2},1\right)$ 内, 应用本题的结果. 于是可知原级数在 $[0,1)$ 上一致收敛.

3) **Dini 定理及其应用**

☆ **例 5.2.27**(Dini 定理) 设 $u_n(x)\geqslant 0$ 在 $[a,b]$ 上连续, $n=1,2,\cdots$. 又 $\displaystyle\sum_{n=1}^{\infty}u_n(x)$ 在 $[a,b]$ 上收敛于连续函数 $f(x)$, 则 $\displaystyle\sum_{n=1}^{\infty}u_n(x)$ 在 $[a,b]$ 上一致收敛于 $f(x)$. (东北师

范大学,南京大学)

证 I (从正面证明.)(已知 $u_n(x) \geq 0$ $(n=1,2,\cdots)$,$\sum_{n=1}^{\infty} u_n(x) = f(x)$,因此

$\forall x \in [a,b]$,$S_n(x) = \sum_{k=1}^{n} u_k(x) \nearrow f(x)(n\to\infty)$.$r_n(x) \equiv f(x) - S_n(x) \searrow 0$. 我们要证

明 $S_n(x) \underset{\to}{\to} f(x)(n\to\infty)$ 在 $[a,b]$ 上,只需证明 $r_n(x) \underset{\to}{\to} 0 (n\to\infty)$ 于 $[a,b]$. 因此问

题在于对任意 $\varepsilon > 0$,找到 $N > 0$,使得当 $n > N$ 时,$|r_n(x)| < \varepsilon$($\forall x \in [a,b]$). 我们

的做法是先在局部里找到 N,然后在整体上找出 N.)

已知 $r_n(x) \searrow 0$,所以 $\forall n \in \mathbf{N}$,$\forall x \in [a,b]$,有 $r_n(x) \geq 0$,且 $\forall x_0 \in [a,b]$,$\forall \varepsilon > 0$,$\exists N(x_0,\varepsilon) > 0$,当 $n \geq N(x_0,\varepsilon)$ 时,有 $0 \leq r_n(x_0) < \varepsilon$. 将 n 固定,令 $n = N_0 = N(x_0,\varepsilon)$,因为 $r_n(x) \equiv f(x) - S_n(x)$ 在 $[a,b]$ 上连续. 既然 $r_n(x_0) < \varepsilon$,所以 $\exists \delta_0 > 0$,当 $x \in (x_0 - \delta_0, x_0 + \delta_0)$ 时,$r_n(x) < \varepsilon$,从而当 $n > N_0$ 时有 $r_n(x) < \varepsilon$,即 $|r_n(x)| < \varepsilon$ $(x \in (x_0 - \delta_0, x_0 + \delta_0))$.

(至此,我们虽然在整个 $[a,b]$ 上未能找到公共的 $N > 0$,使得 $n > N$ 时,$|r_n(x)| < \varepsilon$ 在 $[a,b]$ 上同时成立,但我们已能在任一点 $x_0 \in [a,b]$ 的某个邻域里找到一个相应的 N_0,使得 $n > N_0$ 时,在此邻域里恒有 $|r_n(x)| < \varepsilon$. 剩下的问题是从局部转化为整体. 这就要用到有限覆盖定理.)

如上所述,对每个点 $x_\lambda \in [a,b]$,可找到相应的邻域 $(x_\lambda - \delta_\lambda, x_\lambda + \delta_\lambda)$ 及对应的 N_λ,使得 $n > N_\lambda$ 时,对 $x \in (x_\lambda - \delta_\lambda, x_\lambda + \delta_\lambda)$ 恒有 $|r_n(x)| < \varepsilon$. 如此,$\{(x_\lambda - \delta_\lambda, x_\lambda + \delta_\lambda) | x_\lambda \in [a,b]\}$ 构成了 $[a,b]$ 的一个开覆盖,从而必存在有限子覆盖. 不妨记它们为 $\{(x_1 - \delta_1, x_1 + \delta_1), \cdots, (x_r - \delta_r, x_r + \delta_r)\}$,于是 $\forall x \in [a,b]$,总 $\exists i \in \{1,2,\cdots,r\}$ 使得 $x \in (x_i - \delta_i, x_i + \delta_i)$,取 $N = \max\{N_1, N_2, \cdots, N_r\}$,那么当 $n > N$ 时,恒有 $|r_n(x)| < \varepsilon$. 证毕.

证 II (反证法)若在 $[a,b]$ 上非一致收敛,则 $\exists \varepsilon_0 > 0$,使得 $\forall N > 0$,$\exists n > N$,$\exists x \in [a,b]$ 使得 $|r_n(x)| \geq \varepsilon_0$. 取 $N = 1$,知 $\exists n_1 > 1$,$\exists x_1 \in [a,b]$,使得 $|r_{n_1}(x_1)| \geq \varepsilon_0$;令 $N = n_1$,知 $\exists n_2 > n_1$,$\exists x_2 \in [a,b]$,使得 $|r_{n_2}(x_2)| \geq \varepsilon_0$;如此下去,我们得到 $\{n\}$ 的子列 $n_1 < n_2 < \cdots < n_k < \cdots$,使得

$$|r_{n_k}(x_k)| \geq \varepsilon_0 (k=1,2,\cdots). \tag{1}$$

利用致密性原理(即 Bolzano - Weierstrass 定理),在有界数列 $\{x_k\}$ 里,存在收敛子列 $\{x_{k_j}\} \to x_0 \in [a,b]$(当 $j\to\infty$ 时). 因 $|r_n(x)| \searrow$(关于 n),所以 $\forall m \in \mathbf{N}$,当 $n_{k_j} > m$ 时,有 $|r_m(x_{k_j})| \geq |r_{n_{k_j}}(x_{k_j})| \overset{式(1)}{\geq} \varepsilon_0$. 由于 $r_m(x) \equiv f(x) - S_m(x)$ 连续,所以当 $j\to\infty$ 时,在 $|r_m(x_{k_j})| \geq \varepsilon_0$ 里取极限,知 $|r_m(x_0)| \geq \varepsilon_0$($\forall m \in \mathbf{N}$),与 $\sum_{n=1}^{\infty} u_n(x)$ 在 $[a,b]$ 上收敛矛盾. 证毕.

注 Dini 定理条件 $u_n(x) \geq 0$ $(n=1,2,\cdots)$ 改变为:"固定 x 时,各 $u_n(x)$ 保持同

号(当 x 变化时 $u_n(x)$ 可以变号)"时,结论仍然成立. 此时 x 固定,令 $n \nearrow \infty$,仍有 $|r_n(x)| \searrow 0$;上述证明适当修改后,依然有效.

☆**例 5. 2. 28** 在区间 $[0,1]$ 上:

1)证明函数序列 $\left(1 + \dfrac{x}{n}\right)^n (n = 1, 2, \cdots)$ 一致收敛;

2)证明函数序列 $f_n(x) = \dfrac{1}{\mathrm{e}^{\frac{x}{n}} + \left(1 + \dfrac{x}{n}\right)^n} (n = 1, 2, \cdots)$ 一致收敛;

3)求出极限 $\lim\limits_{n \to \infty} \displaystyle\int_0^1 \dfrac{\mathrm{d}x}{\mathrm{e}^{\frac{x}{n}} + \left(1 + \dfrac{x}{n}\right)^n}$. (武汉大学)

证 1)**证 I** 当 $n \to \infty$ 时, $\left(1 + \dfrac{x}{n}\right)^n \nearrow \mathrm{e}^x$,且全都在 $[0,1]$ 上连续,故由 Dini 定理知 $\left(1 + \dfrac{x}{n}\right)^n \underset{}{\overset{}{\rightrightarrows}} \mathrm{e}^x$.

证 II 由 $\left[\mathrm{e}^x - \left(1 + \dfrac{x}{n}\right)^n\right]_x' = \mathrm{e}^x - \left(1 + \dfrac{x}{n}\right)^{n-1} > 0$,知 $\mathrm{e}^x - \left(1 + \dfrac{x}{n}\right)^n \nearrow$ (关于 x),故当 $x \in [0,1]$ 时,

$$0 \leqslant \mathrm{e}^x - \left(1 + \dfrac{x}{n}\right)^n \leqslant \mathrm{e} - \left(1 + \dfrac{1}{n}\right)^n \to 0 \quad (n \to \infty).$$

所以在 $[0,1]$ 上, $\left(1 + \dfrac{x}{n}\right)^n \rightrightarrows \mathrm{e}^x \ (n \to \infty)$.

2)由于当 $x \in [0,1]$ 时,

$$\left| \dfrac{1}{1 + \mathrm{e}^x} - \dfrac{1}{\mathrm{e}^{\frac{x}{n}} + \left(1 + \dfrac{x}{n}\right)^n} \right| = \left| \dfrac{\mathrm{e}^{\frac{x}{n}} + \left(1 + \dfrac{x}{n}\right)^n - 1 - \mathrm{e}^x}{(1 + \mathrm{e}^x)\left[\mathrm{e}^{\frac{x}{n}} + \left(1 + \dfrac{x}{n}\right)^n\right]} \right|$$

$$\leqslant \left| \left(1 + \dfrac{x}{n}\right)^n - \mathrm{e}^x \right| + \left| \mathrm{e}^{\frac{x}{n}} - 1 \right|$$

$$= \mathrm{e}^x - \left(1 + \dfrac{x}{n}\right)^n + \mathrm{e}^{\frac{1}{n}} - 1 \rightrightarrows 0 \ (n \to \infty),$$

因此,在 $[0,1]$ 上, $\dfrac{1}{\mathrm{e}^{\frac{x}{n}} + \left(1 + \dfrac{x}{n}\right)^n} \to \dfrac{1}{1 + \mathrm{e}^x}$ (当 $n \to \infty$ 时).

3)由 2)知,可在积分号下取极限:

$$\lim\limits_{n \to \infty} \int_0^1 \dfrac{\mathrm{d}x}{\mathrm{e}^{\frac{x}{n}} + \left(1 + \dfrac{x}{n}\right)^n} = \int_0^1 \dfrac{1}{1 + \mathrm{e}^x} \mathrm{d}x = \int_0^1 \dfrac{\mathrm{d}(\mathrm{e}^x)}{\mathrm{e}^x(1 + \mathrm{e}^x)} = 1 + \ln \dfrac{2}{1 + \mathrm{e}}.$$

d. 利用一致有界与等度连续证明一致收敛性

☆**例 5.2.29** 设 $\{f_n(x)\}$ 是区间 (a,b) 内的连续函数序列,并且对任一 $x_0 \in (a, b)$, $\{f_n(x_0)\}$ 都是有界的. 证明: $\{f_n(x)\}$ 在 (a,b) 的某一非空子区间上一致有界.(北京大学,云南大学)

证 (反证法)若 $\{f_n(x)\}$ 在 (a,b) 内任何非空子区间上都不一致有界,那么在 (a,b) 内就可找到一个区间套 $\Delta_1 \supset \Delta_2 \supset \cdots \supset \Delta_n \supset \cdots$,使得在 Δ_n 上恒有 $f_n(x) > n$,如此在区间套的公共点 x_0 上, $\{f_n(x_0)\}$ 无界. 与已知条件矛盾.

假设 $\{f_n(x)\}$ 在任何(非空)子区间上都不一致有界,则 $\exists x_1 \in (a,b)$ 及 $n_1 \in \mathbf{N}$,使得 $f_{n_1}(x_1) > 1$. 又因 f_{n_1} 连续,根据保号性,在含 x_1 的某个闭子区间 $\Delta_1 \subset (a,b)$ 上,恒有 $f_{n_1}(x) > 1$.

$\{f_n(x)\}$ 在 Δ_1 上仍不一致有界,所以 $\exists x_2 \in \Delta_1$ 及 $n_2 \in \mathbf{N}$,使得 $f_{n_2}(x_2) > 2$. 根据连续保号性, $\exists$ 闭子区间 $\Delta_2 \subset \Delta_1$,使得 Δ_2 上恒有 $f_{n_2}(x) > 2$. 如此下去,便得一串闭区间 $\Delta_1 \supset \Delta_2 \supset \cdots \supset \Delta_k \supset \cdots$,在 Δ_k 上恒有 $f_{n_k}(x) > k$.

利用区间套定理[①], $\exists x_0 \in \Delta_k$ $(k = 1, 2, \cdots)$ 及 $n_k \in \mathbf{N}$,使得 $f_{n_k}(x_0) > k$ $(k = 1, 2, \cdots)$. 故 $\{f_n(x)\}$ 在 $x_0 \in (a,b)$ 处无界. 与已知条件矛盾.

例 5.2.30 设 $\{f_n(x)\}$ 在区间 $[0,1]$ 上一致有界,试证存在一个子列,其在 $[0,1]$ 的一切有理点上收敛.

证 我们知道 $[0,1]$ 的全体有理点可以排成一个数列 $\{a_n\}$ $\Big($ 如 $\{a_n\} = \Big\{ 0, 1, \dfrac{1}{2},$

$\dfrac{1}{3}, \dfrac{2}{3}, \dfrac{1}{4}, \dfrac{3}{4}, \dfrac{1}{5}, \dfrac{2}{5}, \dfrac{3}{5}, \dfrac{4}{5}, \dfrac{1}{6}, \cdots \Big\} \Big)$.

因 $\{f_n(x)\}$ 一致有界,故 $\{f_n(a_1)\}$ 是有界数列. 由致密性原理,其中存在收敛子列. 为了便于叙述,记此收敛子列为 $\{f_{1n}(a_1)\}$,于是 $\{f_{1n}(x)\} \subset \{f_n(x)\}$ 在 $x = a_1$ 处收敛. 同理,因 $\{f_{1n}(a_2)\}$ 是有界数列,又必存在收敛子列 $\{f_{2n}(a_2)\}$. 即 $\{f_{2n}(x)\} \subset \{f_{1n}(x)\}$, $\{f_{2n}(x)\}$ 在 $x = a_1, a_2$ 处都收敛. 如此进行下去,不断地在子列里取子列,使 $\{f_{kn}(x)\}$ 在 $a_1, a_2, \cdots, a_k$ 处收敛,于是得到一串子列:

$$\left. \begin{array}{l} f_{11}(x), f_{12}(x)\, f_{13}(x), \cdots, f_{1n}(x), \cdots \\ f_{21}(x), f_{22}(x), f_{23}(x), \cdots, f_{2n}(x), \cdots \\ f_{31}(x), f_{32}(x), f_{33}(x), \cdots, f_{3n}(x), \cdots \\ \qquad \cdots\cdots\cdots\cdots \\ f_{n1}(x), f_{n2}(x), f_{n3}(x), \cdots, f_{nn}(x), \cdots \\ \qquad \cdots\cdots\cdots\cdots \end{array} \right\} \tag{1}$$

---

① 注意,区间套定理要求区间的长度 $|\Delta_n| \to 0 (n \to \infty)$. 但区间长度不趋于零时,公共点仍存在,只是公共点不一定唯一. 这里我们只需公共点存在,无须唯一.

最后用上表的对角线元素组成一个子列 $\{f_{nn}(x)\}$，即 $f_{11}(x),f_{22}(x),f_{33}(x),\cdots,$ $f_{nn}(x),\cdots$. 易知此级数在点 $a_i(i=1,2,\cdots)$ 处收敛. 事实上，$\forall a_i(i\in\{1,2,\cdots\})$，已知 (1) 中第 i 个子列在 a_i 处收敛，而 $f_{ii}(x),f_{i+1,i+1}(x),\cdots$ 是第 i 个子列的子列，故 $\{f_{nn}(x)\}$ 在 a_i 点收敛. 由此知 $\{f_{nn}(x)\}$ 在 $\{a_1,a_2,\cdots,a_n,\cdots\}$ 上收敛.

等度连续

定义　设 $\mathscr{M}$ 是区间 I 上定义的函数族，所谓族 $\mathscr{M}$ 上的函数在 I 上**等度连续**，是指：$\forall\varepsilon>0,\exists\delta>0$，当 $x_1,x_2\in I$ 且 $|x_1-x_2|<\delta$ 时，有

$$|f(x_1)-f(x_2)|<\varepsilon\quad(\forall f\in\mathscr{M}).$$

特别，I 上定义的函数序列 $\{f_n(x)\}$ 在 I 上**等度连续**，是指：$\forall\varepsilon>0,\exists\delta>0$，当 $x_1,x_2\in I$ 且 $|x_1-x_2|<\delta$ 时，有

$$|f_n(x_1)-f_n(x_2)|<\varepsilon\quad(\forall n\in\mathbf{N}).$$

显然，若 $\mathscr{M}$ 是有限族（即由有限个函数组成），且 I 为有界闭区间，那么 $\mathscr{M}$ 中每个函数连续，就必然等度连续. 下面会看到，若 $\mathscr{M}$ 为无穷族，$\mathscr{M}$ 中每个成员连续，$\mathscr{M}$ 不见得是等度连续的.

例 5.2.31　证明：若序列 $\{f_n(x)\}$ 在 I 上等度连续，且 $\lim\limits_{n\to\infty}f_n(x)=f(x)(x\in I)$，那么 $f(x)$ 在 I 一致连续.

证　因 $\{f_n(x)\}$ 等度连续，所以 $\forall\varepsilon>0,\exists\delta>0$，当 $x_1,x_2\in I$，$|x_1-x_2|<\delta$ 时，有 $|f_n(x_1)-f_n(x_2)|<\dfrac{\varepsilon}{2}$. 令 $n\to\infty$，取极限可得 $|f(x_1)-f(x_2)|\leqslant\dfrac{\varepsilon}{2}<\varepsilon$. 此即表明 $f(x)$ 在 I 上一致连续.

该例结果表明，若 $\lim\limits_{n\to\infty}f_n(x)=f(x)$，而 $f(x)$ 不一致连续，则 $\{f_n(x)\}$ 不可能等度连续. 例如：$\{x^n\}$ 在 $[0,1]$ 上正是如此.

例 5.2.32　若 $\mathscr{M}$ 是区间 I 上定义的函数族，$\forall f\in\mathscr{M}$ 皆在 I 上可微，且 $\{f'(x)\mid f\in\mathscr{M}\}$ 在 I 上一致有界，那么 $\mathscr{M}$ 在 I 上等度连续.

证　因 $\{f'(x)\mid f\in\mathscr{M}\}$ 一致有界，故 $\exists M>0$ 使得 $|f'(x)|\leqslant M$（$\forall x\in I,\forall f\in\mathscr{M}$）. 于是 $\forall\varepsilon>0$，取 $\delta=\dfrac{\varepsilon}{M}$，则当 $x_1,x_2\in I$ 且 $|x_1-x_2|<\delta$ 时，恒有

$$|f(x_1)-f(x_2)|=|f'(\xi)(x_1-x_2)|\leqslant M|x_1-x_2|<M\cdot\dfrac{\varepsilon}{M}=\varepsilon\quad(\forall f\in\mathscr{M}),$$

即 $\mathscr{M}$ 在 I 上等度连续.

☆**例 5.2.33**　设函数序列 $\{f_n(x)\}$ 在区间 $[a,b]$ 上为等度连续的. 试证：若在 $[a,b]$ 上 $f_n(x)\to f(x)(n\to\infty)$，则 $f_n(x)\rightrightarrows f(x)$ 在 $[a,b]$ 上 $(n\to\infty)$.

证 I　（$\forall\varepsilon>0$，先对每个 $x_\lambda\in[a,b]$ 找 $\delta_\lambda>0$，使得当 $|x-x_\lambda|<\delta_\lambda$ 时，$|f(x)-f(x_\lambda)|<\varepsilon$，然后应用有限覆盖定理.）

$\forall x_\lambda\in[a,b]$，因 $\lim\limits_{n\to\infty}f_n(x_\lambda)=f(x_\lambda)$，所以 $\forall\varepsilon>0,\exists N_\lambda=N(\varepsilon,x_\lambda)$，当 $n>N_\lambda$ 时

有 $|f_n(x_\lambda) - f(x_\lambda)| < \dfrac{\varepsilon}{3}$. 由于 $\{f_n\}$ 等度连续,从而 f 连续(见例 5.2.31). 故对此 $\varepsilon > 0$, $\exists \delta_\lambda > 0$, 当 $|x - x_\lambda| < \delta_\lambda$ 时,有

$$|f_n(x) - f_n(x_\lambda)| < \frac{\varepsilon}{3}, \quad |f(x) - f(x_\lambda)| < \frac{\varepsilon}{3}.$$

于是

$$|f_n(x) - f(x)| \leqslant |f_n(x) - f_n(x_\lambda)| + |f_n(x_\lambda) - f(x_\lambda)| + |f(x_\lambda) - f(x)|$$
$$< \frac{\varepsilon}{3} + \frac{\varepsilon}{3} + \frac{\varepsilon}{3} = \varepsilon.$$

这时 $\{(x_\lambda - \delta_\lambda, x_\lambda + \delta_\lambda) \mid x_\lambda \in [a, b]\}$ 组成 $[a, b]$ 的一个开覆盖. 根据有限覆盖定理, 其中存在有限子覆盖,记之为 $\{(x_i - \delta_i, x_i + \delta_i) \mid i = 1, 2, \cdots, r\}$. 取 $N = \max\{N_1, N_2, \cdots, N_r\}$, 则 $n > N$ 时, $\forall x \in [a, b]$, $\exists i \in \{1, 2, \cdots, r\}$ 使得 $x \in (x_i - \delta_i, x_i + \delta_i)$, 从而有 $|f_n(x) - f(x)| < \varepsilon$. 这就证明了:在 $[a, b]$ 上, $f_n(x) \rightrightarrows f(x)$ $(n \to \infty)$.

证 II 由 $\{f_n(x)\}$ 在 $[a, b]$ 上等度连续,知 $f(x)$ 在 $[a, b]$ 上一致连续. 因而 $\forall \varepsilon > 0$, $\exists \delta > 0$, 当 $x', x'' \in [a, b]$, $|x' - x''| < \delta$ 时,有

$$|f_n(x') - f_n(x'')| < \frac{\varepsilon}{3}, \quad |f(x') - f(x'')| < \frac{\varepsilon}{3}.$$

今将 $[a, b]$ k 等分,使每个小区间的长度小于 δ(这是可以办到的,只要令 $\dfrac{b - a}{k} < \delta$, 即 $k > \dfrac{b - a}{\delta}$ 便可). 记 k 等分的各分点为 $a = a_0 < a_1 < \cdots < a_k = b$, 因为 $f_n(a_i) \to f(a_i)$ $(n \to \infty)$, 所以对上述 $\varepsilon > 0$, $\exists N_i > 0$ 使得 $n > N_i$ 时, 有 $|f_n(a_i) - f(a_i)| < \dfrac{\varepsilon}{3}$ $(i = 1, 2, \cdots, k)$. 令 $N = \max\{N_1, N_2, \cdots, N_k\}$, 则当 $n > N$ 时, $\forall x \in [a, b]$, $\exists a_i (i \in \{1, 2, \cdots, k\})$ 使得 $|a_i - x| < \delta$,

$$|f_n(x) - f(x)| \leqslant |f_n(x) - f_n(a_i)| + |f_n(a_i) - f(a_i)| + |f(a_i) - f(x)|$$
$$< \frac{\varepsilon}{3} + \frac{\varepsilon}{3} + \frac{\varepsilon}{3} = \varepsilon.$$

这就证明了:在 $[a, b]$ 上, $f_n(x) \rightrightarrows f(x)$ $(n \to \infty)$.

注 从证 II 中容易看出,条件"$f_n(x) \to f(x)$ $(n \to \infty)$"只需在 $[a, b]$ 上某个稠密子集 $\{a_i\}$ 上成立就够了.

[new] **练习** 设 $\{f_n(x)\}$ 是 $[a, b]$ 上定义的函数序列,满足:

1) $\forall x_0 \in [a, b]$: $\{f_n(x_0)\}$ 有界; 2) $\{f_n(x)\}$ 在 $[a, b]$ 上等度连续.

试证:存在子列 $\{f_{n_k}(x)\}$ 在 $[a, b]$ 上一致收敛. (南开大学)

提示 设 $\{a_n\}$ 是 $[a, b]$ 上全体有理数组成的数列. 根据条件 1),对于 a_1, 数列 $\{f_n(a_1)\}$ 有界, 可应用致密性原理,采用例 5.2.30 中的方法,从子列里找子列,最后取对角线元素,可作出 $\{f_n(x)\}$ 的子列 $\{f_{n_k}(x)\}$, 使之在 $\{a_n\}$ 的每点都收敛.

证　（利用等度连续,证明 $\{f_{n_k}(x)\}$ 在无理点上也收敛.）因 $\{f_n(x)\}$ 等度连续: $\forall\,\varepsilon>0,\exists\,\delta>0,x',x''\in[a,b],|x'-x''|<\delta$,有

$$|f_n(x')-f_n(x'')|<\frac{\varepsilon}{3}\ (\,\forall\,n>0).$$

因此,对于上面作出的子列也有 $|f_{n_k}(x')-f_{n_k}(x'')|<\dfrac{\varepsilon}{3}\ (\,\forall\,k>0)$. 设 x_0 是 $[a,b]$ 上任一无理点,根据有理点的稠密性,可取有理点 x_r 使得 $|x_r-x_0|<\delta$. 于是

$$|f_{n_k}(x_r)-f_{n_k}(x_0)|<\frac{\varepsilon}{3},\ \ |f_{n_{k+p}}(x_r)-f_{n_{k+p}}(x_0)|<\frac{\varepsilon}{3}.$$

又因 $\{f_{n_k}(x)\}$ 在 x_r 收敛,（利用 Cauchy 准则必要性）$\exists\,N>0$,当 $k>N$ 时, $|f_{n_k}(x_r)-f_{n_{k+p}}(x_r)|<\dfrac{\varepsilon}{3}$ $(\,\forall\,p\in\mathbf{N})$. 所以

$$|f_{n_k}(x_0)-f_{n_{k+p}}(x_0)|\leqslant|f_{n_k}(x_0)-f_{n_k}(x_r)|+|f_{n_k}(x_r)-f_{n_{k+p}}(x_r)|+|f_{n_{k+p}}(x_r)-f_{n_{k+p}}(x_0)|$$

$$<\frac{\varepsilon}{3}+\frac{\varepsilon}{3}+\frac{\varepsilon}{3}=\varepsilon\ \ (\,\forall\,p\in\mathbf{N}).$$

（根据 Cauchy 准则充分性）$\{f_{n_k}(x_0)\}$ 收敛. 由无理点 $x_0\in[a,b]$ 的任意性, $\{f_{n_k}(x)\}$ 在无理点上都收敛.

以上证明了: $\{f_{n_k}(x)\}$ 在 $[a,b]$ 上逐点收敛,再加上等度连续性,根据例 5.2.33（或重复证法）,可知 $\{f_{n_k}(x)\}$ 在 $[a,b]$ 上一致收敛.

作为例 5.2.33 的逆命题:

☆ **例 5.2.34**　设 $f_n(x)(n=1,2,\cdots)$ 在闭区间 $[a,b]$ 上连续,且当 $n\to\infty$ 时, $f_n(x)\rightrightarrows f(x)$ 于 $[a,b]$,试证 $\{f_n(x)\}$ 等度连续. （郑州大学）

证　因 $[a,b]$ 上 $f_n(x)$ 连续,且 $f_n(x)\rightrightarrows f(x)$（当 $n\to\infty$ 时）,故 $f(x)$ 连续,从而在 $[a,b]$ 上一致连续: $\forall\,\varepsilon>0,\exists\,\delta_0>0$,当 $x',x''\in[a,b],|x'-x''|<\delta_0$ 时,有 $|f(x')-f(x'')|<\dfrac{\varepsilon}{3}$. 由一致收敛性,对此 $\varepsilon>0,\exists\,N>0$,当 $n>N$ 时,有 $|f_n(x)-f(x)|<\dfrac{\varepsilon}{3}$ $(\,\forall\,x\in[a,b])$. 如此

$$|f_n(x')-f_n(x'')|\leqslant|f_n(x')-f(x')|+|f(x')-f(x'')|+|f(x'')-f_n(x'')|$$

$$<\frac{\varepsilon}{3}+\frac{\varepsilon}{3}+\frac{\varepsilon}{3}=\varepsilon^{①}.$$

对剩下的 $f_1(x),f_2(x),\cdots,f_N(x)$ 应用 Cantor 定理知,对每个 $f_i(i=1,2,\cdots,N),\exists\,\delta_i>0(i=1,2,\cdots,N)$,当 $x',x''\in[a,b],|x'-x''|<\delta_i$ 时,有 $|f_i(x')-f_i(x'')|<\varepsilon$. 如此令 $\delta=\min\{\delta_0,\delta_1,\cdots,\delta_N\}$,当 $\forall\,x',x''\in[a,b],|x'-x''|<\delta$ 时,对一切 $n\in\mathbf{N}$,恒有 $|f_n(x')-f_n(x'')|<\varepsilon$. 证毕.

例 5.2.35　可微函数序列 $\{f_n(x)\}$ 在 $[a,b]$ 上收敛,且 $\exists\,M>0$,使 $|f'_n(x)|\leqslant M$ $(n=1,2,\cdots,x\in[a,b])$,试证 $\{f_n(x)\}$ 在 $[a,b]$ 上一致收敛. （上海交通大学）

———————————

①　注意,我们不能由此说 $\{f_n(x)\}\ (n>N)$ 在 $[a,b]$ 上等度连续,因为这里 N 与 ε 有关.

提示 可利用例 5.2.32 和例 5.2.33,也可直接证明.

练习 设在 $[a,b]$ 上 $f_n(x)$ 连续,且 $f_n'(x)$ 一致有界,$f_n(x)$ 逐点收敛于极限函数 $f(x)$. 试证函数 $f(x)$ 在 $[a,b]$ 上连续.(北京大学)

提示 $\exists M>0:|f_n'(x)|\leqslant M(\forall x\in[a,b],\forall n\in\mathbf{N})\Rightarrow|f_n(x')-f_n(x'')|\leqslant M|x'-x''|\Rightarrow|f(x')-f(x'')|\leqslant M|x'-x''|$.

例 5.2.36 设 $\mathfrak{M}$ 是定义在 $[a,b]$ 上的连续函数族,一致有界且等度连续,试证在 $\mathfrak{M}$ 中存在函数序列 $f_1(x),f_2(x),\cdots,f_n(x),\cdots$ 在 $[a,b]$ 上一致收敛.(吉林大学)

提示 参看例 5.2.30 及例 5.2.33.

☆**例 5.2.37** 设函数序列 $\{f_n(x)\}$ 与 $\{g_n(x)\}$ 在区间 I 上一致收敛,而且对每个 $n=1,2,\cdots,f_n(x)$ 与 $g_n(x)$ 在 I 上有界(界可随 n 而异),证明 $\{f_n(x)g_n(x)\}$ 在 I 上亦一致收敛.(华东师范大学,北京大学)

分析 不妨设 $f_n(x)\rightrightarrows f(x),g_n(x)\rightrightarrows g(x)(n\to\infty$,关于 $x\in I)$. 要证明 $f_n(x)\cdot g_n(x)\rightrightarrows f(x)g(x)$,利用不等式

$$|f(x)g(x)-f_n(x)g_n(x)|\leqslant|f(x)g(x)-f(x)g_n(x)|+|f(x)g_n(x)-f_n(x)g_n(x)|$$
$$=|f(x)||g(x)-g_n(x)|+|g_n(x)||f(x)-f_n(x)|.\tag{1}$$

可见只要证明:$\exists M>0$,使得

$$|f(x)|\leqslant M,\quad|g_n(x)|\leqslant M\quad(\forall x\in I,\forall n\in\mathbf{N}).\tag{2}$$

因为有了这样的 M,则

$$\text{式}(1)\leqslant M|g(x)-g_n(x)|+M|f(x)-f_n(x)|.\tag{3}$$

于是根据 $g_n(x)\rightrightarrows g(x),f_n(x)\rightrightarrows f(x)$,可知 $\forall\varepsilon>0,\exists N>0$ 使得当 $n>N$ 时,

$$|g(x)-g_n(x)|<\frac{1}{2M}\varepsilon,\quad|f(x)-f_n(x)|<\frac{1}{2M}\varepsilon.$$

$$\text{式}(3)\leqslant M\frac{\varepsilon}{2M}+M\frac{\varepsilon}{2M}=\varepsilon.$$

下面设法证明,存在满足式(2)的 M.

事实上,因 $f_n(x)\rightrightarrows f(x)$,所以对于 $\varepsilon=1,\exists n_1$ 使得

$$|f(x)-f_{n_1}(x)|<\varepsilon=1\quad(\forall x\in I).$$
$$|f(x)|\leqslant|f(x)-f_{n_1}(x)|+|f_{n_1}(x)|\leqslant 1+|f_{n_1}(x)|,$$

因 $f_{n_1}(x)$ 有界,$\exists M_1>0$,使得 $|f_{n_1}(x)|\leqslant M_1(\forall x\in I)$. 故 $|f(x)|\leqslant 1+M_1(\forall x\in I)$.

同理,由 $g_n(x)\rightrightarrows g(x)$ 及每个 $g_n(x)$ 有界,可知 $\exists M_2>0$ 使得 $|g(x)|\leqslant 1+M_2$ $(\forall x\in I)$. 又由 $g_n(x)\rightrightarrows g(x)$,可知对 $\varepsilon=1,\exists N>0$,当 $n>N$ 时,$|g_n(x)-g(x)|<1$.

所以
$$|g_n(x)| \le |g_n(x) - g(x)| + |g(x)| \le 2 + M_2 \quad (\forall x \in I).$$
$g_1(x), g_2(x), \cdots, g_N(x)$分别有界,因此$\exists G_i$使得$|g_i(x)| \le G_i$ $(i = 1, 2, \cdots, N)$. 最后,令$M = \max\{1 + M_1, 2 + M_2, G_1, \cdots, G_N\}$,则
$$|f(x)| \le M, \quad |g_n(x)| \le M \quad (\forall x \in I, \forall n \in \mathbf{N}).$$
问题得证.

二、一致收敛级数的性质

a. 关于逐项取极限

例 5.2.38(逐项取极限定理) 设级数$\sum_{n=1}^{\infty} u_n(x)$在$x_0$的某个空心邻域$U_0(x_0) = \{x \mid 0 < |x - x_0| < \delta\}$里一致收敛,$\lim_{x \to x_0} u_n(x) = c_n$,则$\sum_{n=1}^{\infty} c_n$收敛,且
$$\lim_{x \to x_0} \sum_{n=1}^{\infty} u_n(x) = \sum_{n=1}^{\infty} \lim_{x \to x_0} u_n(x) = \sum_{n=1}^{\infty} c_n. \tag{1}$$
(西安电子科技大学)

证 I 1° 因$\sum_{n=1}^{\infty} u_n(x)$在$U_0(x_0)$内一致收敛,所以$\forall \varepsilon > 0, \exists N > 0$,当$n > N$时,$\forall p \in \mathbf{N}$,有$\left| \sum_{k=n+1}^{n+p} u_k(x) \right| < \varepsilon$, $\forall x \in U_0(x_0)$. 令$x \to x_0$,取极限得$\left| \sum_{k=n+1}^{n+p} c_k \right| \le \varepsilon$. 由Cauchy准则,级数$\sum_{n=1}^{\infty} c_n = c$收敛($c$为某个常数).

2° 由$S(x) \equiv \sum_{n=1}^{\infty} u_n(x)$一致收敛及$c = \sum_{n=1}^{\infty} c_n$的收敛性,易知$\forall \varepsilon > 0, \exists n \in \mathbf{N}$,使得
$$|S(x) - S_n(x)| < \frac{\varepsilon}{3}, \quad \left| c - \sum_{k=1}^{n} c_k \right| < \frac{\varepsilon}{3}.$$
其中$S_n(x) = \sum_{k=1}^{n} u_k(x)$. 将$n$固定,因$S_n(x) = \sum_{k=1}^{n} u_k(x) \to \sum_{k=1}^{n} c_k$(当$x \to x_0$时),故对$\varepsilon > 0, \exists \delta > 0$,当$|x - x_0| < \delta$时,$\left| S_n(x) - \sum_{k=1}^{n} c_k \right| < \frac{\varepsilon}{3}$. 从而
$$|S(x) - c| \le |S(x) - S_n(x)| + \left| S_n(x) - \sum_{k=1}^{n} c_k \right| + \left| \sum_{k=1}^{n} c_k - c \right| < \frac{\varepsilon}{3} + \frac{\varepsilon}{3} + \frac{\varepsilon}{3} = \varepsilon.$$
即式(1)成立.

证 II 关于$\sum_{n=1}^{\infty} c_n$的收敛性同上证明,现证明可逐项取极限. 在x_0处补充定义,令$u_n(x_0) = c_n$ $(n = 1, 2, \cdots)$,则$u_n(x)$在x_0处连续,并且$\sum_{n=1}^{\infty} u_n(x)$在$x_0$的邻域$(x_0 -$

$\delta, x_0 + \delta)$ 内一致收敛[1]. 从而由和函数连续定理,可知 $\sum\limits_{n=1}^{\infty} u_n(x)$ 在 x_0 处连续,从而

$$\lim_{x \to x_0} \sum_{n=1}^{\infty} u_n(x) = \sum_{n=1}^{\infty} u_n(x_0) = \sum_{n=1}^{\infty} c_n = \sum_{n=1}^{\infty} \lim_{x \to x_0} u_n(x).$$

例 5.2.39 假定函数 $u_n(x)$ 在区间 $(0,1)$ 内单调增加,并且 $u_n(x) \geq 0, n = 1,$ $2, \cdots$. 又假定 $\sum\limits_{n=1}^{\infty} u_n(x)$ 在 $(0,1)$ 内逐点收敛,并且有上界,试证 $\sum\limits_{n=1}^{\infty} u_n(x)$ 在 $(0,1)$ 内一致收敛,并且

$$\lim_{x \to 1^-} \sum_{n=1}^{\infty} u_n(x) = \sum_{n=1}^{\infty} \lim_{x \to 1^-} u_n(x). \tag{1}$$

(厦门大学)

证 根据上例(逐项取极限的定理),要证明式(1),只要证明 $\sum\limits_{n=1}^{\infty} u_n(x)$ 在 $(0,1)$ 内一致收敛,并且极限 $\lim\limits_{x \to 1^-} u_n(x)$ 存在.

1° 先来证明 $\lim\limits_{x \to 1^-} u_n(x)$ 存在. 因已知 $u_n(x) \geq 0$,又 $S(x) \equiv \sum\limits_{n=1}^{\infty} u_n(x)$ 收敛并且有上界,所以存在 $M \geq 0$,使得 $u_n(x) \leq S(x) \leq M, \ \forall x \in (0,1)$. 而 $u_n(x)$ 单调增加,故 $\lim\limits_{x \to 1^-} u_n(x)$ 存在. 另外,若记 $\lim\limits_{x \to 1^-} u_n(x) = u_n(1)$,则在 $(0,1)$ 上有

$$0 \leq u_n(x) \leq u_n(1) \ (n = 1, 2, \cdots). \tag{2}$$

2° 剩下只要证明 $\sum\limits_{n=1}^{\infty} u_n(x)$ 在 $(0,1)$ 内一致收敛. 式(2)表明只要证明级数 $\sum\limits_{n=1}^{\infty} u_n(1)$ 收敛即可. 因为 $\sum\limits_{k=1}^{n} u_k(x) \leq S(x) \leq M$,令 $x \to 1^-$ 取极限,得 $\sum\limits_{k=1}^{n} u_k(1) \leq M$ $(n = 1, 2, \cdots)$. 因 $u_k(1) \geq 0$,故 $\sum\limits_{n=1}^{\infty} u_n(1)$ 收敛. 从而根据 M 判别法,$\sum\limits_{n=1}^{\infty} u_n(x)$ 在 $(0,1)$ 上一致收敛. 证毕.

b. 和函数的连续性

要点 和函数连续的定理常以如下三种形式叙述:

---

[1] 事实上,若记 $S(x) = \sum\limits_{n=1}^{\infty} u_n(x), x \in U_0(x_0), S(x_0) = \sum\limits_{n=1}^{\infty} c_n$. 因在 $U_0(x_0)$ 上级数 $\sum\limits_{n=1}^{\infty} u_n(x)$ 一致收敛,故 $\forall \varepsilon > 0, \exists N_1 > 0$,当 $n > N_1$ 时,$\left| S(x) - \sum\limits_{k=1}^{n} u_k(x) \right| < \varepsilon \ (x \in U_0(x_0))$. 又 $\sum\limits_{n=1}^{\infty} c_n$ 收敛,对此 $\varepsilon > 0, \exists N_2 > 0$,当 $n > N_2$ 时,$\left| S(x_0) - \sum\limits_{k=1}^{n} u_k(x_0) \right| < \varepsilon$. 取 $N = \max\{N_1, N_2\}$,则当 $n > N$ 时,恒有

$$\left| S(x) - \sum_{k=1}^{n} u_k(x) \right| < \varepsilon, \forall x \in (x_0 - \delta, x_0 + \delta).$$

定理 1 若 $u_n(x)$ 在区间 I 上连续 $(n=1,2,\cdots)$，$\sum\limits_{n=1}^{\infty}u_n(x)$ 在 I 上一致收敛，则 $S(x)\equiv\sum\limits_{n=1}^{\infty}u_n(x)$ 在 I 上连续.

定理 2 若 $u_n(x)$ 在 $x=x_0$ 处连续 $(n=1,2,\cdots)$，$\sum\limits_{n=1}^{\infty}u_n(x)$ 在 x_0 的某个邻域里一致收敛，则 $S(x)\equiv\sum\limits_{n=1}^{\infty}u_n(x)$ 在 $x=x_0$ 处连续.

定理 3 若 $u_n(x)$ 在 (a,b) 内连续 $(n=1,2,\cdots)$，$\sum\limits_{n=1}^{\infty}u_n(x)$ 在 (a,b) 内内闭一致收敛（意指在 (a,b) 内的任一闭区间上分别一致收敛），则 $S(x)\equiv\sum\limits_{n=1}^{\infty}u_n(x)$ 在 (a,b) 内连续.

下面我们将看到，以上三定理在使用时各有好处. 如

例 5.2.40 证明：$\sum\limits_{n=-\infty}^{+\infty}\dfrac{1}{(n-x)^2}$ 当 $x\neq$ 整数时收敛，周期为 1，并且当 $x\neq$ 整数时和函数连续.

证 因
$$\sum_{n=-\infty}^{+\infty}\frac{1}{(n-x)^2}=\sum_{n=0}^{+\infty}\frac{1}{(n-x)^2}+\sum_{n=1}^{+\infty}\frac{1}{(-n-x)^2}. \tag{1}$$

当 $x\neq$ 整数，$n\rightarrow+\infty$ 时，$\dfrac{1}{(n-x)^2}\sim\dfrac{1}{n^2}$，$\dfrac{1}{(-n-x)^2}\sim\dfrac{1}{n^2}$，故级数 (1) 收敛. 又

$$f(x+1)\equiv\sum_{n=-\infty}^{+\infty}\frac{1}{[n-(x+1)]^2}=\sum_{n=-\infty}^{+\infty}\frac{1}{(n-1-x)^2}\quad(\text{令 }n-1=k)$$

$$=\sum_{k=-\infty}^{+\infty}\frac{1}{(k-x)^2}\equiv f(x)\quad(x\neq\text{整数}),$$

所以和函数 $f(x)$ 以 1 为周期，其连续性只需在 $(0,1)$ 内证明. 由于 $(0,1)$ 内，

$$\left|\frac{1}{(n-x)^2}\right|\leqslant\frac{1}{(n-1)^2},\quad\left|\frac{1}{(-n-x)^2}\right|=\frac{1}{(n+x)^2}\leqslant\frac{1}{n^2},$$

所以级数 (1) 在 $(0,1)$ 内一致收敛，$f(x)$ 在 $(0,1)$ 内连续（定理 1）. 证毕.

例 5.2.41 设 $u_n(x)$ 在 $[a,b]$ 上连续 $(n=1,2,\cdots)$，$\sum\limits_{n=1}^{\infty}u_n(x)$ 在 (a,b) 内一致收敛，求证 $\sum\limits_{n=1}^{\infty}u_n(x)$ 在 $[a,b]$ 上一致连续.（北京师范大学）

证 由于 $u_n(x)$ 在 $[a,b]$ 上连续，$\lim\limits_{x\rightarrow a^+}u_n(x)=u_n(a)$，$\lim\limits_{x\rightarrow b^-}u_n(x)=u_n(b)$，又因 $\sum\limits_{n=1}^{\infty}u_n(x)$ 在 (a,b) 内一致收敛，利用逐项取极限定理（或重复例 5.2.38 的证明），可

知级数在 $x=a, x=b$ 处收敛. 于是, $\sum\limits_{n=1}^{\infty} u_n(x)$ 在 $[a,b]$ 上一致收敛[①]. 根据和函数连续性定理(定理1)知, $\sum\limits_{n=1}^{\infty} u_n(x)$ 在 $[a,b]$ 上连续. 再由 Cantor 定理, $\sum\limits_{n=1}^{\infty} u_n(x)$ 在 $[a,b]$ 上一致连续.

    [new] ☆**练习** 设函数项级数 $\sum\limits_{n=1}^{\infty} u_n(x)$ 在开区间 (a,b) 内满足:

1) 对每个 $n \geqslant 1$, $u_n(x)$ 一致连续;   2) $\sum\limits_{n=1}^{\infty} u_n(x)$ 一致收敛于 $S(x)$.

试证: $S(x)$ 在 (a,b) 内一致连续. (华中科技大学)

    证 由于 $u_n(x)$ 在 (a,b) 上一致连续, (再根据例 2.2.6) 知 $u_n(x)$ 在两端点有内侧极限, 故能补充 $u_n(x)$ 在端点的定义, 可使 $u_n(x)$ 在 $[a,b]$ 上连续, (根据 Cantor 定理) 知 $u_n(x)$ 在 $[a,b]$ 上一致连续. (借助三角不等式) 可得到 $\sum\limits_{n=1}^{\infty} u_n(x)$ 在端点收敛. 因此, $\sum\limits_{n=1}^{\infty} u_n(x)$ 在 $[a,b]$ 上一致收敛. 根据一致收敛保连续性定理, 可知和函数在 $[a,b]$ 上连续. (利用 Cantor 定理) 从而和函数在 $[a,b]$ 上一致连续, 即 $S(x)$ 在 (a,b) 内一致连续.

    注 本题表明: 任意有限区间 I(不论是否为闭) 一致收敛能保持一致连续性.

    ☆**例 5.2.42** 设 $\{x_n\}$ 是 $(0,1)$ 内的一个序列: $0 < x_n < 1$, 且 $x_i \neq x_j (i \neq j)$, 试讨论函数 $f(x) = \sum\limits_{n=1}^{\infty} \dfrac{\operatorname{sgn}(x-x_n)}{2^n}$ 在 $(0,1)$ 内的连续性, 其中 $\operatorname{sgn} x = \begin{cases} 1, & x>0, \\ 0, & x=0, \\ -1, & x<0. \end{cases}$ (北京大学)

    解 1° 因 $\left| \dfrac{\operatorname{sgn}(x-x_n)}{2^n} \right| \leqslant \dfrac{1}{2^n}$, $\forall x \in (0,1)$, 且 $\sum\limits_{n=1}^{\infty} \dfrac{1}{2^n}$ 收敛, 所以 $\sum\limits_{n=1}^{\infty} \dfrac{\operatorname{sgn}(x-x_n)}{2^n}$ 在 $(0,1)$ 内一致收敛.

    2° 设 $x_0 \neq x_n (n=1,2,\cdots)$ 为 $(0,1)$ 内任意一点, 则通项 $u_n(x) = \dfrac{\operatorname{sgn}(x-x_n)}{2^n}$ 在 $x=x_0$ 处连续, 由 1° 并应用和函数连续定理 2, 知 $f(x)$ 在 $x=x_0$ 处连续.

    3° 设 x_k 是 $\{x_n\}$ 中任意一点, 因

$$f(x) = \sum_{n \neq k} \frac{\operatorname{sgn}(x-x_n)}{2^n} + \frac{\operatorname{sgn}(x-x_k)}{2^k},$$

右边第一项在 $x=x_k$ 处连续, 第二项在 $x=x_k$ 处间断, 因此 $f(x)$ 在 $x=x_k$ 处间断.

    注 $\{x_n\}$ 可以在 $(0,1)$ 内稠密, 因此在证明 $x \neq x_n$ 处连续时, 无法用定理 1, 只能用定理 2.

    ☆**例 5.2.43** 证明: $f(x) = \sum\limits_{n=1}^{\infty} \left(x+\dfrac{1}{n} \right)^n$ 在 $(-1,1)$ 内连续.

---

① 可用例 5.2.38 脚注中的办法类似证明.

证 $\forall q:0 < q < 1$,考虑内闭区间$[-q,q] \subset (-1,1)$. 因

$$\left| \left(x + \frac{1}{n} \right)^n \right| \leqslant \left(|x| + \frac{1}{n} \right)^n \leqslant \left(q + \frac{1}{n} \right)^n \quad (\forall x \in [-q,q]),$$

且 $\sum\limits_{n=1}^{\infty} \left(q + \frac{1}{n} \right)^n$ 收敛$\left($因为$\sqrt[n]{\left(q + \frac{1}{n} \right)^n} \to q < 1 (n \to \infty)\right)$,所以 $\sum\limits_{n=1}^{\infty} \left(x + \frac{1}{n} \right)^n$ 在$[-q,$ $q]$上一致收敛. 由 q 的任意性,由定理 3 可知 $f(x) = \sum\limits_{n=1}^{\infty} \left(x + \frac{1}{n} \right)^n$ 在$(-1,1)$内连续.

注 该级数在$(-1,1)$内收敛,但非一致收敛. 因此本例不能直接使用定理 1. 和函数连续性定理还可用于推断非一致收敛. 如

☆**例 5.2.44** 证明:$\sum\limits_{n=1}^{\infty} \dfrac{x}{(1+x^2)^n}$在$(0,+\infty)$内非一致收敛.

证 当 $x=0$ 时,级数和为 0;当 $x \neq 0$ 时,级数是等比级数. 所以

$$S(x) = \sum_{n=1}^{\infty} \frac{x}{(1+x^2)^n} = \begin{cases} 0, & \text{当 } x = 0 \text{ 时,} \\ \dfrac{1}{x}, & \text{当 } x \neq 0 \text{ 时.} \end{cases}$$

$S(x)$在 $x=0$ 处间断,因此该级数在$[0,+\infty)$上不一致收敛(定理 1),进而在$(0,+\infty)$内也不一致收敛(因为:假若在$(0,+\infty)$内一致收敛,加之级数在 $x=0$ 处收敛,便可推知级数在$[0,+\infty)$上一致收敛,矛盾).

c. 和函数的可微性与逐项求导

要点 若要证明 $\sum\limits_{n=1}^{\infty} u_n(x)$ 在区间 I 上可微,且可逐项求导,即在 I 上,

$\left(\sum\limits_{n=1}^{\infty} u_n(x) \right)' = \sum\limits_{n=1}^{\infty} u_n'(x)$,只要证明如下三条即可:

1)级数 $\sum\limits_{n=1}^{\infty} u_n(x)$ 在 I 上收敛(或者只要验证在 I 上至少有一个收敛点);

2)$u_n(x)$ 在 I 上有连续导数$(n=1,2,\cdots)$;

3)$\sum\limits_{n=1}^{\infty} u_n'(x)$ 在 I 上一致收敛(或在 I 的任一内闭区间上一致收敛).

(对于函数序列,有类似叙述.)

☆**例 5.2.45** 证明:$f(x) = \sum\limits_{n=1}^{\infty} ne^{-nx}$在$(0,+\infty)$内收敛,但不一致收敛,而和函数在$(0,+\infty)$内无穷次可微.

证 I 1° $\forall x \in (0,+\infty)$,因 $n^2 \cdot ne^{-nx} \to 0 \ (n \to \infty)$,所以 $\sum\limits_{n=1}^{\infty} ne^{-nx}$ 收敛.

2° $\forall n \in \mathbf{N}$,因 $ne^{-nx} \to n \neq 0 \ (x \to 0)$,所以在$(0,+\infty)$上,级数通项 $ne^{-nx} \not\to$ $0 \ (n \to \infty)$. 从而 $\sum\limits_{n=1}^{\infty} ne^{-nx}$在$(0,+\infty)$内非一致收敛.

3° 因为级数在 $(0,+\infty)$ 内收敛，$(ne^{-nx})' = -n^2e^{-nx}$ 连续，$-\sum\limits_{n=1}^{\infty} n^2e^{-nx}$ 在 $(0,+\infty)$ 内内闭一致收敛（因 $\forall \varepsilon > 0$，有 $0 < n^2e^{-nx} \leqslant n^2e^{-n\varepsilon}$ $(x \in [\varepsilon,+\infty))$，而级数 $\sum\limits_{n=1}^{\infty} n^2e^{-n\varepsilon}$ 收敛），故 $f(x)$ 可微，且

$$f'(x) = \Big(\sum_{n=1}^{\infty} u_n(x)\Big)' = \sum_{n=1}^{\infty} u_n'(x), x \in (0,+\infty).$$

一般而言，若已有

$$f^{(k)}(x) = (-1)^k \sum_{n=1}^{\infty} n^k e^{-nx}, \tag{1}$$

则通过类似方法可证 $f^{(k)}(x)$ 可导，且可逐项求导得到. 这就证明了 $f(x)$ 任意次可微. 式 (1) 对任意 $k \in \mathbf{N}$ 成立.

证 II 级数在 $(0,+\infty)$ 内收敛，但不一致收敛，证法同证 I. 现证 $f(x)$ 无穷次可微.

$$f(x) = e^{-x} + 2e^{-2x} + 3e^{-3x} + \cdots + ne^{-nx} + (n+1)e^{-(n+1)x} + \cdots,$$
$$e^{-x}f(x) = e^{-2x} + 2e^{-3x} + \cdots + (n-1)e^{-nx} + ne^{-(n+1)x} + \cdots.$$

所以 $\qquad (1-e^{-x})f(x) = f(x) - e^{-x}f(x) = \sum\limits_{n=1}^{\infty} e^{-nx} = \dfrac{e^{-x}}{1-e^{-x}}.$

故 $f(x)$ 在 $(0,+\infty)$ 内任意次可微.

^{new}☆**练习** 设 $f(x) = \sum\limits_{n=1}^{\infty} ne^{-n}\cos nx, x \in [0,2\pi]$. 试证：在 $[0,2\pi]$ 上：

1）$f(x)$ 连续；2）$f(x)$ 有连续导数；3）$\max\limits_{0 \leqslant x \leqslant 2\pi} |f(x)| = \dfrac{e}{(1-e)^2}$.（华东师范大学）

提示 1）（当 $x > 1$ 时）$(xe^{-x})' = (1-x)e^{-x} < 0$，故 $xe^{-x} \searrow$，能用 Cauchy 积分判别法. 由 $\int_1^{+\infty} xe^{-x}\mathrm{d}x$ 收敛，知 $\sum\limits_{n=1}^{\infty} ne^{-n}$ 收敛. 又因 $ne^{-n}|\cos nx| \leqslant ne^{-n}$，由 M 判别法知，$\sum\limits_{n=1}^{\infty} ne^{-n}\cos nx$ 一致收敛.

2）类似地，可验证满足逐项求导的条件，知 $f(x)$ 有连续导数.

3）由 $|f(x)| \leqslant \sum\limits_{n=1}^{\infty} ne^{-n}|\cos nx| \leqslant \sum\limits_{n=1}^{\infty} ne^{-n}|\cos(n \cdot 0)| = f(0)$ $(\forall x \in [0,2\pi])$，知

$$\max_{0 \leqslant x \leqslant 2\pi} |f(x)| = f(0) = \sum_{n=1}^{\infty} ne^{-n} = x\Big(\sum_{n=1}^{\infty} x^n\Big)'\Big|_{x=e^{-1}} = x\Big(\frac{x}{1-x}\Big)'\Big|_{x=e^{-1}} = \frac{e}{(1-e)^2}.$$

例 5.2.46 证明 Riemann ζ 函数 $\zeta(x) = \sum\limits_{n=1}^{\infty} \dfrac{1}{n^x}$ 在 $(1,+\infty)$ 内连续，并有各阶连续导数.（北京大学）

提示 可在 $(1,+\infty)$ 的内闭区间上应用数学归纳法进行证明.

^{new}**练习** 试证：函数 $\zeta(x) = \sum\limits_{n=1}^{\infty} \dfrac{1}{n^x}$ 在 $(1,+\infty)$ 内连续，但非一致连续.（浙江大学）

提示 "若在区间 $(1,+\infty)$ 上能找到收敛序列 $\{x_n\}$，使得 $\zeta(x_n) \to +\infty$，则 $\zeta(x)$ 在 $(1,+\infty)$

上非一致连续". 因为: 一方面, 当 n, m 充分大时, $|x_n - x_m|$ 可以任意小; 但另一方面, 利用 $\zeta(x_n) \to +\infty$, $\forall m > n > 0$, 固定 n, 将 m 取得足够大时, 可使得 $|\zeta(x_n) - \zeta(x_m)|$ 任意变大, 与一致连续相矛盾.

证 令 $s_n = \sum\limits_{k=1}^{n} \dfrac{1}{k}$, 则 $\lim\limits_{n \to \infty} s_n = +\infty$ (例 1.2.10).

因 $\lim\limits_{x \to 1^+} \sum\limits_{k=1}^{n} \dfrac{1}{k^x} = \sum\limits_{k=1}^{n} \dfrac{1}{k} = s_n$, 故可取 $x_n \in \left(1, \dfrac{1}{n}\right)$ 使得 $s_n - 1 < \sum\limits_{k=1}^{n} \dfrac{1}{k^{x_n}} < s_n + 1$. 如此, 一方面, $\{x_n\}$ 收敛; 另一方面, $\zeta(x_n) = \sum\limits_{k=1}^{\infty} \dfrac{1}{k^{x_n}} > \sum\limits_{k=1}^{n} \dfrac{1}{k^{x_n}} > s_n - 1 \to +\infty \ (n \to \infty)$. 如提示所述, 这表明函数 $\zeta(x)$ 在 $(1, +\infty)$ 内非一致连续.

☆**例 5.2.47** 设 $f(x)$ 在 $(-\infty, +\infty)$ 内有任意阶导数, 级数

$$\cdots + f^{(n)}(x) + \cdots + f''(x) + f'(x) + f(x) + \int_0^x f(t_1)\,\mathrm{d}t_1 +$$

$$\int_0^x \mathrm{d}t_2 \int_0^{t_2} f(t_1)\,\mathrm{d}t_1 + \cdots + \int_0^x \mathrm{d}t_n \int_0^{t_n} \mathrm{d}t_{n-1} \cdots \int_0^{t_2} f(t_1)\,\mathrm{d}t_1 + \cdots$$

按两个方向在 $(-\infty, +\infty)$ 内一致收敛. 试求级数的和函数 $F(x)$. (同济大学)

解 $f(x)$ 有各阶导数, 自然各阶导数都连续, 该级数逐项求导之后的级数仍是它自己, 因而一致收敛, 满足逐项求导三条件, 所以 $\dfrac{\mathrm{d}F}{\mathrm{d}x} = F(x)$, 得 $\dfrac{\mathrm{d}F(x)}{F(x)} = \mathrm{d}x$. 两边同时积分得 $\ln F(x) = x + C$, 即

$$F(x) = C_1 \mathrm{e}^x \quad (\text{其中 } C_1 = \mathrm{e}^C \text{ 为常数}),$$

令 $x = 0$, 知 $C_1 = f(0) + f'(0) + \cdots + f^{(n)}(0) + \cdots$.

注 逐项求导定理中的条件, 只是充分的, 有时条件不满足, 还可利用导数定义证明和函数的可微性.

***例 5.2.48** 设 $\{a_n\}$ 为区间 $[0,1]$ 上全体有理数组成的数列, $u_n(x)$ 在 $[0,1]$ 上一致地满足 Lipschitz 条件, 即: $\exists L > 0$, 使得 $\forall x_1, x_2 \in [0,1]$, 有

$$|u_n(x_1) - u_n(x_2)| \leq L|x_1 - x_2| \quad (\forall n \in \mathbf{N}). \tag{1}$$

又设 $u_n(0) = 0$, $u_n(x)$ 只在 a_n 处无导数 $(n = 1, 2, \cdots)$, 在 $[0,1]$ 其他地方有导数. 试证: $f(x) = \sum\limits_{n=1}^{\infty} \dfrac{u_n(x)}{2^n}$ 在 $[0,1]$ 上连续; 在 $[0,1]$ 的有理点上不可导, 无理点上可导, 且导数 $f'(x) = \sum\limits_{n=1}^{\infty} \dfrac{u_n'(x)}{2^n}$.

注意, 由于有理点的稠密性, 本题不能使用逐项求导的定理.

证 1° 由式 (1) 可知 $u_n(x)$ 在 $[0,1]$ 上连续且等度连续, 现证它们一致有界. 事实上, $\forall x \in [0,1]$,

$$|u_n(x)| \leq |u_n(x) - u_n(0)| + |u_n(0)| \leq L|x - 0| + 0 \leq L \quad (\forall n \in \mathbf{N}).$$

2° 由于 $\left|\dfrac{u_n(x)}{2^n}\right| \leq \dfrac{L}{2^n}$, 且 $\sum\limits_{n=1}^{\infty} \dfrac{L}{2^n}$ 收敛, 所以级数 $\sum\limits_{n=1}^{\infty} \dfrac{u_n(x)}{2^n}$ 在 $[0,1]$ 上一致收敛,

从而和函数 $f(x)$ 在 $[0,1]$ 上连续.

$3°$ 设 $x_0 \in (0,1)$ 为任一无理数，来求 $f'(x_0)$：

$$\frac{f(x_0 + h) - f(x_0)}{h} = \sum_{n=1}^{\infty} \frac{u_n(x_0 + h) - u_n(x_0)}{h 2^n},$$

右端是关于自变量 h 的函数项级数，取 $\delta > 0$ 充分小，使得 $(x_0 - \delta, x_0 + \delta) \subset (0,1)$. 由已知条件式（1），有

$$\left| \frac{u_n(x_0 + h) - u_n(x_0)}{h \cdot 2^n} \right| \leqslant \frac{L}{2^n}, \ 0 < |h| < \delta.$$

而 $\displaystyle\sum_{n=1}^{\infty} \frac{L}{2^n}$ 收敛，所以 $\displaystyle\sum_{n=1}^{\infty} \frac{u_n(x_0 + h) - u_n(x_0)}{h \cdot 2^n}$ 关于 h 在 $(x_0 - \delta, x_0 + \delta)$ 内一致收敛. 于是可利用逐项取极限的定理，

$$f'(x_0) = \lim_{h \to 0} \frac{f(x_0 + h) - f(x_0)}{h} = \sum_{n=1}^{\infty} \lim_{h \to 0} \frac{u_n(x_0 + h) - u_n(x_0)}{h} \cdot \frac{1}{2^n} = \sum_{n=1}^{\infty} \frac{1}{2^n} u_n'(x_0).$$

$4°$ 设 $x_0 = a_k$（有理点），这时

$$f(x) = \sum_{n=1}^{\infty} \frac{u_n(x)}{2^n} = \sum_{n \neq k} \frac{u_n(x)}{2^n} + \frac{u_k(x)}{2^k}.$$

用 $3°$ 中的方法，可知右边第一项在 $x_0 = a_k$ 处可导，但根据已知条件，第二项在 a_k 处不可导，故 $f(x)$ 在 a_k 处不可导（$k = 1, 2, \cdots$）. 即 $f(x)$ 在 $[0,1]$ 的有理点上无导数.

※**例 5.2.49** 试构造一个函数，使之在 $(-\infty, +\infty)$ 内处处连续，但处处不可微.

方法 用一串锯齿波（如图 5.2.2 中 $u_n(x)$）进行叠加，这些波的振幅按 n 以等比数列的方式无限变小，使级数 $f(x) = \displaystyle\sum_{n=1}^{\infty} u_n(x)$ 一致收敛，从而 $f(x)$ 连续. 另一方面，让这些波的周期随 $n \nearrow$ 而无限变小（即振动得越来越快，无限变快），使得和波 $f(x)$ 的图像无限"粗糙"，$f(x)$ 处处不可导.

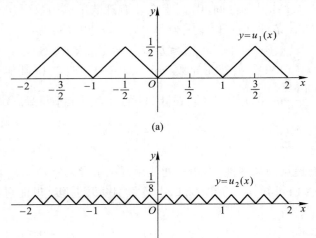

(a)

(b)

图 5.2.2

解 在每个区间 $[m, m+1]$ 上 $(m = 0, \pm 1, \pm 2, \cdots)$ 令

$$u_0(x) = \begin{cases} x - m, & x \in \left[m, m + \dfrac{1}{2} \right), \\ m + 1 - x, & x \in \left[m + \dfrac{1}{2}, m + 1 \right), \end{cases} \quad u_1(x) = \frac{1}{4} u_0(4x), \cdots, u_n(x) = \frac{1}{4^n} u_0(4^n x), \cdots.$$

下面我们来证明

$$f(x) = \sum_{n=1}^{\infty} u_n(x) \tag{1}$$

在 $(-\infty, +\infty)$ 内连续,但处处不可导. 事实上:

$1°$ 因为 $\left| u_0(x) \right| \leqslant 1$,

$$\left| u_n(x) \right| = \left| \frac{1}{4^n} u_0(4^n x) \right| \leqslant \frac{1}{4^n}, \ \forall x \in (-\infty, +\infty),$$

$\displaystyle\sum_{n=1}^{\infty} \frac{1}{4^n}$ 收敛,所以 $f(x) = \displaystyle\sum_{n=1}^{\infty} u_n(x)$ 在 $(-\infty, +\infty)$ 内一致收敛,$f(x)$ 处处连续.

$2°$ $\forall x_0 \in (-\infty, +\infty)$,我们取

$$x_n = x_0 \pm \frac{1}{4^n}. \tag{2}$$

若我们证明了极限 $\displaystyle\lim_{n \to \infty} \frac{f(x_n) - f(x_0)}{x_n - x_0}$ 不存在,则 $f(x)$ 在 x_0 处不可导. 从而由 x_0 的任意性知 $f(x)$ 处处不可导. 由式(1),

$$\frac{f(x_n) - f(x_0)}{x_n - x_0} = \frac{1}{x_n - x_0} \left(\sum_{k=1}^{\infty} u_k(x_n) - \sum_{k=1}^{\infty} u_k(x_0) \right) = \sum_{k=1}^{\infty} \frac{u_k(x_n) - u_k(x_0)}{x_n - x_0}.$$

注意 $\left| x_n - x_0 \right| = \dfrac{1}{4^n}$. 对于 $k \geqslant n$ 的 u_k 而言,$\dfrac{1}{4^n}$ 是 u_k 的周期 $\dfrac{1}{4^k}$ 的整倍数,因此

$$u_k(x_n) = u_k(x_0) \quad (当 k \geqslant n 时).$$

故

$$\frac{f(x_n) - f(x_0)}{x_n - x_0} = \sum_{k=0}^{n-1} \frac{u_k(x_n) - u_k(x_0)}{x_n - x_0}. \tag{3}$$

至此式(2)中的 $\pm$ 号尚未选定,为使式(3)无极限,我们规定(2)中的符号如此选取:使 x_n 与 x_0 位于锯齿波 $u_{n-1}(x)$ 呈直线的同一半波区间上. 于是 $\dfrac{u_{n-1}(x_n) - u_{n-1}(x_0)}{x_n - x_0}$ 等于 1 或 -1. 因 $u_{n-2}(x)$ 的一个周期包含 $u_{n-1}(x)$ 的四个周期,故 x_n 与 x_0 位于 $u_{n-2}(x)$ 的同一直线段区间上,$\dfrac{u_{n-2}(x_n) - u_{n-2}(x_0)}{x_n - x_0} = 1$ 或 -1. 同理,式(3)中每一项皆为 1 或 -1. 如此选定之后,式(3)是这种级数 $\displaystyle\sum_{n=1}^{\infty} a_n$ 的部分和:其中 $a_n = 1$ 或 -1. 由于 $a_n \nrightarrow 0$(当 $n \to \infty$ 时),故 $\displaystyle\sum_{n=1}^{\infty} a_n$ 发散,从而式(3)当 $n \to \infty$ 时无极限. 证毕.

d. 逐项积分与积分号下取极限

要点 1)若 $u_n(x)$ 在 $[a, b]$ 上可积 $(n = 1, 2, \cdots)$,级数 $\displaystyle\sum_{k=1}^{\infty} u_k(x)$ 在 $[a, b]$ 上一致收敛,则可逐项积分,即

$$\int_a^b \sum_{k=1}^{\infty} u_k(x) \mathrm{d}x = \sum_{k=1}^{\infty} \int_a^b u_k(x) \mathrm{d}x. \tag{A}$$

若未知该级数在 $[a,b]$ 上一致收敛,能否进行逐项积分,取决于是否有

$$\lim_{n\to\infty}\int_a^b R_n(x)\,\mathrm{d}x = 0, \tag{B}$$

其中 $R_n(x)$ 是 $\sum_{k=1}^{\infty} u_k(x)$ 前 n 项和的余项.(因为

$$\text{式(A)} \Leftrightarrow \lim_{n\to\infty}\left|\int_a^b\sum_{k=1}^{\infty}u_k(x)\,\mathrm{d}x - \sum_{k=1}^{n}\int_a^b u_k(x)\,\mathrm{d}x\right| = 0$$

$$\Leftrightarrow \lim_{n\to\infty}\left|\int_a^b\left(\sum_{k=1}^{\infty}u_k(x) - \sum_{k=1}^{n}u_k(x)\right)\mathrm{d}x\right| = 0$$

$$\Leftrightarrow \lim_{n\to\infty}\int_a^b R_n(x)\,\mathrm{d}x = 0 \ (\text{式(B).})$$

2)函数项级数 $\sum_{k=1}^{\infty} u_k(x)$ 在区间 I 上有意义,并且在 I 上一致收敛,若极限 $\lim_{x\to x_0}u_n(x)$ 都存在,则可逐项取极限,即

$$\lim_{x\to x_0}\sum_{k=1}^{\infty}u_k(x) = \sum_{k=1}^{\infty}\lim_{x\to x_0}u_k(x). \tag{C}$$

☆ **例 5.2.50** 设 $h(x),f_n'(x)$ 在 $[a,b]$ 上连续,$n=1,2,\cdots$,又对 $[a,b]$ 中任意的 x_1,x_2 和正整数 n 有 $|f_n(x_1)-f_n(x_2)|\leqslant\dfrac{M}{n}|x_1-x_2|$,其中 $M>0$ 为常数,求证 $\lim_{n\to\infty}\int_a^b h(x)f_n'(x)\,\mathrm{d}x = 0.$(南京大学)

分析 要证明 $\lim_{n\to\infty}\int_a^b h(x)f_n'(x)\,\mathrm{d}x = 0$,关键问题在于证明 $f_n'(x)\rightrightarrows 0$(当 $n\to\infty$ 时,关于 $x\in[a,b]$).因为 $h(x)$ 在 $[a,b]$ 上连续,所以 $h(x)$ 在 $[a,b]$ 上有界.若 $f_n'(x)\rightrightarrows 0$,便有 $h(x)f_n'(x)\rightrightarrows 0$,从而可在积分号下取极限,得出欲求的结果.下面只证 $f_n'(x)\rightrightarrows 0$.

证 因 $f_n'(x)$ 在 $[a,b]$ 上连续,所以一致连续,$\forall\dfrac{1}{n}>0$,$\exists\delta>0$,当 $|x_1-x_2|<\delta$ 时,有 $|f_n'(x_1)-f_n'(x_2)|<\dfrac{1}{n}$.取 m 充分大,使得 $\dfrac{b-a}{m}<\delta$,将 $[a,b]$ m 等分:$a=x_0<x_1<\cdots<x_m=b$,利用已知条件

$$|f_n(x_i)-f_n(x_{i-1})|\leqslant\frac{M}{n}|x_i-x_{i-1}|.$$

由微分中值定理,$\exists\xi_i\in(x_{i-1},x_i)$ 使得 $|f_n'(\xi_i)|\leqslant\dfrac{M}{n}$.于是 $\forall x\in[a,b]$,x 必属于某个小区间 $[x_{i-1},x_i]$,所以

$$|f_n'(x)|\leqslant|f_n'(x)-f_n'(\xi_i)|+|f_n'(\xi_i)|<\frac{1}{n}+\frac{M}{n}=\frac{1+M}{n},$$

故 $f'_n(x) \rightrightarrows 0 \, (n \to \infty)$.

例 5.2.51 设 $g(x)$ 及 $f_n(x) \geqslant 0 \, (n = 1, 2, \cdots)$ 在 $[a, b]$ 上有界可积,且 $\forall c \in (a, b)$,当 $n \to \infty$ 时 $f_n(x) \rightrightarrows 0$ 于 $[c, b]$ 上;$\lim\limits_{n \to \infty} \int_a^b f_n(x) \, dx = 1$,$\lim\limits_{x \to a^+} g(x) = A$. 试证 $\lim\limits_{n \to \infty} \int_a^b g(x) f_n(x) \, dx = A$.

分析 已知 $\lim\limits_{n \to \infty} \int_a^b f_n(x) \, dx = 1$,得 $\lim\limits_{n \to \infty} \int_a^b A f_n(x) \, dx = A$. 要证 $\lim\limits_{n \to \infty} \int_a^b g(x) f_n(x) \, dx = A$,只需证明

$$\lim_{n \to \infty} \int_a^b g(x) f_n(x) \, dx = \lim_{n \to \infty} \int_a^b A f_n(x) \, dx \quad \text{或} \quad \lim_{n \to \infty} \int_a^b (A - g(x)) f_n(x) \, dx = 0.$$

将积分拆成两项:

$$\int_a^b (A - g(x)) f_n(x) \, dx = \int_a^{a+\delta} (A - g(x)) f_n(x) \, dx + \int_{a+\delta}^b (A - g(x)) f_n(x) \, dx.$$

因 $\lim\limits_{x \to a^+} g(x) = A$,可见 $\delta > 0$ 取得充分小时第一项能任意小,再将 δ 固定,因 $f_n(x) \rightrightarrows 0$(当 $n \to \infty$ 时)于 $[a + \delta, b]$ 上,所以 n 充分大时第二项能任意小.

证 由 $\lim\limits_{x \to a^+} g(x) = A$ 知:$\forall \varepsilon > 0$,$\exists \delta > 0 \, (\delta < b - a)$,使得当 $a < x < a + \delta$ 时,$|A - g(x)| < \dfrac{\varepsilon}{4}$. 因此

$$\left| \int_a^b (A - g(x)) f_n(x) \, dx \right| \leqslant \int_a^{a+\delta} |A - g(x)| f_n(x) \, dx + \int_{a+\delta}^b (|A| + |g(x)|) f_n(x) \, dx$$

$$\leqslant \frac{\varepsilon}{4} \int_a^{a+\delta} f_n(x) \, dx + (|A| + M) \int_{a+\delta}^b f_n(x) \, dx$$

(这里 M 表示 $g(x)$ 的界,即 $|g(x)| \leqslant M$ 于 $[a, b]$ 上). 因 $\lim\limits_{n \to \infty} \int_a^b f_n(x) \, dx = 1$,所以 $\exists N_1 > 0$,$n > N_1$ 时,$0 \leqslant \int_a^{a+\delta} f_n(x) \, dx \leqslant \int_a^b f_n(x) \, dx < 2$.

又因在 $[a + \delta, b]$ 上,$f_n(x) \rightrightarrows 0$(当 $n \to \infty$ 时),所以 $\exists N_2 > 0$,当 $n > N_2$ 时,$0 \leqslant f_n(x) < \dfrac{\varepsilon}{2(|A| + M)(b - a - \delta)}$. 取 $N = \max\{N_1, N_2\}$,则 $n > N$ 时,有

$$\left| \int_a^b (A - g(x)) f_n(x) \, dx \right| < \frac{\varepsilon}{2} + \frac{\varepsilon}{2} = \varepsilon.$$

证毕.

^{new} * **练习 1** 求证等式 $\int_0^1 \dfrac{1}{x^x} \, dx = \sum\limits_{n=1}^{\infty} \dfrac{1}{n^n}$. (中国科学院)

提示 1) $\int_0^1 \dfrac{1}{x^x} \, dx = \int_0^1 e^{-x \ln x} \, dx = \int_0^1 \sum\limits_{n=0}^{\infty} \dfrac{(-x \ln x)^n}{n!} \, dx = \sum\limits_{n=0}^{\infty} \int_0^1 \dfrac{(-x \ln x)^n}{n!} \, dx.$ \hfill (1)

2)
$$\sum_{n=0}^{\infty} \int_0^1 \frac{(-x\ln x)^n}{n!}dx = \sum_{n=0}^{\infty} \frac{(-1)^n}{n!}\int_0^1 x^n\ln^n x\,dx = \sum_{n=1}^{\infty}\frac{1}{n^n}. \tag{2}$$

证 1°（证明可逐项求积分.）因为在 $(0,1)$ 上, $f(x) \equiv x\ln x < 0$, $f(1) = 0$, 应用 L'Hospital 法则, 易知 $f(0^+) = 0$. 因此只要令 $f(0) = 0$, 则 $f(x)$ 在 $[0,1]$ 上连续, 从而有界（记为 M）.（或由 $f'(x) = \ln x + 1 = 0$ 得 $(0,1)$ 内唯一可疑点 $x = e^{-1}$, 而区间端点上 $f(0) = f(1) = 0$. 所以 $|f(x)| \leq |f(e^{-1})| \overset{\text{记}}{=\!=\!=} M$, 于 $[0,1]$ 上.）

由此知
$$\left|\frac{(-x\ln x)^n}{n!}\right| = \left|\frac{1}{n!}(-f(x))^n\right| \leq \frac{1}{n!}M^n.$$

而级数 $\sum_{n=1}^{\infty}\frac{1}{n!}M^n$ 收敛, 故 $\int_0^1 \sum_{n=0}^{\infty}\frac{(-x\ln x)^n}{n!}dx$ 在 $[0,1]$ 上一致收敛, 可逐项求积分. 等式 (1) 成立.

2°（利用分部积分.）
$$\int_0^1 (x\ln x)^n dx = \int_0^1 x^n\ln^n x\,dx = \frac{1}{n+1}\int_0^1 \ln^n x\,d(x^{n+1})$$

$$= \frac{x^{n+1}\ln^n x}{n+1}\bigg|_0^1 - \frac{n}{n+1}\int_0^1 x^n\ln^{n-1}x\,dx = \frac{(-1)\cdot n}{n+1}\int_0^1 x^n\ln^{n-1}x\,dx$$

$$= \cdots = \frac{(-1)^n n!}{(n+1)^n}\int_0^1 x^n dx = \frac{(-1)^n n!}{(n+1)^{n+1}},$$

说明式 (2) 成立. 于是
$$\int_0^1 \frac{1}{x^x}dx = \sum_{n=0}^{\infty}\int_0^1 \frac{1}{n!}(-x\ln x)^n dx = \sum_{n=0}^{\infty}\frac{(-1)^n}{n!}\cdot\frac{(-1)^n n!}{(n+1)^{n+1}} = \sum_{n=1}^{\infty}\frac{1}{n^n}.$$

^{new}**练习 2** 设 $\{f_n(x)\}$ 是定义在 $[-1,1]$ 上的连续函数序列, 在原点附近一致有界, 若 $\forall \delta: 1 > \delta > 0$, $f_n(x)$ 在 $[-1, -\delta] \cup [\delta, 1]$ 上一致收敛于零, 且函数 $g(x)$ 在 $[-1,1]$ 上连续, $g(0) = 0$, 求证:
$$\lim_{n\to\infty}\int_{-1}^1 f_n(x)g(x)\,dx = g(0). \tag{1}$$

提示 1）在原点附近 g 能任意小, $\{f_n\}$ 一致有界, 故 $f_n g$ 在原点邻域内的积分可任意小.

2）其他地方 g 保持有界而 $\{f_n\}$ 一致趋向零, 故其他地方 $f_n g$ 的积分也可任意小.

证 1° $\{f_n(x)\}$ 在原点附近一致有界, 意即: $\exists M > 0$ 及 $\delta_1 > 0$ 使得
$$|f_n(x)| \leq M \quad (\forall x \in (-\delta_1, \delta_1), \forall n \in \mathbf{N}). \tag{2}$$

又 $g(x)$ 连续, 且 $g(0) = 0$, 故 $\forall \varepsilon > 0 (\varepsilon < 1)$, $\exists \delta_2 > 0 (\delta_2 < \frac{1}{2})$ 使得当 $|x| < \delta_2$ 时有
$$|g(x)| = |g(x) - g(0)| < \frac{\varepsilon}{4M\delta_2}. \tag{3}$$

取 $\delta = \min\{\delta_1, \delta_2\}$, 则
$$\left|\int_{-1}^1 f_n(x)g(x)\,dx\right| \leq \left|\int_{-\delta}^{\delta} f_n(x)g(x)\,dx\right| + \left|\left(\int_{-1}^{-\delta} + \int_{\delta}^1\right)f_n(x)g(x)\,dx\right| \overset{\text{记}}{=\!=\!=} I + J. \tag{4}$$

利用式 (2) 和 (3):
$$I = \left|\int_{-\delta}^{\delta} f_n(x)g(x)\,dx\right| \leq \int_{-\delta}^{\delta}|f_n(x)||g(x)|dx \leq M\cdot\frac{\varepsilon}{4M\delta}\cdot 2\delta = \frac{\varepsilon}{2}. \tag{5}$$

2° 函数 $g(x)$ 在 $[-1,1]$ 连续, 故有界, 即存在 $M_1 > 0$, 使得 $|g(x)| < M_1$. 于是
$$J \leq \left(\int_{-1}^{-\delta} + \int_{\delta}^1\right)|f_n(x)||g(x)|dx \leq M_1\left(\int_{-1}^{-\delta} + \int_{\delta}^1\right)|f_n(x)|dx. \tag{6}$$

根据题设知在 $[-1, -\delta] \cup [\delta, 1]$ 上, $\forall \varepsilon > 0 (\varepsilon < 1)$, $\exists N > 0$ 使得 $n > N$ 时有 $|f_n(x)| <$

$\dfrac{\varepsilon}{4M_1(1-\delta)}$. 故式(6)可写成

$$|J| \leqslant \frac{\varepsilon}{4M_1(1-\delta)} \cdot M_1 \left(\int_{-1}^{-\delta} + \int_{\delta}^{1} \right) \mathrm{d}x = \frac{\varepsilon}{2}. \tag{7}$$

3° 最后得 $\left| \int_{-1}^{1} f_n(x)g(x)\mathrm{d}x \right| \overset{\text{式}(4)}{\leqslant} I+J \overset{\text{式}(5),(7)}{\leqslant} \dfrac{\varepsilon}{2} + \dfrac{\varepsilon}{2} = \varepsilon.$ 此式表明式(1)成立,命题获证.

^{new}☆ **练习 3** 设$\{f_n(x)\}$是定义在$[-1,1]$上的连续函数序列,若

i) $\lim\limits_{n\to\infty}\int_{-1}^{1}f_n(x)\mathrm{d}x=1$;ii) 当$n\to\infty$时,$f_n(x)\overset{\longrightarrow}{\rightrightarrows}0(x\in[-1,-\delta]\cup[\delta,1])$.

求证:对$[-1,1]$上任一连续函数$g(x)$,有

$$\lim_{n\to\infty}\int_{-1}^{1}f_n(x)g(x)\mathrm{d}x=g(0). \tag{1}$$

(华东师范大学)

证 1°(用拟合法)在$\lim\limits_{n\to\infty}\int_{-1}^{1}f_n(x)\mathrm{d}x=1$两端同乘$g(0)$,得

$$\lim_{n\to\infty}\int_{-1}^{1}f_n(x)g(0)\mathrm{d}x=g(0). \tag{2}$$

(1)-(2)得

$$\lim_{n\to\infty}\int_{-1}^{1}f_n(x)(g(x)-g(0))\mathrm{d}x=0. \tag{3}$$

2° 因$f_n(x)$在$[-1,1]$上可能变号,不能使用第一积分中值定理,改用$f_n(x)$的正、负部:

$$f_n(x)\text{的正部:} f_n^+(x)=\begin{cases} f_n(x), & f_n(x)\geqslant 0, \\ 0, & f_n(x)<0, \end{cases}$$

$$f_n(x)\text{的负部:} f_n^-(x)=\begin{cases} 0, & f_n(x)\geqslant 0, \\ -f_n(x), & f_n(x)<0. \end{cases}$$

此时$f_n(x)=f_n^+(x)-f_n^-(x)$($|f_n(x)|=f_n^+(x)+f_n^-(x)$). $f_n^+(x)\geqslant 0, f_n^-(x)\geqslant 0$(不会变号).

3° 因$\lim\limits_{n\to\infty}\int_{-1}^{1}f_n(x)\mathrm{d}x=1$,故$\exists N_1>0$,使得当$n>N_1$时,

$$\int_{-1}^{1}f_n(x)\mathrm{d}x\leqslant 2. \tag{4}$$

又因$g(x)$在$[-1,1]$上连续,知$g(x)-g(0)$有界(记之为$G(G>0)$):

$$|g(x)-g(0)|\leqslant G(\forall x\in[-1,1]). \tag{5}$$

4°(现来证明式(3))因$\lim\limits_{x\to 0}g(x)=g(0),\forall\varepsilon>0,\exists\delta:\dfrac{1}{2}>\delta>0$,使得当$|x|<\delta$时,有

$$-\frac{\varepsilon}{8}<g(x)-g(0)<\frac{\varepsilon}{8}. \tag{6}$$

又因$f_n(x)\rightrightarrows 0$,对上述$\varepsilon>0,\exists N>N_1>0$,使得当$n>N$时,有

$$|f_n(x)|<\frac{\varepsilon}{4G}<1(\text{只要取 }\varepsilon<1,G>1\text{ 就满足}),\forall x\in[-1,-\delta]\cup[\delta,1]. \tag{7}$$

于是

$$\left| \int_{-1}^{1}f_n(x)(g(x)-g(0))\mathrm{d}x \right|$$

$$\leqslant \left| \left(\int_{-1}^{-\delta}+\int_{\delta}^{1} \right)f_n(x)(g(x)-g(0))\mathrm{d}x \right| + \left| \int_{-\delta}^{\delta}f_n(x)(g(x)-g(0))\mathrm{d}x \right| \xlongequal{\text{记}} I+J, \tag{8}$$

其中

$$I = \left| \left(\int_{-1}^{-\delta} + \int_{\delta}^{1} \right) f_n(x)(g(x) - g(0)) \, \mathrm{d}x \right|$$

$$\leqslant \left(\int_{-1}^{-\delta} + \int_{\delta}^{1} \right) |f_n(x)| \, |g(x) - g(0)| \, \mathrm{d}x \overset{\text{式}(7),(5)}{\leqslant} \frac{\varepsilon}{4G} G \cdot 2 = \frac{\varepsilon}{2},$$

$$J = \left| \int_{-\delta}^{\delta} f_n(x)(g(x) - g(0)) \, \mathrm{d}x \right|$$

$$= \left| \int_{-\delta}^{\delta} f_n^+(x)(g(x) - g(0)) \, \mathrm{d}x - \int_{-\delta}^{\delta} f_n^-(x)(g(x) - g(0)) \, \mathrm{d}x \right| \overset{\text{记}}{=\!=\!=} |A - B|.$$

因 $f_n^+(x) \geqslant 0, f_n^-(x) \geqslant 0, A$ 和 B 可分别应用第一积分中值定理. 存在 $\xi, \eta \in [-\delta, \delta]$, 使得

$$A = \int_{-\delta}^{\delta} f_n^+(x)(g(x) - g(0)) \, \mathrm{d}x = (g(\xi) - g(0)) \int_{-\delta}^{\delta} f_n^+(x) \, \mathrm{d}x \overset{\text{式}(6)}{\leqslant} \frac{\varepsilon}{8} \int_{-\delta}^{\delta} f_n^+(x) \, \mathrm{d}x,$$

$$B = \int_{-\delta}^{\delta} f_n^-(x)(g(x) - g(0)) \, \mathrm{d}x = (g(\eta) - g(0)) \int_{-\delta}^{\delta} f_n^-(x) \, \mathrm{d}x \overset{\text{式}(6)}{\geqslant} -\frac{\varepsilon}{8} \int_{-\delta}^{\delta} f_n^-(x) \, \mathrm{d}x.$$

从而 $-B = \int_{-\delta}^{\delta} f_n^-(x)(g(x) - g(0)) \, \mathrm{d}x \leqslant \frac{\varepsilon}{8} \int_{-\delta}^{\delta} f_n^-(x) \, \mathrm{d}x.$ 于是

$$J = |A - B| \leqslant \left| \frac{\varepsilon}{8} \left(\int_{-\delta}^{\delta} f_n^+(x) \, \mathrm{d}x - \int_{-\delta}^{\delta} f_n^-(x) \, \mathrm{d}x \right) \right| = \frac{\varepsilon}{8} \left| \int_{-\delta}^{\delta} f_n(x) \, \mathrm{d}x \right| = \frac{\varepsilon}{8} \left| \left[\int_{-1}^{1} - \left(\int_{-1}^{-\delta} + \int_{\delta}^{1} \right) \right] f_n(x) \, \mathrm{d}x \right|$$

$$\leqslant \frac{\varepsilon}{8} \left(\left| \int_{-1}^{1} f_n(x) \, \mathrm{d}x \right| + \int_{-1}^{-\delta} |f_n(x)| \, \mathrm{d}x + \int_{\delta}^{1} |f_n(x)| \, \mathrm{d}x \right) \overset{\text{式}(4),(7)}{\leqslant} \frac{\varepsilon}{8} (2 + 1 + 1) = \frac{\varepsilon}{2}.$$

因此, $\left| \int_{-1}^{1} f_n(x)(g(x) - g(0)) \, \mathrm{d}x \right| \leqslant I + J < \dfrac{\varepsilon}{2} + \dfrac{\varepsilon}{2} = \varepsilon.$ 证毕.

☆**例 5.2.52**　试证级数 $\displaystyle\sum_{n=1}^{\infty} x^{2n} \ln x$ 在 $(0,1)$ 内不一致收敛, 但在 $[0,1]$ 上可逐项积分.

证　$1°$ 当 $x = 1$ 时, 级数通项 $u_n(1) = x^{2n} \ln x \big|_{x=1} = 0$; 当 $0 < x < 1$ 时, $\displaystyle\sum_{n=1}^{\infty} x^{2n} \ln x$

为等比级数, 所以和
$$S(x) = \begin{cases} \dfrac{x^2}{1 - x^2} \ln x, & 0 < x < 1, \\ 0, & x = 1. \end{cases}$$

可见 $S(1^-) = \lim\limits_{x \to 1^-} \dfrac{x^2 \ln[1 - (1 - x)]}{(1 + x)(1 - x)} = \dfrac{1}{2} \neq S(1)$. 故该级数非一致收敛 (根据和函数连续定理).

$2°$ (证明能逐项积分.) 因 $R_n(x) = \displaystyle\sum_{k=n+1}^{\infty} x^{2k} \ln x = \dfrac{x^{2n+2}}{1 - x^2} \ln x = \dfrac{x^2 \ln x}{1 - x^2} \cdot x^{2n}$, 其中

$\lim\limits_{x \to 0^+} \dfrac{x^2 \ln x}{1 - x^2}$ 及 $\lim\limits_{x \to 1^-} \dfrac{x^2 \ln x}{1 - x^2}$ 都有有限极限, 且 $\dfrac{x^2 \ln x}{1 - x^2}$ 在 $(0,1)$ 内连续, 所以 $\dfrac{x^2 \ln x}{1 - x^2}$ 在 $(0,1)$ 内

有界, 即 $\exists M > 0$, 使得 $\left| \dfrac{x^2 \ln x}{1 - x^2} \right| \leqslant M$. 故 $|R_n(x)| \leqslant M \cdot x^{2n}$,

$$\left| \int_0^1 R_n(x) \, \mathrm{d}x \right| \leqslant \int_0^1 |R_n(x)| \, \mathrm{d}x \leqslant M \int_0^1 x^{2n} \, \mathrm{d}x = \frac{M}{2n + 1} \to 0 \quad (\text{当 } n \to \infty \text{ 时}).$$

此即表明 $\lim\limits_{n \to \infty} \displaystyle\int_0^1 R_n(x) \, \mathrm{d}x = 0$. 级数可以逐项积分.

e. 和函数的其他性质(综合性问题)

例 5.2.53 设 $f_n(x)(n=1,2,\cdots)$ 在 $[0,1]$ 上连续,并且

$$f_n(x) \geqslant f_{n+1}(x), \forall x \in [0,1], n=1,2,\cdots.$$

若 $f_n(x)$ 在 $[0,1]$ 收敛于 $f(x)$,试证明 $f(x)$ 在 $[0,1]$ 上达到最大值.(北京大学)

证 因为 $f_n(x) \searrow f(x)$,所以

$$f(x) \leqslant f_n(x) \quad (\forall n \in \mathbf{N}, \forall x \in [0,1]). \tag{1}$$

因 $f_1(x)$ 在 $[0,1]$ 上连续,所以有上界 M,故 $f(x) \leqslant f_1(x) \leqslant M$ $(\forall x \in [0,1])$.因此,$\mu = \sup\limits_{[0,1]} f(x)$ 存在.

假若 $f(x)$ 在 $[0,1]$ 上不达上确界 μ,则由确界定义,可知 $\exists \{x_n\} \subset [0,1]$,使得 $\lim\limits_{n\to\infty} f(x_n) = \mu$.利用致密性原理,在有界序列 $\{x_n\}$ 里,必存在收敛的子列 $\{x_{n_k}\} \to x_0 \in [0,1]$(当 $k \to \infty$ 时).我们证明 $f(x_0) = \mu$.不然的话,因 μ 为上确界,$f(x_0) < \mu$,从而 $\exists \mu_1$ 使得

$$f(x_0) < \mu_1 < \mu. \tag{2}$$

因为 $\lim\limits_{n\to\infty} f_n(x_0) = f(x_0)$,所以 $\exists n_1$ 使得 $f_{n_1}(x_0) < \mu_1$.又因为 f_{n_1} 连续,所以 $\exists \delta > 0$,当 $x \in (x_0 - \delta, x_0 + \delta) \cap [0,1]$ 时,有 $f_{n_1}(x) < \mu_1$.由于 $x_{n_k} \to x_0$(当 $k \to \infty$),对 $\delta > 0$,$\exists K > 0$,当 $k > K$ 时,$|x_0 - x_{n_k}| < \delta$,于是 $f_{n_1}(x_{n_k}) < \mu_1$.联系式(1),知 $f(x_{n_k}) < \mu_1$,故 $\mu = \lim\limits_{k\to\infty} f(x_{n_k}) \leqslant \mu_1$.与式(2)矛盾.证毕.

例 5.2.54 设 $\{f_n(x)\}$ 是在 $(-\infty, +\infty)$ 上定义并且连续的函数序列,试构造一个函数 $f(x)$,使之在 $(-\infty, +\infty)$ 上有界、连续,当且仅当对所有 $n : f_n(x) = 0$ 时 $f(x) = 0$.

提示 令 $f(x) = \sum\limits_{n=1}^{\infty} a_n \dfrac{|f_n(x)|}{1 + |f_n(x)|}$(其中 $\sum\limits_{n=1}^{\infty} a_n$ 为任意一个收敛的正项级数).

* 例 5.2.55 设 $f_n(x)$ 在 $[a,b]$ 上可积 $(n=1,2,\cdots)$,且在 $[a,b]$ 上 $f_n(x) \rightrightarrows f(x)$(当 $n \to \infty$ 时),试证 $f(x)$ 在 $[a,b]$ 上可积.(天津大学)

分析 f 可积的充分必要条件是:$\forall \varepsilon > 0$,$\exists [a,b]$ 的一个分划 T,使得 $\sum\limits_{i=0}^{k-1} \omega_i^f \Delta x_i < \varepsilon$.已知 f_n 可积,所以对 f_n 可找到这种分划 T.又因 n 充分大时,f_n 可以任意逼近 f(关于 $x \in [a,b]$ 一致).因此,取充分大的 n,对 f_n 取分划 T,然后以此分划作为 f 的分划即可.

证 因当 $n \to \infty$ 时,$f_n(x) \rightrightarrows f(x)$(关于 $x \in [a,b]$),故 $\forall \varepsilon > 0$,$\exists N > 0$,当 $n > N$ 时,对于一切 $x \in [a,b]$,恒有 $|f(x) - f_n(x)| < \dfrac{\varepsilon}{4(b-a)}$.

又因 f_n 在 $[a,b]$ 上可积,对此 $\varepsilon > 0$,$\exists [a,b]$ 的一个分划 $T : a = x_0 < x_1 < \cdots < x_k = b$,使得 $\sum\limits_{i=0}^{k-1} \omega_i \Delta x_i < \dfrac{\varepsilon}{2}$,其中 $\omega_i = \sup\limits_{x_i', x_i'' \in [x_{i-1}, x_i]} |f_n(x_i') - f_n(x_i'')|$.但是 $\forall x_i', x_i'' \in [x_{i-1}, x_i]$,有

$$|f(x_i') - f(x_i'')| \leqslant |f(x_i') - f_n(x_i')| + |f_n(x_i') - f_n(x_i'')| + |f_n(x_i'') - f(x_i'')|$$

$$\leqslant \frac{\varepsilon}{4(b-a)} + \omega_i + \frac{\varepsilon}{4(b-a)} = \frac{\varepsilon}{2(b-a)} + \omega_i,$$

所以

$$\omega_i^f \equiv \sup_{x_i', x_i'' \in [x_{i-1}, x_i]} |f(x_i') - f(x_i'')| \leqslant \frac{\varepsilon}{2(b-a)} + \omega_i.$$

因此 $\displaystyle\sum_{i=0}^{k-1} \omega_i^f \Delta x_i \leqslant \frac{\varepsilon}{2(b-a)} \sum_{i=0}^{k-1} \Delta x_i + \sum_{i=0}^{k-1} \omega_i \Delta x_i \leqslant \frac{\varepsilon}{2} + \frac{\varepsilon}{2} = \varepsilon.$ 证毕.

三、一致逼近问题

定理(Weierstrass 多项式逼近定理) 有界闭区间 $[a,b]$ 上的连续函数 $f(x)$ 可用多项式一致逼近, 即存在多项式序列 $\{P_n(x)\}$ (其中 $P_n(x)$ 是 n 次多项式), 使得 $n \to \infty$ 时 $F_n(x) \rightrightarrows f'(x)$ (在 $[a,b]$ 上关于 x 一致), 亦即: $\forall \varepsilon > 0, \exists N > 0$, 使得当 $n > N$ 时, 有 $|f(x) - P_n(x)| < \varepsilon$ ($\forall x \in [a,b]$).

^{new}**例 5.2.56** 设 $f(x)$ 在 $[0,1]$ 上连续, 且 $\displaystyle\int_0^1 f(x) x^n \mathrm{d}x = 0$ ($n = 0,1,2,\cdots$), 证: $f(x) \equiv 0.$ (中国科学技术大学)

证 I 由 f 在 $[0,1]$ 上连续, 可得 $f(x)$ 在 $[0,1]$ 上必有界: $\exists M > 0, |f(x)| \leqslant M$ ($\forall x \in [0,1]$). 根据多项式逼近定理, $\forall \varepsilon_n > 0, \exists P_n(x) = \displaystyle\sum_{k=0}^n a_k x^k$ (多项式), 使得 $\forall x \in [0,1]$, 恒有 $|f(x) - P_n(x)| < \dfrac{\varepsilon_n}{M}.$

因 $\displaystyle\int_0^1 f(x) x^n \mathrm{d}x = 0$ ($n = 0,1,2,\cdots$), 知 $\displaystyle\int_0^1 f(x) P_n(x) \mathrm{d}x = 0.$ 故

$$0 \leqslant \int_0^1 f^2(x) \mathrm{d}x = \left| \int_0^1 f(x)(f(x) - P_n(x)) \mathrm{d}x + \int_0^1 f(x) P_n(x) \mathrm{d}x \right|$$

$$\leqslant \int_0^1 |f(x)(f(x) - P_n(x))| \mathrm{d}x \leqslant M \cdot \frac{\varepsilon_n}{M} = \varepsilon_n.$$

再令 $\varepsilon_n \to 0$, 可知 $\displaystyle\int_0^1 f^2(x) \mathrm{d}x = 0, f(x) \equiv 0.$

证 II 根据多项式逼近定理, 存在 $P_n(x) \rightrightarrows f(x)$ (当 $n \to \infty$ 时, 关于 $x \in [0,1]$ 一致). 因 f 有界, 故 $f(x) P_n(x) \rightrightarrows f^2(x)$ (当 $n \to \infty$ 时, 关于 $x \in [0,1]$ 一致). 从而可在积分号下取极限:

$$0 \leqslant \int_0^1 f^2(x) \mathrm{d}x = \int_0^1 \lim_{n \to \infty} f(x) P_n(x) \mathrm{d}x = \lim_{n \to \infty} \int_0^1 f(x) P_n(x) \mathrm{d}x = 0,$$

得

$$\int_0^1 f^2(x) \mathrm{d}x = 0, f(x) \equiv 0.$$

^{new}**例 5.2.57** 若实系数多项式序列 $\{P_n(x)\}$ 在 $\mathbf{R}$ 上一致收敛于函数 $f(x)$. 试证: $f(x)$ 必是多项式函数. (华东师范大学, 北京大学)

证 因已知 $n\to\infty$ 时,$P_n(x)\rightrightarrows f(x)$ (关于 $x\in\mathbf{R}$ 一致). 由 Cauchy 准则:$\forall\varepsilon>0$,$\exists N>0$,当 $m>n>N$ 时,有

$$|P_m(x)-P_n(x)|<\varepsilon \quad(\forall x\in\mathbf{R}). \tag{1}$$

由此能断言:当 $m>n>N$ 时,$P_m(x)$,$P_n(x)$ 只可能是同一多项式,最多只是常数项不同(不然的话,当 $x\to+\infty$ 时,$|P_m(x)-P_n(x)|\to+\infty$,与式(1)矛盾). 因此,$P_n(x)$ 可记作

$$P_n(x)=P(x)+a_n(a_n \text{ 是常数项}). \tag{2}$$

代入式(1),得 $\forall\varepsilon>0$,$\exists N>0$,当 $m>n>N$ 时有 $|a_m-a_n|<\varepsilon$. 由 Cauchy 准则知 $\lim\limits_{n\to\infty}a_n\xlongequal{\text{存在}}c$. 于是在式(2)里令 $n\to\infty$,取极限得 $f(x)=P(x)+c$(f 为多项式). 证毕.

类题 设 I 是无穷区间,$f(x)$ 在 I 上连续(不是多项式),试证:不存在多项式序列 $\{P_n(x)\}$ 在 I 上一致收敛于 $f(x)$. (北京大学,中国科学技术大学)

证 (有了上题,本题自明,也可直接证明.)

若有多项式序列 $P_n(x)\rightrightarrows f(x)$(当 $n\to\infty$ 时,关于 $x\in I$),那么(根据 Cauchy 准则)$\forall\varepsilon>0$,$\exists N>0$,当 $m>n>N$ 时,

$$|P_n(x)-P_m(x)|<\varepsilon \quad(\forall x\in I). \tag{1}$$

令 $x\to+\infty$,仍保持成立,说明:(当 $m>n>N$ 时)$P_n(x)-P_m(x)$ 中只含 x 的零次项. 换句话说:对于 $P_n(x)$ 和 $P_m(x)$,如果不看常数项,则 $\{P_n(x)\}_{n>N}$ 统统是同一个多项式,(当 $n\to\infty$ 时)$P_n(x)\to f(x)$,说明 $f(x)$ 只能是一多项式. 矛盾. 证毕.

new *** 例 5.2.58** 设 $f(x)$ 在 I 上有连续导数,$F_n(x)=n\left[f\left(x+\dfrac{1}{n}\right)-f(x)\right]$.

1)证明:若 I 是有界闭区间,则 $\{F_n(x)\}$ 在 I 上一致收敛;

2)如果 I 是有界开区间,问:$\{F_n(x)\}$ 是否仍在 I 上一致收敛. (北京大学)

证 根据导数定义,明显有

$$F_n(x)=n\left[f\left(x+\frac{1}{n}\right)-f(x)\right]\to f'(x)\ (n\to\infty).$$

要证在 I 上 $\{F_n(x)\}$ 一致收敛,即要证明:$\forall\varepsilon>0$,$\exists N>0$,使得 $n>N$ 时有

$$|F_n(x)-f'(x)|<\varepsilon \quad(\forall x\in I). \tag{1}$$

1)当 I 是有界闭区间时:若 $f'(x)$ 连续,根据 Cantor 定理,可知 $f'(x)$ 一致连续,即:$\forall\varepsilon>0$,$\exists\delta>0$,$\forall x_1,x_2\in I$,当 $|x_1-x_2|<\delta$ 时,有

$$|f'(x_2)-f'(x_1)|<\varepsilon. \tag{2}$$

如此,$\forall x\in I$,只要取 $N>\dfrac{1}{\delta}$,则当 $n>N$ 时,利用 Lagrange 定理,$\exists\xi_n:x<\xi_n<x+\dfrac{1}{n}$,使得

$$f\left(x+\frac{1}{n}\right)-f(x)=f'(\xi_n)\frac{1}{n},$$

$|\xi_n-x|<\dfrac{1}{n}<\dfrac{1}{N}<\delta$. 由式(2)知 $|f'(\xi_n)-f'(x)|<\varepsilon$. 故

$$\left| F_n(x) - f'(x) \right| = \left| n\left[f\left(x + \frac{1}{n} \right) - f(x) \right] - f'(x) \right| < \left| f'(\xi_n) - f'(x) \right| < \varepsilon,$$

表明式(1)成立. 所以当 $n \to \infty$ 时,$F_n(x) \stackrel{\longrightarrow}{\longrightarrow} f'(x)$(在 I 上关于 x 一致). 故 $\{F_n(x)\}$ 在 I 上一致收敛.

2) 否!(作反例,使得 f 和 f' 是在局部无限变陡的函数(如:$\frac{1}{x}$,$\ln x$,$\cot x$,$\cdots$).)

反例:令 $f(x) = \frac{1}{x}$($\forall x \in (0,1)$),

$$\lim_{n \to \infty} F_n(x) = \lim_{n \to \infty} n\left[f\left(x + \frac{1}{n} \right) - f(x) \right] = f'(x) = \left(\frac{1}{x} \right)' = -\frac{1}{x^2}.$$

若取 $\varepsilon_0 = \frac{1}{2}$,$\forall n > 1$,令 $x_n = \frac{1}{n}$,则 $f(x_n) = n$,$f\left(x_n + \frac{1}{n} \right) = \frac{n}{2}$,且

$$f'(x_n) = -\frac{1}{x_n^2} = -n^2,\quad F_n(x_n) = n\left[f\left(x_n + \frac{1}{n} \right) - f(x_n) \right] = n\left(\frac{n}{2} - n \right) = -\frac{n^2}{2}.$$

因此 $$\left| F_n(x_n) - f'(x_n) \right| = \left| -\frac{n^2}{2} + n^2 \right| = \frac{n^2}{2} > \varepsilon_0.$$

说明式(2)不成立. 此反例说明:当有界闭区间改为有界开区间时,原结论不再成立.

✍ 单元练习 5.2

5.2.1 1) 设

i) $f_n(x)$ 在 $[a,b]$ 上连续,$n = 1, 2, \cdots$;

ii) $\{f_n(x)\}$ 在 $[a,b]$ 上一致收敛于 $f(x)$;

iii) 在 $[a,b]$ 上 $f_n(x) \leqslant f(x)$,$n = 1, 2, \cdots$,

试证 $e^{f_n(x)}$ 在 $[a,b]$ 上一致收敛于 $e^{f(x)}$;

2) 若将 1) 中条件 iii) 去掉,则 $\{e^{f_n(x)}\}$ 是否还一致收敛,试证明你的结论.(河北师范大学)

提示 2) $\exists M > 0$,使 $|f(x)| \leqslant M$,从而 n 充分大时,

$$|f_n(x)| \leqslant |f(x)| + |f_n(x) - f(x)| \leqslant M + 1,\ 0 \leqslant \left| e^{f(x)} - e^{f_n(x)} \right| \leqslant e^{M+1} \left| f_n(x) - f(x) \right|.$$

或者 用 e^y 在 $[-M-1, M+1]$ 上一致连续. 由 $\varepsilon > 0$ 找 $\delta > 0$,再根据 $f_n \stackrel{\longrightarrow}{\longrightarrow} f$,由 $\delta > 0$ 找 N_0.

5.2.2 设 $f_n(x) = \sum\limits_{k=1}^{n} \frac{1}{n} \cos\left(x + \frac{k}{n} \right)$,$n = 1, 2, \cdots$,证明在 $(-\infty, +\infty)$ 上 $\{f_n(x)\}$ 一致收敛.
(兰州大学)

提示 可参看例 5.2.1.

*5.2.3 设 $f_n(x) = \dfrac{\displaystyle\int_0^x (1 - t^2)^n \, \mathrm{d}t}{\displaystyle\int_0^1 (1 - t^2)^n \, \mathrm{d}t}$,$g_n(x) = \displaystyle\int_0^x f_n(t) \, \mathrm{d}t$,试证:

1) 当 $n \to \infty$ 时,$f_n(x) \stackrel{\longrightarrow}{\longrightarrow} \begin{cases} -1, & -1 \leqslant x \leqslant -\varepsilon, \\ 1, & \varepsilon \leqslant x \leqslant 1 \end{cases}$ $(0 < \varepsilon < 1)$;

2) $g_n(x) \stackrel{\longrightarrow}{\longrightarrow} |x|$ 关于 $x \in [-1, 1]$,当 $n \to \infty$ 时.

提示 1) 可参看例 4.1.6.

2) 注意 $|x| = \int_0^x \text{sgn}\, x \mathrm{d}x$，然后用分段法(见例 4.1.4)证明 $\int_0^x (f_n(x) - \text{sgn}\, x)\mathrm{d}x \rightrightarrows 0 (n \to \infty)$，关于 $x \in [-1,1]$ 一致.

☆**5.2.4** 试证级数 $\sum_{n=1}^{\infty} (-1)^n (1-x) x^n$ 在区间 $[0,1]$ 上绝对收敛、一致收敛，但不是绝对一致收敛(指各项取绝对值之后，仍一致收敛).

提示 在 $[0,1]$ 上，$\sum_{k=0}^{n-1} (1-x) x^k \to S(x) = \begin{cases} 0, & \text{当 } x = 1 \text{ 时,} \\ 1, & \text{当 } 0 \le x < 1 \text{ 时,} \end{cases}$ 可见原级数绝对收敛，$S(x)$ 不连续，违反保连续性，故原级数非绝对一致收敛. 原级数为 Leibniz 级数,

$$|S(x) - S_{n-1}(x)| = |r_{n-1}(x)| \le (1-x) x^n \le \max_{x \in [0,1]} (1-x) x^n = \frac{1}{n+1}\left(\frac{n}{n+1}\right)^n \le \frac{1}{n+1} \to 0 \ (n \to \infty),$$

故原级数在 $[0,1]$ 上一致收敛.

5.2.5 判断级数 $\sum_{n=1}^{\infty} \frac{(-1)^n}{x+n}$ 在 $0 < x < +\infty$ 内是否一致收敛.

提示 $|r_n| \le \frac{1}{n+1} \to 0 \ (n \to \infty)$.

5.2.6 讨论级数 $\sum_{n=1}^{\infty} x \mathrm{e}^{-(n-1)x}$ 关于 $0 \le x \le 1$ 是否一致收敛？(复旦大学)

提示 $r_n(x) = \frac{x\mathrm{e}^{-nx}}{1-\mathrm{e}^{-x}} \to 0 (n \to \infty)$，但 $\sup_{x \in [0,1]} r_n(x) = 1 \nrightarrow 0$，$[0,1]$ 上非一致收敛. $\forall 0 < \varepsilon < 1$，当 $x \in [\varepsilon, 1]$ 时，$0 \le r_n(x) \le \frac{\mathrm{e}^{-n\varepsilon}}{1-\mathrm{e}^{-\varepsilon}} \to 0 (n \to \infty)$，故级数在 $[\varepsilon, 1]$ 上一致收敛.

☆**5.2.7** 讨论级数 $\sum_{n=1}^{\infty} \frac{n^2}{\left(x + \frac{1}{n}\right)^n}$ 的收敛性和一致收敛性 $(x \ge 0)$. (华东师范大学)

提示 1) 当 $x \in (1, +\infty)$ 时，因 $\forall c > 1$，$x > c$ 时通项 $u_n(x) \le \frac{n^2}{c^n}$，而 $\sum_{n=1}^{\infty} \frac{n^2}{c^n}$ 收敛，故原级数在 $(1, +\infty)$ 内收敛且内闭一致收敛. 在 $(1, +\infty)$ 内，令 $x_n = 1 + \frac{1}{n}$，通项 $u_n(x_n) = \frac{n^2}{\left(1 + \frac{2}{n}\right)^n} \nrightarrow 0$，故原级数在 $(1, +\infty)$ 内非一致收敛. 2) 当 $x \le 1$ 时，通项 $u_n(x) \ge \frac{n^2}{\left(1 + \frac{1}{n}\right)^n} \to +\infty$，原级数发散.

5.2.8 讨论级数 $\sum_{n=1}^{\infty} \frac{x^{2n}}{1 + x^{2n+1}}$ $(x \ge 0)$ 的一致收敛性. (南京大学)

提示 当 $|x| \ge 1$ 时，通项 $\nrightarrow 0$，发散. $\forall q: 0 < q < 1$，当 $0 \le x \le q$ 时，$0 \le$ 通项 $< q^{2n}$，级数在 $[0,q]$ 上一致收敛；但在 $(0,1)$ 上非一致收敛，因通项 $\to \frac{1}{2} \ne 0$(当 $x \to 1^-$ 时)，与 Cauchy 准则矛盾.

***5.2.9** 设函数项级数 $\sum_{k=1}^{\infty} u_k(x)$ 在 $[a,b]$ 上收敛，试证：若对任何 $x \in [a,b]$，$\exists \delta_x > 0$，$G_x > 0$，使对任意 $y \in (x - \delta_x, x + \delta_x) \cap [a,b]$ 与自然数 n，都有 $\left| \sum_{k=1}^{n} u_k'(y) \right| < G_x$，则 $\sum_{k=1}^{\infty} u_k(x)$ 在 $[a,b]$ 上

一致收敛.（北京师范大学）

提示　用有限覆盖定理⇒部分和的导数一致有界$\overset{例5.2.32}{\Longrightarrow}$等度连续$\overset{例5.2.33}{\Longrightarrow}$一致收敛.

※5.2.10　设 $b_1 \geq b_2 \geq \cdots \geq b_n \geq \cdots \geq 0$，试证：级数 $\sum\limits_{n=1}^{\infty} b_n \sin nx$ 在任意区间上一致收敛的充要条件是 $n \to \infty$ 时 $n b_n \to 0$.

证　1°（必要性）已知 $\sum\limits_{k=1}^{\infty} b_k \sin kx$ 在 $(-\infty, +\infty)$ 上一致收敛，（应用 Cauchy 准则）$\forall \varepsilon > 0$，$\exists N > 0$，$\forall n > N$，有 $\left| \sum\limits_{k=n+1}^{2n} b_k \sin kx \right| < \dfrac{\sqrt{2}}{4} \varepsilon, x \in (-\infty, +\infty)$. 对此 n，取 $x = \dfrac{\pi}{4n}$，则

$$\frac{\sqrt{2}}{4} \varepsilon > \sum_{k=n+1}^{2n} b_k \sin\left(k \frac{\pi}{4n}\right) > n b_{2n} \sin \frac{\pi}{4} = 2n b_{2n} \frac{\sqrt{2}}{4}.$$

可见

$$\lim_{n \to \infty} 2n b_{2n} = 0.$$

同理，有 $\lim\limits_{n \to \infty} (2n+1) b_{2n+1} = 0$. 故 $\lim\limits_{n \to \infty} n b_n = 0$ 获证.

2°（充分性）因为 $\sin kx$ 是以 2π 为周期的奇函数，只要证明 $\sum\limits_{k=1}^{\infty} b_k \sin kx$ 在 $[0, \pi]$ 上一致收敛，则它在任意区间上都一致收敛. 又由 $b_n > 0$ 单调递减，$\lim\limits_{n \to \infty} n b_n = 0$，可知 $\{b_n\}$ 单调下降趋向 0（关于 x 一致）. 而已知 $\left| \sum\limits_{k=1}^{n} \sin kx \right| \leq \dfrac{1}{\left| \sin \dfrac{x}{2} \right|}$（见例 5.2.26 式（1）），因此，当 $\dfrac{\pi}{2} \leq x < \pi$ 时，有

$\left| \sum\limits_{k=1}^{n} \sin kx \right| \leq \dfrac{1}{\left| \sin \dfrac{x}{2} \right|} \leq \sqrt{2}$. 利用 Dirichlet 判别法，知 $\sum\limits_{k=n}^{\infty} b_k \sin kx$ 在 $\left[\dfrac{\pi}{2}, \pi \right]$ 上一致收敛.

（剩下只需证明：原级数 $\sum\limits_{k=n}^{\infty} b_k \sin kx$ 在 $\left[0, \dfrac{\pi}{2} \right)$ 内一致收敛.）根据 Cauchy 准则，只要证明：

$\forall \varepsilon > 0$，$\exists N > 0$，$\forall m > n > N$，$\forall x \in \left[0, \dfrac{\pi}{2} \right)$，有

$$\left| \sum_{k=n+1}^{m} b_k \sin kx \right| < \varepsilon. \tag{1}$$

为此，记

$$\beta_n = \sup\{ k b_k \mid k \geq n \}. \tag{2}$$

则由 $\lim\limits_{n \to \infty} n b_n = 0$ 知 $\lim\limits_{n \to \infty} \beta_n = 0$. 因此，$\forall \varepsilon > 0$，$\exists N > 0$，当 $n > N$ 时，有 $\beta_n < \dfrac{\varepsilon}{2\pi}$，即

$$\pi \beta_n < \frac{\varepsilon}{2} < \varepsilon. \tag{3}$$

（下面用 Cauchy 准则来证原级数一致收敛.）为此，将 $\left[0, \dfrac{\pi}{2} \right)$ 分成三个区间，证明式（3）里的 N 能作为收敛准则所需要的 N，分别适用于三区间. $\forall m > n > N$，令 $\left[0, \dfrac{\pi}{2} \right) = \left[0, \dfrac{\pi}{m} \right) \cup \left[\dfrac{\pi}{m}, \dfrac{\pi}{n} \right) \cup \left[\dfrac{\pi}{n}, \dfrac{\pi}{2} \right)$，则

①　当 $x \in \left[0, \dfrac{\pi}{m} \right)$ 时，$0 \leq mx < \pi$，

$$\left|\sum_{k=n+1}^{m} b_k \sin kx\right| \leqslant \sum_{k=n+1}^{m} b_k kx \overset{式(2)}{\leqslant} (m-n)x \cdot \beta_n < mx \cdot \beta_n < \pi\beta_n \overset{式(3)}{<} \frac{\varepsilon}{2} < \varepsilon. \tag{4}$$

下面要用到如下的三角不等式:当 $x \in \left(0, \dfrac{\pi}{2}\right)$ 时,$\forall m > n > N \geqslant 1$,有

$$\left|\sum_{k=n+1}^{m} \sin kx\right| \leqslant \frac{1}{\sin \dfrac{x}{2}}. \tag{5}$$

(其推导可参照例 5.2.26 的式(1).)

② 当 $x \in \left[\dfrac{\pi}{n}, \dfrac{\pi}{2}\right)$ 时,$\forall m > n > N$,上面式(5)成立.

因 $b_n > 0$ 单调递减,可利用 Abel 变换 $\left(\text{见例 5.1.35,这里 } M = \dfrac{1}{\sin \dfrac{x}{2}}\right)$

$$\left|\sum_{k=n+1}^{m} b_k \sin kx\right| \overset{\text{Abel变换}}{\leqslant} \frac{2b_{n+1}}{\sin \dfrac{x}{2}} \left(\text{应用 } \sin x > \frac{2}{\pi}x \left(0 < x < \frac{\pi}{2}\right)\right)$$

$$\leqslant 2b_{n+1} \frac{1}{\dfrac{2}{\pi} \cdot \dfrac{x}{2}} = \frac{2b_{n+1}\pi}{x} \quad \left(x \geqslant \frac{\pi}{n}\right)$$

$$\leqslant 2(n+1)b_{n+1} \leqslant \pi\beta_n < \frac{\varepsilon}{2}. \tag{6}$$

③ 当 $x \in \left[\dfrac{\pi}{m}, \dfrac{\pi}{n}\right) = \bigcup_{i=n}^{m-1} \left[\dfrac{\pi}{i+1}, \dfrac{\pi}{i}\right)$,例如,$x \in \left[\dfrac{\pi}{i+1}, \dfrac{\pi}{i}\right)(i \in \{n, \cdots, m-1\})$(此时 $i < \dfrac{\pi}{x} \leqslant i+1$)时,

$$\left|\sum_{k=n+1}^{m} b_k \sin kx\right| \leqslant \left|\sum_{k=n+1}^{i} b_k \sin kx\right| + \left|\sum_{k=i+1}^{m} b_k \sin kx\right| \overset{记}{=} I_1 + I_2 < \varepsilon,$$

其中 $I_1 = \left|\sum_{k=n+1}^{i} b_k \sin kx\right| \overset{式(4)}{<} \dfrac{\varepsilon}{2}$,$I_2 = \left|\sum_{k=i+1}^{m} b_k \sin kx\right| \overset{式(6)}{<} \dfrac{\varepsilon}{2}$.

因此,式(1)获证,级数一致收敛. 证毕.

5.2.11 试证级数 $\sum\limits_{n=1}^{\infty} \dfrac{x+n(-1)^n}{x^2+n^2}$ 在 $(-\infty, +\infty)$ 内闭一致收敛(即在任何内闭区间 $[a,b] \subset$ $(-\infty, +\infty)$ 上一致收敛).

提示 拆成两个级数之和: $\sum\limits_{n=1}^{\infty} \dfrac{x}{x^2+n^2}$,$\forall A > 0$,$[-A, A]$ 上以 $\sum\limits_{n=1}^{\infty} \dfrac{A}{n^2}$ 为优级数;$\sum\limits_{n=1}^{\infty} \dfrac{(-1)^n n}{x^2+n^2}$ 是 Leibniz 级数,$|R_n| < \dfrac{1}{n} \to 0$.

☆**5.2.12** 指出级数 $\sum\limits_{n=1}^{\infty} \dfrac{e^{-nx}}{n}$ 的收敛区间和一致收敛区间,并证明之.(兰州大学)

提示 当且仅当 $(0, +\infty)$ 内收敛;$\forall a > 0$,$[a, +\infty)$ 上一致收敛(Dirichlet).

5.2.13 指出 $\lim\limits_{n\to\infty} \dfrac{x^2}{n} \ln\left(\dfrac{x^2}{n}+1\right)$ 的收敛与一致收敛的范围.(兰州大学)

提示 **R** 上收敛,且内闭一致收敛($\forall A > 0$,$[-A, A]$ 上一致收敛).

☆**5.2.14** 设 $f(x)$ 在 $[0,1]$ 上连续,

$$f_1(x) = f(x), \quad f_{n+1}(x) = \int_x^1 f_n(t)\,\mathrm{d}t, \quad \forall x \in [0,1], \quad n = 1,2,\cdots.$$

求证：$\displaystyle\sum_{n=1}^{\infty} f_n(x)$ 在 $[0,1]$ 上一致收敛.（北京航空航天大学）

提示 $\exists M > 0$，使 $[0,1]$ 上 $|f(x)| \leqslant M$. $|f_n(x)| \leqslant \dfrac{M(1-x)^{n-1}}{(n-1)!} \leqslant \dfrac{M}{(n-1)!}$，故 $\displaystyle\sum_{n=1}^{\infty} \dfrac{M}{(n-1)!}$ 为优级数.

5.2.15 1）证明函数序列 $\left\{ \left(1 + \dfrac{x}{n} \right)^n \right\}$ $(n = 1, 2, \cdots)$ 在 $x \in [0,1]$ 上对 n 单调增大；

2）证明 $\displaystyle\sum_{n=1}^{\infty} \dfrac{(-1)^n (n+x)^n}{n^{n+1}}$ 在 $[0,1]$ 上一致收敛.（南京航空航天大学）

提示 1）可用平均值不等式 $\sqrt[n+1]{\left(1 + \dfrac{x}{n} \right)^n \cdot 1} \leqslant \dfrac{n\left(1 + \dfrac{x}{n} \right) + 1}{n+1}$.

2）通项为 $\dfrac{(-1)^n}{n} \left(1 + \dfrac{x}{n} \right)^n$，可用 Abel 判别法.

5.2.16 试证：若级数 $\displaystyle\sum_{n=0}^{\infty} a_n$ 收敛，则 Dirichlet 级数 $\displaystyle\sum_{n=1}^{\infty} \dfrac{a_n}{n^x}$ 在 $[0, +\infty)$ 上一致收敛.（陕西师范大学）

提示 可用 Abel 判别法.

*5.2.17 证明级数 $\displaystyle\sum_{n=1}^{\infty} \dfrac{(-1)^{[\sqrt{n}]}}{\sqrt{n(n+x)}}$ 在 $0 \leqslant x < +\infty$ 上一致收敛.

提示 可参看例 5.1.32，$\displaystyle\sum_{n=1}^{\infty} \dfrac{(-1)^{[\sqrt{n}]}}{n} \cdot \dfrac{1}{\sqrt{1 + \dfrac{x}{n}}}$（Abel）.

5.2.18 试证：$\forall \alpha : 0 < \alpha < \dfrac{\pi}{2}$，函数项级数 $\displaystyle\sum_{n=1}^{\infty} x^n \left(1 - \dfrac{2x}{\pi} \right)^n \tan^n x$ 在 $[0, \alpha]$ 上一致收敛. 若记其和函数为 $S(x)$，试证 $\displaystyle\lim_{x \to \left(\frac{\pi}{2}\right)^-} S(x) = +\infty$.（北京师范大学）

提示 原级数 $= \displaystyle\sum_{n=1}^{\infty} q^n = \dfrac{q}{1-q}$（其中 $0 < q = x \left(1 - \dfrac{2x}{\pi} \right) \tan x = \dfrac{2}{\pi} \cdot x \left(\dfrac{\pi}{2} - x \right) \tan x < 1$）.

再提示 1° 在 $\left[0, \dfrac{\pi}{4} \right]$ 上，函数 $y = x\left(\dfrac{\pi}{2} - x \right)$ 和 $y = \tan x$ 都严 $\nearrow$，所以 $q(x)$ 也严 $\nearrow$；在 $\left[\dfrac{\pi}{4}, \dfrac{\pi}{2} \right]$ 上，函数 $y = x$ 和 $y = \left(1 - \dfrac{2x}{\pi} \right) \tan x$ 都严 $\nearrow$，所以 $q(x)$ 也严 $\nearrow$. 故在 $\left[0, \dfrac{\pi}{2} \right]$ 上 $q(x)$ 严 $\nearrow$，且 $q(0) = 0$. 于是 $q(x) > 0$，$x \in \left[0, \dfrac{\pi}{2} \right)$.

2° $q\left(\dfrac{\pi}{2} - 0 \right) = \displaystyle\lim_{x \to \left(\frac{\pi}{2}\right)^-} x\left(1 - \dfrac{2x}{\pi} \right) \tan x = \lim_{x \to \left(\frac{\pi}{2}\right)^-} \dfrac{2}{\pi} \cdot x \left(\dfrac{\pi}{2} - x \right) \tan x$

$$\xlongequal{\text{令 } t = \frac{\pi}{2} - x} \lim_{t \to 0^+} \dfrac{2}{\pi} \cdot \left(\dfrac{\pi}{2} - t \right) \cos t \dfrac{t}{\sin t} = 1.$$

可见在 $\left[0, \dfrac{\pi}{2} \right)$ 上，$0 < q = q(x) < 1$，从而原级数在 $\left[0, \dfrac{\pi}{2} \right)$ 上逐点收敛.

3° 用 M 判别法易证: $\forall \alpha \in \left(0, \dfrac{\pi}{2}\right)$,原级数在 $[0, \alpha]$ 上一致收敛.

5.2.19 证明: $\displaystyle\sum_{n=1}^{\infty} (-1)^n \dfrac{x^2 + n}{n^2}$ 在任何有穷区间上一致收敛,而在任何一点都不绝对收敛. (华中科技大学)

提示 可参考例 5.2.24.

5.2.20 讨论级数 $\displaystyle\sum_{n=1}^{\infty} x^n (\ln x)^2$ 在 $[0,1]$ 区间上的一致收敛性. (北京大学)

提示 设 $x = 0$ 时通项 $= 0$,在 $[0,1]$ 上可用 Dini 定理(见例 5.2.27).

☆ **5.2.21** 设 $g(x)$ 和函数序列 $\{f_n(x)\}$ $(n = 1, 2, \cdots)$ 在区间 $[a, b]$ 上连续,且对任一 $x \in [a, b]$,$\displaystyle\lim_{n \to \infty} f_n(x) = g(x)$,问能否断定 $f_n(x)$ 在 $[a, b]$ 上一致收敛于 $g(x)$? 论证你的结论. (兰州大学)

提示 例如可在 $[0,1]$ 上考虑 $f_n(x) = x^n (1 - x^n)$.

☆ **5.2.22** 证明: $\displaystyle\sum_{n=1}^{\infty} \left[nxe^{-nx} - (n+1)xe^{-(n+1)x} \right]$ 在 $[0, +\infty)$ 内收敛,但对任何 $A > 0$,级数在 $[0, A]$ 上均不一致收敛;再证:上述级数在 $[0, +\infty)$ 内定义了一个连续函数,问级数在 $[0, A]$ $(A > 0)$ 上可否逐项积分? (南京大学)

提示 在 $(0, +\infty)$ 上和 $S(x) = xe^{-x}$,$\left| r_n\left(\dfrac{1}{n}\right) \right| = e^{-1} \nrightarrow 0$ $(n \to \infty)$,在 $[0, A]$ 上级数非一致收敛;但 $\forall A > 0$,在 $[0, A]$ 上仍能逐项积分. 积分值之和亦等于 $-Ae^{-A} - e^{-A} + 1$.

* **5.2.23** 在 $(0,1)$ 内任取一数列 $\{a_n\}$(各项互不相同),作级数 $\displaystyle\sum_{k=1}^{\infty} \dfrac{|x - a_k|}{2^k}$. 证明:

1)该级数在 $(0,1)$ 内定义一个连续函数 $f(x)$;

2)$f(x)$ 在 $x = a_k (k = 1, 2, \cdots)$ 处不可微,而在 $(0,1)$ 内其他点处均可微. (南京大学)

提示 可参看例 5.2.42 和例 5.2.48.

☆ **5.2.24** 试作 $[0,1]$ 上的连续函数列 $\{f_n(x)\}$,使之逐点收敛于连续函数 $f(x)$,但 $\displaystyle\lim_{n \to \infty} \int_0^1 f_n(x) \, \mathrm{d}x \neq \int_0^1 f(x) \, \mathrm{d}x$. (安徽大学)

提示 可考虑 $f_n(x) = nx^n (1 - x^n)$ 于 $[0,1]$ 上.

☆ **5.2.25** k 取何值时,

1)$f_n(x) = n^k xe^{-nx}$ $(n = 1, 2, \cdots)$ 在 $[0,1]$ 上收敛;

2)$f_n(x)$ 在 $[0,1]$ 上一致收敛;

3)$\displaystyle\lim_{n \to \infty} \int_0^1 f_n(x) \, \mathrm{d}x$ 可在积分号下取极限?

提示 $\forall x \geqslant 0, f_n(x) \to 0$ $(n \to \infty)$,

$$\left| f_n(x) - 0 \right| \leqslant \max_{x \geqslant 0} f_n(x) = xn^k e^{-nx} \Big|_{x = \frac{1}{n}} = n^{k-1} e^{-1} \to \begin{cases} 0, & k < 1, \\ e^{-1}, & k = 1, \\ +\infty, & k > 1. \end{cases}$$

5.2.26 证明级数 $\displaystyle\sum_{n=1}^{\infty} \dfrac{\ln(1 + nx)}{nx^n}$ 在 $(1, +\infty)$ 上连续. (西北大学)

提示 $\forall x > 1$,可取 $a, b > 1$,使 $x \in (a, b)$;再证级数在 $[a, b]$ 上一致收敛.

☆**5.2.27** 设
$$y_{n+1}(x) = \psi(x) + \varphi(y_n(x)) \quad (x \in \mathbf{R}), \tag{1}$$
其中 $\psi(x)$ 是连续有界函数, $y_0(x) = y_0$, $\psi(x_0) = y_0 - \varphi(y_0)$, φ 满足 Lipschitz 条件:
$$|\varphi(y') - \varphi(y'')| \leqslant \alpha |y' - y''| \quad (0 < \alpha < 1). \tag{2}$$
试证:

1) $\{y_n(x)\}$ 在 $\mathbf{R}$ 上一致收敛;

2) 记 $y(x) = \lim\limits_{n \to +\infty} y_n(x)$, 则 $y(x)$ 连续, 且 $y(x_0) = y_0$;

3) 若 $\psi(x)$ 一致连续, 则 $y(x)$ 也一致连续. (武汉大学)

证 1) 由式(1),(2)知
$$|y_{n+1}(x) - y_n(x)| = |\varphi(y_n(x)) - \varphi(y_{n-1}(x))| \leqslant \alpha |y_n(x) - y_{n-1}(x)| \quad (0 < \alpha < 1), \tag{3}$$
这表明(1)为压缩映像. $y(x) = \lim\limits_{n \to \infty} y_n(x)$ 存在, 且
$$y(x) = \sum_{k=0}^{\infty} (y_{k+1}(x) - y_k(x)) + y_0. \tag{4}$$
反复用式(3)递推, 知
$$|y_{n+1}(x) - y_n(x)| \leqslant \alpha^n |y_1(x) - y_0| \leqslant \alpha^n M.$$
(因 $y_1(x) - y_0 = \psi(x) + \varphi(y_0) - y_0$ 连续有界, 记 M: $|y_1(x) - y_0| \leqslant M$.) 对 $0 < \alpha < 1$, $\sum \alpha^n M$ 收敛, 故(4)一致收敛, $y_n(x) \rightrightarrows y(x)$ 于 $\mathbf{R}$ 上.

2) (1)式令 $n \to \infty$, 取极限得
$$y(x) = \psi(x) + \varphi(y(x)). \tag{5}$$
于是有 $y(x_0) = \psi(x_0) + \varphi(y(x_0))$. 而已知 $y_0 = \psi(x_0) + \varphi(y_0)$, 相减得
$$|y(x_0) - y_0| = |\varphi(y(x_0)) - \varphi(y_0)| \leqslant \alpha |y(x_0) - y_0| \quad (0 < \alpha < 1),$$
故 $y(x_0) = y_0$. 根据保连续性定理知 $y(x)$ 连续.

3) 由(5)式知 $\forall x', x'' \in \mathbf{R}$, 有
$$|y(x') - y(x'')| = |\psi(x') - \psi(x'') + \varphi(y(x')) - \varphi(y(x''))|$$
$$\leqslant |\psi(x') - \psi(x'')| + \alpha |y(x') - y(x'')|,$$
即
$$|y(x') - y(x'')| \leqslant \frac{1}{1-\alpha} |\psi(x') - \psi(x'')|.$$
故由 ψ 一致连续, 可直接推得 $y(x)$ 一致连续.

5.2.28 设 $f(x)$ 在 $(-\infty, +\infty)$ 上有任意阶导数 $f^{(n)}(x)$, 且任意区间 $[a,b]$ 上 $f^{(n)}(x) \rightrightarrows \phi(x)$ (当 $n \to +\infty$ 时), 求证: $\phi(x) = ce^x$ (其中 c 为常数). (北京大学)

提示 $\dfrac{\mathrm{d}\phi(x)}{\mathrm{d}x} = \lim\limits_{n \to +\infty} \dfrac{\mathrm{d}f^{(n)}(x)}{\mathrm{d}x} = \phi(x)$.

5.2.29 设 $f(x) = \sum\limits_{n=1}^{\infty} (-1)^{n+1} \dfrac{e^{-nx}}{n}$, 求 1) f 的连续范围; 2) f 的可导范围. (北京大学)

提示 1) 在 $x \geqslant 0$ 内闭一致收敛(Abel); 当 $x < 0$ 时, 通项 $\nrightarrow 0$.

2) 逐项求导后, $\forall a > 0$, $[a, +\infty)$ 上有优级数 $\sum e^{-an}$.

☆**5.2.30** 设 $f(x) = \sum\limits_{n=0}^{\infty} 2^{-2n} \cos 2^n x$, 求 $\lim\limits_{x \to 0^+} x^{-1}(f(x) - f(0))$. (北京师范大学)

提示 $\forall \varepsilon : 0 < \varepsilon < \dfrac{\pi}{2}$,在 $[0, \varepsilon]$ 上级数收敛,且可逐项求导.

$$\lim_{x \to 0^+} x^{-1}(f(x) - f(0)) = f'_x(0) = \sum_{n=0}^{\infty} (2^{-2n} \cos 2^n x)' \bigg|_{x=0} = 0.$$

☆ §5.3 幂 级 数

导读 幂级数不仅具有重大的理论意义,而且有着广泛的实用价值.因而理工科各专业对该内容极为重视,既是教学重点也是各类考试的重点.

一、幂级数的收敛半径与收敛范围

a. 公式法

要点 $\displaystyle\sum_{n=1}^{\infty} a_n x^n$ 的收敛半径 R 可按如下公式计算:

i) $$R = \frac{1}{\overline{\lim\limits_{n \to \infty}} \sqrt[n]{|a_n|}}; \tag{A}$$

ii) 特别若 $\lim\limits_{n \to \infty} \sqrt[n]{|a_n|}$ 存在或为 $+\infty$,则

$$R = \frac{1}{\lim\limits_{n \to \infty} \sqrt[n]{|a_n|}}; \tag{B}$$

iii) 若 $\lim\limits_{n \to \infty} \left| \dfrac{a_n}{a_{n+1}} \right|$ 存在或为 $+\infty$,则

$$R = \lim_{n \to \infty} \frac{|a_n|}{|a_{n+1}|}. \tag{C}$$

(约定:在式(A)和(B)中,当分母 $=0$ 时,$R = +\infty$;当分母 $= +\infty$ 时,$R = 0$.)

必须注意的是,在求收敛区间时,务必要检验区间端点的敛散性.对于广义幂级数,可以化为一般幂级数处理,如

例 5.3.1 求级数 $\displaystyle\sum_{n=1}^{\infty} \left(\sin \frac{1}{3n} \right) (x^2 + x + 1)^n$ 的收敛区间.

解 (这是广义幂级数,令 $t = x^2 + x + 1$,即化为 t 的幂级数 $\displaystyle\sum_{n=1}^{\infty} \left(\sin \frac{1}{3n} \right) t^n$.)利用公式(C),

$$R = \lim_{n \to \infty} \frac{\sin \dfrac{1}{3n}}{\sin \dfrac{1}{3(n+1)}} \xrightarrow{\text{等价代换}} \lim_{n \to \infty} \frac{\dfrac{1}{3n}}{\dfrac{1}{3(n+1)}} = 1.$$

当 $t = 1$ 时,级数 $\displaystyle\sum_{n=1}^{\infty} \sin \frac{1}{3n}$ 发散;当 $t = -1$ 时,级数 $\displaystyle\sum_{n=1}^{\infty} (-1)^n \sin \frac{1}{3n}$ 收敛.故原级数

当且仅当 $-1 \leqslant x^2 + x + 1 < 1$ 时收敛. 解不等式知收敛区间为 $(-1, 0)$.

☆**例 5.3.2** 讨论级数 $1 + \dfrac{1}{2x\sqrt{2}} + \dfrac{1}{4x^2\sqrt{3}} + \dfrac{1}{8x^3\sqrt{4}} + \dfrac{1}{16x^4\sqrt{5}} + \cdots + \dfrac{1}{2^n x^n \sqrt{n+1}} + \cdots$ 的收敛性,求出它的收敛区域与一致收敛区域.(北京师范大学)

解 该级数 $= \displaystyle\sum_{n=0}^{\infty} \dfrac{1}{\sqrt{n+1}} \left(\dfrac{1}{2x}\right)^n \xrightarrow{\text{令 } t = \frac{1}{2x}} \displaystyle\sum_{n=0}^{\infty} \dfrac{t^n}{\sqrt{n+1}}$. 对 t 而言,

$$R = \lim_{n \to \infty} \frac{a_{n-1}}{a_n} = \lim_{n \to \infty} \frac{\sqrt{n+1}}{\sqrt{n}} = 1.$$

当 $t = 1$ 时,级数 $\displaystyle\sum_{n=1}^{\infty} \dfrac{1}{\sqrt{n+1}}$ 发散;当 $t = -1$ 时,级数 $\displaystyle\sum_{n=1}^{\infty} \dfrac{(-1)^n}{\sqrt{n+1}}$ 收敛. 故原级数在 $\left\{ x \;\middle|\; -1 \leqslant \dfrac{1}{2x} < 1 \right\} = \left\{ x \;\middle|\; x > \dfrac{1}{2} \text{ 或 } x \leqslant -\dfrac{1}{2} \right\}$ 内收敛,在 $\left(-\infty, -\dfrac{1}{2} \right]$ 及 $\left(\dfrac{1}{2}, +\infty \right)$ 的内闭区间上一致收敛.

例 5.3.3 求级数 $\displaystyle\sum_{n=1}^{\infty} \dfrac{1^n + 2^n + \cdots + 50^n}{n^2} \left(\dfrac{1-x}{1+x} \right)^n$ 的收敛区间.

解 (利用公式(B)). 由于

$$1 \leqslant \sqrt[n]{\left(\frac{1}{50}\right)^n + \left(\frac{2}{50}\right)^n + \cdots + \left(\frac{49}{50}\right)^n + 1} \leqslant \sqrt[n]{50} \to 1 \text{ 及 } \sqrt[n]{n} \to 1 \;\; (n \to \infty).$$

因此 $\displaystyle\lim_{n \to \infty} \sqrt[n]{\dfrac{1^n + 2^n + \cdots + 50^n}{n^2}} = \lim_{n \to \infty} \dfrac{50}{(\sqrt[n]{n})^2} \cdot \sqrt[n]{\left(\dfrac{1}{50}\right)^n + \left(\dfrac{2}{50}\right)^n + \cdots + 1} = 50.$

又因 $\displaystyle\sum_{n=1}^{\infty} \dfrac{1^n + 2^n + \cdots + 50^n}{n^2} \left(\dfrac{1}{50}\right)^n$ 收敛,故 $\displaystyle\sum_{n=1}^{\infty} \dfrac{1^n + 2^n + \cdots + 50^n}{n^2} t^n$ 在 $\left[-\dfrac{1}{50}, \dfrac{1}{50} \right]$ 上收敛. 解不等式 $-\dfrac{1}{50} \leqslant \dfrac{1-x}{1+x} \leqslant \dfrac{1}{50}$,得原级数收敛区间为 $\left[\dfrac{49}{51}, \dfrac{51}{49} \right]$.

***例 5.3.4** 设 $a_n \geqslant 0$,$\displaystyle\sum_{n=1}^{\infty} a_n$ 收敛,$b_m = \displaystyle\sum_{n=1}^{\infty} \left(1 + \dfrac{1}{n^m}\right)^n a_n$. 试证:级数 $\displaystyle\sum_{m=1}^{\infty} b_m x^m$ 的收敛半径 R 满足不等式:$\dfrac{1}{e} \leqslant R \leqslant 1$.

证 因为

$$\sqrt[m]{\sum_{n=1}^{\infty} a_n} \leqslant \sqrt[m]{\sum_{n=1}^{\infty} \left(1 + \frac{1}{n^m}\right)^n a_n} = \sqrt[m]{b_m} \leqslant \sqrt[m]{e^m} \sqrt[m]{\sum_{n=1}^{\infty} a_n} = e \cdot \sqrt[m]{\sum_{n=1}^{\infty} a_n},$$

(注意到 $\displaystyle\lim_{m \to \infty} \sqrt[m]{\sum_{n=1}^{\infty} a_n} = 1$)所以 $1 \leqslant \varlimsup_{m \to \infty} \sqrt[m]{b_m} \leqslant e$. 从而对于收敛半径 R,有 $\dfrac{1}{e} \leqslant R \leqslant 1$. (公式(A).)

不要以为讨论端点是件容易的事. 请看

** 例 5.3.5　求级数 $\displaystyle\sum_{n=9}^{\infty} \frac{\left(1 + 2\cos\dfrac{n\pi}{4}\right)^n}{n\ln n} x^n$ 的收敛范围.

解　$R^{-1} = \varlimsup_{n\to\infty} \sqrt[n]{\dfrac{\left(1 + 2\cos\dfrac{n\pi}{4}\right)^n}{n\ln n}} = \varlimsup_{n\to\infty} \dfrac{1 + 2\cos\dfrac{n\pi}{4}}{\sqrt[n]{n\ln n}} = \lim_{k\to\infty} \dfrac{3}{\sqrt[8k]{8k\ln(8k)}} = \lim_{n\to\infty} \dfrac{3}{\sqrt[n]{n\ln n}}.$

注意到　　　　　　$1 \leqslant \sqrt[n]{n\ln n} \leqslant \sqrt[n]{n^2} = (\sqrt[n]{n})^2 \to 1$　（当 $n\to\infty$ 时），

所以 $R = \dfrac{1}{3}$. 即在 $\left(-\dfrac{1}{3}, \dfrac{1}{3}\right)$ 内原级数收敛.（下面考虑区间端点.）

　　因为该级数之通项趋向零，因此将相邻 8 项逐次地括在一起，组成的级数与原级数同时敛散，且和值不变. 故原级数可视为 8 个级数之和，即

$$\text{原级数} = \sum_{k=1}^{\infty} \sum_{r=1}^{8} \frac{\left[1 + 2\cos\dfrac{(8k+r)\pi}{4}\right]^{8k+r}}{(8k+r)\ln(8k+r)} x^{8k+r} = \sum_{r=1}^{8} \sum_{k=1}^{\infty} \frac{\left(1 + 2\cos\dfrac{8k+r}{4}\pi\right)^{8k+r}}{(8k+r)\ln(8k+r)} x^{8k+r}.$$

我们不难证明，不论 $x = \dfrac{1}{3}$ 或 $x = -\dfrac{1}{3}$，其中第 8 个级数（$r=8$）发散，其余 7 个级数都收敛，因而级数在端点处不收敛. 故收敛范围仍为 $\left(-\dfrac{1}{3}, \dfrac{1}{3}\right)$. 事实上，例如 $x = \dfrac{1}{3}$，这时第 8 个级数为

$$\sum_{k=1}^{\infty} \frac{1}{(8k+8)\ln(8k+8)} = \sum_{k=2}^{\infty} \frac{1}{8k\ln(8k)},$$

其通项与 $\sum \dfrac{1}{k\ln k}$ 的通项同阶，故此级数发散. 其余 7 个级数为

$$\sum_{k=1}^{\infty} \frac{1}{(8k+r)\ln(8k+r)} \left(\frac{1 + 2\cos\dfrac{8k+r}{4}\pi}{3}\right)^{8k+r} \quad (r = 1, 2, \cdots, 7), \tag{1}$$

利用 Dirichlet 判别法，易知它们都收敛.（因为 $\dfrac{1}{(8k+r)\ln(8k+r)} \searrow 0$（$k\to\infty$），且

$$\left| \sum_{k=1}^{n} \left(\frac{1 + 2\cos\dfrac{8k+r}{4}\pi}{3}\right)^{8k+r} \right| \leqslant \sum_{k=1}^{\infty} \left(\frac{1 + \sqrt{2}}{3}\right)^k = \frac{1 + \sqrt{2}}{2 - \sqrt{2}} \quad (\forall n \in \mathbf{N})$$

（部分和有界），故式（1）中 7 个级数都收敛.）

　　对于 $x = -\dfrac{1}{3}$ 的情况，类似可证.

b. 缺项幂级数的收敛范围

　　要点　对缺项幂级数（如下例），我们可通过补项，或利用上节一般函数项级数的方法处理.

例 5.3.6 求级数 $\sum\limits_{n=1}^{\infty} n^{n^2} x^{n^3}$ 的收敛范围.

解 I 根据级数添加若干值为 0 的项,不影响级数的敛散性及和的值,我们可令

$$a_k = \begin{cases} n^{n^2}, & \text{当 } k = n^3 \text{ 时,} \\ 0, & \text{当 } k \neq n^3 \text{ 时} \end{cases} \quad (k = 1, 2, \cdots).$$

如此

$$\sum_{n=1}^{\infty} n^{n^2} x^{n^3} = \sum_{k=1}^{\infty} a_k x^k,$$

这时

$$R^{-1} = \overline{\lim_{k \to \infty}} \sqrt[k]{|a_k|} = \lim_{n \to \infty} \sqrt[n^3]{n^{n^2}} = \lim_{n \to \infty} \sqrt[n]{n} = 1.$$

又因 $x = \pm 1$ 时,原级数之通项 $(\pm 1)^{n^3} n^{n^2} \nrightarrow 0 (n \to \infty)$,故该级数收敛范围为 $(-1, 1)$.

解 II 将原级数看作函数项级数,用根式判别法. 因

$$\lim_{n \to \infty} \sqrt[n]{|n^{n^2} x^{n^3}|} = \begin{cases} +\infty, & \text{当 } |x| \geqslant 1 \text{ 时,} \\ 0, & \text{当 } |x| < 1 \text{ 时,} \end{cases}$$

所以收敛范围为 $(-1, 1)$. $|x| < 1$ 时的极限可由如下不等式看出:

$$0 \leqslant \sqrt[n]{|n^{n^2} x^{n^3}|} = \left(\frac{n}{|1/x|^n}\right)^n \leqslant \left(\frac{1}{2}\right)^n (\text{当 } n \text{ 充分大时成立}).$$

例 5.3.7 求 $\sum\limits_{n=1}^{\infty} \dfrac{x^{n^2}}{2^n}$ 的收敛范围.

解 将原级数看作函数项级数,

$$\lim_{n \to \infty} \sqrt[n]{|u_n|} = \lim_{n \to \infty} \sqrt[n]{\frac{|x^{n^2}|}{2^n}} = \lim_{n \to \infty} \frac{|x|^n}{2} = \begin{cases} 0, & |x| < 1, \\ \dfrac{1}{2}, & x = \pm 1, \\ +\infty, & |x| > 1. \end{cases}$$

按根式判别法的极限形式,可知原级数的收敛范围为 $[-1, 1]$.

c. 利用收敛半径求极限

*例 5.3.8 设数列 $\{a_n\}$ 满足条件 $\overline{\lim\limits_{n \to \infty}} \sqrt[n]{|a_n|} = 1$,记其部分和为 $S_n = \sum\limits_{k=0}^{n} a_k$,试证 $\overline{\lim\limits_{n \to \infty}} \sqrt[n]{|S_n|} = 1$.

分析 我们的问题等价于已知级数 $\sum\limits_{n=0}^{\infty} a_n x^n$ 的收敛半径 $R = 1$,求证级数

$$\sum_{n=0}^{\infty} S_n x^n = \sum_{n=0}^{\infty} (a_0 + a_1 + \cdots + a_n) x^n$$

的收敛半径 $R_1 = 1$. 换句话说要证明 $R_1 = R$. 我们看到

1° 根据级数乘法知,当 $|x| < 1$ 时,

$$\sum_{n=0}^{\infty} x^n \cdot \sum_{n=0}^{\infty} a_n x^n = \sum_{n=0}^{\infty} (a_0 + a_1 + \cdots + a_n) x^n = \sum_{n=0}^{\infty} S_n x^n. \tag{1}$$

可见 $\sum\limits_{n=0}^{\infty} S_n x^n$ 的收敛半径 $R_1 \geqslant 1 = R$.

2° 若 $\sum\limits_{n=0}^{\infty} S_n x^n$ 收敛,则有 $(1-x) \cdot \sum\limits_{n=0}^{\infty} S_n x^n = \sum\limits_{n=0}^{\infty} a_n x^n$. 可见 $\sum\limits_{n=0}^{\infty} a_n x^n$ 也必收敛,故 $R \geqslant R_1$. 总之,有 $R_1 = R = 1$.

*例 5.3.9 C_n^k 表示 n 个元素取 k 个的组合数,试证:

$$\overline{\lim_{n \to \infty}} \sqrt[n]{|a_n|} = \frac{\sqrt{5}+1}{2},$$

其中 $\quad a_n = \begin{cases} C_{3^m}^k, & n = 3^m + k \quad (m = 1, 2, \cdots, k = 0, 1, 2, \cdots, 3^m), \\ 0, & \text{其他}. \end{cases}$

证 问题等价于证明级数 $\sum\limits_{n=1}^{\infty} a_n x^n$ 的收敛半径为 $\dfrac{\sqrt{5}-1}{2}$. 当 $x > 0$ 时,各项为正,故任意加括号不影响收敛性. 将级数第 3^m 项至 $2 \cdot 3^m$ 项括在一起组成新级数:

$$\sum_{m=1}^{\infty} (C_{3^m}^0 x^{3^m} + C_{3^m}^1 x^{3^m+1} + \cdots + C_{3^m}^{3^m} x^{3^m+3^m}) = \sum_{m=1}^{\infty} [x^{3^m}(1+x)^{3^m}] = \sum_{m=1}^{\infty} [x(1+x)]^{3^m}.$$

这是一函数项级数.

$$\lim_{m \to \infty} \sqrt[m]{|x(1+x)|^{3^m}} = \begin{cases} 0, & |x(1+x)| < 1, \\ 1, & |x(1+x)| = 1, \\ +\infty, & |x(1+x)| > 1. \end{cases}$$

注意不等式 $|x(1+x)| < 1$ 等价于 $\dfrac{-\sqrt{5}-1}{2} < x < \dfrac{\sqrt{5}-1}{2}$. 由此知在 $x > 0$ 的情况下:级数 $\sum\limits_{n=1}^{\infty} a_n x^n$ 当 $x < \dfrac{\sqrt{5}-1}{2}$ 时收敛,当 $x > \dfrac{\sqrt{5}-1}{2}$ 时发散. 因而 $\sum\limits_{n=1}^{\infty} a_n x^n$ 的收敛半径为 $\dfrac{\sqrt{5}-1}{2}$. 故 $\overline{\lim\limits_{n \to \infty}} \sqrt[n]{|a_n|} = \dfrac{\sqrt{5}+1}{2}$.

*例 5.3.10 设 $a_n \geqslant 0$, $\sum\limits_{n=1}^{\infty} a_n$ 发散,$\lim\limits_{n \to \infty} \dfrac{a_n}{a_1 + a_2 + \cdots + a_n} = 0$. 试证:$\overline{\lim\limits_{n \to \infty}} \sqrt[n]{a_n} = 1$.

证 I 因 $\sum\limits_{n=1}^{\infty} a_n$ 发散,所以 $\sum\limits_{n=1}^{\infty} a_n x^n$ 的收敛半径 $R \leqslant 1$,$\overline{\lim\limits_{n \to \infty}} \sqrt[n]{a_n} \geqslant 1$. 剩下只要证明相反的不等式.

记 $A_n = a_1 + a_2 + \cdots + a_n$,则由已知条件知,当 $n \to \infty$ 时,

$$1 - \frac{A_{n-1}}{A_n} = \frac{A_n - A_{n-1}}{A_n} = \frac{a_n}{a_1 + a_2 + \cdots + a_n} \to 0.$$

因此,$\dfrac{A_{n-1}}{A_n} \to 1$,进而 $\sqrt[n]{a_1 + a_2 + \cdots + a_n} = \sqrt[n]{A_n} \to 1$.

又因 $\lim\limits_{n \to \infty} \dfrac{a_n}{a_1 + a_2 + \cdots + a_n} = 0$,所以 $\exists N > 0$,当 $n > N$ 时,$\dfrac{a_n}{a_1 + a_2 + \cdots + a_n} < 1$,

$$a_n < a_1 + a_2 + \cdots + a_n.$$

故
$$\varlimsup_{n \to \infty} \sqrt[n]{a_n} \leqslant \varlimsup_{n \to \infty} \sqrt[n]{a_1 + \cdots + a_n} = \lim_{n \to \infty} \sqrt[n]{A_n} = 1.$$

证 II 同上,易证 $\sum\limits_{n=1}^{\infty} a_n x^n$ 的收敛半径 $R \leqslant 1$, $\lim\limits_{n \to \infty} \dfrac{A_{n-1}}{A_n} = 1$. 从而 $\sum\limits_{n=1}^{\infty} A_n x^n = \sum\limits_{n=1}^{\infty} (a_1 + a_2 + \cdots + a_n) x^n$ 的收敛半径为 1. 当 $|x| < 1$ 时,

$$(1 - x) \sum_{n=1}^{\infty} (a_1 + a_2 + \cdots + a_n) x^n = \sum_{n=1}^{\infty} a_n x^n,$$

因此 $R \geqslant 1$. 总之 $R = 1$. 证毕.

二、初等函数展开为幂级数

要点 将初等函数展开为幂级数,通常方法:

1)通过变形、转换、利用已知的展开式;

2)利用逐项积分或逐项微分法;

3)利用待定系数法;

4)计算指定点的各阶导数,然后利用 Taylor 级数;

5)利用级数的运算(加,减,乘,复合).

通过变形、变换,利用已知的展开式

$$\sin x = \sum_{n=0}^{\infty} (-1)^n \frac{x^{2n+1}}{(2n+1)!}, \text{于 } \mathbf{R} \text{ 上.}$$

$$\cos x = \sum_{n=0}^{\infty} (-1)^n \frac{x^{2n}}{(2n)!}, \text{于 } \mathbf{R} \text{ 上.}$$

$$e^x = \sum_{n=0}^{\infty} \frac{x^n}{n!}, \text{于 } \mathbf{R} \text{ 上.}$$

$$\ln(1+x) = \sum_{n=1}^{\infty} (-1)^{n-1} \frac{x^n}{n}, \text{于 } (-1,1] \text{ 上.}$$

$$(1+x)^{\alpha} = 1 + \sum_{n=1}^{\infty} \frac{\alpha(\alpha-1)\cdots(\alpha-n+1)}{n!} x^n, \text{于 } (-1,1) \text{ 内.}$$

☆**例 5.3.11** 把下列函数展开成 x 的幂级数,并说明收敛范围:

1) $f(x) = \dfrac{1}{(1+x)(1+x^2)(1+x^4)}$; 　　 2) $\varphi(x) = \sin^3 x$. (武汉大学)

解 1) $f(x) = \dfrac{1-x}{(1-x)(1+x)(1+x^2)(1+x^4)} = \dfrac{1-x}{1-x^8} = \sum\limits_{n=0}^{\infty} x^{8n} - \sum\limits_{n=0}^{\infty} x^{8n+1}$

$= 1 - x + x^8 - x^9 + \cdots + x^{8n} - x^{8n+1} + \cdots \quad (|x| < 1).$

2) $\sin^3 x = \dfrac{3}{4} \sin x - \dfrac{1}{4} \sin 3x = \dfrac{3}{4} \sum\limits_{n=0}^{\infty} \dfrac{(-1)^n x^{2n+1}}{(2n+1)!} - \dfrac{1}{4} \sum\limits_{n=0}^{\infty} \dfrac{(-1)^n (3x)^{2n+1}}{(2n+1)!}$

$$= \frac{3}{4} \sum_{n=0}^{\infty} \frac{(-1)^n}{(2n+1)!}(1-3^{2n})x^{2n+1}, \quad x \in (-\infty, +\infty).$$

例 5.3.12 设 $x>0$，求证：$\ln x = 2\left[\dfrac{x-1}{x+1} + \dfrac{1}{3}\left(\dfrac{x-1}{x+1}\right)^3 + \dfrac{1}{5}\left(\dfrac{x-1}{x+1}\right)^5 + \cdots\right].$

提示 变量替换法：令 $\dfrac{x-1}{x+1} = t$，即 $x = \dfrac{1+t}{1-t}$，从而 $\ln x = \ln\dfrac{1+t}{1-t} = \ln(1+t) - \ln(1-t)$，展开再回到原来变量 x.

利用逐项积分或逐项微分法

值得注意的是：逐项积分与逐项微分，常常只能在区间内部进行. 但这并不等于说，所得的展开式一定不会在端点上成立. 如

例 5.3.13 试求 $f(x) = \arctan\dfrac{2x}{2-x^2}$ 的幂级数展开式.

解 $f(x) = \displaystyle\int_0^x f'(t)\mathrm{d}t = \int_0^x \left(\arctan\frac{2t}{2-t^2}\right)'\mathrm{d}t = \int_0^x \left(1+\frac{t^2}{2}\right)\frac{1}{1+\left(\frac{t^2}{2}\right)^2}\mathrm{d}t$

$$= \int_0^x \left(1+\frac{t^2}{2}\right)\sum_{n=0}^{\infty}(-1)^n\left(\frac{t^4}{4}\right)^n \mathrm{d}t \quad (\text{此步要求 } |t| < \sqrt{2})$$

$$= \int_0^x \left[1+\frac{t^2}{2}-\left(\frac{t^2}{2}\right)^2 - \left(\frac{t^2}{2}\right)^3 + \left(\frac{t^2}{2}\right)^4 + \left(\frac{t^2}{2}\right)^5 - \cdots\right]\mathrm{d}t$$

$$= \int_0^x \sum_{n=0}^{\infty}(-1)^{\left[\frac{n}{2}\right]}\left(\frac{t^2}{2}\right)^n \mathrm{d}t \quad (\text{逐项积分})$$

$$= \sum_{n=0}^{\infty}(-1)^{\left[\frac{n}{2}\right]}\frac{x^{2n+1}}{2^n(2n+1)} \quad (|x|<\sqrt{2}).$$

（讨论端点的情况.）当 $x = \sqrt{2}$ 时，级数

$$\sum_{n=0}^{\infty}(-1)^{\left[\frac{n}{2}\right]}\frac{(\sqrt{2})^{2n+1}}{2^n(2n+1)} = \sum_{n=0}^{\infty}(-1)^{\left[\frac{n}{2}\right]}\frac{\sqrt{2}}{2n+1} = \sqrt{2}\left(1+\frac{1}{3}-\frac{1}{5}-\frac{1}{7}+\frac{1}{9}+\frac{1}{11}-\cdots\right)$$

$$= \sqrt{2}\left[\left(\frac{1}{1}+\frac{1}{3}\right)-\left(\frac{1}{5}+\frac{1}{7}\right)+\left(\frac{1}{9}+\frac{1}{11}\right)-\cdots\right]^{①}$$

$$= \sqrt{2}\left(\sum_{n=0}^{\infty}(-1)^n\frac{1}{4n+1} + \sum_{n=0}^{\infty}(-1)^n\frac{1}{4n+3}\right)^{②}.$$

可见当 $x = \sqrt{2}$ 时该级数收敛.

同理，当 $x = -\sqrt{2}$ 时级数也收敛.

又因 $f(x) = \arctan\dfrac{2x}{2-x^2}$ 在 $x = \pm\sqrt{2}$ 处连续，所以上面展开式在 $[-\sqrt{2}, \sqrt{2}]$ 上成立

---

① 左端级数通项趋向零，因此相邻两项逐次地括在一起敛散性不变，收敛时和值不变.

② 右边是两个 Leibniz 级数，都收敛，故对应项之和组成之级数（左端）也收敛，且左、右相等.

（利用 Abel 定理）.

利用待定系数法

例 5.3.14 求 $\dfrac{x\sin\alpha}{1-2x\cos\alpha+x^2}$（$|x|<1$）的幂级数展开式.

提示 用待定系数法. 设 $\dfrac{x\sin\alpha}{1-2x\cos\alpha+x^2}=\sum\limits_{n=0}^{\infty}a_nx^n$，则

$$x\sin\alpha=(1-2x\cos\alpha+x^2)\sum_{n=0}^{\infty}a_nx^n$$
$$=a_0+a_1x+a_2x^2+a_3x^3+\cdots-(2a_0\cos\alpha)x-(2a_1\cos\alpha)x^2-$$
$$(2a_2\cos\alpha)x^3+\cdots+a_0x^2+a_1x^3+\cdots.$$

比较等式两边同次幂的系数，得 $a_0=0,a_1=\sin\alpha,a_2=\sin2\alpha,\cdots,a_n=\sin n\alpha,\cdots$. 这里用到三角恒等式 $\sin(n+1)\alpha=2\sin n\alpha\cdot\cos\alpha-\sin(n-1)\alpha$（$n=2,3,\cdots$）.

利用 Taylor 级数

***例 5.3.15** 求 $\dfrac{\ln(x+\sqrt{1+x^2})}{\sqrt{1+x^2}}$ 的幂级数展开式.

解 I （计算 $\sum\limits_{n=0}^{\infty}\dfrac{f^{(n)}(0)}{n!}x^n$.）设 $y=\dfrac{\ln(x+\sqrt{1+x^2})}{\sqrt{1+x^2}}$，因此 $y'=\dfrac{1}{1+x^2}\cdot$

$\left[1-x\dfrac{\ln(x+\sqrt{1+x^2})}{\sqrt{1+x^2}}\right]$，即

$$(1+x^2)y'=1-xy. \tag{1}$$

由此两边同时求 n 阶导数，得

$$(1+x^2)y^{(n+1)}+(2n+1)xy^{(n)}+n^2y^{(n-1)}=0. \tag{2}$$

令 $x=0$，得

$$y_0^{(n+1)}=-n^2y_0^{(n-1)} \tag{3}$$

（下标"0"表示在 $x=0$ 处的值）. 在（1）中令 $x=0$，得 $y_0'=1$.

对（1）两边求导一次，得

$$2xy'+(1+x^2)y''=-y-xy'.$$

令 $x=0$，知 $y_0''=-y_0=0$. 将 $y_0'=1,y_0''=0$ 代入递推公式（3）中，得 $y_0^{(2n)}=0$（$n=1,2,\cdots$），

$$y_0^{(2n+1)}=(-1)^n[(2n)!!]^2y_0'=(-1)^n[(2n)!!]^2,$$

故

$$\frac{\ln(x+\sqrt{1+x^2})^{①}}{\sqrt{1+x^2}}\sim\sum_{n=0}^{\infty}(-1)^n\frac{[(2n)!!]^2}{(2n+1)!}x^{2n+1}=\sum_{n=0}^{\infty}(-1)^n\frac{(2n)!!}{(2n+1)!!}x^{2n+1}. \tag{4}$$

---

① 这里符号"～"表示右边的级数为左边函数的 Taylor 级数.

容易证明右端的级数收敛半径 $R = 1$. 利用逐项微分法,可验证该级数的和函数 $y = S(x)$ 是式(1)给定的微分方程的解,且 $S(0) = 0$,而函数 $y = \dfrac{\ln(x + \sqrt{1 + x^2})}{\sqrt{1 + x^2}}$ 也是如此. 根据解的唯一性,可知式(4)中的"$\sim$"可改写成"$=$"(当 $|x| < 1$ 时). 又因(4)中级数当 $x = 1$ 时收敛(根据 Leibniz 定理),而函数 $y = \dfrac{\ln(x + \sqrt{1 + x^2})}{\sqrt{1 + x^2}}$ 在 $x = 1$ 处也连续. 所以按 Abel 第二定理,式(4)中的"$\sim$"改为"$=$"对 $x = 1$ 也成立. 同理,对 $x = -1$, 等式也成立. 实际上,不难验证:$x = \pm 1$ 确确实实都满足等式. 因此,式(4)成立的范围是 $[-1, 1]$.

解Ⅱ　(待定系数法)令 $y = \displaystyle\sum_{n=0}^{\infty} a_n x^n$,代入(1)得

$$(1 + x^2) \sum_{n=1}^{\infty} a_n n x^{n-1} = 1 - x \sum_{n=0}^{\infty} a_n x^n,$$

即　　　$a_1 + 2a_2 x + \displaystyle\sum_{n=2}^{\infty} [a_{n+1}(n+1) + a_{n-1}(n-1)] x^n = 1 - a_0 x - \sum_{n=2}^{\infty} a_{n-1} x^n.$

比较系数得

$$a_1 = 1,\, 2a_2 = -a_0,\, 3a_3 + a_1 = -a_1,\, 4a_4 + 2a_2 = -a_2, \cdots. \tag{5}$$

由于 $y\Big|_{x=0} = \dfrac{\ln(x + \sqrt{1 + x^2})}{\sqrt{1 + x^2}}\Big|_{x=0} = 0$,所以 $a_0 = 0$. 于是由递推关系(5)可得 $a_{2n} = 0$ $(n = 1, 2, \cdots)$,

$$a_1 = 1,\, a_3 = -\frac{2}{3},\, a_5 = \frac{2}{3} \cdot \frac{4}{5}, \cdots,\, a_{2n+1} = (-1)^n \frac{(2n)!!}{(2n+1)!!}, \cdots.$$

所以　　　　　　$y = \displaystyle\sum_{n=0}^{\infty} a_n x^n = \sum_{n=0}^{\infty} (-1)^n \frac{(2n)!!}{(2n+1)!!} x^{2n+1}$

为方程(1)适合条件 $y|_{x=0} = 0$ 的唯一解. 故得

$$\frac{\ln(x + \sqrt{1 + x^2})}{\sqrt{1 + x^2}} = \sum_{n=0}^{\infty} (-1)^n \frac{(2n)!!}{(2n+1)!!} x^{2n+1}.$$

重复解Ⅰ中相应的内容,可知此式在 $[-1, 1]$ 上成立.

利用级数的运算

例 5.3.16　求 $f(x) = \ln^2(1 - x)$ 的幂级数展开式.

解Ⅰ　$\ln(1 - x) = -\displaystyle\sum_{n=1}^{\infty} \frac{x^n}{n}$ 在 $[-1, 1)$ 上内闭一致收敛,故 $[-1, 1)$ 上可用级数乘法.

$$f(x) = \left(-x - \frac{x^2}{2} - \frac{x^3}{3} - \cdots \right)^2$$

$$= \sum_{n=1}^{\infty} \left(\frac{1}{1} \cdot \frac{1}{n} + \frac{1}{2} \cdot \frac{1}{n-1} + \frac{1}{3} \cdot \frac{1}{n-2} + \cdots + \frac{1}{n} \cdot \frac{1}{1} \right) x^{n+1}$$

$$= \sum_{n=1}^{\infty} \left[\sum_{k=1}^{n} \frac{1}{k(n+1-k)} \right] x^{n+1} = \sum_{n=1}^{\infty} \frac{1}{n+1} \left\{ \sum_{k=1}^{n} \frac{k + [(n+1)-k]}{k \cdot (n+1-k)} \right\} x^{n+1}$$

$$= \sum_{n=1}^{\infty} \frac{1}{n+1} \left[\sum_{k=1}^{n} \left(\frac{1}{n+1-k} + \frac{1}{k} \right) \right] x^{n+1} = 2 \sum_{n=1}^{\infty} \frac{1}{n+1} \left(\sum_{k=1}^{n} \frac{1}{k} \right) x^{n+1}$$

$$= 2 \sum_{n=1}^{\infty} \left(1 + \frac{1}{2} + \frac{1}{3} + \cdots + \frac{1}{n} \right) \cdot \frac{x^{n+1}}{n+1}.$$

上面的展开式在 $[-1,1)$ 内成立.

解 II 先求导数 $f'(x) = -\frac{2\ln(1-x)}{1-x}$ 的展开式.

例 5.3.17 求 $f(x) = \frac{1}{e}(1+x)^{\frac{1}{x}}$ 按 x 的幂的展开式至三次项.

解 （利用幂级数的复合.）

$$f(x) = \frac{1}{e}(1+x)^{\frac{1}{x}} = e^{\frac{1}{x}\ln(1+x)-1} = e^{\frac{1}{x}\sum_{n=1}^{\infty}(-1)^{n-1}\frac{x^n}{n}-1} = e^{-\frac{x}{2}+\frac{x^2}{3}-\frac{x^3}{4}+\cdots}$$

$$= 1 + \left(-\frac{x}{2} + \frac{x^2}{3} - \frac{x^3}{4} + \cdots \right) + \frac{1}{2} \left(-\frac{x}{2} + \frac{x^2}{3} - \cdots \right)^2 + \frac{1}{6} \left(-\frac{x}{2} + \cdots \right)^3$$

$$= 1 - \frac{1}{2}x + \frac{11}{24}x^2 - \frac{7}{16}x^3 + \cdots \quad (|x| < 1).$$

三、求和问题

a. 利用逐项求导与逐项求积分

要点 利用逐项求导或逐项积分,将级数化为已知的展式求和.

new ☆例 5.3.18 设 $|x| < 1$,试求级数 $\sum_{n=0}^{\infty} \frac{(-1)^n x^{n+2}}{(n+1)(n+2)}$ 之和.（安徽大学,中国科学技术大学）

解 I 原式 $= \sum_{n=0}^{\infty} \frac{(-1)^n x^{n+2}}{(n+1)(n+2)} = \sum_{n=0}^{\infty} (-1)^n \left(\frac{1}{n+1} - \frac{1}{n+2} \right) x^{n+2}$

$$= \sum_{n=0}^{\infty} \frac{(-1)^n x^{n+2}}{n+1} + \sum_{n=0}^{\infty} \frac{(-1)^{n+1} x^{n+2}}{n+2}$$

$$= x \sum_{k=1}^{\infty} \frac{(-1)^{k-1} x^k}{k} + \sum_{k=2}^{\infty} \frac{(-1)^{k-1} x^k}{k}$$

$$= x\ln(1+x) + \ln(1+x) - x \quad (|x| < 1).$$

解 II　令 $f(x) = \sum\limits_{n=0}^{\infty} \dfrac{(-1)^n x^{n+2}}{(n+1)(n+2)}$，则

$$f(0) = f'(0) = 0,\ f''(x) = \sum_{n=0}^{\infty} (-1)^n x^n = \frac{1}{1+x}.$$

故 $f'(x) = \displaystyle\int_0^x \dfrac{\mathrm{d}t}{1+t} = \ln(1+x)$，从而

$$f(x) = \int_0^x \ln(1+t)\mathrm{d}t = x\ln(1+x) + \ln(1+x) - x.$$

^{new}**练习**　级数的求和：$\sum\limits_{n=1}^{\infty} \dfrac{(-1)^{n-1}(n+2)}{n(n+1)}$.（南开大学）　　　　　　《$3\ln 2 - 1$》

提示　（拆分法）$\dfrac{n+2}{n(n+1)} = \dfrac{2}{n} - \dfrac{1}{n+1}$. 再用 $\ln(1+x)$ 的 Taylor 展式或用逐项积分、逐项微分的方法.

再提示　$\displaystyle\sum_{n=1}^{\infty} \dfrac{(-1)^{n-1}(n+2)}{n(n+1)} = 2\sum_{n=1}^{\infty} \dfrac{(-1)^{n-1}}{n} - \sum_{n=1}^{\infty} \dfrac{(-1)^{n-1}}{(n+1)}$

$$= 2\ln 2 + \sum_{k=2}^{\infty} \frac{(-1)^{k-1}}{k} = 3\ln 2 - 1.$$

或令 $f(x) = \sum\limits_{n=1}^{\infty} \dfrac{(-1)^{n-1}(n+2)}{n(n+1)} x^{n+1}$，则 $\displaystyle\int_0^x f(t)\mathrm{d}t = x^2\ln(1+x) + x\ln(1+x) - x^2$.

从而　　　　　　原式 $= \left[x^2\ln(1+x) + x\ln(1+x) - x^2 \right]' \Big|_{x=1} = 3\ln 2 - 1.$

例 5.3.19　证明对任一正整数 k，$\sum\limits_{n=1}^{\infty} \dfrac{n^k}{n!}$ 是 e 的整数倍.（北京理工大学）

分析　要证明 $\sum\limits_{n=1}^{\infty} \dfrac{n^k}{n!}$ 是 e 的整倍数，关键在于求级数的和，为此我们考虑对应的

幂级数 $f(x) = \sum\limits_{n=1}^{\infty} \dfrac{n^k}{n!} x^n$. 若能求出 $f(x)$，令 $x=1$ 就可得原级数的和（此幂级数收敛

半径 $= +\infty$）. 求 $f(x)$ 的困难在于通项的分子里有因子 $n^k\left(\text{否则 } \sum\limits_{n=1}^{\infty} \dfrac{1}{n!} x^n = \mathrm{e}^x - 1\right)$.

为了消去 n^k，将此级数先乘 $\dfrac{1}{x}$ 再逐项积分，这么做一次，分子就消了一个因子 n；反复做 k 次，便可消去 n^k.

证　记 $f(x) = \sum\limits_{n=1}^{\infty} \dfrac{n^k}{n!} x^n \left(R = \lim\limits_{n\to\infty} \left| \dfrac{a_n}{a_{n+1}} \right| = +\infty \right)$，则

$$\int_0^x \frac{1}{t} f(t)\mathrm{d}t = \int_0^x \left(\sum_{n=1}^{\infty} \frac{n^k}{n!} t^{n-1} \right)\mathrm{d}t = \sum_{n=1}^{\infty} \frac{n^k}{n!} \int_0^x t^{n-1}\mathrm{d}t = \sum_{n=1}^{\infty} \frac{n^{k-1}}{n!} x^n.$$

反复这么做 k 次，得

$$\int_0^x \frac{1}{t_{k-1}}\mathrm{d}t_{k-1} \int_0^{t_{k-1}} \frac{1}{t_{k-2}}\mathrm{d}t_{k-2} \cdots \int_0^{t_1} \frac{1}{t} f(t)\mathrm{d}t = \sum_{n=1}^{\infty} \frac{1}{n!} x^n = \mathrm{e}^x - 1.$$

于是
$$f(x) = \underbrace{(\cdots(((e^x - 1)'x)'x)'x\cdots)}_{k层}'x^{①} = p_k(x)e^x,$$

其中 $p_k(x)$ 为 x 的整数系数 k 次多项式. 由此知

$$\sum_{n=1}^{\infty} \frac{n^k}{n!} = f(1) = p_k(1)e \quad (p_k(1) \text{为整数}),$$

即为 e 的整数倍.

b. 方程式法

要点 设法证明级数的和满足某个方程式,然后求此方程的解.

☆**例 5.3.20** 试求下列幂级数的和函数:

$$S(x) = 1 + x + \frac{x^2}{2} + \frac{x^3}{1 \cdot 3} + \frac{x^4}{2 \cdot 4} + \frac{x^5}{1 \cdot 3 \cdot 5} + \frac{x^6}{2 \cdot 4 \cdot 6} + \cdots.$$

(广西大学)

提示 收敛半径 $= +\infty$,逐项微分可知

$$S'(x) = 1 + xS(x),$$

且 $S(0) = 1$. 解此微分方程知 $\quad S(x) = e^{\frac{x^2}{2}}\left(\int_0^x e^{-\frac{t^2}{2}}dt + 1\right).$

☆**例 5.3.21** 证明:若函数 $f(x)$ 在 $[0,1]$ 上连续,令

$$f_0(x) = f(x), \quad f_{n+1}(x) = \int_x^1 f_n(y)dy \quad (x \in [0,1], n = 0,1,2,\cdots),$$

则 $\displaystyle\sum_{n=1}^{\infty} f_n(x)$ 在 $[0,1]$ 上一致收敛于 $\varphi(x) = \displaystyle\int_x^1 e^{y-x}f(y)dy$. (东北师范大学)

证 1° (先证明该级数一致收敛.)

因 $f(x)$ 在 $[0,1]$ 上连续,所以有界,即 $\exists M > 0$,使 $|f(x)| \leqslant M$ 于 $[0,1]$ 上,由此知

$$|f_1(x)| = \left|\int_x^1 f_0(y)dy\right| = \left|\int_x^1 f(y)dy\right| \leqslant M(1-x),$$

$$|f_2(x)| = \left|\int_x^1 f_1(y)dy\right| \leqslant M\int_x^1 (1-x)dx = M\frac{(1-x)^2}{2!},$$

$$\cdots\cdots\cdots\cdots$$

用数学归纳法易证

$$|f_n(x)| \leqslant M\frac{(1-x)^n}{n!} \quad (\forall n = 1,2,3,\cdots).$$

---

① $(e^x - 1)'x = xe^x = p_1(x)e^x, ((e^x - 1)'x)'x = x(1+x)e^x = p_2(x)e^x.$

若进行到第 $k-1$ 次时为 $p_{k-1}(x)e^x$(其中 p_{k-1} 为整数系数 $k-1$ 次多项式),则第 k 次应为

$$(p_{k-1}(x)e^x)'x = (p'_{k-1}(x) \cdot x + p_{k-1}(x)x)e^x = p_k(x)e^x,$$

其中 $p_k(x)$ 为整系数 k 次多项式. 故 $\underbrace{(\cdots(((e^x-1)'x)'x)'x\cdots)}_{k层}'x = p_k(x)e^x$(对一切 k 成立).

但 $\sum M \dfrac{(1-x)^n}{n!} = M\mathrm{e}^{1-x}$ 在全数轴上成立,在 $[0,1]$ 上一致收敛,所以 $\sum\limits_{n=1}^{\infty} f_n(x)$ 在 $[0,1]$ 上绝对一致收敛.

2° (证明和满足微分方程.) 记原级数之和为

$$\varphi(x) = \int_x^1 f(t)\,\mathrm{d}t + \int_x^1 \mathrm{d}t_1 \int_{t_1}^1 f(t_2)\,\mathrm{d}t_2 + \cdots . \tag{1}$$

此式两端同时加 $f(x)$,再同时在 $[x,1]$ 上取积分得

$$\int_x^1 f(t)\,\mathrm{d}t + \int_x^1 \varphi(t)\,\mathrm{d}t = \varphi(x). \tag{2}$$

由此求导得 $\qquad\qquad \varphi'(x) + \varphi(x) + f(x) = 0. \tag{3}$

从式(2)看出 $\qquad\qquad \varphi(1) = 0. \tag{4}$

在条件(4)下求解微分方程(3)可得 $\varphi(x) = \int_x^1 f(y)\mathrm{e}^{y-x}\mathrm{d}y.$

未学过微分方程的读者可这样来求解:设 $\varphi(x) = u(x)\mathrm{e}^{-x}$,则代入式(3)得 $u'(x) = -f(x)\mathrm{e}^x$,所以

$$u(x) = -\int_0^x f(t)\mathrm{e}^t\mathrm{d}t + C. \tag{5}$$

根据(4)应有 $u(1) = 0$,故知 $C = \int_0^1 f(t)\mathrm{e}^t\mathrm{d}t.$ 代入(5)得

$$u(x) = -\int_0^x f(t)\mathrm{e}^t\mathrm{d}t + \int_0^1 f(t)\mathrm{e}^t\mathrm{d}t = \int_x^1 f(t)\mathrm{e}^t\mathrm{d}t = \int_x^1 f(y)\mathrm{e}^y\mathrm{d}y.$$

因此 $\qquad\qquad \varphi(x) = \mathrm{e}^{-x}\int_x^1 f(y)\mathrm{e}^y\mathrm{d}y = \int_x^1 f(y)\mathrm{e}^{y-x}\mathrm{d}y.$

c. 利用 Abel 第二定理计算数项级数的和

要点 根据 Abel 第二定理,若要计算某收敛的数项级数 $\sum\limits_{n=1}^{\infty} a_n$ 的和,我们只要设法求出幂级数 $\sum\limits_{n=1}^{\infty} a_n x^n$ 在 $(-1,1)$ 内的和函数 $S(x)$,然后令 $x\to 1^-$,取极限,则 $\sum\limits_{n=1}^{\infty} a_n = \lim\limits_{x\to 1^-} S(x)$. 而和函数 $S(x)$ 可以通过逐项积分、逐项微分,或方程法等方法求解.

☆ 例 5.3.22 求数项级数 $\dfrac{1}{2} - \dfrac{1}{5} + \dfrac{1}{8} - \dfrac{1}{11} + \cdots$ 的和.

解 级数 $\qquad \dfrac{1}{2} - \dfrac{1}{5} + \dfrac{1}{8} - \dfrac{1}{11} + \cdots = \sum\limits_{k=1}^{\infty} \dfrac{(-1)^{k-1}}{3k-1},$

$\dfrac{1}{3k-1} \searrow 0$. 根据 Leibniz 定理,该级数收敛. 下面以 S 表示其和. 易知幂级数 $\sum\limits_{k=1}^{\infty} \dfrac{(-1)^{k-1}}{3k-1} x^{3k-1}$ 的收敛区间为 $(-1,1]$,于是由 Abel 第二定理,$S = \lim\limits_{x\to 1-0} S(x)$. 注意

$S(0)=0$,因此

$$S(x) = S(x) - S(0) = \int_0^x S'(t)\,\mathrm{d}t \quad (\text{当}\ |x|<1\ \text{时}).$$

利用逐项微分法， $\quad S'(x) = \sum_{k=1}^\infty (-1)^{k-1} x^{3k-2} = \dfrac{x}{1+x^3}.$

因此

$$S(x) = \int_0^x S'(t)\,\mathrm{d}t = \int_0^x \frac{t}{1+t^3}\,\mathrm{d}t$$

$$= -\frac{1}{3}\ln(1+x) + \frac{1}{6}\ln(1-x+x^2) + \frac{1}{\sqrt{3}}\arctan\frac{2}{\sqrt{3}}\left(x-\frac{1}{2}\right) + \frac{1}{\sqrt{3}}\arctan\frac{1}{\sqrt{3}}.$$

从而 $\quad S = \lim_{x\to 1-0} S(x) = \ln\dfrac{1}{\sqrt[3]{2}} + \dfrac{\pi}{3\sqrt{3}} = \dfrac{\sqrt{3}}{9}\pi - \dfrac{1}{3}\ln 2.$

^{new}**练习 1** 求 $1 - \dfrac{1}{4} + \dfrac{1}{7} - \dfrac{1}{10} + \cdots.$

提示 设 $f(x) = \sum_{n=0}^\infty (-1)^n \dfrac{x^{3n+1}}{3n+1}$，则原式 $= \lim_{x\to 1-} f(x)$（因收敛半径为 1）.

解 设 $f(x) = \sum_{n=0}^\infty (-1)^n \dfrac{x^{3n+1}}{3n+1}$，则

$$f'(x) = \sum_{n=0}^\infty (-1)^n x^{3n} = \frac{1}{1+x^3} = \frac{1}{3}\left(\frac{1}{1+x} + \frac{2-x}{1-x+x^2}\right) \quad (x\in(-1,1)).$$

$$f(x) = \frac{1}{3}\int_0^x \frac{1}{1+t}\,\mathrm{d}t + \frac{1}{3}\int_0^x \frac{2-t}{1-t+t^2}\,\mathrm{d}t = \frac{1}{3}\ln(1+x) - \frac{1}{6}\int_0^x \frac{-3+(-1+2t)}{1-t+t^2}\,\mathrm{d}t$$

$$= \frac{1}{3}\ln(1+x) + \frac{1}{2}\int_0^x \frac{1}{1-t+t^2}\,\mathrm{d}t - \frac{1}{6}\int_0^x \frac{\mathrm{d}(1-t+t^2)}{1-t+t^2}$$

$$= \frac{1}{3}\ln(1+x) + \frac{1}{\sqrt{3}}\arctan\frac{2t-1}{\sqrt{3}}\bigg|_0^x - \frac{1}{6}\ln(1-x+x^2).$$

根据 Abel 第二定理，原式 $= \lim_{x\to 1-} f(x) = \dfrac{1}{3}\ln 2 + \dfrac{\pi}{3\sqrt{3}}.$

^{new}**练习 2** 已知级数 $\sum_{n=1}^\infty \dfrac{a_n}{n+1}$ 收敛，证明：

$$\int_0^1 \sum_{n=1}^\infty a_n x^n\,\mathrm{d}x = \sum_{n=1}^\infty \frac{a_n}{n+1}, \tag{1}$$

并计算 $1 - \dfrac{1}{2} + \dfrac{1}{3} - \dfrac{1}{4} + \cdots.$（华中科技大学）

解 由 $\sum_{n=1}^\infty \dfrac{a_n}{n+1}$ 收敛可知，$\dfrac{a_n}{n+1} \to 0\ (n\to\infty)$，可得当 n 充分大时，$\left|\dfrac{a_n}{n+1}\right| \leqslant 1$，亦即 $0 <$

$\sqrt[n]{\left|\dfrac{a_n}{n+1}\right|} \leqslant 1$. 故 $\sum_{n=1}^\infty \dfrac{a_n}{n+1} x^n$ 的收敛半径 $R \geqslant 1$.

在 $(-1,1)$ 内部，$\sum_{n=1}^\infty \dfrac{a_n}{n+1} x^n$ 收敛，记和为 $S(x)$：

$$S(x) = \int_0^x S'(t)\,\mathrm{d}t = \int_0^x \left(\sum_{n=1}^{\infty} \frac{a_n}{n+1} t^{n+1} \right)' \mathrm{d}t = \int_0^x \left(\sum_{n=1}^{\infty} a_n t^n \right) \mathrm{d}t \quad (\forall x \in (-1,1)).$$

应用 Abel 第二定理,得

$$\sum_{n=1}^{\infty} \frac{a_n}{n+1} = \lim_{x \to 1^-} S(x) = \lim_{x \to 1^-} \int_0^x \left(\sum_{n=1}^{\infty} a_n t^n \right) \mathrm{d}t = \int_0^1 \left(\sum_{n=1}^{\infty} a_n t^n \right) \mathrm{d}t.$$

式(1)获证. 若令 $a_n = (-1)^n \ (\forall n \in \mathbf{N})$,则得

$$\sum_{n=1}^{\infty} \frac{(-1)^n}{n+1} = \int_0^1 \left[\sum_{n=1}^{\infty} (-t)^n \right] \mathrm{d}t. \tag{2}$$

因此

$$1 - \frac{1}{2} + \frac{1}{3} - \frac{1}{4} + \cdots = 1 + \sum_{n=1}^{\infty} \frac{(-1)^n}{n+1} \xlongequal{\text{式}(2)} 1 + \int_0^1 \left[\sum_{n=1}^{\infty} (-t)^n \right] \mathrm{d}t = 1 - \int_0^1 \frac{t}{1+t} \mathrm{d}t = \ln 2.$$

(或)直接地

$$1 - \frac{1}{2} + \frac{1}{3} - \frac{1}{4} + \cdots = \left[\sum_{n=1}^{\infty} \frac{(-1)^{n-1}}{n} x^n \right]_{x=1} \xlongequal{\text{Abel 第二定理}} \lim_{x \to 1^-} \sum_{n=1}^{\infty} \frac{(-1)^{n-1}}{n} x^n$$

$$= \lim_{x \to 1^-} \ln(1+x) = \ln 2.$$

^{new} $*$ **例 5.3.23** 设 $\lim_{n \to \infty} a_n = a \in \mathbf{R}$.

1)证明:幂级数 $\sum_{n=1}^{\infty} a_n x^n$ 的收敛半径 $R \geqslant 1$;

2)若 $f(x) \equiv \sum_{n=1}^{\infty} a_n x^n$,试证:

$$\lim_{x \to 1^-} (1-x) f(x) = a, \tag{1}$$

$$\lim_{x \to 1^-} (1-x) \int_0^x \frac{f(t)}{1-t} \mathrm{d}t = a. \tag{2}$$

(中国科学技术大学)

证 1) $\| |a_n| - |a| \| \leqslant |a_n - a| \to 0$,因此 $\lim_{n \to \infty} a_n = a$,故 $\lim_{n \to \infty} |a_n| = |a|$.

$\forall \varepsilon > 0$,当 n 充分大时,若 $a = 0$,则 $0 \leqslant \sqrt[n]{|a_n|} \leqslant \sqrt[n]{\varepsilon}$,从而 $\varlimsup_{n \to \infty} \sqrt[n]{|a_n|} \leqslant 1$;若 $|a| > 0$,对任意给定的 $\varepsilon : 0 < \varepsilon < |a|$,则 $\sqrt[n]{|a| - \varepsilon} \leqslant \sqrt[n]{|a_n|} \leqslant \sqrt[n]{|a| + \varepsilon}$. 从而 $\lim_{n \to \infty} \sqrt[n]{|a_n|} = 1$. 故收敛半径 $R = \dfrac{1}{\varlimsup_{n \to \infty} \sqrt[n]{|a_n|}} \geqslant 1$.

2)因 $(1-x) f(x) = \sum_{n=1}^{\infty} a_n x^n - \sum_{n=1}^{\infty} a_n x^{n+1} \xlongequal{\text{记 } a_0 = 0} \sum_{n=1}^{\infty} (a_n - a_{n-1}) x^n$,由 1)知 $R \geqslant 1$. 于是

$$\lim_{x \to 1^-} (1-x) f(x) = \lim_{x \to 1^-} \sum_{n=1}^{\infty} (a_n - a_{n-1}) x^n$$

$$= \sum_{k=1}^{\infty} (a_k - a_{k-1}) \quad (R > 1 \text{ 时用连续性}, R = 1 \text{ 时用 Abel 定理})$$

$$= \lim_{n \to \infty} \sum_{k=1}^{n} (a_k - a_{k-1}) = \lim_{n \to \infty} a_n = a.$$

式(1)获证.

幂级数在收敛区间内:绝对收敛,可以相乘,能逐项积分. 所以, $\forall x : 0 \leqslant x < 1$,

$$F(x) \xrightarrow{\text{记}} \int_0^x \frac{1}{1-t} \cdot f(t) \, \mathrm{d}t = \int_0^x \left(\sum_{n=1}^{\infty} t^{n-1} \cdot \sum_{n=1}^{\infty} a_n t^n \right) \mathrm{d}t$$

$$\xrightarrow{R \geqslant 1} \int_0^x \sum_{n=1}^{\infty} (a_1 + a_2 + \cdots + a_n) t^n \mathrm{d}t$$

$$\xrightarrow{\text{逐项积分}} \sum_{n=1}^{\infty} \frac{a_1 + a_2 + \cdots + a_n}{n+1} x^{n+1} \xrightarrow{\text{记}} \sum_{n=1}^{\infty} A_n x^{n+1},$$

其中系数 $A_n = \dfrac{a_1 + a_2 + \cdots + a_n}{n+1} = \dfrac{a_1 + a_2 + \cdots + a_n}{n} \cdot \dfrac{n}{n+1} \xrightarrow[n \to \infty]{\text{例 1.2.1}} a \cdot 1 = a$. 说明

$F(x) = \displaystyle\sum_{n=1}^{\infty} A_n x^{n+1}$ 符合式(1)的条件,应用式(1),即得式(2). 证毕.

＊例 5.3.24　求级数 $1 + \displaystyle\sum_{n=1}^{\infty} (-1)^n \dfrac{(2n-1)!!}{(2n)!!}$ 的值.

解　$\left(\text{考虑 } 1 + \displaystyle\sum_{n=1}^{\infty} \dfrac{(2n-1)!!}{(2n)!!} x^n \text{ 在 } x = -1 \text{ 的情况.} \right)$

1° (原级数收敛.) 因 $\dfrac{(2n-1)!!}{(2n)!!} \searrow$,又

$$\sqrt{1 \cdot 3} < \frac{1+3}{2} = 2, \quad \sqrt{3 \cdot 5} < \frac{3+5}{2} = 4, \cdots, \quad \sqrt{(2n-1)(2n+1)} < 2n,$$

$$0 < \frac{(2n-1)!!}{2n!!} = \frac{\sqrt{1 \cdot 3} \, \sqrt{3 \cdot 5} \cdots \sqrt{(2n-1)(2n+1)}}{2 \cdot 4 \cdots \cdot 2n} \cdot \frac{1}{\sqrt{2n+1}}$$

$$\leqslant \frac{1}{\sqrt{2n+1}} \to 0 \quad (n \to \infty),$$

根据 Leibniz 定理,原级数收敛.

2° 幂级数 $1 + \displaystyle\sum_{n=1}^{\infty} \dfrac{(2n-1)!!}{(2n)!!} x^n$ 的收敛半径为 1,这是因为

$$R = \lim_{n \to \infty} \frac{a_{n-1}}{a_n} = \lim_{n \to \infty} \frac{2n}{2n-1} = 1.$$

由此知该幂级数在 $(-1,1)$ 内收敛.

3° $\left(\text{计算幂级数的和 } f(x) = 1 + \displaystyle\sum_{n=1}^{\infty} \dfrac{(2n-1)!!}{(2n)!!} x^n. \right)$ 因为

$$f(x) = 1 + \frac{1}{2} x + \frac{1 \cdot 3}{2 \cdot 4} x^2 + \frac{1 \cdot 3 \cdot 5}{2 \cdot 4 \cdot 6} x^3 + \cdots + \frac{1 \cdot 3 \cdot 5 \cdot \cdots \cdot (2n-1)}{2 \cdot 4 \cdot 6 \cdot \cdots \cdot (2n)} x^n + \cdots,$$

所以　$f'(x) = \dfrac{1}{2} + \dfrac{1 \cdot 3}{2 \cdot 4} \cdot 2x + \dfrac{1 \cdot 3 \cdot 5}{2 \cdot 4 \cdot 6} \cdot 3x^2 + \cdots +$

$$\frac{1 \cdot 3 \cdot 5 \cdot \cdots \cdot (2n-1)}{2 \cdot 4 \cdot 6 \cdot \cdots \cdot (2n)} \cdot nx^{n-1} + \cdots,$$

$$2f'(x) = 1 + \frac{1}{2} \cdot 3x + \frac{1 \cdot 3}{2 \cdot 4} \cdot 5x^2 + \cdots +$$

$$\frac{1 \cdot 3 \cdot 5 \cdot \cdots \cdot (2n-3)}{2 \cdot 4 \cdot 6 \cdot \cdots \cdot (2n-2)}(2n-1)x^{n-1} + \cdots,$$

$$2xf'(x) = x + \frac{1}{2} \cdot 3x^2 + \cdots + \frac{1 \cdot 3 \cdot 5 \cdot \cdots \cdot (2n-3)}{2 \cdot 4 \cdot 6 \cdot \cdots \cdot (2n-2)}(2n-1)x^n + \cdots$$

$$= \frac{1}{2} \cdot 2x + \frac{1 \cdot 3}{2 \cdot 4} \cdot 4x^2 + \cdots + \frac{1 \cdot 3 \cdot 5 \cdot \cdots \cdot (2n-3)(2n-1)}{2 \cdot 4 \cdot 6 \cdot \cdots \cdot (2n-2)(2n)} \cdot 2nx^n + \cdots.$$

$$2f'(x) - 2xf'(x) = 1 + \frac{1}{2}x + \frac{1 \cdot 3}{2 \cdot 4}x^2 + \cdots + \frac{1 \cdot 3 \cdot \cdots \cdot (2n-1)}{2 \cdot 4 \cdot \cdots \cdot (2n)}x^n + \cdots = f(x).$$

由此

$$\frac{f'(x)}{f(x)} = \frac{1}{2(1-x)}.$$

积分得

$$\ln f(x) = \ln \frac{1}{\sqrt{1-x}}.$$

因此

$$f(x) = \frac{1}{\sqrt{1-x}}.$$

即

$$1 + \sum_{n=1}^{\infty} \frac{(2n-1)!!}{(2n)!!}x^n = \frac{1}{\sqrt{1-x}} \quad (|x|<1). \tag{1}$$

4° 令 $x \to -1^+$ 取极限,利用 Abel 第二定理,知

$$1 + \sum_{n=1}^{\infty} (-1)^n \frac{(2n-1)!!}{(2n)!!} = \lim_{x \to -1^+} \left[1 + \sum_{n=1}^{\infty} \frac{(2n-1)!!}{(2n)!!}x^n \right] = \lim_{x \to -1^+} \frac{1}{\sqrt{1-x}} = \frac{\sqrt{2}}{2}.$$

**例 5.3.25 计算极限 $\lim\limits_{\substack{n\to\infty \\ m\to\infty}} \sum\limits_{i=1}^{m} \sum\limits_{j=1}^{n} \frac{(-1)^{i+j}}{i+j}$.(吉林大学)

分析 为了使和式化简,必须消去分母里的 $i+j$,因此各项分别乘以 x^{i+j},再逐项求导.

解

$$S_{m,n} \equiv \sum_{i=1}^{m} \sum_{j=1}^{n} \frac{(-1)^{i+j}}{i+j} = \sum_{i=1}^{m} \sum_{j=1}^{n} (-1)^{i+j} \frac{x^{i+j}}{i+j} \bigg|_{x=0}^{x=1}$$

$$= \sum_{i=1}^{m} \sum_{j=1}^{n} (-1)^{i+j} \int_0^1 x^{i+j-1} \mathrm{d}x = \int_0^1 \sum_{i=1}^{m} \sum_{j=1}^{n} (-1)^{i+j} x^{i+j-1} \mathrm{d}x$$

$$= \int_0^1 \sum_{i=1}^{m} (-x)^i \cdot \sum_{j=1}^{n} (-1)^j x^{j-1} \mathrm{d}x$$

$$= \int_0^1 \frac{-x - (-x)^{m+1}}{1+x} \cdot \frac{-1 - (-1)^{n+1} x^n}{1+x} \mathrm{d}x$$

$$= \int_0^1 \frac{1}{(1+x)^2} \left[x + (-1)^{m+1} x^{m+1} + (-1)^{n+1} x^{n+1} + (-1)^{m+n} x^{m+n+1} \right] \mathrm{d}x.$$

注意到 $\lim\limits_{k\to\infty}\int_0^1\dfrac{x^k}{(1+x)^2}\mathrm{d}x = 0$ $\left(\text{因 } 0\leqslant\int_0^1\dfrac{x^k}{(1+x)^2}\mathrm{d}x\leqslant\int_0^1 x^k\mathrm{d}x = \dfrac{1}{k+1}\to 0\right)$，所以

$$\lim\limits_{n,m\to\infty}S_{m,n} = \int_0^1\dfrac{x}{(1+x)^2}\mathrm{d}x = \int_0^1\dfrac{1}{1+x}\mathrm{d}x - \int_0^1\dfrac{\mathrm{d}x}{(1+x)^2}$$

$$= \ln(1+x)\,\Big|_0^1 + \dfrac{1}{1+x}\,\Big|_0^1 = \ln 2 - \dfrac{1}{2}.$$

例 5.3.26 求极限 $\lim\limits_{x\to 0}\sum\limits_{n=1}^{\infty}\dfrac{(-1)^n}{x^2+\dfrac{2^n}{n(n+1)}}.$

提示 $\lim\limits_{x\to 0}\sum\limits_{n=1}^{\infty}\dfrac{(-1)^n}{x^2+\dfrac{2^n}{n(n+1)}}\xlongequal{\text{因一致收敛}}\sum\limits_{n=1}^{\infty}\lim\limits_{x\to 0}\dfrac{(-1)^n}{x^2+\dfrac{2^n}{n(n+1)}}$

$$= \sum\limits_{n=1}^{\infty}(-1)^n\dfrac{n(n+1)}{2^n}.$$

（关于一致收敛性，可参看例 5.2.8 的证法.）用逐项积分、逐项微分法求级数
$\sum\limits_{n=1}^{\infty}(-1)^n\dfrac{n(n+1)}{2^n}x^{n-1}$ 的和.

四、幂级数的应用

a. 计算积分

要点 将被积函数展开为幂级数，然后逐项积分.

例 5.3.27 证明：

$$\dfrac{2}{\pi}\int_0^{\frac{\pi}{2}}\dfrac{\mathrm{d}\theta}{\sqrt{1-k^2\sin^2\theta}} = 1 + \dfrac{1}{4}k^2 + \cdots + \left[\dfrac{(2n-1)!!}{(2n)!!}\right]^2 k^{2n} + \cdots \quad (|k|<1).$$

提示 利用展开式

$$(1+x)^{\alpha} = \sum\limits_{n=0}^{\infty}\mathrm{C}_{\alpha}^n x^n$$

$$= 1 + \alpha x + \dfrac{\alpha\cdot(\alpha-1)}{1\cdot 2}x^2 + \cdots + \dfrac{\alpha(\alpha-1)\cdots(\alpha-n+1)}{1\cdot 2\cdot\cdots\cdot n}x^n + \cdots \quad (|x|<1).$$

当 $|k|<1$ 时，$(1-k^2\sin^2\theta)^{-\frac{1}{2}} = \sum\limits_{n=0}^{\infty}\dfrac{(2n-1)!!}{(2n)!!}k^{2n}\sin^{2n}\theta$，关于 θ 在 $\left[0,\dfrac{\pi}{2}\right]$ 上一致收

敛. 再逐项积分，并利用 Wallis 公式 $\int_0^{\frac{\pi}{2}}\sin^{2n}\theta\mathrm{d}\theta = \dfrac{(2n-1)!!}{(2n)!!}\dfrac{\pi}{2}$ 即得.

☆**例 5.3.28** 计算积分 $\int_0^1\dfrac{\ln x}{1-x^2}\mathrm{d}x.$

解 I $\int_0^1\dfrac{\ln x}{1-x^2}\mathrm{d}x = \int_0^1\dfrac{1-x^2+x^2}{1-x^2}\ln x\mathrm{d}x = \int_0^1\ln x\mathrm{d}x + \int_0^1\dfrac{x^2}{1-x^2}\ln x\mathrm{d}x.$

因 $\int_0^1 \ln x \mathrm{d}x = -1$ 及 $\dfrac{x^2}{1-x^2}\ln x = \sum\limits_{n=1}^{\infty} x^{2n}\ln x$，故

$$上式 = -1 + \int_0^1 \sum_{n=1}^{\infty} x^{2n}\ln x\mathrm{d}x.$$

重复例 5.2.52 的证明，可知级数 $\sum\limits_{n=1}^{\infty} x^{2n}\ln x$ 虽然在 $[0,1]$ 上不一致收敛，但仍可以在 $[0,1]$ 上逐项积分，因此

$$上式 = -1 + \sum_{n=1}^{\infty}\int_0^1 x^{2n}\ln x\mathrm{d}x = -1 - \sum_{n=1}^{\infty}\frac{1}{(2n+1)^2} = -\sum_{n=0}^{\infty}\frac{1}{(2n+1)^2}$$

$$= -\left[\sum_{n=0}^{\infty}\frac{1}{(2n+1)^2} + \sum_{n=1}^{\infty}\frac{1}{(2n)^2}\right] + \frac{1}{2^2}\sum_{n=1}^{\infty}\frac{1}{n^2}$$

$$= -\sum_{n=1}^{\infty}\frac{1}{n^2} + \frac{1}{2^2}\sum_{n=1}^{\infty}\frac{1}{n^2} = -\frac{\pi^2}{6} + \frac{\pi^2}{24} = -\frac{\pi^2}{8}.$$

解 II　（利用内闭一致收敛，逐项积分，再取极限.）$\forall \alpha,\beta : 0 < \alpha < \dfrac{1}{2} < \beta < 1$，因

级数 $\sum\limits_{n=0}^{\infty} x^{2n} = \dfrac{1}{1-x^2}$ 在 $[\alpha,\beta]$ 上一致收敛，可知级数 $\sum\limits_{n=0}^{\infty} x^{2n}\ln x = \dfrac{\ln x}{1-x^2}$ 亦在 $[\alpha,\beta]$ 上一致收敛. 因此

$$\int_\alpha^\beta \frac{\ln x}{1-x^2}\mathrm{d}x = \sum_{n=0}^{\infty}\int_\alpha^\beta x^{2n}\ln x\mathrm{d}x. \tag{1}$$

但

$$\left|\int_\alpha^\beta x^{2n}\ln x\mathrm{d}x\right| \leqslant \left|\int_0^1 x^{2n}\ln x\mathrm{d}x\right| = \frac{1}{(2n+1)^2}.$$

所以级数（1）关于 $\alpha,\beta\in(0,1)$ 一致收敛. 故

$$\int_0^1 \frac{\ln x}{1-x^2}\mathrm{d}x = \lim_{\substack{\alpha\to 0^+\\\beta\to 1^-}}\int_\alpha^\beta \frac{\ln x}{1-x^2}\mathrm{d}x = \lim_{\substack{\alpha\to 0^+\\\beta\to 1^-}}\sum_{n=0}^{\infty}\int_\alpha^\beta x^{2n}\ln x\mathrm{d}x = \sum_{n=0}^{\infty}\lim_{\substack{\alpha\to 0^+\\\beta\to 1^-}}\int_\alpha^\beta x^{2n}\ln x\mathrm{d}x$$

$$= \sum_{n=0}^{\infty}\int_0^1 x^{2n}\ln x\mathrm{d}x = \sum_{n=0}^{\infty}\frac{-1}{(2n+1)^2} = -\frac{\pi^2}{8}.$$

☆ 例 5.3.29　若 $f(x) = \sum\limits_{n=0}^{+\infty} a_n x^n$ $(a_n > 0, n = 0,1,2,\cdots)$ 的收敛半径为 $+\infty$，且 $\sum\limits_{n=0}^{\infty} a_n n!$ 收敛，则 $\int_0^{+\infty} \mathrm{e}^{-x}f(x)\mathrm{d}x$ 也收敛，且 $\int_0^{+\infty} \mathrm{e}^{-x}f(x)\mathrm{d}x = \sum\limits_{n=0}^{+\infty} a_n n!$.（东北师范大学）

证　$\int_0^{+\infty} \mathrm{e}^{-x}f(x)\mathrm{d}x = \int_0^{+\infty}\left(\mathrm{e}^{-x}\sum\limits_{n=0}^{+\infty} a_n x^n\right)\mathrm{d}x = \lim\limits_{A\to+\infty}\int_0^A\left[\sum\limits_{n=0}^{+\infty}(a_n x^n \mathrm{e}^{-x})\right]\mathrm{d}x$

$$= \lim_{A\to+\infty}\sum_{n=0}^{+\infty} a_n\left(\int_0^A x^n \mathrm{e}^{-x}\mathrm{d}x\right) \tag{1}$$

$$= \sum_{n=0}^{+\infty} a_n \lim_{A\to+\infty}\int_0^A x^n \mathrm{e}^{-x}\mathrm{d}x \tag{2}$$

$$= \sum_{n=0}^{+\infty} a_n \int_0^{+\infty} x^n \mathrm{e}^{-x} \mathrm{d}x = \sum_{n=0}^{+\infty} a_n \cdot n! . \tag{3}$$

这里等式(1)成立是因为

$$\left| a_n x^n \mathrm{e}^{-x} \right| = a_n x^n \left(1 + x + \cdots + \frac{x^n}{n!} + \cdots \right)^{-1} < \frac{a_n x^n}{x^n / n!} = a_n n! \quad (\forall x \geqslant 0),$$

且 $\sum\limits_{n=0}^{\infty} a_n n!$ 收敛,故 $\sum\limits_{n=0}^{\infty} a_n x^n \mathrm{e}^{-x}$ 在 $[0, A]$ 上一致收敛,可逐项积分. 等式(2)成立是因为

$$\left| a_n \int_0^A x^n \mathrm{e}^{-x} \mathrm{d}x \right| = a_n \int_0^A x^n \mathrm{e}^{-x} \mathrm{d}x \leqslant a_n \int_0^{+\infty} x^n \mathrm{e}^{-x} \mathrm{d}x = a_n n! \quad (\forall A \geqslant 0),$$

且已知 $\sum\limits_{n=0}^{\infty} a_n n!$ 收敛,因此 $\sum\limits_{n=0}^{\infty} a_n \int_0^A x^n \mathrm{e}^{-x} \mathrm{d}x$ 关于 A 在 $[0, +\infty)$ 上一致收敛,故可逐项求极限.

至于 $\int_0^{+\infty} x^n \mathrm{e}^{-x} \mathrm{d}x = n!$,可反复使用分部积分法 n 次得到,或利用 Euler 积分:

$$\int_0^{+\infty} x^n \mathrm{e}^{-x} \mathrm{d}x = \Gamma(n+1) = n! .$$

＊例 5.3.30　试利用已知的公式

$$\int_{-1}^1 \frac{\mathrm{d}x}{(\alpha - x)\sqrt{1-x^2}} = \frac{\pi}{\sqrt{\alpha^2 - 1}} \quad (\text{当 } \alpha > 1 \text{ 时}) \tag{1}$$

证明:
$$\int_{-1}^1 \frac{x^{2n}}{\sqrt{1-x^2}} \mathrm{d}x = \frac{(2n-1)!!}{(2n)!!} \pi \quad (n = 1, 2, \cdots).$$

方法　将式(1)两端同时按 α^{-1} 的幂次展开,然后比较同次幂的系数.

解　1° 式(1)左端 $= \int_{-1}^1 \frac{\mathrm{d}x}{(\alpha - x)\sqrt{1-x^2}} = \frac{1}{\alpha} \int_{-1}^1 \frac{\mathrm{d}x}{\left(1 - \frac{x}{\alpha}\right)\sqrt{1-x^2}}$

$$= \frac{1}{\alpha} \int_{-1}^1 \left[\sum_{n=0}^{\infty} \left(\frac{x}{\alpha}\right)^n \frac{1}{\sqrt{1-x^2}} \right] \mathrm{d}x$$

$$= \frac{1}{\alpha} \sum_{n=0}^{\infty} \frac{1}{\alpha^n} \int_{-1}^1 \frac{x^n}{\sqrt{1-x^2}} \mathrm{d}x \tag{2}$$

$$= \sum_{n=0}^{\infty} \frac{1}{\alpha^{2n+1}} \int_{-1}^1 \frac{x^{2n}}{\sqrt{1-x^2}} \mathrm{d}x \ (\text{奇次项积分为零}).$$

2° 式(1) 右端 $= \frac{\pi}{\sqrt{\alpha^2 - 1}} = \frac{\pi}{\alpha}\left(1 - \frac{1}{\alpha^2}\right)^{-\frac{1}{2}} = \frac{\pi}{\alpha} \sum_{n=0}^{\infty} C_{-\frac{1}{2}}^n \left(-\frac{1}{\alpha^2}\right)^n$①

---

① 这里 $C_{-\frac{1}{2}}^n = \dfrac{\left(-\frac{1}{2}\right)\left(-\frac{3}{2}\right)\cdots\left[-\frac{1}{2} - (n-1)\right]}{1 \cdot 2 \cdot 3 \cdot \cdots \cdot n}.$

$$= \sum_{n=0}^{\infty} \left[\frac{(2n-1)!!}{(2n)!!} \right] \frac{\pi}{\alpha^{2n+1}}.$$

总之，
$$\sum_{n=0}^{\infty} \frac{1}{\alpha^{2n+1}} \int_{-1}^{1} \frac{x^{2n}}{\sqrt{1-x^2}} dx = \sum_{n=0}^{\infty} \frac{1}{\alpha^{2n+1}} \left[\frac{(2n-1)!!}{(2n)!!} \pi \right].$$

比较 α 同次幂的系数，便得欲证的等式.

现补充证明等式(2)的合理性. 因级数 $\sum_{n=0}^{\infty} \left(\frac{x}{\alpha} \right)^n \frac{1}{\sqrt{1-x^2}}$ 关于 x 在 $(-1,1)$ 内闭一致收敛. 所以 $\forall [a,b] \subset (-1,1)$，在 $[a,b]$ 上可逐项取积分：

$$\int_a^b \sum_{n=0}^{\infty} \frac{1}{\alpha^n} \frac{x^n}{\sqrt{1-x^2}} dx = \sum_{n=0}^{\infty} \frac{1}{\alpha^n} \int_a^b \frac{x^n}{\sqrt{1-x^2}} dx.$$

又 $\sum_{n=0}^{\infty} \frac{1}{\alpha^n}$ 收敛(自然关于 $a,b \in [-1,1]$ 一致)，

$$\left| \int_a^b \frac{x^n}{\sqrt{1-x^2}} dx \right| \leqslant \int_{-1}^{1} \frac{|x|^n}{\sqrt{1-x^2}} dx \leqslant \int_{-1}^{1} \frac{dx}{\sqrt{1-x^2}} = \pi \ (a,b \in [-1,1], n \in \mathbf{N}),$$

即对于 $a,b \in [-1,1], n \in \mathbf{N}$ 一致有界. 故由 Abel 判别法，级数 $\sum_{n=0}^{\infty} \frac{1}{\alpha^n} \int_a^b \frac{x^n}{\sqrt{1-x^2}} dx$ 关于 $a,b \in [-1,1]$ 一致收敛，从而可逐项取极限：

$$\int_{-1}^{1} \left(\sum_{n=0}^{\infty} \frac{1}{\alpha^n} \frac{x^n}{\sqrt{1-x^2}} \right) dx$$

$$= \lim_{\substack{a \to (-1)^+ \\ b \to 1^-}} \int_a^b \left(\sum_{n=0}^{\infty} \frac{1}{\alpha^n} \frac{x^n}{\sqrt{1-x^2}} \right) dx = \lim_{\substack{a \to (-1)^+ \\ b \to 1^-}} \sum_{n=0}^{\infty} \frac{1}{\alpha^n} \int_a^b \frac{x^n}{\sqrt{1-x^2}} dx$$

$$= \sum_{n=0}^{\infty} \frac{1}{\alpha^n} \lim_{\substack{a \to (-1)^+ \\ b \to 1^-}} \int_a^b \frac{x^n}{\sqrt{1-x^2}} dx = \sum_{n=0}^{\infty} \frac{1}{\alpha^n} \int_{-1}^{1} \frac{x^n}{\sqrt{1-x^2}} dx.$$

证毕.

b. 证明不等式

幂级数是表达函数的重要工具，因此也可应用于证明不等式. 如

☆ **例 5.3.31** 证明不等式 $e^x + e^{-x} \leqslant 2e^{\frac{x^2}{2}}, x \in (-\infty, +\infty)$. (中山大学)

证 因 $e^x + e^{-x} = 2\operatorname{ch} x = 2 \sum_{n=0}^{\infty} \frac{x^{2n}}{(2n)!}, 2e^{\frac{x^2}{2}} = 2 \sum_{n=0}^{\infty} \frac{x^{2n}}{(2n)!!},$

而 $\frac{x^{2n}}{(2n)!} \leqslant \frac{x^{2n}}{(2n)!!}$，故 $e^x + e^{-x} \leqslant 2e^{\frac{x^2}{2}}$.

c. 近似计算

幂级数常常用于近似计算. 如

☆ **例 5.3.32** 求 π 的近似值，计算到小数点后第三位(误差不超过 10^{-3}). (安徽大学)

提示 $\dfrac{\pi}{6} = \arctan x\Big|_{x=\frac{1}{\sqrt{3}}} = \sum\limits_{n=1}^{\infty} (-1)^{n-1}\dfrac{x^{2n-1}}{2n-1}\Big|_{x=\frac{1}{\sqrt{3}}}.$

利用 Leibniz 级数的余和估计：$|r_n| \leqslant |a_{n+1}| = \dfrac{1}{3^{n+1/2}}\cdot\dfrac{1}{2n+1}.$ 要 $|r_n| < \dfrac{1}{1000}$，只要

$\dfrac{1}{3^n}\dfrac{1}{2n+1} < \dfrac{1}{1000}$，由此可知应取的项数 $n \geqslant 5$.

五、综合性问题

☆ 例 5.3.33 设 $S(x) = \sum\limits_{n=1}^{\infty} e^{-n}\sin n^2 x\ (-\infty < x < +\infty).$ 试证：

1）$S(x)$ 在全数轴 **R** 上可任意次微分；

2）$S(x)$ 的 Maclaurin 级数当 $x \neq 0$ 时发散.（武汉大学）

证 $\forall k \geqslant 0, \forall x \in \mathbf{R}$，有 $\left| e^{-n}n^{2k}\sin\left(n^2 x + k\dfrac{\pi}{2}\right)\right| \leqslant e^{-n}n^{2k}$，$\sum\limits_{n=1}^{\infty} e^{-n}n^{2k}$ 收敛. 因此

$\sum\limits_{n=1}^{\infty} e^{-n}n^{2k}\sin\left(n^2 x + k\dfrac{\pi}{2}\right)$ 在 **R** 上一致收敛，由此不难用数学归纳法证明结论 1），且

$$S^{(k)}(x) = \sum_{n=1}^{\infty} e^{-n}n^{2k}\sin\left(n^2 x + k\dfrac{\pi}{2}\right)\ (x \in \mathbf{R}). \tag{1}$$

下面只就结论 2）进行证明. 根据式（1），

$$S^{(0)}(0) = S(0) = 0, S^{(2k)}(0) = 0\ (k = 1, 2, \cdots),$$

$$S^{(2k+1)}(0) = (-1)^k \sum_{n=1}^{\infty} e^{-n}n^{2(2k+1)}\quad (k = 0, 1, 2, \cdots).$$

故 $S(x)$ 的 Maclaurin 级数为

$$S(x) = \sum_{k=0}^{\infty} \dfrac{S^{(k)}(0)}{k!}x^k = \sum_{k=0}^{\infty} \dfrac{1}{(2k+1)!}\left[(-1)^k \sum_{n=1}^{\infty} e^{-n}n^{2(2k+1)}\right]x^{2k+1}.$$

要证明 $x \neq 0$ 时发散，若能证明通项 $\nrightarrow 0$ 即可.

事实上，$\forall x \neq 0$，其通项 $u_k(x)$：

$$|u_k(x)| = \dfrac{1}{(2k+1)!}\sum_{n=1}^{\infty} e^{-n}n^{2(2k+1)}|x|^{2k+1}$$

$$\geqslant \dfrac{1}{(2k+1)!}e^{-(2k+1)}(2k+1)^{2(2k+1)}|x|^{2k+1}$$

$$\geqslant e^{-(2k+1)}(2k+1)^{2k+1}|x|^{2k+1}.$$

当 $k > \left|\dfrac{e}{2x}\right|$ 时，有 $|x| > \dfrac{e}{2k}$，因此 $|u_k(x)| \geqslant e^{-(2k+1)}(2k+1)^{2k+1}\left(\dfrac{e}{2k}\right)^{2k+1} \geqslant 1.$ 证毕.

* 例 5.3.34 设幂级数 $f(x) = a_0 + a_1 x + \cdots + a_n x^n + \cdots$ 在 $x = 1$ 处收敛，试求极限 $\lim\limits_{\nu \to \infty} \dfrac{\nu^\nu}{2^\nu \nu!}\left[f^{(n)}(0) - f^{(n)}\left(\dfrac{2^\nu \cdot \nu!}{\nu^\nu}\right)\right]$，其中 ν 为自然数.（吉林大学）

证 （利用 Stirling 公式：$n! = \sqrt{2\pi n} \, n^n \mathrm{e}^{-n+\frac{\theta_n}{12n}}$ $(0 < \theta_n < 1)$.）

$$\frac{2^\nu \cdot \nu!}{\nu^\nu} = \frac{2^\nu}{\nu^\nu} \sqrt{2\pi\nu} \, \nu^\nu \mathrm{e}^{-\nu+\frac{\theta_\nu}{12\nu}} = \frac{\sqrt{2\pi\nu} \, \mathrm{e}^{\frac{\theta_\nu}{12\nu}}}{\left(\dfrac{\mathrm{e}}{2}\right)^\nu} \to 0 \quad (\nu \to \infty).$$

所以

$$\lim_{\nu \to \infty} \frac{\nu^\nu}{2^\nu \cdot \nu!} \left[f^{(n)}(0) - f^{(n)}\left(\frac{2^\nu \cdot \nu!}{\nu^\nu}\right) \right] \quad \left(\diamondsuit \, h = \frac{2^\nu \nu!}{\nu^\nu} \right)$$

$$= \lim_{h \to 0} \frac{f^{(n)}(0) - f^{(n)}(h)}{h} = -f^{(n+1)}(0) = -a_{n+1}(n+1)!.$$

因该幂级数在 $(-1,1)$ 内收敛，逐项微分 $n+1$ 次后，令 $x=0$，可知 $f^{(n+1)}(0) = a_{n+1} \cdot (n+1)!.$

☆ **例 5.3.35** 设 $f(x)$ 在 $(-\infty, +\infty)$ 上无穷次可微并且满足：

1）存在 $M > 0$，使得 $|f^{(k)}(x)| \leqslant M$ （$\forall x \in (-\infty, +\infty)$，$k = 0,1,2,\cdots$）；

2）$f\left(\dfrac{1}{2^n}\right) = 0$ （$n = 1,2,\cdots$）.

证明：在 $(-\infty, +\infty)$ 上 $f(x) \equiv 0$.（广西大学）

证 1° 因为各阶导数一致有界，所以 $(-\infty, +\infty)$ 内处处有

$$f(x) = \sum_{n=0}^{\infty} \frac{f^{(n)}(0)}{n!} x^n. \tag{1}$$

$$\left(\text{因} \, |R_n(x)| = \left| \frac{f^{(n+1)}(\xi)}{(n+1)!} x^{n+1} \right| \leqslant \frac{M}{(n+1)!} |x|^{n+1} \to 0 \quad (n \to \infty). \right)$$

2° 由 $f\left(\dfrac{1}{2^n}\right) = 0$ （$n = 1,2,\cdots$）知，$f(0) = \lim\limits_{n \to \infty} f\left(\dfrac{1}{2^n}\right) = 0,$

$$f'(0) = \lim_{n \to \infty} \frac{f\left(\dfrac{1}{2^n}\right) - f(0)}{\dfrac{1}{2^n}} = 0.$$

根据 Rolle 定理，$\exists \xi_i^{(1)}: \dfrac{1}{2} > \xi_1^{(1)} > \dfrac{1}{2^2} > \xi_2^{(1)} > \dfrac{1}{2^3} > \cdots > \dfrac{1}{2^n} > \xi_n^{(1)} > \dfrac{1}{2^{n+1}} > \cdots$，使得 $f'(\xi_i^{(1)}) = 0$，从而 $\xi_i^{(1)} \to 0$ （$n \to \infty$），

$$f''(0) = \lim_{n \to \infty} \frac{f'(\xi_n^{(1)}) - f'(0)}{\xi_n^{(1)}} = 0.$$

类似可证，若 $f^{(k)}(x)$ 在 $\xi_1^{(k)} > \xi_2^{(k)} > \cdots > \xi_n^{(k)} > \cdots$ （$\xi_n^{(k)} \to 0$）处有 $f^{(k)}(\xi_n^{(k)}) = 0$，且 $f^{(k)}(0) = 0$，便可推出 $f^{(k+1)}(x)$ 亦然. 于是 $n = 0,1,2,\cdots$ 时恒有 $f^{(n)}(0) = 0$，从而

$$f(x) = \sum_{n=0}^{\infty} \frac{f^{(n)}(0)}{n!} x^n \equiv 0 \quad (-\infty < x < +\infty).$$

注 条件 1）（各阶导数一致有界）不可缺少，否则命题可以不成立. 如

$$f(x) = \begin{cases} e^{-x^{-2}} \sin \dfrac{\pi}{x}, & x \neq 0, \\ 0, & x = 0. \end{cases}$$

☆**例 5.3.36** 设 $f(x) = \sum_{n=1}^{\infty} \dfrac{x^n}{n^2} (0 \leq x \leq 1)$. 求证:当 $0 < x < 1$ 时,有

$$f(x) + f(1-x) + \ln x \ln(1-x) = \frac{\pi^2}{6}. \tag{1}$$

(北京航空航天大学)

证 $f(x) = \sum_{n=1}^{\infty} \dfrac{x^n}{n^2}$ 的收敛半径 $R = \lim_{n \to \infty} \sqrt[n]{n^2} = 1$. $x = 1$ 时,$f(1) = \sum_{n=1}^{\infty} \dfrac{1}{n^2} = \dfrac{\pi^2}{6}$. 级数在 $(0,1)$ 内可逐项微分,$f(x)$ 有连续导数. 因此,

$$[f(x) + f(1-x) + \ln x \ln(1-x)]'$$

$$= f'(x) - f'(1-x) + \frac{\ln(1-x)}{x} + \frac{\ln x}{x-1}$$

$$= \sum_{n=1}^{\infty} \frac{x^{n-1}}{n} - \sum_{n=1}^{\infty} \frac{(1-x)^{n-1}}{n} - \sum_{n=1}^{\infty} \frac{x^{n-1}}{n} + \sum_{n=1}^{\infty} \frac{(-1)^{n-1}(x-1)^{n-1}}{n} = 0.$$

于是 $\qquad f(x) + f(1-x) + \ln x \ln(1-x) \equiv C, x \in (0,1).$

令 $x \to 0^+$,取极限知 $C = f(1) = \sum_{n=1}^{\infty} \dfrac{1}{n^2} = \dfrac{\pi^2}{6}$,等式得证.

☆**例 5.3.37** 证明 Tauber 定理:设在 $-1 < x < 1$ 上,有 $f(x) = \sum_{n=0}^{\infty} a_n x^n$,$\lim_{n \to \infty} n a_n = 0$. 若 $\lim_{x \to 1-0} f(x) = S$,则 $\sum_{n=0}^{\infty} a_n$ 收敛且其和为 S.(吉林大学)

分析 用加一项、减一项的办法,得

$$\left| \sum_{k=0}^{n} a_k - S \right| = \left| \sum_{k=0}^{n} a_k - \sum_{k=0}^{n} a_k x^k - \sum_{k=n+1}^{\infty} a_k x^k + \sum_{k=0}^{\infty} a_k x^k - S \right|$$

$$\leq \left| \sum_{k=0}^{n} a_k (1 - x^k) \right| + \left| \sum_{k=n+1}^{\infty} a_k x^k \right| + \left| \sum_{k=0}^{\infty} a_k x^k - S \right|. \tag{1}$$

因此问题在于证明:n 充分大,x 充分接近 1 时右端三项都能任意小.

证 由 $\lim_{n \to \infty} n a_n = 0$,知 $\lim_{n \to \infty} n |a_n| = 0$,从而 $\lim_{n \to \infty} \dfrac{\sum_{k=0}^{n} k|a_k|}{n} = 0$. 又因 $\lim_{x \to 1-0} f(x) = S$,所以 $\left| f\left(1 - \dfrac{1}{n}\right) - S \right| \to 0$(当 $n \to \infty$ 时). 故 $\forall \varepsilon > 0, \exists N > 0$,使得 $n > N$ 时,有

$$0 \leq \frac{\sum_{k=0}^{n} k|a_k|}{n} < \frac{\varepsilon}{3}, \quad n|a_n| < \frac{\varepsilon}{3}, \quad \left| f\left(1 - \frac{1}{n}\right) - S \right| < \frac{\varepsilon}{3}.$$

利用式(1),得

$$\left| \sum_{k=0}^{n} a_k - S \right| \le \left| \sum_{k=1}^{n} a_k (1-x^k) \right| + \left| \sum_{k=n+1}^{\infty} a_k x^k \right| + \left| \sum_{k=0}^{\infty} a_k x^k - S \right|.$$

取 $x = 1 - \dfrac{1}{n}$，不等式右边第一项

$$\left| \sum_{k=0}^{n} a_k(1-x^k) \right| = \left| \sum_{k=1}^{n} a_k(1-x)(1+x+x^2+\cdots+x^{k-1}) \right|$$

$$\le \sum_{k=1}^{n} |a_k|(1-x) \cdot k = \frac{\sum_{k=1}^{n} k|a_k|}{n} < \frac{\varepsilon}{3};$$

右边第二项

$$\left| \sum_{k=n+1}^{\infty} a_k x^k \right| \le \frac{1}{n} \sum_{k=n+1}^{\infty} k|a_k| \cdot x^k < \frac{\varepsilon}{3n} \sum_{k=n+1}^{\infty} x^k \le \frac{\varepsilon}{3n} \cdot \frac{1}{1-x} = \frac{\varepsilon}{3n \cdot \frac{1}{n}} = \frac{\varepsilon}{3};$$

右边第三项 $\qquad \left| \sum_{k=0}^{\infty} a_k x^k - S \right| = \left| f\left(1-\frac{1}{n}\right) - S \right| < \dfrac{\varepsilon}{3}.$

故 $\left| \sum_{k=0}^{n} a_k - S \right| < \dfrac{\varepsilon}{3} + \dfrac{\varepsilon}{3} + \dfrac{\varepsilon}{3} = \varepsilon.$ 证毕.

*例 5.3.38 设 $f_n(x) = 1 + x + \dfrac{x^2}{2!} + \cdots + \dfrac{x^n}{n!}$，其中 n 为自然数. 试证：方程 $f_n(x) \cdot f_{n+1}(x) = 0$ 在实数域内有唯一实根.（四川师范大学）

分析 讨论 $f_n(x) = 0$ 的根的情况.

当 $n = 0$ 时，$f_0(x) = 1$，无实根；

当 $n = 1$ 时，$f_1(x) = 1 + x$，有唯一实根；

当 $n = 2$ 时，$f_2(x) = 1 + x + \dfrac{x^2}{2} = \dfrac{1}{2}[(x+1)^2 + 1] > 0$，无实根；

当 $n = 3$ 时，$f_3(x) = 1 + x + \dfrac{x^2}{2} + \dfrac{x^3}{6}$，三次方程至少有一实根，而 $f_3'(x) = f_2(x) > 0$，$f_3(x)$ 严 $\nearrow$，故 $f_3(x) = 0$ 只有唯一实根. 不妨记此实根为 x_3，因 f_3 严 $\nearrow$，可知

当 $n = 4$ 时，$f_4'(x) = f_3(x) \begin{cases} = 0, & x = x_3, \\ < 0, & x < x_3, \\ > 0, & x > x_3. \end{cases}$ 因此 $f_4(x)$ 在 $x = x_3$ 处取极小值也是最

小值，故 $\forall x, f_4(x) \ge \min f_4(x) = f_4(x_3) = f_3(x_3) + \dfrac{x_3^4}{4!} = 0 + \dfrac{x_3^4}{4!} > 0$. 因此 $f_4(x)$ 无实根.

类似地，可写出一般的推理过程：f_{2n} 无实根 $\Rightarrow f_{2n+1}$ 仅有唯一实根 $\Rightarrow f_{2n+2}$ 无实根（留作练习）.

于是，在 $\mathbf{R}$ 上，$f_n(x) = 0$ 无实根（当 n 为偶数时），仅有唯一实根（当 n 为奇数时）. 总之，$f_n(x) \cdot f_{n+1}(x) = 0$ 在 $\mathbf{R}$ 上仅有唯一实根.

^{new} *练习* 设 $a_k > 0$, $\sum\limits_{k=0}^{\infty} a_k = 1$, $f(x) = \sum\limits_{k=0}^{\infty} a_k x^k - x$. 试证:

1) $f(x)$ 在 $[0,1]$ 上为严格凸函数(见例 3.4.8 前的定理 5);

2) 若 $f'(1)$ 存在, $f(x)$ 在 $[0,1]$ 上有零点的充分必要条件是 $f'(1) > 0$.(中南大学)

证 1)$\sum\limits_{k=0}^{\infty} a_k = 1$,说明 $\sum\limits_{k=0}^{\infty} a_k x^k$ 的收敛半径 $R \geq 1$.

在 $[0,1)$ 上,$f''(x) = \sum\limits_{k=2}^{\infty} a_k k(k-1) x^{k-2} > 0$,可知在 $[0,1)$ 上 $f'(x)$ 严 $\nearrow$,且 $f(x)$ 严格凸(§3.4 定理 5).

2)(必要性)(反证法)假设 $f(x)$ 在 $[0,1)$ 上有零点,但 $f'(1) \leq 0$. 因为 1° 中已证 $f'(x)$ 严 $\nearrow$,那么 $f'(1) \leq 0$ 意味着:在 $[0,1)$ 上恒有 $f'(x) < 0$. 因此,在 $[0,1)$ 上 $f(x)$ 严 $\searrow$. 而

$$f(1) = \left(\sum\limits_{k=0}^{\infty} a_k x^k - x \right)_{x=1} = \sum\limits_{k=0}^{\infty} a_k - 1 = 0,$$

说明:在 $[0,1)$ 上 $f(x)$ 严 $\searrow$, $f(1) = 0$. 可见在 $[0,1)$ 上恒有 $f(x) > 0$,故 $f(x)$ 在 $[0,1)$ 上无零点,矛盾. 因此,$f(x)$ 在 $[0,1)$ 上若有零点,则 $f'(1) > 0$.

(充分性)若 $f'(1) > 0$,根据导数定义,在 $x = 1$ 的左邻域应有:$f(x) < f(1) = 0$,故 $\exists \varepsilon > 0$,使得 $f(1-\varepsilon) < 0$. 但另一方面:$f(0) = a_0 > 0$,根据连续的介值性,在 $(0,1)$ 里,必有 $f(x)$ 的零点. 证毕.

例 5.3.39 设 $p_n(x) = 1 + x + \dfrac{x^2}{2!} + \cdots + \dfrac{x^n}{n!}$, x_m 是 $p_{2m+1}(x) = 0$ 的实根,求证:$x_m < 0$,且 $\lim\limits_{m \to +\infty} x_m = -\infty$.

提示 1° $\forall m \in \mathbf{N}$, $x \geq 0$ 时,$p_{2m+1}(x) > 0$;$x < 0$ 且 $|x|$ 充分大时,$p_{2m+1}(x) < 0$. 所以 $p_{2m+1}(x) = 0$ 的根 x_m 存在(因介值性). 又 $p'_{2m+1}(x) = p_{2m}(x) > 0$, $p_{2m+1}(x)$ 严 $\nearrow$,所以根唯一(见上题),$x_m < 0$.

2° $\forall x \in (-\infty, 0)$, $p_n(x) \to e^x > 0$(当 $n \to +\infty$ 时),所以 $p_{2m+1}(x) = 0$ 的根 $x_m \to -\infty$(当 $m \to +\infty$ 时). 因为若 $m \to +\infty$ 时 $p_{2m+1}(x) = 0$ 的根 $x_m \nrightarrow -\infty$,则 $\exists \Delta > 0$,使得 $(-\Delta, 0)$ 中含有 $\{x_m\}$ 的一个无穷子列①. 从而存在收敛子列 $x_{m_k} \to x_0$(x_0 为某有限数,$x_0 \geq -\Delta$),

$$0 < e^{-\Delta} = \lim\limits_{k \to +\infty} p_{2m_k+1}(-\Delta) \leq \lim\limits_{k \to +\infty} p_{2m_k+1}(x_{m_k}) = 0,$$

矛盾.

例 5.3.40 设 $f(x)$ 是仅有正实根的多项式, $-\dfrac{f'(x)}{f(x)} = \sum\limits_{n=0}^{\infty} c_n x^n$,试证 $\lim\limits_{n \to \infty} \dfrac{1}{\sqrt[n]{c_n}}$, $\lim\limits_{n \to \infty} \dfrac{c_n}{c_{n+1}}$ 存在且都等于 $f(x)$ 的最小根.(北京大学)

分析 要证明 $\dfrac{1}{\sqrt[n]{c_n}}$ 与 $\dfrac{c_n}{c_{n+1}}$ 都以 f 的最小根为极限,必须设法求出 c_n 与 f 根的关系.

---

① 任意数列 $\{a_n\}$:$a_n \to -\infty$($n \to +\infty$ 时) $\Leftrightarrow \forall \Delta > 0$, $a_n \notin (-\infty, -\Delta)$ 最多只有有限项.

证　因为 f 是仅有正根的多项式,所以可设全部的正根为

$$0 < a_1 < a_2 < \cdots < a_k. \tag{1}$$

于是　　　　　　　$f(x) = A(x - a_1)^{r_1}(x - a_2)^{r_2}\cdots(x - a_k)^{r_k}$

(其中 r_i 表示根 a_i 的重数,$i = 1,2,\cdots,k$). 因此

$$-\frac{f'(x)}{f(x)} = -\left(\frac{r_1}{x - a_1} + \cdots + \frac{r_k}{x - a_k}\right) = \frac{r_1}{a_1}\frac{1}{1 - \dfrac{x}{a_1}} + \cdots + \frac{r_k}{a_k}\frac{1}{1 - \dfrac{x}{a_k}}$$

$$= \frac{r_1}{a_1}\sum_{n=0}^{\infty}\left(\frac{x}{a_1}\right)^n + \cdots + \frac{r_k}{a_k}\sum_{n=0}^{\infty}\left(\frac{x}{a_k}\right)^n$$

$$= \sum_{n=0}^{\infty}\left(\frac{r_1}{a_1^{n+1}} + \cdots + \frac{r_k}{a_k^{n+1}}\right)x^n = \sum_{n=0}^{\infty}c_n x^n.$$

比较系数得 $c_n = \dfrac{r_1}{a_1^{n+1}} + \cdots + \dfrac{r_k}{a_k^{n+1}}$(展开式的唯一性),所以

$$\lim_{n\to\infty}\frac{c_n}{c_{n+1}} = \lim_{n\to\infty}\frac{c_{n-1}}{c_n} = \lim_{n\to\infty}\frac{\dfrac{r_1}{a_1^n} + \cdots + \dfrac{r_k}{a_k^n}}{\dfrac{r_1}{a_1^{n+1}} + \cdots + \dfrac{r_k}{a_k^{n+1}}}.$$

分子分母同乘 a_1^n,并注意式(1),得 $\lim\limits_{n\to\infty}\dfrac{c_n}{c_{n+1}} = \dfrac{r_1}{r_1/a_1} = a_1$(最小根). 故

$$\lim_{n\to\infty}\frac{1}{\sqrt[n]{c_n}} \xlongequal{\text{存在}} \lim_{n\to\infty}\frac{c_n}{c_{n+1}} = a_1.$$

注　此例说明:仅具有正实根的多项式,其对数导数的幂级数展开式的收敛半径等于其最小根.

（拟合法）

※**例 5.3.41**　设 $S_n = \displaystyle\sum_{k=0}^{n} a_k$,$\sigma_n = \dfrac{S_0 + S_1 + S_2 + \cdots + S_{n-1}}{n}$. 试证:

1）若 $\{\sigma_n\}$ 收敛,则 $a_n = o(n)$（当 $n\to\infty$ 时）;

2）若 $\{\sigma_n\}$ 收敛,则 $f(x) \equiv \displaystyle\sum_{n=0}^{\infty} a_n x^n$ 在 $(-1,1)$ 内绝对收敛,且

$$f(x) = (1-x)^2\sum_{n=0}^{\infty}(n+1)\sigma_{n+1}x^n;$$

3）若 $\lim\limits_{n\to\infty}\sigma_n = S$,则 $\lim\limits_{x\to 1^-}f(x) = S$.

证　1）因为 $\sigma_n = \dfrac{S_0 + S_1 + S_2 + \cdots + S_{n-1}}{n}$,所以 $S_n = (n+1)\sigma_{n+1} - n\sigma_n$,

$$\frac{S_n}{n} = \frac{n+1}{n}\sigma_{n+1} - \sigma_n \to 0 \quad (\text{当 } n\to\infty \text{ 时}).$$

故　　　　　　$\dfrac{a_n}{n} = \dfrac{S_n - S_{n-1}}{n} = \dfrac{S_n}{n} - \dfrac{n-1}{n}\dfrac{S_{n-1}}{n-1} \to 0 \quad (\text{当 } n\to\infty \text{ 时}).$

2）因为 $\dfrac{a_n}{n} \to 0 (n\to\infty)$，所以当 n 充分大时，有 $|a_n| < n$，$|a_n x^n| < n|x|^n$，而 $\sum\limits_{n=1}^{\infty} nx^n$ 的收敛半径为 1，故知级数 $f(x) \equiv \sum\limits_{n=0}^{\infty} a_n x^n$ 在 $(-1,1)$ 内绝对收敛. 如此，当 $x \in (-1,1)$ 时，利用级数乘法得

$$\frac{f(x)}{1-x} = \sum_{n=0}^{\infty} (a_0 + a_1 + \cdots + a_n) x^n = \sum_{n=0}^{\infty} S_n x^n,$$

$$\frac{f(x)}{(1-x)^2} = \sum_{n=0}^{\infty} (S_0 + S_1 + \cdots + S_n) x^n = \sum_{n=0}^{\infty} (n+1)\sigma_{n+1} x^n,$$

即

$$f(x) = (1-x)^2 \sum_{n=0}^{\infty} (n+1)\sigma_{n+1} x^n. \tag{1}$$

3）下面利用拟合法，来证明 $\lim\limits_{x\to 1-0} f(x) = S$. 由

$$\frac{1}{1-x} = \sum_{n=0}^{\infty} x^n, \quad \frac{1}{(1-x)^2} = \sum_{n=0}^{\infty} (n+1) x^n,$$

可得 1 的分解式：

$$1 = (1-x)^2 \sum_{n=0}^{\infty} (n+1) x^n.$$

两端同乘 S，因此 S 可写成与(1)类似的形式(此即拟合法的思想)：

$$S = (1-x)^2 \sum_{n=0}^{\infty} (n+1) S x^n.$$

于是

$$f(x) - S = (1-x)^2 \sum_{n=0}^{\infty} (n+1)(\sigma_{n+1} - S) x^n. \tag{2}$$

已知 $\lim\limits_{n\to\infty} \sigma_n = S$，所以 $\forall \varepsilon > 0$，$\exists N > 0$，$n > N$ 时，$|\sigma_{n+1} - S| < \dfrac{\varepsilon}{2}$. 故式(2)中 $n > N$ 各项的和(当 $0 < x < 1$ 时)

$$\left| (1-x)^2 \sum_{n>N} (n+1)(\sigma_{n+1} - S) x^n \right|$$

$$\leqslant \frac{\varepsilon}{2} (1-x)^2 \sum_{n>N} (n+1) x^n \leqslant \frac{\varepsilon}{2}(1-x)^2 \sum_{n=0}^{\infty} (n+1) x^n = \frac{\varepsilon}{2}.$$

(2)中前 $N+1$ 项里：$\sum\limits_{n=0}^{N} (n+1)(\sigma_{n+1} - S) x^n$ 当 $x \to 1^-$ 时保持有界，另一因子 $(1-x)^2$ 为无穷小量. 因此 $\exists \delta > 0$，当 $0 < 1-x < \delta$ 时，有

$$\left| (1-x)^2 \sum_{n=0}^{N} (n+1)(\sigma_{n+1} - S) x^n \right| < \frac{\varepsilon}{2}.$$

总之

$$|f(x) - S| < \frac{\varepsilon}{2} + \frac{\varepsilon}{2} = \varepsilon.$$

即

$$S = \lim_{x\to 1^-} f(x).$$

^{new}☆例 5.3.42 设 $f(x) = \dfrac{1}{1+x-2x^2}$，试证：$\sum\limits_{n=0}^{\infty} \dfrac{n!}{f^{(n)}(0)}$ 绝对收敛. (浙江大学)

证 $f(x) = \dfrac{1}{1+x-2x^2} = \dfrac{1}{3}\left(\dfrac{1}{1-x} + \dfrac{2}{1+2x} \right) = \dfrac{1}{3}\left[\sum\limits_{n=0}^{\infty} x^n + \sum\limits_{n=0}^{\infty} (-1)^n 2(2x)^n \right]$

$$= \sum_{n=0}^{\infty} \frac{1 + (-1)^n 2^{n+1}}{3} x^n.$$

另一方面, $f(x) = \sum_{n=0}^{\infty} \frac{f^{(n)}(0)}{n!} x^n$. 由展开式唯一性, 知

$$\sum_{n=0}^{\infty} \frac{n!}{f^{(n)}(0)} = \sum_{n=0}^{\infty} \frac{3}{1 + (-1)^n 2^{n+1}}.$$

因 $\left| \frac{3}{1 + (-1)^n 2^{n+1}} \right| \leqslant \frac{3}{2^n}$, 且 $\sum_{n=0}^{\infty} \frac{3}{2^n}$ 收敛. 故级数 $\sum_{n=0}^{\infty} \frac{n!}{f^{(n)}(0)}$ 收敛, 且绝对收敛.

^{new} **∗ 例 5.3.43** 设 $f(x) = \sum_{n=1}^{\infty} \frac{1}{n^2 \ln(1+n)} x^n$, 试证:

1) $f(x)$ 在 $[-1,1]$ 上连续;   2) $f(x)$ 在 $x = -1$ 处可导;

3) $\lim_{x \to 1^-} f'(x) = +\infty$;   4) $f(x)$ 在 $x = 1$ 处不可导. (浙江大学)

提示 1) 在 $x = 1$ 处, $\sum_{n=1}^{\infty} \frac{1}{n^2 \ln(1+n)}$ 有优级数 $\sum_{n=1}^{\infty} \frac{1}{n^2}$;

在 $x = -1$ 处, $\sum_{n=1}^{\infty} \frac{(-1)^n}{n^2 \ln(1+n)}$ 是 Leibniz 级数. 所以结论 1) 成立.

2) 逐项求导后的级数在 $x = -1$ 处仍是 Leibniz 级数, 收敛, 所以级数在 $[-1,0]$ 上一致收敛, 能逐项求导, $f(x)$ 在 $x = -1$ 处有右导数.

3) (思路: $f'(x) = \sum_{n=1}^{\infty} \frac{1}{n \ln(1+n)} x^{n-1} \geqslant \sum_{k=1}^{n} \frac{1}{k \ln(1+k)} x^{k-1}$

$$\xrightarrow{x \to 1^-} \sum_{k=1}^{n} \frac{1}{k \ln(1+k)} \xrightarrow{n \to \infty} +\infty.)$$

严格证明如下: 在 $(0,1)$ 内, $f'(x) = \sum_{n=1}^{\infty} \frac{1}{n \ln(1+n)} x^{n-1}$. 用积分判别法易知 $\sum_{k=2}^{n+1} \frac{1}{k \ln k} \to +\infty$. 而 $\sum_{k=2}^{n+1} \frac{1}{k \ln k} \leqslant \sum_{i=1}^{n} \frac{1}{i \ln(1+i)}$, 故 $S_n \overset{记}{=\!=\!=} \sum_{i=1}^{n} \frac{1}{i \ln(1+i)} \to +\infty$. (当 $n \to \infty$ 时). 即 $\forall M > 0$, $\exists N > 0$, 当 $n > N$ 时, 有 $S_n > M+1$, $S_n - 1 > M$.

而 $f'_n(x) \overset{表示}{=\!=\!=} \sum_{k=1}^{n} \frac{x^{k-1}}{k \ln(1+k)} \to S_n = \sum_{k=1}^{n} \frac{1}{k \ln(1+k)}$ (当 $x \to 1^-$ 时). 故对于 $\varepsilon = 1$, $\exists \delta > 0$, 当 $1 - \delta < x < 1$ 时, $0 < S_n - f'_n(x) < \varepsilon = 1$. 所以, $\forall M > 0$, $\exists \delta > 0$, 当 $1 - \delta < x < 1$ 时, $f'(x) > f'_n(x) > S_n - 1 > M$. 因此, $\lim_{x \to 1^-} f'(x) = +\infty$.

4) $f'_-(1) = \lim_{x \to 1^-} \frac{f(x) - f(1)}{x - 1} \overset{x < \xi < 1}{=\!=\!=} \lim_{x \to 1^-} \frac{f'(\xi)(x-1)}{x-1} = +\infty$, 说明: $f(x)$ 在 $x = 1$ 处不可导.

^{new} **例 5.3.44** 已知在 $(-1,1)$ 内, 幂级数 $\sum_{n=0}^{\infty} a_n x^n = f(x)$. 试证: 若存在趋向 0

的序列 $\{x_n\}$: $0 \neq x_n \in (-1,1)$, $\lim\limits_{n \to \infty} x_n = 0$, 使得 $f(x_n) = 0$ ($n = 1,2\cdots$), 则 $\forall x \in (-1,1)$, $f(x) \equiv 0$. (南开大学)

证 $1°$ $a_0 = \sum\limits_{n=0}^{\infty} a_n x^n \Big|_{x=0} = f(0) = \lim\limits_{n \to \infty} f(x_n) = 0.$

$2°$ 因 $f(0) = f(x_n) = 0$, 根据 Rolle 定理, $\exists \xi_n$ 在 0 与 x_n 之间, 使得 $f'(\xi_n) = 0$ ($n \in \mathbf{N}$). 对 $f'(x) = \sum\limits_{n=1}^{\infty} n a_n x^{n-1}$ (此时常数项为 a_1), 重复 $1°$ 中的推理得

$$a_1 = \sum\limits_{n=1}^{\infty} n a_n x^{n-1} \Big|_{x=0} = f'(0) = \lim\limits_{n \to \infty} f'(\xi_n) = 0.$$

$3°$ 继续这样做下去, 顺次可得 $a_k = 0$ ($k = 2,3,\cdots$), 说明 $\sum\limits_{n=0}^{\infty} a_n x^n$ 是零级数, $f(x) \equiv 0$.

注 1) 请将本题与例 5.3.35 进行比较.

2) 假设在区间 $(-a,a)$ 内 $f(x) = \sum\limits_{n=0}^{\infty} a_n x^n$, $g(x) = \sum\limits_{n=0}^{\infty} b_n x^n$, 存在序列 $\{x_n\} \to 0$, 使得 $f(x_n) = g(x_n)$ ($n = 1,2,\cdots$). 记 $F(x) = f(x) - g(x) = \sum\limits_{n=0}^{\infty} (a_n - b_n) x^n$, 有 $F(x_n) = 0$, 即 $a_n = b_n$ ($n = 1,2,\cdots$). 则 $f(x) \equiv g(x)$, $\forall x \in (-a,a)$. 如此, 我们得到 重要结论: 若 $S(x) = \sum\limits_{n=0}^{\infty} a_n x^n$ 的收敛半径 $R > 0$, $\{x_n\}$ 是收敛于 0 的点列, 则

$$\text{函数} f: f(x) \equiv S(x) (\forall x \in (-R,R)) \Leftrightarrow f(x_n) = S(x_n) \ (n = 1,2,\cdots).$$

换句话说: $\sum\limits_{n=0}^{\infty} a_n x^n$ 的值能被它(在收敛于 0 的点列上)的值<u>一意确定</u>.

^{new}**例 5.3.45** 求下列幂级数的收敛域:

1) $\sum\limits_{n=1}^{\infty} \dfrac{x^n}{1 + \dfrac{1}{2} + \cdots + \dfrac{1}{n}}$; (中国科学院) 　　　　　　　　　《$[-1,1)$》

2) $\sum\limits_{n=1}^{\infty} \dfrac{x^n}{1 + \dfrac{1}{\sqrt{2}} + \cdots + \dfrac{1}{\sqrt{n}}}$; 　　　　　　　　　《$[-1,1)$》

3) $\sum\limits_{n=2}^{\infty} \dfrac{x^n}{\dfrac{1}{2\ln 2} + \dfrac{1}{3\ln 3} + \cdots + \dfrac{1}{n\ln n}}$. 　　　　　　　　《$[-1,1)$》

提示 1) $\dfrac{a_n}{a_{n+1}} = \dfrac{1 + \dfrac{1}{2} + \cdots + \dfrac{1}{n+1}}{1 + \dfrac{1}{2} + \cdots + \dfrac{1}{n}} = 1 + \dfrac{\dfrac{1}{n+1}}{1 + \dfrac{1}{2} + \cdots + \dfrac{1}{n}}$, 注意到 $1 \leqslant 1 + \dfrac{1}{2} + \cdots +$

$\dfrac{1}{n} \leqslant n$, 因此 $1 + \dfrac{\dfrac{1}{n+1}}{n} \leqslant \dfrac{a_n}{a_{n+1}} \leqslant 1 + \dfrac{\dfrac{1}{n+1}}{1}$. 故 $R = \lim\limits_{n \to \infty} \dfrac{a_n}{a_{n+1}} = 1$, 收敛区间为 $(-1,1)$.

（讨论端点.）在端点 $x = -1$ 处,级数为 Leibniz 级数（通项正负交错,绝对值单降,趋向零）,因此收敛;

在端点 $x = 1$ 处, $\displaystyle\sum_{k=1}^{n} \frac{1}{1 + \frac{1}{2} + \cdots + \frac{1}{k}} \geqslant \sum_{k=1}^{n} \frac{1}{k} \to +\infty \ (n \to \infty)$, 级数发散. 故收敛范围是 $[-1, 1)$.

2）,3）类似.

^{new} ＊**例 5.3.46** 设函数 $f: \mathbf{N} \to \mathbf{R}, a_n (n \in \mathbf{N})$ 为实数,且对于充分大的 x,有

$$f(x) = a_0 + \frac{a_1}{x} + \frac{a_2}{x^2} + \cdots + \frac{a_n}{x^n} + \cdots. \tag{1}$$

试证: $\displaystyle\sum_{n=1}^{\infty} f(n)$ 收敛的充要条件是 $a_0 = a_1 = 0$.（浙江大学）

证 根据题意,对充分大的 $x: y = \dfrac{1}{x} > 0, \displaystyle\sum_{n=0}^{\infty} a_n y^n$ 收敛,说明 $\dfrac{1}{\varlimsup |a_n|} = r > 0$,即

$$\varlimsup |a_n| = \frac{1}{r} < +\infty. \tag{2}$$

说明 $\{a_n\}$ 有界,即 $\exists M: |a_n| \leqslant M (n = 1, 2, \cdots)$. 因此

$$|f(n) - a_0| = \left| \sum_{k=1}^{\infty} \frac{a_k}{n^k} \right| \leqslant M \sum_{k=1}^{\infty} \frac{1}{n^k} = M \frac{\dfrac{1}{n}}{1 - \dfrac{1}{n}}$$

$$= M \frac{1}{n-1} \to 0 \ (n \to \infty). \tag{3}$$

1°（证明:若 $\displaystyle\sum_{n=1}^{\infty} f(n)$ 收敛,则必有 $a_0 = a_1 = 0$.）事实上, $\displaystyle\sum_{n=1}^{\infty} f(n)$ 收敛,则 $f(n) \to 0 \ (n \to \infty)$. 由式（3）可知: $|a_0| \leqslant |a_0 - f(n)| + |f(n)| \to 0 \ (n \to \infty)$. 故 $a_0 = 0$.

$$\sum_{n=2}^{N} f(n) = a_1 \sum_{n=2}^{N} \frac{1}{n} + \sum_{n=2}^{N} \sum_{k=2}^{\infty} \frac{a_k}{n^k},$$

其中若 $a_1 \neq 0$,则 $a_1 \displaystyle\sum_{n=2}^{N} \frac{1}{n} \to +\infty \ (N \to \infty)$. 而

$$\left| \sum_{n=2}^{N} \sum_{k=2}^{\infty} \frac{a_k}{n^k} \right| \leqslant M \sum_{n=2}^{N} \sum_{k=2}^{\infty} \frac{1}{n^k} = M \sum_{n=2}^{N} \left(\frac{1}{n-1} - \frac{1}{n} \right) < M,$$

所以, $\displaystyle\lim_{N \to \infty} \sum_{n=2}^{N} f(n) = +\infty$,与 $\displaystyle\sum_{n=1}^{\infty} f(n)$ 收敛矛盾. 故只能 $a_1 = 0$.

2°（证明:若 $a_0 = a_1 = 0$,则 $\displaystyle\sum_{n=1}^{\infty} f(n)$ 收敛.）若 $a_0 = a_1 = 0$,则对充分大的 N,

$$\sum_{n=N+1}^{N+p}|f(n)|\leqslant\sum_{n=N+1}^{N+p}\sum_{k=2}^{\infty}\frac{|a_k|}{n^k}\leqslant\sum_{n=N+1}^{N+p}\sum_{k=2}^{\infty}\frac{M}{n^k}=M\sum_{n=N+1}^{N+p}\frac{\frac{1}{n^2}}{1-\frac{1}{n}}$$

$$=M\sum_{n=N+1}^{N+p}\left(\frac{1}{n-1}-\frac{1}{n}\right)\leqslant\frac{M}{N}\to0\ (N\to\infty)\ (\forall p>0).$$

根据 Cauchy 准则,级数 $\sum_{n=1}^{\infty}f(n)$ 收敛.

✎ 单元练习 5.3

5.3.1 对于幂级数 $\sum_{n=1}^{\infty}\frac{2^n\ln n}{n}x^n$,

1)求出收敛半径;

2)讨论在收敛域端点上的收敛性;

3)指出在什么样区间上级数一致收敛.(内蒙古大学)

提示 在 $\left[-\frac{1}{2},\frac{1}{2}\right)$ 内收敛, $\forall\alpha:|\alpha|<\frac{1}{2}$,在 $\left[-\frac{1}{2},\alpha\right]$ 上一致收敛.

5.3.2 若级数 $\sum_{n=0}^{\infty}a_nx^n$ 有收敛半径 R_1,而级数 $\sum_{n=0}^{\infty}b_nx^n$ 有收敛半径 R_2,求级数

1) $\sum_{n=0}^{\infty}(a_n+b_n)x^n$;   2) $\sum_{n=0}^{\infty}a_nb_nx^n$

的收敛半径.   《1) $R=\min(R_1,R_2)$;2) $R\geqslant R_1R_2$》

提示 1)若 $R_1<x<R_2$,则 $\sum_{n=0}^{\infty}(a_n+b_n)x^n$ 发散.

2)若 $x=R_1R_2\theta^2\ (0<\theta<1)$,则 $\sum_{n=0}^{\infty}a_nb_nx^n$ 收敛.

5.3.3 设 $a_n\geqslant0$, $\sum_{n=0}^{\infty}a_nx^n$ 的收敛半径为1,和函数为 $f(x)$,若 $\sum_{n=0}^{\infty}a_n$ 发散,求证 $\lim\limits_{x\to1^-}f(x)=+\infty$.

提示 可用反证法.

再提示 否则 $\exists M>0$ 及 $\{x_n\}\to1^-$(当 $n\to\infty$ 时),使得 $f(x_n)=\sum_{k=1}^{\infty}a_kx_n^k\leqslant M$. 于是 $\forall m$:

$0\leqslant\sum_{k=1}^{m}a_k=\lim\limits_{n\to\infty}\sum_{k=1}^{m}a_kx_n^k\leqslant M$,与 $\sum_{k=1}^{\infty}a_k$ 发散矛盾.

☆**5.3.4** 证明: $y(x)=\sum_{n=0}^{\infty}\frac{x^{4n}}{(4n)!}$ 满足 $y^{(4)}=y$.(中国科学技术大学)

提示 因 $\sum_{n=0}^{\infty}\frac{t^n}{(4n)!}$ 在 **R** 上处处收敛,故 $\sum_{n=0}^{\infty}\frac{x^{4n}}{(4n)!}$ 亦然. 逐项求导四次可得 $y^{(4)}=y$.

注 $\left[\sum_{n=0}^{\infty}\frac{x^{4n}}{(4n)!}\right]'=\left[\sum_{n=0}^{\infty}\frac{t^n}{(4n)!}\right]'_t\bigg|_{t=x^4}\cdot t'_x=\sum_{n=1}^{\infty}\frac{nt^{n-1}}{(4n)!}\bigg|_{t=x^4}\cdot4x^3=\sum_{n=0}^{\infty}\frac{x^{4n-1}}{(4n-1)!}=$

$\sum_{n=0}^{\infty}\left[\frac{x^{4n}}{(4n)!}\right]'$,表明该级数仍可直接进行逐项求导.

☆**5.3.5** 求极限 $\lim\limits_{n \to \infty} \sum\limits_{k=1}^{n} \dfrac{k+2}{k! + (k+1)! + (k+2)!}$. (四川师范大学)

提示 $\dfrac{k+2}{k! + (k+1)! + (k+2)!} = \dfrac{1}{(k+1)!} - \dfrac{1}{(k+2)!}$,

原极限 $= \left[\sum\limits_{k=1}^{\infty} \dfrac{x^{k+1}}{(k+1)!} - \sum\limits_{k=1}^{\infty} \dfrac{x^{k+2}}{(k+2)!} \right]\Bigg|_{x=1} = \dfrac{x^2}{2}\Bigg|_{x=1} = \dfrac{1}{2}$.

***5.3.6** 设序列 $\{a_n\}_{n=1}^{\infty}$, $\{b_n\}_{n=1}^{\infty}$ 满足：$a_n > 0$，级数 $\sum\limits_{n=0}^{\infty} a_n x^n$ 当 $|x| < 1$ 时收敛，当 $x=1$ 时发

散，又 $\lim\limits_{n \to \infty} \dfrac{b_n}{a_n} = A$ $(0 \leqslant A < +\infty)$，证明：$\lim\limits_{x \to 1^-} \dfrac{\sum\limits_{n=0}^{\infty} b_n x^n}{\sum\limits_{n=0}^{\infty} a_n x^n} = A$. (南京大学)

证
$$\left| \dfrac{\sum\limits_{k=1}^{n} b_k x^k}{\sum\limits_{k=1}^{n} a_k x^k} - A \right| = \left| \dfrac{\sum\limits_{k=1}^{n} a_k \left(\dfrac{b_k}{a_k} - A \right) x^k}{\sum\limits_{k=1}^{n} a_k x^k} \right|. \tag{1}$$

$\forall \varepsilon > 0$, $\exists N > 0$，当 $n > N$ 时 $\left| \dfrac{b_k}{a_k} - A \right| < \dfrac{\varepsilon}{2}$,

$$\text{式}(1) \leqslant \dfrac{\sum\limits_{k=1}^{N} (|b_k| + a_k A)}{\sum\limits_{k=1}^{n} a_k x^k} + \dfrac{\varepsilon}{2}. \tag{2}$$

又因 $\sum\limits_{k=1}^{\infty} a_k = +\infty$，$\exists N_1 > N$，使得 $\dfrac{\sum\limits_{k=1}^{N} (|b_k| + a_k A)}{\sum\limits_{k=1}^{N_1} a_k} < \dfrac{\varepsilon}{4}$,

$$\text{式}(2) \text{右端} < \dfrac{\varepsilon}{4} \cdot \dfrac{\sum\limits_{k=1}^{N_1} a_k}{\sum\limits_{k=1}^{N_1} a_k x^k} \cdot \dfrac{\sum\limits_{k=1}^{N_1} a_k x^k}{\sum\limits_{k=1}^{n} a_k x^k} + \dfrac{\varepsilon}{2}. \tag{3}$$

因 $\dfrac{\sum\limits_{k=1}^{N_1} a_k}{\sum\limits_{k=1}^{N_1} a_k x^k} \to 1 (x \to 1^-)$，故 $\exists \delta > 0$，当 $0 < x < 1 - \delta$ 时，有 $\dfrac{\sum\limits_{k=1}^{N_1} a_k}{\sum\limits_{k=1}^{N_1} a_k x^k} < 2$. 于是当 $n > N_1$，$0 < 1 - x < \delta$

时，式$(3) < \dfrac{\varepsilon}{4} \cdot 2 \cdot 1 + \dfrac{\varepsilon}{2} = \varepsilon$. 证毕.

※**5.3.7** 设 $\dfrac{v_n}{v_{n-1}} = a\sqrt{\dfrac{n-1}{n+1}}$, $n = 2, 3, \cdots$, $|a| < 1$,

$$x_{n+1} = x_n + c v_n^2, n = 1, 2, \cdots, c > 0.$$

求 $\lim\limits_{n \to \infty} x_n$.

思想方法 写出 x_n 的通项式，进行递推，变成级数形式求和.

解 $x_{n+1} = x_n + cv_n^2 = x_{n-1} + cv_{n-1}^2 + cv_n^2 = \cdots = x_1 + c\sum_{k=1}^{n} v_k^2.$

$$v_k^2 = a^2 \frac{k-1}{k+1} v_{k-1}^2 = a^2 \frac{k-1}{k+1} \cdot a^2 \frac{k-2}{k} v_{k-2}^2 = \cdots$$

$$= a^{2(k-1)} \frac{k-1}{k+1} \cdot \frac{k-2}{k} \cdot \frac{k-3}{k-1} \cdot \cdots \cdot \frac{2}{4} \cdot \frac{1}{3} v_1^2 = a^{2(k-1)} \frac{2}{k+1} \cdot \frac{1}{k} \cdot v_1^2.$$

因此

$$x_{n+1} = x_1 + c\sum_{k=1}^{n} v_k^2 = x_1 + c\sum_{k=1}^{n} a^{2(k-1)} \cdot \frac{2}{k+1} \cdot \frac{1}{k} \cdot v_1^2 = x_1 + 2cv_1^2 \sum_{k=1}^{n} a^{2(k-1)} \left(\frac{1}{k} - \frac{1}{k+1} \right).$$

于是

$$\lim_{n\to\infty} x_n = x_1 + 2cv_1^2 \sum_{k=1}^{\infty} a^{2(k-1)} \left(\frac{1}{k} - \frac{1}{k+1} \right), \tag{1}$$

其中 $\sum_{k=1}^{\infty} \frac{a^{2(k-1)}}{k+1} = \frac{1}{a^4} \sum_{k=1}^{\infty} \frac{a^{2(k+1)}}{k+1}.$ 记 $f(a) \equiv \sum_{k=1}^{\infty} \frac{a^{2(k+1)}}{k+1},$ 则

$$f'(a) = \sum_{k=1}^{\infty} \frac{2(k+1)a^{2(k+1)-1}}{k+1} = 2\sum_{k=1}^{\infty} a^{2k+1} = \frac{2a^3}{1-a^2}.$$

于是

$$\sum_{k=1}^{\infty} \frac{a^{2(k+1)}}{k+1} = f(a) = \int_0^a \frac{2t^3}{1-t^2} dt = \int_0^a \frac{2t^3 - 2t + 2t}{1-t^2} dt$$

$$= -a^2 + \int_0^a \frac{2t\,dt}{1-t^2} = -a^2 - \ln(1-a^2). \tag{2}$$

由此得

$$\sum_{k=1}^{\infty} \frac{a^{2(k-1)}}{k+1} = \frac{1}{a^4} \sum_{k=1}^{\infty} \frac{a^{2(k+1)}}{k+1} = -\frac{1}{a^2} - \frac{1}{a^4}\ln(1-a^2). \tag{3}$$

式(1)中的另一项

$$\sum_{k=1}^{\infty} \frac{a^{2(k-1)}}{k} = 1 + \sum_{k=2}^{\infty} \frac{a^{2(k-1)}}{k} = 1 + \frac{1}{a^2} \sum_{k=2}^{\infty} \frac{a^{2k}}{k}$$

$$\overset{\text{式}(2)}{=\!=\!=\!=} 1 + \frac{1}{a^2} [-a^2 - \ln(1-a^2)] = -\frac{1}{a^2}\ln(1-a^2). \tag{4}$$

(3),(4)代入(1)得

$$\lim_{n\to\infty} x_n = x_1 + 2cv_1^2 \left[-\frac{1}{a^2}\ln(1-a^2) + \frac{1}{a^2} + \frac{1}{a^4}\ln(1-a^2) \right]$$

$$= x_1 + 2cv_1^2 \frac{1}{a^4} [a^2 + (1-a^2)\ln(1-a^2)].$$

☆**5.3.8** 设 $a_n \geq 0 (n=1,2,\cdots)$, $\sum_{n=1}^{\infty} a_n x^n$ 当 $-1 < x < 1$ 时收敛并且有上界,证明:

1) $\lim\limits_{x\to 1^-} \sum_{n=1}^{\infty} a_n x^n$ 存在; 2) $\sum_{n=1}^{\infty} a_n$ 收敛; 3) $\lim\limits_{x\to 1^-} \sum_{n=1}^{\infty} a_n x^n = \sum_{n=1}^{\infty} a_n.$ (厦门大学)

提示 1) $x \to 1^-$ 时, $\sum_{k=1}^{n} a_k x^k \nearrow$, 有一致上界.

2) $\sum a_k$ 的部分和有界.

3) 在 $[0,1]$ 上 $\sum a_n x^n$ 一致收敛.

5.3.9 设 $f(x) = \sum_{n=0}^{\infty} a_n x^n$ 的收敛半径为 $R = +\infty$. 令 $f_n(x) = \sum_{k=0}^{n} a_k x^k$. 求证:当 $n \to \infty$ 时

$$f(f_n(x)) \rightrightarrows f(f(x)) \quad (a \leq x \leq b).$$

提示 收敛半径 $R = +\infty \Rightarrow \forall [a, b]$ 上 $f_n \rightrightarrows f$,并且 f_n, f 一致有界,$\exists A > 0$,使 $f(x) \in [-A, A]$ ($\forall x \in \mathbf{R}$).

再提示 f 在 $[-A, A]$ 上一致连续 $\xrightarrow{f_n \rightrightarrows f} f(f_n(x)) \rightrightarrows f(f(x))$ $(n \to \infty)$ 关于 $x \in [a, b]$ 一致.

☆**5.3.10** 求级数 $\sum\limits_{n=1}^{\infty} n \cdot 2^{\frac{\pi}{2}} x^{3n-1}$ 的收敛区间与和函数.(华中师范大学)

$$\left\langle\!\!\left\langle \text{收敛区间}(-1, 1), \text{端点发散}, \text{和} = \frac{2^{\frac{\pi}{2}} x^2}{(1-x^3)^2} \right\rangle\!\!\right\rangle$$

☆**5.3.11** 证明:$\sum\limits_{n=1}^{\infty} \dfrac{(-1)^{n-1}}{(2n-1)(2n+1)3^n} = \sqrt{3} \displaystyle\int_0^{\frac{1}{\sqrt{3}}} x \arctan x \, dx = \dfrac{2\pi\sqrt{3} - 9}{18}$.(西南大学)

提示 参看例 3.1.19,可写出 $x \arctan x = \sum\limits_{n=1}^{\infty} (-1)^{n-1} \dfrac{x^{2n}}{2n-1}$,$|x| \leqslant 1$.

再提示 上式逐项积分可得左边等式,分部积分可得右边等式.

***5.3.12** 验证积分 $\displaystyle\int_0^1 \ln\frac{1+x}{1-x} \cdot \frac{dx}{x}$ 存在且等于 $2\sum\limits_{n=1}^{\infty} \dfrac{1}{(2n-1)^2}$.(湘潭大学)

提示 $x^{-1} \ln\dfrac{1+x}{1-x} = 2\sum\limits_{n=1}^{\infty} \dfrac{x^{2n-2}}{2n-1}$ 在 $[0, 1-\varepsilon]$ 上逐项积分,然后令 $\varepsilon \to 0^+$.

另解 令 $u = \dfrac{1+x}{1-x}$ 作变换,原积分 $I = 2\displaystyle\int_1^{+\infty} \dfrac{\ln u}{u^2 - 1} du$.再令 $v = \dfrac{1}{u}$,则 $I = -2\displaystyle\int_0^1 \dfrac{\ln v}{1-v^2} dv$ $\xrightarrow{\text{见下面 5.3.14}} \dfrac{\pi^2}{4} = 2\sum\limits_{n=1}^{\infty} \dfrac{1}{(2n-1)^2}$(见例 5.4.8).

***5.3.13** 试证:$\displaystyle\int_0^x \dfrac{\arctan t}{t} \ln\frac{x}{t} dt = \sum\limits_{n=0}^{\infty} \dfrac{(-1)^n x^{2n+1}}{(2n+1)^3}$ $(|x| \leqslant 1)$.(四川大学)

提示 代入 $\arctan t = \sum\limits_{n=1}^{\infty} (-1)^{n-1} \dfrac{t^{2n-1}}{2n-1}$ $(|t| \leqslant 1)$.令 $0 < \varepsilon < x < 1$,在 $[\varepsilon, x]$ 上逐项积分,然后令 $\varepsilon \to 0^+$.

****5.3.14** 证明:$A = \displaystyle\int_0^1 \dfrac{\ln x}{1-x^2} dx$,$B = \displaystyle\int_0^1 \dfrac{\ln x}{1-x} dx$,$C = \displaystyle\int_0^1 \dfrac{\ln x}{1+x} dx$ 收敛,并求其值.

提示 $x = 0$ 为奇点,当 $0 \leqslant x \leqslant \dfrac{1}{2}$ 时,有

$$\left|\frac{\ln x}{1+x}\right| \leqslant |\ln x|, \quad \left|\frac{\ln x}{1-x}\right| \leqslant 2|\ln x|, \quad \left|\frac{\ln x}{1-x^2}\right| \leqslant \frac{4}{3}|\ln x|,$$

可证 A, B, C 收敛.利用分部积分,$\ln(1+x)$ 的展开式在 $[0, 1]$ 上可逐项积分.$C = -\dfrac{\pi^2}{12}$,$A = \dfrac{3}{2}C = -\dfrac{\pi^2}{8}$,$B = 2C = -\dfrac{\pi^2}{6}$.

***5.3.15** 设幂级数 $\sum\limits_{n=1}^{\infty} a_n x^n$ 的收敛半径大于 0,证明:

1)$\lim\limits_{x \to 0} \sum\limits_{n=1}^{\infty} a_n x^n = 0$;

2)如果 $a_1 \neq 0$,并且在原点的一个邻域里 $\left| \sum\limits_{n=1}^{\infty} a_n x^n \right| \geqslant |a_1| \, |x| - 2x^2$ 逐点成立,那么 $|a_2| \leqslant 2$.(厦门大学)

证   1）收敛半径 >0，则函数 $S(x) = \sum\limits_{n=1}^{\infty} a_n x^n$ 在 $x = 0$ 处连续，故

$$\lim_{x \to 0} \sum_{n=1}^{\infty} a_n x^n = \sum_{n=1}^{\infty} a_n x^n \Big|_{x=0} = 0.$$

2）当 $a_1 > 0$ 时（$a_1 < 0$ 时类似可证），在 0 点附近，$\sum\limits_{n=1}^{\infty} a_n x^n$ 的符号跟 a_1 相同. 因此 $a_1 > 0$ 时：

对充分小的 $\delta > 0$，当 $x \in (0, \delta)$ 时，$\left| \sum\limits_{n=1}^{\infty} a_n x^n \right| = \sum\limits_{n=1}^{\infty} a_n x^n = a_1 x + a_2 x^2 + o(x^2)$. 根据已知条件，

$\sum\limits_{n=1}^{\infty} a_n x^n \geqslant a_1 x - 2x^2, x \in (0, \delta)$. 因此

$$a_2 x^2 + o(x^2) \geqslant -2x^2, \ a_2 + o(1) \geqslant -2.$$

令 $x \to 0^+$，得 $\qquad\qquad\qquad a_2 \geqslant -2.$ $\qquad\qquad\qquad\qquad$ (1)

同理，当 $x \in (-\delta, 0)$ 时，

$$\left| \sum_{n=1}^{\infty} a_n x^n \right| = -\left[a_1 x + a_2 x^2 + o(x^2) \right] \overset{\text{已知条件}}{\geqslant} -a_1 x - 2x^2, \ x \in (-\delta, 0).$$

故 $-a_2 - o(1) \geqslant -2$，即 $a_2 + o(1) \leqslant 2$. 令 $x \to 0^-$，得 $a_2 \leqslant 2$.

联系 (1)，得 $|a_2| \leqslant 2$.

§5.4   Fourier 级数

导读   Fourier 级数是函数项级数的一种特殊形式. 它是研究和表示周期函数的有力工具. 本节我们将围绕展开与收敛问题进行讨论.

Fourier 级数相当重要. 可能由于计算过长，考题相对较少.

一、正交系

要点   要证明 $\{\varphi_n(x)\}$ 在 $[a, b]$ 上正交，即要证明

$$\int_a^b \varphi_n(x) \varphi_m(x) \, dx = 0 \quad (\text{当 } m \neq n \text{ 时}).$$

※**例 5.4.1**   试证明 Legendre 多项式

$$X_n(x) = \frac{1}{2^n n!} \frac{d^n (x^2 - 1)^n}{dx^n} = \frac{1}{(2n)!!} \frac{d^n (x^2 - 1)^n}{dx^n}$$

在 $[-1, 1]$ 上为正交的，并求 $\int_{-1}^{1} X_n^2(x) \, dx$ 之值.

证   记 $\qquad\qquad u = u(x) = (x^2 - 1)^n = (x - 1)^n (x + 1)^n,$

则 $u, u', u'', \cdots, u^{(n-1)}$ 当 $x = \pm 1$ 时为 0，且 $X_n(x) = \dfrac{1}{(2n)!!} u^{(n)}$ 为 x 的 n 次多项式. 设 $m < n$，则 $X_m(x)$ 为 m 次多项式. 反复应用分部积分法（n 次），有

$$(2n)!! \int_{-1}^{1} X_n(x) X_m(x) \, dx = \int_{-1}^{1} u^{(n)}(x) X_m(x) \, dx = \int_{-1}^{1} X_m(x) \, du^{(n-1)}(x)$$

$$= X_m(x) u^{(n-1)}(x) \Big|_{-1}^{1} - \int_{-1}^{1} u^{(n-1)}(x) X_m'(x) \, dx$$

$$= - \int_{-1}^{1} u^{(n-1)}(x) X_m'(x) dx = \cdots = (-1)^n \int_{-1}^{1} u(x) X_m^{(n)}(x) dx = 0.$$

（因为 $X_m(x)$ 是 m 次多项式，$n > m$，可知 $X_m^{(n)}(x) \equiv 0$.）这就证明 $\{X_n(x)\}$ 有正交性. 用类似的方法

可求出 $\int_{-1}^{1} X_n^2(x) dx = \dfrac{2}{2n+1}$.

※**例 5.4.2** 设序列 $\{y_n(x)\}$ 满足方程

$$\frac{d}{dx}\left[p(x) \frac{dy_n}{dx} \right] + \lambda_n y_n = 0 \quad (\forall x \in [a,b]) \ (n = 1,2,\cdots) \tag{1}$$

（其中 $n \neq m$ 时 $\lambda_n \neq \lambda_m$）及边界条件 $y_n(a) = y_n(b) = 0$. 试证 $\{y_n(x)\}$ 在 $[a,b]$ 上为正交系.

证 由（1），$\lambda_n y_n = -\dfrac{d}{dx}\left[p(x) \dfrac{dy_n}{dx} \right]$，于是

$$\lambda_n \int_a^b y_n y_m dx = \int_a^b \lambda_n y_n y_m dx = -\int_a^b \left\{ \frac{d}{dx}\left[p(x) \frac{dy_n}{dx} \right] \right\} \cdot y_m dx$$

$$= -p(x) \frac{dy_n}{dx} \cdot y_m \Big|_a^b + \int_a^b p(x) \frac{dy_n}{dx} \frac{dy_m}{dx} dx = \int_a^b p(x) \frac{dy_n}{dx} \frac{dy_m}{dx} dx. \tag{2}$$

注意此式积分号下的 y_n, y_m 地位是平等的，将 m, n 互换得

$$\lambda_m \int_a^b y_n y_m dx = \int_a^b p(x) \frac{dy_n}{dx} \frac{dy_m}{dx} dx. \tag{3}$$

（2）$-$（3）得 $\quad (\lambda_n - \lambda_m) \displaystyle\int_a^b y_n y_m dx = 0,$

故 $\quad \displaystyle\int_a^b y_n y_m dx = 0 \quad$（当 $n \neq m$ 时）. 证毕

※**例 5.4.3** 设 $0 < \lambda_1 < \lambda_2 < \cdots < \lambda_n < \cdots$ 满足

$$\sigma \sin \sqrt{\lambda_n} l + \sqrt{\lambda_n} \cos \sqrt{\lambda_n} l = 0 \quad (\sigma > 0),$$

求证：$\{y_n(x)\} = \{\sin \sqrt{\lambda_n} x\}$ 在 $[0,l]$ 上为正交系，并求 $\displaystyle\int_0^l y_n^2(x) dx$（用 σ, λ_n, l 表示）.

提示 利用三角公式计算积分 $\displaystyle\int_0^l y_m(x) y_n(x) dx (m \neq n)$ 及 $\displaystyle\int_0^l y_n^2(x) dx$，并对结果应用题设的

关系式.

二、Fourier 系数

要点 若 $f(x)$ 以 2π 为周期，在区间 $[-\pi, \pi]$ 上可积，则

$$a_n = \frac{1}{\pi} \int_{-\pi}^{\pi} f(x) \cos nx \, dx, \quad n = 0, 1, 2, \cdots,$$

$$b_n = \frac{1}{\pi} \int_{-\pi}^{\pi} f(x) \sin nx \, dx, \quad n = 1, 2, \cdots$$

称为 $f(x)$ 的 **Fourier 系数**. $\dfrac{a_0}{2} + \displaystyle\sum_{n=1}^{\infty} (a_n \cos nx + b_n \sin nx)$ 称为 $f(x)$ 在 $[-\pi, \pi]$ 上的

Fourier 级数. 由此易知 Fourier 系数有如下性质.

1）若 $f_1(x), f_2(x)$ 的 Fourier 系数为 $a_n^{(1)}, b_n^{(1)}$ 与 $a_n^{(2)}, b_n^{(2)}$，则函数 $f(x) =$

$\alpha f_1(x) \pm \beta f_2(x)$ 的 Fourier 系数为

$$a_n = \alpha a_n^{(1)} \pm \beta a_n^{(2)} \quad (n=0,1,2,\cdots),$$
$$b_n = \alpha b_n^{(1)} \pm \beta b_n^{(2)} \quad (n=1,2,\cdots).$$

2）若 $f(x)$ 在 $[-\pi,\pi]$ 上连续，分段光滑，a_n,b_n 是 $f(x)$ 的 Fourier 系数，利用分部积分法，易知 $f'(x)$ 的 Fourier 系数（用 a_n',b_n' 表示）：

$b_n' = -na_n\ (n=1,2,\cdots)$，当 $f(-\pi)=f(\pi)$ 时，$a_0'=0$，$a_n'=nb_n\ (n=1,2,\cdots)$.

3）若 $f(x)$ 在 $[-\pi,\pi]$ 上分段连续，a_n,b_n 是它的 Fourier 系数，则不难验证，$F(x) \equiv \int_0^x \left(f(t)-\dfrac{a_0}{2}\right)\mathrm{d}t$ 的 Fourier 系数（用 A_n,B_n 表示）：

$$A_n = -\frac{b_n}{n},\ B_n = \frac{a_n}{n}\ (n=1,2,\cdots),\ A_0 = 2\sum_{n=1}^{\infty}\frac{b_n}{n}.$$

下面我们再来证明一些性质.

例 5.4.4 1）设 $f(x)$ 以 2π 为周期，在 $(0,2\pi)$ 内有界，试证：若 $f(x)\searrow$，则系数 $b_n\geqslant 0$；若 $f(x)\nearrow$，则 $b_n\leqslant 0\ (n=1,2,\cdots)$；

2）设 $f(x)$ 在 $(0,2\pi)$ 内 $f'(x)$ 有界，试证：若 $f'(x)\nearrow$，则 $a_n\geqslant 0$；则 $f'(x)\searrow$，则 $a_n\leqslant 0\ (n=1,2,\cdots)$；

3）设 $f(x)$ 在 $(0,2\pi)$ 上可积，试证：若 $F(x)\equiv\int_0^x\left(f(t)-\dfrac{a_0}{2}\right)\mathrm{d}t\searrow$，则 f 的系数 $a_n\geqslant 0$；若 $F(x)\nearrow$，则 $a_n\leqslant 0\ (n=1,2,\cdots)$.

证 1）将 $[0,2\pi]$ n 等分，则

$$b_n = \frac{1}{\pi}\int_0^{2\pi} f(x)\sin nx\,\mathrm{d}x = \frac{1}{\pi}\sum_{i=1}^{n}\int_{(i-1)\frac{2\pi}{n}}^{i\frac{2\pi}{n}} f(x)\sin nx\,\mathrm{d}x$$

$$= \frac{1}{\pi}\sum_{i=1}^{n}\left[\int_{(i-1)\frac{2\pi}{n}}^{(i-\frac{1}{2})\frac{2\pi}{n}} f(x)\sin nx\,\mathrm{d}x + \int_{(i-\frac{1}{2})\frac{2\pi}{n}}^{i\frac{2\pi}{n}} f(x)\sin nx\,\mathrm{d}x\right]$$

$$= \frac{1}{\pi}\sum_{i=1}^{n}\left[\int_{(i-1)\frac{2\pi}{n}}^{(i-\frac{1}{2})\frac{2\pi}{n}} f(x)\sin nx\,\mathrm{d}x - \int_{(i-1)\frac{2\pi}{n}}^{(i-\frac{1}{2})\frac{2\pi}{n}} f\left(t+\frac{\pi}{n}\right)\sin nt\,\mathrm{d}t\right] \left(\text{其中 } t = x-\frac{\pi}{n}\right)$$

$$= \frac{1}{\pi}\sum_{i=1}^{n}\int_{(i-1)\frac{2\pi}{n}}^{(i-\frac{1}{2})\frac{2\pi}{n}}\left[f(x)-f\left(x+\frac{\pi}{n}\right)\right]\sin nx\,\mathrm{d}x \geqslant 0.$$

$\left(\text{这是因为 } f(x)\searrow,\ f(x)-f\left(x+\dfrac{\pi}{n}\right)\geqslant 0;\text{又因在 }\left[(i-1)\dfrac{2\pi}{n},\left(i-\dfrac{1}{2}\right)\dfrac{2\pi}{n}\right]\text{上}\right.$

$\left.\sin nx\geqslant 0.\right)$

2）与 3）可利用要点 2）和 3）的关系得到.

例 5.4.5　设 $f(x)$ 是以 2π 为周期的函数,满足 α 阶 Hölder 条件(亦称 α 阶的 Lipschitz 条件):

$$|f(x) - f(y)| \leqslant L|x - y|^{\alpha} \quad (0 < \alpha \leqslant 1).$$

证明: $a_n = O\left(\dfrac{1}{n^{\alpha}}\right), b_n = O\left(\dfrac{1}{n^{\alpha}}\right)$ (当 $n \to \infty$ 时).

证
$$a_n = \frac{1}{\pi}\int_{-\pi}^{\pi} f(x)\cos nx \mathrm{d}x \tag{1}$$

$$= \frac{1}{\pi}\int_{-\pi-\frac{\pi}{n}}^{\pi-\frac{\pi}{n}} f\left(t + \frac{\pi}{n}\right)\cos(nt + \pi)\mathrm{d}t \quad \left(x = t + \frac{\pi}{n}\right)$$

$$= -\frac{1}{\pi}\int_{-\pi}^{\pi} f\left(t + \frac{\pi}{n}\right)\cos nt \mathrm{d}t$$

$$= -\frac{1}{\pi}\int_{-\pi}^{\pi} f\left(x + \frac{\pi}{n}\right)\cos nx \mathrm{d}x. \tag{2}$$

(1)、(2)平均得　$a_n = \dfrac{1}{2\pi}\int_{-\pi}^{\pi}\left[f(x) - f\left(x + \dfrac{\pi}{n}\right)\right]\cos nx \mathrm{d}x,$

$$|a_n| \leqslant \frac{1}{2\pi}\int_{-\pi}^{\pi}\left|f(x) - f\left(x + \frac{\pi}{n}\right)\right||\cos nx|\mathrm{d}x$$

$$\leqslant \frac{1}{2\pi}L\cdot\left(\frac{\pi}{n}\right)^{\alpha}\int_{-\pi}^{\pi}|\cos nx|\mathrm{d}x \leqslant L\cdot\left(\frac{\pi}{n}\right)^{\alpha}.$$

因此 $|a_n| = O\left(\dfrac{1}{n^{\alpha}}\right).$ 类似可证 $|b_n| = O\left(\dfrac{1}{n^{\alpha}}\right).$

例 5.4.6　设 $f(x)$ 有界,周期为 2π,并在 $(-\pi, \pi)$ 内逐段单调,试证 $a_n = O\left(\dfrac{1}{n}\right), b_n = O\left(\dfrac{1}{n}\right)$ (当 $n \to \infty$ 时).

证 I　$a_n = \dfrac{1}{\pi}\int_{-\pi}^{\pi} f(x)\cos nx \mathrm{d}x \quad \left(\text{令 } x = t + \dfrac{k}{n}\pi\right)$

$$= \frac{(-1)^k}{\pi}\int_{-\pi}^{\pi} f\left(x + \frac{k\pi}{n}\right)\cos nx \mathrm{d}x \quad (k = -n + 1, \cdots, 0, 1, \cdots, n).$$

同理, $a_n = \dfrac{(-1)^{k-1}}{\pi}\int_{-\pi}^{\pi} f\left(x + \dfrac{k-1}{n}\pi\right)\cos nx \mathrm{d}x.$

两式平均得

$$a_n = \frac{(-1)^k}{2\pi}\int_{-\pi}^{\pi}\left[f\left(x + \frac{k}{n}\pi\right) - f\left(x + \frac{k-1}{n}\pi\right)\right]\cos nx \mathrm{d}x$$

$$(k = -n + 1, \cdots, 0, 1, 2, \cdots, n). \tag{1}$$

(1)中的 $2n$ 个式子相加求平均,得

$$|a_n| = \left| \frac{1}{2\pi} \int_{-\pi}^{\pi} \frac{1}{2n} \sum_{k=-n+1}^{n} (-1)^k \left[f\left(x + \frac{k}{n}\pi\right) - f\left(x + \frac{k-1}{n}\pi\right) \right] \cos nx \, dx \right|$$

$$\leq \frac{1}{4n\pi} \int_{-\pi}^{\pi} \sum_{k=-n+1}^{n} \left| f\left(x + \frac{k}{n}\pi\right) - f\left(x + \frac{k-1}{n}\pi\right) \right| |\cos nx| \, dx$$

$$\leq \frac{1}{4n\pi} \cdot \bigvee_{-\pi}^{\pi} f \cdot \int_{-\pi}^{\pi} |\cos nx| \, dx \leq \frac{1}{2n} \bigvee_{-\pi}^{\pi} f. \tag{2}$$

$\left(\text{其中 } \bigvee_{-\pi}^{\pi} f = \sup\left\{ \sum_{i=1}^{n} |f(x_i) - f(x_{i-1})| \mid -\pi = x_0 < x_1 < \cdots < x_n = \pi \right\} \text{表示} f \text{在} \right.$

$[-\pi, \pi]$ 上的全变差. 因 $f(x)$ 有界, 且分段单调, 故 $\bigvee_{-\pi}^{\pi} f < +\infty.$ $\left. \right)$ 式(2)表明 $a_n =$

$O\left(\dfrac{1}{n}\right).$ 同理可证 $b_n = O\left(\dfrac{1}{n}\right).$

证 II　（借助于 Stieltjes 积分）.

$$a_n = \frac{1}{\pi} \int_{-\pi}^{\pi} f(x) \cos nx \, dx = \frac{1}{n\pi} \int_{-\pi}^{\pi} f(x) \, d\sin nx$$

$$= \frac{1}{n\pi} f(x) \sin nx \Big|_{-\pi}^{\pi} - \frac{1}{n\pi} \int_{-\pi}^{\pi} \sin nx \, df(x)^{①}$$

$$= -\frac{1}{n\pi} \int_{-\pi}^{\pi} \sin nx \, df(x). \tag{3}$$

因此,

$$|a_n| \leq \frac{1}{n\pi} \left| \int_{-\pi}^{\pi} \sin nx \, df(x) \right| \leq \frac{1}{n\pi} \max_{-\pi \leq x \leq \pi} |\sin nx| \cdot \bigvee_{-\pi}^{\pi} f \overset{②}{\leq} \frac{1}{n\pi} \cdot \bigvee_{-\pi}^{\pi} f,$$

所以 $a_n = O\left(\dfrac{1}{n}\right).$ 同理可证 $b_n = O\left(\dfrac{1}{n}\right).$

---

①　对于 Stieltjes 积分, 分部积分公式亦成立. 设 $-\pi = x_0 < x_1 < \cdots < x_k = \pi$ 为任一分划, 则

$$\sum_{i=0}^{k-1} f(\xi_i) \Delta \sin nx_i = \sum_{i=0}^{k-1} f(\xi_i)(\sin nx_{i+1} - \sin nx_i) = \sum_{i=1}^{k} f(\xi_{i-1}) \sin nx_i - \sum_{i=0}^{k-1} f(\xi_i) \sin nx_i$$

$$= f(\xi_{k-1}) \sin n\pi + \sum_{i=1}^{k-1} [f(\xi_i) - f(\xi_{i-1})] \sin nx_i - f(\xi_0) \sin n(-\pi),$$

其中 $x_i \leq \xi_i \leq x_{i+1}.$ 令 $\lambda = \max\limits_{0 \leq i \leq k-1} |x_{i+1} - x_i| \to 0,$ 取极限, 即得式(3).

②　因　　　　$\left| \sum_i \sin n\xi_i \Delta f(x_i) \right| \leq \max\limits_{-\pi \leq x \leq \pi} |\sin nx| \cdot \sum_i |f(x_{i+1}) - f(x_i)|$

$$\leq \max_{-\pi \leq x \leq \pi} |\sin nx| \cdot \bigvee_{-\pi}^{\pi} f.$$

令 $\lambda \equiv \max\{x_{i+1} - x_i\} \to 0$ 取极限, 得 $\left| \int_{-\pi}^{\pi} \sin nx \, df(x) \right| \leq \max\limits_{-\pi \leq x \leq \pi} |\sin nx| \bigvee_{-\pi}^{\pi} f.$

☆ 三、求 Fourier 展开式

a. 求 Fourier 展开式的基本方法

要点 （1）将 $[a,b]$ 上可积函数展开为 Fourier 级数，最基本的方法是

i）按系数公式计算系数：

$$a_n = \frac{1}{l} \int_a^b f(x) \cos \frac{n\pi x}{l} \mathrm{d}x, n = 0,1,2,\cdots,$$

$$b_n = \frac{1}{l} \int_a^b f(x) \sin \frac{n\pi x}{l} \mathrm{d}x, n = 1,2,\cdots,$$

其中 $l = \dfrac{b-a}{2}$.

ii）将算出的系数代入级数：$f(x) \sim \dfrac{a_0}{2} + \sum\limits_{n=1}^{\infty} a_n \cos \dfrac{n\pi x}{l} + b_n \sin \dfrac{n\pi x}{l}$.

若 $f'(x)$ 在 $[a,b]$ 上存在并连续，$f'(x)$ 的 Fourier 系数记为 a_n', b_n'，那么

$$a_0' = 0, \ a_n' = \frac{n\pi}{l} b_n (\text{当} f(a) = f(b) \text{时}) (n = 1,2,\cdots), \ b_n' = -\frac{n\pi}{l} a_n (n = 1,2,\cdots).$$

iii）根据收敛定理，判定" $\sim$ "可改为等号的范围. 若 $f(x)$ 在 $[a,b]$ 上分段光滑[①]，则级数的和函数

$$S(x) = \begin{cases} f(x), & \text{当} x \in (a,b) \text{为} f(x) \text{的连续点时}, \\ \dfrac{f(x-0)+f(x+0)}{2}, & \text{当} x \in (a,b) \text{为} f(x) \text{的间断点时}, \\ \dfrac{1}{2}[f(a+0)+f(b-0)], & \text{当} x = a,b \text{时}, \\ \text{呈周期}, & \text{其他}. \end{cases}$$

特别，若 $f(x)$ 以 $2l$ 为周期，或只在 $[-l,l]$ 上有定义，则在上面系数公式里应取区间 $[a,b] = [-l,l]$. 此时，若 $f(x)$ 为奇（偶）函数，则 $a_n = 0 \ (b_n = 0)$；此外还不难验证：若 $f(x)$ 为奇（偶）函数且 $(0,l)$ 上 $f(l-x) = f(x)$，则 $a_n = b_{2n} = 0 \ (b_n = a_{2n+1} = 0)$；若 $f(x)$ 为奇（偶）函数且 $(0,l)$ 上 $f(l-x) = -f(x)$，则 $a_n = b_{2n+1} = 0 \ (b_n = a_{2n} = 0)$.

值得注意的是，可积函数在指定区间上的 Fourier 展开式是唯一的，而三角展开式是随意的[②]. 将 $f(x)$ 以不同的方式延拓到比 $[a,b]$ 大的区间上，在较大区间上求延拓后的 Fourier 展开式，就可得 $f(x)$ 在 $[a,b]$ 上不同的三角展开式. 例如 $[0,l]$ 上给定的函数 $f(x)$，若将 $f(x)$ 奇延拓到 $[-l,0)$ 上，便可获得 $a_n = 0$（即只含正弦）的展开式；若将 $f(x)$ 偶延拓到 $[-l,0)$ 上，便可获得 $b_n = 0$（即只含余弦项）的展开式.

（2）由 Fourier 级数的定义及积分的性质易知 Fourier 级数具有可加性：两函数

[①] 分段光滑意指：可将区间 $[a,b]$ 分成有限段，在每个小区间内部函数有连续的导数，在小区间端点函数 f 与 f' 有单侧极限.

[②] 其系数不要求是此函数在此区间上的 Fourier 系数.

之和的 Fourier 级数等于它们的 Fourier 级数之和(同类项合并).

（3）由 Fourier 级数的定义及正弦、余弦函数系的正交性易知,三角多项式
$\dfrac{a_0}{2} + \sum\limits_{k=1}^{n} (a_k \cos kx + b_k \sin kx)$ 的 Fourier 级数是它本身.

（4）若 $f(x)$ 在 $[-\pi,\pi]$ 上正常可积,或有奇点但绝对可积,有如下的 Fourier 级数:$f(x) \sim \dfrac{a_0}{2} + \sum\limits_{n=1}^{\infty} (a_n \cos nx + b_n \sin nx)$,则不论此级数是否收敛,若收敛,也不管是否收敛于 $f(x)$,恒可逐项积分:

$$\int_0^x \left(f(t) - \frac{a_0}{2} \right) \mathrm{d}t = \sum_{n=1}^{\infty} \int_0^x (a_n \cos nt + b_n \sin nt) \mathrm{d}t, x \in [-\pi,\pi],$$

并且此式必是函数 $\varphi(x) \equiv \displaystyle\int_0^x \left(f(t) - \frac{a_0}{2} \right) \mathrm{d}t$ 在 $[-\pi,\pi]$ 上的 Fourier 展开式.

（5）若 $f(x)$ 连续、分段光滑,$f(\pi) = f(-\pi)$,有 Fourier 展开式:

$$f(x) = \frac{a_0}{2} + \sum_{n=1}^{\infty} (a_n \cos nx + b_n \sin nx), x \in [-\pi,\pi].$$

则逐项求导之后,便得到 $f'(x)$ 的 Fourier 级数

$$f'(x) \sim \sum_{n=1}^{\infty} (a_n \cos nx + b_n \sin nx)'.$$

若附加 $f'(x)$ 分段光滑的条件,则 f' 的 Fourier 级数收敛于

$$\frac{f'(x+0) + f'(x-0)}{2}, \quad x \in (-\pi,\pi).$$

若再加上 $f'(x)$ 连续的条件,则得 $f'(x)$ 的 Fourier 展开式:

$$f'(x) = \sum_{n=1}^{\infty} (a_n \cos nx + b_n \sin nx)', x \in (-\pi,\pi).$$

若 $f'(-\pi) = f'(\pi)$,则此展开式对于 $\pm\pi$ 也成立.

☆ **例 5.4.7** 设 $f(x) = \pi - x, x \in (0,\pi)$.

1）将 $f(x)$ 展开为正弦级数;

2）写出和函数的表达式,绘出和函数图形;

3）该级数在 $(0,\pi)$ 内是否一致收敛.(厦门大学)

解 1）将 $f(x)$ 作奇延拓到 $[-\pi,0]$ 上,求延拓后的函数在 $[-\pi,\pi]$ 上的 Fourier 级数.这时

$$a_n = 0 \quad (n = 0,1,2,\cdots),$$

$$b_n = \frac{2}{\pi} \int_0^{\pi} (\pi - x) \sin nx \, \mathrm{d}x = -\frac{2}{n\pi}(\pi - x)\cos nx \Big|_0^{\pi} - \frac{2}{n\pi} \int_0^{\pi} \cos nx \, \mathrm{d}x = \frac{2}{n}.$$

因延拓后的函数分段光滑,根据收敛定理,

$$f(x) = \sum_{n=1}^{\infty} \frac{2}{n} \sin nx, \text{ 当 } x \in (0,\pi) \text{ 时}.$$

2）级数和函数

$$\sum_{n=1}^{\infty} \frac{2}{n} \sin nx = \begin{cases} \pi - x, & \text{在}(0,\pi)\text{内}, \\ -\pi + x, & \text{在}(-\pi,0)\text{内}, \\ 0, & \text{当 } x = 0, \pm\pi \text{ 时}, \\ \text{呈周期}, & \text{在}[-\pi,\pi]\text{外}. \end{cases}$$

其图形如图 5.4.1 所示.

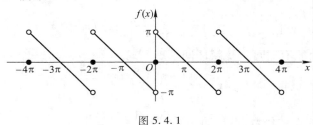

图 5.4.1

3）该级数在 $(0,\pi)$ 内非一致收敛. 因为在区间端点 $x = 0, \pi$ 上级数收敛, 假若级数在 $(0,\pi)$ 内一致收敛, 则级数在 $[0,\pi]$ 上一致收敛, 和函数应在 $[0,\pi]$ 上连续. 矛盾.

注 此例给我们很多启示：

（1）所得的展开式, 也是函数 $f(x) = \pi - x$ 在区间 $(0,2\pi)$ 内的 Fourier 展开式（想想为什么?）：$\pi - x = \sum_{n=1}^{\infty} \frac{2}{n} \sin nx, \ x \in (0,2\pi)$.

（2）级数 $\sum_{n=1}^{\infty} \frac{2}{n} \sin nx$, 尽管通项连续, 但和函数在 $x = 2k\pi$ 处不连续 $(k \in \mathbf{Z})$.

（3）（根据 Dirichlet 判别法）在（不含点 $x = 2k\pi (k \in \mathbf{Z})$ 的）任一内闭区间上, 此级数总一致收敛, 且和函数 $f(x) = \pi - x$ 有导数. 但是, 此级数不能逐项求导, 逐项求导后级数 $2\sum_{n=1}^{\infty} \cos nx$ 根本不收敛!

^{new} **＊练习** 设 $f(x) = \sum_{n=1}^{\infty} a_n \cos nx$, $\sum_{n=1}^{\infty} |a_n|$ 收敛. 若 $\sum_{n=1}^{\infty} B_n \sin nx$ 是 $f(x)$ 在区间 $[0,\pi]$ 上的正弦级数, 试求 $B_n (n \in \mathbf{N})$.（华中科技大学）

提示 参看例 5.4.7.

解 $B_n = \frac{2}{\pi} \int_0^{\pi} f(x) \sin nx \, dx = \frac{2}{\pi} \int_0^{\pi} \sum_{k=1}^{\infty} a_k \cos kx \sin nx \, dx,$

其中 $|a_k \cos kx \sin nx| \leq |a_k| (\forall k, n \in \mathbf{N})$. 而 $\sum_{k=1}^{\infty} |a_k|$ 收敛, 故级数一致收敛, 可逐项积分. 于是

$$B_n = \frac{2}{\pi} \sum_{k=1}^{\infty} a_k \int_0^{\pi} \cos kx \sin nx \, dx = \frac{1}{\pi} \sum_{k=1}^{\infty} a_k \int_0^{\pi} [\sin(n+k)x + \sin(n-k)x] \, dx$$

$$= \frac{1}{\pi} \sum_{k=1}^{\infty} a_k \left[-\frac{\cos(n+k)x}{n+k} - \frac{\cos(n-k)x}{n-k} \right] \Big|_{x=0}^{\pi}$$

$$= \frac{1}{\pi} \sum_{k=1}^{\infty} a_k \left[\frac{(-1)^{n+k+1}+1}{n+k} + \frac{(-1)^{n-k+1}+1}{n-k} \right],$$

其中右端方括号里的两个分式的分子:

$$(-1)^{n+k+1}+1 = (-1)^{n-k+1}+1 = 0 \text{ (当 } n,k \text{ 奇偶性相同时)},$$
$$(-1)^{n+k+1}+1 = (-1)^{n-k+1}+1 = 2 \text{ (当 } n,k \text{ 奇偶性相反时)}.$$

故　　$B_n = \begin{cases} \dfrac{2}{\pi} \displaystyle\sum_{i=0}^{\infty} a_{2i+1} \left(\dfrac{1}{n+2i+1} + \dfrac{1}{n-2i-1} \right) = \dfrac{4}{\pi} \displaystyle\sum_{i=1}^{\infty} \dfrac{n}{n^2 - (2i+1)^2} a_{2i+1} & (n \text{ 为偶数}), \\ \dfrac{2}{\pi} \displaystyle\sum_{i=1}^{\infty} a_{2i} \left(\dfrac{1}{n+2i} + \dfrac{1}{n-2i} \right) = \dfrac{4}{\pi} \displaystyle\sum_{i=1}^{\infty} \dfrac{n}{n^2 - 4i^2} a_{2i} & (n \text{ 为奇数}). \end{cases}$

为了计算简便,有时可以更换区间求展开式.

☆**例 5.4.8**　试将 $\quad f(x) = \begin{cases} 1-x, & 0 \leqslant x \leqslant 2, \\ x-3, & 2 < x \leqslant 4 \end{cases}$

在 $[0,4]$ 上展开为余弦级数,并证明: $\displaystyle\sum_{n=0}^{\infty} \frac{1}{(2n+1)^2} = \frac{\pi^2}{8}$.

解　将 $f(x)$ 作偶延拓到 $[-4,0)$ 上,从图 5.4.2
易知,求延拓后函数的 Fourier 级数,最小周期实为 4.
因此我们只要在 $[-2,2]$ 上求展开式即可. 这时

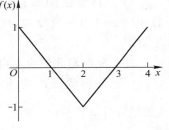

图 5.4.2

$$b_n = 0 \ (n=1,2,\cdots),$$
$$a_0 = \frac{2}{2} \int_0^2 (1-x) \, \mathrm{d}x = 0,$$
$$a_n = \frac{2}{2} \int_0^2 (1-x) \cos \frac{n\pi x}{2} \, \mathrm{d}x = -\frac{4}{n^2\pi^2}[(-1)^n - 1]$$
$$= \begin{cases} 0, & n \text{ 为偶数}, \\ \dfrac{8}{n^2\pi^2}, & n \text{ 为奇数}. \end{cases}$$

故　　　　$f(x) = \dfrac{8}{\pi^2} \displaystyle\sum_{n=0}^{\infty} \dfrac{1}{(2n+1)^2} \cos \dfrac{(2n+1)\pi x}{2}, \ x \in [0,4].$

在此式里令 $x=0$,即得 $\displaystyle\sum_{n=0}^{\infty} \frac{1}{(2n+1)^2} = \frac{\pi^2}{8}$.

☆**例 5.4.9**　求 $f(x) = \begin{cases} x, & 0 \leqslant x < 1, \\ 2-x, & 1 \leqslant x \leqslant 2 \end{cases}$ 在 $[0,2]$ 上的 Fourier 展开式.

提示　求 $|x|$ 在 $(-1,1)$ 内的 Fourier 级数.

☆**例 5.4.10**　求 $f(x) = \begin{cases} 0, & -\pi \leqslant x \leqslant 0, \\ \sin x, & 0 < x \leqslant \pi \end{cases}$ 在 $[-\pi,\pi]$ 上的 Fourier 展开式.

解　将 $f(x)$ 改写成 $\quad f(x) = \dfrac{\sin x + |\sin x|}{2}.$

$\dfrac{1}{2} |\sin x|$ 为偶函数,且在 $[0,\pi]$ 上满足 $f(\pi - x) = f(x)$,因此

$$\frac{1}{2}\mid \sin x\mid = \frac{a_0}{2} + \sum_{n=1}^{\infty} a_{2n}\cos 2nx,$$

其中　　　　　　$a_{2n} = \frac{4}{\pi}\int_0^{\frac{\pi}{2}} \frac{1}{2}\sin x\cos 2nx\mathrm{d}x = -\frac{2}{(4n^2-1)\pi}.$

所以　　　　　　$f(x) = \frac{\sin x}{2} + \frac{1}{\pi} + \frac{2}{\pi}\sum_{n=1}^{\infty}\frac{\cos 2nx}{1-4n^2}\quad (0 < \mid x\mid < \pi).$

☆ **例 5.4.11**　1）将周期为 2π 的函数 $f(x) = \frac{1}{4}x(2\pi-x), x\in[0,2\pi]$ 展开为

Fourier 级数,并由此求出 $\displaystyle\sum_{n=1}^{\infty}\frac{1}{n^2}$;

2）通过 Fourier 级数的逐项积分求出 $\displaystyle\sum_{n=1}^{\infty}\frac{1}{n^4}$. (复旦大学)

解　1）$a_0 = \frac{1}{\pi}\int_0^{2\pi}\frac{1}{4}x(2\pi-x)\mathrm{d}x = \frac{1}{3}\pi^2,$

$$a_n = \frac{1}{\pi}\int_0^{2\pi}\frac{1}{4}x(2\pi-x)\cos nx\mathrm{d}x = -\frac{1}{n^2},$$

$$b_n = \frac{1}{\pi}\int_0^{2\pi}\frac{1}{4}x(2\pi-x)\sin nx\mathrm{d}x = 0 \ (n=1,2,\cdots),$$

且 $f(x) = \frac{1}{4}x(2\pi-x)$ 在 $[0,2\pi]$ 上处处可导,$f(0+0) = f(2\pi-0)$,根据收敛定理,有

$$\frac{1}{4}x(2\pi-x) = \frac{1}{6}\pi^2 - \sum_{n=1}^{\infty}\frac{1}{n^2}\cos nx \ (x\in[0,2\pi]). \tag{1}$$

令 $x=0$,可得　　　　$\displaystyle\sum_{n=1}^{\infty}\frac{1}{n^2} = \frac{\pi^2}{6}.$ (此结果多次被用到.)

2）将(1)中常数项移至左端,根据 Fourier 级数逐项积分的定理,有

$$\int_0^x \left[\frac{1}{4}t(2\pi-t) - \frac{1}{6}\pi^2\right]\mathrm{d}t = -\sum_{n=1}^{\infty}\frac{1}{n^2}\int_0^x\cos nt\mathrm{d}t,$$

即　　　　　　$\frac{1}{6}\pi^2 x - \frac{1}{4}\pi x^2 + \frac{x^3}{12} = \sum_{n=1}^{\infty}\frac{1}{n^3}\sin nx.$

此式为左端函数的 Fourier 展开式.

同理继续逐项积分两次,得

$$-\frac{1}{36}\pi^2 x^3 + \frac{1}{48}\pi x^4 - \frac{x^5}{240} = \sum_{n=1}^{\infty}\frac{1}{n^4}\left(\frac{\sin nx}{n} - x\right), x\in[0,2\pi].$$

令 $x=2\pi$,可得　　　　　　　　$\displaystyle\sum_{n=1}^{\infty}\frac{1}{n^4} = \frac{1}{90}\pi^4.$

例 5.4.12　设 $f(x)$ 是以 2π 为周期的连续偶函数,它的 Fourier 级数为 $f(x)\sim\dfrac{a_0}{2}$

$+ \sum\limits_{n=1}^{\infty} a_n \cos nx$. 求证：

1）函数 $H(x) = \dfrac{1}{\pi} \int_{-\pi}^{\pi} f(x+t)f(t)\,\mathrm{d}t$ 是以 2π 为周期的连续偶函数，它的 Fourier

级数是 $H(x) \sim \dfrac{a_0^2}{2} + \sum\limits_{n=1}^{\infty} a_n^2 \cos nx$；

2）$\dfrac{a_0^2}{2} + \sum\limits_{n=1}^{\infty} a_n^2 \cos nx$ 一致收敛于 $H(x)$.（同济大学）

证 1）$\forall x_0 \in (-\infty, +\infty)$，$f(x+t)f(t)$ 作为二元函数在 $x_0 - 1 \leqslant x \leqslant x_0 + 1$，

$-\pi \leqslant t \leqslant \pi$ 上连续，所以 $H(x) = \dfrac{1}{\pi} \int_{-\pi}^{\pi} f(x+t)f(t)\,\mathrm{d}t$ 在 x_0 处连续，即 $H(x)$ 在 $(-\infty,$

$+\infty)$ 内处处连续. 又因

$$H(-x) = \frac{1}{\pi} \int_{-\pi}^{\pi} f(-x+t)f(t)\,\mathrm{d}t \xrightarrow{\text{令} -x+t=u} \frac{1}{\pi} \int_{-x-\pi}^{-x+\pi} f(u)f(u+x)\,\mathrm{d}u$$

$$= \frac{1}{\pi} \int_{-\pi}^{\pi} f(u+x)f(u)\,\mathrm{d}u = H(x) \quad (\forall x \in \mathbf{R}),$$

所以 $H(x)$ 为偶函数. 用 a_n', b_n' 表示 $H(x)$ 的 Fourier 系数，则

$$b_n' = 0 (n = 1, 2, \cdots), \quad a_0' = \frac{1}{\pi} \int_{-\pi}^{\pi} H(x)\,\mathrm{d}x = \frac{1}{\pi} \int_{-\pi}^{\pi} \left(\frac{1}{\pi} \int_{-\pi}^{\pi} f(x+t)f(t)\,\mathrm{d}t \right) \mathrm{d}x.$$

因 $f(x+t)f(t)$ 作为二元函数，在 $-\pi \leqslant x \leqslant \pi$，$-\pi \leqslant t \leqslant \pi$ 上连续，积分可以交换次序.
因此令 $u = x + t$，则

$$\frac{1}{\pi} \int_{-\pi}^{\pi} f(x+t)\,\mathrm{d}x = \frac{1}{\pi} \int_{-\pi+t}^{\pi+t} f(u)\,\mathrm{d}u = \frac{1}{\pi} \int_{-\pi}^{\pi} f(u)\,\mathrm{d}u = a_0,$$

于是
$$a_0' = \frac{1}{\pi} \int_{-\pi}^{\pi} a_0 f(t)\,\mathrm{d}t = a_0 \cdot \frac{1}{\pi} \int_{-\pi}^{\pi} f(t)\,\mathrm{d}t = a_0^2,$$

$$a_n' = \frac{1}{\pi} \int_{-\pi}^{\pi} H(x) \cos nx\,\mathrm{d}x = \frac{1}{\pi} \int_{-\pi}^{\pi} \left(\frac{1}{\pi} \int_{-\pi}^{\pi} f(x+t)f(t)\,\mathrm{d}t \right) \cos nx\,\mathrm{d}x$$

$$= \frac{1}{\pi} \int_{-\pi}^{\pi} \left(\frac{1}{\pi} \int_{-\pi}^{\pi} f(x+t) \cos nx\,\mathrm{d}x \right) f(t)\,\mathrm{d}t.$$

令 $x + t = u$，则

$$\frac{1}{\pi} \int_{-\pi}^{\pi} f(x+t) \cos nx\,\mathrm{d}x$$

$$= \frac{1}{\pi} \int_{-\pi+t}^{\pi+t} f(u) \cos n(u-t)\,\mathrm{d}u$$

$$= \left(\frac{1}{\pi} \int_{-\pi}^{\pi} f(u) \cos nu\,\mathrm{d}u \right) \cos nt + \left(\frac{1}{\pi} \int_{-\pi}^{\pi} f(u) \sin nu\,\mathrm{d}u \right) \sin nt = a_n \cos nt.$$

于是
$$a_n' = \frac{1}{\pi} \int_{-\pi}^{\pi} a_n f(t) \cos nt\,\mathrm{d}t = a_n^2 \quad (n = 1, 2, \cdots).$$

故
$$H(x) \sim \frac{a_0^2}{2} + \sum_{n=1}^{\infty} a_n^2 \cos nx.$$

2）因 $f(x) \sim \dfrac{a_0}{2} + \displaystyle\sum_{n=1}^{\infty} a_n \cos nx$，由 Bessel 不等式（见例 5.4.20 之注）知 $\dfrac{a_0^2}{2} + \displaystyle\sum_{n=1}^{\infty} a_n^2$ 收敛，于是由 $|a_n^2 \cos nx| \leqslant a_n^2, \forall x \in \mathbf{R}$ 知级数 $\dfrac{a_0^2}{2} + \displaystyle\sum_{n=1}^{\infty} a_n^2 \cos nx$ 在 $(-\infty, +\infty)$ 内一致收敛. 记和函数为 $S(x)$，如此 $S(x)$ 连续，且 $S(x) = \dfrac{a_0^2}{2} + \displaystyle\sum_{n=1}^{\infty} a_n^2 \cos nx$ 是 $S(x)$ 的 Fourier 级数. 即 $H(x), S(x)$ 两连续函数有相同的 Fourier 级数，因此 $H(x) \equiv S(x)$，即 $\dfrac{a_0^2}{2} + \displaystyle\sum_{n=1}^{\infty} a_n^2 \cos nx \xrightarrow{\text{一致收敛}} H(x)$.

b. 求 Fourier 展开式的一些其他方法

☆**例 5.4.13** 已知 $f(x) = x$ 在 $(-\pi, \pi)$ 上的 Fourier 展开式为
$$x = \sum_{n=1}^{\infty} \frac{2(-1)^{n-1}}{n} \sin nx, \quad |x| < \pi. \tag{1}$$
试求函数 $\varphi(x) = x \sin x$ 在 $[-\pi, \pi]$ 上的 Fourier 展开式.

解 利用三角公式，由（1）得
$$x \sin x = \sum_{n=1}^{\infty} \frac{(-1)^{n-1}}{n} 2 \sin nx \sin x$$
$$= 1 - \frac{\cos x}{2} + 2 \sum_{n=2}^{\infty} \frac{(-1)^{n-1}}{n^2-1} \cos nx \quad (|x| < \pi).$$

因所得级数当 $|x| < \pi$ 时一致收敛，故为 Fourier 展开式. 又因 $x\sin x \big|_{-\pi}^{\pi} = 0$，所以展开式在 $x = \pm\pi$ 时亦成立.

值得注意的是：上例使用的方法，具有普遍性. 我们有

例 5.4.14 设 $f(x)$ 有如下的 Fourier 级数：
$$f(x) \sim \frac{a_0}{2} + \sum_{n=1}^{\infty} a_n \cos nx + b_n \sin nx.$$
试证：将级数逐项乘以 $\sin x$，可得 $f(x)\sin x$ 的 Fourier 级数：
$$f(x)\sin x \sim \frac{b_1}{2} + \sum_{n=1}^{\infty} \left(\frac{b_{n+1} - b_{n-1}}{2} \cos nx + \frac{a_{n-1} - a_{n+1}}{2} \sin nx \right).$$

证 逐项乘 $\sin x$ 之后，利用三角公式可得
$$\frac{a_0}{2}\sin x + \sum_{n=1}^{\infty} a_n \frac{1}{2} [\sin(n+1)x - \sin(n-1)x] +$$
$$\sum_{n=1}^{\infty} b_n \frac{1}{2} [\cos(n-1)x - \cos(n+1)x]$$
$$= \frac{a_0}{2}\sin x + \frac{1}{2} \sum_{n=2}^{\infty} a_{n-1} \sin nx - \frac{1}{2} \sum_{n=1}^{\infty} a_{n+1} \sin nx -$$

$$\frac{1}{2}\sum_{n=2}^{\infty}b_{n-1}\cos nx + \frac{1}{2}\sum_{n=1}^{\infty}b_{n+1}\cos nx + \frac{b_1}{2} \quad (\text{记 } b_0 = 0)$$

$$=\frac{1}{2}b_1 + \sum_{n=1}^{\infty}\left(\frac{b_{n+1}-b_{n-1}}{2}\cos nx + \frac{a_{n-1}-a_{n+1}}{2}\sin nx\right).$$

此级数实为 $f(x)\sin x$ 在 $[-\pi,\pi]$ 上的 Fourier 级数.

因为若用 α_n,β_n 表示 $f(x)\sin x$ 的 Fourier 系数,则

$$\alpha_0 = \frac{1}{\pi}\int_{-\pi}^{\pi}f(x)\sin x\mathrm{d}x = b_1,$$

$$\alpha_n = \frac{1}{\pi}\int_{-\pi}^{\pi}f(x)\sin x\cos nx\mathrm{d}x$$

$$=\frac{1}{2\pi}\int_{-\pi}^{\pi}f(x)\sin(n+1)x\mathrm{d}x - \frac{1}{2\pi}\int_{-\pi}^{\pi}f(x)\sin(n-1)x\mathrm{d}x$$

$$=\frac{1}{2}(b_{n+1}-b_{n-1}), \ n=1,2,\cdots.$$

同理 $\qquad \beta_n = \frac{1}{2}(a_{n-1}-a_{n+1}), n=1,2,\cdots.$

例 5.4.15 求函数 $\qquad f(x) \equiv \sum_{n=1}^{\infty}\beta^n\frac{\sin nx}{\sin x} \qquad (1)$

的 Fourier 展开式 $(|\beta|<1).$

解 I 因 $0<|x|\leqslant\frac{\pi}{2}$ 时,$\left|\beta^n\frac{\sin nx}{\sin x}\right|\leqslant|\beta|^n\frac{2n}{\pi}$,且由比式判别法知 $\sum_{n=1}^{\infty}|\beta|^n\frac{2n}{\pi}$

收敛,故级数 (1) 在 $\left[-\frac{\pi}{2},\frac{\pi}{2}\right]\backslash\{0\}$ 上一致收敛,从而 $f(x)$ 在其上连续,在 $x=0$ 处为可去间断.

类似可知,$f(x)$ 除在 $x=k\pi(k=0,\pm1,\pm2,\cdots)$ 处可去间断之外,其余处处连续,$f(x)$ 在 $[-\pi,\pi]$ 上可积. 由式 (1),

$$f(x)\sin x = \sum_{n=1}^{\infty}\beta^n\sin nx. \qquad (2)$$

显然,级数 (2) 在 $(-\infty,+\infty)$ 上一致收敛. 以 a_n,b_n 表示 $f(x)$ 的 Fourier 系数,利用上例结果,有 $\frac{1}{2}b_1=0$,$\frac{1}{2}(b_{n+1}-b_{n-1})=0$,从而可知 $b_n=0$ $(n=1,2,\cdots)$. 又

$$\frac{1}{2}(a_{n-1}-a_{n+1})=\beta^n \qquad (3)$$

(这是 $\{a_n\}$ 中间隔一项的递推关系,因此下面只要求出 a_0,便可依次求出 $a_2,a_4,\cdots,$ $a_{2m},\cdots,$若求出了 a_1,便可求出 $a_3,a_5,\cdots,a_{2m+1},\cdots$),从而 $a_{2n-2}-a_{2n}=2\beta^{2n-1}$,于是

$$a_0 = \sum_{n=1}^{\infty}(a_{2n-2}-a_{2n}) = 2\sum_{n=1}^{\infty}\beta^{2n-1} = \frac{2\beta}{1-\beta^2}. \qquad (4)$$

同理,由 $a_{2n-1}-a_{2n+1}=2\beta^{2n}$ 得

$$a_1 = \frac{2\beta^2}{1-\beta^2}. \tag{5}$$

由式(3)、(4)、(5)可得 $a_n = \dfrac{2\beta^{n+1}}{1-\beta^2}$，$n = 0,1,2,\cdots$. 故

$$f(x) \sim \frac{\beta}{1-\beta^2} + \frac{2\beta}{1-\beta^2} \sum_{n=1}^{\infty} \beta^n \cos nx \quad (-\infty < x < +\infty).$$

上面级数一致收敛，故为 $f(x)$ 的 Fourier 展开式，"~"可改写成"=".

解 II　（复数解法）若 z 为复数，令 Im z 表示 z 的虚部. 于是

$$f(x) = \frac{1}{\sin x} \sum_{n=1}^{\infty} \beta^n \sin nx = \frac{1}{\sin x} \mathrm{Im}\left[\sum_{n=1}^{\infty} (\beta \mathrm{e}^{\mathrm{i}x})^n\right]$$

$$= \frac{1}{\sin x} \mathrm{Im}\left(\frac{\beta \mathrm{e}^{\mathrm{i}x}}{1-\beta \mathrm{e}^{\mathrm{i}x}}\right) = \frac{\beta}{\sin x} \frac{\mathrm{Im}[\mathrm{e}^{\mathrm{i}x}(1-\beta \mathrm{e}^{-\mathrm{i}x})]}{(1-\beta \mathrm{e}^{\mathrm{i}x})(1-\beta \mathrm{e}^{-\mathrm{i}x})} = \frac{\beta}{(1-\beta \mathrm{e}^{\mathrm{i}x})(1-\beta \mathrm{e}^{-\mathrm{i}x})}$$

$$= \frac{1-\beta \mathrm{e}^{\mathrm{i}x} + 1 - \beta \mathrm{e}^{-\mathrm{i}x} - (1-\beta \mathrm{e}^{\mathrm{i}x} - \beta \mathrm{e}^{-\mathrm{i}x} + \beta^2)}{(1-\beta \mathrm{e}^{\mathrm{i}x})(1-\beta \mathrm{e}^{-\mathrm{i}x})} \cdot \frac{\beta}{1-\beta^2}$$

$$= \frac{\beta}{1-\beta^2}\left(\frac{1}{1-\beta \mathrm{e}^{-\mathrm{i}x}} + \frac{1}{1-\beta \mathrm{e}^{\mathrm{i}x}} - 1\right) = \frac{\beta}{1-\beta^2}\left[\sum_{n=0}^{\infty} \beta^n (\mathrm{e}^{-\mathrm{i}nx} + \mathrm{e}^{\mathrm{i}nx}) - 1\right]$$

$$= \frac{\beta}{1-\beta^2} + \frac{2\beta}{1-\beta^2} \sum_{n=1}^{\infty} \beta^n \cos nx.$$

因上面级数在 $[-\pi, \pi]$ 上一致收敛，故为 Fourier 展开式.

注　本题如直接用系数公式计算积分，也可以做出，但十分麻烦.

例 5.4.16　求 $f(x) \equiv \dfrac{q \sin x}{1 - 2q\cos x + q^2}$（$|q| < 1$）的 Fourier 展开式.

解　（复数解法）令 $z = \mathrm{e}^{\mathrm{i}x}$，$\bar{z} = \mathrm{e}^{-\mathrm{i}x}$，则

$$\sin x = \frac{1}{2\mathrm{i}}(z - \bar{z}), \quad \cos x = \frac{1}{2}(z + \bar{z}).$$

于是

$$f(x) = \frac{1}{2\mathrm{i}}\left(\frac{1}{1-qz} - \frac{1}{1-q\bar{z}}\right) = \frac{1}{2\mathrm{i}}\left[\sum_{n=0}^{\infty}(qz)^n - \sum_{n=0}^{\infty}(q\bar{z})^n\right]$$

$$= \sum_{n=0}^{\infty} \frac{z^n - \bar{z}^n}{2\mathrm{i}} \cdot q^n = \sum_{n=0}^{\infty} q^n \sin nx \quad (-\infty < x < +\infty).$$

例 5.4.17　求 $f(x) = \ln(1 - 2q\cos x + q^2)$（$|q| < 1$）的 Fourier 展开式，并计算积分 $\displaystyle\int_0^{\pi} \ln(1 - 2\alpha\cos x + \alpha^2)\,\mathrm{d}x$（$-\infty < \alpha < +\infty$）.

提示　可用复数解法，或先求 $f'(x)$ 的 Fourier 级数（利用上题结果），然后逐项积分. 最后，

$$\int_0^{\pi} \ln(1 - 2\alpha\cos x + \alpha^2)\,\mathrm{d}x = \begin{cases} 0, & |\alpha| \leqslant 1, \\ 2\pi \ln|\alpha|, & |\alpha| > 1. \end{cases}$$

四、综合性问题

例 5.4.18　设 $f(x)$ 在 $[a, b]$ 上可积，试用 Fourier 展开式证明：

$$\lim_{n\to\infty}\int_a^b f(x)\,|\sin nx|\,\mathrm{d}x = \frac{2}{\pi}\int_a^b f(x)\,\mathrm{d}x.$$

方法 先将 $|\sin nx|$ 展开成(一致收敛的)Fourier 级数,逐项乘 $f(x)$,再逐项积分,逐项取极限.利用一般书中的 Riemann 引理[①],便知极限为 $\dfrac{2}{\pi}\int_a^b f(x)\,\mathrm{d}x$.

证 1° $|\sin x|$ 有一致收敛的 Fourier 展开式:

$$|\sin x| = \frac{2}{\pi} - \frac{4}{\pi}\sum_{k=1}^{\infty}\frac{\cos 2kx}{(2k)^2-1},\quad x\in(-\infty,+\infty).$$

因此

$$|\sin nx| = \frac{2}{\pi} - \frac{4}{\pi}\sum_{k=1}^{\infty}\frac{\cos 2knx}{(2k)^2-1},\quad x\in[-\pi,\pi]. \tag{1}$$

2° 用有界函数遍乘一致收敛级数的各项,所得级数仍一致收敛.故

$$f(x)\,|\sin x| = \frac{2}{\pi}f(x) - \frac{4}{\pi}\sum_{k=1}^{\infty}f(x)\frac{\cos 2kx}{4k^2-1},\quad x\in[-\pi,\pi]$$

一致收敛,可逐项积分:

$$\int_a^b f(x)\,|\sin nx|\,\mathrm{d}x = \frac{2}{\pi}\int_a^b f(x)\,\mathrm{d}x - \frac{4}{\pi}\sum_{k=1}^{\infty}\int_a^b\frac{f(x)\cos 2knx}{4k^2-1}\mathrm{d}x. \tag{2}$$

3° 设 $|f(x)|\leqslant M$ ($\forall x\in[a,b]$),级数(2)的通项

$$\left|\int_a^b\frac{f(x)\cos 2knx\,\mathrm{d}x}{4k^2-1}\right|\leqslant\frac{M\cdot(b-a)}{4k^2-1},$$

且 $\displaystyle\sum_{k=1}^{\infty}\frac{M(b-a)}{4k^2-1}$ 收敛,因而级数(2)一致收敛(关于 n).

4° 在级数(2)中,令 $n\to\infty$,逐项取极限,并利用 Riemann 引理,得

$$\lim_{n\to\infty}\int_a^b f(x)\,|\sin nx|\,\mathrm{d}x = \frac{2}{\pi}\int_a^b f(x)\,\mathrm{d}x - \frac{4}{\pi}\sum_{k=1}^{\infty}\lim_{n\to\infty}\frac{\int_a^b f(x)\cos 2knx\,\mathrm{d}x}{4k^2-1}$$

$$= \frac{2}{\pi}\int_a^b f(x)\,\mathrm{d}x.$$

注 请跟例 4.1.9 及例 4.1.10 进行比较.

由 Fourier 展开式可得到别的展开式.如

例 5.4.19 已知 $f(x)=\cos\alpha x$ ($\alpha\neq$ 整数)在 $(-\pi,\pi)$ 内的 Fourier 展开式为

$$\cos\alpha x = \frac{2}{\pi}\sin\alpha\pi\left[\frac{1}{2\alpha} + \sum_{n=1}^{\infty}(-1)^n\frac{\alpha\cos nx}{\alpha^2-n^2}\right], \tag{1}$$

试证下列展开式成立:

$$\frac{1}{\sin x} = \frac{1}{x} + \sum_{n=1}^{\infty}(-1)^n\frac{2x}{x^2-n^2\pi^2}, \tag{2}$$

---

① 若 $f(x)$ 在区间 $[a,b]$ 上可积,或无界但绝对可积,则

$$\lim_{p\to+\infty}\int_a^b f(x)\sin px\,\mathrm{d}x = 0,\quad \lim_{p\to+\infty}\int_a^b f(x)\cos px\,\mathrm{d}x = 0.$$

$$\cot x = \frac{1}{x} + \sum_{n=1}^{\infty} \left(\frac{1}{x-n\pi} + \frac{1}{x+n\pi} \right), \tag{3}$$

$$\tan x = -\sum_{n=1}^{\infty} \left(\frac{1}{x-\dfrac{2n+1}{2}\pi} + \frac{1}{x+\dfrac{2n-1}{2}\pi} \right) - \frac{2}{2x-\pi}. \tag{4}$$

解　将式(1)改写成

$$\frac{\pi}{2} \frac{\cos \alpha x}{\sin \alpha \pi} = \frac{1}{2\alpha} + \sum_{n=1}^{\infty} (-1)^n \frac{\alpha \cos nx}{\alpha^2 - n^2}, \tag{5}$$

令 $x=0$，再把 $\alpha\pi$ 改写成 x，即可得式(2).

在式(5)中令 $x=\pi$，再将 $\alpha\pi$ 改写成 x，便可得式(3). 最后，利用 $\tan x = -\cot\left(x-\dfrac{\pi}{2}\right)$ 可得式(4). 解毕.

下例表明，在均方意义下，采用 Fourier 系数，可使三角多项式逼近达到最佳.

☆ **例 5.4.20**　假设函数 $f(x)$ 在闭区间 $[-\pi,\pi]$ 上可积，$T_n(x)$ 为三角多项式：

$$T_n(x) = \frac{\alpha_0}{2} + \sum_{k=1}^{n} (\alpha_k \cos kx + \beta_k \sin kx), \tag{1}$$

试求系数 α_k, β_k 使均方误差

$$\delta_n \equiv \frac{1}{2\pi} \int_{-\pi}^{\pi} |f(x) - T_n(x)|^2 \mathrm{d}x \tag{2}$$

最小. (中山大学，中国人民大学)

解　将式(1)代入(2)，乘开并利用三角函数的正交性，可得

$$
\begin{aligned}
0 \leqslant \delta_n &= \frac{1}{2\pi} \int_{-\pi}^{\pi} |f(x) - T_n(x)|^2 \mathrm{d}x \\
&= \frac{1}{2\pi} \int_{-\pi}^{\pi} \left[f(x) - \frac{\alpha_0}{2} - \sum_{k=1}^{n} (\alpha_k \cos kx + \beta_k \sin kx) \right]^2 \mathrm{d}x \\
&= \frac{1}{2\pi} \int_{-\pi}^{\pi} f^2(x) \mathrm{d}x - \frac{1}{2} \left[\frac{a_0^2}{2} + \sum_{k=1}^{n} (a_k^2 + b_k^2) \right] + \\
&\quad \frac{1}{2} \left[\frac{1}{2}(\alpha_0 - a_0)^2 + \sum_{k=1}^{n} (\alpha_k - a_k)^2 + (\beta_k - b_k)^2 \right],
\end{aligned}
$$

其中 a_k, b_k 是 f 的 Fourier 系数. 可见当 $\alpha_k = a_k (k=0,1,2,\cdots)$，$\beta_k = b_k (k=1,2,\cdots)$ 时 δ_n 最小，此时

$$\delta_n = \hat{\delta}_n = \frac{1}{2\pi} \int_{-\pi}^{\pi} f^2(x) \mathrm{d}x - \frac{1}{2} \left[\frac{a_0^2}{2} + \sum_{k=1}^{n} (a_k^2 + b_k^2) \right]. \tag{3}$$

注　根据 δ_n 的定义式(2)，恒有 $\delta_n \geqslant 0$. 因此利用本例的结果，我们实际也证明了：若 $f(x)$ 在 $[-\pi,\pi]$ 上可积，则 Bessel 不等式

$$\frac{1}{\pi} \int_{-\pi}^{\pi} f^2(x) \mathrm{d}x \geqslant \frac{a_0^2}{2} + \sum_{n=1}^{\infty} (a_n^2 + b_n^2)$$

成立,其中 a_n,b_n 是 $f(x)$ 在 $[-\pi,\pi]$ 上的 Fourier 系数. 另外式(3)表明当采用 Fourier 系数时, $\delta_n = \hat{\delta}_n \searrow$(当 n 增大时),利用这一点,容易证明新的结论.

例 5.4.21 设 $f(x)$ 在 $[-\pi,\pi]$ 上连续,则有 Parseval 等式成立(用 a_n,b_n 表示 $f(x)$ 在 $[-\pi,\pi]$ 上的 Fourier 系数):

$$\frac{1}{\pi}\int_{-\pi}^{\pi}f^2(x)\mathrm{d}x = \frac{a_0^2}{2} + \sum_{n=1}^{\infty}(a_n^2 + b_n^2). \tag{1}$$

证 根据 Weierstrass 逼近定理, $\forall \varepsilon > 0$,存在三角多项式 $T_N(x)$,使得

$$|f(x) - T_N(x)| < \varepsilon^{\frac{1}{2}} \quad (\forall x \in [-\pi,\pi]).$$

从而

$$\delta_N = \frac{1}{2\pi}\int_{-\pi}^{\pi}|f(x) - T_N(x)|^2\mathrm{d}x < \varepsilon.$$

根据上例, $T_N(x)$ 的系数采用 Fourier 系数时, δ_N 达到最小,且这时的 $\delta_N = \hat{\delta}_N$. 取上例式(3)的形式,当 n 增大时, $\hat{\delta}_n \searrow$. 故 $n \geqslant N$ 时,有

$$0 \leqslant \frac{1}{2\pi}\int_{-\pi}^{\pi}f^2(x)\mathrm{d}x - \frac{1}{2}\left[\frac{a_0^2}{2} + \sum_{k=1}^{n}(a_k^2 + b_k^2)\right] < \varepsilon.$$

式(1)获证.

注 可以证明,只要 $f(x)$ 在 $[-\pi,\pi]$ 上正常可积,或者 $[-\pi,\pi]$ 上有奇点,但 $f(x)$ 平方可积,则 Parseval 等式仍保持成立.

下面讨论 **Parseval 等式的若干应用**.

例 5.4.22 试利用 Parseval 等式证明:

1) 若 f 与 g 在 $[-\pi,\pi]$ 上符合 Parseval 等式的条件,它们的 Fourier 系数分别为 a_n,b_n 与 α_n,β_n,试证: $\dfrac{1}{\pi}\displaystyle\int_{-\pi}^{\pi}f(x)g(x)\mathrm{d}x = \dfrac{a_0\alpha_0}{2} + \sum_{n=1}^{\infty}(a_n\alpha_n + b_n\beta_n)$.

2) 就 $[-\pi,\pi]$ 上全体连续函数而言,三角函数系

$$\{1,\cos x,\sin x,\cdots,\cos nx,\sin nx,\cdots\}$$

为完全的. 即: $[-\pi,\pi]$ 上任意连续函数 $f(x)$,若与三角函数系的每个元正交,则 $f(x) \equiv 0$ 于 $[-\pi,\pi]$ 上.

证 1) 写出 $f(x) + g(x)$ 与 $f(x) - g(x)$ 的 Parseval 等式,相减即得.

2) 由已知条件可知 $a_n = b_n = 0$,从而利用 Parseval 等式,知 $\displaystyle\int_{-\pi}^{\pi}f^2(x)\mathrm{d}x = 0$. 因 $f(x)$ 连续,故 $f(x) \equiv 0$.

例 5.4.23 设函数 $f(x)$ 在区间 $[0,2\pi]$ 上可积, $\varphi(x)$ 在 $[0,2\pi]$ 上连续,且在 $(0,2\pi)$ 内可展开为它的 Fourier 级数:

$$\varphi(x) = \frac{a_0}{2} + \sum_{k=1}^{\infty}(a_k\cos kx + b_k\sin kx), x \in (0,2\pi).$$

试证:

$$f(x)\varphi(x) = \frac{a_0}{2}f(x) + \sum_{k=1}^{\infty}(a_kf(x)\cos kx + b_kf(x)\sin kx) \tag{1}$$

可在$[0,2\pi]$上逐项积分.

分析　要证明

$$\int_0^{2\pi} f(x)\varphi(x)\,\mathrm{d}x = \int_0^{2\pi} \frac{a_0}{2} f(x)\,\mathrm{d}x + \sum_{k=1}^{\infty} \int_0^{2\pi} (a_k f(x)\cos kx + b_k f(x)\sin kx)\,\mathrm{d}x,$$

即要证明:

$$\int_0^{2\pi} f(x)\varphi(x)\,\mathrm{d}x - \int_0^{2\pi} \frac{a_0}{2} f(x)\,\mathrm{d}x - \sum_{k=1}^{n} \int_0^{2\pi} (a_k f(x)\cos kx + b_k f(x)\sin kx)\,\mathrm{d}x$$

$$\to 0 \quad (n\to\infty).$$

记 $S_n(x) \equiv \dfrac{a_0}{2} + \sum\limits_{k=1}^{n} (a_k\cos kx + b_k\sin kx)$，即要证明

$$\int_0^{2\pi} f(x)(\varphi(x) - S_n(x))\,\mathrm{d}x \to 0 \quad (n\to\infty).$$

根据 Cauchy 不等式,

$$\left| \int_0^{2\pi} f(x)(\varphi(x) - S_n(x))\,\mathrm{d}x \right| \leqslant \left[\int_0^{2\pi} f^2(x)\,\mathrm{d}x \cdot \int_0^{2\pi} (\varphi(x) - S_n(x))^2\,\mathrm{d}x \right]^{\frac{1}{2}}.$$

由此式可知,问题进一步归结为证明: $\displaystyle\int_0^{2\pi} (\varphi(x) - S_n(x))^2\,\mathrm{d}x \to 0 \quad (n\to\infty)$.

用 Fourier 系数公式,不难验证有

$$\frac{1}{2\pi} \int_0^{2\pi} |\varphi(x) - S_n(x)|^2\,\mathrm{d}x = \frac{1}{2\pi} \int_0^{2\pi} \varphi^2(x)\,\mathrm{d}x - \frac{1}{2}\left[\frac{a_0^2}{2} + \sum_{k=1}^{n} (a_k^2 + b_k^2) \right].$$

由于 $\varphi(x)$ 连续,根据 Parseval 等式,上式右端当 $n\to\infty$ 时趋于零,问题获证.

注　这里我们看到,若 $\varphi(x)$ 连续,则

$$\frac{1}{2\pi} \int_0^{2\pi} (\varphi(x) - S_n(x))^2\,\mathrm{d}x \to 0 \quad (n\to\infty),$$

即 $S_n(x)$ 在平方平均意义下收敛于 $\varphi(x)$.

☆ **例 5.4.24**　设函数 $f(x)$ 在区间 $[0,2\pi]$ 上可积,证明:

$$\frac{1}{2\pi} \int_0^{2\pi} f(x)(\pi - x)\,\mathrm{d}x = \sum_{n=1}^{\infty} \frac{b_n}{n}, \tag{1}$$

其中 $b_n = \dfrac{1}{\pi} \displaystyle\int_0^{2\pi} f(x)\sin nx\,\mathrm{d}x \quad (n=1,2,\cdots)$. (南京航空学院)

证 I　$\varphi(x) = \pi - x$ 在 $[0,2\pi]$ 上连续可微,按收敛定理可得 Fourier 展开式: $\pi - x = \sum\limits_{n=1}^{\infty} \dfrac{2}{n}\sin nx, x\in(0,2\pi)$. 根据上题,可在 $[0,2\pi]$ 上对 $f(x)(\pi - x) = \sum\limits_{n=1}^{\infty} \dfrac{2}{n} f(x)\sin nx$ 逐项积分. 于是式(1)获证.

证 II　用 $a_n, b_n; \alpha_n, \beta_n$ 分别表示两个可积函数 $f(x), \varphi(x)$ 的 Fourier 系数,则已知有关系(例 5.4.22):

$$\frac{1}{\pi} \int_0^{2\pi} f(x)\varphi(x)\,\mathrm{d}x = \frac{a_0\alpha_0}{2} + \sum_{n=1}^{\infty} (a_n\alpha_n + b_n\beta_n).$$

令 $\varphi(x) = \pi - x$，可得 $\alpha_n = 0, \beta_n = \dfrac{2}{n}$，这便得到式(1).

例 5. 4. 25 设 $f(x)$ 是以 2π 为周期的连续函数，

$$V_n(x) \equiv \frac{(2n)!!}{2\pi(2n-1)!!} \int_{-\pi}^{\pi} f(t) \cos^{2n} \frac{t-x}{2} \mathrm{d}t,$$

证明：$V_n(x) \rightrightarrows f(x)$（当 $n \to \infty$ 时）于 $[-\pi, \pi]$ 上.

方法 与收敛定理的证法类似.

证 令 $t - x = u$，则

$$V_n(x) = \frac{(2n)!!}{2\pi(2n-1)!!} \int_{-\pi-x}^{\pi-x} f(x+u) \cos^{2n} \frac{u}{2} \mathrm{d}u$$

$$= \frac{(2n)!!}{2\pi(2n-1)!!} \int_{-\pi}^{\pi} f(x+u) \cos^{2n} \frac{u}{2} \mathrm{d}u$$

$$= \frac{(2n)!!}{2\pi(2n-1)!!} \int_{0}^{\pi} [f(x+u) + f(x-u)] \cos^{2n} \frac{u}{2} \mathrm{d}u.$$

利用 Wallis 公式或分部积分可得 $\displaystyle\int_{0}^{\pi} \cos^{2n} \frac{x}{2} \mathrm{d}x = \frac{(2n-1)!!}{(2n)!!}\pi$. 因此有单位分解：$1 = \dfrac{(2n)!!}{\pi(2n-1)!!} \displaystyle\int_{0}^{\pi} \cos^{2n} \frac{u}{2} \mathrm{d}u$，故

$$f(x) = \frac{(2n)!!}{2\pi(2n-1)!!} \int_{0}^{\pi} 2f(x) \cos^{2n} \frac{u}{2} \mathrm{d}u,$$

从而

$$|V_n(x) - f(x)|$$

$$= \frac{(2n)!!}{2\pi(2n-1)!!} \left| \int_{0}^{\pi} [f(x+u) + f(x-u) - 2f(x)] \cos^{2n} \frac{u}{2} \mathrm{d}u \right|. \qquad (1)$$

记 $\varphi(x,u) \equiv f(x+u) + f(x-u) - 2f(x)$. 因 $f(x)$ 在 $[-\pi, 2\pi]$ 上连续，所以一致连续. 故 $\forall \varepsilon > 0, \exists \delta > 0 \ (\delta < \pi)$，使得当 $|x' - x''| < \delta$ 时有 $|f(x') - f(x'')| < \dfrac{\varepsilon}{4}$. 于是当 $x \in [0, \pi], 0 < |u| < \delta$ 时，有

$$|\varphi(x,u)| \leqslant |f(x+u) - f(x)| + |f(x-u) - f(x)| < \frac{\varepsilon}{2}.$$

由此

$$\frac{(2n)!!}{2\pi(2n-1)!!} \left| \int_{0}^{\delta} \varphi(x,u) \cos^{2n} \frac{u}{2} \mathrm{d}u \right|$$

$$\leqslant \frac{(2n)!!}{2\pi(2n-1)!!} \int_{0}^{\delta} |\varphi(x,u)| \cos^{2n} \frac{u}{2} \mathrm{d}u < \frac{\varepsilon}{2} \cdot \frac{(2n)!!}{2\pi(2n-1)!!} \int_{0}^{\delta} \cos^{2n} \frac{u}{2} \mathrm{d}u$$

$$< \frac{\varepsilon}{2} \frac{(2n)!!}{2\pi(2n-1)!!} \int_0^\pi \cos^{2n} \frac{u}{2} du < \frac{\varepsilon}{2}. \tag{2}$$

因为 $f(x)$ 是连续周期函数,所以存在常数 M 使得处处有 $|\varphi(x,u)| \leqslant M$. 因而

$$\frac{(2n)!!}{2\pi(2n-1)!!} \left| \int_\delta^\pi \varphi(x,u) \cos^{2n} \frac{u}{2} du \right|$$

$$\leqslant M \frac{(2n)!!}{2\pi(2n-1)!!} \int_\delta^\pi \cos^{2n} \frac{u}{2} du \quad \left(令 v = \frac{u}{2}\right)$$

$$= M \frac{(2n)!!}{2\pi(2n-1)!!} \cdot 2 \int_{\frac{\delta}{2}}^{\frac{\pi}{2}} \cos^{2n} v \, dv \leqslant M \frac{(2n)!!}{2\pi(2n-1)!!} \cos^{2n} \frac{\delta}{2}. \tag{3}$$

记 $q = \cos \dfrac{\delta}{2}$,因 $0 < \delta < \pi$,所以 $0 < q < 1$,$\displaystyle\sum_{n=1}^\infty \frac{(2n)!!}{(2n-1)!!} q^{2n}$ 收敛,

$$\frac{(2n)!!}{(2n-1)!!} q^{2n} \to 0 \quad (n \to \infty).$$

故对 $\varepsilon > 0$,$\exists N > 0$,当 $n > N$ 时,

$$M \frac{(2n)!!}{2\pi(2n-1)!!} \cos^{2n} \frac{\delta}{2} < \frac{\varepsilon}{2}. \tag{4}$$

最后由(1)、(2)、(3)、(4)得

$$|V_n(x) - f(x)|$$

$$< \frac{(2n)!!}{2\pi(2n-1)!!} \left| \int_0^\delta \varphi(x,u) \cos^{2n} \frac{u}{2} du \right| + \frac{(2n)!!}{2\pi(2n-1)!!} \left| \int_\delta^\pi \varphi(x,u) \cos^{2n} \frac{u}{2} du \right|$$

$$< \frac{\varepsilon}{2} + \frac{\varepsilon}{2} = \varepsilon.$$

即 $V(x) \underset{\longrightarrow}{\rightrightarrows} f(x)$(当 $n \to \infty$ 时)于 $[-\pi, \pi]$ 上.

☆ **例 5.4.26** 设 $f(x)$ 在 $[0, \pi]$ 上有连续导数,且 $f'(x)$ 在 $[0, \pi]$ 上分段光滑,$\displaystyle\int_0^\pi f(x) dx = 0$,试证:$\displaystyle\int_0^\pi f'^2(x) dx \geqslant \int_0^\pi f^2(x) dx$.

证 将 $f(x)$ 偶延拓到 $[-\pi, 0]$ 上,由已知条件,延拓后的函数能在 $[-\pi, \pi]$ 展开为 Fourier 级数,$a_0 = 0, b_n = 0$,且可以逐项微分:

$$f(x) = \sum_{n=1}^\infty a_n \cos nx, x \in [0, \pi], \quad f'(x) = -\sum_{n=1}^\infty na_n \sin nx, x \in [0, \pi],$$

两者均为 Fourier 展开式. 利用 Parseval 等式知 $\dfrac{2}{\pi} \displaystyle\int_0^\pi f^2(x) dx = \sum_{n=1}^\infty a_n^2$,

$$\frac{2}{\pi} \int_0^\pi f'^2(x) dx = \sum_{n=1}^\infty n^2 a_n^2 \geqslant \sum_{n=1}^\infty a_n^2 = \frac{2}{\pi} \int_0^\pi f^2(x) dx,$$

故

$$\int_0^\pi f'^2(x) dx \geqslant \int_0^\pi f^2(x) dx.$$

^{new} ☆ **练习** 设 $f(x)$ 在 **R** 上有连续导数,有周期 $\ell\,(>0)$,且 $\int_0^\ell f(x)\,\mathrm{d}x=0$. 试利用 Fourier 级数展开式证明:

$$\int_0^\ell |f'(x)|^2\,\mathrm{d}x \geqslant \frac{4\pi^2}{\ell^2}\int_0^\ell |f(x)|^2\,\mathrm{d}x, \tag{1}$$

其中等号成立当且仅当 $f(x)=a_1\cos\dfrac{2\pi x}{\ell}+b_1\sin\dfrac{2\pi x}{\ell}$. (浙江大学)

提示 $f(x) \sim \dfrac{a_0}{2}+\displaystyle\sum_{n=1}^\infty \left(a_n\cos\dfrac{2n\pi x}{\ell}+b_n\sin\dfrac{2n\pi x}{\ell}\right)$,

$\qquad\qquad f'(x) \sim \displaystyle\sum_{n=1}^\infty \left(a_n'\cos\dfrac{2n\pi x}{\ell}+b_n'\sin\dfrac{2n\pi x}{\ell}\right)$

其中 $\qquad\qquad a_0'=0,\ \ a_n'=\dfrac{2\pi}{\ell}nb_n,\ \ b_n'=-\dfrac{2\pi}{\ell}na_n\ \ (n=1,2,\cdots).$ （2）

再对 $f(x)$,$f'(x)$ 分别利用 Parseval 等式,可推出(欲证的)不等式(1).

证 （证明等式(2).）

$$a_n = \frac{2}{\ell}\int_0^\ell f(x)\cos\frac{2n\pi x}{\ell}\mathrm{d}x\ \text{(利用分部积分)}$$

$$= -\frac{\ell}{2n\pi}\cdot\frac{2}{\ell}\int_0^\ell f'(x)\sin\frac{2n\pi x}{\ell}\mathrm{d}x \equiv -\frac{\ell}{2n\pi}b_n'\ (n=1,2,\cdots).$$

同理,有 $b_n=\dfrac{\ell}{2n\pi}a_n'\ (n=1,2,\cdots)$,$a_0'=\dfrac{1}{\ell}\displaystyle\int_0^\ell f'(x)\mathrm{d}x=0$(因周期为 ℓ:$f(\ell)-f(0)=0$).

检查前面的 Parseval 等式的推导过程,将 (2π) 改为 ℓ,保持有效(半周期 π 对应 $\dfrac{\ell}{2}$). 应用 Parseval 等式:

$$\frac{2}{\ell}\int_0^\ell f^2(x)\mathrm{d}x = \frac{a_0}{2}+\sum_{n=1}^\infty (a_n^2+b_n^2)\xlongequal{a_0=0}\sum_{n=1}^\infty(a_n^2+b_n^2). \tag{3}$$

$$\frac{2}{\ell}\int_0^\ell |f'(x)|^2\mathrm{d}x = \sum_{n=1}^\infty [(a_n')^2+(b_n')^2]\xlongequal{\text{式}(2)}\sum_{n=1}^\infty\left[\left(\frac{2n\pi}{\ell}a_n\right)^2+\left(-\frac{2n\pi}{\ell}b_n\right)^2\right]$$

$$= \frac{4\pi^2}{\ell^2}\sum_{n=1}^\infty(n^2a_n^2+n^2b_n^2)\geqslant\frac{4\pi^2}{\ell^2}\sum_{n=1}^\infty(a_n^2+b_n^2)$$

$$\xlongequal{\text{式}(3)}\frac{4\pi^2}{\ell^2}\left(\frac{2}{\ell}\int_0^\ell f^2(x)\mathrm{d}x\right).$$

不等式(1)获证. 此式明显看出,"$\geqslant$"变成"$=$"的充分必要条件是:(当 $n\geqslant 2$ 时)$a_n=b_n=0$(否则为"$>$"). 亦即:等号成立的充分必要条件是:$f(x)=a_1\cos\dfrac{2\pi x}{\ell}+b_1\sin\dfrac{2\pi x}{\ell}$.

关于 Fourier 级数的一致收敛问题

因为 Fourier 级数如果一致收敛,其和函数必在 **R** 上连续. 故以 2π 为周期的函数要想在 **R** 上展开成一致收敛的 Fourier 级数,必要条件是它在全数轴上连续. 若 $f(x)$ 仅在 $[-\pi,\pi]$ 上给出,则 $f(x)$ 必须在 $[-\pi,\pi]$ 上连续,而且 $f(-\pi)=f(\pi)$. 下例给出该问题的一个充分条件.

☆ **例 5.4.27** 证明:若 $f(x)$ 是周期为 2π 的连续函数,在 $[-\pi,\pi]$ 上分段光滑,则 $f(x)$ 的 Fourier 级数一致收敛于 $f(x)$.

证　$f(x) = \dfrac{a_0}{2} + \displaystyle\sum_{n=1}^{\infty} (a_n \cos nx + b_n \sin nx)$ （收敛定理）．　　（1）

这时 $f'(x)$ 分段连续，其 Fourier 系数 a_n', b_n' 有关系：$a_n' = nb_n,\ b_n' = -na_n$.

（所谓 Fourier 级数逐项求导性，见例 5.4.4 前的要点中性质 2）和例 5.4.7 前的要点 5．在 f' 分段连续，f 连续，$f(-\pi) = f(\pi)$ 的条件下，该性质可直接通过分部积分得到．）因此

$$|a_n| + |b_n| \leqslant \left|\frac{a_n'}{n}\right| + \left|\frac{b_n'}{n}\right| \leqslant \frac{1}{2}(a_n'^2 + b_n'^2) + \frac{1}{n^2}.$$

$\left(\text{此处应用了平均值不等式，如：}\left|\dfrac{a_n'}{n}\right| = \sqrt{\dfrac{a_n'^2}{n^2}} \leqslant \dfrac{1}{2}\left(a_n'^2 + \dfrac{1}{n^2}\right).\right)$ 根据 Bessel 不等式，可知

$$\sum_{n=1}^{\infty} |a_n| + |b_n| \leqslant \frac{1}{2} \sum_{n=1}^{\infty} \left(a_n'^2 + b_n'^2 + \frac{2}{n^2}\right) < +\infty,$$

故原 Fourier 级数（1）不仅一致收敛，而且绝对一致收敛（于 **R** 上）．

注　（任意区间的情况）若 $f(x)$ 在 $[a,b]$ 上连续，分段光滑，$f(a+0) = f(b-0)$，则 $f(x)$ 可在 $[a,b]$ 上展开成一致收敛的 Fourier 级数．

下例给出一个应用．

☆**例 5.4.28**　设 $f(x)$ 为以 2π 为周期，且在 $[-\pi, \pi]$ 上可积的函数，a_n, b_n 是 $f(x)$ 的 Fourier 系数．

1）试求（延迟函数）$f(x+t)$ 的 Fourier 系数；

2）若 f 连续，在 $[-\pi, \pi]$ 上分段光滑，试求卷积函数

$$F(x) = \frac{1}{\pi} \int_{-\pi}^{\pi} f(t) f(x+t) \,\mathrm{d}t$$

的 Fourier 展开式，并由此推出 Parseval 等式．（哈尔滨工业大学）

解　1）将 $f(x+t)$ 的 Fourier 系数记作 A_n, B_n，则

$$A_n = \frac{1}{\pi} \int_{-\pi}^{\pi} f(x+t) \cos nx\,\mathrm{d}x \xlongequal{\text{令}\ x+t=u} \frac{1}{\pi} \int_{-\pi+t}^{\pi+t} f(u) \cos n(u-t)\,\mathrm{d}u$$

$$= \frac{1}{\pi} \int_{-\pi+t}^{\pi+t} f(u)(\cos nu \cos nt + \sin nu \sin nt)\,\mathrm{d}u$$

$$= \cos nt \cdot \frac{1}{\pi} \int_{-\pi}^{\pi} f(u) \cos nu\,\mathrm{d}u + \sin nt \cdot \frac{1}{\pi} \int_{-\pi}^{\pi} f(u) \sin nu\,\mathrm{d}u$$

$$= a_n \cos nt + b_n \sin nt \quad (n = 1, 2, \cdots),$$

$$A_0 = a_0,\quad B_n \xlongequal{\text{类似地}} b_n \cos nt - a_n \sin nt \quad (n = 1, 2, \cdots).$$

2）根据上例，这时 $f(x) = \dfrac{a_0}{2} + \displaystyle\sum_{n=1}^{\infty} a_n \cos nx + b_n \sin nx$ 在 **R** 上一致收敛．连续周期函数 $f(x)$ 必有界．上式两边同乘有界函数 $f(x+t)$，仍一致收敛，可以逐项积分．故

$$F(x) = \frac{1}{\pi} \int_{-\pi}^{\pi} f(t) f(x+t) \, dt$$

$$= \frac{1}{\pi} \int_{-\pi}^{\pi} \frac{a_0}{2} f(x+t) \, dt + \sum_{n=1}^{\infty} \frac{1}{\pi} \int_{-\pi}^{\pi} (a_n \cos nt + b_n \sin nt) f(x+t) \, dt$$

$$= \frac{a_0}{2} A_0 + \sum_{n=1}^{\infty} (a_n A_n + b_n B_n) \quad (\text{利用 1}) \text{的结果})$$

$$= \frac{a_0^2}{2} + \sum_{n=1}^{\infty} [a_n (a_n \cos nx + b_n \sin nx) + b_n (b_n \cos nx - a_n \sin nx)]$$

$$= \frac{a_0^2}{2} + \sum_{n=1}^{\infty} (a_n^2 + b_n^2) \cos nx \quad (-\infty < t < +\infty). \tag{1}$$

在此式中令 $x=0$，即得 Parseval 等式：$\frac{1}{\pi} \int_{-\pi}^{\pi} f^2(x) \, dx = \frac{a_0^2}{2} + \sum_{n=1}^{\infty} (a_n^2 + b_n^2)$. 由此即知式 (1) 一致收敛，进而 (1) 为 $F(x)$ 的 Fourier 级数 (留作练习，见练习 5.4.1).

注 1° 求卷积的 Fourier 级数，本例与例 5.4.12 方法、途径完全不同.

2° 从式 (1) 可知 $F(x)$ 应是偶函数. 通过变量替换也容易验证 (见例 5.4.12).

new ☆ 例 5.4.29 构造两个以 2π 为周期的连续函数，使其 Fourier 级数在 $[0,\pi]$ 上一致收敛于 0. (北京大学)

提示 题目只要求以 2π 为周期，在 $[0,\pi]$ 上一致收敛于 0，因此 $(-\pi, 0)$ 上的值可适当选取.

再提示 例如，在 $[0,\pi]$ 上令 $f(x) \equiv 0$，在 $(-\pi, 0)$ 上连续、分段光滑，且 $f(-\pi) = 0$.

如在 $[0,\pi]$ 上，设 $f(x) \equiv 0$；在 $[-\pi, 0)$ 上，设 $f(x) = x(x+\pi)$ (或 $f(x) = \sin x$). 然后以 2π 周期，延拓到全数轴，写出 $f(x)$ 的 Fourier 级数，利用例 5.4.27 即知：此 Fourier 级数一致收敛，且在 $[0,\pi]$ 上一致收敛于 0.

注 任意给定的级数 $\frac{a_0}{2} + \sum_{n=1}^{\infty} a_n \cos nx + b_n \sin nx$ 未必一定是某函数的 Fourier 级数. 请看

new 例 5.4.30 试证：级数 $\sum_{n=2}^{\infty} \frac{1}{\ln n} \sin nx$ 不可能是某函数的 Fourier 级数.

(Fourier 级数比较，这里 $b_n = \frac{1}{\ln n}$ $(n = 2, 3, \cdots)$，其余系数都为零.)

提示 作为 Fourier 级数，必要条件是：$\sum_{n=1}^{\infty} \frac{b_n}{n}$ 收敛 (见例 5.4.24)，但这里，利用 Cauchy 积分判别法，知 $\sum_{n=1}^{\infty} \frac{b_n}{n} = \sum_{n=1}^{\infty} \frac{1}{n \ln n}$ 发散.

new ☆ 例 5.4.31 设 $f(x), g(x)$ 在 $[a,b]$ 上 Riemann 可积，证明：$f(x), g(x)$ 具有相同 Fourier 系数的充分必要条件是

$$\int_a^b |f(x) - g(x)| dx = 0. \tag{1}$$

（北京大学）

证　分别用 $a_n, b_n; \alpha_n, \beta_n; A_n, B_n$ 表示 $f(x), g(x)$ 及 $F(x) = f(x) - g(x)$ 的 Fourier 系数.

（1）（充分性）若式（1）成立，那么

$$0 \leqslant |a_n - \alpha_n| = \left| \frac{1}{\ell} \int_a^b \left(f(x) \cos \frac{n\pi x}{\ell} - g(x) \cos \frac{n\pi x}{\ell} \right) dx \right|$$

$$\leqslant \frac{1}{\ell} \int_a^b |f(x) - g(x)| dx = 0 \quad \left(\ell = \frac{b-a}{2} \right).$$

推知：$a_n = \alpha_n \ (n = 0, 1, 2, \cdots)$.

同理可证：$b_n = \beta_n (n = 1, 2, \cdots)$.

（2）（必要性）若 Fourier 系数相等，则 $a_n = \alpha_n, b_n = \beta_n$，故

$$A_n = a_n - \alpha_n = 0, \quad B_n = b_n - \beta_n = 0. \tag{2}$$

又因为 $f(x), g(x)$ 可积，故 $f(x) - g(x)$ 可积，可用 Parseval 等式：

$$0 \leqslant \left(\int_a^b |f(x) - g(x)| dx \right)^2 \xlongequal{\text{Schwarz公式}} \left(\int_a^b 1^2 dx \cdot \int_a^b |f(x) - g(x)|^2 dx \right)$$

$$\xlongequal{\text{Parseval 等式}} (b-a) \left[\frac{A_0^2}{2} + \sum_1^\infty (A_n^2 + B_n^2) \right] \xlongequal{\text{式}(2)} 0.$$

因此，式（1）成立.

^{new}☆**例 5.4.32**（Fourier 展开式的唯一性）　在区间 $[-\pi, \pi]$ 上，函数 $f(x)$ 和 $g(x)$ 分别有 Fourier 级数如下：

$$f(x) \sim \frac{a_0}{2} + \sum_{n=1}^\infty a_n \cos nx + b_n \sin nx, \tag{1}$$

$$g(x) \sim \frac{\alpha_0}{2} + \sum_{n=1}^\infty \alpha_n \cos nx + \beta_n \sin nx. \tag{2}$$

若两级数都在 $[-\pi, \pi]$ 上收敛，两和函数都在 $[-\pi, \pi]$ 上连续并且相等. 问：对应的系数是否保持相等？即，是否 $a_n = \alpha_n (n = 0, 1, 2, \cdots), b_n = \beta_n (n = 1, 2, \cdots)$？如果成立，请给出证明；如果不成立，加上什么条件就能成立？请说明理由.（北京大学）

（该题有较大灵活性，能用不同方式回答，下面 5 种回答，仅供参考.）

回答方式 1　（证明：假定两级数都在 $[-\pi, \pi]$ 上一致收敛，则命题成立.）

用 $S(x)$ 表示公共的和函数，则

$$S(x) = \frac{a_0}{2} + \sum_{n=1}^\infty a_n \cos nx + b_n \sin nx.$$

两端同乘（有界函数）$\cos nx$，仍一致收敛，且可逐项求积分，根据三角系的正交性，得

$$a_n = \frac{1}{\pi} \int_{-\pi}^\pi S(x) \cos nx dx \ (n = 0, 1, 2, \cdots).$$

同理,式(2)中的 α_n 也如此. 于是 $\quad a_n = \dfrac{1}{\pi}\displaystyle\int_{-\pi}^{\pi} S(x)\cos nx\,\mathrm{d}x = \alpha_n \quad (n = 0,1,$ $2,\cdots)$.

类似可证 $\quad b_n = \beta_n (n = 1,2,\cdots)$.

回答方式 2 （证明:假设 $f(x),g(x)$ 在 $[-\pi,\pi]$ 上分段光滑,则命题成立.）

若 $f(x),g(x)$ 是以 2π 为周期的连续函数,在 $[-\pi,\pi]$ 上分段光滑,则它们的 Fourier 级数一致收敛(如例 5.4.27 所证),接下来用回答方式 1 的方法,得 $a_n = \alpha_n$, $b_n = \beta_n$.

※回答方式 3 （应用 Heine-Cantor 定理.）该定理指出:若两个三角级数:

$$\frac{a_0}{2} + \sum_{n=1}^{\infty} a_n\cos nx + b_n\sin nx, \tag{1}$$

$$\frac{\alpha_0}{2} + \sum_{n=1}^{\infty} \alpha_n\cos nx + \beta_n\sin nx \tag{2}$$

在区间 $[-\pi,\pi]$ 上(最多除有限个点外)处处收敛于同一函数 $f(x)$,则两级数恒等,即 $a_n = \alpha_n$ $(n = 0,1,2,\cdots)$, $b_n = \beta_n$ $(n = 1,2,\cdots)$. 该定理对问题作了肯定的回答.

该定理的证明十分复杂,这里将证明的思路做几点概括:

1° 问题等价于:"形如 Fourier 级数的三角级数(1),若它在 $[-\pi,\pi]$ 上收敛于 0(可以存在有限个点例外),则式(1)的系数必都为零." 接下来应用三个定理:

设三角级数为 $\quad \dfrac{a_0}{2} + \displaystyle\sum_{n=1}^{\infty} a_n\cos nx + b_n\sin nx.$

i)（Cantor 引理）若此级数在某有限闭区间上收敛,那么其系

$$a_n \to 0, \ b_n \to 0 \ (\text{当 } n \to \infty \text{ 时}). \tag{3}$$

ii)（Riemann 定理）若此级数的系数 $a_n \to 0, b_n \to 0$(当 $n \to \infty$ 时),则此三角级数逐项积分两次所得的级数收敛. 记其和为

$$F(x) = \frac{a_0 x^2}{4} - \sum_{n=1}^{\infty} \frac{a_n\cos nx + b_n\sin nx}{n^2}, \tag{4}$$

则 $F(x)$ 的二阶对称导数必为零: $F^{[*]}(x) = 0$.

（**注** ① 关于二阶对称导数的基本知识,参见本书第三章习题 3.2.34 和 3.2.35. ② 上面 1° 中已述:若级数(1)收敛于 0(除有限个点外),则(1)的系数必为 0. 其实,后来的研究发现(见回答方式 4):此条件下级数(1)必为 Fourier 级数,而 Fourier 级数每点之值等于左、右极限的平均值. 故在这有限个点上级数值只能为 0(尽管我们原先不知道).）

iii)（Schwarz 定理）二阶对称导数 $F^{[*]}(x) = 0$,则 F 必是线性函数: $F(x) = cx + d$.

2°（回到本题）式(4)可改写为

$$\frac{a_0 x^2}{4} - \sum_{n=1}^{\infty} \frac{a_n\cos nx + b_n\sin nx}{n^2} = cx + d \text{ 或 } \frac{a_0 x^2}{4} - cx = d + \sum_{n=1}^{\infty} \frac{a_n\cos nx + b_n\sin nx}{n^2}.$$

因此只能 $a_0 = c = 0$. 即得 $\quad 0 = d + \displaystyle\sum_{n=1}^{\infty} \frac{a_n\cos nx + b_n\sin nx}{n^2}$. 可见此级数一致收敛(和为 0). 根据本题回答方式 1,此式的系数应为 0. 故系数的分子 $a_n = \alpha_n (n = 0,1,2,\cdots)$, $b_n = \beta_n (n = 1,2,\cdots)$. 证毕.

※回答方式 4　（P. du Bois Reymond 定理）三角级数

$$\frac{a_0}{2} + \sum_{n=1}^{\infty} a_n \cos nx + b_n \sin nx$$

若收敛于有界可积函数,那么此级数必是 $s(x)$ 的 Fourier 级数,下式成了 Fourier 展开式

$$s(x) = \frac{a_0}{2} + \sum_{n=1}^{\infty} a_n \cos nx + b_n \sin nx.$$

（**注**　此定理被 C. J. de la Vallee Poussin 作了推广:收敛到无界,绝对可积函数也行.）

因此　　　　　$a_n = \frac{1}{\pi} \int_{-\pi}^{\pi} S(x) \cos nx \mathrm{d}x = \alpha_n \quad (n = 0,1,2,\cdots).$

同理,有　　　　　　　　　$b_n = \beta_n \quad (n = 1,2,\cdots).$

注　第 3、4 两种回答的详细证明,可参看菲赫金哥尔茨的《微积分学教程》第三卷第三分册 732 小节.

※回答方式 5　（应用 Fejér 定理.）已知式(1)的和函数为 $S(x)$,即 $\forall x$,级数的部分和:$S_n(x) \to S(x)$（当 $n \to \infty$ 时）,因此有

$$\sigma_n(x) = \frac{S_1(x) + S_2(x) + \cdots + S_n(x)}{n} \to S(x) \quad (n \to \infty).$$

题称:$f(x),g(x)$ 有 Fourier 级数,暗示它们为可积函数(或无界但绝对可积的函数),应用 Fejér 定理,在 $f(x)$ 的连续点上 $S(x) = f(x)$,不连续点最多是一个零测集,对积分值没有影响,因此

$$a_n = \frac{1}{\pi} \int_{-\pi}^{\pi} f(x) \cos nx \mathrm{d}x = \frac{1}{\pi} \int_{-\pi}^{\pi} S(x) \cos nx \mathrm{d}x.$$

同理有　　　$\alpha_n = \frac{1}{\pi} \int_{-\pi}^{\pi} f(x) \cos nx \mathrm{d}x = \frac{1}{\pi} \int_{-\pi}^{\pi} S(x) \cos nx \mathrm{d}x.$

于是有　　　　　　　　　$a_n = \alpha_n (n = 0,1,2,\cdots).$

类似可证　　　　　　　　$b_n = \beta_n \quad (n = 1,2,\cdots).$

注　Fejér 定理的证明可参看何琛,史济怀,徐森林的《数学分析》第三册;或常庚哲,史济怀的《数学分析教程》下册.

第 5 个回答,虽然简洁明了,但"不连续点最多是一个零测集,对积分值没有影响"是实变函数的知识,超出平常数学分析课程范围.

✐ 单元练习5.4

☆**5.4.1**　设 $\frac{a_0}{2} + \sum_{k=1}^{\infty} (a_k \cos kx + b_k \sin kx)$ 在 $[-\pi,\pi]$ 上一致收敛,试证它必是 $[-\pi,\pi]$ 上其和函数的 Fourier 级数.（西北师范大学）

提示　用 $\bar{a}_n,\bar{b}_n$ 表示和函数的 Fourier 系数,利用逐项积分,容易验证 $\bar{a}_n = a_n,\bar{b}_n = b_n.$

☆**5.4.2**　设　　　　　　$f(x) = \begin{cases} 0, & -\pi \le x < 0, \\ 1, & 0 \le x \le \pi, \end{cases}$

1）求 $f(x)$ 的 Fourier 级数;

2）这级数收敛吗? 收敛于 $f(x)$ 吗? 为什么?

3）这级数在区间 $(-\pi,\pi)$ 里一致收敛吗? 为什么?（厦门大学）

提示　直接用公式和收敛定理.

$$f(x) \sim \frac{1}{2} + \frac{2}{\pi} \sum_{n=1}^{\infty} \frac{1}{2n-1} \sin(2n-1)x \begin{cases} = f(x), & 0 < |x| < \pi, \\ = \frac{1}{2}, & x = -\pi, 0, \pi, \\ \text{周期 } 2\pi, & \text{其他} \end{cases}$$

在 $(-\pi, \pi)$ 上非一致收敛,因和函数已不连续.

5.4.3 已知 f 是以 2π 为周期的可积函数,它的 Fourier 系数为 $a_n, b_n (n \geq 0)$,求函数 $f_h(x) = \frac{1}{2h} \int_{x-h}^{x+h} f(\xi) \mathrm{d}\xi$ $(h \neq 0)$ 的 Fourier 系数 $A_n, B_n (n \geq 0)$.(西北师范大学,合肥工业大学)

$$\left\langle\!\!\left\langle A_0 = a_0, A_n = \frac{a_n}{nh} \sin nh \ (n = 1, 2, \cdots), B_n = \frac{b_n}{nh} \sin nh \ (n = 1, 2, \cdots) \right\rangle\!\!\right\rangle$$

5.4.4 试将 $f(x) = -\pi - x$ 在 $(-\pi, 0)$ 内展开成正弦级数,并判断此级数在 $(-\pi, 0)$ 是否一致收敛.(河北师范大学)

提示 作奇延拓即变成例 5.4.7.

☆**5.4.5** 试将周期函数 $f(x) = \arcsin(\sin x)$ 展为 Fourier 级数.(哈尔滨工业大学)

$$\left\langle\!\!\left\langle f(x) = \frac{4}{\pi} \sum_{n=0}^{\infty} \frac{(-1)^n}{(2n+1)^2} \sin(2n+1)x, \text{在 } \mathbf{R} \text{ 上处处成立} \right\rangle\!\!\right\rangle$$

提示 f 为连续奇函数,以 2π 为周期,在 $[0, \pi]$ 上 $f(x) = \begin{cases} x, & x \in \left[0, \frac{\pi}{2}\right], \\ \pi - x, & x \in \left[\frac{\pi}{2}, \pi\right]. \end{cases}$

5.4.6 已知 $f(x) = \frac{\pi}{2} \cdot \frac{\mathrm{e}^x + \mathrm{e}^{-x}}{\mathrm{e}^\pi - \mathrm{e}^{-\pi}}$,

1) 在 $[-\pi, \pi]$ 上将 $f(x)$ 展为 Fourier 级数; $\qquad \left\langle\!\!\left\langle \frac{1}{2} + \sum_{n=1}^{\infty} \frac{(-1)^n}{1+n^2} \cos nx \right\rangle\!\!\right\rangle$

2) 求级数 $\sum_{n=1}^{\infty} \frac{(-1)^n}{1+(2n)^2}$ 之和.(天津大学) $\qquad \left\langle\!\!\left\langle \frac{\pi}{2} \left(\mathrm{e}^{\frac{\pi}{2}} - \mathrm{e}^{-\frac{\pi}{2}}\right)^{-1} - \frac{1}{2} \right\rangle\!\!\right\rangle$

提示 f 为偶函数,$b_n = 0$. 注意

$$\int \mathrm{e}^{ax} \cos bx \, \mathrm{d}x = \frac{\mathrm{e}^{ax}}{a^2+b^2}(a \cos bx + b \sin bx), \int \mathrm{e}^{ax} \sin bx \, \mathrm{d}x = \frac{\mathrm{e}^{ax}}{a^2+b^2}(a \sin bx - b \cos bx)$$

不时地被用到.

☆**5.4.7** 设 $f(x)$ 是以 2π 为周期的周期函数,且 $f(x) = x, -\pi < x < \pi$,求 $f(x)$ 与 $|f(x)|$ 的 Fourier 级数,它们的 Fourier 级数是否一致收敛(给出证明)?(北京大学)

提示 1° $f(x) \sim 2 \sum_{n=1}^{\infty} \frac{(-1)^{n-1}}{n} \sin nx \begin{cases} = x, & \text{当 } -\pi < x < \pi \text{ 时}, \\ = 0, & \text{当 } x = -\pi, \pi \text{ 时}, \\ \text{呈周期}, & \text{其他}. \end{cases}$

若级数在 $(-\pi, \pi)$ 内一致收敛,加上 $-\pi, \pi$ 处收敛,可知在 $[-\pi, \pi]$ 上一致收敛. 和函数应当在 $[-\pi, \pi]$ 上连续. 与结果矛盾.

2° $|f(x)| = \frac{\pi}{2} - \frac{4}{\pi} \sum_{n=1}^{\infty} \frac{1}{(2n-1)^2} \cos(2n-1)x, x \in [-\pi, \pi]$ 一致收敛,因 $\sum_{n=1}^{\infty} \frac{1}{(2n-1)^2}$ 收敛,或利用例 5.4.27 的结论.

5.4.8 在 $[0,\pi]$ 上将 $f(x) = x + \cos x$ 展开为余弦级数. (华中科技大学)

$$\left\langle\!\!\!\left\langle f(x) = \frac{\pi}{2} + \cos x - \sum_{n=1}^{\infty} \frac{4}{\pi(2n-1)^2}\cos(2n-1)x \right\rangle\!\!\!\right\rangle$$

提示 $\cos x$ 的 Fourier 级数是它自己, 只要求出 $g(x) = x$ 的展开式, 两者相加即得.

☆**5.4.9** 试利用 5.4.2 题的结果, 求出 $g(x) = \operatorname{sgn} x, h(x) = |x|$ 在 $(-\pi,\pi)$ 内的 Fourier 展开式.

提示 $g(x) = 2\left(f(x) - \frac{1}{2}\right)$. 于是由 f 可写出 g 的展开式, 逐项积分可得 $h(x)$ 的展开式 (注意何处可写等号).

5.4.10 设 $f(x) = x, x \in \left[0, \frac{\pi}{2}\right]$, 试将 $f(x)$ 展开成 $\sum_{n=1}^{\infty} b_{2n-1}\sin(2n-1)x$ 型的三角级数.

提示 参考对比 5.4.5 题的结果, 寻查做法, 下题给出一般结果.

☆**5.4.11** 设 $f(x)$ 以 2π 为周期, $[-\pi,\pi]$ 上可积, a_n, b_n 是它的 Fourier 级数. 试证:

1) $f(-x) = f(x), f(\pi-x) = -f(x) \Rightarrow \begin{cases} b_n = 0, & n = 1,2,\cdots, \\ a_{2n} = 0, & n = 0,1,2,\cdots; \end{cases}$

2) $f(-x) = f(x), f(\pi-x) = f(x) \Rightarrow \begin{cases} b_n = 0, & n = 1,2,\cdots, \\ a_{2n-1} = 0, & n = 1,2,\cdots; \end{cases}$

3) $f(-x) = -f(x), f(\pi-x) = -f(x) \Rightarrow \begin{cases} a_n = 0, & n = 0,1,2,\cdots, \\ b_{2n-1} = 0, & n = 1,2,\cdots; \end{cases}$

4) $f(-x) = -f(x), f(\pi-x) = f(x) \Rightarrow \begin{cases} a_n = 0, & n = 0,1,\cdots, \\ b_{2n} = 0, & n = 1,2,\cdots. \end{cases}$

提示 可用系数公式直接验证. 注意: $f(-x) = f(x)$ (或 $-f(x)$) 是偶 (或奇) 性条件, 导致 $b_n = 0$ (或 $a_n = 0$). 这是共知, 好记.

$f(\pi-x) = -f(x)$ 表明图形关于点 $\left(\frac{\pi}{2}, 0\right)$ 中心对称.

$f(\pi-x) = f(x)$ 表明图形关于直线 $x = \frac{\pi}{2}$ 轴对称.

该例的结果可帮助我们预料和校验计算结果. 例如 5.4.5 题.

感兴趣的读者, 不妨用 "偶心奇轴皆无偶, 奇心偶轴皆无奇" 两句口诀来记忆. 意即: 偶函数在对点 $\left(\frac{\pi}{2}, 0\right)$ 作中心延拓, 或奇函数对直线 $x = \frac{\pi}{2}$ 作轴对称延拓时, 系数下标就不会有偶数出现. 第二句类似.

回头再做上题就容易了.

5.4.12 求下列函数在指定区间上的 Fourier 级数:

1) $f(x) = \begin{cases} x, & x \in [0,\pi], \\ 2, & x \in [-\pi,0), \end{cases}$ 于 $[-\pi,\pi]$ 上; (中山大学)

2) $f(x) = x + x^2$, 于 $[-\pi,\pi]$ 上, 并求 $\sum_{n=1}^{\infty} \frac{1}{n^2}$; (中南大学)

3) $f(x) = \left(\frac{\pi-x}{2}\right)^2$, 于 $(0,2\pi)$ 上, 并求 $\sum_{n=1}^{\infty} \frac{1}{n^2}$; (复旦大学)

4) $f(x) = \begin{cases} e^x, & \left[0, \dfrac{\pi}{2}\right], \\ 0, & \left[-\dfrac{\pi}{2}, 0\right), \end{cases}$ 于 $\left[-\dfrac{\pi}{2}, \dfrac{\pi}{2}\right]$,并求和函数;(湘潭大学)

5) $f(x) = x$,于 $(0,2)$ 上,按余弦展开;(国防科技大学)

6) $f(x) = 1$,于 $(0, \pi]$ 上,按正弦展开,并求和函数.(南京大学)

＊＊5.4.13 求函数 $f(x) = \ln\left(2\cos\dfrac{x}{2}\right)$ 在 $(-\pi, \pi)$ 内的 Fourier 级数展开式.

$$\left\langle\!\!\left\langle \sum_{n=1}^{\infty} (-1)^{n-1} \frac{\cos nx}{n} \ (-\pi < x < \pi) \right\rangle\!\!\right\rangle$$

＊5.4.14 证明级数 $\displaystyle\sum_{n=1}^{\infty} \frac{\sin nx}{\ln(n+1)}$ 不可能是某个可积函数 $f(x)$ 的 Fourier 级数.

提示 可用反证法及 Fourier 级数逐项积分定理.

＊5.4.15 写出 $\qquad f(x) = \begin{cases} 1, & \text{当 } |x| \leqslant \alpha, \\ 0, & \text{当 } \alpha < |x| \leqslant \pi \end{cases}$

的 Fourier 级数,并根据 Parseval 等式求和: $\qquad\qquad \left\langle\!\!\left\langle f(x) \sim \dfrac{\alpha}{\pi} + \displaystyle\sum_{n=1}^{\infty} \dfrac{2\sin n\alpha}{n\pi}\cos nx \right\rangle\!\!\right\rangle$

1) $\displaystyle\sum_{n=1}^{\infty} \frac{\sin^2 n\alpha}{n^2}$; $\qquad\qquad\qquad\qquad\qquad\qquad\qquad \left\langle\!\!\left\langle \dfrac{\alpha(\pi - \alpha)}{2} \right\rangle\!\!\right\rangle$

2) $\displaystyle\sum_{n=1}^{\infty} \frac{\cos^2 n\alpha}{n^2}\left(\text{已知 } \displaystyle\sum_{n=1}^{\infty} \frac{1}{n^2} = \frac{\pi^2}{6}\right)$. $\qquad\qquad \left\langle\!\!\left\langle \dfrac{1}{6}(\pi^2 - 3\pi\alpha + 3\alpha^2) \right\rangle\!\!\right\rangle$

※5.4.16 设 $f(x)$ 是以 2π 为周期的函数,在 $[-\pi, \pi]$ 上可积,则已知它的 Fourier 级数的部分和 $S_n(x)$ 可表示为 Dirichlet 积分:$S_n(x) = \dfrac{1}{\pi}\displaystyle\int_{-\pi}^{\pi} f(x+t)\dfrac{\sin\left(n+\dfrac{1}{2}\right)t}{2\sin\dfrac{t}{2}}dt$,其中

$$\frac{\sin\left(n+\dfrac{1}{2}\right)t}{2\sin\dfrac{t}{2}} = \frac{1}{2} + \cos t + \cos 2t + \cdots + \cos nt \equiv D_n(t)$$

称为 Dirichlet 核. $S_n(x)$ 的平均值 $\sigma_n(x) = \dfrac{1}{n}\displaystyle\sum_{k=0}^{n-1} S_k(x)$ 称为 Cesáro 和. 试证:

1) $D_0(x) + \cdots + D_{n-1}(x) = \dfrac{1}{2}\left(\dfrac{\sin\dfrac{n}{2}x}{\sin\dfrac{x}{2}}\right)^2$;

2) $\dfrac{1}{2n\pi}\displaystyle\int_{-\pi}^{\pi}\left(\dfrac{\sin\dfrac{n}{2}x}{\sin\dfrac{x}{2}}\right)^2 dx = 1$;

3) $\forall \delta > 0, \dfrac{1}{n\pi}\displaystyle\int_{\delta}^{\pi}\left(\dfrac{\sin\dfrac{n}{2}x}{\sin\dfrac{x}{2}}\right)^2 dx \to 0$ (当 $n \to \infty$ 时);

4）若 $f(x)$ 是以 2π 为周期的连续函数，则当 $n \to \infty$ 时 $\sigma_n(x) \underset{\longrightarrow}{\rightrightarrows} f(x)$ 于 $[-\pi, \pi]$ 上.

证 1）$2\sin\dfrac{x}{2}\displaystyle\sum_{k=0}^{n-1}\sin\left(k+\dfrac{1}{2}\right)x = \sum_{k=0}^{n-1}\left[\cos kx - \cos(k+1)x\right] = 1 - \cos nx = 2\sin^2\dfrac{nx}{2}$.

所以
$$\sum_{k=0}^{n-1} D_k(x) = \frac{\displaystyle\sum_{k=0}^{n-1}\sin\left(k+\dfrac{1}{2}\right)x}{2\sin\dfrac{x}{2}} \xlongequal{\text{上式}} \frac{\sin^2\dfrac{nx}{2}}{2\sin^2\dfrac{x}{2}}. \tag{1}$$

2）$\dfrac{1}{2n\pi}\displaystyle\int_{-\pi}^{\pi}\left(\dfrac{\sin\dfrac{nx}{2}}{\sin\dfrac{x}{2}}\right)^2 \mathrm{d}x \xlongequal{\text{式}(1)} \dfrac{1}{2n\pi}\int_{-\pi}^{\pi} 2\sum_{k=0}^{n-1} D_k(x)\,\mathrm{d}x = \dfrac{1}{2n\pi}\sum_{k=0}^{n-1}\int_{-\pi}^{\pi} 2 D_k(x)\,\mathrm{d}x$

$$= \frac{1}{2n\pi}\sum_{k=0}^{n-1}\int_{-\pi}^{\pi} 2\left(\frac{1}{2} + \sum_{i=1}^{k}\cos ix\right)\mathrm{d}x = 1. \tag{2}$$

3）$\forall\,\delta: 0 < \delta < \pi$，$\dfrac{1}{n\pi}\displaystyle\int_{\delta}^{\pi}\left(\dfrac{\sin\dfrac{nx}{2}}{\sin\dfrac{x}{2}}\right)^2\mathrm{d}x \underset{\text{分母缩小}}{\overset{\text{分子放大}}{\leqslant}} \dfrac{1}{n\pi}\dfrac{\pi-\delta}{\sin^2\dfrac{\delta}{2}} \to 0 \quad (n\to\infty). \tag{3}$

4）$S_n(x) = \dfrac{1}{\pi}\displaystyle\int_{-\pi}^{\pi} f(x+t)\dfrac{\sin\left(n+\dfrac{1}{2}\right)t}{2\sin\dfrac{t}{2}}\,\mathrm{d}t = \dfrac{1}{\pi}\int_{-\pi}^{\pi} f(x+t) D_n(t)\,\mathrm{d}t,$

$\sigma_n(x) = \dfrac{1}{n}\displaystyle\sum_{k=0}^{n-1} S_k(x) = \dfrac{1}{n\pi}\sum_{k=0}^{n-1}\int_{-\pi}^{\pi} f(x+t) D_k(t)\,\mathrm{d}t = \dfrac{1}{n\pi}\int_{-\pi}^{\pi} f(x+t)\sum_{k=0}^{n-1} D_k(t)\,\mathrm{d}t$

$$\xlongequal{\text{式}(1)} \frac{1}{2n\pi}\int_{-\pi}^{\pi} f(x+t)\left(\frac{\sin\dfrac{nt}{2}}{\sin\dfrac{t}{2}}\right)^2\mathrm{d}t. \tag{4}$$

另一方面，（利用拟合法的思想）由式（2）两端同乘 $f(x)$，可得

$$f(x) = \frac{1}{2n\pi}\int_{-\pi}^{\pi} f(x)\left(\frac{\sin\dfrac{nt}{2}}{\sin\dfrac{t}{2}}\right)^2\mathrm{d}t. \tag{5}$$

（4），（5）两式相减得

$$\sigma_n(x) - f(x) = \frac{1}{2n\pi}\int_{-\pi}^{\pi}\left[f(x+t) - f(x)\right]\left(\frac{\sin\dfrac{nt}{2}}{\sin\dfrac{t}{2}}\right)^2\mathrm{d}t. \tag{6}$$

因为 $f(x)$ 在 $[-\pi,\pi]$ 连续，知（有界）：$\exists M > 0$，当 $x \in [-\pi,\pi]$ 时，恒有
$$|f(x)| \leqslant M. \tag{7}$$

根据 Cantor 定理，$f(x)$ 在 $[-\pi,\pi]$ 一致连续. 故 $\forall\,\varepsilon > 0$，$\exists\,\delta: \pi > \delta > 0$，当 $|t| < \delta$ 时，只要 $x, x+t \in [-\pi,\pi]$，则恒有

$$|f(x+t) - f(x)| \leqslant \frac{\varepsilon}{3}. \tag{8}$$

为了证明：（当 $n\to\infty$ 时）$\sigma_n(x) \underset{\longrightarrow}{\rightrightarrows} f(x)$，只需证明：$\forall\,\varepsilon > 0$，$\exists N > 0$，当 $n > N$ 时，

$$\left| \frac{1}{2n\pi} \int_{-\pi}^{\pi} [f(x+t) - f(x)] \left(\frac{\sin \frac{nt}{2}}{\sin \frac{t}{2}} \right)^2 dt \right| < \varepsilon \ (\forall x \in [-\pi, \pi]). \tag{9}$$

为此,将式(6)右端的积分拆为三段:

$$\sigma_n(x) - f(x) = \left(\frac{1}{2n\pi} \int_{-\pi}^{-\delta} + \frac{1}{2n\pi} \int_{-\delta}^{\delta} + \frac{1}{2n\pi} \int_{\delta}^{\pi} \right) [f(x+t) - f(x)] \left(\frac{\sin \frac{nt}{2}}{\sin \frac{t}{2}} \right)^2 dt = I_1 + I_2 + I_3.$$

那么

$$|I_2| = \left| \frac{1}{2n\pi} \int_{-\delta}^{\delta} [f(x+t) - f(x)] \left(\frac{\sin \frac{nt}{2}}{\sin \frac{t}{2}} \right)^2 dt \right| \le \frac{1}{2n\pi} \int_{-\delta}^{\delta} |f(x+t) - f(x)| \left(\frac{\sin \frac{nt}{2}}{\sin \frac{t}{2}} \right)^2 dt$$

$$\overset{\text{式}(8)}{\le} \frac{\varepsilon}{3} \cdot \frac{1}{2n\pi} \int_{-\delta}^{\delta} \left(\frac{\sin \frac{nt}{2}}{\sin \frac{t}{2}} \right)^2 dt \le \frac{\varepsilon}{3} \cdot \frac{1}{2n\pi} \int_{-\pi}^{\pi} \left(\frac{\sin \frac{nt}{2}}{\sin \frac{t}{2}} \right)^2 dt = \frac{\varepsilon}{3} \ (\text{利用 2)的结果}).$$

$$|I_3| = \left| \frac{1}{2n\pi} \int_{\delta}^{\pi} [f(x+t) - f(x)] \left(\frac{\sin \frac{nt}{2}}{\sin \frac{t}{2}} \right)^2 dt \right|$$

$$\overset{\text{式}(7)}{\le} \frac{M}{n\pi} \int_{\delta}^{\pi} \left(\frac{\sin \frac{nt}{2}}{\sin \frac{t}{2}} \right)^2 dt \to 0 \ (n \to \infty) \ (\text{利用 3)的结果}).$$

故对上面的 $\varepsilon > 0$, $\exists N > 0$, 当 $n > N$ 时,能使得 $|I_3| \le \frac{\varepsilon}{3}$.

而

$$|I_1| = \left| \frac{1}{2n\pi} \int_{-\pi}^{-\delta} [f(x+t) - f(x)] \left(\frac{\sin \frac{nt}{2}}{\sin \frac{t}{2}} \right)^2 dt \right|$$

$$\le \frac{M}{n\pi} \int_{-\pi}^{-\delta} \left(\frac{\sin \frac{nt}{2}}{\sin \frac{t}{2}} \right)^2 dt \overset{\text{偶性}}{=\!=\!=} \frac{M}{n\pi} \int_{\delta}^{\pi} \left(\frac{\sin \frac{nt}{2}}{\sin \frac{t}{2}} \right)^2 dt \overset{(\text{同上})}{\le} \frac{\varepsilon}{3}.$$

因此式(9)成立: $|\sigma_n(x) - f(x)| \le |I_1| + |I_2| + |I_3| \le \frac{\varepsilon}{3} + \frac{\varepsilon}{3} + \frac{\varepsilon}{3} = \varepsilon$. 一致收敛获证.

※5. 4. 17 设 $f(x)$ 是以 2π 为周期的连续函数, $S_n(x)$ 是 $f(x)$ 的 Fourier 级数的部分和, $g_n(x) \equiv \int_{-\pi}^{\pi} \frac{\cos(x-u)}{\sqrt{1 + \sin^2(x+u)}} S_n(u) du$. 试证:

1) 存在与 x, n 无关的数 K, 使得 $|g_n(x)| \le K \ (x \in [-\pi, \pi])$;

2) 当 $n \to \infty$ 时, $g_n(x) \rightrightarrows \int_{-\pi}^{\pi} \frac{\cos(x-u)}{\sqrt{1 + \sin^2(x+u)}} f(u) du$ 于 $[-\pi, \pi]$ 上.

提示 利用 Schwarz 不等式及 Parseval 等式.

※5.4.18 设 $T_n(x)$ 为 n 阶三角多项式: $T_n(x) \equiv \dfrac{\alpha_0}{2} + \displaystyle\sum_{k=1}^{n} (\alpha_k \cos kx + \beta_k \sin kx)$. 试证:

1) $\displaystyle\max_{-\pi \leqslant x \leqslant \pi} |T_n'(x)| \leqslant n^2 \max_{-\pi \leqslant x \leqslant \pi} |T_n(x)|$ $(n > 1)$, 当 $\alpha_0 \geqslant 0$ 时, 对 $n = 1$ 也成立;

2) 若 $\alpha_{n-1} = 1$, 则 $\displaystyle\max_{-\pi \leqslant x \leqslant \pi} |T_n(x)| \geqslant \dfrac{\pi}{4}$ $(n > 1)$.

提示 1) 可应用 Cauchy 不等式. 2) 可考虑积分 $\displaystyle\int_{-\pi}^{\pi} T_n(x) \cos(n-1)x\,dx$.

证 1) $|T_n'(x)| = \left| \displaystyle\sum_{k=1}^{n} k(-\alpha_k \sin kx + \beta_k \cos kx) \right| \leqslant n \displaystyle\sum_{k=1}^{n} (|\alpha_k| |\sin kx| + |\beta_k| |\cos kx|)$.

可用多种方法证明下面的不等式, 例如应用 Cauchy 不等式:

$$|\alpha_k| |\sin kx| + |\beta_k| |\cos kx| \leqslant (\alpha_k^2 + \beta_k^2)^{\frac{1}{2}} (\sin^2 kx + \cos^2 kx)^{\frac{1}{2}} = (\alpha_k^2 + \beta_k^2)^{\frac{1}{2}} \cdot 1.$$

$$|T_n'(x)| \leqslant n \sum_{k=1}^{n} 1 \cdot (\alpha_k^2 + \beta_k^2)^{\frac{1}{2}} \overset{\text{Cauchy不等式}}{\leqslant} n \sqrt{n} \left[\sum_{k=1}^{n} (\alpha_k^2 + \beta_k^2) \right]^{\frac{1}{2}}$$

$$\leqslant n \sqrt{n} \left[\frac{\alpha_0^2}{2} + \sum_{k=1}^{n} (\alpha_k^2 + \beta_k^2) \right]^{\frac{1}{2}} \leqslant n \sqrt{n} \left(\frac{1}{\pi} \int_{-\pi}^{\pi} T_n^2(x)\,dx \right)^{\frac{1}{2}}$$

$$\leqslant n \sqrt{n} \max_{-\pi \leqslant x \leqslant \pi} |T_n(x)| \cdot \sqrt{2}.$$

当 $n \geqslant 2$ 时, $\qquad |T_n'(x)| \leqslant n^2 \displaystyle\max_{-\pi \leqslant x \leqslant \pi} |T_n(x)|$ $(\forall x \in [-\pi, \pi])$.

因此, 当 $n \geqslant 2$ 时, 有 $\displaystyle\max_{-\pi \leqslant x \leqslant \pi} |T_n'(x)| \leqslant n^2 \max_{-\pi \leqslant x \leqslant \pi} |T_n(x)|$.

当 $n = 1$ 时, 可直接验证: 当 $\alpha_0 \geqslant 0$ 时, 不等式成立. 因为

$$T_1'(x) = -\alpha_1 \sin x + \beta_1 \cos x = \sqrt{\alpha_1^2 + \beta_1^2} \left(\frac{-\alpha_1}{\sqrt{\alpha_1^2 + \beta_1^2}} \sin x + \frac{\beta_1}{\sqrt{\alpha_1^2 + \beta_1^2}} \cos x \right)$$

$$= \sqrt{\alpha_1^2 + \beta_1^2} \cos(x + \theta_1), \quad \text{其中} \sin\theta_1 = \frac{\alpha_1}{\sqrt{\alpha_1^2 + \beta_1^2}}.$$

$$T_1(x) = \frac{\alpha_0}{2} + \alpha_1 \cos x + \beta_1 \sin x = \frac{\alpha_0}{2} + \sqrt{\alpha_1^2 + \beta_1^2} \sin(x + \theta_1).$$

所以当 $\alpha_0 \geqslant 0$ 时, $\displaystyle\max_{-\pi \leqslant x \leqslant \pi} |T_1'(x)| = \sqrt{\alpha_1^2 + \beta_1^2} \leqslant \left| \frac{\alpha_0}{2} \right| + \sqrt{\alpha_1^2 + \beta_1^2} = \max_{-\pi \leqslant x \leqslant \pi} |T_1(x)|$.

2) 设 $n > 1$, 因已知 $\alpha_{n-1} = 1$, 那么

$$1 = \alpha_{n-1} = \frac{1}{\pi} \int_{-\pi}^{\pi} T_{n-1}(x) \cos(n-1)x\,dx \leqslant \frac{1}{\pi} \int_{-\pi}^{\pi} |T_{n-1}(x)| |\cos(n-1)x|\,dx$$

$$\leqslant \max_{-\pi \leqslant x \leqslant \pi} |T_{n-1}(x)| \cdot \frac{1}{\pi} \int_{-\pi}^{\pi} |\cos(n-1)x|\,dx \overset{\text{见下}}{=\!=\!=} \max_{-\pi \leqslant x \leqslant \pi} |T_{n-1}(x)| \cdot \frac{4}{\pi}. \qquad (1)$$

(因为其中:

$$\int_{-\pi}^{\pi} |\cos(n-1)x|\,dx \overset{\text{令}(n-1)x=t}{=\!=\!=\!=\!=} \frac{1}{n-1} \int_{-(n-1)\pi}^{(n-1)\pi} |\cos t|\,dt = \frac{2}{n-1} \int_{0}^{(n-1)\pi} |\cos t|\,dt$$

$$\overset{|\cos t|\text{周期为}\pi}{=\!=\!=\!=\!=} 2 \int_{0}^{\pi} |\cos t|\,dt = 4.$$

因此, 式 (1) 最后的等号成立.) 结论 2) 获证.

第六章　多元函数微分学

§6.1　欧氏空间·多元函数的极限与连续

导读　本节第二段是重点,适合本书的各类读者;第一、三段主要针对数学院系的学生.

*一、m 维欧氏空间

导读　该段"m 维欧氏空间",理论性相对较强. 主要针对数学院系学生,其他学生可从略. 相关考题较少,一般未作重点.

a. 利用模的定义

例 6.1.1　设 $\boldsymbol{x} = (x_1, x_2, \cdots, x_m) \in \mathbf{R}^m$,试证模 $|\boldsymbol{x}| = \left(\sum\limits_{i=1}^{m} x_i^2 \right)^{\frac{1}{2}}$ 有关系:

1) $\dfrac{\sqrt{m}}{m} \sum\limits_{i=1}^{m} |x_i| \leqslant |\boldsymbol{x}| \leqslant \sum\limits_{i=1}^{m} |x_i|$;

2) $\max\limits_{1 \leqslant i \leqslant m} |x_i| \leqslant |\boldsymbol{x}| \leqslant \sqrt{m} \max\limits_{1 \leqslant i \leqslant m} |x_i|$.

证　1) 因为　$\left(\sum\limits_{i=1}^{m} |x_i| \right)^2 = \sum\limits_{i=1}^{m} x_i^2 + 2 \sum\limits_{\substack{i=1 \\ m \geqslant j > i}}^{m-1} |x_i| \, |x_j| \geqslant |\boldsymbol{x}|^2$,

所以　　　　　　　$|\boldsymbol{x}| = \left(\sum\limits_{i=1}^{m} |x_i|^2 \right)^{\frac{1}{2}} \leqslant \sum\limits_{i=1}^{m} |x_i|$.

利用 Cauchy 不等式,

$$\sum_{i=1}^{m} |x_i| = \sum_{i=1}^{m} 1 \cdot |x_i| \leqslant \left(\sum_{i=1}^{m} 1^2 \cdot \sum_{i=1}^{m} |x_i|^2 \right)^{\frac{1}{2}} \leqslant \sqrt{m} \left(\sum_{i=1}^{m} x_i^2 \right)^{\frac{1}{2}} = \sqrt{m} \, |\boldsymbol{x}|,$$

故有　　　　　　　$\dfrac{\sqrt{m}}{m} \sum\limits_{i=1}^{m} |x_i| \leqslant |\boldsymbol{x}|$.

2) 留给读者证明.

b. 利用距离的定义和性质

例 6.1.2　设 $E \subseteq \mathbf{R}^m, \boldsymbol{x}, \boldsymbol{y} \in E$,试证 $\boldsymbol{x}$ 到 E 的距离

$$\rho(\boldsymbol{x}, E) \leqslant \rho(\boldsymbol{x}, \boldsymbol{y}) + \rho(\boldsymbol{y}, E).$$

证　根据距离性质,$\forall \boldsymbol{x}, \boldsymbol{y}, \boldsymbol{z} \in \mathbf{R}^m$,若 $\boldsymbol{z} \in E$,则由 $\rho(\boldsymbol{x}, \boldsymbol{z}) \leqslant \rho(\boldsymbol{x}, \boldsymbol{y}) + \rho(\boldsymbol{y}, \boldsymbol{z})$ 知

$$\rho(\boldsymbol{x}, E) \equiv \inf_{\boldsymbol{z} \in E} (\boldsymbol{x}, \boldsymbol{z}) \leqslant \rho(\boldsymbol{x}, \boldsymbol{y}) + \rho(\boldsymbol{y}, \boldsymbol{z}).$$

将 x,y 固定,上式对一切 $z \in E$ 成立,因而有

$$\rho(x,E) \leqslant \rho(x,y) + \inf_{z \in E}(y,z) = \rho(x,y) + \rho(y,E).$$

例 6.1.3 设 $A,B \subseteq \mathbf{R}^m, x \in \mathbf{R}^m$,试证:$\rho(A,B) \leqslant \rho(x,A) + \rho(x,B)$.

提示 对 $x \in \mathbf{R}^m, y \in A, z \in B$,应用距离的三角不等式 $\rho(y,z) \leqslant \rho(x,y) + \rho(x,z)$.

c. 利用开集、闭集的定义

例 6.1.4 若 $E \subseteq \mathbf{R}^m$ 为闭集,试证 $x \in E$ 的充要条件是 $\rho(x,E) = 0$.

证 必要性明显,只证明充分性. 若 $\rho(x,E) = 0$,即 $\inf \rho(x,y) = 0$,由确界定义知: $\exists y_n \in E$,使得 $|y_n - x| \to 0$(当 $n \to \infty$ 时). 如此,x 为 E 的一个聚点,故 $x \in \overline{E} = E$. 证毕.

**例 6.1.5 设 $E \subseteq \mathbf{R}^m, r > 0$ 为常数,

$$A \equiv \{x \mid x \in \mathbf{R}^m, \rho(x,E) < r\}, \quad B = \{x \mid x \in \mathbf{R}^m, \rho(x,E) \leqslant r\}.$$

试证:1) A 为开集;2) B 为闭集.

证 利用例 6.1.2 的结果,易知 $\forall x,y \in \mathbf{R}^m$,有

$$|\rho(x,E) - \rho(y,E)| \leqslant \rho(x,y).$$

从而可知 $f(x) = \rho(x,E)$ 是 x 的连续函数(更确切地说是一致连续函数,见例 6.1.29). 由此易知,A 为开集,B 为闭集(见例6.1.25).

d. 利用边界的定义与聚点性质

*例 6.1.6 设 $E \subseteq \mathbf{R}^m$,试证 E 的边界 ∂E 为闭集.

证 设 x_0 为 ∂E 的任一聚点,我们要证明 $x_0 \in \partial E$. 为此我们要证 x_0 的任一 δ 邻域 $U(x_0,\delta) = \{x \mid |x - x_0| < \delta\}$ 里既含有 E 的点,也含有不是 E 的点. 根据聚点定义,至少 $\exists x_1 \in U_0(x_0,\delta) \cap \partial E$. (这里 $U_0(x_0,\delta)$ 表示 x_0 的空心邻域 $U_0(x_0,\delta) = \{x \mid 0 < |x - x_0| < \delta\}$.)

因为 $x_1 \in U_0(x_0,\delta)$,只要取 $\delta_1 = \min\{|x_0 - x_1|, \delta - |x_0 - x_1|\}$,则 x_1 的邻域 $U(x_1,\delta_1) \subseteq U(x_0,\delta)$.

又因 $x_1 \in \partial E$,所以 $U(x_1,\delta_1)$ 中既含有 E 中的点. 又含有不是 E 的点. 由于 $U(x_1,\delta_1) \subseteq U(x_0,\delta)$,所以 $U(x_0,\delta)$ 中既含有 E 中的点,也含有不是 E 中的点. 由 $\delta > 0$ 的任意性,这就证明了 x_0 是 E 的边界点,故 $x_0 \in \partial E$. 证毕.

*例 6.1.7 设 $E \subseteq \mathbf{R}^m$,试证 $\partial \overline{E} \subseteq \partial E$.

证 设 $x_0 \in \partial \overline{E}$,我们要证明 $x_0 \in \partial E$,即要证明 x_0 为 E 的边界点;亦即要证明 $\forall \delta > 0$,在 $U(x_0,\delta)$ 中既有 E 的点也有不是 E 的点. 因 $x_0 \in \partial \overline{E}$,所以 $U(x_0,\delta)$ 中既有 $\overline{E}$ 中的点,又含有不是 $\overline{E}$ 中的点. 设 $x_1 \in U(x_0,\delta) \cap \overline{E}, x_2 \in U(x_0,\delta) \setminus \overline{E}$.

若 $x_1 \in E$,则说明 $U(x_0,\delta)$ 有 E 的点;若 $x_1 \in \overline{E} \setminus E$,则 x_1 为 E 的聚点. 仿上例证法,可知存在邻域 $U(x_1,\delta_1) \subseteq U(x_0,\delta)$,因 x_1 为 E 的聚点,故 $U_1(x_1,\delta_1)$ 中有 E 中的点,从而知 $U(x_0,\delta)$ 中有 E 的点.

由 $\boldsymbol{x}_2 \in U(\boldsymbol{x}_0, \delta) \backslash \overline{E}$ 知,$\boldsymbol{x}_2$ 为 E 的外点,所以存在充分小的邻域在 E 之外,由此知 $U(\boldsymbol{x}_0, \delta)$ 内有不是 E 的点. 证毕.

*例 6.1.8 设 $F \subseteq E$,其中 $E \subseteq \mathbf{R}^m$ 为有界开区域,F 为闭区域,试证:存在开区域 V,使得 $F \subseteq V \subseteq \overline{V} \subseteq E$.

证 $\forall \boldsymbol{x}_\lambda \in F \subseteq E$,因 E 为开区域,$\exists r_\lambda > 0$(充分小),使得 $\overline{U}(\boldsymbol{x}_\lambda, r_\lambda) = \{\boldsymbol{x} \mid \boldsymbol{x} \in \mathbf{R}^m, |\boldsymbol{x} - \boldsymbol{x}_\lambda| \leqslant r_\lambda\} \subseteq E$. 如此,$\{U(\boldsymbol{x}_\lambda, r_\lambda) \mid \boldsymbol{x}_\lambda \in F\}$ 组成有界闭区域 F 的一个开覆盖. 根据有限覆盖定理,存在有限子覆盖,记作 $\{U(\boldsymbol{x}_i, r_i) \mid i = 1, 2, \cdots, n\}$. 令 $V = \bigcup_{i=1}^{n} U(\boldsymbol{x}_i, r_i)$,则 $F \subseteq V \subseteq \overline{V} \subseteq E$.

※例 6.1.9 设 $\boldsymbol{x}_0, \boldsymbol{x}_1, \cdots, \boldsymbol{x}_n \in \mathbf{R}^n$,证明 $\boldsymbol{x}_0, \boldsymbol{x}_1, \cdots, \boldsymbol{x}_n$ 在同一超平面上的充要条件是行列式

$$\Delta_0 \equiv \begin{vmatrix} x_{01} & x_{02} & \cdots & x_{0n} & 1 \\ x_{11} & x_{12} & \cdots & x_{1n} & 1 \\ \vdots & \vdots & & \vdots & \vdots \\ x_{n1} & x_{n2} & \cdots & x_{nn} & 1 \end{vmatrix} = 0,$$

其中 $\boldsymbol{x}_i = (x_{i1}, x_{i2}, \cdots, x_{in})$,$i = 0, 1, 2, \cdots, n$.

证 充分性. 将行列式

$$\Delta \equiv \begin{vmatrix} x_{\lambda 1} & x_{\lambda 2} & \cdots & x_{\lambda n} & 1 \\ x_{11} & x_{12} & \cdots & x_{1n} & 1 \\ \vdots & \vdots & & \vdots & \vdots \\ x_{n1} & x_{n2} & \cdots & x_{nn} & 1 \end{vmatrix}$$

按第一行展开,可知它是关于动点 $\boldsymbol{x}_\lambda = (x_{\lambda 1}, x_{\lambda 2}, \cdots, x_{\lambda n})$ 的坐标的一次式. 因此 $\Delta = 0$ 代表 $\mathbf{R}^n$ 中一超平面. 因为 $\lambda = i$ 时,行列式 Δ 变为零,所以点 $\boldsymbol{x}_i$ 皆位于此超平面上($i = 0, 1, 2, \cdots, n$).

必要性. 若 $\boldsymbol{x}_0, \boldsymbol{x}_1, \cdots, \boldsymbol{x}_n$ 同位于一超平面上,则存在常数 $a_1, a_2, \cdots, a_n$,使得

$$\begin{cases} a_1 x_{01} + a_2 x_{02} + \cdots + a_n x_{0n} = 1, \\ a_1 x_{11} + a_2 x_{12} + \cdots + a_n x_{1n} = 1, \\ \cdots\cdots\cdots\cdots \\ a_1 x_{n1} + a_2 x_{n2} + \cdots + a_n x_{nn} = 1. \end{cases}$$

此式表明行列式 Δ_0 中列向量线性相关,因此 $\Delta_0 = 0$.

当超平面通过原点时,上面方程组右端的 1 应改为 0,它表明 Δ_0 最后一列的余子式恒为 0,故 $\Delta_0 = 0$.

☆ 二、多元函数的极限

导读 本段是基础性内容,适合本书各类读者.

a. 多元函数极限的计算

要点 计算多元函数的极限常用的方法是:1)利用不等式,使用两边夹法则;2)变量替换化为已知极限,或化为一元函数极限;3)利用极坐标;4)利用初等函数的连续性,利用极限的四则运算性质;5)利用初等变形,特别指数形式常可先求其对

数的极限;6)若事先能看出极限值,可用 $\varepsilon - \delta$ 方法进行证明.

☆**例 6.1.10** 1)求 $\lim\limits_{\substack{x\to\infty \\ y\to\infty}} \dfrac{|x|+|y|}{x^2+y^2}$; 2)求 $\lim\limits_{\substack{x\to 0 \\ y\to 0}} (x^2+y^2)^{x^2y^2}$; 3)求 $\lim\limits_{\substack{x\to\infty \\ y\to\infty}} \dfrac{x^2+y^2}{x^4+y^4}$;

^{new}4)设 $f'(0)=k$,试证明 $\lim\limits_{\substack{a\to 0^- \\ b\to 0^+}} \dfrac{f(b)-f(a)}{b-a}=k.$ (浙江大学)

解 1) $0 \leqslant \dfrac{|x|+|y|}{x^2+y^2} = \dfrac{|x|}{x^2+y^2} + \dfrac{|y|}{x^2+y^2}$

$$\leqslant \dfrac{|x|}{x^2} + \dfrac{|y|}{y^2} = \dfrac{1}{|x|} + \dfrac{1}{|y|} \to 0.$$

2)先求取对数之后的极限:

$$\lim\limits_{\substack{x\to 0 \\ y\to 0}} \ln(x^2+y^2)^{x^2y^2} = \lim\limits_{\substack{x\to 0 \\ y\to 0}} \dfrac{x^2y^2}{x^2+y^2}(x^2+y^2)\ln(x^2+y^2).$$

因为 $$0 \leqslant \dfrac{x^2y^2}{x^2+y^2} \leqslant \dfrac{(x^2+y^2)^2}{x^2+y^2} = x^2+y^2 \to 0,$$

$$\lim\limits_{\substack{x\to 0 \\ y\to 0}} (x^2+y^2)\ln(x^2+y^2) \xlongequal{\text{令} x^2+y^2=t} \lim\limits_{t\to 0} t\ln t = 0,$$

故 原极限 $= e^0 = 1.$

3)**提示** 可用极坐标或直接应用不等式.

4)**提示** (用拟合法.) $k = \dfrac{b}{b-a} \cdot k - \dfrac{a}{b-a} \cdot k,$

$$\dfrac{f(b)-f(a)}{b-a} = \dfrac{b}{b-a} \cdot \dfrac{f(b)-f(0)}{b-0} - \dfrac{a}{b-a} \cdot \dfrac{f(a)-f(0)}{a-0}.$$

再提示 $a<0<b$,得 $\left|\dfrac{a}{b-a}\right| < 1, \left|\dfrac{b}{b-a}\right| < 1.$

$$\left|\dfrac{f(b)-f(a)}{b-a} - k\right| \leqslant \left|\dfrac{b}{b-a}\right| \cdot \left|\dfrac{f(b)-f(0)}{b-0} - k\right| + \left|\dfrac{a}{b-a}\right| \cdot \left|\dfrac{f(a)-f(0)}{a-0} - k\right|$$

$$\leqslant \left|\dfrac{f(b)-f(0)}{b-0} - k\right| + \left|\dfrac{f(a)-f(0)}{a-0} - k\right| \to 0 \text{ (当 } a\to 0^-, b\to 0^+ \text{时).}$$

b. 证明二元极限不存在

要点 根据全面极限与特殊路径极限的关系,证明二元极限不存在.通常方法是:1)证明径向路径的极限与辐角(或斜率)有关;2)证明某个特殊路径的极限不存在;3)证明两个特殊极限存在但不相等;4)若二元函数在该点某空心邻域里连续,而两累次极限存在不相等,则该点全面极限不存在.

☆**例 6.1.11** 证明下列函数在 $(0,0)$ 处全面极限不存在:

1) $f_1(x,y) = \dfrac{xy}{x^2+y^2}$; 2) $f_2(x,y) = \dfrac{xy}{x+y}$;

3) $f_3(x,y) = \dfrac{x^6y^8}{(x^2+y^4)^5}$; 4) $f_4(x,y) = \dfrac{x^3-y^3}{x^3+y^3}$.

提示　1）令 $y = kx$ 或化为极坐标.

2）分母当 $y = -x$ 时为零,因此可以考虑沿与 $y = -x$ 相切的高次曲线的路径的极限,例如令 $y = mx^2 - x$,令 $x \to 0$,取极限得 $-\dfrac{1}{m}$,与 m 有关.

3）可比较 $x \equiv 0$ 与 $x = y^2$ 两路径的极限.

4）f_4 除 $(0,0)$ 点外,处处连续,但在 $(0,0)$ 点两累次极限存在,不相等.

注　累次极限一般不是特殊路径的极限,但在某空心邻域里若函数连续,则累次极限实为沿坐标轴方向的极限.

例 6.1.12　函数 $f(x,y) = \dfrac{x^4 y^4}{(x^3 + y^6)^2}$ 在 $(0,0)$ 点的极限 $\lim\limits_{(x,y) \to (0,0)} f(x,y)$ 存在吗? 若存在,求其值.(华东师范大学)

提示　可考虑沿路径 $x = my^2$ 的极限(m 取不同的常数).

c. 关于全面极限与特殊路径极限的进一步讨论

例 6.1.13　证明:

1）$f(x,y)$ 当 (x,y) 沿径向路径趋向 (x_0, y_0) 时极限存在,保持相等,全面极限 $\lim\limits_{(x,y) \to (x_0, y_0)} f(x,y)$ 仍可以不存在;

2）但若沿径向路径极限存在相等,并关于辐角 $\theta \in [0, 2\pi]$ 一致,则全面极限 $\lim\limits_{(x,y) \to (x_0, y_0)} f(x,y)$ 存在.

提示　1）可考虑 $\lim\limits_{(x,y) \to (0,0)} \dfrac{x^2 y}{x^4 + y^2}$.　2）利用极限定义,容易证得.

☆**例 6.1.14**　设 $f(x,y)$ 是在区域 $D: |x| \leq 1, |y| \leq 1$ 上的有界 k 次齐次函数($k \geq 1$),问极限 $\lim\limits_{(x,y) \to (0,0)} [f(x,y) + (x-1)e^y]$ 是否存在? 若存在,试求其值.(南京大学)

解　因 f 为 k 次齐次函数,故 $\forall t \in \mathbf{R}$,有 $f(tx, ty) = t^k f(x,y)$,因此
$$f(r\cos\theta, r\sin\theta) = r^k f(\cos\theta, \sin\theta).$$

又因 $f(x,y)$ 有界,$\exists M > 0$,使得 $|f(x,y)| \leq M$ （$\forall (x,y) \in D$）.所以
$$|f(r\cos\theta, r\sin\theta)| = r^k |f(\cos\theta, \sin\theta)|$$
$$\leq r^k M \rightrightarrows 0 \text{（当 } r \to 0 \text{ 时关于 } \theta \in [0, 2\pi] \text{一致）}.$$

于是
$$\lim\limits_{(x,y) \to (0,0)} [f(x,y) + (x-1)e^y] = -1.$$

***例 6.1.15**　设

1）$\forall \theta \in [0, 2\pi]$,$f(x,y) = f(r\cos\theta, r\sin\theta) \to 0$ （当 $r \to 0$ 时）;

2）存在 $M > 0$,使得对任意两点 (x,y),(x_0, y_0)（设它们离原点距离相等,且 > 0）,满足 $|f(x,y) - f(x_0, y_0)| \leq M \left| \arctan \dfrac{x_0 y - x y_0}{x x_0 + y y_0} \right|$.

试证:$\lim\limits_{r \to 0} f(x,y) = 0$ （$r = \sqrt{x^2 + y^2}$）.

证 条件1)表明:$\forall \theta \in [0, 2\pi]$, $\forall \varepsilon > 0$, $\exists \delta = \delta(\theta, \varepsilon) > 0$, 当 $0 < r < \delta$ 时, 有 $|f(x, y)| < \varepsilon$. (注意:这里的 δ 不仅依赖 ε, 还依赖 θ, 而 $\theta \in [0, 2\pi)$ 有无穷多个选择, 因此未必存在最小的 $\delta > 0$. 必须求助条件2).)

在条件2)里:记 $(x, y) = (r\cos \alpha, r\sin \alpha)$, $(x_0, y_0) = (r\cos \beta, r\sin \beta)$, $r > 0$, 则

$$\left| \arctan \frac{x_0 y - x y_0}{x x_0 + y y_0} \right| = \left| \arctan \frac{\sin(\alpha - \beta)}{\cos(\alpha - \beta)} \right| = |\alpha - \beta|,$$

这里 α, β 分别是点 $(x, y)(x_0, y_0)$ 的辐角. 于是由条件2)知:$\forall \varepsilon > 0$, $\exists \delta_0 = \frac{\varepsilon}{2M} > 0$, 当 $|\alpha - \beta| < \delta_0$ 时, 有

$$|f(x, y) - f(x_0, y_0)| \leq M \left| \arctan \frac{x_0 y - x y_0}{x x_0 + y y_0} \right| = M|\alpha - \beta| < M\frac{\varepsilon}{2M} = \frac{\varepsilon}{2}. \tag{1}$$

(称原点出发的射线为经线, (原点为圆心的)同心圆为纬线, 那么条件1)表明:"在同一条经线上的任一点 (x, y), 当其向径 r 充分小时, 对应的函数值就能任意小;条件2)表明:"在同一纬线上的两点, 若它们辐角之差充分小, 则对应的函数值相差也能任意小.")

现从原点出发, 画出 n 条射线, 将平面 $\mathbf{R}^2$ 均匀分为 n 个相等的扇形. 取 n 充分大, 使得每个扇形的辐角 γ 足够小, 以至于 $\gamma = \frac{2\pi}{n} \leq \delta_0 = \frac{\varepsilon}{2M}$, 即 $n \geq N = \left[\frac{4\pi M}{\varepsilon} \right]$. 此时, 平面 $\mathbf{R}^2$ 被等分成 n 个扇形, 第 i 号射线 ℓ_i 的辐角记为 "$i\gamma$", 第 i 个扇形里的任意点 $(x, y) = (r\cos \alpha, r\sin \alpha)$, 辐角 α 满足:$(i-1)\gamma < \alpha \leq i\gamma$ $(i = 1, 2, \cdots, n)$. 根据条件1), 在 ℓ_i 上, $\forall \varepsilon > 0$, $\exists \delta_i > 0$, 当 $r < \delta_i$ 时, 有

$$|f(x_i, y_i)| = |f(r\cos \alpha_i, r\sin \alpha_i)| < \frac{\varepsilon}{2}, \quad (x_i, y_i) \in \ell_i \quad (i = 1, 2, \cdots, n). \tag{2}$$

令 $\delta = \min\{\delta_i \mid i = 0, 1, 2, \cdots, n\}$, 则 $(x, y) = (r\cos \alpha, r\sin \alpha) \in \mathbf{R}^2$ (必落在某个扇形里, 例如在第 i 个(扇形)里)与射线 ℓ_i 上向径为 r 的点 $(x_i, y_i) = (r\cos \alpha_i, r\sin \alpha_i)$ 的辐角差:$|\alpha - \alpha_i| \leq \gamma = \frac{2\pi}{n}$. 因此当 $r < \delta$ 时, (由式(1)和(2))有

$$|f(x, y)| \leq |f(x, y) - f(x_i, y_i)| + |f(x_i, y_i)| < \frac{\varepsilon}{2} + \frac{\varepsilon}{2} = \varepsilon.$$

$\lim\limits_{r \to 0} f(x, y) = 0$ 获证.

☆ **练习** 设点 $M(x, y)$ 沿任意路径趋向 $M_0(x_0, y_0)$ 时, 函数 $f(x, y)$ 的极限恒为 A, 试证

$$\lim_{M \to M_0} f(x, y) = A.$$

证 (反证法)若 $f(x, y) \nrightarrow A$ (当 $x \to x_0$, $y \to y_0$ 时), 则 $\exists \varepsilon_0 > 0$ 及点列 $\{M_n\}$ ($M_n \to M_0$, 当 $n \to \infty$ 时)使得 $|f(M_n) - A| \geq \varepsilon_0$ $(n = 1, 2, \cdots)$. 如此顺序用直线段将 $M_1 M_2 M_3 \cdots$ 连成折线 L, 则 M 沿 L 趋向 M_0 时, $f(x, y) \nrightarrow A$, 与已知条件矛盾.

^new^ *** 例 6.1.16** 已知函数 $f(x, y)$ 定义在 $D = (a, b) \times [c, d]$ 上, 且

(i) x 固定时, 对 y 连续;

(ii) 设 $x_0 \in (a,b)$ 取定,对任意 $y \in [c,d]$,有 $\lim\limits_{x \to x_0} f(x,y) \xrightarrow{\text{存在}} g(y)$.

试证:如下两论断等价:

(A) 重极限 $\lim\limits_{\substack{x \to x_0 \\ y \to y_0}} f(x,y) = g(y_0)$ 对于任意 $y_0 \in [c,d]$ 成立;

(B) 当 $x \to x_0$ 时,$f(x,y) \rightrightarrows g(y)$ 关于 $y \in [c,d]$ 一致.

当两论断都成立时,$g(y)$ 在 $[c,d]$ 上一致连续.(北京大学)

证 1° ((A) $\Rightarrow$ (B).) 已知: $\lim\limits_{\substack{x \to x_0 \\ y \to y_0}} f(x,y) = g(y_0)$(对任意 $y_0 \in [c,d]$ 成立). 因此,
对每个 $y_0 \in [c,d]$: $\forall \varepsilon > 0, \exists \delta = \delta_{y_0} > 0$,当 $|x - x_0| < \delta, |y - y_0| < \delta$(即 $y \in U(y_0, \delta)$)
时,有

$$|f(x,y) - g(y_0)| < \varepsilon. \tag{1}$$

在此式中,将 $y \in U(y_0, \delta)$ 固定,令 $x \to x_0$,则得

$$|g(y) - g(y_0)| \leq \varepsilon. \tag{2}$$

此式表明: $\forall y_0 \in [c,d]$,$g(y)$ 在 y_0 处连续,从而一致连续(Cantor 定理).

如此,开邻域 $U(y_0, \delta_{y_0})$($\forall y_0 \in [c,d]$)组成 $[c,d]$ 上的开覆盖. 根据有限覆盖
定理,从中可选出有限子覆盖,记作 $U(y_k, \delta_{y_k})$($k = 1, 2, \cdots, m$). 这时,$\forall y \in [c,d] \subseteq$
$\sum\limits_{k=1}^{m} U(y_k, \delta_{y_k})$,必属于某一个 $U(y_k, \delta_{y_k})$,因此取 $\bar{\delta} = \min\limits_{1 \leq k \leq m} \delta_k$,则当 $|x - x_0| < \bar{\delta}$ 时,对任
意 $y \in [c,d]$,有式(1)成立. 故当 $|x - x_0| < \bar{\delta}$ 时,利用式(1)和(2),恒有

$$|f(x,y) - g(y_0)| \leq |f(x,y) - g(y)| + |g(y) - g(y_0)|$$
$$< 2\varepsilon \ (\forall y \in [c,d] \text{ 一致成立}).$$

2° ((B) $\Rightarrow$ (A).) 已知当 $x \to x_0$ 时,有 $f(x,y) \rightrightarrows g(y)$ 关于 $y \in [c,d]$ 一致. 因此,
$\forall \varepsilon > 0, \exists \delta_{\text{横向}} > 0$(横向指 x 的变化范围),当 $x \in (a,b), |x - x_0| < \delta_{\text{横向}}$ 时,就有

$$|f(x,y) - g(y)| < \varepsilon \ (\forall y \in [c,d]). \tag{3}$$

任意取定 $y_0 \in [c,d]$,由已知条件(i),x 固定时,$f(x,y)$ 对 y 连续. 因此在式(3)中,若
将 x 固定(令 $x = x_1, |x_1 - x_0| < \delta$),再让 $y \to y_0$,则对于上述任意 $\varepsilon > 0, \exists \delta_{x_1} > 0$,当
$|y - y_0| < \delta_{x_1}$ 时,有 $|f(x_1, y) - f(x_1, y_0)| < \varepsilon$. 于是

$$|g(y) - g(y_0)|$$
$$\leq |g(y) - f(x_1, y)| + |f(x_1, y) - f(x_1, y_0)| + |f(x_1, y_0) - g(y_0)| < 3\varepsilon.$$

这说明: $\forall y_0 \in [c,d]$,$g(y)$ 在 y_0 处连续,(根据 Cantor 定理)从而 $g(y)$ 在 $[c,d]$ 一致
连续. 故 $\forall \varepsilon > 0, \exists \delta_{\text{竖向}} > 0$(竖向指 y 的变化范围),$\forall y, y_0 \in [c,d]$,当 $|y - y_0| < \delta_{\text{竖向}}$ 时,有

$$|g(y) - g(y_0)| < \varepsilon. \tag{4}$$

取 $\delta = \min\{\delta_{\text{横向}}, \delta_{\text{竖向}}\}$,则当 $|x - x_0| < \delta$ 且 $|y - y_0| < \delta$(即方邻域里)时,

$$|f(x,y) - g(y_0)| \leq |f(x,y) - g(y)| + |g(y) - g(y_0)| < 2\varepsilon,$$

亦即　$\lim\limits_{\substack{x\to x_0\\y\to y_0}}f(x,y)\xlongequal{\text{存在}}g(y_0).$ 证毕.

d. 累次极限交换次序问题

☆**例 6.1.17**　Ω 为 $\mathbf{R}^2$ 中的开集, $(x_0,y_0)\in\Omega,f(x,y)$ 为 Ω 上的函数, 且

1) 对每个 $(x,y)\in\Omega$ 的 x 存在 $\lim\limits_{y\to y_0}f(x,y)=g(x)$;

2) $\lim\limits_{x\to x_0}f(x,y)=h(y)$, 关于 $(x,y)\in\Omega$ 中的 y 一致.

试证：
$$\lim\limits_{x\to x_0}\lim\limits_{y\to y_0}f(x,y)=\lim\limits_{y\to y_0}\lim\limits_{x\to x_0}f(x,y). \tag{1}$$

(辽宁大学)

　　方法　为了证明等式 (1), 只要证明等式左端的累次极限 $\lim\limits_{x\to x_0}\lim\limits_{y\to y_0}f(x,y)=\lim\limits_{x\to x_0}g(x)=A$ 存在, 且右端的函数 $h(y)\equiv\lim\limits_{x\to x_0}f(x,y)$ 当 $y\to y_0$ 时趋向 A.

　　证　1° (证明 $\lim\limits_{x\to x_0}g(x)$ 存在.) 因 $(x_0,y_0)\in\Omega$ (Ω 为开集), 所以 $\exists\delta_1>0$, 使得 $\{(x,y)\mid |x-x_0|<\delta_1,|y-y_0|<\delta_1\}\subseteq\Omega.$ 由条件 2), $\forall\varepsilon>0,\exists\delta>0$ ($\delta<\delta_1$), 当 $0<|x'-x_0|<\delta,0<|x''-x_0|<\delta$ 时, 有
$$|f(x',y)-f(x'',y)|<\varepsilon\quad(\forall y\in\{y\mid |y-y_0|<\delta\}).$$

令 $y\to y_0$ 取极限, (据条件 1)) 得 $|g(x')-g(x'')|\leqslant\varepsilon.$ 根据 Cauchy 准则, 知 $\lim\limits_{x\to x_0}g(x)$ 存在. 即等式 (1) 左端极限存在. 记之为 A.

　　2° (证明 $\lim\limits_{y\to y_0}h(y)=A$.) $\forall\varepsilon>0$, 由
$$|h(y)-A|\leqslant|h(y)-f(x,y)|+|f(x,y)-g(x)|+|g(x)-A|, \tag{2}$$
利用条件 2) 及 1°之结论, 可取 x 与 x_0 充分接近使得
$$|h(y)-f(x,y)|<\frac{\varepsilon}{3},\quad|g(x)-A|<\frac{\varepsilon}{3}.$$

将 x 固定, 由条件 1), $\exists\delta>0$, 使得 $|y-y_0|<\delta$ 时, $|f(x,y)-g(x)|<\frac{\varepsilon}{3}.$ 于是由式 (2) 知 $|h(y)-A|<\frac{\varepsilon}{3}+\frac{\varepsilon}{3}+\frac{\varepsilon}{3}=\varepsilon.$ 证毕.

＊三、多元连续函数

　　导读　本段主要针对数学院系的学生.

　　a. 连续性的证明

　　要点　要证明 $f(x,y)$ 在 (x_0,y_0) 处连续, 即要: $\forall\varepsilon>0$, 找 $\delta>0$, 使得 $|x-x_0|<\delta,|y-y_0|<\delta$ 时, 恒有　$|f(x,y)-f(x_0,y_0)|<\varepsilon$;

　　或等价地, 当 $\sqrt{(x-x_0)^2+(y-y_0)^2}<\delta$ 时, 有　$|f(x,y)-f(x_0,y_0)|<\varepsilon.$

　　☆**例 6.1.18**　设 $f(x)$ 及 $g(y)$ 分别在区间 $[a,b],[c,d]$ 上连续, 定义

$$F(x,y) = \int_a^x f(s)\,\mathrm{d}s \cdot \int_c^y g(t)\,\mathrm{d}t \quad (a \leqslant x \leqslant b, c \leqslant y \leqslant d).$$

试用"$\varepsilon - \delta$"方法证明 $F(x,y)$ 在 $D = \{(x,y) \mid a \leqslant x \leqslant b, c \leqslant y \leqslant d\}$ 内连续.（大连理工大学）

证 因 $f(x), g(y)$ 分别在 $[a,b], [c,d]$ 上连续,故 $\exists M > 0$,使得 $|f(x)| \leqslant M$, $|g(y)| \leqslant M$（当 $a \leqslant x \leqslant b, c \leqslant y \leqslant d$ 时）. 于是

$$\begin{aligned}
|F(x,y) - F(x_0,y_0)| &= \left| \int_a^x f(s)\,\mathrm{d}s \cdot \int_c^y g(t)\,\mathrm{d}t - \int_a^{x_0} f(s)\,\mathrm{d}s \cdot \int_c^{y_0} g(t)\,\mathrm{d}t \right| \\
&\leqslant \left| \int_a^x f(s)\,\mathrm{d}s \cdot \int_c^y g(t)\,\mathrm{d}t - \int_a^{x_0} f(s)\,\mathrm{d}s \cdot \int_c^y g(t)\,\mathrm{d}t \right| + \\
&\quad \left| \int_a^{x_0} f(s)\,\mathrm{d}s \cdot \int_c^y g(t)\,\mathrm{d}t - \int_a^{x_0} f(s)\,\mathrm{d}s \cdot \int_c^{y_0} g(t)\,\mathrm{d}t \right| \\
&= \left| \int_{x_0}^x f(s)\,\mathrm{d}s \right| \cdot \left| \int_c^y g(t)\,\mathrm{d}t \right| + \left| \int_a^{x_0} f(s)\,\mathrm{d}s \right| \cdot \left| \int_{y_0}^y g(t)\,\mathrm{d}t \right| \\
&\leqslant \int_{x_0}^x |f(s)|\,\mathrm{d}s \cdot \int_c^d |g(t)|\,\mathrm{d}t + \int_a^b |f(s)|\,\mathrm{d}s \cdot \int_{y_0}^y |g(t)|\,\mathrm{d}t \\
&\leqslant M^2(d-c)|x-x_0| + M^2(b-a)|y-y_0|.
\end{aligned}$$

记 $\Delta = \max\{b-a, d-c\}$,于是,$\forall (x_0,y_0) \in D$,$\forall \varepsilon > 0$,取 $\delta = \dfrac{\varepsilon}{2M^2\Delta} > 0$,当 $|x-x_0| < \delta$,$|y-y_0| < \delta$,$(x,y) \in D$ 时,恒有 $|F(x,y) - F(x_0,y_0)| < \varepsilon$. 证毕.

应当指出的是,如果未限定用 $\varepsilon - \delta$ 方法证明,本题用连续函数运算性质做更快. 因为 $\int_a^x f(s)\,\mathrm{d}s$ 与 $\int_c^y g(t)\,\mathrm{d}t$ 分别为 x 与 y 的一元连续函数,看作二元函数自然也连续. 用连续函数的乘法定理,便知 $F(x,y)$ 连续.

☆ **例 6.1.19** 设 $u = f(x,y,z)$ 在闭立方体 $\overline{D}[a,b;a,b;a,b]$ 上连续,试证 $g(x,y) = \max\limits_{a \leqslant z \leqslant b} f(x,y,z)$ 在正方形 $[a,b;a,b] \subset \mathbf{R}^2$ 上连续.

提示 （或作为引理）先证明:若 $f(x,y)$ 在 $D \equiv [a,b] \times [c,d]$ 上连续,则 $g(y) = \max\limits_{x \in [a,b]} f(x,y)$ 在 $[c,d]$ 上连续.

证 因 $f(x,y,z)$ 在 $\overline{D}$ 上连续,故在 $\overline{D}$ 上一致连续. 于是,$\forall \varepsilon > 0$,$\exists \delta > 0$,$\overline{D}$ 上当 $|x-x'| < \delta$,$|y-y'| < \delta$,$|z-z'| < \delta$ 时恒有 $|f(x,y,z) - f(x',y',z')| < \varepsilon$. 特别,当 $|x-x_0| < \delta$,$|y-y_0| < \delta$ 时,有 $|f(x,y,z) - f(x_0,y_0,z)| < \varepsilon$（$\forall z \in [a,b]$）. 即

$$f(x_0,y_0,z) - \varepsilon < f(x,y,z) < f(x_0,y_0,z) + \varepsilon.$$

固定 x,y,让 z 在 $[a,b]$ 上变化,取最大值,可得

$$f(x_0,y_0,z) - \varepsilon < f(x,y,z) < g(x_0,y_0) + \varepsilon, \ \forall z \in [a,b].$$

此不等式中间一项取成最大值 $\max\limits_{a \leqslant x \leqslant b} f(x,y,z)$ 时,上式仍成立,得

$$f(x_0, y_0, z) - \varepsilon < g(x, y) < g(x_0, y_0) + \varepsilon, \ \forall z \in [a, b].$$

最后令左边第一项取最大值,得

$$g(x_0, y_0) - \varepsilon_0 < g(x, y) < g(x_0, y_0) + \varepsilon.$$

即 $|x - x_0| < \delta$, $|y - y_0| < \delta$ 时,$|g(x, y) - g(x_0, y_0)| < \varepsilon$.

至此实际已证明了:$g(x, y)$ 不仅在 $[a, b; a, b]$ 上连续,而且一致连续.

向量函数连续性问题

要点 设 $(u, v) = F(x, y) = (f(x, y), g(x, y))$ 是 $\mathbf{R}^2 \to \mathbf{R}^2$ 的函数. 要证明 F 在 (x_0, y_0) 处连续(即当 $(x, y) \to (x_0, y_0)$ 时,有 $(f(x, y), g(x, y)) \to (f(x_0, y_0), g(x_0, y_0))$),等价于要证明 $f(x, y), g(x, y)$ 都在 (x_0, y_0) 处连续,也等价于要证明当 $r = \sqrt{(x - x_0)^2 + (y - y_0)^2} \to 0$ 时 $\sqrt{(u - u_0)^2 + (v - v_0)^2} \to 0$. 至于 $\mathbf{R}^n$ 到 $\mathbf{R}^m$ 的映射,情况类似.

※例 6.1.20 讨论如下向量函数的连续性:设 $(u, v) = F(x, y) = (f(x, y), g(x, y))$,其中

$$u = f(x, y) = \begin{cases} \dfrac{x}{(x^2 + y^2)^\alpha} \ln(|x| + |y|), & \text{当 } x^2 + y^2 \neq 0 \text{ 时}, \\ 0, & \text{当 } x^2 + y^2 = 0 \text{ 时}, \end{cases}$$

$$v = g(x, y) = \begin{cases} \dfrac{y}{(x^2 + y^2)^\alpha} \ln(|x| + |y|), & \text{当 } x^2 + y^2 \neq 0 \text{ 时}, \\ 0, & \text{当 } x^2 + y^2 = 0 \text{ 时}. \end{cases}$$

解 显然 $f(x, y), g(x, y)$ 当 $x^2 + y^2 \neq 0$ 时连续,因此 $(x, y) \neq (0, 0)$ 时 F 连续. 下面只研究 $(0, 0)$ 点的情况. 因为

$$u^2 + v^2 = \frac{x^2 + y^2}{(x^2 + y^2)^{2\alpha}} \ln^2(|x| + |y|) \quad (x^2 + y^2 \neq 0)$$

$$= (x^2 + y^2)^{1 - 2\alpha} \ln^2(|x| + |y|)$$

$$\to \begin{cases} 0, & \text{当 } \alpha < \dfrac{1}{2} \text{ 时}, \\ +\infty, & \text{当 } \alpha \geq \dfrac{1}{2} \text{ 时} \end{cases} \quad (\text{当 } r^2 = x^2 + y^2 \to 0 \text{ 时}). \tag{1}$$

故当且仅当 $\alpha < \dfrac{1}{2}$ 时 F 在 $(0, 0)$ 点连续. 下面对式 (1) 中的极限进行补充证明.

当 $\alpha \geq \dfrac{1}{2}$(即 $1 - 2\alpha \leq 0$)时,显然极限为 $+\infty$. 现设 $\alpha < \dfrac{1}{2}$,记 $\mu = 1 - 2\alpha$,则 $\mu > 0$,

$$(x^2 + y^2)^{1 - 2\alpha} \ln^2(|x| + |y|) = \frac{(x^2 + y^2)^\mu}{(|x| + |y|)^{2\mu}} \cdot (|x| + |y|)^{2\mu} \ln^2(|x| + |y|),$$

这时 $$0 \leq \frac{(x^2 + y^2)^\mu}{(|x| + |y|)^{2\mu}} = \frac{(x^2 + y^2)^\mu}{(x^2 + 2|x||y| + y^2)^\mu} \leq \frac{(x^2 + y^2)^\mu}{(x^2 + y^2)^\mu} = 1,$$

但 $(|x| + |y|)^{2\mu} \ln^2(|x| + |y|) \to 0$,所以

$$(x^2 + y^2)^{1 - 2\alpha} \ln^2(|x| + |y|) \to 0 \quad (\text{当 } r \to 0 \text{ 时}).$$

b. 全面连续与按单变量连续的关系

要点　全面连续必按各单变量连续,反之按各单变量连续,不一定全面连续,只有补充某种条件之后,才能保证全面连续.

例 6.1.21　$f(x,y)=\begin{cases}\dfrac{xy}{x^2+y^2}, & \text{当 } x^2+y^2\neq0 \text{ 时},\\[2mm] 0, & \text{当 } x^2+y^2=0 \text{ 时}\end{cases}$　在 $(0,0)$ 处关于单变量 x 与 y

都是连续的,但在 $(0,0)$ 处不全面连续.

☆**例 6.1.22**　若 $f(x,y)$ 分别是单变量 x 及 y 的连续函数,又对其中一个变量是单调的,试证 $f(x,y)$ 是二元连续函数.(陕西师范大学)

分析　假设 $f(x,y)$ 对 y 单调增加,关于 x,y 分别连续. $M_0(x_0,y_0)$ 是任意一点,要证明 $f(x,y)$ 在 $M_0(x_0,y_0)$ 处连续,即要对任意 $\varepsilon>0$,找相应的邻域 U,使得 $(x,y)\in U$ 时,有 $|f(x,y)-f(x_0,y_0)|<\varepsilon$.

如图 6.1.1,因 $f(x,y)$ 对 y 连续. 故 $\delta_1>0$ 充分小时,有

$$|f(M_1)-f(M_0)|<\frac{\varepsilon}{2},\quad |f(M_2)-f(M_0)|<\frac{\varepsilon}{2},$$

这里 $M_1(x_0,y_0-\delta_1)$,$M_2(x_0,y_0+\delta_1)$. 又因 f 对 x 连续,所以 $\delta>0$ 充分小时,若 $M\in\overline{M_3M_4}$,有

$$|f(M)-f(M_1)|<\frac{\varepsilon}{2};$$

若 $M\in\overline{M_5M_6}$,有 $|f(M)-f(M_2)|<\dfrac{\varepsilon}{2}$.

至此在 $M_0(x_0,y_0)$ 的方形邻域:矩形 $M_3M_4M_6M_5$ 内恒有

$$|f(x,y)-f(x_0,y_0)|<\varepsilon.$$

原因是 $f(x,y)$ 对 y 单调,$f(x,y)$ 夹于 $f(x,y_0-\delta_1)$ 和 $f(x,y_0+\delta_1)$ 之间. 例如 $f(x,y)$ 单调增加,则

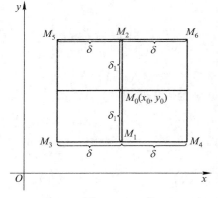

图 6.1.1

$$f(x,y)\leqslant f(x,y_0+\delta_1)<f(x_0,y_0+\delta_1)+\frac{\varepsilon}{2}$$

$$<\left(f(x_0,y_0)+\frac{\varepsilon}{2}\right)+\frac{\varepsilon}{2}=f(x_0,y_0)+\varepsilon.$$

又

$$f(x,y)\geqslant f(x,y_0-\delta_1)>f(x_0,y_0-\delta_1)-\frac{\varepsilon}{2}$$

$$>\left(f(x_0,y_0)-\frac{\varepsilon}{2}\right)-\frac{\varepsilon}{2}=f(x_0,y_0)-\varepsilon,$$

总之 $f(x_0,y_0)-\varepsilon<f(x,y)<f(x_0,y_0)+\varepsilon$,即 $|f(x,y)-f(x_0,y_0)|<\varepsilon$.

☆**例 6.1.23**　在所讨论区域上设 $f(x,y)$ 分别对 x 和 y 连续,试证在下列条件之

一满足时,$f(x,y)$ 全面连续:

1)$f(x,y)$ 对 x 连续关于 y 一致(即 $\forall x_0$,$\forall \varepsilon > 0$,$\exists \delta = \delta(\varepsilon, x_0) > 0$(与 y 无关),当 $|x - x_0| < \delta$ 时,对一切 y 恒有 $|f(x,y) - f(x_0, y)| < \varepsilon$);

2)$f(x,y)$ 对 y 连续关于 x 一致;

3)特别,若对其中一个变量满足 Lipschitz 条件(例如对 y 满足 Lipschitz 条件,即 $\exists L > 0$,使得 $\forall y_1, y_2, x$,有 $|f(x, y_1) - f(x, y_2)| \leqslant L |y_1 - y_2|$);

4)设所考虑的范围是某个有界闭区域 D,而 f 在包含 D 的某个区域 G 上有意义,且在 G 上对变量 x 或 y 满足局部 Lipschitz 条件(例如对 y 满足局部 Lipschitz 条件,即 $\forall (x_0, y_0) \in G$,存在邻域 $U \subset G$ 及 $L > 0$ 使得 $\forall (x, y_1), (x, y_2) \in U$,有 $|f(x, y_1) - f(x, y_2)| \leqslant L |y_1 - y_2|$)。

证 1)$\forall (x_0, y_0)$,$\forall \varepsilon > 0$,$\exists \delta_1 = \delta_1(\varepsilon, x_0) > 0$(与 y 无关),当 $|x - x_0| < \delta_1$ 时,对一切 y 有 $|f(x,y) - f(x_0, y)| < \dfrac{\varepsilon}{2}$。又因 (x_0, y_0) 处 $f(x_0, y)$ 对 y 连续,故对此 $\varepsilon > 0$,$\exists \delta_2 > 0$ 使得 $|y - y_0| < \delta_2$ 时,有 $|f(x_0, y) - f(x_0, y_0)| < \dfrac{\varepsilon}{2}$。

取 $\delta = \min\{\delta_1, \delta_2\}$,则 $|x - x_0| < \delta$,$|y - y_0| < \delta$ 时,有
$$|f(x,y) - f(x_0, y_0)| \leqslant |f(x,y) - f(x_0, y)| + |f(x_0, y) - f(x_0, y_0)|$$
$$< \frac{\varepsilon}{2} + \frac{\varepsilon}{2} = \varepsilon.$$

由 (x_0, y_0) 的任意性,就证明了 f 的连续性.

2)类似 1)。

3)可从 Lipschitz 条件导出条件 1)或 2)。

4)可从条件 4)导出条件 1)(用有限覆盖定理)。

例 6.1.24 设函数 $f(x,y)$ 在原点附近有定义,令
$$F(r, \theta) = f(r\cos\theta, r\sin\theta) \quad (r \geqslant 0, 0 \leqslant \theta < 2\pi).$$
如果 $F(r, \theta)$ 满足如下条件:

1)$\forall \theta \in [0, 2\pi]$,$F(r, \theta)$ 对 r 连续;

2)对任意 $\varepsilon > 0$,存在 $\delta > 0$,当 $|\theta - \theta'| < \delta$ 时,有 $|F(r, \theta) - F(r, \theta')| < \varepsilon$,对于 r 一致成立.

证明:函数 $f(x,y)$ 在原点 $(0,0)$ 处连续.(上海交通大学)

提示 参见例 6.1.15.

c. 连续性的等价描述

要点 连续性除用 ε-δ 语言描述之外,还可等价地用邻域、序列、开集、闭集等不同的方式进行描述.

例 6.1.25　设 $f(M)$ 在区域 D 内定义[①],则如下诸条件等价:

1) $f(M)$ 在 D 内连续(即: $\forall M_0(x_1^0,\cdots,x_n^0)\in D$, $\forall\varepsilon>0$, $\exists\delta>0$,使得当 $|x_i-x_i^0|<\delta(i=1,2,\cdots,n)$ 时,有 $|f(M)-f(M_0)|<\varepsilon$);

$1')$ $\forall M_0\in D$, $\forall\varepsilon>0$, $\exists\delta>0$,使得当 $|M-M_0|<\delta$ 时,有

$$|f(M)-f(M_0)|<\varepsilon,$$

这里 $|M-M_0|=\sqrt{(x_1-x_1^0)^2+\cdots+(x_n-x_n^0)^2}$;

$1'')$ $\forall M_0\in D$, $\forall U\in\mathscr{N}(f(M_0))$, $\exists V\in\mathscr{N}(M_0)$ 使得 $f(V\cap D)\subseteq U$,这里 $\mathscr{N}(M_0)$ 表示 $\mathbf{R}^n$ 中点 M_0 的全体邻域组成的集合. $U\in\mathscr{N}(M_0)$ 表示 U 为 M_0 的一个邻域, $\mathscr{N}(f(M_0))$ 表示值域空间 $\mathbf{R}$ 中像点 $f(M_0)$ 的邻域集;

2) $\forall\alpha\in\mathbf{R}$,集合 $E=\{M|f(M)>\alpha\}$ 与 $F=\{M|f(M)<\alpha\}$ 皆为开集;

$2')$ $\forall\alpha<\beta$, $G=\{M|\alpha<f(M)<\beta\}$ 恒为开集;

3) $\forall\alpha\in\mathbf{R}$, $E=\{M|f(M)\geqslant\alpha\}$ 与 $F=\{M|f(M)\leqslant\alpha\}$ 皆为闭集;

4) 若 $M_n\in D$,当 $n\to\infty$ 时 $M_n\to M_0\in D$,则必有 $f(M_n)\to f(M_0)$.

证　与一元情况类似.下面只就 1),2),2') 的等价性进行证明,其余留给读者.

(1) $\Rightarrow$ 2).)设 $M_0\in E$,即 $f(M_0)>\alpha$,根据连续函数保号性,知 $\exists\delta>0$,使得 $|M-M_0|<\delta$ 时有 $f(M)>\alpha$.即 M_0 的邻域 $\{M||M-M_0|<\delta\}\subset E$.所以 E 为开集.同理可证 F 为开集.

(2) $\Rightarrow$ 2').)因 $\forall\alpha<\beta$, $\{M|\alpha<f(M)<\beta\}=\{M|f(M)>\alpha\}\cap\{M|f(M)<\beta\}$,故 $\{M|\alpha<f(M)<\beta\}$ 亦为开集.

(2') $\Rightarrow$ 1).) $\forall M_0\in D$,令 $\alpha=f(M_0)-\varepsilon$, $\beta=f(M_0)+\varepsilon$,则 $M_0\in G=\{M|\alpha<f(M)<\beta\}$.因 G 为开集,故存在 M_0 的邻域 V,使得 $M_0\in V\subset G$.即当 $M\in V$ 时,有 $f(M_0)-\varepsilon<f(M)<f(M_0)+\varepsilon$,亦即 $|f(M)-f(M_0)|<\varepsilon$.

注　条件 2') 实际就是:任意开区间 $(\alpha,\beta)\subset\mathbf{R}$ 的逆像 $f^{-1}[(\alpha,\beta)]=\{M|\alpha<f(M)<\beta\}$ 恒为开集.

上述结论很容易推广到向量函数的情况.由此我们看到拓扑学中连续性概念的渊源.

d. 连续函数性质的应用

i) 有界性的应用

☆**例 6.1.26**　设

1) $\varphi(x)$ 在 $(x_0-\delta,x_0)$ $(\delta>0)$ 上具有连续的导数,并存在 $x_n\in(x_0-\delta,x_0)$ $(n=1,2,\cdots)$,使得 $x_n\to x_0$, $\varphi(x_n)\to y_0$ (当 $n\to\infty$ 时);

2) $f(x,y)$ 在有界闭区域 G 上连续.当 $(x_0,y_0)\in G$,且 $x\in(x_0-\delta,x_0)$ 时,有 $(x,\varphi(x))\in G$, $\varphi'(x)=F(x,\varphi(x))$.

---

①　"区域"意指开区域,即其内每一点皆为内点.

试证: $\lim\limits_{x \to x_0^-} \varphi(x) = y_0$. (山东大学)

分析 若 $\varphi(x) \not\to y_0$ (当 $x \to x_0^-$ 时), 那么由条件
1), 当 $x \to x_0^-$ 时, $\varphi(x)$ 只能无限振动, 如图 6.1.2 所示.
x 充分接近 x_0^- 时, $\varphi'(x)$ 无界, 从而 $f(x, \varphi(x)) = \varphi'(x)$
亦无界, 与 $f(x, y)$ 在 G 上连续相矛盾 (因为在有界闭
区域上连续必有界).

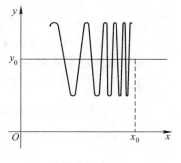

图 6.1.2

证 (反证法) 设 $\varphi(x) \not\to y_0$ (当 $x \to x_0^-$ 时), 则
$\exists \varepsilon_0 > 0$ 及数列: $x_n' \in G, x_n' < x_0, x_n' \to x_0^-$ (当 $n \to \infty$ 时),
使得

$$|\varphi(x_n') - y_0| \geqslant \varepsilon_0. \tag{1}$$

另一方面, 已知 $x_n \to x_0, \varphi(x_n) \to y_0$ (当 $n \to \infty$ 时), 所以 $\forall K \in \mathbf{N}, \exists N_1 > 0$, 使得
$n > N_1$ 时, $|x_n - x_0| < \dfrac{1}{K}$,

$$|\varphi(x_n) - y_0| < \frac{\varepsilon_0}{2}. \tag{2}$$

由 $x_n' \to x_0$ (当 $n \to \infty$ 时) 知: $\exists N_2 > 0, n > N_2$ 时, $|x_n' - x_0| < \dfrac{1}{K}$. 取 $N = \max\{N_1, N_2\}$,
则当 $n > N$ 时有

$$|x_n' - x_0| < \frac{1}{K}, \qquad |x_n - x_0| < \frac{1}{K}. \tag{3}$$

于是由式 (1) 和 (2), 有

$$|\varphi(x_n') - \varphi(x_n)| \geqslant \big||\varphi(x_n') - y_0| - |y_0 - \varphi(x_n)|\big| > \varepsilon_0 - \frac{\varepsilon_0}{2} = \frac{\varepsilon_0}{2}. \tag{4}$$

由式 (3) 有 $$|x_n - x_n'| \leqslant |x_n - x_0| + |x_0 - x_n'| < \frac{2}{K}. \tag{5}$$

对于 $\dfrac{1}{K}$, 将如此的 n 固定, 利用微分中值定理, $\exists \xi_{n_k}$ 于 x_n, x_n' 之间, 使得 $\varphi(x_n') - \varphi(x_n) =$
$\varphi'(\xi_{n_k})(x_n' - x_n)$. 从而由 (4) 和 (5),

$$|\varphi'(\xi_{n_k})| = \left|\frac{\varphi(x_n') - \varphi(x_n)}{x_n' - x_n}\right| \geqslant \frac{\varepsilon_0/2}{2/K} = \frac{K\varepsilon_0}{4}.$$

已知 $f(x, \varphi(x)) = \varphi'(x)$, 根据 K 的任意性, 如此我们证明了 $\varphi'(x) = f(x, \varphi(x))$ 无
界. 与 f 在有界闭区域 G 上连续必有界矛盾.

ii) 介值定理的应用

例 6.1.27 证明: 不存在由闭区间到圆周上的一对一连续对应.

证 (反证法) 设 $K = \{(r, \theta) \mid 0 \leqslant \theta < 2\pi\}$ 是某个圆, $[a, b]$ 是某个闭区间. 若存
在 $[a, b]$ 至 K 的一对一连续对应, 则 $[a, b]$ 也就连续一对一地对应于区间 $[0, 2\pi)$. 因

此 a,b 两点至少有一个对应于 $[0,2\pi)$ 的内点,例如记作 a. 记 f 为此对应关系,则有 $0 < f(a) < 2\pi$. 取 θ_1, θ_2 使得 $0 < \theta_1 < f(a) < \theta_2 < 2\pi$. 记 $x_1 = f^{-1}(\theta_1)$, $x_2 = f^{-1}(\theta_2)$,则 $x_1, x_2 \in (a,b)$, $0 < f(x_1) < f(a) < f(x_2) < 2\pi$. 利用介值定理,$\exists \xi$ 在 x_1 与 x_2 之间使得 $f(\xi) = f(a)$,与一对一矛盾. 证毕.

iii) 确界技术及有关原理

要点 1) 若 $f(M) \leqslant B$($\forall M \in J$),则 $\sup\limits_J f(M) \leqslant B$;

2) 若 $f(M) \geqslant A$($\forall M \in J$),则 $\inf\limits_J f(M) \geqslant A$;

3) 若 $f(M) \leqslant g(M)$($\forall M \in J$),则
$$\sup\limits_J f(M) \leqslant \sup\limits_J g(M), \quad \inf\limits_J f(M) \leqslant \inf\limits_J g(M);$$

4) 有界闭区域上的连续函数,必达上、下确界.

☆**例 6.1.28** 设二元函数 $f(x,y)$ 在正方形区域 $[0,1] \times [0,1]$ 上连续,记 $J = [0,1]$.

1) 试比较 $\inf\limits_{y \in J} \sup\limits_{x \in J} f(x,y)$ 与 $\sup\limits_{x \in J} \inf\limits_{y \in J} f(x,y)$ 的大小并证明之;

2) 给出并证明使等式
$$\inf\limits_{y \in J} \sup\limits_{x \in J} f(x,y) = \sup\limits_{x \in J} \inf\limits_{y \in J} f(x,y) \tag{1}$$
成立的(你认为最好的)充分条件.(浙江大学)

证 1° 对任意固定的 $y \in J$,有
$$\sup\limits_{x \in J} f(x,y) \geqslant f(x,y) \geqslant \inf\limits_{y \in J} f(x,y) \quad (\forall x \in J), \tag{2}$$
所以 $\sup\limits_{x \in J} f(x,y) \geqslant \sup\limits_{x \in J} \inf\limits_{y \in J} f(x,y)$. 由 y 的任意性知 $\inf\limits_{y \in J} \sup\limits_{x \in J} f(x,y) \geqslant \sup\limits_{x \in J} \inf\limits_{y \in J} f(x,y)$.

2° 若 $f(x,y) \equiv$ 常数,则等式(1)明显成立. 但这种情况太平凡. 一种简单而有意义的条件是 $f(x,y)$ 关于其中某一变量单调. 下面以 $f(x,y)$ 对变量 x 单增进行证明.

上面已证明了式(1)的(左端)$\geqslant$(右端),现证(左端)$\leqslant$(右端). 因 $f(x,y)$ 对 x 单调增加,所以固定 $y \in J$,有 $\sup\limits_{x \in J} f(x,y) = f(1,y)$. 由于 $f(1,y)$ 关于 y 在区间 $J = [0,1]$ 上连续,因此 $\exists y_0 \in J$ 使得
$$f(1,y_0) = \inf\limits_{y \in J} f(1,y) = \inf\limits_{y \in J} \sup\limits_{x \in J} f(x,y) = 左端,$$
但 $f(1,y_0) = \inf\limits_{y \in J} f(1,y) \leqslant \sup\limits_{x \in J} [\inf\limits_{y \in J} f(x,y)] = 右端$,故(左端)$\leqslant$(右端).

e. 一致连续性

* ☆**例 6.1.29** 设 $\mathbf{R}^n$ 为 n 维欧氏空间,A 是 $\mathbf{R}^n$ 的非空子集,定义 x 到 A 的距离为 $f_A(x) \equiv \inf\limits_{y \in A} \rho(x,y) \equiv \rho(x,A)$. 证明 $f_A(x)$ 是 $\mathbf{R}^n$ 上的一致连续函数.(南京大学)

证 $\forall x_1, x_2 \in \mathbf{R}^n$, $\forall y \in A$,有 $\rho(x_1,y) \leqslant \rho(x_1,x_2) + \rho(x_2,y)$. 由此
$$\inf\limits_{y \in A} \rho(x_1,y) \leqslant \rho(x_1,x_2) + \rho(x_2,y) \quad (\forall y \in A).$$
从而
$$\inf\limits_{y \in A} \rho(x_1,y) \leqslant \rho(x_1,x_2) + \inf\limits_{y \in A} \rho(x_2,y).$$

所以
$$\inf_{y\in A}\rho(\boldsymbol{x}_1,\boldsymbol{y}) - \inf_{y\in A}\rho(\boldsymbol{x}_2,\boldsymbol{y}) \leqslant \rho(\boldsymbol{x}_1,\boldsymbol{x}_2).$$

x_1,x_2 互换得
$$\inf_{y\in A}\rho(\boldsymbol{x}_2,\boldsymbol{y}) - \inf_{y\in A}\rho(\boldsymbol{x}_1,\boldsymbol{y}) \leqslant \rho(\boldsymbol{x}_2,\boldsymbol{x}_1) = \rho(\boldsymbol{x}_1,\boldsymbol{x}_2).$$

因此
$$\left| \inf_{y\in A}\rho(\boldsymbol{x}_2,\boldsymbol{y}) - \inf_{y\in A}\rho(\boldsymbol{x}_1,\boldsymbol{y}) \right| \leqslant \rho(\boldsymbol{x}_1,\boldsymbol{x}_2).$$

故 $\forall\varepsilon>0$, 取 $\delta=\varepsilon$, 当 $\rho(\boldsymbol{x}_1,\boldsymbol{x}_2)<\delta$ 时, 有
$$\left| \rho(\boldsymbol{x}_2,A) - \rho(\boldsymbol{x}_1,A) \right| = \left| \inf_{y\in A}\rho(\boldsymbol{x}_2,\boldsymbol{y}) - \inf_{y\in A}\rho(\boldsymbol{x}_1,\boldsymbol{y}) \right| \leqslant \rho(\boldsymbol{x}_1,\boldsymbol{x}_2)<\varepsilon,$$
即 $\rho(\boldsymbol{x},A)$ 在 $\mathbf{R}^n$ 上一致连续.

例 6.1.30 设 $D\subset A\subset\mathbf{R}^n$, D 为有界闭区域, A 为开集. 试证, 存在连续函数 f: $\mathbf{R}^n\to[0,1]$, 使得 $f(\boldsymbol{x})=\begin{cases}1, & \boldsymbol{x}\in D, \\ 0, & \boldsymbol{x}\notin A.\end{cases}$（西南大学）

提示 利用上例的结果与符号, 可取 $f(\boldsymbol{x})=\dfrac{\rho(\boldsymbol{x},A^c)}{\rho(\boldsymbol{x},A^c)+\rho(\boldsymbol{x},D)}$, 其中 $A^c=\mathbf{R}^n-A$ 表示 A 的补集.

一元函数关于一致连续的一些结果, 也可以推广到多元. 如

*例 6.1.31 设 $\varphi(\boldsymbol{x})$ 在 $\mathbf{R}^n$ 里一致连续, $f(\boldsymbol{x})$ 在 $\mathbf{R}^n$ 里连续, 且 $\lim\limits_{r\to+\infty}[f(\boldsymbol{x})-\varphi(\boldsymbol{x})]=0$（这里 $r=|\boldsymbol{x}|=\rho(\boldsymbol{x},\boldsymbol{\theta})$, $\boldsymbol{\theta}$ 表示 $\mathbf{R}^n$ 中的原点）. 试证 $f(\boldsymbol{x})$ 在 $\mathbf{R}^n$ 里一致连续.

提示 参看例 2.2.8.

*例 6.1.32 设 $f(\boldsymbol{x})$ 在 $\mathbf{R}^n$ 中的有界开区域 D 内连续. 试证: $f(\boldsymbol{x})$ 在 D 内一致连续的充要条件是 $\forall\boldsymbol{x}_0\in\partial D$, $\lim\limits_{\substack{\boldsymbol{x}\to\boldsymbol{x}_0\\ \boldsymbol{x}\in D}}f(\boldsymbol{x})$ 存在（这里 ∂D 表示 D 的全体边界点组成之集合）.

证 必要性. 因为 f 在 D 上一致连续, 所以 $\forall\varepsilon>0$, $\exists\delta>0$, 当 $\boldsymbol{x},\boldsymbol{y}\in D$, $\rho(\boldsymbol{x},\boldsymbol{y})<\delta$ 时有 $|f(\boldsymbol{x})-f(\boldsymbol{y})|<\varepsilon$. 设 $\boldsymbol{x}_0\in\partial D$, 因 D 为开区域, 故 $\boldsymbol{x}_0$ 必为 D 的聚点. 设 $\boldsymbol{x}_n\in D$, $\boldsymbol{x}_n\to\boldsymbol{x}_0$（当 $n\to\infty$ 时）为任一趋向 $\boldsymbol{x}_0$ 的序列. 则对上述 $\delta>0$, $\exists N>0$, 当 $n,m>N$ 时, 有 $\rho(\boldsymbol{x}_n,\boldsymbol{x}_m)<\delta$, 从而 $|f(\boldsymbol{x}_n)-f(\boldsymbol{x}_m)|<\varepsilon$. 根据 Cauchy 准则, 知 $\lim\limits_{n\to\infty}f(\boldsymbol{x}_n)$ 存在. 由于 $\boldsymbol{x}_n\to\boldsymbol{x}_0$ 是任取的, 由 Heine 定理, $\lim\limits_{\substack{\boldsymbol{x}\to\boldsymbol{x}_0\\ \boldsymbol{x}\in D}}f(\boldsymbol{x})$ 存在.

充分性. 已知 $\forall\boldsymbol{x}_0\in\partial D$, $\lim\limits_{\substack{\boldsymbol{x}\to\boldsymbol{x}_0\\ \boldsymbol{x}\in D}}f(\boldsymbol{x})$ 存在. 今补充定义 $f(\boldsymbol{x}_0)=\lim\limits_{\substack{\boldsymbol{x}\to\boldsymbol{x}_0\\ \boldsymbol{x}\in D}}f(\boldsymbol{x})$.

于是 $\forall\varepsilon>0$, $\exists\delta>0$, 当 $\boldsymbol{x}\in D$, $\rho(\boldsymbol{x},\boldsymbol{x}_0)<\delta$ 时, 有 $|f(\boldsymbol{x})-f(\boldsymbol{x}_0)|<\varepsilon$. 对于 $\boldsymbol{x}_1\in\partial D$, 若 $\rho(\boldsymbol{x}_1,\boldsymbol{x}_0)<\delta$, 则在上式中令 $\boldsymbol{x}\to\boldsymbol{x}_1$, 取极限可得 $|f(\boldsymbol{x}_1)-f(\boldsymbol{x}_0)|\leqslant\varepsilon$.

故 $\forall\boldsymbol{x}\in\bar{D}=D\cup(\partial D)$, 当 $\rho(\boldsymbol{x},\boldsymbol{x}_0)<\delta$ 时, 恒有 $|f(\boldsymbol{x})-f(\boldsymbol{x}_0)|\leqslant\varepsilon$. 因 f 在 D 内连续, 如此证明了 f 在 $\bar{D}$ 上连续, 进而知 f 在 $\bar{D}$ 上（从而也就在 D 内）一致连续.

^{new} **＊例 6.1.33** 设

1) D 是 $\mathbf{R}^2$ 里的凸区域(意指:若 $P_1, P_2 \in D$ 是 D 内的任意两点,则直线段 $\overline{P_1 P_2}$ 全落在 D 内);

2) T 是 $D \to \mathbf{R}^2$ 的映射,有连续导数,且 Jacobi 行列式不为零.

试证:T 为单射.(北京大学)

证 (用反证法.)记 $T:(X, Y) = (f(x, y), g(x, y)) \ (\forall (x, y) \in D)$. 若 T 不是单射,即至少有两个不同点 $P_1(x_1, y_1), P_2(x_2, y_2) \in D$,使得 $T(P_1) = T(P_2)$,亦即

$$f(x_1, y_1) = f(x_2, y_2), \quad g(x_1, y_1) = g(x_2, y_2). \tag{1}$$

根据条件 1),$P_t \overset{记}{=\!=\!=} (x_1 + t\Delta x, y_1 + t\Delta y) \in D$(其中 $\Delta x = x_2 - x_1, \Delta y = y_2 - y_1, t \in [0, 1]$),$(X, Y)|_{P_t} = (f(P_t), g(P_t)), t \in [0, 1]$. 作辅助函数

$$W(t) = f(P_t)\Delta x + g(P_t)\Delta y, \quad t \in [0, 1]. \tag{2}$$

根据条件 2),$W(t)$ 有连续导数,由式(1)知:$W(0) = W(1)$. 应用 Lagrange 定理,$\exists \xi \in (0, 1)$,记 $P_\xi = (x_1 + \xi\Delta x, y_1 + \xi\Delta y)$,知

$$\begin{aligned}
0 &= W(1) - W(0) = W'(\xi) \cdot 1 \\
&= (f_x'(P_\xi)\Delta x + f_y'(P_\xi)\Delta y)\Delta x + (g_x'(P_\xi)\Delta x + g_y'(P_\xi)\Delta y)\Delta y \\
&= f_x'(P_\xi)\Delta x\Delta x + f_y'(P_\xi)\Delta y\Delta x + g_x'(P_\xi)\Delta x\Delta y + g_y'(P_\xi)\Delta y\Delta y \\
&= (\Delta x, \Delta y)J\begin{pmatrix} \Delta x \\ \Delta y \end{pmatrix},
\end{aligned} \tag{3}$$

其中 $J = \begin{vmatrix} f_x'(P_\xi) & f_y'(P_\xi) \\ g_x'(P_\xi) & g_y'(P_\xi) \end{vmatrix}$. 因为偏导数连续,Jacobi 行列式不为零,那么式(3)只有零解,得 $P_1 = P_2$,矛盾! 问题获证.

^{new}**练习**(推广到 $\mathbf{R}^n$) 设 $D \subset \mathbf{R}^n$ 是凸区域,连续映射 $T:D \to \mathbf{R}^n$ 有连续导数,Jacobi 行列式不为零,则 T 必为单射.(北京大学)

提示 这时,若 T 不是单射,则至少存在不同的两点 $\boldsymbol{x}_k = (x_{k1}, x_{k2}, \cdots, x_{kn}) \in D \ (k = 1, 2)$,使得

$$T(\boldsymbol{x}_1) = (f_1(\boldsymbol{x}_1), f_2(\boldsymbol{x}_1), \cdots f_n(\boldsymbol{x}_1)) = T(\boldsymbol{x}_2) = (f_1(\boldsymbol{x}_2), f_2(\boldsymbol{x}_2), \cdots f_n(\boldsymbol{x}_2)).$$

作辅助函数 $\quad W(t) = \sum_{k=1}^{n} f_k(\boldsymbol{x}_1 + t(\boldsymbol{x}_2 - \boldsymbol{x}_1))(\boldsymbol{x}_2 - \boldsymbol{x}_1), t \in [0, 1].$

证 (用 Lagrange 定理.)$\exists \xi \in (0, 1)$,使得

$$\begin{aligned}
0 &= W(1) - W(0) = W'(\xi) \cdot 1 \\
&= \sum_{k=1}^{n}\left[(x_{2k} - x_{1k})\sum_{j=1}^{n}\left(\frac{\partial}{\partial x_j}f_k(\boldsymbol{x}_\xi) \right)(x_{2j} - x_{1j}) \right] = \sum_{k, j=1}^{n}\left(\frac{\partial}{\partial \boldsymbol{x}_j}f_k(\boldsymbol{x}_\xi) \right)\Delta x_{1k}\Delta x_{1j},
\end{aligned} \tag{1}$$

其中

$$\begin{aligned}
\boldsymbol{x}_\xi \overset{记}{=\!=\!=} \boldsymbol{x}_1 + \xi(\boldsymbol{x}_2 - \boldsymbol{x}_1) &= (x_{11} + \xi(x_{21} - x_{11}), x_{12} + \xi(x_{22} - x_{12}), \cdots, x_{1n} + \xi(x_{2n} - x_{1n})) \\
&= (x_{11} + \xi\Delta x_{11}, x_{12} + \xi\Delta x_{12}, \cdots, x_{1n} + \xi\Delta x_{1n}). \\
\Delta \boldsymbol{x}_1 = \boldsymbol{x}_2 - \boldsymbol{x}_1 &= (x_{21} - x_{11}, x_{22} - x_{12}, \cdots, x_{2n} - x_{1n}) = (\Delta x_{11}, \Delta x_{12}, \cdots, \Delta x_{1n}).
\end{aligned}$$

(二次型)式(1)可改写为乘法形式:

$$\sum_{k,j=1}^{n} \left(\frac{\partial}{\partial \boldsymbol{x}_j} f_k(\boldsymbol{x}_\xi) \right) \Delta x_{1k} \Delta x_{1j} = \det(\Delta \boldsymbol{x}_1 J \Delta \boldsymbol{x}_1^\mathrm{T}) = 0. \tag{2}$$

其中 $J = \dfrac{\partial}{\partial \boldsymbol{x}_j} f_k(\boldsymbol{x}_\xi) = \dfrac{\partial(f_1, f_2, \cdots, f_n)}{\partial(\boldsymbol{x}_1, \boldsymbol{x}_2, \cdots, \boldsymbol{x}_n)} \Big|_{\boldsymbol{x}_\xi}$ 是 Jacobi 矩阵, $\Delta \boldsymbol{x}_1^\mathrm{T}$ 表示向量 $\Delta \boldsymbol{x}_1$ 的转置. 式(2)表明, 若 $|J| \neq 0$, 那么例 6.1.33 中的式(3)只有零解, 得 $\boldsymbol{x}_1 = \boldsymbol{x}_2$, 矛盾. (证毕.)

✍ 单元练习 6.1

* m 维欧氏空间

6.1.1 设 $l \in \mathbf{R}^m$, $|l| = 1$, θ_i 表示 l 与坐标向量 $\boldsymbol{e}_i (i = 1, 2, \cdots, m)$ 的夹角, 试证:

$$l = (\cos \theta_1, \cos \theta_2, \cdots, \cos \theta_m).$$

6.1.2 $\boldsymbol{x}, \boldsymbol{y} \in \mathbf{R}^m$, θ 表示 $\boldsymbol{x}, \boldsymbol{y}$ 的夹角, 试证:

1) 余弦公式: $|\boldsymbol{x} - \boldsymbol{y}|^2 = |\boldsymbol{x}|^2 + |\boldsymbol{y}|^2 - 2|\boldsymbol{x}||\boldsymbol{y}|\cos\theta$;

2) 勾股弦定理: $\boldsymbol{x}$ 与 $\boldsymbol{y}$ 正交时, $|\boldsymbol{x} + \boldsymbol{y}|^2 = |\boldsymbol{x}|^2 + |\boldsymbol{y}|^2$.

6.1.3 $G_1, G_2 \subseteq \mathbf{R}^m$ 是任意两开集, $G_1 \cap G_2 = \varnothing$, 试证: $G_1 \cap \overline{G}_2 = \varnothing$.

提示 若 $G_1 \cap \overline{G}_2 \neq \varnothing$, 则 $\exists \boldsymbol{x} \in G_1, \boldsymbol{x} \notin G_2$, 但 $\boldsymbol{x} \in \overline{G}_2$.

再提示 于是 $\boldsymbol{x} \in \partial G_2$, 进而 $\exists \delta > 0$, 使得 $U_0(\boldsymbol{x}, \delta) \subseteq G_1$, 但 $U_0(\boldsymbol{x}, \delta)$ 内含有属于 G_2 中的点: $\boldsymbol{x}_1 \in G_1 \cap G_2$. 矛盾.

6.1.4 设 $E \subseteq \mathbf{R}^m$ 为任意集合, E' 表示 E 的全体聚点组成的集合, 称为 E 的导集, 试证 E' 为闭集.

提示 只需证明 $\forall \boldsymbol{x} \in \overline{E'}(\overline{E'}$ 是导集 E' 的闭包), $\exists \boldsymbol{x}_n^* \in E$ $(n = 1, 2, \cdots)$, 使得 $\boldsymbol{x}_n^* \to \boldsymbol{x}(n \to \infty)$ 即可.

再提示 因 $\boldsymbol{x} \in \overline{E'}$, 故存在彼此不等的 $\boldsymbol{y}_n \in E'(n = 1, 2, \cdots)$ 使得 $\boldsymbol{y}_n \to \boldsymbol{x}(n \to \infty)$. 又由 $\boldsymbol{y}_n \in E'$ 知 $\exists \boldsymbol{x}_n^* \in E$, 使得 $|\boldsymbol{x}_n^* - \boldsymbol{y}_n| < \dfrac{1}{2^n}$. 于是 $|\boldsymbol{x}_n^* - \boldsymbol{x}| \leqslant |\boldsymbol{x}_n^* - \boldsymbol{y}_n| + |\boldsymbol{y}_n - \boldsymbol{x}| \leqslant \dfrac{1}{2^n} + |\boldsymbol{y}_n - \boldsymbol{x}| \to 0$ (当 $n \to \infty$ 时).

6.1.5 设 $A, B \subseteq \mathbf{R}^m$ 为开集, $A \cap B = \varnothing$. 试证: $\partial(A \cup B) = \partial A \cup \partial B$.

提示 i) $\boldsymbol{x} \in \partial(A \cup B)$, 知存在互异的 $\boldsymbol{x}_n \in A \cup B, \boldsymbol{x}_n \to \boldsymbol{x}$ 故 A, B 中至少有一个含 $\{\boldsymbol{x}_n\}$ 的无穷多项; 又存在互异的 $\boldsymbol{y}_n \notin A \cup B, \boldsymbol{y}_n \to \boldsymbol{x}$, 而 $\boldsymbol{y}_n \notin A$, 且 $\boldsymbol{y}_n \notin B$. 所以 $\boldsymbol{x} \in \partial A$ 或 $\boldsymbol{x} \in \partial B$, 从而 $\boldsymbol{x} \in \partial A \cup \partial B$.

ii) $\boldsymbol{x} \in \partial A \cup \partial B$, 即 $\boldsymbol{x} \in \partial A$ 或 $\boldsymbol{x} \in \partial B$, 从而 $\boldsymbol{x}$ 不可能是 $A \cup B$ 之内点(因 A, B 为开集, 且 $A \cap B = \varnothing$), $\boldsymbol{x}$ 也不可能是 $A \cup B$ 的外点(否则与 $\boldsymbol{x} \in \partial A$ 或 $\boldsymbol{x} \in \partial B$ 矛盾). 因此, $\boldsymbol{x} \in \partial(A \cup B)$.

6.1.6 设 $A, B \subseteq \mathbf{R}^m$ 为有界闭集, $A \cap B = \varnothing$, 试证: $\exists$ 开集 W, V, 使得 $A \subseteq W, B \subseteq V$, 且 $W \cap V = \varnothing$.

提示 记 $d = \rho(A, B) \equiv \inf\{|\boldsymbol{x} - \boldsymbol{y}| \mid \boldsymbol{x} \in A, \boldsymbol{y} \in B\} > 0$,

$$W \equiv \left\{ \boldsymbol{x} \mid \boldsymbol{x} \in \mathbf{R}^m, \rho(\boldsymbol{x}, A) < \frac{d}{3} \right\}, \quad V \equiv \left\{ \boldsymbol{x} \mid \boldsymbol{x} \in \mathbf{R}^m, \rho(\boldsymbol{x}, B) < \frac{d}{3} \right\}$$

即可(参见例 6.1.4 和 6.1.5).

☆**6.1.7** 设 $S \subset \mathbf{R}^2$, $P_0(x_0, y_0)$ 为 S 的内点, $P_1(x_1, y_1)$ 为 S 的外点. 证明: 直线段 $P_0 P_1$ 必与 S 的边界 ∂S 至少有一交点. (华东师范大学)

提示 可对线段 P_0P_1 进行二等分法,在 P_0P_1 上找出 S 的界点.

再提示 P_0 为内点,P_1 为外点,P_0P_1 二等分,若中点为 S 的界点,则问题已解决;否则两半之中,至少有一半其两端点为一内(点)、一外(点).将此半段再二等分.照此办理,每次二等分后,中点若为界点则问题已解决,否则继续再分.把 P_0P_1 所在的直线看成是数轴,这就构成了数轴上的区间套 $\{[A_n,B_n]\}$,A_n,B_n 分别为 S 的内点和外点,$\{[A_n,B_n]\}$ 有唯一的公共点 $\xi \in [A_n,B_n]$($n=1$,$2,\cdots$),这里 $A_1=P_0,B_1=P_1$;$|\xi-A_n|$,$|\xi-B_n| \leqslant |B_n-A_n| = \dfrac{1}{2^{n-1}}|P_1-P_0| \to 0$(当 $n\to\infty$ 时).$\forall \varepsilon>0$,$\exists N>0$,当 $n>N$ 时 $A_n,B_n \in U(\xi,\varepsilon)$.即 ξ 的任一 ε 邻域里既有 S 的内点又有 S 的外点,故 ξ 是 S 的边界点.

☆ **多元极限**

☆**6.1.8** 求极限

1)$\lim\limits_{\substack{x\to+\infty\\y\to+\infty}}(x^2+y^2)\mathrm{e}^{-(x+y)}$(北京航空航天大学);

2)$\lim\limits_{\substack{x\to0\\y\to0}}\dfrac{xy}{\sqrt{x+y+1}-1}$ (若极限不存在,说明理由);(西北轻工业学院)

3)$\lim\limits_{(x,y)\to(0,0)}\dfrac{\arctan(x^3+y^3)}{x^2+y^2}$.

提示 1)原式 $=\lim\limits_{\substack{x\to+\infty\\y\to+\infty}}\left(\dfrac{x^2}{\mathrm{e}^x}\cdot\dfrac{1}{\mathrm{e}^y}+\dfrac{y^2}{\mathrm{e}^y}\cdot\dfrac{1}{\mathrm{e}^x}\right)=0.$

2)若原式极限存在,则 $\dfrac{xy}{x+y} = \dfrac{xy}{\sqrt{x+y+1}-1}\cdot\dfrac{1}{\sqrt{x+y+1}+1}$ 的极限也应存在,但用特殊路径法(例 6.1.11 中 2))已知该极限不存在,矛盾.

3)原式 $=\lim\limits_{\substack{x\to0\\y\to0}}\left[\dfrac{\arctan(x^3+y^3)}{x^3+y^3}\cdot\dfrac{x^3+y^3}{x^2+y^2}\right]=1\cdot0=0.$

☆**6.1.9** 设 $f(x,y)=\begin{cases}x\sin\dfrac{1}{y}+y\sin\dfrac{1}{x}, & xy\neq0,\\ 0, & xy=0,\end{cases}$ 试讨论下面三种极限:

1)$\lim\limits_{(x,y)\to(0,0)}f(x,y)$; 2)$\lim\limits_{x\to0}\lim\limits_{y\to0}f(x,y)$; 3)$\lim\limits_{y\to0}\lim\limits_{x\to0}f(x,y)$.(南京工业大学)

提示 1)$0\leqslant|f(x,y)|\leqslant|x|+|y|\to0.$

2)、3)内层极限不存在,从而累次极限不存在.

☆**6.1.10** 设 $f(x,y)$ 为二元函数,在 (x_0,y_0) 附近有定义,试讨论二重极限 $\lim\limits_{\substack{x\to x_0\\y\to y_0}}f(x,y)$ 与累次极限 $\lim\limits_{x\to x_0}\lim\limits_{y\to y_0}f(x,y)$ 之间的关系.(浙江大学)

提示 (1)上题已证明二重极限存在,两个累次极限可以不存在.

(2)例 6.1.11 中 4)表明:两个累次极限存在可以不相等.

(3)例 6.1.11 中 1)至 4)还表明:二重极限不存在,两个累次极限仍可能存在.这时两个累次极限可以相等(如 1)、2)、3))也可以不等(如 4)).

(4)若 $\lim\limits_{\substack{x\to x_0\\y\to y_0}}f(x,y)\xlongequal{存在}A$,且 $\lim\limits_{x\to x_0}\lim\limits_{y\to y_0}f(x,y)$ 的内层极限 $\lim\limits_{y\to y_0}f(x,y)$ 在 x_0 的某个 δ_1 邻域里存在 $(\delta_1>0)$,则 $\lim\limits_{x\to x_0}\lim\limits_{y\to y_0}f(x,y)\xlongequal{存在}A.$(另一累次极限亦然.)

再提示 （证（4）)因 $\forall \varepsilon > 0, \exists \delta > 0,(取 \delta < \delta_1)$, 当 $|x - x_0| < \delta, |y - y_0| < \delta$ 时,

$$A - \varepsilon < f(x,y) < A + \varepsilon,$$

在此不等式里令 $y \to y_0$ 取极限, 记 $\lim\limits_{y \to y_0} f(x,y) = g(x)$, 得

$$A - \varepsilon \leq g(x) \leq A + \varepsilon \quad (\forall x : |x - x_0| < \delta),$$

此即表明 $A = \lim\limits_{x \to x_0} g(x) = \lim\limits_{x \to x_0} \lim\limits_{y \to y_0} f(x,y)$. 证毕.

* 多元连续函数

6.1.11 设 $f(x,y)$ 在 $G = \{(x,y) : x^2 + y^2 < 1\}$ 上有定义, 若 1) $f(x,0)$ 在点 $x = 0$ 处连续; 2) $f_y'(x,y)$ 在 G 上有界, 证明 $f(x,y)$ 在 $(0,0)$ 处连续. (北京大学)

提示 可参看例 6.1.23. 并注意由条件 2) 可推出 $f(x,y)$ 对 y 满足 Lipschitz 条件, 关于 x 一致.

再提示 由条件 1) 知: $\forall \varepsilon > 0, \exists \delta_1 > 0$, 当 $|x| < \delta_1$ 时, $|f(x,0) - f(0,0)| < \dfrac{\varepsilon}{2}$.

由条件 2) 知: $\exists M > 0$, 使 $|f_y'(x,y)| \leq M, (x,y) \in G$,

$$|f(x,y) - f(x,0)| = |f_y'(x,\xi)| |y - 0| \leq M|y|.$$

取 $\delta = \min\left\{\dfrac{\varepsilon}{2M}, \delta_1\right\}$, 则当 $|x| < \delta, |y| < \delta$ 时, 有

$$|f(x,y) - f(0,0)| \leq |f(x,y) - f(x,0)| + |f(x,0) - f(0,0)| < \frac{\varepsilon}{2} + \frac{\varepsilon}{2} = \varepsilon.$$

6.1.12 设 $f(x,y)$ 在有界闭区域 $\overline{D} \subseteq \mathbf{R}^2$ 上连续, 其值域为 $U \subset \mathbf{R}$, 试证: $\forall \{u_n\}_{n=1}^{\infty} \subset U, \exists$ 收敛子列 $\{u_{n_k}\}$ 及点 $(x_0, y_0) \in \overline{D}$, 使得 $\lim\limits_{k \to \infty} u_{n_k} = f(x_0, y_0)$. (华中师范大学)

提示 $\forall u_n, \exists (x_n, y_n) \in \overline{D}$, 使 $f(x_n, y_n) = u_n$, 再利用致密性原理.

再提示 $\exists \{(x_n, y_n)\}$ 的收敛子列 $\{(x_{n_k}, y_{n_k})\}$, 记 $\lim\limits_{k \to \infty} (x_{n_k}, y_{n_k}) = (x_0, y_0) \in \overline{D}$, 则由 f 的连续性知 $u_{n_k} = f(x_{n_k}, y_{n_k}) \to f(x_0, y_0)$ (当 $k \to \infty$ 时).

☆**6.1.13** 设 $f(x,y)$ 在矩形 $D: -a \leq x \leq a, -b \leq y \leq b(a > 0, b > 0)$ 上分别是 x 和 y 的连续函数, 而且 $f(0,0) = 0$. 试证: 若当 x 固定时, $f(x,y)$ 是 y 的严格递减函数, 则存在 $\delta > 0$, 使对每个 $x \in (-\delta, \delta)$ 有 $y \in (-b, b)$ 满足 $f(x,y) = 0$. (西南大学)

提示 参看例 6.1.22.

再提示 $f(0,0) = 0, f(x,y)$ 对 y 严 $\searrow \Rightarrow f(0,b) < 0$, 以及 $f(0,-b) > 0 \xRightarrow{f(x,y)关于x连续} \exists \delta > 0, \delta < a,$

$-\delta < x < \delta$ 时 $\begin{cases} f(x,b) < 0, \\ f(x,-b) > 0 \end{cases} \xRightarrow{f关于y连续} \forall x \in (-\delta, \delta), \exists y \in (-b, b)$ 使 $f(x,y) = 0$.

☆**6.1.14** 设 $u = f(x,y,z)$ 在闭立方体 $a \leq x \leq b, a \leq y \leq b, a \leq z \leq b$ 上连续, 令 $\varphi(x) = \max\limits_{a \leq y \leq b} \{\min\limits_{a \leq z \leq b} f(x,y,z)\}$, 试证: $\varphi(x)$ 在 $[a,b]$ 上连续. (辽宁师范大学)

提示 参看例 6.1.19.

再提示 $f(x,y,z)$ 在 $[a,b;a,b;a,b]$ 上连续可用类似于例 6.1.19 的方法: $g(x,y) = \min\limits_{a \leq z \leq b} f(x,y,z)$ 在 $[a,b;a,b]$ 上连续, 故 $\varphi(x) = \max\limits_{a \leq y \leq b} g(x,y)$ 在 $[a,b]$ 上连续.

6.1.15 设 $f(\boldsymbol{x})$ 在 $\mathbf{R}^n$ 上连续, $\boldsymbol{x} \neq \boldsymbol{\theta}(\mathbf{R}^n$ 中的原点) 时, $f(\boldsymbol{x}) > 0$, 且 $\forall \boldsymbol{x} \in \mathbf{R}^n$ 及 $c > 0$ 有 $f(c\boldsymbol{x}) = cf(\boldsymbol{x})$. 试证 $\exists a, b > 0$, 使得 $a|\boldsymbol{x}| \leq f(\boldsymbol{x}) \leq b|\boldsymbol{x}| \quad (\forall \boldsymbol{x} \in \mathbf{R}^n)$.

提示 利用 f 在单位球面上达到最大、最小值.

再提示 S 表示 $\mathbf{R}^n$ 的单位球面,则 $\forall\,\boldsymbol{\theta}\neq\boldsymbol{x}\in\mathbf{R}^n,\dfrac{\boldsymbol{x}}{|\boldsymbol{x}|}\in S,f$ 是 S 上的连续函数,在 S 上有最大

值 $b(>0)$、最小值 $a(>0)$,故 $a\leqslant f\left(\dfrac{\boldsymbol{x}}{|\boldsymbol{x}|}\right)\leqslant b$,亦即 $a\,|\boldsymbol{x}|\leqslant f(\boldsymbol{x})\leqslant b\,|\boldsymbol{x}|$ ($\forall\,\boldsymbol{x}\in\mathbf{R}^n$).

6.1.16 设 A 是 $n\times n$ 矩阵,$\det A\neq0$,试证:$\exists\,\alpha>0$,使得 $\forall\,\boldsymbol{x}\in\mathbf{R}^n$,有 $|A\boldsymbol{x}|\leqslant\alpha\,|\boldsymbol{x}|$.

提示 可用 Cauchy 不等式,或用反证法.

再提示 记 $A=(a_{ij}),\boldsymbol{x}=(x_1,x_2,\cdots,x_n)$,则

$$|A\boldsymbol{x}|=\left[\sum_{i=1}^n\left(\sum_{j=1}^n a_{ij}x_j\right)^2\right]^{\frac12}\leqslant\left(\sum_{i=1}^n\sum_{j=1}^n a_{ij}^2\cdot\sum_{j=1}^n x_j^2\right)^{\frac12}=\left(\sum_{i=1}^n\sum_{j=1}^n a_{ij}^2\right)^{\frac12}\cdot|\boldsymbol{x}|\overset{\text{记}}{=\!=}\alpha\,|\boldsymbol{x}|.$$

6.1.17 设连续函数 $f:\mathbf{R}^n\to\mathbf{R}$ 满足如下三条件:

i) $\forall\,\boldsymbol{x}\in\mathbf{R}^n,f(\boldsymbol{x})\geqslant0$,且 $\boldsymbol{x}=\boldsymbol{\theta}\Leftrightarrow f(\boldsymbol{x})=0$;

ii) $\forall\,\lambda\in\mathbf{R}$,有 $f(\lambda\boldsymbol{x})=|\lambda|\,f(\boldsymbol{x})$;

iii) $\forall\,\boldsymbol{x},\boldsymbol{y}\in\mathbf{R}^n,f(\boldsymbol{x}+\boldsymbol{y})\leqslant f(\boldsymbol{x})+f(\boldsymbol{y})$.

试证:

1) $\exists\,M>0$,使得 $\forall\,\boldsymbol{x}\in\mathbf{R}^n$,有 $f(\boldsymbol{x})\leqslant M\,|\boldsymbol{x}|$;

2) f 满足 Lipschitz 条件,即 $\exists\,L>0$,使得 $|f(\boldsymbol{x})-f(\boldsymbol{y})|\leqslant L\rho(\boldsymbol{x},\boldsymbol{y})$ ($\forall\,\boldsymbol{x},\boldsymbol{y}\in\mathbf{R}^n$);

3) 存在常数 $a>0$,使得 $\forall\,\boldsymbol{x}\in\mathbf{R}^n$ 有 $a\,|\boldsymbol{x}|\leqslant f(\boldsymbol{x})$.

提示 1)、2)利用上面习题 6.1.15 可得.

再提示 (当 $\boldsymbol{x}\neq\boldsymbol{y}$ 时)$f(\boldsymbol{x})-f(\boldsymbol{y})=f(\boldsymbol{x}-\boldsymbol{y}+\boldsymbol{y})-f(\boldsymbol{y})\leqslant f(\boldsymbol{x}-\boldsymbol{y})$

$$\leqslant|\boldsymbol{x}-\boldsymbol{y}|f\left(\dfrac{\boldsymbol{x}-\boldsymbol{y}}{|\boldsymbol{x}-\boldsymbol{y}|}\right)\leqslant L\,|\boldsymbol{x}-\boldsymbol{y}|=L\rho(\boldsymbol{x},\boldsymbol{y}),$$

其中 L 为 f 在单位球面 S 上的界:$|f(\boldsymbol{x})|\leqslant L$ ($\forall\,\boldsymbol{x}\in S$).

同理,有 $\qquad\qquad\qquad f(\boldsymbol{y})-f(\boldsymbol{x})\leqslant L\rho(\boldsymbol{x},\boldsymbol{y}).$

故 $|f(\boldsymbol{x})-f(\boldsymbol{y})|\leqslant L\rho(\boldsymbol{x},\boldsymbol{y})$ ($\forall\,\boldsymbol{x},\boldsymbol{y}\in\mathbf{R}^n$)(此式是当 $\boldsymbol{x}\neq\boldsymbol{y}$ 时推出的,但 $\boldsymbol{x}=\boldsymbol{y}$ 时明显成立).

***6.1.18** 设 $f:\mathbf{R}^n\to\mathbf{R}$ 为连续函数,试证:$E=\{\boldsymbol{x}\,|\,f(\boldsymbol{x})=0\}$ 是 $\mathbf{R}^n$ 中的闭集.

提示 设 $\boldsymbol{x}_0$ 是 E 的任一聚点,证 $\boldsymbol{x}_0\in E$.

***6.1.19** 试对 $f:\mathbf{R}^n\to\mathbf{R}$ 写出例 2.1.7 对应结果,并给出证明.

***6.1.20** 试对 $f:\mathbf{R}^n\to\mathbf{R}^m$ 写出例 2.1.6 的相应结果,并给出证明.

****6.1.21** 设 f 在 $\mathbf{R}^n$ 中点 $\boldsymbol{x}_0$ 的邻域里有界,记

$$M_f(\boldsymbol{x}_0,\delta)=\sup\{f(\boldsymbol{x})\,|\,\rho(\boldsymbol{x},\boldsymbol{x}_0)<\delta\},\quad m_f(\boldsymbol{x}_0,\delta)=\inf\{f(\boldsymbol{x})\,|\,\rho(\boldsymbol{x},\boldsymbol{x}_0)<\delta\},$$

则极限 $\omega_f(\boldsymbol{x}_0)\equiv\lim\limits_{\delta\to0^+}[M_f(\boldsymbol{x}_0,\delta)-m_f(\boldsymbol{x}_0,\delta)]$ 存在,并称之为 f 在 $\boldsymbol{x}_0$ 处的振幅. 试证:$f(\boldsymbol{x})$ 在 $\boldsymbol{x}_0$ 处连续的充要条件是 $\omega_f(\boldsymbol{x}_0)=0$.

※**6.1.22** 设集合 $E\subseteq\mathbf{R}^n$ 是非闭的,函数 $f(\boldsymbol{x})$ 在 E 上一致连续. 试证:f 只能唯一地连续延拓到 $\bar{E}$ 上,使在 $\bar{E}$ 上一致连续.

***6.1.23** 设 $f(\boldsymbol{x})$ 在 $\mathbf{R}^n$ 上连续,$\lim\limits_{r\to+\infty}f(\boldsymbol{x})$ 存在. 试证 f 在 $\mathbf{R}^n$ 上一致连续.

§6.2 多元函数的偏导数

导读 本节是基础性内容,既是教学重点,也是各类考试的热点. 一至四段适合

本书各类读者;第五段主要针对数学院系学生.

☆ 一、偏导数的计算

要点　　$f_x'(a,b) = \left[\dfrac{\mathrm{d}}{\mathrm{d}x} f(x,b) \right]_{x=a}.$

若 f 在 (a,b) 与 (a,b) 的附近用不同的初等函数给出,则需用定义通过极限来计算.

例 6.2.1　设　　$f(x,y) = \begin{cases} xy\dfrac{x^2-y^2}{x^2+y^2}, & (x,y) \neq (0,0), \\ 0, & (x,y) = (0,0), \end{cases}$

试求 $f_{xy}''(0,0)$ 与 $f_{yx}''(0,0)$.（北京师范大学）

解　$f_x'(x,y) = \begin{cases} y\dfrac{x^4+4x^2y^2-y^4}{(x^2+y^2)^2}, & (x,y) \neq (0,0), \\ 0, & (x,y) = (0,0). \end{cases}$

由此　　　　　　　　$f_x'(0,y) = \begin{cases} -y, & y \neq 0, \\ 0, & y = 0 \end{cases} = -y.$

所以 $f_{xy}''(0,0) = \left[f_x'(0,y) \right]_y' \big|_{y=0} = -1$. 类似可得 $f_{yx}''(0,0) = 1$.

注　该例说明混合偏导数一般来说与求导次序有关.

☆ 二、复合函数微分法（链式法则）

例 6.2.2　设 $u(x,y)$ 的所有二阶偏导数都连续, $\dfrac{\partial^2 u}{\partial x^2} - \dfrac{\partial^2 u}{\partial y^2} = 0$.

$$u(x,2x) = x, \quad u_x'(x,2x) = x^2.$$

试求 $u_{xx}''(x,2x), u_{xy}''(x,2x), u_{yy}''(x,2x)$.（南开大学）

解　已知 $u(x,2x) = x$, 对 x 求导,可得 $u_x'(x,2x) + u_y'(x,2x) \cdot 2 = 1$.

已知 $u_x'(x,2x) = x^2$,因此有 $u_y'(x,2x) = \dfrac{1-x^2}{2}$. 此式对 x 求导得

$$u_{yx}''(x,2x) + 2u_{yy}''(x,2x) = -x. \tag{1}$$

$u_x'(x,2x) = x^2$ 对 x 求导得

$$u_{xx}''(x,2x) + 2u_{xy}''(x,2x) = 2x. \tag{2}$$

（1）、（2）与已知关系 $u_{xx}'' - u_{yy}'' = 0$ 联立,注意到二阶导数连续,故 $u_{xy}'' = u_{yx}''$,得

$$u_{xx}''(x,2x) = u_{yy}''(x,2x) = -\frac{4}{3}x, \quad u_{xy}''(x,2x) = u_{yx}''(x,2x) = \frac{5}{3}x.$$

^new **练习**　已知 $f(x)$ 有二阶连续偏导数,且

$$f(x,x^2) = x^2, f_x'(x,x^2) = 4x, f_{xx}''(x,x^2) = 2x^2 f_{yy}''(x,x^2).$$

计算 $4f_y'(x,x^2) - f_{xx}''(x,x^2) + x^2 f_{yy}''(x,x^2)$ 之值.

解　（因 f'' 连续）$f(x,x^2) = x^2$ 同时对 x 求导,得

$$f_x'(x, x^2) + 2xf_y'(x, x^2) = 2x.$$

代入已知的 $f_x'(x, x^2) = 4x$, 得

$$f_y'(x, x^2) = -1. \tag{1}$$

再对 y 求导, 得

$$f_{yx}''(x, x^2) + 2xf_{yy}''(x, x^2) = 0.$$

因 f'' 连续, 故

$$f_{xy}''(x, x^2) + 2xf_{yy}''(x, x^2) = 0. \tag{2}$$

由 $f_x'(x, x^2) = 4x$ 可知

$$f_{xx}''(x, x^2) + 2xf_{xy}''(x, x^2) = 4. \tag{3}$$

$(3) - 2x \times (2)$, 得 $f_{xx}''(x, x^2) - 4x^2 f_{yy}''(x, x^2) = 4.$ 已知有

$$f_{xx}''(x, x^2) = 2x^2 f_{yy}''(x, x^2), \tag{4}$$

故 $2x^2 f_{yy}''(x, x^2) - 4x^2 f_{yy}''(x, x^2) = 4$, 即 $-2x^2 f_{yy}''(x, x^2) = 4$, 亦即

$$f_{yy}''(x, x^2) = -\frac{2}{x^2}. \tag{5}$$

代入(4)可得

$$f_{xx}''(x, x^2) = 2x^2 f_{yy}''(x, x^2) = 2x^2 \cdot \left(-\frac{2}{x^2}\right) = -4. \tag{6}$$

用式(1),(5),(6)的结果代入, 可得

$$4f_y'(x, x^2) - f_{xx}''(x, x^2) + x^2 f_{yy}''(x, x^2) = -2.$$

例 6.2.3 设 $u = f(x + y + z, x^2 + y^2 + z^2)$, 证明:

$$\frac{\partial^2 u}{\partial x^2} + \frac{\partial^2 u}{\partial y^2} + \frac{\partial^2 u}{\partial z^2} = 3f_{11}'' + 4(x + y + z)f_{12}'' + 4(x^2 + y^2 + z^2)f_{22}'' + 6f_2'.$$

(注意 f_1', f_2' 仍是中间变量 $x + y + z, x^2 + y^2 + z^2$ 的函数.)

例 6.2.4 设 $x^2 + xy + y^2 = 3$, 证明: $y'' = -\dfrac{18}{(x + 2y)^3}$.

注 求导后, x, y 仍满足原方程.

☆**例 6.2.5** 设 $u = f(z)$, 其中 z 为方程式

$$z = x + y\varphi(z) \tag{1}$$

所定义的变量(为 x 和 y 的隐函数). 证明 Lagrange 公式

$$\frac{\partial^n u}{\partial y^n} = \frac{\partial^{n-1}}{\partial x^{n-1}} \left[(\varphi(z))^n \frac{\partial u}{\partial x} \right]. \tag{2}$$

(广西师范学院)

分析 u 为 z 的函数, z 通过式(1)定义为 x, y 的函数. 因此 u 是 x, y 的复合函数, 依赖关系为 $u\text{—}z\begin{smallmatrix} x \\ y \end{smallmatrix}$.

证 (用数学归纳法)先证明 $n = 1$ 的情况. 利用链式法则 $\dfrac{\partial u}{\partial y} = f'(z)z_y'$. 由式(1),

利用隐函数求导法则, 可得 $z_y' = \dfrac{\varphi(z)}{1 - y\varphi'(z)}$. 所以

$$\frac{\partial u}{\partial y} = \frac{f'(z)\varphi(z)}{1 - y\varphi'(z)}. \tag{3}$$

同理可得
$$\frac{\partial u}{\partial x} = f'(z)z_x' = \frac{f'(z)}{1 - y\varphi'(z)}$$

与(3)比较知
$$\frac{\partial u}{\partial y} = \varphi(z)\frac{\partial u}{\partial x}. \tag{4}$$

这就是(2)当 $n = 1$ 时的情况.

现假定式(2)对 $n-1$ 的情况成立,来证明对 n 的情况也成立.事实上,

$$
\text{式(2)左端} = \frac{\partial}{\partial y}\left(\frac{\partial^{n-1}u}{\partial y^{n-1}}\right) = \frac{\partial}{\partial y}\frac{\partial^{n-2}}{\partial x^{n-2}}\left\{[\varphi(z)]^{n-1}\frac{\partial u}{\partial x}\right\} = \frac{\partial^{n-2}}{\partial x^{n-2}}\frac{\partial}{\partial y}\left[(\varphi(z))^{n-1}\frac{\partial u}{\partial x}\right]
$$

$$
= \frac{\partial^{n-2}}{\partial x^{n-2}}\left[(n-1)(\varphi(z))^{n-2}\varphi'(z)\frac{\partial z}{\partial y}\frac{\partial u}{\partial x} + (\varphi(z))^{n-1}\frac{\partial^2 u}{\partial x \partial y}\right], \tag{5}
$$

$$
\text{式(2)右端} = \frac{\partial^{n-1}}{\partial x^{n-1}}\left[(\varphi(z))^n\frac{\partial u}{\partial x}\right] = \frac{\partial^{n-1}}{\partial x^{n-1}}\left[(\varphi(z))^{n-1}\frac{\partial u}{\partial y}\right] \text{(利用式(4))}
$$

$$
= \frac{\partial^{n-2}}{\partial x^{n-2}}\left[(n-1)(\varphi(z))^{n-2}\varphi'(z)\frac{\partial z}{\partial x}\frac{\partial u}{\partial y} + (\varphi(z))^{n-1}\frac{\partial^2 u}{\partial x \partial y}\right]. \tag{6}
$$

由于 $z_y' = \varphi(z)z_x'$ 及式(4),有 $\dfrac{\partial z}{\partial y}\dfrac{\partial u}{\partial x} = \dfrac{\partial z}{\partial x}\dfrac{\partial u}{\partial y}$,故(5),(6)两式右端相等,式(2)获证.

☆ **例 6.2.6**　若 $z = f(x,y)$ 满足
$$f(tx,ty) = t^k f(x,y)\quad (t>0), \tag{1}$$
则称 $f(x,y)$ 为 k 次齐次函数,试证下述关于齐次函数的 Euler 定理:设 $f(x,y)$ 可微,则 $f(x,y)$ 为 k 次齐次函数的充要条件是
$$xf_x'(x,y) + yf_y'(x,y) = kf(x,y). \tag{2}$$

证　必要性.式(1)对 t 求导,再令 $t = 1$ 即得(2).

充分性.**方法一**　要证 $t > 0$ 时(1)成立,即要证 $\varphi(t) \equiv \dfrac{f(tx,ty)}{t^k} = f(x,y)$.因 $\varphi(1) = f(x,y)$,因此只要证明 $\varphi'(t) \equiv 0$ 即可.利用复合函数微分法及式(2),这是明显的.

方法二　(按必要性的证法倒退回去.)在式(2)中分别用 tx, ty 代替自变量 x,y,得
$$txf_x'(tx,ty) + tyf_y'(tx,ty) = kf(tx,ty). \tag{3}$$
记 $\varphi(t) = f(tx,ty)$,则(3)为
$$t\varphi'(t) = k\varphi,\quad \text{且}\quad \varphi(1) = f(x,y).$$
由此解微分方程即得式(1).

☆ **例 6.2.7**　设 $f(x,y)$ 为 n 次齐次函数,且 m 次可微,证明:
$$\left(x\frac{\partial}{\partial x} + y\frac{\partial}{\partial y}\right)^m f = n(n-1)\cdots(n-m+1)f. \tag{1}$$

方法一　直接在 $f(tx,ty) = t^n f(x,y)$ 两端同时对 t 求 m 阶导数,然后令 $t = 1$.

方法二　利用数学归纳法.

证 I　已知:若 $z = f(x,y)$, $x = a + th$, $y = b + tk$　(a, b, h, k 为常数),则

$$\frac{\mathrm{d}^m z}{\mathrm{d} t^m} = \left(h \frac{\partial}{\partial x} + k \frac{\partial}{\partial y} \right)^m f(x,y).$$

利用此法则,在式 $f(tx, ty) = t^n f(x,y)$ 两端同时对 t 求 m 阶导数,再令 $t = 1$,即得式 (1).

证 II　由上例知:式(1)对 $m = 1$ 已成立. 现只要证明:若式(1)对 $m = k$ 成立,则必对 $m = k + 1$ 也成立. 事实上,因 $m = k$ 时成立,所以

$$\sum_{i=0}^{k} \left(C_k^i x^i y^{k-i} \frac{\partial^k f}{\partial x^i \partial y^{k-i}} \right) \bigg|_{(tx, ty)} = n(n-1)\cdots(n-k+1) f(tx, ty)$$
$$= n(n-1)\cdots(n-k+1) t^n f(x,y).$$

两端同时除以 t^k 得

$$\sum_{i=0}^{k} C_k^i x^i y^{k-i} \left(\frac{\partial^k f}{\partial x^i \partial y^{k-i}} \right) \bigg|_{(tx, ty)} = n(n-1)\cdots(n-k+1) t^{n-k} f(x,y). \tag{2}$$

两边同时对 t 求导,根据复合函数求导法则:

$$\frac{\mathrm{d}}{\mathrm{d} t} \left(\frac{\partial^k f}{\partial x^i \partial y^{k-i}} \bigg|_{(tx, ty)} \right) = x \frac{\partial^{k+1} f}{\partial x^{i+1} \partial y^{k-i}} \bigg|_{(tx, ty)} + y \frac{\partial^{k+1} f}{\partial x^i \partial y^{k+1-i}} \bigg|_{(tx, ty)}.$$

故式(2)左端的导数为

$$\sum_{i=0}^{k} \left(C_k^i x^{i+1} y^{k-i} \frac{\partial^{k+1} f}{\partial x^{i+1} \partial y^{k-i}} \bigg|_{(tx, ty)} + C_k^i x^i y^{k+1-i} \frac{\partial^{k+1} f}{\partial x^i \partial y^{k+1-i}} \bigg|_{(tx, ty)} \right)$$

（在前一式里令 $j = i + 1$）

$$= \sum_{j=1}^{k+1} C_k^{j-1} x^j y^{k+1-j} \frac{\partial^{k+1} f}{\partial x^j \partial y^{k+1-j}} \bigg|_{(tx, ty)} + \sum_{i=0}^{k} C_k^i x^i y^{k+1-i} \frac{\partial^{k+1} f}{\partial x^i \partial y^{k+1-i}} \bigg|_{(tx, ty)}$$

（仍把 j 记作 i,将对应项合并,注意公式 $C_k^{i-1} + C_k^i = C_{k+1}^i$）

$$= \sum_{i=0}^{k+1} C_{k+1}^i x^i y^{k+1-i} \frac{\partial^{k+1} f}{\partial x^i \partial y^{k+1-i}} \bigg|_{(tx, ty)}.$$

故(2)式对 t 求导后得

$$\sum_{i=0}^{k+1} C_{k+1}^i x^i y^{k+1-i} \frac{\partial^{k+1} f}{\partial x^i \partial y^{k+1-i}} \bigg|_{(tx, ty)} = n(n-1)\cdots(n-k) t^{n-k-1} f(x,y).$$

在此式中令 $t = 1$,即得 $m = k + 1$ 时的式(1).

注　若 $y = f(x_1, x_2, \cdots, x_n)$ 为 n 元 k 次齐次 m 阶可微函数,类似地有

$$\left(x_1 \frac{\partial}{\partial x_1} + x_2 \frac{\partial}{\partial x_2} + \cdots + x_n \frac{\partial}{\partial x_n} \right)^m f = k(k-1)\cdots(k-m+1) f,$$

其中　$f = f(x_1, x_2, \cdots, x_n)$,

$$\left(x_1 \frac{\partial}{\partial x_1} + x_2 \frac{\partial}{\partial x_2} + \cdots + x_n \frac{\partial}{\partial x_n} \right)^m$$

$$= \sum_{r_1 + r_2 + \cdots + r_n = m} \frac{m!}{r_1! \; r_2! \; \cdots r_n!} x_1^{r_1} x_2^{r_2} \cdots x_n^{r_n} \frac{\partial^m}{\partial x_1^{r_1} \partial x_2^{r_2} \cdots \partial x_n^{r_n}}.$$

三、偏导数转化为极限

要点 利用偏导数的定义,有些关于偏导数的问题,可转化为相应的极限问题.

例 6.2.8 设 f_x', f_y', f_{yx}'' 在 (x_0, y_0) 的某邻域内存在,f_{yx}'' 在点 (x_0, y_0) 处连续,证明 $f_{xy}''(x_0, y_0)$ 存在,且 $f_{xy}''(x_0, y_0) = f_{yx}''(x_0, y_0)$.

证 1° (将混合偏导数转化为累次极限.)根据偏导数定义,

$$f_{xy}''(x_0, y_0) = \lim_{\Delta y \to 0} \frac{f_x'(x_0, y_0 + \Delta y) - f_x'(x_0, y_0)}{\Delta y}$$

$$= \lim_{\Delta y \to 0} \frac{1}{\Delta y} \left[\lim_{\Delta x \to 0} \frac{f(x_0 + \Delta x, y_0 + \Delta y) - f(x_0, y_0 + \Delta y)}{\Delta x} - \lim_{\Delta x \to 0} \frac{f(x_0 + \Delta x, y_0) - f(x_0, y_0)}{\Delta x} \right]$$

$$= \lim_{\Delta y \to 0} \lim_{\Delta x \to 0} \frac{1}{\Delta x \Delta y} W,$$

其中 $W = f(x_0 + \Delta x, y_0 + \Delta y) - f(x_0, y_0 + \Delta y) - f(x_0 + \Delta x, y_0) + f(x_0, y_0)$.

同理可证 $f_{yx}''(x_0, y_0) = \lim_{\Delta x \to 0} \lim_{\Delta y \to 0} \frac{1}{\Delta x \Delta y} W$.

2° (证明全面极限 $\lim_{\substack{\Delta x \to 0 \\ \Delta y \to 0}} \frac{W}{\Delta x \Delta y}$ 存在,且等于 $f_{yx}''(x_0, y_0)$.)令

$$\psi(y) = f(x_0 + \Delta x, y) - f(x_0, y),$$

则

$$\frac{W}{\Delta x \Delta y} = \frac{1}{\Delta x \Delta y} [\psi(y_0 + \Delta y) - \psi(y_0)] = \frac{1}{\Delta x} \psi_y'(y_0 + \theta_1 \Delta y) \quad (0 < \theta_1 < 1)$$

$$= \frac{1}{\Delta x} [f_y'(x_0 + \Delta x, y_0 + \theta_1 \Delta y) - f_y'(x_0, y_0 + \theta_1 \Delta y)]$$

$$= f_{yx}''(x_0 + \theta \Delta x, y_0 + \theta_1 \Delta y) \quad (0 < \theta < 1).$$

因 f_{yx}'' 在 (x_0, y_0) 处连续,故

$$\lim_{(\Delta x, \Delta y) \to (0,0)} \frac{1}{\Delta x \Delta y} W = \lim_{(\Delta x, \Delta y) \to (0,0)} f_{yx}''(x_0 + \theta \Delta x, y_0 + \theta_1 \Delta y) = f_{yx}''(x_0, y_0).$$

3° 因 f_x', f_y' 在 (x_0, y_0) 的邻域内存在,且 Δy 充分小时,$\lim_{\Delta x \to 0} \frac{1}{\Delta x} W$ 存在.由累次极限定理(或见前节的习题 6.1.10 的提示(4)及再提示),

$$f_{xy}''(x_0, y_0) = \lim_{\Delta y \to 0} \lim_{\Delta x \to 0} \frac{1}{\Delta x \Delta y} W = \lim_{(\Delta x, \Delta y) \to (0,0)} \frac{1}{\Delta x \Delta y} W = f_{yx}''(x_0, y_0).$$

☆ 四、对微分方程作变量替换

a. 对自变量作变量替换

要点 完成这种替换的关键在于:通过新旧自变量的关系,求出相应导数的关系,再代入方程.

☆**例 6.2.9** 试将方程 $\dfrac{\partial^2 z}{\partial x^2} + \dfrac{\partial^2 z}{\partial y^2} = 0$ 变换为极坐标的形式.（清华大学,北京师范大学,浙江大学）

解 I 1°（由变量之间的关系,求出它们导数之间的关系.）因 $z = z(x, y)$, $x = r\cos\theta$, $y = r\sin\theta$,所以

$$\frac{\partial z}{\partial r} = \frac{\partial z}{\partial x}\cos\theta + \frac{\partial z}{\partial y}\sin\theta, \quad \frac{\partial z}{\partial \theta} = -\frac{\partial z}{\partial x}r\sin\theta + \frac{\partial z}{\partial y}r\cos\theta. \tag{1}$$

解得

$$\frac{\partial z}{\partial x} = \frac{\partial z}{\partial r}\cos\theta - \frac{\partial z}{\partial \theta}\frac{1}{r}\sin\theta, \quad \frac{\partial z}{\partial y} = \frac{\partial z}{\partial r}\sin\theta + \frac{\partial z}{\partial \theta}\frac{1}{r}\cos\theta. \tag{2}$$

即算符有关系：

$$\frac{\partial}{\partial x} = \cos\theta\frac{\partial}{\partial r} - \frac{1}{r}\sin\theta\frac{\partial}{\partial \theta}, \quad \frac{\partial}{\partial y} = \sin\theta\frac{\partial}{\partial r} + \frac{1}{r}\cos\theta\frac{\partial}{\partial \theta}. \tag{3}$$

故

$$\frac{\partial^2 z}{\partial x^2} = \frac{\partial}{\partial x}\left(\frac{\partial z}{\partial x}\right) = \left(\cos\theta\frac{\partial}{\partial r} - \frac{1}{r}\sin\theta\frac{\partial}{\partial \theta}\right)\frac{\partial z}{\partial x} \quad （利用（3））$$

$$= \cos\theta\frac{\partial}{\partial r}\left(\frac{\partial z}{\partial x}\right) - \frac{1}{r}\sin\theta\frac{\partial}{\partial \theta}\left(\frac{\partial z}{\partial x}\right)$$

$$= \cos\theta\frac{z}{\partial r}\left(\frac{\partial z}{\partial r}\cos\theta - \frac{\partial z}{\partial \theta}\frac{1}{r}\sin\theta\right) - \frac{1}{r}\sin\theta\frac{\partial}{\partial \theta}\left(\frac{\partial z}{\partial r}\cos\theta - \frac{\partial z}{\partial \theta}\frac{1}{r}\sin\theta\right) （因为（2））$$

$$= \frac{\partial^2 z}{\partial r^2}\cos^2\theta - \frac{\partial^2 z}{\partial r\partial \theta}\frac{1}{r}\sin\theta\cos\theta + \frac{\partial z}{\partial \theta}\frac{1}{r^2}\sin\theta\cos\theta - $$

$$\frac{\partial^2 z}{\partial \theta\partial r}\frac{1}{r}\cos\theta\sin\theta + \frac{\partial z}{\partial r}\frac{1}{r}\sin^2\theta + \frac{\partial^2 z}{\partial \theta^2}\frac{1}{r^2}\sin^2\theta + \frac{\partial z}{\partial \theta}\frac{1}{r^2}\sin\theta\cos\theta.$$

同理,有

$$\frac{\partial^2 z}{\partial y^2} = \frac{\partial^2 z}{\partial r^2}\sin^2\theta + \frac{\partial^2 z}{\partial r\partial \theta}\frac{1}{r}\sin\theta\cos\theta - \frac{\partial z}{\partial \theta}\frac{1}{r^2}\sin\theta\cos\theta + \frac{\partial^2 z}{\partial \theta\partial r}\frac{1}{r}\cos\theta\sin\theta + $$

$$\frac{\partial z}{\partial r}\frac{\cos^2\theta}{r} + \frac{\partial^2 z}{\partial \theta^2}\frac{1}{r^2}\cos^2\theta - \frac{\partial z}{\partial \theta}\frac{1}{r^2}\sin\theta\cos\theta.$$

2°（代入化简.）将上述结果代入原方程,化简即得

$$\frac{\partial^2 z}{\partial r^2} + \frac{1}{r}\frac{\partial z}{\partial r} + \frac{1}{r^2}\frac{\partial^2 z}{\partial \theta^2} = 0. \tag{4}$$

解 II 将式（1）分别对 r, θ 再求一次导数（x, y 作中间变量）,得

$$z''_{rr} = z''_{xx}\cos^2\theta + z''_{xy}\cos\theta\sin\theta + z''_{yx}\sin\theta\cos\theta + z''_{yy}\sin^2\theta, \tag{5}$$

$$z''_{\theta\theta} = z''_{xx}r^2\sin^2\theta - z''_{xy}r^2\sin\theta\cos\theta - z''_{yx}r^2\cos\theta\sin\theta + $$

$$z''_{yy}r^2\cos^2\theta - z'_x r\cos\theta - z'_y r\sin\theta. \tag{6}$$

式（5）乘 r^2 与（6）相加,得

$$r^2 z''_{rr} + z''_{\theta\theta} = r^2(z''_{xx} + z''_{yy}) - z'_x r\cos\theta - z'_y r\sin\theta \xrightarrow{\text{式}(2)} r^2(z''_{xx} + z''_{yy}) - rz'_r.$$

再同除以 r^2，移项，即得式(4).

上例是把新变量理解为自变量，把原来的自变量理解为中间变量；有时也可以反过来.

☆ **例 6.2.10** 设

$$\frac{\partial^2 W}{\partial x^2} + \frac{\partial^2 W}{\partial y^2} = 0, \tag{1}$$

$$u = x^2 - y^2, \quad v = 2xy. \tag{2}$$

试用关系(2)，将(1)变成关于 u, v 的方程.（南京理工大学，北京工业大学）

解 将依赖关系看成 $W \begin{matrix} u \\ \\ v \end{matrix} \begin{matrix} x \\ y \\ x \\ y \end{matrix}$ ，于是

$$\frac{\partial W}{\partial x} = \frac{\partial W}{\partial u}\frac{\partial u}{\partial x} + \frac{\partial W}{\partial v}\frac{\partial v}{\partial x} = 2x\frac{\partial W}{\partial u} + 2y\frac{\partial W}{\partial v}.$$

可见

$$\frac{\partial}{\partial x} = 2x\frac{\partial}{\partial u} + 2y\frac{\partial}{\partial v}.$$

因此

$$\frac{\partial^2 W}{\partial x^2} = \frac{\partial}{\partial x}\left(\frac{\partial W}{\partial x}\right) = \frac{\partial}{\partial x}\left(2x\frac{\partial W}{\partial u} + 2y\frac{\partial W}{\partial v}\right) = 2\frac{\partial W}{\partial u} + 2x\frac{\partial}{\partial x}\left(\frac{\partial W}{\partial u}\right) + 2y\frac{\partial}{\partial x}\left(\frac{\partial W}{\partial v}\right),$$

其中

$$\frac{\partial}{\partial x}\left(\frac{\partial W}{\partial u}\right) = 2x\frac{\partial}{\partial u}\left(\frac{\partial W}{\partial u}\right) + 2y\frac{\partial}{\partial v}\left(\frac{\partial W}{\partial u}\right) = 2x\frac{\partial^2 W}{\partial u^2} + 2y\frac{\partial^2 W}{\partial u\partial v}.$$

同理，

$$\frac{\partial}{\partial x}\left(\frac{\partial W}{\partial v}\right) = 2x\frac{\partial^2 W}{\partial u\partial v} + 2y\frac{\partial^2 W}{\partial v^2}.$$

故

$$\frac{\partial^2 W}{\partial x^2} = 2\frac{\partial W}{\partial u} + 4x^2\frac{\partial^2 W}{\partial u^2} + 4xy\frac{\partial^2 W}{\partial v\partial u} + 4xy\frac{\partial^2 W}{\partial u\partial v} + 4y^2\frac{\partial^2 W}{\partial v^2}.$$

类似可得

$$\frac{\partial^2 W}{\partial y^2} = -2\frac{\partial W}{\partial u} + 4y^2\frac{\partial^2 W}{\partial u^2} - 4xy\frac{\partial^2 W}{\partial v\partial u} - 4xy\frac{\partial^2 W}{\partial u\partial v} + 4x^2\frac{\partial^2 W}{\partial v^2}.$$

两式相加得

$$\frac{\partial^2 W}{\partial x^2} + \frac{\partial^2 W}{\partial y^2} = (4x^2 + 4y^2)\left(\frac{\partial^2 W}{\partial u^2} + \frac{\partial^2 W}{\partial v^2}\right).$$

故原方程转化为

$$\frac{\partial^2 W}{\partial u^2} + \frac{\partial^2 W}{\partial v^2} = 0.$$

^new **练习** 设函数 $z = z(u,v)$ 有连续 2 阶导数，并且变换 $u = x + 2y, v = x + ay$ 能将方程 $2z_{xx} + z_{xy} - z_{yy} = 0$ 变为 $z_{uv} = 0$.

1）求 a； 2）求出微分方程的解.（武汉大学，中国科学技术大学）

解 1）$z = z(u,v) = z(x+2y, x+ay)$，故 $z_x = z_u + z_v$，于是

$$z_{xx} = z_{uu} + 2z_{uv} + z_{vv} \xrightarrow{z_{uv}=0} z_{uu} + z_{vv}, \quad z_{xy} = 2z_{uu} + (a+2)z_{uv} + az_{vv} \xrightarrow{z_{uv}=0} 2z_{uu} + az_{vv}.$$

由 $z_y = 2z_u + az_v$, 得　$z_{yy} = 4z_{uu} + 4az_{uv} + a^2z_{vv} \xrightarrow{z_{uv}=0} 4z_{uu} + a^2z_{vv}$. 因此

$$0 = 2z_{xx} + z_{xy} - z_{yy} = 2(z_{uu} + z_{vv}) + (2z_{uu} + az_{vv}) - (4z_{uu} + a^2z_{vv})$$

$$= (2 + a - a^2)z_{vv} = (1 + a)(2 - a)z_{vv},$$

得 $a = -1$ 或 $a = 2$. 但 $a = 2$ 不合本题, 否则 $u = x + 2y = v$, 整个 xOy 平面变成 $u = v$ 的一条直线, 谈不上一对一, 谈不上可逆. 故 $a = -1$.

2) 由 $z_{uv} = 0$ 得 $z_u = f(u)$,

$$z = \int f(u)\,du + G(v) = F(u) + G(v) = F(x + 2y) + G(x - y),$$

其中 $F(u)$ 和 $G(v)$ 为任意函数 (不难验证答案的正确性).

b. 自变量与因变量都变化的变量替换

要点　当自变量与因变量都变化时, 要对微分方程作变量替换, 可使用如下方法: 先将原来的因变量, 写成新的因变量的函数; 从而原来的函数, 可看成是以新变量为中间变量的复合函数; 应用复合函数微分法, 求出原导数与新导数 (新因变量对新自变量的导数) 的关系; 代入原方程, 化为新函数、新变量的方程.

☆**例 6.2.11**　z 为 x, y 的可微函数, 试将方程

$$x^2 \frac{\partial z}{\partial x} + y^2 \frac{\partial z}{\partial y} = z^2 \tag{1}$$

变成 $w = w(u, v)$ 的方程. 假设

$$x = u, \quad y = \frac{u}{1 + uv}, \quad z = \frac{u}{1 + uw}. \tag{2}$$

(河北师范大学, 湖南大学)

解　已知 $z = \dfrac{x}{1 + xw}, w = w(u, v), u = x, v = \dfrac{1}{y} - \dfrac{1}{x}$, 即变量的依赖关系为

利用复合函数微分法

$$\frac{\partial z}{\partial x} = \frac{1 - x^2\dfrac{\partial w}{\partial u} - \dfrac{\partial w}{\partial v}}{(1 + xw)^2}, \quad \frac{\partial z}{\partial y} = \frac{(1 + xv)^2}{(1 + xw)^2}\frac{\partial w}{\partial v}.$$

将此结果及式 (2) 代入原方程 (1), 即得 $\dfrac{\partial w}{\partial u} = 0$.

例 6.2.12　取 μ, ν 为新自变量及 $w = w(\mu, \nu)$ 为新函数, 变换方程

$$\frac{\partial^2 z}{\partial x^2} + \frac{\partial^2 z}{\partial x \partial y} + \frac{\partial z}{\partial x} = z. \tag{1}$$

设

$$\mu = \frac{x + y}{2}, \quad \nu = \frac{x - y}{2}, \quad w = ze^y \tag{2}$$

（假设出现的导数皆连续）.（河南师范大学）

解 z 看成是 x,y 的复合函数如下：

$$z = \frac{w}{e^y}, \quad w = w(\mu, \nu), \quad \mu = \frac{x+y}{2}, \quad \nu = \frac{x-y}{2}.$$

求出此复合函数的导数 $\frac{\partial^2 z}{\partial x^2}, \frac{\partial^2 z}{\partial x \partial y}, \frac{\partial z}{\partial x}$. 代入原方程（1），并将 x,y,z 变换为 μ, ν, w，得

$$\frac{\partial^2 w}{\partial \mu^2} + \frac{\partial^2 w}{\partial \mu \partial \nu} = 2w.$$

例 6.2.13 证明：在变换 $u = \dfrac{x}{y}, v = x, w = xz - y$ 之下，方程 $y \dfrac{\partial^2 z}{\partial y^2} + 2 \dfrac{\partial z}{\partial y} = \dfrac{2}{x}$ 可变

成 $\dfrac{\partial^2 w}{\partial u^2} = 0$.（浙江大学）

提示 $z = \dfrac{y}{x} + \dfrac{w}{x}$，并将 w 看成 u, v 的函数，u, v 按题设的变换是 x, y 的函数，然

后用复合函数求导法则计算 $\dfrac{\partial z}{\partial x}, \dfrac{\partial^2 z}{\partial x^2}$.

例 6.2.14 考察变换 $x = a_1 u + b_1 v + c_1 w, y = a_2 u + b_2 v + c_2 w, z = a_3 u + b_3 v + c_3 w$.

问在什么条件下（即 a_i, b_i, c_i 满足什么条件时），对任何二阶连续可微函数 f，$\left(\dfrac{\partial f}{\partial x} \right)^2 +$

$\left(\dfrac{\partial f}{\partial y} \right)^2 + \left(\dfrac{\partial f}{\partial z} \right)^2$ 和 $\dfrac{\partial^2 f}{\partial x^2} + \dfrac{\partial^2 f}{\partial y^2} + \dfrac{\partial^2 f}{\partial z^2}$ 在此变换下形式不变，即

$$\left(\frac{\partial f}{\partial x} \right)^2 + \left(\frac{\partial f}{\partial y} \right)^2 + \left(\frac{\partial f}{\partial z} \right)^2 = \left(\frac{\partial f}{\partial u} \right)^2 + \left(\frac{\partial f}{\partial v} \right)^2 + \left(\frac{\partial f}{\partial w} \right)^2, \quad \frac{\partial^2 f}{\partial x^2} + \frac{\partial^2 f}{\partial y^2} + \frac{\partial^2 f}{\partial z^2} = \frac{\partial^2 f}{\partial u^2} + \frac{\partial^2 f}{\partial v^2} + \frac{\partial^2 f}{\partial w^2}.$$

（复旦大学）

解 利用复合函数微分法，

$$f_u' = f_x' \cdot a_1 + f_y' a_2 + f_z' a_3, \tag{1}$$

$$f_v' = f_x' b_1 + f_y' b_2 + f_z' b_3, \tag{2}$$

$$f_w' = f_x' c_1 + f_y' c_2 + f_z' c_3. \tag{3}$$

以上三式平方后相加，得

$$
\begin{aligned}
f_u'^2 + f_v'^2 + f_w'^2 = & f_x'^2 (a_1^2 + b_1^2 + c_1^2) + f_y'^2 (a_2^2 + b_2^2 + c_2^2) + f_z'^2 (a_3^2 + b_3^2 + c_3^2) + \\
& 2 f_x' f_y' (a_1 a_2 + b_1 b_2 + c_1 c_2) + 2 f_y' f_z' (a_2 a_3 + b_2 b_3 + c_2 c_3) + \\
& 2 f_z' f_x' (a_3 a_1 + b_3 b_1 + c_3 c_1).
\end{aligned}
\tag{4}
$$

将式（1）、（2）、（3）分别对 u, v, w 求导，然后相加得

$$
\begin{aligned}
f_{uu}'' + f_{vv}'' + f_{ww}'' = & f_{xx}'' (a_1^2 + b_1^2 + c_1^2) + f_{yy}'' (a_2^2 + b_2^2 + c_2^2) + f_{zz}'' (a_3^2 + b_3^2 + c_3^2) + \\
& 2 f_{xy}'' (a_1 a_2 + b_1 b_2 + c_1 c_2) + 2 f_{yz}'' (a_2 a_3 + b_2 b_3 + c_2 c_3) + \\
& 2 f_{zx}'' (a_3 a_1 + b_3 b_1 + c_3 c_1).
\end{aligned}
\tag{5}
$$

由式（4）、（5）可知，当

$$a_1^2 + b_1^2 + c_1^2 = a_2^2 + b_2^2 + c_2^2 = a_3^2 + b_3^2 + c_3^2 = 1,$$

$$a_1 a_2 + b_1 b_2 + c_1 c_2 = a_2 a_3 + b_2 b_3 + c_2 c_3 = a_3 a_1 + b_3 b_1 + c_3 c_1 = 0$$

时,恒有

$$f_u'^2 + f_v'^2 + f_w'^2 = f_x'^2 + f_y'^2 + f_z'^2, \quad f_{uu}'' + f_{vv}'' + f_{ww}'' = f_{xx}'' + f_{yy}'' + f_{zz}''.$$

*五、多元函数的可微性

要点 $\mathbf{R}^n$ 中,f 在点 $\boldsymbol{P}_0$ 处可微,等价于 f 在 $\boldsymbol{P}_0$ 的某邻域里,满足如下(相互等价的)任一等式:

i) $\Delta f(\boldsymbol{P}_0) \equiv f(\boldsymbol{P}) - f(\boldsymbol{P}_0) = \sum\limits_{i=1}^{n} f_{x_i}'(\boldsymbol{P}_0) \Delta x_i + \sum\limits_{i=1}^{n} \varepsilon_i \Delta x_i,$

其中 $\varepsilon_i \to 0$(当 $\Delta x_1, \cdots, \Delta x_n \to 0$ 时).这里 $\boldsymbol{P} - \boldsymbol{P}_0 = (\Delta x_1, \Delta x_2, \cdots, \Delta x_n)$.

ii) $\Delta f(\boldsymbol{P}_0) \equiv f(\boldsymbol{P}) - f(\boldsymbol{P}_0) = \sum\limits_{i=1}^{n} f_{x_i}'(\boldsymbol{P}_0) \Delta x_i + \varepsilon \cdot \rho,$

其中 $\varepsilon \to 0$(当 $\rho \to 0$ 时),$\rho = \sqrt{\sum\limits_{i=1}^{n} \Delta x_i^2}$.

iii) $\Delta f(\boldsymbol{P}_0) \equiv f(\boldsymbol{P}) - f(\boldsymbol{P}_0) = \sum\limits_{i=1}^{n} f_{x_i}'(\boldsymbol{P}_0) \Delta x_i + o(\rho).$

☆以二元函数为例,要证明 f 在 (x_0, y_0) 处可微,通常方法有两种.

其一是根据上述条件 ii)、iii),若

$$\lim_{\substack{\Delta x \to 0 \\ \Delta y \to 0}} \frac{\Delta f - f_x'(x_0, y_0) \Delta x - f_y'(x_0, y_0) \Delta y}{\sqrt{\Delta x^2 + \Delta y^2}} = 0, \tag{A}$$

则 f 在 (x_0, y_0) 处可微. 否则不可微.

方法二是证明 f 在 (x_0, y_0) 的邻域里有

$$f(x_0 + \Delta x, y_0 + \Delta y) - f(x_0, y_0) = f_x'(x_0, y_0) \Delta x + f_y'(x_0, y_0) \Delta y + \varepsilon_1 \Delta x + \varepsilon_2 \Delta y,$$

其中 $\varepsilon_1, \varepsilon_2 \to 0$(当 $\Delta x, \Delta y \to 0$ 时),否则不可微.

例 6.2.15 设 $f(x, y) = \varphi(|xy|)$,其中 $\varphi(0) = 0$,且在 $u = 0$ 附近满足 $|\varphi(u)| \leqslant u^2$,试证 $f(x, y)$ 在 $(0, 0)$ 处可微. (中国科学院)

证 $f_x'(0, 0) = \lim\limits_{x \to 0} \dfrac{\varphi(|x \cdot 0|) - \varphi(0)}{x} = 0$. 同理,$f_y'(0, 0) = 0$.

$$\left| \frac{f(x, y) - f(0, 0) - f_x'(0, 0)x - f_y'(0, 0)y}{\sqrt{x^2 + y^2}} \right|$$

$$= \left| \frac{\varphi(|xy|)}{\sqrt{x^2 + y^2}} \right| \leqslant \frac{|xy|^2}{\sqrt{x^2 + y^2}} \leqslant |xy|^{\frac{3}{2}} \to 0 \quad (当 x \to 0, y \to 0 时).$$

因此 f 在 $(0, 0)$ 处可微.

例 6.2.16 证明:函数 $f(x, y) = \begin{cases} \dfrac{xy}{\sqrt{x^2 + y^2}}, & x^2 + y^2 \neq 0 \\ 0, & x^2 + y^2 = 0 \end{cases}$ 在 $\mathbf{R}^2$ 上连续,且 f_x',

f_y' 有界,但 f 在 $(0,0)$ 处不可微.(山东大学,北京航空航天大学)

提示 f 在 $(0,0)$ 处不可微最后归结为证明:$\dfrac{xy}{x^2+y^2} \nrightarrow 0 \ (x\to0,y\to0)$.

注 按上述方法和步骤证明可微性,原则上没有什么困难.但因为问题最终归结为求极限,因此进行时,还会碰到许多具体困难.这时应根据具体情况,灵活处理.

☆**例 6.2.17** 设 $f(x)$ 及 $g(x)$ 分别在区间 $[a,b]$ 及 $[c,d]$ 上连续,定义

$$F(x,y) = \int_a^x f(t)\,\mathrm{d}t \cdot \int_c^y g(s)\,\mathrm{d}s \quad (a\leq x\leq b, c\leq y\leq d).$$

试用全微分的定义证明 $F(x,y)$ 在 (x_0,y_0) 处可微,其中 $a\leq x_0\leq b, c\leq y_0\leq d$ 为任意的定点.(大连理工大学)

分析 要证明 $F(x,y)$ 在 (x_0,y_0) 处可微,即要证明当 $x\to x_0, y\to y_0$ 时,

$$\frac{F(x,y) - F(x_0,y_0) - F_x'(x_0,y_0)(x-x_0) - F_y'(x_0,y_0)(y-y_0)}{\sqrt{(x-x_0)^2 + (y-y_0)^2}} \tag{1}$$

以 0 为极限.为此,我们写出式(1)里分子各项(能抵消的抵消,能合并的合并).其中前两项

$$F(x,y) - F(x_0,y_0)$$

$$= \int_a^x f(t)\,\mathrm{d}t \int_c^y g(s)\,\mathrm{d}s - \int_a^{x_0} f(t)\,\mathrm{d}t \int_c^{y_0} g(s)\,\mathrm{d}s$$

$$= \left(\int_a^{x_0} + \int_{x_0}^x\right)\cdot f(t)\,\mathrm{d}t \cdot \left(\int_c^{y_0} + \int_{y_0}^y\right)g(s)\,\mathrm{d}s - \int_a^{x_0} f(t)\,\mathrm{d}t \cdot \int_c^{y_0} g(s)\,\mathrm{d}s$$

$$= \int_a^{x_0} f(t)\,\mathrm{d}t \int_{y_0}^y g(s)\,\mathrm{d}s + \int_{x_0}^x f(t)\,\mathrm{d}t \int_c^{y_0} g(s)\,\mathrm{d}s + \int_{x_0}^x f(t)\,\mathrm{d}t \int_{y_0}^y g(s)\,\mathrm{d}s. \tag{2}$$

式(1)分子的第三项可以化为式(2)右端第二项的形式,

$$F_x'(x_0,y_0)(x-x_0) = f(x_0)\int_c^{y_0} g(s)\,\mathrm{d}s \cdot (x-x_0) = \int_{x_0}^x f(x_0)\,\mathrm{d}t \int_c^{y_0} g(s)\,\mathrm{d}s. \tag{3}$$

式(1)分子的第四项可化为式(2)右端第一项的形式,

$$F_y'(x_0,y_0)(y-y_0) = \int_a^{x_0} f(t)\,\mathrm{d}t \cdot g(y_0)(y-y_0) = \int_a^{x_0} f(t)\,\mathrm{d}t \int_{y_0}^y g(y_0)\,\mathrm{d}s. \tag{4}$$

将(2)、(3)、(4)合并,于是(1)中的分子可以化为三项,即

$$F(x,y) - F(x_0,y_0) - F_x'(x_0,y_0)(x-x_0) - F_y'(x_0,y_0)(y-y_0)$$

$$= \int_a^{x_0} f(t)\,\mathrm{d}t \int_{y_0}^y (g(s) - g(y_0))\,\mathrm{d}s + \int_{x_0}^x (f(t) - f(x_0))\,\mathrm{d}t \int_c^{y_0} g(s)\,\mathrm{d}s +$$

$$\int_{x_0}^x f(t)\,\mathrm{d}t \int_{y_0}^y g(s)\,\mathrm{d}s. \tag{5}$$

将此式代回式(1),则(1)可拆成三项,只需证明每一项趋向零.例如第一项

$$\frac{\int_a^{x_0} f(t)\,\mathrm{d}t \int_{y_0}^y (g(s) - g(y_0))\,\mathrm{d}s}{\sqrt{(x-x_0)^2 + (y-y_0)^2}},$$

因为 $f(x)$ 在 $[a,b]$ 上连续,即 $\exists M>0$,使得 $|f(x)|\le M(\forall x\in[a,b])$. 又因 $g(x)$ 在 y_0 处连续,所以 $\forall\varepsilon>0,\exists\delta>0$,当 $y\in[c,d]$,$|y-y_0|<\delta$ 时,$|g(y)-g(y_0)|<\varepsilon$. 于是

$$\left|\frac{\int_a^{x_0}f(t)\,dt\int_{y_0}^y[g(s)-g(y_0)]\,ds}{\sqrt{(x-x_0)^2+(y-y_0)^2}}\right|$$

$$\le\left|\frac{\int_a^{x_0}|f(t)|\,dt\int_{y_0}^y|g(s)-g(y_0)|\,ds}{\sqrt{(x-x_0)^2+(y-y_0)^2}}\right|$$

$$\le\frac{M|x_0-a|\cdot\varepsilon|y-y_0|}{\sqrt{(x-x_0)^2+(y-y_0)^2}}\le M(b-a)\cdot\varepsilon.$$

类似可证明其余两项亦趋向零. 故式(1)趋向零,$F(x,y)$ 可微性获证.

应当指出的是,本例作为试题主要是为了考可微性定义的使用. 实际上利用可微函数的乘积定理,本题的结论是明显的.

☆ **例 6.2.18** 若 $f_x'(x,y)$ 在点 (x_0,y_0) 处存在,$f_y'(x,y)$ 在点 (x_0,y_0) 处连续,证明 $f(x,y)$ 在点 (x_0,y_0) 处可微. (吉林大学,辽宁师范大学)

证 $f(x_0+\Delta x,y_0+\Delta y)-f(x_0,y_0)$

$=[f(x_0+\Delta x,y_0+\Delta y)-f(x_0+\Delta x,y_0)]+[f(x_0+\Delta x,y_0)-f(x_0,y_0)]$

$=f_y'(x_0+\Delta x,y_0+\theta\Delta y)\Delta y+f_x'(x_0,y_0)\Delta x+\varepsilon_1\Delta x\quad(0<\theta<1)$

$=[f_y'(x_0,y_0)+\varepsilon_2]\Delta y+f_x'(x_0,y_0)\Delta x+\varepsilon_1\Delta x$

$=f_x'(x_0,y_0)\Delta x+f_y'(x_0,y_0)\Delta y+\varepsilon_1\Delta x+\varepsilon_2\Delta y,$

其中 $\varepsilon_1,\varepsilon_2\to0$(当 $\Delta x,\Delta y\to0$ 时). 故 f 在点 (x_0,y_0) 处可微.

^{new}**练习** 设函数 $f:\mathbf{R}^n\to\mathbf{R}$,在 $\mathbf{R}^n\setminus\{\mathbf{0}\}$ 可微,在 $\mathbf{0}$ 处连续,$f(\mathbf{0})=0$ 且 $\lim\limits_{x\to0}\frac{\partial f(x)}{\partial x_i}=0$($i=1,2,\cdots,n$). 试证 f 在 $\mathbf{0}$ 处可微. (北京大学)

提示 1° 利用导数定义易知

$$f_{x_k}'(\mathbf{0})=\frac{\partial f(x)}{\partial x_k}\bigg|_{x=0}=0\quad(k=1,2,\cdots,n).\tag{1}$$

例如:

$$f_{x_1}'(\mathbf{0})=\lim_{\substack{x_k=0(k\ne1)\\x_1\to0}}\frac{f(x_1,0,\cdots,0)-f(\mathbf{0})}{x_1}\overset{\exists\xi_1:0<\xi_1<x_1}{=\!=\!=}\lim_{x_1\to0}\frac{f_1'(\xi_1,0,\cdots,0)x_1}{x_1}$$

$$=\lim_{\xi_1\to0}f_1'(\xi_1,0,\cdots,0)=0\quad(f_1'\overset{表示}{=\!=\!=}f_{x_1}').$$

2° 仿例 6.2.18,

$$|f(x)-f(\mathbf{0})|\le|f(x_1,x_2,\cdots,x_n)-f(0,x_2,\cdots,x_n)|+$$

$$|f(0,x_2,\cdots,x_n)-f(0,0,x_3,\cdots,x_n)|+\cdots+$$

$$| f(0,0,\cdots,0,x_n) - f(0,0,\cdots,0) |$$

$$= \sum_{k=1}^{n} | f'_k(\boldsymbol{\xi}_{(k)}) x_k | \quad (f'_k \xrightarrow{\text{表示}} f'_{x_k}), \tag{2}$$

其中 $\boldsymbol{\xi}_{(k)} = (\underbrace{0,0,\cdots,0}_{k-1\text{个}}, \xi_k, x_{k+1}, \cdots, x_n)$

再提示　要证 f 在 **0** 处可微,即要证:

$$\lim_{\boldsymbol{x} \to 0} \frac{\Delta f(\boldsymbol{0}) - \sum\limits_{k=1}^{n} f'_k(\boldsymbol{0}) \Delta x_k}{|\boldsymbol{x} - \boldsymbol{0}|} = 0 \quad (|\boldsymbol{x}| = \sqrt{x_1^2 + x_2^2 + \cdots + x_n^2}).$$

事实上,

$$\lim_{\boldsymbol{x} \to 0} \frac{f(\boldsymbol{x}) - f(\boldsymbol{0}) - \sum\limits_{k=1}^{n} f'_k(\boldsymbol{0})(x_k - 0)}{|\boldsymbol{x} - \boldsymbol{0}|}$$

$$\xrightarrow{\text{式}(1)} \lim_{\boldsymbol{x} \to 0} \frac{f(\boldsymbol{x}) - f(\boldsymbol{0})}{|\boldsymbol{x}|} \quad (\text{其中 } f'_k(\boldsymbol{0}) \xrightarrow{\text{表示}} \frac{\partial f(\boldsymbol{0})}{\partial x_k} = 0)$$

$$\xrightarrow{\text{式}(2)} \lim_{\boldsymbol{x} \to 0} \frac{\sum\limits_{k=1}^{n} | f'_k(\boldsymbol{\xi}_{(k)}) x_k |}{|\boldsymbol{x}|} \leqslant \sum_{k=1}^{n} \lim_{\boldsymbol{\xi}_{(k)} \to 0} \left| \frac{\partial}{\partial x_k} f(\boldsymbol{\xi}_{(k)}) \right|$$

$$= 0 \, (\text{因为当 } \boldsymbol{x} \to 0 \text{ 时 } \boldsymbol{\xi}_{(k)} \to 0).$$

*例 6.2.19　设 1)$x = \varphi(s,t)$ 及 $y = \psi(s,t)$ 在区域 D 内可微,且 $(s,t) \in D$ 时, $(x,y) = (\varphi(s,t), \psi(s,t)) \in E$(区域);

2)函数 $z = f(x,y)$ 在区域 E 内可微.

试证 $z = f(\varphi(s,t), \psi(s,t))$ 在 D 内可微,且 $\mathrm{d}f(s,t) = f'_x \mathrm{d}x + f'_y \mathrm{d}y$.

证　记 $\boldsymbol{P} = (s,t)$ 为 D 内任意一点,$\boldsymbol{Q} = (x,y) = (\varphi(s,t), \psi(s,t))$. 由已知条件有

$$\Delta z = f'_x(\boldsymbol{Q}) \Delta x + f'_y(\boldsymbol{Q}) \Delta y + \varepsilon \rho, \tag{1}$$

其中 $\rho = \sqrt{\Delta x^2 + \Delta y^2}$,$\varepsilon \to 0$(当 $\rho \to 0$ 时).

$$\Delta x = \varphi'_s(\boldsymbol{P}) \Delta s + \varphi'_t(\boldsymbol{P}) \Delta t + \varepsilon_1 \rho_1, \tag{2}$$

其中 $\rho_1 = \sqrt{\Delta s^2 + \Delta t^2}$,$\varepsilon_1 \to 0$(当 $\rho_1 \to 0$ 时).

$$\Delta y = \psi'_s(\boldsymbol{P}) \Delta s + \psi'_t(\boldsymbol{P}) \Delta t + \varepsilon_2 \rho_1, \tag{3}$$

其中 ρ_1 同上,$\varepsilon_2 \to 0$(当 $\rho_1 \to 0$ 时).

将式(2)、(3)代入(1)得

$$\Delta z = [f'_x(\boldsymbol{Q}) \varphi'_s(\boldsymbol{P}) + f'_y(\boldsymbol{Q}) \psi'_s(\boldsymbol{P})] \Delta s + [f'_x(\boldsymbol{Q}) \varphi'_t(\boldsymbol{P}) + f'_y(\boldsymbol{Q}) \psi'_t(\boldsymbol{P})] \Delta t + \varepsilon \rho + f'_x(\boldsymbol{Q}) \varepsilon_1 \rho_1 + f'_y(\boldsymbol{Q}) \varepsilon_2 \rho_1. \tag{4}$$

要证明 $f(\varphi(s,t), \psi(s,t))$ 在 $\boldsymbol{P} = (s,t)$ 处可微,即要证明式(4)里有

$$\frac{\varepsilon \rho + f'_x(\boldsymbol{Q}) \varepsilon_1 \rho_1 + f'_y(\boldsymbol{Q}) \varepsilon_2 \rho_1}{\rho_1} = \varepsilon \frac{\rho}{\rho_1} + f'_x(\boldsymbol{Q}) \varepsilon_1 + f'_y(\boldsymbol{Q}) \varepsilon_2 \to 0 \quad (\rho_1 \to 0). \tag{5}$$

因 $\rho_1 \to 0$ 时 $\varepsilon_1 \to 0$,$\varepsilon_2 \to 0$,故式(5)中后两项 $f'_x(\boldsymbol{Q}) \varepsilon_1 + f'_y(\boldsymbol{Q}) \varepsilon_2 \to 0 \quad (\rho_1 \to 0)$.

$\left(\text{现只需证明}(5)\text{式中 } \varepsilon\,\dfrac{\rho}{\rho_1}\to 0\right)$. 由式 (2)、(3) 知当 $\rho_1\to 0$ 时，$\Delta x,\Delta y\to 0$，从而

$\rho=\sqrt{\Delta x^2+\Delta y^2}\to 0$，进而 $\varepsilon\to 0$. $\left(\text{如此，只要证明了}\dfrac{\rho}{\rho_1}\text{有界，则 }\varepsilon\,\dfrac{\rho}{\rho_1}\to 0.\right)$ 事实上，

由 (2)、(3) 知

$$\left|\frac{\Delta x}{\rho_1}\right|\leqslant|\varphi_s'(\boldsymbol{P})|+|\varphi_t'(\boldsymbol{P})|+1\quad(\text{当 }\rho_1\text{ 充分小时}),$$

$$\left|\frac{\Delta y}{\rho_1}\right|\leqslant|\psi_s'(\boldsymbol{P})|+|\psi_t'(\boldsymbol{P})|+1\quad(\text{当 }\rho_1\text{ 充分小时}).$$

所以 $\left|\dfrac{\rho}{\rho_1}\right|=\dfrac{\sqrt{\Delta x^2+\Delta y^2}}{\rho_1}=\sqrt{\left(\dfrac{\Delta x}{\rho_1}\right)^2+\left(\dfrac{\Delta y}{\rho_1}\right)^2}$ 有界. 式 (5) 证毕. 即

$$\varepsilon\rho+f_x'(\boldsymbol{Q})\varepsilon_1\rho_1+f_y'(\boldsymbol{Q})\varepsilon_2\rho_1=o(\rho_1).$$

于是式 (4) 表明 $z=f(\varphi(s,t),\psi(s,t))$ 在 $(s,t)\in D$ 处可微，且

$$\begin{aligned}\mathrm{d}z&=[f_x'(\boldsymbol{Q})\varphi_s'(\boldsymbol{P})+f_y'(\boldsymbol{Q})\psi_s'(\boldsymbol{P})]\Delta s+[f_x'(\boldsymbol{Q})\varphi_t'(\boldsymbol{P})+f_y'(\boldsymbol{Q})\psi_t'(\boldsymbol{P})]\Delta t\\&=f_x'(\boldsymbol{Q})[\varphi_s'(\boldsymbol{P})\Delta s+\varphi_t'(\boldsymbol{P})\Delta t]+f_y'(\boldsymbol{Q})[\psi_s'(\boldsymbol{P})\Delta s+\psi_t'(\boldsymbol{P})\Delta t]\\&=f_x'(\boldsymbol{Q})\mathrm{d}x+f_y'(\boldsymbol{Q})\mathrm{d}y.\end{aligned}$$

证毕.

f 在 (x_0,y_0) 处可微，意味着 f 在 (x_0,y_0) 附近与一个一次函数近似，只相差一个高阶无穷小量（相对 $\rho=\sqrt{(x-x_0)^2+(y-y_0)^2}$ 而言）.

$$f(x,y)=f(x_0,y_0)+f_x'(x_0,y_0)(x-x_0)+f_y'(x_0,y_0)(y-y_0)+o(\rho).$$

因此，利用此式可将 $f(x,y)$ 变形.

*例 6.2.20 设 f_x',f_y' 在 (x_0,y_0) 的某个邻域里存在，且在点 (x_0,y_0) 处可微，证明：$f_{xy}''(x_0,y_0)=f_{yx}''(x_0,y_0)$.

分析 从例 $6.2.8$ 已看到，$f_{xy}''(x_0,y_0)$ 与 $f_{yx}''(x_0,y_0)$ 是函数

$$\frac{W}{\Delta x\Delta y}=\frac{1}{\Delta x\Delta y}[f(x_0+\Delta x,y_0+\Delta y)-f(x_0,y_0+\Delta y)-f(x_0+\Delta x,y_0)+f(x_0,y_0)]$$

$$(1)$$

的两个累次极限. 我们利用 f_x',f_y' 在 (x_0,y_0) 处的可微性，将证明 $\dfrac{W}{\Delta x\Delta y}$ 改写成

$$\frac{W}{\Delta x\Delta y}=f_{yx}''(x_0,y_0)+\varepsilon_1+\varepsilon_2\theta\frac{\Delta y}{\Delta x}-\varepsilon_3\theta\frac{\Delta y}{\Delta x}\qquad(2)$$

和

$$\frac{W}{\Delta x\Delta y}=f_{xy}''(x_0,y_0)+\varepsilon_4+\varepsilon_5\theta_1\frac{\Delta x}{\Delta y}-\varepsilon_6\theta_1\frac{\Delta x}{\Delta y}.\qquad(3)$$

两者对充分小的 $\Delta x,\Delta y$ 同时成立，且当 $\Delta x,\Delta y\to 0$ 时，$\varepsilon_i\to 0(i=1,2,\cdots,6)$. 于是令 $\Delta x=\Delta y\to 0$，可得

$$f_{yx}''(x_0,y_0)=f_{xy}''(x_0,y_0).\qquad(4)$$

可见,问题归结为证明(2)、(3)成立. 为此将 $\Delta x,\Delta y$ 取得足够小,引入辅助函数

$$\varphi(y)=f(x_0+\Delta x,y)-f(x_0,y),\qquad(5)$$

式(1)可改写成

$$\frac{W}{\Delta x\Delta y}=\frac{1}{\Delta x\Delta y}[\varphi(y_0+\Delta y)-\varphi(y_0)]=\frac{1}{\Delta x}\varphi_y'(y_0+\theta\Delta y)$$

$$=\frac{1}{\Delta x}[f_y'(x_0+\Delta x,y_0+\theta\Delta y)-f_y'(x_0,y_0+\theta\Delta y)].\qquad(6)$$

因 f_y' 在 (x_0,y_0) 处可微,

$$f_y'(x_0+\Delta x,y_0+\theta\Delta y)$$
$$=f_y'(x_0,y_0)+f_{yx}''(x_0,y_0)\Delta x+f_{yy}''(x_0,y_0)\theta\Delta y+\varepsilon_1\Delta x+\varepsilon_2\theta\Delta y,\qquad(7)$$

其中 $\varepsilon_1,\varepsilon_2\to0$ (当 $\Delta x,\Delta y\to0$ 时).

$$f_y'(x_0,y_0+\theta\Delta y)=f_y'(x_0,y_0)+f_{yy}''(x_0,y_0)\theta\Delta y+\varepsilon_3\theta\Delta y,\qquad(8)$$

其中 $\varepsilon_3\to0$ (当 $\Delta y\to0$ 时).将(7)、(8)代入(6)即得(2).类似可得(3).

✍ 单元练习 6.2

☆ 偏导数的计算

(此类试题甚多,虽然多半属于"送分题".但计算复杂,函数关系如果未弄清楚,也容易出错丢分.)

6.2.1 设 $u=f(r,r\cos\theta)$ 有二阶连续偏导数,求 $\frac{\partial u}{\partial r},\frac{\partial u}{\partial\theta},\frac{\partial^2 u}{\partial r\partial\theta}$.(复旦大学)

《$f_1'+\cos\theta f_2'$, $-r\sin\theta f_2'$, $-r\sin\theta f_{21}''-\sin\theta f_2'-r\sin\theta\cos\theta f_{22}''$》

6.2.2 设 $u=f(x-y,y-z,z-x)$,假设 f 对其中变量有直到二阶的连续偏导数,求 $\frac{\partial^2 u}{\partial x^2}$ 及 $\frac{\partial^2 u}{\partial y\partial z}$.(上海交通大学)

《$f_{11}''-2f_{13}''+f_{33}''$, $f_{23}''-f_{22}''-f_{13}''+f_{12}''$》

6.2.3 设 $u=xyze^{x+y+z}$,求 $\frac{\partial^{p+q+r}u}{\partial x^p\partial y^q\partial z^r}$.(北京航空航天大学) 《$(x+p)(y+q)(z+r)e^{x+y+z}$》

6.2.4 设 f 为可微函数,$u=f(x^2+y^2+z^2)$ 和方程 $3x+2y^2+z^3=6xyz$. 试对以下两种情况分别求 $\frac{\partial u}{\partial x}$ 在点 $P_0(1,1,1)$ 处的值.

1)由方程确定了隐函数 $z=z(x,y)$; 《$\frac{\partial u}{\partial x}\Big|_{P_0}=0$》

2)由方程确定了隐函数 $y=y(x,z)$.(华中师范大学) 《$\frac{\partial u}{\partial x}\Big|_{P_0}=-f'(3)$》

6.2.5 设 $z=f(x,y)$,$u=x+ay,v=x-ay,a$ 为常数,z 关于 u,v 具有二阶连续偏导数,求 $\frac{\partial^2 z}{\partial u\partial v}$.(厦门大学)

《$\frac{1}{4}f_{xx}''-\frac{1}{4a^2}f_{yy}''$》

6.2.6 设函数 $u(x)$ 由方程组 $u=f(x,y),g(x,y,z)=0,h(x,z)=0$ 所确定,且 $\frac{\partial h}{\partial z}\neq0,\frac{\partial g}{\partial y}\neq0$,

求 $\dfrac{\mathrm{d}u}{\mathrm{d}x}$. (清华大学) $\qquad\left\langle\!\!\left\langle f_x' - \dfrac{f_y' g_x'}{g_y'} + \dfrac{f_y' g_z' h_x'}{g_y' h_z'} \right\rangle\!\!\right\rangle$

6.2.7 设 f, F 可微,且 $\dfrac{\partial F}{\partial z} + \dfrac{\partial f}{\partial z} \cdot \dfrac{\partial F}{\partial y} \neq 0$,求由 $\begin{cases} y = f(x, z), \\ F(x, y, z) = 0 \end{cases}$ 所确定的函数 $y(x), z(x)$ 的一阶

导数. (西安电子科技大学) $\qquad\left\langle\!\!\left\langle y_x' = \dfrac{f_x' F_z' - f_z' F_x'}{F_z' + f_z' F_y'}, \ z_x' = \dfrac{-F_x' - f_x' F_y'}{F_z' + f_z' F_y'} \right\rangle\!\!\right\rangle$

☆**6.2.8** 设函数 $F_i(u)$, $i = 1, 2, 3$, 可微, $A = \left| a_{ij} \right|$ 是一个三阶的函数行列式,其中 $a_{ij} =$

$F_i(x_j)$, $i, j = 1, 2, 3$,并且 x_3 是由方程 $x_2^2 + x_3 + \sin(x_2 \cdot x_3) = 1$ 所确定的隐函数,求 $\dfrac{\partial A}{\partial x_1}$ 与 $\dfrac{\partial A}{\partial x_2}$ 在 $x_1 =$

$0, x_2 = 1, x_3 = 0$ 时的值. (西北大学)

$$\left\langle\!\!\left\langle \begin{vmatrix} F_1'(0) & F_1(1) & F_1(0) \\ F_2'(0) & F_2(1) & F_2(0) \\ F_3'(0) & F_3(1) & F_3(0) \end{vmatrix}, \ \begin{vmatrix} F_1(0) & F_1(1) & -F_1'(0) \\ F_2(0) & F_2(1) & -F_2'(0) \\ F_3(0) & F_3(1) & -F_3'(0) \end{vmatrix} \right\rangle\!\!\right\rangle$$

提示 $\quad \dfrac{\partial A}{\partial x_1} = \begin{vmatrix} F_1'(x_1) & F_1(x_2) & F_1(x_3) \\ F_2'(x_1) & F_2(x_2) & F_2(x_3) \\ F_3'(x_1) & F_3(x_2) & F_3(x_3) \end{vmatrix},$

$$\dfrac{\partial A}{\partial x_2} = \begin{vmatrix} F_1(x_1) & F_1(x_2) & F_1'(x_3) \\ F_2(x_1) & F_2(x_2) & F_2'(x_3) \\ F_3(x_1) & F_3(x_2) & F_3'(x_3) \end{vmatrix} \cdot \dfrac{\mathrm{d}x_3}{\mathrm{d}x_2} + \begin{vmatrix} F_1(x_1) & F_1'(x_2) & F_1(x_3) \\ F_2(x_1) & F_2'(x_2) & F_2(x_3) \\ F_3(x_1) & F_3'(x_2) & F_3(x_3) \end{vmatrix}.$$

检验函数满足微分方程

6.2.9 设函数 $\varphi(z)$ 和 $\psi(x)$ 具有二阶连续导数,并设 $u = x\varphi(x+y) + y\psi(x+y)$. 试证:

$$\dfrac{\partial^2 u}{\partial x^2} - 2\dfrac{\partial^2 u}{\partial x \partial y} + \dfrac{\partial^2 u}{\partial y^2} = 0.$$

(中国科学院)

6.2.10 证明:若 u 是 x, y, z 的函数且 $\varphi(u^2 - x^2, u^2 - y^2, u^2 - z^2) = 0$,则 $\dfrac{u_x'}{x} + \dfrac{u_y'}{y} + \dfrac{u_z'}{z} = \dfrac{1}{u}$.

(东北师范大学)

提示 原式对 x 求导:

$$\varphi_1' \cdot (2uu_x' - 2x) + \varphi_2' \cdot (2uu_x') + \varphi_3' \cdot (2uu_x') = 0.$$

整理后,得 $\qquad (\varphi_1' + \varphi_2' + \varphi_3')\dfrac{u_x'}{x} = \dfrac{1}{u}\varphi_1'.$

同理, $\qquad (\varphi_1' + \varphi_2' + \varphi_3')\dfrac{u_y'}{y} = \dfrac{1}{u}\varphi_2', \ (\varphi_1' + \varphi_2' + \varphi_3')\dfrac{u_z'}{z} = \dfrac{1}{u}\varphi_3'.$

三式相加即得所求.

* ☆**6.2.11** 设 u, v, w 都是 x 的函数,具有二阶连续导数,试证:

$$W(u, v, w) = \begin{vmatrix} u & v & w \\ u' & v' & w' \\ u'' & v'' & w'' \end{vmatrix}$$

满足 $W = u^3 W\left(1, \dfrac{v}{u}, \dfrac{w}{u}\right)$.（西北师范大学）

提示 $\quad W\left(1, \dfrac{v}{u}, \dfrac{w}{u}\right) = \begin{vmatrix} 1 & \dfrac{v}{u} & \dfrac{w}{u} \\[2mm] 0 & \left(\dfrac{v}{u}\right)' & \left(\dfrac{w}{u}\right)' \\[2mm] 0 & \left(\dfrac{v}{u}\right)'' & \left(\dfrac{w}{u}\right)'' \end{vmatrix} = \dfrac{1}{u^3} W(u, v, w).$

（最后等号两端都等于：$\dfrac{1}{u^3}(A_{31} u'' + A_{32} v'' + A_{33} w'')$（$A_{ij}$是代数余子式）.）

☆**6.2.12** 设 $x = f(u, v), y = g(u, v), w = w(x, y)$ 有二阶连续偏导数，满足 i) $\dfrac{\partial f}{\partial u} = \dfrac{\partial g}{\partial v}, \dfrac{\partial f}{\partial v} =$

$-\dfrac{\partial g}{\partial u}$；ii) $\dfrac{\partial^2 w}{\partial x^2} + \dfrac{\partial^2 w}{\partial y^2} = 0$. 试证：

1) $\dfrac{\partial^2 (fg)}{\partial u^2} + \dfrac{\partial^2 (fg)}{\partial v^2} = 0$；

2) $w(x, y) = w(f(u, v), g(u, v))$ 满足 $\dfrac{\partial^2 w}{\partial u^2} + \dfrac{\partial^2 w}{\partial v^2} = 0$.（北京大学）

提示 1) $(f \cdot g)'_u = f'_u g + f g'_u = g'_v f + g'_u f, (f \cdot g)''_{u2} = g''_{vu} g + g'_v g'_u + g''_{uu} f + g'_u g'_v$.
类似可求 $(f \cdot g)''_{v2}$. 并注意 $g''_{u2} = -f''_{vu}, g''_{vu} = f''_{uu}$.（**注** g''_{u2} 是 g''_{uu} 的简写.）

2) 注意使用对称性.

再提示 $\dfrac{\partial^2 w}{\partial u^2} = w''_{x2} x'^2_u + 2 w''_{xy} x'_u y'_u + w'_x x''_{u2} + w''_{y2} y'^2_u + w'_y y''_{u2}$. 将 u 换成 v 照样成立，故

$\dfrac{\partial^2 w}{\partial u^2} + \dfrac{\partial^2 w}{\partial v^2} = w''_{x2}(x'^2_u + x'^2_v) + 2 w''_{xy}[x'_u y'_u + x'_v y'_v] + w''_{y2}(y'^2_u + y'^2_v) + w'_x[x''_{u2} + x''_{v2}] + w'_y[y''_{u2} + y''_{v2}].$

注意由已知条件 i），上式三个方括号为 0，两圆括号相等. 因此

$$上式 = (w''_{x2} + w''_{y2})(x'^2_u + x'^2_v) \overset{\text{ii)}}{=\!=\!=} 0.$$

注 事实上结论 2）证明之后，结论 1）自然成立. 因为结论 1）中 fg 是 $w = xy, x = f(u, v), y = g(u, v)$ 的特殊情况.

☆**6.2.13** 设 $u(x, y)$ 有连续的二阶偏导数，$F(s, t)$ 有连续的一阶偏导数，且满足 $F(u'_x, u'_y) =$

$0, (F'_s)^2 + (F'_t)^2 \neq 0$. 证明：$u''_{xx} u''_{yy} - (u''_{xy})^2 = 0$.（华东师范大学）

提示 题意表明，作为 x, y 的函数 $s = u'_x(x, y), t = u'_y(x, y)$，代入 $F(s, t)$ 后恒为零，即 $F(u'_x(x, y), u'_y(x, y)) \equiv 0$.

再提示 该式对 x 求导，得 $F'_s \cdot u''_{xx} + F'_t \cdot u''_{yx} = 0$，对 y 求导得 $F'_s \cdot u''_{xy} + F'_t \cdot u''_{yy} = 0$.
已知 $(F'_s)^2 + (F'_t)^2 \neq 0$，表明作为一次齐次线性方程组有非零解，故系数行列式应为零，即

$$u''_{xx} u''_{yy} - (u''_{xy})^2 = \begin{vmatrix} u''_{xx} & u''_{yx} \\ u''_{xy} & u''_{yy} \end{vmatrix} = 0.$$

变换微分方程（或微分式）

6.2.14 设 $u = x + y, v = \dfrac{1}{x} + \dfrac{1}{y}$，试用 u, v 作新自变量变换方程

$$x^2\frac{\partial^2 z}{\partial x^2} - (x^2 + y^2)\frac{\partial^2 z}{\partial x\partial y} + y^2\frac{\partial^2 z}{\partial y^2} = 0.$$

（假设出现的二阶偏导数都连续.）（上海交通大学）

提示 可用例 6.2.10 中的方法.

解
$$\frac{\partial}{\partial x} = \frac{\partial}{\partial u} - \frac{1}{x^2}\frac{\partial}{\partial v}, \quad \frac{\partial}{\partial y} = \frac{\partial}{\partial u} - \frac{1}{y^2}\frac{\partial}{\partial v}\ (\text{其中 } z \text{ 被省略，成为算子}),$$

$$\frac{\partial^2}{\partial x^2} = \frac{\partial^2}{\partial u^2} - \frac{1}{x^2}\frac{\partial^2}{\partial u\partial v} + 2\frac{1}{x^3}\frac{\partial}{\partial v} - \frac{1}{x^2}\left(\frac{\partial^2}{\partial u\partial v} - \frac{1}{x^2}\frac{\partial^2}{\partial v^2}\right)$$

$$= \frac{\partial^2}{\partial u^2} - \frac{2}{x^2}\frac{\partial^2}{\partial u\partial v} + \frac{1}{x^4}\frac{\partial^2}{\partial v^2} + 2\frac{1}{x^3}\frac{\partial}{\partial v},$$

$$\frac{\partial^2}{\partial x\partial y} = \frac{\partial^2}{\partial u^2} - \left(\frac{1}{x^2} + \frac{1}{y^2}\right)\frac{\partial^2}{\partial u\partial v} + \frac{1}{x^2}\frac{1}{y^2}\frac{\partial^2}{\partial v^2},$$

$$\frac{\partial^2}{\partial y^2} = \frac{\partial^2}{\partial u^2} - \frac{2}{y^2}\frac{\partial^2}{\partial u\partial v} + \frac{1}{y^4}\frac{\partial^2}{\partial v^2} + 2\frac{1}{y^3}\frac{\partial}{\partial v},$$

因此

$$x^2\frac{\partial^2}{\partial x^2} - (x^2 + y^2)\frac{\partial^2}{\partial x\partial y} + y^2\frac{\partial^2}{\partial y^2}$$

$$= x^2\left(\frac{\partial^2}{\partial u^2} - \frac{2}{x^2}\frac{\partial^2}{\partial u\partial v} + \frac{1}{x^4}\frac{\partial^2}{\partial v^2} + 2\frac{1}{x^3}\frac{\partial}{\partial v}\right) -$$

$$(x^2 + y^2)\left[\frac{\partial^2}{\partial u^2} - \left(\frac{1}{x^2} + \frac{1}{y^2}\right)\frac{\partial^2}{\partial u\partial v} + \frac{1}{x^2}\frac{1}{y^2}\frac{\partial^2}{\partial v^2}\right] +$$

$$y^2\left(\frac{\partial^2}{\partial u^2} - \frac{2}{y^2}\frac{\partial^2}{\partial u\partial v} + \frac{1}{y^4}\frac{\partial^2}{\partial v^2} + 2\frac{1}{y^3}\frac{\partial}{\partial v}\right)$$

$$= 0 + \left[\frac{(x^2 + y^2)^2}{x^2 y^2} - 4\right]\frac{\partial^2}{\partial u\partial v} + 0 + 2\left(\frac{1}{x} + \frac{1}{y}\right)\frac{\partial}{\partial v}$$

$$= \left[\left(\frac{(x + y)^2 - 2xy}{xy}\right)^2 - 4\right]\frac{\partial^2}{\partial u\partial v} + 2v\frac{\partial}{\partial v} = \left[(uv - 2)^2 - 4\right]\frac{\partial^2}{\partial u\partial v} + 2v\frac{\partial}{\partial v}$$

$$= uv(uv - 4)\frac{\partial^2}{\partial u\partial v} + 2v\frac{\partial}{\partial v}.$$

故最后结果是 $uv(uv - 4)\dfrac{\partial^2 z}{\partial u\partial v} + 2v\dfrac{\partial z}{\partial v} = 0.$

6.2.15 通过 $u = x - 2\sqrt{y}, v = x + 2\sqrt{y}$，变换方程 $\dfrac{\partial^2 z}{\partial x^2} - y\dfrac{\partial^2 z}{\partial y^2} = \dfrac{1}{2}\dfrac{\partial z}{\partial y}$（$y > 0$），假设所出现的偏

导数都连续.（复旦大学）　　　　　　　　　　　　　　　　　　　　　　$\left\langle\!\left\langle \dfrac{\partial^2 z}{\partial u\partial v} = 0 \right\rangle\!\right\rangle$

提示 可用例 6.2.10 中的方法.

注 作为验证，用逆变换 $x = \dfrac{u + v}{2}, y = \dfrac{1}{16}(v - u)^2$ 很快可将方程 $\dfrac{\partial^2 z}{\partial u\partial v} = 0$ 变回原方程.

☆**6.2.16** 设 $z = f(x, y)$ 是二次连续可微函数，又有关系式 $u = x + ay, v = x - ay$（a 是不为零的常数）. 证明：$a^2\dfrac{\partial^2 z}{\partial x^2} - \dfrac{\partial^2 z}{\partial y^2} = 4a^2\dfrac{\partial^2 z}{\partial u\partial v}$.（北京大学）

提示 可用逆变换 $x = \dfrac{1}{2}(u + v), y = \dfrac{1}{2a}(u - v)$，将欲证的等式右端变换成左端；也可用 $u = x$

$+ ay, v = x - ay$ 将左端变换成右端.

6.2.17 设 $u = f(r), r = \sqrt{x_1^2 + x_2^2 + \cdots + x_n^2}$. 证明：$\dfrac{\partial^2 u}{\partial x_1^2} + \cdots + \dfrac{\partial^2 u}{\partial x_n^2} = \dfrac{\mathrm{d}^2 u}{\mathrm{d} r^2} + \dfrac{n-1}{r} \dfrac{\mathrm{d} u}{\mathrm{d} r}$.

提示 $\dfrac{\partial u}{\partial x_i} = f_r' \cdot \dfrac{x_i}{\sqrt{x_1^2 + \cdots + x_n^2}}$, $\dfrac{\partial^2 u}{\partial x_i^2} = f_{rr}'' \cdot \dfrac{x_i^2}{x_1^2 + \cdots + x_n^2} + f_r' \cdot \left(\dfrac{1}{r} - \dfrac{x_i^2}{r^3} \right)$, 代入等式左端可得右端.

☆**6.2.18** 若 $u(x,y)$ 的二阶导数存在,证明:$u(x,y) = f(x)g(y)$ 的充要条件是 $u \dfrac{\partial^2 u}{\partial x \partial y} = \dfrac{\partial u}{\partial x} \dfrac{\partial u}{\partial y}$ $(u \neq 0)$.（清华大学）

提示 必要性可直接代入验证.（充分性）记 $v = \dfrac{\partial u}{\partial y}$,可将方程变形.

再提示 这时方程变为

$$u \frac{\partial v}{\partial x} = v \frac{\partial u}{\partial x} \quad \text{或} \quad u \frac{\partial v}{\partial x} - v \frac{\partial u}{\partial x} = 0, \quad \text{亦或} \quad \frac{u \dfrac{\partial v}{\partial x} - v \dfrac{\partial u}{\partial x}}{u^2} = 0,$$

即 $\dfrac{\partial}{\partial x} \left(\dfrac{v}{u} \right) = 0$, 故 $\dfrac{v}{u} = h(y)$（与 x 无关）. 于是,$\dfrac{\partial u}{\partial y} = v = uh(y)$,表明 $(\ln u)_y' = h(y)$. 因此,$\ln u = \int h(y) \mathrm{d} y + c(x)$,得 $u = \mathrm{e}^{\int h(y) \mathrm{d} y + c(x)} = f(x)g(y)$.

6.2.19 以 $u = \dfrac{y}{x}, v = xy$ 作自变量,$w = x + y + z$ 作函数,变换方程 $x^2 \dfrac{\partial^2 z}{\partial x^2} + 2xy \dfrac{\partial^2 z}{\partial x \partial y} + y^2 \dfrac{\partial^2 z}{\partial y^2} = 0$.（中南大学） $\left\langle\!\left\langle 2v^2 \dfrac{\partial^2 w}{\partial v^2} + v \dfrac{\partial w}{\partial v} = 0 \right\rangle\!\right\rangle$

提示 可参看例 6.2.11—6.2.13.

多元函数可微性

6.2.20 设 $f(x,y) = \begin{cases} \dfrac{x^2 y^2}{(x^2 + y^2)^{3/2}}, & x^2 + y^2 \neq 0, \\ 0, & x^2 + y^2 = 0. \end{cases}$ 求证:在 $(0,0)$ 处,$f(x,y)$ 连续但不可微.

提示 连续性:$|f(x,y) - f(0,0)| \leqslant \dfrac{1}{4} \sqrt{x^2 + y^2} \to 0$;$(0,0)$ 处不可微最后归结为证明 $\lim\limits_{(x,y) \to (0,0)} \dfrac{x^2 y^2}{(x^2 + y^2)^2}$ 不存在.

注 类似考研题可举出很多,但解法都一样. 参看例 6.2.15—6.2.17.

☆**6.2.21** 确定 α 的值使得函数

$$f(x,y) = \begin{cases} (x^2 + y^2)^\alpha \sin \dfrac{1}{x^2 + y^2}, & (x,y) \neq (0,0), \\ 0, & (x,y) = (0,0) \end{cases}$$

在 $(0,0)$ 处可微.（同济大学）

提示 证明 f 在 $(0,0)$ 处可微必须 $\alpha > \dfrac{1}{2}$. 而 $\alpha > \dfrac{1}{2}$,故 f 在 $(0,0)$ 处确实可微.

再提示 f 在 $(0,0)$ 处可微,故 f_x', f_y' 在 $(0,0)$ 处存在.

$f_x'(0,0) = \lim\limits_{x \to 0} x^{2\alpha - 1} \sin \dfrac{1}{x^2}$ 要存在务必 $\alpha > \dfrac{1}{2}$.

反之,若 $\alpha > \dfrac{1}{2}$,则 $f_x'(0,0) = f_y'(0,0) = 0$.

$$\left| \frac{\Delta f - f_x'(0,0)\Delta x - f_y'(0,0)\Delta y}{\rho} \right| = \left| \frac{(x^2 + y^2)^\alpha \sin \dfrac{1}{x^2 + y^2}}{\sqrt{x^2 + y^2}} \right|$$

$$\leqslant \left| x^2 + y^2 \right|^{\alpha - \frac{1}{2}} \to 0 \quad (x \to 0, y \to 0),$$

故 f 在 $(0,0)$ 处可微.

6.2.22 设 $f(x,y) = \begin{cases} g(x,y)\sin \dfrac{1}{\sqrt{x^2 + y^2}}, & (x,y) \neq (0,0), \\ 0, & (x,y) = (0,0), \end{cases}$ 证明:

1) 若 $g(0,0) = 0$,$g(x,y)$ 在 $(0,0)$ 处可微,且 $dg(0,0) = 0$,则 f 在 $(0,0)$ 处可微,且 $df(0,0) = 0$;

2) 若 g 在 $(0,0)$ 有偏导数,且 f 在 $(0,0)$ 处可微,则 $df(0,0) = 0$. (武汉大学)

提示 1) 先证明 $f_x'(0,0) = f_y'(0,0) = 0$,再证

$$\frac{1}{\rho}\left[\Delta z - f_x'(0,0)\Delta x - f_y'(0,0)\Delta y \right] \to 0 \quad (\rho \to 0).$$

2) 任务在于证明 $f_x'(0,0) = f_y'(0,0) = 0$.

再提示 1) 由 $dg(0,0) = 0$,得 $g_x'(0,0) = g_y'(0,0) = 0$. 又因 g 在 $(0,0)$ 可微,故

$$g(x,y) - g(0,0) - g_x'(0,0)\Delta x - g_y'(0,0)\Delta y = g(x,y) = o(\rho) \quad (\rho \to 0).$$

从而 $f_x'(0,0) = \lim\limits_{x \to 0} \dfrac{f(x,0) - 0}{x} = \lim\limits_{x \to 0} \dfrac{g(x,0)\sin \dfrac{1}{x}}{x} = 0$. 同理,$f_y'(0,0) = 0$.

于是 $\dfrac{1}{\rho}\left[\Delta f - f_x'(0,0)\Delta x - f_y'(0,0)\Delta y \right] = \dfrac{1}{\rho}g(x,y)\sin \dfrac{1}{\sqrt{x^2 + y^2}} \to 0 \quad (\rho \to 0)$.

2) g 在 $(0,0)$ 处有偏导数,故 g 在 $(0,0)$ 处对 x 连续,$g(x,0) \to g(0,0)$(当 $x \to 0$ 时). 若 $\lim\limits_{x \to 0} g(x,0) = A \neq 0$,则 $\sin \dfrac{1}{\sqrt{x^2 + 0^2}} = \dfrac{f(x,0)}{g(x,0)} \to \dfrac{0}{A} = 0$(当 $x \to 0$ 时)(因 f 在 $(0,0)$ 可微,故 f 对 x 在 0 处连续,$f(x,0) \to 0$),矛盾. 故 $\lim\limits_{x \to 0} g(x,0) = 0 = g(0,0)$,由此可推知 $g_x'(0,0) = 0$(因已知 $g_x'(0,0)$ 存在,若 $g_x'(0,0) = \alpha \neq 0$,则

$$\sin \frac{1}{\sqrt{x^2 + 0^2}} = \frac{f(x,0)}{g(x,0)} = \frac{\dfrac{f(x,0) - 0}{x}}{\dfrac{g(x,0) - 0}{x}} \longrightarrow \frac{f_x'(0,0)}{\alpha} \quad (\text{当 } x \to 0 \text{ 时}),$$

矛盾). 进而得 $f_x'(0,0) = \lim\limits_{x \to 0} \dfrac{g(x,0)\sin \dfrac{1}{\sqrt{x^2 + 0^2}} - 0}{x} = \lim\limits_{x \to 0} \dfrac{g(x,0) - 0}{x}\sin \dfrac{1}{\sqrt{x^2}} = 0$.

同理可证 $f_y'(0,0) = 0$. 于是 $df(0,0) = 0$.

☆**6.2.23** 设函数 $g(x,y)$ 在 (x_0,y_0) 处可微,$g(x_0,y_0) = 0$,且 $\exists M > 0$,使得 $\left| g(x,y) \right| \leqslant M\rho$ (在 (x_0,y_0) 的某个邻域内),其中 $\rho = \sqrt{(x - x_0)^2 + (y - y_0)^2}$,试证:任一函数 $f(x,y)$,若 $\lim\limits_{(x,y) \to (x_0,y_0)} f(x,y) = A$ 存在,则 $z = f(x,y)g(x,y)$ 在 (x_0,y_0) 处可微. (仿武汉大学试题)

提示 先证 $z_x'(x_0,y_0) = Ag_x'(x_0,y_0)$,$z_y'(x_0,y_0) = Ag_y'(x_0,y_0)$,然后由 $g(x,y)$ 在 (x_0,y_0) 处可

微,导出 $f(x,y)$ 在 (x_0,y_0) 处可微.

再提示 $z'_x(x_0,y_0) = \lim\limits_{x \to x_0} \dfrac{f(x,y_0)g(x,y_0) - 0}{x - x_0} = \lim\limits_{x \to x_0} f(x,y_0)\left(\dfrac{g(x,y_0) - 0}{x - x_0}\right) = Ag'_x(x_0,y_0).$

同理 $z'_y(x_0,y_0) = Ag'_y(x_0,y_0)$. 这时有 $\Delta z = f(x,y)g(x,y) = (A + \alpha)g(x,y)$,其中 $\alpha \to 0$(当 $\rho \to 0$ 时). 于是

$$\frac{1}{\rho}\left[\Delta z - z'_x(x_0,y_0)\Delta x - z'_y(x_0,y_0)\Delta y\right]$$

$$= \frac{1}{\rho}\left[(A + \alpha)g(x,y) - Ag'_x(x_0,y_0)\Delta x - Ag'_y(x_0,y_0)\Delta y\right]$$

$$= \frac{A}{\rho}\left[g(x,y) - g'_x(x_0,y_0)\Delta x - g'_y(x_0,y_0)\Delta y\right] + \frac{\alpha}{\rho}g(x,y) \to 0 \ (\text{当 } \rho \to 0 \text{ 时}).$$

由 g 在 (x_0,y_0) 处可微,第一项 $\to 0$;由 $\big|g(x,y)\big| \leqslant M\rho$ 知第二项 $\to 0$(当 $\rho \to 0$ 时). 故 $z = f(x,y)$ 在 (x_0,y_0) 处可微.

☆ **6.2.24** 设 f'_x, f'_y 在 (x_0,y_0) 的某个邻域里存在,在 (x_0,y_0) 的某个空心邻域里 f''_{xy} 存在,且 $\lim\limits_{(x,y) \to (x_0,y_0)} f''_{xy}(x,y)$ 存在,试证:f''_{xy} 在 (x_0,y_0) 处连续,$f''_{yx}(x_0,y_0)$ 存在,且 $f''_{xy}(x_0,y_0) = f''_{yx}(x_0,y_0)$.

提示 根据例 6.2.8,只需两混合偏导数 f''_{xy}, f''_{yx} 其中一个在 (x_0,y_0) 处连续即可. 因已知 $\lim\limits_{(x,y) \to (x_0,y_0)} f''_{xy}(x,y) \overset{\text{存在}}{=\!=\!=\!=} A$,故只需证明 $f''_{xy}(x_0,y_0)$ 存在,且等于 A.

再提示 $f''_{xy}(x_0,y_0) = \lim\limits_{y \to y_0} \dfrac{f'_x(x_0,y) - f'_x(x_0,y_0)}{y - y_0}$,利用 Lagrange 微分中值定理,∃ ξ 在 y 与 y_0 之间,使得

$$f'_x(x_0,y) - f'_x(x_0,y_0) = f''_{xy}(x_0,\xi)(y - y_0),$$

因此
$$\text{上式} = \lim\limits_{\xi \to y_0} f''_{xy}(x_0,\xi) = A.$$

§6.3 多元 Taylor 公式·凸函数·几何应用·极值

导读 本节中的几何应用与极值两部分是各类考试热点,适合各类读者. 多元 Taylor 公式及凸函数主要适合数学院系学生,非数学院系学生不作太多要求.

*一、多元 Taylor 公式

这里只讨论 Taylor 公式的唯一性及 Taylor 公式的某些应用. 求初等函数的展开,一般不感觉困难,此处从略.

例 6.3.1(Taylor 公式的唯一性) 假设 $f(x,y)$ 具有 $n+1$ 阶连续偏导数,若用某种方法得到展开式

$$f(x,y) = \sum_{i+j=0}^{n} A_{ij}(x - x_0)^i(y - y_0)^j + o(\rho^n), \tag{1}$$

其中 $\rho = \sqrt{(x - x_0)^2 + (y - y_0)^2}$,则必有

$$A_{ij} = \frac{C_{i+j}^i}{(i+j)!}\left.\frac{\partial^{i+j}}{\partial x^i \partial y^j}f(x,y)\right|_{(x_0,y_0)} = \frac{1}{i!\,j!}\frac{\partial^{i+j}}{\partial x^i \partial y^j}f(x_0,y_0).$$

（多元的情况有类似结论.）

证 已知 $f(x,y)$ 有 $n+1$ 阶连续偏导数,故 $f(x,y)$ 的 Taylor 公式成立:

$$f(x,y) = \sum_{i+j=0}^{n} \frac{C_{i+j}^{i}}{(i+j)!}\left(\frac{\partial^{i+j}}{\partial x^i \partial y^j}f(x_0,y_0)\right)(x-x_0)^i(y-y_0)^j + o(\rho^n). \tag{2}$$

式(1)减式(2),便得 0 函数的展开式:

$$0 = \sum_{i+j=0}^{n} B_{ij}(x-x_0)^i(y-y_0)^j + o(\rho^n), \tag{3}$$

其中 $B_{ij} = A_{ij} - \dfrac{C_{i+j}^{i}}{(i+j)!}\dfrac{\partial^{i+j}}{\partial x^i \partial y^j}f(x_0,y_0)$. 因此,我们只要由式(3)推出 $B_{ij}=0$ ($i+j = 0,1,\cdots,n$)即可. 作变量替换 $\xi=x-x_0,\eta=y-y_0$. 对于新变量 (ξ,η),式(3)变成

$$0 = \sum_{i+j=0}^{n} B_{ij}\xi^i\eta^j + o(\rho^n) \quad (\rho = \sqrt{\xi^2+\eta^2}).$$

为了照顾习惯,仍把 (ξ,η) 记作 (x,y). 于是问题化为由式

$$0 = \sum_{i+j=0}^{n} B_{ij}x^iy^j + o(\rho^n) \quad (\rho = \sqrt{x^2+y^2}) \tag{4}$$

证明 $B_{ij}=0$ ($i+j = 0,1,2,\cdots,n; i,j$ 为非负整数).

首先,在式(4)中,令 $\rho \to 0$,便得 $B_{00}=0$. 然后令 $y=\alpha x$,则式(4)变成

$$\sum_{i+j=1}^{n} \alpha^j B_{ij}x^{i+j} + o(x^n) = 0. \tag{5}$$

设 $x\neq 0$,用 x 除此式,令 $x\to 0$,得 $B_{10}+\alpha B_{01}=0$. 因 α 为任意实数,故知 $B_{10}=B_{01}=0$. 式(5)成为

$$\sum_{i+j=2}^{n} \alpha^j B_{ij}x^{i+j} + o(x^n) = 0. \tag{6}$$

同样,式(6)除以 x^2,令 $x\to 0$,得 $B_{20}+\alpha B_{11}+\alpha^2 B_{02}=0$. 由 α 的任意性,可知 $B_{20} = B_{11}=B_{02}=0$. 从而式(6)变成

$$\sum_{i+j=3}^{n} \alpha^j B_{ij}x^{i+j} + o(x^n) = 0.$$

如此继续下去,可得一切 $B_{ij}=0$ ($i+j=0,1,2,\cdots,n$). 证毕.

注 有了唯一性,求 Taylor 公式展开式,不一定要用求导数的方法,只要余项是 ρ^n 的高级无穷小量,所得的展开式必是 Taylor 公式的展开式(见本节后面的有关练习).

下面两例说明 Taylor 公式的某些应用.

例 6.3.2 设 $D\subseteq \mathbf{R}^n$ 为凸的有界闭区域,$f(P)$ 在 D 上有连续的一阶偏导数. 试证:$f(P)$ 在 D 上满足 Lipschitz 条件. 即:$\exists L>0,\forall P,P_1 \in D$,有

$$|f(P)-f(P_1)| \leqslant L|P-P_1|. \tag{1}$$

证 根据已知条件可知:$\exists M>0$,使得 $|f'_{x_i}(P)| \leqslant M, \forall P\in D, i=1,2,\cdots,n$. 因 D 为凸区域,由 Taylor 公式,$\forall P,P_1 \in D, \exists P^* \in \overline{PP_1}\subset D$,使得

$$\left| f(P) - f(P_1) \right| = \left| \sum_{i=1}^{n} \frac{\partial f}{\partial x_i}(P^*)(x_i - x_{1i}) \right|$$

$$\leqslant \sum_{i=1}^{n} \left| \frac{\partial f}{\partial x_i}(P^*) \right| \left| x_i - x_{1i} \right| \leqslant Mn\rho(P, P_1),$$

这里 P 和 P_1 分别为 $P(x_1, x_2, \cdots, x_n)$ 和 $P_1(x_{11}, x_{12}, \cdots, x_{1n})$. 令 $L = Mn$, 则得式(1).

由本例可知, 在有界凸区域上函数 f 的一阶偏导数连续有界, 则 f 在此区域上一致连续.

☆**例 6.3.3**　设 $F(x, y, z)$ 在 $\mathbf{R}^3$ 中有连续的一阶偏导数 $\frac{\partial F}{\partial x}, \frac{\partial F}{\partial y}, \frac{\partial F}{\partial z}$, 并满足

$$y \frac{\partial F}{\partial x} - x \frac{\partial F}{\partial y} + \frac{\partial F}{\partial z} \geqslant \alpha > 0, \quad \forall (x, y, z) \in \mathbf{R}^3,$$

其中 α 为常数. 试证明: 当 (x, y, z) 沿着曲线 $\Gamma: x = -\cos t, y = \sin t, z = t, t \geqslant 0$ 趋向无穷远时, $F(x, y, z) \to +\infty$. (北京大学)

方法　利用推导多元 Taylor 公式的方法, 对函数 $\Phi(t) = F(-\cos t, \sin t, t)$ 应用一元 Taylor 公式: $\Phi(t) = \Phi(0) + \Phi'(\tau)t$.

证　对曲线 Γ 上的点 $(x, y, z) = (-\cos t, \sin t, t) \in \Gamma$, 有

$$F(x, y, z) = F(-\cos t, \sin t, t) = F(-1, 0, 0) + \left[F(-\cos t, \sin t, t) \right]'_t \Big|_{t=\tau} \cdot t.$$

记 $\beta = F(-1, 0, 0)$, τ 对应的点为 $Q: Q = (-\cos \tau, \sin \tau, \tau) = (\xi, \eta, \zeta)$, 则

$$\left[F(-\cos t, \sin t, t) \right]' \Big|_{t=\tau} = \sin \tau \cdot \frac{\partial F}{\partial x} \Big|_Q + \cos \tau \frac{\partial F}{\partial y} \Big|_Q + \frac{\partial F}{\partial z} \Big|_Q$$

$$= \eta \frac{\partial F}{\partial x} \Big|_Q - \xi \frac{\partial F}{\partial y} \Big|_Q + \frac{\partial F}{\partial z} \Big|_Q \geqslant \alpha > 0.$$

于是有　$F(x, y, z) \geqslant \beta + \alpha t \to +\infty$　(当 $t \to +\infty$ 时). 证毕.

二、凸函数

作为 Taylor 公式的一个应用, 我们来研究凸函数.

定义　区域 $D \subseteq \mathbf{R}^n$ 称为**凸**的, 当且仅当 $\forall x, y \in D, \forall \lambda \in [0, 1]$, 有

$$\lambda x + (1 - \lambda) y \in D.$$

$y = f(x)$ 称为凸区域 D 上的**凸函数**, 当且仅当 $\forall x, y \in D, \forall \lambda \in [0, 1]$, 有

$$f[\lambda x + (1 - \lambda) y] \leqslant \lambda f(x) + (1 - \lambda) f(y)$$

(若"$\leqslant$"换成"$<$", 则 f 称为**严格凸**的).

其几何意义如图 6.3.1 所示.

定理 1　设 f 在凸区域 D 上定义并且有连续的一阶偏导数, 则 f 在 D 内为凸函数的充要条件是: $\forall x, y \in D$, 有

$$f(y) \geqslant f(x) + (y - x) \nabla f(x), \tag{1}$$

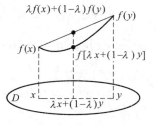

图 6.3.1

其中 $\boldsymbol{x} = (x_1, x_2, \cdots, x_n)$，$\boldsymbol{y} = (y_1, y_2, \cdots, y_n)$，$\nabla f(\boldsymbol{x}) = \left(\dfrac{\partial f}{\partial x_1}, \dfrac{\partial f}{\partial x_2}, \cdots, \dfrac{\partial f}{\partial x_n} \right)$，

$$(\boldsymbol{y} - \boldsymbol{x}) \nabla f(\boldsymbol{x}) = \frac{\partial f}{\partial x_1}(y_1 - x_1) + \frac{\partial f}{\partial x_2}(y_2 - x_2) + \cdots + \frac{\partial f}{\partial x_n}(y_n - x_n). \tag{2}$$

证 1°（必要性）由于 f 在 D 上为凸函数. 故 $\forall \boldsymbol{x}, \boldsymbol{y} \in D$，$\forall \lambda \in [0,1]$，有

$$f[\lambda \boldsymbol{y} + (1 - \lambda) \boldsymbol{x}] \leqslant \lambda f(\boldsymbol{y}) + (1 - \lambda) f(\boldsymbol{x}),$$

即

$$f[\boldsymbol{x} + \lambda(\boldsymbol{y} - \boldsymbol{x})] - f(\boldsymbol{x}) \leqslant \lambda f(\boldsymbol{y}) - \lambda f(\boldsymbol{x}). \tag{3}$$

因 f 有连续的一阶导数，故 f 可微：

$$f[\boldsymbol{x} + \lambda(\boldsymbol{y} - \boldsymbol{x})] - f(\boldsymbol{x}) = \left(\frac{\partial}{\partial x_1} f(\boldsymbol{x}) \right) \lambda(y_1 - x_1) + \cdots + \left(\frac{\partial}{\partial x_n} f(\boldsymbol{x}) \right) \lambda(y_n - x_n) +$$

$$\varepsilon_1 \lambda(y_1 - x_1) + \cdots + \varepsilon_n \lambda(y_n - x_n), \tag{4}$$

其中 $\varepsilon_1, \cdots, \varepsilon_n \to 0$（当 $\lambda \to 0$ 时）. 将式(4)代入式(3)，令 $\lambda \neq 0$，以 λ 同除式(3)两端，再令 $\lambda \to 0$，得

$$\left(\frac{\partial}{\partial x_1} f(\boldsymbol{x}) \right)(y_1 - x_1) + \cdots + \left(\frac{\partial}{\partial x_n} f(\boldsymbol{x}) \right)(y_n - x_n) \leqslant f(\boldsymbol{y}) - f(\boldsymbol{x}).$$

注意到式(2)，此式左端即为 $(\boldsymbol{y} - \boldsymbol{x}) \nabla f(\boldsymbol{x})$. 故式(1)得证.

2°（充分性）$\forall \boldsymbol{x}, \boldsymbol{y} \in D$，$\forall \lambda \in [0,1]$，记 $\boldsymbol{z} = \lambda \boldsymbol{x} + (1 - \lambda) \boldsymbol{y} \in D$，按已知条件，

$$f(\boldsymbol{x}) \geqslant f(\boldsymbol{z}) + (\boldsymbol{x} - \boldsymbol{z}) \nabla f(\boldsymbol{z}), \tag{5}$$

$$f(\boldsymbol{y}) \geqslant f(\boldsymbol{z}) + (\boldsymbol{y} - \boldsymbol{z}) \nabla f(\boldsymbol{z}). \tag{6}$$

将(5)、(6)分别乘 λ 与 $(1 - \lambda)$，然后相加，得

$$\lambda f(\boldsymbol{x}) + (1 - \lambda) f(\boldsymbol{y})$$
$$\geqslant \lambda f(\boldsymbol{z}) + (1 - \lambda) f(\boldsymbol{z}) + [\lambda(\boldsymbol{x} - \boldsymbol{z}) + (1 - \lambda)(\boldsymbol{y} - \boldsymbol{z})] \nabla f(\boldsymbol{z})$$
$$= f(\boldsymbol{z}) + \{[\lambda \boldsymbol{x} + (1 - \lambda) \boldsymbol{y}] - \boldsymbol{z}\} \nabla f(\boldsymbol{z}) = f(\boldsymbol{z}) + (\boldsymbol{z} - \boldsymbol{z}) \nabla f(\boldsymbol{z})$$
$$= f(\boldsymbol{z}) = f[\lambda \boldsymbol{x} + (1 - \lambda) \boldsymbol{y}],$$

即 $f[\lambda \boldsymbol{x} + (1 - \lambda) \boldsymbol{y}] \leqslant \lambda f(\boldsymbol{x}) + (1 - \lambda) f(\boldsymbol{y})$. 这就证明了 f 为凸函数.

定理2 设 $D \subseteq \mathbf{R}^n$ 为凸区域，$f(\boldsymbol{x}) = f(x_1, \cdots, x_n)$ 在 D 上定义，有连续的二阶偏导数，证明 $f(\boldsymbol{x})$ 在 D 上为凸函数的充要条件是 Hesse 矩阵 $\left(\dfrac{\partial^2 f}{\partial x_i \partial x_j} \right)_{i,j=1}^{n}$ 在 D 上为半正定的.（浙江大学）

证 1°（充分性）$\forall \boldsymbol{x}, \boldsymbol{y} \in D$，根据 Taylor 公式，$\exists \boldsymbol{\xi} = \boldsymbol{x} + \theta(\boldsymbol{y} - \boldsymbol{x})$ $(0 < \theta < 1)$，使得

$$f(\boldsymbol{y}) = f(\boldsymbol{x}) + (\boldsymbol{y} - \boldsymbol{x}) \nabla f(\boldsymbol{x}) + \frac{1}{2!} \left[(y_1 - x_1) \frac{\partial}{\partial x_1} + \cdots + (y_n - x_n) \frac{\partial}{\partial x_n} \right]^2 f(\boldsymbol{\xi}). \tag{1}$$

注意到

$$\left[(y_1 - x_1) \frac{\partial}{\partial x_1} + \cdots + (y_n - x_n) \frac{\partial}{\partial x_n} \right]^2 f(\boldsymbol{\xi})$$

$$= \sum_{i,j=1}^{n} (y_i - x_i)(y_j - x_j) \frac{\partial^2 f(\boldsymbol{\xi})}{\partial x_i \partial x_j}$$

$$= (y_1 - x_1, y_2 - x_2, \cdots, y_n - x_n) \left(\frac{\partial^2 f(\boldsymbol{\xi})}{\partial x_i \partial x_j} \right) \begin{pmatrix} y_1 - x_1 \\ y_2 - x_2 \\ \vdots \\ y_n - x_n \end{pmatrix}, \quad (2)$$

若矩阵 $\left(\dfrac{\partial^2 f}{\partial x_i \partial x_j} \right)(i,j=1,2,\cdots,n)$ 在 D 上为半正定的,则式(2)非负,式(1)成为

$$f(\boldsymbol{y}) \geqslant f(\boldsymbol{x}) + (\boldsymbol{y} - \boldsymbol{x}) \nabla f(\boldsymbol{x}).$$

从而 f 在 D 上为凸函数(定理 1).

2°(必要性)用反证法. 假设 $\left(\dfrac{\partial^2 f}{\partial x_i \partial x_j} \right)$ 为非半正定的,则 $\exists \boldsymbol{x} \in D$ 及 $\boldsymbol{h} = (h_1, \cdots, h_n)$,使得

$$(h_1, \cdots, h_n) \left(\frac{\partial^2 f(\boldsymbol{x})}{\partial x_i \partial x_j} \right) \begin{pmatrix} h_1 \\ \vdots \\ h_n \end{pmatrix} < 0. \quad (3)$$

另一方面,由 Taylor 公式,当 $\lambda \to 0$ 时,

$$f(\boldsymbol{x} + \lambda \boldsymbol{h}) = f(\boldsymbol{x}) + \lambda \boldsymbol{h} \ \nabla f(\boldsymbol{x}) + \frac{1}{2} (\lambda h_1, \cdots, \lambda h_n) \left(\frac{\partial^2 f(\boldsymbol{x})}{\partial x_i \partial x_j} \right) \begin{pmatrix} \lambda h_1 \\ \vdots \\ \lambda h_n \end{pmatrix} + o(|\lambda \boldsymbol{h}|^2)$$

$$= f(\boldsymbol{x}) + \lambda \boldsymbol{h} \ \nabla f(\boldsymbol{x}) + \frac{1}{2} \lambda^2 (h_1, \cdots, h_n) \left(\frac{\partial^2 f(\boldsymbol{x})}{\partial x_i \partial x_j} \right) \begin{pmatrix} h_1 \\ \vdots \\ h_n \end{pmatrix} + o(\lambda^2)$$

$$= f(\boldsymbol{x}) + \lambda \boldsymbol{h} \ \nabla f(\boldsymbol{x}) + \lambda^2 \left[\frac{1}{2} (h_1, \cdots, h_n) \left(\frac{\partial^2 f(\boldsymbol{x})}{\partial x_i \partial x_j} \right) \begin{pmatrix} h_1 \\ \vdots \\ h_n \end{pmatrix} + o(1) \right].$$

由式(3),当 λ 充分小时,此式右端第三项为负,于是

$$f(\boldsymbol{x} + \lambda \boldsymbol{h}) \leqslant f(\boldsymbol{x}) + \lambda \boldsymbol{h} \nabla f(\boldsymbol{x}).$$

与 f 的凸性矛盾(见定理 1).

三、几何应用

要点 空间曲线 $x = x(t), y = y(t), z = z(t)$ 的切向量为 $(x'(t), y'(t), z'(t))$. 曲面 $F(x,y,z) = 0$ 的法向量为 (F'_x, F'_y, F'_z). 让流动向量与之平行或垂直,就可写出空

间曲线切线与法平面、空间曲面的法线与切平面的方程,和解决与之有关的问题.

例 6.3.4 求 $x = r\cos\varphi, y = r\sin\varphi, z = r\cot\alpha$ 在点 $M_0(\varphi_0, r_0)$ 处的切面与法线(其中 α 为常数).

解 $r = r_0$ 对应的曲线为 $x = r_0\cos\varphi, y = r_0\sin\varphi, z = r_0\cot\alpha$. 它在 M_0 的切向量为 $\boldsymbol{\tau}_1 = r_0(-\sin\varphi_0, \cos\varphi_0, 0)$. 类似可得 $\varphi = \varphi_0$ 曲线在 M_0 的切向量 $\boldsymbol{\tau}_2 = (\cos\varphi_0, \sin\varphi_0, \cot\alpha)$. 从而曲面在 M_0 的法向量为

$$\boldsymbol{n} = \boldsymbol{\tau}_1 \times \boldsymbol{\tau}_2 = r_0(\cos\varphi_0\cot\alpha, \sin\varphi_0\cot\alpha, -1).$$

由此可得切平面为

$$x\cos\varphi_0 + y\sin\varphi_0 - z\tan\alpha = 0.$$

法线为
$$\frac{x - r_0\cos\varphi_0}{\cos\varphi_0} = \frac{y - r_0\sin\varphi_0}{\sin\varphi_0} = \frac{z - r_0\cot\alpha}{-\tan\alpha}.$$

☆ **例 6.3.5** 证明:若 $F(u,v)$ 有连续偏导数,则曲面 $S : F(nx - lz, ny - mz) = 0$ 上任意一点的切平面都平行于直线 $L : \dfrac{x}{l} = \dfrac{y}{m} = \dfrac{z}{n}$. (东北师范大学)

证 曲面 S 上任意一点 (x_0, y_0, z_0) 的法向量与切平面分别为

$$\boldsymbol{n} = (nF_u', nF_v', -lF_u' - mF_v'),$$

$$nF_u' \cdot (x - x_0) + nF_v' \cdot (y - y_0) - (lF_u' + mF_v') \cdot (z - z_0) = 0.$$

直线 L 的方向数为 (l, m, n),

$$\boldsymbol{n} \cdot (l, m, n) = l \cdot nF_u' + m \cdot nF_v' + n(-lF_u' - mF_v') = 0.$$

因此该直线与 $\boldsymbol{n}$ 垂直,故 L 与任意一点的切平面平行.

* **例 6.3.6** 设 D 为凸的有界闭区域,曲面的方程为 $z = f(x,y), (x,y) \in D$. $f(x,y)$ 在 D 上有有界的二阶导函数. 今用 $\varphi = \varphi(P_1, P)$ 表示曲面在 $P(x,y) \in D$, $P_1(x_1, y_1) \in D$ 两点法线之间夹角. 试证:当 P 与 P_1 充分接近时, $\varphi(P_1, P)$ 满足 A. M. Ляпунов(Lyapunov)不等式:

$$\varphi(P_1, P) \leqslant c\rho(P_1, P), \quad P_1, P \in D,$$

其中 c 为常数, $\rho(P_1, P)$ 表示 P_1 与 P 之间的距离.

分析 我们只要证明 $\varphi \leqslant \dfrac{\pi}{2}\sin\varphi \leqslant c\rho(P_1, P)$ 即可. 已知 $0 \leqslant \varphi \leqslant \dfrac{\pi}{2}$ 时,第一个不等式成立 $\left(\left(0, \dfrac{\pi}{2}\right)$ 内 $\dfrac{\sin x}{x} \searrow \dfrac{2}{\pi}\right)$. 现只需证明第二个不等式.

证 法向量为 $\boldsymbol{n}(P) = (f_x'(P), f_y'(P), -1)$, $\boldsymbol{n}(P_1) = (f_x'(P_1), f_y'(P_1), -1)$. 可见 $|\boldsymbol{n}(P)| \geqslant 1$, $|\boldsymbol{n}(P_1)| \geqslant 1$. 故

$$\sin^2\varphi = \frac{|\boldsymbol{n}(P_1) \times \boldsymbol{n}(P)|^2}{|\boldsymbol{n}(P_1)|^2 |\boldsymbol{n}(P)|^2} \leqslant |\boldsymbol{n}(P_1) \times \boldsymbol{n}(P)|^2 = \left(\begin{vmatrix} \boldsymbol{i} & \boldsymbol{j} & \boldsymbol{k} \\ f_x'(P_1) & f_y'(P_1) & -1 \\ f_x'(P) & f_y'(P) & -1 \end{vmatrix}\right)^2$$

$$= (f_y'(P_1) - f_y'(P))^2 + (f_x'(P_1) - f_x'(P))^2 + (f_x'(P_1)f_y'(P) - f_x'(P)f_y'(P_1))^2.$$
$$\tag{1}$$

由已知条件知, $\exists M > 0$ 使得 D 内有 $|f_x'|$, $|f_y'|$, $|f_{xx}''|$, $|f_{xy}''|$, $|f_{yy}''| \leqslant M$. 利用中值定理: $\exists P^* \in \overline{PP_1}$ (记 $P_1(x_1, y_1)$, $P(x, y)$),

$$|f_x'(P_1) - f_x'(P)| = |f_{xx}''(P^*)(x_1 - x) + f_{xy}''(P^*)(y_1 - y)| \leqslant 2M\rho(P_1, P).$$

(因 D 为凸域, $P^* \in D$.) 同理, $|f_y'(P_1) - f_y'(P)| \leqslant 2M\rho(P_1, P)$. 故

$$|f_x'(P_1)f_y'(P) - f_x'(P)f_y'(P_1)|$$
$$\leqslant |f_x'(P_1)| \, |f_y'(P) - f_y'(P_1)| + |f_y'(P_1)| \, |f_x'(P_1) - f_x'(P)| \leqslant 4M^2\rho(P_1, P).$$

由式 (1), $\sin^2\varphi \leqslant (1 + 2M^2)8M^2\rho^2(P_1, P)$. 可见当 $\rho(P_1, P)$ 充分小时, $0 \leqslant \varphi \leqslant \dfrac{\pi}{2}$, 从而

$$0 \leqslant \varphi(P_1, P) \leqslant \frac{\pi}{2}\sin\varphi \leqslant c\rho(P_1, P),$$

其中 $c = \sqrt{2}\pi M\sqrt{1 + 2M^2}$ 为常数.

*例 6.3.7 从原点向单叶双曲面 $\dfrac{x^2}{a^2} + \dfrac{y^2}{b^2} - \dfrac{z^2}{c^2} = 1$ 的切平面引垂线, 求垂足的轨迹.

解 所谓垂足, 即切平面与垂线的交点. 曲面上任意一点 (x_1, y_1, z_1) 的切平面为

$$\frac{x_1 x}{a^2} + \frac{y_1 y}{b^2} - \frac{z_1 z}{c^2} = 1.\tag{1}$$

过原点向此切平面引的垂线为

$$\frac{a^2 x}{x_1} = \frac{b^2 y}{y_1} = -\frac{c^2 z}{z_1}.\tag{2}$$

我们的问题是: 当 (x_1, y_1, z_1) 沿单叶双曲面

$$\frac{x_1^2}{a^2} + \frac{y_1^2}{b^2} - \frac{z_1^2}{c^2} = 1\tag{3}$$

移动时, 求方程 (1)、(2) 所决定的垂足 (x, y, z) 的轨迹. 因此, 只要在 (1)、(2)、(3) 中消去 x_1, y_1, z_1, 求出 (x, y, z) 满足的方程即可. 令式 (2) 等于 $\dfrac{1}{k}$, 则得

$$x_1 = ka^2 x, \quad y_1 = kb^2 y, \quad z_1 = -kc^2 z.$$

代入 (1)、(3), 得 $k(x^2 + y^2 + z^2) = 1$, $k^2(a^2 x^2 + b^2 y^2 - c^2 z^2) = 1$. 从而

$$(x^2 + y^2 + z^2)^2 = a^2 x^2 + b^2 y^2 - c^2 z^2,$$

即为所求.

*例 6.3.8 设 $a > b > c > 0$ 为三个正数, 试证 $\mathbf{R}^3$ 中任意一点 $M(x, y, z)$ 处有三个二次曲面

$$\frac{x^2}{a^2 - \lambda_i^2} + \frac{y^2}{b^2 - \lambda_i^2} + \frac{z^2}{c^2 - \lambda_i^2} = -1 \quad (i = 1, 2, 3)\tag{1}$$

（其中 $\lambda_1,\lambda_2,\lambda_3$ 为三个彼此不同的实数），它们通过点 M，并在点 M 相互正交.

提示　要求 $\lambda_i(i=1,2,3)$ 使式（1）成立，即要求函数

$$F(\lambda^2) = x^2(b^2-\lambda^2)(c^2-\lambda^2) + y^2(a^2-\lambda^2)(c^2-\lambda^2) +$$
$$z^2(a^2-\lambda^2)(b^2-\lambda^2) + (a^2-\lambda^2)(b^2-\lambda^2)(c^2-\lambda^2)$$

的根. $F(\lambda^2)$ 为 λ^2 的三次多项式，且在区间 $[c,b]$，$[b,a]$，$[a,+\infty]$ 端点上异号，因此有且仅有三个不同实根.

在 (x,y,z) 处，三曲面的法向量 $\boldsymbol{n}_i = \left(\dfrac{2x}{a^2-\lambda_i^2}, \dfrac{2y}{b^2-\lambda_i^2}, \dfrac{2z}{c^2-\lambda_i^2}\right)$ $(i=1,2,3)$ 相互正交. 因为 $i\neq j$ 时，

$$\boldsymbol{n}_i \cdot \boldsymbol{n}_j = \frac{4x^2}{(a^2-\lambda_i^2)(a^2-\lambda_j^2)} + \frac{4y^2}{(b^2-\lambda_i^2)(b^2-\lambda_j^2)} + \frac{4z^2}{(c^2-\lambda_i^2)(c^2-\lambda_j^2)}$$

$$= \frac{4}{\lambda_i^2-\lambda_j^2}\left[\left(\frac{x^2}{a^2-\lambda_i^2} + \frac{y^2}{b^2-\lambda_i^2} + \frac{z^2}{c^2-\lambda_i^2}\right) - \left(\frac{x^2}{a^2-\lambda_j^2} + \frac{y^2}{b^2-\lambda_j^2} + \frac{z^2}{c^2-\lambda_j^2}\right)\right]$$

$$= \frac{4}{\lambda_i^2-\lambda_j^2}[(-1)-(-1)] = 0.$$

☆ 四、极值

a. 自由极值

要点　自由极值又称局部极值. f 在点 P_0 有极大（小）值，指函数 f 在 P_0 的某邻域里，恒有 $f(P_0)\geqslant f(P)$（或 $f(P_0)\leqslant f(P)$）（将 $\geqslant$（$\leqslant$）改为 $>$（$<$），则称为严格极值）.

求自由极值的方法步骤：

1）求可疑点. 可疑点包括：i）稳定点（即一阶偏导数同时等于零的点）；ii）使至少某一阶偏导数不存在的点.

2）对可疑点进行判断. 基本方法是：i）用定义判断；ii）利用实际背景进行判断；iii）利用二阶导数：设 P_0 为稳定点，若在 P_0 处 Hesse 矩阵

$$\boldsymbol{H}(P_0) = \begin{pmatrix} f''_{x_1x_1} & f''_{x_1x_2} & \cdots & f''_{x_1x_n} \\ f''_{x_2x_1} & f''_{x_2x_2} & \cdots & f''_{x_2x_n} \\ \vdots & \vdots & & \vdots \\ f''_{x_nx_1} & f''_{x_nx_2} & \cdots & f''_{x_nx_n} \end{pmatrix}$$

为正定的，则 f 在 P_0 处取极小值；若 $\boldsymbol{H}(P_0)$ 为负定的，则 f 在 P_0 处取极大值；若 $\boldsymbol{H}(P_0)$ 为不定的，则 f 在 P_0 处无极值. 具体到二元函数即是：若 $f'_x(x_0,y_0) = f'_y(x_0,y_0) = 0$，记 $\Delta = (f''_{xx}f''_{yy} - f''^2_{xy})\big|_{(x_0,y_0)}$，则

当 $\Delta > 0$ 且 $f''_{xx}\big|_{(x_0,y_0)} > 0$ 时，f 在 (x_0,y_0) 处取（严格）极小值；

当 $\Delta > 0$，且 $f''_{xx}\big|_{(x_0,y_0)} < 0$ 时，f 在 (x_0,y_0) 处取（严格）极大值；

当 $\Delta < 0$ 时，f 在 (x_0,y_0) 处无极值；

当 $\Delta = 0$ 时,情况待定.

多元极值有两个观念值得澄清,其一是:一元函数的极大值与极小值总是交替地出现,多元函数谈不上交替,甚至只有一种极值(无穷多个). 如

☆**例 6.3.9** 证明:函数 $z = f(x,y) = (1 + e^y)\cos x - ye^y$ 有无穷多个极大值,但无极小值.(大连海事大学,中国人民大学)

证 $f_x' = (1 + e^y)(-\sin x),\ f_y' = (\cos x - 1 - y)e^y.$

令 $f_x' = 0, f_y' = 0$,解方程,可得无穷多个稳定点 $(x_n, y_n) = (n\pi, \cos n\pi - 1)$ $(n = 0, \pm 1, \pm 2, \cdots)$. 当 n 为偶数时,在 (x_n, y_n) 内,

$$\Delta = f_{xx}'' f_{yy}'' - f_{xy}''^2 = 2 > 0,\ f_{xx}'' = -2 < 0.$$

故 f 在 $(2k\pi, 0)$ 上取极大值 $(k = 0, \pm 1, \pm 2, \cdots)$. 当 n 为奇数时,在 (x_n, y_n) 内,

$$\Delta = f_{xx}'' f_{yy}'' - f_{xy}''^2 = -(1 + e^{-2})e^{-2} < 0,$$

此处无极值. 总之,f 有无穷多个极大值而无极小值.

另一个值得澄清的问题是:(以极小值为例)f 在某点 P_0 取极小值,是指 f 在 P_0 点的值比某邻域里其他点的值小. 假设在过点 P_0 的每一直线上,f 在 P_0 取极小值,问是否能断言 f 在 P_0 处取极小值? 回答是否定的. 如

例 6.3.10 $f(x,y) = (y - x^2)(y - 2x^2)$,当限定 (x,y) 在过 $(0,0)$ 的直线上时,f 在 $(0,0)$ 处为极小,但作为二元函数,f 在 $(0,0)$ 处无极值.

读者用定义很容易证明.

关于自由极值的求法,下面还会讲到.

b. 条件极值与 Lagrange 乘数法

要点 若 $y = f(x_1, \cdots, x_n)$ 及 $\varphi_i(x_1, \cdots, x_n)$ $(i = 1, 2, \cdots, m; m < n)$ 有连续偏导数,且 Jacobi 矩阵 $\dfrac{\partial(\varphi_1, \cdots, \varphi_m)}{\partial(x_1, \cdots, x_n)}$ 的秩为 $r = m$(不妨设行列式 $\dfrac{\partial(\varphi_1, \cdots, \varphi_m)}{\partial(x_1, \cdots, x_n)} \neq 0$),那么函数 $y = f(x_1, \cdots, x_n)$ 在条件 $\varphi_i(x_1, \cdots, x_n) = 0$ $(i = 1, 2, \cdots, m)$ 限制之下的极值点,可用 Lagrange 乘数法寻求.

具体做法是:首先作 Lagrange 函数:

$$L(x_1, \cdots, x_n) = f(x_1, \cdots, x_n) + \sum_{i=1}^{m} \lambda_i \varphi_i(x_1, \cdots, x_n),$$

然后解方程组

$$L_{x_1}' = 0,\ L_{x_2}' = 0,\ \cdots,\ L_{x_n}' = 0,\ \varphi_i(x_1, \cdots, x_n) = 0\ (i = 1, 2, \cdots, m),$$

求出稳定点,这里 λ_i 为待定常数,有时不一定要求出.

最后,对稳定点进行判别,常用的方法是

i) 利用极值点的定义进行判别.

ii) 利用实际背景进行判别.

iii) 利用 Lagrange 函数的二阶微分进行判别. 若在某稳定点 P_0 处(λ_i 用相应的

值)$d^2 L(P_0) > 0$ （< 0），则 f 在此点 P_0 取条件极小（大）值，其中

$$d^2 L(P_0) = \left(\frac{\partial}{\partial x_1}dx_1 + \frac{\partial}{\partial x_2}dx_2 + \cdots + \frac{\partial}{\partial x_n}dx_n\right)^2 L(P_0) = \sum_{k,j=1}^{n} L''_{x_k x_j}(P_0)dx_k dx_j,$$

$dx_i(i = 1, 2, \cdots, n)$ 应满足方程 $\sum_{i=1}^{n}\frac{\partial \varphi_j}{\partial x_i}(P_0)dx_i = 0$（$j = 1, 2, \cdots, m$）.

☆**例 6.3.11**　求函数 $f(x, y, z) = x^4 + y^4 + z^4$ 在条件 $xyz = 1$ 下的极值. 该极值是极大值还是极小值？为什么？（厦门大学）

解 I
$$L = x^4 + y^4 + z^4 + \lambda(xyz - 1).$$

$$\begin{cases} L'_x = 4x^3 + \lambda yz = 0, & (1) \\ L'_y = 4y^3 + \lambda xz = 0, & (2) \\ L'_z = 4z^3 + \lambda xy = 0, & (3) \\ xyz = 1. & (4) \end{cases}$$

解此方程组，得四解：

$$(1,1,1), (-1,-1,1), (-1,1,-1), (1,-1,-1).$$

在这些点上 $f(x, y, z) = 3$. 这些点均为极小值点. 因为对称性，只要证明其中一个. 例如，$P_1 = (1,1,1)$. 考虑第一卦限. 因为在曲面 $xyz = 1$ 上，$f(x, y, z) = x^4 + y^4 + \dfrac{1}{x^4 y^4}$. 在 xOy 平面上，以 $x = \dfrac{1}{4}$，$x = 2$，$y = \dfrac{1}{4}$，$y = 2$ 四条平行于坐标轴的直线围一矩形 $ABCD$（如图 6.3.2），在矩形边界上 f 的三项中至少有一项不小于 16，故

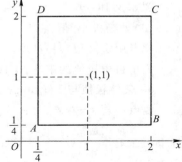

$$f\left(x, y, \frac{1}{xy}\right) \geqslant 16 > 3 = f(P_1).$$

可见 $f\left(x, y, \dfrac{1}{xy}\right)$ 的最小值只能在内部达到，但内部

图 6.3.2

只有一个稳定点 $(1,1)$，故 $(1,1)$ 是 $f\left(x, y, \dfrac{1}{xy}\right)$ 的极小值点. 换句话说，$f(x, y, z)$ 在条件 $xyz = 1$ 下在点 $(1,1,1)$ 处取极小值.

解 II　利用上述方法求出稳定点后，可用二阶微分来判断. 如点 $P_1 = (1,1,1)$，由式（1）得 $\lambda = -4$. 从而 L 的二阶偏导数在点 P_1 处的值为

$$L''_{xx} = L''_{yy} = L''_{zz} = 12, \quad L''_{xy} = L''_{yz} = L''_{zx} = \lambda = -4.$$

因此

$$d^2 L(P_1) = 12(dx^2 + dy^2 + dz^2) - 8(dx dy + dy dz + dz dx).$$

由 $xyz = 1$ 知 $dz = -dx - dy$. 代入上式可得

$$d^2 L(P_1) = 12(dx^2 + dy^2 + dz^2) - 8[dx dy + (dy + dx)(-dx - dy)]$$

$$= 12(dx^2 + dy^2 + dz^2) + 4(dx^2 + 2dxdy + dy^2) + 4dx^2 + 4dy^2$$
$$= 12(dx^2 + dy^2 + dz^2) + 4dz^2 + 4dx^2 + 4dy^2 > 0.$$

故 f 在 $P_1 = (1,1,1)$ 处取极小值. 其余各点利用对称性可得.

练习 1 应用 Lagrange 乘数法证明:"平均值不等式"(见例 1.1.7),亦即:设 $a_k \geq 0 (k = 1, 2, \cdots, n)$,则有

$$\sqrt[n]{a_1 \cdot a_2 \cdot \cdots \cdot a_n} \leq \frac{a_1 + a_2 + \cdots + a_n}{n}, \tag{1}$$

其中等号成立的充分必要条件是 $a_1 = a_2 = \cdots = a_n$.

注 我们知道:平面上的矩形,若:长 + 宽 = 定数,则当且仅当"长 = 宽"时,其面积最大. 同样地,在 $\mathbf{R}^3$ 上的长方体,若:长 + 宽 + 高 = 定数,则当且仅当"长 = 宽 = 高"时,其体积最大. 推广到 $\mathbf{R}^n$ 上的长方体的体积,就是上述 (n 元) 平均值不等式 (1).

证 在 n 维空间 $\mathbf{R}^n$ 里,给定了 n 个数 $a_k \geq 0 (k = 1, 2, \cdots, n)$,记

$$a = a_1 + a_2 + \cdots + a_n \tag{2}$$

(称为约束条件),则边长分别为 $a_k \geq 0 (k = 1, 2, \cdots, n)$ 的长方体的体积:

$$V \stackrel{\text{记}}{=\!=} f(a_1, a_2, \cdots, a_n) = a_1 \cdot a_2 \cdot \cdots \cdot a_n. \tag{3}$$

(称为目标函数.) 那么,当且仅当 $a_1 = a_2 = \cdots = a_n$ 时,其 V 值达到最大:

$$V_{\max} = \left(\frac{a}{n}\right)^n = \left(\frac{a_1 + a_2 + \cdots + a_n}{n}\right)^n.$$

从而在一般情况下,应为

$$0 \leq a_1 \cdot a_2 \cdot \cdots \cdot a_n \leq \left(\frac{\sum_{k=1}^{n} a_k}{n}\right)^n,$$

亦即有不等式 (1) 成立.

(现应用 Lagrange 乘数法证明.) 设

$$L = a_1 \cdot a_2 \cdot \cdots \cdot a_n + \lambda \left(\sum_{k=1}^{n} a_k - a\right)$$

(称为 Lagrange 函数). 令

$$L'_{a_k} = \prod_{i \neq k} a_i + \lambda = 0 \ (k = 1, 2, \cdots, n), \tag{4}$$

此式共计 n 个方程,第 k 个方程乘 $a_k (k = 1, 2, \cdots, n)$;然后累加起来(注意到式 (2)),得 $n \prod_{i=1}^{n} a_i + \lambda a = 0$. 因此有 $\lambda = -\frac{n}{a} \prod_{i=1}^{n} a_i$. 代回式 (4),则得

$$\prod_{i \neq k} a_i + \left(-\frac{n}{a} \prod_{i=1}^{n} a_i\right) = 0,$$

亦即

$$a_k = \frac{a}{n} = \frac{\sum_{k=1}^{n} a_k}{n} \ (k = 1, 2, \cdots, n).$$

根据二、三维的实际经验,(也可理论证明)最大值存在,现在只有一个可疑点,故当且仅当 a_k ($k = 1, 2, \cdots, n$) 彼此相等时,体积 V 才达到最大. 一般情况如式 (1) 所示.

^{new}**练习 2** 设 $u_1, u_2, \cdots, u_n \geq 0$,若 $u_1 u_2 \cdots u_n = 1$,则

$$u_1 + u_2 + \cdots + u_n \geq n, \tag{1}$$

式(1)中的等号当且仅当 $\{u_k\}_1^n$ 彼此相等时才成立. 试证:该命题与平均值不等式等价.

c. 求函数在闭区域上的最大最小值

要点 求函数在闭区域上的最大最小值,一般方法是:先求函数在区域内部的极大极小值,以及边界上的(条件)极大极小值,然后进行比较. 或者,直接将全部可疑点的值进行比较,最大者为最大值,最小者为最小值.

例 6.3.12 试求 $f(x,y) = ax^2 + 2bxy + cy^2$ 在 $x^2 + y^2 \leq 1$ 上的最大最小值(设 $b^2 - ac > 0, a, b, c > 0$).

解 1° 先求函数在区域内部 $x^2 + y^2 < 1$ 的可疑点,令 $f_x' = f_y' = 0$,得

$$\begin{cases} ax + by = 0, \\ bx + cy = 0. \end{cases}$$

因为 $\begin{vmatrix} a & b \\ b & c \end{vmatrix} = ac - b^2 \neq 0$,故只有唯一解 $(0,0)$,$f(0,0) = 0$.

2° (再求边界 $x^2 + y^2 = 1$ 上的可疑点.) 设

$$L = ax^2 + 2bxy + cy^2 - \lambda(x^2 + y^2 - 1).$$

令 $L_x' = L_y' = 0$,得方程

$$\begin{cases} (a - \lambda)x + by = 0, & (1) \\ bx + (c - \lambda)y = 0. & (2) \end{cases}$$

因在 $x^2 + y^2 = 1$ 上 $(x,y) \neq (0,0)$,要此方程有非零解,必须

$$\begin{vmatrix} a - \lambda & b \\ b & c - \lambda \end{vmatrix} = 0,$$

得

$$\lambda_{1,2} = \frac{a + c \pm \sqrt{(a-c)^2 + 4b^2}}{2}.$$

将式(1)乘 x,式(2)乘 y,相加得(注意 $x^2 + y^2 = 1$)

$$f(x,y) = ax^2 + 2bxy + cy^2 = \lambda_{1,2}.$$

3° 将上面求出的可疑值进行比较,得函数在 $x^2 + y^2 \leq 1$ 上的最大、最小值为

$$\max f(x) = \max\{0, \lambda_1, \lambda_2\} = \frac{a + c + \sqrt{(a-c)^2 + 4b^2}}{2},$$

$$\min f(x) = \min\{0, \lambda_1, \lambda_2\} = \frac{a + c - \sqrt{(a-c)^2 + 4b^2}}{2}.$$

例 6.3.13 确定 $f(x,y) = 4x + xy^2 + y^2$ 在圆域 $x^2 + y^2 \leq 1$ 上的最大值和最小值. (四川大学)

解 因 $f_x'(x,y) = 4 + y^2 > 0$,故在圆内无极值. 最大、最小值均在圆周 $x^2 + y^2 = 1$ 上达到. 这时

$$f(x,y) = 4x + xy^2 + y^2 = 1 + 5x - x^2 - x^3 \equiv \varphi(x).$$

令

$$\varphi_x' = 5 - 2x - 3x^2 = (5 + 3x)(1 - x) = 0,$$

根据 φ'_x 的符号,可知在 $[-1,1]$ 上,$\varphi(x)$ 在 $x=-1$ 处达最小值,$x=1$ 处达到最大值. 从而 $\max f=f(1,0)=4$,$\min f=f(-1,0)=-4$.

d. 用极值证明不等式

i) 用自由极值证明不等式

要点 若求得 f 在区域 D 上的最大、最小值分别等于 B 和 A,那么我们实际上获得了不等式 $A\leqslant f(P)\leqslant B$ $(P\in D)$.

反之,要证明关于函数 f,g 的不等式 $f(P)\leqslant g(P)$ $(P\in D)$,只需证明函数 $\psi(P)\equiv f(P)-g(P)$ 在 D 上的最大值(或上确界)$B\leqslant 0$,或 $\varphi(P)\equiv g(P)-f(P)$ 的最小值(或下确界)$A\geqslant 0$.

例 6.3.14 证明:$t\geqslant 1$,$s\geqslant 0$ 时,下面的不等式成立:$ts\leqslant t\ln t-t+\mathrm{e}^s$.(武汉大学赛题)

证 如图 6.3.3,我们只要证明函数

$$\varphi(s,t)=t\ln t-t+\mathrm{e}^s-ts$$

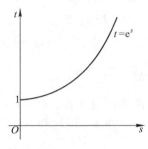

在 $D=\{(s,t)\mid s\geqslant 0,t\geqslant 1\}$ 上有最小值 0. 固定 $t\geqslant 1$,令 $\varphi'_s(s,t)=-t+\mathrm{e}^s=0$,得 $s=\ln t$(即 $t=\mathrm{e}^s$),且

$$\varphi'_s(s,t)<0 \quad (当 0\leqslant s<\ln t 时),$$
$$\varphi'_s(s,t)>0 \quad (当 \ln t<s 时).$$

可见 $\varphi(s,t)$ 的最小值只能在曲线 $t=\mathrm{e}^s$ 上达到. 但 $\varphi(s,\mathrm{e}^s)=\mathrm{e}^s s-\mathrm{e}^s+\mathrm{e}^s-\mathrm{e}^s s\equiv 0$,故在 D 上 $\varphi(s,t)\geqslant 0$,证毕.

图 6.3.3

例 6.3.15 求证:$f(x,y)=yx^y(1-x)<\mathrm{e}^{-1}$,$0<x<1$,$0<y<+\infty$.(吉林大学)

方法 证明 $f(x,y)$ 在 $0<x<1$,$0<y<+\infty$ 内最大值小于 e^{-1}.

证 (对 $f(x,y)=yx^y(1-x)$ 求偏导数,令 $f'_x=f'_y=0$,得 $y-xy-x=0$ 和 $1+y\ln x=0$. 导致 $\dfrac{x-1}{x}=\ln x$,与例 1.1.8 的对数不等式矛盾,这表明 f 在域 Ω 内部并无最大值.)下面改在 Ω 内的每一水平线上求最大值,只需证明:$\forall y_0>0$,$\max\limits_{0\leqslant x\leqslant 1}f(x,y_0)<\mathrm{e}^{-1}$ 即可. $\forall y_0>0$,令 $f'_x(x,y_0)=0$,得唯一解 $x_0=\dfrac{y_0}{y_0+1}\in[0,1]$. $f'_x(x,y_0)$ 在点 x_0 的左侧为正、右侧为负,故 $f(x,y_0)$ 在 $x_0=\dfrac{y_0}{y_0+1}$ 处取极大值,也是 $f(x,y_0)$ 在 $[0,1]$ 上的最大值,即

$$\max\limits_{0\leqslant x\leqslant 1}f(x,y_0)=f(x_0,y_0)=y_0{x_0}^{y_0}(1-x_0)=y_0\left(\frac{y_0}{y_0+1}\right)^{y_0}\left(1-\frac{y_0}{y_0+1}\right)=\frac{1}{(1+1/y_0)^{y_0+1}}.$$

用对数不等式 $\dfrac{x}{1+x}<\ln(1+x)$,令 $x=\dfrac{1}{y_0}$,得 $\ln\left(1+\dfrac{1}{y_0}\right)>\dfrac{1}{y_0+1}$. 代入知当 $y_0>0$ 时,$\max\limits_{0\leqslant x\leqslant 1}f(x,y_0)<\mathrm{e}^{-1}$. 证毕.

ii) 利用条件极值证明不等式

要点 若求得 $u=f(P)$ 在条件 $\varphi(P)=a$ 之下的最大值为 $B(a)$,那么我们就获

得了不等式 $f(P) \leqslant B(\varphi(P))$.

☆ **例 6.3.16** 求 $x > 0, y > 0, z > 0$ 时函数 $f(x,y,z) = \ln x + 2\ln y + 3\ln z$ 在球面 $x^2 + y^2 + z^2 = 6r^2$ 上的极大值. 证明:当 a, b, c 为正实数时,

$$ab^2c^3 \leqslant 108\left(\frac{a+b+c}{6}\right)^6. \tag{1}$$

(清华大学)

解 设 $$L = \ln x + 2\ln y + 3\ln z + \lambda(x^2 + y^2 + z^2 - 6r^2).$$

令 $L'_x = L'_y = L'_z = 0$,解得 $x = r, y = \sqrt{2}r, z = \sqrt{3}r$.

因为 f 在球面 $x^2 + y^2 + z^2 = 6r^2$ 位于第一卦限部分连续,在这部分的边界线上,x, y, z 分别为 0,$f(x,y,z) = \ln x + 2\ln y + 3\ln z$ 为负无穷大,故 f 的最大值只能在这部分内部达到. 而 $(r, \sqrt{2}r, \sqrt{3}r)$ 是唯一可疑点,所以 f 的最大值为 $f(r, \sqrt{2}r, \sqrt{3}r) = \ln(6\sqrt{3}r^6)$. 于是

$$f(x,y,z) = \ln xy^2z^3 \leqslant \ln(6\sqrt{3}r^6) = \ln\left[6\sqrt{3}\left(\frac{x^2+y^2+z^2}{6}\right)^3\right],$$

故 $$xy^2z^3 \leqslant 6\sqrt{3}r^6 = 6\sqrt{3}\left(\frac{x^2+y^2+z^2}{6}\right)^3.$$

两边同时平方,并将 $a = x^2, b = y^2, c = z^2$ 代入,便得欲证的不等式(1).

注 1 用这种方法,可以证明一系列著名的不等式. 例如:

1) 在条件 $\sum\limits_{i=1}^{n} a_i x_i = A$ 之下,求函数 $f(x_1, x_2, \cdots, x_n) = \left(\sum\limits_{i=1}^{n} a_i^k\right)^{\frac{1}{k}} \left(\sum\limits_{i=1}^{n} x_i^{k'}\right)^{\frac{1}{k'}}$ 的最小值,可以证明 Hölder 不等式:

$$\sum_{i=1}^{n} a_i x_i \leqslant \left(\sum_{i=1}^{n} a_i^k\right)^{\frac{1}{k}} \left(\sum_{i=1}^{n} x_i^{k'}\right)^{\frac{1}{k'}}$$

$$\left(a_i \geqslant 0, x_i \geqslant 0, i = 1, 2, \cdots, n; k > 1, \frac{1}{k} + \frac{1}{k'} = 1\right).$$

2) 在条件 $\sum\limits_{j=1}^{n} x_{ij}^2 = s_i (i = 1, 2, \cdots, n)$ 之下,求函数

$$f(\boldsymbol{x}_1, \boldsymbol{x}_2, \cdots, \boldsymbol{x}_n) = \begin{vmatrix} x_{11} & x_{12} & \cdots & x_{1n} \\ x_{21} & x_{22} & \cdots & x_{2n} \\ \vdots & \vdots & & \vdots \\ x_{n1} & x_{n2} & \cdots & x_{nn} \end{vmatrix}$$

的最大值($\boldsymbol{x}_i = (x_{i1}, x_{i2}, \cdots, x_{in}), i = 1, 2, \cdots, n$),可证明 Hadamard 不等式

$$\begin{vmatrix} x_{11} & x_{12} & \cdots & x_{1n} \\ x_{21} & x_{22} & \cdots & x_{2n} \\ \vdots & \vdots & & \vdots \\ x_{n1} & x_{n2} & \cdots & x_{nn} \end{vmatrix}^2 \leqslant \prod_{i=1}^{n} s_i = \prod_{i=1}^{n} \sum_{j=1}^{n} x_{ij}^2,$$

如此等等.

注 2 不等式(1)还可用"(6 正数的)均值不等式"直接推得:

$$ab^2c^3 = 108\left(a \cdot \frac{b}{2} \cdot \frac{b}{2} \cdot \frac{c}{3} \cdot \frac{c}{3} \cdot \frac{c}{3}\right) \leqslant 108\left(\frac{a+b+c}{6}\right)^6,$$

等号当且仅当 6 个正数彼此相等时成立. 亦即当且仅当 $6a = 3b = 2c$ 时,等号才成立:
$$ab^2c^3 = 108\left(\frac{a+b+c}{6}\right)^6.$$

注 3 (将此不等式推广到 n 元的情况)对任意 n 个正数 $a_k > 0 (k = 1, 2, \cdots, n)$, 有如下不等式成立:

$$a_1 a_2^2 a_3^3 \cdots a_n^n \leqslant 2^2 3^3 \cdots n^n \left[\frac{a_1 + a_2 + a_3 + \cdots + a_n}{n(n+1)/2}\right]^{n(n+1)/2},$$

且等号成立的充分必要条件是: $a_1 = \dfrac{a_2}{2} = \dfrac{a_3}{3} = \cdots = \dfrac{a_n}{n}$.

^{new} *** 练习** 设 $S = \{(x, y, z) \in \mathbf{R}^3 \mid xy^2z^3 = 1\}$.

1)证明 S 在 $\mathbf{R}^3$ 中确定一张隐式的曲面,并求出一个在点 $(1,1,1)$ 附近的参数方程;

2)S 是否连通,是否紧致?

3)点 $q \in S$, $\|q\|$ 表示 q 到原点的距离,点 p 满足 $\|p\| = \inf\limits_{q \in S} \|q\|$,求 p 组成的集合. (中国科学技术大学)

提示 $xy^2z^3 = 1 \Rightarrow x$ 和 z 必须同号 $\Rightarrow S$ 只在 1,4,6,7 卦限,第 2,3,5,8 卦限无 S 的图像.

$xy^2z^3 = 1 \Rightarrow x, y, z \neq 0 \Rightarrow$ 曲面 S 与坐标面无交点 $\Rightarrow S$ 被坐标面隔成 4 叶(不连通).

$xy^2z^3 = 1 \Rightarrow$ 不论 y 变号,或者 x, y, z 同时变号,$xy^2z^3 = 1$ 都不会变 $\Rightarrow S$ 关于(坐标)平面 xOz(镜面)对称,而且关于原点,有点对称 $\Rightarrow$ 只需研究第一卦限里的情况,其余由对称性可得.

S 第 1 卦限里的图像如下: $\forall y_0 \in \mathbf{R}$,用平面 $y = y_0$ 截 S,交线是 $x = \dfrac{1}{y_0^2 z^3}$,截线类似于双曲线,以坐标轴为渐近线.

同理,用平面 $z = z_0$ 或 $x = x_0$ 截 S,有类似结果.

可见,曲面 S 分别以三坐标面为渐近切面. 形象地说:S 像 4 口大锅,位于 1,4,6,7 卦限,锅底朝原点,锅与三坐标面越来越贴近.

用求极值的方法,可求出离原点最近的 4 个顶点 $p_k: \|p_k\| = \inf\limits_{q \in S} \|q\|$ $(k = 1, 2, 3, 4)$.

解 1)S 的参数方程可写为 $x = \dfrac{1}{s^2 t^3}, y = s, z = t$ $(s \neq 0, t \neq 0)$.

2)图形不连通,不紧致. 例如点列 $\left\{M_n = \left(n, n, \dfrac{1}{n}\right) (n = 1, 2, \cdots)\right\}$ 就无聚点.

3)**解法 I** 设 $L = x^2 + y^2 + z^2 - 2\lambda(xy^2z^3 - 1)$.

令 $x \cdot L_x' = 0$,(注意 $xy^2z^3 = 1$)得 $x^2 = \lambda$. 类似可得:$y^2 = 2\lambda, z^2 = 3\lambda$. 代入 $xy^2z^3 = 1$,得 $6\sqrt{3}\lambda^{\frac{1}{2}+1+\frac{3}{2}} = 1$, $\lambda = \dfrac{1}{\sqrt[6]{108}}$.

$$(x, y, z) = (\sqrt{\lambda}, \sqrt{2\lambda}, \sqrt{3\lambda}) = \left(\frac{1}{\sqrt[12]{108}}, \frac{\sqrt{2}}{\sqrt[12]{108}}, \frac{\sqrt{3}}{\sqrt[12]{108}}\right).$$

利用对称性,全部 4 点是:$\left(\dfrac{1}{\sqrt[12]{108}}, \pm\dfrac{\sqrt{2}}{\sqrt[12]{108}}, \dfrac{\sqrt{3}}{\sqrt[12]{108}}\right)$, $\left(-\dfrac{1}{\sqrt[12]{108}}, \pm\dfrac{\sqrt{2}}{\sqrt[12]{108}}, -\dfrac{\sqrt{3}}{\sqrt[12]{108}}\right)$.

解法 II　例 6.3.16 中的不等式,当且仅当 $6a = 3b = 2c$ 时,等号才成立,应用到这里:由 $1 = xy^2z^3$ 得

$$1 = x^2y^4z^6 = 108\left(x^2 \cdot \frac{y^2}{2} \cdot \frac{y^2}{2} \cdot \frac{z^2}{3} \cdot \frac{z^2}{3} \cdot \frac{z^2}{3}\right) \leqslant 108\left(\frac{x^2 + y^2 + z^2}{6}\right)^6. \tag{1}$$

当 "$\leqslant$" 变为 "$=$" 号时,右端的值取最小,等于 1. 因此得

$$\inf_{(x,y,z)\in S} \sqrt{x^2 + y^2 + z^2} = \sqrt{\frac{6^6}{108}} = \sqrt[12]{2 \times 6^3} = \sqrt[12]{432}.$$

不等式 (1) 变成等式的充分必要条件是: $x^2 = \dfrac{y^2}{2} = \dfrac{z^2}{3}$.

因 $xy^2z^3 = 1$,故 $x^2y^4z^6 = 1$,即 $x^2(2x^2)^2(3x^2)^3 = 1$,解得 $x = \dfrac{1}{\sqrt[12]{108}}$. 从而 $y = \pm\sqrt{2}x, z = \sqrt{3}x$. 所以,$S$ 距离原点最近之四点是: $\left(\dfrac{1}{\sqrt[12]{108}}, \pm\dfrac{\sqrt{2}}{\sqrt[12]{108}}, \dfrac{\sqrt{3}}{\sqrt[12]{108}}\right), \left(-\dfrac{1}{\sqrt[12]{108}}, \pm\dfrac{\sqrt{2}}{\sqrt[12]{108}}, -\dfrac{\sqrt{3}}{\sqrt[12]{108}}\right)$. (不难验证:它们满足 S 的方程,且至原点的距离为 $\sqrt[12]{432} = \inf\limits_{(x,y,z)\in S} \sqrt{x^2 + y^2 + z^2}$.)

e. 极值应用问题

要点　求解极值应用题,关键在于选取适当的变量,使之能方便地表示目标函数以及约束条件.

☆**例 6.3.17**　将长度为 l 的铁丝分为三段,用此三段分别作成圆、正方形、等边三角形,问采用何种分法,才能使这三个图形的面积之和最小.(可以利用以下结论:二元二次函数 $F(x,y) = ax^2 + bxy + cy^2 + dx + ey + f$ 的极大(小)值,必为其最大(小)值.)(南开大学)

解　1° 为了便于表达周长之和与总面积,我们不妨取 x, y, z 分别表示圆之半径、正方形的边长、等边三角形的边长. 于是总面积

$$S = \pi x^2 + y^2 + \frac{\sqrt{3}}{4}z^2 \quad (\text{目标函数}) \tag{1}$$

应满足方程

$$2\pi x + 4y + 3z = l \quad (\text{约束条件}). \tag{2}$$

Lagrange 函数 $L = \pi x^2 + y^2 + \dfrac{\sqrt{3}}{4}z^2 - \lambda(2\pi x + 4y + 3z - l)$.

令

$$\begin{cases} L'_x = 2\pi x - 2\pi\lambda = 0, \\ L'_y = 2y - 4\lambda = 0, \\ L'_z = \dfrac{\sqrt{3}}{2}z - 3\lambda = 0, \end{cases}$$

得

$$x = \lambda, \quad y = 2\lambda, \quad z = \frac{6}{\sqrt{3}}\lambda.$$

这时铁丝三段长度的比为　$2\pi x : 4y : 3z = 2\pi\lambda : 8\lambda : 6\sqrt{3}\lambda = \pi : 4 : 3\sqrt{3}$.

2° (判断)将 (2) 代入 (1),得

$$S = \pi x^2 + y^2 + \frac{\sqrt{3}}{36}(l - 2\pi x - 4y)^2$$

$$= \pi x^2 + y^2 + \frac{\sqrt{3}}{36}(4\pi^2 x^2 + 16y^2 + 16\pi xy - 4\pi lx - 8ly + l^2).$$

由此可知

$$\Delta = S''_{xx}S''_{yy} - S''^2_{xy} = 4\pi\left[1 + \frac{\sqrt{3}}{9}(\pi + 4)\right] > 0, \quad S''_{xx} > 0.$$

从而按上述比例分割铁丝,所围的面积极小,也是最小.

例 6.3.18 设 $\triangle ABC$ 为正三角形,边长为 a. P 为 $\triangle ABC$ 内任意一点,由 P 向三边引垂线(如图 6.3.4),其与三边的交点分别为 D,E,F. 试求 $\triangle DEF$ 的面积最大值.(武汉大学赛题)

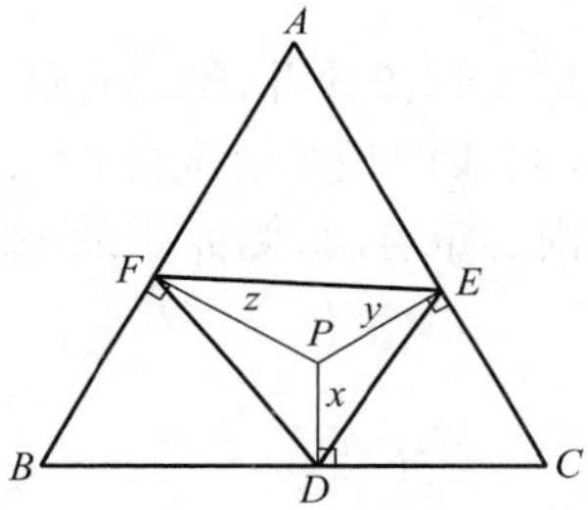

解 记点 P 至三边的距离分别为 x,y,z. 注意到

$$\angle DPF = \angle DPE = \angle EPF = \frac{2}{3}\pi,$$

所以 $\triangle DEF$ 的面积

图 6.3.4

$$S_{\triangle DEF} = S_{\triangle DPF} + S_{\triangle DPE} + S_{\triangle EPF} = \frac{1}{2}\sin\frac{\pi}{3}(xz + xy + yz)$$

$$= \frac{\sqrt{3}}{4}(xz + xy + yz)\,(目标函数).\tag{1}$$

由 $S_{\triangle PBC} + S_{\triangle CPA} + S_{\triangle APB} = S_{\triangle ABC}$ 得约束方程为

$$\frac{1}{2}ax + \frac{1}{2}ay + \frac{1}{2}az = \frac{1}{2}a \cdot \frac{\sqrt{3}}{2}a,$$

即

$$x + y + z = \frac{\sqrt{3}}{2}a\,(约束条件).\tag{2}$$

由此可得 $x = y = z = \frac{\sqrt{3}}{6}a$. $\max S_{\triangle DEF} = \frac{\sqrt{3}}{16}a^2$.(计算和判断过程从略. 本题求解的方法很多.)

例 6.3.19 在平面上给一边长分别为 a,b,c 的三角形,在它上面作无数个定高 h 的锥体,求侧面积最小的锥体.(大连理工大学)

解 锥顶 H 在底面的投影记为 O,从 O 到三边 BC, CA,AB 的距离分别记为 x,y,z(如图 6.3.5),则锥的侧面积(目标函数)为

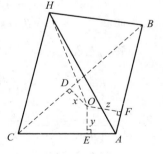

图 6.3.5

$$S = \frac{1}{2}a\sqrt{h^2 + x^2} + \frac{1}{2}b\sqrt{h^2 + y^2} + \frac{1}{2}c\sqrt{h^2 + z^2}.\tag{1}$$

规定:若点 O 与三角形 ABC 的内心在 BC 同侧,则 x 算作正;在异侧,则算作负. 对 y,z 也作类似的规定. 此时,不论点 O 在 $\triangle ABC$ 的内部还是外部,恒有

$$\frac{1}{2}ax + \frac{1}{2}by + \frac{1}{2}cz = S_{\triangle ABC}, \tag{2}$$

即 $ax + by + cz = 2S_{\triangle ABC} \xlongequal{\text{记}} m$，其中 $S_{\triangle ABC} = \sqrt{p(p-a)(p-b)(p-c)}$，$p = \dfrac{a+b+c}{2}$．

记 $\quad L = a\sqrt{h^2 + x^2} + b\sqrt{h^2 + y^2} + c\sqrt{h^2 + z^2} - \lambda(ax + by + cz - m)$．

令 $L'_x = L'_y = L'_z = 0$，得

$$\lambda = \frac{x}{\sqrt{h^2 + x^2}} = \frac{y}{\sqrt{h^2 + y^2}} = \frac{z}{\sqrt{h^2 + z^2}}. \tag{3}$$

从实际背景看，问题有最小值，无最大值．现在只有一个可疑点，故它对应最小值．式（3）表明最小值发生在三侧面与底面成等角的时候．因此，当 $x = y = z$，即 O 与三角形内心重合时，侧面积最小．此时

$$S = \frac{1}{2}\sqrt{h^2 + r^2}(a + b + c).$$

其中（内接圆半径） $\quad r = \dfrac{2\sqrt{p(p-a)(p-b)(p-c)}}{a+b+c}$，$p = \dfrac{a+b+c}{2}$．

下面这道命题在中学里已学会用几何方法进行推断，现在我们可用分析方法进行证明了．例 6.3.20 还说明有时可疑点可不必求出．

☆ **例 6.3.20** 试由费马原理"光线总是按费时最短的路径传播"来证明镜面反射时，入射角等于反射角．

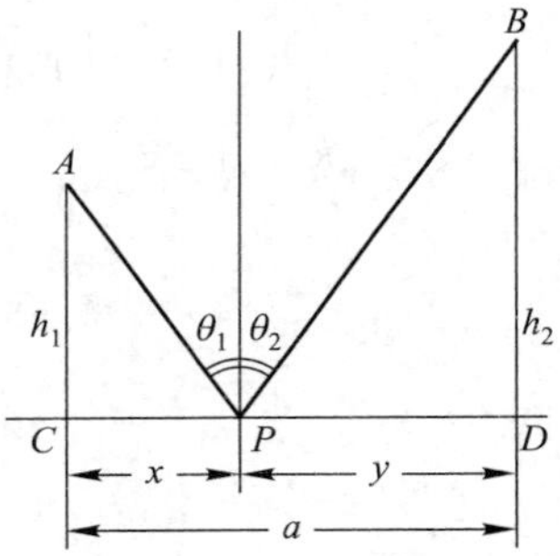

提示 可令

$$L = \sqrt{x^2 + h_1^2} + \sqrt{y^2 + h_2^2} - \lambda(x + y - a)$$

（意义见图 6.3.6）．由 $L'_x = L'_y = 0$ 得

$$\frac{x}{\sqrt{x^2 + h_1^2}} = \frac{y}{\sqrt{y^2 + h_2^2}}.$$

这表明 $\quad \sin\theta_1 = \sin\theta_2, \theta_1 = \theta_2$．

图 6.3.6

解 光程 $\quad s(x) = AP + PB = \sqrt{x^2 + h_1^2} + \sqrt{(a-x)^2 + h_2^2}$．

令 $\quad s'_x = \dfrac{x}{\sqrt{x^2 + h_1^2}} - \dfrac{a-x}{\sqrt{(a-x)^2 + h_2^2}} = 0$，

得 $\dfrac{x}{\sqrt{x^2 + h_1^2}} = \dfrac{a-x}{\sqrt{(a-x)^2 + h_2^2}}$，即 $\sin\theta_1 = \sin\theta_2$．

* **例 6.3.21** 设 $\quad ax^2 + by^2 + cz^2 + 2exy + 2fyz + 2gzx = 1 \tag{1}$

为一椭球面，求证其三个半轴之长恰为矩阵

$$\begin{pmatrix} a & e & g \\ e & b & f \\ g & f & c \end{pmatrix} \tag{2}$$

的三个特征值的平方根的倒数.(北京航空航天大学)

方法 求 $u = x^2 + y^2 + z^2$ 在条件(1)下的稳定点,以求出 $\rho = \sqrt{x^2 + y^2 + z^2}$ 的极值. 技巧是:回避求出稳定点,而从稳定点满足的方程中直接解出 $\rho = \sqrt{x^2 + y^2 + z^2}$.

解 因为 $\rho = \sqrt{x^2 + y^2 + z^2}$ 与 $u = x^2 + y^2 + z^2$ 有相同的极值点. 记

$$L = x^2 + y^2 + z^2 - \frac{1}{\lambda}(ax^2 + by^2 + cz^2 + 2exy + 2fyz + 2gzx - 1).$$

令 $L'_x = L'_y = L'_z = 0$,得方程组

$$\begin{cases} (a - \lambda)x + ey + gz = 0, & (3) \\ ex + (b - \lambda)y + fz = 0, & (4) \\ gx + fy + (c - \lambda)z = 0. & (5) \end{cases}$$

此方程组有非零解必须系数行列式为零,故

$$\begin{vmatrix} a - \lambda & e & g \\ e & b - \lambda & f \\ g & f & c - \lambda \end{vmatrix} = 0. \tag{6}$$

这是 λ 的三次方程式. 因为椭球面是有心的非退化二次曲面,故

$$\begin{vmatrix} a & e & g \\ e & b & f \\ g & f & c \end{vmatrix} \neq 0.$$

因而方程(6)有三个实根 $\lambda_1, \lambda_2, \lambda_3$[①]. 根据线性代数的知识,它们是矩阵(2)的特征值. 将 λ_i 代回方程(3)、(4)、(5),对方程(3)、(4)、(5)分别乘 x, y, z 再相加,注意到 (x, y, z) 满足(1),则

$$\lambda_i(x^2 + y^2 + z^2) = ax^2 + by^2 + cz^2 + 2exy + 2fyz + 2gzx = 1.$$

从而

$$x^2 + y^2 + z^2 = \frac{1}{\lambda_i},$$

$$\rho = \sqrt{x^2 + y^2 + z^2} = \frac{1}{\sqrt{\lambda_i}} \quad (i = 1, 2, 3).$$

这就证明了半轴之长等于矩阵(2)的特征值的平方根的倒数.

[new] *练习 设 A 为三阶实对称方阵,定义函数:

$$h(x, y, z) = (x, y, z)A\begin{pmatrix} x \\ y \\ z \end{pmatrix},$$

求证:$h(x, y, z)$ 在条件 $x^2 + y^2 + z^2 = 1$ 下的最大值是矩阵 A 的最大特征值.(南开大学)

证 1° 记 $A = (a_{ij}) = \begin{pmatrix} a_{11} & a_{12} & a_{13} \\ a_{21} & a_{22} & a_{23} \\ a_{31} & a_{32} & a_{33} \end{pmatrix}$,则

---

① 可参看陈䍃的《解析几何讲义》§66.2 及 §71.3.

$$h(x,y,z) = a_{11}x^2 + a_{22}y^2 + a_{33}z^2 + 2a_{12}xy + 2a_{13}xz + 2a_{23}yz \text{ (是连续函数)},$$

$h(x,y,z)$ 在有限闭集 $D = \{(x,y,z) \mid x^2 + y^2 + z^2 = 1\}$, 上必有最大值.

2° (用 Lagrange 乘数法, 求函数 h 的条件极值.) 设

$$L = a_{11}x^2 + a_{22}y^2 + a_{33}z^2 + 2a_{12}xy + 2a_{13}xz + 2a_{23}yz - \lambda(x^2 + y^2 + z^2 - 1).$$

求 L 对 x,y,z 的偏导数, 并令之为零, 得

$$(a_{11} - \lambda)x + a_{12}y + a_{13}z = 0, \tag{1}$$

$$a_{12}x + (a_{22} - \lambda)y + a_{23}z = 0, \tag{2}$$

$$a_{13}x + a_{23}y + (a_{33} - \lambda)z = 0. \tag{3}$$

式(1),(2),(3)分别乘 x,y,z, 再将三式相加, 可得(注意 $x^2 + y^2 + z^2 = 1$, 且 $\boldsymbol{A}$ 为对称方阵)

$$\lambda = a_{11}x^2 + a_{22}y^2 + a_{33}z^2 + 2a_{12}xy + 2a_{13}xz + 2a_{23}yz = h(x,y,z). \tag{4}$$

另一方面, 既然 h 在椭球面 D 上有最大值点, 其坐标 x,y,z 就不会同时为零, 那么齐次方程组 (1),(2),(3)应有非零解, 故(方程组的)系数行列式应为零, 即

$$\begin{vmatrix} a_{11} - \lambda & a_{12} & a_{13} \\ a_{21} & a_{22} - \lambda & a_{23} \\ a_{31} & a_{32} & a_{33} - \lambda \end{vmatrix} = 0. \tag{5}$$

此式左端是矩阵 $\boldsymbol{A}$ 的特征多项式, 而 λ 是矩阵 $\boldsymbol{A}$ 的特征值. 式(4)表明极值点上 $h = \lambda$, 所以 $\max\limits_{(x,y,z) \in D} h(x,y,z) = \max\limits_{k=1,2,3} \lambda_k$ (是矩阵 $\boldsymbol{A}$ 的最大特征值). 证毕.

* 例 6.3.22 试求平面 $\alpha x + \beta y + \gamma z = 0$ 与圆柱面 $\dfrac{x^2}{A^2} + \dfrac{y^2}{B^2} = 1$ ($A,B > 0$) 相交所成椭圆的面积.

解 I (用极值方法.) 要计算椭圆的面积 $S = \pi ab$, 只需算出椭圆的半轴 a 与 b. 现在来说, 也就是要求 $\rho = \sqrt{x^2 + y^2 + z^2}$ 在条件 $\alpha x + \beta y + \gamma z = 0$ 及 $\dfrac{x^2}{A^2} + \dfrac{y^2}{B^2} = 1$ 之下的极值. 以 ρ^2 替换 ρ, 取

$$L = x^2 + y^2 + z^2 + 2\lambda(\alpha x + \beta y + \gamma z) - \mu\left(\frac{x^2}{A^2} + \frac{y^2}{B^2} - 1\right).$$

令 $L_x' = L_y' = L_z' = 0$, 得

$$x\left(1 - \mu\frac{1}{A^2}\right) + \lambda\alpha = 0, \tag{1}$$

$$y\left(1 - \mu\frac{1}{B^2}\right) + \lambda\beta = 0, \tag{2}$$

$$z + \lambda\gamma = 0, \tag{3}$$

$$\alpha x + \beta y + \gamma z = 0, \tag{4}$$

$$\frac{x^2}{A^2} + \frac{y^2}{B^2} = 1. \tag{5}$$

（1）、（2）、（3）中消去 λ 得 μ 的方程①：

$$\mu^2 - \left(\frac{\beta^2}{\gamma^2}B^2 + \frac{\alpha^2}{\gamma^2}A^2 + B^2 + A^2\right)\mu + \frac{A^2B^2}{\gamma^2}(\alpha^2 + \beta^2 + \gamma^2) = 0. \tag{6}$$

（1），（2），（3）分别乘 x, y, z，相加得

$$x^2 + y^2 + z^2 = \mu\left(\frac{x^2}{A^2} + \frac{y^2}{B^2}\right) - \lambda(\alpha x + \beta y + \gamma z) = \mu. \tag{7}$$

　　a, b 为所讨论椭圆的两个半轴，则它们应是 ρ 的极值. 而 ρ 与 ρ^2 的极值点相同，（7）表明 ρ^2 的极值等于 μ. μ 满足方程（6），设（6）的两根为 μ_1, μ_2，则 μ_1, μ_2 应分别为 a^2, b^2. 因而 $S = \pi ab = \pi\sqrt{\mu_1\mu_2}$. 根据 Viete 定理，

$$\mu_1\mu_2 = \frac{A^2B^2}{\gamma^2}(\alpha^2 + \beta^2 + \gamma^2).$$

所以

$$S = \pi\frac{AB}{|\gamma|}\sqrt{\alpha^2 + \beta^2 + \gamma^2}.$$

　　解 II　（利用面积的投影.）所讨论椭圆在 xOy 平面上的投影为椭圆

$$\frac{x^2}{A^2} + \frac{y^2}{B^2} = 1,$$

其面积为 πAB. 所讨论椭圆位于平面 $\alpha x + \beta y + \gamma z = 0$ 上. 该法线与 z 轴夹角的余弦为 $\dfrac{|\gamma|}{\sqrt{\alpha^2 + \beta^2 + \gamma^2}}$. 根据面积投影关系，所讨论椭圆的面积

$$S = \pi AB\frac{1}{|\gamma|}\sqrt{\alpha^2 + \beta^2 + \gamma^2}.$$

　　***例 6.3.23**　设函数 $F(x, y)$ 在平面区域 G 内有定义，其一阶偏导数连续. 又设方程 $F(x, y) = 0$ 的图形是一条自身不相交的封闭曲线 Γ，$\Gamma \subset G$，并且在 Γ 的每一点上 $F'_x(x, y)$ 和 $F'_y(x, y)$ 不同时为零. 试证：若 AB 是 Γ 的一条极大弦（即 A, B 是 Γ 上的两点，且存在点 A 的邻域 $U(A)$ 和点 B 的邻域 $U(B)$，使得当点 $C \in U(A) \cap \Gamma$，点 $D \in U(B) \cap \Gamma$ 时总有 $\overline{CD} \leqslant \overline{AB}$），则 Γ 在 A, B 两点的切线必互相平行. （武汉大学）

　　证　记 $A(x_A, y_A)$，$B(x_B, y_B)$. 根据题意，函数 $u = (x - x_B)^2 + (y - y_B)^2$ 应在条件 $F(x, y) = 0$ 限制下，在点 $A(x_A, y_A)$ 处达到极大. 因此

$$u'_x\big|_A = \left[2(x - x_B) - 2(y - y_B) \cdot y'_x\right]\big|_A = 0. \tag{1}$$

由 $F(x, y) \equiv 0$ 得 $F'_x + F'_y \cdot y'_x = 0$，$y'_x = -\dfrac{F'_x}{F'_y}$. 代入式（1）得

$$(x_A - x_B) + (y_A - y_B)\left(-\frac{F'_x(x_A, y_A)}{F'_y(x_A, y_A)}\right) = 0. \tag{2}$$

故曲线 $F(x, y) = 0$ 在点 $A(x_A, y_A)$ 的切线斜率

---

① 利用式（4），将式（1）、（2）、（3）分别乘 α, β, γ，相加，再利用式（1）、（2）消去 x, y 和 λ.

$$k_A = -\frac{F_x'(x_A, y_A)}{F_y'(x_A, y_A)} = -\frac{x_A - x_B}{y_A - y_B}. \tag{3}$$

同理,点 B 的切线斜率

$$k_B = -\frac{x_B - x_A}{y_B - y_A}. \tag{4}$$

比较(3)、(4),知 A, B 两点的切线相互平行.

＊＊例 6.3.24　若 $\boldsymbol{x}^0 = (x_1^0, x_2^0, \cdots, x_n^0)$ 是函数

$$f(x_1, x_2, \cdots, x_n) = \sum_{i,j=1}^{n} a_{ij} x_i x_j \quad (a_{ij} = a_{ji})$$

在 $x_1^2 + x_2^2 + \cdots + x_n^2 = 1$ 上的极值点,

$$A = \begin{pmatrix} a_{11} & \cdots & a_{1n} \\ \vdots & & \vdots \\ a_{n1} & \cdots & a_{nn} \end{pmatrix}.$$

试证 $\boldsymbol{Ax}^0 = \boldsymbol{0}$ 或者 $\boldsymbol{x}^0$ 是 $\boldsymbol{A}$ 的特征向量.（兰州大学）

证　设　　$L(x_1, x_2, \cdots, x_n) = \sum_{i,j=1}^{n} a_{ij} x_i x_j - \lambda(x_1^2 + \cdots + x_n^2 - 1),$

则 $\boldsymbol{x}^0 = (x_1^0, x_2^0, \cdots, x_n^0)$ 应满足方程 $\dfrac{\partial L}{\partial x_i} = 0$,即

$$a_{i1} x_1 + a_{i2} x_2 + \cdots + a_{in} x_n - \lambda x_i = 0 \quad (i = 1, 2, \cdots, n),$$

亦即　　　　　　　　　　$A \begin{pmatrix} x_1 \\ x_2 \\ \vdots \\ x_n \end{pmatrix} = \lambda \begin{pmatrix} x_1 \\ x_2 \\ \vdots \\ x_n \end{pmatrix}.$

故　　　　　　　　　　　　　　　$\boldsymbol{Ax}^0 = \lambda \boldsymbol{x}^0.$

这说明 $\boldsymbol{x}^0$ 或为方程 $\boldsymbol{Ax}^0 = \boldsymbol{0}$ 的根（当 $\lambda = 0$ 时）,或为矩阵 $\boldsymbol{A}$ 的特征向量（当 $\lambda \neq 0$ 时）.

下面考虑 $\mathbf{R}^n$ 中二次函数在 m 个超平面交线上的极值问题.

※例 6.3.25　函数为 $f(\boldsymbol{x}) = \dfrac{1}{2} \boldsymbol{x}^{\mathrm{T}} \boldsymbol{Ax} + \boldsymbol{B}^{\mathrm{T}} \boldsymbol{x}, \boldsymbol{x} \in \mathbf{R}^n$,约束方程为

$$\boldsymbol{Cx} = \boldsymbol{D}. \tag{1}$$

求 f 的极值点应满足的条件,其中 $\boldsymbol{A}$ 为 $n \times n$ 方阵,$\boldsymbol{B}$ 为 n 维向量,$\boldsymbol{C}$ 为 $m \times n$ 矩阵$(m < n)$,$\boldsymbol{D}$ 为 m 维向量.

解　设 $L = \dfrac{1}{2} \boldsymbol{x}^{\mathrm{T}} \boldsymbol{Ax} + \boldsymbol{B}^{\mathrm{T}} \boldsymbol{x} + \boldsymbol{\lambda}^{\mathrm{T}}(\boldsymbol{Cx} - \boldsymbol{D}), \boldsymbol{\lambda} = (\lambda_1, \cdots, \lambda_m)^{\mathrm{T}}$. 令 $\nabla L = \boldsymbol{0}$,其中 $\nabla L = (L_{x_1}', \cdots,$ $L_{x_n}')$. 由此

$$\boldsymbol{Ax} + \boldsymbol{C}^{\mathrm{T}} \boldsymbol{\lambda} = -\boldsymbol{B}.$$

与式(1)联立,即为

$$\begin{pmatrix} A & \vdots & C^T \\ \cdots & & \cdots \\ C & \vdots & O \end{pmatrix} \begin{pmatrix} x \\ \lambda \end{pmatrix} = \begin{pmatrix} -B \\ D \end{pmatrix}.$$

此即为极值点应满足的条件. 记 $H = \begin{pmatrix} A & \vdots & C^T \\ \cdots & & \cdots \\ C & \vdots & O \end{pmatrix}$, 若 H^{-1} 存在, 则

$$\begin{pmatrix} x \\ \lambda \end{pmatrix} = H^{-1} \begin{pmatrix} -B \\ D \end{pmatrix}.$$

^{new} * **例 6.3.26** 设 P_0 是椭球面 $S: \dfrac{x^2}{a^2} + \dfrac{y^2}{b^2} + \dfrac{z^2}{c^2} = 1$ 外一点, 而 $P_1 \in S$. 若 $|\overline{P_1 P_0}| = \max\limits_{P \in S} |\overline{P P_0}|$, 求证: 直线 $P_1 P_0$ 是 S 在点 P_1 处的法线. (华东师范大学)

证 1° 令 $L = (x - x_0)^2 + (y - y_0)^2 + (z - z_0)^2 + \lambda\left(\dfrac{x^2}{a^2} + \dfrac{y^2}{b^2} + \dfrac{z^2}{c^2} - 1 \right).$

由 $\dfrac{\partial L}{\partial x} = \dfrac{\partial L}{\partial y} = \dfrac{\partial L}{\partial z} = 0$, 可得极值的必要条件:

$$(x - x_0, y - y_0, z - z_0) = -\lambda\left(\frac{x}{a^2}, \frac{y}{b^2}, \frac{z}{c^2} \right). \tag{1}$$

因 $|\overline{PP_0}| = \sqrt{(x - x_0)^2 + (y - y_0)^2 + (z - z_0)^2}$ 在 S 上连续, S 是有界闭集, 故 $|\overline{PP_0}|$ 在 S 上有最值 ($|\overline{P_1 P_0}|^2$ 亦然). 因此, 最远点 $P_1(x_1, y_1, z_1)$ 应满足式 (1), 即有

$$(x_1 - x_0, y_1 - y_0, z_1 - z_0) = -\lambda\left(\frac{x_1}{a^2}, \frac{y_1}{b^2}, \frac{z_1}{c^2} \right). \tag{2}$$

2° $S: F(x, y, z) = \dfrac{x^2}{a^2} + \dfrac{y^2}{b^2} + \dfrac{z^2}{c^2} - 1 = 0$, F_x', F_y', F_z' 是 S 的法线方向数. 故法向量:

$(F_x', F_y', F_z')|_{P_1} = 2\left(\dfrac{x_1}{a^2}, \dfrac{y_1}{b^2}, \dfrac{z_1}{c^2} \right)$, S 在 P_1 处的法线

$$\frac{x - x_1}{\dfrac{x_1}{a^2}} = \frac{y - y_1}{\dfrac{y_1}{b^2}} = \frac{z - z_1}{\dfrac{z_1}{c^2}}. \tag{3}$$

式 (2) 表明: $P_0(x_0, y_0, z_0)$ 满足法线方程 (3). 可见直线 $P_0 P_1$ 是 S 在 P_1 点的法线. 证毕.

^{new} **练习** 设 $F(x, y, z)$ 是定义在开区域 D 上有连续偏导数的三元函数, 且

$$F_x^2(x, y, z) + F_y^2(x, y, z) + F_z^2(x, y, z) \neq 0, \forall (x, y, z) \in D. \tag{1}$$

S 是由 $F(x, y, z) = 0$ 定义的封闭光滑曲面, $P_1, P_2 \in S$ 是 S 上相隔距离最远的两点. 试证: S 在点 P_1, P_2 处的两切平面相互平行且与 P_1, P_2 连线垂直. (华东师范大学)

提示 设 P_1 与 P_2 的坐标为 (x_1, y_1, z_1), (x_2, y_2, z_2). 取

$$L = (x_1 - x_2)^2 + (y_1 - y_2)^2 + (z_1 - z_2)^2 + \lambda F(x_1, y_1, z_1) - \mu F(x_2, y_2, z_2).$$

令 $L_{x_k}' = L_{y_k}' = L_{z_k}' = 0 \ (k = 1, 2)$, 得最远两点 P_1, P_2 必满足方程:

$$(x_1 - x_2, y_1 - y_2, z_1 - z_2) = \lambda(F_x, F_y, F_z)|_{P_1} = \mu(F_x, F_y, F_z)|_{P_2}. \tag{2}$$

因 $F(x, y, z) = 0$ 是曲面 S 的方程, 故 $F_x|_{P_k}, F_y|_{P_k}, F_z|_{P_k}$ 是曲面 S 在点 $P_k (k = 1, 2)$ 法线的方向

数. 式(2)表明:P_1,P_2 两点处的法线与 P_1,P_2 两点的连线重合,故在 P_1,P_2 处的切平面都与 P_1,P_2 连线垂直,两者相互平行.

ᵐᵉʷ☆ 例 6.3.27 设椭球面 $S:\dfrac{x^2}{a^2}+\dfrac{y^2}{b^2}+\dfrac{z^2}{c^2}=1$,求:$S$ 在 $x>0,y>0,z>0$ 的切平面与三个坐标平面所围成的几何体的最小体积.(华东师范大学) $\left\langle\!\!\left\langle \dfrac{\sqrt{3}}{2}abc \right\rangle\!\!\right\rangle$

提示 $S:\dfrac{x^2}{a^2}+\dfrac{y^2}{b^2}+\dfrac{z^2}{c^2}=1$(在 $x>0,y>0,z>0$ 的部分)在点 $P_0(x_0,y_0,z_0)\in S$ 处的切面为 $\dfrac{xx_0}{a^2}+\dfrac{yy_0}{b^2}+\dfrac{zz_0}{c^2}=1$. 可见,此切面(在三坐标轴上)的截距分别为 $\dfrac{a^2}{x_0},\dfrac{b^2}{y_0},\dfrac{c^2}{z_0}$,因此欲求的体积为 $V=\dfrac{a^2b^2c^2}{6x_0y_0z_0}$.

再提示 当切点 $P_0(x_0,y_0,z_0)$ 靠近 S 的边界时,体积 $V\to+\infty$. 故最小值点必在内部.

设 $P_0(x_0,y_0,z_0)\in S$ 使得 $\dfrac{a^2b^2c^2}{6x_0y_0z_0}$ 取最小值,亦即使得 $\dfrac{x_0^2}{a^2}\dfrac{y_0^2}{b^2}\dfrac{z_0^2}{c^2}$ 取最大值. 但

$$\sqrt[3]{\dfrac{x_0^2}{a^2}\dfrac{y_0^2}{b^2}\dfrac{z_0^2}{c^2}}\leqslant\dfrac{1}{3}\left(\dfrac{x_0^2}{a^2}+\dfrac{y_0^2}{b^2}+\dfrac{z_0^2}{c^2}\right)\quad(均值不等式),$$

当且仅当三正量相等时等号才成立. 所以,$\dfrac{x_0^2}{a^2}\dfrac{y_0^2}{b^2}\dfrac{z_0^2}{c^2}$ 取最大(V 取最小)值的条件是

$$\dfrac{x_0^2}{a^2}=\dfrac{y_0^2}{b^2}=\dfrac{z_0^2}{c^2}\quad\text{且}\quad\dfrac{x_0^2}{a^2}+\dfrac{y_0^2}{b^2}+\dfrac{z_0^2}{c^2}=1.$$

因此,$\dfrac{x_0^2}{a^2}=\dfrac{y_0^2}{b^2}=\dfrac{z_0^2}{c^2}=\dfrac{1}{3}$,即 $(x_0,y_0,z_0)=\left(\dfrac{a}{\sqrt{3}},\dfrac{b}{\sqrt{3}},\dfrac{c}{\sqrt{3}}\right)$,此时

$$V_{\min}=\min_{(x,y,z)\in S}\dfrac{a^2b^2c^2}{6xyz}=\dfrac{a^2b^2c^2}{6xyz}\bigg|_{P_0}=\dfrac{\sqrt{3}}{2}abc.$$

ᵐᵉʷ＊ 例 6.3.28 设 $x,y,z\geqslant0,x+y+z=\pi$,求 $2\cos x+3\cos y+4\cos z$ 的最大值和最小值.(北京大学)

提示 问题是:求连续函数 $u=2\cos x+3\cos y+4\cos z$ 在平面 $\Sigma:x+y+z=\pi$ 位于第一卦限部分(记作 D)的最大值和最小值.(因 D 是有界闭集,故 u 在 D 上有最大、最小值.)因此,只需分别求出 u 在 D 内和 D 边界上的可疑点,比较 u 值的大小即可得到.

解 设 $L=2\cos x+3\cos y+4\cos z+2\lambda(x+y+z-\pi)$.
令 $L'_x=L'_y=L'_z=0$,得 $\sin x=\lambda$,$3\sin y=2\lambda$,$2\sin z=\lambda$,

$$\sin x:\sin y:\sin z=1:\dfrac{2}{3}:\dfrac{1}{2}=6:4:3.$$

根据三角形的正弦定理,知三角形三边比 $a:b:c=\sin x:\sin y:\sin z=6:4:3$.

根据三角形的余弦定理:$a^2 = b^2 + c^2 - 2bc\cos x$,得 $36 = 16 + 9 - 24\cos x$,解得 $\cos x = -\dfrac{11}{24}$. 同理可得 $\cos y = \dfrac{29}{36}$,$\cos z = \dfrac{43}{48}$. 于是

$$u = 2\cos x + 3\cos y + 4\cos z = 2 \times \left(-\frac{11}{24} \right) + 3 \times \frac{29}{36} + 4 \times \frac{43}{48} = \frac{61}{12} \tag{1}$$

(这是 D 内唯一可疑值).

平面 Σ 在三坐标轴上的截距都为 π. Σ 与 xOy 的交线($z=0, x+y=\pi$)上,
$$u = 2\cos x + 3\cos(\pi - x) + 4 = 4 - \cos x \quad (0 \leqslant x \leqslant \pi),$$
因此最小值为 3,最大值为 5. 同样可求出 u 在另外两条边上的最小、最大值分别为 1,5 和 1,3. 因此,u 在边界上的最小、最大值分别为 1 和 5.

而在 D 内只有唯一可疑值 $\dfrac{61}{12}$(见式(1)),知函数 $u = 2\cos x + 3\cos y + 4\cos z$ 在 D 上最大值为 $\dfrac{61}{12} \approx 5.083$,最小值为 1.

☆ 例 6. 3. 29 ^{new} 设 D 是 $\mathbf{R}^3$ 中的有界闭区域,f 在 D 上连续且有偏导数. 证明:如果在 D 上有 $f_x' + f_y' + f_z' = f$,$f\big|_{\partial D} = 0$(∂D 表示 D 的边界),则 f 在 D 上恒等于 0. (中国科学技术大学)

提示 在有界闭区域上连续,必有最大、最小值点(统称为最值点,统一记作 p_k).

若最值点 p_k 是内点,则 p_k 也是 f 的极值点. 故 $f_x'(p_k) = f_y'(p_k) = f_z'(p_k) = 0$. 从而 $f(p_k) = f_x'(p_k) + f_y'(p_k) + f_z'(p_k) = 0$.

若 $p_k \in \partial D$,因已知 $f\big|_{\partial D} = 0$,故也有 $f(p_k) = 0$.

因此,f 在 D 上,既有最大值点,也有最小值点;但在所有最值点上:$f(p_k) = 0$,故 $f \equiv 0$(D 上).

✏️ **单元练习 6. 3**

多元 Taylor 公式(此类考研试题相对较少)

6. 3. 1 写出函数 $f(x, y) = y^{2^x}$ 在点 $(1,1)$ 附近的 Taylor 公式(写出二阶项,余项形式可不具体写出). (兰州大学) 《$1 + 2(y-1) + 2\ln 2 (x-1)(y-1) + (y-1)^2 + o(\rho^2)$》

提示 (可直接使用公式计算.)

$$f(x, y) = f(x_0, y_0) + \left(h\frac{\partial}{\partial x} + k\frac{\partial}{\partial y} \right) f(x_0, y_0) + \frac{1}{2!} \left(h\frac{\partial}{\partial x} + k\frac{\partial}{\partial y} \right)^2 f(x_0, y_0) + o(\rho^2),$$

其中 $h = x - x_0, k = y - y_0, \rho^2 = h^2 + k^2$,这里 $f(x, y) = y^{2^x}, (x_0, y_0) = (1,1)$(本题目的是考公式与计算能力).

6. 3. 2 求 $f(x, y) = e^x \cos y$ 在 $(0,0)$ 点带 Peano 余项的 Taylor 展开式至四阶项. (北京大学)

$$\left\langle\!\!\left\langle 1 + x + \frac{1}{2}(x^2 - y^2) + \frac{1}{6}x^3 - \frac{1}{2}xy^2 + \frac{1}{24}x^4 - \frac{1}{4}x^2y^2 + \frac{1}{24}y^4 + o(\rho^4) \right\rangle\!\!\right\rangle$$

提示 利用 e^x 和 $\cos y$ 的展开式相乘;或直接用公式计算.

再提示 $f(x,y) = \left(1 + x + \dfrac{1}{2}x^2 + \dfrac{1}{3!}x^3 + \dfrac{1}{4!}x^4 + o(x^4)\right) \cdot \left(1 - \dfrac{1}{2!}y^2 + \dfrac{1}{4!}y^4 + o(y^4)\right).$

6.3.3 求函数 $f(x,y) = 2x^2 - xy + y^2$ 在 $(1, -2)$ 处的 Taylor 展开式.

$$《8 + 6(x-1) - 5(y+2) + 2(x-1)^2 - (x-1)(y+2) + (y+2)^2》$$

提示 可用代换法,令 $x - 1 = u, y + 2 = v$.

6.3.4 $|x|, |y|$ 很小时,求 $\arctan \dfrac{1+x+y}{1-x+y}$ 的近似多项式,准确到 x, y 的二次项.

$$\left《\dfrac{\pi}{4} + x - xy\right》$$

提示 可用 $\arctan \dfrac{1+u}{1-u} = \arctan 1 + \arctan u,\ u = \dfrac{x}{1+y}$.

再提示 原式 $= \dfrac{\pi}{4} + \arctan \dfrac{x}{1+y} = \dfrac{\pi}{4} + \arctan x(1 - y + y^2 + o(y^2))$

$$= \dfrac{\pi}{4} + x(1 - y + y^2 + o(y^2)) + o(x^2)$$

$$= \dfrac{\pi}{4} + x - xy + xy^2 + o(xy^2) + o(x^2) \approx \dfrac{\pi}{4} + x - xy.$$

6.3.5 写出 $f(x,y) = \displaystyle\int_0^1 (1+x)^{t^2 y} \mathrm{d}t$ 的 Maclaurin 级数的前面不为零的三项.

$$\left《1 + \dfrac{1}{3}xy - \dfrac{1}{6}x^2 y\right》$$

提示 $(1+x)^{t^2 y} = \mathrm{e}^{t^2 y \ln(1+x)} = 1 + t^2 y\left(x - \dfrac{x^2}{2} + \cdots\right) + \cdots.$

6.3.6 设 z 为由方程 $z^3 - 2xz + y = 0$ 所定义的 x 和 y 的隐函数,当 $x = 1$ 和 $y = 1$ 时它的值为 $z = 1$. 试写出函数 z 按二项式 $x - 1$ 和 $y - 1$ 的升幂排列的展开式中的若干项.

$$《1 + 2(x-1) - (y-1) + [8(x-1)^2 - 10(x-1)(y-1) + 3(y-1)^2] + \cdots》$$

提示 用隐函数求导方法求 z 在 $(1,1,1)$ 处对 x, y 的低阶(如一至二阶)的偏导数,代入 Taylor 级数.

偏导数的几何应用

注 曲面 $F(x,y,z) = 0$ 的法向量为 (F'_x, F'_y, F'_z),空间曲线 $x = x(t), y = y(t), z = z(t)$ 在 $t = t_0$ 处的切向量为 $(x'(t_0), y'(t_0), z'(t_0))$.

6.3.7 求曲面 $\mathrm{e}^z - z + xy = 3$ 在点 $(2,1,0)$ 处的切平面方程. (四川大学)

$$《x - 2 + 2(y-1) = 0》$$

提示 记 $F(x,y,z) = \mathrm{e}^z - z + xy - 3$,则有

$$F'_x(2,1,0)(x-2) + F'_y(2,1,0)(y-1) + F'_z(2,1,0)z = 0.$$

☆**6.3.8** 过直线 $\qquad\qquad l:\begin{cases} 10x + 2y - 2z = 27, \\ x + y - z = 0 \end{cases}$ $\qquad\qquad\qquad$ (1)

作曲面 $\qquad\qquad\qquad\qquad 3x^2 + y^2 - z^2 = 27$ $\qquad\qquad\qquad\qquad\qquad$ (2)

的切面,求此切平面方程. (中南大学)

提示 过直线 l 之平面束为

$$10x + 2y - 2z - 27 + k(x + y - z) = 0 \quad (\forall k \in \mathbf{R}), \qquad\qquad (3)$$

求 k 使(3)与(2)相切.

再提示　让(3)与(2)的法向量相互平行,即方向数成比例:

$$\frac{6x}{10+k}=\frac{2y}{2+k}=\frac{-2z}{-2-k}\overset{\text{记}}{=}2t,$$

得 $x=\dfrac{1}{3}(10+k)t,y=(2+k)t,z=(2+k)t$,代入(2),(3),得

$$\begin{cases}\left[\dfrac{1}{3}(10+k)^2+(2+k)^2-(2+k)^2\right]\cdot t^2=27,\\ 100t+20kt+k^2t-81=0,\end{cases}$$

解得 $t=1,k=-1$ 或 $k=-19$. 再代入(3)得

$$9x+y-z=27 \quad \text{和} \quad 9x+17y-17z+27=0.$$

6.3.9 已知平面方程为
$$lx+my+nz=p,\tag{1}$$

与椭球面方程
$$\frac{x^2}{a^2}+\frac{y^2}{b^2}+\frac{z^2}{c^2}=1\tag{2}$$

相切,证明系数满足方程

$$a^2l^2+b^2m^2+c^2n^2=p^2.\tag{3}$$

(武汉大学)

提示　由(1)与(2)相切可知,在切点处两法向量平行.

再提示　设在 (x,y,z) 处相切,法向量 $\boldsymbol{n}_1=(l,m,n)$,$\dfrac{1}{2}\boldsymbol{n}_2=\left(\dfrac{x}{a^2},\dfrac{y}{b^2},\dfrac{z}{c^2}\right)$. 由 $\boldsymbol{n}_1/\!/\boldsymbol{n}_2$ 知

$$\frac{\frac{x}{a^2}}{l}=\frac{\frac{y}{b^2}}{m}=\frac{\frac{z}{c^2}}{n}\overset{\text{记}}{=}k,$$

即
$$x=kla^2,\quad y=kmb^2,\quad z=knc^2.\tag{4}$$

(4)代入(2)得 $k=(a^2l^2+b^2m^2+c^2n^2)^{-\frac{1}{2}}$. 代回(4),再将(4)代入(1)即得(3).

6.3.10　试证曲面 $S:xyz=a^2$ 在任何一点处切平面与三坐标平面所围成的立体体积为定值.
(合肥工业大学)

提示　切平面 $F'_x\cdot(X-x)+F'_y\cdot(Y-y)+F'_z(Z-z)=0$ 上,流动点 (X,Y,Z) 在坐标轴上可分别求出三个截距 $\dfrac{3a^2}{yz},\dfrac{3a^2}{xz},\dfrac{3a^2}{xy}$,可验证四面体体积为常数. 事实上,

$$V=\frac{1}{3}\left[\frac{1}{2}\left(\frac{3a^2}{yz}\cdot\frac{3a^2}{xz}\right)\right]\cdot\frac{3a^2}{xy}\equiv\frac{9}{2}a^2\ \ (\forall(x,y,z)\in S).$$

6.3.11　证明:曲面 $\sqrt{x}+\sqrt{y}+\sqrt{z}=\sqrt{a}\,(a>0)$ 的切平面在坐标轴上割下的诸线段,其和为常量.
(华东理工大学)

提示　(x,y,z) 处之切平面 $\dfrac{X}{\sqrt{ax}}+\dfrac{Y}{\sqrt{ay}}+\dfrac{Z}{\sqrt{az}}=1$,

截距之和 $\sqrt{ax}+\sqrt{ay}+\sqrt{az}\equiv\sqrt{a}\cdot\sqrt{a}=a$ $(\forall(x,y,z)\in$ 该曲面).

☆**6.3.12**　求曲线 $C:x=t,y=-t^2,z=t^3$ 上与平面 $\pi:x+2y+z=4$ 平行的切线方程.(大连理工大学)

提示　可求出曲线 C 的切向量 $\boldsymbol{\tau}$ 和平面 π 的法向量 $\boldsymbol{n}$,$\boldsymbol{\tau}/\!/\pi\Rightarrow\boldsymbol{\tau}\perp\boldsymbol{n}\Rightarrow\boldsymbol{\tau}\cdot\boldsymbol{n}=0$.

再提示　$\boldsymbol{\tau}=(x'_t,y'_t,z'_t)=(1,-2t,3t^2)$,$\boldsymbol{n}=(F'_x,F'_y,F'_z)=(1,2,1)$.

$$\boldsymbol{\tau}\cdot\boldsymbol{n}=1\cdot1+2\cdot(-2t)+1\cdot3t^2=0,$$

解得 $t = 1, \dfrac{1}{3}$.

当 $t = 1$ 时,切线为 $\dfrac{x-1}{1} = \dfrac{y+1}{-2} = \dfrac{z-1}{3}$;

当 $t = \dfrac{1}{3}$ 时,切线为 $\dfrac{x-\frac{1}{3}}{1} = \dfrac{y+\frac{1}{9}}{-\frac{2}{3}} = \dfrac{z-\frac{1}{27}}{\frac{1}{3}}$,即 $\dfrac{3x-1}{3} = \dfrac{9y+1}{-6} = \dfrac{27z-1}{9}$.

☆**6.3.13** 求曲线 $C:\begin{cases} x^2 + y^2 + z^2 = 6, & ① \\ x + y + z = 0 & ② \end{cases}$

在点 $M(1, -2, 1)$ 的切线及法平面方程.(北京科技大学) $\left\Vert \dfrac{x-1}{-6} = \dfrac{z-1}{6}, y+2=0; x-z=0 \right\Vert$

提示 曲线 C 是椭球面①与平面②的交线,可分别求出①、②在点 M 处的法向量 $\boldsymbol{n}_1, \boldsymbol{n}_2$,这时 $\boldsymbol{n}_1 \times \boldsymbol{n}_2$ 就是曲线 C 在点 M 的切向量. 由此可写出 C 在 M 处的切线与法平面方程.

再提示 $\boldsymbol{n}_1 = (2x, 2y, 2z), \boldsymbol{n}_2 = (1, 1, 1)$,

$$\boldsymbol{n}_1 \times \boldsymbol{n}_2 \bigg|_M = \begin{vmatrix} \boldsymbol{i} & \boldsymbol{j} & \boldsymbol{k} \\ 2x & 2y & 2z \\ 1 & 1 & 1 \end{vmatrix}_M = (-6, 0, 6).$$

☆**6.3.14** 求椭球面 $S: 3x^2 + y^2 + z^2 = 16$, (1)

与球面 $x^2 + y^2 + z^2 = 14$ (2)

在点 $P_0(-1, 2, 3)$ 处的交角.(武汉大学) $\left\Vert \theta = \arccos \dfrac{8}{\sqrt{77}} \right\Vert$

提示 $\boldsymbol{n}_1 \cdot \boldsymbol{n}_2 = |\boldsymbol{n}_1| |\boldsymbol{n}_2| \cos\theta, \cos\theta \big|_{P_0} = \dfrac{12+16+36}{\sqrt{88} \cdot \sqrt{56}} = \dfrac{8}{\sqrt{77}}$.

☆**6.3.15** 在曲面 $x^2 + 2y^2 + 3z^2 + 2xy + 2xz + 4yz = 8$ 上求出切平面平行于坐标平面的诸切点.

提示 利用法向量与坐标轴平行.

再提示 曲面上某点 (x, y, z) 处法向量 $\boldsymbol{n}$,有

$$\frac{1}{2}\boldsymbol{n} = (x+y+z, x+2y+2z, x+2y+3z) /\!/ \boldsymbol{k} = (0, 0, 1),$$

可得 $\begin{cases} x+y+z = 0, \\ x+2y+2z = 0, \\ x+2y+3z = \alpha, \end{cases}$

即 $x = 0, -y = z = \alpha$. 代入曲面方程得 $\alpha = \pm 2\sqrt{2}$,故平行 xOy 平面的切平面之切点为 $(0, \pm 2\sqrt{2}, \mp 2\sqrt{2})$.类似可求出平行另两个坐标平面之切面的切点.

6.3.16 在椭球面 $\dfrac{x^2}{a^2} + \dfrac{y^2}{b^2} + \dfrac{z^2}{c^2} = 1$ 上怎样的点,使椭球面的法线与三坐标轴成等角?

$\left\Vert 共有两点: (\pm a^2 |k|, \pm b^2 |k|, \pm c^2 |k|), |k| = (a^2+b^2+c^2)^{-\frac{1}{2}} \right\Vert$

提示 法向量与三坐标轴成等角,则法向量的三分量应相等.

再提示 $\dfrac{1}{2}\boldsymbol{n} = \left(\dfrac{x}{a^2}, \dfrac{y}{b^2}, \dfrac{z}{c^2}\right)$ 与三坐标轴成等角 α,则

$$\frac{x}{a^2} = \frac{y}{b^2} = \frac{z}{c^2} = |\, \boldsymbol{n}\, |\cos \alpha \overset{记}{=} k,$$

代入曲面方程得
$$k = \frac{\pm 1}{\sqrt{a^2 + b^2 + c^2}}.$$

6.3.17 证明:锥面 $z = xf\left(\dfrac{y}{x}\right)$ 的切平面经过其顶点.

说明 设从原点出发的射线 l, 与 x,y,z 轴夹角记为 α,β,γ, 则该曲面正是由此类射线组成, 当且仅当 α,β,γ 满足 $\cos \gamma = \cos \alpha f\left(\dfrac{\cos \beta}{\cos \alpha}\right)$ 时, 整个射线 l 就在该锥面上, 与动点的向径无关. 可见该曲面是锥面, 且原点为锥顶.

提示 $\forall (x_0,y_0,z_0) \in S$, 此点之切平面 $z = \left[f\left(\dfrac{y_0}{x_0}\right) - \dfrac{y_0}{x_0}f'\left(\dfrac{y_0}{x_0}\right)\right]x + f'\left(\dfrac{y_0}{x_0}\right)y$ 恒过原点 $(0,0,0)$.

6.3.18 求椭球面 $x^2 + y^2 + z^2 - xy = 1$ 在坐标平面上的投影.

提示 例如可通过椭球面上法线与 z 轴垂直的点在 xOy 平面上的投影, 以得到该椭球面在 xOy 平面上的投影区域.

再提示 椭球面的法向量 $\boldsymbol{n} = (2x-y, 2y-x, 2z)$,
$$\boldsymbol{n} \perp (0,0,1) \Rightarrow \boldsymbol{n} \cdot (0,0,1) = 2z = 0.$$
代入椭球面方程得
$$x^2 + y^2 - xy = 1.$$
在空间这是平行 z 轴的柱面, 在 xOy 平面上它是包围原点的封闭曲线. 椭球面在 xOy 平面上的投影区域就是它的内部: $r^2 \leqslant \dfrac{1}{1 - \dfrac{1}{2}\sin 2\theta}$.

类似可求出椭球面在另两个坐标平面上的投影区域.

☆**多元极值及其应用**

注 本类考研试题甚多, 适合各类读者, 须倍加注意.

☆**6.3.19** 若 M_0 是 $f(x,y)$ 的极小值点, 且在 M_0 点 f''_{xx}, f''_{yy} 存在, 试证在 M_0 点, $f''_{xx} + f''_{yy} \geqslant 0$. (江西师范大学)

提示 可用 Taylor 公式.

再提示 因 $f'_x|_{M_0} = f'_y|_{M_0} = 0$,

$$0 \leqslant f(x_0 + h, y_0) - f(x_0, y_0) = f''_{xx}|_{M_0} \cdot \frac{h^2}{2} + o(h^2),$$

$$0 \leqslant f(x_0, y_0 + h) - f(x_0, y_0) = f''_{yy}|_{M_0} \cdot \frac{h^2}{2} + o(h^2).$$

两式相加, 同除以 h^2, 有 $\dfrac{1}{2}(f''_{xx} + f''_{yy})|_{M_0} + o(1) \geqslant 0$, 再令 $h \to 0$ 即得.

注 本题给出了极小值点的一个必要条件.

6.3.20 设 $z = f(x,y)$ 在有界闭区域 D 内有二阶连续的偏导数, 且 $f''_{xx} + f''_{yy} = 0, f''_{xy} \neq 0$. 证明: $z = f(x,y)$ 的最大值和最小值只能在区域的边界上取得. (华中师范大学)

提示 只需证 D 的内部 $f''_{xx}f''_{yy} - f''^2_{xy} < 0$.

再提示 在 D 之内部, $2f''_{xx} \cdot f''_{yy} \leqslant (f''_{xx} + f''_{yy})^2 = 0$, $f''_{xy} \neq 0$, $f''^2_{xy} > 0$, 故 $f''_{xx}f''_{yy} - f''^2_{xy} < 0$, 可知 D 内

部无极值. 但 $z = f(x, y)$ 在有界闭区域上连续,必有最大、最小值. 得证.

☆**6.3.21** 求曲面 $z = xy - 1$ 上与原点最近的点的坐标.(中山大学)

解 I (直接法)曲面上一点 $(x, y, xy - 1)$ 到原点距离为 $\rho = \sqrt{x^2 + y^2 + (xy - 1)^2} \geqslant$ $\sqrt{(x - y)^2 + 1} \geqslant 1 = \rho(0, 0, -1)$. 故点 $(0, 0, -1)$ 是该曲面上与原点最近之点. 其距离为 1.

解 II (化为自由极值.)设 $s = x^2 + y^2 + (xy - 1)^2$,令 $\dfrac{\partial s}{\partial x} = \dfrac{\partial s}{\partial y} = 0$,得

$$\begin{cases} x - y + xy^2 = 0, \\ y - x + x^2 y = 0. \end{cases}$$

解之,有唯一可疑点 $(0, 0)$. 因

$$\Delta \bigg|_{(0,0)} = \left[\frac{\partial^2 s}{\partial x^2} \cdot \frac{\partial^2 s}{\partial y^2} - \left(\frac{\partial^2 s}{\partial x \partial y} \right)^2 \right] \bigg|_{(0,0)} = 4 + 4 > 0, \quad \frac{\partial^2 s}{\partial x^2} \bigg|_{(0,0)} = 2 > 0,$$

故 $(0, 0)$ 是极小值点. 点 $(0, 0, -1)$ 至原点最近.

解 III (用 Lagrange 乘数法.)$\rho = \sqrt{x^2 + y^2 + z^2}$ 与 ρ^2 的极值点相同,设

$$L = x^2 + y^2 + z^2 + \lambda(z - xy + 1).$$

令 $L'_x = L'_y = L'_z = L'_\lambda = 0$,解方程得 $x = y = 0, z = -1$. $z = xy - 1$ 是鞍点在 $(0, 0, -1)$ 的马鞍面,站在 xOy 平面观察,曲面在一、三象限无限向上延伸,二、四象限无限向下延伸,$\rho = \sqrt{x^2 + y^2 + z^2}$ 无最大值. $(0, 0, -1)$ 只能是最小值点. 若以 G_r 表示原点为中心,半径为 r 的闭圆域,则 $\rho = \sqrt{x^2 + y^2 + (xy - 1)^2} (> r)$ 在 G_r 上连续,有最大、最小值. $r \to +\infty$ 时 $\rho \to +\infty$,可见 r 充分大时,ρ 的最小值只能在内部达到. 而内部只有唯一的可疑点,故它必是最小值点(这种判断方法时常用到).

☆**6.3.22** 求两曲面:$x + 2y = 1$ 和 $x^2 + 2y^2 + z^2 = 1$ 的交线上距原点最近的点.(中国科学院)

$$\left\langle\!\!\left\langle \left(-\frac{1}{3}, \frac{2}{3}, 0 \right) \right\rangle\!\!\right\rangle$$

提示 可用 Lagrange 乘数法,还可转化成一元最值问题.

解 I 设 $L = x^2 + y^2 + z^2 + \lambda(x + 2y - 1) + \mu(x^2 + 2y^2 + z^2 - 1)$,

$$\begin{aligned} L'_x &= 2x + \lambda + 2x\mu \overset{\hat{}}{=\!=\!=} 0, & \textcircled{1} \\ L'_y &= 2y + 2\lambda + 4y\mu = 0, & \textcircled{2} \\ L'_z &= 2z + 2z\mu = 0, & \textcircled{3} \\ x + 2y &= 1, & \textcircled{4} \\ x^2 + 2y^2 + z^2 &= 1, & \textcircled{5} \end{aligned}$$

由③得 $z = 0$. 代入⑤,并与④联立,可得 $(x, y, z) = (1, 0, 0)$ 和 $(x, y, z) = \left(-\dfrac{1}{3}, \dfrac{2}{3}, 0 \right)$. $\rho = \sqrt{x^2 + y^2 + z^2}$

在交线(有界闭集)上连续,必有最大、最小值,现只有两个可疑点 $\rho \bigg|_{(1,0,0)} = 1 > \rho \bigg|_{\left(-\frac{1}{3}, \frac{2}{3}, 0 \right)} = \dfrac{1}{3}\sqrt{5}$,故距原点最近的点为 $\left(-\dfrac{1}{3}, \dfrac{2}{3}, 0 \right)$.

解 II (直接法)(化为一元函数最值.)将 $x = 1 - 2y$ 代入椭球面方程得 $1 - 4y + 6y^2 + z^2 = 1$,即

$$z = \pm\sqrt{2}\sqrt{y(2 - 3y)} \quad \left(0 \leqslant y \leqslant \frac{2}{3} \right), \quad y_{\max} = \frac{2}{3}.$$

$$\rho = \sqrt{x^2 + y^2 + z^2} \xlongequal{式⑤} \sqrt{1 - y^2} \geqslant \sqrt{1 - y_{max}^2} = \sqrt{1 - \left(\frac{2}{3}\right)^2} = \frac{\sqrt{5}}{3}.$$

由 $y = y_{max}$ 知 $x = -\dfrac{1}{3}, z = 0$,故交线上点 $\left(-\dfrac{1}{3}, \dfrac{2}{3}, 0\right)$ 距原点最近.

6.3.23 在平面上求一点,使它到 n 个定点 $(x_1, y_1), (x_2, y_2), \cdots, (x_n, y_n)$ 的距离之平方和最

小.(西北工业大学) $\qquad\qquad \left\langle\!\!\left\langle \dfrac{1}{n}\sum_{i=1}^{n} x_i, \dfrac{1}{n}\sum_{i=1}^{n} y_i \right\rangle\!\!\right\rangle$

提示 可以 $u = \sum_{i=1}^{n} \left[(x - x_i)^2 + (y - y_i)^2\right]$ 作目标函数,令 $u_x' = u_y' = 0$,得可疑点 M 的坐标

$(x_0, y_0) = \left(\dfrac{1}{n}\sum_{i=1}^{n} x_i, \dfrac{1}{n}\sum_{i=1}^{n} y_i\right).$ 而 $\left(u_{xx}'' \cdot u_{yy}'' - u_{xy}''^2\right)\Big|_M = 2n \cdot 2n - 0 > 0,\ u_{xx}''\Big|_M > 0.$

6.3.24 抛物面 $z = x^2 + y^2$ 被平面 $x + y + z = 1$ 截成一椭圆,求原点至该椭圆最近、最远距离.
(北京航空航天大学)

提示 以 $u = x^2 + y^2 + z^2$ 作目标函数,约束条件为 $z - x^2 - y^2 = 0$ 和 $x + y + z - 1 = 0$,用 Lagrange

乘数法可得可疑点为 $P = \left(\dfrac{-1 - \sqrt{3}}{2}, \dfrac{-1 - \sqrt{3}}{2}, 2 + \sqrt{3}\right), M = \left(\dfrac{-1 + \sqrt{3}}{2}, \dfrac{-1 + \sqrt{3}}{2}, 2 - \sqrt{3}\right).$ 根据实际

背景,原点上方的一条椭圆曲线必有一个最近点和一个最远点(理论上讲:连续函数在有界闭集上

必有最大、最小值).而 $u(P) = 9 + 5\sqrt{3} > u(M) = 9 - 5\sqrt{3}.$ 可见离原点最近距离为 $\sqrt{u(M)} =$

$\sqrt{9 - 5\sqrt{3}}$,最远距离为 $\sqrt{u(P)} = \sqrt{9 + 5\sqrt{3}}.$

*6.3.25 求 $u = ky^3 + zx$ 在条件 $x^2 + y^2 + z^2 = 1, z \geqslant 0$ 下的最大值和最小值.(清华大学)

解 1° 若 k 为变数,u 作为四元函数,在所给条件下明显无最大、最小值,因为:如 $k > 0$,当 $x =$
$z = 0, y = 1$ 时,$u = k \to +\infty\ (k \to +\infty)$;当 $x = z = 0, y = -1$ 时,$u = -k \to -\infty\ (k \to +\infty).$

2° 若 k 为常数.

i) 求 $z > 0, x^2 + y^2 + z^2 = 1$ 上 u 的极值点. 作

$$L = ky^3 + zx + \lambda(x^2 + y^2 + z^2 - 1).$$

令 $L_x' = L_y' = L_z' = L_\lambda' = 0$,得

$$\begin{cases} z + 2\lambda x = 0, & ① \\ 3ky^2 + 2\lambda y = 0, & ② \\ x + 2\lambda z = 0, & ③ \\ x^2 + y^2 + z^2 = 1, & ④ \end{cases}$$

由②可知,$y = 0$ 或 $y = -\dfrac{2\lambda}{3k}.$ 由①、③解得 $\lambda = \pm\dfrac{1}{2}, x = \mp z.$

当 $y = 0$ 时,得 $x = \mp\dfrac{1}{\sqrt{2}}$;

当 $y = -\dfrac{2\lambda}{3k} = \mp\dfrac{1}{3k}$ 时,$x = \mp\dfrac{\sqrt{9k^2 - 1}}{3\sqrt{2}|k|}, z = \pm\dfrac{\sqrt{9k^2 - 1}}{3\sqrt{2}|k|}\ \left(要求 9k^2 - 1 \geqslant 0,\ |k| \geqslant \dfrac{1}{3}\right).$

记 $P_{1,2} = \left(\mp\dfrac{1}{\sqrt{2}}, 0, \dfrac{1}{\sqrt{2}}\right), M_{1,2} = \left(\mp\dfrac{\sqrt{9k^2 - 1}}{3\sqrt{2}|k|}, \mp\dfrac{1}{3k}, \dfrac{\sqrt{9k^2 - 1}}{3\sqrt{2}|k|}\right),$

$u\Big|_{P_1} = -\dfrac{1}{2}, u\Big|_{P_2} = \dfrac{1}{2}$；$u\Big|_{M_1} = -\dfrac{1}{2} + \dfrac{1}{54k^2} > -\dfrac{1}{2} = u\Big|_{P_1}, u\Big|_{M_2} = \dfrac{1}{2} - \dfrac{1}{54k^2} < \dfrac{1}{2} = u\Big|_{P_2}.$

可见 $u(P_2) > u(M_2) > u(M_1) > u(P_1)$, M_1, M_2 不是最值点.

u 通过 z 依赖于 x, y, 由隐函数求导不难求出

$$u''_{xx}\Big|_{P_2} = -4, \quad u''_{yy}\Big|_{P_2} = -1, \quad u''_{xy}\Big|_{P_2} = 0, \quad \Delta\Big|_{P_2} = (u''_{xx} u''_{yy} - u''^2_{xy})\Big|_{P_2} > 0, \quad u''_{xx}\Big|_{P_2} < 0,$$

故 P_2 为极大值点. 类似可得 P_1 为极小值点. 故在上半椭球面上(不包括边界): $u_{\max} = u(P_2) = \dfrac{1}{2}$,

$u_{\min} = u(P_1) = -\dfrac{1}{2}$.

ii) 在半椭球面的边界上 $(z = 0, x^2 + y^2 = 1)$, $u = ky^3 + zx = ky^3$, $u_{\max} = |k|$, $u_{\min} = -|k|$.

总之, 在上半椭球面包括边界上,

$$u_{\max} = \begin{cases} |k|, & |k| > \dfrac{1}{2}, \\ \dfrac{1}{2}, & |k| \leqslant \dfrac{1}{2}, \end{cases} \qquad u_{\min} = \begin{cases} -|k|, & |k| > \dfrac{1}{2}, \\ -\dfrac{1}{2}, & |k| \leqslant \dfrac{1}{2}. \end{cases}$$

注 解法第 2° 部分, 也可不用 Lagrange 乘数法, 而把 $u = ky^3 + zx$ 看成通过 $z(z = \sqrt{1 - x^2 - y^2})$ 依赖于 x, y 的二元函数 $(x^2 + y^2 \leqslant 1)$. 用隐函数微分法可求出 u'_x, u'_y, 令之为零, 也可找出同样的可疑点.

☆**6.3.26** 求函数 $u = x^2 - y^2 + 2xy$ 在单位圆 $x^2 + y^2 \leqslant 1$ 上的最大、最小值. (北京科技大学)

$$《\sqrt{2}, -\sqrt{2}》$$

提示 在圆内为自由极值, 边界上 $x^2 + y^2 = 1$ 为条件极值.

再提示 在圆内令 $u'_x = 0, u'_y = 0$ 得 $\begin{cases} 2x + 2y = 0, \\ -2y + 2x = 0, \end{cases}$ 只有唯一解 $(0, 0)$. 这里 $u(0, 0) = 0$.

在边界上 $r^2 = x^2 + y^2 = 1$,

$$u = \cos^2\theta - \sin^2\theta + 2\sin\theta\cos\theta = \cos 2\theta + \sin 2\theta$$

$$= \sqrt{2}\left(\sin\frac{\pi}{4}\cos 2\theta + \cos\frac{\pi}{4}\sin 2\theta\right) = \sqrt{2}\sin\left(2\theta + \frac{\pi}{4}\right).$$

当 $\theta = \dfrac{\pi}{8}, \dfrac{5}{8}\pi$ 时分别达到最大值 $\sqrt{2}$ 和最小值 $-\sqrt{2}$.

因为连续函数在有界闭区域上必有最大、最小值, 现只有三个可疑点, 故比较三点之值即得.

6.3.27 在直线 $x + y = \dfrac{\pi}{2}$ 位于第一象限的那一段上求一点, 使该点横坐标的余弦与纵坐标的

余弦之乘积最大并求出最大值. (华中理工大学, 西北工业大学) $\quad\left《\left(\dfrac{\pi}{4}, \dfrac{\pi}{4}\right), \dfrac{1}{2}\right》$

提示 除用 Lagrange 乘数法之外, 还可用直接法(用定义).

再提示 目标函数

$$f(x, y) = \cos x\cos y \xrightarrow{\Leftrightarrow y = \frac{\pi}{2} - x} \cos x\cos\left(\frac{\pi}{2} - x\right)$$

$$= \frac{1}{2}\sin 2x \leqslant f\left(\frac{\pi}{4}, \frac{\pi}{4}\right) = \frac{1}{2} \quad \left(\forall x \in \left[0, \frac{\pi}{2}\right]\right).$$

☆**6.3.28** 求直线 $\qquad\qquad\qquad 4x + 3y = 16 \qquad\qquad\qquad\qquad (1)$

与椭圆 $\qquad\qquad\qquad\qquad 18x^2 + 5y^2 = 45 \qquad\qquad\qquad\qquad (2)$

之间的最短距离.(华中科技大学) 《1》

提示 1° 可用 Lagrange 乘数法.任一直线 $ax + by = c$,法线方程为 $\dfrac{ax + by - c}{\sqrt{a^2 + b^2}} = 0$,这时线外一点 (x_0, y_0) 到直线的距离为

$$\rho(x_0, y_0) = \frac{|ax_0 + by_0 - c|}{\sqrt{a^2 + b^2}}.$$

因此本题是求目标函数 $\rho = \dfrac{|4x + 3y - 16|}{5}$ 在条件 $18x^2 + 5y^2 = 45$ 下的最小值.

2° 还可用几何、代数方法:平行直线(1)的直线 $4x + 3y = c$,如果是椭圆(2)的切线,则 $(x, y) = \left(x, \dfrac{1}{3}(c - 4x)\right)$ 应能满足方程(2)且仅有唯一根.关于 x 的二次方程 $18x^2 + 5\left[\dfrac{1}{3}(c - 4x)\right]^2 = 45$ 之判别式为零,可求出待定常数 $c = \pm 11$,再在切线 $4x + 3y = \pm 11$ 上任取一点,如 $\left(0, \pm\dfrac{11}{3}\right)$,代入 $\dfrac{|4x + 3y - 16|}{5}$,即可得相应距离 1 和 $\dfrac{27}{5}$,故 $\rho_{\min} = 1$.

☆**6.3.29** 证明:在光滑曲面 $F(x, y, z) = 0$ 上离原点最近的点处的法线必过原点.(武汉理工大学)

提示 求曲面上距离原点最近的点,作出此点的法线,验证原点在法线上即可.

再提示 $L = x^2 + y^2 + z^2 + \lambda F(x, y, z)$.令
$$L'_x = 2x + \lambda F'_x(x, y, z) = 0,$$
$$L'_y = 2y + \lambda F'_y(x, y, z) = 0,$$
$$L'_z = 2z + \lambda F'_z(x, y, z) = 0.$$

可见曲面上某点 (x_0, y_0, z_0) 若离原点最近,则
$$x_0 : y_0 : z_0 = F'_x(x_0, y_0, z_0) : F'_y(x_0, y_0, z_0) : F'_z(x_0, y_0, z_0).$$

此处的法线可写成 $\dfrac{x - x_0}{x_0} = \dfrac{y - y_0}{y_0} = \dfrac{z - z_0}{z_0}$.显然 $(0, 0, 0)$ 满足方程.

☆**6.3.30** 利用导数证明周长一定的三角形中以等边三角形的面积最大.(清华大学)

提示 设三角形三边长为 x, y, z,三角形的周长 $l \xrightarrow{\text{记}} 2p$,则面积 $S = \sqrt{p(p - x)(p - y)(p - z)}$. 因此可取 Lagrange 函数为 $L = p(p - x)(p - y)(p - z) + \lambda(x + y + z - 2p)$,约束条件为 $x + y + z = 2p$ 和 $0 < x, y, z < p$.

6.3.31 在曲面 $x^2 + y^2 + \dfrac{z^2}{4} = 1$ $(x > 0, y > 0, z > 0)$ 上求一点,使过该点的切平面在三个坐标轴上的截距平方和最小.(复旦大学) $\left\langle\!\left\langle \left(\dfrac{1}{2}, \dfrac{1}{2}, \sqrt{2}\right) \right\rangle\!\right\rangle$

提示 椭球上点 (x, y, z) 处的切平面为
$$xX + yY + \frac{z}{4}Z = 1 \quad ((X, Y, Z) \text{ 为切面上流动点}),$$

在坐标上的截距分别为 $\dfrac{1}{x}, \dfrac{1}{y}, \dfrac{4}{z}$. 可取 $L = \dfrac{1}{x^2} + \dfrac{1}{y^2} + \dfrac{16}{z^2} + \lambda\left(x^2 + y^2 + \dfrac{1}{4}z^2 - 1\right)$.

利用极值证明不等式

☆**6.3.32** 证明 $\sin x \sin y \sin(x+y) \leqslant \dfrac{3\sqrt{3}}{8}$ $(0 < x, y < \pi)$，并确定何时等号成立.（中国科学院）

提示 可考虑 $f(x,y) = \sin x \sin y \sin(x+y)$，证明 $f_{\max} \leqslant \dfrac{3\sqrt{3}}{8}$ $(0 < x, y < \pi)$.

再提示 由 $f_x' = f_y' = 0$ 可知，$x = y = \dfrac{\pi}{3}$，$f\left(\dfrac{\pi}{3}, \dfrac{\pi}{3}\right) = \dfrac{3\sqrt{3}}{8}$. 而在有界闭区域 $[0, \pi; 0, \pi]$ 的边界上 $f(x,y) \equiv 0$.

6.3.33 若 $n \geqslant 1$ 及 $x \geqslant 0, y \geqslant 0$，试用求极值的方法证明不等式：$\dfrac{x^n + y^n}{2} \geqslant \left(\dfrac{x+y}{2}\right)^n$.

提示 可考虑 $z = \dfrac{x^n + y^n}{2}$ 在条件 $x + y = a$ $(a > 0, x \geqslant 0, y \geqslant 0)$ 下的极值问题，得 $z = \dfrac{x^n + y^n}{2} \geqslant$ $\left(\dfrac{a}{2}\right)^n$. 或当 $x \neq 0$ 时令 $u = \dfrac{y}{x}$，化为一元问题.

6.3.34 用条件极值法证明不等式：
$$\frac{x_1^2 + x_2^2 + \cdots + x_n^2}{n} \geqslant \left(\frac{x_1 + x_2 + \cdots + x_n}{n}\right)^2 \quad (x_k > 0, k = 1, 2, \cdots, n).$$

提示 n 个正数和为定数，其平方和以 n 数彼此相等时为最小. 即 $f(x_1, \cdots, x_n) = x_1^2 + \cdots + x_n^2$ 在条件 $x_1 + \cdots + x_n = a$ 下的极值.

6.3.35 设 $a_i > 0 (i = 1, 2, \cdots, n)$，证明：$n\left(\dfrac{1}{a_1} + \dfrac{1}{a_2} + \cdots + \dfrac{1}{a_n}\right)^{-1} \leqslant (a_1 a_2 \cdots a_n)^{\frac{1}{n}}$.

提示 可考虑 $f(x_1, x_2, \cdots, x_n) = x_1 x_2 \cdots x_n$ 在条件 $\dfrac{1}{x_1} + \dfrac{1}{x_2} + \cdots + \dfrac{1}{x_n} = \dfrac{1}{a}$ $(x_i > 0, a > 0)$ 下的极值；或将此式看作 $\dfrac{1}{a_1}, \dfrac{1}{a_2}, \cdots, \dfrac{1}{a_n}$ 的几何平均与算术平均的关系.

6.3.36 证明不等式：$e^y + x\ln x - x - xy \geqslant 0$ $(x \geqslant 1, y \geqslant 0)$.（厦门大学）

提示 记 $F(x,y) = e^y + x\ln x - x - xy$，令 $F_y'(x,y) = e^y - x = 0$，在 xOy 平面上得一曲线 $C: x = e^y$. 在 C 上：$F_y'(x, \ln x) \equiv 0$ $(\forall x \geqslant 1)$.

再提示 $\forall x_0 \geqslant 1, z = F(x_0, y)$ 是关于 y 的一元函数 $(y \geqslant 0)$. 当 $y = y_0 = \ln x_0$ 时，
$$F_y'(x_0, y_0) = 0, \quad F_{yy}''(x_0, y_0) = e^{y_0} = x_0 \geqslant 1 > 0.$$
所以 $z = F(x_0, y)$ 在 $y = y_0$ 处取最小值. 而 $F(x_0, y_0) = 0$，所以
$$F(x,y) = e^y + x\ln x - x - xy \geqslant F_{\min}(x,y)$$
$$= F(x_0, y_0) = 0 \text{（当 } x \geqslant 1, y \geqslant 0 \text{ 时）}.$$

6.3.37 费马原理指出，从 A 射出到达 B 的光线，是沿费时最短的路线传播. 假设点 A 和点 B 位于以平面分开的不同的光介质中，并且光的传播速度在两介质中分别为 v_1 与 v_2，试由费马原理推出光的折射定律.

提示 （转化为数学问题.）（如图 6.3.7）设光线以速度 v_1 从界面上方点 A 出发，照射到界面的 O 点，穿进新介质（例如水）. 界面处被折射，入射角记为 α，折射角记为 β. 在新介质里，速度变为 v_2，最后

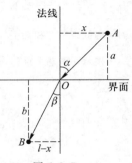

图 6.3.7

到达界面下方的点 B. 假设 A,B 与界面的距离分别为 a 和 b, 两点之间的水平距离为 l. 问: x 为多少时, 光线从 A 至 B 所花的时间才最节省. 亦即: 求 x_0, 使得

$$T(x_0) = \left(\frac{AO}{v_1} + \frac{OB}{v_2} \right) \Bigg|_{x_0} = \left(\frac{\sqrt{x^2 + a^2}}{v_1} + \frac{\sqrt{(l-x)^2 + b^2}}{v_2} \right) \Bigg|_{x = x_0} = \min_{0 \leqslant x \leqslant l} T(x). \tag{1}$$

进而证明: (折射) 费时最短的路径, 正好是折射定律指示的路径:

$$\frac{\sin \alpha}{\sin \beta} = \frac{v_1}{v_2} = 常数. \tag{2}$$

解 令 $T'(x) = 0$, 得 $\dfrac{x}{v_1 \sqrt{x^2 + a^2}} - \dfrac{l-x}{v_2 \sqrt{(l-x)^2 + b^2}} = 0$,

即 $\dfrac{\sin \alpha}{v_1} = \dfrac{\sin \beta}{v_2}$, 或写作 $\dfrac{\sin \alpha}{\sin \beta} = \dfrac{v_1}{v_2} = 常数$. 此即式 (2).

由式 (1) 知 $T(x)$ 连续, 当 x 在 $[0,l]$ 外时, 离开端点越远, 耗时将会越长, 趋向无穷大, 无最大值点只有最小值点. 但只有一个可疑点, 说明此时路径最短, 折射定律 (2) 获证.

** §6.4 隐函数存在定理及函数相关

导读 该节理论性较强, 难度较大. 在数学分析中应用不像一致收敛那样广泛, 考题相对较少. 此次修订, 函数相关内容从略, 需要可查原书第一、二版.

*一、隐函数存在定理

a. 一个方程的情况

要点 对方程 $F(x,y) = 0$ 而言 (多元的情况 $\boldsymbol{x} = (x_1, x_2, \cdots, x_n)$), 隐函数存在定理告诉我们只要验证了条件:

1) $F(P_0) = 0$, $F'_y(P_0) \neq 0$, 其中点 P_0 坐标为 (x_0, y_0) (多元情况 $\boldsymbol{x}_0 = (x_{01}, x_{02}, \cdots, x_{0n})$, $F(P) = F(x_1, x_2, \cdots, x_n, y)$);

2) $F(x,y)$ 及 $F'_y(x,y)$ 在 P_0 的某邻域里连续,

则可断言方程 $F(x,y) = 0$ 在 P_0 的邻域里确定了唯一的隐函数.

具体来说, 即存在 $\delta, \eta > 0$ 及函数 $y = y(x)$ 满足:

1) $y_0 = y(x_0)$;

2) $F(x, y(x)) \equiv 0$, $|y(x) - y_0| < \delta$, $x \in U(x_0, \eta)$, 其中 $U(x_0, \eta) = \{x : |x - x_0| < \eta\}$;

3) 满足条件 i)、ii) 的函数 $y(x)$ 是唯一的;

4) $y = y(x)$ 在 $U(x_0, \eta)$ 内连续.

若附加条件 $F'_x(x,y)$ (多元的情况指 $F'_{x_i}(x,y)$, $i = 1, 2, \cdots, n$) 在 (x_0, y_0) 的邻域里连续, 则还能断言 $y'(x)$ 存在, 且

$$y'_x = -\frac{F'_x(x,y)}{F'_y(x,y)} \cdot \left(多元的情况为 \ y'_{x_i} = -\frac{F'_{x_i}(x,y)}{F'_y(x,y)}, i = 1, 2, \cdots, n. \right)$$

值得注意的是,上述条件,只是充分条件而不是必要条件.条件不满足时,隐函数是否存在,有待讨论.

例 6.4.1   给定方程 $x^2 + y + \sin(xy) = 0.$ (1)

1)说明在点$(0,0)$的充分小的邻域内,此方程确定唯一的、连续的函数$y = y(x)$,使得$y(0) = 0$;

2)讨论函数$y(x)$在$x = 0$附近的可微性;

3)讨论函数$y(x)$在$x = 0$附近的升降性;

4)在点$(0,0)$的充分小的邻域内,此方程是否确定唯一的单值函数$x = x(y)$,使得$x(0) = 0$? 为什么?(武汉大学)

分析   1)容易验证$F(x,y) = x^2 + y + \sin(xy)$符合隐函数存在定理的条件,因而可推出在$(0,0)$的某邻域里存在唯一隐函数$y = y(x)$连续,$y(0) = 0$.

2)因$F'_x(x,y) = 2x + y\cos(xy)$也在$(0,0)$的邻域里连续,故隐函数$y = y(x)$的导数存在,且

$$y'(x) = -\frac{2x + y\cos(xy)}{1 + x\cos(xy)}.$$ (2)

3)为讨论$y(x)$的升降性,我们来考虑y'的符号.从(2)看出,当x,y充分小时,y'的符号取决于分子$-[2x + y\cos(xy)]$的符号.因为$y(0) = 0$,由(2)知$y'(0) = 0$.故$y = o(x)$(当$x \to 0$时).于是$|y\cos(xy)| \leqslant |y| = o(x)$.因此$y'$的符号与$-2x$的符号相同,所以

当$x > 0$时,$y' < 0,y(x)\searrow$;当$x < 0$时,$y' > 0,y(x)\nearrow$.
可见,$y(x)$在$x = 0$处取(严格)极大值.

4)用隐函数存在定理不能判定在$(0,0)$的邻域内是否存在唯一的单值函数$x = x(y)$,使得$x(0) = 0$(因为$F'_x(0,0) = 0$).但是从3)的结论里,我们已能肯定这种函数不存在.因为$y(x)$在$x = 0$处取(严格)极大值,故在$(0,0)$的充分小的邻域里,当$y < 0$时至少有两个x与y对应,$y > 0$时无x与y对应,使得$F(x,y) = 0$.

^{new}**练习**   已知函数$F(x,y) = 2 - \sin x + y^3 \mathrm{e}^{-y}$定义在全平面上,证明:$F(x,y) = 0$在全平面上确定了唯一的隐函数$y = y(x)$,而且$y(x)$连续可微.(北京大学)

提示   是否存在$(x,y) \in \mathbf{R}^2$满足方程$F(x,y) = 0$? ——这是此题的难点.为此将$F(x,y) = 0$改写为

$$\sin x - 2 = y^3 \mathrm{e}^{-y}.$$ (1)

式(1)的左端:$\sin x - 2 \overset{\text{记}}{=\!=} z$,则$z \in [-3, -1]$($\forall x \in \mathbf{R}$).此时,式(1)右端可写为

$$z = y^3 \mathrm{e}^{-y} \begin{cases} \geqslant 0, & \text{当}\ y \geqslant 0\ \text{时}, \\ < 0, & \text{当}\ y < 0\ \text{时}. \end{cases}$$

当$y < 3$时,$z'_y = (y^3 \mathrm{e}^{-y})' = y^2(3 - y)\mathrm{e}^{-y} > 0$.故$y < 3$时$z = z(y)$严$\nearrow$,从而存在反函数.

可见:每个$x \in \mathbf{R}$对应唯一的$z = \sin x - 2 \in [-3, -1]$,并通过$z = y^3 \mathrm{e}^{-y}$的反函数(记作$y = f(z)$)对应唯一的$y \in (-\infty, 0)$.故$F(x,y) = 0$在全平面上存在隐函数:$y = f(\sin x - 2)$($\forall x \in \mathbf{R}$)满足方程(1).又因$F(x,y) = 2 - \sin x + y^3 \mathrm{e}^{-y}$连续,故$F'_y(x,y) = y^2(3 - y)\mathrm{e}^{-y}$连续,且$F'_y(x,y) > 0$(当

$(x,y)=(x,f(\sin x-2))$ 时). 根据隐函数存在定理, $F(x,y)=0$ 确定唯一隐函数 $y=f(\sin x-2)$, 此函数连续而且可微.

^{new}**例 6.4.2**　记 $F(x,y)=\sum\limits_{n=1}^{\infty}nye^{-n(x+y)}$, 是否存在 $a>0$ 和唯一的函数 $h(x)$: $h(x)$ 在 $(1-a,1+a)$ 上可导, 且 $h(1)=0$, 使得 $F(x,h(x))=0$. (北京大学)

题意是: 用级数定义的函数 $F(x,y)=\sum\limits_{n=1}^{\infty}nye^{-n(x+y)}$ 在点 $p(1,0)$ 的邻域里, 方程 $F(x,y)=0$ 是否能唯一确定可导的隐函数 $y=h(x)$ 满足 $h(1)=0$, $F(x,h(x))=0$. 因此, 任务是检验隐函数存在定理的条件是否能满足.

解　1° (零值函数满足方程.) 当 $y=0$ 时, $\sum\limits_{n=1}^{\infty}nye^{-n(x+y)}\equiv0$. 故点 $p(1,0)$ 满足方程: $F(1,0)=0$. 另外, 零值函数 $y=h(x)\equiv0$ 显然处处满足方程 $F(x,h(x))\equiv0$, 且 $h(1)=0$. (因此存在性已被证明, 下面只需证明唯一性.)

2° (证明和函数 $F(x,y)$ 连续.) 因通项连续, 只需证明 "$\sum\limits_{n=1}^{\infty}nye^{-n(x+y)}$ 在点 $p(1,0)$ 的某邻域里一致收敛". 事实上, 取 $0<\alpha<\dfrac{1}{2}$, 在点 $p(1,0)$ 的邻域: $U(p,\alpha)=\{(x,y)\mid|x-1|<\alpha,|y|<\alpha\}$ 里, $x+y>1-2\alpha>0$, 因此, 通项的绝对值:

$$|nye^{-n(x+y)}|\leqslant|n\alpha e^{-n(1-2\alpha)}|=\frac{n\alpha}{\sum\limits_{k=0}^{\infty}\dfrac{n^{k}(1-2\alpha)^{k}}{k!}}\quad(\text{分母中},k\neq3\text{ 的项删除})$$

$$\leqslant\frac{6\alpha}{n^{2}(1-2\alpha)^{3}}\quad(\forall(x,y)\in U(p,\alpha)).$$

而 $\sum\limits_{n=1}^{\infty}\dfrac{6\alpha}{n^{2}(1-2\alpha)^{3}}$ 收敛, 所以 $\sum\limits_{n=1}^{\infty}nye^{-n(x+y)}$ 在邻域 $U(p,\alpha)$ 里一致收敛. $F(x,y)$ 连续.

3° 类似地, 逐项求导后的级数也在 $U(p,\alpha)$ 里一致收敛, 因此可以逐项求导 (实际上可逐项求导任意多次), 且

$$F'_{y}(1,0)=\sum\limits_{n=1}^{\infty}\left[ne^{-n(x+y)}-n^{2}ye^{-n(x+y)}\right]\Big|_{x=1,y=0}=\sum\limits_{n=1}^{\infty}ne^{-n}>0.$$

隐函数存在定理的条件全部满足, 在邻域 $U(p,\alpha)$ 里, $F(x,y)$ 对 y 单增, 只能有唯一的隐函数 (也就是前面指出的零函数): $y=h(x)\equiv0\,(1-\alpha<x<1+\alpha)$.

练习　设函数 $f(x,y)$ 及其一阶偏导数在 $(0,1)$ 附近存在, 连续, 且 $f'_{y}(0,1)\neq0$, 又 $f(0,1)=0$, 证明: $f\left(x,\int_{0}^{t}\sin x\mathrm{d}x\right)=0$ 在点 $\left(0,\dfrac{\pi}{2}\right)$ 附近确定一单值函数 $t=\varphi(x)$, 并求 $\varphi'(0)$. (南京大学)

提示　验证 $F(x,t)=f\left(x,\int_{0}^{t}\sin\tau\mathrm{d}\tau\right)=f(x,1-\cos t)$ 在点 $(x,t)=\left(0,\dfrac{\pi}{2}\right)$ 的邻域里满足隐函数存在定理的条件.

例 6.4.3 设函数 $f(x,y)$ 在点 (x_0,y_0) 邻近二次连续可微,且 $f'_x(x_0,y_0)=0$, $f''_{xx}(x_0,y_0)>0$.

1) 试证存在 y_0 的 δ 邻域 $U(y_0,\delta)$,使对任何 $y\in U(y_0,\delta)$,能求得 $f(x,y)$ 关于 x 的一个极小值 $g(y)$;

2) 试证 $g'(x_0)=f'_y(x_0,y_0)$. (复旦大学)

证 对于给定的 y,要求 $f(x,y)$ 关于 x 的极小值,按求极值的步骤,应对 y 找出 x 使得 $f'_x(x,y)=0$. 即要求找方程 $f'_x(x,y)=0$ 的隐函数 $x=x(y)$,使得 $f'_x(x(y),y)=0$.

已知 $f(x,y)$ 在 (x_0,y_0) 邻近二次连续可微,$f'_x(x_0,y_0)=0$,$f''_{xx}(x_0,y_0)>0$. 因此方程 $f'_x(x,y)=0$ 满足隐函数存在定理的条件. 在 (x_0,y_0) 的某个邻域里方程 $f'_x(x,y)=0$ 确定唯一的单值可微函数 $x=x(y)$ 使得 $x_0=x(y_0)$,$f'_x(x(y),y)\equiv 0$(当 y 属于 y_0 的某个 δ 邻域 $U(y_0,\delta)$ 时). 又因 $f''_{xx}(x_0,y_0)>0$,故上述邻域充分小时,$f''_{xx}(x(y),y)>0$. 于是 $f(x,y)$ 关于 x 在 $(x(y),y)$ 处取极小值,记之为 $g(y)=f(x(y),y)$.

最后,我们来证 $g'(y_0)=f'_y(x_0,y_0)$. 事实上

$$g'(y_0)=\lim_{\Delta y\to 0}\frac{g(y_0+\Delta y)-g(y_0)}{\Delta y}\quad (\text{因 } f \text{ 在}(x_0,y_0)\text{处可微})$$

$$=\lim_{\Delta y\to 0}\frac{1}{\Delta y}\{f'_x(x_0,y_0)[x(y_0+\Delta y)-x(y_0)]+$$

$$f'_y(x_0,y_0)\Delta y+\varepsilon_1[x(y_0+\Delta y)-x(y_0)]+\varepsilon_2\Delta y\},$$

这里 $\varepsilon_1,\varepsilon_2\to 0$(当 $\Delta y\to 0$ 时).

已知 $f'_x(x_0,y_0)=0$,且 $\lim_{\Delta y\to 0}\frac{1}{\Delta y}[x(y_0+\Delta y)-x(y_0)]=x'_y(y_0)$. 因此,$g'(y_0)=f'_y(x_0,y_0)$.

例 6.4.4 证明:对方程 $\psi(x)-y-\varphi(y)=0$ 而言,若

1) $\psi(x_0)-y_0-\varphi(y_0)=0$;

2) $\psi(x)$ 在 x_0 的邻域 $I=\{x\mid |x-x_0|<r\}$ 内连续;

3) $\varphi(y)$ 在 y_0 的邻域 $J=\{y\mid |y-y_0|\leqslant\delta\}$ 上满足 Lipschitz 条件:$\exists\alpha:0<\alpha<1$, $\forall y_1,y_2\in J$,有

$$|\varphi(y_2)-\varphi(y_1)|\leqslant\alpha|y_2-y_1|. \tag{1}$$

则存在隐函数 $y=y(x)$ 及数 $\eta>0$,使得

i) $y_0=y(x_0)$;

ii) $|y(x)-y_0|\leqslant\delta,\psi(x)-y(x)-\varphi(y(x))\equiv 0$(当 $|x-x_0|<\eta$ 时);

iii) 满足条件 i) 与 ii) 的函数是唯一的;

iv) $y=y(x)$ 连续.

证 (迭代法)因 ψ 在 x_0 处连续,所以对 $(1-\alpha)\delta>0$,$\exists\eta>0(\eta<r)$,使得 $|x-x_0|<\eta$ 时,有

$$|\psi(x)-\psi(x_0)|<(1-\alpha)\delta. \tag{2}$$

令
$$y_n = \psi(x) - \varphi(y_{n-1}) \quad (n = 1, 2, \cdots). \tag{3}$$

下面用数学归纳法证明：对一切 $n \in \{0, 1, 2, \cdots\}$，有
$$|y_{n+1} - y_n| \leqslant \alpha^n(1-\alpha)\delta, \quad |y_{n+1} - y_0| < (1-\alpha^{n+1})\delta < \delta. \tag{4}$$

事实上，由条件 1)、3) 及式 (2)、(3)，有
$$
\begin{aligned}
|y_1 - y_0| &= |\psi(x) - \varphi(y_0) - [\psi(x_0) - \varphi(y_0)]| \\
&= |\psi(x) - \psi(x_0)| < (1-\alpha)\delta < \delta, \\
|y_2 - y_1| &= |\psi(x) - \varphi(y_1) - [\psi(x) - \varphi(y_0)]| = |\varphi(y_1) - \varphi(y_0)| \\
&< \alpha|y_1 - y_0| = \alpha(1-\alpha)\delta < \delta.
\end{aligned}
$$

从而
$$|y_2 - y_0| \leqslant |y_2 - y_1| + |y_1 - y_0| < \alpha(1-\alpha)\delta + (1-\alpha)\delta = (1-\alpha^2)\delta < \delta.$$

现假设式 (4) 对于 $n = k-1$ 成立，来证明式 (4) 对于 $n = k$ 也成立.
$$
\begin{aligned}
|y_{k+1} - y_k| &= |\psi(x) - \varphi(y_k) - [\psi(x) - \varphi(y_{k-1})]| \\
&\leqslant |\varphi(y_k) - \varphi(y_{k-1})| \leqslant \alpha|y_k - y_{k-1}| \leqslant \alpha^k(1-\alpha)\delta, \\
|y_{k+1} - y_0| &\leqslant |y_{k+1} - y_k| + |y_k - y_0| \leqslant \alpha^k(1-\alpha)\delta + (1-\alpha^k)\delta \\
&= (1-\alpha)(1 + \alpha + \cdots + \alpha^{k-1} + \alpha^k)\delta = (1-\alpha^{k+1})\delta.
\end{aligned}
$$

式 (4) 获证.

下面证明 $\{y_n(x)\}$ 一致收敛. 因为当 $|x - x_0| < \eta$ 时，由式 (3) 所得的 $\{y_n\}$ 有
$$y_n = \sum_{k=1}^{n} (y_k - y_{k-1}) + y_0. \text{而}$$
$$|y_k - y_{k-1}| \leqslant \alpha^{k-1}(1-\alpha)\delta,$$

$\sum_{k=1}^{\infty} \alpha^{k-1}(1-\alpha)\delta$ 收敛，故 $\{y_n(x)\}$ 当 $|x - x_0| < \delta$ 时一致收敛. 即存在函数 $y = y(x)$，使得当 $n \to \infty$ 时，$y_n(x) \rightrightarrows y(x)$（当 $|x - x_0| < \eta$ 时).

下面来证 $y(x)$ 满足条件 i) 至 iv). 首先在迭代公式里逐次用 $x = x_0$ 代入，可得
$$y_1(x_0) = y_0, \quad y_2(x_0) = y_0, \quad \cdots, \quad y_n(x_0) = y_0, \quad \cdots.$$
由此取极限，可知 $y(x_0) = y_0$（此即条件 i)).

其次，由 $|y_n(x) - y_0| < \delta$ 取极限，知 $|y(x) - y_0| \leqslant \delta$.

另外，由条件 3)，$|\varphi(y) - \varphi(y_{n-1})| \leqslant \alpha|y - y_{n-1}| \to 0 \quad (n \to \infty)$.

故在 $y_n = \psi(x) - \varphi(y_{n-1})$ 中取极限（令 $n \to \infty$），可得 $y = \psi(x) - \varphi(y)$，即满足方程 $\psi(x) - y - \varphi(y) = 0$（条件 ii) 获证).

证唯一性. 假设另有一解 $\bar{y}(x)$ 也满足方程，即
$$\bar{y} = \psi(x) - \varphi(\bar{y}), \quad y = \psi(x) - \varphi(y),$$
于是
$$|\bar{y} - y| = |\varphi(y) - \varphi(\bar{y})| \leqslant \alpha|\bar{y} - y| \quad (0 < \alpha < 1).$$
故
$$\bar{y} - y = 0.$$

最后，由于每一项 $y_n(x)$ 都连续，$y_n(x) \rightrightarrows y(x)$（$|x - x_0| < \eta$），所以 $y(x)$ 在 $|x - x_0| < \eta$ 里连续. 证毕.

^{new}**练习** 证明下面的方程在点$(0,0,0)$附近唯一确定了隐函数$z = z(x,y)$：

$$x + \frac{1}{2}y^2 + \frac{1}{2}z + \sin z = 0,$$

并将$z(x,y)$在点$(0,0)$展开为带 Peano 型余项的 Taylor 公式，展开到二阶.（北京大学）

提示 记$F(x,y,z) = x + \frac{1}{2}y^2 + \frac{1}{2}z + \sin z$，则$F$连续，$F(0,0,0) = 0$，$F'_z(0,0,0) = \frac{3}{2}$. 因此在$(0,0,0)$的邻域里存在唯一隐函数$z = z(x,y)$，使得$F(x,y,z(x,y)) = 0$.

当(x,y)在$(0,0)$的某邻域时，有

$$F(x,y,z(x,y)) \equiv x + \frac{1}{2}y^2 + \frac{1}{2}z(x,y) + \sin z(x,y) \equiv 0.$$

既然是恒等式，故可两边同时求导. 固定y对x求导得z'_x；同样，固定x对y求导得z'_y：$z'_x(0,0) = -\frac{2}{3}$和$z'_y(0,0) = 0$. 注意z'_x和z'_y仍是(x,y)的函数，继续求导，可得$z''_{xx}(0,0) = 0$，$z''_{xy}(0,0) = 0$，$z''_{yy}(0,0) = -\frac{2}{3}$. 代入二元 Taylor 公式，可得隐函数$z = z(x,y)$在$(0,0)$的 Taylor 展开式：

$$z = z(0,0) + z'_x(0,0)x + z'_y(0,0)y + \frac{1}{2!}\left[z''_{xx}(0,0)x^2 + 2z''_{xy}(0,0)xy + z''_{yy}(0,0)y^2\right] + o(\rho)$$

$$= -\frac{2}{3}x - \frac{1}{3}y^2 + o(x^2 + y^2).$$

b. 多个方程的情况

要点 方程组

$$F_1(x_1, x_2, \cdots, x_n, y_1, y_2, \cdots, y_m) = 0,$$
$$F_2(x_1, x_2, \cdots, x_n, y_1, y_2, \cdots, y_m) = 0,$$
$$\cdots\cdots\cdots\cdots \tag{A}$$
$$F_m(x_1, x_2, \cdots, x_n, y_1, y_2, \cdots, y_m) = 0,$$

简记为

$$\boldsymbol{F}(\boldsymbol{x}, \boldsymbol{y}) = \boldsymbol{0}, \tag{A'}$$

其中$\boldsymbol{F} = (F_1, F_2, \cdots, F_m)$为向量函数：$\mathbf{R}^{n+m} \to \mathbf{R}^m$，$(\boldsymbol{x}, \boldsymbol{y}) \mapsto \boldsymbol{F}(\boldsymbol{x}, \boldsymbol{y})$. 这里$\boldsymbol{x} = (x_1, x_2, \cdots, x_n)$，$\boldsymbol{y} = (y_1, y_2, \cdots, y_m)$，$(\boldsymbol{x}, \boldsymbol{y}) = (x_1, x_2, \cdots, x_n, y_1, y_2, \cdots, y_m)$.

定理 1 假若

1）$\boldsymbol{F}(\boldsymbol{P}_0) = \boldsymbol{0}$，$\det\left(\dfrac{\partial F_i}{\partial y_j}\right)_{\boldsymbol{P}_0} \neq 0$；2）$F_i$，$\dfrac{\partial F_i}{\partial y_j}$在$\boldsymbol{P}_0$的邻域里连续，

这里$\boldsymbol{P}_0 = (\boldsymbol{x}_0, \boldsymbol{y}_0) = (x_{01}, x_{02}, \cdots, x_{0n}, y_{01}, y_{02}, \cdots, y_{0m})$. 则方程（A'）在$\boldsymbol{P}_0$的邻域里确定了$\boldsymbol{x}$的唯一隐函数$\boldsymbol{y}$，并且连续. 具体来说，即存在$\delta, \eta > 0$及函数$\boldsymbol{y} = \boldsymbol{y}(\boldsymbol{x}) = (y_1(\boldsymbol{x}), y_2(\boldsymbol{x}), \cdots, y_m(\boldsymbol{x}))$（其中$\boldsymbol{x} = (x_1, \cdots, x_n)$），使得

i）$\boldsymbol{y}(\boldsymbol{x}_0) = \boldsymbol{y}_0$（这里$\boldsymbol{x}_0 = (x_{01}, x_{02}, \cdots, x_{0n})$，$\boldsymbol{y}_0 = (y_{01}, y_{02}, \cdots, y_{0m})$]；

ii）$|y_j(\boldsymbol{x}) - y_{0j}| \leq \delta$，$\boldsymbol{F}(\boldsymbol{x}, \boldsymbol{y}(\boldsymbol{x})) \equiv \boldsymbol{0}$（当$\boldsymbol{x} \in I$时），这里$I = \{\boldsymbol{x} = (x_1, x_2, \cdots, x_n) \mid |x_i - x_{0i}| < \eta, i = 1, 2, \cdots, n\}$；

iii）满足条件 i）、ii）的这种函数是唯一的；

ⅳ) $y = y(x)$ 在 I 上连续(等价地每个 $y_j(x)$ 在 I 上连续,$j = 1,2,\cdots,m$).

隐函数微分法. 若 F_j 有连续偏导数,则隐函数也有连续(偏)导数;并且它的导数可按如下的方法求出:将隐式方程中的 y_j 看成由方程所确定的隐函数,从而隐式方程成为恒等式,在等式两端同时求导,便可求得隐函数导数的线性方程组,解之即可求得隐函数的导数.

例 6.4.5   证明:
$$\begin{cases} e^{xu}\cos yv = \dfrac{x}{\sqrt{2}}, \\[2mm] e^{xu}\sin yv = \dfrac{y}{\sqrt{2}} \end{cases}$$

在点 $P_0(x_0,y_0,u_0,v_0) = \left(1,1,0,\dfrac{\pi}{4}\right)$ 的邻域里确定了唯一的隐函数 $u = u(x,y)$,$v = v(x,y)$,并求 $\mathrm{d}u,\mathrm{d}v,\mathrm{d}^2u,\mathrm{d}^2v$ 在点 P_0 处的值.

解   (隐函数存在定理的条件容易验证,实际上由方程也容易解出 u,v. 作为例题,这里只对微分用隐函数微分法进行计算,为了训练计算能力,请读者先自己计算,再与这里比较.)将 u,v 看成是 x,y 的函数,对原式求微分得

$$e^{xu}\cos yv\,\mathrm{d}(xu) - e^{xu}\sin yv\,\mathrm{d}(yv) - \frac{1}{\sqrt{2}}\mathrm{d}x = 0, \tag{1}$$

$$e^{xu}\sin yv\,\mathrm{d}(xu) + e^{xu}\cos yv\,\mathrm{d}(yv) - \frac{1}{\sqrt{2}}\mathrm{d}y = 0. \tag{2}$$

用点 $P_0\left(1,1,0,\dfrac{\pi}{4}\right)$ 代入,可得

$$\mathrm{d}u = \frac{1}{2}(\mathrm{d}x + \mathrm{d}y),\quad \mathrm{d}v = \left(\frac{1}{2} - \frac{\pi}{4}\right)\mathrm{d}y - \frac{1}{2}\mathrm{d}x.$$

对(1)、(2)再微分,再用 P_0 代入可得

$$\mathrm{d}^2u = -\mathrm{d}x^2 - 2\mathrm{d}x\mathrm{d}y,\quad \mathrm{d}^2v = \frac{1}{2}\mathrm{d}x^2 + \mathrm{d}x\mathrm{d}y + \left(\frac{\pi}{2} - \frac{3}{2}\right)\mathrm{d}y^2.$$

例 6.4.6   设空间曲线 C 的方程是:$x = f(t)$,$y = \varphi(t)$,$z = \dfrac{f'(t)}{\varphi'(t)}(-1 < t < 1)$,其中函数 $f(t)$,$\varphi(t)$ 在 $(-1,1)$ 内都具有二阶连续导数,且一阶导数处处不等于零;而点集

$$E = \left\{ (x,y,z) \;\middle|\; x = s^2 + \frac{f'(t)}{\varphi'(t)}s + f(t), y = 2s + \varphi(t), z = \frac{f'(t)}{\varphi'(t)}, s,t \in (-1,1) \right\}.$$

试证明:E 中与曲线 C 充分接近(即 $|s|$ 充分小)的一些点,组成一张连续的曲面 $z = z(x,y)$. (武汉大学)

分析   我们看到在 E 的定义中,

$$x = s^2 + \frac{f'(t)}{\varphi'(t)}s + f(t),\ s,t \in (-1,1], \tag{1}$$

$$y = 2s + \varphi(t),\quad s,t \in (-1,1), \tag{2}$$

$$z = \frac{f'(t)}{\varphi'(t)}, \quad t \in (-1, 1). \tag{3}$$

令 $s = 0$,恰变成曲线 $C: x = f(t), y = \varphi(t), z = \dfrac{f'(t)}{\varphi'(t)}, t \in (-1, 1)$,故 $C \subset E$. 为了证明 E 中与 C 充分邻近的点组成一张连续曲面 $z = z(x, y)$,我们只要证明:当 $|s|$ 充分小时,方程(1),(2)即

$$F \equiv x - s^2 - \frac{f'(t)}{\varphi'(t)} s - f(t) = 0, \tag{4}$$

$$G \equiv y - 2s - \varphi(t) = 0 \tag{5}$$

确定了唯一的单值连续函数 $t = t(x, y)$,代入(3)即得 z 作为 x, y 的函数. 可见问题归结为对(4)、(5)验证隐函数存在定理的条件.

事实上,任取 $t_0 \in (-1, 1)$,对应曲线 C 上一点 $(x_0, y_0, z_0): x_0 = f(t_0), y_0 = \varphi(t_0), z_0 = \dfrac{f'(t_0)}{\varphi'(t_0)}$. 当 (x, y, s, t) 取点 $P_0(x_0, y_0, 0, t_0)$ 时,方程(4)、(5)满足,且

$$\begin{vmatrix} F'_s & F'_t \\ G'_s & G'_t \end{vmatrix}_{P_0} = \begin{vmatrix} -2s - \dfrac{f'(t)}{\varphi'(t)} & -\dfrac{f''(t)\varphi'(t) - \varphi''(t)f'(t)}{\varphi'^2} s - f'(t) \\ -2 & -\varphi'(t) \end{vmatrix}_{P_0}$$

$$= \begin{vmatrix} -\dfrac{f'(t_0)}{\varphi'(t_0)} & -f'(t_0) \\ -2 & -\varphi'(t_0) \end{vmatrix} = f'(t_0) - 2f'(t_0) = -f'(t_0) \neq 0.$$

于是由 F, G 连续并有连续偏导数,便知(4)、(5)在 P_0 的邻域里确定了唯一且连续的隐函数 $t = t(x, y)$. 再由 t_0 的任意性,这样就证明了 E 在 C 的邻近点组成了一个连续曲面 $z = z(x, y)$.

例 6.4.7 设 $f(x, y)$ 存在二阶连续偏导数,且 $f''_{xx} f''_{yy} - f''^2_{xy} \neq 0$,证明变换

$$u = f'_x(x, y), \tag{1}$$

$$v = f'_y(x, y), \tag{2}$$

$$w = -z + x f'_x(x, y) + y f'_y(x, y) \tag{3}$$

存在唯一的逆变换:

$$x = g'_u(u, v), \tag{4}$$

$$y = g'_v(u, v), \tag{5}$$

$$z = -w + u g'_u(u, v) + v g'_v(u, v). \tag{6}$$

(华中师范大学)

分析 关键在于证明有式(4)、(5),因为将(4)、(5)代入(3),即可得式(6).

欲证有(4)、(5),等价于求证存在函数 g 使得

$$dg = x du + y dv. \tag{7}$$

根据式(1)、(2),有

$$xdu + ydv = xf''_{xx}dx + xf''_{xy}dy + yf''_{yx}dx + yf''_{yy}dy = (xf''_{xx} + yf''_{yx})dx + (xf''_{xy} + yf''_{yy})dy$$
$$= (xf'_x + yf'_y - f)'_x dx + (xf'_x + yf'_y - f)'_y dy.$$

可见若令 $g = xf'_x + yf'_y - f$，则得式（7），从而式（4）、（5）成立. 另一方面，对于方程

$$F \equiv u - f'_x(x,y) = 0,$$
$$G \equiv v - f'_y(x,y) = 0,$$

作为 u,v,x,y 的函数，因为 F,G 连续，有连续偏导数，

$$\begin{vmatrix} F'_x & F'_y \\ G'_x & G'_y \end{vmatrix} = f''_{xx}f''_{yy} - f''^{2}_{xy} \neq 0.$$

故逆变换（4）、（5）存在且唯一，从而（6）存在且唯一.

^{new}☆**例 6.4.8**　设

1）$F(x,y,z)$ 在 $\mathbf{R}^3$ 上连续，F 是三次齐次函数，即 $\forall\, t \in \mathbf{R}$，

$$F(tx,ty,tz) = t^3 F(x,y,z) \quad (\forall\, (x,y,z) \in \mathbf{R}^3); \tag{1}$$

2）F 有连续偏导数，且

$$F'_z(x,y,z) \neq 0; \tag{2}$$

3）$z = f(x,y)$ 是方程 $F(x,y,z) = 0$ 所确定的隐函数，且 f 可微.

试证：$z = f(x,y)$ 是一次齐次函数.（华中师范大学）

证　1° 因 $z = f(x,y)$ 是方程 $F(x,y,z) = 0$ 确定的隐函数，故 $(x,y,z) = (x,y,f(x,y))$ 必满足方程，即有

$$F(x,y,f(x,y)) = 0. \tag{3}$$

2° 因 F'_z 的介值性，如果 F'_z 变号，就会出现零点，与 $F'_z \neq 0$ 矛盾，故 $F'_z(x,y,z) \neq 0$，从而 F'_z 不会变号，可知 $F(x,y,z)$ 对 z 单调. 因此，$\mathbf{R}^2$ 上有隐函数 $z = f(x,y)$ 且必唯一.

3°（证明 $z = f(x,y)$ 是一次齐次函数.）即 $\forall\, t \in \mathbf{R}$，

$$f(tx,ty) = tf(x,y) \quad (\forall\, (x,y) \in \mathbf{R}^2).$$

根据式（1）和（3）：

$$F(tx,ty,tf(x,y)) \xdef{式（1）} t^3 F(x,y,f(x,y)) \xdef{式（3）} 0. \tag{4}$$

在式（3）里：$\forall\, t \in \mathbf{R}$，用 (tx,ty) 替代 (x,y)，则得

$$F(tx,ty,f(tx,ty)) = 0. \tag{5}$$

（4）－（5）得　　$F(tx,ty,tf(x,y)) - F(tx,ty,f(tx,ty)) = 0.$

此式左端应用 Lagrange 定理：

$$F'_z(tx,ty,\xi)\,[\,tf(x,y) - f(tx,ty)\,] = 0, \tag{6}$$

其中 ξ 在 $z_1 = tf(x,y)$，$z_2 = f(tx,ty)$ 之间，且（据式（2））$F'_z(tx,ty,\xi) \neq 0$. 故

$$tf(x,y) = f(tx,ty) \quad (\forall\, t \in \mathbf{R}).$$

即 $z = f(x,y)$ 是一次齐次函数.（证毕.）

^{new}* **例 6.4.9**　$T:D \to \mathbf{R}^2$ 是给定的映射，其中 $D \subset \mathbf{R}^2$ 是一个凸区域. 当 $x \in D$

时,$T(x)$ 在 D 上有连续的二阶偏导数,且 $T(x)$ 的 Jacobi 矩阵 $JT(x)$ 是正定的. 试证 $T:D \to \mathbf{R}^2$ 为单射. (北京大学)

提示 记 T 为:$(x,y) \to (u,v) = (f(x,y),g(x,y))$,其中 $(x,y) \in D \subset \mathbf{R}^2$,$(u,v) \in \mathbf{R}^2$. T 为单射,意即:"若 $P_0 \neq P_1$,则 $T(P_0) \neq T(P_1)$." 或等价地:"若 $T(P_0) = T(P_1)$,则 $P_0 = P_1$."

证 (反证法) 假设 D 中有两个不同的点 $P_0(x_0,y_0)$,$P_1(x_1,y_1)$,但 $T(P_0) = T(P_1)$. 即

$$u_0 = f(x_0,y_0) = f(x_1,y_1) = u_1, \quad v_0 = g(x_0,y_0) = g(x_1,y_1) = v_1. \tag{1}$$

因 D 为凸域,所连线段 $\overline{P_0 P_1} \subset D. \overline{P_0 P_1}$ 的方程可写为

$$\begin{cases} x = x_0 + \lambda(x_1 - x_0), \\ y = y_0 + \lambda(y_1 - y_0), \end{cases} \lambda \in [0,1].$$

$\lambda = 0$ 对应 $P_0(x_0,y_0) \to T(P_0) = (u_0,v_0)$.

$\lambda = 1$ 对应 $P_1(x_1,y_1) \to T(P_1) = (u_1,v_1) \xrightarrow{\text{式}(1)} (u_0,v_0) = T(P_0)$.

$\lambda \in (0,1)$ 对应 $P_\lambda(x_0 + \lambda(x_1 - x_0),y_0 + \lambda(y_1 - y_0)) \to T(P_\lambda) \xrightarrow{\text{记}} (u_\lambda,v_\lambda)$.

作辅助函数:

$$\begin{aligned} F(\lambda) &= (x_1 - x_0)f(P_\lambda) + (y_1 - y_0)g(P_\lambda) \\ &= (x_1 - x_0)f[x_0 + \lambda(x_1 - x_0),y_0 + \lambda(y_1 - y_0)] + \\ &\quad (y_1 - y_0)g[x_0 + \lambda(x_1 - x_0),y_0 + \lambda(y_1 - y_0)]. \end{aligned} \tag{2}$$

因为 D 为凸域,故线段 $\overline{P_0 P_1} \subset D$,$P_\lambda \in \overline{P_0 P_1} \subset D$ ($\lambda \in [0,1]$). 式(2)表明:$F(\lambda)$ 是 $[0,1]$ 上一元函数,且

$$F(0) = (x_1 - x_0)f(x_0,y_0) + (y_1 - y_0)g(x_0,y_0) = (x_1 - x_0)u_0 + (y_1 - y_0)v_0,$$

$$F(1) = (x_1 - x_0)f(x_1,y_1) + (y_1 - y_0)g(x_1,y_1) = (x_1 - x_0)u_1 + (y_1 - y_0)v_1.$$

又从式(1)看出:$F(0) = F(1)$,可见 $F(\lambda)$ 在 $[0,1]$ 上满足 Lagrange 定理条件. 故 $\exists \xi \in (0,1)$,使得 $F'(\xi) = 0$. 利用式(2),求导得

$$\begin{aligned} &(x_1 - x_0)[f_x'(P_\xi)(x_1 - x_0) + f_y'(P_\xi)(y_1 - y_0)] + \\ &(y_1 - y_0)[g_x'(P_\xi)(x_1 - x_0) + g_y'(P_\xi)(y_1 - y_0)] = 0, \end{aligned} \tag{3}$$

其中 $P_\xi(x_0 + \xi(x_1 - x_0),y_0 + \xi(y_1 - y_0)) \in \overline{P_0 P_1} \subset D$. 借助矩阵乘法,式(3)可写为如下二次型:

$$((x_1 - x_0),(y_1 - y_0)) \begin{pmatrix} f_x'(P_\xi) & f_y'(P_\xi) \\ g_x'(P_\xi) & g_y'(P_\xi) \end{pmatrix} \begin{pmatrix} x_1 - x_0 \\ y_1 - y_0 \end{pmatrix} = 0,$$

其中 $P_0,P_1 \in D$ 是两不同之点,故 $(x_1 - x_0)$ 和 $(y_1 - y_0)$ 不同时为 0. 因此,Jacobi 行列式 $\begin{vmatrix} f_x'(P_\xi) & f_y'(P_\xi) \\ g_x'(P_\xi) & g_y'(P_\xi) \end{vmatrix} = 0$,跟正定条件矛盾. (证毕.)

^{new}**例 6.4.10** 假设:$D \subset \mathbf{R}^2$ 是凸域,函数 $u = u(x,y)$,$v = v(x,y)$ 在区域 D 上

连续,有连续一阶偏导数,$W(P) = (u(x,y), v(x,y))$ 是 $\mathbf{R}^2 \to \mathbf{R}^2$ 的映射. 求证:对 D 上任意两个不同的点 $P_1(x_1, y_1)$ 和 $P_2(x_2, y_2)$,若 $W(P_1) = W(P_2)$,其中 $W(P_i) = (u(x_i, y_i), v(x_i, y_i))$ $(i = 1, 2)$,则在 P_1, P_2 之间必存在点 P_ξ,使得 Jacobi 行列式:
$$\left.\frac{\partial(u,v)}{\partial(x,y)}\right|_{P_\xi} = 0. \ (北京大学)$$

证 设 $P_k(x_k, y_k)$ $(k = 1, 2)$,因 D 是凸区域,$\forall P_1, P_2 \in D$,
$$P(t) = P_1 + t(P_2 - P_1) = (x_1 + t(x_2 - x_1), y_1 + t(y_2 - y_1)) \in D \ (t \in [0, 1]).$$
则
$$P(0) = P_1 = (x_1, y_1), P(1) = P_2 = (x_2, y_2),$$
$$W(t) = (U(t), V(t)) = (u(P(t)), v(P(t))).$$
作辅助函数
$$F(t) = t(W(1) - W(0)) - W(t),$$
则 $F(t)$ 在 $[0, 1]$ 连续,有连续导数,且 $F(0) = F(1)$. 可应用微分中值定理:$\exists \xi \in (0, 1)$,使得
$$F'(\xi) = (W(1) - W(0)) - W'(\xi) = 0.$$
当 $W(P_1) = W(P_2)$(亦即 $W(1) = W(0)$)时有 $W'(\xi) = 0$,亦即
$$u_t'\big|_\xi = \frac{\mathrm{d}}{\mathrm{d}t} u(x_1 + t(x_2 - x_1), y_1 + t(y_2 - y_1))\big|_\xi$$
$$= u_x'(P(\xi)) \cdot (x_2 - x_1) + u_y'(P(\xi)) \cdot (y_2 - y_1) = 0.$$
类似地, $v_t'\big|_\xi = v_x'(P(\xi)) \cdot (x_2 - x_1) + v_y'(P(\xi)) \cdot (y_2 - y_1) = 0.$

因为 $P_1 \neq P_2$,说明此一次齐次联立方程组 $\begin{cases} u_t'\big|_\xi = 0, \\ v_t'\big|_\xi = 0 \end{cases}$ 有非零解. 故系数行列式 (即 Jacobi 行列式)
$$\begin{vmatrix} u_x'(P(\xi)) & u_y'(P(\xi)) \\ v_x'(P(\xi)) & v_y'(P(\xi)) \end{vmatrix} = \left.\frac{\partial(u,v)}{\partial(x,y)}\right|_{P(\xi)} = 0.$$

※二、函数相关

这里只列出定义和两个重要定理,如欲了解更多具体内容,请查看本书第 2 版.

定义 设函数 $\begin{cases} y_1 = y_1(x_1, \cdots, x_n), \\ \qquad \cdots\cdots\cdots\cdots \\ y_m = y_m(x_1, \cdots, x_n) \end{cases}$ (简记作 $\boldsymbol{y} = \boldsymbol{y}(\boldsymbol{x})$)

在 $\boldsymbol{x}_0 = (x_{01}, \cdots, x_{0n})$ 的某邻域内有定义,又设 $\boldsymbol{y}(\boldsymbol{x}_0) = \boldsymbol{y}_0 = (y_{01}, \cdots, y_{0m})$,则当且仅当存在函数 $F(y_1, \cdots, y_m)$ 在 $\boldsymbol{y}_0$ 的任意邻域里不恒为零,使得
$$F(y_1(x_1, \cdots, x_n), \cdots, y_m(x_1, \cdots, x_n)) \equiv 0$$
在 $\boldsymbol{x}_0$ 的邻域里成立时,$y_1, \cdots, y_m$ 称为**在 $\boldsymbol{x}_0$ 处函数相关**;否则称为**函数无关**. 当且仅当在区域 $D \subseteq \mathbf{R}^n$ 内处处函数相关时,称为**在 D 内函数相关**;当且仅当在 D 内处处函数无关时,才称**在 D 内函数无关**.

定理 2 若 Jacobi 矩阵 $\dfrac{\partial(y_1, \cdots, y_m)}{\partial(x_1, \cdots, x_n)} = \left(\dfrac{\partial y_i}{\partial x_j}\right)_{\substack{i=1,\cdots,m \\ j=1,\cdots,n}}$ 在点 $\boldsymbol{x}_0 = (x_{01}, \cdots, x_{0n})$ 处的秩 $r = m$,则 $y_1, y_2, \cdots, y_m$ 在 $\boldsymbol{x}_0$ 处函数无关.

定理 3 设（齐次线性函数）

$$y_1 = a_{11}x_1 + \cdots + a_{1n}x_n,$$

$$\cdots\cdots\cdots$$

$$y_m = a_{m1}x_1 + \cdots + a_{mn}x_n,$$

则以下三条等价：

1）$y_1, \cdots, y_m$ 在某点 x_0 处函数相关；

2）$y_1, \cdots, y_m$ 线性相关；

3）在 $\mathbf{R}^n$ 中处处函数相关.

定理 4 设 $y_i = y_i(x_1, \cdots, x_n)$ $(i = 1, 2, \cdots, m)$ 在点 $\boldsymbol{x}_0 = (x_{01}, x_{02}, \cdots, x_{0n})$ 的某邻域里有连续的一阶偏导数，Jacobi 矩阵 $\left(\dfrac{\partial y_i}{\partial x_j}\right)_{\substack{i=1,\cdots,m \\ j=1,\cdots,n}}$ 在 $\boldsymbol{x}_0$ 附近的秩 $r : 0 < r < m$，

$$\begin{vmatrix} \dfrac{\partial y_1}{\partial x_1} & \cdots & \dfrac{\partial y_1}{\partial x_r} \\ \vdots & & \vdots \\ \dfrac{\partial y_r}{\partial x_1} & \cdots & \dfrac{\partial y_r}{\partial x_r} \end{vmatrix}_{x_0} \neq 0,$$

则 1）$y_1, \cdots, y_r$ 在 $\boldsymbol{x}_0$ 处函数无关；2）$y_1, \cdots, y_m$ 在 $\boldsymbol{x}_0$ 处函数相关.

单元练习 6.4

6.4.1 $P_0(x_0, y_0)$ 是右半平面 $(x > 0)$ 内任意一点，试证方程组

$$\begin{cases} u = \phi(x, y) = (e^x + 1)\sin y, \\ v = \psi(x, y) = (e^x - 1)\cos y \end{cases}$$

能在 P_0 的（充分小的）邻域内确定连续可微的反函数.（北京师范大学）

6.4.2 设 $F(u, v, w, x, y) = uy + vx + w + x^2$，$G(u, v, w, x, y) = uvw + x + y + 1$，$P_0$ 的坐标为 $(2, 1, 0, -1, 0)$，又 $F(P_0) = 0, G(P_0) = 0$.

1）证明：在 $(2, 1, 0)$ 的某一邻域内能由方程组 $F = 0, G = 0$ 定义唯一的一对函数

$$x = f(u, v, w), \quad y = g(u, v, w);$$

2）求 Jacobi 矩阵 $\dfrac{\partial(f, g)}{\partial(u, v, w)}\bigg|_{P_0}$.（上海师范大学）

6.4.3 设函数 $f(x, y), g(x, y)$ 是定义在平面开区域 G 内的两个函数，在 G 内均有连续的一阶偏导数，且在 G 内任意点处，均有 $\dfrac{\partial f}{\partial x}\dfrac{\partial g}{\partial y} - \dfrac{\partial f}{\partial y}\dfrac{\partial g}{\partial x} \neq 0$.

又设有界闭区域 $D \subset G$. 试证：在 D 中满足方程组 $\begin{cases} f(x, y) = 0, \\ g(x, y) = 0 \end{cases}$ 的点至多有有限个.（武汉大学）

提示 可用反证法、聚点原理和隐函数存在定理.

6.4.4 已知方程 $F(x, y, z) = 0$ 和 $G(x, y, z) = 0$.

1）在什么条件下，由此两个方程能确定一条通过点 $P(x_0, y_0, z_0)$ 的曲线？

2）在什么条件下，上述曲线在点 P 处有切线？

3）在什么条件下,上述切线平行于 z 轴?

4）导出上述曲线从点 (x_0,y_0,z_0) 到点 (x_1,y_1,z_1) 之间的一个弧长公式(用函数 F,G 及其偏导数来表示);

5）上述弧长公式成立的条件是什么?(华东师范大学).

6.4.5　设函数 $F(x,y)$ 在点 (x_0,y_0) 的某邻域内有连续的二阶偏导数,且 $F(x_0,y_0)=0,F_x'(x_0,y_0)=0,F_y'(x_0,y_0)>0,F_{xx}''(x_0,y_0)<0$.试证:由方程 $F(x,y)=0$ 确定的定义于点 x_0 邻近的隐函数 $y=y(x)$ 在点 x_0 达到(局部)极小.(武汉大学)

提示　$y'(x_0)=0,y''(x_0)>0$.

6.4.6　设 $\varphi(x,y),\varphi_y'(x,y)$ 在 (x_0,y_0) 的邻域 $D:|x-x_0|,|y-y_0|\leqslant\Delta$ 上连续,$|\varphi_y'(x,y)|<\lambda<1,|\varphi(x,y)|<(1-\lambda)\Delta$.令 $y_n=y_0+\varphi(x,y_{n-1})$,则由 y_0 可依次得到 $y_1(x),y_2(x),\cdots,y_n(x)$, $\cdots$.试证此序列收敛,且极限函数为隐式方程 $y=y_0+\varphi(x,y)$ 的唯一连续解.(大连理工大学)

6.4.7　设 $f(x)$ 是完备距离空间 (X,d) 上将 X 映为自身的连续映射,若存在正实数列 $a_n\to0$,使 $\sum\limits_{n=1}^{\infty}a_n$ 收敛,且

$$d(f^n(x),f^n(y))\leqslant a_n d(x,y)\quad(n\geqslant1,x,y\in X),$$

其中 $f^{n+1}(x)=f(f^n(x)),f^1(x)=f(x),d(x,y)$ 表示空间中 x,y 两点的距离.证明:$f(x)$ 在 X 内有唯一的一点 ξ,使得 $f(\xi)=\xi$.(吉林工业大学)

提示　取 $x_1=f(x),x_{n+1}=f(x_n)(n=1,2,\cdots)$,证明 $\{x_n\}$ 是 Cauchy 序列.

6.4.8　设函数 $f(x)$ 当 $a<x<b$ 时连续,并且函数 $\varphi(y)$ 当 $c<y<d$ 时单调增加而且连续.问在怎样的条件下,方程 $\varphi(y)=f(x)$ 定义出单值的函数 $y=\varphi^{-1}[f(x)]$?研究例子:

1）$\sin y+\operatorname{sh} y=x$;　　　　　　　2）$e^{-y}=-\sin^2 x$.

6.4.9　设
$$x=y+\varphi(y),\tag{1}$$
其中 $\varphi(0)=0$,且当 $-a<y<a$ 时 $\varphi'(y)$ 连续并满足 $|\varphi'(y)|\leqslant k<1$.证明:存在 $\delta>0$,当 $-\delta<x<\delta$ 时存在唯一的可微函数 $y(x)$ 满足方程(1),且 $y(0)=0$.

6.4.10　方程 $xy+z\ln y+e^{xz}=1$ 在点 $(0,1,1)$ 的邻域内能否确定出某一变量为另两个变量的函数?

6.4.11　设 $y=y(x)$ 是方程 $x=ky+\varphi(y)$ 所定义的隐函数,其中常数 $k\neq0,\varphi(y)$ 为以 ω 为周期的周期函数,且 $|\varphi'(y)|<|k|$.证明:$y=\dfrac{x}{k}+\psi(x)$,其中 $\psi(x)$ 是以 $|k|\omega$ 为周期的周期函数.

证　1° 原始方程改写为　　　$F(x,y)=ky+\varphi(y)-x=0.\tag{1}$

i)按题意,$y=y(x)$ 是该方程确定的隐函数,因此 $(x,y)=(x,y(x))$ 满足方程(1).

ii)又(已知)$\varphi(y)$ 有导数,当然 $\varphi(y)$ 连续,由式(1)知 $F(x,y)$ 是二元连续函数.

iii)对式(1)求导,得

$$|F_y'(x,y)|=|k+\varphi'(y)|>||k|-|\varphi'(y)||>0\quad(因为|\varphi'(y)|<|k|).$$

故隐函数存在定理的条件满足,说明 $y=y(x)$ 不仅是隐函数,而且此方程的隐函数是唯一的.

2° 将隐函数 $y=y(x)$ 写为 $y=\dfrac{x}{k}+\psi(x)$,即假定

$$\psi(x)=y-\frac{x}{k}.\tag{2}$$

将式(2)代入方程(1),得

$$k\psi(x) + \varphi\left(\frac{x}{k} + \psi(x)\right) = 0 \ (\forall x \in \mathbf{R}). \tag{3}$$

用 $x + |k|\omega$ 替代(3)中的 x,得

$$k\psi(x + |k|\omega) + \varphi\left(\frac{x + |k|\omega}{k} + \psi(x + |k|\omega)\right) = 0. \tag{4}$$

因 $\varphi(y)$ 以 ω 为周期,故

$$\varphi\left(\frac{x + |k|\omega}{k} + \psi(x + |k|\omega)\right) = \varphi\left(\frac{x}{k} \pm \omega + \psi(x + |k|\omega)\right) = \varphi\left(\frac{x}{k} + \psi(x + |k|\omega)\right).$$

因而式(4)可写为

$$k\psi(x + |k|\omega) + \varphi\left(\frac{x}{k} + \psi(x + |k|\omega)\right) = 0. \tag{5}$$

此式表明 $\psi(x + |k|\omega)$ 也满足方程(3),从而 $y_1(x) \stackrel{记}{=\!=} \frac{x}{k} + \psi(x + |k|\omega)$ 也满足方程(1).(因为

将 $y_1(x) = \frac{x}{k} + \psi(x + |k|\omega)$ 代入方程(1),即得式(5),说明 $y_1(x)$ 也是方程(1)的解.)但上面已

证 $y = y(x)$ 是方程(1)的解且是唯一解,故 $y_1(x) = y(x) (\forall x \in \mathbf{R})$. 因此

$$\psi(x + |k|\omega) \equiv \psi(x) \ (\forall x \in \mathbf{R}).$$

亦即表明 $|k|\omega$ 是 $\psi(x)$ 的周期. 证毕.

6.4.12 设 $x \in \mathbf{R}^n, y \in \mathbf{R}^m, F(x,y) \in \mathbf{R}^m, F$ 有连续偏导数,$F = (F_1, F_2, \cdots, F_m)$,Jacobi 行列式

$\dfrac{\partial(F_1, F_2, \cdots, F_m)}{\partial(y_1, y_2, \cdots, y_m)} \neq 0, y = y(x) = (y_1(x), y_2(x), \cdots, y_m(x))$ 是方程 $F(x,y) = 0$ 的隐函数.

1) 证明: $$Dy(x) = -[D_y F(x,y)]^{-1} D_x F(x,y),$$

其中 $Dy(x), D_y F(x,y), D_x F(x,y)$ 为矩阵:

$$Dy(x) = \begin{pmatrix} (y_1)'_{x_1} & (y_1)'_{x_2} & \cdots & (y_1)'_{x_n} \\ (y_2)'_{x_1} & (y_2)'_{x_2} & \cdots & (y_2)'_{x_n} \\ \vdots & \vdots & & \vdots \\ (y_m)'_{x_1} & (y_m)'_{x_2} & \cdots & (y_m)'_{x_n} \end{pmatrix},$$

$$D_x F(x,y) = \begin{pmatrix} (F_1)'_{x_1} & (F_1)'_{x_2} & \cdots & (F_1)'_{x_n} \\ (F_2)'_{x_1} & (F_2)'_{x_2} & \cdots & (F_2)'_{x_n} \\ \vdots & \vdots & & \vdots \\ (F_m)'_{x_1} & (F_m)'_{x_2} & \cdots & (F_m)'_{x_n} \end{pmatrix},$$

$$D_y F(x,y) = \begin{pmatrix} (F_1)'_{y_1} & (F_1)'_{y_2} & \cdots & (F_1)'_{y_m} \\ (F_2)'_{y_1} & (F_2)'_{y_2} & \cdots & (F_2)'_{y_m} \\ \vdots & \vdots & & \vdots \\ (F_m)'_{y_1} & (F_m)'_{y_2} & \cdots & (F_m)'_{y_m} \end{pmatrix};$$

2) 证明:当 $n = m$ 时,Jacobi 行列式

$$\frac{\partial(y_1,y_2,\cdots,y_n)}{\partial(x_1,x_2,\cdots,x_n)}=(-1)^n\frac{\partial(F_1,F_2,\cdots,F_n)}{\partial(x_1,x_2,\cdots,x_n)}\bigg/\frac{\partial(F_1,F_2,\cdots,F_n)}{\partial(y_1,y_2,\cdots,y_n)}.$$

6.4.13 设 $(x_1,x_2,\cdots,x_n)$ 与 $(r,\theta_1,\cdots,\theta_{n-1})$ 为 $\mathbf{R}^n$ 中的直角坐标与球坐标:

$$x_1=r\cos\theta_1,$$
$$x_2=r\sin\theta_1\cos\theta_2,$$
$$x_3=r\sin\theta_1\sin\theta_2\cos\theta_3,$$
$$\cdots\cdots\cdots\cdots$$
$$x_{n-1}=r\sin\theta_1\sin\theta_2\cdots\sin\theta_{n-2}\cos\theta_{n-1},$$
$$x_n=r\sin\theta_1\cdots\sin\theta_{n-1}.$$

1) 证明:
$$F_1\equiv r^2-(x_1^2+x_2^2+\cdots+x_n^2)=0,$$
$$F_2\equiv r^2\sin^2\theta_1-(x_2^2+\cdots+x_n^2)=0,$$
$$\cdots\cdots\cdots\cdots$$
$$F_n\equiv r^2\sin^2\theta_1\cdots\sin^2\theta_{n-1}-x_n^2=0;$$

2) 利用上题最后结果计算 Jacobi 行列式 $\dfrac{\partial(x_1,x_2,\cdots,x_n)}{\partial(r,\theta_1,\cdots,\theta_{n-1})}$.

提示 1) $F_n=0$ 明显;再顺次证明:$F_{n-1}=0,F_{n-2}=0,\cdots$,直至最后 $F_1=0$.

2) 应用上题结论 2):
$$\frac{\partial(x_1,x_2,\cdots,x_n)}{\partial(r,\theta_1,\cdots,\theta_{n-1})}=(-1)^n\frac{\partial(F_1,F_2,\cdots,F_n)}{\partial(r,\theta_1,\cdots,\theta_{n-1})}\bigg/\frac{\partial(F_1,F_2,\cdots,F_n)}{\partial(x_1,x_2,\cdots,x_n)},$$

而
$$\frac{\partial(F_1,F_2,\cdots,F_n)}{\partial(r,\theta_1,\cdots,\theta_{n-1})}=2^n r^{2n-1}\sin^{2n-3}\theta_1\sin^{2n-5}\theta_2\cdots\sin^3\theta_{n-2}\sin\theta_{n-1}\cos\theta_1\cdots\cos\theta_{n-1}.$$

(注意:这里 $F_k(k=1,2,\cdots,n)$ 对 $r,\theta_1,\cdots,\theta_{n-1}$ 求导时,F_k 中的 $x_1,x_2,\cdots,x_n$ 被固定;同样地,下面 F_k 对 $x_1,x_2,\cdots,x_n$ 求导时,$r,\theta_1,\cdots,\theta_{n-1}$ 也被固定.)

$$\frac{\partial(F_1,F_2,\cdots,F_n)}{\partial(x_1,x_2,\cdots,x_n)}=(-1)^n 2^n x_1 x_2\cdots x_n$$
$$=(-1)^n 2^n r^n\sin^{n-1}\theta_1\sin^{n-2}\theta_2\cdots\sin\theta_{n-1}\cos\theta_1\cos\theta_2\cdots\cos\theta_{n-1}.$$

所以
$$\frac{\partial(x_1,x_2,\cdots,x_n)}{\partial(r,\theta_1,\cdots,\theta_{n-1})}=(-1)^n r^{n-1}\sin^{n-2}\theta_1\sin^{n-3}\theta_2\cdots\sin\theta_{n-2}.$$

6.4.14 设 $\varphi(x,y)$ 为 $\mathbf{R}^2$ 中有二阶连续偏导数的二次齐次函数:$\varphi(tx,ty)=t^2\varphi(x,y)$.

1) 证明:$\varphi_x'=x\varphi_{xx}''+y\varphi_{yx}''$,$\varphi_y'=x\varphi_{xy}''+y\varphi_{yy}''$;

2) 设 $\begin{vmatrix}\varphi_{xx}''&\varphi_{xy}''\\\varphi_{yx}''&\varphi_{yy}''\end{vmatrix}\neq0$,证明:令 $u=\varphi_x'(x,y),v=\varphi_y'(x,y)$ 时,函数 $\varphi(x,y)$ 可变成 $\psi(u,v)$ 的形式;

3) 证明:$\psi_u'=x,\psi_v'=y$;

4) 试将此结果推广到 $\mathbf{R}^n$ 空间.

提示 1) 恒等式 $\varphi(tx,ty)=t^2\varphi(x,y)$ 对 t 求导得
$$x\varphi_x'(tx,ty)+y\varphi_y'(tx,ty)=2t\varphi(x,y).$$

令 $t=1$,仍是 (x,y) 的恒等式. 再对 x 求偏导,即得

$$\varphi'_x = x\varphi''_{xx} + y\varphi''_{xy}. \tag{1}$$

类似地,有
$$\varphi'_y = x\varphi''_{yx} + y\varphi''_{yy}. \tag{2}$$

2) $u = \varphi'_x(x,y) \overset{记}{=\!=\!=} f(x,y)$,$v = \varphi'_y(x,y) \overset{记}{=\!=\!=} g(x,y)$,则 $\left| \dfrac{\partial(f,g)}{\partial(x,y)} \right| \neq 0$. 根据方程隐函数存在定理,

存在反函数:$x = x(u,v)$,$y = y(u,v)$. 因此

$$\varphi(x,y) = \varphi(x(u,v),y(u,v)) \overset{记}{=\!=\!=} \psi(u,v).$$

3) 将反函数代入原式 $\begin{cases} u = \varphi'_x(x(u,v),y(u,v)), \\ v = \varphi'_y(x(u,v),y(u,v)), \end{cases}$ 是关于 u,v 的(两个)恒等式. 固定 v,对 u 求

偏导,得到关于 x'_u 和 y'_u 的方程组:

$$\begin{cases} 1 = \varphi''_{xx} \cdot x'_u + \varphi''_{xy} \cdot y'_u, & (3) \\ 0 = \varphi''_{yx} \cdot x'_u + \varphi''_{yy} \cdot y'_u. & (4) \end{cases}$$

$x \times (3) + y \times (4)$ 得

$$x = (x\varphi''_{xx} + y\varphi''_{yx})x'_u + (x\varphi''_{xy} + y\varphi''_{yy}) \cdot y'_u \overset{式(1),(2)}{=\!=\!=\!=\!=\!=} \varphi'_x x'_u + \varphi'_y y'_u.$$

于是
$$\psi'_u(u,v) = \frac{\partial}{\partial u}\varphi(x(u,v),y(u,v)) = \varphi'_x x'_u + \varphi'_y y'_u = x.$$

类似可证:
$$\psi'_v(u,v) = y.$$

4)(推广到多元)设 $\varphi(x_1,x_2,\cdots,x_n)$ 是 $\mathbf{R}^n$ 中有直到二阶连续偏导数的二次齐次函数:

$$\varphi(tx_1,tx_2,\cdots,tx_n) = t^2\varphi(x_1,x_2,\cdots,x_n),$$

则
$$\varphi'_{x_i} = \sum_{j=1}^{n} x_j(\varphi'_{x_i})'_{x_j} \quad (i = 1,2,\cdots,n).$$

若 $\left| \dfrac{\partial(\varphi'_{x_1},\varphi'_{x_2},\cdots,\varphi'_{x_n})}{\partial(x_1,x_2,\cdots,x_n)} \right| \neq 0$,则 $u_i = \varphi'_{x_i}(x_1,x_2,\cdots,x_n)$ $(i=1,2,\cdots,n)$ 有反函数:

$$x_i = x_i(u_1,u_2,\cdots,u_n) \quad (i = 1,2,\cdots,n).$$

将 $\varphi(x_1,x_2,\cdots,x_n) = \varphi(x_1(u_1,u_2,\cdots,u_n),\cdots,x_n(u_1,u_2,\cdots,u_n))$ 记为 $\psi(u_1,u_2,\cdots,u_n)$,则有

$$\psi'_{u_i}(u_1,u_2,\cdots,u_n) = x_i \quad (i = 1,2,\cdots,n).$$

6.4.15 设 $\Delta = \begin{vmatrix} a & b & d \\ b & c & e \\ d & e & f \end{vmatrix} \neq 0$. 证明:对于二次曲线 $ax^2 + 2bxy + cy^2 + 2dx + 2ey + f = 0$,

有如下等式成立:$\dfrac{\mathrm{d}^3}{\mathrm{d}x^3}\left[(y'')^{-\frac{2}{3}} \right] = 0$.

提示 已知 $\Delta \neq 0$,用隐函数微分法:将 y 看成原方程定义的(关于 x 的)函数(代回方程,则方程变成恒等式),对 x 求导,再除以 2(以消掉公因子 2),得

$$ax + by + bxy' + cyy' + d + ey' = 0. \tag{1}$$

得
$$y' = -\frac{ax + by + d}{bx + cy + e}. \tag{2}$$

在式(1)中再对 x 求一次导数,得

$$a + 2by' + cy'^2 + (bx + cy + e)y'' = 0. \tag{3}$$

解出 y'',并用(2)代入 y':

$$y'' = \frac{-1}{(bx + cy + e)^3}\left[a(bx + cy + e)^2 - 2b(ax + by + d)(bx + cy + e) + c(ax + by + d)^2 \right]$$

$$= \frac{-1}{(bx+cy+e)^3} \left[(ax^2+2bxy+cy^2+2dx+2ey)(ac-b^2)+ae^2-2bed+cd^2 \right]$$

利用原始方程,得

$$y'' = \frac{-1}{(bx+cy+e)^3} \left[(-f)(ac-b^2)+ae^2-2bed+cd^2 \right] = \frac{\Delta}{(bx+cy+e)^3}.$$

原始方程可写为

$$cy^2+2bxy+2ey = -(ax^2+2dx+f). \tag{4}$$

利用式(4),可将$(y'')^{-\frac{2}{3}}$写成 x 的二次函数(如下):

$$(y'')^{-\frac{2}{3}} = \Delta^{-\frac{2}{3}}(bx+cy+e)^2 = \Delta^{-\frac{2}{3}} \left[b^2x^2 + \underline{c^2y^2} + e^2 + 2(\underline{bx \cdot cy + cy \cdot e} + ebx) \right]$$

$$= \Delta^{-\frac{2}{3}} \left[b^2x^2 + e^2 + 2ebx + c(\underline{cy^2+2bxy+2ey}) \right]$$

$$\underset{\text{式}(4)}{=\!=\!=} \Delta^{-\frac{2}{3}} \left[b^2x^2 + e^2 + 2bex - c(\underline{ax^2+2dx+f}) \right].$$

该式是 x 的二次函数. 可见:$(y'')^{-\frac{2}{3}}$ 对 x 的三阶导数必为 0. 证毕.

注 每次求导之后,其变量仍然满足原方程,常常可用原方程化简计算结果. 若忘记这一点,有些题目很难得到欲求的结果,本题很典型.

6.4.16 设

$$\mathrm{e}^{\frac{u}{x}}\cos\frac{v}{y} = \frac{x}{\sqrt{2}}, \quad \mathrm{e}^{\frac{u}{x}}\sin\frac{v}{y} = \frac{y}{\sqrt{2}}.$$

求 $\mathrm{d}u, \mathrm{d}v, \mathrm{d}^2u$ 和 d^2v 在 $x=1, y=1, u=0, v=0$ 时的表达式.

$$\left\langle\!\!\left\langle \mathrm{d}u = \frac{\mathrm{d}x+\mathrm{d}y}{2}, \mathrm{d}v = \mathrm{d}y-\mathrm{d}x, \ \mathrm{d}^2u = (\mathrm{d}x)^2, \mathrm{d}^2v = 2(\mathrm{d}y-\mathrm{d}x)^2 \right\rangle\!\!\right\rangle$$

提示 (小窍门:动手之前,先想想算式能不能简化;微分之后不忙整理,代入数字变简单后再整理;若分母能去掉,尽量先去分母.)这里先将算式化简:

两式平方和:

$$\mathrm{e}^{\frac{2u}{x}} = \frac{x^2+y^2}{2}. \tag{1}$$

两式相除:

$$\tan\frac{v}{y} = \frac{y}{x}. \tag{2}$$

再提示 1° 对式(1)微分:

$$\mathrm{e}^{\frac{2u}{x}}\left(2\,\frac{x\mathrm{d}u-u\mathrm{d}x}{x^2} \right) = x\mathrm{d}x+y\mathrm{d}y. \tag{3}$$

在式(3)中令 $x=y=1, u=0$,得

$$\mathrm{d}u \Big|_{x=y=1, u=0} = \frac{\mathrm{d}x+\mathrm{d}y}{2}. \tag{4}$$

(下面求二阶微分 d^2u.)将式(3)写为

$$2\mathrm{e}^{\frac{2u}{x}}(x\mathrm{d}u-u\mathrm{d}x) = x^3\mathrm{d}x+x^2y\mathrm{d}y.$$

对此式两端同时求微分,得

$$2\mathrm{e}^{\frac{2u}{x}}\left[\frac{2(x\mathrm{d}u-u\mathrm{d}x)^2}{x^2} + x\mathrm{d}^2u \right] = 3x^2(\mathrm{d}x)^2 + 2xy\mathrm{d}x\mathrm{d}y + x^2(\mathrm{d}y)^2.$$

代入 $x=y=1, u=0$,并注意式(4),得 $\mathrm{d}^2u \Big|_{x=y=1, u=0} = (\mathrm{d}x)^2.$

2° 由式(2):$\tan\dfrac{v}{y} = \dfrac{y}{x}$,得 $\dfrac{1}{\cos^2\dfrac{v}{y}}\dfrac{y\mathrm{d}v-v\mathrm{d}y}{y^2} = \dfrac{x\mathrm{d}y-y\mathrm{d}x}{x^2}$,即

$$x^2(y\mathrm{d}v - v\mathrm{d}y) = y^2\cos^2\frac{v}{y}(x\mathrm{d}y - y\mathrm{d}x). \tag{5}$$

在式(5)中令 $x = y = 1, v = 0$,得

$$\mathrm{d}v\Big|_{x=y=1,v=0} = \mathrm{d}y - \mathrm{d}x. \tag{6}$$

(为了求在给定点的二阶微分,考虑式(5)比较复杂,先分别对式(5)两端求微分,并用 $x = y = 1$,$v = 0$ 代入,然后将两结果列为等式,解出 $\underline{\underline{\mathrm{d}^2 v\big|_{x=y=1,v=0}}}$.)

$$\mathrm{d}[x^2(y\mathrm{d}v - v\mathrm{d}y)]\big|_{x=y=1,v=0} = [2x\mathrm{d}x(y\mathrm{d}v - v\mathrm{d}y) + x^2(\underline{\mathrm{d}y\mathrm{d}v} + y\mathrm{d}^2 v - \underline{\mathrm{d}v\mathrm{d}y})]\big|_{x=y=1,v=0}$$
$$= 2\mathrm{d}x\mathrm{d}v + \mathrm{d}^2 v. \tag{7}$$

$$\mathrm{d}\left[y^2\cos^2\frac{v}{y}(x\mathrm{d}y - y\mathrm{d}x)\right]\Bigg|_{x=y=1,v=0}$$
$$= \left\{2y\mathrm{d}y\cos^2\frac{v}{y}(x\mathrm{d}y - y\mathrm{d}x) + y^2 \cdot 2\cos\frac{v}{y}\cdot\left(-\sin\frac{v}{y}\right)\frac{y\mathrm{d}v - v\mathrm{d}y}{y^2}(x\mathrm{d}y - y\mathrm{d}x) + \right.$$
$$\left. y^2\cos^2\frac{v}{y}\cdot(\mathrm{d}x\mathrm{d}y - \mathrm{d}y\mathrm{d}x)\right\}\Bigg|_{x=y=1,v=0}$$
$$= 2\mathrm{d}y \cdot 1 \cdot (\mathrm{d}y - \mathrm{d}x) + 0 + 0 = 2[(\mathrm{d}y)^2 - \mathrm{d}x\mathrm{d}y]. \tag{8}$$

再令式(7)与式(8)相等,即 $2\mathrm{d}x\mathrm{d}v + \mathrm{d}^2 v = 2[(\mathrm{d}y)^2 - \mathrm{d}x\mathrm{d}y]$,即亦

$$\mathrm{d}^2 v = 2(\mathrm{d}y)^2 - 2\mathrm{d}x\mathrm{d}y - 2\mathrm{d}x\mathrm{d}v \xlongequal{\text{式}(6)} 2(\mathrm{d}y)^2 - 2\mathrm{d}x\mathrm{d}y - 2\mathrm{d}x(\mathrm{d}y - \mathrm{d}x).$$

故

$$\underline{\underline{\mathrm{d}^2 v\Big|_{x=y=1,v=0} = 2(\mathrm{d}y - \mathrm{d}x)^2.}}$$

6.4.17   函数 $u = u(x)$ 由方程组 $u = f(x,y,z), g(x,y,z) = 0, h(x,y,z) = 0$ 定义,求 $\dfrac{\mathrm{d}u}{\mathrm{d}x}$.

$$\left\langle\!\!\left\langle f_x' + f_y'\frac{\mathrm{d}y}{\mathrm{d}x} + f_z'\frac{\mathrm{d}z}{\mathrm{d}x}; y_x' = \frac{K}{J}, z_x' = \frac{L}{J}, \text{其中 } J = \frac{\partial(g,h)}{\partial(y,z)}, K = \frac{\partial(g,h)}{\partial(z,x)}, L = \frac{\partial(g,h)}{\partial(x,y)} \right\rangle\!\!\right\rangle$$

提示   因 $u = u(x)$ 是复合函数:$u = f(x, y(x), z(x))$,$y = y(x), z = z(x)$,其中出现的 $\dfrac{\mathrm{d}y}{\mathrm{d}x}$ 和 $\dfrac{\mathrm{d}z}{\mathrm{d}x}$ 可从后两个方程对 x 求导解得.

再提示   1° 对 $u = f(x, y(x), z(x))$ 求导,得

$$\frac{\mathrm{d}u}{\mathrm{d}x} = f_x' + f_y'y_x' + f_z'z_x'. \tag{1}$$

2°(对后两式求导.) $g_x' + g_y'y_x' + g_z'z_x' = 0$,$h_x' + h_y'y_x' + h_z'z_x' = 0$. \tag{2}

记 $J = \begin{vmatrix} g_y' & g_z' \\ h_y' & h_z' \end{vmatrix} = \dfrac{\partial(g,h)}{\partial(y,z)}$, $K = \begin{vmatrix} g_z' & g_x' \\ h_z' & h_x' \end{vmatrix} = \dfrac{\partial(g,h)}{\partial(z,x)}$, $L = \begin{vmatrix} g_x' & g_y' \\ h_x' & h_y' \end{vmatrix} = \dfrac{\partial(g,h)}{\partial(x,y)}$.

解方程组(2),可得

$$y_x' = \frac{K}{J}, \quad z_x' = \frac{L}{J}. \tag{3}$$

以式(3)代入(1): $\dfrac{\mathrm{d}u}{\mathrm{d}x} = f_x' + \dfrac{K}{J}f_y' + \dfrac{L}{J}f_z'.$

6.4.18   设一对一变换 $T: \begin{cases} x = x(u,v), \\ y = y(u,v) \end{cases}$ 在 D 上具有连续的偏导数 x_u', x_v', y_u', y_v',且行列式 $\dfrac{\partial(x,y)}{\partial(u,v)} \neq 0$,则 T 将 uv 平面上由分段光滑闭曲线围成的闭区域 D 变为 xy 平面上相应闭区域 D',且其边界也是分段光滑的闭曲线.(陕西师范大学)

6.4.19　$f_1(x),\cdots,f_n(x)$ 是定义在 $[a,b]$ 上的连续函数,证明:$f_1(x),\cdots,f_n(x)$ 线性无关的充分条件是行列式 $\det(\alpha_{ij})\neq0$,其中 $\alpha_{ij}=\displaystyle\int_a^b f_i(x)f_j(x)\mathrm{d}x$.

提示　要证明:"若 $\det(\alpha_{ij})\neq0$,则 $\{f_i(x)\}_{i=1}^n$ 在 $[a,b]$ 上线性无关."

反证法:"假设 $\{f_i(x)\}_{i=1}^n$ 在 $[a,b]$ 上线性相关,则必导致 $\det(\alpha_{ij})=0$."

再提示　若 $\{f_i(x)\}_{i=1}^n$ 线性相关,意即:存在不全为 0 的实数 $\{b_i\}_{i=1}^n$ 使得

$$\sum_{i=1}^n b_i f_i(x)=0\ (\forall x\in[a,b]).\tag{1}$$

于是

$$\sum_{i=1}^n b_i f_i(x)f_j(x)=0\ (\forall x\in[a,b])\ (j=1,2,\cdots,n).$$

进而有

$$\sum_{i=1}^n b_i\int_a^b f_i(x)f_j(x)\mathrm{d}x=0\ (j=1,2,\cdots,n).\tag{2}$$

此即有不全为 0 的 $\{b_i\}_{i=1}^n$ 满足式(2),说明:齐次线性方程组(2)有非零解,故系数行列式:$\det\left(\displaystyle\int_a^b f_i(x)f_j(x)\mathrm{d}x\right)_{n\times n}\overset{\text{应}}{=\!=\!=}0$,矛盾.

6.4.20　证明:若一元函数组 $\varphi_1(x),\varphi_2(x),\cdots,\varphi_n(x)$ 在区间 (a,b) 线性相关,则(出现的各阶导数都存在)

$$\begin{vmatrix}\varphi_1(x)&\varphi_2(x)&\cdots&\varphi_n(x)\\\varphi_1'(x)&\varphi_2'(x)&\cdots&\varphi_n'(x)\\\vdots&\vdots&&\vdots\\\varphi_1^{(n-1)}(x)&\varphi_2^{(n-1)}(x)&\cdots&\varphi_n^{(n-1)}(x)\end{vmatrix}\equiv0\quad(x\in(a,b)).$$

提示　可用上题类似的方法.

再提示　如果 $\{\varphi_k(x)\}_{k=1}^n$ 线性相关,则存在不全为零的常数组 $\{a_k\}_{k=1}^n$ 使得 $\displaystyle\sum_{k=1}^n a_k\varphi_k(x)\equiv0$.

两端同时对 x 求 1 至 $(n-1)$ 阶导数,得 n 个关于 $\{a_k\}_{k=1}^n$ 的一次齐次线性方程组:

$$\sum_{k=1}^n a_k\varphi_k(x)\equiv0,\quad\sum_{k=1}^n a_k\varphi_k'(x)\equiv0,\quad\sum_{k=1}^n a_k\varphi_k''(x)\equiv0,\quad\cdots,\quad\sum_{k=1}^n a_k\varphi_k^{(n-1)}(x)\equiv0.$$

因 $\{a_k\}_{k=1}^n$(不全为 0)满足方程组,说明该方程组有非零解,(根据代数方程的理论)其系数行列式应为零.即欲求的等式成立.

6.4.21　证明:$x=r\cos\theta\cos\varphi$,$y=r\cos\theta\sin\varphi$,$z=r\sin\theta$ 函数独立(即函数无关).

提示　(利用定理 2.)因此时 Jacobi 行列式:$|J|=\left|\dfrac{\partial(x,y,z)}{\partial(r,\theta,\varphi)}\right|=|r^2\cos\theta|\neq0$,故函数独立.

6.4.22　讨论下列函数的相关性:

1) $\dfrac{x-y}{x-z},\dfrac{y-z}{y-x},\dfrac{z-x}{z-y}$;　　　　　2) $\dfrac{x}{1-x-y-z},\dfrac{y}{1-x-y-z},\dfrac{z}{1-x-y-z}$.

提示　(利用定理 2.)

1) 函数无关,因为

$$J=\begin{vmatrix}\dfrac{y-z}{(x-z)^2}&\dfrac{z-x}{(x-z)^2}&\dfrac{x-y}{(x-z)^2}\\[2mm]\dfrac{y-z}{(y-x)^2}&\dfrac{z-x}{(y-x)^2}&\dfrac{x-y}{(y-x)^2}\\[2mm]\dfrac{y-z}{(z-y)^2}&\dfrac{z-x}{(z-y)^2}&\dfrac{x-y}{(z-y)^2}\end{vmatrix}=\dfrac{(x-y)(y-z)(z-x)}{(x-y)^2(y-z)^2(z-x)^2}$$

$$= \frac{1}{(x-y)(y-z)(z-x)} \neq 0.$$

2）函数无关. 因为 $J = \dfrac{1}{(1-x-y-z)^4} \neq 0.$

$$\left(J = \frac{1}{(1-x-y-z)^6}\begin{vmatrix} 1-y-z & x & x \\ y & 1-x-z & y \\ z & z & 1-x-y \end{vmatrix}\right.$$

（第 3 列乘 -1，分别加到第 1 列和第 2 列）

$$= \frac{1}{(1-x-y-z)^6}\begin{vmatrix} 1-x-y-z & 0 & x \\ 0 & 1-x-y-z & y \\ -(1-x-y-z) & -(1-x-y-z) & 1-x-y \end{vmatrix}$$

（第 1 行和第 2 行求和加到第 3 行）

$$= \frac{1}{(1-x-y-z)^6}\begin{vmatrix} 1-x-y-z & 0 & x \\ 0 & 1-x-y-z & y \\ 0 & 0 & 1 \end{vmatrix} = \frac{1}{(1-x-y-z)^4} \neq 0.\right)$$

6.4.23 设函数组 $\begin{cases} u = u(x,y), \\ v = v(x,y), \end{cases}$ $(x,y) \in \mathbf{R}^2$ 中的函数 u,v 有处处连续的一阶偏导数, 记

$W = (u,v), P = (x,y)$, 当 $|W| = \sqrt{u^2+v^2}$, $|P| = \sqrt{x^2+y^2}$ 时, 存在数 $C > 0$, 使得对于任意的
$P_1 \in \mathbf{R}^2, P_2 \in \mathbf{R}^2$, 成立不等式

$$|W_2 - W_1| \geqslant C|P_2 - P_1|,$$

这里 W_i 为与 P_i 相对应的点 $(i = 1,2)$. 试证:Jacobi 行列式 $\dfrac{\partial(u,v)}{\partial(x,y)} \neq 0$, $\forall (x,y) \in \mathbf{R}^2$. （武汉大学）

提示　如果在某个点 P_1 处,Jacobi 行列式 $\dfrac{\partial(u,v)}{\partial(x,y)}\bigg|_{P_1} = 0$,那么当 $W_2 = W_1$ 时,二元一次联立方程组

$$u'_x(P_1) \cdot (x_2 - x_1) + u'_y(P_1) \cdot (y_2 - y_1) = u(P_2) - u(P_1) = 0,$$
$$v'_x(P_1) \cdot (x_2 - x_1) + v'_y(P_1) \cdot (y_2 - y_1) = v(P_2) - v(P_1) = 0$$

应有非零解. 换句话说:存在 $P_2 \neq P_1$ 使得 $W_2 = W_1$. 这与已知条件 $|W_2 - W_1| \geqslant C|P_2 - P_1|$　矛盾. 故不可能!

再提示　设 $P_k = (x_k,y_k)$ $(k = 1,2)$,

$$P(t) = P_1 + t(P_2 - P_1) = (x_1 + t(x_2 - x_1), y_1 + t(y_2 - y_1)),$$

则　　　　　　　　$P(0) = P_1 = (x_1,y_1),\ P(1) = P_2 = (x_2,y_2).$

令 $W(t) = (U(t),V(t)) = (u(P(t)),v(P(t)))$,作辅助函数

$$F(t) = t(W(1) - W(0)) - W(t),$$

则 $F(0) = F(1)$,

$$W^2(t) = U^2(x_1 + t(x_2 - x_1), y_1 + t(y_2 - y_1)) + V^2(x_1 + t(x_2 - x_1), y_1 + t(y_2 - y_1)).$$

若记 $W_k = (U_k,V_k) = (U(P_k),V(P_k)) = (U(x_k,y_k),V(x_k,y_k))$ $(k = 1,2)$,那么 $W(0) = W_1$,
$W(1) = W_2$. 根据条件:$|W_2 - W_1| \geqslant C|P_2 - P_1|$知:当 $W_2 = W_1$ 时,有 $P_2 = P_1$. 应用 Lagrange 定理,
$\exists \xi \in (0,1)$,使得

$$W^2(1) - W^2(0) = u'\xi(1-0) = 2WW'_t(\xi)(1-0) = 0,$$

$$W'_t(\xi) = (u(P(t)),v(P(t)))'_t \big|_{t=\xi} = 0,$$

$$0 = U(1) - U(0) = u'(P(\xi))(1-0) = u'_x(P(\xi))(x_2-x_1) + u'_y(P(\xi))(y_2-y_1), \quad (1)$$

$$0 = V(1) - V(0) = v'(P(\xi))(1-0) = v'_x(P(\xi))(x_2-x_1) + v'_y(P(\xi))(y_2-y_1), \quad (2)$$

其中 $P(\xi)$ 表示 $(\xi x_2 + (1-\xi)x_1, \xi y_2 + (1-\xi)y_1)$ $(0<\xi<1)$.

把方程 (1),(2) 看成是关于 (x_2-x_1) 和 (y_2-y_1) 的一次线性方程组. 亦即: 方程 (1),(2) 左端为 0 时, 右端 (x_2-x_1) 和 (y_2-y_1) 必为零, 也就等于说, 一次齐次线性方程组只有零解, 故系数行列式

$$\begin{vmatrix} u'_x(P(\xi)) & u'_y(P(\xi)) \\ v'_x(P(\xi)) & v'_y(P(\xi)) \end{vmatrix} = \frac{\partial(u,v)}{\partial(x,y)}\bigg|_{P(\xi)} \neq 0 \text{ (题设 Jacobi 行列式 } \frac{\partial(u,v)}{\partial(x,y)} \neq 0\text{)}.$$

6.4.24 设 $u=u(x,y,z)$, $v=v(x,y,z)$, $x=x(s,t)$, $y=y(s,t)$, $z=z(s,t)$ 都有连续一阶偏导数, 证明行列式 $\dfrac{\partial(u,v)}{\partial(s,t)} = \dfrac{\partial(u,v)}{\partial(x,y)}\dfrac{\partial(x,y)}{\partial(s,t)} + \dfrac{\partial(u,v)}{\partial(y,z)}\dfrac{\partial(y,z)}{\partial(s,t)} + \dfrac{\partial(u,v)}{\partial(z,x)}\dfrac{\partial(z,x)}{\partial(s,t)}$.

提示 展开后, 右边多三项, 但此三项为零.

^{new}**6.4.25** 设 $F(x,y) = x^2y^3 + |x|y + y - 5$.

1) 证明方程 $F(x,y)=0$ 在 $(-\infty,+\infty)$ 上确定唯一的隐函数 $y=f(x)$;

2) 求 $y=f(x)$ 的极值. (北京大学)

提示 对每个固定的 x, $x^2y^3 + |x|y + y - 5 = 0$ 是 y 的三次方程, 有实根, 而 $F'_y(x,y)>0$, 所以实根是唯一的. (注意, 由原式可看出: $y\neq 0$.) 利用隐函数微分法,

$$f'(x) = -\frac{F'_x}{F'_y} = -\frac{2xy^3 \pm y}{3x^2y^2 + |x| + 1} = \begin{cases} \dfrac{-y}{3x^2y^2 + |x| + 1}(2xy^2+1) < 0, & x>0, \\ \dfrac{-y}{3x^2y^2 + |x| + 1}(2xy^2-1) > 0, & x<0. \end{cases}$$

所以 $f(0)=5$ 为最大值(亦极大值).

☆ §6.5 方向导数与梯度

方向导数对理工科专业是重要内容.

☆一、方向导数的计算

要点 计算方向导数的基本方法如下:

1) 利用定义. 函数 $y=f(x)$ $(x\in\mathbf{R}^n)$ 在点 $P(x_1,x_2,\cdots,x_n)$ 处沿单位向量 $\boldsymbol{l}=(l_1,l_2,\cdots,l_n)$ 方向的方向导数定义为

$$\frac{\partial f}{\partial \boldsymbol{l}}\bigg|_P = \lim_{t\to 0}\frac{f(x_1+tl_1,x_2+tl_2,\cdots,x_n+tl_n) - f(x_1,x_2,\cdots,x_n)}{t}$$

$$= \frac{\mathrm{d}f(x_1+tl_1,x_2+tl_2,\cdots,x_n+tl_n)}{\mathrm{d}t}\bigg|_{t=0}. \quad (A)$$

2) 利用偏导数与方向导数的关系. 若 f 在 P 处可微, 则 f 在点 P 沿任意方向 $\boldsymbol{l} = (\cos\alpha_1,\cos\alpha_2,\cdots,\cos\alpha_n)$ 的方向导数存在, 并且

$$\frac{\partial f}{\partial l}\bigg|_P = f'_{x_1}(P)\cos\alpha_1 + f'_{x_2}(P)\cos\alpha_2 + \cdots + f'_{x_n}(P)\cos\alpha_n. \tag{B}$$

3)$\mathbf{grad}\,f(p)\xt={\text{记}}(f'_{x_1}(P),f'_{x_2}(P),\cdots,f'_{x_n}(P))$,称为$f(P)$在点$P$处的**梯度**. 若$f(P)$在点$P$可微,则$f(P)$在点$P$沿任意方向$\boldsymbol{l}=(\cos\alpha_1,\cos\alpha_2,\cdots,\cos\alpha_n)$的方向导数

$$\frac{\partial f}{\partial l}\bigg|_P = \mathbf{grad}\,f(P)\cdot(\cos\alpha_1,\cos\alpha_2,\cdots,\cos\alpha_n) = \mathbf{grad}_l f(P)$$

$$= |\mathbf{grad}\,f(P)|\cos\theta, \tag{C}$$

其中θ表示$\mathbf{grad}\,f(P)$与$\boldsymbol{l}$的夹角.

4)$f(P)$在点P的梯度$\mathbf{grad}\,f(P)$是一个向量. 它的方向和大小如下确定:

若$f(P)$在点P可微,则对于从点P出发的不同方向,$f(P)$有大小不同的方向导数(值),方向导数最大的那个方向就定为$\mathbf{grad}\,f(P)$的方向;$f(P)$在点P处最大方向导数(之值),就定为向量$\mathbf{grad}\,f(P)$的值.

例 6.5.1 设 $$f(x,y)=\begin{cases}\dfrac{xy}{\sqrt{x^2+y^2}}, & x^2+y^2\neq 0,\\ 0, & x^2+y^2=0,\end{cases}$$

试证$f(x,y)$在$(0,0)$沿任意方向的方向导数存在,但在$(0,0)$处不可微.

证 任取方向$\boldsymbol{l}=(\cos\alpha,\sin\alpha)$,则

$$f(t\cos\alpha,t\sin\alpha)=\begin{cases}t\cos\alpha\sin\alpha, & t\neq 0,\\ 0, & t=0,\end{cases}=t\cos\alpha\sin\alpha.$$

于是

$$\frac{\partial f}{\partial l}\bigg|_{(0,0)}=\frac{\mathrm{d}}{\mathrm{d}t}f(t\cos\alpha,t\sin\alpha)\bigg|_{t=0}=(t\cos\alpha\sin\alpha)'_t\big|_{t=0}=\cos\alpha\sin\alpha.$$

可见在$(0,0)$处沿任意方向导数存在.(不可微性留给读者证明.)

例 6.5.2 证明:$f(x,y)=\begin{cases}\dfrac{x^2y}{x^4+y^2}, & x^2+y^2\neq 0,\\ 0, & x^2+y^2=0\end{cases}$沿任意方向$\boldsymbol{l}=(\cos\alpha,\sin\alpha)$的

方向导数为

$$\frac{\partial f(0,0)}{\partial l}=\begin{cases}\dfrac{\cos^2\alpha}{\sin\alpha}, & \sin\alpha\neq 0,\\ 0, & \sin\alpha=0.\end{cases}$$

证 $$\frac{\partial f(0,0)}{\partial l}=\lim_{t\to 0}\left[\frac{(t^2\cos^2\alpha)(t\sin\alpha)}{t^4\cos^4\alpha+t^2\sin^2\alpha}-0\right]\bigg/ t=\lim_{t\to 0}\frac{\cos^2\alpha\sin\alpha}{t^2\cos^4\alpha+\sin^2\alpha}$$

$$=\begin{cases}\dfrac{\cos^2\alpha}{\sin\alpha}, & \sin\alpha\neq 0\\ 0, & \sin\alpha=0.\end{cases}$$

^{new}**练习** 若 $f(x,y) = \begin{cases} \dfrac{x^2 y}{x^4 + y^2}, & x^2 + y^2 \neq 0, \\ 0, & x^2 + y^2 = 0 \end{cases}$ 在点 (x_0, y_0) 沿任意方向的方向导数都存在,问

$f(x,y)$ 在点 (x_0, y_0) 连续吗? 回答并说明理由.(华东师范大学)

提示 $f(x,y)$ 在原点 $(0,0)$ 沿任意方向的方向导数都存在,但 f 在此点并不连续. 如令: $y = kx^2$,当 $x \to 0$ 时, $f(x,y) = \dfrac{x^2 y}{x^4 + y^2} \Big|_{y = kx^2} \to \dfrac{k}{1 + k^2}$(不同路径极限不同).

例 6.5.3 求 $f(x,y,z) = x^2 + y^2 + z^2$ 在椭球面 $\dfrac{x^2}{a^2} + \dfrac{y^2}{b^2} + \dfrac{z^2}{c^2} = 1$ 上的点 $P(x_0, y_0, z_0)$ 的外法线方向的导数.

解 法向量为 $\boldsymbol{n} = \left(\dfrac{2x_0}{a^2}, \dfrac{2y_0}{b^2}, \dfrac{2z_0}{c^2} \right)$,单位法向量为 $\boldsymbol{n} = \dfrac{1}{|\boldsymbol{n}|} \left(\dfrac{2x_0}{a^2}, \dfrac{2y_0}{b^2}, \dfrac{2z_0}{c^2} \right)$,朝外,

其中 $|\boldsymbol{n}| = 2 \sqrt{\dfrac{x_0^2}{a^4} + \dfrac{y_0^2}{b^4} + \dfrac{z_0^2}{c^4}} \xlongequal{\text{记}} 2\mu$. 因此

$$\dfrac{\partial f}{\partial \boldsymbol{n}} \Big|_P = \mathbf{grad}_{\boldsymbol{n}} f = (2x_0, 2y_0, 2z_0) \cdot \left(\dfrac{x_0}{a^2 \mu}, \dfrac{y_0}{b^2 \mu}, \dfrac{z_0}{c^2 \mu} \right) = \dfrac{2}{\sqrt{\dfrac{x_0^2}{a^4} + \dfrac{y_0^2}{b^4} + \dfrac{z_0^2}{c^4}}}.$$

例 6.5.4 设 $f(x,y)$ 在点 $P(x_0, y_0)$ 处可微, $\boldsymbol{l}_1, \boldsymbol{l}_2, \cdots, \boldsymbol{l}_n$ 为 P_0 处给定的 n 个单位向量,相邻两向量夹角为 $\dfrac{2\pi}{n}$,证明:

$$\sum_{i=1}^{n} \dfrac{\partial f(x_0, y_0)}{\partial \boldsymbol{l}_i} = 0. \tag{1}$$

证 在 $\mathbf{R}^2$ 中利用公式(B),

$$\sum_{i=1}^{n} \dfrac{\partial f(x_0, y_0)}{\partial \boldsymbol{l}_i} = \sum_{i=1}^{n} \left[f_x'(x_0, y_0) \cos(\boldsymbol{l}_i, x) + f_y'(x_0, y_0) \cos(\boldsymbol{l}_i, y) \right]$$

$$= f_x'(x_0, y_0) \sum_{i=1}^{n} \cos(\boldsymbol{l}_i, x) + f_y'(x_0, y_0) \sum_{i=1}^{n} \cos(\boldsymbol{l}_i, y). \tag{2}$$

不妨设在点 $P(x_0, y_0)$ 处 x 轴沿逆时针方向转动遇到的第一个向量为 $\boldsymbol{l}_1$. 记 $\boldsymbol{l}_1$ 与 x 轴的夹角为 α,则 $\boldsymbol{l}_1, \boldsymbol{l}_2, \cdots, \boldsymbol{l}_n$ 与 x 轴的夹角顺次为

$$\alpha, \alpha + \dfrac{2\pi}{n}, \cdots, \alpha + (n-1)\dfrac{2\pi}{n},$$

因此 $\displaystyle\sum_{i=1}^{n} \cos(\boldsymbol{l}_i, x) = \cos\alpha + \cos\left(\alpha + \dfrac{2\pi}{n} \right) + \cdots + \cos\left[\alpha + (n-1)\dfrac{2\pi}{n} \right]$

$$= \dfrac{1}{2\sin\dfrac{2\pi}{n}} \sum_{i=0}^{n-1} 2\cos\left(\alpha + i\dfrac{2\pi}{n} \right) \sin\dfrac{2\pi}{n}$$

$$= \dfrac{1}{2\sin\dfrac{2\pi}{n}} \sum_{i=0}^{n-1} \left\{ \sin\left[\alpha + (i+1)\dfrac{2\pi}{n} \right] - \sin\left[\alpha + (i-1)\dfrac{2\pi}{n} \right] \right\}$$

$$= 0. \tag{3}$$

同理
$$\sum_{i=1}^{n} \cos(\boldsymbol{l}_i, y) = 0. \tag{4}$$

将(3)、(4)代入(2)即得(1).

例 6.5.5 设 $y = \varphi(x)$ 是区间 $[a, b]$ 上的可微函数,在 xOy 直角坐标平面内其图像为曲线 Γ. 若二元函数 $f(x, y)$ 在包含曲线 Γ 的某区域上连续可微(即具有连续的偏导数),且在曲线 Γ 上恒为 0,求证:$f(x, y)$ 在曲线 Γ 上任一给定点处沿该曲线切线方向的方向导数等于 0. (湘潭大学)

分析 设 $\boldsymbol{l} = (\cos \alpha, \cos \beta)$ 是曲线 Γ 上 P 处的单位切向量. 利用公式(B),

$$\frac{\partial f}{\partial \boldsymbol{l}} = f_x' \cos \alpha + f_y' \cos \beta. \tag{1}$$

可见,要计算 $\dfrac{\partial f}{\partial \boldsymbol{l}}$,关键在于求出 $\cos \alpha, \cos \beta$. 按已知条件,$f(x, \varphi(x)) \equiv 0$,因此

$$f_x'(P) + f_y'(P) \varphi'(x) = 0 \quad (P \in \Gamma).$$

故 $\tan \alpha = \varphi'(x) = -\dfrac{f_x'(P)}{f_y'(P)}$. 从而

$$\cos \alpha = \frac{1}{\pm\sqrt{1 + \tan^2 \alpha}} = \frac{|f_y'|}{\pm\sqrt{f_x'^2 + f_y'^2}},$$

$$\cos \beta = \sin \alpha = \tan \alpha \cos \alpha = \frac{-\dfrac{f_x'}{f_y'}|f_y'|}{\pm\sqrt{f_x'^2 + f_y'^2}}.$$

代入(1)得 $\dfrac{\partial f}{\partial \boldsymbol{l}}\bigg|_P = f_x' \cos \alpha + f_y' \cos \beta = \dfrac{f_x'|f_y'| - f_x'|f_y'|}{\pm\sqrt{f_x'^2 + f_y'^2}} = 0.$

例 6.5.6 设 $\boldsymbol{l}_1, \boldsymbol{l}_2, \cdots, \boldsymbol{l}_n$ 为 $\mathbf{R}^n$ 中 n 个线性无关的单位向量,函数 $f(x)$ 在 $\mathbf{R}^n$ 中可微,方向导数 $\dfrac{\partial f}{\partial \boldsymbol{l}_i} \equiv 0 \ (i = 1, 2, \cdots, n)$,试证 $f(x) \equiv$ 常数.

证 记 $\boldsymbol{l}_i = (a_{i1}, a_{i2}, \cdots, a_{in}) \ (i = 1, 2, \cdots, n)$. 因 $\dfrac{\partial f}{\partial \boldsymbol{l}_i} \equiv 0$,应用公式(B),得

$$0 = \frac{\partial f}{\partial \boldsymbol{l}_i} = f_{x_1}' \cdot a_{i1} + f_{x_2}' \cdot a_{i2} + \cdots + f_{x_n}' \cdot a_{in} \quad (i = 1, 2, \cdots, n). \tag{1}$$

因为 $\boldsymbol{l}_i$ 线性无关,故 $\det(a_{ij})_{i,j=1}^{n} \neq 0$,从而式(1)只有零解:$f_{x_i}' \equiv 0 \ (i = 1, 2, \cdots, n)$.

记点 P 和 P_0 的坐标分别为 $(x_1, x_2, \cdots, x_n)$ 和 $(x_{01}, x_{02}, \cdots, x_{0n})$,根据微分中值公式,

$$f(P) = f(P_0) + \sum_{i=1}^{n} f_{x_i}'(P^*)(x_i - x_{0i}) = f(P_0) \quad (P^* \in \mathbf{R}^n).$$

此即表明
$$f(P) \equiv 常数.$$

二、梯度的计算

要点 梯度的计算(以 $\mathbf{R}^3$ 为例)主要使用如下公式:

$$\nabla f = \mathbf{grad}\, f = \left(\frac{\partial f}{\partial x}, \frac{\partial f}{\partial y}, \frac{\partial f}{\partial z} \right) = \frac{\partial f}{\partial x} \boldsymbol{i} + \frac{\partial f}{\partial y} \boldsymbol{j} + \frac{\partial f}{\partial z} \boldsymbol{k},$$

其中 ∇ 为 Hamilton 算符,$\boldsymbol{i},\boldsymbol{j},\boldsymbol{k}$ 分别表示 x,y,z 轴上的单位向量.

梯度是向量,因此关于它的运算,要遵从向量的运算法则.

例 6.5.7 设 $u = f(x,y)$,$x = r\cos\theta$,$y = r\sin\theta$,求证:

$$\nabla u = \frac{\partial f}{\partial r} \boldsymbol{r}_0 + \frac{1}{r} \frac{\partial f}{\partial \theta} \boldsymbol{\theta}_0,$$

其中 $\boldsymbol{r}_0$ 和 $\boldsymbol{\theta}_0$ 分别是径向与圆周方向的单位向量(如图 6.5.1).

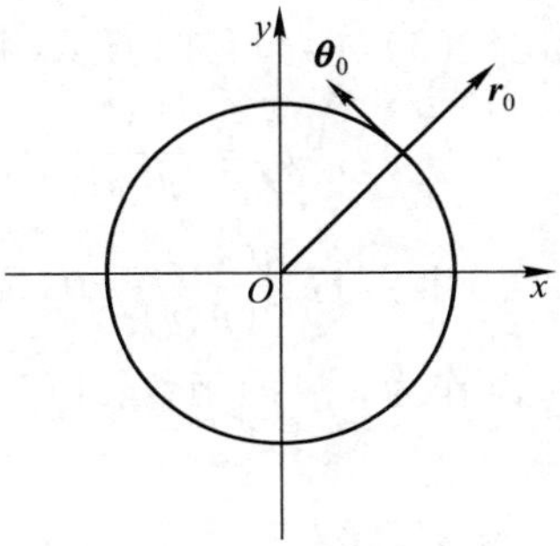

证 按向量的分解原理,

$$\nabla u = (\nabla u \cdot \boldsymbol{r}_0) \boldsymbol{r}_0 + (\nabla u \cdot \boldsymbol{\theta}_0) \boldsymbol{\theta}_0.$$

因 $\boldsymbol{r}_0 = (\cos\theta, \sin\theta)$,$\boldsymbol{\theta}_0 = \left(\cos\left(\theta + \frac{\pi}{2}\right), \cos\theta \right)$,$\nabla u = \left(\frac{\partial u}{\partial x}, \frac{\partial u}{\partial y} \right)$,故

图 6.5.1

$$\nabla u \cdot \boldsymbol{r}_0 = \frac{\partial u}{\partial x}\cos\theta + \frac{\partial u}{\partial y}\sin\theta = \frac{\partial f}{\partial r},$$

$$\nabla u \cdot \boldsymbol{\theta}_0 = \frac{\partial u}{\partial x}\cos\left(\theta + \frac{\pi}{2}\right) + \frac{\partial u}{\partial y}\cos\theta = \frac{1}{r}\left[\frac{\partial u}{\partial x}(-r\sin\theta) + \frac{\partial u}{\partial y}r\cos\theta \right] = \frac{1}{r}\frac{\partial f}{\partial \theta}.$$

从而
$$\nabla u = \frac{\partial f}{\partial r} \boldsymbol{r}_0 + \frac{1}{r} \frac{\partial f}{\partial \theta} \boldsymbol{\theta}_0.$$

梯度的等式是向量的等式,请看

例 6.5.8 在直角坐标系 xOy 中引入变换

$$x = x(u,v), \quad y = y(u,v), \tag{1}$$

并将坐标系中任一点的位置向量记为 $\boldsymbol{r} = \boldsymbol{r}(u,v)$. 若变换式中函数 x,y 连续可微,Jacobi 行列式 $\dfrac{\partial(x,y)}{\partial(u,v)} \neq 0$,且 $\dfrac{\partial \boldsymbol{r}}{\partial u}$ 与 $\dfrac{\partial \boldsymbol{r}}{\partial v}$ 垂直,试证:对任何可微函数 $F(u,v)$,其梯度可表示为

$$\mathbf{grad}\, F = \frac{1}{H_u^2} \frac{\partial F}{\partial u} \frac{\partial \boldsymbol{r}}{\partial u} + \frac{1}{H_v^2} \frac{\partial F}{\partial v} \frac{\partial \boldsymbol{r}}{\partial v}, \tag{2}$$

其中 $H_u = \left| \dfrac{\partial \boldsymbol{r}}{\partial u} \right|$,$H_v = \left| \dfrac{\partial \boldsymbol{r}}{\partial v} \right|$.(复旦大学)

分析 这是一个兼有梯度计算与变量替换的问题. 式(2)为向量等式. 因 $\boldsymbol{r} = x(u,v)\boldsymbol{i} + y(u,v)\boldsymbol{j}$,得

$$\frac{\partial \boldsymbol{r}}{\partial u} = x'_u \boldsymbol{i} + y'_u \boldsymbol{j}, \quad \frac{\partial \boldsymbol{r}}{\partial v} = x'_v \boldsymbol{i} + y'_v \boldsymbol{j}, \quad H_u^2 = x'^2_u + y'^2_u, \quad H_v^2 = x'^2_v + y'^2_v.$$

故要证明式(2),等价于要证明

$$\mathbf{grad}\ F = F_u'\frac{x_u'\boldsymbol{i} + y_u'\boldsymbol{j}}{x_u'^2 + y_u'^2} + F_v'\frac{x_v'\boldsymbol{i} + y_v'\boldsymbol{j}}{x_v'^2 + y_v'^2}\ . \tag{3}$$

由 $F(u,v)$ 的可微性,

$$\begin{aligned}\mathbf{grad}\ F &= F_x'\boldsymbol{i} + F_y'\boldsymbol{j} = (F_u'u_x' + F_v'v_x')\boldsymbol{i} + (F_u'u_y' + F_v'v_y')\boldsymbol{j}\\ &= F_u'(u_x'\boldsymbol{i} + u_y'\boldsymbol{j}) + F_v'(v_x'\boldsymbol{i} + v_y'\boldsymbol{j}).\end{aligned} \tag{4}$$

比较(3)、(4)可知,要从(4)推出(3),只要证明:

$$u_x' = \frac{x_u'}{x_u'^2 + y_u'^2},\ v_x' = \frac{x_v'}{x_v'^2 + y_v'^2},\ u_y' = \frac{y_u'}{x_u'^2 + y_u'^2},\ v_y' = \frac{y_v'}{x_v'^2 + y_v'^2}. \tag{5}$$

事实上,$\dfrac{\partial(x,y)}{\partial(u,v)} \neq 0$,按隐函数存在定理,变换(1):$x = x(u,v)$,$y = y(u,v)$ 确定了 u,v 作为 x,y 的函数,式(1)两边同时对 x 求导,得

$$1 = x_u'u_x' + x_v'v_x',\ 0 = y_u'u_x' + y_v'v_x'.$$

由此得

$$u_x' = \frac{y_v'}{x_u'y_v' - x_v'y_u'},\ v_x' = \frac{-y_u'}{x_u'y_v' - x_v'y_u'}\ . \tag{6}$$

但由已知条件:$\dfrac{\partial \boldsymbol{r}}{\partial u}$ 与 $\dfrac{\partial \boldsymbol{r}}{\partial v}$ 垂直,有 $x_u'x_v' + y_u'y_v' = 0$. 如此可得(5)中前两式. 同理可证后两式. 证毕.

例 6.5.9 设有方程

$$\frac{x^2}{a^2 + u} + \frac{y^2}{b^2 + u} + \frac{z^2}{c^2 + u} = 1, \tag{1}$$

证明

$$(\mathbf{grad}\ u)^2 = 2A \cdot \mathbf{grad}\ u, \tag{2}$$

其中 $A = (x,y,z)$.(中国科学技术大学)

分析 这是一个兼有梯度计算与隐函数求导的问题. 根据向量的数量积公式,(2)等价于

$$u_x'^2 + u_y'^2 + u_z'^2 = 2(xu_x' + yu_y' + zu_z'). \tag{3}$$

可见我们的任务在于:由方程(1)证明式(3).

证 不难验证式(1)满足隐函数存在定理的条件,因此由式(1)将 u 定义为 x,y,z 的函数,将式(1)对 x 求导,得

$$\frac{(a^2 + u)2x - u_x'x^2}{(a^2 + u)^2} - \frac{y^2u_x'}{(b^2 + u)^2} - \frac{z^2u_x'}{(c^2 + u)^2} = 0,$$

即

$$\frac{2x}{a^2 + u} = \left[\frac{x^2}{(a^2 + u)^2} + \frac{y^2}{(b^2 + u)^2} + \frac{z^2}{(c^2 + u)^2}\right]u_x'. \tag{4}$$

根据轮换对称性,有

$$\frac{2y}{b^2 + u} = \left[\frac{x^2}{(a^2 + u)^2} + \frac{y^2}{(b^2 + u)^2} + \frac{z^2}{(c^2 + u)^2}\right]u_y'. \tag{5}$$

$$\frac{2z}{c^2 + u} = \left[\frac{x^2}{(a^2 + u)^2} + \frac{y^2}{(b^2 + u)^2} + \frac{z^2}{(c^2 + u)^2}\right]u_z'. \tag{6}$$

式(4)、(5)、(6)平方后相加,在等式两端约去公因子,得

$$4 = \left[\frac{x^2}{(a^2+u)^2} + \frac{y^2}{(b^2+u)^2} + \frac{z^2}{(c^2+u)^2} \right] (u_x'^2 + u_y'^2 + u_z'^2). \tag{7}$$

式(4)、(5)、(6)分别乘 x,y,z 后相加,注意式(1),有

$$2 = \left[\frac{x^2}{(a^2+u)^2} + \frac{y^2}{(b^2+u)^2} + \frac{z^2}{(c^2+u)^2} \right] (xu_x' + yu_y' + zu_z'). \tag{8}$$

将式(7)、(8)联立,即得(3),从而式(2)获证.

例 6.5.10 假设函数 $f(x,y)$ 在原点 $(0,0)$ 的某邻域 U 内有定义,并满足如下的条件:

1)在原点,它沿任意方向 $l = (\cos \alpha, \sin \alpha)(0 \leqslant \alpha < 2\pi)$ 的方向导数存在,且 $\frac{\partial f}{\partial l} = A\cos \alpha + B\sin \alpha$,其中 A,B 是两个常数;

2)存在常数 $M > 0$,使得对 U 中任何两点 (x_1, y_1) 与 (x_2, y_2) 成立不等式

$$|f(x_1, y_1) - f(x_2, y_2)| \leqslant M(|x_1 - x_2| + |y_1 - y_2|).$$

试证: $f(x,y)$ 在原点可微,且 $\mathrm{d}f(0,0) = A\mathrm{d}x + B\mathrm{d}y$. (武汉大学)

分析 当 $\alpha = 0$ 时,向量 $l = (\cos 0, \sin 0) = (1,0)$ 代表 x 轴正向单位向量. 因此 $\frac{\partial f(0,0)}{\partial x} = \frac{\partial f}{\partial l}\Big|_{\alpha=0} = A$. 同理有 $\frac{\partial f(0,0)}{\partial y} = B$. 由此可见,只要证明了 f 在原点可微,则 $\mathrm{d}f(0,0) = A\mathrm{d}x + B\mathrm{d}y$ 明显成立.

为了证明 f 在原点可微,按定义,即要证明

$$F(x,y) \equiv \frac{f(x,y) - f(0,0) - Ax - By}{\sqrt{x^2 + y^2}} \to 0 \ (当 x \to 0, y \to 0 时).$$

令 $x = t\cos \alpha, y = t\sin \alpha$,作变换,记 $\varphi(t, \alpha) \equiv F(t\cos \alpha, t\sin \alpha)$,于是问题等价于要证明 $\lim_{t \to 0} \varphi(t, \alpha) = 0$ (关于 $\alpha \in [0, 2\pi]$ 一致). 为此,我们只需证明:

1° $\forall \alpha \in [0, 2\pi], \lim_{t \to 0} \varphi(t, \alpha) = 0$;

2° $\exists L > 0$,使得 $\forall \alpha, \alpha_0 \in [0, 2\pi], |\varphi(t, \alpha) - \varphi(t, \alpha_0)| \leqslant L|\alpha - \alpha_0|$.

证 1° 由已知条件,对于 $l = (\cos \alpha, \sin \alpha)$ $(0 \leqslant \alpha \leqslant 2\pi), \frac{\partial f}{\partial l} = A\cos \alpha + B\sin \alpha$,因此 $\forall \alpha \in [0, 2\pi]$,

$$\lim_{t \to 0} \varphi(t, \alpha) = \lim_{t \to 0} \frac{1}{t} [f(t\cos \alpha, t\sin \alpha) - f(0,0) - At\cos \alpha - Bt\sin \alpha]$$

$$= \lim_{t \to 0} \left[\frac{f(t\cos \alpha, t\sin \alpha) - f(0,0)}{t} - (A\cos \alpha + B\sin \alpha) \right] = 0.$$

2° 根据 $\varphi(t, \alpha)$ 的定义与条件 2):

$$|\varphi(t, \alpha) - \varphi(t, \alpha_0)|$$

$$= \left| \frac{f(t\cos \alpha, t\sin \alpha) - f(0,0) - At\cos \alpha - Bt\sin \alpha}{t} - \right.$$

$$\left.\frac{f(t\cos\alpha_0,t\sin\alpha_0)-f(0,0)-At\cos\alpha_0-Bt\sin\alpha_0}{t}\right|$$

$$\leqslant \frac{1}{|t|}\,|f(t\cos\alpha,t\sin\alpha)-f(t\cos\alpha_0,t\sin\alpha_0)|+|A|\,|\cos\alpha-\cos\alpha_0|+|B|\,|\sin\alpha-\sin\alpha_0|$$

$$\leqslant M(|\cos\alpha-\cos\alpha_0|+|\sin\alpha-\sin\alpha_0|)+|A|\,|\cos\alpha-\cos\alpha_0|+|B|\,|\sin\alpha-\sin\alpha_0|$$

$$\leqslant(2M+|A|+|B|)\,|\alpha-\alpha_0|=L\,|\alpha-\alpha_0|,$$

其中 $L=2M+|A|+|B|$ 为常数. $\forall \varepsilon>0$, 取 $n>\dfrac{4\pi L}{\varepsilon}\left(\text{这时}\dfrac{2\pi}{n}<\dfrac{\varepsilon}{2L}\right)$, 令 $\alpha_k=k\dfrac{2\pi}{n}$

$(k=0,1,2,\cdots,n-1)$, 由 $1°$知,对每个 α_k 存 $\delta_k>0$, 使得 $|t|<\delta_k$ 时有 $|\varphi(t,\alpha_k)|<$

$\dfrac{\varepsilon}{2}$. 令 $\delta=\min\{\delta_1,\cdots,\delta_n\}$, 则当 $|t|<\delta$ 时, $\forall \alpha\in[0,2\pi]$, 必 $\exists k\in\{0,1,\cdots,n-1\}$ 使

得 $k\dfrac{2\pi}{n}\leqslant\alpha<(k+1)\dfrac{2\pi}{n}$. 从而 $|\alpha-\alpha_k|<\dfrac{2\pi}{n}<\dfrac{\varepsilon}{2L}$. 因此

$$|\varphi(t,\alpha)|\leqslant|\varphi(t,\alpha)-\varphi(t,\alpha_k)|+|\varphi(t,\alpha_k)|\leqslant L\,|\alpha-\alpha_k|+|\varphi(t,\alpha_k)|$$

$$<L\frac{2\pi}{n}+\frac{\varepsilon}{2}<\frac{\varepsilon}{2}+\frac{\varepsilon}{2}=\varepsilon\quad(\forall\alpha\in[0,2\pi]).$$

这就证明了 $\lim\limits_{t\to0}\varphi(t,\alpha)=0$ 关于 $\alpha\in[0,2\pi]$ 一致. 因而 $\lim\limits_{(x,y)\to(0,0)}F(x,y)=0$. f 在 $(0,$
$0)$处可微. 证毕.

    ^{new} *** 例 6.5.11**　设函数 $f(x,y)$ 在定义域的某点 (x_0,y_0) 上存在非零方向导数,
且沿三个不同方向的方向导数相等. 证明:$f(x,y)$ 在 (x_0,y_0) 处不可微.(北京大学)

    提示　(反证法)如果 $f(x,y)$ 在该点 (x_0,y_0) 可微,则存在偏导数

$$f_x'(x_0,y_0)\xlongequal{\text{记}}A,\quad f_y'(x_0,y_0)\xlongequal{\text{记}}B,$$

且　　　　　　　$\mathrm{d}f(x_0,y_0)=f_x'(x_0,y_0)\mathrm{d}x+f_y'(x_0,y_0)\mathrm{d}y=A\mathrm{d}x+B\mathrm{d}y.$

    证 I　按题设,存在三个不同方向:$\boldsymbol{e}_i=(\cos\theta_i,\sin\theta_i)\,(i=1,2,3)$,且

$$\frac{\partial f(x_0,y_0)}{\partial\boldsymbol{e}_i}=A\cos\theta_i+B\sin\theta_i=C\neq0. \tag{1}$$

$(A$ 和 B 不可能同时为 0,否则 $f(x,y)$ 在 (x_0,y_0) 处方向导数全为 0,与题设矛盾.) 故
$A^2+B^2\neq0$,

$$A\cos\theta_i+B\sin\theta_i=\sqrt{A^2+B^2}\left(\frac{A}{\sqrt{A^2+B^2}}\cos\theta_i+\frac{B}{\sqrt{A^2+B^2}}\sin\theta_i\right)=C\neq0,$$

记 $\dfrac{A}{\sqrt{A^2+B^2}}=\cos\theta$, 则 $\dfrac{B}{\sqrt{A^2+B^2}}=\sin\theta$. 代入上式得 $\cos(\theta-\theta_i)=\dfrac{C}{\sqrt{A^2+B^2}}$ $(i=1,$

$2,3)$. 此式表明:应存在向量 $\boldsymbol{e}=(\cos\theta,\sin\theta)$,它能充当三个不同向量 $\{\boldsymbol{e}_i\}_{i=1,2,3}$ 中
每两个 $\boldsymbol{e}_i$ 的分角线,但在 $\mathbf{R}^2$ 里这是不可能的! 故上述 A,B 不存在,$f(x,y)$ 在点 $(x_0,$
$y_0)$处不可微.

证 II 三个方向的方向导数相等, 即

$$\begin{cases} A\cos\theta_1 + B\sin\theta_1 - C = 0, (a) \\ A\cos\theta_2 + B\sin\theta_2 - C = 0, (b) \\ A\cos\theta_3 + B\sin\theta_3 - C = 0, (c) \end{cases} \tag{2}$$

此式看作 (A, B, C) 的三元一次线性齐次方程组, 它只有零解的充要条件是

$$\begin{vmatrix} \cos\theta_1 & \sin\theta_1 & 1 \\ \cos\theta_2 & \sin\theta_2 & 1 \\ \cos\theta_3 & \sin\theta_3 & 1 \end{vmatrix} \neq 0. \tag{3}$$

因为平面上三个不同向量 $\{e_i\}_{i=1,2,3}$ 中一个向量可写成另外两个向量的线性组合. 如 e_1 可写成 e_2, e_3 的线性组合, 即 $\exists\, \alpha, \beta \neq 0$, 使得

$$\cos\theta_1 = \alpha\cos\theta_2 + \beta\cos\theta_3, \quad \sin\theta_1 = \alpha\sin\theta_2 + \beta\sin\theta_3. \tag{4}$$

两式先平方, 再相加得

$$\begin{aligned} 1 &= \alpha^2 + \beta^2 + 2\alpha\beta(\cos\theta_2\cos\theta_3 + \sin\theta_2\sin\theta_3) \\ &= \alpha^2 + \beta^2 + 2\alpha\beta\cos(\theta_2 - \theta_3) \neq (\alpha + \beta)^2 \quad (\text{因为 } \theta_2 \neq \theta_3). \end{aligned}$$

因此, $\alpha + \beta \neq 1$. 式 (3) 的行列式

$$\begin{vmatrix} \cos\theta_1 & \sin\theta_1 & 1 \\ \cos\theta_2 & \sin\theta_2 & 1 \\ \cos\theta_3 & \sin\theta_3 & 1 \end{vmatrix} \xlongequal{\text{式}(4)} \begin{vmatrix} \alpha\cos\theta_2 + \beta\cos\theta_3 & \alpha\sin\theta_2 + \beta\sin\theta_3 & 1 \\ \cos\theta_2 & \sin\theta_2 & 1 \\ \cos\theta_3 & \sin\theta_3 & 1 \end{vmatrix}$$

（第二、三行分别乘 $-\alpha, -\beta$ 后再加到第一行）

$$= \begin{vmatrix} 0 & 0 & 1 - \alpha - \beta \\ \cos\theta_2 & \sin\theta_2 & 1 \\ \cos\theta_3 & \sin\theta_3 & 1 \end{vmatrix} = (1 - \alpha - \beta)\sin(\theta_3 - \theta_2) \neq 0.$$

此式说明: 要式 (3) 成立, 则式 (2) 只有零解: $(A, B, C) = (0, 0, 0)$, 故 $f(x, y)$ 在点 (x_0, y_0) 处不可微.

^{new} *** 例 6.5.12** 设 $f(x, y)$ 在 $P_0 \in \mathbf{R}^2$ 的邻域 $U(P_0)$ 内存在三阶偏导数, 并且所有三阶偏导数的绝对值不超过常数 $M > 0$. 另设 P_1, P_2 是 $U(P_0)$ 内的两点, 且关于 P_0 对称, P_1 与 P_0 的距离为 $l > 0$, 记 $\boldsymbol{l} = \overrightarrow{P_0P_1}$, 证明:

$$\left| \frac{f(P_1) - f(P_2)}{2l} - \frac{\partial f(P_0)}{\partial \boldsymbol{l}} \right| \leqslant \frac{\sqrt{2}}{3}Ml^2.$$

（南开大学）

提示 取 P_0 作原点, 以 $\boldsymbol{l}$ 的方向作为数轴的正向, l 作为长度单位, 坐标记作 t, 则 P_0, P_1, P_2 的坐标分别是 $t = 0, t = 1, t = -1$. 当 P_1, P_2 被选定之后, 函数 f 的值只与 t 有关, $f(x(t), y(t))$ 可看成单变量 t 的函数, 记作 $F(t) = f(x(t), y(t))$.

记 P_i 的坐标为 (x_i, y_i) $(i = 0, 1, 2)$, P_0, P_1 连线上的点 P 满足:

$$P(t) = (x(t), y(t)) = (x_0 + t(x_1 - x_0), y_0 + t(y_1 - y_0)),$$

$$F(t) = f(x(t), y(t)) = f(x_0 + t(x_1 - x_0), y_0 + t(y_1 - y_0)),$$

$$F(0) = f(x_0, y_0), \quad F(1) = f(x_1, y_1), \quad F(-1) = f(x_2, y_2).$$

原不等式可写为

$$\left| \frac{F(1) - F(-1)}{2} - F'(0) \right| \leqslant \frac{\sqrt{2}}{3} M. \tag{1}$$

利用 Taylor 公式,

$$F(1) = F(0) + F'(0) + \frac{1}{2} F''(0) + \frac{1}{6} F'''(\xi) \ (0 < \xi < 1),$$

$$F(-1) = F(0) - F'(0) + \frac{1}{2} F''(0) - \frac{1}{6} F'''(\eta) \ (-1 < \eta < 0).$$

因三阶偏导数的绝对值都不超过常数 $M > 0$,上两式相减可得

$$\left| \frac{F(1) - F(-1)}{2} - F'(0) \right| = \left| \frac{1}{2} \left(\frac{1}{6} F'''(\xi) + \frac{1}{6} F'''(\eta) \right) \right| \overset{(\text{下补证})}{\leqslant} \frac{\sqrt{2}}{3} M. \tag{2}$$

补证式(2)里的不等式:F 对 t 的导数实际上都是 $f(x, y)$ 沿 l 方向的方向导数,方向导数的界尚不得而知. 为此应用习题 6.5.3 题的方法,先求(三阶)方向导数的表达式. 轴 l 上的单位向量记作:$\boldsymbol{e} = (\cos\alpha, \cos\beta)$,则

$$\frac{\partial f(x, y)}{\partial \boldsymbol{l}} = f_x' \cos\alpha + f_y' \cos\beta = \left(\frac{\partial}{\partial x} \cos\alpha + \frac{\partial}{\partial y} \cos\beta \right) f.$$

$$\frac{\partial^2 f(x, y)}{\partial \boldsymbol{l}^2} = \left(\frac{\partial}{\partial x} \cos\alpha + \frac{\partial}{\partial y} \cos\beta \right)^2 f(x, y) = f_{xx}'' \cos^2\alpha + 2 f_{xy}'' \cos\alpha\cos\beta + f_{yy}'' \cos^2\beta.$$

递推,得

$$\frac{\partial^3 f(x, y)}{\partial \boldsymbol{l}^3} = \left(\frac{\partial}{\partial x} \cos\alpha + \frac{\partial}{\partial y} \cos\beta \right)^3 f(x, y).$$

因为所有三阶偏导数的绝对值不超过常数 $M > 0$,所以

$$\left| \frac{\partial^3 f(x, y)}{\partial \boldsymbol{l}^3} \right| = \left| \left(\frac{\partial}{\partial x} \cos\alpha + \frac{\partial}{\partial y} \cos\beta \right)^3 f(x, y) \right|$$

$$\leqslant M(\cos^3\alpha + 3\cos^2\alpha\cos\beta + 3\cos\alpha\cos^2\beta + \cos^3\beta)$$

$$= M(\cos\alpha + \cos\beta)^3 = M(\cos\alpha + \sin\alpha)^3$$

$$= M[\sqrt{2}(\sin 45°\cos\alpha + \cos 45°\sin\alpha)]^3$$

$$= 2\sqrt{2} M[\sin(\alpha + 45°)]^3 \leqslant 2\sqrt{2} M.$$

因此式(2)里:$|F'''(\xi)| \leqslant 2\sqrt{2} M, F'''(\eta) \leqslant 2\sqrt{2} M$. 故式(2)最后的不等式成立:

$$\left| \frac{1}{2} \left(\frac{1}{6} F'''(\xi) + \frac{1}{6} F'''(\eta) \right) \right| \leqslant \frac{\sqrt{2}}{3} M.$$

单元练习 6.5

6.5.1 计算函数 $z = \ln(x^2 + y^2)$ 在点 $P_0(x_0, y_0)$ 处沿过此点的等位线垂直的方向上的方向导数.

$$\left\langle\!\!\left\langle \pm \frac{2}{\sqrt{x_0^2 + y_0^2}} \right\rangle\!\!\right\rangle$$

提示 (直接用公式.)等位线是原点为中心的同心圆,法线沿径向方向:

$$\boldsymbol{n} = (\cos \alpha, \cos \beta) = \pm \left(\frac{x}{\sqrt{x^2 + y^2}}, \frac{y}{\sqrt{x^2 + y^2}} \right).\ (外法线方向取"+",内法线方向取"-".)$$

6.5.2 计算函数 $z = 1 - \left(\dfrac{x^2}{a^2} + \dfrac{y^2}{b^2} \right)$ $(a, b > 0)$ 在点 $P\left(\dfrac{a}{\sqrt{2}}, \dfrac{b}{\sqrt{2}} \right)$ 处沿曲线 $\dfrac{x^2}{a^2} + \dfrac{y^2}{b^2} = 1$ 在此点内法线方向上的导数.

提示 $z \overset{记}{=\!=} F(x, y) = 1 - \left(\dfrac{x^2}{a^2} + \dfrac{y^2}{b^2} \right)$ $(a, b > 0)$.

曲线 $F(x, y) = 0$ 在点 $P\left(\dfrac{a}{\sqrt{2}}, \dfrac{b}{\sqrt{2}} \right)$ 处内法向量为

$$(F_x', F_y')\ \big|_P = -\left(\frac{2}{a^2} \frac{a}{\sqrt{2}}, \frac{2}{b^2} \frac{b}{\sqrt{2}} \right) = -\sqrt{2}\left(\frac{1}{a}, \frac{1}{b} \right).$$

$P\left(\dfrac{a}{\sqrt{2}}, \dfrac{b}{\sqrt{2}} \right)$ 点的(内)法向单位向量 $\boldsymbol{n} = (\cos \alpha, \cos \beta) = -\dfrac{1}{\sqrt{a^2 + b^2}}(b, a)$,在点 $P\left(\dfrac{a}{\sqrt{2}}, \dfrac{b}{\sqrt{2}} \right)$ 处:$(z_x',$

$z_y') = \sqrt{2}\left(\dfrac{1}{a}, \dfrac{1}{b} \right).$

$$\frac{\partial z}{\partial \boldsymbol{n}} = z_x' \cos \alpha + z_y' \cos \beta = \frac{-\sqrt{2}}{\sqrt{a^2 + b^2}}\left(\frac{b}{a} + \frac{a}{b} \right) = -\frac{\sqrt{2}\sqrt{a^2 + b^2}}{ab}.$$

6.5.3 设 $u = f(x, y, z)$ 为二次可微函数.若 $\cos \alpha, \cos \beta, \cos \gamma$ 为方向 $\boldsymbol{l}$ 的方向余弦,求 $\dfrac{\partial^2 u}{\partial \boldsymbol{l}^2} = \dfrac{\partial}{\partial \boldsymbol{l}}\left(\dfrac{\partial u}{\partial \boldsymbol{l}} \right).$

解 $\dfrac{\partial u}{\partial \boldsymbol{l}} = f_x' \cos \alpha + f_y' \cos \beta + f_z' \cos \gamma = \left(\cos \alpha \cdot \dfrac{\partial}{\partial x} + \cos \beta \cdot \dfrac{\partial}{\partial y} + \cos \gamma \cdot \dfrac{\partial}{\partial z} \right) f,$

$\dfrac{\partial^2 u}{\partial \boldsymbol{l}^2} = \dfrac{\partial}{\partial \boldsymbol{l}}\left(\dfrac{\partial u}{\partial \boldsymbol{l}} \right) = \left(\cos \alpha \cdot \dfrac{\partial}{\partial x} + \cos \beta \cdot \dfrac{\partial}{\partial y} + \cos \gamma \cdot \dfrac{\partial}{\partial z} \right)^2 f$

$\qquad = f_{xx}'' \cos^2 \alpha + f_{yy}'' \cos^2 \beta + f_{zz}'' \cos^2 \gamma + 2(f_{xy}'' \cos \alpha \cos \beta + f_{yz}'' \cos \beta \cos \gamma + f_{zx}'' \cos \gamma \cos \alpha).$

6.5.4 设 $u = f(x, y, z)$ 为二次可微函数,$\boldsymbol{l}_1, \boldsymbol{l}_2, \boldsymbol{l}_3$ 为三个互相垂直的方向,证明:

1) $\left(\dfrac{\partial u}{\partial \boldsymbol{l}_1} \right)^2 + \left(\dfrac{\partial u}{\partial \boldsymbol{l}_2} \right)^2 + \left(\dfrac{\partial u}{\partial \boldsymbol{l}_3} \right)^2 = \left(\dfrac{\partial u}{\partial x} \right)^2 + \left(\dfrac{\partial u}{\partial y} \right)^2 + \left(\dfrac{\partial u}{\partial z} \right)^2$;

2) $\dfrac{\partial^2 u}{\partial \boldsymbol{l}_1^2} + \dfrac{\partial^2 u}{\partial \boldsymbol{l}_2^2} + \dfrac{\partial^2 u}{\partial \boldsymbol{l}_3^2} = \dfrac{\partial^2 u}{\partial x^2} + \dfrac{\partial^2 u}{\partial y^2} + \dfrac{\partial^2 u}{\partial z^2}.$

提示 现将 $\{\boldsymbol{l}_i\}_{i=1,2,3}$ 看作新直角坐标系;并用 $\boldsymbol{e}_1, \boldsymbol{e}_2, \boldsymbol{e}_3$ 分别表示新坐标轴上的单位向量.设 $\boldsymbol{e}_i = (\cos \alpha_i, \cos \beta_i, \cos \gamma_i)$ $(i = 1, 2, 3)$,则

$$\frac{\partial u}{\partial \boldsymbol{l}_i} = f_x' \cos \alpha_i + f_y' \cos \beta_i + f_z' \cos \gamma_i. \tag{1}$$

在原来的坐标系 $Oxyz$ 中,用 i,j,k 表示 x,y,z 三坐标轴上的单位向量,它们在新坐标系里的方向余弦是

$$i = (\cos \alpha_1, \cos \alpha_2, \cos \alpha_3), \quad j = (\cos \beta_1, \cos \beta_2, \cos \beta_3), \quad k = (\cos \gamma_1, \cos \gamma_2, \cos \gamma_3),$$

作为单位向量:
$$\sum_{i=1}^{3} \cos^2 \alpha_i = 1, \sum_{i=1}^{3} \cos^2 \beta_i = 1, \sum_{i=1}^{3} \cos^2 \gamma_i = 1. \tag{2}$$

因互相垂直,故

$$\sum_{i=1}^{3} \cos \alpha_i \cos \beta_i = 0, \sum_{i=1}^{3} \cos \beta_i \cos \gamma_i = 0, \sum_{i=1}^{3} \cos \gamma_i \cos \alpha_i = 0. \tag{3}$$

再提示 1)用式(1):

$$\sum_{i=1}^{3} \left(\frac{\partial u}{\partial l_i}\right)^2 = \sum_{i=1}^{3} (f_x' \cos \alpha_i + f_y' \cos \beta_i + f_z' \cos \gamma_i)^2$$

$$= f_x'^2 \sum_{i=1}^{3} \cos^2 \alpha_i + f_y'^2 \sum_{i=1}^{3} \cos^2 \beta_i + f_z'^2 \sum_{i=1}^{3} \cos^2 \gamma_i +$$

$$2f_x' f_y' \sum_{i=1}^{3} \cos \alpha_i \cos \beta_i + 2f_y' f_z' \sum_{i=1}^{3} \cos \beta_i \cos \gamma_i + 2f_z' f_x' \sum_{i=1}^{3} \cos \gamma_i \cos \alpha_i$$

$$\xrightarrow{\text{式}(2),(3)} f_x'^2 + f_y'^2 + f_z'^2.$$

2)利用上题(题6.5.3)所得的公式,

$$\sum_{i=1}^{3} \left(\frac{\partial^2 u}{\partial l_i^2}\right) = \sum_{i=1}^{3} [f_{xx}'' \cos^2 \alpha_i + f_{yy}'' \cos^2 \beta_i + f_{zz}'' \cos^2 \gamma_i +$$

$$2(f_{xy}'' \cos \alpha_i \cos \beta_i + f_{yz}'' \cos \beta_i \cos \gamma_i + f_{zx}'' \cos \gamma_i \cos \alpha_i)] \quad (利用式(2),(3))$$

$$= f_{xx}'' + f_{yy}'' + f_{zz}''.$$

6.5.5 求函数 $u = x + y + z$ 在沿球面 $x^2 + y^2 + z^2 = 1$ 上点 $P_0(x_0, y_0, z_0)$ 的外法线方向的方向导数,并问在球面上什么点处此导数 1)取最大值;2)取最小值;3)等于零.

提示 $(u_x', u_y', u_z') = (1,1,1)$. 记 $F = x^2 + y^2 + z^2 - 1$,则 $(F_x', F_y', F_z') = (2x, 2y, 2z)$,单位外法向量 $n = (x,y,z)$. 所求的方向导数:

$$\frac{\partial u}{\partial n} = (1,1,1) \cdot (x,y,z) = x + y + z.$$

在球面上点 (x_0, y_0, z_0) 处,外法线方向的方向导数:$\left.\dfrac{\partial u}{\partial n}\right|_{(x_0, y_0, z_0)} = x_0 + y_0 + z_0.$

再提示 设 $L = (x + y + z) - \lambda(x^2 + y^2 + z^2 - 1)$. 令 $L_x' = L_y' = L_z' = 0$,解方程得极值可疑点

$$(x,y,z) = \left(\pm\frac{\sqrt{3}}{3}, \pm\frac{\sqrt{3}}{3}, \pm\frac{\sqrt{3}}{3}\right).$$

第七章 多元积分学

§7.1 含参变量积分

导读 含参变量积分,跟函数项级数一样,是表达函数、研究函数的重要工具,也是各类考试的重点之一,而且难度较大.非数学院系考生应侧重于积分计算.涉及一致收敛的证明,可不作太多要求.但数学院系的学生则既要善于计算又要会严格论证.

一、含参变量的正常积分

a. 积分号下取极限与连续性守恒

要点 我们已知:

1) 只要每个$f_n(x)$在$[a,b]$上连续,且当$n\to\infty$时$f_n(x) \rightrightarrows f(x)$于$[a,b]$上,则$f(x)$在$[a,b]$上连续,且可在积分号下取极限,即

$$\lim_{n\to\infty}\int_a^b f_n(x)\,\mathrm{d}x = \int_a^b \lim_{n\to\infty}f_n(x)\,\mathrm{d}x = \int_a^b f(x)\,\mathrm{d}x.$$

2) 若$f(x,y)$在$[a,b;y_0-\delta,y_0+\delta]$($\delta>0$)上连续.(或者只要$f(x,y)$在$y=y_0$处关于$x\in[a,b]$一致连续,即:$\forall\,\varepsilon>0$, $\exists\delta(y_0,\varepsilon)>0$,当$|y-y_0|<\delta$时,

$$|f(x,y)-f(x,y_0)|<\varepsilon \quad (\forall x\in[a,b]).)$$

则可在积分号下取极限:$\lim\limits_{y\to y_0}\int_a^b f(x,y)\,\mathrm{d}x = \int_a^b \lim\limits_{y\to y_0}f(x,y)\,\mathrm{d}x = \int_a^b f(x,y_0)\,\mathrm{d}x.$

3) (连续性守恒)若$f(x,y)$在$a\leqslant x\leqslant b$, $y\in I$上连续,则$g(y)=\int_a^b f(x,y)\,\mathrm{d}x$在$I$上连续(这里$I$可以是开的、闭的、半开半闭的,有穷或无穷区间).

由1)、2)可见,要在积分号下取极限,关键在于证明一致收敛或相应的连续性.

☆**例7.1.1** 求极限$\lim\limits_{n\to\infty}\int_0^1 \dfrac{\mathrm{d}x}{1+\left(1+\dfrac{x}{n}\right)^n}$.

解 I (利用一致收敛.)闭区间上连续函数的单调序列以连续函数为极限:

$$f_n(x)\equiv\frac{1}{1+\left(1+\dfrac{x}{n}\right)^n}\to\frac{1}{1+\mathrm{e}^x}\text{于}[0,1]\text{上(当}n\to\infty\text{时).由 Dini 定理知,}f_n(x)\rightrightarrows$$

$\dfrac{1}{1+\mathrm{e}^x}$于$[0,1]$.故可在积分号下取极限:

$$\lim_{n\to\infty}\int_0^1 \frac{\mathrm{d}x}{1+\left(1+\dfrac{x}{n}\right)^n} = \int_0^1 \lim_{n\to\infty}\frac{\mathrm{d}x}{1+\left(1+\dfrac{x}{n}\right)^n} = \int_0^1 \frac{\mathrm{d}x}{1+\mathrm{e}^x} = \ln\frac{\mathrm{e}^x}{1+\mathrm{e}^x}\bigg|_0^1 = \ln\frac{2\mathrm{e}}{1+\mathrm{e}}.$$

解 II （利用连续性守恒. 考虑相应的函数极限：$\lim\limits_{y\to 0}\int_0^1 \dfrac{\mathrm{d}x}{1+(1+xy)^{\frac{1}{y}}}$.）

令
$$f(x,y) = \begin{cases} \dfrac{1}{1+(1+xy)^{\frac{1}{y}}}, & 0\leqslant x\leqslant 1, 0<y\leqslant 1, \\[3mm] \dfrac{1}{1+\mathrm{e}^x}, & 0\leqslant x\leqslant 1, y=0, \end{cases}$$

则 $f(x,y)$ 在 $[0,1;0,1]$ 上连续. 由连续性守恒定理, $g(y)=\int_0^1 f(x,y)\mathrm{d}x$ 在 $0\leqslant y\leqslant 1$ 上连续. 于是

$$\lim_{n\to\infty}\int_0^1 \frac{\mathrm{d}x}{1+\left(1+\dfrac{x}{n}\right)^n} = \lim_{y\to 0^+}\int_0^1 \frac{\mathrm{d}x}{1+(1+xy)^{\frac{1}{y}}} = \lim_{y\to 0^+}\int_0^1 f(x,y)\mathrm{d}x$$

$$= \int_0^1 f(x,0)\mathrm{d}x = \int_0^1 \frac{\mathrm{d}x}{1+\mathrm{e}^x} = \ln\frac{2\mathrm{e}}{1+\mathrm{e}}.$$

例 7.1.2 若 1）$\{f_n(x)\}_{n=1}^\infty$ 是 $[a,b]$ 上等度连续的连续函数序列；2）$n\to\infty$ 时 $f_n(x)\to f(x)$，则 f 在 $[a,b]$ 上连续，且 $\lim\limits_{n\to\infty}\int_a^b f_n(x)\mathrm{d}x = \int_a^b \lim\limits_{n\to\infty} f_n(x)\mathrm{d}x = \int_a^b f(x)\mathrm{d}x.$

证 利用例 5.2.31 及例 5.2.33 的证法（或结论），可知：在条件 1）、2）之下，立即可得 $f(x)$ 在 $[a,b]$ 上连续，且 $f_n(x)\rightrightarrows f(x)$ 关于 $x\in[a,b]$（当 $n\to\infty$ 时）. 进而由本段要点 1）中的已知结论知，可在积分号下取极限，欲证等式成立.

例 7.1.3 设 $f(x)>0$ 在 $[0,1]$ 上连续，研究 $g(y)=\int_0^1 \dfrac{yf(x)}{x^2+y^2}\mathrm{d}x$ 的连续性.

提示 记 $m=\min\limits_{0\leqslant x\leqslant 1} f(x)$，则 $g(y)\geqslant m\int_0^1 \dfrac{y}{x^2+y^2}\mathrm{d}x = m\arctan\dfrac{1}{y}$，

$$\lim_{y\to 0^+} g(y) \geqslant \frac{m\pi}{2} > 0 = g(0).$$

b. 积分号下求导与积分号下求积分

要点 要实现积分号下求导或积分号下求积分（包括变限的情况），关键在于检验有关条件.

1）若 $f(x,y)$, $f_y'(x,y)$ 在 $a\leqslant x\leqslant b, y\in I$ 上连续，则

$$\left(\int_a^b f(x,y)\mathrm{d}x\right)_y' = \int_a^b f_y'(x,y)\mathrm{d}x.$$

（这里 I 可以是开、闭、半开半闭、有穷或无穷区间.）

2）若 $a=\varphi(y)$, $b=\psi(y)$ 在 $[c,d]$ 上连续，可导；$f(x,y)$ 及 $f_y'(x,y)$ 在包含 $D=\{(x,y)\mid c\leqslant y\leqslant d, \varphi(y)\leqslant x\leqslant \psi(y)\}$ 的某个区域 Δ 内连续. 则

$$\left(\int_{\varphi(y)}^{\psi(y)} f(x,y)\,\mathrm{d}x\right)_y' = \int_{\varphi(y)}^{\psi(y)} f_y'(x,y)\,\mathrm{d}x + f(\psi(y),y)\psi'(y) - f(\varphi(y),y)\varphi'(y).$$

3) 若 $f(x,y)$ 在 $[a,b;c,d]$ 上连续,则

$$\int_c^d \mathrm{d}y \int_a^b f(x,y)\,\mathrm{d}x = \int_a^b \mathrm{d}x \int_c^d f(x,y)\,\mathrm{d}y.$$

☆ **例 7.1.4** 设 $F(y) = \int_a^b f(x)|y-x|\,\mathrm{d}x$,其中 $a<b$,而 $f(x)$ 为可微函数,求 $F''(y)$.(湖北大学)

解 当 $y \in (a,b)$ 时,

$$F(y) = \int_a^b f(x)|y-x|\,\mathrm{d}x = \int_a^y f(x)(y-x)\,\mathrm{d}x + \int_y^b f(x)(x-y)\,\mathrm{d}x.$$

于是,$F'(y) = \int_a^y f(x)\,\mathrm{d}x - \int_y^b f(x)\,\mathrm{d}x$,$F''(y) = f(y) + f(y) = 2f(y)$.

当 $y \geq b$ 时,$F(y) = \int_a^b f(x)(y-x)\,\mathrm{d}x$,$F'(y) = \int_a^b f(x)\,\mathrm{d}x$,$F''(y) = 0$.

同理,$y \leq a$ 时,$F''(y) = 0$. 因此

$$F''(y) = \begin{cases} 2f(y), & \text{当 } y \in (a,b) \text{ 时}, \\ 0, & \text{当 } y \notin (a,b) \text{ 时}. \end{cases}$$

^{new}**练习 1** 设 $f(x)$ 在 $[a,b]$ 上严格递增,有连续导数,$f(0)=0$,f^{-1} 表示 f 的反函数. 求证:$\int_0^{f(x)} (x - f^{-1}(u))\,\mathrm{d}u = \int_0^x f(t)\,\mathrm{d}t$.(华东师范大学)

提示 可证 原式(左端)$'=$(右端)$'$,即 左端 = 右端 + C. 可令 $x=0$,因为 左端$\big|_{x=0}=$ 右端$\big|_{x=0}=0$,故 $C=0$、从而 左端 = 右端.

再提示 (右端)$' = \left(\int_0^x f(t)\,\mathrm{d}t\right)_x' = f(x)$,

$$(\text{左端})' = \left[\int_0^{f(x)} (x - f^{-1}(u))\,\mathrm{d}u\right]_x'$$
$$= \int_0^{f(x)} (x - f^{-1}(u))_x'\,\mathrm{d}u + [x - f^{-1}(f(x))]f'(x) = f(x).$$

(或 $(\text{左端})' = \left[\int_0^{f(x)} (x - f^{-1}(u))\,\mathrm{d}u\right]_x' = \left[\int_0^{f(x)} x\,\mathrm{d}u - \int_0^{f(x)} f^{-1}(u)\,\mathrm{d}u\right]_x'$

$= [xf(x)]' - f^{-1}(f(x))f'(x) = f(x) + xf'(x) - xf'(x) = f(x)$.)

总之,(左端)$'=$(右端)$'$. 故

$$\int_0^{f(x)} (x - f^{-1}(u))\,\mathrm{d}u = \int_0^x f(t)\,\mathrm{d}t + C \quad (C \text{ 是任意常数}).$$

令 $x=0$(注意 $f(0)=0$),知 $C=0$. 欲证的等式获证.

^{new}**练习 2** 设 $(t,x) \in [0,T] \times [a,b]$,$u(t,x) \geq 0$,有二阶连续偏导数,对 t 是凸函数,且满足:

1) $\dfrac{\partial u(t,x)}{\partial t} = \dfrac{\partial^2 u(t,x)}{\partial x^2} - u(t,x)$,$\forall (t,x) \in [0,T] \times [a,b]$;

2) $\dfrac{\partial u(t,a)}{\partial x} = \dfrac{\partial u(t,b)}{\partial x} = 0$,$\forall t \in [0,T]$.

试证:在 $[0,T]$ 上,函数 $f(t) \equiv \int_a^b \left[\left(\dfrac{\partial u(t,x)}{\partial x} \right)^2 + u^2(t,x) \right] \mathrm{d}x$ 单调递减.(华中科技大学)

证 $f(t) \equiv \int_a^b \left[\left(\dfrac{\partial u(t,x)}{\partial x} \right)^2 + u^2(t,x) \right] \mathrm{d}x = \int_a^b \left(\dfrac{\partial u(t,x)}{\partial x} \right)^2 \mathrm{d}x + \int_a^b u^2(t,x)\mathrm{d}x,$

其中

$$\int_a^b \left(\frac{\partial u(t,x)}{\partial x} \right)^2 \mathrm{d}x = \int_a^b \frac{\partial u(t,x)}{\partial x} \mathrm{d}u(t,x)$$

$$\xlongequal{\text{分部积分}} \frac{\partial u(t,x)}{\partial x} u(t,x) \Bigg|_a^b - \int_a^b u(t,x) \frac{\partial^2 u(t,x)}{\partial x^2} \mathrm{d}x$$

$$\xlongequal{\text{2)}} - \int_a^b u(t,x) \frac{\partial^2 u(t,x)}{\partial x^2} \mathrm{d}x,$$

故 $\forall t \in [0,T]$,

$$f(t) = - \int_a^b u(t,x) \frac{\partial^2 u(t,x)}{\partial x^2} \mathrm{d}x + \int_a^b u^2(t,x) \mathrm{d}x$$

$$= - \int_a^b u(t,x) \left(\frac{\partial^2 u(t,x)}{\partial x^2} - u(t,x) \right) \mathrm{d}x \xlongequal{\text{1)}} - \int_a^b u(t,x) \frac{\partial u(t,x)}{\partial t} \mathrm{d}x.$$

该积分为正常积分(被积函数 $u(t,x) \dfrac{\partial u(t,x)}{\partial t}$ 连续,有连续导数),故能在积分号下求导,求导之后:

$$f'(t) = - \left(\int_a^b u(t,x) \frac{\partial u(t,x)}{\partial t} \mathrm{d}x \right)'_t = - \int_a^b \left[\left(\frac{\partial u(t,x)}{\partial t} \right)^2 + u(t,x) \frac{\partial^2 u(t,x)}{\partial t^2} \right] \mathrm{d}x \leqslant 0.$$

(因为 $u(t,x) \geqslant 0$,且是 t 的凸函数,故 $\dfrac{\partial^2 u(t,x)}{\partial t^2} \geqslant 0$(见例 3.4.8 前定理 5 的推论.)由此可见:函数 $f(t)$ 在 $[0,T]$ 上单调递减.证毕.

含参变量积分的计算

*例 7.1.5 设 $F(r) = \int_0^{2\pi} \mathrm{e}^{r\cos\theta} \cos(r\sin\theta) \mathrm{d}\theta$,求证:$F(r) \equiv 2\pi$.

证 (应用 Taylor 公式.)因为 $F(0) = \int_0^{2\pi} \mathrm{d}\theta = 2\pi$,要证 $F(r) \equiv 2\pi$,只要证明 $F(r)$ 为常数.为此我们考虑 $F(r)$ 的导数:

$$F'(r) = \int_0^{2\pi} \left[\mathrm{e}^{r\cos\theta} \cos(r\sin\theta) \right]'_r \mathrm{d}\theta$$

$$= \int_0^{2\pi} \mathrm{e}^{r\cos\theta} \left[\cos\theta\cos(r\sin\theta) - \sin(r\sin\theta)\sin\theta \right] \mathrm{d}\theta$$

$$= \int_0^{2\pi} \mathrm{e}^{r\cos\theta} \cos(\theta + r\sin\theta) \mathrm{d}\theta, \tag{1}$$

由此

$$F''(r) = \int_0^{2\pi} \mathrm{e}^{r\cos\theta} \cos(2\theta + r\sin\theta) \mathrm{d}\theta.$$

用数学归纳法易证,$\forall n = 1,2,\cdots$,

$$F^{(n)}(r) = \int_0^{2\pi} \mathrm{e}^{r\cos\theta} \cos(n\theta + r\sin\theta) \mathrm{d}\theta. \tag{2}$$

如此

$$F^{(n)}(0) = 0 \quad (n = 1,2,\cdots).$$

根据 Taylor 公式,

$$F(r) - F(0) = \sum_{k=1}^{n-1} \frac{F^{(k)}(0)}{k!} r^k + \frac{F^{(n)}(\theta_1 r)}{n!} r^n = \frac{F^{(n)}(\theta_1 r)}{n!} r^n \quad (0 < \theta_1 < 1).$$

由(2),
$$|F^{(n)}(\theta_1 r)| \leqslant e^r 2\pi,$$

$$\left| \frac{F^{(n)}(\theta_1 r) r^n}{n!} \right| \leqslant \frac{2\pi e^r r^n}{n!} \to 0 \quad (n \to \infty).$$

故
$$F(r) \equiv F(0) = 2\pi.$$

注　学完 Green 公式后,还可直接用它证出 $F'(r) \equiv 0$.

例 7.1.6　假设函数 $u(x,y)$ 在 $\mathbf{R}^2$ 内有连续的二阶偏导数,且 $\dfrac{\partial^2 u}{\partial x^2} + \dfrac{\partial^2 u}{\partial y^2} = 0$,而 $u(x,y)$ 的一阶偏导函数对任意固定的 $y \in \mathbf{R}$,是 x 的以 2π 为周期的函数. 证明:函数 $f(y) = \displaystyle\int_0^{2\pi} \left[\left(\frac{\partial u}{\partial x}\right)^2 - \left(\frac{\partial u}{\partial y}\right)^2 \right] dx \equiv C (常数), y \in \mathbf{R}$. (武汉大学)

提示　$f'(y) \equiv 0$.

下面讨论如何用**积分号下求导**与**积分号下取积分**的方法计算含参变量的积分.

☆**例 7.1.7**　试用两种方法计算积分 $I(a,b) = \displaystyle\int_0^1 \frac{x^b - x^a}{\ln x} dx \quad (a,b > 0)$. (北京大学)

解　被积函数虽然在 $x=0, x=1$ 处无意义,但均有有限极限,故积分是正常的.

1°(用积分号下取积分.)

$$\int_0^1 \frac{x^b - x^a}{\ln x} dx = \int_0^1 dx \int_a^b x^y dy = \int_a^b dy \int_0^1 x^y dx = \ln \frac{1+b}{1+a}.$$

2°(用积分号下求导.) $I_b'(a,b) = \displaystyle\int_0^1 x^b dx = \frac{1}{1+b}$,由此

$$I(a,b) = \ln(1+b) + C(a), \tag{1}$$
$$I_a'(a,b) = C'(a). \tag{2}$$

但原积分对 a 求导,有

$$I_a'(a,b) = -\frac{1}{1+a}. \tag{3}$$

比较(2)、(3)知
$$C'(a) = -\frac{1}{1+a},$$
$$C(a) = \ln \frac{1}{1+a} + C_1.$$

代入(1),$I(a,b) = \ln \dfrac{1+b}{1+a} + C_1$. 令 $a=b$,可知 $C_1 = 0$,从而 $I(a,b) = \ln \dfrac{1+b}{1+a}$.

有时连续条件并不满足,必须人为地加以处理,使之符合积分号下求导(取积分)条件. 如

* 例 7.1.8 计算积分 $I(a) = \int_0^{\frac{\pi}{2}} \left(\ln \dfrac{1 + a\cos x}{1 - a\cos x} \right) \dfrac{\mathrm{d}x}{\cos x}$ （$|a| < 1$）.

解 I （利用积分号下求导.）我们首先看到若能在积分下求导,则问题很容易解决.因为

$$I'(a) = \int_0^{\frac{\pi}{2}} \left(\ln \frac{1 + a\cos x}{1 - a\cos x} \right)'_a \frac{\mathrm{d}x}{\cos x} = \int_0^{\frac{\pi}{2}} \frac{2}{1 - a^2\cos^2 x} \mathrm{d}x \xlongequal{\;\Leftrightarrow\, t = \tan x\;} \int_0^{+\infty} \frac{2\mathrm{d}t}{(1 - a^2) + t^2}$$

$$= \frac{2}{\sqrt{1 - a^2}} \arctan\left(\frac{1}{\sqrt{1 - a^2}} \tan t \right) \Bigg|_0^{+\infty} = \frac{\pi}{\sqrt{1 - a^2}}. \tag{1}$$

从 0 至 a 积分此式,即得 $\qquad\qquad I(a) = \pi\arcsin a.$

可见问题在于使被积函数变得符合积分号下求导的条件.因为 $|a| < 1$,故 $1 - a\cos x > 0, 1 + a\cos x > 0, \dfrac{1 + a\cos x}{1 - a\cos x} > 0$.从而 $f(x, a) = \left(\ln \dfrac{1 + a\cos x}{1 - a\cos x} \right) \dfrac{1}{\cos x}$ 在 $0 \leqslant x <$ $\dfrac{\pi}{2}, -1 < a < 1$ 上连续.又因 $\forall a_0 : |a_0| < 1,$

$$\lim_{\substack{x \to \left(\frac{\pi}{2}\right)^- \\ a \to a_0}} \left(\ln \frac{1 + a\cos x}{1 - a\cos x} \right) \cdot \frac{1}{\cos x} = \lim_{\substack{x \to \left(\frac{\pi}{2}\right)^- \\ a \to a_0}} \ln\left(1 + \frac{2a\cos x}{1 - a\cos x} \right) \cdot \frac{1}{\cos x}$$

$$= \lim_{\substack{x \to \left(\frac{\pi}{2}\right)^- \\ a \to a_0}} \frac{2a\cos x}{1 - a\cos x} \cdot \frac{1}{\cos x} = 2a_0.$$

故若补充定义 $f\left(\dfrac{\pi}{2}, a \right) = 2a$,易知 $f(x, a)$ 在 $0 \leqslant x \leqslant \dfrac{\pi}{2}, -1 < a < 1$ 上连续.另外,当 $|a| < 1$ 时,$f_a'(x, a) = \dfrac{2}{1 - a^2\cos^2 x} \to 2$ （当 $x \to \left(\dfrac{\pi}{2} \right)^-, a \to a_0$ 时）,且 $f_a'\left(\dfrac{\pi}{2}, a \right) = 2$.易知如上补充定义后,$f_a'(x, a)$ 亦在 $0 \leqslant x \leqslant \dfrac{\pi}{2}, -1 < a < 1$ 上连续.总之,补充定义之后,积分值不变,但变得可以在积分号下求导,式(1)成立.

解 II （利用积分号下取积分.）已知 $\displaystyle\int \dfrac{\mathrm{d}x}{1 - x^2} = \dfrac{1}{2} \ln \dfrac{1 + x}{1 - x} + C$,从而

$$\frac{1}{\cos x} \ln \frac{1 + a\cos x}{1 - a\cos x} = 2a \int_0^1 \frac{\mathrm{d}y}{1 - (a^2\cos^2 x)y^2} \quad \left(0 \leqslant x < \frac{\pi}{2}, |a| < 1 \right).$$

故 $\qquad \displaystyle\int_0^{\frac{\pi}{2}} \frac{1}{\cos x} \ln \frac{1 + a\cos x}{1 - a\cos x} \mathrm{d}x$

$$= 2a \int_0^{\frac{\pi}{2}} \mathrm{d}x \int_0^1 \frac{\mathrm{d}y}{1 - (a^2\cos^2 x)y^2} = 2a \int_0^1 \mathrm{d}y \int_0^{\frac{\pi}{2}} \frac{\mathrm{d}x}{1 - (a^2\cos^2 x)y^2}$$

$$\xlongequal{\;\Leftrightarrow\, t = \tan x\;} a \int_0^1 \frac{\pi \mathrm{d}y}{\sqrt{1 - a^2 y^2}} = \pi\arcsin (ay) \Big|_0^1 = \pi\arcsin a.$$

有时积分中并无参数, 为了计算积分, 可以恰当地引入参数. 如

☆**例 7.1.9** 计算积分 $I = \int_0^1 \dfrac{\ln(1+x)}{1+x^2}\mathrm{d}x$. (武汉大学)

解 I (因积分的困难在于有对数, 但对数函数求导后, 立即变为有理函数, 便于积分, 故此) 令 $I(\alpha) = \int_0^1 \dfrac{\ln(1+\alpha x)}{1+x^2}\mathrm{d}x$, 则 $I = I(1)$, $I(0) = 0$, 且 $f(x,\alpha) = \dfrac{\ln(1+\alpha x)}{1+x^2}$, $f_\alpha'(x,\alpha) = \dfrac{x}{(1+x^2)(1+\alpha x)}$ 在 $[0,1;0,1]$ 上连续, 满足积分号下求导数的条件. 故

$$I'(\alpha) = \int_0^1 \frac{x}{(1+x^2)(1+\alpha x)}\mathrm{d}x = \frac{1}{1+\alpha^2}\Big[-\ln(1+\alpha) + \frac{1}{2}\ln 2 + \frac{\pi\alpha}{4}\Big].$$

在 $[0,1]$ 上积分此式, 得

$$\int_0^1 I'(\alpha)\mathrm{d}\alpha = -\int_0^1 \frac{\ln(1+\alpha)}{1+\alpha^2}\mathrm{d}\alpha + \frac{1}{2}\ln 2 \arctan \alpha \ \Big|_0^1 + \frac{\pi}{8}\ln(1+\alpha^2) \ \Big|_0^1$$

$$= \frac{\pi}{4}\ln 2 - I(1).$$

但 $\int_0^1 I'(\alpha)\mathrm{d}\alpha = I(1) - I(0) = I(1)$, 故 $I \equiv I(1) = \dfrac{\pi}{8}\ln 2$.

解 II (作为验证, 我们可将此积分直接积分出来.)

$$I = \int_0^1 \frac{\ln(1+x)}{1+x^2}\mathrm{d}x = \int_0^1 \ln(1+x)\mathrm{d}(\arctan x)$$

$$\xlongequal{\ \text{令}\ x = \tan\theta\ } \int_0^{\frac{\pi}{4}} \ln(1+\tan\theta)\mathrm{d}\theta$$

$$= \int_0^{\frac{\pi}{4}} [\ln(\cos\theta + \sin\theta) - \ln\cos\theta]\mathrm{d}\theta$$

$$= \int_0^{\frac{\pi}{4}} \Big[\ln\sqrt{2}\cos\Big(\frac{\pi}{4} - \theta\Big)\Big]\mathrm{d}\theta - \int_0^{\frac{\pi}{4}} \ln\cos\theta\mathrm{d}\theta.$$

在右端第一个积分中令 $\dfrac{\pi}{4} - \theta = \varphi$,

$$I = \frac{\pi}{8}\ln 2 + \int_0^{\frac{\pi}{4}} \ln\cos\varphi\mathrm{d}\varphi - \int_0^{\frac{\pi}{4}} \ln\cos\theta\mathrm{d}\theta = \frac{\pi}{8}\ln 2.$$

*二、判断含参变量反常积分的一致收敛性

为了研究含参变量反常积分所表达的函数, 重要的问题是判断它的一致收敛性. 本段主要是讨论判断一致收敛的基本方法. 它们是: a. 利用定义判断; b. 利用 Cauchy 准则判断; c. 利用 M 判别法; d. 利用 Abel 与 Dirichlet 判别法.

a. 利用定义判断

要点　1）若 $\int_a^{+\infty} f(x,y)\mathrm{d}x$ 对 $y \in I$ 逐点收敛,要证明 $\int_a^{+\infty} f(x,y)\mathrm{d}x$ 在 I 上一致收敛,根据定义即要证明: $\int_A^{+\infty} f(x,y)\mathrm{d}x \underset{\longrightarrow}{} 0$ 于 I 上(当 $A \to +\infty$ 时),即: $\forall \varepsilon > 0, \exists A_0 > 0$,当 $A > A_0$ 时有 $\left| \int_A^{+\infty} f(x,y)\mathrm{d}x \right| < \varepsilon$ 　($\forall y \in I$).

2）由此可见,要证 $\int_a^{+\infty} f(x,y)\mathrm{d}x$ 对 $y \in I$ 非一致收敛,即要证明: $\exists \varepsilon_0 > 0, \forall A_0 > a, \exists A_1 > A_0$ 及 $y_1 \in I$,使得 $\left| \int_{A_1}^{+\infty} f(x,y_1)\mathrm{d}x \right| \geqslant \varepsilon_0$.

特别,若 $\exists y_0 \in I$(或 y_0 为 I 的端点),使得 $\forall A > a$,有 $\lim\limits_{y \to y_0} \int_A^{+\infty} f(x,y)\mathrm{d}x = B \neq 0$,则 $\int_a^{+\infty} f(x,y)\mathrm{d}x$ 在 $y \in I$ 上非一致收敛(如例 7.1.11).

对于 $\int_{-\infty}^b f(x,y)\mathrm{d}x$ 以及无界函数的反常积分,有类似结论.

☆**例 7.1.10**　证明: $\int_0^{+\infty} x\mathrm{e}^{-\alpha x}\mathrm{d}x$ 在 $0 < \alpha_0 \leqslant \alpha < +\infty$ 上一致收敛,但在 $0 < \alpha < +\infty$ 内不一致收敛.(南开大学)

证　1° 因为

$$0 \leqslant \left| \int_A^{+\infty} x\mathrm{e}^{-\alpha x}\mathrm{d}x \right| = \int_A^{+\infty} x\mathrm{e}^{-\alpha x}\mathrm{d}x \quad (\text{设 } A > 0)$$

$$\underset{=}{\overset{\text{令} \alpha x = t}{=\!=\!=}} \frac{1}{\alpha^2} \int_{\alpha A}^{+\infty} t\mathrm{e}^{-t}\mathrm{d}t = -\frac{1}{\alpha^2} t\mathrm{e}^{-t}\Big|_{\alpha A}^{+\infty} - \frac{1}{\alpha^2}\mathrm{e}^{-t}\Big|_{\alpha A}^{+\infty}$$

$$= \frac{A}{\alpha}\mathrm{e}^{-\alpha A} + \frac{\mathrm{e}^{-\alpha A}}{\alpha^2} \leqslant \frac{A\mathrm{e}^{-\alpha_0 A}}{\alpha_0} + \frac{\mathrm{e}^{-\alpha_0 A}}{\alpha_0^2} \to 0 \ (A \to +\infty),$$

所以 $\left| \int_A^{+\infty} x\mathrm{e}^{-\alpha x}\mathrm{d}x \right|$ 关于 $\alpha \in [\alpha_0, +\infty)$ 一致收敛. 故 $\int_0^{+\infty} x\mathrm{e}^{-\alpha x}\mathrm{d}x$ 在 $(0 <) \alpha_0 \leqslant \alpha < +\infty$ 上一致收敛.

2° 同上, $\forall A > 0$,有 $\int_A^{+\infty} x\mathrm{e}^{-\alpha x}\mathrm{d}x = \frac{1}{\alpha}A\mathrm{e}^{-\alpha A} + \frac{1}{\alpha^2}\mathrm{e}^{-\alpha A}$. 固定 A,令 $\alpha \to 0$, $\frac{1}{2}A\mathrm{e}^{-\alpha A} + \frac{1}{\alpha^2}\mathrm{e}^{-\alpha A} \to +\infty$,故原积分在 $0 < \alpha < +\infty$ 上非一致收敛.

例 7.1.11　证明: $\int_{-\infty}^{+\infty} \mathrm{e}^{-(x-\alpha)^2}\mathrm{d}x$ 在 $a \leqslant \alpha \leqslant b$ 上一致收敛,在 $-\infty < \alpha < +\infty$ 上非一致收敛.

提示　$\int_0^{+\infty} \mathrm{e}^{-(x-\alpha)^2}\mathrm{d}x, \int_{-\infty}^0 \mathrm{e}^{-(x-\alpha)^2}\mathrm{d}x$ 分别在 $\alpha \leqslant b$ 及 $\alpha \geqslant a$ 上一致收敛. 但

$\forall A > 0$, 极限 $\lim\limits_{\alpha \to +\infty} \int_A^{+\infty} e^{-(x-\alpha)^2} dx = \sqrt{\pi} \neq 0$.

例 7.1.12 设 $0 < m < 1$, $f(x)$ 在 $[0,1]$ 上有界, 试证: $\int_0^1 \dfrac{f(\alpha x)}{|x-\alpha|^m} dx$ 关于 $\alpha \in [0, 1]$ 一致收敛.

证 因 f 在 $[0,1]$ 上有界, 故 $\exists M > 0$, 使得 $|f(x)| \leqslant M$. 而

$$\int_0^1 \frac{f(\alpha x)}{|x-\alpha|^m} dx = \int_0^\alpha \frac{f(\alpha x)}{(\alpha - x)^m} dx + \int_\alpha^1 \frac{f(\alpha x)}{(x-\alpha)^m} dx$$

以 $x = \alpha$ 为奇点. 当 $\varepsilon \to 0^+$ 时,

$$\left| \int_{\alpha-\varepsilon}^\alpha \frac{f(\alpha x)}{(\alpha-x)^m} dx \right| \leqslant M \int_{\alpha-\varepsilon}^\alpha \frac{dx}{(\alpha-x)^m} = \frac{M}{1-m} \varepsilon^{1-m} \to 0,$$

$$\left| \int_\alpha^{\alpha+\varepsilon} \frac{f(\alpha x)}{(x-\alpha)^m} dx \right| \leqslant M \int_\alpha^{\alpha+\varepsilon} \frac{dx}{(x-\alpha)^m} = \frac{M}{1-m} \varepsilon^{1-m} \to 0.$$

因此原积分关于 $\alpha \in [0,1]$ 一致收敛.

由 ε 寻找所需要的 A_0, 有时要分段考虑.

☆ **例 7.1.13** 证明: $\int_1^{+\infty} e^{-\frac{1}{\alpha^2}\left(x-\frac{1}{\alpha}\right)^2} dx$ 在 $0 < \alpha < 1$ 上一致收敛.

分析 问题在于: $\forall \varepsilon > 0$, 找 $A_0 > 1$, 使得 $A > A_0$ 时有 $\left| \int_A^{+\infty} e^{-\frac{1}{\alpha^2}\left(x-\frac{1}{\alpha}\right)^2} dx \right| < \varepsilon$. 因

$$\left| \int_A^{+\infty} e^{-\frac{1}{\alpha^2}\left(x-\frac{1}{\alpha}\right)^2} dx \right| = \int_A^{+\infty} e^{-\frac{1}{\alpha^2}\left(x-\frac{1}{\alpha}\right)^2} dx \xeq{\text{令} u = \frac{1}{\alpha}\left(x-\frac{1}{\alpha}\right)} \alpha \int_{\frac{1}{\alpha}\left(A-\frac{1}{\alpha}\right)}^{+\infty} e^{-u^2} du, \quad (1)$$

但 $\alpha \int_{\frac{1}{\alpha}\left(A-\frac{1}{\alpha}\right)}^{+\infty} e^{-u^2} du \leqslant \alpha \int_{-\infty}^{+\infty} e^{-u^2} du = \alpha \sqrt{\pi}$. 故对于 $\alpha \in \left(0, \dfrac{\varepsilon}{\sqrt{\pi}}\right)$, 对任意 $A > 1$, 积分 $(1) < \varepsilon$ 已成立, 剩下的问题只在于找 $A_0 > 1$ (充分大), 使得 $A > A_0$ 时, 对一切 $\alpha \in \left[\dfrac{\varepsilon}{\sqrt{\pi}}, 1\right)$, 有 $\alpha \int_{\frac{1}{\alpha}\left(A-\frac{1}{\alpha}\right)}^{+\infty} e^{-u^2} du < \varepsilon$. 由于被积函数 $e^{-u^2} > 0$, 当 $\dfrac{\varepsilon}{\sqrt{\pi}} \leqslant \alpha < 1$ 时, 有

$$\alpha \int_{\frac{1}{\alpha}\left(A-\frac{1}{\alpha}\right)}^{+\infty} e^{-u^2} du \leqslant \int_{A-\frac{\sqrt{\pi}}{\varepsilon}}^{+\infty} e^{-u^2} du. \quad (2)$$

由 $\int_0^{+\infty} e^{-u^2} du$ 的收敛性知: $\forall \varepsilon > 0$, $\exists A_0 > 0$, $A > A_0$ 时, $\int_{A-\frac{\sqrt{\pi}}{\varepsilon}}^{+\infty} e^{-u^2} du < \varepsilon$. 结论获证.

b. 用 Cauchy 准则判断

要点 根据 Cauchy 准则, 要证明 $\int_a^{+\infty} f(x,y) dx$ 关于 y 在 I 上一致收敛, 即要证明: $\forall \varepsilon > 0$, $\exists A_0 > a$, 当 $A'' > A' > A_0$ 时, 有 $\left| \int_{A'}^{A''} f(x,y) dx \right| < \varepsilon$ ($\forall y \in I$).

要证明 $\int_a^{+\infty} f(x,y) dx$ 在 I 上非一致收敛, 即要证明: $\exists \varepsilon_0 > 0$, $\forall A_0 > a$, $\exists A'' > A' > A_0$, 及 $y_1 \in I$ 使得 $\left| \int_{A'}^{A''} f(x,y_1) dx \right| \geqslant \varepsilon_0$.

对于 $\int_{-\infty}^{b} f(x,y)\,\mathrm{d}x$ 以及无界函数的反常积分,有类似的结论.

例 7.1.14   若 $0 \leqslant f(x,y) \leqslant g(x,y)$ ($\forall x \geqslant a$, $\forall y \in I$) ,且 $\int_{a}^{+\infty} g(x,y)\,\mathrm{d}x$ 对 $y \in I$ 一致收敛,则 $\int_{a}^{+\infty} f(x,y)\,\mathrm{d}x$ 亦对 $y \in I$ 一致收敛.

证 $\forall \varepsilon > 0$, $\exists A_0 > a$,使得 $\forall A'' > A' > A_0$,有

$$0 \leqslant \int_{A'}^{A''} g(x,y)\,\mathrm{d}x < \varepsilon \quad (\forall y \in I).$$

从而

$$0 \leqslant \int_{A'}^{A''} f(x,y)\,\mathrm{d}x \leqslant \int_{A'}^{A''} g(x,y)\,\mathrm{d}x < \varepsilon \quad (\forall y \in I).$$

所以, $\int_{a}^{+\infty} f(x,y)\,\mathrm{d}x$ 在 I 上一致收敛.

判断一致收敛的 M 判别法、Abel 判别法及 Dirichlet 判别法,也都是根据 Cauchy 准则证明出来的.下面我们着重讨论非一致收敛的证明.

☆**例 7.1.15**   设 $f(x,y)$ 在 $a \leqslant x < +\infty$, $c \leqslant y \leqslant d$ 上连续, $\forall y \in [c,d)$, $\int_{a}^{+\infty} f(x,y)\,\mathrm{d}x$ 收敛,但 $y = d$ 时积分发散.求证: $\int_{a}^{+\infty} f(x,y)\,\mathrm{d}x$ 在 $y \in [c,d]$ 上非一致收敛.(北京航空航天大学)

证   目的在于证明: $\exists \varepsilon_0 > 0$, $\forall A_0 > a$, $\exists A'' > A' > A_0$ 及 $y \in [c,d)$,使得

$$\left| \int_{A'}^{A''} f(x,y)\,\mathrm{d}x \right| \geqslant \varepsilon_0. \tag{1}$$

因为

$$\left| \int_{A'}^{A''} f(x,y)\,\mathrm{d}x \right| = \left| \int_{A'}^{A''} (f(x,y) - f(x,d))\,\mathrm{d}x + \int_{A'}^{A''} f(x,d)\,\mathrm{d}x \right|$$

$$\geqslant \left| \left| \int_{A'}^{A''} f(x,d)\,\mathrm{d}x \right| - \left| \int_{A'}^{A''} (f(x,y) - f(x,d))\,\mathrm{d}x \right| \right| ,$$

因此,若能证明

$$\left| \int_{A'}^{A''} f(x,d)\,\mathrm{d}x \right| \geqslant 2\varepsilon_0 , \quad \left| \int_{A'}^{A''} (f(x,y) - f(x,d))\,\mathrm{d}x \right| < \varepsilon_0 , \tag{2}$$

则式(1)即可得到.剩下问题在于证明(2).

1° 因 $\int_{a}^{+\infty} f(x,d)\,\mathrm{d}x$ 发散,故 $\exists \varepsilon_0 > 0$, $\forall A_0 > 0$, $\exists A'' > A' > A_0$ 使得

$$\left| \int_{A'}^{A''} f(x,d)\,\mathrm{d}x \right| \geqslant 2\varepsilon_0.$$

2° 但 $f(x,y)$ 在 $a \leqslant x < +\infty$, $c \leqslant y \leqslant d$ 上连续,从而在有界闭区域 $A' \leqslant x \leqslant A''$, $c \leqslant y \leqslant d$ 上一致连续. 于是对 $\varepsilon_0 > 0$, $\exists \delta > 0$,当 $|x' - x''| < \delta$, $|y' - y''| < \delta$, $x', x'' \in [A', A'']$, $y', y'' \in I$ 时,有

$$\left| f(x',y') - f(x'',y'') \right| < \frac{\varepsilon_0}{A'' - A'},$$

从而$|y - d| < \delta$时,有　　　$\left| f(x,y) - f(x,d) \right| < \frac{\varepsilon_0}{A'' - A'},$

$$\left| \int_{A'}^{A''} (f(x,y) - f(x,d)) \, dx \right| < \varepsilon_0.$$

证毕.

注　Cauchy 准则的优越性在于不必考虑充分后的无穷区间$[A, +\infty)$,而只需考虑充分后的有限区间$[A', A'']$,从而使难度大大减小. 如

例 7.1.16　试证:$\int_0^{+\infty} \dfrac{x\sin \alpha x}{\alpha(1 + x^2)} \, dx$ 在 $0 < \alpha < +\infty$ 上非一致收敛.

分析　因 $\sin \alpha x$ 无穷多次变号,要估计$\int_A^{+\infty} \dfrac{x\sin \alpha x}{\alpha(1 + x^2)} \, dx \geqslant \varepsilon_0$($\varepsilon_0$ 为某一事先指定的正数)是困难的. 但利用 Cauchy 准则,要证明积分非一致收敛只要证明:不论 $A_0 > 0$ 多么大,总可选取 $A'' > A' > A_0$ 及 $\alpha > 0$,使得 $\left| \int_{A'}^{A''} \dfrac{x\sin \alpha x}{\alpha(1 + x^2)} \, dx \right| \geqslant \varepsilon_0$ (其中 $\varepsilon_0 > 0$ 是某一事先指定的正数). 事实上,若将被积函数改写成

$$\frac{x\sin \alpha x}{\alpha(1 + x^2)} = \frac{x^2}{1 + x^2} \cdot \frac{\sin \alpha x}{\alpha x},$$

我们可以看到,当 $x \nearrow +\infty$ 时,$\dfrac{x^2}{1 + x^2} \nearrow 1$. 因而不论 A_0 多么大,只要 $A' > A_0$ 充分大,可使 $x > A'$ 时有 $\dfrac{x^2}{1 + x^2} \geqslant \dfrac{1}{2}$. 今取 $A'' = A' + 1$,当 $x \in [A', A'']$ 时,随着 $\alpha \searrow 0$ 有 $\dfrac{\sin \alpha x}{\alpha x} \nearrow 1$. 因此只要把 $\alpha > 0$ 取得充分小总可使 $\dfrac{\sin \alpha x}{\alpha x} \geqslant \dfrac{1}{2}$ ①. 于是

$$\frac{x\sin \alpha x}{\alpha(1 + x^2)} = \frac{x^2}{1 + x^2} \cdot \frac{\sin \alpha x}{\alpha x} \geqslant \frac{1}{2} \cdot \frac{1}{2} = \frac{1}{4} (= \varepsilon_0).$$

故 $\left| \int_{A'}^{A''} \dfrac{x\sin \alpha x}{\alpha(1 + x^2)} \, dx \right| \geqslant \dfrac{1}{4}$. 问题获证.

下面是无界函数反常积分的例子.

例 7.1.17　试证:$\int_0^1 \dfrac{1}{x^\alpha} \sin \dfrac{1}{x} \, dx$ 在 $0 < \alpha < 2$ 上非一致收敛.

证　令 $x = \dfrac{1}{t}$,则 $\int_0^1 \dfrac{1}{x^\alpha} \sin \dfrac{1}{x} \, dx = \int_1^{+\infty} \dfrac{1}{t^{2-\alpha}} \sin t \, dt$. 不论正整数 n 多么大,当 $t \in [A', A''] \equiv \left[2n\pi + \dfrac{\pi}{4}, 2n\pi + \dfrac{3\pi}{4} \right]$ 时,恒有 $\sin t \geqslant \dfrac{\sqrt{2}}{2}$,因此

----

① 此处重要之点在于用到区间 $[A', A'']$ 是有限的,正说明 Cauchy 准则的优越性.

$$\left| \int_{A'}^{A''} \frac{\sin t}{t^{2-\alpha}} \mathrm{d}t \right| \geqslant \frac{\sqrt{2}}{2} \int_{A'}^{A''} \frac{\mathrm{d}t}{t^{2-\alpha}} \geqslant \left. \frac{\sqrt{2}}{4} \pi \frac{1}{t^{2-\alpha}} \right|_{t=A''}$$

$$= \frac{\sqrt{2}\,\pi}{4 \left(2n\pi + \dfrac{3}{4}\pi \right)^{2-\alpha}} \to \frac{\sqrt{2}}{4} \pi > 0 \quad (\text{当 } \alpha \to 2^{-} \text{时}).$$

故原积分在 $0 < \alpha < 2$ 上非一致收敛(虽然用 Dirichlet 判别法容易证明它收敛).

c. 用 M 判别法判断

要点　使用 M 判别法,关键在于将被积函数的绝对值 $|f(x,y)|$ 放大,以找出函数 $M(x)$ (优函数),使得 $|f(x,y)| \leqslant M(x)$ $(\forall x \geqslant a, \forall y \in I)$,且 $\int_{a}^{+\infty} M(x)\mathrm{d}x$ 收敛,则 $\int_{a}^{+\infty} f(x,y)\mathrm{d}x$ 在 I 上绝对一致收敛.

无界函数的反常积分也有类似结论.

例 7.1.18　判断 $\int_{0}^{1} (1 + x + x^2 + \cdots + x^n) \left(\ln \frac{1}{x} \right)^{\frac{1}{2}} \mathrm{d}x$ $(n = 1, 2, \cdots)$ 是否一致收敛.

解　$x = 0$ 为奇点,$\left| (1 + x + x^2 + \cdots + x^n) \left(\ln \frac{1}{x} \right)^{\frac{1}{2}} \right| \leqslant \frac{1}{1-x} \left(\ln \frac{1}{x} \right)^{\frac{1}{2}}$. 而

$$\lim_{x \to 0} x^{\frac{1}{2}} \cdot \frac{1}{1-x} \left(\ln \frac{1}{x} \right)^{\frac{1}{2}} = \lim_{x \to 0} \frac{1}{1-x} \cdot \frac{\left(\ln \dfrac{1}{x} \right)^{\frac{1}{2}}}{\left(\dfrac{1}{x} \right)^{\frac{1}{2}}} = 1 \cdot 0 = 0.$$

故积分 $\int_{0}^{1} \frac{1}{1-x} \left(\ln \frac{1}{x} \right)^{\frac{1}{2}} \mathrm{d}x$ 收敛. 从而原积分对 $n = 1, 2, \cdots$ 一致收敛.

例 7.1.19　判断 $\int_{0}^{+\infty} x \sin x^4 \cos \alpha x \mathrm{d}x$ 对 $\alpha \in [a, b]$(有限区间)是否一致收敛.

解　利用分部积分法,

$$\int_{A}^{+\infty} x \sin x^4 \cos \alpha x \mathrm{d}x$$

$$= -\left. \frac{\cos \alpha x \cos x^4}{4x^2} \right|_{A}^{+\infty} - \int_{A}^{+\infty} \frac{\alpha \sin \alpha x \cos x^4}{4x^2} \mathrm{d}x - \int_{A}^{+\infty} \frac{\cos \alpha x \cos x^4}{2x^3} \mathrm{d}x.$$

利用 M 判别法,知等式右端新出现的两积分关于 $\alpha \in [a, b]$ 一致收敛,故等式右端三项 ⇉ 0(当 $A \to +\infty$ 时),因此原积分在 $[a, b]$ 上一致收敛.

下面看一个有无穷多个奇点的例子.

例 7.1.20　证明:$I(\alpha) = \int_{0}^{+\infty} \frac{\mathrm{e}^{-x}}{|\sin x|^{\alpha}} \mathrm{d}x$ 对 $\alpha \in [0, b]$(其中 $0 < b < 1$)一致收敛.

证 $I(\alpha) = \int_0^{+\infty} \dfrac{\mathrm{e}^{-x}}{|\sin x|^\alpha} \mathrm{d}x = \sum_{n=0}^{\infty} \int_{n\pi}^{(n+1)\pi} \dfrac{\mathrm{e}^{-x}}{|\sin x|^\alpha} \mathrm{d}x.$

令 $x = t + n\pi$,则

$$I(\alpha) = \sum_{n=0}^{\infty} \mathrm{e}^{-n\pi} \int_0^\pi \dfrac{\mathrm{e}^{-t}}{\sin^\alpha t} \mathrm{d}t = \dfrac{1}{1-\mathrm{e}^{-\pi}} \int_0^\pi \dfrac{\mathrm{e}^{-t}\mathrm{d}t}{\sin^\alpha t}$$

$$= \dfrac{1}{1-\mathrm{e}^{-\pi}} \left(\int_0^{\frac{\pi}{2}} \dfrac{\mathrm{e}^{-t}}{\sin^\alpha t} \mathrm{d}t + \int_{\frac{\pi}{2}}^\pi \dfrac{\mathrm{e}^{-t}}{\sin^\alpha t} \mathrm{d}t \right).$$

右端两积分分别以 $0,\pi$ 为奇点,都以 $\dfrac{1}{\sin^b t}$ 作优函数. 因此它们在 $[0,b]$ 上一致收敛.

$I(\alpha)$ 亦然. 证毕.

注 值得注意的是,用 M 判别法得到的结论是绝对一致收敛,但并不是所有绝对一致收敛的积分都能用 M 判别法来判断. 如

例 7.1.21 积分 $\int_1^{+\infty} \mathrm{e}^{-\frac{1}{\alpha^2}\left(x-\frac{1}{\alpha}\right)^2} \mathrm{d}x$ 在 $0 < \alpha < 1$ 上虽然绝对一致收敛,但并不能用 M 判别法进行判断.

证 在例 7.1.13 中,我们已证明了该积分一致收敛. 因被积函数为正,故也绝对一致收敛. 现在只需证明它没有优函数 $M(x)$. 事实上,假若

$$\mathrm{e}^{-\frac{1}{\alpha^2}\left(x-\frac{1}{\alpha}\right)^2} \leqslant M(x) \quad (\forall x \geqslant 1, \forall \alpha \in (0,1)),$$

那么对任意 $x > 1$,只要取 $\alpha = \dfrac{1}{x} \in (0,1)$,便知 $M(x) \geqslant \mathrm{e}^{-\frac{1}{\alpha^2}\left(x-\frac{1}{\alpha}\right)^2} = 1 \quad (\forall x > 1)$. 故 $\int_1^{+\infty} M(x)\mathrm{d}x$ 发散. 所以无优函数.

注 M 判别法使用比较方便,但适用面较窄. 特别,若所讨论积分本身一致收敛,但被积函数取绝对值之后非一致收敛(这种情况称为条件一致收敛)时,显然 M 判别法对于这种情况是无能为力的. 只有借助下面的判别法.

d. Abel 判别法与 Dirichlet 判别法

要点 该法的关键在于把被积函数恰当地拆成两因子相乘:

$$f(x,y) = g(x,y)h(x,y),$$

使得 g, h 满足(Abel)条件:

i) $\int_a^{+\infty} g(x,y)\mathrm{d}x$ 对 $y \in I$ 一致收敛;

ii) $h(x,y)$ 当 y 固定时,对 x 单调,且一致有界,即 $\exists M > 0$,使得

$$|h(x,y)| \leqslant M \quad (\forall x \geqslant a, \forall y \in I),$$

则积分 $\int_a^{+\infty} f(x,y)\mathrm{d}x$ 在 I 上一致收敛(Abel 判别法).

或者,(将条件 i)减弱,将条件 ii)加强)使 g, h 满足(Dirichlet)条件:

i′) $\int_a^A g(x,y)\mathrm{d}x$ 一致有界. 即:$\exists M > 0$,使得

$$\left| \int_a^A g(x,y)\,\mathrm{d}x \right| \leqslant M \quad (\forall A \geqslant a, \forall y \in I);$$

ii′) $h(x,y)$ 当 y 固定时,对 x 单调,当 $x \to +\infty$ 时,$h(x,y) \rightrightarrows 0$(关于 $y \in I$),则亦能断言 $\int_a^{+\infty} f(x,y)\,\mathrm{d}x$ 对 $y \in I$ 一致收敛(Dirichlet 判别法).

对无界函数的反常积分,有类似的结论.

☆**例 7.1.22**　试证积分 $\displaystyle\int_0^{+\infty} \frac{\cos x^2}{x^p}\mathrm{d}x$ 在 $|p| \leqslant p_0 < 1$ 上一致收敛.

证　$\displaystyle\int_0^{+\infty} \frac{\cos x^2}{x^p}\mathrm{d}x = \int_0^1 \frac{\cos x^2}{x^p}\mathrm{d}x + \int_1^{+\infty} \frac{\cos x^2}{x^p}\mathrm{d}x = I_1 + I_2.$

对于 $I_1 = \displaystyle\int_0^1 \frac{\cos x^2}{x^p}\mathrm{d}x$,因

$$\left| \frac{\cos x^2}{x^p} \right| \leqslant \frac{1}{x^p} \leqslant \frac{1}{x^{p_0}} \quad (0 < x \leqslant 1, p \leqslant p_0 < 1),$$

且 $\displaystyle\int_0^1 \frac{1}{x^{p_0}}\mathrm{d}x$ 收敛,故由 M 判别法,I_1 在 $p \leqslant p_0 < 1$ 上一致收敛.

对于 $I_2 = \displaystyle\int_1^{+\infty} \frac{\cos x^2}{x^p}\mathrm{d}x$,令 $x = \sqrt{t}$,$\mathrm{d}x = \dfrac{\mathrm{d}t}{2\sqrt{t}}$,$I_2 = \displaystyle\int_1^{+\infty} \cos t \cdot \frac{1}{2t^{\frac{p}{2}+\frac{1}{2}}}\mathrm{d}t$,其中

$$\left| \int_1^A \cos t\,\mathrm{d}t \right| = |\sin A - \sin 1| \leqslant 2 \quad (\text{一致有界}).$$

$\dfrac{1}{2t^{\frac{p}{2}+\frac{1}{2}}}$ 对 t 单调,且 $\dfrac{1}{2t^{\frac{p}{2}+\frac{1}{2}}} \rightrightarrows 0$ $(p \geqslant -p_0 > -1)$ $(t \to +\infty)$.(因为 $0 \leqslant \dfrac{1}{t^{\frac{p}{2}+\frac{1}{2}}} \leqslant \dfrac{1}{t^{-\frac{p_0}{2}+\frac{1}{2}}} = $

$\dfrac{1}{t^{\frac{1-p_0}{2}}} \to 0$ $(t \to +\infty)$.)故由 Dirichlet 判别法,I_2 关于 $p \geqslant -p_0 > -1$ 一致收敛. 总之,原积分在 $|p| \leqslant p_0 < 1$ 上一致收敛.

例 7.1.23　设函数 $f(x)$ 在 $x > 0$ 时连续,积分 $\displaystyle\int_0^{+\infty} x^\alpha f(x)\,\mathrm{d}x$ 在 $\alpha = a, \alpha = b (a < b)$ 时收敛,试证该积分对 $\alpha \in [a,b]$ 一致收敛.(河北师范大学,北京师范大学)

提示　$I = \displaystyle\int_0^1 \underbrace{x^{\alpha-a}}_{\text{作为}h} \cdot \underbrace{x^a f(x)}_{\text{作为}g}\,\mathrm{d}x + \int_1^{+\infty} \underbrace{x^{\alpha-b}}_{\text{作为}h} \cdot \underbrace{x^b f(x)}_{\text{作为}g}\,\mathrm{d}x.$ 利用 Abel 判别法.

☆**例 7.1.24**　证明:$\displaystyle\int_0^{+\infty} \frac{\sin 2x}{x+\alpha}\mathrm{e}^{-\alpha x}\mathrm{d}x$ 对 $\alpha \in [0,b]$ $(b>0)$ 一致收敛.

证　因为 $\mathrm{e}^{-\alpha x}$ 对 x 单调,且 $|\mathrm{e}^{-\alpha x}| \leqslant 1$ $(\forall \alpha > 0, \forall x > 0)$(一致有界). 因此根据 Abel 定理,要证明该积分在 $[0,b]$ 上一致收敛,只要能证明积分 $\displaystyle\int_0^{+\infty} \frac{\sin 2x}{x+\alpha}\mathrm{d}x$ 对 $\alpha \in [0,b]$ 一致收敛即可.但

1) $\forall A > 0$,$\left| \displaystyle\int_0^A \sin 2x\,\mathrm{d}x \right| = \dfrac{1}{2}|1 - \cos 2A| \leqslant 1$ (一致有界).

2) 因子 $\dfrac{1}{x+\alpha}$ 对于 x 单调,且 $\left|\dfrac{1}{x+\alpha}\right| \leqslant \dfrac{1}{x} \to 0\,(x \to +\infty)$,因而 $\dfrac{1}{x+\alpha} \rightrightarrows 0$ 对 $\alpha \in [0,b]\,(x \to +\infty)$. 因此由 Dirichlet 判别法,$\displaystyle\int_0^{+\infty} \dfrac{\sin 2x}{x+\alpha}\,\mathrm{d}x$ 对 $\alpha \in [0,b]$ 一致收敛. 证毕.

三、含参变量反常积分的极限与连续性

a. 积分号下取极限

要点　对含参变量的反常积分,要实现在积分号下取极限,基本方法之一是直接利用积分号下取极限的定理:

定理 1(序列的极限)　若

i) $\displaystyle\int_a^{+\infty} f_n(x)\,\mathrm{d}x$ 关于 $n \in \mathbf{N}$ 一致收敛;

ii) $\{f_n(x)\}$ 在 $[a,+\infty)$ 上内闭一致收敛于 $f(x)$(即 $\forall A > a, f_n(x) \rightrightarrows f(x)$ 于 $[a,A]$ 上 $(n \to \infty)$);

iii) $\displaystyle\int_a^{+\infty} f(x)\,\mathrm{d}x$ 收敛.

则
$$\lim_{n \to \infty} \int_a^{+\infty} f_n(x)\,\mathrm{d}x = \int_a^{+\infty} \lim_{n \to \infty} f_n(x)\,\mathrm{d}x = \int_a^{+\infty} f(x)\,\mathrm{d}x.$$

定理 2(函数极限)　设 I 为包含 y_0 的某个区间. 若

i′) $\displaystyle\int_a^{+\infty} f(x,y)\,\mathrm{d}x$ 对 $y \in I$ 一致收敛;

ii′) 当 $y \to y_0$ 时,$f(x,y)$ 在 $[a,+\infty)$ 上内闭一致收敛于函数 $\varphi(x)$(即 $\forall A > a$, $f(x,y) \rightrightarrows \varphi(x)$ 于 $[a,A]$ 上(当 $y \to y_0$ 时));

iii′) $\displaystyle\int_a^{+\infty} \varphi(x)\,\mathrm{d}x$ 收敛.

则
$$\lim_{y \to y_0} \int_a^{+\infty} f(x,y)\,\mathrm{d}x = \int_a^{+\infty} \lim_{y \to y_0} f(x,y)\,\mathrm{d}x = \int_a^{+\infty} \varphi(x)\,\mathrm{d}x.$$
(特别,若 $f(x,y)$ 在区域 $D = \{(x,y) \mid a \leqslant x < +\infty, y \in I\}$ 上连续,则条件 ii′)自然满足,且 $\varphi(x) = f(x,y_0)$.)

基本方法之二是采用上述定理所使用的证法进行证明.

☆ **例 7.1.25**　假设 $\{f_n(x)\}$ 是 $[0,+\infty)$ 上的连续函数序列:

1) 在 $[0,+\infty)$ 上 $|f_n(x)| \leqslant g(x)$,且 $\displaystyle\int_0^{+\infty} g(x)\,\mathrm{d}x$ 收敛;

2) 在任何有限区间 $[0,A]$ 上 $(A > 0)$,序列 $\{f_n(x)\}$ 一致收敛于 $f(x)$.

试证明:$\displaystyle\lim_{n \to \infty} \int_0^{+\infty} f_n(x)\,\mathrm{d}x = \int_0^{+\infty} f(x)\,\mathrm{d}x.$ (复旦大学,华中师范大学,同济大学)

证 I　(利用定理 1.)由已知条件 1),$\displaystyle\int_0^{+\infty} f_n(x)\,\mathrm{d}x$ 关于 $n \in \mathbf{N}$ 一致收敛. 条件

2）表明 $|f_n(x)|$ 在区间 $[0,+\infty)$ 上内闭一致收敛于 $f(x)$. 最后，在不等式 $|f_n(x)| \leqslant g(x)$ 里取极限，知 $|f(x)| \leqslant g(x)$，从而由比较判别法，知 $\int_0^{+\infty} f(x)\mathrm{d}x$ 收敛. 利用定理 1，欲证的等式成立.

证 II　利用证明定理时所使用的 $\varepsilon - N$ 方法.

分析　问题在于证明：$\forall \varepsilon > 0, n$ 充分大时，

$$\left| \int_0^{+\infty} f_n(x)\mathrm{d}x - \int_0^{+\infty} f(x)\mathrm{d}x \right| < \varepsilon.$$

改写

$$\text{上式左端} = \left| \int_0^A (f_n(x) - f(x))\mathrm{d}x + \int_A^{+\infty} f_n(x)\mathrm{d}x - \int_A^{+\infty} f(x)\mathrm{d}x \right|$$

$$\leqslant \int_0^A |f_n(x) - f(x)|\mathrm{d}x + \int_A^{+\infty} |f_n(x)|\mathrm{d}x + \int_A^{+\infty} |f(x)|\mathrm{d}x$$

$$\leqslant \int_0^A |f_n(x) - f(x)|\mathrm{d}x + \int_A^{+\infty} g(x)\mathrm{d}x + \int_A^{+\infty} g(x)\mathrm{d}x.$$

可见，我们只要证明 $\int_0^A |f_n(x) - f(x)|\mathrm{d}x < \dfrac{\varepsilon}{3}$，$\int_A^{+\infty} g(x)\mathrm{d}x < \dfrac{\varepsilon}{3}$ 即可.

事实上，$\int_0^{+\infty} g(x)\mathrm{d}x$ 收敛，故 A 充分大时，$0 \leqslant \int_A^{+\infty} g(x)\mathrm{d}x < \dfrac{\varepsilon}{3}$. 此后将 A 固定，因已知 $[0,A]$ 上 $f_n(x) \rightrightarrows f(x)$. 所以 $\exists N > 0, n > N$ 时，$|f_n(x) - f(x)| < \dfrac{\varepsilon}{3A}$，因而

$$\int_0^A |f_n(x) - f(x)|\mathrm{d}x < \frac{\varepsilon}{3A} \int_0^A \mathrm{d}x = \frac{\varepsilon}{3}.$$

☆**练习**　求极限 $\lim\limits_{\alpha \to 0^+} \int_0^{+\infty} \dfrac{\sin 2x}{x + \alpha} e^{-\alpha x}\mathrm{d}x$.（吉林大学）

提示　（利用定理 2.）因为被积函数 $f(x,\alpha) = \dfrac{\sin 2x}{x+\alpha} e^{-\alpha x}$ 在 $0 < x < +\infty, 0 \leqslant \alpha \leqslant \delta$ 上连续，且 $f(x,0) = \dfrac{\sin 2x}{x}$ 在 $[0,+\infty)$ 上可积. 因此，要实现在积分号下取极限，根据定理 2，只要证明积分 $\int_0^{+\infty} \dfrac{\sin 2x}{x+\alpha} e^{-\alpha x}\mathrm{d}x$ 对 $\alpha \in [0,\delta]$ 一致收敛. 为此我们使用 Dirichlet 定理及 Abel 定理即可得到（见例 7.1.24）.

下例为我们提供了一个"用反常积分求解级数问题"的范例. 同时也是本段定理 2 的应用.

☆**例 7.1.26**　试证极限

$$\lim_{p \to 0^+} \left(\frac{1}{p+1} \sum_{n=1}^{\infty} \frac{1}{n^{1+p}} - \frac{1}{p} \right) = C - 1, \tag{1}$$

其中 C 是欧拉常数（见例 1.2.11）.（仿北京师范大学）

分析　做过习题 5.1.25 和 5.1.26 的读者不难看出，该题中的级数可写成反常积分. 问题是，能否在积分号下取极限？

解 用$[x]$表示取整数部分,则

$$\int_1^{+\infty} \frac{[x]}{x^{p+2}} dx = \sum_{n=1}^{\infty} \int_n^{n+1} \frac{[x]}{x^{p+2}} dx = \sum_{n=1}^{\infty} \int_n^{n+1} \frac{n}{x^{p+2}} dx$$

$$= \sum_{n=1}^{\infty} - \frac{n}{p+1} \left[\frac{1}{(n+1)^{p+1}} - \frac{1}{n^{p+1}} \right]$$

$$= \frac{-1}{p+1} \sum_{n=1}^{\infty} \left[\left(\frac{1}{(n+1)^p} - \frac{1}{(n+1)^{p+1}} \right) - \frac{1}{n^p} \right]$$

$$= \frac{1}{p+1} \left\{ \sum_{n=1}^{\infty} \left[\frac{-1}{(n+1)^p} + \frac{1}{n^p} \right] + \sum_{n=1}^{\infty} \frac{1}{(n+1)^{p+1}} \right\} = \frac{1}{p+1} \sum_{n=1}^{\infty} \frac{1}{n^{p+1}}.$$

又$\frac{1}{p} = \int_1^{+\infty} \frac{1}{x^{p+1}} dx$,因此原极限可化为积分的极限,在积分号下取极限:

$$\lim_{p \to 0^+} \left(\frac{1}{p+1} \sum_{n=1}^{\infty} \frac{1}{n^{1+p}} - \frac{1}{p} \right) = \lim_{p \to 0^+} \int_1^{+\infty} \frac{[x]-x}{x^{p+2}} dx = \int_1^{+\infty} \frac{[x]-x}{x^2} dx. \qquad (2)$$

下面检验积分号下取极限的条件.

1) $\left| \frac{[x]-x}{x^{p+2}} \right| \leqslant \frac{1}{x^2}$ (当$x \in [1, +\infty)$, $p \geqslant 0$ 时),且 $\int_1^{+\infty} \frac{1}{x^2} dx$ 收敛,这表明

$\int_1^{+\infty} \frac{[x]-x}{x^{p+2}} dx$ 关于 $p \geqslant 0$ 一致收敛.

2)(2)右端的积分也收敛.

3) 又因 $\left| \frac{[x]-x}{x^{p+2}} - \frac{[x]-x}{x^2} \right| \leqslant A^p - 1$ ($\forall A > 1$, 当 $x \in [1, A]$, $p > 0$ 时),且 $p \to$

0^+ 时 $0 \leqslant A^p - 1 \to 0$. 所以 $p \to 0^+$ 时,$\frac{[x]-x}{x^{p+2}} \longrightarrow \frac{[x]-x}{x^2}$ (关于 $x \in [1, +\infty)$ 内闭一致

收敛).

根据例 7.1.25 前要点中的定理 1,可在积分号下取极限.

式(2)中的积分 $\int_1^{+\infty} \frac{[x]-x}{x^2} dx = \lim_{n \to \infty} \int_1^n \frac{[x]-x}{x^2} dx$,其中

$$\int_1^n \frac{[x]-x}{x^2} dx = \sum_{k=1}^{n-1} \int_k^{k+1} \frac{[x]-x}{x^2} dx = \sum_{k=1}^{n-1} \int_k^{k+1} \frac{k-x}{x^2} dx$$

$$\xlongequal{\text{令}\, x-k=t} \sum_{k=1}^{n-1} \int_0^1 \frac{-t}{(k+t)^2} dt = \sum_{k=1}^{n-1} \int_0^1 \frac{-dt}{k+t} + \sum_{k=1}^{n-1} k \int_0^1 \frac{dt}{(k+t)^2}$$

$$= \sum_{k=1}^{n-1} [\ln k - \ln(1+k)] + \sum_{k=1}^{n-1} \frac{1}{1+k}$$

$$= \frac{1}{2} + \frac{1}{3} + \cdots + \frac{1}{n} - \ln n,$$

故 原式 $= C - 1$ $\left(\text{其中 } C = \lim_{n \to \infty} \left(1 + \frac{1}{2} + \cdots + \frac{1}{n} - \ln n \right) \text{为欧拉常数} \right)$.

注 本题为用反常积分解决级数问题提供了范例.

（本人曾阅读过 Silvia 的相关文章,本题解答采用了类似的思想方法.）

b. 含参变量反常积分的连续性

要点 证明含参变量反常积分对参变量连续,基本方法是

1) 直接利用**连续守恒定理**:若

i) $f(x,y)$ 在 $x \geqslant a, y \in [c,d]$ 上连续;

ii) $\int_a^{+\infty} f(x,y) \mathrm{d}x$ 在 $y \in [c,d]$ 上一致收敛,

则 $g(y) = \int_a^{+\infty} f(x,y) \mathrm{d}x$ 在 $y \in [c,d]$ 上连续.

2) 利用该定理的推论:若

i) $f(x,y)$ 在 $x \geqslant a, y \in (c,d)$ (有限或无穷区间)上连续;

ii) $\int_a^{+\infty} f(x,y) \mathrm{d}x$ 在 $y \in (c,d)$ 内闭一致收敛,

则 $g(y) = \int_a^{+\infty} f(x,y) \mathrm{d}x$ 在 (c,d) 内连续.

例 7.1.27 确定函数 $g(\alpha) = \int_0^{+\infty} \dfrac{\ln(1+x^3)}{x^\alpha} \mathrm{d}x$ 的连续范围.（四川大学）

解 （利用定理的推论,先证明 $g(\alpha)$ 的收敛区间为 $(1,4)$,再证在 $(1,4)$ 上内闭一致收敛.）

$$g(\alpha) = \int_0^{+\infty} \frac{\ln(1+x^3)}{x^\alpha}\mathrm{d}x = \int_0^1 \frac{\ln(1+x^3)}{x^\alpha}\mathrm{d}x + \int_1^{+\infty} \frac{\ln(1+x^3)}{x^\alpha}\mathrm{d}x = I_1 + I_2,$$

其中 I_1 以 0 为奇点, $\dfrac{\ln(1+x^3)}{x^\alpha} \sim \dfrac{1}{x^{\alpha-3}}$（当 $x \to 0^+$ 时）,可见当且仅当 $\alpha - 3 < 1$ 时, $I_1 = \int_0^1 \dfrac{\ln(1+x^3)}{x^\alpha}\mathrm{d}x$ 收敛; $I_2 = \int_1^{+\infty} \dfrac{\ln(1+x^3)}{x^\alpha}\mathrm{d}x$ 以 $+\infty$ 为奇点,当 $\alpha > 1$ 时收敛, $\alpha \leqslant 1$ 时发散. 因此,原积分 $g(\alpha)$ 当且仅当 $1 < \alpha < 4$ 时收敛.

其次,假设 $[a,b] \subset (1,4)$ 为任一内闭区间,对于积分 I_1（这时 $0 < x < 1$）,当 $\alpha \leqslant b$ 时, $\left| \dfrac{\ln(1+x^3)}{x^\alpha} \right| = \dfrac{\ln(1+x^3)}{x^\alpha} \leqslant \dfrac{\ln(1+x^3)}{x^b}$,且 $\int_0^1 \dfrac{\ln(1+x^3)}{x^b}\mathrm{d}x$ 收敛. 所以, I_1 在 $\alpha \leqslant b$ 时一致收敛.

对积分 I_2（这时 $x \geqslant 1$）,当 $\alpha \geqslant a$ 时, $\left| \dfrac{\ln(1+x^3)}{x^\alpha} \right| = \dfrac{\ln(1+x^3)}{x^\alpha} \leqslant \dfrac{\ln(1+x^3)}{x^a}$,且 $\int_1^{+\infty} \dfrac{\ln(1+x^3)}{x^a}\mathrm{d}x$ 收敛. 所以, I_2 在 $\alpha \geqslant a$ 时一致收敛.

总之,我们证明了 $g(\alpha)$ 在 $[a,b]$ 上一致收敛. 即 $g(\alpha)$ 在 $(1,4)$ 上内闭一致收敛. 从而由被积函数的连续性,推知 $g(\alpha)$ 在 $(1,4)$ 内连续.

^{new}**练习** 证明含参变量积分 $F(u) = \int_0^{+\infty} \frac{\sin(ux^2)\,dx}{x}$ 在 $(0, +\infty)$ 内非一致收敛,但 $F(u)$ 在 $(0, +\infty)$ 内连续.(中国科学技术大学)

提示
$$\int_{\sqrt{n}}^{\sqrt{2n}} \frac{\sin(ux^2)\,dx}{x} = \int_{\sqrt{n}}^{\sqrt{2n}} \frac{\sin(ux^2)\,d(ux^2)}{2ux^2} \xlongequal{\diamond ux^2 = t} \int_{nu}^{2nu} \frac{\sin t\,dt}{2t}$$
$$\xlongequal{u = \pi/(2n)} \int_{\pi/2}^{\pi} \frac{\sin t\,dt}{2t} \xlongequal{\text{记}} \varepsilon_0 > 0.$$

对于此 $\varepsilon_0 > 0$,$\forall \Delta > 0$,只要 $\sqrt{2n} > \sqrt{n} > \Delta$ 和 $u = \frac{\pi}{2n} \in (0, +\infty)$,则有 $\int_{\sqrt{n}}^{\sqrt{2n}} \frac{\sin(ux^2)\,dx}{x} = \varepsilon_0 > 0$. 故积分 $F(u)$ 在 $u \in (0, +\infty)$ 上非一致收敛.

再提示 (利用 Dirichlet 判别法.)$\forall b > 0$:
$$\int_b^{+\infty} \frac{\sin(ux^2)\,dx}{x} = \int_b^{+\infty} \frac{\sin(ux^2)2ux\,dx}{2ux^2}.$$

记 $f(x,u) = \sin(ux^2)2ux$,$g(x,u) = \frac{1}{2ux^2}$. 当 $u \geq b > 0$,$x > 0$ 时,$f(x,u)$ 和 $g(x,u)$ 连续.

① $\left| \int_b^A f(x,u)\,dx \right| = \left| \int_b^A \sin(ux^2)2ux\,dx \right| \xlongequal{\diamond ux^2 = t} \left| \int_{ub^2}^{uA^2} \sin t\,dt \right|$
$$= |\cos(uA^2) - \cos(ub^2)| \leq 2 \quad (\text{一致有界}).$$

② 任意固定 $u \geq b > 0$,g 对 x 单调,且 $0 < g(x,u) = \frac{1}{2ux^2} \leq \frac{1}{2b} \cdot \frac{1}{x^2} \searrow 0 (x \to +\infty)$. 即:$(x \to +\infty$ 时)g 对 x 单调,且 $g(x,u) \rightrightarrows 0$(关于 $u \geq b > 0$ 一致).

因此,利用 Dirichlet 判别法,积分 $F(u)$ 关于 $u \in [b, +\infty)$ 一致收敛,$F(u)$ 在 $[b, +\infty)$ 上连续. 再由 $b > 0$ 的任意性,知 $F(u)$ 在 $(0, +\infty)$ 内处处连续.

☆ **例 7.1.28** 若 $\int_{-\infty}^{+\infty} |f(x)|\,dx$ 存在,证明函数 $g(\alpha) = \int_{-\infty}^{+\infty} f(x)\cos \alpha x\,dx$ 在 $(-\infty, +\infty)$ 上一致连续.(吉林大学,湘潭大学,四川师范大学)

证 要证明 $g(\alpha)$ 在 $(-\infty, +\infty)$ 上一致连续,即要证明:$\forall \varepsilon > 0$,$\exists \delta > 0$,当 $|\alpha_2 - \alpha_1| < \delta$ 时 $|g(\alpha_2) - g(\alpha_1)| < \varepsilon$.

由于当 $-A < x < A$ 时,
$$|\cos \alpha_2 x - \cos \alpha_1 x| = 2 \left| \sin \frac{\alpha_2 + \alpha_1}{2} x \right| \left| \sin \frac{\alpha_2 - \alpha_1}{2} x \right| \leq |\alpha_2 - \alpha_1| A,$$
故 $|g(\alpha_2) - g(\alpha_1)|$
$$= \left| \int_{-\infty}^{+\infty} f(x)\cos \alpha_2 x\,dx - \int_{-\infty}^{+\infty} f(x)\cos \alpha_1 x\,dx \right|$$
$$\leq \int_{-\infty}^{+\infty} |f(x)| |\cos \alpha_2 x - \cos \alpha_1 x|\,dx$$
$$\leq 2\int_{-\infty}^{-A} |f(x)|\,dx + 2\int_A^{+\infty} |f(x)|\,dx + A|\alpha_2 - \alpha_1| \cdot \int_{-A}^A |f(x)|\,dx. \quad (1)$$

已知 $\int_{-\infty}^{+\infty} |f(x)|\,dx$ 存在,所以 $A > 0$ 充分大时,可使

$$2\int_{-\infty}^{-A}|f(x)|\,\mathrm{d}x+2\int_{A}^{+\infty}|f(x)|\,\mathrm{d}x<\frac{\varepsilon}{2}. \tag{2}$$

再将 A 固定,取 $\delta=\dfrac{\varepsilon}{2A\displaystyle\int_{-\infty}^{+\infty}|f(x)|\,\mathrm{d}x}$,则当 $|\alpha_2-\alpha_1|<\delta$ 时,式(1)最后一项

$$A|\alpha_2-\alpha_1|\int_{-A}^{A}|f(x)|\,\mathrm{d}x<\frac{\varepsilon}{2}. \tag{3}$$

于是,由式(1)、(2)、(3)知 $|g(\alpha_2)-g(\alpha_1)|<\dfrac{\varepsilon}{2}+\dfrac{\varepsilon}{2}=\varepsilon.$ 证毕.

*例 7.1.29 设 $f(x)$ 在 $[a,b]$ 上有界,试证 $g(\alpha)=\displaystyle\int_{a}^{b}\frac{f(x)}{\sqrt{|x-\alpha|}}\mathrm{d}x$ 在全数轴上连续.

分析 用例 7.1.12 的证法易知该积分在 $[a,b]$ 上的一致收敛性. 虽然如此,我们并不能应用连续守恒定理,因为这里 $f(x)$ 未必连续.

下面分三种情况进行讨论:因 $f(x)$ 有界,可设 $|f(x)|\le M(\forall x\in[a,b])$.

1°(证明 g 在 $[a,b]$ 外连续.)设 $\alpha_0\notin[a,b]$,当 α 充分接近 α_0 时,$\alpha\notin[a,b]$,因而下式中的积分均为正常积分.

$$\left|g(\alpha)-g(\alpha_0)\right|=\left|\int_{a}^{b}\left(\frac{f(x)}{\sqrt{|x-\alpha|}}-\frac{f(x)}{\sqrt{|x-\alpha_0|}}\right)\mathrm{d}x\right|$$
$$\le M\int_{a}^{b}\left|\frac{1}{\sqrt{|x-\alpha|}}-\frac{1}{\sqrt{|x-\alpha_0|}}\right|\mathrm{d}x\to 0 \quad(\text{当 }\alpha\to\alpha_0\text{ 时})$$

(因右端的被积函数连续),故这时 g 在 α_0 处连续.

2°(证明 g 在区间端点 a 和 b 处连续.)设 $\alpha_0=a$,这时可取 $h>0$ 充分小,使得 $a<a+h<b$. 于是当 $|\alpha-a|<h$ 时,$\alpha\notin[a+h,b]$,于是下式中 $[a+h,b]$ 上的积分已属于 1°中已讨论的情况.

$$g(\alpha)=\int_{a}^{b}\frac{f(x)}{\sqrt{|x-\alpha|}}\mathrm{d}x=\int_{a}^{a+h}\frac{f(x)}{\sqrt{|x-\alpha|}}\mathrm{d}x+\int_{a+h}^{b}\frac{f(x)}{\sqrt{|x-\alpha|}}\mathrm{d}x=I_1+I_2,$$

由 1°知

$$I_2=\int_{a+h}^{b}\frac{f(x)}{\sqrt{|x-\alpha|}}\mathrm{d}x\to\int_{a+h}^{b}\frac{f(x)}{\sqrt{|x-a|}}\mathrm{d}x \quad(\text{当 }\alpha\to a\text{ 时}).$$

故只需证明

$$I_1=\int_{a}^{a+h}\frac{f(x)}{\sqrt{|x-\alpha|}}\mathrm{d}x\to\int_{a}^{a+h}\frac{f(x)}{\sqrt{|x-a|}}\mathrm{d}x \quad(\text{当 }\alpha\to a\text{ 时}). \tag{1}$$

因 $\dfrac{|f(x)|}{\sqrt{|x-a|}}\le\dfrac{M}{\sqrt{|x-a|}}$,而 $\displaystyle\int_{a}^{a+h}\frac{\mathrm{d}x}{\sqrt{|x-a|}}$ 收敛(a 为奇点),故式(1)中积分

$\displaystyle\int_{a}^{a+h}\frac{f(x)}{\sqrt{|x-a|}}\mathrm{d}x$ 也收敛. 剩下只需证明:$\forall\varepsilon>0,\exists\delta>0$,当 $|\alpha-a|<\delta$ 时,有

$$\left| \int_a^{a+h} \left(\frac{f(x)}{\sqrt{|x-\alpha|}} - \frac{f(x)}{\sqrt{|x-a|}} \right) \mathrm{d}x \right| < \varepsilon.$$

事实上

$$\left| \int_a^{a+h} \left(\frac{f(x)}{\sqrt{|x-\alpha|}} - \frac{f(x)}{\sqrt{|x-a|}} \right) \mathrm{d}x \right|$$

$$\leqslant M \left(\int_a^{a+h} \frac{\mathrm{d}x}{\sqrt{|x-\alpha|}} + \int_a^{a+h} \frac{\mathrm{d}x}{\sqrt{|x-a|}} \right), \tag{2}$$

而

$$\int_a^{a+h} \frac{\mathrm{d}x}{\sqrt{|x-\alpha|}} \xlongequal{\ \diamondsuit\ t=x-\alpha\ } \int_{a-\alpha}^{a+h-\alpha} \frac{\mathrm{d}t}{\sqrt{|t|}}.$$

取 $\delta < h$，当 $|\alpha-a| < \delta < h$ 时，$-h < a-\alpha, a+h-\alpha < 2h$，由 $\int_{-1}^1 \frac{\mathrm{d}t}{\sqrt{|t|}}$ 收敛知

$$\int_{a-\alpha}^{a+h-\alpha} \frac{\mathrm{d}t}{\sqrt{|t|}} \leqslant \int_{-h}^{2h} \frac{\mathrm{d}t}{\sqrt{|t|}} < \frac{\varepsilon}{2M} \quad (\text{当 } h \text{ 充分小时}). \tag{3}$$

此时作类似分析知，式(2)中第二个积分有

$$\int_a^{a+h} \frac{\mathrm{d}x}{\sqrt{|x-a|}} \xlongequal{\ \diamondsuit\ t=x-a\ } \int_0^h \frac{\mathrm{d}t}{\sqrt{|t|}} < \frac{\varepsilon}{2M}. \tag{4}$$

将式(3)、(4)代入式(2)，即得 $|\alpha-a| < \delta < h (h$ 充分小时)时有

$$\int_a^{a+h} \left(\frac{f(x)}{\sqrt{|x-\alpha|}} - \frac{f(x)}{\sqrt{|x-a|}} \right) \mathrm{d}x < \frac{\varepsilon}{2} + \frac{\varepsilon}{2} = \varepsilon.$$

类似可证 $\alpha_0 = b$ 的情况。

3° 当 $\alpha_0 \in (a,b)$ 时，只需把 $[a,b]$ 剖分为 $[a,\alpha_0]$ 与 $[\alpha_0,b]$，即转化为 α_0 为端点的情况，由 2°即得。

☆ 四、含参变量反常积分积分号下求导与积分号下求积分

a. 积分号下求导

要点 根据积分号下求导的 Leibniz 法则，要对含参变量的反常积分

$$g(y) = \int_a^{+\infty} f(x,y) \mathrm{d}x$$

实现积分号下求导：$g'(y) = \int_a^{+\infty} f_y'(x,y) \mathrm{d}x$，只需检验如下条件（假设 I 为某个区间）：

i) $f(x,y), f_y'(x,y)$ 在 $a \leqslant x < +\infty, y \in I$ 上连续；

ii) $\int_a^{+\infty} f(x,y) \mathrm{d}x$ 在 $y \in I$ 上收敛；

iii) $\int_a^{+\infty} f_y'(x,y) \mathrm{d}x$ 对 $y \in I$ 一致收敛（若 I 为开区间或半开半闭区间，不论有限

或无穷,此条件可放松为 $\int_a^{+\infty} f'_y(x,y)\mathrm{d}x$ 关于 y 在 I 上内闭一致收敛).

则 $\qquad g'(y) = \left(\int_a^{+\infty} f(x,y)\mathrm{d}x\right)' = \int_a^{+\infty} f'_y(x,y)\mathrm{d}x \quad (\forall y \in I).$

若补充条件:当 $y \in I$ 时,函数 $\varphi(y) \geqslant a$,连续可导,则

$$\left(\int_{\varphi(y)}^{+\infty} f(x,y)\mathrm{d}x\right)' = \int_{\varphi(y)}^{+\infty} f'_y(x,y)\mathrm{d}x - f(\varphi(y),y)\varphi'(y) \quad (\forall y \in I).$$

对于无界反常积分,有类似结论.

例 7.1.30 求 $g'(\alpha)$,设 $g(\alpha) = \int_1^{+\infty} \dfrac{\arctan \alpha x}{x^2 \sqrt{x^2-1}}\mathrm{d}x.$

解 奇点为 $x = 1$ 与 $x = +\infty$.

1° 在 $x = 1$ 的邻域内,被积函数与 $\dfrac{1}{\sqrt{x^2-1}} = \dfrac{1}{\sqrt{(x-1)(x+1)}}$ 同阶;在 $x = +\infty$

的邻域里,被积函数与 $\dfrac{1}{x^3}$ 同阶. 因此原积分 $g(\alpha)$ 收敛.

2° $\int_1^{+\infty} \left(\dfrac{\arctan \alpha x}{x^2 \sqrt{x^2-1}}\right)'_\alpha \mathrm{d}x = \int_1^{+\infty} \dfrac{\mathrm{d}x}{x \sqrt{x^2-1}(1+\alpha^2 x^2)},$ $\qquad$ (1)

而 $\qquad \left|\dfrac{1}{x \sqrt{x^2-1}(1+\alpha^2 x^2)}\right| \leqslant \dfrac{1}{x \sqrt{x^2-1}}, \forall \alpha \in (-\infty, +\infty),$

且 $\int_1^{+\infty} \dfrac{1}{x \sqrt{x^2-1}}\mathrm{d}x$ 收敛,故积分(1)关于 $\alpha \in (-\infty, +\infty)$ 一致收敛.

3° 被积函数以及它对参数的导数的连续性明显,因此

$$g'(\alpha) = \int_1^{+\infty} \dfrac{\mathrm{d}x}{x \sqrt{x^2-1}(1+\alpha^2 x^2)} \xlongequal{\diamondsuit\, x = \sec t} \int_0^{\frac{\pi}{2}} \dfrac{\mathrm{d}t}{1+\alpha^2 \sec^2 t}$$

$$\xlongequal{\diamondsuit\, u = \tan t} \int_0^{+\infty} \dfrac{1}{1+\alpha^2(1+u^2)} \cdot \dfrac{\mathrm{d}u}{1+u^2} = \int_0^{+\infty} \left(\dfrac{1}{1+u^2} - \dfrac{\alpha^2}{1+\alpha^2+\alpha^2 u^2}\right)\mathrm{d}u$$

$$= \dfrac{\pi}{2}\left(1 - \dfrac{|\alpha|}{\sqrt{1+\alpha^2}}\right).$$

例 7.1.31 求 $g''_{\alpha\beta}(\alpha,\beta)$,设 $g(\alpha,\beta) = \int_0^{+\infty} \dfrac{\arctan \alpha x \cdot \arctan \beta x}{x^2}\mathrm{d}x \ (\alpha > 0, \beta > 0).$

解 (证明可在积分号下对 α 求导.)

1° 因为 $x \to 0$ 时,$\arctan x \sim x$,所以

$$\lim_{x \to 0^+} \dfrac{\arctan \alpha x \cdot \arctan \beta x}{x^2} = \alpha\beta. \qquad (1)$$

故 $x = 0$ 不是奇点. 而在 $x = +\infty$ 的邻域内,$\left|\dfrac{\arctan \alpha x \cdot \arctan \beta x}{x^2}\right| \leqslant \dfrac{\pi^2}{4x^2}$,因此原积分

收敛.

2°
$$\int_0^{+\infty} \left(\frac{\arctan \alpha x \cdot \arctan \beta x}{x^2} \right)'_\alpha \mathrm{d}x = \int_0^{+\infty} \frac{\arctan \beta x \mathrm{d}x}{x(1+\alpha^2 x^2)}, \tag{2}$$

$$\left| \frac{\arctan \beta x}{x(1+\alpha^2 x^2)} \right| \leqslant \frac{\pi}{2x(1+\alpha_0^2 x^2)}, \quad \alpha \geqslant \alpha_0 > 0.$$

而 $\int_1^{+\infty} \frac{\pi}{2x(1+\alpha_0^2 x^2)} \mathrm{d}x$ 收敛, 所以积分(2)对 α 在 $\alpha > 0$ 上内闭一致收敛($x = 0$ 不是奇点).

3° 被积函数以及对参数 α 的导数在 $x > 0, \alpha > 0$ 上连续($x = 0$ 为可去间断点). 总之符合积分号下求导的全部条件, 因此

$$g'_\alpha(\alpha, \beta) = \int_0^{+\infty} \frac{\arctan \beta x}{x(1+\alpha^2 x^2)} \mathrm{d}x. \tag{3}$$

类似可证式(3)可在积分号下对 β 求导, 所以

$$g''_{\alpha\beta}(\alpha, \beta) = \int_0^{+\infty} \frac{\mathrm{d}x}{(1+\alpha^2 x^2)(1+\beta^2 x^2)} \tag{4}$$

$$= \frac{1}{\alpha^2 - \beta^2} \int_0^{+\infty} \left(\frac{\alpha^2}{1+\alpha^2 x^2} - \frac{\beta^2}{1+\beta^2 x^2} \right) \mathrm{d}x \quad (\text{当 } \alpha \neq \beta \text{ 时})$$

$$= \frac{\pi}{2(\alpha + \beta)}.$$

最后的结果 $g''_{\alpha\beta}(\alpha, \beta) = \dfrac{\pi}{2(\alpha + \beta)}$ 对 $\alpha, \beta > 0$ 恒成立. 这是因为积分(4)在 $\alpha, \beta > 0$ 上内闭一致收敛, $g''_{\alpha\beta}$ 在 $\alpha, \beta > 0$ 上有连续性, 从 $\alpha \neq \beta$ 的结果取极限, 可知 $\alpha = \beta$ 时亦成立.

下例说明积分号下求导的一项应用.

☆**例 7.1.32** 设 $F(x) = \mathrm{e}^{\frac{x^2}{2}} \int_x^{+\infty} \mathrm{e}^{-\frac{t^2}{2}} \mathrm{d}t \quad (x \in [0, +\infty))$, 试证:

1) $\lim\limits_{x \to +\infty} F(x) = 0$; 2) $F(x)$ 在 $[0, +\infty)$ 内单调递减. (上海师范大学)

证 1) 应用 L'Hospital 法则,

$$\lim_{x \to +\infty} F(x) = \lim_{x \to +\infty} \frac{\int_x^{+\infty} \mathrm{e}^{-\frac{t^2}{2}} \mathrm{d}t}{\mathrm{e}^{-\frac{x^2}{2}}} = \lim_{x \to +\infty} \frac{-\mathrm{e}^{-\frac{x^2}{2}}}{-x \mathrm{e}^{-\frac{x^2}{2}}} = \lim_{x \to +\infty} \frac{1}{x} = 0.$$

2) $F'(x) = x \mathrm{e}^{-\frac{x^2}{2}} \int_x^{+\infty} \mathrm{e}^{-\frac{t^2}{2}} \mathrm{d}t - \mathrm{e}^{\frac{x^2}{2}} \mathrm{e}^{-\frac{x^2}{2}} = \int_x^{+\infty} x \mathrm{e}^{\frac{x^2 - t^2}{2}} \mathrm{d}t - 1$

$$\leqslant \int_x^{+\infty} t \mathrm{e}^{\frac{x^2 - t^2}{2}} \mathrm{d}t - 1 = -\mathrm{e}^{\frac{x^2 - t^2}{2}} \Big|_x^{+\infty} - 1 = 0.$$

故 $F(x) \searrow$.

^{new}**练习 1**　试证：含参变量 x 的无穷积分

$$f(x) = \int_1^{+\infty} \frac{\arctan(tx)}{t^{\alpha}} \mathrm{d}t \quad (\alpha > 1) \tag{1}$$

定义了 $(0, +\infty)$ 内的一个可微函数，且满足

$$xf'(x) - (\alpha - 1)f(x) + \arctan x = 0. \tag{2}$$

（中国科学技术大学）

提示　（用 M 判别法.）原积分（1）对 $x \in (0, +\infty)$ 一致收敛；积分号下求导后，内闭一致收敛.

再提示　$\left| \dfrac{\arctan(tx)}{t^{\alpha}} \right| \leqslant \dfrac{\pi}{2t^{\alpha}}$（$\forall x \in (0, +\infty), t > 1$），$\dfrac{\pi}{2} \displaystyle\int_1^{+\infty} \dfrac{\mathrm{d}t}{t^{\alpha}}$（收敛（$\alpha > 1$）.故积分（1）对 x 在 $(0, +\infty)$ 上一致收敛. 被积函数求导后：

$$\left[\frac{\arctan(tx)}{t^{\alpha}} \right]_x' = \frac{1}{t^{\alpha-1}[1 + (tx)^2]} \leqslant \frac{1}{t^{\alpha-1}[1 + (bt)^2]} \quad (\text{因} \ x \geqslant b > 1)(\alpha > 1).$$

而 $\displaystyle\int_1^{+\infty} \dfrac{1}{t^{\alpha-1}[1 + (bt)^2]} \mathrm{d}t < +\infty$，表明 $\forall b > 1$，积分号下求导后的积分对 $x \geqslant b$ 一致收敛.

于是对 $x \in [b, +\infty)$，满足积分号下求导的三项条件，故

$$f'(x) = \int_1^{+\infty} \left[\frac{\arctan(tx)}{t^{\alpha}} \right]_x' \mathrm{d}t \xlongequal{\diamond \, tx = u} \frac{1}{x} \int_x^{+\infty} \left(\frac{x}{u} \right)^{\alpha} (\arctan u)_u' \cdot u_x' \mathrm{d}u$$

$$= \frac{1}{x} \int_x^{+\infty} \left(\frac{x}{u} \right)^{\alpha-1} \mathrm{d}(\arctan u)$$

$$\xlongequal{\text{分部积分}} x^{\alpha-2} \frac{1}{u^{\alpha-1}} \arctan u \bigg|_x^{+\infty} - x^{\alpha-2} \int_x^{+\infty} \arctan u \, \mathrm{d} \frac{1}{u^{\alpha-1}}$$

$$= \frac{1}{x}(-\arctan x) + (\alpha - 1) x^{\alpha-2} \int_1^{+\infty} \frac{\arctan(tx)}{t^{\alpha} x^{\alpha}} x \mathrm{d}t$$

$$\xlongequal{\text{式(1)}} \frac{1}{x}[-\arctan x + (\alpha - 1)f(x)].$$

此式两边同乘 x，再移项，即得（欲证的）式（2）.

^{new}☆ **练习 2**　设 $f(x)$ 有连续导数，反常积分 $\displaystyle\int_0^{+\infty} xf(x)\mathrm{d}x$ 与 $\displaystyle\int_0^{+\infty} \dfrac{f(x)}{x}\mathrm{d}x$ 都收敛，证明：$I(t) = \displaystyle\int_0^{+\infty} x^t f(x)\mathrm{d}x$ 在 $(-1, 1)$ 内有定义，且有连续的导函数.（北京大学）

（极好的"达标题".）

证　$1°$（先证：$\forall [\alpha, \beta] \subset (-1, 1)$，$\displaystyle\int_0^{+\infty} x^t f(x)\mathrm{d}x$ 在 $[\alpha, \beta]$ 上一致收敛.）

$$I(t) = \int_0^{+\infty} x^t f(x)\mathrm{d}x = \int_0^1 x^{t+1} \frac{f(x)}{x}\mathrm{d}x + \int_1^{+\infty} x^{t-1} \cdot xf(x)\mathrm{d}x \xlongequal{\text{记}} I_1 + I_2.$$

I_1：以 $x = 0$ 为奇点. 当 $0 < x < 1, t \geqslant \alpha > -1$ 时，固定 t, x^{1+t} 对 x 单调，且 $0 \leqslant x^{1+t} < 1$，说明 x^{1+t} 一致有界. 又已知 $\displaystyle\int_0^1 \dfrac{f(x)}{x}\mathrm{d}x$ 收敛（关于 t 一致），利用 Abel 判别法，知 I_1 一致收敛（关于 $t \geqslant \alpha$）.

I_2：以 $+\infty$ 为奇点. 当 $x > 1, t \leqslant \beta < 1$ 时，固定 t, x^{t-1} 对 x 单调，且 $0 < x^{t-1} < \dfrac{1}{x^{1-\beta}} \leqslant 1$（说明一致有界）. 又因 $\displaystyle\int_0^{+\infty} xf(x)\mathrm{d}x$ 收敛（关于 t 一致），利用 Abel 判别法，知 I_2 一致收敛（关于 $t \leqslant \beta < 1$）.

故 $I(t)$ 在 $[\alpha,\beta]$ 上有定义,且连续. 由 $[\alpha,\beta]\subset(-1,1)$ 的任意性,知 $I(t)$ 在 $(-1,1)$ 内连续.

2° (证:能在积分号下求导.)

$$\int_0^{+\infty} \frac{\partial}{\partial t}[x^t f(x)]dx = \int_0^{+\infty} x^t \ln x \cdot f(x)dx$$

$$= \int_0^1 x^{t+1} \ln x \cdot \frac{f(x)}{x}dx + \int_1^{+\infty} x^{t-1} \ln x \cdot xf(x)dx \stackrel{\text{记}}{=\!=} I_3 + I_4. \qquad (1)$$

任一内闭区间 $[\alpha,\beta]\subset(-1,1)$,当 $t\in[\alpha,\beta]$ 时,积分一致收敛.事实上,I_3 以 0 为奇点.

1) $\int_0^1 x^t \ln xf(x)dx = \int_0^1 x^{1+t} \ln x \cdot \frac{f(x)}{x}dx$,其中 $\int_0^1 \frac{f(x)}{x}dx$ 收敛(关于 t 一致),当 $0<x<1$,固定 $t\in[\alpha,\beta]\subset(-1,1)$,则 $t>-1, 1+t>0$. 当 $x\to0^+$ 时,

$$(x^{1+t}\ln x)'_x = x^t[(1+t)\ln x + 1] < 0,$$

所以 $x^{1+t}\ln x$ 对 x 单减. 当 $x\to0^+$ 时,$0<|x^{1+t}\ln x| \leqslant x^{1+\alpha}|\ln x|\to0$,故 $x^{1+t}\ln x$(关于 t)一致有界. 又 $\int_0^1 \frac{f(x)}{x}dx$ 收敛(关于 t 一致),因此由 Abel 判别法可知 I_3 一致收敛.

(此处也可应用 Dirichlet 判别法,因为 $x^{1+t}\ln x$ 对 x 单减,且当 $x\to0^+$ 时一致趋向 0. 而 $\int_0^1 \frac{f(x)}{x}dx$ 收敛,$\int_A^1 \frac{f(x)}{x}dx$ 当然(关于 t)一致有界(当 $A\to0^+$ 时).)

2) 类似可证 I_4 一致收敛.

于是 $I(t)$ 可在积分号下求导,且求导后的函数也连续,故 $I(t)$ 有连续导数.

b. 积分号下求积分

要点 要对含参变量的反常积分 $g(y) = \int_a^{+\infty} f(x,y)dx$ 实现积分号下求积分,只需验证条件:

i) $f(x,y)$ 在 $a\leqslant x<+\infty, c\leqslant y\leqslant d$ 上连续;

ii) $\int_a^{+\infty} f(x,y)dx$ 对 $y\in[c,d]$ 一致收敛,

则

$$\int_c^d dy\int_a^{+\infty} f(x,y)dx = \int_a^{+\infty} dx\int_c^d f(x,y)dy.$$

另外,若

i) $f(x,y)$ 在 $x\geqslant a, y\geqslant c$ 上连续;

ii) $\int_a^{+\infty} f(x,y)dx$ 在 $y\in[c,+\infty)$ 上内闭一致收敛,$\int_c^{+\infty} f(x,y)dy$ 对 x 在 $[a,+\infty)$ 上也内闭一致收敛;

iii) $\int_c^{+\infty} dy\int_a^{+\infty}|f(x,y)|dx$ 及 $\int_a^{+\infty} dx\int_c^{+\infty}|f(x,y)|dy$ 至少有一个收敛,

则

$$\int_c^{+\infty} dy\int_a^{+\infty} f(x,y)dx = \int_a^{+\infty} dx\int_c^{+\infty} f(x,y)dy.$$

例 7.1.33 计算积分 $I = \int_0^{+\infty} \frac{e^{-ax}-e^{-bx}}{x}\cos mx dx$, $a,b>0$.

解 因 $\dfrac{e^{-ax}-e^{-bx}}{x}=\displaystyle\int_a^b e^{-\alpha x}d\alpha$，故

$$I=\int_0^{+\infty}dx\int_a^b e^{-\alpha x}\cos mx\,d\alpha=\int_a^b d\alpha\int_0^{+\infty}e^{-\alpha x}\cos mx\,dx.$$

$\left(\text{因}\displaystyle\int_0^{+\infty}e^{-\alpha x}\cos mx\,dx\text{ 对 }\alpha\in[a,b]\text{ 一致收敛}\right)$ 由此

$$I=\int_a^b\frac{\alpha}{\alpha^2+m^2}d\alpha=\frac{1}{2}\ln\frac{b^2+m^2}{a^2+m^2}.$$

＊例 7.1.34 试利用

$$\int_0^{+\infty}e^{-u^2}du\xrightarrow{\ \text{令}\ u=\alpha x\ }\int_0^{+\infty}\alpha e^{-\alpha^2 x^2}dx\quad(\forall\,\alpha>0)\tag{1}$$

计算积分 $\displaystyle\int_0^{+\infty}e^{-\alpha^2}d\alpha$.

解 式(1)表明 $g(\alpha)=\displaystyle\int_0^{+\infty}\alpha e^{-\alpha^2 x^2}dx$ 是取常值的函数. 记 $I=\displaystyle\int_0^{+\infty}e^{-\alpha^2}d\alpha$，则

$$I^2=I\cdot\int_0^{+\infty}e^{-\alpha^2}d\alpha=\int_0^{+\infty}Ie^{-\alpha^2}d\alpha=\int_0^{+\infty}\left(\int_0^{+\infty}\alpha e^{-\alpha^2 x^2}dx\right)e^{-\alpha^2}d\alpha$$

$$=\int_0^{+\infty}d\alpha\int_0^{+\infty}\alpha e^{-\alpha^2(1+x^2)}dx=\int_0^{+\infty}dx\int_0^{+\infty}\alpha e^{-\alpha^2(1+x^2)}d\alpha$$

$$=\frac{1}{2}\int_0^{+\infty}\frac{1}{1+x^2}dx=\frac{\pi}{4}.$$

故

$$I=\frac{\sqrt{\pi}}{2}.$$

注 $\displaystyle\int_0^{+\infty}e^{-x^2}dx$ 通常称为 Euler-Poisson 积分, 在概率论中非常有用. 它的值可用多种方法算出, 除本例外, 本节还可参看例 7.1.44, 例 7.1.48.

☆五、反常积分的计算

上两例说明可用积分号下求积分的方法计算反常积分. 下面我们进一步讨论计算反常积分的其他方法.

a. 利用积分号下求导

☆**例 7.1.35** 计算积分 $g(\alpha)=\displaystyle\int_1^{+\infty}\frac{\arctan\alpha x}{x^2\sqrt{x^2-1}}dx$. (河南师范大学)

解 (困难在于分子里有 $\arctan\alpha x$, 因此考虑在积分号下求导, 消去该因子.)

1° 因 $g(\alpha)=-g(-\alpha)$, 所以只需考虑 $\alpha\geqslant 0$ 的情况. 重复例 7.1.30 的计算, 可知 $g'(\alpha)=\dfrac{\pi}{2}\left(1-\dfrac{\alpha}{\sqrt{1+\alpha^2}}\right)$, 当 $\alpha\geqslant 0$ 时.

2° 因 $g(0) = 0$,所以 $\alpha \geqslant 0$ 时,

$$g(\alpha) = g(\alpha) - g(0) = \int_0^\alpha g'(t)\,dt$$

$$= \frac{\pi}{2} \int_0^\alpha \left(1 - \frac{t}{\sqrt{1 + t^2}}\right) dt = \frac{\pi}{2}\left(\alpha + 1 - \sqrt{1 + \alpha^2}\right),$$

从而 $\qquad g(\alpha) = \frac{\pi}{2}\left(|\alpha| + 1 - \sqrt{1 + \alpha^2}\right) \operatorname{sgn} \alpha \quad (-\infty < \alpha < +\infty).$

例 7.1.36 计算积分 $g(\alpha, \beta) = \int_0^{+\infty} \dfrac{\arctan \alpha x \cdot \arctan \beta x}{x^2}\,dx.$

解 当 $\alpha > 0, \beta > 0$ 时,重复例 7.1.31 中的计算,有

$$g'_\alpha(\alpha, \beta) = \int_0^{+\infty} \frac{\arctan \beta x}{x(1 + \alpha^2 x^2)}\,dx, \tag{1}$$

$$g''_{\alpha\beta}(\alpha, \beta) = \frac{\pi}{2(\alpha + \beta)}. \tag{2}$$

由此对 β 积分得

$$g'_\alpha(\alpha, \beta) = \frac{\pi}{2}\ln(\alpha + \beta) + C(\alpha) \quad (\beta > 0). \tag{3}$$

注意积分(1)对于 $\beta \geqslant 0$ 一致收敛,因此

$$\lim_{\beta \to 0^+} g'_\alpha(\alpha, \beta) = \lim_{\beta \to 0^+} \int_0^{+\infty} \frac{\arctan \beta x}{x(1 + \alpha^2 x^2)}\,dx = 0,$$

故在(3)中令 $\beta \to 0^+$,取极限可知 $C(\alpha) = -\dfrac{\pi}{2}\ln \alpha$. 因而

$$g'_\alpha(\alpha, \beta) = \frac{\pi}{2}\ln \frac{\alpha + \beta}{\alpha} \quad (\alpha > 0, \beta > 0). \tag{4}$$

将此式对 α 积分,得

$$g(\alpha, \beta) = \frac{\pi}{2}\alpha \ln \frac{\alpha + \beta}{\alpha} + \frac{\pi}{2}\beta \ln(\alpha + \beta) + C_1(\beta). \tag{5}$$

注意到原积分 $g(\alpha, \beta)$ 关于 $\alpha, \beta \in (-\infty, +\infty)$ 一致收敛,$g(\alpha, \beta)$ 在 $(0,0)$ 处连续. 因此在式(5)中令 $\alpha \to 0^+$,可得 $C_1(\beta) = -\dfrac{\pi}{2}\beta \ln \beta$[①],故

$$g(\alpha, \beta) = \frac{\pi}{2}\ln \frac{(\alpha + \beta)^{\alpha + \beta}}{\alpha^\alpha \beta^\beta} \quad (\alpha > 0, \beta > 0). \tag{6}$$

因 $g(\alpha, \beta)$ 对 α, β 分别为奇函数. 所以

---

① 亦可由 $g(\alpha, \beta)$ 关于 α, β 的对称性,从式(5)可直接看出 $C_1(\beta) = -\dfrac{\pi}{2}\beta \ln \beta + C_2$,然后利用 $\alpha = \beta = 0$ 时 $g(0,0) = 0$,可得 $C_2 = 0$,从而 $C_1(\beta) = -\dfrac{\pi}{2}\beta \ln \beta$.

$$g(\alpha,\beta) = \begin{cases} \dfrac{\pi}{2}(\operatorname{sgn}\alpha)(\operatorname{sgn}\beta)\ln\dfrac{(\,|\,\alpha\,|\,+\,|\,\beta\,|\,)^{|\,\alpha\,|\,+\,|\,\beta\,|}}{|\,\alpha\,|^{|\,\alpha\,|}\quad|\,\beta\,|^{|\,\beta\,|}}, & \alpha\beta\neq0, \\[4mm] 0, & \alpha\beta=0. \end{cases}$$

b. 通过建立微分方程求积分值

☆**例 7.1.37**　求 $g(\alpha) = \displaystyle\int_0^{+\infty} e^{-x^2}\cos 2\alpha x\,\mathrm{d}x\left(\text{已知 } g(0) = \dfrac{\sqrt{\pi}}{2}\right)$. （复旦大学,中山大学,四川师范大学,北京师范大学,华中师范大学）

解 I　1°（验证积分号下求导条件.）略.

2° $g'(\alpha) = \displaystyle\int_0^{+\infty}(e^{-x^2}\cos 2\alpha x)'_\alpha\,\mathrm{d}x = -\int_0^{+\infty} 2xe^{-x^2}\sin 2\alpha x\,\mathrm{d}x$

$\qquad = e^{-x^2}\sin 2\alpha x\,\Big|_0^{+\infty} - 2\alpha\displaystyle\int_0^{+\infty} e^{-x^2}\cos 2\alpha x\,\mathrm{d}x = -2\alpha g(\alpha)$,

即 $g'(\alpha) = -2\alpha g(\alpha)$.

3° 解此微分方程,注意 $g(0) = \dfrac{\sqrt{\pi}}{2}$,可得 $g(\alpha) = \dfrac{\sqrt{\pi}}{2}e^{-\alpha^2}$.

解 II　$\displaystyle\int_0^{+\infty} e^{-x^2}\cos 2xy\,\mathrm{d}x = \int_0^{+\infty} e^{-x^2}\sum_{n=0}^{\infty}\frac{(-1)^n}{(2n)!}(2xy)^{2n}\,\mathrm{d}x.$ 而

$$\left|\frac{(-1)^n}{(2n)!}(2xy)^{2n}\right| \leqslant \frac{(2xy)^{2n}}{(2n)!}, \qquad \sum_{n=0}^{\infty}\frac{(2xy)^{2n}}{(2n)!} = \cosh 2xy = \frac{e^{2xy}+e^{-2xy}}{2} \text{（收敛）},$$

所以对任意给定的 $A>0$,级数 $\displaystyle\sum_{n=0}^{\infty}\frac{(-1)^n}{(2n)!}(2xy)^{2n}$ 在 $[0,A]$ 上一致收敛,能逐项积分（见例 7.1.25）$\left(\text{如例 7.1.34,已知有}\displaystyle\int_0^{+\infty} e^{-x^2}\,\mathrm{d}x = \dfrac{\sqrt{\pi}}{2}\right)$.

上式 $= \displaystyle\sum_{n=0}^{\infty}\frac{(-1)^n}{(2n)!}(2y)^{2n}\int_0^{+\infty} e^{-x^2}x^{2n}\,\mathrm{d}x$

$\qquad = \dfrac{\sqrt{\pi}}{2} + \displaystyle\sum_{n=1}^{\infty}\frac{(-1)^n}{(2n)!}(2y)^{2n}\cdot\frac{(2n-1)!!}{2^n}\cdot\frac{\sqrt{\pi}}{2}$ （见下面附注 2）

$\qquad = \dfrac{\sqrt{\pi}}{2}\left[1 + \displaystyle\sum_{n=1}^{\infty}\frac{(-y^2)^n}{n!}\right] = \dfrac{\sqrt{\pi}}{2}e^{-y^2}\left(\text{因为}\dfrac{(2n-1)!!}{(2n)!} = \dfrac{1}{(2n)!!} = \dfrac{1}{2^n n!}\right).$

附注 1　不难用数学归纳法证明,该积分可在积分号下微分任意多次,从而

$$\int_0^{+\infty} x^{2k}e^{-x^2}\cos 2\alpha x\,\mathrm{d}x = (-1)^k\frac{\sqrt{\pi}}{2^{2k+1}}\frac{\mathrm{d}^{2k}}{\mathrm{d}\alpha^{2k}}(e^{-\alpha^2}).$$

附注 2　$\displaystyle\int_0^{+\infty} e^{-x^2}x^{2n}\,\mathrm{d}x = \frac{(2n-1)!!}{2^n}\frac{\sqrt{\pi}}{2}.$

（可先用分部积分建立递推公式：

$$I_{2n-2} = \int_0^{+\infty} e^{-x^2}x^{2n-2}\,\mathrm{d}x = \frac{1}{2n-1}\int_0^{+\infty} e^{-x^2}\,\mathrm{d}x^{2n-1} = \frac{2}{2n-1}\int_0^{+\infty} e^{-x^2}x^{2n}\,\mathrm{d}x = \frac{2}{2n-1}I_{2n}.$$

（再反复递推） $I_{2n} = \dfrac{2n-1}{2}I_{2n-2} = \dfrac{2n-1}{2}\dfrac{2n-3}{2}I_{2n-4} = \cdots = \dfrac{(2n-1)!!}{2^n}I_0 = \dfrac{(2n-1)!!}{2^n}\dfrac{\sqrt{\pi}}{2}.$ ）

c. 引入收敛因子法

有时不能在积分号下求导，但引入"收敛因子"之后，可以进行积分号下求导.

☆ **例 7.1.38**   计算 Dirichlet 积分 $\displaystyle\int_0^{+\infty}\dfrac{\sin\beta x}{x}\mathrm{d}x.$

分析   用 Dirichlet 判别法，易知该积分收敛；但积分号下求导之后，积分 $\displaystyle\int_0^{+\infty}\left(\dfrac{\sin\beta x}{x}\right)'_{\beta}\mathrm{d}x = \int_0^{+\infty}\cos\beta x\mathrm{d}x$ 发散. 不满足积分号下求导的条件. 为此，我们粗略的想法是引入收敛因子 $\mathrm{e}^{-\alpha x}$，考虑积分

$$g(\alpha) = \int_0^{+\infty}\mathrm{e}^{-\alpha x}\dfrac{\sin\beta x}{x}\mathrm{d}x. \tag{1}$$

若真能计算出 $g(\alpha)$，则原积分等于 $g(0)$. 这里收敛因子 $\mathrm{e}^{-\alpha x}$ 的作用在于大大改善了收敛性. 不仅积分本身收敛，而且积分号下求导之后，所得积分也内闭一致收敛. 于是可使用积分号下求导的方法来计算积分.

解   1° $\displaystyle\int_0^{+\infty}\left(\mathrm{e}^{-\alpha x}\dfrac{\sin\beta x}{x}\right)'_{\alpha}\mathrm{d}x = -\int_0^{+\infty}\mathrm{e}^{-\alpha x}\sin\beta x\mathrm{d}x,$ $\qquad(2)$

$\qquad |\mathrm{e}^{-\alpha x}\sin\beta x| \leqslant \mathrm{e}^{-\alpha x} \leqslant \mathrm{e}^{-\alpha_0 x}\quad(\alpha\geqslant\alpha_0>0),$

且 $\displaystyle\int_0^{+\infty}\mathrm{e}^{-\alpha_0 x}\mathrm{d}x$ 收敛，所以积分（2）在 $\alpha>0$ 上内闭一致收敛. 其他条件明显，所以

$$g'(\alpha) = \int_0^{+\infty}\left(\mathrm{e}^{-\alpha x}\dfrac{\sin\beta x}{x}\right)'_{\alpha}\mathrm{d}x = -\int_0^{+\infty}\mathrm{e}^{-\alpha x}\sin\beta x\mathrm{d}x = -\dfrac{\beta}{\alpha^2+\beta^2}\quad(\alpha,\beta>0).$$

由此 $\qquad\qquad g(\alpha) = -\arctan\dfrac{\alpha}{\beta} + C \quad (\alpha,\beta>0). \tag{3}$

因 $\beta>0$ 时，

$$|g(\alpha)| = \left|\int_0^{+\infty}\mathrm{e}^{-\alpha x}\dfrac{\sin\beta x}{x}\mathrm{d}x\right| \leqslant \beta\int_0^{+\infty}\mathrm{e}^{-\alpha x}\mathrm{d}x = \dfrac{\beta}{\alpha}\to 0 \quad(\alpha\to+\infty).$$

故在式（3）里令 $\alpha\to+\infty$，取极限可得 $C = \dfrac{\pi}{2}$. 于是

$$g(\alpha) = \dfrac{\pi}{2} - \arctan\dfrac{\alpha}{\beta} \quad(\alpha,\beta>0). \tag{4}$$

2° 我们的目的是求 $g(0)$，若证明了 $g(\alpha)$ 在 $\alpha\geqslant 0$ 上连续，则 $g(0) = \lim\limits_{\alpha\to 0^+}g(\alpha)$. 根据连续守恒定理，只要证明 $g(\alpha)$ 在 $\alpha\geqslant 0$ 上一致收敛，且被积函数在 $x\geqslant 0,\alpha\geqslant 0$ 上连续. 事实上，因为 $\displaystyle\int_0^{+\infty}\dfrac{\sin\beta x}{x}\mathrm{d}x$ 收敛，自然关于 $\alpha\geqslant 0$ 一致. $\mathrm{e}^{-\alpha x}$ 对 x 单调，且 $|\mathrm{e}^{-\alpha x}|\leqslant 1$ 一致有界. 由 Abel 判别法，知 $g(\alpha) = \displaystyle\int_0^{+\infty}\mathrm{e}^{-\alpha x}\dfrac{\sin\beta x}{x}\mathrm{d}x$ 在 $\alpha\geqslant 0$ 一致收敛. 若令

$$f(x,\alpha) = \begin{cases} e^{-\alpha x}\dfrac{\sin \beta x}{x}, & x \neq 0, \\ \beta, & x = 0, \end{cases}$$

则 $g(\alpha) = \displaystyle\int_0^{+\infty} f(x,\alpha)\mathrm{d}x$，且 $f(x,\alpha)$ 在 $x \geqslant 0, \alpha \geqslant 0$ 上连续. 如此我们证明了 $g(\alpha)$ 在 $\alpha \geqslant 0$ 上连续. 在(4)中令 $\alpha \to 0^+$，可得 $\displaystyle\int_0^{+\infty}\dfrac{\sin \beta x}{x}\mathrm{d}x = g(0) = g(0^+) = \dfrac{\pi}{2}$ $(\beta > 0)$. 因 $\sin x$ 为奇函数，所以 $\displaystyle\int_0^{+\infty}\dfrac{\sin \beta x}{x}\mathrm{d}x = \dfrac{\pi}{2}\operatorname{sgn}\beta$ $(-\infty < \beta < +\infty)$.

其次，也可把(1)中的积分看成 β 的函数，在积分号下对 β 求导进行计算（留作练习）.

d. 利用反常积分定义及变量替换

☆**例 7.1.39** 设 $f(x)$ 在 $[0, +\infty)$ 上连续，$\displaystyle\int_A^{+\infty}\dfrac{f(z)}{z}\mathrm{d}z$ $(A > 0)$ 存在，试求积分 (G. Froullani) $\displaystyle\int_0^{+\infty}\dfrac{f(ax)-f(bx)}{x}\mathrm{d}x$ $(a, b > 0)$.（大连理工大学）

分析 积分 $\displaystyle\int_0^{+\infty}\dfrac{f(ax)-f(bx)}{x}\mathrm{d}x$ 有两个奇点：$x = +\infty$ 及 $x = 0$. 因 $\displaystyle\int_A^{+\infty}\dfrac{f(z)}{z}\mathrm{d}z$ 存在，我们只需考虑奇点 $x = 0$. 换句话说，我们的任务在于求极限

$$\lim_{A \to 0^+}\int_A^{+\infty}\dfrac{f(ax)-f(bx)}{x}\mathrm{d}x.$$

为此，我们将积分拆开，分别作变换，将积分变形：

$$\int_A^{+\infty}\dfrac{f(ax)-f(bx)}{x}\mathrm{d}x = \int_A^{+\infty}\dfrac{f(ax)}{x}\mathrm{d}x - \int_A^{+\infty}\dfrac{f(bx)}{x}\mathrm{d}x = \int_{aA}^{+\infty}\dfrac{f(z)}{z}\mathrm{d}z - \int_{bA}^{+\infty}\dfrac{f(z)}{z}\mathrm{d}z$$

$$= \int_{aA}^{bA}\dfrac{f(z)}{z}\mathrm{d}z = \int_a^b\dfrac{f(Ax)}{x}\mathrm{d}x. \qquad (1)$$

$\dfrac{f(Ax)}{x}$ 作为二元函数，在 $A \geqslant 0, x \in [a,b]$（或 $[b,a]$）上连续. 由连续守恒定理,

$$\lim_{A \to 0}\int_a^b\dfrac{f(Ax)}{x}\mathrm{d}x = f(0)\int_a^b\dfrac{\mathrm{d}x}{x} = f(0)\ln\dfrac{b}{a}.$$

故　　　原积分 $= \displaystyle\lim_{A \to 0}\int_A^{+\infty}\dfrac{f(ax)-f(bx)}{x}\mathrm{d}x = f(0)\ln\dfrac{b}{a}$ $(a, b > 0)$.

注 式(1)中的积分亦可利用积分中值定理:

$$\int_{aA}^{bA}\dfrac{f(z)}{z}\mathrm{d}z = f(\xi)\int_{aA}^{bA}\dfrac{1}{z}\mathrm{d}z = f(\xi)\ln\dfrac{b}{a} \to f(0)\ln\dfrac{b}{a} \quad (A \to 0^+),$$

其中 ξ 在 aA 与 bA 之间.

例 7.1.40 设 $f(x)$ 在 $[0, +\infty)$ 上连续，且 $\displaystyle\lim_{x \to +\infty}f(x) = k$，试证:

$$\int_0^{+\infty}\dfrac{f(ax)-f(bx)}{x}\mathrm{d}x = (f(0)-k)\ln\dfrac{b}{a} \quad (a > 0, b > 0).$$

（中国人民大学）

证 令 $F(x) = f(x) - k$，取 $0 < A < B, c > 0$，则

$$\int_A^B \frac{f(ax) - f(bx)}{x} dx = \int_A^B \frac{F(ax) - F(bx)}{x} dx = \int_A^B \frac{F(ax)}{x} dx - \int_A^B \frac{F(bx)}{x} dx$$

$$= \int_{aA}^{aB} \frac{F(u)}{u} du - \int_{bA}^{bB} \frac{F(v)}{v} dv$$

$$= \int_{aA}^c \frac{F(u)}{u} du + \int_c^{aB} \frac{F(u)}{u} du - \left(\int_{bA}^c \frac{F(v)}{v} dv + \int_c^{bB} \frac{F(v)}{v} dv \right)$$

（将积分变量统一记为 t，合并）

$$= \left(\int_{aA}^c \frac{F(t)}{t} dt - \int_{bA}^c \frac{F(t)}{t} dt \right) - \left(\int_c^{bB} \frac{F(t)}{t} dt - \int_c^{aB} \frac{F(t)}{t} dt \right)$$

$$= \int_{aA}^{bA} \frac{F(t)}{t} dt - \int_{aB}^{bB} \frac{F(t)}{t} dt = \int_a^b \frac{F(At)}{t} dt - \int_a^b \frac{F(Bt)}{t} dt$$

$$= \int_a^b \frac{F(At) - F(Bt)}{t} dt.$$

因为 $t \in [a, b]$ 时 $\dfrac{F(At) - F(Bt)}{t} = \dfrac{f(At) - f(Bt)}{t}$ 对 A, B, t 连续，满足积分号下求极限的要求，因此若将原式左端的积分记作 I，则

$$I = \lim_{A \to 0^+, B \to +\infty} \int_a^b \frac{F(At) - F(Bt)}{t} dt = \int_a^b \lim_{A \to 0^+, B \to +\infty} \frac{F(At) - F(Bt)}{t} dt$$

$$= (f(0^+) - f(+\infty)) \ln \frac{b}{a} = (f(0) - k) \ln \frac{b}{a}.$$

级数解法

☆ **例 7.1.41** 计算积分 $I = \displaystyle\int_0^{+\infty} \frac{e^{-ax^2} - e^{-bx^2}}{x^2} dx \quad (a > 0, b > 0)$. （西北师范大学，中山大学）

本例有多种解法，如

解 I 利用积分号下求导（留作练习）.

解 II 利用积分号下求积分（留作练习）.

解 III （利用分部积分法.）

$$I = -\int_0^{+\infty} (e^{-ax^2} - e^{-bx^2}) d \frac{1}{x} = \frac{e^{-bx^2} - e^{-ax^2}}{x} \bigg|_{0^+}^{+\infty} + 2 \int_0^{+\infty} (be^{-bx^2} - ae^{-ax^2}) dx$$

$$= 2\sqrt{b} \int_0^{+\infty} e^{-(\sqrt{b}x)^2} d(\sqrt{b}x) - 2\sqrt{a} \int_0^{+\infty} e^{-(\sqrt{a}x)^2} d(\sqrt{a}x) = \sqrt{\pi}(\sqrt{b} - \sqrt{a}).$$

解 IV （化为二重积分.）设 $b > a > 0$，则

$$I = \int_0^{+\infty} \frac{dx}{x^2} \int_{ax^2}^{bx^2} e^{-y} dy = \iint_D \frac{e^{-y}}{x^2} dx dy,$$

其中

$$D = \left\{ (x,y) \mid 0 \leq x < +\infty, ax^2 \leq y \leq bx^2 \right\}$$
$$= \left\{ (x,y) \mid 0 \leq y < +\infty, \sqrt{\frac{y}{b}} \leq x \leq \sqrt{\frac{y}{a}} \right\},$$

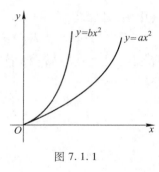

图 7.1.1

如图 7.1.1. 不难证明 $(0,0)$ 不是奇点. 该反常二重积分收敛. 事实上,

$$I = \int_0^{+\infty} \mathrm{d}y \int_{\sqrt{\frac{y}{b}}}^{\sqrt{\frac{y}{a}}} \frac{\mathrm{e}^{-y}}{x^2} \mathrm{d}x = \int_0^{+\infty} \mathrm{e}^{-y} \frac{(\sqrt{b} - \sqrt{a})}{\sqrt{y}} \mathrm{d}y$$

$$\xlongequal{\text{令 } u = \sqrt{y}} 2(\sqrt{b} - \sqrt{a}) \int_0^{+\infty} \mathrm{e}^{-u^2} \mathrm{d}u = (\sqrt{b} - \sqrt{a})\sqrt{\pi}.$$

该结果虽然是在 $b > a > 0$ 的条件下求出的,但若 $a = b$,显然结果仍成立. 至于 $a > b > 0$ 的情况,只要从积分号下提取因子 (-1),可知上述结果仍被保持.

本例的主要目的在于介绍级数解法.

解 V （级数解法）不妨设 $b > a > 0$.

$$\frac{\mathrm{e}^{-ax^2} - \mathrm{e}^{-bx^2}}{x^2} = \mathrm{e}^{-bx^2} \frac{\mathrm{e}^{(b-a)x^2} - 1}{x^2} = \sum_{n=1}^{\infty} \frac{1}{n!} \mathrm{e}^{-bx^2}(b-a)^n x^{2n-2}$$

$$\xlongequal{\text{令 } n = k+1} \sum_{k=0}^{\infty} \frac{1}{(k+1)!} \mathrm{e}^{-bx^2}(b-a)^{k+1} x^{2k}.$$

故

$$I = \int_0^{+\infty} \frac{\mathrm{e}^{-ax^2} - \mathrm{e}^{-bx^2}}{x^2} \mathrm{d}x = \sum_{k=0}^{\infty} \frac{(b-a)^{k+1}}{(k+1)!} \int_0^{+\infty} \mathrm{e}^{-bx^2} x^{2k} \mathrm{d}x. \tag{1}$$

注意到 $k = 0$ 时,

$$\int_0^{+\infty} \mathrm{e}^{-bx^2} \mathrm{d}x = \frac{1}{\sqrt{b}} \frac{\sqrt{\pi}}{2}. \tag{2}$$

式 (2) 两端对 b 求导得

$$\int_0^{+\infty} \mathrm{e}^{-bx^2} x^2 \mathrm{d}x = \frac{\sqrt{\pi}}{2} \cdot \frac{1}{2} \frac{1}{b^{\frac{3}{2}}}.$$

这是式 (1) 中 $k = 1$ 项的积分. 继续对 b 求导可得 $k = 2$ 项的积分. 用数学归纳法可证式 (1) 中第 k 项的积分

$$\int_0^{+\infty} \mathrm{e}^{-bx^2} x^{2k} \mathrm{d}x = \frac{\sqrt{\pi}}{2} \frac{1}{2} \frac{3}{2} \cdots \frac{2k-1}{2} \frac{1}{b^{\frac{2k+1}{2}}}.$$

因此式 (1) 变为

$$I = -b^{\frac{1}{2}} \sqrt{\pi} \sum_{k=0}^{\infty} \frac{\frac{1}{2}\left(\frac{1}{2} - 1\right)\left(\frac{1}{2} - 2\right) \cdots \left(\frac{1}{2} - k\right)}{(k+1)!} \left(\frac{a-b}{b}\right)^{k+1}$$

$$= -b^{\frac{1}{2}} \sqrt{\pi} \left[\left(1 + \frac{a-b}{b}\right)^{\frac{1}{2}} - 1\right] = \sqrt{\pi}(\sqrt{b} - \sqrt{a}).$$

式 (1) 逐项取积分是合理的. 这是因为 $\forall A > 0$, $[0, A]$ 上的积分可逐项取. 而逐项积分之后所得（关于 A 的）级数，以式(1)右端的收敛级数为优级数，所以它关于 $A \in (0, +\infty)$ 一致收敛，故可令 $A \to +\infty$，逐项取极限得式(1)（参看下例）.

例 7.1.42 若 $f(x) = \sum\limits_{n=0}^{\infty} a_n x^n$ $(a_n > 0, n = 0, 1, \cdots)$ 的收敛半径为 $+\infty$，且 $\sum\limits_{n=0}^{\infty} a_n n!$ 收敛，则 $\int_0^{+\infty} e^{-x} f(x) dx$ 也收敛，且

$$\int_0^{+\infty} e^{-x} f(x) dx = \sum_{n=0}^{\infty} a_n n!. \tag{1}$$

（东北师范大学）

解 因为 $f(x) = \sum\limits_{n=0}^{\infty} a_n x^n$，所以

$$\int_0^{+\infty} e^{-x} f(x) dx = \lim_{A \to +\infty} \int_0^A e^{-x} \sum_{n=0}^{\infty} a_n x^n dx. \tag{2}$$

因级数收敛半径为 $+\infty$，且因 e^{-x} 有界 $(e^{-x} \leqslant 1)$，故在 $[0, A]$ 上可逐项积分，继而

$$\int_0^{+\infty} e^{-x} f(x) dx = \lim_{A \to +\infty} \sum_{n=0}^{\infty} a_n \int_0^A x^n e^{-x} dx. \tag{3}$$

因 $\left| a_n \int_0^A x^n e^{-x} dx \right| \leqslant a_n \int_0^{+\infty} x^n e^{-x} dx = a_n n!$，且已知 $\sum\limits_{n=0}^{\infty} a_n n!$ 收敛，因此(3)中级数对 $A \in (0, +\infty)$ 一致收敛，式(3)可逐项取极限，于是

$$\int_0^{+\infty} e^{-x} f(x) dx = \sum_{n=0}^{\infty} a_n \lim_{A \to +\infty} \int_0^A x^n e^{-x} dx = \sum_{n=0}^{\infty} a_n n!.$$

☆ **例 7.1.43** 求 $f(x) = \int_0^{\frac{\pi}{2}} \ln(1 - x^2 \cos^2 \theta) d\theta$ $(|x| < 1)$. （华中师范大学）

解 I （用积分号下求导.）$f'(x) = \dfrac{\pi}{x} \left(1 - \dfrac{1}{\sqrt{1 - x^2}}\right)$，$f(0) = 0$，所以

$$f(x) = \pi \ln \frac{1 + \sqrt{1 - x^2}}{2} \quad (|x| < 1).$$

解 II （级数解法）

$$f(x) = \int_0^{\frac{\pi}{2}} \ln(1 - x^2 \cos^2 \theta) d\theta = -\int_0^{\frac{\pi}{2}} \sum_{n=1}^{\infty} \frac{x^{2n}}{n} \cos^{2n} \theta d\theta = -\sum_{n=1}^{\infty} \frac{x^{2n}}{n} \int_0^{\frac{\pi}{2}} \cos^{2n} \theta d\theta$$

$$= -\sum_{n=1}^{\infty} \frac{x^{2n}}{n} \cdot \frac{(2n-1)!!}{(2n)!!} \cdot \frac{\pi}{2} = -\frac{\pi}{2} \sum_{n=1}^{\infty} \frac{(2n-1)!!}{n \cdot (2n)!!} x^{2n}.$$

注 比较两结果，可得 $\ln(1 + \sqrt{1 - x^2})$ 的 Maclaurin 展开式以及在 $x = 0$ 处各阶导数的值.

^{new} **练习** 设实数 λ，$|\lambda| < 1$，求 $f(\lambda) = \int_0^{\pi} \ln(1 + \lambda \cos x) dx$. （浙江大学）

提示 $f(\lambda) = \int_0^{\pi} \ln(1 + \lambda \cos x) dx = \int_0^{\frac{\pi}{2}} \ln(1 + \lambda \cos x) dx + \int_{\frac{\pi}{2}}^{\pi} \ln(1 + \lambda \cos x) dx.$

在右端第二个积分中令 $x = \pi - t$，变换后积分变量仍改用 x，再与第一个积分合并，

$$上式 = \int_0^{\frac{\pi}{2}} \ln(1 - \lambda^2 \cos^2 x)\,dx = \pi \ln \frac{1 + \sqrt{1 - x^2}}{2} \quad (见例\,7.1.43).$$

e. 利用别的积分

我们知道，利用分析和代数的各种手段，将要求的积分化为已知的积分或易求积分，这是计算积分的根本方法．下面看

☆**例 7.1.44** 试利用积分 $\varphi(x) = \int_0^1 \frac{e^{-x^2(1+u^2)}}{1+u^2}\,du$ 计算积分 $I = \int_0^{+\infty} e^{-x^2}\,dx$．（河南师范大学）

解 令 $f(x) = \left(\int_0^x e^{-t^2}\,dt\right)^2$，作变换 $t = xu$，易验证 $\varphi'(x) = -f'(x)\;(x \geq 0)$．从而

$$f(x) + \varphi(x) = C.$$

取 $x = 0$，知 $C = \frac{\pi}{4}$．于是，$f(x) = \frac{\pi}{4} - \varphi(x)$，

$$I^2 = \lim_{x \to +\infty} f(x) = \frac{\pi}{4} - \lim_{x \to +\infty} \varphi(x). \tag{1}$$

注意到 $0 \leqslant \frac{e^{-x^2(1+u^2)}}{1+u^2} \leqslant e^{-x^2} \to 0\;(x \to +\infty)$，所以当 $x \to +\infty$ 时，$\frac{e^{-x^2(1+u^2)}}{1+u^2} \rightrightarrows 0$（关于 $u \in [0,1]$），$\varphi(x)$ 可以在积分号下求极限：

$$\lim_{x \to +\infty} \varphi(x) = \lim_{x \to +\infty} \int_0^1 \frac{e^{-x^2(1+u^2)}}{1+u^2}\,du = \int_0^1 \lim_{x \to +\infty} \frac{e^{-x^2(1+u^2)}}{1+u^2}\,du = 0.$$

代入式（1）知 $I = \int_0^{+\infty} e^{-x^2}\,dx = \frac{\sqrt{\pi}}{2}$．

学了二重积分的读者，请解下题．

例 7.1.45 试求 $\lim\limits_{u \to +\infty} \frac{1}{2\pi} \int_0^u dz \iint\limits_D \frac{\sin(z\sqrt{x^2+y^2})}{\sqrt{x^2+y^2}}\,dxdy$，其中 $D: 1 \leqslant x^2 + y^2 \leqslant 4$．（南昌大学）

提示 $\frac{1}{2\pi} \iint\limits_D \frac{\sin(z\sqrt{x^2+y^2})}{\sqrt{x^2+y^2}}\,dxdy = \frac{\cos z - \cos 2z}{z}$，利用例 7.1.39.

六、综合性例题

***例 7.1.46** 函数 $f(x)$ 在整个数轴上连续并且 $f(x) > 0$，已知对所有的 t，

$$\int_{-\infty}^{+\infty} e^{-|t-x|} f(x)\,dx \leqslant 1. \tag{1}$$

证明：$\forall a, b\,(a < b)$，

$$\int_a^b f(x)\,dx \leqslant \frac{b-a}{2} + 1. \tag{2}$$

（国外赛题）

解 （目标：从（1）推出（2）.）式（1）等价于：$\forall a, b\,(a < b)$，有

$$\int_a^b e^{-|t-x|} f(x)\,dx \leqslant 1. \tag{3}$$

因此

$$\int_a^b dt \int_a^b e^{-|t-x|} f(x)\,dx \leqslant b - a. \tag{4}$$

但

$$\int_a^b dt \int_a^b e^{-|t-x|} f(x)\,dx = \int_a^b f(x)\left(\int_a^b e^{-|t-x|}\,dt\right)dx,$$

其中

$$\int_a^b e^{-|t-x|}\,dt = \int_a^x e^{t-x}\,dt + \int_x^b e^{x-t}\,dt = 2 - e^{a-x} - e^{x-b}.$$

故式（4）可改写成

$$\int_a^b f(x)(2 - e^{a-x} - e^{x-b})\,dx \leqslant b - a, \tag{5}$$

即

$$\int_a^b f(x)\,dx \leqslant \frac{b-a}{2} + \frac{1}{2}\left[\int_a^b e^{a-x} f(x)\,dx + \int_a^b e^{x-b} f(x)\,dx\right]. \tag{6}$$

然而

$$\int_a^b e^{a-x} f(x)\,dx = \int_a^b e^{-|a-x|} f(x)\,dx \leqslant \int_{-\infty}^{+\infty} e^{-|a-x|} f(x)\,dx \leqslant 1.$$

同样，$\int_a^b e^{x-b} f(x)\,dx \leqslant 1.$ 所以由式（6）可得式（2）. 证毕.

** 例 7.1.47 证明 **Wallis 公式**：$\displaystyle\lim_{n\to\infty} \sqrt{2n+1}\,\frac{(2n-1)!!}{(2n)!!} = \sqrt{\frac{2}{\pi}}.$

证 I （利用含参变量积分.）

$$\sqrt{2n+1}\,\frac{(2n-1)!!}{(2n)!!} = \sqrt{2n+1}\,\frac{2}{\pi}\int_0^{\frac{\pi}{2}} \sin^{2n}x\,dx. \tag{1}$$

在积分中令 $x = \operatorname{arccot}\dfrac{t}{\sqrt{n+1}}$，则 $t = \sqrt{n+1}\cot x$，且当 $x = 0$ 时 $t = -\infty$，当 $x = \dfrac{\pi}{2}$ 时

$t = 0$，$dx = \dfrac{-1}{1 + \left(\dfrac{t}{\sqrt{n+1}}\right)^2}\,\dfrac{dt}{\sqrt{n+1}}$. 于是，式（1）变为

$$\sqrt{2n+1}\,\frac{(2n-1)!!}{(2n)!!} = \frac{\sqrt{2n+1}}{\sqrt{n+1}}\cdot\frac{2}{\pi}\int_0^{+\infty}\left(1 + \frac{t^2}{n+1}\right)^{-(n+1)}dt.$$

故

$$\lim_{n\to\infty}\sqrt{2n+1}\,\frac{(2n-1)!!}{(2n)!!} = \lim_{n\to\infty}\frac{2\sqrt{2}}{\pi}\int_0^{+\infty}\left(1 + \frac{t^2}{n+1}\right)^{-(n+1)}dt.$$

因 $\displaystyle\int_0^{+\infty}\left(1 + \dfrac{t^2}{n}\right)^{-n}dt$ 对 $n \in \mathbf{N}$ 一致收敛，$\left(1 + \dfrac{t^2}{n}\right)^{-n} \rightrightarrows e^{-t^2}$ 关于 $t \in [0, +\infty)$（当 $n \to$ ∞ 时），故可在积分号下取极限. 所以

$$\lim_{n \to \infty} \sqrt{2n+1} \, \frac{(2n-1)!!}{(2n)!!} = \frac{2\sqrt{2}}{\pi} \int_0^{+\infty} \lim_{n \to \infty} \left(1 + \frac{t^2}{n+1}\right)^{-(n+1)} \mathrm{d}t$$

$$= \frac{2\sqrt{2}}{\pi} \int_0^{+\infty} \mathrm{e}^{-t^2} \mathrm{d}t = \sqrt{\frac{2}{\pi}}.$$

证 II （利用两边夹法则.）因

$$\int_0^{\frac{\pi}{2}} \sin^{2n+1} x \mathrm{d}x < \int_0^{\frac{\pi}{2}} \sin^{2n} x \mathrm{d}x < \int_0^{\frac{\pi}{2}} \sin^{2n-1} x \mathrm{d}x,$$

由 Wallis 积分公式,此即

$$\frac{(2n)!!}{(2n+1)!!} < \frac{(2n-1)!!}{(2n)!!} \cdot \frac{\pi}{2} < \frac{(2n-2)!!}{(2n-1)!!}.$$

由此

$$\left[\frac{(2n)!!}{(2n-1)!!}\right]^2 \frac{1}{2n+1} < \frac{\pi}{2} < \left[\frac{(2n)!!}{(2n-1)!!}\right]^2 \frac{1}{2n}. \tag{1}$$

但

$$\lim_{n \to \infty} \left\{ \left[\frac{(2n)!!}{(2n-1)!!}\right]^2 \frac{1}{2n} - \left[\frac{(2n)!!}{(2n-1)!!}\right]^2 \frac{1}{2n+1} \right\}$$

$$= \lim_{n \to \infty} \left[\frac{(2n)!!}{(2n-1)!!}\right]^2 \frac{1}{2n(2n+1)} \leqslant \lim_{n \to \infty} \frac{1}{2n} \cdot \frac{\pi}{2} = 0.$$

由此知 $\lim_{n \to \infty} \frac{1}{(2n+1)} \left[\frac{(2n)!!}{(2n-1)!!}\right]^2 = \frac{\pi}{2}$. 从而原式获证.

*例 7.1.48 试利用极限 $\lim_{n \to \infty} \left(1 + \frac{x^2}{n}\right)^{-n} = \mathrm{e}^{-x^2}$ 计算积分 $I = \int_0^{+\infty} \mathrm{e}^{-x^2} \mathrm{d}x$.

解 $I = \int_0^{+\infty} \mathrm{e}^{-x^2} \mathrm{d}x = \int_0^{+\infty} \lim_{n \to \infty} \left(1 + \frac{x^2}{n}\right)^{-n} \mathrm{d}x = \lim_{n \to \infty} \int_0^{+\infty} \left(1 + \frac{x^2}{n}\right)^{-n} \mathrm{d}x$ (1)

$$\xlongequal{\text{令} x = \sqrt{n}\cot t} \lim_{n \to \infty} \int_0^{\frac{\pi}{2}} \sqrt{n} \sin^{2n-2} t \mathrm{d}t = \lim_{n \to \infty} \sqrt{n} \int_0^{\frac{\pi}{2}} \sin^{2n-2} t \mathrm{d}t = \lim_{n \to \infty} \sqrt{n} \, \frac{(2n-3)!!}{(2n-2)!!} \cdot \frac{\pi}{2}$$

$$= \lim_{n \to \infty} \frac{\sqrt{n}}{\sqrt{2n-1}} \frac{1}{\left\{ \frac{1}{2n-1} \left[\frac{(2n-2)!!}{(2n-3)!!}\right]^2 \right\}^{\frac{1}{2}}} \cdot \frac{\pi}{2} \xlongequal{\text{利用上例}} \frac{\sqrt{\pi}}{2}.$$

等式(1)积分与极限交换次序是合理的. 因为:利用 Dini 定理知,连续函数的单调序列 $\left\{ \left(1 + \frac{x^2}{n}\right)^{-n} \right\}$, $n \to \infty$ 时, $\left(1 + \frac{x^2}{n}\right)^{-n} \rightrightarrows \mathrm{e}^{-x^2}$, 关于 $x \in [A, B]$, 其中 $[A, B] \subset [0, +\infty)$ 为 $[0, +\infty)$ 的任一内闭区间. 又由 M 判别法易知,积分 $\int_0^{+\infty} \left(1 + \frac{x^2}{n}\right)^{-n} \mathrm{d}x$ 对 n 一致收敛.

七、Euler 积分

导读 Euler 积分在数学分析课程中不算主干内容,不是考研重点,但偶尔也能见到,数量相对较少.

直到目前为止,我们经常使用的只是些初等函数.这给我们的研究和应用带来了很大的局限. 利用含参变量积分, 是引进非初等函数的一个重要途径. 所谓 Euler 积分, 正是如此. Euler 积分在理论和实践上的地位, 仅次于初等函数, 应用十分广泛. 本段的目的在于熟悉 Euler 积分的基本性质, 并讨论如何利用 Euler 积分来表达其他积分.

a. Euler 积分及其基本变形

要点 要顺利求解有关 Euler 积分的各种问题, 必须熟练掌握 Euler 积分的定义、它们的基本变形以及基本性质.

Γ 函数(第二型 Euler 积分)

定义 $\Gamma(\alpha) \equiv \int_0^{+\infty} x^{\alpha-1}\mathrm{e}^{-x}\mathrm{d}x \quad (\alpha > 0)$.

基本变形:

$$\Gamma(\alpha) = 2\int_0^{+\infty} t^{2\alpha-1}\mathrm{e}^{-t^2}\mathrm{d}t \quad (\diamondsuit\ x = t^2)(\alpha > 0),$$

$$\Gamma(\alpha) = \int_0^1 \left(\ln\frac{1}{t}\right)^{\alpha-1}\mathrm{d}t \quad \left(\diamondsuit\ x = \ln\frac{1}{t}\right)(\alpha > 0).$$

性质

1) $\Gamma(\alpha) = \int_0^{+\infty} x^{\alpha-1}\mathrm{e}^{-x}\mathrm{d}x$ 在 $(0, +\infty)$ 内闭一致收敛, $\Gamma(\alpha)$ 在 $(0, +\infty)$ 内连续, 有连续的各阶导数, 求导可在积分号下进行:

$$\Gamma^{(n)}(\alpha) = \int_0^{+\infty} x^{\alpha-1}\mathrm{e}^{-x}(\ln x)^n\mathrm{d}x.$$

2) (递推公式) $\quad\quad \Gamma(\alpha+1) = \alpha\Gamma(\alpha)$.

(因为 $\quad \Gamma(\alpha+1) = \int_0^{+\infty} x^{\alpha}\mathrm{e}^{-x}\mathrm{d}x \xrightarrow{\text{分部积分}} \alpha\int_0^{+\infty} x^{\alpha-1}\mathrm{e}^{-x}\mathrm{d}x = \alpha\Gamma(\alpha)$.)

因为 $\Gamma(1) = 1$, 利用此递推公式立即可得 $\Gamma(n+1) = n!$.

另外, 根据上面基本公式: $\Gamma(\alpha) = \int_0^{+\infty} x^{\alpha-1}\mathrm{e}^{-x}\mathrm{d}x \xrightarrow{\diamondsuit\ x = t^2} 2\int_0^{+\infty} x^{2\alpha-1}\mathrm{e}^{-x^2}\mathrm{d}x$, 可知 $\Gamma\left(\dfrac{1}{2}\right) = 2\int_0^{+\infty}\mathrm{e}^{-x^2}\mathrm{d}x \xrightarrow{\text{例 7.1.34}} \sqrt{\pi}$. 再从 $\Gamma\left(\dfrac{1}{2}\right) = \sqrt{\pi}$ 出发, 利用公式 $\Gamma(\alpha+1) = \alpha\Gamma(\alpha)$ 进行递推, 可得

$$\Gamma\left(n + \frac{1}{2}\right) = \frac{(2n-1)!!}{2^n}\sqrt{\pi}.$$

Γ 函数只在正半轴有定义. 利用递推公式可定义 $\alpha \leqslant 0$ 时的 $\Gamma(\alpha)$.

3) (余元公式) $\quad \Gamma(\alpha)\Gamma(1-\alpha) = \dfrac{\pi}{\sin\alpha\pi} \quad (0 < \alpha < 1)$.

4) (倍元公式)(又称 Legendre 公式)

$$\Gamma(2\alpha) = \frac{2^{2\alpha-1}}{\sqrt{\pi}}\Gamma(\alpha)\Gamma\left(\alpha + \frac{1}{2}\right) \quad (\alpha > 0).$$

B 函数(第一型 Euler 积分)

定义 $B(p,q) \equiv \int_0^1 x^{p-1}(1-x)^{q-1}dx \quad (p,q>0)$.

基本变形:

$$B(p,q) = 2\int_0^{\frac{\pi}{2}} \cos^{2p-1}\theta \sin^{2q-1}\theta d\theta \quad (\diamondsuit\, x = \cos^2\theta),$$

$$B(p,q) = \int_0^{+\infty} \frac{u^{p-1}}{(1+u)^{p+q}}du \quad \left(\diamondsuit\, x = \frac{u}{1+u}\right).$$

进而将此积分拆成 $[0,1]$, $[1,+\infty)$ 两段积分,后者作变换 $u = \frac{1}{t}$,仍把 t 写成 u,则有 $B(p,q) = \int_0^1 \frac{u^{p-1} + u^{q-1}}{(1+u)^{p+q}}du$.

性质

1) $\forall[p_1,p_2;q_1,q_2]\subset(0,+\infty;0,+\infty)$,该积分在 $[p_1,p_2;q_1,q_2]$ 上一致收敛.$B(p,q)$ 在 $(0,+\infty;0,+\infty)$ 上连续,有连续的各阶偏导数.

2) (对称性)$B(p,q) = B(q,p)$.

3) (递推公式) $B(p,q) = \frac{q-1}{p+q-1}B(p,q-1) = \frac{p-1}{p+q-1}B(p-1,q)$.

特别,对正整数 m,n,有 $B(m,n) = \frac{(n-1)!\,(m-1)!}{(m+n-1)!}$.

4) (余元公式) $B(p,1-p) = \frac{\pi}{\sin p\pi} \quad (0<p<1)$.

特别, $B\left(\frac{1}{2},\frac{1}{2}\right) = \pi$.

5) (Dirichlet 公式) $B(p,q) = \frac{\Gamma(p)\Gamma(q)}{\Gamma(p+q)}$.

b. Euler 积分的相互转换

Euler 积分的许多性质,实际上是 Euler 积分的相互关系,利用这些关系可以进行各种转换.

例 7.1.49 证明: $B\left(\frac{1}{3},\frac{1}{2}\right) = \frac{\sqrt{3}}{2\pi}\frac{\left[\Gamma\left(\frac{1}{3}\right)\right]^3}{\sqrt[3]{2}}$.

证 $B\left(\frac{1}{3},\frac{1}{2}\right) \xlongequal{\text{Dirichlet 公式}} \frac{\Gamma\left(\frac{1}{3}\right)\Gamma\left(\frac{1}{2}\right)}{\Gamma\left(\frac{1}{3}+\frac{1}{2}\right)} \xlongequal{\text{因 } \Gamma\left(\frac{1}{2}\right)=\sqrt{\pi}} \sqrt{\pi}\frac{\left[\Gamma\left(\frac{1}{3}\right)\right]^2}{\Gamma\left(\frac{1}{3}+\frac{1}{2}\right)\Gamma\left(\frac{1}{3}\right)}$.

利用倍元公式: $\Gamma\left(\frac{2}{3}\right) = \frac{2^{\frac{2}{3}-1}}{\sqrt{\pi}}\Gamma\left(\frac{1}{3}\right)\Gamma\left(\frac{1}{3}+\frac{1}{2}\right)$,因此, $B\left(\frac{1}{3},\frac{1}{2}\right) = \frac{\left[\Gamma\left(\frac{1}{3}\right)\right]^2}{2^{\frac{1}{3}}\Gamma\left(\frac{2}{3}\right)}$.利用

余元公式,

$$\Gamma\left(\frac{2}{3}\right)\Gamma\left(\frac{1}{3}\right) = \Gamma\left(1-\frac{1}{3}\right)\Gamma\left(\frac{1}{3}\right) = \frac{\pi}{\sin\frac{1}{3}\pi} = \frac{2}{\sqrt{3}}\pi.$$

故欲证等式成立.

c. 利用 Euler 积分表示其他积分

用 Euler 积分表示其他积分的方法,说到底,主要靠变量替换以及各种变形.

例 7.1.50 求积分 $\int_0^1 x^{p-1}(1-x^m)^{q-1}\mathrm{d}x$ $(p,q,m>0)$,并证明:

$$\int_0^1 \frac{\mathrm{d}x}{\sqrt{1-x^4}} \cdot \int_0^1 \frac{x^2\mathrm{d}x}{\sqrt{1-x^4}} = \frac{\pi}{4}.$$

解 令 $x^m = u$,则

$$\int_0^1 x^{p-1}(1-x^m)^{q-1}\mathrm{d}x = \frac{1}{m}\int_0^1 u^{\frac{p}{m}-1}(1-u)^{q-1}\mathrm{d}u = \frac{1}{m}\mathrm{B}\left(\frac{p}{m},q\right) = \frac{1}{m}\frac{\Gamma\left(\frac{p}{m}\right)\Gamma(q)}{\Gamma\left(\frac{p}{m}+q\right)}.$$

利用此结果,注意 $\Gamma\left(\frac{5}{4}\right) = \frac{1}{4}\Gamma\left(\frac{1}{4}\right)$, $\Gamma\left(\frac{1}{2}\right) = \sqrt{\pi}$,知

$$\int_0^1 \frac{\mathrm{d}x}{\sqrt{1-x^4}} \cdot \int_0^1 \frac{x^2\mathrm{d}x}{\sqrt{1-x^4}} = \frac{1}{4^2}\frac{\Gamma\left(\frac{1}{4}\right)\Gamma\left(\frac{1}{2}\right)\Gamma\left(\frac{3}{4}\right)\Gamma\left(\frac{1}{2}\right)}{\Gamma\left(\frac{1}{4}+\frac{1}{2}\right)\Gamma\left(\frac{3}{4}+\frac{1}{2}\right)}$$

$$= \frac{1}{4^2}\frac{\Gamma\left(\frac{1}{4}\right)\Gamma\left(\frac{3}{4}\right)\left[\Gamma\left(\frac{1}{2}\right)\right]^2}{\frac{1}{4}\Gamma\left(\frac{3}{4}\right)\Gamma\left(\frac{1}{4}\right)} = \frac{\pi}{4}.$$

例 7.1.51 求 $\int_0^\pi \frac{\mathrm{d}x}{\sqrt{3-\cos x}}$.

解 $$\int_0^\pi \frac{\mathrm{d}x}{\sqrt{3-\cos x}} = \int_0^\pi \frac{\mathrm{d}x}{\sqrt{2+2\left(\frac{1-\cos x}{2}\right)}} = \frac{1}{\sqrt{2}}\int_0^\pi \frac{\mathrm{d}x}{\sqrt{1+\sin^2\frac{x}{2}}}$$

$$\xlongequal{\text{令}\, u=\sin^2\frac{x}{2}} \frac{1}{\sqrt{2}}\int_0^1 (1+u)^{-\frac{1}{2}}(1-u)^{-\frac{1}{2}}u^{-\frac{1}{2}}\mathrm{d}u$$

$$= \frac{1}{\sqrt{2}}\int_0^1 (1-u^2)^{-\frac{1}{2}}u^{-\frac{1}{2}}\mathrm{d}u \xlongequal{\text{令}\, u^2=t} \frac{1}{2\sqrt{2}}\int_0^1 (1-t)^{-\frac{1}{2}}t^{-\frac{3}{4}}\mathrm{d}t$$

$$= \frac{1}{2\sqrt{2}}\int_0^1 t^{\frac{1}{4}-1}(1-t)^{\frac{1}{2}-1}\mathrm{d}t = \frac{1}{2\sqrt{2}}\mathrm{B}\left(\frac{1}{4},\frac{1}{2}\right).$$

例 7.1.52 求 $I = \int_0^\pi \left(\dfrac{\sin \varphi}{1 + \cos \varphi} \right)^{\alpha-1} \dfrac{\mathrm{d}\varphi}{1 + k\cos \varphi}$ $(0 < k < 1)$.

解 由半角公式，$\tan \dfrac{\varphi}{2} = \dfrac{\sin \varphi}{1 + \cos \varphi}$，令 $t = \tan \dfrac{\varphi}{2}$，则

$$\left(\frac{\sin \varphi}{1 + \cos \varphi} \right)^{\alpha-1} = t^{\alpha-1}, \quad \cos \varphi = \frac{1 - t^2}{1 + t^2}, \quad \mathrm{d}\varphi = \frac{2\mathrm{d}t}{1 + t^2}.$$

故

$$I = \int_0^{+\infty} t^{\alpha-1} \frac{1}{1 + k\dfrac{1 - t^2}{1 + t^2}} \cdot \frac{2}{1 + t^2}\mathrm{d}t = 2\int_0^{+\infty} \frac{t^{\alpha-1}}{(1 + k) + (1 - k)t^2}\mathrm{d}t$$

$$= \frac{2}{1 + k}\left(\sqrt{\frac{1 + k}{1 - k}} \right)^\alpha \int_0^{+\infty} \frac{\left(\sqrt{\dfrac{1 - k}{1 + k}}t \right)^{\alpha-1}}{1 + \left(\sqrt{\dfrac{1 - k}{1 + k}}t \right)^2}\mathrm{d}\left(\sqrt{\frac{1 - k}{1 + k}}t \right). \tag{1}$$

令 $\sqrt{\dfrac{1 - k}{1 + k}}t = \tan \dfrac{\theta}{2}$，则

$$I = \frac{1}{1 + k}\left(\sqrt{\frac{1 + k}{1 - k}} \right)^\alpha \int_0^\pi \tan^{\alpha-1}\frac{\theta}{2}\mathrm{d}\theta. \tag{2}$$

令 $u = \dfrac{\theta}{2}$，则

$$\int_0^\pi \tan^{\alpha-1}\frac{\theta}{2}\mathrm{d}\theta = 2\int_0^{\frac{\pi}{2}} \tan^{\alpha-1}u\,\mathrm{d}u = 2\int_0^{\frac{\pi}{2}} \sin^{2\cdot\frac{\alpha}{2}-1}u\cos^{2(1-\frac{\alpha}{2})-1}u\,\mathrm{d}u$$

$$= B\left(\frac{\alpha}{2}, 1 - \frac{\alpha}{2} \right) = \frac{\pi}{\sin\dfrac{\alpha}{2}\pi}. \tag{3}$$

因此

$$I = \frac{1}{1 + k}\left(\sqrt{\frac{1 + k}{1 - k}} \right)^\alpha \frac{\pi}{\sin\dfrac{\alpha}{2}\pi}.$$

*例 7.1.53 设 $t > 1$，证明：

$$\int_1^{+\infty} \frac{(\ln x)^{t-1}}{x(x - 1)}\mathrm{d}x = \Gamma(t)\zeta(t), \tag{1}$$

其中 $\Gamma(t)$ 为 Γ 函数，$\zeta(t) = \displaystyle\sum_{n=1}^\infty \frac{1}{n^t}$（为 Riemann ζ 函数）.（中国科学技术大学）

证 1° 当 $x \to 1^+$ 时，

$$\frac{(\ln x)^{t-1}}{x(x - 1)} = \frac{\{\ln[1 + (x - 1)]\}^{t-1}}{x(x - 1)} \sim \frac{1}{(x - 1)^{2-t}} \quad (t > 1).$$

又当 $x \to +\infty$ 时，$x^{\frac{3}{2}} \cdot \dfrac{(\ln x)^{t-1}}{x(x - 1)} \to 0$. 因此，式(1)左端积分收敛.

2° 式(1)右端为

$$\Gamma(t)\zeta(t) = \Gamma(t)\sum_{n=1}^{\infty}\frac{1}{n^t} = \sum_{n=1}^{\infty}\frac{1}{n^t}\int_0^{+\infty}e^{-u}u^{t-1}\mathrm{d}u$$

$$\xlongequal{\ \diamond\ u=ny\ }\sum_{n=1}^{\infty}\int_0^{+\infty}e^{-ny}y^{t-1}\mathrm{d}y. \tag{2}$$

为了证明等式(1),应将左端的积分也写成级数形式.

$$I \equiv \int_1^{+\infty}\frac{(\ln x)^{t-1}}{x(x-1)}\mathrm{d}x = \int_1^{+\infty}\frac{(\ln x)^{t-1}}{e^{\ln x}-1}\mathrm{d}(\ln x)$$

$$\xlongequal{\ \diamond\ y=\ln x\ }\int_0^{+\infty}\frac{y^{t-1}}{e^y-1}\mathrm{d}y = \int_0^{+\infty}\sum_{n=1}^{\infty}e^{-ny}y^{t-1}\mathrm{d}y. \tag{3}$$

3° 比较式(2)和(3),可见问题归结为是否可以逐项积分.事实上,因为 $\sum\limits_{n=1}^{\infty}e^{-ny}y^{t-1}$ 关于 $y\in[\varepsilon,A]$ 一致收敛 $(A>\varepsilon>0)$,故 $\forall t>1$,

$$\int_0^{+\infty}\sum_{n=1}^{\infty}e^{-ny}y^{t-1}\mathrm{d}y = \lim_{\substack{A\to+\infty\\ \varepsilon\to0}}\int_\varepsilon^A\sum_{n=1}^{\infty}e^{-ny}y^{t-1}\mathrm{d}y = \lim_{\substack{A\to+\infty\\ \varepsilon\to0}}\sum_{n=1}^{\infty}\int_\varepsilon^A e^{-ny}y^{t-1}\mathrm{d}y. \tag{4}$$

又因

$$\left|\int_\varepsilon^A e^{-ny}y^{t-1}\mathrm{d}y\right| \leqslant \int_0^{+\infty}e^{-ny}y^{t-1}\mathrm{d}y \xlongequal{\ \diamond\ ny=u\ }\frac{1}{n^t}\int_0^{+\infty}e^{-u}u^{t-1}\mathrm{d}u = \frac{1}{n^t}\Gamma(t)\quad(\forall A>0),$$

而 $\sum\limits_{n=1}^{\infty}\dfrac{1}{n^t}\Gamma(t) = \Gamma(t)\sum\limits_{n=1}^{\infty}\dfrac{1}{n^t}$ 收敛,所以级数 $\sum\limits_{n=1}^{\infty}\int_\varepsilon^A e^{-ny}y^{t-1}\mathrm{d}y$ 对 $y\in[\varepsilon,A]$ 一致收敛. 故式(4)可逐项取极限. 于是

$$\int_0^{+\infty}\sum_{n=1}^{\infty}e^{-ny}y^{t-1}\mathrm{d}y = \sum_{n=1}^{\infty}\lim_{A\to+\infty}\int_0^A e^{-ny}y^{t-1}\mathrm{d}y = \sum_{n=1}^{\infty}\int_0^{+\infty}e^{-ny}y^{t-1}\mathrm{d}y.$$

问题证毕.

例 7.1.54 利用

$$\frac{1}{x^m} = \frac{1}{\Gamma(m)}\int_0^{+\infty}t^{m-1}e^{-xt}\mathrm{d}t \quad(x>0) \tag{1}$$

求积分

$$\int_0^{+\infty}\frac{\cos\alpha x}{x^m}\mathrm{d}x \quad(0<m<1).$$

我们先说明一下式(1).事实上,

$$\frac{\Gamma(m)}{x^m} = \frac{1}{x^m}\int_0^{+\infty}u^{m-1}e^{-u}\mathrm{d}u = \int_0^{+\infty}\left(\frac{u}{x}\right)^{m-1}e^{-x\cdot\frac{u}{x}}\mathrm{d}\frac{u}{x} \xlongequal{\ \diamond\ t=\frac{u}{x}\ }\int_0^{+\infty}t^{m-1}e^{-xt}\mathrm{d}t,$$

所以式(1)成立.

解 利用式(1),

$$\int_0^{+\infty}\frac{\cos\alpha x}{x^m}\mathrm{d}x = \frac{1}{\Gamma(m)}\int_0^{+\infty}\cos\alpha x\mathrm{d}x\int_0^{+\infty}t^{m-1}e^{-xt}\mathrm{d}t$$

$$= \frac{1}{\Gamma(m)}\int_0^{+\infty}t^{m-1}\mathrm{d}t\int_0^{+\infty}e^{-xt}\cos\alpha x\mathrm{d}x \tag{2}$$

$$= \frac{1}{\Gamma(m)} \int_0^{+\infty} t^{m-1} \frac{t}{\alpha^2 + t^2} \mathrm{d}t \xlongequal{\diamond\ t = \alpha\tan u} \frac{\alpha^{m-1}}{\Gamma(m)} \int_0^{\frac{\pi}{2}} \tan^m u \mathrm{d}u$$

$$= \frac{1}{\Gamma(m)} \cdot \frac{\pi\alpha^{m-1}}{2\cos\frac{m\pi}{2}} \quad (\alpha > 0).$$

读者不难验证上面积分交换次序是合理的. 最后一步等式可重复例 7.1.52 中式(3) 的步骤得到.

例 7.1.55 已知 $0 \le h < 1$, 正整数 $n \ge 3$. 证明:

$$\int_0^h (1 - t^2)^{\frac{n-3}{2}} \mathrm{d}t \ge \frac{\sqrt{\pi}}{2} \frac{\Gamma\left(\frac{n-1}{2}\right)}{\Gamma\left(\frac{n}{2}\right)} h.$$

(中国科学技术大学)

解
$$\int_0^h (1 - t^2)^{\frac{n-3}{2}} \mathrm{d}t \xlongequal{\diamond\ t = hu} \int_0^1 h(1 - h^2 u^2)^{\frac{n-3}{2}} \mathrm{d}u$$

$$\ge h \int_0^1 (1 - u^2)^{\frac{n-3}{2}} \mathrm{d}u \quad (\text{再表示成 Euler 积分})$$

$$\xlongequal{\diamond\ u = \sin\theta} h \int_0^{\frac{\pi}{2}} \cos^{n-3}\theta \cos\theta \mathrm{d}\theta$$

$$= \frac{h}{2} \mathrm{B}\left(\frac{1}{2}, \frac{n-1}{2}\right) = \frac{\sqrt{\pi}}{2} \frac{\Gamma\left(\frac{n-1}{2}\right)}{\Gamma\left(\frac{n}{2}\right)} h.$$

例 7.1.56 证明: $\lim\limits_{n\to\infty} \int_0^{+\infty} \mathrm{e}^{-x^n} \mathrm{d}x = 1$.

证
$$\int_0^{+\infty} \mathrm{e}^{-x^n} \mathrm{d}x = \int_0^{+\infty} \frac{1}{n} t^{\frac{1}{n}-1} \mathrm{e}^{-t} \mathrm{d}t = \frac{1}{n} \Gamma\left(\frac{1}{n}\right)$$

$$= \Gamma\left(\frac{1}{n} + 1\right) \to \Gamma(1) = 1 \quad (\text{当 } n \to \infty \text{ 时})(\text{因 } \Gamma(t) \text{ 连续}).$$

d. 余元公式的利用

Γ 函数和 B 函数都有余元公式, 其突出特点是把含 Euler 积分的式子写成了初等函数, 这在一般情况下是办不到的. 上面已见到了它们的应用, 下面举例进一步说明它们的用途.

例 7.1.57 计算积分 $I = \int_0^1 \frac{\mathrm{d}x}{\sqrt[n]{1 - x^n}}$ $(n > 0)$.

解 令 $x^n = t$, 则 $I = \frac{1}{n} \int_0^1 t^{\frac{1-n}{n}} (1 - t)^{-\frac{1}{n}} \mathrm{d}t = \frac{1}{n} \mathrm{B}\left(\frac{1}{n}, 1 - \frac{1}{n}\right) = \frac{\pi}{n\sin\frac{\pi}{n}}$.

例 7.1.58 计算积分 $\int_0^{+\infty} \frac{x^{m-1}}{1 + x^n} \mathrm{d}x$ $(n > m > 0)$.

解　$\displaystyle\int_0^{+\infty}\frac{x^{m-1}}{1+x^n}\mathrm{d}x=\frac{\pi}{n\sin\dfrac{m\pi}{n}}$.

例 7.1.59　计算积分 $\displaystyle I=\int_0^{+\infty}\frac{x^{p-1}\ln x}{1+x}\mathrm{d}x\quad(0<p<1)$.

解　$\displaystyle I=\int_0^{+\infty}\frac{\partial}{\partial p}\Big(\frac{x^{p-1}}{1+x}\Big)\mathrm{d}x=\frac{\partial}{\partial p}\int_0^{+\infty}\frac{x^{p-1}}{1+x}\mathrm{d}x=\frac{\partial}{\partial p}\mathrm{B}(p,1-p)$

$\displaystyle\qquad=\frac{\partial}{\partial p}\frac{\pi}{\sin p\pi}=-\frac{\pi^2\cos p\pi}{\sin^2 p\pi}$.

读者不难验证求导与积分交换次序是合理的.

例 7.1.60　计算积分 $\displaystyle I=\int_0^{+\infty}\frac{x^{p-1}-x^{q-1}}{(1+x)\ln x}\mathrm{d}x\quad(0<p,q<1)$.

解　$\displaystyle\frac{\partial}{\partial p}I=\int_0^{+\infty}\frac{\partial}{\partial p}\Big[\frac{x^{p-1}-x^{q-1}}{(1+x)\ln x}\Big]\mathrm{d}x=\int_0^{+\infty}\frac{x^{p-1}}{1+x}\mathrm{d}x=\mathrm{B}(p,1-p)=\frac{\pi}{\sin p\pi}$,

由此　$\displaystyle I(p)=\ln\Big|\tan\frac{p\pi}{2}\Big|+C(q)$.

因为当 $p=q$ 时 $I=0$，所以 $\displaystyle C(q)=-\ln\Big|\tan\frac{q\pi}{2}\Big|$. 因此

$$I=\ln\Big|\frac{\tan(p\pi/2)}{\tan(q\pi/2)}\Big| .$$

（此处略去了积分号下求导条件的检验. 读者还可用积分号下求积分的方法来计算本例.）

例 7.1.61　计算积分：1）$\displaystyle I\equiv\int_0^1\ln\Gamma(x)\mathrm{d}x$；　2）$\displaystyle\int_0^1\big(\ln\Gamma(x)\big)\sin\pi x\mathrm{d}x$.

解　1）令 $x=1-t$，作变换，仍把积分变量写作 x，则得 $\displaystyle I=\int_0^1\ln\Gamma(1-x)\mathrm{d}x$. 两

端同时加 $\displaystyle I=\int_0^1\ln\Gamma(x)\mathrm{d}x$，得

$$2I=\int_0^1\ln\big[\Gamma(x)\Gamma(1-x)\big]\mathrm{d}x=\int_0^1\ln\frac{\pi}{\sin\pi x}\mathrm{d}x\quad\text{（余元公式）}$$

$$=\ln\pi-\int_0^1\ln\sin\pi x\mathrm{d}x=\ln\pi-\frac{1}{\pi}\int_0^\pi\ln\sin t\mathrm{d}t=\ln 2\pi\quad\text{（见例 4.5.7）.}$$

所以 $I=\ln\sqrt{2\pi}$.

2）$\displaystyle\int_0^1\big(\ln\Gamma(x)\big)\sin\pi x\mathrm{d}x=\frac{1}{\pi}\Big(1+\ln\frac{\pi}{2}\Big)$.

✐ 单元练习 7.1

含参变量的正常积分

7.1.1　设 $\displaystyle I(\alpha)=\int_0^\alpha\frac{\varphi(x)\mathrm{d}x}{\sqrt{\alpha-x}}$，其中函数 $\varphi(x)$ 及其导数 $\varphi'(x)$ 在 $0\leqslant x\leqslant a$ 上连续. 证明：当 $0<$

$\alpha < a$ 时,有 $I'(\alpha) = \dfrac{\varphi(0)}{\sqrt{\alpha}} + \displaystyle\int_0^\alpha \dfrac{\varphi'(x)}{\sqrt{\alpha-x}}\mathrm{d}x.$

提示 令 $x = \alpha t$,变换之后再在积分号下求导. 并用分部积分法变形.

再提示 $I'(\alpha) = \dfrac{1}{2\sqrt{\alpha}} \displaystyle\int_0^1 \dfrac{\varphi(\alpha t)}{\sqrt{1-t}}\mathrm{d}t + \sqrt{\alpha} \int_0^1 \dfrac{t\varphi'(\alpha t)}{\sqrt{1-t}}\mathrm{d}t \overset{\text{记}}{=\!=\!=} J_1(\alpha) + J_2(\alpha),$

其中

$$J_1(\alpha) = -\frac{1}{\sqrt{\alpha}} \int_0^1 \varphi(\alpha t)\mathrm{d}\sqrt{1-t} = \frac{1}{\sqrt{\alpha}}\varphi(0) + \frac{1}{\alpha}\int_0^\alpha \sqrt{\alpha-x}\,\varphi'(x)\mathrm{d}x, \quad J_2(\alpha) = \int_0^\alpha \frac{x\varphi'(x)}{\alpha\sqrt{\alpha-x}}\mathrm{d}x.$$

故 $I'(\alpha) = \dfrac{1}{\sqrt{\alpha}}\varphi(0) + \displaystyle\int_0^\alpha \left(\dfrac{\sqrt{\alpha-x}}{\alpha} + \dfrac{x}{\alpha\sqrt{\alpha-x}} \right)\varphi'(x)\mathrm{d}x$ 为所求.

7.1.2 求线性函数 $a + bx$,在区间 $[1,3]$ 上用它近似代替函数 $f(x) = x^2$,能使得

$$\int_1^3 (a + bx - x^2)^2\mathrm{d}x = \min.$$

提示 记 $F(a,b) = \displaystyle\int_1^3 (a + bx - x^2)^2\mathrm{d}x$,令 $F'_a = F'_b = 0$,可得 $a = -\dfrac{11}{3}, b = 4.$

注 这是最小二乘法的一个简单应用. 它体现了最小二乘法的思想和做法.

☆**7.1.3** 计算积分:

1) $\displaystyle\int_0^{\frac{\pi}{2}} \ln(a^2\sin^2 x + b^2\cos^2 x)\mathrm{d}x$,设 $a, b \neq 0$; 　　　　　　　$\left\langle\!\left\langle \pi\ln\dfrac{|a| + |b|}{2} \right\rangle\!\right\rangle$

2) $\displaystyle\int_0^\pi \ln(1 - 2\alpha\cos x + \alpha^2)\mathrm{d}x$; 　　$\langle\!\langle 0,$ 若 $|\alpha| \leqslant 1; 2\pi\ln|\alpha|,$ 若 $|\alpha| > 1\rangle\!\rangle$

3) $\displaystyle\int_0^{\frac{\pi}{2}} \dfrac{\arctan(\alpha\tan x)}{\tan x}\mathrm{d}x$; 　　　　　　　$\left\langle\!\left\langle \dfrac{\pi}{2}(\mathrm{sgn}\,\alpha)\ln(1 + |\alpha|) \right\rangle\!\right\rangle$

4) $\displaystyle\int_0^1 \sin\left(\ln\dfrac{1}{x}\right)\dfrac{x^b - x^a}{\ln x}\mathrm{d}x$,设 $a, b > 0$; 　　$\left\langle\!\left\langle \arctan\dfrac{b - a}{1 + (a+1)(b+1)} \right\rangle\!\right\rangle$

5) $\displaystyle\int_0^\alpha \arctan\sqrt{\dfrac{\alpha - x}{\alpha + x}}\mathrm{d}x$ $(\alpha > 0)$. 　　　　　　　　$\left\langle\!\left\langle \dfrac{1}{2}\alpha \right\rangle\!\right\rangle$

(北京科技大学)

提示 可参看例 7.1.5—7.1.9.

再提示 1) 用 $I(a,b)$ 表示原积分,当 $a > 0, b > 0$ 时,在积分号下求导:$I'_a(a,b) = \dfrac{\pi}{a+b}$ $(a,b > $

$0)$. 由此知 $I(a,b) = \pi\ln(a+b) + C(b)$. 但 $a = b$ 时有 $I(b,b) = \pi\ln b$,故得 $C(b) = \pi\ln\dfrac{1}{2}, I(a,b) = $

$\pi\ln\dfrac{a+b}{2}$ $(a,b > 0)$. 因为原式对 a, b 而言都是偶函数,故知 $I(a,b) = \pi\ln\dfrac{|a| + |b|}{2},\ \forall a, b \neq 0.$

2) 用 $I(\alpha)$ 表示原积分,在积分号下求导可得

当 $|\alpha| < 1$ 时,$I'(\alpha) = 0$,但 $I(0) = 0$,故 $I(\alpha) \equiv 0$;

当 $|\alpha| > 1$ 时,在括号里提取因子 α^2,剩下部分便可化为 $|\alpha| < 1$ 的情况,故得

$I(\alpha) = 2\pi\ln|\alpha|$;

最后考虑 $\alpha = \pm 1$ 的情况,可利用例 4.5.7 的结果.

3) $I(\alpha)$ 表示原积分,因为它是 α 的奇函数,故只需求出 $\alpha > 0$ 之值,当 $\alpha > 0$ 时,

$$I'(\alpha) = \int_0^{\frac{\pi}{2}} \frac{1}{1 + \alpha^2 \tan^2 x} \mathrm{d}x \xrightarrow{\diamondsuit\, t = \tan x} \int_0^{+\infty} \frac{\mathrm{d}t}{(1 + \alpha^2 t^2)(1 + t^2)}$$

$$= \frac{1}{\alpha^2 - 1} \int_0^{+\infty} \left(\frac{1}{t^2 + \frac{1}{\alpha^2}} - \frac{1}{t^2 + 1} \right) \mathrm{d}t = \frac{\pi}{2} \frac{1}{1 + \alpha}.$$

故当 $\alpha > 0$ 时, $I(\alpha) = \dfrac{\pi}{2} \ln(1 + \alpha) + C$, 但是当 $\alpha = 0$ 时明显有 $I(0) = 0$, 故 $I(\alpha) = \dfrac{\pi}{2} \ln(1 + \alpha)$ ($\alpha \geqslant 0$). 因 $I(\alpha)$ 为奇函数, 所以 $I(\alpha) = \dfrac{\pi}{2}(\operatorname{sgn} \alpha) \ln(1 + |\alpha|)$ ($\forall \alpha \in \mathbf{R}$).

注 原积分之被积函数在 $x = 0$ 处为可去间断, 个别点之值不影响积分值大小, 补充定义即可连续. 因此, $I(\alpha)$ 在 $\alpha = 0$ 处连续, $0 = I(0) = I(0^+) = \dfrac{\pi}{2} \ln(1 + \alpha)\Big|_{\alpha = 0^+} + C$, 可得 $C = 0$.

4) 原积分 $= \displaystyle\int_0^1 \left[\sin\left(\ln \frac{1}{x} \right) \right] \int_a^b x^y \mathrm{d}y \mathrm{d}x$. 注意: $\sin\left(\ln \dfrac{1}{x} \right) \cdot x^y$ 当 $x \to 0^+$ 时为可去间断, 补充定义即可连续, 因此它是 $[0, 1; a, b]$ 上二元连续函数. 积分可以交换次序(在积分号下取积分):

$$\text{原积分} = \int_a^b \mathrm{d}y \int_0^1 \sin\left(\ln \frac{1}{x} \right) x^y \mathrm{d}x \xrightarrow{\diamondsuit\, x = e^{-t}} \int_a^b \frac{\mathrm{d}y}{1 + (1 + y)^2} = \arctan \frac{b - a}{1 + (a + 1)(b + 1)}.$$

5) 利用求导公式(见例 7.1.4 前的要点 2)), 可知

$$I'(\alpha) = \frac{1}{2\alpha} \int_0^\alpha \frac{x \mathrm{d}x}{\sqrt{\alpha^2 - x^2}} = -\frac{1}{2\alpha} \int_0^\alpha \frac{1}{\sqrt{\alpha^2 - x^2}} \mathrm{d}(\alpha^2 - x^2) = -\frac{1}{2\alpha} \sqrt{\alpha^2 - x^2}\,\Big|_0^\alpha = \frac{1}{2},$$

$$I(\alpha) = \frac{1}{2}\alpha + C \quad (\alpha > 0).$$

又因 $0 \leqslant I(\alpha) \leqslant \alpha \cdot \arctan \sqrt{\dfrac{\alpha}{\alpha}} = \dfrac{\pi}{4}\alpha \to 0$ ($\alpha \to 0^+$), 故 $C = 0$, $I(\alpha) = \dfrac{1}{2}\alpha$ ($\alpha > 0$).

*7.1.4 $J_n(x) = \dfrac{1}{\pi} \displaystyle\int_0^\pi \cos(n\varphi - x\sin \varphi) \mathrm{d}\varphi$ 为 n 阶 Bessel 函数, 试证:

$$\int_0^\pi x J_0(x) \mathrm{d}x = x J_1(x).$$

提示 $\displaystyle\int_0^x t J_0(t) \mathrm{d}t = \frac{1}{\pi} \int_0^x t \mathrm{d}t \int_0^\pi \cos(-t\sin \varphi) \mathrm{d}\varphi = \frac{1}{\pi} \int_0^x t \mathrm{d}t \int_0^\pi \cos[(\varphi - t\sin \varphi) - \varphi] \mathrm{d}\varphi.$
然后利用余弦差角公式展开成两项.

再提示 $\displaystyle\int_0^x t J_0(t) \mathrm{d}t = I_1 + I_2$, 其中

$$I_1 = \frac{1}{\pi} \int_0^x t \mathrm{d}t \int_0^\pi \cos(\varphi - t\sin \varphi) \cos \varphi \mathrm{d}\varphi = \frac{1}{\pi} \int_0^x t \mathrm{d}t \int_0^\pi \cos(\varphi - t\sin \varphi) \mathrm{d}[(t\sin \varphi - \varphi) + \varphi]$$

$$= -\frac{1}{\pi} \int_0^x t \mathrm{d}t \int_0^\pi \cos(\varphi - t\sin \varphi) \mathrm{d}(\varphi - t\sin \varphi) + \frac{1}{\pi} \int_0^x t \mathrm{d}t \int_0^\pi \cos(\varphi - t\sin \varphi) \mathrm{d}\varphi$$

$$= -\frac{1}{\pi} \int_0^x t \left[\sin(\varphi - t\sin \varphi) \right]\Big|_0^\pi \mathrm{d}t + I_3 = I_3,$$

这里 $I_3 \equiv \dfrac{1}{\pi} \displaystyle\int_0^x t \mathrm{d}t \int_0^\pi \cos(\varphi - t\sin \varphi) \mathrm{d}\varphi,$

$$I_2 = \frac{1}{\pi} \int_0^x t \mathrm{d}t \int_0^\pi \sin(\varphi - t\sin \varphi) \sin \varphi \mathrm{d}\varphi = \frac{1}{\pi} \int_0^\pi \mathrm{d}\varphi \int_0^x t\sin(\varphi - t\sin \varphi) \sin \varphi \mathrm{d}t$$

$$= \frac{1}{\pi}\int_0^\pi \mathrm{d}\varphi \int_0^x t\sin(\varphi - t\sin\varphi)\mathrm{d}(t\sin\varphi) = \frac{1}{\pi}\int_0^\pi \mathrm{d}\varphi \int_0^x t\sin(\varphi - t\sin\varphi)\mathrm{d}(t\sin\varphi - \varphi)$$

$$= \frac{1}{\pi}\int_0^\pi \mathrm{d}\varphi \int_0^x t\mathrm{d}[\cos(\varphi - t\sin\varphi)] \quad (\text{分部积分})$$

$$= \frac{1}{\pi}\int_0^\pi [t\cdot\cos(\varphi - t\sin\varphi)]\Big|_0^x \mathrm{d}\varphi - \frac{1}{\pi}\int_0^\pi \mathrm{d}\varphi \int_0^x \cos(\varphi - t\sin\varphi)\mathrm{d}t$$

$$= \frac{1}{\pi}\int_0^\pi x\cos(\varphi - x\sin\varphi)\mathrm{d}\varphi - I_3 = x\mathrm{J}_1(x) - I_3.$$

注 作为基本功的训练,本题是优秀学生的一道难得的好题.

含参变量的反常积分

7.1.5 证明积分 $\displaystyle\int_0^{+\infty} x\sin(x^3 - \lambda x)\mathrm{d}x$ 是 λ 的连续函数.

提示 利用差角公式把被积函数展开成两项,然后用例 7.1.19 中的方法(分部积分).

☆**7.1.6** 证明: $\displaystyle\int_0^{+\infty} \mathrm{e}^{-tu^2}\sin t\mathrm{d}u$ 在 $t\in[0, +\infty)$ 上一致收敛.(武汉大学)

证 (用定义.)要证:$\forall \varepsilon > 0, \exists A_1 > 0$,使得 $A > A_1$ 时,有

$$\left|\int_A^{+\infty} \mathrm{e}^{-tu^2}\sin t\mathrm{d}u\right| < \varepsilon \quad (\forall t\in[0, +\infty)). \tag{1}$$

因

$$\left|\int_A^{+\infty} \mathrm{e}^{-tu^2}\sin t\mathrm{d}u\right| \xlongequal{\diamondsuit\sqrt{t}u = v} \left|\frac{\sin t}{\sqrt{t}}\int_{\sqrt{t}A}^{+\infty} \mathrm{e}^{-v^2}\mathrm{d}v\right| \leqslant \left|\frac{t}{\sqrt{t}}\right|\left|\int_0^{+\infty} \mathrm{e}^{-v^2}\mathrm{d}v\right| = \sqrt{t}\frac{\sqrt{\pi}}{2},$$

可见当 $0 < t < t_0 \equiv \dfrac{4\varepsilon^2}{\pi}$ 时,式(1)自动成立.当 $t\in[t_0, +\infty)$ 时,

$$\left|\int_A^{+\infty} \mathrm{e}^{-tu^2}\sin t\mathrm{d}u\right| = \left|\frac{\sin t}{\sqrt{t}}\right|\cdot\int_{\sqrt{t}A}^{+\infty} \mathrm{e}^{-v^2}\mathrm{d}v \leqslant \frac{1}{\sqrt{t_0}}\int_{\sqrt{t_0}A}^{+\infty} \mathrm{e}^{-v^2}\mathrm{d}v. \tag{2}$$

因 $\displaystyle\int_0^{+\infty} \mathrm{e}^{-v^2}\mathrm{d}v$ 收敛,对 $\sqrt{t_0}\varepsilon, \exists A_0 > 0$,当 $A > A_0$ 时,有 $0 < \displaystyle\int_A^{+\infty} \mathrm{e}^{-v^2}\mathrm{d}v < \sqrt{t_0}\varepsilon$.于是,令 $A_1 = \dfrac{A_0}{\sqrt{t_0}}$,则 $A >$

$A_1 = \dfrac{A_0}{\sqrt{t_0}}$ 时,$\sqrt{t_0}A > A_0$,从而式(2)$< \dfrac{1}{\sqrt{t_0}}\cdot\sqrt{t_0}\varepsilon = \varepsilon$ $(\forall x\in[0, +\infty))$.式(1)获证.

7.1.7 证明:

1)积分 $\displaystyle\int_0^{+\infty} \alpha\mathrm{e}^{-\alpha x}\mathrm{d}x$ 在 $(0 <)a\leqslant\alpha\leqslant b$ 上一致收敛,在 $\alpha > 0$ 上非一致收敛;

2)积分 $\displaystyle\int_0^1 \frac{\sin\alpha x}{\sqrt{|x - \alpha|}}\mathrm{d}x$ 在 $0\leqslant\alpha\leqslant 1$ 上一致收敛.

提示 1)$\displaystyle\int_A^{+\infty} \alpha\mathrm{e}^{-\alpha x}\mathrm{d}x = \int_A^{+\infty} \mathrm{e}^{-\alpha x}\mathrm{d}(\alpha x) \xlongequal{\diamondsuit t = \alpha x} \int_{\alpha A}^{+\infty} \mathrm{e}^{-t}\mathrm{d}t = -\mathrm{e}^{-t}\Big|_{\alpha A}^{+\infty}$

$$= \mathrm{e}^{-\alpha A}\begin{cases} \rightrightarrows 0, & \text{关于 } \alpha \text{ 于 } [a, 1] \text{ 上,对任一给定的 } a > 0, \\ \ne\!\!\!\rightrightarrows 0, & \text{关于 } \alpha \text{ 于 } (0, 1) \text{ 上} \end{cases} \quad (A\rightarrow +\infty).$$

2)$\displaystyle\int_0^1 \frac{\sin\alpha x}{\sqrt{|x - \alpha|}}\mathrm{d}x = \int_0^\alpha \frac{\sin\alpha x}{\sqrt{\alpha - x}}\mathrm{d}x + \int_\alpha^1 \frac{\sin\alpha x}{\sqrt{x - \alpha}}\mathrm{d}x \xlongequal{\text{记}} I_1 + I_2.$

I_1 以 $x = \alpha$ 为奇点,$0\leqslant\alpha\leqslant 1$,

$$\left|\int_{\alpha-\eta}^\alpha \frac{\sin\alpha x}{\sqrt{\alpha - x}}\mathrm{d}x\right| \leqslant \int_{\alpha-\eta}^\alpha \frac{\mathrm{d}x}{\sqrt{\alpha - x}} = 2\sqrt{\eta} \rightarrow 0 \quad (\text{当 } \eta\rightarrow 0 \text{ 时}),$$

故 I_1 在 $[0,1]$ 上一致收敛. 对 I_2,同理有 $\left|\int_\alpha^{\alpha+\eta}\frac{\sin\alpha x}{\sqrt{x-\alpha}}\mathrm{d}x\right|\rightrightarrows 0$ (当 $\eta\to 0$ 时)于 $\alpha\in[0,1]$ 上. 故结论成立.

7.1.8 $f(x)$ 在 $[0,+\infty)$ 上可积,$x=0,+\infty$ 为奇点,证明:
$$\lim_{\alpha\to 0+}\int_0^{+\infty}\mathrm{e}^{-\alpha x}f(x)\mathrm{d}x=\int_0^{+\infty}f(x)\mathrm{d}x.$$
(东北大学)

提示 可利用 Abel 判别法.

再提示 $\int_0^{+\infty}\mathrm{e}^{-\alpha x}f(x)\mathrm{d}x=\int_0^1\mathrm{e}^{-\alpha x}f(x)\mathrm{d}x+\int_1^{+\infty}\mathrm{e}^{-\alpha x}f(x)\mathrm{d}x\xlongequal{\text{记}}I_1+I_2.$

$f(x)$ 的积分收敛(关于 α 一致).$\mathrm{e}^{-\alpha x}$ 固定 α 后对 x 单调,$|\mathrm{e}^{-\alpha x}|\leqslant 1$ 一致有界.用 Abel 判别法可知 I_1,I_2 都一致收敛(关于 $\alpha\in(0,+\infty)$),可在积分号下取极限.

*7.1.9 $f(x)$ 在 $[0,+\infty)$ 上连续,$\int_0^{+\infty}\varphi(x)\mathrm{d}x$ 绝对收敛,证明:
$$\lim_{n\to\infty}\int_0^{\sqrt n}f\left(\frac{x}{n}\right)\varphi(x)\mathrm{d}x=f(0)\int_0^{+\infty}\varphi(x)\mathrm{d}x.$$
(南昌大学)

提示
$$\left|\int_0^{\sqrt n}f\left(\frac{x}{n}\right)\varphi(x)\mathrm{d}x-f(0)\int_0^{+\infty}\varphi(x)\mathrm{d}x\right|$$
$$\leqslant\int_0^{\sqrt n}\left|f\left(\frac{x}{n}\right)-f(0)\right||\varphi(x)|\mathrm{d}x+|f(0)|\int_{\sqrt n}^{+\infty}|\varphi(x)|\mathrm{d}x.\tag{1}$$

再提示 记 $M=\int_0^{+\infty}|\varphi(x)|\mathrm{d}x$. 因 f 在 $x=0$ 处右连续,$\forall\varepsilon>0,\exists\delta>0$,即当 $0<x<\delta$ 时,有 $|f(x)-f(0)|<\frac{\varepsilon}{2M}$. 当 $x\in[0,\sqrt n]$ 时,$0<\frac{x}{n}\leqslant\frac{\sqrt n}{n}=\frac{1}{\sqrt n}$,故当 $n>\frac{1}{\delta^2}$ 时,$0<\frac{x}{n}<\delta$. 式(1)右端

$$(\text{第一项})\leqslant\frac{\varepsilon}{2M}\int_0^{\sqrt n}|\varphi(x)|\mathrm{d}x\leqslant\frac{\varepsilon}{2M}\int_0^{+\infty}|\varphi(x)|\mathrm{d}x=\frac{\varepsilon}{2}.$$

又由 $\int_0^{+\infty}|\varphi(x)|\mathrm{d}x$ 收敛知,$\exists A_0>0$,当 $A>A_0$ 时,$\int_A^{+\infty}|\varphi(x)|\mathrm{d}x<\frac{\varepsilon}{2|f(0)|}$,因此 $n>A_0^2(\sqrt n>A_0)$ 时,式(1)右端

$$(\text{第二项})=|f(0)|\int_{\sqrt n}^{+\infty}|\varphi(x)|\mathrm{d}x\leqslant|f(0)|\cdot\frac{\varepsilon}{2|f(0)|}=\frac{\varepsilon}{2}.$$

故 $\forall\varepsilon>0$,取 $N=\max\left\{A_0^2,\frac{1}{\delta^2}\right\}$,当 $n>N$ 时,有 式$(1)\leqslant\frac{\varepsilon}{2}+\frac{\varepsilon}{2}=\varepsilon.$

☆7.1.10 证明:$\lim_{\alpha\to 0+}\int_0^{+\infty}\frac{\alpha x+1}{x^2+1}\mathrm{e}^{-\alpha x}\mathrm{d}x=\frac{\pi}{2}$.(吉林大学)

提示 左端 $=\lim_{\alpha\to 0+}\int_0^{+\infty}\frac{\alpha x\mathrm{e}^{-\alpha x}}{x^2+1}\mathrm{d}x+\lim_{\alpha\to 0+}\int_0^{+\infty}\frac{\mathrm{e}^{-\alpha x}}{x^2+1}\mathrm{d}x\left(\xlongequal{?}0+\frac{\pi}{2}\right).$ (1)

再提示 式(1)右端第二项可用 Abel 判别法,一致收敛,可在积分号下取极限,易知等于 $\frac{\pi}{2}$. 下面只需证明第一项极限为零.

记 $I(\alpha)=\int_0^{+\infty}\frac{1}{x^2+1}\cdot x\mathrm{e}^{-\alpha x}\mathrm{d}x$,利用 Abel 判别法,易证 $\forall\alpha>0$,该积分收敛. $\frac{x\mathrm{e}^{-\alpha x}}{x^2+1}$ 及 $\left(\frac{x\mathrm{e}^{-\alpha x}}{x^2+1}\right)'_\alpha=$

$\dfrac{-x^2 e^{-\alpha x}}{x^2+1}$ 在 $(0,+\infty;0,+\infty)$ 上连续. $\forall \alpha > 0$,取闭区间 $[\alpha_1,\alpha_2]:0<\alpha_1<\alpha<\alpha_2$. 在 $[\alpha_1,\alpha_2]$ 上:可

证求导后的积分一致收敛(下面补证). 故可在积分号下求导:

$$I'(\alpha) = \int_0^{+\infty} \left(\frac{x e^{-\alpha x}}{x^2+1} \right)'_\alpha dx = - \int_0^{+\infty} \frac{x^2 e^{-\alpha x}}{x^2+1} dx$$

$$= - \int_0^{+\infty} e^{-\alpha x} dx + \int_0^{+\infty} \frac{e^{-\alpha x}}{x^2+1} dx \quad (\text{一致收敛性下面补证})$$

$$= -\frac{1}{\alpha} + g(\alpha),$$

其中 $g(\alpha) \equiv \int_0^{+\infty} \dfrac{e^{-\alpha x}}{e^2+1} dx$. 于是 $I(\alpha) = h(\alpha) - \ln \alpha + C \ (\alpha > 0)$,其中 $h(\alpha) \equiv \int_0^\alpha g(x)dx$,在 $[0,1]$

上有界. 故

$$(\text{式}(1)\text{右端第一项}) = \alpha I(\alpha) = \alpha h(\alpha) - \alpha\ln \alpha + \alpha C \to 0 \quad (\text{当 } \alpha \to 0^+ \text{ 时}).$$

一致收敛性补证如下:

1) $\left| \dfrac{e^{-\alpha x}}{x^2+1} \right| \leqslant \dfrac{1}{x^2+1}$, $\int_0^{+\infty} \dfrac{1}{x^2+1} dx$ 收敛,故 $\int_0^{+\infty} \dfrac{e^{-\alpha x}}{x^2+1} dx$ 一致收敛于 $\alpha \geqslant 0$.

2) $\left| \int_A^{+\infty} e^{-\alpha x} dx \right| = \left| \int_{\alpha A}^{+\infty} e^{-t} \cdot \dfrac{dt}{\alpha} \right| = \left| -\dfrac{1}{\alpha} e^{-\alpha A} \right| \leqslant \dfrac{1}{\alpha_1} e^{-\alpha_1 A} \xrightarrow{} 0 \ (A \to +\infty)$ 关于 $\alpha \in [\alpha_1,\alpha_2]$,所

以 $\int_0^{+\infty} e^{-\alpha x} dx$ 在 $[\alpha_1,\alpha_2]$ 上一致收敛.

7.1.11 证明:$F(p) = \int_0^\pi \dfrac{\sin x}{x^p(\pi-x)^{2-p}} dx$ 在 $(0,2)$ 内连续. (北京师范大学)

提示 $F(p) = \int_0^{\frac{\pi}{2}} \dfrac{\sin x}{x^p(\pi-x)^{2-p}} dx + \int_{\frac{\pi}{2}}^\pi \dfrac{\sin x}{x^p(\pi-x)^{2-p}} dx = I_1 + I_2.$

I_1, I_2 在 $(0,2)$ 上内闭一致收敛(可用 M 判别法).

☆**7.1.12** 证明函数 $F(x) = \int_0^{+\infty} \dfrac{\sin xt}{1+t^2} dt$ 在区间 $[0,+\infty)$ 上连续,在 $(0,+\infty)$ 内有连续导

数. (厦门大学)

提示 可用 M 判别法证明一致收敛. 用 Dirichlet 判别法证明被积函数对 x 求导之后的函数之

积分在 $(0,+\infty)$ 上内闭一致收敛.

再提示 1° $\left| \dfrac{\sin xt}{1+t^2} \right| \leqslant \dfrac{1}{1+t^2}$,由 $\int_0^{+\infty} \dfrac{dt}{1+t^2}$ 收敛知 $\int_0^{+\infty} \dfrac{\sin xt}{1+t^2} dx$ 在 $[0,+\infty)$ 上一致收敛,且

$F(x)$ 在 $[0,+\infty)$ 上连续.

2° $\qquad\qquad \left(\dfrac{\sin xt}{1+t^2} \right)'_x = \dfrac{t\cos xt}{1+t^2} = \dfrac{t}{1+t^2} \cdot \cos xt,$ $\qquad\qquad\qquad (1)$

$\forall [a,b]:0<a\leqslant x\leqslant b$,满足 Dirichlet 条件:

i) $\left| \int_0^A \cos xt\, dt \right| = \left| \dfrac{\sin Ax}{x} \right| \leqslant \dfrac{1}{x} \leqslant \dfrac{1}{a}$ (一致有界).

ii) $\left(\dfrac{t}{1+t^2} \right)' = \dfrac{1-t^2}{(1+t^2)^2} = \dfrac{(1-t)(1+t)}{(1+t^2)^2} < 0$ (当 $t>1$ 时),

故当 $t>1$ 时 $\dfrac{t}{1+t^2} \searrow$,且 $\dfrac{t}{1+t^2} \xrightarrow{} 0$(当 $t\to+\infty$). 因此,$\int_0^{+\infty} \left(\dfrac{\sin xt}{1+t^2} \right)'_x dt$ 一致收敛,$F(x)$ 可在积分号

下求导,由(1)的连续性知导函数 $F'(x)$ 在 $(0, +\infty)$ 内连续.

7.1.13 设 $\varphi(x), f(x)$ 是连续函数,且 $\exists R > 0$,当 $|x| \geq R$ 时,$\varphi(x) = 0$,证明:

1)当 $n \to \infty$ 时,有 $\varphi(x)f\left(\dfrac{x}{n}\right) \xrightarrow{\quad} \varphi(x)f(0)$,$-\infty < x < +\infty$;

2)若还有 $\displaystyle\int_{-\infty}^{+\infty} \varphi(t)\mathrm{d}t = 1$,则 $\displaystyle\lim_{n\to\infty} n\int_{-\infty}^{+\infty} \varphi(nx)f(x)\mathrm{d}x = f(0)$. (武汉大学)

提示 1)因 $\varphi(x) \equiv 0$(当 $|x| \geq R$ 时),故只需证明:$n \to \infty$ 时,$\varphi(x)f\left(\dfrac{x}{n}\right) \xrightarrow{\quad} \varphi(x)f(0)$ 于 $[-R, R]$ 上.

2)注意 $n\displaystyle\int_{-\infty}^{+\infty} \varphi(nx)f(x)\mathrm{d}x \xlongequal{\text{令} nx=t} \int_{-\infty}^{+\infty} \varphi(t)f\left(\dfrac{t}{n}\right)\mathrm{d}t = \int_{-R}^{R} \varphi(t)f\left(\dfrac{t}{n}\right)\mathrm{d}t$,$f(0) = \displaystyle\int_{-R}^{R} \varphi(t)f(0)\mathrm{d}t$.

再提示 1)φ 在 $[-R, R]$ 上连续,知 $\exists M > 0$,使 $|\varphi(x)| \leq M$ 在 $[-R, R]$ 上,从而也在 $(-\infty, +\infty)$ 上成立.又因 f 在 $t = 0$ 处连续,故 $\forall \varepsilon > 0$,$\exists \delta > 0$,当 $|t| < \delta$ 时,有

$$|f(0) - f(t)| < \frac{\varepsilon}{M}. \tag{1}$$

取 $N = \dfrac{R}{\delta}$,则 $n > N$,$|x| \leq R$ 时,有 $\left|\varphi(x)f(0) - \varphi(x)f\left(\dfrac{x}{n}\right)\right| \leq M\left|f(0) - f\left(\dfrac{x}{n}\right)\right| < \varepsilon$.

2)只需在式(1)中将 M 换为 $M \cdot 2R$,则 $n > N$ 时有

$$\left|n\int_{-\infty}^{+\infty} \varphi(nx)f(x)\mathrm{d}x - f(0)\right| \leq \int_{-R}^{R}\left[\varphi(t)f\left(\dfrac{t}{n}\right) - \varphi(t)f(0)\right]\mathrm{d}t \leq M\int_{-R}^{R}\left|f\left(\dfrac{t}{n}\right) - f(0)\right|\mathrm{d}t < \varepsilon.$$

☆**7.1.14** 设对任意自然数 n,$f_n(x)$ 在 $[a, +\infty)$ 上连续,且反常积分 $\displaystyle\int_a^{+\infty} f_n(x)\mathrm{d}x$ 关于 n 一致收敛;对任意 $M > a$,在 $[a, M]$ 上有 $f_n(x) \xrightarrow{\quad} f(x)$$(n \to \infty)$,证明:

1)反常积分 $\displaystyle\int_a^{+\infty} f(x)\mathrm{d}x$ 收敛;2)$\displaystyle\lim_{n\to\infty} \int_a^{+\infty} f_n(x)\mathrm{d}x = \int_a^{+\infty} f(x)\mathrm{d}x$. (武汉大学)

提示 1)可用 Cauchy 准则,2)用结论 1).

再提示 1° 要证 $\displaystyle\int_a^{+\infty} f(x)\mathrm{d}x$ 收敛,根据 Cauchy 准则,即要证明:$\forall \varepsilon > 0$,$\exists A_0 > a$,当 $A_0 < A_1 < A_2$ 时,有

$$\left|\int_{A_1}^{A_2} f(x)\mathrm{d}x\right| < \varepsilon. \tag{1}$$

已知 $\displaystyle\int_a^{+\infty} f_n(x)\mathrm{d}x$ 对 n 一致收敛,故对此 $\varepsilon > 0$,$\exists A_0 > a$,当 $A_0 < A' < A''$ 时,有

$$\left|\int_{A'}^{A''} f_n(x)\mathrm{d}x\right| < \frac{\varepsilon}{2} \quad (\forall A', A'' : A_0 < A' < A''). \tag{2}$$

下面证明如此找到的 $A_0 > a$ 满足上面所提的要求.即:$\forall A_1, A_2$,若 $A_0 < A_1 < A_2$,则应有式(1)成立.事实上,这时取 $M = A_2$,由 $f_n(x) \xrightarrow{\quad} f(x)$ 的条件,可知 $\exists n \in \mathbf{N}$,使得

$$|f_n(x) - f(x)| < \frac{\varepsilon}{2(A_2 - A_1)}. \tag{3}$$

于是

$$\left|\int_{A_1}^{A_2} f(x)\mathrm{d}x\right| = \left|\int_{A_1}^{A_2}(f(x) - f_n(x))\mathrm{d}x + \int_{A_1}^{A_2} f_n(x)\mathrm{d}x\right|$$

$$\leqslant \int_{A_1}^{A_2} |f(x) - f_n(x)| \, \mathrm{d}x + \int_{A_1}^{A_2} |f_n(x)| \, \mathrm{d}x \overset{\text{式}(2),(3)}{\leqslant} \frac{\varepsilon}{2} + \frac{\varepsilon}{2} = \varepsilon.$$

结论 1) 获证.

2° 利用已知条件及结论 1), 易知 $\forall \varepsilon > 0$, $\exists A_0 > a$, 使得 $\left| \int_{A_0}^{+\infty} f_n(x) \, \mathrm{d}x \right| < \frac{\varepsilon}{3}$,

$\left| \int_{A_0}^{+\infty} f(x) \, \mathrm{d}x \right| < \frac{\varepsilon}{3}$. 再令已知条件中的 $M = A_0$, 由 $f_n \rightrightarrows f$ 之条件, 知 $\exists N > 0$, 当 $n > N$ 时有

$|f_n(x) - f(x)| < \dfrac{\varepsilon}{3(A_0 - a)}$, 从而 $\left| \int_a^{A_0} (f_n(x) - f(x)) \, \mathrm{d}x \right| < \dfrac{\varepsilon}{3}$. 故得

$$\left| \int_a^{+\infty} (f_n(x) - f(x)) \, \mathrm{d}x \right|$$

$$\leqslant \int_a^{A_0} |f_n(x) - f(x)| \, \mathrm{d}x + \left| \int_{A_0}^{+\infty} f_n(x) \, \mathrm{d}x \right| + \left| \int_{A_0}^{+\infty} f(x) \, \mathrm{d}x \right| \leqslant \frac{\varepsilon}{3} + \frac{\varepsilon}{3} + \frac{\varepsilon}{3} = \varepsilon.$$

结论 2) 获证.

7.1.15 设 $f_n(x) = \dfrac{x}{1 + n^3 x^3}$, $x \in [0, +\infty)$. 证明:

1) $f_n(x) \rightrightarrows 0$ 关于 $x \in [0, +\infty)$ $(n \to \infty)$; 2) $\lim\limits_{n \to \infty} \int_0^{+\infty} f_n(x) \, \mathrm{d}x = 0$. (武汉大学)

提示 1) 可证明 $|f_n(x) - 0| \leqslant \dfrac{1}{n} \to 0$.

2) 只需补证 $\int_0^{+\infty} f_n(x) \, \mathrm{d}x$ 关于 n 一致收敛, 就可在积分号下取极限.

再提示 1) $|f_n(x) - 0| = \dfrac{x}{1 + n^3 x^3} = \dfrac{x}{1 + nx} \cdot \dfrac{1}{(1 - nx)^2 + nx} \leqslant \dfrac{x}{1 + nx} \cdot \dfrac{1}{nx} < \dfrac{1}{n} \to 0$,

故 1) 获证.

2) $|f_n(x)| = \dfrac{x}{1 + n^3 x^3} \leqslant \dfrac{1}{x^2}$. 而 $\int_1^{+\infty} \dfrac{1}{x^2} \, \mathrm{d}x$ 收敛, 故 $\int_1^{+\infty} f_n(x) \, \mathrm{d}x$ 对 n 一致收敛, 从而 $\int_0^{+\infty} f_n(x) \, \mathrm{d}x$ 亦然.

☆**7.1.16** 已知: $\forall A > 0$, $f(x)$ 在 $[0, A]$ 上可积, 且在 $[0, +\infty)$ 上绝对可积. 试证:

1) $\varphi(x) = \int_0^{+\infty} f(t) \sin(xt) \, \mathrm{d}t$ 连续;

2) 若将绝对可积条件去掉, 设 $f(x)$ 在某 $0 < a \leqslant x < +\infty$ 上单调, 且 $\lim\limits_{x \to +\infty} f(x) = 0$. 问 $\varphi(x)$ 是否还连续, 给出证明. (湘潭大学)

提示 1) 可参看例 7.1.28. 2) 可应用 Dirichlet 判别法.

再提示 2) $\forall a > 0$, 对于 $x \geqslant a$, 有

$$\left| \int_a^A \sin(xt) \, \mathrm{d}t \right| = \left| \frac{-\cos(xt)}{x} \Big|_a^A \right| \leqslant \frac{1}{a} |\cos(xA) - \cos(xa)| \leqslant \frac{2}{a},$$

加之 $f(t)$ 单调, $f(t) \rightrightarrows 0$ (当 $t \to +\infty$) 关于 $x \in [a, A]$, 故 $\int_a^{+\infty} f(t) \sin(xt) \, \mathrm{d}t$ 在 $[a, +\infty)$ 上一致收敛 (Dirichlet). $\forall a > 0$, $\forall \varepsilon > 0$, $\forall x, x_0 \in [a, +\infty)$, 只要 $A > 0$ 充分大就有

$$\left| \int_0^{+\infty} [f(t) \sin(xt) - f(t) \sin(x_0 t)] \, \mathrm{d}t \right|$$

$$\leqslant \left| \int_0^A [f(t)\sin(xt) - f(t)\sin(x_0 t)]\,dt \right| + \left| \int_A^{+\infty} f(t)\sin(xt)\,dt \right| + \left| \int_A^{+\infty} f(t)\sin(x_0 t)\,dt \right|$$

$$\leqslant M\int_0^A |\sin(xt) - \sin(x_0 t)|\,dt + \frac{\varepsilon}{3} + \frac{\varepsilon}{3} \quad (\text{设 } |f(x)| \leqslant M \text{ 于} [0,A] \text{ 上})$$

$$\leqslant M \cdot A^2 |x - x_0| + \frac{\varepsilon}{3} + \frac{\varepsilon}{3} \quad (\text{至此再将 } A \text{ 固定})$$

$$\leqslant \frac{\varepsilon}{3} + \frac{\varepsilon}{3} + \frac{\varepsilon}{3} = \varepsilon \quad \left(\text{只要取 } \delta = \frac{\varepsilon}{3MA^2},\text{ 则当 } |x - x_0| < \delta \text{ 时成立}\right),$$

且当 $x_0 = 0, x = a$ 时各式仍有效, 知 $\varphi(x)$ 在原点连续, 故 $\varphi(x)$ 在 **R** 上一致连续.

7.1.17 求 $\int_0^{+\infty} \dfrac{1 - e^{-\alpha x}}{x e^x}\,dx \quad (\alpha > -1)$. （上海师范大学）

提示 该积分记作 $I(\alpha)$, 利用积分号下求导, 可证 $I'(\alpha) = \dfrac{1}{1+\alpha}$; 又因 $I(0) = 0$, 故 $I(\alpha) = \ln(1+\alpha)$.

再提示 $x = 0$ 不是奇点. 记 $f(x,\alpha) \equiv \dfrac{1 - e^{-\alpha x}}{x e^x}$, 易知 $x^2 \cdot f(x,\alpha) \to 0\,(x \to +\infty)$, 故原积分收敛. f 及 $f_\alpha' = e^{-(\alpha+1)x}$ 在 $(x,\alpha) \in [0, +\infty\,; -1, +\infty)$ 上连续. $\forall \alpha > -1$, 只要取 $\alpha_0: \alpha \geqslant \alpha_0 > -1$, 则

$$f_\alpha' = \frac{1}{e^{(\alpha+1)x}} < \frac{1}{e^{(\alpha_0+1)x}} \quad (\alpha_0 + 1 > 0).$$

而 $\int_0^{+\infty} \dfrac{dx}{e^{(\alpha_0+1)x}}$ 收敛, 故 $\int_0^{+\infty} f_\alpha'(x,\alpha)\,dx = \int_0^{+\infty} \dfrac{dx}{e^{(\alpha+1)x}} = \dfrac{1}{1+\alpha}$ 一致收敛 (关于 $\alpha \geqslant \alpha_0$). 因此可在积分号下求导.

7.1.18 证明: $F(x) = \int_e^{+\infty} \dfrac{\cos t}{t^x}\,dt$ 在区间 $(1, +\infty)$ 上连续可微. （厦门大学）

提示 $\int_e^{+\infty} \left(\dfrac{\cos t}{t^x}\right)_x'\,dt$ 在 $(1, +\infty)$ 上内闭一致收敛.

再提示 被积函数 $f(t,x) = \dfrac{\cos t}{t^x}$ 及 $f_x' = -\dfrac{\cos t \ln t}{t^x}$ 连续, $\left| \int_e^A (-\cos t)\,dt \right| \leqslant 2$ (一致有界).

$$\left(\frac{\ln t}{t^x}\right)_t' = \frac{1 - x(\ln t)}{t^{x+1}} < 0 \quad (x > 1, t > e).$$

又 $\forall a > 1$, 当 $x \geqslant a$ 时, 有 $\left| \dfrac{\ln t}{t^x} \right| \leqslant \dfrac{\ln t}{t^a} \to 0\,(t \to +\infty)$. 因此 $\dfrac{\ln t}{t^x}$ 对 t 单调, 且 $\dfrac{\ln t}{t^x} \rightrightarrows 0\,(t \to +\infty)$ 关于 $x \geqslant a$. 根据 Dirichlet 判别法, 知 $\int_e^{+\infty} f_x'(t,x)\,dt$ 在 $(1, +\infty)$ 上内闭一致收敛. 故结论成立.

7.1.19 设 $f(x) = \left(\int_0^x e^{-t^2}\,dt \right)^2$, $g(x) = \int_0^1 \dfrac{e^{-x^2(1+t^2)}}{1+t^2}\,dt$. 试证:

1) $f(x) + g(x) \equiv C$ (常数), 并确定此常数;

2) $\int_0^{+\infty} e^{-t^2}\,dt = \dfrac{\sqrt{\pi}}{2}$. （河南师范大学, 天津大学）

提示 1) 由 $(f(x) + g(x))' = 0$ 知, $f(x) + g(x) \equiv C$ (常数), 加之 $f(0) + g(0) = \dfrac{\pi}{4}$, 故 $C = \dfrac{\pi}{4}$. (检验一下自己看过的题会不会做.)

再提示　$f'(x) = 2\mathrm{e}^{-x^2} \displaystyle\int_0^x \mathrm{e}^{-t^2}\mathrm{d}t \xmapsto{\text{记}} J$,

$$g'(x) = -2\mathrm{e}^{-x^2} \int_0^1 \mathrm{e}^{-x^2 t^2} x\,\mathrm{d}t \xmapsto{\text{令 } xt = u} -2\mathrm{e}^{-x^2} \int_0^x \mathrm{e}^{-u^2}\mathrm{d}u = -J.$$

因此,$(f(x) + g(x))' = 0$. (详见例 7.1.44 题.)

☆**7.1.20**　已知 $\displaystyle\int_0^{+\infty} \mathrm{e}^{-x^2}\mathrm{d}x = \dfrac{\sqrt{\pi}}{2}$,试计算积分 $I(\alpha) = \displaystyle\int_0^{+\infty} \mathrm{e}^{-\left(x - \frac{\alpha}{x}\right)^2}\mathrm{d}x$ $(\alpha > 0)$. (广西师范大学)

提示　令 $u = \dfrac{\alpha}{x}$,作变换.

再提示　$I(\alpha) = \displaystyle\int_0^{+\infty} \dfrac{\alpha}{u^2}\mathrm{e}^{-\left(u - \frac{\alpha}{u}\right)^2}\mathrm{d}u \xmapsto{u \text{ 改为 } x} \displaystyle\int_0^{+\infty} \mathrm{e}^{-\left(x - \frac{\alpha}{x}\right)^2}\dfrac{\alpha}{x^2}\mathrm{d}x$,与原式相加得

$$2I(\alpha) = \int_0^{+\infty} \mathrm{e}^{-\left(x - \frac{\alpha}{x}\right)^2}\left(1 + \dfrac{\alpha}{x^2}\right)\mathrm{d}x = \int_0^{+\infty} \mathrm{e}^{-\left(x - \frac{\alpha}{x}\right)^2}\mathrm{d}\left(x - \dfrac{\alpha}{x}\right) \left(\text{令 } v = x - \dfrac{\alpha}{x}\right)$$

$$= \int_{-\infty}^{+\infty} \mathrm{e}^{-v^2}\mathrm{d}v \xmapsto{\text{偶性}} 2\int_0^{+\infty} \mathrm{e}^{-v^2}\mathrm{d}v = 2 \cdot \dfrac{\sqrt{\pi}}{2} = \sqrt{\pi}.$$

☆**7.1.21**　求积分 $I(\alpha) = \displaystyle\int_0^{+\infty} \dfrac{\mathrm{e}^{-x^2} - \mathrm{e}^{-\alpha x^2}}{x}\mathrm{d}x$ $(\alpha > 0)$ 之值. (山东大学,西安电子科技大学).

提示　可用积分号下求积分.

再提示　$I(\alpha) = \displaystyle\int_0^{+\infty} \left(-\dfrac{\mathrm{e}^{-tx^2}}{x}\right)\Bigg|_1^{\alpha}\mathrm{d}x = \displaystyle\int_0^{+\infty} x\left(\int_1^{\alpha} \mathrm{e}^{-tx^2}\mathrm{d}t\right)\mathrm{d}x$

$$= \int_1^{\alpha}\left(\int_0^{+\infty} x\mathrm{e}^{-tx^2}\mathrm{d}x\right)\mathrm{d}t = \int_1^{\alpha} \dfrac{1}{2t}\mathrm{d}t = \dfrac{1}{2}\ln \alpha.$$

积分号下求积分是合理的,因为 $x\mathrm{e}^{-tx^2}$ 连续,且 $0 \leqslant \displaystyle\int_A^{+\infty} x\mathrm{e}^{-tx^2}\mathrm{d}x \leqslant \dfrac{\mathrm{e}^{-\alpha_0 A^2}}{2\alpha_0} \to 0$,$\forall t \geqslant \alpha_0$ $(0 < \alpha_0 < \min\{1, \alpha\})$,当 $A \to +\infty$ 时.

＊**7.1.22**　设 $h_k = \displaystyle\int_a^b x^k h(x)\mathrm{d}x$,其中 $h(x) > 0$,且连续. 令

$$Q_n(x) = \begin{vmatrix} h_0 & h_1 & \cdots & h_n \\ h_1 & h_2 & \cdots & h_{n+1} \\ \vdots & \vdots & & \vdots \\ h_{n-1} & h_n & \cdots & h_{2n-1} \\ 1 & x & \cdots & x^n \end{vmatrix},$$

求证:$\displaystyle\int_a^b x^k h(x) Q_n(x)\mathrm{d}x = 0$ $(k = 0, 1, 2, \cdots, n-1)$. (北京航空航天大学)

提示　将行列式 $Q_n(x)$ 按最后一行展开,代入积分.

再提示　$\displaystyle\int_a^b x^k h(x) Q_n(x)\mathrm{d}x = \displaystyle\int_a^b x^k h(x)(1 \cdot A_{n+1,1} + xA_{n+1,2} + \cdots + x^n \cdot A_{n+1,n+1})\mathrm{d}x$

$$= \sum_{i=1}^{n+1} A_{n+1,i} \cdot \int_a^b x^{k+i-1} h(x)\mathrm{d}x$$

$$= \sum_{i=1}^{n+1} A_{n+1,i} \cdot h_{k+i-1} = Q_n^*(x),$$

其中 A_{ij} 表示第 i 行第 j 列的元素的代数余子式,$Q_n^*(x)$ 是将 $Q_n(x)$ 中最后一行换为 $Q_n(x)$ 第 $k+1$ 行 $(h_k, h_{k+1}, \cdots, h_{k+n})$,换句话说,新行列式 $Q_n^*(x)$ 中最后一行与第 $k+1$ 行对应元素完全相同. 故 $Q_n^*(x) = 0$ (这里 $k = 0, 1, 2, \cdots, n-1$). 证毕.

＊☆7.1.23 设 $f_n(x) = \sum\limits_{i=0}^{n-1} \dfrac{1}{n} f\left(x + \dfrac{i}{n}\right)$,其中 $f(x) = \int_0^{+\infty} \dfrac{t^2}{1+t^x} \mathrm{d}t$. 证明:$f_n(x)$ $(n = 1, 2, \cdots)$ 在 $[4, A]$ $(A > 4)$ 上一致收敛. (西北大学)

提示 只要证明了 $f(x)$ 有有界导数($\exists M > 0 : |f'(x)| \leqslant M$),则有

$$f_n(x) = \sum_{i=0}^{n-1} \frac{1}{n} f\left(x + \frac{i}{n}\right) \underset{}{\longrightarrow} F(x) \stackrel{记}{=\!=\!=} \int_x^{x+1} f(t)\mathrm{d}t \quad (n \to \infty) \text{ 关于 } x \in [4, A].$$

再提示 1° 当 $t > 1$ 时,$0 \leqslant \dfrac{t^2}{1+t^x} \leqslant \dfrac{t^2}{1+t^4}$,$\int_1^{+\infty} \dfrac{t^2}{1+t^4} \mathrm{d}t$ 收敛$(x \geqslant 4)$,从而 f 的积分式收敛. 又

$$\left| \left(\frac{t^2}{1+t^x}\right)'_x \right| = \left| \frac{-t^2 t^x \ln t}{(1+t^x)^2} \right| \leqslant \frac{t^2 \ln t}{1+t^4}, \quad (x, t) \in [4, +\infty) \times [1, +\infty),$$

且 $M \equiv \int_1^{+\infty} \dfrac{t^2 \ln t}{1+t^4} \mathrm{d}t$ 收敛,故 $\int_0^{+\infty} \left(\dfrac{t^2}{1+t^x}\right)'_x \mathrm{d}t$ 在 $x \geqslant 4$ 上一致收敛,且

$$|f'(x)| = \left| \int_0^{+\infty} \left(\frac{t^2}{1+t^x}\right)'_x \mathrm{d}x \right| \leqslant M \quad (\forall x \geqslant 4)(f'(x) \text{ 有界性获证}).$$

2° $F(x) \equiv \int_x^{x+1} f(t)\mathrm{d}t = \sum\limits_{i=0}^{n-1} \int_{x+\frac{i}{n}}^{x+\frac{i+1}{n}} f(t)\mathrm{d}t$ (用积分中值定理)

$$= \sum_{i=0}^{n-1} f\left(x + \frac{i}{n} + \frac{\theta_i}{n}\right) \cdot \frac{1}{n}, \quad 0 \leqslant \theta_i \leqslant 1,$$

因此

$$|f_n(x) - F(x)| = \left| \sum_{i=0}^{n-1} \frac{1}{n}\left[f\left(x + \frac{i}{n}\right) - f\left(x + \frac{i}{n} + \frac{\theta_i}{n}\right) \right] \right| \quad (\text{再用微分中值定理})$$

$$= \left| \sum_{i=1}^{n-1} \frac{1}{n} f'\left(x + \frac{i}{n} + \frac{\overline{\theta}_i}{n}\right) \cdot \frac{\theta_i}{n} \right| \quad (0 \leqslant \overline{\theta}_i \leqslant \theta_i \leqslant 1)$$

$$\leqslant M \sum_{i=1}^{n-1} \frac{1}{n^2} = \frac{M}{n} \to 0 \quad (n \to \infty), x \in [4, A].$$

$\{f_n(x)\}$ 在 $[4, A]$ 上一致收敛获证.

☆7.1.24 利用 $\sum\limits_{n=1}^{\infty} \dfrac{1}{n^2} = \dfrac{\pi^2}{6}$ 计算积分 $\int_0^{+\infty} \dfrac{x\mathrm{d}x}{1+e^x}$.

提示 原式 $= \int_0^{+\infty} x \dfrac{e^{-x}}{1+e^{-x}} \mathrm{d}x = \int_0^{+\infty} x \sum\limits_{n=1}^{\infty} (-1)^{n+1} e^{-nx} \mathrm{d}x$

$$= \int_0^{+\infty} \sum_{n=1}^{\infty} (-1)^{n+1} x e^{-nx} \mathrm{d}x = \sum_{n=1}^{\infty} \int_0^{+\infty} (-1)^{n+1} x e^{-nx} \mathrm{d}x$$

$$= \sum_{n=1}^{\infty} \frac{(-1)^{n+1}}{n^2} = \sum_{n=1}^{\infty} \frac{1}{n^2} - 2 \sum_{n=1}^{\infty} \frac{1}{(2n)^2} = \frac{1}{2} \sum_{n=1}^{\infty} \frac{1}{n^2} = \frac{\pi^2}{12}.$$

要证明逐项积分的合理,可先证 $\int_0^A \sum\limits_{n=1}^{\infty} (-1)^{n+1} x e^{-nx} \mathrm{d}x$ 可逐项积分,然后令 $A \to +\infty$,可逐项取极限.

^{new}**7.1.25** 设任意 $a > 0$,$f(x)$ 在 $[0, a]$ 上 Riemann 可积,且 $\lim\limits_{x \to +\infty} f(x) = C$,证明:

$$\lim_{t \to 0^+} t \int_0^{+\infty} e^{-tx} f(x) \, dx = C.$$

（南开大学）

提示　（拟合法（参看例 4.1.5））

$$\left| t \int_0^{+\infty} e^{-tx} f(x) \, dx - C \right| = \left| t \int_0^{+\infty} e^{-tx} (f(x) - C) \, dx \right| \leqslant t \int_0^{+\infty} e^{-tx} |f(x) - C| \, dx$$

$$= t \int_0^A e^{-tx} |f(x) - C| \, dx + t \int_A^{+\infty} e^{-tx} |f(x) - C| \, dx = I_1 + I_2.$$

再提示　因 $\lim_{x \to +\infty} f(x) = C$，$\forall \varepsilon > 0$，$\exists A > 0$，当 $x \geqslant A$ 时有 $|f(x) - C| < \dfrac{\varepsilon}{2}$. 于是

$$I_2 = t \int_A^{+\infty} e^{-tx} |f(x) - C| \, dx \leqslant \frac{\varepsilon}{2} t \int_A^{+\infty} e^{-tx} \, dx = -\frac{\varepsilon}{2} \int_A^{+\infty} \mathrm{d} e^{-tx} = \frac{\varepsilon}{2} e^{-tA} < \frac{\varepsilon}{2} (\text{因为 } tA > 0).$$

（上面 A 已被取定.）又因 $t \to 0^+$，对上述 ε，当 $0 < t < \dfrac{1}{A}$ 时，

$$I_1 = t \int_0^A e^{-tx} |f(x) - C| \, dx < \frac{1}{A} \int_0^A 1 \cdot \frac{\varepsilon}{2} \, dx = \frac{\varepsilon}{2}.$$

7.1.26　已知 $f(x) = \displaystyle\int_0^{+\infty} \dfrac{e^{-xt^2}}{1+t^2} \mathrm{d}t$　$(x > 0)$，证明：

$$f(x) - f'(x) = \frac{1}{\sqrt{x}} \int_0^{+\infty} e^{-u^2} \, \mathrm{d}u.$$

提示　$\forall \alpha > 0$，$\dfrac{e^{-xt^2}}{1+t^2}$ 和 $\left| \left(\dfrac{e^{-xt^2}}{1+t^2} \right)'_x \right| = \dfrac{t^2 e^{-xt^2}}{1+t^2}$ 都以 $M(t) \equiv e^{-\alpha t^2}$ 为优函数 $(x > \alpha > 0)$，

$$f(x) - f'(x) = \int_0^{+\infty} \frac{1 - (-t^2)}{1+t^2} e^{-xt^2} \, \mathrm{d}t \xrightarrow{\text{令}\sqrt{x}t = u} \frac{1}{\sqrt{x}} \int_0^{+\infty} e^{-u^2} \, \mathrm{d}u.$$

7.1.27　设　$P(x) = \displaystyle\int_0^{+\infty} \dfrac{e^{-tx}}{1+t^2} \mathrm{d}t$　$(x \geqslant 0)$，$Q(x) = \displaystyle\int_0^{+\infty} \dfrac{\sin t}{t+x} \mathrm{d}t$　$(x \geqslant 0)$，

求证：P, Q 都满足方程 $\dfrac{\mathrm{d}^2 y}{\mathrm{d}x^2} + y = \dfrac{1}{x}$　$(x > 0)$，从而 $P \equiv Q$.

提示　1° 记 $f(x, t) = \dfrac{e^{-tx}}{1+t^2}$，则在 $(0, +\infty)$ 上 f, f'_x, f''_{xx} 都有优函数 $M(t)$：$M(t) \equiv \dfrac{1}{1+t^2}$，而

$\displaystyle\int_0^{+\infty} \dfrac{1}{1+t^2} \mathrm{d}x$ 收敛，故 $P(x)$ 在 $(0, +\infty)$ 内二次可导，且

$$P''(x) + P(x) = \int_0^{+\infty} \left[\frac{(-t)^2}{1+t^2} e^{-xt} + \frac{1}{1+t^2} e^{-xt} \right] \mathrm{d}t = \frac{1}{x} \quad (\text{说明 } P(x) \text{ 满足方程}).$$

2° 记 $g(x, t) = \dfrac{\sin t}{t+x}$，此时：$(g, g'_x, g''_{xx}) = \left(\dfrac{\sin t}{t+x}, -\dfrac{\sin t}{(t+x)^2}, \dfrac{2\sin t}{(t+x)^3} \right)$，（由 Dirichlet 判别法知）

积分都一致收敛，故被积函数连续，且在积分号下可求导（二次），

$$Q''(x) = \int_0^{+\infty} \frac{2\sin t}{(t+x)^3} \mathrm{d}t. \tag{1}$$

于是　　　　$Q(x) = \displaystyle\int_0^{+\infty} \dfrac{\sin t}{t+x} \mathrm{d}t = -\int_0^{+\infty} \dfrac{1}{t+x} \mathrm{d}(\cos t) \xrightarrow{\text{分部积分}} \dfrac{1}{x} - \int_0^{+\infty} \dfrac{\cos t \, \mathrm{d}t}{(t+x)^2},$　　　　(2)

其中　　　　$\displaystyle\int_0^{+\infty} \dfrac{\cos t \, \mathrm{d}t}{(t+x)^2} = \int_0^{+\infty} \dfrac{\mathrm{d}(\sin t)}{(t+x)^2} \xrightarrow{\text{分部积分}} \int_0^{+\infty} \dfrac{2\sin t}{(t+x)^3} \mathrm{d}t \xrightarrow{\text{式}(1)} Q''(x).$

因此 $\qquad Q(x)=\dfrac{1}{x}-Q''(x)$（即 $Q(x)$ 满足微分方程）.

（或 $\qquad Q''(x)=\displaystyle\int_0^{+\infty}\dfrac{2\sin t}{(t+x)^3}\mathrm{d}t=-\int_0^{+\infty}\sin t\mathrm{d}\dfrac{1}{(t+x)^2}=\int_0^{+\infty}\dfrac{\cos t\mathrm{d}t}{(t+x)^2}$

$$=-\int_0^{+\infty}\cos t\mathrm{d}\dfrac{1}{t+x}=\dfrac{1}{x}-Q(x)\text{（即 }Q(x)\text{ 满足微分方程）.）}$$

再提示　既然 $P(x),Q(x)$ 都满足方程，则 $W(x)\overset{记}{=\!=\!=}P(x)-Q(x)$ 满足齐次方程：

$$y''+y=0.\qquad(3)$$

（利用微分方程知识）设 $y=\mathrm{e}^{rx}$，代入式(3)得 $\mathrm{e}^{rx}(r^2+1)=0,r=\pm\sqrt{-1}=\pm\mathrm{i}$.

$$y_{1,2}=\mathrm{e}^{\pm x\mathrm{i}}=\cos x\pm\mathrm{i}\sin x.$$

得 $\qquad\cos x=\dfrac{y_1+y_2}{2},\;\sin x=\dfrac{y_1-y_2}{2\mathrm{i}}$

是齐次方程两个特解. 因此齐次方程的通解为 $y=C_1\cos x+C_2\sin x$.

令 $\qquad W(x)=C_1\cos x+C_2\sin x,\qquad(4)$

注意：

$$W(x)\big|_{x=0^+}=P(0^+)-Q(0^+)=\int_0^{+\infty}\dfrac{\mathrm{d}t}{1+t^2}-\int_0^{+\infty}\dfrac{\sin t\mathrm{d}t}{t}\overset{例7.1.38}{=\!=\!=}\dfrac{\pi}{2}-\dfrac{\pi}{2}=0.\qquad(5)$$

$$|P(x)|=\left|\int_0^{+\infty}\dfrac{\mathrm{e}^{-tx}}{1+t^2}\mathrm{d}t\right|\leqslant\int_0^{+\infty}\mathrm{e}^{-tx}\mathrm{d}t=\dfrac{1}{x}\to0\;(x\to+\infty).\qquad(6)$$

由式(2)，$\qquad Q(x)=\dfrac{1}{x}-\displaystyle\int_0^{+\infty}\dfrac{\cos t\mathrm{d}t}{(t+x^2)}\to0\;(x\to+\infty).\qquad(7)$

因为 $\left|\displaystyle\int_0^{+\infty}\dfrac{\cos t\mathrm{d}t}{(t+x)^2}\right|\leqslant\int_0^{+\infty}\dfrac{\mathrm{d}t}{(t+x)^2}\overset{令\,t+x=u}{=\!=\!=}\int_x^{+\infty}\dfrac{\mathrm{d}u}{u^2}\to0\;(x\to+\infty)$，所以

$$W(+\infty)=P(+\infty)-Q(+\infty)\overset{式(6),(7)}{=\!=\!=}0-0=0.\qquad(8)$$

式(5)代入式(4)得 $C_1=0$. 进而 $C_2=0$（否则 $W(+\infty)=C_2\sin x\big|_{x\to+\infty}$ 无极限，但 $W(+\infty)=0$，矛盾）. 回到(4)，可见 $W(x)\equiv0$，即 $P(x)\equiv Q(x)$.

7.1.28　求证：

1）$\displaystyle\int_0^{+\infty}\mathrm{e}^{-x^2}\cos2xy\mathrm{d}x=\dfrac{\sqrt{\pi}}{2}\mathrm{e}^{-y^2}$；　2）$\displaystyle\int_0^{\frac{\pi}{2}}\ln\dfrac{1+k\sin\theta}{1-k\sin\theta}\cdot\dfrac{\mathrm{d}\theta}{\sin\theta}=\pi\arcsin k\;(|k|<1)$.

提示　1）看例7.1.37. 2）看例7.1.8.

7.1.29　计算积分 $I=\displaystyle\int_{-\frac{\pi}{4}}^{\frac{\pi}{4}}\left(\dfrac{\cos\varphi+\sin\varphi}{\cos\varphi-\sin\varphi}\right)^{\cos2\alpha}\mathrm{d}\varphi.$ $\qquad\left\langle\!\!\left\langle\dfrac{\pi}{2\sin(\pi\cos^2\alpha)}\right\rangle\!\!\right\rangle$

提示　先令 $x=\tan\varphi$，再令 $u=\dfrac{1}{2}\dfrac{(1+x)^2}{1+x^2}$，则 $I=\dfrac{1}{2}\mathrm{B}(\cos^2\alpha,1-\cos^2\alpha)$.

7.1.30　计算 A.J.Fresnel 积分

1）$\displaystyle\int_0^{+\infty}\sin x^2\mathrm{d}x$；$\qquad\left\langle\!\!\left\langle\dfrac{1}{2}\sqrt{\dfrac{\pi}{2}}\right\rangle\!\!\right\rangle$

2）$\displaystyle\int_0^{+\infty}\cos x^2\mathrm{d}x.$ $\qquad\left\langle\!\!\left\langle\dfrac{1}{2}\sqrt{\dfrac{\pi}{2}}\right\rangle\!\!\right\rangle$

提示　先令 $x^2=t$，再利用 $\dfrac{1}{\sqrt{t}}=\dfrac{2}{\sqrt{\pi}}\displaystyle\int_0^{+\infty}\mathrm{e}^{-tu^2}\mathrm{d}u.$

7.1.31 试证:$\int_0^{+\infty} \dfrac{x^{s-1}}{e^x+1}\mathrm{d}x = \Gamma(s)(1-2^{1-s})\zeta(s)\ (s>1)$,其中 $\zeta(s) = \sum\limits_{n=1}^{\infty} \dfrac{1}{n^s}$.

提示 $\dfrac{1}{e^x+1} = \sum\limits_{n=1}^{\infty}(-1)^{n-1}e^{-nx}$.

7.1.32 设 $y=f(x)$ 在 $(-\infty, +\infty)$ 上有定义,在任意有穷区间 $[a,b]$ 上有界并可积,且 $\int_{-\infty}^{+\infty}|f(x)|^2\mathrm{d}x < +\infty$. 又设 α 是一实常数,$\dfrac{1}{2} < \alpha < 1$. 证明:

1) 积分 $\int_{-\infty}^{+\infty} \dfrac{f(x)}{(x-t)^\alpha}\mathrm{d}x$ 收敛;　　2) $\varphi(t) = \int_{-\infty}^{+\infty}\dfrac{f(x)}{(x-t)^\alpha}\mathrm{d}x$ 连续.(北京大学)

提示 参考例 7.1.29 和 Schwarz 不等式(见例 4.4.1 前的定理 2).

^{new}**7.1.33** 设 $f(x)$ 是 **R** 上的连续函数. 若 $I(y) = \int_0^{+\infty} f(x+y)\mathrm{d}x$ 在 **R** 上一致收敛(关于 $y \in$ **R**),试证:在 **R** 上 $f(x) \equiv 0$.(华东师范大学)

提示 由积分 $I(y)$ 在 **R** 上一致收敛知,$\forall A', A'' \in$ **R**,$\left|\int_{A'}^{A''} f(x)\mathrm{d}x\right| = 0$,即 $f(x) \equiv 0$.

证 $\int_0^{+\infty} f(x+y)\mathrm{d}x$ 一致收敛(关于 $y \in$ **R**),表明 $\forall \varepsilon_n = \dfrac{1}{n} > 0$,$\exists A > 0$,当 $A'' > A' > A$ 时,

$$\left|\int_{A'}^{A''} f(x+y)\mathrm{d}x\right| < \varepsilon_n = \dfrac{1}{n}\ (\forall y \in \mathbf{R}).$$

令 $t=x+y$,即得　　　　　　　　$\left|\int_{A'+y}^{A''+y} f(t)\mathrm{d}t\right| < \varepsilon_n = \dfrac{1}{n}\ (\forall y \in \mathbf{R}).$

因 $y \in$ **R** 的任意性,知 $\forall A', A'' \in$ **R**,$\forall \varepsilon = \dfrac{1}{n} > 0$,有 $\left|\int_{A'}^{A''} f(x)\mathrm{d}x\right| < \varepsilon = \dfrac{1}{n} \to 0\ (n \to \infty)$. 故 $\forall A'$,$A'' \in$ **R**,$\left|\int_{A'}^{A''} f(x)\mathrm{d}x\right| = 0$,$f(x)$ 连续,有保号性,即 $f(x) \equiv 0$.

^{new}**7.1.34** 已知 $f(x)$ 是 $[0, +\infty)$ 上的单调连续函数,且 $\lim\limits_{x \to +\infty} f(x) = 0$. 求证:

$$\lim_{n \to \infty} \int_0^{+\infty} f(x)\sin nx\mathrm{d}x = 0. \tag{1}$$

(北京大学)

证 1° 因为 $\left|\int_0^A \sin nx\mathrm{d}x\right| = \dfrac{1}{n}|\cos nA - \cos 0| \leqslant 2$(对 n 一致有界),

且 $f(x)$ 单调趋向零(当然关于 n 一致),(利用 Dirichlet 判别法)知 $\int_0^{+\infty} f(x)\sin nx\mathrm{d}x$(关于 n)一致收敛. 因此 $\forall \varepsilon > 0$,$\exists \Delta > 0$,当 $A > \Delta$ 时,有

$$0 \leqslant \left|\int_A^{+\infty} f(x)\sin nx\mathrm{d}x\right| \leqslant \dfrac{\varepsilon}{2}\ (\forall n \in \mathbf{N}). \tag{2}$$

2° 应用 Riemann 引理(例 4.1.10),

$$\lim_{n \to \infty} \int_0^A f(x)\sin nx\mathrm{d}x = \dfrac{1}{2\pi}\int_0^{2\pi} \sin x\mathrm{d}x \cdot \int_0^A f(x)\mathrm{d}x = 0. \tag{3}$$

3° 因此,对上述 $\varepsilon > 0$,$\exists N > 0$,当 $n > N$ 时,有

$$\left|\int_0^A f(x)\sin nx\mathrm{d}x\right| < \dfrac{\varepsilon}{2}. \tag{4}$$

$$\left| \int_0^{+\infty} f(x) \sin nx dx \right| \leqslant \left| \int_0^A f(x) \sin nx dx \right| + \left| \int_A^{+\infty} f(x) \sin nx dx \right| \overset{\text{式(2),(4)}}{<} \frac{\varepsilon}{2} + \frac{\varepsilon}{2} = \varepsilon.$$

故式(1)成立.

注 假若本题不是要求会应用 Riemann 引理,而是要求掌握它的证明方法,如(题目)规定不许采用 Riemann 引理,您怎么证呢?

^{new}****7.1.35** 已知 $f(x)$ 是 $[0,+\infty)$ 上的单调连续函数,且 $\lim\limits_{x \to +\infty} f(x) = 0$,试(不应用 Riemann 引理)直接证明:

$$\lim_{n \to +\infty} \int_0^{+\infty} f(x) \sin nx dx = 0. \tag{1}$$

证 (重复上题 1° 的内容)知 $\int_0^{+\infty} f(x) \sin nx dx$(关于 n)一致收敛. 因此,$\forall \varepsilon > 0$,$\exists \Delta > 0$,当 $A > \Delta$ 时,有

$$0 \leqslant \left| \int_A^{+\infty} f(x) \sin nx dx \right| \leqslant \frac{\varepsilon}{2} \ (\forall n \in \mathbf{N}). \tag{2}$$

(注意:取一个充分大的正整数 $k > 0$,使得 $A_k \xrightarrow{\text{记}} 2k\pi > \Delta$,那么上题式(2)仍然成立. 剩下的任务是:(不利用 Riemann 引理)直接证明上题式(3)成立.)

将 $[0, A_k] = [0, 2k\pi]$ k 等分,作分划,记作:$0 = x_0 < x_1 < x_2 < \cdots < x_k = A_k$,此时每个小区间长度为 2π.

$$\int_0^{A_k} f(x) \sin nx dx = \sum_{i=0}^{k-1} \int_{x_i}^{x_{i+1}} f(x) \sin nx dx \xrightarrow{\text{令 } u = nx} \sum_{i=0}^{k-1} \frac{1}{n} \int_{nx_i}^{nx_{i+1}} f\left(\frac{u}{n}\right) \sin u du. \tag{3}$$

注意:变换后每个小区间扩大 n 倍,$\sin u$ 在每个 $[nx_i, nx_{i+1}]$ 里振动 n 次,走过 n 个周期. 将 $[x_i, x_{i+1}]$ 进一步作 n 等分:

$$x_i = x_{i0} < x_{i1} < x_{i2} < \cdots < x_{in} = x_{i+1}, \ x_{i,j+1} - x_{ij} = \frac{2\pi}{n}.$$

并用 c_{ij} 表示 $[x_{ij}, x_{i,j+1}]$ 的中点:$c_{ij} = \dfrac{x_{ij} + x_{i,j+1}}{2}$,那么 $[x_{ij}, c_{ij}]$ 是 $\sin u$ 的前半周期:$\sin u \geqslant 0$;$[c_{ij}, x_{i,j+1}]$ 是 $\sin u$ 的后半周期:$\sin u \leqslant 0$. 在半周期里,$\sin u$ 保持不变号,因此可以应用第一积分中值定理:

$$\int_{x_i}^{x_{i+1}} f(x) \sin nx dx = \frac{1}{n} \left[\sum_{j=0}^{n-1} \left(f(\xi_{ij}) \int_{x_{ij}}^{c_{ij}} \sin u du + f(\eta_{ij}) \int_{c_{ij}}^{x_{i,j+1}} \sin u du \right) \right] \tag{4}$$

$(\xi_{ij} \in [x_{ij}, c_{ij}], \eta_{ij} \in [c_{ij}, x_{i,j+1}])$. 注意到

$$\int_{x_{ij}}^{c_{ij}} \sin u du = 2, \ \int_{c_{ij}}^{x_{i,j+1}} \sin u du = -2. \tag{5}$$

式(5)代入式(4):

$$\int_{x_i}^{x_{i+1}} f(x) \sin nx dx = \frac{2}{n} \left(\sum_{j=0}^{n-1} (f(\xi_{ij}) - f(\eta_{ij})) \right) = \frac{1}{\pi} \cdot \sum_{j=0}^{n-1} (f(\xi_{ij}) - f(\eta_{ij})) \frac{2\pi}{n}. \tag{6}$$

式(6)代入式(3):

$$\int_0^{A_k} f(x) \sin nx dx = \sum_{i=0}^{k-1} \int_{x_i}^{x_{i+1}} f(x) \sin nx dx = \frac{1}{\pi} \sum_{i=0}^{k-1} \sum_{j=0}^{n-1} (f(\xi_{ij}) - f(\eta_{ij})) \frac{2\pi}{n}. \tag{7}$$

其中 $\sum\limits_{i=0}^{k-1} \sum\limits_{j=0}^{n-1} (f(\xi_{ij}) - f(\eta_{ij})) \dfrac{2\pi}{n}$ 等于将 $[0, A_k] = [0, 2k\pi]$ 以 kn 等分作为分划,每个小区间长度为

$\dfrac{2\pi}{n}$,$u = nx$ 走过此区间,等价于 $\sin u$ 走完一个周期;ξ_{ij} 和 η_{ij} 分别是该周期的两点. 因此

$$|f(\xi_{ij}) - f(\eta_{ij})| \leqslant \omega_{ij}^f. \tag{8}$$

(ω_{ij}^f 表示 f 在 $[x_{ij}, x_{i,j+1}]$ 上的振幅.)因 f 在 $[0, A_k]$ 上连续、可积,$\lim\limits_{n \to \infty} \sum\limits_{i=0}^{k-1} \sum\limits_{j=0}^{n-1} \omega_{ij}^f \dfrac{2\pi}{n} = 0$, 所以 $\forall \varepsilon > 0, \exists N > 0$, 当 $n > N$ 时,有

$$\frac{1}{\pi} \sum_{i=0}^{k-1} \sum_{j=0}^{n-1} \omega_{ij}^f \frac{2\pi}{n} < \frac{\varepsilon}{2}. \tag{9}$$

故
$$\left| \int_0^{A_k} f(x) \sin nx \, dx \right| \overset{式(7)}{\leqslant} \frac{1}{\pi} \sum_{i=0}^{k-1} \sum_{j=0}^{n-1} |f(\xi_{ij}) - f(\eta_{ij})| \frac{2\pi}{n} \overset{式(8)}{\leqslant} \frac{1}{\pi} \sum_{i=0}^{k-1} \sum_{j=0}^{n-1} \omega_{ij}^f \frac{2\pi}{n} \overset{式(9)}{<} \frac{\varepsilon}{2}. \tag{10}$$

(或用
$$\left| \int_0^{A_k} f(x) \sin nx \, dx \right| \leqslant \frac{1}{\pi} \sum_{i=0}^{k-1} \sum_{j=0}^{n-1} |f(\xi_{ij}) - f(\eta_{ij})| \frac{2\pi}{n} \quad (\text{记 } F_k = \int_0^{A_k} f(x) \, dx)$$
$$\leqslant \frac{1}{\pi} \sum_{i=0}^{k-1} \sum_{j=0}^{n-1} (|f(\xi_{ij}) - F_k| + |F_k - f(\eta_{ij})|) \frac{2\pi}{n} < \frac{\varepsilon}{2}.)$$

总之,取正整数 k 充分大,使得 $A_k = 2k\pi > \Delta$, 利用式(2)得

$$0 \leqslant \left| \int_{A_k}^{+\infty} f(x) \sin nx \, dx \right| \leqslant \frac{\varepsilon}{2} \quad (\forall n \in \mathbf{N}). \tag{11}$$

于是
$$\left| \int_0^{+\infty} f(x) \sin nx \, dx \right| \leqslant \left| \int_0^{A_k} f(x) \sin nx \, dx \right| + \left| \int_{A_k}^{+\infty} f(x) \sin nx \, dx \right| \overset{式(10),(11)}{<} \frac{\varepsilon}{2} + \frac{\varepsilon}{2} = \varepsilon.$$

(这表明上题式(3)已被直接证得.)

§7.2　重　积　分

本节将讨论二重积分,三重积分,反常的二、三重积分及 n 重积分中的有关问题.

☆一、二重积分

导读　二重积分不仅是考研和赛题中"常客",而且是计算三重积分、曲面积分的重要基础,本书各类读者务必多加注意. 不过与以后各节相比,本节内容相对较易.

下面我们来讨论二重积分定义的应用,可积性的证明,以及二重积分的计算.

a. 二重积分定义的应用

要点　二重积分跟(一重)定积分一样,被定义为积分和的极限. 因此利用定义,可将某些极限转化为二重积分.

*例 7.2.1　设 $f(x, y)$ 于闭区域 $0 \leqslant x \leqslant 1, 0 \leqslant y \leqslant 1$ 上(正常)可积,试证明:

$$\lim_{n \to \infty} \prod_{\mu=1}^{n} \prod_{\nu=1}^{n} \left[1 + \frac{1}{n^2} f\left(\frac{\mu}{n}, \frac{\nu}{n} \right) \right] = e^{\int_0^1 \int_0^1 f(x,y) \, dx \, dy}. \tag{1}$$

(南京大学)

分析　因为

式(1)右端 $= e^{\lim\limits_{n \to \infty} \sum\limits_{\mu=1}^{n} \sum\limits_{\nu=1}^{n} \frac{1}{n^2} f\left(\frac{\mu}{n}, \frac{\nu}{n} \right)}$, 式(1)左端 $= e^{\lim\limits_{n \to \infty} \sum\limits_{\mu=1}^{n} \sum\limits_{\nu=1}^{n} \ln\left[1 + \frac{1}{n^2} f\left(\frac{\mu}{n}, \frac{\nu}{n} \right) \right]}$,

要证明式(1),只要证明

$$\lim_{n\to\infty}\left\{\sum_{\mu=1}^{n}\sum_{\nu=1}^{n}\ln\left[1+\frac{1}{n^2}f\left(\frac{\mu}{n},\frac{\nu}{n}\right)\right]-\sum_{\mu=1}^{n}\sum_{\nu=1}^{n}\frac{1}{n^2}f\left(\frac{\mu}{n},\frac{\nu}{n}\right)\right\}=0$$

或

$$\lim_{n\to\infty}\sum_{\mu=1}^{n}\sum_{\nu=1}^{n}\left|\ln\left[1+\frac{1}{n^2}f\left(\frac{\mu}{n},\frac{\nu}{n}\right)\right]-\frac{1}{n^2}f\left(\frac{\mu}{n},\frac{\nu}{n}\right)\right|=0.$$

已知不等式

$$|\ln(1+x)-x|\leqslant x^2\quad\left(|x|<\frac{1}{2}\right),\tag{2}$$

并注意到 f 在 $[0,1;0,1]$ 上可积,从而有界: $\sup|f(x,y)|\equiv M<+\infty$. n 充分大时,恒有 $\left|\dfrac{1}{n^2}f\left(\dfrac{\mu}{n},\dfrac{\nu}{n}\right)\right|\leqslant\dfrac{M}{n^2}<\dfrac{1}{2}$. 于是可用式(2),

$$\sum_{\mu=1}^{n}\sum_{\nu=1}^{n}\left|\ln\left[1+\frac{1}{n^2}f\left(\frac{\mu}{n},\frac{\nu}{n}\right)\right]-\frac{1}{n^2}f\left(\frac{\mu}{n},\frac{\nu}{n}\right)\right|$$

$$\leqslant\frac{1}{n^2}\sum_{\mu=1}^{n}\sum_{\nu=1}^{n}f^2\left(\frac{\mu}{n}\cdot\frac{\nu}{n}\right)\frac{1}{n^2}\to0\cdot\int_0^1\int_0^1f^2(x,y)\mathrm{d}x\mathrm{d}y=0\quad(n\to\infty).$$

b. 证明可积性

要点 根据可积的判别定理,若 f 在有界闭区域 D 上有界. 只要证明: $\forall\varepsilon>0$,存在分划 T,使得

$$\sum_{i=1}^{n}\omega_i\Delta D_i<\varepsilon.$$

或者证明:有一串分划 $\{T_k\}$,其最大直径趋向零,使得

$$\sum_{i=1}^{n_k}\omega_i^{(k)}\Delta D_i^{(k)}\to0\quad(k\to\infty),$$

则 f 在区域 D 上可积. 这里 $\Delta D_1,\cdots,\Delta D_n$ 是 D 的一个分划,ΔD_i 表示第 i 个小区域,同时也表示它的面积,ω_i 是 f 在 ΔD_i 上的振幅,即 $\omega_i=M_i-m_i$,其中 $M_i=\sup_{P\in\Delta D_i}f(P)$,$m_i=\inf_{P\in\Delta D_i}f(P)$ $(i=1,2,\cdots,n)$.

＊＊例 7.2.2 设二元函数 $f(x,y)$ 在 $D=\{(x,y)\mid a\leqslant x\leqslant b,c\leqslant y\leqslant d\}$ 上有定义,并且 $f(x,y)$ 对于确定的 $x\in[a,b]$ 是对 y 在 $[c,d]$ 上单调增加函数,对于确定的 $y\in[c,d]$ 是对 x 在 $[a,b]$ 上单调增加函数,证明 $f(x,y)$ 在 D 上可积. (南昌大学)

证 在 x 轴上将 $[a,b]$ n 等分,在 y 轴上将 $[c,d]$ n 等分,得分划

$$a=x_0<x_1<x_2<\cdots<x_n=b,$$
$$c=y_0<y_1<y_2<\cdots<y_n=d.$$

过这些等分点作平行于坐标轴的直线,将区域 D 分成 n^2 个小矩形,如图 7.2.1. 显然,当 $n\to\infty$ 时,小矩形直

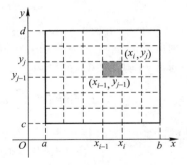

图 7.2.1

径趋向零. 小矩形的面积为

$$\frac{(b-a)(d-c)}{n^2} \equiv \frac{\Delta}{n^2} .$$

若能证明 $\sum\limits_{i,j=1}^{n} \omega_{ij} \dfrac{\Delta}{n^2} \to 0 (n\to\infty)$，则 f 在 D 上可积.

注意到 f 分别关于 x,y 递增，所以在每个小矩形上 $\omega_{ij} = f(x_i,y_j) - f(x_{i-1},y_{j-1})$，

$$\sum_{i,j=1}^{n} \omega_{ij}\frac{\Delta}{n^2} = \frac{\Delta}{n^2} \sum_{i,j=1}^{n} (f(x_i,y_j) - f(x_{i-1},y_{j-1})).$$

相加时，D 内部每个网点上，值 $f(x_i,y_j)$ 各取了两次，一正一负，被消去，只剩下边界网点之值. 因此

$$\sum_{i,j=1}^{n} \omega_{ij}\frac{\Delta}{n^2} = \frac{\Delta}{n^2}\Big[\sum_{i=1}^{n}(f(x_i,y_n)-f(x_0,y_{i-1})) + \sum_{i=1}^{n}(f(x_n,y_i)-f(x_{i-1},y_0)) \Big].$$

但

$$f(x_i,y_n) - f(x_0,y_{i-1}) \leqslant f(x_n,y_n) - f(x_0,y_0),$$
$$f(x_n,y_i) - f(x_{i-1},y_0) \leqslant f(x_n,y_n) - f(x_0,y_0),$$

所以

$$\sum_{i,j=1}^{n} \omega_{ij}\frac{\Delta}{n^2} \leqslant \frac{\Delta}{n^2}[f(x_n,y_n) - f(x_0,y_0)]2n = 2\frac{\Delta}{n}[f(b,d)-f(a,c)] \to 0 \quad (n\to\infty).$$

故 f 在 D 上可积.

^{new}**练习 1**　证明：$f(x)$ 在 $[0,1]$ 上可积的充要条件是：$F(x,y) = f(x)$ 在 $[0,1]\times[0,1]$ 上可积.（北京大学）

分析　$F(x,y) = f(x)$ 表明曲面 $z = F(x,y)$ 取值只依赖于 x，与 y 无关. 当点 (x,y) 在 xOy 平面上平行 y 轴移动时，z 值不变，亦即：$z = F(x,y)$ 可看成曲线 $z = f(x)$ 沿 y 轴方向平行移动生成的柱面.

提示　作分划

$$0 = x_0 < x_1 < \cdots < x_n = 1, \quad 记 \Delta x_i \equiv x_i - x_{i-1},$$
$$0 = y_0 < y_1 < \cdots < y_m = 1, \quad 记 \Delta y_j \equiv y_j - y_{j-1},$$

则

$$\Delta D_{ij} \equiv \Delta x_i \cdot \Delta y_j.$$

ΔD_{ij} 上的振幅

$$\Omega_{ij} \equiv \sup\{ F(x,y) \mid (x,y) \in [x_{i-1},x_i] \times [y_{j-1},y_j] \} -$$
$$\inf\{ F(x,y) \mid (x,y) \in [x_{i-1},x_i] \times [y_{j-1},y_j] \},$$

对应的

$$\omega_i \equiv \sup\{ f(x) \mid x \in [x_{i-1},x_i] \} - \inf\{ f(x) \mid x \in [x_{i-1},x_i] \}.$$

可见 $\forall i = 1,2,\cdots,n,$

$$\Omega_{ij} = \omega_i \quad (\forall j = 1,2,\cdots,n);$$

$$\sum_{i,j=1}^{n,m} \Omega_{ij}\Delta D_{ij} = \sum_{i=1}^{n}\sum_{j=1}^{m} \Omega_{ij}\Delta x_i \Delta y_j = \sum_{i=1}^{n}\Big(\omega_i \Delta x_i \sum_{j=1}^{m} \Delta y_j \Big) = \sum_{i=1}^{n} \omega_i \Delta x_i.$$

故

$$f(x) \text{ 在 } [0,1] \text{ 上可积} \Leftrightarrow \lim_{\lambda\to0}\sum_{i=1}^{n}\omega_i\Delta x_i = 0 \Leftrightarrow \lim_{\Lambda\to0}\sum_{i,j=1}^{n,m}\Omega_{ij}\Delta D_{ij} = 0$$

$$\Leftrightarrow F(x,y) = f(x) \text{ 在 } [0,1]\times[0,1] \text{ 上可积}$$

（其中 $\lambda = \max\limits_{i=1,2,\cdots,n}\{\Delta x_i\}, \Lambda = \max\limits_{\substack{i=1,2,\cdots,n \\ j=1,2,\cdots,m}}\{\Delta x_i, \Delta y_j\}$）.

^{new} * **练习 2**　设 $f(x)$ 是 **R** 上的有界连续函数，

$$g(x) = \frac{1}{h^2}\int_{-\frac{h}{2}}^{\frac{h}{2}}\int_{-\frac{h}{2}}^{\frac{h}{2}}f(x+u+v)\,\mathrm{d}u\mathrm{d}v.$$

试证：$g(x)$ 有二阶连续导数，且

$$\|g-f\| \leqslant \omega_2(f,g),$$

其中

$$\|g-f\| = \max_{-\infty < x < +\infty}|g(x)-f(x)|,$$

$$\omega_2(f,g) = \sup_{\substack{-\infty < x < +\infty \\ 0 < \xi^* < h}}|f(x+\xi^*)+f(x-\xi^*)-2f(x)|.$$

证　1° $g(x) \xlongequal{\text{令}\,t=x+u+v} \frac{1}{h^2}\int_{-\frac{h}{2}}^{\frac{h}{2}}\mathrm{d}v\int_{x+v-\frac{h}{2}}^{x+v+\frac{h}{2}}f(t)\,\mathrm{d}t \xlongequal{\text{令}\,s=x+v} \frac{1}{h^2}\int_{x-\frac{h}{2}}^{x+\frac{h}{2}}\mathrm{d}s\int_{s-\frac{h}{2}}^{s+\frac{h}{2}}f(t)\,\mathrm{d}t,$

$$g'(x) = \frac{1}{h^2}\left[\int_{x+\frac{h}{2}-\frac{h}{2}}^{x+\frac{h}{2}+\frac{h}{2}}f(t)\,\mathrm{d}t - \int_{x-\frac{h}{2}-\frac{h}{2}}^{x-\frac{h}{2}+\frac{h}{2}}f(t)\,\mathrm{d}t + \int_{x-\frac{h}{2}}^{x+\frac{h}{2}}\left(f\left(s+\frac{h}{2}\right)-f\left(s-\frac{h}{2}\right)\right)\mathrm{d}s\right]$$

$$= \frac{1}{h^2}\left(\int_{x+\frac{h}{2}-\frac{h}{2}}^{x+\frac{h}{2}+\frac{h}{2}}f(t)\,\mathrm{d}t - \int_{x-\frac{h}{2}-\frac{h}{2}}^{x-\frac{h}{2}+\frac{h}{2}}f(t)\,\mathrm{d}t + \int_{x+\frac{h}{2}-\frac{h}{2}}^{x+\frac{h}{2}+\frac{h}{2}}f(t)\,\mathrm{d}t - \int_{x-\frac{h}{2}-\frac{h}{2}}^{x-\frac{h}{2}+\frac{h}{2}}f(t)\,\mathrm{d}t\right)$$

$$= \frac{2}{h^2}\left(\int_x^{x+h}f(t)\,\mathrm{d}t - \int_{x-h}^{x}f(t)\,\mathrm{d}t\right),$$

$$g''(x) = \frac{2}{h^2}[f(x+h)+f(x-h)-2f(x)].$$

$g(x)$ 有连续二阶导数获证.

2° 注意：$\dfrac{1}{h^2}\int_{-\frac{h}{2}}^{\frac{h}{2}}\int_{-\frac{h}{2}}^{\frac{h}{2}}\mathrm{d}u\mathrm{d}v = 1$，因此，$f(x) = \dfrac{1}{h^2}\int_{-\frac{h}{2}}^{\frac{h}{2}}\int_{-\frac{h}{2}}^{\frac{h}{2}}f(x)\,\mathrm{d}u\mathrm{d}v$，

$$g(x)-f(x) = \frac{1}{h^2}\int_{-\frac{h}{2}}^{\frac{h}{2}}\int_{-\frac{h}{2}}^{\frac{h}{2}}(f(x+u+v)-f(x))\,\mathrm{d}u\mathrm{d}v.$$

（类似上题）令 $u = \dfrac{\xi+\eta}{2}, v = \dfrac{\xi-\eta}{2}$（$u+v = \xi, u-v = \eta$），

$$|J| = \left|\frac{\partial(u,v)}{\partial(\xi,\eta)}\right| = \left|-\frac{1}{2}\right| = \frac{1}{2}.$$

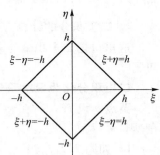

图 7.2.2

于是，$-\dfrac{h}{2}\leqslant u\leqslant\dfrac{h}{2}, -\dfrac{h}{2}\leqslant v\leqslant\dfrac{h}{2} \xleftrightarrow{\text{对应}} -h\leqslant\xi\pm\eta\leqslant h$，积分区域

（如图 7.2.2）：

$$\{(\xi,\eta)\mid -h\leqslant\eta\leqslant 0, -h-\eta\leqslant\xi\leqslant h+\eta\}\cup$$

$$\{(\xi,\eta)\mid 0\leqslant\eta\leqslant h, -h+\eta\leqslant\xi\leqslant h-\eta\}.$$

故

$$g(x)-f(x) = \frac{1}{2h^2}\int_{-h}^{0}\mathrm{d}\eta\int_{-h-\eta}^{h+\eta}(f(x+\xi)-f(x))\,\mathrm{d}\xi + \frac{1}{2h^2}\int_{0}^{h}\mathrm{d}\eta\int_{-h+\eta}^{h-\eta}(f(x+\xi)-f(x))\,\mathrm{d}\xi$$

$$= I_1 + I_2,$$

其中

$$I_1 = \frac{1}{2h^2}\int_{-h}^{0}\mathrm{d}\eta\int_{-h-\eta}^{h+\eta}(f(x+\xi)-f(x))\,\mathrm{d}\xi$$

$$\xrightarrow[\text{再将 } \eta' \text{ 仍记为 } \eta]{\text{令 } \eta = -\eta', \text{ 颠倒上、下限}} \frac{1}{2h^2}\int_0^h \mathrm{d}\eta \int_{-h+\eta}^{h-\eta}(f(x+\xi)-f(x))\mathrm{d}\xi = I_2.$$

于是

$$g(x) - f(x) = 2I_2 = \frac{1}{h^2}\int_0^h \mathrm{d}\eta \int_{-h+\eta}^{h-\eta}(f(x+\xi)-f(x))\mathrm{d}\xi$$

$$= \frac{1}{h^2}\int_0^h \mathrm{d}\eta \int_0^{h-\eta}(f(x+\xi)-f(x))\mathrm{d}\xi + \frac{1}{h^2}\int_0^h \mathrm{d}\eta \int_{-h+\eta}^0(f(x+\xi)-f(x))\mathrm{d}\xi$$

$$= I_3 + I_4,$$

（给 I_4 里层的积分，作 I_1 类似的变换.）

$$I_4 = \frac{1}{h^2}\int_0^h \mathrm{d}\eta \int_{-h+\eta}^0(f(x+\xi)-f(x))\mathrm{d}\xi$$

$$\xrightarrow[\text{变换后再将 } \xi' \text{ 写作 } \xi]{\text{令 } \xi = -\xi'} \frac{1}{h^2}\int_0^h \mathrm{d}\eta \int_0^{h-\eta}(f(x-\xi)-f(x))\mathrm{d}\xi.$$

代入上式，合并得

$$|g(x)-f(x)| \leqslant \frac{1}{h^2}\int_0^h \mathrm{d}\eta \int_0^{h-\eta}|f(x+\xi)+f(x-\xi)-2f(x)|\mathrm{d}\xi$$

$$= \frac{1}{h}\int_0^{h-\eta^*}|f(x+\xi)+f(x-\xi)-2f(x)|\mathrm{d}\xi$$

（利用第一积分中值定理，$\exists \eta^* : 0 < \eta^* < h$）

$$= |f(x+\xi^*)+f(x-\xi^*)-2f(x)|\frac{h-\eta^*}{h}$$

（利用第一积分中值定理，$\exists \xi^* : 0 < \xi^* < h-\eta^* < h$）

$$\leqslant |f(x+\xi^*)+f(x-\xi^*)-2f(x)|$$

$$\leqslant \sup_{\substack{-\infty < x < +\infty \\ 0 < \xi^* < h}}|f(x+\xi^*)+f(x-\xi^*)-2f(x)| = \omega_2(f,g),$$

亦即 $\|g(x)-f(x)\| = \max\limits_{-\infty < x < +\infty}|g(x)-f(x)| \leqslant \omega_2(f,g).$ 证毕.

c. 二重积分的计算

这里讨论二重积分与累次积分的相互转换，对称性的利用，分区域积分及换元问题.

二重积分化为累次积分

要点 设 $f(x,y)$ 在 xOy 平面有界闭区域 D 上有定义，且下面出现的积分都存在，则

1）如图 7.2.3，当

$$D_1 = \{(x,y) \mid a \leqslant x \leqslant b, y_1(x) \leqslant y \leqslant y_2(x)\} \tag{A}$$

（称为 x - 型区域）时，

$$\iint\limits_{D_1} f(x,y)\mathrm{d}x\mathrm{d}y = \int_a^b \mathrm{d}x \int_{y_1(x)}^{y_2(x)} f(x,y)\mathrm{d}y. \tag{B}$$

2）当 $D_2 = \{(x,y) \mid c \leqslant y \leqslant d, x_1(y) \leqslant x \leqslant x_2(y)\}$ \hfill (C)

（称为 y – 型区域）时，

$$\iint\limits_{D_2} f(x,y)\,\mathrm{d}x\mathrm{d}y = \int_c^d \mathrm{d}y \int_{x_1(y)}^{x_2(y)} f(x,y)\,\mathrm{d}x. \tag{D}$$

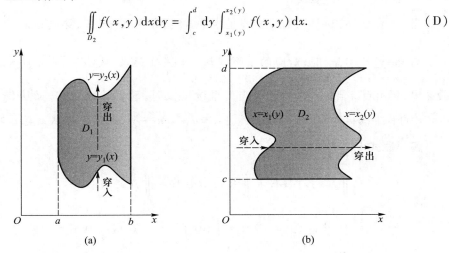

图 7.2.3

若 $D = D_1 = D_2$，即：它既可写成式（A）的形式，又可写成式（C）的形式（换句话说：它既是 x – 型又是 y – 型区域），则式（B）、（D）同时成立，其中的两个累次积分相等.

式（A）表明：积分区域 D_1 在 x 轴上的投影为区间 $[a,b]$. 当 x 固定在 $[a,b]$ 上时，y 坐标的变化范围是 $[y_1(x),y_2(x)]$. 这时 $y = y_1(x)$ 是 D_1 的下沿曲线（称为穿入线），$y = y_2(x)$ 是上沿曲线（称为穿出线）. 若让 $x \equiv x_0 \in [a,b]$. 然后，让 $y\uparrow$，则动点 (x_0,y) 沿竖直线从下沿线穿入（图形），再从上沿线穿出. 可见"x – 型区域"的特征是：$\forall x_0 \in [a,b]$，纵向直线 $x = x_0$ 与区域边界最多只有两个交点.

$[a,b]$ 表示积分区域 D_1 各点 x 坐标的变化范围，a,b 分别是 D 中 x 坐标的最小、最大值. $[y_1(x),y_2(x)]$ 表示 $x \in [a,b]$ 时，固定 x，点 $(x,y) \in D_1$ 的 y 坐标的变化范围. $\forall x_0 \in [a,b]$，$y_1(x_0),y_2(x_0)$ 是 $\{y \mid (x_0,y) \in D_1\}$ 的最小、最大值.

同样，对于 y – 型区域，有类似的描述.

例 7.2.3 改变二次积分的次序：

$$\int_0^{2a} \mathrm{d}x \int_{\sqrt{2ax-x^2}}^{\sqrt{2ax}} f(x,y)\,\mathrm{d}y,$$

其中 $f(x,y)$ 是连续函数，$a > 0$.（北京理工大学）

分析 原式表明：对应的二重积分区域为

$$D = \{(x,y) \mid 0 \leqslant x \leqslant 2a,\ \sqrt{2ax-x^2} \leqslant y \leqslant \sqrt{2ax}\},$$

因此 D 如图 7.2.4 所示，由 $(x-a)^2 + y^2 = a^2$ 的上半圆，抛物线 $y^2 = 2ax$ 的上半支，以及竖直线 $x = 2a$ 三线围成，$D = D_1 \cup D_2 \cup D_3$.

为了改变积分次序，应将区域朝 y 轴投影，得到

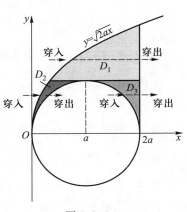

图 7.2.4

的投影区间为 $[0,2a]$.

当 $y \equiv y_0 \in [a,2a]$ 时,对应直线是水平直线,穿入点 $x = \dfrac{y_0^2}{2a}$,穿出点 $x = 2a$.

当 $y \equiv y_0 \in [0,a]$ 时,对应的水平线从 $x = \dfrac{y_0^2}{2a}$ 处穿入,从 $(x-a)^2 + y^2 = a^2$ 的左半圆穿出,穿出点 $x = a - \sqrt{a^2 - y^2}$;当 x 继续增大时,动点继续右移,又从 $(x-a)^2 + y^2 = a^2$ 的右半圆再次穿入 D 区域,此处 $x = a + \sqrt{a^2 - y^2}$,最后动点从 $x = 2a$ 处穿出.

解 原式 $= \displaystyle\iint\limits_{D} f(x,y)\,\mathrm{d}x\mathrm{d}y$

$$= \iint\limits_{D_1} f(x,y)\,\mathrm{d}x\mathrm{d}y + \iint\limits_{D_2} f(x,y)\,\mathrm{d}x\mathrm{d}y + \iint\limits_{D_3} f(x,y)\,\mathrm{d}x\mathrm{d}y$$

$$= \int_a^{2a} \mathrm{d}y \int_{\frac{y^2}{2a}}^{2a} f(x,y)\,\mathrm{d}x + \int_0^a \mathrm{d}y \int_{\frac{y^2}{2a}}^{a - \sqrt{a^2 - y^2}} f(x,y)\,\mathrm{d}x +$$

$$\int_0^a \mathrm{d}y \int_{a + \sqrt{a^2 - y^2}}^{2a} f(x,y)\,\mathrm{d}x.$$

例 7.2.4 设 $f(x,y)$ 是二元连续函数,D 是 $y = a$,$y = x, x = b$ 所围成的区域,证明:

$$\iint\limits_{D} f(x,y)\,\mathrm{d}x\mathrm{d}y = \int_a^b \mathrm{d}x \int_a^x f(x,y)\,\mathrm{d}y$$

$$= \int_a^b \mathrm{d}y \int_y^b f(x,y)\,\mathrm{d}x. \qquad (1)$$

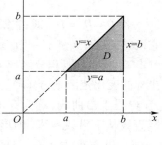

图 7.2.5

解 如图 7.2.5,因

$$D = \{(x,y) \mid a \leqslant x \leqslant b, a \leqslant y \leqslant x\},$$

这表明该区域是 x - 型区域,可利用要点中公式(B),知欲证的第一个等式成立.

同理,D 又是 y - 型区域:$D = \{(x,y) \mid a \leqslant y \leqslant b, y \leqslant x \leqslant b\}$,故

$$\iint\limits_{D} f(x,y)\,\mathrm{d}x\mathrm{d}y \xeq{\text{公式(D)}} \int_a^b \mathrm{d}y \int_y^b f(x,y)\,\mathrm{d}x.$$

注 式(1)给出了一个重要的累次积分换序公式,时常用.

☆**练习 1** 证明:$\displaystyle\int_a^b \mathrm{d}x \int_a^x (x-y)^{n-2} f(y)\,\mathrm{d}y = \dfrac{1}{n-1}\int_a^b (b-y)^{n-1} f(y)\,\mathrm{d}y$,其中 n 为大于 1 的正整数.(天津大学)

提示 利用例 7.2.4 中的累次积分换序公式(1).

☆**练习 2** 求积分 $\displaystyle\int_0^1 \mathrm{d}y \int_1^y (e^{-x^2} + e^x \sin x)\,\mathrm{d}x$.(中国人民大学) $\left\langle\!\left\langle \dfrac{1}{2}e^{-1} - \dfrac{1}{2}e\sin 1 \right\rangle\!\right\rangle$

提示 利用例 7.2.4 中的累次积分换序公式.

再提示 原式 $= -\displaystyle\int_0^1 \mathrm{d}y \int_y^1 (e^{-x^2} + e^x \sin x)\,\mathrm{d}x$

$$\underline{\underline{\text{换序}}} \ -\int_0^1 \mathrm{d}x \int_0^x (\mathrm{e}^{-x^2} + \mathrm{e}^x \sin x)\mathrm{d}y = -\int_0^1 (x\mathrm{e}^{-x^2} + x\mathrm{e}^x \sin x)\mathrm{d}x.$$

注意：
$$\int x\mathrm{e}^x \sin x\,\mathrm{d}x = \int x\,\mathrm{d}\Big[\frac{\mathrm{e}^x}{2}(\sin x - \cos x)\Big]$$
$$= x\cdot\frac{\mathrm{e}^x}{2}(\sin x - \cos x) - \frac{1}{2}\int \mathrm{e}^x(\sin x - \cos x)\mathrm{d}x.$$

注 本题既考了二重积分，又连带考了定积分和不定积分的计算.

^{new}**练习3** 设 $f(x)$ 在 $[a,b]$ 上有二阶连续导数，$f(a)=f'(a)=0$. 试证：
$$\int_a^b (b-x)^3 f''(x)\mathrm{d}x = 6\int_a^b \mathrm{d}x \int_a^x f(y)\mathrm{d}y.$$

（华中科技大学）

提示 原式左端可分部积分两次，与右端改变积分次序之后相等.

证 左端 $= \displaystyle\int_a^b (b-x)^3 \mathrm{d}[f'(x)] = (b-x)^3 f'(x)\Big|_a^b + 3\int_a^b (b-x)^2 f'(x)\mathrm{d}x$

$$\underline{\underline{\frac{f'(a)=0}{}}} \ 3\int_a^b (b-x)^2 \mathrm{d}[f(x)] \ \underline{\underline{\frac{\text{分部积分}}{f(a)=0}}} \ 6\int_a^b (b-x)f(x)\mathrm{d}x.$$

记 $D = \{(x,y) \mid a\leqslant x\leqslant b, a\leqslant y\leqslant x\}$，如图 7.2.6，则

右端 $= 6\displaystyle\int_a^b \mathrm{d}x \int_a^x f(y)\mathrm{d}y = 6\iint\limits_D f(y)\mathrm{d}x\mathrm{d}y.$

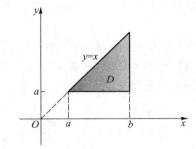

图 7.2.6

更换积分次序：
$$右端 = 6\int_a^b f(y)\mathrm{d}y\int_y^b \mathrm{d}x = 6\int_a^b (b-y)f(y)\mathrm{d}y$$
$$= 6\int_a^b (b-x)f(x)\mathrm{d}x = 左端.$$

分区积分及对称性的利用

要点 1）当穿入曲线（或穿出曲线）是由分段函数给出，或被积函数在积分区域的不同部分具有不同的（初等函数）表达式，应将区域划分成不同部分，分别积分再相加.

2）跟一元函数定积分一样，二重积分也可利用对称性. 但务必注意，当且仅当积分区域与被积函数同时都具有对称性时，才可以利用对称性，以简化积分计算.

例 7.2.5 计算积分：

1）$I = \displaystyle\iint\limits_D \Big|xy - \frac{1}{4}\Big|\mathrm{d}x\mathrm{d}y, D = [0,1]\times[0,1];$ （北京大学）

☆2）$J = \displaystyle\iint\limits_{x^2+y^2\leqslant 5} \mathrm{sgn}(x^2 - y^2 + 3)\mathrm{d}x\mathrm{d}y;$ （河南师范大学）

3）$K = \displaystyle\iint\limits_{|x|\leqslant 1, 0\leqslant y\leqslant 2} \sqrt{|y - x^2|}\,\mathrm{d}x\mathrm{d}y;$ （北京师范大学）

☆4）$L = \displaystyle\iint\limits_{\substack{0\leqslant x\leqslant 2\\ 0\leqslant y\leqslant 2}} [x+y]\mathrm{d}x\mathrm{d}y, [x+y]$ 表示不大于 $x+y$ 的最大整数.

解 1) $\left| xy - \dfrac{1}{4} \right| = \begin{cases} \dfrac{1}{4} - xy, & (x,y) \text{ 在双曲线 } xy = \dfrac{1}{4} \text{ 之下}, \\ xy - \dfrac{1}{4}, & (x,y) \text{ 在双曲线 } xy = \dfrac{1}{4} \text{ 之上}, \end{cases}$

$y = 1$ 与 $xy = \dfrac{1}{4}$ 的交点为 $A\left(\dfrac{1}{4}, 1 \right)$，知积分（如图 7.2.7）

$$I = \iint\limits_{D_2 \cup D_3} \left(\frac{1}{4} - xy \right) dx dy + \iint\limits_{D_1} \left(xy - \frac{1}{4} \right) dx dy$$

$$= \int_0^{\frac{1}{4}} dx \int_0^1 \left(\frac{1}{4} - xy \right) dy + \int_{\frac{1}{4}}^1 dx \int_0^{\frac{1}{4x}} \left(\frac{1}{4} - xy \right) dy + \int_{\frac{1}{4}}^1 dx \int_{\frac{1}{4x}}^1 \left(xy - \frac{1}{4} \right) dy$$

$$= \frac{3}{64} + \frac{1}{16}\ln 2 + \frac{1}{16}\left(\frac{3}{4} + \ln 2 \right) = \frac{1}{8}\left(\frac{3}{4} + \ln 2 \right).$$

2）被积函数

$$\operatorname{sgn}(x^2 - y^2 + 3) = \begin{cases} 1, & \text{当 } x^2 - y^2 + 3 > 0 \text{ 时}, \\ 0, & \text{当 } x^2 - y^2 + 3 = 0 \text{ 时}, \\ -1, & \text{当 } x^2 - y^2 + 3 < 0 \text{ 时}. \end{cases}$$

如图 7.2.8 所示，被积函数与积分区域都关于坐标轴对称，因此只要计算第一象限之部分，再 4 倍之. 注意双曲线 $x^2 - y^2 + 3 = 0$ 与圆周 $x^2 + y^2 = 5$ 在第一象限的交点 A 上 $x = 1$，从而

$$\text{原式} = 4 \iint\limits_{\substack{x^2+y^2 \le 5 \\ x \ge 0, y \ge 0}} \operatorname{sgn}(x^2 - y^2 + 3) \, dx dy$$

$$= 4 \int_0^1 dx \int_0^{\sqrt{x^2+3}} dy - 4 \int_0^1 dx \int_{\sqrt{x^2+3}}^{\sqrt{5-x^2}} dy + 4 \int_1^{\sqrt{5}} dx \int_0^{\sqrt{5-x^2}} dy$$

$$= 8 \int_0^1 \sqrt{x^2 + 3} \, dx - 4 \int_0^1 \sqrt{5 - x^2} \, dx + 4 \int_1^{\sqrt{5}} \sqrt{5 - x^2} \, dx$$

$$= 6\ln 3 + 5\pi - 20\arcsin \frac{1}{\sqrt{5}}.$$

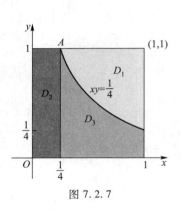

图 7.2.7

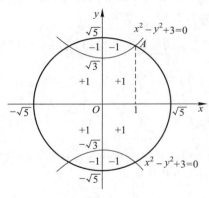

图 7.2.8

3）如图7.2.9，

$$
\begin{aligned}
K &= \iint\limits_{|x|\leqslant 1,0\leqslant y\leqslant 2} \sqrt{|y-x^2|}\,\mathrm{d}x\mathrm{d}y \\
&= \iint\limits_{|x|\leqslant 1,x^2\leqslant y\leqslant 2} \sqrt{y-x^2}\,\mathrm{d}x\mathrm{d}y + \iint\limits_{|x|\leqslant 1,0\leqslant y\leqslant x^2} \sqrt{x^2-y}\,\mathrm{d}x\mathrm{d}y \\
&= \int_{-1}^{1}\mathrm{d}x\int_{x^2}^{2} \sqrt{y-x^2}\,\mathrm{d}y + \int_{-1}^{1}\mathrm{d}x\int_{0}^{x^2} \sqrt{x^2-y}\,\mathrm{d}y \\
&= \frac{\pi}{2} + \frac{5}{3}.
\end{aligned}
$$

4）如图7.2.10，

$$
\begin{aligned}
L &= \iint\limits_{\substack{0\leqslant x\leqslant 2\\0\leqslant y\leqslant 2}} [x+y]\,\mathrm{d}x\mathrm{d}y \\
&\overset{\text{注}}{=\!=\!=} \iint\limits_{\triangle OAB} 0\,\mathrm{d}x\mathrm{d}y + \iint\limits_{\text{四边形}ABCD} 1\,\mathrm{d}x\mathrm{d}y + \iint\limits_{\text{四边形}CDEF} 2\,\mathrm{d}x\mathrm{d}y + \iint\limits_{\triangle EFG} 3\,\mathrm{d}x\mathrm{d}y \\
&= S(\text{四边形}ABCD) + 2S(\text{四边形}CDEF) + 3S(\triangle EFG) = 3S(\triangle CDG) = 6.
\end{aligned}
$$

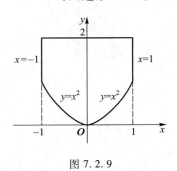

图 7.2.9

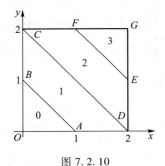

图 7.2.10

注 在个别线段上改变被积函数值不影响可积性，也不影响二重积分的值. 例如本题：被积函数$[x+y]$在线段 AB,CD,EF 及点 G 上，其值分别为 1，2，3 和 4. 但上面演算过程中实际看成了 0，1，2 和 3. 这是允许的，对积分值没有影响.

^{new}**练习** 计算积分 $J = \iint\limits_{D} x(1+yf(x^2+y^2))\,\mathrm{d}x\mathrm{d}y$，其中 D 是由 $y=x^3,y=1,x=-1$ 所围成的区域，$f(x)$ 是实值连续函数. （中国科学院） 《《$-\dfrac{2}{5}$》》

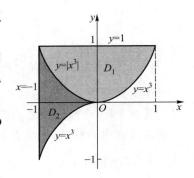

图 7.2.11

提示 如图7.2.11，记 $D_1 = \{(x,y)\mid |x^3|\leqslant y\leqslant 1, -1\leqslant x\leqslant 1\}$（左、右对称），$D$ 剩下部分记为 D_2（上、下对称），则

$$J = \iint\limits_{D} x(1 + yf(x^2 + y^2)) \, dx dy$$

$$= \iint\limits_{D_1} x(1 + yf(x^2 + y^2)) \, dx dy + \iint\limits_{D_2} xyf(x^2 + y^2)) \, dx dy + \iint\limits_{D_2} x \, dx dy$$

$$\stackrel{\text{记}}{=\!=} I_1 + I_2 + I_3,$$

其中 I_1 的被积函数 $x(1 + yf(x^2 + y^2))$ 是 x 的奇函数(D_1 左、右对称),I_2 的被积函数 $xyf(x^2 + y^2)$ 是 y 的奇函数(D_2 上、下对称). 因此 $I_1 = I_2 = 0$, $J = I_3 = 2 \int_{-1}^{0} x \, dx \int_{0}^{|x|^3} dy = -\dfrac{2}{5}$.

例 7.2.6   设 $f(x,y)$ 是 $\mathbf{R}^2$ 上的连续函数,试交换累次积分 $\int_{-1}^{1} dx \int_{x^2+x}^{x+1} f(x,y) \, dy$ 的积分次序.(北京大学)

解 $D = \{(x,y) \mid -1 \leq x \leq 1, x^2 + x \leq y \leq x + 1\}$. 如图 7.2.12,将 D 中 $y \geq 0$ 的部分记为 D_1,$y \leq 0$ 的部分记作 D_2,则

$$\text{原积分} = \iint\limits_{D_1} f(x,y) \, dx dy + \iint\limits_{D_2} f(x,y) \, dx dy.$$

注 $y = x + 1$ 与 $y = x^2 + x$ 联立可求出交点 $(-1, 0)$,$(1, 2)$. 由 $y = x^2 + x = \left(x + \dfrac{1}{2}\right)^2 - \dfrac{1}{4}$,知

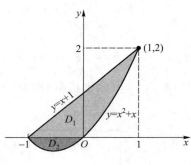

图 7.2.12

$y_{\min} = -\dfrac{1}{4}$. 得

$$D_1 = \left\{(x,y) \,\middle|\, 0 \leq y \leq 2, y - 1 \leq x \leq -\frac{1}{2} + \sqrt{y + \frac{1}{4}}\right\},$$

$$D_2 = \left\{(x,y) \,\middle|\, -\frac{1}{4} \leq y \leq 0, -\frac{1}{2} - \sqrt{y + \frac{1}{4}} \leq x \leq -\frac{1}{2} + \sqrt{y + \frac{1}{4}}\right\}.$$

故   原式 $= \int_{0}^{2} dy \int_{y-1}^{-\frac{1}{2} + \sqrt{y + \frac{1}{4}}} f(x,y) \, dx + \int_{-\frac{1}{4}}^{0} dy \int_{-\frac{1}{2} - \sqrt{y + \frac{1}{4}}}^{-\frac{1}{2} + \sqrt{y + \frac{1}{4}}} f(x,y) \, dx.$

练习   求 $I = \int_{1}^{2} dx \int_{\sqrt{x}}^{x} \sin \dfrac{\pi x}{2y} dy + \int_{2}^{4} dx \int_{\sqrt{x}}^{2} \sin \dfrac{\pi x}{2y} dy.$(天津大学). $\left\langle\!\!\left\langle \dfrac{4}{\pi^2}\left(1 - \dfrac{2}{\pi}\right) \right\rangle\!\!\right\rangle$

作变量替换

要点   1)选取变量替换的原则是使得被积函数简化,积分区域变得易于定限. 一般来说应两者兼顾,当两者矛盾时,应优先考虑较困难的.

2)对于积分 $I = \iint\limits_{D} f(x,y) \, dx dy$,作变换 $x = x(u,v)$, $y = y(u,v)$,关键在于找出变换后的区域

$$D' = \{(u,v) \mid a \leq u \leq b, \varphi(u) \leq v \leq \psi(u)\}. \tag{A}$$

完成此步,则

$$I = \int_a^b \mathrm{d}u \int_{\varphi(u)}^{\psi(u)} f(x(u,v), y(u,v)) \mid J \mid \mathrm{d}v, \tag{B}$$

其中 J 为 Jacobi 行列式，$J = \dfrac{\partial(x,y)}{\partial(u,v)}$．

3）几何定限法．（如图 7.2.13）固定 $u = u_1$，所得坐标曲线

$$L: \begin{cases} x = x(u_1, v), \\ y = y(u_1, v) \end{cases}$$

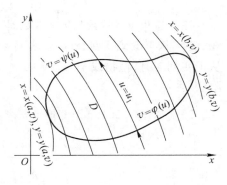

图 7.2.13

随 u_1 连续变化时连续变动．假若 u_1 从 a 连续增大到 b，L 恰好扫过积分区域 D，这就说明 D 对应的 u 有关系 $a \leqslant u \leqslant b$（$b, a$ 为外层积分的上、下限）．

设 $a < u_1 < b$，L 上的点 $(x, y) = (x(u_1, v), y(u_1, v))$ 随 v 增加时，当 v 变到 $v_1 = \varphi(u_1)$ 时穿入 D，当 v 变到 $v_1 = \psi(u_1)$ 时穿出 D，这就表明 D 对应的 (u, v) 满足式（A）（$\psi(u)$，$\varphi(u)$ 是内层积分的上、下限）．

例 7.2.7 计算积分：

☆1）$I = \iint\limits_D \dfrac{3x}{y^2 + xy^3} \mathrm{d}x\mathrm{d}y$，其中 D 为平面曲线 $xy = 1$，$xy = 3$，$y^2 = x$，$y^2 = 3x$ 所围成的有界闭区域；（武汉大学）

2）$K = \iint\limits_D f(x, y) \mathrm{d}x\mathrm{d}y$，其中 D 为由曲线 $xy = 1$，$xy = 2$，$y = x$，$y = 4x$（$x > 0, y > 0$）所围成的区域；（天津大学）

☆3）$L = \iint\limits_D \dfrac{(\sqrt{x} + \sqrt{y})^4}{x^2} \mathrm{d}x\mathrm{d}y$，其中 D 为由 x 轴，$y = x$，$\sqrt{x} + \sqrt{y} = 1$ 和 $\sqrt{x} + \sqrt{y} = 2$ 围成的有界闭区域．（清华大学）

解 1）（如图 7.2.14）作变换 $u = xy$，$v = \dfrac{y^2}{x}$，则积分区域 D 变为

$$D' = \{(u, v) \mid 1 \leqslant u \leqslant 3, 1 \leqslant v \leqslant 3\}.$$

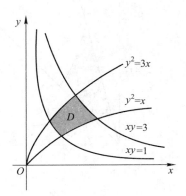

图 7.2.14

这时

$$J^{-1} = \frac{\partial(u,v)}{\partial(x,y)} = \begin{vmatrix} y & x \\ -\dfrac{y^2}{x^2} & \dfrac{2y}{x} \end{vmatrix} = 3\frac{y^2}{x} = 3v,$$

所以 $J = \dfrac{1}{3v}$，

$$I = \iint\limits_{D} \frac{3x}{y^2 + xy^3} \mathrm{d}x\mathrm{d}y = \iint\limits_{D} \frac{3}{y^2(1 + xy)/x} \mathrm{d}x\mathrm{d}y$$

$$= \iint\limits_{D'} \frac{\mathrm{d}u\mathrm{d}v}{v^2(1 + u)} = \int_1^3 \frac{\mathrm{d}u}{1 + u} \int_1^3 \frac{\mathrm{d}v}{v^2} = \frac{2}{3}\ln 2.$$

注 这里 $u \equiv$ 常数与 $v \equiv$ 常数是两组不同的圆锥曲线. $u = u_0$ 时, $xy = u_0$ 为双曲线, 当 u_0 从 1 变到 3 时, $xy = u_0$ 从 $xy = 1$ 的位置扫过 D 变到 $xy = 3$ 的位置. 同样, 当 v_0 从 1 变到 3 时, 抛物线 $y^2 = v_0 x$ 从 $y^2 = x$ 扫过 D 变到 $y^2 = 3x$ 的位置. 这就是几何定限法.

2) (如图 7.2.15) 作变换 $u = xy, v = \dfrac{y}{x}$, 区域 D 变为

$$D' = \{(u, v) \mid 1 \leqslant u \leqslant 2, 1 \leqslant v \leqslant 4\},$$

$$J^{-1} = \frac{\partial(u, v)}{\partial(x, y)} = \begin{vmatrix} y & x \\ -\dfrac{y}{x^2} & \dfrac{1}{x} \end{vmatrix} = 2\frac{y}{x} = 2v,$$

故

$$K = \iint\limits_{D} f(xy)\mathrm{d}x\mathrm{d}y = \iint\limits_{\substack{1 \leqslant u \leqslant 2 \\ 1 \leqslant v \leqslant 4}} f(u) \cdot \frac{1}{2v}\mathrm{d}u\mathrm{d}v = \ln 2 \cdot \int_1^2 f(u)\mathrm{d}u.$$

3) (如图 7.2.16) 令 $u = \sqrt{x} + \sqrt{y}, v = \dfrac{y}{x}$, 这时区域 D 变为

$$D' = \{(u, v) \mid 1 \leqslant u \leqslant 2, 0 \leqslant v \leqslant 1\},$$

$$J^{-1} = \frac{\partial(u, v)}{\partial(x, y)} = \begin{vmatrix} \dfrac{1}{2\sqrt{x}} & \dfrac{1}{2\sqrt{y}} \\ -\dfrac{y}{x^2} & \dfrac{1}{x} \end{vmatrix} = \frac{1}{2x\sqrt{x}} + \frac{\sqrt{y}}{2x^2} = \frac{u}{2x^2},$$

原积分

$$L = \int_1^2 \mathrm{d}u \int_0^1 \frac{u^4}{x^2} \cdot \frac{2x^2}{u}\mathrm{d}v = \frac{15}{2}.$$

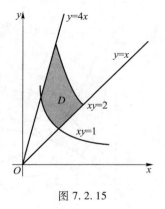

图 7.2.15

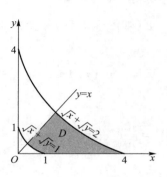

图 7.2.16

例 7.2.8 计算重积分：

1）$I = \iint\limits_{D} \dfrac{x^2 - y^2}{\sqrt{x+y+3}}\mathrm{d}x\mathrm{d}y$，其中 $D = \{(x,y) \mid |x| + |y| \leqslant 1\}$；

2）$L = \iint\limits_{D} \dfrac{(x+y)\ln\left(1+\dfrac{y}{x}\right)}{\sqrt{1-x-y}}\mathrm{d}x\mathrm{d}y$，其中 $D = \left\{(x,y) \mid 0 \leqslant y \leqslant x, \dfrac{3}{4} \leqslant x+y \leqslant 1\right\}$；

（清华大学）

3）$K = \iint\limits_{D} |\sin(x-y)|\mathrm{d}x\mathrm{d}y$，其中 $D = \{(x,y) \mid 0 \leqslant x \leqslant y \leqslant 2\pi\}$.

解 1）（如图 7.2.17）$I = \iint\limits_{D} \dfrac{(x+y)(x-y)}{\sqrt{(x+y)+3}}\mathrm{d}x\mathrm{d}y$. 令 $u = x+y, v = x-y$，则

$$D = \{(x,y) \mid -1 \leqslant x+y \leqslant 1, -1 \leqslant x-y \leqslant 1\}$$

$$= \{(u,v) \mid -1 \leqslant u \leqslant 1, -1 \leqslant v \leqslant 1\},$$

$$J^{-1} = \frac{\partial(u,v)}{\partial(x,y)} = \begin{vmatrix} 1 & 1 \\ 1 & -1 \end{vmatrix} = -2,$$

$$J = -\frac{1}{2}.$$

所以　　$I = \dfrac{1}{2}\displaystyle\int_{-1}^{1} \dfrac{u\,\mathrm{d}u}{\sqrt{u+3}}\int_{-1}^{1} v\,\mathrm{d}v = 0.$

注 由轮换对称性可知 $\iint\limits_{D} \dfrac{x^2}{\sqrt{x+y+3}}\mathrm{d}x\mathrm{d}y = \iint\limits_{D} \dfrac{y^2}{\sqrt{x+y+3}}\mathrm{d}x\mathrm{d}y$. 因此可以直接看出原积分为零.

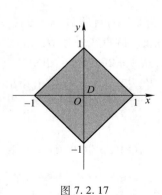

图 7.2.17

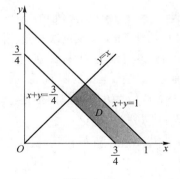

图 7.2.18

2）（如图 7.2.18）令 $u = x+y, v = \dfrac{y}{x}$（$u \equiv$ 常数，是倾角为 $-\dfrac{\pi}{4}$ 的直线，

$v \equiv$ 常数是过原点的直线），$D' = \left\{(u,v) \mid \dfrac{3}{4} \leqslant u \leqslant 1, 0 \leqslant v \leqslant 1\right\}, J = \dfrac{u}{(1+v)^2}$.

$$L = \int_{\frac{3}{4}}^{1} \frac{u^2}{\sqrt{1-u}}\mathrm{d}u \int_{0}^{1} \frac{\ln(1+v)}{(1+v)^2}\mathrm{d}v = \frac{203}{480}(1-\ln 2).$$

3)积分区域如图 7.2.19(a)的 △OAB,被积函数

$$|\sin(x-y)| = \begin{cases} \sin(y-x), & 0 \leqslant y-x \leqslant \pi, (x,y) \in D_1(\text{梯形区域}), \\ \sin(x-y), & \pi \leqslant y-x \leqslant 2\pi, (x,y) \in D_2(\text{小三角形区域}), \end{cases}$$

故原积分

$$K = \iint_{D_1} \sin(y-x)\mathrm{d}x\mathrm{d}y + \iint_{D_2} \sin(x-y)\mathrm{d}x\mathrm{d}y.$$

令 $\begin{cases} u = y-x, \\ v = x, \end{cases}$ 即 $\begin{cases} x = v \\ y = u+v, \end{cases}$ $J = \dfrac{\partial(x,y)}{\partial(u,v)} = \begin{vmatrix} 0 & 1 \\ 1 & 1 \end{vmatrix} = -1$. 这时 D_1, D_2 分别变为

$$D_1' = \{(u,v) \mid 0 \leqslant u \leqslant \pi, 0 \leqslant v \leqslant 2\pi - u\} \text{(见附注)},$$
$$D_2' = \{(u,v) \mid \pi \leqslant u \leqslant 2\pi, 0 \leqslant v \leqslant 2\pi - u\}.$$

因此

$$K = \int_{0}^{\pi}\mathrm{d}u\int_{0}^{2\pi-u}\sin u\,\mathrm{d}v - \int_{\pi}^{2\pi}\mathrm{d}u\int_{0}^{2\pi-u}\sin u\,\mathrm{d}v = 3\pi + \pi = 4\pi.$$

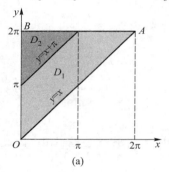 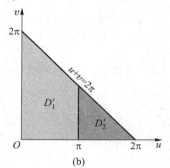

图 7.2.19

附注 这里 $u \equiv C$(常数)在 xOy 平面上是倾角为 45° 的直线族. $u \equiv 0$ 是分角线 $y = x$,当 C 从 $0 \nearrow \pi$ 时,该直线扫过 D_1;当 C 从 $\pi \nearrow 2\pi$ 时,该直线扫过 D_2. 若让 u 固定 在 $[0, \pi]$ 上,该直线与 D_1 有交点,从 $x = 0$ 线上穿入,从 $y = 2\pi$ 线上穿出. 对应地,在 uOv 平面上,即是 $u = C$ 的竖直线,从 $v = 0$ 线上穿入 D_1',从 $u + v = 2\pi$ 线上穿出 D_1',如 图 7.2.19(b). 对 D_2 有类似的描述.

练习 计算如下积分:

1)$I = \iint_{D} \mathrm{e}^{\frac{y}{x+y}}\mathrm{d}x\mathrm{d}y$,其中 $D = \{(x,y) \mid x+y \leqslant 1, x \geqslant 0, y \geqslant 0\}$;(湖北大学,中南矿冶学院)

$$\left\langle\!\!\left\langle \frac{1}{2}(\mathrm{e}-1) \right\rangle\!\!\right\rangle$$

2)$K = \iint_{D} (x+y)\,\mathrm{sgn}(x-y)\mathrm{d}x\mathrm{d}y$,其中 $D = \{(x,y) \mid 0 \leqslant x \leqslant 1, 0 \leqslant y \leqslant 1\}$; (北京航空航天大 学)

$$\langle\!\langle 0 \rangle\!\rangle$$

3) $L = \iint\limits_{D} \mathrm{e}^{\frac{x-y}{x+y}} \mathrm{d}x\mathrm{d}y$, 其中 D 是 $x = 0, y = 0, x + y = 1$ 所围的有界闭区域. (浙江大学)

$$\left\langle\!\!\left\langle \frac{1}{4}(\mathrm{e} - \mathrm{e}^{-1}) \right\rangle\!\!\right\rangle$$

极坐标变换

众所周知,最基本最常用的变换是极坐标变换,若取原点作极点,x 轴作极轴,则 $x = r\cos\theta, y = r\sin\theta$. 这时的 Jacobi 行列式为 r,面积元素由 $\mathrm{d}x\mathrm{d}y$ 变成了 $r\mathrm{d}r\mathrm{d}\theta$. r 是动点 (x, y) 的径向量,$r = \sqrt{x^2 + y^2}$;θ 表示径向量转角,即从极轴(x 轴)开始计算旋转,到指定点径向量的旋转角度,逆时针方向为正,顺时针方向为负.

$\theta = $ 常数,是从极点出发的射线;$r = $ 常数,是以极点为中心,半径为 r 的圆.

定限问题

要点 所谓 θ - 型区域,指积分区域 D 为
$$D = \{(r, \theta) \mid \theta_1 \leqslant \theta \leqslant \theta_2, r_1(\theta) \leqslant r \leqslant r_2(\theta)\}$$
(如图 7.2.20(a)),这时原积分
$$\iint\limits_{D} f(x, y)\mathrm{d}x\mathrm{d}y = \int_{\theta_1}^{\theta_2} \mathrm{d}\theta \int_{r_1(\theta)}^{r_2(\theta)} f(r\cos\theta, r\sin\theta) r\mathrm{d}r.$$

类似地,所谓 r - 型区域 D,指
$$D = \{(r, \theta) \mid r_2 \leqslant r \leqslant r_2, \theta_1(r) \leqslant \theta \leqslant \theta_2(r)\}$$
(如图 7.2.20(b)). 这时积分
$$\iint\limits_{D} f(x, y)\mathrm{d}x\mathrm{d}y = \int_{r_1}^{r_2} r\mathrm{d}r \int_{\theta_1(r)}^{\theta_2(r)} f(r\cos\theta, r\sin\theta)\mathrm{d}\theta.$$

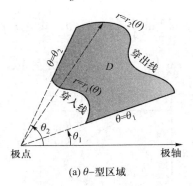 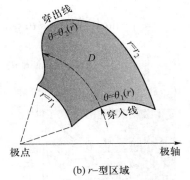

(a) θ-型区域　　　　　　(b) r-型区域

图 7.2.20

θ - 型区域的特征是:每根从极点出发的射线与区域边界最多只有两个交点. θ_1 是区域各点 θ 的最小值,θ_2 是其最大值. 当 θ 固定在 $[\theta_1, \theta_2]$ 某个值时,对应的射线从 $r = r_1(\theta)$ 曲线穿入 D,从 $r = r_2(\theta)$ 线穿出 D. 因此,$r = r_1(\theta), r = r_2(\theta)$ 分别称为穿入(曲)线、穿出(曲)线. 对 r - 型区域也有类似的描述.

例 7.2.9 积分变换与计算:

☆1）试将积分 $I = \iint\limits_{\substack{0 \leqslant x \leqslant 1 \\ 0 \leqslant y \leqslant 1}} f(x,y)\,\mathrm{d}x\mathrm{d}y$ 化为极坐标形式；

☆2）试将积分 $K = \int_{-\frac{\pi}{4}}^{\frac{\pi}{2}} \mathrm{d}\theta \int_0^{2a\cos\theta} f(r\cos\theta, r\sin\theta)\,r\mathrm{d}r$ 交换积分顺序，再将它化为直角坐标系，写出先对 x 再对 y 以及先对 y 再对 x 的两个累次积分；（上海交通大学）

3）试计算积分 $L = \iint\limits_{D}(x+y)\,\mathrm{d}x\mathrm{d}y$, D 是由曲线 $x^2 + y^2 = x + y$ 所围成的区域.（华中科技大学）

解 1）如图 7.2.21，积分区域可分成 D_1, D_2 两部分: $D \equiv [0,1]\times[0,1] = D_1 \cup D_2$，当 $0 \leqslant \theta \leqslant \dfrac{\pi}{4}$ 时，每个 θ 所对应的射线从原点穿入 D_1，从 $x = 1$ 穿出 D_1. $x = 1$ 改用极坐标表示即: $r = \dfrac{1}{\cos\theta}$. 因此

$$D_1 = \left\{ (r,\theta) \,\middle|\, 0 \leqslant \theta \leqslant \frac{\pi}{4}, 0 \leqslant r \leqslant \frac{1}{\cos\theta} \right\}.$$

同理
$$D_2 = \left\{ (r,\theta) \,\middle|\, \frac{\pi}{4} \leqslant \theta \leqslant \frac{\pi}{2}, 0 \leqslant r \leqslant \frac{1}{\sin\theta} \right\}.$$

于是
$$I = \iint\limits_{\substack{0 \leqslant x \leqslant 1 \\ 0 \leqslant y \leqslant 1}} f(x,y)\,\mathrm{d}x\mathrm{d}y$$

$$= \int_0^{\frac{\pi}{4}} \mathrm{d}\theta \int_0^{\frac{1}{\cos\theta}} f(r\cos\theta, r\sin\theta)\,r\mathrm{d}r + \int_{\frac{\pi}{4}}^{\frac{\pi}{2}} \mathrm{d}\theta \int_0^{\frac{1}{\sin\theta}} f(r\cos\theta, r\sin\theta)\,r\mathrm{d}r.$$

类似有 $\displaystyle I = \int_0^1 r\mathrm{d}r \int_0^{\frac{\pi}{2}} f(r\cos\theta, r\sin\theta)\,\mathrm{d}\theta + \int_1^{\sqrt{2}} r\mathrm{d}r \int_{\arccos\frac{1}{r}}^{\arcsin\frac{1}{r}} f(r\cos\theta, r\sin\theta)\,\mathrm{d}\theta.$

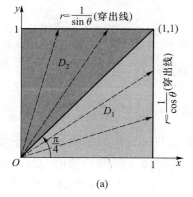

(a)

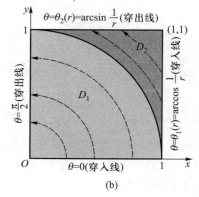

(b)

图 7.2.21

2) $K = \int_{-\frac{\pi}{4}}^{\frac{\pi}{2}} d\theta \int_0^{2a\cos\theta} f(r\cos\theta, r\sin\theta) r dr$，表明 $\theta \in$

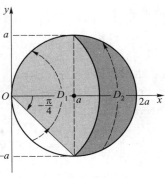

$\left[-\dfrac{\pi}{4}, \dfrac{\pi}{2} \right]$ 时，射线从原点穿入，再从 $r = 2a\cos\theta$ 曲线

穿出. 穿出线化为直角坐标，即为

$$x^2 + y^2 = 2ax, \qquad (1)$$

或 $$(x - a)^2 + y^2 = a^2, \qquad (2)$$

亦即以 $(a, 0)$ 为中心，以 a 为半径的圆，如图 7.2.22.

$\theta = -\dfrac{\pi}{4}$ 与 $r = 2a\cos\theta$ 之交点为 $\left(-\dfrac{\pi}{4}, \sqrt{2}a \right)$，积分区域

图 7.2.22

（记作 D）上 r 的最大值为 $2a$. 作为 r – 型区域，应利用曲线 $r \equiv \sqrt{2}a$ 将区域划分为 $0 \leqslant r$

$\leqslant \sqrt{2}a$ 与 $\sqrt{2}a \leqslant r \leqslant 2a$ 两部分，$D = D_1 \cup D_2$：

$$D_1 = \left\{ (r, \theta) \ \middle| \ 0 \leqslant r \leqslant \sqrt{2}a, \ -\frac{\pi}{4} \leqslant \theta \leqslant \arccos \frac{r}{2a} \right\},$$

$$D_2 = \left\{ (r, \theta) \ \middle| \ \sqrt{2}a \leqslant r \leqslant 2a, \ -\arccos \frac{r}{2a} \leqslant \theta \leqslant \arccos \frac{r}{2a} \right\}$$

故 $$K = \int_0^{\sqrt{2}a} r dr \int_{-\frac{\pi}{4}}^{\arccos\frac{r}{2a}} f(r\cos\theta, r\sin\theta) d\theta + \int_{\sqrt{2}a}^{2a} r dr \int_{-\arccos\frac{r}{2a}}^{\arccos\frac{r}{2a}} f(r\cos\theta, r\sin\theta) d\theta.$$

化为直角坐标，只要注意到圆的方程，由式（2）可得 $x = a \pm \sqrt{a^2 - y^2}$（取 " + " 为

右半圆，" – " 为左半圆）；或由式（1）可得 $y = \pm \sqrt{2ax - x^2}$（取 " + " 为上半圆，" – " 为

下半圆）. 故化为直角坐标时：

$$K = \int_0^a dy \int_{a - \sqrt{a^2 - y^2}}^{a + \sqrt{a^2 - y^2}} f(x, y) dx + \int_{-a}^0 dy \int_{-y}^{a + \sqrt{a^2 - y^2}} f(x, y) dx$$

$$= \int_0^a dx \int_{-x}^{\sqrt{2ax - x^2}} f(x, y) dy + \int_a^{2a} dx \int_{-\sqrt{2ax - x^2}}^{\sqrt{2ax - x^2}} f(x, y) dy.$$

注　极坐标的极点不一定非选在原点不可，如下面本例第 3）小题，宜将极点选

为 $\left(\dfrac{1}{2}, \dfrac{1}{2} \right)$.

3) 利用配方法，易知边界曲线 $x^2 + y^2 = x + y$ 可写为

$$\left(x - \frac{1}{2} \right)^2 + \left(y - \frac{1}{2} \right)^2 = \left(\frac{1}{\sqrt{2}} \right)^2.$$

因此宜选点 $\left(\dfrac{1}{2}, \dfrac{1}{2} \right)$ 作为极点，极轴与 x 轴平行，方向一致. 这时，$x = \dfrac{1}{2} + r\cos\theta$，$y =$

$\dfrac{1}{2} + r\sin\theta$ 积分区域，用极点作射线的方法可知

$$D = \left\{ (r, \theta) \ \middle| \ 0 \leqslant \theta \leqslant 2\pi, 0 \leqslant r \leqslant \frac{1}{\sqrt{2}} \right\}, \ J \xrightarrow{\text{仍}} r.$$

故原积分

$$L = \iint\limits_{D} (x + y)\,dxdy = \int_0^{2\pi} d\theta \int_0^{\frac{1}{\sqrt{2}}} \left(r\cos\theta + \frac{1}{2} + r\sin\theta + \frac{1}{2} \right) r\,dr = \frac{\pi}{2}.$$

练习　计算积分:

1) $\displaystyle\iint\limits_{x^2+y^2\leqslant\frac{3}{16}} \min\left\{\sqrt{\frac{3}{16} - x^2 - y^2}, 2(x^2 + y^2)\right\}dxdy$;(河北师范大学) $\left\langle\!\!\left\langle \dfrac{5\pi}{192} \right\rangle\!\!\right\rangle$

2) $\displaystyle\iint\limits_{D} \frac{1}{(x^2 + y^2)^2}dxdy$,其中 D 是圆 $x^2 + y^2 = 2x$ 内 $x\geqslant1$ 的部分;(天津大学) $\left\langle\!\!\left\langle \dfrac{\pi}{8} \right\rangle\!\!\right\rangle$

3) 假设函数 $f(u)$ 在 $(-\infty, +\infty)$ 上连续,试将二重积分 $\displaystyle\iint\limits_{\frac{1}{4}\leqslant x^2+y^2\leqslant x} f\left(\frac{y}{x}\right)dxdy$ 化为定积分;(中

山大学) $\left\langle\!\!\left\langle \dfrac{1}{2}\displaystyle\int_{-\frac{\pi}{3}}^{\frac{\pi}{3}} f(\tan\theta)\left(\cos^2\theta - \frac{1}{4}\right)d\theta \right\rangle\!\!\right\rangle$

^{new} ☆ 4) $\displaystyle\iint\limits_{x^2+y^2\leqslant1} |3x + 4y|\,dxdy.$ (华东师范大学) $\left\langle\!\!\left\langle \dfrac{20}{3} \right\rangle\!\!\right\rangle$

提示　1) 原式 $= \displaystyle\iint\limits_{0\leqslant r\leqslant\frac{1}{2\sqrt{2}}} \sqrt{\frac{3}{16} - r^2}\,r\,drd\theta + \iint\limits_{\frac{1}{2\sqrt{2}}\leqslant r\leqslant\frac{\sqrt{3}}{4}} 2r^2 \cdot r\,drd\theta.$

2) $D = \left\{ (r,\theta) \,\middle|\, -\dfrac{\pi}{4}\leqslant\theta\leqslant\dfrac{\pi}{4}, \dfrac{1}{\cos\theta}\leqslant r\leqslant2\cos\theta \right\}.$

4) 积分关于直线 $3x + 4y = 0$ 对称:原积分 $= 2\displaystyle\iint\limits_{\substack{x^2+y^2\leqslant1\\3x+4y\geqslant0}} (3x + 4y)\,dxdy.$

注意:直线 $3x + 4y = 0$ 的斜率 $\tan\alpha = -\dfrac{3}{4}$,显然 $\cos\alpha = \dfrac{4}{5}, \sin\alpha = -\dfrac{3}{5}$ $(\alpha < 0)$.

$3\cos\theta + 4\sin\theta = 5\left[-\left(-\dfrac{3}{5}\right)\cos\theta + \dfrac{4}{5}\sin\theta \right] = 5(-\sin\alpha\cos\theta + \cos\alpha\sin\theta) = 5\sin(\theta - \alpha).$

原积分 $= 2\displaystyle\int_0^1 r^2\,dr\int_{-|\alpha|}^{\pi-|\alpha|} (3\cos\theta + 4\sin\theta)\,d\theta = 2\cdot\dfrac{1}{3}\int_\alpha^{\pi+\alpha} 5\sin(\theta - \alpha)\,d\theta$

$\qquad = -\dfrac{10}{3}\cos(\theta - \alpha)\,\Big|_\alpha^{\pi+\alpha} = \dfrac{20}{3}.$

例 7.2.10　计算积分:

1) $I = \displaystyle\iint\limits_{D} \frac{1}{xy}dxdy$,其中 D 为平面上由 $2\leqslant\dfrac{x}{x^2 + y^2}, \dfrac{y}{x^2 + y^2}\leqslant4$ 确定的区域;(中国

科学院)

☆2) $K = \displaystyle\iint\limits_{D} (3x^3 + x^2 + y^2 + 2x - 2y + 1)\,dxdy$,其中 $D = \{ (x,y) \mid 1\leqslant x^2 + (y - 1)^2 \leqslant$

$2,$ 且 $x^2 + y^2\leqslant1\}$;(南开大学)

3) $L = \displaystyle\iint\limits_{D} \frac{(x + y)\ln\left(1 + \dfrac{y}{x}\right)}{\sqrt{2 - x - y}}dxdy$,其中 D 为 $y = 0, y = x, x + y = 1$ 所围成的三角形

区域；

☆4） $M = \iint\limits_{x^2+y^2\leqslant 1} \left| \dfrac{x+y}{\sqrt{2}} - x^2 - y^2 \right| \mathrm{d}x\mathrm{d}y.$

解 1）化为极坐标时，区域 D 可以表示为

$$D = \left\{ (r,\theta) \,\middle|\, \dfrac{1}{4}\cos\theta \leqslant r \leqslant \dfrac{1}{2}\cos\theta, \right.$$
$$\left. \dfrac{1}{4}\sin\theta \leqslant r \leqslant \dfrac{1}{2}\sin\theta \right\},$$

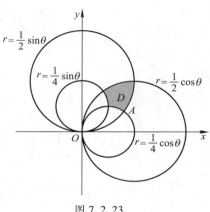

图 7.2.23

它表示如图 7.2.23 中四个圆在第一象限所围之部分（如图 7.2.23 中阴影部分）. 由于积分区域及被积函数都关于直线 $y=x$ 对称，故只要计算 $0 \leqslant \theta \leqslant \dfrac{\pi}{4}$ 内之部分，再 2 倍之即可. 在圆 $r = \dfrac{1}{2}\sin\theta$ 与圆 $r = \dfrac{1}{4}\cos\theta$ 之交点 A 上 $\theta = \arctan\dfrac{1}{2}$. 所以

$$\iint\limits_{D} \dfrac{1}{xy}\mathrm{d}x\mathrm{d}y = 2\int_{\arctan\frac{1}{2}}^{\frac{\pi}{4}} \mathrm{d}\theta \int_{\frac{1}{4}\cos\theta}^{\frac{1}{2}\sin\theta} \dfrac{r\mathrm{d}r}{r\cos\theta \cdot r\sin\theta} = 2\int_{\arctan\frac{1}{2}}^{\frac{\pi}{4}} \dfrac{1}{\sin\theta\cos\theta} \ln\dfrac{\frac{1}{2}\sin\theta}{\frac{1}{4}\cos\theta}\mathrm{d}\theta$$

$$= 2\int_{\arctan\frac{1}{2}}^{\frac{\pi}{4}} \dfrac{1}{\tan\theta} \ln(2\tan\theta)\mathrm{d}(\tan\theta) = \ln^2 2.$$

2）由对称性知关于 x 的奇次项积分为零. 作变换 $u = 1-y, v = x$ 后化为极坐标，

则 $\qquad$ 原式 $= 2\int_{0}^{\frac{\pi}{4}} \mathrm{d}\theta \int_{0}^{\sqrt{2}} r^3\mathrm{d}r + 2\int_{\frac{\pi}{4}}^{\frac{\pi}{3}} \mathrm{d}\theta \int_{1}^{2\cos\theta} r^3\mathrm{d}r = \dfrac{7}{12}\pi + \dfrac{7}{8}\sqrt{3} - 2.$

3）**提示** 令 $x+y = u, \dfrac{y}{x} = v$（这时坐标曲线为倾角等于 $-\dfrac{\pi}{4}$ 的直线族，及过原点的直线束），$D = \{(u,v) \mid 0 \leqslant u \leqslant 1, 0 \leqslant v \leqslant 1\}$，$J = \dfrac{u}{(1+v)^2}$.

4）因 $f(x,y) \stackrel{\text{记}}{=\!=} \dfrac{x+y}{\sqrt{2}} - x^2 - y^2 = \dfrac{1}{4} - \left(x - \dfrac{1}{2\sqrt{2}}\right)^2 - \left(y - \dfrac{1}{2\sqrt{2}}\right)^2,$

故单位圆 $\Omega: x^2 + y^2 \leqslant 1$ 被分成两部分

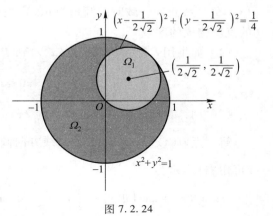

图 7.2.24

（如图 7.2.24）:$\Omega_1 = \{ (x,y) \mid f(x,y) \geqslant 0 \}$，$\Omega_2 = \Omega - \Omega_1$. 因此

$$
\begin{aligned}
M &= \iint_{\Omega} |f| \, \mathrm{d}x\mathrm{d}y = \iint_{\Omega_1} f\mathrm{d}x\mathrm{d}y - \iint_{\Omega_2} f\mathrm{d}x\mathrm{d}y \\
&= 2\iint_{\Omega_1} f\mathrm{d}x\mathrm{d}y - \iint_{\Omega_1+\Omega_2} f\mathrm{d}x\mathrm{d}y = 2\iint_{\Omega_1} f\mathrm{d}x\mathrm{d}y - \iint_{\Omega} f\mathrm{d}x\mathrm{d}y \\
&\equiv I_1 - I_2,
\end{aligned}
$$

其中

$$
\begin{aligned}
I_1 &= 2\iint_{\Omega_1} f\mathrm{d}x\mathrm{d}y \\
&= 2\iint_{\Omega_1} \left[\frac{1}{4} - \left(x - \frac{1}{2\sqrt{2}} \right)^2 - \left(y - \frac{1}{2\sqrt{2}} \right)^2 \right] \mathrm{d}x\mathrm{d}y \left(\diamondsuit\ x - \frac{1}{2\sqrt{2}} = r\cos\varphi, y - \frac{1}{2\sqrt{2}} = r\sin\varphi \right) \\
&= 2\int_0^{2\pi} \mathrm{d}\varphi \int_0^{\frac{1}{2}} \left(\frac{1}{4} - r^2 \right) r\mathrm{d}r = 4\pi\left(\frac{1}{32} - \frac{1}{64} \right) = \frac{\pi}{16},
\end{aligned}
$$

$$
I_2 = \iint_{x^2+y^2 \leqslant 1} \left(\frac{x+y}{\sqrt{2}} - x^2 - y^2 \right) \mathrm{d}x\mathrm{d}y.
$$

由对称性知第一项积分为零. 故引用极坐标，

$$
I_2 = -\iint_{x^2+y^2 \leqslant 1} (x^2 + y^2) \mathrm{d}x\mathrm{d}y = -\int_0^{2\pi} \mathrm{d}\theta \int_0^1 r^3 \mathrm{d}r = -\frac{\pi}{2}.
$$

从而

$$
M = I_1 - I_2 = \frac{\pi}{16} + \frac{\pi}{2} = \frac{9\pi}{16}.
$$

* 例 7.2.11 设坐标平面上有一周长为 $2\pi l$ 的椭圆 Γ，在其上选定一点作为计算弧长 s 的起点，以逆时针方向作为计算弧长的方向，这时 Γ 有参数方程

$$
\begin{cases} x = f(s), \\ y = \varphi(s) \end{cases} \quad (0 \leqslant s \leqslant 2\pi l).
$$

x 轴的正半轴绕原点作逆时针旋转，首次转到与点 $(f(s), \varphi(s))$ 处切线正向一致时的倾角为 $\theta(s)$. 现记 D 为 Γ 的外部区域内与 Γ 的距离小于 l 的点所构成的区域.

（1）如果用 t 表示 D 内一点 (x,y) 到 Γ 的距离，试将 x,y 表示成 s,t 的函数：

$$
\begin{cases} x = x(s,t), \\ y = y(s,t) \end{cases} \quad (0 \leqslant s \leqslant 2\pi l, 0 < t < l);
$$

（2）用计算验证区域 D 的面积为 $3\pi l^2$. （武汉大学）

解 点 $(f(s), \varphi(s))$ 处的外法线方向倾角为 $\theta(s) - \dfrac{\pi}{2}$，因此 D 内任意一点的坐标可用 s,t 表示为

$$
x = f(s) + t\cos\left(\theta(s) - \frac{\pi}{2} \right) = f(s) + t\sin\theta(s),
$$

$$
y = \varphi(s) + t\sin\left(\theta(s) - \frac{\pi}{2} \right) = \varphi(s) - t\cos\theta(s) \quad (0 < t < l, 0 \leqslant s < 2\pi l).
$$

注意到这时 $\dfrac{\mathrm{d}x}{\mathrm{d}s} = f'(s) = \cos\theta(s), \dfrac{\mathrm{d}y}{\mathrm{d}s} = \varphi'(s) = \sin\theta(s)$,知

$$J = \frac{\partial(x,y)}{\partial(s,t)} = \begin{vmatrix} f'(s) + t\theta' \cdot \cos\theta & \sin\theta \\ \varphi'(s) + t\theta' \cdot \sin\theta & -\cos\theta \end{vmatrix} = -1 - t\theta',$$

所以 $\qquad D = \iint\limits_{D} \mathrm{d}x\mathrm{d}y = \iint\limits_{D'} |J| \, \mathrm{d}s\mathrm{d}t = \int_0^{2\pi l} \mathrm{d}s \int_0^l (1 + t\theta'(s)) \, \mathrm{d}t$

$$= \int_0^{2\pi l} \left(l + \frac{l^2}{2}\theta'(s) \right) \mathrm{d}s = 3\pi l^2.$$

☆**例 7.2.12** 设 $f(x,y)$ 在 $D = [a,b] \times [c,d]$ 上有二阶连续导数.

1）通过计算验证：$\displaystyle\iint\limits_{D} f''_{xy}(x,y)\mathrm{d}x\mathrm{d}y = \iint\limits_{D} f''_{yx}(x,y)\mathrm{d}x\mathrm{d}y$;

2）利用 1）证明：$f''_{xy}(x,y) = f''_{yx}(x,y), (x,y) \in D$.（华东师范大学）

提示 1）等式左、右两端直接算出,都等于 $f(b,d) - f(b,c) - f(a,d) + f(a,c)$.

2）记 $F(x,y) = f''_{xy}(x,y) - f''_{yx}(x,y)$,我们的任务在于证明：$\forall (x,y) \in D$,有 $F(x,y) = 0$. 为此在 $D_n \equiv \left[x, x + \dfrac{1}{n} \right] \times \left[y, y + \dfrac{1}{n} \right]$ 上应用 1）之结果,知

$$\iint\limits_{D_n} F(x,y)\mathrm{d}x\mathrm{d}y = 0 \quad (\forall n \in \mathbf{N}).$$

再提示 应用积分中值定理,$\exists \theta_n, \theta'_n : 0 \leqslant \theta_n, \theta'_n \leqslant 1$,使得

$$0 = \iint\limits_{D_n} F(x,y)\mathrm{d}x\mathrm{d}y = F\left(x + \frac{\theta_n}{n}, y + \frac{\theta'_n}{n} \right) \iint\limits_{D_n} \mathrm{d}x\mathrm{d}y.$$

在式 $F\left(x + \dfrac{\theta_n}{n}, y + \dfrac{\theta'_n}{n} \right) = 0$ 中令 $n \to \infty$,取极限知 $F(x,y) = 0$.

^{new}**例 7.2.13** 设 $D = [0,1] \times [0,1]$,$f(x,y)$ 是 D 上的连续函数,证明：有无穷多个 (ξ, η) 使得

$$\iint\limits_{D} f(x,y)\mathrm{d}x\mathrm{d}y = f(\xi, \eta). \tag{1}$$

（北京大学）

提示 若 $f(x,y) \equiv$ 常数,结论自明.

下面假设："$f(x,y) \neq$ 常数".

1° 据积分中值定理：$\exists (\xi, \eta) \in D$,使得

$$\iint\limits_{D} f(x,y)\mathrm{d}x\mathrm{d}y = f(\xi, \eta) \iint\limits_{D} \mathrm{d}x\mathrm{d}y = f(\xi, \eta). \tag{2}$$

2° 因 $f(x,y)$ 连续,故在有界闭区域 D 上：$\exists (x_1, y_1), (x_2, y_2) \in D$,使得

$$m \xlongequal{\text{记}} f(x_1, y_1) = \min_{D} f \leqslant \iint\limits_{D} f(x,y)\mathrm{d}x\mathrm{d}y$$

$$= f(\xi,\eta) \leqslant \max_D f = f(x_2,y_2) \xlongequal{\text{记}} M. \qquad (3)$$

3° （证明：$m = f(\xi,\eta) < M$ 不会发生.）因为：假若 $m = f(\xi,\eta) < M$，则由连续函数的介值性：$\exists (x_0,y_0)$，使得

$$f(x_1,y_1) = m = f(\xi,\eta) < f(x_0,y_0) < M = f(x_2,y_2), \qquad (4)$$

再由 f 连续的保号性知，存在 (x_0,y_0) 的邻域 $U(x_0,y_0) \subset D$，使得

$$m = f(\xi,\eta) < f(x,y) < M \quad (\forall (x,y) \in U(x_0,y_0)).$$

故

$$\iint\limits_{U(x_0,y_0)} [f(x,y) - f(\xi,\eta)] \mathrm{d}x\mathrm{d}y > 0. \qquad (5)$$

因此

$$0 \xlongequal{\text{式}(2)} \iint\limits_D f(x,y)\,\mathrm{d}x\mathrm{d}y - f(\xi,\eta)$$

$$= \iint\limits_D \underset{\substack{\text{当}m=f(\xi,\eta)\text{时，值非负}}}{[f(x,y) - f(\xi,\eta)]} \mathrm{d}x\mathrm{d}y \, (\text{因为 } U(x_0,y_0) \subset D)$$

$$\geqslant \iint\limits_{U(x_0,y_0)} [f(x,y) - f(\xi,\eta)] \mathrm{d}x\mathrm{d}y \xlongequal{\text{式}(5)} > 0, \qquad (6)$$

亦即 $0 > 0$，矛盾.

4° 同理，可证：$\exists (\xi,\eta) \in D$，使得 $m < f(\xi,\eta) = M$，亦不可能.

5° 以上说明：(ξ,η)，(x_1,y_1) 和 (x_2,y_2) 是 $D = [0,1] \times [0,1]$ 上三个不同点.（易证：在 D 内可作出无穷多条联结 (x_1,y_1) 和 (x_2,y_2) 的折线 L_k（途中两两不相交），在每一条折线 L_k 上至少存在一点 $Q_k(\xi_k,\eta_k)$，使得 $f(\xi_k,\eta_k) = f(\xi,\eta)$ $(k = 1,2,\cdots)$.）

事实上：联结最值点 $P_1 = (x_1,y_1)$ 和 $P_2 = (x_2,y_2)$，在 $\overline{P_1P_2}$ 的中垂线上，有无穷点 $Q_k \in D$. 折线 $L_k \xlongequal{\text{记}} P_1 Q_k P_2$，能作出无穷多条，中途不相交. 让点 (x,y) 从 P_1 出发沿 L_k 移动，以移动的距离作参数 t，那么 $f(x(t),y(t))$ 是 t 的连续函数. 用 ℓ_k 表示 L_k 的长度，则

$$f(x_1,y_1) = f(x(0),y(0)) = m < f(\xi,\eta) < M = f(x(\ell_k),y(\ell_k)) = f(x_2,y_2).$$

根据连续函数的介值性，每个 L_k 能至少找出一点 $t = t_k$，使得 $(f(x(t_k),y(t_k))) \xlongequal{\text{记}} f(\xi_k,\eta_k)$，即 $Q_k \in L_k$（每个 $(\xi_k,\eta_k) = (x(t_k),y(t_k))$ 都异于端点），使得 $f(\xi_k,\eta_k) = f(\xi,\eta)$ $(k = 1,2,\cdots)$. 因中途 L_k 互不相交，故 $Q_k(\xi_k,\eta_k)$ $(k = 1,2,3,\cdots)$ 互不相同，有无穷多点满足式(1).

*例 7.2.14 设 $f(x,y) \geqslant 0$ 在 $D: x^2 + y^2 \leqslant a^2$ 上有连续的一阶偏导数，边界上取值为零. 证明：$\left| \iint\limits_D f(x,y)\,\mathrm{d}x\mathrm{d}y \right| \leqslant \dfrac{1}{3} \cdot \pi a^3 \max\limits_{(x,y) \in D} \sqrt{\left(\dfrac{\partial f}{\partial x}\right)^2 + \left(\dfrac{\partial f}{\partial y}\right)^2}$.

证 记 $M = \max\limits_{(x,y) \in D} \sqrt{f_x'^2 + f_y'^2}$. $\forall (x,y) \in D$，由原点向 (x,y) 引射线，对应地在圆周上有一交点 (x_0,y_0). 利用 Taylor 公式及 Schwarz 不等式有下式成立，其中 P 为 $(x,$

y)至(x_0,y_0)线段上的某一点：

$$f(x,y) = f(x_0,y_0) + f'_x(P)(x-x_0) + f'_y(P)(y-y_0)$$
$$= f'_x(P)(x-x_0) + f'_y(P)(y-y_0)$$
$$\leqslant \sqrt{f'^2_x(P) + f'^2_y(P)} \cdot \sqrt{(x-x_0)^2 + (y-y_0)^2}$$
$$\leqslant M(a-r) \quad (r = \sqrt{x^2+y^2}).$$

所以 $\quad \left| \iint\limits_D f \mathrm{d}x\mathrm{d}y \right| \leqslant \iint\limits_D f \mathrm{d}x\mathrm{d}y \leqslant M \iint\limits_D (a-r) r \mathrm{d}r\mathrm{d}\theta = \dfrac{\pi}{3} a^3 \cdot M.$

☆ **例 7.2.15** 设 $x = x(u,v)$，$y = y(u,v)$ 有连续偏导数，一一对应地将区域 D' 映射到 xOy 平面的区域 D，满足 $J \neq 0$，且

$$\frac{\partial x}{\partial u} = \frac{\partial y}{\partial v}, \qquad \frac{\partial x}{\partial v} = -\frac{\partial y}{\partial u}. \tag{1}$$

试证： $\qquad \iint\limits_D \left[\left(\dfrac{\partial f}{\partial x} \right)^2 + \left(\dfrac{\partial f}{\partial y} \right)^2 \right] \mathrm{d}x\mathrm{d}y = \iint\limits_{D'} \left[\left(\dfrac{\partial f}{\partial u} \right)^2 + \left(\dfrac{\partial f}{\partial v} \right)^2 \right] \mathrm{d}u\mathrm{d}v. \tag{2}$

（北京师范大学）

证 利用式(1)，

$$\left(\frac{\partial f}{\partial u} \right)^2 = \left(\frac{\partial f}{\partial x} \cdot \frac{\partial x}{\partial u} + \frac{\partial f}{\partial y} \cdot \frac{\partial y}{\partial u} \right)^2 = \left(\frac{\partial f}{\partial x} \cdot \frac{\partial y}{\partial v} + \frac{\partial f}{\partial y} \cdot \frac{\partial y}{\partial u} \right)^2,$$

$$\left(\frac{\partial f}{\partial v} \right)^2 = \left(\frac{\partial f}{\partial x} \cdot \frac{\partial x}{\partial v} + \frac{\partial f}{\partial y} \cdot \frac{\partial y}{\partial v} \right)^2 = \left(-\frac{\partial f}{\partial x} \cdot \frac{\partial y}{\partial u} + \frac{\partial f}{\partial y} \cdot \frac{\partial y}{\partial v} \right)^2,$$

两式相加得

$$\left(\frac{\partial f}{\partial u} \right)^2 + \left(\frac{\partial f}{\partial v} \right)^2 = \left(\frac{\partial f}{\partial x} \right)^2 \left[\left(\frac{\partial y}{\partial v} \right)^2 + \left(\frac{\partial y}{\partial u} \right)^2 \right] + \left(\frac{\partial f}{\partial y} \right)^2 \left[\left(\frac{\partial y}{\partial u} \right)^2 + \left(\frac{\partial y}{\partial v} \right)^2 \right]$$

$$= \left[\left(\frac{\partial f}{\partial x} \right)^2 + \left(\frac{\partial f}{\partial y} \right)^2 \right] \left[\left(\frac{\partial y}{\partial u} \right)^2 + \left(\frac{\partial y}{\partial v} \right)^2 \right]. \tag{3}$$

另外

$$J = \frac{\partial(x,y)}{\partial(u,v)} = \begin{vmatrix} \dfrac{\partial x}{\partial u} & \dfrac{\partial x}{\partial v} \\[2mm] \dfrac{\partial y}{\partial u} & \dfrac{\partial y}{\partial v} \end{vmatrix} = \frac{\partial x}{\partial u} \cdot \frac{\partial y}{\partial v} - \frac{\partial x}{\partial v} \cdot \frac{\partial y}{\partial u} \xlongequal{\text{式}(1)} \left(\frac{\partial y}{\partial u} \right)^2 + \left(\frac{\partial y}{\partial v} \right)^2,$$

从而 $\qquad \mathrm{d}u\mathrm{d}v = |J^{-1}| \mathrm{d}x\mathrm{d}y = \dfrac{1}{\left(\dfrac{\partial y}{\partial u} \right)^2 + \left(\dfrac{\partial y}{\partial v} \right)^2} \mathrm{d}x\mathrm{d}y. \tag{4}$

将式(3)、(4)代入式(2)右端，或将式(3)变形，及 $\mathrm{d}x\mathrm{d}y = |J| \mathrm{d}u\mathrm{d}v$ 代入式(2)左端，即得欲证等式.

注 本题既考了微分式的变量替换，又考了重积分的换元，颇有特色. 有兴趣的读者可借助矩阵运算写出：等式从右至左（或从左至右）较简洁的证明.

☆二、三重积分

导读 三重积分在各类考试中也屡屡出现,除直接出题之外,有时也通过曲面积分以及 Gauss 公式连带考三重积分. 本段主要讲三重积分的计算及应用,各类读者均需关注.

a. 三重积分化为累次积分

要点 将三重积分化为累次积分通常采用如下两种方法:

1)(**投影法**)化为二重积分里套定积分(3 = 2 + 1). 以向 xOy 平面投影为例:若积分区域 V(如图 7.2.25(a))在 xOy 平面上有投影区域 D,且 $\forall (x_0, y_0) \in D$,过点 (x_0, y_0) 的竖直线 $\{(x_0, y_0, z) \mid z \in \mathbf{R}\}$ 从 V 的下界面 $z = z_1(x_0, y_0)$ 穿入 V,从上界面 $z = z_2(x_0, y_0)$ 穿出 V,则表明

$$V = \{(x,y,z) \mid (x,y) \in D, z_1(x,y) \leqslant z \leqslant z_2(x,y)\},$$

于是

$$\iiint\limits_V f(x,y,z)\,\mathrm{d}V = \iint\limits_D \mathrm{d}x\mathrm{d}y \int_{z_1(x,y)}^{z_2(x,y)} f(x,y,z)\,\mathrm{d}z.$$

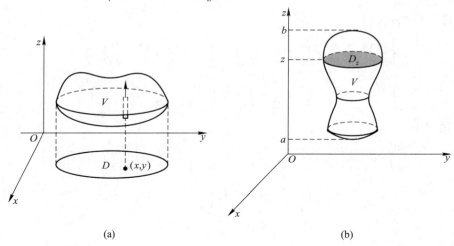

图 7.2.25

2)(**截面法**)化为定积分里套二重积分(3 = 1 + 2). 以 z 轴为例:若积分区域 V(如图 7.2.25(b))被垂直于 z 轴的平面截取的截口为 D_z(当 $a \leqslant z \leqslant b$ 时),这表明: $V = \{(x,y,z) \mid a \leqslant z \leqslant b, (x,y) \in D_z\}$,于是

$$\iiint\limits_V f(x,y,z)\,\mathrm{d}V = \int_a^b \mathrm{d}z \iint\limits_{D_z} f(x,y,z)\,\mathrm{d}x\mathrm{d}y.$$

☆**例 7.2.16** 计算积分 $I = \iiint\limits_V \dfrac{\mathrm{d}V}{\rho^2}$,其中 ρ 是点 (x,y,z) 到 x 轴的距离,即 $\rho^2 = y^2 + z^2$,V 为一棱台,其六个顶点为 $A(0,0,1), B(0,1,1), C(1,1,1), D(0,0,2), E(0,$

$2,2),F(2,2,2).$（北京师范大学）

　　解 I　（投影法）（化为 2+1）如图 7.2.26，积分区
域 V 在 yOz 平面上的投影区域 $\Omega \equiv ABED$（梯形）. 对任
意给定的点 $(y_0,z_0)\in\Omega$，点 (x,y_0,z_0) 随 x 增大时，当
$x=0$ 时穿入 V，当 $x=y_0$ 时穿出 V，故

$$V = \{ (x,y,z) \mid (y,z)\in\Omega, 0\leqslant x\leqslant y \}.$$

所以

$$I = \iint_{\Omega}\mathrm{d}y\mathrm{d}z\int_0^y\frac{\mathrm{d}x}{y^2+z^2} = \iint_{\Omega}\frac{y}{y^2+z^2}\mathrm{d}y\mathrm{d}z$$

$$= \int_1^2\mathrm{d}z\int_0^z\frac{y}{y^2+z^2}\mathrm{d}y = \int_1^2\frac{1}{2}\ln\frac{2z^2}{z^2}\mathrm{d}z = \frac{1}{2}\ln 2.$$

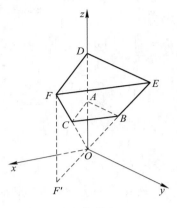

图 7.2.26

　　解 II　（截面法）（化为 1+2）将 V 向 z 轴上投影，
得到的区间是 $[1,2]$，任意取定 $z\in[1,2]$，$z=z$ 在 V 上截口为等腰直角三角形区域
$D_z:0\leqslant y\leqslant z,0\leqslant x\leqslant y$，因此

$$I = \iiint_V\frac{\mathrm{d}V}{\rho^2} = \int_1^2\mathrm{d}z\iint_{D_z}\frac{\mathrm{d}x\mathrm{d}y}{y^2+z^2} = \int_1^2\mathrm{d}z\int_0^z\mathrm{d}y\int_0^y\frac{\mathrm{d}x}{y^2+z^2} = \frac{\ln 2}{2}.$$

　　（此题另一解法见例 7.2.18.）

　　^{new}**练习**　设 $f(x,y,z)$ 在 $\mathbf{R}^3$ 上有连续的偏导数，且关于 x,y,z 各以 1 为周期. 即：$\forall(x,y,z)\in$
$\mathbf{R}^3$，恒有

$$f(x+1,y,z) = f(x,y+1,z) = f(x,y,z+1) = f(x,y,z).$$

求证：对任意实数 α,β,γ，有

$$\iiint_{\Omega}\left(\alpha\frac{\partial f}{\partial x} + \beta\frac{\partial f}{\partial y} + \gamma\frac{\partial f}{\partial z}\right)\mathrm{d}x\mathrm{d}y\mathrm{d}z = 0,$$

其中 $\Omega = [0,1]\times[0,1]\times[0,1]$ 是单位立方体.（南开大学）

　　提示　例如第一项

$$\iiint_{\Omega}\alpha\frac{\partial f}{\partial x}\mathrm{d}x\mathrm{d}y\mathrm{d}z = \iint_{[0,1]\times[0,1]}\left(\int_0^1\alpha\frac{\partial f}{\partial x}\mathrm{d}x\right)\mathrm{d}y\mathrm{d}z = \iint_{[0,1]\times[0,1]}0\mathrm{d}y\mathrm{d}z = 0.$$

（因为：$\int_0^1\alpha\frac{\partial f(x,y,z)}{\partial x}\mathrm{d}x = \alpha[f(1,y,z)-f(0,y,z)] = 0, \forall(y,z)\in[0,1]\times[0,1].$）

　　例 7.2.17　设 $V = \{(x,y,z) \mid x^2+y^2+z^2\leqslant 1, z\geqslant 0, y^2\geqslant 2zx\}$，求积分 $I = \iiint_V|y|\mathrm{d}V.$

　　分析　作 $\frac{\pi}{4}$ 的旋转变换：$z = \frac{u+v}{\sqrt{2}}$，$x = \frac{u-v}{\sqrt{2}}$，则 $y^2 = 2zx$ 变成 $y^2 = u^2-v^2$，即 $u^2 =$
y^2+v^2. 可见 $y^2 = 2zx$ 是以 u 轴为对称轴的直角锥（如图 7.2.27）.

$$D_z = \{(x,y) \mid x^2+y^2\leqslant 1-z^2, y^2\geqslant 2zx\}.$$

注意，化为极坐标时 $y^2 = 2zx$ 变为 $r^2\sin^2\theta = 2zr\cos\theta$. 由此　　$\theta = \arccos\dfrac{-z\pm\sqrt{z^2+r^2}}{r}.$

解 （截面法）（化为 1 + 2.）利用对称性，

$$I = \iiint\limits_{V} |y| \, \mathrm{d}V = 2 \iiint\limits_{\substack{V \\ y \geqslant 0}} y \, \mathrm{d}V = 2 \int_0^1 \mathrm{d}z \iint\limits_{D_z} y \, \mathrm{d}x \mathrm{d}y$$

$$= 2 \int_0^1 \mathrm{d}z \int_0^{\sqrt{1-z^2}} r \, \mathrm{d}r \int_{\arccos \frac{-z+\sqrt{z^2+r^2}}{r}}^{\pi} r \sin \theta \, \mathrm{d}\theta$$

$$= 2 \int_0^1 \mathrm{d}z \int_0^{\sqrt{1-z^2}} \left(-zr + r\sqrt{z^2+r^2} + r^2 \right) \mathrm{d}r$$

$$= \frac{1}{8}(2 + \pi).$$

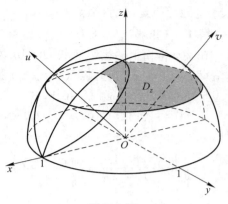

图 7.2.27

练习 1 设 Ω 由 $z = x^2 + y^2, z = 0, xy = 1, xy = 2, y = 3x, y = 4x$ 所围成，求积分 $I = \iiint\limits_{\Omega} x^2 y^2 z \mathrm{d}x \mathrm{d}y \mathrm{d}z.$（北京师范大学）

提示 可用投影法向 xOy 平面投影，化为 2 + 1 形式.

再提示 $\Omega = \{(x,y,z) \mid 0 \leqslant z \leqslant x^2 + y^2, (x,y) \in D\}$，其中投影区域 D 由曲线 $xy = 1, xy = 2; y = 3x, y = 4x$ 所围成.

$$I = \iint\limits_{D} x^2 y^2 \mathrm{d}x \mathrm{d}y \int_0^{x^2+y^2} z \mathrm{d}z = \frac{1}{2} \iint\limits_{D} x^2 y^2 (x^2 + y^2)^2 \mathrm{d}x \mathrm{d}y,$$

然后可利用例 7.2.7 中 2）的方法，令 $u = xy, v = \dfrac{y}{x}$，作变换：

$$I = \frac{1}{2} \iint\limits_{\substack{1 \leqslant u \leqslant 2 \\ 3 \leqslant v \leqslant 4}} u^2 \left(uv + \frac{u}{v} \right)^2 \cdot \frac{1}{2v} \mathrm{d}u \mathrm{d}v = \frac{31\,465}{5\,760} + \frac{31}{10} \ln \frac{4}{3}.$$

练习 2 求区域 $V : 0 \leqslant x \leqslant 1, 0 \leqslant y \leqslant x, x + y \leqslant z \leqslant \mathrm{e}^{x+y}$ 的体积.（山东大学）

提示 宜将 V 向 xOy 平面投影，化为 2 + 1.

再提示 $V = \iiint\limits_{V} \mathrm{d}V = \int_0^1 \mathrm{d}x \int_0^x \mathrm{d}y \int_{x+y}^{\mathrm{e}^{x+y}} \mathrm{d}z = \dfrac{1}{2} \mathrm{e}(\mathrm{e} - 2).$

练习 3 求积分 $I = \iiint\limits_{V} (x + y + z) \mathrm{d}x \mathrm{d}y \mathrm{d}z$ 的值，其中 V 是由平面 $x + y + z = 1$ 以及三个坐标平面所围成的区域.（北京大学）

提示 宜用垂直 z 轴的平面去作截面，截面区域为直角三角形. 注意：当字母 x, y, z 轮换时，被积函数与积分区域都有轮换对称性.

再提示 $V = \{(x,y,z) \mid 0 \leqslant z \leqslant 1, (x,y) \in D_z\}$，其中 $D_z = \{(x,y) \mid x \geqslant 0, y \geqslant 0, x + y \leqslant 1 - z\}$，故

$$I = 3 \int_0^1 z \mathrm{d}z \iint\limits_{D_z} \mathrm{d}x \mathrm{d}y = 3 \int_0^1 \frac{1}{2}(1-z)^2 \cdot z \mathrm{d}z = \frac{1}{8}$$

$\left(\text{这里} \iint\limits_{D_z} \mathrm{d}x \mathrm{d}y \text{ 是等腰直角三角形（腰长 } 1 - z\text{）的面积} \right)$.

b. 三重积分换元

要点 1）跟二重积分一样，三重积分选取替换变量的原则是使被积函数化简，使区域变得易于定限. 两者兼顾，照顾主要的.

2）对于积分 $I = \iiint\limits_{V} f(x,y,z)\,dxdydz$，选好变量替换 $x = x(u,v,w)$，$y = y(u,v,w)$，

$z = z(u,v,w)$ 之后，可用下面几何定限法找出变换后的区域：

$$V' = \{(u,v,w) \mid a \leqslant u \leqslant b, v_1(u) \leqslant v \leqslant v_2(u), w_1(u,v) \leqslant w \leqslant w_2(u,v)\}.$$

则

$$I = \int_a^b du \int_{v_1(u)}^{v_2(u)} dv \int_{w_1(u,v)}^{w_2(u,v)} f(x(u,v,w), y(u,v,w), z(u,v,w)) \mid J \mid dudvdw. \quad (A)$$

这里 J 为 Jacobi 行列式，$J = \dfrac{\partial(x,y,z)}{\partial(u,v,w)}$.

3）几何定限法. 若 $u = u_0$ 所得的坐标曲面（如图 7.2.28）

$$\pi:\begin{cases} x = x(u_0,v,w), \\ y = y(u_0,v,w), \\ z = z(u_0,v,w) \end{cases}$$

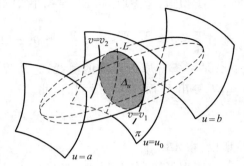

图 7.2.28

随 u_0 连续变动时连续变动，且当 u_0 从 a 连续增大到 b 时，π 恰好扫过积分区域 V. 这就表明 V 上的 u 坐标有关系 $a \leqslant u \leqslant b$（$b,a$ 分别为外层积分的上、下限）.

设 $u \in (a,b)$ 为任意固定值，在 u 对应的坐标曲面 π 上，每固定 v，决定一曲线

$$L:x = x(u,v,w), y = y(u,v,w), z = z(u,v,w)$$

（其中 u,v 已固定，L 是以 w 作参数的曲线）. 当 v 固定不同的值，则对应不同的曲线 L,L 随 v 变动而在 π 上连续变动. 若

① v 从 $v_1 = v_1(u)$ 连续增大到 $v_2 = v_2(u)$ 时，L 恰好扫过 π 在 V 上截下的截口区域 Δ_u（如图 7.2.28）.

② L 上的点 (x,y,z) 在 $w = w_1(u,v)$ 穿入截口区域 Δ_u，在 $w = w_2(u,v)$ 穿出截口区域 Δ_u，那么表明 V 对应的区域为

$$V' = \{(u,v,w) \mid a \leqslant u \leqslant b, v_1(u) \leqslant v \leqslant v_2(u), w_1(u,v) \leqslant w \leqslant w_2(u,v)\}.$$

从而可以实现变换和定限，如式（A）.

下面重新计算例 7.2.16.

☆ **例 7.2.18** 计算 $I = \iiint\limits_{V} \dfrac{dV}{\rho^2}$，其中 ρ 是点 (x,y,z) 到 x 轴的距离，即 $\rho^2 = y^2 + z^2$；V 为一棱台，其六个顶点为 $A(0,0,1)$，$B(0,1,1)$，$C(1,1,1)$，$D(0,0,2)$，$E(0,2,2)$，$F(2,2,2)$.（北京师范大学）

分析 从被积函数考虑，宜选取新变量 ρ，$\rho^2 = y^2 + z^2$. 当 ρ 固定时，它代表一个以 x 轴为对称轴的无穷圆柱面.

如图 7.2.29，我们看到，将 xOz 平面 $x \geq 0$ 的部分，绕 Oz 轴旋转 $\dfrac{\pi}{4}$ 就到界面 $ACFD$ 所在位置，再旋转 $\dfrac{\pi}{4}$ 到 $ABED$ 所在位置. 因此我们取此转角 θ 作为另一新变量，即令 $\tan \theta = \dfrac{y}{x}$.

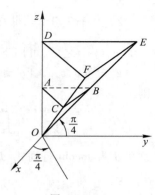

图 7.2.29

类似地，考虑取 $\tan \varphi = \dfrac{z}{y}$. 这时对积分区域 V，相应地有 $\dfrac{\pi}{4} \leq \theta \leq \dfrac{\pi}{2}$，$\dfrac{\pi}{4} \leq \varphi \leq \dfrac{\pi}{2}$，当 θ, φ 取定之后，仅让 ρ 变化，是一条自原点出发的射线，它从界面 ABC 穿入 V，从 DEF 穿出 V. 而 ABC 上 $z \equiv 1$，由此

$$\rho^2 = y^2 + z^2 = y^2 + 1, \quad \tan \varphi = \frac{z}{y} = \frac{1}{y}.$$

所以，在 ABC 上 $\qquad\qquad\qquad \rho = \csc \varphi.$

同理可知，在 DEF 上 $\qquad\qquad \rho = 2\csc \varphi.$

故 V 对应的区域是 $V' = \left\{ (\rho, \theta, \varphi) \ \middle|\ \dfrac{\pi}{4} \leq \theta \leq \dfrac{\pi}{2}, \dfrac{\pi}{4} \leq \varphi \leq \dfrac{\pi}{2}, \csc \varphi \leq \rho \leq 2\csc \varphi \right\}.$

解 令 $\rho^2 = y^2 + z^2$，$\tan \theta = \dfrac{y}{x}$，$\tan \varphi = \dfrac{z}{y}$，即

$$\rho = \sqrt{y^2 + z^2}, \quad \theta = \arctan \frac{y}{x}, \quad \varphi = \arctan \frac{z}{y}.$$

此时

$$J^{-1} = \begin{vmatrix} 0 & \dfrac{y}{\sqrt{y^2+z^2}} & \dfrac{z}{\sqrt{y^2+z^2}} \\ \dfrac{-y}{x^2+y^2} & \dfrac{x}{x^2+y^2} & 0 \\ 0 & -\dfrac{z}{y^2+z^2} & \dfrac{y}{y^2+z^2} \end{vmatrix} = \frac{y}{(x^2+y^2)\sqrt{y^2+z^2}} = \frac{\tan^2\theta}{(1+\tan^2\theta)\rho^2\cos\varphi}.$$

V 上有 $\dfrac{\pi}{4} \leq \theta \leq \dfrac{\pi}{2}$，$\dfrac{\pi}{4} \leq \varphi \leq \dfrac{\pi}{2}$，$\csc \varphi \leq \rho \leq 2\csc \varphi$. 故

$$I = \iiint\limits_V \frac{\mathrm{d}V}{\rho^2} = \int_{\frac{\pi}{4}}^{\frac{\pi}{2}} \mathrm{d}\theta \int_{\frac{\pi}{4}}^{\frac{\pi}{2}} \mathrm{d}\varphi \int_{\csc\varphi}^{2\csc\varphi} \frac{1}{\rho^2} |J| \, \mathrm{d}\rho$$

$$= \int_{\frac{\pi}{4}}^{\frac{\pi}{2}} \mathrm{d}\theta \int_{\frac{\pi}{4}}^{\frac{\pi}{2}} \mathrm{d}\varphi \int_{\csc\varphi}^{2\csc\varphi} \cos\varphi \cdot \left(1 + \frac{1}{\tan^2\theta}\right) \mathrm{d}\rho$$

$$= \int_{\frac{\pi}{4}}^{\frac{\pi}{2}} \left(1 + \frac{1}{\tan^2\theta}\right) \mathrm{d}\theta \int_{\frac{\pi}{4}}^{\frac{\pi}{2}} \cos\varphi \cdot \csc\varphi \, \mathrm{d}\varphi = \frac{1}{2}\ln 2.$$

例 7.2.19 计算积分：

1）$I = \iiint\limits_{V} (y-z)\arctan z \, dx dy dz$，其中 V 是由曲面 $x^2 + \frac{1}{2}(y-z)^2 = R^2$，$z = 0$ 及 $z = h$ 所围成之立体；（北京师范大学）

☆2）$K = \iiint\limits_{V} \cos(ax+by+cz) \, dx dy dz$，其中 a,b,c 是不全为 0 的常数，$V : x^2 + y^2 + z^2 \leq 1$.（南开大学）

解 1）令 $x = u, y - z = \sqrt{2}v, z = w$，即 $x = u, y = \sqrt{2}v + w, z = w$. 于是

$$J = \begin{vmatrix} 1 & 0 & 0 \\ 0 & \sqrt{2} & 1 \\ 0 & 0 & 1 \end{vmatrix} = \sqrt{2}, \quad V = \{(u,v,w) \mid 0 \leq w \leq h, u^2 + v^2 \leq R^2\}.$$

从而

$$I = \int_0^h dw \iint\limits_{u^2+v^2 \leq R^2} \sqrt{2}v \arctan w \cdot \sqrt{2} \, du dv = 2\int_0^h \arctan w \, dw \iint\limits_{u^2+v^2 \leq R^2} v \, du dv = 0.$$

$$\left(\text{由对称性，我们可以直接看出} \iint\limits_{u^2+v^2 \leq R^2} v \, du dv = 0.\right)$$

2）作坐标系的旋转变换. 将 xOy 旋转到平面 $ax + by + cz = 0$ 的位置上. 即令 $\zeta = \frac{ax+by+cz}{\sqrt{a^2+b^2+c^2}}$，这时 x 轴与 y 轴被旋转到 $\zeta = 0$ 的平面内，把它们记为 ξ 轴与 η 轴，根据解析几何知识，这时

$$|J| = 1, \quad V = \{(\xi,\eta,\zeta) \mid \xi^2 + \eta^2 + \zeta^2 \leq 1\},$$

记 $\mu \equiv \sqrt{a^2+b^2+c^2}$，则

$$K = \iiint\limits_{V} \cos(ax+by+cz) \, dx dy dz = \iiint\limits_{V} \cos(\mu\zeta) \, d\xi d\eta d\zeta.$$

引用柱面坐标 $\xi = r\cos\theta, \eta = r\sin\theta, \zeta = \zeta$，这时

$$V = \{(r,\theta,\zeta) \mid -1 \leq \zeta \leq 1, 0 \leq \theta \leq 2\pi, 0 \leq r \leq \sqrt{1-\zeta^2}\},$$

$$K = \int_{-1}^{1} \cos(\mu\zeta) \, d\zeta \int_0^{2\pi} d\theta \int_0^{\sqrt{1-\zeta^2}} r \, dr = 2\pi \int_0^1 (1-\zeta^2)\cos(\mu\zeta) \, d\zeta$$

$$= \frac{4\pi}{\mu^2}\left(\frac{\sin\mu}{\mu} - \cos\mu\right).$$

^{new}**练习** 设 $F(a,b,c) = \iiint\limits_{V} f(ax+by+cz) \, dx dy dz$，其中 $V : x^2 + y^2 + z^2 \leq 1$. 试证：球面 $S : x^2 + y^2 + z^2 = 1$ 是 $F(a,b,c)$ 的等值面，并求其值.（华中师范大学）

提示 参看例 7.2.19 第 2）小题.

再提示 令 $\zeta = \frac{ax+by+cz}{\sqrt{a^2+b^2+c^2}}$，

$$F(a,b,c) = \iiint_V f(ax + by + cz)\,\mathrm{d}x\mathrm{d}y\mathrm{d}z = \int_{-1}^{1} f(\zeta \sqrt{a^2 + b^2 + c^2})\,\mathrm{d}\zeta \int_0^{2\pi} \mathrm{d}\theta \int_0^{\sqrt{1-\zeta^2}} r\mathrm{d}r$$

$$= \pi \int_{-1}^{1} f(\zeta \sqrt{a^2 + b^2 + c^2})(1 - \zeta^2)\,\mathrm{d}\zeta = 常数 \ (当 \sqrt{a^2 + b^2 + c^2} = (常数) 时).$$

因此,当 $(a,b,c) \in S$(单位球面)时,其值为

$$F(a,b,c) \equiv \pi \int_{-1}^{1} f(\zeta)(1 - \zeta^2)\,\mathrm{d}\zeta = 定值.$$

可见 S 是 $F(a,b,c)$ 的等值面.(实际上,以原点为中心的各个同心球面,各分别为一个等值面.)

＊例 7.2.20　$I = \iiint_{\Omega} \left(\dfrac{1}{yz} \dfrac{\partial F}{\partial x} + \dfrac{1}{xz} \dfrac{\partial F}{\partial y} + \dfrac{1}{xy} \dfrac{\partial F}{\partial z} \right) \mathrm{d}x\mathrm{d}y\mathrm{d}z$,其中 $\Omega : 1 \leqslant yz \leqslant 2, 1 \leqslant xz \leqslant$

$2, 1 \leqslant xy \leqslant 2$,试将积分作下面的变换:$u = yz, v = xz, w = xy$,要求变换后积分出现 $u, v,$ w 和 F 关于 u, v, w 的偏导数(假设 F 有连续的一阶偏导数).(北京大学)

解　$u = yz, v = xz, w = xy$,则

$$J^{-1} = \begin{vmatrix} 0 & z & y \\ z & 0 & x \\ y & x & 0 \end{vmatrix} = 2xyz = 2\sqrt{uvw}.$$

(下面来看积分号下的微分式在变换下如何变形.)因

$$uvw = x^2 y^2 z^2, \quad x = \frac{\sqrt{uvw}}{u}, \quad y = \frac{\sqrt{uvw}}{v}, \quad z = \frac{\sqrt{uvw}}{w},$$

可知 $x'_u = -\dfrac{\sqrt{uvw}}{2u^2}$, $y'_u = \dfrac{\sqrt{uvw}}{2uv}$, $z'_u = \dfrac{\sqrt{uvw}}{2uw}$. 故

$$2uF'_u = 2u(F'_x \cdot x'_u + F'_y \cdot y'_u + F'_z \cdot z'_u) = (-u^{-1}F'_x + v^{-1}F'_y + w^{-1}F'_z)\sqrt{uvw},$$

由轮换对称性可知

$$2vF'_v = (u^{-1}F'_x - v^{-1}F'_y + w^{-1}F'_z)\sqrt{uvw},$$

$$2wF'_w = (u^{-1}F'_x + v^{-1}F'_y - w^{-1}F'_z)\sqrt{uvw},$$

以上三式相加得

$$2(uF'_u + vF'_v + wF'_w) = (u^{-1}F'_x + v^{-1}F'_y + w^{-1}F'_z)\sqrt{uvw}.$$

因此,原积分号下的微分式

$$u^{-1}F'_x + v^{-1}F'_y + w^{-1}F'_z = \frac{2}{\sqrt{uvw}}(uF'_u + vF'_v + wF'_w).$$

原积分　　　$I = \iiint_{\Omega'} \dfrac{2}{\sqrt{uvw}}(uF'_u + vF'_v + wF'_w) \cdot \dfrac{1}{2\sqrt{uvw}}\mathrm{d}u\mathrm{d}v\mathrm{d}w$

$$= \int_1^2 \mathrm{d}u \int_1^2 \mathrm{d}v \int_1^2 \left(\frac{1}{vw}F'_u + \frac{1}{uw}F'_v + \frac{1}{uv}F'_w \right) \mathrm{d}w.$$

提问　$\displaystyle\int_1^2 \mathrm{d}u \int_1^2 \mathrm{d}v \int_1^2 \frac{1}{uv}F'_w \mathrm{d}w = \int_1^2 \frac{1}{u}\mathrm{d}u \int_1^2 \frac{1}{v}\mathrm{d}v \int_1^2 F'_w \mathrm{d}w = (\ln 2)^2 (F(2) -$ $F(1))$,对吗?

答　不对,因 $F'_w = [F(x(u,v,w), y(u,v,w), z(u,v,w))]'_w$,它还依赖于 (u,v) 的

取值. 若记 $f(u,v,w) \equiv F\left(\dfrac{\sqrt{uvw}}{u}, \dfrac{\sqrt{uvw}}{v}, \dfrac{\sqrt{uvw}}{w} \right)$，则

$$\int_1^2 \mathrm{d}u \int_1^2 \mathrm{d}v \int_1^2 \frac{1}{uv} F'_w \mathrm{d}w \xlongequal{\text{只可}} \int_1^2 \mathrm{d}u \int_1^2 \frac{1}{uv} \left[f(u,v,2) - f(u,v,1) \right] \mathrm{d}v.$$

评论 本题既考了三重积分的换元，又考了微分形式的变换. 特色明显.

^{new}**练习** 设 $f(x)$ 有连续导数，区域 (V) 是位于第一卦限，由平面 $z = a_k x, z = b_k y$ 和曲面 $xyz = c_k$ $(k = 1,2)$ 所围成的区域 $0 < a_1 < a_2, 0 < b_1 < b_2, 0 < c_1 < c_2$，求 $\displaystyle\iiint_V \left[\frac{x}{z} f'\left(\frac{x}{z} \right) + \frac{y}{z} f'\left(\frac{y}{z} \right) \right] \mathrm{d}x\mathrm{d}y\mathrm{d}z$.

（武汉大学）

提示 可令 $u = \dfrac{z}{x}, v = \dfrac{z}{y}, w = xyz$，则 $|J| = \dfrac{1}{3uv}$.

再提示 $\dfrac{\partial(u,v,w)}{\partial(x,y,z)} = \begin{vmatrix} -\dfrac{z}{x^2} & 0 & \dfrac{1}{x} \\ 0 & -\dfrac{z}{y^2} & \dfrac{1}{y} \\ yz & xz & xy \end{vmatrix} = \dfrac{3z^2}{xy} = 3uv,$

$$|J| = \left| (3uv)^{-1} \right| = \frac{1}{3uv},$$

原积分 $= \displaystyle\iiint_{V^*} \left[\frac{1}{u} f'\left(\frac{1}{u} \right) + \frac{1}{v} f'\left(\frac{1}{v} \right) \right] \frac{1}{3uv} \mathrm{d}u\mathrm{d}v\mathrm{d}w,$

其中 $V^* = \{ (u,v,w) \mid a_1 \leqslant u \leqslant a_2, b_1 \leqslant v \leqslant b_2, c_1 \leqslant w \leqslant c_2 \},$

原积分 $= \dfrac{1}{3} \displaystyle\int_{a_1}^{a_2} \frac{1}{u^2} f'\left(\frac{1}{u} \right) \mathrm{d}u \int_{b_1}^{b_2} \frac{1}{v} \mathrm{d}v \int_{c_1}^{c_2} \mathrm{d}w + \frac{1}{3} \int_{a_1}^{a_2} \frac{1}{u} \mathrm{d}u \int_{b_1}^{b_2} \frac{1}{v^2} f'\left(\frac{1}{v} \right) \mathrm{d}v \int_{c_1}^{c_2} \mathrm{d}w$

$$= \frac{c_2 - c_1}{3} \left\{ \left[f\left(\frac{1}{a_1} \right) - f\left(\frac{1}{a_2} \right) \right] \ln \frac{b_2}{b_1} + \left[f\left(\frac{1}{b_1} \right) - f\left(\frac{1}{b_2} \right) \right] \ln \frac{a_2}{a_1} \right\}.$$

上面讲了一般变换，下面再来讨论两个常用的变换.

柱面坐标变换

柱面坐标意指 $x = r\cos\theta, y = r\sin\theta, z = z$ 的变换. 这时 Jacobi 行列式 $J = r$.

当 r 固定时，得到的坐标曲面是：z 轴为对称轴，半径为 r 的无穷圆柱面.

当 θ 固定时，表示一个以 z 轴为边界的半平面（像一块无穷的大门板），θ 是此半平面绕 z 轴逆时针旋转，从 x 轴的正向开始计算的旋转角度.

当 z 固定时，是垂直 z 轴的平面.

记积分区域上 z 坐标的最小、最大值分别为 a, b. 每个 $z \in [a,b]$，垂直 z 轴作截面，将 V 上的截口区域记为 D_z，则 $V = \{ (r,\theta,z) \mid a \leqslant z \leqslant b, (r,\theta) \in D_z \}$，

$$\iiint_V f(x,y,z)\mathrm{d}x\mathrm{d}y\mathrm{d}z = \int_a^b \mathrm{d}z \iint_{D_z} f(r\cos\theta, r\sin\theta, z) r \mathrm{d}r\mathrm{d}\theta.$$

若积分区域 V 在 xOy 平面上投影区域为 D，$\forall (r,\theta) \in D$，过它所作的竖直线与 V 的下、上界面交点分别为 $z = z_1(r,\theta), z = z_2(r,\theta)$，即

$$V = \{ (r,\theta,z) \mid (r,\theta) \in D, z_1(r,\theta) \leqslant z \leqslant z_2(r,\theta) \},$$

则
$$\iiint_V f(x,y,z)\mathrm{d}x\mathrm{d}y\mathrm{d}z = \iint_D r\mathrm{d}r\mathrm{d}\theta \int_{z_1(r,\theta)}^{z_2(r,\theta)} f(r\cos\theta, r\sin\theta, z)\mathrm{d}z.$$

例 7.2.21 计算三重积分

☆1) $I = \iiint_\Omega x^2 \sqrt{x^2+y^2}\mathrm{d}x\mathrm{d}y\mathrm{d}z$,其中 Ω 是曲面 $z = \sqrt{x^2+y^2}$ 与 $z = x^2+y^2$ 围成的有界区域;(北京大学)

2) $L = \iiint_\Omega z^2\mathrm{d}r$,其中 Ω 是 $x^2+y^2+z^2 \leqslant a^2$ 与 $x^2+y^2+(z-a)^2 \leqslant a^2(a>0)$ 的公共部分.(大连理工大学)

解 **1)解法 I** 在柱面坐标下,

$\Omega = \{(r,\theta,z) \mid 0 \leqslant \theta \leqslant 2\pi, 0 \leqslant r \leqslant 1, r^2 \leqslant z \leqslant r\}$

(积分区域 Ω 是图 7.2.30 中平面图形绕 z 轴旋转所得旋转体),因此

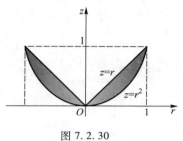

$$I = \iint_{r\leqslant 1} r^4\cos^2\theta \mathrm{d}r\mathrm{d}\theta \int_{r^2}^r \mathrm{d}z$$

$$= \int_0^{2\pi} \cos^2\theta \mathrm{d}\theta \int_0^1 r^4(r-r^2)\mathrm{d}r = \frac{\pi}{42}.$$

图 7.2.30

解法 II $\Omega = \{(r,\theta,z) \mid 0 \leqslant z \leqslant 1, 0 \leqslant \theta \leqslant 2\pi, z \leqslant r < \sqrt{z}\}$,于是

$$I = \int_0^1 \mathrm{d}z \iint_{z\leqslant r\leqslant \sqrt{z}} r^4\cos^2\theta \mathrm{d}r\mathrm{d}\theta = \int_0^1 \mathrm{d}z \int_0^{2\pi}\cos^2\theta \mathrm{d}\theta \int_z^{\sqrt{z}} r^4\mathrm{d}r = \frac{\pi}{42}.$$

2)解法 I $\Omega = \{(r,\theta,z) \mid 0 \leqslant \theta \leqslant 2\pi, 0 \leqslant r \leqslant a, a-\sqrt{a^2-r^2} \leqslant z \leqslant \sqrt{a^2-r^2}\}$,

两球体的公共部分在 xOy 平面的投影可由两球面的交线得到. 令 $a-\sqrt{a^2-r^2} = \sqrt{a^2-r^2}$,得 $r = \frac{\sqrt{3}}{2}a$. 因此,投影区域为 $r \leqslant \frac{\sqrt{3}}{2}a$ 的圆(图 7.2.31 是 Ω 被 xOz 平面所截得的平面图形).

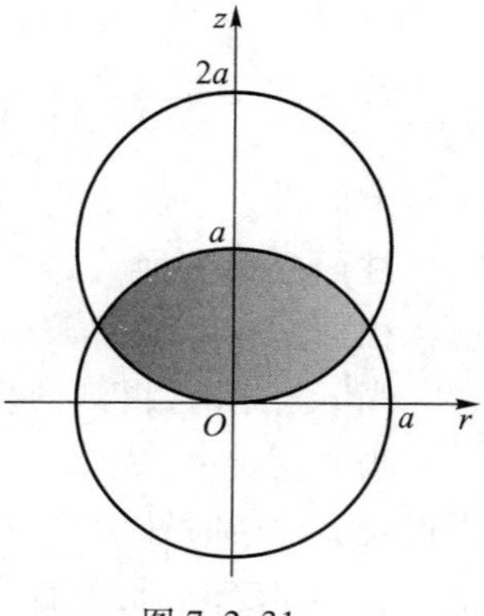

$$L = \iint_{r\leqslant \frac{\sqrt{3}}{2}a} r\mathrm{d}r\mathrm{d}\theta \int_{a-\sqrt{a^2-r^2}}^{\sqrt{a^2-r^2}} z^2\mathrm{d}z$$

图 7.2.31

$$= \frac{2\pi}{3}\int_0^{\frac{\sqrt{3}}{2}a} r[(a^2-r^2)^{\frac{3}{2}} - (a-\sqrt{a^2-r^2})^3]\mathrm{d}r$$

$$= \frac{\pi}{3}\int_0^{\frac{\sqrt{3}}{2}a} (a-\sqrt{a^2-r^2})^3[2a-2(a-\sqrt{a^2-r^2})]\mathrm{d}(a-\sqrt{a^2-r^2}) = \frac{59}{480}\pi a^5.$$

解法 II $L = \int_0^{\frac{a}{2}} z^2 \mathrm{d}z \iint\limits_{r \leqslant \sqrt{a^2 - (a-z)^2}} r \mathrm{d}r \mathrm{d}\theta + \int_{\frac{a}{2}}^a z^2 \mathrm{d}z \iint\limits_{r \leqslant \sqrt{a^2 - z^2}} r \mathrm{d}r \mathrm{d}\theta$

$= \dfrac{59}{480} \pi a^5$（还可用球坐标求解）.

球坐标变换

指 $x = r\sin\varphi\cos\theta, y = r\sin\varphi\sin\theta, z = r\cos\varphi$

（其中 $0 \leqslant r < +\infty, 0 \leqslant \varphi \leqslant \pi, 0 \leqslant \theta \leqslant 2\pi$）. 这时 Jacobi 行列式 $J = r^2\sin\varphi$.

$r \equiv$ 常数, 是以原点为中心, 半径为 r 的球面.

$\varphi \equiv$ 常数, 是圆锥面, 以 z 轴为对称轴, 以坐标原点为顶点, 其母线跟 z 轴正向夹角为 φ.

$\theta \equiv$ 常数, 是以 z 轴为边界的半平面, θ 是半平面转角. 从 x 轴正向算起, 逆时针方向为正（钟面朝 z 之正向）. 这时

$$\iiint\limits_V f(x,y,z)\mathrm{d}x\mathrm{d}y\mathrm{d}z = \iiint\limits_{V'} f(r\sin\varphi\cos\theta, r\sin\varphi\sin\theta, r\cos\varphi) r^2\sin\varphi\mathrm{d}r\mathrm{d}\varphi\mathrm{d}\theta,$$

然后可根据 V 上 (r,φ,θ) 的变化范围将右端积分转化为累次积分.

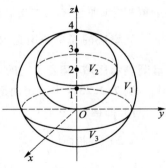

图 7.2.32

☆**例 7.2.22** 求 $\iiint\limits_V (x^2 + y^2)\mathrm{d}V$, 其中 V 是由 $x^2 + y^2 + (z-2)^2 \geqslant 4, x^2 + y^2 + (z-1)^2 \leqslant 9, z \geqslant 0$ 所围成的空心立体.（南京大学）

解 区域 V 如图 7.2.32, 是大球内部（V_1）挖去小球（V_2）, 切掉大球在 z 平面下面的部分（V_3）所剩的区域. 即 $V = V_1 - V_2 - V_3$, 因此

$$\iiint\limits_V (x^2+y^2)\mathrm{d}V = \iiint\limits_{V_1}(x^2+y^2)\mathrm{d}V - \iiint\limits_{V_2}(x^2+y^2)\mathrm{d}V - \iiint\limits_{V_3}(x^2+y^2)\mathrm{d}V. \quad (1)$$

对于 V_1, 宜取中心位于 $(0,0,1)$ 的球坐标:

$$x = r\sin\varphi\cos\theta, \quad y = r\sin\varphi\sin\theta, \quad z - 1 = r\cos\varphi, \quad J = r^2\sin\varphi.$$

可知 $V_1' = \{(r,\varphi,\theta) \mid 0 \leqslant r \leqslant 3, 0 \leqslant \varphi \leqslant \pi, 0 \leqslant \theta \leqslant 2\pi\}$, 得

$$\iiint\limits_{V_1}(x^2+y^2)\mathrm{d}V = \int_0^{2\pi}\mathrm{d}\theta\int_0^\pi\mathrm{d}\varphi\int_0^3 r^2\sin^2\varphi \cdot r^2\sin\varphi\mathrm{d}r = \left(\frac{8}{15}\times 3^5\right)\pi. \quad (2)$$

对 V_2, 宜用中心在 $(0,0,2)$ 的球坐标:

$$x = r\sin\varphi\cos\theta, \quad y = r\sin\varphi\sin\theta, \quad z - 2 = r\cos\varphi, \quad J = r^2\sin\varphi.$$

于是 $\iiint\limits_{V_2}(x^2+y^2)\mathrm{d}V = \int_0^{2\pi}\mathrm{d}\theta\int_0^\pi\mathrm{d}\varphi\int_0^2 r^4\sin^3\varphi\mathrm{d}r = \left(\frac{8}{15}\times 2^5\right)\pi. \quad (3)$

对于 V_3,宜采用柱面坐标,向 xOy 平面投影,投影区域(在大球面方程令 $z=0$ 可得)D 为 $x^2+y^2 \le 8$,即 $r \le 2\sqrt{2}$. 故

$$\iiint\limits_{V_3} (x^2+y^2)\,\mathrm{d}V = \iint\limits_{r \le 2\sqrt{2}} r\mathrm{d}r\mathrm{d}\theta \int_{1-\sqrt{9-r^2}}^{0} r^2\,\mathrm{d}z = \int_0^{2\pi} \mathrm{d}\theta \int_0^{2\sqrt{2}} r^3 \cdot (-1)(1-\sqrt{9-r^2})\,\mathrm{d}r$$

$$= \left(124 - \frac{2}{5} \times 3^5 + \frac{2}{5}\right)\pi. \tag{4}$$

将(2)、(3)、(4)之结果代入(1),得   原积分 $= \iiint\limits_{V} (x^2+y^2)\,\mathrm{d}V = \dfrac{256}{3}\pi$.

三重积分的应用

要点   分布在空间的某一物理量,若它是连续分布的,具有可加性,且在每个局部该量的大小与体积成正比,则该量的总和可用三重积分来计算. 方法可用"元素法". 即在给定区域里任取一点作为代表点,在此点处取一任意小的体积元素(称为代表元素),求出该元素对应的量值,然后进行积分(加起来).

若该物理量是向量(如力),则应先求出代表元素所对应的向量的分量;然后作三重积分(加起来),求出和向量的相应分量;最后通过分量表示和向量即可.

元素法的简单应用是求区域 (V) 的体积:$V = \iiint\limits_{(V)} \mathrm{d}x\mathrm{d}y\mathrm{d}z$. (人们有时也用同一字母既表示区域,又表示它的体积.)

例 7.2.23   求给定曲面所围之体积:

1)曲面 $(x^2+y^2)^2 + z^4 = y$ 所围的体积;(南开大学)

☆2)闭曲面 $\left(\dfrac{x^2}{a^2} + \dfrac{y^2}{b^2} + \dfrac{z^2}{c^2}\right)^2 = \dfrac{x}{h}$ 所围的体积;(东北师范大学)

3)曲面 $\left(\dfrac{x}{a}\right)^{\frac{2}{5}} + \left(\dfrac{y}{b}\right)^{\frac{2}{5}} + \left(\dfrac{z}{c}\right)^{\frac{2}{5}} = 1$ 所围的空间区域的体积;(延边大学)

4)$(x^2+y^2+z^2)^2 = a^2(x^2+y^2-z^2)$ $(a>0)$ 所围的体积.

解   1)图形位于 $y \ge 0$ 的四个卦限内,由对称性,所求体积等于第一卦限部分的 4 倍. 引用球坐标

$$x = r\sin\varphi\cos\theta,\quad y = r\sin\varphi\sin\theta,\quad z = r\cos\varphi,$$

曲面方程可写为 $r = \sqrt[3]{\dfrac{\sin\varphi\sin\theta}{\sin^4\varphi + \cos^4\varphi}}$. 因此

$$V = 4\int_0^{\frac{\pi}{2}} \mathrm{d}\theta \int_0^{\frac{\pi}{2}} \mathrm{d}\varphi \int_0^{\sqrt[3]{\frac{\sin\varphi\sin\theta}{\sin^4\varphi+\cos^4\varphi}}} r^2\sin\varphi\,\mathrm{d}r = \frac{4}{3}\int_0^{\frac{\pi}{2}} \sin\theta\,\mathrm{d}\theta \int_0^{\frac{\pi}{2}} \frac{\sin^2\varphi}{\sin^4\varphi + \cos^4\varphi}\,\mathrm{d}\varphi$$

$$\xlongequal{\diamondsuit\, t = \tan\varphi} \frac{4}{3}\int_0^{+\infty} \frac{t^2}{1+t^4}\,\mathrm{d}t = \frac{\pi\sqrt{2}}{3}.$$

最后的等式可见例 4.5.1 的式(2)、(3). 或根据 B 函数的变形知

$$\int_0^{+\infty} \frac{t^2}{1+t^4} \mathrm{d}t = \frac{1}{4} \int_0^{+\infty} \frac{\mathrm{d}t^4}{t(1+t^4)} \xrightarrow{\ \Leftrightarrow\ u=t^4\ } \frac{1}{4} \int_0^{+\infty} \frac{\mathrm{d}u}{u^{\frac{1}{4}}(1+u)}$$

$$= \frac{1}{4} \mathrm{B}\left(\frac{1}{4}, \frac{3}{4}\right) = \frac{1}{4} \cdot \frac{\pi}{\sin\frac{\pi}{4}} = \frac{\sqrt{2}}{4}\pi.$$

2）引用广义球坐标 $x = ar\sin\varphi\cos\theta, y = br\sin\varphi\sin\theta, z = cr\cos\varphi$，则 $J = abcr^2\sin\varphi, r^3$
$= \dfrac{a}{h}\sin\varphi\cos\theta$，故

$$V = 4\int_0^{\frac{\pi}{2}} \mathrm{d}\theta \int_0^{\frac{\pi}{2}} \mathrm{d}\varphi \int_0^{\sqrt[3]{\frac{a}{h}\sin\varphi\cos\theta}} abcr^2\sin\varphi\,\mathrm{d}r = \frac{\pi a^2 bc}{3h}.$$

3）**提示** （作变换）令 $x = aX^5, y = bY^5, z = cZ^5$，再将 X, Y, Z 化为球坐标.

再提示 $J_1 = \begin{vmatrix} 5aX^4 & 0 & 0 \\ 0 & 5bY^4 & 0 \\ 0 & 0 & 5cZ^4 \end{vmatrix} = 5^3 abcX^4Y^4Z^4.$ 再令 $X = r\sin\varphi\cos\theta, Y =$

$r\sin\varphi\sin\theta, Z = r\cos\varphi$，则 $J_2 = r^2\sin\varphi.$ 于是体积

$$|V| = 8 \cdot 5^3 abc \iiint\limits_{X^2+Y^2+Z^2 \leqslant 1; X,Y,Z \geqslant 0} X^4Y^4Z^4\,\mathrm{d}X\mathrm{d}Y\mathrm{d}Z$$

$$= 8 \cdot 5^3 abc \int_0^1 r^{14}\mathrm{d}r \int_0^{\frac{\pi}{2}} \cos^4\theta\sin^4\theta\mathrm{d}\theta \int_0^{\frac{\pi}{2}} \sin^9\varphi\cos^4\varphi\mathrm{d}\varphi$$

$$= 8 \cdot 5^3 abc \cdot \frac{1}{15} \cdot \frac{3!! \cdot 3!!}{8!!} \cdot \frac{\pi}{2} \cdot \frac{8!! \cdot 3!!}{13!!} = \frac{20}{3003} abc\pi.$$

4）**提示** 引用球坐标，方程化为 $r = a\sqrt{-\cos 2\varphi}$，

$$V = 8\int_0^{\frac{\pi}{2}} \mathrm{d}\theta \int_{\frac{\pi}{4}}^{\frac{\pi}{2}} \mathrm{d}\varphi \int_0^{a\sqrt{-\cos 2\varphi}} r^2\sin\varphi\,\mathrm{d}r = \frac{\pi^2 a^3}{4\sqrt{2}}.$$

☆ **例 7.2.24** 已知圆柱壳

$$V : 4 \leqslant x^2 + y^2 \leqslant 9, 0 \leqslant z \leqslant 4$$

密度均匀为 μ，求它对位于原点处质量为 m 的质点的引力（如图 7.2.33）.（北京航空航天大学）

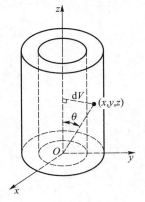

图 7.2.33

解 在 V 内任取一点 (x, y, z)（作代表点），在此处取一任意小的体积元素 $\mathrm{d}V$. 该点到原点的距离为 $r = \sqrt{x^2+y^2+z^2}$. 元素对应的质量为 $\mu\mathrm{d}V$. 根据牛顿万有引力公式，它对原点处（质量为 m 的）质点之引力的 z 分量：

$$\frac{km \cdot \mu\mathrm{d}V}{\left(\sqrt{x^2+y^2+z^2}\right)^2} \cdot \cos\theta = km\mu \frac{\mathrm{d}V}{\left(\sqrt{x^2+y^2+z^2}\right)^2} \cdot \frac{z}{\sqrt{x^2+y^2+z^2}}.$$

因此，合力的 z 分量

$$F_z = \iiint\limits_V km\mu \frac{z}{(x^2+y^2+z^2)^{\frac{3}{2}}} \mathrm{d}V$$

$$\underline{\underline{\text{引用柱面坐标}}} km\mu \int_0^{2\pi}\mathrm{d}\theta\int_2^3 r\mathrm{d}r\int_0^4 \frac{z}{(r^2+z^2)^{\frac{3}{2}}}\mathrm{d}z = 4(\sqrt5-2)\pi km\mu.$$

因该物体前、后对称，左、右对称，对称点上的元素对原点处质点的引力大小相等，在 x 轴的投影符号相反，相互抵消，故合力的 x 分量为零. y 分量亦如此. 即 $F_x=F_y=0$. 故合力

$$F = F_z = 4(\sqrt5-2)\pi km\mu \quad (\text{方向朝上}).$$

综合性问题

** 例 7.2.25 设 $\sum\limits_{i,j=1}^3 a_{ij}x_ix_j$ 表示变量 (x_1,x_2,x_3) 的二次型，其系数矩阵 $\boldsymbol A=(a_{ij})$ 为对称正定的，证明椭球面 $S:\sum\limits_{i,j=1}^3 a_{ij}x_ix_j=1$ 所包围的体积等于 $\dfrac{4\pi}{3}(\det\boldsymbol A)^{-\frac12}$，$\det\boldsymbol A$ 表示 $\boldsymbol A$ 的行列式. (吉林大学)

证 I 因二次型 $\sum\limits_{i,j=1}^3 a_{ij}x_ix_j$ 的矩阵 $\boldsymbol A$ 是实对称正定矩阵，必有正的特征值 $\lambda_i>0(\det\boldsymbol A=\lambda_1\lambda_2\lambda_3>0)$ 及相应的特征向量 $\boldsymbol X_i(i=1,2,3)$，这时 $\boldsymbol Q=(\boldsymbol X_1,\boldsymbol X_2,\boldsymbol X_3)$ 是正交矩阵，在变换 $\begin{pmatrix}x_1\\x_2\\x_3\end{pmatrix}=\boldsymbol Q\begin{pmatrix}\xi_1\\\xi_2\\\xi_3\end{pmatrix}$ 之下，上述二次型被转化为标准形 $\sum\limits_{i=1}^3\lambda_i\xi_i^2$，且 $|\det\boldsymbol Q|=1$，即该变换下微元体积不发生伸缩变化，Jacobi 行列式

$$|J| = \left|\frac{\partial(x_1,x_2,x_3)}{\partial(\xi_1,\xi_2,\xi_3)}\right| = |\det\boldsymbol Q| = 1.$$

$$V = \iiint\limits_{\sum\limits_{i,j=1}^3 a_{ij}x_ix_j\le1}\mathrm{d}x_1\mathrm{d}x_2\mathrm{d}x_3 = \iiint\limits_{\sum\limits_{i=1}^3\lambda_i\xi_i^2\le1}|\det\boldsymbol Q|\mathrm{d}\xi_1\mathrm{d}\xi_2\mathrm{d}\xi_3 = \iiint\limits_{\sum\limits_{i=1}^3\lambda_i\xi_i^2\le1}\mathrm{d}\xi_1\mathrm{d}\xi_2\mathrm{d}\xi_3.$$

再令 $\xi_i=\dfrac{\eta_i}{\sqrt{\lambda_i}}$，则 $\dfrac{\partial(\xi_1,\xi_2,\xi_3)}{\partial(\eta_1,\eta_2,\eta_3)}=\dfrac{1}{\sqrt{\lambda_1\lambda_2\lambda_3}}$，$\sum\limits_{i=1}^3\lambda_i\xi_i^2=\sum\limits_{i=1}^3\eta_i^2\le1$. 因此

$$V = \iiint\limits_{\sum\limits_{i=1}^3\eta_i^2\le1}\frac{1}{\sqrt{\lambda_1\lambda_2\lambda_3}}\mathrm{d}\eta_1\mathrm{d}\eta_2\mathrm{d}\eta_3 = \frac{1}{\sqrt{\det\boldsymbol A}}\iiint\limits_{\sum\limits_{i=1}^3\eta_i^2\le1}\mathrm{d}\eta_1\mathrm{d}\eta_2\mathrm{d}\eta_3 = \frac43\pi(\det\boldsymbol A)^{-\frac12}.$$

证 II 或简而言之. 由 $\boldsymbol A$ 正定知，存在可逆矩阵 $\boldsymbol P$，使得

$$\boldsymbol P^\mathrm{T}\boldsymbol A\boldsymbol P = \boldsymbol E \equiv \begin{pmatrix}1&0&0\\0&1&0\\0&0&1\end{pmatrix}.$$

这时在变换 $\boldsymbol x=\boldsymbol P\boldsymbol\eta$ 之下，二次型表示曲面 S:

$$1 = \boldsymbol{x}^{\mathrm{T}}\boldsymbol{A}\boldsymbol{x} = (\boldsymbol{P}\boldsymbol{\eta})^{\mathrm{T}}\boldsymbol{A}(\boldsymbol{P}\boldsymbol{\eta}) = \boldsymbol{\eta}^{\mathrm{T}}(\boldsymbol{P}^{\mathrm{T}}\boldsymbol{A}\boldsymbol{P})\boldsymbol{\eta} = \boldsymbol{\eta}^{\mathrm{T}}\boldsymbol{E}\boldsymbol{\eta} = \eta_1^2 + \eta_2^2 + \eta_3^2,$$

即 S 变成了 η 空间的单位球面. 这时

$$|J| = \left|\frac{\partial(x_1, x_2, x_3)}{\partial(\eta_1, \eta_2, \eta_3)}\right| = |\det \boldsymbol{P}| = \frac{1}{\sqrt{\det \boldsymbol{A}}},$$

$$V = \iiint_{\eta_1^2 + \eta_2^2 + \eta_3^2 \le 1} \frac{1}{\sqrt{\det \boldsymbol{A}}} \mathrm{d}\eta_1 \mathrm{d}\eta_2 \mathrm{d}\eta_3 = \frac{4}{3}\pi(\det \boldsymbol{A})^{-\frac{1}{2}}.$$

评论 本例主要考查跨学科的综合应用能力. 实际上, 该题线性代数所占的比重还大些. 通过本例, 读者不难写出四重积分乃至 n 重积分的相应结果及其证明 (见例 7.2.41).

☆ **例 7.2.26** 求下列三重积分的极限:

$$\lim_{t \to x_0^+} \frac{1}{(t - x_0)^{n+4}} \iiint_\Omega (x - y)^n f(y) \mathrm{d}x\mathrm{d}y\mathrm{d}z,$$

其中 Ω 是由 $y = x_0 (x_0 > 0), y = x, x = t (> x_0), z = x$ 及 $z = y$ 所围成的区域之内部, n 是自然数, $f(x)$ 在 $[x_0, x_0 + \delta] (\delta > 0)$ 上可微, $f(x_0) = 0$. (广西大学)

分析 (用投影法, 向 xOy 平面投影.) 如图 7.2.34, 区域 Ω 是一个四面体: 我们面临的是垂直 x 轴的竖直平面 $x = t$, 左边是垂直 y 轴的竖直平面 $y = x_0$, Ω 的底面 (竖直线穿入面) 是平行 x 轴与 y 轴夹角为 $45°$ 的斜面 $z = y$. 顶面 (竖直线穿出面) 为平行 y 轴的, 跟 x 轴夹角为 $45°$ 的斜面 $z = x$. 即

$$\Omega = \{(x, y, z) \mid (x, y) \in D, y \le z \le x\}.$$

四面体在 xOy 平面的投影区域为 D, 是 xOy 平面上 $y = x, x = t, y = x_0$ 三直线所围的区域, 即

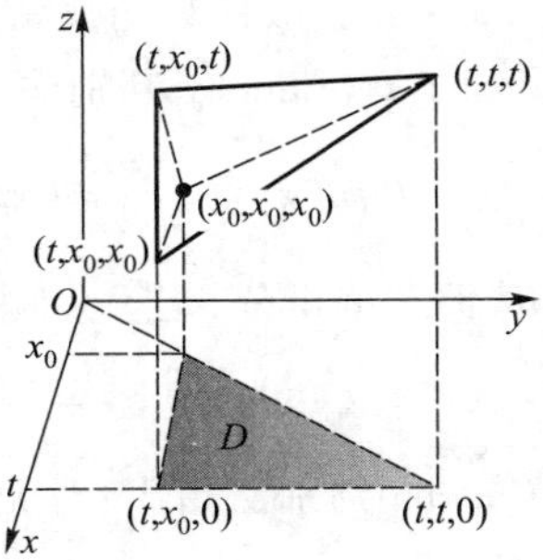

图 7.2.34

$$D = \{(x, y) \mid x_0 \le x \le t, x_0 \le y \le x\} = \{(x, y) \mid x_0 \le y \le t, y \le x \le t\}.$$

由此可知

$$\iiint_\Omega (x - y)^n f(y) \mathrm{d}x\mathrm{d}y\mathrm{d}z = \iint_D \mathrm{d}x\mathrm{d}y \int_y^x (x - y)^n f(y) \mathrm{d}z = \int_{x_0}^t \mathrm{d}y \int_y^t (x - y)^{n+1} f(y) \mathrm{d}x$$

$$= \frac{1}{n+2} \int_{x_0}^t (t - y)^{n+2} f(y) \mathrm{d}y,$$

$$\text{原式} = \lim_{t \to x_0^+} \frac{1}{n+2} \frac{\int_{x_0}^t (t - y)^{n+2} f(y) \mathrm{d}y}{(t - x_0)^{n+4}} \quad (\text{反复使用 L' Hospital 法则})$$

$$= \frac{1}{(n+4)(n+3)(n+2)} \lim_{t \to x_0} \frac{f(t) - f(x_0)}{t - x_0} = \frac{f'(x_0)}{(n+4)(n+3)(n+2)}.$$

注 类似的考题见得甚多, 但大同小异.

*三、二重、三重反常积分

导读　这部分内容,一般不作教学重点,相关试题较少,理论问题对非数学院(系)学生不作过高要求. 数学系学生可以正文例题为主,习题作机动.

要点　1) 粗略地说,二重、三重反常积分,与(一重)反常积分类似,被定义为"部分积分"的极限. 部分积分是区域割去"反常部分"后剩下部分的积分. 对无界区域上二、三重反常积分,就是分别用曲线、曲面割取(可求积的)有限区域,计算其上的积分,然后令切口至原点的最短距离 $d \to +\infty$,取极限;对无界函数的反常积分,就是割去奇点、奇线(三重积分还可有奇面)的邻近部分,计算积分,然后令切口至奇点集的最大距离 $\rho \to 0$,取极限.

2) 二重、三重反常积分类似地有 Cauchy 准则.

3) 若被积函数为非负的,则收敛与否取决于部分积分是否有界,从而反常积分亦有比较判别法,并且按特殊方式切割,当 $d \to +\infty$ $(\rho \to 0)$ 时,极限存在,可推出按任意方式切割极限也存在,相同,从而积分收敛.

4) 敛散性只与反常点附近的函数值有关.

5)(Cauchy 判别法)若用 C 表示某常数. 对于二重积分,记

$$P = (x,y), P_0 = (x_0,y_0), R = \sqrt{x^2+y^2}, r = \sqrt{(x-x_0)^2+(y-y_0)^2}, k = 2;$$

对于三重积分,记 $P = (x,y,z), P_0 = (x_0,y_0,z_0), R = \sqrt{x^2+y^2+z^2}$,

$$r = \sqrt{(x-x_0)^2+(y-y_0)^2+(z-z_0)^2}, \quad k = 3.$$

Cauchy 判别法指出:对无界区域上的反常积分而言,当无穷远点附近有 $|f(P)| \le \dfrac{C}{R^\alpha}, \alpha > k$ 时,反常积分收敛;当无穷远点附近有 $|f(P)| \ge \dfrac{C}{R^\alpha}, \alpha \le k$ 时,反常积分发散. 对无界函数的反常积分而言,假若 P_0 是它唯一的奇点,在 P_0 附近,有 $|f(P)| \le \dfrac{C}{r^\alpha}, \alpha < k$,则反常积分收敛;若在奇点 P_0 附近某个以 P_0 为顶点的角形区域(角度大于零)内,有 $|f(P)| \ge \dfrac{C}{r^\alpha}, \alpha \ge k$,则反常积分发散.

6) 二重、三重反常积分跟(一重)反常积分有惊人的差别,这就是对二重、三重反常积分有　f 反常可积 $\Leftrightarrow$ $|f|$ 反常可积.

a. 比较判别法

例 7.2.27　设 $0 < m \le \varphi(x,y) \le M$,讨论 $\displaystyle\iint\limits_{0 \le y \le 1} \dfrac{\varphi(x,y)}{(1+x^2+y^2)^p} \mathrm{d}x\mathrm{d}y$ 的敛散性.

解　$0 \le y \le 1$ 为无限带状区域,

$$\frac{m}{(1+x^2+y^2)^p} \le \frac{|\varphi(x,y)|}{(1+x^2+y^2)^p} \le \frac{M}{(1+x^2+y^2)^p},$$

所以原积分与积分 $\displaystyle\iint\limits_{0\leqslant y\leqslant 1}\frac{\mathrm{d}x\mathrm{d}y}{(1+x^2+y^2)^p}$ 同时敛散. 而后者当 $p\leqslant 0$ 时明显发散. 下面只需讨论 $p>0$ 的情况. 因 $0\leqslant y\leqslant 1$ 时,

$$0\leqslant\frac{1}{(2+x^2)^p}\leqslant\frac{1}{(1+x^2+y^2)^p}\leqslant\frac{1}{(1+x^2)^p},$$

在 $[-A,A;0,1]$ 上取积分, 并令 $A\to+\infty$, 可知

$$\int_{-\infty}^{+\infty}\frac{\mathrm{d}x}{(2+x^2)^p}\leqslant\iint\limits_{0\leqslant y\leqslant 1}\frac{\mathrm{d}x\mathrm{d}y}{(1+x^2+y^2)^p}\leqslant\int_{-\infty}^{+\infty}\frac{\mathrm{d}x}{(1+x^2)^p}.$$

此式对于极限为有限数或 $+\infty$ 都是对的. 由此可知, $p>\dfrac{1}{2}$ 时积分收敛. 从左边看, 知 $p\leqslant\dfrac{1}{2}$ 时积分发散. 总之, 原积分当且仅当 $p>\dfrac{1}{2}$ 时收敛.

b. 对非负被积函数可用特殊方式切割取极限

例 7.2.28　讨论积分 $I=\displaystyle\int_{-\infty}^{+\infty}\int_{-\infty}^{+\infty}\frac{\mathrm{d}x\mathrm{d}y}{(1+|x|^p)(1+|y|^q)}$ 的敛散性.

解　因被积函数非负, 不妨用矩形方式割取, 然后取极限, 知

$$\int_{-\infty}^{+\infty}\int_{-\infty}^{+\infty}\frac{\mathrm{d}x\mathrm{d}y}{(1+|x|^p)(1+|y|^q)}$$

$$=\int_{-\infty}^{+\infty}\frac{\mathrm{d}x}{(1+|x|^p)}\int_{-\infty}^{+\infty}\frac{\mathrm{d}y}{(1+|y|^q)}=4\int_0^{+\infty}\frac{\mathrm{d}x}{1+x^p}\cdot\int_0^{+\infty}\frac{\mathrm{d}y}{1+y^q},$$

故当 $p,q>1$ 时收敛, 否则发散.

例 7.2.29　设 $D=\{(x,y)\mid |y|\leqslant x^2,x^2+y^2\leqslant 1\}$, 证明积分 $I=\displaystyle\iint\limits_D\frac{\mathrm{d}x\mathrm{d}y}{x^2+y^2}$ 收敛.

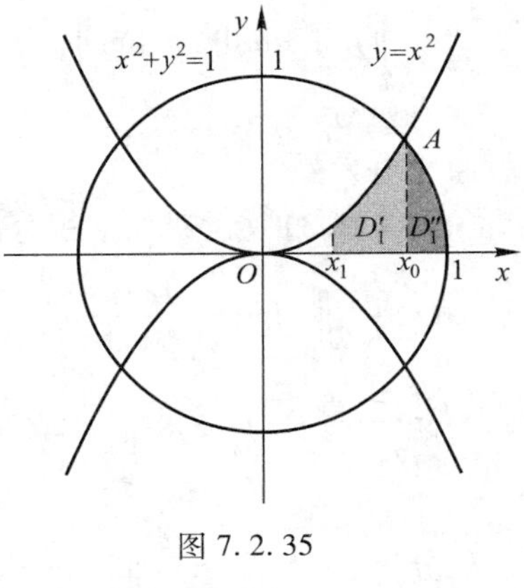

证　记 D 在第一象限的部分为 D_1, 于是由对称性有 $I=4\displaystyle\iint\limits_{D_1}\frac{\mathrm{d}x\mathrm{d}y}{x^2+y^2}$.

$y=x^2$ 与 $x^2+y^2=1$ 的交点 A(如图 7.2.35) 的横坐标为 $x_0=\sqrt{\dfrac{-1+\sqrt5}{2}}$. 记 $D_1'=D_1\cap\{x\leqslant x_0\}$,

$D_1''=D_1\cap\{x\geqslant x_0\}$, 则敛散性取决于 D_1' 上的积分

$I'=\displaystyle\iint\limits_{D_1'}\frac{\mathrm{d}x\mathrm{d}y}{x^2+y^2}$. 因被积函数非负, 不妨以 $x=x_1$ 的直线进行切割, 这时

图 7.2.35

$$I'=\lim_{x_1\to 0+}\int_{x_1}^{x_0}\mathrm{d}x\int_0^{x^2}\frac{\mathrm{d}y}{x^2+y^2}=\lim_{x_1\to 0+}\int_{x_1}^{x_0}\left(\frac{1}{x}\arctan\frac{y}{x}\bigg|_0^{x^2}\right)\mathrm{d}x$$

$$= \lim_{x_1 \to 0^+} \int_{x_1}^{x_0} \frac{\arctan x}{x} dx = \int_0^{x_0} \frac{\arctan x}{x} dx.$$

因当 $x \to 0^+$ 时 $\dfrac{\arctan x}{x} \to 1$，故右端积分为正常积分. 这就证明原积分 I 收敛.

注 本例之结果与要点5)中最后论断不矛盾，因为现在角形区域的角度为零（$y = x^2$ 与 x 轴相切）.

例 7.2.30 设 $D = \{(x,y) \mid 0 \leqslant x \leqslant 1, 0 \leqslant y \leqslant 1\}$. 判断并证明如下积分的收敛性：

$$I = \iint_D \frac{x-y}{(x+y)^3} dxdy. （云南大学）$$

解 令 $x + y = u, x - y = v$，即 $x = \dfrac{u+v}{2}, y = \dfrac{u-v}{2}$（将坐标作一旋转）. 这时 $|J| = \dfrac{1}{2}, D' = \{(u,v) \mid 0 \leqslant u+v \leqslant 2, 0 \leqslant u-v \leqslant 2\}$，如

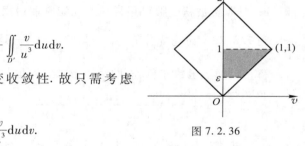

图 7.2.36. 于是

$$I = \iint_D \frac{x-y}{(x+y)^3} dxdy = \frac{1}{2} \iint_{D'} \frac{v}{u^3} dudv.$$

因被积函数取绝对值之后不改变收敛性. 故只需考虑积分

$$\iint_{D'} \left| \frac{v}{u^3} \right| duv = 2 \iint_{\substack{D' \\ v \geqslant 0}} \frac{v}{u^3} dudv.$$

图 7.2.36

$(0,0)$ 是唯一的奇点，收敛性只与奇点附近的值有关. 只需考虑 $u \leqslant 1$ 部分的积分：

$$\iint_{\substack{D' \\ v \geqslant 0, u \leqslant 1}} \frac{v}{u^3} dudv = \lim_{\varepsilon \to 0^+} \int_\varepsilon^1 du \int_0^u \frac{v}{u^3} dv = \lim_{\varepsilon \to 0^+} \frac{1}{2} \int_\varepsilon^1 \frac{1}{u} du = \lim_{\varepsilon \to 0^+} -\frac{1}{2} \ln \varepsilon = +\infty.$$

故原积分发散.

例 7.2.31 讨论如下积分的收敛性（如图 7.2.37）：

$$I = \iint_{|x|+|y| \geqslant 1} \frac{dxdy}{|x|^p + |y|^q} \quad (p > 0, q > 0).$$

解
$$I = 4 \iint_{\substack{x+y \geqslant 1 \\ x \geqslant 0, y \geqslant 0}} \frac{dxdy}{x^p + y^q}$$

与积分
$$I' = \iint_{\substack{x \geqslant 0, y \geqslant 0 \\ x^p + y^q \geqslant 1}} \frac{dxdy}{x^p + y^q}$$

的收敛性相同. 令

$$x = (r\cos\theta)^{\frac{2}{p}}, \quad y = (r\sin\theta)^{\frac{2}{q}},$$

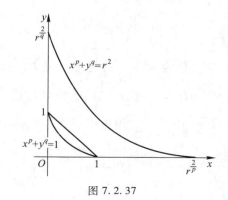

图 7.2.37

这时
$$J = \frac{4}{pq} r^{\frac{2}{p} + \frac{2}{q} - 1} \sin^{\frac{2}{q} - 1}\theta \cos^{\frac{2}{p} - 1}\theta.$$

用 $x^p + y^q = r^2$ 来割取有界闭区域,计算积分,然后令 $r \to +\infty$,取极限可知

$$I' = \frac{4}{pq}\int_0^{\frac{\pi}{2}} \sin^{\frac{2}{q}-1}\theta\cos^{\frac{2}{p}-1}\theta \, \mathrm{d}\theta \cdot \int_1^{+\infty} r^{\frac{2}{p}+\frac{2}{q}-3}\,\mathrm{d}r = \frac{2}{pq}\mathrm{B}\left(\frac{1}{p},\frac{1}{q}\right)\int_1^{+\infty}\frac{1}{r^{3-\frac{2}{p}-\frac{2}{q}}}\,\mathrm{d}r.$$

最后的积分当 $3 - \dfrac{2}{p} - \dfrac{2}{q} > 1$ 时收敛,当 $3 - \dfrac{2}{p} - \dfrac{2}{q} \leqslant 1$ 时发散. 故原积分 I 当且仅当

$\dfrac{1}{p} + \dfrac{1}{q} < 1$ 时收敛.

下面看一个有奇曲面的例子.

例 7.2.32 讨论下列积分的收敛性: $I = \iiint\limits_{x^2+y^2+z^2\leqslant 1} \dfrac{\mathrm{d}x\mathrm{d}y\mathrm{d}z}{(1-x^2-y^2-z^2)^p}$.

解 奇点集为单位球面 $x^2 + y^2 + z^2 = 1$. 计算 $x^2 + y^2 + z^2 \leqslant r < 1$ 内的积分(化为球坐标),然后令 $r \to 1^-$,取极限可知

$$I = \int_0^{2\pi}\mathrm{d}\theta\int_0^\pi \sin\varphi\,\mathrm{d}\varphi \cdot \int_0^1 \frac{r^2\mathrm{d}r}{(1-r^2)^p} = 4\pi\int_0^1 \frac{r^2\mathrm{d}r}{(1-r^2)^p}$$

$$\xrightarrow{\diamond\, r\,=\,\sin t} 4\pi\int_0^{\frac{\pi}{2}} \sin^2 t\cos^{1-2p}t\,\mathrm{d}t = 2\pi\mathrm{B}\left(\frac{3}{2}, 1-p\right).$$

因此原积分当 $1 - p > 0$(即 $p < 1$)时收敛,否则发散.

c. (变号函数)用不同方式切割,极限不同,以证明发散

例 7.2.33 证明 $\iint\limits_{\mathbf{R}^2} \sin(x^2 + y^2)\,\mathrm{d}x\mathrm{d}y$ 不收敛.

证 不难验证,用圆 $x^2 + y^2 = 2n\pi$ 切割,取积分,令 $n \to +\infty$ 取极限,与用正方形 $|x| \leqslant n, |y| \leqslant n$ 切割,取积分,令 $n \to +\infty$ 取极限所得极限值不同. 事实上,

$$\iint\limits_{x^2+y^2\leqslant 2n\pi} \sin(x^2+y^2)\,\mathrm{d}x\mathrm{d}y = \int_0^{2\pi}\mathrm{d}\theta\int_0^{\sqrt{2n\pi}} r\sin r^2\,\mathrm{d}r = \pi(1-\cos 2n\pi) = 0,$$

当 $n \to +\infty$ 时极限为零. 但

$$\iint\limits_{|x|\leqslant n,|y|\leqslant n} \sin(x^2+y^2)\,\mathrm{d}x\mathrm{d}y = 4\left(\int_0^n \sin x^2\mathrm{d}x\int_0^n\cos y^2\mathrm{d}y + \int_0^n\sin y^2\mathrm{d}y\int_0^n\cos x^2\mathrm{d}x\right)$$

$$= 8\int_0^n \sin x^2\mathrm{d}x\int_0^n\cos x^2\mathrm{d}x \to 8\int_0^{+\infty}\sin x^2\mathrm{d}x\int_0^{+\infty}\cos x^2\mathrm{d}x$$

$$= 8\left(\frac{1}{2}\sqrt{\frac{\pi}{2}}\right)^2 = \pi,$$

所以原积分发散(最后两积分可参看上节练习 7.1.30 及提示).

d. 用某种方式切割,极限不存在,以证积分发散

例 7.2.34　判断积分收敛性: $I = \iint\limits_{x+y\geqslant 1} \dfrac{\sin x \sin y}{(x+y)^p} dx dy$.

证　对坐标作 $\dfrac{\pi}{4}$ 的旋转变换: $x + y = u, x - y = v$, 即 $x = \dfrac{u+v}{2}, y = \dfrac{u-v}{2}, |J| = \dfrac{1}{2}$.

这时 $\sin x \sin y = \dfrac{1}{2} [\cos(x-y) - \cos(x+y)] = \dfrac{\cos v - \cos u}{2}$. 于是

$$ I = \iint\limits_{x+y\geqslant 1} \dfrac{\sin x \sin y}{(x+y)^p} dx dy = \dfrac{1}{4} \iint\limits_{u\geqslant 1} \dfrac{\cos v - \cos u}{u^p} du dv. $$

割取矩形 $[1, A; -n\pi, n\pi]$ 计算部分积分

$$ I = \lim_{A\to+\infty, n\to+\infty} \dfrac{1}{4} \int_1^A du \int_{-n\pi}^{n\pi} \dfrac{\cos v - \cos u}{u^p} dv $$

$$ = -\dfrac{1}{4} \lim_{A\to+\infty, n\to+\infty} 2n\pi \int_1^A \dfrac{\cos u}{u^p} du \text{ 不存在 } (\forall p \in \mathbf{R}). $$

故对任何 p, 原积分发散.

e. Cauchy 判别法的利用

例 7.2.35　设 $0 < \alpha < 4$, 记 $r = \sqrt{x^2 + y^2 + z^2}$, 试证积分

$$ I = \iiint\limits_{\mathbf{R}^3} \dfrac{|x| + |y| + |z|}{e^{r^\alpha} - 1} dx dy dz $$

收敛,且其值为 $6\pi \displaystyle\int_0^{+\infty} \dfrac{r^3}{e^{r^\alpha} - 1} dr$. (北京师范大学)

证　$I = \iiint\limits_{r\leqslant 1} \dfrac{|x| + |y| + |z|}{e^{r^\alpha} - 1} dx dy dz + \iiint\limits_{r\geqslant 1} \dfrac{|x| + |y| + |z|}{e^{r^\alpha} - 1} dx dy dz \equiv I_1 + I_2$.

因为 $|x|, |y|, |z| \leqslant \sqrt{x^2 + y^2 + z^2} = r, e^{r^\alpha} = 1 + r^\alpha + \dfrac{1}{2} r^{2\alpha} + \cdots$, 在奇点 $(0,0,0)$ 附近, 有

$|f(x,y,z)| = \dfrac{|x| + |y| + |z|}{e^{r^\alpha} - 1} \leqslant \dfrac{3r}{r^\alpha} = \dfrac{3}{r^{\alpha-1}}$, 且其中 $\alpha - 1 < 3$, 由 Cauchy 判别法, 区域

$r \leqslant 1$ 上的积分 I_1 收敛. 又因 $r > 1$ 充分大时, $e^{r^\alpha} - 1 \geqslant \dfrac{1}{2} e^{r^\alpha}$, 所以

$$ r^4 \cdot |f(x,y,z)| = r^4 \cdot \dfrac{|x| + |y| + |z|}{e^{r^\alpha} - 1} \leqslant \dfrac{3r^5}{\frac{1}{2} e^{r^\alpha}} \to 0 \quad (\text{当 } r \to +\infty \text{ 时}). $$

故由 Cauchy 判别法, 区域 $r \geqslant 1$ 上的积分 I_2 亦收敛. 如此原积分 I 收敛性得证.

因被积函数非负, 可取半径为 ε, A 的两圆周切取环形区域, 积分 (使用球坐标)

$$ I = \lim_{\substack{\varepsilon\to 0+ \\ A\to+\infty}} \int_\varepsilon^A dr \int_0^\pi d\varphi \int_0^{2\pi} \dfrac{|r\sin\varphi\cos\theta| + |r\sin\varphi\sin\theta| + |r\cos\varphi|}{e^{r^\alpha} - 1} r^2 \sin\varphi d\theta $$

$$ = 6\pi \int_0^{+\infty} \dfrac{r^3}{e^{r^\alpha} - 1} dr. $$

f. Cauchy 准则的利用

例 7.2.36 用 D_{ab} 表示平面上满足不等式 $a^2 < x^2 + y^2 \leqslant b^2$ 的点 (x,y) 的全体所成的圆环, 假定 $f(x,y)$ 在 D_{01} 里连续. 证明:

1) $\lim\limits_{a \to 0^+} \iint\limits_{D_{ab}} f(x,y)\,\mathrm{d}x\mathrm{d}y$ 存在的充要条件是 $\lim\limits_{b \to 0^+}\lim\limits_{a \to 0^+} \iint\limits_{D_{ab}} f(x,y)\,\mathrm{d}x\mathrm{d}y = 0$;

2) 假定存在正数 C 和 ε, 使得 $|f(x,y)| < C(x^2 + y^2)^{-1+\varepsilon}$, 那么 $\lim\limits_{a \to 0^+} \iint\limits_{D_{ab}} f(x,y)\,\mathrm{d}x\mathrm{d}y$

存在. (厦门大学)

证 1) 必要性. 已知 $I(b) \equiv \lim\limits_{a \to 0^+} \iint\limits_{D_{ab}} f(x,y)\,\mathrm{d}x\mathrm{d}y$ 存在, 要证 $\lim\limits_{b \to 0^+} I(b) = 0$, 即要证:

$\forall \varepsilon > 0, \exists \delta > 0$, 当 $0 < b < \delta$ 时, 有

$$|I(b)| < \varepsilon. \tag{1}$$

根据 Cauchy 准则, $\lim\limits_{a \to 0^+} \iint\limits_{D_{ab}} f(x,y)\,\mathrm{d}x\mathrm{d}y$ 存在, 则 $\forall \varepsilon > 0, \exists \delta > 0$, 当 $0 < a_1 < a_2 < \delta$ 时, 有

$$\left| \iint\limits_{D_{a_1 b}} f(x,y)\,\mathrm{d}x\mathrm{d}y - \iint\limits_{D_{a_2 b}} f(x,y)\,\mathrm{d}x\mathrm{d}y \right| < \frac{\varepsilon}{2}.$$

即

$$\left| \iint\limits_{D_{a_1 a_2}} f(x,y)\,\mathrm{d}x\mathrm{d}y \right| < \frac{\varepsilon}{2}.$$

此式中, a_1, a_2 分别改记为 a, b. 令 $a \to 0$, 取极限则得

$$|I(b)| = \left| \lim\limits_{a \to 0^+} \iint\limits_{D_{ab}} f(x,y)\,\mathrm{d}x\mathrm{d}y \right| < \frac{\varepsilon}{2} < \varepsilon.$$

此即式 (1), 必要性获证.

充分性. 已知 $\lim\limits_{b \to 0^+}\lim\limits_{a \to 0^+} \iint\limits_{D_{ab}} f(x,y)\,\mathrm{d}x\mathrm{d}y = 0$, 说明充分小的 $b_1 > 0$, 有 $\lim\limits_{a \to 0^+} \iint\limits_{D_{ab_1}} f(x,y)\,\mathrm{d}x\mathrm{d}y$

存在. 由此, $\forall b > 0$, 取充分小的 $b_1, 0 < b_1 < b$, 则

$$\lim\limits_{a \to 0^+} \iint\limits_{D_{ab}} f(x,y)\,\mathrm{d}x\mathrm{d}y = \lim\limits_{a \to 0^+} \left(\iint\limits_{D_{ab_1}} f\mathrm{d}x\mathrm{d}y + \iint\limits_{D_{b_1 b}} f\mathrm{d}x\mathrm{d}y \right) = \lim\limits_{a \to 0^+} \iint\limits_{D_{ab_1}} f\mathrm{d}x\mathrm{d}y + \iint\limits_{D_{b_1 b}} f\mathrm{d}x\mathrm{d}y$$

存在.

2) 利用 Cauchy 判别法即得 (略).

g. 二重、三重反常积分的计算

例 7.2.37 计算反常积分 $\iint\limits_{D} x^{-\frac{3}{2}} \mathrm{e}^{y-x} \mathrm{d}x\mathrm{d}y$, 其中 $D: y \geqslant 0, x \geqslant y$. (云南大学)

解 被积函数非负, 不妨用平行于 y 轴的直线截取 (如图 7.2.38),

$$I = \iint\limits_{D} x^{-\frac{3}{2}} \mathrm{e}^{y-x} \mathrm{d}x\mathrm{d}y = \lim\limits_{\substack{\varepsilon \to 0^+ \\ A \to +\infty}} \int_{\varepsilon}^{A} \mathrm{d}x \int_{0}^{x} x^{-\frac{3}{2}} \mathrm{e}^{y-x} \mathrm{d}y$$

$$= \int_0^{+\infty} \mathrm{d}x \int_0^x x^{-\frac{3}{2}} \mathrm{e}^{y-x} \mathrm{d}y = \int_0^{+\infty} x^{-\frac{3}{2}} (1-\mathrm{e}^{-x}) \mathrm{d}x$$

$$= -2 \int_0^{+\infty} (1-\mathrm{e}^{-x}) \mathrm{d}x^{-\frac{1}{2}}$$

$$= -2(1-\mathrm{e}^{-x}) x^{-\frac{1}{2}} \Big|_{0^+}^{+\infty} + 2 \int_0^{+\infty} x^{-\frac{1}{2}} \mathrm{e}^{-x} \mathrm{d}x.$$

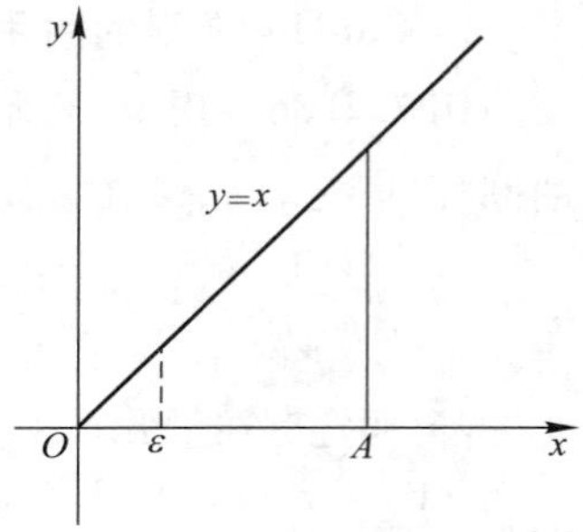

注意:$\lim\limits_{x \to 0^+} \dfrac{1-\mathrm{e}^{-x}}{\sqrt{x}} = \lim\limits_{x \to 0^+} \dfrac{1 - [1-x+0(x)]}{\sqrt{x}} = 0$,

$$\lim_{x \to +\infty} \frac{1-\mathrm{e}^{-x}}{\sqrt{x}} = 0,$$

$$\int_0^{+\infty} x^{-\frac{1}{2}} \mathrm{e}^{-x} \mathrm{d}x = \Gamma\left(\frac{1}{2}\right) = \sqrt{\pi},$$

知 $I = 2\sqrt{\pi}.$

图 7.2.38

例 7.2.38 xOy 平面上按面密度 $\mu = \dfrac{M}{\sqrt{x^2+y^2+1}}$

(M 为常数)分布着质量,在 $(0,0,1)$ 处有单位质点,求平面对此单位质点的引力.

解 (元素法)如图 7.2.39,在 xOy 平面上任意一点 (x,y) 处作面积元素 $\mathrm{d}\sigma$,对应的质量为

$$\mu\mathrm{d}\sigma = \frac{M}{\sqrt{x^2+y^2+1}} \mathrm{d}\sigma.$$

它对单位质点的引力的大小为

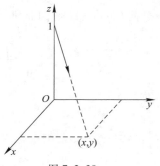

图 7.2.39

$$G \frac{1}{(\sqrt{x^2+y^2+1})^2} \cdot \frac{M}{\sqrt{x^2+y^2+1}} \mathrm{d}\sigma.$$

该引力在 z 轴上的投影为

$$G \frac{1}{(\sqrt{x^2+y^2+1})^2} \cdot \frac{M}{\sqrt{x^2+y^2+1}} \mathrm{d}\sigma \cdot \frac{1}{\sqrt{x^2+y^2+1}} = G \frac{M}{(x^2+y^2+1)^2} \mathrm{d}\sigma,$$

故 $$F_z = -\iint_{R^2} G \cdot \frac{M}{(x^2+y^2+1)^2} \mathrm{d}x\mathrm{d}y.$$

因为被积函数为正,可用中心在原点的圆周割取,积分(化为极坐标),取极限:

$$F_z = -GM \lim_{A \to +\infty} \int_0^{2\pi} \mathrm{d}\theta \int_0^A \frac{r}{(r^2+1)^2} \mathrm{d}r = -2\pi GM \lim_{A \to +\infty} \left(-\frac{1}{2} \frac{1}{r^2+1}\Big|_0^A\right) = -G\pi M.$$

由对称性,$F_x = F_y = 0$,$F = F_z = -G\pi M$,负号表示作用力垂直向下.

注 若不问条件,随意化为累次积分,可能导致错误.例如容易验证

$$\int_1^{+\infty} \mathrm{d}y \int_1^{+\infty} \frac{x^2-y^2}{(x^2+y^2)^2} \mathrm{d}x = \frac{\pi}{4},$$

但 $D = [1, +\infty) \times (1, +\infty)$ 上积分 $\iint_D \dfrac{x^2 - y^2}{(x^2 + y^2)^2} \mathrm{d}x\mathrm{d}y$ 发散,这是因为 $\iint_D \dfrac{x^2 - y^2}{(x^2 + y^2)^2} \mathrm{d}x\mathrm{d}y$ 与

$\iint_D \left| \dfrac{x^2 - y^2}{(x^2 + y^2)^2} \right| \mathrm{d}x\mathrm{d}y$ 同时敛散. 但

$$\iint_D \left| \frac{x^2 - y^2}{(x^2 + y^2)^2} \right| \mathrm{d}x\mathrm{d}y = 2 \iint_{D_1} \frac{x^2 - y^2}{(x^2 + y^2)^2} \mathrm{d}x\mathrm{d}y \quad (D_1 \text{ 为 } D \text{ 中 } y \leqslant x \text{ 之部分}),$$

$$\frac{x^2 - y^2}{(x^2 + y^2)^2} \geqslant \frac{x^2 - y^2}{4x^4} \geqslant 0 \quad (\text{在 } D_1 \text{ 上}),$$

$$\iint_{D_1} \frac{x^2 - y^2}{4x^4} \mathrm{d}x\mathrm{d}y = \lim_{A \to +\infty} \int_1^A \mathrm{d}x \int_1^x \frac{x^2 - y^2}{4x^4} \mathrm{d}y = +\infty.$$

^{new}**练习 1** 设地球是半径为 R 的圆球,地面上空至地球中心距离为 $r(r \geqslant R)$ 处的空气密度 $\rho(r) = \rho_0 \mathrm{e}^{k(1 - \frac{r}{R})}$ (ρ_0 和 k 为正常数). 试求地面上空大气总质量. (中国科学技术大学)

提示 $V = \{(r, \theta, \varphi) \mid R \leqslant r < +\infty, 0 \leqslant \theta \leqslant 2\pi, 0 \leqslant \varphi \leqslant \pi\}$,

$$(\text{大气总质量}) M = \iiint_V \rho_0 \mathrm{e}^{k(1 - \frac{r}{R})} r^2 \sin\varphi \mathrm{d}r\mathrm{d}\theta\mathrm{d}\varphi.$$

再提示 $M = \rho_0 \displaystyle\int_R^{+\infty} \mathrm{e}^{k(1 - \frac{r}{R})} r^2 \mathrm{d}r \int_0^{2\pi} \mathrm{d}\theta \int_0^\pi \sin\varphi \mathrm{d}\varphi$

$$= 4\pi\rho_0 \mathrm{e}^k \left(\frac{R}{k}\right)^3 \int_R^{+\infty} \mathrm{e}^{-\frac{k}{R}r} \left(\frac{k}{R}r\right)^2 \mathrm{d}\left(\frac{k}{R}r\right) \quad \left(\text{令 } t = \frac{k}{R}r\right)$$

$$= 4\pi\rho_0 \mathrm{e}^k \left(\frac{R}{k}\right)^3 \int_k^{+\infty} \mathrm{e}^{-t} t^2 \mathrm{d}t = 4\pi\rho_0 R^3 \left(\frac{1}{k} + \frac{2}{k^2} + \frac{2}{k^3}\right).$$

^{new}**练习 2** 设 $f(x, y)$ 是 $\mathbf{R}^2$ 上的连续函数,试作一个无界区域 D,使 $f(x, y)$ 在 D 上的反常积分收敛. (北京大学)

提示 例如,取 $D = \{(x, y) \mid n \leqslant x \leqslant n + 1, -c_n \leqslant y \leqslant c_n, n = 1, 2, \cdots\}$. 记 $M_n = \max\{|f(x, y)| \mid n \leqslant x \leqslant n + 1, -1 \leqslant y \leqslant 1\}$,令 $0 < c_n < \min\left\{\dfrac{1}{2^n M_n}, 1\right\}$,则

$$\iint_D |f(x, y)| \mathrm{d}x\mathrm{d}y \leqslant \sum_{n=1}^{+\infty} \int_n^{n+1} \mathrm{d}x \int_{-c_n}^{c_n} M_n \mathrm{d}y \leqslant 2 \sum_{n=1}^{+\infty} \frac{1}{2^n} < +\infty.$$

※ 四、n 重积分

定义 (与二重、三重积分类似)若 f 为有界闭区域 $V \subset \mathbf{R}^n$ 上的有界函数,则 f 在 V 上的积分定义为

$$\underbrace{\iint \cdots \int}_{V} f(x_1, x_2, \cdots, x_n) \mathrm{d}x_1 \mathrm{d}x_2 \cdots \mathrm{d}x_n = \lim_{\lambda \to 0} \sum_{i=1}^m f(\xi_1^i, \xi_2^i, \cdots, \xi_n^i) \Delta V_i, \tag{A}$$

其中 $\lambda = \max\limits_{1 \leqslant i \leqslant m} d_i$ (而 $d_i = (\Delta V_i$ 之直径)), ΔV_i 既表示 V 所分割的小区域,也表示它的体积.

计算

1) 化为累次积分

若 $V = \{(x_1, \cdots, x_n) \mid a_i \le x_i \le b_i, i = 1, 2, \cdots, n\}$，则

$$\iint_V \cdots \int f(x_1, \cdots, x_n)\,dx_1 \cdots dx_n = \int_{a_1}^{b_1} dx_1 \int_{a_2}^{b_2} dx_2 \cdots \int_{a_n}^{b_n} f(x_1, \cdots, x_n)\,dx_n. \tag{a}$$

若

$$V = \{(x_1, \cdots, x_n) \mid a_1 \le x_1 \le b_1, a_2(x_1) \le x_2 \le b_2(x_1), \cdots, a_n(x_1, \cdots, x_{n-1}) \le x_n \le b_n(x_1, \cdots, x_{n-1})\},\tag{b}$$

则

$$\iint_V \cdots \int f(x_1, \cdots, x_n)\,dv = \int_{a_1}^{b_1} dx_1 \int_{a_2(x_1)}^{b_2(x_1)} dx_2 \cdots \int_{a_n(x_1,\cdots,x_{n-1})}^{b_n(x_1,\cdots,x_{n-1})} f(x_1, \cdots, x_n)\,dx_n. \tag{c}$$

2) 换元

若 $x_i = x_i(u_1, \cdots, u_n)\,(i = 1, 2, \cdots, n)$，将 $(u_1, \cdots, u_n)$ 空间里的区域 V' 双方单值一一对应地变换到 $(x_1, \cdots, x_n)$ 空间里的区域 V 上，若此 n 个函数有连续偏导数，且 Jacobi 行列式 $J = \dfrac{\partial(x_1, \cdots, x_n)}{\partial(u_1, \cdots, u_n)} \ne 0$. 则

$$\iint_V \cdots \int f(x_1, \cdots, x_n)\,dx_1 \cdots dx_n = \iint_{V'} \cdots \int f(x_1(u_1, \cdots, u_n), \cdots, x_n(u_1, \cdots, u_n)) \mid J \mid du_1 \cdots du_n. \tag{d}$$

对于常用的球坐标

$$\left.\begin{aligned}
x_1 &= r\cos\varphi_1, \\
x_2 &= r\sin\varphi_1 \cos\varphi_2, \\
x_3 &= r\sin\varphi_1 \sin\varphi_2 \cos\varphi_3, \\
&\cdots\cdots\cdots \\
x_{n-1} &= r\sin\varphi_1 \sin\varphi_2 \cdots \sin\varphi_{n-2} \cos\varphi_{n-1}, \\
x_n &= r\sin\varphi_1 \cdots \sin\varphi_{n-2} \sin\varphi_{n-1},
\end{aligned}\right\} \tag{e}$$

就整个空间 $\mathbf{R}^n$ 而论，r 与 $\varphi_i(i = 1, \cdots, n-1)$ 的变化范围是

$$0 \le r < +\infty, \quad 0 \le \varphi_1 \le \pi, \quad \cdots, \quad 0 \le \varphi_{n-2} \le \pi, \quad 0 \le \varphi_{n-1} \le 2\pi.$$

Jacobi 行列式是　　$J = r^{n-1} \sin^{n-2}\varphi_1 \sin^{n-3}\varphi_2 \cdots \sin^2\varphi_{n-3} \sin\varphi_{n-2}.$

a. 化为累次积分

要点　利用公式 (c) 将 n 重积分化为累次积分，关键在于把积分区域写成 (b) 的形式，其中 $[a_1, b_1]$ 是 V 上变量 x_1 的变化范围；$[a_2(x_1), b_2(x)]$ 是 $x_1 \in [a_1, b_1]$ 给定时，V 上变量 x_2 的变化范围；$\cdots$；$[a_n(x_1, \cdots, x_{n-1}), b_n(x_1, \cdots, x_{n-1})]$ 是 $x_1, \cdots, x_{n-1}$ 给定时，V 上 x_n 的变化范围.

例 7.2.39　设 $a_1, \cdots, a_n > 0$，又

$$S_n(a_1, \cdots, a_n) = \left\{(x_1, \cdots, x_n) \,\middle|\, \frac{\mid x_i \mid}{a_i} + \frac{\mid x_n \mid}{a_n} \le 1, i = 1, 2, \cdots, n-1\right\},$$

计算 $S_n(a_1, \cdots, a_n)$ 的体积. (中国科学技术大学)

分析　1) 如图 7.2.40，从条件 $\dfrac{\mid x_i \mid}{a_i} + \dfrac{\mid x_n \mid}{a_n} \le 1 (i = 1, 2, \cdots, n-1)$ 看出，S_n 具有对称性. 故只要求出 $x_i \ge 0 (i = 1, \cdots, n)$ 部分的体积，再 2^n 倍之即得.

2) 从 $\dfrac{|x_i|}{a_i} + \dfrac{|x_n|}{a_n} \leqslant 1, x_1 \geqslant 0, \cdots, x_n \geqslant 0$ 看出 x_n 的变化范围是

$0 \leqslant x_n \leqslant a_n$. 当 x_n 固定时，x_i 的变化范围为 $0 \leqslant x_i \leqslant a_i\left(1 - \dfrac{x_n}{a_n}\right)$.

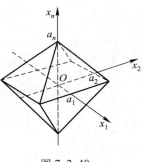

图 7.2.40

解　$S_n(a_1, \cdots, a_n)$ 的体积

$$V = \underset{S_n}{\iint \cdots \int} dx_1 \cdots dx_n = 2^n \int_0^{a_n} dx_n \int_0^{a_1\left(1 - \frac{x_n}{a_n}\right)} dx_1 \cdots \int_0^{a_{n-1}\left(1 - \frac{x_n}{a_n}\right)} dx_{n-1}$$

$$= 2^n \int_0^{a_n} a_1 \cdots a_{n-1}\left(1 - \frac{x_n}{a_n}\right)^{n-1} dx_n$$

$$= 2^n a_1 \cdots a_{n-1} a_n \int_0^{a_n} (-1)\left(1 - \frac{x_n}{a_n}\right)^{n-1} d\left(1 - \frac{x_n}{a_n}\right) = \frac{2^n}{n} a_1 \cdots a_n.$$

b. 变量替换

要点　1) 根据积分区域与被积函数选取恰当的变换，使被积函数化简，区域易于定限.

2) 当选好新变量之后，将区域用新变量表示出来，求出新变量的变化范围，确定积分限.

例 7.2.40　求 $\displaystyle\iiint_V \sqrt{\dfrac{1 - x^2 - y^2 - z^2 - u^2}{1 + x^2 + y^2 + z^2 + u^2}} dxdydzdu$，其中 V 为 $x, y, z, u \geqslant 0, x^2 + y^2 + z^2 + u^2 \leqslant 1$.
（北京工业大学）

解 I　（用球坐标.）

$$x = r\cos\psi, \quad y = r\sin\psi\cos\varphi, \quad z = r\sin\psi\sin\varphi\cos\theta, \quad u = r\sin\psi\sin\varphi\sin\theta.$$

这时

$$J = \frac{\partial(x,y,z,u)}{\partial(r,\psi,\varphi,\theta)} = r^3\sin^2\psi\sin\varphi, \quad x^2 + y^2 + z^2 + u^2 = r^2,$$

$$V = \left\{ (r,\psi,\varphi,\theta) \,\middle|\, 0 \leqslant \psi \leqslant \frac{\pi}{2}, 0 \leqslant \varphi \leqslant \frac{\pi}{2}, 0 \leqslant \theta \leqslant \frac{\pi}{2}, 0 \leqslant r \leqslant 1 \right\},$$

故原积分

$$I = \int_0^{\frac{\pi}{2}} d\theta \int_0^{\frac{\pi}{2}} d\varphi \int_0^{\frac{\pi}{2}} d\psi \int_0^1 \sqrt{\frac{1 - r^2}{1 + r^2}} r^3\sin^2\psi\sin\varphi \, dr$$

$$= \frac{\pi}{2} \int_0^{\frac{\pi}{2}} \sin\varphi \, d\varphi \int_0^{\frac{\pi}{2}} \sin^2\psi \, d\psi \int_0^1 \sqrt{\frac{1 - r^2}{1 + r^2}} r^3 \, dr = \frac{\pi^2}{16} \int_0^1 \sqrt{\frac{1 - r^2}{1 + r^2}} r^2 \, dr^2$$

$$\xrightarrow{\;\text{令 } r^2 = \sin t\;} \frac{\pi^2}{16} \int_0^{\frac{\pi}{2}} (\sin t - \sin^2 t) \, dt = \frac{\pi^2}{16}\left(1 - \frac{\pi}{4}\right).$$

解 II　（用双极坐标，把 $\mathbf{R}^4$ 看成 $\mathbf{R}^2 \times \mathbf{R}^2$，$\mathbf{R}^2$ 上采用极坐标变换.）令

$$x = r\cos\theta, y = r\sin\theta, z = \rho\cos\varphi, u = \rho\sin\varphi,$$

则

$$J = \frac{\partial(x,y,z,u)}{\partial(r,\theta,\rho,\varphi)} = r\rho, x^2 + y^2 + z^2 + u^2 = r^2 + \rho^2,$$

$$V = \left\{ (r,\theta,\rho,\varphi) \,\middle|\, 0 \leqslant \theta \leqslant \frac{\pi}{2}, 0 \leqslant \varphi \leqslant \frac{\pi}{2}, r \geqslant 0, \rho \geqslant 0, r^2 + \rho^2 \leqslant 1 \right\}.$$

于是原积分

$$I = \iiint_V \sqrt{\frac{1 - r^2 - \rho^2}{1 + r^2 + \rho^2}} r\rho \, dr d\rho d\theta d\varphi$$

$$= \int_0^{\frac{\pi}{2}} d\theta \int_0^{\frac{\pi}{2}} d\varphi \iint_{\substack{r^2+\rho^2 \le 1 \\ r \ge 0, \rho \ge 0}} \sqrt{\frac{1-r^2-\rho^2}{1+r^2+\rho^2}} \, r\rho \, dr d\rho = \frac{\pi^2}{16}\left(1-\frac{\pi}{4}\right).$$

（这里

$$\iint_{\substack{r^2+\rho^2 \le 1 \\ r \ge 0, \rho \ge 0}} \sqrt{\frac{1-r^2-\rho^2}{1+r^2+\rho^2}} \, r\rho \, dr d\rho \xrightarrow{\Rightarrow \, r=s\cos t, \rho=s\sin t} \int_0^{\frac{\pi}{2}} dt \int_0^1 \sqrt{\frac{1-s^2}{1+s^2}} s^3 \sin t\cos t \, ds$$

$$= \int_0^{\frac{\pi}{2}} \sin t\cos t \, dt \int_0^1 \sqrt{\frac{1-s^2}{1+s^2}} s^3 \, ds = \frac{1}{4}\left(1-\frac{\pi}{4}\right). \,)$$

例 7.2.41　计算积分 $I = \iiint_D e^{(Ax,x)} dx_1 dx_2 dx_3 dx_4$，其中 $(Ax,x) = \sum_{i,j=1}^4 a_{ij}x_i x_j$ 是正定二次型，D 是区域 $(Ax,x) \le 1$.（国外赛题）

解　（用正交变换.）由代数关于二次型的知识，存在正交变换，使得二次型化为标准形：$(Ax,$

$x) = \sum_{i,j=1}^4 a_{ij}x_i x_j = \sum_{i=1}^4 \lambda_i \xi_i^2 \le 1$，这里 $|J| = 1$. 于是原积分

$$I = \iiint_{\sum_{i,j=1}^4 a_{ij}x_i x_j \le 1} \exp\left(\sum_{i,j=1}^4 a_{ij} x_i x_j\right) dx_1 dx_2 dx_3 dx_4 = \iiint_{\sum_{i=1}^4 \lambda_i \xi_i^2 \le 1} \exp\left(\sum_{i=1}^4 \lambda_i \xi_i^2\right) d\xi_1 d\xi_2 d\xi_3 d\xi_4.$$

由于 A 正定，所以 $\lambda_i > 0 (i=1,\cdots,4)$. 再作变换 $\xi_i = \dfrac{\eta_i}{\sqrt{\lambda_i}}$，则

$$\sum_{i=1}^4 \lambda_i \xi_i^2 = \sum_{i=1}^4 \eta_i^2 \le 1, \quad |J| = \frac{1}{\sqrt{\lambda_1 \lambda_2 \lambda_3 \lambda_4}} = \frac{1}{\sqrt{\det A}},$$

所以
$$I = \frac{1}{\sqrt{\det A}} \iiint_{\sum_{i=1}^4 \eta_i^2 \le 1} \exp\left(\sum_{i=1}^4 \eta_i^2\right) d\eta_1 d\eta_2 d\eta_3 d\eta_4 = \frac{\pi^2}{\sqrt{\det A}}.$$

（最后的等式可用上例中的方法得到.）

例 7.2.42（相似变换）　相似比为 a 的相似变换

$$x_1 = au_1, \cdots, x_n = au_n \quad (a > 0)$$

将 $(u_1, \cdots, u_n)$ 空间的区域 $V_n(1)$ 变为 $(x_1, \cdots, x_n)$ 空间的 $V_n(a)$，试证 $V_n(a)$ 的体积 $v_n(a)$ 与 $V_n(1)$ 的体积 $v_n(1)$ 有关系：$v_n(a) = a^n v_n(1)$.

证　$v_n(a) = \int\cdots\int_{V_n(a)} dx_1 \cdots dx_n = \int\cdots\int_{V_n(1)} |J| du_1 \cdots du_n = a^n \int\cdots\int_{V_n(1)} du_1 \cdots du_n = a^n v_n(1)$.

c. 递推与降维

人们处理问题的重要手段之一是将问题进行转化. 上述变量替换就是转化积分的一种方法，它将复杂的 n 重积分化为较简单的 n 重积分. 这种转化只改变积分的形式，不改变维数，可说是一种横向变形. 下面介绍一种纵向变形，即将高维积分向低维积分转化.

要点　为了计算 n 重积分（或 n 次累次积分），我们可设法按维数建立积分的递推公式，即找出不同维数相应积分的关系；然后重复使用此种关系，求出积分值.

例 7.2.43　试求截距为 a 的 n 维单纯形

$$\Delta_n(a) = \{(x_1, \cdots, x_n) \mid x_1 \ge 0, x_2 \ge 0, \cdots, x_n \ge 0, x_1 + \cdots + x_n \le a (a > 0)\} \tag{1}$$

的体积 $v_n(a)$.

分析 如上例所述,若作相似变换 $x_1 = au_1, \cdots, x_n = au_n$,则 $\Delta_n(a)$ 变成

$$\Delta_n(1) = \{(u_1, \cdots, u_n) \mid u_1 \geqslant 0, \cdots, u_n \geqslant 0, u_1 + \cdots + u_n \leqslant 1\}. \tag{2}$$

这时

$$v_n(a) = \int \cdots \int_{\Delta_n(a)} dx_1 \cdots dx_n = a^n \int \cdots \int_{\Delta_n(1)} du_1 \cdots du_n = a^n v_n(1). \tag{3}$$

可见我们的问题归于计算 $v_n(1)$.

从式(2)知,给定 $u_n \in [0,1]$ 时,截得 $n-1$ 维单纯形

$$\Delta_{n-1}(1 - u_n) = \{(u_1, \cdots, u_{n-1}) \mid u_1 \geqslant 0, \cdots, u_{n-1} \geqslant 0, u_1 + \cdots + u_{n-1} \leqslant 1 - u_n\}.$$

它的体积为 $v_{n-1}(1 - u_n)$,因此

$$v_n(1) = \int \cdots \int_{\substack{u_1 + \cdots + u_n \leqslant 1 \\ u_1 \geqslant 0, \cdots, u_n \geqslant 0}} du_1 \cdots du_n = \int_0^1 du_n \int \cdots \int_{\substack{u_1 + \cdots + u_{n-1} \leqslant 1 - u_n \\ u_1 \geqslant 0, \cdots, u_{n-1} \geqslant 0}} du_1 \cdots du_{n-1}$$

$$= \int_0^1 v_{n-1}(1 - u_n) du_n \overset{\text{式(3)}}{=\!=\!=} \int_0^1 (1 - u_n)^{n-1} v_{n-1}(1) du_n$$

$$= v_{n-1}(1) \int_0^1 (1 - u_n)^{n-1} du_n = \frac{1}{n} v_{n-1}(1).$$

这便是欲求的递推公式. 反复使用此式,

$$v_n(1) = \frac{1}{n} v_{n-1}(1) = \frac{1}{n(n-1)} v_{n-2}(1) = \cdots = \frac{1}{n(n-1) \cdots 2} v_1(1) = \frac{1}{n!}.$$

代入式(3)得

$$v_n(a) = \frac{a^n}{n!}.$$

类似可以计算

例7.2.44 求 n 维球体 $x_1^2 + x_2^2 + \cdots + x_n^2 \leqslant r^2$ 的体积 $v_n(r)$.

解 $v_{2m}(r) = \dfrac{\pi^m}{m!} r^{2m}$, $v_{2m+1}(r) = \dfrac{2(2\pi)^m}{(2m+1)!!} r^{2m+1}$.

数学归纳法,也是一种递推法,可资利用.

例7.2.45 设 $f(x)$ 在 $[a,b]$ 上连续,试证:$\forall x \in (a,b)$,有

$$\int_a^x dx_1 \int_a^{x_1} dx_2 \cdots \int_a^{x_n} f(x_{n+1}) dx_{n+1} = \frac{1}{n!} \int_a^x (x - y)^n f(y) dy \quad (n = 1, 2, \cdots).$$

(大连理工大学)

证 I (数学归纳法)$n = 1$ 时,只要将左端(二重的)累次积分变成另一种次序的(二重)累次积分即知等式成立. 假设 $n = k - 1$ 时成立,来证 $n = k$ 时亦成立. 事实上,

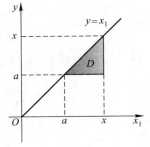

图 7.2.41

$$\int_a^x dx_1 \left(\int_a^{x_1} dx_2 \cdots \int_a^{x_k} f(x_{k+1}) dx_{k+1} \right)$$

$$= \int_a^x \left[\frac{1}{(k-1)!} \int_a^{x_1} (x_1 - y)^{k-1} f(y) dy \right] dx_1$$

$$= \frac{1}{(k-1)!} \iint_D (x_1 - y)^{k-1} f(y) dy dx_1 \quad (D \text{ 如图 7.2.41 所示})$$

$$= \frac{1}{(k-1)!} \int_a^x dy \int_y^x (x_1 - y)^{k-1} f(y) dx_1 = \frac{1}{k!} \int_a^x (x - y)^k f(y) dy.$$

证 II （利用微分法求递推公式.）记 $I_n(x) = \dfrac{1}{n!}\displaystyle\int_a^x (x-y)^n f(y)\,dy$，则

$$I_n'(x) = \frac{1}{(n-1)!}\int_a^x (x-y)^{n-1} f(y)\,dy = I_{n-1}(x).$$

因 $I_n(a)=0$，所以 $I_n(x) = \displaystyle\int_a^x I_n'(x_1)\,dx_1 = \int_a^x I_{n-1}(x_1)\,dx_1$. 反复利用此递推公式，得

$$I_n(x) = \int_a^x I_{n-1}(x_1)\,dx_1 = \int_a^x dx_1 \int_a^{x_1} I_{n-2}(x_2)\,dx_2 = \cdots = \int_a^x dx_1 \int_a^{x_1} dx_2 \cdots \int_a^{x_{n-1}} I_0(x_n)\,dx_n.$$

$$I_0(x_n) = \int_a^{x_n} f(y)\,dy = \int_a^{x_n} f(x_{n+1})\,dx_{n+1}.$$

故 $\displaystyle\int_a^x dx_1 \int_a^{x_1} dx_2 \cdots \int_a^{x_n} f(x_{n+1})\,dx_{n+1} = I_n(x) = \frac{1}{n!}\int_a^x (x-y)^n f(y)\,dy.$

证 III （利用 Taylor 公式.）设

$$g(x) = \int_a^x dx_1 \int_a^{x_1} dx_2 \cdots \int_a^{x_n} f(x_{n+1})\,dx_{n+1} - \frac{1}{n!}\int_a^x (x-y)^n f(y)\,dy$$

（我们的任务在于证明 $g(x)\equiv 0$），则知

$$g(a)=g'(a)=\cdots=g^{(n)}(a)=0, \quad g^{(n+1)}(x)\equiv f(x)-f(x)\equiv 0.$$

故由 Taylor 公式知 $g(x)\equiv 0$，即欲证的恒等式成立.

d. 利用积分定义

要点 积分是积分和的极限，因此有些关于积分的问题可转化为积分和的对应问题.

例 7.2.46 设 $f_1(x),\cdots,f_m(x); g_1(x),\cdots,g_m(x)$ 在 $[a,b]$ 上正常可积，试证：

$$\frac{1}{m!}\int_b^a \cdots \int_b^a \begin{vmatrix} f_1(x_1) & \cdots & f_1(x_m) \\ \vdots & & \vdots \\ f_m(x_1) & \cdots & f_m(x_m) \end{vmatrix} \begin{vmatrix} g_1(x_1) & \cdots & g_1(x_m) \\ \vdots & & \vdots \\ g_m(x_1) & \cdots & g_m(x_m) \end{vmatrix} dx_1 \cdots dx_m$$

$$= \begin{vmatrix} \int_a^b f_1(x)g_1(x)\,dx & \cdots & \int_a^b f_1(x)g_m(x)\,dx \\ \vdots & & \vdots \\ \int_a^b f_m(x)g_1(x)\,dx & \cdots & \int_a^b f_m(x)g_m(x)\,dx \end{vmatrix}. \tag{1}$$

证 将 $[a,b]$ 进行 n 等分，作分划，记

$$f_{iv} = f_i\left(a + \frac{v}{n}(b-a)\right), \quad g_{jv} = g_j\left(a + \frac{v}{n}(b-a)\right).$$

设 $n>m$，利用积分定义，式(1)可写成

$$\frac{1}{m!}\lim_{n\to+\infty} \sum_{v_1=1}^n \cdots \sum_{v_m=1}^n \begin{vmatrix} f_{1v_1} & \cdots & f_{1v_m} \\ \vdots & & \vdots \\ f_{mv_1} & \cdots & f_{mv_m} \end{vmatrix} \begin{vmatrix} g_{1v_1} & \cdots & g_{1v_m} \\ \vdots & & \vdots \\ g_{mv_1} & \cdots & g_{mv_m} \end{vmatrix} \left(\frac{b-a}{n}\right)^m$$

$$= \begin{vmatrix} \lim_{n\to+\infty}\sum_{v=1}^n f_{1v}g_{1v}\cdot\frac{b-a}{n} & \cdots & \lim_{n\to+\infty}\sum_{v=1}^n f_{1v}g_{mv}\cdot\frac{b-a}{n} \\ \vdots & & \vdots \\ \lim_{n\to+\infty}\sum_{v=1}^n f_{mv}g_{1v}\cdot\frac{b-a}{n} & \cdots & \lim_{n\to+\infty}\sum_{v=1}^n f_{mv}g_{mv}\cdot\frac{b-a}{n} \end{vmatrix}$$

注意等式左、右两端,有公因子 $\left(\dfrac{b-a}{n}\right)^{m}$,可以约去. 行列式中的极限符号可以提出行列式. 因此只需证明

$$
\frac{1}{m!}\sum_{v_1=1}^{n}\cdots\sum_{v_m=1}^{n}
\begin{vmatrix} f_{1v_1} & \cdots & f_{1v_m} \\ \vdots & & \vdots \\ f_{mv_1} & \cdots & f_{mv_m} \end{vmatrix}
\begin{vmatrix} g_{1v_1} & \cdots & g_{1v_m} \\ \vdots & & \vdots \\ g_{mv_1} & \cdots & g_{mv_m} \end{vmatrix}
=
\begin{vmatrix} \sum\limits_{v=1}^{n} f_{1v}g_{1v} & \cdots & \sum\limits_{v=1}^{n} f_{1v}g_{mv} \\ \vdots & & \vdots \\ \sum\limits_{v=1}^{n} f_{mv}g_{1v} & \cdots & \sum\limits_{v=1}^{n} f_{mv}g_{mv} \end{vmatrix}. \tag{2}
$$

用记号 $(a_{ij})_{m\times n}\equiv\begin{pmatrix} a_{11} & \cdots & a_{1n} \\ \vdots & & \vdots \\ a_{m1} & \cdots & a_{mn} \end{pmatrix}$,式(2)右端的行列式

$$
\det\left(\sum_{v=1}^{n} f_{iv}g_{jv}\right)_{m\times m} = \det\left((f_{iv})_{m\times n}\cdot(g_{jv})_{m\times n}^{\mathrm{T}}\right). \tag{3}
$$

根据矩阵乘积定理,

$$
\det\left((f_{iv})_{m\times n}\cdot(g_{jv})_{m\times n}^{\mathrm{T}}\right) = \sum_{1\leqslant v_1\leqslant v_2\leqslant\cdots\leqslant v_m\leqslant n}
\begin{vmatrix} f_{1v_1} & \cdots & f_{1v_m} \\ \vdots & & \vdots \\ f_{mv_1} & \cdots & f_{mv_m} \end{vmatrix}
\begin{vmatrix} g_{1v_1} & \cdots & g_{1v_m} \\ \vdots & & \vdots \\ g_{mv_1} & \cdots & g_{mv_m} \end{vmatrix}
$$

$$
= \frac{1}{m!}\sum_{v_1=1}^{n}\cdots\sum_{v_m=1}^{n}
\begin{vmatrix} f_{1v_1} & \cdots & f_{1v_m} \\ \vdots & & \vdots \\ f_{mv_1} & \cdots & f_{mv_m} \end{vmatrix}
\begin{vmatrix} g_{1v_1} & \cdots & g_{1v_m} \\ \vdots & & \vdots \\ g_{mv_1} & \cdots & g_{mv_m} \end{vmatrix}. \tag{4}
$$

联系(3)、(4),即得式(2). 证毕.

✎ 单元练习 7.2

二重积分

7.2.1 设 $f(x)$ 在 $[a,b]$ 上连续,证明:$\displaystyle\int_a^b \mathrm{d}x\int_a^x f(y)\,\mathrm{d}y = \int_a^b (b-x)f(x)\,\mathrm{d}x$. (华中科技大学)

提示 可参看例 7.2.4 所得的公式.

7.2.2 改变二次积分:$\displaystyle\int_0^2 \mathrm{d}x\int_0^{\frac{x^2}{2}} f(x,y)\,\mathrm{d}y + \int_2^{2\sqrt{2}} \mathrm{d}x\int_0^{\sqrt{8-x^2}} f(x,y)\,\mathrm{d}y$ 的顺序. (东北大学)

$$\left\langle\!\!\left\langle \int_0^2 \mathrm{d}y\int_{\sqrt{2y}}^{\sqrt{8-y^2}} f(x,y)\,\mathrm{d}x \right\rangle\!\!\right\rangle$$

7.2.3 设 $a>0$ 是常数,计算积分 $I = \displaystyle\iint\limits_{x^2+y^2\leqslant ax} xy^2\,\mathrm{d}x\mathrm{d}y$. (北京大学)

提示 积分上、下对称,$I = 2\displaystyle\int_0^a \mathrm{d}x\int_0^{\sqrt{ax-x^2}} xy^2\,\mathrm{d}y$.

☆7.2.4 计算由椭圆 $(a_1x+b_1y+c_1)^2 + (a_2x+b_2y+c_2)^2 = 1$ $(a_1b_2-b_1a_2\neq0)$ 所界的面积. (西北师范大学)

提示 令 $u=a_1x+b_1y+c_1$, $v=a_2x+b_2y+c_2$.

再提示 $S=\iint\limits_D \mathrm{d}x\mathrm{d}y=\iint\limits_{u^2+v^2\leqslant 1}\frac{1}{|a_1b_2-a_2b_1|}\mathrm{d}u\mathrm{d}v=\frac{\pi}{|a_1b_2-a_2b_1|}$.

☆**7.2.5** 设 f 为连续函数,求证:

$$\iint\limits_D f(x-y)\mathrm{d}x\mathrm{d}y=\int_{-A}^{A}f(\xi)(A-|\xi|)\mathrm{d}\xi,$$

其中 D: $|x|\leqslant\frac{A}{2}$, $|y|\leqslant\frac{A}{2}$(A 为常数).(北京航空航天大学)

图 7.2.42

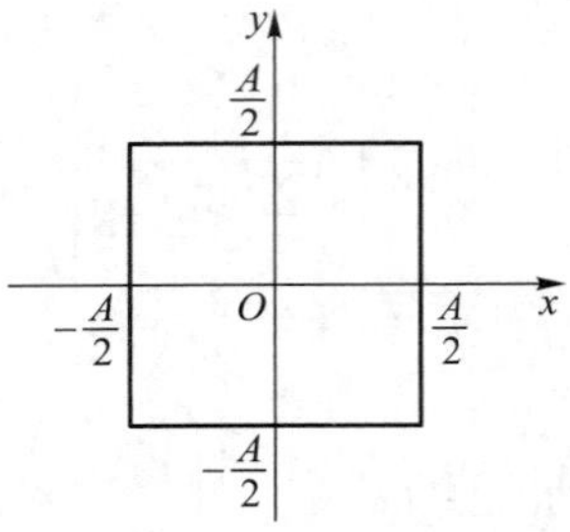

提示 (如图 7.2.42)可令 $\xi=x-y,\eta=x+y$,即 $x=\frac{\xi+\eta}{2}$,$y=\frac{\eta-\xi}{2}$,这时 $J=\frac{1}{2}$.

再提示 这时 $|x|\leqslant\frac{A}{2}$, $|y|\leqslant\frac{A}{2}$ 等价于 $-A\leqslant\xi+\eta\leqslant A$, $-A\leqslant\eta-\xi\leqslant A$,故 D 变为 $\xi\eta$ 平面上的

$$D'=\{(\xi,\eta)\,|\,|\xi|+|\eta|\leqslant A\}=\{(\xi,\eta)\,|\,-A\leqslant\xi\leqslant A,|\xi|-A\leqslant\eta\leqslant A-|\xi|\},$$

因此(原式) 左端 $=\iint\limits_{D'}f(\xi)\cdot\frac{1}{2}\mathrm{d}\xi\mathrm{d}\eta=\frac{1}{2}\int_{-A}^{A}f(\xi)\mathrm{d}\xi\int_{|\xi|-A}^{A-|\xi|}\mathrm{d}\eta=$ 右端.

☆**7.2.6** 设 $f(x)$ 在 $[0,1]$ 上连续,证明:

$$\iint\limits_{\triangle OAB}f(1-y)f(x)\mathrm{d}x\mathrm{d}y=\frac{1}{2}\left[\int_0^1 f(x)\mathrm{d}x\right]^2,$$

其中 $\triangle OAB$ 为 $O(0,0)$, $A(0,1)$, $B(1,0)$ 为顶点的三角形区域(如图 7.2.43).

图 7.2.43

提示 可从等式左端往右端证,也可从右端往左端证.

再提示 (左端往右端.)令 $u=1-x,v=1-y$ $\left(\text{即关于点}\left(\frac{1}{2},\frac{1}{2}\right)\text{作点对称变换}\right)$,则 $J=1$,

$$\begin{aligned}\text{左端}&=\iint\limits_{\triangle OAB}f(1-y)f(x)\mathrm{d}x\mathrm{d}y=\iint\limits_{\triangle CBA}f(v)f(1-u)\mathrm{d}u\mathrm{d}v\\&=\iint\limits_{\triangle CBA}f(1-y)f(x)\mathrm{d}x\mathrm{d}y\quad(\text{与字母无关})\\&=\frac{1}{2}\iint\limits_{[0,1]\times[0,1]}f(1-y)f(x)\mathrm{d}x\mathrm{d}y\quad(\text{两等量等于和之半})\\&=\frac{1}{2}\int_0^1 f(x)\mathrm{d}x\int_0^1 f(1-y)\mathrm{d}y=\text{右端}.\end{aligned}$$

(右端往左端.)

$$2\cdot\text{右端}=\left[\int_0^1 f(x)\mathrm{d}x\right]^2=\int_0^1 f(x)\mathrm{d}x\cdot\int_0^1 f(u)\mathrm{d}u$$

$$\xlongequal{\text{令 }u=1-y}\int_0^1 f(x)\mathrm{d}x\int_0^1 f(1-y)\mathrm{d}y=\iint\limits_{\substack{0\leqslant x\leqslant 1\\0\leqslant y\leqslant 1}}f(x)f(1-y)\mathrm{d}x\mathrm{d}y$$

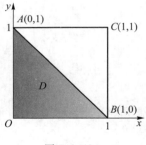

$$= \iint\limits_{\triangle OAB} \cdots + \iint\limits_{\triangle BCA} \cdots \xrightarrow{\text{后者作关于} \left(\frac{1}{2}, \frac{1}{2}\right) \text{点对称变换}} 2 \iint\limits_{\triangle OAB} \cdots = 2 \cdot \text{左端}.$$

☆**7.2.7** 证明：$\iint\limits_{S} f(ax + by + c)\mathrm{d}x\mathrm{d}y = 2\int_{-1}^{1} \sqrt{1 - u^2} f(u \sqrt{a^2 + b^2} + c)\mathrm{d}u$，其中 $S: x^2 + y^2 \leqslant 1$，$a^2 + b^2 \neq 0$.（东北师范大学）

提示 令 $u = \dfrac{ax + by}{\sqrt{a^2 + b^2}}, v = \dfrac{bx - ay}{\sqrt{a^2 + b^2}}$，作变换.

再提示 这时 $|J| = 1$，

$$\text{左端} = \iint\limits_{u^2 + v^2 \leqslant 1} f(u \sqrt{a^2 + b^2} + c)\mathrm{d}u\mathrm{d}v = \int_{-1}^{1} \mathrm{d}u \int_{-\sqrt{1 - u^2}}^{\sqrt{1 - u^2}} f(u \sqrt{a^2 + b^2} + c)\mathrm{d}v = \text{右端}.$$

☆**7.2.8** 计算曲面 $y = 1 - \sqrt{x^2 + z^2}$ 与平面 $x = 0, y = x$ 所围成的立体的体积.（福建师范大学）

提示 $y = 1 - \sqrt{x^2 + z^2}$ 是以 y 轴作对称轴的圆锥曲面，立体上、下对称（如图 7.2.44），

$$V = 2 \iint\limits_{D} \sqrt{(1 - y)^2 - x^2}\mathrm{d}x\mathrm{d}y,$$

D 是 xOy 平面上由 $x = 0, y = x, x + y = 1$ 所围成的区域.

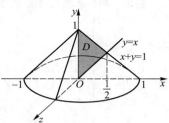

图 7.2.44

再提示 $V = 2\int_0^{\frac{1}{2}} \mathrm{d}y \int_0^y \sqrt{(1 - y)^2 - x^2}\mathrm{d}x + 2\int_{\frac{1}{2}}^1 \mathrm{d}y \int_0^{1 - y} \sqrt{(1 - y)^2 - x^2}\mathrm{d}x$

或 $V = 2\int_0^{\frac{1}{2}} \mathrm{d}x \int_x^{1 - x} \sqrt{(1 - y)^2 - x^2}\mathrm{d}y.$

☆**7.2.9** 1）计算积分 $A = \int_0^1 \int_0^1 \left| xy - \dfrac{1}{4} \right| \mathrm{d}x\mathrm{d}y$；

2）设 $z = f(x, y)$ 在闭正方形 $D: 0 \leqslant x \leqslant 1, 0 \leqslant y \leqslant 1$ 上连续，且满足条件：$\iint\limits_{D} f(x, y)\mathrm{d}x\mathrm{d}y = 0$，$\iint\limits_{D} f(x, y)xy\mathrm{d}x\mathrm{d}y = 1$. 证明：存在 $(\xi, \eta) \in D$，使得 $|f(\xi, \eta)| \geqslant \dfrac{1}{A}$，此 A 为 1）中积分值.（北京大学）

提示 1）见例 7.2.5 的 1）. 2）可用反证法.

再提示 2）若每点有 $|f(x, y)| < \dfrac{1}{A}$，由连续函数的介值性，存在点 $(x_0, y_0) \in D$，使 $M \equiv$ $|f(x_0, y_0)| = \max\limits_{D} |f(x, y)| < \dfrac{1}{A}$.

$$1 = \iint\limits_{D} f(x, y) \cdot \left(xy - \dfrac{1}{4} \right)\mathrm{d}x\mathrm{d}y \leqslant \iint\limits_{D} |f(x, y)| \left| xy - \dfrac{1}{4} \right|\mathrm{d}x\mathrm{d}y$$

$$\leqslant M \cdot \iint\limits_{D} \left| xy - \dfrac{1}{4} \right|\mathrm{d}x\mathrm{d}y < \dfrac{1}{A} \cdot A = 1,$$

矛盾.

7.2.10 把正确结论的编号填在题末的括号内.

若 $f(x, y)$ 在矩形 $G: 0 \leqslant x \leqslant 1, 0 \leqslant y \leqslant 1$ 上有定义，且积分

$$I_1 = \int_0^1 \mathrm{d}x \int_0^1 f(x, y)\mathrm{d}y \quad \text{与} \quad I_2 = \int_0^1 \mathrm{d}y \int_0^1 f(x, y)\mathrm{d}x$$

都存在,则

(A) $I_1 = I_2$　　(B) $I_1 \neq I_2$

(C) 二重积分 $\iint\limits_{G} f(x,y)\mathrm{d}x\mathrm{d}y$ 存在　　(D) 二重积分 $\iint\limits_{G} f(x,y)\mathrm{d}x\mathrm{d}y$ 可能不存在

答:(　　).(中山大学)

※提问:如何分别给出反例说明只有(D)正确.

三重积分

* ☆**7.2.11**　改变三重积分 $I = \int_0^1 \mathrm{d}x \int_0^x \mathrm{d}y \int_0^{xy} f(x,y,z)\mathrm{d}z$ 的积分次序:

1)先 y 后 z 再 x;　　2)先 x 后 z 再 y.(华中科技大学)

提示　积分区域是四面体:由 $x=1,y=x,z=0$ 及 $z=xy$ 所围成的图形如图 7.2.45 所示.

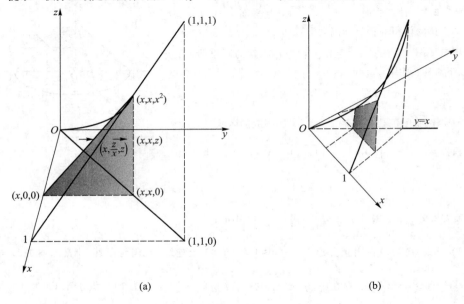

图 7.2.45

再提示　1) $I = \int_0^1 \mathrm{d}x \int_0^{x^2} \mathrm{d}z \int_{\frac{z}{x}}^x f(x,y,z)\mathrm{d}y$.

2) $I = \int_0^1 \mathrm{d}y \left(\int_0^{y^2} \mathrm{d}z \int_y^1 f(x,y,z)\mathrm{d}x + \int_{y^2}^y \mathrm{d}z \int_{\frac{z}{y}}^1 f(x,y,z)\mathrm{d}x \right)$.

7.2.12　求极限 $\lim\limits_{t \to 0^+} \dfrac{1}{t^6} \iiint\limits_{\Omega_t} \sin(x^2+y^2+z^2)^{\frac{3}{2}}\mathrm{d}x\mathrm{d}y\mathrm{d}z$,其中 $\Omega_t = \{(x,y,z) \mid x^2+y^2+z^2 \leq t^2\}$.(中国人民大学)

$\left\langle\!\!\left\langle \dfrac{2}{3}\pi \right\rangle\!\!\right\rangle$

☆**7.2.13**　证明: $\lim\limits_{n \to \infty} \dfrac{1}{n^4} \iiint\limits_{r \leq n} [r]\mathrm{d}x\mathrm{d}y\mathrm{d}z = \pi$,其中 $r = \sqrt{x^2+y^2+z^2}$,$[r]$ 是 r 的整数部分(即不大于 r 的最大整数),n 为正整数.(西安电子科技大学)

提示　$1^3 + 2^3 + 3^3 + \cdots + n^3 = (1+2+3+\cdots+n)^2$.

再提示 $\dfrac{1}{n^4}\iiint\limits_{r\leqslant n}[\,r\,]\,\mathrm{d}x\mathrm{d}y\mathrm{d}z$

$$=\frac{1}{n^4}\sum_{k=1}^{n}(k-1)\iiint\limits_{k-1\leqslant r\leqslant k}\mathrm{d}V=\frac{1}{n^4}\cdot 2\pi\cdot 2\sum_{k=1}^{n}\int_{k-1}^{k}(k-1)r^2\mathrm{d}r$$

$$=\frac{4\pi}{n^4}\sum_{k=1}^{n}(k-1)\cdot\frac{1}{3}[k^3-(k-1)^3]=\frac{4\pi}{n^4}\Big(\sum_{k=1}^{n}k^3-2\sum_{k=1}^{n}k^2+\frac{4}{3}\sum_{k=1}^{n}k-\frac{n}{3}\Big)$$

$$=\frac{4\pi}{n^4}\Big[(1+2+\cdots+n)^2-2\,\frac{1}{6}n(n+1)(2n+1)+\frac{4}{3}n\,\frac{n+1}{2}-\frac{n}{3}\Big]$$

$$\to\pi\quad(n\to\infty).$$

☆**7.2.14** 设函数 $f(x)$ 有连续导数,且 $f(0)=0$,求

$$\lim_{t\to 0}\frac{1}{\pi t^4}\iiint\limits_{x^2+y^2+z^2\leqslant t^2}f(\sqrt{x^2+y^2+z^2})\,\mathrm{d}x\mathrm{d}y\mathrm{d}z.$$

(辽宁师范大学) 《$f'(0)$》

提示 引用球面坐标和 L'Hospital 法则.

再提示 原式 $=\lim\limits_{t\to 0}\dfrac{1}{\pi t^4}\displaystyle\int_0^{2\pi}\mathrm{d}\theta\int_0^{\pi}\sin\varphi\mathrm{d}\varphi\int_0^t f(r)r^2\mathrm{d}r=\lim\limits_{t\to 0}\dfrac{4}{t^4}\displaystyle\int_0^t f(r)r^2\mathrm{d}r$ (L'Hospital 法则)

$$=\lim_{t\to 0}\frac{f(t)-f(0)}{t}=f'(0).$$

7.2.15 计算 $\displaystyle\iiint\limits_{\Omega}(px^{2m}+qy^{2n}+rz^{2l})\mathrm{d}x\mathrm{d}y\mathrm{d}z$,其中 Ω 为 $\dfrac{x^2}{a^2}+\dfrac{y^2}{b^2}+\dfrac{z^2}{c^2}\leqslant R^2$,$m,n,l,p,q,r,a,b,c,R$ 均为已知正数.(北京航空航天大学)

提示 可用广义球坐标(参看例 7.2.23 的 2)和 3)).

再提示 令 $\qquad x=a\rho\sin\varphi\cos\theta,y=b\rho\sin\varphi\sin\theta,z=c\rho\cos\varphi,$ (1)

则 $\qquad\qquad\qquad\qquad J=abc\rho^2\sin\varphi.$ (2)

将原积分拆成三项:

$$\iiint\limits_{D}(px^{2m}+qy^{2n}+rz^{2l})\mathrm{d}x\mathrm{d}y\mathrm{d}z=I_1+I_2+I_3,$$

其中 $\quad I_1=\displaystyle\iiint\limits_{D}px^{2m}\mathrm{d}x\mathrm{d}y\mathrm{d}z=pa^{2m+1}bc\int_0^R\rho^{2m+2}\mathrm{d}\rho\int_0^{\pi}\sin^{2m+1}\varphi\mathrm{d}\varphi\int_0^{2\pi}\cos^{2m}\theta\mathrm{d}\theta$

$$=\frac{pa^{2m+1}bcR^{2m+3}}{2m+3}\cdot 2\cdot\frac{(2m)!!}{(2m+1)!!}\cdot 4\cdot\frac{(2m-1)!!}{(2m)!!}\cdot\frac{\pi}{2}=\frac{4pa^{2m+1}bcR^{2m+3}}{(2m+1)(2m+3)}\pi,$$

$$I_2=\iiint\limits_{D}qy^{2n}\mathrm{d}V=qb^{2n+1}ac\int_0^R\rho^{2n+2}\mathrm{d}\rho\int_0^{\pi}\sin^{2n+1}\varphi\mathrm{d}\varphi\int_0^{2\pi}\sin^{2n}\theta\mathrm{d}\theta=\frac{4qb^{2n+1}acR^{2n+3}}{(2n+3)(2n+1)}\pi,$$

$$I_3=\iiint\limits_{D}rz^{2l}\mathrm{d}x\mathrm{d}y\mathrm{d}z=rc^{2l+1}ab\cdot 2\pi\int_0^R\rho^{2l+2}\mathrm{d}\rho\int_0^{\pi}\cos^{2l}\varphi\sin\varphi\mathrm{d}\varphi=\frac{4rc^{2l+1}abR^{2l+3}}{(2l+1)(2l+3)}\pi.$$

故 $\quad$ 原积分 $=4abc\pi R^3\Big[\dfrac{pa^{2m}R^{2m}}{(2m+1)(2m+3)}+\dfrac{qb^{2n}R^{2n}}{(2n+1)(2n+3)}+\dfrac{rc^{2l}R^{2l}}{(2l+1)(2l+3)}\Big].$

7.2.16 计算三重积分 $\displaystyle\iiint\limits_{\substack{x^2+y^2+z^2\leqslant 1\\x^2+y^2-z^2\geqslant\frac{1}{2}}}z\mathrm{d}x\mathrm{d}y\mathrm{d}z.$ (中国科学院) 《0》

提示 区域及被积函数都具有上、下对称性.

7.2.17 设 $a>0,b>0,c>0$,试证:

$$\iiint\limits_V x^{a-1} y^{b-1} z^{c-1} \mathrm{d}x \mathrm{d}y \mathrm{d}z = \frac{1}{a+b+c} \cdot \frac{\Gamma(a)\Gamma(b)\Gamma(c)}{\Gamma(a+b+c)},$$

其中 V 为四面体,$x \geq 0, y \geq 0, z \geq 0, x+y+z \leq 1$. (郑州大学)

提示 可垂直 z 轴作截面,用截面法.

再提示 左端 $= \displaystyle\int_0^1 \mathrm{d}z \iint\limits_{D_z} x^{a-1} y^{b-1} z^{c-1} \mathrm{d}x \mathrm{d}y = \int_0^1 \mathrm{d}z \int_0^{1-z} \mathrm{d}x \int_0^{1-x-z} x^{a-1} y^{b-1} z^{c-1} \mathrm{d}y$

$= \dfrac{1}{b} \displaystyle\int_0^1 z^{c-1} \mathrm{d}z \int_0^{1-z} x^{a-1} (1-x-z)^b \mathrm{d}x \quad (\text{令 } x = (1-z)u)$

$= \dfrac{1}{b} \displaystyle\int_0^1 z^{c-1} (1-z)^{a+b} \mathrm{d}z \int_0^1 u^{a-1} (1-u)^b \mathrm{d}u$

$= \dfrac{1}{b} \mathrm{B}(c, a+b+1) \cdot \mathrm{B}(a, b+1) = \text{右端}.$

* ☆7.2.18 计算由平面

$$3x - y - z = \pm 1, \quad -x + 3y - z = \pm 1, \quad -x - y + 3z = \pm 1$$

所围成的体积,将此结果推广到 n 维空间,它的体积应是多少?(上海交通大学) $\left\langle\!\left\langle \dfrac{1}{2} \right\rangle\!\right\rangle$

提示 可引用新坐标

$$\xi = 3x - y - z, \eta = -x + 3y - z, \zeta = -x - y + 3z,$$

$$J^{-1} = \begin{vmatrix} 3 & -1 & -1 \\ -1 & 3 & -1 \\ -1 & -1 & 3 \end{vmatrix} = 16,$$

$$V' = \{(\xi, \eta, \zeta) \mid |\xi| \leq 1, |\eta| \leq 1, |\zeta| \leq 1\},$$

n 维空间

$$3x_1 - x_2 - \cdots - x_n = \pm 1,$$
$$-x_1 + 3x_2 - \cdots - x_n = \pm 1,$$
$$\cdots\cdots\cdots\cdots$$
$$-x_1 - x_2 - \cdots + 3x_n = \pm 1,$$

所围体积

$$V = \frac{1}{3^n + (-1)^n (4n-1)} \int_{-1}^1 \mathrm{d}\xi_1 \int_{-1}^1 \mathrm{d}\xi_2 \cdots \int_{-1}^1 \mathrm{d}\xi_n = \frac{2^n}{3^n + (-1)^n (4n-1)}.$$

7.2.19 求曲面 $(x^2 + y^2 + z^2)^3 = a^3 xyz$ 所围的体积. (中国科学院)

提示 $V = 4 \displaystyle\int_0^{\frac{\pi}{2}} \mathrm{d}\theta \int_0^{\frac{\pi}{2}} \mathrm{d}\varphi \int_0^{a(\sin^2\varphi\cos\varphi \cdot \sin\theta\cos\theta)^{\frac{1}{3}}} r^2 \sin\varphi \mathrm{d}r = \dfrac{a^3}{6}.$

7.2.20 求曲面 $(x^2 + y^2 + z^2) = \dfrac{z}{h} \mathrm{e}^{-\frac{z^2}{x^2+y^2+z^2}}$ 所围的体积. (河北师范大学)

提示 $V = \displaystyle\int_0^{2\pi} \mathrm{d}\theta \int_0^{\frac{\pi}{2}} \mathrm{d}\varphi \int_0^{h^{-1}\cos\varphi \mathrm{e}^{-\cos^2\varphi}} r^2 \sin\varphi \mathrm{d}r = \dfrac{1}{27} \pi h^{-3} (1 - 4\mathrm{e}^{-3}).$

☆7.2.21 求 xOz 平面上的圆周 $(x-a)^2 + z^2 = b^2$ $(0 < b < a)$ 绕 z 轴旋转一周所成闭曲面所包围的体积. (厦门大学)

提示 可用截面法,或在 $(x-a)^2 + z^2 \leq b^2$ 圆内用二重积分元素法求旋转体体积.

再提示　$V = \iiint\limits_{V} \mathrm{d}x\mathrm{d}y\mathrm{d}z = \int_{-1}^{1} \mathrm{d}z \iint\limits_{D_z} \mathrm{d}y\mathrm{d}x$，其中

$$\iint\limits_{D_z} \mathrm{d}y\mathrm{d}z = 圆环\ D_z\ 的面积 = \pi r_2^2 - \pi r_1^2,$$

$r_2 = 大圆半径 = a + \sqrt{b^2 - z^2}$，　$r_1 = 小圆半径 = a - \sqrt{b^2 - z^2}$.

故　　　　　$V = \pi \int_{-b}^{b} \left[(a + \sqrt{b^2 - z^2})^2 - (a - \sqrt{b^2 - z^2})^2 \right] \mathrm{d}z = 4a\pi \int_{-b}^{b} \sqrt{b^2 - z^2}\,\mathrm{d}z$

$$\xlongequal{令\ z = b\sin\theta} 8a\pi b^2 \int_0^{\frac{\pi}{2}} \cos^2\theta\,\mathrm{d}\theta = 4a\pi b^2 \int_0^{\frac{\pi}{2}} (1 + \cos 2\theta)\,\mathrm{d}\theta = 2ab^2\pi^2.$$

解　在 xOz 平面上，在圆 $(x-a)^2 + z^2 \leqslant b^2$ 内任一点 (x,z) 处取任意小的面积元素 $\mathrm{d}\sigma$，绕 z 轴旋转所得旋转体体积为 $2\pi x \mathrm{d}\sigma$. 故此圆的旋转体体积

$$V = \iint\limits_{(x-a)^2 + z^2 \leqslant b^2} 2\pi x \mathrm{d}\sigma = 2\pi \int_0^{2\pi} \mathrm{d}\theta \int_0^b (a + r\cos\theta) r \mathrm{d}r \quad (x = a + r\cos\theta,\ z = r\sin\theta)$$
$$= 2ab^2\pi^2.$$

☆**7.2.22**　底半径为 a，高为 H 的无盖圆柱容器，倾斜地支放在桌面上，其轴线与桌面成 45° 角，试就 a, H 的不同情况，求容器的最大贮水量.（北京大学）

提示　（如图 7.2.46）可取圆柱底面中心作原点，对称轴作 z 轴，斜朝上与桌面法线成 45° 角，Ox, Oy 轴与桌面平行. 这时容器的最高水位水平面方程可写为 $z + y = H - a$.

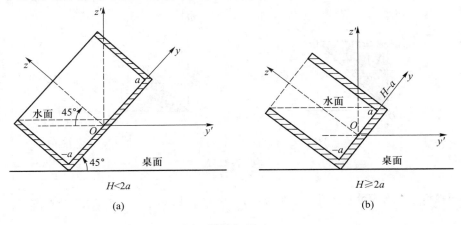

$H < 2a$　　　　　　　　　　　　　　　　　$H \geqslant 2a$

(a)　　　　　　　　　　　　　　　　　　(b)

图 7.2.46

再提示　（1）当 $H \geqslant 2a$ 时，最大贮水量（取柱面坐标）

$$V = \int_0^{2\pi} \mathrm{d}\theta \int_0^a r \mathrm{d}r \int_0^{H-a-r\cos\theta} \mathrm{d}z = \pi a^2 (H - a).$$

（2）当 $H < 2a$ 时，（用直角坐标，采用投影法或截面法）最大贮水量

$$V = 2 \int_{-a}^{H-a} \mathrm{d}y \int_0^{\sqrt{a^2 - y^2}} \mathrm{d}x \int_0^{H-a-y} \mathrm{d}z = 2 \int_{-a}^{H-a} \sqrt{a^2 - y^2}\,(H - a - y)\,\mathrm{d}y$$
$$= 2(H-a) \int_{-a}^{H-a} \sqrt{a^2 - y^2}\,\mathrm{d}y + \int_{-a}^{H-a} \sqrt{a^2 - y^2}\,\mathrm{d}(a^2 - y^2)$$
$$= a^2(H-a)\left(\sin^{-1}\frac{H-a}{a} + \frac{\pi}{2} \right) + (H-a)^2\sqrt{2Ha - H^2} + \frac{2}{3}(2Ha - H^2)^{\frac{3}{2}}.$$

7.2.23 设 $f(x) > 0$ 连续，$F(t) = \dfrac{\iiint\limits_{V} f(x^2 + y^2 + z^2)\,\mathrm{d}x\mathrm{d}y\mathrm{d}z}{\iint\limits_{D} f(x^2 + y^2)\,\mathrm{d}x\mathrm{d}y}$，其中 $V = \{(x,y,z) \mid x^2 + y^2 + z^2 \leqslant t^2\}$，$D = \{(x,y) \mid x^2 + y^2 \leqslant t^2\}$，试证 $F(t) \nearrow$（当 $t > 0$ 时）．

提示 证明 $F'(t) > 0$（可分别引用球坐标与极坐标）．

※7.2.24 设 $f(x,y,z)$ 在 $V = \{(x,y,z) \mid 0 \leqslant x, y, z \leqslant 1\}$ 上有六阶连续偏导数，f 在边界上恒为零，且 $\left| \dfrac{\partial^6 f(x,y,z)}{\partial x^2 \partial y^2 \partial z^2} \right| \leqslant M$（在 V 上）（M 为常数）．试证 $I \equiv \iiint\limits_{(V)} f(x,y,z)\,\mathrm{d}x\mathrm{d}y\mathrm{d}z \leqslant \dfrac{1}{8} \cdot \dfrac{M}{6^3}$．

提示 $I = \dfrac{1}{8} \iiint\limits_{(V)} f(x,y,z) \dfrac{\partial^6 [x(x-1)y(y-1)z(z-1)]}{\partial x^2 \partial y^2 \partial z^2}\,\mathrm{d}x\mathrm{d}y\mathrm{d}z$．

反常二重积分及 n 重积分（机动习题，不作重点）

7.2.25 计算积分 $\displaystyle\iint\limits_{0 \leqslant x \leqslant y \leqslant \pi} \ln |\sin(x - y)|\,\mathrm{d}x\mathrm{d}y$．（中国科学院）

提示 积分区域 $D = \{(x,y) \mid 0 \leqslant x \leqslant \pi, x \leqslant y \leqslant \pi\}$，如图 7.2.47(a)．作变换
$$y - x = 2\eta, \quad y + x = 2\xi,$$
亦即 $x = \xi - \eta, y = \xi + \eta$，因此 $J = 2$．变换后的区域 D' 如图 7.2.47(b)：
$$D' = \left\{(\xi, \eta) \,\middle|\, 0 \leqslant \eta \leqslant \frac{\pi}{2}, \eta \leqslant \xi \leqslant \pi - \eta \right\}.$$

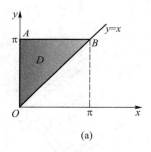

(a)

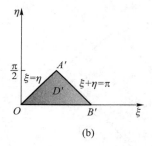

(b)

图 7.2.47

再提示 （原积分）$I = \displaystyle\int_0^{\frac{\pi}{2}} \ln \sin 2\eta\,\mathrm{d}\eta \int_\eta^{\pi - \eta} \mathrm{d}\xi = \int_0^{\frac{\pi}{2}} \ln(2\sin\eta\cos\eta) \cdot (\pi - 2\eta)\,\mathrm{d}\eta$

$$= \frac{\pi^2}{4}\ln 2 + \int_0^{\frac{\pi}{2}} (\pi - 2\eta)\ln\sin\eta\,\mathrm{d}\eta + \int_0^{\frac{\pi}{2}} (\pi - 2\eta)\ln\cos\eta\,\mathrm{d}\eta.$$

而

$$\int_0^{\frac{\pi}{2}} (\pi - 2\eta)\ln\cos\eta\,\mathrm{d}\eta \xrightarrow{\text{令 } \eta = \frac{\pi}{2} - \eta'} -\int_{\frac{\pi}{2}}^0 2\eta'\ln\sin\eta'\,\mathrm{d}\eta'$$

$$= \int_0^{\frac{\pi}{2}} 2\eta'\ln\sin\eta'\,\mathrm{d}\eta' \xrightarrow{\text{将 } \eta' \text{ 记作 } \eta} \int_0^{\frac{\pi}{2}} 2\eta\ln\sin\eta\,\mathrm{d}\eta.$$

因此 $I = \dfrac{\pi^2}{4}\ln 2 + \pi \displaystyle\int_0^{\frac{\pi}{2}} \ln\sin\eta\,\mathrm{d}\eta \xrightarrow{\text{利用例 4.5.7}} \dfrac{\pi^2}{4}\ln 2 - \left(\dfrac{\pi^2}{2}\ln 2\right) = -\dfrac{\pi^2}{4}\ln 2$．

7.2.26 计算 $\iint\limits_{D}\frac{\mathrm{d}x\mathrm{d}y}{\sqrt{1-\left(\frac{x^2}{a^2}+\frac{y^2}{b^2}\right)^2}}$,其中 $D:\frac{x^2}{a^2}+\frac{y^2}{b^2}\leqslant 1$.(武汉大学)

提示 原式 $=ab\int_0^{2\pi}\mathrm{d}\theta\int_0^1\frac{r}{\sqrt{1-r^4}}\mathrm{d}r=\frac{\pi^2}{2}ab$.

7.2.27 求积分 $I=\iint\limits_{|x|+|y|\leqslant 1}\frac{\left||x|-|y|\right|}{x^2+y^2}\cdot\ln\frac{|x|+|y|}{\sqrt{x^2+y^2}}\mathrm{d}x\mathrm{d}y$.

提示 1° 因为被积函数左、右对称,且上、下对称,积分等于第一象限里积分的4倍.因此

$$(\text{原积分})I=4\iint\limits_{x+y\leqslant 1,x\geqslant 0,y\geqslant 0}\frac{|x-y|}{x^2+y^2}\cdot\ln\frac{x+y}{\sqrt{x^2+y^2}}\mathrm{d}x\mathrm{d}y.$$

被积函数当 x,y 互换时,保持不变,说明它关于直线 $y=x$ 对称.因此

$$I=8\iint\limits_{D}\frac{x-y}{x^2+y^2}\cdot\ln\frac{x+y}{\sqrt{x^2+y^2}}\mathrm{d}x\mathrm{d}y\xlongequal{\text{换为极坐标}}8\iint\limits_{D}(\cos\theta-\sin\theta)\ln(\cos\theta+\sin\theta)\mathrm{d}r\mathrm{d}\theta,$$

其中 $D=\{(x,y)\mid x+y\leqslant 1,0\leqslant y\leqslant x\}$.

2° 注意在上边界 $x+y=1$ 上:$r(\cos\theta+\sin\theta)=1$,即

$$r=\frac{1}{\sin\theta+\cos\theta}\ \text{或}\ \cos\theta+\sin\theta=\frac{1}{r}. \tag{1}$$

$$D=D_1+D_2,$$

如图7.2.48,其中

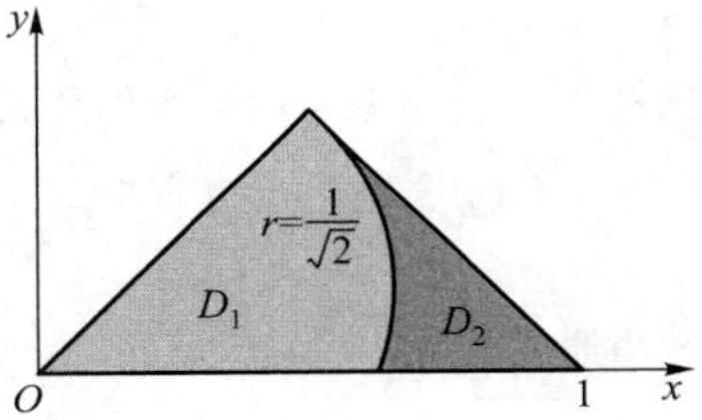

图 7.2.48

$$D_1=\left\{(r,\theta)\ \middle|\ 0\leqslant r\leqslant\frac{1}{\sqrt{2}},0\leqslant\theta\leqslant\frac{\pi}{4}\right\},$$

$$D_2=\left\{(r,\theta)\ \middle|\ \frac{1}{\sqrt{2}}\leqslant r\leqslant 1,0\leqslant\theta\leqslant\theta_1(r)\right\},$$

$\theta_1(r)$ 暂不求出.

$$\begin{aligned}I&=8\iint\limits_{D_1+D_2}(\cos\theta-\sin\theta)\ln(\cos\theta+\sin\theta)\mathrm{d}r\mathrm{d}\theta\\&=8\iint\limits_{D_1}(\cos\theta-\sin\theta)\ln(\cos\theta+\sin\theta)\mathrm{d}r\mathrm{d}\theta+8\iint\limits_{D_2}(\cos\theta-\sin\theta)\ln(\cos\theta+\sin\theta)\mathrm{d}r\mathrm{d}\theta\\&\xlongequal{\text{记}}J_1+J_2,\end{aligned} \tag{2}$$

其中 $J_1=8\iint\limits_{D_1}(\cos\theta-\sin\theta)\ln(\cos\theta+\sin\theta)\mathrm{d}r\mathrm{d}\theta=8\int_0^{\frac{1}{\sqrt{2}}}\mathrm{d}r\int_0^{\frac{\pi}{4}}(\cos\theta-\sin\theta)\ln(\cos\theta+\sin\theta)\mathrm{d}\theta$,

令 $u=\cos\theta+\sin\theta$,则

$$J_1=8\int_0^{\frac{1}{\sqrt{2}}}\mathrm{d}r\int_1^{\sqrt{2}}\ln u\mathrm{d}u=4\sqrt{2}\left(u\ln u\Big|_1^{\sqrt{2}}-\int_1^{\sqrt{2}}\mathrm{d}u\right)=4\sqrt{2}\left(\frac{\sqrt{2}\ln 2}{2}-\sqrt{2}+1\right)=4\ln 2-8+4\sqrt{2},$$

$$J_2=8\iint\limits_{D_2}(\cos\theta-\sin\theta)\ln(\cos\theta+\sin\theta)\mathrm{d}r\mathrm{d}\theta=8\int_{\frac{1}{\sqrt{2}}}^1\mathrm{d}r\int_0^{\theta_1(r)}(\cos\theta-\sin\theta)\ln(\cos\theta+\sin\theta)\mathrm{d}\theta.$$

令 $u=\cos\theta+\sin\theta$,利用式(1)知在边界上:$u=\cos\theta+\sin\theta=\frac{1}{r}$,

$$J_2=8\int_{\frac{1}{\sqrt{2}}}^1\mathrm{d}r\int_1^{\frac{1}{r}}\ln u\mathrm{d}u=8\int_{\frac{1}{\sqrt{2}}}^1\left(u\ln u\Big|_1^{\frac{1}{r}}-\int_1^{\frac{1}{r}}\mathrm{d}u\right)\mathrm{d}r$$

$$= 8 \int_{\frac{1}{\sqrt{2}}}^{1} \left(-\frac{\ln r}{r} - \frac{1}{r} + 1 \right) dr = -8 \frac{(\ln r)^2}{2} \bigg|_{\frac{1}{\sqrt{2}}}^{1} + 8 \int_{\frac{1}{\sqrt{2}}}^{1} \left(-\frac{1}{r} + 1 \right) dr$$

$$= 4(-\ln\sqrt{2})^2 + 8 \left(-\frac{\ln 2}{2} - \frac{\sqrt{2}}{2} + 1 \right) = \ln^2 2 - 4\ln 2 - 4\sqrt{2} + 8.$$

于是　　　　　　　$I = J_1 + J_2 = 4\ln 2 - 8 + 4\sqrt{2} + \ln^2 2 - 4\ln 2 - 4\sqrt{2} + 8 = \ln^2 2.$

7.2.28　证明：$\left(\int_0^x e^{-u^2} du \right)^2 = \frac{\pi}{4} - \int_0^1 \frac{e^{-x^2(1+t^2)}}{t^2+1} dt$，并由此求 $\int_0^{+\infty} e^{-x^2} dx.$（四川大学）

提示　$F(x) \stackrel{记}{=\!=} \left(\int_0^x e^{-u^2} du \right)^2 - \frac{\pi}{4} + \int_0^1 \frac{e^{-x^2(1+t^2)}}{t^2+1} dt.$ 原方程可改写为 $F(x) = 0.$

不难验证：$F'(x) = 0$，且 $F(0) = 0$，因此 $F(x) \equiv 0$，等式成立. 继而，令 $x \to +\infty$，取极限可得欲求之结果.

再提示　$1°$　$F'(x) \equiv 2e^{-x^2} \int_0^x e^{-u^2} du - 2x \int_0^1 e^{-x^2(1+t^2)} dt$

$$= 2e^{-x^2} \int_0^x e^{-u^2} du - 2e^{-x^2} \int_0^x e^{-(xt)^2} d(xt) \equiv 0.$$

因此 $F(x) \equiv$ 常数 $\equiv F(0) = 0$，原式成立.

$2°$　因　　　　$\left| \int_0^1 \frac{e^{-x^2(1+t^2)}}{t^2+1} dt \right| \leqslant e^{-x^2} \int_0^1 \frac{1}{t^2+1} dt \to 0 \quad (x \to +\infty),$

故由原式可得　　　　　　　　　$\int_0^{+\infty} e^{-x^2} dx = \frac{\sqrt{\pi}}{2}.$

7.2.29　用二重积分计算 $\int_0^{+\infty} e^{-x^2} dx.$（南开大学，辽宁大学）

提示　$\left(\int_0^A e^{-x^2} dx \right)^2 = \int_0^A e^{-x^2} dx \cdot \int_0^A e^{-y^2} dy = \int_0^A \int_0^A e^{-(x^2+y^2)} dxdy.$

再提示　$\int_0^{\frac{\pi}{2}} d\theta \int_0^A e^{-r^2} rdrdy \leqslant \int_0^A \int_0^A e^{-(x^2+y^2)} dxdy \leqslant \int_0^{\frac{\pi}{2}} d\theta \int_0^{\sqrt{2}A} e^{-r^2} rdrdy.$ 因

$$\lim_{A \to +\infty} \int_0^{\frac{\pi}{2}} d\theta \int_0^{\sqrt{2}A} e^{-r^2} rdrdy = \lim_{A \to +\infty} \int_0^{\frac{\pi}{2}} d\theta \int_0^A e^{-r^2} rdrdy = \frac{\pi}{4},$$

由两边夹法则知 $\lim_{A \to +\infty} \left(\int_0^A e^{-x^2} dx \right)^2 = \lim_{A \to +\infty} \int_0^A \int_0^A e^{-(x^2+y^2)} dxdy = \frac{\pi}{4}.$ 故 $\int_0^{+\infty} e^{-x^2} dx = \frac{\sqrt{\pi}}{2}.$

7.2.30　证明：$\int_0^x x_1 dx_1 \int_0^{x_1} x_2 dx_2 \cdots \int_0^{x_{n-1}} x_n dx_n \int_0^{x_n} f(x_{n+1}) dx_{n+1} = \frac{1}{2^n n!} \int_0^x (x^2 - y^2)^n f(y) dy.$

提示　以 $n = 2$ 的情况为例：等式左端可改写为

$$I_{n=2} = \int_0^a x dx \int_0^x y dy \int_0^y f(z) dz = \iiint_D xyf(z) dz,$$

其中 $D = \{ (x,y,z) \mid 0 \leqslant x \leqslant a, 0 \leqslant y \leqslant x, 0 \leqslant z \leqslant y \}$（如图 7.2.49）. 从而

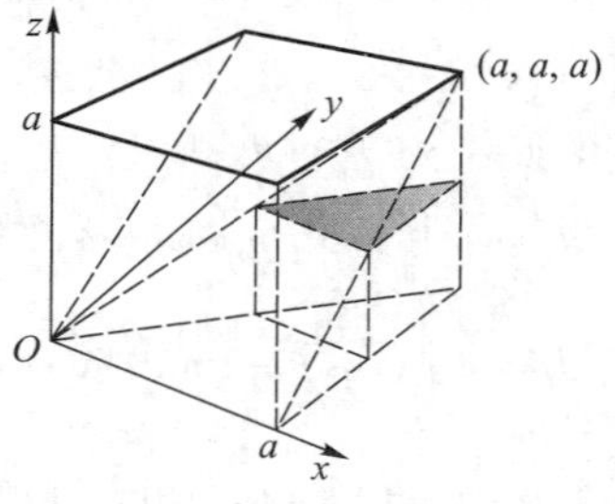

$$I_{n=2} = \int_0^a f(z) dz \int_z^a y dy \int_y^a x dx = \int_0^a f(z) dz \int_z^a \frac{1}{2} (a^2 - y^2) y dy,$$

其中

图 7.2.49

$$\int_z^a \frac{1}{2} (a^2 - y^2) y dy = -\int_z^a \frac{1}{2^2} (a^2 - y^2) d(a^2 - y^2) = -\frac{1}{2^3} \int_z^a d(a^2 - y^2)^2 = \frac{1}{2^3} (a^2 - z^2)^2.$$

故
$$I_{n=2} = \frac{1}{2^2 \cdot 2} \int_0^a (a^2 - z^2)^2 f(z) \, dz.$$

然后,(作为数学归纳法的第二步)若命题对 n 成立,推出对 $n+1$ 也成立.

再提示 $\quad I_{n+1} = \int_0^x x_1 dx_1 \int_0^{x_1} x_2 dx_2 \cdots \int_0^{x_{n-1}} x_n dx_n \int_0^{x_n} x_{n+1} dx_{n+1} \int_0^{x_{n+1}} f(x_{n+2}) dx_{n+2}$

$$= \int_0^x x_1 dx_1 \int_0^{x_1} x_2 dx_2 \cdots \int_0^{x_{n-1}} x_n dx_n \int_0^{x_n} \left(x_{n+1} \int_0^{x_{n+1}} f(x_{n+2}) dx_{n+2} \right) dx_{n+1}.$$

命题假设对 n 已成立,则

$$I_{n+1} = \frac{1}{2^n n!} \int_0^x (x^2 - y^2)^n \left(y \int_0^y f(z) \, dz \right) dy$$

$$= \frac{1}{2^n n!} \int_0^x \left[\frac{-1}{2(n+1)} \int_0^y f(z) \, dz \right] d(x^2 - y^2)^{n+1} \quad (\text{分部积分})$$

$$= \frac{-1}{2^{n+1}(n+1)!} \left(\int_0^y f(z) \, dz \right) (x^2 - y^2)^{n+1} \bigg|_0^x - \frac{-1}{2^{n+1}(n+1)!} \int_0^x (x^2 - y^2)^{n+1} d\left(\int_0^y f(z) \, dz \right)$$

$$= \frac{1}{2^{n+1}(n+1)!} \int_0^x (x^2 - y^2)^{n+1} f(y) \, dy,$$

即对 $n+1$ 仍成立.

7.2.31 证明: $\int_0^t dt_1 \int_0^{t_1} dt_2 \cdots \int_0^{t_{n-1}} f(t_1) f(t_2) \cdots f(t_n) dt_n = \frac{1}{n!} \left(\int_0^t f(\tau) d\tau \right)^n$.

提示 $\quad n=1$ 时明显成立. 来证 $n=2$ 时成立:

$$I_{n=2} = \int_0^t dt_1 \int_0^{t_1} f(t_1) f(t_2) dt_2 = \int_0^t f(t_1) dt_1 \int_0^{t_1} f(t_2) dt_2.$$

注意: $f(t_1) = \left(\int_0^{t_1} f(t_2) dt_2 \right)'_{t_1}$,故

$$I_{n=2} = \int_0^t \left(\int_0^{t_1} f(t_2) dt_2 \right)'_{t_1} \cdot \left(\int_0^{t_1} f(t_2) dt_2 \right) dt_1 = \frac{1}{2} \int_0^t d\left(\int_0^{t_1} f(t_2) dt_2 \right)^2 = \frac{1}{2} \left(\int_0^t f(\tau) d\tau \right)^2.$$

此式表明 $n=2$ 时命题成立. 然后,(作为数学归纳法的第二步)若命题对 n 成立,推出对 $n+1$ 也成立.

7.2.32 设 $f(x)$ 是 $[a, b]$ 上连续函数, $f_{kn} \equiv f\left(a + \frac{k}{n}(b - a) \right)$, $\delta_n = \frac{b-a}{n}$. 将 $\prod_{k=1}^n (1 + f_{kn} \delta_n)$ 展开成 δ_n 的 n 次多项式,证明当 p 取定值时,令 n 趋向无穷,含有 δ_n^p 的项收敛于

$$\int \cdots \int_{a \leqslant x_1 \leqslant x_2 \leqslant \cdots \leqslant x_p \leqslant b} f(x_1) \cdots f(x_p) dx_1 \cdots dx_p = \frac{1}{p!} \left(\int_a^b f(x) \, dx \right)^p.$$

提示 将 $\prod_{k=1}^n (1 + f_{kn} \delta_n)$ 展开为 δ_n 的 n 次多项式,则含 δ_n^p 的项之和为

$$\delta_n^p \sum_{1 \leqslant v_1 \leqslant v_2 \leqslant \cdots \leqslant v_p \leqslant n} f_{v_1 n} f_{v_2 n} \cdots f_{v_p n},$$

并利用上题.

☆ §7.3 曲线积分与 Green 公式

导读 曲线积分在实践中有广泛应用,也是各类考试的重要内容,宜重点关注

（包括本书的各类读者）.

一、曲线积分的性质与计算

a. 对称性

要点　根据积分定义易知,当积分曲线与被积函数两者都具有对称性时,曲线积分可以如下简化:

1) 对于第一型曲线积分 $\int_L f(P)\,\mathrm{d}s$,跟二重积分类似,若 L 可划分为两对称的部分 L_1 与 L_2,且在对称点上 $f(P)$ 的大小相等,符号相反,则 L_1 与 L_2 上的积分相互抵消,整个 L 上的积分为零;若在对称点上 $f(P)$ 的大小相等,符号相同,则 L 上的积分等于在 L_1 上积分的 2 倍.

2) 对于第二型曲线积分,除了要考虑被积函数的大小和符号之外,还需考虑投影元素的符号. 当积分方向与坐标的正向之夹角小于 $\dfrac{\pi}{2}$ 时,投影元素算为正,否则算作负. 就积分 $\int_L f(P)\,\mathrm{d}x$ 而言,若在对称点上 $f(P)$ 的绝对值相等,$f(P)$ 与投影元素 $\mathrm{d}x$ 的乘积 $f(P)\,\mathrm{d}x$ 在对称点上取相反的符号,则 L 上的积分为零;对称点上 $f(P)\,\mathrm{d}x$ 取相同的符号,则 $\int_L f(P)\,\mathrm{d}x = 2\int_{L_1} f(P)\,\mathrm{d}x$. 对于 $\int_L f(P)\,\mathrm{d}y$ 与 $\int_L f(P)\,\mathrm{d}z$,有类似的结论.

例 7.3.1　求曲线积分 $\displaystyle\int_C \mathrm{e}^{-(x^2+y^2)}\left[\cos(2xy)\,\mathrm{d}x + \sin(2xy)\,\mathrm{d}y\right]$ 之值,其中 C 是单位圆周 $x^2 + y^2 = 1$,方向是逆时针的.（吉林大学）

解　积分曲线 C 可分为两个上、下对称的部分. 在对称点 (x,y) 与 $(x,-y)$ 上,函数 $\mathrm{e}^{-(x^2+y^2)}\cos(2xy)$ 的大小相等、符号相同,但投影元素 $\mathrm{d}x$ 在上半圆上为负,下半圆上为正(如图 7.3.1). 因此,作为两者的乘积:$\mathrm{e}^{-(x^2+y^2)}\cos(2xy)\,\mathrm{d}x$ 在上、下半圆上,大小相等、符号相反,两部分上的积分彼此抵消,故

$$\int_C \mathrm{e}^{-(x^2+y^2)}\cos(2xy)\,\mathrm{d}x = 0.$$

类似可知 $\displaystyle\int_C \mathrm{e}^{-(x^2+y^2)}\sin(2xy)\,\mathrm{d}y = 0$,因此原积分为零.

除了上述对称性之外,还可利用轮换对称性.

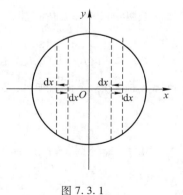

图 7.3.1

例 7.3.2　计算积分 $\displaystyle\int_L x^2\,\mathrm{d}s$,其中 $L: x^2 + y^2 + z^2 = a^2, x + y + z = 0$.

解　积分曲线 L,关于 x, y, z 有轮换对称性,因此

$$\int_L x^2 \mathrm{d}s = \int_L y^2 \mathrm{d}s = \int_L z^2 \mathrm{d}s = \frac{1}{3}\int_L (x^2 + y^2 + z^2)\,\mathrm{d}s$$

$$= \frac{1}{3}\int_L a^2 \mathrm{d}s = \frac{a^2}{3}\int_L \mathrm{d}s = \frac{a^2}{3}2\pi a = \frac{2}{3}\pi a^3.$$

^{new}**练习**　设椭圆曲线 $\Gamma: \dfrac{x^2}{a^2} + \dfrac{y^2}{b^2} = 1$ 的周长为 L，所包围的面积为 S. 记：

$$J = \oint_\Gamma (b^2 x^2 + 2xy + a^2 y^2)\,\mathrm{d}s,$$

试证：$J = \dfrac{LS^2}{\pi^2}$. (中国科学技术大学)

提示　由对称性知：$\oint_\Gamma 2xy\,\mathrm{d}s = 0$；面积 $S = \pi ab$.

再提示　利用广义极坐标：$x = ar\cos\theta, y = br\sin\theta$，代入 Γ 的方程式可得 $r = 1$. 于是，Γ 的方程可写为 $x = a\cos\theta, y = b\sin\theta\,(0 \leqslant \theta \leqslant 2\pi)$，

$$J = \oint_\Gamma (b^2 x^2 + a^2 y^2)\,\mathrm{d}s = a^2 b^2 \oint_\Gamma \mathrm{d}s = a^2 b^2 L = \frac{LS^2}{\pi^2}.$$

为了分析对称性，有时需要利用坐标变换，如

☆**例 7.3.3**　设 P, Q, R 为一元连续函数，Q 为奇函数，S 为球面 $x^2 + y^2 + z^2 = 1$ 上 $\sqrt{x^2 + y^2} \leqslant kz\ (k > 0)$，$y^2 \leqslant 2xz$ 的部分. L 为 S 的边界曲线，L^+ 规定为 L 上逆时针方向 (从 z 轴正向往下看)，求 $\oint_{L^+} P(z)\,\mathrm{d}x + Q(y)\,\mathrm{d}y + R(x)\,\mathrm{d}z$.

解　令 $x = \dfrac{u-v}{\sqrt{2}}, z = \dfrac{u+v}{\sqrt{2}}$ (旋转)，则 $y^2 = 2xz$ 变成 $y^2 = u^2 - v^2$，即 $u^2 = y^2 + v^2$. 可见这是以 u 轴为对称轴的直角锥. $y^2 \leqslant 2xz$ 相当于 $y^2 + v^2 \leqslant u^2$. 因此 S 是 $x^2 + y^2 + z^2 = 1$ 上，夹在两锥 $\sqrt{x^2 + y^2} \leqslant kz$，$\sqrt{y^2 + v^2} \leqslant u$ 之间的部分 (如图 7.3.2). S 的边界 L 分别为

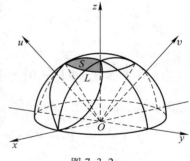

图 7.3.2

$$\begin{cases} x^2 + y^2 + z^2 = 1, \\ \sqrt{x^2 + y^2} = kz \end{cases} \quad \text{与} \quad \begin{cases} x^2 + y^2 + z^2 = 1, \\ y^2 = 2xz. \end{cases}$$

它们关于 xOz 平面对称. 在对称点上 $P(z)$ 的大小相等、符号相同，而 $\mathrm{d}x$ 在对称点上符号相反. 因此 $\oint_{L^+} P(z)\,\mathrm{d}x = 0$.

类似地，有 $\oint_{L^+} Q(y)\,\mathrm{d}y = 0$，$\oint_{L^+} R(x)\,\mathrm{d}z = 0$. 故

$$\oint_{L^+} P(z)\,\mathrm{d}x + Q(y)\,\mathrm{d}y + R(x)\,\mathrm{d}z = 0.$$

☆**b. 曲线积分化为定积分**

要点　要将曲线积分化为定积分，关键在于选取适当的参数，将积分曲线 L 表示成参数形式. 例如

$$L: x = x(t), y = y(t), z = z(t) \ (\alpha \leqslant t \leqslant \beta),$$

则

$$\int_L f(x,y,z)\,\mathrm{d}s = \int_\alpha^\beta f(x(t),y(t),z(t)) \sqrt{x'^2(t) + y'^2(t) + z'^2(t)}\,\mathrm{d}t. \quad (\text{A})$$

若 $t = t_0, t = T$ 分别对应 L^+ 的起点与终点,则

$$\int_{L^+} P(x,y,z)\,\mathrm{d}x + Q(x,y,z)\,\mathrm{d}y + R(x,y,z)\,\mathrm{d}z$$

$$= \int_{t_0}^T [P(x(t),y(t),z(t))x'(t) + Q(x(t),y(t),z(t))y'(t) +$$

$$R(x(t),y(t),z(t))z'(t)]\,\mathrm{d}t. \quad (\text{B})$$

值得注意的是,公式(A)中,积分上、下限 β, α 分别是参数的最大、最小值($\alpha \leqslant \beta$). 而公式(B)中,积分是从 L^+ 的起点 $t = t_0$ 积到终点 $t = T$ (t_0 不一定比 T 小).

为了写出 L 的参数形式,不少情况下采用极坐标或广义极坐标.

☆ **例 7.3.4**　计算曲线积分 $\displaystyle\int_L y\mathrm{d}x + z\mathrm{d}y + x\mathrm{d}z$,其中 L 是曲线

$$\frac{x^2}{a^2} + \frac{y^2}{b^2} + \frac{z^2}{c^2} = 1, \ \frac{x}{a} + \frac{z}{c} = 1, \ x \geqslant 0, \ y \geqslant 0, \ z \geqslant 0 \quad (1)$$

($a > 0, b > 0, c > 0$ 为常数)从点 $(a, 0, 0)$ 到 $(0, 0, c)$. (复旦大学)

　　解 I　(利用坐标平面上的投影椭圆.)在式(1)中消去 z,得

$$\frac{\left(x - \dfrac{a}{2}\right)^2}{\left(\dfrac{a}{2}\right)^2} + \frac{y^2}{\left(\dfrac{b}{\sqrt{2}}\right)^2} = 1.$$

这是 xOy 平面上,以 $\left(\dfrac{a}{2}, 0\right)$ 为中心,以 $\dfrac{a}{2}, \dfrac{b}{\sqrt{2}}$ 为半

轴的椭圆,如图 7.3.3. 从而可改写为参数方程

$$x = \frac{a}{2} + \frac{a}{2}\cos\theta, \ y = \frac{b}{\sqrt{2}}\sin\theta.$$

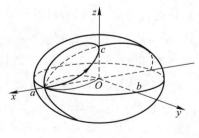

代入 $\dfrac{x}{a} + \dfrac{z}{c} = 1$ 得 $z = \dfrac{c}{2} - \dfrac{c}{2}\cos\theta$. 因 $x, y, z \geqslant 0$,故 $0 \leqslant \theta \leqslant \pi$.

图 7.3.3

$$\int_{L^+} y\mathrm{d}x + z\mathrm{d}y + x\mathrm{d}z$$

$$= \int_0^\pi \left[-\frac{b}{\sqrt{2}}\sin\theta\,\frac{a}{2}\sin\theta + \left(\frac{c}{2} - \frac{c}{2}\cos\theta\right)\frac{b}{\sqrt{2}}\cos\theta + \left(\frac{a}{2} + \frac{a}{2}\cos\theta\right)\frac{c}{2}\sin\theta \right]\mathrm{d}\theta$$

$$= -\frac{ab}{\sqrt{2}}\int_0^{\frac{\pi}{2}}\sin^2\theta\mathrm{d}\theta - \frac{bc}{\sqrt{2}}\int_0^{\frac{\pi}{2}}\cos^2\theta\mathrm{d}\theta + \frac{ac}{2}\int_0^{\frac{\pi}{2}}\sin\theta\mathrm{d}\theta = \frac{ac}{2} - \frac{\pi b}{4\sqrt{2}}(a + c).$$

　　解 II　(在截平面上引用极坐标.)令 $x = a\tilde{x}$, $y = b\tilde{y}$, $z = c\tilde{z}$,则 L 变成

$$\tilde{x}^2 + \tilde{y}^2 + \tilde{z}^2 = 1, \quad \tilde{x} + \tilde{z} = 1.$$

作旋转变换，令 $u = \tilde{y}$, $v = \dfrac{\tilde{x} + \tilde{z}}{\sqrt{2}}$, $w = \dfrac{\tilde{x} - \tilde{z}}{\sqrt{2}}$，这时 L 变成

$$u^2 + v^2 + w^2 = 1, \quad v = \frac{1}{\sqrt{2}}.$$

在 $v = \dfrac{1}{\sqrt{2}}$ 的截平面上，L 是圆周

$$u^2 + w^2 = 1 - \left(\frac{1}{\sqrt{2}}\right)^2 = \frac{1}{2}.$$

引用极坐标 $w = \dfrac{1}{\sqrt{2}}\cos\theta$, $u = \dfrac{1}{\sqrt{2}}\sin\theta$. 于是可得 L 的参数方程:

$$x = a\tilde{x} = a\frac{v + w}{\sqrt{2}} = \frac{a}{2}(1 + \cos\theta),$$

$$y = b\tilde{y} = bu = \frac{b}{\sqrt{2}}\sin\theta,$$

$$z = c\tilde{z} = \frac{c}{\sqrt{2}}(v - w) = \frac{c}{2}(1 - \cos\theta).$$

其余同解 I.

解 III （因为曲线上 y, z 都可写成 x 的函数.）令 $x = at$，则 $z = c(1 - t)$, $y = \sqrt{2}b\sqrt{t - t^2}$. 起点 $t = 1$，终点 $t = 0$. 因此

$$
\begin{aligned}
\text{原积分} &= \int_1^0 \left[ab\sqrt{2}\sqrt{t - t^2} + bc\frac{(1 - t)(1 - 2t)}{\sqrt{2}\sqrt{t - t^2}} - act \right]dt \quad \left(\text{令 } t = \cos^2\frac{\theta}{2}\right) \\
&= \int_0^\pi \left(-\frac{ab}{2\sqrt{2}}\sin^2\theta + \frac{bc}{\sqrt{2}}\sin^2\frac{\theta}{2}\cos\theta + ac\cos^2\frac{\theta}{2}\cos\frac{\theta}{2}\sin\frac{\theta}{2} \right)d\theta \\
&= -\frac{\pi b}{4\sqrt{2}}(a + c) + \frac{ac}{2}.
\end{aligned}
$$

例 7.3.5 设 $I_{R,\sigma} = \displaystyle\oint_{x^2 + xy + y^2 = R^2} \frac{x\,dy - y\,dx}{(x^2 + y^2)^\sigma}$，求 $\displaystyle\lim_{R \to +\infty} I_{R,\sigma}$.（浙江大学）

提示 旋转 $\dfrac{\pi}{4}$: $x = \dfrac{u - v}{\sqrt{2}}$, $y = \dfrac{u + v}{\sqrt{2}}$, $x^2 + xy + y^2 = R^2$ 变为 $\dfrac{u^2}{\left(\sqrt{\frac{2}{3}}R\right)^2} + \dfrac{v^2}{(\sqrt{2}R)^2} = 1$,

再用广义极坐标.

以上做法，也适用于反常积分.

*例 7.3.6 计算密度为常数 μ 的单层对数位势 $u(x, y) = \displaystyle\oint_L \mu\ln\frac{1}{r}\,ds$，其中 L 为圆周 $\xi^2 + \eta^2 = R^2$, $r = \sqrt{(\xi - x)^2 + (\eta - y)^2}$.

解 采用极坐标

$$L: \xi = R\cos\theta, \eta = R\sin\theta, 0 \leqslant \theta \leqslant 2\pi.$$

为了使被积函数简化,设 $x = \rho_0\cos\theta_0, y = \rho_0\sin\theta_0$. 则

$$r = \sqrt{(\xi - x)^2 + (\eta - y)^2} = \sqrt{R^2 - 2R\rho_0\cos(\theta - \theta_0) + \rho_0^2},\ ds = Rd\theta.$$

故

$$u(x,y) = \int_0^{2\pi} \mu\ln\frac{1}{\sqrt{R^2 - 2R\rho_0\cos(\theta - \theta_0) + \rho_0^2}}Rd\theta \quad (\diamondsuit\ \varphi = \theta - \theta_0)$$

$$= -\frac{R\mu}{2}\int_{-\theta_0}^{2\pi - \theta_0} \ln(R^2 - 2R\rho_0\cos\varphi + \rho_0^2)d\varphi$$

$$= -\frac{R\mu}{2}\int_0^{2\pi} \ln(R^2 - 2R\rho_0\cos\varphi + \rho_0^2)d\varphi$$

$$= -R\mu\int_0^{\pi} \ln R^2\left[1 - 2\frac{\rho_0}{R}\cos\varphi + \left(\frac{\rho_0}{R}\right)^2\right]d\varphi \quad \left(\text{记}\ a = \frac{\rho_0}{R}\right)$$

$$= -2\pi\mu R\ln R - \mu R\int_0^{\pi} \ln(1 - 2a\cos\varphi + a^2)d\varphi$$

$$= \begin{cases} -2\pi\mu R\ln R, & \text{当}\ x^2 + y^2 = \rho_0^2 \leqslant R^2\text{时}, \\ -2\pi\mu R\ln\sqrt{x^2 + y^2}, & \text{当}\ x^2 + y^2 = \rho_0^2 > R^2\text{时}. \end{cases}$$

(最后的等式见 §7.1 练习 7.1.3 的 2).)

**例 7.3.7 设 $f(x,y)$ 连续,L 是一封闭的逐段光滑曲线,试证:

$$u(x,y) = \oint_L f(\xi,\eta)\ln\left(\frac{1}{\sqrt{(\xi - x)^2 + (\eta - y)^2}}\right)ds \quad (1)$$

当 $x \to \infty, y \to \infty$ 时极限为零的充要条件是 $\oint_L f(\xi,\eta)ds = 0$.

证 根据 $u(x,y)$ 的定义式(1),首先我们看到

$$u(x,y) + \ln\sqrt{x^2 + y^2}\oint_L f(\xi,\eta)ds$$

$$= \oint_L f(\xi,\eta)\ln\frac{1}{\sqrt{(\xi - x)^2 + (\eta - y)^2}}ds + \oint_L f(\xi,\eta)\ln\sqrt{x^2 + y^2}ds$$

$$= \oint_L f(\xi,\eta)\ln\frac{\sqrt{x^2 + y^2}}{\sqrt{(\xi - x)^2 + (\eta - y)^2}}ds$$

$$= \frac{1}{2}\oint_L f(\xi,\eta)\ln\frac{x^2 + y^2}{(\xi - x)^2 + (\eta - y)^2}ds.$$

由此可知,若能证明

$$\lim_{\substack{x \to \infty \\ y \to \infty}}\oint_L f(\xi,\eta)\ln\frac{x^2 + y^2}{(\xi - x)^2 + (\eta - y)^2}ds = 0, \quad (2)$$

则

$$\lim_{\substack{x \to \infty \\ y \to \infty}}\left(u(x,y) + \ln\sqrt{x^2 + y^2}\oint_L f(\xi,\eta)ds\right) = 0,$$

从而由 $\lim\limits_{\substack{x\to\infty \\ y\to\infty}} u(x,y)=0$，可知 $\oint_L f(\xi,\eta)\,ds=0$. 反之由 $\oint_L f(\xi,\eta)\,ds=0$，可知 $\lim\limits_{\substack{x\to\infty \\ y\to\infty}} u(x,y)=$

0. 问题获证. 要证明式（2），我们先设法证明当 $x\to\infty$，$y\to\infty$ 时，

$$\left| f(\xi,\eta)\ln\frac{x^2+y^2}{(\xi-x)^2+(\eta-y)^2} \right| \longrightarrow 0 \quad (\text{关于}(\xi,\eta)\in L).$$

因为有界闭集上的连续函数必有界，故存在 $M>0$ 使得 $|f(\xi,\eta)|\leqslant M$ （$(\xi,\eta)\in L$）.

$$\left| f(\xi,\eta)\ln\frac{x^2+y^2}{(\xi-x)^2+(\eta-y)^2} \right| \leqslant M\left| \ln\frac{x^2+y^2}{(\xi-x)^2+(\eta-y)^2} \right|. \tag{3}$$

令 $x=\rho\cos\varphi$，$y=\rho\sin\varphi$，$\xi=r\cos\theta$，$\eta=r\sin\theta$，则

$$\ln\frac{x^2+y^2}{(\xi-x)^2+(\eta-y)^2} = \ln\frac{\rho^2}{\rho^2+r^2-2r\rho\cos(\theta-\varphi)}$$

$$= -\ln\left[1+\left(\frac{r}{\rho}\right)^2-\frac{2r}{\rho}\cos(\theta-\varphi) \right].$$

记 $r_0=\max\limits_{0\leqslant\theta\leqslant 2\pi} r(\theta)$，当 $x\to\infty$，$y\to\infty$ 时，$\rho\to+\infty$，从而

$$\left| \left(\frac{r}{\rho}\right)^2-2\frac{r}{\rho}\cos(\theta-\varphi) \right| \leqslant \left(\frac{r}{\rho}\right)^2+\frac{2r}{\rho} \leqslant \left(\frac{r_0}{\rho}\right)^2+\frac{2r_0}{\rho} \to 0.$$

由此易知 $x\to\infty$，$y\to\infty$ 时有

$$\ln\frac{x^2+y^2}{(\xi-x)^2+(\eta-y)^2} = -\ln\left[1+\left(\frac{r}{\rho}\right)^2-\frac{2r}{\rho}\cos(\theta-\varphi) \right] \longrightarrow 0$$

关于 $(\xi,\eta)\in L$. 于是 $\forall\varepsilon>0$，$\exists\Delta>0$，使得 $|x|>\Delta$，$|y|>\Delta$ 时有

$$\left| \ln\frac{x^2+y^2}{(\xi-x)^2+(\eta-y)^2} \right| < \frac{\varepsilon}{lM} \quad (\forall(\xi,\eta)\in L),$$

其中 l 表示曲线 L 的长度. 利用式（3），

$$\left| \oint_L f(\xi,\eta)\ln\frac{x^2+y^2}{(\xi-x)^2+(\eta-y)^2}ds \right|$$

$$\leqslant \oint_L \left| f(\xi,\eta)\ln\frac{x^2+y^2}{(\xi-x)^2+(\eta-y)^2} \right|ds \leqslant \frac{\varepsilon}{l}\oint_L ds = \varepsilon. \quad (\text{证毕}.)$$

（以曲线斜率作参数.）

　　对于平面曲线 L，若过原点的直线与该曲线只有一个交点，则可采用此直线的斜率作为参数. 求出直线 $y=tx$ 与 L 的交点的坐标 $x=x(t)$，$y=y(t)$，便可得到曲线的参数方程.

　　＊例 7.3.8　计算第二型曲线积分

$$I = \int_{L^+} x\,dy-y\,dx, \tag{1}$$

其中 $$L^+: x^{2n+1}+y^{2n+1}=ax^n y^n \quad (x\geqslant 0,y\geqslant 0) \tag{2}$$

取逆时针方向.

　　分析　令 $y=tx$，代入（2），这时每个 $t\in(0,+\infty)$ 有唯一解：

$$x = \frac{at^n}{1 + t^{2n+1}} > 0, \quad y = tx = \frac{at^{n+1}}{1 + t^{2n+1}} > 0. \tag{3}$$

当 t 从 0 变到 $+\infty$ 时,直线 $y = tx$ 按逆时针方向扫过第一象限,它与 L 的交点从原点出发逆时针方向绕行 L 一周回到原点. 这说明 L^+ 对应 t 从 0 到 $+\infty$. 又因

$$x\mathrm{d}y - y\mathrm{d}x = x\mathrm{d}(tx) - (tx)\mathrm{d}x = x^2\mathrm{d}t = \left(\frac{at^n}{1 + t^{2n+1}}\right)^2 \mathrm{d}t,$$

故 $I = \displaystyle\int_L x\mathrm{d}y - y\mathrm{d}x = \int_0^{+\infty} x^2 \mathrm{d}t = \int_0^{+\infty} \frac{a^2 t^{2n}}{(1 + t^{2n+1})^2}\mathrm{d}t = \frac{a^2}{2n+1}.$

注   式(3)也可用极坐标得到. 将 $x = r\cos\theta, y = r\sin\theta$ 代入(2),可得

$$r = \frac{a\cos^n\theta\sin^n\theta}{\cos^{2n+1}\theta + \sin^{2n+1}\theta},$$

由此 $\displaystyle x = r\cos\theta = \frac{a\cos^{n+1}\theta\sin^n\theta}{\cos^{2n+1}\theta + \sin^{2n+1}\theta} = \frac{a\tan^n\theta}{1 + \tan^{2n+1}\theta}.$

令 $t = \tan\theta$,则 $\displaystyle x = \frac{at^n}{1 + t^{2n+1}}.$

类似地,有 $\displaystyle y = \frac{at^{n+1}}{1 + t^{2n+1}}.$

c. 曲线积分的性质

要点   第一型曲线积分跟重积分(包括定积分)有完全类似的性质(包括用等式表示的性质,用不等式表示的性质以及中值定理等). 但第二型曲线积分关于不等式表示的性质已不再成立. 由此推出的积分中值定理也不再成立.

☆ **例 7.3.9**   设 P, Q, R 在 L 上连续,L 为光滑弧段,弧长为 l,试证:

$$\left|\int_L P\mathrm{d}x + Q\mathrm{d}y + R\mathrm{d}z\right| \leqslant Ml,$$

其中 $M = \displaystyle\max_{(x,y,z)\in L}\left\{\sqrt{P^2 + Q^2 + R^2}\right\}.$

证 $\left|\displaystyle\int_L P\mathrm{d}x + Q\mathrm{d}y + R\mathrm{d}z\right|$

$= \left|\displaystyle\int_L (P\cos\alpha + Q\cos\beta + R\cos\gamma)\mathrm{d}s\right|$

$\leqslant \displaystyle\int_L |P\cos\alpha + Q\cos\beta + R\cos\gamma|\,\mathrm{d}s. \tag{1}$

应用 Cauchy 不等式,

$$|P\cos\alpha + Q\cos\beta + R\cos\gamma|$$

$$\leqslant (P^2 + Q^2 + R^2)^{\frac{1}{2}}(\cos^2\alpha + \cos^2\beta + \cos^2\gamma)^{\frac{1}{2}}$$

$$\leqslant \sqrt{P^2 + Q^2 + R^2} \leqslant \max_{(x,y,z)\in L}\left\{\sqrt{P^2 + Q^2 + R^2}\right\} \equiv M.$$

故   式(1)右端 $\leqslant M\displaystyle\int_L \mathrm{d}s = Ml.$

例 7.3.10 举例说明对第二型曲线积分"积分中值定理不再成立".

解 如果积分中值定理成立,应该是:"若 $f(P)$ 在 L 上连续,则存在点 $P^* \in L$,使得

$$\int_{L^+} f(P)\,\mathrm{d}x = f(P^*) \int_{L^+} \mathrm{d}x. \tag{1}$$

设 L 为圆周,由对称性知 $\int_{L^+} \mathrm{d}x = 0$,从而式(1)右端对一切 f 恒为零. 但是若 $f(P) = f(x,y) = y$,L^+ 为 $x^2 + y^2 = 2y$(方向逆时针),则

$$\int_{L^+} f(P)\,\mathrm{d}x = \int_{L^+} y\,\mathrm{d}x = -\pi \neq 0.$$

可见此时式(1)不可能成立.

二、Green 公式

要点 Green 公式给出了平面上有限条逐段光滑封闭曲线上的线积分与它们所包围区域上的二重积分的关系:

$$\int_{L^+} P\,\mathrm{d}x + Q\,\mathrm{d}y = \iint_D \left(\frac{\partial Q}{\partial x} - \frac{\partial P}{\partial y} \right) \mathrm{d}x\,\mathrm{d}y, \tag{A}$$

这里 L^+ 表示沿 L 的正向取积分. 正向指前进时 D 保持在左边的方向,当 D 为单连通区域时,即是逆时针方向;当 D 为多连通区域时,外边界为逆时针方向,内边界为顺时针方向. P, Q 要求在区域 D 内直到边界 L 上连续,并有连续偏导数. 由此可得 D 的面积公式:

$$S = \iint_D \mathrm{d}x\,\mathrm{d}y = \int_{L^+} x\,\mathrm{d}y = -\int_{L^+} y\,\mathrm{d}x = \frac{1}{2} \int_L x\,\mathrm{d}y - y\,\mathrm{d}x. \tag{B}$$

a. 计算封闭曲线上的线积分

在很多情况下,利用 Green 公式可以把封闭曲线①上的线积分化为二重积分来计算.

☆ **例 7.3.11** 计算 $\oint_{C^+} \frac{x\mathrm{d}y - y\mathrm{d}x}{4x^2 + y^2}$,$C$ 为以 $(1,0)$ 为圆心,以 R 为半径的圆周($R \neq 1$),设 C^+ 表示其上的方向为逆时针方向.

分析 1° 若 $R < 1$,则满足 Green 公式的全部条件. 注意

$$\frac{\partial}{\partial x}\left(\frac{x}{4x^2 + y^2} \right) = \frac{y^2 - 4x^2}{(4x^2 + y^2)^2} = \frac{\partial}{\partial y}\left(-\frac{y}{4x^2 + y^2} \right) \quad ((x,y) \neq (0,0)). \tag{1}$$

因此

$$\oint_{L^+} \frac{x\mathrm{d}y - y\mathrm{d}x}{4x^2 + y^2} = \iint_{(x-1)^2 + y^2 \leqslant R^2} 0\,\mathrm{d}x\,\mathrm{d}y = 0.$$

---

① 我们约定封闭曲线(闭围路)均指:除起点与终点重合之外,曲线本身不相交. 即曲线上的点 $(x,y) = (\varphi(t), \psi(t))$ $(t \in (\alpha, \beta))$,当 $t_1 \neq t_2$ 时,恒有 $(\varphi(t_1), \psi(t_1)) \neq (\varphi(t_2), \psi(t_2))$.

2° 当 $R > 1$ 时,C 内包含原点 $(0,0)$,而函数

$$P(x,y) = \frac{-y}{4x^2 + y^2}, \quad Q = \frac{x}{4x^2 + y^2}$$

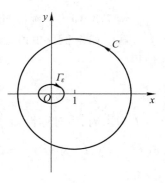

图 7.3.4

在原点无意义,故此时不能直接应用 Green 公式. 为此,我们在 C 内用一易于计算积分的简单围线将原点挖去(如图 7.3.4). 例如,取 $\varepsilon > 0$ 充分小,使得椭圆

$$\Gamma_\varepsilon : 4x^2 + y^2 = \varepsilon^2 \tag{2}$$

在 C 之内部. 记 C 与 Γ_ε 所围的区域为 D,则

$$\int_{C + \Gamma_\varepsilon^+} \frac{x\mathrm{d}y - y\mathrm{d}x}{4x^2 + y^2} = \iint_D 0 \mathrm{d}x\mathrm{d}y = 0,$$

这里 Γ_ε^+ 表示在 Γ_ε^+ 上取顺时针方向(下面用 Γ_ε^- 表示取逆时针方向). 由此

$$\int_{C^+} \frac{x\mathrm{d}y - y\mathrm{d}x}{4x^2 + y^2} = \int_{C + \Gamma_\varepsilon^+} \frac{x\mathrm{d}y - y\mathrm{d}x}{4x^2 + y^2} + \int_{\Gamma_\varepsilon^-} \frac{x\mathrm{d}y - y\mathrm{d}x}{4x^2 + y^2} = \int_{\Gamma_\varepsilon^-} \frac{x\mathrm{d}y - y\mathrm{d}x}{4x^2 + y^2}$$

$$\xup013{式(2)} \frac{1}{\varepsilon^2} \int_{\Gamma_\varepsilon^-} x\mathrm{d}y - y\mathrm{d}x = \frac{1}{\varepsilon^2} 2\left(\pi \frac{1}{2}\varepsilon^2\right) = \pi.$$

$$\left(\text{这里 } \frac{1}{2}\int_{\Gamma_\varepsilon^-} x\mathrm{d}y - y\mathrm{d}x = \text{椭圆的面积} = \pi\frac{1}{2}\varepsilon^2.\right)$$

注 1)不难看出,若 C 改为不过原点的任意逐段光滑的围线,则本题的解法与结果仍保持有效.

2)同理可以算出 $\displaystyle\oint_{C^+} \frac{x\mathrm{d}y - y\mathrm{d}x}{x^2 + y^2} = \begin{cases} 0, & C \text{ 不包含原点,} \\ 2\pi, & C \text{ 包含原点.} \end{cases}$

^{new}**练习** 计算曲线积分 $I = \displaystyle\int_{C^+} \frac{(x-y)\mathrm{d}x + (x+4y)\mathrm{d}y}{x^2 + 4y^2}$,其中 $C^+ : x^2 + y^2 = 1$ 取逆时针方向.

(华中科技大学) 《π》

提示 因 $\dfrac{\partial Q}{\partial x} = \dfrac{\partial P}{\partial y}$,原点在圆 C^+ 内,则 C^+ 上的积分等于在椭圆 $L^+ : x^2 + 4y^2 = 1$ 上的积分.

再提示 $I \xlongequal{\text{因 } x^2 + 4y^2 = 1} \displaystyle\int_{L^+} (x-y)\mathrm{d}x + (x+4y)\mathrm{d}y$

$$\xlongequal{\text{令 } x = \cos\theta, y = \frac{1}{2}\sin\theta} \frac{1}{2}\int_0^{2\pi} \mathrm{d}\theta = \pi$$

或 $I = \displaystyle\int_{L^+} (x-y)\mathrm{d}x + (x+4y)\mathrm{d}y \xlongequal{\text{Green 公式}} \iint_{x^2+4y^2 \leqslant 1} 2\mathrm{d}x\mathrm{d}y$

$$= \pi (\text{椭圆 } x^2 + 4y^2 \leqslant 1 \text{ 的面积的 2 倍}).$$

☆**例 7.3.12** 计算积分 $I = \displaystyle\oint_{L^+} \frac{x\mathrm{d}y - y\mathrm{d}x}{[(\alpha x + \beta y)^2 + (\gamma x + \delta y)^2]^\alpha}$ $(\alpha\delta - \beta\gamma \neq 0)$,其中 L^+ 为椭圆 $(\alpha x + \beta y)^2 + (\gamma x + \delta y)^2 = 1$,取逆时针方向.

解 I (利用 Green 公式.)L 上 $(\alpha x + \beta y)^2 + (\gamma x + \delta y)^2 = 1$,因此

$$I = \oint_{L^+} x\mathrm{d}y - y\mathrm{d}x = 2 \iint_{(\alpha x + \beta y)^2 + (\gamma x + \delta y)^2 \leq 1} \mathrm{d}x\mathrm{d}y.$$

又令 $u = \alpha x + \beta y, v = \gamma x + \delta y$, 作变换, 则

$$I = 2 \iint_{u^2 + v^2 \leq 1} |J| \, \mathrm{d}x\mathrm{d}y,$$

其中

$$J = \frac{\partial(x,y)}{\partial(u,v)} = \frac{1}{\dfrac{\partial(u,v)}{\partial(x,y)}} = \frac{1}{\alpha\delta - \beta\gamma}.$$

因此

$$I = \frac{2}{|\alpha\delta - \beta\gamma|} \iint_{u^2 + v^2 \leq 1} \mathrm{d}u\mathrm{d}v = \frac{2\pi}{|\alpha\delta - \beta\gamma|}.$$

解 II （利用参数方程化为定积分.）作变换

$$u = \alpha x + \beta y, \quad v = \gamma x + \delta y. \tag{1}$$

这时椭圆 $\qquad\qquad L: (\alpha x + \beta y)^2 + (\gamma x + \delta y)^2 = 1$

变成圆 $\qquad\qquad C: u^2 + v^2 = 1.$

因而可写成参数式 $u = \cos\theta, \; v = \sin\theta$. 故

$$\alpha x + \beta y = \cos\theta, \quad \gamma x + \delta y = \sin\theta$$

或 $\qquad x = \dfrac{1}{\alpha\delta - \beta\gamma}(\delta\cos\theta - \beta\sin\theta), \quad y = \dfrac{1}{\alpha\delta - \beta\gamma}(\alpha\sin\theta - \gamma\cos\theta).$

另外, (1) 的 Jacobi 行列式 $J = \dfrac{\partial(u,v)}{\partial(x,y)} = \alpha\delta - \beta\gamma \neq 0, L^+$ 取逆时针方向, 故当 $J = \alpha\delta - \beta\gamma > 0$ 时, C 与 L^+ 同向, 对应 θ 从 0 变到 2π, 所以

$$
\begin{aligned}
I &= \int_0^{2\pi} \frac{1}{(\alpha\delta - \beta\gamma)^2} \big[(\delta\cos\theta - \beta\sin\theta)(\alpha\sin\theta - \gamma\cos\theta)' - \\
&\qquad\qquad (\alpha\sin\theta - \gamma\cos\theta)(\delta\cos\theta - \beta\sin\theta)' \big] \mathrm{d}\theta \\
&= \frac{1}{(\alpha\delta - \beta\gamma)^2} \int_0^{2\pi} (\alpha\delta - \beta\gamma) \mathrm{d}\theta = \frac{2\pi}{\alpha\delta - \beta\gamma}.
\end{aligned}
$$

当 $J = \alpha\delta - \beta\gamma < 0$ 时, C 与 L^+ 反向, θ 从 2π 变为 0. 故 $I = -\dfrac{2\pi}{\alpha\delta - \beta\gamma}$. 总之有

$$I = \frac{2\pi}{|\alpha\delta - \beta\gamma|}.$$

例 7.3.13 计算曲线积分

$$I = \oint_C \frac{\mathrm{e}^y}{x^2 + y^2} \big[(x\sin x + y\cos x)\mathrm{d}x + (y\sin x - x\cos x)\mathrm{d}y \big],$$

其中 $C: x^2 + y^2 = 1$, 积分沿逆时针方向进行.

解 以原点为中心, r 为半径 $(0 < r < 1)$ 作一小圆 C_r. 将 C_r 与 C 之间的区域记作 D, 在 D 上应用 Green 公式,

$$I = \left(\int_{C\uparrow + C_r\downarrow} + \int_{C_r\uparrow} \right) \frac{\mathrm{e}^y}{x^2 + y^2} \big[(x\sin x + y\cos x)\mathrm{d}x + (y\sin x - x\cos x)\mathrm{d}y \big]$$

$$= \iint_D \left(\frac{\partial Q}{\partial x} - \frac{\partial P}{\partial y} \right) \mathrm{d}x\mathrm{d}y + \int_{C_r \uparrow} \frac{\mathrm{e}^y (x\sin x + y\cos x)}{x^2 + y^2} \mathrm{d}x + \frac{\mathrm{e}^y (y\sin x - x\cos x)}{x^2 + y^2} \mathrm{d}y,$$

其中
$$\frac{\partial Q}{\partial x} - \frac{\partial P}{\partial y} = \frac{\partial}{\partial x} \left[\frac{\mathrm{e}^y (y\sin x - x\cos x)}{x^2 + y^2} \right] - \frac{\partial}{\partial y} \left[\frac{\mathrm{e}^y (x\sin x + y\cos x)}{x^2 + y^2} \right] = 0.$$

后一积分变为极坐标 $x = r\cos\theta, y = r\sin\theta$ 计算,则

$$I = \int_0^{2\pi} \frac{1}{r^2} \mathrm{e}^{r\sin\theta} \{ [r\cos\theta\sin(r\cos\theta) + r\sin\theta\cos(r\cos\theta)](-r\sin\theta) +$$

$$[r\sin\theta\sin(r\cos\theta) - r\cos\theta\cos(r\cos\theta)]r\cos\theta \} \mathrm{d}\theta$$

$$= -\int_0^{2\pi} \mathrm{e}^{r\sin\theta}\cos(r\cos\theta) \mathrm{d}\theta \quad (\text{任意 } 0 < r < 1).$$

令 $r \to 0$ 取极限,知 $I = -\int_0^{2\pi} \mathrm{d}\theta = -2\pi.$

^{new}**练习 1** 利用 Green 公式重新证明例 7.1.5

提示 该例要求证明: $F(r) \overset{\text{记}}{=} \int_0^{2\pi} \mathrm{e}^{r\cos\theta}\cos(r\sin\theta) \mathrm{d}\theta \equiv 2\pi$. 事实上,

$$F'(r) = \int_0^{2\pi} (\mathrm{e}^{r\cos\theta}\cos(r\sin\theta))'_r \mathrm{d}\theta$$

$$= \int_0^{2\pi} (\mathrm{e}^{r\cos\theta}\cos(r\sin\theta)\cos\theta - \mathrm{e}^{r\cos\theta}\sin(r\sin\theta)\sin\theta) \mathrm{d}\theta.$$

$$= \frac{1}{r} \int_0^{2\pi} (\mathrm{e}^{r\cos\theta}\cos(r\sin\theta)r\cos\theta - \mathrm{e}^{r\cos\theta}\sin(r\sin\theta)r\sin\theta) \mathrm{d}\theta$$

$$= \frac{1}{r} \int_c (\mathrm{e}^x \sin(y)\mathrm{d}x + \mathrm{e}^x\cos(y)\mathrm{d}y) \quad (\text{因 } x = r\cos\theta, y = r\sin\theta)$$

$$\overset{\text{Green 公式}}{=\!=\!=\!=} 0,$$

其中 c 为 $x^2 + y^2 = r^2$ (圆周曲线).

既然 $\forall r > 0$, 皆有 $F'(r) = \frac{1}{r} = 0$. 所以, $F(r) = C$(常数)($\forall r > 0$). 故

$$F(r) = C = \lim_{r \to 0^+} F(r) = \lim_{r \to 0^+} \int_0^{2\pi} \mathrm{e}^{r\cos\theta}\cos(r\sin\theta) \mathrm{d}\theta = \int_0^{2\pi} \lim_{r \to 0^+} \mathrm{e}^{r\cos\theta}\cos(r\sin\theta) \mathrm{d}\theta = 2\pi.$$

(请注意,其实例 7.3.13 已经从另一条路得到本题之结果.)

^{new}**练习 2** 设 D 为由两条直线 $y = x, y = 4x$ 和两条双曲线 $xy = 1, xy = 4$ 在第一象限所围成的区域,$F(x)$ 是具有连续导数的一元函数. $F'(x) = f(x)$,试证:

$$\int_{\partial D} \frac{F(xy)}{y} \mathrm{d}y = (\ln 2) \cdot \int_1^4 f(u) \mathrm{d}u, \tag{1}$$

其中 ∂D 是区域 D 的边界,方向为逆时针. (华中科技大学)

证 如图 7.3.5,应用 Green 公式,

式(1) 左端 $= \iint_D F'(xy)\mathrm{d}x\mathrm{d}y = \int_{\frac{1}{2}}^1 \mathrm{d}x \int_x^{4x} F'(xy)\mathrm{d}y + \int_1^2 \mathrm{d}x \int_x^{\frac{4}{x}} F'(xy)\mathrm{d}y$

$$= \int_{\frac{1}{2}}^1 \frac{F(4x^2) - F(1)}{x}\mathrm{d}x + \int_1^2 \frac{F(4) - F(x^2)}{x}\mathrm{d}x$$

$$= \left[\int_{\frac{1}{2}}^1 \frac{F((2x)^2)}{2x}\mathrm{d}(2x) - F(1)\int_{\frac{1}{2}}^1 \frac{\mathrm{d}x}{x} \right] +$$

$$\left(F(4) \int_1^2 \frac{\mathrm{d}x}{x} - \int_1^2 \frac{F(x^2)}{x} \mathrm{d}x \right)$$

$$= \int_1^2 \frac{F(u^2)}{u} \mathrm{d}u - F(1) \ln 2 + F(4) \ln 2 - \int_1^2 \frac{F(x^2)}{x} \mathrm{d}x$$

$$= \ln 2 \big(F(4) - F(1) \big) \xmapsto{F'(x) = f(u)} \ln 2 \int_1^4 f(x) \mathrm{d}x$$

$$= 式(1) \text{ 右端}.$$

证毕.

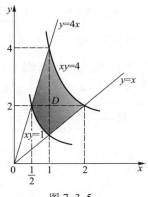

图 7.3.5

b. 计算开口曲线上的线积分

Green 公式一般是用于封闭曲线上的线积分计算,但有时宁可补上一条曲线,将开口曲线封口,变成封闭曲线再应用 Green 公式.

☆ **例 7.3.14** 计算曲线积分

$$\int_{AmB} \big(\varphi(y) \mathrm{e}^x - ky \big) \mathrm{d}x + \big(\varphi'(y) \mathrm{e}^x - k \big) \mathrm{d}y,$$

其中 $\varphi(y)$ 和 $\varphi'(y)$ 连续,AmB 为联结 $A(x_1, y_1)$ 与 $B(x_2, y_2)$ 的任何路径,但它与直线段 $\overline{AB}$ 围成的图形 $AmBA$ 的面积为定值 S.(辽宁师范大学)

提示 情况之一如图 7.3.6,

$$\int_{AmB} \big(\varphi(y) \mathrm{e}^x - ky \big) \mathrm{d}x + \big(\varphi'(y) \mathrm{e}^x - k \big) \mathrm{d}y$$

$$= \int_{AmB + BA} \big(\varphi(y) \mathrm{e}^x - ky \big) \mathrm{d}x + \big(\varphi'(y) \mathrm{e}^x - k \big) \mathrm{d}y +$$

$$\int_{AB} \big(\varphi(y) \mathrm{e}^x - ky \big) \mathrm{d}x + \big(\varphi'(y) \mathrm{e}^x - k \big) \mathrm{d}y.$$

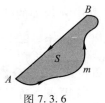

图 7.3.6

c. 用于计算第一型曲线积分

上面 Green 公式(A)是联系的第二型曲线积分,但第一型曲线积分可以化为第二型:

$$\int_L \big(P\cos(\boldsymbol{t}, x) + Q\cos(\boldsymbol{t}, y) \big) \mathrm{d}s = \int_{L^+} P\mathrm{d}x + Q\mathrm{d}y,$$

其中 $(\boldsymbol{t}, x)$,$(\boldsymbol{t}, y)$ 分别表示 x 轴正向,y 轴正向与动点切线正向 $\boldsymbol{t}$ 的夹角. 切线的正向按积分方向确定(如图 7.3.7).

☆ **例 7.3.15** 计算积分

$$I = \oint_L \big(x\cos(\boldsymbol{n}, x) + y\cos(\boldsymbol{n}, y) \big) \mathrm{d}s,$$

其中 $(\boldsymbol{n}, x)$,$(\boldsymbol{n}, y)$ 分别是 x 轴、y 轴的正向与 L 外法线方向 $\boldsymbol{n}$ 之间的夹角,设 L 为逐段光滑闭围线.

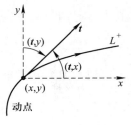

图 7.3.7

解　L^+ 表示 L 上逆时针方向,切线方向与 L^+ 一致

(如图 7.3.8).从 n 逆时针旋转 $\frac{\pi}{2}$ 到 t,跟 x 轴到 y 轴的

情况一样.由此,从图上易看出

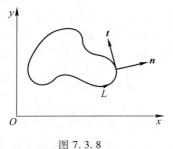

$$(n,x) = (t,y), \quad (n,y) = \pi - (t,x),$$

故

$$\cos(n,x)\,ds = \cos(t,y)\,ds = dy,$$
$$\cos(n,y)\,ds = -\cos(t,x)\,ds = -dx.$$

图 7.3.8

因此

$$I = \oint_L \left[x\cos(n,x) + y\cos(n,y) \right] ds = \oint_{L^+} x\,dy - y\,dx = 2S,$$

其中 S 表示 L 所围的面积.

例 7.3.16　设 L 为平面上逐段光滑的闭围线,D 是 L 所包围的区域.$u = u(x,y)$ 在 D 内直到边界 L 有二阶连续偏导数.试证:

$$\oint_L \frac{\partial u}{\partial n}ds = \iint_D \left(\frac{\partial^2 u}{\partial x^2} + \frac{\partial^2 u}{\partial y^2} \right) dx\,dy,$$

其中 n 为 L 的外法向量.

提示　$\dfrac{\partial u}{\partial n} = \dfrac{\partial u}{\partial x}\cos(n,x) + \dfrac{\partial u}{\partial y}\cos(n,y)$,从而 $\dfrac{\partial u}{\partial n}ds = \dfrac{\partial u}{\partial x}dy - \dfrac{\partial u}{\partial y}dx$.

d. 由积分性质导出微分性质

要点　若已知函数的某种积分性质,利用 Green 公式、积分中值定理,以无限收缩取极限等方法,常可导出函数相应的微分性质.

例 7.3.17　设 $F(x,y) = P(x,y)i + Q(x,y)j$ 在开区域 D 内处处连续可微,在 D 内任一圆周 C 上,有

$$\oint_C F \cdot n\,ds = 0, \tag{1}$$

其中 n 是圆周的单位外法向量.试证在 D 内恒有

$$\frac{\partial P}{\partial x} + \frac{\partial Q}{\partial y} = 0. \tag{2}$$

证　因为 n 为单位外法向量,所以

$$n = \cos(n,x)i + \cos(n,y)j,$$
$$F \cdot n = P(x,y)\cos(n,x) + Q(x,y)\cos(n,y),$$

因此　　$\displaystyle\oint_C F \cdot n\,ds = \oint_C \left[P(x,y)\cos(n,x) + Q(x,y)\cos(n,y) \right] ds.$

如前两例所述,$\cos(n,x)\,ds = dy$,$\cos(n,y)\,ds = -dx$,故

$$0 = \oint_C F \cdot n\,ds = \oint_C -Q(x,y)\,dx + P(x,y)\,dy$$

$$= \iint\limits_{\Delta} \left(\frac{\partial P}{\partial x} + \frac{\partial Q}{\partial y} \right) \mathrm{d}x\mathrm{d}y \quad (\Delta \text{ 为 } C \text{ 所包围之区域}). \tag{3}$$

由此,用反证法立即可知式(2)在 D 内处处成立,因为倘若有某点 $M_0 \in D$ 使得

$$\left(\frac{\partial P}{\partial x} + \frac{\partial Q}{\partial y} \right)_{M_0} > 0 \quad (\text{或} < 0). \tag{4}$$

则由 $\dfrac{\partial P}{\partial x}, \dfrac{\partial Q}{\partial y}$ 的连续性,以及连续函数的局部保号性,取 M_0 的一个充分小的圆邻域 $\Delta \in N(M_0)$,使得式(4)在 Δ 上保持成立,从而积分

$$\iint\limits_{\Delta} \left(\frac{\partial P}{\partial x} + \frac{\partial Q}{\partial y} \right) \mathrm{d}x\mathrm{d}y > 0 \quad (\text{或} < 0),$$

与式(3)矛盾.

☆ **例 7.3.18** 设 $P(x,y)$ 和 $Q(x,y)$ 在全平面上有连续偏导数,而且对以任意点 (x_0, y_0) 为中心,以任意正数 r 为半径的上半圆 $C: x = x_0 + r\cos\theta, y = y_0 + r\sin\theta (0 \leqslant \theta < \pi)$ 恒有

$$\int_C P(x,y)\mathrm{d}x + Q(x,y)\mathrm{d}y = 0. \tag{1}$$

求证:$P(x,y) \equiv 0, \dfrac{\partial Q}{\partial y} \equiv 0.$ (南开大学)

证 已知在上半圆周上的积分(1)恒为零,因此对平面上任意一点 (x_0, y_0),以 (x_0, y_0) 为中心,任意 $r>0$ 为半径作一上半圆域 D(上半圆周记为 C,直径记为 AB,如图 7.3.9),则

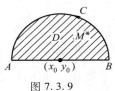

图 7.3.9

$$\int_{AB} P\mathrm{d}x + Q\mathrm{d}y = \oint_{C+AB} P\mathrm{d}x + Q\mathrm{d}y = \iint\limits_{D} \left(\frac{\partial Q}{\partial x} - \frac{\partial P}{\partial y} \right) \mathrm{d}x\mathrm{d}y$$

$$= \left(\frac{\partial Q}{\partial x} - \frac{\partial P}{\partial y} \right)_{M^*} \iint\limits_{D} \mathrm{d}x\mathrm{d}y = \left(\frac{\partial Q}{\partial x} - \frac{\partial P}{\partial y} \right)_{M^*} \frac{\pi r^2}{2} \tag{2}$$

(其中 $M^* \in D$ 为某一点).另一方面,

$$\int_{AB} P\mathrm{d}x + Q\mathrm{d}y = \int_{AB} P(x,y)\mathrm{d}x = \int_{x_0-r}^{x_0+r} P(x, y_0)\mathrm{d}x = P(\xi, y_0) \int_{x_0-r}^{x_0+r} \mathrm{d}x$$

$$= P(\xi, y_0) \cdot 2r \quad (x_0 - r \leqslant \xi \leqslant x_0 + r). \tag{3}$$

比较(2)、(3)知

$$\left(\frac{\partial Q}{\partial x} - \frac{\partial P}{\partial y} \right)_{M^*} \frac{\pi r}{2} = P(\xi, y_0) \cdot 2,\tag{4}$$

此式对任意 $r>0$ 成立. 令 $r \to 0$,取极限得 $P(x_0, y_0) = 0$. 由 (x_0, y_0) 的任意性,知 $P(x, y) \equiv 0$. 从而式(4)成为 $\dfrac{\partial Q}{\partial x}\Big|_{M^*} = 0$. 令 $r \to 0$,取极限得 $\dfrac{\partial Q}{\partial x}\Big|_{(x_0, y_0)} = 0$. 由 (x_0, y_0) 的任意性,这就证明了 $\dfrac{\partial Q}{\partial x} \equiv 0$.

例 7.3.19 设 $u = u(x,y)$ 有二阶连续偏导数,试证:$\Delta u \equiv \dfrac{\partial^2 u}{\partial x^2} + \dfrac{\partial^2 u}{\partial y^2} = 0$(即 u 为

调和函数)的充要条件是$\oint_C \dfrac{\partial u}{\partial \boldsymbol{n}}\mathrm{d}s = 0$(其中 C 为任意逐段光滑围线,$\dfrac{\partial u}{\partial \boldsymbol{n}}$ 是沿外法线方向的方向导数).

三、积分与路径无关问题

定理 若 $P(x,y)$,$Q(x,y)$ 在区域 D 内连续,有连续的一阶偏导数,则当 D 为单连通区域时,以下四条件等价:

1)积分 $\displaystyle\int_L P\mathrm{d}x + Q\mathrm{d}y$ 只与起点、终点有关,而与积分路径无关(其中 L 是 D 内分段光滑曲线).

2)在 D 内任一分段光滑围线 C 上的积分为零:$\oint_C P\mathrm{d}x + Q\mathrm{d}y = 0.$

3)在 D 内处处成立 $\dfrac{\partial Q}{\partial x} = \dfrac{\partial P}{\partial y}.$

4)$P\mathrm{d}x + Q\mathrm{d}y$ 为恰当微分,即存在函数 $u = u(x,y)$(称为原函数),使得

$$\frac{\partial u}{\partial x} = P, \quad \frac{\partial u}{\partial y} = Q,$$

亦即
$$\mathrm{d}u = P\mathrm{d}x + Q\mathrm{d}y.$$

作为 $P\mathrm{d}x + Q\mathrm{d}y$ 的原函数 $u = u(x,y)$,若存在,必不唯一,彼此可相差任意常数. 忽略常数项不计,原函数可以写成

$$u(x,y) = \int_{(x_0,y_0)}^{(x,y)} P\mathrm{d}x + Q\mathrm{d}y,$$

这里 $(x_0,y_0) \in D$ 是任意取定的点. 积分路径可以是 D 内联结 (x_0,y_0) 与 (x,y) 的任一条分段光滑的曲线. 若已知 $P\mathrm{d}x + Q\mathrm{d}y$ 的原函数为 $u = u(x,y)$,则

$$\int_A^B P\mathrm{d}x + Q\mathrm{d}y = u(x,y)\,\bigg|_A^B = u(B) - u(A) \quad (\forall A,B \in D).$$

当 D 为多连通区域时,条件 1)、2)、4)彼此仍等价. 这时条件 3)只是必要的,不是充分的. 但条件 3)成立时,对于 D 的每一个洞,以相同方向,沿包围该洞的任一闭路上的积分,其值皆相等,公共值称为该洞的<u>循环常数</u>. 例如 D 有 n 个洞(都取顺时针方向的积分),则有 n 个循环常数 $\omega_1,\omega_2,\cdots,\omega_n$. D 内从点 A 到 B 的积分

$$\int_A^B P\mathrm{d}x + Q\mathrm{d}y = k_1\omega_1 + \cdots + k_n\omega_n + \int_{\widehat{AB}} P\mathrm{d}x + Q\mathrm{d}y,$$

其中 $\widehat{AB}$ 是联结 A,B 的任一给定的分段光滑路径,$k_1,\cdots,k_n$ 为任意整数. 此时积分与路径无关的充要条件是各循环常数为零.

a. 利用与路径无关性计算线积分

要点 如上所述,若区域内恒有 $\dfrac{\partial Q}{\partial x} = \dfrac{\partial P}{\partial y}$(对多连通还须设各循环常数为零),则

积分 $\displaystyle\int_A^B P\mathrm{d}x + Q\mathrm{d}y$ 与路径无关. 因此, 我们可取方便的路径 (如用平行于坐标轴的折线路径等) 来计算此积分. 特别, 若区域内能求出原函数 $u = u(x,y)$, 则恒有 (不论区域为单连通或多连通)

$$\int_A^B P\mathrm{d}x + Q\mathrm{d}y = u(B) - u(A) \quad (\text{积分与路径无关}).$$

☆**例 7.3.20** 设 L 表示平面上一条自身不相交的光滑曲线, 其起点在 $(1,0)$, 终点在 $(0,2)$. 除起终点外, L 全部落在第一象限. 计算积分 $\displaystyle\int_L \frac{\partial \ln r}{\partial \boldsymbol{n}}\mathrm{d}s$, 这里 $\dfrac{\partial}{\partial \boldsymbol{n}}$ 表示沿 L 的法线方向取导数, 法线指向原点所在的那一侧; r 表示 L 上的动点到原点的距离, $\mathrm{d}s$ 表示 L 的弧长微分. (厦门大学)

解 I 这里 $(\boldsymbol{n},x) = \pi - (\boldsymbol{t},y)$, $(\boldsymbol{n},y) = (\boldsymbol{t},x)$, 因此有

$$\int_L \frac{\partial \ln r}{\partial \boldsymbol{n}}\mathrm{d}s = \int_L \left[\frac{\partial \ln r}{\partial x}\cos(\boldsymbol{n},x) + \frac{\partial \ln r}{\partial y}\cos(\boldsymbol{n},y) \right]\mathrm{d}s$$

$$= \int_L \left[-\frac{\partial \ln r}{\partial x}\cos(\boldsymbol{t},y) + \frac{\partial \ln r}{\partial y}\cos(\boldsymbol{t},x) \right]\mathrm{d}s$$

$$= \int_L \frac{\partial \ln r}{\partial y}\mathrm{d}x - \frac{\partial \ln r}{\partial x}\mathrm{d}y. \tag{1}$$

因为

$$P \equiv \frac{\partial \ln r}{\partial y} = \frac{\partial}{\partial y}\ln \sqrt{x^2 + y^2} = \frac{1}{2}\frac{\partial}{\partial y}\ln(x^2 + y^2) = \frac{y}{x^2 + y^2}, \tag{2}$$

$$Q \equiv -\frac{\partial \ln r}{\partial x} = -\frac{x}{x^2 + y^2} \tag{3}$$

在第一象限内连续, 有连续的偏导数, 且 $\dfrac{\partial Q}{\partial x} = \dfrac{\partial P}{\partial y} = \dfrac{x^2 - y^2}{(x^2 + y^2)^2}$. 因此积分与路径无关. 可取平行于坐标轴的折线路径 ABC 进行积分. 于是由 (1)、(2) 和 (3),

$$\int_L \frac{\partial \ln r}{\partial \boldsymbol{n}}\mathrm{d}s = \int_L \frac{y}{x^2 + y^2}\mathrm{d}x - \frac{x}{x^2 + y^2}\mathrm{d}y = \int_{AB+BC} \frac{y}{x^2 + y^2}\mathrm{d}x - \frac{x}{x^2 + y^2}\mathrm{d}y$$

$$= \int_0^2 -\frac{1}{1 + y^2}\mathrm{d}y + \int_1^0 \frac{2}{x^2 + 4}\mathrm{d}x = -\arctan 2 - \arctan\frac{1}{2} = -\frac{\pi}{2}. \tag{4}$$

解 II $\ln r$ 在第一象限为调和函数, 如例 7.3.19 所述, $\dfrac{\partial \ln r}{\partial \boldsymbol{n}}$ 在任何封闭逐段光滑曲线上的积分为零. 因此积分与路径无关, 式 (4) 有效.

解 III 以原点为中心, 以 $\varepsilon > 0$ 为半径, 在第一象限内作小圆弧 Γ 与 x, y 轴交于点 E, D (如图 7.3.10). 取 ε 充分小使 Γ 与 L 不相交. 应用 Green 公式, 可知 $ALCD\Gamma EA$ 上的积分为零. 又因 CD, EA 上的积分也为零, 故 L 上的积分等于在 Γ 上的积分

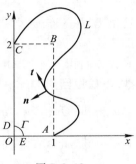

图 7.3.10

$$I = \int_L \frac{\partial \ln r}{\partial \boldsymbol{n}} \mathrm{d}s = \int_L \frac{y}{x^2 + y^2} \mathrm{d}x - \frac{x}{x^2 + y^2} \mathrm{d}y$$

$$= \int_{D\Gamma E} \frac{y\mathrm{d}x - x\mathrm{d}y}{x^2 + y^2} = \frac{1}{\varepsilon^2} \int_{D\Gamma E} y\mathrm{d}x - x\mathrm{d}y$$

$$= -\frac{1}{\varepsilon^2} \frac{1}{2} \pi \varepsilon^2 = -\frac{\pi}{2}.$$

^{new}**练习** 设 $f(x)$ 在 $(-\infty, +\infty)$ 上有连续的导函数,$f(0)=0$,且曲线积分

$$\int_C (\mathrm{e}^x + f(x))y\mathrm{d}x + f(x)\mathrm{d}y$$

与路线无关,求 $\int_{(0,0)}^{(1,1)} (\mathrm{e}^x + f(x))y\mathrm{d}x + f(x)\mathrm{d}y$. (中国科学技术大学)   《e》

提示 利用 $\frac{\partial Q}{\partial x} = \frac{\partial P}{\partial y}$ 及条件 $f(0)=0$,求出 $f(x) = x\mathrm{e}^x$.

再提示 由 $\frac{\partial Q}{\partial x} = \frac{\partial P}{\partial y}$ 知 $\mathrm{e}^x + f(x) = f'(x)$,即

$$1 + f(x)\mathrm{e}^{-x} = f'(x)\mathrm{e}^{-x},$$

亦即 $1 = (f(x)\mathrm{e}^{-x})'$,从而 $f(x)\mathrm{e}^{-x} = x + C$. 因 $f(0)=0$,故 $C=0$,有 $f(x) = x\mathrm{e}^x$. 因此

$$\int_{(0,0)}^{(1,1)} (\mathrm{e}^x + f(x))y\mathrm{d}x + f(x)\mathrm{d}y$$

$$= \int_{(0,0)}^{(1,1)} (\mathrm{e}^x + x\mathrm{e}^x)y\mathrm{d}x + x\mathrm{e}^x\mathrm{d}y$$

$$= \left(\int_{(0,0)}^{(1,0)} + \int_{(1,0)}^{(1,1)} \right)(\mathrm{e}^x + x\mathrm{e}^x)y\mathrm{d}x + x\mathrm{e}^x\mathrm{d}y = 0 + \int_0^1 1 \cdot \mathrm{e}^1 \mathrm{d}y = \mathrm{e}.$$

下面我们讨论多连通的例子.

例 7.3.21 计算积分

$$I = \int_L x\ln(x^2 + y^2 - 1)\mathrm{d}x + y\ln(x^2 + y^2 - 1)\mathrm{d}y,$$

其中 L 是被积函数的定义域内从点 $(2,0)$ 至 $(0,2)$ 的逐段光滑曲线.

解 被积函数为 $P = x\ln(x^2 + y^2 - 1)$, $Q = y\ln(x^2 + y^2 - 1)$. 定义域为 $D = \{(x, y) \mid 1 < x^2 + y^2 < +\infty\}$. P, Q 在 D 内连续,有连续偏导数,且

$$\frac{\partial Q}{\partial x} = \frac{\partial P}{\partial y} = \frac{2xy}{x^2 + y^2 - 1}. \qquad (1)$$

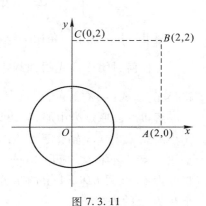

这里 D 为二连通区域,$x^2 + y^2 \leq 1$ 是唯一的洞,如图 7.3.11. 因为式(1),在围绕该洞任一路径上逆时针方向积分一周,其值相等,等于该洞的循环常数. 不妨取圆周 $C: x^2 + y^2 = 4$,得循环常数

$$\omega = \oint_C x\ln(x^2 + y^2 - 1)\mathrm{d}x + y\ln(x^2 + y^2 - 1)\mathrm{d}y$$

$$= \oint_C x\ln 3\mathrm{d}x + y\ln 3\mathrm{d}y$$

图 7.3.11

$$= \ln 3 \int_0^{2\pi} \left[2\cos\theta(-2\sin\theta) + 4\sin\theta\cos\theta \right] \mathrm{d}\theta = 0. \tag{2}$$

（1）、（2）表明积分与路径无关. 采用平行于坐标轴的折线路径

$$ABC: (2,0) \to (2,2) \to (0,2),$$

得

$$I = \int_0^2 y\ln(3+y^2)\,\mathrm{d}y + \int_2^0 x\ln(3+x^2)\,\mathrm{d}x = 0.$$

下例虽是多连通区域, 但积分路径没有绕洞回转, 可以不计算循环常数.

*例 7.3.22   计算积分

$$I = \int_{L^+} \frac{(x+y)\,\mathrm{d}x - (x-y)\,\mathrm{d}y}{x^2 + y^2}, \tag{1}$$

其中 L^+ 是从点 $A(-1,0)$ 到 $B(1,0)$ 的一条不通过原点的光滑曲线, 它的方程是 $y = f(x)\ (-1 \leqslant x \leqslant 1)$. (南开大学)

分析   这里 $P(x,y) = \dfrac{x+y}{x^2+y^2},\quad Q(x,y) = \dfrac{y-x}{x^2+y^2}, \tag{2}$

定义域 D 是全平面除去原点 (原点为洞). P, Q 在 D 内连续, 有连续偏导数, 且

$$\frac{\partial Q}{\partial x} = \frac{\partial P}{\partial y} = \frac{x^2 - y^2 - 2xy}{(x^2+y^2)^2}. \tag{3}$$

按常规做法, 应计算循环常数, 但本题积分曲线 L 的方程为 $y = f(x)\ (-1 \leqslant x \leqslant 1)$. 它与平行于 y 轴的直线最多只有一个交点, 因此 L 不绕原点 (洞) 回转. 又因 L 不过原点, 故 $f(0) > 0$ (或 $f(0) < 0$). 即 L 在原点的上方 (或下方) 穿过 y 轴. 若 $f(0) > 0$, 则 L 上的积分等于沿单位圆 $C: x^2 + y^2 = 1$ 上半圆周从 A 到 B 的积分 (事实上, 挖去 y 轴的负半轴, D 便是单连通区域, 从而由 (3) 知积分与路径无关, L 与 C 上的积分相等). 因此

$$I = \int_{ACB} \frac{(x+y)\,\mathrm{d}x - (x-y)\,\mathrm{d}y}{x^2 + y^2}$$

$$= \int_\pi^0 \left[(\cos\theta + \sin\theta)(-\sin\theta) - (\cos\theta - \sin\theta)\cos\theta \right] \mathrm{d}\theta = \pi.$$

类似, 当 $f(0) < 0$ 时, 有 $I = -\pi$. 因此 $I = \begin{cases} \pi, & \text{当 } f(0) > 0 \text{ 时,} \\ -\pi, & \text{当 } f(0) < 0 \text{ 时.} \end{cases}$

^{new} ☆ **练习**   设 $Q(x,y)$ 有连续的一阶偏导数, 积分 $\int_L 3x^2 y\,\mathrm{d}x + Q\,\mathrm{d}y$ 之值完全取决于 L 的起点与终点, 且对任何实数 z, 有

$$\int_{(0,0)}^{(z,1)} 3x^2 y\,\mathrm{d}x + Q\,\mathrm{d}y = \int_{(0,0)}^{(1,z)} 3x^2 y\,\mathrm{d}x + Q\,\mathrm{d}y, \tag{1}$$

求函数 $Q(x,y)$. (华中科技大学)

提示   因积分与路径无关, $\dfrac{\partial Q(x,y)}{\partial x} = \dfrac{\partial P(x,y)}{\partial y} = \dfrac{\partial(3x^2 y)}{\partial y} = 3x^2$, 故

$$Q(x,y) = x^3 + C(y). \tag{2}$$

再提示   为了求出 $C(y)$, 将式 (2) 代入式 (1), 得

$$\int_{(0,0)}^{(z,1)} 3x^2y\mathrm{d}x + (x^3 + C(y))\mathrm{d}y = \int_{(0,0)}^{(1,z)} 3x^2y\mathrm{d}x + (x^3 + C(y))\mathrm{d}y. \tag{3}$$

左端:采用折线路径:$(0,0) \to (z,0) \to (z,1)$. 在 $(0,0) \to (z,0)$ 上: $y \equiv 0, \mathrm{d}y = 0$,积分为 0;在 $(z,0) \to (z,1)$ 上: $x \equiv z, \mathrm{d}x = 0$. 故

$$式(3) 左端 = \left(\int_{(0,0)}^{(z,0)} + \int_{(z,0)}^{(z,1)} \right) \left[3x^2y\mathrm{d}x + (x^3 + C(y))\mathrm{d}y \right]$$

$$= 0 + \int_0^1 \left[z^3 + C(y) \right] \mathrm{d}y = z^3 + \int_0^1 C(y)\mathrm{d}y.$$

类似地,式(3) 右端 $= \int_0^z (1^3 + C(y))\mathrm{d}y = z + \int_0^z C(y)\mathrm{d}y.$

故式(3) 变为

$$z^3 + \int_0^1 C(y)\mathrm{d}y = z + \int_0^z C(y)\mathrm{d}y.$$

由式(2)知 $C(y)$ 连续,故上式可对 z 求导,解得 $C(z) = 3z^2 - 1$. 代回(2)得

$$Q(x,y) = x^3 + C(y) = x^3 + 3y^2 - 1 \ (\forall (x,y) \in \mathbf{R}^2).$$

注 不难验证:答案满足积分与路径无关的条件以及等式(1).

b. 利用原函数求积分

例 7.3.23 计算积分 $I = \int_{L^+} \dfrac{(1 + \sqrt{x^2 + y^2})(x\mathrm{d}x + y\mathrm{d}y)}{x^2 + y^2}$,其中 L^+ 是不通过原点,从点 $A(1,0)$,到 $B(0,2)$ 的分段光滑曲线.

解 I 因为

$$\frac{(1 + \sqrt{x^2 + y^2})(x\mathrm{d}x + y\mathrm{d}y)}{x^2 + y^2}$$

$$= \left(\frac{1}{x^2 + y^2} + \frac{1}{\sqrt{x^2 + y^2}} \right) \frac{1}{2} \mathrm{d}(x^2 + y^2) = \frac{1}{2} \frac{\mathrm{d}(x^2 + y^2)}{x^2 + y^2} + \frac{1}{2} \frac{\mathrm{d}(x^2 + y^2)}{\sqrt{x^2 + y^2}}$$

$$= \mathrm{d}\ln(x^2 + y^2)^{\frac{1}{2}} + \mathrm{d}\sqrt{x^2 + y^2} = \mathrm{d}\left(\sqrt{x^2 + y^2} + \ln \sqrt{x^2 + y^2} \right),$$

即 $u = \sqrt{x^2 + y^2} + \ln \sqrt{x^2 + y^2}$ 是原函数,故积分与路径无关.

$$I = u(B) - u(A) = \left(\sqrt{x^2 + y^2} + \ln \sqrt{x^2 + y^2} \right) \Big|_{(1,0)}^{(0,2)} = 1 + \ln 2.$$

解 II 设 $\mathrm{d}u = \dfrac{(1 + \sqrt{x^2 + y^2})(x\mathrm{d}x + y\mathrm{d}y)}{x^2 + y^2}$,即

$$\frac{\partial u}{\partial x} = \frac{1 + \sqrt{x^2 + y^2}}{x^2 + y^2} x, \tag{1}$$

$$\frac{\partial u}{\partial y} = \frac{1 + \sqrt{x^2 + y^2}}{x^2 + y^2} y. \tag{2}$$

由(1)知

$$u(x,y) = \int \frac{1 + \sqrt{x^2 + y^2}}{x^2 + y^2} x\mathrm{d}x = \ln \sqrt{x^2 + y^2} + \sqrt{x^2 + y^2} + C(y). \tag{3}$$

由（2）知

$$u(x,y) = \int \frac{1 + \sqrt{x^2 + y^2}}{x^2 + y^2} y\mathrm{d}y = \ln \sqrt{x^2 + y^2} + \sqrt{x^2 + y^2} + C(x). \tag{4}$$

比较（3）、（4）可知 $C(x) = C(y)$，从而 $C(x) = C(y) \equiv$ 常数. 略去常数项不计，

$$u = \ln \sqrt{x^2 + y^2} + \sqrt{x^2 + y^2}.$$

从而 $I = u(B) - u(A) = \left(\ln \sqrt{x^2 + y^2} + \sqrt{x^2 + y^2} \right) \Big|_{(1,0)}^{(0,2)} = 1 + \ln 2.$

注 用原函数的方法计算线积分，要求 $\mathrm{d}u = P\mathrm{d}x + Q\mathrm{d}y$ 在区域内处处成立. 如例 7.3.22 中的积分

$$I = \int_{L^+} \frac{(x+y)\mathrm{d}x - (x-y)\mathrm{d}y}{x^2 + y^2},$$

容易看出

$$\frac{(x+y)\mathrm{d}x - (x-y)\mathrm{d}y}{x^2+y^2} = \frac{x\mathrm{d}x + y\mathrm{d}y}{x^2+y^2} + \frac{y\mathrm{d}x - x\mathrm{d}y}{x^2+y^2} = \mathrm{d}\frac{1}{2}\ln(x^2+y^2) + \mathrm{d}\arctan\frac{x}{y}$$

$$= \mathrm{d}\left(\ln \sqrt{x^2+y^2} + \arctan\frac{x}{y} \right), \tag{1}$$

即 $\ln \sqrt{x^2+y^2} + \arctan\dfrac{x}{y}$ 为所求原函数. 按理该积分应与路径无关，但在例 7.3.22 中我们已看到，从 A 积分到 B，沿从 $(0,0)$ 上方穿过 y 轴的曲线积分为 π，沿下方的路径积分为 $-\pi$. 其原因是式（1）只有当 $y \neq 0$ 时成立. 从（1）只能推出在上半平面（或下半平面）内积分与路径无关，不能得出在全平面积分与路径无关.

c. 利用线积分求原函数

例 7.3.24 求 $P\mathrm{d}x + Q\mathrm{d}y = \dfrac{y\mathrm{d}x - x\mathrm{d}y}{3x^2 - 2xy + 3y^2}$ 的原函数，假设 $y > 0$.

解 因为分母的判别式小于零，易知分母 $3x^2 - 2xy + 3y^2$ 当 $y > 0$ 时不为零. P,Q 有连续偏导数，且

$$\frac{\partial Q}{\partial x} = \frac{\partial P}{\partial y} = \frac{3(x^2 - y^2)}{(3x^2 - 2xy + 3y^2)^2}.$$

在 $y > 0$ 的区域上，积分 $\int_L P\mathrm{d}x + Q\mathrm{d}y$ 与路径无关. 原函数可用线积分来计算. 取 $(x_0, y_0) = (0,1)$，全体原函数可表示为

$$u(x,y) = \int_{(0,1)}^{(x,y)} \frac{y\mathrm{d}x - x\mathrm{d}y}{3x^2 - 2xy + 3y^2} + C_1.$$

以折线 $(0,1) \to (0,y) \to (x,y)$ 作积分路径，则

$$u(x,y) = \int_1^y 0\mathrm{d}y + \int_0^x \frac{y\mathrm{d}x}{3x^2 - 2xy + 3y^2} + C_1 = \frac{y}{3}\int_0^x \frac{\mathrm{d}x}{\left(x - \frac{1}{3}y\right)^2 + \frac{8}{9}y^2} + C_1$$

$$= \frac{1}{2\sqrt{2}}\arctan\frac{3x-y}{2\sqrt{2}y} + C \quad (y > 0).$$

旋转面积的计算

要点 1）设直线 L 为：$ax + by + c = 0$，则 L 外一点 (x_0, y_0) 到 L 的距离

$$d = \frac{|ax_0 + by_0 + c|}{\sqrt{a^2 + b^2}}.$$

2）设在直线 L 外的连续曲线 C 为：$x = x(t), y = y(t), t \in [\alpha, \beta]$，则曲线 C 上每点 $(x(t), y(t))$ 到 L 距离为 $\dfrac{|ax(t) + by(t) + c|}{\sqrt{a^2 + b^2}}$. 在点 $(x(t), y(t))$ 处的微分弧段为 $\mathrm{d}s$（以 L 为旋转轴），$\mathrm{d}s$ 的旋转面积为 $2\pi\dfrac{|ax(t) + by(t) + c|}{\sqrt{a^2 + b^2}}\mathrm{d}s$. 通过积分（累加起来），就是曲线 C（绕直线 L）旋转的总面积：

$$S = 2\pi\int_\alpha^\beta \frac{|ax(t) + by(t) + c|}{\sqrt{a^2 + b^2}}\mathrm{d}s. \tag{A}$$

^{new}☆**例 7.3.25** 求曲线 $C: x = a\cos^3 t, y = a\sin^3 t \ (a > 0)$ 绕直线 $y = x$ 旋转所成曲面的面积.（中国科学院）

解 （此曲线常被称为星形线，如图 7.3.12）图像有对称性，（欲求的）总面积等于（曲线 C 上）PQ, QR 两段旋转面积的 2 倍.

曲线 C 上：点 $(x(t), y(t)) = (a\cos^3 t, a\sin^3 t)$ 处的微分弧段：

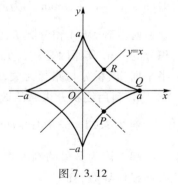

图 7.3.12

$$\begin{aligned}
\mathrm{d}s &= \sqrt{x'^2(t) + y'^2(t)}\mathrm{d}t \\
&= \sqrt{(-3a\cos^2 t\sin t)^2 + (3a\sin^2 t\cos t)^2}\mathrm{d}t \\
&= 3a|\cos t\sin t|\mathrm{d}t.
\end{aligned}$$

在弧段 PQ, QR 上：$-\dfrac{\pi}{4} \leqslant t \leqslant \dfrac{\pi}{4}$. 据上面要点 2）的公式（A）（其中的 $L: ax + by + c = 0$，这里是：$x - y = 0$，亦即 $a = 1, b = -1, c = 0$），C 绕 $x - y = 0$ 的旋转总面积为

$$S = 2 \times 2\pi\int_{-\frac{\pi}{4}}^{\frac{\pi}{4}} \frac{|x(t) - y(t)|}{\sqrt{1^2 + 1^2}}\sqrt{x'^2(t) + y'^2(t)}\mathrm{d}t$$

$$= 4\pi \cdot 3a^2 \cdot \frac{1}{\sqrt{2}}\int_{-\frac{\pi}{4}}^{\frac{\pi}{4}}(\cos^3 t - \sin^3 t) \cdot |\sin t\cos t|\mathrm{d}t \left(\int_{-\frac{\pi}{4}}^{\frac{\pi}{4}}\sin^3 t \cdot |\sin t\cos t|\mathrm{d}t = 0\right)$$

$$= 12\sqrt{2}\pi a^2\int_0^{\frac{\pi}{4}}(\cos t)^4\sin t\mathrm{d}t = \frac{3}{5}(4\sqrt{2} - 1)\pi a^2.$$

✍ **单元练习 7.3**

7.3.1 计算积分 $\displaystyle\int_{ABC}\frac{\mathrm{d}x+\mathrm{d}y}{|x|+|y|}$,其中 ABC 为三点 $A(1,0),B(0,1),C(-1,0)$ 连成的折线.(上海交通大学)

提示 被积函数在左、右对称点上值的大小相等、符号相同,$\mathrm{d}x$ 亦然,但 $\mathrm{d}y$ 在对称点上大小相等、符号相反.

再提示 原积分 $I=2\displaystyle\int_{AB}\frac{\mathrm{d}x}{|x|+|y|}=2\int_{AB}\frac{\mathrm{d}x}{x+y}\xrightarrow{AB\ \text{上}\ x+y=1}2\int_{1}^{0}\mathrm{d}x=-2.$

7.3.2 设 C 为对称于坐标轴的光滑曲线,证明:

$$\oint_{C}(x^3y+\mathrm{e}^y)\mathrm{d}x+(xy^3+x\mathrm{e}^y-\cos x)\mathrm{d}y=0.$$

(河北师范大学).

提示 应用 Green 公式(并利用对称性)(设 $C=\partial D$),

$$(\text{原式})\text{左端}=\iint_{D}[(y^3+\mathrm{e}^y+\sin x)-(x^3+\mathrm{e}^y)]\mathrm{d}x\mathrm{d}y\xrightarrow{\text{奇性}}0.$$

7.3.3 计算曲线积分 $\displaystyle\int_{L^+}y^2\mathrm{d}x+z^2\mathrm{d}y+x^2\mathrm{d}z$,其中

$$L^+:\begin{cases}x^2+y^2+z^2=R^2,\\x^2+y^2=Rx\end{cases}\quad(R>0,z\geqslant0),$$

L^+ 的指向为顺时针方向,如图 7.3.13.(辽宁师范大学)

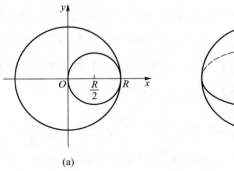

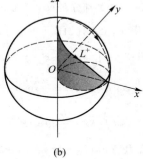

(a) (b)

图 7.3.13

提示 $y>0$ 与 $y<0$ 两部分对称,相消.

☆**7.3.4** 计算曲线积分 $\displaystyle\int_{C}\left(\frac{xy}{ab}+\frac{\sqrt2yz}{b\sqrt{a^2+b^2}}+\frac{\sqrt2zx}{a\sqrt{a^2+b^2}}\right)\mathrm{d}s$,

其中 C 为 $\dfrac{x^2}{a^2}+\dfrac{y^2}{b^2}+\dfrac{2z^2}{a^2+b^2}=1(x>0,y>0,z>0)$ 与 $\dfrac{x}{a}+\dfrac{y}{b}=1$ 的

交线 $(a,b>0)$.(四川大学)

提示 如图 7.3.14,可参考例 7.3.4.

再提示 将 C 的两个方程式联立,消去 y,可得

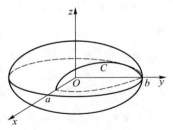

图 7.3.14

$$\frac{(2x-a)^2}{a^2} + \frac{(2z)^2}{a^2+b^2} = 1.$$

令 $\dfrac{2x-a}{a} = r\cos\theta, \dfrac{2z}{\sqrt{a^2+b^2}} = r\sin\theta$,代入可知 $r=1$. 于是

$$x = \frac{a}{2}(1+\cos\theta), \quad z = \frac{\sqrt{a^2+b^2}}{2}\sin\theta.$$

进而 $y = \dfrac{b}{2}(1-\cos\theta)$.

$$x'(\theta) = -\frac{a}{2}\sin\theta, x'^2(\theta) = \frac{a^2}{4}\sin^2\theta.$$

类似有 $y'^2(\theta) = \dfrac{b^2}{4}\sin^2\theta, z'^2(\theta) = \dfrac{1}{4}(a^2+b^2)\cos^2\theta$. 因此

$$ds = \sqrt{x'^2(\theta) + y'^2(\theta) + z'^2(\theta)}\,d\theta = \frac{1}{2}\sqrt{a^2+b^2}\,d\theta.$$

（原积分）$I = \displaystyle\int_0^\pi \left[\frac{1}{4}\sin^2\theta + \frac{\sqrt{2}}{4}\sin\theta\cdot(1+\cos\theta) + \frac{\sqrt{2}}{4}\sin\theta(1-\cos\theta) \right]\cdot\frac{\sqrt{a^2+b^2}}{2}\,d\theta$

$$= \frac{1}{16}\sqrt{a^2+b^2}\,(\pi + 2\sqrt{2}).$$

7.3.5   计算圆柱面 $x^2+y^2 = Rx$ 被曲面 $x^2+y^2+z^2 = R^2$ 所截部分的面积.

提示   可参看练习 7.3.3 中的图 7.3.13,其中(a)为投影情况,(b)图描述了上半部分的情况. 因上下对称,前后对称,只需求出第一卦限内的部分乘 4 即可. 利用元素法,柱面面积可表示为第一型曲线积分.

再提示   第一卦限的部分在 xOy 平面上的投影为 $x^2+y^2 = Rx$ 的上半圆. 在此半圆上任取一点 (x,y),作弧长元素 ds,上半柱面截下的部分对应一无限狭窄的长条矩形,面积 $z\,ds = \sqrt{R^2-x^2-y^2}\,ds$. 因而整个面积:$S = 4\displaystyle\int_C \sqrt{R^2-x^2-y^2}\,ds$,其中 C 为 $x^2+y^2 = Rx$ 之上半圆. 取点 $\left(\dfrac{R}{2},0\right)$ 作极点,引入极坐标 $x = \dfrac{R}{2}\cos\theta + \dfrac{R}{2}, y = \dfrac{R}{2}\sin\theta$. 于是

$$S = 4\int_0^\pi \sqrt{R^2-Rx}\cdot\frac{R}{2}\,d\theta = 4R^2\cdot\frac{1}{2}\int_0^\pi \sqrt{\frac{1-\cos\theta}{2}}\,d\theta = 4R^2\int_0^\pi \sin\frac{\theta}{2}\,d\frac{\theta}{2} = 4R^2.$$

7.3.6   设在力场 $F = (x+2y+4, 4x-2y, 3x+z)$ 中有单位质量为 M 的质点沿椭圆 C:$(3x+2y-5)^2 + (x-y+1)^2 = a^2, z = 4(a>0)$ 移动一周（从 z 轴 $+\infty$ 点看去,为逆时针方向）,试求力 F 所做的功.（南京航空航天大学）

提示 $W = \displaystyle\int_{C+} (x+2y+4)\,dx + (4x-2y)\,dy + (3x+z)\,dz$,在 C 上 $z\equiv 4$,第三项 $dz = 0$,只剩前两项.

再提示 $W \xlongequal{\text{Green 公式}} \displaystyle\iint_D (4-2)\,dx\,dy$,其中 D 为 $(3x+2y-5)^2 + (x-y+1)^2 \leqslant a^2$. 令 $\xi = 3x+2y -5, \eta = x-y+1$,则 $|J| = \dfrac{1}{5}$,$W = 2\displaystyle\iint_{\xi^2+\eta^2\leqslant a^2} \frac{1}{5}\,d\xi\,d\eta = \frac{2}{5}\pi a^2$.

7.3.7   计算双纽线 $(x^2+y^2)^2 = a^2(x^2-y^2)$ 所围的面积 $(a>0)$.

提示   例 7.3.11 前之"要点"中公式(B)四种算法均可.

再提示　图形关于坐标轴对称（如图 7.3.15），只要计算第一象限再乘 4 即可.

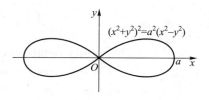

图 7.3.15

解 I　引用极坐标得 $r^2 = a^2 \cos 2\theta$，因此第一象限 θ 的变化范围为 $\left[0, \dfrac{\pi}{4}\right]$. 这时

$$x = r\cos\theta = a\cos\theta\sqrt{\cos 2\theta}, \quad y = r\sin\theta = a\sin\theta\sqrt{\cos 2\theta}.$$

代入公式（B）：

$$S = 4 \cdot \frac{1}{2} \int_0^{\frac{\pi}{4}} \left[x(\theta)y'(\theta) - y(\theta)x'(\theta)\right]\mathrm{d}\theta = 2\int_0^{\frac{\pi}{4}} a^2 \cos 2\theta \, \mathrm{d}\theta = a^2.$$

解 II　令 $y = tx$（以斜率为参数），这时 $x^2(1+t^2)^2 = a^2(1-t^2)$，

$$x = \frac{a\sqrt{1-t^2}}{1+t^2},$$

第一象限 t 的变化范围为 $0 \leqslant t \leqslant 1$，

$$x\mathrm{d}y - y\mathrm{d}x = x(t)\left[x(t) + tx'(t)\right]\mathrm{d}t - tx(t)\cdot x'(t)\mathrm{d}t = (x(t))^2 \mathrm{d}t.$$

因此

$$S = 4 \cdot \frac{1}{2} \int_0^1 a^2 \frac{1-t^2}{(1+t^2)^2} \mathrm{d}t \xlongequal{\diamondsuit\, t = \tan\theta} 2a^2 \int_0^{\frac{\pi}{4}} \cos 2\theta \, \mathrm{d}\theta = a^2.$$

解 III　利用二重积分，第一象限 $r = a\sqrt{\cos 2\theta}$，$0 \leqslant \theta \leqslant \dfrac{\pi}{4}$.

$$S = 4\iint\limits_{D_1} \mathrm{d}x\mathrm{d}y = 4\int_0^{\frac{\pi}{4}} \mathrm{d}\theta \int_0^{a\sqrt{\cos 2\theta}} r\mathrm{d}r = 4 \cdot \frac{1}{2} \int_0^{\frac{\pi}{4}} a^2 \cos 2\theta \, \mathrm{d}\theta = a^2.$$

*7.3.8　一个半径为 r 的圆，沿着半径为 R 的定圆之圆周外滚动（而不滑动）时，由动圆上一点所描绘出来的曲线称为**外摆线**. 假定比值 $\dfrac{R}{r} = n$ 是整数（$n \geqslant 1$），求外摆线所围的面积.

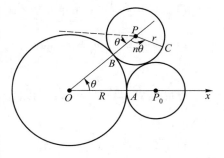

图 7.3.16

提示　可用向量法求出外摆线的参数方程，再用例 7.3.11 前之要点公式（B）求解.

解　以大圆中心为原点，让正 x 轴过起始切点 A，设小圆（半径 r）绕大圆（半径 R）逆时针滚动. 注意滚动时切点始终在两圆连心线上. 并且，如图 7.3.16：当小圆圆心从点 P_0 移动到点 P 时，滚过的弧段 $\overset{\frown}{AB} \overset{记}{=} \overset{\frown}{BC}$，因而若所对的圆心角 $\angle AOB \overset{记}{=\!=} \theta$，则 $\angle BPC = n\theta$. 小圆半径向量 $\overrightarrow{P_0A}$ 此时实际旋转角度为 $\theta + n\theta = (n+1)\theta$. $\overrightarrow{P_0A}$ 起始辐角为 π，旋转到 $\overrightarrow{PC}$ 位置时辐角为 $\pi + (n+1)\theta$. 故向量

$$\overrightarrow{OP} = ((R+r)\cos\theta, (R+r)\sin\theta) = ((n+1)r\cos\theta, (n+1)r\sin\theta),$$

$$\overrightarrow{PC} = (r\cos(\pi + (n+1)\theta), r\sin(\pi + (n+1)\theta)) = (-r\cos(n+1)\theta, -r\sin(n+1)\theta).$$

因此点 $C(x, y)$ 的径向量

$$(x, y) = \overrightarrow{OC} = \overrightarrow{OP} + \overrightarrow{PC} = ((n+1)r\cos\theta - r\cos(n+1)\theta, (n+1)r\sin\theta - r\sin(n+1)\theta).$$

故外摆线参数方程为（$0 \leqslant \theta \leqslant 2\pi$）（$r, n$ 为已知常数）

$$x = (n+1)r\cos\theta - r\cos(n+1)\theta, \quad y = (n+1)r\sin\theta - r\sin(n+1)\theta.$$

从而　　　　　$x\mathrm{d}y - y\mathrm{d}x$

$$= \big[(n+1)r\cos\theta - r\cos(n+1)\theta\big]\big((n+1)r\cos\theta - r(n+1)\cos(n+1)\theta\big)\mathrm{d}\theta +$$

$$\big[-(n+1)r\sin\theta + r\sin(n+1)\theta\big]\big[-(n+1)r\sin\theta + r(n+1)\sin(n+1)\theta\big]\mathrm{d}\theta$$

$$= \big[(n+1)^2 r^2 - (n+1)r^2\cos n\theta - (n+1)^2 r^2\cos n\theta + (n+1)r^2\big]\mathrm{d}\theta$$

$$= r^2(n+1)(n+2)(1-\cos n\theta)\mathrm{d}\theta.$$

于是

$$S = \frac{1}{2}\oint_{L^+} x\mathrm{d}y - y\mathrm{d}x = \frac{1}{2}r^2(n+1)(n+2)\int_0^{2\pi}(1-\cos n\theta)\mathrm{d}\theta = r^2(n+1)(n+2)\pi.$$

*7.3.9　上题当小圆在大圆内壁滚动(不滑动),小圆上一点的轨迹称为内摆线. 设 $\dfrac{R}{r} = n$ 为整数 $(n\geqslant 2)$,求内摆线所围的面积.　　　　　　　　　　　　　　　　　　　《$(n-1)(n-2)\pi r^2$》

　　提示　$\overrightarrow{OP} = ((n-1)r\cos\theta, (n-1)r\sin\theta)$, $\overrightarrow{PC} = (r\cos(1-n)\theta, r\sin(1-n)\theta)$,

$$x(\theta) = (n-1)r\cos\theta + r\cos(n-1)\theta, \quad y(\theta) = (n-1)r\sin\theta - r\sin(n-1)\theta.$$

☆7.3.10　求线积分 $\displaystyle\int_C \frac{-y}{x^2+y^2}\mathrm{d}x + \frac{x}{x^2+y^2}\mathrm{d}y$ 在下列两种曲线 C 的情况下的值:

1) $(x-1)^2 + (y-1)^2 = 1$;　　　　　　　　　　　　　　　　　　　　　　　　　　　《0》

2) $|x| + |y| = 1$,方向均为逆时针. (北京大学)　　　　　　　　　　　　　　　　　《2π》

　　提示　可参看例 7.3.11 及其"注".

☆7.3.11　求常数 α,使给定的积分恒为零:

1) $\displaystyle\oint_C \frac{x\mathrm{d}x - \alpha y\mathrm{d}y}{x^2+y^2} = 0$,其中 C 是平面上任一简单闭曲线;(清华大学)　　　　《$\alpha = -1$》

2) $\displaystyle\oint_C \frac{x}{y}r^\alpha\mathrm{d}x - \frac{x^2}{y^2}r^\alpha\mathrm{d}y = 0$ $(r = \sqrt{x^2+y^2})$,其中 C 是上半平面任一光滑闭曲线. (北京大学)

　　　　　　　　　　　　　　　　　　　　　　　　　　　　　　　　　　　　　　　《$\alpha = -1$》

　　提示　1) 由 $\dfrac{\partial P}{\partial y} = \dfrac{\partial Q}{\partial x}$ 得 $\alpha = -1$. $\alpha = -1$ 时 $(0,0)$ 处循环常数 $= 0$,即令 C 包围原点,该积分也为零.

2) 由 $\dfrac{\partial P}{\partial y} = \dfrac{\partial Q}{\partial x}$ 得 $x^3 + xy^2 = -\alpha(x^3 + xy^2)$,解得 $\alpha = -1$.

☆7.3.12　计算开口弧段上的曲线积分:

1) $I = \displaystyle\int_{\overset{\frown}{AB}}(y^3+x)\mathrm{d}x - (x^3+y)\mathrm{d}y$,其中 $A = (0,0)$, $B = (a,0)$, $\overset{\frown}{AB}: x^2+y^2 = ax$ $(y\geqslant 0)$;(北京大学)

$$\left\langle\!\left\langle \frac{9}{64}\pi a^4 + \frac{a^2}{2}\ (a>0),\ -\frac{9}{64}\pi a^4 + \frac{a^2}{2}\ (a<0) \right\rangle\!\right\rangle$$

2) $K = \displaystyle\int_{C^+}(-2xe^{-x^2}\sin y)\mathrm{d}x + (e^{-x^2}\cos y + x^4)\mathrm{d}y$,其中 C^+ 为从点 $(1,0)$ 到点 $(-1,0)$ 的半圆 $y = \sqrt{1-x^2}$ $(-1\leqslant x\leqslant 1)$;(武汉大学)　　　　　　　　　　　　　　　　《0》

3) $L = \displaystyle\int_{\overset{\frown}{OA}}(y^2-\cos y)\mathrm{d}x + x\sin y\mathrm{d}y$,其中 $\overset{\frown}{OA}$ 是从原点 $O(0,0)$ 到 $A(\pi,0)$ 的弧:$y = \sin x$. (华东师范大学)　　　　　　　　　　　　　　　　　　　　　　　　　　　　《$-\dfrac{\pi}{2}$》

提示 参看例 7.3.14 及前后的文字叙述.

再提示 1) $I = \int_{\widehat{AB}} (y^3 + x)\mathrm{d}x - (x^3 + y)\mathrm{d}y$

$$= \int_{\widehat{AB} + \overline{BA}} (y^3 + x)\mathrm{d}x - (x^3 + y)\mathrm{d}y + \int_{\overline{AB}} (y^3 + x)\mathrm{d}x - (x^3 + y)\mathrm{d}y$$

$$= \mp \iint_D (-3x^2 - 3y^2)\mathrm{d}x\mathrm{d}y + \int_0^a x\mathrm{d}x$$

$$(a > 0 \text{ 时取 “ + ”}, a < 0 \text{ 时取 “ - ”}; D \text{ 是 } \widehat{AB}, \overline{BA} \text{ 所围区域})$$

$$= \pm \int_0^{\frac{\pi}{2}} \mathrm{d}\theta \int_0^{a\cos\theta} 3r^3\mathrm{d}r + \frac{1}{2}a^2 = (\operatorname{sgn} a) \cdot \frac{9}{64}\pi a^4 + \frac{1}{2}a^2.$$

2) $K = \iint\limits_{\substack{x^2+y^2 \leqslant 1 \\ y \geqslant 0}} 4x^3\mathrm{d}x\mathrm{d}y = 0$ (对称性) $\left(\int_{\overline{OA}} (-2xe^{-x^2}\sin y)\mathrm{d}x + (e^{-x^2}\cos y + x^4)\mathrm{d}y = 0 \right)$.

3) $L = \iint\limits_D xy\mathrm{d}x\mathrm{d}y - \int_{\overline{OA}} \cos 0\mathrm{d}x = -\frac{\pi}{2}$, 其中 $D = \{(x,y) \mid 0 \leqslant x \leqslant \pi, 0 \leqslant y \leqslant \sin x\}$.

注 1) 中未假定 a 的正、负, 务必分别讨论.

7.3.13 设 $f(x)$ 在 $(-\infty, +\infty)$ 内有连续的导函数, 求

$$\int_L \frac{1 + y^2 f(xy)}{y}\mathrm{d}x + \frac{x}{y^2}[y^2 f(xy) - 1]\mathrm{d}y,$$

其中 L 是从点 $A\left(3, \dfrac{2}{3}\right)$ 到点 $B(1,2)$ 的直线段. (北京航空航天大学)   《- 4》

提示 $\dfrac{\partial Q}{\partial x} = \dfrac{\partial P}{\partial y} \left(= -\dfrac{1}{y^2} + f(xy) + xyf'(xy) \right)$, 故可用平行坐标轴之折线路径取代原积分线 (斜线段).

再提示 原积分 $= \int_3^1 \dfrac{1}{2}[1 + 4f(2x)]\mathrm{d}x + \int_{\frac{2}{3}}^2 3\left[f(3y) - \dfrac{1}{y^2}\right]\mathrm{d}y = -4.$

☆7.3.14 设 Ω 为 xOy 平面上具有光滑边界的有界闭区域, u 在 Ω 内有二阶连续偏导数, 直到边界还有一阶连续偏导数, u 为非常值的函数: $u\big|_{\partial\Omega} = 0$, 试证:

$$I = \iint\limits_\Omega u \cdot \left(\frac{\partial^2 u}{\partial x^2} + \frac{\partial^2 u}{\partial y^2} \right)\mathrm{d}x\mathrm{d}y < 0.$$

(武汉大学)

提示 $0 = \int_{\partial\Omega} -u\dfrac{\partial u}{\partial y}\mathrm{d}x + u\dfrac{\partial u}{\partial x}\mathrm{d}y = I + \iint\limits_\Omega \left[\left(\dfrac{\partial u}{\partial x}\right)^2 + \left(\dfrac{\partial u}{\partial y}\right)^2 \right]\mathrm{d}x\mathrm{d}y$, 而右端第 2 项 > 0.

☆7.3.15 证明: $\lim\limits_{R \to +\infty} \oint_{x^2+y^2 = R^2} \dfrac{y\mathrm{d}x - x\mathrm{d}y}{(x^2 + xy + y^2)^2} = 0$. (西南大学)

提示 作极坐标变换即知.

再提示 $0 \leqslant \left| \oint_{x^2+y^2 = R^2} \dfrac{y\mathrm{d}x - x\mathrm{d}y}{(x^2 + xy + y^2)^2} \right|$ (令 $x = R\cos\theta, y = R\sin\theta$)

$$= \left| \int_0^{2\pi} \frac{(-R^2\sin^2\theta - R^2\cos^2\theta)\mathrm{d}\theta}{(R^2\cos^2\theta + R^2\sin\theta\cos\theta + R^2\sin^2\theta)^2} \right| \leqslant \frac{1}{R^2} \int_0^{2\pi} \frac{\mathrm{d}\theta}{\left(1 + \dfrac{1}{2}\sin 2\theta\right)^2}$$

$$\leqslant \frac{1}{R^2} \int_0^{2\pi} \frac{\mathrm{d}\theta}{\left(1 - \dfrac{1}{2}\right)^2} = \frac{1}{R^2}8\pi \to 0 \quad (R \to +\infty).$$

$*$**7.3.16** 证明积分$\oint_L \cos(\boldsymbol{l},\boldsymbol{n})\,\mathrm{d}s=0$,其中$L$为逐段光滑的封闭曲线,$\boldsymbol{l}$为任意给定的方向,$\boldsymbol{n}$是$L$的外法线方向.

提示 可参看例 7.3.15 的解法及其插图.

证 I 因第一型曲线积分与积分方向的选取无关,不妨假定方向为逆时针方向. 向量$\boldsymbol{n},\boldsymbol{l}$上的单位向量分别记作$\boldsymbol{n}_1,\boldsymbol{l}_1$,则$\boldsymbol{n}_1=(\cos(\boldsymbol{n},x),\cos(\boldsymbol{n},y))$, $\boldsymbol{l}_1=(\cos(\boldsymbol{l},x),\cos(\boldsymbol{l},y))$,故

$$\cos(\boldsymbol{l},n)=\boldsymbol{l}_1\cdot\boldsymbol{n}_1=\cos(\boldsymbol{l},x)\cos(\boldsymbol{n},x)+\cos(\boldsymbol{l},y)\cos(\boldsymbol{n},y).$$

$$\begin{aligned}\text{原积分}&=\oint_{L^+}[\cos(\boldsymbol{l},x)\cos(\boldsymbol{n},x)+\cos(\boldsymbol{l},y)\cos(\boldsymbol{n},y)]\mathrm{d}s\\&=\oint_{L^+}\cos(\boldsymbol{l},x)\mathrm{d}y-\cos(\boldsymbol{l},y)\mathrm{d}x=\iint_D 0\mathrm{d}x\mathrm{d}y=0.\end{aligned}$$

(因$\boldsymbol{l}$为固定的方向,与(x,y)无关,故$\cos(\boldsymbol{l},x),\cos(\boldsymbol{l},y)$为常值函数,导数为零.)

证 II 若积分选用顺时针(即负)方向,最后结果不变. 如图 7.3.17:$\angle1=\angle2$(同为$\angle3$的余角),且$\angle3=\angle4=\angle5$. 因此夹角$(\boldsymbol{n},x)(=\angle2)$与$(\boldsymbol{t},y)$互补,

$$(\boldsymbol{n},y)=\angle3=\angle4=\angle5=(\boldsymbol{t},x).$$

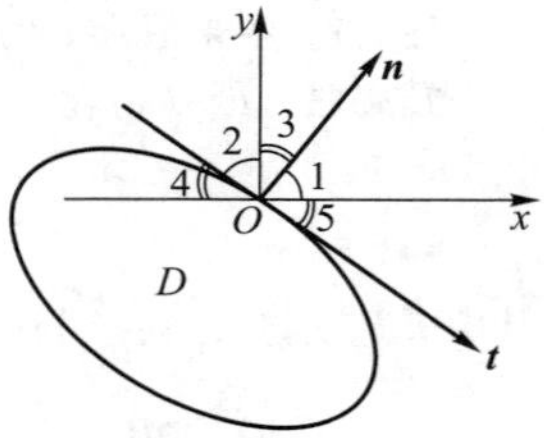

图 7.3.17

于是

$$\begin{aligned}\text{原积分}&=\oint_L\cos(\boldsymbol{l},\boldsymbol{n})\mathrm{d}s=\oint_L\boldsymbol{l}_1\cdot\boldsymbol{n}_1\mathrm{d}s\\&=\oint_{L^-}[\cos(\boldsymbol{l},x)\cos(\boldsymbol{n},x)+\cos(\boldsymbol{l},y)\cos(\boldsymbol{n},y)]\mathrm{d}s\\&=\oint_{L^-}[-\cos(\boldsymbol{l},x)\cos(\boldsymbol{t},y)+\cos(\boldsymbol{l},y)\cos(\boldsymbol{t},x)]\mathrm{d}s\\&=\oint_{L^-}-\cos(\boldsymbol{l},x)\mathrm{d}y+\cos(\boldsymbol{l},y)\mathrm{d}x\\&=\oint_{L^+}\cos(\boldsymbol{l},x)\mathrm{d}y-\cos(\boldsymbol{l},y)\mathrm{d}x=\iint_D 0\mathrm{d}x\mathrm{d}y=0.\end{aligned}$$

证 III 由于方向$\boldsymbol{l}$和曲线L给定之后,该积分值就已被确定,不仅与积分方向无关,也与坐标选取无关. 为了方便计算,不妨令x轴与$\boldsymbol{l}$的方向一致,取逆时针方向,则

$$\cos(\boldsymbol{l},\boldsymbol{n})=\cos(x,\boldsymbol{n})=\cos(\boldsymbol{n},x)=\cos(\boldsymbol{t},y).$$

$$\text{原积分}=\oint_{L^+}\cos(\boldsymbol{t},y)\mathrm{d}s=\oint_{L^+}\mathrm{d}y=\iint_D 0\mathrm{d}x\mathrm{d}y=0,$$

以上D表示L所围区域. 因L为封闭曲线,用定义亦知$\oint_L \mathrm{d}y=0$.

$*$**7.3.17** 计算 Gauss 积分$G(x,y)=\oint_L\dfrac{\cos(\boldsymbol{r},\boldsymbol{n})}{r}\mathrm{d}s$,其中$r=\sqrt{(\xi-x)^2+(\eta-y)^2}$为向量$\boldsymbol{r}$的长度,此向量是联结点$A(x,y)$和封闭光滑曲线$L$上的动点$M(\xi,\eta)$而得的向量. $(\boldsymbol{r},\boldsymbol{n})$为向量$\boldsymbol{r}$与曲线上$M$点处外法向量$\boldsymbol{n}$所成的夹角.

提示 可考虑坐标平移,把原点平移到点A,并写出积分的具体表达式.

解 任意取定一点(x_0,y_0),来计算 Gauss 积分在(x_0,y_0)处的值. 将坐标原点平移至(x_0,y_0),即令$u=\xi-x_0,v=\eta-y_0$,则$r=\sqrt{u^2+v^2}$,$A(x_0,y_0)$到$M(\xi,\eta)$的向量$\boldsymbol{r}=\overrightarrow{AM}=(\xi-x_0,\eta-y_0)=(u,v)$. $\boldsymbol{r}$上的单位向量$\boldsymbol{r}_1=\left(\dfrac{u}{r},\dfrac{v}{r}\right)$.

动点 M 处外法向量 $\boldsymbol{n}$ 的单位向量

$$\boldsymbol{n}_1 = (\cos(\boldsymbol{n},x),\cos(\boldsymbol{n},y)) = (\cos(\boldsymbol{n},u),\cos(\boldsymbol{n},v)).$$

因此 $\cos(\boldsymbol{r},\boldsymbol{n}) = \boldsymbol{r}_1 \cdot \boldsymbol{n}_1 = \dfrac{u\cos(\boldsymbol{n},u)}{r} + \dfrac{v\cos(\boldsymbol{n},v)}{r}.$

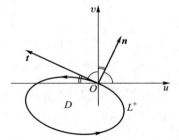

图 7.3.18

如图 7.3.18 所示,动点处外法向量 $\boldsymbol{n}$,切向量 $\boldsymbol{t}$ 跟 u,v 方向夹角有如下关系(设 L^+ 逆时针):$(\boldsymbol{n},u) = (\boldsymbol{t},v)$,$(\boldsymbol{n},v)$ 与 $(\boldsymbol{t},u)$ 互补. 因此

$$\cos(\boldsymbol{n},u)\,\mathrm{d}s = \cos(\boldsymbol{t},v)\,\mathrm{d}s = \mathrm{d}v,$$

$$\cos(\boldsymbol{n},v)\,\mathrm{d}s = \cos(\pi - (\boldsymbol{t},u))\,\mathrm{d}s = -\cos(\boldsymbol{t},u)\,\mathrm{d}s = -\mathrm{d}u,$$

$$G(x_0,y_0) = \oint_L \frac{\cos(\boldsymbol{r},\boldsymbol{n})}{r}\,\mathrm{d}s = \oint_L \frac{u\cos(\boldsymbol{n},u)+v\cos(\boldsymbol{n},v)}{r^2}\,\mathrm{d}s = \oint_{L^+} \frac{u\mathrm{d}v-v\mathrm{d}u}{u^2+v^2}.$$

至此,所谓 Gauss 积分,实际上就是例 7.3.11 注 2)中已讨论过的积分. 重复相应讨论知

$$G(x_0,y_0) = \begin{cases} 0, & \text{当 } L \text{ 不围住点}(x_0,y_0)\text{时}, \\ 2\pi, & \text{当 } L \text{ 包围点}(x_0,y_0)\text{时} \end{cases}$$

(原因是 $P = -\dfrac{v}{u^2+v^2}$,$Q = \dfrac{u}{u^2+v^2}$,除 $(u,v) = (0,0)$ 外处处有连续的偏导数,且 $\dfrac{\partial Q}{\partial u} = \dfrac{\partial P}{\partial v}$. 故 L 内不含点 $(u,v) = (0,0)$(即 (x_0,y_0))时,积分为 0;包含 (x_0,y_0) 时积分等于循环常数,可用单位圆轻易算出其值为 $2\pi \cdot 1^2 = 2\pi$).

※**注** $((x_0,y_0)$ 在 L 上的情况)这时为反常积分,传统的做法是以 (x_0,y_0) 为中心,作半径为 r(充分小)的圆 C_r(将反常点挖掉,如图 7.3.19). 计算曲线 L 剩下部分 L'_r 上的积分,再令小圆半径 $r \to 0$,取极限. 因 L 为光滑曲线,局部越小越趋向直线段,故小圆被 L 切成两部分,也越来越趋向两个半圆,其中与 L'_r 同侧的"半圆"C'_r 与 L'_r 组成不围点 (x_0,y_0) 的封闭曲线,积分为零. 故 $C'_r\!\uparrow$ 上的积分等于 $L'_r\!\uparrow$ 上的积分. 而 $C'_r\!\uparrow$ 上积分趋向于 π,因此

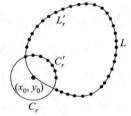

图 7.3.19

$$\int_{\widehat{AL'_rBC'_rA}} \cdots = 0 \Rightarrow \int_{\widehat{AL'_rB}} \cdots + \int_{\widehat{BC'_rA}} \cdots = 0 \Rightarrow \int_{\widehat{AL'_rB}} \cdots = \int_{\widehat{AC'_rB}} \cdots \to \pi \quad (\text{当 } r \to 0 \text{ 时}).$$

故 $(x_0,y_0) \in L$ 时,$G(x_0,y_0) = \lim\limits_{r\to 0} \int_{\widehat{AL'_rB}} \cdots = \pi$ $\left(\text{其中"} \cdots \text{"表示被积表达式} \dfrac{u\mathrm{d}v-v\mathrm{d}u}{u^2+v^2}\right).$

☆**7.3.18** 证明:若 $u(x,y)$ 有二阶连续偏导数,则

$$\iint_D \left[\left(\frac{\partial u}{\partial x}\right)^2 + \left(\frac{\partial u}{\partial y}\right)^2\right]\mathrm{d}x\mathrm{d}y = -\iint_D u\Delta u\,\mathrm{d}x\mathrm{d}y + \oint_L u\,\frac{\partial u}{\partial n}\mathrm{d}s, \qquad (1)$$

式中光滑曲线 L 包围有界区域 D,$\dfrac{\partial u}{\partial n}$ 为沿 L 的外法线方向的导函数,$\Delta u \equiv \dfrac{\partial^2 u}{\partial x^2} + \dfrac{\partial^2 u}{\partial y^2}$. (延边大学,西安电子科技大学)

*试由此进而证明:在 $D \cup L$ 上的调和函数 $u = u(x,y)$ $\left(\text{即}:u \text{ 在 } D \text{ 内直到边界 } L \text{ 上满足 } \Delta u \equiv \dfrac{\partial^2 u}{\partial x^2} + \dfrac{\partial^2 u}{\partial y^2} = 0\right)$ 单值地被它在边界 L 上的数值所确定. (华中师范大学)

提示 $\dfrac{\partial u}{\partial n} = \dfrac{\partial u}{\partial x}\cos(\boldsymbol{n},x) + \dfrac{\partial u}{\partial y}\cos(\boldsymbol{n},y)$. 因此

$$\oint_L u\,\frac{\partial u}{\partial \boldsymbol{n}}\mathrm{d}s = \oint_L u\,\frac{\partial u}{\partial x}\cos(\boldsymbol{n},x)\mathrm{d}s + u\,\frac{\partial u}{\partial y}\cos(\boldsymbol{n},y)\mathrm{d}s = \oint_L u\,\frac{\partial u}{\partial x}\mathrm{d}y - u\,\frac{\partial u}{\partial y}\mathrm{d}x.$$

再应用 Green 公式即得式(1).

证   下证:调和函数被其边界值唯一确定($u\big|_{\partial D}=0 \Rightarrow u\big|_D \equiv 0$). 为此我们先用反证法来证明 $u\big|_{\partial D}\equiv 0$, 即 $\left(\dfrac{\partial u}{\partial x}\right)^2 + \left(\dfrac{\partial u}{\partial y}\right)^2 \equiv 0$ 于 D. 假设存在某点$M\in D$, 便得 $\left[\left(\dfrac{\partial u}{\partial x}\right)^2 + \left(\dfrac{\partial u}{\partial y}\right)^2\right]_M \ne 0$, 则以 M 为中心在 D 内作一充分小的圆域 S_r, 便得

$$\iint_D \left[\left(\frac{\partial u}{\partial x}\right)^2 + \left(\frac{\partial u}{\partial y}\right)^2\right]\mathrm{d}x\mathrm{d}y \geqslant \iint_{S_r} \left(\frac{\partial u}{\partial x}\right)^2 + \left(\frac{\partial u}{\partial y}\right)^2 \mathrm{d}x\mathrm{d}y > 0,$$

与 $\Delta u = 0$ 矛盾.(参看习题 7.3.14 中的提示)这就证明了:在 D 内直到边界上

$$\left(\frac{\partial u}{\partial x}\right)^2 + \left(\frac{\partial u}{\partial y}\right)^2 = 0,$$

从而 $u(x,y)\equiv$ 常数. 因此边界上 $u\equiv 0$, 则内部处处 $u\equiv 0$. 故任意两调和函数 u 与 u_1, 若在边界上 $u\equiv u_1(u-u_1\equiv 0)$, 则在内部处处 $(u-u_1\equiv 0)$: $u\equiv u_1(x,y)$. 即 u 被边界值唯一确定.

＊＊7.3.19   证明:平面上的 Green 第二公式:

$$\iint_D \begin{vmatrix} \Delta u & \Delta v \\ u & v \end{vmatrix}\mathrm{d}x\mathrm{d}y = \oint_L \begin{vmatrix} \dfrac{\partial u}{\partial \boldsymbol{n}} & \dfrac{\partial v}{\partial \boldsymbol{n}} \\ u & v \end{vmatrix}\mathrm{d}s, \tag{1}$$

其中 L 为光滑的封闭围线, D 是 L 所围的有界区域, $\dfrac{\partial}{\partial \boldsymbol{n}}$ 是沿 L 外法线方向的方向导数.

并由此证明:若 $u = u(x,y)$ 为调和函数(即 $\Delta u = 0$), 则

1) $u(x,y) = \dfrac{1}{2\pi}\oint_L \left(u\,\dfrac{\partial \ln r}{\partial \boldsymbol{n}} - \ln r\,\dfrac{\partial u}{\partial \boldsymbol{n}}\right)\mathrm{d}s,$ \tag{2}

其中 $r = \sqrt{(\xi-x)^2 + (\eta-y)^2}$ 是 (x,y) 与 L 上动点(ξ,η)的距离, $(x,y)\in D$ 为任意内点;

2) $\forall (x,y)\in D$, 以(x,y)为中心在 D 内的圆周 C_r(半径为 r)有

$$u(x,y) = \frac{1}{2\pi r}\int_{C_r} u(\xi,\eta)\mathrm{d}s. \tag{3}$$

提示   例如设式(1)右端的积分取逆时针方向, 利用上题方法把右端积分化为第二型曲线积分, 并且应用 Green 公式.

证   (只证结论 1).) $\forall (x_0,y_0)\in D$, 易知:当$(x,y)\ne(x_0,y_0)$时, 函数

$$v = \ln r = \ln\sqrt{(x-x_0)^2 + (y-y_0)^2}$$

为调和函数.(事实上,

$$\Delta v = \frac{\partial^2 v}{\partial x^2} + \frac{\partial^2 v}{\partial y^2} = \frac{1}{r^4}\left[(y-y_0)^2 - (x-x_0)^2\right] + \frac{1}{r^4}\left[(x-x_0)^2 - (y-y_0)^2\right] = 0.)$$

因此, 以(x_0,y_0)为中心, 挖去半径为 $\varepsilon > 0$(充分小)的圆域 S_ε, 则在剩下的区域(记作 D_1), 对 u,v 可应用刚证的公式(1). 这时 D_1 带有小洞, 洞口为圆周 C_ε, D_1 的外边界为 L. 根据式(1)有(下面被省略的被积表达式为 $\left(u\,\dfrac{\partial \ln r}{\partial \boldsymbol{n}} - \ln r\,\dfrac{\partial u}{\partial \boldsymbol{n}}\right)\mathrm{d}s$)

$$\oint_{L\uparrow + C_r\downarrow} \cdots = \oint_{\partial D_1^+} \cdots \xlongequal{\text{式}(1)} \iint_{D_1} \begin{vmatrix} \Delta u & \Delta\ln r \\ u & \ln r \end{vmatrix}\mathrm{d}x\mathrm{d}y = 0,$$

如此
$$\oint_{L\uparrow} \cdots = \oint_{C_\varepsilon\uparrow} \cdots = \oint_{C_\varepsilon\uparrow} u\frac{\partial\ln r}{\partial \boldsymbol{n}}\mathrm{d}s - \oint_{C_\varepsilon\uparrow} \ln r\frac{\partial u}{\partial \boldsymbol{n}}\mathrm{d}s \stackrel{记}{=} I_1 + I_2. \tag{4}$$

利用 Green 公式,
$$I_2 = \oint_{C_\varepsilon\uparrow} \ln r\frac{\partial u}{\partial \boldsymbol{n}}\mathrm{d}s = \ln\varepsilon\oint_{C_\varepsilon\uparrow}\left[\frac{\partial u}{\partial x}\cos(\boldsymbol{n},x) + \frac{\partial u}{\partial y}\cos(\boldsymbol{n},y)\right]\mathrm{d}s = \ln\varepsilon\iint_{S_\varepsilon}\Delta u\mathrm{d}x\mathrm{d}y = 0. \tag{5}$$

注意在 C_ε 上,$\left.\dfrac{\partial\ln r}{\partial \boldsymbol{n}}\right|_{r=\varepsilon} = \left.\dfrac{\partial\ln r}{\partial r}\right|_{r=\varepsilon} = \left.\dfrac{1}{r}\right|_{r=\varepsilon} = \dfrac{1}{\varepsilon}$,因此
$$I_1 = \oint_{C_\varepsilon} u\frac{\partial\ln r}{\partial \boldsymbol{n}}\mathrm{d}s = \frac{1}{\varepsilon}\oint_{C_\varepsilon} u\mathrm{d}s. \tag{6}$$

(5)、(6)代入(4)并应用中值定理,可知
$$\frac{1}{2\pi}\oint_L\left(u\frac{\partial\ln r}{\partial \boldsymbol{n}} + \ln r\frac{\partial u}{\partial \boldsymbol{n}}\right)\mathrm{d}s = \frac{1}{2\pi\varepsilon}\oint_{C_\varepsilon} u\mathrm{d}s = \frac{1}{2\pi\varepsilon}u(Q)\oint_{C_\varepsilon}\mathrm{d}s = u(Q)\ (\text{其中 } Q \text{ 是 } C_\varepsilon \text{ 上某一点}).$$

令 $\varepsilon\to 0$,得 $u(Q)\to u(x_0,y_0)$. 于是证得 1)对任意 (x_0,y_0) 成立.

最后在式(2)中令 $L = C_r$,注意在 C_r 上 $\dfrac{\partial\ln r}{\partial \boldsymbol{n}} = \dfrac{1}{r}$,$\oint_{C_r}\ln r\dfrac{\partial u}{\partial \boldsymbol{n}}\mathrm{d}s = \ln r\oint_{C_r}\dfrac{\partial u}{\partial \boldsymbol{n}}\mathrm{d}s = 0$,便得式(3).

7.3.20　试证:若 $f(u)$ 为连续函数,且 C 为逐段光滑的封闭围线,则
$$\oint_C f(x^2 + y^2)(x\mathrm{d}x + y\mathrm{d}y) = 0.$$

(湖南大学)

提示　$\dfrac{1}{2}\displaystyle\int_a^{x^2+y^2} f(t)\,\mathrm{d}t$ 是 $f(x^2 + y^2)(x\mathrm{d}x + y\mathrm{d}y)$ 的原函数.

7.3.21　试求 $\dfrac{(x^2 + 2xy + 5y^2)\mathrm{d}x + (x^2 - 2xy + y^2)\mathrm{d}y}{(x+y)^3}$ 的原函数.

提示　直接能写出原函数的部分先写出(原函数),不能直接写出原函数的部分,可通过曲线积分来计算.

再提示　1° 原式 $= \dfrac{(x+y)^2\mathrm{d}x + (x+y)^2\mathrm{d}y}{(x+y)^3} + \dfrac{4y^2\mathrm{d}x - 4xy\mathrm{d}y}{(x+y)^3} \stackrel{记}{=} H_1 + H_2$,

其中 $H_1 = \dfrac{\mathrm{d}(x+y)}{x+y} = \mathrm{d}\ln(x+y)$. 故 H_1 的原函数　$u_1 = \ln(x+y) + C$.

2° (剩下部分)记　$P = \dfrac{4y^2}{(x+y)^3}$,$Q = \dfrac{-4xy}{(x+y)^3}$（不难验证:$\dfrac{\partial Q}{\partial x} = \dfrac{\partial P}{\partial y}$）.

H_2 的原函数(可沿 $(0,1)\to(0,y)\to(x,y)$ 计算积分)
$$u_2 = \int_{(0,1)}^{(0,y)}\frac{4y^2\mathrm{d}x - 4xy\mathrm{d}y}{(x+y)^3} + \int_{(0,y)}^{(x,y)}\frac{4y^2\mathrm{d}x - 4xy\mathrm{d}y}{(x+y)^3} = 0 + \frac{2x^2 + 4xy}{(x+y)^2}.$$

3° 所求的原函数:$u = u_1 + u_2 = \ln(x+y) + \dfrac{2x^2 + 4xy}{(x+y)^2} + C$（$C$ 为任意常数）.

注　H_2 的原函数,当起点选得不同时,答案也会不同. 例如若以 $(1,0)$ 为起点,沿 $(1,0)\to(x,0)\to(x,y)$ 求积分,则
$$u_2 = \int_{(1,0)}^{(x,0)}\frac{4y^2\mathrm{d}x - 4xy\mathrm{d}y}{(x+y)^3} + \int_{(x,0)}^{(x,y)}\frac{4y^2\mathrm{d}x - 4xy\mathrm{d}y}{(x+y)^3} = 0 - 4x\int_0^y\frac{y\mathrm{d}y}{(x+y)^3}$$
$$= 2x\int_0^y y\mathrm{d}\frac{1}{(x+y)^2} = 2x\left[\frac{y}{(x+y)^2} - \int_0^y\frac{\mathrm{d}y}{(x+y)^2}\right]$$

$$= 2x\left[\frac{y}{(x+y)^2} - \frac{y}{x(x+y)}\right] = -\frac{2y^2}{(x+y)^2}.$$

注意：上面 u_2 的两个答案，虽然形式不同，但实际上后者只比前者差一个常数"2"，也就是从 $(0,1) \to (1,0)$ 的积分值. 另外，还可以通过求偏导数验证答案的正确性.

7.3.22 设 $f(x), g(x)$ 有连续的导函数，

1) 若 $yf(xy)\mathrm{d}x + xg(xy)\mathrm{d}y$ 为恰当微分，试求 $f-g$；

2) 若 $f(x)$ 有原函数 $\varphi(x)$，试求 $yf(xy)\mathrm{d}x + xg(xy)\mathrm{d}y$ 的原函数.

解 1) 恰当微分的充要条件是：$\dfrac{\partial Q}{\partial x} = \dfrac{\partial P}{\partial y}$，此即

$$\frac{\partial}{\partial x}\big[xg(xy)\big] = \frac{\partial}{\partial y}\big[yf(xy)\big] \Leftrightarrow g(u) + ug_u'(u) = f(u) + uf_u'(u) \quad (\text{其中 } u = xy)$$

$$\Leftrightarrow u[f_u'(u) - g_u'(u)] + [f(u) - g(u)] = 0.$$

$$\Leftrightarrow u\frac{\mathrm{d}h}{\mathrm{d}u} + h(u) = 0 \quad (\text{其中 } h(u) = f(u) - g(u))$$

$$\Leftrightarrow \frac{\mathrm{d}h}{h} = -\frac{\mathrm{d}u}{u}.$$

积分得 $f(u) - g(u) = h(u) = Cu^{-1}$. 因 $f(1) - g(1) = 0$，知 $C = 0$. 故

$$f(u) - g(u) \equiv 0. \tag{1}$$

2) $yf(xy)\mathrm{d}x + xg(xy)\mathrm{d}y$ 的原函数是

$$w = \left(\int_{(0,0)}^{(0,y)} + \int_{(0,y)}^{(x,y)}\right)\big(yf(xy)\mathrm{d}x + xg(xy)\mathrm{d}y\big), \tag{2}$$

而其中 $\displaystyle\int_{(0,0)}^{(0,y)} yf(xy)\mathrm{d}x + xg(xy)\mathrm{d}y = 0$（因为 $x \equiv 0, \mathrm{d}x = 0$）. 所以

$$w = \int_{(0,y)}^{(x,y)} yf(xy)\mathrm{d}x + xg(xy)\mathrm{d}y.$$

因 y 不变，$\mathrm{d}y = 0$，于是 $w = \displaystyle\int_0^x yf(xy)\mathrm{d}x = \int_0^{xy} f(u)\mathrm{d}u$. $yf(xy)\mathrm{d}x + xg(xy)\mathrm{d}y$ 的原函数是

$$w = \int_0^{xy} f(u)\mathrm{d}u = \varphi(xy) - \varphi(0).$$

（已知：$\varphi(x)$ 是 $f(x)$ 的原函数. 因式（1），$\varphi(x)$ 也是 $g(x)$ 的原函数. 因此，式（2）里的积分路径如果采用：$(0,0) \to (x,0) \to (x,y)$，也能得同样结果. 还可通过求偏导数对结果进行验算.）

☆ §7.4 曲面积分、Gauss 公式及 Stokes 公式

导读 曲面积分跟曲线积分一样，有广泛的实际应用，亦属各类考试的热点，宜重点关注（包括本书的各类读者）.

曲面积分与曲线积分，在理论和方法上几乎完全类似，但曲面积分更复杂. 这里将第一型与第二型曲面积分分开进行讨论.

一、第一型曲面积分的计算

计算第一型曲面积分，通常的方法包括：1）利用对称性；2）直接使用公式（包括

用直角坐标公式或参数方程公式);3)化为第二型曲面积分;4)用 Gauss 公式. 这里先讨论 1)和 2),3)和 4)留在后面讨论.

a. 利用对称性

要点 跟第一型曲线积分类似,若积分曲面 S 可以分成对称的两部分:$S = S_1 + S_2$,在对称点上被积函数的绝对值相等,则

$$\iint\limits_{S} f(P)\,dS = \begin{cases} 0, & \text{对称点上 } f(P) \text{ 取相反的符号,} \\ 2\iint\limits_{S_1} f(P)\,dS, & \text{对称点上 } f(P) \text{ 的符号相同.} \end{cases}$$

所谓 S 的两部分 S_1 与 S_2 对称,可以是关于点对称,也可以是关于平面对称.

例 7.4.1 设 $f(z)$ 为奇函数,试求积分

$$I = \iint\limits_{S} f(z)\,dS, \quad J = \iint\limits_{S} f^2(z)\,dS, \quad K = \iint\limits_{S} yf^2(z)\,dS,$$

其中 S 为锥面 $z^2 = 2xy$ 位于球面 $x^2 + y^2 + z^2 = a^2$ 内的部分.

解 作例 7.2.17 类似的讨论知 $z^2 = 2xy$ 是以原点为顶的双叶锥面,对称轴是 xOy 平面上 1、3 象限的分角线(如图 7.4.1). 我们看到 S 关于 xOy 平面上、下对称,在对称点上 $f(z)$ 的大小相等、符号相反,因此积分 $I = \iint\limits_{S} f(z)\,dS = 0$.

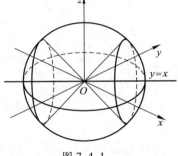

图 7.4.1

又曲面 S 在 1、3 卦限内的部分,与它在 7、5 卦限内的部分关于原点对称,在对称点上 $yf^2(z)$ 的大小相等、符号相反,所以积分

$$K = \iint\limits_{S} yf^2(z)\,dS = 0.$$

除了上、下对称,原点对称之外,S 还关于 $y = x$ 平面(前后)对称. 在对称点上 $f^2(z)$ 大小相等、符号相同. 因此

$$J = 8\iint\limits_{S_1} f^2(z)\,dS,$$

其中 S_1 表示 S 位于第一卦限内夹于 $y = 0$ 与 $y = x$ 之间的部分.

b. 利用公式计算第一型曲面积分

1) 利用直角坐标方程的公式

要点 ① 选取适当的坐标平面,例如 xOy 平面,使之便于求曲面 S 的投影区域 Δ.

② 写出相应的直角坐标方程,例如 $S: z = z(x,y), (x,y) \in \Delta$.

③ 求出偏导数,例如 z'_x, z'_y,代入公式计算二重积分:

$$I = \iint\limits_{S} f(x,y,z)\,dS = \iint\limits_{\Delta} f(x,y,z(x,y))\,\sqrt{1 + z'^2_x + z'^2_y}\,dx\,dy. \tag{A}$$

注意:这里的关键是第一步,选好恰当的投影(坐标)平面. 若选取不当会增加计算上的困难.

例 7.4.2　计算积分 $I = \iint\limits_{S} z \mathrm{d}S$,其中 S

是曲面 $x^2 + z^2 = 2az$ ($a > 0$) 被曲面 $z = \sqrt{x^2 + y^2}$ 所截取的有限部分(如图 7.4.2).

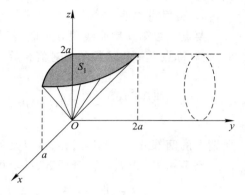

解 I　曲面 S 关于 yOz, zOx 两个坐标平面对称,在对称点上被积函数 $f(x,y,z) = z$ 大小相等,符号相同. 因此积分等于 S 在第一卦限里的部分 S_1 上积分的 4 倍. 在

$$x^2 + z^2 = 2az, z = \sqrt{x^2 + y^2} \qquad (1)$$

中消去 z,可知 S_1 在 xOy 平面上的投影区域

图 7.4.2

为第一象限 x,y 轴与曲线 $2x^2 + y^2 = 2a\sqrt{x^2 + y^2}$ 所围的区域 Δ. 这时曲面方程

$$S : z = a + \sqrt{a^2 - x^2}.$$

$$z'_x = -\frac{x}{\sqrt{a^2 - x^2}}, \ z'_y = 0, \ \sqrt{1 + z'^2_x + z'^2_y} = \frac{a}{\sqrt{a^2 - x^2}}.$$

因此

$$I = 4 \iint\limits_{\Delta} (a + \sqrt{a^2 - x^2}) \frac{a}{\sqrt{a^2 - x^2}} \mathrm{d}x\mathrm{d}y.$$

引用极坐标,$\Delta = \left\{ (r,\theta) \ \middle| \ 0 \leqslant \theta \leqslant \frac{\pi}{2}, 0 \leqslant r \leqslant \frac{2a}{1 + \cos^2\theta} \right\}$,故

$$I = 4 \int_0^{\frac{\pi}{2}} \mathrm{d}\theta \int_0^{\frac{2a}{1+\cos^2\theta}} \left(\frac{a^2 r}{\sqrt{a^2 - r^2\cos^2\theta}} + ar \right) \mathrm{d}r = \frac{7}{2}\sqrt{2}\pi a^3.$$

解 II　将 S_1 向 yOz 平面投影,投影区域(从式(1)中消去 x,可知)是 yOz 平面(第一象限)夹在

$$2z^2 = 2az + y^2 \text{(双曲线)} \quad \text{与} \quad z = 2a$$

之间的部分区域 Δ'. S_1 的方程为 $x = \sqrt{2az - z^2}$. 由此

$$x'_y = 0, \ x'_z = \frac{a - z}{\sqrt{2az - z^2}}, \ \sqrt{1 + x'^2_y + x'^2_z} = \frac{a}{\sqrt{2az - z^2}}.$$

故

$$I = 4 \iint\limits_{S_1} z \mathrm{d}S = 4 \iint\limits_{\Delta'} z \cdot \frac{a}{\sqrt{2az - z^2}} \mathrm{d}y\mathrm{d}z = 4a \int_a^{2a} \mathrm{d}z \int_0^{\sqrt{2z^2 - 2az}} \frac{z}{\sqrt{2az - z^2}} \mathrm{d}y$$

$$= 4a \int_a^{2a} z \sqrt{\frac{2z - 2a}{2a - z}} \mathrm{d}z \xrightarrow{\text{令} \frac{z-a}{2a-z} = t^2} \frac{7}{2}\sqrt{2}\pi a^3.$$

（两种方法比较,本题宜向 yOz 平面投影,因为所得积分较易计算.）

例 7.4.3 计算积分 $I = \iint\limits_{S} |z| \, dS$,其中 S 为柱体 $x^2 + y^2 \leqslant ax$ 被球体 $x^2 + y^2 + z^2 \leqslant a^2$ 截取部分的表面 $(a > 0)$.

解 用 S_1 表示 S 在第一卦限的部分,用 S_{11},S_{12} 分别表示 S_1 的柱面和球面部分,则由对称性知

$$I = 4\iint\limits_{S_1} z \, dS = 4\iint\limits_{S_{11}} z \, dS + 4\iint\limits_{S_{12}} z \, dS.$$

球面与柱面的交线方程为

$$\begin{cases} x^2 + y^2 = ax, \\ x^2 + y^2 + z^2 = a^2, \end{cases}$$

消去 y,知 S_{11} 在 xOz 上的投影区域为

$$\Delta_1 : 0 \leqslant z \leqslant \sqrt{a^2 - ax}, \ 0 \leqslant x \leqslant a.$$

S_{11} 的方程为 $y = \sqrt{ax - x^2}$,因而 $dS = \sqrt{1 + y_x'^2 + y_z'^2} \, dz dx = \dfrac{a}{2\sqrt{ax - x^2}} dz dx$.

$$\iint\limits_{S_{11}} z \, dS = \iint\limits_{\Delta_1} z \, \frac{a}{2\sqrt{ax - x^2}} dz dx = \int_0^a dx \int_0^{\sqrt{a^2 - ax}} \frac{az}{2\sqrt{ax - x^2}} dz = \frac{\pi}{8} a^3.$$

S_{12} 在 xOy 平面的投影区域为

$$\Delta_2 : 0 \leqslant y \leqslant \sqrt{ax - x^2}, 0 \leqslant x \leqslant a.$$

S_{12} 的方程为 $z = \sqrt{a^2 - x^2 - y^2}$,从而

$$dS = \sqrt{1 + z_x'^2 + z_y'^2} \, dx dy = \frac{a}{\sqrt{a^2 - x^2 - y^2}} dx dy.$$

$$\iint\limits_{S_{12}} z \, dS = \iint\limits_{\Delta_2} \sqrt{a^2 - x^2 - y^2} \cdot \frac{a}{\sqrt{a^2 - x^2 - y^2}} dx dy$$

$$= a \iint\limits_{\Delta_2} dx dy = a \cdot \frac{\pi}{2} \left(\frac{a}{2} \right)^2 = \frac{\pi}{8} a^3.$$

总之 $$I = 4\frac{\pi}{8} a^3 + 4\frac{\pi}{8} a^3 = \pi a^3.$$

^{new}**练习** 证明:对于连续函数 $f(x)$,有 $\iint\limits_{x^2 + y^2 + z^2 = 1} f(z) \, dS = 2\pi \int_{-1}^{1} f(t) \, dt.$（清华大学）

提示 $$\iint\limits_{x^2 + y^2 + z^2 = 1, z \geqslant 0} f(z) \, dS = \iint\limits_{x^2 + y^2 \leqslant 1} f(\sqrt{1 - (x^2 + y^2)}) \frac{1}{\sqrt{1 - (x^2 + y^2)}} dx dy$$

$$= -2\pi \int_0^1 f(\sqrt{1 - r^2}) \, d\sqrt{1 - r^2}$$

$$\xrightarrow{\ \text{令} \sqrt{1 - r^2} = t\ } 2\pi \int_0^1 f(t) \, dt.$$

例 7.4.4 计算锥面 $z = \sqrt{2xy}$ ($x \geqslant 0, y \geqslant 0$) 位于球面 $x^2 + y^2 + z^2 = a^2$ 内部分的面积 S.

提示
$$S = \iint_S \mathrm{d}S = \frac{\sqrt{2}}{2} \iint_{\substack{x+y \leqslant a \\ x \geqslant 0, y \geqslant 0}} \left(\sqrt{\frac{y}{x}} + \sqrt{\frac{x}{y}} \right) \mathrm{d}x\mathrm{d}y$$

$$= \sqrt{2} \iint_{\substack{x+y \leqslant a \\ x \geqslant 0, y \geqslant 0}} \sqrt{\frac{x}{y}} \mathrm{d}x\mathrm{d}y = \frac{\sqrt{2}}{4} \pi a^2.$$

向坐标平面投影不总是方便的,必要时需作新的坐标系,向新坐标平面投影.

☆ **例 7.4.5** 计算曲面积分 $F(t) = \iint\limits_{x+y+z=t} f(x,y,z) \mathrm{d}S$, 其中

$$f(x,y,z) = \begin{cases} 1 - x^2 - y^2 - z^2, & x^2 + y^2 + z^2 \leqslant 1, \\ 0, & x^2 + y^2 + z^2 > 1. \end{cases}$$

(上海交通大学)

解 根据 $f(x,y,z)$ 的定义,

$$F(t) = \iint_S (1 - x^2 - y^2 - z^2) \mathrm{d}S,$$

其中 S 为 $x + y + z = t$ 被 $x^2 + y^2 + z^2 \leqslant 1$ 截取的部分. 作坐标旋转, 令 $w = \dfrac{x+y+z}{\sqrt{3}}$, 并在 $w = 0$ 的平面上任意取定两正交轴, 使 $Ouvw$ 仍为右手系, 并使 $x^2 + y^2 + z^2 = u^2 + v^2 + w^2$. 于是 $F(t) = \iint_{S'} (1 - u^2 - v^2 - w^2) \mathrm{d}S$, 其中 S' 为 $w = \dfrac{t}{\sqrt{3}}$ 被 $u^2 + v^2 + w^2 \leqslant 1$ 截下的部分. 它在 uOv 平面上的投影区域为 $\Delta : u^2 + v^2 \leqslant 1 - \dfrac{t^2}{3}$ ($|t| \leqslant \sqrt{3}$). 故

$$F(t) = \iint_\Delta \left(1 - u^2 - v^2 - \frac{t^2}{3} \right) \mathrm{d}u\mathrm{d}v = \int_0^{2\pi} \mathrm{d}\theta \int_0^{\sqrt{1-\frac{t^2}{3}}} \left(1 - \frac{t^2}{3} - r^2 \right) r\mathrm{d}r$$

$$= \frac{\pi}{18} (3 - t^2)^2 \quad (|t| \leqslant \sqrt{3}).$$

当 $|t| > \sqrt{3}$ 时, $F(t) \equiv 0$ (此时 $f(x,y,z) \equiv 0$).

2) 利用参数方程的公式

要点 若积分曲面 S 可用参数方程给出:
$$x = x(u,v), \ y = y(u,v), \ z = z(u,v), \ (u,v) \in \Delta$$
(有连续偏导数), 则我们可以求出

$$A = \frac{\partial(y,z)}{\partial(u,v)}, \ B = \frac{\partial(z,x)}{\partial(u,v)}, \ C = \frac{\partial(x,y)}{\partial(u,v)}$$

或
$$E = x_u'^2 + y_u'^2 + z_u'^2, \ G = x_v'^2 + y_v'^2 + z_v'^2, \ F = x_u'x_v' + y_u'y_v' + z_u'z_v'.$$

把曲面积分化为二重积分:

$$\iint_S f(x,y,z)\,\mathrm{d}S = \iint_\Delta f(x(u,v),y(u,v),z(u,v))\,\sqrt{A^2 + B^2 + C^2}\,\mathrm{d}u\mathrm{d}v$$

或
$$\iint_S f(x,y,z)\,\mathrm{d}S = \iint_\Delta f(x(u,v),y(u,v),z(u,v))\,\sqrt{EG - F^2}\,\mathrm{d}u\mathrm{d}v.$$

特别,若 S 为球面$:x = R\sin\varphi\cos\theta, y = R\sin\varphi\sin\theta, z = R\cos\varphi,$则

$$\mathrm{d}S = \sqrt{EG - F^2}\,\mathrm{d}\varphi\mathrm{d}\theta = R^2\sin\varphi\mathrm{d}\varphi\mathrm{d}\theta.$$

例 7.4.6 计算曲面积分 $I = \displaystyle\iint_\Sigma \frac{\mathrm{d}S}{\sqrt{x^2 + y^2 + (z+a)^2}}$,其中 Σ 为以原点为中心,

$a(a>0)$ 为半径的上半球面.(南开大学)

解 上半球面

$$\Sigma: x = a\sin\varphi\cos\theta,\ y = a\sin\varphi\sin\theta,\ z = a\cos\varphi\ \left(0\leqslant\varphi\leqslant\frac{\pi}{2}, 0\leqslant\theta\leqslant 2\pi\right).$$

因此

$$I = \iint_\Sigma \frac{\mathrm{d}S}{\sqrt{x^2 + y^2 + z^2 + 2az + a^2}} = \iint_{\substack{0\leqslant\varphi\leqslant\frac{\pi}{2}\\0\leqslant\theta\leqslant 2\pi}} \frac{a^2\sin\varphi\mathrm{d}\varphi\mathrm{d}\theta}{\sqrt{a^2 + 2a^2\cos\varphi + a^2}}$$

$$= 2\pi a\int_0^{\frac{\pi}{2}} \frac{\sin\varphi}{\sqrt{2 + 2\cos\varphi}}\mathrm{d}\varphi = -2\pi a\sqrt{2 + 2\cos\varphi}\,\Big|_0^{\frac{\pi}{2}} = 2\pi a(2 - \sqrt{2}).$$

^{new} *** 练习** 已知 $S = \{(x,y,z)\in\mathbf{R}^3\ |\ x^2 + y^2 + z^2 = 1\}$,试用(第二型 Euler 积分)$\Gamma(p) = \displaystyle\int_0^{+\infty} x^{p-1}\mathrm{e}^{-x}\mathrm{d}x$ 表示如下的第一类曲面积分 $I: I = \displaystyle\iint_S (x^2 + y^2)^\beta\mathrm{d}S\ (\beta > -1)$.(中国科学技术大学)

提示 利用对称性(S_1 表示 S 在第一卦限里的部分),

$$I = \iint_S (x^2 + y^2)^\beta\mathrm{d}S = 8\iint_{S_1} (x^2 + y^2)^\beta\mathrm{d}S.$$

(利用球坐标 $x = \sin\varphi\cos\theta, y = \sin\varphi\sin\theta, z = \cos\varphi,$则 $x^2 + y^2 = \sin^2\varphi, \mathrm{d}S = \sin\varphi\mathrm{d}\theta\mathrm{d}\varphi,$这里半径 $R = 1.$)故

$$I = 8\int_0^{\frac{\pi}{2}}\mathrm{d}\theta\int_0^{\frac{\pi}{2}}\sin^{2\beta}\varphi\sin\varphi\mathrm{d}\varphi = 4\pi\int_0^{\frac{\pi}{2}}\sin^{2\beta+1}\varphi\mathrm{d}\varphi. \tag{1}$$

再提示 (复习 §7.1 第七部分:Euler 积分.)已知:

$$\Gamma\left(\frac{1}{2}\right) = \sqrt{\pi} \tag{2}$$

以及
$$B(p,q) = 2\int_0^{\frac{\pi}{2}}\cos^{2p-1}\varphi\sin^{2q-1}\varphi\mathrm{d}\varphi = \frac{\Gamma(p)\Gamma(q)}{\Gamma(p+q)}, \tag{3}$$

利用公式(3)计算式(1),注意:这里 $2p - 1 = 0, 2q - 1 = 2\beta + 1$(亦即 $p = \frac{1}{2}, q = \beta + 1. p + q = \beta + \frac{3}{2}$),于是

$$I = 4\pi \int_0^{\frac{\pi}{2}} \sin^{2\beta+1} \varphi \mathrm{d}\varphi = 2\pi \cdot \mathrm{B}\left(\frac{1}{2}, \beta+1\right)$$

$$\xrightarrow{\text{式(3)}} \frac{2\pi \Gamma\left(\frac{1}{2}\right) \Gamma(\beta+1)}{\Gamma\left(\beta+\frac{3}{2}\right)} \xrightarrow{\text{式(2)}} \frac{2\pi \sqrt{\pi} \Gamma(\beta+1)}{\Gamma\left(\beta+\frac{3}{2}\right)}.$$

☆**例 7.4.7** 设 $f(x)$ 连续,证明 Poisson 公式:

$$\int_0^{2\pi} \mathrm{d}\theta \int_0^{\pi} f(a\sin \varphi \cos \theta + b\sin \varphi \sin \theta + c\cos \varphi) \sin \varphi \mathrm{d}\varphi$$

$$= 2\pi \int_{-1}^1 f(kz) \mathrm{d}z \quad (k = \sqrt{a^2 + b^2 + c^2}). \tag{1}$$

(南开大学,四川大学,延边大学).

解 式(1)左端积分,即为单位球面 $S: \xi^2 + \eta^2 + \zeta^2 = 1$ 上的曲面积分:

$$I = \iint_S f(a\xi + b\eta + c\zeta) \mathrm{d}S.$$

要证明式(1),应将 $a\xi + b\eta + c\zeta$ 变成 $\sqrt{a^2 + b^2 + c^2} z$. 为此令 $z = \dfrac{a\xi + b\eta + c\zeta}{\sqrt{a^2 + b^2 + c^2}}$,作坐标旋转. 在 $a\xi + b\eta + c\zeta = 0$ 的平面上取正交轴 Ox, Oy,使 $Oxyz$ 成右手系,这时 $\xi^2 + \eta^2 + \zeta^2 = 1$ 变成 $x^2 + y^2 + z^2 = 1$. 或将 $S: x^2 + y^2 = 1 - z^2$ 写为柱面坐标,即

$$x = \sqrt{1 - z^2} \cos \alpha, \ y = \sqrt{1 - z^2} \sin \alpha, \ z = z,$$
$$(\alpha, z) \in \Delta = \{(\alpha, z) \mid 0 \leqslant \alpha \leqslant 2\pi, -1 \leqslant z \leqslant 1\}.$$

这时

$$E = x_\alpha'^2 + y_\alpha'^2 + z_\alpha'^2 = 1 - z^2, \ G = x_z'^2 + y_z'^2 + z_z'^2 = \frac{1}{1 - z^2}, \ F = x_\alpha' x_z' + y_\alpha' y_z' + z_\alpha' z_z' = 0,$$

$$\mathrm{d}S = \sqrt{EG - F^2} \mathrm{d}\alpha \mathrm{d}z = \sqrt{\frac{1}{1 - z^2}(1 - z^2) - 0} \mathrm{d}\alpha \mathrm{d}z = \mathrm{d}\alpha \mathrm{d}z.$$

故

$$\int_0^{2\pi} \mathrm{d}\theta \int_0^{\pi} f(a\sin \varphi \cos \theta + b\sin \varphi \sin \theta + c\cos \varphi) \sin \varphi \mathrm{d}\varphi$$

$$= \iint_S f(\sqrt{a^2 + b^2 + c^2} z) \mathrm{d}S = \iint_\Delta f(z\sqrt{a^2 + b^2 + c^2}) \sqrt{EG - F^2} \mathrm{d}\alpha \mathrm{d}z$$

$$= \int_0^{2\pi} \mathrm{d}\alpha \int_{-1}^1 f(z\sqrt{a^2 + b^2 + c^2}) \mathrm{d}z = 2\pi \int_{-1}^1 f(kz) \mathrm{d}z \quad (k = \sqrt{a^2 + b^2 + c^2}).$$

例 7.4.8 设 $f(x)$ 在 $|x| \leqslant \sqrt{a^2 + b^2 + c^2} \ (a^2 + b^2 + c^2 \neq 0)$ 上连续,证明:

$$\iiint_V f\left(\frac{ax + by + cz}{\sqrt{x^2 + y^2 + z^2}}\right) \mathrm{d}x\mathrm{d}y\mathrm{d}z = \frac{2\pi}{3} \int_{-1}^1 f(u\sqrt{a^2 + b^2 + c^2}) \mathrm{d}u,$$

其中 V 为球域 $x^2 + y^2 + z^2 \leqslant 1$. (广西大学)

提示 等式左端引用球坐标变换化为累次积分,然后用上例结果.

例 7.4.9　试证：$\left| \iint\limits_S f(mx + ny + pz)\,\mathrm{d}S \right| \le 2\pi M$，其中 $m^2 + n^2 + p^2 = 1$，m,n,p 为常数. $f(t)$ 在 $|t| \le 1$ 时为连续可微函数，$f(-1) = f(1) = 0$，$M = \max\limits_{-1 \le t \le 1}\{|f'(t)|\}$，$S$ 表示半径为 1，中心在原点的球面.（东北大学）

提示　应用 Poisson 公式，并注意

$$\int_{-1}^1 f(u)\,\mathrm{d}u = uf(u)\Big|_{-1}^1 - \int_{-1}^1 uf'(u)\,\mathrm{d}u = -\int_{-1}^1 uf'(u)\,\mathrm{d}u$$

从而

$$\left| \int_{-1}^1 f(u)\,\mathrm{d}u \right| \le M.$$

例 7.4.10　试求 $x^2 + y^2 + z^2 = R^2\ (R > 0)$ 在锥面 $\sqrt{x^2 + y^2} = z\tan\alpha\ \left(0 < \alpha < \dfrac{\pi}{2}\right)$ 内的面积.

提示　用球面坐标，$\mathrm{d}S = \sqrt{EG - F^2}\,\mathrm{d}\varphi\mathrm{d}\theta = R^2\sin\varphi\,\mathrm{d}\varphi\mathrm{d}\theta$，

$$S = \iint\limits_S \mathrm{d}S = \int_0^{2\pi}\mathrm{d}\theta \int_0^\alpha R^2\sin\varphi\,\mathrm{d}\varphi = 2\pi R^2(1 - \cos\alpha).$$

new　☆ **练习**　设 Σ 是球面：$x^2 + y^2 + z^2 = 1$，A 是 Σ 内的一点，A 到原点的距离为 $q\,(0 < q < 1)$. ρ 表示点 A 到动点 $P(x,y,z) \in \Sigma$（球面）的距离，求 $I = \iint\limits_\Sigma \dfrac{\mathrm{d}S}{\rho^2}$.（华中科技大学）

提示　利用三角形余弦公式：$\rho^2 = r^2 + q^2 - 2rq\cos\varphi$，注意：$\mathrm{d}S = r^2\sin\varphi\,\mathrm{d}\theta\mathrm{d}\varphi$.

再提示　取 $\overrightarrow{OA}$ 方向，作 OZ 轴. 采用球坐标（$r = 1$），$\varphi \stackrel{\text{记}}{=\!=} \angle AOP$.（如图 7.4.3）在 $\triangle AOP$ 中应用余弦定理：$\rho^2 = 1 + q^2 - 2q\cos\varphi$，故

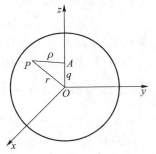

$$\begin{aligned}
I &= \iint\limits_\Sigma \frac{\mathrm{d}S}{\rho^2} = \int_0^{2\pi}\mathrm{d}\theta \int_0^\pi \frac{\sin\varphi}{1 + q^2 - 2q\cos\varphi}\,\mathrm{d}\varphi \\
&= 2\pi \cdot \frac{1}{2q}\int_0^\pi \frac{1}{1 + q^2 - 2q\cos\varphi}\,\mathrm{d}(1 + q^2 - 2q\cos\varphi) \\
&= \frac{\pi}{q}\int_{(1-q)^2}^{(1+q)^2} \frac{\mathrm{d}u}{u} = \frac{2\pi}{q}\ln\frac{1 + q}{1 - q}.
\end{aligned}$$

图 7.4.3

二、第二型曲面积分的计算

计算第二型曲面积分通常的方法有：1）利用对称性；2）利用公式化为二重积分；3）利用 Gauss 公式化为三重积分. 这里先讨论 1）和 2），把 3）放在下一段讨论.

在计算第二型曲面积分时，至关重要的是符号规则. 就积分 $\iint\limits_{S^+} f(x,y,z)\,\mathrm{d}x\mathrm{d}y$ 而言，当曲面 S^+ 侧上动点的法线方向与 z 轴正向成锐角时，面积元素 $\mathrm{d}S$ 在 xOy 平面上的投影 $\mathrm{d}x\mathrm{d}y$ 算作正；成钝角时算作负. 对于积分 $\iint\limits_{S^+} f(x,y,z)\,\mathrm{d}y\mathrm{d}z$，$\iint\limits_{S^+} f(x,y,z)\,\mathrm{d}z\mathrm{d}x$，有类似的规定：$\mathrm{d}y\mathrm{d}z$，$\mathrm{d}z\mathrm{d}x$ 的符号分别按法线与 x 轴正向、y 轴正向的夹角来确定.

a. 利用对称性

要点 以积分 $\iint\limits_{S^+} f(x,y,z)\,\mathrm{d}x\mathrm{d}y$ 为例,若曲面 S 可分成对称的两部分 S_1,S_2($S=S_1+S_2$). 在对称点上 $|f|$ 的值相等,则

$$\iint\limits_{S^+} f\mathrm{d}x\mathrm{d}y = \iint\limits_{S_1^+ + S_2^+} f\mathrm{d}x\mathrm{d}y = \begin{cases} 0, & \text{对称点上 } f\mathrm{d}x\mathrm{d}y \text{ 符号相反,} \\ 2\iint\limits_{S_1^+} f\mathrm{d}x\mathrm{d}y, & \text{对称点上 } f\mathrm{d}x\mathrm{d}y \text{ 的符号相同.} \end{cases}$$

对于积分 $\iint\limits_{S^+} f\mathrm{d}y\mathrm{d}z, \iint\limits_{S^+} f\mathrm{d}z\mathrm{d}x$,有类似的结论.

例 7.4.11 设 $f(t)$ 为奇函数,S^+ 为 $|x|+|y|+|z|=1$ 的外侧,试利用对称性求出或简化下列积分:

$$I = \iint\limits_{S^+} \mathrm{d}x\mathrm{d}y + \mathrm{d}y\mathrm{d}z + \mathrm{d}z\mathrm{d}x, \quad J = \iint\limits_{S^+} f^2(z)\,\mathrm{d}x\mathrm{d}y, \quad K = \iint\limits_{S^+} xf^2(z)\,\mathrm{d}x\mathrm{d}y, \quad L = \iint\limits_{S^+} f(z)\,\mathrm{d}x\mathrm{d}y,$$

$$M = \iint\limits_{S^+} (x+2y+3z)f(x+y+z)\,\mathrm{d}x\mathrm{d}y.$$

解 S 关于 xOy 平面上、下对称(如图 7.4.4),$z>0$ 部分外法线方向与 z 轴成锐角,$z<0$ 部分外法线方向与 z 轴成钝角. 故

$$\mathrm{d}x\mathrm{d}y, \quad f^2(z)\,\mathrm{d}x\mathrm{d}y, \quad xf^2(z)\,\mathrm{d}x\mathrm{d}y$$

都在上、下对称点上异号,因此它们的积分为 0.

同理,由 S 关于 yOz,zOx 平面的对称性,可知

$$\iint\limits_{S^+} \mathrm{d}y\mathrm{d}z = \iint\limits_{S^+} \mathrm{d}z\mathrm{d}x = 0. \text{ 所以},I = J = K = 0.$$

由于 S 对三个坐标平面都有对称性,对称点上 $f(z)\,\mathrm{d}x\mathrm{d}y$ 的大小相等符号相同,故

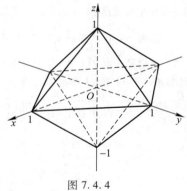

图 7.4.4

$$L = \iint\limits_{S^+} f(z)\,\mathrm{d}x\mathrm{d}y = 8\iint\limits_{S_1^+} f(z)\,\mathrm{d}x\mathrm{d}y,$$

其中 S_1^+ 是 S^+ 在第一卦限的部分.

最后由于 S 还关于原点对称,且 x,y,z 同时反号时 $(x+2y+3z)f(x+y+z)$ 不变,而 $\mathrm{d}x\mathrm{d}y$ 在对称点上反号,故积分 $M=0$.

b. 用公式化第二型曲面积分为二重积分

1)直角坐标公式

要点 以积分 $\iint\limits_{S^+} f(x,y,z)\,\mathrm{d}x\mathrm{d}y$ 为例,计算方法是:1) 求出 S 在 xOy 平面上的投影区域 Δ. 2) 写出 S 的方程 $z=z(x,y)$. 3) 将积分化为二重积分

$$\iint\limits_{S^+} f(x,y,z)\,\mathrm{d}x\mathrm{d}y = \pm \iint\limits_{S^+} f(x,y,z(x,y))\,\mathrm{d}x\mathrm{d}y. \tag{A}$$

若 S^+ 的法线与 z 轴成锐角,取"$+$"号;若成钝角,则取负号;若一部分区域上成锐角,另一部分上成钝角,则应分区域积分. 对 $\iint\limits_{S^+} f\mathrm{d}y\mathrm{d}z$,$\iint\limits_{S^+} f\mathrm{d}z\mathrm{d}x$ 有类似公式和法则.

2）参数方程的情况

若 S 可用参数方程表示:
$$x = x(u,v),\ y = y(u,v),\ z = z(u,v),\ (u,v) \in \Delta.$$
则应先计算 Jacobi 行列式:
$$A = \frac{\partial(y,z)}{\partial(u,v)},\quad B = \frac{\partial(z,x)}{\partial(u,v)},\quad C = \frac{\partial(x,y)}{\partial(u,v)}.$$

然后代入公式:
$$\begin{cases} \displaystyle\iint\limits_{S^+} P(x,y,z)\,\mathrm{d}y\mathrm{d}z = \pm \iint\limits_{\Delta} P(x(u,v),y(u,v),z(u,v))\,A\mathrm{d}u\mathrm{d}v, \\[2mm] \displaystyle\iint\limits_{S^+} Q(x,y,z)\,\mathrm{d}z\mathrm{d}x = \pm \iint\limits_{\Delta} Q(x(u,v),y(u,v),z(u,v))\,B\mathrm{d}u\mathrm{d}v, \\[2mm] \displaystyle\iint\limits_{S^+} R(x,y,z)\,\mathrm{d}x\mathrm{d}y = \pm \iint\limits_{\Delta} R(x(u,v),y(u,v),z(u,v))\,C\mathrm{d}u\mathrm{d}v. \end{cases} \tag{B}$$

其中"$\pm$"这样来取定:当 S^+ 的法向量 $\boldsymbol{n}$ 与切向量 $\boldsymbol{\tau}_u = (x_u', y_u', z_u')$,$\boldsymbol{\tau}_v = (x_v', y_v', z_v')$ 成右手系时取"$+$",成左手系时取"$-$". 这里假设 $x(u,v),y(u,v),z(u,v)$ 有连续偏导数,矩阵 $\begin{pmatrix} x_u' & y_u' & z_u' \\ x_v' & y_v' & z_v' \end{pmatrix}$ 的秩为 2. P,Q,R 连续.

☆ 例 7.4.12 设 S^+ 为
$$z - c = \sqrt{R^2 - (x-a)^2 - (y-b)^2} \tag{1}$$
的上侧,试计算积分
$$I = \iint\limits_{S^+} x^2\,\mathrm{d}y\mathrm{d}z + y^2\,\mathrm{d}z\mathrm{d}x + (x-a)yz\,\mathrm{d}x\mathrm{d}y. \tag{2}$$

解 I （利用对称性与公式（A）.）这里 S^+ 是以点 $O'(a,b,c)$ 为中心,R 为半径的上半球面的外侧（如图 7.4.5）. S 关于平面 $x = a$ 前后对称. 式（2）右端第三项 $(x-a)yz\mathrm{d}x\mathrm{d}y$ 在对称点上大小相等、符号相反. 故此项积分
$$\iint\limits_{S^+} (x-a)yz\mathrm{d}x\mathrm{d}y = 0. \tag{3}$$
注意 x^2 在此半球面上,并非前后对称,但
$$x^2 = (x-a)^2 + 2a(x-a) + a^2. \tag{4}$$
由前后对称性,可知

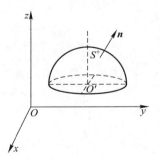

图 7.4.5

$$\iint\limits_{S^+} \left[(x-a)^2 + a^2 \right] \mathrm{d}y\mathrm{d}z = 0. \tag{5}$$

因此
$$\iint\limits_{S^+} x^2 \mathrm{d}y\mathrm{d}z = \iint\limits_{S^+} 2a(x-a)\mathrm{d}y\mathrm{d}z = 8a \iint\limits_{S_1^+} (x-a)\mathrm{d}y\mathrm{d}z, \tag{6}$$

其中 S_1^+ 是 S^+ 在 $x \geqslant a, y \geqslant b$ 的部分. 由(1), S_1 的方程可写作
$$x - a = \sqrt{R^2 - (y-b)^2 - (z-c)^2}.$$

S_1^+ 在 yOz 平面上的投影区域为 $\Delta : (y-b)^2 + (z-c)^2 \leqslant R^2, z \geqslant c, y \geqslant b$. 故
$$\iint\limits_{S^+} x^2 \mathrm{d}y\mathrm{d}z = 8a \iint\limits_{S_1^+} (x-a)\mathrm{d}y\mathrm{d}z = 8a \iint\limits_{\Delta} \sqrt{R^2 - (y-b)^2 - (z-c)^2}\,\mathrm{d}y\mathrm{d}z.$$

(因为 S_1^+ 的法线方向与 x 轴成锐角, 所以取"+".) 引用极坐标 $y = r\cos\theta + b, z = r\sin\theta + c$, 则上式为
$$\iint\limits_{S^+} x^2 \mathrm{d}y\mathrm{d}z = 8a \int_0^{\frac{\pi}{2}} \mathrm{d}\theta \int_0^R \sqrt{R^2 - r^2}\, r\mathrm{d}r = \frac{4}{3} a\pi R^3.$$

同理, $\iint\limits_{S^+} y^2 \mathrm{d}z\mathrm{d}x = \frac{4}{3} b\pi R^3$. 总之, 积分 $I = \frac{4}{3}(a+b)\pi R^3$.

解 II　(用参数方程的公式(B).)

$$S: x = a + R\sin\varphi\cos\theta, \quad y = b + R\sin\varphi\sin\theta, \quad z = c + R\cos\varphi \quad \left(0 \leqslant \theta \leqslant 2\pi, 0 \leqslant \varphi \leqslant \frac{\pi}{2}\right).$$

这时
$$A = \frac{\partial(y,z)}{\partial(\varphi,\theta)} = \begin{vmatrix} R\cos\varphi\sin\theta & R\sin\varphi\cos\theta \\ -R\sin\varphi & 0 \end{vmatrix} = R^2\sin^2\varphi\cos\theta.$$

$\boldsymbol{n}, \boldsymbol{\tau}_\varphi, \boldsymbol{\tau}_\theta$ 成右手系[①](如图 7.4.6), 公式(B)中取"+"号, 因此

$$\iint\limits_{S^+} x^2 \mathrm{d}y\mathrm{d}z = \iint\limits_{\substack{0 \leqslant \varphi \leqslant \frac{\pi}{2} \\ 0 \leqslant \theta \leqslant 2\pi}} (a + R\sin\varphi\cos\theta)^2 R^2\sin^2\varphi\cos\theta\,\mathrm{d}\theta\mathrm{d}\varphi$$

图 7.4.6

$$= 2aR^3 \int_0^{\frac{\pi}{2}} \sin^3\varphi\,\mathrm{d}\varphi \int_0^{2\pi} \cos^2\theta\,\mathrm{d}\theta = \frac{4}{3} a\pi R^3.$$

类似可得
$$\iint\limits_{S^+} y^2 \mathrm{d}z\mathrm{d}x = \frac{4}{3} b\pi R^3.$$

故
$$I = \frac{4}{3}(a+b)\pi R^3.$$

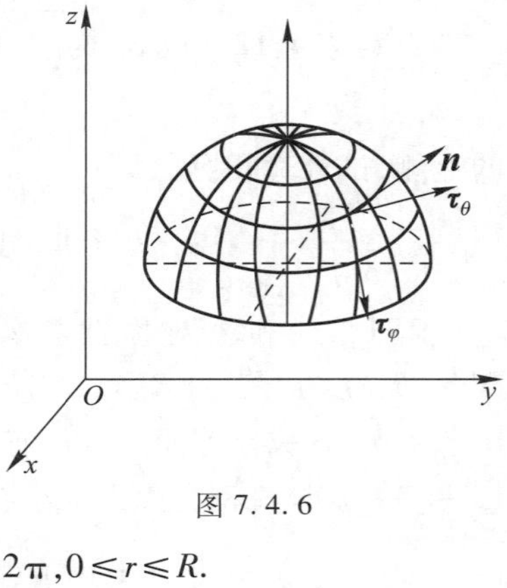

解 III　对 x, y 用极坐标, 则
$$x = a + r\cos\theta, \quad y = b + r\sin\theta, \quad 0 \leqslant \theta \leqslant 2\pi, 0 \leqslant r \leqslant R.$$

---

① 这里 $\boldsymbol{n}$ 表示 S^+ 的法线方向, $\boldsymbol{\tau}_\varphi$ 是 θ 固定 φ 增加时的切向量, $\boldsymbol{\tau}_\theta$ 是 φ 固定 θ 增加时的切向量.

代入式(1)得 $z = c + \sqrt{R^2 - r^2}$. 此时，$A = \dfrac{\partial(y,z)}{\partial(r,\theta)} = \dfrac{r^2 \cos\theta}{\sqrt{R^2 - r^2}}$，故

$$\iint\limits_{S^+} x^2 \mathrm{d}y\mathrm{d}z = \int_0^{2\pi} \mathrm{d}\theta \int_0^R (a + r\cos\theta)^2 \frac{r^2 \cos\theta}{\sqrt{R^2 - r^2}} \mathrm{d}r = \frac{4}{3}a\pi R^3.$$

从而

$$I = \frac{4}{3}(a + b)\pi R^3.$$

c. 利用两种曲面积分的关系解题

要点 两种曲面积分有关系

$$\iint\limits_{S^+} P\mathrm{d}y\mathrm{d}z + Q\mathrm{d}z\mathrm{d}x + R\mathrm{d}x\mathrm{d}y = \iint\limits_{S} (P\cos\alpha + Q\cos\beta + R\cos\gamma)\mathrm{d}S,$$

其中 $\cos\alpha, \cos\beta, \cos\gamma$ 为 S^+ 的法线的方向余弦. 利用此关系可将两种积分相互转化. 特别是用它可将第一型曲面积分化为第二型求解.

例 7.4.13 求 $\displaystyle\iint\limits_{S} z^2 \cos\gamma \mathrm{d}S$，其中 S 为上半球面 $x^2 + y^2 + z^2 = 1 (z \geqslant 0)$，$\gamma$ 是球面外法线方向与 z 轴的夹角.

解 将第一型曲面积分化为第二型，S^+ 表示上半球面的外侧，这时法线与 z 轴成锐角，元素投影为正，故

$$\iint\limits_{S} z^2 \cos\gamma \mathrm{d}S = \iint\limits_{S^+} z^2 \mathrm{d}x\mathrm{d}y = \iint\limits_{x^2+y^2 \leqslant 1} (1 - x^2 - y^2)\mathrm{d}x\mathrm{d}y$$

$$= \int_0^{2\pi} \mathrm{d}\theta \int_0^1 (1 - r^2) r \mathrm{d}r = \frac{\pi}{2}.$$

三、Gauss 公式

Gauss 公式在 $\mathbf{R}^3$ 中给出了空间区域 V 上的三重积分与边界上的曲面积分的关系.

定理 1（Gauss 公式） 设

1）V 为 $\mathbf{R}^3$ 内有界闭区域（可以为多连通）；

2）V 的边界是光滑或分片光滑的曲面 S；

3）$P(x,y,z), Q(x,y,z), R(x,y,z)$ 在 V 内直到边界 S 上连续且有连续偏导数，

则

$$\oiint\limits_{S_外} P\mathrm{d}y\mathrm{d}z + Q\mathrm{d}z\mathrm{d}x + R\mathrm{d}x\mathrm{d}y = \iiint\limits_{V} \left(\frac{\partial P}{\partial x} + \frac{\partial Q}{\partial y} + \frac{\partial R}{\partial z}\right)\mathrm{d}x\mathrm{d}y\mathrm{d}z \tag{A}$$

或

$$\oiint\limits_{S_外} (P\cos\alpha + Q\cos\beta + R\cos\gamma)\mathrm{d}S = \iiint\limits_{V} \left(\frac{\partial P}{\partial x} + \frac{\partial Q}{\partial y} + \frac{\partial R}{\partial z}\right)\mathrm{d}x\mathrm{d}y\mathrm{d}z, \tag{B}$$

其中 $S_外$ 表示曲面 S 的外侧（多连通时，洞壁上 V 的外法线自然是指向洞内），$\cos\alpha, \cos\beta, \cos\gamma$ 是 S 外法线的方向余弦.

由 Gauss 公式知，V 的体积

$$V = \iiint_V \mathrm{d}x\mathrm{d}y\mathrm{d}z = \oiint_{S_{外}} x\mathrm{d}y\mathrm{d}z = \oiint_{S_{外}} y\mathrm{d}z\mathrm{d}x = \oiint_{S_{外}} z\mathrm{d}x\mathrm{d}y$$

$$= \frac{1}{3}\oiint_{S_{外}} x\mathrm{d}y\mathrm{d}z + y\mathrm{d}z\mathrm{d}x + z\mathrm{d}x\mathrm{d}y = \frac{1}{3}\oiint_S (x\cos\alpha + y\cos\beta + z\cos\gamma)\mathrm{d}S.$$

Gauss 公式常用于计算封闭曲面上的曲面积分,有时宁可补一块平面,把开口曲面变成封闭曲面使用 Gauss 公式.另外,利用 Gauss 公式还可由函数的某些积分性质导出函数的微分性质.

a. 利用 Gauss 公式计算曲面积分

1) 计算第二型曲面积分的例子

利用 Gauss 公式将曲面积分化为三重积分,由于求导,被积函数常能简化.也省得逐块地计算积分.

☆**例 7.4.14** 计算曲面积分

$$I = \iint_{S^+} (x + y - z)\mathrm{d}y\mathrm{d}z + [2y + \sin(z + x)]\mathrm{d}z\mathrm{d}x + (3z + \mathrm{e}^{x+y})\mathrm{d}x\mathrm{d}y,$$

其中 S^+ 为曲面 $|x - y + z| + |y - z + x| + |z - x + y| = 1$ 的外表面.(西安电子科技大学,延边大学,武汉大学)

解 利用 Gauss 公式,$I = \iiint_V (1 + 2 + 3)\mathrm{d}x\mathrm{d}y\mathrm{d}z$,其中 V 为 S 所包围的区域:

$$|x - y + z| + |y - z + x| + |z - x + y| \leqslant 1.$$

作旋转变换:$u = x - y + z, v = y - z + x, w = z - x + y$,这时 S 变成 $|u| + |v| + |w| = 1$.

V 是对称的八面体,它在 uvw 的第一卦限的部分是 $u + v + w = 1$ 及坐标平面 $u = 0, v = 0, w = 0$ 所围的区域.

$$J = \frac{\partial(x, y, z)}{\partial(u, v, w)} = \frac{1}{\dfrac{\partial(u, v, w)}{\partial(x, y, z)}} = \cfrac{1}{\begin{vmatrix} 1 & -1 & 1 \\ 1 & 1 & -1 \\ -1 & 1 & 1 \end{vmatrix}} = \frac{1}{4}.$$

因此 $\quad I = 6\iiint_{|u|+|v|+|w|\leqslant 1} \dfrac{1}{4}\mathrm{d}u\mathrm{d}v\mathrm{d}w = 6 \cdot \dfrac{1}{4} \cdot 8 \cdot \dfrac{1}{3} \cdot \dfrac{1}{2} \cdot 1 = 2.$

(补一块平面的方法.)

* ☆**例 7.4.15** 计算曲面积分

$$I = \iint_{S^+} \frac{x\mathrm{d}y\mathrm{d}z + y\mathrm{d}z\mathrm{d}x + z\mathrm{d}x\mathrm{d}y}{\sqrt{(x^2 + y^2 + z^2)^3}},$$

其中 $S^+ : 1 - \dfrac{z}{7} = \dfrac{(x - 2)^2}{25} + \dfrac{(y - 1)^2}{16} (z \geqslant 0)$ 的上侧.(西北大学)

解 如图 7.4.7,用 Γ 表示以原点为中心,r 为半径的上半球面,$\Gamma_{内}$ 表示 Γ 的内侧,取 r 充分小使 Γ 在 S 之内部.记 Σ 为 $z = 0$ 平面上

$$x^2 + y^2 \geqslant r^2, \quad \frac{(x-2)^2}{25} + \frac{(y-1)^2}{16} \leqslant 1$$

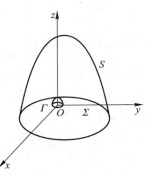

图 7.4.7

的部分, $\Sigma_{\text{下}}$ 表示 Σ 的下侧; V 表示 S 与 Σ 所围的区域,则原积分

$$I = \iint\limits_{S^+} \frac{x\mathrm{d}y\mathrm{d}z + y\mathrm{d}z\mathrm{d}x + z\mathrm{d}x\mathrm{d}y}{\sqrt{(x^2 + y^2 + z^2)^3}}$$

$$= \left(\iint\limits_{S^+ + \Gamma_{\text{内}} + \Sigma_{\text{下}}} - \iint\limits_{\Sigma_{\text{下}}} - \iint\limits_{\Gamma_{\text{内}}} \right) \frac{x\mathrm{d}y\mathrm{d}z + y\mathrm{d}z\mathrm{d}x + z\mathrm{d}x\mathrm{d}y}{\sqrt{(x^2 + y^2 + z^2)^3}}$$

$$= \iiint\limits_{V} 0\mathrm{d}x\mathrm{d}y\mathrm{d}z - \iint\limits_{\Sigma_{\text{下}}} \frac{x\mathrm{d}y\mathrm{d}z + y\mathrm{d}z\mathrm{d}x + z\mathrm{d}x\mathrm{d}y}{\sqrt{(x^2 + y^2 + z^2)^3}} +$$

$$\iint\limits_{\Gamma_{\text{外}}} \frac{x\mathrm{d}y\mathrm{d}z + y\mathrm{d}z\mathrm{d}x + z\mathrm{d}x\mathrm{d}y}{\sqrt{(x^2 + y^2 + z^2)^3}}.$$

$\Sigma_{\text{下}}$ 上的积分为 0,因为 Σ 在 yOz 及 zOx 平面的投影面积为零,且 Σ 上 $z \equiv 0$. $\Gamma_{\text{外}}$ 表示半球面 Γ 的外侧. 最后我们得到

$$I = \iint\limits_{\Gamma_{\text{外}}} \frac{x\mathrm{d}y\mathrm{d}z + y\mathrm{d}z\mathrm{d}x + z\mathrm{d}x\mathrm{d}y}{\sqrt{(x^2 + y^2 + z^2)^3}} = \frac{1}{r^3} \iint\limits_{\Gamma_{\text{外}}} x\mathrm{d}y\mathrm{d}z + y\mathrm{d}z\mathrm{d}x + z\mathrm{d}x\mathrm{d}y.$$

记 xOy 平面上 $x^2 + y^2 \leqslant r^2$ 的部分下侧为 $\sigma_{\text{下}}$,则 $\iint\limits_{\sigma_{\text{下}}} x\mathrm{d}y\mathrm{d}z + y\mathrm{d}z\mathrm{d}x + z\mathrm{d}x\mathrm{d}y = 0$. 故

$$I = \frac{1}{r^3} \iint\limits_{\Gamma_{\text{外}} + \sigma_{\text{下}}} x\mathrm{d}y\mathrm{d}z + y\mathrm{d}z\mathrm{d}x + z\mathrm{d}x\mathrm{d}y = \frac{1}{r^3} \iiint\limits_{\substack{x^2+y^2+z^2 \leqslant r^2 \\ z \geqslant 0}} 3\mathrm{d}x\mathrm{d}y\mathrm{d}z$$

$$= \frac{1}{r^3} \cdot 3 \cdot \frac{2}{3}\pi r^3 = 2\pi.$$

[new]**练习** 设 a, b, c 都是正数,计算曲面积分

$$I = \iint\limits_{S} x^3 \mathrm{d}y\mathrm{d}z + y^3 \mathrm{d}z\mathrm{d}x + z^3 \mathrm{d}x\mathrm{d}y,$$

其中 S 是上半椭球面 $\dfrac{x^2}{a^2} + \dfrac{y^2}{b^2} + \dfrac{z^2}{c^2} = 1, z \geqslant 0$,方向朝上. (中国科学技术大学)

提示 (底部)补一块,再用 Gauss 公式(补块上的积分为零).

解 I $I = 3\iiint\limits_{V} (x^2 + y^2 + z^2) \mathrm{d}V$, V 是上半椭球. 引用广义球坐标:

$$x = ar\sin\varphi\cos\theta, \quad y = br\sin\varphi\sin\theta, \quad z = cr\cos\varphi, \quad J = abcr^2\sin\varphi.$$

$$I = 3abc \left(a^2 \int_0^1 r^4\mathrm{d}r \int_0^{2\pi} \cos^2\theta\mathrm{d}\theta \int_0^{\frac{\pi}{2}} \sin^3\varphi\mathrm{d}\varphi + \right.$$

$$\left. b^2 \int_0^1 r^4\mathrm{d}r \int_0^{2\pi} \sin^2\theta\mathrm{d}\theta \int_0^{\frac{\pi}{2}} \sin^3\varphi\mathrm{d}\varphi + c^2 \int_0^1 r^4\mathrm{d}r \int_0^{2\pi} \mathrm{d}\theta \int_0^{\frac{\pi}{2}} \cos^2\varphi\sin\varphi\mathrm{d}\varphi \right),$$

其中 $\int_0^{\frac{\pi}{2}} \cos^2\theta\mathrm{d}\theta = \int_0^{\frac{\pi}{2}} \sin^2\theta\mathrm{d}\theta = \dfrac{\pi}{4}, \int_0^{\frac{\pi}{2}} \sin^3\varphi\mathrm{d}\varphi = \dfrac{2}{3}, \int_0^{\frac{\pi}{2}} \cos^2\varphi\sin\varphi\mathrm{d}\varphi = \dfrac{1}{3}$. 代入得

$$I = \frac{2\pi}{5}abc(a^2 + b^2 + c^2).$$

解 II $I = \dfrac{3}{2} \iiint\limits_{W} (x^2 + y^2 + z^2)\mathrm{d}V$（$W$ 表示整个椭球体）.

作相似变换 $x = a\xi, y = b\eta, z = c\zeta$，椭球 W 变为单位球 Q，此时 $J = abc$. 故

$$I = \frac{3}{2}abc \iiint\limits_{Q} (a^2\xi^2 + b^2\eta^2 + c^2\zeta^2)\mathrm{d}\xi\mathrm{d}\eta\mathrm{d}\zeta. \tag{1}$$

注意其中

$$\iiint\limits_{Q} \xi^2 \mathrm{d}\xi\mathrm{d}\eta\mathrm{d}\zeta = \iiint\limits_{Q} \eta^2 \mathrm{d}\xi\mathrm{d}\eta\mathrm{d}\zeta = \iiint\limits_{Q} \zeta^2 \mathrm{d}\xi\mathrm{d}\eta\mathrm{d}\zeta = \frac{1}{3} \iiint\limits_{Q} (\xi^2 + \eta^2 + \zeta^2)\mathrm{d}\xi\mathrm{d}\eta\mathrm{d}\zeta$$

$$= \frac{1}{3} \int_0^1 r^4 \mathrm{d}r \int_0^{2\pi} \mathrm{d}\theta \int_0^{\pi} \sin\varphi\mathrm{d}\varphi = \frac{1}{3} \cdot \frac{1}{5} \cdot 2\pi \cdot 2 = \frac{4}{15}\pi.$$

代入式（1），得 $I = \dfrac{3}{2}abc(a^2 + b^2 + c^2) \cdot \dfrac{4}{15}\pi = \dfrac{2\pi}{5}abc(a^2 + b^2 + c^2).$

2）利用 Gauss 公式计算第一型曲面积分

☆**例 7.4.16**   试证：若 S 为封闭的光滑曲面，$\boldsymbol{l}$ 为任意固定的已知方向，则 $\oiint\limits_{S} \cos(\boldsymbol{n}, \boldsymbol{l})\mathrm{d}S = 0$，式中 $\boldsymbol{n}$ 为曲面的外法向量.（山东师范大学，华中师范大学）

解   设 $\boldsymbol{l}_1 = (a, b, c)$ 为 $\boldsymbol{l}$ 方向的单位向量，$\boldsymbol{n}_1$ 是单位外法向量：$\boldsymbol{n}_1 = (\cos\alpha, \cos\beta, \cos\gamma)$，则 $\cos(\boldsymbol{n}, \boldsymbol{l}) = \boldsymbol{l}_1 \cdot \boldsymbol{n}_1 = a\cos\alpha + b\cos\beta + c\cos\gamma$. 应用 Gauss 公式，

$$\oiint\limits_{S} \cos(\boldsymbol{n}, \boldsymbol{l})\mathrm{d}S = \oiint\limits_{S} (a\cos\alpha + b\cos\beta + c\cos\gamma)\mathrm{d}S$$

$$= \iiint\limits_{V} \left(\frac{\partial a}{\partial x} + \frac{\partial b}{\partial y} + \frac{\partial c}{\partial z} \right)\mathrm{d}x\mathrm{d}y\mathrm{d}z = \iiint\limits_{V} 0\mathrm{d}V = 0.$$

例 7.4.17   记 $r = r(\theta, \varphi)$ 为分片光滑封闭曲面 S 的球坐标方程. 试证明 S 所围的有界区域 V 的体积 $V = \dfrac{1}{3} \oiint\limits_{S} r\cos\psi\mathrm{d}S$，其中 ψ 为曲面 S 在动点的外法线方向与径向量所成的夹角.

解   用 $\boldsymbol{r} = (x, y, z)$ 表示动点的径向量，则模 $r = \sqrt{x^2 + y^2 + z^2}$，$\boldsymbol{n} = (\cos\alpha, \cos\beta, \cos\gamma)$ 表示 S 的单位外法向量，则

$$\cos\psi = \frac{\boldsymbol{r}}{r} \cdot \boldsymbol{n} = \frac{x}{r}\cos\alpha + \frac{y}{r}\cos\beta + \frac{z}{r}\cos\gamma.$$

因此

$$\frac{1}{3} \oiint\limits_{S} r\cos\psi\mathrm{d}S = \frac{1}{3} \oiint\limits_{S} (x\cos\alpha + y\cos\beta + z\cos\gamma)\mathrm{d}S = \iiint\limits_{V} \mathrm{d}x\mathrm{d}y\mathrm{d}z = V.$$

[new]**练习 1**   设 Ω 是椭圆 $3x^2 + y^2 = 1$ 绕 y 轴旋转得到旋转曲面，用 (u, v, w) 表示点 $(x, y, z) \in \Omega$ 处外法线的方向余弦，Σ 为 Ω 的上半部分（$z \geq 0$）的外侧. 试计算曲面积分 $I = \iint\limits_{\Sigma} z(xu + yv + 2zw)\mathrm{d}S$.（武汉大学）

提示   （补一块，用 Gauss 公式.）注意 Ω 的方程为：$3(x^2 + z^2) + y^2 = 1$.

再提示   在底部（$z = 0$）补一块 Δ（表示用下侧），使得 Δ 跟 Σ 一起围成封闭区域：

$$V = \{(x,y,z) \mid 3x^2 + y^2 + 3z^2 \leqslant 1, z \geqslant 0\}.$$

因在 Δ 上 $z \equiv 0$，积分为零，故补这一块不改变积分值的大小. 但现在能应用 Gauss 公式:

$$I = \iint\limits_{(\Sigma + \Delta)} (zxu + zyv + 2z^2 w) dS \xlongequal{\text{Gauss 公式}} \iiint\limits_V 6z dV. \tag{1}$$

启用椭球坐标 $x = \dfrac{1}{\sqrt{3}} r \sin \varphi \cos \theta, y = r \sin \varphi \sin \theta, z = \dfrac{1}{\sqrt{3}} r \cos \varphi, 0 \leqslant r \leqslant 1, 0 \leqslant \theta \leqslant 2\pi, 0 \leqslant \varphi \leqslant \dfrac{\pi}{2}$. 此时,

$J = \dfrac{1}{3} r^2 \sin \varphi$. 由式(1)得 $I = \dfrac{6}{3\sqrt{3}} \displaystyle\int_0^1 r^3 dr \int_0^{2\pi} d\theta \int_0^{\frac{\pi}{2}} \cos \varphi \sin \varphi d\varphi = \dfrac{\sqrt{3}\pi}{6}$.

^{new}**练习 2** xOz 平面上抛物线 $3x^2 + z = 1 \left(0 \leqslant x \leqslant \dfrac{1}{\sqrt{3}}, z \geqslant 0\right)$ 绕 z 轴旋转得曲面 Ω. 用 (u,v,w) 表示点 $(x,y,z) \in \Omega$ 处外法线的方向余弦, Σ 表示 $\Omega(x, z \geqslant 0)$ 部分外侧. 试计算曲面积分

$$I = \iint\limits_\Sigma z(xu + yv + 2zw) dS.$$

提示 此时所得(有限的)旋转曲面为 $3x^2 + z + 3y^2 = 1 (x \geqslant 0, z \geqslant 0)$. 这次需补两块: Δ_1 和 Δ_2 (在 Δ_1 上 $z \equiv 0$, 在 Δ_2 上 $x \equiv 0$), 才构成封闭图形, 应用 Gauss 公式.

在 Δ_1 上 $z \equiv 0$, 因此积分为 0: $\displaystyle\iint\limits_{\Delta_1} z(xu + yv + 2zw) dS = 0$; 在 Δ_2 上, $x \equiv 0$, 且法向量与 y 轴(与 z 轴)都垂直, 因此 $v = w = 0$, 故积分 $\displaystyle\iint\limits_{\Delta_2} z(xu + yv + 2zw) dS = 0$.

用 Gauss 公式之后, 采用柱面坐标: $(x,y,z) = (r\cos \theta, r\sin \theta, z), J = r$. 于是

$$I \xlongequal{\text{Gauss 公式}} \iiint\limits_\Omega 6z dV = 6 \int_0^1 z dz \iint\limits_{r^2 \leqslant \frac{1-z}{3}} r dr d\theta$$

$$= 6 \int_0^1 z dz \int_{-\frac{\pi}{2}}^{\frac{\pi}{2}} d\theta \int_0^{\frac{\sqrt{1-z}}{\sqrt{3}}} r dr = \pi \int_0^1 z(1-z) dz = \frac{\pi}{6}.$$

^{new}**练习 3** 设 V 是不含原点的有界闭区域, 其体积也记为 V, 其边界为光滑的简单闭曲面 Σ, Σ 的单位外法向量为 $\boldsymbol{n}$, 径向量 $\boldsymbol{r} = (x,y,z); f(x)$ 在 $[0, +\infty)$ 上有连续导数, 且满足微分方程

$$f'(t) + 2f(t) - 1 = 0, \tag{1}$$

计算曲面积分 $I = \displaystyle\iint\limits_\Sigma f(\sqrt{x^2 + y^2 + z^2}) \cos (\boldsymbol{r}, \boldsymbol{n}) dS$. (仿华中科技大学)

提示 记 $\boldsymbol{n} = (\cos \alpha, \cos \beta, \cos \gamma)$, 则

$$\cos (\boldsymbol{r}, \boldsymbol{n}) = \frac{x\cos \alpha + y\cos \beta + z\cos \gamma}{\sqrt{x^2 + y^2 + z^2}}.$$

代入积分 I, 再应用 Gauss 公式. (注意: $r = \sqrt{x^2 + y^2 + z^2}, r'_x = \dfrac{x}{r}, r'_y = \dfrac{y}{r}, r'_z = \dfrac{z}{r}$.)

再提示 $I = \displaystyle\iint\limits_\Sigma f(r) \left(\frac{x}{r}\cos \alpha + \frac{y}{r}\cos \beta + \frac{z}{r}\cos \gamma\right) dS$

$$\xlongequal{\text{Gauss 公式}} \iiint\limits_V \left[\frac{\partial}{\partial x}\left(f(r) \frac{x}{r}\right) + \frac{\partial}{\partial y}\left(f(r) \frac{y}{r}\right) + \frac{\partial}{\partial z}\left(f(r) \frac{z}{r}\right)\right] dV$$

$$= \iiint\limits_V (f'(r) + 2f(r)) dV \xlongequal{\text{式(1)}} V.$$

注 这种解法的优点在于避免了求解微分方程(1)的通解. 如本题求出通解: $f(x) = Ce^{-2t} + \frac{1}{2}$ 后虽然能得到相同答案,但过程更麻烦.

类题 若将练习 3 的式(1)改为 $tf'(t) + 3f(t) - 1 = 0$,证明:下面积分也等于体积 V:

$$I = \iint_{\Sigma} f\left(\sqrt{x^2 + y^2 + z^2}\right) \sqrt{x^2 + y^2 + z^2} \cos(\boldsymbol{r}, \boldsymbol{n}) \, dS = V.$$

(都等于 V,偶然吗?)

3) 个别奇点的处理

Gauss 公式要求被积函数 P, Q, R 在 $V + S$ 上连续,有连续偏导数. 不具备这个条件的公式可以不成立. 但对于个别奇点,我们可在奇点的充分小的邻域里,作一个易于计算积分的封闭曲面,将奇点挖去.

* ☆ 例 7.4.18 计算 Gauss 曲面积分 $I = \oiint_{S} \frac{\cos(\boldsymbol{n}, \boldsymbol{r})}{r^2} dS$,其中 S 是光滑封闭曲面,原点不在 S 上,r 是 S 上动点至原点的距离,$(\boldsymbol{n}, \boldsymbol{r})$ 是动点处外法向量 $\boldsymbol{n}$ 与径向 $\boldsymbol{r}$ 的夹角. (东北师范大学)

解 $\boldsymbol{r} = (x, y, z)$ 表示动点 (x, y, z) 的径向量,则模 $r = \sqrt{x^2 + y^2 + z^2}$, $\boldsymbol{n} = (\cos \alpha, \cos \beta, \cos \gamma)$ 表示 S 在动点的单位外法向量. 故

$$\cos(\boldsymbol{n}, \boldsymbol{r}) = \frac{\boldsymbol{r}}{r} \cdot \boldsymbol{n} = \frac{x}{r} \cos \alpha + \frac{y}{r} \cos \beta + \frac{z}{r} \cos \gamma.$$

$1°$ 若原点位于 S 之外部区域,则函数

$$P = \frac{x}{r} = \frac{x}{\sqrt{x^2 + y^2 + z^2}}, \quad Q = \frac{y}{r} = \frac{y}{\sqrt{x^2 + y^2 + z^2}}, \quad R = \frac{z}{\sqrt{x^2 + y^2 + z^2}} \qquad (1)$$

在 S 的内部区域直到边界 S 上连续,且有连续偏导数. 因此可以应用 Gauss 公式:

$$\oiint_{S} \frac{\cos(\boldsymbol{n}, \boldsymbol{r})}{r^2} dS = \oiint_{S} \left(\frac{x}{r^3} \cos \alpha + \frac{y}{r^3} \cos \beta + \frac{z}{r^3} \cos \gamma \right) dS$$

$$= \iiint_{V} \left[\frac{\partial}{\partial x} \left(\frac{x}{r^3} \right) + \frac{\partial}{\partial y} \left(\frac{y}{r^3} \right) + \frac{\partial}{\partial z} \left(\frac{z}{r^3} \right) \right] dx \, dy \, dz. \qquad (2)$$

注意: $\dfrac{\partial}{\partial x} \dfrac{x}{r^3} = \dfrac{\partial}{\partial x} \dfrac{x}{(\sqrt{x^2 + y^2 + z^2})^3} = \dfrac{y^2 + z^2 - 2x^2}{(\sqrt{x^2 + y^2 + z^2})^5} = \dfrac{1}{r^3} - \dfrac{3x^2}{r^5}$,由轮换对称性,

$$\frac{\partial}{\partial x} \left(\frac{x}{r^3} \right) + \frac{\partial}{\partial y} \left(\frac{y}{r^3} \right) + \frac{\partial}{\partial z} \left(\frac{z}{r^3} \right) = \frac{3}{r^3} - \left(\frac{3x^2}{r^5} + \frac{3y^2}{r^5} + \frac{3z^2}{r^5} \right) = 0.$$

故

$$I = \iiint_{V} 0 \, dx \, dy \, dz = 0.$$

$2°$ 若原点位于 S 的内部区域. 这时 P, Q, R 在原点处不连续,不能直接在 S 的内部区域上应用 Gauss 公式. 今以原点为中心,以 $\varepsilon > 0$(充分小)为半径,作一球面 Γ_{ε},使得 Γ_{ε} 全位于 S 的内部区域. 以 V 表示 S 与 Γ_{ε} 之间区域,则 V 内不含原点,可以应

用 1°中已得结论. 因此原积分

$$I = \oiint\limits_{S} \frac{\cos(\boldsymbol{n},\boldsymbol{r})}{r^2}\mathrm{d}S = \oiint\limits_{S+\Gamma_\varepsilon} \frac{\cos(\boldsymbol{n},\boldsymbol{r})}{r^2}\mathrm{d}S - \oiint\limits_{\Gamma_\varepsilon} \frac{\cos(\boldsymbol{n},\boldsymbol{r})}{r^2}\mathrm{d}S$$

$$= \iiint\limits_{V} 0\,\mathrm{d}x\mathrm{d}y\mathrm{d}z - \oiint\limits_{\Gamma_\varepsilon} \frac{\cos\pi}{\varepsilon^2}\mathrm{d}S = \frac{1}{\varepsilon^2}\iint\limits_{\Gamma_\varepsilon}\mathrm{d}S = \frac{1}{\varepsilon^2}4\pi\varepsilon^2 = 4\pi.$$

总之
$$I = \begin{cases} 0, & \text{原点位于 } S \text{ 的外部区域}, \\ 4\pi, & \text{原点位于 } S \text{ 的内部区域}. \end{cases}$$

例 7.4.19 计算曲面积分 $I = \oiint\limits_{S_\text{外}} \dfrac{x\mathrm{d}y\mathrm{d}z + y\mathrm{d}z\mathrm{d}x + z\mathrm{d}x\mathrm{d}y}{(x^2+y^2+z^2)^{3/2}}$，其中 S 是 $V = \{(x,y,$ $z) \mid |x| \leqslant 2, |y| \leqslant 2, |z| \leqslant 2\}$ 的界面.（安徽大学）

提示 利用上例方法，可证与单位球面外侧的积分相等.

^{new}**练习** 设 S 是 $\mathbf{R}^3$ 中一光滑封闭曲面，不过原点，$\boldsymbol{n} = (\cos\alpha, \cos\beta, \cos\gamma)$ 是曲面 S 在点 P 处的单位外法向量. Ω 是 S 包围的区域，就下面两种情况分别计算积分

$$I = \oiint\limits_{S} \frac{x\cos\alpha + y\cos\beta + z\cos\gamma}{(ax^2+by^2+cz^2)^{\frac{3}{2}}}\mathrm{d}S \tag{1}$$

（其中 a,b,c 都是正数）：1）原点在 Ω 之外部；2）原点在 Ω 之内部.（中国科学技术大学）

提示 （两种方法）**方法 I** 见上例. 1）直接应用 Gauss 公式，得积分值为 0. 2）在 S 的内部，先用充分小的椭球将奇点（原点）围起，再将 S 上的积分，转化为小椭球面上的积分.

方法 II 作相似变换：$\sqrt{a}x = \xi, \sqrt{b}y = \eta, \sqrt{c}z = \zeta$，将积分转化为熟知的积分.

解 I 1）记 $w = (ax^2+by^2+cz^2)^{\frac{3}{2}}$（$V$ 表示 S 之内部区域），则

$$I \xrightarrow{\text{Gauss 公式}} \oiint\limits_{V} \frac{1}{w^2}\left(3w - x\frac{\partial w}{\partial x} - y\frac{\partial w}{\partial y} - z\frac{\partial w}{\partial z}\right)\mathrm{d}V = \oiint\limits_{V} 0\,\mathrm{d}V = 0.$$

2）取 $\varepsilon > 0$（充分小），作小椭球 $\sigma_\varepsilon: ax^2+by^2+cz^2 \leqslant (\varepsilon^{\frac{1}{3}})^2$，使整个 $\sigma_\varepsilon \subset V$. 这时在 S 与 $\partial\sigma_\varepsilon$ 包围的区域（记作 $V - \sigma_\varepsilon$）无奇点，可以应用 Gauss 公式（$\partial\sigma_\varepsilon$ 表示 σ_ε 的边界）：

$$I = \oiint\limits_{S+} \cdots\mathrm{d}S = \oiint\limits_{S+\partial\sigma_\varepsilon^-} \cdots\mathrm{d}S + \oiint\limits_{\partial\sigma_\varepsilon^+} \cdots\mathrm{d}S = \oiint\limits_{v-\sigma} 0\,\mathrm{d}V + \oiint\limits_{\partial\sigma_\varepsilon^+} \cdots\mathrm{d}S = \oiint\limits_{\partial\sigma_\varepsilon^+} \cdots\mathrm{d}S,$$

其中"$\cdots$"代表被积函数 $\dfrac{x\cos\alpha + y\cos\beta + z\cos\gamma}{(ax^2+by^2+cz^2)^{\frac{3}{2}}}$（$\partial\sigma_\varepsilon^+$ 和 $\partial\sigma_\varepsilon^-$ 分别表示 $\partial\sigma_\varepsilon$ 的外侧和内侧，在 $\partial\sigma_\varepsilon$ 上 $ax^2+by^2+cz^2 = (\varepsilon^{\frac{1}{3}})^2$）. 故

$$I = \oiint\limits_{\partial\sigma_\varepsilon^+} \frac{x\cos\alpha + y\cos\beta + z\cos\gamma}{(ax^2+by^2+cz^2)^{\frac{3}{2}}}\mathrm{d}S = \frac{1}{\varepsilon}\oiint\limits_{\partial\sigma_\varepsilon^+} x\mathrm{d}y\mathrm{d}z + y\mathrm{d}z\mathrm{d}x + z\mathrm{d}x\mathrm{d}y.$$

右端新积分无奇点，可应用 Gauss 公式变为三重积分，再用广义极坐标，$J = \dfrac{1}{\sqrt{abc}}\rho^2\sin\varphi$. 于是

$$I = \frac{3}{\varepsilon}\oiint\limits_{\sigma_\varepsilon}\mathrm{d}V \xrightarrow{\text{广义极坐标}} \frac{3}{\varepsilon}\frac{1}{\sqrt{abc}}\int_0^{\varepsilon^{\frac{1}{3}}}\rho^2\mathrm{d}\rho\int_0^{2\pi}\mathrm{d}\theta\int_0^\pi \sin\varphi\mathrm{d}\varphi = \frac{4\pi}{\sqrt{abc}}.$$

解 II 记 $S \to S'$，则

$$I = \oiint\limits_{S} \frac{x\cos\alpha + y\cos\beta + z\cos\gamma}{(ax^2 + by^2 + cz^2)^{\frac{3}{2}}} \mathrm{d}S = \oiint\limits_{S} \frac{x\mathrm{d}y\mathrm{d}z + y\mathrm{d}z\mathrm{d}x + z\mathrm{d}x\mathrm{d}y}{(ax^2 + by^2 + cz^2)^{\frac{3}{2}}}.$$

令 $\sqrt{a}x = \xi, \sqrt{b}y = \eta, \sqrt{c}z = \zeta$，则 $I = \dfrac{1}{\sqrt{abc}} \oiint\limits_{S'} \dfrac{\xi\mathrm{d}\eta\mathrm{d}\zeta + \eta\mathrm{d}\zeta\mathrm{d}\xi + \zeta\mathrm{d}\xi\mathrm{d}\eta}{(\xi^2 + \eta^2 + \zeta^2)^{\frac{3}{2}}}$. 至此，已变成前例熟悉的积分.

*☆例 7.4.20　设 C 为锥面，它的顶点在原点以 z 的正半轴为对称轴，顶角（母线与 z 轴的夹角）为 $\alpha\left(0 < \alpha < \dfrac{\pi}{2}\right)$. 假设 S 是包含在 C 内部区域的一个曲面. S 的边界是 C 上的一条没有重点的闭曲线. 从原点出发的任何一条射线和平行于 z 轴的任何一条直线跟 S 至多交于一点. 又假设 S 有连续的单位法向量，正方向指向圆锥的内部被 S 分割出来的无界区域. 用 r 表示从原点到 S 上的动点的距离，试分下列两种情况计算积分 $\displaystyle\iint\limits_{S} \frac{\partial}{\partial \boldsymbol{n}} \frac{1}{r} \mathrm{d}S$：

1）S 是以原点为中心的球面的一部分；

2）S 是满足上述假设的任意曲面.（厦门大学）

解　1）因 S 是以原点为中心的球面（记半径为 $R > 0$），故 S 的外法线方向与径向量 $\boldsymbol{r}$ 一致，因此　　　$\dfrac{\partial}{\partial \boldsymbol{n}} \dfrac{1}{r} = \dfrac{\partial}{\partial \boldsymbol{r}} \dfrac{1}{r} = -\dfrac{1}{r^2}$.

$$\iint\limits_{S} \frac{\partial}{\partial \boldsymbol{n}} \frac{1}{r} \mathrm{d}S = -\iint\limits_{S} \frac{1}{r^2} \mathrm{d}S = -\frac{1}{R^2} \iint\limits_{S} \mathrm{d}S = 2\pi(\cos\alpha - 1). \quad（见例 7.4.10.）$$

2）（此时 S 为任意曲面，1）中的方法已无能为力. 但 S 与锥面 C 构成了封闭曲面，可考虑用 Gauss 公式. 不过原点为奇点，因此应用一充分小的球面将原点挖去. 如此）以原点为中心，以充分小的 $\varepsilon > 0$ 为半径，作一小球面，使之与 S 无交点. 小球面夹在锥内的部分记为 S_ε，锥面 C 上夹在 S 与 S_ε 之间的部分记为 Γ，曲面 S, S_ε, Γ 所围的区域记为 V. 于是

$$\iint\limits_{S} \frac{\partial}{\partial \boldsymbol{n}} \frac{1}{r} \mathrm{d}S = \left(\oiint\limits_{S+\Gamma+S_\varepsilon} - \iint\limits_{\Gamma} - \iint\limits_{S_\varepsilon}\right) \frac{\partial}{\partial \boldsymbol{n}} \frac{1}{r} \mathrm{d}S. \tag{1}$$

注意到

$$\frac{\partial}{\partial \boldsymbol{n}} \frac{1}{r} = \frac{\partial(1/r)}{\partial x} \cos(\boldsymbol{n}, x) + \frac{\partial(1/r)}{\partial y} \cos(\boldsymbol{n}, y) + \frac{\partial(1/r)}{\partial z} \cos(\boldsymbol{n}, z),$$

对式（1）右端第一个积分应用 Gauss 公式：

$$\oiint\limits_{S+\Gamma+S_\varepsilon} \frac{\partial}{\partial \boldsymbol{n}} \frac{1}{r} \mathrm{d}S = \iiint\limits_{V} \left(\frac{\partial^2}{\partial x^2} \frac{1}{r} + \frac{\partial^2}{\partial y^2} \frac{1}{r} + \frac{\partial^2}{\partial z^2} \frac{1}{r}\right) \mathrm{d}x\mathrm{d}y\mathrm{d}z$$

$$= \iiint\limits_{V} 0 \mathrm{d}x\mathrm{d}y\mathrm{d}z = 0. \tag{2}$$

又因锥面上法线方向与径向垂直，$\dfrac{\partial}{\partial \boldsymbol{n}} \dfrac{1}{r} \equiv 0$，因此式（1）右端第二个积分

$$\iint\limits_{\Gamma} \frac{\partial}{\partial \boldsymbol{n}} \frac{1}{r} \mathrm{d}S = \iint\limits_{\Gamma} 0 \mathrm{d}S = 0. \tag{3}$$

由于 S_ε 是以原点为中心的球面,符合 1)中的条件,不过 S_ε 的法线方向指向原点(对 V 而言是朝外). 因此式(1)右端的第三个积分可用 1)中的结果(反号):

$$\iint\limits_{S_\varepsilon} \frac{\partial}{\partial \boldsymbol{n}} \frac{1}{r} \mathrm{d}S = -2\pi(\cos \alpha - 1). \tag{4}$$

将(2)、(3)、(4)代入(1),得 $\quad \iint\limits_{S} \dfrac{\partial}{\partial \boldsymbol{n}} \dfrac{1}{r} \mathrm{d}S = 2\pi(\cos \alpha - 1).$

b. 从积分性质导出微分性质

要点 (与线积分类似)利用 Gauss 公式、积分中值定理以及曲面无限收缩(收缩至一点)取极限的方法,可由函数的某些积分性质导出它的微分性质. 这种方法在物理上有重大应用.

☆**例 7.4.21** 设 V 是三维空间的区域,其内任何封闭曲面都可不通过 V 外的点连续收缩至一点. 又设函数 $P(x,y,z)$,$Q(x,y,z)$,$R(x,y,z)$ 在 V 上有连续偏导数. S 表示 V 内任一不自交的光滑封闭曲面. $\boldsymbol{n}$ 是 S 的外法向量,试证明:对任意 S,恒有

$$\oiint\limits_{S} [P\cos(\boldsymbol{n},x) + Q\cos(\boldsymbol{n},y) + R\cos(\boldsymbol{n},z)] \mathrm{d}S = 0$$

的充要条件是 $\dfrac{\partial P}{\partial x} + \dfrac{\partial Q}{\partial y} + \dfrac{\partial R}{\partial z} = 0$ 在 V 内处处成立. (四川师范大学)

证 充分性由 Gauss 公式直接可得. 这里只证明必要性. 应用 Gauss 公式与积分中值定理(记 S 所包围的区域和体积为 V'),

$$0 = \oiint\limits_{S} [P\cos(\boldsymbol{n},x) + Q\cos(\boldsymbol{n},y) + R\cos(\boldsymbol{n},z)] \mathrm{d}S$$

$$= \iiint\limits_{V'} \left(\frac{\partial P}{\partial x} + \frac{\partial Q}{\partial y} + \frac{\partial R}{\partial z} \right) \mathrm{d}x\mathrm{d}y\mathrm{d}z = \left(\frac{\partial P}{\partial x} + \frac{\partial Q}{\partial y} + \frac{\partial R}{\partial z} \right)_M \cdot V', \tag{1}$$

这里 M 是 V' 内某一点.

设 $M_0 \in V$ 为任意给定的点,今以 M_0 为中心、以 $\varepsilon > 0$(充分小)为半径,作球面 $\varGamma_\varepsilon$,使 $\varGamma_\varepsilon$ 在 V 内. 令 $S = \varGamma_\varepsilon$,应用式(1),知球内存在一点 M 使得

$$\left(\frac{\partial P}{\partial x} + \frac{\partial Q}{\partial y} + \frac{\partial R}{\partial z} \right)_M = 0, \quad \rho(M_0, M) < \varepsilon.$$

令 $\varepsilon \to 0$ 取极限,得

$$\left(\frac{\partial P}{\partial x} + \frac{\partial Q}{\partial y} + \frac{\partial R}{\partial z} \right)_{M_0} = 0. \tag{2}$$

由 M_0 的任意性,知式(2)在 V 内处处成立. 证毕.

注 用反证法更省事,请读者自己证明(可参看例 7.3.17 之证明).

例 7.4.22 设函数 $P(x,y,z)$,$Q(x,y,z)$ 及 $R(x,y,z)$ 在 $\mathbf{R}^3$ 中有一阶连续偏导数. 对于任意 $r > 0$,任意点 $(x_0, y_0, z_0) \in \mathbf{R}^3$,半球面 $S: z = z_0 + \sqrt{r^2 - (x - x_0)^2 - (y - y_0)^2}$ 上的积分 $\iint\limits_{S} P\mathrm{d}y\mathrm{d}z + Q\mathrm{d}z\mathrm{d}x + R\mathrm{d}x\mathrm{d}y = 0$. 试证: $\dfrac{\partial P}{\partial x} + \dfrac{\partial Q}{\partial y} = 0$, $R = 0$ 在 $\mathbf{R}^3$ 内处处成立.

提示 参考例 7.3.18.

例 7.4.23 函数 $u = u(x,y,z)$ 在区域 V 内有直到二阶的连续偏导数,试证:V 内任何封闭光滑曲面 S 上的积分 $\oiint\limits_{S} \dfrac{\partial u}{\partial \boldsymbol{n}} \mathrm{d}S = 0$ 的充要条件是 u 为 V 内的调和函数 $\left(\text{即 } V \text{ 内恒有 } \dfrac{\partial^2 u}{\partial x^2} + \dfrac{\partial^2 u}{\partial y^2} + \dfrac{\partial^2 u}{\partial z^2} = 0\right)$.

提示 因 $\dfrac{\partial u}{\partial \boldsymbol{n}} = \dfrac{\partial u}{\partial x}\cos(\boldsymbol{n},x) + \dfrac{\partial u}{\partial y}\cos(\boldsymbol{n},y) + \dfrac{\partial u}{\partial z}\cos(\boldsymbol{n},z)$,

故充分性直接可由 Gauss 公式得到,必要性用反证法可得.

四、Stokes 公式

Stokes 公式建立了空间曲面积分与其边界上的曲线积分的关系.

定理 2(Stokes 公式) 设

1)S 是 $\mathbf{R}^3$ 中的分片光滑曲面;

2)S 的边界是有限条封闭逐段光滑曲线 L;

3)函数 P,Q,R 在曲面 S 及其附近有定义,在 S 直到 L 上有连续的偏导数,

则

$$
\int_{L^+} P\mathrm{d}x + Q\mathrm{d}y + R\mathrm{d}z = \iint\limits_{S^+}
\begin{vmatrix}
\cos\alpha & \cos\beta & \cos\gamma \\
\dfrac{\partial}{\partial x} & \dfrac{\partial}{\partial y} & \dfrac{\partial}{\partial z} \\
P & Q & R
\end{vmatrix} \mathrm{d}S
$$

$$
= \iint\limits_{S}
\begin{vmatrix}
\mathrm{d}y\mathrm{d}z & \mathrm{d}z\mathrm{d}x & \mathrm{d}x\mathrm{d}y \\
\dfrac{\partial}{\partial x} & \dfrac{\partial}{\partial y} & \dfrac{\partial}{\partial z} \\
P & Q & R
\end{vmatrix}, \tag{A}
$$

其中 S^+ 与 L^+ 呈右手系(即站在 S^+ 的法线上看 L^+ 为逆时针方向),$\cos\alpha, \cos\beta, \cos\gamma$ 为 S^+ 的法线方向余弦. 式(A)中的行列式约定按第一行展开.

利用 Stokes 公式,可得到空间曲线积分与路径无关的充要条件.

定理 3 设 V 是空间按曲线连通的区域(即 V 内任一封闭曲线,都能在此曲线上张一光滑曲面,使之完全位于 V 内),P,Q,R 为 V 内有连续偏导数的函数,则以下四条件等价:

1)$\forall M_0, M_1 \in V$,从 M_0 至 M_1 的线积分 $\displaystyle\int_{M_0}^{M_1} P\mathrm{d}x + Q\mathrm{d}y + R\mathrm{d}z$ 只与 M_0, M_1 有关,与路径无关.

2)V 内任何闭路 L 上的积分 $\displaystyle\oint_{L} P\mathrm{d}x + Q\mathrm{d}y + R\mathrm{d}z = 0.$

3）V 内处处有 $\dfrac{\partial Q}{\partial x} = \dfrac{\partial P}{\partial y}$，$\dfrac{\partial R}{\partial y} = \dfrac{\partial Q}{\partial z}$，$\dfrac{\partial P}{\partial z} = \dfrac{\partial R}{\partial x}$.

4）存在函数 $U(x,y,z)$，使得 $\mathrm{d}U = P\mathrm{d}x + Q\mathrm{d}y + R\mathrm{d}z$（$U$ 称为 $P\mathrm{d}x + Q\mathrm{d}y + R\mathrm{d}z$ 的原函数，这时 $P\mathrm{d}x + Q\mathrm{d}y + R\mathrm{d}z$ 称为恰当微分）.

下面利用这些结论来计算空间曲线积分.

☆ **例 7.4.24** 计算线积分 $I = \oint_{L^+} x\mathrm{d}y - y\mathrm{d}x$，其中 L^+ 为上半球面 $x^2 + y^2 + z^2 = 1（z \geqslant 0）$ 与柱面 $x^2 + y^2 = x$ 的交线. 从 z 轴正向往下看，L 正向取逆时针方向.

解 I （把球面位于柱内的部分看成是 L 上所张的曲面，用 Stokes 公式.）如图 7.4.8，用 S^+ 表示上半球面在柱面 $x^2 + y^2 = x$（即 $\left(x - \dfrac{1}{2}\right)^2 + y^2 = \left(\dfrac{1}{2}\right)^2$）内的部分之上侧，则 S^+ 与 L^+ 成右手系.

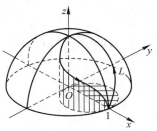

图 7.4.8

$$I = \iint\limits_{S^+} \left[\frac{\partial x}{\partial x} - \frac{\partial}{\partial y}(-y)\right]\mathrm{d}x\mathrm{d}y = 2\iint\limits_{S^+}\mathrm{d}x\mathrm{d}y$$

$$= 2\iint\limits_{\left(x-\frac{1}{2}\right)^2 + y^2 \leqslant \frac{1}{4}}\mathrm{d}x\mathrm{d}y = 2 \cdot \pi\left(\frac{1}{2}\right)^2 = \frac{\pi}{2}.$$

解 II （将柱面夹在上半球面与 xOy 平面之间的部分（记为 Γ），以及 xOy 平面位于柱面内的部分（记为 Δ）看成是曲线 L 上所张的分片光滑曲面.）

$$I = \oint_{L^+} x\mathrm{d}y - y\mathrm{d}x = \iint\limits_{\Gamma+\Delta}\left[\frac{\partial x}{\partial x} - \frac{\partial}{\partial y}(-y)\right]\mathrm{d}x\mathrm{d}y.$$

注意 Γ 在 xOy 平面的投影面积为零，因此 Γ 上积分为零. Δ 上的法线朝上（与 L^+ 成右手系）. 因此

$$I = 2\iint\limits_{\Delta}\mathrm{d}x\mathrm{d}y = 2\pi\left(\frac{1}{2}\right)^2 = \frac{\pi}{2}.$$

解 III （不用 Stokes 公式，直接引用参数方程化为定积分.）

$$L^+: x = \frac{1}{2} + \frac{1}{2}\cos\theta, \quad y = \frac{1}{2}\sin\theta, \quad z = \frac{1}{\sqrt{2}}\sqrt{1 - \cos\theta}.$$

$$I = \oint_{L^+} x\mathrm{d}y - y\mathrm{d}x = \int_0^{2\pi}\left[\left(\frac{1}{2} + \frac{1}{2}\cos\theta\right)\frac{1}{2}\cos\theta + \frac{1}{4}\sin^2\theta\right]\mathrm{d}\theta$$

$$= \int_0^{2\pi}\frac{1}{4}\cos\theta\mathrm{d}\theta + \frac{1}{4}\int_0^{2\pi}\mathrm{d}\theta = \frac{1}{4}2\pi = \frac{\pi}{2}.$$

例 7.4.25 设 C 为光滑曲面 S 的边界，求证：

$$\oint_C f\frac{\partial g}{\partial x}\mathrm{d}x + f\frac{\partial g}{\partial y}\mathrm{d}y + f\frac{\partial g}{\partial z}\mathrm{d}z = \iint\limits_{S}\begin{vmatrix} \dfrac{\partial f}{\partial x} & \dfrac{\partial f}{\partial y} & \dfrac{\partial f}{\partial z} \\[2mm] \dfrac{\partial g}{\partial x} & \dfrac{\partial g}{\partial y} & \dfrac{\partial g}{\partial z} \\[2mm] \cos\alpha & \cos\beta & \cos\gamma \end{vmatrix}\mathrm{d}S,$$

其中 f, g 是有二阶连续偏导数的函数, $\cos\alpha, \cos\beta, \cos\gamma$ 为 S 上单位法向量的方向余弦(C 的方向与 S 的法线方向成右手系). (同济大学)

提示   原式左端利用 Stokes 公式, 代入后行列式按第一行展开, 可得三项:

$$\begin{vmatrix} \cos\alpha & \cos\beta & \cos\gamma \\ \dfrac{\partial}{\partial x} & \dfrac{\partial}{\partial y} & \dfrac{\partial}{\partial z} \\ P & Q & R \end{vmatrix} = \begin{vmatrix} \cos\alpha & \cos\beta & \cos\gamma \\ \dfrac{\partial}{\partial x} & \dfrac{\partial}{\partial y} & \dfrac{\partial}{\partial z} \\ f\dfrac{\partial g}{\partial x} & f\dfrac{\partial g}{\partial y} & f\dfrac{\partial g}{\partial z} \end{vmatrix} = I_1 + I_2 + I_3,$$

其中

$$I_1 = \cos\alpha\left[\frac{\partial}{\partial y}\left(f\frac{\partial g}{\partial z}\right) - \frac{\partial}{\partial z}\left(f\frac{\partial g}{\partial y}\right)\right] = \cos\alpha\left(\frac{\partial f}{\partial y}\cdot\frac{\partial g}{\partial z} + f\cdot\frac{\partial^2 g}{\partial y\partial z} - \frac{\partial f}{\partial z}\cdot\frac{\partial g}{\partial y} - f\cdot\frac{\partial^2 g}{\partial y\partial z}\right)$$

$$= \cos\alpha\left(\frac{\partial f}{\partial y}\cdot\frac{\partial g}{\partial z} - \frac{\partial f}{\partial z}\cdot\frac{\partial g}{\partial y}\right) = \cos\alpha\begin{vmatrix} \dfrac{\partial f}{\partial y} & \dfrac{\partial f}{\partial z} \\ \dfrac{\partial g}{\partial y} & \dfrac{\partial g}{\partial z} \end{vmatrix}.$$

同理写出另外两项. 原式右端按第三行展开, 得证.

例 7.4.26   计算曲线积分

$$I = \int_{L^+}(x^2 - yz)\mathrm{d}x + (y^2 - xz)\mathrm{d}y + (z^2 - xy)\mathrm{d}z,$$

其中 L^+ 是从点 $A(1,0,0)$ 至 $B(1,0,2)$ 的光滑曲线.

解   (利用积分与路径无关.) 这里 $P = x^2 - yz$, $Q = y^2 - xz$, $R = z^2 - xy$, 满足积分与路径无关的条件:

$$\frac{\partial Q}{\partial x} = \frac{\partial P}{\partial y} = -z, \quad \frac{\partial R}{\partial y} = \frac{\partial Q}{\partial z} = -x, \quad \frac{\partial P}{\partial z} = \frac{\partial R}{\partial x} = -y.$$

积分与路径无关. 取 $\overline{AB}$ 作为积分路径, 故 $I = \displaystyle\int_0^2 z^2\mathrm{d}z = \frac{8}{3}$. (因为 $\overline{AB}$ 上 $x \equiv 1, y \equiv 0$, 因此 $\mathrm{d}x \equiv \mathrm{d}y \equiv 0$).

^{new}☆例 7.4.27   求曲线积分:

$$I = \int_L(y - z)\mathrm{d}x + (z - x)\mathrm{d}y + (x - y)\mathrm{d}z, \tag{1}$$

这里曲线 L 是两球面:

$$x^2 + y^2 + z^2 = 1 \tag{2}$$

与

$$(x-1)^2 + (y-1)^2 + (z-1)^2 = 4 \tag{3}$$

的交线, 积分方向从 z 轴正向看为逆时针. (北京大学)

解 I   (用 Stokes 公式.) 式(3)改写为

$$(x^2 - 2x + 1) + (y^2 - 2y + 1) + (z^2 - 2z + 1) = 4. \tag{4}$$

式(2)代入(4)得

$$x + y + z = 0. \tag{5}$$

（2），（5）联立等价于（2），（3）联立. 说明 L 也可看成是（2）和（5）的交线，即：球面 $x^2 + y^2 + z^2 = 1$ 与平面 $x + y + z = 0$ 的交线.

平面 $x + y + z = 0$ 上，曲线 L 所包围的圆域记为 Δ，即

$$\Delta = \{ (x,y,z) \mid x + y + z = 0, x^2 + y^2 + z^2 \leqslant 1 \}.$$

对积分（1），利用 Stokes 公式：

$$I = \iint_{\Delta} \begin{vmatrix} \cos\alpha & \cos\beta & \cos\gamma \\ \dfrac{\partial}{\partial x} & \dfrac{\partial}{\partial y} & \dfrac{\partial}{\partial z} \\ y-z & z-x & x-y \end{vmatrix} \mathrm{d}S = -2\iint_{\Delta} (\cos\alpha + \cos\beta + \cos\gamma)\,\mathrm{d}S. \tag{6}$$

平面 $x + y + z = 0$ 的法向量为 $\boldsymbol{n}$，方向数为：1，1，1. 因此 $\boldsymbol{n}$ 的方向余弦：

$$\cos\alpha = \cos\beta = \cos\gamma = \frac{1}{\sqrt{1^2 + 1^2 + 1^2}} = \frac{1}{\sqrt{3}}. \tag{7}$$

代入式（6），　$I = -\dfrac{2\cdot 3}{\sqrt{3}} \iint_{\Delta}\mathrm{d}S = -\dfrac{2\cdot 3}{\sqrt{3}}\cdot\pi\cdot 1^2 = -2\sqrt{3}\pi.$

　　※**解 II**　（先将空间曲线投影到 xOy 平面上，再在 xOy 平面上应用 Green 公式.）如上所述，L 可看成 $z = -x - y$ 与单位球面的交线. 将 $z = -x - y$ 代入式（1），可知（用 L' 表示交线 L 在 xOy 平面上的投影）

$$I = \int_L (y-z)\,\mathrm{d}x + (z-x)\,\mathrm{d}y + (x-y)\,\mathrm{d}z = -3\int_{L'} x\mathrm{d}y - y\mathrm{d}x. \tag{8}$$

（再用 Δ' 和 Δ 分别表示 L' 和 L 所围区域，$S_{\Delta'}$ 和 S_{Δ} 分别表示 Δ' 和 Δ 的面积.）在 xOy 平面上，应用 Green 公式：

$$上式 \xlongequal{\text{Green 公式}} 3\cdot(-2)\oiint_{\Delta'}\mathrm{d}x\mathrm{d}y = -6S_{\Delta'} = -6\cos\gamma\cdot S_{\Delta}$$

$$\xlongequal{\text{式}(7)} -6\cdot\frac{1}{\sqrt{3}}\cdot\pi\cdot 1^2 = -2\sqrt{3}\pi.$$

　　解 III　根据上面式（8），待求的积分 I 已化为

$$I = \int_L (y-z)\,\mathrm{d}x + (z-x)\,\mathrm{d}y + (x-y)\,\mathrm{d}z = -3\int_{L'} x\mathrm{d}y - y\mathrm{d}x.$$

利用例 7.3.11 前的面积公式（B），知

$$I = -6S_{\Delta'}. \tag{9}$$

下面用另外的方法求投影区域的面积 $S_{\Delta'}$：将式（2），（5）联立消去 z，得 x,y 的方程：

$$x^2 + xy + y^2 = \frac{1}{2}. \tag{10}$$

在 $Oxyz$ 三维空间，它是平行 z 轴，通过交线 L 的柱面. 在 xOy 平面上，它是 L 在 xOy 上的投影 L'. 令 $x = \xi + \eta, y = \xi - \eta$. 则 Jacobi 行列式 $J = -2$. 这时 L' 的方程（10）转化为

$$6\xi^2 + 2\eta^2 = 1. \tag{11}$$

这是半轴分别为 $\dfrac{1}{\sqrt{6}}, \dfrac{1}{\sqrt{2}}$ 的椭圆. 因此它的面积：$\dfrac{1}{\sqrt{6}}\cdot\dfrac{1}{\sqrt{2}}\pi = \dfrac{\pi}{\sqrt{12}}$. 可见 L' 所围区域 Δ'

之面积: $S_{\Delta'} = |J| \dfrac{\pi}{\sqrt{12}} = 2\dfrac{\pi}{\sqrt{12}}$. 代入式(9), 得原积分: $I = -6S_{\Delta'} = -12\dfrac{\pi}{\sqrt{12}} = -2\sqrt{3}\pi$.

^{new}☆例 7.4.28　计算积分: $I = \oint_c xy\,ds$, 其中 c 是 $x^2 + y^2 + z^2 = 9$ 和 $x + y + z = 0$ 的交线. (武汉大学)

解 I　原点不动, 将 xOy 平面旋转到平面 $\Sigma: x + y + z = 0$ 上, 为此, 令

$$\xi = \frac{x-y}{\sqrt{2}}, \quad \eta = \frac{x+y-2z}{\sqrt{6}}, \quad \zeta = \frac{x+y+z}{\sqrt{3}}. \tag{1}$$

将 $\zeta = \dfrac{x+y+z}{\sqrt{3}}$ 变形为 $-2z = -2\sqrt{3}\zeta + 2(x+y)$, 代入 $\eta = \dfrac{x+y-2z}{\sqrt{6}}$ 得(消去 z)

$$\eta = \frac{3(x+y) - 2\sqrt{3}\zeta}{\sqrt{6}}. \tag{2}$$

在平面 Σ 上:

$$\zeta = 0, \quad \xi = \frac{x-y}{\sqrt{2}}, \quad \eta = \frac{3(x+y)}{\sqrt{6}}. \tag{3}$$

球面旋转后不变: $\xi^2 + \eta^2 + \zeta^2 \xlongequal{\text{式}(1)} x^2 + y^2 + z^2 = 9$. 在曲线 c 上:

$$x \xlongequal{\text{式}(3)} \frac{1}{2}\left(\sqrt{2}\xi + \frac{\sqrt{6}}{3}\eta\right), \quad y \xlongequal{\text{式}(3)} \frac{1}{2}\left(-\sqrt{2}\xi + \frac{\sqrt{6}}{3}\eta\right).$$

故

$$xy = \frac{1}{6}(\eta^2 - 3\xi^2). \tag{4}$$

从而曲线 c 是(平面 Σ 上)平面曲线: $\xi^2 + \eta^2 = 9$. 利用极坐标: $\xi = 3\cos\theta, \eta = 3\sin\theta$, 得

$$I = \oint_c xy\,ds \xlongequal{\text{式}(4)} \frac{1}{6}\int_0^{2\pi}(9\sin^2\theta - 27\cos^2\theta) \cdot 3d\theta = -9\pi.$$

解 II　将题目中的球面方程和平面方程联立, 消去变量 z, 即得曲线 c 在 xOy 平面上的投影 c_0 (椭圆方程):

$$x^2 + y^2 + xy = \frac{9}{2}. \tag{5}$$

令

$$x = \frac{\xi - \eta}{\sqrt{2}}, \quad y = \frac{\xi + \eta}{\sqrt{2}}, \tag{6}$$

将(6)代入(5), 得 c_0 在新坐标下的方程: $3\xi^2 + \eta^2 = 9$. 引用广义极坐标:

$$\xi = \sqrt{3}\cos\theta, \quad \eta = 3\sin\theta, \tag{7}$$

故

$$xy \xlongequal{\text{式}(6)} \frac{1}{2}(\xi^2 - \eta^2) \xlongequal{\text{式}(7)} \frac{1}{2}(3\cos^2\theta - 9\sin^2\theta). \tag{8}$$

$$x'^2 = \left(\frac{\xi' - \eta'}{\sqrt{2}}\right)^2 = \frac{\xi'^2 + \eta'^2 - 2\xi'\eta'}{2}, \quad y'^2 = \frac{\xi'^2 + \eta'^2 + 2\xi'\eta'}{2},$$

$$z'^2 = \left[-(x+y) \right]'^2 = (-\sqrt{2}\xi')^2 = 2\xi'^2.$$

故 $\quad \mathrm{d}s = \sqrt{x'^2(\theta) + y'^2(\theta) + z'^2(\theta)}\,\mathrm{d}\theta = \sqrt{3\xi'^2(\theta) + \eta'^2(\theta)}\,\mathrm{d}\theta \xlongequal{\text{式}(7)} 3\mathrm{d}\theta.$ (9)

因此 $\quad I = \oint_c xy\,\mathrm{d}s \xlongequal{\text{式}(8),(9)} \int_0^{2\pi} \frac{1}{2}(3\cos^2\theta - 9\sin^2\theta) \cdot 3\mathrm{d}\theta = -9\pi.$

✍ 单元练习 7.4

曲面积分的计算

7.4.1 计算 $I = \iint\limits_S (x^2 + y^2)\,\mathrm{d}S$，其中 S 是 xOy 平面上方的抛物面 $z = 2 - (x^2 + y^2)$（如图

7.4.9）.（上海师范大学） $\left\langle\!\left\langle \dfrac{149}{30}\pi \right\rangle\!\right\rangle$

提示 $I = \iint\limits_{x^2+y^2 \leqslant 2} (x^2 + y^2) \cdot \sqrt{1 + 4(x^2 + y^2)}\,\mathrm{d}x\mathrm{d}y = 2\pi \int_0^{\sqrt{2}} r^3 \sqrt{1 + 4r^2}\,\mathrm{d}r.$

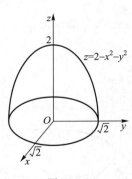

图 7.4.9

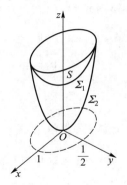

图 7.4.10

☆**7.4.2** 已知椭圆抛物面 $\Sigma_1 : z = 1 + x^2 + 2y^2$，$\Sigma_2 : z = 2(x^2 + 3y^2)$，计算 Σ_1 被 Σ_2 截下部分的曲

面面积（如图 7.4.10）.（华东师范大学） $\left\langle\!\left\langle \dfrac{\pi}{12}(5\sqrt{5} - 1) \right\rangle\!\right\rangle$

提示 由 Σ_1 知，$\mathrm{d}S = \sqrt{1 + z_x'^2 + z_y'^2}\,\mathrm{d}x\mathrm{d}y = \sqrt{1 + 4x^2 + 16y^2}\,\mathrm{d}x\mathrm{d}y.$

Σ_1, Σ_2 之方程联立消去 z，得 $x^2 + 4y^2 = 1.$

再提示 $S = \iint\limits_S \mathrm{d}S = \iint\limits_{x^2+4y^2 \leqslant 1} \sqrt{1 + 4x^2 + 16y^2}\,\mathrm{d}x\mathrm{d}y.$

令 $x = r\cos\theta, y = \dfrac{1}{2}r\sin\theta$，则 $J = \begin{vmatrix} \cos\theta & -r\sin\theta \\ \dfrac{1}{2}\sin\theta & \dfrac{1}{2}r\cos\theta \end{vmatrix} = \dfrac{r}{2}.$

$$S = \frac{1}{2} \int_0^{2\pi} \mathrm{d}\theta \int_0^1 r\sqrt{1 + 4r^2}\,\mathrm{d}r = \frac{\pi}{12}(5\sqrt{5} - 1).$$

☆**7.4.3** 计算 $I = \iint\limits_S \boldsymbol{a} \cdot \boldsymbol{n}\,\mathrm{d}S$，其中 $\boldsymbol{a} = (xy, -x^2, x+z)$，$S$ 为平面 $2x + 2y + z = 6$ 包含在第一卦

限的部分，$\boldsymbol{n}$ 是 S 的单位法向量.（南京工业大学）

提示　$F \equiv 2x + 2y + z - 6 = 0$，$(F_x', F_y', F_z') = (2, 2, 1)$，$\boldsymbol{n} = \left(\dfrac{2}{3}, \dfrac{2}{3}, \dfrac{1}{3} \right)$，$\boldsymbol{a} \cdot \boldsymbol{n} = \dfrac{2}{3}xy - \dfrac{2}{3}x^2 + \dfrac{1}{3}(x + z)$.

再提示　$z = 6 - 2x - 2y$，$\sqrt{1 + z_x'^2 + z_y'^2} = 3$.

$$I = \iint\limits_{\substack{0 \leqslant x \leqslant 3 \\ 0 \leqslant y \leqslant 3 - x}} \left[\frac{2}{3}xy - \frac{2}{3}x^2 + \frac{1}{3}(x + 6 - 2x - 2y) \right] \cdot 3 \mathrm{d}x\mathrm{d}y = \frac{27}{4}.$$

（该积分表示 $\boldsymbol{a}$ 穿过曲面 S 的"通量".）

☆**7.4.4**　试求曲面积分 $F(t) = \iint\limits_{x^2 + y^2 + z^2 = t^2} f(x, y, z)\mathrm{d}S$（$-\infty < t < +\infty$）之值，其中 $f(x, y, z)$

$= \begin{cases} x^2 + y^2, & z \geqslant \sqrt{x^2 + y^2}, \\ 0, & z < \sqrt{x^2 + y^2}. \end{cases}$（山东大学）

提示　用柱面坐标. $f \neq 0$ 当且仅当 $z \geqslant r$（即 $z^2 \geqslant r^2 = x^2 + y^2$）.

再提示　$x^2 + y^2 + z^2 = t^2$ 上只有 $x^2 + y^2 \leqslant \dfrac{t^2}{2}$（球冠）部位 $f \neq 0$. 故

$$F(t) = \iint\limits_{\substack{x^2 + y^2 + z^2 = t^2 \\ x^2 + y^2 \leqslant \frac{t^2}{2}}} (x^2 + y^2)\mathrm{d}S = \iint\limits_{x^2 + y^2 \leqslant \frac{t^2}{2}} (x^2 + y^2)\frac{t}{\sqrt{t^2 - x^2 - y^2}}\mathrm{d}x\mathrm{d}y$$

$$= 2\pi \int_0^{\frac{t}{\sqrt{2}}} r^2 \cdot \frac{t}{\sqrt{t^2 - r^2}} \cdot r\mathrm{d}r = \frac{1}{6}(8 - 5\sqrt{2})\pi t^4.$$

7.4.5　计算 $I = \iint\limits_S (xy + yz + zx)\mathrm{d}S$，其中 S 是曲面 $z = \sqrt{x^2 + y^2}$ 被曲面 $x^2 + y^2 = 2x$ 所割下的部分（如图 7.4.11）.（南京工业大学）

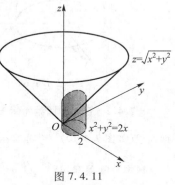

图 7.4.11

提示　曲面 S 及被积函数 $xy + yz$ 关于 xOz 平面对称，对称点上 $xy + yz$ 的大小相等、符号相反，积分为零.

再提示　$I = \iint\limits_S zx\mathrm{d}S = \iint\limits_{x^2 + y^2 \leqslant 2x} x\sqrt{x^2 + y^2} \cdot \sqrt{2}\mathrm{d}x\mathrm{d}y$

$$= 2\sqrt{2} \int_0^{\frac{\pi}{2}} \mathrm{d}\theta \int_0^{2\cos\theta} r^3 \cos\theta\mathrm{d}r = \frac{64}{15}\sqrt{2}.$$

***7.4.6**　设曲面 S 的极坐标方程为 $r = r(\varphi, \theta)$（$(\varphi, \theta) \in \Delta$），$r(\varphi, \theta)$ 有连续偏导数. 试证 S 的面积

$$S = \iint\limits_\Delta \sqrt{\left[r^2 + \left(\frac{\partial r}{\partial \varphi} \right)^2 \right] \sin^2\varphi + \left(\frac{\partial r}{\partial \theta} \right)^2}\, r\mathrm{d}\varphi\mathrm{d}\theta,$$

并由此计算曲面 $(x^2 + y^2 + z^2)^2 = 2a^2xy$（$a > 0$）的面积（如图 7.4.12）.

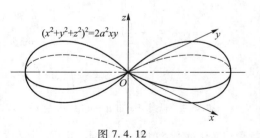

图 7.4.12

提示　引入球坐标写出 S 的参数方程，然后利用例 7.4.6 和例 7.4.7（及相关"要点"）中的方法.

再提示　令 $\begin{cases} x = r(\varphi,\theta)\sin\varphi\cos\theta, \\ y = r(\varphi,\theta)\sin\varphi\sin\theta, \quad (\varphi,\theta)\in\Delta, \text{由此可算得} \\ z = r(\varphi,\theta)\cos\varphi, \end{cases}$

$$E = x_\varphi'^2 + y_\varphi'^2 + z_\varphi'^2 = r_\varphi'^2 + r^2,$$
$$G = x_\theta'^2 + y_\theta'^2 + z_\theta'^2 = r_\theta'^2 + r^2\sin^2\varphi,$$
$$F = x_\varphi'x_\theta' + y_\varphi'y_\theta' + z_\varphi'z_\theta' = r_\varphi'r_\theta',$$
$$\sqrt{EG - F^2} = \sqrt{r_\theta'^2 + r^2\sin^2\varphi + r_\varphi'^2\sin^2\theta} \cdot r.$$

因此　　　$S = \iint_S \mathrm{d}S = \iint_\Delta \sqrt{EG - F^2}\,\mathrm{d}\varphi\mathrm{d}\theta = \iint_\Delta \sqrt{(r^2 + r_\varphi'^2)\sin^2\varphi + r_\theta'^2} \cdot r\mathrm{d}\varphi\mathrm{d}\theta.$

又 $(x^2 + y^2 + z^2)^2 = 2a^2xy,$ 可知 $r = a\sin\varphi\sqrt{\sin 2\theta},$ 故

$$r_\varphi'^2 = a^2\cos^2\varphi\sin 2\theta, \quad r_\theta'^2 = a^2\sin^2\varphi \cdot \frac{\cos^2 2\theta}{\sin 2\theta}.$$

代入上式得　　　$S = 8a^2\int_0^{\frac{\pi}{4}}\mathrm{d}\theta\int_0^{\frac{\pi}{2}}\sin^2\varphi\mathrm{d}\varphi = \frac{a^2}{2}\pi^2.$

**7.4.7　1）证明：半轴长分别为 a,b,c 的椭球，表面积 S 可以表示成

$$S = \iint_{S_1} \sqrt{b^2c^2\xi^2 + c^2a^2\eta^2 + a^2b^2\zeta^2}\,\mathrm{d}S, \tag{1}$$

其中积分沿单位球面 $S_1:\xi^2 + \eta^2 + \zeta^2 = 1$ 的外侧进行；

2）利用 Cauchy 不等式 $\sum_i a_ib_i \leqslant \sqrt{\left(\sum_i a_i^2\right)\left(\sum_i b_i^2\right)}$ 证明 $S \geqslant \iint_{S_1}(bc\xi^2 + ca\eta^2 + ab\zeta^2)\,\mathrm{d}S,$ 并

证明不等式右端的积分值为 $\frac{4\pi}{3}(bc + ca + ab)$；

3）已知椭球体积为 $\frac{4\pi}{3}abc,$ 求证椭球的表面积不小于同样体积的球的表面积.

提示　1）椭球表面积 $S = \iint_S \mathrm{d}S$ 利用椭球参数方程可化为 $0\leqslant\varphi\leqslant\pi, 0\leqslant\theta\leqslant 2\pi$ 上的二重积分，

进而可化为单位球面上的曲面积分.

2）对 $(bc\xi \cdot \xi + ca\eta \cdot \eta + ab\zeta \cdot \zeta)$ 应用 Cauchy 不等式.

3）利用 2）中结果.

证　1）令 $x = a\sin\varphi\cos\theta, y = b\sin\varphi\sin\theta, z = c\cos\varphi.$ 由此

$$E = x_\varphi'^2 + y_\varphi'^2 + z_\varphi'^2 = a^2\cos^2\varphi\cos^2\theta + b^2\cos^2\varphi\sin^2\theta + c^2\sin^2\varphi,$$
$$G = x_\theta'^2 + y_\theta'^2 + z_\theta'^2 = a^2\sin^2\varphi\sin^2\theta + b^2\sin^2\varphi\cos^2\theta,$$
$$F = x_\varphi'x_\theta' + y_\varphi'y_\theta' + z_\varphi'z_\theta' = -a^2\sin\varphi\cos\varphi\sin\theta\cos\theta + b^2\sin\varphi\cos\varphi\sin\theta\cos\theta,$$
$$EG - F^2 = a^2b^2\sin^2\varphi\cos^2\varphi + a^2c^2\sin^4\varphi\sin^2\theta + b^2c^2\sin^4\varphi\cos^2\theta$$
$$= (a^2b^2\cos^2\varphi + a^2c^2\sin^2\varphi\sin^2\theta + b^2c^2\sin^2\varphi\cos^2\theta)\sin^2\varphi. \tag{2}$$

由此式可得两个结论：首先，当 $a = b = c = 1$ 时，这时椭球变成单位球 $S_1:\xi^2 + \eta^2 + \zeta^2 = 1$；式（2）成为

$$EG - F^2 = (\cos^2\varphi + \sin^2\varphi\sin^2\theta + \sin^2\varphi\cos^2\theta)\sin^2\varphi = (\zeta^2 + \eta^2 + \xi^2)\sin^2\varphi = \sin^2\varphi.$$

因此单位球面第一型曲面积分有如下公式：

$$\iint_{S_1} f(\xi,\eta,\zeta)\,\mathrm{d}S = \iint_{\substack{0\leqslant\varphi\leqslant\pi \\ 0\leqslant\theta\leqslant 2\pi}} f(\sin\varphi\cos\theta, \sin\varphi\sin\theta, \cos\varphi)\sin\varphi\mathrm{d}\varphi\mathrm{d}\theta. \tag{3}$$

其次,由(2)得椭球表面积(记 $\Delta:0\leqslant\varphi\leqslant\pi,0\leqslant\theta\leqslant2\pi$)

$$S = \iint\limits_{S}\mathrm{d}S = \iint\limits_{\Delta}\sqrt{EG-F^2}\mathrm{d}\varphi\mathrm{d}\theta$$

$$\xrightarrow{\text{式}(2)}\iint\limits_{\Delta}\sqrt{a^2b^2\cos^2\varphi+a^2c^2\sin^2\varphi\sin^2\theta+b^2c^2\sin^2\varphi\cos^2\theta}\sin\varphi\mathrm{d}\varphi\mathrm{d}\theta$$

$$\xrightarrow{\text{式}(3)}\iint\limits_{S_1}\sqrt{a^2b^2\zeta^2+a^2c^2\eta^2+b^2c^2\xi^2}\mathrm{d}S.$$

2）利用 Cauchy 不等式(见 §4.4 的定理 1),

$$\iint\limits_{S_1}(bc\xi^2+ca\eta^2+ab\zeta^2)\mathrm{d}S \leqslant \iint\limits_{S_1}\sqrt{(bc\xi)^2+(ca\eta)^2+(ab\zeta)^2}\cdot\sqrt{\xi^2+\eta^2+\zeta^2}\mathrm{d}S$$

$$= \iint\limits_{S_1}\sqrt{b^2c^2\xi^2+c^2a^2\eta^2+a^2b^2\zeta^2}\mathrm{d}S\xrightarrow{\text{式}(1)}S.$$

注意:

$$\iint\limits_{S_1}ab\zeta^2\mathrm{d}S = ab8\iint\limits_{\substack{0\leqslant\varphi\leqslant\frac{\varphi}{2}\\0\leqslant\theta\leqslant\frac{\pi}{2}}}\cos^2\varphi\sin\varphi\mathrm{d}\varphi\mathrm{d}\theta = 8ab\cdot\frac{\pi}{2}\int_0^{\frac{\pi}{2}}\cos^2\varphi\sin\varphi\mathrm{d}\varphi$$

$$= 4ab\pi\cdot\frac{1\cdot1}{3\cdot1} = \frac{4}{3}ab\pi.$$

$\xi,\eta,\zeta;a,b,c$ 轮换对称,故 $\iint\limits_{S_1}(bc\xi^2+ca\eta^2+ab\zeta^2)\mathrm{d}S = \frac{4}{3}\pi(bc+ca+ab).$

3）椭球 $\dfrac{x^2}{a^2}+\dfrac{y^2}{b^2}+\dfrac{z^2}{c^2}\leqslant1$,若 $a,b,c>0$ 任意变动,但使 $abc=R^3$,则这时椭球体体积始终等于 $\dfrac{4}{3}abc\pi = \dfrac{4}{3}\pi R^3$. 利用 2)所得的不等式,知椭球表面积

$$S \geqslant \iint\limits_{S_1}(bc\xi^2+ca\eta^2+ab\zeta^2)\mathrm{d}S = \frac{4}{3}\pi(bc+ca+ab)$$

$$\xrightarrow{\text{令}\,a=b=c=R}4\pi R^2(\text{同样体积的球的表面积}).$$

　　*7.4.8　设 S 为椭球面,ρ 表示从椭球中心到与椭球表面元素 $\mathrm{d}S$ 相切的平面之间的距离,试计算积分:

1）$I = \iint\limits_{S}\rho\mathrm{d}S$;(中南大学)　　2）$K = \iint\limits_{S}\dfrac{1}{\rho}\mathrm{d}S.$

　　提示　关键在于求出 ρ 的表达式. 为此可通过椭球方程写出切平面方程的法式,以点 $(0,0,0)$ 代入求 ρ. 或如图 7.4.13,利用几何关系 $\rho=r\cos\alpha$,其中 $\boldsymbol{r}=(x,y,z)$ 为动点的径向量,$\boldsymbol{n}$ 是 (x,y,z) 处的外法向量,$\alpha=(\boldsymbol{n},\boldsymbol{r})$ 是 $\boldsymbol{r}$ 与 $\boldsymbol{n}$ 的夹角.

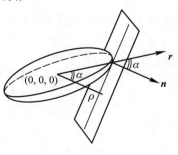

图 7.4.13

　　解 I　$\dfrac{x^2}{a^2}+\dfrac{y^2}{b^2}+\dfrac{z^2}{c^2}=1$ 上点 (x,y,z) 处的切平面为

$$\frac{xX}{a^2}+\frac{yY}{b^2}+\frac{zZ}{c^2}=1,$$

其中 (X,Y,Z) 为切平面上的动点. 方程的法式为

$$q(X,Y,Z) \equiv \frac{\dfrac{x}{a^2}X + \dfrac{y}{b^2}Y + \dfrac{z}{c^2}Z - 1}{\sqrt{\left(\dfrac{x}{a^2}\right)^2 + \left(\dfrac{y}{b^2}\right)^2 + \left(\dfrac{z}{c^2}\right)^2}} = 0.$$

于是 $(0,0,0)$ 到切平面的距离：

$$\rho = |q(0,0,0)| = \frac{1}{\sqrt{\dfrac{x^2}{a^4} + \dfrac{y^2}{b^4} + \dfrac{z^2}{c^4}}}.$$

上半椭球面

$$z = c\sqrt{1 - \frac{x^2}{a^2} - \frac{y^2}{b^2}}, \tag{1}$$

$$dS = \sqrt{1 + z_x'^2 + z_y'^2}\,dxdy = \sqrt{1 + \left(\frac{\dfrac{c}{a^2}x}{\sqrt{1 - \dfrac{x^2}{a^2} - \dfrac{y^2}{b^2}}}\right)^2 + \left(\frac{\dfrac{c}{b^2}y}{\sqrt{1 - \dfrac{x^2}{a^2} - \dfrac{y^2}{b^2}}}\right)^2}\,dxdy$$

$$\xeq{式(1)} \frac{c^2}{z}\sqrt{\frac{x^2}{a^4} + \frac{y^2}{b^4} + \frac{z^2}{c^4}}\,dxdy.$$

故积分

$$I = \iint\limits_S \rho\,dS = 2\iint\limits_{S上半} \frac{c^2}{z}\,dxdy = 2\iint\limits_{\frac{x^2}{a^2}+\frac{y^2}{b^2}\leqslant 1} \frac{c}{\sqrt{1 - \dfrac{x^2}{a^2} - \dfrac{y^2}{b^2}}}\,dxdy \quad (用广义极坐标)$$

$$= 2 \cdot \int_0^{2\pi} d\theta \int_0^1 \frac{abc}{\sqrt{1-r^2}}r\,dr = 4abc\pi.$$

类似有

$$K = \iint\limits_S \frac{1}{\rho}\,dS = \frac{4}{3}abc\pi\left(\frac{1}{a^2} + \frac{1}{b^2} + \frac{1}{c^2}\right).$$

解 Ⅱ　$F \equiv \dfrac{x^2}{a^2} + \dfrac{y^2}{b^2} + \dfrac{z^2}{c^2} - 1 = 0$，法向量 $\boldsymbol{n}$：

$$\frac{1}{2}\boldsymbol{n} = \frac{1}{2}(F_x', F_y', F_z') = \left(\frac{x}{a^2}, \frac{y}{b^2}, \frac{z}{c^2}\right),$$

$\boldsymbol{n}$ 上的单位向量 $\boldsymbol{n}_1 = \dfrac{\left(\dfrac{x}{a^2}, \dfrac{y}{b^2}, \dfrac{z}{c^2}\right)}{\sqrt{\dfrac{x^2}{a^4} + \dfrac{y^2}{b^4} + \dfrac{z^2}{c^4}}}$，$\cos(\boldsymbol{n}, z) = \dfrac{\dfrac{z}{c^2}}{\sqrt{\dfrac{x^2}{a^4} + \dfrac{y^2}{b^4} + \dfrac{z^2}{c^4}}}.$

$\boldsymbol{r}$ 上的单位向量 $\boldsymbol{r}_1 = \dfrac{(x,y,z)}{\sqrt{x^2 + y^2 + z^2}}$，因此

$$\rho = r\cos\alpha = r \cdot \boldsymbol{r}_1 \cdot \boldsymbol{n}_1 = (x,y,z) \cdot \frac{\left(\dfrac{x}{a^2}, \dfrac{y}{b^2}, \dfrac{z}{c^2}\right)}{\sqrt{\dfrac{x^2}{a^4} + \dfrac{y^2}{b^4} + \dfrac{z^2}{c^4}}}$$

$$= \frac{\dfrac{x^2}{a^2} + \dfrac{y^2}{b^2} + \dfrac{z^2}{c^2}}{\sqrt{\dfrac{x^2}{a^4} + \dfrac{y^2}{b^4} + \dfrac{z^2}{c^4}}} = \frac{1}{\sqrt{\dfrac{x^2}{a^4} + \dfrac{y^2}{b^4} + \dfrac{z^2}{c^4}}}.$$

于是

$$I = \iint\limits_{S} \rho \mathrm{d}S = \iint\limits_{D} \rho \cdot \frac{\mathrm{d}x\mathrm{d}y}{\cos(\boldsymbol{n},z)} = \iint\limits_{D} \frac{c^2}{z}\mathrm{d}x\mathrm{d}y = 4\pi abc,$$

其中 D 是 $\dfrac{x^2}{a^2} + \dfrac{y^2}{b^2} \leqslant 1$ 的椭圆区域.

7.4.9 计算第二型曲面积分 $\iint\limits_{S_外} x(y^2 + z^2)\mathrm{d}y\mathrm{d}z$，$S_外$ 是以坐标原点为中心的单位球面的外侧.

（武汉大学）　　　　　　　　　　　　　　　　　　　　　　　　　　　$\left\langle\!\left\langle \dfrac{8}{15}\pi \right\rangle\!\right\rangle$

提示 $\quad I = 2\iint\limits_{S_外 x \geqslant 0} \sqrt{1 - (y^2 + z^2)}\,(y^2 + z^2)\mathrm{d}y\mathrm{d}z \quad$（令 $y = r\cos\theta, z = r\sin\theta$）

$$= 2\int_0^{2\pi} \mathrm{d}\theta \int_0^1 \sqrt{1 - r^2}\, r^3 \mathrm{d}r.$$

☆**7.4.10** 计算第二型曲面积分

$$\iint\limits_{S} [f(x,y,z) + x]\mathrm{d}y\mathrm{d}z + [2f(x,y,z)]\mathrm{d}z\mathrm{d}x + [f(x,y,z) + z]\mathrm{d}x\mathrm{d}y,$$

其中 $f(x,y,z)$ 为连续函数，S 为平面 $x - y + z = 1$ 在第四卦限的上侧（如图 7.4.14）.（湖北大学）

提示 先转化为第一型曲面积分.

解 $\quad F \equiv x - y + z - 1, (F'_x, F'_y, F'_z) = (1, -1, 1)$,

$$(\cos\alpha, \cos\beta, \cos\gamma) = \left(\frac{1}{\sqrt{3}}, -\frac{1}{\sqrt{3}}, \frac{1}{\sqrt{3}} \right),$$

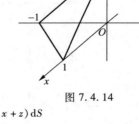

图 7.4.14

于是

$$I = \iint\limits_{S} [(f+x) - 2f + (f+z)]\frac{1}{\sqrt{3}}\mathrm{d}S = \frac{1}{\sqrt{3}}\iint\limits_{S}(x+z)\mathrm{d}S$$

$$= \iint\limits_{\substack{0 \leqslant x \leqslant 1 \\ 0 \leqslant z \leqslant 1-x}} (x+z)\mathrm{d}z\mathrm{d}x = \int_0^1 \mathrm{d}x \int_0^{1-x}(x+z)\mathrm{d}z = \frac{1}{3}.$$

Gauss 公式的应用

7.4.11 计算第二型曲面积分 $I = \iint\limits_{\Sigma} x^2\mathrm{d}y\mathrm{d}z + y^2\mathrm{d}z\mathrm{d}x + z^2\mathrm{d}x\mathrm{d}y$，其中 Σ 为球面 $(x - a)^2 + (y - b)^2 + (z - c)^2 = R^2$ 的外侧.（南开大学）　　　　$\left\langle\!\left\langle \dfrac{8}{3}(a+b+c)\pi R^3 \right\rangle\!\right\rangle$

提示 $\quad I = 2\iiint\limits_{\Sigma内侧} (x+y+z)\mathrm{d}V$，再令 $x = \xi + a, y = \eta + b, z = \zeta + c$，用对称性.

7.4.12 计算如下曲面积分：

1) $I = \iint\limits_{S} yz\mathrm{d}x\mathrm{d}y + zx\mathrm{d}y\mathrm{d}z + xy\mathrm{d}z\mathrm{d}x$，其中 S 是圆柱面 $x^2 + y^2 = 1$ 内三个坐标平面及旋转抛物面 $z = 2 - x^2 - y^2$ 所围立体在第一卦限部分的外侧（如图 7.4.15）；（南京大学）　　$\left\langle\!\left\langle \dfrac{14}{15} + \dfrac{7}{24}\pi \right\rangle\!\right\rangle$

2) $K = \iint\limits_{\Sigma} y^2 z\mathrm{d}x\mathrm{d}y + xz\mathrm{d}y\mathrm{d}z + x^2 y\mathrm{d}x\mathrm{d}z$，其中 Σ 是 $z = x^2 + y^2, x^2 + y^2 = 1$ 和坐标平面在第一卦限所围成曲面外侧（如图 7.4.16）.（哈尔滨工业大学）　　　　　　　$\left\langle\!\left\langle \dfrac{1}{8}\pi \right\rangle\!\right\rangle$

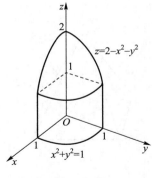

图 7.4.15

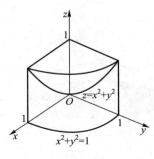

图 7.4.16

☆**7.4.13** 计算如下曲面积分:

1) $I = \iint\limits_{S} z\left(\frac{\lambda x}{a^2} + \frac{\mu y}{b^2} + \frac{\gamma z}{c^2}\right)\mathrm{d}S$,其中 S 是椭球面 $\frac{x^2}{a^2} + \frac{y^2}{b^2} + \frac{z^2}{c^2} = 1$ 的上半部分($z \geq 0$),λ, μ, γ 是 S

的外法线的方向余弦;(南京大学) $\left\langle\!\left\langle \frac{\pi}{4}abc^2\left(\frac{1}{a^2} + \frac{1}{b^2} + \frac{2}{c^2}\right) \right\rangle\!\right\rangle$

2) $K = \iint\limits_{S} x^2 yz\,\mathrm{d}y\mathrm{d}z + xy^2 z\,\mathrm{d}x\mathrm{d}z + xyz^2\,\mathrm{d}x\mathrm{d}y$,其中 S 是顶点为 $A(0,0,2), B(1,0,0), C(0,1,0)$,

$D(-1,0,0), E(0,-1,0)$ 的棱锥面上侧(即三角形 ABC, ACD, ADE, AEB 的上侧);(中山大学)《0》

3) $L = \iint\limits_{\Sigma} \left(f(yz) - \frac{xy^2}{2500\pi}\right)\mathrm{d}y\mathrm{d}z + \left(g(zx) - \frac{yz^2}{2500\pi}\right)\mathrm{d}z\mathrm{d}x + \left(h(xy) - \frac{zx^2}{2500\pi}\right)\mathrm{d}x\mathrm{d}y$,其中 Σ 是球

面 $x^2 + y^2 + z^2 = 25$ 的内侧,f, g, h 是连续可微函数;(华中科技大学)《1》

4) $M = \iint\limits_{\Sigma} z\,\mathrm{d}x\mathrm{d}y + y\,\mathrm{d}z\mathrm{d}x + x\,\mathrm{d}y\mathrm{d}z$,其中 Σ 为圆柱面 $x^2 + y^2 = 1$ 被 $z = 0, z = 3$ 所截部分的外侧.(北

京航空航天大学) 《6π》

提示 (参看例 7.4.15.)先补一块(或几块)平面将积分曲面封口,变成封闭曲面;然后应用

Gauss 公式化为三重积分来计算.注意别忘了要减去补块上的积分.

解 1) (如图 7.4.17)补上 $z = 0$ 平面在椭球内的部分 S_0 $\left(\text{下面 “···” 代表被积函}\right.$

数$\left. z\left(\frac{\lambda x}{a^2} + \frac{\mu y}{b^2} + \frac{\gamma z}{c^2}\right)\right)$:

$$I = \iint\limits_{S} \cdots \mathrm{d}S = \oiint\limits_{S+S_0} \cdots \mathrm{d}S - \iint\limits_{S_0} \cdots \mathrm{d}S = \iiint\limits_{V} \left(\frac{z}{a^2} + \frac{z}{b^2} + \frac{2z}{c^2}\right)\mathrm{d}V = \frac{\pi}{4}\left(\frac{1}{a^2} + \frac{1}{b^2} + \frac{2}{c^2}\right)abc^2.$$

注意 S_0 上 $z = 0$,被积函数为零,故 $\iint\limits_{S_0} \cdots \mathrm{d}S = 0$. 在最后的三重积分中可令 $x = ar\sin\varphi\cos\theta, y =$

$br\sin\varphi\sin\theta, z = cr\cos\varphi$,化为 $\int_0^{2\pi}\mathrm{d}\theta\int_0^{\frac{\pi}{2}}\mathrm{d}\varphi\int_0^1 \left(\frac{1}{a^2} + \frac{1}{b^2} + \frac{2}{c^2}\right)abc^2 r^3\cos\varphi\sin\varphi\,\mathrm{d}r.$

2) (如图 7.4.18)补上 xOy 平面上 $|x| + |y| \leq 1$ 的部分(记作 Δ),则(其中“···”代表

$x^2 yz\,\mathrm{d}y\mathrm{d}z + xy^2 z\,\mathrm{d}x\mathrm{d}z + xyz^2\,\mathrm{d}x\mathrm{d}y$)$K = \iint\limits_{S} \cdots = \oiint\limits_{S+\Delta} \cdots - \iint\limits_{\Delta} \cdots$,$\iint\limits_{\Delta} \cdots = 0$,

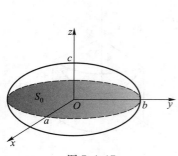

图 7.4.17

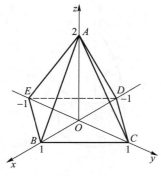

图 7.4.18

$$K = 6 \iiint_V xyz \, dV \xlongequal{\text{对称性}} 0.$$

3）内侧上的第二型曲面积分应用 Gauss 公式时，记住要反号. 化为 Σ 内 V 域积分：

$$L = \frac{1}{2500\pi} \iiint_V (x^2 + y^2 + z^2) \, dV = \frac{8}{2500\pi} \int_0^{\frac{\pi}{2}} d\theta \int_0^{\frac{\pi}{2}} d\varphi \int_0^5 r^4 \sin\varphi \, dr = 1.$$

注 本题被积函数中含有未知函数，用 Gauss 公式后，未知函数被消去，充分体现了 Gauss 公式的优越性. 这是本题的特色.

4）如图 7.4.19，Σ 是无底、无盖的圆柱面（本题需补上两块）（"…"代表 $z \, dx \, dy + y \, dz \, dx + x \, dy \, dz$）.

$$M = \iint_{\Sigma + \text{上盖} + \text{下底}} \cdots - \iint_{\text{上盖}} \cdots - \iint_{\text{下底}} \cdots \xlongequal{\text{记}} I_1 - I_2 - I_3$$

（Σ 取外侧，盖取上侧，底取下侧），其中

$$I_1 = \iiint_V (1 + 1 + 1) \, dV = 3 \iint_{x^2 + y^2 \le 1} dx \, dy \int_0^3 dz = 9\pi,$$

$$I_2 = 3 \iint_{x^2 + y^2 \le 1} dx \, dy = 3\pi, \quad I_3 = 0.$$

故 $\qquad M = 6\pi.$

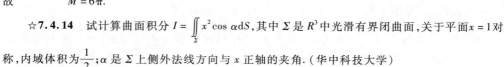

图 7.4.19

☆**7.4.14** 试计算曲面积分 $I = \iint_\Sigma x^2 \cos\alpha \, dS$，其中 Σ 是 R^3 中光滑有界闭曲面，关于平面 $x = 1$ 对称，内域体积为 $\dfrac{1}{2}$；α 是 Σ 上侧外法线方向与 x 正轴的夹角.（华中科技大学）

解 $I = \iint_\Sigma x^2 \, dy \, dz = \iiint_V 2x \, dV = 2 \iiint_V (x - 1) \, dV + 2 \iiint_V dV = 0 + 2 \cdot \dfrac{1}{2} = 1.$

☆**7.4.15** 试学习如下两道试题，写出两道新试题，并给出解答：

1）设空间区域 Ω 由曲面 $z = a^2 - x^2 - y^2$ 与平面 $z = 0$ 围成，其中 a 为正常数，记 Ω 表面的外侧为 S，Ω 的体积为 V，求证：$V = \oiint_S x^2 yz^2 \, dy \, dz - xy^2 z^2 \, dz \, dx + z(1 + xyz) \, dx \, dy$；（华中科技大学）

2）设 $\qquad H = a_1 x^4 + a_2 y^4 + a_3 z^4 + 3a_4 x^2 y^2 + 3a_5 y^2 z^2 + 3a_6 x^2 z^2$

为四次齐次函数，利用齐次函数特征性质，$x\dfrac{\partial H}{\partial x} + y\dfrac{\partial H}{\partial y} + z\dfrac{\partial H}{\partial z} = 4H$，计算曲面积分 $\oiint_S H(x, y, z) \, dS$，$S$ 是中心位于原点的单位球.（西安建筑科技大学）

参考答案

下面对 1)作一般化,用 2)导出微分方程.

1)假设 Ω 是以 z 轴作中轴的有界旋转体被平面 $z=0$ 切下的上半部分,Ω 的体积为 V,边界光滑或分片光滑(记为 S,S^+ 表示外侧),试证:

$$V = \oiint\limits_{S^+} x^2yz^2\,\mathrm{d}y\mathrm{d}z - xy^2z^2\,\mathrm{d}z\mathrm{d}x + z(1+xyz)\,\mathrm{d}x\mathrm{d}y.$$

2)设 $f(x,y,z)$ 为 n $(n \geqslant 1)$ 次齐次函数:$\forall t \in \mathbf{R}$,有

$$f(tx,ty,tz) = t^n f(x,y,z) \qquad (\forall (x,y,z) \in \mathbf{R}^3). \tag{1}$$

试证:若 f 有连续二阶偏导数,对任意球面 S 有

$$\iint\limits_S f(x,y,z)\,\mathrm{d}S = 0, \tag{2}$$

则

$$\Delta f = 0 \quad \left(\text{即} \ \frac{\partial^2 f}{\partial x^2} + \frac{\partial^2 f}{\partial y^2} + \frac{\partial^2 f}{\partial z^2} = 0, \ \forall (x,y,z) \in \mathbf{R}^3\right). \tag{3}$$

证 1)应用 Gauss 公式,

$$\oiint\limits_{S^+} x^2yz^2\,\mathrm{d}y\mathrm{d}z - xy^2z^2\,\mathrm{d}z\mathrm{d}x + z(1+xyz)\,\mathrm{d}x\mathrm{d}y = \iiint\limits_\Omega (1+2xyz)\,\mathrm{d}V = \iiint\limits_\Omega \mathrm{d}V + 2\iiint\limits_\Omega xyz\,\mathrm{d}V = V.$$

(由对称性知 $\iiint\limits_\Omega xyz\,\mathrm{d}V = 0$.)(作为练习,读者将原题的被积函数也一般化.)

2)$\forall M_0(x_0,y_0,z_0)$,目标:证明 $\Delta f\big|_{M_0} = 0$. 为此,先将原点移至 M_0,再以 M_0 为中心,$R>0$ 为半径作球面 S(相应球体记为 V). 式(1)可写为

$$f(t(x-x_0),t(y-y_0),t(z-z_0)) = t^n f(x-x_0,y-y_0,z-z_0).$$

两端同时对 t 求导,然后令 $t=1$,可得

$$(x-x_0)f'_x + (y-y_0)f'_y + (z-z_0)f'_z = nf(x-x_0,y-y_0,z-z_0).$$

这时,对于球面 S 上的任意一点 $M(x,y,z)$,$\overrightarrow{M_0M}$ 的方向余弦为

$$(\cos\alpha, \ \cos\beta, \ \cos\gamma) = \left(\frac{x-x_0}{R}, \ \frac{y-y_0}{R}, \ \frac{z-z_0}{R}\right).$$

由式(2)可知

$$\begin{aligned}
0 &= \iint\limits_S f(x,y,z)\,\mathrm{d}S = \frac{R}{n}\iint\limits_S \left(\frac{x-x_0}{R}f'_x + \frac{y-y_0}{R}f'_y + \frac{z-z_0}{R}f'_z\right)\mathrm{d}S \\
&= \frac{R}{n}\iint\limits_S (f'_x \cdot \cos\alpha + f'_y \cdot \cos\beta + f'_z \cdot \cos\gamma)\,\mathrm{d}S \\
&\xlongequal{\text{Gauss 公式}} \frac{R}{n}\iiint\limits_V (f''_{xx} + f''_{yy} + f''_{zz})\,\mathrm{d}V \xlongequal{\text{中值定理}} \frac{R}{n}(f''_{xx} + f''_{yy} + f''_{zz})_{M^*},
\end{aligned}$$

$$\iiint\limits_V \mathrm{d}V = \frac{R}{n} \cdot (f''_{xx} + f''_{yy} + f''_{zz})_{M^*} \cdot \frac{4}{3}\pi R^3 \quad (M^* \text{ 为 } V \text{ 内某点})$$

故

$$(f''_{xx} + f''_{yy} + f''_{zz})_{M^*} = \Delta f\big|_{M^*} = 0.$$

最后令 $R \to 0$,则 $M^* \to M_0$,利用 f'_x, f'_y, f'_z 的连续性知 $\Delta f\big|_{M_0} = 0$. 证毕.

注 以上题目进一步凸现了 Gauss 公式的意义和作用.

*7.4.16 设 V 为光滑曲面 S 所围的有界区域. u,v 在 $V+S$ 上有直到二阶连续偏导数. 记

$$\Delta u \equiv \frac{\partial^2 u}{\partial x^2} + \frac{\partial^2 u}{\partial y^2} + \frac{\partial^2 u}{\partial z^2},\boldsymbol{n}$$ 表示 S 外法线方向,试证:

$$\iiint_V v\Delta u \mathrm{d}x\mathrm{d}y\mathrm{d}z = -\iiint_V \left(\frac{\partial u}{\partial x}\frac{\partial v}{\partial x} + \frac{\partial u}{\partial y}\frac{\partial v}{\partial y} + \frac{\partial u}{\partial z}\frac{\partial v}{\partial z}\right)\mathrm{d}x\mathrm{d}y\mathrm{d}z + \iint_S v\frac{\partial u}{\partial \boldsymbol{n}}\mathrm{d}S.$$

并由此证明,若 u 在 V 内为调和函数($\Delta u = 0$ 于 V 内),则 u 被它在边界 S 上的值唯一确定.

提示 参看上节练习 7.3.18 及其提示、再提示.

*7.4.17 证明空间第二 Green 公式:

$$\iiint_V \begin{vmatrix} \Delta u & \Delta v \\ u & v \end{vmatrix}\mathrm{d}x\mathrm{d}y\mathrm{d}z = \iint_S \begin{vmatrix} \dfrac{\partial u}{\partial \boldsymbol{n}} & \dfrac{\partial v}{\partial \boldsymbol{n}} \\ u & v \end{vmatrix}\mathrm{d}S,$$

式中 V 为曲面 S 所围的区域,$\boldsymbol{n}$ 是曲面 S 的外法向量,函数 $u = u(x,y,z)$,$v = v(x,y,z)$ 为 $V+S$ 上可微分两次的函数.

进而证明,若 $u = u(x,y,z)$ 为 V 内之调和函数,则

1) $u(x,y,z) = \dfrac{1}{4\pi}\iint_S \left[u\dfrac{\cos(\boldsymbol{r},\boldsymbol{n})}{r^2} + \dfrac{1}{r}\dfrac{\partial u}{\partial \boldsymbol{n}}\right]\mathrm{d}S$, 其中 $r = \sqrt{(\xi-x)^2 + (\eta-y)^2 + (\zeta-z)^2}$,$(x,y,z) \in V$ 为内点,$\boldsymbol{n}$ 为 S 在 (ξ,η,ζ) 点的单位外法向量;

2) $\forall (x,y,z) \in V$,以及 V 内以 (x,y,z) 为中心,R 为半径的任意球面 S,有

$$u(x,y,z) = \frac{1}{4\pi R^2}\iint_S u(\xi,\eta,\zeta)\mathrm{d}S.$$

提示 可参看上节练习 7.3.19.

7.4.18 设 S 为光滑或分片光滑的封闭曲面,P,Q,R 在 S 所包围的区域 V 内(直到边界)连续,有连续的偏导数,证明:

$$\iint_S \begin{vmatrix} \cos\alpha & \cos\beta & \cos\gamma \\ \dfrac{\partial}{\partial x} & \dfrac{\partial}{\partial y} & \dfrac{\partial}{\partial z} \\ P & Q & R \end{vmatrix}\mathrm{d}S = 0,$$

其中 $\cos\alpha,\cos\beta,\cos\gamma$ 为 S 的法向量的方向余弦.

提示 左端 $\xrightarrow{\text{Gauss 公式}} \iiint_V \left[(R''_{yx} - Q''_{zx}) + (P''_{zy} - R''_{xy}) + (Q''_{xz} - P''_{yz})\right]\mathrm{d}V = 0.$

Stokes 公式的应用

☆7.4.19 试计算积分 $I = \oint_{L^+} (z-y)\mathrm{d}x + (x-z)\mathrm{d}y + (y-x)\mathrm{d}z$,其中 L^+ 是从 $A(a,0,0)$ 经 $B(0,a,0)$ 到 $C(0,0,a)$ 再回到 $A(a,0,0)$ 的三角形.

解 I 如图 7.4.20,Σ^+ 表示 $\triangle ABC$ 所围平面块之上侧,则

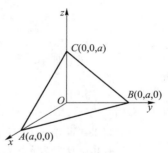

$$I = \iint_{\Sigma^+} \begin{vmatrix} \mathrm{d}y\mathrm{d}z & \mathrm{d}z\mathrm{d}x & \mathrm{d}x\mathrm{d}y \\ \dfrac{\partial}{\partial x} & \dfrac{\partial}{\partial y} & \dfrac{\partial}{\partial z} \\ z-y & x-z & y-x \end{vmatrix} = 2\iint_{\Sigma^+} \mathrm{d}y\mathrm{d}z + \mathrm{d}z\mathrm{d}x + \mathrm{d}x\mathrm{d}y$$

$$\xrightarrow{\text{轮换对称性}} 2\cdot 3\iint_{\triangle OAB} \mathrm{d}x\mathrm{d}y = 3a^2.$$

解 II $\Sigma : F \equiv x + y + z - a = 0$,$(F'_x, F'_y, F'_z) = (1,1,1)$. 因此

法线的方向余弦 $(\cos\alpha, \cos\beta, \cos\gamma) = \left(\dfrac{1}{\sqrt{3}}, \dfrac{1}{\sqrt{3}}, \dfrac{1}{\sqrt{3}}\right)$,

图 7.4.20

$$I = \iint\limits_{\Sigma} \begin{vmatrix} \cos\alpha & \cos\beta & \cos\gamma \\ \dfrac{\partial}{\partial x} & \dfrac{\partial}{\partial y} & \dfrac{\partial}{\partial z} \\ z-y & x-z & y-x \end{vmatrix} \mathrm{d}S = 3\cdot\dfrac{2}{\sqrt{3}}\iint\limits_{\Sigma}\mathrm{d}S = 3\cdot\dfrac{2}{\sqrt{3}}S_{\triangle ABC} = 3a^2.$$

7.4.20 计算积分 $I = \oint_{L^+}(y^2+z^2)\mathrm{d}x + (x^2+z^2)\mathrm{d}y + (x^2+y^2)\mathrm{d}z$,其中 L 是曲面 $x^2+y^2+z^2 = 4x$ 与 $x^2+y^2 = 2x$ 的交线 $z \geq 0$ 的部分,积分方向从原点进入第一卦限.(清华大学)

提示 用 Stokes 公式转化为第一型曲面积分,并用对称性.

解 I 如图 7.4.21,S 表示大球面上方 L 所围的部分(上侧),即
$$S : F = (x-2)^2 + y^2 + z^2 - 4 = 0.$$

法向量:$\dfrac{1}{2}(F'_x, F'_y, F'_z) = (x-2, y, z).$

单位法向量:$\boldsymbol{n}_1 = (\cos\alpha, \cos\beta, \cos\gamma) = \left(\dfrac{x-2}{2}, \dfrac{y}{2}, \dfrac{z}{2}\right).$

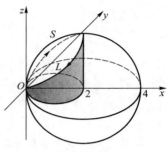

图 7.4.21

$$I = -\iint\limits_{S_{\perp}} \begin{vmatrix} \dfrac{x-2}{2} & \dfrac{y}{2} & \dfrac{z}{2} \\ \dfrac{\partial}{\partial x} & \dfrac{\partial}{\partial y} & \dfrac{\partial}{\partial z} \\ y^2+z^2 & z^2+x^2 & x^2+y^2 \end{vmatrix} \mathrm{d}S$$

$$= -\iint\limits_{S_{\perp}} (y-z)(x-2) + (z-x)y + (x-y)z\,\mathrm{d}S = 2\iint\limits_{S_{\perp}}(y-z)\mathrm{d}S$$

$$\xlongequal{\text{对称性}} 2\iint\limits_{S_{\perp}} -z\mathrm{d}S = -2\iint\limits_{(x-1)^2+y^2\leq 1} z\cdot\dfrac{1}{z/2}\mathrm{d}x\mathrm{d}y = -4\cdot\pi\cdot 1^2 = -4\pi.$$

解 II (利用对称性、极坐标化为定积分.)因曲线 L 关于 xOz 平面对称,且在对称点上被积函数的值相等,而 $\mathrm{d}x$ 符号相反,故 $\oint_{L^+}(y^2+z^2)\mathrm{d}x = 0$.类似地,$\oint_{L^+}(x^2+y^2)\mathrm{d}z = 0$.因此有 $I = \oint_{L^+}(z^2+x^2)\mathrm{d}y$.但 L 上 $x^2+y^2 = 2x$,$r = 2\cos\theta$,$x = 2\cos^2\theta$;$z^2 = 2x = 4\cos^2\theta$,得 $z = 2\cos\theta$;由 $y^2 = 2x - x^2 = 4\cos^2\theta\sin^2\theta$,得 $y = 2\sin\theta\cos\theta$.故

$$I = -\int_{-\frac{\pi}{2}}^{\frac{\pi}{2}} \left[(4\cos^2\theta + 4\cos^4\theta)\cdot 2(\cos^2\theta - \sin^2\theta)\right]\mathrm{d}\theta = -4\pi.$$

☆7.4.21 计算积分 $I = \oint_{L^+} y\mathrm{d}x + z\mathrm{d}y + x\mathrm{d}z$,其中 L^+ 为圆周 $x^2+y^2+z^2 = a^2(a > 0)$,$x+y+z = 0$,从 z 轴 $+\infty$ 处看为逆时针方向.

提示 可用 Stokes 公式化为第一(或第二)型曲面积分,也可用参数方程化为定积分.

解 I 如图 7.4.22,Σ^+ 表示 L 所围平面圆(上侧).

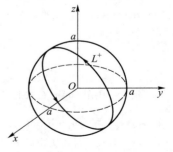

图 7.4.22

$$I = \iint\limits_{\Sigma^+} \begin{vmatrix} \mathrm{d}y\mathrm{d}z & \mathrm{d}z\mathrm{d}x & \mathrm{d}x\mathrm{d}y \\ \dfrac{\partial}{\partial x} & \dfrac{\partial}{\partial y} & \dfrac{\partial}{\partial z} \\ y & z & x \end{vmatrix} = \iint\limits_{\Sigma^+} -\mathrm{d}y\mathrm{d}z - \mathrm{d}z\mathrm{d}x - \mathrm{d}x\mathrm{d}y$$

$$\xrightarrow{\text{轮换对称性}} -3 \iint\limits_{\Sigma^+} \mathrm{d}x\mathrm{d}y = -3 \iint\limits_{\Delta} \mathrm{d}x\mathrm{d}y,$$

其中 Δ 是 Σ^+ 在 xOy 平面的投影区域: $x^2 + y^2 + xy \leqslant \dfrac{a^2}{2}$. 令 $x = \dfrac{\xi - \eta}{\sqrt{2}}, y = \dfrac{\xi + \eta}{\sqrt{2}}$, 则 $J = \begin{vmatrix} \dfrac{1}{\sqrt{2}}, & \dfrac{-1}{\sqrt{2}} \\ \dfrac{1}{\sqrt{2}}, & \dfrac{1}{\sqrt{2}} \end{vmatrix} =$

$1, \Delta' = \left\{ (\xi, \eta) \mid 3\xi^2 + \eta^2 \leqslant a^2 \right\}.$ 故 　$I = -3 \cdot S_{\Delta'} = -3 \cdot \dfrac{1}{\sqrt{3}} a^2 \pi = -\sqrt{3} a^2 \pi.$

解 II　$\Sigma^+ : F \equiv x + y + z = 0, (F'_x, F'_y, F'_z) = (1, 1, 1),$

$$(\cos \alpha, \cos \beta, \cos \gamma) = \left(\frac{1}{\sqrt{3}}, \frac{1}{\sqrt{3}}, \frac{1}{\sqrt{3}} \right).$$

故 　　$I = \iint\limits_{\Sigma^+} \begin{vmatrix} \dfrac{1}{\sqrt{3}} & \dfrac{1}{\sqrt{3}} & \dfrac{1}{\sqrt{3}} \\ \dfrac{\partial}{\partial x} & \dfrac{\partial}{\partial y} & \dfrac{\partial}{\partial z} \\ y & z & x \end{vmatrix} \mathrm{d}S = \iint\limits_{\Sigma^+} 3 \cdot (-1) \cdot \dfrac{1}{\sqrt{3}} \mathrm{d}S = -\sqrt{3} \iint\limits_{\Sigma^+} \mathrm{d}S = -\sqrt{3} S_\Sigma = -\sqrt{3}\pi a^2.$

解 III　如解 I, L 的方程消去 $z : x^2 + y^2 + xy = \dfrac{a^2}{2}$. 令 $x = \dfrac{\xi - \eta}{\sqrt{2}}, y = \dfrac{\xi + \eta}{\sqrt{2}}$, 化为 $3\xi^2 + \eta^2 = a^2$. 引用

广义极坐标: $\xi = \dfrac{a}{\sqrt{3}}\cos \theta, \eta = a\sin \theta$, 得

$$x = \frac{a}{\sqrt{2}}\left(\frac{1}{\sqrt{3}}\cos \theta - \sin \theta \right), \quad y = \frac{a}{\sqrt{2}}\left(\frac{1}{\sqrt{3}}\cos \theta + \sin \theta \right), \quad z = -x - y = \frac{a}{\sqrt{2}}\left(-\frac{2}{\sqrt{3}}\cos \theta \right),$$

代入得

$$I = \frac{a^2}{2}\int_0^{2\pi} \Bigg[\left(\frac{1}{\sqrt{3}}\cos \theta + \sin \theta \right)\left(-\frac{1}{\sqrt{3}}\sin \theta - \cos \theta \right) +$$

$$\left(-\frac{2}{\sqrt{3}}\cos \theta \right)\left(-\frac{1}{\sqrt{3}}\sin \theta + \cos \theta \right) + \left(\frac{1}{\sqrt{3}}\cos \theta - \sin \theta \right)\frac{2}{\sqrt{3}}\sin \theta \Bigg]\mathrm{d}\theta$$

$$= -\sqrt{3}\pi a^2.$$

7.4.22　设 L 是平面 $x\cos \alpha + y\cos \beta + z\cos \gamma - p = 0$ 上逐段光滑的封闭曲线, L 所围面积为 S, $(\cos \alpha, \cos \beta, \cos \gamma)$ 是平面法线的方向余弦, L^+ 与法线成右手系. 试计算积分

$$I = \oint_{L^+} \begin{vmatrix} \mathrm{d}x & \mathrm{d}y & \mathrm{d}z \\ \cos \alpha & \cos \beta & \cos \gamma \\ x & y & z \end{vmatrix}.$$

提示　应用 Stokes 公式后, $I = 2 \iint\limits_{S} (\cos^2 \alpha + \cos^2 \beta + \cos^2 \gamma)\mathrm{d}S = 2S.$ (单位法向量的数量积 $\cos^2 \alpha + \cos^2 \beta + \cos^2 \gamma = \boldsymbol{n}_1 \cdot \boldsymbol{n}_1 = 1.$)

☆**7.4.23**　设 L 为空间某封闭光滑曲线, P, Q, R 为空间中具有一阶连续偏导数的函数, 证明:

$$\left| \oint_{L^+} P\mathrm{d}x + Q\mathrm{d}y + R\mathrm{d}z \right| \leqslant \max_{(x,y,z)\in S} \sqrt{\left(\frac{\partial Q}{\partial x} - \frac{\partial P}{\partial y} \right)^2 + \left(\frac{\partial R}{\partial y} - \frac{\partial Q}{\partial z} \right)^2 + \left(\frac{\partial P}{\partial z} - \frac{\partial R}{\partial x} \right)^2} \cdot S,$$

其中 S 表示 L 上展开的(以 L 为边界的)某曲面, 同时也用它表示曲面的面积.

提示 用 Cauchy 不等式.

再提示 左端 $\xlongequal{\text{Stokes 公式}} \iint\limits_{S} \left[(R'_y - Q'_z)\cos\alpha + (P'_z - R'_x)\cos\beta + (Q'_x - P'_y)\cos\gamma \right] \mathrm{d}S$

$$\xlongequal{\text{用 Cauchy 不等式}} \iint\limits_{S} \sqrt{[(R'_y - Q'_z)^2 + (P'_z - R'_x)^2 + (Q'_x - P'_y)^2](\cos^2\alpha + \cos^2\beta + \cos^2\gamma)}\, \mathrm{d}S$$

$$\leqslant \max_{(x,y,z)\in S} \sqrt{(R'_y - Q'_z)^2 + (P'_z - R'_x)^2 + (Q'_x - P'_y)^2} \cdot \iint\limits_{S} \mathrm{d}S = \text{右端}.$$

7.4.24 试证 $\oint_{L^+} P\mathrm{d}x + Q\mathrm{d}y + R\mathrm{d}z = \int_L \sqrt{P^2 + Q^2 + R^2}\cos\theta \mathrm{d}s$,其中 θ 表示曲线 L^+ 的切线与方向 (P,Q,R) 的夹角.

提示 曲线 $L : x = x(t), y = y(t), z = z(t)$,当 t 变到 $t + \Delta t$ 时,坐标改变量记为 $\Delta x, \Delta y, \Delta z$,那么对应的割线方程可写为(用 (X, Y, Z) 表示割线上的动点坐标)

$$\frac{X - x}{\dfrac{\Delta x}{\Delta t}} = \frac{Y - y}{\dfrac{\Delta y}{\Delta t}} = \frac{Z - z}{\dfrac{\Delta z}{\Delta t}}.$$

当 $\Delta t \to 0$ 时,割线的极限位置就是 (x, y, z) 处的切线. 所以切线方程是

$$\frac{X - x}{x'(t)} = \frac{Y - y}{y'(t)} = \frac{Z - z}{z'(t)},$$

亦即

$$\frac{X - x}{\mathrm{d}x} = \frac{Y - y}{\mathrm{d}y} = \frac{Z - z}{\mathrm{d}z}.$$

说明:$(\mathrm{d}x, \mathrm{d}y, \mathrm{d}z)$ 可视为切线向量. 因此 (P, Q, R) 与 $(\mathrm{d}x, \mathrm{d}y, \mathrm{d}z)$ 的夹角就是 θ,故两者的数量积是

$$P\mathrm{d}x + Q\mathrm{d}y + R\mathrm{d}z = (P, Q, R) \cdot (\mathrm{d}x, \mathrm{d}y, \mathrm{d}z) = \sqrt{P^2 + Q^2 + R^2} \cdot \sqrt{\mathrm{d}x^2 + \mathrm{d}y^2 + \mathrm{d}z^2}\cos\theta$$

$$= \sqrt{P^2 + Q^2 + R^2}\cos\theta \mathrm{d}s \quad (\text{因为 } \mathrm{d}s = \sqrt{\mathrm{d}x^2 + \mathrm{d}y^2 + \mathrm{d}z^2}).$$

此式两端同时在曲线 L^+ 上取积分,即得欲证的等式.

**7.4.25 设函数 $u = u(x, y, z)$ 在 $\mathbf{R}^3$ 上有连续的二阶偏导数,满足波动方程:

$$u''_{zz} = u''_{xx} + u''_{yy}. \tag{1}$$

令 $I = \iint\limits_{S} -2u'_x u'_z \mathrm{d}y\mathrm{d}z - 2u'_y u'_z \mathrm{d}z\mathrm{d}x + (u'^2_x + u'^2_y + u'^2_z)\mathrm{d}x\mathrm{d}y$,试证:

1)对于 $\mathbf{R}^3$ 中任意逐片光滑封闭曲面 S,恒有 $I = 0$;

2)若在 xOy 平面上:$u'_z \equiv 0, u \equiv 0$,那么

i)若 $S = S_1$(S_1 是 xOy 平面上任一封闭区域),则 $I = 0$;

ii)若 $S = S_2$(S_2 是平行于 xOy 平面的任一平面区域,取上侧),则 $I \geqslant 0$;

iii)若 $S = \Lambda^+$(Λ 是圆锥面 $(a - z)^2 = x^2 + y^2 (0 \leqslant z \leqslant a)$,$\Lambda^+$ 是 Λ 的外侧),则 $I \geqslant 0$;

iv)若在锥面 Λ 上 $u'_z \equiv 0$;底圆 $\Sigma_0 : x^2 + y^2 \leqslant a^2 (a > 0)$ 上:$u'_z \equiv 0, u \equiv 0$,则在锥体 $V_0 : (a - z)^2 \geqslant x^2 + y^2 (0 \leqslant z \leqslant a)$ 内恒有 $u'^2_x + u'^2_y + u'^2_z = 0$ 和 $u = 0$;

3)(解的唯一性)设 u_1, u_2 都是波动方程的解,则必然 $u_1 = u_2$. 详细说:假设函数 $u_1(x, y, z)$ 和 $u_2(x, y, z)$ 有连续的二阶偏导数,在内部满足(非齐次)波动方程:

$$u''_{zz} - (u''_{xx} + u''_{yy}) = f(x, y, z) \quad (\forall (x, y, z) \in V_0, V_0 \text{ 如 2)中 iv) 表示});$$

在侧面上:$u'_z(x, y, z) = g(x, y, z)(\forall (x, y, z) \in \Lambda)$;底面上:$u(x, y, 0) = \varphi(x, y), u'_z(x, y, 0) = \psi(x, y)$,则 $u_1(x, y, z) = u_2(x, y, z)(\forall (x, y, z) \in V_0)$.

证 1）应用 Gauss 公式，原曲面积分（V 表示 S 包围的区域）：

$$I = \oiint\limits_{V} (-2u''_{xx}u'_z - 2u'_xu''_{zx} - 2u''_{yy}u'_z - 2u'_yu''_{zy} + 2u'_xu''_{xz} + 2u'_yu''_{yz} + 2u'_zu''_{zz})\,\mathrm{d}V$$

$$= \oiint\limits_{V} 2u'_z(-u''_{xx} - u''_{yy} + u''_{zz})\,\mathrm{d}V \xlongequal{\text{式(1)}} 0.$$

2）在 S_1 和 S_2 上：$\mathrm{d}y\mathrm{d}z = \mathrm{d}z\mathrm{d}x = 0$；在 xOy 平面上，$u = 0$（所以 $u'_x \equiv u'_y \equiv 0$），且 $u'_z \equiv 0$. 故

i）当 $S = S_1$ 时：$I = \iint\limits_{S_1} -2u'_xu'_z\mathrm{d}y\mathrm{d}z - 2u'_yu'_z\mathrm{d}z\mathrm{d}x + (u'^2_x + u'^2_y + u'^2_z)\mathrm{d}x\mathrm{d}y = 0.$

ii）当 $S = S_2$ 时：$I = \iint\limits_{S_2^+} (u'^2_x + u'^2_y + u'^2_z)\mathrm{d}x\mathrm{d}y \geqslant 0$（$S_2^+$ 表示 S_2 的上侧）.

iii）当 $S = \Lambda^+$ 时：$F \xlongequal{\text{记}} -2u'_xu'_z\mathrm{d}y\mathrm{d}z - 2u'_yu'_z\mathrm{d}x\mathrm{d}z + (u'^2_x + u'^2_y + u'^2_z)\mathrm{d}x\mathrm{d}y.$

锥面 Λ 外侧可看成：锥体 V_0 外表面减去底面 Σ_0（下侧）. 根据已证的 1）：$\iint\limits_{V_0\text{外表面}} F = 0$，故

$$I = \iint\limits_{\Lambda^+} F = \iint\limits_{V\text{外表面}} F - \iint\limits_{\Sigma_0\text{下侧}} F = -\iint\limits_{\Sigma_0\text{下侧}} F = \iint\limits_{\Sigma_0\text{上侧}} F \overset{\text{ii)}}{\geqslant} 0.$$

iv）用平面 $z = t$ 截锥体 V_0，在 V_0 上所得截面记为 Σ_t. 记

$$E(t) = \iint\limits_{\Sigma_t\text{上侧}} (u'^2_x + u'^2_y + u'^2_z)\,\mathrm{d}x\mathrm{d}y, \tag{2}$$

则 Σ_0 上侧的积分

$$\iint\limits_{\Sigma_0\text{上侧}} (u'^2_x + u'^2_y + u'^2_z)\,\mathrm{d}x\mathrm{d}y = E(0) \xlongequal{\text{i)}} 0. \tag{3}$$

（下面来证当 $0 \leqslant t \leqslant a$ 时，$E'(t) \leqslant 0$（即 $E(t)$ 为减函数），进而 $E(t) \equiv 0$. ）为了方便，

$$u'^2_x + u'^2_y + u'^2_z \xlongequal{\text{记}} w(x, y, z). \tag{4}$$

其中 (x, y, z) 替换为柱面坐标：$x = r\cos\theta, y = r\sin\theta, z = t$，则截面

$$\Sigma_t = \{(x, y, z) \mid 0 \leqslant \sqrt{x^2 + y^2} \leqslant a - t, z = t\} = \{(r, \theta, z) \mid 0 \leqslant r \leqslant a - t, 0 \leqslant \theta \leqslant 2\pi, z = t\}.$$

对式（2）求导得

$$E'(t) = \frac{\mathrm{d}}{\mathrm{d}t}\iint\limits_{\Sigma_t\text{上侧}} (u'^2_x + u'^2_y + u'^2_z)\,\mathrm{d}x\mathrm{d}y \xlongequal{\text{式(4)}} \frac{\mathrm{d}}{\mathrm{d}t}\int_0^{a-t} r\mathrm{d}r \int_0^{2\pi} w(r\cos\theta, r\sin\theta, t)\,\mathrm{d}\theta$$

$$= -\int_0^{2\pi} w[(a-t)\cos\theta, (a-t)\sin\theta, t](a-t)\,\mathrm{d}\theta + \int_0^{a-t} r\mathrm{d}r \int_0^{2\pi} [w(r\cos\theta, r\sin\theta, t)]'_t\,\mathrm{d}\theta$$

$$\xlongequal{\text{记}} A + B.$$

（用 $\partial\Sigma_t$ 表示截面 Σ_t 的边界（圆），$\partial\Sigma_t \subset \Lambda$，因此 $\partial\Sigma_t$ 上 $u'_z = 0$）$(0 \leqslant t \leqslant a)$. 上式中

$$A = -\int_0^{2\pi} w[(a-t)\cos\theta, (a-t)\sin\theta, t](a-t)\,\mathrm{d}\theta \xlongequal{\text{式(4)}} -\oint_{\partial\Sigma_t} (u'^2_x + u'^2_y + u'^2_z)\,\mathrm{d}s \leqslant 0,$$

$$B = -\iint\limits_{\Sigma_t\text{上侧}} (u'^2_x + u'^2_y + u'^2_z)'_z\,\mathrm{d}x\mathrm{d}y，\text{其被积函数}$$

$$(u'^2_x + u'^2_y + u'^2_z)'_z = 2u'_xu''_{xz} + 2u'_yu''_{yz} + 2u'_zu''_{zz} \xlongequal{\text{式(1)}} 2[u'_xu''_{xz} + u'_yu''_{yz} + u'_z(u''_{xx} + u''_{yy})]$$

$$= 2[(u'_xu''_{xz} + u'_zu''_{xx}) + (u'_yu''_{yz} + u'_zu''_{yy})] = 2[(u'_xu'_z)'_x + (u'_yu'_z)'_y].$$

故

$$B = -2\iint\limits_{\Sigma_t\text{上侧}} [(u'_xu'_z)'_x - (-u'_yu'_z)'_y]\,\mathrm{d}x\mathrm{d}y$$

$$\xlongequal{\text{Green 公式}} -2\oint_{\partial\Sigma_t^+} - u'_y u'_z \mathrm{d}x + u'_x u'_z \mathrm{d}y = 0 \quad (\text{因为 } u'_z = 0).$$

所以当 $0 \leqslant t \leqslant a$ 时，$E'_t = A + B = A \leqslant 0$. 当 $0 \leqslant t \nearrow$ 时，$E_t \searrow$，而 $E(0) \xlongequal{\text{式}(3)} 0$，因此当 $t > 0$ 时，$E(t) \leqslant 0$.
但是在 ii) 中已证明 $E(t) \geqslant 0$，故 $E(t) \equiv 0$ $(0 \leqslant t \leqslant a)$. 由式(2)知

$$E(t) \equiv \iint\limits_{\Sigma_t \text{上侧}} (u'^2_x + u'^2_y + u'^2_z)\mathrm{d}x\mathrm{d}y \equiv 0,$$

因而 Σ_t 上 $u'^2_x + u'^2_y + u'^2_z = 0$. 亦即 $u'_x = u'_y = u'_z = 0$，$u \equiv$ 常数 $= u \mid_{\Sigma_0} \equiv 0$.

   3）由题设，令 $u = u_1 - u_2$，则 u 满足 iii) 和 iv) 中的全部条件，因此利用上面的结论，可知在锥体 V_0 上处处有：$u = u_1 - u_2 = 0$，亦即：$u_1 \equiv u_2$（解的唯一性）. 证毕.

   注 1）二维波动方程的一般形式是 $u''_{tt} = a^2(u''_{xx} + u''_{yy})$ $(a > 0)$. 此时，锥面的母线与中轴线的夹角为 $\alpha = \tan^{-1}a$. （特别：当 $a = 1$ 时 $\alpha = 45°$，才是第 2）题 iv）中的圆锥面）.

   2）以上结论不难推广到 n 维空间.

   3）平静的水面，丢入一石块，圆形波纹会等速放大. 加入时间，此过程就是一个以时间 t 作中轴的圆锥面；宇宙大爆炸，波面是无限膨胀球面，加入时间是一个四维的锥面. 不难理解，上述问题为什么要在锥面内进行讨论.

   4）波动方程的相关理论，在气象、地震、声学、电磁学、流体力学等诸多领域里有重要应用.

§7.5 场 论

   导读 场论一般只要求学生掌握基本概念，熟悉几个基本符号，历来这类考题较少，近期更少，建议读者以正文例题为主，习题机动.

   本节主要讨论如何应用梯度、散度和旋度的定义来证明它们的各种公式. 然后讨论这些公式的一些应用. 最后讨论保守场、有势场、无旋场、管量场的关系及基本性质.

一、利用梯度、散度和旋度的定义直接证明有关公式

   要点 1）Hamilton 算符

$$\nabla \equiv \left(\frac{\partial}{\partial x}, \frac{\partial}{\partial y}, \frac{\partial}{\partial z} \right) \equiv \boldsymbol{i}\frac{\partial}{\partial x} + \boldsymbol{j}\frac{\partial}{\partial y} + \boldsymbol{k}\frac{\partial}{\partial z}$$

是一个向量算符，它本身没有实际意义，只有作用在它后面的量（数量或向量）上，才有实际意义. 它的运算遵从向量的运算法则.

   2）利用 Hamilton 算符，可以写出梯度、散度和旋度的定义：
   设 $u = u(x, y, z)$ 为光滑的数量场（"光滑"指 $u(x, y, z)$ 有连续偏导数），

$$\boldsymbol{A} = P(x, y, z)\boldsymbol{i} + Q(x, y, z)\boldsymbol{j} + R(x, y, z)\boldsymbol{k}$$

为光滑向量场（"光滑"指 P, Q, R 有连续偏导数），则由 u 和 $\boldsymbol{A}$ 产生的梯度、散度和旋度为

$$（梯度）\mathbf{grad}\, u \equiv \nabla u \equiv \left(\frac{\partial u}{\partial x},\ \frac{\partial u}{\partial y},\ \frac{\partial u}{\partial z} \right) \equiv \frac{\partial u}{\partial x}\, \boldsymbol{i} + \frac{\partial u}{\partial y}\, \boldsymbol{j} + \frac{\partial u}{\partial z}\, \boldsymbol{k},$$

$$（散度）\operatorname{div} \boldsymbol{A} \equiv \nabla \cdot \boldsymbol{A} \equiv \frac{\partial P}{\partial x} + \frac{\partial Q}{\partial y} + \frac{\partial R}{\partial z},$$

$$（旋度）\operatorname{rot} \boldsymbol{A} \equiv \nabla \times \boldsymbol{A} \equiv \begin{vmatrix} \boldsymbol{i} & \boldsymbol{j} & \boldsymbol{k} \\ \dfrac{\partial}{\partial x} & \dfrac{\partial}{\partial y} & \dfrac{\partial}{\partial z} \\ P & Q & R \end{vmatrix}$$

$$\equiv \left(\frac{\partial R}{\partial y} - \frac{\partial Q}{\partial z},\ \frac{\partial P}{\partial z} - \frac{\partial R}{\partial x},\ \frac{\partial Q}{\partial x} - \frac{\partial P}{\partial y} \right)$$

$$\equiv \left(\frac{\partial R}{\partial y} - \frac{\partial Q}{\partial z} \right)\boldsymbol{i} + \left(\frac{\partial P}{\partial z} - \frac{\partial R}{\partial x} \right)\boldsymbol{j} + \left(\frac{\partial Q}{\partial x} - \frac{\partial P}{\partial y} \right)\boldsymbol{k}.$$

利用这些定义,我们可以直接推证关于它们的各种公式和求它们的值.

a. 数量等式

例 7.5.1　设 $\boldsymbol{a} = a_x(x,y,z)\boldsymbol{i} + a_y(x,y,z)\boldsymbol{j} + a_z(x,y,z)\boldsymbol{k}$,

$$\boldsymbol{b} = b_x(x,y,z)\boldsymbol{i} + b_y(x,y,z)\boldsymbol{j} + b_z(x,y,z)\boldsymbol{k},$$

试证:　　　　　　　　$(\boldsymbol{b} \cdot \nabla)\varphi \boldsymbol{a} = \boldsymbol{a}(\boldsymbol{b} \cdot \nabla \varphi) + \varphi(\boldsymbol{b} \cdot \nabla)\boldsymbol{a},$

其中 $a_x, a_y, a_z, b_x, b_y, b_z$ 及 φ 都是 (x,y,z) 的可微函数. (安徽大学)

解　$(\boldsymbol{b} \cdot \nabla)\varphi \boldsymbol{a}$

$$= \left(b_x \frac{\partial}{\partial x} + b_y \frac{\partial}{\partial y} + b_z \frac{\partial}{\partial z} \right)(\varphi a_x \boldsymbol{i} + \varphi a_y \boldsymbol{j} + \varphi a_z \boldsymbol{k})$$

$$= \left(b_x \frac{\partial \varphi a_x}{\partial x} + b_y \frac{\partial \varphi a_x}{\partial y} + b_z \frac{\partial \varphi a_x}{\partial z} \right)\boldsymbol{i} + \left(b_x \frac{\partial \varphi a_y}{\partial x} + b_y \frac{\partial \varphi a_y}{\partial y} + b_z \frac{\partial \varphi a_y}{\partial z} \right)\boldsymbol{j} +$$

$$\left(b_x \frac{\partial \varphi a_z}{\partial x} + b_y \frac{\partial \varphi a_z}{\partial y} + b_z \frac{\partial \varphi a_z}{\partial z} \right)\boldsymbol{k}$$

$$= (\boldsymbol{b} \cdot \nabla \varphi)(a_x \boldsymbol{i} + a_y \boldsymbol{j} + a_z \boldsymbol{k}) + \varphi[(\boldsymbol{b} \cdot \nabla a_x)\boldsymbol{i} + (\boldsymbol{b} \cdot \nabla a_y)\boldsymbol{j} + (\boldsymbol{b} \cdot \nabla a_z)\boldsymbol{k}]$$

$$= (\boldsymbol{b} \cdot \nabla \varphi)\boldsymbol{a} + \varphi(\boldsymbol{b} \cdot \nabla)\boldsymbol{a}.$$

b. 向量等式

例 7.5.2　证明:当 $|\boldsymbol{a}|^2 \equiv$ 常数时,有

$$(\boldsymbol{a} \cdot \nabla)\boldsymbol{a} = -\boldsymbol{a} \times \operatorname{rot} \boldsymbol{a}. \tag{1}$$

证　$|\boldsymbol{a}|^2 \equiv$ 常数,即有

$$a_x^2 + a_y^2 + a_z^2 \equiv C \quad （常数）.$$

此式两端同时对 x,y,z 分别求导可得

$$a_x \frac{\partial a_x}{\partial x} + a_y \frac{\partial a_y}{\partial x} + a_z \frac{\partial a_z}{\partial x} = 0, \tag{2}$$

$$a_x \frac{\partial a_x}{\partial y} + a_y \frac{\partial a_y}{\partial y} + a_z \frac{\partial a_z}{\partial y} = 0, \tag{3}$$

$$a_x \frac{\partial a_x}{\partial z} + a_y \frac{\partial a_y}{\partial z} + a_z \frac{\partial a_z}{\partial z} = 0. \tag{4}$$

式(1)是向量等式,其左端

$$(\boldsymbol{a} \cdot \nabla)\boldsymbol{a} = \left(a_x \frac{\partial}{\partial x} + a_y \frac{\partial}{\partial y} + a_z \frac{\partial}{\partial z} \right)(a_x \boldsymbol{i} + a_y \boldsymbol{j} + a_z \boldsymbol{k})$$

$$= \left(a_x \frac{\partial a_x}{\partial x} + a_y \frac{\partial a_x}{\partial y} + a_z \frac{\partial a_x}{\partial z} \right)\boldsymbol{i} + \left(a_x \frac{\partial a_y}{\partial x} + a_y \frac{\partial a_y}{\partial y} + a_z \frac{\partial a_y}{\partial z} \right)\boldsymbol{j} +$$

$$\left(a_x \frac{\partial a_z}{\partial x} + a_y \frac{\partial a_z}{\partial y} + a_z \frac{\partial a_z}{\partial z} \right)\boldsymbol{k}, \tag{5}$$

式(1)右端

$$-\boldsymbol{a} \times \operatorname{rot} \boldsymbol{a} = -\boldsymbol{a} \times \begin{vmatrix} \boldsymbol{i} & \boldsymbol{j} & \boldsymbol{k} \\ \dfrac{\partial}{\partial x} & \dfrac{\partial}{\partial y} & \dfrac{\partial}{\partial z} \\ a_x & a_y & a_z \end{vmatrix}$$

$$= - \begin{vmatrix} \boldsymbol{i} & \boldsymbol{j} & \boldsymbol{k} \\ a_x & a_y & a_z \\ \dfrac{\partial a_z}{\partial y} - \dfrac{\partial a_y}{\partial z} & \dfrac{\partial a_x}{\partial z} - \dfrac{\partial a_z}{\partial x} & \dfrac{\partial a_y}{\partial x} - \dfrac{\partial a_x}{\partial y} \end{vmatrix}. \tag{6}$$

要证明式(1),只要证明三分量对应相等. 由式(6)知:式(1)右端的 $\boldsymbol{i}$ 分量为

$$a_y \left(\frac{\partial a_x}{\partial y} - \frac{\partial a_y}{\partial x} \right) + a_z \left(\frac{\partial a_x}{\partial z} - \frac{\partial a_z}{\partial x} \right) = a_y \frac{\partial a_x}{\partial y} + a_z \frac{\partial a_x}{\partial z} - a_y \frac{\partial a_y}{\partial x} - a_z \frac{\partial a_z}{\partial x}$$

$$= a_x \frac{\partial a_x}{\partial x} + a_y \frac{\partial a_x}{\partial y} + a_z \frac{\partial a_x}{\partial z} \quad (\text{因为式}(2))$$

$$= \text{式}(1)\text{左端的} \boldsymbol{i} \text{分量} \quad (\text{因为式}(5)).$$

类似可证式(1)左、右两端的 $\boldsymbol{j},\boldsymbol{k}$ 分量相等.

c. 旋度和散度

例 7.5.3 刚体以定常角速度 ω 绕子轴旋转,求刚体上任意一点 $\boldsymbol{r} = (x,y,z)$ 处的线速度 $\boldsymbol{V}$ 与加速度 $\boldsymbol{W}$ 的旋度与散度.

解 以向量 $\boldsymbol{\omega} = \omega \boldsymbol{k}$ 表示角速度,则绕子轴旋转的线速度

$$\boldsymbol{V} = \boldsymbol{\omega} \times \boldsymbol{r} = \begin{vmatrix} \boldsymbol{i} & \boldsymbol{j} & \boldsymbol{k} \\ 0 & 0 & \omega \\ x & y & z \end{vmatrix} = (-\omega y, \omega x, 0),$$

线加速度

$$\boldsymbol{W} = \frac{\mathrm{d}}{\mathrm{d}t}\boldsymbol{V} = \frac{\mathrm{d}}{\mathrm{d}t}(\boldsymbol{\omega} \times \boldsymbol{r}) = \left(\frac{\mathrm{d}}{\mathrm{d}t}\boldsymbol{\omega} \right) \times \boldsymbol{r} + \boldsymbol{\omega} \times \frac{\mathrm{d}\boldsymbol{r}}{\mathrm{d}t}$$

$$= \boldsymbol{\omega} \times \frac{\mathrm{d}\boldsymbol{r}}{\mathrm{d}t} = \boldsymbol{\omega} \times \boldsymbol{V} \quad (\text{因为} \boldsymbol{\omega} = \omega \boldsymbol{k} \text{为常向量})$$

$$= \begin{vmatrix} \boldsymbol{i} & \boldsymbol{j} & \boldsymbol{k} \\ 0 & 0 & \omega \\ -\omega y & \omega x & 0 \end{vmatrix} = (-\omega^2 x, -\omega^2 y, 0).$$

由此

$$\mathrm{rot}\ \boldsymbol{V} = \nabla \times \boldsymbol{V} = \begin{vmatrix} \boldsymbol{i} & \boldsymbol{j} & \boldsymbol{k} \\ \dfrac{\partial}{\partial x} & \dfrac{\partial}{\partial y} & \dfrac{\partial}{\partial z} \\ -\omega y & \omega x & 0 \end{vmatrix} = (0,0,2\omega) = 2\boldsymbol{\omega}.$$

$$\mathrm{div}\ \boldsymbol{V} = \nabla \cdot \boldsymbol{V} = \left(\dfrac{\partial}{\partial x}, \dfrac{\partial}{\partial y}, \dfrac{\partial}{\partial z} \right)(-\omega y, \omega x, 0) = 0.$$

类似可得

$$\mathrm{rot}\ \boldsymbol{W} = \boldsymbol{0}, \mathrm{div}\ \boldsymbol{W} = -2\omega^2.$$

例 7.5.4   设 $\boldsymbol{A} = (A_x, A_y, A_z)$，$\boldsymbol{B} = (B_x, B_y, B_z)$ 为两光滑场. 试证:

$$\mathbf{grad}(\boldsymbol{A} \cdot \boldsymbol{B}) = \boldsymbol{B} \times (\mathrm{rot}\ \boldsymbol{A}) + \boldsymbol{A} \times (\mathrm{rot}\ \boldsymbol{B}) + (\boldsymbol{B} \cdot \nabla)\boldsymbol{A} + (\boldsymbol{A} \cdot \nabla)\boldsymbol{B}. \tag{1}$$

证   式(1)即为

$$\left(\boldsymbol{i}\frac{\partial}{\partial x} + \boldsymbol{j}\frac{\partial}{\partial y} + \boldsymbol{k}\frac{\partial}{\partial z} \right)(A_x B_x + A_y B_y + A_z B_z)$$

$$= \begin{vmatrix} \boldsymbol{i} & \boldsymbol{j} & \boldsymbol{k} \\ B_x & B_y & B_z \\ \mathrm{rot}_x \boldsymbol{A} & \mathrm{rot}_y \boldsymbol{A} & \mathrm{rot}_z \boldsymbol{A} \end{vmatrix} + \begin{vmatrix} \boldsymbol{i} & \boldsymbol{j} & \boldsymbol{k} \\ A_x & A_y & A_z \\ \mathrm{rot}_x \boldsymbol{B} & \mathrm{rot}_y \boldsymbol{B} & \mathrm{rot}_z \boldsymbol{B} \end{vmatrix} +$$

$$\left(B_x \frac{\partial}{\partial x} + B_y \frac{\partial}{\partial y} + B_z \frac{\partial}{\partial z} \right)(A_x \boldsymbol{i} + A_y \boldsymbol{j} + A_z \boldsymbol{k}) +$$

$$\left(A_x \frac{\partial}{\partial x} + A_y \frac{\partial}{\partial y} + A_z \frac{\partial}{\partial z} \right)(B_x \boldsymbol{i} + B_y \boldsymbol{j} + B_z \boldsymbol{k}).$$

就 $\boldsymbol{i}$ 分量而论, 此式即为

$$\frac{\partial}{\partial x}(A_x B_x + A_y B_y + A_z B_z) = \begin{vmatrix} B_y & B_z \\ \dfrac{\partial A_x}{\partial z} - \dfrac{\partial A_z}{\partial x} & \dfrac{\partial A_y}{\partial x} - \dfrac{\partial A_x}{\partial y} \end{vmatrix} + \begin{vmatrix} A_y & A_z \\ \dfrac{\partial B_x}{\partial z} - \dfrac{\partial B_z}{\partial x} & \dfrac{\partial B_y}{\partial x} - \dfrac{\partial B_x}{\partial y} \end{vmatrix} +$$

$$B_x \frac{\partial A_x}{\partial x} + B_y \frac{\partial A_x}{\partial y} + B_z \frac{\partial A_x}{\partial z} + A_x \frac{\partial B_x}{\partial x} + A_y \frac{\partial B_x}{\partial y} + A_z \frac{\partial B_x}{\partial z}.$$

利用微分法则, 易知此式成立. 同理可验证 $\boldsymbol{j}$, $\boldsymbol{k}$ 分量的情况.

二、梯度、散度、旋度的基本公式及其应用

利用上段的方法, 我们可以证明如下的基本公式(假定出现的导数皆存在、连续):

Hamilton 算符 $\nabla \equiv \left(\dfrac{\partial}{\partial x}, \dfrac{\partial}{\partial y}, \dfrac{\partial}{\partial z} \right) = \boldsymbol{i}\dfrac{\partial}{\partial x} + \boldsymbol{j}\dfrac{\partial}{\partial y} + \boldsymbol{k}\dfrac{\partial}{\partial z}.$

Laplace 算符 $\Delta \equiv \dfrac{\partial^2}{\partial x^2} + \dfrac{\partial^2}{\partial y^2} + \dfrac{\partial^2}{\partial z^2}$.

$$\nabla^2 \equiv \nabla \cdot \nabla \equiv \Delta.$$

f 为函数, 则 Δf 为标量.

若 $\boldsymbol{A} = (A_x, A_y, A_z)$ 是向量, 则 $\Delta \boldsymbol{A} = (\Delta A_x, \Delta A_y, \Delta A_z)$ 为向量.

关于梯度的公式

这里 u, v, f 都是 (x, y, z) 的函数, 有连续偏导数, c 为常数,

$$\boldsymbol{r} = (x - x_0, y - y_0, z - z_0), \ r = \sqrt{(x - x_0)^2 + (y - y_0)^2 + (z - z_0)^2}.$$

1) $\mathbf{grad}(cu) = c\,\mathbf{grad}\,u$, 亦或 $\nabla(cu) = c\nabla u$;

2) $\mathbf{grad}(u \pm v) = \mathbf{grad}\,u \pm \mathbf{grad}\,v$, 亦或 $\nabla(u \pm v) = \nabla u \pm \nabla v$;

3) $\mathbf{grad}(uv) = v\,\mathbf{grad}\,u + u\,\mathbf{grad}\,v$, 亦或 $\nabla(uv) = v\nabla u + u\nabla v$;

4) $\mathbf{grad}\left(\dfrac{u}{v}\right) = \dfrac{1}{v^2}(v\,\mathbf{grad}\,u - u\,\mathbf{grad}\,v)$, 亦或 $\nabla\left(\dfrac{u}{v}\right) = \dfrac{1}{v^2}(v\nabla u - u\nabla v)$;

5) $\mathbf{grad}\,f(u) = f'(u)\,\mathbf{grad}\,u$, 亦或 $\nabla f(u) = f'(u)\nabla u$;

6) $\mathbf{grad}\,f(u, v) = f_u'\,\mathbf{grad}\,u + f_v'\,\mathbf{grad}\,v$, 亦或 $\nabla f(u, v) = f_u'\nabla u + f_v'\nabla v$;

7) $\mathbf{grad}\,r = \dfrac{\boldsymbol{r}}{r}$, 亦或 $\nabla(r) = \dfrac{\boldsymbol{r}}{r}$;

$$\mathbf{grad}\,f(r) = f'(r)\dfrac{\boldsymbol{r}}{r}, \text{亦或} \ \nabla f(r) = f'(r)\dfrac{\boldsymbol{r}}{r}.$$

关于散度的公式

这里 $\boldsymbol{A}, \boldsymbol{B}$ 是向量函数, u 是数量函数, c 为常数, $\boldsymbol{r} = (x - x_0, y - y_0, z - z_0)$.

8) $\mathrm{div}(c\boldsymbol{A}) = c\,\mathrm{div}\,\boldsymbol{A}$, 亦或 $\nabla \cdot (c\boldsymbol{A}) = c\nabla \cdot \boldsymbol{A}$;

9) $\mathrm{div}(\boldsymbol{A} \pm \boldsymbol{B}) = \mathrm{div}\,\boldsymbol{A} \pm \mathrm{div}\,\boldsymbol{B}$, 亦或 $\nabla \cdot (\boldsymbol{A} \pm \boldsymbol{B}) = \nabla \cdot \boldsymbol{A} \pm \nabla \cdot \boldsymbol{B}$;

10) $\mathrm{div}(u\boldsymbol{A}) = u\,\mathrm{div}\,\boldsymbol{A} + \boldsymbol{A} \cdot \mathbf{grad}\,u$, 亦或 $\nabla \cdot (u\boldsymbol{A}) = u\nabla \cdot \boldsymbol{A} + \nabla u \cdot \boldsymbol{A}$;

11) $\mathrm{div}\,\boldsymbol{r} = 3$, 亦或 $\nabla \cdot \boldsymbol{r} = 3$.

关于旋度的公式

这里 $\boldsymbol{A}, \boldsymbol{B}$ 是向量函数, u 是数量函数, c 为常数, $\boldsymbol{r} = (x - x_0, y - y_0, z - z_0)$.

12) $\mathrm{rot}(c\boldsymbol{A}) = c\,\mathrm{rot}\,\boldsymbol{A}$, 亦或 $\nabla \times (c\boldsymbol{A}) = c\nabla \times \boldsymbol{A}$;

13) $\mathrm{rot}(\boldsymbol{A} \pm \boldsymbol{B}) = \mathrm{rot}\,\boldsymbol{A} \pm \mathrm{rot}\,\boldsymbol{B}$, 亦或 $\nabla \times (\boldsymbol{A} \pm \boldsymbol{B}) = \nabla \times \boldsymbol{A} \pm \nabla \times \boldsymbol{B}$;

14) $\mathrm{rot}(u\boldsymbol{A}) = u\,\mathrm{rot}\,\boldsymbol{A} + \mathbf{grad}\,u \times \boldsymbol{A}$, 亦或 $\nabla \times (u\boldsymbol{A}) = u\nabla \times \boldsymbol{A} + \nabla u \times \boldsymbol{A}$;

15) $\mathrm{rot}\,\boldsymbol{r} = \boldsymbol{0}$ (零向量), 亦或 $\nabla \times \boldsymbol{r} = \boldsymbol{0}$ (零向量).

混合运算

这里 $\boldsymbol{A}, \boldsymbol{B}$ 是向量函数, u 是数量函数.

16) $\mathbf{grad}(\boldsymbol{A} \cdot \boldsymbol{B}) = \boldsymbol{B} \times (\mathrm{rot}\,\boldsymbol{A}) + \boldsymbol{A} \times (\mathrm{rot}\,\boldsymbol{B}) + (\boldsymbol{B} \cdot \nabla)\boldsymbol{A} + (\boldsymbol{A} \cdot \nabla)\boldsymbol{B}$,

亦或 $\quad \nabla(\boldsymbol{A} \cdot \boldsymbol{B}) = \boldsymbol{B} \times (\nabla \times \boldsymbol{A}) + \boldsymbol{A} \times (\nabla \times \boldsymbol{B}) + (\boldsymbol{B} \cdot \nabla)\boldsymbol{A} + (\boldsymbol{A} \cdot \nabla)\boldsymbol{B}$;

17) $\mathrm{div}(\boldsymbol{A} \times \boldsymbol{B}) = \boldsymbol{B} \cdot (\mathrm{rot}\,\boldsymbol{A}) - \boldsymbol{A} \cdot (\mathrm{rot}\,\boldsymbol{B})$,

亦或　　$\nabla\cdot(A\times B)=B\cdot(\nabla\times A)-A\cdot(\nabla\times B)$;

18）$\mathrm{rot}(A\times B)=\nabla\times(A\times B)=A\,\mathrm{div}\,B-B\,\mathrm{div}\,A+(B\cdot\nabla)A-(A\cdot\nabla)B$,

亦或　　$\nabla\times(A\times B)=A\,\nabla\cdot B-B\,\nabla\cdot A+(B\cdot\nabla)A-(A\cdot\nabla)B$;

19）$\mathrm{div}(\mathbf{grad}\,u)=\Delta u=\dfrac{\partial^2 u}{\partial x^2}+\dfrac{\partial^2 u}{\partial y^2}+\dfrac{\partial^2 u}{\partial z^2}$,

亦或　　$\nabla\cdot(\nabla u)=\Delta u=\dfrac{\partial^2 u}{\partial x^2}+\dfrac{\partial^2 u}{\partial y^2}+\dfrac{\partial^2 u}{\partial z^2}$;

20）$\mathrm{rot}(\mathbf{grad}\,u)=\mathbf{0}$（零向量）,亦或 $\nabla\times(\nabla u)=\mathbf{0}$;

21）$\mathrm{div}(\mathrm{rot}\,A)=0$,亦或 $\nabla\cdot(\nabla\times A)=0$;

22）$\mathbf{grad}(\mathrm{div}\,A)=\mathrm{rot}(\mathrm{rot}\,A)+\Delta A$,亦或 $\nabla(\nabla\cdot A)=\nabla\times(\nabla\times A)+\Delta A$;

23）$\mathrm{rot}(\mathrm{rot}\,A)=\mathbf{grad}(\mathrm{div}\,A)-\Delta A$,亦或 $\nabla\times(\nabla\times A)=\nabla(\nabla\cdot A)-\Delta A$.

注　其中

$$(B\cdot\nabla)A=\left(B_x\frac{\partial}{\partial x}+B_y\frac{\partial}{\partial y}+B_z\frac{\partial}{\partial z}\right)A,\ (A\cdot\nabla)B=\left(A_x\frac{\partial}{\partial x}+A_y\frac{\partial}{\partial y}+A_z\frac{\partial}{\partial z}\right)B.$$

例 7.5.5　设 C 为常向量,试证: $\nabla(C\times r)^2=2C^2 r-2(C\cdot r)C$.

证　利用向量的已知公式:$(a\times b)^2=a^2 b^2-(a\cdot b)^2$ 及上述公式 2）,有

$$\nabla(C\times r)^2=\nabla(C^2 r^2)-\nabla(C\cdot r)^2.$$

再利用上述公式 5）和 7）,进而

$$上式=C^2 2r\frac{r}{r}-2(C\cdot r)\nabla(C\cdot r)=2C^2 r-2(C\cdot r)C.$$

例 7.5.6　设 $\mathrm{div}[\mathbf{grad}\,f(r)]=0$,求 $f(r)$.

解　$\mathrm{div}[\mathbf{grad}\,f(r)]\overset{公式7)}{=\!=\!=}\mathrm{div}\left[f'(r)\frac{r}{r}\right]\overset{公式10)}{=\!=\!=}\frac{f'(r)}{r}\mathrm{div}\,r+\mathbf{grad}\frac{f'(r)}{r}\cdot r$

$$\overset{公式7)和11)}{=\!=\!=}3\frac{f'(r)}{r}+\left[\frac{f''(r)}{r}-\frac{f'(r)}{r^2}\right]\frac{r}{r}\cdot r$$

$$=f''(r)+2\frac{f'(r)}{r}=0.$$

解微分方程,可得 $\qquad f(r)=\dfrac{C}{r}+C_0$.

例 7.5.7　设 F_1,F_2 为旋转椭球面的两焦点,P 为椭球面上任意一点,试证 PF_1,PF_2 与 P 点的切平面成等角（如图 7.5.1）.

证　记　　　$r_1=F_1 P,\quad r_2=F_2 P,$
$$r_1=|r_1|,\quad r_2=|r_2|,$$
则 $f(P)=r_1+r_2$ 为一数量场.椭球面为 $r_1+r_2=2C$（C 为常数）,它是 $f(P)$ 的等量面.f 在 P 点的梯度 $\mathbf{grad}\,f(P)$ 与椭球在 P 点的外法线方向重合,即 $n=\mathbf{grad}\,f(P)$.因此要证

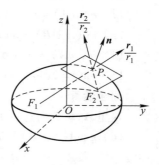

图 7.5.1

明 PF_1 与 PF_2 跟切平面成等角,只要证明 $\dfrac{\boldsymbol{r}_1}{r_1}$ 与 $\dfrac{\boldsymbol{r}_2}{r_2}$ 跟梯度 $\boldsymbol{n} = \mathbf{grad}\, f(P)$ 成等角. 事实上,

$$\boldsymbol{n} \times \frac{\boldsymbol{r}_1}{r_1} = \mathbf{grad}(r_1 + r_2) \times \mathbf{grad}\, r_1 = (\mathbf{grad}\, r_1 + \mathbf{grad}\, r_2) \times \mathbf{grad}\, r_1$$

$$= \mathbf{grad}\, r_2 \times \mathbf{grad}\, r_1.$$

同理,$\boldsymbol{n} \times \dfrac{\boldsymbol{r}_2}{r_2} = \mathbf{grad}\, r_1 \times \mathbf{grad}\, r_2$. 故 $\boldsymbol{n} \times \dfrac{\boldsymbol{r}_1}{r_1} = \dfrac{\boldsymbol{r}_2}{r_2} \times \boldsymbol{n}$. 此即表明 $\dfrac{\boldsymbol{r}_1}{r_1}$ 与 $\dfrac{\boldsymbol{r}_2}{r_2}$ 跟 $\boldsymbol{n} = \mathbf{grad}\, f(P)$ 成等角.

三、借助场论符号表示积分公式

要点 利用场论符号,Gauss 公式和 Stokes 公式可以写得非常简单,记 $\boldsymbol{n} = (\cos\alpha, \cos\beta, \cos\gamma)$,$\boldsymbol{A} = (P, Q, R)$,$\mathrm{d}\boldsymbol{S} = \boldsymbol{n}\mathrm{d}S$,则 Gauss 公式可写为

$$\oiint_S \boldsymbol{A} \cdot \mathrm{d}\boldsymbol{S} = \iiint_V \mathrm{div}\, \boldsymbol{A}\, \mathrm{d}V.$$

记 $\mathrm{d}\boldsymbol{r} = (\mathrm{d}x, \mathrm{d}y, \mathrm{d}z)$,则 Stokes 公式可写成

$$\oint_L \boldsymbol{A} \cdot \mathrm{d}\boldsymbol{r} = \iint_S (\mathrm{rot}\, \boldsymbol{A}) \cdot \mathrm{d}\boldsymbol{S}.$$

利用这些关系我们可以证明有关的积分等式,解决有关问题.

例 7.5.8 设 $\varSigma$ 为包围区域 V 的闭光滑曲面,$F(x, y, z)$ 在区域 V 内直到边界 $\varSigma$ 上有连续的一阶偏导数,$G(x, y, z)$ 有连续的二阶偏导数,$\boldsymbol{n}$ 是 $\varSigma$ 的单位外法向量. 证明 Green 第一公式:

$$\iiint_V F\Delta G\mathrm{d}x\mathrm{d}y\mathrm{d}z = \iint_\varSigma F\frac{\partial G}{\partial \boldsymbol{n}}\mathrm{d}S - \iiint_V \mathbf{grad}\, F \cdot \mathbf{grad}\, G\mathrm{d}x\mathrm{d}y\mathrm{d}z.$$

(广西师范大学)

解 $\displaystyle\iint_\varSigma F\frac{\partial G}{\partial \boldsymbol{n}}\mathrm{d}S = \iint_\varSigma F\mathbf{grad}\, G \cdot \boldsymbol{n}\mathrm{d}S = \iiint_V \mathrm{div}(F\mathbf{grad}\, G)\mathrm{d}V$

$$= \iiint_V F\mathrm{div}(\mathbf{grad}\, G)\mathrm{d}V + \iiint_V \mathbf{grad}\, F \cdot \mathbf{grad}\, G\mathrm{d}V$$

$$\overset{\text{公式19)}}{=\!=\!=\!=} \iiint_V F\Delta G\mathrm{d}V + \iiint_V \mathbf{grad}\, F \cdot \mathbf{grad}\, G\mathrm{d}V,$$

移项即为所求.

例 7.5.9 $V, \varSigma$ 如上例所设,$u = u(x, y, z)$,$v = v(x, y, z)$ 在 V 内直到边界 $\varSigma$ 上有连续的二阶偏导数. 试证:$\displaystyle\oiint_\varSigma (u\nabla v - v\nabla u)\mathrm{d}\boldsymbol{S} = \iiint_V u(\nabla^2 v - v\nabla^2 u)\mathrm{d}V.$

证 $\displaystyle\oiint_\varSigma (u\,\nabla v - v\,\nabla u)\mathrm{d}\boldsymbol{S}$

$$= \iiint\limits_{V} \mathrm{div}(u\,\nabla v - v\,\nabla u)\,\mathrm{d}V$$

$$\overset{公式9),10)}{=\!=\!=\!=\!=} \iiint\limits_{V} \big[\,(\nabla u\,\nabla v + u\,\mathrm{div}\,\nabla v)\, - (\nabla v\,\nabla u + v\,\mathrm{div}\,\nabla u)\,\big]\mathrm{d}V$$

$$= \iiint\limits_{V} (u\nabla^2 v - v\nabla^2 u)\,\mathrm{d}V \quad (因为\ \mathrm{div}\,\nabla u = \nabla \cdot (\nabla u) = \Delta u = \nabla^2 u).$$

例 7.5.10 u, v, Σ, V 如上例所设,试证向量场 $\mathbf{A} = \mathbf{grad}\ u \times \mathbf{grad}\ v$ 通过 V 内任一封闭曲面上的流量为零.

证 (流量) $\quad Q = \oiint\limits_{S} \mathbf{A}\mathbf{n}\mathrm{d}S = \iiint\limits_{V} \mathrm{div}\mathbf{A}\mathrm{d}V = \iiint\limits_{V} \mathrm{div}(\mathbf{grad}\ u \times \mathbf{grad}\ v)\mathrm{d}V$

$$\overset{公式17)}{=\!=\!=\!=\!=} \iiint\limits_{V} \big[\,\mathbf{grad}\ v \cdot \mathrm{rot}\ (\mathbf{grad}\ u)\, - \mathbf{grad}\ u \cdot \mathrm{rot}\ (\mathbf{grad}\ v)\,\big]\mathrm{d}V$$

$$\overset{公式20)}{=\!=\!=\!=\!=} \iiint\limits_{V} (\mathbf{grad}\ v \cdot \mathbf{0} - \mathbf{grad}\ u \cdot \mathbf{0})\mathrm{d}V = 0.$$

^{new} *** 练习** 记 $\Omega = \{P \in \mathbf{R}^3 \,\big|\, |P| \leqslant 1\}$,设 $V: \mathbf{R}^3 \to \mathbf{R}^3$, $V = (V_1, V_2, V_3)$ 是 C^1 向量场(V_1, V_2 和 V_3 都有连续偏导数). V 在 $\mathbf{R}^3 \setminus \Omega$ 恒为 0,且 $\dfrac{\partial V_1}{\partial x} + \dfrac{\partial V_2}{\partial y} + \dfrac{\partial V_3}{\partial z} = 0$.

1)设 $f: \mathbf{R}^3 \to \mathbf{R}$ 是 C^1 函数,求 $\iiint\limits_{\Omega} \nabla f \cdot V \mathrm{d}x\mathrm{d}y\mathrm{d}z$;

2)求 $\iiint\limits_{\Omega} V_1 \mathrm{d}x\mathrm{d}y\mathrm{d}z$. (北京大学)

证 1) $\iiint\limits_{\Omega} \nabla f \cdot V \mathrm{d}x\mathrm{d}y\mathrm{d}z = \iiint\limits_{\Omega} (f_x', f_y', f_z') \cdot (V_1, V_2, V_3)\mathrm{d}x\mathrm{d}y\mathrm{d}z$

$$= \iiint\limits_{\Omega} (f_x'V_1 + f_y'V_2 + f_z'V_3)\mathrm{d}x\mathrm{d}y\mathrm{d}z.$$

根据题设条件,应有 $f \cdot \left(\dfrac{\partial V_1}{\partial x} + \dfrac{\partial V_2}{\partial y} + \dfrac{\partial V_3}{\partial z}\right) \equiv 0$,将其代入被积函数,可知

$$上式 = \iiint\limits_{\Omega} \left(f_x'V_1 + f \cdot \frac{\partial V_1}{\partial x} + f_y'V_2 + f \cdot \frac{\partial V_2}{\partial y} + f_z'V_3 + f \cdot \frac{\partial V_3}{\partial z}\right)\mathrm{d}x\mathrm{d}y\mathrm{d}z$$

$$= \iiint\limits_{\Omega} \left(\frac{\partial}{\partial x} f V_1 + \frac{\partial}{\partial y} f V_2 + \frac{\partial}{\partial z} f V_3\right)\mathrm{d}x\mathrm{d}y\mathrm{d}z$$

$$\overset{\mathrm{Gauss}公式}{=\!=\!=\!=\!=} \oiint\limits_{\partial\Omega} fV_1\mathrm{d}y\mathrm{d}z + fV_2\mathrm{d}z\mathrm{d}x + fV_3\mathrm{d}x\mathrm{d}y = 0.$$

(因为 V_1, V_2, V_3 有连续偏导数,且在 Ω 之外为 0,所以它们在其边界 $\partial\Omega$ 上也为 0,即 $V_1 = V_2 = V_3 = 0$.)

2)第 1)小题里已得到任一有连续偏导数的 $f(x,y,z)$,皆有 $\iiint\limits_{\Omega} \nabla f \cdot V \mathrm{d}x\mathrm{d}y\mathrm{d}z = 0$. 令 $f(x,y,z) = x$,则 $\nabla f = (1,0,0)$, $\nabla f \cdot V = (1,0,0) \cdot (V_1, V_2, V_3) = V_1$. 故

$$\iiint\limits_{\Omega} V_1 \mathrm{d}x\mathrm{d}y\mathrm{d}z = \iiint\limits_{\Omega} (\nabla f \cdot V)\mathrm{d}x\mathrm{d}y\mathrm{d}z = 0.$$

例 7.5.11 计算曲面积分 $\iint\limits_{S}\mathrm{rot}\,\boldsymbol{F}\cdot\boldsymbol{n}\mathrm{d}S$，其中 $\boldsymbol{F}=(x-z,x^3-yz,-3xy^2)$，$S$ 为半球面：$z=\sqrt{4-x^2-y^2}$，$\boldsymbol{n}$ 为 S 上侧的单位向量.（新疆大学）

解 I （应用 Stokes 公式.）曲面 S 的边界曲线为 $L:z=0$，$x^2+y^2=4$，即 $z=0$，$x=2\cos\theta$，$y=2\sin\theta$（$0\leqslant\theta\leqslant2\pi$）. 因此

$$\iint\limits_{S}\mathrm{rot}\,\boldsymbol{F}\cdot\boldsymbol{n}\mathrm{d}S=\oint_{L}\boldsymbol{F}\mathrm{d}\boldsymbol{r}\quad(\text{注意 }L\text{ 上 }z=0,\mathrm{d}z=0)$$

$$=\oint_{L}F_x\mathrm{d}x+F_y\mathrm{d}y=\oint_{L}x\mathrm{d}x+x^3\mathrm{d}y$$

$$=\int_0^{2\pi}2\cos\theta\mathrm{d}(2\cos\theta)+(2\cos\theta)^3\mathrm{d}(2\sin\theta)=12\pi.$$

解 II （补一块后用 Gauss 公式.）记 S_1 为 $z=0$ 上 $x^2+y^2\leqslant4$ 的部分，则

$$\iint\limits_{S}\mathrm{rot}\,\boldsymbol{F}\cdot\boldsymbol{n}\mathrm{d}S=\iint\limits_{S+S_1下}\mathrm{rot}\,\boldsymbol{F}\cdot\boldsymbol{n}\mathrm{d}S+\iint\limits_{S_1上}\mathrm{rot}\,\boldsymbol{F}\cdot\boldsymbol{n}\mathrm{d}S=\iiint\limits_{V}\mathrm{div}(\mathrm{rot}\,\boldsymbol{F})\mathrm{d}V+3\iint\limits_{x^2+y^2\leqslant4}x^2\mathrm{d}x\mathrm{d}y$$

$$=\iiint 0\mathrm{d}V+3\cdot4\int_0^{\frac{\pi}{2}}\cos^2\theta\mathrm{d}\theta\int_0^2 r^3\mathrm{d}r=12\pi.$$

例 7.5.12 设 V 为 $\mathbf{R}^3$ 中一有界闭区域，其边界 Σ 为光滑曲面，试证：

$$\iiint\limits_{V}\frac{\mathrm{d}V}{r}=\frac{1}{2}\iint\limits_{\Sigma}\nabla r\cdot\boldsymbol{n}\mathrm{d}S,\tag{1}$$

其中 $r=\sqrt{x^2+y^2+z^2}$，$\boldsymbol{n}$ 为 Σ 的单位外法向量.

证 1° 设原点在 V 之外. 容易验证 $\mathrm{div}\nabla r=2\dfrac{1}{r}$. 直接应用 Gauss 公式，可得式（1）.

2° 设原点为 V 的内点. 此时式（1）左端为反常三重积分，但由 Cauchy 判别法可知它收敛. 今以原点为中心、以充分小的 ε 为半径作一小球面 Γ_ε，使得 Γ_ε 完全落在 V 内. 记 Γ_ε 所包围的球体为 V_ε，则要证明式（1），就是要证明

$$\lim_{\varepsilon\to0^+}\iiint\limits_{V-V_\varepsilon}\frac{\mathrm{d}V}{r}=\frac{1}{2}\iint\limits_{\Sigma}\nabla r\cdot\boldsymbol{n}\mathrm{d}S.\tag{2}$$

此时 $V-V_\varepsilon$ 已不再包含原点，可以使用 1°中的结果. 于是

$$\iiint\limits_{V-V_\varepsilon}\frac{\mathrm{d}V}{r}=\frac{1}{2}\iint\limits_{\Sigma+\Sigma_\varepsilon}\nabla r\cdot\boldsymbol{n}\mathrm{d}S=\frac{1}{2}\iint\limits_{\Sigma}\nabla r\cdot\boldsymbol{n}\mathrm{d}S+\frac{1}{2}\iint\limits_{\Gamma_\varepsilon}\nabla r\cdot\boldsymbol{n}\mathrm{d}S\xupleftrightarrow{记}I_1+I_2.$$

要证明式（2），只要证明 $I_2\to0$（当 $\varepsilon\to0^+$ 时）. 事实上（作为 $V-V_\varepsilon$ 边界的外法线，在 Γ_ε 上指向小球内部）：

$$I_2=\frac{1}{2}\iint\limits_{\Gamma_\varepsilon}\nabla r\cdot\boldsymbol{n}\mathrm{d}S=\frac{1}{2}\iint\limits_{\Gamma_\varepsilon}\frac{\boldsymbol{r}}{r}\cdot\boldsymbol{n}\mathrm{d}S=\frac{1}{2}\frac{1}{\varepsilon}\iint\limits_{\Gamma_\varepsilon}\boldsymbol{r}\cdot\boldsymbol{n}\mathrm{d}S=-\frac{1}{2\varepsilon}\iiint\limits_{V_\varepsilon}\mathrm{div}\,\boldsymbol{r}\mathrm{d}V$$

$$=-\frac{1}{2\varepsilon}\iiint\limits_{V_\varepsilon}3\mathrm{d}V=-\frac{1}{2\varepsilon}\cdot3\cdot\frac{4}{3}\pi\varepsilon^3=-2\pi\varepsilon^2\to0\quad(\varepsilon\to0^+).$$

3° 当原点位于边界 Σ 上时,证法与 2° 类似. 这时右端曲面积分也是反常积分,等于用小球挖去奇点之后所剩曲面上积分的极限(令小球半径 $\varepsilon \to 0^+$). 此步证明留给读者.

例 7.5.13 设 S 是以曲线 L 为边界的光滑曲面,$(\xi, \eta, \zeta) \notin S$,

$$F(\xi, \eta, \zeta) = \iint_S \frac{(\xi - x)\,\mathrm{d}y\mathrm{d}z + (\eta - y)\,\mathrm{d}z\mathrm{d}x + (\zeta - z)\,\mathrm{d}x\mathrm{d}y}{r^3}, \tag{1}$$

其中 $r = \sqrt{(\xi - x)^2 + (\eta - y)^2 + (\zeta - z)^2}$. 证明:

$$\left.\begin{aligned}
\frac{\partial F}{\partial \xi} &= \int_L \frac{(z - \zeta)\,\mathrm{d}y - (y - \eta)\,\mathrm{d}z}{r^3}, \\[2mm]
\frac{\partial F}{\partial \eta} &= \int_L \frac{(x - \xi)\,\mathrm{d}z - (z - \zeta)\,\mathrm{d}x}{r^3}, \\[2mm]
\frac{\partial F}{\partial \zeta} &= \int_L \frac{(y - \eta)\,\mathrm{d}x - (x - \xi)\,\mathrm{d}y}{r^3}.
\end{aligned}\right\} \tag{2}$$

证
$$\frac{\partial F}{\partial \xi} = \iint_S \frac{\partial}{\partial \xi}\left(\frac{\xi - x}{r^3}\right)\mathrm{d}y\mathrm{d}z + \frac{\partial}{\partial \xi}\left(\frac{\eta - y}{r^3}\right)\mathrm{d}z\mathrm{d}x + \frac{\partial}{\partial \xi}\left(\frac{\zeta - z}{r^3}\right)\mathrm{d}x\mathrm{d}y.^{①} \tag{3}$$

但
$$\begin{aligned}
\frac{\partial}{\partial \xi}\left(\frac{\xi - x}{r^3}\right) &= \frac{1}{r^3} - 3\frac{(\xi - x)^2}{r^5} = \frac{1}{r^3} - 3\frac{r^2 - (\eta - y)^2 - (\zeta - z)^2}{r^5} \\[2mm]
&= \left[-\frac{1}{r^3} + \frac{3(\eta - y)^2}{r^5}\right] - \left[\frac{1}{r^3} - \frac{3(\zeta - z)^2}{r^5}\right] \\[2mm]
&= \frac{\partial}{\partial y}\left(-\frac{y - \eta}{r^3}\right) - \frac{\partial}{\partial z}\left(\frac{z - \zeta}{r^3}\right),
\end{aligned}$$

$$\frac{\partial}{\partial \xi}\left(\frac{\eta - y}{r^3}\right) = -3\frac{\eta - y}{r^5}(\xi - x) = -\frac{\partial}{\partial x}\left(\frac{\eta - y}{r^3}\right) = \frac{\partial}{\partial x}\left(\frac{y - \eta}{r^3}\right).$$

同理,$\dfrac{\partial}{\partial \xi}\left(\dfrac{\zeta - z}{r^3}\right) = \dfrac{\partial}{\partial x}\left(\dfrac{z - \zeta}{r^3}\right)$. 因此

$$\begin{aligned}
\frac{\partial F}{\partial \xi} &= \iint_S \left[\frac{\partial}{\partial y}\left(-\frac{y - \eta}{r^3}\right) - \frac{\partial}{\partial z}\left(\frac{z - \zeta}{r^3}\right)\right]\mathrm{d}y\mathrm{d}z + \frac{\partial}{\partial x}\left(\frac{y - \eta}{r^3}\right)\mathrm{d}z\mathrm{d}x + \frac{\partial}{\partial x}\left(\frac{z - \zeta}{r^3}\right)\mathrm{d}x\mathrm{d}y \\[2mm]
&= \iint_S \begin{vmatrix} \mathrm{d}y\mathrm{d}z & \mathrm{d}z\mathrm{d}x & \mathrm{d}x\mathrm{d}y \\[2mm] \dfrac{\partial}{\partial x} & \dfrac{\partial}{\partial y} & \dfrac{\partial}{\partial z} \\[2mm] 0 & \dfrac{z - \zeta}{r^3} & -\dfrac{y - \eta}{r^3} \end{vmatrix} \xlongequal{\text{Stokes 公式}} \int_L \frac{(z - \zeta)\,\mathrm{d}y - (y - \eta)\,\mathrm{d}z}{r^3}.
\end{aligned}$$

类似可证(2)中其余两式.

四、四种重要的向量场

作为本书的结束,我们来讨论保守场、有势场、无旋场、管量场的关系,以及它们

---

① 跟定积分一样,曲面积分等也可建立起积分号下求导的理论.

的某些性质.

定义 1 1）向量场 $A = (A_x, A_y, A_z)$，若线积分

$$\int_L A \cdot \mathrm{d}r \equiv \int_L A_x \mathrm{d}x + A_y \mathrm{d}y + A_z \mathrm{d}z,$$

其中 $\mathrm{d}r = (\mathrm{d}x, \mathrm{d}y, \mathrm{d}z)$（亦即

$$\int_L A_t \mathrm{d}s \equiv \int_L A \cdot t \mathrm{d}s \equiv \int_L (A_x \cos \alpha + A_y \cos \beta + A_z \cos \gamma) \mathrm{d}s),$$

只与曲线 L 的起点、终点有关，而与 L 的具体路径无关，则 A 称为**保守场**.（这里 $t = (\cos \alpha, \cos \beta, \cos \gamma)$ 表示 L 上（按前进方向）切线的单位向量，A_t 是 A 在 t 上的投影. L 总假定是场内分段光滑的曲线.）

2）若存在数量场 $u = u(M)$，使得 $A = \mathbf{grad}\ u$，则 A 称为**有势场**，u 称为 A 的**势**.

3）若场内 $\mathrm{rot}\ A \equiv \mathbf{0}$，则 A 称为**无旋场**.

4）若场内 $\mathrm{div}\ A \equiv 0$，则 A 称为**管量场**（或无源场）.

定理 1 假设

1）$A = (A_x, A_y, A_z)$ 为光滑场（即分量 A_x, A_y, A_z 在场内有连续偏导数）；

2）场所在的区域是按曲面连通的（即场内任一封闭曲线，可张一个连续曲面在场内），

则以下四条件等价：

1° A 为保守场.

2° 场内任一光滑闭路上的环量为零（即指

$$\oint_C A_t \mathrm{d}t = \oint_C A_x \mathrm{d}x + A_y \mathrm{d}y + A_z \mathrm{d}z = 0).$$

3° A 为无旋场（$\mathrm{rot}\ A \equiv \mathbf{0}$），亦等价于条件：

$$\frac{\partial A_x}{\partial y} = \frac{\partial A_y}{\partial x}, \quad \frac{\partial A_y}{\partial z} = \frac{\partial A_z}{\partial y}, \quad \frac{\partial A_z}{\partial x} = \frac{\partial A_x}{\partial z} \quad (\text{于场内}).$$

4° A 为有势场（即：$\exists u$ 使得 $A = \mathbf{grad}\ u$），亦等价于 $A_x \mathrm{d}x + A_y \mathrm{d}y + A_z \mathrm{d}z$ 为恰当微分，即 $\exists u$，使得 $\mathrm{d}u = A_x \mathrm{d}x + A_y \mathrm{d}y + A_z \mathrm{d}z$. 若记 $\mathrm{d}r = (\mathrm{d}x, \mathrm{d}y, \mathrm{d}z)$，此式即为 $\mathrm{d}u = A \cdot \mathrm{d}r$.

当去掉"按曲面连通"的条件，则上述四条件的关系如图 7.5.2，即条件 1°，2°，4° 等价，而 3° 只是它们的必要条件，不是充分条件.

定理 2 若 A 为光滑场，则以下三条件等价：

1° A 为管量场.

2° A 在任何封闭光滑曲面上的通量为零，即

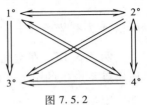

图 7.5.2

$$\oiint_S A_n \mathrm{d}S \equiv \oiint_S A \cdot n \mathrm{d}S = \oiint_S (A_x \cos \alpha + A_y \cos \beta + A_z \cos \gamma) \mathrm{d}S = 0$$

（$n = (\cos \alpha, \cos \beta, \cos \gamma)$ 为单位外法向量）.

3° 张在封闭曲线 L 上的光滑曲面 S,面积分 $\iint\limits_S A_x \mathrm{d}y\mathrm{d}z + A_y \mathrm{d}z\mathrm{d}x + A_z \mathrm{d}x\mathrm{d}y$ 只与 L 有关,与 S 的形状无关.

定义 2 过封闭曲线上的每一点作场 $\boldsymbol{A}$ 的向量线(切线与 $\boldsymbol{A}$ 的方向一致的曲线),这些向量线所构成的曲面称为**向量管**.

定理 3 管量场中,通过同一向量管的各个横断面上的流量相等.

如图 7.5.3,S_1,S_2 是任意两个横断面,则流量

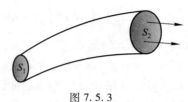

$$\iint\limits_{S_1} A_n \mathrm{d}S = \iint\limits_{S_2} A_n \mathrm{d}S \text{(此积分值称为向量管的\underline{强度})}.$$

图 7.5.3

定理 4 若存在向量场 $\boldsymbol{B}$ 使得 $\boldsymbol{A} = \mathrm{rot}\,\boldsymbol{B}$,则 $\boldsymbol{A}$ 为管量场($\boldsymbol{B}$ 称为 $\boldsymbol{A}$ 的\underline{向量位}).若 $\boldsymbol{B}_1$ 是 $\boldsymbol{A}$ 的某一个向量位,则 $\boldsymbol{B}_1 + \mathrm{grad}\,u$ 必仍是 $\boldsymbol{A}$ 的向量位(其中 $u = u(M)$ 是任意一个有偏导数的函数),并且 $\boldsymbol{A}$ 的全体向量位都具有这种形式(即:这时任一别的向量位 $\boldsymbol{B}$,必存在相应的函数 u,使得 $\boldsymbol{B} = \boldsymbol{B}_1 + \mathrm{grad}\,u$).

有势场的判断与势的计算

要点 根据定理 1,要判断 $\boldsymbol{A}$ 是否为有势场,只需检验条件:

$$\frac{\partial A_y}{\partial x} = \frac{\partial A_x}{\partial y}, \quad \frac{\partial A_z}{\partial y} = \frac{\partial A_y}{\partial z}, \quad \frac{\partial A_x}{\partial z} = \frac{\partial A_z}{\partial x}.$$

若此条件在场内处处成立,则 $\boldsymbol{A}$ 为有势场,否则不是. 另一种方法是求势函数,求出了势函数,自然是有势场. 计算势函数,可用 §7.3 中的方法,或将 $\boldsymbol{A} \cdot \mathrm{d}\boldsymbol{r}$ 化为 $\mathrm{d}u$ 的形式,则 u 即为势函数.

例 7.5.14 证明场 $\boldsymbol{A} = f(r)\boldsymbol{r}$(其中 $f(r)$ 是单值的连续函数)为有势场,并求该场的势.

解 $\boldsymbol{A} \cdot \mathrm{d}\boldsymbol{r} = f(r)\boldsymbol{r} \cdot \mathrm{d}\boldsymbol{r} = f(r)(x\mathrm{d}x + y\mathrm{d}y + z\mathrm{d}z) = f(r)\frac{1}{2}\mathrm{d}(x^2 + y^2 + z^2)$

$$= \frac{1}{2}f(r)\mathrm{d}r^2 = f(r)r\mathrm{d}r = \mathrm{d}\int_{r_0}^r tf(t)\mathrm{d}t.$$

所以 $\boldsymbol{A}$ 为有势场,$u = \int_{r_0}^r tf(t)\mathrm{d}t$ 为 $\boldsymbol{A}$ 的势.

例 7.5.15 在空间 n 个不同的点上,各有质量为 $m_i(i=1,2,\cdots,n)$ 的质点. 试求该质点系产生的引力场的势.

提示 $\boldsymbol{A} \cdot \mathrm{d}\boldsymbol{r} = -\sum_{i=1}^n \frac{m_i}{r_i^3}\boldsymbol{r}_i \cdot \mathrm{d}\boldsymbol{r} = \mathrm{d}\left(\sum_{i=1}^n \frac{m_i}{r_i}\right).$

例 7.5.16 设变力 $\boldsymbol{A}(M)$ 的方向总指向原点,大小只依赖于距离 $r = OM$,且为 r 的连续函数,试求 $\boldsymbol{A}$ 的势.

提示 $\boldsymbol{A}$ 的方向为 $-\dfrac{\boldsymbol{r}}{r}$,大小为 r 的连续函数,设之为 $\varphi(r)$. 于是,$\boldsymbol{A} = -\varphi(r)\dfrac{\boldsymbol{r}}{r}.$

记 $f(r) = -\dfrac{1}{r}\varphi(r)$，则 $\boldsymbol{A} = f(r)\boldsymbol{r}$，从而化为例 7.5.14.

例 7.5.17 设 $\boldsymbol{A} = yf(xy)\boldsymbol{i} + xg(xy)\boldsymbol{j}$ 是平面有势场，试求函数 $g(t) - f(t)$ 的表达式及 $\boldsymbol{A}$ 的势.

解 因 $\boldsymbol{A}$ 为平面有势场，故 $\dfrac{\partial xg(xy)}{\partial x} - \dfrac{\partial yf(xy)}{\partial y} = 0$，即

$$g(xy) + xyg'(xy) - [f(xy) + xyf'(xy)] = 0.$$

记 $xy = t$，$G = g - f$，则上式即为 $G + tG' = 0$. 从而 $\dfrac{\mathrm{d}G}{G} = -\dfrac{\mathrm{d}t}{t}$，$G(t) = g(t) - f(t) = \dfrac{C}{t}$.

故 $g = f + \dfrac{C}{t}$. 从而

$$\boldsymbol{A} = yf(xy)\boldsymbol{i} + x\left(f(xy) + \frac{C}{xy}\right)\boldsymbol{j}.$$

$\boldsymbol{A}$ 的势可利用线积分求原函数得出. 当 $y > 0$ 时，

$$u(x,y) = \int_{(1,1)}^{(x,y)} yf(xy)\,\mathrm{d}x + x\left[f(xy) + \frac{C}{xy}\right]\mathrm{d}y$$

$$= \int_1^y \left[f(y) + \frac{C}{y}\right]\mathrm{d}y + \int_1^x yf(xy)\,\mathrm{d}x = C\ln|y| + \int_1^{xy} f(t)\,\mathrm{d}t.$$

通过验算，可知最后结果当 $y < 0$ 时也成立.

new $*$ **例 7.5.18** 设 $\boldsymbol{F} = \left(a - \dfrac{1}{y} + \dfrac{y}{z}, \dfrac{x}{z} + \dfrac{bx}{y^2}, -\dfrac{cxy}{z^2}\right)$，其中 a, b, c 为常数.

1) 问 a, b, c 为何值时 $\boldsymbol{F}$ 为有势场？

2) 当 $\boldsymbol{F}$ 为有势场时，求出势函数.（中国科学技术大学）

解 1)（如本段要点所述.）要 $\boldsymbol{F} \equiv (F_x, F_y, F_z)$ 为有势场，需且仅需如下三等式成立：

$$\frac{\partial F_y}{\partial x} = \frac{\partial F_x}{\partial y}, \quad \frac{\partial F_z}{\partial y} = \frac{\partial F_y}{\partial z}, \quad \frac{\partial F_x}{\partial z} = \frac{\partial F_z}{\partial x}.$$

因 $\dfrac{\partial F_y}{\partial x} = \dfrac{\partial F_x}{\partial y}$，故 $\left(a - \dfrac{1}{y} + \dfrac{y}{z}\right)_y' = \left(\dfrac{x}{z} + \dfrac{bx}{y^2}\right)_x'$，得 $b = 1$.

类似地，由 $\dfrac{\partial F_z}{\partial y} = \dfrac{\partial F_y}{\partial z}$ 和 $\dfrac{\partial F_x}{\partial z} = \dfrac{\partial F_z}{\partial x}$ 得 $c = 1$. 故当 a 任意，$b = c = 1$ 时，$\boldsymbol{F}$ 为有势场.

2) 若 $\boldsymbol{F}$ 为有势场，即 $\boldsymbol{F} = \mathbf{grad}\, u$（$u$ 被称为 $\boldsymbol{F}$ 的"势"）. 要求

$$\frac{\partial u}{\partial x} = a - \frac{1}{y} + \frac{y}{z}, \quad \frac{\partial u}{\partial y} = \frac{x}{z} + \frac{x}{y^2}, \quad \frac{\partial u}{\partial z} = -\frac{xy}{z^2}.$$

解第一式，得

$$u = \left(a - \frac{1}{y} + \frac{y}{z}\right)x + \varphi(y, z).$$

代入第二、三式，得 $\varphi_y'(y, z) = \varphi_z'(y, z) = 0$. 故 $\varphi(y, z) = C$. 因此，$\boldsymbol{F}$ 的势函数

$$u = \left(a - \frac{1}{y} + \frac{y}{z} \right) x + C.$$

例 7.5.19 设 $\boldsymbol{A}$ 为有势场，关于原点对称，除原点外，处处有 $\mathrm{div}\,\boldsymbol{A} = 0$. 原点处有强度为常数 e 的源头（单位时间从原点涌出的流体量为 e），试证 $\boldsymbol{A} = \dfrac{e}{4\pi r^3}\boldsymbol{r}$（当 $r > 0$ 时）.

证 因为 $\boldsymbol{A}$ 为有势场，故 $\exists u = u(M)$，使得 $\boldsymbol{A} = \mathbf{grad}\, u$. 由于场关于原点对称，所以 u 应为 r 的函数，因此

$$\boldsymbol{A} = \mathbf{grad}\, u = \mathbf{grad}\, u(r) = u'(r) \frac{\boldsymbol{r}}{r}. \qquad (1)$$

又因 $\mathrm{div}\,\boldsymbol{A} = 0$（除原点外），故通过任何不包含原点的封闭曲面的流量为零：

$$\oiint\limits_{S} \boldsymbol{A}\mathrm{d}\boldsymbol{S} = \iiint\limits_{V} \mathrm{div}\,\boldsymbol{A}\,\mathrm{d}V = 0.$$

从而任何两个包含原点的封闭光滑曲面向外的流量相等.（如图 7.5.4，S_1，S_2 是包含原点的两个曲面，将它们之间的区域记为 V，则

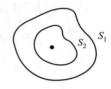

图 7.5.4

$$\iint\limits_{S_1 + S_2^-} \boldsymbol{A}\mathrm{d}\boldsymbol{S} = \iiint\limits_{V} \mathrm{div}\,\boldsymbol{A}\,\mathrm{d}V = 0,$$

其中 S_2^- 表示在 S_2 上法线朝内的一侧. 故 $\iint\limits_{S_1}\boldsymbol{A}\mathrm{d}\boldsymbol{S} = \iint\limits_{S_2}\boldsymbol{A}\mathrm{d}\boldsymbol{S}$.）

用 S_r 表示以原点为中心、半径为 r 的球面，外法向量为 $\boldsymbol{n} = \dfrac{\boldsymbol{r}}{r}$，则 $\forall r > 0$，有

$$\iint\limits_{S_r}\boldsymbol{A}\mathrm{d}\boldsymbol{S} = \iint\limits_{S_e}\boldsymbol{A}\mathrm{d}\boldsymbol{S} = e.$$

（其中 $\varepsilon > 0$ 为充分小的正数.）如此，用式 (1) 代入，有

$$e = \iint\limits_{S_r} u'(r)\,\frac{\boldsymbol{r}}{r}\boldsymbol{n}\mathrm{d}S = \iint\limits_{S_r} u'(r)\,\frac{\boldsymbol{r}}{r}\,\frac{\boldsymbol{r}}{r}\mathrm{d}S = u'(r)\iint\limits_{S_r}\mathrm{d}S = u'(r)4\pi r^2.$$

所以

$$u'(r) = \frac{e}{4\pi r^2},$$

$$\boldsymbol{A} = u'(r)\frac{\boldsymbol{r}}{r} = \frac{e}{4\pi r^3}\boldsymbol{r} \quad (\text{当 } r > 0 \text{ 时}).$$

✎ 单元练习 7.5

7.5.1 试证本节场论公式 10)，14)，19)，20)，21)，23).

7.5.2 设 $\boldsymbol{A}$，$\boldsymbol{B}$ 为常向量，试求 $\boldsymbol{B} \cdot \nabla\left(\boldsymbol{A} \cdot \nabla\left(\dfrac{1}{r} \right) \right)$.

7.5.3 设 $\nabla \cdot (f(r)\boldsymbol{r}) = 0$，求 $f(r)$.

7.5.4 设 $\boldsymbol{B} = -\nabla\varphi$，$\boldsymbol{C}$ 为常向量，$\Delta\varphi = 0$，试证：

1) $\nabla\cdot[\varphi\boldsymbol{C}+(\boldsymbol{C}\cdot\boldsymbol{r})\boldsymbol{B}]=0$;   2) $\nabla\cdot[\varphi\boldsymbol{B}+(\boldsymbol{C}\cdot\boldsymbol{r})\boldsymbol{C}]=\boldsymbol{C}^2-\boldsymbol{B}^2$;

3) $\nabla\times[\varphi\boldsymbol{C}+(\boldsymbol{C}\cdot\boldsymbol{r})\boldsymbol{B}]=2\boldsymbol{C}\times\boldsymbol{B}$;   4) $\nabla\times[\varphi\boldsymbol{B}+(\boldsymbol{C}\cdot\boldsymbol{r})\boldsymbol{C}]=\boldsymbol{0}$.

7.5.5 问:u 在 **grad** v 的方向导数何时为零?

7.5.6 求 $|\,\mathbf{grad}\,u\,|=1$ 的轨迹,设 $u=\ln\dfrac{1}{\sqrt{(x-a)^2+(y-b)^2+(z-c)^2}}$.

7.5.7 设 P,Q,R 是 (x,y,z) 有连续偏导数的函数,$\boldsymbol{F}=P\boldsymbol{i}+Q\boldsymbol{j}+R\boldsymbol{k}$. 试用两种方法,将 $\mathrm{rot}\,\boldsymbol{F}=\boldsymbol{0}$ 改写为柱面坐标的形式.

7.5.8 设 S 是以曲线 L 为边界的光滑曲面,$\boldsymbol{n}$ 为 S^+ 的单位法向量,$\boldsymbol{n}$ 与 L^+ 成右手系,u,v 为两个有连续偏导数的函数. 试证:$\oint_{L^+}u\mathrm{d}v=\iint_S(\mathbf{grad}\,u\times\mathbf{grad}\,v)\boldsymbol{n}\mathrm{d}S$.

7.5.9 证明:$\boldsymbol{A}=(x^2-yz)\boldsymbol{i}+(y^2-zx)\boldsymbol{j}+(z^2-xy)\boldsymbol{k}$ 是有势场,并求其势.

7.5.10 设 $\boldsymbol{F}=\dfrac{ax+y}{x^2+y^2}\boldsymbol{i}-\dfrac{x-y+b}{x^2+y^2}\boldsymbol{j}+z\boldsymbol{k}$ 是有势场,求 a,b 与 $\boldsymbol{F}$ 的势.

7.5.11 证明:若 $\boldsymbol{A},\boldsymbol{B}$ 是无旋场,则 $\boldsymbol{A}\times\boldsymbol{B}$ 为管量场.

7.5.12 设 V 是以光滑曲面 S 为边界的有界闭区域,$\boldsymbol{n}$ 表示曲面 S 的外法向量,$P(\xi,\eta,\zeta)\notin V,Q(x,y,z)$ 为积分的动点. r 为 P 与 Q 的距离:$r=\sqrt{(\xi-x)^2+(\eta-y)^2+(\zeta-z)^2}$. 试证:

$$\mathbf{grad}_P\left(\iiint_V\rho(Q)\,\frac{\mathrm{d}V}{r}\right)=-\iint_S\rho(Q)\,\boldsymbol{n}\,\frac{\mathrm{d}S}{r}+\iiint_V\mathbf{grad}_Q\,\rho(Q)\,\frac{\mathrm{d}V}{r},$$

其中 $\rho(Q)=\rho(x,y,z)$ 是具有连续偏导数的函数.

提示 问题等价于证明如下三个等式($\boldsymbol{n}=(\cos\alpha,\cos\beta,\cos\gamma)$):

$$\frac{\partial}{\partial\xi}\iiint_V\rho(Q)\,\frac{\mathrm{d}V}{r}=-\iint_S\rho(Q)\,\frac{\cos\alpha\mathrm{d}S}{r}+\iint_V\frac{\partial}{\partial x}\rho(Q)\,\frac{\mathrm{d}V}{r},$$

$$\frac{\partial}{\partial\eta}\iiint_V\rho(Q)\,\frac{\mathrm{d}V}{r}=-\iint_S\rho(Q)\,\frac{\cos\beta}{r}\mathrm{d}S+\iint_V\frac{\partial}{\partial y}\rho(Q)\,\frac{\mathrm{d}V}{r},$$

$$\frac{\partial}{\partial\zeta}\iint_V\rho(Q)\,\frac{\mathrm{d}V}{r}=-\iint_S\rho(Q)\,\frac{\cos\gamma}{r}\mathrm{d}S+\iiint_V\frac{\partial}{\partial z}\rho(Q)\,\frac{\mathrm{d}V}{r}.$$

利用例 7.5.13 类似的方法,借助 Gauss 公式可证.

鸣　　谢

　　在亚马逊等不同网站上,我能及时看到部分读者的意见和真实评价.博士数学论坛(现为"博士数学家园")无疑是数学系考研同学交流的首选.不少网站对本书多有评论,对书中部分题目曾多次进行热烈的讨论.谨对各位网友致以衷心感谢!

　　此次修订,得到北京师范大学博士生张卫同学的鼎力帮助,他花费了大量的精力帮我查看题目,极大地减少了改版时的错误.第二版期间,他曾指出数十处勘误,在此真诚地表示感谢.近年来不少热心读者在百忙中为本书指出差错,特别是罗登辉和顾子康二位的精细、认真,令人敬佩,在此一并表示感谢!

　　此次编写有几道题采用了张祖锦和张卫等人的特色解法的思路(另有几位只知网名,见题中的说明),在此表示感谢.

　　此次修订是在高等教育出版社李蕊老师和胡颖老师的支持和指导下完成的,胡颖老师还为本书改版、修订做了大量艰辛的工作,在此谨对两位老师以及其他为本书付出辛勤工作的同志致以衷心的感谢!

　　由于时间和水平的限制,难免会有不妥.敬请各位老师、同学及广大读者不吝赐教、批评指正,联系邮箱为:peilw2@ aliyun. com,主题请填写:math.

裴礼文
2019 年 9 月

郑重声明

高等教育出版社依法对本书享有专有出版权。任何未经许可的复制、销售行为均违反《中华人民共和国著作权法》，其行为人将承担相应的民事责任和行政责任；构成犯罪的，将被依法追究刑事责任。为了维护市场秩序，保护读者的合法权益，避免读者误用盗版书造成不良后果，我社将配合行政执法部门和司法机关对违法犯罪的单位和个人进行严厉打击。社会各界人士如发现上述侵权行为，希望及时举报，我社将奖励举报有功人员。

反盗版举报电话　（010）58581999　58582371

反盗版举报邮箱　dd@ hep. com. cn

通信地址　北京市西城区德外大街4号
　　　　　高等教育出版社法律事务部

邮政编码　100120

读者意见反馈

为收集对教材的意见建议，进一步完善教材编写并做好服务工作，读者可将对本教材的意见建议通过如下渠道反馈至我社。

咨询电话　400 – 810 – 0598

反馈邮箱　hepsci@ pub. hep. cn

通信地址　北京市朝阳区惠新东街4号富盛大厦1座
　　　　　高等教育出版社理科事业部

邮政编码　100029